数学·统计学系列

# 数学奥林匹克不等式证明方法和技巧（上）

The Methods and Techniques of Mathematical Olympiad Inequalities

蔡玉书 编著

哈尔滨工业大学出版社

## 内容提要

本册共包括十三章:第一章比较法证明不等式,第二章二元、三元均值不等式的应用,第三章均值不等式的应用技巧,第四章柯西不等式及其应用技巧,第五章联用均值不等式和柯西不等式证明不等式,第六章柯西不等式的推广、赫德尔不等式及其应用,第七章不等式 $a^{m+n}+b^{m+n} \geqslant a^m b^n + a^n b^m$ 及其推广——米尔黑德定理的应用,第八章舒尔不等式的应用,第九章排序不等式与切比雪夫不等式及其应用,第十章琴生不等式及其应用,第十一章放缩法证明不等式,第十二章反证法证明不等式,第十三章调整法与磨光变换法证明不等式.

本书适合于数学奥林匹克竞赛选手、教练员参考使用,也可作为高等师范院校、教育学院、教师进修学院数学专业开设的"竞赛数学"课程教材及不等式研究爱好者参考使用.

### 图书在版编目(CIP)数据

数学奥林匹克不等式证明方法和技巧.全2册/蔡玉书编著.—哈尔滨:哈尔滨工业大学出版社,2011.5(2023.3重印)
ISBN 978-7-5603-3182-9

Ⅰ.①数… Ⅱ.①蔡… Ⅲ.①不等式-中学-教学参考资料 Ⅳ.①G634.623

中国版本图书馆 CIP 数据核字(2011)第 090033 号

| | |
|---|---|
| 策划编辑 | 刘培杰 张永芹 |
| 责任编辑 | 李广鑫 翟新烨 |
| 封面设计 | 孙茵艾 |
| 出版发行 | 哈尔滨工业大学出版社 |
| 社　　址 | 哈尔滨市南岗区复华四道街10号　邮编150006 |
| 传　　真 | 0451-86414749 |
| 网　　址 | http://hitpress.hit.edu.cn |
| 印　　刷 | 哈尔滨圣铂印刷有限公司 |
| 开　　本 | 787mm×1092mm　1/16　总印张78.5　总字数1436千字 |
| 版　　次 | 2011年8月第1版　2023年3月第2次印刷 |
| 书　　号 | ISBN 978-7-5603-3182-9 |
| 定　　价 | 158.00元(上、下) |

(如因印装质量问题影响阅读,我社负责调换)

# 序

不等式在数学中占有重要的地位。自 1934 年哈代、李特伍德、波利亚的名著《不等式》(越民义译,科学出版社,1965)问世以来,有关不等式问题的研究层出不穷,文章、著作也很多。如 Beckenbach, Bellman *Inequalities*; Mitrinovic *Analytic Inequalities*; Mitrinovic, Pecaric and Volenec *Recent Advances in Geometric Inequalities*。我国的研究者更是非常之多,宁波大学的陈计先生就是其中最突出的一位;匡继昌先生的《常用不等式》对不等式作了详细的总结;杨路先生给出了不等式的机器证明,他发明的软件 Bottema 可以在几秒钟内完成一个不等式的证明。

数学奥林匹克中不等式的题目甚多,几乎每届 IMO 与 CMO 都有一道不等式。在我国高中联赛中,不等式也是屡见不鲜。为什么不等式受到命题者的青睐呢?至少有以下理由:

首先,不等式的题多如牛毛,每一年都有大量的新不等式出现,可供选用。

其次,不等式的题有各种难度,可以较好地区分出选手的水平。

最后,或许是最重要的一点,不等式最能反映出选手的创造能力。很多不等式无法搬用固定的方法,必须自出机杼,给出新颖的解法,这与平面几何颇为类似。现在,在竞赛中,不等式似乎已经可以与平面几何分庭抗礼了。

蔡玉书先生的这本《数学奥林匹克不等式的证明方法和技巧》，内容丰富，全书24章，共有例题200多道，练习题1 000多道，可见作者搜罗之勤。因此，这本书也可以作为一本题典使用。

这么多的题，读者想全部做完，不太现实，也没有必要。比较好的办法是从中选出一部分来做，必须自己独立做，不要先看解答。一遇题目就看解答，往往会束缚思想，不利于提高解题的能力。这本书的练习题都给出了解答，是一件大好事，不仅为教练员提供了资料，而且给勤勉的读者提供了锻炼能力的机会，自己做好后可以跟答案对照，甚至可以找到更好的解答。当然，初学者可以先选例题来做，实在做不出，可以看书上的解答。即使书上有现成的解答，也必须自己先做。在做的基础上再看解答，体会才会较深，收获才会较大。"金针线迹分明在，但把鸳鸯仔细看。"看解答，要仔细，不应只看到"绣好的鸳鸯"，更要看出绣鸳鸯的方法。掌握"金针"，才能融会贯通，举一反三。

24章的内容，请读者自己看书，我就不再饶舌了。

单 墫
2010年9月

# 前言

**20**多年前刚参加工作不久时,我就对竞赛中不等式的研究产生了浓厚的兴趣,曾经整理了许多不等式的试题及解法,足足写了两本厚厚的笔记.随着时间的推移,笔者对不等式的研究兴趣有增无减,2005年参加江苏省数学奥林匹克夏令营时开始着手把自己整理的不等式的有关材料写成一本书,即《数学奥林匹克不等式证明方法和技巧》.经过近六年的辛勤劳动和刻苦努力,它终于和广大读者见面了.

纵观数学奥林匹克,无论是国际数学奥林匹克,还是中国和其他国家的数学奥林匹克,不等式的试题都会出现.再加上不等式的证明试题具有很高的技巧性和挑战性,所以在竞赛中备受命题组委会的青睐.因此有一本详细的资料供人参考是很有必要的.

本书精选了近年来国内外各级各类数学奥林匹克试题1 000多道,编成24个章,它几乎包括了常见的竞赛不等式的证法,它大大地节省了教师收集资料的时间,且大多数章节是作为教师的竞赛讲座材料给出的.本书具有科学性、知识性、实用性、资料性和可读性强的特点,它是广大数学奥林匹克教练员研究竞赛不等式,指导学生参赛不可多得的参考文献,也适合不等式研究爱好者参考使用.

全书的例题的解答有些出自试题组委会提供的参考解答,

有些出自名家之手,有些是数学期刊的优雅解法,更多的是来自作者的辛勤劳动.典型的如1996年伊朗的一道奥林匹克试题是在本人研究了对称不等式的SOS方法后将它圆满解决的.2006年江苏省冬令营单墫教授给出了一种较为简洁的方法,本书一并把它介绍给读者,这便是出自名家之手的解答.

本书的习题,有1000多道,所有的习题都给出了证明过程,但我们希望读者尤其是准备参加各类竞赛的选手不要放弃每一个练习的机会,正如单墫教授所说的那样:"只有动手做一做,才能体会试题的难度和解决问题的技巧和方法."

著名数学家、教育学家波利亚(G. Pólya,1897—1985)一直强调未来的中学数学教师应当学习解题,他尤其鼓励教师们解一些有挑战性的试题.他曾经这样说过:"一位好的数学老师和学生应努力保持解题的好胃口."要想熟练地掌握数学奥林匹克中不等式证明的方法和技巧,最好的方法莫过于经常动手解题.本书中每个章节都给出了典型不等式赛题的优雅证明方法,章节后的类似的习题则要求读者自己去完成.由于书中习题来自各国各地区的奥林匹克试题和集训队试题,难度之大可想而知,一时做不出来,不要灰心丧气,也不要急于查找现成的试题解答,可以与同学组成不等式研究小组一起探讨.希望读者最好从各章节的相关的例题中汲取精华和营养,培养自己独立地闯过难关的能力,从而找到解题的乐趣.

本书的写作过程中得到了单墫、熊斌、余红兵、叶中豪教授和很多奥林匹克专家的大力支持和帮助,著名数学家、教育家、国家级奥林匹克教练、南京师范大学博士生导师单墫教授在百忙中认真地阅读了书稿,并为本书作了序.对于一直支持本人工作的苏维宜、王肇西、冯惠愚、葛军、董林伟、祁建新、夏炎、陈兆华、潘洪亮、韩亚军等同志表示感谢,同时感谢武炳杰、赵斌等同学对本书的支持和关心.

由于我们的水平有限,疏漏与不足之处实难避免,望读者不吝赐教.

希望本书能给广大教师和学生一点帮助.

蔡玉书
2010年国庆节于苏州

# 目录

## 第一章　比较法证明不等式　//1

例题讲解　//1

练习题　//18

参考解答　//24

## 第二章　二元、三元均值不等式的应用　//50

例题讲解　//51

练习题　//59

参考解答　//75

## 第三章　均值不等式的应用技巧　//136

例题讲解　//137

练习题　//147

参考解答　//155

## 第四章　柯西不等式及其应用技巧　//196

例题讲解　//197

练习题　//214

参考解答　//227

## 第五章 联用均值不等式和柯西不等式证明不等式 //296

  例题讲解 //296

  练习题 //305

  参考解答 //310

## 第六章 柯西不等式的推广、赫德尔不等式及其应用 //345

  例题讲解 //347

  练习题 //357

  参考解答 //362

## 第七章 不等式 $a^{m+n}+b^{m+n} \geqslant a^m b^n + a^n b^m$ 及其推广——米尔黑德定理的应用 //386

  例题讲解 //387

  练习题 //396

  参考解答 //399

## 第八章 舒尔不等式的应用 //407

  例题讲解 //408

  练习题 //420

  参考解答 //423

## 第九章 排序不等式与切比雪夫不等式及其应用 //438

  例题讲解 //439

  练习题 //451

  参考解答 //454

## 第十章 琴生不等式及其应用 //478

  例题讲解 //480

  练习题 //489

  参考解答 //491

## 第十一章 放缩法证明不等式 //504

  例题讲解 //504

练习题 //524

参考解答 //533

## 第十二章 反证法证明不等式 //569

例题讲解 //569

练习题 //573

参考解答 //576

## 第十三章 调整法与磨光变换法证明不等式 //594

例题讲解 //594

练习题 //598

参考解答 //600

# 比较法证明不等式

比较法是证明不等式的常用的基本方法,一般有两种形式:

(1) 差值比较法. 欲证 $A \geq B$,只要证 $A - B \geq 0$.

(2) 商比较法. 若 $B > 0$,欲证 $A \geq B$,只要证 $\frac{A}{B} \geq 1$.

在用比较法证明不等式时,常常需要对所考虑的式子进行适当的代数变形,如配方、因式分解、拆项、并项等.

本书的全部例题和习题选自国内外数学竞赛试题,有些例题可能在书中多次出现,所以每节中该例题的解法是优秀的,但不一定是最简单的.

## 例 题 讲 解

### 一、作差比较后拆项配方或分解因式

**例1** 已知 $a,b,c$ 是正实数,试证:对任意实数 $x,y,z$,有

$$x^2 + y^2 + z^2 \geq 2\sqrt{\frac{abc}{(a+b)(b+c)(c+a)}} \left( \sqrt{\frac{a+b}{c}} xy + \sqrt{\frac{b+c}{a}} yz + \sqrt{\frac{c+a}{b}} zx \right)$$

并指出等号成立的充要条件.

**证明** 上式左边 - 右边 =
$$\left(\frac{b}{b+c}x^2 + \frac{a}{c+a}y^2 - 2\sqrt{\frac{ab}{(b+c)(c+a)}}xy\right) +$$
$$\left(\frac{c}{c+a}y^2 + \frac{b}{a+b}z^2 - 2\sqrt{\frac{bc}{(c+a)(a+b)}}yz\right) +$$
$$\left(\frac{c}{b+c}x^2 + \frac{a}{a+b}z^2 - 2\sqrt{\frac{ca}{(b+c)(a+b)}}xz\right) =$$
$$\left(\sqrt{\frac{b}{b+c}}x - \sqrt{\frac{a}{c+a}}y\right)^2 + \left(\sqrt{\frac{c}{c+a}}y - \sqrt{\frac{b}{a+b}}z\right)^2 +$$
$$\left(\sqrt{\frac{c}{b+c}}x - \sqrt{\frac{a}{a+b}}z\right)^2 \geq 0$$

所以原不等式成立.

等号成立的充要条件是 $x:y:z = \sqrt{a(b+c)} : \sqrt{b(c+a)} : \sqrt{c(a+b)}$.

**例2** 设 $a,b,c$ 是三角形的三边,求证:$a^2(b+c-a) + b^2(c+a-b) + c^2(a+b-c) \leq 3abc$. (第6届IMO试题)

**证明** 不妨设 $a \geq b \geq c > 0$,将不等式右边与左边之差变形为
$$3abc - [a^2(b+c-a) + b^2(c+a-b) + c^2(a+b-c)] =$$
$$a^3 + b^3 + c^3 + 3abc - a^2b - b^2a - a^2c - c^2a - bc^2 - b^2c =$$
$$a^2(a-b) + b^2(b-a) + c(2ab - a^2 - b^2) + c(c^2 - bc + ab - ac) =$$
$$(a-b)^2(a+b-c) + c(b-c)(a-c)$$

因为 $a+b > c, b \geq c, a \geq c, c > 0$,所以 $(a-b)^2(a+b-c) + c(b-c) \cdot (a-c) \geq 0$. 所以原不等式成立.

**注** 由上也可知道只要 $a,b,c$ 是正数,不等式就可以成立了. 这是1971年奥地利数学奥林匹克试题.

## 二、对称不等式的处理可以先将字母排序,再作比较

**例3** 设 $0 \leq a,b,c \leq 1$,证明:$\frac{a}{b+c+1} + \frac{b}{c+a+1} + \frac{c}{a+b+1} + (1-a)(1-b)(1-c) \leq 1$. (第9届美国数学奥林匹克试题)

**证明** 如果直接通分,问题就会变得非常复杂,不失一般性,可设 $0 \leq a \leq b \leq c \leq 1$,于是有
$$\frac{a}{b+c+1} + \frac{b}{c+a+1} + \frac{c}{a+b+1} \leq \frac{a+b+c}{a+b+1}$$

因此,可尝试证明较简单的不等式

$$\frac{a+b+c}{a+b+1} + (1-a)(1-b)(1-c) \leqslant 1 \qquad \text{①}$$

因式 ① 的左边 $= \frac{a+b+1}{a+b+1} + \frac{c-1}{a+b+1} + (1-a)(1-b)(1-c) = 1 - \frac{1-c}{a+b+1}[1-(1+a+b)(1-a)(1-b)]$,再注意到

$$(1+a+b)(1-a)(1-b) \leqslant (1+a+b+ab)(1-a)(1-b) =$$
$$(1+a)(1+b)(1-a)(1-b) = (1-a^2)(1-b^2) \leqslant 1$$

故不等式 ① 成立,从而原不等式成立.

**例 4** 已知 $a, b, c$ 是正数,证明:

(1) $\frac{a}{b+c} + \frac{b}{c+a} + \frac{c}{a+b} \geqslant \frac{3}{2}$. (Nesbitt 不等式,1963 年莫斯科数学奥林匹克试题)

(2) $\frac{a^2}{b+c} + \frac{b^2}{c+a} + \frac{c^2}{a+b} \geqslant \frac{a+b+c}{2}$. (第 2 届世界友谊杯数学竞赛试题)

**证法一** (1) 因为

$$\frac{a}{b+c} + \frac{b}{c+a} + \frac{c}{a+b} - \frac{3}{2} =$$
$$\left(\frac{a}{b+c} - \frac{1}{2}\right) + \left(\frac{b}{c+a} - \frac{1}{2}\right) + \left(\frac{c}{a+b} - \frac{1}{2}\right) =$$
$$\frac{1}{2}\left(\frac{a-b}{b+c} + \frac{a-c}{b+c}\right) + \frac{1}{2}\left(\frac{b-c}{c+a} + \frac{b-a}{c+a}\right) + \frac{1}{2}\left(\frac{c-a}{a+b} + \frac{c-b}{a+b}\right) =$$
$$\frac{1}{2}\left(\frac{a-b}{b+c} + \frac{b-a}{c+a}\right) + \frac{1}{2}\left(\frac{b-c}{c+a} + \frac{c-b}{a+b}\right) + \frac{1}{2}\left(\frac{a-c}{b+c} + \frac{c-a}{a+b}\right) =$$
$$\frac{1}{2}\left[\frac{(a-b)^2}{(b+c)(c+a)} + \frac{(b-c)^2}{(c+a)(a+b)} + \frac{(c-a)^2}{(b+c)(a+b)}\right] \geqslant 0$$

所以 $\frac{a}{b+c} + \frac{b}{c+a} + \frac{c}{a+b} \geqslant \frac{3}{2}$

(2) $\frac{a^2}{b+c} + \frac{b^2}{c+a} + \frac{c^2}{a+b} - \frac{a+b+c}{2} = a\left(\frac{a}{b+c} - \frac{1}{2}\right) + b\left(\frac{b}{c+a} - \frac{1}{2}\right) + c\left(\frac{c}{a+b} - \frac{1}{2}\right) =$

$$\frac{a}{2}\left(\frac{a-b}{b+c} + \frac{a-c}{b+c}\right) + \frac{b}{2}\left(\frac{b-c}{c+a} + \frac{b-a}{c+a}\right) + \frac{c}{2}\left(\frac{c-a}{a+b} + \frac{c-b}{a+b}\right) = \left(\frac{a}{2} \cdot \frac{a-b}{b+c} + \frac{b}{2} \cdot \frac{b-a}{c+a}\right) + \left(\frac{a}{2} \cdot \frac{a-c}{b+c} + \frac{c}{2} \cdot \frac{c-a}{a+b}\right) + \left(\frac{b}{2} \cdot \frac{b-c}{c+a} + \frac{c}{2} \cdot \frac{c-b}{a+b}\right) =$$

$$\frac{(a+b+c)(a-b)^2}{2(b+c)(c+a)} + \frac{(a+b+c)(a-c)^2}{2(b+c)(a+b)} +$$

$$\frac{(a+b+c)(b-c)^2}{2(c+a)(a+b)} \geq 0$$

所以 $\quad \dfrac{a^2}{b+c} + \dfrac{b^2}{c+a} + \dfrac{c^2}{a+b} \geq \dfrac{a+b+c}{2}$

**证法二** （1）因为

$$\frac{a}{b+c} + \frac{b}{c+a} + \frac{c}{a+b} - \frac{3}{2} =$$

$$\frac{2a(a+b)(c+a) + 2b(a+b)(b+c) + 2c(b+c)(c+a) - 3(a+b)(b+c)(c+a)}{2(a+b)(b+c)(c+a)} =$$

$$\frac{2(a^3+b^3+c^3) - (a^2b + ab^2 + b^2c + bc^2 + c^2a + ca^2)}{2(a+b)(b+c)(c+a)} =$$

$$\frac{a^3+b^3 - (a^2b+ab^2) + b^3+c^3 - (b^2c+bc^2) + b^3+c^3 - (c^2a+ca^2)}{2(a+b)(b+c)(c+a)} =$$

$$\frac{(a+b)(a-b)^2 + (b+c)(b-c)^2 + (c+a)(c-a)^2}{2(a+b)(b+c)(c+a)} \geq 0$$

所以 $\quad \dfrac{a}{b+c} + \dfrac{b}{c+a} + \dfrac{c}{a+b} \geq \dfrac{3}{2}$

（2）不难证明 $\dfrac{a^2}{b+c} + \dfrac{b^2}{c+a} + \dfrac{c^2}{a+b} = (a+b+c)\left(\dfrac{a}{b+c} + \dfrac{b}{c+a} + \dfrac{c}{a+b}\right) - (a+b+c)$，利用这个恒等式得到不等式 $\dfrac{a}{b+c} + \dfrac{b}{c+a} + \dfrac{c}{a+b} \geq \dfrac{3}{2}$ 和 $\dfrac{a^2}{b+c} + \dfrac{b^2}{c+a} + \dfrac{c^2}{a+b} \geq \dfrac{a+b+c}{2}$ 等价.

**证法三** 下面用对称化的方法证明这两个不等式：

不妨设 $a \geq b \geq c$.

(1) $\dfrac{a}{b+c} + \dfrac{b}{c+a} + \dfrac{c}{a+b} - \dfrac{3}{2} = \dfrac{2a-b-c}{2(b+c)} + \dfrac{2b-a-c}{2(c+a)} + \dfrac{2c-a-b}{2(a+b)} \geq$

$\dfrac{2a-b-c}{2(a+c)} + \dfrac{2b-a-c}{2(c+a)} + \dfrac{2c-a-b}{2(a+b)} = \dfrac{a+b-2c}{2(c+a)} + \dfrac{2c-a-b}{2(a+b)} \geq$

$\dfrac{a+b-2c}{2(a+b)} + \dfrac{2c-a-b}{2(a+b)} = 0$

(2) $\dfrac{a^2}{b+c} + \dfrac{b^2}{c+a} + \dfrac{c^2}{a+b} - \dfrac{a+b+c}{2} = \dfrac{a(2a-b-c)}{2(b+c)} + \dfrac{b(2b-a-c)}{2(c+a)} +$

$\dfrac{c(2c-a-b)}{2(a+b)} \geq \dfrac{b(2a-b-c)}{2(a+c)} + \dfrac{b(2b-a-c)}{2(c+a)} + \dfrac{c(2c-a-b)}{2(a+b)} =$

$\dfrac{b(a+b-2c)}{2(c+a)} + \dfrac{c(2c-a-b)}{2(a+b)} \geq \dfrac{c(a+b-2c)}{2(a+b)} + \dfrac{c(2c-a-b)}{2(a+b)} = 0$

这里增加了一个补充假设,给论证带来了方便,这在三元对称不等式的证明中,起到举足轻重的作用. 但其中用到了放缩的技巧,这一技巧将在后面专门讨论. 不等式的证明离不开放缩.

由例 4 可解决下列问题(令 $A = \dfrac{1}{a}, B = \dfrac{1}{b}, C = \dfrac{1}{c}$,并对 $A, B, C$ 用例 4 中条件及结论).

设 $a, b, c$ 为正实数,且满足 $abc = 1$,试证: $\dfrac{1}{a^3(b+c)} + \dfrac{1}{b^3(c+a)} + \dfrac{1}{c^3(a+b)} \geqslant \dfrac{3}{2}$.(第 36 届 IMO 试题)

### 三、作商比较是解决含指数问题的有效方法

**例 5** 设 $x_i \in \mathbf{R}^+ (i = 1, 2, \cdots, n)$,求证:
$$x_1^{x_1} x_2^{x_2} \cdots x_n^{x_n} \geqslant (x_1 x_2 \cdots x_n)^{\frac{1}{n}(x_1 + x_2 + \cdots + x_n)}$$

**证明** 即证
$$x_1^{nx_1} x_2^{nx_2} \cdots x_n^{nx_n} \geqslant (x_1 x_2 \cdots x_n)^{x_1 + x_2 + \cdots + x_n} \quad \text{①}$$

由对称性可设 $x_1 \geqslant x_2 \geqslant \cdots \geqslant x_n > 0$,于是当 $i < j$ 时,$x_i - x_j \geqslant 0, \dfrac{x_i}{x_j} \geqslant 1$,故式 ① 的左边与右边之比等于
$$\left(\dfrac{x_1}{x_2}\right)^{x_1 - x_2} \left(\dfrac{x_1}{x_3}\right)^{x_1 - x_3} \cdots \left(\dfrac{x_1}{x_n}\right)^{x_1 - x_n} \left(\dfrac{x_2}{x_3}\right)^{x_2 - x_3} \left(\dfrac{x_2}{x_4}\right)^{x_2 - x_4} \cdots \left(\dfrac{x_2}{x_n}\right)^{x_2 - x_n} \cdots \left(\dfrac{x_{n-1}}{x_n}\right)^{x_{n-1} - x_n} \geqslant 1$$
不等式得证.

取 $n = 3$,有以下 3 道竞赛试题:
(1) $a, b, c$ 是正数,则 $a^{2a} b^{2b} c^{2c} \geqslant a^{b+c} b^{c+a} c^{a+b}$. (1979 年上海市数学竞赛试题)
(2) $a, b, c$ 是正数,则 $a^a b^b c^c \geqslant (abc)^{\frac{1}{3}(a+b+c)}$. (1974 年美国数学奥林匹克试题)
(3) $a, b, c$ 是正数,且 $abc = 1$,则 $a^a b^b c^c \geqslant 1$. (2001 年印度数学奥林匹克试题)

### 四、对结构半对称的问题可以先配对,再比较

**例 6** 设 $x, y, z$ 是正数,则 $\dfrac{y^2 - x^2}{z + x} + \dfrac{z^2 - y^2}{x + y} + \dfrac{x^2 - z^2}{y + z} \geqslant 0$. (W. Janous 猜想)

**证明** 设 $u = \dfrac{y^2 - x^2}{z + x} + \dfrac{z^2 - y^2}{x + y} + \dfrac{x^2 - z^2}{y + z}, v = \dfrac{y^2 - z^2}{z + x} + \dfrac{z^2 - x^2}{x + y} + \dfrac{x^2 - y^2}{y + z}$,则
$$u - v = \dfrac{z^2 - x^2}{z + x} + \dfrac{x^2 - y^2}{x + y} + \dfrac{y^2 - z^2}{y + z} = z - x + x - y + y - z = 0$$

又

$$u + v = (x^2 - y^2)\left(\frac{1}{y+z} - \frac{1}{z+x}\right) +$$
$$(y^2 - z^2)\left(\frac{1}{z+x} - \frac{1}{x+y}\right) + (z^2 - x^2)\left(\frac{1}{x+y} - \frac{1}{y+z}\right) =$$
$$(x^2 - y^2)\frac{x-y}{(y+z)(z+x)} + (y^2 - z^2)\frac{y-z}{(z+x)(x+y)} +$$
$$(z^2 - x^2)\frac{z-x}{(x+y)(y+z)} =$$
$$\frac{(x+y)(x-y)^2}{(y+z)(z+x)} + \frac{(y+z)(y-z)^2}{(z+x)(x+y)} + \frac{(z+x)(z-x)^2}{(x+y)(y+z)} \geq 0$$

所以,$u = v \geq 0$,从而

$$\frac{y^2 - x^2}{z+x} + \frac{z^2 - y^2}{x+y} + \frac{x^2 - z^2}{y+z} \geq 0$$

W. Janous 猜想有如下 3 个推广(见《数学通讯》2000 年第 3 期)

(1) 设 $x,y,z$ 是正数,$m \in \mathbf{N}^*$,则 $\frac{y^m - x^m}{z+x} + \frac{z^m - y^m}{x+y} + \frac{x^m - z^m}{y+z} \geq 0$.

(2) 设 $x,y,z$ 是正数,$m,n \in \mathbf{N}^*$,则 $\frac{y^m - x^m}{z^n + x^n} + \frac{z^m - y^m}{x^n + y^n} + \frac{x^m - z^m}{y^n + z^n} \geq 0$.

(3) 设 $x,y,z$ 是正数,$m,n \in \mathbf{R}$,且 $mn > 0$,则 $\frac{y^m - x^m}{(z+x)^n} + \frac{z^m - y^m}{(x+y)^n} + \frac{x^m - z^m}{(y+z)^n} \geq 0$.

## 五、对称不等式和循环不等式的 SOS 方法

正实数 $x,y,z$ 满足 $xyz \geq 1$,证明:$\frac{x^5 - x^2}{x^5 + y^2 + z^2} + \frac{y^5 - y^2}{y^5 + z^2 + x^2} + \frac{z^5 - z^2}{z^5 + x^2 + y^2} \geq 0$.

(第 46 届 IMO 试题)

**证明**  因为 $xyz \geq 1$,所以

$$\frac{x^5 - x^2}{x^5 + y^2 + z^2} \geq \frac{x^5 - x^2 \cdot xyz}{x^5 + (y^2 + z^2) \cdot xyz} = \frac{x^4 - x^2 yz}{x^4 + yz(y^2 + z^2)} \geq \frac{2x^4 - x^2(y^2 + z^2)}{2x^4 + (y^2 + z^2)^2}$$

类似地,可得

$$\frac{y^5 - y^2}{y^5 + z^2 + x^2} \geq \frac{2y^4 - y^2(z^2 + x^2)}{2y^4 + (z^2 + x^2)^2}$$

$$\frac{z^5 - z^2}{z^5 + x^2 + y^2} \geq \frac{2z^4 - z^2(x^2 + y^2)}{2z^4 + (x^2 + y^2)^2}$$

令 $a = x^2, b = y^2, c = z^2$，原不等式化为证明

$$\frac{2a^2 - a(b+c)}{2a^2 + (b+c)^2} + \frac{2b^2 - b(c+a)}{2b^2 + (c+a)^2} + \frac{2c^2 - c(a+b)}{2c^2 + (a+b)^2} \geqslant 0 \Leftrightarrow$$

$$\frac{a(a-b) + a(a-c)}{2a^2 + (b+c)^2} + \frac{b(b-c) + b(b-a)}{2b^2 + (c+a)^2} + \frac{c(c-a) + c(c-b)}{2c^2 + (a+b)^2} \geqslant 0 \Leftrightarrow$$

$$\sum_{\text{cyc}} (a-b)\left(\frac{1}{2a^2 + (b+c)^2} - \frac{1}{2b^2 + (c+a)^2}\right) \geqslant 0 \Leftrightarrow$$

$$\sum_{\text{cyc}} (a-b)^2 \left(\frac{c^2 + c(a+b) + a^2 - ab + b^2}{(2a^2 + (b+c)^2)(2b^2 + (c+a)^2)}\right) \geqslant 0$$

而此不等式显然成立.

**例7** 设 $x, y, z$ 是正实数，求证：$(xy + yz + zx)\left[\dfrac{1}{(x+y)^2} + \dfrac{1}{(y+z)^2} + \dfrac{1}{(z+x)^2}\right] \geqslant \dfrac{9}{4}$. (1996年伊朗数学奥林匹克试题)

**证明** 不妨设 $x \geqslant y \geqslant z > 0$，那么

$$(xy + yz + zx)\left[\frac{1}{(x+y)^2} + \frac{1}{(y+z)^2} + \frac{1}{(z+x)^2}\right] - \frac{9}{4} =$$

$$\frac{xy + z(x+y)}{(x+y)^2} + \frac{yz + x(y+z)}{(y+z)^2} + \frac{zx + y(z+x)}{(z+x)^2} - \frac{9}{4} =$$

$$\frac{x}{y+z} + \frac{y}{z+x} + \frac{z}{x+y} - \frac{3}{2} + \frac{xy}{(x+y)^2} - \frac{1}{4} + \frac{yz}{(y+z)^2} - \frac{1}{4} + \frac{zx}{(z+x)^2} - \frac{1}{4} =$$

$$\frac{1}{2}\left[\frac{(x-y)^2}{(y+z)(z+x)} + \frac{(z-x)^2}{(x+y)(y+z)} + \frac{(y-z)^2}{(x+y)(z+x)}\right] - \left[\frac{(x-y)^2}{4(x+y)^2} + \frac{(y-z)^2}{4(y+z)^2} + \frac{(z-x)^2}{4(z+x)^2}\right] =$$

$$\frac{1}{4}\left\{\left[\frac{2}{(y+z)(z+x)} - \frac{1}{(x+y)^2}\right](x-y)^2 + \left[\frac{2}{(x+y)(z+x)} - \frac{1}{(y+z)^2}\right](y-z)^2 + \left[\frac{2}{(x+y)(y+z)} - \frac{1}{(z+x)^2}\right](z-x)^2\right\} =$$

$$\frac{1}{4}\left[S_z(x-y)^2 + S_x(y-z)^2 + S_y(z-x)^2\right] \qquad ①$$

其中 $S_z = \dfrac{2}{(y+z)(z+x)} - \dfrac{1}{(x+y)^2}$, $S_x = \dfrac{2}{(x+y)(z+x)} - \dfrac{1}{(y+z)^2}$, $S_y = \dfrac{2}{(x+y)(y+z)} - \dfrac{1}{(z+x)^2}$.

因为 $x \geqslant y \geqslant z > 0$，所以 $2(x+y)^2 > (x+y)^2 > (y+z)(z+x)$，即 $S_z >$

0.

又 $2(z+x)^2 - (x+y)(y+z) = (x^2 - xy) + (x^2 - yz) + 2z^2 + 3zx > 0$,所以 $S_y \geq 0$.

若 $S_x \geq 0$,式 ① 的右端 $\geq 0$,不等式得证.

若 $S_x < 0$,因为 $x \geq y \geq z > 0$,所以 $\dfrac{y}{x} \geq \dfrac{y-z}{x-z} \geq 0$,于是

$$(y-z)^2 \leq \left(\dfrac{y}{x}\right)^2 (x-z)^2$$

$$S_x(y-z)^2 + S_y(z-x)^2 \geq S_x\left(\dfrac{y}{x}\right)^2(x-z)^2 + S_y(z-x)^2 = \dfrac{y^2 S_x + x^2 S_y}{x^2}(z-x)^2 \quad ②$$

下面证明 $y^2 S_x + x^2 S_y \geq 0$,事实上

$y^2 S_x + x^2 S_y \geq 0 \Leftrightarrow y^2[2(y+z)^2(z+x) - (x+y)(z+x)^2] + x^2[2(y+z)(z+x)^2 - (x+y)(y+z)^2] =$
$y^2(2y^2z + xy^2 + 3yz^2 + 2xyz + 2z^3 + xz^2 - 2zx^2 - x^3) +$
$x^2(2yz^2 + x^2y + 3xz^2 + 2xyz + 2z^3 + x^2z - 2zy^2 - y^3) =$
$2xyz(x^2 + y^2 - 2xy) + xy(x^3 + y^3 - x^2y - xy^2) +$
$y^2(2y^2z + 3yz^2 + 2z^3 + xz^2) + x^2(2yz^2 + 3xz^2 + z^3 + x^2z) =$
$2xyz(x-y)^2 + xy(x+y)(x-y)^2 + y^2(2y^2z +$
$3yz^2 + 2z^3 + xz^2) + x^2(2yz^2 + 3xz^2 + z^3 + x^2z) \geq 0$

所以,式 ② 右端 $\geq 0$,所以 $S_z(x-y)^2 + S_x(y-z)^2 + S_y(z-x)^2 \geq 0$.

综上,不等式得证.

## 六、典型例题选讲

**例 8** 设 $a,b,c$ 是一个三角形的三边长,求证:$a^2b(a-b) + b^2c(b-c) + c^2a(c-a) \geq 0$,并指出等号成立的条件. (第 24 届 IMO 试题)

**证法一** 不妨设 $a$ 是最大边,由
$a^2b(a-b) + b^2c(b-c) + c^2a(c-a) =$
$a^3b - a^2b^2 - a^2c^2 + ac^3 + b^3c - b^2c^2 =$
$b(a^3 - a^2b + b^2c - bc^2) - a^2c^2 + ac^3 =$

$b(a-b)(a-c)(a+b-c) - a^2b^2 + 2a^2bc +$
$ab^3 - ab^2c - abc^2 - a^2c^2 + ac^3 =$
$b(a-b)(a-c)(a+b-c) + a(b^3 - ab^2 + 2abc - b^2c - bc^2 - ac^2 + c^3) =$
$b(a-b)(a-c)(a+b-c) + a(b-c)^2(b+c-a) \geq 0$

不难看出上式右端的两项均为非负,从而左端也是非负,这表明原不等式成立,并且,从此式不难看出等号成立的充要条件是 $a=b=c$,即三角形是正三角形时不等式等号成立.

这里提醒大家,本题是轮换对称式,而不是对称式,不可设 $a \geq b \geq c$,只能设 $a$ 是最大边.

**证法二**
$a^2b(a-b) + b^2c(b-c) + c^2a(c-a) =$
$\frac{1}{2}[(a+b-c)(b+c-a)(a-b)^2 +$
$(b+c-a)(a+c-b)(b-c)^2 + (a+c-b)(a+b-c)(c-a)^2] \geq 0$

**例 9** 给定 $n$ 个实数 $a_1 \leq a_2 \leq \cdots \leq a_{n-1} \leq a_n$,令 $x = \frac{1}{n}(a_1 + a_2 + \cdots + a_n)$,$y = \frac{1}{n}(a_1^2 + a_2^2 + \cdots + a_n^2)$,求证:$2\sqrt{y-x^2} \leq a_n - a_1 \leq \sqrt{2n(y-x^2)}$. (第 31 届 IMO 预选题的推广)

**证明** 由已知得 $nx = a_1 + a_2 + \cdots + a_n, ny = a_1^2 + a_2^2 + \cdots + a_n^2$,那么
$n^2(y-x^2) = n(a_1^2 + a_2^2 + \cdots + a_n^2) - (a_1 + a_2 + \cdots + a_n)^2 =$
$(n-1)\sum_{i=1}^{n} a_i^2 - 2\sum_{1 \leq i < j \leq n} a_i a_j =$
$(n-1)(a_1^2 + a_n^2) - 2a_1 a_n - 2a_1(a_2 + \cdots + a_{n-1}) +$
$\sum_{2 \leq i < j \leq n-1}(a_i - a_j)^2 + 2(a_2^2 + a_3^2 + \cdots + a_{n-1}^2) =$
$\sum_{2 \leq i < j \leq n-1}(a_i - a_j)^2 + 2\sum_{j=2}^{n-1}(a_j - \frac{a_1 + a_n}{2})^2 +$
$\frac{n}{2}(a_1 - a_n)^2 \geq \frac{n}{2}(a_1 - a_n)^2$

故 $\qquad a_n - a_1 \leq \sqrt{2n(y-x^2)}$

另一方面

$$n^2(y-x^2) + n\sum_{j=2}^{n-1}(a_n - a_j)(a_j - a_1) =$$

$$(n-1)\sum_{j=1}^{n}a_j^2 - 2\sum_{1\leq i<j\leq n}a_ia_j + na_n\sum_{j=2}^{n-1}a_j +$$

$$na_1\sum_{j=2}^{n-1}a_j - n(n-2)a_1a_n - n\sum_{j=2}^{n-1}a_j^2 =$$

$$(n-1)(a_1^2 + a_n^2) - \sum_{j=2}^{n-1}a_j^2 + (n-2)a_n\sum_{j=2}^{n-1}a_j +$$

$$(n-2)a_1\sum_{j=2}^{n-1}a_j - [n(n-2)+2]a_1a_n - 2\sum_{2\leq i<j\leq n-1}a_ia_j =$$

$$-[(\sum_{j=2}^{n-1}a_j - \frac{n-2}{2}(a_1+a_n))]^2 + \frac{n^2}{4}(a_1-a_n)^2$$

由此可得 $\qquad a_n - a_1 \geq 2\sqrt{y-x^2}$

因此 $\qquad 2\sqrt{y-x^2} \leq a_n - a_1 \leq \sqrt{2n(y-x^2)}$

**例 10** 设 $n \geq 3, n \in \mathbf{N}^*$, 并设 $x_1, x_2, \cdots, x_n$ 是一列实数, 且满足 $x_i < x_{i+1}$ ($1 \leq i \leq n-1$), 证明: $\frac{n(n-1)}{2}\sum_{i<j}x_ix_j > [\sum_{i=1}^{n-1}(n-i)x_i][\sum_{j=1}^{n}(j-1)x_j]$. (第 36 届 IMO 预选题)

**证法一** 令 $y_i = \sum_{j=i+1}^{n}x_j, y = \sum_{j=2}^{n}(j-1)x_j, c = \frac{n(n-1)}{2}, z_i = cy_i - (n-i)y$, 则

$$\frac{n(n-1)}{2}\sum_{i<j}x_ix_j - [\sum_{i=1}^{n-1}(n-i)x_i][\sum_{j=2}^{n-1}(j-1)x_j] =$$

$$c\sum_{i=1}^{n-1}\sum_{j=i+1}^{n}x_ix_j - \sum_{i=1}^{n-1}(n-i)x_iy = \sum_{i=1}^{n-1}x_iz_i$$

下面证明 $\sum_{i=1}^{n-1}x_iz_i > 0.$

因为 $\sum_{i=1}^{n-1}y_i = (x_2+\cdots+x_n) + (x_3+\cdots+x_n) + \cdots + x_n = \sum_{j=2}^{n}(j-1)x_j$, 且

$\sum_{i=1}^{n-1}(n-i) = \frac{n(n-1)}{2} = c$, 所以 $\sum_{i=1}^{n-1}z_i = 0$, 这表明某些 $z_i$ 是负的. 而

$$y = \sum_{j=2}^{n}(j-1)x_j < \sum_{j=2}^{n}(j-1)x_n = cx_n$$

因此
$$z_{n-1} = cy_{n-1} = cx_n - y > 0$$
又因为
$$\frac{z_{i+1}}{c(n-i-1)} - \frac{z_i}{c(n-i)} = \frac{y_{i+1}}{n-i-1} - \frac{y_i}{n-i} =$$
$$\frac{x_{i+2} + \cdots + x_n}{n-i-1} - \frac{x_{i+1} + \cdots + x_n}{n-i} > 0$$
所以
$$\frac{z_1}{n-1} < \frac{z_2}{n-2} < \frac{z_3}{n-3} < \cdots < \frac{z_{n-2}}{2} < z_{n-1}$$

因而,存在一个整数 $k$,使得当 $1 \leq i \leq k$ 时,$z_i \leq 0$,当 $k+1 \leq i \leq n$ 时,$z_i > 0$. 因此,对每个 $1 \leq i \leq n-1$,都有 $(x_i - x_k)z_i \geq 0$,特别地,对某个 $i$,有 $(x_i - x_k)z_i > 0$,从而
$$\sum_{i=1}^{n-1} x_i z_i > x_k \sum_{i=1}^{n-1} z_i = 0$$

**证法二** 当 $n=3$ 时,左边 $-$ 右边 $= 3(x_1 x_2 + x_2 x_3 + x_1 x_3) - (2x_1 + x_2) \cdot (x_2 + 2x_3) = (x_3 - x_2)(x_2 - x_1) > 0$.

由此猜想对一般的 $n$,左边与右边之差应当是若干个形如 $(x_3 - x_2)(x_2 - x_1)$ 的项的和. 事实上,我们有
$$\sum_{h<k}\sum_{i<j}(x_k - x_i)(x_h - x_j) = C_n^2 \sum_{h<k} x_k x_h - x_h \sum_{i<j} x_i - x_k \sum_{i<j} x_j + \sum_{i<j} x_i x_j =$$
$$2C_n^2 \sum_{i<j} x_i x_j - 2 \sum_h (h-1) x_h \sum_i (n-i) x_i$$

恰好是原式左边减右边的差的 2 倍.

和 $\sum_{h<k}\sum_{i<j}(x_k - x_i)(x_h - x_j)$ 的项 $(x_k - x_i)(x_h - x_j)$ 记为 $(h,k,j,i)$,其中负项的坐标满足 $h > j > i > k$ 或 $j > h > k > i$,它与 $(h,i,j,k)$ 即 $(x_i - x_k)(x_h - x_j)$ 相抵消,正项 $(x_k - x_i)(x_h - x_j)(h > k > i)$ 显然不与任何负项相抵消. 由此,和 $\sum_{h<k}\sum_{i<j}(x_k - x_i)(x_h - x_j) > 0$,即原不等式成立.

**例 11** 设 $x,y,z$ 是实数,$k_1, k_2, k_3 \in \left(0, \dfrac{1}{2}\right)$,且 $k_1 + k_2 + k_3 = 1$,证明:
$k_1 k_2 k_3 (x+y+z)^2 \geq xyk_3(1-2k_3) + yzk_1(1-2k_1) + zxk_2(1-2k_2)$. (1990 年中国国家集训队测试题)

**证明** 我们先证明一个引理:在 $\triangle ABC$ 中,对任意实数 $x,y,z$ 有
$$x^2 + y^2 + z^2 \geq 2xy\cos C + 2yz\cos A + 2zx\cos B \qquad ①$$

事实上,因为 $\cos A = -\cos(B+C)$,于是有
$$x^2 + y^2 + z^2 - (2xy\cos C + 2yz\cos A + 2zx\cos B) =$$
$$(x - y\cos C - z\cos B)^2 + (y\sin C)^2 +$$
$$(z\sin B)^2 - 2yz\cos B\cos C - 2yz\cos A =$$
$$(x - y\cos C - z\cos B)^2 + (y\sin C)^2 +$$
$$(z\sin B)^2 - 2yz\cos B\cos C + 2yz\cos(B+C) =$$
$$(x - y\cos C - z\cos B)^2 + (y\sin C)^2 +$$
$$(z\sin B)^2 - 2yz\sin B\sin C =$$
$$(x - y\cos C - z\cos B)^2 + (y\sin C - z\sin B)^2 \geqslant 0$$

等号成立当且仅当 $\dfrac{x}{\sin A} = \dfrac{y}{\sin B} = \dfrac{z}{\sin C}$ 时成立.

因为 $k_1, k_2, k_3 \in (0, \dfrac{1}{2})$,所以 $k_2 + k_3 - k_1 = k_1 + k_2 + k_3 - 2k_1 = 1 - 2k_1 > 0$,同理 $k_1 + k_2 - k_3 > 0, k_1 + k_3 - k_2 > 0$,即以 $k_1, k_2, k_3$ 为三边可构成一个三角形,设为 $\triangle ABC$.

由余弦定理得
$$\cos A = \frac{k_2^2 + k_3^2 - k_1^2}{2k_2 k_3} = \frac{(k_2 + k_3)^2 - k_1^2 - 2k_2 k_3}{2k_2 k_3} =$$
$$\frac{(1 - k_1)^2 - k_1^2 - 2k_2 k_3}{2k_2 k_3} = \frac{1 - 2k_1}{2k_2 k_3} - 1 \qquad ②$$

同理
$$\cos B = \frac{1 - 2k_2}{2k_1 k_3} - 1, \cos C = \frac{1 - 2k_3}{2k_1 k_2} - 1 \qquad ③$$

将②③代入①得
$$x^2 + y^2 + z^2 \geqslant 2xy\left(\frac{1 - 2k_3}{2k_1 k_2} - 1\right) + 2yz\left(\frac{1 - 2k_1}{2k_2 k_3} - 1\right) + 2zx\left(\frac{1 - 2k_2}{2k_1 k_3} - 1\right)$$

移项得
$$(x + y + z)^2 \geqslant xy\left(\frac{1 - 2k_3}{k_1 k_2}\right) + yz\left(\frac{1 - 2k_1}{k_2 k_3}\right) + zx\left(\frac{1 - 2k_2}{k_1 k_3}\right)$$

去分母得
$$k_1 k_2 k_3 (x + y + z)^2 \geqslant xy k_3 (1 - 2k_3) + yz k_1 (1 - 2k_1) + zx k_2 (1 - 2k_2)$$

等号当且仅当 $\dfrac{x}{k_1} = \dfrac{y}{k_2} = \dfrac{z}{k_3}$ 成立.

**注** 不等式①是一个非常重要的母不等式,又称为嵌入不等式,它有着极其广泛的应用. 读者可深入研究.

**例 12** 设 $a_1, a_2, \cdots, a_n; b_1, b_2, \cdots, b_n$ 都是正实数,求证: $\sum\limits_{k=1}^{n} \dfrac{a_k b_k}{a_k + b_k} \leqslant \dfrac{AB}{A+B}$,其中 $A = \sum\limits_{k=1}^{n} a_k, B = \sum\limits_{k=1}^{n} b_k$. (1993 年圣彼得堡市数学选拔试题)

**证法一** 记

$$D = \left(\sum_{k=1}^{n} a_k\right)\left(\sum_{k=1}^{n} b_k\right) - \left[\sum_{k=1}^{n}(a_k+b_k)\right]\left(\sum_{k=1}^{n} \frac{a_k b_k}{a_k+b_k}\right) =$$

$$\left(\sum_{k=1}^{n} a_k\right)\left(\sum_{j=1}^{n} b_j\right) - \left[\sum_{k=1}^{n}(a_k+b_k)\right]\left(\sum_{j=1}^{n} \frac{a_j b_j}{a_j+b_j}\right) =$$

$$\sum_{k=1}^{n}\sum_{j=1}^{n} \frac{a_k b_j (a_j+b_j) - a_j b_j (a_k+b_k)}{a_j+b_j} \qquad ①$$

将指标 $k, j$ 对换, $D$ 的值不变

$$D = \sum_{k=1}^{n}\sum_{j=1}^{n} \frac{a_j b_k (a_k+b_k) - a_k b_j (a_j+b_j)}{a_k+b_k} \qquad ②$$

①,②两式相加得

$$2D = \sum_{k=1}^{n}\sum_{j=1}^{n} \frac{(a_k b_j - a_j b_k)^2}{(a_k+b_k)(a_j+b_j)} \geqslant 0$$

$D = 0$ 当且仅当 $a_k b_j = a_j b_k (k, j = 1, 2, \cdots, n)$.

**证法二** 因为 $(a_k B - b_k A)^2 \geqslant 0$,所以 $a_k^2 B^2 + b_k^2 A^2 \geqslant 2AB a_k b_k$,两边同加上 $a_k b_k A^2 + a_k b_k B^2$ 得

$$(a_k + b_k)(a_k B^2 + b_k A^2) \geqslant a_k b_k (a_k B^2 + b_k A^2)$$

即

$$\frac{a_k b_k}{a_k + b_k} \leqslant \frac{a_k B^2 + b_k A^2}{(A+B)^2}, k = 1, 2, \cdots, n$$

相加得

$$\sum_{k=1}^{n} \frac{a_k b_k}{a_k + b_k} \leqslant \sum_{k=1}^{n} \frac{a_k B^2 + b_k A^2}{(A+B)^2} = \frac{AB}{A+B}$$

**注** 取 $n = 2$,得 1962 年越南数学奥林匹克试题:设 $a, b, c, d$ 是正数,则 $\dfrac{1}{\frac{1}{a} + \frac{1}{b}} + \dfrac{1}{\frac{1}{c} + \frac{1}{d}} \leqslant \dfrac{1}{\frac{1}{a+c} + \frac{1}{b+d}}$. 借助于数学归纳法可以将它推广.

2017 年东南数学奥林匹克试题:设 $a_1, a_2, \cdots, a_{n+1}$ 为正实数,证明:$\sum\limits_{i=1}^{n} a_i \cdot \sum\limits_{i=1}^{n} a_{i+1} \geqslant \sum\limits_{i=1}^{n} \dfrac{a_i a_{i+1}}{a_i + a_{i+1}} \cdot \sum\limits_{i=1}^{n}(a_i + a_{i+1})$ 是本例的特殊情况.

**例 13** 设 $x_1, x_2, \cdots, x_n \in (0, 1)$,且 $x_1 + x_2 + \cdots + x_n = 1$,求证:$(n-1)\left(\dfrac{1}{1-x_1} + \dfrac{1}{1-x_2} + \cdots + \dfrac{1}{1-x_n}\right) \geqslant (n+1)\left(\dfrac{1}{1+x_1} + \dfrac{1}{1+x_2} + \cdots + \dfrac{1}{1+x_n}\right)$.

(2004年罗马尼亚数学奥林匹克试题)

**证明**

$$(n-1)\left(\frac{1}{1-x_1} + \frac{1}{1-x_2} + \cdots + \frac{1}{1-x_n}\right) -$$

$$(n+1)\left(\frac{1}{1+x_1} + \frac{1}{1+x_2} + \cdots + \frac{1}{1+x_n}\right) =$$

$$\sum_{k=1}^{n}\left[(n-1)\frac{1}{1-x_k} - (n+1)\frac{1}{1+x_k}\right] = 2\sum_{k=1}^{n}\frac{nx_k - 1}{1-x_k^2} =$$

$$2\sum_{k=1}^{n}\frac{nx_k - (x_1 + x_2 + \cdots + x_n)}{1-x_k^2} =$$

$$2\sum_{k=1}^{n}\frac{(x_k-x_1) + \cdots + (x_k-x_{k-1}) + (x_k-x_{k+1}) + \cdots + (x_k-x_n)}{1-x_k^2} =$$

$$2\sum_{\substack{i,j=1\\i\neq j}}^{n}\left(\frac{x_i-x_j}{1-x_i^2} + \frac{x_j-x_i}{1-x_j^2}\right) = 2\sum_{\substack{i,j=1\\i\neq j}}^{n}\frac{(x_i-x_j)^2(x_i+x_j)}{(1-x_i^2)(1-x_j^2)} \geq 0.$$

从而

$$(n-1)\left(\frac{1}{1-x_1} + \frac{1}{1-x_2} + \cdots + \frac{1}{1-x_n}\right) \geq$$

$$(n+1)\left(\frac{1}{1+x_1} + \frac{1}{1+x_2} + \cdots + \frac{1}{1+x_n}\right)$$

等号成立的充要条件是 $x_k = \frac{1}{n}(k=1,2,\cdots,n)$.

**例14** 设 $0 < \theta_i \leq \frac{\pi}{4}, i = 1,2,3,4$. 证明:$\tan\theta_1\tan\theta_2\tan\theta_3\tan\theta_4 \leq \sqrt{\frac{\sin^8\theta_1 + \sin^8\theta_2 + \sin^8\theta_3 + \sin^8\theta_4}{\cos^8\theta_1 + \cos^8\theta_2 + \cos^8\theta_3 + \cos^8\theta_4}}$. (2001年中国国家集训队试题)

**证明** 原不等式就是证明

$$\frac{\sin^8\theta_1 + \sin^8\theta_2 + \sin^8\theta_3 + \sin^8\theta_4}{\sin^2\theta_1\sin^2\theta_2\sin^2\theta_3\sin^2\theta_4} \geq \frac{\cos^8\theta_1 + \cos^8\theta_2 + \cos^8\theta_3 + \cos^8\theta_4}{\cos^2\theta_1\cos^2\theta_2\cos^2\theta_3\cos^2\theta_4}$$

令 $x_i = \sin^2\theta_i, i = 1,2,3,4$, 上述不等式等价于

$$f(x_1,x_2,x_3,x_4) \geq f(1-x_1,1-x_2,1-x_3,1-x_4) \quad \text{①}$$

其中

$$f(x_1,x_2,x_3,x_4) = \frac{x_1^4 + x_2^4 + x_3^4 + x_4^4}{x_1 x_2 x_3 x_4}$$

由二项式定理得

$$a^4 + b^4 = (a-b)^4 + 4ab(a-b)^2 + 2a^2b^2 \quad \text{②}$$

所以,将②用于 $x_1^4 + x_2^4, x_2^4 + x_3^4, x_3^4 + x_4^4, x_4^4 + x_1^4$,并利用公式 $x^2 + y^2 = (x-y)^2 + 2xy$ 得

$$f(x_1,x_2,x_3,x_4) = \frac{(x_1^4+x_2^4)+(x_2^4+x_3^4)+(x_3^4+x_4^4)+(x_4^4+x_1^4)}{2x_1x_2x_3x_4} =$$

$$\frac{(x_1-x_2)^4+(x_2-x_3)^4+(x_3-x_3)^4+(x_4-x_1)^4}{2x_1x_2x_3x_4} +$$

$$\frac{4x_1x_2(x_1-x_2)^2+4x_2x_3(x_2-x_3)^2+4x_3x_4(x_3-x_3)^2+4x_4x_1(x_4-x_1)^2}{2x_1x_2x_3x_4} +$$

$$\frac{x_1^2x_2^2+x_2^2x_3^2+x_3^2x_4^2+x_4^2x_1^2}{x_1x_2x_3x_4} =$$

$$\frac{(x_1-x_2)^4+(x_2-x_3)^4+(x_3-x_3)^4+(x_4-x_1)^4}{2x_1x_2x_3x_4} +$$

$$\frac{2(x_1-x_2)^2}{x_3x_4}+\frac{2(x_2-x_3)^2}{x_1x_4}+\frac{2(x_3-x_4)^2}{x_1x_2}+$$

$$\frac{2(x_4-x_1)^2}{x_2x_3}+\frac{(x_1^2+x_3^2)(x_2^2+x_4^2)}{x_1x_2x_3x_4} =$$

$$\frac{(x_1-x_2)^4+(x_2-x_3)^4+(x_3-x_3)^4+(x_4-x_1)^4}{2x_1x_2x_3x_4}+\frac{2(x_1-x_2)^2}{x_3x_4}+$$

$$\frac{2(x_2-x_3)^2}{x_1x_4}+\frac{2(x_3-x_4)^2}{x_1x_2}+\frac{2(x_4-x_1)^2}{x_2x_3}+$$

$$\frac{((x_1-x_3)^2+2x_1x_3)((x_2-x_2)^2+2x_2x_4)}{x_1x_2x_3x_4} =$$

$$\frac{(x_1-x_2)^4+(x_2-x_3)^4+(x_3-x_3)^4+(x_4-x_1)^4}{2x_1x_2x_3x_4} +$$

$$\frac{2(x_1-x_2)^2}{x_3x_4}+\frac{2(x_2-x_3)^2}{x_1x_4}+\frac{2(x_3-x_4)^2}{x_1x_2}+\frac{2(x_4-x_1)^2}{x_2x_3}+$$

$$\left[\frac{(x_1-x_3)^2}{x_1x_3}+2\right]\left[\frac{(x_2-x_4)^2}{x_2x_4}+2\right]$$

将 $f(x_1,x_2,x_3,x_4)$ 与 $f(1-x_1,1-x_2,1-x_3,1-x_4)$ 对比,两者每一项的分子均相同,由于 $0<\theta_i\leq\frac{\pi}{4}, i=1,2,3,4$. 所以 $x_i=\sin^2\theta_i\in\left[0,\frac{1}{2}\right], i=1,2,3,4$,从而 $\frac{1}{x_i}\geq\frac{1}{1-x_i}, i=1,2,3,4$. 这样不等式 ① 获证.

**例15** 在 $\triangle ABC$ 中,证明:$a^2(\frac{b}{c}-1)+b^2(\frac{c}{a}-1)+c^2(\frac{a}{b}-1)\geq 0$.

(2006 年摩尔多瓦数学奥林匹克试题)

**证法一** 不等式两边同时乘以 $2abc$,不等式化为证明 $2a^3b(b-c)+$

$2b^3c(c-a) + 2c^3a(a-b) \geq 0.$

$2a^3b(b-c) + 2b^3c(c-a) + 2c^3a(a-b) =$
$a^3[(b+c) + (b-c)](b-c) + b^3[(c+a) + (c-a)] \cdot$
$(c-a) + c^3[(a+b) + (a-b)](a-b) =$
$a^3(b-c)^2 + b^3(c-a)^2 + c^3(a-b)^2 + a^3(b^2 - c^2) +$
$b^3(c^2 - a^2) + c^3(a^2 - b^2) =$
$a^3(b-c)^2 + b^3(c-a)^2 + c^3(a-b)^2 + a^2(c^3 - b^3) +$
$b^2(a^3 - c^3) + c^2(b^3 - a^3) =$
$a^3(b-c)^2 + b^3(c-a)^2 + c^3(a-b)^2 + a^2[(c-b)^3 + 3cb(c-b)] +$
$b^2[(a-c)^3 + 3ca(c-a)] + c^2[(b^3 - a^3) + 3ba(b-a)] =$
$a^3(b-c)^2 + b^3(c-a)^2 + c^3(a-b)^2 -$
$a^2(b-c)^3 - b^2(c-a)^3 - c^2(a-b)^3 +$
$3abc[a(c-b) + b(c-a) + c(b-a)] =$
$a^3(b-c)^2 + b^3(c-a)^2 + c^3(a-b)^2 -$
$a^2(b-c)^3 - b^2(c-a)^3 - c^2(a-b)^3 =$
$a^2(b-c)^2(c+a-b) + b^2(c-a)^2(a+b-c) + c^2(a-b)^2(b+c-a)$

在 $\triangle ABC$ 中,$c+a-b, a+b-c, b+c-a$ 都是正数,而 $(b-c)^2 \geq 0, (c-a)^2 \geq 0, (a-b)^2 \geq 0$,所以不等式得证.

**证法二** 因为

$$\frac{a^2b}{c} + \frac{b^2c}{a} + \frac{c^2a}{b} - \left(\frac{ab^2}{c} + \frac{bc^2}{a} + \frac{ca^2}{b}\right) =$$

$$\frac{1}{abc}\left[\frac{a^3b^2}{c} + \frac{b^3c^2}{a} + \frac{c^3a^2}{b} - \left(\frac{a^2b^3}{c} + \frac{b^2c^3}{a} + \frac{c^2a^3}{b}\right)\right] =$$

$$\frac{ab+bc+ca}{abc}(a-b)(b-c)(c-a)$$

所以原不等式左边是关于 $abc$ 的轮换对称式,所以只要在 $a \geq c \geq b$ 的情况下证明原不等式

$$a^2\left(\frac{b}{c} - 1\right) + b^2\left(\frac{c}{a} - 1\right) + c^2\left(\frac{a}{b} - 1\right) =$$

$$a^2\left(\frac{b}{c} - 1\right) - a(b-c) + b^2\left(\frac{c}{a} - 1\right) - b(c-a) + c^2\left(\frac{a}{b} - 1\right) - c(a-b) =$$

$$\frac{a}{c}(a-c)(b-c) + \frac{b}{a}(b-a)(c-a) + \frac{c}{b}(a-b)(c-b) =$$

$$\frac{1}{abc}[b^2c(b-a)(c-a) + c^2a(c-b)(a-b) + a^2b(a-c)(b-c)]$$

只需证明在 $a \geq c \geq b$ 的情况下

$$b^2c(b-a)(c-a) + c^2a(c-b)(a-b) + a^2b(a-c)(b-c) \geq 0$$

作增量代换：$a = b + \alpha + \beta, c = b + \alpha, \alpha \geq 0, \beta \geq 0$，由 $c + b > a$ 知 $b > \beta$

$$b^2c(b-a)(c-a) + c^2a(c-b)(a-b) + a^2b(a-c)(b-c) =$$
$$b^2(b+\alpha)\beta(\alpha+\beta) + (b+\alpha)^2(b+\alpha+\beta)\alpha(\alpha+\beta) - b(b+\alpha+\beta)^2\alpha\beta =$$
$$b^3(\alpha^2 + \alpha\beta + \beta^2) + b^2(\alpha^3 + 3\alpha^2\beta) +$$
$$b(3\alpha^4 + 4\alpha^3\beta - \alpha\beta^3) + \alpha^3(\alpha+\beta)^2 \geq$$
$$b[\beta^2(\alpha^2 + \alpha\beta + \beta^2) + \beta(\alpha^3 + 3\alpha^2\beta) +$$
$$(3\alpha^4 + 4\alpha^3\beta - \alpha\beta^3)] = b(3\alpha^4 + 7\alpha^3\beta + 4\alpha^2\beta^2 + \beta^4] \geq 0$$

**例 16** 已知 $\sum_{i=1}^{n} \dfrac{1}{1+w_i} = 1$，证明：$\sum_{i=1}^{n} \sqrt{w_i} \geq (n-1)\sum_{i=1}^{n} \dfrac{1}{\sqrt{w_i}}$. (1993 年奥地利 - 波兰数学联合竞赛试题)

**证明** 设 $x_i = \dfrac{1}{1+w_i}(i=1,2,\cdots,n)$，则 $w_i = \dfrac{1}{x_i} - 1$.

原不等式条件化为 $\sum_{i=1}^{n} x_i = 1$，结论化为

$$\sum_{i=1}^{n} \sqrt{\dfrac{1-x_i}{x_i}} \geq (n-1)\sum_{i=1}^{n} \sqrt{\dfrac{x_i}{1-x_i}}$$

先用比较法证明一个局部不等式：显然 $x_i, x_j \in (0,1)$，且 $x_i + x_j < 1$，有

$$x_i\sqrt{\dfrac{1-x_j}{x_j}} + x_j\sqrt{\dfrac{1-x_i}{x_i}} \geq (1-x_i)\sqrt{\dfrac{x_j}{1-x_j}} + (1-x_j)\sqrt{\dfrac{x_i}{1-x_i}} \quad \text{①}$$

$$x_i\sqrt{\dfrac{1-x_j}{x_j}} + x_j\sqrt{\dfrac{1-x_i}{x_i}} - (1-x_i)\sqrt{\dfrac{x_j}{1-x_j}} - (1-x_j)\sqrt{\dfrac{x_i}{1-x_i}} =$$

$$x_i\sqrt{\dfrac{1-x_j}{x_j}} - (1-x_i)\sqrt{\dfrac{x_j}{1-x_j}} + x_j\sqrt{\dfrac{1-x_i}{x_i}} - (1-x_j)\sqrt{\dfrac{x_i}{1-x_i}} =$$

$$\dfrac{x_i(1-x_j) - x_j(1-x_i)}{\sqrt{x_j(1-x_j)}} - \dfrac{x_j(1-x_i) - x_i(1-x_j)}{\sqrt{x_i(1-x_i)}} =$$

$$\dfrac{x_i - x_j}{\sqrt{x_j(1-x_j)}} - \dfrac{x_i - x_j}{\sqrt{x_i(1-x_i)}} = (x_i - x_j)\dfrac{\sqrt{x_i(1-x_i)} - \sqrt{x_j(1-x_j)}}{\sqrt{x_ix_j(1-x_i)(1-x_j)}} =$$

$$(x_i - x_j) \cdot \dfrac{x_i(1-x_i) - x_j(1-x_j)}{\sqrt{x_ix_j(1-x_i)(1-x_j)}[\sqrt{x_i(1-x_i)} + \sqrt{x_j(1-x_j)}]} =$$

$$(x_i - x_j) \cdot \dfrac{(x_i - x_j)[1 - (x_i + x_j)]}{\sqrt{x_ix_j(1-x_i)(1-x_j)}[\sqrt{x_i(1-x_i)} + \sqrt{x_j(1-x_j)}]} =$$

$$\dfrac{(x_i - x_j)^2[1 - (x_i + x_j)]}{\sqrt{x_ix_j(1-x_i)(1-x_j)}[\sqrt{x_i(1-x_i)} + \sqrt{x_j(1-x_j)}]} \geq 0$$

由于 $\sum_{i=1}^{n} x_i = 1$，对 $i,j = 1,2,\cdots,n$，求和得

$$\sum_{j=1}^{n}\left(\sum_{i=1}^{n} x_i\right)\sqrt{\frac{1-x_j}{x_j}} + \sum_{i=1}^{n}\left(\sum_{j=1}^{n} x_j\right)\sqrt{\frac{1-x_i}{x_i}} \geq$$

$$\sum_{j=1}^{n}\left(\sum_{i=1}^{n}(1-x_i)\right)\sqrt{\frac{1-x_j}{x_j}} + \sum_{i=1}^{n}\left(\sum_{j=1}^{n}(1-x_j)\right)\sqrt{\frac{1-x_i}{x_i}}$$

即

$$\sum_{j=1}^{n}\sqrt{\frac{1-x_j}{x_j}} + \sum_{i=1}^{n}\sqrt{\frac{1-x_i}{x_i}} \geq (n-1)\sum_{j=1}^{n}\sqrt{\frac{1-x_j}{x_j}} + (n-1)\sum_{i=1}^{n}\sqrt{\frac{1-x_i}{x_i}}$$

即

$$\sum_{i=1}^{n}\sqrt{\frac{1-x_i}{x_i}} \geq (n-1)\sum_{i=1}^{n}\sqrt{\frac{x_i}{1-x_i}}$$

## 练 习 题

1. 证明：对任意三角形的边长 $a,b,c$，成立不等式
$$a(b-c)^2 + b(c-a)^2 + c(a-b)^2 + 4abc > a^3 + b^3 + c^3$$
（匈牙利数学奥林匹克试题）

2. 证明：$5 + 8\cos\theta + 4\cos 2\theta + \cos 3\theta \geq 0$．（1978 年全国数学竞赛试题）

3. 设 $f(x) = 1 + \log_x 5, g(x) = \log_x^2 9 + \log_x^3 8$，试比较 $f(x)$ 与 $g(x)$ 的大小．（1985 年上海市数学竞赛试题）

4. 在 $\triangle ABC$ 中，证明：$a^2 + b^2 + c^2 \geq 4\sqrt{3}S$，其中 $S$ 表示 $\triangle ABC$ 的面积．（第 3 届 IMO 试题）

5. （1）怎样的整数 $a,b,c$ 满足不等式 $a^2 + b^2 + c^2 + 3 < ab + 3b + 2c$？（1965 年匈牙利数学奥林匹克试题）

（2）设 $x,y$ 是实数，证明：$3(x + y + 1)^2 + 1 \geq 3xy$．（2001 年美国哥伦比亚数学竞赛试题）

6. 证明：对于任意实数 $t$ 不等式 $t^4 - t + \dfrac{1}{2} > 0$．（1995 年俄罗斯数学奥林匹克试题）

7. 设 $a,b,c$ 是实数，证明：$(a^2 + 1)(b^2 + 1)(c^2 + 1) \geq (ab + bc + ca - 1)^2$．（2007 年印度尼西亚集训队试题）

8. 给定大于 1 的自然数 $a,b,n$；$A_{n-1}$ 和 $A_n$ 是 $a$ 进制数，$B_{n-1}$ 和 $B_n$ 是 $b$ 进制数，$A_{n-1},A_n,B_{n-1},B_n$ 定义为：

$A_n = x_n x_{n-1} \cdots x_0, A_{n-1} = x_{n-1} x_{n-2} \cdots x_0$（按 $a$ 进制写出）；

$B_n = x_n x_{n-1} \cdots x_0, B_{n-1} = x_{n-1} x_{n-2} \cdots x_0$(按 $b$ 进制写出).

其中 $x_n \neq 0, x_{n-1} \neq 0$.

证明:当 $a > b$ 时有 $\dfrac{A_{n-1}}{A_n} < \dfrac{B_{n-1}}{B_n}$.(第 12 届 IMO 试题)

9.(1)对于任意实数 $x, y$,有 $2x^4 + 2y^4 \geqslant xy(x+y)^2$.(1994 年俄罗斯第 21 届数学奥林匹克试题)

(2)对于 $x \neq 0$,总有: $x^8 - x^5 - \dfrac{1}{x} + \dfrac{1}{x^4} \geqslant 0$.(1998 年爱尔兰数学奥林匹克试题)

(3)已知 $a, b, c$ 是正实数,且 $a+b+c = 1$,证明: $a^2 + b^2 + c^2 + 1 \geqslant 4(ab + bc + ca)$.(2002 年摩尔多瓦数学奥林匹克试题)

10. 命题:设 $a, b, c$ 是非负的实数. 如果 $a^4 + b^4 + c^4 \leqslant 2(a^2 b^2 + b^2 c^2 + c^2 a^2)$,则 $a^2 + b^2 + c^2 \leqslant 2(ab + bc + ca)$.

(1)证明上述命题是正确的;

(2)试写出上述命题的逆命题,并判断你写出的逆命题是否正确,写出理由.

(1996 年北京市数学竞赛高一试题,1988 年国际城市邀请赛试题)

11.(1)试证:如果 $a \geqslant 0, b \geqslant 0$,那么 $a^3(b+1) + b^2(a+1) \geqslant a^2(b+b^2) + b^2(a+a^2)$ 成立.

(2)试证:对于 $a > b > c > 0$ 的任何实数 $a, b, c$,以下不等式成立 $\dfrac{a}{b} + \dfrac{b}{c} + \dfrac{c}{a} > \dfrac{b}{a} + \dfrac{c}{b} + \dfrac{a}{c}$.(第 20 届俄罗斯数学奥林匹克试题)

(3)若 $a^2 + b^2 + ab + bc + ca < 0$,则 $a^2 + b^2 < c^2$.(第 21 届俄罗斯数学奥林匹克试题)

12. 设 $x, y, z \in [0, 1]$,求证: $2(x^3 + y^3 + z^3) - (x^2 y + y^2 z + z^2 x) \leqslant 3$.(1989 年列宁格勒竞赛试题)

13. $a_1, a_2, \cdots, a_n$ 为实数,如果它们中任意两数之和非负,那么对于满足 $x_1 + x_2 + \cdots + x_n = 1$ 的任意非负实数 $x_1, x_2, \cdots, x_n$,有不等式 $a_1 x_1 + a_2 x_2 + \cdots + a_n x_n \geqslant a_1 x_1^2 + a_2 x_2^2 + \cdots + a_n x_n^2$ 成立. 请证明上述命题及其逆命题.(1986 年中国数学奥林匹克试题)

14. 已知 $a > b > c$,证明: $a^2(b-c) + b^2(c-a) + c^2(a-b) > 0$.(第 54 届莫斯科数学竞赛题)

15. 设 $a, b, c$ 是非负的实数. 求证: $a^4 + b^4 + c^4 - 2(a^2 b^2 + b^2 c^2 + c^2 a^2) + a^2 bc + b^2 ca + c^2 ab \geqslant 0$.(第 45 届莫斯科数学竞赛题)

16. 设 $a, b, c, d$ 是实数满足 $a^2 + b^2 + c^2 + d^2 \leqslant 1$,则 $(a+b)^4 + (a+c)^4 +$

$(a+d)^4 + (b+c)^4 + (b+d)^4 + (c+d)^4 \leq 6$. (第28届IMO预选题)

17. 已知三角形的边长 $a, b, c$ 及其面积为 $S$,证明 $a^2 + b^2 + c^2 \geq 4\sqrt{3}S$,并指出等号成立的条件.(Weitzenbock 不等式,第3届IMO试题)

18. (1) 已知 $x, y > 0$,证明 $\dfrac{x}{y^2} + \dfrac{y}{x^2} \geq \dfrac{1}{x} + \dfrac{1}{y}$.

(2) 已知 $a, b, c > 0$,证明 $\dfrac{a+b}{c^2} + \dfrac{b+c}{a^2} + \dfrac{c+a}{b^2} \geq 2\left(\dfrac{1}{a} + \dfrac{1}{b} + \dfrac{1}{c}\right)$.(2005年罗马尼亚数学奥林匹克试题)

19. 已知非负实数 $p, q, r$ 满足条件 $p^2 + q^2 + r^2 = 2$.求证:$p + q + r - pqr \leq 2$.(1988年捷克和斯洛伐克数学奥林匹克试题)

20. 设 $a_i \in [-1, 1], a_i a_{i+1} \neq -1 (i = 1, 2, \cdots, n, a_{n+1} = a_1)$,证明不等式:$\sum\limits_{i=1}^{n} \dfrac{1}{1 + a_i a_{i+1}} \geq \sum\limits_{i=1}^{n} \dfrac{1}{1 + a_i^2}$.(1993年圣彼得堡市数学选拔考试试题)

21. 对于实数 $x_1, x_2, x_3$,如果 $x_1 + x_2 + x_3 = 0$,那么 $x_1 x_2 + x_2 x_3 + x_3 x_1 \leq 0$.请证明之.又对于什么样的 $n(n \geq 4)$,如果 $x_1 + x_2 + \cdots + x_n = 0$,那么 $x_1 x_2 + x_2 x_3 + \cdots + x_{n-1} x_n + x_n x_1 \leq 0$?(1989年瑞士数学奥林匹克试题)

22. 已知 $a, b, c > 0$,证明 $\dfrac{a}{bc} + \dfrac{b}{ca} + \dfrac{c}{ab} \geq 2\left(\dfrac{1}{a} + \dfrac{1}{b} - \dfrac{1}{c}\right)$,并确定等号成立的条件.(2002年比利时数学奥林匹克试题)

23. 设 $a, b, c$ 是正实数,求证:$\dfrac{(b+c-a)^2}{a^2 + (b+c)^2} + \dfrac{(c+a-b)^2}{b^2 + (c+a)^2} + \dfrac{(a+b-c)^2}{c^2 + (a+b)^2} \geq \dfrac{3}{5}$.(1997年日本数学奥林匹克试题)

24. 已知 $a, b, c, d > 0$,且 $a + b + c + d = 1$,证明:$ab + bc + cd + da \leq \dfrac{1}{4}$.(1993年印度数学奥林匹克试题)

25. 设 $n$ 是大于2的自然数,试证:当且仅当 $n = 3$ 或 $n = 5$ 时,对于任意实数 $a_1, a_2, \cdots, a_n$,下述不等式成立:$(a_1 - a_2)(a_1 - a_3) \cdots (a_1 - a_n) + (a_2 - a_1) \cdot (a_2 - a_3) \cdots (a_2 - a_n) + (a_n - a_1)(a_n - a_2) \cdots (a_n - a_{n-1}) \geq 0$.(第13届IMO试题)

26. 已知 $a, b > 0$,证明:$\left(a^2 + b + \dfrac{3}{4}\right)\left(b^2 + a + \dfrac{3}{4}\right) \geq \left(2a + \dfrac{1}{2}\right)\left(2b + \dfrac{1}{2}\right)$.(2005年白俄罗斯数学奥林匹克试题)

27. 已知 $a, b, c$ 都是非负实数,证明:$\dfrac{1}{3}\left[(a-b)^2 + (b-c)^2 + (c-a)^2\right] \leq a^2 + b^2 + c^2 - 3\sqrt[3]{a^2 b^2 c^2} \leq (a-b)^2 + (b-c)^2 + (c-a)^2$.(2005年爱尔兰数学奥林匹克试题)

28. 已知 $a,b,c > 0$，证明：$\dfrac{b+c}{a} + \dfrac{c+a}{b} + \dfrac{a+b}{c} \geqslant \dfrac{(a^2+b^2+c^2)(ab+bc+ca)}{abc(a+b+c)}$. (2006 年罗马尼亚数学奥林匹克试题)

29. 已知 $a,b,c > 0$，且 $abc = 1$，证明：$\dfrac{1}{a} + \dfrac{1}{b} + \dfrac{1}{c} - \dfrac{3}{a+b+c} \geqslant 2\left(\dfrac{1}{a^2} + \dfrac{1}{b^2} + \dfrac{1}{c^2}\right)\dfrac{1}{a^2+b^2+c^2}$. (2004 年匈牙利数学奥林匹克试题)

30. 设 $x_i > 0, i = 1,2,\cdots,n$. $k \geqslant 1$，求证：$\sum_{i=1}^{n}\dfrac{1}{1+x_i}\sum_{i=1}^{n}x_i \leqslant \sum_{i=1}^{n}\dfrac{x_i^{k+1}}{1+x_i}\sum_{i=1}^{n}\dfrac{1}{x_i^k}$. (2006 年中国女子数学奥林匹克试题)

31. 设 $a_i$ 为正实数 $(i = 1,2,\cdots,n)$，令 $b_k = \dfrac{a_1 + a_2 + \cdots + a_k}{k}$ $(k = 1,2,\cdots,n)$，$C_n = (a_1 - b_1)^2 + (a_2 - b_2)^2 + \cdots + (a_n - b_n)^2$，$D_n = (a_1 - b_n)^2 + (a_2 - b_n)^2 + \cdots + (a_n - b_n)^2$，求证：$C_n \leqslant D_n \leqslant 2C_n$. (1978 年全苏数学奥林匹克试题)

32. 在 $\triangle ABC$ 中，$a,b,c$ 是它的三条边，$p$ 是半周长，证明不等式：
$$a\sqrt{\dfrac{(p-b)(p-c)}{bc}} + b\sqrt{\dfrac{(p-c)(p-a)}{ca}} + c\sqrt{\dfrac{(p-a)(p-b)}{ab}} \geqslant p$$
(2006 年摩尔多瓦数学奥林匹克试题)

33. (1) 给定实数 $a,b,c$，满足 $a+b+c = 0$，证明：$a^3+b^3+c^3 > 0 \Leftrightarrow a^5+b^5+c^5 > 0$；

(2) 给定实数 $a,b,c,d$ 满足 $a+b+c+d = 0$，证明：$a^3+b^3+c^3+d^3 > 0 \Leftrightarrow a^5+b^5+c^5+d^5 > 0$. (2004 年英国国家集训队选拔试题)

34. 已知 $a,b,c$ 是正实数，求证：$\dfrac{a^2}{b+c} + \dfrac{b^2}{c+a} + \dfrac{c^2}{a+b} \geqslant \dfrac{3}{2} \cdot \dfrac{a^3+b^3+c^3}{a^2+b^2+c^2}$. (Michael Rozenberg 不等式)

35. 三次方程 $x^3 + ax^2 + bx + c = 0$ 有三个实根. 求证：$a^2 - 3b \geqslant 0$，并且 $\sqrt{a^2-3b}$ 不大于最大根与最小根的差. (1988 年美国数学奥林匹克试题)

36. (1) 已知 $x,y$ 是正数，且 $xy \geqslant 1$，证明：$x^3 + y^3 + 4xy \geqslant x^2 + y^2 + x + y + 2$.

(2) 已知 $x,y$ 是正数，且 $xy \geqslant 1$，证明：$2(x^3+y^3+xy+x+y) \geqslant 5(x^2+y^2)$. (第 8 届乌克兰数学奥林匹克试题)

37. (1) 若 $x > 0, y > 0$，求证：$\dfrac{x^2}{x+y} \geqslant \dfrac{3x-y}{4}$；

(2) 若 $x > 0, y > 0, z > 0$，求证：$\dfrac{x^3}{x+y} + \dfrac{y^3}{y+z} + \dfrac{z^3}{z+x} \geqslant \dfrac{xy+yz+zx}{2}$. (2010 年吉林省数学竞赛试题)

38. 已知 $x,y,z \in [1,2]$，证明：$(x+y+z)\left(\dfrac{1}{x}+\dfrac{1}{y}+\dfrac{1}{z}\right) \geqslant 6\left(\dfrac{x}{y+z}+\dfrac{y}{z+x}+\dfrac{z}{x+y}\right)$. (2006 年越南数学奥林匹克试题)

39. 已知 $a,b,c \geqslant 0$，求证：$(a^2+b^2)^2 \geqslant (a+b+c)(a+b-c)(a+c-b)(b+c-a)$. (2007 年英国数学奥林匹克试题)

40. 设 $a_i \in [-2,17]$，$i=1,2,\cdots,59$，且 $a_1+a_2+\cdots+a_{59}=0$，求证：$a_1^2+a_2^2+\cdots+a_{59}^2 \leqslant 2006$. (2006 年 Boltic Way 数学竞赛试题)

41. 已知 $a,b,c$ 是实数，证明不等式：$a^4(b^2+c^2)+b^4(c^2+a^2)+c^4(a^2+b^2)+2abc(a^2b+a^2c+b^2a+b^2c+c^2a+c^2b-a^3-b^3-c^3-3abc) \geqslant 2(a^3b^3+b^3c^3+c^3a^3)$. (2003 年美国 MOP 试题)

42. 已知实数 $x,y,z$ 满足 $xyz=-1$，求证：$x^4+y^4+z^4+3(x+y+z) \geqslant \dfrac{x^2}{y}+\dfrac{x^2}{z}+\dfrac{y^2}{x}+\dfrac{y^2}{z}+\dfrac{z^2}{x}+\dfrac{z^2}{y}$. (2004 年伊朗数学奥林匹克试题)

43. 已知 $a,b,c$ 是实数，证明：$a^2+b^2+c^2-(ab+bc+ca) \geqslant 3(b-c)(a-b)$. (1997 年西班牙数学奥林匹克试题)

44. 已知 $\alpha_1,\alpha_2,\cdots,\alpha_n$ 是锐角，证明不等式：$\left(\dfrac{1}{\sin\alpha_1}+\dfrac{1}{\sin\alpha_2}+\cdots+\dfrac{1}{\sin\alpha_n}\right)\left(\dfrac{1}{\cos\alpha_1}+\dfrac{1}{\cos\alpha_2}+\cdots+\dfrac{1}{\cos\alpha_n}\right) \leqslant 2\left(\dfrac{1}{\sin 2\alpha_1}+\dfrac{1}{\sin 2\alpha_2}+\cdots+\dfrac{1}{\sin 2\alpha_n}\right)^2$. (2003 年土耳其数学奥林匹克试题)

45. 已知 $a,b,c \in \left[\dfrac{1}{2},1\right]$，证明不等式：

（1）$\dfrac{a}{b}+\dfrac{b}{a} \leqslant \dfrac{5}{2}$；

（2）$\dfrac{ab+bc}{a^2+2b^2+c^2} \geqslant \dfrac{2}{5}$. (2007 年陕西省数学竞赛试题)

46. 已知 $a,b$ 是正实数，且 $a^5+b^5=a^3+b^3$，证明：$a^2+b^2 \leqslant 1+ab$. (2003 年波兰数学竞赛试题)

47. 设 $x,y,z$ 是实数，证明：$x^2+y^2+z^2-(xy+yz+zx) \geqslant \max\left\{\dfrac{3(x-y)^2}{4},\dfrac{3(y-z)^2}{4},\dfrac{3(z-x)^2}{4}\right\}$. (2008 年波斯尼亚数学奥林匹克试题)

48. 已知 $a,b,c$ 是非负实数，证明：$(a+b)^3+4c^3 \geqslant 4(\sqrt{a^3b^3}+\sqrt{b^3c^3}+\sqrt{c^3a^3})$. (2008 年波兰数学奥林匹克试题)

49. 设 $x,y,z$ 是正实数,且 $x+y+z=1$,证明:$xy+yz+zx \geqslant 4(x^2y^2+y^2z^2+z^2x^2)+5xyz$. 并确定等号成立的条件. (2006 年塞尔维亚数学奥林匹克试题)

50. 证明:若实数 $x>-1$,则 $\dfrac{x+x^2+x^3+x^4}{1+x^5} \leqslant 2$. (2008 年克罗地亚数学奥林匹克试题)

51. 设 $x,y,z$ 是正实数,$\sqrt{a}=x(y-z)^2, \sqrt{b}=y(z-x)^2, \sqrt{c}=z(x-y)^2$,求证:$a^2+b^2+c^2 \geqslant 2(ab+bc+ca)$. (2009 年中国东南地区数学奥林匹克试题)

52. 设 $x,y,z$ 是正实数,证明:$x^3(y^2+z^2)^2+y^3(z^2+x^2)^2+z^3(x^2+y^2)^2 \geqslant xyz[xy(x+y)^2+yz(y+z)^2+zx(z+x)^2]$. (2009 年美国国家集训队试题)

53. 设 $x,y,z$ 是正实数,且满足证明:$x^2+y^2+z^2+9=4(x+y+z)$,证明:$x^4+y^4+z^4+16(x^2+y^2+z^2) \geqslant 8(x^3+y^3+z^3)+27$. (2009 年中欧数学奥林匹克试题)

54. 设 $a,b,c$ 是正实数. 证明:$a+b+c \leqslant \dfrac{ab}{a+b}+\dfrac{bc}{b+c}+\dfrac{ca}{c+a}+\dfrac{1}{2}\left(\dfrac{ab}{c}+\dfrac{bc}{a}+\dfrac{ca}{b}\right)$ (2008 年 Oliforum 数学奥林匹克试题)

55. 设非负实数 $a_1,a_2,a_3,a_4$,满足 $a_1+a_2+a_3+a_4=1$,求证:
$$\max\left\{\sum_{i=1}^4 \sqrt{a_i^2+a_ia_{i-1}+a_{i-1}^2+a_{i-1}a_{i-2}},\sum_{i=1}^4 \sqrt{a_i^2+a_ia_{i+1}+a_{i+1}^2+a_{i+1}a_{i+2}}\right\} \geqslant 2$$
其中 $a_{i+4}=a_i$ 对任意整数 $i$ 成立. (2009 年中国国家集训队测试题)

56. 设 $x,y,z \in \left[\dfrac{1}{2},2\right]$,$a,b,c$ 是它们的一个排列,证明:$\dfrac{60a^2-1}{4xy+5z}+\dfrac{60b^2-1}{4yz+5x}+\dfrac{60c^2-1}{4zx+5y} \geqslant 12$. (2009 年摩尔多瓦集训队试题)

57. 设 $a,b$ 是正数,且 $a \neq 1, b \neq 1$,证明:$\dfrac{a^5-1}{a^4-1} \cdot \dfrac{b^5-1}{b^4-1} > \dfrac{25}{64}(a+1)(b+1)$. (2009 年江苏省数学竞赛试题)

58. 设 $x,y,z$ 是正实数,且满足 $xyz=1, \dfrac{1}{x}+\dfrac{1}{y}+\dfrac{1}{z} \geqslant x+y+z$,证明:对任何正整数 $k$,都有 $\dfrac{1}{x^k}+\dfrac{1}{y^k}+\dfrac{1}{z^k} \geqslant x^k+y^k+z^k$. (1999 年俄罗斯数学奥林匹克试题)

59. 设 $a,b,c$ 是正数,且 $a+b+c=1$,证明:$\dfrac{a^3}{a^2+b^2}+\dfrac{b^3}{b^2+c^2}+\dfrac{c^3}{c^2+a^2} \geqslant \dfrac{1}{2}$. (1999 年克罗地亚数学奥林匹克试题)

60. 证明:
$$\sqrt[44]{\tan 1° \cdot \tan 2° \cdots \tan 43° \cdot \tan 44°} < \sqrt{2}-1 <$$

$$\frac{\tan 1° + \tan 2° + \cdots + \tan 43° + \tan 44°}{44}$$

(1978年奥地利波兰数学奥林匹克试题)

61. 已知 $a,b,c$ 是实数,且 $a+b+c=0$,证明:$a^2b^2+b^2c^2+c^2a^2+3 \geqslant 6abc$.
(2004年捷克和斯洛伐克数学奥林匹克试题)

62. 设 $n$ 是一个正整数,实数 $a_1,a_2,\cdots,a_n$ 和 $r_1,r_2,\cdots,r_n$ 满足:$a_1 \leqslant a_2 \leqslant \cdots \leqslant a_n$ 和 $0 \leqslant r_1 \leqslant r_2 \leqslant \cdots \leqslant r_n$,求证:$\sum_{i=1}^{n}\sum_{j=1}^{n} a_i a_j \min(r_i,r_j) \geqslant 0$. (2010年中国东南数学奥林匹克试题)

## 参 考 解 答

1. 因为 $a,b,c$ 是三角形的三边长,所以 $a>0,b>0,c>0$,且 $a+b-c>0, b+c-a>0, c+a-b>0$. 注意到
$$c(a-b)^2 + 4abc = c(a+b)^2$$
作差
$$\begin{aligned}S &= a(b-c)^2 + b(c-a)^2 + c(a-b)^2 + 4abc - (a^3+b^3+c^3) = \\&= a[(b-c)^2 - a^2] + b[(c-a)^2 - b^2] + c[(a+b)^2 - c^2] = \\&= a(b-c-a)(b-c+a) + b(c-a-b)(c-a+b) + \\&\quad c(a+b-c)(a+b+c) = \\&= (a+b-c)(ab-ac-a^2-bc+ab-b^2+ac+bc+c^2) = \\&= (a+b-c)[c^2-(a-b)^2] = \\&= (a+b-c)(a+c-b)(b+c-a) > 0\end{aligned}$$

所以原不等式成立.

2. $\quad 5 + 8\cos\theta + 4\cos 2\theta + \cos 3\theta =$
$\quad 5 + 8\cos\theta + 4(2\cos^2\theta - 1) + (4\cos^3\theta - 3\cos\theta) =$
$\quad 1 + 5\cos\theta + 8\cos^2\theta + 4\cos^3\theta =$
$\quad (1 + \cos\theta)(4\cos^2\theta + 4\cos\theta + 1) =$
$\quad (1 + \cos\theta)(2\cos\theta + 1)^2 \geqslant 0$

3. 因为 $f(x) = 1 + \log_x 5, g(x) = \log_x^2 9 + \log_x^3 8 = \log_x 3 + \log_x 2 = \log_x 6$,所以 $f(x) - g(x) = 1 - \log_x \frac{6}{5}$,于是,当 $x = \frac{6}{5}$ 时,$f(x) = g(x)$;当 $1 < x < \frac{6}{5}$ 时,有 $f(x) < g(x)$;当 $0 < x < 1$ 或 $x > \frac{6}{5}$ 时,有 $f(x) < g(x)$.

4. $(a^2+b^2+c^2)^2 - (4\sqrt{3}S)^2 =$

$$(a^2 + b^2 + c^2)^2 - 3(a+b+c)(-a+b+c)(a-b+c)(a+b-c)$$
$$(a^2 + b^2 + c^2)^2 - 3[2(a^2b^2 + b^2c^2 + c^2a^2) - (a^4 + b^4 + c^4)] =$$
$$[(a^4 + b^4 + c^4) + 2(a^2b^2 + b^2c^2 + c^2a^2)] -$$
$$3[2(a^2b^2 + b^2c^2 + c^2a^2) - (a^4 + b^4 + c^4)] =$$
$$4[a^4 + b^4 + c^4 - (a^2b^2 + b^2c^2 + c^2a^2)] \geqslant$$
$$2[(a^2 - b^2)^2 + (b^2 - c^2)^2 + (c^2 - a^2)^2]$$

5. (1) 对于整数 $a, b, c$, 所要解的不等式等价于
$$a^2 + b^2 + c^2 + 4 \leqslant ab + 3b + 2c$$
而
$$a^2 + b^2 + c^2 + 4 - (ab + 3b + 2c) = (a - \frac{b}{2})^2 + 3(\frac{b}{2} - 1)^2 + (c - 1)^2 \geqslant 0$$
由此可知,原不等式只有唯一的一组解 $a = 1, b = 2, c = 1$.

(2) $3(x + y + 1)^2 + 1 - 3xy = 3(x + \frac{y}{2} + 1)^2 + (\frac{3y}{2} + 1)^2 \geqslant 0$

6. 因为 $t^4 - t + \frac{1}{2} = (t^2 - \frac{1}{2})^2 + (t - \frac{1}{2})^2 \geqslant 0$. 因为等号不能同时成立, 所以原不等式成立.

7. 因为
$$(a^2 + 1)(b^2 + 1)(c^2 + 1) - (ab + bc + ca - 1)^2 =$$
$$a^2b^2c^2 + a^2b^2 + b^2c^2 + c^2a^2 + a^2 + b^2 + c^2 + 1 -$$
$$[a^2b^2 + b^2c^2 + c^2a^2 + 2abc(a + b + c) - 2(ab + bc + ca) + 1] =$$
$$a^2b^2c^2 + a^2 + b^2 + c^2 + 2(ab + bc + ca) - 2abc(a + b + c) =$$
$$a^2b^2c^2 - 2abc(a + b + c) + (a + b + c)^2 = (abc - (a + b + c))^2 \geqslant 0$$
所以 $(a^2 + 1)(b^2 + 1)(c^2 + 1) \geqslant (ab + bc + ca - 1)^2$

8. 因为 $A_n > 0, B_n > 0$, 所以只需证 $A_n B_{n-1} - A_{n-1} B_n > 0$.
而 $A_n = x_n a^n + x_{n-1} a^{n-1} + \cdots + x_0, A_{n-1} = x_{n-1} a^{n-1} + x_{n-2} a^{n-2} + \cdots + x_0$, 故有
$A_n = x_n a^n + A_{n-1}$.
同理 $B_n = x_n b^n + B_{n-1}$.
故
$A_n B_{n-1} - A_{n-1} B_n =$
$(x_n a^n + A_{n-1}) B_{n-1} - A_{n-1}(x_n b^n + B_{n-1}) = x_n(a^n B_{n-1} - b^n A_{n-1}) =$
$x_n[a^n(x_{n-1} b^{n-1} + x_{n-2} b^{n-2} + \cdots + x_0) - b^n(x_{n-1} a^{n-1} + x_{n-2} a^{n-2} + \cdots + x_0)] =$
$x_n[x_{n-1}(a^n b^{n-1} - a^{n-1} b^n) + x_{n-2}(a^n b^{n-2} - a^{n-2} b^n) + \cdots + x_0(a^n - b^n)]$
因为 $a > b$, 所以 $a^n b^{n-k} - a^{n-k} b^n > 0 (1 \leqslant k \leqslant n)$, 又因 $x_n > 0, x_{n-1} > 0$,

$x_{n-2} \geq 0, \cdots, x_0 \geq 0$，故 $A_n B_{n-1} - A_{n-1} B_n > 0$.

9. (1) $2x^4 + 2y^4 - xy(x+y)^2 = 2x^4 + 2y^4 - x^3y - xy^3 - 2x^2y^2 =$
$$(x^2 - y^2)^2 + (x-y)^2(x^2 + xy + y^2)$$

且
$$x^2 + xy + y^2 = \frac{1}{2}x^2 + \frac{1}{2}y^2 + \frac{1}{2}(x+y)^2 \geq 0$$
$$(x^2 - y^2)^2 \geq 0, (x-y)^2 \geq 0$$

所以 $2x^4 + 2y^4 - xy(x+y)^2 \geq 0$，从而 $2x^4 + 2y^4 \geq xy(x+y)^2$.

(2) 由 $x^{12} - x^9 - x^3 + 1 = (x^3 - 1)^2(x^6 + x^3 + 1)$ 可得.

(3) 因为 $a + b + c = 1$，所以
$$a^2 + b^2 + c^2 + 1 - 4(ab + bc + ca) =$$
$$a^2 + b^2 + c^2 + (a+b+c)^2 - 4(ab + bc + ca) =$$
$$2[(a-b)^2 + (b-c)^2 + (c-a)^2] \geq 0$$

10. (1) 设
$$D = 2(a^2b^2 + b^2c^2 + c^2a^2) - (a^4 + b^4 + c^4) =$$
$$4a^2b^2 - (a^2 + b^2)^2 + 2c^2(a^2 + b^2) - c^4 =$$
$$(2ab)^2 - (a^2 + b^2 - c^2)^2$$

由于 $D \geq 0$，则 $(2ab)^2 \geq (a^2 + b^2 - c^2)^2$，所以 $2ab \geq |a^2 + b^2 - c^2|$.

因为字母 $a,b,c$ 地位对称，不妨设 $a \geq b \geq c$，则
$$a^2 + b^2 + c^2 = |a^2 + b^2 - c^2| + 2c^2 \leq 2ab + c^2 \leq 2(ab + bc + ca)$$

(2) 逆命题：设 $a,b,c$ 是非负的实数. 如果 $a^2 + b^2 + c^2 \leq 2(ab + bc + ca)$，

则
$$a^4 + b^4 + c^4 \leq 2(a^2b^2 + b^2c^2 + c^2a^2)$$

此不成立，反例如下：当 $a = 4, b = c = 1$ 时
$$a^2 + b^2 + c^2 = 18, 2(ab + bc + ca) = 18$$

满足
$$a^2 + b^2 + c^2 = 2(ab + bc + ca)$$

而
$$a^4 + b^4 + c^4 = 256, 2(a^2b^2 + b^2c^2 + c^2a^2) = 66$$

所以有
$$a^4 + b^4 + c^4 > 2(a^2b^2 + b^2c^2 + c^2a^2)$$

11. (1) $a^3(b+1) + b^2(a+1) - [a^2(b+b^2) + b^2(a+a^2)] =$
$$ab(a-b)^2 + a^2(a-b) - b^2(a-b) = (a-b)^2(ab + a + b)$$

(2) $\dfrac{a}{b} + \dfrac{b}{c} + \dfrac{c}{a} - \left(\dfrac{b}{a} + \dfrac{c}{b} + \dfrac{a}{c}\right) = \dfrac{(a-b)(b-c)(a-c)}{abc}$

(3) 由 $2a^2 + 2b^2 + 2ab + 2bc + 2ca = a^2 + b^2 + c^2 + 2ab + 2bc + 2ca + (a^2 +$

$b^2 - c^2) = (a+b+c)^2 + (a^2+b^2-c^2)$ 可得.

**12. 证法一** 因为 $0 \leq x \leq 1$,所以 $0 \leq x^3 \leq x^2 \leq x \leq 1$,同理,$0 \leq y^3 \leq y^2 \leq y \leq 1, 0 \leq z^3 \leq z^2 \leq z \leq 1$,于是

$$2(x^3 + y^3 + z^3) - (x^2y + y^2z + z^2x) \leq$$
$$(x^3 + y^3 + z^3) + x^2(1-y) + y^2(1-z) + z^2(1-x) \leq$$
$$(x^3 + y^3 + z^3) + (1-y) + (1-z) + (1-x) =$$
$$3 + (x^3 - x) + (y^3 - y) + (z^3 - z) \leq 3$$

**证法二** 由于 $x^2y \geq \min\{x^3, y^3\}$,所以,$x^3 + y^3 - x^2y \leq \max\{x^3, y^3\} \leq 1$, 同理,$y^3 + z^3 - y^2z \leq 1, z^3 + x^3 - z^2x \leq 1$. 三个不等式相加得 $2(x^3 + y^3 + z^3) - (x^2y + y^2z + z^2x) \leq 3$.

**13.** 由题设 $x_i \geq 0, a_i + a_j \geq 0 (i,j = 1,2,\cdots,n)$,得
$$a_1x_1 + a_2x_2 + \cdots + a_nx_n = (a_1x_1 + a_2x_2 + \cdots + a_nx_n) \cdot 1 =$$
$$(a_1x_1 + a_2x_2 + \cdots + a_nx_n)(x_1 + x_2 + \cdots + x_n) =$$
$$a_1x_1^2 + a_2x_2^2 + \cdots + a_nx_n^2 + \sum_{\substack{i,j=1 \\ i \neq j}}^{n}(a_i + a_j)x_ix_j \geq a_1x_1^2 + a_2x_2^2 + \cdots + a_nx_n^2$$

(因为 $\sum_{\substack{i,j=1 \\ i \neq j}}^{n}(a_i + a_j)x_ix_j \geq 0$)

对于逆命题:如果对于满足 $x_1 + x_2 + \cdots + x_n = 1$ 的任意非负实数 $x_1, x_2, \cdots, x_n$,有不等式 $a_1x_1 + a_2x_2 + \cdots + a_nx_n \geq a_1x_1^2 + a_2x_2^2 + \cdots + a_nx_n^2$ 成立,那么实数 $a_1, a_2, \cdots, a_n$ 中任意两数之和非负.

事实上,令 $x_i = x_j = \frac{1}{2}, x_k = 0 (k \neq i, j)$,此时显然满足 $x_1 + x_2 + \cdots + x_n = 1$,于是有 $a_ix_i + a_jx_j \geq a_ix_i^2 + a_jx_j^2, \frac{1}{2}(a_i + a_j) \geq \frac{1}{4}(a_i + a_j)$,即 $a_i + a_j \geq 0$,实数 $a_1, a_2, \cdots, a_n$ 中任意两数之和非负.

**14.** 由 $a^2(b-c) + b^2(c-a) + c^2(a-b) = -(a-b)(b-c)(c-a)$ 可得.

**15.** 将不等式左边分解因式得
$$(a+b+c)[abc - (-a+b+c)(a-b+c)(a+b-c)]$$

由于 $a,b,c$ 是非负的实数,所以 $a+b-c, a-b+c, -a+b+c$ 三数中至多有一个负数(否则将两式相加,将三式相加会产生矛盾). 若上述三个数中有一个为负,则不等式显然成立. 设 $-a+b+c \geq 0, a-b+c \geq 0, a+b-c \geq 0$, 由此得
$$a^2 \geq (b-c)^2, b^2 \geq (c-a)^2, c^2 \geq (a-b)^2$$

于是
$$a^2b^2c^2 \geq [a^2 - (b-c)^2][b^2 - (c-a)^2][c^2 - (a-b)^2] =$$

$$[(-a+b+c)(a-b+c)(a+b-c)]^2$$

由此,$abc \geq (-a+b+c)(a-b+c)(a+b-c)$. 所以,原不等式获证.

16. 因为
$$(a+b)^4 = a^4 + 6a^3b + 6a^2b^2 + 4ab^3 + b^4$$
$$(a-b)^4 = a^4 - 6a^3b + 6a^2b^2 - 4ab^3 + b^4$$

所以
$$(a+b)^4 + (a+c)^4 + (a+d)^4 + (b+c)^4 + (b+d)^4 + (c+d)^4 +$$
$$(a-b)^4 + (a-c)^4 + (a-d)^4 + (b-c)^4 + (b-d)^4 + (c-d)^4 =$$
$$6(a^2+b^2+c^2+d^2)^2 \leq 6$$

于是
$$(a+b)^4 + (a+c)^4 + (a+d)^4 + (b+c)^4 + (b+d)^4 + (c+d)^4 \leq 6$$

17. $(a^2+b^2+c^2)^2 - (4\sqrt{3}S)^2 = (a^2+b^2+c^2)^2 - 3(a+b+c)(-a+b+c)(a-b+c)(a+b-c) = 2[(a^2-b^2)^2 + (b^2-c^2)^2 + (c^2-a^2)^2] \geq 0$.

等号成立的条件是 $a = b = c$,$\triangle ABC$ 是正三角形.

18.(1) 因为
$$\frac{x}{y^2} + \frac{y}{x^2} - \left(\frac{1}{x} + \frac{1}{y}\right) = \frac{x^3 + y^3 - xy^2 - x^2y}{x^2y^2} = \frac{(x+y)(x-y)^2}{x^2y^2} \geq 0$$

所以
$$\frac{x}{y^2} + \frac{y}{x^2} \geq \frac{1}{x} + \frac{1}{y}$$

(2) 由(1) 得
$$\frac{a}{b^2} + \frac{b}{a^2} \geq \frac{1}{a} + \frac{1}{b}, \frac{b}{c^2} + \frac{c}{b^2} \geq \frac{1}{b} + \frac{1}{c}, \frac{c}{a^2} + \frac{a}{c^2} \geq \frac{1}{c} + \frac{1}{a}$$

三式相加得
$$\frac{a+b}{c^2} + \frac{b+c}{a^2} + \frac{c+a}{b^2} \geq 2\left(\frac{1}{a} + \frac{1}{b} + \frac{1}{c}\right)$$

19. 由对称性不妨设 $p \leq q \leq r$,使用配方和因式分解,有
$$p + q + r - pqr = p + q - \frac{1}{2}(p+q)^2 r + \frac{1}{2}(p^2+q^2)r + r =$$
$$-\frac{1}{2}r\left(p+q-\frac{1}{r}\right)^2 + \frac{1}{2r} + 2r - \frac{r^3}{2} \leq \frac{1}{2r} + 2r - \frac{r^3}{2} =$$
$$\frac{1}{2r}(-r^4 + 4r^2 + 1 - 4r) + 2 = -\frac{1}{2r}(r-1)^2(r^2+2r-1) + 2$$

因为 $p^2 + q^2 + r^2 = 2$,$p \leq q \leq r$,故 $\frac{\sqrt{6}}{3} \leq r \leq \sqrt{2}$,在此区间上,总有 $r^2 + 2r - 1 > 0$,从而得 $p + q + r - pqr \leq 2$,其中等号当且仅当 $\{p, q, r\} = \{0, 1, 1\}$ 时成立.

20. 我们根据对称性构造下列差 $\frac{2}{1+a_ia_{i+1}} - \left(\frac{1}{1+a_i^2} + \frac{1}{1+a_{i+1}^2}\right)$.

$$\frac{2}{1+a_i a_{i+1}} - (\frac{1}{1+a_i^2} + \frac{1}{1+a_{i+1}^2}) =$$

$$\frac{2(1+a_i^2)(1+a_{i+1}^2) - (1+a_i^2)(1+a_i a_{i+1}) - (1+a_{i+1}^2)(1+a_i a_{i+1})}{(1+a_i a_{i+1})(1+a_i^2)(1+a_{i+1}^2)} =$$

$$\frac{a_i^2 + a_{i+1}^2 + 2a_i^2 a_{i+1}^2 - a_i a_{i+1} - a_i^3 a_{i+1} - a_i a_{i+1} - a_{i+1}^3 a_i}{(1+a_i a_{i+1})(1+a_i^2)(1+a_{i+1}^2)} =$$

$$\frac{(a_i - a_{i+1})^2 - a_i a_{i+1}(a_i - a_{i+1})^2}{(1+a_i a_{i+1})(1+a_i^2)(1+a_{i+1}^2)} =$$

$$(a_i - a_{i+1})^2 \cdot \frac{1 - a_i a_{i+1}}{(1+a_i a_{i+1})(1+a_i^2)(1+a_{i+1}^2)} \geq 0$$

这是因为 $a_i a_{i+1} \in [-1,1], a_i a_{i+1} \neq -1$,所以 $1 - a_i a_{i+1} \geq 0, 1 + a_i a_{i+1} > 0$,故 $\sum_{i=1}^{n} [\frac{2}{1+a_i a_{i+1}} - (\frac{1}{1+a_i^2} + \frac{1}{1+a_{i+1}^2})] \geq 0$,即 $\sum_{i=1}^{n} \frac{1}{1+a_i a_{i+1}} \geq \sum_{i=1}^{n} \frac{1}{1+a_i^2}$.

21. 如果 $x_1 + x_2 + x_3 = 0$,则

$$x_1 x_2 + x_2 x_3 + x_3 x_1 = \frac{1}{2}[(x_1 + x_2 + x_3)^2 - (x_1^2 + x_2^2 + x_3^2)] =$$

$$-\frac{1}{2}(x_1^2 + x_2^2 + x_3^2) \leq 0$$

当 $n = 4$ 时,如果 $x_1 + x_2 + x_3 + x_4 = 0$,则

$$x_1 x_2 + x_2 x_3 + x_3 x_4 + x_4 x_1 = (x_1 + x_3)(x_2 + x_4) \leq$$

$$[\frac{(x_1 + x_3) + (x_2 + x_4)}{2}]^2 = 0$$

即 $n = 4$ 时,不等式成立. 当 $n \geq 5$ 时,命题不一定成立. 我们举出如下反例:令 $x_1 = x_2 = 1, x_4 = -2, x_3 = x_5 = \cdots = x_n = 0$,从而 $x_1 + x_2 + \cdots + x_n = 0$,但是,$x_1 x_2 + x_2 x_3 + \cdots + x_{n-1} x_n + x_n x_1 = 1 > 0$,即 $n \geq 5$,命题不一定成立.

22. 因为

$$a^2 + b^2 + c^2 - 2bc - 2ac + 2ab = (a + b - c)^2 \geq 0$$

所以

$$a^2 + b^2 + c^2 \geq 2(bc + ca - ab)$$

两端同除以 $abc$,得

$$\frac{a}{bc} + \frac{b}{ca} + \frac{c}{ab} \geq 2(\frac{1}{a} + \frac{1}{b} - \frac{1}{c})$$

等号成立的充要条件是 $a + b = c$.

23. **证法一**

$$A = (b+c-a)^2 \cdot [b^2 + (c+a)^2] \cdot [c^2 + (a+b)^2] + (c+a-b)^2 \cdot$$
$$[c^2 + (a+b)^2] \cdot [a^2 + (b+c)^2] + (a+b-c)^2 \cdot$$

$$[a^2+(b+c)^2] \cdot [b^2+(c+a)^2]$$
$$B = [a^2+(b+c)^2] \cdot [b^2+(c+a)^2] \cdot [c^2+(a+b)^2]$$

则
$$5A - 3B = 4\{3(a^6+b^6+c^6)+(a^5b+ab^5+b^5c+bc^5+c^5a+ca^5) - (a^4b^2+a^2b^4+b^4c^2+b^2c^4+c^4a^2+c^2a^4) + 2(a^3b^3+b^3c^3+c^3a^3)+3abc(a^3+b^3+c^3) - 6abc(a^2b+ab^2+b^2c+bc^2+c^2a+ca^2)+12a^2b^2c^2\} =$$
$$4\{bc(c-a)^2(a-b)^2+ca(a-b)^2(b-c)^2+ab(b-c)^2(c-a)^2\} +$$
$$4abc\{(a+b)(a-b)^2+(b+c)(b-c)^2+(c+a)(c-a)^2\} +$$
$$8\{a^3(b+c)(b-c)^2+b^3(c+a)(c-a)^2+c^3(a+b)(a-b)^2\} +$$
$$6\{(a^3-b^3)^2+(b^3-c^3)^2+(c^3-a^3)^2\} +$$
$$4\{ab(a^2+ab+b^2)(a-b)^2+bc(b^2+bc+c^2)(b-c)^2 + ca(c^2+ca+a^2)(c-a)^2\} \geq 0$$

当且仅当 $a=b=c$ 时等号成立.

**证法二（陈计）** 因为
$$25(a^2+b^2+c^2)(b+c-a)^2 -$$
$$[a^2+(b+c)^2](7a^2+4b^2+c^2+40bc-20ca-20ab) =$$
$$\frac{1}{2}(b+c-2a)^2(b+c-3a)^2 +$$
$$\frac{1}{2}(b-c)^2[41a^2-50a(b+c)+41(b+c)^2] \geq 0$$

所以
$$\sum \frac{(b+c-a)^2}{a^2+(b+c)^2} \geq \sum \frac{7a^2+4b^2+c^2+40bc-20ca-20ab}{25(a^2+b^2+c^2)} = \frac{3}{5}$$

24. $ab+bc+cd+da = \frac{1}{4}[(a+b+c+d)^2 - (a-b+c-d)^2] \leq$
$$\frac{1}{4}(a+b+c+d)^2 = \frac{1}{4}$$

25. 当 $n=3$ 时
$$(a_1-a_2)(a_1-a_3)+(a_2-a_1)(a_2-a_3)+(a_3-a_1)(a_3-a_2) =$$
$$\frac{1}{2}\{[(a_1-a_2)(a_1-a_3)+(a_2-a_1)(a_2-a_3)] +$$
$$[(a_2-a_1)(a_2-a_3)+(a_3-a_1)(a_3-a_2)] +$$
$$[(a_1-a_2)(a_1-a_3)+(a_3-a_1)(a_3-a_2)]\} =$$
$$\frac{1}{2}[(a_1-a_2)^2+(a_2-a_3)^2+(a_3-a_1)^2] \geq 0$$

故结论成立.

当 $n=5$ 时,由于所证的不等式关于 $a_1,a_2,a_3,a_4,a_5$ 对称,故不妨设 $a_1 \geqslant a_2 \geqslant a_3 \geqslant a_4 \geqslant a_5$,于是
$$a_1 - a_2 = -(a_2 - a_1) \geqslant 0, a_1 - a_3 \geqslant a_2 - a_3 \geqslant 0, a_1 - a_4 \geqslant a_2 - a_4 \geqslant 0,$$
$$a_1 - a_5 \geqslant a_2 - a_5 \geqslant 0$$
故
$$(a_1 - a_2)(a_1 - a_3)(a_1 - a_4)(a_1 - a_5) +$$
$$(a_2 - a_1)(a_2 - a_3)(a_2 - a_4)(a_2 - a_5) =$$
$$(a_1 - a_2)[(a_1 - a_3)(a_1 - a_4)(a_1 - a_5) -$$
$$(a_2 - a_3)(a_2 - a_4)(a_2 - a_5)] \geqslant 0 \qquad ①$$

又因为 $a_1 - a_3 \geqslant 0, a_2 - a_3 \geqslant 0, a_3 - a_4 \geqslant 0, a_3 - a_5 \geqslant 0$,故
$$(a_3 - a_1)(a_3 - a_2)(a_3 - a_4)(a_3 - a_5) \geqslant 0 \qquad ②$$

又 $a_4 - a_5 \geqslant 0, a_1 - a_5 \geqslant a_1 - a_4 \geqslant 0, a_2 - a_5 \geqslant a_2 - a_4 \geqslant 0, a_3 - a_5 \geqslant a_3 - a_4 \geqslant 0$,故
$$(a_4 - a_1)(a_4 - a_2)(a_4 - a_3)(a_4 - a_5) +$$
$$(a_5 - a_1)(a_5 - a_2)(a_5 - a_3)(a_5 - a_4) =$$
$$(a_4 - a_5)[(a_4 - a_1)(a_4 - a_2)(a_4 - a_3) -$$
$$(a_5 - a_1)(a_5 - a_2)(a_5 - a_3)] =$$
$$(a_4 - a_5)[(a_1 - a_5)(a_2 - a_5)(a_3 - a_5) -$$
$$(a_1 - a_4)(a_2 - a_4)(a_3 - a_4)] \geqslant 0 \qquad ③$$

① + ② + ③ 得
$$(a_1 - a_2)(a_1 - a_3)(a_1 - a_4)(a_1 - a_5) +$$
$$(a_2 - a_1)(a_2 - a_3)(a_2 - a_4)(a_2 - a_5) +$$
$$(a_3 - a_1)(a_3 - a_2)(a_3 - a_4)(a_3 - a_5) +$$
$$(a_4 - a_1)(a_4 - a_2)(a_4 - a_3)(a_4 - a_5) +$$
$$(a_5 - a_1)(a_5 - a_2)(a_5 - a_3)(a_5 - a_4) \geqslant 0$$

所以,当 $n=5$ 时,原不等式成立.

当 $n$ 是偶数时,令 $a_1 < a_2 = a_3 = \cdots = a_n$,则左边小于 0,因而不等式不成立.

当 $n \geqslant 7$ 时,令 $a_1 = a_2 = a_3 < a_4 < a_5 = a_6 = \cdots = a_n$,则左边只有一项非零项 $(a_4 - a_1)(a_4 - a_2)\cdots(a_4 - a_n) < 0$,故不等式不成立.

26. 因为
$$(a^2 + b + \frac{3}{4})(b^2 + a + \frac{3}{4}) - (a^2 + a + \frac{3}{4})(b^2 + b + \frac{3}{4}) =$$
$$(a^2 - b^2)(a - b) = (a - b)^2(a + b) \geqslant 0$$
$$a^2 + a + \frac{3}{4} - (2a + \frac{1}{2}) = (a - \frac{1}{2})^2 \geqslant 0$$

$$b^2 + b + \frac{3}{4} - (2b + \frac{1}{2}) = (b - \frac{1}{2})^2 \geq 0$$

所以
$$(a^2 + b + \frac{3}{4})(b^2 + a + \frac{3}{4}) \geq (2a + \frac{1}{2})(2b + \frac{1}{2})$$

27. 由均值不等式得 $a^2 + b^2 + c^2 - 3\sqrt[3]{a^2b^2c^2} \geq 0$, 则
$$\frac{1}{3}[(a-b)^2 + (b-c)^2 + (c-a)^2] =$$
$$\frac{2}{3}(a^2 + b^2 + c^2) - \frac{2}{3}(ab + bc + ca) \leq$$
$$\frac{2}{3}(a^2 + b^2 + c^2) - \frac{2}{3} \cdot 3\sqrt[3]{ab \cdot bc \cdot ca} =$$
$$\frac{2}{3}(a^2 + b^2 + c^2) - \frac{2}{3} \cdot 3\sqrt[3]{a^2b^2c^2} = \frac{2}{3}[a^2 + b^2 + c^2 - 3\sqrt[3]{a^2b^2c^2}] \leq$$
$$a^2 + b^2 + c^2 - 3\sqrt[3]{a^2b^2c^2}$$

下面证明右边的不等式. 令 $x = \sqrt[3]{a^2}, y = \sqrt[3]{b^2}, z = \sqrt[3]{c^2}$. 则由舒尔不等式得
$$x^3 + y^3 + z^3 + 3xyz \geq x^2y + xy^2 + y^2z + yz^2 + x^2z + xz^2$$

所以由均值不等式得
$$[(a-b)^2 + (b-c)^2 + (c-a)^2] - (a^2 + b^2 + c^2 - 3\sqrt[3]{a^2b^2c^2}) =$$
$$a^2 + b^2 + c^2 + 3\sqrt[3]{a^2b^2c^2} - 2ab - 2bc - 2ca \geq$$
$$a^2 + b^2 + c^2 + 3\sqrt[3]{a^2b^2c^2} - \sqrt[3]{a^4b^2} - \sqrt[3]{a^2b^4} - \sqrt[3]{b^4c^2} -$$
$$\sqrt[3]{b^2c^4} - \sqrt[3]{a^4c^2} - \sqrt[3]{a^2c^4} =$$
$$x^3 + y^3 + z^3 + 3xyz - (x^2y + xy^2 + y^2z + yz^2 + x^2z + xz^2) \geq 0$$

右边的不等式得证.

28. **证法一**
$$\frac{b+c}{a} + \frac{c+a}{b} + \frac{a+b}{c} + 3 - \frac{(a^2+b^2+c^2)(ab+bc+ca)}{abc(a+b+c)} =$$
$$\frac{b+c}{a} + 1 + \frac{c+a}{b} + 1 + \frac{a+b}{c} + 1 - \frac{(a^2+b^2+c^2)(ab+bc+ca)}{abc(a+b+c)} =$$
$$\frac{(a+b+c)(ab+bc+ca)}{abc} - \frac{(a^2+b^2+c^2)(ab+bc+ca)}{abc(a+b+c)} =$$
$$\frac{(a+b+c)^2(ab+bc+ca)}{abc(a+b+c)} - \frac{(a^2+b^2+c^2)(ab+bc+ca)}{abc(a+b+c)} =$$
$$\frac{2(ab+bc+ca)^2}{abc(a+b+c)}$$

而
$$2(ab+bc+ca)^2 - 6abc(a+b+c) = a^2(b-c)^2 + b^2(c-a)^2 + c^2(a-b)^2 \geqslant 0$$

所以
$$\frac{2(ab+bc+ca)^2}{abc(a+b+c)} \geqslant 6$$

即
$$\frac{b+c}{a} + \frac{c+a}{b} + \frac{a+b}{c} \geqslant \frac{(a^2+b^2+c^2)(ab+bc+ca)}{abc(a+b+c)}$$

**证法二**

$$\frac{b+c}{a} + \frac{c+a}{b} + \frac{a+b}{c} - 3 - \frac{(a^2+b^2+c^2)(ab+bc+ca)}{abc(a+b+c)} =$$

$$\frac{b+c}{a} + \frac{c+a}{b} + \frac{a+b}{c} - 6 - \left[\frac{(a^2+b^2+c^2)(ab+bc+ca)}{abc(a+b+c)} - 3\right] =$$

$$\frac{(b-c)^2}{bc} + \frac{(c-a)^2}{ca} + \frac{(a-b)^2}{ab} -$$

$$\left[\frac{(b+c)(b-c)^2}{bc(a+b+c)} + \frac{(c+a)(c-a)^2}{ca(a+b+c)} + \frac{(a+b)(a-b)^2}{ab(a+b+c)}\right] =$$

$$\left[\frac{1}{bc} - \frac{(b+c)}{bc(a+b+c)}\right](b-c)^2 +$$

$$\left[\frac{1}{ca} - \frac{(c+a)}{ca(a+b+c)}\right](c-a)^2 +$$

$$\left[\frac{1}{ab} - \frac{(a+b)}{ab(a+b+c)}\right](a-b)^2 =$$

$$\frac{a}{bc(a+b+c)}(b-c)^2 + \frac{b}{bc(a+b+c)}(c-a)^2 +$$

$$\frac{c}{bc(a+b+c)}(a-b)^2 \geqslant 0$$

29. 因为 $abc = 1$,所以
$$\frac{1}{a} + \frac{1}{b} + \frac{1}{c} - \frac{3}{a+b+c} \geqslant 2\left(\frac{1}{a^2} + \frac{1}{b^2} + \frac{1}{c^2}\right)\frac{1}{a^2+b^2+c^2}$$

等价于
$$\frac{1}{a} + \frac{1}{b} + \frac{1}{c} - \frac{3}{a+b+c} \geqslant 2\left(\frac{1}{a^2} + \frac{1}{b^2} + \frac{1}{c^2}\right)\frac{abc}{a^2+b^2+c^2}$$

注意到 $(a^3+b^3) - (a^2b+ab^2) = (a^2-b^2)(a-b) = (a+b)(a-b)^2$ 有

$$\frac{1}{a}+\frac{1}{b}+\frac{1}{c}-\frac{3}{a+b+c}-2\left(\frac{1}{a^2}+\frac{1}{b^2}+\frac{1}{c^2}\right)\frac{abc}{a^2+b^2+c^2}=$$

$$\frac{[(a+b+c)(ab+bc+ca)-3abc](a^2+b^2+c^2)-(a^2b^2+b^2c^2+c^2a^2)(a+b+c)}{abc(a+b+c)(a^2+b^2+c^2)}=$$

$$\frac{(a^2b+ab^2+b^2c+bc^2+c^2a+ca^2)(a^2+b^2+c^2)-(a^2b^2+b^2c^2+c^2a^2)(a+b+c)}{abc(a+b+c)(a^2+b^2+c^2)}=$$

$$\frac{[(a^4b+ab^4)-(a^3b^2+a^2b^3)]+[(b^4c+bc^4)-(b^3c^2+b^2c^3)]+[(a^4c+ac^4)-(a^3c^2+a^2c^3)]}{abc(a+b+c)(a^2+b^2+c^2)}=$$

$$\frac{ab[(a^3+b^3)-(a^2b+ab^2)]+bc[(b^3+c^3)-(b^2c+bc^2)]+ca[(a^3+c^3)-(a^2c+ac^2)]}{abc(a+b+c)(a^2+b^2+c^2)}=$$

$$\frac{ab(a+b)(a-b)^2+bc(b+c)(b-c)^2+ca(c+a)(c-a)^2}{abc(a+b+c)(a^2+b^2+c^2)}\geqslant 0$$

所以,原不等式成立.

30. 不妨设 $x_1\leqslant x_2\leqslant \cdots \leqslant x_n$,若 $k$ 是正整数,则当 $i<j$ 时,有 $x_i\leqslant x_j$, $x_j^{k+1}\geqslant x_i^{k+1}$, $x_i^k\leqslant x_j^k$, $x_i^{k-1}\leqslant x_j^{k-1}$,有

$$\sum_{i=1}^{n}\frac{1}{1+x_i}\sum_{i=1}^{n}x_i-\sum_{i=1}^{n}\frac{x_i^{k+1}}{1+x_i}\sum_{i=1}^{n}\frac{1}{x_i^k}=\sum_{i=1}^{n}\frac{1}{1+x_i}\sum_{j=1}^{n}x_j-\sum_{i=1}^{n}\frac{x_i^{k+1}}{1+x_i}\sum_{j=1}^{n}\frac{1}{x_j^k}=$$

$$\sum_{i,j=1}^{n}\left(\frac{x_j}{1+x_i}-\frac{x_i^{k+1}}{(1+x_i)x_j^k}\right)=\sum_{i<j}\frac{x_j^{k+1}-x_i^{k+1}}{(1+x_i)x_j^k}+\sum_{i>j}\frac{x_j^{k+1}-x_i^{k+1}}{(1+x_i)x_j^k}=$$

$$\sum_{i<j}^{n}\frac{x_j^{k+1}-x_i^{k+1}}{(1+x_i)x_j^k}+\sum_{i<j}^{n}\frac{x_i^{k+1}-x_j^{k+1}}{(1+x_j)x_i^k}=\sum_{i<j}^{n}\frac{(x_j^{k+1}-x_i^{k+1})[(1+x_j)x_i^k-(1+x_i)x_j^k]}{(1+x_i)(1+x_j)x_i^kx_j^k}=$$

$$\sum_{i<j}^{n}\frac{(x_j^{k+1}-x_i^{k+1})[(x_i^k-x_j^k)+x_ix_j(x_i^{k-1}-x_j^{k-1})]}{(1+x_i)(1+x_j)x_i^kx_j^k}\leqslant 0$$

31. 构造数列 $x_n=2C_n-D_n$, $y_n=D_n-C_n$, $n\in \mathbf{N}^*$,则

$$x_{n+1}-x_n=2(C_{n+1}-C_n)-(D_{n+1}-D_n)=$$
$$2(a_{n+1}-b_{n+1})^2-(a_{n+1}-b_{n+1})^2-$$
$$n(b_{n+1}^2-b_n^2)+2(b_{n+1}-b_n)(a_1+a_2+\cdots+a_n)=$$
$$(a_{n+1}-b_{n+1})^2-n(b_{n+1}^2-b_n^2)+2nb_n(b_{n+1}-b_n)=$$
$$[(n+1)b_{n+1}-nb_n-b_{n+1}]^2-n(b_{n+1}^2-b_n^2)+$$
$$2n(b_nb_{n+1}-b_n^2)=(n^2-n)(b_{n+1}-b_n)^2\geqslant 0$$

又 $x_1=2C_1-D_1=(a_1-b_1)^2\geqslant 0$,故对一切 $n\in \mathbf{N}^*$, $x_n\geqslant 0$.

同样

$$y_{n+1}-y_n=n(b_{n+1}^2-b_n^2)-2(b_{n+1}-b_n)(a_1+a_2+\cdots+a_n)=$$
$$n(b_{n+1}-b_n)^2\geqslant 0$$

又 $y_1=D_1-C_1=0$,故对一切 $n\in \mathbf{N}^*$, $y_n\geqslant 0$.

综上所述，$C_n \leqslant D_n \leqslant 2C_n$.

32. 令 $x = p - a, y = p - b, z = p - c$，则 $a = y + z, b = z + x, c = x + y$.

$$a\sqrt{\frac{(p-b)(p-c)}{bc}} + b\sqrt{\frac{(p-c)(p-a)}{ca}} + c\sqrt{\frac{(p-a)(p-b)}{ab}} \geqslant p \Leftrightarrow$$

$$(y+z)\sqrt{\frac{yz}{(x+y)(x+z)}} + (z+x)\sqrt{\frac{zx}{(y+z)(y+x)}} +$$

$$(x+y)\sqrt{\frac{xy}{(z+x)(z+y)}} \geqslant x + y + z \Leftrightarrow$$

$$2(y+z)\sqrt{\frac{yz}{(x+y)(x+z)}} + 2(z+x)\sqrt{\frac{zx}{(y+z)(y+x)}} +$$

$$2(x+y)\sqrt{\frac{xy}{(z+x)(z+y)}} \geqslant 2(x+y+z) \Leftrightarrow$$

$$\frac{(y+z)z}{x+y} + \frac{(y+z)y}{x+z} - (y+z)\left(\sqrt{\frac{z}{x+y}} - \sqrt{\frac{y}{x+z}}\right)^2 +$$

$$\frac{(z+x)z}{x+y} + \frac{(z+x)x}{y+z} - (z+x)\left(\sqrt{\frac{z}{x+y}} - \sqrt{\frac{x}{y+z}}\right)^2 +$$

$$\frac{(x+y)x}{y+z} + \frac{(x+y)y}{x+z} - (x+y)\left(\sqrt{\frac{x}{y+z}} - \sqrt{\frac{y}{x+z}}\right)^2 \geqslant 2(x+y+z) \Leftrightarrow$$

$$2\left(\frac{x^2}{y+z} + \frac{y^2}{z+x} + \frac{z^2}{x+y}\right) - (x+y+z) \geqslant$$

$$(y+z)\left(\sqrt{\frac{z}{x+y}} - \sqrt{\frac{y}{x+z}}\right)^2 + (z+x)\left(\sqrt{\frac{z}{x+y}} - \sqrt{\frac{x}{y+z}}\right)^2 +$$

$$(x+y)\left(\sqrt{\frac{x}{y+z}} - \sqrt{\frac{y}{x+z}}\right)^2 \Leftrightarrow$$

$$\frac{(x+y+z)(x-y)^2}{(y+z)(z+x)} + \frac{(x+y+z)(y-z)^2}{(z+x)(x+y)} + \frac{(x+y+z)(z-x)^2}{(x+y)(y+z)} \geqslant$$

$$(y+z)\frac{(x+y+z)^2(y-z)^2}{(z+x)(x+y)(\sqrt{z(x+z)} + \sqrt{y(x+y)})^2} +$$

$$(z+x)\frac{(x+y+z)^2(z-x)^2}{(x+y)(y+z)(\sqrt{z(y+z)} + \sqrt{x(x+y)})^2} +$$

$$(x+y)\frac{(x+y+z)^2(x-y)^2}{(y+z)(z+x)(\sqrt{x(x+z)} + \sqrt{y(y+z)})^2} \qquad ①$$

下面证明

$$\frac{(x+y+z)(x-y)^2}{(y+z)(z+x)} \geqslant (x+y)\frac{(x+y+z)^2(x-y)^2}{(y+z)(z+x)(\sqrt{x(x+z)} + \sqrt{y(y+z)})^2} \Leftrightarrow$$

$$1 \geqslant \frac{(x+y+z)(x+y)}{(\sqrt{x(x+z)} + \sqrt{y(y+z)})^2} \Leftrightarrow$$

$$(\sqrt{x(x+z)} + \sqrt{y(y+z)})^2 \geq (x+y+z)(x+y) \Leftrightarrow$$
$$2\sqrt{x(x+z)}\sqrt{y(y+z)} \geq 2xy$$

因为 $z$ 是正数,这是显然的. 同理可证其余两个不等式. 于是不等式 ① 成立.

33. (1) $a+b+c=0$,则
$$c = -(a+b), a^3+b^3+c^3 = a^3+b^3-(a+b)^3 = -3ab(a+b)$$
$$a^5+b^5+c^5 = a^5+b^5-(a+b)^5 = -5ab(a+b)(a^2+ab+b^2)$$

所以
$$a^3+b^3+c^3 > 0 \Leftrightarrow a^5+b^5+c^5 > 0$$

(2) $a+b+c+d=0$,则 $d=-(a+b+c)$,于是
$$a^3+b^3+c^3+d^3 = -3(a+b)(b+c)(c+a)$$
$$a^5+b^5+c^5+d^5 = -5(a+b)(b+c)(c+a)(a^2+b^2+c^2+ab+bc+ca)$$

所以
$$a^3+b^3+c^3+d^3 > 0 \Leftrightarrow a^5+b^5+c^5+d^5 > 0$$

34. 由例4
$$\frac{a^2}{b+c} + \frac{b^2}{c+a} + \frac{c^2}{a+b} - \frac{a+b+c}{2} =$$
$$\frac{(a+b+c)(a-b)^2}{2(b+c)(c+a)} + \frac{(a+b+c)(a-c)^2}{2(b+c)(a+b)} + \frac{(a+b+c)(b-c)^2}{2(c+a)(a+b)}$$

而
$$\frac{3}{2} \cdot \frac{a^3+b^3+c^3}{a^2+b^2+c^2} - \frac{a+b+c}{2} = \frac{3(a^3+b^3+c^3) - (a^2+b^2+c^2)(a+b+c)}{2(a^2+b^2+c^2)} =$$
$$\frac{2(a^3+b^3+c^3) - (a^2b+ab^2+b^2c+bc^2+c^2a+ca^2)}{2(a^2+b^2+c^2)} =$$
$$\frac{a^3+b^3-(a^2b+ab^2)+b^3+c^3-(b^2c+bc^2)+c^3+a^3-(c^2a+ca^2)}{2(a^2+b^2+c^2)} =$$
$$\frac{(a+b)(a-b)^2+(b+c)(b-c)^2+(c+a)(c-a)^2}{2(a^2+b^2+c^2)}$$

又
$$\frac{a+b+c}{(b+c)(c+a)} - \frac{a+b}{a^2+b^2+c^2} =$$
$$\frac{(a+b+c)(a^2+b^2+c^2) - (a+b)(b+c)(c+a)}{(b+c)(c+a)(a^2+b^2+c^2)} =$$
$$\frac{a^3+b^3+c^3-2abc}{(b+c)(c+a)(a^2+b^2+c^2)} > \frac{a^3+b^3+c^3-3abc}{(b+c)(c+a)(a^2+b^2+c^2)} =$$
$$\frac{(a+b+c)[(a-b)^2+(b-c)^2+(c-a)^2]}{2(b+c)(c+a)(a^2+b^2+c^2)} \geq 0$$

同理
$$\frac{a+b+c}{(a+b)(c+a)} - \frac{b+c}{a^2+b^2+c^2} > 0, \frac{a+b+c}{(a+b)(b+c)} - \frac{c+a}{a^2+b^2+c^2} > 0$$
从而,原不等式成立.本题是例4的一个推广.

35. 设方程的三个根依次为 $p,q,r$,且 $p \leqslant q \leqslant r$,由根与系数的关系 $a = -(p+q+r), b = pq+qr+rp$. 于是
$$a^2 - 3b = (p+q+r)^2 - 3(pq+qr+rp) =$$
$$p^2 + q^2 + r^2 - (pq+qr+rp) =$$
$$\frac{1}{2}[(p-q)^2 + (q-r)^2 + (r-p)^2] \geqslant 0$$

另一方面,$\sqrt{a^2 - 3b} \leqslant r - p$ 等价于
$$a^2 - 3b \leqslant (r-p)^2 \Leftrightarrow \frac{1}{2}[(p-q)^2 + (q-r)^2 + (r-p)^2] \leqslant (r-p)^2 \Leftrightarrow$$
$$(p-q)^2 + (q-r)^2 \leqslant (r-p)^2$$

最后一式显然是成立的,这是因为 $q - p \geqslant 0, r - q \geqslant 0$,有
$$(r-p)^2 = [(r-q) + (q-p)]^2 = (p-q)^2 + (q-r)^2 + 2(q-p)(r-q) \geqslant$$
$$(p-q)^2 + (q-r)^2$$

36.(1)显然,$x + y \geqslant 2$.
$$x^3 + y^3 = (x+y)(x^2 - xy + y^2) \geqslant 2(x^2 - xy + y^2)$$
要证明 $x^3 + y^3 + 4xy \geqslant x^2 + y^2 + x + y + 2$,只要证
$$2(x^2 + xy + y^2) \geqslant x^2 + y^2 + x + y + 2 \Leftrightarrow x^2 + y^2 + 2xy \geqslant x + y + 2$$
由条件 $xy \geqslant 1$,只要证 $x^2 + y^2 \geqslant x + y$.

由平均值不等式得
$$x^2 + y^2 \geqslant \frac{1}{2}(x+y)^2 = \frac{1}{2}(x+y)(x+y) \geqslant x + y$$

(2)考虑到 $x + y \geqslant 2$.
$$2(x^3 + y^3 + xy + x + y) - 5(x^2 + y^2) =$$
$$2(x+y)(x^2 - xy + y^2) + 2xy + 2(x+y) - 5(x^2 + y^2) =$$
$$2(x^2 - xy + y^2)(x+y-2) + 4(x^2 - xy + y^2) +$$
$$2xy + 2(x+y-2) - 5(x^2 + y^2) + 4 =$$
$$2(x^2 - xy + y^2)(x+y-2) + 2(x+y-2) + 4 - (x+y)^2 =$$
$$(x+y-2)[2(x^2 - xy + y^2) - (x+y)]$$

由(1)的证明过程可知
$$2(x^2 - xy + y^2) - (x+y) = (x-y)^2 + [(x^2 + y^2) - (x+y)] \geqslant 0$$
所以,不等式得证.

37. (1) 由 $\dfrac{x^2}{x+y} - \dfrac{3x-y}{4} = \dfrac{(x-y)^2}{4(x+y)} \geq 0$, 得 $\dfrac{x^2}{x+y} \geq \dfrac{3x-y}{4}$.

(2) 由(1)得 $\dfrac{x^3}{x+y} \geq \dfrac{3x^2 - xy}{4}$, 同理, $\dfrac{y^3}{y+z} \geq \dfrac{3y^2 - yz}{4}$, $\dfrac{z^3}{z+x} \geq \dfrac{3z^2 - xy}{4}$, 故

$$\dfrac{x^3}{x+y} + \dfrac{y^3}{y+z} + \dfrac{z^3}{z+x} \geq \dfrac{3(x^2+y^2+z^2) - (xy+yz+zx)}{4} \geq$$

$$\dfrac{3(xy+yz+zx) - (xy+yz+zx)}{4} = \dfrac{xy+yz+zx}{2}$$

38. 不妨设 $2 \geq x \geq y \geq z \geq 1$, 因为

$$(x+y+z)\left(\dfrac{1}{x} + \dfrac{1}{y} + \dfrac{1}{z}\right) - 9 = \dfrac{(x-y)^2}{xy} + \dfrac{(y-z)^2}{yz} + \dfrac{(z-x)^2}{zx}$$

又因为

$$\dfrac{x}{y+z} + \dfrac{y}{z+x} + \dfrac{z}{x+y} - \dfrac{3}{2} = \dfrac{1}{2}\left[\dfrac{(x-y)^2}{(y+z)(z+x)} + \dfrac{(y-z)^2}{(x+y)(z+x)} + \dfrac{(z-x)^2}{(y+z)(x+y)}\right]$$

所以

$$(x+y+z)\left(\dfrac{1}{x} + \dfrac{1}{y} + \dfrac{1}{z}\right) - 6\left(\dfrac{x}{y+z} + \dfrac{y}{z+x} + \dfrac{z}{x+y}\right) =$$

$$\left(\dfrac{1}{xy} - \dfrac{3}{(y+z)(z+x)}\right)(x-y)^2 + \left(\dfrac{1}{yz} - \dfrac{3}{(x+y)(z+x)}\right) \cdot$$

$$(y-z)^2 + \left(\dfrac{1}{zx} - \dfrac{3}{(y+z)(x+y)}\right)(z-x)^2 \geq 0 \Leftrightarrow$$

$$z(x+y)(z^2 + zx + zy - 2xy)(x-y)^2 + x(y+z)(x^2 + xy + xz - 2yz) \cdot$$

$$(y-z)^2 + y(z+x)(y^2 + yz + yx - 2zx)(z-x)^2 =$$

$$S_z(x-y)^2 + S_x(y-z)^2 + S_y(z-x)^2 \geq 0 \qquad ①$$

由 $2 \geq x \geq y \geq z \geq 1$, 易知 $(x+y)(z+x) - 3yz \geq 2y \cdot 2z - 3yz > 0$, 所以 $S_x > 0$, 又

$$S_y \geq 0 \Leftrightarrow (y+z)(x+y) - 3zx \geq 0 \Leftrightarrow xy + yz + y^2 - 2zx \geq 0 \qquad ②$$

由 $2 \geq x \geq y \geq z \geq 1$, 易知, $y + z \geq 2 \geq x$, 所以 $y(y+z) \geq zx$, $xy \geq zx$, 相加得②, 所以 $S_y \geq 0$.

如果 $S_z \geq 0$, 则式①右边 $\geq 0$, 不等式得证.

如果 $S_z < 0$, 则

$$(x-y)^2 = [(x-z) - (y-z)]^2 = (z-x)^2 + (y-z)^2 - 2(x-z)(y-z)$$

$$S_z(x-y)^2 + S_x(y-z)^2 + S_y(z-x)^2 =$$

$$(S_y + S_z)(z-x)^2 + (S_x + S_z)(y-z)^2 - 2S_z(x-z)(y-z) \geq$$

$$(S_y + S_z)(z-x)^2 + (S_x + S_z)(y-z)^2$$

下面证明 $S_y + S_z \geq 0, S_x + S_z \geq 0$.
$S_x + S_z = x(y+z)(x^2 + xy + xz - 2yz) + z(x+y)(z^2 + zx + zy - 2xy) \geq$
$z(x+y)[(x^2 + xy + xz - 2yz) + (z^2 + zx + zy - 2xy)] =$
$z(x+y)[(x+2z)(x-y) + z^2] \geq 0$
$S_y + S_z = y(z+x)(y^2 + yz + yx - 2zx) + z(x+y)(z^2 + zx + zy - 2xy) \geq$
$z(x+y)[(y^2 + yz + yx - 2zx) + (z^2 + zx + zy - 2xy)] =$
$z(x+y)[xy + (y+z-x)(y+z)] \geq 0$
所以 $S_z < 0$ 时,不等式也成立.

于是,只要 $x, y, z \in [1, 2]$,就有
$$(x + y + z)\left(\frac{1}{x} + \frac{1}{y} + \frac{1}{z}\right) \geq 6\left(\frac{x}{y+z} + \frac{y}{z+x} + \frac{z}{x+y}\right)$$

另证,同上得到不等式
$$S_z(x-y)^2 + S_x(y-z)^2 + S_y(z-x)^2 \geq 0 \qquad ③$$

显然 $S_x > 0$,
$S_y \geq 0 \Leftrightarrow (y+z)(x+y) - 3zx \geq 0 \Leftrightarrow$
$xy + yz + y^2 - 2zx = y^2 + y(x+z) - 2zx \geq$
$z^2 + z(x+z) - 2zx = z(2-x) \geq 0$
$S_z(x-y)^2 + S_x(y-z)^2 + S_y(z-x)^2 \geq S_z(x-y)^2 + S_y(z-x)^2 \geq$
$(x-y)^2(S_y + S_z)$

下面只要证明
$$S_y + S_z \geq 0 \qquad ④$$

$S_y + S_z \geq 0 \Leftrightarrow \frac{1}{zx} - \frac{3}{(y+z)(x+y)} + \frac{1}{xy} - \frac{3}{(y+z)(z+x)} \geq$
$0 \Leftrightarrow (y+z)^2 x^2 + (y+z)^3 x + (y+z)^2 yz - 6yzx^2 - 3(y+z)xyz \geq 0$
但 $(y+z)^2 + (y+z)x - 2x^2 \geq 4 + 2x - 2x^2 = 2(1+x)(2-x) \geq 0$. 不等式 ④ 得证.

**39. 证法一**
$(a^2 + b^2)^2 - (a+b+c)(a+b-c)(a+c-b)(b+c-a) \Leftrightarrow$
$(y-z)^2 x^2 + (y-z)^2(y+z)x + yz[(y+z)^2 + (y+z)x - 2x^2] \geq 0 =$
$a^4 + b^4 + 2a^2 b^2 - (2a^2 b^2 + 2b^2 c^2 + 2c^2 a^2 - a^4 - b^4 - c^4) =$
$2a^4 + 2b^4 + c^4 - 2b^2 c^2 - 2c^2 a^2 = \frac{1}{2}[(2a^2 - c^2)^2 + (2b^2 - c^2)^2] \geq 0$

**证法二** 由海伦公式得
$$(a+b+c)(a+b-c)(a+c-b)(b+c-a) = (4S)^2$$
$S$ 表示三角形的面积.

$$(a^2+b^2)^2 - (a+b+c)(a+b-c)(a+c-b)(b+c-a) \geqslant$$
$$(2ab)^2 - 16S^2 \geqslant (2ab\sin C)^2 - 16S^2 = 0.$$

40. 因为 $a_i \in [-2,17], i=1,2,\cdots,59$，所以 $(a_i+2)(a_i-17) \leqslant 0, i=1,2,\cdots,59$，即 $a_i^2 - 15a_i - 34 \leqslant 0, i=1,2,\cdots,59$. 注意到 $a_1+a_2+\cdots+a_{59}=0$，将上面各式相加得 $a_1^2+a_2^2+\cdots+a_{59}^2 \leqslant 2\,006$.

41. $P(a,b,c) = a^4(b^2+c^2) + b^4(c^2+a^2) + c^4(a^2+b^2) + 2abc(a^2b+a^2c+b^2a+b^2c+c^2a+c^2b - a^3-b^3-c^3-3abc) - 2(a^3b^3+b^3c^3+c^3a^3)$ 是关于 $a, b, c$ 对称的，当 $a=b, b=c, c=a$ 时，$P(a,b,c)=0$，所以 $P(a,b,c)$ 有因式 $(a-b)(b-c)(c-a), P(a,b,c) = (a-b)Q(a,b,c)$，其中 $Q(a,b,c)$ 是关于 $a, b, c$ 的五次多项式. $(a-b)Q(a,b,c) = P(a,b,c) = P(b,a,c) = (b-a)Q(b,a,c)$，所以，$Q(a,b,c) = -Q(b,a,c)$，于是，$Q(a,a,c) = -Q(a,a,c), Q(a,a,c) = 0$，这样 $Q(a,b,c)$ 有因式 $(a-b)$，同理，$Q(a,b,c)$ 有因式 $(b-c), (c-a)$，于是，$P(a,b,c) = (a-b)^2(b-c)^2(c-a)^2 R(a,b,c)$，因为 $P(a,b,c)$ 是关于 $a, b, c$ 的六次多项式，所以，$R(a,b,c)$ 是零次多项式，注意到 $a^4b^2$ 的系数为 1. 所以 $R(a,b,c) = 1$，即 $P(a,b,c) = (a-b)^2(b-c)^2(c-a)^2$. 所以，$P(a,b,c) \geqslant 0$. 从而，原不等式成立.

42. 因为 $xyz = -1$，所以

$$x^4 + y^4 + z^4 + 3(x+y+z) - \left(\frac{x^2}{y} + \frac{x^2}{z} + \frac{y^2}{x} + \frac{y^2}{z} + \frac{z^2}{x} + \frac{z^2}{y}\right) =$$
$$x^4 + y^4 + z^4 - 3(x+y+z)xyz - \frac{x^2(y+z)}{yz} - \frac{y^2(z+x)}{zx} - \frac{z^2(x+y)}{xy} =$$
$$x^4 + y^4 + z^4 - 3(x+y+z)xyz - \frac{x^3(y+z)}{xyz} - \frac{y^3(z+x)}{zxy} - \frac{z^3(x+y)}{xyz} =$$
$$x^4 + y^4 + z^4 - 3(x+y+z)xyz + x^3(y+z) + y^3(z+x) + z^3(x+y) =$$
$$x^4 + x^3(y+z) + y^4 + y^3(z+x) + z^4 + z^3(x+y) - 3(x+y+z)xyz =$$
$$(x+y+z)(x^3+y^3+z^3 - 3xyz) =$$
$$(x+y+z)^2(x^2+y^2+z^2 - xy - yz - zx) =$$
$$\frac{1}{2}(x+y+z)^2[(x-y)^2 + (y-z)^2 + (z-x)^2] \geqslant 0$$

43. 因为 $2(a^2+b^2+c^2-(ab+bc+ca)) - 6(b-c)(a-b) = (a-b)^2 + (b-c)^2 + (c-a)^2 - 6(b-c)(a-b) = (a-b)^2 + (b-c)^2 + [(a-b)+(b-c)]^2 - 6(b-c)(a-b) = 2[(a-b)^2 + (b-c)^2 - 2(b-c)(a-b)] = (a-2b+c)^2 \geqslant 0$. 所以，原不等式成立.

44. 令 $a_i = \sin\alpha_i, b_i = \cos\alpha_i (i=1,2,\cdots,n)$，则 $a_i^2 + b_i^2 = 1, i=1,2,\cdots,n$，$a_ib_j + a_jb_i = \sin(\alpha_i+\alpha_j) \leqslant 1$，由 $(a_i-b_i)^2 \geqslant 0$ 得 $1 \geqslant 2a_ib_i$，原不等式等价于

$$(\frac{1}{a_1b_1} + \frac{1}{a_2b_2} + \cdots + \frac{1}{a_nb_n})^2 \geq 2(\frac{1}{a_1} + \frac{1}{a_2} + \cdots + \frac{1}{a_n})(\frac{1}{b_1} + \frac{1}{b_2} + \cdots + \frac{1}{b_n})$$

$$(\frac{1}{a_1b_1} + \frac{1}{a_2b_2} + \cdots + \frac{1}{a_nb_n})^2 - 2(\frac{1}{a_1} + \frac{1}{a_2} + \cdots + \frac{1}{a_n})(\frac{1}{b_1} + \frac{1}{b_2} + \cdots + \frac{1}{b_n}) =$$

$$\frac{1}{a_1^2 b_1^2} + \frac{1}{a_2^2 b_2^2} + \cdots + \frac{1}{a_n^2 b_n^2} - 2(\frac{1}{a_1 b_1} + \frac{1}{a_2 b_2} + \cdots + \frac{1}{a_n b_n}) +$$

$$2\sum_{1 \leq i < j \leq n}(\frac{1}{a_i a_j b_i b_j} - \frac{1}{a_i b_j} - \frac{1}{a_j b_i}) =$$

$$\frac{1 - 2a_1 b_1}{a_1^2 b_1^2} + \frac{1 - 2a_2 b_2}{a_2^2 b_2^2} + \cdots + \frac{1 - 2a_n b_n}{a_n^2 b_n^2} +$$

$$2\sum_{1 \leq i < j \leq n} \frac{1 - (a_i b_j + a_j b_i)}{a_i a_j b_i b_j} = \sum_{i=1}^n \frac{(a_i - b_i)^2}{a_i^2 b_i^2} + 2\sum_{1 \leq i < j \leq n} \frac{1 - \sin(\alpha_i + \alpha_j)}{a_i a_j b_i b_j} \geq 0$$

所以

$$(\frac{1}{\sin\alpha_1} + \frac{1}{\sin\alpha_2} + \cdots + \frac{1}{\sin\alpha_n})(\frac{1}{\cos\alpha_1} + \frac{1}{\cos\alpha_2} + \cdots + \frac{1}{\cos\alpha_n}) \leq$$

$$2(\frac{1}{\sin 2\alpha_1} + \frac{1}{\sin 2\alpha_2} + \cdots + \frac{1}{\sin 2\alpha_n})^2$$

45. (1) 因为 $a,b \in [\frac{1}{2},1]$,所以,$\frac{1}{2}b \in [\frac{1}{4},\frac{1}{2}]$,$2b \in [1,2]$,所以 $a \leq 2b, a \geq \frac{1}{2}b$,即 $2a \geq b$,所以 $(a-2b)(2a-b) \leq 0$,即 $2(a^2+b^2) \leq 5ab$,两端同除以 $2ab$,得 $\frac{a}{b} + \frac{b}{a} \leq \frac{5}{2}$.

(2) 由(1)的证明有 $2(a^2+b^2) \leq 5ab$,同理 $2(b^2+c^2) \leq 5bc$,相加得
$$2(a^2 + 2b^2 + c^2) \leq 5(ab + bc)$$
即

$$\frac{ab+bc}{a^2+2b^2+c^2} \geq \frac{2}{5}$$

46. 因为

$$1 + ab - (a^2+b^2) = \frac{a^5+b^5}{a^3+b^3} + ab - (a^2+b^2) =$$

$$\frac{a^4 b + ab^4 - a^3 b^2 - a^2 b^3}{a^3+b^3} =$$

$$\frac{ab(a-b)^2(a+b)}{a^3+b^3} \geq 0$$

所以

$$a^2 + b^2 \leq 1 + ab$$

47. 不妨设

$$\frac{3(x-y)^2}{4} = \max\left\{\frac{3(x-y)^2}{4}, \frac{3(y-z)^2}{4}, \frac{3(z-x)^2}{4}\right\}$$

$$x^2 + y^2 + z^2 - (xy + yz + zx) \geq \frac{3(x-y)^2}{4} \Leftrightarrow$$

$$4[x^2 + y^2 + z^2 - (xy + yz + zx)] \geq 3(x-y)^2 \Leftrightarrow$$

$$x^2 + y^2 + 2xy + 4z^2 - 4z(x+y) \geq 0 \Leftrightarrow$$

$$(x + y - 2z)^2 \geq 0$$

**48. 证法一**

$$(a+b)^3 + 4c^3 - 4(\sqrt{a^3 b^3} + \sqrt{b^3 c^3} + \sqrt{c^3 a^3}) =$$

$$a^3 + b^3 + 3a^2 b + 3ab^2 + 4c^3 - 4(\sqrt{a^3 b^3} + \sqrt{b^3 c^3} + \sqrt{c^3 a^3}) =$$

$$3a^2 b + 3ab^2 - 6\sqrt{a^3 b^3} + a^3 + b^3 + 2\sqrt{a^3 b^3} - 4\sqrt{b^3 c^3} - 4\sqrt{c^3 a^3} + 4c^3 =$$

$$3ab(\sqrt{a} - \sqrt{b})^2 + (\sqrt{a^3} + \sqrt{b^3})^2 - 4(\sqrt{a^3} + \sqrt{b^3})\sqrt{c^3} + 4c^3 =$$

$$3ab(\sqrt{a} - \sqrt{b})^2 + (\sqrt{a^3} + \sqrt{b^3} - 2\sqrt{c^3})^2 \geq 0$$

当且仅当 $a = b = c$ 或 $a = 0, b = \sqrt[3]{4}c$ 或 $b = 0, a = \sqrt[3]{4}c$ 等号成立.

**证法二** 令 $a = x^2, b = y^2, c = z^{\frac{2}{3}}, x \geq 0, y \geq 0, z \geq 0$, 不等式变为
$$4(x^3 y^3 + z(x^3 + y^3)) \leq 4z^2 + (x^2 + y^2)^3$$

等价于证明
$$f(z) = 4z^2 - 4(x^3 + y^3)z + (x^2 + y^2)^3 - 4x^3 y^3 \geq 0$$

将其视为 $z$ 的二次函数, 则其判别式
$$\Delta = 16(x^3 + y^3)^2 - 16[(x^2 + y^2)^3 - 4x^3 y^3] = -48x^2 y^2 (x-y)^2 \leq 0$$

所以不等式成立.

**49. 两边齐次化**

$$xy + yz + zx \geq 4(x^2 y^2 + y^2 z^2 + z^2 x^2) + 5xyz \Leftrightarrow$$

$$(x+y+z)^2 (xy + yz + zx) - 4(x^2 y^2 + y^2 z^2 + z^2 x^2) - 5xyz(x+y+z) \geq 0 \Leftrightarrow$$

$$x^3 y + xy^3 + y^3 z + yz^3 + z^3 x + zx^3) - 2(x^2 y^2 + y^2 z^2 + z^2 x^2) \geq 0 \Leftrightarrow$$

$$xy(x-y)^2 + yz(y-z)^2 + zx(z-x)^2 \geq 0$$

所以
$$xy + yz + zx \geq 4(x^2 y^2 + y^2 z^2 + z^2 x^2) + 5xyz$$

等号成立的条件是 $x = y = z$.

**50.** 因为 $x > -1$, 要证明 $\dfrac{x + x^2 + x^3 + x^4}{1 + x^5} \leq 2$, 只要证明 $2(1+x^5) - (x + x^2 + x^3 + x^4) \geq 0$.

$$2(1 + x^5) - (x + x^2 + x^3 + x^4) =$$
$$(1 - x) + (1 - x^2) + (x^5 - x^3) + (x^5 - x^4) =$$
$$(1 - x) + (1 - x^2) + x^3(x^2 - 1) + x^4(x - 1) =$$
$$(1 - x)(1 - x^4) + (1 - x^2)(1 - x^3) =$$
$$(1 - x)(1 - x^2)(1 + x^2) + (1 - x)(1 - x^2)(1 + x + x^2) =$$
$$(1 - x)(1 - x^2)(2 + x + 2x^2) =$$
$$(1 - x)^2(1 + x)(2 + x + 2x^2)$$

因为 $x > -1$,所以 $1 + x > 0, 2 + x + 2x^2 > 0$,所以 $\dfrac{x + x^2 + x^3 + x^4}{1 + x^5} \leqslant 2$.

51. 先证 $\sqrt{a}, \sqrt{b}, \sqrt{c}$ 不能构成三角形的三条边. 因为
$$\sqrt{b} + \sqrt{c} - \sqrt{a} = -(y + z)(z - x)(x - y)$$
$$\sqrt{c} + \sqrt{a} - \sqrt{b} = -(z + x)(x - y)(y - z)$$
$$\sqrt{a} + \sqrt{b} - \sqrt{c} = -(x + y)(y - z)(z - x)$$

所以
$$(\sqrt{b} + \sqrt{c} - \sqrt{a})(\sqrt{c} + \sqrt{a} - \sqrt{b})(\sqrt{a} + \sqrt{b} - \sqrt{c}) =$$
$$-(y + z)(z + x)(x + y)[(x - y)(y - z)(z - x)]^2 \leqslant 0$$

于是
$$2(ab + bc + ca) - (a^2 + b^2 + c^2) =$$
$$(\sqrt{a} + \sqrt{b} + \sqrt{c})(\sqrt{b} + \sqrt{c} - \sqrt{a})(\sqrt{c} + \sqrt{a} - \sqrt{b})(\sqrt{a} + \sqrt{b} - \sqrt{c}) \leqslant 0$$

故
$$a^2 + b^2 + c^2 \geqslant 2(ab + bc + ca)$$

52. 证明
$$x^3(y^2 + z^2)^2 + y^3(z^2 + x^2)^2 + z^3(x^2 + y^2)^2 \geqslant$$
$$xyz[xy(x + y)^2 + yz(y + z)^2 + zx(z + x)^2] \Leftrightarrow$$
$$x[(xy^2 + xz^2)^2 - (y^2z + yz^2)^2] + y[(yz^2 + yx^2)^2 - (x^2z + xz^2)^2] +$$
$$z[(zx^2 + zy^2)^2 - (x^2y + xy^2)^2] \geqslant 0 \Leftrightarrow$$
$$x(xy^2 + xz^2 + y^2z + yz^2) \cdot [(xy^2 + xz^2) - (y^2z + yz^2)] +$$
$$y(yz^2 + yx^2 + x^2z + xz^2)[(yz^2 + yx^2) - (x^2z + xz^2)] +$$
$$z(xy^2 + yx^2 + x^2y + xy^2)[(zx^2 + zy^2) - (x^2y + xy^2)] \geqslant 0 \Leftrightarrow$$
$$x(xy^2 + xz^2 + y^2z + yz^2) \cdot [z^2(x - y) - y^2(z - x)] +$$
$$y(yz^2 + yx^2 + x^2z + xz^2) \cdot$$
$$[x^2(y - z) - z^2(x - y)] + z(xy^2 + yx^2 + x^2y + xy^2) \cdot$$
$$[y^2(z - x) - x^2(y - z)] \geqslant 0 \Leftrightarrow$$
$$x^2(y - z)[y(yz^2 + yx^2 + x^2z + xz^2) - z(zx^2 + zy^2 + x^2y + xy^2)] +$$
$$y^2(z - x)[z(zx^2 + zy^2 + x^2y + xy^2) - x(xy^2 + xz^2 + y^2z + yz^2)] +$$

$$z^2(x-y)[x(xy^2+xz^2+y^2z+yz^2)-y(yz^2+yx^2+x^2z+xz^2)] \geq 0 \Leftrightarrow$$
$$x^2(y-z)(y^2z^2+x^2y^2+x^2yz+xyz^2-z^2x^2-y^2z^2-x^2yz-xy^2z)+$$
$$y^2(z-x)(z^2x^2+y^2z^2+x^2yz+xy^2z-x^2y^2-z^2x^2-xy^2z-xyz^2)+$$
$$z^2(x-y)(x^2y^2+x^2z^2+xy^2z+xyz^2-y^2z-x^2y^2-x^2yz-xyz^2) \geq 0 \Leftrightarrow$$
$$x^2(y-z)(x^2y^2+xyz^2-z^2x^2-xy^2z)+$$
$$y^2(z-x)(y^2z^2+x^2yz-x^2y^2-xyz^2)+$$
$$z^2(x-y)(x^2z^2+xy^2z-y^2z-x^2yz) \geq 0 \Leftrightarrow$$
$$x^3(y-z)^2(xy+xz-yz)+y^3(z-x)^2(xy+yz-zx)+$$
$$z^3(x-y)^2(yz+zx-xy) \geq 0$$

记 $S=S_x(y-z)^2+S_y(z-x)^2+S_z(x-y)^2$,其中 $S_x=xy+xz-yz, S_y=xy+yz-zx, S_z=yz+zx-xy$.

不妨设 $x \geq y \geq z > 0$,则 $S_y > 0$,
$$S_x+S_y = x^4y+x^3z(x-y)+xy^4+y^3z(y-x) \geq$$
$$x^3z(x-y)+y^3z(y-x)=$$
$$z(x-y)^2(x^2+xy+y^2) \geq 0$$
$$S_y+S_z = y^4z+xy^3(y-z)+yz^4+xz^3(z-y) \geq$$
$$xy^3(y-z)+xz^3(z-y)=$$
$$x(y-z)^2(y^2+yz+z^2) \geq 0$$

因此
$$S = S_x(y-z)^2+S_y(z-x)^2+S_z(x-y)^2 =$$
$$S_x(y-z)^2+S_y[(x-y)+(y-z)]^2+S_z(x-y)^2 =$$
$$(S_x+S_y)(y-z)^2+(S_y+S_z)(x-y)^2+2S_y(x-y)(y-z) \geq 0$$

53. 注意到
$$x^4-8x^3+16x^2-9+6(x^2-4x+3)=(x-1)^2(x-3)^2 \geq 0$$

因此
$$x^4-8x^3+16x^2-9 \geq -6(x^2-4x+3)$$

所以
$$x^4+y^4+z^4+16(x^2+y^2+z^2)-8(x^3+y^3+z^3)-27=$$
$$(x^4-8x^3+16x^2-9)+(y^4-8y^3+16y^2-9)+(z^4-8z^3+16z^2-9) \geq$$
$$-6(x^2-4x+3)-6(y^2-4y+3)-6(z^2-4z+3)=$$
$$-6[x^2+y^2+z^2-4(x+y+z)+9]=0$$

从而
$$x^4+y^4+z^4+16(x^2+y^2+z^2) \geq 8(x^3+y^3+z^3)+27$$

54. **证法一** 去分母得不等式等价于

$$2(a+b+c)abc(a+b)(b+c)(c+a) \leqslant$$
$$(a^2b^2 + b^2c^2 + c^2a^2)(a+b)(b+c)(c+a) +$$
$$2ab^2c^2(a+b)(c+a) + 2bc^2a^2(a+b)(b+c) + 2ca^2b^2(b+c)(c+a)$$

即
$$2ab^2c^2(a+b)(c+a) + 2bc^2a^2(a+b)(b+c) + 2ca^2b^2(b+c)(c+a) \geqslant$$
$$[2(a+b+c)abc - (a^2b^2 + b^2c^2 + c^2a^2)](a+b)(b+c)(c+a) \Leftrightarrow$$
$$2ab^2c^2(a^2 + ab + ac + bc) + 2bc^2a^2(ab + b^2 + bc + ca) +$$
$$2ca^2b^2(c^2 + ca + bc + ab) \geqslant$$
$$(2a^2bc + 2ab^2c + 2abc^2 - a^2b^2 - b^2c^2 - c^2a^2) \cdot$$
$$(a^2b + ab^2 + b^2c + bc^2 + c^2a + ca^2 + 2abc) \Leftrightarrow$$
$$a^4b^3 + a^3b^4 + b^4c^3 + b^3c^4 + c^4a^3 + c^3a^4 \geqslant$$
$$a^4b^2c + a^3bc^2 + b^4c^2a + b^3ca^2 + c^4a^2b + c^4ab^2 \Leftrightarrow$$
$$a^4[(b^3 + c^3) - (b^2c + bc^2)] + b^4[(c^3 + a^3) - (c^2a + ca^2)] +$$
$$c^4[(a^3 + b^3) - (a^2b + ab^2)] = a^4(b+c)(b-c)^2 +$$
$$b^4(c+a)(c-a)^2 + c^4(a+b)(a-b)^2 \geqslant 0$$

**证法二** 不等式等价于
$$\sum_{\text{cyc}} \left( \frac{bc}{b+c} + \frac{bc}{2a} - \frac{b+c}{2} \right) \geqslant 0$$

而
$$\sum_{\text{cyc}} \left( \frac{bc}{b+c} + \frac{bc}{2a} - \frac{b+c}{2} \right) = \sum_{\text{cyc}} \frac{b^2c + bc^2 - ab^2 - ac^2}{2a(b+c)} =$$
$$\sum_{\text{cyc}} \frac{b^2(c-a) - c^2(a-b)}{2a(b+c)} =$$
$$\frac{b^2(c-a) - c^2(a-b)}{2a(b+c)} + \frac{c^2(a-b) - a^2(b-c)}{2b(c+a)} + \frac{a^2(b-c) - b^2(c-a)}{2c(a+b)} =$$
$$\frac{c^2(a-b)}{2b(c+a)} - \frac{c^2(a-b)}{2} + \frac{a^2(b-c)}{2c(a+b)} -$$
$$\frac{a^2(b-c)}{2b(c+a)} + \frac{b^2(c-a)}{2a(b+c)} - \frac{b^2(c-a)}{2c(a+b)} =$$
$$\frac{c^3(a-b)^2}{2ab(b+c)(c+a)} + \frac{a^3(b-c)^2}{2bc(a+b)(c+a)} +$$
$$\frac{b^3(c-a)^2}{2ca(a+b)(b+c)} \geqslant 0$$

所以
$$\frac{ab}{a+b} + \frac{bc}{b+c} + \frac{ca}{c+a} + \frac{1}{2}\left(\frac{ab}{c} + \frac{bc}{a} + \frac{ca}{b}\right) \geqslant a+b+c$$

**55.** 因为 $x,y \in \left[\dfrac{1}{2}, 2\right]$，所以

$$\begin{cases}(x-\dfrac{1}{2})(y-2) \leqslant 0 \\ (y-\dfrac{1}{2})(x-2) \leqslant 0\end{cases} \Rightarrow \begin{cases}xy - 2x - \dfrac{1}{2}y + 1 \leqslant 0 \\ xy - 2y - \dfrac{1}{2}x + 1 \leqslant 0\end{cases}$$

相加得 $2xy - \dfrac{5}{2}(x+y) + 2 \leqslant 0$，两边乘以 2，并加上 $5z$ 得 $4xy + 5z \leqslant 5(x + y + z) - 4$，同理，$4yz + 5x \leqslant 5(x+y+z) - 4, 4zx + 5y \leqslant 5(x+y+z) - 4$，由于 $a,b,c$ 是 $x,y,z$ 的一个排列，所以

$$\dfrac{60a^2 - 1}{4xy + 5z} + \dfrac{60b^2 - 1}{4yz + 5x} + \dfrac{60c^2 - 1}{4zx + 5y} \geqslant \dfrac{60(x^2 + y^2 + z^2) - 3}{5(x+y+z) - 4}$$

下面只要证明 $60(x^2 + y^2 + z^2) - 3 \geqslant 12[5(x+y+z) - 4] \Leftrightarrow 4(x^2 + y^2 + z^2) - 4(x+y+z) + 3 \geqslant 0 \Leftrightarrow (2x-1)^2 + (2y-1)^2 + (2z-1)^2 \geqslant 0$.

**56.** 因为

$$\dfrac{a^5 - 1}{a^4 - 1} = \dfrac{a^4 + a^3 + a^2 + a + 1}{a^3 + a^2 + a + 1}$$

且

$$8(a^4 + a^3 + a^2 + a + 1) - 5(a^3 + a^2 + a + 1)(a + 1) =$$
$$3a^4 - 2a^3 - 2a^2 - 2a + 3 =$$
$$a^4 - 2a^2 + 1 + 2(a^4 - a^3 - a + 1) =$$
$$2(a^2 - 1)^2 + 2(a-1)^2(a^2 + a + 1) > 0 (因为 a \neq 1)$$

所以

$$\dfrac{a^4 + a^3 + a^2 + a + 1}{a^3 + a^2 + a + 1} > \dfrac{5}{8}(a+1)$$

即 $\dfrac{a^5 - 1}{a^4 - 1} > \dfrac{5}{8}(a+1)$，同理，$\dfrac{b^5 - 1}{b^4 - 1} > \dfrac{5}{8}(b+1)$，于是

$$\dfrac{a^5 - 1}{a^4 - 1} \cdot \dfrac{b^5 - 1}{b^4 - 1} > \dfrac{25}{64}(a+1)(b+1)$$

**57.** 由于 $xyz = 1, \dfrac{1}{x} + \dfrac{1}{y} + \dfrac{1}{z} \geqslant x + y + z \Leftrightarrow (x-1)(y-1)(z-1) \leqslant 0$.

对于任何正整数 $k, t - 1$ 与 $t^k - 1$ 同号，所以

$$\dfrac{1}{x} + \dfrac{1}{y} + \dfrac{1}{z} \geqslant x + y + z \Leftrightarrow (x-1)(y-1)(z-1) \leqslant 0 \Leftrightarrow$$

$$(x^k - 1)(y^k - 1)(z^k - 1) \leqslant 0 \Leftrightarrow$$

$$\dfrac{1}{x^k} + \dfrac{1}{y^k} + \dfrac{1}{z^k} \geqslant x^k + y^k + z^k$$

**58. 证法一** 因为

$$\frac{a^3}{a^2+b^2} + \frac{b^3}{b^2+c^2} + \frac{c^3}{c^2+a^2} - \frac{1}{2}(a+b+c) =$$

$$\sum_{cyc}\left(\frac{a^3}{a^2+b^2} - \frac{1}{2}a\right) = \sum_{cyc}\frac{a(a^2-b^2)}{2(a^2+b^2)} =$$

$$\sum_{cyc}\left[\frac{a(a+b)(a-b)}{2(a^2+b^2)} - \frac{1}{2}(a-b)\right] =$$

$$\sum_{cyc}\frac{ab(a-b)^2}{2(a^2+b^2)} \geq 0$$

所以

$$\frac{a^3}{a^2+b^2} + \frac{b^3}{b^2+c^2} + \frac{c^3}{c^2+a^2} \geq \frac{1}{2}$$

**证法二** 因为

$$\frac{a^3}{a^2+b^2} = a - \frac{ab^2}{a^2+b^2} = a - \frac{ab^2}{(a-b)^2+2ab} \geq a - \frac{ab^2}{2ab} = a - \frac{b}{2}$$

同理,$\frac{b^3}{b^2+c^2} \geq b - \frac{c}{2}$,$\frac{c^3}{c^2+a^2} \geq c - \frac{a}{2}$,三个不等式相加得

$$\frac{a^3}{a^2+b^2} + \frac{b^3}{b^2+c^2} + \frac{c^3}{c^2+a^2} \geq \frac{1}{2}(a+b+c) = \frac{1}{2}$$

**59.** 我们只要证明当 $\alpha, \beta \in (0, \frac{\pi}{4})$ 时,我们有 $\frac{\tan\alpha+\tan\beta}{2} \geq \tan\frac{\alpha+\beta}{2} \geq \sqrt{\tan\alpha\tan\beta}$,等号成立当且仅当 $\alpha = \beta$ 时.

$$\frac{\tan\alpha+\tan\beta}{2} = \frac{\sin\alpha}{2\cos\alpha} + \frac{\sin\beta}{2\cos\beta} = \frac{\sin(\alpha+\beta)}{2\cos\alpha\cos\beta} = \frac{\sin(\alpha+\beta)}{\cos(\alpha-\beta)-\cos(\alpha+\beta)} \geq$$

$$\frac{\sin(\alpha+\beta)}{1-\cos(\alpha+\beta)} = \tan\frac{\alpha+\beta}{2}$$

$$\tan\alpha\tan\beta = \frac{\sin\alpha\sin\beta}{\cos\alpha\cos\beta} = \frac{\cos(\alpha-\beta)-\cos(\alpha+\beta)}{\cos(\alpha-\beta)+\cos(\alpha+\beta)} =$$

$$1 - \frac{2\cos(\alpha+\beta)}{\cos(\alpha-\beta)+\cos(\alpha+\beta)} \leq$$

$$1 - \frac{2\cos(\alpha+\beta)}{1+\cos(\alpha+\beta)} =$$

$$\frac{1-\cos(\alpha+\beta)}{1+\cos(\alpha+\beta)} = \tan^2\frac{\alpha+\beta}{2}$$

所以

$$\tan\frac{\alpha+\beta}{2} \geq \sqrt{\tan\alpha\tan\beta}$$

即

$$\frac{\tan\alpha+\tan\beta}{2}\geq\tan\frac{\alpha+\beta}{2}\geq\sqrt{\tan\alpha\tan\beta}$$

取 $\alpha=1°,2°,\cdots,44°$, $\alpha+\beta=45°$,注意到 $\tan 22.5°=\sqrt{2}-1$,将这 44 个不等式相加得

$$\sqrt[44]{\tan 1°\tan 2°\cdot\cdots\cdot\tan 43°\tan 44°}<\sqrt{2}-1<\frac{\tan 1°+\tan 2°+\cdots+\tan 43°+\tan 44°}{44}$$

**60.** 只要证明

$$(a^2b^2-2abc+1)+(b^2c^2-2abc+1)+(c^2a^2-2abc+1)\geq 0$$

易得

$$a^2b^2-2abc+1=(ab-c+1)^2-(c^2+2ab-2c)$$
$$b^2c^2-2abc+1=(bc-a+1)^2-(a^2+2bc-2a)$$
$$c^2a^2-2abc+1=(ca-b+1)^2-(b^2+2ca-2b)$$

相加得

$$(a^2b^2-2abc+1)+(b^2c^2-2abc+1)+(c^2a^2-2abc+1)=$$
$$(ab-c+1)^2+(bc-a+1)^2+(ca-b+1)^2-$$
$$(a+b+c)^2+2(a+b+c)=$$
$$(ab-c+1)^2+(bc-a+1)^2+(ca-b+1)^2\geq 0$$

**61.** 作 $n\times n$ 的数表

$$A_1=\begin{pmatrix}a_1a_1r_1 & a_1a_2r_1 & a_1a_3r_1 & \cdots & a_1a_nr_1\\ a_2a_1r_1 & a_2a_2r_2 & a_2a_3r_2 & \cdots & a_2a_nr_2\\ a_3a_1r_1 & a_3a_2r_2 & a_3a_3r_3 & \cdots & a_3a_nr_3\\ \vdots & \vdots & \vdots & & \vdots\\ a_na_1r_1 & a_na_2r_2 & a_na_3r_3 & \cdots & a_na_nr_n\end{pmatrix}$$

由于 $\sum_{i=1}^{n}\sum_{j=1}^{n}a_ia_j\min(r_i,r_j)$ 的第 $i$ 项 $\sum_{j=1}^{n}a_ia_j\min(r_i,r_j)$ 就是表中第 $i$ 行各元素的和,$i=1,2,\cdots,n$,因此,$\sum_{i=1}^{n}\sum_{j=1}^{n}a_ia_j\min(r_i,r_j)$ 就是表 $A_1$ 中所有元素的和.

另外,此和也可以按以下方式求得:

先取出表 $A_1$ 中第一行、第一列的各元素,并求其和,剩下的表记为 $A_2$;再取出表 $A_2$ 中第一行、第一列的各元素,并求其和,剩下的表记为 $A_3$;……,如此得

$$\sum_{i=1}^{n}\sum_{j=1}^{n}a_ia_j\min(r_i,r_j)=\sum_{k=1}^{n}r_k(a_k^2+2a_k\sum_{i=k+1}^{n}a_i)=$$

$$\sum_{k=1}^{n} r_k [(a_k + \sum_{i=k+1}^{n} a_i)^2 - (\sum_{i=k+1}^{n} a_i)^2] =$$

$$\sum_{k=1}^{n} r_k [(\sum_{i=k}^{n} a_i)^2 - (\sum_{i=k+1}^{n} a_i)^2] =$$

$$\sum_{k=1}^{n} r_k (\sum_{i=k}^{n} a_i)^2 - \sum_{k=1}^{n-1} r_k (\sum_{i=k+1}^{n} a_i)^2 =$$

$$\sum_{k=1}^{n} r_k (\sum_{i=k}^{n} a_i)^2 - \sum_{k=2}^{n} r_{k-1} (\sum_{i=k}^{n} a_i)^2 =$$

$$\sum_{i=k}^{n} (r_i - r_{i-1})(\sum_{i=k}^{n} a_i)^2 \geq 0 (此处约定 r_0 = 0)$$

因此,结论得证.

# 二元、三元均值不等式的应用

## 第二章

**定理 1**  设 $a,b$ 是实数,则 $a^2+b^2 \geqslant 2ab$.

**变形 1**  设 $a,b$ 是正实数,则 $\dfrac{a^2}{b} - 2a \geqslant b$;$\dfrac{a^2}{b}+b \geqslant 2a$.

**推论 1**  设 $a,b,c$ 是实数,则 $a^2+b^2+c^2 \geqslant ab+bc+ca$.

**推论 2**  设 $a,b,c$ 是实数,则 $3(a^2+b^2+c^2) \geqslant (a+b+c)^2 \geqslant 3(ab+bc+ca)$.

**推论 3**  设 $a,b,c$ 是正实数,则 $(ab+bc+ca)^2 \geqslant 3abc(a+b+c)$.

**定理 2**  设 $a,b$ 是正实数,则 $\dfrac{a+b}{2} \geqslant \sqrt{ab}$.

**推论 3**  设 $a,b$ 是正实数,则 $\sqrt{\dfrac{a^2+b^2}{2}} \geqslant \dfrac{a+b}{2} \geqslant \sqrt{ab} \geqslant \dfrac{2ab}{a+b}$.

**定理 3**  设 $a,b,c$ 是正实数,则:(1) $a^3+b^3+c^3 \geqslant 3abc$. (2) $\dfrac{a+b+c}{3} \geqslant \sqrt[3]{abc}$.

**推论 4**  设 $a,b,c$ 是正实数,则

$$\sqrt{\dfrac{a^2+b^2+c^2}{3}} \geqslant \dfrac{a+b+c}{3} \geqslant \sqrt[3]{abc} \geqslant \dfrac{3}{\dfrac{1}{a}+\dfrac{1}{b}+\dfrac{1}{c}}$$

以上定理、变形与推论的证明比较容易,请读者自己给出证明.下面说明定理的应用技巧.

# 例 题 讲 解

## 一、元素的巧选

在运用二元、三元不等式解题时应将不等式中的元素巧妙地进行选取,原则是注意等号成立的充分必要条件.

**例 1** (1) 设 $x,y,z$ 为三个正实数,且 $xyz = 1$,求证:$x^2 + y^2 + z^2 + xy + yz + zx \geqslant 2(\sqrt{x} + \sqrt{y} + \sqrt{z})$;

(2) 设 $a,b,c$ 为三个正实数,且 $abc = 1$,求证:$\dfrac{1}{a+b+1} + \dfrac{1}{b+c+1} + \dfrac{1}{c+a+1} \leqslant 1$.(2000 年澳门数学奥林匹克试题)

**证明** (1) 由二元均值不等式有
$$x^2 + yz \geqslant 2\sqrt{x^2 yz} = 2\sqrt{xxyz} = 2\sqrt{x}$$
$$y^2 + zx \geqslant 2\sqrt{y^2 zx} = 2\sqrt{yxyz} = 2\sqrt{y}$$
$$z^2 + xy \geqslant 2\sqrt{z^2 xy} = 2\sqrt{zxyz} = 2\sqrt{z}$$

以上三式相加得 $x^2 + y^2 + z^2 + xy + yz + zx \geqslant 2(\sqrt{x} + \sqrt{y} + \sqrt{z})$.

(2) 不妨设 $x,y,z$ 为三个正实数,使得 $x^3 = a, y^3 = b, z^3 = c$,则 $xyz = \sqrt[3]{abc} = 1, a + b + 1 = x^3 + y^3 + xyz = (x+y)(x^2 + y^2 - xy) + xyz \geqslant (x+y)(2xy - xy) + xyz = xy(x+y+z) = \dfrac{x+y+z}{z}$. 所以
$$\dfrac{1}{a+b+1} \leqslant \dfrac{z}{x+y+z}$$

同理可得
$$\dfrac{1}{b+c+1} \leqslant \dfrac{x}{x+y+z}, \dfrac{1}{c+a+1} \leqslant \dfrac{y}{x+y+z}$$

所以
$$\dfrac{1}{a+b+1} + \dfrac{1}{b+c+1} + \dfrac{1}{c+a+1} \leqslant$$
$$\dfrac{z}{x+y+z} + \dfrac{x}{x+y+z} + \dfrac{y}{x+y+z} = 1$$

**例2** 设实数 $a,b$ 满足 $ab > 0$,证明:$\sqrt[3]{\dfrac{a^2b^2(a+b)^2}{4}} \leqslant \dfrac{a^2+10ab+b^2}{12}$,并指出等号成立的条件.

一般地,证明:均有 $\sqrt[3]{\dfrac{a^2b^2(a+b)^2}{4}} \leqslant \dfrac{a^2+ab+b^2}{3}$,并指出等号成立的条件.(2001年爱尔兰数学奥林匹克试题)

**证明** 当 $ab > 0$ 时,我们有
$$\dfrac{a^2+10ab+b^2}{12} = \dfrac{1}{3}\left[\dfrac{(a+b)^2}{4} + 2ab\right] =$$
$$\dfrac{1}{3}\left[\dfrac{(a+b)^2}{4} + ab + ab\right] \geqslant \sqrt[3]{\dfrac{a^2b^2(a+b)^2}{4}}$$

等号当且仅当 $\dfrac{(a+b)^2}{4} = ab$,即 $a = b$ 时成立.

对任意实数 $a,b \in \mathbf{R}$,若 $ab > 0$,则由于
$$\dfrac{a^2+ab+b^2}{3} = \dfrac{a^2+b^2+4ab+3(a^2+b^2)}{12} \geqslant$$
$$\dfrac{a^2+b^2+4ab+6ab}{12} = \dfrac{a^2+10ab+b^2}{12}$$

所以,此时有 $\sqrt[3]{\dfrac{a^2b^2(a+b)^2}{4}} \leqslant \dfrac{a^2+10ab+b^2}{12} \leqslant \dfrac{a^2+ab+b^2}{3}$,等号在 $a = b$ 时取到.

若 $ab \leqslant 0$,则
$$\dfrac{a^2+ab+b^2}{3} = \dfrac{(a+b)^2-ab}{3} =$$
$$\dfrac{1}{3}\left[(a+b)^2 - \dfrac{1}{2}ab - \dfrac{1}{2}ab\right](a+b)^2 - \dfrac{1}{2}ab \geqslant$$
$$\sqrt[3]{(a+b)^2\left(-\dfrac{1}{2}ab\right)\left(-\dfrac{1}{2}ab\right)} = \sqrt[3]{\dfrac{a^2b^2(a+b)^2}{4}} \cdot (a+b)^2 - \dfrac{1}{2}ab$$

等号在 $(a+b)^2 = -\dfrac{1}{2}ab$,即 $a = -\dfrac{b}{2}$ 或 $b = -\dfrac{a}{2}$ 时取到.

## 二、项的巧拆

为了利用各种推论解题,有时须将不等式中的项进行分拆,目的是为了用好各种平均值不等式.如平方平均与算术平均,算术平均与几何平均等关系.

**例3** 设 $x,y,z$ 为正数,求证:$\dfrac{xyz(x+y+z+\sqrt{x^2+y^2+z^2})}{(x^2+y^2+z^2)(yz+zx+xy)} \leqslant \dfrac{3+\sqrt{3}}{9}$.

(1997年中国香港地区数学奥林匹克集训队试题)

**证明** 先把不等式的左边化成平均的形式

$$左边 = \frac{x+y+z+\sqrt{x^2+y^2+z^2}}{(x^2+y^2+z^2)(\frac{1}{x}+\frac{1}{y}+\frac{1}{z})} =$$

$$\frac{x+y+z}{\sqrt{x^2+y^2+z^2}} \cdot \frac{1}{\sqrt{x^2+y^2+z^2}(\frac{1}{x}+\frac{1}{y}+\frac{1}{z})} +$$

$$\frac{1}{\sqrt{x^2+y^2+z^2}(\frac{1}{x}+\frac{1}{y}+\frac{1}{z})}$$

令 $\lambda = \frac{x+y+z}{\sqrt{x^2+y^2+z^2}}, \mu = \frac{1}{\sqrt{x^2+y^2+z^2}(\frac{1}{x}+\frac{1}{y}+\frac{1}{z})}.$

由 $H_n \leq A_n \leq Q_n$,得

$$\frac{3}{\frac{1}{x}+\frac{1}{y}+\frac{1}{z}} \leq \frac{x+y+z}{3} \leq \sqrt{\frac{x^2+y^2+z^2}{3}}$$

所以 $\lambda \leq \sqrt{3}, \mu \leq \frac{1}{3\sqrt{3}}$,于是左边 $= \lambda\mu + \mu = \frac{3+\sqrt{3}}{9}$.

一般地,如果 $a_1, a_2, \cdots, a_n$ 是正实数,则

$$\frac{\sum_{i=1}^{n} a_i + (\sum_{i=1}^{n} a_i^2)^{\frac{1}{2}}}{(\sum_{i=1}^{n} a_i^2)(\sum_{i=1}^{n} \frac{1}{a_i})} \leq \frac{1}{n^2}(n+\sqrt{n})$$

**例4** 已知 $a, b, c$ 是正数,求证 $(\frac{a}{b}+\frac{b}{c}+\frac{c}{a})^2 \geq (a+b+c)(\frac{1}{b}+\frac{1}{c}+\frac{1}{a})$. (2005年英国数学奥林匹克试题)

**证明** 由 $x^2+1 \geq 2x$ 得 $x^2 \geq 2x-1$,于是 $(\frac{a}{b})^2 \geq 2\frac{a}{b}-1, (\frac{b}{c})^2 \geq 2\frac{b}{c}-1, (\frac{c}{a})^2 \geq 2\frac{c}{a}-1$,三式相加得

$$(\frac{a}{b})^2 + (\frac{b}{c})^2 + (\frac{c}{a})^2 \geq 2(\frac{a}{b}+\frac{b}{c}+\frac{c}{a}) - 3$$

所以

$$(\frac{a}{b}+\frac{b}{c}+\frac{c}{a})^2 = (\frac{a}{b})^2 + (\frac{b}{c})^2 + (\frac{c}{a})^2 + 2\frac{a}{c} + 2\frac{b}{a} + 2\frac{c}{b} \geq$$

$$2\left(\frac{a}{b}+\frac{b}{c}+\frac{c}{a}\right)-3+2\frac{a}{c}+2\frac{b}{a}+2\frac{c}{b}=$$

$$\frac{a}{b}+\frac{b}{a}+\frac{b}{c}+\frac{c}{b}+\frac{c}{a}+\frac{a}{c}-3+\frac{a+c}{b}+\frac{a+b}{c}+\frac{b+c}{a}\geqslant$$

$$2\sqrt{\frac{a}{b}\cdot\frac{b}{a}}+2\sqrt{\frac{b}{c}\cdot\frac{c}{b}}+2\sqrt{\frac{c}{a}\cdot\frac{a}{c}}-3+\frac{a+c}{b}+\frac{a+b}{c}+\frac{b+c}{a}=$$

$$3+\frac{a+c}{b}+\frac{a+b}{c}+\frac{b+c}{a}=(a+b+c)\left(\frac{1}{b}+\frac{1}{c}+\frac{1}{a}\right)$$

## 三、不等式的多次反复使用

大多数竞赛试题中的不等式对均值不等式的使用往往是多次反复使用,但要注意等号成立必须保持一致.

**例5** 设 $a,b,c$ 为正数,且 $a+b+c=1$,证明:$a^2+b^2+c^2+2\sqrt{3abc}\leqslant 1$. (2000 年波兰数学奥林匹克试题)

**证明** 注意到,$a^2b^2+b^2c^2\geqslant 2ab^2c$,$b^2c^2+c^2a^2\geqslant 2abc^2$,$c^2a^2+a^2b^2\geqslant 2a^2bc$,所以

$$a^2b^2+b^2c^2+c^2a^2\geqslant a^2bc+ab^2c+abc^2$$

故

$$(ab+bc+ca)^2\geqslant 3(a^2bc+ab^2c+abc^2)=3abc(a+b+c)$$

于是,我们有

$$a^2+b^2+c^2+2(ab+bc+ca)\geqslant a^2+b^2+c^2+2\sqrt{3abc(a+b+c)}$$

结合 $a+b+c=1$,可知命题成立.

**例6** 设 $0<x,y,z<1$,证明:$\dfrac{x}{1-x}+\dfrac{y}{1-y}+\dfrac{z}{1-z}\geqslant\dfrac{3\sqrt[3]{xyz}}{1-\sqrt[3]{xyz}}$. (2002 年爱尔兰数学奥林匹克试题)

**证明** 由均值不等式得

$$\frac{x}{1-x}+\frac{y}{1-y}+\frac{z}{1-z}\geqslant 3\cdot\sqrt[3]{\frac{xyz}{(1-x)(1-y)(1-z)}}$$

下面证明 $\sqrt[3]{(1-x)(1-y)(1-z)}\leqslant 1-\sqrt[3]{xyz}$.

事实上,由均值不等式得

$$\sqrt[3]{xyz}\leqslant\frac{x+y+z}{3}$$

$$\sqrt[3]{(1-x)(1-y)(1-z)}\leqslant\frac{(1-x)+(1-y)+(1-z)}{3}=1-\frac{x+y+z}{3}$$

两式相加得

$$\sqrt[3]{(1-x)(1-y)(1-z)}+\sqrt[3]{xyz}\leqslant 1$$

即
$$\sqrt[3]{(1-x)(1-y)(1-z)} \leqslant 1 - \sqrt[3]{xyz}$$

综上
$$\frac{x}{1-x} + \frac{y}{1-y} + \frac{z}{1-z} \geqslant \frac{3\sqrt[3]{xyz}}{1-\sqrt[3]{xyz}}$$

## 四、注意恒等式的使用

恒等式的使用可以巧妙地联系不等式中各个量之间的关系.

**例7** 设 $a,b,c$ 为正数,证明不等式:
$$2\sqrt{ab+bc+ca} \leqslant \sqrt{3}\sqrt[3]{(b+c)(c+a)(a+b)}$$

(1992年波兰 - 奥地利数学奥林匹克试题)

**证法一** 由均值不等式得
$$abc = \sqrt[3]{abc} \cdot \sqrt[3]{ab \cdot bc \cdot ca} \leqslant \frac{a+b+c}{3} \cdot \frac{ab+bc+ca}{3}$$

于是
$$(b+c)(c+a)(a+b) = (a+b+c)(ab+bc+ca) - abc \geqslant$$
$$(a+b+c)(ab+bc+ca) - \frac{1}{9}(a+b+c)(ab+bc+ca) =$$
$$\frac{8}{9}(a+b+c)(ab+bc+ca) =$$
$$\frac{8}{9}\sqrt{a^2+b^2+c^2+2(ab+bc+ca)}(ab+bc+ca) \geqslant$$
$$\frac{8}{9}\sqrt{3(ab+bc+ca)}(ab+bc+ca) = \frac{8}{9}\sqrt{3(ab+bc+ca)^3}$$

此即
$$2\sqrt{ab+bc+ca} \leqslant \sqrt{3}\sqrt[3]{(b+c)(c+a)(a+b)}$$

**证法二** 因为
$$(b+c)(c+a)(a+b) + abc = (a+b+c)(ab+bc+ca)$$

由均值不等式得
$$(b+c)(c+a)(a+b) \geqslant 8abc$$

即
$$(a+b+c)(ab+bc+ca) \leqslant \frac{9}{8}(b+c)(c+a)(a+b)$$

又因为
$$a+b+c \geqslant \sqrt{3(ab+bc+ca)}$$

所以

$$\frac{9}{8}(b+c)(c+a)(a+b) \geqslant \sqrt{3(ab+bc+ca)^3}$$

即

$$2\sqrt{ab+bc+ca} \leqslant \sqrt{3}\sqrt[3]{(b+c)(c+a)(a+b)}$$

### 五、变量代换的使用

变量代换的使用可以使证明或解答变得简洁,一目了然.

**例8** 证明:对任意正实数 $a,b,c$,均有

$$(a^2+2)(b^2+2)(c^2+2) \geqslant 9(ab+bc+ca) \qquad ①$$

(2004 年亚太地区数学奥林匹克试题)

**证明** 令 $x = \dfrac{1}{a^2+2}, y = \dfrac{1}{b^2+2}, z = \dfrac{1}{c^2+2}$,由均值不等式得

$$2 \cdot \frac{1}{c^2+2}\left(\frac{a}{a^2+2} \cdot \frac{b}{b^2+2}\right) \leqslant$$

$$\frac{1}{c^2+2}\left(\frac{a^2}{(a^2+2)^2} + \frac{b^2}{(b^2+2)^2}\right) = z(x - 2x^2 + y - 2y^2)$$

同理

$$2 \cdot \frac{1}{a^2+2}\left(\frac{b}{b^2+2} \cdot \frac{c}{c^2+2}\right) \leqslant x(y - 2y^2 + z - 2z^2)$$

$$2 \cdot \frac{1}{b^2+2}\left(\frac{c}{c^2+2} \cdot \frac{a}{a^2+2}\right) \leqslant z(y - 2y^2 + x - 2x^2)$$

下面只需证明

$$x^2y + xy^2 + y^2z + yz^2 + x^2z + xz^2 + \frac{1}{9} \geqslant xy + yz + zx \qquad ②$$

由均值不等式得

$$x^2y + xy^2 + \frac{1}{27} \geqslant 3\sqrt[3]{\frac{1}{27}x^2y \cdot xy^2} = xy$$

同理

$$y^2z + yz^2 + \frac{1}{27} \geqslant yz, \quad x^2z + xz^2 + \frac{1}{27} \geqslant zx$$

将这三个不等式相加即得②,从而,原不等式成立.

**例9** 设 $a,b,c$ 是正实数,求证:$\dfrac{(2a+b+c)^2}{2a^2+(b+c)^2} + \dfrac{(a+2b+c)^2}{2b^2+(c+a)^2} + \dfrac{(a+b+2c)^2}{2c^2+(a+b)^2} \leqslant 8.$ (2003 年美国数学奥林匹克试题)

**证明** 令 $x = a+b, y = b+c, z = c+a$,则 $2a+b+c = z+x, 2a = z+x-y, a+2b+c = x+y, 2b = x+y-z, a+b+2c = y+z, 2c = y+z-x$,从而要证

明原不等式就是证明
$$\frac{2(z+x)^2}{2y^2+(z+x-y)^2}+\frac{2(y+z)^2}{2x^2+(y+z-x)^2}+\frac{2(x+y)^2}{2z^2+(x+y-z)^2} \leqslant 8$$

因为 $2(u^2+v^2) \geqslant (u+v)^2$,所以
$$2(y^2+(z+x-y)^2) \geqslant (y+(z+x-y))^2 = (z+x)^2$$

所以
$$\frac{2(z+x)^2}{2y^2+(z+x-y)^2} = \frac{4(z+x)^2}{4y^2+2(z+x-y)^2} \leqslant \frac{4(z+x)^2}{2y^2+(z+x)^2} =$$
$$\frac{4}{2\dfrac{y^2}{(z+x)^2}+1} \leqslant \frac{4}{2\cdot\dfrac{y^2}{2(z^2+x^2)}+1} =$$
$$\frac{4(z^2+x^2)}{x^2+y^2+z^2}$$

同理
$$\frac{2(y+z)^2}{2x^2+(y+z-x)^2} \leqslant \frac{4(y^2+z^2)}{x^2+y^2+z^2}$$
$$\frac{2(x+y)^2}{2z^2+(x+y-z)^2} \leqslant \frac{4(x^2+y^2)}{x^2+y^2+z^2}$$

将三个不等式相加得
$$\frac{2(z+x)^2}{2y^2+(z+x-y)^2}+\frac{2(y+z)^2}{2x^2+(y+z-x)^2}+\frac{2(x+y)^2}{2z^2+(x+y-z)^2} \leqslant 8$$

**例10** 设 $a,b,c$ 为正实数,求 $\dfrac{a+3c}{a+2b+c}+\dfrac{4b}{a+b+2c}-\dfrac{8c}{a+b+3c}$ 的最小值.(第3届女子数学奥林匹克试题)

**解** 令 $\begin{cases}x=a+2b+c\\y=a+b+2c\\z=a+b+3c\end{cases}$ 则有 $x-y=b-c, z-y=c$,由此可得

$$\begin{cases}a+3c=2y-x\\b=z+x-2y\\c=z-y\end{cases}$$

从而
$$\frac{a+3c}{a+2b+c}+\frac{4b}{a+b+2c}-\frac{8c}{a+b+3c}=$$
$$\frac{2y-x}{x}+\frac{4(z+x-2y)}{y}-\frac{8(z-y)}{z}=$$
$$-17+2\left(\frac{y}{x}+\frac{2x}{y}\right)+4\left(\frac{z}{y}+\frac{2y}{z}\right) \geqslant$$

$$-17 + 4\sqrt{\frac{y}{x} \cdot \frac{2x}{y}} + 8\sqrt{\frac{z}{y} \cdot \frac{2y}{z}} = -17 + 12\sqrt{2}$$

上式的等号可以成立. 事实上, 由上述推导过程知, 等号成立当且仅当平均不等式中的等号成立, 而这等价于 $\begin{cases} \frac{y}{x} = \frac{2x}{y} \\ \frac{z}{y} = \frac{2y}{z} \end{cases}$ 即 $\begin{cases} y^2 = 2x^2 \\ z^2 = 2y^2 \end{cases}$, 即 $\begin{cases} y = \sqrt{2}x \\ z = \sqrt{2}y \end{cases}$, 亦即

$$\begin{cases} a + b + 2c = \sqrt{2}(a + 2b + c) \\ a + b + 3c = \sqrt{2}(a + b + 2c) \end{cases}$$

解该不定方程, 得到 $\begin{cases} b = (1 + \sqrt{2})a \\ c = (4 + 3\sqrt{2})a \end{cases}$.

不难算出, 对任意实数 $a$, 只要 $b = (1 + \sqrt{2})a, c = (4 + 3\sqrt{2})a$, 就都有

$$\frac{a + 3c}{a + 2b + c} + \frac{4b}{a + b + 2c} - \frac{8c}{a + b + 3c} = -17 + 12\sqrt{2}$$

所以, 所求的最小值是 $-17 + 12\sqrt{2}$.

## 六、典型例题选讲

**例 11** 无穷正数数列 $\{x_n\}$ 且有以下性质:

$$x_0 = 1, x_{i+1} \leq x_i (i \geq 0)$$

(1) 试证: 对具有上述性质的任一数列, 总能找到一个 $n \geq 1$, 使下式成立.

$$\frac{x_0^2}{x_1} + \frac{x_1^2}{x_2} + \cdots + \frac{x_{n-1}^2}{x_n} \geq 3.999$$

(2) 寻找这样一个数列, 不等式 $\frac{x_0^2}{x_1} + \frac{x_1^2}{x_2} + \cdots + \frac{x_{n-1}^2}{x_n} < 4$ 对任一 $n$ 成立. (第 23 届 IMO 试题)

**证明** (1) 不断反复利用二元均值不等式

$$\frac{x_0^2}{x_1} + \frac{x_1^2}{x_2} + \cdots + \frac{x_{n-1}^2}{x_n} \geq \frac{x_0^2}{x_1} + \frac{x_1^2}{x_2} + \cdots + \frac{x_{n-2}^2}{x_{n-1}} +$$

$$\frac{x_{n-1}^2}{1} \geq \frac{x_0^2}{x_1} + \frac{x_1^2}{x_2} + \cdots + \frac{x_{n-3}^2}{x_{n-2}} + 2x_{n-2} \geq$$

$$\frac{x_0^2}{x_1} + \frac{x_1^2}{x_2} + \cdots + \frac{x_{n-4}^2}{x_{n-3}} + 2\sqrt{2}x_{n-3} \geq \cdots \geq$$

$$\frac{x_0^2}{x_1} + 2^{1 + \frac{1}{2} + \cdots + \frac{1}{2^{n-3}}} x_1 \geq 2^{1 + \frac{1}{2} + \cdots + \frac{1}{2^{n-2}}} x_0 = 2^{1 + \frac{1}{2} + \cdots + \frac{1}{2^{n-2}}} = 2^{2 - \frac{1}{2^{n-2}}} \to 4$$

因此,当 $n$ 足够大时,就有 $\dfrac{x_0^2}{x_1} + \dfrac{x_1^2}{x_2} + \cdots + \dfrac{x_{n-1}^2}{x_n} \geqslant 3.999$.

(2) 取无穷退缩等比数列 $x_n = (\dfrac{1}{2})^n, n = 0, 1, 2, \cdots$,则

$$\dfrac{x_0^2}{x_1} + \dfrac{x_1^2}{x_2} + \cdots + \dfrac{x_{n-1}^2}{x_n} = 2 + 1 + \dfrac{1}{2} + \cdots + (\dfrac{1}{2})^{n-2} < 4$$

**例 12** 已知 $a, b, c$ 是非负实数,求证:

$$(\dfrac{a+2b}{a+2c})^3 + (\dfrac{b+2c}{b+2a})^3 + (\dfrac{c+2a}{c+2b})^3 \geqslant 3$$

(2004 年 MOP 试题)

**证明** 先证明不等式: $x, y, z$ 是非负实数,则

$$x^3 + y^3 + z^3 \geqslant 3(\dfrac{x+y+z}{3})^3 \qquad ①$$

事实上,令 $t = \dfrac{x+y+z}{3}$,则 $x^3 + t^3 + t^3 \geqslant 3xtt = 3xt^2$,即 $x^3 + 2t^3 \geqslant 3xt^2$,同理,$y^3 + 2t^3 \geqslant 3yt^2, z^3 + 2t^3 \geqslant 3zt^2$,三个不等式相加整理即得不等式 ①.

由不等式 ① 得

$$(\dfrac{a+2b}{a+2c})^3 + (\dfrac{b+2c}{b+2a})^3 + (\dfrac{c+2a}{c+2b})^3 \geqslant \dfrac{1}{9}(\dfrac{a+2b}{a+2c} + \dfrac{b+2c}{b+2a} + \dfrac{c+2a}{c+2b})^3$$

又

$$\dfrac{a+2b}{a+2c} + \dfrac{b+2c}{b+2a} + \dfrac{c+2a}{c+2b} + 3 = \dfrac{a+2b}{a+2c} + 1 + \dfrac{b+2c}{b+2a} + 1 + \dfrac{c+2a}{c+2b} + 1 =$$

$$(2a + 2b + 2c)(\dfrac{1}{a+2c} + \dfrac{1}{b+2a} + \dfrac{1}{c+2b}) =$$

$$\dfrac{2}{3}[(a+2c) + (b+2a) + (c+2b)](\dfrac{1}{a+2c} + \dfrac{1}{b+2a} + \dfrac{1}{c+2b}) \geqslant$$

$$\dfrac{2}{3} \cdot 3\sqrt[3]{(a+2c)(b+2a)(c+2b)} \cdot 3\sqrt[3]{\dfrac{1}{(a+2c)(b+2a)(c+2b)}} = 6$$

所以,$\dfrac{a+2b}{a+2c} + \dfrac{b+2c}{b+2a} + \dfrac{c+2a}{c+2b} \geqslant 3$,从而

$$(\dfrac{a+2b}{a+2c})^3 + (\dfrac{b+2c}{b+2a})^3 + (\dfrac{c+2a}{c+2b})^3 \geqslant 3$$

# 练 习 题

1. (1) 对于任意实数 $x, y$,有 $2x^4 + 2y^4 \geqslant xy(x+y)^2$. (1994 年俄罗斯第 21

届数学奥林匹克试题)

(2) 对于任意正数 $x,y$, 有 $\dfrac{1}{\sqrt[4]{x}}+\dfrac{1}{\sqrt[4]{y}} \geqslant \dfrac{\sqrt[4]{2^5}}{\sqrt[4]{x+y}}$. (第18届全俄数学奥林匹克试题)

(3) 证明对任意正数 $a \neq b$ 的算术平均 $A = \dfrac{a+b}{2}$ 与几何平均 $B = \sqrt{ab}$ 有 $B < \dfrac{(a-b)^2}{8(A-B)} < A$. (1975年美国数学竞赛试题)

2. 证明:对任意大于1的数 $a,b,c$, 有 $2\left(\dfrac{\log_b a}{a+b}+\dfrac{\log_c b}{b+c}+\dfrac{\log_a c}{c+a}\right) \geqslant \dfrac{9}{a+b+c}$. (1976年南斯拉夫数学奥林匹克试题)

3. (1) 已知 $a>1, b>1$, 求证: $\dfrac{a^2}{b-1}+\dfrac{b^2}{a-1} \geqslant 8$. (第26届独联体数学奥林匹克试题)

(2) 设 $a>1, b>1$, 证明: $\dfrac{a^4}{(b-1)^2}+\dfrac{b^4}{(a-1)^2} \geqslant 32$. (2006年甘肃省数学竞赛试题)

(3) 证明:对于非负实数 $a,b,c$, 有 $a^4+b^4+c^2 \geqslant 2\sqrt{2}abc$. (第26届独联体数学奥林匹克试题)

(4) 若 $a,b,c$ 是正实数,且 $a+b+c=1$, 证明: $(1+a)(1+b)(1+c) \geqslant 8(1-a)(1-b)(1-c)$. (1991年俄罗斯数学竞赛试题)

(5) 设 $x,y$ 为正数,且 $x+y=1$, 证明: $\left(1+\dfrac{1}{x}\right)\left(1+\dfrac{1}{y}\right) \geqslant 9$. (1971年加拿大数学奥林匹克试题)

(6) 若 $a,b$ 是正实数, $m$ 是整数,证明: $\left(1+\dfrac{a}{b}\right)^m+\left(1+\dfrac{b}{a}\right)^m \geqslant 2^{m+1}$. (1968年IMO预选题)

4. 证明:对于非负实数 $a,b,c$, 有 $\dfrac{(a+b+c)^2}{3} \geqslant a\sqrt{bc}+b\sqrt{ca}+c\sqrt{ab}$. (第25届全苏数学奥林匹克试题)

5. 若 $a,b,c$ 是正实数,求证: $a^3+b^3+c^3 \geqslant a^2b+b^2c+c^2a$. (1983年英国数学奥林匹克试题)

6. (1) 若 $0<\alpha<\dfrac{\pi}{2}, 0<\beta<\dfrac{\pi}{2}$, 证明: $\dfrac{1}{\cos^2\alpha}+\dfrac{1}{\sin^2\alpha\cos^2\beta\sin^2\beta} \geqslant 9$. (1978年全国高中数学竞赛题)

(2) 若 $0<\alpha<\dfrac{\pi}{2}, 0<\beta<\dfrac{\pi}{2}$, 证明:

$$\frac{5}{\cos^2\alpha} + \frac{5}{\sin^2\alpha\cos^2\beta\sin^2\beta} \geq 27\cos\alpha + 36\sin\alpha$$

(2008年新加坡数学奥林匹克试题)

7. 若 $x, y, z$ 为三个正数, 证明: $\sqrt{3}\left(\frac{yz}{x} + \frac{zx}{y} + \frac{xy}{z}\right) \geq (yz + zx + xy) \cdot \sqrt{\frac{x+y+z}{xyz}}$, 且式中等号当且仅当 $x = y = z$ 时成立. (《数学通报》问题 444)

8. 设 $x, y, z \geq 0$, 且满足 $xy + yz + zx = 1$, 求证: $x(1-y^2)(1-z^2) + y(1-z^2)(1-x^2) + z(1-x^2)(1-y^2) \leq \frac{4\sqrt{3}}{9}$. (1994年香港数学奥林匹克试题)

9. 证明对于任意正数 $a, b, c, d$, 有
$$\sqrt{\frac{a^2+b^2+c^2+d^2}{4}} \geq \sqrt[3]{\frac{abc+abd+acd+bcd}{4}}$$

10. 已知三个正实数 $x, y, z$ 满足 $x + y + z + \frac{1}{2}\sqrt{xyz} = 16$, 求证:

(1) $\sqrt{x} + \sqrt{y} + \sqrt{z} + \frac{1}{8}\sqrt{xyz} \leq 7$; (2) $\sqrt{x} + \sqrt{y} + \sqrt{z} \geq 4 + \frac{1}{4}\sqrt{xyz}$.

(2004年河南省数学竞赛试题)

11. (1) 设 $a, b, c$ 是正数, 它们的和等于 1, 证明: $\frac{1}{1-a} + \frac{1}{1-b} + \frac{1}{1-c} \geq \frac{2}{1+a} + \frac{2}{1+b} + \frac{2}{1+c}$. (第29届俄罗斯数学奥林匹克试题)

(2) 设 $a, b, c$ 是正数, 它们的和等于 2, 证明: $\frac{a}{1-a} \cdot \frac{b}{1-b} \cdot \frac{c}{1-c} \geq 8$. (1991年印度数学奥林匹克试题)

12. (1) 设 $a, b, c$ 为正实数, 且 $a + b + c \geq abc$, 证明: $a^2 + b^2 + c^2 \geq \sqrt{3}abc$. (2001年巴尔干数学奥林匹克试题)

(2) 设 $x, y, z$ 为正实数, 且 $x + y + z \geq xyz$, 求 $\frac{x^2+y^2+z^2}{xyz}$ 的最小值. (2001年中国西部数学奥林匹克试题)

13. 设 $a, b, c$ 为正数, 且 $a + b + c = 3$, 证明: $\sqrt{a} + \sqrt{b} + \sqrt{c} \geq ab + bc + ca$. (第28届俄罗斯数学奥林匹克试题)

14. 设 $a, b, c$ 是三角形三边长, 求证:
$$\sqrt{\frac{a}{b+c-a}} + \sqrt{\frac{b}{c+a-b}} + \sqrt{\frac{c}{a+b-c}} \geq 3$$

15. 设 $a, b, c$ 是正数, 求证:

$$\sqrt{ab(a+b)} + \sqrt{bc(b+c)} + \sqrt{ca(c+a)} \leq \frac{3}{2}\sqrt{(a+b)(b+c)(c+a)}$$

16. 设 $a,b,c$ 是正数,求证:$\sqrt{\dfrac{b+c}{a}} + \sqrt{\dfrac{c+a}{b}} + \sqrt{\dfrac{a+b}{c}} \geq 3\sqrt{2}$.

17. 设 $x,y,z$ 都是正数,且 $x^2 + y^2 + z^2 = 1$,求 $S = \dfrac{xy}{z} + \dfrac{yz}{x} + \dfrac{zx}{y}$ 的最小值.
(1988 年苏联数学奥林匹克试题)

18. 若 $x,y,z$ 都是正实数,求 $\dfrac{xyz}{(1+5x)(4x+3y)(5y+6z)(z+18)}$ 的最大值,并证明你的结论.(2003 年新加坡数学奥林匹克试题)

19. 设 $a,b,c$ 为正数,且满足 $a+b+c \geq \dfrac{1}{a} + \dfrac{1}{b} + \dfrac{1}{c}$. 证明:$a^3 + b^3 + c^3 \geq a+b+c$. (2003 年泰国数学奥林匹克试题)

20. 设 $a,b,c$ 是正数,且满足 $a^2 + b^2 + c^2 = 3$,证明:$\dfrac{1}{1+2ab} + \dfrac{1}{1+2bc} + \dfrac{1}{1+2ca} \geq 1$. (2004 年爱沙尼亚奥林匹克试题)

21. (1) 证明:对于任意正实数 $a,b,c$,均有 $\dfrac{a^3}{bc} + \dfrac{b^3}{ca} + \dfrac{c^3}{ab} \geq a+b+c$. (2002 年加拿大数学奥林匹克试题)

(2) 证明:对于任意正实数 $a,b,c$,均有 $\dfrac{a^4}{bc} + \dfrac{b^4}{ca} + \dfrac{c^4}{ab} \geq a^2 + b^2 + c^2$. (2004 年中国香港数学集训队试题)

22. (1) 已知 $a,b,c$ 是正数,证明:不等式 $\dfrac{9}{a+b+c} \leq \dfrac{2}{a+b} + \dfrac{2}{b+c} + \dfrac{2}{c+a} \leq \dfrac{1}{a} + \dfrac{1}{b} + \dfrac{1}{c}$. (1998 年爱尔兰数学奥林匹克试题)

(2) 已知 $w,x,y,z$ 是正数,证明不等式
$$\dfrac{12}{w+x+y+z} \leq \dfrac{1}{w+x} + \dfrac{1}{w+y} + \dfrac{1}{w+z} + \dfrac{1}{x+y} + \dfrac{1}{x+z} + \dfrac{1}{y+z} \leq \dfrac{3}{4}\left(\dfrac{1}{w} + \dfrac{1}{x} + \dfrac{1}{y} + \dfrac{1}{z}\right)$$
(1992 年英国数学奥林匹克试题)

(3) 设 $a,b,c,d > 0$,证明不等式:$\dfrac{a+c}{a+b} + \dfrac{b+d}{b+c} + \dfrac{c+a}{c+d} + \dfrac{d+b}{d+a} \geq 4$. (1995 年 Baltic Way 竞赛试题)

23. 设 $a,b,c$ 是正数,且 $a^2 + b^2 + c^2 = 1$,求证:

$$\frac{a}{1-a^2}+\frac{b}{1-b^2}+\frac{c}{1-c^2} \geqslant \frac{3\sqrt{3}}{2}$$

(第 30 届 IMO 加拿大训练题)

24. 已知 $x,y,z$ 是正数,且满足 $xyz(x+y+z)=1$,试求表达式 $(x+y)(x+z)$ 的最小值.(1989 年全苏数学奥林匹克试题)

25. (1) 设 $a,b,c$ 是正数,求证:

$$\frac{a}{\sqrt{(a+b)(a+c)}}+\frac{b}{\sqrt{(b+a)(b+c)}}+\frac{c}{\sqrt{(c+a)(c+b)}} \leqslant \frac{3}{2}$$

(2001 年德国国家队试题)

(2) 设 $x,y,z$ 是正数,且 $x+y+z=1$,求证:

$$\sqrt{\frac{xy}{z+xy}}+\sqrt{\frac{yz}{x+yz}}+\sqrt{\frac{zx}{y+zx}} \leqslant \frac{3}{2}$$

(2005 年法国国家队试题)

26. 设 $x_1,x_2 \in \mathbf{R}$,且 $x_1^2+x_2^2 \leqslant 1$,求证:对于任意 $y_1,y_2 \in \mathbf{R}$,有 $(x_1y_1+x_2y_2-1)^2 \geqslant (x_1^2+x_2^2-1)(y_1^2+y_2^2-1)$. (2000 年波兰奥地利数学奥林匹克试题)

27. 设 $a,b,c$ 是正数,求证:$(1+\frac{a}{b})(1+\frac{b}{c})(1+\frac{c}{a}) \geqslant 2(1+\frac{a+b+c}{\sqrt[3]{abc}})$.

(1998 年亚太地区数学奥林匹克试题)

28. 设 $a,b,c$ 是正数,求证:

(1) $4(a^3+b^3) \geqslant (a+b)^3$;

(2) $9(a^3+b^3+c^3) \geqslant (a+b+c)^3$.

(1996 年英国数学奥林匹克试题)

29. 设 $a_1,a_2,\cdots,a_n;b_1,b_2,\cdots,b_n;c_1,c_2,\cdots,c_n$ 是三组正数,证明不等式:
$\sum_{i=1}^{n}a_i^3 \sum_{i=1}^{n}b_i^3 \sum_{i=1}^{n}c_i^3 \geqslant (\sum_{i=1}^{n}a_ib_ic_i)^3$. (1989 年波兰奥地利数学奥林匹克试题)

30. 若正实数 $a,b,c$ 满足 $a+b+c=1$,求证:$a\sqrt[3]{1+b-c}+b\sqrt[3]{1+c-a}+c\sqrt[3]{1+a-b} \leqslant 1$. (2005 年日本数学奥林匹克试题)

31. 设 $a,b,c$ 是正数,求证:$\frac{1}{b(a+b)}+\frac{1}{c(b+c)}+\frac{1}{a(c+a)} \geqslant \frac{27}{2(a+b+c)^2}$. (2002 年巴尔干 Junior 数学奥林匹克试题)

32. 设 $a,b,c$ 是正数,且 $(a+b)(b+c)(c+a)=1$,求证:$ab+bc+ca \leqslant \frac{3}{4}$.

(2005 年罗马尼亚数学奥林匹克试题,2006 年克罗地亚国家队试题)

33. 设 $a,b,c \in (0,1), x,y,z \in (0,+\infty), a^x = bc, b^y = ca, c^z = ab$, 求证:
$\dfrac{1}{2+x} + \dfrac{1}{2+y} + \dfrac{1}{2+z} \leqslant \dfrac{3}{4}$. (2006 年罗马尼亚数学奥林匹克试题)

34. 设 $a,b,c$ 是正数, 求 $\dfrac{a^2+b^2}{c^2+ab} + \dfrac{b^2+c^2}{a^2+bc} + \dfrac{c^2+a^2}{b^2+ca}$ 的最小值. (2004 年印度数学奥林匹克试题)

35. (1) 设 $x,y,u,v \in \mathbf{R}^+$, 证明不等式: $\dfrac{u}{x} + \dfrac{v}{y} \geqslant \dfrac{4(uy+vx)}{(x+y)^2}$.

(2) 设 $a,b,c,d \in \mathbf{R}^+$, 证明不等式: $\dfrac{a}{b+2c+d} + \dfrac{b}{c+2d+a} + \dfrac{c}{d+2a+b} + \dfrac{d}{a+2b+c} \geqslant 1$. (2005 罗马尼亚数学奥林匹克试题)

36. 设 $a,b,c \in \mathbf{R}^+$, 证明不等式: $abc \geqslant (-a+b+c)(a-b+c)(a+b-c)$. (1983 年瑞士数学奥林匹克试题)

37. (1) 设 $a,b,c$ 是正实数, 求证:
$$\dfrac{a+b+c}{3} \geqslant \sqrt[3]{\dfrac{(a+b)(b+c)(c+a)}{8}} \geqslant \dfrac{\sqrt{ab}+\sqrt{bc}+\sqrt{ca}}{3}$$
(2004 年中国国家集训队试题)

(2) 设 $k > 0, x,y,z > 0$, 且满足 $xy + yz + zx = 3$, 证明:
$$(x+y)^k + (y+z)^k + (z+x)^k \geqslant 3 \cdot 2^k$$
(2006 年土耳其集训队试题)

38. 已知 $a,b,c,d$ 是正实数, 且 $a+b+c+d = 4$. 求证:
$$\dfrac{a}{1+b^2} + \dfrac{b}{1+c^2} + \dfrac{c}{1+d^2} + \dfrac{d}{1+a^2} \geqslant 2$$
(2006 年俄罗斯冬令营试题)

39. 已知 $a,b,c$ 是正实数, 求证: $\dfrac{2(a^3+b^3+c^3)}{abc} + \dfrac{9(a+b+c)^2}{a^2+b^2+c^2} \geqslant 33$. (加拿大 Curx 问题)

40. (1) 设 $a,b,c$ 是正实数, 且 $ab+bc+ca = 1$, 证明不等式:
$$\dfrac{1}{a+b} + \dfrac{1}{b+c} + \dfrac{1}{c+a} \geqslant \sqrt{3} + \dfrac{ab}{a+b} + \dfrac{bc}{b+c} + \dfrac{ca}{c+a}$$
(2005 年法国数学奥林匹克试题)

(2) 设 $a,b,c \in \mathbf{R}^+$, 且 $ab+bc+ca = 1$, 证明不等式:
$$\dfrac{1}{a} + \dfrac{1}{b} + \dfrac{1}{c} \geqslant 3(a+b+c)$$
(2004 年罗马尼亚布加勒斯特数学奥林匹克试题)

41. 设 $a,b,c,d,e,f \in \mathbf{R}$, 且 $a+b+c+d+e+f = 0$, 证明: $ab+bc+cd+$

$de + ef + fa \leq \dfrac{1}{2}(a^2 + b^2 + c^2 + d^2 + e^2 + f^2)$. (2003 年法国数学奥林匹克试题)

42. 设 $a, b, c \in \mathbf{R}^+$,且 $abc = 1$,证明不等式: $\dfrac{1+ab}{1+a} + \dfrac{1+bc}{1+b} + \dfrac{1+ca}{1+c} \geq 3$.

(2006 年摩洛哥数学奥林匹克试题)

43. (1) 已知 $a_1, a_2, \cdots, a_n$ 是正实数,且其和为 1,求证:

$$\dfrac{a_1^2}{a_1 + a_2} + \dfrac{a_2^2}{a_2 + a_3} + \cdots + \dfrac{a_{n-1}^2}{a_{n-1} + a_n} + \dfrac{a_n^2}{a_n + a_1} \geq \dfrac{1}{2}$$

(第 24 届全苏数学奥林匹克试题)

(2) $a_1, a_2, \cdots, a_n; b_1, b_2, \cdots, b_n$ 是两组正实数,且 $\sum\limits_{k=1}^{n} a_k = \sum\limits_{k=1}^{n} b_k$,求证:

$\sum\limits_{k=1}^{n} \dfrac{a_k^2}{a_k + b_k} \geq \dfrac{1}{2} \sum\limits_{k=1}^{n} a_k.$ (1991 年亚太地区数学奥林匹克试题)

44. 设 $x, y, z$ 是正实数,求证: $\left(\dfrac{x+y}{2}\right)^2 \left(\dfrac{y+z}{2}\right)^2 \left(\dfrac{z+x}{2}\right)^2 \geq xyz \left(\dfrac{x+y+z}{3}\right)^3$.

(《数学通讯》1986 年 12 期问题, Curx2108)

45. 已知 $x, y, z$ 均为正数.

(1) 求证: $\dfrac{x}{yz} + \dfrac{y}{zx} + \dfrac{z}{xy} \geq \dfrac{1}{x} + \dfrac{1}{y} + \dfrac{1}{z}$;

(2) 若 $x + y + z \geq xyz$,求 $u = \dfrac{x}{yz} + \dfrac{y}{zx} + \dfrac{z}{xy}$ 的最小值. (2006 年陕西省数学竞赛)

46. 已知 $x, y, z$ 是正数,且 $x + y + z = 1$,求证:

$$\left(\dfrac{1}{x} - x\right)\left(\dfrac{1}{y} - y\right)\left(\dfrac{1}{z} - z\right) \geq \left(\dfrac{8}{3}\right)^3$$

47. 设三个正实数 $x, y, z$. 试求代数式 $\dfrac{16x + 9\sqrt{2xy} + 9\sqrt[3]{3xyz}}{x + 2y + z}$ 的最大值.

(2006 年河南省数学竞赛试题)

48. 已知 $a, b, c$ 是正数,且 $a + b + c = 1$,求证:

$$\sqrt{\dfrac{1-a}{a}} \cdot \sqrt{\dfrac{1-b}{b}} + \sqrt{\dfrac{1-b}{b}} \cdot \sqrt{\dfrac{1-c}{c}} + \sqrt{\dfrac{1-a}{a}} \cdot \sqrt{\dfrac{1-c}{c}} \geq 6$$

(2006 年阿尔巴尼亚数学奥林匹克试题)

49. 设 $a, b, c$ 是正实数,且 $a + b + c = 3$,求证: $\dfrac{a^2+9}{2a^2+(b+c)^2} + \dfrac{b^2+9}{2b^2+(c+a)^2} + \dfrac{c^2+9}{2c^2+(a+b)^2} \leq 5.$ (2006 年中国北方数学奥林匹克试题)

50. 已知 $x,y,z$ 是正数,且 $xyz=1$,证明:$(1+x)(1+y)(1+z) \geq 2(1+\sqrt[3]{\frac{y}{x}}+\sqrt[3]{\frac{z}{y}}+\sqrt[3]{\frac{x}{z}})$.(2003年波罗的海数学奥林匹克试题)

51. 设 $a,b,c$ 是正实数,证明:$\frac{2a}{a^2+bc}+\frac{2b}{b^2+ca}+\frac{2c}{c^2+ab} \leq \frac{a}{bc}+\frac{b}{ca}+\frac{c}{ab}$. (2003年波罗的海数学奥林匹克试题)

52. (1) 设 $a,b,c$ 是正实数,且 $abc=1$,求证:$1+\frac{3}{a+b+c} \geq \frac{6}{ab+bc+ca}$. (2003年罗马尼亚数学竞赛试题)

(2) 设 $a,b,c$ 是正实数,求证:$1+\frac{3}{ab+bc+ca} \geq \frac{6}{a+b+c}$. (2005年泰国数学奥林匹克试题,2007年马其顿数学奥林匹克试题)

53. 设 $a,b,c$ 是正实数,且 $abc=1$,求证:
$$\frac{1}{\sqrt{b+\frac{1}{a}+\frac{1}{2}}}+\frac{1}{\sqrt{c+\frac{1}{b}+\frac{1}{2}}}+\frac{1}{\sqrt{a+\frac{1}{c}+\frac{1}{2}}} \geq \sqrt{2}$$
(2005年新西兰数学奥林匹克试题)

54. 设 $a,b,c,d$ 是正实数,证明:$\frac{a+b+c+d}{abcd} \leq \frac{1}{a^3}+\frac{1}{b^3}+\frac{1}{c^3}+\frac{1}{d^3}$. (2005年奥地利数学奥林匹克试题)

55. 设 $a,b,c$ 是正实数,证明:
$$\frac{a^2}{a^2+2bc}+\frac{b^2}{b^2+2ca}+\frac{c^2}{c^2+2ab} \geq 1 \geq \frac{bc}{a^2+2bc}+\frac{ca}{b^2+2ca}+\frac{ab}{c^2+2ab}$$
(1997年罗马尼亚数学奥林匹克试题)

56. 已知 $x,y,z$ 是正数,且 $x+y+z=\sqrt{xyz}$,证明:$xy+yz+zx \geq 9(x+y+z)$. (1996年白俄罗斯数学奥林匹克试题)

57. 设 $0<a,b,c<1$,证明:$\sqrt{abc}+\sqrt{(1-a)(1-b)(1-c)}<1$. (2002年罗马尼亚数学奥林匹克试题)

58. 已知 $a,b,c \geq 1$,证明:$\sqrt{a-1}+\sqrt{b-1}+\sqrt{c-1} \leq \sqrt{(ab+1)c}$. (1989年南斯拉夫数学奥林匹克试题,1998年香港数学奥林匹克试题)

59. 已知 $a,b,c>0$,证明:$(\frac{a}{b}+\frac{b}{c}+\frac{c}{a})^2 \geq \frac{3}{2}(\frac{a+b}{c}+\frac{b+c}{a}+\frac{c+a}{b})$. (2002年罗马尼亚国家集训队试题)

60. 设 $a,b,c,d>0$,证明不等式:
$$\sqrt[3]{ab}+\sqrt[3]{cd} \leq \sqrt[3]{(a+b+c)(b+c+d)}$$

61. 设 $a,b,c > 0$，且 $a+b+c=1$，证明不等式：$\dfrac{a^2+b}{b+c} + \dfrac{b^2+c}{c+a} + \dfrac{c^2+a}{a+b} \geq 2$.

62.（1）已知 $a,b,c$ 是正数，证明：$\dfrac{a}{b+c} + \dfrac{b}{c+a} + \dfrac{c}{a+b} \geq \dfrac{3}{2}$.（1963 年莫斯科数学奥林匹克试题）

（2）已知 $a,b,c$ 是正数，证明：$\left(\dfrac{2a}{b+c}\right)^{\frac{2}{3}} + \left(\dfrac{2b}{c+a}\right)^{\frac{2}{3}} + \left(\dfrac{2c}{a+b}\right)^{\frac{2}{3}} \geq 3$.（2002 年美国数学 MOP 夏令营试题）

63. 已知 $a,b,c$ 是非负实数，证明：$a+b+c \geq \dfrac{a(bc+c+1)}{ca+a+1} + \dfrac{b(ca+a+1)}{ab+b+1} + \dfrac{c(ab+b+1)}{bc+c+1}$.（1991 年全苏数学夏令营）

64. 设 $a > b > 0$，$f(x) = \dfrac{2(a+b)x + 2ab}{4x + a + b}$，证明：存在唯一的正数 $x$，使得 $f(x) = \dfrac{a^{\frac{1}{3}} + b^{\frac{1}{3}}}{2}$.（2006 年中国东南地区数学奥林匹克试题）

65. 设 $x,y,z \geq 0$，求证：$(x+y+z)^2(xy+yz+zx)^2 \leq 3(y^2+yz+z^2)(z^2+zx+x^2)(x^2+xy+y^2)$.（2007 年 IMO 试题）

66. 求所有的正整数 $n \geq 2$，使得对于任意正实数 $x_1 x_2 \cdots x_n$ 均有

$$x_1 x_2 + x_2 x_3 + \cdots + x_{n-1} x_n \leq \dfrac{n-1}{n}(x_1^2 + x_2^2 + \cdots + x_n^2)$$

（2000 年波兰数学奥林匹克试题）

67. 设 $x,y,z \in \mathbf{R}$，且 $x+y+z=0$，求证：$6(x^3+y^3+z^3)^2 \leq (x^2+y^2+z^2)^3$.（1985 年芜湖市数学竞赛第二试试题）

68. 已知 $x,y$ 是实数，证明不等式：$x^2 + y^2 + 1 > x\sqrt{y^2+1} + y\sqrt{x^2+1}$.（1996～1997 年爱沙尼亚数学奥林匹克试题）

69. 设 $a,b,c$ 是正数，且 $a+b+c=1$，证明：$\dfrac{a^7+b^7}{a^5+b^5} + \dfrac{b^7+c^7}{b^5+c^5} + \dfrac{c^7+a^7}{c^5+a^5} \geq \dfrac{1}{3}$.（2000 年哈萨克斯坦数学奥林匹克试题）

70. 设 $a,b,c$ 是正数，证明：$\dfrac{a}{b} + \dfrac{b}{c} + \dfrac{c}{a} \geq \dfrac{a+b}{b+c} + \dfrac{b+c}{c+a} + 1$.（1998 年白俄罗斯数学奥林匹克试题）

71. 设 $a,b,c$ 是正数，且 $a+b+c \geq \dfrac{1}{a} + \dfrac{1}{b} + \dfrac{1}{c}$，证明：

$$a+b+c \geq \dfrac{3}{a+b+c} + \dfrac{2}{abc}$$

(2007年秘鲁国家集训队试题)

72. 设 $a,b,c$ 是正数,且 $a+b+c=1$,证明:$a\sqrt{b}+b\sqrt{c}+c\sqrt{a}\leq\frac{1}{\sqrt{3}}$. (2005年波斯尼亚和黑塞哥维那数学奥林匹克试题)

73. 设 $a,b$ 是正数,证明:$\frac{1}{2}(a+b)^2+\frac{1}{4}(a+b)\geq a\sqrt{b}+b\sqrt{a}$. (1987年南斯拉夫数学奥林匹克试题)

74. 设 $a,b,c$ 是正数,证明:
$$\frac{1}{3}(a+b+c)\leq\sqrt{\frac{a^2+b^2+c^2}{3}}\leq\frac{1}{3}\left(\frac{ab}{c}+\frac{bc}{a}+\frac{ca}{b}\right)$$
(2007年爱尔兰数学奥林匹克试题)

75. 已知 $abc\neq 0$,求证:$\frac{a^4}{4a^4+b^4+c^4}+\frac{b^4}{a^4+4b^4+c^4}+\frac{a^4}{a^4+b^4+4c^4}\leq\frac{1}{2}$. (2004年北京市数学竞赛试题)

76. 设 $u,v,w$ 为正实数,满足条件 $u\sqrt{vw}+v\sqrt{wu}+w\sqrt{uv}=1$,试求 $u+v+w$ 的最小值.(第3届女子数学奥林匹克试题)

77. 设 $a,b,c$ 是正实数,求证:$(a^5-a^2+3)(b^5-b^2+3)(c^5-c^2+3)\geq(a+b+c)^3$. (2004年美国数学奥林匹克试题)

78. 设 $a,b,c$ 是正实数,且 $abc=1$,求证:$\frac{1}{1+2a}+\frac{1}{1+2b}+\frac{1}{1+2c}\geq 1$. (2004年德国IMO代表队选拔考试试题)

79. 设 $0<\alpha,\beta,\gamma<\frac{\pi}{2}$,且 $\sin^3\alpha+\sin^3\beta+\sin^3\gamma=1$,求证:$\tan^2\alpha+\tan^2\beta+\tan^2\gamma\geq\frac{3\sqrt{3}}{2}$. (2005年中国东南地区数学奥林匹克试题)

80. 设 $x,y,z$ 是非负实数,且满足 $x+y+z=1$,证明:$x^2y+y^2z+z^2x\leq\frac{4}{27}$. (1999年加拿大数学奥林匹克试题)

81. 已知 $a\geq b\geq c\geq 0$,且 $a+b+c=3$,证明:$ab^2+bc^2+ca^2\leq\frac{27}{8}$,并确定等号成立的条件.(2002年中国香港地区数学奥林匹克试题)

82. 设 $T$ 是一个周长为2的三角形,$a,b,c$ 为 $T$ 的三边长.证明:

(1)$abc+\frac{28}{27}\geq ab+bc+ca$;

(2)$ab+bc+ca\geq abc+1$. (2003年爱尔兰数学奥林匹克试题)

83. 已知正实数 $x,y,z$ 满足 $x^2+y^2+z^2=1$,证明:$x^2yz+xy^2z+xyz^2\leq\frac{1}{3}$.

(2003 年英国数学奥林匹克试题)

84. 设 $x,y,z$ 是大于 $-1$ 的实数,证明:
$$\frac{1+x^2}{1+y+z^2} + \frac{1+y^2}{1+z+x^2} + \frac{1+z^2}{1+x+y^2} \geq 2$$

(2003 年巴尔干地区数学奥林匹克试题)

85. 设 $a,b,c$ 是正实数,证明
$$\frac{a^3-2a+2}{b+c} + \frac{b^3-2b+2}{c+a} + \frac{c^3-2c+2}{a+b} \geq \frac{3}{2}$$

(2006 年白俄罗斯数学奥林匹克试题)

86. 设 $a,b,c$ 是正实数,证明
$$\frac{1}{a+ab+abc} + \frac{1}{b+bc+bca} + \frac{1}{c+ca+cab} \leq \frac{1}{3\sqrt[3]{abc}}\left(\frac{1}{a}+\frac{1}{b}+\frac{1}{c}\right)$$

(2006 年波兰数学奥林匹克试题)

87. 设 $a,b,c,d,e,f$ 是正实数,且 $a+b+c+d+e+f=1, ace+bdf \geq \frac{1}{108}$.

证明:$abc+bcd+cde+def+efa+fab \leq \frac{1}{36}$. (1998 年波兰数学奥林匹克试题)

88. 设 $x_1,x_2,\cdots,x_n$ 是正实数,$n \geq 3$ 是正整数,证明下列两个不等式至少有一个成立:
$$\sum_{i=1}^{n} \frac{x_i}{x_{i+1}+x_{i+2}} \geq \frac{n}{2}, \sum_{i=1}^{n} \frac{x_i}{x_{i-1}+x_{i-2}} \geq \frac{n}{2}$$

其中
$$x_{n+1}=x_1, x_{n+2}=x_2$$

(2002 年波兰数学奥林匹克试题)

89. 若 $x,y,z$ 是正实数,且 $xy+yz+zx=1$,求证:
$$\frac{x}{x+\sqrt{1+x^2}} + \frac{y}{y+\sqrt{1+y^2}} + \frac{z}{z+\sqrt{1+z^2}} \leq 1$$

(2007 年河北省数学竞赛试题)

90. 已知正实数 $a,b,c$ 满足 $\frac{1}{a}+\frac{1}{b}+\frac{1}{c}=1$,求证:$(a-1)(b-1)(c-1) \geq 8$. (2005 年克罗地亚数学奥林匹克试题)

91. 设 $a,b,c$ 是正数,且 $ab+bc+ca=3$,求证:
$$\frac{1}{1+a^2(b+c)} + \frac{1}{1+b^2(c+a)} + \frac{1}{1+c^2(a+b)} \leq \frac{1}{abc}$$

(2008 年罗马尼亚国家集训队试题)

92. 设 $a,b,c$ 是正实数,且 $a+b+c=1$,证明:
$$\frac{1}{ab+2c^2+2c} + \frac{1}{bc+2a^2+2a} + \frac{1}{ca+2b^2+2b} \geq \frac{1}{ab+bc+ca}$$

(2007年土耳其国家集训队试题)

93. 设 $a,b,c$ 是实数,且 $abc=1$,证明:
$$a^2+b^2+c^2+\frac{1}{a^2}+\frac{1}{b^2}+\frac{1}{c^2}+2(a+b+c+\frac{1}{a}+\frac{1}{b}+\frac{1}{c}) \geq$$
$$6+2(\frac{a}{b}+\frac{b}{c}+\frac{c}{a}+\frac{b}{a}+\frac{c}{b}+\frac{a}{c})$$

(2007年Brazilian数学奥林匹克试题)

94. 设 $x,y,z$ 是正实数,且 $xyz=1$,证明:
(1) $(1+x+y)^2+(1+y+z)^2+(1+z+x)^2 \geq 27$;
(2) $(1+x+y)^2+(1+y+z)^2+(1+z+x)^2 \leq 3(x+y+z)^2$.
且两个不等式等号成立的条件都是 $x=y=z=1$. (2008年伊朗数学奥林匹克试题)

95. 求所有的正整数 $n$,使得若 $a,b,c \geq 0$,且 $a+b+c=3$,则 $abc(a^n+b^n+c^n) \leq 3$. (2007保加利亚冬季数学奥林匹克试题)

96. 设 $x,y,z$ 是正实数,且 $x+y+z=3$,证明:
$$\frac{x^3}{y^3+8}+\frac{y^3}{z^3+8}+\frac{z^3}{x^3+8} \geq \frac{1}{9}+\frac{2}{27}(xy+yz+zx)$$

(2008年伊朗数学奥林匹克试题)

97. 设 $x,y,z$ 是非负实数,证明:
$$\frac{1}{(x-y)^2}+\frac{1}{(y-z)^2}+\frac{1}{(z-x)^2} \geq \frac{4}{xy+yz+zx}$$

(2008年越南数学奥林匹克试题)

98. 设正数 $a,b,c$ 满足 $a+b+c \leq \frac{3}{2}$,求 $S=abc+\frac{1}{abc}$ 的最小值. (2008年摩尔多瓦数学奥林匹克试题)

99. 设 $x,y,z$ 是实数,满足 $x^3+y^3+z^3-3xyz=1$,求 $x^2+y^2+z^2$ 的最小值. (2008年英联邦数学奥林匹克试题)

100. 求最大的正数 $\lambda$,使得对于满足 $x^2+y^2+z^2=1$ 的任何实数 $x,y,z$ 成立不等式: $|\lambda xy+yz| \leq \frac{\sqrt{5}}{2}$. (2008年中国东南地区数学奥林匹克试题)

101. 设 $x,y,z$ 都是正数,且 $x+2y+3z=\frac{11}{12}$,证明: $6(3xy+4xz+2yz+6x+3y+4z+72xyz) \leq \frac{107}{18}$. (2006年JMMO预选题)

102. 已知 $a,b,c$ 是三个复数,且满足 $a|bc|+b|ca|+c|ab|=0$,证明: $|(a-b)(b-c)(c-a)| \geq 3\sqrt{3}|abc|$. (2008年罗马尼亚数学奥林匹克试题)

103. 设 $a,b,c$ 是正数,证明不等式:

(1) $\dfrac{a}{3a^2+b^2+2ac}+\dfrac{b}{3b^2+c^2+2ab}+\dfrac{c}{3c^2+a^2+2bc}\leqslant\dfrac{3}{2(a+b+c)}$;

(2) $\dfrac{a}{2a^2+b^2+c^2}+\dfrac{b}{2b^2+c^2+a^2}+\dfrac{c}{2c^2+a^2+b^2}\leqslant\dfrac{9}{4(a+b+c)}$.

(2009 年乌克兰城市数学奥林匹克试题)

104. 设 $0<x_0,x_1,x_2,\cdots,x_{669}<1$,证明在 $\{x_0,x_1,x_2,\cdots,x_{669}\}$ 中存在数对 $(x_i,x_j)$,使得 $0<x_i,x_j(x_i-x_j)<\dfrac{1}{2\,007}$. (2007 年奥地利数学奥林匹克试题)

105. 设 $a,b,c$ 是正数,证明不等式:
$\dfrac{a^5}{bc}+\dfrac{b^5}{ca}+\dfrac{c^5}{ab}+\dfrac{3}{2a^2b^2c^2}\geqslant 2(a^3+b^3+c^3)+\dfrac{9}{2}-6abc$,并指出何时等号成立.

(2008 年保加利亚数学奥林匹克试题)

106. 设 $a,b,c$ 是正实数,证明:$\dfrac{a^2}{b}+\dfrac{b^3}{c^2}+\dfrac{c^4}{a^3}\geqslant -a+2b+2c$. (2005 年乌克兰数学奥林匹克试题)

107. 设 $a,b,c$ 是正数,且 $a+b+c=1$,证明:
$$8\left(\dfrac{1}{2}-ab-bc-ca\right)\left(\dfrac{1}{(a+b)^2}+\dfrac{1}{(b+c)^2}+\dfrac{1}{(c+a)^2}\right)\geqslant 9$$

(2006 年 Macedonian 数学奥林匹克试题)

108. 已知 $\triangle ABC$ 的边 $BC,CA,AB$ 上的高依次为 $h_1,h_2,h_3$,$\triangle ABC$ 内的一点 $M$ 到边 $BC,CA,AB$ 的距离依次为 $u,v,w$,证明:

(1) $\dfrac{h_1}{u}+\dfrac{h_2}{v}+\dfrac{h_3}{w}\geqslant 9$;

(2) $h_1h_2h_3\geqslant 27uvw$;

(3) $(h_1-u)(h_2-v)(h_3-w)\geqslant 8uvw$.

(1995 年克罗地亚数学奥林匹克试题)

109. 求所有的实数使得 $x,y,z,w$,使得
$$x+y+z=\dfrac{3}{2},\sqrt{4x-1}+\sqrt{4y-1}+\sqrt{4z-1}\geqslant 2+3\sqrt{w-2}$$

(2007~2008 匈牙利数学奥林匹克试题)

110. 设 $a,b,c$ 为大于 1 的实数. 证明:
$$\log_a bc+\log_b ca+\log_c ab\geqslant 4(\log_{ab} c+\log_{bc} a+\log_{ca} b)$$

(2008 年克罗地亚数学奥林匹克试题,2010 年 Malaysina 数学奥林匹克试题)

111. 设 $x,y,z$ 是正数,证明:
$$\dfrac{x^2+y^2+z^2+xy+yz+zx}{6}\leqslant\dfrac{x+y+z}{3}\cdot\sqrt{\dfrac{x^2+y^2+z^2}{3}}$$

(2009 年匈牙利数学奥林匹克试题)

112. 正数 $x,y$ 满足 $(1+x)(1+y)=2$,证明: $xy+\dfrac{1}{xy} \geqslant 6$. (2009 年 Costa Rican 数学奥林匹克试题)

113. 设 $a,b,c$ 为正数,且 $a+b+c=3$,证明: $abc(a^2+b^2+c^2) \leqslant 3$. (2010 年保加利亚数学奥林匹克试题)

114. 已知 $x,y,z$ 是正数,且 $xyz=1$,证明:
$$\frac{(x+y-1)^2}{z}+\frac{(y+z-1)^2}{x}+\frac{(z+x-1)^2}{y} \geqslant x+y+z$$
(2010 年瑞士数学奥林匹克试题)

115. 已知 $a,b,c$ 是正数,且 $a+b+c=1$,证明: $\sqrt[3]{a+b}+\sqrt[3]{b+c}+\sqrt[3]{c+a} \leqslant \sqrt[3]{18}$. (2010 年阿尔巴尼亚数学奥林匹克试题)

116. 已知 $a,b,c$ 是正数,证明: $\dfrac{a^2 b(b-c)}{a+b}+\dfrac{b^2 c(c-a)}{b+c}+\dfrac{c^2 a(a-b)}{c+a} \geqslant 0$.
(2010 年巴尔干数学奥林匹克试题)

117. 已知 $a,b$ 是正数,证明: $\sqrt{2}\left(\sqrt{a(a+b)^3}+b\sqrt{a^2+b^2}\right) \leqslant 3(a^2+b^2)$. (2004 年爱尔兰数学奥林匹克试题)

118. 已知实数 $a,b,c$ 满足 $a+b+c=0$, $a^2+b^2+c^2=1$,证明: $a^2 b^2 c^2 \leqslant \dfrac{1}{54}$. 并确定等号成立的条件. (2009 年爱尔兰数学奥林匹克试题)

119. 已知正实数 $a,b,c$ 满足 $a+b+c \leqslant 3$,求证:

(1) $\dfrac{3}{2} \leqslant \dfrac{1}{a+1}+\dfrac{1}{b+1}+\dfrac{1}{c+1} < 3$;

(2) $\dfrac{a+1}{a(a+2)}+\dfrac{b+1}{b(b+2)}+\dfrac{c+1}{c(c+2)} \geqslant 2$.

(2009 年福建省数学竞赛试题)

120. 已知正实数 $a,b,c$ 满足 $\dfrac{1}{a}+\dfrac{1}{b}+\dfrac{1}{c} \leqslant 16(a+b+c)$,证明:
$$\frac{1}{[a+b+\sqrt{2(a+c)}]^3}+\frac{1}{[b+c+\sqrt{2(b+a)}]^3}+\frac{1}{[c+a+\sqrt{2(c+b)}]^3} \leqslant \frac{8}{9}$$
(2010 年越南国家集训队试题)

121. 已知正实数 $a,b,c$ 满足 $\dfrac{1}{a}+\dfrac{1}{b}+\dfrac{1}{c}=a+b+c$,证明:
$$\frac{1}{(2a+b+c)^2}+\frac{1}{(a+2b+c)^2}+\frac{1}{(2a+b+2c)^2} \leqslant \frac{3}{16}$$

(2009年IMO预选题)

122. 设 $a,b,c$ 是三角形的三边长,记
$$A = \frac{a^2+bc}{b+c} + \frac{b^2+ca}{c+a} + \frac{c^2+ab}{a+b}$$
$$B = \frac{1}{\sqrt{(a+b-c)(b+c-a)}} + \frac{1}{\sqrt{(b+c-a)(c+a-b)}} + \frac{1}{\sqrt{(c+a-b)(a+b-c)}}$$

证明:$AB \geqslant 9$. (2009年韩国数学奥林匹克试题)

123. 已知 $x,y,z$ 是非负实数,且 $x+y+z=2$,证明:$x^2y^2 + y^2z^2 + z^2x^2 + xyz \leqslant 1$,并求出上式取等号时 $x,y,z$ 的值. (2009年希腊数学奥林匹克试题)

124. 对于任意一组互不相等的正实数 $a,b,c$,证明:
$$\frac{(a^2-b^2)^3 + (b^2-c^2)^3 + (c^2-a^2)^3}{(a-b)^3 + (b-c)^3 + (c-a)^3} > 8abc$$

(2009年爱沙尼亚国家队选拔考试试题)

125. 设 $a,b,c$ 是正数,证明:
$$\frac{a^2+2bc}{(a+2b)^2+(a+2c)^2} + \frac{b^2+2ca}{(b+2c)^2+(b+2a)^2} + \frac{c^2+2ab}{(c+2a)^2+(c+2b)^2} \leqslant \frac{1}{2}$$

(2004年美国数学夏令营试题)

126. 已知 $a,b,c$ 是正实数,且满足 $abc=1$,证明:
$$\frac{1}{a^5(b+2c)^2} + \frac{1}{b^5(c+2a)^2} + \frac{1}{c^5(a+2b)^2} \geqslant \frac{1}{3}$$

(2010年美国集训队试题)

127. 设正实数 $a,b,c$ 满足 $(a+2b)(b+2c)=9$,求证:
$$\sqrt{\frac{a^2+b^2}{2}} + 2\sqrt[3]{\frac{b^3+c^3}{2}} \geqslant 3$$

(2010年中国北方数学奥林匹克试题)

128. 设正实数 $a,b,c$ 满足 $a^2+b^2+c^2 < 2(a+b+c)$,证明:$3abc < 4(a+b+c)$. (2008年印度国家集训队选拔试题)

129. 设正实数 $x,y,z$ 满足 $xyz=1$,求证:
$$\frac{2}{(x+1)^2+2y^2+1} + \frac{2}{(y+1)^2+2z^2+1} + \frac{2}{(z+1)^2+2x^2+1} \leqslant 1$$

(2010年波兰捷克和斯洛伐克联合数学奥林匹克试题)

130. 设 $x_1,x_2,\cdots,x_n$ 为正实数,满足 $x_1+x_2+\cdots+x_n=n$,证明:
$$\frac{x_1^3}{x_1^2+1} + \frac{x_2^3}{x_2^2+1} + \cdots + \frac{x_n^3}{x_n^2+1} \geqslant \frac{n}{2}$$

(2010年波兰捷克和斯洛伐克联合数学奥林匹克试题)

131. 设正实数 $x,y,z$ 满足 $x+y+z \geq 6$,求 $x^2+y^2+z^2+\dfrac{x}{y^2+z+1}+\dfrac{y}{z^2+x+1}+\dfrac{z}{x^2+y+1}$ 的最小值.(2010年波兰捷克和斯洛伐克联合数学奥林匹克试题)

132. 设 $a,b,c$ 是正实数,记 $A=\dfrac{a+b+c}{3}$,$G=\sqrt[3]{abc}$,$H=\dfrac{3}{\dfrac{1}{a}+\dfrac{1}{b}+\dfrac{1}{c}}$,证明:$\left(\dfrac{A}{G}\right)^3 \geq \dfrac{1}{4}+\dfrac{3}{4}\cdot\dfrac{A}{H}$.(1992年IMO预选题)

133. 设 $x,y,z$ 是正数,且 $x+y+z=1$,证明:$\dfrac{x}{y^2+z}+\dfrac{y}{z^2+x}+\dfrac{z}{x^2+y}\geq\dfrac{9}{4}$.(2006年塞尔维亚和黑山数学奥林匹克试题)

134. 设 $x,y$ 是正实数,证明:$x^4+y^4+(x^2+1)(y^2+1)\geq x^3(1+y)+y^3(1+x)+x+y$.(2000年捷克和斯洛伐克数学奥林匹克试题)

135. 设 $a,b,c,d$ 是正实数,证明:$\sqrt{a^4+c^4}+\sqrt{a^4+d^4}+\sqrt{b^4+c^4}+\sqrt{b^4+d^4}\geq 2\sqrt{2}(ad+bc)$.(2000年土耳其数学奥林匹克试题)

136. 设 $0<x<\dfrac{\pi}{2}$,证明:$\cos x\cos^2 x+\tan x\sin^2 x\geq 1$.(2010年波罗的海数学奥林匹克试题)

137. 设 $a,b,c$ 是正实数,证明:$\dfrac{a^5}{bc}+\dfrac{b^5}{ca}+\dfrac{c^5}{ab}+\dfrac{3}{2a^2b^2c^2}\geq 2(a^3+b^3+c^3)+\dfrac{9}{2}-6abc$.(2008年保加利亚数学奥林匹克试题)

138. 设 $a,b,c$ 是正实数,且 $abc=1$,证明:$\dfrac{a}{b}+\dfrac{b}{c}+\dfrac{c}{a}\geq a+b+c$.(2003年捷克和斯洛伐克数学奥林匹克试题)

139. 设 $x,y,z$ 是正数,且 $x+y+z=3$,证明:$\dfrac{x^2}{x+y^2}+\dfrac{y^2}{y+z^2}+\dfrac{z^2}{z+x^2}\geq\dfrac{3}{2}$.(2010年克罗地亚数学奥林匹克试题)

140. 设 $a,b,c$ 是正实数,且 $a^2+b^2+c^2=1$,证明:$\dfrac{a^2+b^2}{c}+\dfrac{b^2+c^2}{a}+\dfrac{c^2+a^2}{b}\geq\dfrac{ab}{a+b}+\dfrac{bc}{b+c}+\dfrac{ca}{c+a}+\dfrac{3\sqrt{3}}{2}$.(2006年哈萨克斯坦数学奥林匹克试题)

141. 设 $a,b,c$ 是正实数,证明:$\dfrac{ab}{a+b}+\dfrac{bc}{b+c}+\dfrac{ca}{c+a}\leq\dfrac{a+b+c}{2}$.(1970年

IMO 预选题)

# 参考解答

1. (1) $2x^4 + 2y^4 \geq (x^2+y^2)^2 = \dfrac{(x^2+y^2)}{2} \cdot 2(x^2+y^2) \geq xy(x+y)^2$.

(2) $\left(\dfrac{1}{\sqrt[4]{x}} + \dfrac{1}{\sqrt[4]{y}}\right)(\sqrt[4]{x+y}) \geq 2\sqrt{\dfrac{1}{\sqrt[4]{x}\sqrt[4]{y}}}\sqrt[4]{2xy} = \sqrt[4]{2^5}$.

(3) 因为 $B < A$,所以 $B < \dfrac{A+B}{2} < A$,而 $\dfrac{(a-b)^2}{8(A-B)} = \dfrac{(\sqrt{a^2}-\sqrt{b^2})^2}{4(\sqrt{a}-\sqrt{b})^2} = \dfrac{(\sqrt{a}+\sqrt{b})^2}{4} = \dfrac{A+B}{2}$,所以 $B < \dfrac{A+B}{2} < A$.

2. 注意到 $\log_b a, \log_c b, \log_a c$ 都是正数,且 $\log_b a \cdot \log_c b \cdot \log_a c = 1$,所以由均值不等式得

$$\dfrac{\log_b a}{a+b} + \dfrac{\log_c b}{b+c} + \dfrac{\log_a c}{c+a} \geq 3\sqrt[3]{\dfrac{\log_b a}{a+b} \cdot \dfrac{\log_c b}{b+c} \cdot \dfrac{\log_a c}{c+a}} = 3\sqrt[3]{\dfrac{1}{(a+b)(b+c)(c+a)}}$$

$$2(a+b+c) = (a+b) + (b+c) + (c+a) \geq 3\sqrt[3]{(a+b)(b+c)(c+a)}$$

两式相乘得

$$2(a+b+c)\left(\dfrac{\log_b a}{a+b} + \dfrac{\log_c b}{b+c} + \dfrac{\log_a c}{c+a}\right) \geq 9$$

即

$$2\left(\dfrac{\log_b a}{a+b} + \dfrac{\log_c b}{b+c} + \dfrac{\log_a c}{c+a}\right) \geq \dfrac{9}{a+b+c}$$

3. (1) 因为 $a > 1, b > 1$,所以由均值不等式得

$$\dfrac{a^2}{b-1} + 4(b-1) \geq 4a, \quad \dfrac{b^2}{a-1} + 4(a-1) \geq 4b$$

两式相加整理得

$$\dfrac{a^2}{b-1} + \dfrac{b^2}{a-1} \geq 8$$

(2) 证法一:设 $a = x+1, b = y+1$,则 $x = a-1, y = b-1$,由均值不等式得

75

$$\frac{a^4}{(b-1)^2} + \frac{b^4}{(a-1)^2} = \frac{(x+1)^4}{y^2} + \frac{(y+1)^4}{x^2} =$$

$$\frac{x^4 + 4x^3 + 6x^2 + 4x + 1}{y^2} + \frac{y^4 + 4y^3 + 6y^2 + 4y + 1}{x^2} =$$

$$\frac{x^4}{y^2} + \frac{y^4}{x^2} + 4\left(\frac{x^3}{y^2} + \frac{y^3}{x^2}\right) + 6\left(\frac{x^2}{y^2} + \frac{y^2}{x^2}\right) + 4\left(\frac{x}{y^2} + \frac{y}{x^2}\right) + \left(\frac{1}{y^2} + \frac{1}{x^2}\right) \geqslant$$

$$2xy + 8\sqrt{xy} + 12 + 8\sqrt{\frac{1}{xy}} + 2\frac{1}{xy} =$$

$$2\left(xy + \frac{1}{xy}\right) + 8\left(\sqrt{xy} + \sqrt{\frac{1}{xy}}\right) + 12 \geqslant 4 + 16 + 12 = 32$$

证法二:考虑不等式等号成立的条件是 $a = b = 2$,所以由均值不等式得

$$\frac{a^4}{(b-1)^2} + 16(b-1) + 16(b-1) + 16 \geqslant 32a$$

$$\frac{b^4}{(a-1)^2} + 16(a-1) + 16(a-1) + 16 \geqslant 32b$$

两式相加整理得

$$\frac{a^4}{(b-1)^2} + \frac{b^4}{(a-1)^2} \geqslant 32$$

(3) $a^4 + b^4 + c^2 = a^4 + b^4 + \frac{1}{2}c^2 + \frac{1}{2}c^2 \geqslant 4\sqrt[4]{a^4 b^4 \left(\frac{1}{2}c^2\right)\left(\frac{1}{2}c^2\right)} = 2\sqrt{2}abc$.

(4) 因为 $a+b+c=1$,所以 $1+a = (1-b)+(1-c) \geqslant 2\sqrt{(1-b)(1-c)}$,
同理,$1+b \geqslant 2\sqrt{(1-a)(1-c)}$,$1+c \geqslant 2\sqrt{(1-a)(1-b)}$. 三个不等式相乘即得.

(5) $\left(1 + \frac{1}{x}\right)\left(1 + \frac{1}{y}\right) = \left(1 + \frac{x+y}{x}\right)\left(1 + \frac{x+y}{y}\right) =$

$$\frac{x+x+y}{x} \cdot \frac{x+y+y}{x} \geqslant$$

$$\frac{3\sqrt[3]{xxy}}{x} \cdot \frac{3\sqrt[3]{xxy}}{x} = 9$$

(6) $m = 0$ 等号成立. $m \geqslant 1$,由均值不等式得

$$\left(1 + \frac{a}{b}\right)^m + \left(1 + \frac{b}{a}\right)^m \geqslant 2\left[\left(1 + \frac{a}{b}\right)\left(1 + \frac{b}{a}\right)\right]^{\frac{m}{2}}$$

而 $\left(1 + \frac{a}{b}\right)\left(1 + \frac{b}{a}\right) = 2 + \frac{a}{b} + \frac{b}{a} \geqslant 4$,所以不等式成立;当 $m < 0$ 时,令 $m = -n$,只要证明 $\frac{a^n + b^n}{(a+b)^n} \geqslant \left(\frac{1}{2}\right)^{n-1}$. 这个不等式的证明见第6章练习题2.

4. $a^2 + b^2 + c^2 \geqslant ab + bc + ca$,两边加上 $2(ab+bc+ca)$,得

$$(a+b+c)^2 \geq 3(ab+bc+ca)$$

$$\frac{(a+b+c)^2}{3} \geq ab+bc+ca = \frac{1}{2}a(b+c)+\frac{1}{2}b(c+a)+\frac{1}{2}c(a+b) \geq$$

$$a\sqrt{bc}+b\sqrt{ca}+c\sqrt{ab}$$

5. 由均值不等式得 $a^2b \leq \dfrac{a^3+a^3+b^3}{3}, b^2c \leq \dfrac{b^3+b^3+c^3}{3}, c^2a \leq \dfrac{c^3+c^3+a^3}{3}$,相加得 $a^3+b^3+c^3 \geq a^2b+b^2c+c^2a$.

6. (1) 证法一:$\dfrac{1}{\cos^2\alpha} + \dfrac{1}{\sin^2\alpha\cos^2\beta\sin^2\beta} = \dfrac{1}{\cos^2\alpha} + \dfrac{4}{\sin^2\alpha\sin^2 2\beta} \geq \dfrac{1}{\cos^2\alpha} + \dfrac{4}{\sin^2\alpha} = (\dfrac{1}{\cos^2\alpha} + \dfrac{4}{\sin^2\alpha})(\cos^2\alpha+\sin^2\alpha) = 5+4\cot^2\alpha+\tan^2\alpha \geq 9$.

证法二:

$$\dfrac{1}{\cos^2\alpha} + \dfrac{1}{\sin^2\alpha\cos^2\beta\sin^2\beta} = (\dfrac{1}{\cos^2\alpha} + \dfrac{1}{\sin^2\alpha\cos^2\beta} + \dfrac{1}{\sin^2\alpha\sin^2\beta})(\cos^2\alpha+\sin^2\alpha\cos^2\beta+\sin^2\alpha\sin^2\beta) \geq 9$$

(2) 由(1) $\dfrac{5}{\cos^2\alpha} + \dfrac{5}{\sin^2\alpha\cos^2\beta\sin^2\beta} \geq 45 \geq 27\cos\alpha+36\sin\alpha$.

7. 由基本不等式得

$$3(a^2+b^2+c^2) \geq (a+b+c)^2, a^2+b^2+c^2 \geq ab+bc+ca$$

所以

$$3[(yz)^2+(zx)^2+(xy)^2] \geq (yz+zx+xy)^2 \qquad ①$$

$$(yz)^2+(zx)^2+(xy)^2 \geq yz \cdot zx+zx \cdot xy+xy \cdot yz = xyz(x+y+z) \qquad ②$$

将①与②相乘,并开方得

$$\sqrt{3}((yz)^2+(zx)^2+(xy)^2) \geq (yz+zx+xy)\sqrt{xyz(x+y+z)}$$

两边同除以 $xyz$ 得

$$\sqrt{3}(\dfrac{yz}{x}+\dfrac{zx}{y}+\dfrac{xy}{z}) \geq (yz+zx+xy)\sqrt{\dfrac{x+y+z}{xyz}}$$

由证明过程知式中等号当且仅当 $x=y=z$ 时成立.

8. 证法一

$$x(1-y^2)(1-z^2)+y(1-z^2)(1-x^2)+z(1-x^2)(1-y^2) =$$

$$x+y+z-xy^2-xz^2-yx^2-yz^2-zx^2-zy^2+xy^2z^2+x^2yz^2+x^2y^2z =$$

$$x+y+z-x(xy+xz)-y(xy+yz)-z(yz+xz)+xyz(xy+yz+zx) =$$

$$x+y+z-x(1-yz)-y(1-xz)-z(1-xy)+xyz(xy+yz+zx) =$$

$$3xyz+xyz(xy+yz+zx) = 4xyz$$

因为 $xy + yz + zx = 1 \geqslant 3 \cdot \sqrt[3]{xy \cdot yz \cdot zx} = 3 \cdot \sqrt[3]{(xyz)^2}$,所以 $xyz \leqslant \dfrac{\sqrt{3}}{9}$,所以 $x(1-y^2)(1-z^2) + y(1-z^2)(1-x^2) + z(1-x^2)(1-y^2) \leqslant \dfrac{4\sqrt{3}}{9}$.

**证法二** 令 $T_1 = x + y + z, T_2 = xy + yz + zx, T_3 = xyz$,则注意到 $T_2 = 1$ 有
$$x(1-y^2)(1-z^2) + y(1-z^2)(1-x^2) + z(1-x^2)(1-y^2) =$$
$$x(T_2 - y^2)(T_2 - z^2) + y(T_2 - z^2)(T_2 - x^2) + z(T_2 - x^2)(T_2 - y^2) =$$
$$T_1 T_2^2 - T_2[x(y^2 + z^2) + y(z^2 + x^2) + z(x^2 + y^2)] + T_2 T_3 =$$
$$T_1 T_2^2 - T_2[x(y^2 + z^2) + y(z^2 + x^2) + z(x^2 + y^2)] + T_2 T_3 =$$
$$T_1 T_2^2 - T_2(T_1 T_2 - 3T_3) + T_2 T_3 = 4 T_2 T_3$$

把不等式两端化为次数相等的两个式子,只要证明 $4 T_2 T_3 \leqslant \dfrac{4\sqrt{3}}{9}(T_2)^{\frac{5}{2}}$,即证 $T_3^{\frac{1}{3}} \leqslant (\dfrac{T_2}{3})^{\frac{1}{2}}$.

由不等式 $xy + yz + zx \geqslant 3\sqrt[3]{xy \cdot yz \cdot zx} = 3\sqrt[3]{(xyz)^2}$ 整理即得.

9. $\dfrac{abc + abd + acd + bcd}{4} = \dfrac{1}{2}(ab \cdot \dfrac{c+d}{2} + cd \cdot \dfrac{a+b}{2}) \leqslant$
$\dfrac{1}{2}[(\dfrac{a+b}{2})^2 \cdot \dfrac{c+d}{2} + (\dfrac{c+d}{2})^2 \cdot \dfrac{a+b}{2}] =$
$\dfrac{1}{2}(\dfrac{a+b}{2})(\dfrac{c+d}{2})(\dfrac{a+b}{2} + \dfrac{c+d}{2}) \leqslant$
$(\dfrac{a+b+c+d}{4})^2 \cdot \dfrac{a+b+c+d}{4} =$
$(\dfrac{a+b+c+d}{4})^3$

又
$$\dfrac{a+b+c+d}{4} \leqslant \sqrt{\dfrac{a^2 + b^2 + c^2 + d^2}{4}} (证法较多)$$

如令 $x = \dfrac{a+b+c+d}{4}$,用 $a^2 + x^2 \geqslant 2ax, b^2 + x^2 \geqslant 2bx, c^2 + x^2 \geqslant 2cx, d^2 + x^2 \geqslant 2dx$,四个不等式相加化简可得.

10. (1) 因为 $x + 4 \geqslant 4\sqrt{x}, y + 4 \geqslant 4\sqrt{y}, z + 4 \geqslant 4\sqrt{z}$,所以 $x + y + z + 12 \geqslant 4(\sqrt{x} + \sqrt{y} + \sqrt{z})$,结合 $x + y + z + \dfrac{1}{2}\sqrt{xyz} = 16$,得 $\sqrt{x} + \sqrt{y} + \sqrt{z} + \dfrac{1}{8}\sqrt{xyz} \leqslant 7$.

(2) 由 $x + y + \dfrac{1}{2}\sqrt{xyz} = 16 - z$,有

$$16 - z \geqslant 2\sqrt{xy} + \frac{1}{2}\sqrt{xyz} = \frac{1}{2}\sqrt{xy}(4 + \sqrt{z})$$

则

$$(4 - \sqrt{z})(4 + \sqrt{z}) \geqslant \frac{1}{2}\sqrt{xy}(4 + \sqrt{z})$$

于是 $4 - \sqrt{z} \geqslant \frac{1}{2}\sqrt{xy}$,所以 $4\sqrt{z} - z \geqslant \frac{1}{2}\sqrt{xyz}$,同理,$4\sqrt{x} - x \geqslant \frac{1}{2}\sqrt{xyz}$,$4\sqrt{y} - y \geqslant \frac{1}{2}\sqrt{xyz}$,三式相加,得

$$4(\sqrt{x} + \sqrt{y} + \sqrt{z}) - (x + y + z) \geqslant \frac{3}{2}\sqrt{xyz}$$

即

$$4(\sqrt{x} + \sqrt{y} + \sqrt{z}) \geqslant \frac{1}{2}\sqrt{xyz} + (x + y + z) + \sqrt{xyz}$$

故

$$\sqrt{x} + \sqrt{y} + \sqrt{z} \geqslant 4 + \frac{1}{4}\sqrt{xyz}$$

11. (1) 由不等式 $\frac{1}{x} + \frac{1}{y} \geqslant \frac{4}{x+y}$,其中 $x, y > 0$,可以得到 $\frac{1}{a+b} + \frac{1}{b+c} \geqslant \frac{4}{a+2b+c}$,$\frac{1}{b+c} + \frac{1}{c+a} \geqslant \frac{4}{b+2c+a}$,$\frac{1}{c+a} + \frac{1}{a+b} \geqslant \frac{4}{2a+b+c}$,将上述三个不等式相加,得到

$$\frac{2}{a+b} + \frac{2}{b+c} + \frac{2}{c+a} \geqslant \frac{4}{a+2b+c} + \frac{4}{b+2c+a} + \frac{4}{2a+b+c}$$

将条件 $a + b + c = 1$ 代入并化简即得所证.

(2) 令 $x = 1 - a, y = 1 - b, z = 1 - c$,则

$$x + y + z = 1, \frac{a}{1-a} \cdot \frac{b}{1-b} \cdot \frac{c}{1-c} = \frac{(y+z)(z+x)(x+y)}{xyz} \geqslant 8$$

12. (1) 证法一:$a^2 + b^2 + c^2 \geqslant ab + bc + ca \geqslant \sqrt{3abc(a+b+c)} \geqslant \sqrt{3}abc$.

第二步用到的不等式是:$(x + y + z)^2 \geqslant 3(xy + yz + zx)$,其中 $x = ab, y = bc, z = ca$. 最后一步用的是条件 $a + b + c \geqslant abc$,所以 $a^2 + b^2 + c^2 \geqslant \sqrt{3}abc$.

证法二:用反证法,假设 $a^2 + b^2 + c^2 < \sqrt{3}abc$,因为 $3(a^2 + b^2 + c^2) \geqslant (a + b + c)^2$,注意条件 $a + b + c \geqslant abc$,得 $3\sqrt{3}abc > 3(a^2 + b^2 + c^2) \geqslant (a + b + c)^2 \geqslant (abc)^2$,即

$$abc < 3\sqrt{3} \qquad\qquad ①$$

由均值不等式 $\sqrt{3}abc > a^2 + b^2 + c^2 \geqslant 3\sqrt[3]{a^2b^2c^2}$ 得

$$abc > 3\sqrt{3} \qquad ②$$

①② 矛盾，所以 $a^2 + b^2 + c^2 \geq \sqrt{3}abc$。

证法三：由均值不等式得 $(\frac{a+b+c}{3})^3 \geq abc$，由已知得 $a+b+c \geq abc$，相乘得 $(a+b+c)^4 \geq 27(abc)^2$，即 $(a+b+c)^2 \geq 3\sqrt{3}abc$，由不等式 $3(a^2+b^2+c^2) \geq (a+b+c)^2$ 得 $3(a^2+b^2+c^2) \geq (a+b+c)^2 \geq 3\sqrt{3}abc$，所以 $a^2+b^2+c^2 \geq \sqrt{3}abc$。

证法四：由已知 $a+b+c \geq abc$，得 $\frac{1}{ab}+\frac{1}{bc}+\frac{1}{ca} \geq 1$，将不等式加强为 $ab+bc+ca \geq \sqrt{3}abc$，即 $\frac{1}{a}+\frac{1}{b}+\frac{1}{c} \geq \sqrt{3}$，由于

$$(\frac{1}{a}+\frac{1}{b}+\frac{1}{c})^2 \geq 3(\frac{1}{ab}+\frac{1}{bc}+\frac{1}{ca}) \geq 1$$

所以

$$\frac{1}{a}+\frac{1}{b}+\frac{1}{c} \geq \sqrt{3}$$

(2) 注意到，当 $x=y=z=\sqrt{3}$ 时，$x+y+z=xyz$，而 $\frac{x^2+y^2+z^2}{xyz} = \sqrt{3}$。下面证明 $\frac{x^2+y^2+z^2}{xyz}$ 的最小值是 $\sqrt{3}$。事实上，有

$$x^2+y^2+z^2 \geq \frac{1}{3}(x+y+z)^2 \geq \begin{cases} \frac{1}{3}(xyz)^2 \geq \sqrt{3}xyz, \text{若 } xyz \geq 3\sqrt{3} \\ 3\sqrt[3]{(xyz)^2} \geq \sqrt{3}xyz, \text{若 } xyz < 3\sqrt{3} \end{cases}$$

故 $\frac{x^2+y^2+z^2}{xyz}$ 的最小值是 $\sqrt{3}$。

13. 因为 $(a+b+c)^2 = 9$，所以

$$ab+bc+ca = \frac{9-(a^2+b^2+c^2)}{2}$$

只需证明 $2\sqrt{a}+2\sqrt{b}+2\sqrt{c}+a^2+b^2+c^2 \geq 9$，为此先证 $2\sqrt{a}+a^2 \geq 3a$，事实上，有 $2\sqrt{a}+a^2 = \sqrt{a}+\sqrt{a}+a^2 \geq 3 \cdot \sqrt[3]{a^3} = 3a$，同理可证 $2\sqrt{b}+b^2 \geq 3b$，$2\sqrt{c}+c^2 \geq 3c$，从而

$$2\sqrt{a}+2\sqrt{b}+2\sqrt{c}+a^2+b^2+c^2 \geq 3(a+b+c) = 9$$

于是

$$\sqrt{a}+\sqrt{b}+\sqrt{c} \geq ab+bc+ca$$

14. 由二元均值不等式得

$$\sqrt{\frac{a}{b+c-a}} = \frac{a}{\sqrt{a(b+c-a)}} \geq \frac{2a}{a+(b+c-a)} = \frac{2a}{b+c}$$

同理可得

$$\sqrt{\frac{b}{c+a-b}} \geq \frac{2b}{c+a}, \sqrt{\frac{c}{a+b-c}} \geq \frac{2c}{a+b}$$

这三个不等式相加并利用得

$$\sqrt{\frac{a}{b+c-a}} + \sqrt{\frac{b}{c+a-b}} + \sqrt{\frac{c}{a+b-c}} \geq 2(\frac{a}{b+c} + \frac{b}{c+a} + \frac{c}{a+b}) \geq 3$$

15. 原不等式都等价于

$$\sqrt{\frac{ab}{(c+a)(b+c)}} + \sqrt{\frac{bc}{(a+b)(c+a)}} + \sqrt{\frac{ca}{(b+c)(a+b)}} \leq \frac{3}{2} \quad ①$$

由二元均值不等式得

$$\sqrt{\frac{ab}{(c+a)(b+c)}} = \sqrt{\frac{a}{c+a}}\sqrt{\frac{b}{b+c}} \leq \frac{1}{2}(\frac{a}{c+a} + \frac{b}{b+c})$$

同理

$$\sqrt{\frac{bc}{(a+b)(c+a)}} \leq \frac{1}{2}(\frac{b}{a+b} + \frac{c}{c+a}), \sqrt{\frac{ca}{(b+c)(a+b)}} \leq \frac{1}{2}(\frac{c}{b+c} + \frac{a}{a+b})$$

这三个不等式相加得①,等号成立的条件显然是 $a = b = c$.

16. 由二元均值不等式得

$$\sqrt{\frac{b+c}{a}} + \sqrt{\frac{c+a}{b}} + \sqrt{\frac{a+b}{c}} \geq \sqrt{2}(\sqrt[4]{\frac{bc}{a^2}} + \sqrt[4]{\frac{ac}{b^2}} + \sqrt[4]{\frac{ab}{c^2}})$$

由三元均值不等式

$$\sqrt[4]{\frac{bc}{a^2}} + \sqrt[4]{\frac{ac}{b^2}} + \sqrt[4]{\frac{ab}{c^2}} \geq 3\sqrt[3]{\sqrt[4]{\frac{bc}{a^2}}\sqrt[4]{\frac{ac}{b^2}}\sqrt[4]{\frac{ab}{c^2}}} = 3$$

所以

$$\sqrt{\frac{b+c}{a}} + \sqrt{\frac{c+a}{b}} + \sqrt{\frac{a+b}{c}} \geq 3\sqrt{2}$$

17. 因为 $S$ 是正数,故 $S$ 与 $S^2$ 在同一点处取得最小值. 又因为 $x^2 + y^2 + z^2 = 1$,所以由均值不等式得

$$S^2 = (\frac{xy}{z} + \frac{yz}{x} + \frac{zx}{y})^2 = \frac{x^2y^2}{z^2} + \frac{y^2z^2}{x^2} + \frac{z^2x^2}{y^2} + 2(x^2 + y^2 + z^2) =$$

$$\frac{x^2y^2}{z^2} + \frac{y^2z^2}{x^2} + \frac{z^2x^2}{y^2} + 2 = \frac{x^2}{2}(\frac{y^2}{z^2} + \frac{z^2}{y^2}) + \frac{y^2}{2}(\frac{x^2}{z^2} + \frac{z^2}{x^2}) +$$

$$\frac{z^2}{2}(\frac{y^2}{x^2} + \frac{x^2}{y^2}) + 2 \geq x^2 + y^2 + z^2 + 2 = 3$$

所以,当且仅当 $x=y=z=\frac{\sqrt{3}}{3}$ 时,$S$ 取最小值 $\sqrt{3}$.

18. 在取定 $y$ 的前提下

$$\frac{x}{(1+5x)(4x+3y)} = \frac{x}{20x^2+(15y+4)x+3y} =$$

$$\frac{1}{20x+\frac{3y}{x}+(15y+4)} \leqslant$$

$$\frac{1}{2\sqrt{20x \cdot \frac{3y}{x}}+(15y+4)} =$$

$$\frac{1}{(\sqrt{15y}+2)^2}$$

当且仅当 $x=\sqrt{\frac{3y}{20}}$ 时等号成立. 同理可得

$$\frac{z}{(5y+6z)(z+18)} \leqslant \frac{1}{2\sqrt{6z \cdot \frac{90y}{z}}+(5y+108)} = \frac{1}{(\sqrt{5y}+6\sqrt{3})^2}$$

当且仅当 $z=\sqrt{15y}$ 时等号成立. 所以

$$\frac{xyz}{(1+5x)(4x+3y)(5y+6z)(z+18)} \leqslant \frac{y}{(\sqrt{15y}+2)^2(\sqrt{5y}+6\sqrt{3})^2} =$$

$$\left[\frac{\sqrt{y}}{(\sqrt{15y}+2)(\sqrt{5y}+6\sqrt{3})}\right]^2 =$$

$$\left(\frac{1}{5\sqrt{3y}+\frac{12\sqrt{3}}{\sqrt{y}}+20\sqrt{5}}\right)^2 \leqslant$$

$$\left[\frac{1}{2\sqrt{5\sqrt{3} \times 12\sqrt{3}}+20\sqrt{5}}\right]^2 =$$

$$\left[\frac{1}{32\sqrt{5}}\right]^2 = \frac{1}{5\,120}$$

当且仅当 $x=\frac{3}{5}, y=\frac{12}{5}, z=6$ 时 $\frac{xyz}{(1+5x)(4x+3y)(5y+6z)(z+18)}$ 取最大值 $\frac{1}{5\,120}$.

19. 注意到 $a^3+b^3+c^3+\frac{1}{a}+\frac{1}{b}+\frac{1}{c} = (a^3+\frac{1}{a})+(b^3+\frac{1}{b})+(c^3+$

$\frac{1}{c}) \geq 2a + 2b + 2c = 2(a+b+c) \geq (a+b+c) + (\frac{1}{a} + \frac{1}{b} + \frac{1}{c})$. 所以,$a^3 + b^3 + c^3 \geq a + b + c$.

20. 由算术平均大于或等于几何平均及算术平均大于或等于调和平均可得

$$\frac{1}{1+2ab} + \frac{1}{1+2bc} + \frac{1}{1+2ca} \geq \frac{1}{1+a^2+b^2} + \frac{1}{1+b^2+c^2} + \frac{1}{1+c^2+a^2} \geq$$

$$3 \cdot \frac{3}{(1+a^2+b^2)+(1+b^2+c^2)+(1+c^2+a^2)} =$$

$$\frac{9}{3+2(a^2+b^2+c^2)} = 1$$

21. (1) 证法一:$\frac{a^3}{bc} + b + c \geq 3a, \frac{b^3}{ca} + c + a \geq 3b, \frac{c^3}{ab} + a + b \geq 3c$,三式相加即得.

证法二:$a^4 + b^4 \geq 2a^2b^2, b^4 + c^4 \geq 2b^2c^2, a^4 + c^4 \geq 2a^2c^2$,三式相加得

$$2(a^4 + b^4 + c^4) \geq (a^2b^2 + b^2c^2) + (b^2c^2 + a^2c^2) + (a^2b^2 + a^2c^2) \geq$$

$$2ab^2c + 2abc^2 + 2a^2bc =$$

$$2abc(a+b+c)$$

$$a^4 + b^4 + c^4 \geq abc(a+b+c)$$

即

$$\frac{a^3}{bc} + \frac{b^3}{ca} + \frac{c^3}{ab} \geq a + b + c$$

证法三:即证 $a^4 + b^4 + c^4 \geq abc(a+b+c)$.

由幂平均值不等式得

$$\frac{a^4 + b^4 + c^4}{3} \geq (\frac{a+b+c}{3})^4 = (\frac{a+b+c}{3})(\frac{a+b+c}{3})^3$$

由均值不等式得 $\frac{a+b+c}{3} \geq \sqrt[3]{abc}$,所以 $(\frac{a+b+c}{3})^3 \geq abc$,于是 $\frac{a^4+b^4+c^4}{3} \geq \frac{a+b+c}{3}abc$,即 $a^4 + b^4 + c^4 \geq abc(a+b+c)$.

(2) $\frac{a^4}{bc} + \frac{a^4}{bc} + b^2 + c^2 \geq 4a^2, \frac{b^4}{ca} + \frac{b^4}{ca} + a^2 + c^2 \geq 4b^2, \frac{c^4}{ab} + \frac{c^4}{ab} + a^2 + b^2 \geq 4c^2$,三式相加即得.

22. (1) 因为

$$(a+b) + (b+c) + (c+a) \geq 3\sqrt[3]{(a+b)(b+c)(c+a)} \quad ①$$

$$\frac{1}{a+b} + \frac{1}{b+c} + \frac{1}{c+a} \geq 3\sqrt[3]{\frac{1}{(a+b)(b+c)(c+a)}} \quad ②$$

① 与 ② 相乘得 $2(a+b+c)\left(\dfrac{1}{a+b}+\dfrac{1}{b+c}+\dfrac{1}{c+a}\right) \geq 9$,即

$$\dfrac{2}{a+b}+\dfrac{2}{b+c}+\dfrac{2}{c+a} \geq \dfrac{9}{a+b+c}$$

又因为 $\left(\dfrac{1}{a}+\dfrac{1}{b}\right)(a+b) \geq 4$,所以,$\dfrac{1}{a}+\dfrac{1}{b} \geq \dfrac{4}{a+b}$,同理,$\dfrac{1}{b}+\dfrac{1}{c} \geq \dfrac{4}{b+c}$,
$\dfrac{1}{c}+\dfrac{1}{a} \geq \dfrac{4}{c+a}$,三式相加得

$$\dfrac{1}{a}+\dfrac{1}{b}+\dfrac{1}{c} \geq \dfrac{2}{a+b}+\dfrac{2}{b+c}+\dfrac{2}{c+a}$$

(2) 同理可证.

(3) 应用 $\dfrac{1}{x}+\dfrac{1}{y} \geq \dfrac{4}{x+y}$ 得

$$\dfrac{a+c}{a+b}+\dfrac{c+a}{c+d}=(a+c)\left(\dfrac{1}{a+b}+\dfrac{1}{c+d}\right) \geq \dfrac{4(a+c)}{a+b+c+d}$$

$$\dfrac{b+d}{b+c}+\dfrac{d+b}{d+a} \geq \dfrac{4(b+d)}{a+b+c+d}$$

两式相加得

$$\dfrac{a+c}{a+b}+\dfrac{b+d}{b+c}+\dfrac{c+a}{c+d}+\dfrac{d+b}{d+a} \geq 4$$

23. $\dfrac{a}{1-a^2}+\dfrac{b}{1-b^2}+\dfrac{c}{1-c^2} \geq \dfrac{3\sqrt{3}}{2}$ 等价于

$$\dfrac{a^2}{a(1-a^2)}+\dfrac{b^2}{b(1-b^2)}+\dfrac{c^2}{c(1-c^2)} \geq \dfrac{3\sqrt{3}}{2}$$

由于 $a^2+b^2+c^2=1$. 如果能证明 $x(1-x^2) \leq \dfrac{2}{3\sqrt{3}}$,则上述不等式成立. 又均值不等式,得

$$x(1-x^2)=\sqrt{\dfrac{2x^2(1-x^2)(1-x^2)}{2}} \leq \sqrt{\dfrac{1}{2}\left[\dfrac{2x^2+(1-x^2)+(1-x^2)}{3}\right]^3}=$$

$$\sqrt{\dfrac{1}{2}\left(\dfrac{2}{3}\right)^3}=\dfrac{2}{3\sqrt{3}}$$

故原不等式成立.

24. 由于 $(x+y)(x+z)=yz+x(x+y+z)$,故由二元均值不等式得

$$(x+y)(x+z)=yz+x(x+y+z) \geq 2\sqrt{yz \cdot x(x+y+z)}=$$

$$2\sqrt{xyz \cdot (x+y+z)}=2$$

又当 $x=\sqrt{2}-1, y=z=1$ 时,上述表达式取等号,从而 $(x+y)(x+z)$ 的最小值

是 2.

25.（1）由二元均值不等式得
$$\frac{a}{\sqrt{(a+b)(a+c)}} = \sqrt{\frac{a}{a+b}}\sqrt{\frac{a}{a+c}} \leqslant \frac{1}{2}\left(\frac{a}{a+b} + \frac{a}{a+c}\right)$$
同理
$$\frac{b}{\sqrt{(b+a)(b+c)}} \leqslant \frac{1}{2}\left(\frac{b}{a+b} + \frac{b}{b+c}\right)$$
$$\frac{c}{\sqrt{(c+a)(c+b)}} \leqslant \frac{1}{2}\left(\frac{c}{c+a} + \frac{c}{c+b}\right)$$
这三个不等式相加得所证不等式，等号成立的条件显然是 $a = b = c$.

（2）因为 $x + y + z = 1$，所以
$$\sqrt{\frac{xy}{z+xy}} = \sqrt{\frac{xy}{z(x+y+z)+xy}} = \sqrt{\frac{xy}{(x+z)(y+z)}} \leqslant \frac{1}{2}\left(\frac{x}{x+z} + \frac{y}{y+z}\right)$$
同理
$$\sqrt{\frac{yz}{x+yz}} \leqslant \frac{1}{2}\left(\frac{y}{x+y} + \frac{z}{x+z}\right)$$
$$\sqrt{\frac{zx}{y+zx}} \leqslant \frac{1}{2}\left(\frac{z}{y+z} + \frac{x}{x+y}\right)$$
这三个不等式相加得 $\sqrt{\frac{xy}{z+xy}} + \sqrt{\frac{yz}{x+yz}} + \sqrt{\frac{zx}{y+zx}} \leqslant \frac{3}{2}$. 等号成立的条件显然是 $x = y = z$.

26. 若 $y_1^2 + y_2^2 - 1 \geqslant 0$，则不等式显然成立. 若 $y_1^2 + y_2^2 - 1 < 0$，则又均值不等式得 $x_1 y_1 \leqslant \frac{x_1^2 + y_1^2}{2}, x_2 y_2 \leqslant \frac{x_2^2 + y_2^2}{2}$，则
$$x_1 y_1 + x_2 y_2 \leqslant \frac{x_1^2 + y_1^2}{2} + \frac{x_2^2 + y_2^2}{2} \leqslant 1$$
于是
$$1 - (x_1 y_1 + x_2 y_2) \geqslant 0$$
$$[1 - (x_1 y_1 + x_2 y_2)]^2 \geqslant \left(\frac{1 - x_1^2 - x_2^2 + 1 - y_1^2 - y_2^2}{2}\right)^2 \geqslant$$
$$[\sqrt{(1 - x_1^2 - x_2^2)(1 - y_1^2 - y_2^2)}]^2 \geqslant$$
$$(x_1^2 + x_2^2 - 1)(y_1^2 + y_2^2 - 1)$$

27. 证法一：

$$(1+\frac{a}{b})(1+\frac{b}{c})(1+\frac{c}{a}) = 2+(\frac{a}{b}+\frac{b}{c}+\frac{c}{a})+(\frac{a}{c}+\frac{c}{b}+\frac{b}{a}) =$$

$$2+(\frac{a}{a}+\frac{a}{b}+\frac{a}{c})+(\frac{b}{a}+\frac{b}{b}+\frac{b}{c})+(\frac{c}{a}+\frac{c}{b}+\frac{c}{c})-3 =$$

$$-1+(a+b+c)(\frac{1}{a}+\frac{1}{b}+\frac{1}{c}) \geq -1+3(a+b+c)\frac{1}{\sqrt[3]{abc}} =$$

$$-1+2(a+b+c)\frac{1}{\sqrt[3]{abc}}+(a+b+c)\frac{1}{\sqrt[3]{abc}} \geq$$

$$-1+2(a+b+c)\frac{1}{\sqrt[3]{abc}}+\frac{3\sqrt[3]{abc}}{\sqrt[3]{abc}} = 2(1+\frac{a+b+c}{\sqrt[3]{abc}})$$

证法二：

$$(1+\frac{a}{b})(1+\frac{b}{c})(1+\frac{c}{a}) = 2+(\frac{a}{b}+\frac{b}{c}+\frac{c}{a})+(\frac{a}{c}+\frac{c}{b}+\frac{b}{a}) =$$

$$2+\frac{2}{3}[(\frac{a}{b}+\frac{a}{c})+(\frac{b}{a}+\frac{b}{c})+(\frac{c}{a}+\frac{c}{b})]+$$

$$2 \cdot \frac{1}{6}(\frac{a}{b}+\frac{b}{c}+\frac{c}{a}+\frac{a}{c}+\frac{c}{b}+\frac{b}{a}) \geq$$

$$2+\frac{2}{3}[(\frac{a}{b}+\frac{a}{c})+(\frac{b}{a}+\frac{b}{c})+(\frac{c}{a}+\frac{c}{b})]+$$

$$2\sqrt[6]{\frac{a}{b} \cdot \frac{b}{c} \cdot \frac{c}{a} \cdot \frac{a}{c} \cdot \frac{c}{b} \cdot \frac{b}{a}} \geq$$

$$2+\frac{2}{3}[(\frac{a}{b}+\frac{a}{c})+(\frac{b}{a}+\frac{b}{c})+(\frac{c}{a}+\frac{c}{b})]+2 =$$

$$2+\frac{2}{3}[(\frac{a}{b}+\frac{a}{c}+\frac{a}{a})+(\frac{b}{a}+\frac{b}{b}+\frac{b}{c})+(\frac{c}{a}+\frac{c}{b}+\frac{c}{c})] =$$

$$2[1+(a+b+c)(\frac{1}{a}+\frac{1}{b}+\frac{1}{c})] \geq 2(1+\frac{a+b+c}{\sqrt[3]{abc}})$$

证法三：

$$(1+\frac{a}{b})(1+\frac{b}{c})(1+\frac{c}{a}) \geq 2(1+\frac{a+b+c}{\sqrt[3]{abc}})$$

等价于

$$a^2b+ab^2+b^2c+bc^2+c^2a+ca^2 \geq 2(a+b+c)(abc)^{\frac{2}{3}} \quad ①$$

因为 $ab+bc+ca \geq 3(abc)^{\frac{2}{3}}$，所以 ① 加强为

$$a^2b+ab^2+b^2c+bc^2+c^2a+ca^2 \geq \frac{2}{3}(a+b+c)(ab+bc+ca) \quad ②$$

$$② \Leftrightarrow a^2b+ab^2+b^2c+bc^2+c^2a+ca^2 \geq 6abc \quad ③$$

由均值不等式得 $ab^2+c^2a \geq 2abc, a^2b+bc^2 \geq 2abc, ca^2+b^2c \geq 2abc$，相加

即得.

28. （1） $a^3 + (\frac{a+b}{2})^3 + (\frac{a+b}{2})^3 \geqslant 3a(\frac{a+b}{2})^2$

$b^3 + (\frac{a+b}{2})^3 + (\frac{a+b}{2})^3 \geqslant 3b(\frac{a+b}{2})^2$

两式相加整理即得.

（2） $a^3 + (\frac{a+b+c}{3})^3 + (\frac{a+b+c}{3})^3 \geqslant 3a(\frac{a+b+c}{3})^2$

$b^3 + (\frac{a+b+c}{3})^3 + (\frac{a+b+c}{3})^3 \geqslant 3b(\frac{a+b+c}{3})^2$

$c^3 + (\frac{a+b+c}{3})^3 + (\frac{a+b+c}{3})^3 \geqslant 3c(\frac{a+b+c}{3})^2$

三式相加整理即得.

利用这一方法,可得到一般的幂平均值不等式.

29. 令 $A = (\sum_{i=1}^{n} a_i^3)^{\frac{1}{3}}, B = (\sum_{i=1}^{n} b_i^3)^{\frac{1}{3}}, C = (\sum_{i=1}^{n} c_i^3)^{\frac{1}{3}}$,由均值不等式得

$$\frac{a_i b_i c_i}{ABC} \leqslant \frac{1}{3}[(\frac{a_i}{A})^3 + (\frac{b_i}{B})^3 + (\frac{c_i}{C})^3], i = 1, 2, \cdots, n$$

相加得

$$\sum_{i=1}^{n} \frac{a_i b_i c_i}{ABC} \leqslant \frac{1}{3}[\sum_{i=1}^{n}(\frac{a_i}{A})^3 + \sum_{i=1}^{n}(\frac{b_i}{B})^3 + \sum_{i=1}^{n}(\frac{c_i}{C})^3] = 1$$

即 $\sum_{i=1}^{n} a_i b_i c_i \leqslant ABC$,两端三次方得 $\sum_{i=1}^{n} a_i^3 \sum_{i=1}^{n} b_i^3 \sum_{i=1}^{n} c_i^3 \geqslant (\sum_{i=1}^{n} a_i b_i c_i)^3$.

30. 注意到 $1 + b - c = a + b + c + b - c = a + 2b > 0$,所以由均值不等式得

$$\sqrt[3]{1+b-c} \leqslant \frac{1 + 1 + (1+b-c)}{3} = 1 + \frac{b-c}{3}$$

两边同乘以 $a$ 得

$$a\sqrt[3]{1+b-c} \leqslant a + \frac{ab-ac}{3}$$

同理

$$b\sqrt[3]{1+c-a} \leqslant b + \frac{bc-ab}{3}, c\sqrt[3]{1+a-b} \leqslant c + \frac{ca-bc}{3}$$

将以上三个不等式相加得

$$a\sqrt[3]{1+b-c} + b\sqrt[3]{1+c-a} + c\sqrt[3]{1+a-b} \leqslant a + b + c = 1$$

31. 由均值不等式得

$$a + b + c = b + c + a \geqslant 3\sqrt[3]{abc}$$

$$2(a+b+c) = (a+b) + (b+c) + (c+a) \geqslant 3\sqrt[3]{(a+b)(b+c)(c+a)}$$

$$\frac{1}{b(a+b)} + \frac{1}{c(b+c)} + \frac{1}{a(c+a)} \geqslant 3\sqrt[3]{\frac{abc}{(a+b)(b+c)(c+a)}}$$

三个不等式相乘得

$$2(a+b+c)^2 \left[\frac{1}{b(a+b)} + \frac{1}{c(b+c)} + \frac{1}{a(c+a)}\right] \geqslant$$

$$27\sqrt[3]{abc} \cdot \sqrt[3]{(a+b)(b+c)(c+a)} \cdot$$

$$\sqrt[3]{\frac{abc}{(a+b)(b+c)(c+a)}} = 27$$

即

$$\frac{1}{b(a+b)} + \frac{1}{c(b+c)} + \frac{1}{a(c+a)} \geqslant \frac{27}{2(a+b+c)^2}$$

32. 证法一:由 $(a+b)(b+c)(c+a) = 1$ 得

$$(ab+bc+ca)(a+b+c) = (a+b)(b+c)(c+a) + abc = 1 + abc$$

即

$$ab + bc + ca = \frac{1+abc}{a+b+c}$$

由均值不等式得

$$(a+b)(b+c)(c+a) \geqslant 2\sqrt{ab} \cdot 2\sqrt{bc} \cdot 2\sqrt{ca} = 8abc$$

即 $abc \leqslant \frac{1}{8}$. 又由均值不等式得

$$2(a+b+c) = (a+b) + (b+c) + (c+a) \geqslant$$
$$3\sqrt[3]{(a+b)(b+c)(c+a)} = 3$$

即 $a+b+c \geqslant \frac{3}{2}$. 所以, $ab + bc + ca = \frac{1+abc}{a+b+c} \leqslant \frac{1+\frac{1}{8}}{\frac{3}{2}} = \frac{3}{4}$. 当且仅当 $a = b = c = \frac{1}{2}$ 时等号成立.

证法二:用例7的结论.

33. 由已知得 $x = \frac{\ln(bc)}{\ln a}, y = \frac{\ln(ca)}{\ln b}, z = \frac{\ln(ab)}{\ln c}$,记 $p = -\ln a, q = -\ln b, r = -\ln c$,则 $p, q, r$ 都是正数,且 $x = \frac{q+r}{p}, y = \frac{p+r}{q}, z = \frac{p+q}{r}$.

$$\frac{1}{2+x} + \frac{1}{2+y} + \frac{1}{2+z} = \frac{p}{2p+q+r} + \frac{q}{p+2q+r} + \frac{r}{p+q+2r} =$$

$$3 - (p+q+r)\left(\frac{1}{2p+q+r} + \frac{1}{p+2q+r} + \frac{1}{p+q+2r}\right)$$

由均值不等式得

$$(p+q+r)\left(\frac{1}{2p+q+r}+\frac{1}{p+2q+r}+\frac{1}{p+q+2r}\right)=$$

$$\frac{1}{4}\left[(2p+q+r)+(p+2q+r)+(p+q+2r)\right]\cdot$$

$$\left(\frac{1}{2p+q+r}+\frac{1}{p+2q+r}+\frac{1}{p+q+2r}\right)\geqslant$$

$$\frac{1}{4}\cdot 3\sqrt[3]{(2p+q+r)(p+2q+r)(p+q+2r)}\cdot$$

$$\sqrt[3]{\frac{1}{(2p+q+r)(p+2q+r)(p+q+2r)}}=\frac{9}{4}$$

所以

$$\frac{1}{2+x}+\frac{1}{2+y}+\frac{1}{2+z}=$$

$$3-(p+q+r)\left(\frac{1}{2p+q+r}+\frac{1}{p+2q+r}+\frac{1}{p+q+2r}\right)\leqslant$$

$$3-\frac{9}{4}=\frac{3}{4}$$

34. 记 $x=a^2+b^2, y=b^2+c^2, z=c^2+a^2$,则

$$\frac{a^2+b^2}{c^2+ab}+\frac{b^2+c^2}{a^2+bc}+\frac{c^2+a^2}{b^2+ca}\geqslant \frac{a^2+b^2}{c^2+\frac{a^2+b^2}{2}}+\frac{b^2+c^2}{a^2+\frac{b^2+c^2}{2}}+\frac{c^2+a^2}{b^2+\frac{c^2+a^2}{2}}=$$

$$2\left[\frac{a^2+b^2}{(c^2+a^2)+(b^2+c^2)}+\frac{b^2+c^2}{(a^2+b^2)+(c^2+a^2)}+\right.$$

$$\left.\frac{c^2+a^2}{(a^2+b^2)+(b^2+c^2)}\right]=2\left(\frac{x}{y+z}+\frac{y}{z+x}+\frac{z}{x+y}\right)=$$

$$[(x+y)+(y+z)+(z+x)]\left(\frac{1}{y+z}+\frac{1}{z+x}+\frac{1}{x+y}\right)-6\geqslant$$

$$3\sqrt[3]{(x+y)(y+z)(z+x)}\cdot 3\sqrt[3]{\frac{1}{(x+y)(y+z)(z+x)}}-6=3$$

35. (1) 因为 $(x+y)^2\geqslant 4xy$,所以,$\frac{1}{xy}\geqslant \frac{4}{(x+y)^2}$,两端同乘以 $uy+vx$ 得

$$\frac{u}{x}+\frac{v}{y}\geqslant \frac{4(uy+vx)}{(x+y)^2}.$$

(2) 用(1)的结论:令 $u=a, v=c, x=b+2c+d, y=d+2a+b$,所以

$$\frac{a}{b+2c+d}+\frac{c}{d+2a+b}\geqslant \frac{4(a(d+2a+b)+c(b+2c+d))}{((b+2c+d)+(d+2a+b))^2}=$$

$$\frac{(a+c)(b+d)+2(a^2+c^2)}{(a+b+c+d)^2} \geq$$

$$\frac{(a+c)(b+d)+(a+c)^2}{(a+b+c+d)^2} =$$

$$\frac{a+c}{a+b+c+d}$$

同理,令 $u=b, v=d, x=c+2d+a, y=a+2b+c$,有

$$\frac{b}{c+2d+a} + \frac{d}{a+2b+c} \geq \frac{b+d}{a+b+c+d}$$

两式相加得

$$\frac{a}{b+2c+d} + \frac{b}{c+2d+a} + \frac{c}{d+2a+b} + \frac{d}{a+2b+c} \geq 1$$

36. $-a+b+c, a-b+c, a+b-c$ 中至多一个是负数,否则,因为它们中任意两个之和是正数,可得出矛盾. 若 $-a+b+c, a-b+c, a+b-c$ 中有一个是负数,不等式显然成立. 若三个都是正数,因为

$$\sqrt{(-a+b+c)(a-b+c)} \leq \frac{(-a+b+c)+(a+b+c)}{2} = c$$

$$\sqrt{(-a+b+c)(a+b-c)} \leq \frac{(-a+b+c)+(a+b-c)}{2} = b$$

$$\sqrt{(a-b+c)(a+b-c)} \leq \frac{(a-b+c)+(a+b-c)}{2} = a$$

三个不等式相乘得 $abc \geq (-a+b+c)(a-b+c)(a+b-c)$.

37.(1)由均值不等式得

$$\frac{a+b+c}{3} = \frac{\frac{a+b}{2} + \frac{b+c}{2} + \frac{c+a}{2}}{2} \geq \sqrt[3]{\frac{(a+b)(b+c)(c+a)}{8}}$$

由均值不等式得

$$(a+b+c)(ab+bc+ca) \geq 3\sqrt[3]{abc} \cdot 3\sqrt[3]{abbcca} = 9abc$$

又

$$(a+b)(b+c)(c+a) = (a+b+c)(ab+bc+ca) - abc$$

所以

$$9(a+b)(b+c)(c+a) = 9(a+b+c)(ab+bc+ca) - 9abc \geq$$
$$8(a+b+c)(ab+bc+ca)$$

显然

$$a+b+c \geq \sqrt{ab} + \sqrt{bc} + \sqrt{ca}$$

又由于

$$ab + bc + ca \geq \frac{1}{3}(\sqrt{ab} + \sqrt{bc} + \sqrt{ca})^2$$

所以
$$9(a+b)(b+c)(c+a) \geq \frac{8}{3}(\sqrt{ab} + \sqrt{bc} + \sqrt{ca})^3$$

即
$$\sqrt[3]{\frac{(a+b)(b+c)(c+a)}{8}} \geq \frac{\sqrt{ab} + \sqrt{bc} + \sqrt{ca}}{3}$$

(2) 由(1)的证明可知
$$9(x+y)(y+z)(z+x) \geq 8(x+y+z)(xy+yz+zx)$$

而
$$(x+y+z)^2 \geq 3(xy+yz+zx)$$

所以
$$9(x+y)(y+z)(z+x) \geq 8\sqrt{3}(xy+yz+zx)\sqrt{xy+yz+zx} = 72$$

即
$$(x+y)(y+z)(z+x) \geq 8$$

由均值不等式得
$$(x+y)^k + (y+z)^k + (z+x)^k \geq 3 \cdot \sqrt[3]{((x+y)(y+z)(z+x))^k} \geq 3 \cdot 2^k$$

38. $\dfrac{a}{1+b^2} = \dfrac{ab^2 + a - ab^2}{1+b^2} = a - b \cdot \dfrac{ab}{1+b^2} \geq a - b \cdot \dfrac{ab}{2b} = a - \dfrac{ab}{2}$

同理
$$\frac{b}{1+c^2} \geq b - \frac{bc}{2}, \frac{c}{1+d^2} \geq c - \frac{cd}{2}, \frac{d}{1+a^2} \geq d - \frac{da}{2}$$

于是
$$\frac{a}{1+b^2} + \frac{b}{1+c^2} + \frac{c}{1+d^2} + \frac{d}{1+a^2} \geq a+b+c+d - \frac{ab+bc+cd+da}{2} =$$
$$4 - \frac{ab+bc+cd+da}{2}$$

只要证明
$$4 \geq ab + bc + cd + da = (a+c)(b+d)$$

因为 $(a+c)(b+d) \leq \dfrac{[(a+c)+(b+d)]^2}{4} = 4$,从而原不等式获证.

39. $\dfrac{2(a^3+b^3+c^3)}{abc} + \dfrac{9(a+b+c)^2}{a^2+b^2+c^2} - 33 =$

$$\frac{2(a^3+b^3+c^3 - 6abc)}{abc} + \frac{9[(a+b+c)^2 - 3(a^2+b^2+c^2)]}{a^2+b^2+c^2} =$$

$$\frac{2(a+b+c)(a^2+b^2+c^2-ab-bc-ca)}{abc} -$$

$$\frac{18(a^2+b^2+c^2-ab-bc-ca)}{a^2+b^2+c^2} =$$

$$2(a^2+b^2+c^2-ab-bc-ca)\left(\frac{a+b+c}{abc} - \frac{9}{a^2+b^2+c^2}\right) =$$

$$[(a-b)^2+(b-c)^2+(c-a)^2] \cdot \frac{(a+b+c)(a^2+b^2+c^2)-9abc}{abc(a^2+b^2+c^2)}$$

由均值不等式得 $(a+b+c)(a^2+b^2+c^2) \geq 3\sqrt[3]{abc} \cdot 3\sqrt[3]{ab \cdot bc \cdot ca} = 9abc$.
由 $(a-b)^2+(b-c)^2+(c-a)^2 \geq 0$, 从而, 原不等式成立成立.

40. (1) 因为

$$\frac{1}{a+b} - \frac{ab}{a+b} = \frac{(ab+bc+ca)-ab}{a+b} = \frac{bc+ca}{a+b} = c$$

所以

$$\frac{1}{a+b} + \frac{1}{b+c} + \frac{1}{c+a} - \left(\frac{ab}{a+b} + \frac{bc}{b+c} + \frac{ca}{c+a}\right) = a+b+c$$

因为 $a,b,c \in \mathbf{R}^+$, 且 $ab+bc+ca=1$ 所以, $a^2+b^2+c^2 \geq ab+bc+ca=1$, 两边同时加上 $2(ab+bc+ca)$ 并开方得 $a+b+c \geq \sqrt{3}$.

(2) 由不等式 $(x+y+z)^2 \geq 3(xy+yz+zx)$ 得

$$(ab+bc+ca)^2 \geq 3abc(a+b+c)$$

因为 $ab+bc+ca=1$ 得 $ab+bc+ca \geq 3abc(a+b+c)$, 两端同除以 $abc$ 得 $\frac{1}{a} + \frac{1}{b} + \frac{1}{c} \geq 3(a+b+c)$.

41. 因为 $(a+c+e)(b+d+f) = -(a+c+e)^2 \leq 0$, 所以

$$(a+c+e)(b+d+f) = (ab+bc+cd+de+ef+fa) + (ad+be+cf) \leq 0$$

即

$$ab+bc+cd+de+ef+fa \leq -(ad+be+cf) \leq$$

$$\frac{1}{2}(a^2+d^2) + \frac{1}{2}(b^2+e^2) + \frac{1}{2}(c^2+f^2) =$$

$$\frac{1}{2}(a^2+b^2+c^2+d^2+e^2+f^2)$$

42. 因为 $abc=1$, 由均值不等式得

$$\frac{1+ab}{1+a} + \frac{1+bc}{1+b} + \frac{1+ca}{1+c} \geq 3\sqrt[3]{\frac{(1+ab)(1+bc)(1+ca)}{(1+a)(1+b)(1+c)}} =$$

$$3\sqrt[3]{\frac{(1+\frac{1}{c})(1+\frac{1}{a})(1+\frac{1}{b})}{(1+a)(1+b)(1+c)}} = 3\sqrt[3]{\frac{1}{abc}} = 3$$

43.（1）是（2）的特例. 下面用两种方法证明.

（2）证法一：左边等于
$$\sum_{k=1}^{n}\frac{a_k^2}{a_k+b_k}=\sum_{k=1}^{n}\frac{a_k^2+a_kb_k-a_kb_k}{a_k+b_k}=\sum_{k=1}^{n}a_k-\sum_{k=1}^{n}\frac{a_kb_k}{a_k+b_k}$$

只要证明 $\dfrac{1}{2}\sum_{k=1}^{n}a_k\geqslant\sum_{k=1}^{n}\dfrac{a_kb_k}{a_k+b_k}$.

因为 $(x-y)^2\geqslant0\Leftrightarrow(x+y)^2\geqslant4xy\Leftrightarrow\dfrac{xy}{x+y}\leqslant\dfrac{1}{4}(x+y)$，所以

$$\sum_{k=1}^{n}\frac{a_kb_k}{a_k+b_k}\leqslant\frac{1}{4}\sum_{k=1}^{n}(a_k+b_k)=\frac{1}{2}\sum_{k=1}^{n}a_k$$

证法二：令 $A=\sum_{k=1}^{n}\dfrac{a_k^2}{a_k+b_k},B=\sum_{k=1}^{n}\dfrac{b_k^2}{a_k+b_k}$，则

$$A-B=\sum_{k=1}^{n}\frac{a_k^2-b_k^2}{a_k+b_k}=\sum_{k=1}^{n}(a_k-b_k)=0$$

即 $A=B$.

因为 $a^2+b^2\geqslant2ab$，所以 $2(a^2+b^2)\geqslant(a+b)^2$，即 $\dfrac{a^2+b^2}{a+b}\geqslant\dfrac{1}{2}(a+b)$.

于是
$$2A=A+B=\sum_{k=1}^{n}\frac{a_k^2+b_k^2}{a_k+b_k}\geqslant\frac{1}{2}\sum_{k=1}^{n}(a_k+b_k)=\sum_{k=1}^{n}a_k$$

即
$$\sum_{k=1}^{n}\frac{a_k^2}{a_k+b_k}\geqslant\frac{1}{2}\sum_{k=1}^{n}a_k$$

44. 因为 $x,y,z$ 是正数，所以
$$x^2y+yz^2\geqslant2xyz, y^2z+x^2z\geqslant2xyz, z^2x+xy^2\geqslant2xyz \qquad ①$$

$\dfrac{1}{2}(x^2y^2+y^2z^2)\geqslant xy^2z,\dfrac{1}{2}(y^2z^2+z^2x^2)\geqslant xyz^2,\dfrac{1}{2}(z^2x^2+x^2y^2)\geqslant x^2yz$

相加得
$$x^2y^2+y^2z^2+z^2x^2\geqslant xyz(x+y+z) \qquad ②$$

于是
$$(\frac{x+y}{2})^2(\frac{y+z}{2})^2(\frac{z+x}{2})^2=$$

$$\frac{1}{64}(2xyz+x^2y+x^2z+y^2x+y^2z+z^2x+z^2y)^2=$$

$$\frac{1}{64\times81}(18xyz+9x^2y+9x^2z+9y^2x+9y^2z+9z^2x+9z^2y)^2=$$

$$\frac{1}{64\times81}[18xyz+(x^2y+yz^2)+(y^2z+x^2z)+(z^2x+xy^2)+$$

$$8x^2y + 8x^2z + 8y^2x + 8y^2z + 8z^2x + 8z^2y]^2 \geqslant$$

$$\frac{1}{64 \times 81}(24xyz + 8x^2y + 8x^2z + 8y^2x + 8y^2z + 8z^2x + 8z^2y)^2 (利用①) =$$

$$\frac{1}{64 \times 81} \times 8^2 \times (xy + yz + zx)^2 (x + y + z)^2 =$$

$$\frac{1}{27}(x + y + z)^2 \times \frac{1}{3}(xy + yz + zx)^2 =$$

$$\frac{1}{27}(x + y + z)^2 \times \frac{1}{3}(x^2y^2 + y^2z^2 + z^2x^2 + 2xy^2z + 2xyz^2 + x^2yz) \geqslant$$

$$\frac{1}{27}(x + y + z)^2 \times \frac{1}{3}[xyz(x + y + z) + 2xy^2z + 2xyz^2 + 2x^2yz](利用②) =$$

$$\frac{1}{27}(x + y + z)^2 xyz(x + y + z) =$$

$$xyz\left(\frac{x + y + z}{3}\right)^3$$

**45.** (1) 因为 $x, y, z$ 均为正数,所以,$\frac{x}{yz} + \frac{y}{zx} = \frac{1}{z}\left(\frac{x}{y} + \frac{y}{x}\right) \geqslant \frac{2}{z}$, 同理 $\frac{y}{zx} + \frac{z}{xy} \geqslant \frac{2}{x}, \frac{x}{yz} + \frac{z}{xy} \geqslant \frac{2}{y}$, 当且仅当 $x = y = z$ 时, 以上三式等号成立. 将上述三个不等式两边分别相加,并除以2,得 $\frac{x}{yz} + \frac{y}{zx} + \frac{z}{xy} \geqslant \frac{1}{x} + \frac{1}{y} + \frac{1}{z}$.

(2) 因为 $x, y, z$ 均为正数, $x + y + z \geqslant xyz$, 则 $\frac{1}{yz} + \frac{1}{zx} + \frac{1}{xy} \geqslant 1$, 由 (1) 的结论有

$$u = \frac{x}{yz} + \frac{y}{zx} + \frac{z}{xy} \geqslant \frac{1}{x} + \frac{1}{y} + \frac{1}{z} =$$

$$\sqrt{\frac{1}{x^2} + \frac{1}{y^2} + \frac{1}{z^2} + 2\left(\frac{1}{yz} + \frac{1}{zx} + \frac{1}{xy}\right)} \geqslant$$

$$\sqrt{3\left(\frac{1}{yz} + \frac{1}{zx} + \frac{1}{xy}\right)} \geqslant \sqrt{3}$$

当且仅当 $x = y = z$ 且 $\frac{1}{yz} + \frac{1}{zx} + \frac{1}{xy} = 1$ 即 $x = y = z = \sqrt{3}$ 时, 以上等号都成立, 故 $u_{\min} = \sqrt{3}$.

**46.** 由均值不等式得到 $\frac{xy}{z} + \frac{yz}{x} \geqslant 2y, \frac{yz}{x} + \frac{zx}{y} \geqslant 2z, \frac{xy}{z} + \frac{zx}{y} \geqslant 2x$, 将上述三个不等式相加得 $\frac{xy}{z} + \frac{yz}{x} + \frac{zx}{y} \geqslant x + y + z = 1$, 又由 $1 = x + y + z \geqslant 3\sqrt[3]{xyz}$, 得 $xyz \leqslant \frac{1}{27}$. 所以

$$\left(\frac{1}{x}-x\right)\left(\frac{1}{y}-y\right)\left(\frac{1}{z}-z\right)=$$

$$\frac{1}{xyz}[(1+x)(1+y)(1+z)][(1-x)(1-y)(1-z)]=$$

$$\frac{1}{xyz}(2+xy+yz+zx+xyz)(xy+yz+zx-xyz)=$$

$$2\left(\frac{1}{x}+\frac{1}{y}+\frac{1}{z}\right)-2+\frac{(xy+yz+zx)^2}{xyz}-xyz=$$

$$2\left(\frac{1}{x}+\frac{1}{y}+\frac{1}{z}\right)-2+\frac{xy}{z}+\frac{yz}{x}+\frac{zx}{y}+2(x+y+z)-xyz\geqslant$$

$$\frac{6}{\sqrt[3]{xyz}}-2+1+2-xyz\geqslant 18+1-\frac{1}{27}=\left(\frac{8}{3}\right)^3$$

当且仅当 $x=y=z=\frac{1}{3}$ 时,不等式取等号.

47. 因为

$$\frac{16x+9\sqrt{2xy}+9\sqrt[3]{3xyz}}{x+2y+z}=$$

$$\frac{16x+\dfrac{9\sqrt{x\cdot 18y}}{3}+\dfrac{3\sqrt[3]{x\cdot 18y\cdot 36z}}{3}}{x+2y+z}\leqslant$$

$$\frac{16x+\dfrac{3(x+18y)}{2}+\dfrac{x+18y+36z}{2}}{x+2y+z}=18$$

故当且仅当 $x:y:z=36:2:1$ 时等号成立.

48. 因为 $a+b+c=1$,所以

$$\sqrt{\frac{1-a}{a}}\cdot\sqrt{\frac{1-b}{b}}+\sqrt{\frac{1-b}{b}}\cdot\sqrt{\frac{1-c}{c}}+\sqrt{\frac{1-a}{a}}\cdot\sqrt{\frac{1-c}{c}}=$$

$$\sqrt{\frac{b+c}{a}}\cdot\sqrt{\frac{c+a}{b}}+\sqrt{\frac{c+a}{b}}\cdot\sqrt{\frac{a+b}{c}}+\sqrt{\frac{b+c}{a}}\cdot\sqrt{\frac{a+b}{c}}\geqslant$$

$$3\sqrt[3]{\sqrt{\frac{b+c}{a}}\cdot\sqrt{\frac{c+a}{b}}\cdot\sqrt{\frac{c+a}{b}}\cdot\sqrt{\frac{a+b}{c}}\cdot\sqrt{\frac{b+c}{a}}\cdot\sqrt{\frac{a+b}{c}}}=$$

$$3\sqrt[3]{\frac{b+c}{a}\cdot\frac{c+a}{b}\cdot\frac{a+b}{c}}\geqslant 3\sqrt[3]{\frac{2\sqrt{bc}}{a}\cdot\frac{2\sqrt{ca}}{b}\cdot\frac{2\sqrt{ab}}{c}}=6$$

49. 因为 $a+b+c=3$,所以

$$\frac{a^2+9}{2a^2+(b+c)^2}+\frac{b^2+9}{2b^2+(c+a)^2}+\frac{c^2+9}{2c^2+(a+b)^2}=$$

$$\frac{a^2+(a+b+c)^2}{2a^2+(b+c)^2}+\frac{b^2+(a+b+c)^2}{2b^2+(c+a)^2}+\frac{c^2+(a+b+c)^2}{2c^2+(a+b)^2}=$$

$$\frac{2a^2+(b+c)^2+2a(b+c)}{2a^2+(b+c)^2}+\frac{b^2+2(c+a)^2+2b(c+a)}{2b^2+(c+a)^2}+$$

$$\frac{c^2+(a+b)^2+2c(a+b)}{2c^2+(a+b)^2}=$$

$$3+\frac{2a(b+c)}{2a^2+(b+c)^2}+\frac{2b(c+a)}{2b^2+(c+a)^2}+\frac{2c(a+b)}{2c^2+(a+b)^2}$$

因为 $a,b,c$ 是正数,所以,$a^2+b^2\geqslant 2ab, a^2+c^2\geqslant 2ac, 2bc=2bc$,三式相加得 $2a^2+(b+c)^2\geqslant 2(ab+bc+ca)$.

同理,$2b^2+(c+a)^2\geqslant 2(ab+bc+ca), 2c^2+(a+b)^2\geqslant 2(ab+bc+ca)$.

于是

$$\frac{2a(b+c)}{2a^2+(b+c)^2}+\frac{2b(c+a)}{2b^2+(c+a)^2}+\frac{2c(a+b)}{2c^2+(a+b)^2}\leqslant$$

$$\frac{2a(b+c)}{2(ab+bc+ca)}+\frac{2b(c+a)}{2(ab+bc+ca)}+\frac{2c(a+b)}{2(ab+bc+ca)}=2$$

原命题得证.

50. 证法一:$(1+x)(1+y)(1+z)\geqslant 2(1+\sqrt[3]{\frac{y}{x}}+\sqrt[3]{\frac{z}{y}}+\sqrt[3]{\frac{x}{z}})\Leftrightarrow x+y+z$

$+xy+yz+zx\geqslant 2(\sqrt[3]{\frac{y}{x}}+\sqrt[3]{\frac{z}{y}}+\sqrt[3]{\frac{x}{z}})$.

由均值不等式得 $x+xy\geqslant 2\sqrt{x^2y}=2\sqrt{\frac{x}{z}}$,同理 $y+yz\geqslant 2\sqrt{y^2z}=2\sqrt{\frac{y}{x}}$,

$z+zx\geqslant 2\sqrt{\frac{z}{y}}$.

由均值不等式得 $2\sqrt{\frac{y}{x}}+1=\sqrt{\frac{y}{x}}+\sqrt{\frac{y}{x}}+1\geqslant 3\sqrt[3]{\frac{y}{x}}$,同理 $2\sqrt{\frac{x}{z}}+1\geqslant$

$3\sqrt[3]{\frac{x}{z}}, 2\sqrt{\frac{z}{y}}+1\geqslant 3\sqrt[3]{\frac{z}{y}}, \sqrt{\frac{y}{x}}+\sqrt{\frac{z}{y}}+\sqrt{\frac{x}{z}}\geqslant 3$,所以

$$x+y+z+xy+yz+zx\geqslant (2\sqrt{\frac{x}{z}}+1)+(2\sqrt{\frac{y}{x}}+1)+(2\sqrt{\frac{z}{y}}+1)-3\geqslant$$

$$3(\sqrt[3]{\frac{y}{x}}+\sqrt[3]{\frac{z}{y}}+\sqrt[3]{\frac{x}{z}})-3=$$

$$2(\sqrt[3]{\frac{y}{x}}+\sqrt[3]{\frac{z}{y}}+\sqrt[3]{\frac{x}{z}})+$$

$$\sqrt[3]{\frac{y}{x}} + \sqrt[3]{\frac{z}{y}} + \sqrt[3]{\frac{x}{z}} - 3 \geqslant$$
$$2(\sqrt[3]{\frac{y}{x}} + \sqrt[3]{\frac{z}{y}} + \sqrt[3]{\frac{x}{z}})$$

证法二：令 $a = bx, b = cy, c = az$，则 $(1+x)(1+y)(1+z) \geqslant 2(1 + \sqrt[3]{\frac{y}{x}} + \sqrt[3]{\frac{z}{y}} + \sqrt[3]{\frac{x}{z}}) \Leftrightarrow (1+\frac{a}{b})(1+\frac{b}{c})(1+\frac{c}{a}) \geqslant 2(1 + \sqrt[3]{\frac{b^2}{ca}} + \sqrt[3]{\frac{c^2}{ab}} + \sqrt[3]{\frac{a^2}{bc}}) = 2(1 + \frac{a+b+c}{\sqrt[3]{abc}})$．（以下同第 27 题）

**51. 证法一** 由均值不等式得 $\frac{2a}{a^2+bc} + \frac{2b}{b^2+ca} + \frac{2c}{c^2+ab} \leqslant \frac{2a}{2\sqrt{a^2 bc}} +$
$\frac{2b}{2\sqrt{b^2 ca}} + \frac{2c}{2\sqrt{c^2 ab}} = \frac{1}{\sqrt{bc}} + \frac{1}{\sqrt{ca}} + \frac{1}{\sqrt{ab}} \leqslant \frac{1}{a} + \frac{1}{b} + \frac{1}{c}$，由均值不等式得

$$\frac{a}{bc} + \frac{b}{ca} + \frac{c}{ab} = \frac{1}{2}(\frac{b}{ca} + \frac{c}{ab}) + \frac{1}{2}(\frac{c}{ab} + \frac{a}{bc}) + \frac{1}{2}(\frac{a}{bc} + \frac{b}{ca}) \geqslant \frac{1}{a} + \frac{1}{b} + \frac{1}{c}$$

不等式得证．

**证法二** 因为 $(\frac{1}{a^2} + \frac{1}{bc})(a^2 + bc) \geqslant 4$，所以

$$\frac{2a}{a^2+bc} + \frac{2b}{b^2+ca} + \frac{2c}{c^2+ab} \leqslant \frac{1}{2}(\frac{1}{a} + \frac{a}{bc} + \frac{1}{b} + \frac{b}{ca} + \frac{1}{c} + \frac{c}{ab}) =$$
$$\frac{1}{2}(\frac{1}{a} + \frac{1}{b} + \frac{1}{c}) + \frac{1}{2}(\frac{a}{bc} + \frac{b}{ca} + \frac{c}{ab})$$

由均值不等式得

$$\frac{a}{bc} + \frac{b}{ca} + \frac{c}{ab} = \frac{1}{2}(\frac{b}{ca} + \frac{c}{ab}) + \frac{1}{2}(\frac{c}{ab} + \frac{a}{bc}) + \frac{1}{2}(\frac{a}{bc} + \frac{b}{ca}) \geqslant \frac{1}{a} + \frac{1}{b} + \frac{1}{c}$$

不等式得证．

**证法三** 首先

$$\frac{2a}{a^2+bc} \leqslant \frac{1}{2}(\frac{1}{b} + \frac{1}{c}) \Leftrightarrow b(a-c)^2 + c(a-b)^2 \geqslant 0$$

$$\frac{1}{b} + \frac{1}{c} \leqslant \frac{1}{2}(\frac{2a}{bc} + \frac{b}{ca} + \frac{c}{ab}) \Leftrightarrow (a-b)^2 + (a-c)^2 \geqslant 0$$

所以

$$\frac{2a}{a^2+bc} \leqslant \frac{1}{4}(\frac{2a}{bc} + \frac{b}{ca} + \frac{c}{ab})$$

同理

$$\frac{2b}{b^2+ca} \leq \frac{1}{4}\left(\frac{a}{bc}+\frac{2b}{ca}+\frac{c}{ab}\right), \frac{2c}{c^2+ab} \leq \frac{1}{4}\left(\frac{a}{bc}+\frac{b}{ca}+\frac{2c}{ab}\right)$$

三式相加即得.

52.（1）由均值不等式得

$$\frac{ab+bc+ca}{3}+\frac{ab+bc+ca}{a+b+c} \geq 2\sqrt{\frac{(ab+bc+ca)^2}{3(a+b+c)}}$$

注意到 $abc=1$，由不等式 $(x+y+z)^2 \geq 3(xy+yz+zx)$ 得

$$(ab+bc+ca)^2 \geq 3(a^2bc+ab^2c+abc^2) = 3abc(a+b+c) = 3(a+b+c)$$

所以

$$\frac{ab+bc+ca}{3}+\frac{ab+bc+ca}{a+b+c} \geq 2$$

即

$$1+\frac{3}{a+b+c} \geq \frac{6}{ab+bc+ca}$$

（2）由均值不等式得

$$(a+b+c)+\frac{3(a+b+c)}{ab+bc+ca} \geq 2\sqrt{\frac{3(a+b+c)^2}{ab+bc+ca}}$$

而

$$(a+b+c)^2 \geq 3(ab+bc+ca)$$

所以

$$(a+b+c)+\frac{3(a+b+c)}{ab+bc+ca} \geq 6$$

即

$$1+\frac{3}{ab+bc+ca} \geq \frac{6}{a+b+c}$$

或

$$1+\frac{3}{ab+bc+ca} \geq 1+\frac{9}{(a+b+c)^2} \geq 2\sqrt{1 \cdot \frac{9}{(a+b+c)^2}} = \frac{6}{a+b+c}$$

53. 对 $\frac{1}{2}$ 和 $b+\frac{1}{a}+\frac{1}{2}$，利用二元均值不等式得到

$$2\sqrt{\frac{1}{2}\left(b+\frac{1}{a}+\frac{1}{2}\right)} \leq 1+b+\frac{1}{a}$$

故

$$\frac{1}{\sqrt{b+\frac{1}{a}+\frac{1}{2}}} \geq \frac{\sqrt{2}}{1+b+\frac{1}{a}}$$

同理

$$\frac{1}{\sqrt{c+\frac{1}{b}+\frac{1}{2}}} \geq \frac{\sqrt{2}}{1+c+\frac{1}{b}}, \frac{1}{\sqrt{a+\frac{1}{c}+\frac{1}{2}}} \geq \frac{\sqrt{2}}{1+a+\frac{1}{c}}$$

又 $\dfrac{1}{1+b+\dfrac{1}{a}} + \dfrac{1}{1+c+\dfrac{1}{b}} + \dfrac{1}{1+a+\dfrac{1}{c}} = \dfrac{a}{a+ab+1} + \dfrac{ab}{a+ab+1} +$

$\dfrac{1}{a+ab+1} = 1$,将上面三个不等式相加得

$$\frac{1}{\sqrt{b+\frac{1}{a}+\frac{1}{2}}} + \frac{1}{\sqrt{c+\frac{1}{b}+\frac{1}{2}}} + \frac{1}{\sqrt{a+\frac{1}{c}+\frac{1}{2}}} \geq \sqrt{2}$$

显然等号不能成立.

54. $\dfrac{a+b+c+d}{abcd} = \dfrac{1}{bcd} + \dfrac{1}{acd} + \dfrac{1}{abd} + \dfrac{1}{abc} \leq \dfrac{1}{3}(\dfrac{1}{b^3} + \dfrac{1}{c^3} + \dfrac{1}{d^3}) + \dfrac{1}{3}(\dfrac{1}{a^3} + \dfrac{1}{c^3} + \dfrac{1}{d^3}) + \dfrac{1}{3}(\dfrac{1}{a^3} + \dfrac{1}{b^3} + \dfrac{1}{d^3}) + \dfrac{1}{3}(\dfrac{1}{a^3} + \dfrac{1}{b^3} + \dfrac{1}{c^3}) = \dfrac{1}{a^3} + \dfrac{1}{b^3} + \dfrac{1}{c^3} + \dfrac{1}{d^3}$.

55. $$\frac{a^2}{a^2+2bc} + \frac{b^2}{b^2+2ca} + \frac{c^2}{c^2+2ab} \geq$$
$$\frac{a^2}{a^2+b^2+c^2} + \frac{b^2}{b^2+c^2+a^2} + \frac{c^2}{c^2+a^2+b^2} = 1$$

而

$$\frac{a^2}{a^2+2bc} + \frac{b^2}{b^2+2ca} + \frac{c^2}{c^2+2ab} + 2(\frac{bc}{a^2+2bc} + \frac{ca}{b^2+2ca} + \frac{ab}{c^2+2ab}) = 3$$

所以

$$\frac{bc}{a^2+2bc} + \frac{ca}{b^2+2ca} + \frac{ab}{c^2+2ab} \leq 1$$

56. $xy+yz+zx = xyz(\dfrac{1}{x}+\dfrac{1}{y}+\dfrac{1}{z}) = (x+y+z)^2(\dfrac{1}{x}+\dfrac{1}{y}+\dfrac{1}{z}) = (x+y+z)(\dfrac{1}{x}+\dfrac{1}{y}+\dfrac{1}{z})(x+y+z) \geq 9(x+y+z)$.

57. 因为 $0 < a, b, c < 1$,所以 $\sqrt{abc} + \sqrt{(1-a)(1-b)(1-c)} < \sqrt[3]{abc} + \sqrt[3]{(1-a)(1-b)(1-c)} \leq \dfrac{a+b+c}{3} + \dfrac{(1-a)+(1-b)+(1-c)}{3} = 1$.

58. 如果 $x, y \geq 1$,则 $\sqrt{x-1} + \sqrt{y-1} \leq \sqrt{xy}$. 事实上

$\sqrt{x-1} + \sqrt{y-1} \leq \sqrt{xy} \Leftrightarrow x+y-2+2\sqrt{(x-1)(y-1)} \leq xy \Leftrightarrow$
$$2\sqrt{(x-1)(y-1)} \leq (x-1)(y-1)+1$$

最后一个不等式由二元均值不等式得到.

所以, $\sqrt{a-1}+\sqrt{b-1}+\sqrt{c-1} \leq \sqrt{ab}+\sqrt{c-1} = \sqrt{(ab+1)-1}+\sqrt{c-1} \leq \sqrt{(ab+1)c}$.

59. 令 $x=\dfrac{a}{b}, y=\dfrac{b}{c}, z=\dfrac{c}{a}$, 则 $x^2+y^2+z^2 \geq xy+yz+zx$, 两边加上 $2(xy+yz+zx)$ 得 $(x+y+z)^2 \geq 3(xy+yz+zx)$.

即 $(\dfrac{a}{b}+\dfrac{b}{c}+\dfrac{c}{a})^2 \geq 3(\dfrac{a}{c}+\dfrac{b}{a}+\dfrac{c}{b})$, 又 $x+y+z \geq 3\sqrt[3]{xyz}=3$, 所以, $(x+y+z)^2 \geq 3(x+y+z)$.

即 $(\dfrac{a}{b}+\dfrac{b}{c}+\dfrac{c}{a})^2 \geq 3(\dfrac{a}{b}+\dfrac{b}{c}+\dfrac{c}{a})$, 所以

$$(\dfrac{a}{b}+\dfrac{b}{c}+\dfrac{c}{a})^2 \geq \dfrac{3}{2}(\dfrac{a+b}{c}+\dfrac{b+c}{a}+\dfrac{c+a}{b})$$

60. 根据均值不等式得 $\sqrt[3]{xyz} \leq \dfrac{x+y+z}{3}$, 令 $x=\dfrac{a}{a+b+c}, y=\dfrac{b+c}{b+c+d}, z=\dfrac{b}{b+c}$, 则

$$\sqrt[3]{\dfrac{ab}{(a+b+c)(b+c+d)}} \leq \dfrac{1}{3}(\dfrac{a}{a+b+c}+\dfrac{b+c}{b+c+d}+\dfrac{b}{b+c}) \quad ①$$

令 $x=\dfrac{b+c}{a+b+c}, y=\dfrac{d}{b+c+d}, z=\dfrac{c}{b+c}$, 则

$$\sqrt[3]{\dfrac{cd}{(a+b+c)(b+c+d)}} \leq \dfrac{1}{3}(\dfrac{b+c}{a+b+c}+\dfrac{d}{b+c+d}+\dfrac{c}{b+c}) \quad ②$$

① + ② 得

$$\sqrt[3]{\dfrac{ab}{(a+b+c)(b+c+d)}}+\sqrt[3]{\dfrac{cd}{(a+b+c)(b+c+d)}} \leq 1$$

即

$$\sqrt[3]{ab}+\sqrt[3]{cd} \leq \sqrt[3]{(a+b+c)(b+c+d)}$$

61. **证法一** 因为 $a+b+c=1$, 所以

$$\dfrac{a^2+b}{b+c} = \dfrac{a(1-b-c)+b}{b+c} = \dfrac{a+b}{b+c}-a$$

同理

$$\dfrac{b^2+c}{c+a}=\dfrac{b+c}{c+a}-b, \dfrac{c^2+a}{a+b}=\dfrac{c+a}{a+b}-c$$

由均值不等式得

$$\dfrac{a+b}{b+c}+\dfrac{b+c}{c+a}+\dfrac{c+a}{a+b} \geq 3\sqrt[3]{\dfrac{a+b}{b+c} \cdot \dfrac{b+c}{c+a} \cdot \dfrac{c+a}{a+b}}=3$$

所以
$$\frac{a^2+b}{b+c}+\frac{b^2+c}{c+a}+\frac{c^2+a}{a+b} \geqslant 3-(a+b+c)=2$$

**证法二** 由柯西不等式得
$$\sum \frac{a^2+b}{b+c} \geqslant \frac{(\sum a^2+1)^2}{\sum a^2(b+c)+\sum a^2+\sum ab}$$

只要证明
$$\frac{(\sum a^2+1)^2}{\sum a^2(b+c)+\sum a^2+\sum ab} \geqslant 2 \Leftrightarrow$$
$$1+(\sum a^2)^2 \geqslant 2\sum a^2(b+c)+2\sum ab \Leftrightarrow$$
$$1+(\sum a^2)^2 \geqslant 2\sum a^2(b+c)+2\sum ab \Leftrightarrow$$
$$1+(\sum a^2)^2 \geqslant$$
$$2\sum a^2-2\sum a^3+2\sum ab \Leftrightarrow$$
$$(\sum a^2)^2+2\sum a^3 \geqslant \sum a^2$$

这是正确的，由 Chebyshev 不等式
$$\sum a^2 \geqslant \frac{1}{3}\sum a^2 \sum a=\frac{1}{3}a^2 (因为 \sum a=1 为已知)$$

62.（1）证法一：由均值不等式得 $a^{\frac{3}{2}}+b^{\frac{3}{2}}+b^{\frac{3}{2}} \geqslant 3a^{\frac{1}{2}}b, a^{\frac{3}{2}}+c^{\frac{3}{2}}+c^{\frac{3}{2}} \geqslant 3a^{\frac{1}{2}}c$，相加得 $2(a^{\frac{3}{2}}+b^{\frac{3}{2}}+c^{\frac{3}{2}}) \geqslant 3a^{\frac{1}{2}}(b+c)$，所以 $\frac{a}{b+c} \geqslant \frac{3a^{\frac{3}{2}}}{2(a^{\frac{3}{2}}+b^{\frac{3}{2}}+c^{\frac{3}{2}})}$，同理 $\frac{b}{c+a} \geqslant \frac{3b^{\frac{3}{2}}}{2(a^{\frac{3}{2}}+b^{\frac{3}{2}}+c^{\frac{3}{2}})}, \frac{c}{a+b} \geqslant \frac{3c^{\frac{3}{2}}}{2(a^{\frac{3}{2}}+b^{\frac{3}{2}}+c^{\frac{3}{2}})}$，相加得 $\frac{a}{b+c}+\frac{b}{c+a}+\frac{c}{a+b} \geqslant \frac{3}{2}$.

证法二：令 $x=b+c, y=c+a, z=a+b$，则 $x,y,z$ 都是正数，解得
$$a=\frac{1}{2}(y+z-x), b=\frac{1}{2}(z+x-y), c=\frac{1}{2}(x+y-z)$$
$$\frac{a}{b+c}+\frac{b}{c+a}+\frac{c}{a+b}=\frac{1}{2x}(y+z-x)+\frac{1}{2y}(z+x-y)+\frac{1}{2z}(x+y-z)=$$
$$\frac{1}{2}(\frac{y}{x}+\frac{x}{y})+\frac{1}{2}(\frac{y}{z}+\frac{z}{y})+\frac{1}{2}(\frac{x}{z}+\frac{z}{x})-\frac{3}{2} \geqslant$$
$$1+1+1-\frac{3}{2}=\frac{3}{2}$$

证法三：设 $S = \dfrac{a}{b+c} + \dfrac{b}{c+a} + \dfrac{c}{a+b}$，$M = \dfrac{b}{b+c} + \dfrac{c}{c+a} + \dfrac{a}{a+b}$，$N = \dfrac{c}{b+c} + \dfrac{a}{c+a} + \dfrac{b}{a+b}$，则 $M+N=3$.

由均值不等式得

$$M + S = \frac{a+b}{b+c} + \frac{b+c}{c+a} + \frac{c+a}{a+b} \geqslant 3, \quad N + S = \frac{a+c}{b+c} + \frac{a+b}{c+a} + \frac{b+c}{a+b} \geqslant 3$$

相加得 $2S + M + N \geqslant 6$，因为 $M + N = 3$，所以 $S \geqslant \dfrac{3}{2}$.

(2) 假设 $\left(\dfrac{2a}{b+c}\right)^{\frac{2}{3}} \geqslant \dfrac{3a^r}{a^r + b^r + c^r}$，则同理有

$$\left(\frac{2b}{c+a}\right)^{\frac{2}{3}} \geqslant \frac{3b^r}{a^r + b^r + c^r}, \quad \left(\frac{2c}{a+b}\right)^{\frac{2}{3}} \geqslant \frac{3c^r}{a^r + b^r + c^r}$$

我们循环求和即得所证的不等式

$$\left(\frac{2a}{b+c}\right)^{\frac{2}{3}} + \left(\frac{2b}{c+a}\right)^{\frac{2}{3}} + \left(\frac{2c}{a+b}\right)^{\frac{2}{3}} \geqslant 3$$

这里 $r = 1$，事实上

$$\frac{3a}{a+b+c} \leqslant \frac{3a}{3\sqrt[3]{a\left(\frac{b+c}{2}\right)^2}} = \frac{a^{\frac{2}{3}}}{\left(\frac{b+c}{2}\right)^{\frac{2}{3}}} = \left(\frac{2a}{b+c}\right)^{\frac{2}{3}}$$

同理

$$\frac{3b}{a+b+c} \leqslant \left(\frac{2b}{c+a}\right)^{\frac{2}{3}}, \quad \frac{3c}{a+b+c} \leqslant \left(\frac{2c}{a+b}\right)^{\frac{2}{3}}$$

相加得

$$\left(\frac{2a}{b+c}\right)^{\frac{2}{3}} + \left(\frac{2b}{c+a}\right)^{\frac{2}{3}} + \left(\frac{2c}{a+b}\right)^{\frac{2}{3}} \geqslant 3$$

63. 原不等式等价于

$$a + b + c \geqslant \frac{abc}{ca+a+1} + \frac{abc}{ab+b+1} + \frac{abc}{bc+c+1} + 3 - \left(\frac{1}{ca+a+1} + \frac{1}{ab+b+1} + \frac{1}{bc+c+1}\right)$$

即

$$3 \leqslant b - \frac{abc}{ca+a+1} + \frac{1}{ca+a+1} + c - \frac{abc}{ab+b+1} + \frac{1}{ab+b+1} + a - \frac{abc}{bc+c+1} + \frac{1}{bc+c+1}$$ ①

而

$$b - \frac{abc}{ca+a+1} + \frac{1}{ca+a+1} = \frac{ab+b+1}{ca+a+1}$$

$$c - \frac{abc}{ab+b+1} + \frac{1}{ab+b+1} = \frac{bc+c+1}{ab+b+1}$$

$$a - \frac{abc}{bc+c+1} + \frac{1}{bc+c+1} = \frac{ca+a+1}{bc+c+1}$$

所以,由均值不等式得

$$\frac{ab+b+1}{ca+a+1} + \frac{bc+c+1}{ab+b+1} + \frac{ca+a+1}{bc+c+1} \geqslant 3$$

从而

$$a+b+c \geqslant \frac{a(bc+c+1)}{ca+a+1} + \frac{b(ca+a+1)}{ab+b+1} + \frac{c(ab+b+1)}{bc+c+1}$$

64. 令 $t = \frac{a^{\frac{1}{3}} + b^{\frac{1}{3}}}{2}$,由 $t = \frac{2(a+b)x + 2ab}{4x+a+b}$,得

$$[2(a+b) - 4t]x = t(a+b) - 2ab \qquad ①$$

为证明①有唯一的正数解 $x$,只要证明 $2(a+b) - 4t > 0$ 及 $t(a+b) - 2ab > 0$,即

$$\frac{2ab}{a+b} < \left(\frac{a^{\frac{1}{3}} + b^{\frac{1}{3}}}{2}\right)^3 < \frac{a+b}{2} \qquad ②$$

记 $u = a^{\frac{1}{3}}, v = b^{\frac{1}{3}}, u > v$,即要证

$$\frac{2u^3v^3}{u^3+v^3} < \left(\frac{u+v}{2}\right)^3 < \frac{u^3+v^3}{2} \qquad ③$$

由于 $(u^3+v^3)\left(\frac{u+v}{2}\right)^3 > 2\sqrt{u^3v^3}(\sqrt{uv})^3 = 2u^3v^3$,即③式左端成立. 而

$$\frac{u^3+v^3}{2} > \left(\frac{u+v}{2}\right)^3 \Leftrightarrow u^2+v^2-uv > \frac{1}{4}(u^2+v^2+2uv) \Leftrightarrow$$

$$4(u^2+v^2-uv) > u^2+v^2+2uv \Leftrightarrow 3(u-v)^2 > 0$$

故不等式③成立,从而 $x = \frac{t(a+b)-2ab}{2(a+b)-4t}$ 即为所求.

65. **证法一** 因为 $4(x^2+xy+y^2) - 3(x+y)^2 = (x-y)^2 \geqslant 0$,所以 $4(x^2+xy+y^2) \geqslant 3(x+y)^2$,同理,$4(y^2+yz+z^2) \geqslant 3(y+z)^2$,$4(z^2+zx+x^2) \geqslant 3(z+x)^2$,所以我们得到

$$64(y^2+yz+z^2)(z^2+zx+x^2)(x^2+xy+y^2) \geqslant 27(x+y)^2(y+z)^2(z+x)^2$$

只要证明 $81(x+y)^2(y+z)^2(z+x)^2 \geqslant 64(x+y+z)^2(xy+yz+zx)^2$,即证

$$9(x+y)(y+z)(z+x) \geqslant 8(x+y+z)(xy+yz+zx) \qquad ①$$

而 $(x+y)(y+z)(z+x) = (x+y+z)(xy+yz+zx) - xyz \geqslant$

$$(x+y+z)(xy+yz+zx) - \frac{1}{9}(x+y+z)(xy+yz+zx) =$$
$$\frac{8}{9}(x+y+z)(xy+yz+zx)$$

所以 $9(x+y)(y+z)(z+x) \geq 8(x+y+z)(xy+yz+zx)$

**注** ① 可用分析法证明 ①$\Leftrightarrow x(y-z)^2 + y(y-z)^2 + z(x-y)^2 \geq 0$,所以
$$(x+y+z)^2(xy+yz+zx)^2 \leq 3(y^2+yz+z^2)(z^2+zx+x^2)(x^2+xy+y^2).$$

**证法二** 原不等式是齐次对称不等式,即令 $x = \lambda a, y = \lambda b, z = \lambda c (\lambda > 0)$,不等式化为
$$(a+b+c)^2(ab+bc+ca)^2 \leq 3(b^2+bc+c^2)(c^2+ca+a^2)(a^2+ab+b^2).$$

故不妨设 $x+y+z = 1$,令 $u = xy+yz+zx$,则
$$x^2 + xy + y^2 = (x+y)^2 - xy = (x+y)(1-z) - xy =$$
$$x + y - u = 1 - z - u$$

于是 $(y^2+yz+z^2)(z^2+zx+x^2)(x^2+xy+y^2) = (1-x-u)(1-y-u)(1-z-u) = (1-u)^3 - (x+y+z)(1-u)^2 + (xy+yz+zx)(1-u) - xyz = (1-u)^3 - (1-u)^2 + u(1-u) - xyz = u^2 - u^3 - xyz.$

原不等式等价于 $u^2 \leq 3(u^2 - u^3 - xyz) \Leftrightarrow 3xyz \leq u^2(2-3u)$.

因为 $3u = 3(xy+yz+zx) \leq (x+y+z)^2 = 1$,所以 $2 - 3u \geq 1$,因此只要证明 $3xyz \leq u^2$. 而
$$u^2 - 3xyz = (xy+yz+zx)^2 - 3xyz(x+y+z) =$$
$$x^2y^2 + y^2z^2 + z^2x^2 - xyz(x+y+z) =$$
$$\frac{1}{2}[x^2(y-z)^2 + y^2(y-z)^2 + z^2(x-y)^2] \geq 0$$

66. 当 $n = 2$ 时,原不等式就是 $2x_1x_2 \leq x_1^2 + x_2^2$,显然成立.

当 $n \geq 3$ 时,取 $x_2 = \cdots = x_n = 1, \frac{1}{n-1} < x_1 < 1$,则有
$$x_1x_2 + x_2x_3 + \cdots + x_{n-1}x_n = x_1 + (n-2)$$

而
$$\frac{n-1}{n}(x_1^2 + x_2^2 + \cdots + x_n^2) = \frac{n-1}{n}[x_1^2 + (n-1)]$$

这时,由于 $\frac{1}{n-1} < x_1 < 1$,可知求所有的正整数 $n \geq 2$,使得对于任意正实数 $x_1 x_2 \cdots x_n$ 均有 $(n-1)x_1^2 - nx_1 + 1 < 0$,这导致
$$x_1x_2 + x_2x_3 + \cdots + x_{n-1}x_n > \frac{n-1}{n}(x_1^2 + x_2^2 + \cdots + x_n^2)$$

所以,满足条件的 $n$ 只有一个 $n = 2$.

67. **证法一** 当 $x, y, z$ 中有一个为 0 时,由于 $x + y + z = 0$,所以,$x^3 + y^3 +$

$z^3 = 3xyz = 0$, 此时不等式显然成立. 否则由题设, $x,y,z$ 中必有两个数同号, 设为 $x,y$. 而原不等式左边为 $54x^2y^2z^2$. 于是, $(x^2+y^2+z^2)^3 = [(x^2+y^2)+(x^2+xy)+(y^2+xy)]^3 \geqslant [2xy+x(x+y)+y(x+y)]^3 \geqslant 3^3 \cdot 2xy \cdot x(x+y) \cdot y(x+y) = 54(xyz)^2 = 6(x^3+y^3+z^3)^2$.

**证法二** 引入三角代换 $x = r\cos\theta, y = r\sin\theta$, 则 $z = -r(\cos\theta+\sin\theta)$. 不妨设 $r \neq 0$, 否则, 原不等式显然成立. 于是, 原不等式等价于
$6[\cos^3\theta + \sin^3\theta - (\cos\theta+\sin\theta)^3] \leqslant [\cos^2\theta + \sin^2\theta + (\cos\theta+\sin\theta)^2]^3 \Leftrightarrow$
$25\sin^3 2\theta + 15\sin^2 2\theta - 24\sin 2\theta - 16 \leqslant 0 \Leftrightarrow$
$(\sin 2\theta - 1)(5\sin 2\theta + 4)^2 \leqslant 0$

成立, 故原不等式得证.

**68.** 由均值不等式得 $x^2 + (y^2+1) \geqslant 2x\sqrt{y^2+1}$, $y^2 + (x^2+1) \geqslant 2y\sqrt{x^2+1}$. 两个不等式等号不能同时成立, 所以原不等式成立.

**69.** 因为
$2(a^7+b^7) - (a^5+b^5)(a^2+b^2) = (a^5-b^5)(a^2-b^2) =$
$(a-b)^2(a+b)(a^4+a^3b+a^2b^2+ab^3+b^4) \geqslant 0$

所以 $\dfrac{a^7+b^7}{a^5+b^5} \geqslant \dfrac{a^2+b^2}{2}$, 同理, $\dfrac{b^7+c^7}{b^5+c^5} \geqslant \dfrac{b^2+c^2}{2}$, $\dfrac{c^7+a^7}{c^5+a^5} \geqslant \dfrac{c^2+a^2}{2}$.

相加得 $\dfrac{a^7+b^7}{a^5+b^5} + \dfrac{b^7+c^7}{b^5+c^5} + \dfrac{c^7+a^7}{c^5+a^5} \geqslant a^2+b^2+c^2 \geqslant \dfrac{1}{3}(a+b+c)^2 = \dfrac{1}{3}$.

**70.** $\dfrac{a}{b} + \dfrac{b}{c} + \dfrac{c}{a} \geqslant \dfrac{a+b}{b+c} + \dfrac{b+c}{c+a} + 1 \Leftrightarrow (a^2c+b^2a+c^2b)(c^2+ab+bc+ca) \geqslant abc[(a+c)^2+(b+c)^2+(a+c)(b+c)] \Leftrightarrow a^2c^3+a^3c^2+ab^2c^2+a^2b^3+bc^4+b^2c^3 \geqslant 2abc^3+2a^2bc^2+2ab^2c^2$.

由二元均值不等式得到 $a^2b^3+bc^4 \geqslant 2ab^2c^2$, $a^2c^3+b^2c^3 \geqslant 2abc^3$, $a^3c^2+ab^2c^2 \geqslant 2a^2bc^2$.

将三个不等式相加即得.

**71. 证法一** 因为 $a,b,c$ 是正数, 且 $a+b+c \geqslant \dfrac{1}{a} + \dfrac{1}{b} + \dfrac{1}{c}$, 所以由均值不等式得 $(a+b+c)^2 \geqslant (a+b+c)\left(\dfrac{1}{a} + \dfrac{1}{b} + \dfrac{1}{c}\right) \geqslant 9$, 即 $a+b+c \geqslant 3$.

$a+b+c \geqslant \dfrac{3}{a+b+c} + \dfrac{2}{abc} \Leftrightarrow (a+b+c)^2 \geqslant 3 + 2\left(\dfrac{1}{ab} + \dfrac{1}{bc} + \dfrac{1}{ca}\right)$

应用均值不等式得

$$\dfrac{1}{ab} + \dfrac{1}{bc} + \dfrac{1}{ca} \leqslant \dfrac{1}{3}\left(\dfrac{1}{a} + \dfrac{1}{b} + \dfrac{1}{c}\right)^2$$

由已知得

$$\left(\frac{1}{a}+\frac{1}{b}+\frac{1}{c}\right)^2 \leqslant (a+b+c)^2$$

所以

$$3+2\left(\frac{1}{ab}+\frac{1}{bc}+\frac{1}{ca}\right) \leqslant 3+\frac{2}{3}(a+b+c)^2$$

因此只要证明 $(a+b+c)^2 \geqslant 3+\frac{2}{3}(a+b+c)^2 \Leftrightarrow (a+b+c)^2 \geqslant 9$. 这在前面已经得到证明.

**证法二** 令 $p=a+b+c, q=ab+bc+ca, r=abc$, 由已知得 $pr \geqslant q$, 由均值不等式得 $(ab+bc+ca)^2 \geqslant 3abc(a+b+c), p^2 r^2 \geqslant q \geqslant 3pr$, 所以 $pr \geqslant 3$.

由均值不等式得 $(a+b+c)^2 \geqslant (a+b+c)\left(\frac{1}{a}+\frac{1}{b}+\frac{1}{c}\right) \geqslant 9$, 即 $a+b+c \geqslant 3$. 即 $p \geqslant 3$.

下面分两种情况加以讨论.

(1) 如果 $r \leqslant 1, a+b+c \geqslant \frac{3}{a+b+c}+\frac{2}{abc} \Leftrightarrow p^2 r \geqslant 3r+2p$. 因为 $pr \geqslant 3$, 只要证明 $3p \geqslant 3r+2p$, 即 $p \geqslant 3r$, 由均值不等式得 $a+b+c \geqslant 3\sqrt[3]{abc}$, 由 $r \leqslant 1$ 得 $\sqrt[3]{abc} \leqslant abc$, 所以 $p \geqslant 3r$ 成立.

(2) 如果 $r \geqslant 1$, 由于 $\frac{2}{abc} \leqslant 2$, 只要证明

$$p \geqslant \frac{3}{p}+2 \Leftrightarrow p^2 \geqslant 2p+3 \Leftrightarrow (p-3)(p+1) \geqslant 0 \Leftrightarrow p \geqslant 3$$

72. $a\sqrt{b}\,\frac{1}{\sqrt{3}}+b\sqrt{c}\,\frac{1}{\sqrt{3}}+c\sqrt{a}\,\frac{1}{\sqrt{3}} \leqslant a \cdot \frac{b+\frac{1}{3}}{2}+b \cdot \frac{c+\frac{1}{3}}{2}+c \cdot \frac{a+\frac{1}{3}}{2} =$

$\frac{ab+bc+ca}{2}+\frac{a+b+c}{6} \leqslant \frac{(a+b+c)^2}{6}+\frac{a+b+c}{6}=\frac{1}{3}$

即

$$a\sqrt{b}+b\sqrt{c}+c\sqrt{a} \leqslant \frac{1}{\sqrt{3}}$$

73. $\frac{1}{2}(a+b)^2+\frac{1}{4}(a+b)=\frac{1}{4}(a+b)\left(2a+\frac{1}{2}+2b+\frac{1}{2}\right) \geqslant$

$\frac{1}{4}(a+b)\left(2\sqrt{2a \cdot \frac{1}{2}}+2\sqrt{2a \cdot \frac{1}{2}}\right)=\frac{1}{2}(a+b)(\sqrt{a}+\sqrt{b}) \geqslant$

$\sqrt{ab}(\sqrt{a}+\sqrt{b})=a\sqrt{b}+b\sqrt{a}$

74. $a^2+\left(\frac{a+b+c}{3}\right)^2 \geqslant \frac{2a(a+b+c)}{3}$

$$b^2 + (\frac{a+b+c}{3})^2 \geqslant \frac{2b(a+b+c)}{3}$$

$$c^2 + (\frac{a+b+c}{3})^2 \geqslant \frac{2c(a+b+c)}{3}$$

相加得 $a^2 + b^2 + c^2 \geqslant \frac{1}{3}(a+b+c)^2$,左边的不等式得证.

由 $(x+y+z)^2 \geqslant 3(xy+yz+zx)$ 得
$$(a^2b^2 + b^2c^2 + c^2a^2)^2 \geqslant 3a^2b^2c^2(a^2+b^2+c^2)$$

即
$$a^2b^2 + b^2c^2 + c^2a^2 \geqslant abc\sqrt{3(a^2+b^2+c^2)}$$

两端同除以 $3abc$ 得
$$\frac{1}{3}(\frac{ab}{c} + \frac{bc}{a} + \frac{ca}{b}) \geqslant \sqrt{\frac{a^2+b^2+c^2}{3}}$$

综上
$$\frac{1}{3}(a+b+c) \leqslant \sqrt{\frac{a^2+b^2+c^2}{3}} \leqslant \frac{1}{3}(\frac{ab}{c} + \frac{bc}{a} + \frac{ca}{b})$$

**75. 证法一** 因为
$$4a^4 + b^4 + c^4 = 2a^4 + a^4 + b^4 + a^4 + c^4 \geqslant 2a^4 + 2a^2b^2 + 2a^2c^2 = 2a^2(a^2+b^2+c^2)$$

又 $abc \neq 0$,所以
$$\frac{a^4}{4a^4 + b^4 + c^4} \leqslant \frac{a^4}{2a^2(a^2+b^2+c^2)} = \frac{a^2}{2(a^2+b^2+c^2)}$$

同理
$$\frac{b^4}{a^4 + 4b^4 + c^4} \leqslant \frac{b^2}{2(a^2+b^2+c^2)}, \frac{a^4}{a^4 + b^4 + 4c^4} \leqslant \frac{c^2}{2(a^2+b^2+c^2)}$$

三式相加得
$$\frac{a^4}{4a^4 + b^4 + c^4} + \frac{b^4}{a^4 + 4b^4 + c^4} + \frac{a^4}{a^4 + b^4 + 4c^4} \leqslant \frac{1}{2}$$

**证法二** 令 $\begin{cases} x = 4a^4 + b^4 + c^4, \\ y = a^4 + 4b^4 + c^4, \\ z = a^4 + b^4 + 4c^4. \end{cases}$ 解得

$$\begin{cases} a^4 = \frac{1}{18}(5x - y - z) \\ b^4 = \frac{1}{18}(-x + 5y - z) \\ c^4 = \frac{1}{18}(-x - y + 5z) \end{cases}$$

$$\frac{a^4}{4a^4+b^4+c^4}+\frac{b^4}{a^4+4b^4+c^4}+\frac{a^4}{a^4+b^4+4c^4}=$$

$$\frac{1}{18}(\frac{5x-y-z}{x}+\frac{-x+5y-z}{y}+\frac{-x-y+5z}{z})=$$

$$\frac{1}{18}[15-(\frac{x}{y}+\frac{y}{x})-(\frac{y}{z}+\frac{z}{y})-(\frac{z}{x}+\frac{x}{z})]\leqslant$$

$$\frac{1}{18}(15-2\sqrt{\frac{x}{y}\cdot\frac{y}{x}}-2\sqrt{\frac{y}{z}\cdot\frac{z}{y}}-2\sqrt{\frac{z}{x}\cdot\frac{x}{z}})=$$

$$\frac{1}{18}(15-2-2-2)=\frac{1}{2}.$$

76. 由均值不等式和题中的条件,知

$$u\cdot\frac{v+w}{2}+v\cdot\frac{w+u}{2}+w\cdot\frac{u+v}{2}\geqslant u\sqrt{vw}+v\sqrt{wu}+w\sqrt{uv}=1$$

即有 $uv+vw+wu\geqslant 1$. 因此

$$(u+v+w)^2=u^2+v^2+w^2+2uv+2vw+2wu=$$

$$\frac{u^2+v^2}{2}+2\frac{v^2+w^2}{2}+\frac{w^2+u^2}{2}+2uv+2vw+2wu\geqslant$$

$$uv+vw+wu+2uv+2vw+2wu=$$

$$3(uv+vw+wu)\geqslant 3$$

即 $u+v+w\geqslant\sqrt{3}$,另一方面,显然 $u=v=w=\frac{\sqrt{3}}{3}$ 满足题中条件,此时 $u+v+w=\sqrt{3}$,综合上述两个方面,即知 $u+v+w$ 的最小值是 $\sqrt{3}$.

77. 注意到,当 $a>0$ 时,有

$$(a^5-a^2+3)-(a^3+2)=a^5-a^3-a^2+1=(a^3-1)(a^2-1)\geqslant 0$$

所以 $a^5-a^2+3\geqslant a^3+2$.

下面证明

$$(a^3+2)(b^3+2)(c^3+2)\geqslant(a+b+c)^3 \qquad ①$$

将式 ① 的两边展开,整理得

$$a^3b^3c^3+3(a^3+b^3+c^3)+2(a^3b^3+b^3c^3+c^3a^3)+8\geqslant$$
$$3(a^2b+ab^2+b^2c+bc^2+c^2a+ca^2)+6abc \qquad ②$$

由算术几何平均值不等式得

$$a^3+a^3b^3+1\geqslant 3a^2b, b^3+a^3b^3+1\geqslant 3ab^2, b^3+b^3c^3+1\geqslant 3b^2c,$$
$$c^3+b^3c^3+1\geqslant 3bc^2, c^3+c^3a^3+1\geqslant 3c^2a, a^3+c^3a^3+1\geqslant 3ca^2$$

将这 6 个不等式相加,知对 ② 的证明可简化为证明

$$a^3b^3c^3+a^3+b^3+c^3+1+1\geqslant 6abc$$

由算术几何平均值不等式,上述结论显然成立.

78. 由均值不等式得

$$\left(\frac{a}{b}\right)^{\frac{2}{3}} + \left(\frac{a}{c}\right)^{\frac{2}{3}} \geqslant 2\sqrt{\left(\frac{a}{b}\right)^{\frac{2}{3}} \cdot \left(\frac{a}{c}\right)^{\frac{2}{3}}} =$$

$$2\sqrt{\left(\frac{a^2}{bc}\right)^{\frac{2}{3}}} = 2\sqrt{\left(\frac{a^2}{1/a}\right)^{\frac{2}{3}}} = 2a$$

所以 $\dfrac{1}{1+2a} \geqslant \dfrac{1}{1+\left(\frac{a}{b}\right)^{\frac{2}{3}}+\left(\frac{a}{c}\right)^{\frac{2}{3}}} = \dfrac{(bc)^{\frac{2}{3}}}{(ab)^{\frac{2}{3}}+(bc)^{\frac{2}{3}}+(ca)^{\frac{2}{3}}}$,

$\dfrac{1}{1+2b} \geqslant \dfrac{(ca)^{\frac{2}{3}}}{(ab)^{\frac{2}{3}}+(bc)^{\frac{2}{3}}+(ca)^{\frac{2}{3}}}$, $\dfrac{1}{1+2c} \geqslant \dfrac{(ab)^{\frac{2}{3}}}{(ab)^{\frac{2}{3}}+(bc)^{\frac{2}{3}}+(ca)^{\frac{2}{3}}}$

将上面三式相加得 $\dfrac{1}{1+2a} + \dfrac{1}{1+2b} + \dfrac{1}{1+2c} \geqslant 1$.

79. 令 $a = \sin\alpha, b = \sin\beta, c = \sin\gamma$, 则 $a^3 + b^3 + c^3 = 1$, 则

$$a - a^3 = \frac{1}{\sqrt{2}}\sqrt{2a^2(1-a^2)^2} \leqslant \frac{1}{\sqrt{2}}\sqrt{\left(\frac{2a^2+(1-a^2)+(1-a^2)}{3}\right)^3} = \frac{2}{3\sqrt{3}}$$

同理 $b - b^3 \leqslant \dfrac{2}{3\sqrt{3}}, c - c^3 \leqslant \dfrac{2}{3\sqrt{3}}$, 因此

$$\frac{a^2}{1-a^2} + \frac{b^2}{1-b^2} + \frac{c^2}{1-c^2} = \frac{a^3}{a(1-a^2)} + \frac{b^3}{b(1-b^2)} + \frac{c^3}{c(1-c^2)} \geqslant$$

$$\frac{3\sqrt{3}}{2}(a^3 + b^3 + c^3) = \frac{3\sqrt{3}}{2}$$

注意到 $\tan^2\alpha = \dfrac{\sin^2\alpha}{1-\sin^2\alpha} = \dfrac{a^2}{1-a^2}, \tan^2\beta = \dfrac{\sin^2\beta}{1-\sin^2\beta} = \dfrac{b^2}{1-b^2}, \tan^2\gamma = \dfrac{\sin^2\gamma}{1-\sin^2\gamma} = \dfrac{c^2}{1-c^2}$, 所以, $\tan^2\alpha + \tan^2\beta + \tan^2\gamma \geqslant \dfrac{3\sqrt{3}}{2}$. 易知, 上述不等式等号不能成立.

80. 令 $x = \dfrac{a^2}{a^2+1}, y = \dfrac{b^2}{b^2+1}, z = \dfrac{c^2}{c^2+1}$, 则 $0 < x, y, z < 1$, 且 $x + y + z = 1$, $a^2 = \dfrac{x}{1-x} = \dfrac{x}{y+z}, b^2 = \dfrac{y}{1-y} = \dfrac{y}{z+x}, c^2 = \dfrac{z}{1-z} = \dfrac{z}{x+y}$, 要证明 $abc \leqslant \dfrac{\sqrt{2}}{4}$, 只要证明 $a^2b^2c^2 \leqslant \dfrac{1}{8}$, 即证明 $\dfrac{1}{a^2b^2c^2} \geqslant 8$.

根据基本不等式 $x + y \geqslant 2\sqrt{xy}, y + z \geqslant 2\sqrt{yz}, z + x \geqslant 2\sqrt{zx}$, 将上面三个式子相乘 $(x+y)(y+z)(z+x) \geqslant 8xyz$, 即 $\dfrac{1}{a^2b^2c^2} \geqslant 8$.

81. **证法一** 由于 $x^2y + y^2z + z^2x$ 是关于 $x, y, z$ 的轮换对称式, 所以可设 $x$

$= \max\{x,y,z\}$,则 $x^2y + y^2z + z^2x \leq x^2y + xyz + z^2x = x(xy + yz + z^2) \leq x[y(x+z) + \frac{1}{2}z(x+z)] = \frac{1}{2}x(x+z)(2y+x) \leq \frac{1}{2}[\frac{x+(x+z)+(2y+x)}{3}]^3 = \frac{4}{27}$.

当且仅当 $x = \frac{2}{3}, y = \frac{1}{3}, z = 0$ 或 $x = 0, y = \frac{2}{3}, z = \frac{1}{3}$ 或 $x = \frac{1}{3}, y = 0, z = \frac{2}{3}$ 时不等式等号成立.

**证法二** 由于 $f(x,y,z) = x^2y + y^2z + z^2x$ 是关于 $x,y,z$ 的轮换对称式,所以可设 $x \geq y, x \geq z$,则由于 $f(x,y,z) - f(x,z,y) = x^2y + y^2z + z^2x - (x^2z + z^2y + y^2x) = (x-y)(x-z)(y-z)$,所以又可设 $y \geq z$,由 $f(x+z,y,0) - f(x,y,z) = (x+z)^2y - (x^2y + y^2z + z^2x) = z^2y + yz(x-y) + xz(y-z) \geq 0$,现设 $z = 0$,由于 $x + y = 1$,所以 $f(x,y,0) = x^2y = \frac{1}{2}(x \cdot x \cdot 2y) \leq \frac{1}{2}[\frac{x+x+2y}{3}]^3 = \frac{4}{27}$.

当 $x = \frac{2}{3}, y = \frac{1}{3}, z = 0$ 时不等式等号成立. 由轮换对称性, $x = 0, y = \frac{2}{3}, z = \frac{1}{3}$ 或 $x = \frac{1}{3}, y = 0, z = \frac{2}{3}$ 时不等式等号也成立.

**证法三** 由于 $f(x,y,z) = x^2y + y^2z + z^2x$ 是关于 $x,y,z$ 的轮换对称式,所以可设 $x \geq y, x \geq z$, $f(x+\frac{z}{2}, y+\frac{z}{2}, 0) - f(x,y,z) = yz(x-y) + \frac{xz}{2}(x-z) + \frac{z^2y}{2} + \frac{z^3}{8} \geq 0$, 故只考虑 $z = 0$,下同证法二.

82. 设 $A = f(a,b,c) = ab^2 + bc^2 + ca^2$,构造 $B = f(a,c,b) = ac^2 + cb^2 + ba^2$,则由 $f(a,c,b) - f(a,b,c) = (a-b)(b-c)(a-c) \geq 0$,得
$$B \geq A \qquad ①$$
而
$A + B = f(a,b,c) + f(a,c,b) =$
$ab^2 + bc^2 + ca^2 + ac^2 + cb^2 + ba^2 =$
$(a+b+c)(ab+bc+ca) - 3abc = 3(ab+bc+ca-abc) =$
$3[(1-a)(1-b)(1-c) + (a+b+c) - 1] =$
$3(1-a)(1-b)(1-c) + 6$

因为 $a \geq b \geq c \geq 0$,则 $c \leq 1 \leq a, b \leq \frac{3}{2}$.

若 $b \leq 1$,则 $(1-a)(1-b)(1-c) \leq 0$,于是,$A + B \leq 6$.

若 $1 < b \leq \frac{3}{2}$,则 $(1-a)(1-b)(1-c) \leq (a-1)(b-1) \leq [\frac{(a-1)+(b-1)}{2}]^2 \leq (\frac{3-2}{2})^2 = \frac{1}{4}$,于是

$$A + B \leqslant 6\frac{3}{4} = \frac{27}{4} \qquad ②$$

综合①,②,$A \leqslant \frac{A+B}{2} = \frac{1}{2} \times \frac{27}{4} = \frac{27}{8}$.

83. 由条件可知 $0 \leqslant a,b,c \leqslant 1, a+b+c = 2$. 于是

$$0 \leqslant (1-a)(1-b)(1-c) \leqslant \left(\frac{(1-a)+(1-b)+(1-c)}{3}\right)^3 = \frac{1}{27}$$

所以

$$0 \leqslant 1 - a - b - c + ab + bc + ca - abc \leqslant \frac{1}{27}$$

将 $a+b+c = 2$ 代入上式,可知 $1 \leqslant ab + bc + ca - abc \leqslant \frac{28}{27}$.

两个不等式全部获证.

84. 由于 $x,y,z > -1$,则不等式左边的分母都是正数,所以

$$\frac{1+x^2}{1+y+z^2} + \frac{1+y^2}{1+z+x^2} + \frac{1+z^2}{1+x+y^2} \geqslant$$

$$\frac{1+x^2}{1+\frac{1+y^2}{2}+z^2} + \frac{1+y^2}{1+\frac{1+z^2}{2}+x^2} + \frac{1+z^2}{1+\frac{1+x^2}{2}+y^2} =$$

$$\frac{2a}{2c+b} + \frac{2b}{2a+c} + \frac{2c}{2b+a}$$

其中 $a = \frac{1+y^2}{2}, b = \frac{1+z^2}{2}, c = \frac{1+x^2}{2}$,再令 $u = 2c+b, v = 2a+c, w = 2b+a$,解得

$$a = \frac{4v+w-2u}{9}, b = \frac{4w+u-2v}{9}, c = \frac{4u+v-2w}{9}$$

所以

$$\frac{2a}{2c+b} + \frac{2b}{2a+c} + \frac{2c}{2b+a} =$$

$$\frac{2}{9}\left(\frac{4v+w-2u}{u} + \frac{4w+u-2v}{v} + \frac{4u+v-2w}{w}\right) =$$

$$\frac{2}{9}\left[4\left(\frac{v}{u} + \frac{w}{v} + \frac{u}{w}\right) + \left(\frac{w}{u} + \frac{u}{v} + \frac{v}{w}\right) - 6\right] \geqslant$$

$$\frac{2}{9}\left(4 \cdot 3\sqrt[3]{\frac{v}{u} \cdot \frac{w}{v} \cdot \frac{u}{w}} + 3\sqrt[3]{\frac{w}{u} \cdot \frac{u}{v} \cdot \frac{v}{w}} - 6\right) = 2$$

85. 由均值不等式得 $a^3 + 2 = a^3 + 1 + 1 \geqslant 3a$,所以 $a^3 - 2a + 2 \geqslant a$,同理,$b^3 - 2b + 2 \geqslant b, c^3 - 2c + 2 \geqslant c$,只要证明 $\frac{a}{b+c} + \frac{b}{c+a} + \frac{c}{a+b} \geqslant \frac{3}{2}$. 这在第

1 节已经证明.

86. 由均值不等式得
$$a + ab + abc \geq 3\sqrt[3]{a \cdot ab \cdot abc} = 3\sqrt[3]{abc} \cdot \sqrt[3]{a^2b}$$

同理
$$b + bc + bca \geq 3\sqrt[3]{abc} \cdot \sqrt[3]{b^2c}, c + ca + cab \geq 3\sqrt[3]{abc} \cdot \sqrt[3]{c^2a}$$

$$\frac{1}{a+ab+abc} + \frac{1}{b+bc+bca} + \frac{1}{c+ca+cab} \leq$$

$$\frac{1}{3\sqrt[3]{abc}}\left(\frac{1}{\sqrt[3]{a^2b}} + \frac{1}{\sqrt[3]{b^2c}} + \frac{1}{\sqrt[3]{c^2a}}\right) \leq$$

$$\frac{1}{3\sqrt[3]{abc}}\left[\frac{1}{3}\left(\frac{1}{a}+\frac{1}{a}+\frac{1}{b}\right) + \frac{1}{3}\left(\frac{1}{b}+\frac{1}{b}+\frac{1}{c}\right) + \frac{1}{3}\left(\frac{1}{c}+\frac{1}{c}+\frac{1}{a}\right)\right] =$$

$$\frac{1}{3\sqrt[3]{abc}}\left(\frac{1}{a}+\frac{1}{b}+\frac{1}{c}\right)$$

87. 令 $A = ace + bdf$, $B = abc + bcd + cde + def + efa + fab$, 则由均值不等式得

$$A + B = (a+d)(b+e)(c+f) \leq \left[\frac{(a+d)+(b+e)+(c+f)}{3}\right]^3 = \frac{1}{27}$$

$$B \leq \frac{1}{27} - A \leq \frac{1}{27} - \frac{1}{108} = \frac{1}{36}$$

等号成立当且仅当 $a + d = b + e = c + f = \frac{1}{3}$, 且 $ace + bdf = \frac{1}{108}$.

即当 $ace + \left(\frac{1}{3}-a\right)\left(\frac{1}{3}-c\right)\left(\frac{1}{3}-e\right) = \frac{1}{108}$ 且 $0 < a, c, e < \frac{1}{3}$ 时. 此时 $ac + ce + ea + \frac{1}{12} = \frac{1}{3}(a+c+e)$.

例如当 $a = \frac{1}{4}, b = \frac{1}{5}, c = \frac{2}{9}, d = \frac{1}{12}, e = \frac{2}{15}, f = \frac{1}{9}$ 时等号成立.

88. 因为 $x_{n+1} = x_1, x_{n+2} = x_2$, 所以

$$\sum_{i=1}^{n} \frac{x_i}{x_{i-1} + x_{i-2}} = \sum_{i=1}^{n} \frac{x_{i+3}}{x_{i+1} + x_{i+2}}$$

$$\sum_{i=1}^{n} \frac{x_i}{x_{i+1} + x_{i+2}} + \sum_{i=1}^{n} \frac{x_i}{x_{i-1} + x_{i-2}} =$$

$$\sum_{i=1}^{n} \frac{x_i}{x_{i+1} + x_{i+2}} + \sum_{i=1}^{n} \frac{x_{i+3}}{x_{i+1} + x_{i+2}} = \sum_{i=1}^{n} \frac{x_i + x_{i+3}}{x_{i+1} + x_{i+2}} =$$

$$\sum_{i=1}^{n} \left(\frac{x_i + x_{i+1} + x_{i+2} + x_{i+3}}{x_{i+1} + x_{i+2}} - 1\right) =$$

$$\sum_{i=1}^{n} \frac{x_i + x_{i+1} + x_{i+2} + x_{i+3}}{x_{i+1} + x_{i+2}} - n =$$

$$\sum_{i=1}^{n} \frac{x_i + x_{i+1}}{x_{i+1} + x_{i+2}} + \sum_{i=1}^{n} \frac{x_{i+2} + x_{i+3}}{x_{i+1} + x_{i+2}} - n =$$

$$\sum_{i=1}^{n} \frac{x_i + x_{i+1}}{x_{i+1} + x_{i+2}} + \sum_{i=1}^{n} \frac{x_{i+1} + x_{i+2}}{x_i + x_{i+1}} - n =$$

$$\sum_{i=1}^{n} \left( \frac{x_i + x_{i+1}}{x_{i+1} + x_{i+2}} + \frac{x_{i+1} + x_{i+2}}{x_i + x_{i+1}} \right) - n \geqslant$$

$$\sum_{i=1}^{n} 2\sqrt{\frac{x_i + x_{i+1}}{x_{i+1} + x_{i+2}} \cdot \frac{x_{i+1} + x_{i+2}}{x_i + x_{i+1}}} - n = 2n - n = n$$

于是 $\sum_{i=1}^{n} \frac{x_i}{x_{i+1} + x_{i+2}} \geqslant \frac{n}{2}$, $\sum_{i=1}^{n} \frac{x_i}{x_{i-1} + x_{i-2}} \geqslant \frac{n}{2}$ 中至少有一个成立.

**89. 证法一** $\quad \frac{x}{x + \sqrt{1 + x^2}} = x(\sqrt{1 + x^2} - x) = x(\sqrt{xy + yz + zx + x^2} - x) =$

$$x[\sqrt{(x+y)(x+z)} - x] \leqslant x\left[\frac{(x+y)+(x+z)}{2} - x\right] = \frac{xy + zx}{2}$$

同理, $\frac{y}{y + \sqrt{1 + y^2}} \leqslant \frac{yz + xy}{2}$, $\frac{z}{z + \sqrt{1 + z^2}} \leqslant \frac{zx + yz}{2}$, 于是

$$\frac{x}{x + \sqrt{1 + x^2}} + \frac{y}{y + \sqrt{1 + y^2}} + \frac{z}{z + \sqrt{1 + z^2}} \leqslant xy + yz + zx = 1$$

**证法二**

$$\frac{x}{x + \sqrt{1 + x^2}} = \frac{x}{x + \sqrt{xy + yz + zx + x^2}} = \frac{x}{x + \sqrt{(x+y)(x+z)}} \leqslant$$

$$\frac{x}{x + x + \sqrt{yz}} = \frac{x}{2x + \sqrt{yz}}$$

只要证明

$$\frac{x}{2x + \sqrt{yz}} + \frac{y}{2y + \sqrt{zx}} + \frac{z}{2z + \sqrt{xy}} \leqslant 1$$

令 $a = \frac{\sqrt{yz}}{x}, b = \frac{\sqrt{zx}}{y}, c = \frac{\sqrt{xy}}{z}$, 则 $abc = 1$. 上面不等式等价于证明

$$\frac{1}{2+a} + \frac{1}{2+b} + \frac{1}{2+c} \leqslant 1$$

这个不等式用分析法不难证明. (见分析法第13题)

**90.** 将已知等式两端同乘以 $abc$, 得 $ab + bc + ca = abc$, 则

$$(a-1)(b-1)(c-1) = abc - (ab + bc + ca) + (a+b+c) - 1 =$$
$$(a+b+c) - 1$$

另外,由均值不等式得 $a+b+c=(a+b+c)(\frac{1}{a}+\frac{1}{b}+\frac{1}{c})=3+(\frac{a}{b}+\frac{b}{a})+(\frac{b}{c}+\frac{c}{b})+(\frac{c}{a}+\frac{a}{c})\geq 3+2+2+2=9$,因此 $(a-1)(b-1)(c-1)\geq 8$. 本题有其他做法,如倒数换元.

**91. 证法一** 由于 $a,b,c$ 是正数,$ab+bc+ca=3$,所以由均值不等式得 $ab+bc+ca=3\geq 3\sqrt[3]{(abc)^2}$,即 $abc\leq 1$. 于是

$$\frac{1}{1+a^2(b+c)}\leq \frac{1}{abc+a^2(b+c)}=\frac{1}{a(ab+bc+ca)}=\frac{1}{3a}$$

同理

$$\frac{1}{1+b^2(c+a)}\leq \frac{1}{3b}, \frac{1}{1+c^2(a+b)}\leq \frac{1}{3c}$$

相加得

$$\frac{1}{1+a^2(b+c)}+\frac{1}{1+b^2(c+a)}+\frac{1}{1+c^2(a+b)}\leq \frac{1}{3}(\frac{1}{a}+\frac{1}{b}+\frac{1}{c})=\frac{ab+bc+ca}{3abc}=\frac{1}{abc}$$

**证法二** 证明加强不等式

$$\frac{1}{1+a^2(b+c)}+\frac{1}{1+b^2(c+a)}+\frac{1}{1+c^2(a+b)}\leq \frac{3}{1+2abc}$$

由均值不等式得 $ab+bc+ca=3\geq 3\sqrt[3]{(abc)^2}$,即 $abc\leq 1$.

$$\frac{3}{1+2abc}-(\frac{1}{1+a^2(b+c)}+\frac{1}{1+b^2(c+a)}+\frac{1}{1+c^2(a+b)})=$$

$$(\frac{1}{1+2abc}-\frac{1}{1+a^2(b+c)})+(\frac{1}{1+2abc}-\frac{1}{1+b^2(c+a)})+$$

$$(\frac{1}{1+2abc}-\frac{1}{1+c^2(a+b)})=\frac{1}{1+2abc}[\frac{ab(a-c)+ac(a-b)}{1+a^2(b+c)}+$$

$$\frac{bc(b-a)+ba(b-c)}{1+b^2(c+a)}+\frac{ca(c-b)+bc(c-a)}{1+c^2(a+b)}]=$$

$$\frac{1}{1+2abc}\sum a(b-c)[\frac{b}{1+b^2(c+a)}-\frac{c}{1+c^2(a+b)}]=$$

$$\frac{1}{1+2abc}\sum \frac{a(1-abc)(b-c)^2}{[1+b^2(c+a)][1+c^2(a+b)]}\geq 0$$

所以

$$\frac{1}{1+a^2(b+c)}+\frac{1}{1+b^2(c+a)}+\frac{1}{1+c^2(a+b)}\leq \frac{3}{1+2abc}$$

而

$$\frac{3}{1+2abc} \leq \frac{3}{abc+2abc} = \frac{1}{abc}$$

所以
$$\frac{1}{1+a^2(b+c)} + \frac{1}{1+b^2(c+a)} + \frac{1}{1+c^2(a+b)} \leq \frac{1}{abc}$$

**证法三** 只要证明
$$\frac{a^2(b+c)}{1+a^2(b+c)} + \frac{b^2(c+a)}{1+b^2(c+a)} + \frac{c^2(a+b)}{1+c^2(a+b)} + \frac{3}{1+2abc} \geq 3$$

由柯西不等式 $\left[\frac{a^2(b+c)}{1+a^2(b+c)} + \frac{b^2(c+a)}{1+b^2(c+a)} + \frac{c^2(a+b)}{1+c^2(a+b)}\right]\{(b+c)[1+a^2(b+c)] + (c+a)[1+b^2(c+a)] + (a+b)[1+c^2(a+b)]\} \geq [a(b+c)+b(c+a)+c(a+b)]^2$,即

$$\frac{a^2(b+c)}{1+a^2(b+c)} + \frac{b^2(c+a)}{1+b^2(c+a)} + \frac{c^2(a+b)}{1+c^2(a+b)} \geq$$
$$\frac{36}{(b+c)[1+a^2(b+c)] + (c+a)[1+b^2(c+a)] + (a+b)[1+c^2(a+b)]} =$$
$$\frac{18}{(ab+bc+ca)+(a+b+c)(1-abc)} = \frac{18}{9+(a+b+c)(1-abc)}$$

因此,只要证明 $\dfrac{6}{9+(a+b+c)(1-abc)} + \dfrac{1}{1+2abc} \geq 1$.

令 $p = a+b+c, r = abc$,即证明
$$\frac{6}{9+p(1-r)} + \frac{1}{1+2r} \geq 1 \Leftrightarrow \frac{6}{9+p(1-r)} \geq \frac{2r}{1+2r} \Leftrightarrow 3(2r+1) \geq$$
$$r[9+p(1-r)] \Leftrightarrow (1-r)(3-pr) \geq 0$$

由已知 $ab+bc+ca = 3 \geq 3\sqrt[3]{(abc)^2}$,即 $abc \leq 1$,故 $r \leq 1$,又因为 $(ab+bc+ca)^2 \geq 3abc(a+b+c)$,得 $3-pr \geq 0$.

92. 首先,我们将证明
$$\frac{ab+bc+ca}{ab+2c^2+2c} \geq \frac{ab}{ab+bc+ca}$$

事实上,上述不等式等价于
$$a^2b^2 + b^2c^2 + c^2a^2 + 2abc(a+b+c) \geq a^2b^2 + 2abc^2 + 2abc$$

由已知 $2abc(a+b+c) = 2abc$,所以由均值不等式得 $b^2c^2 + c^2a^2 \geq 2abc^2$,所以上面的不等式显然成立.

同理
$$\frac{ab+bc+ca}{bc+2a^2+2a} \geq \frac{bc}{ab+bc+ca}, \frac{ab+bc+ca}{ca+2b^2+2b} \geq \frac{ca}{ab+bc+ca}$$

三个不等式相加得 $\dfrac{ab+bc+ca}{ab+2c^2+2c}+\dfrac{ab+bc+ca}{bc+2a^2+2a}+\dfrac{ab+bc+ca}{ca+2b^2+2b}\geq 1$,即

$$\dfrac{1}{ab+2c^2+2c}+\dfrac{1}{bc+2a^2+2a}+\dfrac{1}{ca+2b^2+2b}\geq\dfrac{1}{ab+bc+ca}$$

93. 因为 $abc=1$,所以

$$a^2+b^2+c^2+2\left(\dfrac{1}{a}+\dfrac{1}{b}+\dfrac{1}{c}\right)=a^2+b^2+c^2+2(ab+bc+ca)=(a+b+c)^2$$

$$\dfrac{1}{a^2}+\dfrac{1}{b^2}+\dfrac{1}{c^2}+2(a+b+c)=b^2c^2+c^2a^2+a^2b^2+2abc(a+b+c)=$$

$$(ab+bc+ca)^2$$

$$2\left(\dfrac{a}{b}+\dfrac{b}{c}+\dfrac{c}{a}+\dfrac{b}{a}+\dfrac{c}{b}+\dfrac{a}{c}+3\right)=$$

$$2\left(\dfrac{ab(a+b)+bc(b+c)+ca(c+a)+3abc}{abc}\right)=$$

$$2(a+b+c)(ab+bc+ca)$$

由均值不等式得

$$(a+b+c)^2+(ab+bc+ca)^2\geq 2|a+b+c||ab+bc+ca|\geq$$
$$2(a+b+c)(ab+bc+ca)$$

所以不等式得证. 当且仅当 $a=b=c=1$ 时等号成立.

94. (1) 由柯西不等式和均值不等式得

$$3[(1+x+y)^2+(1+y+z)^2+(1+z+x)^2]\geq$$
$$[(1+x+y)+(1+y+z)+(1+z+x)]^2=$$
$$[3+2(x+y+z)]^2\geq(3+2\times 3\sqrt[3]{xyz})^2=81$$

所以 $(1+x+y)^2+(1+y+z)^2+(1+z+x)^2\geq 27$,等号成立的条件都是 $x=y=z=1$.

(2) 令 $p=x+y+z, q=xy+yz+zx$,原不等式化为 $(p-2)^2+2q\geq 7$.

由均值不等式得 $x+y+z\geq 3\sqrt[3]{xyz}\geq 3$,所以 $(p-2)^2\geq 1$,又由均值不等式 $xy+yz+zx\geq 3\sqrt[3]{(xyz)^2}\geq 3$.

95. 当 $n\geq 3$ 时,取 $a=2, b=c=\dfrac{1}{2}$,则

$$abc(a^n+b^n+c^n)=\dfrac{1}{2}\left(2^n+\dfrac{1}{2^n}+\dfrac{1}{2^n}\right)>3$$

当 $n=1$ 时,$abc(a+b+c)=3abc\leq 3\left(\dfrac{a+b+c}{3}\right)^3=3$,不等式成立.

当 $n=2$ 时,设 $q=ab+bc+ca$,则 $a^2+b^2+c^2=9-2q$,由 $(ab+bc+ca)^2\geq 3abc(a+b+c)$,得 $9abc\leq q^2$,于是,$abc(a^2+b^2+c^2)\leq\dfrac{q^2}{9}(9-2q)$.

只要证明 $q^2(9-2q) \leq 27$, 即 $(2q+3)(q-3)^2 \geq 0$.

此不等式显然成立.

**96.** 由均值不等式得

$$\frac{x^3}{y^3+8} + \frac{y+2}{27} + \frac{y^2-2y+4}{27} \geq 3\sqrt[3]{\frac{x^3}{y^3+8} \cdot \frac{y+2}{27} \cdot \frac{y^2-2y+4}{27}} = \frac{x}{3}$$

同理

$$\frac{y^3}{z^3+8} + \frac{z+2}{27} + \frac{z^2-2z+4}{27} \geq \frac{y}{3}$$

$$\frac{z^3}{x^3+8} + \frac{x+2}{27} + \frac{x^2-2x+4}{27} \geq \frac{z}{3}$$

将三个不等式相加, 并注意到 $x+y+z=3$, 得

$$\frac{x^3}{y^3+8} + \frac{y^3}{z^3+8} + \frac{z^3}{x^3+8} \geq \frac{4}{9} - \frac{1}{27}(x^2+y^2+z^2) =$$

$$\frac{1}{9} + \frac{9-(x^2+y^2+z^2)}{27} = \frac{1}{9} + \frac{(x+y+z)^2-(x^2+y^2+z^2)}{27} =$$

$$\frac{1}{9} + \frac{2}{27}(xy+yz+zx)$$

**97. 证法一**  不妨设 $z=\min\{x,y,z\}$, 则 $(x-z)^2+(y-z)^2=(x-y)^2+2(x-z)(y-z)$. 由均值不等式得

$$\frac{1}{(x-y)^2} + \frac{1}{(y-z)^2} + \frac{1}{(z-x)^2} =$$

$$\frac{1}{(x-y)^2} + \frac{(x-y)^2}{(y-z)^2(z-x)^2} + \frac{2}{(x-z)(y-z)} \geq$$

$$\frac{2}{(x-z)(y-z)} + \frac{2}{(x-z)(y-z)} = \frac{4}{(x-z)(y-z)} \geq \frac{4}{xy} \geq \frac{4}{xy+yz+zx}$$

**证法二**  记 $f(x,y,z) = \frac{1}{(x-y)^2} + \frac{1}{(y-z)^2} + \frac{1}{(z-x)^2}$, 则 $f(x+d, y+d, z+d) = \frac{1}{(x-y)^2} + \frac{1}{(y-z)^2} + \frac{1}{(z-x)^2}$ 与 $d$ 无关, 不变化,. 不妨设 $z=0$,

$$\frac{1}{(x-y)^2} + \frac{1}{x^2} + \frac{1}{y^2} - \frac{4}{xy} = \frac{(x^2+y^2-3xy)^2}{(x-y)^2 x^2 y^2} \geq 0.$$

**证法三**  不妨设 $x > y > z \geq 0$, 记 $x = z+a+b, y = z+b(a,b>0)$, 则

$$(xy+yz+zx)\left[\frac{1}{(x-y)^2} + \frac{1}{(y-z)^2} + \frac{1}{(z-x)^2}\right] =$$

$$[(z+a+b)(z+b) + z(2z+2b+a)]\left[\frac{1}{a^2} + \frac{1}{b^2} + \frac{1}{(a+b)^2}\right] \geq$$

$$(a+b)b\left[\frac{1}{a^2} + \frac{1}{b^2} + \frac{1}{(a+b)^2}\right] \qquad ①$$

当且仅当 $z = 0$ 时,①式等号成立.

为证明原不等式,只要证明

$$(a+b)b\left[\frac{1}{a^2} + \frac{1}{b^2} + \frac{1}{(a+b)^2}\right] \geq 4 \quad ②$$

设 $a = \lambda b (\lambda > 0)$. 所以不等式②等价于

$$(\lambda + 1)\left[\frac{1}{\lambda^2} + 1 + \frac{1}{(\lambda+1)^2}\right] \geq 4 \quad ③$$

通分整理得③式等价于 $\lambda^4 - 2\lambda^3 - \lambda^2 + 2\lambda + 1 \geq 0 \Leftrightarrow (\lambda^2 - \lambda - 1)^2 \geq 0$. 这是显然的. 当且仅当 $\lambda = \frac{1+\sqrt{5}}{2}$ 时, 上式等号成立, 于是所给不等式成立.

当且仅当 $\{x, y, z\} = \{0, t, \frac{3+\sqrt{5}}{2}t\}(t > 0)$ 时,所证不等式等号成立.

98. 由均值不等式得 $\frac{3}{2} \geq a + b + c \geq 3\sqrt[3]{abc}$,从而 $abc \leq \frac{1}{8}$,由均值不等式得

$$S = abc + \frac{1}{64abc} + \frac{63}{64abc} \geq 2\sqrt{abc \cdot \frac{1}{64abc}} + \frac{63}{64abc} \geq$$

$$\frac{1}{4} + \frac{63}{8} = \frac{65}{8}$$

99. **解法一** 因为 $x^3 + y^3 + z^3 - 3xyz = (x+y+z)(x^2+y^2+z^2-xy-yz-zx) = 1$,而 $x^2+y^2+z^2-xy-yz-zx \geq 0$,所以 $x+y+z > 0$.

$$x^2 + y^2 + z^2 = \frac{1+(xy+yz+zx)(x+y+z)}{x+y+z} = \frac{1}{x+y+z} + xy+yz+zx = \frac{1}{x+y+z} + \frac{1}{2}[(x+y+z)^2 - (x^2+y^2+z^2)]$$

所以

$$\frac{3(x^2+y^2+z^2)}{2} = \frac{1}{x+y+z} + \frac{(x+y+z)^2}{2} = \frac{1}{2(x+y+z)} + \frac{1}{2(x+y+z)} + \frac{(x+y+z)^2}{2} \geq \frac{3}{2}$$

所以 $x^2 + y^2 + z^2$ 的最小值为 1.

**解法二** 利用柯西不等式得

$$1 = (x^3+y^3+z^3-3xyz)^2 = [x(x^2-yz) + y(y^2-zx) + z(z^2-xy)]^2 \leq$$
$$(x^2+y^2+z^2)[(x^2-yz)^2 + (y^2-zx)^2 + (z^2-xy)^2] =$$
$$(x^2+y^2+z^2)[x^4+y^4+z^4+x^2y^2+y^2z^2+z^2x^2 - 2xyz(x+y+z)] =$$

$$(x^2+y^2+z^2)[(x^2+y^2+z^2)^2-(xy+yz+zx)^2] \leqslant$$
$$(x^2+y^2+z^2)^3$$

所以 $x^2+y^2+z^2 \geqslant 1$，即 $x^2+y^2+z^2$ 的最小值为 1.

**100. 解法一** 由于

$$1 = x^2+y^2+z^2 = x^2+\frac{\lambda^2}{1+\lambda^2}y^2+\frac{1}{1+\lambda^2}y^2+z^2 \geqslant$$

$$\frac{2}{\sqrt{1+\lambda^2}}(\lambda|xy|+|yz|) \geqslant$$

$$\frac{2}{\sqrt{1+\lambda^2}}(\lambda|xy+yz|)$$

且当 $y=\frac{\sqrt{2}}{2}, x=\frac{\sqrt{2}\lambda}{2\sqrt{1+\lambda^2}}, z=\frac{\sqrt{2}}{2\sqrt{1+\lambda^2}}$ 时上式两个等号可取到. 因此 $\frac{2}{\sqrt{1+\lambda^2}}$ 是 $|\lambda xy+yz|$ 的最大值. 令 $\frac{2}{\sqrt{1+\lambda^2}}=\frac{\sqrt{5}}{2}$，解得 $\lambda=2$.

**解法二** 由均值不等式和柯西不等式得

$$y^2(2x+z)^2 \leqslant y^2(x^2+z^2)(2^2+1^2) = 5y^2(1-y^2) \leqslant \frac{5}{4}$$

即 $|2xy+yz| \leqslant \frac{\sqrt{5}}{2}$，因此，$\lambda=2$ 时不等式成立，另外，取 $y=\frac{\sqrt{2}}{2}, x=\frac{\sqrt{2}}{2}, z=\frac{\sqrt{10}}{10}$ 有 $|\frac{\lambda}{\sqrt{5}}+\frac{1}{2\sqrt{5}}| \leqslant \frac{\sqrt{5}}{2}$，得 $|2\lambda+1| \leqslant 5$，于是 $\lambda \leqslant 2$，因此 $\lambda=2$ 为所求.

**101.** 记 $P=6(3xy+4xz+2yz+6x+3y+4z+72xyz)=12(x+\frac{1}{2})(2y+\frac{2}{3})(3z+\frac{3}{4})-1 \leqslant 12(\frac{(x+\frac{1}{2})+(2y+\frac{2}{3})+(3z+\frac{3}{4})}{3})^3-1 = 12(\frac{5}{6})^3-1 = \frac{107}{18}$，当且仅当 $x=\frac{2}{3}, y=\frac{1}{12}, z=\frac{1}{36}$ 时.

**102. 证法一** 如果 $a,b,c$ 中有一个为 0，结论显然成立. 下面设 $a,b,c$ 都不为 0.

由已知得 $\frac{a}{|a|}+\frac{b}{|b|}+\frac{c}{|c|}=0$，所以三个复数 $\frac{a}{|a|}, \frac{b}{|b|}, \frac{c}{|c|}$ 分布在单位圆上，且重心为原点，即它们两两夹角为 $120°$，不妨设 $a=Ae^{i\theta}, b=Be^{i(\theta+\frac{2\pi}{3})}, c=Ce^{i(\theta+\frac{4\pi}{3})}$，其中 $A,B,C$ 分别是 $a,b,c$ 的模.

$$|(a-b)(b-c)(c-a)| \geqslant 3\sqrt{3}|abc| \Leftrightarrow$$

$$\left|\frac{(a-b)(b-c)(c-a)}{abc}\right| \geqslant 3\sqrt{3}$$

而

$$\left|\frac{a^2c+b^2a+c^2b-a^2b-b^2c-c^2a}{abc}\right| = \left|\frac{a}{b}+\frac{b}{c}+\frac{c}{a}-\left(\frac{b}{a}+\frac{c}{b}+\frac{a}{c}\right)\right| = \left|\left(\frac{A}{B}+\frac{B}{C}+\frac{C}{A}\right)\mathrm{e}^{\mathrm{i}\left(-\frac{2\pi}{3}\right)} - \left(\frac{B}{A}+\frac{C}{B}+\frac{A}{C}\right)\mathrm{e}^{\mathrm{i}\frac{2\pi}{3}}\right| = \left|\left(\frac{A}{B}+\frac{B}{C}+\frac{C}{A}\right)\left(-\frac{1}{2}-\frac{\sqrt{3}}{2}\mathrm{i}\right) - \left(\frac{B}{A}+\frac{C}{B}+\frac{A}{C}\right)\left(-\frac{1}{2}+\frac{\sqrt{3}}{2}\mathrm{i}\right)\right|$$

令 $x = \frac{A}{B}+\frac{B}{C}+\frac{C}{A}, y = \frac{B}{A}+\frac{C}{B}+\frac{A}{C}$,由均值不等式得 $x \geqslant 3, y \geqslant 3$,则

$$\left|\frac{(a-b)(b-c)(c-a)}{abc}\right| = \left|\frac{1}{2}(x-y)+\frac{\sqrt{3}}{2}(x+y)\mathrm{i}\right| = \sqrt{\frac{1}{4}(x-y)^2+\frac{3}{4}(x+y)^2} \geqslant \sqrt{\frac{3}{4}(x+y)^2} \geqslant 3\sqrt{3}$$

**证法二** 由证法一知设 $a,b,c$ 都不为 0.

由已知得 $\frac{a}{|a|}+\frac{b}{|b|}+\frac{c}{|c|} = 0$,所以三个复数 $\frac{a}{|a|}, \frac{b}{|b|}, \frac{c}{|c|}$ 分布在单位圆上,且重心为原点,即 $a,b,c$ 两两夹角为 120°,如图设 $|a| = r_1$, $|b| = r_2$, $|c| = r_3$,则只要证明 $|\overrightarrow{AB}| \cdot |\overrightarrow{BC}| \cdot |\overrightarrow{CA}| \geqslant 3\sqrt{3}\,r_1r_2r_3$,而

$$|\overrightarrow{AB}| = \sqrt{r_1^2+r_2^2-2r_1r_2\cos 120°} = \sqrt{(r_1-r_2)^2+3r_1r_2} \geqslant \sqrt{3r_1r_2}$$

同理,$|\overrightarrow{BC}| \geqslant \sqrt{3r_2r_3}$,$|\overrightarrow{CA}| \geqslant \sqrt{3r_3r_1}$,三个不等式相乘即得.

103. (1) 由均值不等式得 $a^2+b^2 \geqslant 2ab$,所以

$$3a^2+b^2+2ac = 2a^2+(a^2+b^2)+2ac \geqslant 2a^2+2ab+2ac = 2a(a+b+c)$$

从而

$$\frac{a}{3a^2+b^2+2ac} \leqslant \frac{a}{2a(a+b+c)} = \frac{1}{2(a+b+c)}$$

同理

$$\frac{b}{3b^2+c^2+2ab} \leqslant \frac{1}{2(a+b+c)}, \frac{c}{3c^2+a^2+2bc} \leqslant \frac{1}{2(a+b+c)}$$

相加得

$$\frac{a}{3a^2+b^2+2ac}+\frac{b}{3b^2+c^2+2ab}+\frac{c}{3c^2+a^2+2bc} \leqslant \frac{3}{2(a+b+c)}$$

（2）由均值不等式得 $a^2 + b^2 + c^2 \geq ab + bc + ca$，所以
$$2a^2 + b^2 + c^2 \geq a^2 + ab + bc + ca = (a + b)(a + c)$$
从而
$$\frac{a}{2a^2 + b^2 + c^2} \leq \frac{a}{(a + b)(a + c)}$$
同理，$\frac{b}{2b^2 + c^2 + a^2} \leq \frac{b}{(a + b)(b + c)}, \frac{c}{2c^2 + a^2 + b^2} \leq \frac{c}{(a + c)(b + c)}$.

所以
$$\frac{a}{2a^2 + b^2 + c^2} + \frac{b}{2b^2 + c^2 + a^2} + \frac{c}{2c^2 + a^2 + b^2} \leq$$
$$\frac{a}{(a + b)(a + c)} + \frac{b}{(a + b)(b + c)} + \frac{c}{(a + c)(b + c)} =$$
$$\frac{ab + bc + ca}{(a + b)(b + c)(c + a)}$$

由均值不等式得 $a^2b + b^2c + c^2a + ab^2 + bc^2 + ca^2 \geq 6abc$，两边同加上 $8(a^2b + b^2c + c^2a + ab^2 + bc^2 + ca^2) + 18abc$ 得
$$9(a + b)(b + c)(c + a) \geq 8(a + b + c)(ab + bc + ca)$$
所以
$$\frac{ab + bc + ca}{(a + b)(b + c)(c + a)} \leq \frac{9}{4(a + b + c)}$$

104. 不失一般性，$0 < x_0 \leq x_1 \leq x_2 \leq \cdots \leq x_{669} < 1$，将所有 $x_i, x_{i+1}(x_{i+1} - x_i)(i = 0,1,2,3,\cdots,668)$ 相加并利用均值不等式得
$$S = \sum_{i=0}^{668} x_i x_{i+1}(x_{i+1} - x_i) < \sum_{i=0}^{668} \left(\frac{x_{i+1} + x_i}{2}\right)^2 (x_{i+1} - x_i) =$$
$$\frac{1}{4}\sum_{i=0}^{668} (x_{i+1} + x_i)^2(x_{i+1} - x_i) = \frac{1}{4}\sum_{i=0}^{668} (x_{i+1}^2 x_i - x_i^2 x_{i+1} + x_{i+1}^3 - x_i^3) =$$
$$\frac{1}{4}\sum_{i=0}^{668} (x_{i+1}^2 x_i - x_i^2 x_{i+1}) + \frac{1}{4}(x_{669}^3 - x_0^3) < \frac{1}{4}S + \frac{1}{4}$$

即 $S < \frac{1}{4}S + \frac{1}{4}$，解得 $S < \frac{1}{3}$.

因为 $S$ 中有 669 对 $x_i, x_{i+1}(x_{i+1} - x_i)$，所以至少有一对 $x_i, x_{i+1}(x_{i+1} - x_i) < \frac{1}{3 \times 669} = \frac{1}{2\,007}$.

105. 由均值不等式得 $\frac{a^5}{bc} + \frac{b^5}{ca} + \frac{c^5}{ab} = \frac{a^6 + b^6 + c^6}{abc} \geq \frac{(a^3 + b^3 + c^3)^2}{3abc}$，
$\frac{(a^3 + b^3 + c^3)^2}{3abc} + 3abc \geq 2(a^3 + b^3 + c^3), \frac{3}{2}(abc + abc + \frac{1}{a^2b^2c^2}) \geq \frac{9}{2}$，由上面

三个不等式知 $\dfrac{a^5}{bc}+\dfrac{b^5}{ca}+\dfrac{c^5}{ab}+\dfrac{3}{2a^2b^2c^2} \geqslant 2(a^3+b^3+c^3)+\dfrac{9}{2}-6abc$ 成立,当且仅当 $a=b=c=1$ 等号成立.

106. 由均值不等式得 $\dfrac{a^2}{b}+a+b \geqslant 3a$, $\dfrac{b^3}{c^2}+c+c \geqslant 3b$, $\dfrac{c^4}{a^3}+a+a+a \geqslant 4c$,

相加得 $\dfrac{a^2}{b}+\dfrac{b^3}{c^2}+\dfrac{c^4}{a^3} \geqslant -a+2b+2c.$

107. 因为

$$8(\dfrac{1}{2}-ab-bc-ca)=8[\dfrac{(a+b+c)^2}{2}-ab-bc-ca]=$$
$$4(a^2+b^2+c^2) \geqslant (a+b)^2+(b+c)^2+(c+a)^2$$

所以

$$8(\dfrac{1}{2}-ab-bc-ca)[\dfrac{1}{(a+b)^2}+\dfrac{1}{(b+c)^2}+\dfrac{1}{(c+a)^2})] \geqslant$$
$$[(a+b)^2+(b+c)^2+(c+a)^2][\dfrac{1}{(a+b)^2}+\dfrac{1}{(b+c)^2}+\dfrac{1}{(c+a)^2}] \geqslant 9$$

108. 由面积关系得 $\dfrac{u}{h_1}+\dfrac{v}{h_2}+\dfrac{w}{h_3}=1$,

(1) 由均值不等式得 $\dfrac{h_1}{u}+\dfrac{h_2}{v}+\dfrac{h_3}{w}=(\dfrac{u}{h_1}+\dfrac{v}{h_2}+\dfrac{w}{h_3})(\dfrac{h_1}{u}+\dfrac{h_2}{v}+\dfrac{h_3}{w}) \geqslant 9$;

(2) 由均值不等式得 $1=\dfrac{u}{h_1}+\dfrac{v}{h_2}+\dfrac{w}{h_3} \geqslant 3\sqrt[3]{\dfrac{u}{h_1} \cdot \dfrac{v}{h_2} \cdot \dfrac{w}{h_3}}$, 即 $h_1 h_2 h_3 \geqslant 27uvw$;

(3) 由均值不等式得 $1-\dfrac{u}{h_1}=\dfrac{v}{h_2}+\dfrac{w}{h_3} \geqslant \sqrt{\dfrac{v}{h_2} \cdot \dfrac{w}{h_3}}$, 同理 $1-\dfrac{v}{h_2} \geqslant \sqrt{\dfrac{u}{h_1} \cdot \dfrac{w}{h_3}}$, $1-\dfrac{w}{h_3} \geqslant \sqrt{\dfrac{u}{h_1} \cdot \dfrac{v}{h_2}}$, 三个不等式相乘得 $(h_1-u)(h_2-v)(h_3-w) \geqslant 8uvw.$

109. 由均值不等式得

$$\dfrac{\sqrt{4x-1}+\sqrt{4y-1}+\sqrt{4z-1}}{3} \leqslant \sqrt{\dfrac{4x-1+4y-1+4z-1}{3}}=1$$

当且仅当 $x=y=z=\dfrac{1}{2}$ 时上式等号成立. 故 $2+3\sqrt{w-2} \leqslant \sqrt{4x-1}+\sqrt{4y-1}+\sqrt{4z-1} \leqslant 3$, 因此, $\sqrt{w-2} \leqslant 0$. 只能 $w=2$, 且以上等号均成立. 此时 $x=y=z=\dfrac{1}{2}, w=2.$

110. 令 $x = \lg a, y = \lg b, z = \lg c$,因为 $a,b,c$ 为大于 1 的实数,所以 $x,y,z > 0$.

$$\log_a bc + \log_b ca + \log_c ab \geqslant 4(\log_{ab} c + \log_{bc} a + \log_{ca} b) \Leftrightarrow$$

$$\frac{x}{y} + \frac{x}{z} + \frac{y}{z} + \frac{y}{x} + \frac{z}{x} + \frac{z}{y} \geqslant \frac{4x}{y+z} + \frac{4y}{z+x} + \frac{4z}{x+y}$$

只需证明 $\dfrac{z}{x} + \dfrac{z}{y} \geqslant \dfrac{4z}{x+y}$ 等,即证明 $\dfrac{1}{x} + \dfrac{1}{y} \geqslant \dfrac{4}{x+y}$. 这是显然的.

111. **证法一** 设 $p = x^2 + y^2 + z^2, q = xy + yz + zx$,则

$$\frac{x^2 + y^2 + z^2 + xy + yz + zx}{6} \leqslant \frac{x+y+z}{3} \cdot \sqrt{\frac{x^2+y^2+z^2}{3}} \Leftrightarrow$$

$$\frac{p+q}{6} \leqslant \frac{\sqrt{p+2q}}{3} \cdot \sqrt{\frac{p}{3}} \Leftrightarrow 3(p+q)^2 \leqslant 4(p^2 + 2pq) \Leftrightarrow$$

$$p^2 + 2pq - 3q^2 \geqslant 0 \Leftrightarrow (p+3q)(p-q) \geqslant 0 \Leftrightarrow$$

$$p \geqslant q \Leftrightarrow (x-y)^2 + (y-z)^2 + (z-x)^2 \geqslant 0$$

**证法二** 设 $p = x+y+z, q = xy+yz+zx$,则 $\dfrac{x^2+y^2+z^2+xy+yz+zx}{6} \leqslant$

$\dfrac{x+y+z}{3} \sqrt{\dfrac{x^2+y^2+z^2}{3}} \Leftrightarrow \dfrac{p^2-q}{6} \leqslant \dfrac{p}{3}\sqrt{\dfrac{p^2-2q}{3}} \Leftrightarrow 3(p^2-q)^2 \leqslant 4(p^4-2pq) \Leftrightarrow$

$p^4 - 2p^2q - 3q^2 \geqslant 0 \Leftrightarrow (p^2 - 3q)(p^2 + q) \geqslant 0 \Leftrightarrow p^2 \geqslant 3q \Leftrightarrow (x-y)^2 + (y-z)^2 + (z-x)^2 \geqslant 0$.

112. **证法一** 因为 $(x+y)^2 \geqslant 4xy, (1+x)(1+y) = 2$,所以 $x+y = 1 - xy, (1-xy)^2 \geqslant 4xy$,即 $1 - 2xy + (xy)^2 \geqslant 4xy, 1 + (xy)^2 \geqslant 6xy$,所以两边同除以 $xy$ 得 $xy + \dfrac{1}{xy} \geqslant 6$.

**证法二** 因为 $(1+x)(1+y) = 2$,所以 $2 = 1 + xy + x + y \geqslant 1 + xy + 2\sqrt{xy} = (\sqrt{xy} + 1)^2$,所以 $\sqrt{xy} \leqslant \sqrt{2} - 1, xy \leqslant (\sqrt{2}-1)^2 = 3 - 2\sqrt{2}$,所以 $3 - xy \geqslant 2\sqrt{2}$,两边平方得 $1 + (xy)^2 \geqslant 6xy$,所以两边同除以 $xy$ 得 $xy + \dfrac{1}{xy} \geqslant 6$.

**证法三** 由柯西不等式得 $(1+x)(1+y) \geqslant (\sqrt{xy}+1)^2$,所以 $\sqrt{xy} \leqslant \sqrt{2} - 1, xy \leqslant (\sqrt{2}-1)^2 = 3 - 2\sqrt{2}$,由于函数 $f(t) = t + \dfrac{1}{t}$ 在 $(0, 3 - 2\sqrt{2}]$ 上单调递减,所以 $xy + \dfrac{1}{xy} \geqslant 3 - 2\sqrt{2} + \dfrac{1}{3 - 2\sqrt{2}} = 6$.

113. **证法一** $9 = (a+b+c)^2 = a^2 + b^2 + c^2 + 2(ab+bc+ca) \geqslant$

$$3\sqrt[3]{(a^2+b^2+c^2)(ab+bc+ca)^2} \geqslant$$

$$3\sqrt[3]{(a^2+b^2+c^2)3abc(a+b+c)} =$$

$$3\sqrt[3]{(a^2+b^2+c^2)9abc}$$

于是 $abc(a^2+b^2+c^2) \leqslant 3$.

**证法二** 设 $x=a+b+c, y=ab+bc+ca, z=abc$,则 $y^2 \geqslant 3zx$.

由均值不等式得 $x^5+162yz = x^5+81yz+81yz \geqslant 3(x^5 \cdot 81yz \cdot 81yz)^{\frac{1}{3}} = 3(x^5 \cdot 3^8 y^2 z^2)^{\frac{1}{3}} \geqslant 3(x^5 \cdot 3^8 \cdot 3zx \cdot z^2)^{\frac{1}{3}} = 3(\cdot 3^9 \cdot x^6 z^3)^{\frac{1}{3}} = 81x^2 z$,所以 $x^5 \geqslant 81z(x^2-2y)$,即 $(a+b+c)^5 \geqslant 81abc(a^2+b^2+c^2)$,由于 $a+b+c=3$,所以 $abc(a^2+b^2+c^2) \leqslant 3$.

114. 由均值不等式得 $\dfrac{(x+y-1)^2}{z}+z \geqslant 2(x+y-1), \dfrac{(y+z-1)^2}{x}+x \geqslant 2(y+z-1), \dfrac{(z+x-1)^2}{y}+y \geqslant 2(z+x-1), x+y+z \geqslant 3\sqrt[3]{xyz}=3$,即 $(x+y+z)-3 \geqslant 0$.

将前三个不等式相加得

$$\dfrac{(x+y-1)^2}{z}+\dfrac{(y+z-1)^2}{x}+\dfrac{(z+x-1)^2}{y} \geqslant 3(x+y+z)-6 = (x+y+z)+2[(x+y+z)-3] \geqslant x+y+z$$

115. 由均值不等式得 $(a+b)+\dfrac{2}{3}+\dfrac{2}{3} \geqslant 3\sqrt[3]{\dfrac{4}{9}(a+b)}$,同理,$(b+c)+\dfrac{2}{3}+\dfrac{2}{3} \geqslant 3\sqrt[3]{\dfrac{4}{9}(b+c)}, (c+a)+\dfrac{2}{3}+\dfrac{2}{3} \geqslant 3\sqrt[3]{\dfrac{4}{9}(c+a)}$,三个不等式相加得 $3\sqrt[3]{\dfrac{4}{9}}(\sqrt[3]{a+b}+\sqrt[3]{b+c}+\sqrt[3]{c+a}) \leqslant 6$.

即 $\sqrt[3]{a+b}+\sqrt[3]{b+c}+\sqrt[3]{c+a} \leqslant \sqrt[3]{18}$.

116. **证法一**

$$\dfrac{a^2 b(b-c)}{a+b}+\dfrac{b^2 c(c-a)}{b+c}+\dfrac{c^2 a(a-b)}{c+a} \geqslant 0 \Leftrightarrow$$

$$a^3 b^3+b^3 c^3+c^3 a^3 \geqslant a^3 b^2 c+ab^3 c^2+a^2 bc^3$$

由均值不等式 $a^3 b^3+a^3 b^3+b^3 c^3 \geqslant 3ab^3 c^2, b^3 c^3+b^3 c^3+c^3 a^3 \geqslant 3a^2 bc^3, c^3 a^3+c^3 a^3+a^3 b^3 \geqslant 3a^3 b^2 c$.

三个不等式相加得

$$a^3 b^3+b^3 c^3+c^3 a^3 \geqslant a^3 b^2 c+ab^3 c^2+a^2 bc^3$$

**证法二** $\dfrac{a^2 b(b-c)}{a+b}+\dfrac{b^2 c(c-a)}{b+c}+\dfrac{c^2 a(a-b)}{c+a} \geqslant 0 \Leftrightarrow$

$$\dfrac{a^2 b(b-c)}{a+b}+abc+\dfrac{b^2 c(c-a)}{b+c}+abc+$$

$$\frac{c^2a(a-b)}{c+a} + abc \geq 3abc \Leftrightarrow$$

$$a^2b \cdot \frac{a+c}{a+b} + b^2c \cdot \frac{b+a}{b+c} + c^2a \cdot \frac{c+b}{c+a} \geq 3abc$$

由均值不等式得

$$a^2b \cdot \frac{a+c}{a+b} + b^2c \cdot \frac{b+a}{b+c} + c^2a \cdot \frac{c+b}{c+a} \geq$$

$$3\sqrt[3]{a^2b \cdot \frac{a+c}{a+b} \cdot b^2c \cdot \frac{b+a}{b+c} \cdot c^2a \cdot \frac{c+b}{c+a}} = 3abc$$

**证法三**

$$\frac{a^2b(b-c)}{a+b} + \frac{b^2c(c-a)}{b+c} + \frac{c^2a(a-b)}{c+a} \geq 0 \Leftrightarrow$$

$$\frac{a(b-c)}{c(a+b)} + \frac{b(c-a)}{a(b+c)} + \frac{c(a-b)}{b(c+a)} \geq 0 \Leftrightarrow$$

$$\frac{ab}{c(a+b)} + \frac{bc}{a(b+c)} + \frac{ca}{b(c+a)} \geq \frac{a}{a+b} + \frac{b}{b+c} + \frac{c}{c+a} \Leftrightarrow$$

$$\frac{ab}{c(a+b)} + \frac{b}{a+b} + \frac{bc}{a(b+c)} + \frac{c}{b+c} + \frac{ca}{b(c+a)} + \frac{a}{c+a} \geq$$

$$\frac{a}{a+b} + \frac{b}{a+b} + \frac{b}{b+c} + \frac{c}{b+c} + \frac{c}{c+a} + \frac{a}{c+a} \Leftrightarrow$$

$$\frac{b(c+a)}{c(a+b)} + \frac{c(a+b)}{a(b+c)} + \frac{a(b+c)}{b(c+a)} \geq 3$$

由均值不等式得

$$\frac{b(c+a)}{c(a+b)} + \frac{c(a+b)}{a(b+c)} + \frac{a(b+c)}{b(c+a)} \geq$$

$$3\sqrt[3]{\frac{b(c+a)}{c(a+b)} \cdot \frac{c(a+b)}{a(b+c)} \cdot \frac{a(b+c)}{b(c+a)}} = 3$$

117. 由均值不等式

$$\sqrt{2a(a+b)^3} = \sqrt{2a(a+b)(a+b)^2} \leq \frac{2a(a+b)+(a+b)^2}{2}$$

$$\sqrt{2}b\sqrt{a^2+b^2} = \sqrt{2b^2(a^2+b^2)} \leq \frac{2b^2+(a^2+b^2)}{2}$$

两个不等式相加得

$$\sqrt{2}(\sqrt{a(a+b)^3} + b\sqrt{a^2+b^2}) \leq 2(a^2+b^2) + 2ab \leq 3(a^2+b^2)$$

118. 已知实数 $a,b$ 满足 $a+b+c=0, a^2+b^2+c^2=1$,证明:$a^2b^2c^2 \leq \frac{1}{54}$.
并确定等号成立的条件.(2009 年爱尔兰数学奥林匹克试题)

119. (1) 由 $a,b,c$ 是正实数得 $\dfrac{1}{a+1}<1, \dfrac{1}{b+1}<1, \dfrac{1}{c+1}<1$，所以

$$\dfrac{1}{a+1}+\dfrac{1}{b+1}+\dfrac{1}{c+1}<3$$

由均值不等式得

$$[(a+1)+(b+1)+(c+1)]\left[\dfrac{1}{a+1}+\dfrac{1}{b+1}+\dfrac{1}{c+1}\right]\geqslant 9$$

因为 $a+b+c\leqslant 3$，所以

$$\dfrac{1}{a+1}+\dfrac{1}{b+1}+\dfrac{1}{c+1}\geqslant \dfrac{9}{(a+1)+(b+1)+(c+1)}=\dfrac{9}{a+b+c+3}\geqslant \dfrac{9}{3+3}=\dfrac{3}{2}$$

(2) 由(1)及均值不等式得

$$\dfrac{a+1}{a(a+2)}+\dfrac{b+1}{b(b+2)}+\dfrac{c+1}{c(c+2)}\geqslant \dfrac{9}{\dfrac{a(a+2)}{a+1}+\dfrac{b(b+2)}{b+1}+\dfrac{c(c+2)}{c+1}}=$$

$$\dfrac{9}{(a+1)+(b+1)+(c+1)-\left(\dfrac{1}{a+1}+\dfrac{1}{b+1}+\dfrac{1}{c+1}\right)}\geqslant$$

$$\dfrac{9}{6-\left(\dfrac{1}{a+1}+\dfrac{1}{b+1}+\dfrac{1}{c+1}\right)}\geqslant \dfrac{9}{6-\dfrac{3}{2}}=2$$

120. 由均值不等式得

$$a+b+\sqrt{2(a+c)}=a+b+\dfrac{\sqrt{2(a+c)}}{2}+\dfrac{\sqrt{2(a+c)}}{2}\geqslant$$

$$3\sqrt[3]{(a+b)\dfrac{\sqrt{2(a+c)}}{2}\cdot \dfrac{\sqrt{2(a+c)}}{2}}$$

所以

$$[a+b+\sqrt{2(a+c)}]^3\geqslant \dfrac{27}{2}(a+b)(a+c)$$

同理

$$[b+c+\sqrt{2(b+a)}]^3\geqslant \dfrac{27}{2}(b+c)(b+a)$$

$$[c+a+\sqrt{2(c+b)}]^3\geqslant \dfrac{27}{2}(c+a)(c+b)$$

所以

$$\dfrac{1}{[a+b+\sqrt{2(a+c)}]^3}+\dfrac{1}{[b+c+\sqrt{2(b+a)}]^3}+\dfrac{1}{[c+a+\sqrt{2(c+b)}]^3}\leqslant$$

$$\frac{2}{27}\left(\frac{1}{(a+b)(a+c)} + \frac{1}{(a+b)(b+c)} + \frac{1}{(a+c)(b+c)}\right) =$$

$$\frac{4(a+b+c)}{27(a+b)(b+c)(c+a)}$$

因为 $\frac{1}{a} + \frac{1}{b} + \frac{1}{c} \leqslant 16(a+b+c)$,所以由不等式 $(ab+bc+ca)^2 \geqslant 3abc(a+b+c)$ 得

$$ab + bc + ca \leqslant 16abc(a+b+c) \leqslant \frac{16}{3}(ab+bc+ca)^2$$

于是 $ab + bc + ca \geqslant \frac{3}{16}$.

因为 $9(a+b)(b+c)(c+a) \geqslant 8(a+b+c)(ab+bc+ca)$,所以

$$\frac{4(a+b+c)}{27(a+b)(b+c)(c+a)} \leqslant \frac{1}{6(ab+bc+ca)} \leqslant \frac{8}{9}$$

121. 由均值不等式 $(2a+b+c)^2 = [(a+b)+(a+c)]^2 \geqslant 4(a+b)(a+c)$,故

$$\frac{1}{(2a+b+c)^2} + \frac{1}{(a+2b+c)^2} + \frac{1}{(2a+b+2c)^2} \leqslant$$

$$\frac{1}{4(a+b)(a+c)} + \frac{1}{4(a+b)(b+c)} + \frac{1}{4(a+c)(b+c)} =$$

$$\frac{a+b+c}{2(a+b)(b+c)(c+a)}$$

因为 $9(a+b)(b+c)(c+a) \geqslant 8(a+b+c)(ab+bc+ca)$,所以

$$\frac{a+b+c}{2(a+b)(b+c)(c+a)} \leqslant \frac{9}{16(ab+bc+ca)}$$

因为 $\frac{1}{a} + \frac{1}{b} + \frac{1}{c} = a+b+c$,所以 $3(ab+bc+ca) = 3abc(a+b+c)$,又由均值不等式

$$(ab+bc+ca)^2 \geqslant 3abc(a+b+c)$$

所以 $ab + bc + ca \geqslant 3$,于是 $\frac{9}{16(ab+bc+ca)} \leqslant \frac{3}{16}$.

122. 因为

$$B = \frac{1}{\sqrt{(a+b-c)(b+c-a)}} + \frac{1}{\sqrt{(b+c-a)(c+a-b)}} +$$

$$\frac{1}{\sqrt{(c+a-b)(a+b-c)}} = \frac{1}{\sqrt{b^2-(c-a)^2}} +$$

$$\frac{1}{\sqrt{c^2-(a-b)^2}} + \frac{1}{\sqrt{a^2-(b-c)^2}} \geqslant$$

$$\frac{1}{b} + \frac{1}{c} + \frac{1}{a}$$

$$A - (a+b+c) = \frac{a^2+bc}{b+c} + \frac{b^2+ca}{c+a} + \frac{c^2+ab}{a+b} =$$

$$\frac{(a^4+b^4+c^4)-(a^2b^2+b^2c^2+c^2a^2)}{2(a+b)(b+c)(c+a)} \geq 0$$

所以,$A \geq a+b+c$,于是

$$AB \geq (a+b+c)\left(\frac{1}{b}+\frac{1}{c}+\frac{1}{a}\right) = (a+b+c)\left(\frac{1}{a}+\frac{1}{b}+\frac{1}{c}\right) \geq 9$$

123. 注意到

$$x^2y^2+y^2z^2+z^2x^2+xyz = \frac{1}{2}(2x^2y^2+2y^2z^2+2z^2x^2+2xyz) =$$

$$\frac{1}{2}(xy \cdot 2xy + yz \cdot 2yz + zx \cdot 2zx + 2xyz) \leq$$

$$\frac{1}{2}[xy(x^2+y^2)+yz(y^2+z^2)+zx(z^2+x^2)+2xyz] = \quad ①$$

$$\frac{1}{2}[(x^2+y^2+z^2)(xy+yz+zx)-x^2yz-xy^2z-xyz^2+2xyz] =$$

$$\frac{1}{2}[(x^2+y^2+z^2)(xy+yz+zx)-xyz(x+y+z)+2xyz] =$$

$$\frac{1}{2}(x^2+y^2+z^2)(xy+yz+zx) \quad ②$$

由式 ① 知当 $x=y=z$ 或 $x=y,z=0$ 或 $y=z,x=0$ 或 $z=x,y=0$ 时,式 ② 取等号.

又 $x+y+z=2$,因此,当 $(x,y,z)=\left(\frac{2}{3},\frac{2}{3},\frac{2}{3}\right)$ 或 $(1,1,0)$ 或 $(1,0,1)$ 或 $(0,1,1)$ 时.

应用均值不等式 $uv \leq \left(\frac{u+v}{2}\right)^2 (u,v \in \mathbf{R})$ 得(取 $u = x^2+y^2+z^2, v = 2xy+2yz+2zx$)

$$\frac{1}{2}(x^2+y^2+z^2)(xy+yz+zx) = \frac{1}{4}(x^2+y^2+z^2)(2xy+2yz+2zx) \leq$$

$$\frac{1}{4}\left(\frac{x^2+y^2+z^2+2xy+2yz+2zx}{2}\right)^2 = \frac{1}{16}(x+y+z)^4 = 1 \quad ③$$

结合式 ② 得

$$x^2y^2+y^2z^2+z^2x^2+xyz \leq 1 \quad ④$$

由式 ③ 取等号的条件是当 $u=v$ 时,即 $x^2+y^2+z^2=2xy+2yz+2zx$ 时,式 ④ 等号成立.

故 $(x,y,z) = (1,1,0)$ 或 $(1,0,1)$ 或 $(0,1,1)$ 时不等式取等号.

124. 由因式分解得
$$(a-b)^3 + (b-c)^3 + (c-a)^3 = 3(a-b)(b-c)(c-a)$$
$$(a^2-b^2)^3 + (b^2-c^2)^3 + (c^2-a^2)^3 = 3(a^2-b^2)(b^2-c^2)(c^2-a^2)$$
所以
$$\frac{(a^2-b^2)^3 + (b^2-c^2)^3 + (c^2-a^2)^3}{(a-b)^3 + (b-c)^3 + (c-a)^3} = (a+b)(b+c)(c+a) > 8abc$$

125. 因为 $2[(a+2b)^2 + (a+2c)^2] \geqslant [(a+2b)+(a+2c)]^2 = 4(a+b+c)^2$,所以 $(a+2b)^2 + (a+2c)^2 \geqslant 2(a+b+c)^2$,同理
$(b+2c)^2 + (b+2a)^2 \geqslant 2(a+b+c)^2, (c+2a)^2 + (c+2b)^2 \geqslant 2(a+b+c)^2$
$$\frac{a^2+2bc}{(a+2b)^2+(a+2c)^2} + \frac{b^2+2ca}{(b+2c)^2+(b+2a)^2} +$$
$$\frac{c^2+2ab}{(c+2a)^2+(c+2b)^2} \leqslant$$
$$\frac{a^2+2bc+b^2+2ca+c^2+2ab}{2(a+b+c)^2} = \frac{1}{2}$$

126. **证法一** 设 $x = \frac{1}{a}, y = \frac{1}{b}, z = \frac{1}{c}$,则 $xyz = 1$,不等式等价于
$$(xyz)^2 \left[\frac{x^3}{(2y+z)^2} + \frac{y^3}{(2z+x)^2} + \frac{z^3}{(2x+y)^2}\right] \geqslant \frac{1}{3}$$
即
$$\frac{x^3}{(2y+z)^2} + \frac{y^3}{(2z+x)^2} + \frac{z^3}{(2x+y)^2} \geqslant \frac{1}{3}$$
由均值不等式得
$$\frac{x^3}{(2y+z)^2} + \frac{2y+z}{27} + \frac{2y+z}{27} \geqslant \frac{x}{3}, \frac{y^3}{(2z+x)^2} + \frac{2z+x}{27} + \frac{2z+x}{27} \geqslant \frac{y}{3}$$
$$\frac{z^3}{(2x+y)^2} + \frac{2x+y}{27} + \frac{2x+y}{27} \geqslant \frac{z}{3}$$
相加得
$$\frac{x^3}{(2y+z)^2} + \frac{y^3}{(2z+x)^2} + \frac{z^3}{(2x+y)^2} \geqslant \frac{1}{9}(x+y+z) \geqslant \frac{1}{3}\sqrt[3]{xyz} = \frac{1}{3}$$

**证法二** 因为 $abc = 1$,所以
$$\frac{1}{a^5(b+2c)^2} + \frac{1}{b^5(c+2a)^2} + \frac{1}{c^5(a+2b)^2} =$$
$$\frac{b^3c^3}{(ab+2ca)^2} + \frac{c^3a^3}{(bc+2ab)^2} + \frac{a^3b^3}{(ca+2bc)^2}$$
由均值不等式得

$$\frac{b^3c^3}{(ab+2ca)^2} + \frac{ab+2ca}{27} + \frac{ab+2ca}{27} \geq \frac{bc}{3}$$

同理可得另外两个不等式,相加得

$$\frac{b^3c^3}{(ab+2ca)^2} + \frac{c^3a^3}{(bc+2ab)^2} + \frac{a^3b^3}{(ca+2bc)^2} \geq \frac{ab+bc+ca}{9} \geq$$

$$\frac{1}{3}\sqrt[3]{(abc)^2} = \frac{1}{3}$$

127. 因为 $\sqrt{\frac{a^2+b^2}{2}} \geq \frac{a+b}{2}$, $\sqrt[3]{\frac{b^3+c^3}{2}} \geq \frac{b+c}{2}$, 所以

$$\sqrt{\frac{a^2+b^2}{2}} + 2\sqrt[3]{\frac{b^3+c^3}{2}} \geq \frac{a+b}{2} + (b+c) = \frac{(a+2b)+(b+2c)}{2} \geq$$

$$\sqrt{(a+2b)(b+2c)} = 3$$

当且仅当 $a = b = c = 1$ 时等号成立.

128. **证法一** 因为 $3(a^2+b^2+c^2) \geq (a+b+c)^2$, 所以 $a+b+c < 6$, 且有 $\frac{(a+b+c)^3}{9} < 4(a+b+c)$, 由均值不等式得 $(a+b+c)^3 \geq 27abc$, 所以

$$3abc \leq \frac{(a+b+c)^3}{9} < 4(a+b+c).$$

**证法二** 因为 $3(a^2+b^2+c^2) \geq (a+b+c)^2$, 所以 $a+b+c < 6$, 于是 $a^2+b^2+c^2 < 2(a+b+c) < 12$, 故

$$(a^2+b^2+c^2)(a+b+c) < 12(a+b+c)$$

由均值不等式得 $(a^2+b^2+c^2)(a+b+c) \geq 9abc$, 所以

$$9abc \leq (a^2+b^2+c^2)(a+b+c) < 12(a+b+c)$$

即

$$3abc < 4(a+b+c)$$

129. 令 $x = \frac{a}{b}, y = \frac{c}{a}, z = \frac{b}{c}$, 则由均值不等式得

$$(x+1)^2 + 2y^2 + 1 = x^2 + y^2 + 2x + 2 \geq 2xy + 2x + 2 =$$

$$\frac{2c}{b} + \frac{2a}{b} + 2 = \frac{2(a+b+c)}{b}$$

所以

$$\frac{2}{(x+1)^2 + 2y^2 + 1} \leq \frac{b}{a+b+c}$$

$$\frac{2}{(y+1)^2 + 2z^2 + 1} \leq \frac{c}{a+b+c}$$

$$\frac{2}{(z+1)^2 + 2x^2 + 1} \leq \frac{a}{a+b+c}$$

相加得
$$\frac{2}{(x+1)^2+2y^2+1}+\frac{2}{(y+1)^2+2z^2+1}+\frac{2}{(z+1)^2+2x^2+1} \leqslant 1$$

130. $\dfrac{x_1^3}{x_1^2+1}=x_1-\dfrac{x_1}{x_1^2+1} \geqslant x_1-\dfrac{1}{2}, \dfrac{x_2^3}{x_2^2+1} \geqslant x_2-\dfrac{1}{2}, \cdots, \dfrac{x_n^3}{x_n^2+1} \geqslant x_n-\dfrac{1}{2}$,

因为 $x_1+x_2+\cdots+x_n=n$,所以 $\dfrac{x_1^3}{x_1^2+1}+\dfrac{x_2^3}{x_2^2+1}+\cdots+\dfrac{x_n^3}{x_n^2+1} \geqslant \dfrac{n}{2}$.

131. 设 $E=\dfrac{x}{y^2+z+1}+\dfrac{y}{z^2+x+1}+\dfrac{z}{x^2+y+1}$.

由均值不等式得
$$\frac{x^2}{14}+\frac{x}{y^2+z+1}+\frac{2(y^2+z+1)}{49} \geqslant 3\sqrt[3]{\frac{x^2}{14} \cdot \frac{x}{y^2+z+1} \cdot \frac{2(y^2+z+1)}{49}}=\frac{3x}{7}$$

同理
$$\frac{y^2}{14}+\frac{y}{z^2+x+1}+\frac{2(z^2+x+1)}{49} \geqslant 3\sqrt[3]{\frac{y^2}{14} \cdot \frac{y}{z^2+x+1} \cdot \frac{2(z^2+x+1)}{49}}=\frac{3y}{7}$$

$$\frac{z^2}{14}+\frac{z}{x^2+y+1}+\frac{2(x^2+y+1)}{49} \geqslant 3\sqrt[3]{\frac{z^2}{14} \cdot \frac{z}{x^2+y+1} \cdot \frac{2(x^2+y+1)}{49}}=\frac{3z}{7}$$

相加得
$$\frac{x^2+y^2+z^2}{14}+E+\frac{2(x^2+y^2+z^2)}{49}+\frac{2(x+y+z)}{49}+\frac{6}{49} \geqslant \frac{3(x+y+z)}{7}$$

$$L=\frac{11(x^2+y^2+z^2)}{49}+E+\frac{6}{49} \geqslant \frac{19(x+y+z)}{49} \geqslant \frac{114}{49}$$

又 $x^2+y^2+z^2 \geqslant \dfrac{(x+y+z)^2}{3} \geqslant 12$,所以
$$x^2+y^2+z^2+\frac{x}{y^2+z+1}+\frac{y}{z^2+x+1}+\frac{z}{x^2+y+1}=$$
$$L+\frac{87(x^2+y^2+z^2)}{98}-\frac{6}{49}=\frac{114}{49}+\frac{87 \times 12}{98}-\frac{6}{49}=\frac{90}{7}$$

即当 $x=y=z=2$ 时,$x^2+y^2+z^2+\dfrac{x}{y^2+z+1}+\dfrac{y}{z^2+x+1}+\dfrac{z}{x^2+y+1}$ 取最小值 $=\dfrac{90}{7}$.

132. $\left(\dfrac{A}{G}\right)^3 \geqslant \dfrac{1}{4}+\dfrac{3}{4} \cdot \dfrac{A}{H} \Leftrightarrow (a+b+c)^3 \geqslant$
$$27abc\left(\frac{1}{4}+\frac{3}{4} \cdot \frac{(a+b+c)\left(\frac{1}{a}+\frac{1}{b}+\frac{1}{c}\right)}{9}\right) \Leftrightarrow$$

$$4(a+b+c)^3 \geq 27abc + 9(a+b+c)(ab+bc+ca).$$

由均值不等式得 $(a+b+c)^3 \geq 27abc$, $(a+b+c)^2 \geq 3(ab+bc+ca)$, 即 $3(a+b+c)^3 \geq 3(a+b+c)(ab+bc+ca)$, 相加即得.

**133.** 考虑到不等式当且仅当 $x=y=z=\frac{1}{3}$ 时, 所以 $\frac{x}{y^2+z} + \frac{81}{16}x(y^2+z) \geq \frac{9}{2}x$, 即 $\frac{x}{y^2+z} \geq \frac{9}{2}x - \frac{81}{16}x(y^2+z)$, 同理, $\frac{y}{z^2+x} \geq \frac{9}{2}y - \frac{81}{16}y(z^2+x)$, $\frac{z}{x^2+y} \geq \frac{9}{2}z - \frac{81}{16}z(x^2+y)$, 相加得

$$\frac{x}{y^2+z} + \frac{y}{z^2+x} + \frac{z}{x^2+y} \geq$$

$$\frac{9}{2}(x+y+z) - \frac{81}{16}[x(y^2+z) + y(z^2+x) + z(x^2+y)] =$$

$$\frac{9}{2} - \frac{81}{16}[(xy^2+yz^2+zx^2) + (xy+yz+zx)]$$

而

$$\frac{1}{3}(x+y+z)(x^2+y^2+z^2) \geq xy^2+yz^2+zx^2$$

事实上

$$(x^2+y^2+z^2)(x+y+z) - 3(xy^2+yz^2+zx^2) =$$
$$(x^3+xz^2-2zx^2) + (y^3+yx^2-2xy^2) + (z^3+zy^2-2yz^2) =$$
$$x(x-z)^2 + y(y-x)^2 + z(z-y)^2 \geq 0$$

即

$$xy^2+yz^2+zx^2 \leq \frac{1}{3}(x^2+y^2+z^2) =$$

$$\frac{1}{3}[(x+y+z)^2 - 2(xy+yz+zx)] =$$

$$\frac{1}{3} - \frac{2}{3}(xy+yz+zx)$$

于是

$$(xy^2+yz^2+zx^2) + (xy+yz+zx) \leq \frac{1}{3}[1+(xy+yz+zx)] \leq$$
$$\frac{1}{3}[1+\frac{1}{3}(x+y+z)^2] \leq \frac{4}{9}$$

从而

$$\frac{x}{y^2+z} + \frac{y}{z^2+x} + \frac{z}{x^2+y} \geq \frac{9}{2} - \frac{81}{16} \cdot \frac{4}{9} = \frac{9}{4}$$

**134.** 由均值不等式得 $a^4 + a^2b^2 \geq 2a^3b$, 分别取 $(a,b) = (x,y), (y,x),$

$(x,1),(1,y),(1,x),(y,1),(x,y)$,得到 $x^4 + x^2y^2 \geq 2x^3y, y^4 + x^2y^2 \geq 2xy^3$,
$x^4 + x^2 \geq 2x^3, 1 + x^2 \geq 2x, y^4 + y^2 \geq 2y^3, 1 + y^2 \geq 2y$,相加得

$$x^4 + y^4 + (x^2+1)(y^2+1) \geq x^3(1+y) + y^3(1+x) + x + y$$

135. 由均值不等式得

$$\sqrt{a^4+c^4} + \sqrt{a^4+d^4} + \sqrt{b^4+c^4} + \sqrt{b^4+d^4} \geq$$
$$\sqrt{2}[(a^2+c^2)+(a^2+d^2)+(b^2+c^2)+(b^2+d^2)] =$$
$$2\sqrt{2}[(a^2+d^2)+(b^2+c^2)] \geq$$
$$2\sqrt{2}(ad+bc)$$

136. 由均值不等式 $\cot x\cos^2 x + \cot x\cos^2 x + \sin^2 x \geq 3\cos^2 x, \tan x\sin^2 x + \tan x\sin^2 x + \cos^2 x \geq 3\sin^2 x$,相加得 $\cot x\cos^2 x + \tan x\sin^2 x \geq 1$.

137. 由均值不等式得 $\dfrac{a^5}{bc} + \dfrac{b^5}{ca} + \dfrac{c^5}{ab} = \dfrac{a^6+b^6+c^6}{abc} \geq \dfrac{(a^3+b^3+c^3)^2}{3abc}$,
$\dfrac{(a^3+b^3+c^3)^2}{3abc} + 3abc \geq 2(a^3+b^3+c^3), \dfrac{3abc}{2} + \dfrac{3abc}{2} + \dfrac{3}{2a^2b^2c^2} \geq \dfrac{9}{2}$,相加得

$$\dfrac{a^5}{bc} + \dfrac{b^5}{ca} + \dfrac{c^5}{ab} + \dfrac{3}{2a^2b^2c^2} + 6abc \geq 2(a^3+b^3+c^3) + \dfrac{9}{2}$$

等号成立. 当且仅当 $a=b=c$,且 $abc = \dfrac{1}{a^2b^2c^2}$,即 $a=b=c=1$ 时等号成立.

138. 因为 $abc=1$,所以 $\dfrac{a}{b} + \dfrac{b}{c} + \dfrac{c}{a} \geq a+b+c$ 等价于

$$a^2c + b^2a + c^2b \geq a+b+c \Leftrightarrow a^2c + b^2a + c^2b \geq$$
$$(a^5b^2c^2)^{\frac{3}{2}} + (a^2b^5c^2)^{\frac{3}{2}} + (a^2b^2c^5)^{\frac{3}{2}}$$

由均值不等式得 $a^2c + a^2c + b^2a \geq 3(a^5b^2c^2)^{\frac{3}{2}}, b^2a + b^2a + c^2b \geq 3(a^2b^5c^2)^{\frac{3}{2}}$,
$a^2c + c^2b + c^2b \geq 3(a^2b^2c^5)^{\frac{3}{2}}$. 三个不等式相加即得.

139. $\dfrac{x^2}{x+y^2} = \dfrac{x(x+y^2) - xy^2}{x+y^2} = x - \dfrac{xy^2}{x+y^2} \geq x - \dfrac{xy^2}{2\sqrt{xy^2}} = x - \dfrac{y\sqrt{x}}{2}$

同理可得

$$\dfrac{y^2}{y+z^2} \geq y - \dfrac{z\sqrt{y}}{2}$$

$$\dfrac{z^2}{z+x^2} \geq z - \dfrac{x\sqrt{z}}{2}$$

因为 $x+y+z=3$,只要证明 $y\sqrt{x} + z\sqrt{y} + x\sqrt{z} \leq 3$. 由均值不等式得

$$y\sqrt{x} + z\sqrt{y} + x\sqrt{z} \leq y\dfrac{x+1}{2} + z\dfrac{y+1}{2} + x\dfrac{z+1}{2} \leq$$

$$\frac{x+y+z}{2} + \frac{xy+yz+zx}{2} \leq$$
$$\frac{x+y+z}{2} + \frac{(x+y+z)^2}{6} = 3$$

或者用柯西不等式
$$(y\sqrt{x} + z\sqrt{y} + x\sqrt{z})^2 \leq (xy+yz+zx)(y+z+x) \leq$$
$$\frac{1}{3}(x+y+z)^2(y+z+x) = \frac{1}{3}(x+y+z)^3$$

得到
$$y\sqrt{x} + z\sqrt{y} + x\sqrt{z} \leq 3$$

140. 由均值不等式得
$$a^2 + b^2 + c^2 \geq ab + bc + ca$$
$$a^2 + b^2 + c^2 \geq 3\sqrt[3]{a^2b^2c^2}$$
$$\frac{1}{a} + \frac{1}{b} + \frac{1}{c} \geq 3\sqrt[3]{\frac{1}{abc}}$$

于是
$$(a^2+b^2+c^2)\left(\frac{1}{a}+\frac{1}{b}+\frac{1}{c}\right)^2 \geq 27$$

从而
$$\frac{1}{a} + \frac{1}{b} + \frac{1}{c} \geq 3\sqrt{3}$$

又 $\frac{1}{a} + \frac{1}{b} \geq \frac{4}{a+b}, \frac{1}{b} + \frac{1}{c} \geq \frac{4}{b+c}, \frac{1}{c} + \frac{1}{a} \geq \frac{4}{c+a}$，相加得

$$\frac{1}{2}\left(\frac{1}{a}+\frac{1}{b}+\frac{1}{c}\right) \geq \frac{1}{a+b} + \frac{1}{b+c} + \frac{1}{c+a}$$

$$\frac{a^2+b^2}{c} + \frac{b^2+c^2}{a} + \frac{c^2+a^2}{b} = \frac{1-c^2}{c} + \frac{1-a^2}{a} + \frac{1-b^2}{b} =$$

$$\frac{1}{a} + \frac{1}{b} + \frac{1}{c} - (a+b+c) =$$

$$\frac{1}{2}\left(\frac{1}{a}+\frac{1}{b}+\frac{1}{c}\right) +$$
$$\frac{1}{2}\left(\frac{1}{a}+\frac{1}{b}+\frac{1}{c}\right) - (a+b+c) \geq$$
$$\frac{3\sqrt{3}}{2} + \frac{1}{2}\left(\frac{1}{a}+\frac{1}{b}+\frac{1}{c}\right) - (a+b+c)$$

$$\frac{ab}{a+b} + \frac{bc}{b+c} + \frac{ca}{c+a} = \frac{ab+bc+ca}{a+b} + \frac{ab+bc+ca}{b+c} +$$
$$\frac{ab+bc+ca}{c+a} - (a+b+c) \leq$$

$$\frac{1}{a+b} + \frac{1}{b+c} + \frac{1}{c+a} - (a+b+c)$$

所以

$$\frac{a^2+b^2}{c} + \frac{b^2+c^2}{a} + \frac{c^2+a^2}{b} \geq \frac{ab}{a+b} + \frac{bc}{b+c} + \frac{ca}{c+a} + \frac{3\sqrt{3}}{2}$$

# 均值不等式的应用技巧

## 第三章

**均**值不等式是一个重要的不等式,它结构对称而美观,近年来,在国内外的数学竞赛题中,越来越多地出现与之有关的题目,灵活而巧妙地应用均值不等式,往往使一些难题迎刃而解,甚至收到出奇制胜、事半功倍的效果.

**定理 1** 设 $a_1, a_2, \cdots, a_n$ 都是正数,则 $\dfrac{a_1 + a_2 + \cdots + a_n}{n} \geqslant \sqrt[n]{a_1 a_2 \cdots a_n}$,等号成立当且仅当 $a_1 = a_2 = \cdots = a_n$.

此定理通常称为均值不等式,又称算术几何平均值不等式(AM - GM 不等式).

**定理 2** 设 $a_1, a_2, \cdots, a_n$ 都是正数,则 $a_1^n + a_2^n + \cdots + a_n^n \geqslant n a_1 a_2 \cdots a_n$.

**推论** 加权的均值不等式:设 $p_1, p_2, \cdots, p_n$ 是正常数,$x_1, x_2, \cdots, x_n$ 是正实数,则

$$\sum_{k=1}^{n} p_k x_k \geqslant \Big(\sum_{k=1}^{n} p_k\Big) \Big(\prod_{k=1}^{n} x_k^{p_k}\Big)^{1/\sum_{k=1}^{n} p_k}$$

它的证明方法很多,这里给出它在证明有关不等式竞赛题时常用的一些技巧和方法.

## 例题讲解

### 一、常数的巧换

这是均值不等式的常用技巧.

**例1** 设长方体的长、宽、高分别为 $a,b,c$,其对角线长为 $l$,试证:$(l^4 - a^4)(l^4 - b^4)(l^4 - c^4) \geqslant 512a^4b^4c^4$.(2002 年湖南省数学奥林匹克试题)

**证明** 原不等式等价于

$$\left(\frac{l^4}{a^4} - 1\right)\left(\frac{l^4}{b^4} - 1\right)\left(\frac{l^4}{c^4} - 1\right) \geqslant 512$$

设 $x = \dfrac{a^2}{l^2}, y = \dfrac{b^2}{l^2}, z = \dfrac{c^2}{l^2}$,则 $x + y + z = 1$,且原不等式可写成

$$\left(\frac{1}{x^2} - 1\right)\left(\frac{1}{y^2} - 1\right)\left(\frac{1}{z^2} - 1\right) \geqslant 512$$

由

$$\frac{1}{x^2} - 1 = \frac{(1-x)(1+x)}{x^2} = \frac{(y+z)(x+x+y+z)}{x^2} \geqslant$$

$$\frac{2\sqrt{yz} \cdot 4 \cdot \sqrt[4]{x^2 yz}}{x^2} = \frac{8 \cdot \sqrt[4]{x^2 y^3 z^3}}{x^2}$$

其中等号当且仅当 $x = y = z$ 时取到.

同理,有 $\dfrac{1}{y^2} - 1 \geqslant \dfrac{8\sqrt[4]{x^3 y^2 z^3}}{y^2}, \dfrac{1}{z^2} - 1 \geqslant \dfrac{8\sqrt[4]{x^3 y^3 z^2}}{z^2}$.

以上三式相乘,即证得原不等式成立.

这里将常数 1 巧换成 $x + y + z$ 起着关键作用.

### 二、结构的巧变

有些不等式不具备应用均值不等式的条件,需将结构改变一下.

**例2** 已知 $a,b,c$ 是正数,且 $abc \leqslant 1$,试证:$\dfrac{a+b}{c} + \dfrac{b+c}{a} + \dfrac{c+a}{b} \geqslant 2(a+b+c)$.(《数学通报》问题 1171)

**证明** 改变结构,并应用均值不等式得

$$\frac{a+b}{c(a+b+c)}+\frac{b+c}{a(a+b+c)}+\frac{c+a}{b(a+b+c)}=\frac{(a+b+c)-c}{c(a+b+c)}+$$
$$\frac{(a+b+c)-a}{a(a+b+c)}+\frac{(a+b+c)-b}{b(a+b+c)}=$$
$$\frac{1}{a}+\frac{1}{b}+\frac{1}{c}-\frac{3}{a+b+c}\geqslant 3\sqrt[3]{\frac{1}{abc}}-\frac{3}{3\sqrt[3]{abc}}=2\sqrt[3]{\frac{1}{abc}}\geqslant 2$$

从而，原不等式成立.

### 三、元素的巧取

均值不等式中诸量 $a_1, a_2, \cdots, a_n$ 具有广泛的选择性，多次使用均值不等式时，元素的巧取起着重要作用，需要灵活应用.

**例3** 设 $a_1, a_2, \cdots, a_n$ 是正实数，且 $a_1+a_2+\cdots+a_n=1$，证明：
$$\prod_{k=1}^{n}\left(1+\frac{1}{a_k}\right)\geqslant(1+n)^n$$

**证明** 由均值不等式得 $\dfrac{a_1+a_2+\cdots+a_n}{n}\geqslant\sqrt[n]{a_1 a_2\cdots a_n}$，所以 $\prod\limits_{k=1}^{n}\dfrac{1}{a_k}\geqslant\dfrac{1}{n^n}$，

考虑到等号成立的充要条件是 $a_1=a_2=\cdots=a_n=\dfrac{1}{n}$.

所以，将 $\dfrac{1}{a_k}$ 拆成 $n$ 个 $\dfrac{1}{na_k}$ 的和，并利用均值不等式得

$$1+\frac{1}{a_k}=1+\frac{1}{na_k}+\frac{1}{na_k}+\cdots+\frac{1}{na_k}\geqslant(n+1)\sqrt[n+1]{\left(\frac{1}{na_k}\right)^n}, k=1,2,\cdots,n$$

将 $n$ 个不等式相乘得

$$\prod_{k=1}^{n}\left(1+\frac{1}{a_k}\right)\geqslant(n+1)^n\sqrt[n+1]{\left(\frac{1}{n}\right)^n\left(\frac{1}{a_1 a_2\cdots a_n}\right)^n}\geqslant$$
$$(n+1)^n\sqrt[n+1]{\left(\frac{1}{n}\right)^n\left(\frac{1}{n}\right)^n}=(1+n)^n$$

等号成立的充要条件是 $a_1=a_2=\cdots=a_n=\dfrac{1}{n}$.

取 $n=2$，得 $x$ 和 $y$ 是正实数，且 $x+y=1$，则 $\left(1+\dfrac{1}{x}\right)\left(1+\dfrac{1}{y}\right)\geqslant 9$.（第3届加拿大数学奥林匹克试题）

### 四、项的巧添

有时求最值或证明不等式不能直接应用均值不等式，添加适当的常数项或和为常数的各项，就可运用均值不等式.

**例 4** 设 $a,b,c,d$ 是满足 $ab+bc+cd+da=1$ 的非负实数,求证:
$$\frac{a^3}{b+c+d}+\frac{b^3}{c+d+a}+\frac{c^3}{d+a+b}+\frac{d^3}{a+b+c}\geqslant \frac{1}{3}.$$ (第 31 届 IMO 预选题)

**证法一** $\dfrac{a^3}{b+c+d}+\dfrac{a(b+c+d)}{9}\geqslant 2\sqrt{\dfrac{a^3}{b+c+d}\cdot \dfrac{a(b+c+d)}{9}}=\dfrac{2}{3}a^2$

类似地有

$$\frac{b^3}{c+d+a}+\frac{b(c+d+a)}{9}\geqslant \frac{2}{3}b^2, \frac{c^3}{d+a+b}+\frac{c(d+a+b)}{9}\geqslant \frac{2}{3}c^2$$

$$\frac{d^3}{a+b+c}+\frac{d(a+b+c)}{9}\geqslant \frac{2}{3}d^2$$

将上述式子相加得

$$\frac{a^3}{b+c+d}+\frac{b^3}{c+d+a}+\frac{c^3}{d+a+b}+\frac{d^3}{a+b+c}\geqslant$$
$$\frac{2}{3}(a^2+b^2+c^2+d^2)-\frac{2}{9}(ab+ac+ad+bc+bd+cd)$$

不难证明 $2(ab+ac+ad+bc+bd+cd)\leqslant 3(a^2+b^2+c^2+d^2)$,$ab+bc+cd+da\leqslant a^2+b^2+c^2+d^2$,所以

$$\frac{2}{3}(a^2+b^2+c^2+d^2)-\frac{2}{9}(ab+ac+ad+bc+bd+cd)\geqslant$$
$$\frac{1}{3}(a^2+b^2+c^2+d^2)\geqslant \frac{1}{3}(ab+bc+cd+da)=\frac{1}{3}$$

**证法二**

$$\frac{a^3}{b+c+d}+\frac{b+c+d}{18}+\frac{1}{12}\geqslant 3\cdot \sqrt[3]{\frac{a^3}{b+c+d}\cdot \frac{b+c+d}{18}\cdot \frac{1}{12}}=\frac{1}{2}a$$

所以

$$\frac{a^3}{b+c+d}\geqslant \frac{1}{2}a-\frac{b+c+d}{18}-\frac{1}{12}$$

同理可得

$$\frac{b^3}{c+d+a}\geqslant \frac{1}{2}b-\frac{c+d+a}{18}-\frac{1}{12}, \frac{c^3}{d+a+b}\geqslant \frac{1}{2}c-\frac{d+a+b}{18}-\frac{1}{12}$$

$$\frac{d^3}{a+b+c}\geqslant \frac{1}{2}d-\frac{a+b+c}{18}-\frac{1}{12}$$

将上述四个不等式相加得

$$\frac{a^3}{b+c+d}+\frac{b^3}{c+d+a}+\frac{c^3}{d+a+b}+\frac{d^3}{a+b+c}\geqslant \frac{1}{3}(a+b+c+d)-\frac{1}{3}=$$
$$\frac{1}{3}[(a+c)+(b+d)]-\frac{1}{3}\geqslant \frac{1}{3}\cdot 2\sqrt{(a+c)(b+d)}-\frac{1}{3}=$$
$$\frac{2}{3}\sqrt{ab+bc+cd+da}-\frac{1}{3}=\frac{1}{3}$$

## 五、因式的巧分

为应用均值不等式,有时我们将因式巧妙地分解成多个和式的乘积的形式.

**例5** $x, y, z$ 是正实数,且满足 $x + y + z = 1$,求 $\dfrac{x^4}{y(1-y^2)} + \dfrac{y^4}{z(1-z^2)} + \dfrac{z^4}{x(1-x^2)}$ 的最小值. (《数学通报》问题)

**解** 根据对称性,估计 $x = y = z$ 时取等号,应用均值不等式得

$$\frac{x^4}{y(1-y)(1+y)} + \frac{y}{8} + \frac{1-y}{16} + \frac{1+y}{32} \geq$$

$$4\sqrt[4]{\frac{x^4}{y(1-y)(1+y)} \cdot \frac{y}{8} \cdot \frac{1-y}{16} \cdot \frac{1+y}{32}} = \frac{x}{2}$$

同理

$$\frac{y^4}{z(1-z)(1+z)} + \frac{z}{8} + \frac{1-z}{16} + \frac{1+z}{32} \geq \frac{y}{2}$$

$$\frac{z^4}{x(1-x)(1+x)} + \frac{x}{8} + \frac{1-x}{16} + \frac{1+x}{32} \geq \frac{z}{2}$$

将上述三个不等式相加得

$$\frac{x^4}{y(1-y^2)} + \frac{y^4}{z(1-z^2)} + \frac{z^4}{x(1-x^2)} + \frac{x+y+z}{8} + \frac{3-(x+y+z)}{16} + \frac{3+(x+y+z)}{32} \geq \frac{x+y+z}{2}$$

因为 $x + y + z = 1$,整理得

$$\frac{x^4}{y(1-y^2)} + \frac{y^4}{z(1-z^2)} + \frac{z^4}{x(1-x^2)} \geq \frac{1}{8}$$

## 六、因式的巧嵌

由于均值不等式有 $n$ 个因式,而大多数题中只有两三个(或更多)因式,为应用均值不等式,需要巧妙地嵌上一些因式,这些因式嵌入后的目的是为了出现题中的因式或常数,而往往嵌上的因式的和是定值.

**例6** 设 $x, y, z$ 是正实数,且 $xyz = 1$,证明: $\dfrac{x^3}{(1+y)(1+z)} + \dfrac{y^3}{(1+z)(1+x)} + \dfrac{z^3}{(1+x)(1+y)} \geq \dfrac{3}{4}$. (第39届IMO预选题)

**证法一** $\dfrac{x^3}{(1+y)(1+z)} + \dfrac{1+y}{8} + \dfrac{1+z}{8} \geq$

$$3 \cdot \sqrt[3]{\frac{x^3}{(1+y)(1+z)} \cdot \frac{1+y}{8} \cdot \frac{1+z}{8}} = \frac{3x}{4}$$

同理

$$\frac{y^3}{(1+z)(1+x)} + \frac{1+z}{8} + \frac{1+x}{8} \geqslant \frac{3y}{4}$$

$$\frac{z^3}{(1+x)(1+y)} + \frac{1+x}{8} + \frac{1+y}{8} \geqslant \frac{3z}{4}$$

上述三式相加得

$$\frac{x^3}{(1+y)(1+z)} + \frac{y^3}{(1+z)(1+x)} + \frac{z^3}{(1+x)(1+y)} \geqslant$$

$$\frac{(x+y+z)}{2} - \frac{3}{4} \geqslant \frac{3\sqrt[3]{xyz}}{2} - \frac{3}{4} = \frac{3}{4}$$

**证法二**

$$\begin{cases} \dfrac{x^3}{(1+y)(1+z)} + \dfrac{x(1+y)(1+z)}{16} \geqslant \dfrac{1}{2}x^2 & \text{①} \\[2mm] \dfrac{y^3}{(1+z)(1+x)} + \dfrac{y(1+z)(1+x)}{16} \geqslant \dfrac{1}{2}y^2 & \text{②} \\[2mm] \dfrac{z^3}{(1+x)(1+y)} + \dfrac{z(1+x)(1+y)}{16} \geqslant \dfrac{1}{2}z^2 & \text{③} \end{cases}$$

由 ① + ② + ③ 得

$$\frac{x^3}{(1+y)(1+z)} + \frac{y^3}{(1+z)(1+x)} + \frac{z^3}{(1+x)(1+y)} \geqslant$$

$$\frac{1}{2}(x^2 + y^2 + z^2) - \frac{1}{16}[x(1+y)(1+z) +$$

$$y(1+z)(1+x) + z(1+x)(1+y)] =$$

$$\frac{1}{16}[8(x^2 + y^2 + z^2) - (2xy + 2yz + 2zx) - (x+y+z) - 3] =$$

$$\frac{1}{16}[6(x^2 + y^2 + z^2) + (x-y)^2 + (y-z)^2 + (z-x)^2 - (x+y+z) - 3] \geqslant$$

$$\frac{1}{16}[6(x^2 + y^2 + z^2) - (x+y+z) - 3] \geqslant$$

$$\frac{1}{16}[5(x^2 + y^2 + z^2) + (x^2+1) + (y^2+1) + (z^2+1) - (x+y+z) - 6] \geqslant$$

$$\frac{1}{16}[5(x^2 + y^2 + z^2) + (x+y+z) - 6] \geqslant$$

$$\frac{1}{16}[15\sqrt[3]{x^2 y^2 z^2} + 3\sqrt[3]{xyz} - 6] = \frac{1}{16}(15 + 3 - 6) = \frac{3}{4}$$

上述不等式都是在 $x = y = z = 1$ 时取等号.

所以,当且仅当 $x = y = z = 1$ 时原不等式取等号.

## 七、项的巧裂

为了吻合题中的某些常数,有意将因式中的项分裂分组. 这种技巧性之妙,实在读后令人回味无穷.

**例7** 证明:对所有正实数 $a, b, c$,有 $\dfrac{a}{\sqrt{a^2+8bc}} + \dfrac{b}{\sqrt{b^2+8ca}} + \dfrac{c}{\sqrt{c^2+8ab}} \geq 1$.(第 42 届 IMO 试题)

**证明**
$$(a^{\frac{4}{3}} + b^{\frac{4}{3}} + c^{\frac{4}{3}})^2 - (a^{\frac{4}{3}})^2 = (b^{\frac{4}{3}} + c^{\frac{4}{3}})(a^{\frac{4}{3}} + a^{\frac{4}{3}} + b^{\frac{4}{3}} + c^{\frac{4}{3}}) \geq 2b^{\frac{2}{3}}c^{\frac{2}{3}} \cdot 2a^{\frac{2}{3}}b^{\frac{1}{3}}c^{\frac{1}{3}} = 8a^{\frac{2}{3}}bc$$

所以
$$(a^{\frac{4}{3}} + b^{\frac{4}{3}} + c^{\frac{4}{3}})^2 \geq (a^{\frac{4}{3}})^2 + 8a^{\frac{2}{3}}bc = a^{\frac{2}{3}}(a^2 + 8bc)$$

即
$$\frac{a}{\sqrt{a^2+8bc}} \geq \frac{a^{\frac{4}{3}}}{a^{\frac{4}{3}} + b^{\frac{4}{3}} + c^{\frac{4}{3}}}$$

同理可证:$\dfrac{b}{\sqrt{b^2+8ca}} \geq \dfrac{b^{\frac{4}{3}}}{a^{\frac{4}{3}} + b^{\frac{4}{3}} + c^{\frac{4}{3}}}, \dfrac{c}{\sqrt{c^2+8ab}} \geq \dfrac{c^{\frac{4}{3}}}{a^{\frac{4}{3}} + b^{\frac{4}{3}} + c^{\frac{4}{3}}}$.

以上三式相加,原不等式即得证.

此证法出自姜卫东老师之手,罗增儒老师用此法将此不等式推广为:对所有的正实数 $a_1, a_2, \cdots, a_n$,正整数 $m \geq 2$,则有

$$\sum_{i=1}^{n} \frac{a_i^{\frac{n-1}{m}}}{\sqrt[m]{a_i^{n-1} + (n^m - 1)a_1 a_2 \cdots a_{i-1} a_{i+1} \cdots a_n}} \geq 1 (中等数学) 2003 年第 2 期)$$

## 八、待定参数的巧设

为了创造条件应用均值不等式,我们常引进待定参数,其值的确定由题设或由等号成立的充要条件共同确定.

**例8** 设 $x, y, z, w$ 是不全为零的实数,求 $\dfrac{xy + 2yz + zw}{x^2 + y^2 + z^2 + w^2}$ 的最大值.(1985 年奥地利波兰联合竞赛试题)

**解** 显然只需要考虑 $x \geq 0, y \geq 0, z \geq 0, w \geq 0$ 的情形.

引进待定正常数 $\alpha, \beta, \gamma$,则有 $\alpha^2 x^2 + y^2 \geq 2\alpha xy, \beta^2 y^2 + z^2 \geq 2\beta yz, \gamma^2 z^2 + w^2 \geq 2\gamma zw$,即 $\dfrac{\alpha}{2}x^2 + \dfrac{y^2}{2\alpha} \geq xy, \beta y^2 + \dfrac{z^2}{\beta} \geq 2yz, \dfrac{\gamma z^2}{2} + \dfrac{w^2}{2\gamma} \geq zw$.

将上述三式相加得

$$\frac{\alpha}{2}x^2 + (\frac{1}{2\alpha}+\beta)y^2 + (\frac{1}{\beta}+\frac{\gamma}{2})z^2 + \frac{w^2}{2\gamma} \geq xy + 2yz + zw$$

令 $\frac{\alpha}{2} = \frac{1}{2\alpha}+\beta = \frac{1}{\beta}+\frac{\gamma}{2} = \frac{1}{2\gamma}$,解得 $\alpha = \sqrt{2}+1, \beta = 1, \gamma = \sqrt{2}-1$,于是

$$\frac{\sqrt{2}+1}{2}(x^2+y^2+z^2+w^2) \geq xy + 2yz + zw$$

所以 $$\frac{xy+2yz+zw}{x^2+y^2+z^2+w^2} \leq \frac{\sqrt{2}+1}{2}$$

即 $\frac{xy+2yz+zw}{x^2+y^2+z^2+w^2}$ 的最大值是 $\frac{\sqrt{2}+1}{2}$.

### 九、变量代换的巧引

为了应用均值不等式,我们可引进适当的变量代换.

**例9** 设 $a,b,c$ 是正实数,且满足 $abc=1$,证明:$(a-1+\frac{1}{b})(b-1+\frac{1}{c}) \cdot (c-1+\frac{1}{a}) \leq 1$. (第41届IMO试题)

**证明** 令 $a = \frac{x}{y}, b = \frac{y}{z}, c = \frac{z}{x}$,其中 $x,y,z$ 是正实数,则原不等式等价于

$$(x+y-z)(y+z-x)(x+z-y) \leq xyz$$

记 $u = x+z-y, v = x+y-z, w = y+z-x$,因为这三个数中的任意两个之和都是正数,所以它们中间最多只有一个不是正数.

如果恰有一个数不是正数,则 $uvw \leq 0 < xyz$,不等式得证.

如果这三个数都大于零,则由均值不等式得

$$\sqrt{uv} = \sqrt{(x+z-y)(x+y-z)} \leq \frac{(x+z-y)+(x+y-z)}{2} = x$$

同理,$\sqrt{vw} \leq y, \sqrt{wu} \leq z$.

于是,$uvw \leq xyz$. 不等式得证.

### 十、不等式的反复巧用

有些不等式证明过程中多次反复使用均值不等式,但要求每次等号成立的条件必须一致,不能前后自相矛盾.

**例10** 设 $a_1, a_2, \cdots, a_n$ 是正实数,且满足 $a_1 + a_2 + \cdots + a_n < 1$,证明

$$\frac{a_1 a_2 \cdots a_n [1-(a_1+a_2+\cdots+a_n)]}{(a_1+a_2+\cdots+a_n)(1-a_1)(1-a_2)\cdots(1-a_n)} \leq \frac{1}{n^{n+1}}$$

(第39届IMO预选题)

**证明** 设 $a_{n+1} = 1 - (a_1 + a_2 + \cdots + a_n)$，显然 $a_{n+1} > 0$，于是得到和为 1 的 $n+1$ 个正数 $a_1, a_2, \cdots, a_n, a_{n+1}$，从而不等式变为

$$n^{n+1} a_1 a_2 \cdots a_n a_{n+1} \leqslant (1 - a_1)(1 - a_2) \cdots (1 - a_n)(1 - a_{n+1})$$

对于每个 $i(i = 1, 2, \cdots, n, n+1)$，由均值不等式得

$$1 - a_i = a_1 + a_2 + \cdots + a_{i-1} + a_{i+1} + \cdots + a_{n+1} \geqslant$$

$$n \sqrt[n]{a_1 a_2 \cdots a_{i-1} a_{i+1} \cdots a_{n+1}} = n \sqrt[n]{\frac{\prod_{i=1}^{n+1} a_i}{a_i}}$$

将这 $n+1$ 个不等式相乘，即得.

如果 $n \geqslant 2$，等号当且仅当 $a_1 = a_2 = \cdots = a_n = a_{n+1} = \dfrac{1}{n+1}$ 时成立；如果 $n = 1$，等号均成立.

### 十一、权系数的巧用

**例 11** 已知 $a, b$ 是正实数，且 $\dfrac{1}{a} + \dfrac{1}{b} = 1$，试证：对每一个 $n \in \mathbf{N}^*$，$(a+b)^n - a^n - b^n \geqslant 2^{2n} - 2^{n+1}$. (1988 年全国高中数学联赛试题)

**证明** 因为 $a, b \in \mathbf{R}^+$，且 $\dfrac{1}{a} + \dfrac{1}{b} = 1 \geqslant 2\sqrt{\dfrac{1}{a} \cdot \dfrac{1}{b}}$，所以 $ab \geqslant 4$.

由二项式定理有 $(a+b)^n = \sum_{k=0}^{n} C_n^k a^{n-k} b^k$，所以

$$(a+b)^n - a^n - b^n = \sum_{k=1}^{n-1} C_n^k a^{n-k} b^k \geqslant \qquad ①$$

$$\Big(\sum_{k=1}^{n-1} C_n^k\Big) \Big(\prod_{k=1}^{n-1} a^{(n-k)C_n^k} b^{k C_n^k}\Big)^{1/\sum_{k=1}^{n-1} C_n^k} \qquad ②$$

又由二项式定理

$$\sum_{k=0}^{n} C_n^k = 2^n, \quad \sum_{k=1}^{n-1} C_n^k = 2^n - 2 \qquad ③$$

$$\prod_{k=1}^{n-1} a^{(n-k)C_n^k} b^{k C_n^k} = a^{\sum_{k=1}^{n-1}(n-k)C_n^k} b^{\sum_{k=1}^{n-1} k C_n^k} \qquad ④$$

$$\sum_{k=1}^{n-1}(n-k)C_n^k = \sum_{k=1}^{n-1}(n-k)C_n^{n-k} = \sum_{k=1}^{n-1} k C_n^k =$$
$$\sum_{k=1}^{n-1} n C_{n-1}^{k-1} = n \sum_{k=1}^{n-1} C_{n-1}^{k-1} = n(2^{n-1} - 1) \qquad ⑤$$

由上述诸式得

$$(a+b)^n - a^n - b^n \geqslant (2^n - 2)\big[(ab)^{n(2^{n-1}-1)}\big]^{\frac{1}{2^n-2}} \geqslant$$
$$(2^n - 2)\big[(2^2)^{n(2^{n-1}-1)}\big]^{\frac{1}{2^n-2}} = (2^n - 2)2^n = 2^{2n} - 2^{n+1}$$

**注** 运用多项式展开定理可将不等式推广为：

若 $k \in \mathbf{N}^*, a_1, a_2, \cdots, a_k \in \mathbf{R}^+$，则对 $n \in \mathbf{N}^*$，有
$$(a_1 + a_2 + \cdots + a_k)^n - (a_1^n + a_2^n + \cdots + a_k^n) \geq (k^n - k)(a_1 a_2 \cdots a_k)^{\frac{n}{k}} \geq$$
$$k^n(k^n - k)(a_1^{-1} + a_2^{-1} + \cdots + a_k^{-1})^{-n}$$

**例 12** 设 $a, b, c$ 是正实数，且 $a + b + c = 3$，证明：$\dfrac{1}{a^2} + \dfrac{1}{b^2} + \dfrac{1}{c^2} \geq a^2 + b^2 + c^2$. (2006 年罗马尼亚国家集训队试题)

**证法一** $\dfrac{1}{a^2} + \dfrac{1}{b^2} + \dfrac{1}{c^2} \geq a^2 + b^2 + c^2$ 等价于证明 $a^2 b^2 + b^2 c^2 + c^2 a^2 \geq a^4 b^2 c^2 + b^4 c^2 a^2 + c^4 a^2 b^2$. 现在我们证明
$$(a + b + c)^4 (a^2 b^2 + b^2 c^2 + c^2 a^2) \geq 81(a^4 b^2 c^2 + b^4 c^2 a^2 + c^4 a^2 b^2) \quad ①$$

对一个 $n$ 个变量的函数 $f$，定义它的对称和 $\sum\limits_{sym} f(a_1, a_2, \cdots, a_n) = \sum\limits_{\sigma} f(a_{\sigma(1)}, a_{\sigma(2)}, \cdots, a_{\sigma(n)})$，这里 $\sigma$ 是 $1, 2, \cdots, n$ 的所有排列，$sym$ 表示对称求和. 例如，将 $a_1, a_2, a_3$ 记为 $x, y, z$，则 $\sum\limits_{sym} x^3 = 2x^2 + 2y^2 + 2z^2$，$\sum\limits_{sym} x^2 y = x^2 y + y^2 z + z^2 x + x^2 z + y^2 x + z^2 y$，$\sum\limits_{sym} xyz = 6xyz$.

① 等价于
$$\sum\limits_{sym}(a^6 b^2 + 4a^5 b^3 + 4a^5 b^2 c + 3a^4 b^4 + 12a^4 b^3 c + 10a^3 b^3 c^2 - 34a^4 b^2 c^2) \geq 0 \quad ②$$

由均值不等式得
$$a^6 b^2 + a^6 c^2 + 4a^5 b^3 + 4a^5 c^3 + 4a^5 b^2 c + 4a^5 b c^2 +$$
$$3a^4 b^4 + 3a^4 c^4 + 12a^4 b^3 c + 12a^4 b c^3 + 10a^3 b^3 c^2 + 10a^3 b^2 c^3 \geq$$
$$68 \sqrt[68]{a^{272} b^{136} c^{136}} = 68 a^4 b^2 c^2$$

同理
$$b^6 a^2 + b^6 c^2 + 4b^5 a^3 + 4b^5 c^3 + 4a^2 b^5 c + 4ab^5 c^2 +$$
$$3a^4 b^4 + 3b^4 c^4 + 12a^3 b^4 c + 12ab^4 c^3 + 10a^3 b^3 c^2 + 10a^2 b^3 c^3 \geq$$
$$68 \sqrt[68]{a^{136} b^{272} c^{136}} = 68 a^2 b^4 c^2$$

$$c^6 a^2 + c^6 b^2 + 4c^5 a^3 + 4c^5 b^3 + 4a^2 b c^5 + 4ab^2 c^5 +$$
$$3b^4 c^4 + 3c^4 a^4 + 12a^4 b c^3 + 12ab^4 c^3 + 10a^3 b^2 c^3 + 10a^2 b^3 c^3 \geq$$
$$68 \sqrt[68]{a^{136} b^{136} c^{272}} = 68 a^2 b^2 c^4$$

上面三个不等式相加得不等式 ②.

**证法二** 因为 $\dfrac{1}{a^2} + \dfrac{1}{b^2} + \dfrac{1}{c^2} \geq \dfrac{1}{ab} + \dfrac{1}{bc} + \dfrac{1}{ca}$，我们证明加强的不等式
$$\dfrac{1}{ab} + \dfrac{1}{bc} + \dfrac{1}{ca} \geq a^2 + b^2 + c^2 \Leftrightarrow (a + b + c) \geq abc(a^2 + b^2 + c^2)$$

因为 $a+b+c=3$，只要证明 $(a+b+c)^5 \geq 81abc(a^2+b^2+c^2)$．

设 $x=a+b+c, y=ab+bc+ca, z=abc$，则 $y^2 \geq 3zx$．

由均值不等式得

$$x^5+162yz = x^5+81yz+81yz \geq 3(x^5 \cdot 81yz \cdot 81yz)^{\frac{1}{3}} = 3(x^5 \cdot 3^8 y^2 z^2)^{\frac{1}{3}} \geq$$
$$3(x^5 \cdot 3^8 \cdot 3zx \cdot z^2)^{\frac{1}{3}} = 3(3^9 \cdot x^6 z^3)^{\frac{1}{3}} = 81x^2 z$$

所以 $x^5 \geq 81z(x^2-2y)$，即 $(a+b+c)^5 \geq 81abc(a^2+b^2+c^2)$．

**证法三** 因为 $\dfrac{1}{a^2}+\dfrac{1}{b^2}+\dfrac{1}{c^2} \geq \dfrac{1}{ab}+\dfrac{1}{bc}+\dfrac{1}{ca}, (ab+bc+ca)^2 \geq 3abc(a+b+c)$，由均值不等式得

$$9=(a+b+c)^2 = a^2+b^2+c^2+2(ab+bc+ca) \geq$$
$$3\sqrt[3]{(a^2+b^2+c^2)(ab+bc+ca)^2}$$

即 $27 \geq (a^2+b^2+c^2)(ab+bc+ca)^2$，所以

$$a^2+b^2+c^2 \leq \frac{27}{(ab+bc+ca)^2} \leq \frac{9}{abc(a+b+c)} =$$
$$\frac{3}{abc} = \frac{a+b+c}{abc} = \frac{1}{ab}+\frac{1}{bc}+\frac{1}{ca} \leq$$
$$\frac{1}{a^2}+\frac{1}{b^2}+\frac{1}{c^2}$$

**例 13** 设正实数 $a,b,c$ 满足 $abc=1$，求证：对于整数 $k \geq 2$，有 $\dfrac{a^k}{a+b} + \dfrac{b^k}{b+c} + \dfrac{c^k}{c+a} \geq \dfrac{3}{2}$．(2007 年中国东南地区数学奥林匹克试题)

**证明** 因为

$$\frac{a^k}{a+b} + \frac{a+b}{4} + \frac{1}{2} + \frac{1}{2} + \cdots \frac{1}{2} \geq k\sqrt[k]{\frac{a^k}{2^k}} = \frac{ka}{2}$$

所以

$$\frac{a^k}{a+b} \geq \frac{ka}{2} - \frac{a+b}{4} - \frac{k-2}{2}$$

同理可得

$$\frac{b^k}{b+c} \geq \frac{kb}{2} - \frac{b+c}{4} - \frac{k-2}{2}, \frac{c^k}{c+a} \geq \frac{kc}{2} - \frac{c+a}{4} - \frac{k-2}{2}$$

三式相加得有

$$\frac{a^k}{a+b} + \frac{b^k}{b+c} + \frac{c^k}{c+a} \geq \frac{k}{2}(a+b+c) - \frac{1}{2}(a+b+c) - \frac{3}{2}(k-2) =$$
$$\frac{k-1}{2}(a+b+c) - \frac{3}{2}(k-2) \geq \frac{k-1}{2} \cdot 3\sqrt[3]{abc} - \frac{3}{2}(k-2) = \frac{3}{2}$$

## 练习题

1. 设 $a,b,c$ 是正实数，则 $\dfrac{(a+1)^3}{b} + \dfrac{(b+1)^3}{c} + \dfrac{(c+1)^3}{a} \geqslant \dfrac{81}{4}$.

2. 若实数 $a_1, a_2, \cdots, a_p$ 均大于 $1$，$m, n, p$ 是正整数且 $m < n$, $p \geqslant 2$，则
$$\frac{a_1^n}{a_2^m - 1} + \frac{a_2^n}{a_3^m - 1} + \cdots \frac{a_{p-1}^n}{a_p^m - 1} + \frac{a_p^n}{a_1^m - 1} \geqslant \frac{(n-m)p}{m} \left(\frac{n}{n-m}\right)^{\frac{n}{m}}$$

3. $x, y, z$ 是正实数，且满足 $x^4 + y^4 + z^4 = 1$，求 $\dfrac{x^3}{1-x^8} + \dfrac{y^3}{1-y^8} + \dfrac{z^3}{1-z^8}$ 的最小值. (2000 年江苏省数学奥林匹克试题)

4. (1) 设 $a, b, c$ 是正实数，$n, k$ 是自然数，证明：$\dfrac{a^{n+k}}{b^n} + \dfrac{b^{n+k}}{c^n} + \dfrac{c^{n+k}}{a^n} \geqslant a^k + b^k + c^k$. (2002 年波黑数学奥林匹克试题)

(2) 设 $a_1, a_2, \cdots, a_n$ 是正数，$p, q$ 是正整数，求证：
$$\frac{a_1^{p+q}}{a_2^q} + \frac{a_2^{p+q}}{a_3^q} + \cdots + \frac{a_{n-1}^{p+q}}{a_n^q} + \frac{a_1^{p+q}}{a_1^q} \geqslant a_1^p + a_2^p + \cdots + a_{n-1}^p + a_n^p$$

5. (1) 设 $x, y, z$ 是正数，且 $x + y + z = 1$，证明：
$$\left(1 + \frac{1}{x}\right)\left(1 + \frac{1}{y}\right)\left(1 + \frac{1}{z}\right) \geqslant 64$$

(1989 年南斯拉夫数学奥林匹克试题)

(2) 已知 $a_1, a_2, \cdots, a_n$ 是正数，且 $a_1 + a_2 + \cdots + a_n = 1$，求证：
$$\prod_{k=1}^{n} \left(a_k + \frac{1}{a_k}\right) \geqslant \left(n + \frac{1}{n}\right)^n$$

6. (1) 设 $x_i(i=1,2,\cdots,n)$ 是正数，求证：$x_1^{n+1} + x_2^{n+1} + \cdots + x_n^{n+1} \geqslant x_1 x_2 \cdots x_n (x_1 + x_2 + \cdots + x_n)$. (美国大学生数学竞赛题)

(2) 设 $x_i(i=1,2,\cdots,n)$ 是正数，求证：$\prod\limits_{i=1}^{k} x_i \sum\limits_{i=1}^{k} x_i^{n-1} \leqslant \sum\limits_{i=1}^{k} x_i^{n+k-1}$. (1967 年 IMO 预选题)

(3) 设 $a, b, c$ 是正实数，$p$ 是非负整数，证明：$a^{p+2} + b^{p+2} + c^{p+2} \geqslant a^p bc + b^p ca + c^p ab$. (2002 年克罗地亚数学奥林匹克试题)

7. 若 $x_i(i=1,2,\cdots,n)$ 是正数，且 $\sum\limits_{i=1}^{n} \dfrac{1}{1+x_i} = 1$，求证：$x_1 x_2 \cdots x_n \geqslant (n-1)^n$. (1992 年土耳其国家集训队试题)

8. 已知 $a_1, a_2, \cdots, a_N$ 是正数，$m, n$ 是自然数，且 $1 \leqslant m < n$，求证：

$$\sqrt[n]{\frac{a_1^n + a_2^n + \cdots + a_N^n}{N}} > \sqrt[m]{\frac{a_1^m + a_2^m + \cdots + a_N^m}{N}}$$

9. 数列 $\{F_n\}$ 定义如下: $F_1 = 1, F_2 = 2$, 而对任何 $n \in \mathbf{N}$, 有 $F_{n+2} = F_{n+1} + F_n$, 求证: 对任何 $n \in \mathbf{N}$, 有 $\sqrt[n]{F_{n+1}} \geq 1 + \frac{1}{\sqrt[n]{F_n}}$. (1992 年圣彼得堡数学选拔考试题)

10. (1) 设 $n \geq 2, n \in \mathbf{N}^*$, 则 $n[(n+1)^{\frac{1}{n}} - 1] < 1 + \frac{1}{2} + \frac{1}{3} + \cdots + \frac{1}{n} < n - (n-1)n^{-\frac{1}{n-1}}$. (第 36 届美国普特南数学竞赛题)

(2) 设 $n \geq 2, n \in \mathbf{N}^*, k \in \mathbf{N}^*$, 则

$$\frac{1}{kn} + \frac{1}{kn+1} + \frac{1}{kn+2} + \cdots + \frac{1}{(k+1)n-1} \geq n\left(\sqrt[n]{\frac{k+1}{k}} - 1\right)$$

(第 8 届韩国数学奥林匹克试题)

11. 设 $a_1, a_2, \cdots, a_n$ 都是正数, $S_k$ 是从 $a_1, a_2, \cdots, a_n$ 中每次取 $k$ 个所得乘积的和, 证明: $S_k S_{n-k} \geq (C_n^k)^2 a_1 a_2 \cdots a_n (k = 1, 2, \cdots, n-1)$. (1990 年亚太地区数学竞赛题)

12. 已知 $5n$ 个实数 $r_i, s_i, t_i, u_i, v_i$ 都大于 $1(1 \leq i \leq n)$, 记 $R = (\frac{1}{n} \sum_{i=1}^n r_i)$, $S = (\frac{1}{n} \sum_{i=1}^n s_i), T = (\frac{1}{n} \sum_{i=1}^n t_i), U = (\frac{1}{n} \sum_{i=1}^n u_i), V = (\frac{1}{n} \sum_{i=1}^n v_i)$. 求证: $\prod_{i=1}^n \left(\frac{r_i s_i t_i u_i v_i + 1}{r_i s_i t_i u_i v_i - 1}\right) \geq \left(\frac{RSTUV + 1}{RSTUV - 1}\right)^n$. (1994 年中国国家集训队试题)

13. (1) 已知 $a, b, c$ 是正数, 则 $\frac{1}{a(1+b)} + \frac{1}{b(1+c)} + \frac{1}{c(1+a)} \geq \frac{3}{1+abc}$. (Aassila 不等式, 2000 年中国国家集训队试题, 2006 年巴尔干数学奥林匹克试题)

(2) 已知 $a, b, c$ 是正数, 则 $\left(\frac{1}{a} + \frac{1}{b} + \frac{1}{c}\right)\left(\frac{1}{1+a} + \frac{1}{1+b} + \frac{1}{1+c}\right) \geq \frac{9}{1+abc}$. (Crux 问题 2522)

14. 设 $x, y, z$ 是正数, 则 $\frac{x^3}{yz} + \frac{y^3}{zx} + \frac{z^3}{xy} \geq x + y + z$. (第 34 届加拿大数学奥林匹克试题)

15. 设 $a_1, a_2, \cdots, a_n$ 和 $b_1, b_2, \cdots, b_n$ 都是正数, 证明:

$$\sqrt[n]{a_1 a_2 \cdots a_n} + \sqrt[n]{b_1 b_2 \cdots b_n} \leq \sqrt[n]{(a_1 + b_1)(a_2 + b_2) \cdots (a_n + b_n)}$$

(1992 年爱尔兰数学奥林匹克试题, 第 64 届普特南数学竞赛试题)

16. 设 $n$ 是正整数, 证明不等式: $n^n \leq (n!)^2 \leq \left[\frac{(n+1)(n+2)}{6}\right]^n$. (1995

17. 设 $a_1, a_2, \cdots, a_n$ 是 $1, 2, \cdots, n$ 的一个排列，证明：$\dfrac{1}{2} + \dfrac{2}{3} + \cdots + \dfrac{n-1}{n} \leqslant \dfrac{a_1}{a_2} + \dfrac{a_2}{a_3} + \cdots + \dfrac{a_{n-1}}{a_n} \leqslant \dfrac{a_1}{a_2} + \dfrac{a_2}{a_3} + \cdots + \dfrac{a_{n-1}}{a_n}$. （第 31 届 IMO 预选题）

18. （1）已知 $0 \leqslant x \leqslant 1, n$ 是正整数，证明不等式：$(1+x)^n \geqslant (1-x)^n + 2nx\sqrt{(1-x^2)^{n-1}}$. （1988 年爱尔兰数学奥林匹克试题）

（2）已知 $a > 0$，证明：$a^n + \dfrac{1}{a^n} - 2 \geqslant n^2\left(a + \dfrac{1}{a} - 2\right)$. （1992 年匈牙利, 2001 年 Belarus 数学奥林匹克试题）

19. （1）已知 $x, y \in \mathbf{R}^+$，且 $x + y = 2$，证明：$x^3 y^3 (x^3 + y^3) \leqslant 2$. （2002 年印度数学奥林匹克试题）

（2）已知 $x, y \in \mathbf{R}^+$，且 $x + y = 2$，证明：$x^2 y^2 (x^2 + y^2) \leqslant 2$. （2002 年爱尔兰数学奥林匹克试题）

20. 设 $a, b, c$ 是正实数，且 $a^2 + b^2 + c^2 = 1$，求证：$a + b + c + \dfrac{1}{abc} \geqslant 4\sqrt{3}$. （1999 年马其顿, 2000 年哈萨克斯坦数学奥林匹克试题）

21. （1）已知 $a, b, c$ 是正数，求证：$a^5 + b^5 + c^5 \geqslant a^3bc + ab^3c + abc^3$. （1987 年国家集训队考试题）

（2）已知是 $a, b, c$ 正数，求证：$\dfrac{1}{a} + \dfrac{1}{b} + \dfrac{1}{c} \leqslant \dfrac{a^8 + b^8 + c^8}{a^3 b^3 c^3}$. （1967 年 IMO 预选题）

22. （1）已知 $a, b, c, d$ 是正实数，求证：$\dfrac{a}{b+c} + \dfrac{b}{c+d} + \dfrac{c}{d+a} + \dfrac{d}{a+b} \geqslant 2$. （1989 年四川省数学竞赛题）

（2）已知 $a, b, c, d$ 是正实数，且 $abcd = 1$，求证：$\dfrac{1}{a(b+1)} + \dfrac{1}{b(c+1)} + \dfrac{1}{c(d+1)} + \dfrac{1}{d(a+1)} \geqslant 2$. （2004 年罗马尼亚数学奥林匹克试题）

23. 设 $x_i (i = 0, 1, 2, \cdots, n)$ 为正实数，$n \geqslant 2$，$n$ 为自然数，求证：
$$\left(\dfrac{x_0}{x_1}\right)^n + \left(\dfrac{x_1}{x_2}\right)^n + \cdots + \left(\dfrac{x_{n-1}}{x_n}\right)^n + \left(\dfrac{x_n}{x_0}\right)^n \geqslant \dfrac{x_1}{x_0} + \dfrac{x_2}{x_1} + \cdots + \dfrac{x_n}{x_{n-1}} + \dfrac{x_0}{x_n}.$$
（1990 年江苏省数学奥林匹克夏令营试题, 1975 年美国数学竞赛试题）

24. 设 $x_i (i = 0, 1, 2, \cdots, n)$ 为正实数，$n \geqslant 2$，$n$ 为自然数，$x_{n+1} = x_1, x_{n+2} = x_2$，证明：$\sum\limits_{i=1}^{n} \dfrac{x_i}{x_{i+1} + x_{i+2}} > (\sqrt{2} - 1)n$. （2005 年摩尔多瓦数学奥林匹克试题）

25. 已知 $x,y,z$ 是正数,求证: $xyz(x+2)(y+2)(z+2) \leqslant (1+\dfrac{2(xy+yz+zx)}{3})^3$. (2006年韩国数学奥林匹克试题)

26. (1) 已知 $a,b$ 是正数,证明:不等式 $2\sqrt{a}+3\sqrt[3]{b} \geqslant 5\sqrt[5]{ab}$. (1996年马其顿数学奥林匹克试题)

(2) 设 $x > y \geqslant 0$,证明: $x+\dfrac{4}{(x-y)(y+1)^2} \geqslant 3$. (1981年南斯拉夫数学奥林匹克试题)

(3) 非负实数 $a,b,x,y$ 是正数,且满足 $a^5+b^5 \leqslant 1$ 和 $x^5+y^5 \leqslant 1$,证明: $a^2x^3+b^2y^3 \leqslant 1$. (1983年奥地利-波兰数学奥林匹克试题)

27. 已知 $x,y,z$ 是正数,求证: $\dfrac{x}{2x+y+z}+\dfrac{y}{x+2y+z}+\dfrac{z}{x+y+2z} \leqslant \dfrac{3}{4}$.

28. 已知 $a_i(i=1,2,3\cdots,n,n \geqslant 3)$, $\sum\limits_{i=1}^{n} a_i^{n-1}=1$,则

$$\sum_{i=1}^{n} \dfrac{a_i^{n-2}}{1-a_i^{n-1}} \geqslant \dfrac{n}{n-1} \cdot \sqrt[n-1]{n}$$

(第30届IMO试题的推广)

29. 证明:对任意正数 $a,b,c,d$,有

$$\sqrt[3]{\dfrac{abc+abd+acd+bcd}{4}} \geqslant \sqrt{\dfrac{ab+ac+ad+bc+bd+cd}{6}}$$

并确定对什么样的 $a,b,c,d$ 等式成立. (1970年民主德国数学奥林匹克试题, 1989年波兰数学奥林匹克试题)

30. 已知 $x,y,z$ 是正数,且 $x+y+z=1$,求证: $\dfrac{x^4}{y(1-y^2)}+\dfrac{y^4}{z(1-z^2)}+\dfrac{z^4}{x(1-x^2)} \geqslant \dfrac{1}{8}$.

31. 证明:对于 $(0,1)$ 内的任意实数 $a,b,c$ 均有

$$\sqrt{a^2bc+ab^2c+abc^2}+\sqrt{\sigma_a+\sigma_b+\sigma_c} < \sqrt{3}$$

其中, $\sigma_a=(1-a)^2(1-b)(1-c)$, $\sigma_b,\sigma_c$ 类似定义. (2008年第39届澳大利亚数学奥林匹克试题)

32. 设 $x,y,z$ 是非负实数,且满足 $x+y+z=1$,证明 $x^2y+y^2z+z^2x+xyz \leqslant \dfrac{4}{27}$. (1999年加拿大数学奥林匹克试题的加强)

33. 实数 $t_1,t_2,\cdots,t_n$ 为 $n$ 个实数,满足 $0 < t_1 \leqslant t_2 \leqslant \cdots \leqslant t_n < 1$,证明:

$$(1-t_n)^2 \left[ \dfrac{t_1}{(1-t_1^2)^2} + \dfrac{t_2^2}{(1-t_2^3)^2} + \cdots + \dfrac{t_n^n}{(1-t_n^{n+1})^2} \right] < 1$$

(第 28 届 IMO 预选题)

34. 设 $a_1, a_2, \cdots, a_n$ 为 $n$ 个非负实数,且 $a_1 + a_2 + \cdots + a_n = n$,证明:
$$\frac{a_1^2}{1+a_1^4} + \frac{a_2^2}{1+a_2^4} + \cdots + \frac{a_n^2}{1+a_n^4} \leq \frac{1}{1+a_1} + \frac{1}{1+a_2} + \cdots + \frac{1}{1+a_n}$$

(1994 年合肥市高中数学竞赛试题)

35. 设 $a_1, a_2, \cdots, a_n$ 为 $n$ 个正实数,且 $a_1 a_2 \cdots a_n = 1$,求证:
$$\sum_{i=1}^{n} \frac{a_i^n(1+a_i)}{A} \geq \frac{n}{2^{n-1}}$$

其中 $A = (1+a_1)(1+a_2)\cdots(1+a_n)$. (第 39 届 IMO 预选题的推广,$n=3$)

36. 设 $a, x_1, x_2, \cdots, x_n (n \geq 2)$ 均为正实数,求证:$\dfrac{a^{x_1-x_2}}{x_1+x_2} + \dfrac{a^{x_2-x_3}}{x_2+x_3} + \cdots + \dfrac{a^{x_n-x_1}}{x_n+x_1} \geq \dfrac{n^2}{2(x_1+x_2+\cdots+x_n)}$,并指出等号成立的充要条件. (1985 年奥地利 - 波兰数学奥林匹克试题,1998 年塞尔维亚数学奥林匹克试题)

37. 证明:对于任意大于 1 的实数 $a, b, c$,有 $2\left(\dfrac{\log_b a}{a+b} + \dfrac{\log_c b}{b+c} + \dfrac{\log_a c}{c+a}\right) \geq \dfrac{9}{a+b+c}$. (1976 年南斯拉夫数学奥林匹克试题)

38. 不允许用计算器. 证明:

(1)如果 $a, b, c, d$ 是实数,则 $a^6 + b^6 + c^6 + d^6 - 6abcd \geq -2$ 成立,并指出等号何时成立.

(2)对于哪些正整数 $k$,不等式 $a^k + b^k + c^k + d^k - kabcd \geq M_k$ 对所有实数 $a, b, c, d$ 成立?求 $M_k$ 的最大可能值,并指出等号何时成立. (2004 年澳大利亚数学奥林匹克试题)

39. 正数 $a, b$ 满足 $a+b=1$,求证:$\left(\dfrac{1}{a^3} - a^2\right)\left(\dfrac{1}{b^3} - b^2\right) \geq \left(\dfrac{31}{4}\right)^2$. (《数学通报》问题 1808)

40. 给定正整数 $n \geq 2$,求所有 $m \in \mathbf{N}^+$,使得对于 $a_i \in \mathbf{R}^+, i=1,2,3\cdots,n$,满足 $a_1 a_2 \cdots a_n = 1$,则 $a_1^m + a_2^m + \cdots + a_n^m \geq \dfrac{1}{a_1} + \dfrac{1}{a_2} + \cdots + \dfrac{1}{a_n}$. (1999 年波兰 - 奥地利数学奥林匹克试题,2005 年 BMO 选拔试题)

41. 对每个正整数 $n > 1$,证明不等式:
$$n\left[(n+1)^{\frac{2}{n}} - 1\right] < \sum_{j=1}^{n} \frac{2j+1}{j^2} < n\left(1 - n^{-\frac{2}{n-1}}\right) + 4$$

(1994 年英国数学奥林匹克试题)

42. 设集合 $\{a_1, a_2, \cdots, a_n\} = \{1, 2, \cdots, n\}$,证明:$\dfrac{1}{2} + \dfrac{2}{3} + \cdots + \dfrac{n-1}{n} \leq$

$\dfrac{a_1}{a_2}+\dfrac{a_2}{a_3}+\cdots+\dfrac{a_{n-1}}{a_n}$. (第 31 届 IMO 预选题)

43. 设 $x,y,z$ 是正实数,且满足 $xy+yz+zx=1$,证明:$\dfrac{27}{4}(x+y)(y+z)(z+x) \geq (\sqrt{x+y}+\sqrt{y+z}+\sqrt{z+x})^2 \geq 6\sqrt{3}$. (2006 年土耳其国家集训队试题)

44. 设 $x_1,x_2,\cdots,x_n(n \geq 2)$ 均为正实数,求证:$x_1+2x_2+3x_3+\cdots+nx_n \leq \dfrac{n(n-1)}{2}+x_1+x_2^2+x_3^3+\cdots+x_n^n$. (2001 年波兰数学奥林匹克试题)

45. 设 $n$ 是正整数,求证:$(2n^2+3n+1)^n \geq 6^n(n!)^2$. (1992 年巴尔干数学奥林匹克试题)

46. 设 $a_1,a_2,\cdots,a_n$ 是不全相等的 $n(n \geq 2)$ 个正数,且满足 $\sum_{k=1}^{n} a_k^{-2n}=1$. 求证:$\sum_{k=1}^{n} a_k^{2n} - n^2 \sum_{1 \leq i<j \leq n}(\dfrac{a_i}{a_j}-\dfrac{a_j}{a_i})^2 > n^2$. (2003 年国家集训队考试题)

47. 设 $x_1,x_2,x_3,x_4$ 均为正实数,且 $x_1 x_2 x_3 x_4 = 1$,求证:$\sum_{k=1}^{4} x_k^3 \geq \max\{\sum_{k=1}^{4} x_k, \sum_{k=1}^{4} \dfrac{1}{x_k}\}$. (1997 年伊朗数学奥林匹克试题)

48. 已知 $x_1 x_2 \cdots x_n = Q^n$,其中 $x_i \geq 1, i=1,2,\cdots,n$,记 $x_{n+1}=x_1$,证明:当 $n$ 为大于 2 的偶数时,$\sum_{i=1}^{n} x_i x_{i+1} - \sum_{i=1}^{n} x_i \geq \dfrac{n}{2}(Q^2-1)$. $n$ 为奇数时是否成立? (1989 年国家集训队测试题)

49. 设 $n,k \in \mathbf{N}, 1 \leq k \leq n, x_1,x_2,\cdots,x_n$ 均为正实数,且 $x_1+x_2+\cdots+x_k = x_1 x_2 \cdots x_k$,求证:$x_1^{n-1}+x_2^{n-1}+\cdots+x_k^{n-1} \geq kn$. (1989 年联邦德国数学奥林匹克试题)

50. 设 $a,b,c$ 是正实数,求证:$\sqrt{abc}(\sqrt{a}+\sqrt{b}+\sqrt{c})+(a+b+c)^2 \geq 4\sqrt{3abc(a+b+c)}$. (2004 年中国国家集训队试题)

51. 设 $a,b,c$ 是正实数,且 $a+b+c=1$,求证:$(ab)^{\frac{5}{4}}+(bc)^{\frac{5}{4}}+(ca)^{\frac{5}{4}} < \dfrac{1}{4}$. (2004 年中国国家集训队试题)

52. 设正实数 $x,y,z$ 满足 $x+y+z=xyz$,求 $x^7(yz-1)+y^7(zx-1)+z^7(xy-1)$ 的最小值. (2003 年中国国家集训队试题)

53. 设 $x_1,x_2,\cdots,x_n,x_{n+1}$ 是正实数,且满足条件 $\dfrac{1}{1+x_1}+\dfrac{1}{1+x_2}+\cdots+\dfrac{1}{1+x_n}+\dfrac{1}{1+x_{n+1}}=1$,求证:$x_1 x_2 \cdots x_n x_{n+1} \geq n^{n+1}$. (1992 年土耳其集训队试题)

54. 设 $a_1, a_2, \cdots, a_n$ 是正实数,$n > 1$,用 $g_n$ 表示它们的几何平均,用 $A_1, A_2, \cdots, A_n$ 表示的算术平均为 $A_k = \dfrac{a_1 + a_2 + \cdots + a_k}{k}(k = 1, 2, \cdots, n)$,用 $G_n$ 表示 $A_1, A_2, \cdots, A_n$ 的几何平均. 证明不等式 $n\sqrt[n]{\dfrac{G_n}{A_n}} + \dfrac{g_n}{G_n} \leq n + 1$,并确定等号成立的条件.(第 45 届 IMO 预选题)

55. 设 $x_1, x_2, \cdots, x_n$ 是正实数,$n$ 是正整数,证明不等式:$\prod\limits_{i=1}^{n}(1 + x_1 + x_2 + \cdots + x_i) \geq \sqrt{(n+1)^{n+1} x_1 x_2 \cdots x_n}$.(2007 年俄罗斯数学奥林匹克试题)

56. 设 $a_1, a_2, \cdots, a_n; b_1, b_2, \cdots, b_n$ 是非负实数,$c_k = \prod\limits_{i=1}^{k} b_i^{\frac{1}{k}}, 1 \leq k \leq n$,证明:$nc_n + \sum\limits_{k=1}^{n} k(a_k - 1)c_k \leq \sum\limits_{k=1}^{n} a_k^k b_k$.(2007 年中国国家集训队培训试题)

57. 设 $a, b, c$ 是正实数,证明:
$$3\sqrt[9]{\dfrac{9a(a+b)}{2(a+b+c)^2}} + \sqrt[3]{\dfrac{6bc}{(a+b)(a+b+c)}} \leq 4$$
(2005 年波兰数学奥林匹克试题)

58. 设 $a, b, c, d$ 是正实数,证明:
$$\dfrac{a}{\sqrt[3]{a^3 + 63bcd}} + \dfrac{b}{\sqrt[3]{b^3 + 63cda}} + \dfrac{c}{\sqrt[3]{c^3 + 63dab}} + \dfrac{d}{\sqrt[3]{d^3 + 63abc}} \geq 1$$
(2004 年波兰数学奥林匹克试题)

59. 设 $a, b$ 是正的常数,$x_1, x_2, \cdots, x_n$ 是正实数,$n \geq 2$ 是正整数,求 $y = \dfrac{x_1 x_2 \cdots x_n}{(a+x_1)(x_1+x_2)\cdots(x_{n-1}+x_n)(x_n+b)}$ 的最大值.(1999 年波兰数学奥林匹克试题)

60. 设 $a, b, c, d$ 是正实数,且 $a^2 + b^2 + c^2 + d^2 = 1$,证明:$a^2 b^2 cd + ab^2 c^2 d + abc^2 d^2 + a^2 bcd^2 + a^2 bc^2 d + ab^2 cd^2 \leq \dfrac{3}{32}$.(2008 年伊朗数学奥林匹克试题)

61. 求最小的实数 $k$,对于一切正实数 $x, y, z$,使得不等式 $x\sqrt{y} + y\sqrt{z} + z\sqrt{x} \leq k\sqrt{(x+y)(y+z)(z+x)}$ 成立.(2008 年伊朗数学奥林匹克试题)

62. 设正数 $a, b, c$,满足 $abc = 1$,证明:$\dfrac{c}{b} + \dfrac{b}{a} + \dfrac{a}{c} \leq a^3 b + b^3 c + c^3 a$.(2007 年波兰数学奥林匹克试题)

63. 已知 $x_1, x_2, \cdots, x_n; y_1, y_2, \cdots, y_n$ 是正实数,证明:$x_1 x_2 \cdots x_n + y_1 y_2 \cdots y_n \leq \sqrt{x_1^2 + y_1^2}\sqrt{x_2^2 + y_2^2}\cdots\sqrt{x_n^2 + y_n^2}$.(2001 年波兰数学奥林匹克试题)

64. 正数 $a, b, c$ 满足 $a^3 + b^3 = c^3$,证明:$a^2 + b^2 - c^2 > 6(c - a)(c - b)$. (2009年印度数学奥林匹克试题)

65. 已知 $m, n \in \mathbf{N}, n \geq 2, a_i > 0, i = 1, 2, \cdots, n$,并且 $a_1 + a_2 + \cdots + a_n = 1$,证明:$\dfrac{a_1^{2-m} + a_2 + \cdots + a_{n-1}}{1 - a_1} + \dfrac{a_2^{2-m} + a_3 + \cdots + a_n}{1 - a_2} + \cdots + \dfrac{a_n^{2-m} + a_1 + \cdots + a_{n-2}}{1 - a_n} \geq n + \dfrac{n^m - n}{n - 1}$. (2009年摩尔多瓦国家集训队试题)

66. 已知 $x_1, x_2, \cdots, x_n$ 是正实数,证明:$m = \min\{x_1, x_2, \cdots, x_n\}, M = \max\{x_1, x_2, \cdots, x_n\}, A = \dfrac{x_1 + x_2 + \cdots + x_n}{n}, G = \sqrt[n]{x_1 x_2 \cdots x_n}$,证明:$A - G \geq \dfrac{1}{n}(\sqrt{M} - \sqrt{m})^2$. (2009年印度尼西亚数学奥林匹克试题)

67. 设 $n$ 是正整数,$a_1, a_2, \cdots, a_n; b_1, b_2, \cdots, b_n$ 都是正数,证明:$(a_1 + b_1) \cdot (a_2 + b_2) \cdots (a_n + b_n) + 2^{n-1}\left(\dfrac{1}{a_1 b_1} + \dfrac{1}{a_2 b_2} + \cdots + \dfrac{1}{a_n b_n}\right) \geq 2^{n-1}(n + 2)$. (2007年保加利亚数学奥林匹克试题)

68. 设 $a, b, c$ 为正实数,试证明:$\dfrac{a}{\sqrt{a^2 + 9bc}} + \dfrac{b}{\sqrt{b^2 + 9ca}} + \dfrac{c}{\sqrt{c^2 + 9ab}} \geq \dfrac{3}{\sqrt{10}}$. (2009年中国台湾地区数学奥林匹克试题)

69. 设实系数多项式 $f(x) = x^n + a_1 x^{n-1} + a_2 x^{n-2} + \cdots + a_n$ 的根 $b_1, b_2, \cdots, b_n$ 为实数,其中 $n \geq 2$,试证:对于 $x > \max\{b_1, b_2, \cdots, b_n\}$,则

$$f(x + 1) \geq \dfrac{2n^2}{\dfrac{1}{x - b_1} + \dfrac{1}{x - b_2} + \cdots + \dfrac{1}{x - b_n}}$$

(1991年中国数学奥林匹克国家集训队选拔试题)

70. 设 $0 < p < q, t_1, t_2, \cdots, t_n \in [p, q]$,记 $A$ 和 $B$ 分别是数组 $t_1, t_2, \cdots, t_n$ 和 $t_1^2, t_2^2, \cdots, t_n^2$ 的算术平均,证明:$\dfrac{A^2}{B} \geq \dfrac{4pq}{(p + q)^2}$. (1981年越南数学奥林匹克试题)

71. 设 $a, b, c$ 为正实数,试证明:$\dfrac{a}{b} + \dfrac{b}{c} + \dfrac{c}{a} \geq 3\sqrt{\dfrac{a^2 + b^2 + c^2}{ab + bc + ca}}$. (2007年蒙古国数学奥林匹克试题)

72. 设 $x_1, x_2, \cdots, x_n \in \left(0, \dfrac{\pi}{2}\right)$,且 $\tan x_1 + \tan x_2 + \cdots + \tan x_n \leq n$,证明:$\sin x_1 \sin x_2 \cdots \sin x_n \leq \dfrac{1}{\sqrt{2^n}}$. (2002年波斯利亚数学奥林匹克试题)

73. 设 $x, y, z$ 为非负实数,求证:$\left(\dfrac{xy + yz + zx}{3}\right)^3 \leq (x^2 - xy + y^2)(y^2 - yz +$

$z^2)(z^2 - zx + x^2) \leq (\dfrac{x^2 + y^2 + z^2}{2})^3$. (2010 年全国高中数学联赛 B 卷试题)

74. 如果 $x_1, x_2, \cdots, x_n$ 是正实数,则
$$\sum_{k=1}^{n} x_k + \sqrt{\sum_{k=1}^{n} x_k^2} \leq \dfrac{n + \sqrt{n}}{n^2}(\sum_{k=1}^{n} \dfrac{1}{x_k})(\sum_{k=1}^{n} x_k^2).$$
(1987 年奥地利数学奥林匹克试题)

75. 设 $n$ 和 $k$ 是正整数,$a_1, a_2, \cdots, a_n$ 是正实数,并且 $a_1 + a_2 + \cdots + a_n = 1$. 证明:$\sum_{k=1}^{n} \dfrac{1}{a_n^k} \geq n^{k+1}$. (1974 年 IMO 预选题)

76. 设 $n \geq 2, a_1, a_2, \cdots, a_n$ 是正实数,并且 $a_1 + a_2 + \cdots + a_n = 1$,证明:
$\prod_{k=1}^{n}(\dfrac{1}{a_k^2} - 1) \geq (n^2 - 1)^k$. (2011 年哈萨克斯坦数学奥林匹克试题)

77. 设 $a, b, c$ 为正实数,且满足 $a^2 + b^2 + c^2 + (a + b + c)^2 \leq 4$,证明:
$\dfrac{ab + 1}{(a + b)^2} + \dfrac{bc + 1}{(b + c)^2} + \dfrac{ca + 1}{(c + a)^2} \geq 3$. (2011 年美国数学奥林匹克试题)

# 参考解答

1. 根据均值不等式得 $a + \dfrac{1}{2} + \dfrac{1}{2} \geq 3 \cdot \sqrt[3]{a \cdot \dfrac{1}{2} \cdot \dfrac{1}{2}} = 3\sqrt[3]{\dfrac{a}{4}}$,所以 $\dfrac{(a+1)^3}{b} \geq \dfrac{27a}{b}$,同理,$\dfrac{(b+1)^3}{c} \geq \dfrac{27b}{c}, \dfrac{(c+1)^3}{a} \geq \dfrac{27c}{a}$.三式相加得
$$\dfrac{(a+1)^3}{b} + \dfrac{(b+1)^3}{c} + \dfrac{(c+1)^3}{a} \geq \dfrac{27}{2}(\dfrac{a}{b} + \dfrac{b}{c} + \dfrac{c}{a}) \geq$$
$$\dfrac{27}{4} \cdot 3\sqrt[3]{\dfrac{a}{b} \cdot \dfrac{b}{c} \cdot \dfrac{c}{a}} = \dfrac{81}{4}$$

2. 应用均值不等式得
$$a_i^n = (\underbrace{\dfrac{a_i^m - 1}{m} + \cdots + \dfrac{a_i^m - 1}{m}}_{m} + \underbrace{\dfrac{1}{n-m} + \cdots + \dfrac{1}{n-m}}_{n-m})^{\frac{n}{m}} \geq$$
$$(n\sqrt[n]{(\dfrac{a_i^m - 1}{m})^m (\dfrac{1}{n-m})^{n-m}})^{\frac{n}{m}} = \dfrac{n-m}{m}(\dfrac{n}{n-m})^{\frac{n}{m}}(a_i^m - 1)$$
以上各式相加得

$$\frac{a_1^n}{a_2^m-1}+\frac{a_2^n}{a_3^m-1}+\cdots\frac{a_{p-1}^n}{a_p^m-1}+\frac{a_p^n}{a_1^m-1}\geqslant$$

$$\frac{n-m}{m}\left(\frac{n}{n-m}\right)^{\frac{n}{m}}\left(\frac{a_1^m-1}{a_2^m-1}+\frac{a_2^m-1}{a_3^m-1}+\cdots+\frac{a_{p-1}^m-1}{a_p^m-1}+\frac{a_p^m-1}{a_1^m-1}\right)\geqslant$$

$$\frac{n-m}{m}\left(\frac{n}{n-m}\right)^{\frac{n}{m}}\cdot p\cdot\sqrt[p]{\frac{a_1^m-1}{a_2^m-1}\cdot\frac{a_2^m-1}{a_3^m-1}\cdot\cdots\cdot\frac{a_{p-1}^m-1}{a_p^m-1}\cdot\frac{a_p^m-1}{a_1^m-1}}=$$

$$\frac{(n-m)p}{m}\left(\frac{n}{n-m}\right)^{\frac{n}{m}}$$

3. 应用均值不等式得

$$u^8(1-u^8)^8=\frac{1}{8}\cdot 8u^8(1-u^8)(1-u^8)\cdots(1-u^8)\leqslant$$

$$\frac{1}{8}\cdot\left(\frac{8u^8+\overbrace{(1-u^8)+\cdots+(1-u^8)}^{8}}{9}\right)^9=\frac{1}{8}\left(\frac{8}{9}\right)^9$$

所以 $$u(1-u^8)\leqslant\frac{8}{\sqrt[4]{3^9}}$$

$$\frac{x^3}{1-x^8}+\frac{y^3}{1-y^8}+\frac{z^3}{1-z^8}\geqslant\frac{x^4+y^4+z^4}{8}\cdot\sqrt[4]{3^9}=\frac{9}{8}\cdot\sqrt[4]{3}$$

当 $x=y=z=\frac{1}{\sqrt[4]{3}}$ 时,上式取等号,因此,所求的最小值是 $\frac{9}{8}\cdot\sqrt[4]{3}$.

4. 应用均值不等式得

$$p\cdot\frac{a_i^{p+q}}{a_{i+1}^q}+q\cdot a_{i+1}^p\geqslant(p+q)\sqrt[p+q]{\left(\frac{a_i^{p+q}}{a_{i+1}^q}\right)^p(a_{i+1}^p)^q}=$$

$$(p+q)a_i^p, i=1,2,\cdots,n, a_{n+1}=a_1$$

将上面 $n$ 个不等式相加整理即得. $p=1,q=1$,便是1984年全国高中数学联赛题.

5. (1) 因为 $x,y,z$ 是正数,且 $x+y+z=1\geqslant 3\sqrt[3]{xyz}$,所以

$$\frac{1}{xyz}\geqslant 27, 1+\frac{1}{x}=1+\frac{1}{3x}+\frac{1}{3x}+\frac{1}{3x}\geqslant 4\sqrt[4]{\left(\frac{1}{3x}\right)^3}$$

同理 $1+\frac{1}{y}\geqslant 4\sqrt[4]{\left(\frac{1}{3y}\right)^3}, 1+\frac{1}{z}\geqslant 4\sqrt[4]{\left(\frac{1}{3z}\right)^3}$,所以

$$\left(1+\frac{1}{x}\right)\left(1+\frac{1}{y}\right)\left(1+\frac{1}{z}\right)\geqslant 64\sqrt[4]{\left(\frac{1}{3^3xyz}\right)^3}\geqslant 64$$

(2) 应用均值不等式得

$$1 = \sum_{i=1}^{n} a_i \geqslant n \cdot \sqrt[n]{\prod_{i=1}^{n} a_i}$$

所以
$$\frac{1}{a_1 a_2 \cdots a_n} \geqslant n^n$$

$$a_i + \frac{1}{a_i} = a_i + \overbrace{\frac{1}{n^2 a_i} + \cdots + \frac{1}{n^2 a_i}}^{n^2 \text{个}} \geqslant (n^2 + 1)(a_i(\frac{1}{n^2 a_i})^{n^2})^{\frac{1}{n^2+1}}, i = 1, 2, \cdots, n$$

所以
$$\prod_{i=1}^{n}(a_i + \frac{1}{a_i}) \geqslant (n^2 + 1)^n (\frac{1}{n^2})^{\frac{n^2}{n^2+1}} (\frac{1}{a_1 a_2 \cdots a_n})^{\frac{n^2-1}{n^2+1}} \geqslant$$
$$(n^2 + 1)^n (\frac{1}{n^2})^{\frac{n^2}{n^2+1}} (n^n)^{\frac{n^2-1}{n^2+1}} =$$
$$(n + \frac{1}{n})^n$$

6. $x_1 x_2 \cdots x_n x_i \leqslant \dfrac{x_1^{n+1} + x_2^{n+1} + \cdots + x_n^{n+1} + x_i^{n+1}}{n+1}, i = 1, 2, \cdots, n$

将上述 $n$ 个不等式相加整理即得.

7. 设 $\dfrac{1}{1 + x_i} = a_i (i = 1, 2, \cdots, n) \Rightarrow \sum_{i=1}^{n} a_i = 1$,对 $i = 1, 2, \cdots, n$,有

$$x_i = \frac{1 - a_i}{a_i} = \frac{a_1 + \cdots + a_{i-1} + a_{i+1} + \cdots + a_n}{a_i} \geqslant$$
$$\frac{(n-1) \cdot \sqrt[n-1]{a_1 \cdots a_{i-1} a_{i+1} \cdots a_n}}{a_i} =$$
$$\frac{(n-1) \sqrt[n-1]{a_1 \cdots a_{i-1} a_i a_{i+1} \cdots a_n}}{a_i \sqrt[n-1]{a_i}}$$

将上面 $n$ 个不等式相乘即得.

8. 记 $b = \sqrt[m]{\dfrac{a_1^m + a_2^m + \cdots + a_N^m}{N}}$,则由均值不等式得

$$m a_i^n + (n - m) b^n \geqslant n \sqrt[n]{(a_i^n)^m (b^n)^{n-m}} = n a_i^m b^{n-m}, i = 1, 2, \cdots, N$$

所以
$$m \sum_{i=1}^{N} a_i^n + (n - m) N b^n \geqslant n b^{n-m} \sum_{i=1}^{N} a_i^m = n b^{n-m} N b^m = n N b^n$$

所以 $\sum_{i=1}^{N} a_i^n \geqslant N b^n$,即

$$\sqrt[n]{\frac{a_1^n + a_2^n + \cdots + a_N^n}{N}} > \sqrt[m]{\frac{a_1^m + a_2^m + \cdots + a_N^m}{N}}$$

9. 记 $F_0 = F_2 - F_1 = 1$，于是 $F_{k+1} = F_k + F_{k-1}, k = 1, 2, \cdots, n$，即 $1 = \dfrac{F_k}{F_{k+1}} + \dfrac{F_{k-1}}{F_{k+1}}, k = 1, 2, \cdots, n$，于是 $n = \sum\limits_{k=1}^{n} \dfrac{F_k}{F_{k+1}} + \sum\limits_{k=1}^{n} \dfrac{F_{k-1}}{F_{k+1}}$，从而由均值不等式得

$$1 = \frac{1}{n}\sum_{k=1}^{n} \frac{F_k}{F_{k+1}} + \frac{1}{n}\sum_{k=1}^{n} \frac{F_{k-1}}{F_{k+1}} \geq \sqrt[n]{\prod_{k=1}^{n} \frac{F_k}{F_{k+1}}} + \sqrt[n]{\prod_{k=1}^{n} \frac{F_{k-1}}{F_{k+1}}} = \frac{1}{\sqrt[n]{F_{n+1}}} + \frac{1}{\sqrt[n]{F_n F_{n+1}}}$$

10. (1) 应用均值不等式：

$$2 + \frac{3}{2} + \frac{4}{3} + \cdots + \frac{n+1}{n} > n\sqrt[n]{2 \cdot \frac{3}{2} \cdot \frac{4}{3} \cdot \cdots \cdot \frac{n+1}{n}} = n(n+1)^{\frac{1}{n}}$$

所以

$$(1+1) + \left(1 + \frac{1}{2}\right) + \left(1 + \frac{1}{3}\right) + \cdots + \left(1 + \frac{1}{n}\right) > n(n+1)^{\frac{1}{n}}$$

所以

$$1 + \frac{1}{2} + \frac{1}{3} + \cdots + \frac{1}{n} > n\left[(n+1)^{\frac{1}{n}} - 1\right]$$

再应用均值不等式得

$$\frac{1}{2} + \frac{2}{3} + \cdots + \frac{n-1}{n} > (n-1)\sqrt[n-1]{\frac{1}{2} \cdot \frac{2}{3} \cdot \cdots \cdot \frac{n-1}{n}} = (n-1)n^{-\frac{1}{n-1}}$$

所以

$$\left(1 - \frac{1}{2}\right) + \left(1 - \frac{1}{3}\right) + \cdots + \left(1 - \frac{1}{n}\right) > (n-1)n^{-\frac{1}{n-1}}$$

所以

$$1 + \frac{1}{2} + \frac{1}{3} + \cdots + \frac{1}{n} < n - (n-1)n^{-\frac{1}{n-1}}$$

(2)

$$\left(\frac{1}{kn} + 1\right) + \left(\frac{1}{kn+1} + 1\right) + \left(\frac{1}{kn+2} + 1\right) + \cdots + \left(\frac{1}{(k+1)n - 1} + 1\right) =$$

$$\frac{kn+1}{kn} + \frac{kn+2}{kn+1} + \frac{kn+3}{kn+2} + \cdots + \frac{(k+1)n}{(k+1)n - 1} \geq$$

$$n\sqrt[n]{\frac{kn+1}{kn} \cdot \frac{kn+2}{kn+1} \cdot \frac{kn+3}{kn+2} \cdot \cdots \cdot \frac{(k+1)n}{(k+1)n - 1}} = n\sqrt[n]{\frac{k+1}{k}}$$

所以

$$\frac{1}{kn} + \frac{1}{kn+1} + \frac{1}{kn+2} + \cdots + \frac{1}{(k+1)n - 1} \geq n\left(\sqrt[n]{\frac{k+1}{k}} - 1\right)$$

11. 利用均值不等式得

$$S_k = \sum_{i=1}^{C_n^k} (a_{i_1} a_{i_2} \cdots a_{i_n}) \geq C_n^k \prod_{i=1}^{C_n^k} (a_{i_1} a_{i_2} \cdots a_{i_n})^{\frac{1}{C_n^k}} = C_n^k (a_1 a_2 \cdots a_n)^{\frac{C_{n-1}^{k-1}}{C_n^k}}$$

$$S_{n-k} \geq C_n^{n-k} (a_1 a_2 \cdots a_n)^{\frac{C_{n-1}^{n-k-1}}{C_n^k}}$$

所以

$$S_k \cdot S_{n-k} \geq C_n^k (a_1 a_2 \cdots a_n)^{\frac{C_{n-1}^{k-1}}{C_n^k}} \cdot C_n^{n-k} (a_1 a_2 \cdots a_n)^{\frac{C_{n-1}^{n-k-1}}{C_n^k}} =$$

$$(C_n^k)^2 (a_1 a_2 \cdots a_n)^{\frac{C_{n-1}^{k-1} + C_{n-1}^{n-k-1}}{C_n^k}} =$$

$$(C_n^k)^2 (a_1 a_2 \cdots a_n)^{\frac{C_{n-1}^{k-1} + C_{n-1}^{k}}{C_n^k}} =$$

$$(C_n^k)^2 (a_1 a_2 \cdots a_n)^{\frac{C_n^k}{C_n^k}} =$$

$$(C_n^k)^2 (a_1 a_2 \cdots a_n)$$

12. 当 $x_i > 1$ 时,由均值不等式得

$$\sqrt[n]{\prod_{i=1}^{n} \frac{x_i}{x_i + 1}} \leq \frac{1}{n} \sum_{i=1}^{n} \frac{x_i}{x_i + 1} \quad ①$$

$$\sqrt[n]{\prod_{i=1}^{n} \frac{1}{x_i + 1}} \leq \frac{1}{n} \sum_{i=1}^{n} \frac{1}{x_i + 1} \quad ②$$

① + ② 得 $\sqrt[n]{\prod_{i=1}^{n} \frac{x_i}{x_i + 1}} + \sqrt[n]{\prod_{i=1}^{n} \frac{1}{x_i + 1}} \leq 1$,即

$$\sqrt[n]{\prod_{i=1}^{n} (x_i + 1)} \leq \sqrt[n]{\prod_{i=1}^{n} x_i} + 1 \quad ③$$

用 $x_i - 1$ 代替 ③ 中的 $x_i$ 得 $\sqrt[n]{\prod_{i=1}^{n} x_i} \leq \sqrt[n]{\prod_{i=1}^{n} (x_i - 1)} + 1$,即

$$\sqrt[n]{\prod_{i=1}^{n} (x_i - 1)} \geq \sqrt[n]{\prod_{i=1}^{n} x_i} - 1 \quad ④$$

③ 式除以 ④ 式得

$$\prod_{i=1}^{n} \frac{x_i + 1}{x_i - 1} \geq \left( \frac{\sqrt[n]{\prod_{i=1}^{n} x_i} + 1}{\sqrt[n]{\prod_{i=1}^{n} x_i} - 1} \right) \quad ⑤$$

函数 $f(x) = \frac{x+1}{x-1} = 1 + \frac{2}{x-1}$ 当 $x > 1$ 时是减函数,取 $x_i = r_i s_i t_i u_i v_i (i = 1, 2, \cdots, n)$,易知此时 $\sqrt[n]{\prod_{i=1}^{n} x_i} \leq RSTUV$,结合 ⑤ 式即得所证.

13. (1)
$$(1+abc)\left(\frac{1}{a(1+b)}+\frac{1}{b(1+c)}+\frac{1}{c(1+a)}\right)+3=$$
$$\left(\frac{1+abc}{a+ab}+1\right)+\left(\frac{1+abc}{b+bc}+1\right)+\left(\frac{1+abc}{c+ca}+1\right)=$$
$$\frac{(abc+ab)+(1+a)}{a+ab}+\frac{(abc+bc)+(1+b)}{b+bc}+\frac{(abc+ca)+(1+c)}{c+ca}=$$
$$\frac{b(c+1)}{1+b}+\frac{a+1}{a(1+b)}+\frac{c(a+1)}{1+c}+\frac{b+1}{b(1+c)}+\frac{a(b+1)}{1+a}+\frac{c+1}{c(1+a)}\geq$$
$$6\sqrt[6]{\frac{b(c+1)}{1+b}\cdot\frac{a+1}{a(1+b)}\cdot\frac{c(a+1)}{1+c}\cdot\frac{b+1}{b(1+c)}\cdot\frac{a(b+1)}{1+a}\cdot\frac{c+1}{c(1+a)}}=6$$

所以
$$\frac{1}{a(1+b)}+\frac{1}{b(1+c)}+\frac{1}{c(1+a)}\geq\frac{3}{1+abc}$$

(2) 利用算术 - 几何均值不等式两次得到
$$\frac{1}{1+a}+\frac{1}{1+b}+\frac{1}{1+c}\geq 3\sqrt[3]{\frac{1}{1+a}\cdot\frac{1}{1+b}\cdot\frac{1}{1+c}}=$$
$$\frac{3}{\sqrt[3]{abc}}\cdot\frac{1}{\sqrt[3]{(1+\frac{1}{a})(1+\frac{1}{b})(1+\frac{1}{c})}}\geq$$
$$\frac{3}{\sqrt[3]{abc}}\cdot\frac{3}{3+\frac{1}{a}+\frac{1}{b}+\frac{1}{c}}$$

于是再利用几何 - 调和均值不等式得到
$$\left(\frac{1}{a}+\frac{1}{b}+\frac{1}{c}\right)\left(\frac{1}{1+a}+\frac{1}{1+b}+\frac{1}{1+c}\right)\geq$$
$$\frac{3}{\sqrt[3]{abc}}\cdot\frac{3}{3+\frac{1}{a}+\frac{1}{b}+\frac{1}{c}}\left(\frac{1}{a}+\frac{1}{b}+\frac{1}{c}\right)=$$
$$\frac{9}{\sqrt[3]{abc}}\cdot\frac{1}{\frac{3}{\frac{1}{a}+\frac{1}{b}+\frac{1}{c}}+1}\geq\frac{9}{\sqrt[3]{abc}(\sqrt[3]{abc}+1)}$$

令 $x=\sqrt[3]{abc}$,则 $(1+x^3)-x(1+x)=(x-1)^2(x+1)\geq 0$,所以
$$\frac{1}{\sqrt[3]{abc}(\sqrt[3]{abc}+1)}\geq\frac{1}{1+abc}$$

于是
$$\left(\frac{1}{a}+\frac{1}{b}+\frac{1}{c}\right)\left(\frac{1}{1+a}+\frac{1}{1+b}+\frac{1}{1+c}\right)\geq\frac{9}{1+abc}$$

14. 因为 $\dfrac{x^3}{yz} + y + z \geq 3x$, $\dfrac{y^3}{zx} + z + x \geq 3y$, $\dfrac{z^3}{xy} + x + y \geq 3z$, 三式相加得 $\dfrac{x^3}{yz} + \dfrac{y^3}{zx} + \dfrac{z^3}{xy} \geq x + y + z$.

15. 由均值不等式得

$$\frac{\sqrt[n]{a_1 a_2 \cdots a_n}}{\sqrt[n]{(a_1+b_1)(a_2+b_2)\cdots(a_n+b_n)}} \leq \frac{1}{n}\left[\frac{a_1}{a_1+b_1} + \frac{a_2}{a_2+b_2} + \cdots + \frac{a_n}{a_n+b_n}\right]$$

$$\frac{\sqrt[n]{b_1 b_2 \cdots b_n}}{\sqrt[n]{(a_1+b_1)(a_2+b_2)\cdots(a_n+b_n)}} \leq \frac{1}{n}\left[\frac{b_1}{a_1+b_1} + \frac{b_2}{a_2+b_2} + \cdots + \frac{b_n}{a_n+b_n}\right]$$

两个不等式相加整理即得

$$\sqrt[n]{a_1 a_2 \cdots a_n} + \sqrt[n]{b_1 b_2 \cdots b_n} \leq \sqrt[n]{(a_1+b_1)(a_2+b_2)\cdots(a_n+b_n)}$$

16. 先证明右边的不等式,即证 $\sqrt[n]{(n!)^2} \leq \dfrac{(n+1)(n+2)}{6}$.

由均值不等式得

$$\sqrt[n]{(n!)^2} = \sqrt[n]{(1 \cdot n)(2 \cdot (n-1)) \cdots (k(n-k+1)) \cdots (n \cdot 1)^2} \leq$$

$$\frac{\sum_{k=1}^{n} k(n-k+1)}{n} = \frac{\dfrac{n(n+1)(n+2)}{6}}{n} = \frac{(n+1)(n+2)}{6}$$

于是 $(n!)^2 \leq \left(\dfrac{(n+1)(n+2)}{6}\right)^n$, 下面证明 $n^n \leq (n!)^2$.

对于 $1 \leq k \leq n$, 有 $n(k-1) \geq k(k-1)$, 所以 $k(n-k+1) \geq n$, $k = 1, 2, \cdots, n$.

将这 $n$ 个不等式相乘即得 $n^n \leq (n!)^2$.

17. 由于 $a_1, a_2, \cdots, a_n$ 是 $1, 2, \cdots, n$ 的一个排列,所以
$(1+a_1)(1+a_2)\cdots(1+a_{n-1}) \geq (1+1)(1+2)\cdots(1+n-1) = a_1 a_2 \cdots a_n$

于是

$$\frac{a_1}{a_2} + \frac{a_2}{a_3} + \cdots + \frac{a_{n-1}}{a_n} + \frac{1}{1} + \frac{1}{2} + \cdots + \frac{1}{n} =$$

$$\frac{a_1}{a_2} + \frac{a_2}{a_3} + \cdots + \frac{a_{n-1}}{a_n} + \frac{1}{a_1} + \frac{1}{a_2} + \cdots + \frac{1}{a_n} =$$

$$\frac{1}{a_1} + \frac{a_1+1}{a_2} + \frac{a_2+1}{a_3} + \cdots + \frac{a_{n-1}+1}{a_n} \geq$$

$$n\sqrt[n]{\frac{1}{a_1} \cdot \frac{a_1+1}{a_2} \cdot \frac{a_2+1}{a_3} \cdot \cdots \cdot \frac{a_{n-1}+1}{a_n}} \geq n$$

而

$$n = (\frac{1}{1} + \frac{1}{2} + \cdots + \frac{1}{n}) + (\frac{1}{2} + \frac{2}{3} + \cdots + \frac{n-1}{n})$$

故可得

$$\frac{1}{2} + \frac{2}{3} + \cdots + \frac{n-1}{n} \leq \frac{a_1}{a_2} + \frac{a_2}{a_3} + \cdots + \frac{a_{n-1}}{a_n}$$

18. (1) $(1+x)^n - (1-x)^n = [(1+x) - (1-x)] \cdot [(1+x)^{n-1} + (1+x)^{n-2}(1-x) + \cdots + (1+x)(1-x)^{n-2} + (1-x)^{n-1}] = 2x[(1+x)^{n-1} + (1+x)^{n-2}(1-x) + \cdots + (1+x)(1-x)^{n-2} + (1-x)^{n-1}] \geq 2x \cdot n \cdot \sqrt[n]{(1+x)^{n-1}(1+x)^{n-2}(1-x) \cdots (1+x)(1-x)^{n-2}(1-x)^{n-1}} = 2x \cdot n \cdot \sqrt[n]{[(1+x)(1+x)]^{(n-1)+(n-2)+\cdots+2+1}} = 2nx\sqrt{(1-x^2)^{n-1}}.$

(2) $a^n + \frac{1}{a^n} - 2 \geq n^2(a + \frac{1}{a} - 2) \Leftrightarrow (a^n - 1)^2 \geq n^2 a^{n-1}(a-1)^2.$

当 $a = 1$ 时,不等式等号成立.

当 $a \neq 1$ 时,不等式 $\Leftrightarrow$

$$(a^{n-1} + a^{n-2} + \cdots + a + 1)^2 \geq n^2 a^{n-1} \Leftrightarrow a^{n-1} + a^{n-2} + \cdots + a + 1 \geq n\sqrt{a^{n-1}}$$

这由 $n$ 元均值不等式容易得到.

19. (1) 因为 $x, y \in \mathbf{R}^+$,所以 $2 = x + y \geq 2\sqrt{xy}$,即 $xy \leq 1$.

$x^3 y^3 (x^3 + y^3) = (xy)^3 [(x+y)^3 - 3xy(x+y)] =$
$(xy)^3 (8 - 6xy) = 2(xy)^3 (4 - 3xy) =$
$2[(xy)(xy)(xy)(4-3xy)] \leq 2[\frac{xy + xy + xy + (4-3xy)}{4}]^4 = 2$

(2) 因为 $x, y \in \mathbf{R}^+$,所以 $2 = x + y \geq 2\sqrt{xy}$,即 $xy \leq 1$. 所以
$x^2 y^2 (x^2 + y^2) = (xy)(xy)[(x+y)^2 - 2xy] =$
$2xy(xy)(2 - xy) \leq 2(xy)(2 - xy) \leq$
$2(\frac{(xy) + (2-xy)}{2})^2 = 2$

等号成立时 $x = y = 1$.

20. **证法一** 由均值不等式得 $a^2 + b^2 + c^2 = 1 \geq 3\sqrt[3]{(abc)^2}$,所以 $\frac{1}{abc} \geq 3\sqrt{3}$,由均值不等式得

$$a + b + c + \underbrace{\frac{1}{9abc} + \frac{1}{9abc} + \cdots + \frac{1}{9abc}}_{} \geq$$

$$12\sqrt[12]{(abc)(\frac{1}{9abc})^9} = 12\sqrt[12]{\frac{1}{9^9}(\frac{1}{abc})^8} \geq$$

$$12\sqrt[12]{\frac{1}{9^9}(3\sqrt{3})^8} = 4\sqrt{3}$$

**证法二**　由均值不等式得

$$a + b + c = (a + b + c)(a^2 + b^2 + c^2) \geq 3\sqrt[3]{abc} \cdot 3\sqrt[3]{(abc)^2} = 9abc$$

所以 $a + b + c + \dfrac{1}{abc} = a + b + c + \dfrac{a^2 + b^2 + c^2}{abc} \geq 9abc + \dfrac{a}{bc} + \dfrac{b}{ac} + \dfrac{c}{ab} \geq 4\sqrt[3]{9abc \cdot \dfrac{a}{bc} \cdot \dfrac{b}{ac} \cdot \dfrac{c}{ab}} = 4\sqrt{3}.$

21.（1）由均值不等式得 $3a^5 + b^5 + c^5 \geq 5a^3bc$, $a^5 + 3b^5 + c^5 \geq 5ab^3c$, $a^5 + b^5 + 3c^5 \geq 5abc^3$. 相加整理得 $a^5 + b^5 + c^5 \geq a^3bc + ab^3c + abc^3$.

（2）由均值不等式得 $3a^8 + 3b^8 + 2c^8 \geq 8a^3b^3c^2$, $2a^8 + 3b^8 + 3c^8 \geq 8a^2b^3c^3$, $3a^8 + 2b^8 + 3c^8 \geq 8a^3b^2c^3$, 相加整理得

$$a^8 + b^8 + c^8 \geq a^3b^3c^2 + a^2b^3c^3 + a^3b^2c^3 = a^3b^3c^3\left(\dfrac{1}{a} + \dfrac{1}{b} + \dfrac{1}{c}\right)$$

即

$$\dfrac{1}{a} + \dfrac{1}{b} + \dfrac{1}{c} \leq \dfrac{a^8 + b^8 + c^8}{a^3b^3c^3}$$

22.（1）证法一：

$$2A = \dfrac{2a}{b+c} + \dfrac{2b}{c+d} + \dfrac{2c}{d+a} + \dfrac{2d}{a+b} = \dfrac{a+b}{b+c} + \dfrac{b+c}{c+d} +$$

$$\dfrac{c+d}{d+a} + \dfrac{d+a}{a+b} - 4 + \dfrac{a+c}{b+c} + \dfrac{b+d}{c+d} + \dfrac{c+a}{d+a} + \dfrac{d+b}{a+b} \geq$$

$$4\sqrt[4]{\dfrac{a+b}{b+c} \cdot \dfrac{b+c}{c+d} \cdot \dfrac{c+d}{d+a} \cdot \dfrac{d+a}{a+b}} -$$

$$4 + \left(\dfrac{a+c}{b+c} + \dfrac{c+a}{d+a}\right) + \left(\dfrac{b+d}{c+d} + \dfrac{d+b}{a+b}\right) =$$

$$\left(\dfrac{a+c}{b+c} + \dfrac{c+a}{d+a}\right) + \left(\dfrac{b+d}{c+d} + \dfrac{d+b}{a+b}\right) \geq$$

$$(a+c)\dfrac{4}{a+b+c+d} + (b+d)\dfrac{4}{a+b+c+d} = 4$$

所以 $A \geq 2$.

**证法二**：

$$\dfrac{a}{b+c} + \dfrac{b}{c+d} + \dfrac{c}{d+a} + \dfrac{d}{a+b} =$$

$$\dfrac{a(d+a) + c(b+c)}{(b+c)(d+a)} + \dfrac{b(a+b) + d(c+d)}{(c+d)(a+b)} \qquad ①$$

由均值不等式得

$$\dfrac{(a+b+c+d)^2}{4} \geq (b+c)(d+a)$$

即
$$\frac{1}{(b+c)(d+a)} \geq \frac{4}{(a+b+c+d)^2}$$

同理
$$\frac{1}{(c+d)(a+b)} \geq \frac{4}{(a+b+c+d)^2}$$

所以

① 的右边 $\geq \dfrac{4(a^2+b^2+c^2+d^2+ab+bc+ab+cd)}{(a+b+c+d)^2} =$

$$\frac{2(a+b+c+d)^2+(a-c)^2+(b-d)^2}{(a+b+c+d)^2} \geq 2$$

(2) 令 $a=\dfrac{x}{w}, b=\dfrac{y}{x}, c=\dfrac{z}{y}, d=\dfrac{w}{z}$, 不等式化为证明 $\dfrac{w}{x+y}+\dfrac{x}{y+z}+\dfrac{y}{z+w}+\dfrac{z}{w+z} \geq 2$. 此即第(1)题.

23. 按顺序分别选取 $n$ 个数应用均值不等式得

$$\left(\frac{x_0}{x_1}\right)^n + \left(\frac{x_1}{x_2}\right)^n + \cdots + \left(\frac{x_{n-1}}{x_n}\right)^n \geq n \cdot \frac{x_0}{x_1} \frac{x_1}{x_2} \cdots \frac{x_{n-2}}{x_{n-1}} \frac{x_{n-1}}{x_n} = n \frac{x_0}{x_n}$$

$$\left(\frac{x_1}{x_2}\right)^n + \left(\frac{x_2}{x_3}\right)^n + \cdots + \left(\frac{x_n}{x_0}\right)^n \geq n \cdot \frac{x_1}{x_2} \frac{x_2}{x_3} \cdots \frac{x_{n-1}}{x_n} \frac{x_n}{x_0} = n \frac{x_1}{x_0}$$

$$\left(\frac{x_2}{x_3}\right)^n + \left(\frac{x_3}{x_4}\right)^n + \cdots + \left(\frac{x_0}{x_1}\right)^n \geq n \cdot \frac{x_2}{x_3} \frac{x_3}{x_4} \cdots \frac{x_n}{x_0} \frac{x_0}{x_1} = n \frac{x_2}{x_1}$$

$$\cdots$$

$$\left(\frac{x_n}{x_0}\right)^n + \left(\frac{x_0}{x_1}\right)^n + \cdots + \left(\frac{x_{n-2}}{x_{n-1}}\right)^n \geq n \cdot \frac{x_n}{x_0} \frac{x_0}{x_1} \cdots \frac{x_{n-3}}{x_{n-2}} \frac{x_{n-2}}{x_{n-1}} = n \frac{x_n}{x_{n-1}}$$

将上述 $n+1$ 个不等式相加, 并除以 $n$ 即得所证的不等式.

24. $\dfrac{x_i}{x_{i+1}+x_{i+2}} = \dfrac{x_i+\frac{1}{2}x_{i+1}}{x_{i+1}+x_{i+2}} + \dfrac{\frac{1}{2}x_{i+1}+x_{i+2}}{x_{i+1}+x_{i+2}} - 1 \geq$

$$2\sqrt{\frac{x_i+\frac{1}{2}x_{i+1}}{x_{i+1}+x_{i+2}} \cdot \frac{\frac{1}{2}x_{i+1}+x_{i+2}}{x_{i+1}+x_{i+2}}} - 1 =$$

$$2\sqrt{\left[\frac{1}{2}+\frac{x_i x_{i+1}}{4(x_{i+1}+x_{i+2})^2}\right] \cdot \frac{x_i+x_{i+1}}{x_{i+1}+x_{i+2}}} - 1 >$$

$$\sqrt{2}\sqrt{\frac{x_i+x_{i+1}}{x_{i+1}+x_{i+2}}} - 1$$

而由均值不等式得

$$\sum_{i=1}^{n}\sqrt{\frac{x_i + x_{i+1}}{x_{i+1} + x_{i+2}}} \geqslant n\sqrt[n]{\prod_{i=1}^{n}\sqrt{\frac{x_i + x_{i+1}}{x_{i+1} + x_{i+2}}}} = n$$

所以

$$\sum_{i=1}^{n}\frac{x_i}{x_{i+1} + x_{i+2}} > (\sqrt{2} - 1)n$$

25. 令 $a = xy + yz + zx$,则由均值不等式得 $a \geqslant 3\sqrt[3]{xy \cdot yz \cdot zx} = 3\sqrt[3]{(xyz)^2}$,即 $xyz \leqslant \sqrt{(\frac{a}{3})^3}$,又由不等式 $(A + B + C)^2 \geqslant 3(AB + BC + CA)$ 得

$$(xy + yz + zx)^2 \geqslant 3(xy \cdot yz + yz \cdot zx + zx \cdot xy) = 3xyz(x + y + z)$$

$$xyz(x + y + z) \leqslant \frac{a^2}{3}$$

于是

$$xyz(x+2)(y+2)(z+2) = (xyz)^2 + 4xyz(x+y+z) + 2xyz(xy + yz + zx) + 8xyz \leqslant$$

$$\frac{a^3}{27} + \frac{4a^2}{3} + 2a\sqrt{(\frac{a}{3})^3} + 8\sqrt{(\frac{a}{3})^3}$$

现在要证明

$$\frac{a^3}{27} + \frac{4a^2}{3} + 2a\sqrt{(\frac{a}{3})^3} + 8\sqrt{(\frac{a}{3})^3} \leqslant (1 + \frac{2a}{3})^3$$

等价于证明

$$1 + \frac{7a^3}{27} + 2a \geqslant 2a\sqrt{(\frac{a}{3})^3} + 8\sqrt{(\frac{a}{3})^3} \qquad ①$$

考虑到不等式等号成立的充要条件是 $a = 3$,应用均值不等式得到

$$\frac{5a^3}{27} + 1 + \frac{3a}{2} = \underbrace{\frac{a^3}{54} + \frac{a^3}{54} + \cdots + \frac{a^3}{54}}_{} + \frac{1}{2} + \frac{1}{2} + \underbrace{\frac{a}{6} + \frac{a}{6} + \cdots + \frac{a}{6}}_{} \geqslant$$

$$16\sqrt[16]{\frac{a^3}{54} \cdot \frac{a^3}{54} \cdot \cdots \cdot \frac{a^3}{54} \cdot \frac{1}{2} \cdot \frac{1}{2} \cdot \frac{a}{6} \cdot \cdots \cdot \frac{a}{6} \cdot \frac{a}{6}} = 8\sqrt{(\frac{a}{3})^3}$$

②

$$\frac{a^3}{6} + \frac{a}{2} = \frac{a^3}{18} + \frac{a^3}{18} + \frac{a^3}{18} + \frac{a}{2} \geqslant 4\sqrt[4]{\frac{a^3}{18} \cdot \frac{a^3}{18} \cdot \frac{a^3}{18} \cdot \frac{a}{2}} = 2a\sqrt{(\frac{a}{3})^3} \qquad ③$$

将不等式②、③相加即得①,所以

$$xyz(x+2)(y+2)(z+2) \leqslant \left[1 + \frac{2(xy + yz + zx)}{3}\right]^3$$

**26.** (1) 若 $a,b$ 是正数，我们证明不等式 $m\sqrt[m]{a} + n\sqrt[n]{b} \geq (m+n)\sqrt[m+n]{ab}$.
考虑 $m$ 个 $\sqrt[m]{a}$ 与 $n$ 个 $\sqrt[n]{b}$ 的算术平均不小于它们的几何平均即可。

(2) 由均值不等式得 $(x-y) + \dfrac{y+1}{2} + \dfrac{y+1}{2} + \dfrac{4}{(x-y)(y+1)^2} \geq 4$，所以

$$x + \dfrac{4}{(x-y)(y+1)^2} \geq 3$$

(3) 由均值不等式得

$$a^2x^3 + b^2y^3 \leq \dfrac{a^5 + a^5 + x^5 + x^5 + x^5}{5} + \dfrac{b^5 + b^5 + y^5 + y^5 + y^5}{5} =$$

$$\dfrac{2(a^5 + b^5) + 3(x^5 + y^5)}{5} = 1$$

**27.**

$$\dfrac{x}{2x+y+z} + \dfrac{y}{x+2y+z} + \dfrac{z}{x+y+2z} =$$

$$\dfrac{x}{(x+y)+(x+z)} + \dfrac{y}{(x+y)+(y+z)} + \dfrac{z}{(x+z)+(y+z)} \leq$$

$$\dfrac{x}{2\sqrt{(x+y)(x+z)}} + \dfrac{y}{2\sqrt{(x+y)(y+z)}} + \dfrac{z}{2\sqrt{(x+z)(y+z)}} =$$

$$\dfrac{1}{4}\left(2\sqrt{\dfrac{x}{(x+y)}\cdot\dfrac{x}{(x+z)}} + 2\sqrt{\dfrac{y}{(x+y)}\cdot\dfrac{y}{(y+z)}} + 2\sqrt{\dfrac{z}{(z+x)}\cdot\dfrac{z}{(z+y)}}\right) \leq$$

$$\dfrac{1}{4}\left(\dfrac{x}{x+y} + \dfrac{x}{x+z} + \dfrac{y}{x+y} + \dfrac{y}{y+z} + \dfrac{z}{x+z} + \dfrac{z}{y+z}\right) = \dfrac{3}{4}$$

**28.** 由均值不等式得

$$(n-1)a_i^{n-1}\left[(1-a_i^{n-1})\cdots(1-a_i^{n-1})\right] \leq$$

$$\left[\dfrac{(n-1)a_i^{n-1} + (1-a_i^{n-1}) + \cdots + (1-a_i^{n-1})}{n}\right]^n = \left(\dfrac{n-1}{n}\right)^n$$

所以 $\quad a_i(1-a_i^{n-1}) \leq \dfrac{n-1}{\sqrt[n-1]{n^n}}$

$$\sum_{i=1}^n \dfrac{a_i^{n-2}}{1-a_i^{n-1}} = \sum_{i=1}^n \dfrac{a_i^n}{a_i(1-a_i^{n-1})} \geq \dfrac{n}{n-1}\cdot\sqrt[n-1]{n}\sum_{i=1}^n a_i^{n-1} \geq \dfrac{n}{n-1}\cdot\sqrt[n-1]{n}$$

**29. 证法一** 令 $\sigma_{4,1} = a+b+c+d$, $\sigma_{4,2} = ab+ac+ad+bc+bd+cd$,
$\sigma_{4,3} = abc+abd+acd+bcd$, $\sigma_{4,4} = abcd$, 则

$$\sigma_{43}^2 = a^2b^2c^2 + a^2b^2d^2 + a^2c^2d^2 + b^2c^2d^2 + 2\sigma_{4,4}\sigma_{4,2}$$

所以 $\sigma_{42}^3 = a^3b^3 + a^3c^3 + a^3d^3 + b^3c^3 + b^3d^3 + c^3d^3 + 3a^2b^2(ac+ad+bc+bd) + 3a^2c^2(ab+ad+bc+cd) + 3a^2d^2(ab+ac+bd+cd) + 3b^2c^2(ab+ac+bd+cd) + 3b^2d^2(ab+ac+bc+cd) + 3c^2d^2(ac+ad+bc+cd) + 6\sigma_{4,4}(a^2 + $

$b^2 + c^2 + d^2) + 3\sigma_{4,4}\sigma_{4,2} + 6\sigma_{43}^2 = \frac{1}{2}\{(a^3b^3 + a^3c^3 + b^3c^3) + (a^3b^3 + a^3d^3 + b^3d^3) + (a^3c^3 + a^3d^3 + c^3d^3) + (b^3c^3 + b^3d^3 + c^3d^3) + 6[((ab)^2ac + (ab)^2bc + (ac)^2ab + (ac)^2bc + (bc)^2ab + (bc)^2ac) + ((ab)^2ad + (ab)^2bd + (ad)^2ab + (ad)^2bd + (bd)^2ab + (bd)^2ad) + ((ac)^2ad + (ac)^2cd + (ad)^2ac + (ad)^2cd + (cd)^2ac + (cd)^2ad) + ((bc)^2bd + (bc)^2cd + (bd)^2bc + (bd)^2cd + (cd)^2bc + (cd)^2bd)] + 4\sigma_{4,4}(a^2 + b^2 + a^2 + c^2 + a^2 + d^2 + b^2 + c^2 + b^2 + d^2 + c^2 + d^2) + 6\sigma_{4,2}\sigma_{4,4} + 12\sigma_{43}^2\} \geq \frac{1}{2}\{39(a^2b^2c^2 + a^2b^2d^2 + a^2c^2d^2 + b^2c^2d^2) + 14\sigma_{4,2}\sigma_{4,4} + 12\sigma_{43}^2\}.$

当 $a = b = c = d$ 时,式中等号成立. $= \frac{1}{2}\{15(a^2b^2c^2 + a^2b^2d^2 + a^2c^2d^2 + b^2c^2d^2) + 8[(a^2b^2c^2 + a^2b^2d^2) + (a^2b^2c^2 + a^2c^2d^2) + (a^2b^2c^2 + b^2c^2d^2) + (a^2c^2d^2 + b^2c^2d^2)] + 14\sigma_{4,2}\sigma_{4,4} + 12\sigma_{43}^2\} \geq \frac{1}{2}\{15(a^2b^2c^2 + a^2b^2d^2 + a^2c^2d^2 + b^2c^2d^2) + 16\sigma_{4,2}\sigma_{4,4} + 12\sigma_{43}^2\}$(当 $a = b = c = d$ 时,式中等号成立) $= \frac{1}{2}\{15\sigma_{43}^2 + 12\sigma_{43}^2\} = \frac{27}{2}\sigma_{43}^2$,所以 $\sigma_{42}^3 \geq \frac{27}{2}\sigma_{43}^2$,两边开 6 次方,整理得

$$\sqrt[3]{\frac{abc + abd + acd + bcd}{4}} \geq \sqrt{\frac{ab + ac + ad + bc + bd + cd}{6}},$$ 当 $a = b = c = d$ 时,式中等号成立.

**证法二** 我们约定 $a, b, c, d$(除顺序差异外)与 $x_1 \leq x_2 \leq x_3 \leq x_4$ 相同,先求多项式 $P(x) = (x - x_1)(x - x_2)(x - x_3)(x - x_4)$ 的导数. 一方面,由韦达定理有

$$P'(x) = (x^4 - (\sum_{i=1}^{4} x_i)x^3 + (\sum_{1 \leq i < j \leq 4} x_i x_j)x^2 - (\sum_{1 \leq i < j < k \leq 4} x_i x_j x_k)x + x_1 x_2 x_3 x_4)' =$$
$$4x^3 - (3\sum_{i=1}^{4} x_i)x^2 + (2\sum_{1 \leq i < j \leq 4} x_i x_j)x - \sum_{1 \leq i < j < k \leq 4} x_i x_j x_k$$

另一方面,由罗尔定理,如果某个 $i \in \{1, 2, 3, 4\}$ 有 $x_i < x_j$,则存在 $y \in (x_i, x_j)$,使导数 $P'(y) = 0$. 又多项式有 $m$ 重根 $x_0$,则多项式有 $m - 1$ 重根 $x_0$,因此多项式 $P'(x)$ 有三个根 $y_1, y_2, y_3$,使得 $x_1 \leq y_1 \leq x_2 \leq y_2 \leq x_3 \leq y_3 \leq x_4$,因此

$$P'(x) = 4(x - y_1)(x - y_2)(x - y_3) =$$
$$4x^3 - 4(y_1 + y_2 + y_3)x^2 +$$

$$4(y_1y_2 + y_1y_3 + y_2y_3) - y_1y_2y_3$$

由均值不等式,有 $\sqrt[3]{(y_1y_2y_3)^2} \leq \dfrac{y_1y_2 + y_1y_3 + y_2y_3}{3}$,于是得到 $\sqrt[3]{A} \leq \sqrt{B}$,其中 $A = y_1y_2y_3 = \dfrac{1}{4}(x_1x_2x_3 + x_1x_2x_4 + x_1x_3x_4 + x_2x_3x_4)$,$B = \dfrac{y_1y_2 + y_1y_3 + y_2y_3}{3} = \dfrac{1}{6}(x_1x_2 + x_1x_3 + x_1x_4 + x_2x_3 + x_2x_4 + x_3x_4)$,这就证明了所需的不等式,而且其中当且仅当 $y_1y_2 = y_1y_3 = y_2y_3$,即 $y_1 = y_2 = y_3$ 时等号成立. 而当且仅当 $x_1 = x_2 = x_3 = x_4$ 即 $a = b = c = d$ 时有 $y_1 = y_2 = y_3$.

30. 因为 $\dfrac{x^4}{y(1-y^2)} + \dfrac{y}{8} + \dfrac{1+y}{32} + \dfrac{1-y}{16} \geq 4\sqrt[4]{\dfrac{x^4}{y(1-y^2)} \cdot \dfrac{y}{8} \cdot \dfrac{1+y}{32} \cdot \dfrac{1-y}{16}} = \dfrac{x}{2}$,同理 $\dfrac{y^4}{z(1-z^2)} + \dfrac{z}{8} + \dfrac{1+z}{32} + \dfrac{1-z}{16} \geq \dfrac{y}{2}$,$\dfrac{z^4}{x(1-x^2)} + \dfrac{x}{8} + \dfrac{1+x}{32} + \dfrac{1-x}{16} \geq \dfrac{z}{2}$,上面三个不等式相加得 $\dfrac{x^4}{y(1-y^2)} + \dfrac{y^4}{z(1-z^2)} + \dfrac{z^4}{x(1-x^2)} + \dfrac{3(x+y+z)+9}{32} \geq \dfrac{x+y+z}{2}$,将 $x+y+z=1$ 代入得 $\dfrac{x^4}{y(1-y^2)} + \dfrac{y^4}{z(1-z^2)} + \dfrac{z^4}{x(1-x^2)} \geq \dfrac{1}{8}$.

31. **证法一** 原不等式等价于

$$\sqrt{\dfrac{abc(a+b+c)}{3}} + \sqrt{\dfrac{(1-a)(1-b)(1-c)[(1-a)+(1-b)+(1-c)]}{3}} < 1$$

因为 $0 < a, b, c < 1$,所以

$$\sqrt{\dfrac{abc(a+b+c)}{3}} < 1, \sqrt{\dfrac{(1-a)(1-b)(1-c)[(1-a)+(1-b)+(1-c)]}{3}} < 1$$

只要证明

$$\sqrt[4]{\dfrac{abc(a+b+c)}{3}} + \sqrt[4]{\dfrac{(1-a)(1-b)(1-c)[(1-a)+(1-b)+(1-c)]}{3}} < 1$$

由均值不等式得

$$\sqrt[4]{\dfrac{abc(a+b+c)}{3}} \leq \dfrac{1}{4}\left(a+b+c+\dfrac{a+b+c}{3}\right) = \dfrac{a+b+c}{3}$$

同理 $\sqrt[4]{\dfrac{(1-a)(1-b)(1-c)[(1-a)+(1-b)+(1-c)]}{3}} \leq \dfrac{(1-a)+(1-b)+(1-c)}{3} = 1 - \dfrac{a+b+c}{3}$

将两个不等式相加得

$$\sqrt[4]{\frac{abc(a+b+c)}{3}} + \sqrt[4]{\frac{(1-a)(1-b)(1-c)[(1-a)+(1-b)+(1-c)]}{3}} < 1$$

**证法二** 注意到 $\sqrt{a^2bc + ab^2c + abc^2} = \sqrt{abc} \cdot \sqrt{a+b+c} \leqslant$
$\sqrt{(\frac{a+b+c}{3})^3} \sqrt{a+b+c} = \frac{(a+b+c)^2}{3\sqrt{3}}$.

同理,$\sigma_a + \sigma_b + \sigma_c \leqslant \frac{[3-(a+b+c)]^2}{3\sqrt{3}}$.

设 $x = a+b+c$,只需证明

$$\frac{x^2}{3\sqrt{3}} + \frac{(3-x)^2}{3\sqrt{3}} < \sqrt{3} \qquad ①$$

不等式 ① $\Leftrightarrow x^2 + (3-x)^2 < 9 \Leftrightarrow x(x-3) < 0$.

因为 $a,b,c$ 都在 $(0,1)$ 上,所以 $0 < x < 3$,所以 $x(x-3) < 0$.

32. 不妨设 $x \geqslant y, x \geqslant z$.

(1) 若 $y \geqslant z$,则

$x^2y + y^2z + z^2x + xyz \leqslant x^2y + y^2z + z^2x + xyz + z(x-y)(y-z) =$
$y(x+z)^2 = \frac{1}{2} \times 2y(x+z)(x+z) \leqslant \frac{1}{2} \times (\frac{2y+(x+z)+(x+z)}{3})^3 = \frac{4}{27}$

(2) 若 $y < z$,则

$x^2y + y^2z + z^2x + xyz \leqslant x^2y + y^2z + z^2x + xyz + x(x-z)(z-y) =$
$z(x+y)^2 = \frac{1}{2} \times 2z(x+y)(x+y) \leqslant \frac{1}{2} \times (\frac{2z+(x+y)+(x+y)}{3})^3 = \frac{4}{27}$

综上所述,所证不等式成立. 当且仅当 $x = y = z = \frac{1}{3}$ 或 $x, y, z$ 中一个为 $\frac{2}{3}$,一个为 $\frac{1}{3}$,第三个为 $0$ 时等号成立.

33. 记 $a_k = \frac{(1-t_n)^2 t_k^k}{(1-t_k^{k+1})^2} \leqslant \frac{(1-t_k)^2 t_k^k}{(1-t_k^{k+1})^2} = \frac{t_k^k}{(1+t+t_k^2+\cdots+t_k^k)^2}$.

由均值不等式,并注意到 $0 < t_k < 1$ 得 $\frac{1}{k+1}(1+t+t_k^2+\cdots+t_k^k) >$
$\sqrt[k+1]{1 \cdot t \cdot t_k^2 \cdots t_k^k} = \sqrt{t_k^k}$,于是有 $(1+t+t_k^2+\cdots+t_k^k)^2 > (k+1)^2 t_k^k$,即 $a_k <$
$\frac{1}{(k+1)^2} < \frac{1}{k(k+1)} = \frac{1}{k} - \frac{1}{k+1}$,所以

$$(1-t_n)^2 \left[ \frac{t_1}{(1-t_1^2)^2} + \frac{t_2^2}{(1-t_2^3)^2} + \cdots + \frac{t_n^n}{(1-t_n^{n+1})^2} \right] =$$

$$\sum_{k=1}^{n} a_k < \sum_{k=1}^{n} \left( \frac{1}{k} - \frac{1}{k+1} \right) = 1 - \frac{1}{n+1} < 1$$

34. 由于对任意实数 $a$ 都有 $1 + a^4 \geq 2a^2$,所以左边 $\leq \frac{n}{2}$,另一方面,由算术调和平均值不等式知右边 $\geq \frac{n^2}{(1+a_1)+(1+a_2)+\cdots+(1+a_n)} = \frac{n}{2}$.

35. 由均值不等式得

$$\frac{a_1^n}{(1+a_2)(1+a_3)\cdots(1+a_{n-1})(1+a_n)} + \frac{1+a_2}{2^n} + \frac{1+a_3}{2^n} + \cdots +$$

$$\frac{1+a_{n-1}}{2^n} + \frac{1+a_n}{2^n} \geq \frac{a_1}{2^{n-1}}$$

$$\frac{a_2^n}{(1+a_1)(1+a_3)\cdots(1+a_{n-1})(1+a_n)} + \frac{1+a_3}{2^n} + \frac{1+a_4}{2^n} + \cdots +$$

$$\frac{1+a_n}{2^n} + \frac{1+a_1}{2^n} \geq \frac{a_2}{2^{n-1}}$$

$$\cdots$$

$$\frac{a_{n-1}^n}{(1+a_1)(1+a_2)\cdots(1+a_{n-2})(1+a_n)} + \frac{1+a_n}{2^n} + \frac{1+a_1}{2^n} + \cdots +$$

$$\frac{1+a_{n-3}}{2^n} + \frac{1+a_{n-2}}{2^n} \geq \frac{a_{n-1}}{2^{n-1}}$$

$$\frac{a_n^n}{(1+a_1)(1+a_2)\cdots(1+a_{n-2})(1+a_{n-1})} + \frac{1+a_1}{2^n} + \frac{1+a_2}{2^n} + \cdots +$$

$$\frac{1+a_{n-2}}{2^n} + \frac{1+a_{n-1}}{2^n} \geq \frac{a_n}{2^{n-1}}$$

将上面 $n$ 个不等式相加得

$$\sum_{i=1}^{n} \frac{a_i^n(1+a_i)}{A} + (n-1)\sum_{i=1}^{n} \frac{1+a_i}{2^n} \geq n \sum_{i=1}^{n} \frac{a_i}{2^{n-1}}$$

$$\sum_{i=1}^{n} \frac{a_i^n(1+a_i)}{A} (n-1)\sum_{i=1}^{n} \frac{1+a_i}{2^n} \geq n \sum_{i=1}^{n} \frac{a_i}{2^{n-1}} - (n-1)\sum_{i=1}^{n} \frac{1+a_i}{2^n} =$$

$$\frac{2n}{2^n} \sum_{i=1}^{n} a_i - \frac{(n-1)}{2^n}(n + \sum_{i=1}^{n} a_i) =$$

$$\frac{n+1}{2^n} \sum_{i=1}^{n} a_i - \frac{n(n-1)}{2^n} \geq \frac{n+1}{2^n} \cdot n \sqrt[n]{\prod_{i=1}^{n} a_i} - \frac{n(n-1)}{2^n} =$$

$$\frac{n(n+1)}{2^n} - \frac{n(n-1)}{2^n} = \frac{n}{2^{n-1}}$$

36. 因为 $x_1, x_2, \cdots, x_n (n \geq 2)$ 均为正实数,所以

$$2(x_1 + x_2 + \cdots + x_n) = (x_1 + x_2) + (x_2 + x_3) + \cdots + (x_{n-1} + x_n) +$$
$$(x_n + x_1) \geq n \sqrt[n]{(x_1 + x_2)(x_2 + x_3) \cdots (x_{n-1} + x_n)(x_n + x_1)} \qquad ①$$

又因为 $a$ 是正实数,所以
$$\frac{a^{x_1-x_2}}{x_1 + x_2} + \frac{a^{x_2-x_3}}{x_2 + x_3} + \cdots + \frac{a^{x_n-x_1}}{x_n + x_1} \geq$$
$$n \sqrt[n]{\frac{a^{x_1-x_2} a^{x_2-x_3} \cdots a^{x_n-x_1}}{(x_1 + x_2)(x_2 + x_3) \cdots (x_n + x_1)}} =$$
$$n \sqrt[n]{\frac{1}{(x_1 + x_2)(x_2 + x_3) \cdots (x_n + x_1)}} \qquad ②$$

①,② 两式相乘,得
$$2(x_1 + x_2 + \cdots + x_n)\left(\frac{a^{x_1-x_2}}{x_1 + x_2} + \frac{a^{x_2-x_3}}{x_2 + x_3} + \cdots + \frac{a^{x_n-x_1}}{x_n + x_1}\right) \geq n^2$$

所以
$$\frac{a^{x_1-x_2}}{x_1 + x_2} + \frac{a^{x_2-x_3}}{x_2 + x_3} + \cdots + \frac{a^{x_n-x_1}}{x_n + x_1} \geq \frac{n^2}{2(x_1 + x_2 + \cdots + x_n)}$$

其中当且仅当
$$\begin{cases} \dfrac{a^{x_1-x_2}}{x_1 + x_2} = \dfrac{a^{x_2-x_3}}{x_2 + x_3} = \cdots = \dfrac{a^{x_n-x_1}}{x_n + x_1} & ③ \\ x_1 + x_2 = x_2 + x_3 = \cdots = x_n + x_1 & ④ \end{cases}$$

同时成立时等号成立.

③,④ 成立的条件是 $x_1 = x_2 = \cdots = x_n$ 或 $a = 1$, $n$ 为偶数时, $x_1 = x_3 = \cdots = x_{n-1}$, $x_2 = x_4 = \cdots = x_n$.

37. 同第 36 题.

38. (1) 给定的不等式变形为 $a^6 + b^6 + c^6 + d^6 + 1 + 1 \geq 6abcd$.

根据算术几何平均值不等式,得
$$\frac{a^6 + b^6 + c^6 + d^6 + 1 + 1}{6} \geq \sqrt[6]{a^6 b^6 c^6 d^6 \cdot 1 \cdot 1} = |abcd| \geq abcd$$

因为算术几何平均值不等式当且仅当 $|a| = |b| = |c| = |d| = 1$ 时等号成立,而最后一个不等式,当偶数个变量为负时等号成立. 因此等号成立的情形是 $(a, b, c, d) = (1, 1, 1, 1), (1, 1, -1, -1), (1, -1, 1, -1), (1, -1, -1, 1),$ $(-1, 1, 1, -1)(-1, 1, -1, 1), (-1, -1, 1, 1), (-1, -1, -1, -1)$ 之一.

(2) 注意到,当 $k$ 是奇数时,因为绝对值充分大的负值 $a, b, c, d$ 的选取得出了绝对值足够大的负值 $a^k + b^k + c^k + d^k - kabcd$,因此, $M_k$ 这样的数不存在.

当 $k = 2$ 时,取 $a = b = d = r$,得到 $a^2 + b^2 + c^2 + d^2 - 2abcd = 4r^2 - 2r^4$.

对足够大的 $r$ 的选取也得出了绝对值任意大的负值. 因此, $M_k$ 这样的数不存在.

当 $k$ 是偶数,且 $k \geq 4$ 时,取 $a=b=d=1$,得 $a^k+b^k+c^k+d^k-kabcd=4-k$.
与(1)相同得
$$a^k+b^k+c^k+d^k-kabcd \geq 4-k$$
即
$$\frac{a^k+b^k+c^k+d^k+(k-4)\cdot 1^k}{k} \geq abcd$$

等号成立的条件与(1)相同.

39. 经过因式分解并应用柯西不等式得
$$(\frac{1}{a^3}-a^2)(\frac{1}{b^3}-b^2)=\frac{(1-a^5)(1-b^5)}{a^3b^3}=$$
$$\frac{(1-a)(1-b)(1+a+a^2+a^3+a^4)(1+b+b^2+b^3+b^4)}{a^3b^3}=$$
$$\frac{(1+a+a^2+a^3+a^4)(1+b+b^2+b^3+b^4)}{a^2b^2}=$$
$$(\frac{1}{a^2}+\frac{1}{a}+1+a+a^2)(\frac{1}{b^2}+\frac{1}{b}+1+b+b^2) \geq$$
$$(\frac{1}{ab}+\frac{1}{\sqrt{ab}}+1+\sqrt{ab}+ab)^2 =$$
$$(ab+\frac{1}{ab}+\sqrt{ab}+\frac{1}{\sqrt{ab}}+1)^2$$

由均值不等式得 $\sqrt{ab} \leq \frac{a+b}{2}=\frac{1}{2}, ab \leq \frac{1}{4}$,所以
$$ab+\frac{1}{ab}-\frac{17}{4}=\frac{4a^2b^2-17ab+4}{4ab}=\frac{(4ab-1)(ab-4)}{4ab} \geq 0$$
$$\sqrt{ab}+\frac{1}{\sqrt{ab}}-\frac{5}{2}=\frac{2(\sqrt{ab}-1)(\sqrt{ab}-2)}{\sqrt{ab}} \geq 0$$

所以 $ab+\frac{1}{ab}+\sqrt{ab}+\frac{1}{\sqrt{ab}}+1 \geq \frac{31}{4}$. 不等式得证.

40. 取 $x=a_1=a_2=\cdots=a_{n-1}>0, a_n=\frac{1}{x^{n-1}}$,则
$$(n-1)x^m+\frac{1}{x^{(n-1)m}} \geq \frac{n-1}{x}+x^{n-1}$$

由此得到 $m \geq n-1$. 现在,假设 $m \geq n-1$,则

$$(n-1)(a_1^m + a_2^m + \cdots + a_n^m) + n(m-n+1) =$$
$$[(a_1^m + a_2^m + \cdots + a_{n-1}^m) + 1 + 1 + \cdots + 1](共 m-n+1 个 1) +$$
$$[(a_1^m + a_2^m + \cdots + a_{n-2}^m + a_n^m) + 1 + 1 + \cdots + 1] + \cdots +$$
$$[(a_2^m + a_3^m + \cdots + a_n^m) + 1 + 1 + \cdots + 1] \geqslant$$
$$m\sqrt[m]{(a_1 a_2 \cdots a_{n-1})^m} + m\sqrt[m]{(a_1 a_2 \cdots a_{n-2} a_n)^m} + \cdots + m\sqrt[m]{(a_2 a_3 \cdots a_n)^m} =$$
$$m(a_1 a_2 \cdots a_{n-1} + a_1 a_2 \cdots a_{n-2} a_n + \cdots + a_2 a_3 \cdots a_n) = m\left(\frac{1}{a_1} + \frac{1}{a_2} + \cdots + \frac{1}{a_n}\right)$$

所以

$$a_1^m + a_2^m + \cdots + a_n^m \geqslant \frac{m}{n-1}\left(\frac{1}{a_1} + \frac{1}{a_2} + \cdots + \frac{1}{a_n}\right) - \frac{m}{n-1}$$

于是,只要证明

$$\frac{m}{n-1}\left(\frac{1}{a_1} + \frac{1}{a_2} + \cdots + \frac{1}{a_n}\right) - \frac{m}{n-1} \geqslant \frac{1}{a_1} + \frac{1}{a_2} + \cdots + \frac{1}{a_n}$$

即

$$(m-n+1)\left(\frac{1}{a_1} + \frac{1}{a_2} + \cdots + \frac{1}{a_n} - n\right) \geqslant 0$$

由假设 $a_1 a_2 \cdots a_n = 1$,则

$$\frac{1}{a_1} + \frac{1}{a_2} + \cdots + \frac{1}{a_n} \geqslant n\sqrt[n]{\frac{1}{a_1} \cdot \frac{1}{a_2} \cdot \cdots \cdot \frac{1}{a_n}} = n$$

即

$$\frac{1}{a_1} + \frac{1}{a_2} + \cdots + \frac{1}{a_n} - n \geqslant 0$$

所以,原不等式成立,故对所有满足 $m \geqslant n-1$ 的正整数 $m$ 均可以.

41. 显然 $2j + 1 = (j+1)^2 - j^2$,于是,由均值不等式得

$$\sum_{j=1}^{n} \frac{2j+1}{j^2} = \sum_{j=1}^{n}\left[\frac{(j+1)^2}{j^2} - 1\right] = \sum_{j=1}^{n} \frac{(j+1)^2}{j^2} - n >$$
$$n\sqrt[n]{\frac{2^2}{1^2} \cdot \frac{3^2}{2^2} \cdot \cdots \cdot \frac{(n+1)^2}{n^2}} - n = n\sqrt[n]{\frac{1}{n^2}} - n \qquad ①$$

(因为 $\frac{2^2}{1^2}, \frac{3^2}{2^2}, \cdots, \frac{(n+1)^2}{n^2}$ 两两不等,故 $A_n > G_n$),左边的不等式得证.

对于后一个不等式,容易看到

$$n + 4 - \sum_{j=1}^{n} \frac{2j+1}{j^2} = 4 + \sum_{j=1}^{n}\left(1 - \frac{2j+1}{j^2}\right) =$$
$$4 + \sum_{j=1}^{n} \frac{(j-1)^2 - 2}{j^2} = 4 + \sum_{j=1}^{n} \frac{(j-1)^2}{j^2} - 2\sum_{j=1}^{n} \frac{1}{j^2} \qquad ②$$

引入待定正常数 $k$

$$\sum_{j=1}^{n} \frac{(j-1)^2}{j^2} = (\frac{1}{4} - k) + (k + \frac{2^2}{3^2} + \frac{3^2}{4^2} + \cdots + \frac{(n-1)^2}{n^2}) >$$

$$(\frac{1}{4} - k) + (n-1)(k \cdot \frac{2^2}{3^2} \cdot \frac{3^2}{4^2} \cdot \cdots \cdot \frac{(n-1)^2}{n^2})^{1/(n-1)} =$$

$$(\frac{1}{4} - k) + (n-1)(4k)^{1/(n-1)} n^{-2/(n-1)} \qquad ③$$

令

$$k = \frac{1}{4}(\frac{n}{n-1})^{n-1}. \text{ (正整数 } n > 1) \qquad ④$$

于是

$$(n-1)(4k)^{1/(n-1)} = n \qquad ⑤$$

将④和⑤代入③,得

$$\sum_{j=1}^{n} \frac{(j-1)^2}{j^2} > \frac{1}{4} - \frac{1}{4}(\frac{n}{n-1})^{n-1} + n \cdot n^{-2/(n-1)} \qquad ⑥$$

不难用二项式定理证明

$$(\frac{n}{n-1})^{n-1} = (1 + \frac{1}{n-1})^{n-1} < 3 \text{ (正整数 } n > 1) \qquad ⑦$$

将⑥⑦代入②得

$$n + 4 - \sum_{j=1}^{n} \frac{2j+1}{j^2} > n \cdot n^{-2/(n-1)} + \frac{7}{2} - 2\sum_{j=1}^{n} \frac{1}{j^2} \qquad ⑧$$

而

$$\sum_{j=1}^{n} \frac{1}{j^2} = 1 + \frac{1}{4} + \frac{1}{3^2} + \frac{1}{4^2} + \frac{1}{5^2} + \cdots + \frac{1}{n^2} <$$

$$\frac{5}{4} + \frac{1}{2 \times 3} + \frac{1}{3 \times 4} + \frac{1}{4 \times 5} + \cdots + \frac{1}{(n-1)n} =$$

$$\frac{5}{4} + (\frac{1}{2} - \frac{1}{3}) + (\frac{1}{3} - \frac{1}{4}) + (\frac{1}{4} - \frac{1}{5}) + \cdots +$$

$$(\frac{1}{n-1} - \frac{1}{n}) = \frac{5}{4} + (\frac{1}{2} - \frac{1}{n}) < \frac{7}{4} \qquad ⑨$$

将⑨代入⑧得

$$n + 4 - \sum_{j=1}^{n} \frac{2j+1}{j^2} > n \cdot n^{-2/(n-1)} \qquad ⑩$$

42. 由于 $a_1, a_2, \cdots, a_n$ 是 $1, 2, \cdots, n$ 的一个排列,所以

$$(a_1 + 1)(a_2 + 1) \cdots (a_{n-1} + 1) \geq (1+1)(2+1) \cdots (n-1+1) = a_1 a_2 \cdots a_n$$

于是

$$\frac{a_1}{a_2} + \frac{a_2}{a_3} + \cdots + \frac{a_{n-1}}{a_n} + 1 + \frac{1}{2} + \frac{1}{3} + \cdots + \frac{1}{n} =$$

$$\frac{a_1}{a_2} + \frac{a_2}{a_3} + \cdots + \frac{a_{n-1}}{a_n} + \frac{1}{a_1} + \frac{1}{a_2} + \cdots + \frac{1}{a_n} =$$

$$\frac{1}{a_1} + \frac{a_1+1}{a_2} + \frac{a_2+1}{a_3} + \cdots + \frac{a_{n-1}+1}{a_n} \geqslant$$

$$n\sqrt[n]{\frac{(a_1+1)(a_2+1)\cdots(a_{n-1}+1)}{a_1 a_2 \cdots a_n}}$$

而

$$n = (1 + \frac{1}{2} + \frac{1}{3} + \cdots + \frac{1}{n}) + (\frac{1}{2} + \frac{2}{3} + \cdots + \frac{n-1}{n})$$

故可得

$$\frac{1}{2} + \frac{2}{3} + \cdots + \frac{n-1}{n} \leqslant \frac{a_1}{a_2} + \frac{a_2}{a_3} + \cdots + \frac{a_{n-1}}{a_n}$$

43. 由均值不等式得

$$(x+y)(y+z)(z+x) = (x+y+z)(xy+yz+zx) - xyz \geqslant$$

$$(x+y+z)(xy+yz+zx) - \frac{1}{9}(x+y+z)(xy+yz+zx) =$$

$$\frac{8}{9}(x+y+z)(xy+yz+zx)$$

因为 $xy + yz + zx = 1$,所以

$$(x+y)(y+z)(z+x) \geqslant \frac{8}{9}(x+y+z) \qquad ①$$

$$\frac{27}{4}(x+y)(y+z)(z+x) \geqslant 6(x+y+z) = (x+y) + (y+z) + (z+x) +$$

$$[(x+y) + (y+z)] + [(y+z) + (z+x)] + [(z+x) + (x+y)] \geqslant$$

$$(x+y) + (y+z) + (z+x) + 2\sqrt{(x+y)(y+z)} +$$

$$2\sqrt{(y+z)(z+x)} + 2\sqrt{(z+x)(x+y)} =$$

$$(\sqrt{x+y} + \sqrt{y+z} + \sqrt{z+x})^2$$

由于

$$(x+y+z)^2 \geqslant 3(xy+yz+zx) \qquad ②$$

由均值不等式,并代入①,②得

$$(\sqrt{x+y} + \sqrt{y+z} + \sqrt{z+x})^2 \geqslant 9\sqrt[3]{(x+y)(y+z)(z+x)} \geqslant$$

$$9\sqrt[3]{\frac{8}{9}(x+y+z)} \geqslant 9\sqrt[3]{\frac{\frac{8}{9}\sqrt{3(xy+yz+zx)}}{9}} =$$

$$9\sqrt[3]{\frac{\frac{8}{9}\sqrt{3}}{9}} = 6\sqrt{3}$$

44. 因为
$$\frac{n(n-1)}{2} = \sum_{k=1}^{n}(k-1)$$
所以由均值不等式得
$$\frac{n(n-1)}{2} + x_1 + x_2^2 + x_3^3 + \cdots + x_n^n = \sum_{k=1}^{n}\left[(k-1) + x_k^k\right] =$$
$$\sum_{k=1}^{n}(1 + 1 + \cdots + 1 + x_k^k) \geq \sum_{k=1}^{n} k\sqrt[k]{1^{k-1} x_k^k} = \sum_{k=1}^{n} k x_k$$
命题得证.

45. 由均值不等式得 $\frac{1^2 + 2^2 + \cdots + n^2}{n} \geq \sqrt[n]{1^2 \cdot 2^2 \cdot \cdots \cdot n^2}$, 即 $\frac{(n+1)(2n+1)}{6} \geq \sqrt[n]{(n!)^2}$, 即 $(2n^2 + 3n + 1)^n \geq 6^n (n!)^2$.

46. 原不等式等价于
$$\sum_{k=1}^{n} a_k \sum_{k=1}^{n} \frac{1}{a_k} - n^2 \sum_{1 \leq i < j \leq n}\left(\sqrt[2n]{\frac{a_i}{a_j}} - \sqrt[2n]{\frac{a_j}{a_i}}\right)^2 > n^2 \qquad \text{①}$$

下证 ①.

注意到对任意 $x > 0$, 由算术几何平均值不等式有 $\sum_{k=0}^{n-1} x^{n-1-2k} \geq n$, 等号当且仅当 $x = 1$ 时成立. 而 $\left(x - \frac{1}{x}\right)\left(\sum_{k=0}^{n-1} x^{n-1-2k}\right) = x^n - \frac{1}{x^n}$, 所以
$$\left(x^n - \frac{1}{x^n}\right)^2 = \left(x - \frac{1}{x}\right)^2 \left(\sum_{k=0}^{n-1} x^{n-1-2k}\right)^2 \geq n^2 \left(x - \frac{1}{x}\right)^2 \qquad \text{②}$$

故
$$\sum_{k=1}^{n} a_k \sum_{k=1}^{n} \frac{1}{a_k} - n^2 = \sum_{1 \leq i < j \leq n}\left(\sqrt{\frac{a_i}{a_j}} - \sqrt{\frac{a_j}{a_i}}\right)^2 =$$
$$\sum_{1 \leq i < j \leq n}\left[\left(\sqrt[2n]{\frac{a_i}{a_j}}\right)^n - \left(\sqrt[2n]{\frac{a_j}{a_i}}\right)^n\right]^2 = \sum_{1 \leq i < j \leq n}\left(x_{ij}^n - \frac{1}{x_{ij}^n}\right)^2 \text{(其中 } x_{ij} =$$
$$\sqrt[2n]{\frac{a_i}{a_j}}) \geq n^2 \left(x_{ij} - \frac{1}{x_{ij}}\right)^2 = n^2 \sum_{1 \leq i < j \leq n}\left(\sqrt[2n]{\frac{a_i}{a_j}} - \sqrt[2n]{\frac{a_j}{a_i}}\right)^2$$

故 ① 得证. 明显地, 当 $a_1 = a_2 = \cdots = a_n$ 时等号成立.

47. 因为 $x_1 x_2 x_3 x_4 = 1$, 所以
$$\sum_{k=1}^{4} x_k^3 + 8 = \sum_{k=1}^{4}(x_k^3 + 1 + 1) \geq \sum_{k=1}^{4} 3x_k = \sum_{k=1}^{4} x_k + 2 \sum_{k=1}^{4} x_k \geq$$
$$\sum_{k=1}^{4} x_k + 2 \times 4 \sqrt[4]{x_1 x_2 x_3 x_4} = \sum_{k=1}^{4} x_k + 8$$

即 $\sum_{k=1}^{4} x_k^3 \geq \sum_{k=1}^{4} x_k$,又

$$\sum_{k=1}^{4} x_k^3 = \frac{x_1^3 + x_2^3 + x_3^3}{3} + \frac{x_1^3 + x_2^3 + x_4^3}{3} + \frac{x_1^3 + x_3^3 + x_4^3}{3} + \frac{x_2^3 + x_3^3 + x_4^3}{3} \geq$$

$$x_1 x_2 x_3 + x_1 x_2 x_4 + x_1 x_3 x_4 + x_2 x_3 x_4 =$$

$$\frac{x_1 x_2 x_3 + x_1 x_2 x_4 + x_1 x_3 x_4 + x_2 x_3 x_4}{x_1 x_2 x_3 x_4} =$$

$$\sum_{k=1}^{4} \frac{1}{x_k}$$

所以

$$\sum_{k=1}^{4} x_k^3 \geq \max \left\{ \sum_{k=1}^{4} x_k, \sum_{k=1}^{4} \frac{1}{x_k} \right\}$$

48. 因为 $x_i \geq 1, i = 1, 2, \cdots, n$,所以, $(x_i - 1)(x_{i+1} - 1) \geq 0$,即 $2x_i x_{i+1} - x_i - x_{i+1} + 1 \geq x_i x_{i+1}$. 相加得 $2\sum_{i=1}^{n} x_i x_{i+1} - 2\sum_{i=1}^{n} x_i + n \geq \sum_{i=1}^{n} x_i x_{i+1}$. 由均值不等式得 $\sum_{i=1}^{n} x_i x_{i+1} \geq n \sqrt[n]{\prod_{i=1}^{n} x_i x_{i+1}} = nQ^2$. 由证明过程可知无论 $n$ 为大于 2 的偶数,$n$ 为大于 2 的奇数时不等式均成立.

49. 利用均值不等式得

$$x_1^{n-1} + x_2^{n-1} + \cdots + x_k^{n-1} \geq k \cdot \sqrt[k]{(x_1 x_2 \cdots x_k)^{n-1}} \qquad ①$$

由已知条件及均值不等式得

$$x_1 x_2 \cdots x_k = x_1 + x_2 + \cdots + x_k \geq k \cdot \sqrt[k]{x_1 x_2 \cdots x_k} \qquad ②$$

所以,$x_1 x_2 \cdots x_k \geq k \cdot \sqrt[k]{x_1 x_2 \cdots x_k}$,即

$$x_1 x_2 \cdots x_k \geq k^{k-1} \qquad ③$$

将③代入①得

$$x_1^{n-1} + x_2^{n-1} + \cdots + x_k^{n-1} \geq k \cdot \sqrt[k-1]{k^{n-1}} \qquad ④$$

下面证明 $\sqrt[k-1]{k^{n-1}} \geq n$. 即证明

$$\sqrt[n-1]{k^{n-1}} \leq k \qquad ⑤$$

根据 $1 \leq k \leq n$,注意到根指数 $n - 1$,及 $n$ 的 $k - 1$ 次方,我们在根号里面配上 $n - k$ 个 1,再应用均值不等式得到

$$\sqrt[n-1]{k^{n-1}} = \sqrt[n-1]{k^{k-1} \cdot 1^{n-k}} \leq \frac{(k-1)n + (n-k) \cdot 1}{n-1} = k$$

不等式⑤获证.

①,②等号成立当且仅当 $x_1 = x_2 = \cdots = x_k$,⑤等号成立当且仅当 $n = k$. 从而,原不等式等号成立当且仅当 $n = k$ 且 $x_1 = x_2 = \cdots = x_k$.

**50. 证法一** 不妨设 $a+b+c=1$（否则可用 $\dfrac{a}{a+b+c},\dfrac{b}{a+b+c},\dfrac{c}{a+b+c}$ 代替 $a,b,c$），则原不等式可化为

$$\sqrt{abc}(\sqrt{a}+\sqrt{b}+\sqrt{c})+1\geqslant 4\sqrt{3abc}\Leftrightarrow\sqrt{a}+\sqrt{b}+\sqrt{c}+\dfrac{1}{\sqrt{abc}}\geqslant 4\sqrt{3}$$

由均值不等式得

$$\sqrt{a}+\sqrt{b}+\sqrt{c}+\dfrac{1}{\sqrt{abc}}=\sqrt{a}+\sqrt{b}+\sqrt{c}+\dfrac{1}{9\sqrt{abc}}+\cdots+\dfrac{1}{9\sqrt{abc}}\geqslant$$

$$12\left(\dfrac{\sqrt{abc}}{(9\sqrt{abc})^9}\right)^{\frac{1}{12}}=12\cdot\dfrac{1}{9^{\frac{3}{4}}(abc)^{\frac{1}{3}}}=\dfrac{4}{\sqrt{3}}\cdot\dfrac{1}{\sqrt[3]{abc}}\geqslant\dfrac{4}{\sqrt{3}}\cdot\dfrac{1}{\dfrac{a+b+c}{3}}=4\sqrt{3}$$

**证法二** 不妨设 $abc=1$，则原不等式可化为 $\sqrt{a}+\sqrt{b}+\sqrt{c}+(a+b+c)^2\geqslant 4\sqrt{3(a+b+c)}$. 记 $t=\sqrt{a+b+c}$，易证 $t\geqslant\sqrt{3},\sqrt{a}+\sqrt{b}+\sqrt{c}\geqslant 3$. 故只要证 $3+t^4\geqslant 4\sqrt{3}t$. 即 $t^3+\dfrac{3}{t}\geqslant 4\sqrt{3}$，而

$$t^3+\dfrac{3}{t}=\dfrac{t^3}{3}+\dfrac{t^3}{3}+\dfrac{t^3}{3}+\dfrac{3}{t}\geqslant 4\sqrt[4]{\dfrac{t^9}{3^3}\cdot\dfrac{3}{t}}=\dfrac{4}{\sqrt{3}}t^2\geqslant\dfrac{4}{\sqrt{3}}(\sqrt{3})^2=4\sqrt{3}$$

**证法三** 两边同除以 $\sqrt{abc(a+b+c)}$，原不等式等价于证明

$$\dfrac{\sqrt{a}+\sqrt{b}+\sqrt{c}}{\sqrt{a+b+c}}+\dfrac{(\sqrt{a+b+c})^3}{\sqrt{abc}}\geqslant 4\sqrt{3}$$

由均值不等式 $\sqrt{a}+\sqrt{b}+\sqrt{c}\geqslant 3\sqrt[6]{abc}$，只要证明

$$\dfrac{3\sqrt[6]{abc}}{\sqrt{a+b+c}}+\dfrac{(\sqrt{a+b+c})^3}{\sqrt{abc}}\geqslant 4\sqrt{3}$$

令 $t=\dfrac{\sqrt{a+b+c}}{\sqrt[6]{abc}}$，则由均值不等式得 $t=\dfrac{\sqrt{a+b+c}}{\sqrt[6]{abc}}\geqslant\sqrt{3}$，只要证明 $\dfrac{3}{t}+t^3\geqslant 4\sqrt{3}$. 因为 $t\geqslant\sqrt{3}$，所以

$$t^4-4\sqrt{3}t+3=t^4-3t^2+3t^2-4\sqrt{3}t+3=$$
$$t^2(t+\sqrt{3})(t-\sqrt{3})+(3t-\sqrt{3})(t-\sqrt{3})\geqslant 0$$

**证法四** 由均值不等式 $a+b+c\geqslant 3\sqrt[3]{abc},\sqrt{a}+\sqrt{b}+\sqrt{c}\geqslant 3\sqrt[6]{abc}$，所以

$$\sqrt{abc}(\sqrt{a}+\sqrt{b}+\sqrt{c})+(a+b+c)^2 \geqslant \sqrt{abc} \cdot 3\sqrt[6]{abc}+$$
$$3\sqrt[3]{abc}(a+b+c)=$$
$$3\sqrt{(abc)^3}+\sqrt[3]{abc}(a+b+c)+\sqrt[3]{abc}(a+b+c)+\sqrt[3]{abc}(a+b+c) \geqslant$$
$$3\sqrt{(abc)^3}+3\sqrt[3]{(abc)^2}+\sqrt[3]{abc}(a+b+c)+\sqrt[3]{abc}(a+b+c) \geqslant$$
$$4\sqrt[4]{3\sqrt{(abc)^3} \cdot 3\sqrt[3]{(abc)^2} \cdot \sqrt[3]{abc}(a+b+c) \cdot \sqrt[3]{abc}(a+b+c)}=$$
$$4\sqrt{3abc(a+b+c)}$$

**51. 证法一** 因为 $ab+bc+ca \leqslant \frac{1}{3}(a+b+c)^2 = \frac{1}{3}$,因为 $ab \leqslant (\frac{a+b}{2})^2 = \frac{1}{4}$,同理 $bc \leqslant \frac{1}{4}, ca \leqslant \frac{1}{4}$,所以

$$(ab)^{\frac{5}{4}}+(bc)^{\frac{5}{4}}+(ca)^{\frac{5}{4}} < (\frac{1}{4})^{\frac{1}{4}}ab+(\frac{1}{4})^{\frac{1}{4}}bc+(\frac{1}{4})^{\frac{1}{4}}ca =$$
$$(\frac{1}{2})^{\frac{1}{2}}(ab+bc+ca) < \frac{\sqrt{2}}{2} \times \frac{1}{3} < \frac{1}{4}$$

**证法二** 由均值不等式得

$$\sum \sqrt[4]{a^5 b^5} = \sum \sqrt[4]{a^2 b \cdot ab^2 \cdot ab \cdot ab} \leqslant \sum \frac{a^2 b + ab^2 + ab + ab}{4} =$$
$$\sum \frac{a^2(b+c)+ab+ab}{4} <$$
$$\sum \frac{a^2(a+b+c)+ab+ab}{4} = \sum \frac{a^2+2ab}{4} = \frac{(a+b+c)^2}{4} = \frac{1}{4}$$

**52.** 因为 $x,y,z>0$,且 $x+y+z=xyz$,所以 $z(xy-1)=x+y$,同理 $y(zx-1)=z+x, x(yz-1)=y+z$,由均值不等式有 $xyz=x+y+z \geqslant 3 \cdot \sqrt[3]{xyz} \Rightarrow xyz \geqslant 3\sqrt{3}$,等号成立当且仅当 $x=y=z=\sqrt{3}$,所以

$$x^7(yz-1)+y^7(zx-1)+z^7(xy-1)=$$
$$x^6(y+z)+y^6(z+x)+z^6(x+y) \geqslant$$
$$6\sqrt[6]{x^6 y \cdot x^6 z \cdot y^6 z \cdot y^6 x \cdot z^6 x \cdot z^6 y} \geqslant 6\sqrt[6]{x^{14} \cdot y^{14} \cdot z^{14}} \geqslant 162\sqrt{3}$$

**53.** 设 $\frac{1}{1+x_i}=t_i (i=1,2,\cdots,n,n+1)$,则

$$t_1+t_2+\cdots+t_n+t_{n+1}=1, x_i=\frac{1-t_i}{t_i}, i=1,2,\cdots,n+1$$
$$x_i = \frac{1-t_i}{t_i} = \frac{t_1+t_2+\cdots+t_{i-1}+t_{i+1}+t_{i+2}+\cdots+t_n+t_{n+1}}{t_i} \geqslant$$
$$\frac{n\sqrt[n]{t_1 t_2 \cdots t_{i-1} t_{i+1} t_{i+2} \cdots t_n t_{n+1}}}{t_i}, i=1,2,\cdots,n,n+1$$

将上述 $n+1$ 个不等式相乘得 $x_1 x_2 \cdots x_n x_{n+1} \geq n^{n+1}$.

54. 为方便起见,记 $A_0 = 0$,则对于 $k = 1, 2, \cdots, n$,有

$$\frac{a_k}{A_k} = \frac{kA_k - (k-1)A_{k-1}}{A_k} = k - (k-1)\frac{A_{k-1}}{A_k}$$

设 $x_1 = 1, x_k = \dfrac{A_{k-1}}{A_k}, k = 2, 3, \cdots, n$,则有

$$\sqrt[n]{\frac{G_n}{A_n}} = \sqrt[n]{\frac{A_1 A_2 \cdots A_n}{A_n^n}} = \sqrt[n^2]{x_2 x_3^2 \cdots x_n^{n-1}}, \frac{g_n}{G_n} = \sqrt[n]{\prod_{k=1}^n \frac{a_k}{A_k}} = \sqrt[n]{\prod_{k=1}^n [k - (k-1)x_k]}$$

所以,有

$$n\sqrt[n]{\frac{G_n}{A_n}} + \frac{g_n}{G_n} = n\sqrt[n^2]{x_2 x_3^2 \cdots x_n^{n-1}} + \sqrt[n]{\prod_{k=1}^n [k - (k-1)x_k]} \qquad ①$$

对式 ① 等号后边的第一项用平均值不等式,可得

$$n\sqrt[n^2]{x_2 x_3^2 \cdots x_n^{n-1}} = \sqrt[n^2]{x_1^{\frac{n(n+1)}{2}} x_2 x_3^2 \cdots x_n^{n-1}} \leq$$

$$\frac{1}{n}\left[\frac{n(n-1)}{2}x_1 + \sum_{k=1}^n (k-1)x_k\right] = \frac{n+1}{2} + \frac{1}{n}\sum_{k=1}^n (k-1)x_k$$

当且仅当 $x_k = 1$ 时等号成立,其中 $k = 1, 2, \cdots, n$.

对式 ① 等号后边的第二项用平均值不等式,可得

$$\sqrt[n]{\prod_{k=1}^n [k - (k-1)x_k]} \leq \frac{1}{n}\sum_{k=1}^n [k - (k-1)x_k] = \frac{n+1}{2} - \frac{1}{n}\sum_{k=1}^n (k-1)x_k$$

当且仅当 $k - (k-1)x_k = 1$,即 $x_k = 1$ 时等号成立,其中 $k = 1, 2, \cdots, n$.

结合以上两个结论,可得 $n\sqrt[n]{\dfrac{G_n}{A_n}} + \dfrac{g_n}{G_n} \leq n + 1$.

当且仅当 $a_1 = a_2 = \cdots = a_n$ 时等号成立.

55. **证法一** 由均值不等式得

$$\frac{1 + x_1 + x_2 + \cdots + x_n}{2} = \frac{(1 + x_1 + x_2 + \cdots + x_{n-1}) + x_n}{2} \geq$$

$$\sqrt{(1 + x_1 + x_2 + \cdots + x_{n-1})x_n}$$

所以

$$(1 + x_1 + x_2 + \cdots + x_n)^2 \geq 2^2(1 + x_1 + x_2 + \cdots + x_{n-1})x_n \qquad ①$$

$$\frac{1 + x_1 + x_2 + \cdots + x_{n-1}}{3} =$$

$$\frac{\dfrac{1 + x_1 + x_2 + \cdots + x_{n-2}}{2} + \dfrac{1 + x_1 + x_2 + \cdots + x_{n-2}}{2} + x_{n-1}}{3} \geq$$

$$\sqrt[3]{\left(\frac{1+x_1+x_2+\cdots+x_{n-2}}{2}\right)^2 x_{n-1}}$$

所以

$$(1+x_1+x_2+\cdots+x_{n-1})^3 \geq \frac{3^3}{2^2}(1+x_1+x_2+\cdots+x_{n-2})^2 x_{n-1} \quad ②$$

同理 $\dfrac{1+x_1+x_2\cdots+x_{n-1}}{3} \geq \sqrt[4]{\left(\dfrac{1+x_1+x_2+\cdots+x_{n-3}}{4}\right)^3 x_{n-2}}$,所以

$$(1+x_1+x_2+\cdots+x_{n-2})^4 \geq \frac{4^4}{3^3}(1+x_1+x_2+\cdots+x_{n-3})^3 x_{n-2} \quad ③$$

$$\cdots$$

$$(1+x_1+x_2)^n \geq \frac{(n+1)^{n+1}}{n^n}(1+x_1)^{n-1}x_2, \quad (1+x_1)^{n+1} \geq \frac{(n+1)^{n+1}}{n^n}x_1 \quad ④$$

将上述 $n$ 个不等式相乘得

$$\left(\prod_{i=1}^{n}(1+x_1+x_2+\cdots+x_i)\right)^2 \geq (n+1)^{n+1} x_1 x_2 \cdots x_n$$

即

$$\prod_{i=1}^{n}(1+x_1+x_2+\cdots+x_i) \geq \sqrt{(n+1)^{n+1} x_1 x_2 \cdots x_n}$$

**证法二** 设

$$y_1 = \frac{x_1}{1+x_1}$$

$$y_2 = \frac{x_2}{(1+x_1)(1+x_1+x_2)}$$

$$y_3 = \frac{x_3}{(1+x_1+x_2)(1+x_1+x_2+x_3)}, \cdots,$$

$$y_n = \frac{x_n}{(1+x_1+\cdots+x_{n-1})(1+x_1+\cdots+x_{n-1}+x_n)}$$

$$y_{n+1} = \frac{1}{1+x_1+\cdots+x_{n-1}+x_n}$$

则

$$y_1+y_2+y_3+\cdots+y_n+y_{n+1} = \frac{x_1}{1+x_1} + \left(\frac{1}{1+x_1} - \frac{1}{1+x_1+x_2}\right) +$$

$$\left(\frac{1}{1+x_1+x_2} - \frac{1}{1+x_1+x_2+x_3}\right) + \cdots +$$

$$\left(\frac{1}{1+x_1+\cdots+x_{n-1}} - \frac{1}{1+x_1+\cdots+x_{n-1}+x_n}\right) +$$

$$\frac{1}{1+x_1+\cdots+x_{n-1}+x_n}=1$$

由均值不等式得

$$y_1+y_2+y_3+\cdots+y_n+y_{n+1}\geqslant (n+1)\sqrt[n+1]{y_1y_2y_3\cdots y_ny_{n+1}}$$

即

$$1\geqslant (n+1)\sqrt[n+1]{y_1y_2y_3\cdots y_ny_{n+1}}=$$

$$(n+1)\sqrt[n+1]{\frac{x_1x_2x_3\cdots x_n}{(\prod_{i=1}^{n}(1+x_1+x_2+\cdots+x_i))^2}}$$

也就是

$$\sum_{i=1}^{n}(1+x_1+x_2+\cdots+x_i)\geqslant \sqrt{(n+1)^{n+1}x_1x_2\cdots x_n}$$

56. 对 $k=2,3,\cdots,n$ 应用均值不等式得

$$ka_kc_k=ka_kb_k^{\frac{1}{k}}c_{k-1}^{\frac{1}{k}}\cdots c_{k-1}^{\frac{1}{k}}(k-1\text{ 个 }c_{k-1}^{\frac{1}{k}})\leqslant a_k^kb_k+(k-1)c_{k-1}$$

将上式相加得到结果.

57. 应用均值不等式得

$$3\sqrt[9]{\frac{9a(a+b)}{2(a+b+c)^2}}=$$

$$3\sqrt[9]{1\cdot 1\cdot 1\cdot 1\cdot 1\cdot 1\cdot \frac{2a}{a+b}\cdot \frac{3(a+b)}{2(a+b+c)}\cdot \frac{3(a+b)}{2(a+b+c)}}\leqslant$$

$$\frac{1}{3}(6+\frac{2a}{a+b}+\frac{3(a+b)}{2(a+b+c)})$$

$$\sqrt[3]{\frac{6bc}{(a+b)(a+b+c)}}=\sqrt[3]{1\cdot \frac{2b}{a+b}\cdot \frac{3c}{2(a+b+c)}}\leqslant$$

$$\frac{1}{3}(1+\frac{2b}{a+b}+\frac{3c}{2(a+b+c)})$$

相加得

$$3\sqrt[9]{\frac{9a(a+b)}{2(a+b+c)^2}}+\sqrt[3]{\frac{6bc}{(a+b)(a+b+c)}}\leqslant 4$$

58. 设 $\dfrac{a}{\sqrt[3]{a^3+63bcd}}\geqslant \dfrac{a^p}{a^p+b^p+c^p+d^p}$, $p$ 是实数.

$(a^p+b^p+c^p+d^p)^3-(a^p)^3=(b^p+c^p+d^p)[(a^p)^2+(b^p)^2+(c^p)^2+(d^p)^2+$
$(a^p)^2+(ab)^p+(ab)^p+(ac)^p+(ad)^p+(ab)^p+(ac)^p+(ac)^p+$
$(ad)^p+(ad)^p+(bc)^p+(bc)^p+(bd)^p+(bd)^p+(cd)^p+(cd)^p+(a^p)^2]\geqslant$
$3(bcd)^{\frac{p}{3}}\cdot 21(a^{\frac{5}{7}})^p\cdot (bcd)^{\frac{3p}{7}}=63a^{\frac{5p}{7}}(bcd)^{\frac{16p}{21}}$

所以
$$(a^p+b^p+c^p+d^p)^3 \geq a^{\frac{5p}{7}}(a^{\frac{16p}{7}}+63(bcd)^{\frac{16p}{21}})$$

只要取 $p=\dfrac{21}{16}$，就有 $\dfrac{a}{\sqrt[3]{a^3+63bcd}} \geq \dfrac{a^p}{a^p+b^p+c^p+d^p}$，同理有 $\dfrac{b}{\sqrt[3]{b^3+63cda}} \geq \dfrac{b^p}{a^p+b^p+c^p+d^p}$，$\dfrac{c}{\sqrt[3]{c^3+63dab}} \geq \dfrac{c^p}{a^p+b^p+c^p+d^p}$，$\dfrac{d}{\sqrt[3]{d^3+63abc}} \geq \dfrac{d^p}{a^p+b^p+c^p+d^p}$. 四式相加得

$$\dfrac{a}{\sqrt[3]{a^3+63bcd}}+\dfrac{b}{\sqrt[3]{b^3+63cda}}+\dfrac{c}{\sqrt[3]{c^3+63dab}}+\dfrac{d}{\sqrt[3]{d^3+63abc}} \geq 1$$

59. 因为
$$ay = \dfrac{a}{a+x_1}\cdot\dfrac{x_1}{x_1+x_2}\cdot\cdots\cdot\dfrac{x_{n-1}}{x_{n-1}+x_n}\cdot\dfrac{x_n}{x_n+b}$$
$$by = \dfrac{x_1}{a+x_1}\cdot\dfrac{x_2}{x_1+x_2}\cdot\cdots\cdot\dfrac{x_n}{x_{n-1}+x_n}\cdot\dfrac{b}{x_n+b}$$

由均值不等式得
$$\sqrt[n+1]{ay} \leq \dfrac{1}{n+1}\left(\dfrac{a}{a+x_1}+\dfrac{x_1}{x_1+x_2}+\cdots+\dfrac{x_{n-1}}{x_{n-1}+x_n}+\dfrac{x_n}{x_n+b}\right) \quad ①$$

$$\sqrt[n+1]{by} \leq \dfrac{1}{n+1}\left(\dfrac{x_1}{a+x_1}+\dfrac{x_2}{x_1+x_2}+\cdots+\dfrac{x_n}{x_{n-1}+x_n}+\dfrac{b}{x_n+b}\right) \quad ②$$

① + ② 得
$$(\sqrt[n+1]{a}+\sqrt[n+1]{b})\sqrt[n+1]{y} \leq 1 \quad ③$$

即
$$y \leq \dfrac{1}{(\sqrt[n+1]{a}+\sqrt[n+1]{b})^{n+1}}$$

当且仅当 $\begin{cases}\dfrac{a}{a+x_1}=\dfrac{x_1}{x_1+x_2}=\cdots=\dfrac{x_{n-1}}{x_{n-1}+x_n}=\dfrac{x_n}{x_n+b}\\ \dfrac{x_1}{a+x_1}=\dfrac{x_2}{x_1+x_2}=\cdots=\dfrac{x_n}{x_{n-1}+x_n}=\dfrac{b}{x_n+b}\end{cases}$ 时等号成立. 此时 $\dfrac{a}{x_1}=\dfrac{x_1}{x_2}=\cdots=\dfrac{x_{n-1}}{x_n}=\dfrac{x_n}{b}=k.$

显然 $k^{n+1}=\dfrac{a}{b}$，$k=\sqrt[n+1]{\dfrac{a}{b}}$，所以当 $x_k=a\left(\dfrac{b}{a}\right)^{\frac{k}{n+1}}(k=1,2,\cdots,n)$ 时，$y$ 取最大值 $\dfrac{1}{(\sqrt[n+1]{a}+\sqrt[n+1]{b})^{n+1}}$.

60. 因为 $a,b,c,d$ 是正实数，$a^2 + b^2 + c^2 + d^2 = 1 \geq 4\sqrt[4]{a^2b^2c^2d^2}$，所以 $abcd \leq \dfrac{1}{16}$. 又

$$ab + bc + cd + ad + ac + bd \leq \frac{a^2+b^2}{2} + \frac{b^2+c^2}{2} + \frac{c^2+d^2}{2} + \frac{a^2+a^2}{2} +$$

$$\frac{a^2+c^2}{2} + \frac{b^2+d^2}{2} = \frac{3(a^2+b^2+c^2+d^2)}{2} = \frac{3}{2}$$

所以

$$a^2b^2cd + ab^2c^2d + abc^2d^2 + a^2bcd^2 + a^2bc^2d + ab^2cd^2 =$$
$$abcd(ab + bc + cd + ad + ac + bd) \leq \frac{1}{16} \times \frac{3}{2} = \frac{3}{32}$$

61. **证法一** 取 $x = y = z$，得 $k = \dfrac{3}{2\sqrt{2}}$，于是我们只要证明

$$8(x\sqrt{y} + y\sqrt{z} + z\sqrt{x})^2 \leq 9(x+y)(y+z)(z+x) \qquad ①$$

$① \Leftrightarrow 8(x^2y + y^2z + z^2x) + 16(xy\sqrt{yz} + yz\sqrt{zx} + zx\sqrt{xy}) \leq$
$9(x^2y + y^2z + z^2x + xy^2 + yz^2 + zx^2) + 18xyz \Leftrightarrow$
$16(xy\sqrt{yz} + yz\sqrt{zx} + zx\sqrt{xy}) \leq$
$x^2y + y^2z + z^2x + 9(xy^2 + yz^2 + zx^2) + 18xyz \qquad ②$

由加权均值不等式得

$$x^2y + 9yz^2 + 6xyz = y(x^2 + 9z^2 + 6xz) \geq$$
$$16y \cdot \sqrt[16]{x^2 \cdot (z^2)^9 \cdot (xz)^6} = 16yz\sqrt{zx}$$

同理，$y^2z + 9zx^2 + 6xyz \geq 16zx\sqrt{xy}$，$z^2x + 9xy^2 + 6xyz \geq 16xy\sqrt{yz}$.
三个不等式相加即得 ②，所以

$$x\sqrt{y} + y\sqrt{z} + z\sqrt{x} \leq \frac{3\sqrt{2}}{4}\sqrt{(x+y)(y+z)(z+x)}$$

**证法二** 容易证明 $9(x+y)(y+z)(z+x) \geq 8(x+y+z)(xy+yz+zx)$.
所以由柯西不等式得

$$x\sqrt{y} + y\sqrt{z} + z\sqrt{x} = \sqrt{x}\sqrt{xy} + \sqrt{y}\sqrt{yz} + \sqrt{z}\sqrt{zx} \leq$$
$$\sqrt{(x+y+z)(xy+yz+zx)} \leq$$
$$\frac{3}{2\sqrt{2}}\sqrt{(x+y)(y+z)(z+x)}$$

所以，所求最大的 $k = \dfrac{3\sqrt{2}}{4}$.

**证法三** 容易证明 $(x+y)(y+z)(z+x) \geq 8xyz$. 我们证明

$$(x\sqrt{y} + y\sqrt{z} + z\sqrt{x})^2 \leqslant \frac{9}{8}(x+y)(y+z)(z+x)$$

由均值不等式得

$$x^2y + y^2z + z^2x + 2xy\sqrt{yz} + 2yz\sqrt{zx} + 2zx\sqrt{xy} \leqslant$$
$$x^2y + y^2z + z^2x + (xyz + xy^2) + (xyz + yz^2) + (xyz + zx^2) =$$
$$x^2y + y^2z + z^2x + xy^2 + yz^2 + zx^2 + 3xyz =$$
$$(x+y)(y+z)(z+x) + xyz = (x+y)(y+z)(z+x) +$$
$$\frac{1}{8}(x+y)(y+z)(z+x) \leqslant \frac{9}{8}(x+y)(y+z)(z+x)$$

**62. 证法一** 因为 $abc = 1$,所以 $\frac{c}{b} + \frac{b}{a} + \frac{a}{c} \leqslant a^3b + b^3c + c^3a$ 等价于

$$a^3b + b^3c + c^3a \geqslant \left(\frac{c}{b} + \frac{b}{a} + \frac{a}{c}\right)(abc)^{\frac{4}{3}}$$

令 $a = x^3, b = y^3, c = z^3$,即证

$$x^9y^3 + y^9z^3 + z^9x^3 \geqslant x^7y^4z + y^7z^4x + z^7x^4y$$

由均值不等式得

$$16x^9y^3 + 4y^9z^3 + z^9x^3 \geqslant 21\left[(x^9y^3)^{16}(y^9z^3)^4(z^9x^3)\right]^{\frac{1}{21}} = 21x^7y^4z$$

同理

$$x^9y^3 + 16y^9z^3 + 4z^9x^3 \geqslant 21y^7z^4x,\ 4x^9y^3 + y^9z^3 + 16z^9x^3 \geqslant 21z^7x^4y$$

三个不等式相加得

$$x^9y^3 + y^9z^3 + z^9x^3 \geqslant x^7y^4z + y^7z^4x + z^7x^4y.$$

**证法二** 用排序不等式.

因为 $abc = 1$,所以设 $a = \frac{x}{y}, b = \frac{y}{z}, c = \frac{z}{x}$,则不等式等价于

$$x^3 + y^3 + z^3 \leqslant \frac{x^4}{y} + \frac{y^4}{z} + \frac{z^4}{x}$$

因为 $(x^4, y^4, z^4)$ 与 $\left(\frac{1}{x}, \frac{1}{y}, \frac{1}{z}\right)$ 反序,所以由乱序和 $\geqslant$ 反序和,得

$$\frac{x^4}{y} + \frac{y^4}{z} + \frac{z^4}{x} \geqslant \frac{x^4}{x} + \frac{y^4}{y} + \frac{z^4}{z} = x^3 + y^3 + z^3$$

**63. 证法一** 当 $n = 1$ 时,不等式显然等号成立,当 $n \geqslant 2$ 时

$$x_1x_2\cdots x_n + y_1y_2\cdots y_n \leqslant \sqrt{x_1^2 + y_1^2}\sqrt{x_2^2 + y_2^2}\cdots\sqrt{x_n^2 + y_n^2} \Leftrightarrow$$

$$\frac{x_1}{\sqrt{x_1^2 + y_1^2}} \cdot \frac{x_2}{\sqrt{x_2^2 + y_2^2}} \cdot \cdots \cdot \frac{x_n}{\sqrt{x_n^2 + y_n^2}} + \frac{y_1}{\sqrt{x_1^2 + y_1^2}} \cdot \frac{y_2}{\sqrt{x_2^2 + y_2^2}} \cdot \cdots \cdot \frac{y_n}{\sqrt{x_n^2 + y_n^2}} \leqslant 1$$

令 $a_k = \frac{x_k^2}{x_k^2 + y_k^2}, b_k = \frac{y_k^2}{x_k^2 + y_k^2}\ (k = 1, 2, \cdots, n)$,则 $0 < a_k, b_k < 1, a_k + b_k = 1$.

当 $n \geq 2$ 时,不等式等价于 $\sqrt{a_1 a_2 \cdots a_n} + \sqrt{b_1 b_2 \cdots b_n} \leq 1$,因为 $n \geq 2$,所以由均值不等式得

$$\sqrt{a_1 a_2 \cdots a_n} + \sqrt{b_1 b_2 \cdots b_n} \leq \sqrt[n]{a_1 a_2 \cdots a_n} + \sqrt[n]{b_1 b_2 \cdots b_n} \leq$$
$$\frac{a_1 + a_2 + \cdots + a_n}{n} + \frac{b_1 b_2 + \cdots + b_n}{n} = 1$$

所以原不等式成立.

**证法二** 当 $n=1$ 时,不等式显然等号成立,当 $n \geq 2$ 时

$$x_1 x_2 \cdots x_n + y_1 y_2 \cdots y_n \leq \sqrt{x_1^2 + y_1^2} \sqrt{x_2^2 + y_2^2} \cdots \sqrt{x_n^2 + y_n^2} \Leftrightarrow$$
$$(x_1 x_2 \cdots x_n + y_1 y_2 \cdots y_n)^2 \leq (x_1^2 + y_1^2)(x_2^2 + y_2^2) \cdots (x_n^2 + y_n^2) \Leftrightarrow$$
$$x_1^2 x_2^2 \cdots x_n^2 + 2 x_1 x_2 \cdots x_n y_1 y_2 \cdots y_n + y_1^2 y_2^2 \cdots y_n^2 \leq$$
$$(x_1^2 + y_1^2)(x_2^2 + y_2^2) \cdots (x_n^2 + y_n^2)$$

不等式的右端共有 $2^n$ 项,其中有 4 项分别是 $x_1^2 x_2^2 \cdots x_n^2$, $y_1^2 y_2^2 \cdots y_n^2$, $x_1^2 y_2^2 \cdots y_n^2$, $y_1^2 x_2^2 \cdots x_n^2$,由二元均值不等式

$$x_1^2 y_2^2 \cdots y_n^2 + y_1^2 x_2^2 \cdots x_n^2 \geq 2 x_1 y_2 \cdots y_n y_1 x_2 \cdots x_n = 2 x_1 x_2 \cdots x_n y_1 y_2 \cdots y_n$$

所以,原不等式成立.

**64. 证法一** 由均值不等式得
$$bc^2 + b^2 c + b^3 + ac^2 + a^2 c + a^3 \geq 6abc$$
当且仅当 $bc^2 = b^2 c = b^3 = ac^2 = a^2 c = a^3$ 时等号成立.

因为 $a^3 + b^3 = c^3$,所以不等式等号不成立,因此
$$bc^2 + b^2 c + b^3 + ac^2 + a^2 c + a^3 > 6abc$$
所以
$$\frac{c^2 + bc + b^2}{a} + \frac{c^2 + ca + a^2}{b} > 6c$$

两边同乘以 $(c-b)(c-a)$,得
$$\frac{(c^3 - b^3)(c-a)}{a} + \frac{(c^3 - a^3)(c-b)}{b} > 6c(c-b)(c-a)$$

因为 $a^3 + b^3 = c^3$,所以 $c^3 - b^3 = a^3$, $c^3 - a^3 = b^3$,所以,$a^2(c-a) + b^2(c-b) > 6c(c-b)(c-a)$,即 $a^2 c + b^2 c - (a^3 + b^3) > 6c(c-b)(c-a)$,再将 $a^3 + b^3 = c^3$ 代入得 $a^2 c + b^2 c - c^3 > 6c(c-b)(c-a)$,即 $a^2 + b^2 - c^2 > 6(c-b)(c-a)$.

**证法二** 根据等式
$$x^3 + y^3 + z^3 - 3xyz = (x+y+z)(x^2 + y^2 + z^2 - xy - yz - zx)$$

得
$$3abc = (a+b-c)(a^2 + b^2 + c^2 - ab + bc + ca)$$

所以

$$a^2 + b^2 + c^2 - ab + bc + ca = \frac{3abc}{a+b-c}$$

于是

$$a^2 + b^2 - c^2 - (c-b)(c-a) = \frac{3abc}{a+b-c} - 3c^2 = \frac{3c(c-b)(c-a)}{a+b-c}$$

只要证明 $\frac{3c}{a+b-c} > 5$,即证明 $a + b < \frac{8}{5}c$,因为 $a^3 + b^3 = c^3$,所以根据幂均值不等式得

$$\left(\frac{a+b}{2}\right)^3 \leqslant \frac{a^3 + b^3}{2} = \frac{c^3}{2}$$

所以

$$\frac{a+b}{2} \leqslant 4^{\frac{1}{3}}c < \frac{8}{5}c$$

**证法三** 见中等数学增刊71.

65. $\sum_{i=1}^{n} \frac{a_i^{2-m} + a_{i+1} + \cdots + a_{i-2}}{1 - a_i} = \sum_{i=1}^{n} \frac{a_i^{2-m} + 1 - a_{i-1} - a_i}{1 - a_i} =$

$\sum_{i=1}^{n} \left(\frac{a_i^{2-m} - a_{i-1}}{1 - a_i} + 1\right) = n + \sum_{i=1}^{n} \frac{a_i^{2-m} - a_{i-1}}{1 - a_i}$

因此,只要证明 $\sum_{i=1}^{n} \frac{a_i^{2-m} - a_{i-1}}{1 - a_i} \geqslant \frac{n^m - n}{n - 1}$.

根据均值不等式 $\sum_{i=1}^{n} \frac{1 - a_{i-1}}{1 - a_i} \geqslant n$,所以

(1) 若 $m = 0$,则

$\sum_{i=1}^{n} \frac{a_i^2 - a_{i-1}}{1 - a_i} = \sum_{i=1}^{n} \frac{a_i^2 - 1 + 1 - a_{i-1}}{1 - a_i} = \sum_{i=1}^{n} \frac{1 - a_{i-1}}{1 - a_i} - \sum_{i=1}^{n} (1 + a_i) =$

$\sum_{i=1}^{n} \frac{1 - a_{i-1}}{1 - a_i} - (n + 1) \geqslant n - (n + 1) = -1 = \frac{n^0 - n}{n - 1} = \frac{n^m - n}{n - 1}$

(2) 若 $m = 1$,则

$\sum_{i=1}^{n} \frac{a_i - a_{i-1}}{1 - a_i} = \sum_{i=1}^{n} \frac{a_i - 1 + 1 - a_{i-1}}{1 - a_i} =$

$-n + \sum_{i=1}^{n} \frac{1 - a_{i-1}}{1 - a_i} \geqslant 0 = \frac{n^1 - n}{n - 1} = \frac{n^m - n}{n - 1}$

(3) 若 $m = 2$

$\sum_{i=1}^{n} \frac{1 - a_{i-1}}{1 - a_i} \geqslant n = \frac{n^2 - n}{n - 1} = \frac{n^m - n}{n - 1}$

(4) 若 $m > 2$,

$\sum_{i=1}^{n} \frac{a_i^{2-m} - a_{i-1}}{1 - a_i} = \sum_{i=1}^{n} \frac{\frac{1}{a_i^{m-2}} - a_{i-1}}{1 - a_i} = \sum_{i=1}^{n} \frac{\frac{1}{a_i^{m-2}} - 1 + 1 - a_{i-1}}{1 - a_i} =$

$$\sum_{i=1}^{n} \frac{1-a_{i-1}}{1-a_i} + \sum_{i=1}^{n} \frac{1}{a_i^{m-2}} \cdot \frac{1-a_i^{m-2}}{1-a_i} \geq$$

$$n + \sum_{i=1}^{n} \frac{1}{a_i^{m-2}} \cdot (1 + a_i + \cdots + a_i^{m-3}) =$$

$$n + \sum_{i=1}^{n} \left( \frac{1}{a_i^{m-2}} + \frac{1}{a_i^{m-3}} + \cdots + \frac{1}{a_i} \right) =$$

$$n + \sum_{j=1}^{m-2} \sum_{i=1}^{n} \frac{1}{a_i^j}$$

由柯西不等式得 $\sum_{i=1}^{n} a_i \cdot \sum_{i=1}^{n} \frac{1}{a_i} \geq n^2$,并注意到 $\sum_{i=1}^{n} a_i = 1$,所以 $\sum_{i=1}^{n} \frac{1}{a_i} \geq n^2$,
由幂平均值不等式得

$$\frac{1}{n} \sum_{i=1}^{n} \frac{1}{a_i^j} \geq \left( \frac{1}{n} \sum_{i=1}^{n} \frac{1}{a_i} \right)^j \geq n^j$$

因此

$$\sum_{j=1}^{m-2} \sum_{i=1}^{n} \frac{1}{a_i^j} \geq \sum_{j=1}^{m-2} n^{j+1} = \frac{n^2(n^{m-2}-1)}{n-1}$$

所以

$$\sum_{i=1}^{n} \frac{a_i^{2-m} - a_{i-1}}{1-a_i} \geq n + \frac{n^2(n^{m-2}-1)}{n-1} = \frac{n^m - n}{n-1}$$

66. $M = x_1, m = x_2$,不妨设

$$A - G \geq \frac{1}{n}(\sqrt{M} - \sqrt{m}) \Leftrightarrow n(A-G) \geq ((\sqrt{x_1} - \sqrt{x_2})^2 \Leftrightarrow$$

$$x_1 + x_2 + \cdots + x_n - n\sqrt[n]{x_1 x_2 \cdots x_n} \geq x_1 + x_2 - 2\sqrt{x_1 x_2} \Leftrightarrow$$

$$\sqrt{x_1 x_2} + \sqrt{x_1 x_2} + x_3 + \cdots + x_n \geq n\sqrt[n]{x_1 x_2 \cdots x_n}$$

由均值不等式得

$$\sqrt{x_1 x_2} + \sqrt{x_1 x_2} + x_3 + \cdots + x_n \geq n\sqrt[n]{\sqrt{x_1 x_2} \sqrt{x_1 x_2} x_3 \cdots x_n} = n\sqrt[n]{x_1 x_2 \cdots x_n}$$

67. 由均值不等式得

$$(a_1 + b_1)(a_2 + b_2) \cdots (a_n + b_n) + 2^{n-1} \left( \frac{1}{a_1 b_1} + \frac{1}{a_2 b_2} + \cdots + \frac{1}{a_n b_n} \right) \geq$$

$$2\sqrt{a_1 b_1} \cdot 2\sqrt{a_2 b_2} \cdots 2\sqrt{a_n b_n} + 2^{n-1} n \sqrt[n]{\frac{1}{a_1 b_1} \cdot \frac{1}{a_2 b_2} \cdots \frac{1}{a_n b_n}} =$$

$$2^{n-1}\left(2\sqrt{a_1 a_2 \cdots a_n b_1 b_2 \cdots b_n} + n\sqrt[n]{\frac{1}{a_1 a_2 \cdots a_n b_1 b_2 \cdots b_n}}\right) \geq$$

$$2^{n-1}(2+n) \sqrt[n+2]{(\sqrt{a_1 a_2 \cdots a_n b_1 b_2 \cdots b_n})^2 \left(\sqrt[n]{\frac{1}{a_1 a_2 \cdots a_n b_1 b_2 \cdots b_n}}\right)^n} = 2^{n-1}(n+2)$$

68. 令
$$\frac{a}{\sqrt{a^2+9bc}} \geq \frac{a^t}{a^t+b^t+c^t} \cdot \frac{3}{\sqrt{10}} \Leftrightarrow 10(a^t+b^t+c^t)^2 \geq$$
$$9a^{2t} + 81a^{2t-2}bc \Leftrightarrow$$
$$a^{2t} + 10b^{2t} + 10c^{2t} + 20a^tb^t + 20b^tc^t + 20c^ta^t \geq$$
$$81(a^{42t} \cdot b^{60t} \cdot c^{60t})^{\frac{1}{81}} \geq 81a^{2t-2}bc$$

当 $\begin{cases} \frac{42}{81}t = 2t-2 \\ \frac{60}{81}t = 1 \end{cases}$ 时，不等式恒成立，故

$$\frac{a}{\sqrt{a^2+9bc}} \geq \frac{a^{\frac{27}{20}}}{a^{\frac{27}{20}}+b^{\frac{27}{20}}+c^{\frac{27}{20}}} \times \frac{3}{\sqrt{10}}$$

同理

$$\frac{b}{\sqrt{b^2+9ca}} \geq \frac{b^{\frac{27}{20}}}{a^{\frac{27}{20}}+b^{\frac{27}{20}}+c^{\frac{27}{20}}} \times \frac{3}{\sqrt{10}},$$

$$\frac{c}{\sqrt{c^2+9ab}} \geq \frac{c^{\frac{27}{20}}}{a^{\frac{27}{20}}+b^{\frac{27}{20}}+c^{\frac{27}{20}}} \times \frac{3}{\sqrt{10}}$$

则

$$\frac{a}{\sqrt{a^2+9bc}} + \frac{b}{\sqrt{b^2+9ca}} + \frac{c}{\sqrt{c^2+9ab}} \geq \frac{3}{\sqrt{10}}$$

69. 由于 $n \geq 2$，所以 $n^2 - 2n(n-1) \leq 0$，于是对任何 $t > 0$，有
$$\frac{n(n-1)}{2}t^2 - nt + 1 \geq 0$$

因此得
$$(1+t)^n \geq 1 + nt + \frac{n(n-1)}{2}t^2 \geq 2nt \qquad ①$$

当 $x > \max\{b_1, b_2, \cdots, b_n\}$ 时，$f(x)$ 是首项系数为 1 的多项式，从而
$$f(x+1) = (1+x-b_1)(1+x-b_2)\cdots(1+x-b_n) > 0$$

由均值不等式得
$$f(x+1) \sum_{i=1}^{n} \frac{1}{x-b_i} \geq nf(x+1) \sqrt[n]{\prod_{i=1}^{n} \frac{1}{x-b_i}} = n \sqrt[n]{\prod_{i=1}^{n} \frac{(1+x-b_i)^n}{x-b_i}}$$

由 ① 可得 $\frac{(1+x-b_i)^n}{x-b_i} \geq 2n$，所以 $f(x+1) \sum_{i=1}^{n} \frac{1}{x-b_i} \geq 2n^2$.

从而原不等式成立.

70. 我们证明一般性结论, 证明著名的 Pólya-Szegö 不等式: 设 $0 < m_1 \leqslant a_i \leqslant M_1, 0 < m_2 \leqslant b_i \leqslant M_2, i = 1, 2, \cdots, n$, 则有

$$\frac{(\sum_{i=1}^{n} a_i^2)(\sum_{i=1}^{n} b_i^2)}{(\sum_{i=1}^{n} a_i b_i)^2} \leqslant \frac{1}{4}\left(\sqrt{\frac{m_1 m_2}{M_1 M_2}} + \sqrt{\frac{M_1 M_2}{m_1 m_2}}\right)^2$$

由已知条件, $\dfrac{m_2}{M_1} \leqslant \dfrac{b_i}{a_i} \leqslant \dfrac{M_2}{m_1}, \dfrac{m_2}{M_1} a_i \leqslant b_i \leqslant \dfrac{M_2}{m_1} a_i$, 则

$$\left(b_i - \frac{m_2}{M_1} a_i\right)\left(b_i - \frac{M_2}{m_1} a_i\right) \leqslant 0$$

因此

$$b_i^2 - \left(\frac{M_2}{m_1} + \frac{m_2}{M_1}\right) a_i b_i + \frac{M_2 m_2}{M_1 m_1} \leqslant 0$$

由均值不等式得

$$2\left(\sum_{i=1}^{n} b_i^2 \cdot \frac{M_2 m_2}{M_1 m_1} \sum_{i=1}^{n} a_i^2\right)^{\frac{1}{2}} \leqslant \sum_{i=1}^{n} b_i^2 + \frac{M_2 m_2}{M_1 m_1} \sum_{i=1}^{n} a_i^2$$

于是

$$2\left(\sum_{i=1}^{n} b_i^2 \cdot \frac{M_2 m_2}{M_1 m_1} \sum_{i=1}^{n} a_i^2\right)^{\frac{1}{2}} \leqslant \sum_{i=1}^{n} \left(\frac{M_2}{m_1} + \frac{m_2}{M_1}\right) a_i b_i = \sum_{i=1}^{n} a_i b_i$$

故

$$\frac{(\sum_{i=1}^{n} a_i^2)(\sum_{i=1}^{n} b_i^2)}{(\sum_{i=1}^{n} a_i b_i)^2} \leqslant \left[\frac{\left(\dfrac{M_2}{m_1} + \dfrac{m_2}{M_1}\right)}{2\sqrt{\dfrac{M_2 m_2}{M_1 m_1}}}\right]^2 = \frac{1}{4}\left(\sqrt{\frac{m_1 m_2}{M_1 M_2}} + \sqrt{\frac{M_1 M_2}{m_1 m_2}}\right)^2$$

取所有的 $b_i = 1$, 记 $p = m_1, q = M_1$, 即得竞赛题的解答.

**注** 本题可用判别式证明.

71. $\dfrac{a}{b} + \dfrac{b}{c} + \dfrac{c}{a} \geqslant 3\sqrt{\dfrac{a^2 + b^2 + c^2}{ab + bc + ca}} \Leftrightarrow (a^2 c + b^2 a + c^2 b)^2 (ab + bc + ca) \geqslant 9a^2 b^2 c^2 (a^2 + b^2 + c^2) \Leftrightarrow \sum_{cyc}(a^5 bc^2 + \sum_{cyc} a^5 c^3 + \sum_{cyc} a^4 bc^3 + 2\sum_{cyc} a^4 b^3 c + 2\sum_{cyc} a^3 b^3 c^2 \geqslant 7\sum_{cyc} a^4 b^2 c^2$. 由均值不等式得

$$a^5 bc^2 + a^5 c^3 + a^4 bc^3 + a^4 b^3 c + a^4 b^3 c + a^3 b^3 c^2 + a^3 b^3 c^2 \geqslant 7\sum_{cyc} a^4 b^2 c^2$$

所以不等式得证.

SOLUTION. Notice that if $a \geqslant b \geqslant c$ then

$$\left(\frac{a}{b}+\frac{b}{c}+\frac{c}{a}\right)-\left(\frac{b}{a}+\frac{c}{b}+\frac{a}{c}\right)=\frac{(a-b)(a-c)(c-b)}{abc}\leqslant 0$$

so it's enough to consider the case $a \geqslant b \geqslant c$. By squaring both sides, we get

$$\sum_{cyc}\frac{a^2}{b^2}+\sum_{cyc}\frac{2b}{a}\geqslant\frac{9(a^2+b^2+c^2)}{ab+bc+ca}$$

Moreover, using the following identities

$$\frac{b}{a}+\frac{c}{b}+\frac{a}{c}-3=\frac{(b-c)^2}{bc}+\frac{(a-b)(a-c)}{ac}$$

$$\frac{a^2}{b^2}+\frac{b^2}{c^2}+\frac{c^2}{a^2}-3=\frac{(b-c)^2(b+c)^2}{b^2c^2}+\frac{(a^2-b^2)(a^2-c^2)}{a^2b^2}$$

and $a^2+b^2+c^2-(ab+bc+ca)=(b-c)^2+(a-b)(a-c)$, we can rewrite the inequality to $(b-c)^2 M + (a-b)(a-c)N \geqslant 0$ with

$$M=\frac{2}{bc}+\frac{(b+c)^2}{b^2c^2}-\frac{9}{ab+bc+ca}$$

$$N=\frac{2}{ac}+\frac{(a+b)(a+c)}{a^2b^2}-\frac{9}{ab+bc+ca}$$

If $b-c \geqslant a-b$ then $2(b-c)^2 \geqslant (a-b)(a-c)$. We have

$$M \geqslant \frac{6}{bc}-\frac{9}{ab+bc+ca}\geqslant 0$$

$$M+2N \geqslant \frac{6}{bc}-\frac{18}{ab+bc+ca}\geqslant 0$$

We conclude that

$$M(b-c)^2+N(a-b)(a-c)\geqslant \frac{1}{2}(a-b)(a-c)(M+2N)\geqslant 0$$

Now suppose that $b-c \leqslant a-b$, then $2b \leqslant a+c$. Certainly $M \geqslant 0$ and

$$N \geqslant \frac{2}{ac}+\frac{a+b+c}{ab^2}\geqslant \frac{2}{ac}+\frac{3}{ab}\geqslant \frac{(\sqrt{2}+\sqrt{3})^2}{ac+ab}>\frac{9}{ab+bc+ca}$$

This ends the proof. Equality holds for $a=b=c$.

72. 设 $\tan x_i = a_i (i=1,2,\cdots,n)$,则 $a_1+a_2+\cdots+a_n \leqslant n$,我们只要证明

$$\prod_{i=1}^{n}\frac{\sqrt{2}}{\sqrt{1+a_i^2}}\leqslant 1$$

$$\prod_{i=1}^{n}\frac{\sqrt{2}}{\sqrt{1+a_i^2}}\leqslant \prod_{i=1}^{n}\sqrt{a_i}=\sqrt{\prod_{i=1}^{n}a_i}\leqslant \sqrt{\frac{\sum_{i=1}^{n}a_i}{n}}\leqslant 1$$

**73. 证法一** 首先证明左边的不等式.

因为
$$x^2 - xy + y^2 = \frac{1}{4}[(x+y)^2 + 3(x-y)^2] \geq \frac{1}{4}(x+y)^2$$

同理有
$$y^2 - yz + z^2 \geq \frac{1}{4}(y+z)^2, z^2 - zx + x^2 \geq \frac{1}{4}(z+x)^2$$

于是
$$(x^2 - xy + y^2)(y^2 - yz + z^2)(z^2 - zx + x^2) \geq$$
$$\frac{1}{64}[(x+y)(y+z)(z+x)]^2 =$$
$$\frac{1}{64}[(x+y+z)(xy+yz+zx) - xyz]$$

由算术几何平均不等式,得 $xyz \leq \frac{1}{9}(x+y+z)(xy+yz+zx)$,所以
$$(x^2 - xy + y^2)(y^2 - yz + z^2)(z^2 - zx + x^2) \geq$$
$$\frac{1}{81}(x+y+z)^2(xy+yz+zx)^2 =$$
$$\frac{1}{81}(x^2+y^2+z^2+2xy+2yz+2zx)(xy+yz+zx)^2 \geq \left(\frac{xy+yz+zx}{3}\right)^3$$

左边不等式获证. 其中等号成立当且仅当 $x = y = z$ 时成立.

下面证明右边的不等式. 根据欲证明的不等式关于 $x, y, z$ 对称,不妨设 $x \geq y \geq z$,于是 $(z^2 - zx + x^2)(y^2 - yz + z^2) \leq x^2 y^2$,所以
$$(x^2 - xy + y^2)(y^2 - yz + z^2)(z^2 - zx + x^2) \leq (x^2 - xy + y^2)x^2 y^2$$

运用算术几何平均不等式,得
$$(x^2 - xy + y^2)x^2 y^2 = (x^2 - xy + y^2) \cdot xy \cdot xy \leq \left(\frac{x^2 - xy + y^2 + xy}{2}\right)^2 \cdot xy \leq$$
$$\left(\frac{x^2 + y^2}{2}\right)^2 \cdot \left(\frac{x^2 + y^2}{2}\right) = \left(\frac{x^2 + y^2}{2}\right)^3 \leq$$
$$\left(\frac{x^2 + y^2 + z^2}{2}\right)^3$$

右边的不等式获证. 其中等号当且仅当 $x, y, z$ 中有一个为 0,且另外两个相等时成立.

**证法二** 首先证明左边的不等式.

因为 $x^2 + y^2 \geq 2xy$,所以 $3(x^2 - xy + y^2) \geq x^2 + xy + y^2$,即 $x^2 - xy + y^2 \geq \frac{1}{3}(x^2 + xy + y^2)$,同理

$$y^2 - yz + z^2 \geq \frac{1}{3}(y^2 + yz + z^2), z^2 - zx + x^2 \geq \frac{1}{3}(z^2 + zx + x^2)$$

所以
$$(x^2 - xy + y^2)(y^2 - yz + z^2)(z^2 - zx + x^2) \geq$$
$$\frac{1}{27}(x^2 + xy + y^2)(y^2 + yz + z^2)(z^2 + zx + x^2)$$

由均值不等式得
$$\frac{x^2}{x^2 + xy + y^2} + \frac{z^2}{y^2 + yz + z^2} + \frac{zx}{z^2 + zx + x^2} \geq$$
$$\frac{3zx}{\sqrt[3]{(x^2 + xy + y^2)(y^2 + yz + z^2)(z^2 + zx + x^2)}}$$

$$\frac{xy}{x^2 + xy + y^2} + \frac{y^2}{y^2 + yz + z^2} + \frac{x^2}{z^2 + zx + x^2} \geq$$
$$\frac{3xy}{\sqrt[3]{(x^2 + xy + y^2)(y^2 + yz + z^2)(z^2 + zx + x^2)}}$$

$$\frac{y^2}{x^2 + xy + y^2} + \frac{yz}{y^2 + yz + z^2} + \frac{z^2}{z^2 + zx + x^2} \geq$$
$$\frac{3yz}{\sqrt[3]{(x^2 + xy + y^2)(y^2 + yz + z^2)(z^2 + zx + x^2)}}$$

将三个不等式相加得
$$1 \geq \frac{xy + yz + zx}{\sqrt[3]{(x^2 + xy + y^2)(y^2 + yz + z^2)(z^2 + zx + x^2)}}$$

于是
$$(x^2 + xy + y^2)(y^2 + yz + z^2)(z^2 + zx + x^2) \geq (xy + yz + zx)^3$$

从而
$$(x^2 - xy + y^2)(y^2 - yz + z^2)(z^2 - zx + x^2) \geq \left(\frac{xy + yz + zx}{3}\right)^3$$

**注** 左边的不等式条件可以是 $x, y, z$ 是实数,参考第 18 章例 12 第 31 届 IMO 预选题.

74. $$\frac{\sum\limits_{i=1}^{n} x_i + \left(\sum\limits_{i=1}^{n} x_i^2\right)^{\frac{1}{2}}}{\left(\sum\limits_{i=1}^{n} x_i^2\right)\left(\sum\limits_{i=1}^{n} \frac{1}{x_i}\right)} = \frac{\sum\limits_{i=1}^{n} x_i}{\left(\sum\limits_{i=1}^{n} x_i^2\right)^{\frac{1}{2}}} \cdot \frac{1}{\left(\sum\limits_{i=1}^{n} x_i^2\right)^2 \cdot \sum\limits_{i=1}^{n} \frac{1}{x_i}} +$$
$$\frac{1}{\left(\sum\limits_{i=1}^{n} x_i^2\right)^{\frac{1}{2}} \cdot \sum\limits_{i=1}^{n} \frac{1}{x_i}}$$

令 $$\lambda = \frac{\sum_{i=1}^{n} x_i}{(\sum_{i=1}^{n} x_i^2)^{\frac{1}{2}}}, \mu = \frac{1}{(\sum_{i=1}^{n} x_i^2)^{\frac{1}{2}} \cdot \sum_{i=1}^{n} \frac{1}{x_i}}.$$

由 $H_n \leqslant A_n \leqslant Q_n$，得 $\dfrac{1}{\sum_{i=1}^{n} \frac{1}{x_i}} \leqslant \dfrac{\sum_{i=1}^{n} x_i}{n} \leqslant \sqrt{\dfrac{\sum_{i=1}^{n} x_i^2}{n}}$，所以 $\lambda \leqslant \sqrt{n}, \mu \leqslant \dfrac{1}{n\sqrt{n}}$，从

而 $\sum_{k=1}^{n} x_k + \sqrt{\sum_{k=1}^{n} x_k^2} \leqslant \dfrac{n + \sqrt{n}}{n^2} (\sum_{k=1}^{n} \dfrac{1}{x_k})(\sum_{k=1}^{n} x_k^2)$.

75. 由均值不等式得 $(\sum_{i=1}^{n} a_i)^k \sum_{i=1}^{n} \dfrac{1}{a_i^k} \geqslant (n \sqrt[n]{a_1 a_2 \cdots a_n})^k n \sqrt[n]{\prod_{i=1}^{n} \dfrac{1}{a_i^k}} = n^{k+1}$.

76. 由均值不等式得

$$1 - a_1 = a_2 + a_3 + \cdots + a_n \geqslant (n-1) \cdot \sqrt[n-1]{a_2 a_3 \cdots a_n} = (n-1) \sqrt[n-1]{\dfrac{a_1 a_2 a_3 \cdots a_n}{a_1}}$$

同理 $\quad 1 - a_k \geqslant (n-1) \sqrt[n-1]{\dfrac{a_1 a_2 a_3 \cdots a_n}{a_k}}, k = 2, 3, \cdots, n$

将 $n$ 个不等式相乘得

$$\prod_{k=1}^{n} (1 - a_k) \geqslant (n-1)^n a_1 a_2 a_3 \cdots a_n$$

即 $$\prod_{k=1}^{n} (\dfrac{1}{a_k} - 1) \geqslant (n-1)^n$$

由均值不等式得

$$1 + a_1 = a_1 + a_1 + a_2 + a_3 + \cdots + a_n \geqslant (n+1) \sqrt[n+1]{a_1 a_1 a_2 a_3 \cdots a_n}$$

同理 $\quad 1 + a_k \geqslant (n+1) \sqrt[n+1]{a_k a_1 a_2 a_3 \cdots a_n}, k = 2, 3, \cdots, n$

将 $n$ 个不等式相乘得

$$\prod_{k=1}^{n} (1 + a_k) \geqslant (n+1)^n a_1 a_2 a_3 \cdots a_n$$

即 $$\prod_{k=1}^{n} (\dfrac{1}{a_k} + 1) \geqslant (n+1)^n$$

于是 $$\prod_{k=1}^{n} (\dfrac{1}{a^k} - 1) \geqslant (n^2 - 1)^k$$

77. 因为 $a^2 + b^2 + c^2 + (a+b+c)^2 \leqslant 4$，所以
$$a^2 + b^2 + c^2 + ab + bc + ca \leqslant 2$$

$$\frac{2ab+2}{(a+b)^2} \geqslant \frac{2ab+a^2+b^2+c^2+ab+bc+ca}{(a+b)^2} =$$

$$\frac{(a+b)^2+c^2+ab+bc+ca}{(a+b)^2} = \frac{(a+b)^2+(c+a)(c+b)}{(a+b)^2} =$$

$$1+\frac{(c+a)(b+c)}{(a+b)^2}$$

同理 $\dfrac{2bc+2}{(b+c)^2} \geqslant 1+\dfrac{(c+a)(a+b)}{(b+c)^2}, \dfrac{2ca+2}{(c+a)^2} \geqslant 1+\dfrac{(a+b)(b+c)}{(c+a)^2}$

由均值不等式得

$$\frac{(c+a)(b+c)}{(a+b)^2}+\frac{(c+a)(a+b)}{(b+c)^2}+\frac{(a+b)(b+c)}{(c+a)^2} \geqslant 3$$

所以

$$\frac{2ab+2}{(a+b)^2}+\frac{2bc+2}{(b+c)^2}+\frac{2ca+2}{(c+a)^2} \geqslant 6$$

即

$$\frac{ab+1}{(a+b)^2}+\frac{bc+1}{(b+c)^2}+\frac{ca+1}{(c+a)^2} \geqslant 3$$

# 柯西不等式及其应用技巧

**柯西不等式** 设 $a_1, a_2, \cdots, a_n; b_1, b_2, \cdots, b_n$ 是两组实数,则有

$$\sum_{k=1}^{n} a_k^2 \cdot \sum_{k=1}^{n} b_k^2 \geq \left( \sum_{k=1}^{n} a_k b_k \right)^2$$

其中等号成立当且仅当 $a_1 : a_2 : \cdots : a_n = b_1 : b_2 : \cdots : b_n$ 时.

**证明** 考察函数

$$f(t) = \sum_{k=1}^{n} (a_k t - b_k)^2 = t^2 \sum_{k=1}^{n} a_k^2 - 2t \sum_{k=1}^{n} a_k b_k + \sum_{k=1}^{n} b_k^2 \quad ①$$

显然,$f(t)$ 是一个二次函数,$f(t) \geq 0$,且二次项系数非负.

若 $\sum_{k=1}^{n} a_k^2 = 0$,则 $a_1 = a_2 = \cdots = a_n = 0$,原不等式显然成立.

若 $\sum_{k=1}^{n} a_k^2 > 0$,则有判别式

$$\Delta = \left( 2 \sum_{k=1}^{n} a_k b_k \right)^2 - 4 \sum_{k=1}^{n} a_k^2 \cdot \sum_{k=1}^{n} b_k^2 \leq 0 \quad ②$$

整理即得所欲证的不等式.

不等式中等号成立,当且仅当②中等号成立,即 $f(t)$ 的判别式为 0,这意味着 $\sum_{k=1}^{n} (a_k t - b_k)^2 = 0$ 有实数根 $t_0$,从而有 $b_k : a_k = t_0, k = 1, 2, \cdots, n$. 即 $a_1 : a_2 : \cdots : a_n = b_1 : b_2 : \cdots : b_n$.

第四章

**推论 1**  设 $a_1, a_2, \cdots, a_n$ 是正实数,则
$$(a_1 + a_2 + \cdots + a_n)\left(\frac{1}{a_1} + \frac{1}{a_2} + \cdots + \frac{1}{a_n}\right) \geqslant n^2$$
且等号成立当且仅当 $a_1 = a_2 = \cdots = a_n$.

**推论 2**  设 $a_1, a_2, \cdots, a_n$ 是实数,则 $n\sum_{k=1}^{n} a_k^2 \geqslant (\sum_{k=1}^{n} a_k)^2$,且等号成立当且仅当 $a_1 = a_2 = \cdots = a_n$.

如果 $a_1, a_2, \cdots, a_n$ 是正实数,柯西不等式有如下变形:

**变形 1**  $\sum_{i=1}^{n} a_i b_i \sum_{i=1}^{n} \frac{a_i}{b_i} \geqslant (\sum_{i=1}^{n} a_i)^2$;

**变形 2**  $\sum_{i=1}^{n} b_i \sum_{i=1}^{n} \frac{a_i^2}{b_i} \geqslant (\sum_{i=1}^{n} a_i)^2$;

**变形 3**  $\sqrt{\sum_{i=1}^{n} a_i \sum_{i=1}^{n} b_i} \geqslant \sum_{i=1}^{n} \sqrt{a_i b_i}$.

下面谈谈柯西不等式的应用技巧.

# 例 题 讲 解

## 一、常数的巧拆

在柯西不等式中把变量 $b_1, b_2, \cdots, b_n$ 都取为 1,得到一个不等式
$$n(a_1^2 + a_2^2 + \cdots + a_n^2) \geqslant (a_1 + a_2 + \cdots + a_n)^2$$
这个不等式的应用广泛,它实际上就是将常数 $n$ 拆成 $1^2 + 1^2 + \cdots + 1^2$,这一技巧是应该掌握的.

**例 1**  设 $x_1, x_2, \cdots, x_n$ 为任意实数,证明:$\frac{x_1}{1 + x_1^2} + \frac{x_2}{1 + x_1^2 + x_2^2} + \cdots + \frac{x_n}{1 + x_1^2 + x_2^2 + \cdots + x_n^2} < \sqrt{n}$. (第 42 届 IMO 预选题)

**证明**  由柯西不等式,得
$$\left[\frac{x_1}{1+x_1^2} + \frac{x_2}{1+x_1^2+x_2^2} + \cdots + \frac{x_n}{1+x_1^2+x_2^2+\cdots+x_n^2}\right]^2 \leqslant$$
$$\left[\left(\frac{x_1}{1+x_1^2}\right)^2 + \left(\frac{x_2}{1+x_1^2+x_2^2}\right)^2 + \cdots + \left(\frac{x_n}{1+x_1^2+x_2^2+\cdots+x_n^2}\right)^2\right] \cdot n$$

对 $k \geqslant 2$,有

$$\left(\frac{x_k}{1+x_1^2+x_2^2+\cdots+x_k^2}\right)^2 \leqslant \frac{x_k^2}{(1+x_1^2+x_2^2+\cdots+x_k^2)^2} \leqslant$$

$$\frac{x_k^2}{(1+x_1^2+x_2^2+\cdots+x_{k-1}^2)(1+x_1^2+x_2^2+\cdots+x_k^2)} \leqslant$$

$$\frac{1}{1+x_1^2+x_2^2+\cdots+x_{k-1}^2} - \frac{1}{1+x_1^2+x_2^2++x_k^2}$$

对于 $k=1$,有

$$\left(\frac{x_1}{1+x_1^2}\right)^2 \leqslant \frac{x_1^2}{1+x_1^2} = 1 - \frac{1}{1+x_1^2}$$

所以

$$\left(\frac{x_1}{1+x_1^2}\right)^2 + \left(\frac{x_2}{1+x_1^2+x_2^2}\right)^2 + \cdots + \left(\frac{x_n}{1+x_1^2+x_2^2+\cdots+x_n^2}\right)^2 \leqslant$$

$$1 - \frac{1}{1+x_1^2+x_2^2+\cdots+x_n^2}$$

从而

$$\left[\frac{x_1}{1+x_1^2} + \frac{x_2}{1+x_1^2+x_2^2} + \cdots + \frac{x_n}{1+x_1^2+x_2^2+\cdots+x_n^2}\right]^2 < n$$

故

$$\frac{x_1}{1+x_1^2} + \frac{x_2}{1+x_1^2+x_2^2} + \cdots + \frac{x_n}{1+x_1^2+x_2^2+\cdots+x_n^2} < \sqrt{n}$$

由上述证明过程可以得到:设 $x_1,x_2,\cdots,x_n$ 为任意实数,且 $x_1^2+x_2^2+\cdots+x_n^2=1$,则 $\frac{x_1}{1+x_1^2} + \frac{x_2}{1+x_1^2+x_2^2} + \cdots + \frac{x_n}{1+x_1^2+x_2^2+\cdots+x_n^2} < \sqrt{\frac{n}{2}}$. (2005 年朝鲜数学奥林匹克试题)

**例 2** 已知 $a_1,a_2,\cdots,a_n$ 是正实数,记 $S=a_1+a_2+\cdots+a_n$,则 $\sum_{k=1}^{n}\frac{a_k}{S-a_k} \geqslant \frac{n}{n-1}$. (1976 年英国数学奥林匹克试题)

**证明** 考虑到 $(n-1)S = nS - S = nS - (a_1+a_2+\cdots+a_n) = (S-a_1) + (S-a_2) + \cdots + (S-a_n)$ 及 $n^2 = (1+1+\cdots+1)^2$,由推论 1 有

$$\sum_{k=1}^{n}(S-a_k) \sum_{k=1}^{n}\frac{1}{S-a_k} \geqslant n^2$$

即

$$(n-1)S \cdot \sum_{k=1}^{n}\frac{1}{S-a_k} \geqslant n^2$$

$$S \cdot \sum_{k=1}^{n}\frac{1}{S-a_k} \geqslant \frac{n^2}{n-1}$$

$$\sum_{k=1}^{n} \frac{S}{S-a_k} \geq \frac{n^2}{n-1}$$

$$\sum_{k=1}^{n}\left(1+\frac{a_k}{S-a_k}\right) \geq \frac{n^2}{n-1}$$

即

$$\sum_{k=1}^{n} \frac{a_k}{S-a_k} \geq \frac{n}{n-1}$$

当 $n=3$ 时,$a,b,c$ 是正实数,就有 $\dfrac{a}{b+c}+\dfrac{b}{c+a}+\dfrac{c}{a+b} \geq \dfrac{3}{2}$.

## 二、结构的巧变

有些不等式不具备应用柯西不等式的条件,需将结构改变一下.

**例3** 设 $a_1 > a_2 > \cdots > a_n > a_{n+1}$,求证:$\dfrac{1}{a_1-a_2}+\dfrac{1}{a_2-a_3}+\cdots+\dfrac{1}{a_n-a_{n+1}}+\dfrac{1}{a_{n+1}-a_1} > 0$.

**证明** 改变结构,改证

$$(a_1-a_{n+1})\left[\frac{1}{a_1-a_2}+\frac{1}{a_2-a_3}+\cdots+\frac{1}{a_n-a_{n+1}}\right] > 1$$

为应用柯西不等式,将 $a_1-a_{n+1}$ 写成下述结构 $(a_1-a_2)+(a_2-a_3)+\cdots+(a_n-a_{n+1})$,于是由柯西不等式

$$[(a_1-a_2)+(a_2-a_3)+\cdots+(a_n-a_{n+1})]\left[\frac{1}{a_1-a_2}+\frac{1}{a_2-a_3}+\cdots+\frac{1}{a_n-a_{n+1}}\right] \geq n^2 > 1$$

所以

$$\frac{1}{a_1-a_2}+\frac{1}{a_2-a_3}+\cdots+\frac{1}{a_n-a_{n+1}} > \frac{1}{a_1-a_{n+1}}$$

从而

$$\frac{1}{a_1-a_2}+\frac{1}{a_2-a_3}+\cdots+\frac{1}{a_n-a_{n+1}}+\frac{1}{a_{n+1}-a_1} > 0$$

## 三、项的巧选与位置的巧换

柯西不等式中元素的选取很有讲究,元素顺序的不同,得到的不等式就不同,这就要求我们将项进行匹配.

柯西不等式中诸量 $a_1,a_2,\cdots,a_n;b_1,b_2,\cdots,b_n$ 具有广泛的选择性,任两个元素 $a_i,a_j$ 的交换,可得到不同的不等式,需要灵活应用.

**例 4**  设 $a,b,c,d$ 是正实数,满足 $ab+cd=1$,点 $P_i(x_i,y_i)(i=1,2,3,4)$ 是以原点为圆心的单位圆上的四个点. 求证: $(ay_1+by_2+cy_3+dy_4)^2+(ax_4+bx_3+cx_2+dx_1)^2 \leq 2(\dfrac{a^2+b^2}{ab}+\dfrac{c^2+d^2}{cd})$. (2003 年中国数学奥林匹克试题)

**证明**  记 $\alpha=ay_1+by_2+cy_3+dy_4$, $\beta=ax_4+bx_3+cx_2+dx_1$, 由柯西不等式得

$$[(\sqrt{ad}y_1)^2+(\sqrt{bc}y_2)^2+(\sqrt{bc}y_3)^2+(\sqrt{ad}y_4)^2]\cdot$$

$$[(\sqrt{\dfrac{a}{d}})^2+(\sqrt{\dfrac{b}{c}})^2+(\sqrt{\dfrac{c}{b}})^2+(\sqrt{\dfrac{d}{a}})^2] \geq$$

$$(ay_1+by_2+cy_3+dy_4)^2=\alpha^2$$

即

$$\alpha^2 \geq (ady_1^2+bcy_2^2+bcy_3^2+ady_4^2)(\dfrac{a}{d}+\dfrac{b}{c}+\dfrac{c}{b}+\dfrac{d}{a})$$

同理

$$\beta^2 \geq (adx_4^2+bcx_3^2+bcx_2^2+adx_1^2)(\dfrac{a}{d}+\dfrac{b}{c}+\dfrac{c}{b}+\dfrac{d}{a})$$

将以上两式相加,并利用 $x_i^2+y_i^2=1(i=1,2,3,4)$ 得

$$\alpha^2+\beta^2 \geq (2ad+2bc)(\dfrac{a}{d}+\dfrac{b}{c}+\dfrac{c}{b}+\dfrac{d}{a})=$$

$$2(ad+bc)(\dfrac{ab+cd}{bd}+\dfrac{ab+cd}{ac})=$$

$$2(ad+bc)(\dfrac{1}{bd}+\dfrac{1}{ac})=2(\dfrac{a^2+b^2}{ab}+\dfrac{c^2+d^2}{cd})$$

**例 5**  设 $a,b,x,y,k$ 是正数,且 $k<2$, $a^2+b^2-kab=x^2+y^2-kxy=1$, 求证: $|ax-by| \leq \dfrac{2}{\sqrt{4-k^2}}$, $|ay+bx-kby| \leq \dfrac{2}{\sqrt{4-k^2}}$.

**证明**  因为 $a^2+b^2-kab=1$, 所以 $(a-\dfrac{kb}{2})^2+(\dfrac{\sqrt{4-k^2}}{2}b)^2=1$, 同理 $(\dfrac{\sqrt{4-k^2}}{2}x)^2+(\dfrac{kx}{2}-y)^2=1$. 应用柯西不等式

$$[(a-\dfrac{kb}{2})^2+(\dfrac{\sqrt{4-k^2}}{2}b)^2][(\dfrac{\sqrt{4-k^2}}{2}x)^2+(\dfrac{kx}{2}-y)^2] \geq$$

$$[(a-\dfrac{kb}{2})(\dfrac{\sqrt{4-k^2}}{2}x)+\dfrac{\sqrt{4-k^2}}{2}b(\dfrac{kx}{2}-y)]^2=[\dfrac{\sqrt{4-k^2}}{2}(ax-by)]^2$$

于是

$$|ax - by| \leqslant \frac{2}{\sqrt{4-k^2}}$$

交换 $x,y$ 的位置,并适当变号,注意到 $(a - \frac{kb}{2})^2 + (\frac{\sqrt{4-k^2}}{2}b)^2 = 1$ 及 $(\frac{\sqrt{4-k^2}}{2}y)^2 + (x - \frac{ky}{2})^2 = 1$,应用柯西不等式得

$$[(a - \frac{kb}{2})^2 + (\frac{\sqrt{4-k^2}}{2}b)^2][(\frac{\sqrt{4-k^2}}{2}y)^2 + (x - \frac{ky}{2})^2] \geqslant$$

$$[(a - \frac{kb}{2})(\frac{\sqrt{4-k^2}}{2}y) + \frac{\sqrt{4-k^2}}{2}b(x - \frac{ky}{2})]^2 =$$

$$[\frac{\sqrt{4-k^2}}{2}(ay + bx - kby)]^2$$

于是

$$|ay + bx - kby| \leqslant \frac{2}{\sqrt{4-k^2}}$$

## 四、项的巧拆

柯西不等式的项数的选取是证题的一个关键,这需要我们将一些项巧妙地拆开,为运用柯西不等式创造条件.

**例6** 证明:对任意正实数 $a,b,c$,均有 $(a^2+2)(b^2+2)(c^2+2) \geqslant 9(ab+bc+ca)$. (2004年亚太地区数学奥林匹克试题)

**证法一** 由柯西不等式得

$$(a^2+2)(b^2+2) = (a^2+1+1)(1+b^2+1) \geqslant (a+b+1)^2$$

同理

$$(b^2+2)(c^2+2) \geqslant (b+c+1)^2, (c^2+2)(a^2+2) \geqslant (c+a+1)^2$$

于是

$$(a^2+2)(b^2+2)(c^2+2) \geqslant (a+b+1)(b+c+1)(c+a+1)$$

因此,我们只需证明

$$(a+b+1)(b+c+1)(c+a+1) \geqslant 9(ab+bc+ca) \quad ①$$

成立.

将①式左边展开并变形得

$$(a+b+1)(b+c+1)(c+a+1) = 2abc + (a^2+b^2+c^2) +$$
$$3(ab+bc+ca) + (a^2b+ab^2+b^2c+bc^2+c^2a+ac^2) + 2(a+b+c) + 1 =$$
$$2abc + (a^2+b^2+c^2) + 3(ab+bc+ca) + (a^2b+b) + (ab^2+a) +$$
$$(b^2c+c) + (bc^2+b) + (c^2a+a) + (ca^2+c) + 1 \geq$$
$$2abc + (a^2+b^2+c^2) + 3(ab+bc+ca) + 4ab + 4bc + 4ca + 1 =$$
$$2abc + (a^2+b^2+c^2) + 7(ab+bc+ca) + 1$$

为此,要证 ① 式成立,只需证明
$$2abc + (a^2+b^2+c^2) + 1 \geq 2(ab+bc+ca) \qquad ②$$

将②式左边减去右边,并设 $b,c$ 同时不大于1或不小于1(注意由抽屉原理知 $a,b,c$ 中必有这样的两个数),得
$$2abc + (a^2+b^2+c^2) + 1 - 2(ab+bc+ca) =$$
$$2abc + (a^2+1) + (b^2+c^2) - 2(ab+bc+ca) \geq$$
$$2abc + 2a + 2bc - 2(ab+bc+ca) = 2abc + 2a - 2(ab+ca) =$$
$$2a(b-1)(c-1) \geq 0$$

从而,② 式成立,所以,原不等式成立.

**证法二** 我们证明加强的不等式 $(a^2+2)(b^2+2)(c^2+2) \geq 3(a+b+c)^2$.

由抽屉原理得 $a-1, b-1, c-1$ 三个数中必定有两个数同号,由对称性我们设 $a-1$ 和 $b-1$ 同号. 于是可以证明
$$(a^2+2)(b^2+2) \geq 3(1+a^2+b^2)$$

事实上
$$(a^2+2)(b^2+2) \geq 3(1+a^2+b^2) \Leftrightarrow (a^2-1)(b^2-1) \geq 0$$

从而由柯西不等式得
$$(a^2+2)(b^2+2)(c^2+2) \geq 3(1+a^2+b^2)(c^2+1+1) \geq 3(a+b+c)^2$$

再由不等式 $(a+b+c)^2 \geq 3(ab+bc+ca)$ 得到所证的不等式.

**注** 借助于 Bernoulli 不等式可以将不等式进行推广:
对任意正实数 $a_1, a_2, \cdots, a_n$,有
$$(a_1^2+n-1)(a_2^2+n-1)\cdots(a_n^2+n-1) \geq n^{n-2}(a_1+a_2+\cdots+a_n)^2$$

**证明** 可以用数学归纳法证明 Bernoulli 不等式:若 $x_1, x_2, \cdots, x_n \geq -1$,且同时 $\geq 0$ 或同时 $\leq 0$,则 $(1+x_1)(1+x_2)\cdots(1+x_n) \geq 1+x_1+x_2+\cdots+x_n$.

由对称性不妨设 $a_1 \geq a_2 \geq \cdots \geq a_i \geq 1 \geq a_{i+1} \geq \cdots \geq a_n > 0$,从而由 Bernoulli 不等式得到
$$(a_1^2+n-1)(a_2^2+n-1)\cdots(a_n^2+n-1) =$$
$$(n+a_1^2-1)(n+a_2^2-1)\cdots(n+a_n^2-1) =$$

$$n^n\left(\left(1+\frac{a_1^2-1}{n}\right)\left(1+\frac{a_2^2-1}{n}\right)\cdots\left(1+\frac{a_i^2-1}{n}\right)\right)$$

$$\left(\left(1+\frac{a_{i+1}^2-1}{n}\right)\cdots\left(1+\frac{a_n^2-1}{n}\right)\right)\geqslant$$

$$n^n\left(1+\frac{a_1^2+a_2^2+\cdots+a_i^2-i}{n}\right)\left(1+\frac{a_{i+1}^2+\cdots+a_n^2-n+i}{n}\right)=$$

$$n^{n-2}(a_1^2+a_2^2+\cdots+a_i^2+\underbrace{1+1+\cdots+1}_{n-i\uparrow 1})(\underbrace{1+1+\cdots+1}_{i\uparrow 1}+\cdots+a_{i+1}^2+\cdots+a_n^2)\geqslant$$

$$n^{n-2}(a_1+a_2+\cdots+a_n)^2$$

最后一步用到了柯西不等式.

## 四、项的巧添

应用柯西不等式,有时需要根据需要巧妙地添加适当的项,这些项有的添加在括号里面,有的添加在括号外,增加项数,再应用柯西不等式,技巧性较强,要认真体会. 有时求最值或证明不等式不能直接应用柯西不等式,添加适当的常数项或和为常数的各项,就可运用柯西不等式.

**例7** 重证例4.

**证明**

$$(ay_1+by_2+cy_3+dy_4)^2+(ax_4+bx_3+cx_2+dx_1)^2\leqslant$$
$$(ay_1+by_2+cy_3+dy_4)^2+(ax_4+bx_3+cx_2+dx_1)^2+$$
$$(ax_1-bx_2+cx_3-dx_4)^2+(ay_4-by_3+cy_2-dy_1)^2=$$
$$(\sqrt{ab}\cdot\frac{ay_1+by_2}{\sqrt{ab}}+\sqrt{cd}\cdot\frac{cy_3+dy_4}{\sqrt{cd}})^2+$$
$$(\sqrt{ab}\cdot\frac{ax_4+bx_3}{\sqrt{ab}}+\sqrt{cd}\cdot\frac{cx_2+dx_1}{\sqrt{cd}})^2+$$
$$(\sqrt{ab}\cdot\frac{ax_1-bx_2}{\sqrt{ab}}+\sqrt{cd}\cdot\frac{cx_3-dx_4}{\sqrt{cd}})^2+$$
$$(\sqrt{ab}\cdot\frac{ay_4-by_3}{\sqrt{ab}}+\sqrt{cd}\cdot\frac{cy_2-dy_1}{\sqrt{cd}})^2\leqslant$$
$$(ab+cd)[(\frac{ay_1+by_2}{\sqrt{ab}})^2+(\frac{cy_3+dy_4}{\sqrt{cd}})^2]+$$
$$(ab+cd)[(\frac{ax_4+bx_3}{\sqrt{ab}})^2+(\frac{cx_2+dx_1}{\sqrt{cd}})^2]+$$
$$(ab+cd)[(\frac{ax_1-bx_2}{\sqrt{ab}})^2+(\frac{cx_3-dx_4}{\sqrt{cd}})^2]+$$

$$(ab+cd)\left[\left(\frac{ay_4-by_3}{\sqrt{ab}}\right)^2+\left(\frac{cy_2-dy_1}{\sqrt{cd}}\right)^2\right]=$$

$$\frac{a^2+b^2+2ab(y_1y_2-x_1x_2)}{ab}+\frac{c^2+d^2+2cd(y_3y_4-x_3x_4)}{cd}+$$

$$\frac{a^2+b^2+2ab(x_3x_4-y_3y_4)}{ab}+\frac{c^2+d^2+2cd(x_1x_2-y_1y_2)}{cd}=$$

$$2\left(\frac{a^2+b^2}{ab}+\frac{c^2+d^2}{cd}\right)$$

**例8** 非负实数 $a_1,a_2,\cdots,a_n$ 满足 $a_1+a_2+\cdots+a_n=1$,证明 $\dfrac{a_1}{1+a_2+a_3+\cdots+a_n}+\dfrac{a_2}{1+a_1+a_3+\cdots+a_n}+\cdots+\dfrac{a_n}{1+a_1+a_2+\cdots+a_{n-1}}$ 有一个最小值并把它算出来.(1982年联邦德国国际奥林匹克数学竞赛题)

**证明**

$$\frac{a_1}{1+a_2+a_3+\cdots+a_n}+1=\frac{1+(a_1+a_2+a_3\cdots+a_n)}{2-a_1}=\frac{2}{2-a_1}$$

同理

$$\frac{a_2}{1+a_1+a_3+\cdots+a_n}+1=\frac{2}{2-a_2},\cdots,$$

$$\frac{a_n}{1+a_1+a_2+\cdots+a_{n-1}}+1=\frac{2}{2-a_n}$$

令

$$y=\frac{a_1}{1+a_2+a_3+\cdots+a_n}+\frac{a_2}{1+a_1+a_3+\cdots+a_n}+\cdots+\frac{a_n}{1+a_1+a_2+\cdots+a_{n-1}}$$

故

$$y+n=\frac{a_1}{2-a_1}+\frac{a_2}{2-a_2}+\cdots+\frac{a_n}{2-a_n}+n=\frac{1}{2-a_1}+\frac{1}{2-a_2}+\cdots+\frac{1}{2-a_n}$$

为运用柯西不等式,注意到

$$(2-a_1)+(2-a_2)+\cdots+(2-a_n)=2n-(a_1+a_2+\cdots+a_n)=2n-1$$

所以

$$(2n-1)\left(\frac{1}{2-a_1}+\frac{1}{2-a_2}+\cdots+\frac{1}{2-a_n}\right)=$$

$$[(2-a_1)+(2-a_2)+\cdots+(2-a_n)]\left(\frac{1}{2-a_1}+\frac{1}{2-a_2}+\cdots+\frac{1}{2-a_n}\right)\geqslant$$

$$n^2(推论1)$$

于是

$$y + n \geqslant \frac{2n^2}{2n-1}, y \geqslant \frac{2n^2}{2n-1} - n = \frac{n}{2n-1}$$

等号成立当且仅当 $a_1 = a_2 = \cdots = a_n = \frac{1}{n}$ 时,从而 $y$ 有最小值 $\frac{n}{2n-1}$.

## 五、因式的巧分

为应用柯西不等式,有时我们将因式巧妙地分解成两个和式的乘积的形式.

**例9** 已知 $a,b$ 为正实数,且有 $\frac{1}{a} + \frac{1}{b} = 1$,试证:对每一个 $n \in \mathbf{N}^*$,都有 $(a+b)^n - a^n - b^n \geqslant 2^{2n} - 2^{n+1}$. (1988 年全国高中数学联赛题)

**证明** 因为 $\frac{1}{a} + \frac{1}{b} = 1$,所以 $a+b = ab, (a-1)(b-1) = 1$,又因为 $\frac{1}{a} + \frac{1}{b} = 1 \geqslant 2\sqrt{\frac{1}{ab}}$,所以 $ab \geqslant 4$. 于是

$(a+b)^n - a^n - b^n + 1 = (ab)^n - a^n - b^n + 1 = (a^n - 1)(b^n - 1) =$
$(a-1)(b-1)(a^{n-1} + a^{n-2} + \cdots + a + 1)(b^{n-1} + b^{n-2} + \cdots + b + 1) =$
$(a^{n-1} + a^{n-2} + \cdots + a + 1)(b^{n-1} + b^{n-2} + \cdots + b + 1) \geqslant$
$[(ab)^{\frac{n-1}{2}} + (ab)^{\frac{n-2}{2}} + \cdots + (ab)^{\frac{1}{2}} + 1]^2 \geqslant$
$[4^{\frac{n-1}{2}} + 4^{\frac{n-2}{2}} + \cdots + 4^{\frac{1}{2}} + 1]^2 =$
$(2^{n-1} + 2^{n-2} + \cdots + 2 + 1)^2 = (2^n - 1)^2$

即

$$(a+b)^n - a^n - b^n \geqslant 2^{2n} - 2^{n+1}$$

## 六、因式的巧嵌

由于柯西不等式有三个因式,而大多数题中只有一个或两个因式,为应用柯西不等式,需要巧妙地嵌上一个因式,此因式嵌入后的目的是为了出现题中的因式,而往往嵌上的因式的和是定值,再出现的因式 $\sum a_k b_k$ 也是定值.

**例10** 设 $x_1, x_2, \cdots, x_n$ 都是正数,求证:$\frac{x_1^2}{x_2} + \frac{x_2^2}{x_3} + \cdots + \frac{x_{n-1}^2}{x_n} + \frac{x_n^2}{x_1} \geqslant x_1 + x_2 + \cdots + x_{n-1} + x_n$. (1984 年全国高中数学联赛题)

**证明** 在不等式的左边嵌乘因式 $x_2 + x_3 + \cdots + x_n + x_1$,它相当于嵌乘因式 $x_1 + x_2 + \cdots + x_n$,应用柯西不等式有

$$\left(\frac{x_1^2}{x_2} + \frac{x_2^2}{x_3} + \cdots + \frac{x_{n-1}^2}{x_n} + \frac{x_n^2}{x_1}\right)(x_2 + x_3 + \cdots + x_n + x_1) \geq$$

$$\left(\frac{x_1}{\sqrt{x_2}} \cdot \sqrt{x_2} + \frac{x_2}{\sqrt{x_3}} \cdot \sqrt{x_3} + \cdots + \frac{x_{n-1}}{\sqrt{x_n}} \cdot \sqrt{x_n} + \frac{x_n}{\sqrt{x_1}} \cdot \sqrt{x_1}\right)^2 =$$

$$(x_1 + x_2 + \cdots + x_{n-1} + x_n)^2$$

于是

$$\frac{x_1^2}{x_2} + \frac{x_2^2}{x_3} + \cdots + \frac{x_{n-1}^2}{x_n} + \frac{x_n^2}{x_1} \geq x_1 + x_2 + \cdots + x_{n-1} + x_n$$

同理可证:

(1) 已知 $a_1, a_2, \cdots, a_n$ 是正实数,且其和为 1,求证: $\frac{a_1^2}{a_1 + a_2} + \frac{a_2^2}{a_2 + a_3} + \cdots +$

$\frac{a_{n-1}^2}{a_{n-1} + a_n} + \frac{a_n^2}{a_n + a_1} \geq \frac{1}{2}$. (第 24 届全苏数学奥林匹克试题)

(2) $a_1, a_2, \cdots, a_n; b_1, b_2, \cdots, b_n$ 是两组正实数,且 $\sum_{k=1}^{n} a_k = \sum_{k=1}^{n} b_k$, 求证:

$\sum_{k=1}^{n} \frac{a_k^2}{a_k + b_k} \geq \frac{1}{2} \sum_{k=1}^{n} a_k$. (1991 年亚太地区数学奥林匹克试题)

**例 11** 正整数 $n \geq 3, x_1, x_2, \cdots, x_n$ 是正实数, $x_{n+j} = x_j (1 \leq j \leq n-1)$, 求 $\sum_{i=1}^{n} \frac{x_j}{x_{j+1} + 2x_{j+2} + \cdots + (n-1)x_{j+n-1}}$ 的最小值. (1995 年国家数学奥林匹克集训队试题)

**解** 设 $a_j^2 = \frac{x_j}{x_{j+1} + 2x_{j+2} + \cdots + (n-1)x_{j+n-1}}, b_j^2 = x_j[x_{j+1} + 2x_{j+2} + \cdots + (n-1)x_{j+n-1}] a_j, b_j$ 是正数,则 $a_j b_j = x_j$, 由柯西不等式

$$\sum_{j=1}^{n} a_j^2 \cdot \sum_{j=1}^{n} b_j^2 \geq \left(\sum_{j=1}^{n} a_j b_j\right)^2$$

本题就是要求 $S = \sum_{j=1}^{n} a_j^2$ 的最小值,下面计算 $\sum_{j=1}^{n} b_j^2$.

$$\sum_{j=1}^{n} b_j^2 = \sum_{j=1}^{n} x_j (x_{j+1} + 2x_{j+2} + \cdots + (n-1)x_{j+n-1}) =$$
$x_1[x_2 + 2x_3 + 3x_4 + \cdots + (n-1)x_n] +$
$x_2[x_3 + 2x_4 + 3x_5 + \cdots + (n-1)x_1] + \cdots +$
$x_{n-1}[x_n + 2x_1 + 3x_2 + \cdots + (n-1)x_{n-2}] +$
$x_n[x_1 + 2x_2 + 3x_3 + \cdots + (n-1)x_{n-1}] =$
$[1 + (n-1)]x_1 x_2 + [2 + (n-2)]x_1 x_3 + \cdots +$
$[(n-1) + 1]x_1 x_n + [1 + (n-1)]x_2 x_3 +$

$$[2 + (n-2)]x_2x_4 + \cdots + [(n-2) + 2]x_2x_n + \cdots +$$
$$[1 + (n-1)]x_{n-1}x_n =$$
$$n \sum_{1 \leq i < j \leq n} x_i x_j \qquad \text{①}$$

于是
$$nS \sum_{1 \leq i < j \leq n} x_i x_j \geq \left(\sum_{i=1}^{n} x_j\right)^2 \qquad \text{②}$$

下面比较 $\sum_{1 \leq i < j \leq n} x_i x_j$ 与 $\left(\sum_{i=1}^{n} x_j\right)^2$ 的大小,由于

$$0 \leq \sum_{1 \leq i < j \leq n} (x_i - x_j)^2 = (n-1)\sum_{i=1}^{n} x_i^2 - 2\sum_{1 \leq i < j \leq n} x_i x_j$$

从上式有

$$\frac{2}{n-1}\sum_{1 \leq i < j \leq n} x_i x_j \leq \sum_{i=1}^{n} x_i^2 = \left(\sum_{i=1}^{n} x_i\right)^2 - 2\sum_{1 \leq i < j \leq n} x_i x_j$$

于是有

$$\frac{2n}{n-1}\sum_{1 \leq i < j \leq n} x_i x_j \leq \left(\sum_{i=1}^{n} x_i\right)^2 \qquad \text{③}$$

由②③得 $S \geq \frac{2}{n-1}$,当 $x_1 = x_2 = \cdots = x_n$ 时 $S$ 的值确实是 $\frac{2}{n-1}$,所以 $S$ 的最小值是 $\frac{2}{n-1}$.

**注** $n = 4$,本题就是第 34 届 IMO 预选题:

对所有正实数 $a, b, c, d$,求证:$\frac{a}{b+2c+3d} + \frac{b}{c+2d+3a} + \frac{c}{d+2a+3b} + \frac{d}{a+2b+3c} \geq \frac{2}{3}$.

**例 12** 设正实数 $a_1, a_2, \cdots, a_n$ 满足 $a_1 + a_2 + \cdots + a_n = 1$,求证:$(a_1 a_2 + a_2 a_3 + \cdots + a_n a_1)\left(\frac{a_1}{a_2^2 + a^2} + \frac{a_2}{a_3^2 + a_3} + \cdots + \frac{a_n}{a_1^2 + a_1}\right) \geq \frac{n}{n+1}$. (2007 年国家集训队考试题)

**证明** 由柯西不等式得

$$(a_1 a_2 + a_2 a_3 + \cdots + a_n a_1)\left(\frac{a_1}{a_2} + \frac{a_2}{a_3} + \cdots + \frac{a_n}{a_1}\right) \geq (a_1 + a_2 + \cdots + a_n)^2 = 1$$

所以

$$\frac{a_1}{a_2} + \frac{a_2}{a_3} + \cdots + \frac{a_n}{a_1} \geq \frac{1}{a_1 a_2 + a_2 a_3 + \cdots + a_n a_1} \qquad \text{①}$$

因而只需证明

$$\frac{a_1}{a_2^2+a_2}+\frac{a_2}{a_3^2+a_3}+\cdots+\frac{a_n}{a_1^2+a_1}\geqslant\frac{n}{n+1}(\frac{a_1}{a_2}+\frac{a_2}{a_3}+\cdots+\frac{a_n}{a_1}) \qquad ②$$

因为

$$\frac{a_1}{a_2^2+a_2}+\frac{a_2}{a_3^2+a_3}+\cdots+\frac{a_n}{a_1^2+a_1}=\frac{(\frac{a_1}{a_2})^2}{a_1+\frac{a_1}{a_2}}+\frac{(\frac{a_2}{a_3})^2}{a_2+\frac{a_2}{a_3}}+\cdots+\frac{(\frac{a_n}{a_1})^2}{a_n+\frac{a_n}{a_1}}$$

由柯西不等式得

$$(\frac{(\frac{a_1}{a_2})^2}{a_1+\frac{a_1}{a_2}}+\frac{(\frac{a_2}{a_3})^2}{a_2+\frac{a_2}{a_3}}+\cdots+\frac{(\frac{a_n}{a_1})^2}{a_n+\frac{a_n}{a_1}})[(a_1+\frac{a_1}{a_2})+(a_2+\frac{a_2}{a_3})+\cdots+(a_n+\frac{a_n}{a_1})]\geqslant(\frac{a_1}{a_2}+\frac{a_2}{a_3}+\cdots+\frac{a_n}{a_1})^2$$

即

$$(\frac{a_1}{a_2^2+a_2}+\frac{a_2}{a_3^2+a_3}+\cdots+\frac{a_n}{a_1^2+a_1})(1+\frac{a_1}{a_2}+\frac{a_2}{a_3}+\cdots+\frac{a_n}{a_1})\geqslant(\frac{a_1}{a_2}+\frac{a_2}{a_3}+\cdots+\frac{a_n}{a_1})^2$$

所以

$$\frac{a_1}{a_2^2+a_2}+\frac{a_2}{a_3^2+a_3}+\cdots+\frac{a_n}{a_1^2+a_1}\geqslant\frac{(\frac{a_1}{a_2}+\frac{a_2}{a_3}+\cdots+\frac{a_n}{a_1})^2}{1+\frac{a_1}{a_2}+\frac{a_2}{a_3}+\cdots+\frac{a_n}{a_1}} \qquad ③$$

令 $t=\frac{a_1}{a_2}+\frac{a_2}{a_3}+\cdots+\frac{a_n}{a_1}$,则由均值不等式得 $t\geqslant n$,比较②与③,只要证明 $\frac{t}{1+t}\geqslant\frac{n}{n+1}$,而此式等价于 $t\geqslant n$. 故原不等式成立.

## 七、项的巧裂

为了吻合题中的某些常数,有意将因式中的项分裂分组. 这种技巧性之妙,实在读后令人回味无穷.

**例13** (1) 设三个正实数 $a,b,c$ 满足: $(a^2+b^2+c^2)^2>2(a^4+b^4+c^4)$. 求证:$a,b,c$ 一定是某个三角形的三边长.

(2) 设 $n$ 个正实数 $a_1,a_2,\cdots,a_n$ 满足:

$$(a_1^2+a_2^2+\cdots+a_n^2)^2>(n-1)(a_1^4+a_2^4+\cdots+a_n^4) \qquad ①$$

其中 $n>3$.

求证:这 $n$ 个数中的任何三个一定是某个三角形的三边长. (1988 年 CMO 试题)

本题的第一部分实际上是第二部分的提示,只要将四次齐次对称式进行分解即可证明,这里我们仅仅给出第二部分的证明. 这是湖北罗小奎同学的解法. 此解法当年曾获得特别奖.

**证明** 由①和柯西不等式
$$(n-1)(a_1^4 + a_2^4 + \cdots + a_n^4) < (a_1^2 + a_2^2 + \cdots + a_n^2)^2 =$$
$$\left(\frac{a_1^2 + a_2^2 + a_3^2}{2} + \frac{a_1^2 + a_2^2 + a_3^2}{2} + a_4^2 + \cdots + a_n^2\right)^2 \leqslant$$
$$(n-1)\left[\frac{(a_1^2 + a_2^2 + a_3^2)^2}{4} + \frac{(a_1^2 + a_2^2 + a_3^2)^2}{4} + a_4^4 + \cdots + a_n^4\right]$$

因而得到 $2(a_1^4 + a_2^4 + a_3^4) < (a_1^2 + a_2^2 + a_3^2)^2$.

此证明方法的巧妙在于将三项之和化为两项之和,从而将本是 $n$ 项之和的表达式化为 $n-1$ 项之和的表达式,应用柯西不等式时出现一个 $(n-1)$ 的因子,恰与另一方的相同因子消去,因而只用一次柯西不等式就解决了问题.

**例 14** 设 $a_1, a_2, \cdots, a_n (n > 1)$ 均为实数,且 $A + \sum\limits_{i=1}^{n} a_i^2 < \frac{1}{n-1}\left(\sum\limits_{i=1}^{n} a_i\right)^2$.

证明:对于 $1 \leqslant i < j \leqslant n$, 有 $A < 2a_i a_j$. (第 38 届美国普特南数学竞赛题)

**证明** 由柯西不等式得
$$[(a_1 + a_2) + a_3 + \cdots + a_n]^2 \leqslant$$
$$(1^2 + 1^2 + \cdots + 1^2)[(a_1 + a_2)^2 + a_3^2 + \cdots + a_n^2]$$

所以
$$\left(\sum_{i=1}^{n} a_i\right)^2 \leqslant (n-1)\left[\sum_{i=1}^{n} a_i^2 + 2a_1 a_2\right]$$

所以
$$\frac{1}{n-1}\left(\sum_{i=1}^{n} a_i\right)^2 \leqslant \sum_{i=1}^{n} a_i^2 + 2a_1 a_2$$

由假设,就有
$$A < -\sum_{i=1}^{n} a_i^2 + \frac{1}{n-1}\left(\sum_{i=1}^{n} a_i\right)^2 \leqslant -\sum_{i=1}^{n} a_i^2 + \sum_{i=1}^{n} a_i^2 + 2a_1 a_2 = 2a_1 a_2$$

类似地可知对一切 $1 \leqslant i < j \leqslant n$, 有 $A < 2a_i a_j$.

## 八、待定参数的巧设

为了创造条件应用柯西不等式,我们常引进待定参数,其值的确定由题设及等号成立的充要条件共同确定.

**例15** 设 $\frac{3}{2} \leq x \leq 5$,证明:不等式 $2\sqrt{x+1} + \sqrt{2x-3} + \sqrt{15-3x} < 2\sqrt{19}$. (2003年全国高中数学联赛试题)

**证明** 取 $\lambda, \mu \in \mathbf{R}^+$,且满足 $\lambda + 2\mu = 3$,则由柯西不等式得

$$(2\sqrt{x+1} + \sqrt{2x-3} + \sqrt{15-3x})^2 =$$

$$(2\frac{1}{\sqrt{\lambda}} \cdot \sqrt{\lambda(x+1)} + \frac{1}{\sqrt{\mu}}\sqrt{\mu(2x-3)} + \sqrt{15-3x})^2 \leq$$

$$(\frac{4}{\lambda} + \frac{1}{\mu} + 1)[\lambda(x+1) + \mu(2x-3) + (15-3x)] =$$

$$(\frac{4}{\lambda} + \frac{1}{\mu} + 1)(\lambda - 3\mu + 15)$$

取 $\lambda = \frac{7}{5}, \mu = \frac{4}{5}$,则

$$(\frac{4}{\lambda} + \frac{1}{\mu} + 1)(\lambda - 3\mu + 15) = (\frac{20}{7} + \frac{5}{4} + 1)(\frac{7}{5} - \frac{12}{5} + 15) = \frac{143}{2} < 76$$

因此

$$2\sqrt{x+1} + \sqrt{2x-3} + \sqrt{15-3x} < 2\sqrt{19}$$

**例16** 重解例11.

**证明** 引进参数 $\lambda > 0$,则

$$(n-1)(a_1^4 + a_2^4 + \cdots + a_n^4) < (a_1^2 + a_2^2 + \cdots + a_n^2)^2 =$$

$$[\lambda(a_1^2 + a_2^2 + a_3^2)\frac{1}{\lambda} + a_4^2 + \cdots + a_n^2]^2 \leq$$

$$[\lambda^2(a_1^2 + a_2^2 + a_3^2)^2 + a_4^4 + \cdots + a_n^4](\frac{1}{\lambda^2} + n - 3)$$

为了消去 $a_4, \cdots, a_n$,设 $\frac{1}{\lambda^2} + n - 3 = n - 1$,解得 $\lambda^2 = \frac{1}{2}$. 代入上面的不等式整理即得 $2(a_1^4 + a_2^4 + a_3^4) < (a_1^2 + a_2^2 + a_3^2)^2$.

这一方法的要点是引入待定的参数,事前不必费力去想,而只要事后算到某一步根据需要来确定参数的值就可以了,亦即实现了"以算代想".

## 九、变量代换的巧引

为了应用柯西不等式,我们可引进适当的变量代换.

**例17** 设 $x_i \geq 0 (i=1,2,\cdots,n)$ 且 $\sum_{i=1}^{n} x_i^2 + 2\sum_{1 \leq i < j \leq n} \sqrt{\frac{i}{j}} x_i x_j = 1$,求 $\sum_{i=1}^{n} x_i$ 的最大值和最小值. (2001年全国高中数学联赛加试题)

关键求 $\sum_{i=1}^{n} x_i$ 的最大值,作变换 $x_k = \sqrt{k} y_k (k = 1, 2, \cdots, n)$,及代换 $a_i = y_i + $

$y_{i+1} + \cdots + y_n (i = 1, 2, \cdots, n)$,运用柯西不等式求 $\sum_{i=1}^{n} x_i$ 的最大值.

**解** 先求最小值,因为

$$\sum_{i=1}^{n} x_i^2 + 2 \sum_{1 \leq i < j \leq n} x_i x_j \geq \sum_{i=1}^{n} x_i^2 + 2 \sum_{1 \leq i < j \leq n} \sqrt{\frac{i}{j}} x_i x_j = 1 \Rightarrow \sum_{i=1}^{n} x_i \geq 1$$

等号成立当且仅当存在 $i$ 使得 $x_i = 1, x_j = 0, j \neq i$. 所以 $\sum_{i=1}^{n} x_i$ 的最小值为 1.

下面求最大值. 令 $x_k = \sqrt{k} y_k (k = 1, 2, \cdots, n)$,所以

$$\sum_{k=1}^{n} k y_k^2 + 2 \sum_{1 \leq k < j \leq n} k y_k y_j = 1 \qquad ①$$

设

$$M = \sum_{k=1}^{n} x_k = \sum_{k=1}^{n} \sqrt{k} y_k$$

令

$$\begin{cases} y_1 + y_2 + \cdots + y_n = a_1 \\ y_2 + \cdots + y_n = a_2 \\ \cdots \\ y_n = a_n \end{cases}$$

则 ① $\Leftrightarrow a_1^2 + a_2^2 + \cdots + a_n^2 = 1$,令 $a_{n+1} = 0$,则

$$M = \sum_{k=1}^{n} \sqrt{k}(a_k - a_{k+1}) = \sum_{k=1}^{n} \sqrt{k} a_k - \sum_{k=1}^{n} \sqrt{k} a_{k+1} =$$

$$\sum_{k=1}^{n} \sqrt{k} a_k - \sum_{k=1}^{n} \sqrt{k-1} a_k = \sum_{k=1}^{n} (\sqrt{k} - \sqrt{k-1}) a_k$$

由柯西不等式得

$$M \leq \left[ \sum_{k=1}^{n} (\sqrt{k} - \sqrt{k-1})^2 \right]^{\frac{1}{2}} \cdot \left( \sum_{k=1}^{n} a_k^2 \right)^{\frac{1}{2}} = \left[ \sum_{k=1}^{n} (\sqrt{k} - \sqrt{k-1})^2 \right]^{\frac{1}{2}}$$

等号成立 $\Leftrightarrow \dfrac{a_1^2}{1} = \dfrac{a_2^2}{(\sqrt{2}-1)^2} = \cdots =$

$$\frac{a_k^2}{(\sqrt{k}-\sqrt{k-1})^2} = \cdots = \frac{a_n^2}{(\sqrt{n}-\sqrt{n-1})^2} \Leftrightarrow$$

$$\frac{a_1^2 + a_2^2 + \cdots + a_n^2}{1 + (\sqrt{2}-1)^2 + \cdots + (\sqrt{n}-\sqrt{n-1})^2} = \frac{a_k^2}{(\sqrt{k}-\sqrt{k-1})^2} \Leftrightarrow$$

$$a_k = \frac{\sqrt{k} - \sqrt{k-1}}{\left[ \sum_{k=1}^{n} (\sqrt{k}-\sqrt{k-1})^2 \right]^{\frac{1}{2}}}, k = 1, 2, \cdots, n$$

由于 $a_1 \geq a_2 \geq \cdots \geq a_n$,从而

$$y_k = a_k - a_{k-1} = \frac{2\sqrt{k} - (\sqrt{k+1} + \sqrt{k-1})}{\left[\sum_{k=1}^{n}(\sqrt{k} - \sqrt{k-1})^2\right]^{\frac{1}{2}}} \geq 0$$

即 $x_k \geq 0$,

所求最大值为 $\left[\sum_{k=1}^{n}(\sqrt{k} - \sqrt{k-1})^2\right]^{\frac{1}{2}}$.

**例18** 设 $2n$ 个实数 $a_1, a_2, \cdots, a_{2n}$ 满足条件 $\sum_{i=1}^{2n-1}(a_{i+1} - a_i)^2 = 1$，求 $(a_{n+1} + a_{n+2} + \cdots + a_{2n}) - (a_1 + a_2 + \cdots + a_n)$ 的最大值. (2003 年中国西部数学奥林匹克试题)

**解** 首先，当 $n = 1$ 时，$(a_2 - a_1)^2 = 1$，故 $a_2 - a_1 = \pm 1$，易知此时欲要求的最大值是 1.

当 $n \geq 2$ 时，设 $x_1 = a_1, x_{i+1} = a_{i+1} - a_i, i = 1, 2, \cdots, 2n - 1$，则 $\sum_{i=2}^{2n} x_i^2 = 1$，且 $a_k = x_1 + x_2 + \cdots + x_k, k = 1, 2, \cdots, 2n$. 所以由柯西不等式得
$$(a_{n+1} + a_{n+2} + \cdots + a_{2n}) - (a_1 + a_2 + \cdots + a_n) =$$
$$n(x_1 + x_2 + \cdots + x_n) + nx_{n+1} + (n-1)x_{n+2} + \cdots + x_{2n} - [nx_1 + (n-2)x_2 + \cdots + x_n] =$$
$$x_2 + 2x_2 + \cdots + (n-1)x_n + nx_{n+1} + (n-1)x_{n+2} + \cdots + x_{2n} \leq$$
$$[1^2 + 2^2 + \cdots + (n-1)^2 + n^2 + (n-1)^2 + \cdots + 2^2 + 1^2]^{\frac{1}{2}}(x_2^2 + x_3^2 + \cdots + x_{2n}^2)^{\frac{1}{2}} =$$
$$\left[n^2 + 2 \times \frac{1}{6}(n-1)n(2n-1)\right]^{\frac{1}{2}} = \sqrt{\frac{n(2n^2 + 1)}{3}}$$

当
$$a_k = \frac{\sqrt{3}k(k-1)}{2\sqrt{n(2n^2 + 1)}}, k = 1, 2, \cdots, n$$
$$a_{n+k} = \frac{\sqrt{3}[2n^2 - (n-k)(n-k+1)]}{2\sqrt{n(2n^2 + 1)}}, k = 1, 2, \cdots, n$$
时，上述不等式等号成立.

所以，$(a_{n+1} + a_{n+2} + \cdots + a_{2n}) - (a_1 + a_2 + \cdots + a_n)$ 的最大值是 $\sqrt{\frac{n(2n^2 + 1)}{3}}$.

## 十、局部的巧用

有些不等式的证明需要对局部使用柯西不等式多次，从而简化运算，通过

对局部的控制达到对整体的控制.

**例 19** 正实数 $x,y,z$ 满足 $xyz \geqslant 1$,证明:$\dfrac{x^5-x^2}{x^5+y^2+z^2}+\dfrac{y^5-y^2}{y^5+z^2+x^2}+\dfrac{z^5-z^2}{z^5+x^2+y^2} \geqslant 0.$(第 46 届 IMO 试题)

**证明** 原不等式可变形为
$$\frac{x^2+y^2+z^2}{x^5+y^2+z^2}+\frac{x^2+y^2+z^2}{y^5+z^2+x^2}+\frac{x^2+y^2+z^2}{z^5+x^2+y^2} \leqslant 3$$

由柯西不等式得及题设条件 $xyz \geqslant 1$,得
$$(x^5+y^2+z^2)(yz+y^2+z^2) \geqslant [x^2 \cdot \sqrt{xyz}+y^2+z^2]^2 \geqslant (x^2+y^2+z^2)^2$$

即
$$\frac{x^2+y^2+z^2}{x^5+y^2+z^2} \leqslant \frac{yz+y^2+z^2}{x^2+y^2+z^2}$$

同理 $\dfrac{y^5-y^2}{y^5+z^2+x^2} \leqslant \dfrac{zx+z^2+x^2}{x^2+y^2+z^2}, \dfrac{x^2+y^2+z^2}{z^5+x^2+y^2} \leqslant \dfrac{xy+y^2+z^2}{x^2+y^2+z^2}$

把上面三个不等式相加,并利用 $x^2+y^2+z^2 \geqslant xy+yz+zx$,得
$$\frac{x^2+y^2+z^2}{x^5+y^2+z^2}+\frac{x^2+y^2+z^2}{y^5+z^2+x^2}+\frac{x^2+y^2+z^2}{z^5+x^2+y^2} \leqslant 2+\frac{xy+yz+zx}{x^2+y^2+z^2} \leqslant 3$$

## 十一、不等式的反复使用

有些不等式证明过程中多次反复使用柯西不等式,但要求每次等号成立的条件必须一致,不能前后自相矛盾.

**例 20** 设 $x_1,x_2,\cdots,x_n(n \geqslant 2)$ 都是正数,且 $\sum\limits_{i=1}^{n}x_i=1$,求证:$\sum\limits_{i=1}^{n}\dfrac{x_i}{\sqrt{1-x_i}} \geqslant \dfrac{\sum\limits_{i=1}^{n}\sqrt{x_i}}{\sqrt{n-1}}.$(第 4 届 CMO 试题)

**证明** 令 $y_i=1-x_i(i=1,2,\cdots,n)$,由柯西不等式得
$$\left(\sum_{i=1}^{n}\sqrt{x_i}\right)^2 \leqslant n\sum_{i=1}^{n}x_i=n$$

即 $\sum\limits_{i=1}^{n}\sqrt{x_i} \leqslant \sqrt{n}$,同理 $\left(\sum\limits_{i=1}^{n}\sqrt{y_i}\right)^2 \leqslant n\sum\limits_{i=1}^{n}x_i=n\sum\limits_{i=1}^{n}(1-x_i)=n(n-1)$,即 $\sum\limits_{i=1}^{n}\sqrt{y_i} \leqslant \sqrt{n(n-1)}$.

又由柯西不等式得
$$\sum_{i=1}^{n}\sqrt{y_i} \cdot \sum_{i=1}^{n}\frac{1}{\sqrt{y_i}} \geqslant \left(\sum_{i=1}^{n}\sqrt[4]{y_i} \cdot \frac{1}{\sqrt[4]{y_i}}\right)^2=n^2$$

故

$$\sum_{i=1}^{n}\frac{1}{\sqrt{y_i}} \geq n^2 \cdot \frac{1}{\sum_{i=1}^{n}\sqrt{y_i}} \geq \frac{n^2}{\sqrt{n(n-1)}}$$

从而

$$\sum_{i=1}^{n}\frac{x_i}{\sqrt{1-x_i}} = \sum_{i=1}^{n}\frac{1-y_i}{\sqrt{y_i}} = \sum_{i=1}^{n}\frac{1}{\sqrt{y_i}} - \sum_{i=1}^{n}\sqrt{y_i} \geq$$

$$\frac{n\sqrt{n}}{\sqrt{(n-1)}} - \sqrt{n(n-1)} = \frac{\sqrt{n}}{\sqrt{n-1}} \geq \frac{\sum_{i=1}^{n}\sqrt{x_i}}{\sqrt{n-1}}$$

# 练 习 题

1. 设 $P(x)$ 是正系数多项式,如果 $P(x)P(\frac{1}{x}) \geq 1$ 对于 $x=1$ 成立,则对一切正数 $x$ 都有 $P(x)P(\frac{1}{x}) \geq 1$. (2004 年 Boltic Way 竞赛试题)

2. (1) 设 $x,y,z$ 是正数,且 $k \geq 1, a = x+ky+kz, b = kx+y+kz, c = kx+ky+z$,证明: $\frac{x}{a}+\frac{y}{b}+\frac{z}{c} \geq \frac{3}{2k+1}$. (1998 年希腊国家集训队试题)

(2) $\frac{a^2}{b+c}+\frac{b^2}{c+a}+\frac{c^2}{a+b} \geq \frac{a+b+c}{2}$. (第 2 届世界友谊杯数学竞赛试题)

(3) 设 $a,b,c$ 为正实数,且满足 $abc=1$,试证: $\frac{1}{a^3(b+c)}+\frac{1}{b^3(c+a)}+\frac{1}{c^3(a+b)} \geq \frac{3}{2}$. (第 36 届 IMO 试题)

3. 设 $0 < \alpha, \beta < \frac{\pi}{2}$,求证: $\frac{1}{\sin^2\alpha}+\frac{1}{\cos^2\alpha\sin^2\beta\cos^2\beta} \geq 9$,并指出等号成立的 $\alpha, \beta$ 的值. (1979 年全国高中数学竞赛题)

4. 设 $x_i > 0, x_iy_i - z_i^2 > 0 (i=1,2,\cdots,n)$,则

$$\frac{n^3}{\sum_{i=1}^{n}x_i \cdot \sum_{i=1}^{n}y_i - (\sum_{i=1}^{n}z_i)^2} \leq \sum_{i=1}^{n}\frac{1}{x_iy_i-z_i^2}$$

成立,并指出等号成立的充要条件. (第 11 届 IMO 试题的推广, $n=2$)

5. 设 $a_1, a_2, \cdots, a_n$ 是给定的不为零的实数, $r_1, r_2, \cdots, r_n$ 是实数,不等式 $\sum_{i=1}^{n}r_i(x_i-a_i) \leq \sqrt{\sum_{i=1}^{n}x_i^2} - \sqrt{\sum_{i=1}^{n}a_i^2}$ 对任何实数 $x_1, x_2, \cdots, x_n$ 成立,求 $r_1, r_2, \cdots,$

$r_n$ 的值. (第 3 届 CMO 试题)

6. (1) 已知 $a,b,c,d$ 是正实数,求证: $\dfrac{a}{b+c}+\dfrac{b}{c+d}+\dfrac{c}{d+a}+\dfrac{d}{a+b}\geqslant 2$.
(1989 年四川省数学竞赛题)

(2) 已知 $a,b,c,d$ 是正实数,且 $abcd=1$,求证:
$$\frac{1}{a(b+1)}+\frac{1}{b(c+1)}+\frac{1}{c(d+1)}+\frac{1}{d(a+1)}\geqslant 2$$
(2004 年罗马尼亚数学奥林匹克试题)

7. 设 $a_1,a_2,\cdots,a_n(n>1)$ 是实数,且 $A+\sum_{i=1}^{n}a_i^2<\dfrac{1}{n-1}(\sum_{i=1}^{n}a_i)^2$,证明: $A<2a_ia_j(1\leqslant i<j\leqslant n)$. (1981 年美国普特南数学竞赛题)

8. 已知 $a,b$ 是正常数,$0<x<\dfrac{\pi}{2}$,求 $y=\dfrac{a}{\sin x}+\dfrac{b}{\cos x}$ 的最小值.

9. 在 $\triangle ABC$ 中,求证:
$$\sin A+\sin B+5\sin C\leqslant\frac{\sqrt{198+2\sqrt{201}}(\sqrt{201}+3)}{40}$$

10. $P$ 为 $\triangle ABC$ 内的一点,$D,E,F$ 分别为 $P$ 到 $BC,CA,AB$ 各边所引垂线的垂足,求所有使 $\dfrac{BC}{PD}+\dfrac{CA}{PE}+\dfrac{AB}{PF}$ 为最小的点 $P$. (第 22 届 IMO 试题)

11. 设 $a,b,c,d$ 都是正数,求证不等式:
$$\frac{a}{b+2c+3d}+\frac{b}{c+2d+3a}+\frac{c}{d+2a+3b}+\frac{d}{a+2b+3c}\geqslant\frac{2}{3}$$
(第 34 届 IMO 预选题)

12. 设 $a_1,a_2,\cdots,a_n$ 都是正数,$S_k$ 是从 $a_1,a_2,\cdots,a_n$ 中每次取 $k$ 个所得乘积的和,证明:$S_kS_{n-k}\geqslant(C_n^k)^2a_1a_2\cdots a_n(k=1,2,\cdots,n-1)$. (1990 年亚太地区数学竞赛题)

13. 设 $x_1,x_2,x_3,x_4,x_5$ 都是正数,求证:
$$\frac{x_1}{x_2+x_3}+\frac{x_2}{x_3+x_4}+\frac{x_3}{x_4+x_5}+\frac{x_4}{x_5+x_6}+\frac{x_5}{x_1+x_2}\geqslant\frac{5}{2}$$

14. 设 $x_1,x_2,x_3,x_4,x_5,x_6$ 都是正数,求证:
$$\frac{x_1}{x_2+x_3}+\frac{x_2}{x_3+x_4}+\frac{x_3}{x_4+x_5}+\frac{x_4}{x_5+x_6}+\frac{x_5}{x_6+x_1}+\frac{x_6}{x_1+x_2}\geqslant 3$$

15. 设 $a,b,c\geqslant 0,ab+bc+ca=\dfrac{1}{3}$,证明:
$$\frac{1}{a^2-bc+1}+\frac{1}{b^2-ca+1}+\frac{1}{c^2-ab+1}\leqslant 3$$
(2005 年 IMO 中国集训队测试题)

16. 已知 $a_1, a_2, a_3, a_4$ 是周长为 $2s$ 的四边形的四条边,证明:

$$\sum_{i=1}^{4} \frac{1}{a_i + s} \leq \frac{2}{9} \sum_{1 \leq i < j \leq 4} \frac{1}{\sqrt{(s-a_i)(s-a_j)}}$$

(2004 年罗马尼亚国家选拔考试试题)

17. 设 $a, b, c, d$ 是满足 $ab + bc + cd + da = 1$ 的非负实数,求证:

$$\frac{a^3}{b+c+d} + \frac{b^3}{c+d+a} + \frac{c^3}{d+a+b} + \frac{d^3}{a+b+c} \geq \frac{1}{3}$$

(第 31 届 IMO 预选题)

18. 设 $a \geq 0, b \geq 0, c \geq 0$, 且 $a + b + c \leq 3$, 求证:

$$\frac{a}{1+a^2} + \frac{b}{1+b^2} + \frac{c}{1+c^2} \leq \frac{3}{2} \leq \frac{1}{1+a} + \frac{1}{1+b} + \frac{1}{1+c}$$

(第 15 届全俄数学奥林匹克试题)

19. (1) 设 $a, b, c$ 是正数,且满足 $a^2 + b^2 + c^2 = 3$, 证明:

$$\frac{1}{1+2ab} + \frac{1}{1+2bc} + \frac{1}{1+2ca} \geq 1$$

(2004 年爱沙尼亚奥林匹克试题)

(2) 设 $a, b, c$ 是正数,且满足 $a^2 + b^2 + c^2 = 3$, 证明:

$$\frac{1}{1+ab} + \frac{1}{1+bc} + \frac{1}{1+ca} \geq \frac{3}{2}$$

(2008 年克罗地亚奥林匹克试题)

20. 已知 $a, b, c$ 是正数,证明: $\frac{a}{b+c} + \frac{b}{c+a} + \frac{c}{a+b} \geq \frac{3}{2}$. (1963 年莫斯科数学奥林匹克试题)

21. 设 $a, b, c$ 是正数,证明: $a^3 + b^3 + c^3 \geq a^2b + b^2c + c^2a$. (1983 年英国数学竞赛试题)

22. 设 $a, b, c, d \in \mathbf{R}^+$, 证明不等式: $\frac{a}{b+2c+d} + \frac{b}{c+2d+a} + \frac{c}{d+2a+b} + \frac{d}{a+2b+c} \geq 1$. (2005 罗马尼亚数学奥林匹克试题)

23. 设 $x_1, x_2, \cdots, x_n$ 为正实数, $x_{n+1} = x_1 + x_2 + \cdots + x_n$, 证明: $x_{n+1} \sum_{k=1}^{n} (x_{n+1} - x_k) \geq [\sum_{k=1}^{n} \sqrt{x_k(x_{n+1} - x_k)}]^2$. (1996 年罗马尼亚国家集训队考试题)

24. 已知 $\sum_{i=1}^{n} x_i^2 = \sum_{i=1}^{n} y_i^2 = 1$, 证明不等式: $(x_1 y_2 - x_2 y_1)^2 \leq 2|1 - \sum_{i=1}^{n} x_i y_i|$.

(2001 年韩国, 2004~2005 年法国数学奥林匹克试题)

25. 如果 $x,y,z \geqslant 1$，且 $\frac{1}{x}+\frac{1}{y}+\frac{1}{z}=2$，证明：$\sqrt{x+y+z} \geqslant \sqrt{x-1}+\sqrt{y-1}+\sqrt{z-1}$. (1998 年伊朗数学奥林匹克试题)

26. 已知 $x,y,z$ 是正数，且 $x+y+z=1$，证明：$\sqrt{xy(1-z)}+\sqrt{yz(1-x)}+\sqrt{zx(1-y)} \leqslant \sqrt{\frac{2}{3}}$. (2005 年 Srpska 数学奥林匹克试题)

27. 已知 $x,y,z$ 是正数，求证：$\frac{x}{\sqrt{y+z}}+\frac{y}{\sqrt{z+x}}+\frac{z}{\sqrt{x+y}} \geqslant \sqrt{\frac{3}{2}(x+y+z)}$. (2005 年塞尔维亚数学奥林匹克试题)

28. (1) 设 $a_1, a_2, \cdots, a_n$ 是正数，$\min\{a_1, a_2, \cdots, a_n\}=a_1$，$\max\{a_1, a_2, \cdots, a_n\}=a_n$，证明不等式：

$$a_1^2+a_2^2+\cdots+a_n^2 \geqslant \frac{1}{n}(a_1+a_2+\cdots+a_n)^2+\frac{1}{2}(a_1-a_n)^2$$

(1992 年陕西省数学奥林匹克夏令营试题)

(2) 设 $n \geqslant 2$，$a_1, a_2, \cdots, a_n$ 为正实数，确定最大的实数 $C_n$ 使得不等式：$\frac{a_1^2+a_2^2+\cdots+a_n^2}{n} \geqslant \left(\frac{a_1+a_2+\cdots+a_n}{n}\right)^2+C_n(a_1-a_n)^2$. (2010 年中欧数学奥林匹克试题)

29. 设 $a,b,x,y$ 都是正实数，且 $x^2+y^2=1$，试证明：$\sqrt{a^2x^2+b^2y^2}+\sqrt{a^2y^2+b^2x^2} \geqslant a+b$. (1985 年第 6 期《数学通报》问题)

30. 证明：不等式 $\frac{a^2}{(a+b)(a+c)}+\frac{b^2}{(b+c)(b+a)}+\frac{c^2}{(c+b)(c+a)} \geqslant \frac{3}{4}$ 对所有正实数 $a,b,c$ 成立. (2004 年克罗地亚数学奥林匹克试题)

31. 若 $x_1, x_2, \cdots, x_n$ 为正实数，且 $x_1+x_2+\cdots+x_n \leqslant n$，证明

$$\frac{x_1}{1+(n-1)x_1}+\frac{x_2}{1+(n-1)x_2}+\cdots+\frac{x_n}{1+(n-1)x_n} \leqslant 1$$

(2004 年新加坡数学奥林匹克试题的加强)

32. 设 $x,y,z$ 为正实数，且 $x+y+z=1$，求证：

$$\frac{xy}{\sqrt{xy+yz}}+\frac{yz}{\sqrt{yz+xz}}+\frac{xz}{\sqrt{xz+xy}} \leqslant \frac{\sqrt{2}}{2}$$

(2006 年国家集训队考试题)

33. 设 $a_1, a_2, \cdots, a_n$ 是正实数，且 $a_1 \leqslant a_2 \leqslant \cdots \leqslant a_n$，满足条件：$\frac{a_1+a_2+\cdots+a_n}{n}=m$，$\frac{a_1^2+a_2^2+\cdots+a_n^2}{n}=1$.

证明：对于任意的 $i(1 \leqslant i \leqslant n)$，如果满足条件 $a_i \leqslant m$，则有 $n-i \geqslant n(m-$

$a_i^2)^2$. (2005 年伊朗数学奥林匹克试题)

34. 设 $a,b,c$ 是正数,证明:$\dfrac{ab}{3a+4b+5c}+\dfrac{bc}{3b+4c+5a}+\dfrac{ca}{3c+4a+5b}\leqslant \dfrac{1}{12}(a+b+c)$. (2006 年保加利亚国家集训队试题)

35. 求证:对任意正实数 $a,b,c$,都有 $1<\dfrac{a}{\sqrt{a^2+b^2}}+\dfrac{b}{\sqrt{b^2+c^2}}+\dfrac{c}{\sqrt{c^2+a^2}}\leqslant \dfrac{3\sqrt{2}}{2}$. (2004 年中国西部数学奥林匹克试题)

36. 对所有正实数 $a,b,c$,证明 $\dfrac{a}{\sqrt{a^2+8bc}}+\dfrac{b}{\sqrt{b^2+8ca}}+\dfrac{c}{\sqrt{c^2+8ab}}\geqslant 1$. (第 42 届 IMO 试题)

37. 设 $x,y,z$ 是正数,且 $\dfrac{1}{x}+\dfrac{1}{y}+\dfrac{1}{z}=1$,求证: $\sqrt{x+yz}+\sqrt{y+zx}+\sqrt{z+xy}\geqslant \sqrt{xyz}+\sqrt{x}+\sqrt{y}+\sqrt{z}$. (2002 年亚太地区数学奥林匹克试题)

38. (1) 设 $x,y,z,a,b$ 是正数,证明:$\dfrac{x}{ay+bz}+\dfrac{y}{az+bx}+\dfrac{z}{ax+by}\geqslant \dfrac{3}{a+b}$. (2005 年罗马尼亚国家集训队试题)

(2) 设 $a,b,c$ 是正数,证明:$\dfrac{a}{b+2c}+\dfrac{b}{c+2a}+\dfrac{c}{a+2b}\geqslant 1$. (1999 年捷克和斯洛伐克数学奥林匹克试题)

39. 设 $x,y,z$ 是实数,且 $x^2+y^2+z^2=9$,证明:$2(x+y+z)-xyz\leqslant 10$. (2002 年越南数学奥林匹克试题)

40. 已知 $a,b,c$ 是非负数,证明:
$a^2+b^2+c^2\leqslant \sqrt{b^2-bc+c^2}\sqrt{c^2-ca+a^2}+\sqrt{c^2-ca+a^2}\sqrt{a^2-ab+b^2}+\sqrt{a^2-ab+b^2}\sqrt{b^2-bc+c^2}$

(2000 年越南数学奥林匹克试题)

41. 设正实数 $a,b,c$ 满足 $abc\geqslant 2^9$,证明:

$$\dfrac{1}{\sqrt{1+a}}+\dfrac{1}{\sqrt{1+b}}+\dfrac{1}{\sqrt{1+c}}\geqslant \dfrac{3}{\sqrt{1+\sqrt[3]{abc}}} \qquad ①$$

(2004 年中国台湾数学奥林匹克试题)

42. 已知 $x_1,x_2,\cdots,x_n$ 是正实数,满足 $\sum\limits_{i=1}^{n}x_i=\sum\limits_{i=1}^{n}\dfrac{1}{x_i}$,证明:$\sum\limits_{i=1}^{n}\dfrac{1}{n-1+x_i}\leqslant 1$. (2002 年美国 MOP 竞赛试题)

43. 设 $a,b,c$ 是正实数,证明:

$$\frac{a^3}{(2a^2+b^2)(2a^2+c^2)} + \frac{b^3}{(2b^2+c^2)(2b^2+a^2)} + \frac{c^3}{(2c^2+a^2)(2c^2+b^2)} \leqslant \frac{1}{a+b+c}$$ (VasileCirtoaje)

**44.** 已知 $a,b,c,x,y,z$ 是正实数,且 $x+y+z=1$,证明:
$$ax + by + cz + 2\sqrt{(xy+yz+zx)(ab+bc+ca)} \leqslant a+b+c$$
(2001年乌克兰数学奥林匹克试题)

**45.** 设 $a,b,c$ 是正实数,且 $a+b+c=1$,证明:$\dfrac{a}{1+bc} + \dfrac{b}{1+ca} + \dfrac{c}{1+ab} \geqslant \dfrac{9}{10}$.
(1997年印度国家集训队试题)

**46.** 设 $x_1, x_2, \cdots, x_n$ 是正实数,满足 $\sum_{i=1}^n x_i = \sum_{i=1}^n x_i^2 = t$,证明:$\sum_{i \neq j} \dfrac{x_i}{x_j} \geqslant \dfrac{(n-1)^2 t}{t-1}$.
(2006年土耳其数学奥林匹克试题)

**47.** 已知 $a,b,c$ 是正数,且 $\dfrac{1}{a^2+1} + \dfrac{1}{b^2+1} + \dfrac{1}{c^2+1} = 2$,求证:$ab+bc+ca \leqslant \dfrac{3}{2}$.
(2005年伊朗数学奥林匹克试题)

**48.** 已知 $a,b,c,d,e$ 为正数且 $abcde=1$,求证:$\dfrac{a+abc}{1+ab+abcd} + \dfrac{b+bcd}{1+bc+bcde} + \dfrac{c+cde}{1+cd+cdea} + \dfrac{d+dea}{1+de+deab} + \dfrac{e+eab}{1+ea+eabc} \geqslant \dfrac{10}{3}$. (加拿大Crux问题2023)

**49.** 实数 $x,y,z,t$ 满足 $x+y+z+t=0, x^2+y^2+z^2+t^2=1$,证明:$-1 \leqslant xy+yz+zt+tx \leqslant 0$. (1996年奥地利-波兰数学奥林匹克试题)

**50.** 设 $a,b,c$ 是正实数,且 $a+b+c=1$,证明:
$$\frac{1}{ab+2c^2+2c} + \frac{1}{bc+2a^2+2a} + \frac{1}{ca+2b^2+2b} \geqslant \frac{1}{ab+bc+ca}$$
(2007年土耳其国家集训队试题)

**51.** 设 $x,y,z$ 是正实数,且 $x \geqslant y \geqslant z$,求证:$\dfrac{x^2 y}{z} + \dfrac{y^2 z}{x} + \dfrac{z^2 x}{y} \geqslant x^2+y^2+z^2$. (第31届IMO预选试题)

**52.** 设 $x,y,z$ 是大于 $-1$ 的实数,证明:
$$\frac{1+x^2}{1+y+z^2} + \frac{1+y^2}{1+z+x^2} + \frac{1+z^2}{1+x+y^2} \geqslant 2$$
(2003年巴尔干地区数学奥林匹克试题)

**53.** 设 $n$ 是正整数,$x_1 \leqslant x_2 \leqslant \cdots \leqslant x_n$ 为实数,证明:

(1) $\quad (\sum_{i,j=1}^{n} |x_i - x_j|)^2 \leq \frac{2(n^2-1)}{3} \sum_{i,j=1}^{n} (x_i - x_j)^2 \quad$ ①

(2) 第(1)小题等号成立的充要条件是为 $x_1, x_2, \cdots, x_n$ 为等差数列. (第44届IMO试题)

54. 设 $a, b, c$ 是正实数，求证：$\dfrac{(2a+b+c)^2}{2a^2+(b+c)^2} + \dfrac{(a+2b+c)^2}{2b^2+(c+a)^2} + \dfrac{(a+b+2c)^2}{2c^2+(a+b)^2} \leq 8$. (2003年美国数学奥林匹克试题)

55. 设 $a_1, a_2, \cdots, a_n$ 是一个无穷项的实数列，对于所有正整数 $i$，存在一个实数 $c$ 使得 $0 \leq a_i \leq c$，且 $|a_i - a_j| \geq \dfrac{1}{i+j}$，对所有正整数 $i, j (i \neq j)$ 成立. 证明：$c \geq 1$. (第43届IMO预选试题)

56. 设实数 $\alpha, \beta, \gamma$ 满足 $\beta\gamma \neq 0$，且 $\dfrac{1-\gamma^2}{\beta\gamma} \geq 0$. 证明：$10(\alpha^2 + \beta^2 + \gamma^2 - \beta\gamma^3) \geq 2\alpha\beta + 5\alpha\gamma$. (第19届希腊数学奥林匹克试题)

57. 给定正整数 $n(n \geq 2)$，设正整数 $a_i(i=1,2,\cdots,n)$ 满足 $a_1 < a_2 < \cdots < a_n$ 以及 $\sum_{i=1}^{n} \dfrac{1}{a_i} \leq 1$. 求证：对任意实数 $x$，有

$$(\sum_{i=1}^{n} \dfrac{1}{a_i^2 + x^2})^2 \leq \dfrac{1}{2} \times \dfrac{1}{a_1(a_1-1) + x^2}.$$

(2004年中国数学奥林匹克试题)

58. 设 $n(n \geq 2)$ 是给定的正整数，求所有的整数解 $(a_1, a_2, \cdots, a_n)$ 满足条件：

(1) $a_1 + a_2 + \cdots + a_n \geq n^2$;

(2) $a_1^2 + a_2^2 + \cdots + a_n^2 \leq n^3 + 1$.

(2002年西部数学奥林匹克试题)

59. 已知非负实数 $a, b, c$ 满足 $a + b + c = 1$，证明：

$$2 \leq (1-a^2)^2 + (1-b^2)^2 + (1-c^2)^2 \leq (1+a)(1+b)(1+c)$$

并求出等号成立的条件. (2000年奥地利-波兰数学奥林匹克试题)

60. 设整数 $n \geq 4, a_1, a_2, \cdots, a_n$ 是正实数，使得 $a_1^2 + a_2^2 + \cdots + a_n^2 = 1$，证明：

$$\dfrac{a_1}{a_2^2 + 1} + \dfrac{a_2}{a_3^2 + 1} + \cdots + \dfrac{a_{n-1}}{a_n^2 + 1} + \dfrac{a_n}{a_1^2 + 1} \geq \dfrac{4}{5}(a_1\sqrt{a_1} + a_2\sqrt{a_2} + \cdots + a_n\sqrt{a_n})^2$$

(2002年巴尔干地区数学奥林匹克试题)

61. 设 $a_i \in \mathbf{R}, i = 1, 2, 3, 4, 5$，求

$$\frac{a_1}{a_2+3a_3+5a_4+7a_5}+\frac{a_2}{a_3+3a_4+5a_5+7a_1}+\cdots+\frac{a_5}{a_1+3a_2+5a_3+7a_4}$$
的最小值. (2004 年吉林省数学竞赛试题)

62. 给定正实数 $a,b,c,d$,证明
$$\frac{a^3+b^3+c^3}{a+b+c}+\frac{b^3+c^3+d^3}{b+c+d}+\frac{c^3+d^3+a^3}{c+d+a}+\frac{d^3+a^3+b^3}{d+a+b}\geqslant a^2+b^2+c^2+d^2$$
(美国大学生数学竞赛试题)

63. 设 $P_1,P_2,\cdots,P_n(n\geqslant 2)$ 是 $1,2,\cdots,n$ 的任意排列. 求证:
$$\frac{1}{P_1+P_2}+\frac{1}{P_2+P_3}+\cdots+\frac{1}{P_{n-2}+P_{n-1}}+\frac{1}{P_{n-1}+P_n}>\frac{n-1}{n-2}$$
(2002 年女子数学奥林匹克试题)

64. 设 $x_1,x_2,\cdots,x_n$ 为实数,满足 $x_1^2+x_2^2+\cdots+x_n^2=1$,求证:对任意整数 $k\geqslant 2$,存在不全为零的整数 $a_1,a_2,\cdots,a_n$,满足 $|a_i|\leqslant k-1(i=1,2,\cdots,n)$ 使得 $|a_1x_1+a_2x_2+\cdots+a_nx_n|\leqslant\frac{(k-1)\sqrt{n}}{k^n-1}$. (第 28 届 IMO 试题)

65. 设 $x_1,x_2,\cdots,x_n$ 与 $y_1,y_2,\cdots,y_n$ 均为实数,且满足 $x_1^2+x_2^2+\cdots+x_n^2=1$, $y_1^2+y_2^2+\cdots+y_n^2=1$,证明:存在不全为 0 的取值于 $\{-1,0,1\}$ 上的数 $a_1,a_2,\cdots$,使得 $|a_1x_1y_1+a_2x_2y_2+\cdots+a_nx_ny_n|\leqslant\frac{1}{2^n-1}$. (1993 年哈尔滨市数学竞赛题)

66. (1) 设 $a,b,c$ 是正实数,求证:$\dfrac{a^2}{b}+\dfrac{b^2}{c}+\dfrac{c^2}{a}\geqslant a+b+c+\dfrac{4(a-b)^2}{a+b+c}$.
(2005 年巴尔干数学奥林匹克试题)

(2) 设 $x_1,x_2,\cdots,x_n$ 是正实数,求证:$\dfrac{x_1^2}{x_2}+\dfrac{x_2^2}{x_3}+\cdots+\dfrac{x_{n-1}^2}{x_n}+\dfrac{x_n^2}{x_1}\geqslant x_1+x_2+\cdots+x_n+\dfrac{4(x_1-x_2)^2}{x_1+x_2+\cdots+x_n}$. (1984 年全国高中数学联赛试题的加强)

(3) 设 $a,b,c,d$ 是正实数,且 $a+b+c+d=4$,证明:$\dfrac{a^2}{b}+\dfrac{b^2}{c}+\dfrac{c^2}{d}+\dfrac{d^2}{a}\geqslant 4+(a-b)^2$. (2009 年湖北省数学竞赛试题)

67. 已知 $a_1,a_2,\cdots,a_n;b_1,b_2,\cdots,b_n$ 均为正数,且满足 $a_1^2+a_2^2+\cdots+a_n^2=(b_1^2+b_2^2+\cdots+b_n^2)^3$. 求证:
$$\frac{b_1^3}{a_1}+\frac{b_2^3}{a_2}+\cdots+\frac{b_n^3}{a_n}\geqslant 1$$

68. 证明:对于任意的正数 $a_1,a_2,\cdots,a_n$ 不等式
$$\frac{1}{a_1}+\frac{2}{a_1+a_2}+\cdots+\frac{n}{a_1+a_2+\cdots+a_n}<2(\frac{1}{a_1}+\frac{1}{a_2}+\cdots+\frac{1}{a_n})$$

(第 20 届全苏数学奥林匹克试题的加强)

69. 若实数 $a_1, a_2, \cdots, a_n$ 满足 $a_1 + a_2 + \cdots + a_n = 0$. 求证:
$$\max_{1 \leq k \leq n} a_k^2 \leq \frac{n}{3} \sum_{i=1}^{n-1} (a_i - a_{i+1})^2$$

(2006 年中国数学奥林匹克试题)

70. 设 $a_1, a_2, \cdots, a_n; b_1, b_2, \cdots, b_n$ 都是正实数, 求证: $\sum_{k=1}^{n} \dfrac{a_k b_k}{a_k + b_k} \leq \dfrac{AB}{A+B}$, 其中 $A = \sum_{k=1}^{n} a_k, B = \sum_{k=1}^{n} b_k$. (1993 年圣彼得堡市数学选拔试题)

71. 已知 $a, b, c$ 都是正数, 证明: $\dfrac{a^3}{(a+b)^3} + \dfrac{b^3}{(b+c)^3} + \dfrac{c^3}{(c+a)^3} \geq \dfrac{3}{8}$.

(2005 年越南数学奥林匹克试题)

72. 设 $x_1, x_2, \cdots, x_n$ 是正数, 且 $\sum_{i=1}^{n} x_i = 1$, 求证:
$$\left(\sum_{i=1}^{n} \sqrt{x_i}\right)\left(\sum_{i=1}^{n} \frac{1}{\sqrt{1+x_i}}\right) \leq \frac{n^2}{\sqrt{n+1}} \qquad ①$$

(2006 年中国国家集训队考试题)

73. 已知 $\sin\alpha + \sin\beta + \sin\gamma = 1$, 证明: $\tan^2\alpha + \tan^2\beta + \tan^2\gamma \geq \dfrac{3}{8}$. (2005 年波罗地海数学奥林匹克试题)

74. 已知 $a, b, c \geq 0, a+b+c = 3$, 证明: $\dfrac{a^2}{b^2+1} + \dfrac{b^2}{c^2+1} + \dfrac{c^2}{a^2+1} \geq \dfrac{3}{2}$. (2003 年地中海数学奥林匹克试题, 2005 年塞尔维亚数学奥林匹克试题)

75. 已知 $x, y, z$ 是正数, 求证: $\dfrac{x}{\sqrt{y+z}} + \dfrac{y}{\sqrt{z+x}} + \dfrac{z}{\sqrt{x+y}} \geq \sqrt{\dfrac{3}{2}(x+y+z)}$.

(2005 年塞尔维亚数学奥林匹克试题)

76. 已知 $a, b, c > 0, a^2 + b^2 + c^2 = 1$, 证明: $\dfrac{a^2}{1+2bc} + \dfrac{b^2}{1+2ca} + \dfrac{c^2}{1+2ab} \geq \dfrac{3}{5}$. (2002 年波斯尼亚数学奥林匹克试题)

77. 已知 $a, b, c > 0$, 证明: $\dfrac{a^3}{b+2c} + \dfrac{b^3}{c+2a} + \dfrac{c^3}{a+2b} \geq \dfrac{a^2+b^2+c^2}{3}$. (1996 年乌克兰数学奥林匹克试题)

78. 已知 $a, b, c > 0$, 且 $a^2 + b^2 + c^2 = 1$, 证明: $\dfrac{a}{b^2+1} + \dfrac{b}{c^2+1} + \dfrac{c}{a^2+1} \geq \dfrac{3}{4}(a\sqrt{a} + b\sqrt{b} + c\sqrt{c})^2$. (2002 年地中海数学奥林匹克试题)

79. 对任意正实数 $a,b,c$,均有 $\dfrac{a^3}{b^2-bc+c^2}+\dfrac{b^3}{c^2-ca+a^2}+\dfrac{c^3}{a^2-ab+b^2} \geqslant a+b+c.$ (2006 巴尔干地区数学奥林匹克试题)

80. 证明对任意实数 $x_0,x_1,x_2,\cdots,x_{2n}$ 有不等式
$$\sum_{k=0}^{2n} x_k^2 \geqslant \dfrac{1}{2n+1}\left(\sum_{k=0}^{2n} x_k\right)^2 + \dfrac{3}{n(n+1)(2n+1)}\left(\sum_{k=0}^{2n}(k-n)x_k\right)^2$$

81. 设 $x,y,z$ 是正实数,且 $xyz=1$,证明:
$$\dfrac{x^3}{(1+y)(1+z)} + \dfrac{y^3}{(1+z)(1+x)} + \dfrac{z^3}{(1+x)(1+y)} \geqslant \dfrac{3}{4}$$

(第 39 届 IMO 预选题)

82. 已知 $x,y>0$,且 $x^3+y^4 \leqslant x^2+y^3$,证明:$x^3+y^3 \leqslant 2.$ (2002 年匈牙利数学奥林匹克试题)

83. 已知 $a,b,c>0$,且 $\dfrac{1}{a+b+1}+\dfrac{1}{b+c+1}+\dfrac{1}{c+a+1} \geqslant 1$,证明:$a+b+c \geqslant ab+bc+ca.$ (2007 年巴尔干 Junior 数学奥林匹克试题)

84. (1) 设 $a,b,c$ 和 $x,y,z$ 是实数,证明:
$$ax+by+cz+\sqrt{(a^2+b^2+c^2)(x^2+y^2+z^2)} \geqslant \dfrac{2}{3}(a+b+c)(x+y+z)$$

(1989 年乌克兰数学奥林匹克试题)

(2) 设 $a_1,a_2,\cdots,a_n$ 和 $x_1,x_2,\cdots,x_n$ 是 $2n$ 个实数,证明:
$$\sum_{i=1}^n a_ix_i + \sqrt{\left(\sum_{i=1}^n a_i^2\right)\left(\sum_{i=1}^n x_i^2\right)} \geqslant \dfrac{2}{n}\left(\sum_{i=1}^n a_i\right)\left(\sum_{i=1}^n x_i\right)$$

85. 设 $a,b,c,d$ 是实数,且满足 $a^2 \leqslant 1, a^2+b^2 \leqslant 5, a^2+b^2+c^2 \leqslant 14, a^2+b^2+c^2+d^2 \leqslant 30,$ 求证:$a+b+c+d \leqslant 10.$ (2007 年匈牙利数学奥林匹克试题)

86. 设 $a,b,c$ 是正实数,求证:
$$\sqrt{2(a^2+b^2)}+\sqrt{2(b^2+c^2)}+\sqrt{2(c^2+a^2)} \geqslant$$
$$\sqrt{3(a+b)^2+3(b+c)^2+3(c+a)^2}$$

(2004 年波兰数学奥林匹克试题)

87. 设 $x,y,z$ 是非负数,且 $x^2+y^2+z^2=3$,证明:
$$\dfrac{x}{\sqrt{x^2+y+z}} + \dfrac{y}{\sqrt{y^2+z+x}} + \dfrac{z}{\sqrt{z^2+x+y}} \leqslant \sqrt{3}$$

(2008 年乌克兰数学奥林匹克试题)

88. 设 $a,b,c \in \left(\dfrac{1}{\sqrt{6}}, +\infty\right)$,且 $a^2+b^2+c^2=1$,证明:

$$\frac{1+a^2}{\sqrt{2a^2+3ab-c^2}}+\frac{1+b^2}{\sqrt{2b^2+3bc-a^2}}+\frac{1+c^2}{\sqrt{2c^2+3ca-b^2}} \geqslant 2(a+b+c)$$

(2007年乌克兰国家集训队试题)

89. 设 $a,b,c,d,e$ 是非负实数,且 $a+b=c+d+e$,求最大的正实数 $T$,使得不等式 $\sqrt{a^2+b^2+c^2+d^2+e^2} \geqslant T(\sqrt{a}+\sqrt{b}+\sqrt{c}+\sqrt{d}+\sqrt{e})^2$ 成立. (2007年伊朗数学奥林匹克试题)

90. 设 $a_1,a_2,\cdots,a_n$ 是正实数,$S=\sum_{i=1}^{n}a_i$. 证明:

$$(2S+n)(2S+a_1a_2+a_2a_3+\cdots+a_na_1) \geqslant 9(\sqrt{a_1a_2}+\sqrt{a_2a_3}+\cdots+\sqrt{a_na_1})^2$$

(2007年波罗的海地区数学竞赛试题)

91. 设 $x,y$ 是正数,证明:$\dfrac{1}{(1+\sqrt{x})^2}+\dfrac{1}{(1+\sqrt{y})^2} \geqslant \dfrac{2}{x+y+2}$. (2008年印度尼西亚数学奥林匹克试题)

92. 设 $x,y,z$ 为正实数,且 $x+y+z+xyz=4$,证明:

$$\frac{x}{\sqrt{y+z}}+\frac{y}{\sqrt{z+x}}+\frac{z}{\sqrt{x+y}} \geqslant \frac{\sqrt{2}}{2}(x+y+z)$$

(2007年波兰数学奥林匹克试题)

93. 设实数 $a,b,c$ 满足 $a^2+b^2+c^2=3$,证明不等式 $\dfrac{a^2}{2+b+c^2}+\dfrac{b^2}{2+c+a^2}+\dfrac{c^2}{2+a+b^2} \geqslant \dfrac{(a+b+c)^2}{12}$,并指出等号何时成立?(2008波罗的海数学奥林匹克试题)

94. 设 $a,b,c,d$ 为实数,证明不等式:$(a+b+c+d)^2 \leqslant 3(a^2+b^2+c^2+d^2)+6ab$. (1998年波兰数学奥林匹克试题)

95. 设 $a,b,c,d$ 是正数,证明:$\dfrac{c}{a+2b}+\dfrac{d}{b+2c}+\dfrac{a}{c+2d}+\dfrac{b}{d+2a} \geqslant \dfrac{4}{3}$. (2005年Zhautykov数学奥林匹克试题)

96. 设 $a,b,c$ 是正实数,且 $a+b+c=2$,证明:$\dfrac{1}{1+bc}+\dfrac{1}{1+ca}+\dfrac{1}{1+ab} \geqslant \dfrac{27}{13}$. (2002年白俄罗斯国家集训队试题)

97. 设 $a,b,c,d$ 是正数,证明:$\dfrac{a+c}{a+b}+\dfrac{b+d}{b+c}+\dfrac{c+a}{c+d}+\dfrac{d+b}{d+a} \geqslant 4$. (1971年南斯拉夫数学奥林匹克试题)

98. 设 $x,y,z$ 是正数,且 $xy+yz+zx=x+y+z$,证明:

$$\frac{1}{x^2+y+1}+\frac{1}{y^2+z+1}+\frac{1}{z^2+x+1} \leqslant 1$$

(2009年赛尔维尔数学奥林匹克试题)

99. 设 $a,b,c,d$ 是正数,证明: $\dfrac{a-b}{b+c}+\dfrac{b-c}{c+d}+\dfrac{c-d}{d+a}+\dfrac{d-a}{a+b} \geq 0$. (2009年克罗地亚国家集训队试题)

100. 证明:对于任意的正实数 $a,b,c,d$,都有
$$\dfrac{(a-b)(a-c)}{a+b+c}+\dfrac{(b-c)(b-d)}{b+c+d}+\dfrac{(c-d)(c-a)}{c+d+a}+\dfrac{(d-a)(d-b)}{d+a+b} \geq 0$$
并确定等号成立的条件. (第49届IMO预选题)

101. 设 $a,b,c$ 是正数,且 $abc \geq 1$,证明:
$$\dfrac{a+1}{a^2+a+1}+\dfrac{b+1}{b^2+b+1}+\dfrac{c+1}{c^2+c+1} \leq 2$$
(2008年乌克兰数学奥林匹克试题)

102. 设 $x,y,z$ 是正数,证明:
$$\dfrac{1+yz+zx}{(1+x+y)^2}+\dfrac{1+zx+xy}{(1+y+z)^2}+\dfrac{1+xy+yz}{(1+z+x)^2} \geq 1$$
(2010年日本数学奥林匹克试题)

103. 设 $a,b,c$ 是正数,当 $a^2+b^2+c^2+abc=4$ 时,证明: $a+b+c \leq 3$. (2003年伊朗数学奥林匹克试题)

104. 设 $a,b,c,d$ 是实数,证明不等式: $(a+b+c+d)^2 \leq 3(a^2+b^2+c^2+d^2)+6ab$. (1998年波兰数学奥林匹克试题)

105. 设 $n \geq 2$, $a_1,a_2,\cdots,a_n$ 是 $n$ 个正实数,满足: $(a_1+a_2+\cdots+a_n)\left(\dfrac{1}{a_1}+\dfrac{1}{a_2}+\cdots+\dfrac{1}{a_n}\right) \leq \left(n+\dfrac{1}{2}\right)^2$,证明: $\max\{a_1,a_2,\cdots,a_n\} \leq 4\min\{a_1,a_2,\cdots,a_n\}$.
(2009年美国数学奥林匹克试题)

106. 在 $\triangle ABC$ 中,证明不等式: $a^2 b(a-b)+b^2 c(b-c)+c^2 a(c-a) \geq 0$. (第24届IMO试题)

107. 设 $a,b,c$ 是正数,且 $a+b+c=3$,证明: $\dfrac{1}{2+a^2+b^2}+\dfrac{1}{2+b^2+c^2}+\dfrac{1}{2+c^2+a^2} \leq \dfrac{3}{4}$. (2009年伊朗国家集训队试题)

108. 设正实数 $a,b,c$ 满足 $ab+bc+ca=\dfrac{1}{3}$,证明: $\dfrac{a}{a^2-bc+1}+\dfrac{b}{b^2-ca+1}+\dfrac{c}{c^2-ab+1} \geq \dfrac{1}{a+b+c}$. (2009年马其顿数学奥林匹克试题)

109. 已知 $a,b,c$ 是正实数,且满足 $abc=1$,证明: $\dfrac{1}{a^5(b+2c)^2}+\dfrac{1}{b^5(c+2a)^2}+$

$$\frac{1}{c^5(a+2b)^2} \geq \frac{1}{3}.$$ (2010年美国集训队试题)

110. 设 $a,b,c,d$ 是正实数，且满足 $abcd=1$，求证：$\frac{1}{(1+a)^2} + \frac{1}{(1+b)^2} + \frac{1}{(1+c)^2} + \frac{1}{(1+d)^2} \geq 1$. (2005年IMO国家集训队试题)

111. 已知 $a,b,c$ 是正实数，证明：$\frac{a+b+3c}{3a+3b+2c} + \frac{a^3+3b+c}{3a+2b+3c} + \frac{3a+b+c}{2a+3b+3c} \geq \frac{18}{5}$. (2010年西班牙数学奥林匹克试题)

112. 设 $x_1, x_2, \cdots, x_n$ 为正实数，满足 $x_1 x_2 \cdots x_n = 1$，证明：$\frac{1}{n-1+x_1} + \frac{1}{n-1+x_2} + \cdots + \frac{1}{n-1+x_n} \leq 1$. (1999年罗马利亚,2008年新加坡国家集训队选拔试题)

113. 已知 $a,b,c$ 是正实数，且满足 $a^2+b^2+c^2=3$，证明：$(a+bc+c)^2 + (b+ca+a)^2 + (c+ab+b)^2 \leq 27$. (2006年波兰捷克和斯洛伐克联合竞赛试题)

114. 设 $x,y \geq 0$，证明：$\sqrt{x^2-x+1} \cdot \sqrt{y^2-y+1} + \sqrt{x^2+x+1} \cdot \sqrt{y^2+y+1} \geq 2(x+y)$. (2010年哈萨克斯坦数学奥林匹克试题)

115. 设 $x,y,z$ 是正数，且 $x+y+z=1$，证明：$\frac{x}{y^2+z} + \frac{y}{z^2+x} + \frac{z}{x^2+y} \geq \frac{9}{4}$. (2006年塞尔维亚和黑山数学奥林匹克试题)

116. 设 $a_1, a_2, \cdots, a_n$ 是正实数，证明：$\frac{1}{\sum_{i=1}^{n} \frac{1}{1+a_i}} - \frac{1}{\sum_{i=1}^{n} \frac{1}{a_i}} \geq \frac{1}{n}$. (2001年摩尔多瓦数学奥林匹克试题)

117. 设 $a_1, a_2, \cdots, a_n; b_1, b_2, \cdots, b_n$ 是两组正数，证明：$(\sum_{i \neq j} a_i b_j)^2 \geq (\sum_{i \neq j} a_i a_j)(\sum_{i \neq j} b_i b_j)$. (1998年南斯拉夫数学奥林匹克试题)

118. 设正实数 $a,b,c$ 满足 $a^3+b^3+c^3=3$，证明：$\frac{1}{a^2+a+1} + \frac{1}{b^2+b+1} + \frac{1}{c^2+c+1} \geq 1$. (2010年陈省身杯数学奥林匹克试题)

119. 设方程 $x^4+ax^3+2x^2+bx+1=0$ 至少有一个实数根，证明：$a^2+b^2 \geq 8$. (1993年国际城市数学竞赛试题)

120. 设实数 $a,b,c \in [-1,1]$，且满足 $1+2abc \geq a^2+b^2+c^2$，证明：$1+2(abc)^n \geq a^{2n}+b^{2n}+c^{2n}$，这里 $n$ 是任意正整数. (2010年IMC试题)

121. 设实数 $x,y,z$ 满足 $x+y+z=0$,证明:$\dfrac{x(x+2)}{2x^2+1}+\dfrac{y(y+2)}{2y^2+1}+\dfrac{z(z+2)}{2z^2+1}\geqslant 0$. (2011 年巴尔干地区数学奥林匹克试题)

# 参 考 解 答

1. 设多项式为 $P(x)=\sum\limits_{i=0}^{n}a_ix^{n-i}$,其中 $a_i>0, i=0,1,2,\cdots,n$,则由柯西不等式得

$$P(x)P\left(\dfrac{1}{x}\right)=\sum\limits_{i=0}^{n}a_ix^{n-i}\sum\limits_{i=0}^{n}a_i\left(\dfrac{1}{x}\right)^{n-i}\geqslant\left(\sum\limits_{i=0}^{n}a_i\right)^2=[P(1)]^2\geqslant 1$$

2. (1) 因为 $\dfrac{x}{a}+\dfrac{y}{b}+\dfrac{z}{c}=\dfrac{x^2}{x^2+kxy+kxz}+\dfrac{y^2}{kxy+y^2+kyz}+\dfrac{z^2}{kzx+kyz+z^2}$,

由柯西不等式得

$\left(\dfrac{x^2}{x^2+kxy+kxz}+\dfrac{y^2}{kxy+y^2+kyz}+\dfrac{z^2}{kzx+kyz+z^2}\right)\cdot$

$((x^2+kxy+kxz)+(kxy+y^2+kyz)+(kzx+kyz+z^2))\geqslant(x+y+z)^2.$

$(2k+1)(x+y+z)^2-$

$3((x^2+kxy+kxz)+(kxy+y^2+kyz)+(kzx+kyz+z^2))=$

$2(k-1)(x^2+y^2+z^2-xy-yz-zx)=$

$(k-1)((x-y)^2+(y-z)^2+(z-x)^2)\geqslant 0$

所以

$$\dfrac{x}{a}+\dfrac{y}{b}+\dfrac{z}{c}\geqslant\dfrac{3}{2k+1}$$

(2) 由 $[(b+c)+(c+a)+(a+b)]\left[\dfrac{a^2}{b+c}+\dfrac{b^2}{c+a}+\dfrac{c^2}{a+b}\right]\geqslant(a+b+c)^2$ 即得.

(3) 令 $x=\dfrac{1}{a},y=\dfrac{1}{b},z=\dfrac{1}{c}$,得原不等式左边化为

$$\dfrac{x^2}{y+z}+\dfrac{y^2}{z+x}+\dfrac{z^2}{x+y}\geqslant\dfrac{x+y+z}{2}\geqslant\dfrac{3\sqrt[3]{xyz}}{2}=\dfrac{3}{2}$$

3.

$(\cos^2\alpha+\sin^2\alpha\cos^2\beta+\sin^2\alpha\cos^2\beta)\left(\dfrac{1}{\cos^2\alpha}+\dfrac{1}{\sin^2\alpha\cos^2\beta}+\dfrac{1}{\sin^2\alpha\cos^2\beta}\right)\geqslant 9$

4. 设 $a_ib_i-c_i^2=d_i^2,d_i>0(i=1,2,\cdots,n)$,我们先证

$$(\sum_{i=1}^{n} c_i)^2 + (\sum_{i=1}^{n} d_i)^2 \le (\sum_{i=1}^{n} a_i)(\sum_{i=1}^{n} b_i)$$

事实上,由柯西不等式有上式的左边等于

$$\sum_{i=1}^{n}\sum_{j=1}^{n}(c_i c_j + d_i d_j) \le \sum_{i=1}^{n}\sum_{j=1}^{n} \sqrt{c_i^2 + d_i^2} \cdot \sqrt{c_j^2 + d_j^2} =$$

$$\sum_{i=1}^{n}\sum_{j=1}^{n} \sqrt{a_i b_i} \sqrt{a_j b_j} = (\sum_{i=1}^{n} \sqrt{a_i b_i})^2 \le$$

$$\sum_{i=1}^{n} a_i \sum_{i=1}^{n} b_i = 右边$$

当且仅当 $\frac{c_1}{d_1} = \frac{c_2}{d_2} = \cdots = \frac{c_n}{d_n}$ 且 $\frac{a_1}{b_1} = \frac{a_2}{b_2} = \cdots = \frac{a_n}{b_n}$ 时取等号. 又

$$(\sum_{i=1}^{n} d_i)^2 (\sum_{i=1}^{n} \frac{1}{d_i^2}) \ge (n\sqrt[n]{a_1 a_2 \cdots a_n})^2 (n\sqrt[n]{\frac{1}{a_1^2 a_2^2 \cdots a_n^2}}) = n^3$$

当且仅当 $d_1 = d_2 = \cdots = d_n$ 时取等号.

从而,原不等式成立.

由上及 $a_i b_i = c_i^2 + d_i^2$ 知原不等式成立的充要条件是 $a_1 = a_2 = \cdots = a_n$, $b_1 = b_2 = \cdots = b_n$,且 $c_1 = c_2 = \cdots = c_n$.

5. 令 $x_i = 0(i=1,2,\cdots,n)$,则 $\sum_{i=1}^{n} r_i a_i \ge \sqrt{\sum_{i=1}^{n} a_i^2}$.

令 $x_i = 2a_i(i=1,2,\cdots,n)$,则 $\sum_{i=1}^{n} r_i a_i \ge \sqrt{\sum_{i=1}^{n} a_i^2}$.

所以

$$\sum_{i=1}^{n} r_i a_i = \sqrt{\sum_{i=1}^{n} a_i^2} \qquad ①$$

再令 $x_i = r_i(i=1,2,\cdots,n)$,则

$$\sum_{i=1}^{n} r_i^2 - \sum_{i=1}^{n} r_i a_i \le \sqrt{\sum_{i=1}^{n} r_i^2} - \sqrt{\sum_{i=1}^{n} a_i^2} \qquad ②$$

由①、②得 $\sum_{i=1}^{n} r_i^2 \le \sqrt{\sum_{i=1}^{n} r_i^2}$,所以

$$\sum_{i=1}^{n} r_i^2 \le 1 \qquad ③$$

又由柯西不等式得

$$\sum_{i=1}^{n} r_i a_i \le \sqrt{\sum_{i=1}^{n} r_i^2} \sqrt{\sum_{i=1}^{n} a_i^2} \qquad ④$$

由①④ 知

$$\sum_{i=1}^{n} r_i^2 \geq 1 \qquad \text{⑤}$$

由③⑤知
$$\sum_{i=1}^{n} r_i^2 = 1$$

式④取等号的条件是 $\dfrac{r_1}{a_1} = \dfrac{r_2}{a_2} = \cdots = \dfrac{r_n}{a_n}$. 令 $\lambda = \dfrac{r_k}{a_k}$，则 $r_k = \lambda a_k (k = 1, 2, \cdots, n)$，代入①得 $\lambda = \dfrac{1}{\sqrt{\sum_{i=1}^{n} a_i^2}}$，故 $r_k = \dfrac{a_k}{\sqrt{\sum_{i=1}^{n} a_i^2}}$ $(k = 1, 2, \cdots, n)$.

6. (1) 应用柯西不等式得
$$\left( \dfrac{a}{b+c} + \dfrac{b}{c+d} + \dfrac{c}{d+a} + \dfrac{d}{a+b} \right) \cdot$$
$$[a(b+c) + b(c+d) + c(d+a) + d(a+b)] \geq (a+b+c+d)^2$$

因为
$(a+b+c+d)^2 - 2[a(b+c) + b(c+d) + c(d+a) + d(a+b)] =$
$a^2 + b^2 + c^2 + d^2 - 2ac - 2bd =$
$(a-c)^2 + (b-d)^2 \geq 0$

所以
$$\dfrac{a}{b+c} + \dfrac{b}{c+d} + \dfrac{c}{d+a} + \dfrac{d}{a+b} \geq 2$$

(2) **证法一**　令 $a = \dfrac{x}{w}, b = \dfrac{y}{x}, c = \dfrac{z}{y}, d = \dfrac{w}{z}$，不等式化为证明
$$\dfrac{w}{x+y} + \dfrac{x}{y+z} + \dfrac{y}{z+w} + \dfrac{z}{w+x} \geq 2$$

此即第(1)题..

**证法二**　柯西不等式得
$$[a(b+1) + a^2 b(c+1) + a^2 b^2 c(d+1) + a^2 b^2 c^2 d(a+1)] \cdot$$
$$\left( \dfrac{1}{a(b+1)} + \dfrac{1}{b(c+1)} + \dfrac{1}{c(d+1)} + \dfrac{1}{d(a+1)} \right) \geq (1 + a + ab + abc)^2$$

所以只要证明 $(1 + a + ab + abc)^2 \geq 2[a(b+1) + a^2 b(c+1) + a^2 b^2 c(d+1) + a^2 b^2 c^2 d(a+1)] = 2[a(b+1) + a^2 b(c+1) + ab(1+abc) + abc(1+a)]$，而
$(1 + a + ab + abc)^2 - 2[a(b+1) + a^2 b(c+1) + ab(1+abc) + abc(1+a)] =$
$(ab - 1)^2 + a^2(bc - 1)^2 \geq 0$

所以

$$\frac{1}{a(b+1)} + \frac{1}{b(c+1)} + \frac{1}{c(d+1)} + \frac{1}{d(a+1)} \geq 2$$

7. 考虑题设中出现的常数 $n-1$，我们应用柯西不等式作如下变形：

$$(\sum_{i=1}^{n} a_i)^2 = [(a_1 + a_2) + a_3 + \cdots + a_n]^2 \leq$$

$$\overbrace{(1 + 1 + \cdots + 1)}^{n-1\text{个}}[(a_1 + a_2)^2 + a_3^2 + \cdots + a_n^2] =$$

$$(n-1)[\sum_{i=1}^{n} a_i^2 + 2a_1 a_2]$$

再由题设得

$$A < -\sum_{i=1}^{n} a_i^2 + \frac{1}{n-1}(\sum_{i=1}^{n} a_i)^2 \leq$$

$$-\sum_{i=1}^{n} a_i^2 + \frac{1}{n-1}\{(n-1)[\sum_{i=1}^{n} a_i^2 + 2a_1 a_2]\} = 2a_1 a_2$$

同理对于 $1 \leq i < j \leq n$ 有 $A < 2a_i a_j$.

8. 由柯西不等式

$$(\sqrt[3]{a^2} + \sqrt[3]{b^2})(\sin^2 x + \cos^2 x) \geq (\sqrt[3]{a}\sin x + \sqrt[3]{b}\cos x)^2$$

$$(\sqrt[3]{a^2} + \sqrt[3]{b^2})^{\frac{1}{2}}(\frac{a}{\sin x} + \frac{b}{\cos x}) \geq$$

$$(\sqrt[3]{a}\sin x + \sqrt[3]{b}\cos x)(\frac{a}{\sin x} + \frac{b}{\cos x}) \geq$$

$$(\sqrt[3]{a^2} + \sqrt[3]{b^2})^2$$

整理即得，等号成立时 $x = \arctan\sqrt[3]{\frac{a}{b}}$.

9. 易知

$$\sin A + \sin B + 5\sin C \leq 2\cos x(1 + 5\sin x), x = \frac{C}{2}$$

令 $y = \cos x(1 + 5\sin x)$（$x$ 为锐角），应用柯西不等式

$$y^2 = \cos^2 x(1 + 5\sin x)^2 = 25\cos^2 x(\frac{1}{5} + \sin x)^2 = 25\frac{\cos^2 x}{t^2}(\frac{1}{5}t + t\sin x)^2 \leq$$

$$25\frac{\cos^2 x}{t^2}[(\frac{1}{5})^2 + t^2](t^2 + \sin^2 x) = \frac{25t^2 + 1}{t^2}\cos^2 x(t^2 + \sin^2 x)$$

由均值不等式得

$$y^2 \leq \frac{25t^2 + 1}{t^2}(\frac{\cos^2 x + t^2 + \sin^2 x}{2})^2 = \frac{(25t^2 + 1)(t^2 + 1)^2}{4t^2}$$

当且仅当 $\begin{cases} \dfrac{1}{5t} = \dfrac{t}{\sin x} \\ \cos^2 x = t^2 + \sin^2 x \end{cases} \Rightarrow t = \dfrac{\sqrt{\sqrt{201}-1}}{10}$ 时等号成立.

将 $t$ 的表达式代入原式即得证.

10. 设 $\triangle ABC$ 的三边长为 $AB=c, BC=a, CA=b$, 面积为 $S, PD=x, PE=y, PF=z$, 则 $ax+by+cz=2S$, 由柯西不等式得

$$\left(\dfrac{a}{x}+\dfrac{b}{y}+\dfrac{c}{z}\right)(ax+by+cz) \geqslant (a+b+c)^2 \Rightarrow$$

$$\dfrac{a}{x}+\dfrac{b}{y}+\dfrac{c}{z} \geqslant \dfrac{(a+b+c)^2}{2S}$$

当且仅当 $x=y=z$, 即 $P$ 为 $\triangle ABC$ 的内心时, 所求式子最小.

11. 当 $x_1, x_2, x_3, x_4$ 和 $y_1, y_2, y_3, y_4$ 都是正实数时, 由柯西不等式有

$$\sum_{i=1}^n \dfrac{x_i}{y_i} \cdot \sum_{i=1}^n x_i y_i \geqslant \left(\sum_{i=1}^n x_i\right)^2$$

令 $(x_1, x_2, x_3, x_4) = (a, b, c, d)$ 和 $(y_1, y_2, y_3, y_4) = (b+2c+3d, c+2d+3a, d+2a+3c, a+2b+3c)$, 则上述不等式化为

$$\dfrac{a}{b+2c+3d} + \dfrac{b}{c+2d+3a} + \dfrac{c}{d+2a+3b} + \dfrac{d}{a+2b+3c} \geqslant$$
$$\dfrac{(a+b+c+d)^2}{4(ab+ac+ad+bc+bd+cd)} \quad ①$$

又因为
$$(a-b)^2 + (a-c)^2 + (a-d)^2 + (b-c)^2 + (b-d)^2 + (c-d)^2 \geqslant 0$$
所以
$$ab + ac + ad + bc + bd + cd \leqslant \dfrac{3}{8}(a+b+c+d)^2 \quad ②$$

将 ① 与 ② 结合即得所证的不等式.

12. 从 $a_1, a_2, \cdots, a_n$ 中每次取 $k$ 个元素的排列数 $C_n^k$ 等于从 $a_1, a_2, \cdots, a_n$ 中每次取 $n-k$ 个元素的排列数 $C_n^{n-k}$, 且可以看成是一一对应的, 即取 $a_{i_1}, a_{i_2}, \cdots, a_{i_k}$ 与取 $a_{i_{k+1}}, a_{i_{k+2}}, \cdots, a_{i_n}$ 对应, 其中 $a_{i_1}, a_{i_2}, \cdots, a_{i_n}$ 是 $a_1, a_2, \cdots, a_n$ 的一个排列, 由柯西不等式得

$$S_k S_{n-k} = \sum a_{i_1} a_{i_2} \cdots a_{i_k} \sum a_{i_{k+1}} a_{i_{k+2}} \cdots a_{i_n} \geqslant \left(\sum \sqrt{a_{i_1} a_{i_2} \cdots a_{i_k} a_{i_{k+1}} \cdots a_{i_n}}\right)^2 =$$
$$\left(\sum \sqrt{a_1 a_2 \cdots a_k a_{k+1} a_{k+2} \cdots a_n}\right)^2 = (C_n^k)^2 a_1 a_2 \cdots a_n$$

13. 由柯西不等式得

$$\left(\frac{x_1}{x_2+x_3}+\frac{x_2}{x_3+x_4}+\frac{x_3}{x_4+x_5}+\frac{x_4}{x_5+x_6}+\frac{x_5}{x_1+x_2}\right) \cdot$$
$$[x_1(x_2+x_3)+x_2(x_3+x_4)+x_3(x_4+x_5)+x_4(x_5+x_6)+x_5(x_1+x_2)] \geq$$
$$(x_1+x_2+x_3+x_4+x_5)^2$$

另外由于
$$2(x_1+x_2+x_3+x_4+x_5)^2 -$$
$$5[x_1(x_2+x_3)+x_2(x_3+x_4)+x_3(x_4+x_5)+x_4(x_5+x_6)+x_5(x_1+x_2)] =$$
$$2(x_1+x_2+x_3+x_4+x_5)^2 -$$
$$\frac{1}{2} \cdot 5[(x_1+x_2+x_3+x_4+x_5)^2 - (x_1^2+x_2^2+x_3^2+x_4^2+x_5^2)] =$$
$$\frac{1}{2}[5(x_1^2+x_2^2+x_3^2+x_4^2+x_5^2) -$$
$$(x_1+x_2+x_3+x_4+x_5)^2] \geq 0 (可用柯西不等式)$$

所以
$$x_1(x_2+x_3)+x_2(x_3+x_4)+x_3(x_4+x_5)+x_4(x_5+x_6)+x_5(x_1+x_2) \leq$$
$$\frac{2}{5}(x_1+x_2+x_3+x_4+x_5)^2$$

于是
$$\frac{x_1}{x_2+x_3}+\frac{x_2}{x_3+x_4}+\frac{x_3}{x_4+x_5}+\frac{x_4}{x_5+x_6}+\frac{x_5}{x_1+x_2} \geq \frac{5}{2}$$

14. $\left(\dfrac{x_1}{x_2+x_3}+\dfrac{x_2}{x_3+x_4}+\dfrac{x_3}{x_4+x_5}+\dfrac{x_4}{x_5+x_6}+\dfrac{x_5}{x_6+x_1}+\dfrac{x_6}{x_1+x_2}\right) \cdot$
$[x_1(x_2+x_3)+x_2(x_3+x_4)+x_3(x_4+x_5)+$
$x_4(x_5+x_6)+x_5(x_6+x_1)+x_6(x_1+x_2)] \geq$
$(x_1+x_2+x_3+x_4+x_5+x_6)^2$

另外,由于
$(x_1+x_2+x_3+x_4+x_5+x_6)^2 - 3[x_1(x_2+x_3)+x_2(x_3+x_4)+x_3(x_4+x_5)+$
$x_4(x_5+x_6)+x_5(x_6+x_1)+x_6(x_1+x_2)] =$
$(x_1+x_4)^2 + (x_2+x_5)^2 + (x_3+x_6)^2 -$
$(x_1x_2+x_1x_3+x_2x_3+x_2x_4+x_3x_4+x_3x_5+$
$x_4x_5+x_4x_6+x_5x_6+x_5x_1+x_6x_1+x_6x_2) =$
$\dfrac{1}{2}[(x_1+x_4-x_2-x_5)^2 +$
$(x_2+x_5-x_3-x_6)^2 + (x_3+x_6-x_1-x_4)^2] \geq 0$

即

$$3[x_1(x_2+x_3)+x_2(x_3+x_4)+x_3(x_4+x_5)+x_4(x_5+x_6)+$$
$$x_5(x_6+x_1)+x_6(x_1+x_2)] \leq (x_1+x_2+x_3+x_4+x_5+x_6)^2$$

于是
$$\frac{x_1}{x_2+x_3}+\frac{x_2}{x_3+x_4}+\frac{x_3}{x_4+x_5}+\frac{x_4}{x_5+x_6}+\frac{x_5}{x_6+x_1}+\frac{x_6}{x_1+x_2} \geq 3$$

由上面的证明可知,当且仅当 $x_1=x_2=x_3=x_4=x_5=x_6$ 时等号成立.

**15. 证法一** 由已知条件知:$a^2-bc+1 \geq -\frac{1}{3}+1 > 0$,同理,$b^2-ca+1 > 0$,$c^2-ab+1 > 0$,另外 $a+b+c > 0$,令

$$M = \frac{a}{a^2-bc+1}+\frac{b}{b^2-ca+1}+\frac{c}{c^2-ab+1} \qquad ①$$

$$N = \frac{1}{a^2-bc+1}+\frac{1}{b^2-ca+1}+\frac{1}{c^2-ab+1}, \qquad ②$$

由柯西不等式得
$$M(a(a^2-bc+1)+b(b^2-ca+1)+c(c^2-ab+1)) \geq (a+b+c)^2$$

故
$$M \geq \frac{(a+b+c)^2}{a^3+b^3+c^3-3abc+a+b+c} = \frac{a+b+c}{a^2+b^2+c^2-ab-bc-ca+1} =$$
$$\frac{a+b+c}{a^2+b^2+c^2+2ab+2bc+2ca} = \frac{1}{a+b+c} \qquad ③$$

由②式,结合已知条件知
$$\frac{N}{3} = \frac{ab+bc+ca}{a^2-bc+1}+\frac{ab+bc+ca}{b^2-ca+1}+\frac{ab+bc+ca}{c^2-ab+1} \qquad ④$$

另外
$$\frac{ab+bc+ca}{a^2-bc+1} = \frac{a}{a^2-bc+1}(a+b+c)+\frac{1}{a^2-bc+1}-1 \qquad ⑤$$

$$\frac{ab+bc+ca}{b^2-ca+1} = \frac{1}{b^2-ca+1}(a+b+c)+\frac{1}{b^2-ca+1}-1 \qquad ⑥$$

$$\frac{ab+bc+ca}{c^2-ab+1} = \frac{1}{c^2-ab+1}(a+b+c)+\frac{1}{c^2-ab+1}-1 \qquad ⑦$$

由①至⑦式,可得
$$\frac{N}{3} = M(a+b+c)+N-3$$

$$\frac{2N}{3} = 3-M(a+b+c) \leq 3-\frac{a+b+c}{a+b+c} = 2$$

故 $N \leq 3$,这就是所要的结论.

**证法二** 记 $M=a+b+c, N=ab+bc+ca$,则

原不等式 $\Leftrightarrow \sum \dfrac{1}{a^2 bc + N + 2N} \leq \dfrac{1}{N} \Leftrightarrow \sum \dfrac{N}{aM + 2N} \leq 1 \Leftrightarrow$

$$\sum \left( \dfrac{-N}{aM + 2N} + \dfrac{1}{2} \right) \geq -1 + \dfrac{3}{2} \Leftrightarrow \sum \dfrac{aM}{aM + 2N} \geq 1$$

由柯西不等式得

$$\sum \dfrac{aM}{aM + 2N} \geq \dfrac{(\sum aM)^2}{\sum (a^2 M^2 + aM \cdot 2N)} = \dfrac{M^4}{M^2 \sum a^2 + 2M^2 N} = \dfrac{M^4}{M^2 \cdot M^2} = 1$$

故原不等式成立.

16.
$$\dfrac{2}{9} \sum_{1 \leq i < j \leq 4} \dfrac{1}{\sqrt{(s - a_i)(s - a_j)}} \geq \dfrac{4}{9} \sum_{1 \leq i < j \leq 4} \dfrac{1}{(s - a_i) + (s - a_j)} \qquad ①$$

所以只要证明 $\sum_{i=1}^{4} \dfrac{1}{a_i + s} \leq \dfrac{4}{9} \sum_{1 \leq i < j \leq 4} \dfrac{1}{(s - a_i) + (s - a_j)}$

记 $a_1 = a, a_2 = b, , a_3 = c, a_4 = d$，上式等价于

$$\dfrac{2}{9} \left( \dfrac{1}{a + b} + \dfrac{1}{a + c} + \dfrac{1}{a + d} + \dfrac{1}{b + c} + \dfrac{1}{b + d} + \dfrac{1}{c + d} \right) \geq$$
$$\dfrac{1}{3a + b + c + d} + \dfrac{1}{a + 3b + c + d} + \dfrac{1}{a + b + 3c + d} + \dfrac{1}{a + b + c + 3d}$$
$$②$$

由柯西不等式得

$$(3a + b + c + d)\left( \dfrac{1}{a + b} + \dfrac{1}{a + c} + \dfrac{1}{a + d} \right) \geq 9$$

$$\dfrac{1}{9}\left( \dfrac{1}{a + b} + \dfrac{1}{a + c} + \dfrac{1}{a + d} \right) \geq \dfrac{1}{3a + b + c + d} \qquad ③$$

同理可得

$$\dfrac{1}{9}\left( \dfrac{1}{a + b} + \dfrac{1}{b + c} + \dfrac{1}{b + d} \right) \geq \dfrac{1}{a + 3b + c + d} \qquad ④$$

$$\dfrac{1}{9}\left( \dfrac{1}{a + c} + \dfrac{1}{b + c} + \dfrac{1}{c + d} \right) \geq \dfrac{1}{a + b + 3c + d} \qquad ⑤$$

$$\dfrac{1}{9}\left( \dfrac{1}{a + d} + \dfrac{1}{b + d} + \dfrac{1}{c + d} \right) \geq \dfrac{1}{a + b + c + 3d} \qquad ⑥$$

将③,④,⑤,⑥四式相加得②,从而,原不等式成立.

17. **证法一** 设不等式的左边为 $S$,则由柯西不等式得

$$[a(b + c + d) + b(c + d + a) + c(d + a + b) + d(a + b + c)]S \geq (a^2 + b^2 + c^2 + d^2)^2$$

所以

$$S \geq \frac{(a^2+b^2+c^2+d^2)^2}{2[(ab+bc+cd+da)+ac+bd]} \geq$$

$$\frac{\frac{1}{9}[(a^2+b^2)+(c^2+b^2)+(c^2+d^2)+(d^2+a^2)+(a^2+b^2+c^2+d^2)]^2}{2(1+ac+bd)} \geq$$

$$\frac{[2(ab+bc+cd+da)+(a^2+c^2)+(b^2+d^2)]^2}{18(1+ac+bd)} =$$

$$\frac{[2+(a^2+c^2)+(b^2+d^2)][2+a^2+b^2+c^2+d^2]}{18(1+ac+bd)} \geq$$

$$\frac{[2+2ac+2bd][2+a^2+b^2+c^2+d^2]}{18(1+ac+bd)} =$$

$$\frac{2+a^2+b^2+c^2+d^2}{9}$$

显然,$a^2+b^2+c^2+d^2 \geq ab+bc+cd+da=1$,所以 $S \geq \frac{2+1}{9} = \frac{1}{3}$.

**证法二** 由 $(a-b)^2+(a-c)^2+(a-d)^2+(b-c)^2+(b-d)^2+(c-d)^2 \geq 0$ 得

$$3(a^2+b^2+c^2+d^2) \geq 2(ab+ac+bc+bd+cd+da)$$

设不等式的左边为 $S$,由柯西不等式得

$$[a(b+c+d)+b(c+d+a)+c(d+a+b)+d(a+b+c)]S \geq (a^2+b^2+c^2+d^2)^2$$

所以

$$S \geq \frac{(a^2+b^2+c^2+d^2)^2}{2(ab+ac+ad+bc+bd+cd)} \geq$$

$$\frac{(a^2+b^2+c^2+d^2)^2}{3(a^2+b^2+c^2+d^2)} = \frac{a^2+b^2+c^2+d^2}{3} =$$

$$\frac{\frac{1}{2}(a^2+b^2)+\frac{1}{2}(b^2+c^2)+\frac{1}{2}(c^2+d^2)+\frac{1}{2}(d^2+a^2)}{3} \geq$$

$$\frac{ab+bc+cd+da}{3} = \frac{1}{3}$$

18. 由柯西不等式得

$$[(1+a)+(1+b)+(1+c)]\left[\frac{1}{1+a}+\frac{1}{1+b}+\frac{1}{1+c}\right] \geq 9$$

又 $a+b+c \leq 3$,所以 $\frac{1}{1+a}+\frac{1}{1+b}+\frac{1}{1+c} \geq \frac{3}{2}$.

左边根据基本不等式可得.

19. (1) 由柯西不等式有 $3(a^2+b^2+c^2) \geq (a+b+c)^2$.

再由算术平均不小于调和平均有

$$\frac{1}{1+2ab} + \frac{1}{1+2bc} + \frac{1}{1+2ca} \geq 3 \cdot \frac{3}{3+2ab+2bc+2ca} =$$

$$\frac{9}{a^2+b^2+c^2+2ab+2bc+2ca} =$$

$$\frac{9}{(a+b+c)^2} \geq \frac{9}{3(a^2+b^2+c^2)} = 1$$

(2) $\dfrac{1}{1+ab} + \dfrac{1}{1+bc} + \dfrac{1}{1+ca} \geq \dfrac{9}{3+ab+bc+ca} \geq \dfrac{9}{3+a^2+b^2+c^2} = \dfrac{3}{2}$.

20. **证法一** 易知,所证不等式等价于 $2(a^3+b^3+c^3) \geq a^2b + a^2c + b^2a + b^2c + c^2a + c^2b$.

由柯西不等式有

$$(a^2b + a^2c + b^2a + b^2c + c^2a + c^2b)^2 =$$
$$(a^{3/2}a^{1/2}b + a^{3/2}a^{1/2}c + b^{3/2}b^{1/2}a + b^{3/2}b^{1/2}c + c^{3/2}c^{1/2}a + c^{3/2}c^{1/2}b)^2 \leq$$
$$(a^3 + a^3 + b^3 + b^3 + c^3 + c^3)(ab^2 + ac^2 + ba^2 + bc^2 + ca^2 + cb^2)$$

将上式两端约去公因子即得.

**证法二** 由柯西不等式得

$$[(b+c)+(c+a)+(a+b)]\left(\frac{1}{b+c} + \frac{1}{c+a} + \frac{1}{a+b}\right) \geq 9$$

即

$$2(a+b+c)\left(\frac{1}{b+c} + \frac{1}{c+a} + \frac{1}{a+b}\right) \geq 9$$

即

$$\frac{a+b+c}{b+c} + \frac{a+b+c}{c+a} + \frac{a+b+c}{a+b} \geq \frac{9}{2}$$

即

$$\frac{a}{b+c} + 1 + \frac{b}{c+a} + 1 + \frac{c}{a+b} + 1 \geq \frac{9}{2}$$

从而

$$\frac{a}{b+c} + \frac{b}{c+a} + \frac{c}{a+b} \geq \frac{3}{2}$$

**证法三** 由柯西不等式得

$$[a(b+c) + b(c+a) + c(a+b)]\left(\frac{a}{b+c} + \frac{b}{c+a} + \frac{c}{a+b}\right) \geq (a+b+c)^2$$

即

$$2(ab+bc+ca)\left(\frac{a}{b+c}+\frac{b}{c+a}+\frac{c}{a+b}\right) \geqslant (a+b+c)^2$$

而
$$(a+b+c)^2 - 3(ab+bc+ca) = (a-b)^2 + (b-c)^2 + (a-c)^2 \geqslant 0$$

从而
$$\frac{a}{b+c}+\frac{b}{c+a}+\frac{c}{a+b} \geqslant \frac{3}{2}$$

21. $a^3+b^3+c^3 = \dfrac{a^2b}{\frac{b}{a}} + \dfrac{b^2c}{\frac{c}{b}} + \dfrac{c^2a}{\frac{a}{c}} \geqslant \dfrac{(a^2b+b^2c+c^2a)^2}{ab^2+bc^2+ca^2}$

所以
$$(a^3+b^3+c^3)^2 \geqslant \frac{(a^2b+b^2c+c^2a)^4}{(ab^2+bc^2+ca^2)^2} \quad ①$$

又
$$a^3+b^3+c^3 = \dfrac{a^2c}{\frac{c}{a}} + \dfrac{b^2a}{\frac{a}{b}} + \dfrac{c^2b}{\frac{b}{c}} \geqslant \dfrac{(a^2c+b^2a+c^2b)^2}{ac^2+ba^2+cb^2} \quad ②$$

① × ② 得
$$(a^3+b^3+c^3)^3 \geqslant (a^2b+b^2c+c^2a)^3$$

即
$$a^3+b^3+c^3 \geqslant a^2b+b^2c+c^2a$$

22. $\dfrac{a}{b+2c+d} + \dfrac{b}{c+2d+a} + \dfrac{c}{d+2a+b} + \dfrac{d}{a+2b+c} =$

$\dfrac{a^2}{a(b+2c+d)} + \dfrac{b^2}{b(c+2d+a)} + \dfrac{c^2}{c(d+2a+b)} + \dfrac{d^2}{d(a+2b+c)} \geqslant$

$\dfrac{(a+b+c+d)^2}{a(b+2c+d)+b(c+2d+a)+c(d+2a+b)+d(a+2b+c)} =$

$\dfrac{(a+b+c+d)^2}{2ab+4ac+2ad+2bc+4bd+2cd}$

而
$$(a+b+c+d)^2 - 2ab+4ac+2ad+2bc+4bd+2cd =$$
$$a^2+b^2+c^2+d^2 - 2ac-2bd = (a-c)^2+(b-d)^2 \geqslant 0$$

所以
$$\frac{(a+b+c+d)^2}{2ab+4ac+2ad+2bc+4bd+2cd} \geqslant 1$$

23. 由于 $\sum\limits_{k=1}^{n}(x_{n+1}-x_k) = nx_{n+1} - \sum\limits_{k=1}^{n}x_k = (n-1)x_{n+1}$，于是，只需证明

$$x_{n+1}\sqrt{n-1} \geqslant \sum_{k=1}^{n}\sqrt{x_k(x_{n+1}-x_k)}$$

即证

$$\sum_{k=1}^{n}\sqrt{\frac{x_k}{x_{n+1}}\left(1-\frac{x_k}{x_{n+1}}\right)} \leqslant \sqrt{n-1}$$

由柯西不等式得

$$\left[\sum_{k=1}^{n}\sqrt{\frac{x_k}{x_{n+1}}\left(1-\frac{x_k}{x_{n+1}}\right)}\right]^2 \leqslant \left(\sum_{k=1}^{n}\frac{x_k}{x_{n+1}}\right) \cdot$$

$$\left[\sum_{k=1}^{n}\left(1-\frac{x_k}{x_{n+1}}\right)\right] = \left(\frac{1}{x_{n+1}}\sum_{k=1}^{n}x_k\right)\left(n-\frac{1}{x_{n+1}}\sum_{k=1}^{n}x_k\right) = n-1$$

所以

$$x_{n+1}\sum_{k=1}^{n}(x_{n+1}-x_k) \geqslant \left[\sum_{k=1}^{n}\sqrt{x_k(x_{n+1}-x_k)}\right]^2$$

24. 由柯西不等式得

$$\left|\sum_{i=1}^{n}x_iy_i\right| \leqslant \sqrt{\sum_{i=1}^{n}x_i^2} \cdot \sqrt{\sum_{i=1}^{n}y_i^2} = 1$$

$$(x_1y_2-x_2y_1)^2 \leqslant \sum_{1\leqslant i<j\leqslant n}(x_iy_j-x_jy_i)^2 = \left(\sum_{i=1}^{n}x_i^2\right)\left(\sum_{i=1}^{n}y_i^2\right) - \left(\sum_{i=1}^{n}x_iy_i\right)^2 =$$

$$1 - \left(\sum_{i=1}^{n}x_iy_i\right)^2 = \left(1-\sum_{i=1}^{n}x_iy_i\right)\left(1+\sum_{i=1}^{n}x_iy_i\right) \leqslant$$

$$2\left|1-\sum_{i=1}^{n}x_iy_i\right|$$

25. 注意到 $\frac{1}{x}+\frac{1}{y}+\frac{1}{z}=2$,由柯西不等式得

$$\sqrt{x+y+z}\sqrt{\frac{x-1}{x}+\frac{y-1}{y}+\frac{z-1}{z}} \geqslant \sqrt{x-1}+\sqrt{y-1}+\sqrt{z-1}$$

而 $\frac{x-1}{x}+\frac{y-1}{y}+\frac{z-1}{z} = 3-\left(\frac{1}{x}+\frac{1}{y}+\frac{1}{z}\right) = 1$,所以,不等式得证.

26. 由柯西不等式得

$$\left(\sqrt{xy(1-z)}+\sqrt{yz(1-x)}+\sqrt{zx(1-y)}\right)^2 \leqslant$$
$$(xy+yz+zx)[(1-z)+(1-x)+(1-y)]$$

而

$$(1-z)+(1-x)+(1-y) = 3-(x+y+z) = 2$$
$$3(xy+yz+zx) = xy+yz+zx+2(xy+yz+zx) \leqslant$$
$$x^2+y^2+z^2+2(xy+yz+zx) = (x+y+z)^2 = 1$$

所以

$$\sqrt{xy(1-z)} + \sqrt{yz(1-x)} + \sqrt{zx(1-y)} \leq \sqrt{\frac{2}{3}}$$

27. 令 $a = \dfrac{x}{x+y+z}, b = \dfrac{x}{x+y+z}, c = \dfrac{x}{x+y+z}$,则 $a+b+c=1$,原不等式化为证明

$$\frac{a}{\sqrt{b+c}} + \frac{b}{\sqrt{c+a}} + \frac{c}{\sqrt{a+b}} \geq \sqrt{\frac{3}{2}} \qquad ①$$

由柯西不等式得

$$\frac{a}{\sqrt{b+c}} + \frac{b}{\sqrt{c+a}} + \frac{c}{\sqrt{a+b}} = \frac{a^2}{a\sqrt{b+c}} + \frac{b^2}{b\sqrt{c+a}} + \frac{c^2}{c\sqrt{a+b}} \geq$$

$$\frac{(a+b+c)^2}{a\sqrt{b+c} + b\sqrt{c+a} + c\sqrt{a+b}} =$$

$$\frac{1}{a\sqrt{b+c} + b\sqrt{c+a} + c\sqrt{a+b}}$$

再由柯西不等式得

$$a\sqrt{b+c} + b\sqrt{c+a} + c\sqrt{a+b} =$$
$$\sqrt{a} \cdot \sqrt{ab+ca} + \sqrt{b} \cdot \sqrt{bc+ab} + \sqrt{c} \cdot \sqrt{ca+bc} \leq$$
$$\sqrt{a+b+c} \cdot \sqrt{ab+ca+bc+ab+ca+bc} =$$
$$\sqrt{2(ab+bc+ca)}$$

而 $ab+bc+ca \leq \dfrac{1}{3}(a+b+c)^2 = \dfrac{1}{3}$,所以

$$\sqrt{2(ab+bc+ca)} \leq \sqrt{\frac{2}{3}}$$

$$\frac{1}{a\sqrt{b+c} + b\sqrt{c+a} + c\sqrt{a+b}} \geq \sqrt{\frac{3}{2}}$$

28. (1) 因为 $a_1, a_2, \cdots, a_n$ 是正数,所以由柯西不等式得

$$n\left[\left(\frac{a_1+a_n}{2}\right)^2 + \left(\frac{a_1+a_n}{2}\right)^2 + a_2^2 + a_3^2 + \cdots + a_{n-1}^2\right] =$$

$$(1+1+1+\cdots+1)\left[\left(\frac{a_1+a_n}{2}\right)^2 + \left(\frac{a_1+a_n}{2}\right)^2 + a_2^2 + a_3^2 + \cdots + a_{n-1}^2\right] \geq$$

$$\left[\left(\frac{a_1+a_n}{2}\right) + \left(\frac{a_1+a_n}{2}\right) + a_2 + a_3 + \cdots + a_{n-1}\right]^2$$

所以

$$\left(\frac{a_1+a_n}{2}\right)^2 + \left(\frac{a_1+a_n}{2}\right)^2 + a_2^2 + a_3^2 + \cdots + a_{n-1}^2 \geq \frac{1}{n}(a_1+a_2+\cdots+a_n)^2$$

两端同时加上 $\frac{1}{2}(a_1 - a_n)^2$ 得

$$a_1^2 + a_2^2 + \cdots + a_n^2 \geq \frac{1}{n}(a_1 + a_2 + \cdots + a_n)^2 + \frac{1}{2}(a_1 - a_n)^2$$

(2) 当 $a_1 = a_n$ 时,$C_n$ 可以取任意实数,下面设 $a_1 \neq a_n$,记 $a_1 = a, a_n = c$, $a_2 + \cdots + a_{n-1} = b$,则由柯西不等式得

$$f(a_1, a_2, \cdots, a_n) = \frac{\frac{a_1^2 + a_2^2 + \cdots + a_n^2}{n} - \left(\frac{a_1 + a_2 + \cdots a_n}{n}\right)^2}{(a_1 - a_n)^2} \geq$$

$$\frac{\frac{a^2 + (n-2)b^2 + c^2}{n} - \left(\frac{a + (n-2)b + c}{n}\right)^2}{(a-c)^2} =$$

$$\frac{(n-2)(a+c-2b)^2 + n(a-c)^2}{2n^2(a-c)^2} \geq \frac{1}{2n}$$

当 $a_2 = \cdots = a_{n-1} = \frac{a_1 + a_n}{2}$ 时等号成立,因此所求的最大 $C_n = \frac{1}{2n}$.

29. $(a^2x^2 + b^2y^2)(x^2 + y^2) \geq (ax^2 + by^2)^2$,而 $x^2 + y^2 = 1$,所以

$$\sqrt{a^2x^2 + b^2y^2} \geq ax^2 + by^2$$

同理

$$\sqrt{a^2y^2 + b^2x^2} \geq ay^2 + bx^2$$

再注意到 $x^2 + y^2 = 1$,得 $\sqrt{a^2x^2 + b^2y^2} + \sqrt{a^2y^2 + b^2x^2} \geq a + b$.

30. 由柯西不等式得

$$\left[\frac{a^2}{(a+b)(a+c)} + \frac{b^2}{(b+c)(b+a)} + \frac{c^2}{(c+b)(c+a)}\right] \cdot$$
$$[(a+b)(a+c) + (b+c)(b+a) + (c+b)(c+a)] \geq (a+b+c)^2$$

而

$$(a+b)(a+c) + (b+c)(b+a) + (c+b)(c+a) =$$
$$a^2 + b^2 + c^2 + 3(ab + bc + ca) =$$
$$(a+b+c)^2 + (ab + bc + ca) \leq$$
$$(a+b+c)^2 + \frac{1}{3}(a+b+c)^2 = \frac{4}{3}$$

所以

$$\frac{a^2}{(a+b)(a+c)} + \frac{b^2}{(b+c)(b+a)} + \frac{c^2}{(c+b)(c+a)} \geq \frac{3}{4}$$

31. 因为

$$\frac{x_i}{1+(n-1)x_i} = \frac{1}{n-1} \cdot \frac{1+(n-1)x_i - 1}{1+(n-1)x_i} =$$
$$\frac{1}{n-1} - \frac{1}{n-1} \cdot \frac{1}{1+(n-1)x_i}$$

于是
$$\frac{x_1}{1+(n-1)x_1} + \frac{x_2}{1+(n-1)x_2} + \cdots + \frac{x_n}{1+(n-1)x_n} \leqslant 1 \Leftrightarrow$$
$$\frac{1}{1+(n-1)x_1} + \frac{1}{1+(n-1)x_2} + \cdots + \frac{1}{1+(n-1)x_n} \geqslant 1$$

由柯西不等式得
$$\left[\frac{1}{1+(n-1)x_1} + \frac{1}{1+(n-1)x_2} + \cdots + \frac{1}{1+(n-1)x_n}\right] \cdot$$
$$\{[1+(n-1)x_1] + [1+(n-1)x_2] + \cdots + [1+(n-1)x_n]\} \geqslant n^2$$

而 $x_1 + x_2 + \cdots + x_n \leqslant n$,所以
$$[1+(n-1)x_1] + [1+(n-1)x_2] + \cdots + [1+(n-1)x_n] =$$
$$n + (n-1)(x_1 + x_2 + \cdots + x_n) \leqslant n + (n-1)n = n^2$$

从而
$$\frac{1}{1+(n-1)x_1} + \frac{1}{1+(n-1)x_2} + \cdots + \frac{1}{1+(n-1)x_n} \geqslant 1$$

32. **证法一** 由均值不等式得 $\frac{xy}{x+y} \leqslant \frac{x+y}{4}, \frac{xz}{x+z} \leqslant \frac{x+z}{4}, \frac{yz}{y+z} \leqslant \frac{y+z}{4}$,

及 $3(xy+yz+xz) \leqslant (x+y+z)^2$.

由柯西不等式得
$$\left(\frac{xy}{\sqrt{xy+yz}} + \frac{yz}{\sqrt{yz+xz}} + \frac{xz}{\sqrt{xz+xy}}\right)^2 \leqslant$$
$$\left(\frac{xy}{xy+yz} + \frac{yz}{yz+xz} + \frac{xz}{xz+xy}\right)(xy+yz+xz) =$$
$$(xy+yz+xz) + \left(\frac{x^2yz}{xy+yz} + \frac{xy^2z}{yz+xz} + \frac{xyz^2}{xz+xy}\right) =$$
$$(xy+yz+xz) + \left(\frac{xz}{x+z} \cdot x + \frac{xy}{y+x} \cdot y + \frac{yz}{z+y} \cdot z\right) \leqslant$$
$$(xy+yz+xz) + \left(\frac{x+z}{4} \cdot x + \frac{x+y}{4} \cdot y + \frac{y+z}{4} \cdot z\right) =$$
$$\frac{x^2+y^2+z^2+2(xy+yz+xz)}{4} + \frac{3(xy+yz+xz)}{4} =$$
$$\frac{(x+y+z)^2}{4} + \frac{(x+y+z)^2}{4} = \frac{(x+y+z)^2}{2} = \left(\frac{\sqrt{2}}{2}\right)^2$$

所以
$$\frac{xy}{\sqrt{xy+yz}} + \frac{yz}{\sqrt{yz+xz}} + \frac{xz}{\sqrt{xz+xy}} \leqslant \frac{\sqrt{2}}{2}$$

**证法二** 由柯西不等式得

$$\left(\frac{xy}{\sqrt{xy+yz}} + \frac{yz}{\sqrt{yz+xz}} + \frac{xz}{\sqrt{xz+xy}}\right)^2 = \left(\frac{x\sqrt{y}}{\sqrt{x+z}} + \frac{y\sqrt{z}}{\sqrt{y+x}} + \frac{z\sqrt{x}}{\sqrt{z+y}}\right)^2 =$$

$$\left[\sqrt{x+y} \cdot \frac{x\sqrt{y}}{\sqrt{(x+y)(x+z)}} + \sqrt{y+z} \cdot \frac{y\sqrt{z}}{\sqrt{(x+y)(y+z)}} + \right.$$

$$\left.\sqrt{z+x} \cdot \frac{z\sqrt{x}}{\sqrt{(z+x)(y+z)}}\right]^2 \leqslant$$

$$\left[(x+y)+(y+z)+(z+x)\right]\left[\frac{x^2y}{(x+y)(x+z)} + \right.$$

$$\left.\frac{y^2z}{(x+y)(y+z)} + \frac{z^2x}{(z+x)(y+z)}\right] =$$

$$2(x+y+z)\left[\frac{x^2y}{(x+y)(x+z)} + \frac{y^2z}{(x+y)(y+z)} + \frac{z^2x}{(z+x)(y+z)}\right] =$$

$$2\left[\frac{x^2y}{(x+y)(x+z)} + \frac{y^2z}{(x+y)(y+z)} + \frac{z^2x}{(z+x)(y+z)}\right]$$

要证明原不等式只要证明

$$\frac{x^2y}{(x+y)(x+z)} + \frac{y^2z}{(x+y)(y+z)} + \frac{z^2x}{(z+x)(y+z)} \leqslant \frac{1}{4} \qquad ①$$

①$\Leftrightarrow 4[x^2y(y+z) + y^2z(z+x) + z^2x(x+y)] \leqslant (x+y)(y+z)(z+x)(x+y+z) \Leftrightarrow x^3y + xy^3 + y^3z + yz^3 + z^3x + zx^3 - 2(x^2y^2 + y^2z^2 + z^2x^2) \geqslant 0 \Leftrightarrow xy(x-y)^2 + yz(y-z)^2 + zx(z-x)^2 \geqslant 0.$

这个不等式显然成立,从而,原不等式成立.

**证法三** 由均值不等式得

$$2\sum_{\text{cyc}} z\sqrt{\frac{2x}{y+z}} \leqslant \sum_{\text{cyc}} \left(\frac{z+x}{2} + \frac{4z^2x}{(z+x)(y+z)}\right) =$$

$$2\sum_{\text{cyc}} x - \frac{\sum_{\text{cyc}} yz(y-z)^2}{(x+y)(y+z)(z+x)} \leqslant 2\sum_{\text{cyc}} x$$

**证法四** 由柯西不等式得

$$\left(\frac{xy}{\sqrt{xy+yz}} + \frac{yz}{\sqrt{yz+xz}} + \frac{xz}{\sqrt{xz+xy}}\right)^2 \leqslant$$

$$(xy+yz+zx)\left(\frac{xy}{xy+yz} + \frac{yz}{yz+xz} + \frac{xz}{xz+xy}\right)$$

只要证明

$$(xy + yz + zx)\left(\frac{xy}{xy + yz} + \frac{yz}{yz + xz} + \frac{xz}{xz + xy}\right) \leq \frac{1}{2} \Leftrightarrow$$

$$(xy + yz + zx)\left(\frac{x}{x + z} + \frac{y}{y + x} + \frac{z}{z + y}\right) \leq \frac{1}{2} \Leftrightarrow$$

$$[zx + y(x + z)]\left(\frac{x}{x + z}\right) + [xy + z(y + x)]\frac{y}{y + x} + [yz + x(z + y)]\frac{z}{z + y} \leq$$

$$\frac{1}{2}(x + y + z)^2 \Leftrightarrow \frac{x^2 z}{x + z} + \frac{y^2 x}{y + x} + \frac{z^2 y}{z + y} + xy + yz + zx \leq$$

$$\frac{1}{2}(x + y + z)^2 \Leftrightarrow \frac{x^2 z}{x + z} + \frac{y^2 x}{y + x} + \frac{z^2 y}{z + y} \leq \frac{1}{2}(x^2 + y^2 + z^2)$$

因为 $\frac{xz}{x+z} \leq \frac{1}{4}(x+z)$,所以 $\frac{x^2 z}{x+z} \leq \frac{1}{4}(x^2 + xz)$,类似地 $\frac{y^2 x}{y+x} \leq \frac{1}{4}(y^2 + xy)$, $\frac{z^2 y}{z+y} \leq \frac{1}{4}(z^2 + yz)$,由 $x^2 + y^2 + z^2 \geq xy + yz + zx$ 知不等式成立.

33. 定义 $b_k = m - a_k$,显然有 $b_1 \geq b_2 \geq \cdots \geq b_n$,由 $a_k$ 是正数,得到 $b_k \leq m$. 由已知得 $\sum_{k=1}^{n} b_k = 0$, $\sum_{k=1}^{n} b_k^2 = n(1 - m^2)$. 又 $b_i \geq 0$,首先有 $b_1 + b_2 + \cdots + b_i \geq i b_i$, $b_{i+1} + b_{i+2} + \cdots + b_n \leq -i b_i$.

由柯西不等式得

$$b_1^2 + b_2^2 + \cdots + b_i^2 \geq \frac{(b_1 + b_2 + \cdots + b_i)^2}{i}$$

$$b_{i+1}^2 + b_{i+2}^2 + \cdots + b_n^2 \geq \frac{(b_{i+1} + b_{i+2} + \cdots + b_n)^2}{n - i}$$

两个不等式相加得

$$n(1 - m^2) = \sum_{k=1}^{n} b_k^2 \geq \frac{i n b_i^2}{n - i}$$

所以

$$b_i^2 \leq \frac{(n - i)(1 - m^2)}{i}$$

由定义及 $b_i \geq 0$,有 $b_i^2 \leq m^2$,所以,$b_i^2 \leq \frac{(n-i)(1-b_i^2)}{i}$,解得 $b_i^2 \leq \frac{n-i}{n}$, 即 $n - i \geq n(m - a_i)^2$.

34. 由柯西不等式得

$$[(a + b) + 2(a + c) + 3(b + c)]\left(\frac{1}{a + b} + \frac{2}{a + c} + \frac{3}{b + c}\right) \geq$$

$$(1 + 2 + 3)^2 = 36$$

所以
$$\frac{1}{3a+4b+5c} \le \frac{1}{36}(\frac{1}{a+b}+\frac{2}{a+c}+\frac{3}{b+c})$$
$$\frac{ab}{3a+4b+5c} \le \frac{1}{36}(\frac{ab}{a+b}+\frac{2ab}{a+c}+\frac{3ab}{b+c})$$

同理
$$\frac{bc}{3b+4c+5a} \le \frac{1}{36}(\frac{bc}{b+c}+\frac{2bc}{a+b}+\frac{3bc}{a+c})$$
$$\frac{ca}{3c+4a+5b} \le \frac{1}{36}(\frac{ca}{a+c}+\frac{2ca}{b+c}+\frac{3ca}{a+b})$$

将最后的 3 写成 1 + 2 得
$$\frac{ab}{3a+4b+5c}+\frac{bc}{3b+4c+5a}+\frac{ca}{3c+4a+5b} \le \frac{1}{36}(\frac{ab}{a+b}+\frac{bc}{b+c}+\frac{ca}{a+c})+$$
$$\frac{1}{36}(\frac{ab}{b+c}+\frac{bc}{a+c}+\frac{ca}{a+b})+\frac{1}{18}(\frac{ab}{a+c}+\frac{bc}{a+c})+$$
$$\frac{1}{18}(\frac{ab}{b+c}+\frac{ca}{b+c})+\frac{1}{18}(\frac{ca}{a+b}+\frac{bc}{a+b}) \le$$
$$\frac{1}{36}(\frac{ab}{a+b}+\frac{bc}{b+c}+\frac{ca}{a+c})+\frac{1}{36}(\frac{ab}{b+c}+\frac{bc}{a+c}+\frac{ca}{a+b})+\frac{1}{18}(a+b+c) =$$
$$\frac{1}{36}(\frac{a(b+c)}{a+b}+\frac{b(c+a)}{b+c}+\frac{c(a+b)}{a+c})+\frac{1}{18}(a+b+c)$$

下面证明 $\frac{a(b+c)}{a+b}+\frac{b(c+a)}{b+c}+\frac{c(a+b)}{a+c} \le a+b+c$.

$\frac{a(b+c)}{a+b}+\frac{b(c+a)}{b+c}+\frac{c(a+b)}{a+c} \le a+b+c \Leftrightarrow$

$a(a+c)(b+c)^2+b(a+b)(a+c)^2+c(b+c)(a+b)^2 \le$
$(a+b+c)(a+b)(b+c)(c+a) \Leftrightarrow$
$5abc(a+b+c)+(a^3b+b^3c+c^3a)+2(a^2b^2+b^2c^2+c^2a^2) \le$
$4abc(a+b+c)+(a^3b+b^3c+c^3a)+$
$(ab^3+bc^3+ca^3)+2(a^2b^2+b^2c^2+c^2a^2) \Leftrightarrow$
$abc(a+b+c) \le ab^3+bc^3+ca^3 \Leftrightarrow \frac{b^2}{c}+\frac{c^2}{a}+\frac{a^2}{b} \ge a+b+c$

由柯西不等式得
$$(\frac{b^2}{c}+\frac{c^2}{a}+\frac{a^2}{b})(c+a+b) \ge (a+b+c)^2$$

即
$$\frac{b^2}{c}+\frac{c^2}{a}+\frac{a^2}{b} \ge a+b+c$$

从而

$$\frac{ab}{3a+4b+5c} + \frac{bc}{3b+4c+5a} + \frac{ca}{3c+4a+5b} \leq \frac{1}{12}(a+b+c).$$

35. 不等式的左边易证：

$$\frac{a}{\sqrt{a^2+b^2}} + \frac{b}{\sqrt{b^2+c^2}} + \frac{c}{\sqrt{c^2+a^2}} > \frac{a}{a+b+c} + \frac{b}{a+b+c} + \frac{c}{a+b+c} = 1.$$

下面证明右边.

由柯西不等式得

$$\left(\frac{a}{\sqrt{a^2+b^2}} + \frac{b}{\sqrt{b^2+c^2}} + \frac{c}{\sqrt{c^2+a^2}}\right)^2 =$$

$$\left[\sqrt{a^2+c^2}\cdot\frac{a}{\sqrt{(a^2+b^2)(a^2+c^2)}} + \sqrt{b^2+a^2}\cdot\frac{b}{\sqrt{(b^2+c^2)(b^2+a^2)}} + \right.$$

$$\left.\sqrt{c^2+b^2}\cdot\frac{c}{\sqrt{(c^2+a^2)(c^2+b^2)}}\right]^2 \leq$$

$$[(a^2+c^2)+(b^2+a^2)+(c^2+b^2)]\cdot$$

$$\left[\frac{a^2}{(a^2+b^2)(a^2+c^2)} + \frac{b^2}{(b^2+c^2)(b^2+a^2)} + \frac{c^2}{(c^2+a^2)(c^2+b^2)}\right] =$$

$$2(a^2+b^2+c^2)\left[\frac{a^2}{(a^2+b^2)(a^2+c^2)} + \right.$$

$$\left.\frac{b^2}{(b^2+c^2)(b^2+a^2)} + \frac{c^2}{(c^2+a^2)(c^2+b^2)}\right]$$

下面证明

$$\frac{a^2(a^2+b^2+c^2)}{(a^2+b^2)(a^2+c^2)} + \frac{b^2(a^2+b^2+c^2)}{(b^2+c^2)(b^2+a^2)} + \frac{c^2(a^2+b^2+c^2)}{(c^2+a^2)(c^2+b^2)} \leq \frac{9}{8} \quad ①$$

$$①\Leftrightarrow 8(a^2+b^2+c^2)(a^2b^2+b^2c^2+c^2a^2) \leq 9(a^2+b^2)(b^2+c^2)(c^2+a^2)\Leftrightarrow a^4b^2+b^4c^2+c^4a^2+a^2b^4+b^2c^4+c^2a^4 \geq 6a^2b^2c^2.$$ 这由均值不等式得到.

于是，$1 < \frac{a}{\sqrt{a^2+b^2}} + \frac{b}{\sqrt{b^2+c^2}} + \frac{c}{\sqrt{c^2+a^2}} \leq \frac{3\sqrt{2}}{2}$.

36. 由柯西不等式得

$$(a\sqrt{a^2+8bc} + b\sqrt{b^2+8ca} + c\sqrt{c^2+8ab})\left(\frac{a}{\sqrt{a^2+8bc}} + \frac{b}{\sqrt{b^2+8ca}} + \frac{c}{\sqrt{c^2+8ab}}\right) \geq (a+b+c)^2.$$

再由柯西不等式得

$$a\sqrt{a^2+8bc}+b\sqrt{b^2+8ca}+c\sqrt{c^2+8ab}=$$
$$\sqrt{a}\sqrt{a^3+8abc}+\sqrt{b}\sqrt{b^3+8abc}+\sqrt{c}\sqrt{c^3+8abc}\leqslant$$
$$\sqrt{a+b+c}\sqrt{a^3+b^3+c^3+24abc}$$

所以
$$\frac{a}{\sqrt{a^2+8bc}}+\frac{b}{\sqrt{b^2+8ca}}+\frac{c}{\sqrt{c^2+8ab}}\geqslant\frac{\sqrt{(a+b+c)^3}}{\sqrt{a^3+b^3+c^3+24abc}}$$

只要证 $(a+b+c)^3 \geqslant a^3+b^3+c^3+24abc \Leftrightarrow a^2b+b^2c+c^2a+ab^2+bc^2+ca^2 \geqslant 6abc$. 这由均值不等式得到.

所以 $\dfrac{a}{\sqrt{a^2+8bc}}+\dfrac{b}{\sqrt{b^2+8ca}}+\dfrac{c}{\sqrt{c^2+8ab}} \geqslant 1$.

37. 因为 $\dfrac{1}{x}+\dfrac{1}{y}+\dfrac{1}{z}=1$, 所以
$$xy+yz+zx=xyz$$

$$\sum\sqrt{x+yz}=\sum\sqrt{x\frac{xyz}{xy+yz+zx}+yz}=$$
$$\sum\sqrt{\frac{yz(x+y)(x+z)}{xy+yz+zx}}=\sqrt{\frac{1}{xy+yz+zx}}\sum\sqrt{yz(x+y)(x+z)}\geqslant$$
$$\sqrt{\frac{1}{xy+yz+zx}}\sum\sqrt{yz(x+\sqrt{yz})^2}=\sqrt{\frac{1}{xy+yz+zx}}\sum(\sqrt{yz}(x+\sqrt{yz}))=$$
$$\sqrt{\frac{1}{xy+yz+zx}}\sum x\sqrt{yz}+\sqrt{\frac{1}{xy+yz+zx}}\sum yz=$$
$$\sum\sqrt{\frac{x^2yz}{xy+yz+zx}}+\sum\sqrt{xy+yz+zx}=$$
$$\sum\sqrt{\frac{xyz}{xy+yz+zx}}\sqrt{x}+\sum\sqrt{xy+yz+zx}=\sum\sqrt{x}+\sqrt{xyz}=$$
$$\sqrt{xyz}+\sqrt{x}+\sqrt{y}+\sqrt{z}$$

38. (1) 由柯西不等式得
$$(\frac{x}{ay+bz}+\frac{y}{az+bx}+\frac{z}{ax+by})[x(ay+bz)+y(az+bx)+z(ax+by)]\geqslant$$
$$(x+y+z)^2.(a+b)(xy+yz+zx)=$$
$$x(ay+bz)+y(az+bx)+z(ax+by)$$

又 $(x+y+z)^2 \geqslant 3(xy+yz+zx)$, 所以
$$\frac{x}{ay+bz}+\frac{y}{az+bx}+\frac{z}{ax+by}\geqslant\frac{3}{a+b}$$

(2) 同理可证.

39. 不妨让 $x^2 \geqslant y^2 \geqslant z^2$，所以 $x^2 \geqslant 3, 6 \geqslant y^2 + z^2 \geqslant 2yz$. 利用柯西不等式得
$$[2(x+y+z) - xyz]^2 = [2(y+z) + x(2-yz)]^2 \leqslant$$
$$[(y+z)^2 + x^2][2^2 + (2-yz)^2] = (2yz + 9)(y^2z^2 - 4yz + 8)$$
记 $t = yz$，只要证明 $(2t+9)(t^2 - 4t + 8) \leqslant 100$，事实上，由 $t \leqslant 3$ 易知
$$100 - (2t+9)(t^2 - 4t + 8) = -2t^3 - t^2 + 20t + 28 =$$
$$(t+2)^2(7-2t) \geqslant 0$$
所以原不等式得证.

等号成立当且仅当 $yz = t = -2$ 及 $\dfrac{y+z}{2} = \dfrac{x}{2-yz} = \dfrac{x}{4}$，即 $yz = -2$，及 $x^2 = 4(y+z)^2 = 4(y^2 + z^2 + 2yz) = 4(9 - x^2 - 4) = 20 - 4x^2$，也即 $x^2 = 4, y + z = \pm 1$，$yz = -2$. 而 $x^2 \geqslant y^2 \geqslant z^2$，故 $x = 2, y = 2, z = -1$.

40. 由柯西不等式得
$$(b^2 - bc + c^2)(c^2 - ca + a^2) = [(c - \dfrac{b}{2})^2 + \dfrac{3}{4}b^2][(c - \dfrac{a}{2})^2 + \dfrac{3}{4}a^2] \geqslant$$
$$[(c - \dfrac{b}{2})(c - \dfrac{a}{2}) + \dfrac{3}{4}ab]^2$$

所以，$\sqrt{b^2 - bc + c^2}\sqrt{c^2 - ca + a^2} \geqslant (c - \dfrac{b}{2})(c - \dfrac{a}{2}) + \dfrac{3}{4}ab$. 同理

$$\sqrt{c^2 - ca + a^2}\sqrt{a^2 - ab + b^2} \geqslant (a - \dfrac{c}{2})(c - \dfrac{b}{2}) + \dfrac{3}{4}bc$$

$$\sqrt{a^2 - ab + b^2}\sqrt{b^2 - bc + c^2} \geqslant (b - \dfrac{a}{2})(b - \dfrac{c}{2}) + \dfrac{3}{4}bc$$

三个不等式相加得

$$\sqrt{b^2 - bc + c^2}\sqrt{c^2 - ca + a^2} + \sqrt{c^2 - ca + a^2}\sqrt{a^2 - ab + b^2} +$$
$$\sqrt{a^2 - ab + b^2}\sqrt{b^2 - bc + c^2} \geqslant a^2 + b^2 + c^2$$

41. 设 $abc = \lambda^3, a = \lambda \dfrac{yz}{x^2}, b = \lambda \dfrac{zx}{y^2}, c = \lambda \dfrac{xy}{z^2}, x, y, z$ 是正数，则不等式①等价于

$$\dfrac{x}{\sqrt{x^2 + \lambda yz}} + \dfrac{y}{\sqrt{y^2 + \lambda zx}} + \dfrac{z}{\sqrt{z^2 + \lambda xy}} \geqslant \dfrac{3}{\sqrt{1+\lambda}} \qquad ②$$

由柯西不等式得 $(\dfrac{x}{\sqrt{x^2 + \lambda yz}} + \dfrac{y}{\sqrt{y^2 + \lambda zx}} + \dfrac{z}{\sqrt{z^2 + \lambda xy}})(x\sqrt{x^2 + \lambda yz} + y\sqrt{y^2 + \lambda zx} + z\sqrt{z^2 + \lambda xy}) \geqslant (x + y + z)^2$.

即

$$\dfrac{x}{\sqrt{x^2 + \lambda yz}} + \dfrac{y}{\sqrt{y^2 + \lambda zx}} + \dfrac{z}{\sqrt{z^2 + \lambda xy}} \geqslant$$

$$\frac{(x+y+z)^2}{x\sqrt{x^2+\lambda yz}+y\sqrt{y^2+\lambda zx}+z\sqrt{z^2+\lambda xy}} \quad ③$$

又由柯西不等式得
$$x\sqrt{x^2+\lambda yz}+y\sqrt{y^2+\lambda zx}+z\sqrt{z^2+\lambda xy}=$$
$$\sqrt{x}\sqrt{x^3+\lambda xyz}+\sqrt{y}\sqrt{y^3+\lambda xyz}+\sqrt{z}\sqrt{z^3+\lambda xyz}\le$$
$$\sqrt{(x+y+z)(x^3+y^3+z^3+3\lambda xyz)}$$

于是③的右端大于等于
$$\frac{(x+y+z)^2}{\sqrt{(x+y+z)(x^3+y^3+z^3+3\lambda xyz)}}$$

只要证明
$$\frac{(x+y+z)^2}{\sqrt{(x+y+z)(x^3+y^3+z^3+3\lambda xyz)}} \ge \frac{3}{\sqrt{1+\lambda}} \quad ④$$

$$④ \Leftrightarrow (1+\lambda)(x+y+z)^3 \ge 9(x^3+y^3+z^3+3\lambda xyz) \quad ⑤$$

将 $(x+y+z)^3$ 展开易得
$(x+y+z)^3 \ge x^3+y^3+z^3+24xyz \Leftrightarrow x^2y+y^2z+z^2x+xy^2+yz^2+zx^2 \ge 6xyz$
这由均值不等式得到.

要证明⑤,只要证 $(1+\lambda)(x^3+y^3+z^3+24xyz) \ge 9(x^3+y^3+z^3+3\lambda xyz) \Leftrightarrow (\lambda-8)(x^3+y^3+z^3-3xyz) \ge 0$,由题设 $\lambda \ge 8$,所以不等式⑤成立.

42. 令 $y_i = \dfrac{1}{n-1+x_i}$,则 $x_i = \dfrac{1}{y_i}-(n-1), 0 < y_i < \dfrac{1}{n-1}$.

如果 $\sum\limits_{i=1}^{n} y_i > 1$,我们将证明 $\sum\limits_{i=1}^{n} x_i < \sum\limits_{i=1}^{n} \dfrac{1}{x_i}$,即等价于
$$\sum_{i=1}^{n}\left(\frac{1}{y_i}-(n-1)\right) < \sum_{i=1}^{n} \frac{y_i}{1-(n-1)y_i}$$

对固定 $i$,由柯西不等式得
$$\sum_{i\ne j} \frac{1-(n-1)y_i}{1-(n-1)y_j} \ge \frac{(1-(n-1)y_i)(n-1)^2}{\sum\limits_{i\ne j}[1-(n-1)y_j]} >$$
$$\frac{(1-(n-1)y_i)(n-1)^2}{(n-1)y_j}=$$
$$\frac{(n-1)[1-(n-1)y_i]}{(n-1)y_j}$$

对 $i$ 求和,得
$$\sum_{i=1}^{n}\sum_{i\ne j}\frac{1-(n-1)y_i}{1-(n-1)y_j} \ge (n-1)\sum_{i=1}^{n}\left[\frac{1}{y_i}-(n-1)\right]$$

由于

$$\sum_{i=1}^{n} \sum_{i \neq j} \frac{1-(n-1)y_i}{1-(n-1)y_j} \leq \sum_{j=1}^{n} \frac{(n-1)y_j}{1-(n-1)y_j}$$

故

$$\sum_{i=1}^{n} \frac{y_i}{1-(n-1)y_i} > \sum_{j=1}^{n} \left(\frac{1}{y_j} - (n-1)\right)$$

43. 由柯西不等式得

$$(2a^2 + b^2)(2a^2 + c^2) = (a^2 + a^2 + b^2)(c^2 + a^2 + a^2) \geq$$
$$(ac + a^2 + ab)^2 = a^2(a+b+c)^2$$

所以

$$\frac{a^3}{(2a^2+b^2)(2a^2+c^2)} \leq \frac{a}{(a+b+c)^2}$$

同理

$$\frac{b^3}{(2b^2+c^2)(2b^2+a^2)} \leq \frac{b}{(a+b+c)^2}$$

$$\frac{c^3}{(2c^2+a^2)(2c^2+b^2)} \leq \frac{c}{(a+b+c)^2}$$

相加得

$$\frac{a^3}{(2a^2+b^2)(2a^2+c^2)} + \frac{b^3}{(2b^2+c^2)(2b^2+a^2)} +$$
$$\frac{c^3}{(2c^2+a^2)(2c^2+b^2)} \leq \frac{1}{a+b+c}$$

44. **证法一** 由柯西不等式得

$$ax + by + cz + 2\sqrt{(xy+yz+zx)(ab+bc+ca)} \leq$$
$$\sqrt{x^2+y^2+z^2}\sqrt{a^2+b^2+c^2} + \sqrt{2(xy+yz+zx)}\sqrt{2(ab+bc+ca)} \leq$$
$$\sqrt{x^2+y^2+z^2+2(xy+yz+zx)}\sqrt{a^2+b^2+c^2+2(ab+bc+ca)} =$$
$$(x+y+z)(a+b+c) = a+b+c$$

**证法二** 由于原不等式等价于

$$ax + by + cz + 2\sqrt{(xy+yz+zx)(ab+bc+ca)} \leq$$
$$(x+y+z)(a+b+c)$$

因此不妨增设 $a+b+c = 1$,由均值不等式得

$$ax + by + cz + 2\sqrt{(xy+yz+zx)(ab+bc+ca)} \leq$$
$$ax + by + cz + xy + yz + zx + ab + bc + ca$$

再由均值不等式得

$$xy + yz + zx + ab + bc + ca = \frac{1-x^2-y^2-z^2}{2} + \frac{1-a^2-b^2-c^2}{2} =$$

$$1 - \frac{x^2 + a^2}{2} - \frac{y^2 + b^2}{2} - \frac{z^2 + c^2}{2} \leq$$
$$1 - ax - by - cz$$

因此
$$ax + by + cz + 2\sqrt{(xy + yz + zx)(ab + bc + ca)} \leq 1$$

**45.** 由柯西不等式得
$$[a(1 + bc) + b(1 + ca) + c(1 + ab)]\left(\frac{a}{1 + bc} + \frac{b}{1 + ca} + \frac{c}{1 + ab}\right) \geq (a + b + c)^2$$

即
$$(1 + 3abc)\left(\frac{a}{1 + bc} + \frac{b}{1 + ca} + \frac{c}{1 + ab}\right) \geq 1$$

$$\frac{a}{1 + bc} + \frac{b}{1 + ca} + \frac{c}{1 + ab} \geq \frac{1}{1 + 3abc}$$

由均值不等式得 $abc \leq \left(\frac{a + b + c}{3}\right)^3 = \frac{1}{27}$,所以
$$\frac{a}{1 + bc} + \frac{b}{1 + ca} + \frac{c}{1 + ab} \geq \frac{9}{10}$$

**46.** 由柯西不等式得
$$\sum_{i \neq j} \frac{x_i}{x_j} = \sum_{i \neq j} \frac{x_i^2}{x_i x_j} \geq \frac{(n-1)^2 (\sum_{i=1}^{n} x_i)^2}{2\sum_{i \neq j} x_i x_j} = \frac{(n-1)^2 t^2}{t^2 - t} = \frac{(n-1)^2 t}{t - 1}$$

**47.** 由 $\frac{1}{a^2 + 1} + \frac{1}{b^2 + 1} + \frac{1}{c^2 + 1} = 2$,得 $\frac{a^2}{a^2 + 1} + \frac{b^2}{b^2 + 1} + \frac{c^2}{c^2 + 1} = 1$,由柯西不等式得
$$[(a^2 + 1) + (b^2 + 1) + (c^2 + 1)] \cdot \left(\frac{a^2}{a^2 + 1} + \frac{b^2}{b^2 + 1} + \frac{c^2}{c^2 + 1}\right) \geq (a + b + c)^2$$

即 $a^2 + b^2 + c^2 + 3 \geq (a + b + c)^2$,即 $ab + bc + ca \leq \frac{3}{2}$.

**48.** 令 $a = \frac{y}{x}, b = \frac{z}{y}, c = \frac{u}{z}, d = \frac{v}{u}, e = \frac{x}{v}$,其中 $x, y, z, u, v$ 都是正数.

原不等式等价于
$$\frac{u + y}{x + z + v} + \frac{z + v}{x + y + u} + \frac{x + u}{y + z + v} + \frac{y + v}{x + z + u} + \frac{x + z}{y + u + v} \geq \frac{10}{3}$$

两边同加上 5,在乘以 3,上式化为
$$[(x + z + v) + (x + y + u) + (y + z + v) + (x + z + u) + (y + u + v)] \cdot$$

$$\left[\frac{1}{x+z+v}+\frac{1}{x+y+u}+\frac{1}{y+z+v}+\frac{1}{x+z+u}+\frac{1}{y+u+v}\right]\geqslant 25$$

由柯西不等式,这个不等式显然成立.

49. 因为 $x+y+z+t=0$,所以 $y+t=-(x+z)$,而
$$xy+yz+zt+tx=(x+z)(y+t)=-(x+z)^2\leqslant 0$$

由柯西不等式得
$$(xy+yz+zt+tx)^2\leqslant(x^2+y^2+z^2+t^2)(y^2+z^2+t^2+x^2)=1$$

所以, $-1\leqslant xy+yz+zt+tx\leqslant 1$.

综上, $-1\leqslant xy+yz+zt+tx\leqslant 0$.

左边不等式当且仅当 $x+z=y+t=0$ 时等号成立,这时 $(x,y,z,t)=(a,b,-a,-b)$. 其中 $a^2+b^2=\frac{1}{2}$. 右边等号当且仅当 $(x,y,z,t)=k(y,z,t,x)$ 且 $x+y+z+t=0, x^2+y^2+z^2+t^2=1$ 时成立. 解得 $k=-1, x=\pm\frac{1}{2}$. 即 $(x,y,z,t)=(\frac{1}{2},-\frac{1}{2},\frac{1}{2},-\frac{1}{2})$ 或 $(x,y,z,t)=(-\frac{1}{2},\frac{1}{2},-\frac{1}{2},\frac{1}{2})$ 时右边等号成立.

50. 我们证明
$$I=\frac{ab+bc+ca}{ab+2c^2+2c}+\frac{ab+bc+ca}{bc+2a^2+2a}+\frac{ab+bc+ca}{ca+2b^2+2b}\geqslant 1$$

因为 $a+b+c=1$,所以
$$\frac{ab+bc+ca}{bc+2a^2+2a}=\frac{ab+bc+ca}{bc+2a^2+2a(a+b+c)}=\frac{2(ab+bc+ca)}{2bc+4a^2+4a(a+b+c)}=$$
$$\frac{b(2a+c)+c(2a+b)}{2(2a+b)(2a+c)}=\frac{b}{2(2a+b)}+\frac{c}{2(2a+c)}$$

同理
$$\frac{ab+bc+ca}{ab+2c^2+2c}=\frac{a}{2(2c+a)}+\frac{b}{2(2c+b)}$$
$$\frac{1}{ca+2b^2+2b}=\frac{a}{2(2b+a)}+\frac{c}{2(2b+c)}$$

所以由柯西不等式得
$$2I[b(2a+b)+c(2a+c)+a(2b+a)+c(2b+c)+a(2c+a)+b(2c+b)]=$$
$$\left[\frac{b}{2a+b}+\frac{c}{2a+c}+\frac{a}{2b+a}+\frac{c}{2b+c}+\frac{a}{2c+a}+\frac{b}{2c+b}\right]$$
$$[b(2a+b)+c(2a+c)+a(2b+a)+c(2b+c)+a(2c+a)+b(2c+b)]\geqslant$$
$$(b+c+a+c+a+b)^2=4(a+b+c)^2$$

而 $b(2a+b) + c(2a+c) + a(2b+a) + c(2b+c) + a(2c+a) + b(2c+b) = 2(a+b+c)^2$，所以 $I \geq 1$.

51. 记不等式的左边为 $M$，记 $N = \frac{x^2z}{y} + \frac{y^2x}{z} + \frac{z^2y}{x}$. 由柯西不等式得

$$\left(\frac{x^2y}{z} + \frac{y^2z}{x} + \frac{z^2x}{y}\right)\left(\frac{x^2z}{y} + \frac{y^2x}{z} + \frac{z^2y}{x}\right) \geq (x^2+y^2+z^2)^2$$

又

$$M - N = \frac{1}{xyz}[x^3y^2 + y^3z^2 + z^3x^2 - (x^3z^2 + y^3x^2 + z^3y^2)] =$$

$$\frac{1}{xyz}[(x^3y^2 - y^3x^2) + (z^3x^2 - z^3y^2) - (x^3z^2 - y^3z^2)] =$$

$$\frac{1}{xyz}(x-y)(x^2y^2 + z^3x + z^3y - z^2x^2 - z^2xy - z^2y^2) =$$

$$\frac{1}{xyz}(x-y)[(x^2y^2 - z^2x^2) - (z^2xy - z^3y) - (z^2y^2 - z^3y)] =$$

$$\frac{1}{xyz}(x-y)(y-z)(x^2y + x^2z - z^2x - z^2y) =$$

$$\frac{1}{xyz}(x-y)(y-z)[(x^2y - z^2y) + (x^2z - z^2x)] =$$

$$\frac{1}{xyz}(x-y)(y-z)(x-z)(xy + yz + zx)$$

由 $x \geq y \geq z > 0$，知 $M - N \geq 0$，即 $M \geq N$.
故 $M^2 \geq MN \geq (x^2+y^2+z^2)^2$.
所以，$M \geq x^2 + y^2 + z^2$.

52. **证法一** 由已知，$1+x^2, 1+y^2, 1+z^2, 1+y+z^2, 1+z+x^2, 1+x+y^2$ 均为正实数. 由柯西不等式得

$$\left(\frac{1+x^2}{1+y+z^2} + \frac{1+y^2}{1+z+x^2} + \frac{1+z^2}{1+x+y^2}\right) \cdot$$

$$[(1+x^2)(1+y+z^2) + (1+y^2)(1+z+x^2) + (1+z^2)(1+x+y^2)] \geq$$

$$[(1+x^2) + (1+y^2) + (1+z^2)]^2$$

$$\frac{1+x^2}{1+y+z^2} + \frac{1+y^2}{1+z+x^2} + \frac{1+z^2}{1+x+y^2} \geq$$

$$\frac{(3+x^2+y^2+z^2)^2}{(1+x^2)(1+y+z^2) + (1+y^2)(1+z+x^2) + (1+z^2)(1+x+y^2)}$$

即

$$\frac{1+x^2}{1+y+z^2} + \frac{1+y^2}{1+z+x^2} + \frac{1+z^2}{1+x+y^2} \geqslant$$

$$\frac{x^4+y^4+z^4+9+2x^2y^2+2y^2z^2+2z^2x^2+6x^2+6y^2+6z^2}{(1+x^2)(1+y+z^2)+(1+y^2)(1+z+x^2)+(1+z^2)(1+x+y^2)} =$$

$$2 + \frac{x^4+y^4+z^4+3+2x^2+2y^2+2z^2-2(x^2y+y^2z+z^2x+x+y+z)}{x^2y^2+y^2z^2+z^2x^2+2(x^2+y^2+z^2)+(x^2y+y^2z+z^2x+x+y+z+3)} =$$

$$2 + \frac{(x^2-y)^2+(y^2-z)^2+(z^2-x)^2+(x-1)^2+(y-1)^2+(z-1)^2}{x^2y^2+y^2z^2+z^2x^2+2(x^2+y^2+z^2)+(x^2y+y^2z+z^2x+x+y+z+3)} \geqslant 2$$

当且仅当 $x = y = z$ 时,上式等号成立.

**证法二** 因为 $y \leqslant \frac{1+y^2}{2}$,且 $1+y+z^2 > 0$,所以,$\frac{1+x^2}{1+y+z^2} \geqslant$

$\frac{1+x^2}{1+z^2+\frac{1+y^2}{2}}$,同理 $\frac{1+y^2}{1+z+x^2} \geqslant \frac{1+y^2}{1+x^2+\frac{1+z^2}{2}}$,设 $a = 1+x^2, b = 1+y^2, c = 1+z^2$,只要证明

$$\frac{a}{2c+b} + \frac{b}{2a+c} + \frac{c}{2b+a} \geqslant 1 \quad \text{①}$$

再次换元,令 $A = 2c+b, B = 2a+c, C = 2b+a$,则 $a = \frac{C+4B-2A}{9}, b = \frac{A+4C-2B}{9}, c = \frac{B+4A-2C}{9}$,不等式 ① 化为证明

$$\frac{C}{A} + \frac{A}{B} + \frac{B}{C} + 4\left(\frac{B}{A} + \frac{C}{B} + \frac{A}{C}\right) \geqslant 15$$

由均值不等式得 $\frac{C}{A} + \frac{A}{B} + \frac{B}{C} \geqslant 3, \frac{B}{A} + \frac{C}{B} + \frac{A}{C} \geqslant 3$,所以不等式得证.

**注** 不等式 ① 可以用柯西不等式进行证明: $\left(\frac{a}{2c+b} + \frac{b}{2a+c} + \frac{c}{2b+a}\right)[a(2c+b) + b(2a+c) + c(2b+a)] \geqslant (a+b+c)^2$,即 $3(ab+bc+ca)\left(\frac{a}{2c+b} + \frac{b}{2a+c} + \frac{c}{2b+a}\right) \geqslant (a+b+c)^2$,因为 $(a+b+c)^2 \geqslant 3(ab+bc+ca)$,所以不等式得证.

53. (1) 不失一般性,可设 $\sum_{i=1}^{n} x_i = 0$,得

$$\sum_{i,j=1}^{n} |x_i - x_j| = 2\sum_{i<j}(x_j - x_i) = 2\sum_{i=1}^{n}(2i-n-1)x_i \quad \text{②}$$

由柯西不等式,得

$$\left(\sum_{i,j=1}^{n} |x_i - x_j|\right)^2 \leq 4 \sum_{i=1}^{n} (2i-n-1)^2 \sum_{i=1}^{n} x_i^2 = 4 \times \frac{n(n-1)(n+1)}{3} \sum_{i=1}^{n} x_i^2$$

另一方面

$$\sum_{i,j=1}^{n} (x_i - x_j)^2 = n \sum_{i=1}^{n} x_i^2 - \sum_{i=1}^{n} x_i \sum_{j=1}^{n} x_j + n \sum_{j=1}^{n} x_j^2 = 2n \sum_{i=1}^{n} x_i^2$$

从而

$$\left(\sum_{i,j=1}^{n} |x_i - x_j|\right)^2 \leq \frac{2(n^2-1)}{3} \sum_{i,j=1}^{n} (x_i - x_j)^2$$

(2) 如果等号成立，则对某个 $k$，$x_i = k(2i-n-1)$，则 $x_1, x_2, \cdots, x_n$ 为等差数列. 另一方面，如果 $x_1, x_2, \cdots, x_n$ 为等差数列，公差为 $d$，则

$$x_i = \frac{d}{2}(2i-n-1) + \frac{x_1 + x_n}{2}$$

将每个 $x_i$ 减去 $\frac{x_1 + x_n}{2}$，就有 $x_i = \frac{d}{2}(2i-n-1)$，且 $\sum_{i=1}^{n} x_i = 0$，这时等号成立.

**注** 本题在不影响两端和式的情况下，对 $x_i$ 作变换，使得 $\sum_{i=1}^{n} x_i = 0$，从而实现了一次简化运算，另外在 $x_1 \leq x_2 \leq \cdots \leq x_n$ 的条件下，②将关于 $|x_i - x_j|$ 的和式，脱去了绝对值，从而可以利用柯西不等式，将 $\left(\sum_{i=1}^{n}\sum_{j=1}^{n} |x_i - x_j|\right)^2$ 化简. 这里 $\sum_{i=1}^{n}\sum_{j=1}^{n} |x_i - x_j| = \sum_{i,j=1}^{n} |x_i - x_j|$.

**54. 证法一** 由柯西不等式得

$$(1^2 + 1^2 + 1^2)\left\{(\sqrt{2}a)^2 + \left[\frac{\sqrt{2}}{2}(b+c)\right]^2 + \left[\frac{\sqrt{2}}{2}(b+c)\right]^2\right\} \geq$$

$$\left[\sqrt{2}a + \frac{\sqrt{2}}{2}(b+c) + \frac{\sqrt{2}}{2}(b+c)\right]^2 = 2(a+b+c)^2$$

于是

$$2a^2 + (b+c)^2 \geq \frac{2}{3}(a+b+c)^2$$

同理可得

$$2b^2 + (c+a)^2 \geq \frac{2}{3}(a+b+c)^2, \quad 2c^2 + (a+b)^2 \geq \frac{2}{3}(a+b+c)^2$$

如果 $4a \geq b+c, 4b \geq c+a, 4c \geq a+b$，则

$$\frac{(2a+b+c)^2}{2a^2+(b+c)^2} = 2 + \frac{(4a-b-c)(b+c)}{2a^2+(b+c)^2} \leq$$

$$2 + \frac{3(4ab+4ac-b^2-2bc-c^2)}{(a+b+c)^2}$$

同理可得
$$\frac{(a+2b+c)^2}{2b^2+(c+a)^2} \leq 2 + \frac{3(4bc+4ab-a^2-2ac-c^2)}{(a+b+c)^2}$$
$$\frac{(a+b+2c)^2}{2c^2+(a+b)^2} \leq 2 + \frac{3(4bc+4ca-a^2-2ab-b^2)}{(a+b+c)^2}$$

三式相加得
$$\frac{(2a+b+c)^2}{2a^2+(b+c)^2} + \frac{(a+2b+c)^2}{2b^2+(c+a)^2} + \frac{(a+b+2c)^2}{2c^2+(a+b)^2} \leq$$
$$6 + \frac{3(6ab+6bc+6ca-2a^2-2b^2-2c^2)}{(a+b+c)^2} =$$
$$6 + \frac{3[3(a+b+c)^2 - 5(a^2+b^2+c^2)]}{(a+b+c)^2} =$$
$$\frac{21}{2} - \frac{15}{2} \cdot \frac{a^2+b^2+c^2}{(a+b+c)^2} \leq \frac{21}{2} - \frac{15}{2} \cdot \frac{1}{3} = 8$$

当上述假设不成立时,不妨设 $4a < b+c$,则 $\frac{(2a+b+c)^2}{2a^2+(b+c)^2} < 2$.

由柯西不等式得
$$[b+b+(c+a)]^2 \leq [b^2+b^2+(c+a)^2](1^2+1^2+1^2)$$

于是 $\frac{(a+2b+c)^2}{2b^2+(c+a)^2} \leq 3$,同理可得 $\frac{(a+b+2c)^2}{2c^2+(a+b)^2} \leq 3$.

所以 $\frac{(2a+b+c)^2}{2a^2+(b+c)^2} + \frac{(a+2b+c)^2}{2b^2+(c+a)^2} + \frac{(a+b+2c)^2}{2c^2+(a+b)^2} \leq 8$.

综上,可知原不等式成立. 当且仅当 $a=b=c$ 时等号成立.

**证法二** 由柯西不等式得
$$[a^2+a^2+(b+c)^2](1^2+1^2+2^2) \geq [a+a+2(b+c)]^2$$

即
$$2a^2+(b+c)^2 \geq \frac{2}{3}(a+b+c)^2, \frac{1}{2a^2+(b+c)^2} \leq \frac{3}{2(a+b+c)^2}$$

同理可证:
$$\frac{1}{2b^2+(c+a)^2} \leq \frac{3}{2(a+b+c)^2}, \frac{1}{2c^2+(a+b)^2} \leq \frac{3}{2(a+b+c)^2}$$

$$\frac{(2a+b+c)^2}{2a^2+(b+c)^2} + \frac{(a+2b+c)^2}{2b^2+(c+a)^2} + \frac{(a+b+2c)^2}{2c^2+(a+b)^2} - 8 =$$
$$(\frac{(2a+b+c)^2}{2a^2+(b+c)^2} - 1) + (\frac{(a+2b+c)^2}{2b^2+(c+a)^2} - 1) + (\frac{(a+b+2c)^2}{2c^2+(a+b)^2} - 1) - 5 =$$
$$\frac{2a^2+4ab+4ac}{2a^2+(b+c)^2} + \frac{2b^2+4ab+4bc}{2b^2+(c+a)^2} + \frac{2c^2+4ac+4bc}{2c^2+(a+b)^2} - 5 \leq$$

$$\frac{3\left[(2a^2+4ab+4ac)+(2b^2+4ab+4bc)+(2c^2+4ac+4bc)\right]}{2(a+b+c)^2}-5=$$

$$\frac{-2\left[(a-b)^2+(b-c)^2+(c-a)^2\right]}{(a+b+c)^2}\leq 0$$

所以

$$\frac{(2a+b+c)^2}{2a^2+(b+c)^2}+\frac{(a+2b+c)^2}{2b^2+(c+a)^2}+\frac{(a+b+2c)^2}{2c^2+(a+b)^2}\leq 8$$

**证法三** 设 $x=\dfrac{b+c}{a},y=\dfrac{c+a}{b},z=\dfrac{a+b}{c}$，我们去证明

$$\frac{(x+2)^2}{x^2+2}+\frac{(y+2)^2}{y^2+2}+\frac{(z+2)^2}{z^2+2}\leq 8\Leftrightarrow$$

$$\frac{2x+1}{x^2+2}+\frac{2y+1}{y^2+2}+\frac{2z+1}{z^2+2}\leq \frac{5}{2}\Leftrightarrow$$

$$\frac{(x-1)^2}{x^2+2}+\frac{(y-1)^2}{y^2+2}+\frac{(z-1)^2}{z^2+2}\geq \frac{1}{2}$$

由柯西不等式得

$$\frac{(x-1)^2}{x^2+2}+\frac{(y-1)^2}{y^2+2}+\frac{(z-1)^2}{z^2+2}\geq \frac{(x+y+z-3)^2}{x^2+y^2+z^2+6}$$

只要证明

$$\frac{(x+y+z-3)^2}{x^2+y^2+z^2+6}\geq \frac{1}{2}\Leftrightarrow 2(x+y+z-3)^2\geq x^2+y^2+z^2+6\Leftrightarrow$$

$$x^2+y^2+z^2+4(xy+yz+zx)-12(x+y+z)+12\geq 0$$

因为 $xyz=\dfrac{b+c}{a}\cdot\dfrac{c+a}{b}\cdot\dfrac{a+b}{c}\geq 8$，所以 $xy+yz+zx\geq 3\sqrt[3]{xy\cdot yz\cdot zx}\geq 12$，所以只要证明

$$x^2+y^2+z^2+2(xy+yz+zx)-12(x+y+z)+36\geq 0\Leftrightarrow$$

$$(x+y+z-6)^2\geq 0$$

55. 对于 $n\geq 2$，设 $\sigma(1),\sigma(2),\cdots,\sigma(n)$ 是 $1,2,\cdots,n$ 的一个排列，且满足 $0\leq a_{\sigma(1)}<a_{\sigma(2)}<\cdots<a_{\sigma(n)}\leq c$，则

$$c\geq a_{\sigma(n)}-a_{\sigma(1)}\geq (a_{\sigma(n)}-a_{\sigma(n-1)})+$$

$$(a_{\sigma(n-1)}-a_{\sigma(n-2)})+\cdots+(a_{\sigma(2)}-a_{\sigma(1)})\geq$$

$$\frac{1}{\sigma(n)+\sigma(n-1)}+\frac{1}{\sigma(n-1)+\sigma(n-2)}+\cdots+\frac{1}{\sigma(2)+\sigma(1)}$$

由柯西不等式

$$\left[\frac{1}{\sigma(n)+\sigma(n-1)}+\frac{1}{\sigma(n-1)+\sigma(n-2)}+\cdots+\frac{1}{\sigma(2)+\sigma(1)}\right]\cdot$$

$$\left[(\sigma(n)+\sigma(n-1))+(\sigma(n-1)+\sigma(n-2))+\cdots+(\sigma(2)+\sigma(1))\right]\geq$$

$(n-1)^2$
得
$$c \geq \frac{(n-1)^2}{2[\sigma(1)+\sigma(2)+\cdots+\sigma(n-1)+\sigma(n)]-\sigma(1)-\sigma(n)} =$$
$$\frac{(n-1)^2}{n(n+1)-\sigma(1)-\sigma(n)} \geq$$
$$\frac{(n-1)^2}{n(n+1)-3} \geq \frac{n-1}{n+3} = 1 - \frac{4}{n+3}$$

对所有正整数 $n \geq 2$ 成立,故一定有 $c \geq 1$.

56. 由于 $\frac{1-\gamma^2}{\beta\gamma} \geq 0 \Leftrightarrow \beta\gamma(1-\gamma^2) \geq 0$,所以
$$10(\alpha^2+\beta^2+\gamma^2-\beta\gamma^3) \geq 10(\alpha^2+\beta^2+\gamma^2-\beta\gamma)$$
因此只需证明
$$10(\alpha^2+\beta^2+\gamma^2-\beta\gamma) \geq 2\alpha\beta+5\alpha\gamma$$
上式等价于
$$30(\alpha^2+\beta^2+\gamma^2) \geq 3(2\alpha\beta+5\alpha\gamma+10\beta\gamma)$$
由柯西不等式,有
$$(1^2+2^2+5^2)(\alpha^2+\beta^2+\gamma^2) \geq (\alpha+2\beta+5\gamma)^2$$
故只需证明
$$(\alpha+2\beta+5\gamma)^2 \geq 5\alpha\beta+15\alpha\gamma+30\beta\gamma$$
即
$$\alpha^2+(2\beta)^2+(5\gamma)^2-2\alpha\beta-5\alpha\gamma-10\beta\gamma \geq 0$$
上式等价于
$$\frac{1}{2}[(\alpha-2\beta)^2+(2\beta-5\gamma)^2+(5\gamma-\alpha)^2] \geq 0$$

故原式成立.

57. 当 $x^2 \geq a_1(a_1-1)$ 时
$$(\sum_{i=1}^{n} \frac{1}{a_i^2+x^2})^2 \leq (\sum_{i=1}^{n} \frac{1}{2a_i|x|})^2 =$$
$$\frac{1}{4x^2}(\sum_{i=1}^{n} \frac{1}{a_i})^2 \leq \frac{1}{4x^2} \leq$$
$$\frac{1}{2} \cdot \frac{1}{a_i(a_1-1)+x^2}$$

当 $x^2 < a_1(a_1-1)$ 时,由柯西不等式得
$$(\sum_{i=1}^{n} \frac{1}{a_i^2+x^2})^2 \leq (\sum_{i=1}^{n} \frac{1}{a_i})(\sum_{i=1}^{n} \frac{a_i}{(a_i^2+x^2)^2}) \leq \sum_{i=1}^{n} \frac{a_i}{(a_i^2+x^2)^2}$$

对于正整数 $a_1 < a_2 < \cdots < a_n$ 有 $a_{i+1} \geq a_i + 1, i = 1,2,\cdots,n-1$,且

$$\frac{2a_i}{(a_i^2 + x^2)^2} \leq \frac{2a_i}{(a_i^2 + x^2 + \frac{1}{4})^2 - a_i^2} =$$

$$\frac{2a_i}{((a_i - \frac{1}{2})^2 + x^2)((a_i + \frac{1}{2})^2 + x^2)} =$$

$$\frac{1}{(a_i - \frac{1}{2})^2 + x^2} - \frac{1}{(a_i + \frac{1}{2})^2 + x^2} \leq$$

$$\frac{1}{(a_i - \frac{1}{2})^2 + x^2} - \frac{1}{(a_{i-1} - \frac{1}{2})^2 + x^2}, i = 1,2,\cdots,n-1$$

故

$$\sum_{i=1}^{n} \frac{a_i}{(a_i^2 + x^2)^2} \leq \frac{1}{2} \sum_{i=1}^{n} \left( \frac{1}{(a_i - \frac{1}{2})^2 + x^2} - \frac{1}{(a_{i-1} - \frac{1}{2})^2 + x^2} \right) \leq$$

$$\frac{1}{2} \cdot \frac{1}{(a_1 - \frac{1}{2})^2 + x^2} \leq$$

$$\frac{1}{2} \cdot \frac{1}{a_1(a_1 - 1) + x^2}$$

58. 设 $(a_1, a_2, \cdots, a_n)$ 是满足条件的整数解,则由柯西不等式得

$$a_1^2 + a_2^2 + \cdots + a_n^2 \geq \frac{1}{n}(a_1 + a_2 + \cdots + a_n)^2 \geq n^3$$

结合 $a_1^2 + a_2^2 + \cdots + a_n^2 \leq n^3 + 1$,可知只能 $a_1^2 + a_2^2 + \cdots + a_n^2 = n^3$ 或 $a_1^2 + a_2^2 + \cdots + a_n^2 \leq n^3 + 1$.

当 $a_1^2 + a_2^2 + \cdots + a_n^2 = n^3$ 时,由柯西不等式取等号得 $a_1 = a_2 = \cdots = a_n$,即 $a_i^2 = n^2, 1 \leq i \leq n$,再由 $a_1 + a_2 + \cdots + a_n \geq n^2$,则只有 $a_1 = a_2 = \cdots = a_n = n$.

当 $a_1^2 + a_2^2 + \cdots + a_n^2 = n^3 + 1$ 时,则令 $b_i = a_i - n$,得
$b_1^2 + b_2^2 + \cdots + b_n^2 = (a_1^2 + a_2^2 + \cdots + a_n^2) - 2n(a_1 + a_2 + \cdots + a_n) + n^3 \leq 2n^3 + 1 - 2n(a_1 + a_2 + \cdots + a_n) \leq 1$

于是 $b_i^2$ 只能是 0 或 1,且 $b_1^2, b_2^2, \cdots, b_n^2$ 中至多有一个为 1. 如果都为 0,则 $a_i = n, a_1^2 + a_2^2 + \cdots + a_n^2 = n^3 \neq n^3 + 1$,矛盾. 如果 $b_1^2, b_2^2, \cdots, b_n^2$ 中有一个为 1,则 $a_1^2 + a_2^2 + \cdots + a_n^2 = n^3 \pm 2n + 1 \neq n^3 + 1$,也矛盾. 故只有 $(a_1, a_2, \cdots, a_n) = (n, n, \cdots, n)$ 为唯一一组整数解.

59. 设 $ab + bc + ca = M, abc = n$,则

$$(x-a)(x-b)(x-c) = x^3 - (a+b+c)x^2 + (ab+bc+ca)x - abc =$$
$$x^3 - x^2 + Mx - n$$

令 $x=a$,则有 $a^3 = a^2 - Ma + n$,于是
$$\sum a^3 = \sum a^2 - M\sum a + 3n$$
$$\sum a^4 = \sum a^3 - M\sum a^2 + n\sum a = (1-M)\sum a^3 - M\sum a + n\sum a + 3n =$$
$$(1-M)(1-2M) - M + n + 3n = 1 - 4M + 2M^2 + 4n$$

所以
$$\sum(1-a^2)^2 = 3 - 2\sum a^2 + \sum a^4 = 3 - 2(1-2M) + 1 - 4M + 2M^2 + 4n =$$
$$2M^2 + 4n + 2 \geqslant 2$$

等号当 $a,b,c$ 中有 2 个为 0 时取到. 又
$$(1+a)(1+b)(1+c) = 2 + M + n$$

则 $2M^2 + 4n + 2 \leqslant 2 + M + n$ 相当于 $3n \leqslant M - 2M^2$,即
$$3abc \leqslant M(1-2M) = (ab+bc+ca)(a^2+b^2+c^2)$$

即
$$3 \leqslant \left(\frac{1}{a} + \frac{1}{b} + \frac{1}{c}\right)(a^2+b^2+c^2) \qquad ①$$

而由柯西不等式得
$$3(a^2+b^2+c^2) \geqslant (a+b+c)^2 = a+b+c$$

于是
$$3(a^2+b^2+c^2)\left(\frac{1}{a}+\frac{1}{b}+\frac{1}{c}\right) \geqslant (a+b+c)\left(\frac{1}{a}+\frac{1}{b}+\frac{1}{c}\right) \geqslant 9$$

故 ① 成立,且等号当 $a=b=c=\dfrac{1}{3}$ 时成立.

60. 由柯西不等式,得
$$\frac{a_1^2}{x_1} + \frac{a_2^2}{x_2} + \cdots + \frac{a_n^2}{x_n} \geqslant \frac{(a_1+a_2+\cdots+a_n)^2}{x_1+x_2+\cdots+x_n}$$

其中 $x_1, x_2, \cdots, x_n$ 为正实数. 于是有
$$\frac{a_1}{a_2^2+1} + \frac{a_2}{a_3^2+1} + \cdots + \frac{a_{n-1}}{a_n^2+1} + \frac{a_n}{a_1^2+1} =$$
$$\frac{a_1^3}{a_1^2 a_2^2 + a_1^2} + \frac{a_2^3}{a_2^2 a_3^2 + a_2^2} + \cdots + \frac{a_{n-1}^3}{a_{n-1}^2 a_n^2 + a_{n-1}^2} + \frac{a_n^3}{a_n^2 a_1^2 + a_n^2} \geqslant$$
$$\frac{a_1\sqrt{a_1} + a_2\sqrt{a_2} + \cdots + a_n\sqrt{a_n}}{a_1^2 a_2^2 + a_2^2 a_3^2 + \cdots + a_{n-1}^2 a_n^2 + a_n^2 a_1^2 + 1}$$

因此,只需证明 $a_1^2 a_2^2 + a_2^2 a_3^2 + \cdots + a_{n-1}^2 a_n^2 + a_n^2 a_1^2 \leqslant \dfrac{1}{4}$,其中 $n \geqslant 4$,且 $a_1^2 +$

$a_2^2 + \cdots + a_n^2 = 1$. 一般地,对于正数 $x_1, x_2, \cdots, x_n$,当 $n \geq 4$,且 $x_1 + x_2 + \cdots + x_n = 1$ 时,有 $x_1 x_2 + x_2 x_3 + \cdots + x_n x_1 \leq \dfrac{1}{4}$.

当 $n$ 为偶数时,有

$$x_1 x_2 + x_2 x_3 + \cdots + x_n x_1 \leq (x_1 + x_3 + \cdots + x_{n-1})(x_2 + x_4 + \cdots + x_n) \leq \dfrac{1}{4}$$

当 $n$ 为奇数,且 $n \geq 5$ 时,不妨设 $x_1 \geq x_2$. 因为 $x_1 x_2 + x_2 x_3 + x_3 x_4 \leq x_1(x_2 + x_3) + (x_2 + x_3)x_4$,用 $x_1, x_2 + x_3, x_4, \cdots, x_n$ 代替 $x_1, x_2, \cdots, x_n$,所证不等式的左端变大,利用项数为偶数的情形即知结论成立.

61. 设原式为 $A$,由柯西不等式,有

$$A[a_1(a_2 + 3a_3 + 5a_4 + 7a_5) + a_2(a_3 + 3a_4 + 5a_5 + 7a_1) + \cdots + a_5(a_1 + 3a_2 + 5a_3 + 7a_4)] \geq (a_1 + a_2 + a_3 + a_4 + a_5)^2 \quad \text{①}$$

于是,有

$$A \geq \dfrac{(a_1 + a_2 + a_3 + a_4 + a_5)^2}{8 \sum_{1 \leq i < j \leq 5} a_i a_j}$$

因为

$$4(a_1 + a_2 + a_3 + a_4 + a_5)^2 - 10 \sum_{1 \leq i < j \leq 5} a_i a_j = \sum_{1 \leq i < j \leq 5} (a_i - a_j)^2 \geq 0 \quad \text{②}$$

所以 $(a_1 + a_2 + a_3 + a_4 + a_5)^2 \geq \dfrac{5}{2} \sum_{1 \leq i < j \leq 5} a_i a_j$,从而 $A \geq \dfrac{5}{16}$.

当 $a_1 = a_2 = a_3 = a_4 = a_5$ 时,式①、②中的等号都成立,即有 $A = \dfrac{5}{16}$.

综上所述,所求的最小值为 $\dfrac{5}{16}$.

62. 由柯西不等式得

$$(a^3 + b^3 + c^3)(a + b + c) \geq (a^2 + b^2 + c^2)^2$$
$$(1 + 1 + 1)(a^2 + b^2 + c^2) \geq (a + b + c)^2$$

于是

$$(a^3 + b^3 + c^3)(a + b + c) \geq (a^2 + b^2 + c^2)^2 \geq$$
$$(a^2 + b^2 + c^2)(a^2 + b^2 + c^2) \geq$$
$$(a^2 + b^2 + c^2) \cdot \dfrac{1}{3}(a + b + c)^2$$

即

$$\dfrac{a^3 + b^3 + c^3}{a + b + c} \geq \dfrac{a^2 + b^2 + c^2}{3}$$

同理

$$\frac{b^3+c^3+d^3}{b+c+d} \geq \frac{b^2+c^2+d^2}{3}$$

$$\frac{c^3+d^3+a^3}{c+d+a} \geq \frac{c^2+d^2+a^2}{3}$$

$$\frac{d^3+a^3+b^3}{d+a+b} \geq \frac{d^2+a^2+b^2}{3}$$

将上述四个不等式相加得

$$\frac{a^3+b^3+c^3}{a+b+c}+\frac{b^3+c^3+d^3}{b+c+d}+\frac{c^3+d^3+a^3}{c+d+a}+\frac{d^3+a^3+b^3}{d+a+b} \geq a^2+b^2+c^2+d^2$$

63. 由柯西不等式得

$$(\frac{1}{P_1+P_2}+\frac{1}{P_2+P_3}+\cdots+\frac{1}{P_{n-2}+P_{n-1}}+\frac{1}{P_{n-1}+P_n})$$
$$[(P_1+P_2)+(P_2+P_3)+\cdots+(P_{n-2}+P_{n-1})+(P_{n-1}+P_n)] \geq$$
$$(n-1)^2$$

则

$$\frac{1}{P_1+P_2}+\frac{1}{P_2+P_3}+\cdots+\frac{1}{P_{n-2}+P_{n-1}}+\frac{1}{P_{n-1}+P_n} \geq$$
$$\frac{(n-1)^2}{2(P_1+P_2+\cdots+P_{n-1}+P_n)-P_1-P_n} \geq$$
$$\frac{(n-1)^2}{n(n+1)-3}=\frac{(n-1)^2}{(n-1)(n+2)-1} >$$
$$\frac{(n-1)^2}{(n-1)(n+2)}=\frac{n-1}{n-2}$$

64. 不妨设 $x_i \geq 0 (i=1,2,\cdots,n)$,否则用 $-x_i$ 代替 $x_i$,由柯西不等式得

$$x_1+x_2+\cdots+x_n \leq \sqrt{n} \cdot \sqrt{x_1^2+x_2^2++x_n^2}=\sqrt{n}$$

所以对一切的 $a_i=0,1,2,\cdots,k-1(i=1,2,\cdots,n)$,均有

$$a_1x_1+a_2x_2+\cdots+a_nx_n \leq (k-1)(x_1+x_2+\cdots+x_n) \leq (k-1)\sqrt{n}$$

即这 $k^n$ 个 $a_1x_1+a_2x_2+\cdots+a_nx_n$ 均在区间 $[0,(k-1)\sqrt{n}]$ 中,将区间 $[0,(k-1)\sqrt{n}]$ 分成 $k^n-1$ 等份,每份长为 $\frac{(k-1)\sqrt{n}}{k^n-1}$,由抽屉原理,上述 $k^n$ 个数必有两个不同的,设为 $a'_1x_1+a'_2x_2+\cdots+a'_nx_n$ 和 $a''_1x_1+a''_2x_2+\cdots+a''_nx_n$ 落在同一份内,令 $a_i=a'_i-a''_i(i=1,2,\cdots,n)$,则 $a_i$ 为整数,不全为零, $|a_i| \leq k-1(i=1,2,\cdots,n)$,并且 $|a_1x_1+a_2x_2+\cdots+a_nx_n| \leq \frac{(k-1)\sqrt{n}}{k^n-1}$.

65. 由柯西不等式得

$$(|x_1| \cdot |y_1|+|x_2| \cdot |y_2|+\cdots+|x_n| \cdot |y_n|)^2 \leq$$

261

$$(x_1^2 + x_2^2 + \cdots + x_n^2)(y_1^2 + y_2^2 + \cdots + y_n^2) = 1$$

故
$$|x_1 y_1| + |x_2 y_2| + \cdots + |x_n y_n| \leq 1$$

当 $b_1, b_2, \cdots, b_n \in \{0, 1\}$ 时,显然
$$0 \leq b_1 |x_1 y_1| + b_2 |x_2 y_2| + \cdots + b_n |x_n y_n| \leq 1$$

将区间 $[0, 1]$ 等分成 $2^n - 1$ 个小区间,每个小区间的长度为 $\dfrac{1}{2^n - 1}$. 由每个 $b_i$ 只能取 0 与 1, 故共有 $2^n$ 个数 $b_1 |x_1 y_1| + b_2 |x_2 y_2| + \cdots + b_n |x_n y_n|$ 落在区间 $[0, 1]$ 中. 由抽屉原理,必有两个数落在同一个小区间中,设这两个数分别为 $b'_1 |x_1 y_1| + b'_2 |x_2 y_2| + \cdots + b'_n |x_n y_n|$ 和 $b''_1 |x_1 y_1| + b''_2 |x_2 y_2| + \cdots + b''_n |x_n y_n|$.

此处 $|b'_i - b''_i|$ 不全为 0. 则有
$$\left| \sum_{i=1}^{n} (b'_i - b''_i) |x_i y_i| \right| \leq \frac{1}{2^n - 1} \qquad ①$$

显然, $|b'_i - b''_i| \leq 1 (i = 1, 2, \cdots, n)$.

取 $a_i = \begin{cases} b'_i - b''_i & \text{当 } x_i y_i \geq 0 \text{ 时} \\ b''_i - b'_i & \text{当 } x_i y_i < 0 \text{ 时} \end{cases}$.

则 $a_i \in \{-1, 0, 1\}$, $a_i$ 不全为 0, 且由①式得
$$|a_1 x_1 y_1 + a_2 x_2 y_2 + \cdots + a_n x_n y_n| \leq \frac{1}{2^n - 1}$$

66. (1) 原不等式等价于
$$\frac{(a-b)^2}{b} + \frac{(b-c)^2}{c} + \frac{(c-a)^2}{c} \geq \frac{4(a-b)^2}{a+b+c}$$

由柯西不等式得
$$(b + c + a)\left[ \frac{(a-b)^2}{b} + \frac{(b-c)^2}{c} + \frac{(c-a)^2}{c} \right] \geq$$
$$(|a-b| + |b-c| + |c-a|)^2 \geq$$
$$4(\max(a,b,c) - \min(a,b,c))^2 \geq 4(a-b)^2$$

故 $\dfrac{(a-b)^2}{b} + \dfrac{(b-c)^2}{c} + \dfrac{(c-a)^2}{c} \geq \dfrac{4(a-b)^2}{a+b+c}$. 从而命题得证.

(2) 由于 $x^2 + y^2 - 2xy = (x-y)^2$, 所以 $\dfrac{x^2}{y} = 2x - y + \dfrac{(x-y)^2}{y}$, 于是
$$\frac{x_k^2}{x_{k+1}} = 2x_k - x_{k+1} + \frac{(x_k - x_{k+1})^2}{x_{k+1}} \quad (k = 1, 2, \cdots, n, \text{其中 } x_{n+1} = x_1)$$

把这 $n$ 个等式相加得

$$\frac{x_1^2}{x_2} + \frac{x_2^2}{x_3} + \cdots + \frac{x_{n-1}^2}{x_n} + \frac{x_n^2}{x_1} = x_1 + x_2 + \cdots + x_n + \sum_{k=1}^{n} \frac{(x_k - x_{k+1})^2}{x_{k+1}}$$

由柯西不等式得

$$(x_3 + x_4 + \cdots + x_n + x_1) \sum_{k=2}^{n} \frac{(x_k - x_{k+1})^2}{x_{k+1}} \geqslant \left[\sum_{k=2}^{n} (x_k - x_{k+1})\right]^2 = (x_2 - x_1)^2$$

即

$$\sum_{k=2}^{n} \frac{(x_k - x_{k+1})^2}{x_{k+1}} \geqslant \frac{(x_2 - x_1)^2}{x_3 + x_4 + \cdots + x_n + x_1}$$

所以

$$\frac{x_1^2}{x_2} + \frac{x_2^2}{x_3} + \cdots + \frac{x_{n-1}^2}{x_n} + \frac{x_n^2}{x_1} \geqslant$$
$$x_1 + x_2 + \cdots + x_n + \frac{(x_1 - x_2)^2}{x_2} +$$
$$\frac{(x_2 - x_1)^2}{x_3 + x_4 + \cdots + x_n + x_1}$$

又由柯西不等式得

$$\frac{1^2}{x_2} + \frac{1^2}{x_3 + x_4 + \cdots + x_n + x_1} \geqslant \frac{2^2}{x_2 + x_3 + x_4 + \cdots + x_n + x_1} = \frac{4}{x_1 + x_2 + \cdots + x_n}$$

所以

$$\frac{x_1^2}{x_2} + \frac{x_2^2}{x_3} + \cdots + \frac{x_{n-1}^2}{x_n} + \frac{x_n^2}{x_1} \geqslant x_1 + x_2 + \cdots + x_n + \frac{4(x_1 - x_2)^2}{x_1 + x_2 + \cdots + x_n}$$

(3) 在(2)中取 $n = 4$,并将条件代入即得.

67. 由柯西不等式得

$$\left(\frac{b_1^3}{a_1} + \frac{b_2^3}{a_2} + \cdots + \frac{b_n^3}{a_n}\right)(a_1 b_1 + a_2 b_2 + \cdots + a_n b_n) \geqslant$$
$$(b_1^2 + b_2^2 + \cdots + b_n^2)^2 =$$
$$\sqrt{(b_1^2 + b_2^2 + \cdots + b_n^2)(b_1^2 + b_2^2 + \cdots + b_n^2)^3} =$$
$$\sqrt{(b_1^2 + b_2^2 + \cdots + b_n^2)(a_1^2 + a_2^2 + \cdots + a_n^2)} \geqslant$$
$$a_1 b_1 + a_2 b_2 + \cdots + a_n b_n$$

因为 $a_1 b_1 + a_2 b_2 + \cdots + a_n b_n > 0$,所以 $\frac{b_1^3}{a_1} + \frac{b_2^3}{a_2} + \cdots + \frac{b_n^3}{a_n} \geqslant 1$.

68. 由柯西不等式得

$$\frac{k^2(k+1)^2}{4} = \left(\sum_{i=1}^{k} \frac{i}{\sqrt{a_i}} \cdot \sqrt{a_i}\right)^2 \leqslant \sum_{i=1}^{k} \frac{i^2}{a_i} \sum_{i=1}^{n} a_i$$

所以

$$\frac{k}{\sum_{i=1}^{k} a_i} \leq \frac{4}{k(k+1)^2} \sum_{i=1}^{k} \frac{i^2}{a_i}, k = 1,2,\cdots,n$$

求和得

$$\sum_{i=1}^{n} \frac{k}{\sum_{i=1}^{k} a_i} \leq \sum_{i=1}^{k} \left[ \frac{4}{k(k+1)^2} \sum_{i=1}^{k} \frac{i^2}{a_i} \right] < 2 \sum_{i=1}^{n} \left[ \frac{i^2}{a_i} \sum_{k=i}^{n} \frac{2k+1}{k^2(k+1)^2} \right] =$$

$$2 \sum_{i=1}^{n} \left[ \frac{i^2}{a_i} \sum_{k=i}^{n} \left( \frac{1}{k^2} - \frac{1}{(k+1)^2} \right) \right] = 2 \sum_{i=1}^{n} \frac{i^2}{a_i} \cdot \left( \frac{1}{i^2} - \frac{1}{(n+1)^2} \right) <$$

$$2 \sum_{i=1}^{n} \frac{i^2}{a_i} \cdot \frac{1}{i^2} = 2 \sum_{i=1}^{n} \frac{1}{a_i}$$

**69.** 只需对任意 $1 \leq k \leq n$, 证明 $a_k^2 \leq \frac{n}{3} \sum_{i=1}^{n-1} (a_i - a_{i+1})^2$ 即可. 记 $d_k = a_k - a_{k+1}, k = 1,2,\cdots,n-1$. 则

$$a_k = a_k$$

$$a_{k+1} = a_k - d_k, a_{k+2} = a_k - d_k - d_{k+1}, \cdots, a_n = a_k - d_k - d_{k+1} - \cdots - d_{n-1}$$

$$a_{k-1} = a_k + d_{k-1}, a_{k-2} = a_k + d_{k-1} + d_{k-2}, \cdots, a_1 = a_k + d_{k-1} + d_{k-2} + \cdots + d_1$$

把上面这 $n$ 个等式相加并利用 $a_1 + a_2 + \cdots + a_n = 0$ 可得

$$na_k - (n-k)d_k - (n-k-1)d_{k+1} - \cdots - d_{n-1} + (k-1)d_{k-1} + (k-2)d_{k-2} + \cdots + d_1 = 0$$

由柯西不等式可得

$$(na_k)^2 = ((n-k)d_k + (n-k-1)d_{k+1} + \cdots + d_{n-1} - (k-1)d_{k-1} - (k-2)d_{k-2} - \cdots - d_1)^2 \leq$$

$$\left( \sum_{i=1}^{k-1} i^2 + \sum_{i=1}^{n-k} i^2 \right) \left( \sum_{i=1}^{n-1} d_i^2 \right) \leq$$

$$\left( \sum_{i=1}^{n-1} i^2 \right) \left( \sum_{i=1}^{n-1} d_i^2 \right) = \frac{n(n-1)(2n-1)}{6} \left( \sum_{i=1}^{n-1} d_i^2 \right) \leq$$

$$\frac{n^3}{3} \left( \sum_{i=1}^{n-1} d_i^2 \right)$$

所以

$$a_k^2 \leq \frac{n}{3} \sum_{i=1}^{n-1} (a_i - a_{i+1})^2$$

所以

$$a_k^2 \leq \frac{n}{3} \sum_{i=1}^{n-1} (a_i - a_{i+1})^2$$

**70.** 由柯西不等式得

$$(\sum_{i=1}^{n}(a_i-b_i))^2 \leq \sum_{i=1}^{n}(a_i+b_i)(\sum_{i=1}^{n}\frac{(a_i-b_i)^2}{a_i+b_i})$$

故

$$AB = \sum_{i=1}^{n}a_i \sum_{i=1}^{n}b_i = \frac{1}{4}[(\sum_{i=1}^{n}a_i + \sum_{i=1}^{n}b_i)^2 - (\sum_{i=1}^{n}a_i - \sum_{i=1}^{n}b_i)^2] =$$

$$\frac{1}{4}[(\sum_{i=1}^{n}(a_i+b_i))^2 - (\sum_{i=1}^{n}(a_i-b_i))^2] \geq$$

$$\frac{1}{4}[(\sum_{i=1}^{n}(a_i+b_i))^2 - \sum_{i=1}^{n}(a_i+b_i)(\sum_{i=1}^{n}\frac{(a_i-b_i)^2}{a_i+b_i})] =$$

$$\sum_{i=1}^{n}(a_i+b_i)[\frac{1}{4}\sum_{i=1}^{n}(a_i+b_i) - \frac{1}{4}\sum_{i=1}^{n}\frac{(a_i-b_i)^2}{a_i+b_i}] =$$

$$\sum_{i=1}^{n}(a_i+b_i)\sum_{i=1}^{n}\frac{(a_i+b_i)^2-(a_i-b_i)^2}{4(a_i+b_i)} = \sum_{i=1}^{n}(a_i+b_i)\sum_{i=1}^{n}\frac{a_i b_i}{a_i+b_i}$$

**71. 证法一** 由柯西不等式得

$$[\frac{a^3}{(a+b)^3} + \frac{b^3}{(b+c)^3} + \frac{c^3}{(c+a)^3}] \cdot$$
$$[c^3(a+b)^3 + a^3(b+c)^3 + b^3(c+a)^3] \geq$$
$$(\sqrt{(ca)^3} + \sqrt{(ab)^3} + \sqrt{(bc)^3})^2$$

于是,只需证明

$$8(\sqrt{(ca)^3} + \sqrt{(ab)^3} + \sqrt{(bc)^3})^2 \geq$$
$$3[c^3(a+b)^3 + a^3(b+c)^3 + b^3(c+a)^3] \quad ①$$

记 $\sqrt{ab}=x, \sqrt{bc}=y, \sqrt{ca}=z$,不等式 ① 化为

$$8(x^3+y^3+z^3)^2 \geq 3[(x+y)^3+(y+z)^3+(z+x)^3] \quad ②$$

要证明 ②,只要证明

$$8(x^6+y^6+z^6+2x^3y^3+2y^3z^3+2z^3x^3) \geq$$
$$3[2(x^6+y^6+z^6)+3(x^4y^2+x^2y^4)+3(y^4z^2+z^2y^4)+3(x^4z^2+z^2y^4)] \Leftrightarrow$$
$$2(x^6+y^6+z^6)+16(x^3y^3+y^3z^3+z^3x^3) \geq$$
$$9(x^4y^2+x^2y^4)+9(y^4z^2+z^2y^4)+9(x^4z^2+z^2y^4) \quad ③$$

由对称性,我们分开证明下列三个不等式

$$x^6+y^6+16x^3y^3 \geq 9(x^4y^2+x^2y^4) \quad ④$$
$$y^6+z^6+16y^3z^3 \geq 9(y^4z^2+z^2y^4) \quad ⑤$$
$$z^6+x^6+16z^3x^3 \geq 9(x^4z^2+z^2y^4) \quad ⑥$$

事实上,$x^6+y^6+16x^3y^3-9(x^4y^2+x^2y^4) = x^6+y^6-2x^3y^3-9(x^4y^2-2x^3y^3+x^2y^4) = (x^3-y^3)^2-9x^2y^2(x-y)^2 = (x-y)^2[(x^2+xy+y^2)^2-(3xy)^2] = (x-y)^4(x^2+4xy+y^2) \geq 0$.

所以,不等式 ④ 成立. 同理,可证不等式 ⑤⑥ 成立.
④,⑤,⑥ 相加得不等式 ③.

**证法二** 由柯西不等式得

$$\left[\frac{a^3}{(a+b)^3}+\frac{b^3}{(b+c)^3}+\frac{c^3}{(c+a)^3}\right][a(a+b)^3+b(b+c)^3+c(c+a)^3] \geqslant (a^2+b^2+c^2)^2$$

下面证明

$$8(a^2+b^2+c^2)^2 \geqslant 3[a(a+b)^3+b(b+c)^3+c(c+a)^3]$$

即证

$$5(a^4+b^4+c^4)+7(a^2b^2+b^2c^2+c^2a^2) \geqslant 9(a^3b+b^3c+c^3a)+3(ab^3+bc^3+ca^3)$$

因为 $4a^4+b^4+7a^2b^2-9a^3b-3ab^3 = a^4-2a^2b^2+b^4+3a^4-9a^3b+9a^2b^2-3ab^3=(a^2-b^2)^2+3a(a-b)^3=(a-b)^2(4a^2-ab+b^2) \geqslant 0$,所以

$$4a^4+b^4+7a^2b^2 \geqslant 9a^3b+3ab^3$$

同理

$$4b^4+c^4+7b^2c^2 \geqslant 9b^3c+3bc^3, 4b^4+c^4+7b^2c^2 \geqslant 9b^3c+3bc^3$$

将这三个不等式相加得

$$5(a^4+b^4+c^4)+7(a^2b^2+b^2c^2+c^2a^2) \geqslant 9(a^3b+b^3c+c^3a)+3(ab^3+bc^3+ca^3)$$

**72. 证法一** 由柯西不等式得

$$\frac{1}{\sqrt{n}}\cdot\sqrt{x_1}+\frac{1}{\sqrt{n}}\cdot\sqrt{x_2}+\cdots+\sqrt{x_n}\cdot\frac{1}{\sqrt{n}} \leqslant$$

$$\sqrt{\frac{1}{n}+x_2+x_3+\cdots+x_n}\cdot\sqrt{x_1+\frac{n-1}{n}}$$

从而

$$\frac{\sqrt{x_1}+\sqrt{x_2}+\cdots+\sqrt{x_n}}{\sqrt{1+x_1}} \leqslant \sqrt{\frac{(n+1-nx_1)(nx_1+n-1)}{n(1+x_1)}} =$$

$$\sqrt{n+2-nx_1-\frac{2n+1}{n(1+x_1)}}$$

同理

$$\frac{\sqrt{x_1}+\sqrt{x_2}+\cdots+\sqrt{x_n}}{\sqrt{1+x_2}} \leqslant \sqrt{n+2-nx_2-\frac{2n+1}{n(1+x_2)}}$$

$$\cdots$$

$$\frac{\sqrt{x_1}+\sqrt{x_2}+\cdots+\sqrt{x_n}}{\sqrt{1+x_n}} \leqslant \sqrt{n+2-nx_n-\frac{2n+1}{n(1+x_n)}}$$

将上面 $n$ 个不等式相加得

$$(\sum_{i=1}^{n} \sqrt{x_i})(\sum_{i=1}^{n} \frac{1}{\sqrt{1+x_i}}) \leq \sum_{i=1}^{n} \sqrt{n+2-nx_i - \frac{2n+1}{n(1+x_i)}} \quad ②$$

又由柯西不等式得

$$\sum_{i=1}^{n} \sqrt{n+2-nx_i - \frac{2n+1}{n(1+x_i)}} \leq \sqrt{n} \sqrt{n^2+2n - \frac{2n+1}{n} \sum_{i=1}^{n} \frac{1}{1+x_i}} \quad ③$$

由柯西不等式得

$$\sum_{i=1}^{n} \frac{1}{1+x_i} \sum_{i=1}^{n} (1+x_i) \geq n^2 \quad ④$$

又 $\sum_{i=1}^{n} x_i = 1$,所以

$$\sum_{i=1}^{n} \frac{1}{1+x_i} \geq \frac{n^2}{n+1} \quad ⑤$$

由不等式 ⑤ 得

$$\sqrt{n^2+2n - \frac{2n+1}{n} \sum_{i=1}^{n} \frac{1}{1+x_i}} \leq \sqrt{n^2+2n - \frac{2n+1}{n} \cdot \frac{n^2}{n+1}} = \sqrt{\frac{n^3}{n+1}} \quad ⑥$$

将不等式 ⑥ 代入 ③ 得

$$\sum_{i=1}^{n} \sqrt{n+2-nx_i - \frac{2n+1}{n(1+x_i)}} \leq \frac{n^2}{\sqrt{n+1}} \quad ⑦$$

所以

$$(\sum_{i=1}^{n} \sqrt{x_i})(\sum_{i=1}^{n} \frac{1}{\sqrt{1+x_i}}) \leq \frac{n^2}{\sqrt{n+1}}$$

**证法二**

$$(\sum_{i=1}^{n} \sqrt{x_i})(\sum_{i=1}^{n} \frac{1}{\sqrt{1+x_i}}) = \sum_{i=1}^{n} \sqrt{x_i} [\sum_{i=1}^{n} \sqrt{1+x_i} - \sum_{i=1}^{n} \frac{x_i}{1+x_i}] \leq$$

$$\sum_{i=1}^{n} \sqrt{x_i} [\sum_{i=1}^{n} \sqrt{1+x_i} - \frac{(\sum_{i=1}^{n} \sqrt{x_i})^2}{\sum_{i=1}^{n} \sqrt{1+x_i}}] \leq$$

$$\sum_{i=1}^{n} \sqrt{x_i} [\sqrt{n \sum_{i=1}^{n} (1+x_i)} - \frac{(\sum_{i=1}^{n} \sqrt{x_i})^2}{\sqrt{n \sum_{i=1}^{n} (1+x_i)}}] =$$

$$\sum_{i=1}^{n} \sqrt{x_i} [\sqrt{n(n+1)} - \frac{(\sum_{i=1}^{n} \sqrt{x_i})^2}{\sqrt{n(n+1)}}]$$

令 $y = \sum_{i=1}^{n} \sqrt{x_i}$，则 $y \leq \sqrt{n \sum_{i=1}^{n} x_i} = \sqrt{n}$，于是只要证明

$$y\left[\sqrt{n(n+1)} - \frac{y_2}{\sqrt{n(n+1)}}\right] \leq \frac{n^2}{\sqrt{n+1}} \Leftrightarrow y^3 - n(n+1)y + n^2\sqrt{n} \geq 0 \Leftrightarrow$$

$$(y - \sqrt{n})(y^2 + \sqrt{n}\, y - n^2) \geq 0 \qquad ②$$

因为 $y - \sqrt{n} \leq 0$, $y^2 + \sqrt{n}\, y - n^2 \leq n + n - n^2 = 2n - n^2 \leq 0$，所以 ② 成立，从而 ① 成立.

**证法三**　由柯西不等式得

$$\left(\sum_{i=1}^{n} \sqrt{x_i}\right)^2 \leq \left[\sum_{i=1}^{n}(1+x_i)\right] \sum_{i=1}^{n} \frac{x_i}{1+x_i} = (n+1)\sum_{i=1}^{n} \frac{x_i}{1+x_i} =$$

$$(n+1)\left[\sum_{i=1}^{n}\left(1 - \frac{1}{1+x_i}\right)\right] =$$

$$(n+1)\left(n - \sum_{i=1}^{n} \frac{1}{1+x_i}\right)$$

又由柯西不等式得 $\sum_{i=1}^{n} \frac{1}{\sqrt{1+x_i}} \leq \sqrt{n \sum_{i=1}^{n}\left(\frac{1}{1+x_i}\right)}$，所以

$$\left(\sum_{i=1}^{n} \sqrt{x_i}\right)\left(\sum_{i=1}^{n} \frac{1}{\sqrt{1+x_i}}\right) \leq \sqrt{(n+1)\left(n - \sum_{i=1}^{n} \frac{1}{1+x_i}\right)} \sqrt{n \sum_{i=1}^{n} \frac{1}{1+x_i}} =$$

$$\sqrt{(n+1)n \sum_{i=1}^{n} \frac{1}{1+x_i}\left(n - \sum_{i=1}^{n} \frac{1}{1+x_i}\right)}$$

下面求 $\sum_{i=1}^{n} \frac{1}{1+x_i}\left(n - \sum_{i=1}^{n} \frac{1}{1+x_i}\right)$ 的最大值. 记 $A = \sum_{i=1}^{n} \frac{1}{1+x_i}$，由柯西不等式得 $\sum_{i=1}^{n} \frac{1}{1+x_i} \sum_{i=1}^{n}(1+x_i) \geq n^2$，所以 $\sum_{i=1}^{n} \frac{1}{1+x_i} \geq \frac{n^2}{n+1} \geq \frac{n}{2}$，所以 $f(A) = A(n-A) = -\left(A - \frac{n}{2}\right)^2 + \frac{n^2}{4}$ 在 $\left[\frac{n^2}{n+1}, +\infty\right)$ 单调递减，所以

$$f(A) \leq f\left(\frac{n^2}{n+1}\right) = \frac{n^2}{n+1}\left(n - \frac{n^2}{n+1}\right) = \frac{n^3}{(n+1)^2}$$

即

$$\sum_{i=1}^{n} \frac{1}{1+x_i}\left(n - \sum_{i=1}^{n} \frac{1}{1+x_i}\right) \leq \frac{n^3}{(n+1)^2}$$

所以

$$\left(\sum_{i=1}^{n} \sqrt{x_i}\right)\left(\sum_{i=1}^{n} \frac{1}{\sqrt{1+x_i}}\right) \leq$$

$$\sqrt{(n+1)n\sum_{i=1}^{n}\frac{1}{1+x_i}(n-\sum_{i=1}^{n}\frac{1}{1+x_i})} \leqslant$$

$$\frac{n^2}{\sqrt{n+1}}$$

**证法四** （赵斌）由均值不等式得

$$2\sqrt{(n\sum_{i=1}^{n}\sqrt{x_i})\sqrt{n+1}(\sum_{i=1}^{n}\frac{1}{\sqrt{1+x_i}})} \leqslant n(\sum_{i=1}^{n}\sqrt{x_i}) + \sqrt{n+1}(\sum_{i=1}^{n}\frac{1}{\sqrt{1+x_i}})$$

令 $f(t) = n\sqrt{t} + \frac{\sqrt{n+1}}{\sqrt{1+t}}$，其中 $0 < t \leqslant 1$. 从而

$$f'(t) = -\frac{1}{4}(\frac{n}{t^{\frac{3}{2}}} - \frac{3\sqrt{n+1}}{(1+t)^{\frac{5}{2}}}) \leqslant -\frac{1}{4}(\frac{n}{t^{\frac{3}{2}}} - \frac{3\sqrt{n+1}}{4\sqrt{2}(1+t)^{\frac{3}{2}}}) =$$

$$\frac{1}{16\sqrt{2}t^{\frac{3}{2}}}(4\sqrt{2}n - 3\sqrt{n+1}) < 0, 0 < t \leqslant 1$$

（以上用到不等式 $(1+t)^{\frac{5}{2}} \geqslant \frac{(1+t)^3}{\sqrt{2}} \geqslant \frac{(2\sqrt{t})^3}{\sqrt{2}} = 4\sqrt{2}t^{\frac{3}{2}}$）

从而函数 $f(t)$ 为 $(0,1]$ 的上凸函数，所以由琴生不等式得到

$$n(\sum_{i=1}^{n}\sqrt{x_i}) + \sqrt{n+1}(\sum_{i=1}^{n}\frac{1}{\sqrt{1+x_i}}) = \sum_{i=1}^{n}f(x_i) \leqslant$$

$$nf(\frac{x_1+x_2+\cdots+x_n}{n}) = nf(\frac{1}{n}) = 2n\sqrt{n}$$

于是

$$(\sum_{i=1}^{n}\sqrt{x_i})(\sum_{i=1}^{n}\frac{1}{\sqrt{1+x_i}}) \leqslant \frac{n^2}{\sqrt{n+1}}$$

73. **证法一** 因为

$$\tan^2\alpha + \tan^2\beta + \tan^2\gamma = \frac{\sin^2\alpha}{1-\sin^2\alpha} + \frac{\sin^2\beta}{1-\sin^2\beta} + \frac{\sin^2\gamma}{1-\sin^2\gamma} =$$

$$\frac{1}{1-\sin^2\alpha} + \frac{1}{1-\sin^2\beta} + \frac{1}{1-\sin^2\gamma} - 3 \geqslant$$

$$\frac{9}{3-(\sin^2\alpha+\sin^2\beta+\sin^2\gamma)} - 3$$

又因为

$$\sin^2\alpha + \sin^2\beta + \sin^2\gamma \geqslant \frac{(\sin\alpha+\sin\beta+\sin\gamma)^2}{3} = \frac{1}{3}$$

所以

$$\tan^2\alpha + \tan^2\beta + \tan^2\gamma \geqslant \frac{3}{8}$$

**证法二**  由柯西不等式得
$$(\cos^2\alpha + \cos^2\beta + \cos^2\gamma)(\tan^2\alpha + \tan^2\beta + \tan^2\gamma) \geq$$
$$(\sin\alpha + \sin\beta + \sin\gamma)^2 = 1$$
$$\sin^2\alpha + \sin^2\beta + \sin^2\gamma \geq \frac{(\sin\alpha + \sin\beta + \sin\gamma)^2}{3} = \frac{1}{3}$$

所以
$$\cos^2\alpha + \cos^2\beta + \cos^2\gamma = 3 - (\sin^2\alpha + \sin^2\beta + \sin^2\gamma) \leq 3 - \frac{1}{3} = \frac{8}{3}$$

于是
$$\tan^2\alpha + \tan^2\beta + \tan^2\gamma \geq \frac{3}{8}$$

74. **证法一**  由柯西不等式得
$$\frac{a^2}{b^2+1} + \frac{b^2}{c^2+1} + \frac{c^2}{a^2+1} = \frac{a^4}{a^2b^2+a^2} + \frac{b^4}{b^2c^2+b^2} + \frac{c^4}{c^2a^2+c^2} \geq$$
$$\frac{(a^2+b^2+c^2)^2}{a^2b^2+b^2c^2+c^2a^2+a^2+b^2+c^2}$$

下面用分析法证明
$$2(a^2+b^2+c^2)^2 \geq 3(a^2b^2+b^2c^2+c^2a^2+a^2+b^2+c^2)$$

因为 $(a^2+b^2+c^2)^2 \geq 3(a^2b^2+b^2c^2+c^2a^2)$,所以只要证, $(a^2+b^2+c^2)^2 \geq 3(a^2+b^2+c^2)$,即证 $a^2+b^2+c^2 \geq 3$.

因为 $a+b+c=3$,所以由柯西不等式得 $3(a^2+b^2+c^2) \geq (a+b+c)^2$. 所以, $a^2+b^2+c^2 \geq 3$.

**证法二**  由均值不等式得
$$3(ab+bc+ca) \leq (a+b+c)^2$$

又由均值不等式得
$$\frac{a^2}{b^2+1} = a - \frac{ab^2}{b^2+1} \geq a - \frac{ab^2}{2b} = a - \frac{ab}{2}$$

同理
$$\frac{b^2}{c^2+1} \geq b - \frac{bc}{2}, \frac{c^2}{a^2+1} \geq c - \frac{ca}{2}$$

相加得
$$\frac{a^2}{b^2+1} + \frac{b^2}{c^2+1} + \frac{c^2}{a^2+1} \geq (a+b+c) - \frac{1}{2}(ab+bc+ca) \geq$$
$$(a+b+c) - \frac{3}{2}(a+b+c)^2 = \frac{3}{2}$$

75. 由柯西不等式得

$$\left(\frac{x}{\sqrt{y+z}} + \frac{y}{\sqrt{z+x}} + \frac{z}{\sqrt{x+y}}\right)(x\sqrt{y+z} + y\sqrt{z+x} + z\sqrt{x+y}) \geq (x+y+z)^2$$

又由柯西不等式得
$$x\sqrt{y+z} + y\sqrt{z+x} + z\sqrt{x+y} = \sqrt{x} \cdot \sqrt{x(y+z)} +$$
$$\sqrt{y} \cdot \sqrt{y(z+x)} + \sqrt{z} \cdot \sqrt{z(x+y)} \leq$$
$$\sqrt{x+y+z} \cdot \sqrt{x(y+z) + y(z+x) + z(x+y)}$$

即
$$x\sqrt{y+z} + y\sqrt{z+x} + z\sqrt{x+y} \leq \sqrt{2(x+y+z)} \cdot \sqrt{xy+yz+zx}$$

所以
$$\frac{x}{\sqrt{y+z}} + \frac{y}{\sqrt{z+x}} + \frac{z}{\sqrt{x+y}} \geq \frac{(x+y+z)^2}{\sqrt{2(x+y+z)} \cdot \sqrt{xy+yz+zx}} = $$
$$\frac{(x+y+z)\sqrt{x+y+z}}{\sqrt{2} \cdot \sqrt{xy+yz+zx}}$$

因为,$(x+y+z)^2 \geq 3(xy+yz+zx)$,所以
$$x+y+z \geq \sqrt{3(xy+yz+zx)}$$

于是
$$\frac{x}{\sqrt{y+z}} + \frac{y}{\sqrt{z+x}} + \frac{z}{\sqrt{x+y}} \geq \sqrt{\frac{3}{2}(x+y+z)}$$

**76. 证法一**　由柯西不等式得
$$\left(\frac{a^2}{1+2bc} + \frac{b^2}{1+2ca} + \frac{c^2}{1+2ab}\right)(a^2(1+2bc) + b^2(1+2ca) + c^2(1+2ab)) \geq$$
$$(a^2+b^2+c^2)^2 = 1$$
$$a^2(1+2bc) + b^2(1+2ca) + c^2(1+2ab) =$$
$$(a^2+b^2+c^2) + 2abc(a+b+c) = 1 + 2abc(a+b+c)$$

因为
$$(a^2+b^2+c^2)^2 \geq 3(a^2b^2 + b^2c^2 + c^2a^2) =$$
$$\frac{3}{2}[(a^2b^2 + b^2c^2) + (b^2c^2 + c^2a^2) + (a^2b^2 + c^2a^2)] \geq$$
$$\frac{3}{2}(2ab^2c + 2bc^2a + 2a^2bc) =$$
$$3abc(a+b+c)$$

所以
$$abc(a+b+c) \leq \frac{2}{3}(a^2+b^2+c^2)$$

即 $1 + 2abc(a+b+c) \leq \frac{5}{3}$,所以

$$\frac{a^2}{1+2bc} + \frac{b^2}{1+2ca} + \frac{c^2}{1+2ab} \geq \frac{3}{5}$$

**证法二** $\frac{a^2}{1+2bc} = \frac{a^2}{a^2+b^2+c^2+2bc} \geq \frac{a^2}{a^2+b^2+c^2+b^2+c^2} =$
$$\frac{a^2}{a^2+2b^2+2c^2}$$

同理
$$\frac{b^2}{1+2ca} \geq \frac{b^2}{b^2+2c^2+2a^2}$$
$$\frac{c^2}{1+2ab} \geq \frac{c^2}{c^2+2a^2+2b^2}$$

由柯西不等式得
$$\frac{a^2}{a^2+2b^2+2c^2} + \frac{b^2}{b^2+2c^2+2a^2} + \frac{c^2}{c^2+2a^2+2b^2} \geq$$
$$\frac{(a^2+b^2+c^2)^2}{a^2(a^2+2b^2+2c^2)+b^2(b^2+2c^2+2a^2)+c^2(c^2+2a^2+2b^2)}$$

而
$$5(a^2+b^2+c^2)^2 - 3[a^2(a^2+2b^2+2c^2)+b^2(b^2+2c^2+2a^2)+c^2(c^2+2a^2+2b^2)] = (a^2-b^2)^2 + (b^2-c^2)^2 + (a^2-c^2)^2 \geq 0$$

所以
$$\frac{(a^2+b^2+c^2)^2}{a^2(a^2+2b^2+2c^2)+b^2(b^2+2c^2+2a^2)+c^2(c^2+2a^2+2b^2)} \geq \frac{3}{5}$$

77. $\frac{a^3}{b+2c} + \frac{b^3}{c+2a} + \frac{c^3}{a+2b} = \frac{a^4}{ab+2ac} + \frac{b^4}{bc+2ab} + \frac{c^4}{ac+2bc} \geq$
$$\frac{(a^2+b^2+c^2)^2}{ab+2ac+bc+2ab+ac+2bc} = (a^2+b^2+c^2) \cdot \frac{a^2+b^2+c^2}{3(ab+bc+ac)}$$

由 $a^2+b^2+c^2 \geq ab+bc+ac$,所以
$$\frac{a^3}{b+2c} + \frac{b^3}{c+2a} + \frac{c^3}{a+2b} \geq \frac{a^2+b^2+c^2}{3}$$

78. 由柯西不等式得

$$\frac{a}{b^2+1}+\frac{b}{c^2+1}+\frac{c}{a^2+1}=\frac{a^3}{a^2b^2+a^2}+\frac{b^3}{b^2c^2+b^2}+\frac{c^3}{c^2a^2+c^2}\geqslant$$

$$\frac{(a\sqrt{a}+b\sqrt{b}+c\sqrt{c})^2}{a^2b^2+a^2+b^2c^2+b^2+c^2a^2+c^2}=$$

$$\frac{(a\sqrt{a}+b\sqrt{b}+c\sqrt{c})^2}{a^2b^2+b^2c^2+c^2a^2+a^2+b^2+c^2}=\frac{(a\sqrt{a}+b\sqrt{b}+c\sqrt{c})^2}{a^2b^2+b^2c^2+c^2a^2+a^2+b^2+c^2}$$

因为 $a^2+b^2+c^2=1$,所以

$$4-3(a^2b^2+b^2c^2+c^2a^2+a^2+b^2+c^2)=$$
$$4(a^2+b^2+c^2)^2-3(a^2b^2+b^2c^2+c^2a^2+a^2+b^2+c^2)=$$
$$4(a^2+b^2+c^2)^2-3[(a^2b^2+b^2c^2+c^2a^2)+(a^2+b^2+c^2)^2]=$$
$$(a^2+b^2+c^2)^2-3(a^2b^2+b^2c^2+c^2a^2)=$$
$$a^4+b^4+c^4-(a^2b^2+b^2c^2+c^2a^2)\geqslant 0$$

从而

$$\frac{1}{a^2b^2+b^2c^2+c^2a^2+a^2+b^2+c^2}\geqslant\frac{3}{4}$$

79. 由柯西不等式得

$$\frac{a^3}{b^2-bc+c^2}+\frac{b^3}{c^2-ca+a^2}+\frac{c^3}{a^2-ab+b^2}=$$

$$\frac{a^4}{a(b^2-bc+c^2)}+\frac{b^4}{b(c^2-ca+a^2)}+\frac{c^4}{c(a^2-ab+b^2)}\geqslant$$

$$\frac{(a^2+b^2+c^2)^2}{a(b^2-bc+c^2)+b(c^2-ca+a^2)+c(a^2-ab+b^2)}$$

由舒尔不等式得

$$(a^2+b^2+c^2)^2-(a+b+c)[a(b^2-bc+c^2)+$$
$$b(c^2-ca+a^2)+c(a^2-ab+b^2)]=$$
$$a^4+b^4+c^4-(a^3b+ab^3)-(b^3c+bc^3)-$$
$$(a^3c+ac^3)+a^2bc+b^2ca+c^2ab=$$
$$a^2(a-b)(a-c)+b^2(b-a)(b-c)+c^2(c-a)(c-a)\geqslant 0$$

所以

$$\frac{a^3}{b^2-bc+c^2}+\frac{b^3}{c^2-ca+a^2}+\frac{c^3}{a^2-ab+b^2}\geqslant a+b+c$$

80. 将原不等式中的 $x_k$ 换成 $x_k-u$,$u$ 是常数,不等式两端不变. 这就是说不等式等价于证明

$$\sum_{k=0}^{2n}(x_k-u)^2 \geqslant \frac{1}{2n+1}\left[\sum_{k=0}^{2n}(x_k-u)\right]^2 +$$

$$\frac{3}{n(n+1)(2n+1)}\left[\sum_{k=0}^{2n}(k-n)(x_k-u)\right]^2$$

由 $u$ 的任意性,为简单化,我们取 $u=\frac{1}{2n+1}\sum_{k=0}^{2n}x_k$,则 $\sum_{k=0}^{2n}(x_k-u)=0$,即证明

$$\sum_{k=0}^{2n}(x_k-u)^2 \geqslant \frac{3}{n(n+1)(2n+1)}\left[\sum_{k=0}^{2n}(k-n)(x_k-u)\right]^2$$

令 $y_k = x_k - u$,即证明

$$\sum_{k=0}^{2n}y_k^2 \geqslant \frac{3}{n(n+1)(2n+1)}\left[\sum_{k=0}^{2n}(k-n)y_k\right]^2$$

由柯西不等式得

$$\sum_{k=0}^{2n}(k-n)^2 \sum_{k=0}^{2n}y_k^2 \geqslant \sum_{k=0}^{2n}(k-n)y_k)^2$$

即

$$[n^2+(n-1)^2+\cdots+1^2+0^2+1^2+2^2+\cdots+(n-1)^2+n^2] \cdot$$

$$\sum_{k=0}^{2n}y_k^2 \geqslant \sum_{k=0}^{2n}[(k-n)y_k]^2$$

$$2(1^2+2^2+\cdots+(n-1)^2+n^2)\sum_{k=0}^{2n}y_k^2 \geqslant \sum_{k=0}^{2n}(k-n)y_k^2$$

而

$$1^2+2^2+\cdots+(n-1)^2+n^2 = \frac{n(n+1)(2n+1)}{6}$$

所以

$$\sum_{k=0}^{2n}y_k^2 \geqslant \frac{3}{n(n+1)(2n+1)}\left[\sum_{k=0}^{2n}(k-n)y_k\right]^2$$

本题的题目是 2006 年江苏省数学冬令营期间王建伟老师提供的,并根据他给我的思路整理所得.

81. 由柯西不等式得

$$3(x^2+y^2+z^2) \geqslant (x+y+z)^2 = (x+y+z)(x+y+z) \geqslant$$
$$3\sqrt[3]{xyz}(x+y+z) =$$
$$3(x+y+z)$$

所以 $x^2+y^2+z^2 \geqslant x+y+z$

$$2[(x^2+y^2+z^2)-(xy+yz+zx)] = (x-y)^2+(y-z)^2+(z-x)^2 \geqslant 0$$

由均值不等式得

$$x^2 + y^2 + z^2 \geq 3\sqrt[3]{(xyz)^2} = 3$$

于是

$$4(x^2 + y^2 + z^2) - [x + y + z + 2(xy + yz + zx) + 3] =$$
$$(x^2 + y^2 + z^2) - (x + y + z) + 2[(x^2 + y^2 + z^2) - (xy + yz + zx)] +$$
$$(x^2 + y^2 + z^2) - 3 \geq 0$$

即

$$4(x^2 + y^2 + z^2) \geq x + y + z + 2(xy + yz + zx) + 3$$

由柯西不等式得

$$\frac{x^3}{(1+y)(1+z)} + \frac{y^3}{(1+z)(1+x)} + \frac{z^3}{(1+x)(1+y)} =$$
$$\frac{x^4}{x(1+y)(1+z)} + \frac{y^4}{y(1+z)(1+x)} + \frac{z^4}{z(1+x)(1+y)} \geq$$
$$\frac{(x^2+y^2+z^2)^2}{x(1+y)(1+z) + y(1+z)(1+x) + z(1+x)(1+y)} =$$
$$\frac{(x^2+y^2+z^2)^2}{x+y+z+2(xy+yz+zx)+3} \geq \frac{(x^2+y^2+z^2)^2}{4(x^2+y^2+z^2)} =$$
$$\frac{x^2+y^2+z^2}{4} \geq \frac{3\sqrt[3]{(xyz)^2}}{4} = \frac{3}{4}$$

82. 由柯西不等式得

$$(x^2 + y^3)(x + y^2) \geq (x^3 + y^4)(x + y^2) \geq (x^2 + y^3)^2$$

所以

$$x + y^2 \geq x^2 + y^3 \qquad ①$$

同理由 ① 及柯西不等式得

$$(1+y)(x+y^2) \geq (1+y)(x^2+y^3) \geq (x+y^2)^2$$

所以

$$1 + y \geq x + y^2 \qquad ②$$

因此

$$x^3 \leq x^2 + y^3 - y^4 \leq x + y^2 - y^4 \leq 1 + y - y^4$$
$$x^3 + y^3 \leq 1 + y + y^3 - y^4 \qquad ③$$

再由 $1^4 + y^4 \geq 1^3 \cdot y + 1 \cdot y^3$ 得 $y + y^3 \leq 1 + y^4$,所以由 ③ 得

$$x^3 + y^3 \leq 1 + 1 + y^4 - y^4 = 2$$

83. **证法一** 因为 $a, b, c > 0$,且 $\frac{1}{a+b+1} + \frac{1}{b+c+1} + \frac{1}{c+a+1} \geq 1$,所以

$$\frac{a+b}{a+b+1} + \frac{b+c}{b+c+1} + \frac{c+a}{c+a+1} \leq 2$$

利用柯西不等式得

275

$$\frac{a+b}{a+b+1} + \frac{b+c}{b+c+1} + \frac{c+a}{c+a+1} =$$

$$\frac{(a+b)^2}{(a+b)^2+a+b} + \frac{(b+c)^2}{(b+c)^2+b+c} + \frac{(c+a)^2}{(c+a)^2+c+a} \geq$$

$$\frac{[(a+b)+(b+c)+(c+a)]^2}{(a+b)^2+a+b+(b+c)^2+b+c+(c+a)^2+c+a} =$$

$$\frac{4(a+b+c)^2}{(a+b)^2+a+b+(b+c)^2+b+c+(c+a)^2+c+a}$$

所以

$$(a+b)^2+a+b+(b+c)^2+b+c+(c+a)^2+c+a \geq 2(a+b+c)^2$$

即

$$a+b+c \geq ab+bc+ca$$

**证法二** 利用柯西不等式得 $(a+b+1)(a+b+c^2) \geq (a+b+c)^2$,所以

$$\frac{1}{a+b+1} \leq \frac{a+b+c^2}{(a+b+c)^2}$$

同理

$$\frac{1}{b+c+1} \leq \frac{a^2+b+c}{(a+b+c)^2}, \frac{1}{c+a+1} \leq \frac{a+b^2+c}{(a+b+c)^2}$$

于是

$$1 \leq \frac{a+b+c^2}{(a+b+c)^2} + \frac{a^2+b+c}{(a+b+c)^2} + \frac{a+b^2+c}{(a+b+c)^2} =$$

$$\frac{a^2+b^2+c^2+2(a+b+c)}{(a+b+c)^2}$$

整理得

$$a+b+c \geq ab+bc+ca$$

84. (1) 我们只要证明:

$$\sqrt{(a^2+b^2+c^2)(x^2+y^2+z^2)} \geq$$

$$\frac{1}{3}[a(2y+2z-x)+b(2z+2x-y)+c(2x+2y-z)]$$

由柯西不等式变形 3 得

$$\frac{1}{3}[a(2y+2z-x)+b(2z+2x-y)+c(2x+2y-z)] \leq$$

$$\frac{1}{3} | a(2y+2z-x)+b(2z+2x-y)+c(2x+2y-z) | \leq$$

$$\frac{1}{3}\sqrt{(a^2+b^2+c^2)[(2y+2z-x)^2+(2z+2x-y)^2+(2x+2y-z)^2]} =$$

$$\sqrt{(a^2+b^2+c^2)(x^2+y^2+z^2)}$$

(2) 令 $X = \dfrac{x_1+x_2+\cdots+x_n}{n}$,原不等式等价于

$$\sqrt{\left(\sum_{i=1}^{n} a_i^2\right)\left(\sum_{i=1}^{n} x_i^2\right)} \geqslant \sum_{i=1}^{n} a_i(2X-x_i)$$

$$\sum_{i=1}^{n}(2X-x_i)^2 = \sum_{i=1}^{n}(4X^2-4Xx_i+x_i^2) =$$

$$4nX^2 - 4X\sum_{i=1}^{n} x_i + \sum_{i=1}^{n} x_i^2 = 4nX^2 - 4nX^2 + \sum_{i=1}^{n} x_i^2 = \sum_{i=1}^{n} x_i^2$$

由柯西不等式得

$$\left(\sum_{i=1}^{n} a_i^2\right)\sum_{i=1}^{n}(2X-x_i)^2 \geqslant \left[\sum_{i=1}^{n} a_i(2X-x_i)\right]^2$$

即

$$\left(\sum_{i=1}^{n} a_i^2\right)\left(\sum_{i=1}^{n} x_i^2\right) \geqslant \left[\sum_{i=1}^{n} a_i(2X-x_i)\right]^2$$

当且仅当 $\dfrac{a_1}{2X-x_1} = \dfrac{a_2}{2X-x_2} = \cdots = \dfrac{a_n}{2X-x_n}$ 等号成立.

85. 由柯西不等式得

$$\left(a^2 + \frac{1}{2}b^2 + \frac{1}{3}c^2 + \frac{1}{4}d^2\right)(1+2+3+4) \geqslant (a+b+c+d)^2$$

而 $a^2 + \dfrac{1}{2}b^2 + \dfrac{1}{3}c^2 + \dfrac{1}{4}d^2 = \dfrac{1}{2}a^2 + \dfrac{1}{6}(a^2+b^2) + \dfrac{1}{12}(a^2+b^2+c^2) + \dfrac{1}{4}(a^2+b^2+c^2+d^2) \leqslant \dfrac{1}{2}\times 1 + \dfrac{1}{6}\times 5 + \dfrac{1}{12}\times 14 + \dfrac{1}{4}\times 30 = 10$,所以 $a+b+c+d \leqslant 10$.

86. 两边平方后只要证明

$$2\sqrt{(a^2+b^2)(b^2+c^2)} + 2\sqrt{(b^2+c^2)(c^2+a^2)} + 2\sqrt{(c^2+a^2)(a^2+b^2)} \geqslant 2(a^2+b^2+c^2) + 3(ab+bc+ca)$$

由柯西不等式得

$$\sqrt{2(a^2+b^2)} \geqslant |a+b|$$
$$\sqrt{2(b^2+c^2)} \geqslant |b+c|$$
$$\sqrt{2(c^2+a^2)} \geqslant |c+a|$$

$$2\sqrt{(a^2+b^2)(b^2+c^2)} = \sqrt{2(a^2+b^2)}\sqrt{2(b^2+c^2)} \geqslant |a+b|\cdot|b+c| \geqslant (a+b)(b+c) = b^2 + (ab+bc+ca)$$

同理

$$2\sqrt{(b^2+c^2)(c^2+a^2)} \geq b^2 + (ab+bc+ca)$$
$$2\sqrt{(c^2+a^2)(a^2+b^2)} \geq a^2 + (ab+bc+ca)$$

以上三个不等式相加得

$$2\sqrt{(a^2+b^2)(b^2+c^2)} + 2\sqrt{(b^2+c^2)(c^2+a^2)} + 2\sqrt{(c^2+a^2)(a^2+b^2)} \geq$$
$$2(a^2+b^2+c^2) + 3(ab+bc+ca)$$

87. 由柯西不等式得 $3(x^2+y^2+z^2) \geq (x+y+z)^2$,又 $x^2+y^2+z^2=3$,所以

$$x^2+y^2+z^2 \geq x+y+z \qquad ①$$

由柯西不等式得

$$(x^2+y+z)(1+y+z) \geq (x+y+z)^2$$

所以只要证明

$$\frac{x\sqrt{1+y+z} + y\sqrt{1+z+x} + z\sqrt{1+x+y}}{x+y+z} \leq \sqrt{3}$$

再由柯西不等式得

$$(x\sqrt{1+y+z} + y\sqrt{1+z+x} + z\sqrt{1+z+x})^2 =$$
$$(\sqrt{x}\cdot\sqrt{x+xy+zx} + \sqrt{y}\cdot\sqrt{y+yz+xy} + \sqrt{z}\cdot\sqrt{z+zx+xy})^2 \leq$$
$$(x+y+z)[(x+xy+zx) + (y+yz+xy) + (z+zx+xy)] =$$
$$(x+y+z)[(x+y+z) + 2(xy+yz+zx)] \leq$$
$$(x+y+z)[x^2+y^2+z^2 + 2(xy+yz+zx)] =$$
$$(x+y+z)^3$$

所以

$$\frac{x\sqrt{1+y+z} + y\sqrt{1+z+x} + z\sqrt{1+x+y}}{x+y+z} \leq \sqrt{x+y+z}$$

由不等式 ① 有 $\sqrt{x+y+z} \leq \sqrt{x^2+y^2+z^2} = \sqrt{3}$. 不等式得证.

88. 由柯西不等式得

$$(\sqrt{2a^2+3ab-c^2} + \sqrt{2b^2+3bc-a^2} + \sqrt{2c^2+3ca-b^2})$$
$$\left(\frac{a^2}{\sqrt{2a^2+3ab-c^2}} + \frac{b^2}{\sqrt{2b^2+3bc-a^2}} + \frac{c^2}{\sqrt{2c^2+3ca-b^2}}\right) \geq (a+b+c)^2 \qquad ①$$

$$(\sqrt{2a^2+3ab-c^2} + \sqrt{2b^2+3bc-a^2} + \sqrt{2c^2+3ca-b^2})^2 \leq$$
$$(1+1+1)[(2a^2+3ab-c^2) + (2b^2+3bc-a^2) + (2c^2+3ca-b^2)] =$$
$$3[(a^2+b^2+c^2) + 3(ab+bc+ca)] \qquad ②$$

又由均值不等式得 $a^2+b^2+c^2 \geq ab+bc+ca$. 所以

$$4(a+b+c)^2 \geq 3(a^2+b^2+c^2) + 9(ab+bc+ca) \qquad ③$$

由②,③得
$$\sqrt{2a^2+3ab-c^2}+\sqrt{2b^2+3bc-a^2}+\sqrt{2c^2+3ca-b^2}\leq 2(a+b+c) \quad ④$$
由①,④得
$$\frac{a^2}{\sqrt{2a^2+3ab-c^2}}+\frac{b^2}{\sqrt{2b^2+3bc-a^2}}+\frac{c^2}{\sqrt{2c^2+3ca-b^2}}\geq \frac{1}{2}(a+b+c) \quad ⑤$$
由柯西不等式得
$$(\sqrt{2a^2+3ab-c^2}+\sqrt{2b^2+3bc-a^2}+\sqrt{2c^2+3ca-b^2})\cdot$$
$$(\frac{1}{\sqrt{2a^2+3ab-c^2}}+\frac{1}{\sqrt{2b^2+3bc-a^2}}+\frac{1}{\sqrt{2c^2+3ca-b^2}})\geq (1+1+1)^2=9$$
$$⑥$$
由已知 $a^2+b^2+c^2=1$,所以由柯西不等式得
$$9=9(a^2+b^2+c^2)\geq 3(a+b+c)^2 \quad ⑦$$
由④,⑥,⑦得
$$\frac{1}{\sqrt{2a^2+3ab-c^2}}+\frac{1}{\sqrt{2b^2+3bc-a^2}}+\frac{1}{\sqrt{2c^2+3ca-b^2}}\geq \frac{9}{2(a+b+c)} \quad ⑧$$
将不等式⑤和⑧相加得
$$\frac{1+a^2}{\sqrt{2a^2+3ab-c^2}}+\frac{1+b^2}{\sqrt{2b^2+3bc-a^2}}+\frac{1+c^2}{\sqrt{2c^2+3ca-b^2}}\geq 2(a+b+c)$$

89. 取 $a=b=3, c=d=e=2$,我们得 $T\leq \frac{\sqrt{30}}{6(\sqrt{3}+\sqrt{2})^2}$.

下面我们证明
$$\sqrt{a^2+b^2+c^2+d^2+e^2}\geq \frac{\sqrt{30}}{6(\sqrt{3}+\sqrt{2})^2}(\sqrt{a}+\sqrt{b}+\sqrt{c}+\sqrt{d}+\sqrt{e})^2$$

记 $X=a+b=c+d+e$,由柯西不等式得 $a^2+b^2\geq \frac{(a+b)^2}{2}=\frac{X^2}{2}, c^2+d^2+e^2\geq \frac{(c+d+e)^2}{3}=\frac{X^2}{3}$,相加得
$$a^2+b^2+c^2+d^2+e^2\geq \frac{5X^2}{6} \quad ①$$

又由柯西不等式得 $\sqrt{a}+\sqrt{b}\leq \sqrt{2(a+b)}=\sqrt{2X}, \sqrt{c}+\sqrt{d}+\sqrt{e}\leq \sqrt{3(c+d+e)}=\sqrt{3X}$,相加得
$$\sqrt{a}+\sqrt{b}+\sqrt{c}+\sqrt{d}+\sqrt{e}\leq (\sqrt{3}+\sqrt{2})X$$
即
$$(\sqrt{a}+\sqrt{b}+\sqrt{c}+\sqrt{d}+\sqrt{e})^2\leq (\sqrt{3}+\sqrt{2})^2 X^2 \quad ②$$

由①②得
$$\sqrt{a^2+b^2+c^2+d^2+e^2} \geqslant \frac{\sqrt{30}}{6(\sqrt{3}+\sqrt{2})^2}(\sqrt{a}+\sqrt{b}+\sqrt{c}+\sqrt{d}+\sqrt{e})^2$$

当且仅当 $\frac{2a}{3} = \frac{2b}{3}b = c = d = e$ 时等号成立.

90. 因为
$$2S + n = (a_1 + a_2 + \cdots + a_n) + (a_2 + a_3 + \cdots + a_n + a_1) + 1 + 1 + \cdots + 1$$
$$2S + a_1a_2 + a_2a_3 + \cdots + a_na_1 = (a_2 + a_3 + \cdots + a_n + a_1) +$$
$$(a_1 + a_2 + \cdots + a_n) +$$
$$(a_1a_2 + a_2a_3 + \cdots + a_na_1)$$

所以, 由柯西不等式得
$$(2S + n)(2S + a_1a_2 + a_2a_3 + \cdots + a_na_1) \geqslant$$
$$[3(\sqrt{a_1a_2} + \sqrt{a_2a_3} + \cdots + \sqrt{a_na_1})]^2$$

$S = \sum_{i=1}^{n} a_i$. 证明: $(2S + n)(2S + a_1a_2 + a_2a_3 + \cdots + a_na_1) \geqslant 9(\sqrt{a_1a_2} + \sqrt{a_2a_3} + \cdots + \sqrt{a_na_1})^2$.

91. 由柯西不等式得
$$(1+1)(1+x) \geqslant (1+\sqrt{x})^2, (1+1)(1+y) \geqslant (1+\sqrt{y})^2$$
$$[(1+x)+(1+y)]\left(\frac{1}{1+x} + \frac{1}{1+y}\right) \geqslant 4$$

所以
$$\frac{1}{(1+\sqrt{x})^2} + \frac{1}{(1+\sqrt{y})^2} \geqslant \frac{1}{2}\left(\frac{1}{1+x} + \frac{1}{1+y}\right) \geqslant \frac{2}{x+y+2}$$

92. 先用反证法证明 $x + y + z \geqslant xy + yz + zx$. 假设 $x + y + z < xy + yz + zx$, 由舒尔不等式变形 II
$$(x+y+z)^3 - 4(x+y+z)(yz+zx+xy) + 9xyz \geqslant 0$$
得
$$\frac{9xyz}{x+y+z} \geqslant 4(yz+zx+xy) - (x+y+z)^2 > 4(x+y+z) - (x+y+z)^2 >$$
$$(x+y+z)[4-(x+y+z)] = xyz(x+y+z)$$

从而 $x + y + z < 3$, 由均值不等式得 $\sqrt[3]{xyz} \leqslant \frac{x+y+z}{3} < 1$, 即 $xyz < 1$, 因此 $x + y + z + xyz < 4$, 这与假设矛盾, 于是 $x + y + z \geqslant xy + yz + zx$.

由柯西不等式得
$$\left(\frac{x}{\sqrt{y+z}} + \frac{y}{\sqrt{z+x}} + \frac{z}{\sqrt{x+y}}\right)(x\sqrt{y+z} + y\sqrt{z+x} + z\sqrt{x+y}) \geqslant$$

$(x+y+z)^2$

因为 $x+y+z \geq xy+yz+zx$,所以由柯西不等式得

$$x\sqrt{y+z}+y\sqrt{z+x}+z\sqrt{x+y} = \sqrt{x}\cdot\sqrt{xy+zx}+$$
$$\sqrt{y}\cdot\sqrt{xy+yz}+\sqrt{z}\cdot\sqrt{zx+xy} \leq$$
$$\sqrt{x+y+z}\cdot\sqrt{xy+zx+xy+yz+zx+xy} = \sqrt{x+y+z}\cdot$$
$$\sqrt{2(xy+yz+zx)} \leq \sqrt{2}(x+y+z)$$

因此

$$\frac{x}{\sqrt{y+z}}+\frac{y}{\sqrt{z+x}}+\frac{z}{\sqrt{x+y}} \geq \frac{\sqrt{2}}{2}(x+y+z)$$

93. 因为 $a^2+b^2+c^2=3$,所以 $-\sqrt{3} \leq a,b,c \leq \sqrt{3}$,从而 $2+b+c^2, 2+c+a^2, 2+a+b^2$ 都是正数,由柯西不等式得

$$[(2+b+c^2)+(2+c+a^2)+(2+a+b^2)]\cdot$$
$$(\frac{a^2}{2+b+c^2}+\frac{b^2}{2+c+a^2}+\frac{c^2}{2+a+b^2}) \geq$$
$$(a+b+c)^2$$

只要证明

$$(2+b+c^2)+(2+c+a^2)+(2+a+b^2) \leq 12$$

因为 $a^2+b^2+c^2=3$,所以只要证明 $a+b+c \leq 3$,由柯西不等式得 $(1^2+1^2+1^2)(a^2+b^2+c^2) \geq (a+b+c)^2$,所以 $-3 \leq a+b+c \leq 3$,于是不等式成立. 当且仅当 $a=b=c=1$ 时等号成立.

94. 由柯西不等式得

$$[(a+b)+c+d]^2 \leq (1^2+1^2+1^2)[(a+b)^2+c^2+d^2]$$

即

$$(a+b+c+d)^2 \leq 3(a^2+b^2+c^2+d^2)+6ab$$

95. 由柯西不等式得

$$[c(a+2b)+d(b+2c)+a(c+2d)+b(d+2a)]\cdot$$
$$(\frac{c}{a+2b}+\frac{d}{b+2c}+\frac{a}{c+2d}+\frac{b}{d+2a}) \geq (c+d+a+b)^2$$

所以

$$\frac{c}{a+2b}+\frac{d}{b+2c}+\frac{a}{c+2d}+\frac{b}{d+2a} \geq \frac{(a+b+c+d)^2}{2(ab+ac+ad+bc+bd+cd)}$$

而

$$\frac{(a+b+c+d)^2}{2(ab+ac+ad+bc+bd+cd)} \geq \frac{4}{3} \Leftrightarrow 3(a+b+c+d)^2 \geq$$
$$8(ab+ac+ad+bc+bd+cd) \Leftrightarrow$$

$$(a-b)^2 + (a-c)^2 + (a-d)^2 + (b-c)^2 + (b-d)^2 + (c-d)^2 \geq 0$$

**96.** 由柯西不等式得

$$[(1+bc)+(1+ca)+(1+ab)]\left(\frac{1}{1+bc}+\frac{1}{1+ca}+\frac{1}{1+ab}\right) \geq 9$$

因为 $a+b+c=2$,所以

$$\frac{1}{1+bc}+\frac{1}{1+ca}+\frac{1}{1+ab} \geq \frac{9}{3+ab+bc+ca} =$$

$$\frac{27}{9+3(ab+bc+ca)} =$$

$$\frac{27}{13-4+3(ab+bc+ca)} =$$

$$\frac{27}{13-(a+b+c)^2+3(ab+bc+ca)} =$$

$$\frac{27}{13-[(a-b)^2+(b-c)^2+(c-a)^2]} \geq \frac{27}{13}$$

**97. 证法一** 用柯西不等式

$$\left(\frac{a+c}{a+b}+\frac{b+d}{b+c}+\frac{c+a}{c+d}+\frac{d+b}{d+a}\right) \cdot$$

$$[(a+c)(a+b)+(b+d)(b+c)+(c+a)(c+d)+(d+b)(d+a)] \geq$$

$$[(a+c)+(b+d)+(c+a)+(d+b)]^2 = 4(a+b+c+d)^2$$

而

$$(a+c)(a+b)+(b+d)(b+c)+(c+a)(c+d)+(d+b)(d+a) =$$

$$(a+b+c+d)^2$$

所以

$$\frac{a+c}{a+b}+\frac{b+d}{b+c}+\frac{c+a}{c+d}+\frac{d+b}{d+a} \geq 4$$

**证法二** 用均值不等式易得 $\frac{1}{x}+\frac{1}{y} \geq \frac{4}{x+y}$,所以

$$\frac{a+c}{a+b}+\frac{c+a}{c+d} \geq \frac{4(a+c)}{a+b+c+d}, \frac{b+d}{b+c}+\frac{d+b}{d+a} \geq \frac{4(b+d)}{a+b+c+d}$$

相加得

$$\frac{a+c}{a+b}+\frac{b+d}{b+c}+\frac{c+a}{c+d}+\frac{d+b}{d+a} \geq 4$$

**98.** 由柯西不等式得

$$(x^2+y+1)(1+y+z^2) \geq (x+y+z)^2$$

所以 $\frac{1}{x^2+y+1} \leq \frac{1+y+z^2}{(x+y+z)^2}$,同理

$$\frac{1}{y^2+z+1} \leqslant \frac{1+z+x^2}{(x+y+z)^2}, \frac{1}{z^2+x+1} \leqslant \frac{1+x+y^2}{(x+y+z)^2}$$

相加得
$$\frac{1}{x^2+y+1} + \frac{1}{y^2+z+1} + \frac{1}{z^2+x+1} \leqslant \frac{3+(x+y+z)+x^2+y^2+z^2}{(x+y+z)^2}$$

因为 $xy+yz+zx = x+y+z$,要证明
$$3+(x+y+z)+x^2+y^2+z^2 \leqslant (x+y+z)^2$$

只要证明 $x+y+z \leqslant 3$. 事实上,$3(x+y+z) = 3(xy+yz+zx) \leqslant (x+y+z)^2$,所以 $x+y+z \leqslant 3$. 等号成立当且仅当 $x=y=z=1$.

99. $\dfrac{a-b}{b+c} + \dfrac{b-c}{c+d} + \dfrac{c-d}{d+a} + \dfrac{d-a}{a+b} \geqslant 0 \Leftrightarrow \dfrac{a+c}{b+c} + \dfrac{b+d}{c+d} + \dfrac{c+a}{d+a} + \dfrac{d+b}{a+b} \geqslant 4$.

下同 97 的证明.

100. 设 $A = \dfrac{(a-b)(a-c)}{a+b+c}, B = \dfrac{(b-c)(b-d)}{b+c+d}, C = \dfrac{(c-d)(c-a)}{c+d+a}, D = \dfrac{(d-a)(d-b)}{d+a+b}$,则 $2A = A' + A''$,其中

$$A' = \frac{(a-c)^2}{a+b+c}, A'' = \frac{(a-c)(a-2b+c)}{a+b+c}$$

类似地,有 $2B = B' + B'', 2C = C' + C'', 2D = D' + D''$.

设 $s = a+b+c+d$,则 $A,B,C,D$ 的分母分别为 $s-d, s-a, s-b, s-c$.

由柯西不等式得
$$\left(\frac{|a-c|}{\sqrt{s-d}} \cdot \sqrt{s-d} + \frac{|b-d|}{\sqrt{s-a}} \cdot \sqrt{s-a} + \frac{|c-a|}{\sqrt{s-b}} \cdot \sqrt{s-b} + \frac{|d-b|}{\sqrt{s-c}} \cdot \sqrt{s-c}\right) \leqslant$$
$$\left[\frac{(a-c)^2}{s-d} + \frac{(b-d)^2}{s-a} + \frac{(c-a)^2}{s-b} + \frac{(d-b)^2}{s-c}\right] \cdot$$
$$(4s-s) = 3s(A' + B' + C' + D')$$

故
$$A' + B' + C' + D' \geqslant \frac{(2|a-c| + 2|b-d|)^2}{3s} \geqslant$$
$$\frac{16|a-c| \cdot |b-d|}{3s} \qquad ①$$

$$A'' + C'' = \frac{(a-c)(a+c-2b)}{s-d} + \frac{(c-a)(c+a-2d)}{s-b} =$$

$$\frac{(a-c)(a+c-2b)(s-b) + (c-a)(c+a-2d)(s-d)}{(s-d)(s-b)} =$$

$$\frac{(a-c)[-2b(s-b) - b(a+c) + 2d(s-d) + d(a+c)]}{s(a+c) + bd} =$$

$$\frac{3(a-c)(d-b)(a-c)}{M}$$

其中,$M = s(a+c) + bd$.

同理,$B'' + D'' = \dfrac{3(b-d)(a-c)(b+d)}{N}$. 其中,$N = s(b+d) + ca$.

故

$$A'' + B'' + C'' + D'' = 3(a-c)(b-d)\left(\frac{b+d}{N} - \frac{a+c}{M}\right) =$$

$$\frac{3(a-c)(b-d)W}{MN} \qquad ②$$

其中

$$W = (b+d)M - (a+c)N = (b+d)bd - (a+c)ac$$

又

$$MN = s^2(a+c)(b+d) + s(a+c)ac + s(b+d)bd + abcd >$$
$$s[(a+c)ac + (b+d)bd] \geq |W|s \qquad ③$$

则由 ②、③ 得

$$|A'' + B'' + C'' + D''| \leq \frac{3|a-c| \cdot |b-d|}{s}$$

结合 ① 得

$$2(A + B + C + D) = (A' + B' + C' + D') + (A'' + B'' + C'' + D'') \geq$$

$$\frac{16|a-c| \cdot |b-d|}{3s} - \frac{3|a-c| \cdot |b-d|}{s} =$$

$$\frac{7|a-c| \cdot |b-d|}{3(a+b+c+d)} \geq 0$$

因此,原不等式成立. 且等号成立的条件是 $a = c, b = d$.

101. $\dfrac{a+1}{a^2+a+1} + \dfrac{b+1}{b^2+b+1} + \dfrac{c+1}{c^2+c+1} \leq 2 \Leftrightarrow$

$$\frac{a^2}{a^2+a+1} + \frac{b^2}{b^2+b+1} + \frac{c^2}{c^2+c+1} \geq 1$$

令 $a = x^3, b = y^3, c = z^3$,则 $xyz \geq 1$,则由柯西不等式得

$$\frac{a^2}{a^2+a+1} + \frac{b^2}{b^2+b+1} + \frac{c^2}{c^2+c+1} \geq \frac{a^2}{a^2 + a \cdot (\sqrt[3]{abc}) + (\sqrt[3]{abc})^2} +$$

$$\frac{b^2}{b^2 + b \cdot (\sqrt[3]{abc}) + (\sqrt[3]{abc})^2} + \frac{c^2}{c^2 + c \cdot (\sqrt[3]{abc}) + (\sqrt[3]{abc})^2} =$$

$$\frac{x^4}{x^4 + x^2yz + y^2z^2} + \frac{y^4}{y^4 + xy^2z + x^2z^2} + \frac{z^4}{z^4 + xyz^2 + x^2y^2} \geq$$

$$\frac{(x^2 + y^2 + z^2)^2}{x^4 + y^4 + z^4 + x^2yz + xy^2z + xyz^2 + x^2y^2 + y^2z^2 + z^2x^2}$$

因为 $x^2y^2 + y^2z^2 + z^2x^2 \geq x^2yz + xy^2z + xyz^2$,所以不等式成立.

102. 由柯西不等式得 $(z(x+y) + 1)(\frac{x+y}{z} + 1) \geq (x+y+1)^2$,所以

$\frac{1+yz+zx}{(1+x+y)^2} \geq \frac{z}{x+y+z}$,同理 $\frac{1+zx+xy}{(1+y+z)^2} \geq \frac{x}{x+y+z}$, $\frac{1+xy+yz}{(1+z+x)^2} \geq$

$\frac{y}{x+y+z}$,三个不等式相加得

$$\frac{1+yz+zx}{(1+x+y)^2} + \frac{1+zx+xy}{(1+y+z)^2} + \frac{1+xy+yz}{(1+z+x)^2} \geq 1$$

103. 设 $a = 2\sqrt{xy}, b = 2\sqrt{yz}, c = 2\sqrt{zx}$ ($x,y,z$ 是正实数),则已知条件化为 $4xy + 4yz + 4zx + 8xyz = 4$,即 $xy + yz + zx + 2xyz = 1$. 所以

$(xyz + xy + xz + x) + (xyz + xy + yz + y) + (xyz + xz + yz + z) =$
$xyz + xy + yz + xz + x + y + z + 1$

即

$$x(y+1)(z+1) + y(z+1)(x+1) + z(x+1)(y+1) =$$
$$(x+1)(y+1)(z+1)$$

所以

$$\frac{x}{x+1} + \frac{y}{y+1} + \frac{z}{z+1} = 1$$

因为 $x,y,z$ 是正实数,所以由柯西不等式得

$$[(x+1) + (y+1) + (z+1)] \cdot (\frac{x}{x+1} + \frac{y}{y+1} + \frac{z}{z+1}) \geq$$
$$(\sqrt{x} + \sqrt{y} + \sqrt{z})^2$$

即

$$x + y + z + 3 \geq (\sqrt{x} + \sqrt{y} + \sqrt{z})^2, 2\sqrt{xy} + 2\sqrt{yz} + 2\sqrt{zx} \leq 3$$

也就是 $a + b + c \leq 3$.

104. 由柯西不等式得 $[(a+b) + c + d]^2 \leq 3[(a+b)^2 + c^2 + d^2]$,整理即得.

105. 由对称性,不妨设 $m = a_1 \leq a_2 \leq \cdots \leq a_n = M$,要证明: $M \leq 4m$.

当 $n = 2$ 时,条件为 $(m + M)(\frac{1}{m} + \frac{1}{M}) \leq \frac{25}{4}$. 等价于 $4(m+M)^2 \leq 25mM$,

即$(4M-m)(M-4m) \leq 0$,而$4M-m \geq 3M > 0$,所以 $M \leq 4m$.

当$n \geq 3$时,利用柯西不等式得

$$(n+\frac{1}{2})^2 \geq (a_1+a_2+\cdots+a_n)(\frac{1}{a_1}+\frac{1}{a_2}+\cdots+\frac{1}{a_n}) =$$

$$(m+a_2+\cdots+a_{n-1}+M)(\frac{1}{M}+\frac{1}{a_2}+\cdots+\frac{1}{a_{n-1}}+\frac{1}{m}) \geq$$

$$(\sqrt{\frac{m}{M}}+1+\cdots+1+\sqrt{\frac{M}{m}})^2$$

故$n+\frac{1}{2} \geq \sqrt{\frac{m}{M}}+n-2+\sqrt{\frac{M}{m}}$,即$\frac{5}{2} \geq \sqrt{\frac{m}{M}}+\sqrt{\frac{M}{m}}$,从而$5\sqrt{mM} \geq m+M$,同$n=2$时,$M \leq 4m$.

106. **证法一** 作代换$a=y+z, b=z+x, c=x+y$,则不等式等价于
$$(y+z)^2(z+x)(y-x)+(z+x)^2(x+y)(z-y)+$$
$$(x+y)^2(y+z)(x-z) \geq 0 \Leftrightarrow xy^3+yz^3+zx^3 \geq$$
$$xyz(x+y+z) \Leftrightarrow \frac{x^2}{y}+\frac{y^2}{z}+\frac{z^2}{x} \geq x+y+z$$

由柯西不等式得

$$(\frac{x^2}{y}+\frac{y^2}{z}+\frac{z^2}{x})(y+z+x) \geq (x+y+z)^2$$

所以

$$a^2b(a-b)+b^2c(b-c)+c^2a(c-a) \geq 0$$

**证法二** 不等式等价于

$$\frac{a^2}{c}+\frac{c^2}{b}+\frac{b^2}{a} \geq \frac{ab}{c}+\frac{ca}{b}+\frac{bc}{a} \Leftrightarrow$$

$$\frac{a(a+c-b)}{c}+\frac{c(c+b-a)}{b}+\frac{b(b+a-c)}{a} \geq$$

$$a+b+c$$

由柯西不等式得

$$[ac(a+c-b)+bc(c+b-a)+ab(b+a-c)] \cdot$$

$$[\frac{a(a+c-b)}{c}+\frac{c(c+b-a)}{b}+\frac{b(b+a-c)}{a}] \geq$$

$$(a^2+b^2+c^2)^2$$

所以

$$\frac{a(a+c-b)}{c}+\frac{c(c+b-a)}{b}+\frac{b(b+a-c)}{a} \geq$$

$$\frac{(a^2+b^2+c^2)^2}{ac(a+c-b)+bc(c+b-a)+ab(b+a-c)}$$

所以只要证明：
$(a^2 + b^2 + c^2)^2 \geq (a + b + c)[ac(a + c - b) + bc(c + b - a) + ab(b + a - c)] \Leftrightarrow$
$a^4 + b^4 + c^4 + 2(a^2b^2 + b^2c^2 + c^2a^2) \geq$
$a^3b + ab^3 + b^3c + bc^3 + c^3a + ca^3 + 2(a^2b^2 + b^2c^2 + c^2a^2) - abc(a + b + c) \Leftrightarrow$
$a^4 + b^4 + c^4 \geq a^3b + ab^3 + b^3c + bc^3 + c^3a + ca^3 - abc(a + b + c) \Leftrightarrow$
$a^2(a - b)(a - c) + b^2(b - a)(b - c) + c^2(c - a)(c - b) \geq 0$

这是 $r = 2$ 的舒尔不等式.

107. 由柯西不等式得
$$[(2 + a^2 + b^2) + (2 + b^2 + c^2) + (2 + c^2 + a^2)] \cdot$$
$$\left(\frac{a^2 + b^2}{2 + a^2 + b^2} + \frac{b^2 + c^2}{2 + b^2 + c^2} + \frac{c^2 + a^2}{2 + c^2 + a^2}\right) \geq$$
$$(\sqrt{a^2 + b^2} + \sqrt{b^2 + c^2} + \sqrt{c^2 + a^2})^2$$

即
$$\frac{a^2 + b^2}{2 + a^2 + b^2} + \frac{b^2 + c^2}{2 + b^2 + c^2} + \frac{c^2 + a^2}{2 + c^2 + a^2} \geq$$
$$\frac{(\sqrt{a^2 + b^2} + \sqrt{b^2 + c^2} + \sqrt{c^2 + a^2})^2}{6 + 2(a^2 + b^2 + c^2)} \quad ①$$

又由柯西不等式得
$$(\sqrt{a^2 + b^2} + \sqrt{b^2 + c^2} + \sqrt{c^2 + a^2})^2 =$$
$$2(a^2 + b^2 + c^2) + 2(\sqrt{a^2 + b^2} \cdot \sqrt{c^2 + b^2} + \sqrt{b^2 + c^2} \cdot \sqrt{a^2 + c^2} + \sqrt{c^2 + a^2} \cdot \sqrt{b^2 + a^2}) \geq$$
$$2(a^2 + b^2 + c^2) + 2[(ac + b^2) + (cb + a^2) + (cb + a^2)] =$$
$$3(a^2 + b^2 + c^2) + (a + b + c)^2 = 3[(a^2 + b^2 + c^2) + 3] \quad ②$$

由 ①,② 得
$$\frac{a^2 + b^2}{2 + a^2 + b^2} + \frac{b^2 + c^2}{2 + b^2 + c^2} + \frac{c^2 + a^2}{2 + c^2 + a^2} \geq \frac{3}{2}$$

所以
$$\frac{1}{2 + a^2 + b^2} + \frac{1}{2 + b^2 + c^2} + \frac{1}{2 + c^2 + a^2} =$$
$$\frac{1}{2}\left(1 - \frac{a^2 + b^2}{2 + a^2 + b^2}\right) + \frac{1}{2}\left(1 - \frac{b^2 + c^2}{2 + b^2 + c^2}\right) + \frac{1}{2}\left(1 - \frac{c^2 + a^2}{2 + c^2 + a^2}\right) =$$
$$\frac{3}{2} - \frac{1}{2}\left(\frac{a^2 + b^2}{2 + a^2 + b^2} + \frac{b^2 + c^2}{2 + b^2 + c^2} + \frac{c^2 + a^2}{2 + c^2 + a^2}\right) \leq \frac{3}{4}$$

108. 不等式左边的分母显然为正数.

由柯西不等式得

$$\frac{a}{a^2-bc+1}+\frac{b}{b^2-ca+1}+\frac{c}{c^2-ab+1}=$$

$$\frac{a^2}{a^3-abc+a}+\frac{b^2}{b^3-abc+1}+\frac{c^2}{c^3-abc+c}\geqslant$$

$$\frac{(a+b+c)^2}{a^3+b^3+c^3-3abc+a+b+c}=$$

$$\frac{(a+b+c)^2}{[a^2+b^2+c^2-(ab+bc+ca)](a+b+c)+a+b+c}=$$

$$\frac{(a+b+c)}{a^2+b^2+c^2-(ab+bc+ca)+1}=$$

$$\frac{(a+b+c)}{a^2+b^2+c^2-(ab+bc+ca)+3(ab+bc+ca)}=$$

$$\frac{(a+b+c)}{a^2+b^2+c^2+2(ab+bc+ca)}=$$

$$\frac{1}{a+b+c}$$

109. 因为 $abc=1$,所以

$$\frac{1}{a^5(b^2+2c)^2}+\frac{1}{b^5(c+2a)^2}+\frac{1}{c^5(a+2b)^2}=$$

$$\frac{b^4c^4}{a(b+2c)^2}+\frac{c^4a^4}{b(c+2a)^2}+\frac{a^4b^4}{c(a+2b)^2}$$

由柯西不等式得

$$[a(b+2c)^2+b(c+2a)^2+c(a+2b)^2]\cdot$$
$$\left(\frac{b^4c^4}{a(b+2c)^2}+\frac{c^4a^4}{b(c+2a)^2}+\frac{a^4b^4}{c(a+2b)^2}\right)\geqslant$$
$$(a^2b^2+b^2c^2+c^2c^2)^2$$

所以只要证明

$$3(a^2b^2+b^2c^2+c^2c^2)^2\geqslant$$
$$[a(b+2c)^2+b(c+2a)^2+c(a+2b)^2]\Leftrightarrow$$
$$3(a^4b^4+b^4c^4+c^4a^4)+6a^2b^2c^2(a^2+b^2+c^2)\geqslant$$
$$(ab^2+bc^2+ca^2)+4(a^2b+b^2c+c^2a)+12abc\Leftrightarrow$$
$$3(a^4b^4+b^4c^4+c^4a^4)+6(a^2+b^2+c^2)\geqslant$$
$$(ab^2+bc^2+ca^2)+4(a^2b+b^2c+c^2a)+12$$

由均值不等式得

$$3(a^4b^4 + b^4c^4 + c^4c^4) + 6(a^2 + b^2 + c^2) =$$
$$3(a^4b^4 + 1 + b^4c^4 + 1 + c^4c^4 + 1) + 6(a^2 + b^2 + c^2) - 9 \geqslant$$
$$6(a^2b^2 + b^2c^2 + c^2a^2) + 6(a^2 + b^2 + c^2) - 9 =$$
$$\frac{5}{2}[(a^2b^2 + b^2c^2 + c^2a^2) + (a^2 + b^2 + c^2)] +$$
$$\frac{7}{2}[(a^2b^2 + b^2c^2 + c^2a^2) + (a^2 + b^2 + c^2)] - 9 \geqslant$$
$$\frac{5}{2}[(a^2b^2 + b^2c^2 + c^2a^2) + (a^2 + b^2 + c^2)] +$$
$$\frac{7}{2}[3(a^2b^2b^2c^2c^2a^2)^{\frac{1}{3}} + 3(a^2b^2c^2)^{\frac{1}{3}}] - 9 =$$
$$\frac{5}{2}[(a^2b^2 + b^2c^2 + c^2a^2) + (a^2 + b^2 + c^2)] + 21 - 9 =$$
$$\frac{5}{2}[(a^2b^2 + b^2c^2 + c^2a^2) + (a^2 + b^2 + c^2)] + 12$$

而
$$(ab^2 + bc^2 + ca^2) + 4(a^2b + b^2c + c^2a) + 12 =$$
$$ab \cdot b + bc \cdot c + ca \cdot a + 4(ab \cdot a + bc \cdot b + ca \cdot c) + 12 \leqslant$$
$$\frac{1}{2}[(a^2b^2 + b^2) + (b^2c^2 + c^2) + (c^2a^2 + a^2)] +$$
$$2[(a^2b^2 + a^2) + (b^2c^2 + b^2) + (c^2a^2 + c^2)] + 12 =$$
$$\frac{5}{2}[(a^2b^2 + b^2c^2 + c^2a^2) + (a^2 + b^2 + c^2)] + 12$$

所以 $3(a^4b^4 + b^4c^4 + c^4c^4) + 6(a^2 + b^2 + c^2) \geqslant (ab^2 + bc^2 + ca^2) + 4(a^2b + b^2c + c^2a) + 12$ 成立.

110. 令 $a = \frac{yz}{x^2}, b = \frac{zw}{y^2}, c = \frac{wx}{z^2}, d = \frac{xy}{w^2}$, 于是

$$\frac{1}{(1+a)^2} + \frac{1}{(1+b)^2} + \frac{1}{(1+c)^2} + \frac{1}{(1+d)^2} \geqslant 1 \Leftrightarrow$$
$$\frac{x^4}{(x^2+yz)^2} + \frac{y^4}{(y^2+zw)^2} + \frac{z^4}{(z^2+wx)^2} + \frac{w^4}{(w^2+xy)^2} \geqslant 1$$

由柯西不等式得
$$[(x^2+yz)^2 + (y^2+zw)^2 + (z^2+wx)^2 + (w^2+xy)^2] \cdot$$
$$(\frac{x^4}{(x^2+yz)^2} + \frac{y^4}{(y^2+zw)^2} + \frac{z^4}{(z^2+wx)^2} + \frac{w^4}{(w^2+xy)^2}) \geqslant$$
$$(x^2 + y^2 + z^2 + w^2)^2$$

只要证明

$$(x^2 + y^2 + z^2 + w^2)^2 \geq (x^2 + yz)^2 + (y^2 + zw)^2 + (z^2 + wx)^2 + (w^2 + xy)^2 \Leftrightarrow$$
$$x^2(y-z)^2 + y^2(z-w)^2 + z^2(w-x)^2 + w^2(x-y)^2 \geq 0$$

**111. 证法一** 由柯西不等式得

$$\left[\frac{a+b+3c}{3a+3b+2c} + \frac{a+3b+c}{3a+2b+3c} + \frac{3a+b+c}{2a+3b+3c}\right][(a+b+3c)(3a+3b+2c) + (a+3b+c)(3a+2b+3c) + (3a+b+c)(2a+3b+3c)] \geq$$
$$[(a+b+3c) + (a+3b+c) + (3a+b+c)]^2$$

即

$$\frac{a+b+3c}{3a+3b+2c} + \frac{a+3b+c}{3a+2b+3c} + \frac{3a+b+c}{2a+3b+3c} \geq$$
$$\frac{25(a+b+c)^2}{12(a^2+b^2+c^2) + 28(ab+bc+ca)}$$

$$\frac{25(a+b+c)^2}{12(a^2+b^2+c^2) + 28(ab+bc+ca)} \geq \frac{15}{8} \Leftrightarrow$$
$$a^2 + b^2 + c^2 - (ab+bc+ca) \geq 0$$

这是显然的.

**证法二** 不妨设 $a+b+c=1$,不等式化为

$$\frac{1+2a}{3-a} + \frac{1+2b}{3-b} + \frac{1+2c}{3-c} \geq \frac{15}{8} \Leftrightarrow \frac{7}{3-a} - 2 + \frac{7}{3-b} - 2 + \frac{7c}{3-c} - 2 \geq \frac{15}{8} \Leftrightarrow$$
$$\frac{1}{3-a} + \frac{1}{3-b} + \frac{1}{3-c} \geq \frac{9}{8}$$

由柯西不等式得

$$[(3-a) + (3-b) + (3-c)]\left(\frac{1}{3-a} + \frac{1}{3-b} + \frac{1}{3-c}\right) \geq 9$$

即

$$\frac{1}{3-a} + \frac{1}{3-b} + \frac{1}{3-c} \geq \frac{9}{8}$$

**112. 证法一** 令 $y_i = \frac{1}{x_i}(i=1,2,\cdots,n)$,则

$$\frac{1}{n-1+x_1} + \frac{1}{n-1+x_2} + \cdots + \frac{1}{n-1+x_n} \leq 1 \Leftrightarrow$$
$$\frac{n-1}{n-1+x_1} + \frac{n-1}{n-1+x_2} + \cdots + \frac{n-1}{n-1+x_n} \leq n-1 \Leftrightarrow$$
$$\frac{x_1}{n-1+x_1} + \frac{x_2}{n-1+x_2} + \cdots + \frac{x_n}{n-1+x_n} \geq 1 \Leftrightarrow$$
$$\frac{1}{(n-1)y_1+1} + \frac{1}{(n-1)y_2+1} + \cdots + \frac{1}{(n-1)y_n+1} \geq 1$$

令 $y_i = \dfrac{a_1 a_2 \cdots a_n}{a_i^n}(i=1,2,\cdots,n)$，则上面不等式等价于

$$\sum_{i=1}^{n} \frac{a_i^n}{a_i^n + (n-1)a_1 a_2 \cdots a_n} \geq 1$$

由柯西不等式和均值不等式得

$$\sum_{i=1}^{n} (a_i^n + (n-1)a_1 a_2 \cdots a_n) \sum_{i=1}^{n} \frac{a_i^n}{a_i^n + (n-1)a_1 a_2 \cdots a_n} \geq$$

$$(\sum_{i=1}^{n} a_i^{\frac{n}{2}})^2 = \sum_{i=1}^{n} a_i^n + 2\sum_{1 \leq i < j \leq n} a_i^{\frac{n}{2}} a_j^{\frac{n}{2}} \geq$$

$$\sum_{i=1}^{n} a_i^n + n(n-1)a_1 a_2 \cdots a_n$$

所以

$$\sum_{i=1}^{n} \frac{a_i^n}{a_i^n + (n-1)a_1 a_2 \cdots a_n} \geq 1$$

**证法二** $\dfrac{1}{n-1+x_1} + \dfrac{1}{n-1+x_2} + \cdots + \dfrac{1}{n-1+x_n} \leq 1 \Leftrightarrow$

$$\frac{n-1}{n-1+x_1} + \frac{n-1}{n-1+x_2} + \cdots + \frac{n-1}{n-1+x_n} \leq n-1 \Leftrightarrow$$

$$\frac{x_1}{n-1+x_1} + \frac{x_2}{n-1+x_2} + \cdots + \frac{x_n}{n-1+x_n} \geq 1 \Leftrightarrow$$

$$\frac{x_1}{(n-1)(x_1 x_2 \cdots x_n)^{\frac{1}{n}} + x_1} + \frac{x_2}{(n-1)(x_1 x_2 \cdots x_n)^{\frac{1}{n}} + x_2} + \cdots +$$

$$\frac{x_n}{(n-1)(x_1 x_2 \cdots x_n)^{\frac{1}{n}} + x_n} \geq 1 \qquad ①$$

由均值不等式得

$$\frac{x_i}{(n-1)(x_1 x_2 \cdots x_n)^{\frac{1}{n}} + x_i} = \frac{(x_i)^{\frac{n-1}{n}}}{(n-1)(\prod_{j=1,j\neq i}^{n} x_j)^{\frac{1}{n}} + (x_i)^{\frac{n-1}{n}}} \geq$$

$$\frac{(x_i)^{\frac{n-1}{n}}}{(\sum_{j=1,j\neq i}^{n} x_j^{\frac{n-1}{n}}) + (x_i)^{\frac{n-1}{n}}} = \frac{(x_i)^{\frac{n-1}{n}}}{\sum_{i=1}^{n} x_i^{\frac{n-1}{n}}}, i=1,2,\cdots,n$$

将这 $n$ 个不等式相加即得 ①.

**证法三** 只要证明

$$\frac{x_1}{n-1+x_1} + \frac{x_2}{n-1+x_2} + \cdots + \frac{x_n}{n-1+x_n} \geq 1$$

由 $x_1x_2\cdots x_n = 1$,故令 $x_i = \dfrac{y_i^2}{T_n}$,$T_n = \sqrt[n]{(y_1y_2\cdots y_n)^2}$,$y_i > 0$ $(i=1,2,\cdots,n)$,由柯西不等式得

$$\sum_{i=1}^{n} \frac{x_i}{n-1+x_i} = \sum_{i=1}^{n} \frac{y_i^2}{(n-1)T_n + y_i^2} \geqslant \frac{(\sum_{i=1}^{n} y_i)^2}{n(n-1)T_n + \sum_{i=1}^{n} y_i^2}$$

于是只要证明 $(\sum_{i=1}^{n} y_i)^2 \geqslant n(n-1)T_n + \sum_{i=1}^{n} y_i^2 \Leftrightarrow 2\sum_{1\leqslant i<j\leqslant n} y_iy_j \geqslant n(n-1)T_n$,由于每个字母 $y_i$ 均出现 $C_n^2$ 次,所以由均值不等式容易得到

$$2\sum_{1\leqslant i<j\leqslant n} y_iy_j \geqslant n(n-1)T_n$$

**113.** 由柯西不等式得
$$(a+bc+c)^2 \leqslant (a^2+b^2+c^2)(1^2+c^2+1^2) =$$
$$(2+c^2)(a^2+b^2+c^2) = 3(2+c^2)$$

同理,$(b+ca+a)^2 \leqslant (b^2+c^2+a^2)(1^2+a^2+1^2) = 3(2+a^2)$,$(c+ab+b)^2 \leqslant 3(2+b^2)$,因为 $a^2+b^2+c^2 = 3$,所以相加得
$$(a+bc+c)^2 + (b+ca+a)^2 + (c+ab+b)^2 \leqslant 27$$

**114. 证法一** 由柯西不等式得
$$\sqrt{x^2-x+1}\cdot\sqrt{y^2-y+1} + \sqrt{x^2+x+1}\cdot\sqrt{y^2+y+1} =$$
$$\sqrt{(1-\frac{x}{2})^2 + \frac{3x^2}{4}} \cdot \sqrt{(y-\frac{1}{2})^2 + \frac{3}{4}} +$$
$$\sqrt{(1+\frac{x}{2})^2 + \frac{3x^2}{4}} \cdot \sqrt{(y+\frac{1}{2})^2 + \frac{3}{4}} \geqslant$$
$$(1-\frac{x}{2})(y-\frac{1}{2}) + \frac{3x}{4} + (1+\frac{x}{2})(y+\frac{1}{2}) + \frac{3x}{4} = 2(x+y)$$

**证法二**
$$\sqrt{x^2-x+1}\cdot\sqrt{y^2-y+1} + \sqrt{x^2+x+1}\cdot\sqrt{y^2+y+1} \geqslant 2(x+y) \Leftrightarrow$$
$$\sqrt{x^2+x+1}\cdot\sqrt{x^2-x+1}\cdot\sqrt{y^2+y+1}\sqrt{y^2-y+1} \geqslant$$
$$x^2+y^2+3xy-(xy)^2-1 \Leftrightarrow$$
$$\sqrt{x^4+x^2+1}\cdot\sqrt{y^4+y^2+1} \geqslant x^2+y^2+3xy-(xy)^2-1$$

由柯西不等式得
$$\sqrt{x^4+x^2+1}\cdot\sqrt{y^4+y^2+1} = \sqrt{x^4+x^2+1}\cdot\sqrt{1+y^2+y^4} \geqslant x^2+xy+y^2$$

只要证明
$$x^2+xy+y^2 \geqslant x^2+y^2+3xy-(xy)^2-1 \Leftrightarrow$$

$$(xy)^2 - 2xy + 1 = (xy-1)^2 \geqslant 0$$

115. 由柯西不等式得

$$[x(y^2+z) + y(z^2+x) + z(x^2+y)]\left(\frac{x}{y^2+z} + \frac{y}{z^2+x} + \frac{z}{x^2+y}\right) \geqslant (x+y+z)^2$$

只要证明

$$4(x+y+z)^2 - 9[x(y^2+z) + y(z^2+x) + z(x^2+y)] \geqslant 0$$

$4(x+y+z)^2 - 9[x(y^2+z) + y(z^2+x) + z(x^2+y)] =$
$4[x^2+y^2+z^2+2(xy+yz+zx)] - 9(xy^2+yz^2+zx^2) + (xy+yz+zx) =$
$4(x^2+y^2+z^2) - 9(xy^2+yz^2+zx^2) - (xy+yz+zx) =$
$(x^2+y^2+z^2) - (xy+yz+zx) + 3(x^2+y^2+z^2) - 9(xy^2+yz^2+zx^2) \geqslant$
$3[(x^2+y^2+z^2) - 3(xy^2+yz^2+zx^2)] =$
$3[(x^2+y^2+z^2)(x+y+z) - 3(xy^2+yz^2+zx^2)] =$
$3[(x^3+xz^2-2zx^2) + (y^3+yx^2-2xy^2) + (z^3+zy^2-2yz^2)] =$
$3[x(x-z)^2 + y(y-x)^2 + z(z-y)^2] \geqslant 0$

所以，$\dfrac{x}{y^2+z} + \dfrac{y}{z^2+x} + \dfrac{z}{x^2+y} \geqslant \dfrac{9}{4}$，当且仅当 $x=y=z=\dfrac{1}{3}$ 时等号成立。

116. 设 $a = \sum_{i=1}^{n} \dfrac{1}{a_i}$，则 $\sum_{i=1}^{n} \dfrac{1+a_i}{a_i} = \sum_{i=1}^{n}\left(1 + \dfrac{1}{a_i}\right) = n + a$，由柯西不等式得

$$\sum_{i=1}^{n} \dfrac{a_i}{1+a_i} \sum_{i=1}^{n} \dfrac{1+a_i}{a_i} \geqslant n^2$$

所以

$$\sum_{i=1}^{n} \dfrac{a_i}{1+a_i} \geqslant \dfrac{n^2}{n+a}$$

从而

$$\sum_{i=1}^{n} \dfrac{1}{1+a_i} = \sum_{i=1}^{n}\left(1 - \dfrac{a_i}{1+a_i}\right) = n - \sum_{i=1}^{n} \dfrac{a_i}{1+a_i} \leqslant n - \dfrac{n^2}{n+a} = \dfrac{na}{n+a}$$

所以

$$\dfrac{1}{\sum_{i=1}^{n} \dfrac{1}{1+a_i}} \geqslant \dfrac{n+a}{na} = \dfrac{1}{a} + \dfrac{1}{n}$$

即

$$\dfrac{1}{\sum_{i=1}^{n} \dfrac{1}{1+a_i}} - \dfrac{1}{\sum_{i=1}^{n} \dfrac{1}{a_i}} \geqslant \dfrac{1}{n}$$

117. 设 $A = \sum_{i=1}^{n} a_i, B = \sum_{i=1}^{n} b_i$,问题等价于证明

$$(AB - \sum_{i=1}^{n} a_i b_i)^2 \geqslant (A^2 - \sum_{i=1}^{n} a_i^2)(B^2 - \sum_{i=1}^{n} b_i^2) \Leftrightarrow$$

$$AB \geqslant \sum_{i=1}^{n} a_i b_i + \sqrt{(A^2 - \sum_{i=1}^{n} a_i^2)(B^2 - \sum_{i=1}^{n} b_i^2)}$$

由柯西不等式得 $\sqrt{\sum_{i=1}^{n} a_i b_i} \leqslant \sqrt{\sum_{i=1}^{n} a_i^2 \sum_{i=1}^{n} b_i^2}$,所以由柯西不等式得

$$\sum_{i=1}^{n} a_i b_i + \sqrt{(A_2 - \sum_{i=1}^{n} a_i^2)(B^2 - \sum_{i=1}^{n} b_i^2)} \leqslant$$

$$\sqrt{\sum_{i=1}^{n} a_i^2 \sum_{i=1}^{n} b_i^2} + \sqrt{(A_2 - \sum_{i=1}^{n} a_i^2)(B_2 - \sum_{i=1}^{n} b_i^2)} \leqslant$$

$$\sqrt{(A^2 - \sum_{i=1}^{n} a_i^2 + \sum_{i=1}^{n} a_i^2)(B^2 - \sum_{i=1}^{n} b_i^2 + \sum_{i=1}^{n} b_i^2)} = AB$$

118. 因为 $(a-1)^2(a+1) \geqslant 0$,所以 $a^3 + 2 \geqslant a^2 + a + 1$. 同理,$b^3 + 2 \geqslant b^2 + b + 1, c^3 + 2 \geqslant c^2 + c + 1$,所以

$$\frac{1}{a^2+a+1} + \frac{1}{b^2+b+1} + \frac{1}{c^2+c+1} \geqslant \frac{1}{a^3+2} + \frac{1}{b^3+2} + \frac{1}{c^3+2}$$

由柯西不等式得

$$\left(\frac{1}{a^3+2} + \frac{1}{b^3+2} + \frac{1}{c^3+2}\right)[(a^3+2)+(b^3+2)+(c^3+2)] \geqslant 9$$

而 $a^3 + b^3 + c^3 = 3$,所以 $\frac{1}{a^3+2} + \frac{1}{b^3+2} + \frac{1}{c^3+2} \geqslant 1$.

119. 由柯西不等式得 $a^2 + b^2 \geqslant \frac{(x^4 + 2x^2 + 1)^2}{x^2 + x^6}$,只要证明

$$\frac{(x^4 + 2x^2 + 1)^2}{x^2 + x^6} \geqslant 8 \Leftrightarrow (x^2 - 1)^4 \geqslant 0$$

120. $1 + 2abc \geqslant a^2 + b^2 + c^2$ 可化为

$$(a - bc)^2 \leqslant (1 - b^2)(1 - c^2) \qquad ①$$

由柯西不等式得

$$(a^{n-1} + a^{n-2}bc + \cdots + ab^{n-2}c^{n-2} + b^{n-1}c^{n-1})^2 \leqslant$$
$$(|a|^{n-1} + |a|^{n-2}|bc| + \cdots + |a||b|^{n-2}|c|^{n-2} + |b|^{n-1}|c|^{n-1}) \leqslant$$
$$(1 + |b||c| + \cdots + |b|^{n-2}|c|^{n-2} + |b|^{n-1}|c|^{n-1})^2 \leqslant$$
$$(1 + |b|^2 + \cdots + |b|^{2(n-2)} + |b|^{2(n-1)})(1 + |c|^2 + \cdots +$$
$$|c|^{2(n-2)} + |c|^{2(n-1)}) \qquad ②$$

由①,我们得到

$$(a-bc)^2(a^{n-1}+a^{n-2}bc+\cdots+ab^{n-2}c^{n-2}+b^{n-1}c^{n-1})^2 \leqslant$$
$$(1-b^2)(1+|b|^2+\cdots+|b|^{2(n-2)}+|b|^{2(n-1)}) \cdot$$
$$(1-c^2)(1+|c|^2+\cdots+|c|^{2(n-2)}+|c|^{2(n-1)})$$

即 $(a^n - b^n c^n)^2 \leqslant (1-b^{2n})(1-c^{2n})$,也就是 $1+2(abc)^n \geqslant a^{2n}+b^{2n}+c^{2n}$.

121. $\dfrac{x(x+2)}{2x^2+1}+\dfrac{1}{2}=\dfrac{(2x+1)^2}{2(2x^2+1)}$, $\dfrac{y(y+2)}{2y^2+1}+\dfrac{1}{2}=\dfrac{(2y+1)^2}{2(2y^2+1)}$, $\dfrac{z(z+2)}{2z^2+1}+\dfrac{1}{2}=\dfrac{(2z+1)^2}{2(2z^2+1)}$,因此只要证明 $\dfrac{(2x+1)^2}{2x^2+1}+\dfrac{(2y+1)^2}{2y^2+1}+\dfrac{(2z+1)^2}{2z^2+1} \geqslant 3$.

由柯西不等式得
$$2x^2 = \dfrac{4}{3}x^2 + \dfrac{2}{3}(y+z)^2 \leqslant \dfrac{4}{3}x^2 + \dfrac{2}{3}(1+1)(y^2+z^2) = \dfrac{4}{3}(x^2+y^2+z^2)$$

同理
$$2y^2 \leqslant \dfrac{4}{3}(x^2+y^2+z^2), 2z^2 \leqslant \dfrac{4}{3}(x^2+y^2+z^2)$$

所以
$$\dfrac{(2x+1)^2}{2x^2+1}+\dfrac{(2y+1)^2}{2y^2+1}+\dfrac{(2z+1)^2}{2z^2+1} \geqslant$$
$$3\left[\dfrac{(2x+1)^2}{4(x^2+y^2+z^2+3)}+\dfrac{(2y+1)^2}{4(x^2+y^2+z^2+3)}+\dfrac{(2z+1)^2}{4(x^2+y^2+z^2+3)}\right]=$$
$$3\left[\dfrac{(2x+1)^2+(2y+1)^2+(2z+1)^2}{4(x^2+y^2+z^2+3)}\right]=$$
$$3\left[\dfrac{4(x^2+y^2+z^2)+4(x+y+z)+3}{4(x^2+y^2+z^2+3)}\right]=3$$

# 联用均值不等式和柯西不等式证明不等式

前面之讲,我们分别讲解了均值不等式和柯西不等式的应用. 大量竞赛不等式需要联用均值不等式和柯西不等式,这样可以快速解决问题.

## 例 题 讲 解

**例1** 设 $a,b,c>0$,且 $ab+bc+ca=1$,证明:
$$\sqrt[3]{\frac{1}{a}+6b}+\sqrt[3]{\frac{1}{b}+6c}+\sqrt[3]{\frac{1}{c}+6a}\leqslant \frac{1}{abc}$$

(第 45 届 IMO 预选题)

**证法一** 由幂平均值不等式得
$$\left(\frac{u+v+w}{3}\right)^3\leqslant \frac{u^3+v^3+w^3}{3}$$

其中 $u,v,w$ 均为正实数.

令 $u=\sqrt[3]{\frac{1}{a}+6b},v=\sqrt[3]{\frac{1}{b}+6c},w=\sqrt[3]{\frac{1}{c}+6a}$,则有

$$\sqrt[3]{\frac{1}{a}+6b}+\sqrt[3]{\frac{1}{b}+6c}+\sqrt[3]{\frac{1}{c}+6a}\leqslant$$

$$\frac{3}{\sqrt[3]{3}}\sqrt[3]{\frac{1}{a}+6b+\frac{1}{b}+6c+\frac{1}{c}+6a}\leqslant$$

$$\frac{3}{\sqrt[3]{3}}\sqrt[3]{\frac{ab+bc+ca}{abc}+6(a+b+c)} \qquad ①$$

由于

$$a + b = \frac{1 - ab}{c} = \frac{ab - (ab)^2}{abc}$$

$$b + c = \frac{1 - bc}{a} = \frac{bc - (bc)^2}{abc}$$

$$c + a = \frac{1 - ca}{b} = \frac{ca - (ca)^2}{abc}$$

于是

$$\frac{ab + bc + ca}{abc} + 6(a + b + c) = \frac{1}{abc} + 3[(a + b) + (b + c) + (c + a)] =$$

$$\frac{1}{abc}\{4 - 3[(ab)^2 + (bc)^2 + (ca)^2]\}$$

由柯西不等式有

$$3[(ab)^2 + (bc)^2 + (ca)^2] \geqslant (ab + bc + ca)^2 = 1$$

故

$$\frac{3}{\sqrt[3]{3}} \sqrt[3]{\frac{ab + bc + ca}{abc} + 6(a + b + c)} \leqslant \frac{3}{\sqrt[3]{abc}}$$

于是,只要证 $\dfrac{3}{\sqrt[3]{abc}} \leqslant \dfrac{1}{abc}$,即证 $a^2b^2c^2 \leqslant \dfrac{1}{27}$.

由平均值不等式可得

$$a^2b^2c^2 = (ab)(bc)(ca) \leqslant \left(\frac{ab + bc + ca}{3}\right)^3 = \frac{1}{27}$$

因此,结论成立.

当且仅当 $a = b = c = \dfrac{1}{\sqrt{3}}$ 时等号成立.

**证法二** 同证法一,得到不等式①,由于 $x^2 + y^2 + z^2 \geqslant xy + yz + zx$. 两边同加上 $2(xy + yz + zx)$,得

$$(x + y + z)^2 \geqslant 3(xy + yz + zx)$$

即

$$\frac{(x + y + z)^2}{3} \geqslant xy + yz + zx$$

令 $x = ab, y = bc, z = ca$,得

$$abc(a + b + c) \leqslant \frac{(ab + bc + ca)^2}{3} = \frac{1}{3}$$

即

$$a + b + c \leqslant \frac{1}{3abc}$$

于是

$$\frac{ab+bc+ca}{abc} + 6(a+b+c) = \frac{1}{abc} + 6(a+b+c) \leq \frac{3}{abc}$$

下同证法一.

**证法三** 因为 $ab+bc+ca=1$,所以

$$\frac{1}{a} + 6b = \frac{ab+bc+ca}{a} + 6b = 7b + c + \frac{bc}{a}$$

同理

$$\frac{1}{b} + 6c \geq 7c + a + \frac{ca}{b}$$

$$\frac{1}{c} + 6a \geq 7a + b + \frac{ab}{c}$$

由幂平均值不等式得

$$\sqrt[3]{\frac{1}{a}+6b} + \sqrt[3]{\frac{1}{b}+6c} + \sqrt[3]{\frac{1}{c}+6a} \leq$$

$$\sqrt[3]{9\left[8(a+b+c) + \left(\frac{bc}{a}+\frac{ca}{b}+\frac{ab}{c}\right)\right]}$$

而

$$\frac{bc}{a} + \frac{ca}{b} + \frac{ab}{c} = \frac{1}{2}\left(\frac{ca}{b}+\frac{ab}{c}\right) + \frac{1}{2}\left(\frac{bc}{a}+\frac{ab}{c}\right) + \frac{1}{2}\left(\frac{bc}{a}+\frac{ca}{b}\right) \geq a+b+c$$

所以

$$8(a+b+c) + \left(\frac{bc}{a}+\frac{ca}{b}+\frac{ab}{c}\right) = 6(a+b+c) +$$

$$\left(\frac{bc}{a}+\frac{ca}{b}+\frac{ab}{c}\right) + 2(a+b+c) \leq$$

$$6(a+b+c) + \left(\frac{bc}{a}+\frac{ca}{b}+\frac{ab}{c}\right) + 2\left(\frac{bc}{a}+\frac{ca}{b}+\frac{ab}{c}\right) =$$

$$6(a+b+c) + 3\left(\frac{bc}{a}+\frac{ca}{b}+\frac{ab}{c}\right) =$$

$$3\frac{(ab+bc+ca)^2}{abc} = \frac{3}{abc}$$

于是

$$\sqrt[3]{\frac{1}{a}+6b} + \sqrt[3]{\frac{1}{b}+6c} + \sqrt[3]{\frac{1}{c}+6a} \leq \frac{3}{\sqrt[3]{(abc)}}$$

再由均值不等式得

$$ab+bc+ca = 1 \geq 3\sqrt[3]{a^2b^2c^2}$$

所以

$$\frac{3}{\sqrt[3]{abc}} \leq \frac{1}{abc}$$

从而
$$\sqrt[3]{\frac{1}{a}+6b}+\sqrt[3]{\frac{1}{b}+6c}+\sqrt[3]{\frac{1}{c}+6a}\leqslant\frac{1}{abc}$$

**证法四** 因为 $a,b,c$ 是正数,所以由均值不等式得 $ab+bc+ca=1\geqslant 3\sqrt[3]{a^2b^2c^2}$,即 $\frac{1}{abc}\geqslant 3\sqrt{3}$. 又 $(ab)^2+(bc)^2+(ca)^2\geqslant abc(a+b+c)$,即

$$\frac{1}{3abc}\geqslant a+b+c$$

由均值不等式得

$$\sqrt[3]{\frac{1}{a}+6b}\cdot\sqrt[3]{3\sqrt{3}}\cdot\sqrt[3]{3\sqrt{3}}\leqslant\frac{\frac{1}{a}+6b+3\sqrt{3}+3\sqrt{3}}{3}=2\sqrt{3}+2b+\frac{1}{3a}$$

所以
$$\sqrt[3]{\frac{1}{a}+6b}\leqslant\frac{2\sqrt{3}}{3}+\frac{2b}{3}+\frac{1}{9a}$$

同理
$$\sqrt[3]{\frac{1}{b}+6c}\leqslant\frac{2\sqrt{3}}{3}+\frac{2c}{3}+\frac{1}{9b}$$
$$\sqrt[3]{\frac{1}{c}+6a}\leqslant\frac{2\sqrt{3}}{3}+\frac{2a}{3}+\frac{1}{9c}$$

相加得
$$\sqrt[3]{\frac{1}{a}+6b}+\sqrt[3]{\frac{1}{b}+6c}+\sqrt[3]{\frac{1}{c}+6a}\leqslant$$
$$2\sqrt{3}+\frac{2}{3}(a+b+c)+\frac{1}{9}\left(\frac{1}{a}+\frac{1}{b}+\frac{1}{c}\right)\leqslant$$
$$\frac{2}{3abc}+\frac{2}{3}(a+b+c)+\frac{1}{9abc}\leqslant$$
$$\frac{2}{3abc}+\frac{2}{9abc}+\frac{1}{9abc}=\frac{1}{abc}$$

当且仅当 $a=b=c=\frac{\sqrt{3}}{3}$ 时上式等号成立.

**证法五** 因为 $a,b,c$ 是正数,所以由均值不等式得 $ab+bc+ca=1\geqslant 3\sqrt[3]{a^2b^2c^2}$,所以证明更强的不等式

$$\sqrt[3]{\frac{1}{a}+6b}+\sqrt[3]{\frac{1}{b}+6c}+\sqrt[3]{\frac{1}{c}+6a}\leqslant\frac{3}{\sqrt[3]{(abc)}}\Leftrightarrow$$
$$\sqrt[3]{bc+6ab^2c}+\sqrt[3]{ca+6abc^2}+\sqrt[3]{ab+6a^2bc}\leqslant 3$$

$$\sqrt[3]{bc+6ab^2c} = \sqrt[3]{bc+6ab^2c \cdot 1 \cdot 1} \leq \frac{bc+6ab^2c+1+1}{3} + \frac{bc+6ab^2c+2}{3}$$

同理可得

$$\sqrt[3]{ca+6abc^2} \leq \frac{ca+6abc^2+2}{3}$$

$$\sqrt[3]{ab+6a^2bc} \leq \frac{ab+6a^2bc+2}{3}$$

注意到不等式

$$(ab+bc+ca)^2 \geq 3abc(a+b+c)$$

相加得

$$\sqrt[3]{bc+6ab^2c} + \sqrt[3]{ca+6abc^2} + \sqrt[3]{ab+6a^2bc} \leq$$

$$\frac{ab+bc+ca+6abc(a+b+c)+6}{3} \leq$$

$$\frac{ab+bc+ca+2(ab+bc+ca)^2+6}{3} = 3$$

**例2** 已知 $x,y,z$ 是正实数,且满足 $x^4+y^4+z^4=1$,求 $\frac{x^3}{1-x^8} + \frac{y^3}{1-y^8} + \frac{z^3}{1-z^8}$ 的最小值. (1999年江苏省数学冬令营试题)

**解** 由柯西不等式

$$\left(\frac{x^3}{1-x^8} + \frac{y^3}{1-y^8} + \frac{z^3}{1-z^8}\right)[x^5(1-x^8)+y^5(1-y^8)+z^5(1-z^8)] \geq$$
$$(x^4+y^4+z^4)^2 \qquad \qquad ①$$

由均值不等式得

$$8 \cdot \sqrt[4]{\left(\frac{1}{3}\right)^9} x^4 + x^{13} \geq 9 \cdot \sqrt[9]{\left(\sqrt[4]{\left(\frac{1}{3}\right)^9}\right)^8 \cdot x^{13}} = x^5$$

所以

$$8 \cdot \sqrt[4]{\left(\frac{1}{3}\right)^9} x^4 \geq x^5 - x^{13}$$

同理

$$8 \cdot \sqrt[4]{\left(\frac{1}{3}\right)^9} y^4 \geq y^5 - y^{13}$$

$$8 \cdot \sqrt[4]{\left(\frac{1}{3}\right)^9} z^4 \geq z^5 - z^{13}$$

上述三个不等式相加得

$$8\sqrt[4]{\left(\frac{1}{3}\right)^9} \geq x^5(1-x^8) + y^5(1-y^8) + z^5(1-z^8) \qquad ②$$

② 代入 ① 得
$$\frac{x^3}{1-x^8} + \frac{y^3}{1-y^8} + \frac{z^3}{1-z^8} \geq \frac{9}{8}\sqrt[4]{3}$$

即 $\frac{x^3}{1-x^8} + \frac{y^3}{1-y^8} + \frac{z^3}{1-z^8}$ 的最小值是 $\frac{9}{8}\sqrt[4]{3}$。在 $x = y = z = \sqrt[4]{\frac{1}{3}}$ 时取得最小值.

**例3** 设 $a, b, c, d$ 是正实数, 且满足 $a+b+c+d=1$, 求证: $6(a^3 + b^3 + c^3 + d^3) \geq (a^2 + b^2 + c^2 + d^2) + \frac{1}{8}$. (第8届中国香港数学奥林匹克试题)

**证明** 由均值不等式得
$$a^3 + \left(\frac{a+b+c+d}{4}\right)^3 + \left(\frac{a+b+c+d}{4}\right)^3 \geq 3a\left(\frac{a+b+c+d}{4}\right)^2$$
$$b^3 + \left(\frac{a+b+c+d}{4}\right)^3 + \left(\frac{a+b+c+d}{4}\right)^3 \geq 3b\left(\frac{a+b+c+d}{4}\right)^2$$
$$c^3 + \left(\frac{a+b+c+d}{4}\right)^3 + \left(\frac{a+b+c+d}{4}\right)^3 \geq 3c\left(\frac{a+b+c+d}{4}\right)^2$$
$$d^3 + \left(\frac{a+b+c+d}{4}\right)^3 + \left(\frac{a+b+c+d}{4}\right)^3 \geq 3d\left(\frac{a+b+c+d}{4}\right)^2$$

上述四个不等式相加整理得
$$a^3 + b^3 + c^3 + d^3 \geq \frac{1}{16}(a+b+c+d)^3 = \frac{1}{16}$$

即
$$2(a^3 + b^3 + c^3 + d^3) \geq \frac{1}{8} \quad \text{①}$$

由柯西不等式得
$$a^2 + b^2 + c^2 + d^2 = \frac{1}{4}(a^2 + b^2 + c^2 + d^2)(1+1+1+1) \geq$$
$$\frac{1}{4}(a+b+c+d)^2 = \frac{1}{4} \quad \text{②}$$

再次利用柯西不等式得
$$a^3 + b^3 + c^3 + d^3 = (a^3 + b^3 + c^3 + d^3)(a+b+c+d) \geq (a^2 + b^2 + c^2 + d^2)^2$$

结合 ②, 得
$$a^3 + b^3 + c^3 + d^3 \geq \frac{1}{4}(a^2 + b^2 + c^2 + d^2) \quad \text{③}$$

由 ① + ③ × 4, 即得要证的不等式.

**注** 这里 ① 式的证明实际上是对幂平均不等式实施证明.

**例4** 令 $\{a_1, a_2, a_3, \cdots\}$ 是一个无穷的正数数列. 证明不等式 $\sum_{n=1}^{N} \alpha_n^2 \leq$

$4\sum_{n=1}^{N}a_n^2$ 对任意正整数 $N$ 成立. 其中 $\alpha_n$ 是 $a_1,a_2,a_3,\cdots,a_n$ 的平均值, 即 $\alpha_n = \dfrac{a_1+a_2+a_3+\cdots+a_n}{n}$. (2005 年韩国数学奥林匹克试题)

**证明** 由 $\alpha_n = \dfrac{a_1+a_2+a_3+\cdots+a_n}{n}$ 得 $\alpha_n$ 满足

$$\alpha_n^2 - 2\alpha_n a_n = \alpha_n^2 - 2\alpha_n(n\alpha_n - (n-1)\alpha_{n-1}) =$$
$$(1-2n)\alpha_n^2 + 2(n-1)\alpha_n\alpha_{n-1} \leqslant$$
$$(1-2n)\alpha_n^2 + (n-1)(\alpha_n^2 + \alpha_{n-1}^2) =$$
$$-n\alpha_n^2 + (n-1)\alpha_{n-1}^2$$

对 $n$ 从 1 到 $N$ 求和, 有

$$\sum_{n=1}^{N}\alpha_n^2 - 2\sum_{n=1}^{N}\alpha_n a_n \leqslant -N\alpha_N^2 \leqslant 0$$

即

$$\sum_{n=1}^{N}\alpha_n^2 \leqslant 2\sum_{n=1}^{N}\alpha_n a_n$$

对上式右端应用柯西不等式得

$$\sum_{n=1}^{N}\alpha_n^2 \leqslant 2\sqrt{\left(\sum_{n=1}^{N}\alpha_n^2\right)\left(\sum_{n=1}^{N}a_n^2\right)}$$

将上式两端同除以 $\sqrt{\sum_{n=1}^{N}\alpha_n^2}$ 并平方得 $\sum_{n=1}^{N}\alpha_n^2 \leqslant 4\sum_{n=1}^{N}a_n^2$.

**例 5** 已知 $a,b,c>0$, 证明: $\sqrt{(a^2b+b^2c+c^2a)(ab^2+bc^2+ca^2)} \geqslant abc + \sqrt[3]{(a^3+abc)(b^3+abc)(c^3+abc)}$. (2001 年韩国数学奥林匹克试题)

**证明**

$$\sqrt{(a^2b+b^2c+c^2a)(ab^2+bc^2+ca^2)} =$$
$$\frac{1}{2}\sqrt{[b(a^2+bc)+c(b^2+ca)+a(c^2+ab)]\cdot[c(a^2+bc)+a(b^2+ca)+b(c^2+ab)]} \geqslant$$
$$\frac{1}{2}[\sqrt{bc}(a^2+bc)+\sqrt{ca}(b^2+ca)+\sqrt{ab}(c^2+ab)] (\text{柯西不等式}) \geqslant$$
$$\frac{3}{2}\sqrt[3]{\sqrt{bc}(a^2+bc)\cdot\sqrt{ca}(b^2+ca)\cdot\sqrt{ab}(c^2+ab)} (\text{均值不等式}) =$$
$$\frac{1}{2}\sqrt[3]{\sqrt{bc}(a^2+bc)\cdot\sqrt{ca}(b^2+ca)\cdot\sqrt{ab}(c^2+ab)} +$$
$$\sqrt[3]{\sqrt{bc}(a^2+bc)\cdot\sqrt{ca}(b^2+ca)\cdot\sqrt{ab}(c^2+ab)} =$$
$$\frac{1}{2}\sqrt[3]{(a^3+abc)(b^3+abc)(c^3+abc)} +$$

$$\sqrt[3]{(a^3+abc)(b^3+abc)(c^3+abc)} =$$
$$\frac{1}{2}\sqrt[3]{(2\cdot\sqrt{a^3\cdot abc})(2\cdot\sqrt{b^3\cdot abc})(2\cdot\sqrt{c^3\cdot abc})} +$$
$$\sqrt[3]{(a^3+abc)(b^3+abc)(c^3+abc)} = (均值不等式)$$
$$abc + \sqrt[3]{(a^3+abc)(b^3+abc)(c^3+abc)}$$

**注** 本题在应用柯西不等式时元素的选取十分巧妙,接下来均值不等式的反复使用每一步都很到位,给人天衣无缝的感觉.

**例6** 设 $a,b,c,\lambda > 0, a^{n-1}+b^{n-1}+c^{n-1}=1(n\geqslant 2)$,证明:$\dfrac{a^n}{b+\lambda c} + \dfrac{b^n}{c+\lambda a} + \dfrac{c^n}{a+\lambda b} \geqslant \dfrac{1}{1+\lambda}$. (2006 年中国国家集训队培训试题)

**证明** 由柯西不等式得
$$\left(\frac{a^n}{b+\lambda c} + \frac{b^n}{c+\lambda a} + \frac{c^n}{a+\lambda b}\right)(a^{n-2}(b+\lambda c) + b^{n-2}(c+\lambda a) + c^{n-2}(a+\lambda b)) \geqslant$$
$$(a^{n-1}+b^{n-1}+c^{n-1})^2 = 1 \qquad \text{①}$$

由均值不等式得
$$a^{n-2}b \leqslant \frac{a^{n-1}+a^{n-1}+\cdots+a^{n-1}+b^{n-1}}{n-1} = \frac{(n-1)a^{n-1}+b^{n-1}}{n-1} \qquad \text{②}$$

同理
$$a^{n-2}c \leqslant \frac{(n-1)a^{n-1}+c^{n-1}}{n-1} \qquad \text{③}$$
$$b^{n-2}c \leqslant \frac{(n-1)b^{n-1}+c^{n-1}}{n-1} \qquad \text{④}$$
$$b^{n-2}a \leqslant \frac{(n-1)b^{n-1}+a^{n-1}}{n-1} \qquad \text{⑤}$$
$$c^{n-2}a \leqslant \frac{(n-1)c^{n-1}+a^{n-1}}{n-1} \qquad \text{⑥}$$
$$c^{n-2}b \leqslant \frac{(n-1)c^{n-1}+b^{n-1}}{n-1} \qquad \text{⑦}$$

由 ② ~ ⑦ 得
$$a^{n-2}(b+\lambda c) + b^{n-2}(c+\lambda a) + c^{n-2}(a+\lambda b) \leqslant$$
$$(1+\lambda)(a^{n-1}+b^{n-1}+c^{n-1}) = 1+\lambda \qquad \text{⑧}$$

由 ①,⑧ 得
$$\frac{a^n}{b+\lambda c} + \frac{b^n}{c+\lambda a} + \frac{c^n}{a+\lambda b} \geqslant \frac{1}{1+\lambda}$$

**例7** 设 $x,y,z$ 都是正实数,且满足 $\sqrt{x}+\sqrt{y}+\sqrt{z}=1$,证明不等式:

$$\frac{x^2+yz}{\sqrt{2x^2(y+z)}} + \frac{y^2+zx}{\sqrt{2y^2(z+x)}} + \frac{z^2+xy}{\sqrt{2z^2(x+y)}} \geq 1.$$ (2007年亚太地区数学奥林匹克试题)

**证明** 由柯西不等式得

$$\left(\frac{x^2}{\sqrt{2x^2(y+z)}} + \frac{y^2}{\sqrt{2y^2(z+x)}} + \frac{z^2}{\sqrt{2z^2(x+y)}}\right)\left(\sqrt{2(y+z)} + \sqrt{2(z+x)} + \sqrt{2(x+y)}\right) \geq$$

$$(\sqrt{x} + \sqrt{y} + \sqrt{z})^2 = 1 \qquad ①$$

$$\left(\frac{yz}{\sqrt{2x^2(y+z)}} + \frac{zx}{\sqrt{2y^2(z+x)}} + \frac{xy}{\sqrt{2z^2(x+y)}}\right)\left(\sqrt{2(y+z)} + \sqrt{2(z+x)} + \sqrt{2(x+y)}\right) \geq$$

$$\left(\sqrt{\frac{yz}{x}} + \sqrt{\frac{zx}{y}} + \sqrt{\frac{xy}{z}}\right)^2 \qquad ②$$

①,② 两式相加并利用均值不等式得

$$\left(\frac{x^2+yz}{\sqrt{2x^2(y+z)}} + \frac{y^2+zx}{\sqrt{2y^2(z+x)}} + \frac{z^2+xy}{\sqrt{2z^2(x+y)}}\right)\left(\sqrt{2(y+z)} + \sqrt{2(z+x)} + \sqrt{2(x+y)}\right) \geq$$

$$1 + \left(\sqrt{\frac{yz}{x}} + \sqrt{\frac{zx}{y}} + \sqrt{\frac{xy}{z}}\right)^2 \geq 2\left(\sqrt{\frac{yz}{x}} + \sqrt{\frac{zx}{y}} + \sqrt{\frac{xy}{z}}\right)$$

下面证明

$$2\left(\sqrt{\frac{yz}{x}} + \sqrt{\frac{zx}{y}} + \sqrt{\frac{xy}{z}}\right) \geq \sqrt{2(y+z)} + \sqrt{2(z+x)} + \sqrt{2(x+y)} \qquad ③$$

由均值不等式得

$$\left[\sqrt{\frac{yz}{x}} + \left(\frac{1}{2}\sqrt{\frac{zx}{y}} + \frac{1}{2}\sqrt{\frac{xy}{z}}\right)\right]^2 \geq 4\sqrt{\frac{yz}{x}}\left(\frac{1}{2}\sqrt{\frac{zx}{y}} + \frac{1}{2}\sqrt{\frac{xy}{z}}\right) = 2(y+z)$$

所以

$$\sqrt{\frac{yz}{x}} + \left(\frac{1}{2}\sqrt{\frac{zx}{y}} + \frac{1}{2}\sqrt{\frac{xy}{z}}\right) \geq \sqrt{2(y+z)} \qquad ④$$

同理

$$\sqrt{\frac{zx}{y}} + \left(\frac{1}{2}\sqrt{\frac{xy}{z}} + \frac{1}{2}\sqrt{\frac{yz}{x}}\right) \geq \sqrt{2(z+x)} \qquad ⑤$$

$$\sqrt{\frac{xy}{z}} + \left(\frac{1}{2}\sqrt{\frac{yz}{x}} + \frac{1}{2}\sqrt{\frac{zx}{y}}\right) \geq \sqrt{2(x+y)} \qquad ⑥$$

④,⑤,⑥ 相加得不等式 ③,从而原不等式得证.

**注** 不等式 ③ 可以用换元法证明如下:令 $u = \sqrt{\frac{yz}{x}}, v = \sqrt{\frac{zx}{y}}, w = \sqrt{\frac{xy}{z}}$,则 $uv = z, vw = x, wu = y$.

不等式 ③ 等价于

$$2(u+v+w) \geqslant \sqrt{2u(v+w)} + \sqrt{2v(w+u)} + \sqrt{2w(u+v)} \qquad ⑦$$

由均值不等式得 $2u + (v+w) \geqslant 2\sqrt{2u(v+w)}$,同理

$$2v + (w+u) \geqslant 2\sqrt{2v(w+u)}$$
$$2w + (u+v) \geqslant 2\sqrt{2w(u+v)}$$

三个不等式相加得 ⑦.

## 练 习 题

1. 证明:不等式 $\dfrac{a^2}{(a+b)(a+c)} + \dfrac{b^2}{(b+c)(b+a)} + \dfrac{c^2}{(c+b)(c+a)} \geqslant \dfrac{3}{4}$ 对所有正实数 $a,b,c$ 成立. (2004 年克罗地亚数学奥林匹克试题)

2. 设 $x,y,z$ 是正数,且 $x^2 + y^2 + z^2 = 1$,求 $\dfrac{x}{1-x^2} + \dfrac{y}{1-y^2} + \dfrac{z}{1-z^2}$ 的最小值. (第 30 届 IMO 加拿大训练题)

3. 设 $x_1, x_2, \cdots, x_n$ 都是正数,求证:$\dfrac{x_1^2}{x_2^2} + \dfrac{x_2^2}{x_3^2} + \cdots + \dfrac{x_{n-1}^2}{x_n^2} + \dfrac{x_n^2}{x_1^2} \geqslant \dfrac{x_1}{x_2} + \dfrac{x_2}{x_3} + \cdots + \dfrac{x_{n-1}}{x_n} + \dfrac{x_n}{x_1}$. (1981 年德国国家集训队试题:设 $x,y,z$ 是正数,求 $\dfrac{x^2}{y^2} + \dfrac{y^2}{z^2} + \dfrac{z^2}{x^2} \geqslant \dfrac{x}{y} + \dfrac{y}{z} + \dfrac{z}{x}$ 的推广)

4. 已知 $a,b,c$ 是正实数,且 $a+b+c \geqslant abc$,则 $a^2+b^2+c^2 \geqslant \sqrt{3} abc$. (2001 年巴尔干数学奥林匹克试题)

5. 设 $a,b,c$ 是正数,且 $a+b+c=1$,证明:$\dfrac{a}{1+a^2} + \dfrac{b}{1+b^2} + \dfrac{c}{1+c^2} \leqslant \dfrac{9}{10}$. (1996 年波兰数学奥林匹克试题)

6. 设 $x,y,z$ 是正数,证明:$\sqrt{x^2+xy+y^2} + \sqrt{y^2+yz+z^2} + \sqrt{z^2+zx+x^2} \leqslant \sqrt{3} xyz \left( \dfrac{1}{x^2} + \dfrac{1}{y^2} + \dfrac{1}{z^2} \right)$. (《数学通报》问题 799)

7. 设 $u,v,w$ 为正实数,满足条件 $u\sqrt{vw} + v\sqrt{wu} + w\sqrt{uv} = 1$,试求 $u+v+w$ 的最小值. (第 3 届女子数学奥林匹克试题)

8. 设 $a,b,c$ 是正实数,求证:
$$\dfrac{(b+c-a)^2}{a^2+(b+c)^2} + \dfrac{(c+a-b)^2}{b^2+(c+a)^2} + \dfrac{(a+b-c)^2}{c^2+(a+b)^2} \geqslant \dfrac{3}{5}$$
(1997 年日本数学奥林匹克试题)

9. 设 $a,b,c$ 是正数,证明: $\frac{1+\sqrt{3}}{3\sqrt{3}}(a^2+b^2+c^2)(\frac{1}{a}+\frac{1}{b}+\frac{1}{c}) \geq a+b+c+\sqrt{a^2+b^2+c^2}$. (2002 年阿尔巴尼亚数学奥林匹克试题)

10. 已知 $a,b,c$ 是正数,求证: $(\frac{a}{b}+\frac{b}{c}+\frac{c}{a})^2 \geq (a+b+c)(\frac{1}{b}+\frac{1}{c}+\frac{1}{a})$. (2005 年英国数学奥林匹克试题)

11. 设 $a,b,c$ 是正数,且 $a+b+c=1$,证明: $\frac{a^2}{b}+\frac{b^2}{c}+\frac{c^2}{a} \geq 3(a^2+b^2+c^2)$. (2006 年罗马尼亚国家集训队试题)

12. 设 $a,b,c$ 是正的常数,且 $x^2+y^2+z^2=1$,求
$$f(x,y,z)=\sqrt{a^2x^2+b^2y^2+c^2z^2}+\sqrt{a^2y^2+b^2z^2+c^2x^2}+\sqrt{a^2z^2+b^2x^2+c^2y^2}$$
的最大值和最小值. (1999 年中国国家集训队试题)

13. 设 $0<a,b,c<1$,证明: $\sqrt{abc}+\sqrt{(1-a)(1-b)(1-c)}<1$. (2002 年罗马尼亚数学奥林匹克试题)

14. 设 $a,b,c$ 是正数,证明: $\sqrt{a^4+b^4+c^4}+\sqrt{a^2b^2+b^2c^2+c^2a^2} \geq \sqrt{a^3b+b^3c+c^3a}+\sqrt{ab^3+bc^3+ca^3}$. (2001 年韩国数学奥林匹克试题)

15. 证明:对任意正数 $a,b,c,d$,有
$$\sqrt{\frac{a^2+b^2+c^2+d^2}{4}} \geq \sqrt[3]{\frac{abc+abd+acd+bcd}{4}}$$
(2006 年塔吉克斯坦数学奥林匹克试题)

16. 设 $x_1,x_2,\cdots,x_n(n \geq 3)$ 为实数,令 $p=\sum_{i=1}^{n}x_i, q=\sum_{1 \leq i<j \leq n}x_ix_j$. 求证:

(1) $\frac{n-1}{n}p^2-2q \geq 0$;

(2) $|x_i-\frac{p}{n}| \leq \frac{n-1}{n}\sqrt{p^2-\frac{2n}{n-1}q}$ $(i=1,2,\cdots,n)$.

(1986 年中国国家集训队选拔考试试题)

17. 若 $0<a,b,c<1$ 满足 $ab+bc+ca=1$,求 $\frac{1}{1-a}+\frac{1}{1-b}+\frac{1}{1-c}$ 的最小值. (2004 年四川省数学竞赛试题)

18. 已知 $x,y,z$ 是正数,求证: $xyz(x+2)(y+2)(z+2) \leq (1+\frac{2(xy+yz+zx)}{3})^3$. (2006 年韩国数学奥林匹克试题)

19. 试求表达式 $x\sqrt{1-y^2}+y\sqrt{1-x^2}$ 的最大值. (1990 年莫斯科数学奥林匹克试题)

20. 已知实数 $a,b,c,x,y,z$ 满足 $(a+b+c)(x+y+z)=3$，$(a^2+b^2+c^2) \cdot (x^2+y^2+z^2)=4$，求证：$ax+by+cz \geq 0$.（2004 年中国国家集训队培训试题）

21. 设 $x,y,z$ 是正实数，且 $x^2+y^2+z^2=3$，证明不等式：$\dfrac{xy}{xy+x+y} + \dfrac{yz}{yz+y+z} + \dfrac{zx}{zx+z+x} \leq 1$.（2005 年德国数学奥林匹克试题）

22. 设 $a,b,c$ 是正数，且 $abc=1$，证明：$\dfrac{1+ab^2}{c^3} + \dfrac{1+bc^2}{a^3} + \dfrac{1+ca^2}{b^3} \geq \dfrac{18}{a^3+b^3+c^3}$.（2000 年香港数学奥林匹克试题）

23. 设 $x,y,z$ 是正实数，且 $xyz=1$，证明：
$$\dfrac{x^3}{(1+y)(1+z)} + \dfrac{y^3}{(1+z)(1+x)} + \dfrac{z^3}{(1+x)(1+y)} \geq \dfrac{3}{4}$$
（第 39 届 IMO 预选题）

24. 设实数 $a,b,c$ 满足 $a^2+2b^2+3c^2=\dfrac{3}{2}$，求证：$3^{-a}+9^{-b}+27^{-c} \geq 1$.（首届中国东南地区数学奥林匹克试题）

25. 已知 $a,b,c \in (\dfrac{1}{\sqrt{6}},+\infty)$，且 $a^2+b^2+c^2=1$，证明：$\dfrac{1+a^2}{\sqrt{2a^2+3ab-c^2}} + \dfrac{1+b^2}{\sqrt{2b^2+3bc-a^2}} + \dfrac{1+c^2}{\sqrt{2c^2+3ca-b^2}} \geq 2(a+b+c)$.（2007 年乌克兰数学奥林匹克试题）

26. 已知 $a,b,c$ 都是正实数，且 $a+b+c=3$，证明：$\dfrac{a^2+3b^2}{ab^2(4-ab)} + \dfrac{b^2+3c^2}{bc^2(4-bc)} + \dfrac{c^2+3a^2}{ca^2(4-ca)} \geq 4$.（2007 年土耳其数学奥林匹克试题）

27. 若 $x,y,z>0$，证明：
$$\dfrac{(x+1)(y+1)^2}{3\sqrt[3]{z^2x^2}+1} + \dfrac{(y+1)(z+1)^2}{3\sqrt[3]{x^2y^2}+1} + \dfrac{(z+1)(x+1)^2}{3\sqrt[3]{y^2z^2}+1} \geq x+y+z+3$$
（2007 年保加利亚数学竞赛试题）

28. 设 $x,y,z$ 都是正数，且 $x+y+z \geq 1$，证明：$\dfrac{x\sqrt{x}}{y+z} + \dfrac{y\sqrt{y}}{z+x} + \dfrac{z\sqrt{z}}{x+y} \geq \dfrac{\sqrt{3}}{2}$.（2003 年摩尔多瓦国家集训队试题）

29. 已知 $a,b,c$ 是非负实数，证明：$(a+b)^3+4c^3 \geq 4(\sqrt{a^3b^3}+\sqrt{b^3c^3}+\sqrt{c^3a^3})$.（2008 年波兰数学奥林匹克试题）

30. 设 $x,y,z$ 是正实数，且 $x+y+z=3$，证明：$\dfrac{x^3}{y^3+8} + \dfrac{y^3}{z^3+8} + \dfrac{z^3}{x^3+8} \geq$

$\frac{1}{9} + \frac{2}{27}(xy + yz + zx)$. (2008 年伊朗数学奥林匹克试题)

31. 已知 $a,b,c$ 都是正实数,且 $abc = 1$,证明: $\frac{1}{b(a+b)} + \frac{1}{c(b+c)} + \frac{1}{a(c+a)} \geq \frac{3}{2}$. (2008 年塔吉克斯坦数学奥林匹克试题)

32. 设 $a_1, a_2, a_3, \cdots, a_n$ 是正实数,满足 $a_1 + a_2 + a_3 + \cdots + a_n \leq \frac{n}{2}$,求 $A = \sqrt{a_1^2 + \frac{1}{a_2^2}} + \sqrt{a_2^2 + \frac{1}{a_3^2}} + \cdots + \sqrt{a_n^2 + \frac{1}{a_1^2}}$ 的最小值. (2008 年摩尔多瓦国家集训队试题)

33. 设 $a_1, a_2, a_3, \cdots, a_n$ 是正整数,证明: $(\sum_{i=1}^{n} a_i^2 / \sum_{i=1}^{n} a_i)^{\frac{kn}{t}} \geq \prod_{i=1}^{n} a_i$. 这里 $k = \max\{a_1, a_2, a_3, \cdots, a_n\}$, $t = \min\{a_1, a_2, a_3, \cdots, a_n\}$,并指出何时等式成立. (2008 年希腊数学奥林匹克试题)

34. 设 $a,b,c$ 是正数,满足 $ab + bc + ca = 3$,证明: $a^2 + b^2 + c^2 + 3 \geq \frac{a(3+bc)^2}{(b+c)(b^2+3)} + \frac{b(3+ca)^2}{(c+a)(c^2+3)} + \frac{c(3+ab)^2}{(a+b)(a^2+3)}$. (2008 年 Oliforum 竞赛试题)

35. 设 $x,y,z$ 是正数,满足 $x + y + z = 1$,证明: $\frac{1}{\sqrt{x+y}} + \frac{1}{\sqrt{y+z}} + \frac{1}{\sqrt{z+x}} \leq \sqrt{\frac{1}{2xyz}}$. (2008 年巴尔干地区部分学校数学竞赛试题)

36. 已知 $a_1, a_2, a_3, \cdots, a_n$ 是正数,且 $a_1 a_2 a_3 \cdots a_n = 1$,证明: $\sqrt{a_1} + \sqrt{a_2} + \cdots + \sqrt{a_n} \leq a_1 + a_2 + \cdots + a_n$. (1997 年摩尔多瓦数学奥林匹克试题)

37. 设 $a,b,c$ 是正数,满足 $ab + bc + ca = 3$,证明: $3 + (a-b)^2 + (b-c)^2 + (c-a)^2 \geq \frac{a+b^2c}{b+c} + \frac{b+c^2a}{c+a} + \frac{c+a^2b}{a+b} \geq 3$. (2009 年印度尼西亚奥林匹克集训队选拔试题)

38. 若 $x, y, z \geq 0$,且满足 $x^2 + y^2 + z^2 = 3$,求证: $\frac{x^{2009} - 2008(x-1)}{y+z} + \frac{y^{2009} - 2008(y-1)}{z+x} + \frac{z^{2009} - 2008(z-1)}{x+y} \geq \frac{1}{2}(x+y+z)$. (2009 年中国北方数学邀请赛试题)

39. 设 $a,b,c,d$ 是正数且满足 $abcd = 1$, $a + b + c + d > \frac{a}{b} + \frac{b}{c} + \frac{c}{d} + \frac{d}{a}$,

证明：$a+b+c+d < \dfrac{b}{a}+\dfrac{c}{b}+\dfrac{d}{c}+\dfrac{a}{d}$. （2008年IMO预选题）

40. 设 $a,b,c$ 是正实数，且 $a+b+c=1$，求证：$(ab)^{\frac{5}{4}}+(bc)^{\frac{5}{4}}+(ca)^{\frac{5}{4}} < \dfrac{1}{4}$. （2004年中国国家集训队试题）

41. 设 $a,b,c$ 是正实数，证明：$\dfrac{1}{a^2}+\dfrac{1}{b^2}+\dfrac{1}{c^2}+\dfrac{1}{(a+b+c)^2} \geq \dfrac{7}{25}(\dfrac{1}{a}+\dfrac{1}{b}+\dfrac{1}{c}+\dfrac{1}{a+b+c})^2$. （2010年伊朗数学奥林匹克夏令营试题）

42. 设 $a,b,c$ 是正实数，且 $abc=\dfrac{9}{4}$，证明：$a^3+b^3+c^3 > a\sqrt{b+c}+b\sqrt{c+a}+c\sqrt{a+b}$. （2002年JBMO试题）

43. 设 $a,b,c,d$ 是正实数，证明：$\dfrac{a^2+b^2+c^2}{ab+bc+cd}+\dfrac{b^2+c^2+d^2}{bc+cd+da}+\dfrac{c^2+d^2+a^2}{cd+da+ab}+\dfrac{d^2+a^2+b^2}{da+ab+bc} \geq 4$. （2010年哈萨克斯坦数学奥林匹克试题）

44. 设 $a_1,a_2,a_3,\cdots,a_n$ 是正数，$S=\sum_{i=1}^{n}a_i$，证明：$\sum_{i=1}^{n}(a_i+\dfrac{1}{a_i})^2 \geq n(\dfrac{S}{n}+\dfrac{n}{S})^2$. （1980年越南数学奥林匹克试题）

45. 设 $u_1,u_2,\cdots,u_n$ 和 $v_1,v_2,\cdots,v_n$ 是实数，证明：$1+\sum_{i=1}^{n}(u_i+v_i)^2 \leq \dfrac{4}{3}(1+\sum_{i=1}^{n}a_i^2)(1+\sum_{i=1}^{n}b_i^2)$. （1970年IMO预选题）

46. 设 $a_1,a_2,a_3,\cdots,a_n$ 是正数，证明：$C_n^2 \sum_{i<j}\dfrac{1}{a_i a_j} \geq 4(\sum_{i<j}\dfrac{1}{a_i+a_j})^2$. （1962年IMO预选题）

47. 已知 $x_1,x_2,\cdots,x_n$ 为正数，且 $x_1 x_2 \cdots x_n = 1$，证明：$\dfrac{1}{x_1(x_1+1)}+\dfrac{1}{x_2(x_2+1)}+\cdots+\dfrac{1}{x_n(x_n+1)} \geq \dfrac{n}{2}$. （2010年摩尔多瓦国家集训队试题）

48. 设 $a,b,c>0$，且 $ab+bc+ca=1$，证明：$\sqrt{a^2+b^2+\dfrac{1}{c^2}}+\sqrt{b^2+c^2+\dfrac{1}{a^2}}+\sqrt{c^2+a^2+\dfrac{1}{b^2}} \geq \sqrt{33}$. （2010年韩国数学奥林匹克试题）

49. 设 $a,b>0$，且 $a+b=ab$，证明：$\dfrac{a}{b^2+4}+\dfrac{b}{a^2+4} \geq \dfrac{1}{2}$. （2011年摩纳哥

数学奥林匹克试题)

50. 设 $x,y,z$ 是正数,且 $x+y+z=1$,求证: $\sqrt{\dfrac{xy}{z+xy}}+\sqrt{\dfrac{yz}{x+yz}}+\sqrt{\dfrac{zx}{y+zx}} \leqslant \dfrac{3}{2}$. (2010 年吉尔吉斯坦数学奥林匹克试题)

51. 设 $a,b,c>0$,且 $a+b+c=abc$,证明: $(a+1)^2+(b+1)^2+(c+1)^2 \geqslant \sqrt[3]{(a+3)^2(b+3)^2(c+3)^2}$. (2008 年 AIT 试题)

# 参 考 解 答

1. 由柯西不等式得

$$\dfrac{a^2}{(a+b)(a+c)}+\dfrac{b^2}{(b+c)(b+a)}+\dfrac{c^2}{(c+b)(c+a)} \geqslant$$
$$\dfrac{(a+b+c)^2}{(a+b)(a+c)+(b+c)(b+a)+(c+b)(c+a)}=$$
$$\dfrac{(a+b+c)^2}{a^2+b^2+c^2+3(ab+bc+ca)}=$$
$$\dfrac{(a+b+c)^2}{(a+b+c)^2+(ab+bc+ca)} \geqslant$$
$$\dfrac{(a+b+c)^2}{(a+b+c)^2+\dfrac{1}{3}(a+b+c)^2}=\dfrac{3}{4}$$

2. 当 $x=y=z=\dfrac{\sqrt{3}}{3}$ 时,$\dfrac{x}{1-x^2}=\dfrac{y}{1-y^2}=\dfrac{z}{1-z^2}=\dfrac{\sqrt{3}}{2}$,猜测所求的最小值是 $\dfrac{3\sqrt{3}}{2}$. 下面证明若 $x,y,z$ 是正数,且 $x^2+y^2+z^2=1$,则

$$\dfrac{x}{1-x^2}+\dfrac{y}{1-y^2}+\dfrac{z}{1-z^2} \geqslant \dfrac{3\sqrt{3}}{2}$$

由柯西不等式得

$$[x^3(1-x^2)+y^3(1-y^2)+z^3(1-z^2)]\left(\dfrac{x}{1-x^2}+\dfrac{y}{1-y^2}+\dfrac{z}{1-z^2}\right) \geqslant (x^2+y^2+z^2)^2=1$$

上式中凑出 $x^3(1-x^2)+y^3(1-y^2)+z^3(1-z^2)$ 是基于 $x^2+y^2+z^2=1$ 的想法运用柯西不等式.

若能证明

$$x^3(1-x^2) + y^3(1-y^2) + z^3(1-z^2) \leq \frac{2}{3\sqrt{3}} \quad ①$$

成立,则所作的猜测成立. 注意到 ① 式等价于

$$x^5 + y^5 + z^5 + \frac{2}{3\sqrt{3}} \geq x^3 + y^3 + z^3$$

利用条件 $x^2 + y^2 + z^2 = 1$,从而上式变为

$$(x^5 + \frac{2}{3\sqrt{3}}x^2) + (y^5 + \frac{2}{3\sqrt{3}}y^2) + (z^5 + \frac{2}{3\sqrt{3}}z^2) \geq x^3 + y^3 + z \quad ②$$

由均值不等式得

$$x^5 + \frac{2}{3\sqrt{3}}x^2 = x^5 + \frac{1}{3\sqrt{3}}x^2 + \frac{1}{3\sqrt{3}}x^2 \geq 3\sqrt[3]{x^5 \cdot \frac{1}{3\sqrt{3}}x^2 \cdot \frac{1}{3\sqrt{3}}x^2} = x^3$$

同理,$y^5 + \frac{2}{3\sqrt{3}}y^2 \geq y^3$,$z^5 + \frac{2}{3\sqrt{3}}z^2 \geq z^3$,所以 ② 式成立,从而 ① 成立.

综上,所求最小值为 $\frac{3\sqrt{3}}{2}$,并且当且仅当 $x = y = z = \frac{\sqrt{3}}{3}$ 时,取得最小值.

3. 由柯西不等式得

$$\left(\frac{x_1^2}{x_2^2} + \frac{x_2^2}{x_3^2} + \cdots + \frac{x_{n-1}^2}{x_n^2} + \frac{x_n^2}{x_1^2}\right)(1^2 + 1^2 + \cdots + 1^2 + 1^2) \geq$$

$$\left(\frac{x_1}{x_2} + \frac{x_2}{x_3} + \cdots + \frac{x_{n-1}}{x_n} + \frac{x_n}{x_1}\right)^2$$

即

$$\frac{x_1^2}{x_2^2} + \frac{x_2^2}{x_3^2} + \cdots + \frac{x_{n-1}^2}{x_n^2} + \frac{x_n^2}{x_1^2} \geq \left(\frac{x_1}{x_2} + \frac{x_2}{x_3} + \cdots + \frac{x_{n-1}}{x_n} + \frac{x_n}{x_1}\right) \cdot$$

$$\left[\frac{1}{n}\left(\frac{x_1}{x_2} + \frac{x_2}{x_3} + \cdots + \frac{x_{n-1}}{x_n} + \frac{x_n}{x_1}\right)\right]$$

由均值不等式得

$$\frac{1}{n}\left(\frac{x_1}{x_2} + \frac{x_2}{x_3} + \cdots + \frac{x_{n-1}}{x_n} + \frac{x_n}{x_1}\right) \geq \sqrt[n]{\frac{x_1}{x_2} \cdot \frac{x_2}{x_3} \cdot \cdots \cdot \frac{x_{n-1}}{x_n} \cdot \frac{x_n}{x_1}} = 1$$

所以

$$\frac{x_1^2}{x_2^2} + \frac{x_2^2}{x_3^2} + \cdots + \frac{x_{n-1}^2}{x_n^2} + \frac{x_n^2}{x_1^2} \geq \frac{x_1}{x_2} + \frac{x_2}{x_3} + \cdots + \frac{x_{n-1}}{x_n} + \frac{x_n}{x_1}$$

4. **证法一** 因为 $(a^2 + b^2 + c^2)^2 \geq (ab + bc + ca)^2 \geq 3abc(a + b + c) \geq 3(abc)^2$,所以 $a^2 + b^2 + c^2 \geq \sqrt{3}abc$.

这里 $(ab + bc + ca)^2 \geq 3abc(a + b + c)$ 用的是不等式 $(x + y + z)^2 \geq 3(xy + yz + zx)$,其中 $x = ab, y = bc, z = ca$.

**证法二** 由均值不等式得 $\left(\frac{a+b+c}{3}\right)^3 \geq abc$,又已知 $a + b + c \geq abc$,两

式相乘得$(a+b+c)^4 \geqslant 27(abc)^2$. 所以
$$(a+b+c)^2 \geqslant 3\sqrt{3}\,abc$$
由柯西不等式得
$$3(a^2+b^2+c^2) \geqslant (a+b+c)^2 \geqslant 3\sqrt{3}\,abc$$
即
$$a^2+b^2+c^2 \geqslant \sqrt{3}\,abc$$

5. 由均值不等式得 $a^2 + \dfrac{1}{9} \geqslant \dfrac{2a}{3}$, $b^2 + \dfrac{1}{9} \geqslant \dfrac{2b}{3}$, $c^2 + \dfrac{1}{9} \geqslant \dfrac{2c}{3}$, 所以

$$\frac{a}{1+a^2} + \frac{b}{1+b^2} + \frac{c}{1+c^2} \leqslant \frac{9}{10} \Leftrightarrow$$

$$\frac{a}{\frac{2a}{3}+\frac{8}{9}} + \frac{b}{\frac{2b}{3}+\frac{8}{9}} + \frac{c}{\frac{2c}{3}+\frac{8}{9}} \leqslant \frac{9}{10} \Leftrightarrow$$

$$\frac{a}{3a+4} + \frac{b}{3b+4} + \frac{c}{3c+4} \leqslant \frac{1}{5} \Leftrightarrow$$

$$\frac{3a}{3a+4} + \frac{3b}{3b+4} + \frac{3c}{3c+4} \leqslant \frac{3}{5} \Leftrightarrow$$

$$\frac{4}{3a+4} + \frac{4}{3b+4} + \frac{4}{3c+4} \geqslant \frac{12}{5} \Leftrightarrow$$

$$\frac{1}{3a+4} + \frac{1}{3b+4} + \frac{1}{3c+4} \geqslant \frac{3}{5}$$

由柯西不等式得

$$[(3a+4)+(3b+4)+(3c+4)]\left(\frac{1}{3a+4}+\frac{1}{3b+4}+\frac{1}{3c+4}\right) \geqslant 9$$

因为 $a+b+c=1$, 所以, $15\left(\dfrac{1}{3a+4}+\dfrac{1}{3b+4}+\dfrac{1}{3c+4}\right) \geqslant 9$, 即

$$\frac{1}{3a+4} + \frac{1}{3b+4} + \frac{1}{3c+4} \geqslant \frac{3}{5}$$

6. 由柯西不等式得 $\sqrt{a}+\sqrt{b}+\sqrt{c} \leqslant \sqrt{3(a+b+c)}$, 并应用 $xy+yz+zx \leqslant x^2+y^2+z^2$, 于是

$$\sqrt{x^2+xy+y^2} + \sqrt{y^2+yz+z^2} + \sqrt{z^2+zx+x^2} \leqslant$$
$$\sqrt{3(2x^2+2y^2+2z^2+xy+yz+zx)} \leqslant$$
$$\sqrt{3(2x^2+2y^2+2z^2+x^2+y^2+z^2)} =$$
$$\sqrt{9(x^2+y^2+z^2)} =$$
$$3xyz\sqrt{\left(\frac{1}{yz}\right)^2+\left(\frac{1}{zx}\right)^2+\left(\frac{1}{xy}\right)^2}$$

再利用不等式 $\sqrt{3}\sqrt{ab+bc+ca} \leqslant a+b+c$ 得

$$3xyz\sqrt{(\frac{1}{yz})^2+(\frac{1}{zx})^2+(\frac{1}{xy})^2} \leqslant \sqrt{3}xyz(\frac{1}{x^2}+\frac{1}{y^2}+\frac{1}{z^2})$$

7. $1 = u\sqrt{vw}+v\sqrt{wu}+w\sqrt{uv} = \sqrt{uvw}(\sqrt{u}+\sqrt{v}+\sqrt{w}) =$

$$\sqrt{3uvw}\sqrt{\frac{(\sqrt{u}+\sqrt{v}+\sqrt{w})^2}{3}} \leqslant$$

$$\sqrt{3(\frac{u+v+w}{3})^3}\sqrt{u+v+w} =$$

$$\frac{1}{3}(u+v+w)^2$$

所以, $u+v+w$ 的最小值是 $\sqrt{3}$.

8. **证法一** 将 $a,b,c$ 分别换成 $\dfrac{a}{a+b+c}, \dfrac{b}{a+b+c}, \dfrac{c}{a+b+c}$, 不等式不变, 所以不妨假设 $a \geqslant b \geqslant c > 0, a+b+c = 1$.

$$\frac{(b+c-a)^2}{a^2+(b+c)^2}+\frac{(c+a-b)^2}{b^2+(c+a)^2}+\frac{(a+b-c)^2}{c^2+(a+b)^2} \geqslant \frac{3}{5} \Leftrightarrow$$

$$f(a,b,c) = \frac{(b+c)a}{a^2+(b+c)^2}+\frac{(c+a)b}{b^2+(c+a)^2}+\frac{(a+b)c}{c^2+(a+b)^2} \leqslant \frac{6}{5}$$

由于

$$\frac{(b+c)a}{a^2+(b+c)^2} = \frac{(b+c)a}{a^2+\frac{1}{4}(b+c)^2+\frac{3}{4}(b+c)^2} \leqslant$$

$$\frac{(b+c)a}{2\sqrt{a^2 \cdot \frac{1}{4}(b+c)^2}+\frac{3}{4}(b+c)^2} =$$

$$\frac{4a}{a+3(b+c)} = \frac{4a}{a+3(1-a)} = \frac{4a}{3+a}$$

所以, 只要证 $\dfrac{4a}{3+a}+\dfrac{4b}{3+b}+\dfrac{4c}{3+c} \leqslant \dfrac{6}{5}$, 即要证

$$\frac{1}{3+a}+\frac{1}{3+b}+\frac{1}{3+c} \geqslant \frac{9}{10}$$

由柯西不等式得

$$[(3+a)+(3+b)+(3+c)](\frac{1}{3+a}+\frac{1}{3+b}+\frac{1}{3+c}) \geqslant 9$$

而 $a+b+c = 1$, 所以

$$\frac{1}{3+a}+\frac{1}{3+b}+\frac{1}{3+c} \geqslant \frac{9}{10}$$

**证法二**

$$\sum_{cyc} \frac{(b+c-a)^2}{a^2+(b+c)^2} = \sum_{cyc} \frac{(b^2+bc-ab)^2}{a^2b^2+(b^2+bc)^2} \geq \frac{(a^2+b^2+c^2)^2}{\sum_{cyc}(a^2b^2+(b^2+bc)^2)}$$

所以只要证明

$$\frac{(a^2+b^2+c^2)^2}{\sum_{cyc}(a^2b^2+(b^2+bc)^2)} \geq \frac{3}{5}$$

即证明 $(a^2+b^2+c^2)^2 \geq 3(a^3b+b^3c+c^3c)$

这是著名的 Vascile Cirtoaje 的不等式. 证明如下:

$$(\sum_{cyc} a^2)^2 - 3\sum_{cyc} a^3b = \sum_{cyc} a^4 + 2\sum_{cyc} b^2c^2 - 3\sum_{cyc} a^3b =$$

$$\sum_{cyc} a^4 - \sum_{cyc} b^2c^2 + 3(\sum_{cyc} b^2c^2 - \sum_{cyc} a^2bc) - 3(\sum_{cyc} a^3b - \sum_{cyc} a^2bc) =$$

$$\frac{1}{2}\sum(b^2-c^2)^2 + \frac{1}{2}\sum(ab+ac-2bc)^2 -$$

$$\sum(b^2-c^2)(ab+ac-2bc) =$$

$$\frac{1}{2}\sum(b^2-c^2-ab-ac+2bc)^2 \geq 0$$

9.

$$\frac{1+\sqrt{3}}{3\sqrt{3}}(a^2+b^2+c^2)(\frac{1}{a}+\frac{1}{b}+\frac{1}{c}) \geq a+b+c+\sqrt{a^2+b^2+c^2} \Leftrightarrow$$

$$\frac{1}{3}(a^2+b^2+c^2)(\frac{1}{a}+\frac{1}{b}+\frac{1}{c}) + \frac{\sqrt{3}}{9}(a^2+b^2+c^2)(\frac{1}{a}+\frac{1}{b}+\frac{1}{c}) \geq$$

$$a+b+c+\sqrt{a^2+b^2+c^2} \qquad ①$$

由柯西不等式得

$$(a+b+c)(\frac{1}{a}+\frac{1}{b}+\frac{1}{c}) \geq 9$$

$$3(a^2+b^2+c^2) \geq (a+b+c)^2$$

两式相乘得

$$\frac{1}{3}(a^2+b^2+c^2)(\frac{1}{a}+\frac{1}{b}+\frac{1}{c}) \geq a+b+c \qquad ②$$

又 $\sqrt{3(a^2+b^2+c^2)} \geq a+b+c$,所以

$$a^2+b^2+c^2 \geq \frac{\sqrt{3}}{3}(a+b+c)\sqrt{a^2+b^2+c^2}$$

与 $(a+b+c)(\frac{1}{a}+\frac{1}{b}+\frac{1}{c}) \geq 9$ 相乘得

$$\frac{\sqrt{3}}{9}(a^2+b^2+c^2)(\frac{1}{a}+\frac{1}{b}+\frac{1}{c}) \geqslant \sqrt{a^2+b^2+c^2} \qquad ③$$

将不等式②、③相加得不等式①.

**10. 证法一** 由柯西不等式得

$$(1^2+1^2+1^2)(\frac{a^2}{b^2}+\frac{b^2}{c^2}+\frac{c^2}{a^2}) \geqslant (\frac{a}{b}+\frac{b}{c}+\frac{c}{a})^2$$

由均值不等式得

$$\frac{a}{b}+\frac{b}{c}+\frac{c}{a} \geqslant 3$$

故

$$\frac{a^2}{b^2}+\frac{b^2}{c^2}+\frac{c^2}{a^2} \geqslant \frac{a}{b}+\frac{b}{c}+\frac{c}{a}$$

类似地,由 $\frac{a}{c}+\frac{b}{a}+\frac{c}{b} \geqslant 3$,可得

$$\frac{a^2}{b^2}+\frac{b^2}{c^2}+\frac{c^2}{a^2}+\frac{b}{a}+\frac{c}{b}+\frac{a}{c} \geqslant 3+\frac{a}{b}+\frac{b}{c}+\frac{c}{a}$$

两边都加上 $\frac{b}{a}+\frac{c}{b}+\frac{a}{c}$,即得

$$(\frac{a}{b}+\frac{b}{c}+\frac{c}{a})^2 \geqslant (a+b+c)(\frac{1}{b}+\frac{1}{c}+\frac{1}{a})$$

**证法二** 作代换 $x=\frac{a}{b}, y=\frac{b}{c}, z=\frac{c}{a}$,则不等式即化为

$$x^2+y^2+z^2+2xy+2yz+2zx \geqslant x+y+z+xy+yz+zx+3$$

其中

$$xyz=1 \qquad ①$$

即证

$$x^2+y^2+z^2+xy+yz+zx \geqslant x+y+z+3$$

可以证明 $x^2+yz \geqslant x+1$. 事实上

$$x^2+yz=x^2+\frac{1}{x} \geqslant x+1 \Leftrightarrow (x+1)(x-1)^2 \geqslant 0$$

同理,$y^2+zx \geqslant y+1$,$z^2+xy \geqslant z+1$,三式相加即得.

另证①如下:

$$x^2+1+y^2+1+z^2+1 \geqslant 2x+2y+2z$$

$$xy+yz+zx \geqslant 3\sqrt[3]{xyyzzx}=3$$

$$x+y+z \geqslant 3\sqrt[3]{xyz}=3$$

三式相加即得.

**证法三** 由柯西不等式得

$$\left(\frac{a}{b}+\frac{b}{c}+\frac{c}{a}\right)(ab+bc+ca) \geqslant (a+b+c)^2$$

$$\left(\frac{a}{b}+\frac{b}{c}+\frac{c}{a}\right)\left(\frac{1}{ab}+\frac{1}{bc}+\frac{1}{ca}\right) \geqslant \left(\frac{1}{b}+\frac{1}{c}+\frac{1}{a}\right)^2$$

而 $(ab+bc+ca)\left(\frac{1}{ab}+\frac{1}{bc}+\frac{1}{ca}\right) = (a+b+c)\left(\frac{1}{c}+\frac{1}{b}+\frac{1}{a}\right)$,所以不等式得证.

11. 因为 $a,b,c$ 是正数,且 $a+b+c=1$,所以原不等式等价于

$$(a+b+c)\left(\frac{a^2}{b}+\frac{b^2}{c}+\frac{c^2}{a}\right) \geqslant 3(a^2+b^2+c^2) \Leftrightarrow$$

$$\frac{a^2(a+c)}{b}+\frac{b^2(a+b)}{c}+\frac{c^2(b+c)}{a} \geqslant 2(a^2+b^2+c^2) \quad \text{①}$$

由柯西不等式得

$$[b(a+c)+c(a+b)+a(b+c)] \cdot \left[\frac{a^2(a+c)}{b}+\frac{b^2(a+b)}{c}+\frac{c^2(b+c)}{a}\right] \geqslant$$

$$[a(a+c)+b(a+b)+c(b+c)]^2$$

所以

$$2(ab+bc+ca)\left[\frac{a^2(a+c)}{b}+\frac{b^2(a+b)}{c}+\frac{c^2(b+c)}{a}\right] \geqslant$$

$$(a^2+b^2+c^2+ab+bc+ca)^2 \quad \text{②}$$

由均值不等式得

$$a^2+b^2+c^2+ab+bc+ca \geqslant 2\sqrt{(a^2+b^2+c^2)(ab+bc+ca)}$$

所以,$(a^2+b^2+c^2+ab+bc+ca)^2 \geqslant 4(a^2+b^2+c^2)(ab+bc+ca)$,代入②得

$$\frac{a^2(a+c)}{b}+\frac{b^2(a+b)}{c}+\frac{c^2(b+c)}{a} \geqslant 2(a^2+b^2+c^2)$$

从而,原不等式成立.

12. 由柯西不等式得

$$(a^2x^2+b^2y^2+c^2z^2)(x^2+y^2+z^2) \geqslant (ax^2+by^2+cz^2)^2$$

所以

$$\sqrt{a^2x^2+b^2y^2+c^2z^2} \geqslant ax^2+by^2+cz^2$$

同理

$$\sqrt{a^2y^2+b^2z^2+c^2x^2} \geqslant ay^2+bz^2+cx^2$$

$$\sqrt{a^2z^2+b^2x^2+c^2y^2} \geqslant az^2+bx^2+cy^2$$

三式相加得

$$\sqrt{a^2x^2+b^2y^2+c^2z^2}+\sqrt{a^2y^2+b^2z^2+c^2x^2}+\sqrt{a^2z^2+b^2x^2+c^2y^2} \geqslant$$

$a+b+c$

由均值不等式得

$$2\sqrt{a^2x^2+b^2y^2+c^2z^2}\sqrt{a^2y^2+b^2z^2+c^2x^2} \leqslant$$
$$a^2(x^2+y^2)+b^2(y^2+z^2)+c^2(z^2+x^2)$$
$$2\sqrt{a^2y^2+b^2z^2+c^2x^2}\sqrt{a^2z^2+b^2x^2+c^2y^2} \leqslant$$
$$a^2(y^2+z^2)+b^2(z^2+x^2)+c^2(x^2+y^2)$$
$$2\sqrt{a^2z^2+b^2x^2+c^2y^2}\sqrt{a^2x^2+b^2y^2+c^2z^2} \leqslant$$
$$a^2(z^2+x^2)+b^2(x^2+y^2)+c^2(y^2+z^2)$$
$$(a^2x^2+b^2y^2+c^2z^2)+(a^2y^2+b^2z^2+c^2x^2)+(a^2z^2+b^2x^2+c^2y^2)=$$
$$(a^2+b^2+c^2)(x^2+y^2+z^2)$$

上述四式相加,并注意到 $x^2+y^2+z^2=1$ 得

$$f^2(x,y,z) \leqslant 3(a^2+b^2+c^2)$$

所以

$$\sqrt{a^2x^2+b^2y^2+c^2z^2}+\sqrt{a^2y^2+b^2z^2+c^2x^2}+\sqrt{a^2z^2+b^2x^2+c^2y^2} \leqslant$$
$$\sqrt{3(a^2+b^2+c^2)}$$

即 $f(x,y,z)$ 的最大值是 $\sqrt{3(a^2+b^2+c^2)}$,最小值是 $a+b+c$.

13. 由柯西不等式得

$$\sqrt{abc}+\sqrt{(1-a)(1-b)(1-c)} =$$
$$\sqrt{a}\cdot\sqrt{bc}+\sqrt{1-a}\cdot\sqrt{(1-b)(1-c)} \leqslant$$
$$\sqrt{a+(1-a)}\cdot\sqrt{bc+(1-b)(1-c)} =$$
$$\sqrt{bc+(1-b)(1-c)} = \sqrt{1-b-c+2bc}$$

因为 $0<b,c<1$,所以

$$1-b-c+2bc < 1-b^2-c^2+2bc = 1-(b+c)^2 < 1$$

从而

$$\sqrt{abc}+\sqrt{(1-a)(1-b)(1-c)} < 1$$

14. 
$$\sqrt{a^4+b^4+c^4}+\sqrt{a^2b^2+b^2c^2+c^2a^2} \geqslant$$
$$\sqrt{a^3b+b^3c+c^3a}+\sqrt{ab^3+bc^3+ca^3} \Leftrightarrow$$
$$a^4+b^4+c^4+a^2b^2+b^2c^2+c^2a^2+$$
$$2\sqrt{a^4+b^4+c^4}\cdot\sqrt{a^2b^2+b^2c^2+c^2a^2} \geqslant$$
$$a^3b+b^3c+c^3a+ab^3+bc^3+ca^3+$$
$$2\sqrt{a^3b+b^3c+c^3a}\cdot\sqrt{ab^3+bc^3+ca^3}$$

下面先证明

317

$$a^4 + b^4 + c^4 + a^2b^2 + b^2c^2 + c^2a^2 \geqslant a^3b + b^3c + c^3a + ab^3 + bc^3 + ca^3 \quad ①$$

由均值不等式得 $a^2 + b^2 \geqslant 2ab$,两边同乘以 $a^2 + b^2$ 得
$$a^4 + b^4 + 2a^2b^2 \geqslant 2(a^3b + ab^3)$$
同理
$$b^4 + c^4 + 2b^2c^2 \geqslant 2(b^3c + bc^3)$$
$$c^4 + a^4 + 2c^2a^2 \geqslant 2(c^3a + ca^3)$$

三个不等式相加并除以 2 得 ①,再证明
$$\sqrt{a^4 + b^4 + c^4} \cdot \sqrt{a^2b^2 + b^2c^2 + c^2a^2} \geqslant$$
$$\sqrt{a^3b + b^3c + c^3a} \cdot \sqrt{ab^3 + bc^3 + ca^3} \quad ②$$

由柯西不等式得
$$(a^4 + b^4 + c^4)(a^2b^2 + b^2c^2 + c^2a^2) \geqslant (a^3b + b^3c + c^3a)^2 \quad ③$$
$$(a^4 + b^4 + c^4)(c^2a^2 + a^2b^2 + b^2c^2) \geqslant (ca^3 + ab^3 + bc^3)^2 \quad ④$$

③,④ 相乘并开方得 ②. ① + 2 乘以 ② 知原不等式成立.

15. **证法一**  由均值不等式得
$$\frac{abc + abd + acd + bcd}{4} = \frac{1}{2}\left[ab\left(\frac{c+d}{2}\right) + cd\left(\frac{a+b}{2}\right)\right] \leqslant$$
$$\frac{1}{2}\left[\left(\frac{a+b}{2}\right)^2\left(\frac{c+d}{2}\right) + \left(\frac{c+d}{2}\right)^2\left(\frac{a+b}{2}\right)\right] =$$
$$\left(\frac{a+b}{2}\right)\left(\frac{c+d}{2}\right)\left(\frac{a+b+c+d}{4}\right) \leqslant$$
$$\left(\frac{a+b+c+d}{4}\right)^2\left(\frac{a+b+c+d}{4}\right) =$$
$$\left(\frac{a+b+c+d}{4}\right)^3$$

所以
$$\frac{a+b+c+d}{4} \geqslant \sqrt[3]{\frac{abc + abd + acd + bcd}{4}}$$

由柯西不等式得
$$(1^2 + 1^2 + 1^2 + 1^2)(a^2 + b^2 + c^2 + d^2) \geqslant (a + b + c + d)^2$$
即
$$\sqrt{\frac{a^2 + b^2 + c^2 + d^2}{4}} \geqslant \frac{a+b+c+d}{4}$$

于是
$$\sqrt{\frac{a^2 + b^2 + c^2 + d^2}{4}} \geqslant \sqrt[3]{\frac{abc + abd + acd + bcd}{4}}$$

**证法二**
$$\sqrt[3]{\frac{abc+abd+acd+bcd}{4}} = \sqrt[3]{\frac{cd(a+b)+ab(c+d)}{4}} \leqslant$$
$$\sqrt[3]{\frac{\sqrt{2(a^2+b^2)}\cdot\frac{c^2+d^2}{2}+\sqrt{2(c^2+d^2)}\cdot\frac{a^2+b^2}{2}}{4}} =$$
$$\sqrt[3]{\frac{\sqrt{2(a^2+b^2)(c^2+d^2)}\cdot(\sqrt{a^2+b^2}+\sqrt{c^2+d^2})}{8}}$$

由均值不等式得 $\sqrt{2(a^2+b^2)(c^2+d^2)} \leqslant a^2+b^2+c^2+d^2$，又由柯西不等式得
$$\sqrt{a^2+b^2}+\sqrt{c^2+d^2} \leqslant \sqrt{2(a^2+b^2+c^2+d^2)}$$

所以
$$\sqrt[3]{\frac{abc+abd+acd+bcd}{4}} \leqslant \sqrt{\frac{a^2+b^2+c^2+d^2}{4}}$$

**16. 证法一** （1）由于
$$(n-1)p^2 - 2nq = (n-1)(\sum_{i=1}^{n} x_i)^2 - 2n\, x_i x_j =$$
$$(n-1)(\sum_{i=1}^{n} x_i^2) - 2\sum_{1 \leqslant i<j \leqslant n} x_i x_j =$$
$$\sum_{1 \leqslant i<j \leqslant n}(x_i - x_j)^2$$

所以
$$\frac{n-1}{n}p^2 - 2q \geqslant 0$$

（2） $\left|x_i - \frac{p}{n}\right| = \frac{n-1}{n}\left|\frac{1}{n-1}\sum_{k=1}^{n}(x_i - x_k)\right|$

由幂平均值不等式，得
$$\left|x_i - \frac{p}{n}\right| \leqslant \frac{n-1}{n}\sqrt{\frac{1}{n-1}\sum_{k=1}^{n}(x_i - x_k)^2} \leqslant \frac{n-1}{n}\sqrt{\frac{1}{n-1}\sum_{1 \leqslant i<j \leqslant n}(x_i - x_j)^2}$$

由(1)的结果，得
$$\left|x_i - \frac{p}{n}\right| \leqslant \frac{n-1}{n}\sqrt{p^2 - \frac{2n}{n-1}q}, \quad i=1,2,\cdots,n$$

**证法二**（单墫）先考虑 $p=0$ 的情况，这时
$$2q = (\sum_{i=1}^{n} x_i)^2 - \sum_{i=1}^{n} x_i^2 = -\sum_{i=1}^{n} x_i^2$$

所以 $-2q = \sum_{i=1}^{n} x_i^2 \geqslant 0$，即(1)成立，又由柯西不等式得

$$(n-1)\sum_{j\neq 1} x_j^2 \geq (\sum_{j\neq 1} x_j)^2 = x_1^2$$

所以

$$nx_1^2 \leq (n-1)\sum_{j=1}^{n} x_j^2 = -2(n-1)q$$

$$|x_1| \leq \sqrt{-\frac{2(n-1)}{n}q} = \frac{n-1}{n}\sqrt{-\frac{2n}{n-1}q}$$

$x_i(i=2,3,\cdots,n)$ 也满足类似的不等式,即不等式(2)成立.

现在,考虑一般:令 $x'_i = x_i - \frac{p}{n}$ $(i=1,2,\cdots,n)$,则 $\sum_{i=1}^{n} x'_i = 0$. 与已经证明的情况对照,我们希望(1)中式子的左边就是 $\sum_{i=1}^{n} x'^2_i$. 事实上

$$\sum_{i=1}^{n} x'^2_i = \sum_{i=1}^{n}(x_i - \frac{p}{n})^2 = \sum_{i=1}^{n} x_i^2 - \frac{2p}{n}\sum_{i=1}^{n} x_i + \sum_{i=1}^{n}(\frac{p}{n})^2 =$$

$$(\sum_{i=1}^{n} x_i)^2 - 2q - \frac{2p}{n}\cdot p + n(\frac{p}{n})^2 =$$

$$\frac{n-1}{n}p^2 - 2q$$

于是(1)显然成立,并且根据上面已经获得的结果

$$|x'_i| \leq \frac{n-1}{n}\sqrt{\frac{n}{n-1}\sum_{i=1}^{n} x'^2_i} = \frac{n-1}{n}\sqrt{\frac{n}{n-1}(\frac{n-1}{n}p^2 - 2q)} =$$

$$\frac{n-1}{n}\sqrt{p^2 - \frac{2n}{n-1}q}, i=1,2,\cdots,n$$

即不等式(2)成立.

17. 因为 $(a+b+c)^2 \geq 3(ab+bc+ca) = 3$,所以,$a+b+c \geq \sqrt{3}$.
由柯西不等式得

$$(\frac{1}{1-a} + \frac{1}{1-b} + \frac{1}{1-c})[(1-a)+(1-b)+(1-c)] \geq 9$$

所以

$$\frac{1}{1-a} + \frac{1}{1-b} + \frac{1}{1-c} \geq \frac{9}{3-(a+b+c)} \geq \frac{9}{3-\sqrt{3}} = \frac{3(3+\sqrt{3})}{2}$$

当且仅当 $a=b=c=\frac{\sqrt{3}}{3}$ 时,$\frac{1}{1-a} + \frac{1}{1-b} + \frac{1}{1-c}$ 取最小值 $\frac{3(3+\sqrt{3})}{2}$.

18.

$$[1 + \frac{2(xy+yz+zx)}{3}]^3 =$$

$$\{\frac{1}{3}[x(\frac{1}{x}+y+z)+y(x+\frac{1}{y}+z)+z(x+y+\frac{1}{z})]\}^3 \geqslant$$
$$xyz(\frac{1}{x}+y+z)(x+\frac{1}{y}+z)(x+y+\frac{1}{z})$$

由柯西不等式得

$$(x+\frac{1}{y}+z)(x+y+\frac{1}{z}) \geqslant (x+1+1)^2 = (x+2)^2$$
$$(x+y+\frac{1}{z})(\frac{1}{x}+y+z) \geqslant (1+y+1)^2 = (y+2)^2$$
$$(\frac{1}{x}+y+z)(x+\frac{1}{y}+z) \geqslant (1+1+z)^2 = (z+2)^2$$

三个不等式相乘并开方得

$$(\frac{1}{x}+y+z)(x+\frac{1}{y}+z)(x+y+\frac{1}{z}) \geqslant (x+2)(y+2)(z+2)$$

所以

$$xyz(x+2)(y+2)(z+2) \leqslant (1+\frac{2(xy+yz+zx)}{3})^3$$

19. 由柯西不等式得

$$|x\sqrt{1-y^2}+y\sqrt{1-x^2}|^2 \leqslant (x^2+y^2)(2-x^2-y^2)$$

再由均值不等式得

$$(x^2+y^2)(2-x^2-y^2) \leqslant [\frac{(x^2+y^2)+(2-x^2-y^2)}{2}]^2 = 1$$

取 $x=\frac{1}{2}, y=\frac{\sqrt{3}}{2}$，得 $x\sqrt{1-y^2}+y\sqrt{1-x^2}=1$，所以，所求的最大值是 1.

20. 显然 $a^2+b^2+c^2 \neq 0, x^2+y^2+z^2 \neq 0$.

设 $\alpha = \sqrt[4]{\frac{a^2+b^2+c^2}{x^2+y^2+z^2}} \neq 0, a_1=\frac{a}{\alpha}, b_1=\frac{b}{\alpha}, c_1=\frac{c}{\alpha}, x_1=x\alpha, y_1=y\alpha, z_1=z\alpha$，

则

$$(a_1+b_1+c_1)(x_1+y_1+z_1) = (a+b+c)(x+y+z) = 3$$
$$(a_1^2+b_1^2+c_1^2)(x_1^2+y_1^2+z_1^2) = (a^2+b^2+c^2)(x^2+y^2+z^2) = 4$$
$$a_1x_1+b_1y_1+c_1z_1 = ax+by+cz$$

且

$$a_1^2+b_1^2+c_1^2 = \frac{a^2+b^2+c^2}{\alpha^2} = \sqrt{(a^2+b^2+c^2)(x^2+y^2+z^2)} = 2 \quad ①$$

$$x_1^2+y_1^2+z_1^2 = (x^2+y^2+z^2)\alpha^2 = \sqrt{(a^2+b^2+c^2)(x^2+y^2+z^2)} = 2 \quad ②$$

故我们只需证明

$$a_1 x_1 + b_1 y_1 + c_1 z_1 \geqslant 0$$

由①,② 只需证明
$$(a_1 + x_1)^2 + (b_1 + y_1)^2 + (c_1 + z_1)^2 \geqslant 4$$

由柯西不等式得
$$(a_1 + x_1)^2 + (b_1 + y_1)^2 + (c_1 + z_1)^2 \geqslant \frac{1}{3}(a_1 + b_1 + c_1 + x_1 + y_1 + z_1)^2 \quad ③$$

对和利用均值不等式得
$$\frac{1}{3}[(a_1 + b_1 + c_1) + (x_1 + y_1 + z_1)]^2 \geqslant$$
$$\frac{4}{3}(a_1 + b_1 + c_1)(x_1 + y_1 + z_1) = \frac{4}{3} \times 3 = 4 \quad ④$$

由③,④ 即得需证的不等式.

21. 由均值不等式得
$$(1 + x + y)(xy + x + y) \geqslant 3\sqrt[3]{xy} \cdot 3\sqrt[3]{xy \cdot x \cdot y} = 9xy$$

所以
$$\frac{xy}{xy + x + y} \leqslant \frac{1 + x + y}{9}$$

同理
$$\frac{yz}{yz + y + z} \leqslant \frac{1 + y + z}{9}$$
$$\frac{zx}{zx + z + x} \leqslant \frac{1 + z + x}{9}$$

于是
$$\frac{xy}{xy + x + y} + \frac{yz}{yz + y + z} + \frac{zx}{zx + z + x} \leqslant \frac{3 + 2(x + y + z)}{9}$$

由柯西不等式得
$$(x + y + z)^2 \leqslant 3(x^2 + y^2 + z^2)$$

于是 $x + y + z \leqslant 3$,所以
$$\frac{xy}{xy + x + y} + \frac{yz}{yz + y + z} + \frac{zx}{zx + z + x} \leqslant 1$$

22. 因为 $abc = 1$,所以
$$\frac{1 + ab^2}{c^3} + \frac{1 + bc^2}{a^3} + \frac{1 + ca^2}{b^3} = \frac{abc + ab^2}{c^3} + \frac{abc + bc^2}{a^3} + \frac{abc + ca^2}{b^3}$$

由柯西不等式和均值不等式得
$$(c^3 + a^3 + b^3)\left(\frac{abc + ab^2}{c^3} + \frac{abc + bc^2}{a^3} + \frac{abc + ca^2}{b^3}\right) \geqslant$$
$$(\sqrt{ab(b + c)} + \sqrt{bc(c + a)} + \sqrt{ca(a + b)})^2 \geqslant$$

$$(\sqrt{ab(2\sqrt{bc})} + \sqrt{bc(2\sqrt{ca})} + \sqrt{ca(2\sqrt{ab})})^2 \geq$$
$$(3\sqrt[3]{\sqrt{ab(2\sqrt{bc})} \cdot \sqrt{bc(2\sqrt{ca})} \cdot \sqrt{ca(2\sqrt{ab})}})^2 =$$
$$18abc = 18$$

于是
$$\frac{1+ab^2}{c^3} + \frac{1+bc^2}{a^3} + \frac{1+ca^2}{b^3} \geq \frac{18}{a^3+b^3+c^3}$$

23. 由柯西不等式得
$$\frac{x^4}{x(1+y)(1+z)} + \frac{y^4}{y(1+z)(1+x)} + \frac{z^4}{z(1+x)(1+y)} \geq$$
$$\frac{(x^2+y^2+z^2)^2}{x(1+y)(1+z) + y(1+z)(1+x) + z(1+x)(1+y)}$$

由柯西不等式得 $3(x^2+y^2+z^2) \geq (x+y+z)^2$，由均值不等式得
$$x^2+y^2+z^2 \geq xy+yz+zx$$
$$x+y+z \geq 3\sqrt[3]{xyz} = 3$$

所以
$$3(x^2+y^2+z^2) \geq (x+y+z)^2 = (x+y+z)(x+y+z) \geq$$
$$3(x+y+z)$$

即
$$x^2+y^2+z^2 \geq x+y+z$$

所以
$$x(1+y)(1+z) + y(1+z)(1+x) + z(1+x)(1+y) =$$
$$(x+y+z) + 2(xy+yz+zx) + 3xyz =$$
$$3 + (x+y+z) + 2(xy+yz+zx)$$

因为
$$4(x^2+y^2+z^2) = (x^2+y^2+z^2) + 2(x^2+y^2+z^2) + (x^2+y^2+z^2) \geq$$
$$3\sqrt[3]{(xyz)^2} + 2(xy+yz+zx) + (x+y+z) =$$
$$3 + (x+y+z) + 2(xy+yz+zx)$$

所以
$$\frac{(x^2+y^2+z^2)^2}{x(1+y)(1+z) + y(1+z)(1+x) + z(1+x)(1+y)} \geq$$
$$\frac{x^2+y^2+z^2}{4} \geq \frac{3\sqrt[3]{(xyz)^2}}{4} = \frac{3}{4}$$

24. 由柯西不等式 $(a+2b+3c)^2 \leq (1+2+3)(a^2+2b^2+3c^2) = 9$，则 $a+2b+3c \leq 3$.

所以

$$3^{-a}+9^{-b}+27^{-c} \geqslant 3 \cdot \sqrt[3]{3^{-(a+2b+3c)}} = 3 \cdot \sqrt[3]{3^{-3}} = 1$$

25. **证法一**

$$\frac{1+a^2}{\sqrt{2a^2+3ab-c^2}} + \frac{1+b^2}{\sqrt{2b^2+3bc-a^2}} + \frac{1+c^2}{\sqrt{2c^2+3ca-b^2}} =$$

$$\frac{a^2+b^2+c^2+a^2}{\sqrt{2a^2+3ab-c^2}} + \frac{a^2+b^2+c^2+b^2}{\sqrt{2b^2+3bc-a^2}} + \frac{a^2+b^2+c^2+c^2}{\sqrt{2c^2+3ca-b^2}} \geqslant$$

（看成12项,利用柯西不等式）

$$\frac{(4a+4b+4c)^2}{4\sqrt{2a^2+3ab-c^2}+4\sqrt{2b^2+3bc-a^2}+4\sqrt{2c^2+3ca-b^2}} =$$

$$\frac{4(a+b+c)^2}{\sqrt{2a^2+3ab-c^2}+\sqrt{2b^2+3bc-a^2}+\sqrt{2c^2+3ca-b^2}}$$

由柯西不等式得

$$\sqrt{2a^2+3ab-c^2}+\sqrt{2b^2+3bc-a^2}+\sqrt{2c^2+3ca-b^2} \leqslant$$

$$\sqrt{3((2a^2+3ab-c^2)+(2b^2+3bc-a^2)+(2c^2+3ca-b^2))} =$$

$$\sqrt{3(a^2+b^2+c^2+3ab+3bc+3ca)}$$

因此,只要证明

$$2(a+b+c) \geqslant \sqrt{3(a^2+b^2+c^2+3ab+3bc+3ca)} \Leftrightarrow$$

$$4(a+b+c)^2 \geqslant 3(a^2+b^2+c^2+3ab+3bc+3ca) \Leftrightarrow$$

$$a^2+b^2+c^2 \geqslant ab+bc+ca$$

这是显然的.

**证法二** 由不等式 $\frac{a^2}{b} \geqslant 2a-b$ 及 $ab \leqslant \frac{a^2+b^2}{2}$ 得

$$\frac{1+a^2}{\sqrt{2a^2+3ab-c^2}} = \sqrt{\frac{(2a^2+b^2+c^2)^2}{2a^2+3ab-c^2}} \geqslant \sqrt{2a^2+2b^2+3c^2-3ab} \geqslant$$

$$\sqrt{2a^2+2b^2+3c^2-\frac{3(a^2+b^2)}{2}} = \sqrt{\frac{a^2+b^2+6c^2}{2}} =$$

$$\sqrt{\frac{a^2+b^2+c^2+c^2+c^2+c^2+c^2+c^2}{2}} \geqslant$$

$$\frac{a+b+c+c+c+c+c+c}{4} = \frac{a+b+6c}{4}$$

同理可得

$$\frac{1+b^2}{\sqrt{2b^2+3bc-a^2}} \geqslant \frac{6a+b+c}{4}$$

$$\frac{1+c^2}{\sqrt{2c^2+3ca-b^2}} \geq \frac{a+6b+c}{4}$$

将以上三个不等式相加得

$$\frac{1+a^2}{\sqrt{2a^2+3ab-c^2}} + \frac{1+b^2}{\sqrt{2b^2+3bc-a^2}} + \frac{1+c^2}{\sqrt{2c^2+3ca-b^2}} \geq 2(a+b+c)$$

**26. 证法一**　由均值不等式得 $ab \leq \frac{(a+b)^2}{4} < \frac{(a+b+c)^2}{4} < 4$，所以，$4 - ab > 0$，由均值不等式得

$$a^2 + 3b^2 = a^2 + b^2 + b^2 + b^2 \geq 4\sqrt[4]{a^2 b^6}$$

$$\sqrt{ab}(2 - \sqrt{ab}) \leq \frac{[\sqrt{ab} + (2 - \sqrt{ab})]^2}{4} = 1$$

所以

$$\frac{a^2+3b^2}{ab^2(4-ab)} = \frac{a^2+3b^2}{ab^2(2-\sqrt{ab})(2+\sqrt{ab})} \geq \frac{4\sqrt[4]{a^2b^6}}{ab^2(2-\sqrt{ab})(2+\sqrt{ab})} =$$

$$\frac{4}{\sqrt{ab}(2-\sqrt{ab})(2+\sqrt{ab})} \geq \frac{4}{2+\sqrt{ab}}$$

于是

$$\frac{a^2+3b^2}{ab^2(4-ab)} + \frac{b^2+3c^2}{bc^2(4-bc)} + \frac{c^2+3a^2}{ca^2(4-ca)} \geq$$

$$4\left(\frac{1}{2+\sqrt{ab}} + \frac{1}{2+\sqrt{bc}} + \frac{1}{2+\sqrt{ca}}\right)$$

由柯西不等式得

$$\left(\frac{1}{2+\sqrt{ab}} + \frac{1}{2+\sqrt{bc}} + \frac{1}{2+\sqrt{ca}}\right)$$

$$[(2+\sqrt{ab}) + (2+\sqrt{bc}) + (2+\sqrt{ca})] \geq 9$$

即

$$\left(\frac{1}{2+\sqrt{ab}} + \frac{1}{2+\sqrt{bc}} + \frac{1}{2+\sqrt{ca}}\right)(6 + \sqrt{ab} + \sqrt{bc} + \sqrt{ca}) \geq 9$$

$$\sqrt{ab} + \sqrt{bc} + \sqrt{ca} \leq \frac{a+b}{2} + \frac{b+c}{2} + \frac{c+a}{2} = a+b+c = 3$$

所以

$$\frac{1}{2+\sqrt{ab}} + \frac{1}{2+\sqrt{bc}} + \frac{1}{2+\sqrt{ca}} \geq$$

$$\frac{9}{6+\sqrt{ab}+\sqrt{bc}+\sqrt{ca}} \geq \frac{9}{6+3} = 1$$

所以
$$\frac{a^2+3b^2}{ab^2(4-ab)}+\frac{b^2+3c^2}{bc^2(4-bc)}+\frac{c^2+3a^2}{ca^2(4-ca)}\geqslant 4$$

**证法二** 记
$$A=\frac{a^2}{ab^2(4-ab)}+\frac{b^2}{bc^2(4-bc)}+\frac{c^2}{ca^2(4-ca)}$$
$$B=\frac{b^2}{ab^2(4-ab)}+\frac{c^2}{bc^2(4-bc)}+\frac{a^2}{ca^2(4-ca)}$$

要证明原不等式,只要证明 $A\geqslant 1, B\geqslant 1$.

由柯西不等式得
$$(\frac{4-ab}{a}+\frac{4-ab}{b}+\frac{4-ab}{c})A\geqslant(\frac{1}{b}+\frac{1}{c}+\frac{1}{a})^2=(\frac{1}{a}+\frac{1}{b}+\frac{1}{c})^2$$

设 $k=\frac{1}{a}+\frac{1}{b}+\frac{1}{c}$,则 $A\geqslant\frac{k^2}{4k-3}$.

由 $(a+b+c)(\frac{1}{a}+\frac{1}{b}+\frac{1}{c})\geqslant 9$ 得 $k=\frac{1}{a}+\frac{1}{b}+\frac{1}{c}\geqslant 3$,所以 $(k-1)\cdot(k-3)\geqslant 0$,即 $k^2-4k+3\geqslant 0, \frac{k^2}{4k-3}\geqslant 1$. 于是 $A\geqslant 1$. 又

$$B=\frac{b^2}{ab^2(4-ab)}+\frac{c^2}{bc^2(4-bc)}+\frac{a^2}{ca^2(4-ca)}=$$
$$\frac{1}{a(4-ab)}+\frac{1}{b(4-bc)}+\frac{1}{c(4-ca)}$$

则
$$(\frac{4-ab}{a}+\frac{4-ab}{b}+\frac{4-ab}{c})B\geqslant(\frac{1}{a}+\frac{1}{b}+\frac{1}{c})^2$$

所以 $B\geqslant\frac{k^2}{4k-3}\geqslant 1$. 因此, $A+3B\geqslant 4$.

27. 由均值不等式得 $xy+x+y\geqslant 3\sqrt[3]{x^2y^2}$,即 $(x+1)(y+1)\geqslant 3\sqrt[3]{x^2y^2}+1$,所以

$$\frac{(x+1)(y+1)^2}{3\sqrt[3]{z^2x^2}+1}+\frac{(y+1)(z+1)^2}{3\sqrt[3]{x^2y^2}+1}+\frac{(z+1)(x+1)^2}{3\sqrt[3]{y^2z^2}+1}\geqslant$$
$$\frac{(x+1)(y+1)^2}{(z+1)(x+1)}+\frac{(y+1)(z+1)^2}{(x+1)(y+1)}+\frac{(z+1)(x+1)^2}{(y+1)(z+1)}=$$
$$\frac{(y+1)^2}{z+1}+\frac{(z+1)^2}{x+1}+\frac{(x+1)^2}{y+1}$$

由柯西不等式得
$$[\frac{(y+1)^2}{z+1}+\frac{(z+1)^2}{x+1}+\frac{(x+1)^2}{y+1}]\cdot[(z+1)+(x+1)+(y+1)]\geqslant$$

$$[(y+1)+(z+1)+(x+1)]^2$$

即

$$\frac{(y+1)^2}{z+1}+\frac{(z+1)^2}{x+1}+\frac{(x+1)^2}{y+1} \geqslant x+y+z+3$$

28. 由均值不等式得 $x^{\frac{3}{2}}+y^{\frac{3}{2}}+y^{\frac{3}{2}} \geqslant 3x^{\frac{1}{2}}y$, $x^{\frac{3}{2}}+z^{\frac{3}{2}}+z^{\frac{3}{2}} \geqslant 3x^{\frac{1}{2}}z$,相加得

$$2(x^{\frac{3}{2}}+y^{\frac{3}{2}}+z^{\frac{3}{2}}) \geqslant 3x^{\frac{1}{2}}(y+z)$$

所以

$$\frac{x}{y+z} \geqslant \frac{3x^{\frac{3}{2}}}{2(x^{\frac{3}{2}}+y^{\frac{3}{2}}+z^{\frac{3}{2}})}$$

同理

$$\frac{y}{z+x} \geqslant \frac{3y^{\frac{3}{2}}}{2(x^{\frac{3}{2}}+y^{\frac{3}{2}}+z^{\frac{3}{2}})}$$

$$\frac{z}{x+y} \geqslant \frac{3z^{\frac{3}{2}}}{2(x^{\frac{3}{2}}+y^{\frac{3}{2}}+z^{\frac{3}{2}})}$$

要证明 $\frac{x\sqrt{x}}{y+z}+\frac{y\sqrt{y}}{z+x}+\frac{z\sqrt{z}}{x+y} \geqslant \frac{\sqrt{3}}{2}$,只要证明

$$\frac{x^2+y^2+z^2}{x^{\frac{3}{2}}+y^{\frac{3}{2}}+z^{\frac{3}{2}}} \geqslant \frac{1}{\sqrt{3}} \Leftrightarrow 3(x^2+y^2+z^2)^2 \geqslant (x^{\frac{3}{2}}+y^{\frac{3}{2}}+z^{\frac{3}{2}})^2$$

由柯西不等式得

$$(x^2+y^2+z^2)(x+y+z) \geqslant (x^{\frac{3}{2}}+y^{\frac{3}{2}}+z^{\frac{3}{2}})^2$$

及

$$3(x^2+y^2+z^2) \geqslant (x+y+z)^2 \geqslant x+y+z$$

两个不等式相乘即得.

29. $(a+b)^3+4c^3 = a^3+b^3+3a^2b+3ab^2+4c^3 = (a^3+b^3+a^2b+ab^2)+2a^2b+2ab^2+4c^3 = 2(a^2b+ab^2)+(a^2+b^2)(a+b)+4c^3 \geqslant 4\sqrt{a^3b^3}+(a^{\frac{3}{2}}+b^{\frac{3}{2}})^2+4c^3 \geqslant 4\sqrt{a^3b^3}+4c^{\frac{3}{2}}(a^{\frac{3}{2}}+b^{\frac{3}{2}}) = 4(\sqrt{a^3b^3}+\sqrt{b^3c^3}+\sqrt{c^3a^3})$

30. 由均值不等式得

$$x^2+y^2+z^2 \geqslant xy+yz+zx$$

所以

$$(x+y+z)^2 \geqslant 3(xy+yz+zx)$$

$$\frac{1}{9}+\frac{2}{27}(xy+yz+zx) \leqslant \frac{1}{3}$$

于是只要证明

$$\frac{x^3}{y^3+8} + \frac{y^3}{z^3+8} + \frac{z^3}{x^3+8} \geq \frac{1}{3}$$

同理,$(x^3+y^3+z^3)^2 \geq 3(x^3y^3+y^3z^3+z^3x^3)$,由柯西不等式和均值不等式得

$$\frac{x^3}{y^3+8} + \frac{y^3}{z^3+8} + \frac{z^3}{x^3+8} \geq \frac{(x^3+y^3+z^3)^2}{x^3y^3+y^3z^3+z^3x^3+8(x^3+y^3+z^3)} \geq$$

$$\frac{(x^3+y^3+z^3)^2}{\frac{1}{3}(x^3+y^3+z^3)^2+8(x^3+y^3+z^3)} =$$

$$\frac{x^3+y^3+z^3}{\frac{1}{3}(x^3+y^3+z^3)+8}$$

要证明 $\dfrac{x^3+y^3+z^3}{\frac{1}{3}(x^3+y^3+z^3)+8} \geq \dfrac{1}{3}$,只要证明 $x^3+y^3+z^3 \geq 3$.

由柯西不等式得

$$(x+y+z)(x^3+y^3+z^3) \geq (x^2+y^2+z^2)^2$$
$$(1+1+1)(x^2+y^2+z^2) \geq (x+y+z)^2$$

所以

$$(x+y+z)(x^3+y^3+z^3) \geq (x^2+y^2+z^2)^2 \geq \left[\frac{(x+y+z)^2}{3}\right]^2$$

即 $x^3+y^3+z^3 \geq 3$.

31. 设 $a=\dfrac{x}{y}, b=\dfrac{y}{z}, c=\dfrac{z}{x}$,则由柯西不等式得

$$\frac{1}{b(a+b)} + \frac{1}{c(b+c)} + \frac{1}{a(c+a)} = \frac{x^2}{z^2+xy} + \frac{y^2}{x^2+yz} + \frac{z^2}{y^2+zx} \geq$$

$$\frac{(x^2+y^2+z^2)^2}{x^2y^2+y^2z^2+z^2x^2+x^3y+y^3z+z^3x}$$

只要证明

$$2(x^2+y^2+z^2)^2 \geq 3(x^2y^2+y^2z^2+z^2x^2+x^3y+y^3z+z^3x)$$

由均值不等式得

$$x^4+y^4+z^4 = \frac{x^4+x^4+x^4+y^4}{4} + \frac{y^4+y^4+y^4+z^4}{4} + \frac{z^4+z^4+z^4+x^4}{4} \geq$$

$$x^3y+y^3z+z^3x$$

$$(x^4+x^2y^2)+(y^4+y^2z^2)+(z^4+z^2x^2) \geq 2(x^3y+y^3z+z^3x)$$

将这两个不等式相加后再加上 $3(x^2y^2+y^2z^2+z^2x^2)$ 即得.

32. **解法一** 利用 Minkowski 不等式和柯西不等式得

$$A = \sqrt{a_1^2 + \frac{1}{a_2^2}} + \sqrt{a_2^2 + \frac{1}{a_3^2}} + \cdots + \sqrt{a_n^2 + \frac{1}{a_1^2}} \geq$$

$$\sqrt{(a_1 + a_2 + a_3 + \cdots + a_n)^2 + (\frac{1}{a_1} + \frac{1}{a_2} + \cdots + \frac{1}{a_n})^2} \geq$$

$$\sqrt{(a_1 + a_2 + a_3 + \cdots + a_n)^2 + \frac{n^4}{(a_1 + a_2 + a_3 + \cdots + a_n)^2}}$$

利用均值不等式得

$$(a_1 + a_2 + a_3 + \cdots + a_n)^2 + \frac{(\frac{n}{2})^4}{(a_1 + a_2 + a_3 + \cdots + a_n)^2} \geq \frac{n^2}{2}$$

因为 $a_1 + a_2 + a_3 + \cdots + a_n \leq \frac{n}{2}$,所以

$$\frac{\frac{15n^4}{16}}{(a_1 + a_2 + a_3 + \cdots + a_n)^2} \geq \frac{15n^2}{4}$$

于是

$$A \geq \sqrt{\frac{n^2}{2} + \frac{15n^2}{4}} = \sqrt{\frac{17n^2}{4}} = \frac{\sqrt{17}\,n}{2}$$

**解法二** 记 $a_1 + a_2 + a_3 + \cdots + a_n = s$,则 $f(s) = s^2 + \frac{n^4}{s^2}$ 在区间 $(0, \frac{n}{2}]$ 上单调递减,所以 $A \geq \frac{\sqrt{17}\,n}{2}$.

**解法三** 利用均值不等式得

$$a_1^2 + \frac{1}{a_2^2} = a_1^2 + \frac{1}{16a_2^2} + \cdots + \frac{1}{16a_2^2} \geq 17\sqrt[17]{\frac{a_1^2}{(16a_2^2)^{16}}}$$

所以

$$A \geq \sqrt{17} \sum_{i=1}^{n} \sqrt[34]{\frac{a_i^2}{(16a_{i+1}^2)^{16}}}, a_{n+1} = a_1$$

再利用均值不等式得

$$\sum_{i=1}^{n} \sqrt[34]{\frac{a_i^2}{(16a_{i+1}^2)^{16}}} \geq \frac{n}{(\prod_{i=1}^{n} 16^{16n} a_i^{30})^{\frac{1}{34n}}}$$

注意到 $\prod_{i=1}^{n} a_i \leq (\frac{a_1 + a_2 + a_3 + \cdots + a_n}{n})^n \leq \frac{1}{2^n}$,所以 $A \geq \frac{\sqrt{17}\,n}{2}$.

33. 利用柯西不等式得 $\sum_{i=1}^{n} a_i^2 \sum_{i=1}^{n} 1^2 \geq (\sum_{i=1}^{n} a_i)^2$,所以

$$\sum_{i=1}^{n} a_i^2 \geqslant \frac{(\sum_{i=1}^{n} a_i)^2}{n}$$

所以利用均值不等式得

$$\frac{\sum_{i=1}^{n} a_i^2}{\sum_{i=1}^{n} a_i} \geqslant \frac{\sum_{i=1}^{n} a_i}{n} \geqslant \sqrt[n]{\prod_{i=1}^{n} a_i}$$

从而

$$\left(\frac{\sum_{i=1}^{n} a_i^2}{\sum_{i=1}^{n} a_i}\right)^n \geqslant \prod_{i=1}^{n} a_i$$

现在 $\dfrac{\sum_{i=1}^{n} a_i^2}{\sum_{i=1}^{n} a_i} \geqslant 1, \dfrac{k}{t} \geqslant 1$，于是

$$\left(\frac{\sum_{i=1}^{n} a_i^2}{\sum_{i=1}^{n} a_i}\right)^{\frac{kn}{t}} \geqslant \left(\frac{\sum_{i=1}^{n} a_i^2}{\sum_{i=1}^{n} a_i}\right)^n \geqslant \prod_{i=1}^{n} a_i$$

等号成立时 $a_1 = a_2 = a_3 = \cdots = a_n$.

**34.** **证法一** 证明推广不等式

$$3 + \frac{(a-b)^2 + (b-c)^2 + (c-a)^2}{2} \geqslant$$

$$\frac{a + b^2 c^2}{b+c} + \frac{b + c^2 a^2}{c+a} + \frac{c + a^2 b^2}{a+b} \geqslant 3$$

由柯西不等式得 $(3 + bc)^2 \leqslant (3 + b^2)(3 + c^2)$ 及等式

$$c^2 + 3 = c^2 + ab + bc + ca = (b+c)(c+a)$$

所以

$$\frac{a(3+bc)^2}{(b+c)(b^2+3)} + \frac{b(3+ca)^2}{(c+a)(c^2+3)} + \frac{c(3+ab)^2}{(a+b)(a^2+3)} \leqslant$$

$$\frac{a(3+c^2)}{b+c} + \frac{b(3+a^2)}{c+a} + \frac{c(3+b^2)}{a+b} =$$

$$a(a+c) + b(b+a) + c(c+b) =$$

$$a^2 + b^2 + c^2 + ab + bc + ca =$$

$$a^2 + b^2 + c^2 + 3$$

等号成立当且仅当 $a=b=c=1$ 时.

**证法二** 因为 $b^2+3 = b^2+ab+bc+ca = (b+c)(a+b)$,所以

$$\frac{a(3+bc)^2}{(b+c)(b^2+3)} = \frac{a(a(b+c)+2bc)^2}{(b+c)^2(a+b)} =$$

$$\frac{a[a^2(b+c)^2 + 4bc(ab+bc+ca)]}{(b+c)^2(a+b)} \leq$$

$$\frac{a[a^2(b+c)^2 + (b+c)^2(ab+bc+ca)]}{(b+c)^2(a+b)} =$$

$$\frac{a(a^2+ab+bc+ca)}{a+b} = a(a+c)$$

相加得

$$\frac{a(3+bc)^2}{(b+c)(b^2+3)} + \frac{b(3+ca)^2}{(c+a)(c^2+3)} + \frac{c(3+ab)^2}{(a+b)(a^2+3)} \leq$$

$$a(a+c) + b(b+a) + c(c+b) =$$

$$a^2+b^2+c^2+ab+bc+ca =$$

$$a^2+b^2+c^2+3$$

等号成立当且仅当 $a=b=c=1$ 时.

**35. 证法一** 用分析法不难证明

$$9(x+y)(y+z)(z+x) \geq 8(x+y+z)(xy+yz+zx)$$

所以由柯西不等式得

$$(\frac{1}{\sqrt{x+y}} + \frac{1}{\sqrt{y+z}} + \frac{1}{\sqrt{z+x}})^2 \leq [(z+x)+(x+y)+(y+z)]$$

$$[\frac{1}{(x+y)(z+x)} + \frac{1}{(y+z)(x+y)} + \frac{1}{(z+x)(y+z)}] =$$

$$\frac{4(x+y+z)^2}{(x+y)(y+z)(z+x)} \leq \frac{9(x+y+z)}{2(xy+yz+zx)}$$

因为 $x+y+z=1$,所以由均值不等式得 $(x+y+z)(xy+yz+zx) \geq 9xyz$,所以

$$\frac{9(x+y+z)}{2(xy+yz+zx)} = \frac{9}{2(x+y+z)(xy+yz+zx)} \leq \frac{1}{2xyz}$$

于是

$$\frac{1}{\sqrt{x+y}} + \frac{1}{\sqrt{y+z}} + \frac{1}{\sqrt{z+x}} \leq \sqrt{\frac{1}{2xyz}}$$

**证法二** 令 $a=x+y, b=y+z, c=z+x$,则由 $x+y+z=1$ 得 $a+b+c=2$,由均值不等式得 $abc \geq 8xyz$,所以要证明

$$\frac{1}{\sqrt{x+y}} + \frac{1}{\sqrt{y+z}} + \frac{1}{\sqrt{z+x}} \leq \sqrt{\frac{1}{2xyz}}$$

只要证明
$$\frac{1}{\sqrt{a}}+\frac{1}{\sqrt{b}}+\frac{1}{\sqrt{c}}\leqslant \frac{2}{\sqrt{abc}}(\sqrt{ab}+\sqrt{bc}+\sqrt{ca})\leqslant 2(\sqrt{ab}+\sqrt{bc}+\sqrt{ca})\leqslant a+b+c$$
这是显然的.

36. 由柯西不等式和均值不等式得
$$n(a_1+a_2+\cdots+a_n)\geqslant (\sqrt{a_1}+\sqrt{a_2}+\cdots+\sqrt{a_n})^2=$$
$$(\sqrt{a_1}+\sqrt{a_2}+\cdots+\sqrt{a_n})(\sqrt{a_1}+\sqrt{a_2}+\cdots+\sqrt{a_n})\geqslant$$
$$n\sqrt[n]{a_1a_2\cdots a_n}(\sqrt{a_1}+\sqrt{a_2}+\cdots+\sqrt{a_n})=$$
$$n(\sqrt{a_1}+\sqrt{a_2}+\cdots+\sqrt{a_n})$$
所以
$$\sqrt{a_1}+\sqrt{a_2}+\cdots+\sqrt{a_n}\leqslant a_1+a_2+\cdots+a_n$$

37. **证法一** 证明推广不等式
$$3+\frac{(a-b)^2+(b-c)^2+(c-a)^2}{2}\geqslant$$
$$\frac{a+b^2c^2}{b+c}+\frac{b+c^2a^2}{c+a}+\frac{c+a^2b^2}{a+b}\geqslant 3$$

因为 $(a+b+c)^2\geqslant 3(ab+bc+ca)=9$,所以, $a+b+c\geqslant 3$.
由柯西不等式得
$$(\frac{a}{b+c}+\frac{b}{c+a}+\frac{c}{a+b})[a(b+c)+b(c+a)+c(a+b)]\geqslant$$
$$(a+b+c)^2$$
即
$$\frac{a}{b+c}+\frac{b}{c+a}+\frac{c}{a+b}\geqslant \frac{(a+b+c)^2}{2(ab+bc+ca)}\geqslant \frac{a+b+c}{2}$$
于是
$$\frac{a+b^2c^2}{b+c}+\frac{b+c^2a^2}{c+a}+\frac{c+a^2b^2}{a+b}=$$
$$\frac{a}{b+c}+\frac{b}{c+a}+\frac{c}{a+b}+\frac{b^2c^2}{b+c}+\frac{c^2a^2}{c+a}+\frac{a^2b^2}{a+b}\geqslant$$
$$\frac{a+b+c}{2}+\frac{b^2c^2}{b+c}+\frac{c^2a^2}{c+a}+\frac{a^2b^2}{a+b}=$$
$$(\frac{a+b}{4}+\frac{a^2b^2}{a+b})+(\frac{b+c}{4}+\frac{b^2c^2}{b+c})+(\frac{c+a}{4}+\frac{c^2a^2}{c+a})\geqslant$$
$$ab+bc+ca=3$$
不等式右端获证.

为证明左端,先证明一个引理

$$\frac{a^2+b^2+c^2}{ab+bc+ca}+\frac{1}{2} \geqslant \frac{a}{b+c}+\frac{b}{c+a}+\frac{c}{a+b}$$

事实上,注意到

$$\frac{a}{b+c}+\frac{b}{c+a}+\frac{c}{a+b}-\frac{3}{2}=$$

$$\frac{(a+b)(a-b)^2+(b+c)(b-c)^2+(c+a)(c-a)^2}{2(a+b)(b+c)(c+a)}$$

得

$$\frac{a^2+b^2+c^2}{ab+bc+ca}+\frac{1}{2}-\left(\frac{a}{b+c}+\frac{b}{c+a}+\frac{c}{a+b}\right)=$$

$$\frac{a^2+b^2+c^2}{ab+bc+ca}-1-\left(\frac{a}{b+c}+\frac{b}{c+a}+\frac{c}{a+b}-\frac{3}{2}\right)=$$

$$\frac{(a-b)^2+(b-c)^2+(c-a)^2}{2(ab+bc+ca)}-$$

$$\frac{(a+b)(a-b)^2+(b+c)(b-c)^2+(c+a)(c-a)^2}{2(a+b)(b+c)(c+a)} \geqslant 0$$

所以

$$\frac{a^2+b^2+c^2}{ab+bc+ca}+\frac{1}{2} \geqslant \frac{a}{b+c}+\frac{b}{c+a}+\frac{c}{a+b}$$

因为 $ab+bc+ca=3$,所以由柯西不等式得

$$\frac{a^2+b^2+c^2}{2}=\sqrt{\frac{1}{3}(a^2+b^2+c^2)^2 \cdot \frac{ab+bc+ca}{4}} \geqslant$$

$$\sqrt{(a^2b^2+b^2c^2+c^2a^2) \cdot \left[\frac{a^2b^2}{(a+b)^2}+\frac{b^2c^2}{(b+c)^2}+\frac{c^2a^2}{(c+a)^2}\right]} \geqslant$$

$$\frac{a^2b^2}{a+b}+\frac{b^2c^2}{b+c}+\frac{c^2a^2}{c+a}$$

因为 $ab+bc+ca=3$,所以

$$3+\frac{(a-b)^2+(b-c)^2+(c-a)^2}{2}=a^2+b^2+c^2=$$

$$\frac{5(a^2+b^2+c^2)}{6}+\frac{a^2+b^2+c^2}{6} \geqslant$$

$$\frac{5(a^2+b^2+c^2)}{6}+\frac{ab+bc+ca}{6}=$$

$$\frac{5(a^2+b^2+c^2)}{6}+\frac{1}{2}=$$

$$\frac{a^2+b^2+c^2}{2}+\frac{a^2+b^2+c^2}{3}+\frac{1}{2}=$$

$$\frac{a^2+b^2+c^2}{2}+\frac{a^2+b^2+c^2}{ab+bc+ca}+\frac{1}{2}\geqslant$$

$$\frac{a^2b^2}{a+b}+\frac{b^2c^2}{b+c}+\frac{c^2a^2}{c+a}+\frac{a}{b+c}+\frac{b}{c+a}+\frac{c}{a+b}.$$

左边不等式得证.

**证法二** 同证法一加强不等式,左端的不等式用舒尔不等式证明. 这个不等式等价于

$$a^2+b^2+c^2\geqslant\frac{a}{b+c}+\frac{b}{c+a}+\frac{c}{a+b}+\frac{b^2c^2}{b+c}+\frac{c^2a^2}{c+a}+\frac{a^2b^2}{a+b}.$$

由均值不等式得到 $(a+b+c)^2\geqslant 3(ab+bc+ca)=9$,所以 $a+b+c\geqslant 3$. 因为

$$\frac{a}{b+c}=\frac{a(ab+bc+ca)}{3(b+c)}=\frac{a^2}{3}+\frac{abc}{3(b+c)}\leqslant\frac{a^2}{3}+\frac{a(b+c)}{12}$$

$$\frac{b^2c^2}{b+c}\leqslant\frac{bc(b+c)}{4}$$

同理

$$\frac{b}{c+a}\leqslant\frac{b^2}{3}+\frac{b(c+a)}{12}$$

$$\frac{c}{a+b}\leqslant\frac{c^2}{3}+\frac{c(a+b)}{12}$$

$$\frac{c^2a^2}{c+a}\leqslant\frac{ca(c+a)}{4}$$

$$\frac{a^2b^2}{a+b}\leqslant\frac{ab(a+b)}{4}$$

因此,只要证明

$$\frac{2(a^2+b^2+c^2)}{3}\geqslant\frac{1}{2}+\frac{ab(a+b)+bc(b+c)+ca(c+a)}{4}\Leftrightarrow$$

$$\frac{2(a^2+b^2+c^2)}{3}+\frac{3abc}{4}\geqslant\frac{1}{2}+\frac{(a+b+c)(ab+bc+ca)}{4}$$

由舒尔不等式

$$(a+b+c)^3-4(a+b+c)(ab+bc+ca)+9abc\geqslant 0$$

所以

$$(a+b+c)[(a^2+b^2+c^2-2(ab+bc+ca)]+9abc\geqslant 0$$

即

$$a^2+b^2+c^2+\frac{9abc}{a+b+c}\geqslant 2(ab+bc+ca)=6$$

所以

$$\frac{1}{4}(a^2+b^2+c^2+\frac{9abc}{a+b+c}) \geqslant \frac{3}{2}$$

因此,只要证明

$$\frac{5(a^2+b^2+c^2)}{12}+1 \geqslant \frac{3(a+b+c)}{4}$$

因为 $a^2+b^2+c^2 \geqslant \frac{(a+b+c)^2}{3}$,只要证明

$$\frac{5(a+b+c)^2}{36}+1 \geqslant \frac{3(a+b+c)}{4} \Leftrightarrow$$

$$(a+b+c-3)(a+b+c-\frac{12}{5}) \geqslant 0$$

因为 $a+b+c \geqslant 3$,所以此不等式成立.

**证法三**  因为 $(a+b+c)^2 \geqslant 3(ab+bc+ca)=9$,所以

$$a+b+c \geqslant 3 \qquad ①$$

由柯西不等式得

$$(\frac{a}{b+c}+\frac{b}{c+a}+\frac{c}{a+b})[a(b+c)+b(c+a)+c(a+b)] \geqslant (a+b+c)^2$$

即

$$\frac{a}{b+c}+\frac{b}{c+a}+\frac{c}{a+b} \geqslant \frac{(a+b+c)^2}{2(ab+bc+ca)}=\frac{(a+b+c)^2}{6} \qquad ②$$

$$(\frac{b^2c^2}{b+c}+\frac{c^2a^2}{c+a}+\frac{a^2b^2}{a+b})[(b+c)+(c+a)+(a+b)] \geqslant (ab+bc+ca)^2=9$$

即

$$\frac{b^2c^2}{b+c}+\frac{c^2a^2}{c+a}+\frac{a^2b^2}{a+b} \geqslant \frac{9}{2(a+b+c)} \qquad ③$$

由 ①②③ 及均值不等式得

$$\frac{a+b^2c^2}{b+c}+\frac{b+c^2a^2}{c+a}+\frac{c+a^2b^2}{a+b} \geqslant \frac{(a+b+c)^2}{6}+\frac{9}{2(a+b+c)} \geqslant$$

$$\sqrt{3(a+b+c)} \geqslant 3$$

右边不等式得证.

$$9+3[(a-b)^2+(b-c)^2+(c-a)^2] \geqslant$$

$$\frac{3a+3b^2c^2}{b+c}+\frac{3b+3c^2a^2}{c+a}+\frac{3c+3a^2b^2}{a+b} \Leftrightarrow$$

$$3(ab+bc+ca)+3[(a-b)^2+(b-c)^2+(c-a)^2] \geqslant$$

$$\frac{a(ab+bc+ca)+3b^2c^2}{b+c}+$$

$$\frac{b(ab+bc+ca)+3c^2a^2}{c+a}+$$
$$\frac{c(ab+bc+ca)+3a^2b^2}{a+b} \Leftrightarrow$$
$$5(a^2+b^2+c^2)-3(ab+bc+ca) \geqslant$$
$$3\left(\frac{a^2b^2}{a+b}+\frac{b^2c^2}{b+c}+\frac{c^2a^2}{c+a}\right)+$$
$$abc\left(\frac{1}{a+b}+\frac{1}{b+c}+\frac{1}{c+a}\right)$$

根据均值不等式得 $\frac{ab}{a+b} \leqslant \frac{1}{4}(a+b)$,所以 $\frac{abc}{a+b} \leqslant \frac{c(a+b)}{4}$,从而
$$abc\left(\frac{1}{a+b}+\frac{1}{b+c}+\frac{1}{c+a}\right) \leqslant \frac{1}{2}(ab+bc+ca)$$

所以,只要证明
$$5(a^2+b^2+c^2)-3(ab+bc+ca) \geqslant$$
$$3\left(\frac{a^2b^2}{a+b}+\frac{b^2c^2}{b+c}+\frac{c^2a^2}{c+a}\right)+\frac{1}{2}(ab+bc+ca)$$

即证明
$$5(a^2+b^2+c^2)-\frac{7}{2}(ab+bc+ca) \geqslant 3\left(\frac{a^2b^2}{a+b}+\frac{b^2c^2}{b+c}+\frac{c^2a^2}{c+a}\right)$$

根据均值不等式 $a^2+b^2+c^2 \geqslant ab+bc+ca$,及
$$\frac{a^2b^2}{a+b} \leqslant \frac{ab(a+b)}{4}$$
$$\frac{b^2c^2}{b+c} \leqslant \frac{bc(b+c)}{4}$$
$$\frac{c^2a^2}{c+a} \leqslant \frac{ca(c+a)}{4}$$

只要证明
$$\frac{3}{2}(a^2+b^2+c^2) \geqslant \frac{3}{4}[ab(a+b)+bc(b+c)+ca(c+a)] \Leftrightarrow$$
$$2(a^2+b^2+c^2) \geqslant ab(a+b)+bc(b+c)+ca(c+a)$$

因为 $(a+b+c)^2 \geqslant 3(ab+bc+ca)$,注意到已知条件 $ab+bc+ca=3$,所以将上面的不等式两边齐次化,加强为证明
$$2(a^2+b^2+c^2)(ab+bc+ca) \geqslant$$
$$[ab(a+b)+bc(b+c)+ca(c+a)](a+b+c) \Leftrightarrow$$
$$a^3b+ab^3+b^3c+bc^3+c^3a+ca^3 \geqslant$$
$$2(a^2b^2+b^2c^2+c^2a^2) \Leftrightarrow$$
$$ab(a-b)^2+bc(b-c)^2+ca(c-a)^2 \geqslant 0$$

左边不等式得证.

38. 由均值不等式得 $x^{2009} + 2008 = x^{2009} + 1 + 1 + \cdots + 1 \geq 2009x$, 同理, $y^{2009} + 2008 \geq 2009y$, $z^{2009} + 2008 \geq 2009z$. 所以

$$\frac{x^{2009} - 2008(x-1)}{y+z} + \frac{y^{2009} - 2008(y-1)}{z+x} + \frac{z^{2009} - 2008(z-1)}{x+y} \geq$$

$$\frac{x}{y+z} + \frac{y}{z+x} + \frac{z}{x+y} \geq \frac{3}{2}$$

由柯西不等式得 $(1^2 + 1^2 + 1^2)(x^2 + y^2 + z^2) \geq (x+y+z)^2$, 而 $x^2 + y^2 + z^2 = 3$, $x, y, z \geq 0$, 所以, $3 \geq x+y+z$, 从而

$$\frac{x^{2009} - 2008(x-1)}{y+z} + \frac{y^{2009} - 2008(y-1)}{z+x} + \frac{z^{2009} - 2008(z-1)}{x+y} \geq$$

$$\frac{1}{2}(x+y+z).$$

39. **证法一** 由柯西不等式得

$$(a+b+c+d)(ab+bc+cd+da) >$$
$$\left(\frac{a}{b} + \frac{b}{c} + \frac{c}{d} + \frac{d}{a}\right)(ab+bc+cd+da) \geq$$
$$(a+b+c+d)^2$$

所以

$$ab + bc + cd + da > a + b + c + d$$

只要证明

$$\frac{b}{a} + \frac{c}{b} + \frac{d}{c} + \frac{a}{d} > ab + bc + cd + da$$

因为, 由 $abcd = 1$ 及均值不等式得

$$\left(\frac{b}{a} + \frac{c}{d}\right) + \left(\frac{c}{b} + \frac{d}{a}\right) + \left(\frac{d}{c} + \frac{a}{b}\right) + \left(\frac{a}{d} + \frac{b}{c}\right) \geq$$
$$2(bc + cd + da + ab) = 2(ab + bc + cd + da) >$$
$$(ab + bc + cd + da) + (a+b+c+d) >$$
$$(ab + bc + cd + da) + \left(\frac{a}{b} + \frac{b}{c} + \frac{c}{d} + \frac{d}{a}\right)$$

所以

$$\frac{b}{a} + \frac{c}{b} + \frac{d}{c} + \frac{a}{d} > ab + bc + cd + da$$

**证法二** 由柯西不等式得

$$(a+b+c+d)(ab+bc+cd+da) >$$
$$\left(\frac{a}{b} + \frac{b}{c} + \frac{c}{d} + \frac{d}{a}\right)(ab+bc+cd+da) \geq$$

$$(a+b+c+d)^2$$

所以
$$ab+bc+cd+da > a+b+c+d$$

再由 $abcd=1$ 及柯西不等式得

$$(\frac{a}{b}+\frac{b}{c}+\frac{c}{d}+\frac{d}{a})(\frac{d}{c}+\frac{a}{d}+\frac{b}{a}+\frac{c}{b}) \geqslant$$
$$(\sqrt{\frac{ad}{bc}}+\sqrt{\frac{ab}{cd}}+\sqrt{\frac{bc}{da}}+\sqrt{\frac{cd}{ab}})^2 =$$
$$(da+ab+bc+cd)^2 >$$
$$(a+b+c+d)^2$$

又因为 $a+b+c+d > \frac{a}{b}+\frac{b}{c}+\frac{c}{d}+\frac{d}{a}$，所以

$$a+b+c+d < \frac{b}{a}+\frac{c}{b}+\frac{d}{c}+\frac{a}{d}$$

**证法三** 首先证明:若 $abcd=1$，则 $a+b+c+d$ 不超过 $\frac{a}{b}+\frac{b}{c}+\frac{c}{d}+\frac{d}{a}$ 与 $\frac{b}{a}+\frac{c}{b}+\frac{d}{c}+\frac{a}{d}$ 的加权平均.

由均值不等式得

$$a = \sqrt[4]{\frac{a^4}{abcd}} = \sqrt[4]{\frac{a}{b}\cdot\frac{a}{b}\cdot\frac{b}{c}\cdot\frac{a}{d}} \leqslant \frac{1}{4}(\frac{a}{b}+\frac{a}{b}+\frac{b}{c}+\frac{a}{d})$$

同理

$$b \leqslant \frac{1}{4}(\frac{b}{c}+\frac{b}{c}+\frac{c}{d}+\frac{b}{a})$$
$$c \leqslant \frac{1}{4}(\frac{c}{d}+\frac{c}{d}+\frac{d}{a}+\frac{c}{b})$$
$$d \leqslant \frac{1}{4}(\frac{d}{a}+\frac{d}{a}+\frac{a}{b}+\frac{d}{c})$$

上面四式相加得

$$a+b+c+d \leqslant \frac{3}{4}(\frac{a}{b}+\frac{b}{c}+\frac{c}{d}+\frac{d}{a}) + \frac{1}{4}(\frac{b}{a}+\frac{c}{b}+\frac{d}{c}+\frac{a}{d})$$

由 $a+b+c+d > \frac{a}{b}+\frac{b}{c}+\frac{c}{d}+\frac{d}{a}$ 得

$$a+b+c+d < \frac{b}{a}+\frac{c}{b}+\frac{d}{c}+\frac{a}{d}$$

40. 不妨设 $a = \max\{a,b,c\}$，由柯西不等式和均值不等式得

$$[(ab)^{\frac{5}{4}} + (bc)^{\frac{5}{4}} + (ca)^{\frac{5}{4}}]^2 \leqslant$$

$$[(ab)^2 + (bc)^2 + (ca)^2][(ab)^{\frac{1}{2}} + (bc)^{\frac{1}{2}} + (ca)^{\frac{1}{2}}] \leqslant$$
$$[(ab)^2 + (bc)^2 + (ca)^2](a + b + c) =$$
$$(ab)^2 + (bc)^2 + (ca)^2$$

另一方面，由均值不等式得

$$1 = (a + b + c)^4 \geqslant [2a(b + c)^{\frac{1}{2}}]^4 = 16a^2(b + c)^2 =$$
$$16[(ab)^2 + 2a^2bc + (ca)^2] >$$
$$16[(ab)^2 + (bc)^2 + (ca)^2]$$

所以

$$(ab)^{\frac{5}{4}} + (bc)^{\frac{5}{4}} + (ca)^{\frac{5}{4}} < \frac{1}{4}$$

41. 由柯西不等式得

$$[1^2 + 1^2 + 1^2 + (\frac{1}{3})^2][\frac{1}{a^2} + \frac{1}{b^2} + \frac{1}{c^2} + \frac{1}{(a+b+c)^2}] \geqslant$$
$$[\frac{1}{a} + \frac{1}{b} + \frac{1}{c} + \frac{1}{3(a+b+c)}]^2$$

即

$$\frac{1}{a^2} + \frac{1}{b^2} + \frac{1}{c^2} + \frac{1}{(a+b+c)^2} \geqslant \frac{9}{28}[\frac{1}{a} + \frac{1}{b} + \frac{1}{c} + \frac{1}{3(a+b+c)}]^2$$

因此只要证明

$$\frac{1}{a} + \frac{1}{b} + \frac{1}{c} + \frac{1}{3(a+b+c)} \geqslant \frac{14}{15}[\frac{1}{a} + \frac{1}{b} + \frac{1}{c} + \frac{1}{3(a+b+c)}]$$

它等价于 $\frac{1}{a} + \frac{1}{b} + \frac{1}{c} \geqslant \frac{9}{a+b+c}$. 由柯西不等式得 $(a + b + c)(\frac{1}{a} + \frac{1}{b} + \frac{1}{c}) \geqslant 9$, 不等式得证.

42. 由均值不等式得 $a^3 + b^3 + c^3 \geqslant 3abc > 6$, 所以由排序不等式和柯西不等式得

$$a^3 + b^3 + c^3 \geqslant \sqrt{6(a^3 + b^3 + c^3)} \geqslant \sqrt{2(a^2 + b^2 + c^2)(a + b + c)} =$$
$$\sqrt{(a^2 + b^2 + c^2)[(b+c) + (c+a) + (a+b)]} \geqslant$$
$$a\sqrt{b+c} + b\sqrt{c+a} + c\sqrt{a+b}$$

43. 由均值不等式得

$$\frac{a^2 + b^2 + c^2}{ab + bc + cd} + \frac{b^2 + c^2 + d^2}{bc + cd + da} + \frac{c^2 + d^2 + a^2}{cd + da + ab} + \frac{d^2 + a^2 + b^2}{da + ab + bc} \geqslant$$
$$4\sqrt[4]{\frac{a^2 + b^2 + c^2}{ab + bc + cd} \cdot \frac{b^2 + c^2 + d^2}{bc + cd + da} \cdot \frac{c^2 + d^2 + a^2}{cd + da + ab} \cdot \frac{d^2 + a^2 + b^2}{da + ab + bc}}$$

由柯西不等式得

$$\sqrt{(a^2+b^2+c^2)(b^2+c^2+d^2)} \geq ab+bc+cd$$
$$\sqrt{(b^2+c^2+d^2)(c^2+d^2+a^2)} \geq bc+cd+da$$
$$\sqrt{(c^2+d^2+a^2)(d^2+a^2+b^2)} \geq cd+da+ab$$
$$\sqrt{(d^2+a^2+b^2)(a^2+b^2+c^2)} \geq da+ab+bc$$

所以
$$\frac{a^2+b^2+c^2}{ab+bc+cd}+\frac{b^2+c^2+d^2}{bc+cd+da}+\frac{c^2+d^2+a^2}{cd+da+ab}+\frac{d^2+a^2+b^2}{da+ab+bc} \geq 4$$

44. 由柯西不等式得 $\sum_{i=1}^{n} a_i \sum_{i=1}^{n} \frac{1}{a_i} \geq n^2$, 即 $\sum_{i=1}^{n} \frac{1}{a_i} \geq \frac{n^2}{S}$. 再由柯西不等式得

$$n \sum_{i=1}^{n}(a_i+\frac{1}{a_i})^2 \geq [\sum_{i=1}^{n}(a_i+\frac{1}{a_i})]^2 \geq (\sum_{i=1}^{n}a_i+\sum_{i=1}^{n}\frac{1}{a_i})^2 \geq (S+\frac{n^2}{S})^2$$

即
$$\sum_{i=1}^{n}(a_i+\frac{1}{a_i})^2 \geq n(\frac{S}{n}+\frac{n}{S})^2$$

45. 
$$1+\sum_{i=1}^{n}(u_i+v_i)^2 \leq \frac{4}{3}(1+\sum_{i=1}^{n}a_i^2)(1+\sum_{i=1}^{n}b_i^2) \Leftrightarrow$$
$$3+\sum_{i=1}^{n}3(u_i+v_i)^2 \leq 4(1+\sum_{i=1}^{n}a_i^2)(1+\sum_{i=1}^{n}b_i^2) \Leftrightarrow$$
$$6\sum_{i=1}^{n}u_iv_i \leq 1+2\sum_{i=1}^{n}u_iv_i+4\sum_{i=1}^{n}a_i^2\sum_{i=1}^{n}b_i^2 \Leftrightarrow$$
$$4\sum_{i=1}^{n}a_i^2\sum_{i=1}^{n}b_i^2-4\sum_{i=1}^{n}u_iv_i+1 \geq 0$$

由柯西不等式得 $\sum_{i=1}^{n}a_i^2\sum_{i=1}^{n}b_i^2 \geq (\sum_{i=1}^{n}u_iv_i)^2$, 所以

$$4\sum_{i=1}^{n}a_i^2\sum_{i=1}^{n}b_i^2-4\sum_{i=1}^{n}u_iv_i+1 \geq (2\sum_{i=1}^{n}u_iv_i-1)^2 \geq 0$$

46. 由均值不等式 $a_i+a_j \geq 2\sqrt{a_ia_j}, 1 \leq i<j \leq n$, 所以 $\frac{1}{a_i+a_j} \leq \frac{1}{2\sqrt{a_ia_j}}$, $1 \leq i<j \leq n$. 这样的式子共有 $C_n^2$ 个, 由柯西不等式得

$$4(\sum_{i<j}\frac{1}{a_i+a_j})^2 \leq 4(\sum_{i<j}\frac{1}{2\sqrt{a_ia_j}})^2 = (\sum_{i<j}\frac{1}{\sqrt{a_ia_j}})^2 \leq$$
$$(\sum_{i<j}\frac{1}{a_ia_j})(1+1+\cdots+1)(C_n^2 \uparrow 1)$$

即

$$C_n^2 \sum_{i<j} \frac{1}{a_i a_j} \geq 4\left(\sum_{i<j} \frac{1}{a_i + a_j}\right)^2$$

**47. 证法一** 令 $x_i = \dfrac{a_i}{a_{i+1}}, i = 1, 2, \cdots, n$，其中 $a_{n+1} = a_1$，所证不等式化为

$$\sum_{cyc} \frac{a_{i+1}^2}{a_i(a_i + a_{i+1})} \geq \frac{n}{2}.$$ 每一项加上 $1$ 得到 $\sum_{cyc} \dfrac{a_i^2 + a_i a_{i+1} + a_{i+1}^2}{a_i(a_i + a_{i+1})} \geq \dfrac{3n}{2}.$

因为 $a_i^2 + a_i a_{i+1} + a_{i+1}^2 \geq \dfrac{3}{4}(a_i + a_{i+1})^2$，所以只要证明 $\sum_{cyc} \dfrac{a_i + a_{i+1}}{a_i} \geq 2n$，

即只要证明 $\sum_{cyc} \dfrac{a_{i+1}}{a_i} \geq n.$

由均值不等式这是显然的.

**证法二** 令 $x_i = \dfrac{1}{a_i}, i = 1, 2, \cdots, n$，所证不等式化为 $\sum_{i=1}^{n} \dfrac{a_{i+1}^2}{a_i + 1} \geq \dfrac{n}{2}.$

记 $t = \sum_{i=1}^{n} a_i$，因为 $x_1 x_2 \cdots x_n = 1$，所以 $a_1 a_2 \cdots a_n = 1$，由均值不等式得 $t = \sum_{i=1}^{n} a_i \geq n$，由柯西不等式得

$$\sum_{i=1}^{n} \frac{a_{i+1}^2}{a_i + 1} \sum_{i=1}^{n} (a_i + 1) \geq \left(\sum_{i=1}^{n} a_{i+1}\right)^2 = \left(\sum_{i=1}^{n} a_i\right)^2$$

所以 $\sum\limits_{i=1}^{n} \dfrac{a_{i+1}^2}{a_i + 1} \geq \dfrac{\left(\sum\limits_{i=1}^{n} a_i\right)^2}{n + \sum\limits_{i=1}^{n} a_i}$，于是要证明

$$\frac{\left(\sum\limits_{i=1}^{n} a_i\right)^2}{n + \sum\limits_{i=1}^{n} a_i} \geq \frac{n}{2} \Leftrightarrow 2t^2 \geq tn + n^2 \Leftrightarrow t \geq 2$$

或利用函数 $f(x) = \dfrac{x^2}{n + x}$ 是 $(0, +\infty)$ 上是增函数.

**48. 证法一** 由柯西不等式得 $\left(a^2 + b^2 + \dfrac{1}{c^2}\right)(1^2 + 1^2 + 3^2) \geq \left(a + b + \dfrac{3}{c}\right)^2$，即 $\sqrt{a^2 + b^2 + \dfrac{1}{c^2}} \geq \dfrac{a + b + \dfrac{3}{c}}{\sqrt{11}}$，同理 $\sqrt{b^2 + c^2 + \dfrac{1}{a^2}} \geq \dfrac{b + c + \dfrac{3}{a}}{\sqrt{11}}$，

$\sqrt{c^2 + a^2 + \dfrac{1}{b^2}} \geq \dfrac{c + a + \dfrac{3}{b}}{\sqrt{11}}$，将这三个不等式相加得

$$\sqrt{a^2 + b^2 + \frac{1}{c^2}} + \sqrt{b^2 + c^2 + \frac{1}{a^2}} + \sqrt{c^2 + a^2 + \frac{1}{b^2}} \geq$$

$$\frac{2(a+b+c)+3(\frac{1}{a}+\frac{1}{b}+\frac{1}{c})}{\sqrt{11}}=$$

$$\frac{2(a+b+c)+3(\frac{ab+bc+ca}{abc})}{\sqrt{11}}=\frac{2(a+b+c)+\frac{3}{abc}}{\sqrt{11}}$$

因此只要证明 $2(a+b+c)+\frac{3}{abc}\geqslant 11\sqrt{3}$. 由均值不等式得 $(a+b+c)^2\geqslant 3(ab+bc+ca)=3$,所以 $a+b+c\geqslant\sqrt{3}$,即 $2(a+b+c)\geqslant 2\sqrt{3}$,因为 $ab+bc+ca\geqslant 3\sqrt[3]{(abc)^2}$,所以 $\frac{1}{abc}\geqslant 3\sqrt{3}$,即 $\frac{3}{abc}\geqslant 9\sqrt{3}$,从而 $2(a+b+c)+\frac{3}{abc}\geqslant 11\sqrt{3}$.

**证法二** 两端平方,并利用柯西不等式得

$$2(a^2+b^2+c^2)+(\frac{1}{a^2}+\frac{1}{b^2}+\frac{1}{c^2})+$$

$$2(\sqrt{a^2+b^2+\frac{1}{c^2}}\sqrt{b^2+c^2+\frac{1}{a^2}}+\sqrt{b^2+c^2+\frac{1}{a^2}}\sqrt{c^2+a^2+\frac{1}{b^2}}+$$

$$\sqrt{c^2+a^2+\frac{1}{b^2}}\sqrt{a^2+b^2+\frac{1}{c^2}})\geqslant$$

$$2(a^2+b^2+c^2)+(\frac{1}{a^2}+\frac{1}{b^2}+\frac{1}{c^2})+$$

$$2[(ab+bc+\frac{1}{ca})+(bc+ca+\frac{1}{ab})+(ca+ab+\frac{1}{bc})]=$$

$$2(a^2+b^2+c^2)+(\frac{1}{a^2}+\frac{1}{b^2}+\frac{1}{c^2})+4(ab+bc+ca)+2(\frac{1}{ab}+\frac{1}{bc}+\frac{1}{ca})=$$

$$2(a^2+b^2+c^2)+4(ab+bc+ca)+(\frac{1}{a}+\frac{1}{b}+\frac{1}{c})^2$$

因为 $ab+bc+ca\geqslant 3\sqrt[3]{(abc)^2}$,所以 $\frac{1}{abc}\geqslant 3\sqrt{3}$,由均值不等式得 $a^2+b^2+c^2\geqslant ab+bc+ca=1$,$\frac{1}{a}+\frac{1}{b}+\frac{1}{c}=\frac{1}{abc}\geqslant 3\sqrt{3}$,所以 $2(a^2+b^2+c^2)+4(ab+bc+ca)+(\frac{1}{a}+\frac{1}{b}+\frac{1}{c})^2\geqslant 6+27=33$,所以

$$\sqrt{a^2+b^2+\frac{1}{c^2}}+\sqrt{b^2+c^2+\frac{1}{a^2}}+\sqrt{c^2+a^2+\frac{1}{b^2}}\geqslant\sqrt{33}$$

**49. 证法一** 由均值不等式得 $(a+b)^2\geqslant 4ab$ 及 $a+b=ab$ 得 $a+b=ab\geqslant 4$,由柯西不等式得 $(\frac{a}{b^2+4}+\frac{b}{a^2+4})[a(b^2+4)+b(a^2+4)]\geqslant (a+b)^2$,所以

$$\frac{a}{b^2+4} + \frac{b}{a^2+4} \geq \frac{(a+b)^2}{a(b^2+4)+b(a^2+4)} = \frac{a+b}{ab+4} =$$

$$\frac{ab}{ab+4} = 1 - \frac{4}{ab+4} \geq 1 - \frac{4}{4+4} = \frac{1}{2}$$

**证法二** 由均值不等式得 $(a+b)^2 \geq 4ab$ 及 $a+b = ab$ 得 $a+b = ab \geq 4$，由均值不等式得

$$\frac{a}{b^2+4} = \frac{1}{4}a(1 - \frac{b^2}{b^2+4}) \geq \frac{1}{4}a(1 - \frac{b^2}{4b}) = \frac{1}{4}a(1 - \frac{b}{4}) = \frac{1}{16}(4a - ab)$$

同理 $$\frac{b}{a^2+4} \geq \frac{1}{16}(4b - ab)$$

所以 $$\frac{a}{b^2+4} + \frac{b}{a^2+4} \geq \frac{1}{16}[4(a+b) - 2ab] = \frac{1}{8}(a+b) \geq \frac{1}{2}$$

50. 因为 $x+y+z = 1$，所以

$$\sqrt{\frac{xy}{z+xy}} = \sqrt{\frac{xy}{z(x+y+z)+xy}} = \sqrt{\frac{xy}{(x+z)(y+z)}}$$

所以由柯西不等式并利用 $(x+y)(y+z)(z+x) \geq 8xyz$ 得

$$\sqrt{\frac{xy}{z+xy}} + \sqrt{\frac{yz}{x+yz}} + \sqrt{\frac{zx}{y+zx}} = \frac{\sqrt{xy(x+y)} + \sqrt{yz(y+z)} + \sqrt{zx(z+x)}}{\sqrt{(x+y)(y+z)(z+x)}} \leq$$

$$\frac{\sqrt{(xy+yz+zx)[(x+y)+(y+z)+(z+x)]}}{\sqrt{(x+y)(y+z)(z+x)}} =$$

$$\sqrt{2} \frac{\sqrt{(xy+yz+zx)(x+y+z)}}{\sqrt{(x+y)(y+z)(z+x)}} = \sqrt{2}\sqrt{1 + \frac{xyz}{(x+y)(y+z)(z+x)}} \leq$$

$$\sqrt{2}\sqrt{1 + \frac{1}{8}} = \frac{3}{2}$$

51. **证法一** 因为 $a,b,c > 0$，且 $a+b+c = abc$，由均值不等式得 $a+b+c = abc \geq 3\sqrt[3]{abc}$，所以 $(a+b+c)^2 = (abc)^2 \geq 27$，即 $a+b+c = abc \geq 3\sqrt{3}$，先证明不等式：

$$(a+1)^2 + (b+1)^2 + (c+1)^2 \geq \frac{1}{3}[(a+3)^2 + (b+3)^2 + (c+3)^2]$$

$$(a+1)^2 + (b+1)^2 + (c+1)^2 \geq$$

$$\frac{1}{3}[(a+3)^2 + (b+3)^2 + (c+3)^2] \Leftrightarrow a^2 + b^2 + c^2 \geq 9$$

由柯西不等式得 $(1+1+1)(a^2+b^2+c^2) \geq (a+b+c)^2 \geq 27$，所以 $a^2+b^2+c^2 \geq 9$.

**证法二** 因为 $a,b,c > 0$，且 $a+b+c = abc$，由均值不等式得 $a+b+c = abc \geq 3\sqrt[3]{abc}$，所以 $(a+b+c)^2 = (abc)^2 \geq 27$，即 $a+b+c = abc \geq 3\sqrt{3}$，由均

值不等式得 $(a+1)^2+(b+1)^2+(c+1)^2 \geq 3\sqrt[3]{(a+1)^2(b+1)^2(c+1)^2}$，所以只要证明

$$3\sqrt[3]{(a+1)^2(b+1)^2(c+1)^2} \geq \sqrt[3]{(a+3)^2(b+3)^2(c+3)^2} \Leftrightarrow$$
$$3(a+1)(b+1)(c+1) \geq (a+3)(b+3)(c+3)$$

因为 $a+b+c=abc$，所以只要证明 $(6\sqrt{3}-10)abc+(3\sqrt{3}-3)(ab+bc+ca) \geq 27-3\sqrt{3}$，由均值不等式得

$$(ab+bc+ca)^2 \geq 3abc(a+b+c) = 3(abc)^2$$

所以

$$ab+bc+ca \geq \sqrt{3}\,abc$$

所以

$$(6\sqrt{3}-10)abc+(3\sqrt{3}-3)(ab+bc+ca) \geq$$
$$(6\sqrt{3}-10)abc+(3\sqrt{3}-3)\sqrt{3}\,abc =$$
$$(3\sqrt{3}-1)abc \geq (3\sqrt{3}-1)3\sqrt{3} = 27-3\sqrt{3}$$

# 柯西不等式的推广、赫德尔不等式及其应用

## 一、柯西不等式的推广与证明

**定理1** 设 $a_{ij}$ 都是正数 ($i=1,2,\cdots,n$; $j=1,2,\cdots,m$),则
$$(a_{11}^m + a_{21}^m + \cdots + a_{n1}^m) \cdot$$
$$(a_{12}^m + a_{22}^m + \cdots + a_{n2}^m) \cdots (a_{1m}^m + a_{2m}^m + \cdots + a_{nm}^m) \geqslant$$
$$(a_{11}a_{12}\cdots a_{1m} + a_{21}a_{22}\cdots a_{2m} + \cdots + a_{n1}a_{n2}\cdots a_{nm})^m \quad ①$$

$m=2$ 时定理中的不等式是著名的柯西不等式,所以①式称为柯西不等式的推广,我们先证明此定理,然后给出它的应用.

**证明** 设 $A_j = \sqrt[m]{a_{1j}^m + a_{2j}^m + \cdots + a_{nj}^m}$, $j=1,2,\cdots,m$,①式等价于
$$A_1 A_2 \cdots A_m \geqslant a_{11}a_{12}\cdots a_{1m} + a_{21}a_{22}\cdots a_{2m} + \cdots + a_{n1}a_{n2}\cdots a_{nm}$$

由算术 – 几何平均值不等式
$$\frac{a_{i1}a_{i2}\cdots a_{in}}{A_1 A_2 \cdots A_m} \leqslant \frac{1}{m}\left(\frac{a_{i1}^m}{A_1^m} + \frac{a_{i2}^m}{A_2^m} + \cdots + \frac{a_{im}^m}{A_m^m}\right), i=1,2,\cdots,n$$

将上述 $n$ 个不等式相加整理即得证.

## 二、赫德尔不等式与证明

**引理** 对于非负实数 $a,b$ 及满足 $\alpha + \beta = 1$ 的正实数 $\alpha,\beta$,有
$$\alpha a + \beta b \geqslant a^\alpha + b^\beta \quad ②$$

由 ② 并利用数学归纳法可以证明下列命题:

对于任何非负实数 $a_1,a_2,\cdots,a_n$ 满足 $\alpha_1+\alpha_2+\cdots+\alpha_n=1$ 的正实数 $\alpha_1,\alpha_2,\cdots,\alpha_n$,有

$$\alpha_1 a_1+\alpha_2 a_2+\cdots+\alpha_n a_n \geq a_1^{\alpha_1}+a_2^{\alpha_2}+\cdots+a_n^{\alpha_n} \quad ③$$

此不等式当且仅当 $a_1=a_2=\cdots=a_n$ 时等号成立. 利用 ③ 可以证明

**赫德尔(Hölder) 不等式** 设 $a_{ij}(i=1,2,\cdots,n;j=1,2,\cdots,m)$ 是正实数, $\alpha_j(j=1,2,\cdots,m)$ 是正实数,且 $\alpha_1+\alpha_2+\cdots+\alpha_m=1$,则

$$(\sum_{i=1}^{n} a_{i1})^{\alpha_1}(\sum_{i=1}^{n} a_{i2})^{\alpha_2}\cdots(\sum_{i=1}^{n} a_{im})^{\alpha_m} \geq$$
$$a_{11}^{\alpha_1}a_{12}^{\alpha_2}\cdots a_{1m}^{\alpha_m}+a_{21}^{\alpha_1}a_{22}^{\alpha_2}\cdots a_{2m}^{\alpha_m}+\cdots+a_{n1}^{\alpha_1}a_{n2}^{\alpha_2}\cdots a_{nm}^{\alpha_m}=$$
$$\sum_{i=1}^{n} a_{i1}^{\alpha_1}a_{i2}^{\alpha_2}\cdots a_{im}^{\alpha_m} \quad ④$$

**证明** 记 $A_1=\sum_{i=1}^{n} a_{i1},A_2=\sum_{i=1}^{n} a_{i2},\cdots,A_m=\sum_{i=1}^{n} a_{im}$,利用 ③ 式有

$$\frac{\sum_{i=1}^{n} a_{i1}^{\alpha_1}a_{i2}^{\alpha_2}\cdots a_{im}^{\alpha_m}}{A_1^{\alpha_1}A_2^{\alpha_2}\cdots A_m^{\alpha_m}}=\sum_{i=1}^{n}(\frac{a_{i1}}{A_1})^{\alpha_1}(\frac{a_{i2}}{A_2})^{\alpha_1}\cdots(\frac{a_{im}}{A_m})^{\alpha_m} \leq$$
$$\sum_{i=1}^{n}(\alpha_1\cdot\frac{a_{i1}}{A_1}+\alpha_2\cdot\frac{a_{i2}}{A_2}+\cdots+\alpha_m\frac{a_{im}}{A_m})=$$
$$\alpha_1\sum_{i=1}^{n}\frac{a_{i1}}{A_1}+\alpha_2\sum_{i=1}^{n}\frac{a_{i2}}{A_2}+\cdots+\alpha_m\sum_{i=1}^{n}\frac{a_{im}}{A_m}=$$
$$\alpha_1+\alpha_2+\cdots+\alpha_m=1$$

于是 ④ 成立.

特殊地,$m=2$,我们有

**定理 2** 设 $a_1,a_2,\cdots,a_n;b_1,b_2,\cdots,b_n$ 是两组正实数,$p,q$ 是正实数,且 $\frac{1}{p}+\frac{1}{q}=1$,则

$$(a_1^p+a_2^p+\cdots+a_n^p)^{1/p}(b_1^q+b_2^q+\cdots+b_n^q)^{1/q} \geq a_1b_1+a_2b_2+\cdots+a_nb_n \quad ⑤$$

当 $p=q=2$ 时,就是著名的柯西不等式,故赫德尔不等式是柯西不等式的更加广泛意义上的推广,定理 1 是定理 2 的特例.

**闵可夫斯基不等式** 设 $a_{1k},a_{2k},\cdots,a_{mk}(1\leq k\leq n)$ 都是正实数,$p>1$,则

$$[\sum_{k=1}^{n}(a_{1k}+a_{2k}+\cdots+a_{mk})^p]^{\frac{1}{p}} \leq (\sum_{k=1}^{n} a_{1k}^p)^{\frac{1}{p}}+(\sum_{k=1}^{n} a_{2k}^p)^{\frac{1}{p}}+\cdots+(\sum_{k=1}^{n} a_{mk}^p)^{\frac{1}{p}}$$

**证明** 令 $N_k = a_{1k} + a_{2k} + \cdots + a_{mk}(1 \leqslant k \leqslant n)$，$\dfrac{1}{p} + \dfrac{1}{q} = 1$，即 $(p-1)q = p$，那么

$$\sum_{k=1}^{n}(a_{1k} + a_{2k} + \cdots + a_{mk})^p = \sum_{k=1}^{n}(a_{1k} + a_{2k} + \cdots + a_{mk})N_k^{p-1} =$$

$$\sum_{k=1}^{n} a_{1k} N_k^{p-1} + \sum_{k=1}^{n} a_{2k} N_k^{p-1} + \cdots + \sum_{k=1}^{n} a_{mk} N_k^{p-1}$$

由赫德尔不等式，有

$$\sum_{k=1}^{n} a_{1k} N_k^{p-1} \leqslant \left(\sum_{k=1}^{n} a_{1k}^p\right)^{\frac{1}{p}} \left(\sum_{k=1}^{n} N_k^{(p-1)q}\right)^{\frac{1}{q}}$$

$$\sum_{k=1}^{n} a_{2k} N_k^{p-1} \leqslant \left(\sum_{k=1}^{n} a_{2k}^p\right)^{\frac{1}{p}} \left(\sum_{k=1}^{n} N_k^{(p-1)q}\right)^{\frac{1}{q}}$$

$$\cdots$$

$$\sum_{k=1}^{n} a_{mk} N_k^{p-1} \leqslant \left(\sum_{k=1}^{n} a_{mk}^p\right)^{\frac{1}{p}} \left(\sum_{k=1}^{n} N_k^{(p-1)q}\right)^{\frac{1}{q}}$$

上面诸式相加，并将 $(p-1)q = p$ 代入得

$$\sum_{k=1}^{n}(a_{1k} + a_{2k} + \cdots + a_{mk})^p \leqslant \left(\sum_{k=1}^{n} N_k^p\right)^{\frac{1}{q}} \left[\left(\sum_{k=1}^{n} a_{1k}^p\right)^{\frac{1}{p}} + \left(\sum_{k=1}^{n} a_{2k}^p\right)^{\frac{1}{p}} + \cdots + \left(\sum_{k=1}^{n} a_{mk}^p\right)^{\frac{1}{p}}\right]$$

由于 $N_k = a_{1k} + a_{2k} + \cdots + a_{mk}(1 \leqslant k \leqslant n)$，及 $1 - \dfrac{1}{q} = \dfrac{1}{p}$，上式两端同除以 $\left(\sum_{k=1}^{n} N_k^p\right)^{\frac{1}{q}}$ 即得.

取 $p = 2$，即得

$$\left[\sum_{k=1}^{n}(a_{1k} + a_{2k} + \cdots + a_{mk})^2\right]^{\frac{1}{2}} \leqslant \left(\sum_{k=1}^{n} a_{1k}^2\right)^{\frac{1}{2}} + \left(\sum_{k=1}^{n} a_{2k}^2\right)^{\frac{1}{2}} + \cdots + \left(\sum_{k=1}^{n} a_{mk}^2\right)^{\frac{1}{2}}$$

# 例 题 讲 解

**1. 元素的选取是证明成功的关键**

**例 1** 设 $a_i > 0(i = 1, 2, \cdots, n)$，$A_n = \dfrac{1}{n}(a_1 + a_2 + \cdots + a_n)$，$G_n = \sqrt[n]{a_1 a_2 \cdots a_n}$，证明 Popovic 不等式：

$$\left(\frac{G_{n+1}}{A_{n+1}}\right)^{n+1} \geqslant \left(\frac{G_n}{A_n}\right)^n$$

**证明** 由柯西不等式的推广有

$(nA_n + a_{n+1})^{n+1} =$
$(A_n + A_n + \cdots + A_n + a_{n+1})(A_n + A_n + \cdots + a_{n+1} + A_n)\cdots(a_{n+1} + A_n + \cdots + A_n) \geqslant$
$(\sqrt[n+1]{A_n^n} \cdot \sqrt[n+1]{a_{n+1}} + \sqrt[n+1]{A_n^n} \cdot \sqrt[n+1]{a_{n+1}} + \cdots + \sqrt[n+1]{A_n^n} \cdot \sqrt[n+1]{a_{n+1}})^{n+1} =$
$(n+1)^{n+1} a_{n+1} A_n^n$

于是
$$(nA_n + a_{n+1})^{n+1} \geqslant (n+1)^{n+1} a_{n+1} A_n^n$$

即
$$\left(\frac{G_{n+1}}{A_{n+1}}\right)^{n+1} \geqslant \left(\frac{G_n}{A_n}\right)^n$$

**2. 因式分解为应用定理扫清障碍**

**例2** 设 $x_i > 0, x_i y_i - z_i^2 > 0 (i = 1, 2, \cdots, n)$，则

$$\frac{n^3}{\sum_{i=1}^n x_i \sum_{i=1}^n y_i - \left(\sum_{i=1}^n z_i\right)^2} \leqslant \sum_{i=1}^n \frac{1}{x_i y_i - z_i^2}$$

成立. 当且仅当 $x_1 = x_2 = \cdots\cdots = x_n; y_1 = y_2 = \cdots\cdots = y_n; z_1 = z_2 = \cdots\cdots = z_n$ 时取等号. 这是第11届IMO一道试题的推广 $(n = 2)$.

**证明** 令 $A_i = \sqrt{x_i y_i} + z_i, B_i = \sqrt{x_i y_i} - z_i (i = 1, 2, \cdots, n)$，运用柯西不等式及推广有

$$\left[\sum_{i=1}^n x_i \sum_{i=1}^n y_i - \left(\sum_{i=1}^n z_i\right)^2\right] \sum_{i=1}^n \frac{1}{x_i y_i - z_i^2} \geqslant$$

$$\left[\left(\sum_{i=1}^n \sqrt{x_i y_i}\right)^2 - \left(\sum_{i=1}^n z_i\right)^2\right] \sum_{i=1}^n \frac{1}{\left(\sqrt{x_i y_i}\right)^2 - z_i^2} =$$

$$\sum_{i=1}^n (\sqrt{x_i y_i} + z_i) \sum_{i=1}^n (\sqrt{x_i y_i} - z_i) \sum_{i=1}^n \frac{1}{(\sqrt{x_i y_i} + z_i)(\sqrt{x_i y_i} - z_i)} =$$

$$\sum_{i=1}^n A_i \cdot \sum_{i=1}^n B_i \cdot \sum_{i=1}^n \frac{1}{A_i B_i} \geqslant$$

$$\left[\sum_{i=1}^n \sqrt[3]{A_i} \cdot \sqrt[3]{B_i} \cdot \sqrt[3]{\frac{1}{A_i B_i}}\right]^3 =$$

$$\left(\sum_{i=1}^n 1\right)^3 = n^3$$

所以，原不等式成立.

根据柯西不等式推广的证明知原不等式成立的条件是 $A_1 = A_2 = \cdots = A_n$,

$x_1 = x_2 = \cdots = x_n, y_1 = y_2 = \cdots = y_n$,即 $x_1 = x_2 = \cdots = x_n, y_1 = y_2 = \cdots = y_n, z_1 = z_2 = \cdots = z_n$ 时.

**3. 应用时注意等号成立的充要条件**

**例3** 若 $x, y, z$ 都是正实数,求 $\dfrac{xyz}{(1+5x)(4x+3y)(5y+6z)(z+18)}$ 的最大值.(2003 年新加坡数学奥林匹克试题)

**解** 由柯西不等式的推广得
$$(1+5x)(4x+3y)(5y+6z)(z+18) \geqslant (\sqrt[4]{1 \cdot 4x \cdot 5y \cdot z} + \sqrt[4]{5x \cdot 3y \cdot 6z \cdot 18})^4 = 5120xyz$$

所以 $\dfrac{xyz}{(1+5x)(4x+3y)(5y+6z)(z+18)}$ 的最大值是 $\dfrac{1}{5120}$.

当且仅当 $\dfrac{1}{5x} = \dfrac{4x}{3y} = \dfrac{5y}{6z} = \dfrac{z}{18} = k$ 时等号成立,于是 $k^4 = \dfrac{1}{5x} \cdot \dfrac{4x}{3y} \cdot \dfrac{5y}{6z} \cdot \dfrac{z}{18} = (\dfrac{1}{3})^4$,即 $k = \dfrac{1}{3}$.

从而当 $x = \dfrac{3}{5}, y = \dfrac{12}{5}, z = 6$ 时,$\dfrac{xyz}{(1+5x)(4x+3y)(5y+6z)(z+18)}$ 取最大值 $\dfrac{1}{5120}$.

**4. 对不同的元素多次使用定理**

**例4** 已知 $5n$ 个实数 $r_i, s_i, t_i, u_i, v_i (1 \leqslant i \leqslant n)$ 都大于 $1$,记 $R = (\dfrac{1}{n}\sum_{i=1}^{n} r_i), S = (\dfrac{1}{n}\sum_{i=1}^{n} s_i), T = (\dfrac{1}{n}\sum_{i=1}^{n} t_i), U = (\dfrac{1}{n}\sum_{i=1}^{n} u_i), V = (\dfrac{1}{n}\sum_{i=1}^{n} v_i)$.求证:$\prod_{i=1}^{n} (\dfrac{r_i s_i t_i u_i v_i + 1}{r_i s_i t_i u_i v_i - 1}) \geqslant (\dfrac{RSTUV + 1}{RSTUV - 1})^n$.(1994 年中国国家集训队第二次选拔考试试题)

**证明** 设 $x_1, x_2, \cdots, x_n \in (1, +\infty)$,则由柯西不等式的推广有
$$(1+x_1)(1+x_2)\cdots(1+x_n) \geqslant (1 + \sqrt[n]{x_1 x_2 \cdots x_n})^n$$
即
$$\sqrt[n]{(1+x_1)(1+x_2)\cdots(1+x_n)} \geqslant 1 + \sqrt[n]{x_1 x_2 \cdots x_n} \qquad ①$$

在 ① 中将 $x_i$ 换成 $x_i - 1$ 得
$$\sqrt[n]{(x_1-1)(x_2-1)\cdots(x_n-1)} \leqslant \sqrt[n]{x_1 x_2 \cdots x_n} - 1 \qquad ②$$

① ÷ ② 得
$$\sqrt[n]{\dfrac{(x_1+1)(x_2+1)\cdots(x_n+1)}{(x_1-1)(x_2-1)\cdots(x_n-1)}} \geqslant \dfrac{\sqrt[n]{x_1 x_2 \cdots x_n} + 1}{\sqrt[n]{x_1 x_2 \cdots x_n} - 1} \qquad ③$$

取 $x_i = r_i s_i t_i u_i v_i (i = 1, 2, \cdots, n)$ 得

$$\prod_{i=1}^{n}\frac{r_is_it_iu_iv_i+1}{r_is_it_iu_iv_i-1} \geq (\frac{\sqrt[n]{\prod_{i=1}^{n}r_is_it_iu_iv_i}+1}{\sqrt[n]{\prod_{i=1}^{n}r_is_it_iu_iv_i}-1})^n \qquad ④$$

由算术几何平均值不等式得

$$\sqrt[n]{\prod_{i=1}^{n}r_i} \leq \frac{1}{n}\sum_{i=1}^{n}r_i = R$$

同理

$$\sqrt[n]{\prod_{i=1}^{n}s_i} \leq S, \sqrt[n]{\prod_{i=1}^{n}t_i} \leq T$$

$$\sqrt[n]{\prod_{i=1}^{n}u_i} \leq U, \sqrt[n]{\prod_{i=1}^{n}v_i} \leq V$$

所以

$$\sqrt[n]{\prod_{i=1}^{n}r_is_it_iu_iv_i} \leq RSTUV \qquad ⑤$$

又由于 $y=\dfrac{x+1}{x-1}$ 在 $(1,+\infty)$ 上是减函数,所以

$$\frac{\sqrt[n]{\prod_{i=1}^{n}r_is_it_iu_iv_i}+1}{\sqrt[n]{\prod_{i=1}^{n}r_is_it_iu_iv_i}-1} \geq \frac{RSTUV+1}{RSTUV-1} \qquad ⑥$$

由④,⑥知原不等式成立.

**典型例题选讲**

**例5** 设 $a_1,a_2,\cdots,a_n$ 是给定的不为零的实数,如果不等式

$$r_1(x_1-a_1)+r_2(x_2-a_2)+\cdots+r_n(x_n-a_n) \leq \sqrt[m]{x_1^m+x_2^m+\cdots+x_n^m} - \sqrt[m]{a_1^m+a_2^m+\cdots+a_n^m} \qquad ①$$

(其中 $m \geq 2, m \in \mathbf{N}^*$) 对一切实数 $x_1,x_2,\cdots,x_n$ 恒成立,试求 $r_1,r_2,\cdots,r_n$ 的值. (第3届 CMO 试题 1 的推广)

**解** 以 $x_i=0(i=1,2,\cdots,n)$ 代入原不等式,得

$$-(r_1a_1+r_2a_2+\cdots+r_na_n) \leq -\sqrt[m]{a_1^m+a_2^m+\cdots+a_n^m}$$

即

$$r_1a_1+r_2a_2+\cdots+r_na_n \geq \sqrt[m]{a_1^m+a_2^m+\cdots+a_n^m} \qquad ②$$

以 $x_i=2a_i(i=1,2,\cdots,n)$ 代入原不等式,得

$$r_1a_1+r_2a_2+\cdots+r_na_n \leq \sqrt[m]{a_1^m+a_2^m+\cdots+a_n^m} \qquad ③$$

由②,③得
$$r_1 a_1 + r_2 a_2 + \cdots + r_n a_n = \sqrt[m]{a_1^m + a_2^m + \cdots + a_n^m} \qquad ④$$
由赫德尔不等式得
$$r_1 a_1 + r_2 a_2 + \cdots + r_n a_n =$$
$$r_1^{\frac{1}{m-1}} r_1^{\frac{1}{m-1}} \cdots r_1^{\frac{1}{m-1}} a_1 + r_2^{\frac{1}{m-1}} r_2^{\frac{1}{m-1}} \cdots r_2^{\frac{1}{m-1}} a_2 + \cdots + r_n^{\frac{1}{m-1}} r_n^{\frac{1}{m-1}} \cdots r_n^{\frac{1}{m-1}} a_n \leqslant$$
$$(r_1^{\frac{m}{m-1}} + r_2^{\frac{m}{m-1}} + \cdots + r_n^{\frac{m}{m-1}})^{\frac{m-1}{m}} (a_1^m + a_2^m + \cdots + a_n^m)^{\frac{1}{m}} \qquad ⑤$$
因此
$$(r_1^{\frac{m}{m-1}} + r_2^{\frac{m}{m-1}} + \cdots + r_n^{\frac{m}{m-1}})^{\frac{m-1}{m}} \geqslant 1$$
即
$$r_1^{\frac{m}{m-1}} + r_2^{\frac{m}{m-1}} + \cdots + r_n^{\frac{m}{m-1}} \geqslant 1 \qquad ⑥$$
将④代入原不等式,得到
$$r_1 x_1 + r_2 x_2 + \cdots + r_n x_n \leqslant \sqrt[m]{x_1^m + x_2^m + \cdots + x_n^m}$$
取 $x_i = r_i^{\frac{1}{m-1}} (i = 1, 2, \cdots, n)$ 代入得
$$r_1^{\frac{m}{m-1}} + r_2^{\frac{m}{m-1}} + \cdots + r_n^{\frac{m}{m-1}} \leqslant (r_1^{\frac{m}{m-1}} + r_2^{\frac{m}{m-1}} + \cdots + r_n^{\frac{m}{m-1}})^{\frac{1}{m}}$$
即
$$r_1^{\frac{m}{m-1}} + r_2^{\frac{m}{m-1}} + \cdots + r_n^{\frac{m}{m-1}} \leqslant 1 \qquad ⑦$$
由⑥,⑦可得
$$r_1^{\frac{m}{m-1}} + r_2^{\frac{m}{m-1}} + \cdots + r_n^{\frac{m}{m-1}} = 1 \qquad ⑧$$
将⑧代入不等式⑤,即得不等式⑤仅当
$$r_1^{\frac{1}{m-1}} : a_1 = r_2^{\frac{1}{m-1}} : a_2 = \cdots = r_n^{\frac{1}{m-1}} : a_n =$$
$$\sqrt[m]{r_1^{\frac{m}{m-1}} + r_2^{\frac{m}{m-1}} + \cdots + r_n^{\frac{m}{m-1}}} : \sqrt[m]{a_1^m + a_2^m + \cdots + a_n^m} =$$
$$1 : \sqrt[m]{a_1^m + a_2^m + \cdots + a_n^m}$$

时取等号,即 $r_i = \left(\dfrac{a_i}{\sqrt[m]{a_1^m + a_2^m + \cdots + a_n^m}}\right)^{m-1} (i = 1, 2, \cdots, n)$ 时取等号.

将求得的 $r_i (i = 1, 2, \cdots, n)$ 的值代入原不等式①的左边,并利用柯西不等式的推广得
$$r_1(x_1 - a_1) + r_2(x_2 - a_2) + \cdots + r_n(x_n - a_n) =$$
$$(r_1 x_1 + r_2 x_2 + \cdots + r_n x_n) - (r_1 a_1 + r_2 a_2 + \cdots + r_n a_n) \leqslant$$
$$\left(\sum_{i=1}^n r_i^{\frac{m}{m-1}}\right)^{\frac{m-1}{m}} \left(\sum_{i=1}^m x_i^m\right)^{\frac{1}{m}} - \sum_{i=1}^m \left(\dfrac{a_i}{\sqrt[m]{\sum_{i=1}^m a_i^m}}\right)^{m-1} \cdot a_i =$$

$$\left(\sum_{i=1}^{m} x_i^m\right)^{\frac{1}{m}} - \left(\sum_{i=1}^{m} a_i^m\right)^{\frac{1}{m}}$$

这就是说我们求得的 $r_i(i=1,2,\cdots,n)$ 的值能使不等式①对任意实数 $x_1$, $x_2,\cdots,x_n$ 恒成立.

**例6** 已知 $a_1,a_2,\cdots,a_n$ 是正实数,$p>0,q>0$,求证:$\dfrac{a_1^{p+q}}{a_2^q}+\dfrac{a_2^{p+q}}{a_3^q}+\cdots+\dfrac{a_{n-1}^{p+q}}{a_n^q}+\dfrac{a_n^{p+q}}{a_1^q} \geqslant a_1^p+a_2^p+\cdots+a_n^p$. (1984 年全国高中数学联赛试题最后一题的推广)

**证明** 由赫德尔不等式得

$$\left(\dfrac{a_1^{p+q}}{a_2^q}+\dfrac{a_2^{p+q}}{a_3^q}+\cdots+\dfrac{a_{n-1}^{p+q}}{a_n^q}+\dfrac{a_n^{p+q}}{a_1^q}\right)^{\frac{p}{p+q}}(a_2^p+a_3^p+\cdots+a_n^p+a_1^p)^{\frac{q}{p+q}} \geqslant$$
$$a_1^p+a_2^p+\cdots+a_n^p$$

所以

$$\left(\dfrac{a_1^{p+q}}{a_2^q}+\dfrac{a_2^{p+q}}{a_3^q}+\cdots+\dfrac{a_{n-1}^{p+q}}{a_n^q}+\dfrac{a_n^{p+q}}{a_1^q}\right)^p(a_2^p+a_3^p+\cdots+a_n^p+a_1^p)^q \geqslant$$
$$(a_1^p+a_2^p+\cdots+a_n^p)^{p+q}$$

即

$$\left(\dfrac{a_1^{p+q}}{a_2^q}+\dfrac{a_2^{p+q}}{a_3^q}+\cdots+\dfrac{a_{n-1}^{p+q}}{a_n^q}+\dfrac{a_n^{p+q}}{a_1^q}\right)^p \geqslant (a_1^p+a_2^p+\cdots+a_n^p)^p$$

从而

$$\dfrac{a_1^{p+q}}{a_2^q}+\dfrac{a_2^{p+q}}{a_3^q}+\cdots+\dfrac{a_{n-1}^{p+q}}{a_n^q}+\dfrac{a_n^{p+q}}{a_1^q} \geqslant a_1^p+a_2^p+\cdots+a_n^p$$

特殊地,取 $p=q=1$,我们就得到 1984 年全国高中数学联赛试题最后一题:若 $a_1,a_2,\cdots,a_n$ 是正实数,$p>0,q>0$,则

$$\dfrac{a_1^2}{a_2}+\dfrac{a_2^2}{a_3}+\cdots+\dfrac{a_{n-1}^2}{a_n}+\dfrac{a_n^2}{a_1} \geqslant a_1+a_2+\cdots+a_n$$

**例7** 已知 $a,b$ 是正的常数,$x$ 是锐角,求函数 $y=\dfrac{a}{\sin^n x}+\dfrac{b}{\cos^n x}$ 的最小值.

**解** 由赫德尔不等式得

$$\left(\dfrac{a}{\sin^n x}+\dfrac{b}{\cos^n x}\right)^{\frac{2}{n+2}}(\sin^2 x+\cos^2 x)^{\frac{n}{n+2}} \geqslant$$
$$\left(\dfrac{a}{\sin^n x}\right)^{\frac{2}{n+2}}(\sin^2 x)^{\frac{n}{n+2}}+\left(\dfrac{b}{\cos^n x}\right)^{\frac{2}{n+2}}(\cos^2 x)^{\frac{n}{n+2}}=$$
$$a^{\frac{2}{n+2}}+b^{\frac{2}{n+2}}$$

即
$$y^{\frac{2}{n+2}} \geqslant a^{\frac{2}{n+2}} + b^{\frac{2}{n+2}}$$

而 $y > 0$, 所以
$$y \geqslant (a^{\frac{2}{n+2}} + b^{\frac{2}{n+2}})^{\frac{n+2}{2}}$$

当且仅当 $\dfrac{a}{\sin^{n+2}x} = \dfrac{b}{\cos^{n+2}x}$ 即 $x = \arctan \sqrt[n+2]{\dfrac{a}{b}}$ 等号成立. 即
$$y_{\min} = (a^{\frac{2}{n+2}} + b^{\frac{2}{n+2}})^{\frac{n+2}{2}}$$

当 $n = 1$, 便是《数学通讯》1988 年第 12 期罗增儒老师的一个结论.

**例 8** 已知 $a_1, a_2, \cdots, a_m \in \mathbf{R}^+$, 且 $a_1 + a_2 + \cdots + a_m = 1, m, n \in \mathbf{N}$, 求证:
$$\left(\dfrac{1}{a_1^n} - 1\right)\left(\dfrac{1}{a_2^n} - 1\right)\cdots\left(\dfrac{1}{a_m^n} - 1\right) \geqslant (m^n - 1)^m$$

**证明** 因为
$$a_1 + a_2 + \cdots + a_m \geqslant m\sqrt[m]{a_1 a_2 \cdots a_m}$$

所以
$$\dfrac{1}{a_1 a_2 \cdots a_m} \geqslant m^m$$

又
$$\dfrac{1}{a_1} - 1 = \dfrac{a_2 + a_3 + \cdots + a_m}{a_1} \geqslant (m-1)\dfrac{\sqrt[m-1]{a_2 a_3 \cdots a_m}}{a_1}$$

$$\dfrac{1}{a_2} - 1 = \dfrac{a_1 + a_3 + \cdots + a_m}{a_2} \geqslant (m-1)\dfrac{\sqrt[m-1]{a_1 a_3 \cdots a_m}}{a_2}$$

$$\cdots$$

$$\dfrac{1}{a_m} - 1 = \dfrac{a_1 + a_2 + \cdots + a_{m-1}}{a_m} \geqslant (m-1)\dfrac{\sqrt[m-1]{a_1 a_2 \cdots a_{m-1}}}{a_m}$$

上述 $n$ 个不等式相乘得
$$\sum_{i=1}^{n}\left(\dfrac{1}{a_i} - 1\right) \geqslant (m-1)^m \qquad ①$$

由柯西不等式的推广有
$$\left(\dfrac{1}{a_1^{n-1}} + \dfrac{1}{a_1^{n-2}} + \cdots + \dfrac{1}{a_1} + 1\right)\left(\dfrac{1}{a_2^{n-1}} + \dfrac{1}{a_2^{n-2}} + \cdots + \dfrac{1}{a_2} + 1\right)\cdots\left(\dfrac{1}{a_m^{n-1}} + \dfrac{1}{a_m^{n-2}} + \cdots + \dfrac{1}{a_m} + 1\right) \geqslant$$
$$\left[\left(\sqrt[m]{\left(\dfrac{1}{a_1 a_2 \cdots a_m}\right)^{n-1}} + \sqrt[m]{\left(\dfrac{1}{a_1 a_2 \cdots a_m}\right)^{n-2}} + \cdots + \sqrt[m]{\dfrac{1}{a_1 a_2 \cdots a_m}} + 1\right)\right]^m \geqslant$$
$$(m^{n-1} + m^{n-2} + \cdots + m + 1)^m \qquad ②$$

将①、②两式相乘得
$$\sum_{i=1}^{n}\left(\frac{1}{a_i^n}-1\right) \geqslant (m^n-1)^m$$

若 $a,b \in \mathbf{R}^+$，$\frac{1}{a}+\frac{1}{b}=1$，则 $a+b=ab$，由例9得
$$(a^n-1)(b^n-1) \geqslant (2^n-1)^2$$

也即
$$(a+b)^n - a^n - b^n \geqslant 2^{2n} - 2^{n+1}$$

这就是1988年全国高中数学联赛题，下面我们从另一角度推广这道联赛题．

**例9** 设 $a_1, a_2, \cdots, a_m$ 是正实数，且有 $\sum_{i=1}^{m}\frac{1}{a_i}=1$，则对每一个 $n \in \mathbf{N}^*$，都有
$$\left(\sum_{i=1}^{m}a_i\right)^n - \sum_{i=1}^{m}a_i^n \geqslant m^{2n} - m^{n+1}.$$

**证明** 因为 $\sum_{i=1}^{m}\frac{1}{a_i}=1 \geqslant m\sqrt[m]{\frac{1}{a_1 a_2 \cdots a_m}}$，所以 $a_1 a_2 \cdots a_m \geqslant m^m$，根据多项式展开定理
$$\left(\sum_{i=1}^{m}a_i\right)^n = \sum \frac{n!}{n_1! \, n_2! \cdots n_m!} a_1^{n_1} a_2^{n_2} \cdots a_m^{n_m} \qquad ①$$

其中 $n_1, n_2, \cdots, n_m$ 为非负整数，且 $n_1 + n_2 + \cdots + n_m = n$，从而
$$\left(\sum_{i=1}^{m}a_i\right)^n - \sum_{i=1}^{m}a_i^n = {\sum}' \frac{n!}{n_1! \, n_2! \cdots n_m!} a_1^{n_1} a_2^{n_2} \cdots a_m^{n_m} \qquad ②$$

其中 $n_1, n_2, \cdots, n_m$ 为非负整数，且小于 $n$，$n_1 + n_2 + \cdots + n_m = n$（以下 ${\sum}'$ 均满足此条件），在②中，将字母 $a_i$ 均换成1得
$${\sum}' \frac{n!}{n_1! \, n_2! \cdots n_m!} = m^n - m \qquad ③$$

由对称性可知
$$\left(\sum_{i=1}^{m}a_i\right)^n - \sum_{i=1}^{m}a_i^n = {\sum}' \frac{n!}{n_1! \, n_2! \cdots n_m!} a_2^{n_1} a_3^{n_2} \cdots a_1^{n_m} = \cdots =$$
$${\sum}' \frac{n!}{n_1! \, n_2! \cdots n_m!} a_m^{n_1} a_1^{n_2} \cdots a_{m-2}^{n_{m-1}} a_{m-1}^{n_m}$$

将②与上述 $n-1$ 个等式相乘，并应用柯西不等式的推广得
$$\left[\left(\sum_{i=1}^{m}a_i\right)^n - \sum_{i=1}^{m}a_i^n\right]^m =$$
$${\sum}' \frac{n!}{n_1! \, n_2! \cdots n_m!} a_1^{n_1} a_2^{n_2} \cdots a_m^{n_m} {\sum}' \frac{n!}{n_1! \, n_2! \cdots n_m!} a_2^{n_1} a_3^{n_2} \cdots a_1^{n_m} \cdots \cdot$$
$${\sum}' \frac{n!}{n_1! \, n_2! \cdots n_m!} a_m^{n_1} a_1^{n_2} \cdots a_{m-2}^{n_{m-1}} a_{m-1}^{n_m} \geqslant$$

$$\left(\sum{}' \frac{n!}{n_1! \, n_2! \cdots n_m!} (a_1 a_2 \cdots a_{m-1} a_m)^{\frac{n_1}{m}} (a_2 a_3 \cdots a_m a_1)^{\frac{n_2}{m}} \cdots \right.$$
$$\left. [(a_m a_1 a_2 \cdots a_{m-1})^{\frac{n_m}{m}}]^m = \right.$$
$$\left[\sum{}' \frac{n!}{n_1! \, n_2! \cdots n_m!} (a_1 a_2 \cdots a_{m-1} a_m)^{\frac{n_1+n_2+\cdots+n_m}{m}}\right]^m =$$
$$\left[\sum{}' \frac{n!}{n_1! \, n_2! \cdots n_m!} (a_1 a_2 \cdots a_{m-1} a_m)^{\frac{n}{m}}\right]^m =$$
$$(a_1 a_2 \cdots a_{m-1} a_m)^n \left(\sum{}' \frac{n!}{n_1! \, n_2! \cdots n_m!}\right)^m \geqslant$$
$$m^{mn}(m^n - m)^m = (m^{2n} - m^{n+1})^m$$

两边同时开 $m$ 次方得

$$\left(\sum_{i=1}^m a_i\right)^n - \sum_{i=1}^m a_i^n \geqslant m^{2n} - m^{n+1}$$

**例10** 已知 $a_1, a_2, \cdots, a_n$ 是正实数，$k \geqslant 0$，$n$ 是正整数，则

$$\prod_{i=1}^n (a_i^{n+k} - a_i^k + n) \geqslant \left(\sum_{i=1}^n a_i\right)^n$$

**证明** 因为 $a_i$ 是正实数 $(i=1,2,\cdots,n)$，所以 $(a_i^k - 1)(a_i^n - 1) \geqslant 0$，所以 $a_i^{n+k} - a_i^k \geqslant a_i^n - 1$，所以 $a_i^{n+k} - a_i^k + n \geqslant a_i^n + n - 1$，所以

$$\prod_{i=1}^n (a_i^{n+k} - a_i^k + n) \geqslant \prod_{i=1}^n (a_i^n + n - 1) =$$
$$(a_1^n + 1 + 1 + \cdots + 1)(1 + a_2^n + 1 + \cdots + 1) \cdots (1 + 1 + \cdots + 1 + a_n^n) \geqslant$$
$$(a_1 + a_2 + \cdots + a_n)^n$$

易知当 $a_1 = a_2 = \cdots = a_n = 1$ 时，上式等号成立.

取 $k=2$，$n=3$，这便是 2004 年美国数学奥林匹克试题.

**例11** 设正实数 $a_1, a_2, \cdots, a_n$ 满足 $a_1 + a_2 + \cdots + a_n = 1$，求证：$(a_1 a_2 + a_2 a_3 + \cdots + a_n a_1)\left(\dfrac{a_1}{a_2^2 + a_2} + \dfrac{a_2}{a_3^2 + a_3} + \cdots + \dfrac{a_n}{a_1^2 + a_1}\right) \geqslant \dfrac{n}{n+1}$. (2007 年国家集训队考试题)

**证明** 由柯西不等式的推广得

$$(a_1 a_2 + a_2 a_3 + \cdots + a_n a_1)\left(\frac{a_1}{a_2^2 + a_2} + \frac{a_2}{a_3^2 + a_3} + \cdots + \frac{a_n}{a_1^2 + a_1}\right) \cdot$$
$$[a_1(a_2 + 1) + a_2(a_3 + 1) + \cdots + a_n(a_1 + 1)] \geqslant$$
$$(a_1 + a_2 + \cdots + a_n)^3 = 1 \qquad\qquad ①$$

$$(a_1 a_2 + a_2 a_3 + \cdots + a_n a_1)\left(\frac{a_1}{a_2^2 + a_2} + \frac{a_2}{a_3^2 + a_3} + \cdots + \frac{a_n}{a_1^2 + a_1}\right) \cdot$$
$$(a_1 a_2 + a_2 a_3 + \cdots + a_n a_1 + 1) \geqslant 1 \qquad\qquad ②$$

记不等式的左边为 $S$，并令 $a_{n+1} = a_1$，则

$$\frac{S^2}{\dfrac{a_1}{a_2^2 + a_2} + \dfrac{a_2}{a_3^2 + a_3} + \cdots + \dfrac{a_n}{a_1^2 + a_1}} + S \geqslant 1 \qquad ③$$

由柯西不等式得

$$\left(\frac{a_1}{a_2^2 + a_2} + \frac{a_2}{a_3^2 + a_3} + \cdots + \frac{a_n}{a_1^2 + a_1}\right)\left[(a_2 + 1) + (a_3 + 1) + \cdots + (a_1 + 1)\right] \geqslant$$

$$\left(\frac{\sqrt{a_1}}{\sqrt{a_2}} + \frac{\sqrt{a_2}}{\sqrt{a_3}} + \cdots + \frac{\sqrt{a_n}}{\sqrt{a_1}}\right)^2 \geqslant n^2$$

即

$$\frac{a_1}{a_2^2 + a_2} + \frac{a_2}{a_3^2 + a_3} + \cdots + \frac{a_n}{a_1^2 + a_1} \geqslant \frac{n^2}{n+1} \qquad ④$$

由③，④得

$$\frac{S_2}{\dfrac{n^2}{n+1}} + S \geqslant \frac{S^2}{\dfrac{a_1}{a_2^2 + a_2} + \dfrac{a_2}{a_3^2 + a_3} + \cdots + \dfrac{a_n}{a_1^2 + a_1}} + S \geqslant 1$$

整理得 $\left(\dfrac{n+1}{n}S - 1\right)\left(\dfrac{1}{n}S + 1\right) \geqslant 0$. 又 $S > 0$，故 $S \geqslant \dfrac{n}{n+1}$.

**例 12** 已知 $a, b, c$ 都是正数，且 $ab + bc + ca = 1$，证明：$\sqrt{a^3 + a} + \sqrt{b^3 + b} + \sqrt{c^3 + c} \geqslant 2\sqrt{a + b + c}$. (2008 年伊朗国家集训队试题)

**证明** 由柯西不等式的推广得

$$\left(\sqrt{a^3 + a} + \sqrt{b^3 + b} + \sqrt{c^3 + c}\right)^2 \left(\frac{a^2}{a^2 + 1} + \frac{b^2}{b^2 + 1} + \frac{c^2}{c^2 + 1}\right) \geqslant (a + b + c)^3$$

因此只要证明 $(a + b + c)^2 \geqslant 4\left(\dfrac{a^2}{a^2 + 1} + \dfrac{b^2}{b^2 + 1} + \dfrac{c^2}{c^2 + 1}\right)$，因为 $ab + bc + ca = 1$，所以

$$a^2 + 1 = a^2 + ab + bc + ca = (a + b)(a + c)$$
$$b^2 + 1 = (b + c)(b + a)$$
$$c^2 + 1 = (c + a)(c + b)$$

即要证明

$$\frac{(a + b + c)^2}{ab + bc + ca} \geqslant 4\left[\frac{a^2}{(a + b)(a + c)} + \frac{b^2}{(b + c)(b + a)} + \frac{c^2}{(c + a)(c + b)}\right] \Leftrightarrow$$

$$\frac{a^2 + b^2 + c^2}{ab + bc + ca} + \frac{8abc}{(a + b)(b + c)(c + a)} \geqslant 2 \Leftrightarrow$$

$$\frac{(a - b)^2 + (b - c)^2 + (c - a)^2}{2(ab + bc + ca)} - \frac{c(a - b)^2 + a(b - c)^2 + b(c - a)^2}{(a + b)(b + c)(c + a)} \geqslant 0 \Leftrightarrow$$

$$\left[\frac{(a+b)(b+c)(c+a)}{ab+bc+ca} - 2a\right](b-c)^2 +$$
$$\left[\frac{(a+b)(b+c)(c+a)}{ab+bc+ca} - 2b\right](c-a)^2 +$$
$$\left[\frac{(a+b)(b+c)(c+a)}{ab+bc+ca} - 2c\right](a-b)^2 \geqslant 0$$

记

$$f(a,b,c) = \left[\frac{(a+b)(b+c)(c+a)}{ab+bc+ca} - 2a\right](b-c)^2 +$$
$$\left[\frac{(a+b)(b+c)(c+a)}{ab+bc+ca} - 2b\right](c-a)^2 +$$
$$\left[\frac{(a+b)(b+c)(c+a)}{ab+bc+ca} - 2c\right](a-b)^2 =$$
$$S_a(b-c)^2 + S_b(a-c)^2 + S_c(a-b)^2$$

现在要证明 $f(a,b,c) \geqslant 0$.

不妨设 $a \geqslant b \geqslant c$, 因为

$$(a-c)^2 = (a-b)^2 + (b-c)^2 + 2(a-b)(b-c) \geqslant (a-b)^2 + (b-c)^2$$

所以

$$S_b = \frac{(a+b)(b+c)(c+a)}{ab+bc+ca} - 2b = a+c-b - \frac{abc}{ab+bc+ca} \geqslant 0$$

所以

$$S_a(b-c)^2 + S_b(a-c)^2 + S_c(a-b)^2 \geqslant$$
$$S_a(b-c)^2 + S_b[(a-b)^2 + (b-c)^2] + S_c(a-b)^2 =$$
$$(S_a + S_b)(b-c)^2 + (S_b + S_c)(a-b)^2$$

因为

$$S_c = \frac{(a+b)(b+c)(c+a)}{ab+bc+ca} - 2c = a+b-c - \frac{abc}{ab+bc+ca} \geqslant 0$$

因此只要证明 $S_a + S_b \geqslant 0$, 而

$$S_a + S_b = b+c-a - \frac{abc}{ab+bc+ca} + a+c-b - \frac{abc}{ab+bc+ca} =$$
$$2\left(c - \frac{abc}{ab+bc+ca}\right) = \frac{2(a+b)c^2}{ab+bc+ca} \geqslant 0$$

所以 $f(a,b,c) \geqslant 0$.

# 练 习 题

1. 已知 $a_1, a_2, \cdots, a_n$ 是 $n$ 个正数, 满足 $a_1 a_2 \cdots a_n = 1$, 求证 $(2 + a_1)(2 +$

$a_2)\cdots(2+a_n) \geqslant 3^n$. (1989年全国高中数学联赛试题)

2. 已知 $a,b$ 是正数，$n$ 是正整数，证明：$\dfrac{a^n+b^n}{2} \geqslant (\dfrac{a+b}{2})^n$. (前苏联大学生数学竞赛试题)

3. (1) 二次三项式 $f(x)=ax^2+bx+c$ 的所有系数是正的，且 $a+b+c=1$，证明：对满足 $x_1x_2\cdots x_n=1$ 的任意正数 $x_1,x_2,\cdots,x_n$，有 $f(x_1)f(x_2)\cdots f(x_n) \geqslant 1$. (1991年第24届全苏数学奥林匹克试题)

(2) 设 $a,b,c,x_1,x_2,\cdots,x_5$ 是正数，且 $a+b+c=1$，$x_1x_2\cdots x_5=1$，证明：$(ax_1^2+bx_1+c)(ax_2^2+bx_1+c)\cdots(ax_5^2+bx_1+c) \geqslant 1$. (2009年西班牙数学奥林匹克试题)

4. 若 $x_1,x_2,\cdots,x_n$ 都是正数，则 $x_1^{n+1}+x_2^{n+1}+\cdots+x_n^{n+1} \geqslant x_1x_2\cdots x_n(x_1+x_2+\cdots+x_n)$. (美国《大学生数学杂志》1994年第4期征解题)

5. 设 $x_0,x_1,x_2,\cdots,x_n$ 都是正数，$n \geqslant 2$ 是正整数，求证：
$$(\dfrac{x_0}{x_1})^n+(\dfrac{x_1}{x_2})^n+\cdots+(\dfrac{x_{n-1}}{x_n})^n+(\dfrac{x_n}{x_0})^n \geqslant \dfrac{x_1}{x_0}+\dfrac{x_2}{x_1}+\cdots+\dfrac{x_n}{x_{n-1}}+\dfrac{x_0}{x_n}$$
(1990年江苏省数学夏令营试题)

6. 已知 $\alpha,\beta$ 是锐角，求证：$\sin^3\alpha+\cos^3\alpha\cos^3\beta+\cos^3\alpha\sin^3\beta \geqslant \dfrac{\sqrt{3}}{3}$.

7. 已知 $\alpha,\beta$ 是锐角，求证：$\dfrac{1}{\sin^3\alpha}+\dfrac{1}{\cos^3\alpha\cos^3\beta}+\dfrac{1}{\cos^3\alpha\sin^3\beta} \geqslant 9\sqrt{3}$.

8. 已知 $\alpha>0$，在 $\triangle ABC$ 中，求证：$\dfrac{1}{A^\alpha}+\dfrac{1}{B^\alpha}+\dfrac{1}{C^\alpha} \geqslant \dfrac{3^{\alpha+1}}{\pi^\alpha}$.

9. 已知 $a_1,a_2,\cdots,a_n;b_1,b_2,\cdots,b_n$ 是给定的两组正实数，$x_1,x_2,\cdots,x_n$ 是正的变量，求函数 $y=b_1^kx_1^k+b_2^kx_2^k+\cdots+b_n^kx_n^k$ 的最小值。

10. (1) 已知 $a_1,a_2,\cdots,a_n$ 是正实数，$\alpha>\beta>0$，求证：
$$\sqrt[\alpha]{\dfrac{a_1^\alpha+a_2^\alpha+\cdots+a_n^\alpha}{n}} > \sqrt[\beta]{\dfrac{a_1^\beta+a_2^\beta+\cdots+a_n^\beta}{n}}$$

(2) 已知 $a_1,a_2,\cdots,a_n;p_1,p_2,\cdots,p_n$ 是正实数，$\alpha>\beta>0$，求证：
$$\sqrt[\alpha]{\dfrac{p_1a_1^\alpha+p_2a_2^\alpha+\cdots+p_na_n^\alpha}{p_1+p_2+\cdots+p_n}} > \sqrt[\beta]{\dfrac{p_1a_1^\beta+p_2a_2^\beta+\cdots+p_na_n^\beta}{p_1+p_2+\cdots+p_n}}$$

11. 已知 $a,b$ 是正的常数，$x$ 是锐角，求函数 $y=a\sin^nx+b\cos^nx$ 的最小值。

12. 已知 $a_1,a_2,\cdots,a_n$ 是正实数，且 $a_1+a_2+\cdots+a_n=1$，求证：

(1) $\dfrac{1}{a_1^k}+\dfrac{1}{a_2^k}+\cdots+\dfrac{1}{a_n^k} \geqslant n^{k+1}$;

(2) $(1+\dfrac{1}{a_1^k})(1+\dfrac{1}{a_2^k})\cdots(1+\dfrac{1}{a_n^k}) \geqslant (n^k+1)^n$;

(3) $\left(a_1^k + \dfrac{1}{a_1^k}\right)\left(a_2^k + \dfrac{1}{a_2^k}\right)\cdots\left(a_n^k + \dfrac{1}{a_n^k}\right) \geqslant \left(n^k + \dfrac{1}{n^k}\right)^n.$

13. 已知 $a_1, a_2, \cdots, a_n$ 是正实数, 且 $a_1 + a_2 + \cdots + a_n = 1$, $k$ 是正整数, 求 $\dfrac{1}{a_1^k(1+a_1)} + \dfrac{1}{a_2^k(1+a_2)} + \cdots + \dfrac{1}{a_n^k(1+a_n)}$ 的最小值.

14. 若 $x_i > 0 (i = 1, 2, \cdots, n)$, $n \geqslant 2$, 且 $\dfrac{1}{1+x_1} + \dfrac{1}{1+x_2} + \cdots + \dfrac{1}{1+x_n} = 1$, 求证: $x_1 x_2 \cdots x_n \geqslant (n-1)^n.$

15. 已知 $x, y, z$ 是正数, 且 $x + y + z = 1$, 求证: $\dfrac{x^4}{y(1-y^2)} + \dfrac{y^4}{z(1-z^2)} + \dfrac{z^4}{x(1-x^2)} \geqslant \dfrac{1}{8}.$

16. 证明: 对正数 $a, b, c$, 有 $\dfrac{a}{\sqrt{a^2+8bc}} + \dfrac{b}{\sqrt{b^2+8ca}} + \dfrac{c}{\sqrt{c^2+8ab}} \geqslant 1.$ (第42届IMO试题)

17. 设 $k \geqslant 1$, $a_1, a_2, \cdots, a_n$ 为正实数, 求证: $\left(\dfrac{a_1}{a_2+a_3+\cdots+a_n}\right)^k + \left(\dfrac{a_2}{a_1+a_3+\cdots+a_n}\right)^k + \cdots + \left(\dfrac{a_n}{a_1+a_2+\cdots+a_{n-1}}\right)^k \geqslant \dfrac{n}{(n-1)^k}.$ (第30届IMO预选题)

18. 设 $a, b, c, d$ 是满足 $ab + bc + cd + da = 1$ 的非负实数, 求证: $\dfrac{a^3}{b+c+d} + \dfrac{b^3}{c+d+a} + \dfrac{c^3}{d+a+b} + \dfrac{d^3}{a+b+c} \geqslant \dfrac{1}{3}.$ (第31届IMO预选题)

19. 设 $x, y, z$ 是正实数, 且 $xyz = 1$, 证明: $\dfrac{x^3}{(1+y)(1+z)} + \dfrac{y^3}{(1+z)(1+x)} + \dfrac{z^3}{(1+x)(1+y)} \geqslant \dfrac{3}{4}.$ (第39届IMO预选题)

20. 设 $a_1, a_2, \cdots, a_n$ 为 $n$ 个正实数, 且 $a_1 a_2 \cdots a_n = 1$, 求证: $\sum\limits_{i=1}^{n} \dfrac{a_i^n(1+a_i)}{A} \geqslant \dfrac{n}{2^{n-1}}$, 其中 $A = (1+a_1)(1+a_2)\cdots(1+a_n)$. (第39届IMO预选题的推广, $n = 3$ 即为第19题)

21. 若 $a, b, c$ 是正实数, 证明: 
$$3(a + \sqrt{ab} + \sqrt[3]{abc}) \leqslant \left(8 + \dfrac{2\sqrt{ab}}{a+b}\right)\sqrt[3]{a \cdot \dfrac{a+b}{2} \cdot \dfrac{a+b+c}{3}}$$
(Kiran-Kellaya 不等式的推广)

22. 对所有的正实数 $a,b,c,\lambda \geq 8$,证明:证明:对正数 $a,b,c$,有

$$\frac{a}{\sqrt{a^2+\lambda bc}} + \frac{b}{\sqrt{b^2+\lambda ca}} + \frac{c}{\sqrt{c^2+\lambda ab}} \geq \frac{3}{\sqrt{1+\lambda}}$$

(第 42 届 IMO 试题的加强)

23. 已知 $x,y,z$ 是正实数,且 $x+y+z=1$,证明:$\left(\frac{1}{x^2}-x\right)\left(\frac{1}{y^2}-y\right)\left(\frac{1}{z^2}-z\right) \geq \left(\frac{26}{3}\right)^3$. (《中等数学》2006 年第 3 期问题)

24. 已知 $a,b$ 是正实数,证明:$\sqrt[3]{\frac{a}{b}} + \sqrt[3]{\frac{b}{a}} \leq \sqrt[3]{2\left(1+\frac{b}{a}\right)\left(1+\frac{b}{a}\right)}$. (2002 年澳门数学奥林匹克试题)

25. 已知 $x_i, y_i, z_i (i=1,2,3)$ 是正实数,$M = (x_1^3 + x_2^3 + x_3^3 + 1)(y_1^3 + y_2^3 + y_3^3 + 1)(z_1^3 + z_2^3 + z_3^3 + 1)$,$N = A(x_1 + y_1 + z_1)(x_2 + y_2 + z_2)(x_3 + y_3 + z_3)$,不等式 $M \geq N$ 恒成立,求 $A$ 的最大值. (2006 年日本数学奥林匹克试题)

26. 设 $a,b,c$ 是正实数,求证:$\frac{a+b+c}{3} \geq \sqrt[3]{\frac{(a+b)(b+c)(c+a)}{8}} \geq \frac{\sqrt{ab}+\sqrt{bc}+\sqrt{ca}}{3}$. (2004 年中国国家集训队试题)

27. 设 $a,b,c$ 是正实数,且 $a+b+c \geq \frac{a}{b} + \frac{b}{c} + \frac{c}{a}$,证明:$\frac{a^3c}{b(a+c)} + \frac{b^3a}{c(a+b)} + \frac{c^3b}{a(b+c)} \geq \frac{3}{2}$. (2005 年罗马尼亚数学奥林匹克试题)

28. 设 $a,b,c$ 是正实数,证明:$3(a+b+c) \geq 8\sqrt[3]{abc} + \sqrt[3]{\frac{a^3+b^3+c^3}{3}}$. (2006 年奥地利数学奥林匹克试题)

29. 在直角 $\triangle ABC$ 中,求最大的正实数 $k$ 使得不等式 $a^3 + b^3 + c^3 \geq k(a+b+c)^3$ 成立. (2006 年伊朗数学奥林匹克试题)

30. 设 $a,b,c$ 是正实数,证明:$\frac{a^4}{a^4 + \sqrt[3]{(a^6+b^6)(a^3+c^3)^2}} + \frac{b^4}{b^4 + \sqrt[3]{(b^6+c^6)(b^3+a^3)^2}} + \frac{c^4}{c^4 + \sqrt[3]{(c^6+a^6)(c^3+b^3)^2}} \leq 1$. (2006 年澳门数学奥林匹克试题)

31. 已知 $x,y,z$ 是正数,求证:$\frac{x}{\sqrt{y+z}} + \frac{y}{\sqrt{z+x}} + \frac{z}{\sqrt{x+y}} \geq \sqrt{\frac{3}{2}(x+y+z)}$. (2005 年塞尔维亚数学奥林匹克试题)

32. 设正整数 $n \geq 2, a_1, a_2, \cdots, a_n$ 为 $n$ 个非负实数,证明不等式:$(a_1^3 + $

$1)(a_2^3+1)\cdots(a_n^3+1) \geq (a_1^2 a_2+1)(a_2^2 a_3+1)\cdots(a_n^2 a_1+1)$. (2001年捷克和斯洛伐克－波兰联合竞赛试题)

33. 设 $a, b, c, x, y, z$ 是正数，证明：$\sqrt[3]{a(b+1)yz} + \sqrt[3]{b(c+1)zx} + \sqrt[3]{c(a+1)xy} \leq \sqrt[3]{(a+1)(b+1)(c+1)(x+1)(y+1)(z+1)}$. (2005年乌克兰数学奥林匹克试题)

34. 设 $a_1, a_2, \cdots, a_n > 0$，且 $\sum_{i=1}^{n} a_i^3 = 3$，$\sum_{i=1}^{n} a_i^5 = 5$，证明：$\sum_{i=1}^{n} a_i > \frac{3}{2}$. (2001年 Baltic Way 竞赛试题)

35. 设 $a_1, a_2, \cdots, a_n > 0$，则 $\{\prod_{i=1}^{n}\prod_{j=1}^{n}(1+\frac{a_i}{a_j})\}^{\frac{1}{n}} \geq 2^n$. (1988年澳大利亚数学奥林匹克试题的推广)

36. 设 $a, b, c > 0$，且 $ab+bc+ca = 1$，证明：$\sqrt[3]{\frac{1}{a}+6b} + \sqrt[3]{\frac{1}{b}+6c} + \sqrt[3]{\frac{1}{c}+6a} \leq \frac{1}{abc}$. （第45届IMO预选题）

37. 已知 $x \geq 0, y \geq 0, z \geq 0$，证明不等式：$8(x^3+y^3+z^3)^2 \geq 9(x^2+yz)(y^2+zx)(z^2+xy)$. (1982年德国国家队试题)

38. 设 $a, b, c, d > 0$，且 $a^2+b^2 = (c^2+d^2)^3$，求证：$\frac{c^3}{a} + \frac{d^3}{b} \geq 1$. (2000年新加坡数学奥林匹克试题)

39. 已知 $a, b, c$ 是非负实数，求证：$(\frac{a+2b}{a+2c})^3 + (\frac{b+2c}{b+2a})^3 + (\frac{c+2a}{c+2b})^3 \geq 3$. (2004年 MOP 试题)

40. 已知 $a, b, c$ 是正数，
$$\frac{1}{a(1+b)} + \frac{1}{b(1+c)} + \frac{1}{c(1+a)} \geq \frac{3}{\sqrt[3]{abc}(1+\sqrt[3]{abc})} \quad ①$$
(2006年巴尔干数学奥林匹克试题 (Aassila 不等式) 的推广)

41. 已知 $a, b, c$ 是非负实数，求证：$\sqrt[3]{a^3+7abc} + \sqrt[3]{b^3+7abc} + \sqrt[3]{c^3+7abc} \leq 2(a+b+c)$. (2007年波兰等联合数学奥林匹克试题)

42. $\alpha, \beta, x_1, x_2, \cdots, x_n (n \geq 1)$ 是正数，且 $x_1+x_2+\cdots+x_n = 1$，证明不等式：
$$\frac{x_1^3}{\alpha x_1 + \beta x_2} + \frac{x_2^3}{\alpha x_2 + \beta x_3} + \cdots + \frac{x_n^3}{\alpha x_n + \beta x_1} \geq \frac{1}{n(\alpha+\beta)}.$$ (2002年摩尔多瓦国家集训队试题)

43. 设 $x_1, x_2, \cdots, x_n (n \geq 2)$ 是正数，且 $x_1+x_2+\cdots+x_n = 1$，证明不等式：$\sum_{i=1}^{n} \frac{1}{\sqrt{1-x_i}} \geq n\sqrt{\frac{n}{n-1}}$. (1993年意大利国家集训队试题)

44. 已知 $a,b,c$ 是正实数，$n \geq 1$ 是正整数，证明：$\dfrac{a^{n+1}}{b+c} + \dfrac{b^{n+1}}{c+a} + \dfrac{c^{n+1}}{a+b} \geq$
$\left(\dfrac{a^n}{b+c} + \dfrac{b^n}{c+a} + \dfrac{c^n}{a+b}\right)\sqrt[n]{\dfrac{a^n+b^n+c^n}{3}}$. (2009 年波兰数学奥林匹克试题)

45. 已知 $a,b,c$ 是正实数，且满足 $abc=1$，证明：$\dfrac{1}{a^5(b+2c)^2} + \dfrac{1}{b^5(c+2a)^2} +$
$\dfrac{1}{c^5(a+2b)^2} \geq \dfrac{1}{3}$. (2010 年美国集训队试题)

46. 已知 $a,b,c$ 是正数，且 $ab+bc+ca \leq 3abc$，证明：$\sqrt{\dfrac{a^2+b^2}{a+b}} + \sqrt{\dfrac{b^2+c^2}{b+c}} +$
$\sqrt{\dfrac{c^2+a^2}{c+a}} + 3 \leq \sqrt{2(a+b)} + \sqrt{2(b+c)} + \sqrt{2(c+a)}$. (2009 年 IMO 预选题，
2010 年伊朗国家集训队试题)

47. 设 $a_1, a_2, \cdots, a_n > 0$，且 $a_1+a_2+\cdots+a_n = S$，对于任意非负整数 $k,t$，
满足 $k \geq t$，证明：$\sum_{i=1}^n \dfrac{a_i^{2k}}{(S-a_i)^{2^t-1}} \geq \dfrac{S^{1+2k-2^t}}{(n-1)^{2^t-1} n^{2k-2^t}}$. (1987 年越南数学奥林匹克试题)

48. 设 $x,y,z$ 为正实数，证明：$\sqrt{x^2+y^2} + \sqrt{y^2+z^2} + \sqrt{z^2+x^2} \leq 3\sqrt{2} \cdot$
$\dfrac{x^3+y^3+z^3}{x^2+y^2+z^2}$. (2010 年捷克和斯洛伐克数学奥林匹克试题)

49. 设 $a,b,c$ 为非负实数，$x,y,z$ 为正实数，且满足 $a+b+c = x+y+z$，证明：
$\dfrac{a^3}{x^2} + \dfrac{b^3}{y^2} + \dfrac{c^3}{z^2} \geq a+b+c$. (2010 年印度尼西亚数学奥林匹克试题)

50. 设 $a,b,c,d,e$ 为正实数，且 $a^3+ab+b^3 = c+d = 1$，证明：$\sum_{cyc}\left(a+\dfrac{1}{a}\right)^3 \geq$
40. (2003 年希腊数学奥林匹克试题)

51. 已知 $x,y,z$ 是正数，求证：$\dfrac{x}{\sqrt{y^2+z^2}} + \dfrac{y}{\sqrt{z^2+x^2}} + \dfrac{z}{\sqrt{x^2+y^2}} > 2$. (2005 年中国澳门地区数学奥林匹克试题)

52. 已知 $a,b,c$ 是正数，证明：$\left(\dfrac{2a}{b+c}\right)^{\frac{2}{3}} + \left(\dfrac{2b}{c+a}\right)^{\frac{2}{3}} + \left(\dfrac{2c}{a+b}\right)^{\frac{2}{3}} \geq 3$. (2002 年美国数学 MOP 夏令营试题)

# 参考解答

1. 由柯西不等式的推广得

$$(2+a_1)(2+a_2)\cdots(2+a_n) \geqslant (2+\sqrt[n]{a_1a_2\cdots a_n})^n = 3^n$$

2. 由柯西不等式的推广得 $(1+1)(1+1)\cdots(1+1)(a^n+b^n) \geqslant (a+b)^n$, 于是 $\dfrac{a^n+b^n}{2} \geqslant (\dfrac{a+b}{2})^n$.

3. $f(x_1)f(x_2)\cdots f(x_n) = (ax_1^2+bx_1+c)(ax_2^2+bx_2+c)\cdots(ax_n^2+bx_n+c) \geqslant (a(\sqrt[n]{x_1x_2\cdots x_n})^2 + b\sqrt[n]{x_1x_2\cdots x_n} + c)^n = (a+b+c)^n = 1$.

4. 由柯西不等式的推广得 $(x_1^{n+1}+x_2^{n+1}+\cdots+x_n^{n+1})(x_1^{n+1}+x_2^{n+1}+\cdots+x_n^{n+1})(x_2^{n+1}+x_3^{n+1}+\cdots+x_n^{n+1}+x_1^{n+1})\cdots(x_n^{n+1}+x_1^{n+1}+x_2^{n+1}+\cdots+x_{n-1}^{n+1}) \geqslant (x_1^2x_2\cdots x_n + x_1x_2^2\cdots x_n + \cdots + x_1x_2\cdots x_n^2)^{n+1} = [x_1x_2\cdots x_n(x_1+x_2+\cdots+x_n)]^{n+1}$.

两边同时开 $n+1$ 次方得
$$x_1^{n+1}+x_2^{n+1}+\cdots+x_n^{n+1} \geqslant x_1x_2\cdots x_n(x_1+x_2+\cdots+x_n)$$
等号成立当且仅当 $x_1 = x_2 = \cdots = x_n$.

5. 由柯西不等式的推广得
$$[(\dfrac{x_0}{x_1})^n + (\dfrac{x_1}{x_2})^n + \cdots + (\dfrac{x_{n-1}}{x_n})^n + (\dfrac{x_n}{x_0})^n][(\dfrac{x_1}{x_2})^n + \cdots +$$
$$(\dfrac{x_{n-1}}{x_n})^n + (\dfrac{x_n}{x_0})^n + (\dfrac{x_0}{x_1})^n]\cdots[(\dfrac{x_{n-1}}{x_n})^n + (\dfrac{x_n}{x_0})^n + (\dfrac{x_0}{x_1})^n + \cdots + (\dfrac{x_{n-2}}{x_{n-1}})^n] \geqslant$$
$$[\dfrac{x_0}{x_1}\cdot\dfrac{x_1}{x_2}\cdots\dfrac{x_{n-1}}{x_n} + \dfrac{x_1}{x_2}\cdot\dfrac{x_2}{x_3}\cdots\dfrac{x_n}{x_0} + \cdots +$$
$$\dfrac{x_{n-1}}{x_n}\cdot\dfrac{x_n}{x_0}\cdot\dfrac{x_0}{x_1}\cdots\dfrac{x_{n-3}}{x_{n-2}} + \dfrac{x_n}{x_0}\cdot\dfrac{x_0}{x_1}\cdot\dfrac{x_1}{x_2}\cdots\dfrac{x_{n-2}}{x_{n-1}}]^n \geqslant$$
$$(\dfrac{x_0}{x_n} + \dfrac{x_1}{x_0} + \dfrac{x_2}{x_1} + \cdots + \dfrac{x_n}{x_{n-1}})^n = (\dfrac{x_1}{x_0} + \dfrac{x_2}{x_1} + \cdots + \dfrac{x_n}{x_{n-1}} + \dfrac{x_0}{x_n})^n$$

两边同时开 $n$ 次方即得.

6. $(\sin^3\alpha + \cos^3\alpha\cos^3\beta + \cos^3\alpha\sin^3\beta)(\sin^3\alpha + \cos^3\alpha\cos^3\beta + \cos^3\alpha\sin^3\beta) \cdot$
$(1+1+1) \geqslant (\sin^2\alpha + \cos^2\alpha\cos^2\beta + \cos^2\alpha\sin^2\beta)^3 = 1$

于是
$$\sin^3\alpha + \cos^3\alpha\cos^3\beta + \cos^3\alpha\sin^3\beta \geqslant \dfrac{\sqrt{3}}{3}$$

7. 由柯西不等式的推广得
$(\dfrac{1}{\sin^3\alpha} + \dfrac{1}{\cos^3\alpha\cos^3\beta} + \dfrac{1}{\cos^3\alpha\sin^3\beta})(\dfrac{1}{\sin^3\alpha} + \dfrac{1}{\cos^3\alpha\cos^3\beta} + \dfrac{1}{\cos^3\alpha\sin^3\beta}) \cdot$
$(\sin^2\alpha + \cos^2\alpha\cos^2\beta + \cos^2\alpha\sin^2\beta)(\sin^2\alpha + \cos^2\alpha\cos^2\beta + \cos^2\alpha\sin^2\beta) \cdot$
$(\sin^2\alpha + \cos^2\alpha\cos^2\beta + \cos^2\alpha\sin^2\beta) \geqslant 3^5$

即

$$\left(\frac{1}{\sin^3\alpha} + \frac{1}{\cos^3\alpha\cos^3\beta} + \frac{1}{\cos^3\alpha\sin^3\beta}\right)^2 \geq 3^5$$

从而

$$\frac{1}{\sin^3\alpha} + \frac{1}{\cos^3\alpha\cos^3\beta} + \frac{1}{\cos^3\alpha\sin^3\beta} \geq 9\sqrt{3}$$

8. 由赫德尔不等式得

$$(A+B+C)^{\alpha/(\alpha+1)}\left(\frac{1}{A^\alpha} + \frac{1}{B^\alpha} + \frac{1}{C^\alpha}\right)^{1/(\alpha+1)} \geq 3$$

所以

$$\frac{1}{A^\alpha} + \frac{1}{B^\alpha} + \frac{1}{C^\alpha} \geq \frac{3^{\alpha+1}}{\pi^\alpha}$$

9. 由赫德尔不等式得

$$(b_1^k x_1^k + b_2^k x_2^k + \cdots + b_n^k x_n^k)^{\frac{1}{k}} \left[\left(\frac{a_1}{b_1}\right)^{\frac{k}{k-1}} + \left(\frac{a_2}{b_2}\right)^{\frac{k}{k-1}} + \cdots + \left(\frac{a_n}{b_n}\right)^{\frac{k}{k-1}}\right] \geq$$

$$a_1 x_1 + a_2 x_2 + \cdots + a_n x_n = p$$

所以

$$y^{\frac{1}{k}} \left[\left(\frac{a_1}{b_1}\right)^{\frac{k}{k-1}} + \left(\frac{a_2}{b_2}\right)^{\frac{k}{k-1}} + \cdots + \left(\frac{a_n}{b_n}\right)^{\frac{k}{k-1}}\right] \geq p$$

$$y \geq \frac{p^k}{\left[\left(\frac{a_1}{b_1}\right)^{\frac{k}{k-1}} + \left(\frac{a_2}{b_2}\right)^{\frac{k}{k-1}} + \cdots + \left(\frac{a_n}{b_n}\right)^{\frac{k}{k-1}}\right]^{k-1}}$$

即 $y$ 的最小值是

$$\frac{p^k}{\left[\left(\frac{a_1}{b_1}\right)^{\frac{k}{k-1}} + \left(\frac{a_2}{b_2}\right)^{\frac{k}{k-1}} + \cdots + \left(\frac{a_n}{b_n}\right)^{\frac{k}{k-1}}\right]^{k-1}}$$

10. (1) 由赫德尔不等式得

$$(1+1+\cdots+1)^{(\alpha-\beta)/\alpha}(a_1^\alpha + a_2^\alpha + \cdots + a_n^\alpha)^{\beta/\alpha} \geq a_1^\beta + a_2^\beta + \cdots + a_n^\beta$$

两边同时 $\alpha$ 次方,得

$$(a_1^\alpha + a_2^\alpha + \cdots + a_n^\alpha)^\beta n^{\alpha-\beta} \geq (a_1^\beta + a_2^\beta + \cdots + a_n^\beta)^\alpha$$

即

$$\left(\frac{a_1^\alpha + a_2^\alpha + \cdots + a_n^\alpha}{n}\right)^\beta \geq \left(\frac{a_1^\beta + a_2^\beta + \cdots + a_n^\beta}{n}\right)^\alpha$$

两边同时开 $\alpha\beta$ 次方得

$$\sqrt[\alpha]{\frac{a_1^\alpha + a_2^\alpha + \cdots + a_n^\alpha}{n}} \geq \sqrt[\beta]{\frac{a_1^\beta + a_2^\beta + \cdots + a_n^\beta}{n}}$$

(2) 由赫德尔不等式得

$$(p_1 + p_2 + \cdots + p_n)^{(\alpha-\beta)/\alpha}(p_1 a_1^\alpha + p_2 a_2^\alpha + \cdots + p_n a_n^\alpha)^{\beta/\alpha} \geq$$
$$p_1 a_1^\beta + p_2 a_2^\beta + \cdots + p_n a_n^\beta$$

整理得

$$\sqrt[\alpha]{\frac{p_1 a_1^\alpha + p_2 a_2^\alpha + \cdots + p_n a_n^\alpha}{p_1 + p_2 + \cdots + p_n}} > \sqrt[\beta]{\frac{p_1 a_1^\beta + p_2 a_2^\beta + \cdots + p_n a_n^\beta}{p_1 + p_2 + \cdots + p_n}}$$

11. $(a\sin^n x + b\cos^n x)^{\frac{2}{n}}(a^{-\frac{2}{n-2}} + b^{-\frac{2}{n-2}})^{\frac{n-2}{n}} \geq$
$$a^{\frac{2}{n}}\sin^2 x (a^{-\frac{2}{n-2}})^{\frac{n-2}{n}} + b^{\frac{2}{n}}\cos^2 x (b^{-\frac{2}{n-2}})^{\frac{n-2}{n}} = 1$$
$$y^2 (a^{-\frac{2}{n-2}} + b^{-\frac{2}{n-2}})^{\frac{n-2}{n}} \geq 1$$

因为 $y > 0$,所以 $y \geq (a^{-\frac{2}{n-2}} + b^{-\frac{2}{n-2}})^{-\frac{n-2}{2}}$. 即 $y$ 的最小值是
$$(a^{-\frac{2}{n-2}} + b^{-\frac{2}{n-2}})^{-\frac{n-2}{2}}$$

12. (1) 由柯西不等式的推广得
$$(a_1 + a_2 + \cdots + a_n)(a_1 + a_2 + \cdots + a_n) \cdots \cdot$$
$$(a_1 + a_2 + \cdots + a_n)\left(\frac{1}{a_1^k} + \frac{1}{a_2^k} + \cdots + \frac{1}{a_n^k}\right) \geq$$
$$(1 + 1 + \cdots + 1)^{k+1}$$

所以
$$\frac{1}{a_1^k} + \frac{1}{a_2^k} + \cdots + \frac{1}{a_n^k} \geq n^{k+1}$$

(2) 由均值不等式得 $a_1 + a_2 + \cdots + a_n \geq n\sqrt[n]{a_1 a_2 \cdots a_n}$,于是 $\frac{1}{\sqrt[n]{a_1 a_2 \cdots a_n}} \geq$
$n^n$, 由柯西不等式的推广得
$$\left(1 + \frac{1}{a_1^k}\right)\left(1 + \frac{1}{a_2^k}\right)\cdots\left(1 + \frac{1}{a_n^k}\right) \geq \left(1 + \sqrt[n]{\frac{1}{a_1^k a_2^k \cdots a_n^k}}\right)^n \geq (n^k + 1)^n$$

(3) 由柯西不等式的推广得
$$\left(a_1^k + \frac{1}{a_1^k}\right)\left(a_2^k + \frac{1}{a_2^k}\right)\cdots\left(a_n^k + \frac{1}{a_n^k}\right) \geq \left(\sqrt[n]{a_1^k a_2^k \cdots a_n^k} + \sqrt[n]{\frac{1}{a_1^k a_2^k \cdots a_n^k}}\right)^n$$

由函数 $y = x + \frac{1}{x}$ 在 $(0,1)$ 上是减函数,知
$$\sqrt[n]{a_1^k a_2^k \cdots a_n^k} + \sqrt[n]{\frac{1}{a_1^k a_2^k \cdots a_n^k}} \geq n^k + \frac{1}{n^k}$$

所以
$$\left(a_1^k + \frac{1}{a_1^k}\right)\left(a_2^k + \frac{1}{a_2^k}\right)\cdots\left(a_n^k + \frac{1}{a_n^k}\right) \geq \left(n^k + \frac{1}{n^k}\right)^n$$

13. 由 $a_1 + a_2 + \cdots + a_n = 1$ 得 $1 = a_1 + a_2 + \cdots + a_n \geq n\sqrt[n]{a_1 a_2 \cdots a_n}$,于是

$$\frac{1}{\sqrt[n]{a_1 a_2 \cdots a_n}} \geq n^n$$，$k$ 是正整数，取 $k$ 个 $(a_1 + a_2 + \cdots + a_n)$，由柯西不等式的推广有

$$(a_1 + a_2 + \cdots + a_n) \cdots (a_1 + a_2 + \cdots + a_n)[(1 + a_1) + (1 + a_2) + \cdots + (1 + a_n)]\left[\frac{1}{a_1^k(1+a_1)} + \frac{1}{a_2^k(1+a_2)} + \cdots + \frac{1}{a_n^k(1+a_n)}\right] \geq$$

$$\left(\sqrt[k+2]{a_1^k} \cdot \sqrt[k+2]{1+a_1} \cdot \cdots \cdot \sqrt[k+2]{\frac{1}{a_1^k(1+a_1)}} + \sqrt[k+2]{a_2^k} \cdot \sqrt[k+2]{1+a_2} \cdot \cdots \cdot \sqrt[k+2]{\frac{1}{a_2^k(1+a_2)}} + \cdots + \sqrt[k+2]{a_n^k} \cdot \sqrt[k+2]{1+a_n} \cdot \cdots \cdot \sqrt[k+2]{\frac{1}{a_n^k(1+a_n)}}\right)^{k+2} = n^{k+2}$$

即

$$(n+1)y \geq n^{k+2}$$

所以

$$y \geq \frac{n^{k+2}}{n+1}$$

$\dfrac{1}{a_1^k(1+a_1)} + \dfrac{1}{a_2^k(1+a_2)} + \cdots + \dfrac{1}{a_n^k(1+a_n)}$ 的最小值是 $\dfrac{n^{k+2}}{n+1}$. ($k=1, n=3$ 就是《中等数学》2004 年第 6 期的问题)

14. 应用柯西不等式的推广有

$$\prod_{i=1}^{n} \frac{x_i}{1+x_i} = \prod_{i=1}^{n}\left(1 - \frac{1}{1+x_i}\right) =$$

$$\left(\frac{1}{1+x_2} + \frac{1}{1+x_3} + \cdots + \frac{1}{1+x_{n-1}} + \frac{1}{1+x_n}\right) \cdot$$

$$\left(\frac{1}{1+x_3} + \frac{1}{1+x_4} + \cdots + \frac{1}{1+x_n} + \frac{1}{1+x_1}\right) \cdot \cdots \cdot$$

$$\left(\frac{1}{1+x_n} + \frac{1}{1+x_1} + \cdots + \frac{1}{1+x_{n-3}} + \frac{1}{1+x_{n-2}}\right) \cdot$$

$$\left(\frac{1}{1+x_1} + \frac{1}{1+x_2} + \cdots + \frac{1}{1+x_{n-2}} + \frac{1}{1+x_{n-1}}\right) \geq$$

$$\left(\frac{1}{\sqrt[n]{1+x_2}} \cdot \frac{1}{\sqrt[n]{1+x_3}} \cdot \cdots \cdot \frac{1}{\sqrt[n]{1+x_n}} \cdot \frac{1}{\sqrt[n]{1+x_1}} + \right.$$

$$\frac{1}{\sqrt[n]{1+x_3}} \cdot \frac{1}{\sqrt[n]{1+x_4}} \cdot \cdots \cdot \frac{1}{\sqrt[n]{1+x_1}} \cdot \frac{1}{\sqrt[n]{1+x_2}} + \cdots +$$

$$\left.\frac{1}{\sqrt[n]{1+x_n}} \cdot \frac{1}{\sqrt[n]{1+x_1}} \cdot \cdots \cdot \frac{1}{\sqrt[n]{1+x_{n-2}}} \cdot \frac{1}{\sqrt[n]{1+x_{n-1}}}\right)^n =$$

$$(\frac{n-1}{\sqrt[n]{(1+x_1)(1+x_2)\cdots(1+x_n)}})^n$$

于是 $\quad x_1 x_2 \cdots x_n \geq (n-1)^n$

($n=4$ 是合肥市 1986 年数学竞赛试题)

15. 由柯西不等式的推广,得

$(y+x+z)[(1+y)+(1+z)+(1+x)][(1-y)+(1-z)+(1-x)] \cdot$

$[\dfrac{x^4}{y(1-y^2)}+\dfrac{y^4}{z(1-z^2)}+\dfrac{z^4}{x(1-x^2)}] \geq (x+y+z)^4$

因为 $x+y+z=1$,所以

$$\dfrac{x^4}{y(1-y^2)}+\dfrac{y^4}{z(1-z^2)}+\dfrac{z^4}{x(1-x^2)} \geq \dfrac{1}{8}$$

16. 由柯西不等式的推广,得

$$\text{左边} = \sum \dfrac{a}{\sqrt{a^2+8bc}} = \sum \dfrac{a^{\frac{3}{2}}}{\sqrt{a^3+8abc}} \geq \dfrac{(\sum a)^{\frac{3}{2}}}{[\sum(a^3+8abc)]^{\frac{1}{2}}}$$

所以要证明原不等式,只要证明

$$\dfrac{(\sum a)^{\frac{3}{2}}}{[\sum(a^3+8abc)]^{\frac{1}{2}}} \geq 1$$

等价于

$$(\sum a)^3 \geq \sum a^3 + 24abc$$

等价于

$$\sum a^3 + 3\sum(a^2 b + ab^2) + 6abc \geq \sum a^3 + 24abc$$

等价于

$$\sum(a^2 b + ab^2) \geq 6abc$$

易知该不等式成立,故原不等式成立.

17. 令 $s = a_1 + a_2 + a_3 + \cdots + a_n$,在 $k=1$ 时

$\dfrac{a_1}{a_2+a_3+\cdots+a_n}+\dfrac{a_2}{a_1+a_3+\cdots+a_n}+\cdots+\dfrac{a_n}{a_1+a_2+\cdots+a_{n-1}}=$

$\dfrac{s}{s-a_1}+\dfrac{s}{s-a_2}+\cdots+\dfrac{s}{s-a_n}-n$

由柯西不等式,有

$$(\dfrac{s}{s-a_1}+\dfrac{s}{s-a_2}+\cdots+\dfrac{s}{s-a_n})(\dfrac{s-a_1}{s}+\dfrac{s-a_2}{s}+\cdots+\dfrac{s-a_n}{s}) \geq n^2$$

即

$$\frac{s}{s-a_1} + \frac{s}{s-a_2} + \cdots + \frac{s}{s-a_n} \geq \frac{n^2}{n-1}$$

于是

$$\frac{a_1}{a_2+a_3+\cdots+a_n} + \frac{a_2}{a_1+a_3+\cdots+a_n} + \cdots + \frac{a_n}{a_1+a_2+\cdots+a_{n-1}} \geq \frac{n}{n-1}$$

在 $k>1$ 时，令 $x_i^k = (\frac{a_i}{s-a_i})^k, i=1,2,\cdots,n$，由幂平均值不等式得

$$\frac{x_1^k + x_2^k + \cdots + x_n^k}{n} \geq (\frac{x_1+x_2+\cdots+x_n}{n})^k$$

所以

$$(\frac{a_1}{a_2+a_3+\cdots+a_n})^k + (\frac{a_2}{a_1+a_3+\cdots+a_n})^k + \cdots (\frac{a_n}{a_1+a_2+\cdots+a_{n-1}})^k \geq$$

$$n(\frac{a_1}{a_2+a_3+\cdots+a_n} + \frac{a_2}{a_1+a_3+\cdots+a_n} + \cdots + \frac{a_n}{a_1+a_2+\cdots+a_{n-1}})^k \geq$$

$$n(\frac{n}{n-1})^k = \frac{n}{(n-1)^k}$$

**18. 证法一** $a,b,c,d$ 均为正实数，$ab+bc+cd+da = 1$，即 $(a+c)(b+d)=1$，则

$$(a+b+c+d)^2 \geq 4(a+c)(b+d) = 4$$

又

$$(\sqrt{a+b+c} + \sqrt{b+c+d} + \sqrt{c+d+a} + \sqrt{d+a+b})^2 \leq$$
$$4[(a+b+c)+(b+c+d)+(c+d+a)+(d+a+b)] =$$
$$12(a+b+c+d) \qquad ①$$

由柯西不等式的推广得

$$(\frac{a^3}{b+c+d} + \frac{b^3}{c+d+a} + \frac{c^3}{d+a+b} + \frac{d^3}{a+b+c}) \cdot$$
$$(\sqrt{b+c+d} + \sqrt{c+d+a} + \sqrt{d+a+b} + \sqrt{a+b+c}) \cdot$$
$$(\sqrt{b+c+d} + \sqrt{c+d+a} + \sqrt{d+a+b} + \sqrt{a+b+c}) \geq$$
$$(a+b+c+d)^3 \qquad ②$$

由不等式①和②得

$$\frac{a^3}{b+c+d} + \frac{b^3}{c+d+a} + \frac{c^3}{d+a+b} + \frac{d^3}{a+b+c} \geq$$

$$\frac{(a+b+c+d)^3}{12(a+b+c+d)} = \frac{(a+b+c+d)^2}{12} \geq \frac{1}{3}$$

当且仅当 $a=b=c=d=\frac{1}{2}$ 时等号成立.

**证法二**　由柯西不等式的推广得
$$\left(\frac{a^3}{b+c+d}+\frac{b^3}{c+d+a}+\frac{c^3}{d+a+b}+\frac{d^3}{a+b+c}\right)\cdot$$
$$[(b+c+d)+(c+d+a)+(d+a+b)+(a+b+c)]\cdot$$
$$(1+1+1+1) \geqslant (a+b+c+d)^3$$

所以
$$\frac{a^3}{b+c+d}+\frac{b^3}{c+d+a}+\frac{c^3}{d+a+b}+\frac{d^3}{a+b+c} \geqslant$$
$$\frac{(a+b+c+d)^2}{12}=\frac{(a+c+b+d)^2}{12}$$

而
$$(a+c)+(b+d) \geqslant 2\sqrt{(a+c)(b+d)}=$$
$$2\sqrt{ab+bc+cd+da}=2$$

所以
$$\frac{a^3}{b+c+d}+\frac{b^3}{c+d+a}+\frac{c^3}{d+a+b}+\frac{d^3}{a+b+c} \geqslant \frac{1}{3}$$

19. 由柯西不等式的推广得
$$\left[\frac{x^3}{(1+y)(1+z)}+\frac{y^3}{(1+z)(1+x)}+\frac{z^3}{(1+x)(1+y)}\right]\cdot$$
$$[(1+y)+(1+z)+(1+x)][(1+z)+(1+x)+(1+y)] \geqslant$$
$$(x+y+z)^3$$

所以
$$\frac{x^3}{(1+y)(1+z)}+\frac{y^3}{(1+z)(1+x)}+\frac{z^3}{(1+x)(1+y)} \geqslant \frac{(x+y+z)^3}{(3+x+y+z)^2}$$

令 $u=x+y+z$，则由均值不等式得
$$x+y+z \geqslant 3\sqrt[3]{xyz}=3$$

设 $f(u)=\dfrac{u^3}{(3+u)^2}$，则 $f(u)=\dfrac{u}{\left(\dfrac{3}{u}+1\right)^2}$ 在 $[3,+\infty)$ 上是增函数，所以 $f(u) \geqslant \dfrac{3}{4}$.

从而
$$\frac{x^3}{(1+y)(1+z)}+\frac{y^3}{(1+z)(1+x)}+\frac{z^3}{(1+x)(1+y)} \geqslant \frac{3}{4}$$

20. 和第 19 题完全类似，记 $u=a_1+a_2+\cdots+a_n$，由均值不等式得
$$u=a_1+a_2+\cdots+a_n \geqslant n\sqrt[n]{a_1 a_2 \cdots a_n}=n$$

$$\sum_{i=1}^{n} \frac{a_i^n(1+a_i)}{A} \geqslant \frac{u^n}{(n+u)^{n-1}}$$

设 $f(u) = \frac{u^n}{(n+u)^{n-1}}$,则 $f(u) = \frac{u}{(\frac{n}{u}+1)^{n-1}}$ 在 $[n, +\infty)$ 上是增函数,所以

$$f(u) \geqslant \frac{n}{2^{n-1}}.$$

**21.** 由赫德尔不等式得

$$a + \sqrt{ab} + \sqrt[3]{abc} = a^{\frac{1}{3}} a^{\frac{1}{3}} a^{\frac{1}{3}} + a^{\frac{1}{3}}(\sqrt{ab})^{\frac{1}{3}} b^{\frac{1}{3}} + a^{\frac{1}{3}} b^{\frac{1}{3}} c^{\frac{1}{3}} \leqslant$$

$$(a+a+a)^{\frac{1}{3}}(a + \sqrt{ab} + b)^{\frac{1}{3}}(a+b+c)^{\frac{1}{3}} =$$

$$3^{\frac{2}{3}}(a+\sqrt{ab}+b)^{\frac{1}{3}}(\frac{2}{a+b})^{\frac{1}{3}} \sqrt[3]{a \cdot \frac{a+b}{2} \cdot \frac{a+b+c}{3} b}$$

故只需证明

$$3^{\frac{5}{3}}(a+\sqrt{ab}+b)^{\frac{1}{3}}(\frac{2}{a+b})^{\frac{1}{3}} \leqslant 8 + \frac{2\sqrt{ab}}{a+b}$$

即

$$3^5(2 + \frac{2\sqrt{ab}}{a+b}) \leqslant (8 + \frac{2\sqrt{ab}}{a+b})^3$$

由均值不等式

$$3^3 \cdot 3 \cdot 3(2 + \frac{2\sqrt{ab}}{a+b}) \leqslant 3^3 (\frac{3+3+\frac{2\sqrt{ab}}{a+b}}{3})^3 = 8 + \frac{2\sqrt{ab}}{a+b}$$

**22.** 由柯西不等式的推广,得

$$\text{左边} = \sum \frac{a}{\sqrt{a^2 + \lambda bc}} = \sum \frac{a^{\frac{3}{2}}}{\sqrt{a^3 + \lambda abc}} \geqslant$$

$$\frac{(\sum a)^{\frac{3}{2}}}{[\sum (a^3 + \lambda abc)]^{\frac{1}{2}}} \qquad ①$$

记

$$m = \frac{3(a+b)(b+c)(c+a)}{8(a^3+b^3+c^3)}, n = \frac{3abc}{a^3+b^3+c^3} \qquad ②$$

由基本不等式得 $(a+b)(b+c)(c+a) \geqslant 2\sqrt{ab} \cdot 2\sqrt{bc} \cdot 2\sqrt{ca} = 8abc$,
于是,有 $m \geqslant n$.

由幂平均值不等式有 $\frac{a^3+b^3+c^3}{3} \geqslant (\frac{a+b+c}{3})^3$. (或由第 10 题得到)

于是 $9(a^3+b^3+c^3) \geqslant (a+b+c)^3 = a^3+b^3+c^3+3(a+b)(b+c) \cdot$

$(c+a)$,即
$$8(a^3+b^3+c^3) \geq 3(a+b)(b+c)(c+a)$$
也即
$$m \leq 1 \qquad ③$$
而
$$\frac{(\sum a)^3}{\sum(a^3+\lambda bc)} = \frac{a^3+b^3+c^3+3(a+b)(b+c)(c+a)}{a^3+b^3+c^3+3\lambda abc} = \frac{1+8m}{1+\lambda n} \qquad ④$$
于是
$$\frac{a}{\sqrt{a^2+\lambda bc}} + \frac{b}{\sqrt{b^2+\lambda ca}} + \frac{c}{\sqrt{c^2+\lambda ab}} \geq \sqrt{\frac{1+8m}{1+\lambda n}} \qquad ⑤$$
下面只要证明
$$\sqrt{\frac{1+8m}{1+\lambda n}} \geq \frac{3}{\sqrt{1+\lambda}} \qquad ⑥$$

$⑥ \Leftrightarrow \dfrac{1+8m}{1+\lambda n} \geq \dfrac{9}{1+\lambda} \Leftrightarrow 1+8m+\lambda+8\lambda m \geq 9+9\lambda m \Leftrightarrow$
$$(\lambda-8)(1-n)+8(m-n)(1+\lambda) \geq 0 \qquad ⑦$$
利用 $\lambda \geq 8$ 及 $1 \geq m$ 与 $m \geq n$ 知 ⑦ 式成立. 所以,原不等式成立.

23.
$$\left(\frac{1}{x^2}-x\right)\left(\frac{1}{y^2}-y\right)\left(\frac{1}{z^2}-z\right) =$$
$$\left(\frac{1-x}{x}\right)\left(\frac{1-y}{y}\right)\left(\frac{1-z}{z}\right)\left(\frac{1+x+x^2}{x}\right)\left(\frac{1+y+y^2}{y}\right)\left(\frac{1+z+z^2}{z}\right) =$$
$$\left(\frac{y+z}{x}\right)\left(\frac{x+z}{y}\right)\left(\frac{x+y}{z}\right)\left(x+\frac{1}{x}+1\right)\left(y+\frac{1}{y}+1\right)\left(z+\frac{1}{z}+1\right)$$

由均值不等式得
$$\left(\frac{y+z}{x}\right)\left(\frac{x+z}{y}\right)\left(\frac{x+y}{z}\right) \geq \left(\frac{2\sqrt{yz}}{x}\right)\left(\frac{2\sqrt{xz}}{y}\right)\left(\frac{2\sqrt{xy}}{z}\right) = 8 \qquad ①$$

由柯西不等式的推广得
$$\left(x+\frac{1}{x}+1\right)\left(y+\frac{1}{y}+1\right)\left(z+\frac{1}{z}+1\right) \geq \left(\sqrt[3]{xyz}+\sqrt[3]{\frac{1}{xyz}}+1\right)^3 \qquad ②$$

由均值不等式得 $x+y+z=1 \geq 3\sqrt[3]{xyz}$,所以 $\sqrt[3]{xyz} \leq \dfrac{1}{3}$,从而
$$\sqrt[3]{xyz}+\sqrt[3]{\frac{1}{xyz}}-\left(\frac{1}{3}+3\right) = \frac{(3\sqrt[3]{xyz}-1)(\sqrt[3]{xyz}-3)}{3\sqrt[3]{xyz}} \geq 0$$
即

$$\sqrt[3]{xyz} + \sqrt[3]{\frac{1}{xyz}} + 1 \geq \frac{1}{3} + 3 + 1 = \frac{13}{3}$$

于是

$$\sqrt[3]{xyz} + \sqrt[3]{\frac{1}{xyz}} + 1 \geq \frac{13}{3} \qquad ③$$

所以由①②③得

$$\left(\frac{1}{x^2} - x\right)\left(\frac{1}{y^2} - y\right)\left(\frac{1}{z^2} - z\right) \geq \left(\frac{26}{3}\right)^3 \qquad ④$$

24. $\sqrt[3]{\frac{a}{b}} + \sqrt[3]{\frac{b}{a}} \leq \sqrt[3]{2\left(1 + \frac{b}{a}\right)\left(1 + \frac{b}{a}\right)} \Leftrightarrow \sqrt[3]{a^2} + \sqrt[3]{b^2} \leq \sqrt[3]{2(a+b)^2} \Leftrightarrow \left(\sqrt[3]{a^2} + \sqrt[3]{b^2}\right)^3 \leq 2(a+b)^2$.

由柯西不等式的推广得 $(1+1)(a+b)(a+b) \geq \left(\sqrt[3]{a^2} + \sqrt[3]{b^2}\right)^3$ 成立.

25. 由柯西不等式的推广得

$$M = (x_1^3 + x_2^3 + x_3^3 + 1)(y_1^3 + y_2^3 + y_3^3 + 1)(z_1^3 + z_2^3 + z_3^3 + 1) =$$

$$\left(x_1^3 + x_2^3 + x_3^3 + \frac{1}{6} + \frac{1}{6} + \frac{1}{6} + \frac{1}{6} + \frac{1}{6} + \frac{1}{6}\right) \cdot$$

$$\left(\frac{1}{6} + \frac{1}{6} + \frac{1}{6} + y_1^3 + y_2^3 + y_3^3 + \frac{1}{6} + \frac{1}{6} + \frac{1}{6}\right) \cdot$$

$$\left[\frac{1}{6} + \frac{1}{6} + \frac{1}{6} + \frac{1}{6} + \frac{1}{6} + \frac{1}{6} + z_1^3 + z_2^3 + z_3^3\right) \geq$$

$$\left(x_1 \sqrt[3]{\left(\frac{1}{6}\right)^2} + x_2 \sqrt[3]{\left(\frac{1}{6}\right)^2} + x_3 \sqrt[3]{\left(\frac{1}{6}\right)^2} + \right.$$

$$y_1 \sqrt[3]{\left(\frac{1}{6}\right)^2} + y_2 \sqrt[3]{\left(\frac{1}{6}\right)^2} + y_3 \sqrt[3]{\left(\frac{1}{6}\right)^2} +$$

$$\left. z_1 \sqrt[3]{\left(\frac{1}{6}\right)^2} + z_2 \sqrt[3]{\left(\frac{1}{6}\right)^2} + z_3 \sqrt[3]{\left(\frac{1}{6}\right)^2} \right]^3 =$$

$$\frac{1}{36}(x_1 + x_2 + x_3 + y_1 + y_2 + y_3 + z_1 + z_2 + z_3)^3 \qquad ①$$

由均值不等式得

$$(x_1 + x_2 + x_3) + (y_1 + y_2 + y_3) + (z_1 + z_2 + z_3) \geq$$
$$3\sqrt[3]{(x_1 + x_2 + x_3)(y_1 + y_2 + y_3)(z_1 + z_2 + z_3)} \qquad ②$$

所以

$$M \geq \frac{27}{36}(x_1 + y_1 + z_1)(x_2 + y_2 + z_2)(x_3 + y_3 + z_3) =$$

$$\frac{3}{4}(x_1 + y_1 + z_1)(x_2 + y_2 + z_2)(x_3 + y_3 + z_3)$$

当且仅当 $x_i = y_i = z_i = \sqrt[3]{\dfrac{1}{6}}$ 时等号成立,故 $A$ 的最大值是 $\dfrac{3}{4}$.

26. 由均值不等式得

$$\dfrac{a+b+c}{3} = \dfrac{\dfrac{a+b}{2} + \dfrac{b+c}{2} + \dfrac{c+a}{2}}{2} \geqslant \sqrt[3]{\dfrac{(a+b)(b+c)(c+a)}{8}}$$

利用赫德尔不等式得

$$\sqrt[3]{\dfrac{(a+b)(b+c)(c+a)}{8}} = \sqrt[3]{\dfrac{\dfrac{a+b}{2}+a+b}{3} \cdot \dfrac{b+\dfrac{b+c}{2}+c}{3} \cdot \dfrac{a+c+\dfrac{c+a}{2}}{3}} \geqslant$$

$$\dfrac{1}{3}\left(\sqrt[3]{\dfrac{a+b}{2} \cdot b \cdot a} + \sqrt[3]{b \cdot \dfrac{b+c}{2} \cdot c} + \sqrt[3]{a \cdot c \cdot \dfrac{c+a}{2}}\right) \geqslant$$

$$\dfrac{\sqrt{ab} + \sqrt{bc} + \sqrt{ca}}{3}$$

27. 由柯西不等式的推广得

$$\left(\dfrac{a^3c}{b(a+c)} + \dfrac{b^3a}{c(a+b)} + \dfrac{c^3b}{a(b+c)}\right)\left(\dfrac{b}{c} + \dfrac{c}{a} + \dfrac{a}{b}\right) \cdot$$

$$[(a+c) + (a+b) + (b+c)] \geqslant (a+b+c)^3$$

$$\left(\dfrac{a^3c}{b(a+c)} + \dfrac{b^3a}{c(a+b)} + \dfrac{c^3b}{a(b+c)}\right)\left(\dfrac{b}{c} + \dfrac{c}{a} + \dfrac{a}{b}\right) \geqslant \dfrac{1}{2}(a+b+c)^2$$

因为 $a + b + c \geqslant \dfrac{a}{b} + \dfrac{b}{c} + \dfrac{c}{a}$,所以

$$\dfrac{a^3c}{b(a+c)} + \dfrac{b^3a}{c(a+b)} + \dfrac{c^3b}{a(b+c)} \geqslant \dfrac{1}{2}(a+b+c)$$

由已知条件

$$a + b + c \geqslant \dfrac{a}{b} + \dfrac{b}{c} + \dfrac{c}{a} \geqslant 3\sqrt[3]{\dfrac{a}{b} \cdot \dfrac{b}{c} \cdot \dfrac{c}{a}} = 3$$

所以

$$\dfrac{a^3c}{b(a+c)} + \dfrac{b^3a}{c(a+b)} + \dfrac{c^3b}{a(b+c)} \geqslant \dfrac{3}{2}$$

28. 由柯西不等式的推广得

$$\left(abc + abc + \cdots + abc + \dfrac{a^3+b^3+c^3}{3}\right) \cdot$$

$$(1 + 1 + \cdots + 1 + 1)(1 + 1 + \cdots + 1 + 1) \geqslant$$

$$\left(\sqrt[3]{abc} + \sqrt[3]{abc} + \cdots + \sqrt[3]{abc} + \sqrt[3]{\dfrac{a^3+b^3+c^3}{3}}\right)^3$$

即

$$81\left(8abc + \frac{a^3+b^3+c^3}{3}\right) \geq \left(8\sqrt[3]{abc} + \sqrt[3]{\frac{a^3+b^3+c^3}{3}}\right)^3$$

下面证明 $[3(a+b+c)]^3 \geq 81\left(8abc + \frac{a^3+b^3+c^3}{3}\right)$,即

$$(a+b+c)^3 \geq 24abc + a^3+b^3+c^3$$

此不等式等价于 $a(b^2+c^2)+b(c^2+a^2)+c(a^2+b^2) \geq 6abc$,这由均值不等式不难得到.

所以

$$3(a+b+c) \geq 8\sqrt[3]{abc} + \sqrt[3]{\frac{a^3+b^3+c^3}{3}}$$

29. 不妨设 $c$ 是最大边,则 $c = \sqrt{a^2+b^2}$,且

$$a^3+b^3+c^3 = a^3+b^3+2\sqrt{2}\left(\sqrt{\frac{a^2+b^2}{2}}\right)^3$$

由加权的幂平均值不等式得

$$\sqrt[3]{\frac{a^3+b^3+2\sqrt{2}\left(\sqrt{\frac{a^2+b^2}{2}}\right)^3}{1+1+2\sqrt{2}}} \geq \sqrt{\frac{a^2+b^2+2\sqrt{2}\left(\sqrt{\frac{a^2+b^2}{2}}\right)^2}{1+1+2\sqrt{2}}} = \sqrt{\frac{a^2+b^2}{2}} \quad ①$$

又因为 $\sqrt{\frac{a^2+b^2}{2}} \geq \frac{a+b}{2}$,所以

$$(\sqrt{2}+1)\sqrt{a^2+b^2} \geq a+b+\sqrt{a^2+b^2}$$

$$\sqrt{\frac{a^2+b^2}{2}} \geq \frac{1}{2+\sqrt{2}}(a+b+\sqrt{a^2+b^2}) = \frac{1}{2+\sqrt{2}}(a+b+c) \quad ②$$

由①,②得

$$a^3+b^3+c^3 \geq \frac{1}{\sqrt{2}(1+\sqrt{2})^2}(a+b+c)^3$$

当 $a=b=1, c=\sqrt{2}$ 时,上式等号成立. 所以最大的正实数 $k = \frac{1}{\sqrt{2}(1+\sqrt{2})^2}$.

30. 由柯西不等式的推广得

$$(a^6+b^6)(a^3+c^3)^2 = (a^6+b^6)(c^3+a^3)(c^3+a^3) \geq$$
$$(a^2 \cdot c \cdot c + b^2 \cdot a \cdot a)^3 = a^6(b^2+c^2)^3$$

于是

$$\frac{a^4}{a^4 + \sqrt[3]{(a^6+b^6)(a^3+c^3)^2}} \leq \frac{a^2}{a^2+b^2+c^2}$$

同理
$$\frac{b^4}{b^4+\sqrt[3]{(b^6+c^6)(b^3+a^3)^2}} \leqslant \frac{b^2}{a^2+b^2+c^2}$$
$$\frac{c^4}{c^4+\sqrt[3]{(c^6+a^6)(c^3+b^3)^2}} \leqslant \frac{c^2}{a^2+b^2+c^2}$$

三式相加得
$$\frac{a^4}{a^4+\sqrt[3]{(a^6+b^6)(a^3+c^3)^2}} + \frac{b^4}{b^4+\sqrt[3]{(b^6+c^6)(b^3+a^3)^2}} +$$
$$\frac{c^4}{c^4+\sqrt[3]{(c^6+a^6)(c^3+b^3)^2}} \leqslant 1$$

31. 由柯西不等式的推广得 $(\frac{x}{\sqrt{y+z}}+\frac{y}{\sqrt{z+x}}+\frac{z}{\sqrt{x+y}})(\frac{x}{\sqrt{y+z}}+\frac{y}{\sqrt{z+x}}+\frac{z}{\sqrt{x+y}})[x(y+z)+y(z+x)+z(x+y)] \geqslant (x+y+z)^3$.

又由于 $(x+y+z)^2 \geqslant 3(xy+yz+zx)$，所以
$$\frac{x}{\sqrt{y+z}}+\frac{y}{\sqrt{z+x}}+\frac{z}{\sqrt{x+y}} \geqslant \sqrt{\frac{(x+y+z)^3}{2(xy+yz+zx)}} =$$
$$\sqrt{\frac{(x+y+z)^2(x+y+z)}{2(xy+yz+zx)}} \geqslant \sqrt{\frac{3}{2}(x+y+z)}$$

32. 由柯西不等式的推广得 $(a_k^3+1)(a_k^3+1)(a_{k+1}^3+1) \geqslant (a_k^2 a_{k+1}+1)^3$，$k=1,2,\cdots,n$，其中 $a_{n+1}=a_1$.

将它们相乘得
$$\prod_{k=1}^{n}(a_k^3+1)^3 \geqslant \prod_{k=1}^{n}(a_k^2 a_{k+1}+1)^3$$

即
$$(a_1^3+1)(a_2^3+1)\cdots(a_n^3+1) \geqslant (a_1^2 a_2+1)(a_2^2 a_3+1)\cdots(a_n^2 a_1+1)$$

33. 由赫德尔不等式得
$$\sqrt[3]{a(b+1)yz}+\sqrt[3]{b(c+1)zx}+\sqrt[3]{c(a+1)xy} =$$
$$\sqrt[3]{az \cdot y \cdot (b+1)}+\sqrt[3]{z \cdot (c+1) \cdot bx}+\sqrt[3]{(a+1) \cdot cy \cdot x} \leqslant$$
$$\sqrt[3]{(az+z+(a+1))(y+(c+1)+cy)((b+1)+bx+x)} =$$
$$\sqrt[3]{(a+1)(b+1)(c+1)(x+1)(y+1)(z+1)}$$

34. 由赫德尔不等式得
$$\sum_{i=1}^{n} a_i^3 = \sum_{i=1}^{n}(a_i \cdot a_i^2) \leqslant (\sum_{i=1}^{n} a_i^{\frac{5}{3}})^{\frac{3}{5}}(\sum_{i=1}^{n}(a_i^2)^{\frac{5}{2}})^{\frac{2}{5}} =$$

$$\left(\sum_{i=1}^{n} a_i^{\frac{5}{3}}\right)^{\frac{3}{5}} \left(\sum_{i=1}^{n} a_i^5\right)^{\frac{2}{5}} \qquad ①$$

又可以证明

$$\sum_{i=1}^{n} a_i^{\frac{5}{3}} \leqslant \left(\sum_{i=1}^{n} a_i\right)^{\frac{5}{3}} \qquad ②$$

事实上,令 $S = \sum_{i=1}^{n} a_i$,则

$$② \Leftrightarrow \sum_{i=1}^{n} \left(\frac{a_i}{S}\right)^{\frac{5}{3}} \leqslant 1 \qquad ③$$

注意到 $0 < \frac{a_i}{S} \leqslant 1, \frac{5}{3} > 1$,所以

$$\sum_{i=1}^{n} \left(\frac{a_i}{S}\right)^{\frac{5}{3}} \leqslant \sum_{i=1}^{n} \frac{a_i}{S} = 1$$

由①,②得

$$3 \leqslant \left(\sum_{i=1}^{n} a_i\right) \left(\sum_{i=1}^{n} a_i^5\right)^{\frac{2}{5}} = 5^{\frac{2}{5}} \left(\sum_{i=1}^{n} a_i\right)$$

所以 $\sum_{i=1}^{n} a_i \geqslant \frac{3}{\sqrt[5]{25}} > \frac{3}{\sqrt[5]{32}} = \frac{3}{2}$,即 $\sum_{i=1}^{n} a_i > \frac{3}{2}$.

35. 先固定 $i$,由柯西不等式的推广得

$$\prod_{j=1}^{n} \left(1 + \frac{a_i}{a_j}\right) \geqslant \left[1 + \frac{a_i}{\left(\prod_{j=1}^{n} a_j\right)^{\frac{1}{n}}}\right]^n$$

所以

$$\left\{\prod_{i=1}^{n} \prod_{j=1}^{n} \left(1 + \frac{a_i}{a_j}\right)\right\}^{\frac{1}{n}} \geqslant \left\{\prod_{i=1}^{n} \left[1 + \frac{\left(\prod_{i=1}^{n} a_i\right)^{\frac{1}{n}}}{\left(\prod_{j=1}^{n} a_j\right)^{\frac{1}{n}}}\right]^n\right\}^{\frac{1}{n}} = 2^n$$

36. 由柯西不等式的推广得

$$(1+1+1)(1+1+1)\left[\left(\frac{1}{a}+6b\right)+\left(\frac{1}{b}+6c\right)+\left(\frac{1}{c}+6a\right)\right] \geqslant$$

$$\left(\sqrt[3]{\frac{1}{a}+6b} + \sqrt[3]{\frac{1}{b}+6c} + \sqrt[3]{\frac{1}{c}+6a}\right)^3$$

即

$$9\left[\frac{1}{a} + \frac{1}{b} + \frac{1}{c} + 6(a+b+c)\right] \geqslant$$

$$\left(\sqrt[3]{\frac{1}{a}+6b} + \sqrt[3]{\frac{1}{b}+6c} + \sqrt[3]{\frac{1}{c}+6a}\right)^3$$

由均值不等式得 $ab + bc + ca = 1 \geq 3\sqrt[3]{a^2b^2c^2}$，即 $\dfrac{1}{abc} \geq 3\sqrt{3}$.

又 $(ab)^2 + (bc)^2 + (ca)^2 \geq abc(a + b + c)$，即

$$\dfrac{1}{3abc} \geq a + b + c$$

$$\dfrac{1}{a} + \dfrac{1}{b} + \dfrac{1}{c} + 6(a + b + c) = \dfrac{1}{abc} + 6(a + b + c) \leq \dfrac{1}{abc} + \dfrac{2}{abc} = \dfrac{3}{abc}$$

因为 $\dfrac{1}{abc} \geq 3\sqrt{3}$，所以

$$9\left[\dfrac{1}{a} + \dfrac{1}{b} + \dfrac{1}{c} + 6(a + b + c)\right] \leq \dfrac{27}{abc} \leq \left(\dfrac{1}{abc}\right)^3$$

从而

$$\sqrt[3]{\dfrac{1}{a} + 6b} + \sqrt[3]{\dfrac{1}{b} + 6c} + \sqrt[3]{\dfrac{1}{c} + 6a} \leq \dfrac{1}{abc}$$

37. $9(x^2 + yz)(y^2 + zx)(z^2 + xy) \leq$

$$\dfrac{9}{8}(2x^2 + y^2 + z^2)(x^2 + 2y^2 + z^2)(x^2 + y^2 + 2z^2) \leq$$

$$\dfrac{9}{8}\left(\dfrac{4(x^2 + y^2 + z^2)}{3}\right)^3 = 9 \times 8\left(\dfrac{x^2 + y^2 + z^2}{3}\right)^3 \leq$$

$$9 \times 8\left(\dfrac{x^3 + y^3 + z^3}{3}\right)^2 = 8(x^3 + y^3 + z^3)^2$$

38. 由柯西不等式的推广得 $\left(\dfrac{c^3}{a} + \dfrac{d^3}{b}\right)\left(\dfrac{c^3}{a} + \dfrac{d^3}{b}\right)(a^2 + b^2) \geq (c^2 + d^2)^3$，而 $a^2 + b^2 = (c^2 + d^2)^3$，所以 $\dfrac{c^3}{a} + \dfrac{d^3}{b} \geq 1$.

39. 由柯西不等式的推广得

$$(1^3 + 1^3 + 1^3)(1^3 + 1^3 + 1^3)\left[\left(\dfrac{a + 2b}{a + 2c}\right)^3 + \left(\dfrac{b + 2c}{b + 2a}\right)^3 + \left(\dfrac{c + 2a}{c + 2b}\right)^3\right] \geq$$

$$\left(\dfrac{a + 2b}{a + 2c} + \dfrac{b + 2c}{b + 2a} + \dfrac{c + 2a}{c + 2b}\right)^3$$

即

$$9\left[\left(\dfrac{a + 2b}{a + 2c}\right)^3 + \left(\dfrac{b + 2c}{b + 2a}\right)^3 + \left(\dfrac{c + 2a}{c + 2b}\right)^3\right] \geq \left(\dfrac{a + 2b}{a + 2c} + \dfrac{b + 2c}{b + 2a} + \dfrac{c + 2a}{c + 2b}\right)^3$$

由柯西不等式得

$$\left(\dfrac{a + 2b}{a + 2c} + \dfrac{b + 2c}{b + 2a} + \dfrac{c + 2a}{c + 2b}\right) + 3 = 2(a + b + c)\left(\dfrac{1}{a + 2c} + \dfrac{1}{b + 2a} + \dfrac{1}{c + 2b}\right) =$$

$$\dfrac{2}{3}\left[(a + 2c) + (b + 2a) + (c + 2b)\right]\left(\dfrac{1}{a + 2c} + \dfrac{1}{b + 2a} + \dfrac{1}{c + 2b}\right) \geq$$

$$\frac{2}{3}(1+1+1)^2 = 6$$

所以
$$\frac{a+2b}{a+2c} + \frac{b+2c}{b+2a} + \frac{c+2a}{c+2b} \geq 3$$

于是
$$\left(\frac{a+2b}{a+2c}\right)^3 + \left(\frac{b+2c}{b+2a}\right)^3 + \left(\frac{c+2a}{c+2b}\right)^3 \geq 3$$

40. 记 $P = \dfrac{1}{a(1+b)} + \dfrac{1}{b(1+c)} + \dfrac{1}{c(1+a)}$,由不等式 $(x+y+z)^2 \geq 3(xy+yz+zx)$ 得

$$P^2 \geq 3\left[\frac{1}{ab(1+b)(1+c)} + \frac{1}{bc(1+c)(1+a)} + \frac{1}{ca(1+a)(1+b)}\right] =$$

$$\frac{3[a(1+b)+b(1+c)+c(1+a)]}{abc(1+a)(1+b)(1+c)} =$$

$$\frac{3(a+b+c+ab+bc+ca)}{abc(1+a)(1+b)(1+c)} =$$

$$\frac{3[(1+a)(1+b)(1+c)-1-abc]}{abc(1+a)(1+b)(1+c)} =$$

$$\frac{3}{abc} - \frac{3}{abc(1+a)(1+b)(1+c)} - \frac{3}{(1+a)(1+b)(1+c)}$$

记 $t = \sqrt[3]{abc}$,则由柯西不等式的推广得
$$(1+a)(1+b)(1+c) \geq (1+\sqrt[3]{abc})^3$$

所以
$$P^2 \geq \frac{3}{abc} - \frac{3}{abc(1+\sqrt[3]{abc})^2} - \frac{3}{(1+\sqrt[3]{abc})^2} =$$

$$\frac{3[(1+t)^3 - (1+t^3)]}{t^3(1+t)^3} = \frac{9}{t^2(1+t)^2}$$

即 $P \geq \dfrac{3}{t(1+t)} = \dfrac{3}{\sqrt[3]{abc}(1+\sqrt[3]{abc})}$,不等式得证.

41. 由赫德尔不等式得
$$\sqrt[3]{a^3+7abc} + \sqrt[3]{b^3+7abc} + \sqrt[3]{c^3+7abc} \leq$$
$$(1^3+1^3+1^3)^{\frac{1}{3}}\left[(\sqrt[3]{a^3+7abc})^{\frac{3}{2}} + (\sqrt[3]{b^3+7abc})^{\frac{3}{2}} + (\sqrt[3]{c^3+7abc})^{\frac{3}{2}}\right]^{\frac{2}{3}}$$

所以
$$(\sqrt[3]{a^3+7abc} + \sqrt[3]{b^3+7abc} + \sqrt[3]{c^3+7abc})^3 \leq$$
$$3(\sqrt{a^3+7abc} + \sqrt{b^3+7abc} + \sqrt{c^3+7abc})^2$$

由柯西不等式得
$$(\sqrt{a^3+7abc}+\sqrt{b^3+7abc}+\sqrt{c^3+7abc})^2 \leqslant$$
$$(a+b+c)[(a^2+7bc)+(b^2+7ca)+(c^2+7ab)]=$$
$$(a+b+c)(a^2+b^2+c^2+7ab+7bc+7ca)=$$
$$(a+b+c)(a^2+b^2+c^2+7ab+7bc+7ca)$$

因为
$$a^2+b^2+c^2 \geqslant ab+bc+ca$$

所以
$$5(a^2+b^2+c^2) \geqslant 5(ab+bc+ca)$$

两边同加上
$$3(a^2+b^2+c^2)+16(ab+bc+ca)$$

得
$$8(a+b+c)^2 \geqslant 3(a^2+b^2+c^2+7ab+7bc+7ca)$$

即
$$a^2+b^2+c^2+7ab+7bc+7ca \leqslant \frac{8}{3}(a+b+c)^2$$

从而
$$\sqrt[3]{a^3+7abc}+\sqrt[3]{b^3+7abc}+\sqrt[3]{c^3+7abc} \leqslant 2(a+b+c)$$

42. 由柯西不等式的推广得
$$(\frac{x_1^3}{\alpha x_1+\beta x_2}+\frac{x_2^3}{\alpha x_2+\beta x_3}+\cdots+\frac{x_n^3}{\alpha x_n+\beta x_1}) \cdot$$
$$[(\alpha x_1+\beta x_2)+(\alpha x_2+\beta x_3)+\cdots+(\alpha x_n+\beta x_1)](1+1+\cdots+1) \geqslant$$
$$(x_1+x_2+\cdots+x_n)^3$$

因为 $x_1+x_2+\cdots+x_n=1$,所以
$$\frac{x_1^3}{\alpha x_1+\beta x_2}+\frac{x_2^3}{\alpha x_2+\beta x_3}+\cdots+\frac{x_n^3}{\alpha x_n+\beta x_1} \geqslant \frac{1}{n(\alpha+\beta)}$$

43. 由柯西不等式的推广得
$$(\sum_{i=1}^{n}\frac{1}{\sqrt{1-x_i}})(\sum_{i=1}^{n}\frac{1}{\sqrt{1-x_i}})[\sum_{i=1}^{n}(1-x_i)] \geqslant$$
$$(\sum_{i=1}^{n}\frac{1}{\sqrt[6]{1-x_i}}\cdot\frac{1}{\sqrt[6]{1-x_i}}\cdot\sqrt[3]{1-x_i})^3=n^3$$

即
$$\sum_{i=1}^{n}\frac{1}{\sqrt{1-x_i}} \geqslant n\sqrt{\frac{n}{n-1}}$$

44. **证法一**  记 $S_n = \sqrt[n]{\dfrac{a^n+b^n+c^n}{3}}$，由赫德尔不等式得(见第 10 题)

$$\sqrt[n+1]{\dfrac{a^{n+1}+b^{n+1}+c^{n+1}}{3}} \geq \sqrt[n]{\dfrac{a^n+b^n+c^n}{3}}$$

于是

$$\left(\dfrac{a^{n+1}+b^{n+1}+c^{n+1}}{3}\right)^n \geq \left(\dfrac{a^n+b^n+c^n}{3}\right)^{n+1}$$

所以

$$\left(\dfrac{a^{n+1}+b^{n+1}+c^{n+1}}{a^n+b^n+c^n}\right)^n \geq \dfrac{a^n+b^n+c^n}{3}$$

即

$$S_n \leq \dfrac{a^{n+1}+b^{n+1}+c^{n+1}}{a^n+b^n+c^n}$$

要证明原不等式，只要证明

$$\dfrac{\dfrac{a^{n+1}}{b+c}+\dfrac{b^{n+1}}{c+a}+\dfrac{c^{n+1}}{a+b}}{\dfrac{a^n}{b+c}+\dfrac{b^n}{c+a}+\dfrac{c^n}{a+b}} \geq \dfrac{a^{n+1}+b^{n+1}+c^{n+1}}{a^n+b^n+c^n}$$

即证明

$$(a^n+b^n+c^n)\left(\dfrac{a^{n+1}}{b+c}+\dfrac{b^{n+1}}{c+a}+\dfrac{c^{n+1}}{a+b}\right) \geq $$
$$(a^{n+1}+b^{n+1}+c^{n+1})\left(\dfrac{a^n}{b+c}+\dfrac{b^n}{c+a}+\dfrac{c^n}{a+b}\right) \quad ①$$

两边同乘以 $(a+b)(b+c)(c+a)$，知不等式 ① 等价于
$a^{n+3}b^n+a^nb^{n+3}+b^{n+3}c^n+b^nc^{n+3}+c^{n+3}a^n+c^na^{n+3} \geq$
$a^{n+2}b^{n+1}+a^{n+1}b^{n+2}+b^{n+2}c^{n+1}+b^{n+1}c^{n+2}+c^{n+2}a^{n+1}+c^{n+1}a^{n+2} \Leftrightarrow$
$a^nb^n(a+b)(a-b)^2+b^nc^n(b+c)(b-c)^2+c^na^n(c+a)(c-a)^2 \geq 0$

**证法二**  记 $S_n=\sqrt[n]{\dfrac{a^n+b^n+c^n}{3}}$，由证法一得

$$S_n \leq \dfrac{a^{n+1}+b^{n+1}+c^{n+1}}{a^n+b^n+c^n}$$

容易证明 $\left\{\dfrac{a^{n+1}+b^{n+1}+c^{n+1}}{a^n+b^n+c^n}\right\}$ 单调递增，即

$$\dfrac{a^{n+1}+b^{n+1}+c^{n+1}}{a^n+b^n+c^n} \leq \dfrac{a^{n+2}+b^{n+2}+c^{n+2}}{a^{n+1}+b^{n+1}+c^{n+1}} \Leftrightarrow$$
$$a^nb^n(a-b)^2+b^nc^n(b-c)^2+c^na^n(c-a)^2 \geq 0$$

设 $m \geq n$，则

$$S_n \leqslant \frac{a^{m+1}+b^{m+1}+c^{m+1}}{a^m+b^m+c^m}$$

即
$$(a^m+b^m+c^m)S_n \leqslant a^{m+1}+b^{m+1}+c^{m+1}, m=n, n+1, n+2, \cdots$$

在原不等式中将 $a,b,c$ 换成 $xa,xb,xc, x \in \mathbf{R}_+$，不等式不变，所以不妨设 $a+b+c=1$，则 $0<a,b,c<1$，所以只要在条件 $a+b+c=1$ 下证明不等式

$$S_n(\frac{a^n}{1-a}+\frac{b^n}{1-b}+\frac{c^n}{1-c}) \leqslant \frac{a^{n+1}}{1-a}+\frac{b^{n+1}}{1-b}+\frac{c^{n+1}}{1-c}$$

将不等式 ② 相加得

$$S_n(\sum_{m=n}^{+\infty}a^m+\sum_{m=n}^{+\infty}b^m+\sum_{m=n}^{+\infty}c^m) \leqslant \sum_{m=n+1}^{+\infty}a^m+\sum_{m=n+1}^{+\infty}b^m+\sum_{m=n+1}^{+\infty}c^m$$

即

$$S_n(\frac{a^n}{1-a}+\frac{b^n}{1-b}+\frac{c^n}{1-c}) \leqslant \frac{a^{n+1}}{1-a}+\frac{b^{n+1}}{1-b}+\frac{c^{n+1}}{1-c}$$

$$\frac{a^{n+1}}{b+c}+\frac{b^{n+1}}{c+a}+\frac{c^{n+1}}{a+b} \geqslant (\frac{a^n}{b+c}+\frac{b^n}{c+a}+\frac{c^n}{a+b})\sqrt[n]{\frac{a^n+b^n+c^n}{3}}$$

45. **证法一** 设 $x=\frac{1}{a}, y=\frac{1}{b}, z=\frac{1}{c}$，则 $xyz=1$，不等式等价于

$$(xyz)^2[\frac{x^3}{(2y+z)^2}+\frac{y^3}{(2z+x)^2}+\frac{z^3}{(2x+y)^2}] \geqslant \frac{1}{3}$$

即

$$\frac{x^3}{(2y+z)^2}+\frac{y^3}{(2z+x)^2}+\frac{z^3}{(2x+y)^2} \geqslant \frac{1}{3} \quad ①$$

由赫德尔不等式得

$$[(2y+z)+(2z+x)+(2x+y)][(2y+z)+(2z+x)+(2x+y)] \cdot$$
$$[\frac{x^3}{(2y+z)^2}+\frac{y^3}{(2z+x)^2}+\frac{z^3}{(2x+y)^2}] \geqslant (x+y+z)^3$$

即

$$\frac{x^3}{(2y+z)^2}+\frac{y^3}{(2z+x)^2}+\frac{z^3}{(2x+y)^2} \geqslant \frac{1}{9}(x+y+z)$$

由均值不等式得 $x+y+z \geqslant 3\sqrt[3]{xyz}=3$，所以

$$\frac{x^3}{(2y+z)^2}+\frac{y^3}{(2z+x)^2}+\frac{z^3}{(2x+y)^2} \geqslant \frac{1}{3}$$

即

$$\frac{1}{a^5(b+2c)^2}+\frac{1}{b^5(c+2a)^2}+\frac{1}{c^5(a+2b)^2} \geqslant \frac{1}{3}$$

**证法二** 同证法一只要证明 ①.

由柯西不等式得
$$\left[\frac{x^3}{(2y+z)^2} + \frac{y^3}{(2z+x)^2} + \frac{z^3}{(2x+y)^2}\right](x+y+z) \geqslant$$
$$\left(\frac{x^2}{2y+z} + \frac{y^2}{2z+x} + \frac{z^2}{2x+y}\right)^2$$

由柯西不等式得
$$\left(\frac{x^2}{2y+z} + \frac{y^2}{2z+x} + \frac{z^2}{2x+y}\right)\left[(2y+z)+(2z+x)+(2x+y)\right] \geqslant (x+y+z)^2$$

所以
$$\frac{x^2}{2y+z} + \frac{y^2}{2z+x} + \frac{z^2}{2x+y} \geqslant \frac{x+y+z}{3}$$

因此
$$\frac{x^3}{(2y+z)^2} + \frac{y^3}{(2z+x)^2} + \frac{z^3}{(2x+y)^2} \geqslant \frac{x+y+z}{9} \geqslant \frac{\sqrt[3]{xyz}}{3} = \frac{1}{3}$$

**46.** 由柯西不等式(平方平均不小于算术平均)得
$$\sqrt{2}\sqrt{a+b} = 2\sqrt{\frac{ab}{a+b}}\sqrt{\frac{1}{2}\left(2+\frac{a^2+b^2}{ab}\right)} \geqslant$$
$$2\sqrt{\frac{ab}{a+b}} \cdot \frac{1}{2}\left(\sqrt{2} + \sqrt{\frac{a^2+b^2}{ab}}\right) = \sqrt{\frac{2ab}{a+b}} + \sqrt{\frac{a^2+b^2}{a+b}}$$

同理
$$\sqrt{2}\sqrt{b+c} \geqslant \sqrt{\frac{2bc}{b+c}} + \sqrt{\frac{b^2+c^2}{b+c}}$$
$$\sqrt{2}\sqrt{c+a} \geqslant \sqrt{\frac{2ca}{c+a}} + \sqrt{\frac{c^2+a^2}{c+a}}$$

由赫德尔不等式得
$$\left(\sqrt{\frac{2ab}{a+b}} + \sqrt{\frac{2bc}{b+c}} + \sqrt{\frac{2ca}{c+a}}\right)^2\left(\frac{a+b}{2ab} + \frac{b+c}{2bc} + \frac{c+a}{2ca}\right) \geqslant 27$$

所以
$$\sqrt{\frac{2ab}{a+b}} + \sqrt{\frac{2bc}{b+c}} + \sqrt{\frac{2ca}{c+a}} \geqslant 3\sqrt{\frac{3abc}{ab+bc+ca}} \geqslant 3$$

**47.** 由赫德尔不等式得
$$\left[\sum_{i=1}^{n}(S-a_i)\right]^{2^t-1}\sum_{i=1}^{n}\frac{a_i^{2^k}}{(S-a_i)^{2^t-1}} \geqslant \left(\sum_{i=1}^{n}a_i^{2^{k-t}}\right)^{2^t}$$

再由赫德尔不等式得
$$\sum_{i=1}^{n}a_i^{2^{k-t}} \geqslant \frac{\sum_{i=1}^{n}a_i}{n^{2^{k-t}-1}}$$

因此
$$\sum_{i=1}^{n} \frac{a_i^{2k}}{(S-a_i)^{2t-1}} \geqslant \frac{S_i^{1+2k-2t}}{(n-1)^{2t-1} n^{2k-2t}}$$

48. 由幂平均值不等式得 $\sqrt{\dfrac{a^2+b^2}{2}} \leqslant \sqrt[3]{\dfrac{a^3+b^3}{2}}$，所以 $\left(\sqrt{\dfrac{a^2+b^2}{2}}\right)^3 \leqslant \dfrac{a^3+b^3}{2}$，所以由均值不等式得

$$\sqrt{x^2+y^2}(x^2+y^2+z^2) = 2\sqrt{2}\left(\sqrt{\frac{x^2+y^2}{2}}\right)^3 + \sqrt{2}z \cdot z\sqrt{\frac{x^2+y^2}{2}} \leqslant$$

$$2\sqrt{2} \cdot \frac{x^3+y^3}{2} + \frac{\sqrt{2}}{3}\left[z^3 + z^3 + \left(\sqrt{\frac{x^2+y^2}{2}}\right)^3\right] \leqslant$$

$$\sqrt{2}(x^3+y^3) + \frac{\sqrt{2}}{3}\left(2z^3 + \frac{x^3+y^3}{2}\right) =$$

$$\sqrt{2}\left(\frac{7x^3+7y^3+4z^3}{6}\right)$$

同理
$$\sqrt{y^2+z^2}(x^2+y^2+z^2) \leqslant \sqrt{2}\left(\frac{4x^3+7y^3+7z^3}{6}\right)$$

$$\sqrt{z^2+x^2}(x^2+y^2+z^2) \leqslant \sqrt{2}\left(\frac{7x^3+4y^3+7z^3}{6}\right)$$

相加得
$$(\sqrt{x^2+y^2} + \sqrt{y^2+z^2} + \sqrt{z^2+x^2})(x^2+y^2+z^2) \leqslant 3\sqrt{2}(x^3+y^3+z^3)$$
即
$$\sqrt{a^2+b^2} + \sqrt{b^2+c^2} + \sqrt{c^2+a^2} \leqslant 3\sqrt{2} \cdot \frac{a^3+b^3+c^3}{a^2+b^2+c^2}$$

49. 直接利用柯西不等式的推广.

50. 因为 $c+d=1$，由均值不等式 $(c+d)\left(\dfrac{1}{c}+\dfrac{1}{d}\right) \geqslant 4$，由幂平均值不等式得

$$\left(c+\frac{1}{c}\right)^3 + \left(d+\frac{1}{d}\right)^3 \geqslant \frac{1}{4}\left[\left(c+\frac{1}{c}\right) + \left(d+\frac{1}{d}\right)\right]^3 =$$

$$\frac{1}{4}\left[(c+d) + \left(\frac{1}{c}+\frac{1}{d}\right)\right]^3 \geqslant \frac{125}{4}$$

不妨设 $a = \min\{a,b\}$，则 $1 = a^3 + ab + b^3 \geqslant 2a^3 + a^2$，则 $a \leqslant \dfrac{2}{3}$，否则，$a \geqslant \dfrac{2}{3}$，则

$$a^3 + ab + b^3 \geq 2a^3 + a^2 \geq 2(\frac{2}{3})^3 + (\frac{2}{3})^2 = \frac{28}{27} > 1$$

所以 $a \leq \frac{2}{3}$,又因为函数 $y = x + \frac{1}{x}$ 在 $(0,1)$ 上单调递减,所以当 $a \leq \frac{2}{3}$ 时,
$a + \frac{1}{a} \geq \frac{2}{3} + \frac{3}{2} = \frac{13}{6}$,于是

$$(a + \frac{1}{a})^3 \geq (\frac{13}{6})^3 \geq \frac{2197}{216} > 10 > \frac{35}{4}$$

所以

$$\sum_{cyc}(a + \frac{1}{a})^3 > (a + \frac{1}{a})^3 + (c + \frac{1}{c})^3 + (d + \frac{1}{d})^3 \geq 40$$

51. 由赫德尔不等式得

$$(\frac{x}{\sqrt{y^2 + z^2}} + \frac{y}{\sqrt{z^2 + x^2}} + \frac{z}{\sqrt{x^2 + y^2}})^2 [x(y^2 + z^2) + y(z^2 + x^2) + z(x^2 + y^2)] \geq (x + y + z)^3$$

只要证明

$$(x + y + z)^3 > 4[x(y^2 + z^2) + y(z^2 + x^2) + z(x^2 + y^2)] = 4(x + y + z)(xy + yz + zx) - 12xyz$$

由舒尔不等式 $(x + y + z)^3 - 4(x + y + z)(xy + yz + zx) + 9xyz \geq 0$,所以

$$(x + y + z)^3 \geq 4(x + y + z)(xy + yz + zx) - 9xyz > 4(x + y + z)(xy + yz + zx) - 12xyz$$

52. 由赫德尔不等式得

$$[(\frac{2a}{b + c})^{\frac{2}{3}} + (\frac{2b}{c + a})^{\frac{2}{3}} + (\frac{2c}{a + b})^{\frac{2}{3}}]^3 \cdot$$
$$[(2a)^2(b + c)^2 + (2b)^2(c + a)^2 + (2c)^2(a + b)^2] \geq [2(a + b + c)]^4$$

因此只要证明

$$4(a + b + c)^4 \geq 27[a^2(b + c)^2 + b^2(c + a)^2 + c^2(a + b)^2]$$

由多项式定理

$$(a + b + c)^4 = a^4 + b^4 + c^4 + 4[(a^3b + ab^3) + (b^3c + bc^3) + (c^3a + ca^3)] + 6(a^2b^2 + b^2c^2 + c^2a^2) + 12(a^2bc + ab^2c + abc^2)$$

所以只要证明

$$2(a^4 + b^4 + c^4) + 8[(a^3b + ab^3) + (b^3c + bc^3) + (c^3a + ca^3)] \geq 15(a^2b^2 + b^2c^2 + c^2a^2) + 3(a^2bc + ab^2c + abc^2)$$

由均值不等式得

$$(a^3b + ab^3) + (b^3c + bc^3) + (c^3a + ca^3) \geq 2(a^2b^2 + b^2c^2 + c^2a^2) \quad ①$$

$$a^2b^2 + b^2c^2 + c^2a^2 \geq a^2bc + ab^2c + abc^2 \qquad ②$$
$$a^4 + b^4 + c^4 \geq a^2bc + ab^2c + abc^2 \qquad ③$$

由 ① × 8 + ② + ③ × 2 即得.

# 不等式 $a^{m+n} + b^{m+n} \geq a^m b^n + a^n b^m$ 及其推广——米尔黑德定理的应用

## 第七章

**定理** 若 $a,b$ 是正数，$m,n$ 都是自然数，则 $a^{m+n} + b^{m+n} \geq a^m b^n + a^n b^m$，等号成立当且仅当 $a = b$.

**证明** 因为
$$a^{m+n} + b^{m+n} - (a^m b^n + a^n b^m) = (a^m - b^m)(a^n - b^n) =$$
$$(a-b)^2 \sum_{k=0}^{n} a^k b^{m-k} \sum_{k=0}^{n} a^k b^{n-k} \geq 0$$

所以，$a^{m+n} + b^{m+n} \geq a^m b^n + a^n b^m$，等号成立的充要条件是 $a = b$.

由定理的证明过程可以知道：

若 $a,b$ 是正数，$mn > 0$，则 $a^{m+n} + b^{m+n} \geq a^m b^n + a^n b^m$，等号成立当且仅当 $a = b$.

若 $a,b$ 是正数，$mn < 0$，则 $a^{m+n} + b^{m+n} \leq a^m b^n + a^n b^m$，等号成立当且仅当 $a = b$.

下面给出米尔黑德定理，然后给出它们的证明与应用.

**米尔黑德(Muirhead)定理** 设实数 $a_1, a_2, a_3, b_1, b_2, b_3$，满足 $a_1 \geq a_2 \geq a_3 \geq 0$, $b_1 \geq b_2 \geq b_3 \geq 0$, $a_1 \geq b_1$, $a_1 + a_2 \geq b_1 + b_2$, $a_1 + a_2 + a_3 = b_1 + b_2 + b_3$，证明对于正实数 $x, y, z$ 有

$$\sum_{sym} x^{a_1} y^{a_2} z^{a_3} \geq \sum_{sym} x^{b_1} y^{b_2} z^{b_3} \qquad ①$$

**证明** 当 $b_1 \geqslant a_2$ 时

$$\sum_{sym} x^{a_1}y^{a_2}z^{a_3} = \sum_{cyc} z^{a_3}(x^{a_1}y^{a_2} + x^{a_2}y^{a_1}) \geqslant$$
$$\sum_{cyc} z^{a_3}(x^{a_1+a_2-b_1}y^{b_1} + x^{b_1}y^{a_1+a_2-b_1}) =$$
$$\sum_{cyc} x^{b_1}(y^{a_1+a_2-b_1}z^{a_3} + y^{a_3}z^{a_1+a_2-b_1}) \geqslant$$
$$\sum_{cyc} x^{b_1}(y^{b_2}z^{b_3} + y^{b_3}z^{b_2}) =$$
$$\sum_{sym} x^{b_1}y^{b_2}z^{b_3}$$

当 $b_1 \leqslant a_2$ 时

$$\sum_{sym} x^{a_1}y^{a_2}z^{a_3} = \sum_{cyc} x^{a_1}(y^{a_2}z^{a_3} + y^{a_3}z^{a_2}) \geqslant$$
$$\sum_{cyc} x^{a_1}(y^{b_1}z^{a_2+a_3-b_1} + y^{a_2+a_3-b_1}z^{b_1}) =$$
$$\sum_{cyc} y^{b_1}(x^{a_1}z^{a_2+a_3-b_1} + x^{a_2+a_3-b_1}z^{a_1}) \geqslant$$
$$\sum_{cyc} y^{b_1}(x^{b_2}z^{b_3} + x^{b_3}z^{b_2}) =$$
$$\sum_{sym} x^{b_1}y^{b_2}z^{b_3}$$

综合以上两种情况,可知不等式 ① 成立,当且仅当 $x = y = z$ 时取等号.

**注** 如果 $x, y, z$ 是正实数,那么当且仅当 $x = y = z$ 时取等号. 如果 $x, y, z$ 是非负实数,那么当且仅当 $x = y = z$ 或 $x = y, z = 0$ 或 $y = z, x = 0$ 或 $z = x, y = 0$ 时取等号.

# 例 题 讲 解

**例1** 证明:对所有正数 $a, b, c$,有
$$\frac{1}{a^3 + b^3 + abc} + \frac{1}{b^3 + c^3 + abc} + \frac{1}{c^3 + a^3 + abc} \leqslant \frac{1}{abc}$$
(第 26 届美国数学奥林匹克试题)

**证明** 因为 $a, b, c$ 是正实数,所以
$$a^3 + b^3 \geqslant a^2b + ab^2, b^3 + c^3 \geqslant b^2c + bc^2, c^3 + a^3 \geqslant c^2a + ca^2$$
所以
$$\frac{1}{a^3 + b^3 + abc} + \frac{1}{b^3 + c^3 + abc} + \frac{1}{c^3 + a^3 + abc} \leqslant$$
$$\frac{1}{a^2b + ab^2 + abc} + \frac{1}{b^2c + bc^2 + abc} + \frac{1}{b^2c + bc^2 + abc} =$$

$$\frac{1}{ab(a+b+c)} + \frac{1}{bc(b+c+a)} + \frac{1}{ca(c+a+b)} =$$
$$\frac{c+a+b}{abc(a+b+c)} = \frac{1}{abc}$$

原不等式当且仅当 $a=b=c$ 等号成立.

**例2** $a,b,c$ 是正实数,且 $abc=1$,证明: $\dfrac{ab}{a^5+b^5+ab} + \dfrac{bc}{b^5+c^5+bc} + \dfrac{ca}{c^5+a^5+ca} \leqslant 1$. (第37届IMO预选试题)

**证明** 因为 $a,b,c$ 是正实数,所以
$$a^5 + b^5 \geqslant a^3b^2 + a^2b^3$$
$$b^5 + c^5 \geqslant b^3c^2 + b^2c^3$$
$$c^5 + a^5 \geqslant c^3a^2 + c^2a^3$$

又 $abc=1$,所以
$$a^5 + b^5 + ab = a^5 + b^5 + a^2b^2c \geqslant a^3b^2 + a^2b^3 + a^2b^2c = a^2b^2(a+b+c)$$

所以 $\dfrac{ab}{a^5+b^5+ab} \leqslant \dfrac{1}{ab(a+b+c)} = \dfrac{c}{abc(a+b+c)} = \dfrac{c}{a+b+c}$

同理
$$\frac{bc}{b^5+c^5+bc} \leqslant \frac{a}{a+b+c}$$
$$\frac{ca}{c^5+a^5+ca} \leqslant \frac{b}{a+b+c}$$

故
$$\frac{ab}{a^5+b^5+ab} + \frac{bc}{b^5+c^5+bc} + \frac{ca}{c^5+a^5+ca} \leqslant$$
$$\frac{c}{a+b+c} + \frac{a}{a+b+c} + \frac{b}{a+b+c} = 1$$

原不等式当且仅当 $a=b=c=1$ 等号成立.

**例3** 已知 $a,b$ 是正数,$n$ 是正整数,证明: $\dfrac{a^n+b^n}{2} \geqslant (\dfrac{a+b}{2})^n$. (1975年前苏联大学生数学竞赛试题)

**证明** 由二项式定理得
$$(a+b)^n = \sum_{k=0}^{n} a^k b^{n-k} = \sum_{k=0}^{n} C_n^k a^{n-k} b^k$$

所以
$$2(a+b)^n = \sum_{k=0}^{n} C_n^k (a^k b^{n-k} + a^{n-k} b^k) \leqslant$$

$$\sum_{k=0}^{n} C_n^k (a^n + b^n) = (a^n + b^n) \sum_{k=0}^{n} C_n^k = (a^n + b^n)(1+1)^n = 2^n(a^n + b^n)$$

所以
$$\frac{a^n + b^n}{2} \geqslant \left(\frac{a+b}{2}\right)^n$$

当且仅当 $a = b (n \geqslant 2)$ 时等号成立.

**例4** 已知 $a, b$ 是正数，$n \in \mathbf{N}^*$ 且 $n \geqslant 2$，证明：
$$\frac{a^n + a^{n-1}b + a^{n-2}b^2 + \cdots + ab^{n-1} + b^n}{n+1} \geqslant \left(\frac{a+b}{2}\right)^n$$

(1988 年湖南省中学生数学夏令营数学竞赛试题)

**证明** 用数学归纳法

(1) 当 $n = 2$ 时，由于 $a^2 + b^2 \geqslant 2ab$，两边同加上 $3(a^2 + b^2) + 4ab$ 得
$$4(a^2 + b^2 + ab) \geqslant 3(a+b)^2$$
即
$$\frac{a^2 + b^2 + ab}{3} \geqslant \left(\frac{a+b}{2}\right)^2$$

不等式成立，当且仅当 $a = b$ 时等号成立.

(2) 假设 $n = k - 1$ 时不等式成立，则当 $n = k$ 时，因为
$$a^k + b^k \geqslant a^{k-i}b^i + a^i b^{k-i}, i = 1, 2, \cdots, k-1$$

所以各式相加得
$$(k-1)(a^k + b^k) \geqslant 2(a^{k-1}b + a^{k-2}b^2 + \cdots + ab^{k-1})$$

两边同加上 $(k+1)(a^k + b^k) + 2k(a^{k-1}b + a^{k-2}b^2 + \cdots + ab^{k-1})$ 得
$$2k(a^k + a^{k-1}b + a^{k-2}b^2 + \cdots + ab^{k-1} + b^k) \geqslant$$
$$[a^k + 2(a^{k-1}b + a^{k-2}b^2 + \cdots + ab^{k-1}) + b^k]$$

两边同除以 $2k(k+1)$ 得
$$\frac{a^k + a^{k-1}b + a^{k-2}b^2 + \cdots + ab^{k-1} + b^k}{k+1} \geqslant$$
$$\frac{a^k + 2(a^{k-1}b + a^{k-2}b^2 + \cdots + ab^{k-1}) + b^k}{2k} =$$
$$\left(\frac{a^{k-1} + a^{k-1}b^2 + \cdots + ab^{k-2} + b^{k-1}}{k}\right)\left(\frac{a+b}{2}\right) \geqslant$$
$$\left(\frac{a+b}{2}\right)^{k-1}\left(\frac{a+b}{2}\right) = \left(\frac{a+b}{2}\right)^k$$

当且仅当 $a = b$ 时等号成立，即当 $n = k$ 时命题也成立.

由(1),(2) 知不等式对 $n \in \mathbf{N}^*$ 且 $n \geqslant 2$ 成立.

**例5** 一个首项和公比都是正数的等比数列与一个等差数列的首项和末项分别相等，则这个等比数列的和不大于这个等差数列的和. (1979 年山东省

数学竞赛试题)

**证明** 设等比数列的首项为 $a$,公比为 $q$,项数为 $n$,则其末项及此数列的和分别为
$$a_n = aq^{n-1}, S = a(1 + q + q^2 + \cdots + q^{n-1})$$
而等差数列的首项为 $a$,末项为 $aq^{n-1}$,其和为
$$S' = \frac{n}{2}(a + a_n) = \frac{an}{2}(1 + q^{n-1})$$
因为 $q > 0$,所以由定理得
$$1 + q^{n-1} \geqslant q^k + q^{n-k-1}, k = 0, 1, 2, \cdots, n-1$$
故将诸式相加得
$$n(1 + q^{n-1}) \geqslant \sum_{k=0}^{n}(q^k + q^{n-k-1}) = 2(1 + q + q^2 + \cdots + q^{n-1})$$
而 $a > 0$,所以 $S < S'$.

**例 6** 对任意实数 $a, b$ 有 $(\frac{a+b}{2})(\frac{a^2+b^2}{2})(\frac{a^3+b^3}{2}) \leqslant \frac{a^6+b^6}{2}$. (1963 年波兰数学竞赛试题)

**证明** 因为 $a^6 + b^6 \geqslant a^4b^2 + a^2b^4$,所以 $2(a^6 + b^6) \geqslant (a^4 + b^4)(a^2 + b^2)$,所以
$$(\frac{a^2+b^2}{2})(\frac{a^4+b^4}{2}) \leqslant \frac{a^6+b^6}{2} \qquad ①$$
又对任意 $a, b$ 有 $a^4 + b^4 \geqslant a^3b + ab^3$,所以
$$2(a^4 + b^4) \geqslant (a^3 + b^3)(a + b)$$
所以
$$(\frac{a+b}{2})(\frac{a^3+b^3}{2}) \leqslant \frac{a^6+b^6}{2} \qquad ②$$
由①,②即得
$$(\frac{a+b}{2})(\frac{a^2+b^2}{2})(\frac{a^3+b^3}{2}) \leqslant \frac{a^6+b^6}{2}$$

**例 7** 给定正实数 $a, b, c, d$,证明:
$$\frac{a^3+b^3+c^3}{a+b+c} + \frac{b^3+c^3+d^3}{b+c+d} + \frac{c^3+d^3+a^3}{c+d+a} + \frac{d^3+a^3+b^3}{d+a+b} \geqslant a^2+b^2+c^2+d^2$$
(美国大学生数学竞赛试题)

**证明** 由 $a^3 + b^3 \geqslant a^2b + ab^2, b^3 + c^3 \geqslant b^2c + bc^2, c^3 + a^3 \geqslant c^2a + ca^2$,得
$$(a^3 + b^3 + c^3)(1 + 1 + 1) \geqslant (a^2 + b^2 + c^2)(a + b + c)$$
于是
$$\frac{a^3+b^3+c^3}{a+b+c} \geqslant \frac{a^2+b^2+c^2}{3}$$

同理
$$\frac{b^3+c^3+d^3}{b+c+d} \geq \frac{b^2+c^2+d^2}{3}$$
$$\frac{c^3+d^3+a^3}{c+d+a} \geq \frac{c^2+d^2+a^2}{3}$$
$$\frac{d^3+a^3+b^3}{d+a+b} \geq \frac{d^2+a^2+b^2}{3}$$

将上述四个不等式相加得
$$\frac{a^3+b^3+c^3}{a+b+c}+\frac{b^3+c^3+d^3}{b+c+d}+\frac{c^3+d^3+a^3}{c+d+a}+\frac{d^3+a^3+b^3}{d+a+b} \geq a^2+b^2+c^2+d^2$$

**例 8** 已知是 $a,b,c$ 正数,求证: $\frac{1}{a}+\frac{1}{b}+\frac{1}{c} \leq \frac{a^8+b^8+c^8}{a^3b^3c^3}$. (1967 年 IMO 预选题)

**证明** 因为 $a^8+b^8 \geq a^6b^2+a^2b^6, b^8+c^8 \geq b^6c^2+b^2c^6, c^8+a^8 \geq c^6a^2+a^2c^6$,所以
$$2(a^8+b^8+c^8) \geq a^2(b^6+c^6)+b^2(c^6+a^6)+c^2(a^6+b^6)$$

两边同时加上 $a^8+b^8+c^8$ 得
$$3(a^8+b^8+c^8) \geq (a^6+b^6+c^6)(a^2+b^2+c^2)$$

又因为
$$a^2+b^2+c^2 \geq ab+bc+ca$$
$$a^6+b^6+c^6 \geq 3a^2b^2c^2$$

所以
$$a^8+b^8+c^8 \geq a^2b^2c^2(ab+bc+ca)$$

两边同除以 $a^3b^3c^3$ 得
$$\frac{1}{a}+\frac{1}{b}+\frac{1}{c} \leq \frac{a^8+b^8+c^8}{a^3b^3c^3}$$

**例 9** 设 $a_1,a_2,\cdots,a_n$ 是正实数,$\gamma = \alpha + \beta$,$\alpha\beta > 0$,则
$$\frac{1}{n}(a_1^\gamma + a_2^\gamma + \cdots + a_n^\gamma) \geq \frac{1}{n}(a_1^\alpha + a_2^\alpha + \cdots + a_n^\alpha) \cdot \frac{1}{n}(a_1^\beta + a_2^\beta + \cdots + a_n^\beta)$$

**证明** 因为 $a_1,a_2,\cdots,a_n$ 是正实数,$\alpha,\beta$ 同号,所以
$$a_1^{\alpha+\beta} + a_j^{\alpha+\beta} \geq a_1^\alpha a_j^\beta + a_1^\beta a_j^\alpha, j = 2,3,\cdots,n$$
$$a_2^{\alpha+\beta} + a_j^{\alpha+\beta} \geq a_2^\alpha a_j^\beta + a_2^\beta a_j^\alpha, j = 3,4,\cdots,n$$
$$\cdots$$
$$a_{n-1}^{\alpha+\beta} + a_j^{\alpha+\beta} \geq a_{n-1}^\alpha a_j^\beta + a_{n-1}^\beta a_j^\alpha, j = n$$

将上述 $\frac{n(n-1)}{2}$ 个不等式相加得

$$(n-1)(a_1^{\alpha+\beta} + a_2^{\alpha+\beta} + \cdots + a_n^{\alpha+\beta}) \geqslant$$
$$a_1^{\alpha}(a_2^{\beta} + a_3^{\beta} + \cdots + a_n^{\beta}) + a_2^{\alpha}(a_1^{\beta} + a_3^{\beta} + \cdots + a_n^{\beta}) + \cdots +$$
$$a_n^{\alpha}(a_1^{\beta} + a_2^{\beta} + \cdots + a_{n-1}^{\beta})$$

两边同加上 $a_1^{\alpha+\beta} + a_2^{\alpha+\beta} + \cdots + a_n^{\alpha+\beta}$ 得

$$n(a_1^{\alpha+\beta} + a_2^{\alpha+\beta} + \cdots + a_n^{\alpha+\beta}) \geqslant$$
$$a_1^{\alpha}(a_1^{\beta} + a_2^{\beta} + a_3^{\beta} + \cdots + a_n^{\beta}) +$$
$$a_2^{\alpha}(a_1^{\beta} + a_2^{\beta} + \cdots + a_n^{\beta}) + \cdots +$$
$$a_n^{\alpha}(a_1^{\beta} + a_2^{\beta} + \cdots + a_n^{\beta}) =$$
$$(a_1^{\alpha} + a_2^{\alpha} + \cdots + a_n^{\alpha}) \cdot$$
$$(a_1^{\beta} + a_2^{\beta} + \cdots + a_n^{\beta})$$

所以
$$\frac{1}{n}(a_1^{\gamma} + a_2^{\gamma} + \cdots + a_n^{\gamma}) \geqslant \frac{1}{n}(a_1^{\alpha} + a_2^{\alpha} + \cdots + a_n^{\alpha}) \cdot$$
$$\frac{1}{n}(a_1^{\beta} + a_2^{\beta} + \cdots + a_n^{\beta})$$

由例 9 可知当 $m \in \mathbf{N}^*, m \geqslant 2$ 时

$$\frac{1}{n}(a_1^m + a_2^m + \cdots + a_n^m) \geqslant$$
$$\frac{1}{n}(a_1^{m-1} + a_2^{m-1} + \cdots + a_n^{m-1}) \cdot \frac{1}{n}(a_1 + a_2 + \cdots + a_n) \geqslant$$
$$\frac{1}{n}(a_1^{m-2} + a_2^{m-2} + \cdots + a_n^{m-2})[\frac{1}{n}(a_1 + a_2 + \cdots + a_n)]^2 \geqslant \cdots \geqslant$$
$$[\frac{1}{n}(a_1 + a_2 + \cdots + a_n)]^m$$

于是得
$$\frac{1}{n}(a_1^m + a_2^m + \cdots + a_n^m) \geqslant [\frac{1}{n}(a_1 + a_2 + \cdots + a_n)]^m$$

即
$$\sqrt[m]{\frac{1}{n}(a_1^m + a_2^m + \cdots + a_n^m)} \geqslant \frac{1}{n}(a_1 + a_2 + \cdots + a_n) \quad ①$$

等号成立当且仅当 $a_1 = a_2 = \cdots = a_n$ 时.

①式是著名的幂平均值不等式.

同理可得 $a_1, a_2, \cdots, a_n$ 是正实数,$\gamma = \alpha + \beta$,$\alpha\beta < 0$,则

$$\frac{1}{n}(a_1^{\gamma} + a_2^{\gamma} + \cdots + a_n^{\gamma}) \leqslant \frac{1}{n}(a_1^{\alpha} + a_2^{\alpha} + \cdots + a_n^{\alpha}) \cdot$$
$$\frac{1}{n}(a_1^{\beta} + a_2^{\beta} + \cdots + a_n^{\beta})$$

**例 10** 如果 $a_1, a_2, \cdots, a_n$ 都是正数，$k$ 是正整数，记 $a_{n+1} = a_1$，则

$$\sum_{i=1}^{n} \frac{a_i^{k+1}}{a_i^k + a_i^{k-1}a_{i+1} + \cdots + a_i a_{i+1}^k + a_{i+1}^k} \geq \frac{1}{k+1} \sum_{i=1}^{n} a_i$$

**证明** 设

$$M = \sum_{i=1}^{n} \frac{a_i^{k+1}}{a_i^k + a_i^{k-1}a_{i+1} + \cdots + a_i a_{i+1}^k + a_{i+1}^k}$$

$$N = \sum_{i=1}^{n} \frac{a_{i+1}^{k+1}}{a_i^k + a_i^{k-1}a_{i+1} + \cdots + a_i a_{i+1}^k + a_{i+1}^k}$$

则

$$M - N = \sum_{i=1}^{n} \frac{a_i^{k+1} - a_{i+1}^{k+1}}{a_i^k + a_i^{k-1}a_{i+1} + \cdots + a_i a_{i+1}^k + a_{i+1}^k} = \sum_{i=1}^{n} (a_i - a_{i+1}) = 0 \quad ①$$

对于任意给定的正整数 $k$，$r = 0, 1, 2, \cdots, k$，$a^{k+1} + b^{k+1} \geq a^{k+1-r} b^r + a^r b^{k+1-r}$，$r = 0, 1, 2, \cdots, k$，等号成立时当且仅当 $a = b$，或 $r = 0$，将上述 $k+1$ 个不等式相加并分解因式得

$$(a+b)(a^k + a^{k-1}b + \cdots + ab^{k-1} + b^k) \leq (k+1)(a^{k+1} + b^{k+1})$$

所以

$$\frac{a^{k+1} + b^{k+1}}{a^k + a^{k-1}b + \cdots + ab^{k-1} + b^k} \geq \frac{a+b}{k+1}$$

于是

$$\frac{a_i^{k+1} + a_{i+1}^{k+1}}{a_i^k + a_i^{k-1}a_{i+1} + \cdots + a_i a_{i+1}^k + a_{i+1}^k} \geq \frac{a_i + a_{i+1}}{k+1}, i = 1, 2, \cdots, n$$

将上述各式相加得

$$M + N = \sum_{i=1}^{n} \frac{a_i^{k+1} + a_{i+1}^{k+1}}{a_i^k + a_i^{k-1}a_{i+1} + \cdots + a_i a_{i+1}^k + a_{i+1}^k} \geq$$

$$\sum_{i=1}^{n} \frac{a_i + a_{i+1}}{k+1} = 2\sum_{i=1}^{n} \frac{a_i}{k+1} \quad ②$$

由 ①，② 得

$$M = N \geq \sum_{i=1}^{n} \frac{a_i}{k+1}$$

即

$$\sum_{i=1}^{n} \frac{a_i^{k+1}}{a_i^k + a_i^{k-1}a_{i+1} + \cdots + a_i a_{i+1}^k + a_{i+1}^k} \geq \frac{1}{k+1} \sum_{i=1}^{n} a_i$$

下面练习题中的 4，5 是例 10 的特例。

**例 11** 正实数 $x, y, z$ 满足 $xyz \geq 1$，证明：$\dfrac{x^5 - x^2}{x^5 + y^2 + z^2} + \dfrac{y^5 - y^2}{y^5 + z^2 + x^2} +$

$$\frac{z^5-z^2}{z^5+x^2+y^2} \geq 0. \text{（第 46 届 IMO 试题）}$$

**证明** 原不等式等价于

$$\frac{x^5}{x^5+y^2+z^2}+\frac{y^5}{y^5+z^2+x^2}+\frac{z^5}{z^5+x^2+y^2} \geq$$

$$\frac{x^2}{x^5+y^2+z^2}+\frac{y^2}{y^5+z^2+x^2}+\frac{z^2}{z^5+x^2+y^2}$$

由 $\dfrac{a^2}{b} \geq 2a-b(a,b \in \mathbf{R}^+)$ 得

$$x^5+y^2+z^2 = x\left(x^4+\frac{y^2}{x}+\frac{z^2}{x}\right) \geq x(x^4+2y+2z-2x) =$$
$$x(x^4+y+z+y+z-2x) \geq$$
$$x(3\sqrt[3]{x^4yz}+y+z-2x) \geq$$
$$x(x+y+z)$$

同理

$$y^5+z^2+x^2 \geq y(x+y+z)$$
$$z^5+x^2+y^2 \geq z(x+y+z)$$

所以

$$\frac{x^2}{x^5+y^2+z^2}+\frac{y^2}{y^5+z^2+x^2}+\frac{z^2}{z^5+x^2+y^2} \leq$$

$$\frac{x}{x+y+z}+\frac{y}{y+z+x}+\frac{z}{z+x+y}=1$$

又 $xyz \geq 1$，及 $y^4+z^4 \geq y^3z+z^3y$，可得

$$x^5+y^2+z^2 \leq x^5+xy^3z+xyz^3 \leq x(x^4+y^3z+yz^3) \leq x(x^4+y^4+z^4)$$

所以

$$\frac{x^5}{x^5+y^2+z^2}+\frac{y^5}{y^5+z^2+x^2}+\frac{z^5}{z^5+x^2+y^2} \geq$$

$$\frac{x^4}{x^4+y^4+z^4}+\frac{y^4}{x^4+y^4+z^4}+\frac{z^4}{x^4+y^4+z^4}=1$$

从而

$$\frac{x^5}{x^5+y^2+z^2}+\frac{y^5}{y^5+z^2+x^2}+\frac{z^5}{z^5+x^2+y^2} \geq$$

$$\frac{x^2}{x^5+y^2+z^2}+\frac{y^2}{y^5+z^2+x^2}+\frac{z^2}{z^5+x^2+y^2}$$

**例 12** 设 $a,b,c$ 为正实数，且满足 $abc=1$，试证：$\dfrac{1}{a^3(b+c)}+\dfrac{1}{b^3(c+a)}+$

$$\frac{1}{c^3(a+b)} \geqslant \frac{3}{2}. \text{（第 36 届 IMO 试题）}$$

**证明** 两端齐次化，不等式等价于证明

$$\frac{1}{a^3(bc)} + \frac{1}{b^3(c+a)} + \frac{1}{c^3(a+b)} \geqslant \frac{3}{2(abc)^{\frac{4}{3}}}$$

设 $a = x^3, b = y^3, c = z^3$，代入上式得

$$\sum_{cyc} \frac{1}{x^9(y^3+z^3)} \geqslant \frac{3}{2x^4y^4z^4} \qquad ①$$

由米尔黑德不等式得

$$\left(\sum_{sym} x^{12}y^{12} - \sum_{sym} x^{11}y^8z^5\right) + 2\left(\sum_{sym} x^{12}y^9z^3 - \sum_{sym} x^{11}y^8z^5\right) +$$
$$\left(\sum_{sym} x^9y^9z^6 - \sum_{sym} x^8y^8z^8\right) \geqslant 0$$

即

$$\sum_{sym} x^{12}y^{12} + 2\sum_{sym} x^{12}y^9z^3 + \sum_{sym} x^9y^9z^6 \geqslant 3\sum_{sym} x^{11}y^8z^5 + 6x^8y^8z^8$$

所以不等式 ① 成立，从而原不等式成立.

**例 13** 设 $x, y, z$ 是正实数，求证：$(xy+yz+zx)\left[\frac{1}{(x+y)^2} + \frac{1}{(y+z)^2} + \frac{1}{(z+x)^2}\right] \geqslant \frac{9}{4}$. （1996 年伊朗数学奥林匹克试题）

**证明** 由

$4(xy+yz+zx)[(x+y)^2(y+z)^2 + (y+z)^2(z+x)^2 + (z+x)^2(x+y)^2] -$
$9(x+y)^2(y+z)^2(z+x)^2 = 4(x^5y + xy^5 + y^5z + yz^5 + z^5x + zx^5) -$
$(x^4y^2 + x^2y^4 + y^4z^2 + y^2z^4 + z^4x^2 + z^2x^4) +$
$2(x^4yz + xy^4z + xyz^4) - 6(x^3y^3 + y^3z^3 + z^3x^3) -$
$2(x^3y^2z + x^2y^3z + xy^3z^2 + xy^2z^3 + x^3yz^2 + x^2yz^3) +$
$6x^2y^2z^2 = [(x^5y + xy^5 + y^5z + yz^5 + z^5x + zx^5) -$
$(x^4y^2 + x^2y^4 + y^4z^2 + y^2z^4 + z^4x^2 + z^2x^4)] +$
$3[(x^5y + xy^5 + y^5z + yz^5 + z^5x + zx^5) - 2(x^3y^3 + y^3z^3 + z^3x^3)] +$
$2xyz[x^3 + y^3 + z^3 - (x^2y + xy^2 + x^2z + xz^2 + y^2z + yz^2) + 3xyz]$ ①

由米尔黑德不等式得

$(x^5y + xy^5 + y^5z + yz^5 + z^5x + zx^5) - (x^4y^2 + x^2y^4 + y^4z^2 + y^2z^4 + z^4x^2 + z^2x^4) =$
$\sum_{sym} x^5y - \sum_{sym} x^4y^2 \geqslant 0$

$(x^5y + xy^5 + y^5z + yz^5 + z^5x + zx^5) - 2(x^3y^3 + y^3z^3 + z^3x^3) =$
$\sum_{sym} x^5y - \sum_{sym} x^3y^3 \geqslant 0$

由舒尔不等式得

$$x^3 + y^3 + z^3 - (x^2y + xy^2 + x^2z + xz^2 + y^2z + yz^2) + 3xyz \geq 0$$

所以,不等式 ① 成立,从而原不等式成立.

**例 14** 设 $x, y, z$ 是非负实数满足 $xy + yz + zx = 1$, 证明: $\dfrac{1}{x+y} + \dfrac{1}{y+z} + \dfrac{1}{z+x} \geq \dfrac{5}{2}$. (2006 年国家集训队测验试题)

**证明** 两端齐次化得不等式等价于

$$(xy + yz + zx)\left(\dfrac{1}{x+y} + \dfrac{1}{y+z} + \dfrac{1}{z+x}\right)^2 \geq \left(\dfrac{5}{2}\right)^2$$

即

$$4\sum_{sym} x^5 y + \sum_{sym} x^4 yz + 14\sum_{sym} x^3 y^2 z + 38 x^2 y^2 z^2 \geq \sum_{sym} x^4 y^2 + 3\sum_{sym} x^3 y^3 \Leftrightarrow$$

$$\left(\sum_{sym} x^5 y - \sum_{sym} x^4 y^2\right) + 3\left(\sum_{sym} x^5 y - \sum_{sym} x^3 y^3\right) + xyz\left(\sum_{sym} x^3 + 14\sum_{sym} x^2 y + 38 xyz\right) \geq 0$$

由 Muirhead 不等式得 $\sum_{sym} x^5 y - \sum_{sym} x^4 y^2 \geq 0$, $\sum_{sym} x^5 y - \sum_{sym} x^3 y^3 \geq 0$, 因为 $x, y, z$ 是非负实数,所以 $xyz\left(\sum_{sym} x^3 + 14\sum_{sym} x^2 y + 38xyz\right) \geq 0$, 于是原不等式成立. 当且仅当 $x = y, z = 0$ 或 $y = z, x = 0$ 或 $z = x, y = 0$ 时取等号,因为 $xy + yz + zx = 1$, 所以当且仅当 $x = y = 1, z = 0$ 或 $y = z = 1, x = 0$ 或 $z = x = 1, y = 0$ 时取等号.

## 练 习 题

1. 若 $a, b$ 是正数,且 $a^3 + b^3 = 2$, 求证: $a + b \leq 2$.

2. 已知两正项数列 $\{a_n\}$ 和 $\{b_n\}$ 分别成等差数列和等比数列,且 $a_1 = b_1 = a, a_2 = b_2 = b$, 求证:当 $n \geq 3$ 时, $a_n \leq b_n$.

3. 设 $a > 1, n \in \mathbf{N}^*$, 求证: $\dfrac{n(a^{2n+1} + 1)}{a^{2n} - 1} > \dfrac{a}{a-1}$.

4. (1) 如果 $a, b, c$ 是正数,求证:

$$\dfrac{a^3}{a^2 + ab + b^2} + \dfrac{b^3}{b^2 + bc + c^2} + \dfrac{c^3}{c^2 + ca + a^2} \geq \dfrac{a+b+c}{3}$$

(2003 年北京市中学生数学竞赛(高一)复试)

(2) 如果 $a, b, c$ 是正数, $n$ 是正整数,求证: $\dfrac{a^{n+1}}{a^n + a^{n-1}b + \cdots + ab^{n-1} + b^n} +$

$$\frac{b^{n+1}}{b^n + b^{n-1}c + \cdots + bc^{n-1} + c^n} + \frac{c^{n+1}}{c^n + c^{n-1}a + \cdots + ca^{n-1} + a^n} \geqslant \frac{a+b+c}{n+1}.$$ （2006年奥地利－波兰数学奥林匹克试题）

5. （1）如果 $x, y, z$ 是正数，且满足 $xyz = 1$，求证：$\dfrac{x^9 + y^9}{x^6 + x^3 y^3 + y^6} +$
$\dfrac{y^9 + z^9}{y^6 + y^3 z^3 + z^6} + \dfrac{z^9 + x^9}{z^6 + z^3 x^3 + x^6} \geqslant 2.$ （1997年罗马尼亚数学奥林匹克试题）

（2）如果 $a_1, a_2, \cdots, a_n$ 是正数，且 $a_1 + a_2 + \cdots + a_n = 1$，求证：$\displaystyle\sum_{i=1}^{n} \dfrac{a_i^4}{a_i^3 + a_i^2 a_{i+1} + a_i a_{i+1}^2 + a_{i+1}^3} \geqslant \dfrac{1}{4}.$ （1998年河南省高中数学竞赛题）

6. （1）对于任意实数 $x, y$，有 $2x^4 + 2y^4 \geqslant xy(x+y)^2.$ （1994年俄罗斯第21届数学奥林匹克试题）

（2）对于任意实数 $x, y, n$ 是正整数，有 $2x^{2n+2} + 2y^{2n+2} \geqslant xy(x+y)^{2n}.$

7. 已知 $p, q, r$ 为正数，满足 $pqr = 1$，证明对所有 $n \in \mathbf{N}^*$，都有 $\dfrac{1}{p^n + q^n + 1} + \dfrac{1}{q^n + r^n + 1} + \dfrac{1}{r^n + p^n + 1} \leqslant 1.$ （2004年波罗的海数学竞赛题）

8. （1）已知 $a, b, c$ 是正数，证明：$\dfrac{a}{b+c} + \dfrac{b}{c+a} + \dfrac{c}{a+b} \geqslant \dfrac{3}{2}.$ （1963年莫斯科数学奥林匹克试题）

（2）已知 $a, b, c$ 是正数，证明：$\dfrac{a^2}{b+c} + \dfrac{b^2}{c+a} + \dfrac{c^2}{a+b} \geqslant \dfrac{a+b+c}{2}.$ （第2届世界友谊杯数学竞赛试题）

9. 已知 $a, b$ 是正数，且 $a + b = 1$，证明：$\dfrac{a^2}{a+1} + \dfrac{b^2}{b+1} \geqslant \dfrac{1}{3}.$ （1996年匈牙利数学奥林匹克试题）

10. 设 $a, b, c$ 是正数，求证：

(1) $4(a^3 + b^3) \geqslant (a+b)^3$；

(2) $9(a^3 + b^3 + c^3) \geqslant (a+b+c)^3.$ （1996年英国数学奥林匹克试题）

(3) 已知 $a, b, c$ 是正数，求证：$a^5 + b^5 + c^5 \geqslant a^3 bc + ab^3 c + abc^3.$ （1987年国家集训队考试题）

11. 设 $a, b, c$ 是正数，满足 $ab + bc + ca = abc$，证明不等式：$\dfrac{a^4 + b^4}{ab(a^3 + b^3)} + \dfrac{b^4 + c^4}{bc(b^3 + c^3)} + \dfrac{c^4 + a^4}{ca(c^3 + a^3)} \geqslant 1.$ （2006年波兰数学奥林匹克试题）

12. 已知 $x_1, x_2, x_3, x_4, x_5$ 都是正数，确定最大的实数 $C$，使得不等式 $C(x_1^{2005} + x_2^{2005} + x_3^{2005} + x_4^{2005} + x_5^{2005}) \geqslant x_1 x_2 x_3 x_4 x_5 (x_1^{125} + x_2^{125} + x_3^{125} + x_4^{125} + x_5^{125})^{16}$

恒成立.(2005 年巴西数学奥林匹克试题)

13.(1)$a,b,c$ 是正实数,且 $abc=1$,$n$ 是正整数,证明 $\dfrac{ab}{a^{3n+2}+b^{3n+2}+ab}+\dfrac{bc}{b^{3n+2}+c^{3n+2}+bc}+\dfrac{ca}{c^{3n+2}+a^{3n+2}+ca}\leqslant 1$.(第 37 届 IMO 预选试题的推广)

(2)$a,b,c$ 是正实数,且 $abc=1$,$f(\alpha)=\dfrac{ab}{a^{\alpha}+b^{\alpha}+ab}+\dfrac{bc}{b^{\alpha}+c^{\alpha}+bc}+\dfrac{ca}{c^{\alpha}+a^{\alpha}+ca}$,则当 $\alpha<-1$ 或 $\alpha>\dfrac{1}{2}$ 时,$f(\alpha)\leqslant 1$;当 $\alpha=-1$ 或 $\alpha=\dfrac{1}{2}$ 时,$f(\alpha)=1$;当 $-1<\alpha<\dfrac{1}{2}$ 时,$f(\alpha)\geqslant 1$.(第 37 届 IMO 预选试题的推广)

14.求最小的实数 $m$,使得对于满足 $a+b+c=1$ 的任意正实数 $a,b,c$,都有 $m(a^3+b^3+c^3)\geqslant 6(a^2+b^2+c^2)+1$.(2006 年中国东南地区数学奥林匹克试题)

15.求适合下列不等式的实数 $a,b,c$,$4(ab+bc+ca)-1\geqslant a^2+b^2+c^2\geqslant 3(a^3+b^3+c^3)$.(2005 年澳大利亚国家集训队试题)

16.设 $a,b,c$ 是正实数,则 $\dfrac{a^3}{b^2}+\dfrac{b^3}{c^2}+\dfrac{c^3}{a^2}\geqslant \dfrac{a^2}{b}+\dfrac{b^2}{c}+\dfrac{c^2}{a}$.(2002 年英国数学奥林匹克试题)

17.已知正数 $x_1,x_2,\cdots,x_s$ 满足 $\prod_{i=1}^{s}x_i=1$,证明:当 $m\geqslant n$ 时,有 $\sum_{i=1}^{s}x_i^m\geqslant \sum_{i=1}^{s}x_i^n$.(2006 年伊朗数学奥林匹克试题)

18.(1)设 $a,b,c$ 是正实数,且 $a^2+b^2+c^2=1$,证明:

$$\dfrac{a^5+b^5}{ab(a+b)}+\dfrac{b^5+c^5}{bc(b+c)}+\dfrac{c^5+a^5}{ca(c+a)}\geqslant 3(ab+bc+ca)-2$$

(2008 年波斯尼亚数学奥林匹克试题)

(2)设 $a,b,c$ 是正实数,且 $a^2+b^2+c^2=1$,证明:

$$\dfrac{a^5+b^5}{ab(a+b)}+\dfrac{b^5+c^5}{bc(b+c)}+\dfrac{c^5+a^5}{ca(c+a)}\geqslant 6-5(ab+bc+ca)$$

19.设 $x,y$ 是正数,$n$ 是正整数,证明:$\dfrac{x^n}{1+x^2}+\dfrac{y^n}{1+y^2}\leqslant \dfrac{x^n+y^n}{1+xy}$.(2008 年陕西省数学竞赛试题)

20.设 $a,b,c$ 是正实数,且 $abc=1$,证明:$a^3+b^3+c^3\geqslant ab+bc+ca$.(2005 年格鲁吉亚集训队试题)

21.已知 $a,b,c$ 是正实数,且满足 $abc=1$,证明:

$$\frac{1}{a^5(b+2c)^2} + \frac{1}{b^5(c+a)^2} + \frac{1}{c^5(a+b)^2} \geq \frac{1}{3}$$

(2010年美国国家集训队试题)

# 参 考 解 答

1. 因为 $a^3+b^3 \geq a^2b+ab^2$, $(a+b)^3 = a^3+b^3+3(a^2b+ab^2) \leq 4(a^3+b^3)$, 所以 $a+b \leq 2$.

2. 因为 $b_n = b_1(\frac{b}{a})^{n-1} = a(\frac{b}{a})^{n-1}$, $a_n = a_1 + (n-1)d = a + (n-1)(b-a)$, 用数学归纳法可以证明, 过程中用到 $a^{n+1} + b^{n+1} \geq ab^n + a^nb$.

3. 即证明 $n(a^{2n+1}+1) > a(a^{2n-1} + a^{2n-2} + \cdots + a + 1)$, 由于 $a^{2n+1}+1 \geq a^k + a^{2n+1-k}(k=0,1,\cdots,2n+1)$ 相加即得.

4. 直接由例10得到. 另证：
$$\sum_{cyc} \frac{a^3}{a^2+ab+b^2} = \sum_{cyc}\left[a - \frac{ab(a+b)}{a^2+ab+b^2}\right] \geq$$
$$\sum_{cyc}\left[a - \frac{ab(a+b)}{3ab}\right] = \frac{a+b+c}{3}$$

5. (1) 因为
$$x^9 + y^9 = (x^3+y^3)(x^6 - x^3y^3 + y^6)$$
$$\frac{x^6 - x^3y^3 + y^6}{x^6 + x^3y^3 + y^6} = 1 - \frac{2x^3y^3}{x^6+x^3y^3+y^6} \geq 1 - \frac{2x^3y^3}{2x^3y^3 + x^3y^3} = \frac{1}{3}$$

所以
$$\frac{x^9+y^9}{x^6+x^3y^3+y^6} \geq \frac{1}{3}(x^3+y^3)$$

类似地
$$\frac{y^9+z^9}{y^6+y^3z^3+z^6} \geq \frac{1}{3}(y^3+z^3)$$
$$\frac{z^9+x^9}{z^6+z^3x^3+x^6} \geq \frac{1}{3}(z^3+x^3)$$

所以
$$\frac{x^9+y^9}{x^6+x^3y^3+y^6} + \frac{y^9+z^9}{y^6+y^3z^3+z^6} + \frac{z^9+x^9}{z^6+z^3x^3+x^6} \geq \frac{2}{3}(x^3+y^3+z^3) \geq 2xyz = 2$$

(2) 见例题10.

6. 当 $xy \leq 0$ 时, 不等式显然成立, 当 $x,y$ 同时为正数(同时为负用 $-x, -y$

分别代替 $x,y$)时,由于 $x^4 + y^4 \geqslant x^3y + xy^3$,$x^4 + y^4 \geqslant 2x^2y^2$,两式相加得 $2x^4 + 2y^4 \geqslant xy(x+y)^2$.

7. 记 $p^n = a^3$,$q^n = b^3$,$r^n = c^3$,则不等式可化为

$$\frac{1}{a^3+b^3+1} + \frac{1}{b^3+c^3+1} + \frac{1}{c^3+a^3+1} \leqslant 1$$

因为 $a,b,c$ 是正实数,所以 $a^3 + b^3 \geqslant a^2b + ab^2$,$b^3 + c^3 \geqslant b^2c + bc^2$,$c^3 + a^3 \geqslant c^2a + ca^2$,所以

$$\frac{1}{a^3+b^3+1} + \frac{1}{b^3+c^3+1} + \frac{1}{c^3+a^3+1} =$$

$$\frac{1}{a^3+b^3+abc} + \frac{1}{b^3+c^3+abc} + \frac{1}{c^3+a^3+abc} \leqslant$$

$$\frac{1}{a^2b+ab^2+abc} + \frac{1}{b^2c+bc^2+abc} + \frac{1}{b^2c+bc^2+abc} =$$

$$\frac{1}{ab(a+b+c)} + \frac{1}{bc(b+c+a)} + \frac{1}{ca(c+a+b)} =$$

$$\frac{c+a+b}{abc(a+b+c)} = \frac{1}{abc} = 1$$

8.(1)易知,所证不等式等价于 $2(a^3+b^3+c^3) \geqslant a^2b + a^2c + b^2a + b^2c + c^2a + c^2b$. 因为 $a,b,c$ 是正实数,所以

$$a^3 + b^3 \geqslant a^2b + ab^2, b^3 + c^3 \geqslant b^2c + bc^2, c^3 + a^3 \geqslant c^2a + ca^2$$

三个不等式相加即得.

(2)因为 $a,b,c$ 是正数,所以 $a^3 + b^3 \geqslant a^2b + ab^2$,$a^2 + b^2 \geqslant 2ab$,故

$$\frac{a^2}{b+c} + \frac{b^2}{c+a} = \frac{a^2(c+a)+b^2(b+c)}{(b+c)(c+a)} = \frac{a^3+b^3+c(a^2+b^2)}{(b+c)(c+a)} \geqslant$$

$$\frac{a^2b+ab^2+c(2ab)}{(b+c)(c+a)} = \frac{ab(c+a)+ab(b+c)}{(b+c)(c+a)} =$$

$$\frac{ab}{b+c} + \frac{ab}{c+a}$$

同理

$$\frac{b^2}{c+a} + \frac{c^2}{a+b} \geqslant \frac{bc}{c+a} + \frac{bc}{a+b}$$

$$\frac{a^2}{b+c} + \frac{c^2}{a+b} \geqslant \frac{ac}{b+c} + \frac{ac}{a+b}$$

三式相加整理得

$$\frac{a^2}{b+c} + \frac{b^2}{c+a} + \frac{c^2}{a+b} \geqslant \frac{a(b+c)}{b+c} + \frac{b(c+a)}{c+a} + \frac{c(a+b)}{a+b} =$$

$$\frac{a+b+c}{2}$$

9. 因为 $a+b=1$，所以 $\dfrac{a^2}{a+1}+\dfrac{b^2}{b+1} \geq \dfrac{1}{3} \Leftrightarrow \dfrac{a^2}{a(a+b)+(a+b)^2}+\dfrac{b^2}{ba(a+b)+(a+b)^2} \geq \dfrac{1}{3} \Leftrightarrow a^3+b^3 \geq a^2b+ab^2$.

10. 同第 1 题.

11. 因为 $a^4+b^4 \geq a^3b+ab^3$，两边同加上 $a^4+b^4$ 得
$$2(a^4+b^4) \geq a^4+b^4+a^3b+ab^3=(a^3+b^3)(a+b)$$
所以 $\dfrac{a^4+b^4}{a^3+b^3} \geq \dfrac{a+b}{2}$，两边同乘以 $c$，得
$$\dfrac{c(a^4+b^4)}{a^3+b^3} \geq \dfrac{ac+bc}{2}$$
同理
$$\dfrac{a(b^4+c^4)}{b^3+c^3} \geq \dfrac{ab+ac}{2}$$
$$\dfrac{b(c^4+a^4)}{c^3+a^3} \geq \dfrac{bc+ab}{2}$$
将这三个不等式相加得
$$\dfrac{c(a^4+b^4)}{a^3+b^3}+\dfrac{a(b^4+c^4)}{b^3+c^3}+\dfrac{b(c^4+a^4)}{c^3+a^3} \geq ab+bc+ca=abc$$
两端同除以 $abc$，得
$$\dfrac{a^4+b^4}{ab(a^3+b^3)}+\dfrac{b^4+c^4}{bc(b^3+c^3)}+\dfrac{c^4+a^4}{ca(c^3+a^3)} \geq 1$$

12. 由例 9 得
$$5(x_1^{2005}+x_2^{2005}+x_3^{2005}+x_4^{2005}+x_5^{2005}) \geq$$
$$(x_1^5+x_2^5+x_3^5+x_4^5+x_5^5)(x_1^{2000}+x_2^{2000}+x_3^{2000}+x_4^{2000}+x_5^{2000})$$
由均值不等式得
$$x_1^5+x_2^5+x_3^5+x_4^5+x_5^5 \geq 5x_1x_2x_3x_4x_5$$
由幂平均值不等式得
$$\dfrac{x_1^{2000}+x_2^{2000}+x_3^{2000}+x_4^{2000}+x_5^{2000}}{5} \geq \left(\dfrac{x_1^{125}+x_2^{125}+x_3^{125}+x_4^{125}+x_5^{125}}{5}\right)^{16}$$
故使得 $C(x_1^{2005}+x_2^{2005}+x_3^{2005}+x_4^{2005}+x_5^{2005}) \geq x_1x_2x_3x_4x_5(x_1^{125}+x_2^{125}+x_3^{125}+x_4^{125}+x_5^{125})^{16}$ 成立的 $C$ 的最大值是 $5^{15}$.

13. (1) 因为 $a,b,c$ 是正实数，所以 $a^{3n+2}+b^{3n+2} \geq a^{2n+1}b^{n+1}+a^{n+1}b^{2n+1}$，又 $a^n b^n c^n=1$，所以
$$a^5+b^5+ab=a^5+b^5+a^2b^2c \geq a^3b^2+a^2b^3+a^2b^2c=a^2b^2(a+b+c)$$
所以

$$\frac{ab}{a^{3n+2}+b^{3n+2}+ab} \leq \frac{a^{n+1}b^{n+1}c^n}{a^{3n+2}+b^{3n+2}+a^{n+1}b^{n+1}c^n} = \frac{c^n}{a^n+b^n+c^n}$$

同理

$$\frac{bc}{b^{3n+2}+c^{3n+2}+bc} \leq \frac{a^n}{a^n+b^n+c^n}$$

$$\frac{ca}{c^{3n+2}+a^{3n+2}+ca} \leq \frac{b^n}{a^n+b^n+c^n}$$

故

$$\frac{ab}{a^{3n+2}+b^{3n+2}+ab} + \frac{bc}{b^{3n+2}+c^{3n+2}+bc} + \frac{ca}{c^{3n+2}+a^{3n+2}+ca} \leq 1$$

(2) 由恒等式

$$b^{\alpha}+c^{\alpha} = (\sqrt[3]{b^{\alpha+1}}-\sqrt[3]{c^{\alpha+1}})(\sqrt[3]{b^{2\alpha-1}}-\sqrt[3]{c^{2\alpha-1}}) + \sqrt[3]{b^{\alpha+1}c^{\alpha+1}}(\sqrt[3]{b^{\alpha-2}}+\sqrt[3]{c^{\alpha-2}})$$

知当 $\alpha < -1$ 或 $\alpha > \dfrac{1}{2}$ 时

$$b^{\alpha}+c^{\alpha} \geq \sqrt[3]{b^{\alpha+1}c^{\alpha+1}}(\sqrt[3]{b^{\alpha-2}}+\sqrt[3]{c^{\alpha-2}})$$

所以

$$\frac{bc}{b^{\alpha}+c^{\alpha}+bc} \leq \frac{bc}{\sqrt[3]{b^{\alpha+1}c^{\alpha+1}}(\sqrt[3]{b^{\alpha-2}}+\sqrt[3]{c^{\alpha-2}})+bc} \leq \frac{\sqrt[3]{a^{\alpha-2}}}{\sqrt[3]{a^{\alpha-2}}+\sqrt[3]{b^{\alpha-2}}+\sqrt[3]{c^{\alpha-2}}}$$

同理

$$\frac{ab}{a^{\alpha}+b^{\alpha}+ab} \leq \frac{\sqrt[3]{c^{\alpha-2}}}{\sqrt[3]{a^{\alpha-2}}+\sqrt[3]{b^{\alpha-2}}+\sqrt[3]{c^{\alpha-2}}}$$

$$\frac{ca}{c^{\alpha}+a^{\alpha}+ca} \leq \frac{\sqrt[3]{b^{\alpha-2}}}{\sqrt[3]{a^{\alpha-2}}+\sqrt[3]{b^{\alpha-2}}+\sqrt[3]{c^{\alpha-2}}}$$

三式相加即得 $f(\alpha) \leq 1$;

同理,当 $\alpha = -1$ 或 $\alpha = \dfrac{1}{2}$ 时,$f(\alpha) = 1$;当 $-1 < \alpha < \dfrac{1}{2}$ 时,$f(\alpha) \geq 1$.

14. 当 $a=b=c=\dfrac{1}{3}$ 时,有 $m \geq 27$.

下面证明不等式 $27(a^3+b^3+c^3) \geq 6(a^2+b^2+c^2)+1$ 对于满足 $a+b+c=1$ 的任意正实数 $a,b,c$ 都成立.

因为 $a,b,c$ 是正实数,所以 $a^3+b^3 \geq a^2b+ab^2$,$b^3+c^3 \geq b^2c+bc^2$,$c^3+a^3 \geq c^2a+ca^2$,三个不等式相加即得

$$2(a^3+b^3+c^3) \geq a^2b+a^2c+b^2a+b^2c+c^2a+c^2b$$

$$3(a^3 + b^3 + c^3) \geqslant a^3 + b^3 + c^3 + a^2b + a^2c + b^2a + b^2c + c^2a + c^2b =$$
$$(a^2 + b^2 + c^2)(a + b + c) = a^2 + b^2 + c^2$$

所以
$$6(a^2 + b^2 + c^2) + 1 = 6(a^2 + b^2 + c^2) + (a + b + c)^2 \leqslant$$
$$6(a^2 + b^2 + c^2) + 3(a^2 + b^2 + c^2) =$$
$$9(a^2 + b^2 + c^2) \leqslant 27(a^3 + b^3 + c^3)$$

所以,$m$ 的最小值是 27.

15. 因为 $3(a^3 + b^3 + c^3) \geqslant (a^2 + b^2 + c^2)(a + b + c)$,所以由 $a^2 + b^2 + c^2 \geqslant 3(a^3 + b^3 + c^3)$ 得 $a + b + c \leqslant 1$,从而 $(a + b + c)^2 \leqslant 1$,即
$$a^2 + b^2 + c^2 + 2(ab + bc + ca) \leqslant 1$$

又
$$4(ab + bc + ca) \geqslant a^2 + b^2 + c^2 + 1 \geqslant a^2 + b^2 + c^2 + (a + b + c)^2$$

所以
$$2(ab + bc + ca) \geqslant 2(a^2 + b^2 + c^2)$$

即
$$ab + bc + ca \geqslant a^2 + b^2 + c^2$$

而 $a^2 + b^2 + c^2 \geqslant ab + bc + ca$,所以,$a = b = c$.

再设 $a = b = c = x$,得 $12x^2 - 1 \geqslant 3x^2 \geqslant 9x^3$,于是 $x = \dfrac{1}{3}$,即 $a = b = c = \dfrac{1}{3}$.

16. **证法一** 由柯西不等式得 $\sum\limits_{i=1}^{n} \dfrac{a^3}{b^2} \sum\limits_{i=1}^{n} a \geqslant (\sum\limits_{i=1}^{n} \dfrac{a^2}{b})^2$,再由柯西不等式得
$$\sum_{i=1}^{n} \dfrac{a^2}{b} \sum_{i=1}^{n} b \geqslant (\sum_{i=1}^{n} a)^2$$

而 $\sum\limits_{i=1}^{n} a = \sum\limits_{i=1}^{n} b$,所以
$$\sum_{i=1}^{n} \dfrac{a^2}{b} \geqslant \sum_{i=1}^{n} a, \sum_{i=1}^{n} \dfrac{a^3}{b^2} \sum_{i=1}^{n} a \geqslant (\sum_{i=1}^{n} \dfrac{a^2}{b})^2 \geqslant \sum_{i=1}^{n} \dfrac{a^2}{b} \sum_{i=1}^{n} a$$

即
$$\sum_{i=1}^{n} \dfrac{a^3}{b^2} \geqslant \sum_{i=1}^{n} \dfrac{a^2}{b}$$

**证法二** 我们证明一般性结论:$\sum\limits_{i=1}^{n} \dfrac{a_i^{k+1}}{a_{i+1}^k} \geqslant \sum\limits_{i=1}^{n} \dfrac{a_i^k}{a_{i+1}^{k-1}}$,其中 $a_1, a_2, \cdots, a_n$ 是正实数且 $a_{n+1} = a_1$.

因为 $a_i^{k+1} + a_{i+1}^{k+1} \geqslant a_i^k a_{i+1} + a_{i+1}^k a_i$,$i = 1, 2, \cdots, n$.两边同除以 $a_i^k a_{i+1}^k$ 得
$$\dfrac{a_i^{k+1}}{a_{i+1}^k} + a_{i+1} \geqslant \dfrac{a_i^k}{a_{i+1}^{k-1}} + a_i$$

即
$$\frac{a_i^{k+1}}{a_{i+1}^k} \geq \frac{a_i^k}{a_{i+1}^{k-1}} + a_i - a_{i+1}$$

相加得
$$\sum_{i=1}^n \frac{a_i^{k+1}}{a_{i+1}^k} \geq \sum_{i=1}^n \frac{a_i^k}{a_{i+1}^{k-1}}$$

**17. 证法一** 当 $m \geq n$ 时,$a > 0$,则有 $a^m + 1 \geq a^{m-n} + a^n$,即 $a^m - a^n \geq a^{m-n} - 1$,所以

$$\sum_{i=1}^s x_i^m - \sum_{i=1}^s x_i^n = \sum_{i=1}^s (x_i^m - x_i^n) \geq \sum_{i=1}^s (x_i^{m-n} - 1) =$$
$$\sum_{i=1}^s x_i^{m-n} - n \geq n\left(\prod_{i=1}^s x_i\right)^{\frac{m-n}{n}} - n = 0$$

因此
$$\sum_{i=1}^s x_i^m \geq \sum_{i=1}^s x_i^n$$

**证法二** 由例9,当 $m \geq n$ 时

$$n\sum_{i=1}^s x_i^m \geq \sum_{i=1}^s x_i^n \sum_{i=1}^s x_i^{m-n} \geq \sum_{i=1}^s x_i^n \cdot n\left(\prod_{i=1}^s x_i\right)^{\frac{m-n}{n}} = n\sum_{i=1}^s x_i^n$$

所以
$$\sum_{i=1}^s x_i^m \geq \sum_{i=1}^s x_i^n$$

**证法三** 由均值不等式并利用 $x_1 x_2 \cdots x_s = 1$ 得

$$\sum_{i=1}^s x_i^m = \sum_{cyc} \frac{[m+n(s-1)]x_1^m + (m-n)x_2^m + \cdots + (m-n)x_s^m}{ms} \geq$$
$$\sum_{cyc} \left[x_1^{\frac{m+n(s-1)}{s}} x_2^{\frac{m-n}{s}} \cdots x_s^{\frac{m-n}{s}}\right] =$$
$$\sum_{cyc} x_1^n (x_1 x_2 \cdots x_s)^{\frac{m-n}{s}} = \sum_{cyc} x_1^n$$

**18.(1) 证法一** 因为 $a^5 + b^5 \geq a^3 b^2 + a^2 b^3 = a^2 b^2 (a+b)$, $b^5 + c^5 \geq b^2 c^2 (b+c)$, $c^5 + a^5 \geq c^2 a^2 (c+a)$,所以

$$\frac{a^5 + b^5}{ab(a+b)} + \frac{b^5 + c^5}{bc(b+c)} + \frac{c^5 + a^5}{ca(c+a)} \geq ab + bc + ca =$$
$$3(ab+bc+ca) - 2(ab+bc+ca) \geq$$
$$3(ab+bc+ca) - 2(a^2+b^2+c^2) =$$
$$3(ab+bc+ca) - 2$$

**证法二** 因为 $\dfrac{a^5+b^5}{2} \geq \left(\dfrac{a+b}{2}\right)^5$,$(a+b)^2 \geq 4ab$,所以

$$\frac{a^5+b^5}{ab(a+b)} \geq \frac{1}{16} \frac{(a+b)^4}{ab} = \frac{(a+b)^2}{16} \cdot \frac{(a+b)^2}{ab} \geq \frac{(a+b)^2}{4}$$

于是
$$\frac{a^5+b^5}{ab(a+b)}+\frac{b^5+c^5}{bc(b+c)}+\frac{c^5+a^5}{ca(c+a)} \geq$$
$$\frac{1}{4}[(a+b)^2+(b+c)^2+(c+a)^2]=$$
$$\frac{1}{4}(a^2+b^2+c^2+ab+bc+ca) \geq$$
$$ab+bc+ca$$

下面同证法一.

(2) $\frac{a^5+b^5}{ab(a+b)}=\frac{a^4+b^4-ab(a^2+b^2)+a^2b^2}{a+b}=$
$$\frac{(a-b)^4+4ab(a^2+b^2)-6a^2b^2-ab(a^2+b^2)+a^2b^2}{ab} \geq$$
$$\frac{3ab(a^2+b^2)-5a^2b^2}{ab}=3(a^2+b^2)-5ab$$

同理,$\frac{b^5+c^5}{bc(b+c)} \geq 3(b^2+c^2)-5bc$,$\frac{c^5+a^5}{ca(c+a)} \geq 3(c^2+a^2)-5ca$,相加得

$$\frac{a^5+b^5}{ab(a+b)}+\frac{b^5+c^5}{bc(b+c)}+\frac{c^5+a^5}{ca(c+a)} \geq 6-5(ab+bc+ca)$$

因为 $a^2+b^2+c^2=1 \geq ab+bc+ca$,所以 $6-5(ab+bc+ca) \geq 3(ab+bc+ca)-2$. 所以(2)是(1)的推广.

19. 因为 $x,y$ 是正数,$n$ 是正整数,所以 $x^n+y^n \geq x^{n-1}y+y^{n-1}x$. 由柯西不等式得 $(1+x^2)(1+y^2) \geq (1+xy)^2$.

于是
$$\frac{x^n}{1+x^2}+\frac{y^n}{1+y^2}=\frac{x^n(1+y^2)+y^n(1+x^2)}{(1+x^2)(1+y^2)}=\frac{x^n+y^n+xy(x^{n-1}y+y^{n-1}x)}{(1+x^2)(1+y^2)} \leq$$
$$\frac{x^n+y^n+xy(x^n+y^n)}{(1+x^2)(1+y^2)}=\frac{(x^n+y^n)(1+xy)}{(1+x^2)(1+y^2)} \leq$$
$$\frac{(x^n+y^n)(1+xy)}{(1+xy)^2}=\frac{x^n+y^n}{1+xy}$$

20. $3(a^3+b^3+c^3) \geq (a+b+c)(a^2+b^2+c^2) \geq$
$$3\sqrt[3]{abc}(ab+bc+ca) \geq 3(ab+bc+ca)$$

21. 记 $a=x^6, b=y^6, c=z^6$,则 $xyz=1$,由柯西不等式得

$$\sum_{cyc}\frac{1}{a^5(b+2c)^2}=\sum_{cyc}\frac{y^{30}z^{30}}{(y^6+2z^6)^2} \geq \frac{(\sum_{cyc}y^{15}z^{15})^2}{\sum_{cyc}(y^6+2z^6)^2}=\frac{\sum_{cyc}y^{30}z^{30}+2\sum_{cyc}x^{30}y^{15}z^{15}}{5\sum_{cyc}x^{12}+4\sum_{cyc}y^6z^6}$$

只要证明
$$3\sum_{cyc} y^{30}z^{30} + 6\sum_{cyc} x^{30}y^{15}z^{15} \geq 5\sum_{cyc} x^{12} + 4\sum_{cyc} y^6 z^6$$

由于 $xyz = 1$,由米尔黑德不等式得

$$3\sum_{cyc} y^{30}z^{30} + 6\sum_{cyc} x^{30}y^{15}z^{15} \geq 5\sum_{cyc} x^{28}y^{16}z^{16} + 4\sum_{cyc} x^{16}y^{22}z^{22} = 5\sum_{cyc} x^{12} + 4\sum_{cyc} y^6 z^6$$

# 舒尔不等式的应用

## 第八章

不等式的证明方法多样,但在处理一些复杂的不等式时,有时仅靠柯西不等式、均值不等式、琴生不等式、排序不等式往往还不够,需要一些强有力的手段. 舒尔不等式是一个很实用的工具.

**舒尔不等式** 设 $x,y,z \geq 0$, $r$ 是实数,则
$$x^r(x-y)(x-z) + y^r(y-x)(y-z) + z^r(z-y)(z-x) \geq 0$$

**证明** 由对称性,不妨设 $x \geq y \geq z \geq 0$,分三种情况讨论:

(1) 当 $r = 0$ 时
$$\begin{aligned}\text{左边} &= (x-y)(x-z) + (y-x)(y-z) + (z-y)(z-x) \\ &= x^2 + y^2 + z^2 - (xy + yz + zx) \\ &= \frac{1}{2}[(x-y)^2 + (y-z)^2 + (z-x)^2] \geq 0\end{aligned}$$

(2) 当 $r > 0$ 时, $y - z \geq 0$, $x - z \geq 0$, $x^r \geq y^r > 0$,所以
$$\begin{aligned}\text{左边} &= x^r(x-y)(x-z) - y^r(x-y)(y-z) + z^r(y-z)(x-z) \geq \\ &\quad x^r(x-y)(x-z) - y^r(x-y)(y-z) \geq \\ &\quad y^r(x-y)(x-z) - y^r(x-y)(y-z) = \\ &\quad y^r(x-y)^2 \geq 0\end{aligned}$$

(3) 当 $r < 0$ 时,$x - y \geq 0$, $x - z \geq 0$, $z^r \geq y^r > 0$,所以

左边 $= x^r(x-y)(x-z) - y^r(x-y)(y-z) + z^r(y-z)(x-z) \geq$
$\qquad -y^r(x-y)(y-z) + z^r(y-z)(x-z) \geq$
$\qquad -y^r(x-y)(y-z) + y^r(y-z)(x-z) =$
$\qquad y^r(y-z)^2 \geq 0$

综上所述

$$x^r(x-y)(x-z) + y^r(y-x)(y-z) + z^r(z-y)(z-x) \geq 0$$

当 $r = 1$ 时,舒尔不等式有如下几种变形:

**变形 I** $x^3 + y^3 + z^3 - (x^2y + xy^2 + x^2z + xz^2 + y^2z + yz^2) + 3xyz \geq 0$. 简记为 $\sum x^3 - \sum x^2(y+z) + 3xyz \geq 0$.

**变形 II** $(x+y+z)^3 - 4(x+y+z)(yz+zx+xy) + 9xyz \geq 0$.

**变形 III** $xyz \geq (x+y-z)(y+z-x)(z+x-y)$. (1983 年瑞士数学奥林匹克试题)

舒尔不等式有着及其广泛的应用,它本身就是一个重要的不等式,在数学竞赛中,利用它可以解决许多问题.

# 例 题 讲 解

## 一、舒尔不等式及其变形的直接应用

**例 1** 设 $a,b,c$ 是三角形的三边,求证:$a^2(b+c-a) + b^2(c+a-b) + c^2(a+b-c) \leq 3abc$. (第 6 届 IMO 试题)

**证明** 将不等式两边展开,移项并利用变形 I 可得.

**例 2** 对 $x,y,z \geq 0$,证明:不等式 $x(x-z)^2 + y(y-z)^2 \geq (x-z)(y-z) \cdot (x+y+z)$. (1992 年加拿大数学奥林匹克试题)

**证明** 将不等式两端展开,移项并整理得

$$x^3 + y^3 + z^3 - (x^2y + xy^2 + x^2z + xz^2 + y^2z + yz^2) + 3xyz \geq 0$$

这正是舒尔不等式的变形 I.

**例 3** 设 $x,y,z$ 是正数,且 $x + y + z = xyz$,证明:$x^2 + y^2 + z^2 - 2(xy + yz + zx) + 9 \geq 0$. (1993 年 3 月《数学通报》问题)

**证明** 因为 $x,y,z > 0$,且 $x + y + z = xyz$,所以
$x^2 + y^2 + z^2 - 2(xy + yz + zx) + 9 \geq 0 \Leftrightarrow$
$(x^2 + y^2 + z^2)(x+y+z) - 2(xy+yz+zx)(x+y+z) + 9xyz \geq 0 \Leftrightarrow$
$x^3 + y^3 + z^3 - (x^2y + xy^2 + x^2z + xz^2 + y^2z + yz^2) + 3xyz \geq 0$

这正是舒尔不等式的变形 I.

**例 4** 证明:对于任意 $\triangle ABC$,不等式 $a\cos A + b\cos B + c\cos C \leqslant p$ 成立,其中 $a,b,c$ 为三角形的三边,$A,B,C$ 分别为它们的对角,$p$ 为半周长.(1990 年全俄数学奥林匹克试题)

**证明** $a\cos A + b\cos B + c\cos C \leqslant p$ 等价于
$$a(1-\cos A) + b(1-\cos B) + c(1-\cos C) \geqslant 0$$
由余弦定理,这等价于
$$a^4 + b^4 + c^4 - 2(a^2b^2 + b^2c^2 + c^2a^2) + a^2bc + b^2ca + c^2ab \geqslant 0$$

**证法一** 将不等式左边分解因式得
$$(a+b+c)[abc - (-a+b+c)(a-b+c)(a+b-c)]$$
只需证明
$$abc \geqslant (-a+b+c)(a-b+c)(a+b-c)$$
这正是舒尔不等式变形 III.

**证法二** 利用 $r=2$ 时的舒尔不等式得
$$a^2(a-b)(a-c) + b^2(b-a)(b-c) + c^2(c-a)(c-b) \geqslant 0$$
展开得
$$a^4 + b^4 + c^4 - (a^3b + ab^3) - (b^3c + bc^3) - (a^3c + ac^3) + a^2bc + b^2ca + c^2ab \geqslant 0$$
所以
$$a^4 + b^4 + c^4 + a^2bc + b^2ca + c^2ab \geqslant (a^3b + ab^3) + (b^3c + bc^3) + (a^3c + ac^3)$$
由均值不等式得
$$a^3b + ab^3 \geqslant 2a^2b^2$$
$$b^3c + bc^3 \geqslant 2b^2c^2$$
$$a^3c + ac^3 \geqslant 2c^2a^2$$
将这三个不等式相加得
$$(a^3b + ab^3) + (b^3c + bc^3) + (a^3c + ac^3) \geqslant 2(a^2b^2 + b^2c^2 + c^2a^2)$$
所以
$$a^4 + b^4 + c^4 - 2(a^2b^2 + b^2c^2 + c^2a^2) + a^2bc + b^2ca + c^2ab \geqslant 0$$

**例 5** 设 $a,b,c$ 是正实数,且满足 $abc=1$,证明:$(a-1+\dfrac{1}{b})(b-1+\dfrac{1}{c})(c-1+\dfrac{1}{a}) \leqslant 1$.(第 41 届 IMO 试题)

**证法一** 令 $a=\dfrac{x}{y}, b=\dfrac{y}{z}, c=\dfrac{z}{x}$,其中 $x,y,z$ 是正实数,则原不等式等价于
$$(x+y-z)(y+z-x)(x+z-y) \leqslant xyz$$
这正是舒尔不等式变形 III.

**证法二** 利用已知条件将不等式齐次化,改写成

$$(a - (abc)^{\frac{1}{3}} + \frac{(abc)^{\frac{2}{3}}}{b})(b - (abc)^{\frac{1}{3}} +$$
$$\frac{(abc)^{\frac{2}{3}}}{c})(c - (abc)^{\frac{1}{3}} + \frac{(abc)^{\frac{2}{3}}}{a}) \leq abc \qquad ①$$

设 $a = x^3$, $b = y^3$, $c = z^3$, 其中 $x, y, z$ 是正实数, ① 变为

$$(x^3 - xyz + \frac{(xyz)^2}{y^3})(y^3 - xyz + \frac{(xyz)^2}{z^3})(z^3 - xyz + \frac{(xyz)^2}{x^3}) \leq x^3 y^3 z^3 \qquad ②$$

由舒尔不等式得

$$3(x^2 y)(y^2 z)(z^2 x) + \sum_{cyc}(x^2 y)^3 \geq \sum_{sym}(x^2 y)(y^2 z)$$

即

$$3x^3 y^3 z^3 + \sum_{cyc} x^6 y^3 \geq \sum_{cyc} x^4 y^4 z + \sum_{cyc} x^5 y^2 z^2$$

所以

$$(x^2 y - y^2 z + z^2 x)(y^2 z - z^2 x + x^2 y)(z^2 x - x^2 y + y^2 z) \leq x^3 y^3 z^3 \qquad ③$$

式 ③ 即 ② 式.

**例 6** 在 $\triangle ABC$ 中,证明: $\frac{\sin^2 A}{a} + \frac{\sin^2 B}{b} + \frac{\sin^2 C}{c} \leq \frac{s^2}{abc}$, 其中 $s = \frac{a+b+c}{2}$.

(2006 年中国台湾奥林匹克集训队试题)

**证明** 由正弦定理得

$$\frac{\sin^2 A}{a} + \frac{\sin^2 B}{b} + \frac{\sin^2 C}{c} \leq \frac{s^2}{abc} \Leftrightarrow$$

$$abc(\frac{\sin^2 A}{a} + \frac{\sin^2 B}{b} + \frac{\sin^2 C}{c}) \leq \frac{1}{4}(a+b+c)^2 \Leftrightarrow$$

$$abc(\frac{a}{4R^2} + \frac{b}{4R^2} + \frac{c}{4R^2}) \leq \frac{1}{4}(a+b+c)^2 \Leftrightarrow$$

$$\frac{abc}{R^2} \leq a+b+c$$

由三角形面积公式 $S = \frac{abc}{4R}$, 所以

$$\frac{abc}{R^2} \leq a+b+c \Leftrightarrow S^2 \leq \frac{1}{16} abc(a+b+c)$$

由海伦公式

$$S^2 = s(s-a)(s-b)(s-c)$$

所以

$$S^2 \leq \frac{1}{16} abc(a+b+c) \Leftrightarrow 16s(s-a)(s-b)(s-c) \leq abc(a+b+c) \Leftrightarrow$$

$$(b+c-a)(c+a-b)(a+b-c) \leqslant abc$$

这正是舒尔不等式变形 Ⅲ.

**例7** 设 $x, y, z$ 为非负实数,且 $x+y+z=1$,证明: $0 \leqslant yz+zx+xy-2xyz \leqslant \dfrac{7}{27}$. (第 25 届 IMO 试题)

**证明** 左边的不等式易用均值不等式得到

$$yz+zx+xy = (yz+zx+xy)(x+y+z) \geqslant 3\sqrt[3]{yz \cdot zx \cdot xy} \cdot 3\sqrt[3]{xyz} = 9xyz \geqslant 2xyz$$

下面证明右边的不等式.

**证法一** 由舒尔不等式变形 Ⅱ 得

$$(x+y+z)^3 - 4(x+y+z)(yz+zx+xy) + 9xyz \geqslant 0$$

由 $x+y+z=1$ 得

$$1 - 4(yz+zx+xy) + 9xyz \geqslant 0$$

所以再用均值不等式得

$$yz+zx+xy - 2xyz \leqslant \frac{1}{4} + \frac{1}{4}xyz \leqslant \frac{1}{4} + \frac{1}{4}\left(\frac{x+y+z}{3}\right)^3 = \frac{7}{27}$$

**证法二** 由 $x+y+z=1$ 得

$$yz+zx+xy - 2xyz \leqslant \frac{7}{27} \Leftrightarrow$$

$$(x+y+z)(yz+zx+xy) - 2xyz \leqslant \frac{7}{27}(x+y+z)^3 \Leftrightarrow$$

$$7(x^3+y^3+z^3) - 6(x^2y+xy^2+x^2z+xz^2+y^2z+yz^2) + 15xyz \geqslant 0 \quad ①$$

由舒尔不等式得

$$x^3+y^3+z^3 - (x^2y+xy^2+x^2z+xz^2+y^2z+yz^2) + 3xyz \geqslant 0 \quad ②$$

$$7(x^3+y^3+z^3) - 6(x^2y+xy^2+x^2z+xz^2+y^2z+yz^2) + 15xyz =$$
$$7(x^3+y^3+z^3 - x^2y+xy^2+x^2z+xz^2+y^2z+yz^2+3xyz) +$$
$$(x^2y+xy^2+x^2z+xz^2+y^2z+yz^2) - 6xyz$$

所以,要证 ①,只要证明

$$x^2y+xy^2+x^2z+xz^2+y^2z+yz^2 \geqslant 6xyz$$

这由均值不等式直接得到

$$x^2y+xy^2+x^2z+xz^2+y^2z+yz^2 \geqslant 6\sqrt[6]{x^2y \cdot xy^2 \cdot x^2z \cdot xz^2 \cdot y^2z \cdot yz^2} = 6xyz$$

**例8** 设 $x, y, z$ 是正实数,且 $x+y+z=1$,证明: $x^2+y^2+z^2+9xyz \geqslant 2(xy+yz+zx)$. (2004 年南昌市高中数学竞赛试题)

**证明** 因为

$$2(xy+yz+zx) = 2(xy+yz+zx)(x+y+z) =$$
$$6xyz + 2x^2(y+z) + 2y^2(z+x) + 2z^2(x+y)$$

$$x^2 + y^2 + z^2 = (x^2 + y^2 + z^2)(x+y+z) =$$
$$x^3 + y^3 + z^3 + x^2(y+z) +$$
$$y^2(z+x) + z^2(x+y)$$

要证明
$$x^2 + y^2 + z^2 + 9xyz \geq 2(xy + yz + zx)$$

只要证明
$$x^3 + y^3 + z^3 + 3xyz \geq x^2(y+z) + y^2(z+x) + z^2(x+y)$$

此即舒尔不等式.

## 二、舒尔不等式与均值不等式的联用

**例9** 设 $a,b,c$ 都是正数,且满足 $ab+bc+ca=3$,证明不等式: $a^3+b^3+c^3+6abc \geq 9$. (2006 年波兰数学奥林匹克试题)

**证法一** 因为 $a,b,c$ 是正数,且 $ab+bc+ca=3$,所以由 $(a+b+c)^2 \geq 3(ab+bc+ca)$,及 $ab+bc+ca=3$,得 $a+b+c \geq 3$. 所以要证明 $a^3+b^3+c^3+6abc \geq 9$,只要证明 $a^3+b^3+c^3+6abc \geq (a+b+c)(ab+bc+ca)$. 展开后发现即证 $a^3+b^3+c^3+6abc \geq a^2b+ab^2+a^2c+ac^2+b^2c+bc^2+3abc$.

即证
$$a^3+b^3+c^3+3abc \geq a^2b+ab^2+a^2c+ac^2+b^2c+bc^2 \qquad ①$$

① 即为舒尔不等式.

**证法二** 因为 $ab+bc+ca=3$,只要证明
$(a^3+b^3+c^3+6abc)^2 \geq 3(ab+bc+ca)^3 \Leftrightarrow$
$(a^3+b^3+c^3)^2 + 12abc(a^3+b^3+c^3) + 36a^2b^2c^2 \geq$
$3[(a^3b^3+b^3c^3+c^3a^3) + 3abc(a^2b+ab^2+a^2c+ac^2+b^2c+bc^2) + 6a^2b^2c^2] \Leftrightarrow$
$(a^3+b^3+c^3)^2 + 12abc(a^3+b^3+c^3) + 18a^2b^2c^2 \geq$
$3[(a^3b^3+b^3c^3+c^3a^3) + 3abc(a^2b+ab^2+a^2c+ac^2+b^2c+bc^2)] \qquad ②$

将 ② 分成三个部分来证明.

由不等式 $(x+y+z)^2 \geq 3(xy+yz+zx)$ 得
$$(a^3+b^3+c^3)^2 \geq 3(a^3b^3+b^3c^3+c^3a^3) \qquad ③$$

由舒尔不等式得
$$a^3+b^3+c^3+3abc \geq a^2b+ab^2+a^2c+ac^2+b^2c+bc^2 \qquad ④$$

由 $a^3+b^3-(a^2b+ab^2) = (a+b)(a-b)^2 \geq 0$ 易得 $a^3+b^3 \geq a^2b+ab^2$,类似的, $b^3+c^3 \geq b^2c+bc^2$, $c^3+a^3 \geq c^2a+ca^2$,三个不等式相加得
$$2(a^3+b^3+c^3) \geq a^2b+ab^2+a^2c+ac^2+b^2c+bc^2 \qquad ⑤$$

④ ×2 + ⑤ 得
$$4(a^3+b^3+c^3) + 6abc \geq 3(a^2b+ab^2+a^2c+ac^2+b^2c+bc^2) \qquad ⑥$$

③ + ⑥ × $3abc$ 得不等式 ②，从而原不等式得证.

**例 10** 已知 $a,b,c$ 都是非负实数，证明：$\frac{1}{3}[(a-b)^2 + (b-c)^2 + (c-a)^2] \leq a^2 + b^2 + c^2 - 3\sqrt[3]{a^2b^2c^2} \leq (a-b)^2 + (b-c)^2 + (c-a)^2$. (2005 年爱尔兰数学奥林匹克试题)

**证明** 由均值不等式得 $a^2 + b^2 + c^2 - 3\sqrt[3]{a^2b^2c^2} \geq 0$，则

$$\frac{1}{3}[(a-b)^2 + (b-c)^2 + (c-a)^2] =$$
$$\frac{2}{3}(a^2 + b^2 + c^2) - \frac{2}{3}(ab + bc + ca) \leq$$
$$\frac{2}{3}(a^2 + b^2 + c^2) - \frac{2}{3} \cdot 3\sqrt[3]{ab \cdot bc \cdot ca} =$$
$$\frac{2}{3}(a^2 + b^2 + c^2) - \frac{2}{3} \cdot 3\sqrt[3]{a^2b^2c^2} =$$
$$\frac{2}{3}[a^2 + b^2 + c^2 - 3\sqrt[3]{a^2b^2c^2}] \leq$$
$$a^2 + b^2 + c^2 - 3\sqrt[3]{a^2b^2c^2}$$

下面证明右边的不等式. 令 $x = \sqrt[3]{a^2}$，$y = \sqrt[3]{b^2}$，$z = \sqrt[3]{c^2}$，则由舒尔不等式得

$$x^3 + y^3 + z^3 + 3xyz \geq x^2y + xy^2 + y^2z + yz^2 + x^2z + xz^2$$

所以由均值不等式得

$$[(a-b)^2 + (b-c)^2 + (c-a)^2] - (a^2 + b^2 + c^2 - 3\sqrt[3]{a^2b^2c^2}) =$$
$$a^2 + b^2 + c^2 + 3\sqrt[3]{a^2b^2c^2} - 2ab - 2bc - 2ca \geq$$
$$a^2 + b^2 + c^2 + 3\sqrt[3]{a^2b^2c^2} - \sqrt[3]{a^4b^2} - \sqrt[3]{a^2b^4} -$$
$$\sqrt[3]{b^4c^2} - \sqrt[3]{b^2c^4} - \sqrt[3]{a^4c^2} - \sqrt[3]{a^2c^4} =$$
$$x^3 + y^3 + z^3 + 3xyz - (x^2y + xy^2 + y^2z + yz^2 + x^2z + xz^2) \geq 0$$

右边的不等式得证.

**例 11** 设 $a,b,c$ 是正实数，求证：$\sqrt{abc}(\sqrt{a} + \sqrt{b} + \sqrt{c}) + (a+b+c)^2 \geq 4\sqrt{3abc(a+b+c)}$. (2004 年中国国家集训队试题)

**证明** 先换元 $x = \sqrt{a}$，$y = \sqrt{b}$，$z = \sqrt{c}$，原不等式化为

$$xyz(x + y + z) + (x^2 + y^2 + z^2)^2 \geq 4xyz\sqrt{3(x^2 + y^2 + z^2)}$$

展开，只要证明

$$x^4 + y^4 + z^4 + 2(x^2y^2 + y^2z^2 + z^2x^2) + xyz(x + y + z) \geq 4xyz\sqrt{3(x^2 + y^2 + z^2)}$$ ①

由舒尔不等式得到
$$x^2(x-y)(x-z)+y^2(y-x)(y-z)+z^2(z-y)(z-x)\geqslant 0 \quad ②$$
即
$$x^4+y^4+z^4+xyz(x+y+z)\geqslant 2(x^2y^2+y^2z^2+z^2x^2) \quad ③$$
所以,要证不等式①,只要证
$$4(x^2y^2+y^2z^2+z^2x^2)\geqslant 4xyz\sqrt{3(x^2+y^2+z^2)}$$
即证
$$x^2y^2+y^2z^2+z^2x^2\geqslant xyz\sqrt{3(x^2+y^2+z^2)}$$
即证
$$(x^2y^2+y^2z^2+z^2x^2)^2\geqslant 3x^2y^2z^2(x^2+y^2+z^2) \quad ④$$
不等式④等价于 $x^4(y^2-z^2)^2+y^4(z^2-x^2)^2+z^4(x^2-y^2)^2\geqslant 0$,故原不等式得证.

**例 12** 证明:对任意正实数 $a,b,c$,均有 $(a^2+2)(b^2+2)(c^2+2)\geqslant 9(ab+bc+ca)$. (2004 年亚太地区数学奥林匹克试题)

**证明** 要证明
$$(a^2+2)(b^2+2)(c^2+2)\geqslant 9(ab+bc+ca)$$
即证
$$a^2b^2c^2+2(a^2b^2+b^2c^2+c^2a^2)+4(a^2+b^2+c^2)+8\geqslant 9(ab+bc+ca) \quad ①$$
由均值不等式得到
$$a^2+b^2\geqslant 2ab, b^2+c^2\geqslant 2bc, c^2+a^2\geqslant 2ca$$
于是
$$3(a^2+b^2+c^2)\geqslant 3(ab+bc+ca) \quad ②$$
又由均值不等式得到
$$a^2b^2+1\geqslant 2ab, b^2c^2+1\geqslant 2bc, c^2a^2+1\geqslant 2ca$$
于是
$$2(a^2b^2+b^2c^2+c^2a^2+3)\geqslant 4(ab+bc+ca) \quad ③$$
②,③ 相加得
$$2(a^2b^2+b^2c^2+c^2a^2+3)+3(a^2+b^2+c^2)\geqslant 7(ab+bc+ca)$$
欲证明①,只需证明
$$a^2b^2c^2+2\geqslant 2(ab+bc+ca)-(a^2+b^2+c^2) \quad ④$$
两次运用均值不等式得到
$$a^2b^2c^2+2=a^2b^2c^2+1+1\geqslant 3\sqrt[3]{a^2b^2c^2}\geqslant \frac{9abc}{a+b+c}$$
再用舒尔不等式得到
$$(a+b+c)^3-4(a+b+c)(ab+bc+ca)+9abc\geqslant 0$$

所以
$$\frac{9abc}{a+b+c} \geq 4(ab+bc+ca)-(a+b+c)^2 =$$
$$2(ab+bc+ca)-(a^2+b^2+c^2)$$
不等式 ④ 得证,从而原不等式成立.

**例 13** 设 $x,y,z$ 是正实数,求证:$\frac{xy}{z}+\frac{yz}{x}+\frac{zx}{y} > 2\sqrt[3]{x^3+y^3+z^3}$.(2008 年中国国家集训队试题)

**证明** 设 $\frac{xy}{z}=a^2,\frac{yz}{x}=b^2,\frac{zx}{y}=c^2$,则由于 $x,y,z$ 是正实数,所以 $x=ca,y=ab,z=bc$.

原不等式化为证明
$$a^2+b^2+c^2 > 2\sqrt[3]{a^3b^3+b^3c^3+c^3a^3}$$

即证明
$$(a^2+b^2+c^2)^3 > 8(a^3b^3+b^3c^3+c^3a^3) \Leftrightarrow$$
$$a^6+b^6+c^6+3(a^4b^2+a^2b^4+b^4c^2+b^2c^4+c^4a^2+c^2a^4)+6a^2b^2c^2 > 8(a^3b^3+b^3c^3+c^3a^3)$$

由舒尔不等式得
$$a^6+b^6+c^6+3a^2b^2c^2 > a^4b^2+a^2b^4+b^4c^2+b^2c^4+c^4a^2+c^2a^4 \quad ①$$

由均值不等式得
$$a^4b^2+a^2b^4 \geq 2a^3b^3, b^4c^2+b^2c^4 \geq 2b^3c^3, c^4a^2+c^2a^4 \geq 2c^3a^3$$

于是
$$a^4b^2+a^2b^4+b^4c^2+b^2c^4+c^4a^2+c^2a^4 \geq 2(a^3b^3+b^3c^3+c^3a^3) \quad ②$$

又
$$a^2b^2c^2 > 0 \quad ③$$

① $+ 4 \times$ ② $+ 3 \times$ ③ 得
$$a^6+b^6+c^6+3(a^4b^2+a^2b^4+b^4c^2+b^2c^4+c^4a^2+c^2a^4)+6a^2b^2c^2 > 8(a^3b^3+b^3c^3+c^3a^3)$$

**例 14** 设 $x,y,z$ 是正实数,求证:$(xy+yz+zx)\left[\frac{1}{(x+y)^2}+\frac{1}{(y+z)^2}+\frac{1}{(z+x)^2}\right] \geq \frac{9}{4}$.(1996 年伊朗数学奥林匹克试题)

**证明**
$$4(xy+yz+zx)\left[(x+y)^2(y+z)^2+(y+z)^2(z+x)^2+(z+x)^2(x+y)^2\right] =$$
$$4(xy+yz+zx)\left[(y^2+xy+yz+zx)^2+(z^2+xy+yz+zx)^2+(x^2+xy+yz+zx)^2\right] =$$

$$4(xy+yz+zx)[(x^4+y^4+z^4)+$$
$$2(x^2+y^2+z^2)(xy+yz+zx)+3(xy+yz+zx)^2]=$$
$$4(x^4+y^4+z^4)(xy+yz+zx)+$$
$$8(x^2+y^2+z^2)(xy+yz+zx)^2+12(xy+yz+zx)^3=$$
$$4(x^5y+xy^5+y^5z+yz^5+z^5x+zx^5)+$$
$$8(x^4y^2+x^2y^4+y^4z^2+y^2z^4+z^4x^2+z^2x^4)+$$
$$20(x^4yz+xy^4z+xyz^4)+12(x^3y^3+y^3z^3+z^3x^3)+$$
$$52(x^3y^2z+x^2y^3z+xy^3z^2+xy^2z^3+x^3yz^2+x^2yz^3)+$$
$$96x^2y^2z^2$$

又
$$9(x+y)^2(y+z)^2(z+x)^2=$$
$$9(x^4y^2+x^2y^4+y^4z^2+y^2z^4+z^4x^2+z^2x^4)+$$
$$18(x^4yz+xy^4z+xyz^4)+18(x^3y^3+y^3z^3+z^3x^3)+$$
$$54(x^3y^2z+x^2y^3z+xy^3z^2+xy^2z^3+x^3yz^2+x^2yz^3)+$$
$$90x^2y^2z^2$$

所以
$$4(xy+yz+zx)[(x+y)^2(y+z)^2+(y+z)^2(z+x)^2+$$
$$(z+x)^2(x+y)^2]-9(x+y)^2(y+z)^2(z+x)^2=$$
$$4(x^5y+xy^5+y^5z+yz^5+z^5x+zx^5)-$$
$$(x^4y^2+x^2y^4+y^4z^2+y^2z^4+z^4x^2+z^2x^4)+$$
$$2(x^4yz+xy^4z+xyz^4)-6(x^3y^3+y^3z^3+z^3x^3)-$$
$$2(x^3y^2z+x^2y^3z+xy^3z^2+xy^2z^3+x^3yz^2+x^2yz^3)+$$
$$6x^2y^2z^2 \qquad ①$$

由加权均值不等式得 $3x^5y+xy^5=x^5y+x^5y+x^5y+xy^5 \geqslant 4x^4y^2$, 所以
$$3x^5y+xy^5 \geqslant 4x^4y^2$$
$$x^5y+3xy^5 \geqslant 4x^2y^4$$
$$3y^5z+yz^5 \geqslant 4y^4z^2$$
$$y^5z+3yz^5 \geqslant 4y^2z^4$$
$$3x^5z+xz^5 \geqslant 4x^4z^2$$
$$x^5z+3xz^5 \geqslant 4x^2z^4$$

相加得
$$4(x^5y+xy^5+y^5z+yz^5+z^5x+zx^5) \geqslant$$
$$4(x^4y^2+x^2y^4+y^4z^2+y^2z^4+z^4x^2+z^2x^4) \qquad ②$$

由均值不等式得 $x^4y^2+x^2y^4 \geqslant 2x^3y^3$, $y^4z^2+y^2z^4 \geqslant 2y^3z^3$, $z^4x^2+z^2x^4 \geqslant 2z^3x^3$, 相加并乘以 3 得

$$3(x^4y^2 + x^2y^4 + y^4z^2 + y^2z^4 + z^4x^2 + z^2x^4) \geqslant 6(x^3y^3 + y^3z^3 + z^3x^3) \quad ③$$

由舒尔不等式得
$$x^3 + y^3 + z^3 - (x^2y + xy^2 + x^2z + xz^2 + y^2z + yz^2) + 3xyz \geqslant 0$$

两端同乘以 $2xyz$ 得
$$2(x^4yz + xy^4z + xyz^4) + 6x^2y^2z^2 \geqslant$$
$$2(x^3y^2z + x^2y^3z + xy^3z^2 + xy^2z^3 + x^3yz^2 + x^2yz^3) \quad ④$$

② + ③ + ④ 得
$$4(x^5y + xy^5 + y^5z + yz^5 + z^5x + zx^5) + 2(x^4yz + xy^4z + xyz^4) + 6x^2y^2z^2 \geqslant$$
$$(x^4y^2 + x^2y^4 + y^4z^2 + y^2z^4 + z^4x^2 + z^2x^4) + 6(x^3y^3 + y^3z^3 + z^3x^3) +$$
$$2(x^3y^2z + x^2y^3z + xy^3z^2 + xy^2z^3 + x^3yz^2 + x^2yz^3) \quad ⑤$$

由 ⑤ 式知道 ① 的右端大于等于 0,从而,原不等式得证.

### 三、舒尔不等式与柯西不等式的联用

**例15** 对任意正实数 $a,b,c$,均有
$$\frac{a^3}{b^2 - bc + c^2} + \frac{b^3}{c^2 - ca + a^2} + \frac{c^3}{a^2 - ab + b^2} \geqslant a + b + c$$

(2006 巴尔干地区数学奥林匹克试题)

**证明** 由柯西不等式得
$$\frac{a^3}{b^2 - bc + c^2} + \frac{b^3}{c^2 - ca + a^2} + \frac{c^3}{a^2 - ab + b^2} =$$
$$\frac{a^4}{a(b^2 - bc + c^2)} + \frac{b^4}{b(c^2 - ca + a^2)} + \frac{c^4}{c(a^2 - ab + b^2)} \geqslant$$
$$\frac{(a^2 + b^2 + c^2)^2}{a(b^2 - bc + c^2) + b(c^2 - ca + a^2) + c(a^2 - ab + b^2)}$$

由舒尔不等式得
$$(a^2 + b^2 + c^2)^2 - (a + b + c)[a(b^2 - bc + c^2) + b(c^2 - ca + a^2) + c(a^2 - ab + b^2)] =$$
$$a^4 + b^4 + c^4 - (a^3b + ab^3) - (b^3c + bc^3) - (a^3c + ac^3) + abc(a + b + c) =$$
$$a^2(a - b)(a - c) + b^2(b - a)(b - c) + c^2(c - a)(c - a) \geqslant 0$$

所以
$$\frac{a^3}{b^2 - bc + c^2} + \frac{b^3}{c^2 - ca + a^2} + \frac{c^3}{a^2 - ab + b^2} \geqslant a + b + c$$

### 四、舒尔不等式与反证法的联用

**例16** 设 $a,b,c$ 是正实数,当 $a^2 + b^2 + c^2 + 4abc = 4$ 时,证明: $a + b + c \leqslant 3$. (2003 年伊朗数学奥林匹克试题)

**证明** 我们用反证法证明:若 $a + b + c > 3$,则 $a^2 + b^2 + c^2 + 4abc > 4$.

由舒尔不等式有
$$2(a+b+c)(a^2+b^2+c^2)+9abc-(a+b+c)^3=$$
$$a(a-b)(a-c)+b(b-a)(b-c)+c(c-a)(c-b) \geqslant 0$$
所以
$$2(a+b+c)(a^2+b^2+c^2)+9abc \geqslant (a+b+c)^3$$
于是
$$2(a+b+c)(a^2+b^2+c^2)+3abc(a+b+c) >$$
$$2(a+b+c)(a^2+b^2+c^2)+3abc \cdot 3 =$$
$$2(a+b+c)(a^2+b^2+c^2)+9abc \geqslant$$
$$(a+b+c)^3$$
即
$$2(a^2+b^2+c^2)+3abc > (a+b+c)^2 > 3^2 = 9 \qquad ①$$
又由柯西不等式得
$$(1^2+1^2+1^2)(a^2+b^2+c^2) \geqslant (a+b+c)^2 > 3^2 = 9$$
所以
$$a^2+b^2+c^2 > 3 \qquad ②$$
①+②得 $3(a^2+b^2+c^2)+3abc > 12$,即 $a^2+b^2+c^2+abc > 4$,与题设矛盾.于是 $a+b+c \leqslant 3$.

**例17** (1) 设 $x,y,z$ 为非负实数,且 $xy+yz+zx+xyz=4$,证明: $x+y+z \geqslant xy+yz+zx$. (1996年越南数学奥林匹克试题)

(2) 设 $x,y,z$ 为非负实数,且 $xy+yz+zx+xyz=4$,证明:
$$\frac{x}{\sqrt{y+z}}+\frac{y}{\sqrt{z+x}}+\frac{z}{\sqrt{x+y}} \geqslant \frac{\sqrt{2}}{2}(x+y+z)$$

(2007年奥地利波兰数学奥林匹克试题)

**证明** (1) 令 $d_1=x+y+z, d_2=xy+yz+zx, d_3=xyz$,则条件变为
$$d_2+d_3=4 \qquad ①$$
由舒尔不等式变形 II:
$$(x+y+z)^3-4(x+y+z)(yz+zx+xy)+9xyz \geqslant 0$$
得
$$d_1^3+9d_3 \geqslant 4d_1d_2 \qquad ②$$
用反证法.假设
$$d_1 < d_2 \qquad ③$$
将①代入②得
$$d_1^3+9(4-d_2) \geqslant 4d_1d_2$$
即

$$d_1^3 + 36 \geq 4d_1d_2 + 9d_2 \quad ④$$

将③代入④得

$$d_1^3 + 36 > 4d_1^2 + 9d_1 \quad ⑤$$

由⑤得

$$(d_1^2 - 9)(d_1 - 4) > 0 \quad ⑥$$

由③,①得 $d_1 - 4 < d_2 - 4 = -d_3 < 0$,又由 $d_1^2 \geq 3d_2 > 3d_1$ 得 $d_1 > 3$,从而 $d_1^2 > 9$,这样 $(d_1^2 - 9)(d_1 - 4) < 0$. 这与⑥矛盾,从而假设不成立,原不等式得证.

(2) 由(1)得

$$x + y + z \geq xy + yz + zx$$

由柯西不等式得

$$(x\sqrt{y+z} + y\sqrt{z+x} + z\sqrt{x+y})\left(\frac{x}{\sqrt{y+z}} + \frac{y}{\sqrt{z+x}} + \frac{z}{\sqrt{x+y}}\right) \geq (x+y+z)^2 \quad ⑦$$

由柯西不等式又得

$$x\sqrt{y+z} + y\sqrt{z+x} + z\sqrt{x+y} =$$
$$\sqrt{x} \cdot \sqrt{x(y+z)} + \sqrt{y} \cdot \sqrt{y(z+x)} + \sqrt{z} \cdot \sqrt{z(x+y)} \leq$$
$$\sqrt{x+y+z} \cdot \sqrt{x(y+z) + y(z+x) + z(x+y)}$$

即

$$x\sqrt{y+z} + y\sqrt{z+x} + z\sqrt{x+y} \leq$$
$$\sqrt{2(x+y+z)}\sqrt{xy+yz+zx} \leq$$
$$\sqrt{2}(x+y+z)$$

从而

$$\frac{x}{\sqrt{y+z}} + \frac{y}{\sqrt{z+x}} + \frac{z}{\sqrt{x+y}} \geq \frac{\sqrt{2}}{2}(x+y+z)$$

## 五、舒尔不等式与分析法联合使用

**例18** 已知 $a, b, c$ 都是正数,且 $ab + bc + ca = 1$,证明:$\sqrt{a^3 + a} + \sqrt{b^3 + b} + \sqrt{c^3 + c} \geq 2\sqrt{a+b+c}$. (2008 年伊朗国家集训队试题)

**证明** 因为 $ab + bc + ca = 1$,所以

$$a^3 + a = a^3 + a(ab + bc + ca) = a(a+b)(c+a)$$
$$b^3 + b = b(a+b)(b+c)$$
$$c^3 + c = c(c+a)(b+c)$$

不等式两端齐次化不等式等价于

$$\sqrt{a(a+b)(c+a)} + \sqrt{b(a+b)(b+c)} + \sqrt{c(c+a)(b+c)} \geqslant$$
$$2\sqrt{(a+b+c)(ab+bc+ca)}$$

两端平方知不等式等价于
$$\sum a^3 + \sum a^2 b + 3abc + 2\sum (a+b)\sqrt{ab(c+a)(b+c)} \geqslant$$
$$4\sum a^2 b + 12abc \Leftrightarrow$$
$$\sum a^3 + 2\sum (a+b)\sqrt{ab(c+a)(b+c)} \geqslant 3\sum a^2 b + 9abc$$

由舒尔不等式
$$\sum a^3 + 3abc \geqslant \sum a^2 b$$

故只要证明
$$2\sum (a+b)\sqrt{ab(c+a)(b+c)} \geqslant 2\sum a^2 b + 12abc$$

即证明
$$\sum (a+b)\sqrt{ab(c+a)(b+c)} \geqslant \sum a^2 b + 6abc$$

由柯西不等式和均值不等式得
$$(a+b)\sqrt{ab(c+a)(b+c)} = (a+b)\sqrt{ab(c+a)(c+b)} \geqslant$$
$$(a+b)(c+\sqrt{ab})\sqrt{ab} = ab(a+b) + c\sqrt{ab}(a+b) \geqslant$$
$$a^2 b + ab^2 + 2abc$$

所以
$$\sum (a+b)\sqrt{ab(c+a)(b+c)} \geqslant \sum a^2 b + 6abc$$

# 练习题

1. 已知 $a,b,c$ 是 $\triangle ABC$ 的三条边,证明:
$$2 < \frac{b+c}{a} + \frac{c+a}{b} + \frac{a+b}{c} - \frac{a^3+b^3+c^3}{abc} \leqslant 3$$
(2001 年奥地利 - 波兰数学奥林匹克试题)

2. 在 $\triangle ABC$ 中,证明: $\dfrac{3(a^4+b^4+c^4)}{(a^2+b^2+c^2)^2} + \dfrac{ab+bc+ca}{a^2+b^2+c^2} \geqslant 2$. (2006 年哥斯达黎加数学奥林匹克试题)

3. 已知 $a,b,c$ 是正数,且 $a^4+b^4+c^4=3$,证明: $\dfrac{1}{4-ab} + \dfrac{1}{4-bc} + \dfrac{1}{4-ca} \leqslant 1$. (2005 年摩尔多瓦数学奥林匹克试题)

4. 已知 $a,b,c$ 是正数,证明:$\sqrt{\dfrac{2}{3}+\dfrac{abc}{a^3+b^3+c^3}}+\sqrt{\dfrac{a^2+b^2+c^2}{ab+bc+ca}}\geqslant 2$.
(2006 年越南国家集训队试题)

5. 设 $a,b,c$ 是正实数,$\alpha$ 是实数,假设 $f(\alpha)=abc(a^\alpha+b^\alpha+c^\alpha)$,$g(\alpha)=a^{\alpha+2}(b+c-a)+b^{\alpha+2}(a+c-b)+c^{\alpha+2}(a+b-c)$,确定 $f(\alpha)$ 与 $g(\alpha)$ 的大小. (1994 年中国台湾地区数学奥林匹克试题)

6. 设 $a,b,c$ 都是正数,求证:$\dfrac{a+b+c}{3}-\sqrt[3]{abc}\leqslant\max\{(\sqrt{a}-\sqrt{b})^2,(\sqrt{b}-\sqrt{c})^2,(\sqrt{c}-\sqrt{a})^2\}$. (2002 年美国国家集训队考试题)

7. 设 $\alpha,\beta,\gamma\in(0,\dfrac{\pi}{2})$,证明不等式:$\dfrac{\sin\alpha\sin(\alpha-\beta)\sin(\alpha-\gamma)}{\sin(\beta+\gamma)}+\dfrac{\sin\beta\sin(\beta-\alpha)\sin(\beta-\gamma)}{\sin(\gamma+\alpha)}+\dfrac{\sin\gamma\sin(\gamma-\alpha)\sin(\gamma-\beta)}{\sin(\alpha+\beta)}\geqslant 0.$ (2003 年美国国家集训队选拔试题)

8. 设 $a,b,c$ 是正实数,求证:$\dfrac{(2a+b+c)^2}{2a^2+(b+c)^2}+\dfrac{(a+2b+c)^2}{2b^2+(c+a)^2}+\dfrac{(a+b+2c)^2}{2c^2+(a+b)^2}\leqslant 8.$ (2003 年美国数学奥林匹克试题)

9. $I$ 是 $\triangle ABC$ 的内心,证明:$IA^2+IB^2+IC^2\geqslant\dfrac{BC^2+CA^2+AB^2}{3}$. (1998 年 IMO 试题)

10. 如右图,$\triangle ABC$ 中,$a,b,c$ 是对应边,$M,N,P$ 分别是 $BC,CA,AB$ 的中点,$M_1,N_1,P_1$ 在的边上,且满足 $MM_1,NN_1,PP_1$ 分别平分 $\triangle ABC$ 的周长. 证明:

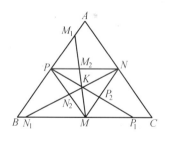

(1) $MM_1,NN_1,PP_1$ 交于一点 $K$;

(2) $\dfrac{KA}{BC},\dfrac{KB}{CA},\dfrac{KC}{AB}$ 中至少有一个不小于 $\dfrac{1}{\sqrt{3}}$.

(2003 年越南国家队选拔考试试题)

11. 设 $a,b,c$ 是正实数,且 $a+b+c=1$,求证:$\dfrac{a^2b^2}{c^3(a^2-ab+b^2)}+\dfrac{b^2c^2}{a^3(b^2-bc+c^2)}+\dfrac{c^2a^2}{b^3(c^2-ca+a^2)}\geqslant\dfrac{3}{ab+bc+ca}$. (2008 年土耳其数学奥林匹克试题)

12. 已知 $a,b,c$ 是正数,证明:$3(a^3+b^3+c^3+abc)\geqslant 4(a^2b+b^2c+c^2a)$. (2006 年乌克兰数学奥林匹克试题)

13. 已知 $x,y,z$ 都是非负数，且 $x+y+z=2$，证明不等式：$x^2y^2+y^2z^2+z^2x^2+xyz \leqslant 1$. (2009 年希腊数学奥林匹克试题)

14. 已知 $a,b,c$ 都是正数，$A=\dfrac{a+b+c}{3}$，$G=\sqrt[3]{abc}$，$H=\dfrac{3}{\dfrac{1}{a}+\dfrac{1}{b}+\dfrac{1}{c}}$，证明不等式：$\left(\dfrac{A}{G}\right)^3 \geqslant \dfrac{1}{4}+\dfrac{3}{4}\cdot\dfrac{A}{H}$. (1992 年波兰数学奥林匹克试题)

15. 设 $a,b,c$ 是正实数，证明：$a+b+c \leqslant \dfrac{ab}{a+b}+\dfrac{bc}{b+c}+\dfrac{ca}{c+a}+\dfrac{1}{2}\left(\dfrac{ab}{c}+\dfrac{bc}{a}+\dfrac{ca}{b}\right)$. (2009 年 Oliforum 数学奥林匹克试题)

16. 设 $a,b,c$ 是正实数，证明：$(b+c-a)(c+a-b)+(c+a-b)(a+b-c)+(a+b-c)(b+c-a) \leqslant \sqrt{abc}(\sqrt{a}+\sqrt{b}+\sqrt{c})$. (2001 年罗马尼亚国家集训队试题)

17. 设 $x,y,z$ 是正实数，证明：$\dfrac{x^3+y^3+z^3}{3xyz}+\dfrac{3\sqrt[3]{xyz}}{x+y+z} \geqslant 2$. (Mircea Lasscu 不等式)

18. 设 $a,b,c$ 是正实数，求 $k$ 的值，使得
$$\left(k+\dfrac{a}{b+c}\right)\left(k+\dfrac{b}{c+a}\right)\left(k+\dfrac{c}{a+b}\right) \geqslant \left(k+\dfrac{1}{2}\right)^3$$
(2009 年越南国家队选拔考试试题)

19. 已知 $a,b,c$ 是正数，且 $a+b+c=1$，证明：
$$\dfrac{1}{bc+a+\dfrac{1}{a}}+\dfrac{1}{ca+b+\dfrac{1}{b}}+\dfrac{1}{ab+c+\dfrac{1}{c}} \leqslant \dfrac{27}{31}$$
(2008 年塞尔维亚数学奥林匹克试题)

20. 设 $a,b,c$ 是非负的实数. 求证：$a^4+b^4+c^4-2(a^2b^2+b^2c^2+c^2a^2)+a^2bc+b^2ca+c^2ab \geqslant 0$. (第 45 届莫斯科数学竞赛题)

21. 已知 $a,b,c$ 是正数，证明：$\dfrac{\sqrt{a^3+b^3}}{a^2+b^2}+\dfrac{\sqrt{b^3+c^3}}{b^2+c^2}+\dfrac{\sqrt{c^3+a^3}}{c^2+a^2} \geqslant \dfrac{6(ab+bc+ca)}{(a+b+c)\sqrt{(a+b)(b+c)(c+a)}}$. (2011 年科索沃数学奥林匹克试题)

22. 设 $x,y,z$ 是正数，且 $x+y+z=3$，证明：$\dfrac{x^2}{x+y^2}+\dfrac{y^2}{y+z^2}+\dfrac{z^2}{z+x^2} \geqslant \dfrac{3}{2}$. (2010 年克罗地亚数学奥林匹克试题)

# 参考解答

1. 左边等价于 $(b+c-a)(c+a-b)(a+b-c) > 0$,右边等价于 $(b+c-a)(c+a-b)(a+b-c) \leqslant abc$(舒尔不等式).

2. 去分母
$3(a^4+b^4+c^4)+(a^2+b^2+c^2)(ab+bc+ca)-2(a^2+b^2+c^2)^2 =$
$a^4+b^4+c^4+(a^3b+ab^3+b^3c+bc^3+c^3a+ca^3)+$
$abc(a+b+c)-4(a^2b^2+b^2c^2+c^2a^2)=$
$a^4+b^4+c^4-(a^3b+ab^3+b^3c+bc^3+c^3a+ca^3)+abc(a+b+c)+$
$2[(a^3b+ab^3+b^3c+bc^3+c^3a+ca^3)-2(a^2b^2+b^2c^2+c^2a^2)]=$
$a^2(a-b)(a-c)+b^2(b-a)(b-c)+c^2(c-a)(c-b)+$
$2[ab(a-b)^2+bc(b-c)^2+ca(c-a)^2]$

由舒尔不等式($r=2$)得
$$a^2(a-b)(a-c)+b^2(b-a)(b-c)+c^2(c-a)(c-b) \geqslant 0$$
所以
$3(a^4+b^4+c^4)+(a^2+b^2+c^2)(ab+bc+ca)-2(a^2+b^2+c^2)^2 \geqslant 0$
即
$$\frac{3(a^4+b^4+c^4)}{(a^2+b^2+c^2)^2}+\frac{ab+bc+ca}{a^2+b^2+c^2} \geqslant 2$$

3. 由已知易得
$$abc \leqslant 1, a+b+c \leqslant 3 \qquad ①$$
$$a^4+b^4+c^4 \geqslant \frac{1}{3}(a^3+b^3+c^3)(a+b+c) \qquad ②$$
$$a^3+b^3+c^3+6abc \geqslant a^2b+ab^2+b^2c+bc^2+c^2a+ca^2+3abc = (a+b+c)(ab+bc+ca) \qquad ③$$

不等式①由均值不等式及幂平均值不等式得到;不等式②是常见的不等式,可由排序不等式得到;不等式③是舒尔不等式的等价形式.
$$\frac{1}{4-ab}+\frac{1}{4-bc}+\frac{1}{4-ca} \leqslant 1 \Leftrightarrow \qquad ④$$
$$8(ab+bc+ca)+a^2b^2c^2 \leqslant 16+3abc(a+b+c) \qquad ⑤$$

因为 $abc \leqslant 1$,易得 $\frac{1}{3}abc(a+b+c) \geqslant a^2b^2c^2$,所以,要证明不等式⑤,只要证
$$8(ab+bc+ca) \leqslant 16+\frac{8}{3}abc(a+b+c)$$

即
$$ab + bc + ca \leqslant 2 + \frac{1}{3}abc(a+b+c) \qquad ⑥$$

由不等式 ② 得
$$\frac{1}{2} = \frac{9}{18} = \frac{3(a^4+b^4+c^4)}{18} \geqslant \frac{(a^3+b^3+c^3)(a+b+c)}{18} \qquad ⑦$$

两边同时加上 $\frac{1}{3}abc(a+b+c)$，并应用不等式 ③ 得
$$\frac{1}{2} + \frac{1}{3}abc(a+b+c) \geqslant \frac{(a^3+b^3+c^3+6abc)(a+b+c)}{18} \geqslant$$
$$\frac{(ab+bc+ca)(a+b+c)^2}{18} \qquad ⑧$$

于是，要证明不等式 ⑥，只要证明
$$\frac{3}{2} + \frac{(ab+bc+ca)(a+b+c)^2}{18} \geqslant ab+bc+ca \qquad ⑨$$

即证
$$(ab+bc+ca)\left(1 - \frac{(a+b+c)^2}{18}\right) \leqslant \frac{3}{2} \qquad ⑩$$

由于 $ab+bc+ca \leqslant \frac{(a+b+c)^2}{3}$，要证明 ⑩，只要证
$$\frac{(a+b+c)^2}{3}\left(1 - \frac{(a+b+c)^2}{18}\right) \leqslant \frac{3}{2}$$

即证 $\frac{9}{2} + \frac{(a+b+c)^4}{18} \geqslant (a+b+c)^2$. 显然，这可由二元均值不等式得到.

4. $\sqrt{\frac{2}{3} + \frac{abc}{a^3+b^3+c^3}} + \sqrt{\frac{a^2+b^2+c^2}{ab+bc+ca}} \geqslant 2 \Leftrightarrow$ ①

$$\sqrt{\frac{a^2+b^2+c^2}{ab+bc+ca}} - 1 \geqslant 1 - \sqrt{\frac{2}{3} + \frac{abc}{a^3+b^3+c^3}} \Leftrightarrow$$

$$\left(\frac{a^2+b^2+c^2}{ab+bc+ca} - 1\right)\left(1 + \sqrt{\frac{2}{3} + \frac{abc}{a^3+b^3+c^3}}\right) \geqslant$$

$$\left(\frac{1}{3} - \frac{abc}{a^3+b^3+c^3}\right)\left(\sqrt{\frac{a^2+b^2+c^2}{ab+bc+ca}} + 1\right) \Leftrightarrow$$

$$\frac{1}{ab+bc+ca}\left(1 + \sqrt{\frac{2}{3} + \frac{abc}{a^3+b^3+c^3}}\right)[a^2+b^2+c^2 - (ab+bc+ca)] \geqslant$$

$$\frac{a+b+c}{3(a^3+b^3+c^3)}\left(\sqrt{\frac{a^2+b^2+c^2}{ab+bc+ca}} + 1\right)[a^2+b^2+c^2 - (ab+bc+ca)] \Leftrightarrow$$

$$\frac{1}{ab+bc+ca}(1+\sqrt{\frac{2}{3}+\frac{abc}{a^3+b^3+c^3}}) \geqslant$$
$$\frac{a+b+c}{3(a^3+b^3+c^3)}(\sqrt{\frac{a^2+b^2+c^2}{ab+bc+ca}}+1) \Leftrightarrow$$
$$3(a^3+b^3+c^3)(1+\sqrt{\frac{2}{3}+\frac{abc}{a^3+b^3+c^3}}) \geqslant$$
$$(a+b+c)(ab+bc+ca)(1+\sqrt{\frac{a^2+b^2+c^2}{ab+bc+ca}}) \qquad ②$$

将不等式 ② 分成两个不等式证明
$$3(a^3+b^3+c^3) \geqslant (a+b+c)(ab+bc+ca) \qquad ③$$
$$3(a^3+b^3+c^3)\sqrt{\frac{2}{3}+\frac{abc}{a^3+b^3+c^3}} \geqslant (a+b+c)(ab+bc+ca)\sqrt{\frac{a^2+b^2+c^2}{ab+bc+ca}}$$
即
$$\sqrt{3(a^3+b^3+c^3)[2(a^3+b^3+c^3)+3abc]} \geqslant$$
$$(a+b+c)\sqrt{(a^2+b^2+c^2)(ab+bc+ca)} \qquad ④$$

不等式 ③ $\Leftrightarrow$
$$(a^3+b^3-a^2b-ab^2)+(b^3+c^3-b^2c-bc^2)+(c^3+a^3-c^2a-ca^2) \geqslant 0 \Leftrightarrow$$
$$(a+b)(a-b)^2+(b+c)(b-c)^2+(c+a)(c-a)^2 \geqslant 0$$

根据不等式 ③，要证明不等式 ④，只要证明
$$2(a^3+b^3+c^3)+3abc \geqslant (a^2+b^2+c^2)(a+b+c) \qquad ⑤$$
⑤ $\Leftrightarrow a^3+b^3+c^3+3abc \geqslant ab^2+a^2b+bc^2+b^2c+ca^2+c^2a \Leftrightarrow$
$$a^2(a-b)(a-c)+b^2(b-c)(b-a)+c^2(c-a)(c-b) \geqslant 0$$

这正是舒尔不等式．

5. $f(\alpha)-g(\alpha) = abc(a^\alpha+b^\alpha+c^\alpha)+(a^{\alpha+3}+b^{\alpha+3}+c^{\alpha+3})-a^{\alpha+2}(b+c)-b^{\alpha+2}(c+a)-c^{\alpha+2}(a+b) = [a^{\alpha+1}bc+a^{\alpha+3}-a^{\alpha+2}(b+c)]+[b^{\alpha+1}ca+b^{\alpha+3}-b^{\alpha+2}(c+a)]+[c^{\alpha+1}ab+c^{\alpha+3}-c^{\alpha+2}(a+b)] = a^{\alpha+1}(a-b)(a-c)+b^{\alpha+1}(b-a)(b-c)+c^{\alpha+1}(c-a)(c-b)$.

利用舒尔不等式知道 $f(\alpha) \geqslant g(\alpha)$.

6. 要证明
$$\frac{a+b+c}{3}-\sqrt[3]{abc} \leqslant \max\{(\sqrt{a}-\sqrt{b})^2,(\sqrt{b}-\sqrt{c})^2,(\sqrt{c}-\sqrt{a})^2\}$$

只要证明
$$\frac{a+b+c}{3}-\sqrt[3]{abc} \leqslant \frac{(\sqrt{a}-\sqrt{b})^2+(\sqrt{b}-\sqrt{c})^2+(\sqrt{c}-\sqrt{a})^2}{3}$$

即只要证明

$$a + b + c + 3\sqrt[3]{abc} \geq 2(\sqrt{ab} + \sqrt{bc} + \sqrt{ca})$$

记 $a = x^3, b = y^3, c = z^3$. 由舒尔不等式和均值不等式得

$$a + b + c + 3\sqrt[3]{abc} = x^3 + y^3 + z^3 + 3xyz \geq$$
$$x^2y + xy^2 + y^2z + yz^2 + x^2z + xz^2 \geq$$
$$2(\sqrt{(xy)^3} + \sqrt{(yz)^3} + \sqrt{(zx)^3}) =$$
$$2(\sqrt{ab} + \sqrt{bc} + \sqrt{ca})$$

7. 因为 $\sin(x+y)\sin(x-y) = (\sin x \cos y + \cos x \sin y)(\sin x \cos y - \cos x \sin y) = \sin^2 x \cos^2 y - \sin^2 y \cos^2 x = \sin^2 x(1 - \sin^2 y) - \sin^2 y(1 - \sin^2 x) = \sin^2 x - \sin^2 y$

所以,原不等式等价于

$$\frac{[\sin\alpha(\sin^2\alpha - \sin^2\beta)(\sin^2\alpha - \sin^2\gamma) + \sin\beta(\sin^2\beta - \sin^2\alpha)(\sin^2\beta - \sin^2\gamma) + \sin\gamma(\sin^2\gamma - \sin^2\beta)(\sin^2\gamma - \sin^2\alpha)]}{[\sin(\alpha+\beta)\sin(\beta+\gamma)\sin(\gamma+\alpha)]} \geq 0$$

①

因为 $\alpha, \beta, \gamma \in (0, \frac{\pi}{2})$,所以,$\sin(\alpha+\beta)\sin(\beta+\gamma)\sin(\gamma+\alpha) > 0$,只需证明

$$\sin\alpha(\sin^2\alpha - \sin^2\beta)(\sin^2\alpha - \sin^2\gamma) +$$
$$\sin\beta(\sin^2\beta - \sin^2\alpha)(\sin^2\beta - \sin^2\gamma) +$$
$$\sin\gamma(\sin^2\gamma - \sin^2\beta)(\sin^2\gamma - \sin^2\alpha) \geq 0 \qquad ②$$

记 $x = \sin^2\alpha, y = \sin^2\beta, z = \sin^2\gamma$,② 化为

$$\sqrt{x}(x-y)(x-z) + \sqrt{y}(y-z)(y-x) + \sqrt{z}(z-x)(z-y) \geq 0 \qquad ③$$

这就是舒尔不等式当 $r = \frac{1}{2}$ 时的情况. 从而,原不等式成立.

8. 对一个 $n$ 个变量的函数 $f$,定义它的对称和

$$\sum_{sym} f(x_1, x_2, \cdots, x_n) = \sum_{\sigma} f(x_{\sigma(1)}, x_{\sigma(2)}, \cdots, x_{\sigma(n)})$$

这里 $\sigma$ 是 $1, 2, \cdots, n$ 的一个排列,$sym$ 表示对称求和. 例如,将 $x_1, x_2, x_3$ 记为 $x, y, z$,当 $n = 3$ 时,有 $\sum_{sym} x^3 = 2x^3 + 2y^3 + 2z^3$, $\sum_{sym} x^2 y = x^2y + y^2z + z^2x + x^2z + y^2x + z^2y$, $\sum_{sym} xyz = 6xyz$,则

$$8 - \left[\frac{(2a+b+c)^2}{2a^2 + (b+c)^2} + \frac{(a+2b+c)^2}{2b^2 + (c+a)^2} + \frac{(a+b+2c)^2}{2c^2 + (a+b)^2}\right] = \frac{A}{B}$$

其中 $B > 0$.

$$A = \sum_{sym}(4a^6 + 4a^5b + a^4b^2 + 5a^4bc + 5a^3b^3 - 26a^3b^2c + 7a^2b^2c^2)$$

下面证明 $A > 0$.

由加权均值不等式得
$$4a^6 + b^6 + c^6 \geqslant 6a^4bc, 3a^5b + 3a^5c + b^5a + c^5a \geqslant 8a^4bc$$
得
$$\sum_{sym} 6a^6 \geqslant \sum_{sym} 6a^4bc$$
$$\sum_{sym} 8a^5b \geqslant \sum_{sym} 8a^4bc$$
于是
$$\sum_{sym} (4a^6 + 4a^5b + 5a^4bc) \geqslant \sum_{sym} 13a^4bc$$
再由均值不等式得
$$a^4b^2 + b^4c^2 + c^4a^2 \geqslant 3a^2b^2c^2$$
$$a^3b^3 + b^3c^3 + c^3a^3 \geqslant 3a^2b^2c^2$$
从而
$$\sum_{sym} (a^4b^2 + 5a^3b^3) \geqslant \sum_{sym} 13a^2b^2c^2$$
又由舒尔不等式
$$a^3 + b^3 + c^3 + 3abc \geqslant a^2b + ab^2 + a^2c + ac^2 + b^2c + bc^2$$
即
$$\sum_{sym} (a^3 - 2a^2b + abc) \geqslant 0$$
于是
$$\sum_{sym} (13a^4bc - 26a^3b^2c + 13a^2b^2c^2) \geqslant$$
$$13abc \sum_{sym} (a^3 - 2a^2b + abc) \geqslant 0$$

综上可得 $A > 0$.

9.     $IA = r\csc\dfrac{A}{2}, IB = r\csc\dfrac{B}{2}, IC = r\csc\dfrac{C}{2}$

$$BC = r(\cot\frac{B}{2} + \cot\frac{C}{2})$$
$$CA = r(\cot\frac{C}{2} + \cot\frac{A}{2})$$
$$AB = r(\cot\frac{A}{2} + \cot\frac{B}{2})$$

$IA^2 + IB^2 + IC^2 \geqslant \dfrac{BC^2 + CA^2 + AB^2}{3} \Leftrightarrow 3(\csc^2\dfrac{A}{2} + \csc^2\dfrac{B}{2} + \csc^2\dfrac{C}{2}) \geqslant$
$(\cot\dfrac{B}{2} + \cot\dfrac{C}{2})^2 + (\cot\dfrac{C}{2} + \cot\dfrac{A}{2})^2 + (\cot\dfrac{A}{2} + \cot\dfrac{B}{2})^2 \Leftrightarrow$

$$3(\cot^2\frac{A}{2}+\cot^2\frac{B}{2}+\cot^2\frac{C}{2})+9\geqslant$$

$$2(\cot^2\frac{A}{2}+\cot^2\frac{B}{2}+\cot^2\frac{C}{2})+$$

$$2(\cot\frac{A}{2}\cot\frac{B}{2}+\cot\frac{B}{2}\cot\frac{C}{2}+\cot\frac{C}{2}\cot\frac{A}{2})\Leftrightarrow$$

$$(\cot^2\frac{A}{2}+\cot^2\frac{B}{2}+\cot^2\frac{C}{2})+9\geqslant$$

$$2(\cot\frac{A}{2}\cot\frac{B}{2}+\cot\frac{B}{2}\cot\frac{C}{2}+\cot\frac{C}{2}\cot\frac{A}{2})\Leftrightarrow$$

$$(\cot\frac{A}{2}+\cot\frac{B}{2}+\cot\frac{C}{2})^2+9\geqslant$$

$$4(\cot\frac{A}{2}\cot\frac{B}{2}+\cot\frac{B}{2}\cot\frac{C}{2}+\cot\frac{C}{2}\cot\frac{A}{2}) \qquad ①$$

由舒尔不等式得

$$(x+y+z)^3-4(x+y+z)(yz+zx+xy)+9xyz\geqslant 0 \qquad ②$$

于是

$$(\cot\frac{A}{2}+\cot\frac{B}{2}+\cot\frac{C}{2})^3+9\cot\frac{A}{2}\cot\frac{B}{2}\cot\frac{C}{2}\geqslant$$

$$4(\cot\frac{A}{2}+\cot\frac{B}{2}+\cot\frac{C}{2})(\cot\frac{A}{2}\cot\frac{B}{2}+\cot\frac{B}{2}\cot\frac{C}{2}+\cot\frac{C}{2}\cot\frac{A}{2})$$

$$③$$

又在 $\triangle ABC$ 中 $\cot\frac{A}{2}+\cot\frac{B}{2}+\cot\frac{C}{2}=\cot\frac{A}{2}\cot\frac{B}{2}\cot\frac{C}{2}$,所以,由 ③ 得不等式 ①.

10. (1) 不妨设 $BC=a, AB=c, CA=b$,且 $a\geqslant c\geqslant b$, $BM_1=\frac{1}{2}(a+b+c)-\frac{1}{2}a=\frac{1}{2}(b+c)$,易知,有 $\frac{1}{2}c<BM_1\leqslant c$,因此 $M_1$ 在线段 $AP$ 内,于是有 $PM_1=\frac{1}{2}b=PM$,于是易推出 $MM_2$ 为 $\angle PMN$ 的角平分线,同理, $NN_2, PP_2$ 也是 $\triangle MNP$ 的角平分线,所以三线交于一点 $K$, $K$ 是 $\triangle MNP$ 的内心.

(2) 由中线长公式 $PK=\frac{1}{2}\sqrt{2(AK^2+BK^2)-AB^2}$,记 $\triangle ABC$ 的内切圆半径为 $r$,则 $PK=\frac{r}{\sin\frac{C}{2}}$,于是

$$2(AK^2+BK^2)=AB^2+4PK^2=c^2+r^2+\frac{1}{4}(a+b-c)^2$$

同理
$$2(BK^2 + CK^2) = BC^2 + 4MK^2 = a^2 + r^2 + \frac{1}{4}(b + c - a)^2$$
$$2(AK^2 + BK^2) = CA^2 + 4NK^2 = b^2 + r^2 + \frac{1}{4}(c + a - b)^2$$

相加得

$3r^2 + (a^2 + b^2 + c^2) + \frac{1}{4}(a + b - c)^2 + \frac{1}{4}(b + c - a)^2 + \frac{1}{4}(c + a - b)^2 =$
$4(AK^2 + BK^2 + CK^2)$

若结论不成立,则 $AK < \frac{a}{\sqrt{3}}$, $BK < \frac{b}{\sqrt{3}}$, $CK < \frac{c}{\sqrt{3}}$,代入上式,有

$$5(a^2 + b^2 + c^2) + 36r^2 < 6(ab + bc + ca) \qquad ②$$
$$8(a^2 + b^2 + c^2) + 36r^2 < 3(a + b + c)^2 \qquad ③$$

如果这个不等式不成立,则结论得证. 由于 $a = r(\cot\frac{B}{2} + \cot\frac{C}{2})$, $b = r(\cot\frac{C}{2} + \cot\frac{A}{2})$, $c = r(\cot\frac{A}{2} + \cot\frac{B}{2})$,因此,我们只要证明

$8((\cot\frac{B}{2} + \cot\frac{C}{2})^2 + (\cot\frac{C}{2} + \cot\frac{A}{2}) + (\cot\frac{A}{2} + \cot\frac{B}{2})^2) + 36 <$
$12(\cot\frac{A}{2} + \cot\frac{B}{2} + \cot\frac{C}{2})^2$

上式可简化为

$(\cot^2\frac{A}{2} + \cot^2\frac{B}{2} + \cot^2\frac{C}{2}) + 9 \geqslant$
$2(\cot\frac{A}{2}\cot\frac{B}{2} + \cot\frac{B}{2}\cot\frac{C}{2} + \cot\frac{C}{2}\cot\frac{A}{2}) \Leftrightarrow \qquad ④$
$(\cot\frac{A}{2} + \cot\frac{B}{2} + \cot\frac{C}{2})^2 + 9 \geqslant 4(\cot\frac{A}{2}\cot\frac{B}{2} + \cot\frac{B}{2}\cot\frac{C}{2} + \cot\frac{C}{2}\cot\frac{A}{2})$
$\qquad ⑤$

下面见上题.

**11. 证法一** 因为 $a + b + c = 1$,所以原不等式等价于

$$\frac{a^2b^2}{c^3(a^2 - ab + b^2)} + \frac{b^2c^2}{a^3(b^2 - bc + c^2)} + \frac{c^2a^2}{b^3(c^2 - ca + a^2)} \geqslant \frac{3(a+b+c)}{ab + bc + ca} \Leftrightarrow$$

$$\frac{(ab)^5}{a^2 - ab + b^2} + \frac{(bc)^5}{b^2 - bc + c^2} + \frac{(ca)^5}{c^2 - ca + a^2} \geqslant \frac{3(a+b+c)(abc)^3}{ab + bc + ca}$$

由不等式 $(u + v + w)^2 \geqslant 3(uv + vw + wu)$ 得
$$(ab + bc + ca)^2 \geqslant 3abc(a + b + c)$$

所以只要证明

$$\frac{(ab)^5}{a^2-ab+b^2}+\frac{(bc)^5}{b^2-bc+c^2}+\frac{(ca)^5}{c^2-ca+a^2} \geqslant (abc)^2(ab+bc+ca) \Leftrightarrow$$

$$\frac{(ab)^3}{c^2(a^2-ab+b^2)}+\frac{(bc)^3}{a^2(b^2-bc+c^2)}+$$

$$\frac{(ca)^3}{b^2(c^2-ca+a^2)} \geqslant (ab+bc+ca) \Leftrightarrow$$

$$\frac{(ab)^3}{c^2(a^2-ab+b^2)}+\frac{(bc)^3}{a^2(b^2-bc+c^2)}+\frac{(ca)^3}{b^2(c^2-ca+a^2)}+$$

$$c(a+b)+a(b+c)+b(c+a) \geqslant 3(ab+bc+ca) \Leftrightarrow$$

$$\frac{(ab)^3+(bc)^3+(ca)^3}{c^2(a^2-ab+b^2)}+\frac{(ab)^3+(bc)^3+(ca)^3}{a^2(b^2-bc+c^2)}+$$

$$\frac{(ab)^3+(bc)^3+(ca)^3}{b^2(c^2-ca+a^2)} \geqslant 3(ab+bc+ca) \Leftrightarrow$$

$$[(ab)^3+(bc)^3+(ca)^3]\left[\frac{1}{c^2(a^2-ab+b^2)}+\frac{1}{a^2(b^2-bc+c^2)}+\right.$$

$$\left.\frac{1}{b^2(c^2-ca+a^2)}\right] \geqslant 3(ab+bc+ca)$$

由柯西不等式得

$$\left[\frac{1}{c^2(a^2-ab+b^2)}+\frac{1}{a^2(b^2-bc+c^2)}+\frac{1}{b^2(c^2-ca+a^2)}\right] \cdot$$

$$[c^2(a^2-ab+b^2)+a^2(b^2-bc+c^2)+b^2(c^2-ca+a^2)] \geqslant 9$$

即

$$\frac{1}{c^2(a^2-ab+b^2)}+\frac{1}{a^2(b^2-bc+c^2)}+\frac{1}{b^2(c^2-ca+a^2)} \geqslant$$

$$\frac{9}{2(a^2b^2+b^2c^2+c^2a^2)-abc(a+b+c)}$$

所以,只要证明

$$\frac{3[(ab)^3+(bc)^3+(ca)^3]}{2(a^2b^2+b^2c^2+c^2a^2)-abc(a+b+c)} \geqslant ab+bc+ca$$

令 $x=ab, y=bc, z=ca$,上述不等式等价于

$$\frac{3[x^3+y^3+z^3]}{2(x^2+y^2+z^2)-(xy+yz+zx)} \geqslant$$

$$x+y+z \Leftrightarrow x^3+y^3+z^3+3xyz \geqslant$$

$$x^2y+xy^2+x^2z+xz^2+y^2z+yz^2$$

这就是舒尔不等式.

**证法二** 由舒尔不等式得

$$x^2(x-y)(x-z)+y^2(y-z)(y-x)+z^2(z-x)(z-y) \geqslant 0$$

即
$$x^4 + y^4 + z^4 \geq (x^3y + xy^3) + (y^3z + yz^3) + (z^3x + zx^3) - xyz(x+y+z) \geq 0$$
即
$$(\sum x^2)^2 \geq \sum [x(y^3+z^3) + x^2(y^2+z^2-yz)]$$
$$(\sum x^2)^2 \geq \sum [x(y^2+z^2-yz)] \sum x \qquad ①$$

令 $x = \dfrac{1}{a}, y = \dfrac{1}{b}, z = \dfrac{1}{c}$,代入 ① 得
$$(\sum \dfrac{1}{a^2})^2 \geq \sum [\dfrac{1}{a}(\dfrac{1}{b^2}+\dfrac{1}{c^2}-\dfrac{1}{bc})] \sum \dfrac{1}{a}$$

由柯西不等式得
$$\left[\sum \dfrac{b^2c^2}{a^3(b^2-bc+c^2)}\right] \sum \dfrac{b^2-bc+c^2}{ab^2c^2} \geq (\sum \dfrac{1}{a^2})^2$$

故只需证明 $\sum \dfrac{1}{a} \cdot \sum ab \geq 3 \sum a$,即 $\sum (ab-ac)^2 \geq 0$.

12. 由舒尔不等式得
$$a^3 + b^3 + c^3 + 3abc \geq a^2b + ab^2 + b^2c + bc^2 + c^2a + ca^2 \qquad ①$$
由均值不等式得
$$\dfrac{a^3+a^3+b^3}{3} \geq a^2b, \dfrac{b^3+b^3+c^3}{3} \geq b^2c, \dfrac{c^3+c^3+a^3}{3} \geq c^2a$$
将这三个不等式相加即得
$$a^3 + b^3 + c^3 \geq a^2b + b^2c + c^2a \qquad ②$$
再由均值不等式得
$$a^3 + ab^2 \geq 2a^2b$$
即
$$a^3 \geq 2a^2b - ab^2$$
同理
$$b^3 \geq 2b^2c - bc^2$$
$$c^3 \geq 2c^2a - ca^2$$
将这三个不等式相加即得
$$a^3 + b^3 + c^3 \geq 2(a^2b + b^2c + c^2a) - (ab^2 + bc^2 + ca^2) \qquad ③$$
将不等式 ①②③ 相加得
$$3(a^3 + b^3 + c^3 + abc) \geq 4(a^2b + b^2c + c^2a)$$

13. 两边齐次化,等价于证明
$$(x+y+z)^4 \geq 16(x^2y^2 + y^2z^2 + z^2x^2) + 8xyz(x+y+z) \qquad ①$$
因为

$$(x+y+z)^4 = x^4 + y^4 + z^4 + 4(x^3y + xy^3 + y^3z + yz^3 + z^3x + zx^3) +$$
$$6(x^2y^2 + y^2z^2 + z^2x^2) + 4xyz(x+y+z)$$

所以 ① 等价于证明

$$x^4 + y^4 + z^4 + 4(x^3y + xy^3 + y^3z + yz^3 + z^3x + zx^3) -$$
$$10(x^2y^2 + y^2z^2 + z^2x^2) + 4xyz(x+y+z) \geqslant 0 \qquad ②$$

由舒尔不等式得

$$x^2(x-y)(x-z) + y^2(y-x)(y-z) + z^2(z-y)(z-x) \geqslant 0$$

即

$$x^4 + y^4 + z^4 - (x^3y + xy^3 + y^3z + yz^3 + z^3x + zx^3) + xyz(x+y+z) \geqslant 0$$

所以

$$x^4 + y^4 + z^4 \geqslant (x^3y + xy^3 + y^3z + yz^3 + z^3x + zx^3) - xyz(x+y+z)$$

从而,要证明 ②,只要证明

$$5(x^3y + xy^3 + y^3z + yz^3 + z^3x + zx^3) -$$
$$10(x^2y^2 + y^2z^2 + z^2x^2) + 3xyz(x+y+z) \geqslant 0 \qquad ③$$

由均值不等式得

$$x^3y + xy^3 \geqslant 2x^2y^2$$
$$y^3z + yz^3 \geqslant 2y^2z^2$$
$$z^3x + zx^3 \geqslant 2z^2x^2$$

所以

$$5(x^3y + xy^3 + y^3z + yz^3 + z^3x + zx^3) - 10(x^2y^2 + y^2z^2 + z^2x^2) \geqslant 0$$

而 $3xyz(x+y+z) \geqslant 0$ 显然成立,所以不等式 ③ 成立. 等号成立的充要条件是 $x,y,z$ 中有一个是 0,其余两个相等.

14. 因为 $a,b,c$ 都是正数,$A = \dfrac{a+b+c}{3}$,$G = \sqrt[3]{abc}$,$H = \dfrac{3}{\dfrac{1}{a} + \dfrac{1}{b} + \dfrac{1}{c}}$,所以不等式

$$\left(\dfrac{A}{G}\right)^3 \geqslant \dfrac{1}{4} + \dfrac{3}{4} \cdot \dfrac{A}{H} \Leftrightarrow$$

$$\dfrac{(a+b+c)^3}{27abc} \geqslant \dfrac{1}{4} + \dfrac{(a+b+c)(ab+bc+ca)}{12abc} \Leftrightarrow$$

$$4(a+b+c)^3 \geqslant 9(a+b+c)(ab+bc+ca) + 27abc$$

由舒尔不等式得

$$(a+b+c)^3 - 4(a+b+c)(ab+bc+ca) + 9abc \geqslant 0 \qquad ①$$

由均值不等式得

$$(a+b+c)(ab+bc+ca) \geqslant 9abc \qquad ②$$

① × 4 + ② × 7 得

$$4(a+b+c)^3 \geqslant 9(a+b+c)(ab+bc+ca) + 27abc$$

15. 令 $a = xy$, $b = yz$, $c = zx$, 则原不等式化为

$$\frac{1}{2}(x^2 + y^2 + z^2) + xyz\left(\frac{1}{x+y} + \frac{1}{y+z} + \frac{1}{z+x}\right) \geqslant xy + yz + zx$$

由柯西不等式得

$$\frac{1}{x+y} + \frac{1}{y+z} + \frac{1}{z+x} \geqslant \frac{9}{2(x+y+z)}$$

只要证明

$$x^2 + y^2 + z^2 + \frac{9xyz}{x+y+z} \geqslant 2(xy + yz + zx)$$

即

$$(x+y+z)^2 + \frac{9xyz}{x+y+z} \geqslant 4(xy+yz+zx) \Leftrightarrow$$

$$(x+y+z)^3 - 4(x+y+z)(yz+zx+xy) + 9xyz \geqslant 0$$

此就是舒尔不等式.

16. 因为
$$(b+c-a)(c+a-b) + (c+a-b)(a+b-c) + (a+b-c)(b+c-a) = 2(ab+bc+ca) - (a^2+b^2+c^2)$$

由舒尔不等式和均值不等式

$$2(ab+bc+ca) - (a^2+b^2+c^2) \leqslant \frac{9abc}{a+b+c} \leqslant 3\sqrt[3]{a^2b^2c^2}$$

由均值不等式得

$$\sqrt{abc}(\sqrt{a} + \sqrt{b} + \sqrt{c}) \geqslant 3\sqrt[3]{a^2b^2c^2}$$

所以

$$2(ab+bc+ca) - (a^2+b^2+c^2) \leqslant \sqrt{abc}(\sqrt{a} + \sqrt{b} + \sqrt{c})$$

17. 由第 6 题中的证明知道

$$x + y + z + 3\sqrt[3]{xyz} \geqslant 2(\sqrt{xy} + \sqrt{yz} + \sqrt{zx})$$

得

$$3\sqrt[3]{xyz} \geqslant 2(\sqrt{xy} + \sqrt{yz} + \sqrt{zx}) - (x+y+z)$$

我们有

$$\frac{3\sqrt[3]{xyz}}{x+y+z} \geqslant \frac{2(\sqrt{xy} + \sqrt{yz} + \sqrt{zx}) - (x+y+z)}{x+y+z}$$

于是

$$\frac{x^3+y^3+z^3}{3xyz} + \frac{3\sqrt[3]{xyz}}{x+y+z} \geqslant \frac{x^3+y^3+z^3}{3xyz} + \frac{2(\sqrt{xy}+\sqrt{yz}+\sqrt{zx})}{x+y+z} - 1 =$$

$$\frac{x^3+y^3+z^3}{3xyz}-1+\frac{2(\sqrt{xy}+\sqrt{yz}+\sqrt{zx})}{x+y+z}-2+2=$$

$$\frac{(x+y+z)(x^2+y^2+z^2-xy-yz-zx)}{3xyz}+$$

$$\frac{2(\sqrt{xy}+\sqrt{yz}+\sqrt{zx})-2(x+y+z)}{x+y+z}+2=$$

$$\frac{(x+y+z)[(x-y)^2+(y-z)^2+(z-x)^2]}{6xyz}-$$

$$\frac{(\sqrt{x}-\sqrt{y})^2+(\sqrt{y}-\sqrt{z})^2+(\sqrt{z}-\sqrt{x})^2}{x+y+z}=$$

$$\sum_{cyc}\left[\frac{(x+y+z)(\sqrt{x}+\sqrt{y})^2}{6xyz}-\frac{1}{x+y+z}\right](\sqrt{x}-\sqrt{y})^2$$

而由于 $x,y,z$ 都是正实数, 所以由均值不等式有

$$(x+y+z)^2(\sqrt{x}+\sqrt{y})^2-6xyz > 2(x+y)z(\sqrt{x}+\sqrt{y})^2-6xyz \geqslant$$
$$8xyz-6xyz=2xyz>0$$

所以

$$\frac{(x+y+z)(\sqrt{x}+\sqrt{y})^2}{6xyz}-\frac{1}{x+y+z}>0$$

从而

$$\sum_{cyc}\left[\frac{(x+y+z)(\sqrt{x}+\sqrt{y})^2}{6xyz}-\frac{1}{x+y+z}\right](\sqrt{x}-\sqrt{y})^2 \geqslant 0$$

所以

$$\frac{x^3+y^3+z^3}{3xyz}+\frac{3\sqrt[3]{xyz}}{x+y+z} \geqslant 2$$

18. 当 $a=b, c\to 0$ 时, 原不等式转化为

$$(k+1)^2 k \geqslant (k+\frac{1}{2})^3 \Rightarrow 2k^2+k \geqslant \frac{3}{2}k^2+\frac{3}{4}k+\frac{1}{8} \Rightarrow 4k^2+2k-1 \geqslant 0$$

解得 $k \geqslant \frac{\sqrt{5}-1}{4}$ 或 $k \leqslant -\frac{\sqrt{5}+1}{4}$.

接下来证明当 $4k^2+2k-1 \geqslant 0$ 时

$$(k+\frac{a}{b+c})(k+\frac{b}{c+a})(k+\frac{c}{a+b}) \geqslant (k+\frac{1}{2})^3 \qquad ①$$

成立.

式 ① $\Leftrightarrow (\frac{1}{a+b}+\frac{1}{b+c}+\frac{1}{c+a})k^2+[\frac{ac}{(a+b)(b+c)}+$

$$\frac{bc}{(b+a)(c+a)}+\frac{ab}{(c+a)(b+c)}]k+$$

$$\frac{abc}{(a+b)(b+c)(c+a)} \geq \frac{3}{2}k^2 + \frac{3}{4}k + \frac{1}{8} \Leftrightarrow$$

$[a(a+b)(a+c) + b(a+b)(b+c) + c(a+c)(b+c)]k^2 +$
$[ac(a+c) + bc(b+c) + ab(a+b)]k +$
$abc(a+b)(b+c)(c+a)(\frac{3}{2}k^2 + \frac{3}{4}k + \frac{1}{8}) \Leftrightarrow$
$4k^2[2(a^3 + b^3 + c^3) - (a^2b + ab^2 + b^2c + bc^2 + c^2a + ca^2)] +$
$2k[(a^2b + ab^2 + b^2c + bc^2 + c^2a + ca^2) - 6abc] -$
$(a^2b + ab^2 + b^2c + bc^2 + c^2a + ca^2) - 6abc \geq 0$

由舒尔不等式得

$$a^3 + b^3 + c^3 - (a^2b + ab^2 + b^2c + bc^2 + c^2a + ca^2) + 3abc \geq 0$$

故上式左边大于等于

$$[(a^2b + ab^2 + b^2c + bc^2 + c^2a + ca^2) - 6abc](4k^2 + 2k - 1) \geq 0$$

19. 因为 $a + b + c = 1$,所以

$$\frac{1}{bc + a + \frac{1}{a}} + \frac{1}{ca + b + \frac{1}{b}} + \frac{1}{ab + c + \frac{1}{c}} \leq \frac{27}{31} \Leftrightarrow$$

$$\frac{a}{abc + a^2 + 1} + \frac{b}{abc + b^2 + 1} + \frac{c}{abc + c^2 + 1} \leq \frac{27}{31} \Leftrightarrow$$

$$\frac{a}{abc + a^2 + 1} - a + \frac{b}{abc + b^2 + 1} - b + \frac{c}{abc + c^2 + 1} - c \leq -\frac{4}{31} \Leftrightarrow$$

$$\frac{a^2(bc + a)}{abc + a^2 + 1} + \frac{b^2(ca + b)}{abc + b^2 + 1} + \frac{c^2(ab + c)}{abc + c^2 + 1} \geq \frac{4}{31}$$

由柯西不等式得

$[(bc + a)(abc + a^2 + 1) + (ca + b)(abc + b^2 + 1) + (ab + c)(abc + c^2 + 1)] \cdot$
$[\frac{a^2(bc + a)}{abc + a^2 + 1} + \frac{b^2(ca + b)}{abc + b^2 + 1} + \frac{c^2(ab + c)}{abc + c^2 + 1}] \geq$
$[a(bc + a) + b(ca + b) + c(ab + c)]^2$

令 $q = ab + bc + ca, r = abc$,因为 $a + b + c = 1$,所以由公式 $a^3 + b^3 + c^3 - 3abc = (a + b + c)(a^2 + b^2 + c^2 - (ab + bc + ca))$ 得

$$a^3 + b^3 + c^3 = 1 + 3r - 3q$$

$(bc + a)(abc + a^2 + 1) + (ca + b)(abc + b^2 + 1) + (ab + c)(abc + c^2 + 1) =$
$abc(ab + bc + ca) + abc(a + b + c) + (ab + bc + ca) +$
$abc(a + b + c) + (a^3 + b^3 + c^3) + (a + b + c) =$
$2 - 2q + 5r + qr$

$$a(bc + a) + b(ca + b) + c(ab + c) = 3r + 1 - 2q$$

因此,只要证明

435

$$31(3r+1-2q)^2 - 4(2-2q+5r+qr) \geq 0 \Leftrightarrow$$
$$279r^2 - 376qr + 166r + 124q^2 - 116q + 23 \geq 0 \quad \text{①}$$

记 $f(r) = 279r^2 - 376qr + 166r + 124q^2 - 116q + 23$,由不等式 $(a+b+c)^2 \geq 3(ab+bc+ca)$ 得 $3q \leq 1$,则
$$f'(r) = 558r - 376q + 166 = 558r + 166(1-3q) + 122q > 0$$

即 $f(r)$ 是 $(0, +\infty)$ 上的增函数.

由舒尔不等式得
$$(a+b+c)^3 - 4(a+b+c)(ab+bc+ca) + 9abc \geq 0 \quad \text{②}$$

于是,$r \geq \dfrac{4q-1}{9}$,注意到 $1-3q \geq 0$ 得
$$f(r) = 279r^2 - 376qr + 166r + 124q^2 - 116q + 23 \geq$$
$$279\left(\dfrac{4q-1}{9}\right)^2 - 376q\left(\dfrac{4q-1}{9}\right) +$$
$$166\left(\dfrac{4q-1}{9}\right) + 124q^2 - 116q + 23 =$$
$$12q^2 - 28q + 8 = 4(1-3q)(2-q) \geq 0$$

所以不等式 ① 成立.

20. 利用 $r = 2$ 时的舒尔不等式得
$$a^2(a-b)(a-c) + b^2(b-a)(b-c) + c^2(c-a)(c-b) \geq 0$$

展开得
$$a^4 + b^4 + c^4 - (a^3b + ab^3) - (b^3c + bc^3) - (a^3c + ac^3) + a^2bc + b^2ca + c^2ab \geq 0$$

所以
$$a^4 + b^4 + c^4 + a^2bc + b^2ca + c^2ab \geq (a^3b + ab^3) + (b^3c + bc^3) + (a^3c + ac^3)$$

由均值不等式得
$$a^3b + ab^3 \geq 2a^2b^2$$
$$b^3c + bc^3 \geq 2b^2c^2$$
$$a^3c + ac^3 \geq 2c^2a^2$$

将这三个不等式相加得
$$(a^3b + ab^3) + (b^3c + bc^3) + (a^3c + ac^3) \geq 2(a^2b^2 + b^2c^2 + c^2a^2)$$

所以
$$a^4 + b^4 + c^4 - 2(a^2b^2 + b^2c^2 + c^2a^2) + a^2bc + b^2ca + c^2ab \geq 0$$

21. 不等式等价于
$$\sum_{cyc} \dfrac{\sqrt{(a^3+b^3)(a+b)}}{a^2+b^2} \cdot \sqrt{(b+c)(c+a)} \geq \dfrac{6(ab+bc+ca)}{a+b+c}$$

由柯西不等式得 $\sqrt{(a^3+b^3)(a+b)} \geq a^2+b^2, \sqrt{(b+c)(c+a)} \geq c+$

$\sqrt{ab}$，所以

$$\sum_{cyc} \frac{\sqrt{(a^3+b^3)(a+b)}}{a^2+b^2} \cdot \sqrt{(b+c)(c+a)} \geq a+b+c+\sqrt{ab}+\sqrt{bc}+\sqrt{ca}$$

所以只要证明

$$a+b+c+\sqrt{ab}+\sqrt{bc}+\sqrt{ca} \geq \frac{6(ab+bc+ca)}{a+b+c}$$

即证明

$$(a+b+c)(a+b+c+\sqrt{ab}+\sqrt{bc}+\sqrt{ca}) \geq 6(ab+bc+ca)$$

即证明

$$(a^2+b^2+c^2)+(a+b+c)(\sqrt{ab}+\sqrt{bc}+\sqrt{ca}) \geq 4(ab+bc+ca)$$

由舒尔不等式 $x^4+y^4+z^4 \geq (x^3y+xy^3)+(y^3z+yz^3)+(z^3x+zx^3)-xyz(x+y+z)$ 得

$$x^4+y^4+z^4+xyz(x+y+z) \geq (x^3y+xy^3)+(y^3z+yz^3)+(z^3x+zx^3)$$

$$x^4+y^4+z^4+2(x^2+y^2+z^2)(xy+yz+zx) \geq$$
$$2[(x^3y+xy^3)+(y^3z+yz^3)+(z^3x+zx^3)]$$

所以

$$(a^2+b^2+c^2)+(a+b+c)(\sqrt{ab}+\sqrt{bc}+\sqrt{ca}) \geq 2\sum_{cyc}(a\sqrt{ab}+b\sqrt{ab})$$

只要证明 $\sum_{cyc}(a\sqrt{ab}+b\sqrt{ab}) \geq 2\sum_{cyc}ab$，由均值不等式这是显然的.

22. 由柯西不等式得

$$\left(\frac{x^2}{x+y^2}+\frac{y^2}{y+z^2}+\frac{z^2}{z+x^2}\right)[x^2(x+y^2)+y^2(y+z^2)z^2+z^2(z+x^2)] \geq$$
$$(x^2+y^2+z^2)^2$$

只要证明

$$2(x^2+y^2+z^2)^2 \geq 3[x^2(x+y^2)+y^2(y+z^2)z^2+z^2(z+x^2)] \Leftrightarrow$$
$$2(x^4+y^4+z^4)+(x^2y^2+y^2z^2+z^2x^2) \geq$$
$$3(x^3+y^3+z^3)=(x+y+z)(x^3+y^3+z^3) \Leftrightarrow$$
$$x^4+y^4+z^4+(x^2y^2+y^2z^2+z^2x^2) \geq x^3(y+z)+y^3(z+x)+z^3(x+y)$$

由均值不等式得

$$x^2y^2+y^2z^2+z^2x^2 \geq xyz(x+y+z)$$

由舒尔不等式 $x^4+y^4+z^4 \geq (x^3y+xy^3)+(y^3z+yz^3)+(z^3x+zx^3)-xyz(x+y+z) \geq 0$ 得

$$x^4+y^4+z^4+xyz(x+y+z) \geq x^3(y+z)+y^3(z+x)+z^3(x+y)$$

所以

$$x^4+y^4+z^4+(x^2y^2+y^2z^2+z^2x^2) \geq x^3(y+z)+y^3(z+x)+z^3(x+y)$$

# 排序不等式与切比雪夫不等式及其应用

## 第九章

对于许多不等式，如果把所涉及的数按照大小顺序排列，讨论起来就比较简单，这就要用到下面的排序不等式

**定理 1** 设 $a_1 \leqslant a_2 \leqslant \cdots \leqslant a_n, b_1 \leqslant b_2 \leqslant \cdots \leqslant b_n$，$i_1, i_2, \cdots, i_n$ 与 $j_1, j_2, \cdots, j_n$ 是 $1, 2, \cdots, n$ 的任意两个排列，则

$$a_{i_1}b_{j_1} + a_{i_2}b_{j_2} + \cdots + a_{i_n}b_{j_n} \leqslant a_1b_1 + a_2b_2 + \cdots + a_nb_n \quad ①$$

$$a_{i_1}b_{j_1} + a_{i_2}b_{j_2} + \cdots + a_{i_n}b_{j_n} \geqslant a_1b_n + a_2b_{n-1} + \cdots + a_nb_1 \quad ②$$

亦可简记为反序和 $\leqslant$ 乱序和 $\leqslant$ 同序和.

**定理 2** 切比雪夫（Chebyshev）不等式

设 $a_1 \leqslant a_2 \leqslant \cdots \leqslant a_n, b_1 \leqslant b_2 \leqslant \cdots \leqslant b_n$，则

$$\sum_{k=1}^{n} a_k \sum_{k=1}^{n} b_k \leqslant n \sum_{k=1}^{n} a_k b_k \quad ③$$

设 $a_1 \leqslant a_2 \leqslant \cdots \leqslant a_n, b_1 \geqslant b_2 \geqslant \cdots \geqslant b_n$，则

$$\sum_{k=1}^{n} a_k \sum_{k=1}^{n} b_k \geqslant n \sum_{k=1}^{n} a_k b_k \quad ④$$

**证明**

$$n\sum_{k=1}^{n} a_k b_k - \sum_{k=1}^{n} a_k \sum_{k=1}^{n} b_k = \sum_{k=1}^{n}\sum_{j=1}^{n}(a_k b_k - a_k b_j) = \sum_{j=1}^{n}\sum_{k=1}^{n}(a_j b_j - a_j b_k) =$$

$$\frac{1}{2}\sum_{k=1}^{n}\sum_{j=1}^{n}(a_k b_k + a_j b_j - a_k b_j - a_j b_k) =$$

$$\frac{1}{2}\sum_{k=1}^{n}\sum_{j=1}^{n}(a_k - a_j)(b_k - b_j) \geq 0$$

下面给出定理 1,2 的应用.

# 例 题 讲 解

**例 1** 设 $a,b,c,d$ 是满足 $ab+bc+cd+da=1$ 的非负实数,求证:
$$\frac{a^3}{b+c+d}+\frac{b^3}{c+d+a}+\frac{c^3}{d+a+b}+\frac{d^3}{a+b+c} \geq \frac{1}{3}$$
(第 31 届 IMO 预选题)

**证法一** 为了书写方便,记 $A=\dfrac{a^2}{b+c+d}$, $B=\dfrac{b^2}{c+d+a}$, $C=\dfrac{c^2}{d+a+b}$, $D=\dfrac{d^2}{a+b+c}$,不失一般性,设 $0 \leq a \leq b \leq c \leq d$,于是 $0 \leq A \leq B \leq C \leq D$,由排序原理,有

$$aA + bB + cC + dD \geq bA + aB + dC + cD$$
$$aA + bB + cC + dD \geq cA + dB + aC + bD$$
$$aA + bB + cC + dD \geq dA + cB + bC + aD$$

将以上三个不等式相加,得
$$3(aA + bB + cC + dD) \geq (b+c+d)A + (c+d+a)B +$$
$$(d+a+b)C + (a+b+c)D =$$
$$a^2 + b^2 + c^2 + d^2$$

由 $(a-b)^2 + (b-c)^2 + (c-d)^2 + (d-a)^2 \geq 0$ 得
$$a^2 + b^2 + c^2 + d^2 \geq ab + bc + cd + da = 1$$

故
$$3(aA + bB + cC + dD) \geq 1$$

由此立即得到所要证明的不等式.

**证法二** 记 $a=x_1, b=x_2, c=x_3, d=x_4$, $S=x_1+x_2+x_3+x_4$,原不等式可改写为 $\sum_{i=1}^{4}\dfrac{x_i^3}{S-x_i} \geq \dfrac{1}{3}$. 由切比雪夫不等式可得

$$\sum_{i=1}^{4}\frac{x_i^3}{S-x_i} \geq \frac{1}{4}\left(\sum_{i=1}^{4}\frac{1}{S-x_i}\right)\left(\sum_{i=1}^{4}x_i^3\right)$$

$$\sum_{i=1}^{4} x_i^3 \geq \frac{1}{4} \sum_{i=1}^{4} x_i^2 \sum_{i=1}^{4} x_i$$

于是

$$\sum_{i=1}^{4} \frac{x_i^3}{S-x_i} \geq \frac{S}{16} \left(\sum_{i=1}^{4} x_i^2\right) \left(\sum_{i=1}^{4} \frac{1}{S-x_i}\right)$$

再由柯西不等式得

$$\sum_{i=1}^{4} \frac{1}{S-x_i} \sum_{i=1}^{4} (S-x_i) \geq 16$$

即

$$\sum_{i=1}^{4} \frac{1}{S-x_i} \geq \frac{16}{3S}$$

于是

$$\sum_{i=1}^{4} \frac{x_i^3}{S-x_i} \geq \frac{1}{3} \sum_{i=1}^{4} x_i^2$$

利用假设和均值不等式得

$$1 = x_1 x_2 + x_1 x_2 + x_3 x_4 + x_4 x_1 \leq$$
$$\frac{1}{2}(x_1^2 + x_2^2) + \frac{1}{2}(x_2^2 + x_3^2) + \frac{1}{2}(x_3^2 + x_4^2) + \frac{1}{2}(x_4^2 + x_1^2) =$$
$$x_1^2 + x_2^2 + x_3^2 + x_4^2$$

从而,原不等式得证.

**例 2** 设 $a$, $b$, $c$ 为正实数,且满足 $abc=1$,试证:$\dfrac{1}{a^3(b+c)} + \dfrac{1}{b^3(c+a)} + \dfrac{1}{c^3(a+b)} \geq \dfrac{3}{2}$.(第 36 届 IMO 试题)

**证明** 从条件 $abc=1$ 出发将原不等式左端变形,记左端为 $S$,则

$$S = \frac{(abc)^2}{a^3(b+c)} + \frac{(abc)^2}{b^3(c+a)} + \frac{(abc)^2}{c^3(a+b)} =$$
$$\frac{bc}{a(b+c)} \cdot bc + \frac{ac}{b(c+a)} \cdot ac + \frac{ab}{c(a+b)} \cdot ab$$

设 $a \leq b \leq c$,则 $ab \leq ac \leq bc$,$ab+ac \leq ab+bc \leq ac+bc$,所以

$$\frac{1}{a(b+c)} \geq \frac{1}{b(c+a)} \geq \frac{1}{c(a+b)}$$

可知 $S$ 为顺序和. 所以

$$S \geq \frac{bc}{a(b+c)} \cdot ac + \frac{ac}{b(c+a)} \cdot ab + \frac{ab}{c(a+b)} \cdot bc =$$
$$\frac{c}{a(b+c)} + \frac{a}{b(c+a)} + \frac{b}{c(a+b)}$$

$$S \geqslant \frac{bc}{a(b+c)} \cdot ab + \frac{ac}{b(c+a)} \cdot bc + \frac{ab}{c(a+b)} \cdot ac =$$
$$\frac{b}{a(b+c)} + \frac{c}{b(c+a)} + \frac{a}{c(a+b)}$$

两式相加得 $2S \geqslant \frac{1}{a} + \frac{1}{b} + \frac{1}{c} \geqslant 3\sqrt[3]{\frac{1}{a} \cdot \frac{1}{b} \cdot \frac{1}{c}} = 3$. 所以 $S \geqslant \frac{3}{2}$.

**例3** 设 $x_1, x_2, \cdots, x_n (n \geqslant 2)$ 都是正数, 且 $\sum_{i=1}^{n} x_i = 1$, 求证:

$$\sum_{i=1}^{n} \frac{x_i}{\sqrt{1-x_i}} \geqslant \frac{\sum_{i=1}^{n} \sqrt{x_i}}{\sqrt{n-1}} \qquad ①$$

(第4届 CMO 试题)

**证法一** 由于在 $\frac{x_i}{\sqrt{1-x_i}}$ 中, $x_i$ 越大, $\frac{1}{\sqrt{1-x_i}}$ 越大, 由排序不等式得

$$\sum_{i=1}^{n} \frac{x_i}{\sqrt{1-x_i}} \geqslant n \frac{\sum_{i=1}^{n} x_i}{\sum_{i=1}^{n} \sqrt{1-x_i}} = \frac{n}{\sum_{i=1}^{n} \sqrt{1-x_i}}$$

只要证明 $n\sqrt{n-1} \geqslant \sum_{i=1}^{n} \sqrt{1-x_i} \cdot \sum_{i=1}^{n} \sqrt{x_i}$ 即可.

由柯西不等式

$$(\sum_{i=1}^{n} \sqrt{1-x_i})^2 \leqslant n \sum_{i=1}^{n} (1-x_i) = n(n - \sum_{i=1}^{n} x_i) = n(n-1)$$
$$(\sum_{i=1}^{n} \sqrt{x_i})^2 \leqslant n \sum_{i=1}^{n} x_i = n$$

从而

$$\sum_{i=1}^{n} \sqrt{1-x_i} \cdot \sum_{i=1}^{n} \sqrt{x_i} \leqslant \sqrt{n^2(n-1)} = n\sqrt{n-1}$$

从而原不等式成立.

**证法二** 设 $x_1 \leqslant x_2 \leqslant \cdots \leqslant x_n$, 易知 ① 左边为顺序和, 记为 $S$, 则

$$S \geqslant \frac{x_2}{\sqrt{1-x_1}} + \frac{x_3}{\sqrt{1-x_2}} + \cdots + \frac{x_1}{\sqrt{1-x_n}}$$
$$S \geqslant \frac{x_3}{\sqrt{1-x_1}} + \frac{x_4}{\sqrt{1-x_2}} + \cdots + \frac{x_2}{\sqrt{1-x_n}}$$
$$\cdots$$
$$S \geqslant \frac{x_n}{\sqrt{1-x_1}} + \frac{x_1}{\sqrt{1-x_2}} + \cdots + \frac{x_{n-1}}{\sqrt{1-x_n}}$$

将 $n-1$ 个不等式相加,按列求和,有

$$(n-1)S \geqslant \frac{1-x_1}{\sqrt{1-x_1}} + \frac{1-x_2}{\sqrt{1-x_2}} + \cdots + \frac{1-x_n}{\sqrt{1-x_n}} = \sqrt{1-x_1} + \sqrt{1-x_2} + \cdots + \sqrt{1-x_n}$$

于是,要证 ① 式只要证明不等式

$$\sqrt{1-x_1} + \sqrt{1-x_2} + \cdots + \sqrt{1-x_n} \geqslant \sqrt{n-1}(\sqrt{x_1} + \sqrt{x_2} + \cdots + \sqrt{x_n}) \quad ②$$

下面再用算术平方平均值不等式得

$$\frac{\sqrt{x_2} + \sqrt{x_3} + \cdots + \sqrt{x_n}}{n-1} \leqslant \sqrt{\frac{x_2 + x_3 + \cdots + x_n}{n-1}} = \sqrt{\frac{1-x_1}{n-1}}$$

即

$$\sqrt{x_2} + \sqrt{x_3} + \cdots + \sqrt{x_n} \leqslant \sqrt{n-1} \cdot \sqrt{1-x_1}$$

同理

$$\sqrt{x_1} + \sqrt{x_3} + \cdots + \sqrt{x_n} \leqslant \sqrt{n-1} \cdot \sqrt{1-x_2}$$

$$\cdots$$

$$\sqrt{x_1} + \sqrt{x_2} + \cdots + \sqrt{x_{n-1}} \leqslant \sqrt{n-1} \cdot \sqrt{1-x_n}$$

将 $n-1$ 个不等式相加,即得 ②,从而原不等式成立.

**证法三** 由对称性可设 $x_1 \leqslant x_2 \leqslant \cdots \leqslant x_n$,于是有

$$\frac{1}{\sqrt{1-x_1}} \leqslant \frac{1}{\sqrt{1-x_2}} \leqslant \cdots \leqslant \frac{1}{\sqrt{1-x_n}}$$

由切比雪夫不等式

$$\sum_{i=1}^{n} \frac{x_i}{\sqrt{1-x_i}} \geqslant \frac{1}{n}\sum_{i=1}^{n} x_i \sum_{i=1}^{n} \frac{1}{\sqrt{1-x_i}} = \frac{1}{n}\sum_{i=1}^{n} \frac{1}{\sqrt{1-x_i}} \quad ①$$

由均值不等式有

$$\frac{1}{n}\sum_{i=1}^{n} \frac{1}{\sqrt{1-x_i}} \geqslant \sqrt[n]{\prod_{i=1}^{n} \frac{1}{\sqrt{1-x_i}}} = \frac{1}{\sqrt[n]{\prod_{i=1}^{n}(1-x_i)}} \geqslant$$

$$\frac{1}{\sqrt{\frac{\sum_{i=1}^{n}(1-x_i)}{n}}} = \frac{1}{\sqrt{\frac{n-1}{n}}} = \sqrt{\frac{n}{n-1}} \quad ②$$

由柯西不等式有

$$\sum_{i=1}^{n} \sqrt{x_i} \leqslant \sqrt{n} \quad ③$$

结合 ①,② 和 ③ 即得
$$\sum_{i=1}^{n} \frac{x_i}{\sqrt{1-x_i}} \geq \frac{1}{n} \sum_{i=1}^{n} \frac{1}{\sqrt{1-x_i}} \geq \sqrt{\frac{n}{n-1}} \geq \frac{\sum_{i=1}^{n} \sqrt{x_i}}{\sqrt{n-1}}$$

**例 4** 设 $x,y,z$ 是正实数，且 $xyz = 1$，证明：$\frac{x^3}{(1+y)(1+z)} + \frac{y^3}{(1+z)(1+x)} + \frac{z^3}{(1+x)(1+y)} \geq \frac{3}{4}$. （第 39 届 IMO 预选题）

**证明** 假设 $x \leq y \leq z$，则
$$\frac{1}{(1+y)(1+z)} \leq \frac{1}{(1+z)(1+x)} \leq \frac{1}{(1+x)(1+y)}$$

由切比雪夫不等式，有
$$\frac{x^3}{(1+y)(1+z)} + \frac{y^3}{(1+z)(1+x)} + \frac{z^3}{(1+x)(1+y)} \geq$$
$$\frac{1}{3}(x^3+y^3+z^3)\left[\frac{1}{(1+y)(1+z)} + \frac{1}{(1+z)(1+x)} + \frac{1}{(1+x)(1+y)}\right] =$$
$$\frac{1}{3}(x^3+y^3+z^3) \cdot \frac{3+x+y+z}{(1+x)(1+y)(1+z)}$$

令 $\frac{1}{3}(x+y+z) = a$，由琴生不等式及均值不等式，得
$$\frac{1}{3}(x^3+y^3+z^3) \geq a^3, \quad x+y+z \geq 3\sqrt[3]{xyz} = 3$$
$$(1+x)(1+y)(1+z) \leq \left[\frac{(1+x)+(1+y)+(1+z)}{3}\right]^3 = (1+a)^3$$

所以
$$\frac{x^3}{(1+y)(1+z)} + \frac{y^3}{(1+z)(1+x)} + \frac{z^3}{(1+x)(1+y)} \geq a^3 \cdot \frac{3+3}{(1+a)^3}$$

只要证明
$$\frac{6a^3}{(1+a)^3} \geq \frac{3}{4}$$

由于 $a \geq 1$，上式显然成立，等号当且仅当 $x = y = z = 1$ 时成立.

**例 5** 设 $n \geq 3, n \in \mathbf{N}^*$，并设 $x_1, x_2, \cdots, x_n$ 是一列实数，且满足 $x_i < x_{i+1}$ $(1 \leq i \leq n-1)$，证明：$\frac{n(n-1)}{2} \sum_{i<j} x_i x_j > \left(\sum_{i=1}^{n-1}(n-i)x_i\right)\left(\sum_{j=2}^{n}(j-1)x_j\right)$. （第 36 届 IMO 预选题）

**证明** 为运用切比雪夫不等式，取两组数，每组 $\frac{n(n-1)}{2}$ 个.

$$x_2; x_3, x_3; x_4, x_4, x_4; \cdots; \underbrace{x_{n-1}, x_{n-1}, \cdots, x_{n-1}}_{n-2\uparrow}; \underbrace{x_n, x_n, \cdots, x_n}_{n-1\uparrow}$$

$$x_1; \frac{x_1+x_2}{2}, \frac{x_1+x_2}{2}; \frac{x_1+x_2+x_3}{3}, \frac{x_1+x_2+x_3}{3}, \frac{x_1+x_2+x_3}{3}; \cdots$$

$$\underbrace{\frac{x_1+x_2+\cdots+x_{n-2}}{n-2}, \cdots, \frac{x_1+x_2+\cdots+x_{n-2}}{n-2}}_{n-2\uparrow}$$

$$\underbrace{\frac{x_1+x_2+\cdots+x_{n-1}}{n-1}, \cdots, \frac{x_1+x_2+\cdots+x_{n-1}}{n-1}}_{n-1\uparrow}$$

由切比雪夫不等式

$$[x_2+2x_3+3x_4+\cdots+(n-2)x_{n-1}+(n-1)x_n] \cdot$$
$$[(n-1)x_1+(n-2)x_2+\cdots+2x_{n-2}+x_{n-1}] =$$
$$(x_2+x_3+x_3+x_4+x_4+x_4+\cdots+$$
$$\underbrace{x_{n-1}+x_{n-1}+\cdots+x_{n-1}}_{n-2\uparrow}+\underbrace{x_n+x_n+\cdots+x_n}_{n-1\uparrow}) \cdot$$

$$(x_1+\frac{x_1+x_2}{2}+\frac{x_1+x_2}{2}+\frac{x_1+x_2+x_3}{3}+\frac{x_1+x_2+x_3}{3}+\frac{x_1+x_2+x_3}{3}+\cdots+$$

$$\underbrace{\frac{x_1+x_2+\cdots+x_{n-2}}{n-2}+\cdots+\frac{x_1+x_2+\cdots+x_{n-2}}{n-2}}_{n-2\uparrow}+$$

$$\underbrace{\frac{x_1+x_2+\cdots+x_{n-1}}{n-1}+\cdots+\frac{x_1+x_2+\cdots+x_{n-1}}{n-1}}_{n-1\uparrow}) <$$

$$[x_1x_2+(x_1+x_2)x_3+(x_1+x_2+x_3)x_4+\cdots+$$
$$x_n(x_1+x_2+\cdots+x_{n-1})]\frac{n(n-1)}{2} = \frac{n(n-1)}{2}\sum_{i<j}x_ix_j$$

即

$$\frac{n(n-1)}{2}\sum_{i<j}x_ix_j > \left[\sum_{i=1}^{n-1}(n-i)x_i\right]\left[\sum_{j=2}^{n}(j-1)x_j\right]$$

**例6** 设 $\frac{1}{2} \leq p \leq 1, a_i \geq 0, 0 \leq b_i \leq p (i=1,2,\cdots,n, n \geq 2)$,如果 $\sum_{i=1}^{n}a_i = \sum_{i=1}^{n}b_i = 1$,求证: $\sum_{i=1}^{n}b_i\prod_{\substack{1 \leq j \leq n \\ j \neq i}}a_j \leq \frac{p}{(n-1)^{n-1}}$. (第32届IMO预选题)

**证明** 记 $A_i = a_1a_2\cdots a_{i-1}a_{i+1}\cdots a_n$,由排序不等式不妨设 $b_1 \geq b_2 \geq \cdots \geq b_n, A_1 \geq A_2 \geq \cdots \geq A_n$,由于 $0 \leq b_i \leq p$,且 $\sum_{i=1}^{n}b_i = 1, \frac{1}{2} \leq p \leq 1$,易知

$$\sum_{i=1}^{n}b_iA_i \leq pA_1 + (1-p)A_2 \leq p(A_1 + A_2)$$

由均值不等式

$$A_1 + A_2 = a_3 a_4 \cdots a_n (a_1 + a_2) \leq \left(\frac{1}{n-1}\sum_{i=1}^{n} a_i\right)^{n-1}$$

又 $\sum_{i=1}^{n} a_i = 1$,所以

$$\sum_{i=1}^{n} b_i A_i \leq p\left(\frac{1}{n-1}\right)^{n-1}$$

**例7** 设 $x, y, z \in \mathbf{R}^+$,且 $x + y + z = 1$,求证:

$$\frac{xy}{\sqrt{xy+yz}} + \frac{yz}{\sqrt{yz+xz}} + \frac{xz}{\sqrt{xz+xy}} \leq \frac{\sqrt{2}}{2}$$

(2006 年中国国家集训队考试题)

**证明** 因为 $(x+y)(y+z)(z+x) \leq \left[\frac{2(x+y+z)}{3}\right]^3 = \frac{8}{27}$,所以我们只须证明更强一点的结论

$$\frac{xy}{\sqrt{xy+yz}} + \frac{yz}{\sqrt{yz+xz}} + \frac{xz}{\sqrt{xz+xy}} \leq \frac{3\sqrt{3}}{4}\sqrt{(x+y)(y+z)(z+x)} \Leftrightarrow$$

$$f = \sqrt{\frac{x}{(x+z)(z+y)} \cdot \frac{xy}{(y+z)(z+x)}} +$$

$$\sqrt{\frac{y}{(x+y)(y+z)} \cdot \frac{yz}{(z+x)(x+y)}} +$$

$$\sqrt{\frac{z}{(y+z)(z+x)} \cdot \frac{zx}{(x+y)(y+z)}} \leq \frac{3\sqrt{3}}{4}$$

由于 $f$ 是关于轮换对称,不妨设 $x = \min\{x, y, z\}$,下面只须分两种情况(ⅰ)$x \leq y \leq z$ 和(ⅱ)$x \leq z \leq y$ 证明便可以. 由于两种证明本质完全相同,我们仅证明第一种情况.

由 $x \leq y \leq z$ 得 $xy \leq zx \leq yz$,$(y+z)(z+x) \geq (y+z)(x+y) \geq (x+y)(z+x)$,于是

$$\frac{xy}{(y+z)(z+x)} \leq \frac{zx}{(x+y)(y+z)} \leq \frac{yz}{(z+x)(x+y)} \quad ①$$

而

$$x(y+z) \leq y(z+x) \Rightarrow \frac{x}{(x+z)(z+y)} \leq \frac{y}{(x+y)(y+z)}$$

同理

$$\frac{y}{(x+y)(y+z)} \leq \frac{z}{(y+z)(z+x)}$$

从而

$$\frac{x}{(x+z)(z+y)} \leq \frac{y}{(x+y)(y+z)} \leq \frac{z}{(y+z)(z+x)} \quad ②$$

由①,② 及排序不等式知

$$f \leq \sqrt{\frac{x^2y}{(x+y)(z+x)^2(y+z)}} + \sqrt{\frac{xyz}{(x+y)^2(y+z)^2}} +$$

$$\sqrt{\frac{yz^2}{(z+x)^2(x+y)(y+z)}} =$$

$$\sqrt{\frac{xyz}{(x+y)^2(y+z)^2}} + \sqrt{\frac{y}{(x+y)(y+z)}\left(\frac{x}{z+x}+\frac{z}{z+x}\right)} =$$

$$\sqrt{\frac{xyz}{(x+y)^2(y+z)^2}} + 2 \times \frac{1}{2}\sqrt{\frac{y}{(x+y)(y+z)}} \leq$$

$$\sqrt{3\left(\frac{xyz}{(x+y)^2(y+z)^2} + 2 \times \frac{1}{4}\frac{y}{(x+y)(y+z)}\right)}$$

因此,要证明 $f \leq \frac{3\sqrt{3}}{4}$,只须证明

$$\frac{xyz}{(x+y)^2(y+z)^2} + \frac{1}{2} \times \frac{y}{(x+y)(y+z)} \leq \frac{9}{16} \Leftrightarrow$$

$$16xyz + 8y(x+y)(y+z) \leq 9(x+y)^2(y+z)^2 \Leftrightarrow$$

$$9x^2z^2 + y^2 \geq 6xyz \Leftrightarrow (3xz-y)^2 \geq 0$$

由本例的证明可以获得下列一道竞赛题的解答:

设 $a,b,c > 0$,且 $a+b+c = 1$,证明:

$$\frac{a}{\sqrt{\frac{1}{b}-1}} + \frac{b}{\sqrt{\frac{1}{c}-1}} + \frac{c}{\sqrt{\frac{1}{a}-1}} \leq \frac{3\sqrt{3}}{4}\sqrt{(1-a)(1-b)(1-c)}$$

(2006 年数学与朋友竞赛试题)

**例 8** 设 $a_1, a_2, \cdots, a_N$ 是正实数,且 $2S = a_1 + a_2 + \cdots + a_N, n \geq m \geq 1$,则

$$\sum_{k=1}^{N} \frac{a_k^n}{(2S-a_k)^m} \geq \frac{(2S)^{n-m}}{N^{n-m-1}(N-1)^m}$$

**证明** 不妨设 $a_1 \geq a_2 \geq \cdots \geq a_N$,则

$$\frac{1}{2S-a_1} \geq \frac{1}{2S-a_2} \geq \cdots \geq \frac{1}{2S-a_N}$$

由切比雪夫不等式得

$$\sum_{k=1}^{N} \frac{a_k^n}{(2S-a_k)^m} \geq \frac{1}{N}\left(\sum_{k=1}^{N} a_k^n\right)\left[\sum_{k=1}^{N} \frac{1}{(2S-a_k)^m}\right] \qquad ①$$

由幂平均值不等式得

$$\frac{1}{N}\sum_{k=1}^{N} a_k^n \geq \left(\frac{1}{N}\sum_{k=1}^{N} a_k\right)^n = \left(\frac{2S}{N}\right)^n \qquad ②$$

又

$$\frac{1}{N}\sum_{k=1}^{N}\frac{1}{(2S-a_k)^m} \geq \left(\frac{1}{N}\sum_{k=1}^{N}\frac{1}{2S-a_k}\right)^m \qquad ③$$

由柯西不等式得

$$\sum_{k=1}^{N}(2S-a_k)\sum_{k=1}^{N}\frac{1}{2S-a_k} \geq N^2 \qquad ④$$

即

$$2(N-1)S\sum_{k=1}^{N}\frac{1}{2S-a_k} \geq N^2$$

$$\sum_{k=1}^{N}\frac{1}{2S-a_k} \geq \frac{N^2}{2(N-1)S}$$

代入③得

$$\sum_{k=1}^{N}\frac{1}{(2S-a_k)^m} \geq N\left(\frac{N^2}{2(N-1)S}\right)^m \qquad ⑤$$

将②,⑤代入①得

$$\sum_{k=1}^{N}\frac{a_k^n}{(2S-a_k)^m} \geq \left(\frac{2S}{N}\right)^n N\left[\frac{N^2}{2(N-1)S}\right]^m = \frac{(2S)^{n-m}}{N^{n-m-1}(N-1)^m}$$

当且仅当 $a_1 = a_2 = \cdots = a_N$ 时等号成立.

取 $N=3, k=3, m=1$ 得第 28 届 IMO 预选题:若 $a,b,c$ 是三角形的三边,且 $2S = a+b+c$,则

$$\frac{a^n}{b+c} + \frac{b^n}{c+a} + \frac{c^n}{a+b} \geq \left(\frac{2}{3}\right)^{n-2} S^{n-1}, n \geq 1$$

**例 9** 设正实数 $a_1, a_2, \cdots, a_n$ 满足 $a_1 + a_2 + \cdots + a_n = 1$,求证:

$$(a_1 a_2 + a_2 a_3 + \cdots + a_n a_1)\left(\frac{a_1}{a_2^2+a_2} + \frac{a_2}{a_3^2+a_3} + \cdots + \frac{a_n}{a_1^2+a_1}\right) \geq \frac{n}{n+1}$$

(2007 年中国国家集训队考试题)

**证明** (1) 若 $a_1 a_2 + a_2 a_3 + \cdots + a_n a_1 \geq \frac{1}{n}$,由于 $a_1, a_2, \cdots, a_n$ 是正实数,所以 $a_1, a_2, \cdots, a_n$ 与 $\frac{1}{a_1^2+a_1}, \frac{1}{a_2^2+a_2}, \cdots, \frac{1}{a_n^2+a_n}$ 反序. 由排序不等式和柯西不等式得

$$\frac{a_1}{a_2^2+a_2} + \frac{a_2}{a_3^2+a_3} + \cdots + \frac{a_n}{a_1^2+a_1} \geq \frac{a_1}{a_1^2+a_1} + \frac{a_2}{a_2^2+a_2} + \cdots + \frac{a_n}{a_n^2+a_n} =$$

$$\frac{1}{1+a_1} + \frac{1}{1+a_2} + \cdots + \frac{1}{1+a_n} \geq \frac{(1+1+\cdots+1)^2}{(1+a_1)+(1+a_2)+\cdots+(1+a_n)} =$$

$$\frac{n^2}{n+1}$$

所以

$$(a_1a_2 + a_2a_3 + \cdots + a_na_1)\left(\frac{a_1}{a_2^2+a_2} + \frac{a_2}{a_3^2+a_3} + \cdots + \frac{a_n}{a_1^2+a_1}\right) \geqslant \frac{n}{n+1}$$

(2) 若 $a_1a_2 + a_2a_3 + \cdots + a_na_1 < \frac{1}{n}$，记 $a_{n+1} = a_1$，则由排序不等式和柯西不等式得

$$\text{原不等式左边} = \sum_{1 \leqslant i,j \leqslant n} a_i a_{i+1} \frac{a_j}{a_{j+1}^2 + a_{j+1}} =$$

$$\frac{1}{2} \sum_{1 \leqslant i,j \leqslant n} \left(a_i a_{i+1} \frac{a_j}{a_{j+1}^2 + a_{j+1}} + a_j a_{j+1} \frac{a_i}{a_{i+1}^2 + a_{i+1}}\right) =$$

$$\frac{1}{2} \sum_{1 \leqslant i,j \leqslant n} a_i a_j \left(\frac{a_{i+1}}{a_{j+1}^2 + a_{j+1}} + \frac{a_{j+1}}{a_{i+1}^2 + a_{i+1}}\right) \geqslant$$

$$\frac{1}{2} \sum_{1 \leqslant i,j \leqslant n} a_i a_j \left(\frac{a_{i+1}}{a_{i+1}^2 + a_{i+1}} + \frac{a_{j+1}}{a_{j+1}^2 + a_{j+1}}\right) =$$

$$(a_{i+1}, a_{j+1} \text{ 与 } \frac{1}{a_{i+1}^2 + a_{i+1}}, \frac{1}{a_{j+1}^2 + a_{j+1}} \text{ 反序})$$

$$\frac{1}{2} \sum_{1 \leqslant i,j \leqslant n} a_i a_j \left(\frac{1}{a_{i+1} + 1} + \frac{1}{a_{j+1} + 1}\right) =$$

$$\sum_{1 \leqslant i,j \leqslant n} a_i a_j \cdot \frac{1}{a_{i+1} + 1} = \sum_{i=1}^{n} \frac{a_i}{a_{i+1} + 1} \cdot \sum_{i=1}^{n} a_i \geqslant$$

$$\frac{\left(\sum_{i=1}^{n} a_i\right)^2}{\sum_{i=1}^{n} a_i a_{i+1} + \sum_{i=1}^{n} a_i} = \frac{1}{\sum_{i=1}^{n} a_i a_{i+1} + 1} \geqslant$$

$$\frac{1}{\frac{1}{n} + 1} = \frac{n}{n+1}$$

**例 10** 已知 $a,b,c$ 是正数，且 $a + b + c = 1$，证明：

$$\frac{1}{bc + a + \frac{1}{a}} + \frac{1}{ca + b + \frac{1}{b}} + \frac{1}{ab + c + \frac{1}{c}} \leqslant \frac{27}{31}$$

(2008 年塞尔维亚数学奥林匹克试题)

**证明**

$$\frac{1}{bc + a + \frac{1}{a}} + \frac{1}{ca + b + \frac{1}{b}} + \frac{1}{ab + c + \frac{1}{c}} \leqslant \frac{27}{31} \Leftrightarrow$$

$$\frac{9a^2 + 9abc + 9 - 31a}{a^2 + abc + 1} + \frac{9b^2 + 9abc + 9 - 31b}{b^2 + abc + 1} + \frac{9c^2 + 9abc + 9 - 31c}{c^2 + abc + 1} \geqslant 0 \quad ①$$

不妨设 $a \geqslant b \geqslant c$，显然 $9(a+b) < 31$，所以容易证明

$$9a^2 + 9abc + 9 - 31a \leqslant 9b^2 + 9abc + 9 - 31b \leqslant$$
$$9c^2 + 9abc + 9 - 31c \qquad ②$$
$$a^2 + abc + 1 \geqslant b^2 + abc + 1 \geqslant c^2 + abc + 1$$

即
$$\frac{1}{a^2 + abc + 1} \leqslant \frac{1}{b^2 + abc + 1} \leqslant \frac{1}{c^2 + abc + 1} \qquad ③$$

由切比雪夫不等式有
$$3\left(\frac{9a^2 + 9abc + 9 - 31a}{a^2 + abc + 1} + \frac{9b^2 + 9abc + 9 - 31b}{b^2 + abc + 1} + \frac{9c^2 + 9abc + 9 - 31c}{c^2 + abc + 1}\right) \geqslant$$
$$[(9a^2 + 9abc + 9 - 31a) + (9b^2 + 9abc + 9 - 31b) + (9c^2 + 9abc + 9 - 31c)] \cdot$$
$$\left(\frac{1}{a^2 + abc + 1} + \frac{1}{b^2 + abc + 1} + \frac{1}{c^2 + abc + 1}\right) \qquad ④$$

于是只要证明
$$(9a^2 + 9abc + 9 - 31a) + (9b^2 + 9abc + 9 - 31b) +$$
$$(9c^2 + 9abc + 9 - 31c) \geqslant 0$$

它等价于
$$9(a^2 + b^2 + c^2) + 27abc + 27 - 31(a + b + c) \geqslant 0$$

因为 $a + b + c = 1$,只要证明
$$9(a^2 + b^2 + c^2) + 27abc - 4 \geqslant 0 \qquad ⑤$$

因为 $a + b + c = 1$,不等式 ⑤ 等价于
$$9(a^2 + b^2 + c^2)(a + b + c) + 27abc - 4(a + b + c)^3 \geqslant 0 \Leftrightarrow$$
$$5(a^3 + b^3 + c^3) - 3(a^2b + ab^2 + b^2c + bc^2 + c^2a + ac^2) + 3abc \geqslant 0 \qquad ⑥$$

由舒尔不等式
$$a^3 + b^3 + c^3 + 3abc \geqslant a^2b + ab^2 + b^2c + bc^2 + c^2a + ac^2 \qquad ⑦$$

由均值不等式得
$$a^3 + b^3 + c^3 \geqslant 3abc \qquad ⑧$$

⑦ × 3 + ⑧ × 2 得不等式 ⑥,从而不等式得证.

**例 11** 设 $0 < x_1 \leqslant \dfrac{x_2}{2} \leqslant \cdots \leqslant \dfrac{x_n}{n}, 0 < y_n \leqslant y_{n-1} \leqslant \cdots \leqslant y_1$,证明:
$$\left(\sum_{k=1}^{n} x_k y_k\right)^2 \leqslant \left(\sum_{k=1}^{n} y_k\right)\left[\sum_{k=1}^{n} \left(x_k^2 - \frac{1}{4}x_k x_{k-1}\right) y_k\right] \qquad ①$$

其中 $x_0 = 0$. (2009 年中国国家集训队测试题)

**证明** 对 $n$ 用数学归纳法.

当 $n = 1$ 时,不等式 ① 成为等式.

假设式 ① 对 $n - 1$ 成立,即

$$\left(\sum_{k=1}^{n-1} x_k y_k\right)^2 \leq \left(\sum_{k=1}^{n-1} y_k\right)\left[\sum_{k=1}^{n-1}\left(x_k^2 - \frac{1}{4}x_k x_{k-1}\right)y_k\right]$$

要证明式①,只要证明

$$\left(\sum_{k=1}^{n} x_k y_k\right)^2 - \left(\sum_{k=1}^{n-1} x_k y_k\right)^2 \leq \left(\sum_{k=1}^{n} y_k\right)\left(\sum_{k=1}^{n}\left(x_k^2 - \frac{1}{4}x_k x_{k-1}\right)y_k\right) -$$

$$\left(\sum_{k=1}^{n-1} y_k\right)\left(\sum_{k=1}^{n-1}\left(x_k^2 - \frac{1}{4}x_k x_{k-1}\right)y_k\right) \Leftrightarrow \frac{1}{4}x_n x_{n-1} y_n + 2x_n\left(\sum_{k=1}^{n-1} x_k y_k\right) \leq$$

$$\left(x_n^2 - \frac{1}{4}x_n x_{n-1}\right)\left(\sum_{k=1}^{n-1} y_k\right) + \left(\sum_{k=1}^{n-1}\left(x_k^2 - \frac{1}{4}x_k x_{k-1}\right)y_k\right) \Leftrightarrow$$

$$\frac{1}{4}x_n x_{n-1} y_n \leq \sum_{k=1}^{n-1} y_k\left((x_n - x_k)^2 - \frac{1}{4}x_k x_{k-1} - \frac{1}{4}x_n x_{n-1}\right) \qquad ②$$

记 $z_k = (x_n - x_k)^2 - \frac{1}{4}x_k x_{k-1} - \frac{1}{4}x_n x_{n-1}, 1 \leq k \leq n.$

由于 $0 < x_1 < x_2 < \cdots < x_n$,所以 $z_1 > z_2 > \cdots > z_{n-1}$. 由切比雪夫不等式得

$$\sum_{k=1}^{n-1} y_k z_k \geq \frac{1}{n-1}\left(\sum_{k=1}^{n-1} y_k\right)\left(\sum_{k=1}^{n-1} z_k\right)$$

因此要证明式②,只要证明

$$\frac{1}{4}x_n x_{n-1} y_n \leq \frac{1}{n-1}\left(\sum_{k=1}^{n-1} y_k\right)\left(\sum_{k=1}^{n-1} z_k\right)$$

又 $\frac{1}{n-1}\left(\sum_{k=1}^{n-1} y_k\right) \geq y_n$,故只要证明

$$\frac{1}{4}x_n x_{n-1} \leq \sum_{k=1}^{n-1} z_k$$

即

$$\frac{n}{4}x_n x_{n-1} + \frac{1}{4}\sum_{k=1}^{n-1} x_k x_{k-1} + 2\sum_{k=1}^{n-1} x_n x_k \leq (n-1)x_n^2 + \sum_{k=1}^{n-1} x_k^2 \qquad ③$$

下面证明式③.

事实上,对 $1 \leq k \leq n-1, 2x_n x_k \leq \frac{n}{k}x_k^2 + \frac{k}{n}x_n^2 = x_k^2 + \frac{n-k}{k}x_k^2 + \frac{k}{n}x_n^2 \leq$

$x_k^2 + \left[\frac{(n-k)k}{n^2} + \frac{k}{n}\right]x_n^2$,所以

$$2\sum_{k=1}^{n-1} x_n x_k \leq \sum_{k=1}^{n-1} x_k^2 + x_n^2 \sum_{k=1}^{n-1}\left[\frac{(n-k)k}{n^2} + \frac{k}{n}\right]$$

又

$$\frac{1}{4}x_n x_{n-1} \leq \frac{n-1}{4}x_n^2$$

而
$$\frac{1}{4}\sum_{k=1}^{n-1} x_k x_{k-1} \leqslant x_n^2 \sum_{k=1}^{n-1} \frac{k(k-1)}{4n^2}$$

所以
$$\frac{n}{4}x_n x_{n-1} + \frac{1}{4}\sum_{k=1}^{n-1} x_k x_{k-1} + 2\sum_{k=1}^{n-1} x_n x_k \leqslant$$
$$\sum_{k=1}^{n-1} x_k^2 + x_n^2 \left\{ \frac{n-1}{4} + \sum_{k=1}^{n-1}\left[\frac{(n-k)k}{n^2} + \frac{k}{n}\right] + \sum_{k=1}^{n-1}\frac{k(k-1)}{4n^2} \right\} =$$
$$\sum_{k=1}^{n-1} x_k^2 + (n-1)x_n^2$$

从而③式成立. 原不等式得证.

## 练 习 题

1. 已知 $x_i, y_i (i = 1,2,\cdots,n)$ 是实数, 且 $x_1 \geqslant x_2 \geqslant \cdots \geqslant x_n$, $y_1 \geqslant y_2 \geqslant \cdots \geqslant y_n$, 又 $z_1, z_2, \cdots, z_n$ 是 $y_1, y_2, \cdots, y_n$ 的任意一个排列. 试证: $\sum_{i=1}^{n}(x_i - y_i)^2 \leqslant \sum_{i=1}^{n}(x_i - z_i)^2$. (第 17 届 IMO 试题)

2. (1) 设 $a,b,c$ 是三角形的三边, 求证: $a^2(b+c-a) + b^2(c+a-b) + c^2(a+b-c) \leqslant 3abc$. (第 6 届 IMO 试题)

(2) 对 $x,y,z \geqslant 0$, 证明不等式 $x(x-z)^2 + y(y-z)^2 \geqslant (x-z)(y-z) \cdot (x+y+z)$. (1992 年加拿大数学奥林匹克试题)

3. 已知 $a_1, a_2, \cdots, a_n$ 是两两不相同的正整数. 求证: 对任何正整数 $n$ 有 $\sum_{k=1}^{n}\frac{a_k}{k^2} \geqslant \sum_{k=1}^{n}\frac{1}{k}$. (第 20 届 IMO 试题)

4. 已知 $a,b,c$ 是正数, 证明:

(1) $\frac{a}{b+c} + \frac{b}{c+a} + \frac{c}{a+b} \geqslant \frac{3}{2}$. (1963 年莫斯科数学奥林匹克试题)

(2) $\frac{a^2}{b+c} + \frac{b^2}{c+a} + \frac{c^2}{a+b} \geqslant \frac{a+b+c}{2}$. (第 2 届世界友谊杯数学竞赛试题)

5. (1) 已知 $a_1, a_2, \cdots, a_n$ 是正数, 且 $a_1 + a_2 + \cdots + a_n = 1$, 求证: $\frac{a_1}{2-a_1} + \frac{a_2}{2-a_2} + \cdots + \frac{a_n}{2-a_n} \geqslant \frac{n}{2n-1}$. (1984 年巴尔干数学奥林匹克试题)

(2) 设 $a_1, a_2, \cdots, a_n$ 是正数，且 $a_1 + a_2 + \cdots + a_n = S$，求证：$\dfrac{a_1}{S-a_1} + \dfrac{a_2}{S-a_2} + \cdots + \dfrac{a_n}{S-a_n} \geq \dfrac{n}{n-1}$. （1976 年英国数学奥林匹克试题）

(3) 设 $a_1, a_2, \cdots, a_n$ 是正数，且 $a_1 + a_2 + \cdots + a_n = S$，求证：$\dfrac{a_1}{2S-a_1} + \dfrac{a_2}{2S-a_2} + \cdots + \dfrac{a_n}{2S-a_n} \geq \dfrac{n}{2n-1}$. （1982 年联邦德国数学奥林匹克试题）

6. 设 $0 \leq a \leq b \leq c \leq d \leq e$，且 $a+b+c+d+e=1$. 求证：$ad + dc + cb + be + ea \leq \dfrac{1}{5}$. （1994 年中国国家集训队测试题）

7. 证明：对于任意正实数 $a, b, c$，均有 $\dfrac{a^3}{bc} + \dfrac{b^3}{ca} + \dfrac{c^3}{ab} \geq a+b+c$. （2002 年加拿大数学奥林匹克试题）

8. 设 $a, b, c$ 是正数，求证：$\left(1+\dfrac{a}{b}\right)\left(1+\dfrac{b}{c}\right)\left(1+\dfrac{c}{a}\right) \geq 2\left(1+\dfrac{a+b+c}{\sqrt[3]{abc}}\right)$. （1998 年亚太地区数学奥林匹克试题）

9. 已知 $x, y, z$ 是正数，求证：$\dfrac{x}{\sqrt{y+z}} + \dfrac{y}{\sqrt{z+x}} + \dfrac{z}{\sqrt{x+y}} \geq \sqrt{\dfrac{3}{2}(x+y+z)}$. （2005 年塞尔维亚数学奥林匹克试题）

10. 设 $a_1, a_2, \cdots, a_N$ 是正实数，且 $2S = a_1 + a_2 + \cdots + a_N$，$n \geq m \geq 1$，记 $P = \sum\limits_{k=1}^{N} a_k^m$，则 $\sum\limits_{k=1}^{N} \dfrac{a_k^n}{P - a_k^m} \geq \dfrac{(2S)^{n-m}}{(N-1)N^{n-m-1}}$. （第 28 届 IMO 预选题的另一个推广）

11. 设 $a, b, c$ 是一个三角形的三边长，求证：$a^2 b(a-b) + b^2 c(b-c) + c^2 a(c-a) \geq 0$，并指出等号成立的条件. （第 24 届 IMO 试题）

12. 正整数 $n \geq 3$，$x_1, x_2, \cdots, x_n$ 是正整数，满足关系式 $\sum\limits_{i=1}^{n} \dfrac{1}{1+x_i} = 1$，求证：$\sum\limits_{i=1}^{n} \sqrt{x_i} \geq (n-1) \sum\limits_{i=1}^{n} \dfrac{1}{\sqrt{x_i}}$. （1993 年波兰数学奥林匹克试题）

13. 设 $a > b > c > 0, x > y > z > 0$，证明：$\dfrac{a^2 x^2}{(by+cz)(bz+cy)} + \dfrac{b^2 y^2}{(cz+ax)(cx+az)} + \dfrac{c^2 z^2}{(ax+by)(ay+bx)} \geq \dfrac{3}{4}$. （2000 年韩国数学奥林匹克试题）

14. 设 $x, y, z$ 都是正数，且 $x+y+z \geq 1$，证明：$\dfrac{x\sqrt{x}}{y+z} + \dfrac{y\sqrt{y}}{z+x} + \dfrac{z\sqrt{z}}{x+y} \geq \dfrac{\sqrt{3}}{2}$.

（2003年摩尔多瓦数学奥林匹克试题）

15. 设 $x,y,z \in (0, \frac{\pi}{2})$，证明：$x+y+z \geq x(\frac{\sin y}{\sin x}) + y(\frac{\sin z}{\sin y}) + z(\frac{\sin x}{\sin z})$. （2005年乌克兰数学奥林匹克试题）

16. 设 $\alpha, \beta, \gamma$ 是一个三角形的三个内角. 求证：$2(\frac{\sin \alpha}{\alpha} + \frac{\sin \beta}{\beta} + \frac{\sin \gamma}{\gamma}) \leq (\frac{1}{\beta} + \frac{1}{\gamma})\sin \alpha + (\frac{1}{\gamma} + \frac{1}{\alpha})\sin \beta + (\frac{1}{\alpha} + \frac{1}{\beta})\sin \gamma$. （1988年全苏数学奥林匹克试题）

17. 设 $x_i > 0, i = 1,2,\cdots,n, k \geq 1$，求证：$\sum_{i=1}^{n} \frac{1}{1+x_i} \sum_{i=1}^{n} x_i \leq \sum_{i=1}^{n} \frac{x_i^{k+1}}{1+x_i} \cdot \sum_{i=1}^{n} \frac{1}{x_i^k}$. （2006年中国女子数学奥林匹克试题）

18. 设 $0 < p \leq a_i \leq q (i=1,2,\cdots,n)$，$b_1, b_2, \cdots, b_n$ 是 $a_1, a_2, \cdots, a_n$ 的一个排列，求证：$n \leq \frac{a_1}{b_1} + \frac{a_2}{b_2} + \cdots + \frac{a_n}{b_n} \leq n + [\frac{n}{2}](\sqrt{\frac{p}{q}} - \sqrt{\frac{q}{p}})^2$. （1935年匈牙利数学奥林匹克试题）

19. 已给正整数 $n \geq 2$. 求最小正数 $\lambda$，使得对任意正数 $a_1, a_2, \cdots, a_n$ 及 $[0, \frac{1}{2}]$ 中任意 $n$ 个正数 $b_1, b_2, \cdots, b_n$，只要 $a_1 + a_2 + \cdots + a_n = b_1 + b_2 + \cdots + b_n = 1$，就有 $a_1 a_2 \cdots a_n \leq \lambda(a_1 b_1 + a_2 b_2 + \cdots + a_n b_n)$. （1992年中国国家集训队选拔考试试题）

20. 已知 $x, y, z$ 是正数，且满足 $x+y+z=1$，$k$ 是正整数，证明：$\frac{x^{k+2}}{x^{k+1}+y^k+z^k} + \frac{y^{k+2}}{y^{k+1}+z^k+x^k} + \frac{z^{k+2}}{z^{k+1}+x^k+y^k} \geq \frac{1}{7}$. （2007年南斯拉夫数学奥林匹克试题）

21. 已知 $a,b,c,d$ 是正实数，且满足 $a+b+c+d=4$，证明：$a^2 bc + b^2 cd + c^2 da + d^2 ab \leq 4$. （2007年中欧数学奥林匹克试题）

22. 设 $\alpha, \beta, \gamma$ 是一个三角形的三个内角，它们的对边分别为 $a, b, c$，证明：$\frac{a}{\alpha(b+c-a)} + \frac{b}{\beta(c+a-b)} + \frac{c}{\gamma(a+b-c)} \geq \frac{1}{\alpha} + \frac{1}{\beta} + \frac{1}{\gamma}$. （1999年波兰数学奥林匹克试题）

23. 方程 $x^3 - ax^2 + bx - c = 0$ 有三个正数根（可以相等），求 $\frac{1+a+b+c}{3+2a+b} - \frac{c}{b}$ 的最小值. （2008年土耳其集训队试题）

24. 已知 $a,b,c$ 是正实数，$n \geq 1$ 是正整数，证明：$\frac{a^{n+1}}{b+c} + \frac{b^{n+1}}{c+a} + \frac{c^{n+1}}{a+b} \geq$

$\left(\dfrac{a^n}{b+c}+\dfrac{b^n}{c+a}+\dfrac{c^n}{a+b}\right)\sqrt[n]{\dfrac{a^n+b^n+c^n}{3}}$. (2009 年波兰数学奥林匹克试题)

25. 设 $0<x,y,z<1$,证明: $\dfrac{x}{1-x}+\dfrac{y}{1-y}+\dfrac{z}{1-z}\geqslant \dfrac{3\sqrt[3]{xyz}}{1-\sqrt[3]{xyz}}$. (2002 年爱尔兰数学奥林匹克试题)

26. 已知 $a,b,c$ 是正实数,证明: $\sqrt[4]{\dfrac{(a^2+b^2)(a^2-ab+b^2)}{2}}+\sqrt[4]{\dfrac{(b^2+c^2)(b^2-bc+c^2)}{2}}+\sqrt[4]{\dfrac{(c^2+a^2)(c^2-ca+a^2)}{2}}\leqslant \dfrac{2}{3}(a^2+b^2+c^2)\left(\dfrac{1}{a+b}+\dfrac{1}{b+c}+\dfrac{1}{c+a}\right)$. (2010 年土耳其国家集训队选拔试题)

27. 给定 $c\in\left(0,\dfrac{1}{2}\right)$,求最小常数 $M$,使对任意正整数 $n\geqslant 2$ 及实数 $0<a_1\leqslant a_2\leqslant\cdots\leqslant a_n$,只要满足

$$\dfrac{1}{n}\sum_{k=1}^{n}ka_k=c\sum_{k=1}^{n}a_k \qquad ①$$

总有 $\dfrac{1}{n}\sum_{k=1}^{n}a_k\leqslant M\sum_{k=1}^{m}a_k$,其中 $m=[cn]$ 表示不超过 $cn$ 的最大整数. (2002 年中国数学奥林匹克试题)

28. 设 $a,b,c$ 是正实数,且 $a+b+c=3$,证明: $\dfrac{1}{a^2}+\dfrac{1}{b^2}+\dfrac{1}{c^2}\geqslant a^2+b^2+c^2$. (2006 年罗马尼亚国家集训队试题)

29. 已知 $a,b,c$ 是正数,且 $a^4+b^4+c^4=3$,证明: $\dfrac{1}{4-ab}+\dfrac{1}{4-bc}+\dfrac{1}{4-ca}\leqslant 1$. (2005 年摩尔多瓦数学奥林匹克试题)

30. 已知 $x,y$ 是正实数,$m,n$ 是正整数,证明:
$(n-1)(m-1)(x^{m+n}+y^{m+n})+(m+n-1)(x^my^n+y^mx^n)\geqslant mn(x^{m+n-1}y+y^{m+n-1}x)$
(1995 年奥地利－波兰数学竞赛试题)

# 参 考 解 答

1. 因为 $z_1,z_2,\cdots,z_n$ 是 $y_1,y_2,\cdots,y_n$ 的任意一个排列,所以 $\sum_{i=1}^{n}y_i^2=\sum_{i=1}^{n}z_i^2$,从

而 $\sum_{i=1}^{n}(x_i-y_i)^2 \leq \sum_{i=1}^{n}(x_i-z_i)^2$ 等价于 $\sum_{i=1}^{n}x_iy_i \geq \sum_{i=1}^{n}x_iz_i$. 此式左边为顺序和,右边为乱序和,根据排序不等式知此不等式成立.

2.(1) 设 $a \geq b \geq c$,首先证明不等式
$$c(a+b-c) \geq b(c+a-b) \geq a(b+c-a)$$
事实上
$$c(a+b-c) - b(c+a-b) = ac+bc-c^2-ab-bc+b^2 =$$
$$b^2-c^2+ac-ab = (b-c)(b+c-a)$$
因为 $b \geq c, b+c > a$,所以 $b-c \geq 0, b+c-a > 0$,于是
$$c(a+b-c) - b(c+a-b) \geq 0, c(a+b-c) \geq b(c+a-b)$$
同理, $b(c+a-b) \geq a(b+c-a)$.

由 $a \geq b \geq c, c(a+b-c) \geq b(c+a-b) \geq a(b+c-a)$ 及排序不等式可得
$$a^2(b+c-a) + b^2(c+a-b) + c^2(a+b-c) \leq$$
$$ac(a+b-c) + bc(c+a-b) + ab(b+c-a) =$$
$$3abc - (a-b)(b-c)(a-c) \leq 3abc$$
从而不等式得证.

(2) 将不等式两端展开,化简后,只需证明 $x^2(y+z-x) + y^2(z+x-y) + z^2(x+y-z) \leq 3xyz$. 由(1)得证.

3. 设 $b_1, b_2, \cdots, b_n$ 是 $a_1, a_2, \cdots, a_n$ 的一个排列,使得 $b_1 < b_2 < \cdots < b_n$. 由于 $b_1, b_2, \cdots, b_n$ 都是正整数,则 $b_k \geq k, k = 1, 2, \cdots, n$.

由排序不等式,得
$$\sum_{k=1}^{n}\frac{a_k}{k^2} \geq \sum_{k=1}^{n}\frac{b_k}{k^2} = \sum_{k=1}^{n}\frac{1}{k} \cdot \frac{b_k}{k} \geq \sum_{k=1}^{n}\frac{1}{k}$$

4.(1) 由于不等式是关于 $a, b, c$ 对称的,不妨设 $0 < a \leq b \leq c$,且令 $x = \frac{1}{b+c}, y = \frac{1}{c+a}, z = \frac{1}{a+b}$,则有 $x \leq y \leq z$. 由排序不等式有
$$xa + yb + zc \geq zb + yc + za(乱序和)$$
$$xa + yb + zc \geq xc + ya + zb(乱序和)$$
两式相加得
$$2(xa+yb+zc) \geq x(b+c) + y(c+a) + z(a+b) =$$
$$(b+c)\frac{1}{b+c} + (c+a)\frac{1}{c+a} + (a+b)\frac{1}{a+b} = 3$$
所以, $xa + yb + zc \geq \frac{3}{2}$,即 $\frac{a}{b+c} + \frac{b}{c+a} + \frac{c}{a+b} \geq \frac{3}{2}$.

(2) 由于不等式是关于 $a, b, c$ 对称的,不妨设 $0 < a \leq b \leq c$,且令 $x = \frac{a}{b+c}$,

$y = \dfrac{b}{c+a}, z = \dfrac{c}{a+b}$,则有 $0 < x \leqslant y \leqslant z$. 由排序不等式有

$$xa + yb + zc \geqslant zb + yc + za(乱序和)$$
$$xa + yb + zc \geqslant xc + ya + zb(乱序和)$$

两式相加得

$$2(xa + yb + zc) \geqslant x(b+c) + y(c+a) + z(a+b) =$$
$$(b+c)\dfrac{a}{b+c} + (c+a)\dfrac{b}{c+a} + (a+b)\dfrac{c}{a+b} = a+b+c$$

所以,$xa + yb + zc \geqslant \dfrac{a+b+c}{2}$,即 $\dfrac{a^2}{b+c} + \dfrac{b^2}{c+a} + \dfrac{c^2}{a+b} \geqslant \dfrac{a+b+c}{2}$.

5.(1)因为 $a_1 + a_2 + \cdots + a_n = 1$,所以 $2(a_1 + a_2 + \cdots + a_n) = 2$,因为不等式是关于的对称的不等式,不妨设 $0 < a_1 < a_2 < \cdots < a_n$,且令 $A_1 = \dfrac{1}{2-a_1}, A_2 = \dfrac{a_2}{2-a_2}, \cdots, A_n = \dfrac{1}{2-a_n}$,则有 $0 < A_1 < A_2 < \cdots < A_n$,由排序不等式,有

$$A_1a_1 + A_2a_2 + \cdots + A_na_n \geqslant A_1a_2 + A_2a_3 + \cdots + A_na_1$$
$$A_1a_1 + A_2a_2 + \cdots + A_na_n \geqslant A_1a_3 + A_2a_4 + \cdots + A_na_2$$
$$\cdots$$
$$A_1a_1 + A_2a_2 + \cdots + A_na_n \geqslant A_na_2 + A_2a_1 + \cdots + A_na_{n-1}$$

将以上不等式相加得

$$(n-1)(A_1a_1 + A_2a_2 + \cdots + A_na_n) \geqslant$$
$$A_1(a_2 + a_3 + \cdots + a_n) + A_2(a_1 + a_3 + \cdots + a_n) + \cdots +$$
$$A_n(a_1 + a_2 + \cdots + a_{n-1})$$

所以

$$2(n-1)(A_1a_1 + A_2a_2 + \cdots + A_na_n) \geqslant$$
$$2A_1(a_2 + a_3 + \cdots + a_n) + 2A_2(a_1 + a_3 + \cdots + a_n) + \cdots +$$
$$2A_n(a_1 + a_2 + \cdots + a_{n-1})$$

上式两端同加上 $A_1a_1 + A_2a_2 + \cdots + A_na_n$,得

$$(2n-1)(A_1a_1 + A_2a_2 + \cdots + A_na_n) \geqslant$$
$$A_1[a_1 + 2(a_2 + a_3 + \cdots + a_n)] +$$
$$A_2[a_2 + 2(a_1 + a_3 + \cdots + a_n)] + \cdots +$$
$$A_n[a_n + 2(a_1 + a_2 + \cdots + a_{n-1})] =$$
$$A_1(2-a_1) + A_2(2-a_2) + \cdots +$$
$$A_n(2-a_n) = 1 + 1 + \cdots + 1 = n$$

所以 $A_1a_1 + A_2a_2 + \cdots + A_na_n \geqslant \dfrac{n}{2n-1}$,即

$$\frac{a_1}{2-a_1} + \frac{a_2}{2-a_2} + \cdots + \frac{a_n}{2-a_n} \geqslant \frac{n}{2n-1}$$

(2)(3) 同理可证. 下面用切比雪夫不等式证明(2).

$$\frac{1}{n}\left(\frac{a_1}{S-a_1} + \frac{a_2}{S-a_2} + \cdots + \frac{a_n}{S-a_n}\right) \cdot \frac{1}{n}[(S-a_1) + (S-a_2) + \cdots + (S-a_n)] \geqslant$$

$$\frac{1}{n}\left(\frac{a_1}{S-a_1}(S-a_1) + \frac{a_2}{S-a_2}(S-a_2) + \cdots + \frac{a_n}{S-a_n}(S-a_n)\right)$$

化简即得(2).

6. 因为 $0 \leqslant a \leqslant b \leqslant c \leqslant d \leqslant e$,所以, $d+e \geqslant c+e \geqslant b+d \geqslant a+c \geqslant a+b$,由切比雪夫不等式,有

$$a(d+e) + b(c+e) + c(b+d) + d(a+c) + e(a+b) \leqslant$$

$$\frac{1}{5}(a+b+c+d+e)[(d+e)+(c+e)+(b+d)+(a+c)+(a+b)] = \frac{2}{5}$$

即
$$ad + dc + cb + be + ea \leqslant \frac{1}{5}$$

7. 不妨设 $a \leqslant b \leqslant c$,则

$$\frac{1}{bc} \leqslant \frac{1}{ac} \leqslant \frac{1}{ab}$$

$$\frac{a^3}{bc} + \frac{b^3}{ca} + \frac{c^3}{ab} = \frac{a}{bc} \cdot a^2 + \frac{b}{ca} \cdot b^2 + \frac{c}{ab} \cdot c^2 \geqslant$$

$$\frac{a}{bc} \cdot b^2 + \frac{b}{ca} \cdot c^2 + \frac{c}{ab} \cdot a^2 = \frac{ab}{c} + \frac{bc}{a} + \frac{ca}{b}(\text{还是顺序和}) \geqslant$$

$$\frac{ac}{c} + \frac{bc}{b} + \frac{ab}{a} \geqslant a+b+c$$

8. 原不等式等价于

$$(a+b)(b+c)(c+a) \geqslant 2abc + 2(a+b+c)\sqrt[3]{(abc)^2} \Leftrightarrow$$

$$a^2(b+c) + b^2(c+a) + c^2(a+b) \geqslant 2(a+b+c)\sqrt[3]{(abc)^2}$$

由于

$$\sum a^2(b+c) \geqslant 2(\sqrt{a^3} + \sqrt{b^3} + \sqrt{c^3})\sqrt{abc}$$

所以只要证明

$$a\sqrt{a} + b\sqrt{b} + c\sqrt{c} \geqslant (a+b+c)\sqrt[6]{abc}$$

由切比雪夫不等式

$$a\sqrt{a} + b\sqrt{b} + c\sqrt{c} \geqslant \frac{1}{3}(a+b+c)(\sqrt{a} + \sqrt{b} + \sqrt{c}) \geqslant (a+b+c)\sqrt[6]{abc}$$

故原不等式成立.

9. 不妨设 $x \geqslant y \geqslant z > 0$,则
$$\frac{1}{\sqrt{y+z}} \geqslant \frac{1}{\sqrt{z+x}} \geqslant \frac{1}{\sqrt{x+y}}$$

由柯西不等式得
$$(\sqrt{y+z} + \sqrt{z+x} + \sqrt{x+y})\left(\frac{1}{\sqrt{y+z}} + \frac{1}{\sqrt{z+x}} + \frac{1}{\sqrt{x+y}}\right) \geqslant 9$$

即
$$\frac{1}{\sqrt{y+z}} + \frac{1}{\sqrt{z+x}} + \frac{1}{\sqrt{x+y}} \geqslant \frac{9}{\sqrt{y+z} + \sqrt{z+x} + \sqrt{x+y}}$$

由切比雪夫不等式得
$$\frac{x}{\sqrt{y+z}} + \frac{y}{\sqrt{z+x}} + \frac{z}{\sqrt{x+y}} \geqslant$$
$$\frac{1}{3}(x+y+z)\left(\frac{1}{\sqrt{y+z}} + \frac{1}{\sqrt{z+x}} + \frac{1}{\sqrt{x+y}}\right) \geqslant$$
$$\frac{1}{3}(x+y+z) \frac{9}{\sqrt{y+z} + \sqrt{z+x} + \sqrt{x+y}}$$

又由柯西不等式得
$$(\sqrt{y+z} + \sqrt{z+x} + \sqrt{x+y})^2 \leqslant$$
$$(1+1+1)[(y+z)+(z+x)+(x+y)] = 6(x+y+z)$$

所以
$$\frac{9}{\sqrt{y+z} + \sqrt{z+x} + \sqrt{x+y}} \geqslant \frac{9}{\sqrt{6(x+y+z)}}$$

于是
$$\frac{x}{\sqrt{y+z}} + \frac{y}{\sqrt{z+x}} + \frac{z}{\sqrt{x+y}} \geqslant \sqrt{\frac{3}{2}(x+y+z)}$$

10. 不妨设 $a_1 \geqslant a_2 \geqslant \cdots \geqslant a_N$,则 $a_1^n \geqslant a_2^n \geqslant \cdots \geqslant a_N^n$,那么
$$0 \leqslant P - a_1^n \leqslant P - a_2^n \leqslant \cdots \leqslant P - a_N^n$$
$$\frac{1}{P - a_1^m} \geqslant \frac{1}{P - a_2^m} \geqslant \cdots \geqslant \frac{1}{P - a_N^m}$$

由切比雪夫不等式得
$$\sum_{k=1}^{N} \frac{a_k^n}{P - a_k^m} \geqslant \frac{1}{N}\left(\sum_{k=1}^{N} a_k^n\right)\left(\sum_{k=1}^{N} \frac{1}{P - a_k^m}\right) \quad ①$$

由幂平均值不等式得
$$\sqrt[n]{\frac{1}{N}\sum_{k=1}^{N} a_k^n} \geqslant \sqrt[m]{\frac{1}{N}\sum_{k=1}^{N} a_k^m} \quad ②$$

即
$$\frac{1}{N}\sum_{k=1}^{N}a_k^n \geq \sqrt[m]{(\frac{1}{N}\sum_{k=1}^{N}a_k^m)^n} = (\sqrt[m]{(\frac{1}{N}\sum_{k=1}^{N}a_k^m)^{n-m}})(\frac{1}{N}\sum_{k=1}^{N}a_k^m) \qquad ③$$

又由幂平均值不等式得
$$\sqrt[m]{\frac{1}{N}\sum_{k=1}^{N}a_k^m} \geq \frac{1}{N}\sum_{k=1}^{N}a_k = \frac{2S}{N} \qquad ④$$

即
$$\frac{1}{N}\sum_{k=1}^{N}a_k^m \geq (\frac{2S}{N})^m \qquad ⑤$$

于是
$$\sqrt[m]{(\frac{1}{N}\sum_{k=1}^{N}a_k^m)^{n-m}} \geq (\frac{2S}{N})^{n-m} \qquad ⑥$$

由①,③,⑥知
$$\sum_{k=1}^{N}\frac{a_k^n}{P-a_k^m} \geq (\frac{2S}{N})^{n-m}(\frac{1}{N}\sum_{k=1}^{N}a_k^m)(\sum_{k=1}^{N}\frac{1}{P-a_k^m}) \qquad ⑦$$

由柯西不等式得
$$\sum_{k=1}^{N}(P-a_k^m)\sum_{k=1}^{N}\frac{1}{P-a_k^m} \geq N^2$$

即
$$(N-1)P\sum_{k=1}^{N}\frac{1}{P-a_k^m} \geq N^2$$

即
$$(\frac{1}{N}\sum_{k=1}^{N}a_k^m)(\sum_{k=1}^{N}\frac{1}{P-a_k^m}) \geq \frac{N}{N-1} \qquad ⑧$$

由⑦,⑧得
$$\sum_{k=1}^{N}\frac{a_k^n}{P-a_k^m} \geq (\frac{2S}{N})^{n-m}\frac{N}{N-1} = \frac{(2S)^{n-m}}{(N-1)N^{n-m-1}}$$

当且仅当 $a_1 = a_2 = \cdots = a_N$ 时等号成立.

11. 由于题设条件关于 $a,b,c$ 轮换对称,不妨设 $a$ 是最大边. 先设 $a \geq b \geq c, s = \frac{1}{2}(a+b+c)$,于是
$$2(s-a) \leq 2(s-b) \leq 2(s-c)$$

因为
$$2a(s-a) - 2b(s-b) = (a-b)(c-a-b) \leq 0$$

所以 $2a(s-a) \leq 2b(s-b)$,同理,$2b(s-b) \leq 2c(s-c)$.

即 $2a(s-a) \leq 2b(s-b) \leq 2c(s-c)$,由排序不等式得

$$\frac{2a}{c}(s-a) + \frac{2b}{a}(s-b) + \frac{2c}{b}(s-c) \leqslant$$
$$\frac{2a}{a}(s-a) + \frac{2b}{b}(s-b) + \frac{2c}{c}(s-c) = a+b+c \qquad ①$$

所以
$$a^2b(2s-2a) + b^2c(2s-2b) + c^2a(2s-2c) \leqslant a^2bc + b^2ca + c^2ab$$

移项得所证结论.

对 $a \geqslant c \geqslant b$, ① 同样成立.

**12. 证法一** 由柯西不等式得
$$\sum_{i=1}^{n} \frac{\sqrt{x_i}}{1+x_i} \sum_{i=1}^{n} \frac{1+\sqrt{x_i}}{\sqrt{x_i}} \geqslant n^2 \qquad ①$$

即
$$\sum_{i=1}^{n} \frac{1+\sqrt{x_i}}{\sqrt{x_i}} \left( \sum_{i=1}^{n} \sqrt{x_i} + \sum_{i=1}^{n} \frac{1}{\sqrt{x_i}} \right) \geqslant n^2 \qquad ②$$

由于题设条件和结论都是关于 $x_1, x_2, \cdots, x_n$ 对称的,故不妨设 $x_1 \leqslant x_2 \leqslant \cdots \leqslant x_n$,于是有
$$\frac{1}{\sqrt{x_1}} \geqslant \frac{1}{\sqrt{x_2}} \geqslant \cdots \geqslant \frac{1}{\sqrt{x_n}} \qquad ③$$

对于不同的下标 $i, j, 1 \leqslant i, j \leqslant n$,我们首先证明
$$x_i x_j \geqslant 1 \qquad ④$$

用反证法. 如果存在某对 $(i, j), i \neq j$, 有 $x_i x_j < 1$, 则
$$(1+x_i)(1+x_j) = 1 + x_i + x_j + x_i x_j < 2 + x_i + x_j$$

由 $n \geqslant 3$, 得
$$1 > \frac{1}{1+x_i} + \frac{1}{1+x_j} = \frac{2+x_i+x_j}{(1+x_i)(1+x_j)} > 1$$

矛盾,从而 ④ 式成立. 当 $i < j$ 时, $0 < x_i \leqslant x_j$,则
$$\frac{\sqrt{x_i}}{1+x_i} - \frac{\sqrt{x_j}}{1+x_j} = \frac{\sqrt{x_i}(1+x_j) - \sqrt{x_j}(1+x_i)}{(1+x_i)(1+x_j)} = \frac{(\sqrt{x_i}-\sqrt{x_j})(1-\sqrt{x_i x_j})}{(1+x_i)(1+x_j)} \geqslant 0$$

于是,有
$$\frac{\sqrt{x_1}}{1+x_1} \geqslant \frac{\sqrt{x_2}}{1+x_2} \geqslant \cdots \geqslant \frac{\sqrt{x_n}}{1+x_n} \qquad ⑤$$

由 ③ 和 ⑤,利用切比雪夫不等式得
$$\frac{1}{n} \sum_{i=1}^{n} \frac{1}{\sqrt{x_i}} \sum_{i=1}^{n} \frac{\sqrt{x_i}}{1+x_i} \leqslant \sum_{i=1}^{n} \left( \frac{1}{\sqrt{x_i}} \cdot \frac{\sqrt{x_i}}{1+x_i} \right) = \sum_{i=1}^{n} \frac{1}{1+x_i} = 1 \qquad ⑥$$

②式两端同乘以 $\frac{1}{n}\sum_{i=1}^{n}\frac{1}{\sqrt{x_i}}$，再利用⑥式有

$$\sum_{i=1}^{n}\frac{1}{\sqrt{x_i}} + \sum_{i=1}^{n}\sqrt{x_i} \geqslant n\sum_{i=1}^{n}\frac{1}{\sqrt{x_i}}$$

移项得

$$\sum_{i=1}^{n}\sqrt{x_i} \geqslant (n-1)\sum_{i=1}^{n}\frac{1}{\sqrt{x_i}}$$

**证法二** 不妨设 $x_1 \leqslant x_2 \leqslant \cdots \leqslant x_n$，我们证明

$$\sum_{i=1}^{n}\frac{x_i+1}{\sqrt{x_i}}\sum_{i=1}^{n}\frac{1}{x_i+1} \geqslant n\sum_{i=1}^{n}\frac{1}{\sqrt{x_i}}$$

因为函数 $f(x)=\frac{x+1}{\sqrt{x}}$ 在 $[1,+\infty)$ 上是增函数，满足 $f(x)=f(\frac{1}{x})$，由于 $\sum_{i=1}^{n}\frac{1}{1+x_i}=1$，$x_1 \leqslant x_2 \leqslant \cdots \leqslant x_n$，所以当 $n \geqslant 3$ 时仅有 $x_1 \leqslant 1$，否则 $x_1 \leqslant 1$，$x_2 \leqslant 1$，则

$$\sum_{i=1}^{n}\frac{1}{1+x_i} > \frac{1}{1+x_1} + \frac{1}{1+x_2} = \frac{2+x_1+x_2}{1+x_1+x_2+x_1x_2} \geqslant 1$$

所以

$$\frac{1}{1+x_2} \leqslant 1 - \frac{1}{1+x_1} = \frac{x_1}{1+x_1}$$

所以

$$x_2 \geqslant \frac{1}{x_1}, f(x_1) = f(\frac{1}{x_1}) \leqslant f(x_2) \leqslant \cdots \leqslant f(x_n)$$

由切比雪夫不等式得

$$\sum_{i=1}^{n}\frac{x_i+1}{\sqrt{x_i}}\sum_{i=1}^{n}\frac{1}{x_i+1} \geqslant n\sum_{i=1}^{n}\frac{1}{\sqrt{x_i}}$$

当且仅当 $x_1 = x_2 = \cdots = x_n = n-1$ 时等号成立.

因为 $\sum_{i=1}^{n}\frac{1}{1+x_i}=1$，所以 $\sum_{i=1}^{n}\sqrt{x_i} \geqslant (n-1)\sum_{i=1}^{n}\frac{1}{\sqrt{x_i}}$.

**证法三** 设 $\frac{1}{1+x_i}=a_i$，所以由 $\sum_{i=1}^{n}\frac{1}{1+x_i}=1$ 得 $\sum_{i=1}^{n}a_i=1$，不等式变为

$$\sum_{i=1}^{n}\sqrt{\frac{1-a_i}{a_i}} \geqslant (n-1)\sum_{i=1}^{n}\sqrt{\frac{a_i}{1-a_i}} \Leftrightarrow$$

$$\sum_{i=1}^{n}\frac{1}{\sqrt{a_i(1-a_i)}} \geqslant n\sum_{i=1}^{n}\sqrt{\frac{a_i}{1-a_i}} \Leftrightarrow$$

$$n\sum_{i=1}^{n}\sqrt{\frac{a_i}{1-a_i}} \leq (\sum_{i=1}^{n}a_i)(\sum_{i=1}^{n}\frac{1}{\sqrt{a_i(1-a_i)}})$$

最后一个不等式只要对数组 $(a_1,a_2,\cdots,a_n)$ 和 $(\frac{1}{\sqrt{a_1(1-a_1)}},\frac{1}{\sqrt{a_2(1-a_2)}},\cdots,\frac{1}{\sqrt{a_n(1-a_n)}})$ 利用切比雪夫不等式即可.

**证法四** 设 $\frac{1}{1+x_i}=a_i$,由 $\sum_{i=1}^{n}\frac{1}{1+x_i}=1$ 得 $\sum_{i=1}^{n}a_i=1$,所以不等式变为

$$(n-1)\sum_{i=1}^{n}\sqrt{\frac{a_i}{1-a_i}} \leq \sum_{i=1}^{n}\sqrt{\frac{1-a_i}{a_i}}$$

$$(n-1)\sum_{i=1}^{n}\sqrt{\frac{a_i}{a_1+a_2+\cdots+a_{i-1}+a_{i+1}+\cdots+a_n}} \leq$$

$$\sum_{i=1}^{n}\sqrt{\frac{a_1+a_2+\cdots+a_{i-1}+a_{i+1}+\cdots+a_n}{a_i}}$$

由柯西不等式和均值不等式得

$$\sum_{i=1}^{n}\sqrt{\frac{a_1+a_2+\cdots+a_{i-1}+a_{i+1}+\cdots+a_n}{a_i}} \geq$$

$$\sum_{i=1}^{n}\frac{\sqrt{a_1}+\sqrt{a_2}+\cdots+\sqrt{a_{i-1}}+\sqrt{a_{i+1}}+\cdots+\sqrt{a_n}}{\sqrt{n-1}\cdot\sqrt{a_i}}=$$

$$\sum_{i=1}^{n}\frac{\sqrt{a_i}}{\sqrt{n-1}}(\frac{1}{\sqrt{a_1}}+\frac{1}{\sqrt{a_2}}+\cdots+\frac{1}{\sqrt{a_{i-1}}}+\frac{1}{\sqrt{a_{i+1}}}+\cdots+\frac{1}{\sqrt{a_n}}) \geq$$

$$\sum_{i=1}^{n}\frac{(n-1)\sqrt{n-1}\cdot\sqrt{a_i}}{\sqrt{a_1}+\sqrt{a_2}+\cdots+\sqrt{a_{i-1}}+\sqrt{a_{i+1}}+\cdots+\sqrt{a_n}} \geq$$

$$\sum_{i=1}^{n}(n-1)\sqrt{\frac{a_i}{a_1+a_2+\cdots+a_{i-1}+a_{i+1}+\cdots+a_n}}$$

13. **证法一** 由均值不等式得

$$(by+cz)(bz+cy) \leq [\frac{(by+cz)+(bz+cy)}{2}]^2 = \frac{1}{4}(b+c)^2(y+z)^2$$

同理 $(cz+ay)(cx+az) \leq \frac{1}{4}(c+a)^2(z+x)^2$,$(ax+by)(ay+bx) \leq \frac{1}{4}(a+b)^2(x+y)^2$,于是只要证明

$$\frac{a^2x^2}{(b+c)^2(y+z)^2}+\frac{b^2y^2}{(c+a)^2(z+x)^2}+\frac{c^2z^2}{(a+b)^2(x+y)^2} \geq \frac{3}{16}$$

由柯西不等式得

$$(1^2+1^2+1^2)\left(\frac{a^2x^2}{(b+c)^2(y+z)^2}+\frac{b^2y^2}{(c+a)^2(z+x)^2}+\frac{c^2z^2}{(a+b)^2(x+y)^2}\right)\geqslant$$
$$\left(\frac{ax}{(b+c)(y+z)}+\frac{by}{(c+a)(z+x)}+\frac{cz}{(a+b)(x+y)}\right)^2$$

只要证明
$$\frac{ax}{(b+c)(y+z)}+\frac{by}{(c+a)(z+x)}+\frac{cz}{(a+b)(x+y)}\geqslant\frac{3}{4}$$

因为 $a>b>c>0$, $x>y>z>0$, 所以 $\frac{a}{b+c}>\frac{b}{c+a}>\frac{c}{a+b}$, $\frac{x}{y+z}>\frac{y}{z+x}>\frac{z}{x+y}$, 由切比雪夫不等式得

$$\frac{ax}{(b+c)(y+z)}+\frac{by}{(c+a)(z+x)}+\frac{cz}{(a+b)(x+y)}\geqslant$$
$$\frac{1}{3}\left(\frac{a}{b+c}+\frac{b}{c+a}+\frac{c}{a+b}\right)\left(\frac{x}{y+z}+\frac{y}{z+x}+\frac{z}{x+y}\right)\geqslant$$
$$\frac{1}{3}\cdot\frac{3}{2}\cdot\frac{3}{2}=\frac{3}{4}$$

于是
$$\frac{a^2x^2}{(by+cz)(bz+cy)}+\frac{b^2y^2}{(cz+ax)(cx+az)}+\frac{c^2z^2}{(ax+by)(ay+bx)}\geqslant\frac{3}{4}$$

**证法二** 因为 $(by+cz)-(bz+cy)=(b-c)(y-z)\geqslant 0$, 所以
$$(by+cz)(bz+cy)\leqslant(by+cz)(by+cz)=(by+cz)^2\leqslant 2(b^2y^2+c^2z^2)$$

同理可证
$$(cz+ax)(cx+az)\leqslant 2(c^2z^2+a^2x^2)$$
$$(ax+by)(ay+bx)\leqslant 2(a^2x^2+b^2y^2)$$

于是
$$\frac{a^2x^2}{(by+cz)(bz+cy)}+\frac{b^2y^2}{(cz+ax)(cx+az)}+\frac{c^2z^2}{(ax+by)(ay+bx)}\geqslant$$
$$\frac{1}{2}\left[\frac{a^2x^2}{b^2y^2+c^2z^2}+\frac{b^2y^2}{c^2z^2+a^2x^2}+\frac{c^2z^2}{a^2x^2+b^2y^2}\right]\geqslant\frac{3}{4}$$

14. 由柯西不等式得
$$\left(\frac{x\sqrt{x}}{y+z}+\frac{y\sqrt{y}}{z+x}+\frac{z\sqrt{z}}{x+y}\right)\left[\sqrt{x}(y+z)+\sqrt{y}(z+x)+\sqrt{z}(x+y)\right]\geqslant$$
$$(x+y+z)^2=1$$

不妨设 $x\geqslant y\geqslant z$, 则由切比雪夫不等式得
$$\sqrt{x}(y+z)+\sqrt{y}(z+x)+\sqrt{z}(x+y)\leqslant$$
$$\frac{(\sqrt{x}+\sqrt{y}+\sqrt{z})((y+z)+(z+x)+(x+y))}{3}=$$

$$\frac{2(\sqrt{x}+\sqrt{y}+\sqrt{z})}{3}$$

再由柯西不等式得
$$\sqrt{x}+\sqrt{y}+\sqrt{z} \leq \sqrt{3(x+y+z)} = \sqrt{3}$$

所以
$$\frac{x\sqrt{x}}{y+z}+\frac{y\sqrt{y}}{z+x}+\frac{z\sqrt{z}}{x+y} \geq \frac{\sqrt{3}}{2}$$

15. 设 $x \geq y \geq z$，则由于 $x, y, z \in (0, \frac{\pi}{2})$，所以，$\sin x \geq \sin y \geq \sin z$，由于
$(\frac{x}{\sin x})' = \frac{\cos x(\tan x - x)}{\sin^2 x} > 0$，所以 $\frac{x}{\sin x} \geq \frac{y}{\sin y} \geq \frac{z}{\sin z}$，由排序不等式得

$$x+y+z = \frac{x}{\sin x} \cdot \sin x + \frac{y}{\sin y} \cdot \sin y + \frac{z}{\sin z} \cdot \sin z \geq$$

$$\frac{x}{\sin x} \cdot \sin y + \frac{y}{\sin y} \cdot \sin x + \frac{z}{\sin z} \cdot \sin x =$$

$$x(\frac{\sin y}{\sin x}) + y(\frac{\sin z}{\sin y}) + z(\frac{\sin x}{\sin z})$$

16. 不妨设 $\alpha \leq \beta \leq \gamma$，由于 $\alpha, \beta, \gamma$ 是一个三角形的三个内角，所以，$\sin \alpha \leq \sin \beta \leq \sin \gamma$.

由排序不等式得

$$\frac{\sin \alpha}{\alpha} + \frac{\sin \beta}{\beta} + \frac{\sin \gamma}{\gamma} \leq \frac{\sin \alpha}{\beta} + \frac{\sin \beta}{\gamma} + \frac{\sin \gamma}{\alpha}$$

$$\frac{\sin \alpha}{\alpha} + \frac{\sin \beta}{\beta} + \frac{\sin \gamma}{\gamma} \leq \frac{\sin \alpha}{\gamma} + \frac{\sin \beta}{\alpha} + \frac{\sin \gamma}{\beta}$$

两个不等式相加得

$$2(\frac{\sin \alpha}{\alpha} + \frac{\sin \beta}{\beta} + \frac{\sin \gamma}{\gamma}) \leq (\frac{1}{\beta} + \frac{1}{\gamma})\sin \alpha +$$
$$(\frac{1}{\gamma} + \frac{1}{\alpha})\sin \beta + (\frac{1}{\alpha} + \frac{1}{\beta})\sin \gamma$$

17. 不妨设 $x_1 \geq x_2 \geq \cdots \geq x_n > 0$，则

$$\frac{1}{x_1^k} \leq \frac{1}{x_2^k} \leq \cdots \leq \frac{1}{x_n^k}, \frac{x_1^k}{1+x_1} \geq \frac{x_2^k}{1+x_2} \geq \cdots \geq \frac{x_n^k}{1+x_n}, k \geq 1$$

于是，根据切比雪夫不等式，有

$$\sum_{i=1}^{n} \frac{1}{1+x_i} \sum_{i=1}^{n} x_i = (\frac{1}{1+x_1} + \frac{1}{1+x_2} + \cdots + \frac{1}{1+x_n})(x_1 + x_2 + \cdots + x_n) =$$

$$(\frac{1}{x_1^k} \cdot \frac{x_1^k}{1+x_1} + \frac{1}{x_2^k} \cdot \frac{x_2^k}{1+x_2} + \cdots + \frac{1}{x_n^k} \cdot \frac{x_n^k}{1+x_n})(x_1 + x_2 + \cdots + x_n) \leq$$

$$\frac{1}{n}(\frac{1}{x_1^k}+\frac{1}{x_2^k}+\cdots+\frac{1}{x_n^k})(\frac{x_1^k}{1+x_1}+\frac{x_2^k}{1+x_2}+\cdots+\frac{x_n^k}{1+x_n})(x_1+x_2+\cdots+x_n) \leqslant$$

$$(x_1 \cdot \frac{x_1^k}{1+x_1}+x_2 \cdot \frac{x_2^k}{1+x_2}+\cdots+x_n \cdot \frac{x_n^k}{1+x_n})(\frac{1}{x_1^k}+\frac{1}{x_2^k}+\cdots+\frac{1}{x_n^k}) =$$

$$(\frac{x_1^{k+1}}{1+x_1}+\frac{x_2^{k+1}}{1+x_2}+\cdots+\frac{x_n^{k+1}}{1+x_n})(\frac{1}{x_1^k}+\frac{1}{x_2^k}+\cdots+\frac{1}{x_n^k}) =$$

$$\sum_{i=1}^{n}\frac{x_i^{k+1}}{1+x_i}\sum_{i=1}^{n}\frac{1}{x_i^k}$$

18. 由均值不等式得 $\frac{a_1}{b_1}+\frac{a_2}{b_2}+\cdots+\frac{a_n}{b_n} \geqslant n$. 只需证明右端的不等式. 不妨设 $a_1 \leqslant a_2 \leqslant \cdots \leqslant a_n$, 由排序不等式得

$$\frac{a_1}{b_1}+\frac{a_2}{b_2}+\cdots+\frac{a_n}{b_n} \leqslant \frac{a_1}{a_n}+\frac{a_2}{a_{n-1}}+\cdots+\frac{a_{n-1}}{a_2}+\frac{a_n}{a_1}$$

当 $n = 2k$ 时

$$\frac{a_1}{a_n}+\frac{a_2}{a_{n-1}}+\cdots+\frac{a_{n-1}}{a_2}+\frac{a_n}{a_1} = (\frac{a_1}{a_n}+\frac{a_n}{a_1})+(\frac{a_2}{a_{n-1}}+\frac{a_{n-1}}{a_2})+\cdots+(\frac{a_k}{a_{k+1}}+\frac{a_{k+1}}{a_k})$$

又对于 $x \in [\frac{p}{q}, \frac{q}{p}]$ 有

$$x+\frac{1}{x} = |\sqrt{x}-\sqrt{\frac{1}{x}}|^2+2 \leqslant (\sqrt{\frac{p}{q}}-\sqrt{\frac{q}{p}})^2+2$$

从而

$$\frac{a_1}{b_1}+\frac{a_2}{b_2}+\cdots+\frac{a_n}{b_n} \leqslant 2k+k(\sqrt{\frac{p}{q}}-\sqrt{\frac{q}{p}})^2 = n+\frac{n}{2}(\sqrt{\frac{p}{q}}-\sqrt{\frac{q}{p}})^2$$

当 $n = 2k-1$ 时

$$\frac{a_1}{a_n}+\frac{a_2}{a_{n-1}}+\cdots+\frac{a_{n-1}}{a_2}+\frac{a_n}{a_1} = (\frac{a_1}{a_n}+\frac{a_n}{a_1})+(\frac{a_2}{a_{n-1}}+\frac{a_{n-1}}{a_2})+\cdots+$$

$$(\frac{a_{k-1}}{a_{k+1}}+\frac{a_{k+1}}{a_{k-1}})+\frac{a_k}{a_k} \leqslant$$

$$2(k-1)+(k-1)(\sqrt{\frac{p}{q}}-\sqrt{\frac{q}{p}})^2+1n+\frac{n-1}{2}(\sqrt{\frac{p}{q}}-\sqrt{\frac{q}{p}})^2$$

综合上述两种情况, 可得

$$\frac{a_1}{b_1}+\frac{a_2}{b_2}+\cdots+\frac{a_n}{b_n} \leqslant n+[\frac{n}{2}](\sqrt{\frac{p}{q}}-\sqrt{\frac{q}{p}})^2$$

19. 由柯西不等式得

$$1 = \sum_{i=1}^{n}b_i = \sum_{i=1}^{n}(\frac{\sqrt{b_i}}{\sqrt{a_i}} \cdot \sqrt{a_ib_i}) \leqslant (\sum_{i=1}^{n}\frac{b_i}{a_i})^{\frac{1}{2}}(\sum_{i=1}^{n}a_ib_i)^{\frac{1}{2}}$$

从而
$$\frac{1}{\sum_{i=1}^{n} a_i b_i} \leq \sum_{i=1}^{n} \frac{b_i}{a_i}$$

记 $M = a_1 a_2 \cdots a_n$, $A = \frac{M}{a_i}$, $i = 1, 2, \cdots, n$, 则 $\frac{1}{\sum_{i=1}^{n} a_i b_i} \leq \sum_{i=1}^{n} b_i A_i$.

由排序不等式,不妨设 $b_1 \geq b_2 \geq \cdots \geq b_n$, $A_1 \geq A_2 \geq \cdots \geq A_n$, 从而有
$$\sum_{i=1}^{n} b_i A_i \leq b_1 A_1 + (1 - b_1) A_2$$

由于 $0 \leq b_1 \leq \frac{1}{2}$, $A_1 \geq A_2$, 所以
$$\sum_{i=1}^{n} b_i A_i \leq \frac{1}{2}(A_1 + A_2) = \frac{1}{2}(a_1 + a_2) a_3 \cdots a_n$$

再由均值不等式,注意到 $\sum_{i=1}^{n} a_i = 1$ 可得
$$\sum_{i=1}^{n} b_i A_i \leq \frac{1}{2} \left( \frac{1}{n-1} \right)^{n-1}$$

于是,所求的 $\lambda \leq \frac{1}{2} \left( \frac{1}{n-1} \right)^{n-1}$.

另一方面,当 $a_1 = a_2 = \frac{1}{2(n-1)}$, $a_3 = \cdots = a_n = \frac{1}{n-1}$, $b_1 = b_2 = \frac{1}{2}$, $b_3 = \cdots = b_n = 0$ 时
$$a_1 a_2 \cdots a_n = \frac{1}{2} \left( \frac{1}{n-1} \right)^{n-1} \sum_{i=1}^{n} a_i b_i$$

所以, $\lambda \geq \frac{1}{2} \left( \frac{1}{n-1} \right)^{n-1}$.

综上所述得 $\lambda = \frac{1}{2} \left( \frac{1}{n-1} \right)^{n-1}$.

20. **证法一** 不妨设 $x \geq y \geq z$, 则有 $x^k \geq y^k \geq z^k$, 由切比雪夫不等式得
$$3(x^{k+1} + y^{k+1} + z^{k+1}) \geq (x + y + z)(x^k + y^k + z^k) \qquad ①$$

因为 $x \geq y \geq z$, 则有
$$x^{k+1} + y^k + z^k \leq y^{k+1} + z^k + x^k \leq z^{k+1} + x^k + y^k \qquad ②$$

事实上, $x \geq y \geq z$, 有 $x^{k-1} \geq y^{k-1} \geq z^{k-1}$, $x(1-x) - y(1-y) = x(y+z) - y(z+x) = z(x-y) \geq 0$, 即 $x(1-x) \geq y(1-y)$, 于是 $x^k(1-x) \geq y^k(1-y)$, 从而 $x^{k+1} + y^k + z^k \leq y^{k+1} + z^k + x^k$, 同理 $y^{k+1} + z^k + x^k \leq z^{k+1} + x^k + y^k$.

所以又有
$$\frac{x^{k+1}}{x^{k+1}+y^k+z^k} \geq \frac{y^{k+1}}{y^{k+1}+z^k+x^k} \geq \frac{z^{k+1}}{z^{k+1}+x^k+y^k}$$

所以，由切比雪夫不等式得

$$\frac{x^{k+2}}{x^{k+1}+y^k+z^k} + \frac{y^{k+2}}{y^{k+1}+z^k+x^k} + \frac{z^{k+2}}{z^{k+1}+x^k+y^k} \geq$$

$$\frac{1}{3}(x+y+z)\left(\frac{x^{k+1}}{x^{k+1}+y^k+z^k} + \frac{y^{k+1}}{y^{k+1}+z^k+x^k} + \frac{z^{k+1}}{z^{k+1}+x^k+y^k}\right) =$$

$$\frac{1}{3}\left(\frac{x^{k+1}}{x^{k+1}+y^k+z^k} + \frac{y^{k+1}}{y^{k+1}+z^k+x^k} + \frac{z^{k+1}}{z^{k+1}+x^k+y^k}\right) =$$

$$\frac{1}{3}\left(\frac{x^{k+1}}{x^{k+1}+y^k+z^k} + \frac{y^{k+1}}{y^{k+1}+z^k+x^k} + \frac{z^{k+1}}{z^{k+1}+x^k+y^k}\right) \cdot$$

$$\left[(x^{k+1}+y^k+z^k) + (y^{k+1}+z^k+x^k) + (z^{k+1}+x^k+y^k)\right] \cdot$$

$$\frac{1}{x^{k+1}+y^{k+1}+z^{k+1}+2(x^k+y^k+z^k)} \geq$$

$$(x^{k+1}+y^{k+1}+z^{k+1})\frac{1}{x^{k+1}+y^{k+1}+z^{k+1}+2(x^k+y^k+z^k)} =$$

$$(x^{k+1}+y^{k+1}+z^{k+1})\frac{1}{x^{k+1}+y^{k+1}+z^{k+1}+2(x+y+z)(x^k+y^k+z^k)} \geq$$

$$(x^{k+1}+y^{k+1}+z^{k+1})\frac{1}{x^{k+1}+y^{k+1}+z^{k+1}+2\times 3(x^{k+1}+y^{k+1}+z^{k+1})} = \frac{1}{7}$$

最后一步用的是不等式 ①.

**证法二** 由柯西不等式得

$$\sum \frac{x^{k+2}}{x^{k+1}+y^k+z^k} \geq \frac{(\sum x^{k+1})^2}{\sum x^k(x^{k+1}+y^k+z^k)} = \frac{(\sum x^{k+1})^2}{\sum x^{2k+1}+2\sum x^k y^k}$$

当 $k=0$ 时，右边 $=\frac{1}{7}$. 下设 $k \geq 1$. 只需证明

$$7\left(\sum x^{k+1}\right)^2 \geq \sum x^{2k+1} + 2\sum x^k y^k \Leftrightarrow 7\left(\sum x^{k+1}\right)^2 \geq$$

$$\left(\sum x^{2k+1}\right)\left(\sum x\right) + 2\sum x^k y^k \left(\sum x\right)^2 \Leftrightarrow$$

$$7\sum x^{2k+2} + 14\sum x^{k+1}y^{k+1} \geq$$

$$\sum x^{2k+2} + \sum x^{2k+1}(y+z) +$$

$$2\left(\sum x^k y^k\right)\left(\sum x^2\right) + 4\left(\sum x^k y^k\right)\left(\sum xy\right)$$

由排序不等式得

$$3\sum x^{k+1}y^{k+1} \geq \left(\sum x^k y^k\right)\left(\sum xy\right)$$

$$2\sum x^{2k+2} \geqslant \sum x^{2k+1}(y+z)$$

所以只需证明

$$4\sum x^{2k+2} + 2\sum x^{k+1}y^{k+1} \geqslant 2(\sum x^k y^k)(\sum x^2) \Leftrightarrow 2\sum x^{2k+2} + \sum x^{k+1}y^{k+1} \geqslant$$
$$\sum x^k y^k(x^2 + y^2) + \sum x^k y^k z^2.$$

由排序不等式得 $\sum x^{2k+2} \geqslant \sum x^k y^k z^2$,所以只要证明

$$\sum x^{2k+2} + \sum x^{k+1}y^{k+1} \geqslant \sum x^k y^k(x^2 + y^2) \Leftrightarrow$$
$$\sum x^{2k+2} \geqslant \sum x^k y^k(x^2 + y^2 - xy) \Leftrightarrow$$
$$\frac{1}{2}\sum(x^{2k+2} + y^{2k+2}) \geqslant \sum x^k y^k \left(\frac{x^3 + y^3}{x + y}\right) \Leftrightarrow$$
$$(x^{2k+2} + y^{2k+2})(x + y) \geqslant (x^{2k} + y^{2k})(x^3 + y^3) \Leftrightarrow$$
$$xy(x^{2k+1} + y^{2k+1}) \geqslant xy(x^{2k-1}y^2 + x^2 y^{2k-1}) \Leftrightarrow$$
$$x^{2k+1} + y^{2k+1} \geqslant x^{2k-1}y^2 + x^2 y^{2k-1} \Leftrightarrow$$
$$(x^2 - y^2)(x^{2k-1} - y^{2k-1}) \geqslant 0.$$

这个不等式显然成立.

21. 设 $p, q, r, s$ 是 $a, b, c, d$ 的一个排列, 且 $p \geqslant q \geqslant r \geqslant s$, 则 $pqr \geqslant pqs \geqslant prs \geqslant qrs$, 由排序不等式得

$$a^2 bc + b^2 cd + c^2 da + d^2 ab =$$
$$a(abc) + b(bcd) + c(cda) + d(dab) \leqslant$$
$$p(pqr) + q(pqs) + r(prs) + s(qrs) =$$
$$(pq + rs)(pr + qs) \leqslant \left[\frac{(pq + rs) + (pr + qs)}{2}\right]^2 =$$
$$\left[\frac{(p+s)(q+r)}{2}\right]^2 \leqslant \frac{1}{4}\left[\left(\frac{p+q+s+r}{2}\right)^2\right]^2 = 4$$

其中等号成立当且仅当 $pq + rs = pr + qs$ 且 $p + s = q + r = 2$.

22. 我们先证明 $a \geqslant b \Leftrightarrow \frac{1}{\alpha(p-a)} \geqslant \frac{1}{\beta(p-b)}$.

设 $f(x) = \frac{\tan x}{x}$, 其中 $x \in (0, \frac{\pi}{2})$. 因为

$$f'(x) = \frac{x - \sin x \cos x}{x^2 \cos^2 x} = \frac{2x - \sin 2x}{2x^2 \cos^2 x} > 0$$

由 $a \geqslant b$ 得 $\alpha \geqslant \beta$, $\frac{\alpha}{2} \geqslant \frac{\beta}{2}$, 所以

$$\frac{\tan\frac{\alpha}{2}}{\frac{\alpha}{2}} \geqslant \frac{\tan\frac{\beta}{2}}{\frac{\beta}{2}} \Leftrightarrow \frac{r}{\alpha(p-a)} \geqslant \frac{r}{\beta(p-b)} \Leftrightarrow \frac{1}{\alpha(p-a)} \geqslant \frac{1}{\beta(p-b)}$$

设 $a \geq b \geq c$，则
$$\frac{1}{\alpha(p-a)} \geq \frac{1}{\beta(p-b)} \geq \frac{1}{\gamma(p-c)}$$

由切比雪夫不等式得

$$[(p-a)+(p-b)+(p-c)] \cdot [\frac{1}{\alpha(p-a)}+\frac{1}{\beta(p-b)}+\frac{1}{\gamma(p-c)}] \geq$$
$$3(\frac{1}{\alpha}+\frac{1}{\beta}+\frac{1}{\gamma})$$

即

$$(\frac{a}{\alpha(p-a)}+\frac{b}{\beta(p-b)}+\frac{c}{\gamma(p-c)})+(\frac{1}{\alpha}+\frac{1}{\beta}+\frac{1}{\gamma}) =$$
$$\frac{p}{\alpha(p-a)}+\frac{p}{\beta(p-b)}+\frac{p}{\gamma(p-c)} \geq$$
$$3(\frac{1}{\alpha}+\frac{1}{\beta}+\frac{1}{\gamma})$$

所以

$$\frac{a}{\alpha(b+c-a)}+\frac{b}{\beta(c+a-b)}+\frac{c}{\gamma(a+b-c)} \geq \frac{1}{\alpha}+\frac{1}{\beta}+\frac{1}{\gamma}$$

23. 设方程 $x^3 - ax^2 + bx - c = 0$ 的三个正数根（可以相等）分别为 $p, q, r$，则由韦达定理得 $a = p+q+r$, $b = pq+qr+rp$, $c = pqr$，所以

$$\frac{1+a+b+c}{3+2a+b} = \frac{(1+p)(1+q)(1+r)}{(1+p)(1+q)+(1+q)(1+r)+(1+r)(1+p)}$$

$$\frac{c}{b} = \frac{pqr}{pq+qr+rp}$$

记 $f(x,y,z) = \frac{xyz}{xy+yz+zx}$，问题就是求 $f(p+1, q+1, r+1) - f(p,q,r)$ 的最小值.

不妨设 $p \geq q \geq r > 0$，由切比雪夫不等式得

$$3(\frac{1}{p(p+1)}+\frac{1}{q(q+1)}+\frac{1}{r(r+1)}) \geq$$
$$(\frac{1}{p}+\frac{1}{q}+\frac{1}{r})(\frac{1}{p+1}+\frac{1}{q+1}+\frac{1}{r+1})$$

即

$$3[(\frac{1}{p}+\frac{1}{q}+\frac{1}{r})-(\frac{1}{p+1}+\frac{1}{q+1}+\frac{1}{r+1})] \geq$$
$$(\frac{1}{p}+\frac{1}{q}+\frac{1}{r})(\frac{1}{p+1}+\frac{1}{q+1}+\frac{1}{r+1})$$

即

$$3\left[\frac{1}{f(p,q,r)} - \frac{1}{f(p+1,q+1,r+1)}\right] \geq \frac{1}{f(p,q,r)} \cdot \frac{1}{f(p+1,q+1,r+1)}$$

所以 $f(p+1,q+1,r+1) - f(p,q,r) \geq \frac{1}{3}$,当且仅当 $p = q = r$ 时等号成立.

24. **证法一**  不妨设 $a \geq b \geq c > 0$,则因为

$$\frac{a}{b+c} - \frac{b}{c+a} = \frac{a(c+a) - b(b+c)}{(b+c)(c+a)} = \frac{(a-b)(a+b+c)}{(b+c)(c+a)} \geq 0$$

$$\frac{b}{c+a} - \frac{c}{a+b} = \frac{(b-c)(a+b+c)}{(b+c)(c+a)} \geq 0$$

所以

$$\frac{a}{b+c} \geq \frac{b}{c+a} \geq \frac{c}{a+b}$$

当 $n = 1$ 时,由切比雪夫不等式得

$$3\left(\frac{a^2}{b+c} + \frac{b^2}{c+a} + \frac{c^2}{a+b}\right) \geq \left(\frac{a}{b+c} + \frac{b}{c+a} + \frac{c}{a+b}\right)(a+b+c)$$

所以

$$\frac{a^2}{b+c} + \frac{b^2}{c+a} + \frac{c^2}{a+b} \geq \left(\frac{a}{b+c} + \frac{b}{c+a} + \frac{c}{a+b}\right)\left(\frac{a+b+c}{3}\right)$$

即 $n = 1$ 时,不等式成立.

当 $n \geq 2$ 时,由柯西不等式得

$$\left(\frac{a^{n+1}}{b+c} + \frac{b^{n+1}}{c+a} + \frac{c^{n+1}}{a+b}\right)[a^{n-1}(b+c) + b^{n-1}(c+a) + c^{n-1}(a+b)] \geq$$
$$(a^n + b^n + c^n)^2 \qquad ①$$

由赫德尔不等式得

$$\left(\frac{a^{n+1}}{b+c} + \frac{b^{n+1}}{c+a} + \frac{c^{n+1}}{a+b}\right)^{n-1}\left(\frac{a}{b+c} + \frac{b}{c+a} + \frac{c}{a+b}\right) \geq$$
$$\left(\frac{a^n}{b+c} + \frac{b^n}{c+a} + \frac{c^n}{a+b}\right)^n \qquad ②$$

由①,②得

$$\left(\frac{a^{n+1}}{b+c} + \frac{b^{n+1}}{c+a} + \frac{c^{n+1}}{a+b}\right)^n [a^{n-1}(b+c) + b^{n-1}(c+a) + c^{n-1}(a+b)] \cdot$$
$$\left(\frac{a}{b+c} + \frac{b}{c+a} + \frac{c}{a+b}\right) \geq \left(\frac{a^n}{b+c} + \frac{b^n}{c+a} + \frac{c^n}{a+b}\right)^n (a^n + b^n + c^n)^2 \qquad ③$$

只要证明

$$3(a^n + b^n + c^n) \geq [a^{n-1}(b+c) + b^{n-1}(c+a) + c^{n-1}(a+b)] \cdot$$
$$\left(\frac{a}{b+c} + \frac{b}{c+a} + \frac{c}{a+b}\right) \qquad ④$$

由 $a \geq b \geq c > 0$,已经得到

$$\frac{a}{b+c} \geqslant \frac{b}{c+a} \geqslant \frac{c}{a+b}$$

又因为
$$a^{n-1}(b+c) - b^{n-1}(c+a) = c(a^{n-1} - b^{n-1}) + ab(a^{n-2} - b^{n-2}) \geqslant 0$$
$$b^{n-1}(c+a) - c^{n-1}(a+b) = a(b^{n-1} - c^{n-1}) + bc(b^{n-2} - c^{n-2}) \geqslant 0$$

所以
$$a^{n-1}(b+c) \geqslant b^{n-1}(c+a) \geqslant c^{n-1}(a+b)$$

于是由切比雪夫不等式得
$$3(a^n + b^n + c^n) \geqslant [a^{n-1}(b+c) + b^{n-1}(c+a) + c^{n-1}(a+b)] \cdot$$
$$\left(\frac{a}{b+c} + \frac{b}{c+a} + \frac{c}{a+b}\right)$$

于是
$$3\left(\frac{a^{n+1}}{b+c} + \frac{b^{n+1}}{c+a} + \frac{c^{n+1}}{a+b}\right)^n \geqslant \left(\frac{a^n}{b+c} + \frac{b^n}{c+a} + \frac{c^n}{a+b}\right)^n (a^n + b^n + c^n)$$

即
$$\frac{a^{n+1}}{b+c} + \frac{b^{n+1}}{c+a} + \frac{c^{n+1}}{a+b} \geqslant \left(\frac{a^n}{b+c} + \frac{b^n}{c+a} + \frac{c^n}{a+b}\right) \sqrt[n]{\frac{a^n + b^n + c^n}{3}}$$

**证法二** 由赫德尔不等式得
$$\left(\frac{a^{n+1}}{b+c} + \frac{b^{n+1}}{c+a} + \frac{c^{n+1}}{a+b}\right)^n \left(\frac{1}{b+c} + \frac{1}{c+a} + \frac{1}{a+b}\right) \geqslant$$
$$\left(\frac{a^n}{b+c} + \frac{b^n}{c+a} + \frac{c^n}{a+b}\right)^{n+1} \quad \text{⑤}$$

由 Chebyshev 不等式得
$$\frac{a^n}{b+c} + \frac{b^n}{c+a} + \frac{c^n}{a+b} \geqslant \frac{a^n + b^n + c^n}{3}\left(\frac{1}{b+c} + \frac{1}{c+a} + \frac{1}{a+b}\right) \quad \text{⑥}$$

将两个不等式相乘得
$$\left(\frac{a^{n+1}}{b+c} + \frac{b^{n+1}}{c+a} + \frac{c^{n+1}}{a+b}\right)^n \geqslant \frac{a^n + b^n + c^n}{3}\left(\frac{a^n}{b+c} + \frac{b^n}{c+a} + \frac{c^n}{a+b}\right)^n$$

即
$$\frac{a^{n+1}}{b+c} + \frac{b^{n+1}}{c+a} + \frac{c^{n+1}}{a+b} \geqslant \left(\frac{a^n}{b+c} + \frac{b^n}{c+a} + \frac{c^n}{a+b}\right) \sqrt[n]{\frac{a^n + b^n + c^n}{3}}$$

**25.** 不妨设 $0 < z \leqslant y \leqslant x < 1$，则 $\frac{1}{1-z} \leqslant \frac{1}{1-y} \leqslant \frac{1}{1-x}$，由 Chebyshev 不等式及均值不等式得
$$\frac{x}{1-x} + \frac{y}{1-y} + \frac{z}{1-z} \geqslant \frac{1}{3}(x+y+z)\left(\frac{1}{1-x} + \frac{1}{1-y} + \frac{1}{1-z}\right) \geqslant$$
$$\frac{1}{3}(x+y+z) \frac{9}{(1-x) + (1-y) + (1-z)} \geqslant$$

$$\frac{3(x+y+z)}{3-(x+y+z)} \geqslant \frac{9\sqrt[3]{xyz}}{3-3\sqrt[3]{xyz}} =$$

$$\frac{3\sqrt[3]{xyz}}{1-\sqrt[3]{xyz}}$$

26. 由切比雪夫不等式得

$$\frac{2}{3}(a^2+b^2+c^2)\left(\frac{1}{a+b}+\frac{1}{b+c}+\frac{1}{c+a}\right) =$$

$$\frac{1}{3}[(a^2+b^2)+(b^2+c^2)+(c^2+a^2)]\left(\frac{1}{a+b}+\frac{1}{b+c}+\frac{1}{c+a}\right) \geqslant$$

$$\frac{a^2+b^2}{a+b}+\frac{b^2+c^2}{b+c}+\frac{c^2+a^2}{c+a}$$

由均值不等式得

$$\frac{a^2+b^2}{2} = \frac{1}{3}\left[\left(\frac{a+b}{2}\right)^2+\left(\frac{a+b}{2}\right)^2+(a^2-ab+b^2)\right] \geqslant$$

$$\sqrt[3]{\left(\frac{a+b}{2}\right)^2\left(\frac{a+b}{2}\right)^2(a^2-ab+b^2)} =$$

$$\sqrt[3]{\left(\frac{a+b}{2}\right)^4(a^2-ab+b^2)}$$

即

$$\left(\frac{a^2+b^2}{2}\right)^3 \geqslant \left(\frac{a+b}{2}\right)^4(a^2-ab+b^2)$$

$$\left(\frac{a^2+b^2}{a+b}\right)^4 \geqslant \frac{(a^2+b^2)(a^2-ab+b^2)}{2}$$

所以

$$\frac{a^2+b^2}{a+b} \geqslant \sqrt[4]{\frac{(a^2+b^2)(a^2-ab+b^2)}{2}}$$

同理

$$\frac{b^2+c^2}{b+c} \geqslant \sqrt[4]{\frac{(b^2+c^2)(b^2-bc+c^2)}{2}}$$

$$\frac{c^2+a^2}{c+a} \geqslant \sqrt[4]{\frac{(c^2+a^2)(c^2-ca+a^2)}{2}}$$

所以

$$\frac{2}{3}(a^2+b^2+c^2)\left(\frac{1}{a+b}+\frac{1}{b+c}+\frac{1}{c+a}\right) \geqslant$$

$$\sqrt[4]{\frac{(a^2+b^2)(a^2-ab+b^2)}{2}} + \sqrt[4]{\frac{(b^2+c^2)(b^2-bc+c^2)}{2}} +$$

$$\sqrt[4]{\frac{(c^2+a^2)(c^2-ca+a^2)}{2}}$$

27. **解法一** （组委会）$M = \dfrac{1}{1-c}$.

令 $r = cn, s_0 = 0, s_k = \sum\limits_{i=1}^{k} a_i, k = 1, 2, \cdots, n$, 于是由式①有

$$0 = \sum_{k=1}^{n}(k-r)a_k = \sum_{k=1}^{n}(k-r)s_k - \sum_{k=1}^{n}(k-r)s_{k-1} =$$

$$\sum_{k=1}^{n}(k-r)s_k - \sum_{k=1}^{n-1}(k+1-r)s_k =$$

$$(n-r)s_n - \sum_{k=1}^{n-1} s_k = (n+1-r)s_n - \sum_{k=1}^{n} s_k$$

即

$$\sum_{k=1}^{n} s_k = (n+1-r)s_n \qquad ②$$

对于 $1 \leq j \leq k \leq n$, 有

$$js_k - ks_j = j\sum_{l=j+1}^{k} a_l - (k-j)\sum_{l=1}^{j} a_l \geq j(k-j)a_j - j(k-j)a_j = 0$$

故

$$s_j \leq \frac{j}{k} \cdot s_k$$

由此可得

$$\sum_{j=1}^{k-1} s_j \leq \frac{s_k}{k}\sum_{j=1}^{k-1} j = \frac{k-1}{2} \cdot s_k \qquad ③$$

下面我们来证明

$$\sum_{k=m}^{n} s_k \leq \frac{n+1-m}{2}(s_m + s_n) \qquad ④$$

对于 $k = 0, 1, \cdots, n-m$, 有

$$(n-m-k)(s_{m+k} - s_m) \leq k(n-m-k)a_{m+k} \leq k(s_n - s_{m+k})$$

由此可得

$$s_{m+k} \leq \frac{1}{n-m}[(n-m-k)s_m + ks_n]$$

对 $k$ 求和得到

$$\sum_{k=m}^{n} s_k = \sum_{k=0}^{n-m} s_{m+k} \leq \frac{1}{n-m}\left[s_m\sum_{k=0}^{n-m}(n-m-k) + s_n\sum_{k=0}^{n-m} k\right] =$$

$$\frac{1}{n-m}[(n-m-k)s_m + ks_n]$$

④式得证. 在③式中令 $k = m$, 得到

$$\sum_{j=1}^{m-1} s_j \leq \frac{m-1}{2} \cdot s_m \qquad ⑤$$

将式②、④和⑤结合起来,得到

$$(n+1-r)s_n \leq \frac{n}{2} \cdot s_m + \frac{n+1-m}{2} \cdot s_n$$

$$s_n \leq \frac{n}{n+1+m-2r} \cdot s_m \leq \frac{n}{n-r} \cdot s_m = \frac{1}{1-c} \cdot s_m$$

可见,$M \leq \dfrac{1}{1-c}$. 显然只须再证 $M \geq \dfrac{1}{1-c}$.

对于 $n \geq \dfrac{1}{2c-1}$,令 $a_1 = a_2 = \cdots = a_m = 1, a_{m+1} = a_{m+2} = \cdots = a_n = \dfrac{2cnm - m(m+1)}{(n-m)(n+m+1) - 2cn(n-m)}$.

于是,$a_{m+1} \geq 1$ 且满足 $\sum_{k=1}^{n} k a_k = \sum_{k=1}^{m} k + a_{m+1} \sum_{k=m+1}^{n} k = cn \cdot \dfrac{nm}{n+m+1-2cn} = cn \cdot \sum_{k=1}^{n} a_k$,即满足条件①.

注意到 $cn - 1 < m \leq cn$,有

$$M \geq \frac{\sum_{k=1}^{n} a_k}{\sum_{k=1}^{m} a_k} = \frac{n}{n+m+1-2cn} \geq \frac{n}{n-cn+1} = \frac{1}{1-c+\dfrac{1}{n}} =$$

$$\frac{1}{1-c} \cdot \frac{1}{1+\dfrac{1}{n(1-c)}} \geq \frac{1}{1-c}\left[1 - \frac{1}{n(1-c)}\right] =$$

$$\frac{1}{1-c} - \frac{1}{n(1-c)^2}, \forall n > 1$$

由此可得 $M \geq \dfrac{1}{1-c}$.

**解法二** 因为 $m = [cn]$,且 $c \in \left(0, \dfrac{1}{2}\right)$,所以 $cn - 1 < m \leq cn < n$. 因为

$$\frac{1}{n} \sum_{k=1}^{n} k a_k = c \sum_{k=1}^{n} a_k$$

所以

$$\sum_{k=1}^{m}\left(c - \frac{k}{n}\right) a_k = \sum_{k=m+1}^{n}\left(\frac{k}{n} - c\right) a_k \qquad ②$$

因为 $c - \dfrac{1}{n} > c - \dfrac{2}{n} > \cdots > c - \dfrac{m}{n} \geq 0$,且 $0 < a_1 \leq a_2 \leq \cdots \leq a_m$,所以由切比雪夫不等式得

$$\sum_{k=1}^{m}(c-\frac{k}{n})a_k \leqslant \frac{1}{m}[\sum_{k=1}^{m}(c-\frac{k}{n})](\sum_{k=1}^{m}a_k) \qquad ③$$

又 $0 < \frac{m+1}{n} - c < \frac{m+2}{n} - c < \cdots < 1-c$,且 $0 < a_{m+1} \leqslant a_{m+2} \leqslant \cdots \leqslant a_n$,所以由切比雪夫不等式得

$$\sum_{k=m+1}^{n}(\frac{k}{n}-c)a_k \geqslant \frac{1}{n-m}[\sum_{k=m+1}^{n}(\frac{k}{n}-c)](\sum_{k=m+1}^{n}a_k) \qquad ④$$

由式②,③,④得

$$\frac{1}{n-m}[\sum_{k=m+1}^{n}(\frac{k}{n}-c)](\sum_{k=m+1}^{n}a_k) \leqslant \frac{1}{m}[\sum_{k=1}^{m}(c-\frac{k}{n})](\sum_{k=1}^{m}a_k) \qquad ⑤$$

从而注意到 $m > cn - 1$,得

$$\sum_{k=m+1}^{n}a_k \leqslant \frac{c - \frac{m+1}{2n}}{\frac{n+m+1}{2n} - c} \cdot \sum_{k=1}^{m}a_k \leqslant \frac{c - \frac{cn}{2n}}{\frac{n+cn}{2n} - c} \cdot \sum_{k=1}^{m}a_k = \frac{c}{1-c}\sum_{k=1}^{m}a_k \qquad ⑥$$

又

$$\sum_{k=1}^{n}a_k \leqslant M\sum_{k=1}^{m}a_k \Leftrightarrow \sum_{k=m+1}^{n}a_k \leqslant (M-1)\sum_{k=1}^{m}a_k \qquad ⑦$$

比较⑥,⑦,及由 $M$ 的最小性定义,有 $M - 1 \leqslant \frac{c}{1-c}$,即 $M \leqslant \frac{1}{1-c}$.

由于取 $a_1 = a_2 = \cdots = a_m > 0, a_{m+1} = a_{m+2} = \cdots = a_n > 0$ 时,且能满足已知条件 $\frac{1}{n}\sum_{k=1}^{n}ka_k = c\sum_{k=1}^{n}a_k$. 因此,不等式③,④等号成立,于是⑤等号成立,有

$$\sum_{k=m+1}^{n}a_k = \frac{c - \frac{m+1}{2n}}{\frac{n+m+1}{2n} - c} \cdot \sum_{k=1}^{m}a_k \qquad ⑧$$

由⑦,⑧,注意到 $m < cn$,得

$$M - 1 \geqslant \frac{\sum_{k=m+1}^{n}a_k}{\sum_{k=1}^{m}a_k} = \frac{c - \frac{m+1}{2n}}{\frac{n+m+1}{2n} - c} \geqslant \frac{c - \frac{cn+1}{2n}}{\frac{n+cn+1}{2n} - c} = \frac{c - \frac{1}{n}}{1 - c + \frac{1}{n}}$$

$M \geqslant \frac{1}{1-c+\frac{1}{n}}$ 对一切 $n \geqslant 2$ 成立. 令 $n \to +\infty$, $M \geqslant \lim_{n \to +\infty}\frac{1}{1-c+\frac{1}{n}} = \frac{1}{1-c}$.

28. 不等式等价于证明

$$\sum_{cyc} a^2 b^2 \geq a^2 b^2 c^2 \sum_{cyc} a^2 \Leftrightarrow \sum_{cyc} a^2 b^2 (1 - c^4) =$$
$$\sum_{cyc} a^2 b^2 (1 - c)(1 + c + c^2 + c^3) \geq 0$$

如果 $ab \leq 2$，且 $a \geq b$，则
$$a^2(1 + b + b^2 + b^3) \geq b^2(1 + a + a^2 + a^3)$$

事实上，这个不等式等价于 $(a + b + ab - a^2 b^2)(a - b) \geq 0$，因为 $ab \leq 2$，由均值不等式得
$$a + b + ab - a^2 b^2 \geq 3\sqrt[3]{a \cdot b \cdot ab} - a^2 b^2 = \sqrt[3]{(ab)^2} \left[3 - \sqrt[3]{(ab)^4}\right] \geq$$
$$\sqrt[3]{(ab)^2} (3 - \sqrt[3]{2^4}) > 0$$

于是当 $ab \leq 2, bc \leq 2, ca \leq 2$ 时，由切比雪夫不等式得
$$\sum_{cyc} a^2 b^2 (1 - c)(1 + c + c^2 + c^3) \geq \left(\sum_{sym} a^2 b^2 (1 + c + c^2 + c^3)\right) \left(\sum_{sym} (1 - c)\right) = 0$$

否则当 $ab \geq 2$ 时，由均值不等式得 $a + b \geq 2\sqrt{ab} \geq 2\sqrt{2}$，所以 $c \leq 3 - 2\sqrt{2}$，$c^2 \leq \frac{1}{9}$，这意味着
$$\frac{1}{a^2} + \frac{1}{b^2} + \frac{1}{c^2} \geq 9 = (a + b + c)^2 > a^2 + b^2 + c^2$$

**29.** 设 $x = ab, y = bc, z = ca$，则 $\dfrac{1}{4 - ab} + \dfrac{1}{4 - bc} + \dfrac{1}{4 - ca} \leq 1$ 等价于
$$\frac{1 + x}{4 - x} + \frac{1 + y}{4 - y} + \frac{1 + z}{4 - z} \geq 0 \Leftrightarrow \frac{1 - x^2}{4 + 3x - x^2} + \frac{1 - y^2}{4 + 3y - y^2} + \frac{1 - z^2}{4 + 3z - z^2} \geq 0$$

注意到 $a^4 + b^4 + c^4 = 3$，则 $x^2 + y^2 + z^2 \leq 3$，因此当 $x \geq y \geq z$ 时，则有 $1 - x^2 \leq 1 - y^2 \leq 1 - z^2$，且 $4 + 3x - x^2 \geq 4 + 3y - y^2 \geq 4 + 3z - z^2$.

由切比雪夫不等式得
$$\frac{1 - x^2}{4 + 3x - x^2} + \frac{1 - y^2}{4 + 3y - y^2} + \frac{1 - z^2}{4 + 3z - z^2} \geq$$
$$\frac{1}{3}\left[(1 - x^2) + (1 - y^2) + (1 - z^2)\right] \cdot$$
$$\left(\frac{1}{4 + 3x - x^2} + \frac{1}{4 + 3y - y^2} + \frac{1}{4 + 3z - z^2}\right) \geq 0$$

因为 $x^2 + y^2 + z^2 \leq 3, (x + y + z)^2 \leq 3(x^2 + y^2 + z^2) = 9$，等式成立当且仅当 $a = b = c = 1$.

**30.** 当 $x = y$ 时不等式显然等式成立，下面我们不妨设 $x > y$，
$$(n - 1)(m - 1)(x^{m+n} + y^{m+n}) + (m + n - 1)(x^m y^n + y^m x^n) \geq$$
$$mn(x^{m+n-1} y + y^{m+n-1} x)$$

可以化为

$$mn(x-y)(x^{m+n-1}-y^{m+n-1}) \geqslant (m+n-1)(x^m-y^m)(x^n-y^n) \Leftrightarrow$$

$$\frac{x^{m+n-1}-y^{m+n-1}}{(m+n-1)(x-y)} \geqslant \frac{x^m-y^m}{m(x-y)} \cdot \frac{x^n-y^n}{n(x-y)}$$

最后一个不等式可以写成积分形式

$$(x-y)\int_y^x t^{m+n-2}\mathrm{d}t \geqslant \int_y^x t^{m-1}\mathrm{d}t \cdot \int_y^x t^{n-1}\mathrm{d}t$$

由切比雪夫不等式的积分形式知上述不等式成立.

# 琴生不等式及其应用

**第十章**

本节利用函数的凹凸性(琴生(Jensen)不等式)来证明有关不等式.

**定义** 对于定义在区间$(a,b)$上的函数$f(x)$，对于任意的$x_1,x_2 \in (a,b)$，有$\frac{1}{2}[f(x_1)+f(x_2)] \geq f(\frac{x_1+x_2}{2})$，则称$f(x)$是区间$(a,b)$上的凸函数. 对于定义在区间$(a,b)$上的函数$f(x)$，对于任意的$x_1,x_2 \in (a,b)$，有$\frac{1}{2}[f(x_1)+f(x_2)] \leq f(\frac{x_1+x_2}{2})$，则称$f(x)$是区间$(a,b)$上的凹函数.

对于凸函数，我们有如下定理(称为琴生不等式)：

**定理1** 若$f(x)$是区间$(a,b)$上的凸函数，则对于任意的点$x_1,x_2,\cdots,x_n \in (a,b)$，有

$$f(\frac{x_1+x_2+\cdots+x_n}{n}) \leq \frac{f(x_1)+f(x_2)+\cdots+f(x_n)}{n}$$

等号当且仅当$x_1 = x_2 = \cdots = x_n$时取到.

**证法一** 当 $n = 1$ 时,命题显然成立.

假使 $n = k$ 时命题成立,当 $n = k + 1$ 时,令 $A = \dfrac{x_1 + x_2 + \cdots + x_k + x_{k+1}}{k + 1}$,则

$$A = \frac{(k+1)A + (k-1)A}{2k} = \frac{x_1 + x_2 + \cdots + x_k + x_{k+1} + (k-1)A}{2k}$$

又令 $B = \dfrac{x_1 + x_2 + \cdots + x_k}{k}$, $C = \dfrac{x_{k+1} + (k-1)A}{k}$,于是

$$f(A) = f\left(\frac{B+C}{2}\right) \leq \frac{f(B) + f(C)}{2} =$$

$$\frac{1}{2}\left[f\left(\frac{x_1 + x_2 + \cdots + x_k}{k}\right) + f\left(\frac{x_{k+1} + (k-1)A}{k}\right)\right] \leq$$

$$\frac{1}{2}\Big\{\frac{1}{k}[f(x_1) + f(x_2) + \cdots + f(x_k)] +$$

$$\frac{1}{k}[f(x_{k+1}) + \underbrace{f(A) + f(A) + \cdots + f(A)}_{(k-1)\text{个}}]\Big\} =$$

$$\frac{1}{2k}[f(x_1) + f(x_2) + \cdots + f(x_k) + f(x_{k+1}) + (k-1)f(A)]$$

所以

$$f(A) \leq \frac{1}{k+1}[f(x_1) + f(x_2) + \cdots + f(x_k) + f(x_{k+1})]$$

当且仅当 $x_1 = x_2 = \cdots = x_n$ 时取等号.

综上所述,对一切正整数 $n$,命题成立.

**证法二** 当 $n = 2$ 时,命题显然成立.

假使 $n = 2^k$ 时命题成立,则对于 $m = 2n = 2^{k+1}$ 时,由 $n = 2$ 和归纳假设,得

$$f\left(\frac{x_1 + x_2 + \cdots + x_m}{m}\right) =$$

$$f\left[\frac{\dfrac{1}{n}(x_1 + x_2 + \cdots + x_n) + \dfrac{1}{n}(x_{n+1} + x_{n+2} + \cdots + x_{2n})}{2}\right] \leq$$

$$\frac{\dfrac{1}{n}[f(x_1) + f(x_2) + \cdots + f(x_n)] + \dfrac{1}{n}[f(x_{n+1}) + f(x_{n+2}) + \cdots + f(x_{2n})]}{2} =$$

$$\frac{f(x_1) + f(x_2) + \cdots + f(x_m)}{m}$$

于是,不等式对自然数 $n = 2^k (k \in \mathbf{N}^*)$ 都成立.

下面证明如果不等式对某个 $n > 2$ 成立,则它对于 $n - 1$ 也成立.

设 $x_1, x_2, \cdots, x_{n-1} \in (a, b)$,令 $x_n = \dfrac{x_1 + x_2 + \cdots + x_{n-1}}{n-1}$,则由假设,有

$$f\left(\frac{x_1 + x_2 + \cdots + x_{n-1} + \frac{x_1 + x_2 + \cdots + x_{n-1}}{n-1}}{n}\right) \leq$$

$$\frac{f(x_1) + f(x_2) + \cdots + f(x_{n-1}) + f\left(\frac{x_1 + x_2 + \cdots + x_{n-1}}{n-1}\right)}{n}$$

即

$$f\left(\frac{x_1 + x_2 + \cdots + x_{n-1}}{n-1}\right) \leq$$

$$\frac{1}{n}[f(x_1) + f(x_2) + \cdots + f(x_{n-1})] + \frac{1}{n}f\left(\frac{x_1 + x_2 + \cdots + x_{n-1}}{n-1}\right)$$

由此推出

$$f\left(\frac{x_1 + x_2 + \cdots + x_{n-1}}{n-1}\right) \leq \frac{f(x_1) + f(x_2) + \cdots + f(x_{n-1})}{n-1}$$

所以,不等式对任意自然数 $n(n \geq 1)$ 都成立 ($n=1$ 时不等式成立是显然的).

**定理 2** (加权的琴生不等式) 若 $f(x)$ 是区间 $(a,b)$ 上的连续凸函数, $p_1, p_2, \cdots, p_n$ 是 $n$ 个正数,则对于任意的点 $x_1, x_2, \cdots, x_n \in (a,b)$, 则

$$\frac{1}{p_1 + p_2 + \cdots + p_n}[p_1 f(x_1) + p_2 f(x_2) + \cdots + p_n f(x_n)] \geq$$

$$f\left(\frac{p_1 x_1 + p_2 x_2 + \cdots + p_n x_n}{p_1 + p_2 + \cdots + p_n}\right)$$

定理 2 的证明只要用有理数去逼近实数就可以了,这里不再展开.

如果我们取 $f(x) = \ln x$, $x \in (0, +\infty)$, 则 $f(x)$ 是凹函数,设 $a_1, a_2, \cdots, a_n \in (0, +\infty)$, 则由琴生不等式有

$$\frac{1}{n}(\ln a_1 + \ln a_2 + \cdots + \ln a_n) \leq \ln \frac{a_1 + a_2 + \cdots + a_n}{n}$$

即

$$\frac{a_1 + a_2 + \cdots + a_n}{n} \geq \sqrt[n]{a_1 a_2 \cdots a_n}$$

此即均值不等式.

# 例 题 讲 解

**例1** 已知 $a, b, c$ 是正数,证明:$\frac{a}{b+c} + \frac{b}{c+a} + \frac{c}{a+b} \geq \frac{3}{2}$. (1963 年莫斯

科数学奥林匹克试题)

**证法一** 设 $x = \dfrac{a}{b+c}, y = \dfrac{b}{c+a}, z = \dfrac{c}{a+b}$,记 $f(t) = \dfrac{t}{1+t} = 1 - \dfrac{1}{1+t}(t \geqslant 0)$,则 $f(x) + f(y) + f(z) = 1$,又 $f'(t) = \dfrac{1}{(1+t)^2} > 0, f''(t) = -\dfrac{2}{(1+t)^3} < 0$,所以,$f(t)$ 在 $(0, +\infty)$ 上是增函数,也是上凸函数,由琴生不等式得

$$f\left(\dfrac{1}{2}\right) = \dfrac{1}{3} = \dfrac{1}{3}[f(x) + f(y) + f(z)] \leqslant f\left(\dfrac{x+y+z}{3}\right)$$

因为 $f(t)$ 在 $(0, +\infty)$ 上是增函数,所以 $\dfrac{1}{2} \leqslant \dfrac{x+y+z}{3}$,即

$$\dfrac{a}{b+c} + \dfrac{b}{c+a} + \dfrac{c}{a+b} \geqslant \dfrac{3}{2}$$

**证法二** 在 $\dfrac{a}{b+c} + \dfrac{b}{c+a} + \dfrac{c}{a+b}$ 中将 $a,b,c$ 分别换成 $\dfrac{a}{a+b+c}, \dfrac{b}{a+b+c}, \dfrac{c}{a+b+c}$ 不变,故不妨设 $a + b + c = 1$,则

$$\dfrac{a}{b+c} + \dfrac{b}{c+a} + \dfrac{c}{a+b} = \dfrac{a}{1-a} + \dfrac{b}{1-b} + \dfrac{c}{1-c}$$

考察函数 $f(x) = \dfrac{x}{1-x}$,其中 $0 < x < 1$,则 $f''(x) = \dfrac{2}{(1-x)^3} > 0, f(x)$ 在 $(0,1)$ 上是下凸函数,由琴生不等式得

$$f(a) + f(b) + f(c) \geqslant 3f\left(\dfrac{a+b+c}{3}\right) = 3f\left(\dfrac{1}{3}\right) = \dfrac{3}{2}$$

即

$$\dfrac{a}{b+c} + \dfrac{b}{c+a} + \dfrac{c}{a+b} \geqslant \dfrac{3}{2}$$

**例 2** 已知三棱锥 $O-ABC$ 的三条侧棱 $OA, OB, OC$ 两两垂直,$P$ 是底面 $ABC$ 内的一点,$OP$ 与三侧面所成的角分别为 $\alpha, \beta, \gamma$,求证:$\dfrac{\pi}{2} < \alpha + \beta + \gamma \leqslant 3\arcsin\dfrac{\sqrt{3}}{3}$. (2004 年湖南省数学竞赛题)

**证明** 由题设可得 $\sin^2\alpha + \sin^2\beta + \sin^2\gamma = 1$,且 $\alpha, \beta, \gamma \in \left(0, \dfrac{\pi}{2}\right)$,所以

$$\sin^2\alpha = 1 - (\sin^2\beta + \sin^2\gamma) = \cos^2\beta - \sin^2\gamma =$$
$$\dfrac{1}{2}(1 + \cos 2\beta) - \dfrac{1}{2}(1 - \cos 2\gamma) =$$
$$\cos(\beta + \gamma)\cos(\beta - \gamma)$$

因为 $\beta, \gamma \in \left(0, \dfrac{\pi}{2}\right), \beta - \gamma \in \left(-\dfrac{\pi}{2}, \dfrac{\pi}{2}\right)$,则 $\cos(\beta - \gamma) > 0$,由 $\sin^2\alpha =$

$\cos(\beta+\gamma)\cos(\beta-\gamma)$ 得 $\cos(\beta+\gamma) > 0$,即 $0 < \beta+\gamma < \frac{\pi}{2}$,$\alpha+\beta+\gamma < \pi$,因为 $0 \leq |\beta-\gamma| < \beta+\gamma < \frac{\pi}{2}$,所以,$\cos(\beta-\gamma) > \cos(\beta+\gamma)$,故

$$\sin^2\alpha = \cos(\beta+\gamma)\cos(\beta-\gamma) > \cos^2(\beta+\gamma) = \sin^2\left[\frac{\pi}{2} - (\beta+\gamma)\right]$$

即 $\sin\alpha > \sin\left[\frac{\pi}{2} - (\beta+\gamma)\right] > 0$,而 $y = \sin x$ 在 $\left(0, \frac{\pi}{2}\right)$ 上是增函数,所以,$\alpha > \frac{\pi}{2} - (\beta+\gamma)$,即 $\alpha+\beta+\gamma > \frac{\pi}{2}$.

又由于 $y = \cos x$ 在 $\left(0, \frac{\pi}{2}\right)$ 上是上凸函数,由上面的证明可知,$\alpha+\beta$,$\beta+\gamma$,$\gamma+\alpha$ 均是锐角.

所以
$$\cos\frac{(\alpha+\beta)+(\beta+\gamma)+(\gamma+\alpha)}{3} \geq \frac{\cos(\alpha+\beta) + \cos(\beta+\gamma) + \cos(\gamma+\alpha)}{3}$$

即
$$3\cos\frac{2(\alpha+\beta+\gamma)}{3} \geq \cos(\alpha+\beta) + \cos(\beta+\gamma) + \cos(\gamma+\alpha) \geq$$
$$\cos(\alpha+\beta)\cos(\alpha-\beta) + \cos(\beta+\gamma)\cos(\beta-\gamma) +$$
$$\cos(\gamma+\alpha)\cos(\gamma-\alpha) =$$
$$\frac{1}{2}(\cos 2\alpha + \cos 2\beta) + \frac{1}{2}(\cos 2\beta + \cos 2\gamma) + \frac{1}{2}(\cos 2\gamma + \cos 2\alpha) =$$
$$\cos 2\alpha + \cos 2\beta + \cos 2\gamma$$

即
$$3 \cdot \frac{1 - \sin^2\frac{\alpha+\beta+\gamma}{3}}{2} \geq \frac{1-\sin^2\alpha}{2} + \frac{1-\sin^2\beta}{2} + \frac{1-\sin^2\gamma}{2} = \frac{1}{2}$$

所以,$\sin\frac{\alpha+\beta+\gamma}{3} \leq \frac{\sqrt{3}}{3}$,即 $\alpha+\beta+\gamma \leq 3\arcsin\frac{\sqrt{3}}{3}$.

综上,$\frac{\pi}{2} < \alpha+\beta+\gamma \leq 3\arcsin\frac{\sqrt{3}}{3}$.

**例 3** 已知 $5n$ 个实数 $r_i$, $s_i$, $t_i$, $u_i$, $v_i$ ($1 \leq i \leq n$) 都大于 1,记 $R = \left(\frac{1}{n}\sum_{i=1}^{n} r_i\right)$,$S = \left(\frac{1}{n}\sum_{i=1}^{n} s_i\right)$,$T = \left(\frac{1}{n}\sum_{i=1}^{n} t_i\right)$,$U = \left(\frac{1}{n}\sum_{i=1}^{n} u_i\right)$,$V = \left(\frac{1}{n}\sum_{i=1}^{n} v_i\right)$. 求证:

$$\prod_{i=1}^{n}\left(\frac{r_is_it_iu_iv_i+1}{r_is_it_iu_iv_i-1}\right) \geqslant \left(\frac{RSTUV+1}{RSTUV-1}\right)^n.$$ (1994年中国国家集训队第二次选拔考试试题)

**证明** 先证函数 $y = \ln\dfrac{e^x+1}{e^x-1}$ 是下凸函数$(x > 0)$.

为此只需证明对实数 $a, b > 1$，有 $\left(\dfrac{a+1}{a-1}\right)\left(\dfrac{b+1}{b-1}\right) \geqslant \left(\dfrac{\sqrt{ab}+1}{\sqrt{ab}-1}\right)^2$，而这个不等式等价于

$$\frac{ab+a+b+1}{ab-a-b+1} \geqslant \frac{ab+2\sqrt{ab}+1}{ab-2\sqrt{ab}+1} \Leftrightarrow \frac{2(a+b)}{ab-a-b+1} \geqslant \frac{4\sqrt{ab}}{ab-2\sqrt{ab}+1}$$

因为 $a+b \geqslant 2\sqrt{ab}$，$\dfrac{1}{ab-a-b+1} \geqslant \dfrac{1}{ab-2\sqrt{ab}+1}$，所以

$$\frac{2(a+b)}{ab-a-b+1} \geqslant \frac{4\sqrt{ab}}{ab-2\sqrt{ab}+1}$$

故

$$\left(\frac{a+1}{a-1}\right)\left(\frac{b+1}{b-1}\right) \geqslant \left(\frac{\sqrt{ab}+1}{\sqrt{ab}-1}\right)^2$$

$y = \ln\dfrac{e^x+1}{e^x-1}$ 是下凸函数 $(x > 0)$，所以

$$\prod_{i=1}^{n}\frac{r_is_it_iu_iv_i+1}{r_is_it_iu_iv_i-1} \geqslant \left(\frac{\sqrt[n]{\prod_{i=1}^{n}r_is_it_iu_iv_i}+1}{\sqrt[n]{\prod_{i=1}^{n}r_is_it_iu_iv_i}-1}\right)^n$$

又由于 $y = \dfrac{x+1}{x-1}$ 在 $(1, +\infty)$ 上是减函数，所以由 $\sqrt[n]{\prod_{i=1}^{n}r_is_it_iu_iv_i} \leqslant RSTUV$

得 $\dfrac{\sqrt[n]{\prod_{i=1}^{n}r_is_it_iu_iv_i}+1}{\sqrt[n]{\prod_{i=1}^{n}r_is_it_iu_iv_i}-1} \geqslant \dfrac{RSTUV+1}{RSTUV-1}$，从而原不等式成立.

**例4** 设 $0 < a, b, c < 1$，且 $ab+bc+ca = 1$，求证：

$$\frac{a}{1-a^2} + \frac{b}{1-b^2} + \frac{c}{1-c^2} \geqslant \frac{3\sqrt{3}}{2}$$

(2004年新加坡国家队选拔考试试题)

**证明** 因为 $ab+bc+ca = 1$，所以可设 $a = \cot A, b = \cot B, c = \cot C$，其中

$A,B,C$ 是三角形的三个内角,且由 $0 < a,b,c < 1$ 知 $\frac{\pi}{4} < A,B,C < \frac{\pi}{2}$. 所以

$$\frac{a}{1-a^2} + \frac{b}{1-b^2} + \frac{c}{1-c^2} = -(\tan 2A + \tan 2B + \tan 2C)$$

只需证明

$$-(\tan 2A + \tan 2B + \tan 2C) \geq \frac{3\sqrt{2}}{2}$$

由 $f(x) = \tan x$ 在 $(\frac{\pi}{2}, \pi)$ 上为凸函数知

$$\tan 2A + \tan 2B + \tan 2C \leq 3\tan\frac{2A+2B+2C}{3} = -\frac{3\sqrt{2}}{2}$$

**例 5** $\alpha,\beta,\gamma$ 是一个给定三角形的三个内角,求证:$\csc^2\frac{\alpha}{2} + \csc^2\frac{\beta}{2} + \csc^2\frac{\gamma}{2} \geq 12$,并求等号成立的条件.(1994 年韩国数学奥林匹克试题)

**证明** 由算术几何平均值不等式得

$$\csc^2\frac{\alpha}{2} + \csc^2\frac{\beta}{2} + \csc^2\frac{\gamma}{2} \geq 3\sqrt[3]{\csc^2\frac{\alpha}{2}\csc^2\frac{\beta}{2}\csc^2\frac{\gamma}{2}}$$

其中等号当且仅当 $\alpha=\beta=\gamma$ 时成立. 再由算术几何平均值不等式及正弦函数的上凸性,有

$$\sqrt[3]{\sin\frac{\alpha}{2}\sin\frac{\beta}{2}\sin\frac{\gamma}{2}} \leq \frac{\sin\frac{\alpha}{2} + \sin\frac{\beta}{2} + \sin\frac{\gamma}{2}}{3} \leq$$

$$\sin\frac{\frac{\alpha}{2}+\frac{\beta}{2}+\frac{\gamma}{2}}{3} = \sin\frac{\alpha+\beta+\gamma}{6} = \frac{1}{2}$$

因此,$\csc^2\frac{\alpha}{2} + \csc^2\frac{\beta}{2} + \csc^2\frac{\gamma}{2} \geq 12$,其中等号当且仅当 $\alpha=\beta=\gamma$ 时成立.

**例 6** 设 $x_1, x_2, \cdots, x_n (n \geq 2)$ 都是正数,且 $\sum_{i=1}^{n} x_i = 1$,求证:

$$\sum_{i=1}^{n} \frac{x_i}{\sqrt{1-x_i}} \geq \frac{\sum_{i=1}^{n}\sqrt{x_i}}{\sqrt{n-1}} \qquad ①$$

(第 4 届 CMO 试题)

**证明** 首先证明函数 $f(x) = \frac{x}{\sqrt{1-x}} (0 < x < 1)$ 为凸函数.

对于 $0 < x_1 \leq x_2 < 1$，令 $t_i = \dfrac{1}{\sqrt{1-x_i}}(i=1,2)$，于是 $t_i > 1$，且 $x_i = 1 - \dfrac{1}{t_i^2}$ $(i=1,2)$，因为

$$\frac{1}{2}(t_1 + t_2) \geq \sqrt{t_1 t_2}$$

$$\sqrt{t_1^2 + t_2^2} \geq \sqrt{2t_1 t_2}$$

故

$$\frac{1}{2}(t_1 + t_2) \geq \frac{\sqrt{2} t_1 t_2}{\sqrt{t_1^2 + t_2^2}}$$

即

$$\frac{1}{2}\left(\frac{1}{\sqrt{1-x_1}} + \frac{1}{\sqrt{1-x_2}}\right) \geq \frac{1}{\sqrt{1 - \frac{1}{2}(x_1+x_2)}} \quad ②$$

又

$$(x_1 - x_2)\left(\frac{1}{\sqrt{1-x_1}} - \frac{1}{\sqrt{1-x_2}}\right) \geq 0$$

因而，有

$$\frac{x_1}{\sqrt{1-x_1}} + \frac{x_2}{\sqrt{1-x_2}} \geq \frac{1}{2}\left(\frac{1}{\sqrt{1-x_1}} + \frac{1}{\sqrt{1-x_2}}\right)(x_1 + x_2) \quad ③$$

利用②，由③得

$$\frac{1}{2}\left(\frac{x_1}{\sqrt{1-x_1}} + \frac{x_2}{\sqrt{1-x_2}}\right) \geq \frac{\frac{1}{2}(x_1+x_2)}{\sqrt{1-\frac{1}{2}(x_1+x_2)}} \quad ④$$

当且仅当 $x_1 = x_2$ 时等号成立. 这说明函数 $f(x) = \dfrac{x}{\sqrt{1-x}}(0 < x < 1)$ 为凸函数.

根据琴生不等式得

$$\frac{1}{n}\left(\frac{x_1}{\sqrt{1-x_1}} + \frac{x_2}{\sqrt{1-x_2}} + \cdots + \frac{x_n}{\sqrt{1-x_n}}\right) \geq \frac{\dfrac{x_1+x_2+\cdots+x_n}{n}}{\sqrt{1 - \dfrac{x_1+x_2+\cdots+x_n}{n}}}$$

因为 $x_1 + x_2 + \cdots + x_n = 1$，所以

$$\frac{1}{n}\left(\frac{x_1}{\sqrt{1-x_1}} + \frac{x_2}{\sqrt{1-x_2}} + \cdots + \frac{x_n}{\sqrt{1-x_n}}\right) \geq \frac{1}{\sqrt{n(n-1)}} \quad ⑤$$

又由于 $f(x) = -\sqrt{x}(x > 0)$ 也是一个凸函数，于是

$$\frac{1}{n}(\sqrt{x_1}+\sqrt{x_2}+\cdots+\sqrt{x_n}) \leqslant \sqrt{\frac{x_1+x_2+\cdots+x_n}{n}} = \frac{\sqrt{n}}{n} \qquad ⑥$$

由 ⑤,⑥ 即得所要证明的不等式.

**例 7** 设 $x, y, z \in \mathbf{R}^+$,且 $x+y+z=1$,求证:$\dfrac{xy}{\sqrt{xy+yz}} + \dfrac{yz}{\sqrt{yz+xz}} +$

$\dfrac{xz}{\sqrt{xz+xy}} \leqslant \dfrac{\sqrt{2}}{2}$.(2006 年中国国家集训队考试题)

**证明** 因为 $\dfrac{x+y}{2} + \dfrac{y+z}{2} + \dfrac{z+x}{2} = 1$,所以由广义琴生不等式得

$$\sum_{cyc} \frac{xy}{\sqrt{xy+yz}} = \sum_{cyc} \sqrt{\frac{x^2 y}{x+z}} = \sum_{cyc} \frac{x+y}{2}\sqrt{\frac{4x^2 y}{(x+y)^2(x+z)}} \leqslant$$

$$\sqrt{\sum_{cyc}\frac{2x^2 y}{(x+y)(x+z)}}$$

下面只要证明

$$\sum_{cyc}\frac{2x^2 y}{(x+y)(x+z)} \leqslant \frac{1}{2}$$

$\sum_{cyc}\dfrac{2x^2 y}{(x+y)(x+z)} \leqslant \dfrac{1}{2} \Leftrightarrow \sum_{cyc}\dfrac{2x^2 y}{(x+y)(x+z)} \leqslant \dfrac{1}{2}(x+y+z) \Leftrightarrow$

$4\sum_{cyc} x^2 y(y+z) \leqslant (x+y)(y+z)(z+x)(x+y+z) \Leftrightarrow$

$4(x^2 y^2 + y^2 z^2 + z^2 x^2) + 4xyz(x+y+z) \leqslant$

$(x(y^3+z^3) + y(z^3+x^3) + z(x^3+y^3)) +$

$2(x^2 y^2 + y^2 z^2 + z^2 x^2) + 4xyz(x+y+z) \Leftrightarrow$

$2(x^2 y^2 + y^2 z^2 + z^2 x^2) \leqslant$

$x(y^3+z^3) + y(z^3+x^3) + z(x^3+y^3) =$

$(x^3 y + xy^3) + (y^3 z + yz^3) + (x^3 z + xz^3)$

而由均值不等式得 $x^3 y + xy^3 \geqslant 2x^2 y^2$, $y^3 z + yz^3 \geqslant 2y^2 z^2$, $x^3 z + xz^3 \geqslant 2z^2 x^2$,所以,此不等式显然成立.

**例 8** 设 $a,b,c > 0$,求证:

(1) 当 $0 < \lambda \leqslant \dfrac{5}{4}$ 时,$1 < \dfrac{a}{\sqrt{a^2+\lambda b^2}} + \dfrac{b}{\sqrt{b^2+\lambda c^2}} + \dfrac{c}{\sqrt{c^2+\lambda a^2}} \leqslant \dfrac{3}{\sqrt{1+\lambda}}$;

(2) 当 $\lambda > \dfrac{5}{4}$ 时,$\dfrac{a}{\sqrt{a^2+\lambda b^2}} + \dfrac{b}{\sqrt{b^2+\lambda c^2}} + \dfrac{c}{\sqrt{c^2+\lambda a^2}} < 2$.(2005 年中国国家集训队培训试题)

**证明** (1) 当 $0 < \lambda \leqslant \dfrac{5}{4}$ 时,设 $\dfrac{b^2}{a^2} = p$, $\dfrac{c^2}{b^2} = q$, $\dfrac{a^2}{c^2} = r$,则 $pqr = 1$,于是,

原不等式等价于

$$\frac{1}{\sqrt{1+\lambda p}} + \frac{1}{\sqrt{1+\lambda q}} + \frac{1}{\sqrt{1+\lambda r}} \leq \frac{3}{\sqrt{1+\lambda}} \qquad ①$$

设 $f(x) = \dfrac{1}{\sqrt{1+\lambda e^x}}$,则

$$f'(x) = -\frac{1}{2}\lambda e^x \frac{1}{\sqrt{(1+\lambda e^x)^3}}$$

$$f''(x) = \frac{1}{4}\lambda e^x(\lambda e^x - 2)\frac{1}{\sqrt{(1+\lambda e^x)^5}} \begin{cases} > 0, x \in (\ln\dfrac{2}{\lambda}, +\infty) \\ \leq 0, x \in (-\infty, \ln\dfrac{2}{\lambda}) \end{cases}$$

(1) 若 $p,q,r$ 有两个相等,不妨设 $p=q$,由于 $pqr=1$,故 $r=p^{-2}$,于是不等式 ① 等价于

$$\frac{2}{\sqrt{1+\lambda p}} + \frac{1}{\sqrt{1+\lambda p^{-2}}} \leq \frac{3}{\sqrt{1+\lambda}}$$

令 $g(p) = \dfrac{2}{\sqrt{1+\lambda p}} + \dfrac{1}{\sqrt{1+\lambda p^{-2}}}$,则

$$g'(p) = -\lambda(1+\lambda p)^{-\frac{3}{2}} + \lambda p^{-3}(1+\lambda p^{-2})^{-\frac{3}{2}} = -\lambda(1+\lambda p)^{-\frac{3}{2}} + \lambda(p^2+\lambda)^{-\frac{3}{2}} =$$

$$-\lambda\left(\frac{1}{\sqrt{1+\lambda p}} - \frac{1}{\sqrt{p^2+\lambda}}\right)\left(\frac{1}{1+\lambda p} + \frac{1}{\sqrt{1+\lambda p}} \cdot \frac{1}{\sqrt{p^2+\lambda}} + \frac{1}{p^2+\lambda}\right) =$$

$$\frac{\lambda}{\sqrt{(1+\lambda p)(p^2+\lambda)}} \cdot \frac{(1+\lambda p)-(p^2+\lambda)}{\sqrt{1+\lambda p} + \sqrt{p^2+\lambda}} \cdot$$

$$\left(\frac{1}{1+\lambda p} + \frac{1}{\sqrt{1+\lambda p}} \cdot \frac{1}{\sqrt{p^2+\lambda}} + \frac{1}{p^2+\lambda}\right) =$$

$$\frac{-\lambda(p-1)[p-(\lambda-1)]}{\sqrt{(1+\lambda p)(p^2+\lambda)}(\sqrt{1+\lambda p}+\sqrt{p^2+\lambda})} \cdot$$

$$\left(\frac{1}{1+\lambda p} + \frac{1}{\sqrt{1+\lambda p}} \cdot \frac{1}{\sqrt{p^2+\lambda}} + \frac{1}{p^2+\lambda}\right)$$

(i) 若 $\lambda \leq 1$,则

$$g'(p) \begin{cases} \geq 0, 0 < p \leq 1 \\ < 0, p > 1 \end{cases}$$

故

$$g(p) \leq g(1) = \frac{3}{\sqrt{1+\lambda}}$$

(ii) 若 $1 < \lambda \leq \dfrac{5}{4}$,则

$$g'(p)\begin{cases} \leq 0, 0 < p \leq 1-\lambda \\ \geq 0, 1-\lambda < p \leq 1 \\ < 0, p > 1 \end{cases}$$

故
$$g(p) \leq \max\{g(1), \lim_{p\to 0}g(p)\} = \max\{\frac{3}{\sqrt{1+\lambda}}, 2\} = \frac{3}{\sqrt{1+\lambda}}$$

由于 $pqr = 1$,且 $\frac{2}{\lambda} > 1$,故 $p, q, r$ 不可能均大于 $\frac{2}{\lambda}$.

(2) 若 $p, q, r$ 至少有两个不大于 $\frac{2}{\lambda}$,不妨设 $p, q \leq \frac{2}{\lambda}$,由琴生不等式得
$$f(\ln p) + f(\ln q) \leq 2f(\frac{\ln p + \ln q}{2}) = 2f(\ln\sqrt{pq})$$

即
$$\frac{1}{\sqrt{1+\lambda p}} + \frac{1}{\sqrt{1+\lambda q}} \leq \frac{2}{\sqrt{1+\lambda\sqrt{pq}}}$$

故
$$\frac{1}{\sqrt{1+\lambda p}} + \frac{1}{\sqrt{1+\lambda q}} + \frac{1}{\sqrt{1+\lambda r}} \leq \frac{2}{\sqrt{1+\lambda\sqrt{pq}}} + \frac{1}{\sqrt{1+\lambda r}}$$

这样只需证明 $\dfrac{2}{\sqrt{1+\lambda\sqrt{pq}}} + \dfrac{1}{\sqrt{1+\lambda r}} \leq \dfrac{3}{\sqrt{1+\lambda}}$. 此即为情形(Ⅰ).

(3) 若 $p, q, r$ 有两个大于 $\frac{2}{\lambda}$,不妨设 $q, r$ 大于 $\frac{2}{\lambda}$.

我们先证明一个引理.

**引理** 若 $s, t \in [m, n]$, $s + t = m + n$,且对任意 $x \in [m, n]$,有 $f''(x) > 0$,则 $f(s) + f(t) \leq f(m) + f(n)$.

**证明** 设 $s = \mu m + (1-\mu)n$,则 $t = (1-\mu)m + \mu n$,且 $0 \leq \mu \leq 1$.
由琴生不等式得
$$f(s) \leq \mu f(m) + (1-\mu)f(n)$$
$$f(t) \leq (1-\mu)f(m) + \mu f(n)$$

相加得 $f(s) + f(t) \leq f(m) + f(n)$

由于 $\ln q, \ln r \in [\ln\frac{2}{\lambda}, \ln q + \ln r - \ln\frac{2}{\lambda}]$,且 $\ln q + \ln r = \ln\frac{2}{\lambda} + (\ln q + \ln r - \ln\frac{2}{\lambda})$,由引理得

$$f(\ln q) + f(\ln r) \leq f(\ln\frac{2}{\lambda}) + f(\ln q + \ln r - \ln\frac{2}{\lambda}) = f(\ln\frac{2}{\lambda}) + f(\ln\frac{qr\lambda}{2})$$

$$\frac{1}{\sqrt{1+\lambda q}}+\frac{1}{\sqrt{1+\lambda r}} \leqslant \frac{1}{\sqrt{1+\lambda \cdot \dfrac{2}{\lambda}}}+\frac{1}{\sqrt{1+\lambda \cdot \dfrac{qr\lambda}{2}}}$$

$$\frac{1}{\sqrt{1+\lambda p}}+\frac{1}{\sqrt{1+\lambda q}}+\frac{1}{\sqrt{1+\lambda r}} \leqslant \frac{1}{\sqrt{1+\lambda p}}+\frac{1}{\sqrt{1+\lambda \cdot \dfrac{2}{\lambda}}}+\frac{1}{\sqrt{1+\lambda \cdot \dfrac{qr\lambda}{2}}}$$

这样只需证明

$$\frac{1}{\sqrt{1+\lambda p}}+\frac{1}{\sqrt{1+\lambda \cdot \dfrac{2}{\lambda}}}+\frac{1}{\sqrt{1+\lambda \cdot \dfrac{qr\lambda}{2}}} \leqslant \frac{3}{\sqrt{1+\lambda}}$$

而 $p \leqslant \dfrac{2}{\lambda}$,故此即情形(2).

综上原不等式 ① 成立.

(2) 当 $\lambda > \dfrac{5}{4}$ 时,设 $\sum$ 表示循环和,由(1)的证明可知

$$\sum \frac{a}{\sqrt{a^2+\lambda b^2}} < \sum \frac{a}{\sqrt{a^2+\dfrac{5}{4}b^2}} \leqslant \frac{3}{\sqrt{1+\dfrac{5}{4}}}=2$$

## 练习题

1. (1) 设 $a_1,a_2,\cdots,a_n$ 和 $b_1,b_2,\cdots,b_n$ 都是正数,证明: $\sqrt[n]{a_1 a_2 \cdots a_n}+\sqrt[n]{b_1 b_2 \cdots b_n} \leqslant \sqrt[n]{(a_1+b_1)(a_2+b_2)\cdots(a_n+b_n)}$. (1992 年爱尔兰数学奥林匹克试题,第 64 届普特南数学竞赛试题)

(2) 已知 $a_1,a_2,\cdots,a_n$ 是正数,且 $a_1 a_2 \cdots a_n = 1$,求证:$(2+a_1)(2+a_2)\cdots(2+a_n) \geqslant 3^n$. (1989 年全国高中数学联赛试题)

2. 已知 $a,b,c$ 是正数,且 $a^4+b^4+c^4=3$,证明:$\dfrac{1}{4-ab}+\dfrac{1}{4-bc}+\dfrac{1}{4-ca} \leqslant 1$. (2005 年摩尔多瓦数学奥林匹克试题)

3. 若正实数 $a,b,c$ 满足 $a+b+c=1$,求证:$a\sqrt[3]{1+b-c}+b\sqrt[3]{1+c-a}+c\sqrt[3]{1+a-b} \leqslant 1$. (2005 年日本数学奥林匹克试题)

4. 若正实数 $a,b,c$ 满足 $abc=1$,求证:$a^{b+c}b^{c+a}c^{a+b} \leqslant 1$. (2006 年印度数学奥林匹克试题)

5. 已知 $0 < x_j < \dfrac{1}{2}(j=1,2,\cdots,n)$,求证:

$$\frac{\prod_{j=1}^{n} x_j}{(\sum_{k=1}^{n} x_j)^n} \leqslant \frac{\prod_{j=1}^{n}(1-x_j)}{[\sum_{k=1}^{n}(1-x_j)]^n}$$

(2004年印度数学奥林匹克试题)

6. 已知 $x, y, z$ 是正数,求证:$\dfrac{x}{\sqrt{y+z}} + \dfrac{y}{\sqrt{z+x}} + \dfrac{z}{\sqrt{x+y}} \geqslant \sqrt{\dfrac{3}{2}(x+y+z)}$.

(2005年塞尔维亚数学奥林匹克试题)

7. 非负实数 $a_1, a_2, \cdots, a_n$ 满足 $a_1 + a_2 + \cdots + a_n = 1$,证明 $\dfrac{a_1}{1 + a_2 + a_3 + \cdots + a_n} + \dfrac{a_2}{1 + a_1 + a_3 + \cdots + a_n} + \cdots + \dfrac{a_n}{1 + a_1 + a_2 + \cdots + a_{n-1}}$ 有一个最小值并把它算出来. (1982年联邦德国国际数学奥林匹克竞赛题)

8. 设 $r_1, r_2, \cdots, r_n$ 为大于或等于 1 的实数,证明:$\dfrac{1}{r_1 + 1} + \dfrac{1}{r_2 + 1} + \cdots + \dfrac{1}{r_n + 1} \geqslant \dfrac{n}{\sqrt[n]{r_1 r_2 \cdots r_n} + 1}$. (第 39 届 IMO 预选题)

9. (1) 对所有正实数 $a, b, c$,证明:$\dfrac{a}{\sqrt{a^2 + 8bc}} + \dfrac{b}{\sqrt{b^2 + 8ca}} + \dfrac{c}{\sqrt{c^2 + 8ab}} \geqslant 1$. (第 42 届 IMO 试题)

(2) 设 $a, b, c, d$ 是正实数,证明:$\dfrac{a}{\sqrt[3]{a^3 + 63bcd}} + \dfrac{b}{\sqrt[3]{b^3 + 63cda}} + \dfrac{c}{\sqrt[3]{c^3 + 63dab}} + \dfrac{d}{\sqrt[3]{d^3 + 63abc}} \geqslant 1$. (2004年波兰数学奥林匹克试题)

10. (1) 求证:对任意正实数 $a, b, c$,都有 $1 < \dfrac{a}{\sqrt{a^2 + b^2}} + \dfrac{b}{\sqrt{b^2 + c^2}} + \dfrac{c}{\sqrt{c^2 + a^2}} \leqslant \dfrac{3\sqrt{2}}{2}$. (2004年中国西部数学奥林匹克试题)

(2) 设 $a, b, c$ 为正实数,证明:$\sqrt{\dfrac{2a}{a+b}} + \sqrt{\dfrac{2a}{a+b}} + \sqrt{\dfrac{2a}{a+b}} \leqslant 3$. (2008年波兰等国数学奥林匹克试题)

11. 设 $x_k > 0 (k = 1, 2, \cdots, n)$,$\sum_{k=1}^{n} x_k = 1$,证明:$\prod_{k=1}^{n} \dfrac{1 + x_k}{x_k} \geqslant \prod_{k=1}^{n} \dfrac{n - x_k}{1 - x_k}$. (2006年中国国家集训队培训试题)

12. 已知 $0 \leqslant x, y \leqslant 1$,证明:$\dfrac{1}{\sqrt{1 + x^2}} + \dfrac{1}{\sqrt{1 + y^2}} \leqslant \dfrac{2}{\sqrt{1 + xy}}$. (2000年俄罗斯数学奥林匹克试题)

13. 设 $x,y,z$ 都是正实数,且满足 $\sqrt{x}+\sqrt{y}+\sqrt{z}=1$,证明不等式:
$$\frac{x^2+yz}{\sqrt{2x^2(y+z)}}+\frac{y^2+zx}{\sqrt{2y^2(z+x)}}+\frac{z^2+xy}{\sqrt{2z^2(x+y)}} \geq 1$$
(2007 年亚太地区数学奥林匹克试题)

14. 设 $x,y,z$ 是正实数,且满足 $xy+yz+zx=1$,证明: $\frac{27}{4}(x+y)(y+z)(z+x) \geq (\sqrt{x+y}+\sqrt{y+z}+\sqrt{z+x})^2 \geq 6\sqrt{3}$. (2006 年土耳其国家集训队试题)

15. 已知 $a,b,c$ 是正数,且 $a^2+b^2+c^2=1$,证明: $\frac{a}{1-a}+\frac{b}{1-b}+\frac{c}{1-c} \geq \frac{3\sqrt{3}+3}{2}$. (2004 年波兰数学奥林匹克试题)

16. 已知 $a,b,c$ 都是正数,且 $ab+bc+ca=1$,证明: $\sqrt{a^3+a}+\sqrt{b^3+b}+\sqrt{c^3+c} \geq 2\sqrt{a+b+c}$. (2008 年伊朗国家集训队试题)

17. 设 $x,y$ 是正数,证明: $\frac{1}{(1+\sqrt{x})^2}+\frac{1}{(1+\sqrt{y})^2} \geq \frac{2}{x+y+2}$. (2008 年印度尼西亚数学奥林匹克试题)

18. 设 $x,y,z$ 为正实数,且 $xy+yz+zx+xyz=4$,证明: $\frac{x}{\sqrt{y+z}}+\frac{y}{\sqrt{z+x}}+\frac{z}{\sqrt{x+y}} \geq \frac{\sqrt{2}}{2}(x+y+z)$. (2007 年波兰数学奥林匹克试题)

19. 已知正实数 $a,b,c$ 满足 $\frac{1}{a}+\frac{1}{b}+\frac{1}{c}=a+b+c$,证明: $\frac{1}{(2a+b+c)^2}+\frac{1}{(a+2b+c)^2}+\frac{1}{(2a+b+2c)^2} \leq \frac{3}{16}$. (2009 年 IMO 预选题)

# 参 考 解 答

1. (1) 先证明 $f(x)=\ln(1+e^x)$ 是 $\mathbf{R}$ 上的凹函数. 事实上,对任意 $x_1,x_2 \in \mathbf{R}$,由于 $e^{x_1}+e^{x_2} \geq 2e^{\frac{x_1+x_2}{2}}$,故

$(1+e^{x_1})(1+e^{x_2})=1+e^{x_1}+e^{x_2}+e^{x_1}e^{x_2} \geq 1+2e^{\frac{x_1+x_2}{2}}+e^{x_1+x_2}=(1+e^{\frac{x_1+x_2}{2}})^2$

两边取对数,则

$$\frac{1}{2}[\ln(1+e^{x_1})+\ln(1+e^{x_2})] \geq \ln(1+e^{\frac{x_1+x_2}{2}})$$

由琴生不等式得

$$\frac{1}{n}[\ln(1+e^{x_1}) + \ln(1+e^{x_2}) + \cdots + \ln(1+e^{x_n})] \geq \ln(1+e^{\frac{x_1+x_2+\cdots+x_n}{n}})$$

于是

$$\sqrt[n]{(1+e^{x_1})(1+e^{x_2})\cdots(1+e^{x_n})} \geq 1+e^{\frac{x_1+x_2+\cdots+x_n}{n}}$$

令 $e^{x_1} = \frac{b_1}{a_1}, e^{x_2} = \frac{b_2}{a_2}, \cdots, e^{x_n} = \frac{b_n}{a_n}$，即得

$$\sqrt[n]{(a_1+b_1)(a_2+b_2)\cdots(a_n+b_n)} \geq \sqrt[n]{a_1 a_2 \cdots a_n} + \sqrt[n]{b_1 b_2 \cdots b_n}$$

(2) 设 $f(x) = \ln(2+e^x)$，则

$$f'(x) = \frac{e^x}{2+e^x} = 1 - \frac{2}{2+e^x}$$

$$f''(x) = \frac{2e^x}{(2+e^x)^2} > 0$$

所以，$f(x)$ 是凹函数，于是

$$f(\ln a_1) + f(\ln a_2) + \cdots + f(\ln a_n) \geq$$

$$n f\left(\frac{\ln a_1 + \ln a_2 + \cdots + \ln a_n}{n}\right) =$$

$$n f(0) = n\ln 3$$

所以

$$\ln(2+a_1) + \ln(2+a_2) + \cdots + \ln(2+a_n) \geq n\ln 3$$

即

$$(2+a_1)(2+a_2)\cdots(2+a_n) \geq 3^n$$

2. 令 $f(x) = \frac{1}{4-\sqrt{x}} (0 \leq x \leq \frac{16}{9})$. 我们证明它是定义域上的凸函数，即只需

证明

$$f(x) + f(y) \leq 2f\left(\frac{x+y}{2}\right)$$

即证

$$\frac{1}{4-\sqrt{x}} + \frac{1}{4-\sqrt{y}} \leq \frac{2}{4-\sqrt{\frac{x+y}{2}}}$$

即证

$$\frac{8-\sqrt{x}-\sqrt{y}}{16-4\sqrt{x}-4\sqrt{y}+\sqrt{xy}} \leq \frac{2}{4-\sqrt{\frac{x+y}{2}}}$$

即证 $\left(4-\sqrt{\frac{x+y}{2}}\right)(8-\sqrt{x}-\sqrt{y}) \leq 32 - 8(\sqrt{x}+\sqrt{y}) + 2\sqrt{xy}$

令 $a = \sqrt{x} + \sqrt{y}, b = \sqrt{\dfrac{x+y}{2}}$，则 $2\sqrt{xy} = a^2 - 2b^2$，所以原式可化为

$$(4-b)(8-a) \leqslant 32 - 8a + a^2 - 2b^2 \Leftrightarrow$$
$$4a - 8b \leqslant a^2 - 2b^2 - ab \Leftrightarrow$$
$$(a+b-4)(a-2b) \geqslant 0$$

由 $\sqrt{x} + \sqrt{y} \leqslant 2\sqrt{\dfrac{x+y}{2}}$ 可知 $a - 2b \leqslant 0$，故只需证明 $a + b \leqslant 4$，由 $0 \leqslant x \leqslant \dfrac{16}{9}, 0 \leqslant y \leqslant \dfrac{16}{9}$ 易知成立.

下面证明原不等式：因为 $a^2 b^2 \leqslant \dfrac{a^4 + b^4}{2} < \dfrac{a^4 + b^4 + c^4}{2} = \dfrac{3}{2} < \dfrac{16}{9}$，由琴生不等式得

$$\dfrac{1}{4-ab} + \dfrac{1}{4-bc} + \dfrac{1}{4-ca} \leqslant \dfrac{3}{4 - \sqrt{\dfrac{a^2 b^2 + b^2 c^2 + c^2 a^2}{3}}} \leqslant$$

$$\dfrac{3}{4 - \sqrt{\dfrac{a^4 + b^4 + c^4}{3}}} = 1$$

3. $f(x) = \sqrt[3]{x}$ 是 $(0, +\infty)$ 上的凸函数，由琴生不等式的一般形式得

$$\dfrac{a\sqrt[3]{1+b-c} + b\sqrt[3]{1+c-a} + c\sqrt[3]{1+c-a}}{a+b+c} \leqslant$$

$$\sqrt[3]{\dfrac{a(1+b-c) + b(1+c-a) + c(1+a-b)}{a+b+c}} = 1$$

所以

$$a\sqrt[3]{1+b-c} + b\sqrt[3]{1+c-a} + c\sqrt[3]{1+a-b} \leqslant 1$$

4. $a^{b+c} b^{c+a} c^{a+b} \leqslant 1 \Leftrightarrow a^{a+b+c} b^{a+b+c} c^{a+b+c} \leqslant a^a b^b c^c \Leftrightarrow$
$$a^a b^b c^c \geqslant 1 \Leftrightarrow a\ln a + b\ln b + c\ln c \geqslant 0$$

记 $f(x) = x\ln x (x > 0)$，则 $f''(x) = \dfrac{1}{x} > 0$. 所以，$f(x) = x\ln x$ 是 $(0, +\infty)$ 上的凹函数，由琴生不等式得

$$a\ln a + b\ln b + c\ln c \geqslant 3\left(\dfrac{a+b+c}{3}\right)\ln\dfrac{a+b+c}{3} \geqslant 3\left(\dfrac{a+b+c}{3}\right)\ln\sqrt[3]{abc} = 0$$

5. $$\dfrac{\prod_{j=1}^{n} x_j}{\left(\sum_{j=1}^{n} x_j\right)^n} \leqslant \dfrac{\prod_{j=1}^{n}(1-x_j)}{\left[\sum_{j=1}^{n}(1-x_j)\right]^n}$$

等价于
$$\frac{\prod_{j=1}^{n} x_j}{\prod_{j=1}^{n}(1-x_j)} \leq \frac{(\sum_{j=1}^{n} x_j)^n}{[\sum_{j=1}^{n}(1-x_j)]^n}$$

等价于
$$\ln \frac{\prod_{j=1}^{n} x_j}{\prod_{j=1}^{n}(1-x_j)} \leq n\ln \frac{\sum_{j=1}^{n} x_j}{\sum_{j=1}^{n}(1-x_j)}$$

记 $f(x) = \ln \frac{x}{1-x}, 0 < x < \frac{1}{2}$，则 $f''(x) < 0$. 由琴生不等式得

$$\sum_{j=1}^{n} \ln \frac{x_j}{1-x_j} = \sum_{j=1}^{n} f(x_j) \leq nf(\frac{\sum_{j=1}^{n} x_j}{n}) = n\ln \frac{\sum_{j=1}^{n} x_j}{\sum_{j=1}^{n}(1-x_j)}$$

6. 令 $a = \frac{x}{x+y+z}, b = \frac{y}{x+y+z}, c = \frac{z}{x+y+z}$，则 $a+b+c=1$，原不等式化为证明

$$\frac{a}{\sqrt{b+c}} + \frac{b}{\sqrt{c+a}} + \frac{c}{\sqrt{a+b}} \geq \sqrt{\frac{3}{2}}$$

记 $f(x) = \frac{1}{\sqrt{x}}$，则 $f'(x) = -\frac{1}{2\sqrt{x^3}}, f''(x) = \frac{3}{4\sqrt{x^5}} > 0$，所以，$f(x)$ 是 $(0, +\infty)$ 上的凹函数，由广义琴生不等式得

$$af(b+c) + bf(c+a) + cf(a+b) \geq f[a(b+c) + b(c+a) + c(a+b)] = \frac{1}{\sqrt{2(ab+bc+ca)}} = \frac{a+b+c}{\sqrt{2(ab+bc+ca)}}$$

于是只要证明 $\frac{a+b+c}{\sqrt{2(ab+bc+ca)}} \geq \sqrt{\frac{3}{2}}$，即证明 $ab+bc+ca \leq \frac{1}{3}$.

考虑到 $a+b+c=1$，只要证明 $ab+bc+ca \leq \frac{1}{3}(a+b+c)^2$. 因为

$$(a+b+c)^2 - 3(ab+bc+ca) = \frac{1}{2}[(a-b)^2 + (b-c)^2 + (c-a)^2] \geq 0$$

所以

$$ab+bc+ca \leq \frac{1}{3}(a+b+c)^2$$

7. 令 $y = \dfrac{a_1}{1 + a_2 + a_3 + \cdots + a_n} + \dfrac{a_2}{1 + a_1 + a_3 + \cdots + a_n} + \cdots + \dfrac{a_n}{1 + a_1 + a_2 + \cdots + a_{n-1}}$，故 $y = \dfrac{a_1}{2 - a_1} + \dfrac{a_2}{2 - a_2} + \cdots + \dfrac{a_n}{2 - a_n}$.

设 $f(x) = \dfrac{x}{2 - x} = -1 + \dfrac{2}{2 - x}$，$x \in [0,1]$，则

$$f'(x) = -\dfrac{2}{(2-x)^2}, \quad f''(x) = \dfrac{4}{(2-x)^3} > 0$$

所以，$f(x)$ 在 $[0,1]$ 上是凹函数，于是

$$f(a_1) + f(a_2) + \cdots + f(a_n) \geqslant nf\left(\dfrac{a_1 + a_2 + \cdots + a_n}{n}\right) = nf\left(\dfrac{1}{n}\right) = \dfrac{n}{2n-1}$$

当且仅当 $a_1 = a_2 = \cdots = a_n = \dfrac{1}{n}$ 时，$y$ 有最小值 $\dfrac{n}{2n-1}$.

8. **证法一** 设 $f(x) = \dfrac{1}{e^x + 1}$，$x \geqslant 0$，则

$$f'(x) = -\dfrac{e^x}{(e^x + 1)^2} = -\dfrac{1}{e^x + 1} + \dfrac{1}{(e^x + 1)^2}$$

$$f''(x) = \dfrac{e^x}{(e^x + 1)^2} - \dfrac{2e^x}{(e^x + 1)^3} = \dfrac{e^x(e^x - 1)}{(e^x + 1)^3}$$

当 $x > 0$ 时，$f''(x) > 0$，故 $f(x)$ 在区间 $[0, +\infty)$ 上是下凸函数，由琴生不等式得

$$f(\ln r_1) + f(\ln r_2) + \cdots + f(\ln r_n) \geqslant nf\left(\dfrac{\ln r_1 + \ln r_2 + \cdots + \ln r_n}{n}\right)$$

即 $\dfrac{1}{r_1 + 1} + \dfrac{1}{r_2 + 1} + \cdots + \dfrac{1}{r_n + 1} \geqslant \dfrac{n}{\sqrt[n]{r_1 r_2 \cdots r_n} + 1}$

**证法二** 当 $r_1, r_2$ 为大于或等于 1 的实数时

$$\dfrac{1}{r_1 + 1} + \dfrac{1}{r_2 + 1} - \dfrac{2}{\sqrt{r_1 r_2} + 1} = \dfrac{(\sqrt{r_1} - \sqrt{r_2})^2(\sqrt{r_1 r_2} - 1)}{(\sqrt{r_1 r_2} + 1)(r_1 + 1)(r_2 + 1)} \geqslant 0$$

由琴生不等式可得不等式成立.

9. (1) 不妨设 $a + b + c = 1$，$f(x) = \dfrac{1}{\sqrt{x}}$，则

$$f'(x) = -\dfrac{1}{2\sqrt{x^3}}$$

$$f''(x) = \dfrac{3}{4\sqrt{x^5}} > 0$$

故 $f(x)$ 在区间 $[0, +\infty)$ 上是下凸函数，由琴生不等式得

$$af(x_1) + bf(x_2) + cf(x_3) \geqslant f(ax_1 + bx_2 + cx_3)$$

取 $x_1 = a^2 + 8bc, x_2 = b^2 + 8ca, x_3 = c^2 + 8ab$,则

$$af(x_1) + bf(x_2) + cf(x_3) = \frac{a}{\sqrt{a^2 + 8bc}} + \frac{b}{\sqrt{b^2 + 8ca}} + \frac{c}{\sqrt{c^2 + 8ab}} \geqslant$$

$$f(ax_1 + bx_2 + cx_3) =$$

$$\frac{1}{\sqrt{a(a^2 + 8bc) + b(b^2 + 8ca) + c(c^2 + 8ab)}} =$$

$$\frac{1}{\sqrt{a^3 + b^3 + c^3 + 24abc}}$$

而

$$1 = (a + b + c)^3 = a^3 + b^3 + c^3 + 6abc + 3(a^2b + ab^2 + b^2c + bc^2 + c^2a + ca^2) \geqslant$$

$$a^3 + b^3 + c^3 + 6abc + 3(6\sqrt[6]{a^2b \cdot ab^2 \cdot b^2c \cdot bc^2 \cdot c^2a \cdot ca^2}) = a^3 + b^3 + c^3 + 24abc$$

即

$$\frac{1}{\sqrt{a^3 + b^3 + c^3 + 24abc}} \geqslant 1$$

(2) 不妨设 $a + b + c = 1$, $f(x) = \frac{1}{\sqrt[3]{x}}$,仿照(1)来证明.

10. (1) $\frac{a}{\sqrt{a^2 + b^2}} > \frac{a}{\sqrt{a^2 + b^2 + c^2 + 2ab + 2bc + 2ca}} = \frac{a}{a + b + c}$

同理

$$\frac{b}{\sqrt{b^2 + c^2}} > \frac{b}{a + b + c}, \frac{c}{\sqrt{c^2 + a^2}} > \frac{c}{a + b + c}$$

所以

$$\frac{a}{\sqrt{a^2 + b^2}} + \frac{b}{\sqrt{b^2 + c^2}} + \frac{c}{\sqrt{c^2 + a^2}} > \frac{a}{a + b + c} + \frac{b}{a + b + c} + \frac{c}{a + b + c} = 1$$

下面记 $a^2 = u, b^2 = v, c^2 = w$,右边的不等式化为证明

$$\sqrt{\frac{u}{u + v}} + \sqrt{\frac{v}{v + w}} + \sqrt{\frac{w}{w + u}} \leqslant \frac{3\sqrt{2}}{2}$$

由广义琴生不等式

$$\sqrt{\frac{u}{u + v}} + \sqrt{\frac{v}{v + w}} + \sqrt{\frac{w}{w + u}} = \frac{u + w}{2(u + v + w)}\sqrt{\frac{4u(u + v + w)^2}{(u + v)(u + w)^2}} +$$

$$\frac{u + v}{2(u + v + w)}\sqrt{\frac{4v(u + v + w)^2}{(v + w)(u + v)^2}} + \frac{v + w}{2(u + v + w)}\sqrt{\frac{4w(u + v + w)^2}{(w + u)(v + w)^2}} \leqslant$$

$$\sqrt{\frac{2u(u+v+w)}{(u+v)(u+w)}+\frac{2v(u+v+w)}{(v+w)(u+v)}+\frac{2w(u+v+w)}{(u+w)(v+w)}}$$

下面证明

$$\frac{2u(u+v+w)}{(u+v)(u+w)}+\frac{2v(u+v+w)}{(v+w)(u+v)}+\frac{2w(u+v+w)}{(u+w)(v+w)} \leqslant \frac{9}{2}$$

$$\frac{2u(u+v+w)}{(u+v)(u+w)}+\frac{2v(u+v+w)}{(v+w)(u+v)}+\frac{2w(u+v+w)}{(u+w)(v+w)} \leqslant \frac{9}{2} \Leftrightarrow$$

$$8(uv+vw+wu)(u+v+w) \leqslant 9(u+v)(v+w)(w+u) \Leftrightarrow$$

$$8(u^2v+uv^2+u^2w+uw^2+v^2w+vw^2+3uvw) \leqslant$$

$$9(u^2v+uv^2+u^2w+uw^2+v^2w+vw^2+2uvw) \Leftrightarrow$$

$$u^2v+uv^2+u^2w+uw^2+v^2w+vw^2 \geqslant 6uvw$$

这是显然的. 所以

$$\frac{a}{\sqrt{a^2+b^2}}+\frac{b}{\sqrt{b^2+c^2}}+\frac{c}{\sqrt{c^2+a^2}} \leqslant \frac{3\sqrt{2}}{2}$$

(2) 将(1)中 $a^2, b^2, c^2$ 分别换成 $a, b, c$ 即得.

**11. 证法一** 设 $f(x)=\ln(1+\frac{1}{x}), 0<x<1$, 则

$$f'(x)=-\frac{1}{x+x^2}, f''(x)=\frac{2x+1}{(x+x^2)^2}>0$$

即 $f(x)$ 是 $(0,1)$ 上的凸函数, 由琴生不等式得

$$\frac{\sum_{i=1,i\neq k}^{n}\ln(1+\frac{1}{x_i})}{n-1} \geqslant \ln(1+\frac{n-1}{\sum_{i=1,i\neq k}^{n}x_i})$$

即

$$\prod_{i=1,i\neq k}^{n}(1+\frac{1}{x_i}) \geqslant (1+\frac{n-1}{\sum_{i=1,i\neq k}^{n}x_i})^{n-1}$$

将 $k=1,2,\cdots,n$ 这 $n$ 个不等式相乘得

$$\prod_{i=1,i\neq k}^{n}(1+\frac{1}{x_i})^{n-1} \geqslant \prod_{k=1}^{n}(1+\frac{n-1}{\sum_{i=1,i\neq k}^{n}x_i})^{n-1}$$

所以

$$\prod_{k=1}^{n}\frac{1+x_k}{x_k} \geqslant \prod_{k=1}^{n}\frac{n-x_k}{1-x_k}$$

**证法二** 在 $\frac{n-x_k}{1-x_k}$ 中分离常数 1, 得

$$\frac{n-x_k}{1-x_k} = 1 + \frac{n-1}{x_1 + x_2 + \cdots + x_{k-1} + x_{k+1} + \cdots + x_n}$$

由均值不等式得

$$\prod_{k=1}^{n} \frac{n-x_k}{1-x_k} \leqslant \prod_{k=1}^{n} (1 + \frac{1}{\sqrt[n-1]{x_1 x_2 \cdots x_{k-1} x_{k+1} \cdots x_n}})$$

我们只要证明

$$\prod_{k=1}^{n} \frac{1+x_k}{x_k} \geqslant \prod_{k=1}^{n} (1 + \frac{1}{\sqrt[n-1]{x_1 x_2 \cdots x_{k-1} x_{k+1} \cdots x_n}})$$

由赫德尔不等式得

$$\prod_{j \neq k}^{n} (1 + \frac{1}{x_j}) \geqslant (1 + \sqrt[n-1]{\frac{1}{\prod_{j \neq k}^{n} x_j}})^{n-1}$$

12. 令 $f(x) = \dfrac{1}{\sqrt{1+e^{-2x}}}$, $x \geqslant 0$, 则 $e^{-2x} \leqslant 1$, $f'(x) = \dfrac{e^{-2x}}{\sqrt{(1+e^{-2x})^3}}$, $f''(x) = \dfrac{e^{-2x}}{\sqrt{(1+e^{-2x})^3}}(-2 + \dfrac{3e^{-2x}}{1+e^{-2x}}) = \dfrac{e^{-2x}}{\sqrt{(1+e^{-2x})^3}} \cdot \dfrac{e^{-2x} - 2}{1+e^{-2x}} < 0$, 所以 $f(x)$ 在区间 $[0, +\infty)$ 是凸函数. 于是, 由琴生不等式得

$$f(u) + f(v) \leqslant 2f(\frac{u+v}{2}), \text{ 其中 } u, v \geqslant 0$$

令 $x = e^{-2u}$, $y = e^{-2v}$, 得

$$\frac{1}{\sqrt{1+x^2}} + \frac{1}{\sqrt{1+y^2}} \leqslant \frac{2}{\sqrt{1+xy}}$$

13. 原不等式化为

$$\frac{x}{\sqrt{2(y+z)}} + \frac{y}{\sqrt{2(z+x)}} + \frac{z}{\sqrt{2(x+y)}} +$$

$$\frac{yz}{x\sqrt{2(y+z)}} + \frac{zx}{y\sqrt{2(z+x)}} + \frac{xy}{z\sqrt{2(x+y)}} \geqslant 1$$

下面分别证明

$$\frac{x}{\sqrt{2(y+z)}} + \frac{y}{\sqrt{2(z+x)}} + \frac{z}{\sqrt{2(x+y)}} \geqslant \frac{1}{2} \qquad ①$$

和

$$\frac{yz}{x\sqrt{2(y+z)}} + \frac{zx}{y\sqrt{2(z+x)}} + \frac{xy}{z\sqrt{2(x+y)}} \geqslant \frac{1}{2} \qquad ②$$

考虑 $f(x) = \dfrac{1}{\sqrt{x}}$, 则 $f'(x) = -\dfrac{1}{2\sqrt{x^3}}$, $f''(x) = \dfrac{3}{4\sqrt{x^5}} > 0$, 故 $f(x)$ 在区间

$[0, +\infty)$ 上是下凸函数,由琴生不等式得

$$\frac{x}{x+y+z}f(y+z) + \frac{y}{x+y+z}f(z+x) + \frac{z}{x+y+z}f(x+y) \geq$$
$$f(\frac{x}{x+y+z}(y+z) + \frac{y}{x+y+z}(z+x) + \frac{z}{x+y+z}(x+y))$$

即

$$\frac{x}{\sqrt{2(y+z)}} + \frac{y}{\sqrt{2(z+x)}} + \frac{z}{\sqrt{2(x+y)}} \geq \sqrt{\frac{(x+y+z)^3}{4(xy+yz+zx)}}$$

又由于 $(x+y+z)^2 \geq 3(xy+yz+zx)$, $3(x+y+z) \geq (\sqrt{x}+\sqrt{y}+\sqrt{z})^2$,
所以

$$\sqrt{\frac{(x+y+z)^3}{4(xy+yz+zx)}} \geq \frac{1}{2}(\sqrt{x}+\sqrt{y}+\sqrt{z}) = \frac{1}{2}$$

又由琴生不等式得

$$\frac{yz}{xy+yz+zx}f(x^2(y+z)) + \frac{zx}{xy+yz+zx}f(y^2(z+x)) +$$
$$\frac{xy}{xy+yz+zx}f(z^2(x+y)) \geq$$
$$f(\frac{yz}{xy+yz+zx}x^2(y+z) + \frac{zx}{xy+yz+zx}y^2(z+x) +$$
$$\frac{xy}{xy+yz+zx}(z^2(x+y))) =$$
$$f(\frac{xyz((xy+zx)+(yz+xy)+(zx+yz))}{xy+yz+zx}) = f(2xyz)$$

于是

$$\frac{yz}{x\sqrt{2(y+z)}} + \frac{zx}{y\sqrt{2(z+x)}} + \frac{xy}{z\sqrt{2(x+y)}} \geq \frac{xy+yz+zx}{2\sqrt{xyz}}$$

因为当 $a,b,c$ 是正数时, $(a+b+c)^2 \geq 3(ab+bc+ca)$, 所以

$$xy+yz+zx \geq \sqrt{3xyz(x+y+z)} \geq \sqrt{xyz(\sqrt{x}+\sqrt{y}+\sqrt{z})^2}$$

即

$$\frac{xy+yz+zx}{2\sqrt{xyz}} \geq \frac{1}{2}(\sqrt{x}+\sqrt{y}+\sqrt{z}) = \frac{1}{2}$$

不等式①② 都成立,相加得

$$\frac{x^2+yz}{\sqrt{2x^2(y+z)}} + \frac{y^2+zx}{\sqrt{2y^2(z+x)}} + \frac{z^2+xy}{\sqrt{2z^2(x+y)}} \geq 1$$

14. 设 $\tan\frac{A}{2} = x$, $\tan\frac{B}{2} = y$, $\tan\frac{C}{2} = z$, 其中 $A, B, C \in (0, \frac{\pi}{2})$, $A+B+C = \pi$, 则

$$\tan\frac{A}{2}\tan\frac{B}{2} + \tan\frac{B}{2}\tan\frac{C}{2} + \tan\frac{C}{2}\tan\frac{A}{2} = 1 \Leftrightarrow$$

$$1 - \tan\frac{A}{2}\tan\frac{B}{2} = \tan\frac{C}{2}(\tan\frac{A}{2} + \tan\frac{B}{2}) \Leftrightarrow$$

$$\cot\frac{C}{2} = \tan(\frac{A+B}{2})$$

所以, $A + B + C = \pi$. 故

$$(\sqrt{x+y} + \sqrt{y+z} + \sqrt{z+x})^2 = 2(x+y+z) + 2\sum\sqrt{xy+yz+zx+x^2} =$$

$$2\sum\tan\frac{A}{2} + 2\sum\sqrt{1+\tan^2\frac{A}{2}} =$$

$$2\sum\tan\frac{A}{2} + 2\sum\sec\frac{A}{2}$$

又因为 $y = \tan x$ 的二阶导数 $y'' = \dfrac{2\sin x}{\cos^2 x} > 0$, $y = \sec x$ 的二阶导数 $y'' = \dfrac{1+\sin^2 x}{\cos^3 x} > 0$,所以

$$(\sqrt{x+y} + \sqrt{y+z} + \sqrt{z+x})^2 \geq 6(\tan\frac{A+B+C}{6} + \sec\frac{A+B+C}{6}) = 6\sqrt{3}$$

其次

$$\frac{27}{4}(x+y)(y+z)(z+x) \geq (\sqrt{x+y} + \sqrt{y+z} + \sqrt{z+x})^2 \Leftrightarrow$$

$$\frac{27}{4}\prod\sec\frac{A}{2} \geq 2(\sum\tan\frac{A}{2} + \sum\sec\frac{A}{2}) \Leftrightarrow$$

$$\frac{27}{8} \geq \sum\cos\frac{A}{2}\cos\frac{B}{2}\sin\frac{C}{2} + \sum\cos\frac{A}{2}\cos\frac{B}{2} =$$

$$\frac{1}{2}\sum\cos\frac{A}{2}\sin(\frac{B+C}{2}) + \sum\cos\frac{A}{2}\cos\frac{B}{2} =$$

$$\frac{1}{2}\sum\cos^2\frac{A}{2} + \sum\cos\frac{A}{2}\cos\frac{B}{2} =$$

$$\frac{1}{2}(\sum\cos\frac{A}{2})^2$$

又因为 $y = \cos x$ 在 $[0, \dfrac{\pi}{2}]$ 上是上凸函数,所以 $\cos\dfrac{A}{2} + \cos\dfrac{B}{2} + \cos\dfrac{C}{2} \leq 3\cos\dfrac{A+B+C}{6} = \dfrac{3\sqrt{3}}{2}$,从而, $(\cos\dfrac{A}{2} + \cos\dfrac{B}{2} + \cos\dfrac{C}{2})^2 \leq \dfrac{27}{4}$. 因此,原不等式成立.

15. **证法一** 令 $S = a + b + c$, $f(x) = \dfrac{1}{1-x}$, $x \in (0,1)$. 原不等式等价于

$$\frac{a}{S}f(a) + \frac{b}{S}f(b) + \frac{c}{S}f(c) \geq \frac{3\sqrt{3}+3}{2S}$$

由琴生不等式得

$$\frac{a}{S}f(a) + \frac{b}{S}f(b) + \frac{c}{S}f(c) \geq f\left(\frac{a^2+b^2+c^2}{S}\right) = f\left(\frac{1}{S}\right)$$

由柯西不等式得 $3(a^2+b^2+c^2) \geq (a+b+c)^2$,得 $S \leq \sqrt{3}$,所以

$$f\left(\frac{1}{S}\right) \geq f\left(\frac{\sqrt{3}}{3}\right) = \frac{3\sqrt{3}+3}{2}$$

16. 不等式等价于

$$\sqrt{a^3+a(ab+bc+ca)} + \sqrt{b^3+b(ab+bc+ca)} + \sqrt{c^3+c(ab+bc+ca)} \geq 2\sqrt{(a+b+c)(ab+bc+ca)} \Leftrightarrow$$

$$\sqrt{a(a+b)(c+a)} + \sqrt{b(a+b)(b+c)} + \sqrt{c(c+a)(b+c)} \geq 2\sqrt{(a+b+c)(ab+bc+ca)} \Leftrightarrow$$

$$\frac{a}{\sqrt{a(b+c)}} + \frac{b}{\sqrt{b(c+a)}} + \frac{c}{\sqrt{c(a+b)}} \geq 2\sqrt{\frac{(a+b+c)(ab+bc+ca)}{(a+b)(b+c)(c+a)}}$$

对函数 $f(x) = \dfrac{1}{\sqrt{x}}$,用琴生不等式得

$$\frac{a}{\sqrt{a(b+c)}} + \frac{b}{\sqrt{b(c+a)}} + \frac{c}{\sqrt{c(a+b)}} \geq \frac{a+b+c}{\sqrt{\dfrac{a^2(b+c)+b^2(c+a)+c^2(a+b)}{a+b+c}}}$$

所以,我们只要证明

$$(a+b+c)^2(a^2(b+c)+b^2(c+a)+c^2(a+b)+2abc) \geq 4(ab+bc+ca)(a^2(b+c)+b^2(c+a)+c^2(a+b)) \Leftrightarrow$$

$$(a+b+c)^2[(a+b+c)(ab+bc+ca)-abc] \geq 4(ab+bc+ca)[(a+b+c)(ab+bc+ca)-3abc] \Leftrightarrow$$

$$(a+b+c)^3(ab+bc+ca) - abc(a+b+c)^2 \geq 4(a+b+c)(ab+bc+ca)^2 - 12abc(ab+bc+ca) \Leftrightarrow$$

$$(ab+bc+ca)[(a+b+c)^3 - 4(a+b+c)(ab+bc+ca) + 9abc] \geq abc[(a+b+c)^2 - 3(ab+bc+ca)] \Leftrightarrow$$

$$(ab+bc+ca)[a(a-b)(a-c) + b(b-a)(b-c) + c(c-a)(c-b)] \geq abc[(a-b)(a-c) + (b-a)(b-c) + (c-a)(c-b)] \Leftrightarrow$$

$$a^2(b+c)(a-b)(a-c) + b^2(c+a)(b-a)(b-c) + c^2(a+b)(c-a)(c-b) \geq 0$$

设 $c$ 是 $a,b,c$ 中的最小的,即 $c = \min\{a,b,c\}$,则上面的不等式可化为
$$(a-b)^2(a^2b + ab^2 + a^2c + b^2c - ac - bc^2) + c^2(a+b)(c-a)(c-b) \geq 0$$
这是显然成立的.

17. 记 $f(x) = \dfrac{1}{(1+x)^2}$,由琴生不等式得 $f(a) + f(b) \geq 2f\left(\dfrac{a+b}{2}\right)$,即
$$\frac{1}{(1+a)^2} + \frac{1}{(1+b)^2} \geq \frac{1}{\left(1+\dfrac{a+b}{2}\right)^2}$$

又由柯西不等式得
$$\left(1 + \frac{a+b}{2}\right)^2 \leq (1+1)\left(1 + \left(\frac{a+b}{2}\right)^2\right) = 2\left(1 + \left(\frac{a+b}{2}\right)^2\right) \leq$$
$$2\left(1 + \left(\frac{a^2+b^2}{2}\right)\right) = a^2 + b^2 + 2$$

令 $a^2 = x$,$b^2 = y$,即得
$$\frac{1}{(1+\sqrt{x})^2} + \frac{1}{(1+\sqrt{y})^2} \geq \frac{2}{x+y+2}$$

18. 考虑 $f(x) = \dfrac{1}{\sqrt{x}}$,则 $f'(x) = -\dfrac{1}{2\sqrt{x^3}}$,$f''(x) = \dfrac{3}{4\sqrt{x^5}} > 0$,故 $f(x)$ 在区间 $[0, +\infty)$ 上是下凸函数,由琴生不等式得

$$\frac{x}{x+y+z}f(y+z) + \frac{y}{x+y+z}f(z+x) + \frac{z}{x+y+z}f(x+y) \geq$$
$$f\left[\frac{x}{x+y+z}(y+z) + \frac{y}{x+y+z}(z+x) + \frac{z}{x+y+z}(x+y)\right]$$

即
$$\frac{x}{\sqrt{y+z}} + \frac{y}{\sqrt{z+x}} + \frac{z}{\sqrt{x+y}} \geq \sqrt{\frac{(x+y+z)^3}{2(xy+yz+zx)}}$$

由已知条件只要证明 $x + y + z \geq xy + yz + zx$.

因为 $xy + yz + zx + xyz = 4$,所以不妨设 $x \leq 1$,$y \geq 1$,用分析法:解得 $z = \dfrac{4-x-y}{1+xy}$.

$$x + y + z \geq xy + yz + zx \Leftrightarrow x + y + \frac{4-x-y}{1+xy} \geq$$
$$xy + (x+y) \cdot \frac{4-x-y}{1+xy} \Leftrightarrow (x+y)(1+xy) + (4-x-y) \geq$$
$$xy(1+xy) + (x+y)(4-x-y) \Leftrightarrow x^2 + y^2 - 4x - 4y + 2xy + 4 \geq$$
$$xy(xy+1-x-y) \Leftrightarrow (x+y-2)^2 \geq xy(x-1)(y-1)$$

所以

$$\frac{x}{\sqrt{y+z}} + \frac{y}{\sqrt{z+x}} + \frac{z}{\sqrt{x+y}} \geqslant \sqrt{\frac{(x+y+z)^3}{2(xy+yz+zx)}} \geqslant \frac{\sqrt{2}}{2}(x+y+z)$$

19. 因为 $\frac{1}{a} + \frac{1}{b} + \frac{1}{c} = a+b+c$,所以

$$\frac{1}{(2a+b+c)^2} + \frac{1}{(a+2b+c)^2} + \frac{1}{(2a+b+2c)^2} \leqslant \frac{3}{16}$$

等价于

$$\frac{(a+b+c)^2}{(2a+b+c)^2} + \frac{(a+b+c)^2}{(a+2b+c)^2} + \frac{(a+b+c)^2}{(2a+b+2c)^2} \leqslant \frac{3}{16}(a+b+c)\left(\frac{1}{a} + \frac{1}{b} + \frac{1}{c}\right)$$

这是一个齐次对称不等式,不妨设 $a+b+c=1$,所以只要证明:

$$\frac{1}{(1+a)^2} + \frac{1}{(1+b)^2} + \frac{1}{(1+c)^2} \leqslant \frac{3}{16}\left(\frac{1}{a} + \frac{1}{b} + \frac{1}{c}\right)$$

设 $f(x) = \frac{x}{(1+x)^2}, 0 \leqslant x \leqslant 1$,利用琴生不等式得

$$\alpha \frac{a}{(1+a)^2} + \beta \frac{b}{(1+b)^2} + \gamma \frac{c}{(1+c)^2} \leqslant (\alpha+\beta+\gamma)\frac{A}{(1+A)^2} \quad \text{①}$$

其中 

$$A = \frac{\alpha a + \beta b + \gamma c}{\alpha + \beta + \gamma}$$

选择 $\alpha = \frac{1}{a}, \beta = \frac{1}{b}, \gamma = \frac{1}{c}$,则

$$A = \frac{\alpha a + \beta b + \gamma c}{\alpha + \beta + \gamma} = \frac{3}{\frac{1}{a} + \frac{1}{b} + \frac{1}{c}} \leqslant \frac{a+b+c}{3} = \frac{1}{3} < 1$$

所以由 ① 得

$$\frac{1}{(1+a)^2} + \frac{1}{(1+b)^2} + \frac{1}{(1+c)^2} \leqslant \left(\frac{1}{a} + \frac{1}{b} + \frac{1}{c}\right)\frac{A}{(1+A)^2} \leqslant$$

$$\left(\frac{1}{a} + \frac{1}{b} + \frac{1}{c}\right)\frac{\frac{1}{3}}{(1+\frac{1}{3})^2} = \frac{3}{16}\left(\frac{1}{a} + \frac{1}{b} + \frac{1}{c}\right)$$

# 放缩法证明不等式

## 第十一章

**本**节研究用放缩法证明不等式.

如果我们直接证明不等式 $A \leq B$ 比较困难或者无法实现,可以尝试去找一个中间量 $C$,如果我们能证明 $A \leq C$ 和 $C \leq B$ 同时成立,则 $A \leq B$ 成立. 所谓放缩,就是将 $A$ 放大到 $C$,再把 $C$ 放大到 $B$;或者反过来把 $B$ 缩小到 $C$,再把 $C$ 缩小到 $A$. 大多数不等式的证明都要经过放缩实现,不等式的证明的技巧常常体现在放缩的尺度的把握上.

## 例题讲解

**例 1** 正实数 $x,y,z$ 满足 $xyz \geq 1$,证明:$\dfrac{x^5-x^2}{x^5+y^2+z^2}+\dfrac{y^5-y^2}{y^5+z^2+x^2}+\dfrac{z^5-z^2}{z^5+x^2+y^2} \geq 0$.(第46届IMO试题)

**证法一** 因为 $\dfrac{x^5-x^2}{x^5+y^2+z^2} - \dfrac{x^5-x^2}{x^3(x^2+y^2+z^2)} = \dfrac{x^2(x^3-1)^2(y^2+z^2)}{x^3(x^5+y^2+z^2)(x^2+y^2+z^2)} \geq 0$,所以

$$\sum \dfrac{x^5-x^2}{x^5+y^2+z^2} \geq \sum \dfrac{x^5-x^2}{x^3(x^2+y^2+z^2)} = \dfrac{1}{x^2+y^2+z^2}\sum\left(x^2-\dfrac{1}{x}\right) \geq \dfrac{1}{x^2+y^2+z^2}\sum(x^2-yz)(因为 xyz \geq 1) \geq 0$$

这种证法是摩尔多瓦选手 Boreico Iurie 的解法，在第 46 届 IMO 中他因为本题出色的解法而获得特别奖.

**证法二** 我们只需证明

$$\frac{x^5}{x^5+y^2+z^2}+\frac{y^5}{y^5+z^2+x^2}+\frac{z^5}{z^5+x^2+y^2} \geq 1 \geq$$

$$\frac{x^2}{x^5+y^2+z^2}+\frac{y^2}{y^5+z^2+x^2}+\frac{z^2}{z^5+x^2+y^2} \qquad ①$$

设 $xyz = d^3 \geq 1$，令 $x = x_1 d, y = y_1 d, z = z_1 d$，则 $x_1 y_1 z_1 = 1$，且

$$\frac{x^5}{x^5+y^2+z^2}+\frac{y^5}{y^5+z^2+x^2}+\frac{z^5}{z^5+x^2+y^2}=$$

$$\frac{x_1^5 d^3}{x_1^5 d^3+y_1^2+z_1^2}+\frac{y_1^5 d^3}{y_1^5 d^3+z_1^2+x_1^2}+\frac{z_1^5 d^3}{z_1^5 d^3+x_1^2+y_1^2}=$$

$$\frac{x_1^5}{x_1^5+\frac{1}{d^3}(y_1^2+z_1^2)}+\frac{y_1^5}{y_1^5+\frac{1}{d^3}(z_1^2+x_1^2)}+\frac{z_1^5}{z_1^5+\frac{1}{d^3}(x_1^2+y_1^2)} \geq$$

$$\frac{x_1^5}{x_1^5+y_1^2+z_1^2}+\frac{y_1^5}{y_1^5+z_1^2+x_1^2}+\frac{z_1^5}{z_1^5+x_1^2+y_1^2}$$

$$\frac{x^2}{x^5+y^2+z^2}+\frac{y^2}{y^5+z^2+x^2}+\frac{z^2}{z^5+x^2+y^2}=$$

$$\frac{x_1^2}{x_1^5 d^3+y_1^2+z_1^2}+\frac{y_1^2}{y_1^5 d^3+z_1^2+x_1^2}+\frac{z_1^2}{z_1^5 d^3+x_1^2+y_1^2} \leq$$

$$\frac{x_1^2}{x_1^5+y_1^2+z_1^2}+\frac{y_1^2}{y_1^5+z_1^2+x_1^2}+\frac{z_1^2}{z_1^5+x_1^2+y_1^2}$$

所以，我们只需在 $xyz = 1$ 的情况下，证明 ① 式.

因为

$$\frac{x^5}{x^5+y^2+z^2}+\frac{y^5}{y^5+z^2+x^2}+\frac{z^5}{z^5+x^2+y^2}=$$

$$\frac{x^5}{x^5+xyz(y^2+z^2)}+\frac{y^5}{y^5+xyz(z^2+x^2)}+\frac{z^5}{z^5+xyz(x^2+y^2)}=$$

$$\frac{x^4}{x^4+y^3 z+y z^3}+\frac{y^4}{y^4+x^3 z+z x^3}+\frac{z^4}{z^4+x^3 y+y x^3} \geq$$

$$\frac{x^4}{x^4+y^4+y^4}+\frac{y^4}{y^4+x^4+z^4}+\frac{z^4}{y^4+x^4+z^4}=1$$

所以 ① 式左边成立.

而

$$\frac{x^2}{x^5+y^2+z^2}+\frac{y^2}{y^5+z^2+x^2}+\frac{z^2}{z^5+x^2+y^2}=$$

$$\frac{x^2(xyz)}{x^5+(xyz)(y^2+z^2)}+\frac{y^2(xyz)}{y^5+(xyz)(z^2+x^2)}+\frac{z^2(xyz)}{z^5+(xyz)(x^2+y^2)}=$$

$$\frac{x^2yz}{x^4+yz(y^2+z^2)}+\frac{y^2xz}{y^4+xz(z^2+x^2)}+\frac{z^2xy}{z^4+xy(x^2+y^2)} \qquad ②$$

由均值不等式

$$x^4+x^4+y^3z+yz^3 \geqslant 4x^2yz$$
$$x^4+y^3z+y^3z+y^2z^2 \geqslant 4xy^2z$$
$$x^4+yz^3+yz^3+y^2z^2 \geqslant 4xyz^2$$
$$y^3z+yz^3 \geqslant 2y^2z^2$$

把上面 4 个不等式相加,可得

$$x^4+yz(y^2+z^2) \geqslant x^2yz+xy^2z+xyz^2$$

同理,$y^4+xz(z^2+x^2) \geqslant x^2yz+xy^2z+xyz^2, z^4+xy(x^2+y^2) \geqslant x^2yz+xy^2z+xyz^2$,所以

$$\frac{x^2yz}{x^4+yz(y^2+z^2)}+\frac{y^2xz}{y^4+xz(z^2+x^2)}+\frac{z^2xy}{z^4+xy(x^2+y^2)} \leqslant$$

$$\frac{x^2yz}{x^2yz+xy^2z+xyz^2}+\frac{y^2xz}{x^2yz+xy^2z+xyz^2}+\frac{z^2xy}{x^2yz+xy^2z+xyz^2}=1 \qquad ③$$

从而由 ②,③ 知不等式 ① 的右边成立.

证法二的思想方法出自我国金牌选手康嘉引,它借助于特殊化将问题的条件 $xyz \geqslant 1$ 转化为 $xyz = 1$,再两边放缩.

**例2** 设 $a,b,c$ 是正实数,且满足 $abc = 1$,证明

$$(a-1+\frac{1}{b})(b-1+\frac{1}{c})(c-1+\frac{1}{a}) \leqslant 1$$

(第 41 届 IMO 试题)

**证明** 分两种情况讨论:

(1) $a-1+\frac{1}{b}, b-1+\frac{1}{c}, c-1+\frac{1}{a}$ 不全为正数. 不妨设 $a-1+\frac{1}{b} \leqslant 0$,则 $a \leqslant 1, b \geqslant 1$,所以 $b-1+\frac{1}{c} \geqslant \frac{1}{c} > 0, c-1+\frac{1}{a} \geqslant c > 0$,所以

$$(a-1+\frac{1}{b})(b-1+\frac{1}{c})(c-1+\frac{1}{a}) \leqslant 0 < 1$$

(2) $a-1+\frac{1}{b}, b-1+\frac{1}{c}, c-1+\frac{1}{a}$ 全为正数,则原不等式等价于

$$(a-1+\frac{1}{b})^2(b-1+\frac{1}{c})^2(c-1+\frac{1}{a})^2 \leqslant 1 \qquad ①$$

而

$$0 < (a-1+\frac{1}{b})(b-1+\frac{1}{c}) = (a-abc+ac)(bc-c+1)\frac{1}{c} =$$

$$\frac{a}{c}(1-bc+c)(1+bc-c) =$$

$$\frac{a}{c}[1-(bc-c)^2] \leqslant \frac{a}{c}$$

同理

$$0 < \left(b-1+\frac{1}{c}\right)\left(c-1+\frac{1}{a}\right) \leqslant \frac{b}{a}$$

$$0 < \left(c-1+\frac{1}{a}\right)\left(a-1+\frac{1}{b}\right) \leqslant \frac{c}{b}$$

以上三式相乘即得①.

综合(1),(2),原不等式成立.

**例3** 已知 $\alpha, \beta$ 是方程 $4x^2 - 4tx - 1 = 0 (t \in \mathbf{R})$ 的两个不等实根,函数 $f(x) = \frac{2x-t}{x^2+1}$ 的定义域为 $[\alpha, \beta]$.

(1) 求 $g(t) = \max f(x) - \min f(x)$;

(2) 证明对于 $u_i \in \left(0, \frac{\pi}{2}\right)(i=1,2,3)$,若 $\sin u_1 + \sin u_2 + \sin u_3 = 1$,则

$\frac{1}{g(\tan u_1)} + \frac{1}{g(\tan u_2)} + \frac{1}{g(\tan u_3)} < \frac{3}{4}\sqrt{6}$. (2004 年全国高中数学联赛试题)

**解** (1) 设 $\alpha \leqslant x_1 < x_2 \leqslant \beta$,则 $4x_1^2 - 4tx_1 - 1 \leqslant 0, 4x_2^2 - 4tx_2 - 1 \leqslant 0$,所以 $4(x_1^2 + x_2^2) - 4t(x_1 + x_2) - 2 \leqslant 0$,所以 $2x_1x_2 - t(x_1 + x_2) - \frac{1}{2} \leqslant 0$,则

$$f(x_2) - f(x_1) = \frac{2x_2-t}{x_2^2+1} - \frac{2x_1-t}{x_1^2+1} = \frac{(x_2-x_1)[t(x_1+x_2) - 2x_1x_2 + 2]}{(x_1^2+1)(x_2^2+1)}$$

又

$$t(x_1+x_2) - 2x_1x_2 + 2 > t(x_1+x_2) - 2x_1x_2 + \frac{1}{2} > 0$$

所以 $f(x_2) - f(x_1) > 0$,故 $f(x)$ 在区间 $[\alpha, \beta]$ 上是增函数.

因为

$$\alpha + \beta = t, \alpha\beta = -\frac{1}{4}, \beta - \alpha = \sqrt{(\alpha+\beta)^2 - 4\alpha\beta} = \sqrt{t^2+1}$$

所以

$$g(t) = \max f(x) - \min f(x) = f(\beta) - f(\alpha) = \frac{2\beta-t}{\beta^2+1} - \frac{2\alpha-t}{\alpha^2+1} =$$

$$\frac{(2\beta-t)(\alpha^2+1) - (2\alpha-t)(\beta^2+1)}{(\alpha^2+1)(\beta^2+1)} =$$

$$\frac{(\beta-\alpha)[t(\alpha+\beta) - 2\alpha\beta + 2]}{\alpha^2\beta^2 + \alpha^2 + \beta^2 + 1} =$$

$$\frac{\sqrt{t^2+1}\,(t^2+\frac{5}{2})}{t^2+\frac{25}{16}} = \frac{8\sqrt{t^2+1}\,(2t^2+5)}{16t^2+25}$$

(2) 证明

$$g(\tan u_i) = \frac{\frac{8}{\cos u_i}(\frac{2}{\cos^2 u_i}+3)}{\frac{16}{\cos^2 u_i}+9} = \frac{\frac{16}{\cos u_i}+24\cos u_i}{16+9\cos^2 u_i} \geq$$

$$\frac{16\sqrt{6}}{16+9\cos^2 u_i}, i = 1,2,3$$

$$\frac{1}{g(\tan u_1)}+\frac{1}{g(\tan u_2)}+\frac{1}{g(\tan u_3)} \leq$$

$$\frac{16+9\cos^2 u_1}{16\sqrt{6}}+\frac{16+9\cos^2 u_2}{16\sqrt{6}}+\frac{16+9\cos^2 u_3}{16\sqrt{6}} \leq$$

$$\frac{48+9(\cos^2 u_1+\cos^2 u_2+\cos^2 u_3)}{16\sqrt{6}} =$$

$$\frac{48+9\times 3-9(\sin^2 u_1+\sin^2 u_2+\sin^2 u_3)}{16\sqrt{6}}$$

因为 $\sin u_1 + \sin u_2 + \sin u_3 = 1$,且 $u_i \in (0, \frac{\pi}{2})(i=1,2,3)$,所以

$$3(\sin^2 u_1 + \sin^2 u_2 + \sin^2 u_3) \geq (\sin u_1 + \sin u_2 + \sin u_3)^2 = 1$$

而均值不等式与柯西不等式中,等号不能同时成立,即

$$\frac{1}{g(\tan u_1)}+\frac{1}{g(\tan u_2)}+\frac{1}{g(\tan u_3)} < \frac{75-9\times\frac{1}{3}}{16\sqrt{6}} = \frac{3}{4}\sqrt{6}$$

**例4** 在平面直角坐标系 $xOy$ 中,$y$ 轴正半轴上的点列 $\{A_n\}$ 与曲线 $y=\sqrt{2x}$ ($x \geq 0$) 上的点列 $\{B_n\}$ 满足 $|OA_n|=|OB_n|=\frac{1}{n}$,直线 $A_nB_n$ 在 $x$ 轴上的截距为 $a_n$,点 $B_n$ 的横坐标为 $b_n$,$n \in \mathbf{N}^*$. 证明:

(1) $a_n > a_{n+1} > 4, n \in \mathbf{N}^*$;

(2) 存在 $n_0 \in \mathbf{N}^*$,使对一切 $n > n_0$ 都有 $\frac{b_2}{b_1}+\frac{b_3}{b_2}+\cdots+\frac{b_{n+1}}{b_n} < n-2004$.

(2004年全国高中数学联赛加试题)

**证明** (1) 易知 $A_n(0,\frac{1}{n})$,$B_n(b_n,\sqrt{2b_n})$ ($b_n > 0$). 由 $|OB_n|=\frac{1}{n}$ 得 $b_n^2 +$

$2b_n = (\frac{1}{n})^2$,故

$$b_n = \sqrt{(\frac{1}{n})^2 + 1} - 1, n \in \mathbf{N}^*$$

其次,直线 $A_n B_n$ 在 $x$ 轴上的截距为 $a_n$ 满足

$$(a_n - 0)(\sqrt{2b_n} - \frac{1}{n}) = (0 - \frac{1}{n})(b_n - 0)$$

所以

$$a_n = \frac{b_n}{1 - n\sqrt{2b_n}}, n \in \mathbf{N}^*$$

因为 $2n^2 b_n = 1 - n^2 b_n^2 > 0, b_n + 2 = \frac{1}{n^2 b_n}$,所以

$$a_n = \frac{b_n(1 + n\sqrt{2b_n})}{1 - 2n^2 b_n} = \frac{b_n(1 + n\sqrt{2b_n})}{1 - (1 - n^2 b_n^2)} = \frac{1}{n^2 b_n} + \frac{\sqrt{2}}{\sqrt{n^2 b_n}} = b_n + 2 + \sqrt{2(b_n + 2)}$$

$$a_n = \sqrt{(\frac{1}{n})^2 + 1} + 1 + \sqrt{2 + 2\sqrt{(\frac{1}{n})^2 + 1}}$$

因为 $\frac{1}{n} > \frac{1}{n+1} > 0$,所以,对任意的 $n \in \mathbf{N}^*$,都有 $a_n > a_{n+1} > 4, n \in \mathbf{N}^*$.

(2) 设 $c_n = 1 - \frac{b_{n+1}}{b_n}, n \in \mathbf{N}^*$,则

$$c_n = \frac{\sqrt{(\frac{1}{n})^2 + 1} - \sqrt{(\frac{1}{n+1})^2 + 1}}{\sqrt{(\frac{1}{n})^2 + 1} - 1} =$$

$$\frac{n^2(\frac{1}{n^2} - \frac{1}{(n+1)^2}) \sqrt{(\frac{1}{n})^2 + 1} + 1}{\sqrt{(\frac{1}{n})^2 + 1} + \sqrt{(\frac{1}{n+1})^2 + 1}} >$$

$$\frac{2n+1}{(n+1)^2}[\frac{1}{2} + \frac{1}{2\sqrt{(\frac{1}{n})^2 + 1}}] > \frac{2n+1}{2(n+1)^2}$$

因为,$(2n+1)(n+2) - 2(n+1)^2 = n > 0$,所以 $c_n > \frac{1}{n+2}, n \in \mathbf{N}^*$.

设 $S_n = c_1 + c_2 + \cdots + c_n, n \in \mathbf{N}^*$.

当 $n > 2^k - 2 > 1 (k \in \mathbf{N}^*)$ 时

$$S_n > \frac{1}{3} + \frac{1}{4} + \cdots + \frac{1}{2^k - 1} + \cdots + \frac{1}{2^k} =$$

509

$$\left(\frac{1}{3}+\frac{1}{4}\right)+\left(\frac{1}{5}+\cdots+\frac{1}{8}\right)+\cdots+\left(\frac{1}{2^{k-1}+1}+\cdots+\frac{1}{2^k}\right) >$$
$$2\times\frac{1}{2^2}+2^2\times\frac{1}{2^3}+\cdots+2^{k-1}\times\frac{1}{2^k}=\frac{k-1}{2}$$

所以,取 $n_0=2^{4009}-2$,使对任意 $n>n_0$ 都有
$$\left(1-\frac{b_2}{b_1}\right)+\left(1-\frac{b_3}{b_2}\right)+\cdots+\left(1-\frac{b_{n+1}}{b_n}\right)>S_n>S_{n_0}>\frac{4009-1}{2}=2004$$

故使对一切 $n>n_0$ 都有
$$\frac{b_2}{b_1}+\frac{b_3}{b_2}+\cdots+\frac{b_{n+1}}{b_n}<n-2004, n>n_0$$

**例5** 设 $a_1, a_2, \cdots, a_n; b_1, b_2, \cdots, b_n \in [1,2]$,且 $\sum_{i=1}^n a_i^2 = \sum_{i=1}^n b_i^2$,求证:$\sum_{i=1}^n \frac{a_i^3}{b_i} \leq \frac{17}{10}\sum_{i=1}^n a_i^2$. 并问:等号成立的充要条件. (1998年全国高中数学联赛加试题)

**证明** 由于 $a_i, b_i \in [1,2]$, $i=1,2,\cdots,n$,因此
$$\frac{1}{2} \leq \frac{\sqrt{\frac{a_i^3}{b_i}}}{\sqrt{a_i b_i}} = \frac{a_i}{b_i} \leq 2 \qquad ①$$

从而
$$\left(\frac{1}{2}\sqrt{a_i b_i}-\sqrt{\frac{a_i^3}{b_i}}\right)\left(2\sqrt{a_i b_i}-\sqrt{\frac{a_i^3}{b_i}}\right) \leq 0 \qquad ②$$

即
$$a_i b_i - \frac{5}{2}a_i^2 + \frac{a_i^3}{b_i} \leq 0 \qquad ③$$

由此可得
$$\sum_{i=1}^n \frac{a_i^3}{b_i} \leq \frac{5}{2}\sum_{i=1}^n a_i^2 - \sum_{i=1}^n a_i b_i \qquad ④$$

又由 ① 可得
$$\left(\frac{1}{2}b_i-a_i\right)(2b_i-a_i) \leq 0 \qquad ⑤$$

即
$$b_i^2 - \frac{5}{2}a_i b_i + a_i^2 \leq 0 \qquad ⑥$$

也即
$$a_i b_i \geq \frac{2}{5}(a_i^2+b_i^2) \qquad ⑦$$

代入④注意到 $\sum_{i=1}^{n} a_i^2 = \sum_{i=1}^{n} b_i^2$,可得

$$\sum_{i=1}^{n} \frac{a_i^3}{b_i} \le \frac{5}{2} \sum_{i=1}^{n} a_i^2 - \frac{2}{5} \sum_{i=1}^{n} (a_i^2 + b_i^2) =$$

$$\frac{5}{2} \sum_{i=1}^{n} a_i^2 - \frac{4}{5} \sum_{i=1}^{n} a_i^2 = \frac{17}{10} \sum_{i=1}^{n} a_i^2 \qquad ⑧$$

等号成立 $\Leftrightarrow n$ 为偶数,$a_1, a_2, \cdots, a_n$ 中有一半取 1,另一半取 2,则

$$b_i = \frac{2}{a_i}, i = 1, 2, \cdots, n \qquad ⑨$$

**例 6** 设 $n \ge 3, n \in \mathbf{N}^*$,并设 $a_1, a_2, \cdots, a_n$ 是一列实数,其中 $2 \le a_i \le 3$,$i = 1, 2, 3 \cdots, n$. 若取 $S = a_1 + a_2 + \cdots + a_n$,证明

$$\frac{a_1^2 + a_2^2 - a_3^2}{a_1 + a_2 - a_3} + \frac{a_2^2 + a_3^2 - a_4^2}{a_2 + a_3 - a_4} + \cdots + \frac{a_n^2 + a_1^2 - a_2^2}{a_n + a_1 - a_2} \le 2S - 2n$$

(第 36 届 IMO 预选题)

**证明** 记

$$A_i = \frac{a_i^2 + a_{i+1}^2 - a_{i+2}^2}{a_i + a_{i+1} - a_{i+2}} = a_i + a_{i+1} + a_{i+2} - \frac{2a_i a_{i+1}}{a_i + a_{i+1} - a_{i+2}}$$

由 $(a_i - 2)(a_{i+1} - 2) \ge 0$,可得

$$-2a_i a_{i+1} \le -4(a_i + a_{i+1} - 2)$$

注意到 $1 = 2 + 2 - 3 \le a_i + a_{i+1} - a_{i+2} \le 3 + 3 - 2 = 4$,所以

$$A_i = \frac{a_i^2 + a_{i+1}^2 - a_{i+2}^2}{a_i + a_{i+1} - a_{i+2}} \le a_i + a_{i+1} + a_{i+2} - 4 \left( \frac{a_i + a_{i+1} - 2}{a_i + a_{i+1} - a_{i+2}} \right) =$$

$$a_i + a_{i+1} + a_{i+2} - 4 \left( 1 + \frac{a_{i+2} - 2}{a_i + a_{i+1} - a_{i+2}} \right) \le$$

$$a_i + a_{i+1} + a_{i+2} - 4 \left( 1 + \frac{a_{i+2} - 2}{4} \right) =$$

$$a_i + a_{i+1} - 2$$

记 $a_{i+1} = a_1, a_{i+2} = a_2$,在上式中令 $i = 1, 2, \cdots, n$ 得 $n$ 个不等式,再依次相加得

$$\frac{a_1^2 + a_2^2 - a_3^2}{a_1 + a_2 - a_3} + \frac{a_2^2 + a_3^2 - a_4^2}{a_2 + a_3 - a_4} + \cdots + \frac{a_n^2 + a_1^2 - a_2^2}{a_n + a_1 - a_2} \le 2S - 2n$$

**例 7** 设 $0 \le a_1, a_2, \cdots, a_n \le 1$,则

$$\frac{a_1}{a_2 + a_3 + \cdots + a_n + 1} + \frac{a_2}{a_1 + a_3 + \cdots + a_n + 1} + \cdots +$$

$$\frac{a_n}{a_1 + a_2 + \cdots + a_{n-1} + 1} + (1 - a_1)(1 - a_2) \cdots (1 - a_n) \le 1$$

(第9届美国数学奥林匹克试题的推广)

**证明** 不妨设 $0 \leqslant a_1 \leqslant a_2 \leqslant \cdots \leqslant a_n \leqslant 1$，则

$$\frac{a_1}{a_2+a_3+\cdots+a_n+1} + \frac{a_2}{a_1+a_3+\cdots+a_n+1} + \cdots + \frac{a_n}{a_1+a_2+\cdots+a_{n-1}+1} + (1-a_1)(1-a_2)\cdots(1-a_n) \leqslant$$

$$\frac{a_1+a_2+\cdots+a_{n-1}+a_n}{a_1+a_2+\cdots+a_{n-1}+1} + (1-a_1)(1-a_2)\cdots(1-a_n) =$$

$$1 + \frac{a_n - 1}{a_1+a_2+\cdots+a_{n-1}+1} + (1-a_1)(1-a_2)\cdots(1-a_n) =$$

$$1 - \frac{1-a_n}{a_1+a_2+\cdots+a_{n-1}+1} \cdot$$

$$[1-(1+a_1+a_2+\cdots+a_{n-1})(1-a_1)(1-a_2)\cdots(1-a_n)]$$

由基本不等式得

$$(1+a_1+a_2+\cdots+a_{n-1})(1-a_1)(1-a_2)\cdots(1-a_n) \leqslant$$

$$\left[\frac{(1+a_1+a_2+\cdots+a_{n-1})+(1-a_1)+(1-a_2)+\cdots+(1-a_n)}{n+1}\right]^{n+1} = 1$$

所以，原不等式成立.

**例8** 设 $n \in \mathbf{N}, x_0 = 0, x_i > 0, i=1,2,3\cdots,n$. 且 $\sum_{i=1}^{n} x_i = 1$，求证：

$$1 \leqslant \sum_{i=1}^{n} \frac{x_i}{\sqrt{1+x_0+x_1+x_2+\cdots+x_{i-1}} \cdot \sqrt{x_i+\cdots+x_n}} < \frac{\pi}{2}$$

(1996年中国数学奥林匹克试题)

**证明** 由 $\sum_{i=1}^{n} x_i = 1$ 和平均值不等式，有

$$\sqrt{1+x_0+x_1+x_2+\cdots+x_{i-1}} \cdot \sqrt{x_i+\cdots+x_n} \leqslant$$

$$\frac{1+x_0+x_1+x_2+\cdots+x_{i-1}+x_i+\cdots+x_n}{2} = 1$$

从而左边的不等式成立.

因为 $0 \leqslant x_0+x_1+\cdots+x_i \leqslant 1, i=0,1,2,3\cdots,n$，故可令

$$\theta_i = \arcsin(x_0+x_1+\cdots+x_i), i=0,1,2,3\cdots,n$$

且 $\theta_i \in [0,\frac{\pi}{2}], 0 = \theta_0 < \theta_1 < \theta_2 < \cdots < \theta_n = \frac{\pi}{2}$，从而

$$x_i = \sin\theta_i - \sin\theta_{i-1} = 2\cos\frac{\theta_i+\theta_{i-1}}{2}\sin\frac{\theta_i-\theta_{i-1}}{2} < 2\cos\theta_i \sin\frac{\theta_i-\theta_{i-1}}{2}$$

因为对 $x \in [0,\frac{\pi}{2}]$，有 $\sin x < x$，所以有

$$x_i < 2\cos\theta_{i-1}\sin\frac{\theta_i - \theta_{i-1}}{2} < (\theta_i - \theta_{i-1})\cos\theta_{i-1}$$

又

$$(1 + x_0 + x_1 + \cdots + x_{i-1})(x_i + \cdots + x_n) =$$
$$(1 + \sin\theta_{i-1})(1 - \sin\theta_{i-1}) =$$
$$1 - \sin^2\theta_{i-1} = \cos^2\theta_{i-1}$$

所以

$$\sum_{i=1}^n \frac{x_i}{\sqrt{1 + x_0 + x_1 + x_2 + \cdots + x_{i-1}} \cdot \sqrt{x_i + \cdots + x_n}} <$$
$$\sum_{i=1}^n \frac{2\cos\theta_{i-1}\sin\frac{\theta_i - \theta_{i-1}}{2}}{\cos\theta_{i-1}} = 2\sum_{i=1}^n \sin\frac{\theta_i - \theta_{i-1}}{2} <$$
$$\sum_{i=1}^n (\theta_i - \theta_{i-1}) = \theta_n - \theta_0 = \frac{\pi}{2}$$

**例9** 设 $a,b,c$ 是周长不超过 $2\pi$ 的三角形的三条边长，证明：$\sin a, \sin b, \sin c$ 可以构成三角形的三条边长.（2004年IMO中国国家集训队选拔考试试题）

**证明** 由题设可知 $0 < a, b, c < \pi$，故 $\sin a, \sin b, \sin c$ 均大于 0.

(1) 若 $0 < a + b \leq \pi$，由题设知 $a + b > c$，即 $\frac{a+b}{2} > \frac{c}{2}$.

又因为 $0 < \frac{a+b}{2} \leq \frac{\pi}{2}$，所以 $0 < \frac{c}{2} < \frac{\pi}{2}$，故 $\sin\frac{a+b}{2} > \sin\frac{c}{2} > 0$.

若 $\pi < a + b < 2\pi$，则由 $a + b + c \leq 2\pi$，知 $\pi - \frac{a+b}{2} \geq \frac{c}{2}$，且 $0 < \frac{c}{2} < \frac{\pi}{2}$. 所以

$$\sin\frac{a+b}{2} = \sin(\pi - \frac{a+b}{2}) > \sin\frac{c}{2} > 0 \qquad ①$$

(2) 由题设可知 $|a - b| < c$，则 $\frac{|a-b|}{2} < \frac{c}{2}$，又由 $0 < a, b, c < \pi$，知 $0 \leq \frac{|a-b|}{2} < \frac{\pi}{2}, 0 < \frac{c}{2} < \frac{\pi}{2}$，故

$$\cos\frac{a-b}{2} = \cos\frac{|a-b|}{2} > \cos\frac{c}{2} > 0 \qquad ②$$

将①，②的两边相乘得

$$2\sin\frac{a+b}{2}\cos\frac{a-b}{2} > 2\sin\frac{c}{2}\cos\frac{c}{2}$$

即 $$\sin a + \sin b > \sin c$$

同理，$\sin b + \sin c > \sin a$，$\sin c + \sin a > \sin b$.

所以，$\sin a, \sin b, \sin c$ 可以构成三角形的三条边长.

**例 10** 设 $a, b, c$ 是正数，它们的和等于 1，证明：$\dfrac{1}{1-a} + \dfrac{1}{1-b} + \dfrac{1}{1-c} \geq \dfrac{2}{1+a} + \dfrac{2}{1+b} + \dfrac{2}{1+c}$.（第 29 届俄罗斯数学奥林匹克试题）

**证明** 不失一般性，设 $a \geq b \geq c$，于是，$1 - c^2 \geq 1 - b^2 \geq 1 - a^2$，从而 $\dfrac{1}{1-a^2} \geq \dfrac{1}{1-b^2} \geq \dfrac{1}{1-c^2}$，注意到 $\dfrac{1}{1-a} - \dfrac{2}{1+a} = \dfrac{3a-1}{1-a^2}$，故只须证明

$$\dfrac{3a-1}{1-a^2} + \dfrac{3b-1}{1-b^2} + \dfrac{3c-1}{1-c^2} \geq 0 \qquad ①$$

由①式左端三个分式的分子之和为 0，所以在不增大各个分数值的前提下，可将它们的分母变为相等. 易知在 $a \geq b \geq c$ 的条件下，有 $a \geq \dfrac{1}{3}$，$c \leq \dfrac{1}{3}$. 如果 $a \geq b \geq \dfrac{1}{3} \geq c$，那么只要将不等式①左端的分母都换成 $1 - c^2$，即可保证其中的负分数值不变，且正分数的值不增加，从而①式成立；如果 $a \geq \dfrac{1}{3} \geq b \geq c$，那么只要将①式左端三个分式的分母都换成 $1 - b^2$，即可保证其中的一个负数值不变，另一个负数值只能减小，且正分数值不增大，从而不等式①成立.

**例 11** 设 $n$ 是给定的自然数，$n \geq 3$，对 $n$ 个给定的实数 $a_1, a_2, \cdots, a_n$，记 $|a_i - a_j|$ $(1 \leq i, j \leq n)$ 的最小值为 $m$，求在 $a_1^2 + a_2^2 + \cdots + a_n^2 = 1$ 的条件下，上述 $m$ 的最大值.（1992 年上海市数学竞赛试题）

**解** 不妨设 $a_1 \leq a_2 \leq \cdots \leq a_n$. 于是，$a_2 - a_1 \geq m$，$a_3 - a_2 \geq m$，$a_3 - a_1 \geq 2m, \cdots, a_n - a_{n-1} \geq m$，$a_j - a_i \geq (j-i)m$ $(1 \leq i < j \leq n)$.

$$\sum_{1 \leq i < j \leq n}(a_i - a_j)^2 \geq m^2 \sum_{1 \leq i < j \leq n}(i-j)^2 = m^2 \sum_{i=1}^{n} \dfrac{k(k+1)(2k+1)}{6} =$$

$$\dfrac{m^2}{6} \sum_{i=1}^{n} [2k(k+1)(k+2) - 3k(k+1)] =$$

$$\dfrac{m^2}{6} \left[\dfrac{1}{2}(n-1)n(n+1)(n+2) - (n-1)n(n+1)\right] =$$

$$\dfrac{m^2}{12} n^2(n^2-1)$$

另一方面，由 $a_1^2 + a_2^2 + \cdots + a_n^2 = 1$ 可得

$$\sum_{1 \leq i<j \leq n}(a_i - a_j)^2 = n - 1 - 2\sum_{1 \leq i<j \leq n} a_i a_j = n - (\sum_{i=1}^{n} a_i)^2 \leq n$$

故

$$n \geq \frac{m^2}{12} n^2(n^2 - 1)$$

$$m \leq \sqrt{\frac{12}{n(n^2 - 1)}}$$

当且仅当 $a_1 + a_2 + \cdots + a_n = 0$，$a_1, a_2, \cdots, a_n$ 成等差数列时取等号，所以 $m$ 的最大值是 $\sqrt{\frac{12}{n(n^2 - 1)}}$.

**注** 本题是根据1990年全国冬令营选拔考试题改编. 设 $a_1, a_2, \cdots, a_n$ ($n \geq 2$) 是 $n$ 个互不相同的实数，$S = a_1^2 + a_2^2 + \cdots + a_n^2$，$M = \min(a_i - a_j)^2$，求证：$\frac{S}{M} = \frac{n(n^2 - 1)}{12}$.

**例12** 设 $a, b, c$ 为非负实数，且 $a^2 + b^2 + c^2 + abc = 4$，证明：$0 \leq ab + bc + ca - abc \leq 2$. （第30届美国数学奥林匹克试题）

**证法一** 由 $4 = a^2 + b^2 + c^2 + abc \geq abc + 3\sqrt[3]{(abc)^2}$，即 $abc \leq 1$，所以，$ab + bc + ca \geq 3\sqrt[3]{(abc)^2} \geq 3abc \geq abc$. 左边不等式成立.

由题设知，$a, b, c$ 中一定有且只有两个数或者都不大于1，或者都不小于1，不妨设这两个数为 $a, b$，则 $c(a - 1)(b - 1) \geq 0$，即

$$bc + ac \leq abc + c \qquad ①$$

又 $4 = a^2 + b^2 + c^2 + abc \geq 2ab + c^2 + abc$，则有 $ab(2 + c) \leq 4 - c^2$，即有

$$ab \leq 2 - c \qquad ②$$

① + ② 得

$$ab + bc + ca \leq abc + 2$$

**证法二** 左边的不等式同证法一，下面证明右边的不等式. 由抽屉原理，$a, b, c$ 中至少有两个大于等于1，或者至少有两个小于等于1，不妨设 $b, c$ 两个符合条件，则

$$b + c - bc = 1 - (1 - b)(1 - c) \leq 1 \qquad ③$$

由已知条件解得

$$a = \frac{-bc \pm \sqrt{(b^2 - 4)(c^2 - 4)}}{2}$$

而

$$(b^2 - 4)(c^2 - 4) = b^2 c^2 - 4(b^2 + c^2) + 16 \leq$$

$$b^2c^2 - 8bc + 16 = (bc - 4)^2$$

由所给的等式我们有 $b \leqslant 2, c \leqslant 2$,所以 $4 - bc \geqslant 0$,于是

$$a \leqslant \frac{-bc + |4 - bc|}{2} = \frac{-bc + (4 - bc)}{2} = 2 - bc$$

即

$$2 - bc \geqslant a \qquad ④$$

由③④得

$$2 - bc \geqslant a(b + c - bc) = ab + ac - abc$$

即

$$ab + bc + ca \leqslant abc + 2$$

**例13** 设 $x, y, z$ 是正实数,且 $x \geqslant y \geqslant z$,求证:$\frac{x^2 y}{z} + \frac{y^2 z}{x} + \frac{z^2 x}{y} \geqslant x^2 + y^2 + z^2$.(第31届IMO预选试题)

**证明**

$$\frac{x^2 y}{z} + \frac{y^2 z}{x} + \frac{z^2 x}{y} - (x^2 + y^2 + z^2) = \frac{x^2}{z}(y - z) + \frac{y^2 z}{x} + \frac{z^2 x}{y} - (y^2 + z^2) \geqslant$$

$$\frac{y^2}{z}(y - z) + 2\sqrt{yz} \cdot z - (y^2 + z^2) =$$

$$\frac{y^2}{z}(y - z) - (y - z)^2 - 2z\sqrt{y}(\sqrt{y} - \sqrt{z}) =$$

$$\frac{y - z}{z}(y^2 - yz + z^2 - \frac{2z^2\sqrt{y}}{\sqrt{y} + \sqrt{z}}) =$$

$$\frac{y - z}{z}(y^2 - yz - \frac{2z^2(\sqrt{y} - \sqrt{z})}{\sqrt{y} + \sqrt{z}}) =$$

$$\frac{(y - z)(\sqrt{y} - \sqrt{z})}{2(\sqrt{y} + \sqrt{z})}[y(\sqrt{y} + \sqrt{z})^2 - z^2] \geqslant 0$$

**例14** 设自然数 $n(n > 3)$,而 $x_1, x_2, \cdots, x_n$ 是 $n$ 个正数,且 $x_1 x_2 \cdots x_n = 1$,证明:$\frac{1}{1 + x_1 + x_1 x_2} + \frac{1}{1 + x_2 + x_2 x_3} + \cdots + \frac{1}{1 + x_n + x_n x_1} > 1$.(2004年俄罗斯数学奥林匹克试题)

**证明** 记 $x_{n+k} = x_k (k = 1, 2, \cdots, n)$,则

$$\sum_{k=1}^{n} \frac{1}{1 + x_k + x_k x_{k+1}} > \sum_{i=1}^{n} \frac{1}{1 + \sum_{i=0}^{n-2} \prod_{j=k}^{k+i} x_j} =$$

$$\sum_{i=1}^{n} \frac{x_n \prod_{j=1}^{k-1} x_j}{x_n \prod_{j=1}^{k-1} x_j (1 + \sum_{i=0}^{n-2} \prod_{j=k}^{k+i} x_j)} = \sum_{i=1}^{n} \frac{x_n \prod_{j=1}^{k-1} x_j}{x_n (\prod_{j=1}^{k-1} x_j + \sum_{i=0}^{n-2} \prod_{j=1}^{k+i} x_j)} =$$

$$\sum_{i=1}^{n} \frac{x_n \prod_{j=1}^{k-1} x_j}{x_n \sum_{i=0}^{n-1} \prod_{j=1}^{i} x_j)} = 1$$

**例 15** $\{a_n\}$ 定义如下: $a_1 = \frac{1}{2}$, 且 $a_{n+1} = \frac{a_n^2}{a^2 - a_n + 1}$, $n = 1, 2, \cdots$. 证明对每个正整数 $n$ 都有 $\sum_{i=1}^{n} a_i < 1$. (2004 年中国国家集训队试题, 2003 年罗马尼亚国家集训队试题)

**证明** 在原递推关系式的两边取倒数得

$$\frac{1}{a_{n+1}} = \frac{1}{a_n^2} - \frac{1}{a_n} + 1$$

$$\frac{1}{a_{n+1}} - 1 = \frac{1}{a_n}\left(\frac{1}{a_n} - 1\right)$$

令 $x_n = \frac{1}{a_n} - 1$, 则 $\frac{1}{x_{n+1}} = \frac{1}{x_n} - \frac{1}{\frac{1}{a_n}} = \frac{1}{x_n} - a_n$, 即 $a_n = \frac{1}{x_n} - \frac{1}{x_{n+1}}$, 从而

$$\sum_{i=1}^{n} a_i = \sum_{i=1}^{n} \left(\frac{1}{x_i} - \frac{1}{x_{i+1}}\right) = \frac{1}{x_1} - \frac{1}{x_{n+1}}$$

由于 $x_1 = 2 - 1 = 1$, $a_{n+1} = \frac{a_n^2}{a_n^2 - a_n + 1} = \frac{a_n^2}{\left(a_n - \frac{1}{2}\right)^2 + \frac{3}{4}} > 0$, $a_{n+1} = \frac{a_n^2}{a_n^2 - a_n + 1} \leqslant \frac{a_n^2}{2a_n - a_n} = a_n$, 又 $a_1 = \frac{1}{2}$, 故 $a_n < 1$, $x_{n+1} = \frac{1}{a_{n+1}} - 1 > 0$, 所以

$$\sum_{i=1}^{n} a_i = 1 - \frac{1}{x_{n+1}} < 1$$

**例 16** 设 $a, b, c$ 是一个三角形的三条边的边长, 且 $a + b + c = 1$, 若正整数 $n \geqslant 2$, 证明: $\sqrt[n]{a^n + b^n} + \sqrt[n]{b^n + c^n} + \sqrt[n]{c^n + a^n} < 1 + \frac{\sqrt[n]{2}}{2}$. (2003 年亚太地区数学奥林匹克试题)

**证明** 设 $a \geqslant b \geqslant c > 0$, 因为 $a + b + c = 1$, 则

$$\left(b + \frac{c}{2}\right)^n = b^n + C_n^1 b^{n-1}\frac{c}{2} + C_n^2 b^{n-2}\left(\frac{c}{2}\right)^2 + \cdots + C_n^n\left(\frac{c}{2}\right)^n \geqslant$$

$$b^n + \left[C_n^1 \frac{1}{2} + C_n^2 \left(\frac{1}{2}\right)^2 + \cdots + C_n^n \left(\frac{1}{2}\right)^n\right]c^n =$$

$$b^n + \left[\left(1 + \frac{1}{2}\right)^n - 1\right]c^n$$

因为 $n \geqslant 2$,则 $(1 + \frac{1}{2})^n - 1 > 1$,所以,$(b + \frac{c}{2})^n > b^n + c^n$. 故

$$\sqrt[n]{b^n + c^n} < b + \frac{c}{2} \qquad ①$$

同理

$$\sqrt[n]{c^n + a^n} < a + \frac{c}{2} \qquad ②$$

又因为 $a < \frac{1}{2}, b < \frac{1}{2}$,则

$$\sqrt[n]{a^n + b^n} < \sqrt[n]{(\frac{1}{2})^n + (\frac{1}{2})^n} = \frac{\sqrt[n]{2}}{2} \qquad ③$$

① + ② + ③,得

$$\sqrt[n]{a^n + b^n} + \sqrt[n]{b^n + c^n} + \sqrt[n]{c^n + a^n} < 1 + \frac{\sqrt[n]{2}}{2}$$

**例 17** 设 $a_1, a_2, \cdots, a_n$ 是正数,且 $a_1 + a_2 + \cdots + a_n = 1$,$p, q$ 是正常数,$m$ 是正整数,且 $m \geqslant 2$,证明:

$$\sqrt[m]{p + q} + (n - 1)\sqrt[m]{q} < \sum_{i=1}^{n} \sqrt[m]{pa_i + q} \leqslant \sqrt[m]{pn^{m-1} + qn^m}$$

**证明** (1) 先证下界.

显然 $0 < a_i < 1, i = 1, 2, 3, \cdots, n$.

$pa_i = (pa_i + q) - q =$
$(\sqrt[m]{pa_i + q} - \sqrt[m]{q})[\sqrt[m]{(pa_i + q)^{m-1}} \sqrt[m]{(pa_i + q)^{m-2} q} + \cdots + \sqrt[m]{(pa_i + q)q^{m-2}} + \sqrt[m]{q^{m-1}}] <$
$(\sqrt[m]{pa_i + q} - \sqrt[m]{q})[\sqrt[m]{(p + q)^{m-1}} \sqrt[m]{(p + q)^{m-2} q} + \cdots + \sqrt[m]{(p + q)q^{m-2}} + \sqrt[m]{q^{m-1}}] =$
$(\sqrt[m]{pa_i + q} - \sqrt[m]{q})(\frac{p}{\sqrt[m]{p + q} - \sqrt[m]{q}})$

所以

$$\sqrt[m]{pa_i + q} > (\sqrt[m]{p + q} - \sqrt[m]{q})a_i + \sqrt[m]{q}$$

由于 $a_1 + a_2 + \cdots + a_n = 1$,对 $i$ 求和得

$$\sum_{i=1}^{n} \sqrt[m]{pa_i + q} > \sum_{i=1}^{n} (\sqrt[m]{p + q} - \sqrt[m]{q})a_i + \sqrt[m]{q} = \sqrt[m]{p + q} + (n - 1)\sqrt[m]{q}$$

(2) 再证上界,考虑到右边的不等式当且仅当 $a_1 = a_2 = \cdots = a_n = \frac{1}{n}$ 时等号成立,由均值不等式得

$$(pa_i + q) + (m - 1)(\frac{p + nq}{n}) = (pa_i + q) + \frac{p + nq}{n} + \frac{p + nq}{n} + \cdots + \frac{p + nq}{n} \geqslant$$
$$m\sqrt[m]{(pa_i + q)(\frac{p + nq}{n})^{m-1}}$$

由于 $a_1 + a_2 + \cdots + a_n = 1$, 对 $i$ 求和得

$$\sum_{i=1}^n (pa_i + q) + n(m-1)\left(\frac{p+nq}{n}\right) \geq m \sum_{i=1}^n \sqrt[m]{(pa_i+q)\left(\frac{p+nq}{n}\right)^{m-1}}$$

$$p + nq + n(m-1)\left(\frac{p+nq}{n}\right) \geq m \sum_{i=1}^n \sqrt[m]{(pa_i+q)\left(\frac{p+nq}{n}\right)^{m-1}}$$

$$m(p+nq) \geq m \sum_{i=1}^n \sqrt[m]{(pa_i+q)\left(\frac{p+nq}{n}\right)^{m-1}}$$

即

$$\sum_{i=1}^n \sqrt[m]{pa_i + q} \leq \sqrt[m]{n^{m-1}(p+nq)} = \sqrt[m]{pn^{m-1} + qn^m}$$

右边的不等式还可以用赫德尔不等式加以证明.

取 $n=3$, 若正数 $a,b,c$ 满足 $a+b+c=1$, 则

$$2 + \sqrt{5} < \sqrt{4a+1} + \sqrt{4b+1} + \sqrt{4c+1} \leq \sqrt{21}$$

这是 1980 年列宁格勒数学奥林匹克试题 $\sqrt{4a+1} + \sqrt{4b+1} + \sqrt{4c+1} < 5$ 的一个推广.

**例 18** 证明: 如果给定的两个正数 $p < q$, 则对任意 $a,b,c,d,e \in [p,q]$, 都有

$$(a+b+c+d+e)\left(\frac{1}{a}+\frac{1}{b}+\frac{1}{c}+\frac{1}{d}+\frac{1}{e}\right) \leq 25 + 6\left(\sqrt{\frac{p}{q}} - \sqrt{\frac{q}{p}}\right)^2$$

并确定等号成立的充要条件. (1977 年美国数学奥林匹克试题)

**证明** 由 Lagrange 恒等式

$$\sum_{i=1}^n a_i^2 \sum_{i=1}^n b_i^2 = \left(\sum_{i=1}^n a_i b_i\right)^2 + \sum_{1 \leq i < j \leq n} (a_i b_j - a_j b_i)^2$$

得

$$(a+b+c+d+e)\left(\frac{1}{a}+\frac{1}{b}+\frac{1}{c}+\frac{1}{d}+\frac{1}{e}\right) = 25 + \sum \left(\sqrt{\frac{a}{b}} - \sqrt{\frac{b}{a}}\right)^2 \quad ①$$

当 $A \geq 1, B \geq 1$ 时

$$(A^2 - 1)(B^2 - 1) + \left(A^2 - \frac{1}{A^2}\right)\left(B^2 - \frac{1}{B^2}\right) \geq 0$$

从而

$$\left(A - \frac{1}{A}\right)^2 + \left(B - \frac{1}{B}\right)^2 \leq \left(AB - \frac{1}{AB}\right)^2 \quad ②$$

不妨设 $a \leq b \leq c \leq d \leq e$, 利用②得

$$\left(\sqrt{\frac{e}{d}} - \sqrt{\frac{d}{e}}\right)^2 + \left(\sqrt{\frac{d}{a}} - \sqrt{\frac{a}{d}}\right)^2 \leq \left(\sqrt{\frac{e}{a}} - \sqrt{\frac{a}{e}}\right)^2$$

$$\left(\sqrt{\frac{e}{c}}-\sqrt{\frac{c}{e}}\right)^2+\left(\sqrt{\frac{c}{a}}-\sqrt{\frac{a}{c}}\right)^2 \leqslant \left(\sqrt{\frac{e}{a}}-\sqrt{\frac{a}{e}}\right)^2$$

$$\left(\sqrt{\frac{e}{b}}-\sqrt{\frac{b}{e}}\right)^2+\left(\sqrt{\frac{b}{a}}-\sqrt{\frac{a}{b}}\right)^2 \leqslant \left(\sqrt{\frac{e}{a}}-\sqrt{\frac{a}{e}}\right)^2$$

$$\left(\sqrt{\frac{d}{c}}-\sqrt{\frac{c}{d}}\right)^2+\left(\sqrt{\frac{c}{b}}-\sqrt{\frac{b}{c}}\right)^2 \leqslant \left(\sqrt{\frac{d}{b}}-\sqrt{\frac{b}{d}}\right)^2$$

从而①式右边小于等于 $25+6\left(\sqrt{\frac{p}{q}}-\sqrt{\frac{q}{p}}\right)^2$.

等号当且仅当 $a,b,c,d,e$ 中有两个或三个取 $q$,其余取 $p$ 时成立.

**例19** 已知 $a,b,c,d$ 是正实数, 求证:
$$\sqrt{(a+c)^2+(b+d)^2} \leqslant \sqrt{a^2+b^2}+\sqrt{c^2+d^2} \leqslant$$
$$\sqrt{(a+c)^2+(b+d)^2}+\frac{2|ad-bc|}{\sqrt{(a+c)^2+(b+d)^2}} \qquad ①$$

(第52届白俄罗斯数学奥林匹克试题)

**证明** 设 $P(a,b),Q(-c,-d)$ 分别在直角坐标系 $xOy$ 的第一和第三象限内,则

$$|OP|=\sqrt{a^2+b^2},|OQ|=\sqrt{c^2+d^2},|PQ|=\sqrt{(a+c)^2+(b+d)^2}$$

在 $\triangle OPQ$ 中,由 $|OP|+|OQ| \geqslant |PQ|$ 得

$$\sqrt{(a+c)^2+(b+d)^2} \leqslant \sqrt{a^2+b^2}+\sqrt{c^2+d^2} \qquad ②$$

$$\sqrt{a^2+b^2}+\sqrt{c^2+d^2}-\sqrt{(a+c)^2+(b+d)^2}=$$

$$\frac{(\sqrt{a^2+b^2}+\sqrt{c^2+d^2})^2-[(a+c)^2+(b+d)^2]}{\sqrt{a^2+b^2}+\sqrt{c^2+d^2}+\sqrt{(a+c)^2+(b+d)^2}}=$$

$$\frac{2[\sqrt{(ac+bd)^2+(ad-bc)^2}-(ac+bd)]}{\sqrt{a^2+b^2}+\sqrt{c^2+d^2}+\sqrt{(a+c)^2+(b+d)^2}} \leqslant$$

$$\frac{2[(ac+bd)+|ad-bc|-(ac+bd)]}{2\sqrt{(a+c)^2+(b+d)^2}}=$$

$$\frac{|ad-bc|}{\sqrt{(a+c)^2+(b+d)^2}} \qquad ③$$

不等式③是不等式①的加强.

**例20** 设 $a \geqslant b \geqslant c \geqslant 0$, 且 $a+b+c=3$, 证明: $ab^2+bc^2+ca^2 \leqslant \frac{27}{8}$, 并确定等号成立的条件. (2002年中国香港地区数学奥林匹克试题)

**证明** 设 $f(a,b,c)=ab^2+bc^2+ca^2$, 则 $f(a,c,b)=ac^2+cb^2+ba^2$, 因为
$$f(a,b,c)-f(a,c,b)=ab^2+bc^2+ca^2-(ac^2+cb^2+ba^2)=$$

$$ab(a-b) + c^2(a-b) + c(b^2 - a^2) =$$
$$(a-b)(ab + c^2 - ac - bc) =$$
$$(a-b)(a-c)(b-c) \geq 0$$

于是只要证明
$$f(a,b,c) + f(a,c,b) \leq \frac{27}{4}$$

而
$$f(a,b,c) + f(a,c,b) = ab^2 + bc^2 + ca^2 + (ac^2 + cb^2 + ba^2) =$$
$$(a+b+c)(ab+bc+ca) - 3abc =$$
$$3(ab+bc+ca - abc) =$$
$$3(ab+bc+ca - abc - a - b - c + 3) =$$
$$3[(1-a)(1-b)(1-c) + 2] =$$
$$3(1-a)(1-b)(1-c) + 6$$

因此只需证明
$$(1-a)(1-b)(1-c) \leq \frac{1}{4}$$

若 $1 \geq b \geq c \geq 0$,则 $a \geq 1$,从而 $(1-a)(1-b)(1-c) \leq 0$.
若 $a \geq b \geq 1$,则 $c \leq 1$,则
$$(1-a)(1-b)(1-c) = (a-1)(b-1)(1-c) \leq$$
$$(\frac{(a-1)+(b-1)}{2})^2(1-c) \leq (\frac{1}{2})^2 = \frac{1}{4}$$

从而,$f(a,b,c) + f(a,c,b) \leq \frac{27}{4}$,又因为 $f(a,b,c) \geq f(a,c,b)$,从而
$$f(a,b,c) = ab^2 + bc^2 + ca^2 \leq \frac{27}{8}$$

且等号在 $a = b = \frac{3}{2}, c = 0$ 时取到.

**例 21** 正数 $a,b,c$ 满足 $a+b+c=1$,求证:
$$\frac{1+a}{1-a} + \frac{1+b}{1-b} + \frac{1+c}{1-c} \leq 2(\frac{b}{a} + \frac{c}{b} + \frac{a}{c}) \qquad ①$$

(2004年日本数学奥林匹克试题)

**证明** 对正实数 $\alpha,\beta,\gamma,x,y,z$,设 $\alpha\beta\gamma = xyz = 1$,$x,y,z \in [\alpha, \gamma]$. 因为
$$(\alpha + \beta + \gamma) - (x+y+z) =$$
$$\begin{cases} \beta\gamma(x-\alpha)(z-\alpha) + xz(\gamma-y)(y-\beta) \geq 0, y \geq \beta \\ \alpha\beta(\gamma-x)(\gamma-z) + xz(y-\alpha)(\beta-y) \geq 0, y \leq \beta \end{cases}$$
所以
$$x + y + z \leq \alpha + \beta + \gamma$$

定义 $\{\alpha, \beta, \gamma\} = \{\dfrac{b}{a}, \dfrac{c}{b}, \dfrac{a}{c}\}, \alpha \leq \beta \leq \gamma$.

注意到 $\dfrac{c+a}{b+c} \in [\min\{\dfrac{c}{b}, \dfrac{a}{c}\}, \max\{\dfrac{c}{b}, \dfrac{a}{c}\}] \subseteq [\alpha, \gamma]$.

且对 $\dfrac{a+b}{c+a}$, $\dfrac{b+c}{a+b}$ 有类似的结论,所以

$$\dfrac{c+a}{b+c} + \dfrac{a+b}{c+a} + \dfrac{b+c}{a+b} \leq \alpha + \beta + \gamma = \dfrac{b}{a} + \dfrac{c}{b} + \dfrac{a}{c} \qquad ②$$

又 $\dfrac{b+a}{b+c} \in [\min\{\dfrac{a}{c}, 1\}, \max\{\dfrac{a}{c}, 1\}] \subseteq [\alpha, \gamma]$,且对 $\dfrac{c+b}{c+a}$, $\dfrac{a+c}{a+b}$ 有类似的结论,所以

$$\dfrac{b+a}{b+c} + \dfrac{c+b}{c+a} + \dfrac{a+c}{a+b} \leq \alpha + \beta + \gamma = \dfrac{b}{a} \cdot \dfrac{c}{b} \cdot \dfrac{a}{c} \qquad ③$$

② + ③,并利用 $a+b+c=1$,整理可得所要证明的不等式.

**例 22** 设 $a, b, c, d$ 是正实数,满足 $ab + cd = 1$,点 $P_i(x_i, y_i)$ ($i=1,2,3,4$) 是以原点为圆心的单位圆上的四个点. 求证:

$$(ay_1 + by_2 + cy_3 + dy_4)^2 + (ax_4 + bx_3 + cx_2 + dx_1)^2 \leq 2(\dfrac{a^2+b^2}{ab} + \dfrac{c^2+d^2}{cd})$$

(2003 年中国数学奥林匹克试题)

**证明** 令 $u = ay_1 + by_2$, $v = cy_3 + dy_4$, $u_1 = ay_4 + by_3$, $v_1 = cy_2 + dy_1$,则

$$u^2 \leq (ay_1 + by_2)^2 + (ax_1 - bx_2)^2 = a^2 + b^2 + 2ab(y_1y_2 - x_1x_2)$$

即

$$y_1y_2 - x_1x_2 \leq \dfrac{a^2 + b^2 - u^2}{2ab} \qquad ①$$

$$v_1^2 \leq (cx_2 + dx_1)^2 + (cy_2 - dy_1)^2 = c^2 + d^2 + 2cd(x_1x_2 - y_1y_2)$$

即

$$x_1x_2 - y_1y_2 \leq \dfrac{c^2 + d^2 - v_1^2}{2cd} \qquad ②$$

① + ② 得

$$0 \leq \dfrac{a^2 + b^2 - u^2}{2ab} + \dfrac{c^2 + d^2 - v_1^2}{2cd}$$

即

$$\dfrac{u^2}{ab} + \dfrac{v_1^2}{cd} \leq \dfrac{a^2+b^2}{ab} + \dfrac{c^2+d^2}{cd}$$

同理

$$\dfrac{v^2}{cd} + \dfrac{u_1^2}{ab} \leq \dfrac{c^2+d^2}{cd} + \dfrac{a^2+b^2}{ab}$$

由柯西不等式得

$$(u+v)^2 + (u_1+v_1)^2 = (ab+cd)(\frac{u^2}{ab}+\frac{v^2}{cd}) + (ab+cd)(\frac{u_1^2}{ab}+\frac{v_1^2}{cd}) =$$

$$\frac{u^2}{ab}+\frac{v^2}{cd}+\frac{u_1^2}{ab}+\frac{v_1^2}{cd} \leqslant$$

$$2(\frac{a^2+b^2}{ab}+\frac{c^2+d^2}{cd})$$

**例 23** 设 $n(n \geqslant 3)$ 是正整数,证明:对正实数 $x_1 \leqslant x_2 \leqslant \cdots \leqslant x_n$,不等式 $\frac{x_1 x_2}{x_3}+\frac{x_2 x_3}{x_4}+\cdots+\frac{x_{n-1}x_n}{x_1}+\frac{x_n x_1}{x_2} \geqslant x_1+x_2+\cdots+x_n$. (2000 年列宁格勒数学奥林匹克试题)

**证明** 先证明一个引理:若 $0 < x \leqslant y, 0 < a \leqslant 1$,则

$$x + y \leqslant ax + \frac{y}{x} \quad \text{①}$$

事实上,由 $ax \leqslant x \leqslant y$ 得 $(1-a)(y-ax) \geqslant 0$,即 $a^2 x + y \geqslant ax + ay$.

因此,$x + y \leqslant ax + \frac{y}{x}$.

现在,令 $(x, y, a) = (x_i, x_{n-1} \cdot \frac{x_{i+1}}{x_2}, \frac{x_{i+1}}{x_{i+2}})$,$i = 1, 2, \cdots, n-2$,代入①,有

$$x_i + \frac{x_{n-1} x_{i+1}}{x_2} \leqslant \frac{x_i x_{i+1}}{x_{i+2}} + x_{n-1} \cdot \frac{x_{i+2}}{x_2} \quad \text{②}$$

②式对 $i = 1, 2, \cdots, n-2$ 求和得

$$x_1 + x_2 + \cdots + x_{n-2} + \frac{x_{n-1}}{x_2}(x_2 + x_3 + \cdots + x_{n-1}) \leqslant$$

$$\frac{x_1 x_2}{x_3}+\frac{x_2 x_3}{x_4}+\cdots+\frac{x_{n-2}x_{n-1}}{x_n}+\frac{x_{n-1}}{x_2}(x_3+x_4+\cdots+x_n)$$

所以

$$x_1 + x_2 + \cdots + x_{n-2} + x_{n-1} \leqslant \frac{x_1 x_2}{x_3}+\frac{x_2 x_3}{x_4}+\cdots+\frac{x_{n-2}x_{n-1}}{x_n}+\frac{x_{n-1}x_n}{x_2} \quad \text{③}$$

另外,令 $(x, y, a) = (x_n, x_n \cdot \frac{x_{n-1}}{x_2}, \frac{x_1}{x_2})$,又有

$$x_n + \frac{x_n x_{n-1}}{x_2} \leqslant \frac{x_n x_1}{x_2} + \frac{x_{n-1} x_n}{x_1} \quad \text{④}$$

由③ + ④即得原不等式成立.

# 练 习 题

1. (1) 确定下列和式的取值范围: $S = \dfrac{a}{a+b+d} + \dfrac{b}{a+b+c} + \dfrac{c}{b+c+d} + \dfrac{d}{a+c+d}$, 其中 $a,b,c,d$ 是任意正实数. (第 16 届 IMO 试题)

   (2) 设 $a_1 > 1, a_2 > 1, a_3 > 1, a_1 + a_2 + a_3 = S$, 已知对 $i = 1,2,3$, 都有 $\dfrac{a_i^2}{a_i - 1} > S$, 证明: $\dfrac{1}{a_1 + a_2} + \dfrac{1}{a_2 + a_3} + \dfrac{1}{a_3 + a_1} > 1$.
(第 31 届俄罗斯数学奥林匹克试题)

2. 如果 $a,b,c$ 是正数, 求证: $\dfrac{a^3}{a^2 + ab + b^2} + \dfrac{b^3}{b^2 + bc + c^2} + \dfrac{c^3}{c^2 + ca + a^2} \geq \dfrac{a+b+c}{3}$. (2003 年北京市数学竞赛试题)

3. 若 $a_1, a_2, \cdots, a_n$ 都是正数, 且 $s > t > 0$, 则 $\left(\sum\limits_{i=1}^{n} a_i^t\right)^{\frac{1}{t}} > \left(\sum\limits_{i=1}^{n} a_i^s\right)^{\frac{1}{s}}$.

4. 已知正实数 $a_1, a_2, \cdots, a_n, a_{n+1}$ 满足 $a_2 - a_1 = a_3 - a_2 = \cdots = a_{n+1} - a_n > 0 (n \geq 2)$, 求证: $\dfrac{1}{a_2^2} + \dfrac{1}{a_3^2} + \cdots + \dfrac{1}{a_n^2} \leq \dfrac{n-1}{2} \cdot \dfrac{a_1 a_n + a_2 a_{n+1}}{a_1 a_2 a_n a_{n+1}}$. (2004 年中国香港地区数学奥林匹克试题)

5. 已知 $a,b,c,d$ 是任意正数, 求证: $\dfrac{a}{b+c} + \dfrac{b}{c+d} + \dfrac{c}{d+a} + \dfrac{d}{a+b} \geq 2$.
(1989 年四川省数学竞赛题)

6. 令 $a = \dfrac{m^{m+1} + n^{n+1}}{m^m + n^n}$, 其中 $m, n$ 是正整数, 证明: $a^m + a^n \geq m^m + n^n$. (1991 年美国数学奥林匹克试题)

7. 已知 $a,b,c,d$ 都是实数, 且 $a^2 + b^2 + c^2 + d^2 \leq 1$, 求证:
$(a+b)^4 + (a+c)^4 + (a+d)^4 + (b+c)^4 + (b+d)^4 + (c+d)^4 \leq 6$
(第 28 届 IMO 预选题)

8. 设 $d$ 是正数 $a,b,c,d$ 中最大的, 证明: $a(d-b) + b(d-c) + c(d-a) \leq d^2$. (1990 年匈牙利数学竞赛试题)

9. 设数列 $\{a_n\}$ 的前 $n$ 项的和记为 $S_n$, 已知 $a_1 = 1, a_2 = 6, a_3 = 11$, 且 $(5n-8)S_{n+1} - (5n+2)S_n = An + B, n = 1,2,3,\cdots$, 其中 $A,B$ 是常数.

   (1) 求 $A$ 与 $B$ 的值;

（2）证明数列 $\{a_n\}$ 是等差数列；

（3）证明不等式 $\sqrt{5a_{mn}} - \sqrt{a_m a_n} > 1$ 对任意的正整数 $m,n$ 都成立.（2005 年江苏省高考压轴试题）

10. 数列 $a_0, a_1, \cdots$ 与数列 $b_0, b_1, \cdots$ 定义如下：$a_0 = \frac{\sqrt{2}}{2}, a_{n+1} = \frac{\sqrt{2}}{2}\sqrt{1 - \sqrt{1 - a_n^2}}, n = 0, 1, 2, \cdots; b_0 = 1, b_{n+1} = \frac{\sqrt{1 + b_n^2} - 1}{b_n}, n = 0, 1, 2, \cdots$. 证明对于每一个 $n = 0, 1, 2, \cdots$，有不等式 $2^{n+1} a_n < \pi < 2^{n+2} b_n$.（第 30 届 IMO 预选题）

11. 实数 $t_1, t_2, \cdots, t_n$ 为 $n$ 个实数，满足 $0 < t_1 \leqslant t_2 \leqslant \cdots \leqslant t_n < 1$，证明：
$$(1 - t_n)^2 \left[ \frac{t_1}{(1 - t_1^2)^2} + \frac{t_2^2}{(1 - t_2^3)^2} + \cdots + \frac{t_n^n}{(1 - t_n^{n+1})^2} \right] < 1.$$（第 28 届 IMO 预选题）

12. $a, b, c$ 是实数，$b + c > a \geqslant b \geqslant c$，证明：
$$2\left(\frac{a}{b} + \frac{b}{c} + \frac{c}{a}\right) \geqslant \frac{a}{c} + \frac{c}{b} + \frac{b}{a} + 3$$

（第 31 届 IMO 集训队试题）

13. 设 $x_n = \sqrt{2 + \sqrt[3]{3 + \cdots + \sqrt[n]{n}}}$，证明：$x_{n+1} - x_n < \frac{1}{n!}(n = 2, 3, \cdots)$.（第 26 届 IMO 预选题）

14. 证明：对任意 $n \in \mathbf{N}^*$，有 $(2n + 1)^n \geqslant (2n)^n + (2n - 1)^n$.（1987 年苏联数学竞赛题）

15. 证明：对任意正整数 $n$，成立下述不等式 $\frac{2n}{3n + 1} \leqslant \sum_{k=n+1}^{2n} \frac{1}{k} \leqslant \frac{3n + 1}{4(n + 1)}$.

（2001 年爱尔兰数学奥林匹克试题）

16. 已知非负实数 $x, y, z$ 满足 $x^2 + y^2 + z^2 + x + 2y + 3z = \frac{13}{4}$.

（1）求 $x + y + z$ 的最大值；

（2）证明：$x + y + z \geqslant \frac{\sqrt{22} - 3}{2}$.（2003 年匈牙利数学奥林匹克试题）

17. 设 $x, y, z \geqslant 0$，且 $x^2 + y^2 + z^2 = 1$，求证：$1 \leqslant \frac{x}{1 + yz} + \frac{y}{1 + zx} + \frac{z}{1 + xy} \leqslant \sqrt{2}$.（2003 年中国国家集训队试题）

18. （1）当 $x_1 = \frac{1}{3}, x_{n+1} = x_n^2 + x_n$ 时，代数式 $\frac{1}{1 + x_1} + \frac{1}{1 + x_2} + \cdots + \frac{1}{1 + x_{2001}} +$

$\frac{1}{1+x_{2\,002}}$ 的值在哪两个相邻的整数之间. (2002～2003年芬兰数学奥林匹克试题)

(2) 数列 $\{a_n\}$ 定义如下:$a_1 = 2, a_{n+1} = a_n^2 - a_n + 1, n = 1,2,\cdots$,证明:$1 - \frac{1}{2\,003^{2\,003}} < \frac{1}{a_1} + \frac{1}{a_2} + \cdots + \frac{1}{a_{2\,003}} < 1.$ (2003年女子数学奥林匹克试题)

19. (1) 证明:$\frac{1}{1\,999} < \frac{1}{2} \cdot \frac{3}{4} \cdot \frac{5}{6} \cdots \cdot \frac{1\,997}{1\,998} < \frac{1}{44}.$ (1997年加拿大数学奥林匹克试题)

(2) 证明:$\frac{1}{3^3} + \frac{1}{4^3} + \frac{1}{5^3} + \cdots + \frac{1}{n^3} < \frac{1}{12}.$ (1990年爱尔兰数学奥林匹克试题)

(3) 证明:$2^{\frac{1}{2}} 4^{\frac{1}{4}} 8^{\frac{1}{8}} \cdots (2^n)^{\frac{1}{2^n}} < 4.$ (1996年爱尔兰数学奥林匹克试题)

20. 证明不等式 $\sin^n 2x + (\sin^n x - \cos^n x)^2 \leqslant 1.$ (第26届俄罗斯数学奥林匹克试题)

21. 证明对于任意的正数 $a_1, a_2, \cdots, a_n$ 不等式
$$\frac{1}{a_1} + \frac{2}{a_1 + a_2} + \cdots + \frac{n}{a_1 + a_2 + \cdots + a_n} < 4\left(\frac{1}{a_1} + \frac{1}{a_2} + \cdots + \frac{1}{a_n}\right)$$
(第20届全苏数学奥林匹克试题)

22. 设 $x_1, x_2, \cdots, x_n$ 是正数,求证:
$$\frac{1}{1+x_1} + \frac{1}{1+x_1+x_2} + \cdots + \frac{1}{1+x_1+x_2+\cdots+x_n} < \sqrt{\frac{1}{x_1} + \frac{1}{x_2} + \cdots + \frac{1}{x_n}}$$
(2005年罗马尼亚数学奥林匹克试题)

23. 设 $x_1, x_2, \cdots, x_n$ 是正数,并且 $x_n^n = \sum_{i=1}^{n-1} x_i^j, n = 1, 2, 3, \cdots$,证明对所有 $n \in \mathbf{N}^*, 2 - \frac{1}{2^{n-1}} \leqslant x_n < 2 - \frac{1}{2^n}.$ (第36届IMO预选题)

24. 设 $a_1, a_2, \cdots, a_n$ 为大于等于1的实数,$n \geqslant 1, A = 1 + a_1 + a_2 + \cdots + a_n$,定义 $x_0 = 1, x_k = \frac{1}{a_k x_{k-1}}, 1 \leqslant k \leqslant n.$ 证明:$x_1 + x_2 + \cdots + x_n > \frac{n^2 A}{n^2 + A^2}.$ (2002年乌克兰数学奥林匹克试题)

25. 已知实数 $c > -2, x_1, x_2, \cdots, x_n (x_{n+1} = x_1)$ 为 $n$ 个正实数,证明等式
$$\sum_{i=1}^{n} \sqrt{x_i^2 + cx_i x_{i+1} + x_{i+1}^2} = \sqrt{c+2} \sum_{i=1}^{n} x_i$$
当且仅当 $c = 2$ 或 $x_1 = x_2 = \cdots = x_n$ 时成立. (2005年波兰数学奥林匹克试题)

26. 数列 $\{a_n\}$ 定义如下:$a_1 = \frac{1}{2}$,且 $a_{n+1} = \frac{a_n^2}{a_n^2 - a_n + 1}, n = 1, 2, \cdots.$ 证明:对

每一个正整数 $n$,都有 $a_1 + a_2 + \cdots + a_n < 1$. (2004 年中国国家集训队试题)

27. 设 $x_1, x_2, \cdots, x_n \in [a, b]$,其中 $0 < a < b$,求证:
$$(x_1 + x_2 + \cdots + x_n)\left(\frac{1}{x_1} + \frac{1}{x_2} + \cdots + \frac{1}{x_n}\right) \leqslant \frac{(a+b)^2}{4ab} n^2$$
(第 12 届全苏数学奥林匹克试题)

28. 已知 $a_1, a_2, \cdots, a_n$ 是两两不相同的正整数. 求证:对任何正整数 $n$ 有 $\sum_{k=1}^{n} \frac{a_k}{k^2} \geqslant \sum_{k=1}^{n} \frac{1}{k}$. (第 20 届 IMO 试题)

29. 在 $\triangle ABC$ 中,若 $a + b + c = 1$,求证:$a^2 + b^2 + c^2 + 4abc < \frac{1}{2}$. (第 23 届全苏数学奥林匹克试题)

30. (1) 已知实数 $x, y, z$,证明不等式:$\sin^2 x \cos y + \sin^2 y \cos z + \sin^2 z \cos x < \frac{3}{2}$. (2004 年克罗地亚数学奥林匹克试题,第 19 届全苏数学奥林匹克试题)

(2) 已知实数 $x, y, z$,证明不等式:$\sin^2 x \cos y + \sin^2 y \cos z + \sin^2 z \cos x < \frac{29}{20}$.

31. 证明:对任意大于 1 的 $n, k \in \mathbf{N}^*$,有 $\sum_{j=2}^{n^k} \frac{1}{j} > k \sum_{j=2}^{n} \frac{1}{j}$. (1980 年德国数学奥林匹克试题)

32. 证明:对任意正数 $a_1, a_2, \cdots, a_n$,有 $\sum_{k=1}^{n} \sqrt[k]{a_1 a_2 \cdots a_k} \leqslant e \sum_{k=1}^{n} a_k$. (1982 年 IMO 预选题)

33. 设 $a$ 是小于 1 的正数,对于每一个严格递增的有限非负整数序列 $\{k_1, k_2, \cdots, k_n\}$,证明:$\left(\sum_{i=1}^{n} a^{k_i}\right)^2 < \frac{1+a}{1-a} \sum_{i=1}^{n} a^{2k_i}$. (2003 年波兰数学奥林匹克试题)

34. 已知 $m, n$ 都是正整数,且 $n \leqslant m$,证明不等式:$2^n n! \leqslant \frac{(m+n)!}{(m-n)!} \leqslant (m^2 + m)^n$. (1996 年亚太地区数学奥林匹克试题)

35. 已知 $S = 1 + \dfrac{1}{1 + \frac{1}{3}} + \dfrac{1}{1 + \frac{1}{3} + \frac{1}{6}} + \cdots + \dfrac{1}{1 + \frac{1}{3} + \frac{1}{6} + \cdots + \frac{1}{1\,993\,006}}$,

其中数列 $\{1, 3, 6, \cdots, k_n\}$ 的通项是 $k_n = \frac{n(n+1)}{2}, n = 1, 2, 3, \cdots, 1\,996$. 求证: $S > 1\,001$. (1997 年亚太地区数学奥林匹克试题)

36. 设 $a_1, a_2, \cdots, a_n$ 是正数, $S = a_1 + a_2 + \cdots + a_n$,证明:
$$(1 + a_1)(1 + a_2) \cdots (1 + a_n) < 1 + S + \frac{S^2}{2!} + \cdots + \frac{S^n}{n!}$$

(1989年亚太地区数学奥林匹克试题)

37. 设 $a_1 \geq a_2 \geq \cdots \geq a_n \geq 0$, $a_1 + a_2 + \cdots + a_n = 1$, 求证: $a_1^2 + 3a_2^2 + 5a_3^2 + \cdots + (2n-1)a_n^2 \leq 1$. (2002年PanAfrican数学奥林匹克试题)

38. 设 $a_1, a_2, \cdots, a_n$ 是正数, 求证: $\sum_{k=1}^{n} a_k \leq (n-1) + \prod_{k=1}^{n} \max\{1, a_k\}$. (2005年中国台湾地区数学奥林匹克试题的推广, $n = 95$)

39. 设 $a_1, a_2, \cdots, a_n$ 和 $b_1, b_2, \cdots, b_n$ 都是正数, 且 $a_1 + a_2 + \cdots + a_n = 1$, $b_1^2 + b_2^2 + \cdots + b_n^2 = 1$, 证明不等式: $a_1(b_1 + a_2) + a_2(b_2 + a_3) + \cdots + a_n(b_n + a_1) < 1$. (2002年日本数学奥林匹克, 2005年德国国家集训队试题)

40. 设 $0 \leq a, b, c \leq 1$, 求证: $\dfrac{a}{bc+1} + \dfrac{b}{ca+1} + \dfrac{c}{ab+1} \leq 2$. (2005年波兰数学奥林匹克试题)

41. 设实数 $a, b, c$ 中任意两个之和大于第三个, 则
$$\frac{2}{3}(a+b+c)(a^2+b^2+c^2) \geq a^3+b^3+c^3+abc$$
(第13届普特南数学竞赛题)

42. 设 $a, b, c$ 是正数, 当 $a^2 + b^2 + c^2 + abc = 4$ 时, 证明: $a+b+c \leq 3$. (2003年伊朗数学奥林匹克试题)

43. (1) 设 $a, b, c$ 是正数, 证明: $\sqrt{\dfrac{a}{b+c}} + \sqrt{\dfrac{b}{c+a}} + \sqrt{\dfrac{c}{a+b}} > 2$. (1995年马其顿数学奥林匹克试题)

(2) 设 $a, b, c, d$ 是正数, 证明: $\sqrt{\dfrac{a}{b+c}} + \sqrt{\dfrac{b}{c+d}} + \sqrt{\dfrac{c}{d+a}} + \sqrt{\dfrac{d}{a+b}} > 2$. (2005年加拿大数学奥林匹克试题)

44. (1) 证明:
$$F = \sqrt{2} + \sqrt{2-\sqrt{2}} + \sqrt{2-\sqrt{2+\sqrt{2}}} + \cdots + \sqrt{2-\sqrt{2+\sqrt{2+\cdots+\sqrt{2}}}} < \pi$$
(1980年上海市数学竞赛试题)

(2) 证明: $\sqrt{2\sqrt{2+\sqrt{2+\cdots+\sqrt{2}}}} + \sqrt{6\sqrt{6+\sqrt{6+\cdots+\sqrt{6}}}} < 5$. (1997年乌克兰数学奥林匹克试题)

45. 设 $0 < x < \pi$, $n$ 是正整数, 证明不等式: $\sin x + \dfrac{\sin 3x}{3} + \dfrac{\sin 5x}{5} + \cdots + \dfrac{\sin(2n-1)x}{2n-1} > 0$. (1993年爱尔兰数学奥林匹克试题)

46. 设非负实数 $a, b, c$ 满足 $a^2 \leq b^2 + c^2$, $b^2 \leq c^2 + a^2$, $c^2 \leq a^2 + b^2$, 证明: $(a+b+c)(a^2+b^2+c^2)(a^3+b^3+c^3) \geq 4(a^6+b^6+c^6)$. (第11届日本数学

47. 已知 $a_i \geqslant \dfrac{1}{i}$, $i = 1, 2, \cdots, n$. 求证：$(a_1 + 1)(a_2 + \dfrac{1}{2}) \cdots (a_n + \dfrac{1}{n}) \geqslant \dfrac{2^n}{(n+1)!}(1 + a_1 + 2a_2 + \cdots + na_n)$. (2007 年摩尔多瓦数学奥林匹克试题)

48. 已知 $a \geqslant b \geqslant c > 0$, 证明：$\dfrac{a^2 - b^2}{c} + \dfrac{c^2 - b^2}{a} + \dfrac{a^2 - c^2}{b} \geqslant 3a - 4b + c$. (第 32 届乌克兰数学奥林匹克试题)

49. 已知 $a_1, a_2, \cdots, a_n$ 是正数, $A = \dfrac{a_1 + a_2 + \cdots + a_n}{n}$, $G = (a_1 a_2 \cdots a_n)^{\frac{1}{n}}$, $H = \dfrac{n}{\dfrac{1}{a_1} + \dfrac{1}{a_2} + \cdots + \dfrac{1}{a_n}}$. 证明

(1) 若 $n$ 是偶数, 证明：$\dfrac{A}{H} \leqslant -1 + 2(\dfrac{A}{G})^n$.

(2) 若 $n$ 是奇数, 证明：$\dfrac{A}{H} \leqslant -\dfrac{n-2}{n} + \dfrac{2(n-1)}{n}(\dfrac{A}{G})^n$. (1997 年韩国数学奥林匹克试题)

50. 设 $a_1, a_2, \cdots, a_n \in [0, 1]$, $S = a_1^3 + a_2^3 + \cdots + a_n^3$, 证明
$$\dfrac{a_1}{2n + 1 + S - a_1^3} + \dfrac{a_2}{2n + 1 + S - a_2^3} + \cdots + \dfrac{a_n}{2n + 1 + S - a_n^3} \leqslant \dfrac{1}{3}$$
(2007 年摩尔多瓦数学集训队试题)

51. 假设正整数 $n \geqslant 4$, $x_1, x_2, \cdots, x_n$ 是两两不同的实数满足条件：$x_1 + x_2 + \cdots + x_n = 0$ 和 $x_1^2 + x_2^2 + \cdots + x_n^2 = 1$. 证明：一定能在 $x_1, x_2, \cdots, x_n$ 中找到 4 个不同的实数 $a, b, c, d$ 使得
$$a + b + c + nabc \leqslant x_1^3 + x_2^3 + \cdots + x_n^3 \leqslant a + b + d + nabd$$
(1994 年波兰数学奥林匹克试题)

52. 设 $x, y, z$ 都是正实数, 且满足 $\sqrt{x} + \sqrt{y} + \sqrt{z} = 1$, 证明不等式
$$\dfrac{x^2 + yz}{\sqrt{2x^2(y+z)}} + \dfrac{y^2 + zx}{\sqrt{2y^2(z+x)}} + \dfrac{z^2 + xy}{\sqrt{2z^2(x+y)}} \geqslant 1$$
(2007 年亚太地区数学奥林匹克试题)

53. 设 $\sum_{i=1}^{n} x_i = 1$, $x_i > 0$, 求证：$n \sum_{i=1}^{n} x_i^2 - \sum_{1 \leqslant i < j \leqslant n} \dfrac{(x_i - x_j)^2}{x_i + x_j} \leqslant 1$. (2007 年浙江省数学竞赛试题)

54. 设 $0 \leqslant a \leqslant 1, 0 \leqslant b \leqslant 1, 0 \leqslant c \leqslant 1$, 证明：$a^2 + b^2 + c^2 \leqslant a^2 b + b^2 c + c^2 a + 1$. (1993 年意大利数学奥林匹克试题)

55. 求最大的常数 $k$, 使得对于 $[0, 1]$ 中的一切实数 $a, b, c, d$, 都有不等式

$4+a^2b+b^2c+c^2d+d^2a \geq k(a^3+b^3+c^3+d^3)$. (1995年上海市数学竞赛试题)

56. 设 $a_n = \sum_{k=1}^{n} \dfrac{1}{k(n+1-k)}$，求证：当正整数 $n \geq 2$ 时，$a_{n+1} < a_n$. (2007年全国高中数学联赛试题)

57. 对于正实数 $a_1, a_2, \cdots, a_n$，证明：
$$\sum_{i<j} \frac{a_i a_j}{a_i + a_j} \leq \frac{n}{2(a_1 + a_2 + \cdots + a_n)} \sum_{i<j} a_i a_j$$
（第 47 届 IMO 预选题）

58. 设 $a, b, c, d$ 是非负实数，$A = a^3 + b^3 + c^3 + d^3$，$B = bcd + cda + dab + abc$，证明：$(a+b+c+d)^3 \leq 4A + 24B$. (2000年波兰数学奥林匹克试题)

59. 设 $a_1, a_2, \cdots, a_n$ 是正实数，且 $a_1 + a_2 + \cdots + a_n = 1$，记 $H_k = \dfrac{k}{\dfrac{1}{a_1} + \dfrac{1}{a_2} + \cdots + \dfrac{1}{a_k}}$ $(k = 1, 2, \cdots, n)$，证明：$H_1 + H_2 + \cdots + H_n < 2$. (2004年波兰数学奥林匹克试题)

60. 设 $x_1, x_2, \cdots, x_n \in [a, b]$，其中 $0 < a < b$. 证明：
$$\sum_{i=1}^{n} x_i^3 \cdot \sum_{i=1}^{n} \frac{1}{x_i} \leq \frac{(a+b)^2(a^2+b^2)^2}{4ab(a^2+ab+b^2)} \cdot n^2$$
并指出等号成立的条件. (2005年波兰数学奥林匹克试题)

61. 已知 $n$ 是正整数，$x, y$ 是正实数，且满足 $x^n + y^n = 1$，证明：
$$\sum_{k=1}^{n} \frac{1+x^{2k}}{1+x^{4k}} \cdot \sum_{k=1}^{n} \frac{1+y^{2k}}{1+y^{4k}} < \frac{1}{(1-x)(1-y)}$$
（第 48 届 IMO 预选题）

62. 设 $x, y, z$ 是正实数，满足 $x, y, z < 2$，且 $x^2 + y^2 + z^2 = 3$，证明
$$\frac{3}{2} < \frac{1+y^2}{2+x} + \frac{1+z^2}{2+y} + \frac{1+x^2}{2+z} < 2$$
(2008年希腊数学奥林匹克试题)

63. 设 $a, b, c$ 是正实数，证明：
$$-1 < \left(\frac{a-b}{a+b}\right)^{1993} + \left(\frac{b-c}{b+c}\right)^{1993} + \left(\frac{c-a}{c+a}\right)^{1993} < 1$$
(1993年保加利亚数学奥林匹克试题)

64. 设 $a_n = 1 + \dfrac{1}{2} + \dfrac{1}{3} + \cdots + \dfrac{1}{n}$. 证明：对一切 $n \geq 2$，都有
$$a_n^2 > 2\left(\frac{a_2}{2} + \frac{a_3}{3} + \cdots + \frac{a_n}{n}\right)$$
(1998年摩尔多瓦数学奥林匹克试题)

65. 设 $a_1, a_2, \cdots, a_n$ 是正实数，$n > 2$ 是给定的正整数，求最大的正数 $K$ 和最

小的正数 $G$ 使得下列不等式成立：$K < \dfrac{a_1}{a_1+a_2} + \dfrac{a_2}{a_2+a_3} + \cdots + \dfrac{a_n}{a_n+a_1} < G.$
（1991 年日本数学奥林匹克试题）

66. 证明：
$$\dfrac{3}{1!+2!+3!} + \dfrac{4}{2!+3!+4!} + \cdots + \dfrac{n+2}{n!+(n+1)!+(n+2)!} < \dfrac{1}{2}$$
（2005 年乌克兰数学奥林匹克试题）

67. 已知 $x > 0, y > 0, z > 0$，且 $xyz = 1$，证明：
$$1 < \dfrac{1}{1+x} + \dfrac{1}{1+y} + \dfrac{1}{1+z} < 2$$
（2008 年山东省数学竞赛试题）

68. （1）证明：对任意的 $x > 0, y > 0$，有 $\dfrac{1}{1+x} \geqslant \dfrac{1}{1+y} - \dfrac{1}{(1+y)^2}(x-y)$；

（2）证明：$C_n^0 \dfrac{3^0}{3^0+1} + C_n^1 \dfrac{3^1}{3^1+1} + C_n^2 \dfrac{3^2}{3^2+1} + \cdots + C_n^n \dfrac{3^n}{3^n+1} \geqslant \dfrac{3^n \cdot 2^n}{3^n+2^n}.$
（2009 年陕西省数学竞赛试题）

69. 设 $x_1 \geqslant x_2 \geqslant \cdots \geqslant x_n \geqslant 0$，且 $\sum\limits_{i=1}^{n} \dfrac{x_i}{\sqrt{i}} = 1$，证明：$\sum\limits_{i=1}^{n} x_i^2 \leqslant 1.$（第 34 届俄罗斯数学奥林匹克试题）

70. 证明：对于任意实数 $p(0 < p < 1)$ 及正整数 $n$，有 $1 + 2p + 3p^2 + \cdots + np^{n-1} < \dfrac{1}{(1-p)^2}.$（2008 年克罗地亚数学奥林匹克试题）

71. 数列 $\{a_n\}$ 的通项是 $a_n = \dfrac{2}{3+1} + \dfrac{2^2}{3^2+1} + \dfrac{2^3}{3^4+1} + \cdots + \dfrac{2^{n+1}}{3^{2^n}+1}$，证明：对于所有的正整数 $n$ 都有 $a_n < 1$。（2009 年摩尔多瓦集训队试题）

72. 设 $x, y, z \in (0, 1]$，证明不等式：$\dfrac{x}{1+y+zx} + \dfrac{y}{1+z+xy} + \dfrac{z}{1+x+yz} \leqslant \dfrac{3}{x+y+z}.$（1998 年乌克兰数学奥林匹克试题）

73. 已知 $x_1, x_2, x_3, x_4, x_5, x_6 \in [0, 1]$，证明不等式：
$$\dfrac{x_1^3}{x_2^5+x_3^5+x_4^5+x_5^5+x_5^5+5} + \dfrac{x_2^3}{x_1^5+x_3^5+x_4^5+x_5^5+x_6^5+5} + \cdots + \dfrac{x_6^3}{x_1^5+x_2^5+x_3^5+x_4^5+x_5^5+5} \leqslant \dfrac{3}{5}$$
（1999 年乌克兰数学奥林匹克试题）

74. 设 $x,y,z$ 为实数,$0 < x < y < z < \dfrac{\pi}{2}$,证明:

$$\dfrac{\pi}{2} + 2\sin x\cos y + 2\sin y\cos z > \sin 2x + \sin 2y + \sin 2z$$

(1990 年中国国家集训队试题)

75. 设正整数 $n \geqslant 2$,$x_1,x_2,\cdots,x_n \in [0,1]$,求证:存在某个 $i$,$1 \leqslant i \leqslant n-1$,使得不等式 $x_i(1-x_{i+1}) \geqslant \dfrac{1}{4}x_1(1-x_n)$. (1991 年 IMO 预选题)

76. 设正实数 $x_1,x_2,\cdots,x_{2001}$ 满足 $x_i^2 \geqslant x_1^2 + \dfrac{x_2^2}{2^3} + \dfrac{x_3^2}{3^3} + \cdots + \dfrac{x_{i-1}^2}{(i-1)^3}$,对 $2 \leqslant i \leqslant 2001$ 成立,证明: $\displaystyle\sum_{i=2}^{2001} \dfrac{x_i}{x_1+x_2+\cdots+x_{i-1}} > 1.999$. (2001 年南斯拉夫数学奥林匹克试题)

77. 设 $a,b,c$ 是不为零的实数,$x,y,z$ 是大于零的实数,且 $x+y+z = 3$,证明:

$\dfrac{3}{2}\sqrt{\dfrac{1}{a^2}+\dfrac{1}{b^2}+\dfrac{1}{c^2}} \geqslant \dfrac{x}{1+a^2}+\dfrac{y}{1+b^2}+\dfrac{z}{1+c^2}$. (1999 年地中海地区数学奥林匹克试题)

78. 设非负实数 $a_1,a_2,\cdots,a_n$ 与 $b_1,b_2,\cdots,b_n$ 同时满足以下条件:

(1) $\displaystyle\sum_{i=1}^{n}(a_i+b_i) = 1$; (2) $\displaystyle\sum_{i=1}^{n}i(a_i-b_i) = 0$; (3) $\displaystyle\sum_{i=1}^{n}i^2(a_i+b_i) = 10$.

求证:对任意 $1 \leqslant i \leqslant n$,都有 $\max\{a_k,b_k\} \leqslant \dfrac{10}{10+k^2}$. (2010 年中国西部数学奥林匹克试题)

79. 设实数 $x,y,z$ 满足 $0 \leqslant x,y,z \leqslant 1$,证明:$xyz + (1-x)(1-y)(1-z) \leqslant 1$,并指出等号何时成立. (2010 年斯洛文尼亚数学奥林匹克试题)

80. 设实数 $a,b$ 满足 $0 < a,b < 1$,证明:$\sqrt{ab^2+a^2b} + \sqrt{(1-a)(1-b)^2+(1-a)^2(1-b)} < \sqrt{2}$. (2008 年西班牙数学奥林匹克试题)

81. 设实数 $a,b$ 满足 $0 \leqslant a,b \leqslant 1$,证明:$\sqrt{a^3b^3} + \sqrt{(1-a^2)(1-ab)(1-b^2)} \leqslant 1$. (2010 年澳大利亚数学奥林匹克试题)

82. 设 $n$ 是正整数,$x_1,x_2,\cdots,x_n$ 是非负数,且 $x_1+x_2+\cdots+x_n = 1$,证明:$\displaystyle\sum_{i=1}^{n}x_i(1-x_i)^2 \leqslant (1-\dfrac{1}{n})^2$. (2002 年波罗的海地区数学奥林匹克试题)

## 参考解答

1. (1) 由于 $\dfrac{a}{a+b+d} + \dfrac{b}{a+b+c} < \dfrac{a}{a+b} + \dfrac{b}{a+b} = 1$, $\dfrac{c}{b+c+d} + \dfrac{d}{a+c+d} < \dfrac{c}{c+d} + \dfrac{d}{c+d} = 1$, 故 $S < 2$. 又

$$S > \dfrac{a}{a+b+c+d} + \dfrac{b}{a+b+c+d} + \dfrac{c}{a+b+c+d} + \dfrac{d}{a+b+c+d} = 1$$

令 $a \to +\infty, b = d = \sqrt{a}, c = 1$, 和式 $\to 1$, $a = c \to +\infty, b = d = 1$, 和式 $\to 2$, 所以, $S$ 的取值范围是开区间 $(1, 2)$.

(2) 易知

$$\dfrac{a_1^2}{a_1 - 1} > S \Leftrightarrow a_1^2 > (a_1 + a_2 + a_3)(a_1 - 1) \Leftrightarrow$$

$$a_1 + a_2 + a_3 > a_1(a_2 + a_3) \Leftrightarrow$$

$$\dfrac{1}{a_2 + a_3} > \dfrac{a_1}{a_1 + a_2 + a_3}$$

同理, $\dfrac{1}{a_3 + a_1} > \dfrac{a_2}{a_1 + a_2 + a_3}, \dfrac{1}{a_1 + a_2} > \dfrac{a_3}{a_1 + a_2 + a_3}$.

将三个不等式相加得 $\dfrac{1}{a_1 + a_2} + \dfrac{1}{a_2 + a_3} + \dfrac{1}{a_3 + a_1} > 1$.

2. 因为 $a^2 + ab + b^2 \geqslant 3ab$, 所以

$$\dfrac{a^3}{a^2 + ab + b^2} = \dfrac{a^3 + a^2b + ab^2 - (a^2b + ab^2)}{a^2 + ab + b^2} = a - \dfrac{ab(a+b)}{a^2 + ab + b^2} \geqslant$$

$$a - \dfrac{a+b}{3} \qquad\qquad ①$$

同理

$$\dfrac{b^3}{b^2 + bc + c^2} \geqslant b - \dfrac{b+c}{3} \qquad\qquad ②$$

$$\dfrac{c^3}{c^2 + ca + a^2} \geqslant c - \dfrac{c+a}{3} \qquad\qquad ③$$

① + ② + ③ 得

$$\dfrac{a^3}{a^2 + ab + b^2} + \dfrac{b^3}{b^2 + bc + c^2} + \dfrac{c^3}{c^2 + ca + a^2} \geqslant (a+b+c) - \dfrac{2(a+b+c)}{3} = \dfrac{a+b+c}{3}$$

3. 所证不等式等价于下列不等式 $\dfrac{(\sum\limits_{i=1}^{n} a_i^t)^{\frac{1}{t}}}{(\sum\limits_{i=1}^{n} a_i^s)^{\frac{1}{s}}} > 1$,即

$$\left[\sum_{i=1}^{n}\left(\dfrac{a_i^s}{\sum\limits_{i=1}^{n} a_i^s}\right)^{\frac{t}{s}}\right]^{\frac{1}{t}} > 1 \qquad ①$$

令 $b_i = \left(\dfrac{a_i^s}{\sum\limits_{i=1}^{n} a_i^s}\right)^{\frac{1}{s}}(i=1,2,\cdots,n)$,则 $b_i > 0\ (i=1,2,\cdots,n)$,且 $\sum b_i^s = 1$,而 ① 式即为

$$\left(\sum_{i=1}^{n} b_i^t\right)^{\frac{1}{t}} > 1 \Leftrightarrow \sum_{i=1}^{n} b_i^t > 1$$

因为 $b_i > 0$, $\sum b_i^s = 1$,所以 $0 < b_i < 1$,所以 $(b_i)^t > (b_i)^s\ (s > t)$,从而 $\sum\limits_{i=1}^{n}(b_i)^t > \sum\limits_{i=1}^{n}(b_i)^s = 1$,于是原不等式成立.

4. 设 $d = a_i - a_{i-1} > 0$,则有 $a_k^2 \geqslant a_k^2 - d^2 = (a_k + d)(a_k - d) = a_{k+1} a_{k-1}\ (k \geqslant 2)$,所以

$$\dfrac{1}{a_k^2} \leqslant \dfrac{1}{a_{k+1} a_{k-1}} = \dfrac{1}{a_{k+1} - a_{k-1}}\left(\dfrac{1}{a_{k-1}} - \dfrac{1}{a_{k+1}}\right) = \dfrac{1}{2d}\left(\dfrac{1}{a_{k-1}} - \dfrac{1}{a_{k+1}}\right)$$

则

$$\dfrac{1}{a_2^2} + \dfrac{1}{a_3^2} + \cdots + \dfrac{1}{a_n^2} < \dfrac{1}{2d}\left(\dfrac{1}{a_1} + \dfrac{1}{a_2} - \dfrac{1}{a_n} - \dfrac{1}{a_{n+1}}\right) =$$

$$\dfrac{1}{2d} \cdot \dfrac{a_2 a_n a_{n+1} + a_1 a_n a_{n+1} - a_1 a_2 a_{n+1} - a_1 a_2 a_n}{a_1 a_2 a_n a_{n+1}} =$$

$$\dfrac{1}{2d} \cdot \dfrac{a_1 a_n (a_{n+1} - a_2) + a_2 a_n (a_n - a_1)}{a_1 a_2 a_n a_{n+1}} =$$

$$\dfrac{1}{2d} \cdot \dfrac{a_1 a_n (n-1) d + a_2 a_n (n-1) d}{a_1 a_2 a_n a_{n+1}} =$$

$$\dfrac{n-1}{2} \cdot \dfrac{a_1 a_n + a_2 a_{n+1}}{a_1 a_2 a_n a_{n+1}}$$

当且仅当 $d = 0$ 时等号成立.

5. $\dfrac{a}{b+c} + \dfrac{b}{c+d} + \dfrac{c}{d+a} + \dfrac{d}{a+b} =$

$$\dfrac{a(d+a) + c(b+c)}{(b+c)(d+a)} + \dfrac{b(c+d) + b(a+b)}{(c+d)(a+b)} \qquad ①$$

由平均值不等式得

$$\frac{(a+b+c+d)^2}{4} \geqslant (b+c)(d+a)$$

即 
$$\frac{1}{(b+c)(d+a)} \geqslant \frac{4}{(a+b+c+d)^2}$$

同理 
$$\frac{1}{(c+d)(a+b)} \geqslant \frac{4}{(a+b+c+d)^2}$$

所以①式的右端 $\geqslant \dfrac{4(a^2+b^2+c^2+d^2+ad+bc+ab+cd)}{(a+b+c+d)^2} =$

$$2\frac{(a+b+c+d)^2+(a-c)^2+(c-d)^2}{(a+b+c+d)^2} \geqslant 2$$

6. 不妨设 $m \geqslant n$, 则

$$a = \frac{m^{m+1}+n^{n+1}}{m^m+n^n} \leqslant \frac{m^{m+1}+mn^n}{m^m+n^n} = m$$

$$a = \frac{m^{m+1}+n^{n+1}}{m^m+n^n} \geqslant \frac{nm^m+n^{n+1}}{m^m+n^n} = n$$

故 $n \leqslant a \leqslant m$, 而有

$$m^m - a^m = (m-a)(m^{m-1}+m^{m-2}a+\cdots+a^{m-1}) \leqslant$$
$$(m-a)(m^{m-1}+m^{m-1}+\cdots+m^{m-1}) = (m-a)m^m \qquad ①$$
$$a^n - n^n = (a-n)(a^{n-1}+a^{n-2}n+\cdots+n^{n-1}) \geqslant (a-n)n^n \qquad ②$$

由 $a = \dfrac{m^{m+1}+n^{n+1}}{m^m+n^n}$ 有

$$(m-a)m^m = (a-n)n^n \qquad ③$$

将①②代入③得 $a^n - n^n \geqslant m^m - a^m$ 或者 $a^m + a^n \geqslant m^m + n^n$. 此即所求证的不等式.

7. $(a+b)^4 + (a+c)^4 + (a+d)^4 + (b+c)^4 + (b+d)^4 + (c+d)^4 \leqslant$
$(a+b)^4 + (a+c)^4 + (a+d)^4 + (b+c)^4 + (b+d)^4 + (c+d)^4 +$
$(a-b)^4 + (a-c)^4 + (a-d)^4 + (b-c)^4 + (b-d)^4 + (c-d)^4 =$
$6(a^2+b^2+c^2+d^2)^2 \leqslant 6$

当且仅当 $a = b = c = d = \pm\dfrac{1}{2}$ 时取到最大值6.

8. $0 \leqslant (d-a)(d-b)(d-c) = d^3 - (a+b+c)d^2 +$
$(ab+bc+ca)d - abc < d^3 - (a+b+c)d^2 +$
$(ab+bc+ca)d$

从而 $d^2 - (a+b+c)d + (ab+bc+ca) > 0$, 即所欲证的不等式成立.

9. (1)(2) 请读者自己完成, (3) 的解法很多, 下面给出它的一个推广的证法.

$$\sqrt{5(5mn-4)} - \sqrt{(5m-4)(5n-4)} =$$
$$\sqrt{5(5mn-4)} - \sqrt{(25mn - 20(m+n) + 16)} =$$
$$\sqrt{5(5mn-4)} - \sqrt{25mn - 40\sqrt{mn} + 16} =$$
$$\sqrt{5(5mn-4)} - \sqrt{(5\sqrt{mn} - 4)^2} =$$
$$\sqrt{5(5mn-4)} - 5\sqrt{mn} + 4 =$$
$$4 - (5\sqrt{mn} - \sqrt{5(5mn-4)}) =$$
$$4 - \frac{20}{5\sqrt{mn} + \sqrt{5(5mn-4)}} \geqslant$$
$$4 - \frac{20}{5 + \sqrt{5(5-4)}} = \sqrt{5} - 1$$

10. $a_0 = \frac{\sqrt{2}}{2} = \sin\frac{\pi}{2^2}$, 设 $a_n = \sin\frac{\pi}{2^{n+2}}$, 则

$$a_{n+1} = \frac{\sqrt{2}}{2}\sqrt{1 - \cos\frac{\pi}{2^{n+2}}} = \sin\frac{\pi}{2^{n+3}}$$

同样可以用数学归纳法证明 $b_n = \tan\frac{\pi}{2^{n+2}}$.

由于 $x \in (0, \frac{\pi}{2})$ 时, $\sin x < x < \tan x$, 所以 $a_n < \frac{\pi}{2^{n+2}} < b_n$, 即 $2^{n+1} a_n < \pi < 2^{n+2} b_n$.

11. 

左边 $\leqslant \sum \frac{t_k^k}{(1 + t_k + t_k^2 + \cdots + t_k^k)^2} \leqslant$

$$\sum \left( \frac{1}{(1 + t + t_k^2 + \cdots + t_k^{k-1})^2} - \frac{1}{(1 + t_k + t_k^2 + \cdots + t_k^k)^2} \right) \leqslant$$

$$\sum \left( \frac{1}{(1 + t_{k-1} + t_{k-1}^2 + \cdots + t_{k-1}^{k-1})^2} - \frac{1}{(1 + t_k + t_k^2 + \cdots + t_k^k)^2} \right) =$$

$$1 - \frac{1}{(1 + t_n + t_n^2 + \cdots + t_n^n)^2} < 1$$

12. 根据题意, 则

$$b(a-c)(b-c) + c(a-b)(a-c) - a(b-c)(a-b) \geqslant$$
$$b(a-b)(b-c) + c(a-b)(b-c) - a(b-c)(a-b) \geqslant 0$$

从而原不等式成立.

13. $n = 2$ 时, 容易证明 $\sqrt{2 + \sqrt[3]{3}} < \frac{1}{2!}$,

当 $n > 2$ 时, 构造数列 $\{a_i\}, \{b_i\}, \{c_i\}$ 如下:

$$a_i = \sqrt[i]{i + \sqrt[i+1]{(i+1) + \cdots + \sqrt[n]{n + \sqrt[n+1]{n+1}}}}, i = 1,2,3,\cdots n+1$$

$$b_i = \sqrt[i]{i + \sqrt[i+1]{(i+1) + \cdots + \sqrt[n]{n}}}, i = 2,3,\cdots,n, b_{n+1} = 0$$

$$c_i = a_i^{i-1} + a_i^{i-2} b_i + \cdots + a_i b_i^{i-2} + b_i^{i-1}, i = 2,3,\cdots$$

显然有 $x_{n+1} = a_2$, $x_n = b_2$, 且 $(a_i - b_i)c_i = (a_i)^i - (b_i)^i = a_{i+1} - b_{i+1}$, 故 $a_i - b_i = \dfrac{a_{i+1} - b_{i+1}}{c_i}, i = 2,3,\cdots,n$, 把以上 $n-1$ 个等式相乘, 并注意到 $a_{n+1} - b_{n+1} = \sqrt[n+1]{n+1}$, 有

$$a_2 - b_2 = \frac{a_{n+1} - b_{n+1}}{c_2 c_3 \cdots c_n} = \frac{\sqrt[n+1]{n+1}}{c_2 c_3 \cdots c_n}$$

又因 $a_k > b_k \geqslant k^{\frac{1}{k}}$, 故 $c_k \geqslant k \cdot k^{\frac{k-1}{k}} > k \cdot k^{\frac{k-1}{k+1}}$, 于是

$$x_{n+1} - x_n = a_2 - b_2 < \frac{1}{n!} \cdot \frac{(n+1)^{\frac{1}{n+1}}}{n^{\frac{n-1}{n+1}}} < \frac{1}{n!}$$

上式中当 $n > 2$ 时, $\dfrac{n+1}{n^{n-1}} < \dfrac{2n}{n^2} < 1$ 是明显的, 从而原不等式得证.

14. 由二项式定理, 有

$$(1 \pm x)^n = 1 \pm nx + a_2 x^2 \pm a_3 x^3 + a_4 x^4 \pm a_5 x^5 + \cdots \pm (-1)^{n+1} a_n x^n$$

其中 $a_i = C_n^i (i = 1,2,\cdots,n)$, 因此

$$(1+x)^n - (1-x)^n - 2nx = 2a_3 x^3 + 2a_5 x^5 + \cdots$$

当 $x = \dfrac{1}{2n}$ 时, 上式右端是非负的, 所以

$$(1 + \frac{1}{2n})^n \geqslant 1 + (1 - \frac{1}{2n})^n$$

两端乘以 $(2n)^n$ 便得所要证明的不等式.

15. 先证明一个引理: 对于任意 $1 \leqslant m \leqslant n$, $m \in \mathbf{N}^*$, 均有

$$2n(n+1) \leqslant (n+m)(2n-m+1) \leqslant (\frac{3n+1}{2})^2 \quad \text{①}$$

这只需注意到: 当两个正数之和为定值时, 这两个数的乘积随着它们差的绝对值减少而增大, 所以①成立. 回到原题, 由于

$$2 \sum_{k=n+1}^{2n} \frac{1}{k} = \sum_{m=1}^{n} (\frac{1}{n+m} + \frac{1}{2n-m+1}) = \sum_{m=1}^{n} \frac{3n+1}{(n+m)(2n-m+1)}$$

于是, 利用①式就有

$$\sum_{k=n+1}^{2n} \frac{1}{k} = \frac{1}{2} \sum_{m=1}^{n} \frac{3n+1}{(n+m)(2n-m+1)} \geqslant \frac{1}{2} \sum_{m=1}^{n} \frac{3n+1}{(\frac{3n+1}{2})^2} = \frac{2n}{3n+1}$$

$$\sum_{k=n+1}^{2n}\frac{1}{k} \leq \frac{1}{2}\sum_{m=1}^{n}\frac{3n+1}{2n(2n+1)} = \frac{3n+1}{4(n+1)}$$

所以,原不等式成立.

16. (1) 由已知等式得 $(x+\frac{1}{2})^2 + (y+1)^2 + (z+\frac{3}{2})^2 = \frac{27}{4}$,则由柯西不等式得

$$[(x+\frac{1}{2}) + (y+1) + (z+\frac{3}{2})]^2 \leq$$

$$3[(x+\frac{1}{2})^2 + (y+1)^2 + (z+\frac{3}{2})^2] = \frac{81}{4}$$

故 $x+y+z \leq \frac{3}{2}$,当且仅当 $x=1, y=\frac{1}{2}, z=0$ 时等号成立.

(2) 因为 $(x+y+z)^2 \geq x^2+y^2+z^2$,$3(x+y+z) \geq x+2y+3z$,则

$$(x+y+z)^2 + 3(x+y+z) \geq \frac{13}{4}$$

解得 $x+y+z \geq \frac{\sqrt{22}-3}{2}$. 等号当 $x=y=0, z=\frac{\sqrt{22}-3}{2}$ 时成立.

左边估计一项比一项大,右边用放缩.

17. **证法一** 由对称性,不妨设 $x \leq y \leq z$,根据切比雪夫不等式和柯西不等式我们有

$$\frac{x}{1+yz} + \frac{y}{1+zx} + \frac{z}{1+xy} \geq \frac{1}{3}(x+y+z)\left(\frac{1}{1+yz} + \frac{1}{1+zx} + \frac{1}{1+xy}\right) \geq$$

$$\frac{3(x+y+z)}{3+(xy+yz+zx)} = \frac{6(x+y+z)}{5+(x^2+y^2+z^2)+2(xy+yz+zx)} \geq$$

$$\frac{6(x+y+z)}{5+(x+y+z)^2}$$

$$\frac{6(x+y+z)}{5+(x+y+z)^2} \geq 1 \Leftrightarrow [(x+y+z)-1][(x+y+z)-5] \leq 0$$

因为 $x, y, z$ 是非负实数,且 $x^2+y^2+z^2=1$,所以由柯西不等式得

$$3(x^2+y^2+z^2) \geq (x+y+z)^2$$

从而 $1 = x^2+y^2+z^2 \leq x+y+z \leq \sqrt{3}$

所以 $[(x+y+z)-1][(x+y+z)-5] \leq 0$

另一方面,由对称性,不妨设 $x \leq y \leq z$,我们有

$$\frac{x}{1+yz} + \frac{y}{1+zx} + \frac{z}{1+xy} \leq \frac{x+y+z}{1+xy}$$

只需证明 $\frac{x+y+z}{1+xy} \leq \sqrt{2}$,即 $x+y+z - \sqrt{2}xy \leq \sqrt{2}$,即

$$x + y + \sqrt{1 - x^2 - y^2} - \sqrt{2}xy \leqslant \sqrt{2}$$

只需证明

$1 - x^2 - y^2 \leqslant (\sqrt{2} + \sqrt{2}xy - x - y)^2 \Leftrightarrow$

$2(x+y)^2 - 2\sqrt{2}(x+y)xy + x^2y^2 + 2xy - 2\sqrt{2}(x+y) + 1 \geqslant 0 \Leftrightarrow$

$(\sqrt{2}(x+y) - xy - 1)^2 + (xy)^2 \geqslant 0$

等号成立当且仅当 $xy = 0$, 且 $x + y = \dfrac{\sqrt{2}}{2}$, 即 $x = 0$, $y = \dfrac{\sqrt{2}}{2}$ 时取到, 这时 $z = \dfrac{\sqrt{2}}{2}$.

**证法二** 首先我们证明

$x + xyz \leqslant x + \dfrac{1}{2}x(y^2 + z^2) = x + \dfrac{1}{2}x(1 - x^2) = \dfrac{1}{2}(-x^3 + 3x) =$

$\dfrac{1}{2}(-x^3 + 3x - 2 + 2) = 1 + \dfrac{1}{2}(-x^3 + 3x - 2) =$

$1 + \dfrac{1}{2}[-(x-1)^2(x+2)] =$

$1 - \dfrac{1}{2}(x-1)^2(x+2) \leqslant 1$

同理 $y + xyz \leqslant 1$, $z + xyz \leqslant 1$, 于是

$\dfrac{x}{1+yz} + \dfrac{y}{1+zx} + \dfrac{z}{1+xy} = \dfrac{x^2}{x+xyz} + \dfrac{y^2}{y+xyz} + \dfrac{z^2}{1+xyz} \geqslant x^2 + y^2 + z^2 = 1$

等号当且仅当 $x$, $y$, $z$ 中有一个为 1, 另外两个为 0 时成立.

其次我们证明

$$(x+y+z)^2 \leqslant 2(1+yz)^2 \qquad ①$$

事实上, ① $\Leftrightarrow 2(xy + yz + zx) \leqslant 1 + 4yz + 2y^2z^2 \Leftrightarrow 2(xy + yz + zx) \leqslant (x^2 + y^2 + z^2) + 4yz + 2y^2z^2 \Leftrightarrow 2x(y+z) \leqslant x^2 + (y+z)^2 + 2y^2z^2 \Leftrightarrow (y+z-x)^2 + 2y^2z^2 \geqslant 0$.

因此

$\dfrac{x}{1+yz} + \dfrac{y}{1+zx} + \dfrac{z}{1+xy} \leqslant \dfrac{\sqrt{2}x}{x+y+z} + \dfrac{\sqrt{2}y}{x+y+z} + \dfrac{\sqrt{2}z}{x+y+z} = \sqrt{2}$

18. (1) 因为 $x_n^2 + x_n = x_n(x_n + 1)$, 而

$$\dfrac{1}{x_n(x_n+1)} = \dfrac{1}{x_n} - \dfrac{1}{x_n+1}, \dfrac{1}{x_n+1} = \dfrac{1}{x_n} - \dfrac{1}{x_{n+1}}$$

所以

$$\sum_{n=1}^{2\,002} \dfrac{1}{x_n+1} = \dfrac{1}{x_1} - \dfrac{1}{x_{2\,003}} = 3 - \dfrac{1}{x_{2\,003}}$$

具体计算 $x_2$, $x_3$, $x_4$, 有 $x_2 = \frac{1}{3}(\frac{1}{3}+1) = \frac{4}{9}$, $x_3 = \frac{4}{9}(\frac{4}{9}+1) = \frac{52}{81}$, $x_4 = \frac{52}{81}$ $(\frac{52}{81}+1) = \frac{6916}{6561} > 1$, 因为数列 $\{x_n\}$ 是单调递增的, 所以 $0 < \frac{1}{x_{2003}} < 1$, 因此, 代数式的和在 2 和 3 之间.

(2) 由题设得 $a_{n+1} - 1 = a_n(a_n - 1)$, 所以

$$\frac{1}{a_{n+1}-1} = \frac{1}{a_n-1} - \frac{1}{a_n}$$

$$\frac{1}{a_1} + \frac{1}{a_2} + \cdots + \frac{1}{a_{2003}} = (\frac{1}{a_1-1} - \frac{1}{a_2-1}) +$$

$$(\frac{1}{a_2-1} - \frac{1}{a_3-1}) + \cdots + (\frac{1}{a_{2003}-1} - \frac{1}{a_{2004}-1}) =$$

$$\frac{1}{a_1-1} - \frac{1}{a_{2004}-1} = 1 - \frac{1}{a_{2004}-1}$$

易知数列 $\{a_n\}$ 是严格递增的, $a_{2004} > 1$, 故 $\frac{1}{a_1} + \frac{1}{a_2} + \cdots + \frac{1}{a_{2003}} < 1$.

为了证明不等式左边成立, 只要证明 $a_{2004} - 1 > 2003^{2003}$.

由已知用归纳法可得 $a_{n+1} = a_n a_{n-1} \cdots a_1 + 1$, 及 $a_n a_{n-1} \cdots a_1 > n^n$, $n \geq 1$, 从而结论成立. 综上, 可得

$$1 - \frac{1}{2003^{2003}} < \frac{1}{a_1} + \frac{1}{a_2} + \cdots + \frac{1}{a_{2003}} < 1$$

19. (1) 设 $p = \frac{1}{2} \cdot \frac{3}{4} \cdot \frac{5}{6} \cdot \cdots \cdot \frac{1997}{1998}$.

因为 $2 < 3, 4 < 5, \cdots, 1998 < 1999$, 故有 $\frac{1}{2} > \frac{1}{3}, \frac{3}{4} > \frac{3}{5}, \frac{5}{6} > \frac{5}{7}, \cdots$, $\frac{1997}{1998} > \frac{1997}{1999}$, 所以

$$p > \frac{1}{3} \cdot \frac{3}{5} \cdot \frac{5}{7} \cdot \cdots \cdot \frac{1997}{1999} = \frac{1}{1999} \qquad ①$$

又因为 $1 \cdot 3 < 2 \cdot 2, 3 \cdot 5 < 4 \cdot 4, 5 \cdot 7 < 6 \cdot 6, \cdots, 1997 \cdot 1999 = (1998-1)(1998+1) < 1998^2$, 所以

$$\frac{1}{2} < \frac{2}{3}, \frac{3}{4} < \frac{4}{5}, \frac{5}{6} < \frac{6}{7}, \cdots, \frac{1997}{1998} < \frac{1998}{1999}$$

所以

$$p < \frac{2}{3} \cdot \frac{4}{5} \cdot \frac{6}{7} \cdot \cdots \cdot \frac{1998}{1999} \qquad ②$$

$$p = \frac{1}{2} \cdot \frac{3}{4} \cdot \frac{5}{6} \cdot \cdots \cdot \frac{1997}{1998} \qquad ③$$

②式与③式相乘得 $p^2 < \dfrac{1}{1999} < \dfrac{1}{1936} = (\dfrac{1}{44})^2$,从而
$$p < \dfrac{1}{44} \qquad ④$$

由①④得
$$\dfrac{1}{1999} < \dfrac{1}{2} \cdot \dfrac{3}{4} \cdot \dfrac{5}{6} \cdot \cdots \cdot \dfrac{1997}{1998} < \dfrac{1}{44}$$

(2) $\dfrac{1}{k^3} = \dfrac{1}{k \cdot k^2} = \dfrac{1}{k \cdot (k^2-1)} = \dfrac{1}{(k-1) \cdot k \cdot (k+1)} = \dfrac{1}{2}[\dfrac{1}{(k-1) \cdot k} - \dfrac{1}{k \cdot (k+1)}], k = 3,4,\cdots,n$

将以上不等式相加得
$$\dfrac{1}{3^3} + \dfrac{1}{4^3} + \dfrac{1}{5^3} + \cdots + \dfrac{1}{n^3} = \dfrac{1}{12} - \dfrac{1}{2n \cdot (n+1)} < \dfrac{1}{12}$$

(3) $2^{\frac{1}{2}} 4^{\frac{1}{4}} 8^{\frac{1}{8}} \cdots (2^n)^{\frac{1}{2^n}} = 2^{\frac{1}{2}+2(\frac{1}{2})^2+3(\frac{1}{2})^2+\cdots+n(\frac{1}{2})^n}$

记
$$S = \dfrac{1}{2} + 2(\dfrac{1}{2})^2 + 3(\dfrac{1}{2})^3 + \cdots + n(\dfrac{1}{2})^n \qquad ⑤$$

则
$$\dfrac{1}{2}S = (\dfrac{1}{2})^2 + 2(\dfrac{1}{2})^3 + \cdots + (n-1)(\dfrac{1}{2})^n + n(\dfrac{1}{2})^{n+1} \qquad ⑥$$

⑤-⑥得
$$\dfrac{1}{2}S = \dfrac{1}{2} + (\dfrac{1}{2})^2 + (\dfrac{1}{2})^3 + \cdots + (\dfrac{1}{2})^n - n(\dfrac{1}{2})^{n+1} \qquad ⑦$$

即
$$S = 1 + \dfrac{1}{2} + (\dfrac{1}{2})^2 + (\dfrac{1}{2})^3 + \cdots + (\dfrac{1}{2})^{n-1} - n(\dfrac{1}{2})^n =$$
$$2[1 - (\dfrac{1}{2})^n] - n(\dfrac{1}{2})^n = 2 - (n+2)(\dfrac{1}{2})^n < 2$$

所以原不等式成立.

20. 所要证明的不等式即为
$$\sin^{2n}x + (2^n - 2)\sin^n x \cos^n x + \cos^{2n} x \leqslant 1$$

在恒等式 $\sin^2 x + \cos^2 x = 1$ 两边取 $n$ 次方,得到
$$1 = (\sin^{2n}x + \cos^{2n}x) + n(\sin^2 x \cos^{n-2}x + \cos^2 x \sin^{n-2}x) +$$
$$C_n^2(\sin^4 x \cos^{n-4}x + \cos^4 x \sin^{n-4}x) + \cdots \geqslant$$
$$(\sin^{2n}x + \cos^{2n}x) + (2^n - 2)\sin^n x \cos^n x$$

这是因为每一括号中的值都不小于 $2\sin^n x \cos^n x$,而系数之和等于 $\dfrac{1}{2}(2^n -$

2).

21. 设 $b_i = i\sqrt{i+1} - (i-1)\sqrt{i}(i = 1,2,\cdots,n)$，由柯西不等式得

$$(\sum_{k=1}^{i} a_k)(\sum_{k=1}^{i} \frac{b_k^2}{a_k}) \geq (\sum_{k=1}^{i} b_k)^2 = (i\sqrt{i+1} - (1-1)\sqrt{1})^2 = i^2(i+1)$$

因此

$$\frac{i}{a_1 + a_2 + \cdots + a_i} \leq \frac{1}{i(i+1)}(\frac{b_1^2}{a_1}) + \frac{1}{i(i+1)}(\frac{b_2^2}{a_2}) + \cdots + \frac{1}{i(i+1)}(\frac{b_i^2}{a_i})$$

所以

$$\frac{1}{a_1} + \frac{2}{a_1 + a_2} + \cdots + \frac{n}{a_1 + a_2 + \cdots + a_n} \leq$$

$$\sum_{k=1}^{n} (\frac{1}{k(k+1)} + \frac{1}{(k+1)(k+2)} + \cdots + \frac{1}{n(n+1)})(\frac{b_k^2}{a_k}) =$$

$$\sum_{k=1}^{n} (\frac{1}{k} - \frac{1}{n+1})(\frac{b_k^2}{a_k}) < \sum_{k=1}^{n} (\frac{b_k^2}{k})(\frac{1}{a_k}) =$$

$$\sum_{k=1}^{n} (\sqrt{k(k+1)} - (k-1))^2(\frac{1}{a_k}) =$$

$$\sum_{k=1}^{n} (\frac{\sqrt{k}}{\sqrt{k+1} + \sqrt{k}} + 1)^2(\frac{1}{a_k}) <$$

$$\sum_{k=1}^{n} (\frac{1}{2} + 1)^2(\frac{1}{a_k}) = \frac{9}{4} \sum_{k=1}^{n} \frac{1}{a_k} <$$

$$4(\frac{1}{a_1} + \frac{1}{a_2} + \cdots + \frac{1}{a_n})$$

22. 首先

$$\frac{x_1}{(1+x_1)^2} + \frac{x_2}{(1+x_1+x_2)^2} + \cdots + \frac{x_n}{(1+x_1+x_2+\cdots+x_n)^2} <$$

$$\frac{x_1}{1 \cdot (1+x_1)} + \frac{x_2}{(1+x_1)(1+x_1+x_2)} + \cdots +$$

$$\frac{x_n}{(1+x_1+x_2+\cdots+x_{n-1})(1+x_1+x_2+\cdots+x_n)} =$$

$$(1 - \frac{1}{1+x_1}) + (\frac{1}{1+x_1} - \frac{1}{1+x_1+x_2}) + \cdots +$$

$$(\frac{1}{1+x_1+x_2+\cdots+x_{n-1}} - \frac{1}{1+x_1+x_2+\cdots+x_n}) =$$

$$1 - \frac{1}{1+x_1+x_2+\cdots+x_n} < 1$$

由上面的结论及柯西不等式得

$$\frac{1}{x_1}+\frac{1}{x_2}+\cdots+\frac{1}{x_n} > \left(\frac{1}{x_1}+\frac{1}{x_2}+\cdots+\frac{1}{x_n}\right)\cdot$$
$$\left[\frac{x_1}{(1+x_1)^2}+\frac{x_2}{(1+x_1+x_2)^2}+\cdots+\frac{x_n}{(1+x_1+x_2+\cdots+x_n)^2}\right] \geqslant$$
$$\left(\frac{1}{1+x_1}+\frac{1}{1+x_1+x_2}+\cdots+\frac{1}{1+x_1+x_2+\cdots+x_n}\right)^2$$

于是
$$\frac{1}{1+x_1}+\frac{1}{1+x_1+x_2}+\cdots+\frac{1}{1+x_1+x_2+\cdots+x_n} < \sqrt{\frac{1}{x_1}+\frac{1}{x_2}+\cdots+\frac{1}{x_n}}$$

23. 由于 $x_n^n = 1 + x_n + x_n^2 + \cdots + x_n^{n-1}$，从而
$$1 = \frac{1}{x_n^n}+\frac{1}{x_n^{n-1}}+\cdots+\frac{1}{x_n}$$

而由 $1 = \frac{1}{2_n^n}+\frac{1}{2_n^{n-1}}+\cdots+\frac{1}{2}+\frac{1}{2_n^n} > \frac{1}{2_n^n}+\frac{1}{2_n^{n-1}}+\cdots+\frac{1}{2}$，知 $x_n < 2$.

故
$$x_n = \frac{1}{x_n^{n-1}}+\frac{1}{x_n^{n-2}}+\cdots+\frac{1}{x_n}+1 \geqslant \frac{1}{2^{n-1}}+\cdots+\frac{1}{2}+1 = 2 - \frac{1}{2^{n-1}}$$

等号当 $n = 1$ 时成立.

由于 $1 = \frac{1}{x_n^n}+\frac{1}{x_n^{n-1}}+\cdots+\frac{1}{x_n}$，所以
$$x_n = \frac{1}{x_n^{n-1}}+\frac{1}{x_n^{n-2}}+\cdots+\frac{1}{x_n}+1$$

从而
$$x_n = 2 - \frac{1}{x_n^n} < 2 - \frac{1}{2^n}, x_n < 2$$

24. 设 $y_n = \frac{1}{x_n}$，从而
$$\frac{1}{y_k} = \frac{1}{1+\frac{a_k}{y_{k-1}}} \Leftrightarrow y_k = 1 + \frac{a_k}{y_{k-1}}$$

由 $y_{k-1} \geqslant 1, a_k \geqslant 1$ 可得
$$\left(\frac{1}{y_{k-1}}-1\right)(a_k-1) \leqslant 0 \Leftrightarrow 1+\frac{a_k}{y_{k-1}} \leqslant a_k + \frac{1}{y_{k-1}}$$

所以
$$y_k = 1 + \frac{a_k}{y_{k-1}} \leqslant a_k + \frac{1}{y_{k-1}}$$

故
$$\sum_{k=1}^n y_k \leqslant \sum_{k=1}^n a_k + \sum_{k=1}^n \frac{1}{y_{k-1}} = \sum_{k=1}^n a_k + \frac{1}{y_0} + \sum_{k=1}^{n-1}\frac{1}{y_{k-1}} =$$
$$A + \sum_{k=1}^{n-1}\frac{1}{y_k} < A + \sum_{k=1}^n \frac{1}{y_k}$$

令 $t = \sum_{k=1}^{n} \dfrac{1}{y_k}$，由柯西不等式有 $\sum_{k=1}^{n} y_k \geqslant \dfrac{n^2}{t}$. 因此，对 $t > 0$ 有

$$\dfrac{n^2}{t} < A + t \Leftrightarrow t^2 + At - n^2 > 0 \Leftrightarrow t > \dfrac{-A + \sqrt{A^2 + 4n^2}}{2} = \dfrac{2n^2}{A + \sqrt{A^2 + 4n^2}} =$$

$$\dfrac{2n^2}{A + A + \dfrac{2n^2}{A}} = \dfrac{n^2 A}{n^2 + A^2}.$$

25. 配方得

$$\sum_{i=1}^{n} \sqrt{x_i^2 + c x_i x_{i+1} + x_{i+1}^2} =$$

$$\sum_{i=1}^{n} \sqrt{\dfrac{(x_i + x_{i+1})^2 + (x_i - x_{i+1})^2}{2} + c \cdot \dfrac{(x_i + x_{i+1})^2 - (x_i - x_{i+1})^2}{4}} =$$

$$\sum_{i=1}^{n} \sqrt{\dfrac{2+c}{4}(x_i + x_{i+1})^2 + \dfrac{2-c}{4}(x_i - x_{i+1})^2}$$

因为 $c > -2$，所以 $2 + c > 0$，

如果 $2 - c = 0$，则上式显然成为等式；

如果 $2 - c > 0$，即 $-2 < c < 2$，上式右端大于等于

$$\sum_{i=1}^{n} \sqrt{\dfrac{c+2}{4}(x_i + x_{i+1})^2} = \dfrac{\sqrt{c+2}}{2} \cdot \sum_{i=1}^{n} (x_i + x_{i+1}) = \sqrt{c+2} \cdot \sum_{i=1}^{n} x_i$$

当且仅当 $x_i = x_{i+1}(i = 1,2,\cdots,n)$ 时，即 $x_1 = x_2 = \cdots = x_n$ 时等号成立.

如果 $2 - c < 0$，即 $c > 2$，上式右端小于等于

$$\sum_{i=1}^{n} \sqrt{\dfrac{c+2}{4}(x_i + x_{i+1})^2} = \sqrt{c+2} \cdot \sum_{i=1}^{n} x_i$$

当且仅当 $x_i = x_{i+1}(i = 1,2,\cdots,n)$ 时，即 $x_1 = x_2 = \cdots = x_n$ 时等号成立.

26. 由于 $a_n^2 - a_n + 1 = (a_n - \dfrac{1}{2})^2 + \dfrac{3}{4} > 0$，所以 $a_n > 0, n \in \mathbf{N}^*$，又

$$a_{n+1} = \dfrac{a_n^2}{a_n^2 - a_n + 1} \leqslant \dfrac{a_n^2}{2a_n - a_n} = a_n$$

所以 $a_{n+1} \leqslant a_n, n \in \mathbf{N}^*$，于是

$$a_n = \dfrac{a_{n-1}^2}{a_{n-1}^2 - a_{n-1} + 1} = \dfrac{1}{1 - \dfrac{1}{a_{n-1}} + \dfrac{1}{a_{n-1}^2}} < \dfrac{1}{-\dfrac{1}{a_{n-1}} + \dfrac{1}{a_{n-1}^2}} =$$

$$\dfrac{1}{\dfrac{1}{a_{n-1}}\left(\dfrac{1}{a_{n-1}} - 1\right)} = \dfrac{1}{\dfrac{1}{a_{n-1}} - 1} - \dfrac{1}{\dfrac{1}{a_{n-1}}} =$$

$$-a_{n-1} + \cfrac{1}{-\cfrac{1}{a_{n-2}} + \cfrac{1}{a_{n-2}^2}} =$$

$$-a_{n-1} - a_{n-2} + \cfrac{1}{-\cfrac{1}{a_{n-3}} + \cfrac{1}{a_{n-3}^2}} = \cdots =$$

$$-a_{n-1} - a_{n-2} - \cdots - a_1 + \cfrac{1}{\cfrac{1}{a_1} - 1} =$$

$$1 - a_{n-1} - a_{n-2} - \cdots - a_1$$

所以 $\quad a_1 + a_2 + \cdots + a_n < 1, n = 1, 2, \cdots$

27. 由 $0 < a \le x_i \le < b, i = 1, 2, \cdots, n.$ 可得

$$\left(\sqrt{x_i} - \frac{b}{\sqrt{x_i}}\right)\left(\sqrt{x_i} - \frac{a}{\sqrt{x_i}}\right) \le 0$$

即 $\quad x_i + \dfrac{ab}{x_i} \le a + b, i = 1, 2, \cdots, n$

从而 $\quad \displaystyle\sum_{i=1}^n x_i + ab \sum_{i=1}^n \frac{1}{x_i} \le (a+b)n$

由 $\quad 2\sqrt{ab}\left(\displaystyle\sum_{i=1}^n x_i\right)^{\frac{1}{2}}\left(\sum_{i=1}^n \frac{1}{x_i}\right)^{\frac{1}{2}} \le \sum_{i=1}^n x_i + ab \sum_{i=1}^n \frac{1}{x_i}$

所以

$$(x_1 + x_2 + \cdots + x_n)\left(\frac{1}{x_1} + \frac{1}{x_2} + \cdots + \frac{1}{x_n}\right) \le \frac{(a+b)^2}{4ab}n^2$$

28. 注意到 $a_1, a_2, \cdots, a_n$ 是两两不相同的正整数,所以, $a_1 \ge 1$, $a_1 + a_2 \ge 1 + 2, \cdots, a_1 + a_2 + \cdots + a_n \ge 1 + 2 + \cdots + n$, 从而

$$\sum_{k=1}^n \frac{a_k - k}{k^2} = \frac{a_1 - 1}{1} + \frac{a_2 - 2}{2^2} + \sum_{k=3}^n \frac{a_k - k}{k^2} \ge$$

$$\frac{a_1 + a_2 - (1+2)}{2^2} + \sum_{k=3}^n \frac{a_k - k}{k^2} \ge$$

$$\frac{a_1 + a_2 + a_3 - (1+2+3)}{3^2} + \sum_{k=4}^n \frac{a_k - k}{k^2} \ge \cdots \ge$$

$$\frac{a_1 + a_2 + \cdots + a_n - (1+2+\cdots+n)}{n^2} \ge 0$$

29. 因为 $a + b > c, b + c > a, c + a > b$, 所以 $2a < a + b + c = 1, a < \dfrac{1}{2}$. 同理, $b < \dfrac{1}{2}, c < \dfrac{1}{2}$, 所以

$$(1-2a)(1-2b)(1-2c) < 0$$

$$8abc - 4ab - 4bc - 4ca + 2(a+b+c) - 1 < 0$$

即 $$4abc - 2ab - 2bc - 2ca + (a+b+c) < \frac{1}{2}$$

所以 $$4abc - 2ab - 2bc - 2ca + (a+b+c)^2 < \frac{1}{2}$$

从而 $$a^2 + b^2 + c^2 + 4abc < \frac{1}{2}$$

30.（1）
$$\sin^2 x \cos y + \sin^2 y \cos z + \sin^2 z \cos x \leqslant$$
$$\frac{1}{2}(\sin^4 x + \cos^2 y) + \frac{1}{2}(\sin^4 y + \cos^2 z) + \frac{1}{2}(\sin^4 z + \cos^2 x) \leqslant \qquad ①$$
$$\frac{1}{2}(\sin^2 x + \cos^2 y) + \frac{1}{2}(\sin^2 y + \cos^2 z) + \frac{1}{2}(\sin^2 z + \cos^2 x) = \frac{3}{2} \qquad ②$$

下面证明等号不成立. 假设等号对于某些 $x, y, z$ 成立. 在式①中, 等号成立意味着 $\sin^4 x = \cos^2 y$, $\sin^4 y = \cos^2 z$, $\sin^4 z = \cos^2 x$, 在式②中, 等号成立意味着 $\sin^4 x = \sin^2 x$, $\sin^4 y = \sin^2 y$, $\sin^4 z = \sin^2 z$ 成立. 即 $\sin^2 x = 0$ 或 $1$, $\sin^2 y = 0$ 或 $1$, $\sin^2 z = 0$ 或 $1$.

对于 $\sin^2 x = 0 \Rightarrow \cos^2 x = 1 \Rightarrow \sin^4 z = 1 \Rightarrow \sin^2 z = 1 \Rightarrow \cos^2 z = 0 \Rightarrow \sin^4 y = 0 \Rightarrow \sin^2 y = 0 \Rightarrow \cos^2 y = 1 \Rightarrow \sin^4 x = 1 \Rightarrow \sin^2 x = 1$. 矛盾. 同理, 对于 $\sin^2 x = 1$, 也导出矛盾的结果. 由此, 等号不能成立.

（2）只需证明在条件 $\cos x \geqslant 0$, $\cos y \geqslant 0$, $\cos z \geqslant 0$ 下, 不等式成立. 下面分两种情况证明.

记
$$A = \sin^2 x \cos y + \sin^2 y \cos z + \sin^2 z \cos x$$

(ⅰ) $\sin^2 z \leqslant \cos y$.

$$A \leqslant (\sin^2 x + \cos x)\cos y + \sin^2 y = -(\cos x - \frac{1}{2})^2 \cos y + \frac{5}{4}\cos y + \sin^2 y \leqslant$$
$$\frac{5}{4}\cos y + \sin^2 y = -(\cos y - \frac{5}{8})^2 + \frac{89}{64} \leqslant \frac{89}{64} < \frac{29}{20}$$

(ⅱ) $\sin^2 z > \cos y$.

$$A \leqslant (\sin^2 x + \cos x)\sin^2 z + \cos z =$$
$$-(\cos x - \frac{1}{2})^2 \sin^2 z + \frac{5}{4}\sin^2 z + \cos z \leqslant$$
$$\frac{5}{4}\sin^2 z + \cos z = -\frac{5}{4}(\cos z - \frac{2}{5})^2 + \frac{29}{20} \leqslant \frac{29}{20}$$

这里等号成立当且仅当 $\sin^2 x = 0$, $\sin^2 y = 1$, $\cos x = \frac{1}{2}$, $\cos z = \frac{2}{5}$ 同时成

立. 因为 $\sin^2 x + \cos^2 x = 1$,因此等号不能成立,故 $A < \dfrac{29}{20}$. 综合两种情况得 $A < \dfrac{29}{20}$.

31. 将不等式的左端化为

$$\sum_{j=2}^{n^k} \frac{1}{j} = \left(\frac{1}{1+1} + \cdots + \frac{1}{n}\right) + \left(\frac{1}{n+1} + \cdots + \frac{1}{n^2}\right) + \cdots + \left(\frac{1}{n^{k-1}+1} + \cdots + \frac{1}{n^k}\right) = \sum_{i=1}^{k} \left(\frac{1}{n^{i-1}+1} + \cdots + \frac{1}{n^i}\right)$$

再注意,对任意的 $i \in \mathbf{N}^*$,有

$$\frac{1}{n^{i-1}+1} + \cdots + \frac{1}{n^i} = \left(\frac{1}{1 \cdot n^{i-1}+1} + \cdots + \frac{1}{2 \cdot n^{i-1}}\right) + \left(\frac{1}{2 \cdot n^{i-1}+1} + \cdots + \frac{1}{3 \cdot n^{i-1}}\right) + \cdots + \left(\frac{1}{(n-1)n^{i-1}+1} + \cdots + \frac{1}{n^i}\right) =$$

$$\sum_{m=2}^{n} \left(\frac{1}{(m-1)n^{i-1}+1} + \cdots + \frac{1}{m \cdot n^{i-1}}\right) >$$

$$\sum_{m=2}^{n} \left(n^{i-1} \cdot \frac{1}{m \cdot n^{i-1}}\right) = \sum_{m=2}^{n} \frac{1}{m}$$

这样就得到所需的不等式

$$\sum_{j=2}^{n^k} \frac{1}{j} > \sum_{i=1}^{k} \left(\frac{1}{2} + \cdots + \frac{1}{n}\right) = k \sum_{j=1}^{n} \frac{1}{j}$$

32. 记 $b_k = \dfrac{(k+1)^k}{k^{k-1}} = k\left(1 + \dfrac{1}{k}\right)^k (k = 1, 2, \cdots, n)$. 由于 $\left(1 + \dfrac{1}{n}\right)^n$ 单调递增,且 $\lim\limits_{n\to\infty} \left(1 + \dfrac{1}{n}\right)^n = e$,于是 $\left(1 + \dfrac{1}{k}\right)^k < e$.

所以 $b_k \leqslant ke, b_1 b_2 \cdots b_k = (k+1)^k$, 所以

$$\sqrt[k]{a_1 a_2 \cdots a_k} = \frac{1}{k+1} \sqrt[k]{(a_1 b_1)(a_2 b_2) \cdots (a_k b_k)} \leqslant$$

$$\frac{1}{k(k+1)} [(a_1 b_1) + (a_2 b_2) + \cdots + (a_k b_k)] =$$

$$\left(\frac{1}{k} - \frac{1}{k+1}\right) \sum_{j=1}^{k} a_j b_j$$

其次

$$\sum_{k=1}^{n} \sqrt[k]{a_1 a_2 \cdots a_k} \leqslant \sum_{k=1}^{n} \left[\left(\frac{1}{k} - \frac{1}{k+1}\right) \sum_{j=1}^{k} a_j b_j\right] =$$

$$\sum_{j=1}^{n} a_j b_j \sum_{k=j}^{n} \left(\frac{1}{k} - \frac{1}{k+1}\right) =$$

$$\sum_{j=1}^{n} a_j b_j \left( \frac{1}{j} - \frac{1}{n+1} \right) \leqslant$$

$$\sum_{j=1}^{n} \frac{a_j b_j}{j} \leqslant e \sum_{j=1}^{n} a_j$$

这正是所要证明的.

33.
$$\frac{1+a}{1-a} \sum_{i=1}^{n} a^{2k_i} - \left( \sum_{i=1}^{n} a^{k_i} \right)^2 = \frac{2a}{1-a} \sum_{i=1}^{n} a^{2k_i} - \sum_{\substack{i=1, j=1 \\ i \neq j}}^{n} a^{k_i} a^{k_j} =$$

$$2 \left( \frac{a}{1-a} \sum_{i=1}^{n} a^{2k_i} - \sum_{1 \leqslant i < j \leqslant n} a^{k_i} a^{k_j} \right) >$$

$$2 \left( \frac{1-a^n}{1-a} \cdot a \cdot \sum_{i=1}^{n} a^{2k_i} - \sum_{1 \leqslant i < j \leqslant n} a^{k_i} a^{k_j} \right) =$$

$$2 \left[ (a + a^2 + \cdots + a^n) \sum_{i=1}^{n} a^{2k_i} - \sum_{1 \leqslant i < j \leqslant n} a^{k_i} a^{k_j} \right] >$$

$$2 \left( \sum_{i=1}^{n} \sum_{j=1}^{n-i} a^{2k_i + j} - \sum_{i=1}^{n} \sum_{j=i+1}^{n} a^{k_i + k_j} \right) =$$

$$2 \left( \sum_{i=1}^{n} \sum_{j=1}^{n-i} a^{2k_i + j} - \sum_{i=1}^{n} \sum_{j=1}^{n-i} a^{k_i + k_{j+i}} \right) =$$

$$2 \sum_{i=1}^{n} \left[ a^{k_i} \sum_{j=1}^{n-i} \left( a^{k_i + j} - a^{k_{j+i}} \right) \right] \geqslant 0$$

34.
$$\frac{(m+n)!}{(m-n)!} = (m+n)(m+n-1)(m+n-2)\cdots(m-n+2)(m-n+1) =$$

$$\prod_{i=1}^{n}(m+i)(m+1-i)$$

易知
$$(m+i)(m+1-i) - 2i = m(m+1) - i(i+1) =$$
$$(m-i)(m+i+1) \geqslant 0, \ i = 1, 2, \cdots, n$$

所以
$$\frac{(m+n)!}{(m-n)!} \geqslant 2^n n!$$

又 $(m+i)(m+1-i) = m(m+1) + i - i^2 \leqslant m(m+1), \ i = 1, 2, \cdots, n$

所以
$$\frac{(m+n)!}{(m-n)!} \leqslant (m^2 + m)^n$$

35. 因为

$$1 + \frac{1}{3} + \frac{1}{6} + \cdots + \frac{1}{\frac{n(n+1)}{2}} = \frac{2}{1 \cdot 2} + \frac{2}{2 \cdot 3} + \frac{2}{3 \cdot 4} + \cdots + \frac{2}{n(n+1)} =$$

$$2(1 - \frac{1}{2}) + 2(\frac{1}{2} - \frac{1}{3}) + \cdots + 2(\frac{1}{n} - \frac{1}{n+1}) =$$
$$\frac{2n}{n+1}, n = 1, 2, 3, \cdots, 1996$$

所以
$$S = \frac{1}{2}[(1+1) + (1+\frac{1}{2}) + (1+\frac{1}{3}) + \cdots + (1+\frac{1}{1996})] =$$
$$\frac{1996}{2} + \frac{1}{2}(1 + \frac{1}{2} + \frac{1}{3} + \cdots + \frac{1}{1996})$$

$$\frac{1}{2} + \frac{1}{3} + \cdots + \frac{1}{1996} = \frac{1}{2} + (\frac{1}{3} + \frac{1}{4}) + (\frac{1}{5} + \frac{1}{6} + \frac{1}{7} + \frac{1}{8}) + \cdots +$$
$$(\frac{1}{2^9+1} + \frac{1}{2^9+2} + \frac{1}{2^{10}-1} + \frac{1}{2^{10}}) + \frac{1}{1025} + \cdots + \frac{1}{1996} >$$
$$\frac{1}{2} + (\frac{1}{3} + \frac{1}{4}) + (\frac{1}{5} + \frac{1}{6} + \frac{1}{7} + \frac{1}{8}) + \cdots + (\frac{1}{2^9+1} + \frac{1}{2^9+2} + \frac{1}{2^{10}-1} + \frac{1}{2^{10}}) >$$
$$\frac{1}{2} + (\frac{1}{4} + \frac{1}{4}) + (\frac{1}{8} + \frac{1}{8} + \frac{1}{8} + \frac{1}{8}) + \cdots + (\frac{1}{2^{10}} + \frac{1}{2^{10}} + \frac{1}{2^{10}} + \frac{1}{2^{10}}) =$$
$$\frac{1}{2} + \frac{1}{2} + \frac{1}{2} + \cdots + \frac{1}{2} = 5$$

$$S > \frac{1996}{2} + \frac{1}{2}(1+5) = 1001$$

36. 由均值不等式得
$$(1+a_1)(1+a_2)\cdots(1+a_n) \leq (\frac{(1+a_1)+(1+a_2)+\cdots+(1+a_n)}{n})^n =$$
$$(1+\frac{S}{n})^n = 1 + C_n^1(\frac{S}{n}) + C_n^2(\frac{S}{n})^2 + \cdots + C_n^m(\frac{S}{n})^m + \cdots + C_n^n(\frac{S}{n})^n$$

因为 $n! = (n-m)!(n-m+1)\cdots n \leq (n-m)! \, n^m$,所以
$$C_n^m (\frac{S}{n})^m = \frac{n!}{m!(n-m)!} \cdot \frac{1}{n^m} S^m \leq \frac{S^m}{m!}$$

于是
$$(1+a_1)(1+a_2)\cdots(1+a_n) < 1 + S + \frac{S^2}{2!} + \cdots + \frac{S^n}{n!}$$

37. 因为 $a_1 \geq a_2 \geq \cdots \geq a_n \geq 0$, 所以
$$(a_1 + a_2 + \cdots + a_n)^2 = \sum_{i=1}^n (a_i^2 + 2\sum_{j>i} a_i a_j) \geq$$
$$\sum_{i=1}^n a_i^2 + 2\sum_{i=1}^n \sum_{j>i} a_j^2 =$$
$$a_1^2 + 3a_2^2 + 5a_3^2 + \cdots + (2n-1)a_n^2$$

而 $a_1 + a_2 + \cdots + a_n = 1$,所以 $a_1^2 + 3a_2^2 + 5a_3^2 + \cdots + (2n-1)a_n^2 \leq 1$.

**38.** 由贝努利不等式:如果 $x_k > -1, (k = 1, 2, \cdots, n)$ 则
$$\prod_{k=1}^n (1 + x_k) > 1 + \sum_{k=1}^n x_k$$
由于 $a_1, a_2, \cdots, a_n$ 是正数,所以取 $x_k = a_k - 1$ 得
$$\sum_{k=1}^n a_k = n + \sum_{k=1}^n (a_k - 1) = n + \sum_{a_k \leq 1}(a_k - 1) + \sum_{a_k > 1}(a_k - 1) \leq$$
$$n + \sum_{a_k > 1}(a_k - 1) \leq n - 1 + \prod_{k=1}^n a_k =$$
$$n - 1 + \prod_{k=1}^n \max\{1, a_k\}.$$

**39.** 由柯西不等式得
$$a_1(b_1 + a_2) + a_2(b_2 + a_3) + \cdots + a_n(b_n + a_1) =$$
$$(a_1 b_1 + a_2 b_2 + \cdots + a_n b_n) + a_1 a_2 + a_2 a_3 + \cdots + a_n a_1 \leq$$
$$\sqrt{(a_1^2 + a_2^2 + \cdots + a_n^2)(b_1^2 + b_2^2 + \cdots + b_n^2)} + a_1 a_2 + a_2 a_3 + \cdots + a_n a_1 =$$
$$a_1^2 + a_2^2 + \cdots + a_n^2 + a_1 a_2 + a_2 a_3 + \cdots + a_n a_1 <$$
$$(a_1 + a_2 + \cdots + a_n)^2 = 1$$

**40.** 我们只要证明
$$\frac{a}{bc+1} + \frac{b}{ca+1} + \frac{c}{ab+1} \leq \frac{2a}{a+b+c} + \frac{2b}{a+b+c} + \frac{2c}{a+b+c} = 2$$
由对称性,只要证明
$$\frac{a}{bc+1} \leq \frac{2a}{a+b+c} \qquad ①$$
注意到①等价于 $a + b + c \leq 2bc + 2$,即
$$(b-1)(c-1) + bc + 1 \geq a \qquad ②$$
而 $0 \leq a, b, c \leq 1$,所以,②显然成立.同理,我们有
$$\frac{b}{ca+1} \leq \frac{2b}{a+b+c}$$
$$\frac{c}{ab+1} \leq \frac{2c}{a+b+c}$$
三式相加即得原不等式成立.

**41.** 作代换 $a = y + z, b = z + x, c = x + y$. 其中 $x, y, z$ 为正数.则
$$a + b + c = 2(x + y + z)$$
$$a^2 + b^2 + c^2 = 2(x^2 + y^2 + z^2) + 2(xy + yz + zx)$$
$$a^3 + b^3 + c^3 = 2(x^3 + y^3 + z^3) + 3(x^2 y + y^2 z + z^2 x + xy^2 + yz^2 + zx^2)$$
原不等式的左边 $= 8(x + y + z)(x^2 + y^2 + z^2 + xy + yz + zx) =$

$$8(x^3+y^3+z^3)+16(x^2y+y^2z+z^2x+xy^2+yz^2+zx^2)+24xyz$$
右边 $= 6(x^3+y^3+z^3)+12(x^2y+y^2z+z^2x+xy^2+yz^2+zx^2)+6xyz$

因为 $x,y,z$ 为正数,显然不等式成立.

42. 若 $a,b,c$ 都大于 1,或者都小于 1,显然不满足题设条件. 因此, $a,b,c$ 中一定有两个或者都大于等于 1,或者都小于等于 1,不妨设为 $a,b$. 则 $(1-a)(1-b) \geqslant 0$,即
$$ab \geqslant a+b-1 \qquad ①$$
由 $a^2+b^2 \geqslant 2ab$,有
$$4 = a^2+b^2+c^2+abc \geqslant 2ab+c^2+abc$$
即 $ab(2+c) \leqslant 4-c^2$,于是
$$ab \leqslant 2-c \qquad ②$$
由 ①,②,有 $a+b+c \leqslant 3$.

43. (1) **证法一** 先证明
$$\sqrt{\frac{a}{b+c}} \geqslant \frac{2a}{a+b+c} \qquad ①$$

① $\Leftrightarrow \dfrac{a}{b+c} \geqslant \left(\dfrac{2a}{a+b+c}\right)^2 \Leftrightarrow (a+b+c)^2 \geqslant 4a(b+c) \Leftrightarrow (a-b-c)^2 \geqslant 0$

等号成立当且仅当 $a=b+c$.

同理,$\sqrt{\dfrac{b}{c+a}} \geqslant \dfrac{2b}{a+b+c}$,等号成立当且仅当 $b=c+a$;$\sqrt{\dfrac{c}{a+b}} \geqslant \dfrac{2c}{a+b+c}$,等号成立当且仅当 $c=a+b$.

三式相加得
$$\sqrt{\frac{a}{b+c}} + \sqrt{\frac{b}{c+a}} + \sqrt{\frac{c}{a+b}} \geqslant \frac{2a}{a+b+c} + \frac{2b}{a+b+c} + \frac{2c}{a+b+c} = 2$$

显然等号不能同时成立,所以不等式得证.

**证法二** 不妨设 $a+b+c=1$,不等式化为证明 $\sqrt{\dfrac{a}{1-a}} + \sqrt{\dfrac{b}{1-b}} + \sqrt{\dfrac{c}{1-c}} > 2$.

下面证明 $\dfrac{a}{1-a} \geqslant 4a^2$,这由 $\left(a-\dfrac{1}{2}\right)^2 \geqslant 0$ 得到,于是
$$\sqrt{\frac{a}{1-a}} + \sqrt{\frac{b}{1-b}} + \sqrt{\frac{c}{1-c}} \geqslant 2(a+b+c) = 2$$

显然等号不能同时成立,所以不等式得证.

(2) 同(1),

$$\sqrt{\frac{a}{b+c}} \geqslant \frac{2a}{a+b+c} > \frac{2a}{a+b+c+d}$$

同理

$$\sqrt{\frac{b}{c+d}} > \frac{2b}{a+b+c+d}$$

$$\sqrt{\frac{c}{d+a}} > \frac{2c}{a+b+c+d}$$

$$\sqrt{\frac{d}{a+b}} > \frac{2d}{a+b+c+d}$$

相加得

$$\sqrt{\frac{a}{b+c}} + \sqrt{\frac{b}{c+d}} + \sqrt{\frac{c}{d+a}} + \sqrt{\frac{d}{a+b}} > 2$$

44.（1）用数学归纳法不难证明：

$$\sqrt{2+\sqrt{2+\sqrt{2+\cdots+\sqrt{2}}}} = 2\cos\frac{\pi}{2^n}$$

所以

$$\sqrt{2-\sqrt{2+\sqrt{2+\cdots+\sqrt{2}}}} = 2\sin\frac{\pi}{2^{n+1}}$$

$$F = \sqrt{2} + \sqrt{2-\sqrt{2}} + \sqrt{2-\sqrt{2+\sqrt{2}}} + \cdots + \sqrt{2-\sqrt{2+\sqrt{2+\cdots+\sqrt{2}}}} =$$

$$2\sin\frac{\pi}{2^2} + 2\sin\frac{\pi}{2^3} + \cdots + 2\sin\frac{\pi}{2^{n+1}} < 2\left(\frac{\pi}{2^2} + \frac{\pi}{2^3} + \cdots + \frac{\pi}{2^{n+1}}\right) < \pi$$

（2）数列 $\left\{\sqrt{2+\sqrt{2+\sqrt{2+\cdots+\sqrt{2}}}}\right\}$ 与数列 $\left\{\sqrt{6+\sqrt{6+\sqrt{6+\cdots+\sqrt{6}}}}\right\}$ 单调递增，且分别小于 2 和 3，所以

$$\sqrt{2+\sqrt{2+\sqrt{2+\cdots+\sqrt{2}}}} + \sqrt{6+\sqrt{6+\sqrt{6+\cdots+\sqrt{6}}}} < 5$$

45. 令

$$f(x) = \sin x + \frac{\sin 3x}{3} + \frac{\sin 5x}{5} + \cdots + \frac{\sin(2n-1)x}{2n-1}$$

利用 $2\sin x \sin(2k-1)x = \cos(2k-2)x - \cos 2kx$，得

$$2\sin x f(x) = 1 - \cos 2x + \frac{\cos 2x - \cos 4x}{3} + \frac{\cos 4x - \cos 6x}{5} + \cdots +$$

$$\frac{\cos(2n-2)x - \cos 2nx}{2n-1} =$$

$$1 - \left(1 - \frac{1}{3}\right)\cos 2x - \left(\frac{1}{3} - \frac{1}{5}\right)\cos 4x - \left(\frac{1}{5} - \frac{1}{7}\right)\cos 6x - \cdots -$$

$$(\frac{1}{2n-3}-\frac{1}{2n-1})\cos(2n-2)x-\frac{1}{2n-1}\cos 2nx \geqslant$$

$$1-[(1-\frac{1}{3})-(\frac{1}{3}-\frac{1}{5})-(\frac{1}{5}-\frac{1}{7})-\cdots-$$

$$(\frac{1}{2n-3}-\frac{1}{2n-1})-\frac{1}{2n-1}]=0$$

若等号成立,则有 $\cos 2kx = 1(k=1,2,\cdots,n)$,但因 $0 < x < \pi$,故 $\cos 2x \neq 1$,于是得 $\sin x f(x) > 0$. 又因 $\sin x > 0$,所以 $f(x) > 0$.

46. 由柯西不等式得
$$(a+b+c)(a^3+b^3+c^3) \geqslant (a^2+b^2+c^2)^2$$

只要证明
$$(a^2+b^2+c^2)^3 \geqslant 4(a^6+b^6+c^6)$$

由恒等式 $(x+y+z)^3 = x^3+y^3+z^3+3(x+y)(y+z)(z+x)$ 知只要证明
$$(a^2+b^2)(b^2+c^2)(c^2+a^2) \geqslant a^6+b^6+c^6$$

即证
$$2a^2b^2c^2+a^2(b^2+c^2)+b^2(c^2+a^2)+c^2(a^2+b^2) \geqslant a^6+b^6+c^6$$

由已知条件不等式显然成立.

47. $(a_1+1)(a_2+\frac{1}{2})\cdots(a_n+\frac{1}{n}) \geqslant \frac{2^n}{(n+1)!}(1+a_1+2a_2+\cdots+na_n) \Leftrightarrow$

$$(n+1)(1+a_1)(1+2a_2)\cdots(1+na_n) \geqslant 2^n(1+a_1+2a_2+\cdots+na_n) \quad ①$$

令 $x_i = ia_i, i=1,2,\cdots,n$,则 $x_i \geqslant 1$.

$① \Leftrightarrow (n+1)(1+x_1)(1+x_2)\cdots(1+x_n) \geqslant 2^n(1+x_1+x_2+\cdots+x_n)$ ②

由于 $x_i - 1 \geqslant 0$,所以

$$(1+x_1)(1+x_2)\cdots(1+x_n) = 2^n(1+\frac{x_1-1}{2})(1+\frac{x_2-1}{2})\cdots(1+\frac{x_n-1}{2}) \geqslant$$

$$2^n(1+\frac{x_1-1}{2}+\frac{x_2-1}{2}+\cdots+\frac{x_n-1}{2}) \geqslant$$

$$2^n(1+\frac{x_1-1}{n+1}+\frac{x_2-1}{n+1}+\cdots+\frac{x_n-1}{n+1}) =$$

$$\frac{2^n}{n+1}[n+1+(x_1-1)+(x_2-1)+\cdots+(x_n-1)] =$$

$$\frac{2^n}{n+1}(1+x_1+x_2+\cdots+x_n)$$

即不等式 ② 成立. 从而原不等式成立.

48. 因为 $a \geqslant b \geqslant c > 0$,所以 $\frac{a+b}{c} \geqslant 2, 0 < \frac{c+b}{a} \leqslant 2, \frac{a+c}{b} \geqslant 1$,于是

$\dfrac{a^2-b^2}{c} \geqslant 2(a-b)$, $\dfrac{c^2-b^2}{a} \geqslant 2(c-b)$（注意不等式两端乘以 $c-b$ 变号），

$\dfrac{a^2-c^2}{b} \geqslant a-c$，三个不等式相加得

$$\dfrac{a^2-b^2}{c} + \dfrac{c^2-b^2}{a} + \dfrac{a^2-c^2}{b} \geqslant 3a - 4b + c$$

49.
$$\dfrac{G^n}{H} = \dfrac{a_1 a_2 \cdots a_n \left(\dfrac{1}{a_1} + \dfrac{1}{a_2} + \cdots + \dfrac{1}{a_n}\right)}{n} =$$

$$\dfrac{a_1 a_2 \cdots a_{n-1} a_n + a_2 a_3 \cdots a_{n-1} a_n + \cdots + a_1 a_2 \cdots a_{n-1}}{n} = \dfrac{\sigma_{n-1}}{n} \leqslant A^{n-1}$$

（马克劳林(Maclaurin)不等式，见数学归纳法一节最后一个例题）

所以，当 $n \geqslant 2$ 时（$n=1$ 显然成立）

（1）若 $n$ 是偶数，$\dfrac{A}{H} \leqslant \left(\dfrac{A}{G}\right)^n = 2\left(\dfrac{A}{G}\right)^n - \left(\dfrac{A}{G}\right)^n \leqslant 2\left(\dfrac{A}{G}\right)^n - 1$.（最后一步

用到 $A \geqslant G$）

（2）若 $n \geqslant 3$ 是奇数

$\dfrac{A}{H} \leqslant \left(\dfrac{A}{G}\right)^n = \left(\dfrac{A}{G}\right)^n + \dfrac{n-2}{n}\left[\left(\dfrac{A}{G}\right)^n - 1\right] = -\dfrac{n-2}{n} + \dfrac{2(n-1)}{n}\left(\dfrac{A}{G}\right)^n$

通过证明可以知道命题 $n$ 与的奇偶性没有关系.

50. 因为 $a_1, a_2, \cdots, a_n \in [0,1]$，所以

$$\dfrac{a_1}{2n+1+S-a_1^3} + \dfrac{a_2}{2n+1+S-a_2^3} + \cdots + \dfrac{a_n}{2n+1+S-a_n^3} \leqslant$$

$$\dfrac{a_1}{2n+S} + \dfrac{a_2}{2n+S} + \cdots + \dfrac{a_n}{2n+S} = \dfrac{a_1 + a_2 + \cdots + a_n}{2n+S}$$

由均值不等式得 $a_i^3 + 1 + 1 \geqslant 3a_i \ (i = 1, 2, \cdots, n)$.

相加得 $2n + S \geqslant 3(a_1 + a_2 + \cdots + a_n)$，即 $\dfrac{a_1 + a_2 + \cdots + a_n}{2n+S} \leqslant \dfrac{1}{3}$.

51. 不妨设 $x_1 < x_2 < \cdots < x_n$. 取 $a = x_1, b = x_2, c = x_3, d = x_n$，则有

$$(x_i - a)(x_i - b)(x_i - c) \geqslant 0$$

即

$$x_i^3 - x_i^2(a+b+c) + x_i(ab+bc+ca) - abc \geqslant 0$$

对 $i = 1, 2, 3, \cdots, n$ 求和，有

$$\sum_{i=1}^{n} x_i^3 - \sum_{i=1}^{n} x_i^2 (a+b+c) + \sum_{i=1}^{n} x_i (ab+bc+ca) - nabc \geqslant 0$$

即

$$\sum_{i=1}^{n} x_i^3 \geq a + b + c + nabc$$

若将以上不等式的 $c$ 换成 $d$,则各项都变号,从而得不等式的右端.

52. 首先有
$$\frac{x^2 + yz}{\sqrt{2x^2(y+z)}} = \frac{x^2 - x(y+z) + yz}{\sqrt{2x^2(y+z)}} + \frac{x(y+z)}{\sqrt{2x^2(y+z)}} =$$
$$\frac{(x-y)(x-z)}{\sqrt{2x^2(y+z)}} + \sqrt{\frac{y+z}{2}} \geq \frac{(x-y)(x-z)}{\sqrt{2x^2(y+z)}} + \frac{\sqrt{y}+\sqrt{z}}{2}$$

同理
$$\frac{y^2 + zx}{\sqrt{2y^2(z+x)}} \geq \frac{(y-z)(y-x)}{\sqrt{2y^2(z+x)}} + \frac{\sqrt{z}+\sqrt{x}}{2}$$
$$\frac{z^2 + xy}{\sqrt{2z^2(x+y)}} \geq \frac{(z-x)(z-y)}{\sqrt{2z^2(x+y)}} + \frac{\sqrt{x}+\sqrt{y}}{2}$$

将上述三个不等式相加并注意到 $\sqrt{x} + \sqrt{y} + \sqrt{z} = 1$,得
$$\frac{x^2 + yz}{\sqrt{2x^2(y+z)}} + \frac{y^2 + zx}{\sqrt{2y^2(z+x)}} + \frac{z^2 + xy}{\sqrt{2z^2(x+y)}} \geq$$
$$\frac{(x-y)(x-z)}{\sqrt{2x^2(y+z)}} + \frac{(y-z)(y-x)}{\sqrt{2y^2(z+x)}} + \frac{(z-x)(z-y)}{\sqrt{2z^2(x+y)}} + \sqrt{x} + \sqrt{y} + \sqrt{z} =$$
$$\frac{(x-y)(x-z)}{\sqrt{2x^2(y+z)}} + \frac{(y-z)(y-x)}{\sqrt{2y^2(z+x)}} + \frac{(z-x)(z-y)}{\sqrt{2z^2(x+y)}} + 1$$

只要证明
$$\frac{(x-y)(x-z)}{\sqrt{2x^2(y+z)}} + \frac{(y-z)(y-x)}{\sqrt{2y^2(z+x)}} + \frac{(z-x)(z-y)}{\sqrt{2z^2(x+y)}} \geq 0 \qquad ①$$

由对称性,不妨设 $x \geq y \geq z$,则 $\dfrac{(x-y)(x-z)}{\sqrt{2x^2(y+z)}} \geq 0$,下面证明
$$\frac{(y-z)(y-x)}{\sqrt{2y^2(z+x)}} + \frac{(z-x)(z-y)}{\sqrt{2z^2(x+y)}} \geq 0 \qquad ②$$

$$\frac{(z-x)(z-y)}{\sqrt{2z^2(x+y)}} + \frac{(y-z)(y-x)}{\sqrt{2y^2(z+x)}} = \frac{(y-z)(x-z)}{\sqrt{2z^2(x+y)}} - \frac{(y-z)(x-y)}{\sqrt{2y^2(z+x)}} \geq$$
$$\frac{(y-z)(x-y)}{\sqrt{2z^2(x+y)}} - \frac{(y-z)(x-y)}{\sqrt{2y^2(z+x)}} =$$
$$(x-y)(y-z)\left[\frac{1}{\sqrt{2z^2(x+y)}} - \frac{1}{\sqrt{2y^2(z+x)}}\right]$$

又由于 $y^2(z+x) = y^2 z + y^2 x \geq yz^2 + z^2 x = z^2(x+y)$,所以

$$\frac{1}{\sqrt{2z^2(x+y)}} - \frac{1}{\sqrt{2y^2(z+x)}} \geq 0$$

即不等式 ② 成立. 从而不等式 ① 得证,原不等式得证.

53. 因为 $\sum_{i=1}^{n} x_i = 1$,所以有 $\sum_{i=1}^{n} x_i^2 + 2\sum_{1 \leq i < j \leq n} x_i x_j = 1$,又 $x_i > 0$,所以有 $x_i + x_j < 1$. 于是

$$n\sum_{i=1}^{n} x_i^2 - \sum_{1 \leq i < j \leq n} \frac{(x_i - x_j)^2}{x_i + x_j} \leq n\sum_{i=1}^{n} x_i^2 - \sum_{1 \leq i < j \leq n} (x_i - x_j)^2 =$$

$$n\sum_{i=1}^{n} x_i^2 - (n-1)\sum_{i=1}^{n} x_i^2 + 2\sum_{1 \leq i < j \leq n} x_i x_j =$$

$$\sum_{i=1}^{n} x_i^2 + 2\sum_{1 \leq i < j \leq n} x_i x_j = 1$$

54. 因为 $0 \leq a \leq 1, 0 \leq b \leq 1, 0 \leq c \leq 1$,所以
$$(a-1)(b-1)(c-1) \leq 0 \qquad ①$$
又因为 $0 \leq a \leq 1, 0 \leq b \leq 1$,所以
$$(1-a)(1-b) \geq 0, 1-a-b+ab \geq 0 \qquad ②$$
即
$$-ab \leq 1-a-b, -a^2 b \leq a - a^2 - ab$$
同理
$$-bc \leq 1-b-c, -b^2 c \leq b - b^2 - bc \qquad ③$$
$$-ca \leq 1-c-a, -c^2 a \leq c - c^2 - ca \qquad ④$$
于是
$$a^2 + b^2 + c^2 - a^2 b - b^2 c - c^2 a \leq$$
$$a^2 + b^2 + c^2 + (a - a^2 - ab) + (b - b^2 - bc) + (c - c^2 - ca) =$$
$$a + b + c - (ab + bc + ca) =$$
$$(a-1)(b-1)(c-1) + 1 - abc \leq 1 - abc \leq 1$$

55. 当 $a = b = c = d = 1$ 时,有 $4 + 4 \geq 4k$,所以 $k \leq 2$.
下面证明
$$4 + a^2 b + b^2 c + c^2 d + d^2 a \geq 2(a^3 + b^3 + c^3 + d^3)$$

**证法一** 先证明 $4 + a^2 b + b^2 c + c^2 d + d^2 a \geq 2(a^2 + b^2 + c^2 + d^2)$.

我们证明一个引理:若 $x, y \in [0, 1]$,则 $1 + x^2 y \geq x^2 + y^2$.

事实上
$$1 + x^2 y - (x^2 + y^2) = (1 - y^2) + x^2 y - x^2 =$$
$$(1-y)(1+y-x^2) = (1-y)[y + (1+x)(1-x)] \geq 0$$

引理得证. 所以 $1 + a^2 b \geq a^2 + b^2, 1 + b^2 c \geq b^2 + c^2, 1 + c^2 d \geq c^2 + d^2, 1 + d^2 a \geq d^2 + a^2$.

相加得 $4 + a^2b + b^2c + c^2d + d^2a \geq 2(a^2 + b^2 + c^2 + d^2)$，而 $a,b,c,d \in [0,1]$，显然有
$$a^2 + b^2 + c^2 + d^2 \geq a^3 + b^3 + c^3 + d^3$$
所以
$$4 + a^2b + b^2c + c^2d + d^2a \geq 2(a^3 + b^3 + c^3 + d^3)$$

**证法二** 如果 $x, y \in [0,1]$，那么 $(1-x^2)(1-y) \geq 0$，得 $1 + x^2y \geq x^2 + y \geq x^3 + y^3$。所以 $1 + a^2b \geq a^3 + b^3$，$1 + b^2c \geq b^3 + c^3$，$1 + c^2d \geq c^3 + d^3$，$1 + d^2a \geq d^3 + a^3$，相加得
$$4 + a^2b + b^2c + c^2d + d^2a \geq 2(a^3 + b^3 + c^3 + d^3)$$

56. 由于 $\dfrac{1}{k(n+1-k)} = \dfrac{1}{n+1}\left(\dfrac{1}{k} + \dfrac{1}{n+1-k}\right)$，因此 $a_n = \dfrac{2}{n+1}\sum\limits_{k=1}^{n}\dfrac{1}{k}$。于是，对任意正整数 $n \geq 2$，有

$$\dfrac{1}{2}(a_n - a_{n+1}) = \dfrac{1}{n+1}\sum_{k=1}^{n}\dfrac{1}{k} - \dfrac{1}{n+2}\sum_{k=1}^{n+1}\dfrac{1}{k} =$$

$$\left(\dfrac{1}{n+1} - \dfrac{1}{n+2}\right)\sum_{k=1}^{n}\dfrac{1}{k} - \dfrac{1}{(n+1)(n+2)} =$$

$$\dfrac{1}{(n+1)(n+2)}\left(\sum_{k=1}^{n}\dfrac{1}{k} - 1\right) > 0$$

即 $a_{n+1} < a_n$。

57. **证法一** 设 $S = \sum\limits_{i=1}^{n} a_i$。由于 $\sum\limits_{i<j}(a_i + a_j) = (n-1)S$，则

$$\sum_{i<j}\dfrac{a_i a_j}{a_i + a_j} = \sum_{i<j}\dfrac{1}{4}\left[a_i + a_j - \dfrac{(a_i - a_j)^2}{a_i + a_j}\right] = \dfrac{n-1}{4}S - \dfrac{1}{4}\sum_{i<j}\dfrac{(a_i - a_j)^2}{a_i + a_j} \quad \text{①}$$

又因 $(n-1)\sum\limits_{i<j} a_i a_j = \dfrac{n-1}{2}\left(S^2 - \sum\limits_{i=1}^{n} a_i^2\right)$，所以

$$\sum_{i<j} a_i a_j = \dfrac{1}{2}\sum_{i<j}\left[a_i^2 + a_j^2 - (a_i - a_j)^2\right] = \dfrac{n-1}{2}\sum_{i=1}^{n} a_i^2 - \dfrac{1}{2}\sum_{i<j}(a_i - a_j)^2$$

两式相加得
$$n\sum_{i<j} a_i a_j = \dfrac{n-1}{2}S^2 - \dfrac{1}{2}\sum_{i<j}(a_i - a_j)^2$$

故
$$\dfrac{n}{2S}\sum_{i<j} a_i a_j = \dfrac{n-1}{4}S - \dfrac{1}{4}\sum_{i<j}\dfrac{(a_i - a_j)^2}{S} \quad \text{②}$$

比较①，②，因为 $S \geq a_i + a_j$，所以
$$\sum_{i<j}\dfrac{a_i a_j}{a_i + a_j} \leq \dfrac{n}{2(a_1 + a_2 + \cdots + a_n)} a_i a_j$$

**证法二** 设 $S = \sum_{i=1}^{n} a_i$. 对于任何 $i \neq j$, 有

$$4\frac{a_i a_j}{a_i + a_j} = a_i + a_j - \frac{(a_i - a_j)^2}{a_i + a_j} \leq a_i + a_j - \frac{(a_i - a_j)^2}{a_1 + a_2 + \cdots + a_n} = \frac{\sum_{k \neq i} a_i a_k + \sum_{k \neq j} a_j a_k + 2a_i a_j}{S}$$

将所有这些不等式相加得

$$\sum_{i<j} \frac{a_i a_j}{a_i + a_j} = \frac{1}{2} \sum_i \sum_{j \neq i} \frac{a_i a_j}{a_i + a_j} \leq \frac{1}{8S} \sum_i \sum_{j \neq i} \left( \sum_{k \neq i} a_i a_k + \sum_{k \neq j} a_j a_k + 2a_i a_j \right) =$$

$$\frac{1}{8S} \left( \sum_k \sum_{i \neq k} \sum_{j \neq i} a_i a_k + \sum_k \sum_{j \neq k} \sum_{i<j} a_j a_k + \sum_i \sum_{j \neq i} 2a_i a_j \right) =$$

$$\frac{1}{8S} \left( \sum_k \sum_{i \neq k} (n-1) a_i a_k + \sum_k \sum_{j \neq k} a_j a_k + \sum_i \sum_{j \neq i} 2a_i a_j \right) =$$

$$\frac{n}{4S} \sum_{i \neq j} 2a_i a_j = \frac{n}{2S} \sum_i \sum_{j \neq i} a_i a_j$$

58. 记 $S = a + b + c + d$, 则 $S^3 = A + 6B + 3Q$. 其中

$$Q = a^2(b + c + d) + b^2(c + d + a) + c^2(d + a + b) + d^2(a + b + c)$$

由于

$$Q = a[a(b + c + d)] + b[b(c + d + a)] + c[c(d + a + b)] + d[d(a + b + c)] =$$

$$a[a(S - a)] + b[b(S - b)] + c[c(S - c)] + d[d(S - d)] =$$

$$a\left[-\left(a - \frac{S}{2}\right)^2 + \frac{S^2}{4}\right] + b\left[-\left(b - \frac{S}{2}\right)^2 + \frac{S^2}{4}\right] +$$

$$c\left[-\left(c - \frac{S}{2}\right)^2 + \frac{S^2}{4}\right] + d\left[-\left(d - \frac{S}{2}\right)^2 + \frac{S^2}{4}\right] \leq$$

$$\frac{S^2}{4}(a + b + c + d) = \frac{S^3}{4}$$

于是 $S^3 = A + 6B + 3Q \leq A + 6B + \frac{3S^3}{4}$, 即 $S^3 \leq 4A + 24B$.

59. 先证明

$$H_k \leq \frac{4}{k(k+1)^2}(a_1 + 4a_2 + \cdots + k^2 a_k) \quad \text{①}$$

由柯西不等式得

$$\left(\frac{1}{a_1} + \frac{1}{a_2} + \cdots + \frac{1}{a_k}\right)(a_1 + 4a_2 + \cdots + k^2 a_k) \geq$$

$$(1 + 2 + \cdots + k)^2 = \frac{k^2(k+1)^2}{4}$$

所以 $$H_k \leqslant \frac{4}{k(k+1)^2}(a_1 + 4a_2 + \cdots + k^2 a_k)$$

于是 $$H_1 + H_2 + \cdots + H_n \leqslant \alpha_1 a_1 + \alpha_2 a_2 + \cdots + \alpha_n a_n$$

其中
$$\alpha_i = 4i^2 \left( \frac{1}{i(i+1)^2} + \frac{1}{(i+1)(i+2)^2} + \cdots + \frac{1}{n(n+1)^2} \right), i = 1, 2, \cdots, n$$

又
$$\frac{1}{m(m+1)^2} < \frac{1}{2} \cdot \frac{2m+1}{m^2(m+1)^2} = \frac{1}{2}\left( \frac{1}{m^2} - \frac{1}{(m+1)^2} \right)$$

所以
$$\alpha_i < 4i^2 \cdot \frac{1}{2}\left[ \left( \frac{1}{i^2} - \frac{1}{(i+1)^2} \right) + \left( \frac{1}{(i+1)^2} - \frac{1}{(i+2)^2} \right) + \cdots + \left( \frac{1}{n^2} - \frac{1}{(n+1)^2} \right) \right] <$$
$$4i^2 \cdot \frac{1}{2}\left( \frac{1}{i^2} - \frac{1}{(n+1)^2} \right) < 4i^2 \cdot \frac{1}{2i^2} = 2$$

于是
$$H_1 + H_2 + \cdots + H_n \leqslant \alpha_1 a_1 + \alpha_2 a_2 + \cdots + \alpha_n a_n <$$
$$2(a_1 + a_2 + \cdots + a_n) = 2$$

60. 先证明若 $0 < a < x < b$，则
$$x^3 + \frac{ab(a^2 + ab + b^2)}{x} \leqslant (a+b)(a^2 + b^2) \qquad ①$$

① $\Leftrightarrow (a+b)^2(a^2+b^2) - x^3 - \dfrac{ab(a^2+ab+b^2)}{x} =$
$$\frac{(x-a)(b-x)(a^2 + x^2 + b^2 + ab + ax + bx)}{x} \geqslant 0$$

由均值不等式得
$$\sum_{i=1}^n x_i^3 \cdot \sum_{i=1}^n \frac{ab(a^2+ab+b^2)}{x_i} \leqslant \frac{\left( \sum_{i=1}^n x_i^3 + \sum_{i=1}^n \dfrac{ab(a^2+ab+b^2)}{x_i} \right)^2}{4} \leqslant$$
$$\frac{(n(a+b)(a^2+b^2))^2}{4} = \frac{n^2(a+b)^2(a^2+b^2)^2}{4}$$

即
$$\sum_{i=1}^n x_i^3 \cdot \sum_{i=1}^n \frac{1}{x_i} \leqslant \frac{(a+b)^2(a^2+b^2)}{4ab(a^2+ab+b^2)} \cdot n^2$$

等号成立的条件是 $\sum\limits_{i=1}^n x_i^3 = \sum\limits_{i=1}^n \dfrac{ab(a^2+ab+b^2)}{x_i}$ 且所有的 $x_i$ 要么取 $a$，要么取

b. 设 $k$ 个 $x_i$ 取 $a$,另外 $n-k$ 个 $x_i$ 取 $b$,则由 $ka^3 + (n-k)b^3 = ab(a^2 + ab + b^2)(\frac{k}{a} + \frac{n-k}{b})$ 求得

$$k = \frac{b^3 - ab^2 - a^2b - a^3}{2(b^3 - a^3)}n$$

若这时的 $k$ 是正整数,等号就可以成立.

61. 对任何实数 $t \in (0,1)$,有

$$0 < \frac{1+t^2}{1+t^4} = \frac{1}{t} - \frac{(1-t)(1-t^3)}{t(1+t^4)} < \frac{1}{t}$$

分别取 $t = x^{2k}$ 和 $t = y^{2k}$,并相加得

$$0 < \sum_{k=1}^{n} \frac{1+x^{2k}}{1+x^{4k}} < \sum_{k=1}^{n} \frac{1}{x^k} = \frac{1-x^n}{x^n(1-x)}$$

和

$$0 < \sum_{k=1}^{n} \frac{1+y^{2k}}{1+y^{4k}} < \sum_{k=1}^{n} \frac{1}{y^k} = \frac{1-y^n}{y^n(1-y)}$$

因为 $x^n + y^n = 1$,所以 $1 - x^n = y^n$, $1 - y^n = x^n$,所以

$$\frac{1-x^n}{x^n(1-x)} = \frac{y^n}{x^n(1-x)}$$

$$\frac{1-y^n}{y^n(1-y)} = \frac{x^n}{y^n(1-y)}$$

于是

$$\sum_{k=1}^{n} \frac{1+x^{2k}}{1+x^{4k}} \cdot \sum_{k=1}^{n} \frac{1+y^{2k}}{1+y^{4k}} < \frac{y^n}{x^n(1-x)} \cdot \frac{x^n}{y^n(1-y)} = \frac{1}{(1-x)(1-y)}$$

62. 因为 $x, y, z < 2$,所以

$$\frac{1+y^2}{2+x} + \frac{1+z^2}{2+y} + \frac{1+x^2}{2+z} > \frac{1+y^2}{4} + \frac{1+z^2}{4} + \frac{1+x^2}{4} = \frac{3}{2}$$

因为 $x, y, z > 0$,所以

$$\frac{1+y^2}{2+x} + \frac{1+z^2}{2+y} + \frac{1+x^2}{2+z} > \frac{1+y^2}{4} + \frac{1+z^2}{4} + \frac{1+x^2}{4} = 2$$

其实,我们可以证明

$$\frac{1+y^2}{2+x} + \frac{1+z^2}{2+y} + \frac{1+x^2}{2+z} \geq 2$$

事实上,$x, y, z$ 是正实数,满足 $x^2 + y^2 + z^2 = 3$,可得 $x, y, z \leq \sqrt{3} < 2$,利用均值不等式和柯西不等式得

$$\frac{1+y^2}{2+x} + \frac{1+z^2}{2+y} + \frac{1+x^2}{2+z} \geq \frac{1+y^2}{2+\frac{1+x^2}{2}} + \frac{1+z^2}{2+\frac{1+y^2}{2}} + \frac{1+x^2}{2+\frac{1+z^2}{2}} =$$

$$2(\frac{1+y^2}{5+x^2}+\frac{1+z^2}{5+y^2}+\frac{1+x^2}{5+z^2}) \geqslant$$

$$\frac{(x^2+y^2+z^2+3)^2}{(5+x^2)(1+y^2)+(5+y^2)(1+z^2)+(5+z^2)(1+x^2)}=$$

$$\frac{72}{33+x^2y^2+y^2z^2+z^2x^2} \geqslant \frac{72}{33+\frac{1}{3}(x^2+y^2+z^2)^2}=$$

$$\frac{72}{33+3}=2$$

当且仅当 $x=y=z=1$ 等号成立.

63. 设 $a=\max\{a,b,c\}$,记

$$f(a,b,c)=(\frac{a-b}{a+b})^{1993}+(\frac{b-c}{b+c})^{1993}+(\frac{c-a}{c+a})^{1993}$$

易证 $f(a,b,c)=-f(a,c,b)$,因此,$-1<f(a,b,c)<1 \Leftrightarrow -1<f(a,c,b)<1$,故不妨设 $b \geqslant c>0$,即设 $a \geqslant b \geqslant c>0, 0 \leqslant (\frac{a-b}{a+b})^{1993}<1, 0 \leqslant (\frac{b-c}{b+c})^{1993}<1, -1<(\frac{c-a}{c+a})^{1993} \leqslant 0$,只要证明

$$(\frac{b-c}{b+c})^{1993}+(\frac{c-a}{c+a})^{1993} \leqslant 0$$

它等价于

$$[(b-c)(c+a)]^{1993}+[(c-a)(b+c)]^{1993} \leqslant 0 \Leftrightarrow$$
$$(b-c)(c+a) \leqslant -(c-a)(b+c) \Leftrightarrow$$
$$2c(a-b) \geqslant 0$$

这是显然的.

64. 因为 $a_k=1+\frac{1}{2}+\frac{1}{3}+\cdots+\frac{1}{k}$,所以

$$a_{k-1}=a_k-\frac{1}{k}(k \geqslant 2), a_{k-1}^2=a_k^2-\frac{2}{k}a_k+\frac{1}{k^2}$$

即

$$a_k^2-a_{k-1}^2=\frac{2}{k}a_k-\frac{1}{k^2}$$

所以

$$a_n^2=(a_n^2-a_{n-1}^2)+(a_{n-1}^2-a_{n-2}^2)+\cdots+(a_2^2-a_1^2)+a_1^2=$$
$$2(\frac{a_2}{2}+\frac{a_3}{3}+\cdots+\frac{a_n}{n})+1-(\frac{1}{2^2}+\frac{1}{3^2}+\cdots+\frac{1}{n^2})$$

而

$$\frac{1}{2^2}+\frac{1}{3^2}+\cdots+\frac{1}{n^2}<\frac{1}{1 \times 2}+\frac{1}{2 \times 3}+\cdots+\frac{1}{(n-1)n}=1-\frac{1}{n}<1$$

所以，对一切 $n \geq 2$，都有 $a_n^2 > 2(\dfrac{a_2}{2} + \dfrac{a_3}{3} + \cdots + \dfrac{a_n}{n})$.

65. 令 $a_{n+1} = a_1, S_n = \dfrac{a_1}{a_1 + a_2} + \dfrac{a_2}{a_2 + a_3} + \cdots + \dfrac{a_n}{a_n + a_1}$，则

$$S_n > \dfrac{a_1}{a_1 + a_2 + \cdots + a_n} + \dfrac{a_2}{a_1 + a_2 + \cdots + a_n} + \cdots + \dfrac{a_n}{a_1 + a_2 + \cdots + a_n} = 1$$

又

$$S_n + 1 = S_n + \dfrac{a_1}{a_1 + a_2 + \cdots + a_n} + \dfrac{a_2}{a_1 + a_2 + \cdots + a_n} + \cdots + \dfrac{a_n}{a_1 + a_2 + \cdots + a_n} <$$

$$\sum_{i=1}^{n} \dfrac{a_i}{a_i + a_{i+1}} + \sum_{i=1}^{n} \dfrac{a_{i+1}}{a_i + a_{i+1}} = n$$

所以我们证明了

$$1 < \dfrac{a_1}{a_1 + a_2} + \dfrac{a_2}{a_2 + a_3} + \cdots + \dfrac{a_n}{a_n + a_1} < n - 1$$

取 $a_1 = t, a_2 = t^2, \cdots, a_n = t^n$，其中 $t > 0$，则有 $S_n = \dfrac{n-1}{1+t} + \dfrac{t^{n-1}}{1+t^{n-1}}$.

因为 $\lim\limits_{t \to +0} S_n(t) = n - 1$，$\lim\limits_{t \to +\infty} S_n(t) = 1$，所以不等式的两端都是最佳的.

66. 因为

$$\dfrac{k+2}{k! + (k+1)! + (k+2)!} = \dfrac{1}{(k+2)k!} = \dfrac{k+1}{(k+2)!} =$$

$$\dfrac{(k+2) - 1}{(k+2)!} = \dfrac{1}{(k+1)!} - \dfrac{1}{(k+2)!}, k = 1, 2, \cdots, n$$

所以

$$\dfrac{3}{1! + 2! + 3!} + \dfrac{4}{2! + 3! + 4!} + \cdots +$$

$$\dfrac{n+2}{n! + (n+1)! + (n+2)!} =$$

$$\dfrac{1}{2} - \dfrac{1}{(n+2)!} < \dfrac{1}{2}$$

67. 任取 $a > 0$，令 $b = ax, c = by$. 由 $xyz = 1$，得 $x = \dfrac{b}{a}, y = \dfrac{c}{b}, z = \dfrac{a}{c}$，故

$$\dfrac{1}{1+x} + \dfrac{1}{1+y} + \dfrac{1}{1+z} = \dfrac{a}{a+b} + \dfrac{b}{b+c} + \dfrac{c}{c+a} >$$

$$\dfrac{a}{a+b+c} + \dfrac{b}{a+b+c} + \dfrac{c}{a+b+c} = 1$$

又

$$\dfrac{a}{a+b} + \dfrac{b}{b+c} + \dfrac{c}{c+a} < \dfrac{a+c}{a+b+c} + \dfrac{b+a}{a+b+c} + \dfrac{b+c}{a+b+c} = 2$$

68. (1) 因为 $x > 0, y > 0$, 所以

$$\frac{1}{1+x} - \frac{1}{1+y} + \frac{1}{(1+y)^2}(x-y) = -\frac{x-y}{(1+x)(1+y)} + \frac{x-y}{(1+y)^2} = \frac{(x-y)^2}{(1+x)(1+y)^2} \geqslant 0$$

即

$$\frac{1}{1+x} \geqslant \frac{1}{1+y} - \frac{1}{(1+y)^2}(x-y)$$

(2) **证法一** 由(1)取 $x = \frac{1}{3^k}$, $y = \frac{2^n}{3^n}$, 有

$$\frac{3^k}{3^k+1} = \frac{1}{1+\frac{1}{3^k}} \geqslant \frac{1}{1+\frac{2^n}{3^n}} - \frac{1}{(1+\frac{2^n}{3^n})^2}(\frac{1}{3^k} - \frac{2^n}{3^n})$$

即

$$\frac{3^k}{3^k+1} \geqslant \frac{3^n}{3^n+2^n} - \frac{3^{2n}}{(3^n+2^n)^2} \cdot \frac{1}{3^k} + \frac{1}{(3^n+2^n)^2} \cdot 2^n 3^n$$

所以由二项式定理得

$$C_n^0 \frac{3^0}{3^0+1} + C_n^1 \frac{3^1}{3^1+1} + C_n^2 \frac{3^2}{3^2+1} + \cdots + C_n^n \frac{3^n}{3^n+1} \geqslant$$

$$\frac{3^n}{3^n+2^n}(C_n^0 + C_n^1 + C_n^2 + \cdots + C_n^n) -$$

$$\frac{3^{2n}}{(3^n+2^n)^2}(C_n^0 \frac{1}{3^0} + C_n^1 \frac{1}{3^1} + C_n^2 \frac{1}{3^2} + \cdots + C_n^n \frac{1}{3^n}) +$$

$$\frac{1}{(3^n+2^n)^2} \cdot 2^n 3^n (C_n^0 + C_n^1 + C_n^2 + \cdots + C_n^n) =$$

$$\frac{3^n}{3^n+2^n}(1+1)^n - \frac{3^{2n}}{(3^n+2^n)^2}(1+\frac{1}{3})^n + \frac{1}{(3^n+2^n)^2} \cdot 2^n 3^n (1+1)^n =$$

$$\frac{3^n \cdot 2^n}{3^n+2^n} - \frac{3^{2n}}{(3^n+2^n)^2}(\frac{4}{3})^n + \frac{1}{(3^n+2^n)^2} \cdot 2^n 3^n \cdot 2^n =$$

$$\frac{3^n \cdot 2^n}{3^n+2^n}$$

**证法二** 由柯西不等式得

$$C_n^0 \frac{3^0}{3^0+1} + C_n^1 \frac{3^1}{3^1+1} + C_n^2 \frac{3^2}{3^2+1} + \cdots + C_n^n \frac{3^n}{3^n+1} =$$

$$\frac{(C_n^0)^2}{C_n^0[1+(\frac{1}{3})^0]} + \frac{(C_n^1)^2}{C_n^1[1+(\frac{1}{3})^1]} + \frac{(C_n^2)^2}{C_n^2[1+(\frac{1}{3})^2]} + \cdots + \frac{(C_n^n)^2}{C_n^n[1+(\frac{1}{3})^n]} \geqslant$$

$$\frac{(C_n^0 + C_n^1 + C_n^2 + \cdots + C_n^n)^2}{C_n^0[1+(\frac{1}{3})^0] + C_n^1[1+(\frac{1}{3})^1] + C_n^2[1+(\frac{1}{3})^2] + \cdots + C_n^n[1+(\frac{1}{3})^n]} =$$

$$\frac{(C_n^0 + C_n^1 + C_n^2 + \cdots + C_n^n)^2}{(C_n^0 + C_n^1 + C_n^2 + \cdots + C_n^n) + [C_n^0(\frac{1}{3})^0 + C_n^1(\frac{1}{3})^1 + C_n^2(\frac{1}{3})^2 + \cdots + C_n^n(\frac{1}{3})^n]} =$$

$$\frac{(2^n)^2}{2^n + (1 + \frac{1}{3})^n} = \frac{(2^n)^2}{2^n + (\frac{4}{3})^n} = \frac{3^n \cdot 2^n}{3^n + 2^n}$$

69. 由于 $x_1 \geqslant x_2 \geqslant \cdots \geqslant x_n \geqslant 0$,所以对任意的 $k(1 \leqslant k \leqslant n)$,都有

$$1 \geqslant \sum_{i=1}^k \frac{x_i}{\sqrt{i}} \geqslant x_k \sum_{i=1}^k \frac{1}{\sqrt{i}} \geqslant \frac{kx_k}{\sqrt{k}} = \sqrt{k} x_k$$

从而,$x_k^2 \leqslant \frac{x_k}{\sqrt{k}}$, 故

$$\sum_{i=1}^n x_i^2 \leqslant \sum_{i=1}^n \frac{x_k}{\sqrt{k}} = 1$$

70. 设 $S = 1 + 2p + 3p^2 + \cdots + np^{n-1}$, 则

$$S - pS = 1 + p + p^2 + \cdots + p^{n-1} - np^n = \frac{1-p^n}{1-p} - np^n$$

因为 $0 < p < 1$, 所以 $(1-p)S < \frac{1}{1-p}$, 即 $S < \frac{1}{(1-p)^2}$.

71. 因为 $\frac{2^{k+1}}{3^{2^k} - 1} - \frac{2^{k+1}}{3^{2^k} + 1} = \frac{2^{k+2}}{3^{2^{k+1}} - 1} (k = 1, 2, \cdots, n)$, 所以

$$1 - a_n = \frac{2}{3-1} - \frac{2}{3+1} - \frac{2^2}{3^2 + 1} - \frac{2^3}{3^4 + 1} - \cdots - \frac{2^{n+1}}{3^{2^n} + 1} =$$

$$\frac{2^2}{3^2 - 1} - \frac{2^2}{3^2 + 1} - \frac{2^3}{3^4 + 1} - \cdots - \frac{2^{n+1}}{3^{2^n} + 1} =$$

$$\frac{2^3}{3^4 - 1} - \frac{2^3}{3^4 + 1} - \cdots - \frac{2^{n+1}}{3^{2^n} + 1} = \cdots = \frac{2^{n+1}}{3^{2^n} - 1}$$

所以, $a_n < 1$.

72. 加强不等式

$$\frac{x}{1+y+zx} + \frac{y}{1+z+xy} + \frac{z}{1+x+yz} \leqslant 1 \qquad ①$$

因为 $1 + xy = (1-x)(1-y) + x + y \geqslant x + y$, 所以 $1 + z + xy \geqslant x + y + z$, 同理, $1 + x + yz \geqslant x + y + z$, $1 + y + zx \geqslant x + y + z$, 于是

$$\frac{x}{1+y+zx} + \frac{y}{1+z+xy} + \frac{z}{1+x+yz} \leqslant$$

$$\frac{x}{x+y+z} + \frac{y}{x+y+z} + \frac{z}{x+y+z} = 1$$

所以

$$\frac{x}{1+y+zx} + \frac{y}{1+z+xy} + \frac{z}{1+x+yz} \leq \frac{3}{x+y+z}$$

73. 因为 $x_1, x_2, x_3, x_4, x_5, x_6 \in [0,1]$,$x_2^5 + x_3^5 + x_4^5 + x_5^5 + x_6^5 + 5 \geq x_1^5 + x_2^5 + x_3^5 + x_4^5 + x_5^5 + x_6^5 + 4$,同理 $x_1^5 + x_3^5 + x_4^5 + x_5^5 + x_6^5 + 5 \geq x_1^5 + x_2^5 + x_3^5 + x_4^5 + x_5^5 + x_6^5 + 4, \cdots, x_1^5 + x_2^5 + x_3^5 + x_4^5 + x_5^5 + 5 \geq x_1^5 + x_2^5 + x_3^5 + x_4^5 + x_5^5 + x_6^5 + 4$,所以

$$\frac{x_1^3}{x_2^5 + x_3^5 + x_4^5 + x_5^5 + x_6^5 + 5} + \frac{x_2^3}{x_1^5 + x_3^5 + x_4^5 + x_5^5 + x_6^5 + 5} + \cdots +$$
$$\frac{x_6^3}{x_1^5 + x_2^5 + x_3^5 + x_4^5 + x_5^5 + 5} \leq \frac{x_1^3 + x_2^3 + x_3^3 + x_4^3 + x_5^3 + x_6^3}{x_1^5 + x_2^5 + x_3^5 + x_4^5 + x_5^5 + x_6^5 + 4}$$

由均值不等式得 $\frac{y^5 + y^5 + y^5 + 1 + 1}{5} \geq y^3$, 即 $3y^5 + 2 \geq 5y^3$, 所以

$$3\sum_{i=1}^{6} x_i^5 + 12 = 3\left(\sum_{i=1}^{6} x_i^5 + 4\right) \geq 5\sum_{i=1}^{6} x_i^3$$

$$\frac{x_1^3 + x_2^3 + x_3^3 + x_4^3 + x_5^3 + x_6^3}{x_1^5 + x_2^5 + x_3^5 + x_4^5 + x_5^5 + x_6^5 + 4} \leq \frac{3}{5}$$

74. 几何证法见几何方法证明不等式一节例1,下面的证明取自梁栋刚同学.

$\sin 2x + \sin 2y + \sin 2z - 2\sin x\cos y - 2\sin y\cos z =$

$\frac{1}{2}[(\sin 2x + \sin 2y) + (\sin 2y + \sin 2z) + (\sin 2z + \sin 2x)] -$

$2\sin x\cos y - 2\sin y\cos z \leq$

$\sin(x+y)\cos(x-y) + \sin(y+z)\cos(y-z) + \sin(z+x)\cos(z-x) -$

$2\sin x\cos y\cos(x-y) - 2\sin y\cos z\cos(y-z) =$

$\sin(y-x)\cos(x-y) + \sin(z-y)\cos(y-z) + \sin(z+x)\cos(z-x) =$

$\sin(z-x)\cos(2y-x-z) + \sin(z+x)\cos(z-x) \leq$

$\sin(z-x) + \cos(z-x) \leq \sqrt{2}$

75. 令 $m = \min\{x_1, x_2, \cdots, x_n\}$,设 $x_r = m, 0 \leq m \leq 1$,分两种情况讨论:

(1) 如果 $x_2 \leq \frac{1}{2}(m+1)$,取 $i=1$,就有

$$x_1(1-x_2) \geq x_1\left(1 - \frac{m+1}{2}\right) = \frac{1}{2}x_1(1-m) \geq$$

$$\frac{1}{2}x_1(1-x_n)(利用 m \leq x_n \leq 1) \geq \frac{1}{4}x_1(1-x_n)$$

(2) 如果 $x_2 > (m+1)$,则有以下两种可能:

(i) $x_1 = m, x_2 > (m+1), \cdots, x_n > (m+1)$,设 $x_k$ 是 $x_2, x_3, \cdots, x_n$ 中的最

小值,取 $i = k - 1$,就有

$$x_{k-1}(1 - x_k) \geq x_1(1 - x_n) \geq \frac{1}{4}x_1(1 - x_n)$$

其中第一个不等号利用了 $x_{k-1} \geq x_1$ 及 $1 - x_k \geq 1 - x_n$.

(ⅱ) 存在某个 $t, 3 \leq t \leq n$,使得 $x_t = m \leq \frac{1}{2}(m + 1)$. 于是一定存在某个正整数 $i, 2 \leq i \leq n - 1$,满足: $x_i > \frac{1}{2}(m + 1), x_{i+1} < \frac{1}{2}(m + 1)$.

对于这个 $i$,有

$$x_i(1 - x_{i+1}) > \frac{1}{2}(m + 1)(1 - \frac{m + 1}{2}) = \frac{1}{4}(1 - m^2) \geq$$
$$\frac{1}{4}(1 - m) \geq \frac{1}{4}x_1(1 - x_n)$$

综上所述,结论成立.

76. 由柯西不等式得

$$\left[x_1^2 + \frac{x_2^2}{2^3} + \frac{x_3^2}{3^3} + \cdots + \frac{x_{i-1}^2}{(i - 1)^3}\right][1^3 + 2^3 + \cdots + (i - 1)^3] \geq$$
$$(x_1 + x_2 + \cdots + x_{i-1})^2$$

而 
$$1^3 + 2^3 + \cdots + n^3 = \left[\frac{n(n + 1)}{2}\right]^2$$

所以 
$$1^3 + 2^3 + \cdots + (i - 1)^3 = \left[\frac{i(i - 1)}{2}\right]^2$$

所以 
$$\frac{x_i}{x_1 + x_2 + \cdots + x_{i-1}} \geq \frac{2}{i(i - 1)} = \frac{2}{i - 1} - \frac{2}{i}, 2 \leq i \leq 2\,001$$

于是

$$\sum_{i=2}^{2\,001} \frac{x_i}{x_1 + x_2 + \cdots + x_{i-1}} \geq \sum_{i=2}^{2\,001} \left(\frac{2}{i - 1} - \frac{2}{i}\right) = 2 - \frac{2}{2\,001} >$$
$$2 - \frac{2}{2\,000} = 2 - \frac{1}{1\,000} = 1.999$$

77. 设 $c^2 = \min\{a^2, b^2, c^2\}$,则

$$\frac{3}{2}\sqrt{\frac{1}{a^2} + \frac{1}{b^2} + \frac{1}{c^2}} \geq \frac{3}{2}\sqrt{\frac{1}{c^2}} \geq \frac{3}{1 + c^2} \geq$$
$$\frac{x^2(c^2 - a^2)}{(1 + a^2)(1 + c^2)} + \frac{y^2(c^2 - b^2)}{(1 + b^2)(1 + c^2)} + \frac{3}{1 + c^2} =$$
$$\frac{x^2(c^2 - a^2)}{(1 + a^2)(1 + c^2)} + \frac{y^2(c^2 - b^2)}{(1 + b^2)(1 + c^2)} + \frac{x + y + z}{1 + c^2} =$$
$$\frac{x^2}{1 + a^2} - \frac{x^2}{1 + c^2} + \frac{y^2}{1 + b^2} - \frac{y^2}{1 + c^2} + \frac{x + y + z}{1 + c^2} \geq$$

$$\frac{x}{1+a^2} + \frac{y}{1+b^2} + \frac{z}{1+c^2}$$

78. 对任意 $1 \leq i \leq n$,有

$$(ka_k)^2 \leq \left(\sum_{i=1}^n ia_i\right)^2 = \left(\sum_{i=1}^n ib_i\right)^2 \leq \left(\sum_{i=1}^n i^2 b_i\right)\left(\sum_{i=1}^n b_i\right) =$$

$$\left(10 - \sum_{i=1}^n i^2 a_i\right)\left(1 - \sum_{i=1}^n a_i\right) \leq$$

$$(10 - k^2 a_k)(1 - a_k) = 10 - (10 + k^2) + k^2 a_k^2$$

从而 $a_k \leq \dfrac{10}{10 + k^2}$,同理 $b_k \leq \dfrac{10}{10 + k^2}$.

所以 $\max\{a_k, b_k\} \leq \dfrac{10}{10 + k^2}$.

79. 我们证明一般结论:若 $0 \leq a_1, a_2, \cdots, a_n \leq 1$,则

$$a_1 a_2 \cdots a_n + (1 - a_1)(1 - a_2) \cdots (1 - a_n) \leq 1$$

因为 $0 \leq a_1, a_2, \cdots, a_n \leq 1$,所以

$$0 \leq a_1 a_2 \cdots a_n \leq 1, 0 \leq (1 - a_1)(1 - a_2) \cdots (1 - a_n) \leq 1$$

由均值不等式得

$$a_1 a_2 \cdots a_n + (1 - a_1)(1 - a_2) \cdots (1 - a_n) \leq$$

$$\sqrt[n]{a_1 a_2 \cdots a_n} + \sqrt[n]{(1 - a_1)(1 - a_2) \cdots (1 - a_n)} \leq$$

$$\frac{a_1 + a_2 + \cdots + a_n}{n} + \frac{(1 - a_1) + (1 - a_2) + \cdots + (1 - a_n)}{n} = 1$$

等号成立当且仅当 $a_1 = a_2 = \cdots = a_n = 0$ 或 $a_1 = a_2 = \cdots = a_n = 1$ 时.

80. **证法一** 由柯西不等式得

$$\left[\sqrt{ab\left(\frac{a+b}{2}\right)} + \sqrt{(1-a)(1-b)\frac{2-(a+b)}{2}}\right]^2 \leq$$

$$[ab + (1-a)(1-b)]\left[\frac{a+b}{2} + \frac{2-(a+b)}{2}\right] =$$

$$1 + 2ab - a - b$$

因为 $0 < a, b < 1$,所以 $a + b > a^2 + b^2 \geq 2ab$,所以 $1 + 2ab - a - b < 1$. 于是

$$\sqrt{ab^2 + a^2 b} + \sqrt{(1-a)(1-b)^2 + (1-a)^2(1-b)} < \sqrt{2}$$

**证法二** 由于 $0 < a, b < 1$,所以 $0 < \dfrac{a+b}{2} < 1, 0 < \dfrac{2-(a+b)}{2} < 1$,

从而 $0 < ab\left(\dfrac{a+b}{2}\right) < 1, 0 < (1-a)(1-b)\dfrac{2-(a+b)}{2} < 1$,因为 $0 < x <$

$1$,所以 $\sqrt{x} < \sqrt[3]{x}$,从而由均值不等式得

$$\sqrt{ab\left(\frac{a+b}{2}\right)} + \sqrt{(1-a)(1-b)\frac{2-(a+b)}{2}} <$$

$$\sqrt[3]{ab(\frac{a+b}{2})} + \sqrt[3]{(1-a)(1-b)\frac{2-(a+b)}{2}} \leqslant$$

$$\frac{a+b+\frac{a+b}{2}}{3} + \frac{(1-a)+(1-b)+\frac{2-(a+b)}{2}}{3} = 1$$

所以

$$\sqrt{ab^2+a^2b} + \sqrt{(1-a)(1-b)^2+(1-a)^2(1-b)} < \sqrt{2}$$

81. **证法一** 由柯西不等式得

$$[\sqrt{a^3b^3} + \sqrt{(1-a^2)(1-ab)(1-b^2)}]^2 \leqslant$$
$$(b^2+1-b^2)[ba^3+(1-a^2)(1-ab)] =$$
$$ba^3 + (1-a^2)(1-ab) =$$
$$1-a^2-ab+2ba^3 = 1-a^2(1-ab) - ab(1-a^2) \leqslant 1$$

所以

$$\sqrt{a^3b^3} + \sqrt{(1-a^2)(1-ab)(1-b^2)} \leqslant 1$$

**证法二** 由于 $0 \leqslant a^3b^3, (1-a^2)(1-ab)(1-b^2) \leqslant 1$,所以

$$\sqrt{a^3b^3} + \sqrt{(1-a^2)(1-ab)(1-b^2)} \leqslant$$
$$\sqrt[3]{a^3b^3} + \sqrt[3]{(1-a^2)(1-ab)(1-b^2)} \leqslant$$
$$\frac{a^2+b^2+ab}{3} + \frac{(1-a^2)+(1-b^2)+(1-ab)}{3} = 1$$

**证法三** 由 $0 \leqslant a,b \leqslant 1$,令 $a = \cos A, b = \cos B, A, B \in (0, \pi)$,所以

$$\sqrt{a^3b^3} + \sqrt{(1-a^2)(1-ab)(1-b^2)} \leqslant$$
$$ab + \sqrt{(1-a^2)(1-b^2)} = \cos(A-B) \leqslant 1$$

82. 我们证明

$$x_i(1-x_i)^2 \leqslant \frac{(n-1)(n^2x_i - 3nx_i + 2)}{n^3} \Leftrightarrow \frac{(nx_i-1)^2(2n-nx_i-2)}{n^3} \geqslant 0$$

相加得

$$\sum_{i=1}^{n} x_i(1-x_i)^2 \leqslant (1-\frac{1}{n})^2$$

# 反证法证明不等式

当不等式从正面证明比较困难时,我们可以用反证法证明. 用反证法证明不等式,先假设所证明的不等式不成立,然后根据恒等变形,利用重要不等式与变量代换,分类讨论等手段推出矛盾. 这些矛盾可以与公理、定理及假设的结论等矛盾.

## 例 题 讲 解

**例1** 设 $n(n \geqslant 3)$ 为整数,$t_1, t_2, \cdots, t_n$ 为正实数,且满足 $n^2 + 1 > (t_1 + t_2 + \cdots + t_n)\left(\dfrac{1}{t_1} + \dfrac{1}{t_2} + \cdots + \dfrac{1}{t_n}\right)$. 证明:对满足 $1 \leqslant i < j < k \leqslant n$ 的所有整数 $i, j, k$,正实数 $t_i, t_j, t_k$ 总构成三角形的三条边长. (第45届IMO试题)

**证明** 假设 $t_1, t_2, \cdots, t_n$ 中有三个不能构成三角形的三条边长,不妨设为 $t_1, t_2, t_3$,且 $t_1 + t_2 \leqslant t_3$. 因为

$$(t_1 + t_2 + \cdots + t_n)\left(\frac{1}{t_1} + \frac{1}{t_2} + \cdots + \frac{1}{t_n}\right) = \sum_{1 \leq i < j \leq n}\left(\frac{t_i}{t_j} + \frac{t_j}{t_i}\right) + n =$$

$$\frac{t_1}{t_3} + \frac{t_3}{t_1} + \frac{t_2}{t_3} + \frac{t_3}{t_2} + \sum_{\substack{1 \leq i < j \leq n \\ (i,j) \notin \{(1,3),(2,3)\}}}\left(\frac{t_i}{t_j} + \frac{t_j}{t_i}\right) + n \geq$$

$$\frac{t_1 + t_2}{t_3} + t_3\left(\frac{1}{t_1} + \frac{1}{t_2}\right) + \sum_{\substack{1 \leq i < j \leq n \\ (i,j) \notin \{(1,3),(2,3)\}}} 2 + n \geq$$

$$\frac{t_1 + t_2}{t_3} + \frac{4t_3}{t_1 + t_2} + 2(C_n^2 - 2) + n =$$

$$\frac{4t_3}{t_1 + t_2} + \frac{t_1 + t_2}{t_3} + n^2 - 4 \qquad \text{①}$$

设 $x = \dfrac{t_3}{t_1 + t_2}$,则 $x \geq 1$,$4x + \dfrac{1}{x} - 5 = \dfrac{(x-1)(4x-1)}{x} \geq 0$,由式 ① 得

$$(t_1 + t_2 + \cdots + t_n)\left(\frac{1}{t_1} + \frac{1}{t_2} + \cdots + \frac{1}{t_n}\right) \geq 5 + n^2 - 4 = n^2 + 1$$

矛盾.

所以,假设不成立,故命题成立.

**例2** 对所有正实数 $a, b, c$,证明:$\dfrac{a}{\sqrt{a^2 + 8bc}} + \dfrac{b}{\sqrt{b^2 + 8ca}} + \dfrac{c}{\sqrt{c^2 + 8ab}} \geq 1$.

(第 42 届 IMO 试题)

**证明** 记 $x = \dfrac{a}{\sqrt{a^2 + 8bc}}, y = \dfrac{b}{\sqrt{b^2 + 8ca}}, z = \dfrac{c}{\sqrt{c^2 + 8ab}}$,则 $x, y, z$ 是正数,因为

$$x^2 = \frac{a^2}{a^2 + 8bc}, y^2 = \frac{b^2}{b^2 + 8ca}, z^2 = \frac{c^2}{c^2 + 8ab}$$

故

$$\frac{1}{x^2} - 1 = \frac{8bc}{a^2}, \frac{1}{y^2} - 1 = \frac{8ca}{b^2}, \frac{1}{z^2} - 1 = \frac{8ab}{c^2}$$

于是

$$\left(\frac{1}{x^2} - 1\right)\left(\frac{1}{y^2} - 1\right)\left(\frac{1}{z^2} - 1\right) = 512$$

另一方面,若 $x + y + z < 1$,则 $0 < x < 1, 0 < y < 1, 0 < z < 1$,及

$$\left(\frac{1}{x^2} - 1\right)\left(\frac{1}{y^2} - 1\right)\left(\frac{1}{z^2} - 1\right) = \frac{(1-x^2)(1-y^2)(1-z^2)}{x^2 y^2 z^2} >$$

$$\frac{[(x+y+z)^2 - x^2][(x+y+z)^2 - y^2][(x+y+z)^2 - z^2]}{x^2 y^2 z^2} =$$

$$\frac{(y+z)(x+x+y+z)(z+x)(x+y+y+z)(x+y)(x+y+z+z)}{x^2y^2z^2} \geq$$

$$\frac{2\sqrt{yz} \cdot 4\sqrt[4]{xxyz} \cdot 2\sqrt{zx} \cdot 4\sqrt[4]{xyyz} \cdot 2\sqrt{xy} \cdot 4\sqrt[4]{xyzz}}{x^2y^2z^2} = 512$$

矛盾.

所以 $x+y+z \geq 1$,即

$$\frac{a}{\sqrt{a^2+8bc}} + \frac{b}{\sqrt{b^2+8ca}} + \frac{c}{\sqrt{c^2+8ab}} \geq 1$$

**例3** 设 $x_1, x_2, \cdots, x_n$ 是正数,并且 $x_n^n = \sum_{i=0}^{n-1} x_n^i$, $n=1,2,3,\cdots$,证明:对所有 $n \in \mathbf{N}^*$, $2 - \frac{1}{2^{n-1}} \leq x_n < 2 - \frac{1}{2^n}$. (第36届IMO预选题)

**证明** 当 $n=1$ 时,$x_n=1$,命题成立. 下设 $n>1$,并记 $x_n = x$,显然,$x \neq 1$,且有 $x^n = \frac{x^n-1}{x-1}$,即

$$x^{n+1} - 2x^n + 1 = 0 \qquad ①$$

由①得,$x^n(2-x) = 1$,因此,$x<2$,从而 $1 = x^n(2-x) < 2^n(2-x)$,所以 $x < 2 - \frac{1}{2^n}$.

下界可用同样的方法得到. 首先,如果 $x<1$,则
$$x^{n+1} - 2x^n + 1 = 1 - x^n - x(x^{n-1} - x^n) > 1 - x^n - x(1-x^n) = (1-x^n)(1-x) > 0$$

矛盾,所以 $x \geq 1$.

其次,$x \geq 2 - \frac{2}{n+1}$. 事实上,如果 $x < 2 - \frac{2}{n+1}$,则 $\frac{x}{n} < 2-x$,因此

$$\frac{x}{n}(2-x) > \frac{1}{n}(2-x+\frac{x-1}{n})$$

(这是因为当两数之和为定值 $2-x+\frac{x}{n}$ 时,小的数越小,积也越小)即

$$x(2-x) > 2-x+\frac{x-1}{n}$$

重复这一过程得到

$$x^n(2-x) > x^{n-1}(2-x+\frac{x-1}{n}) > \cdots > 2-x+\frac{x-1}{n} \cdot n = 1$$

与①矛盾. 这就证明了 $x \geq 2 - \frac{2}{n+1}$.

对于 $y > x \geq 2 - \frac{2}{n+1}$,有 $\frac{y}{n} > \frac{x}{n} \geq 2-x$,所以

$$\frac{x}{n}(2-x) > \frac{y}{n}(2-x+\frac{y-x}{n})$$

因此

$$x^n(2-x) > x^{n-1}y(2-x+\frac{y-x}{n}) > \cdots >$$

$$y^n(2-x+\frac{y-x}{n}\cdot n) = y^n(2-y)$$

于是,如果 $x < 2 - \frac{1}{2^{n-1}}$,则

$$x^n(2-x) > (2-\frac{1}{2^{n-1}})^n \cdot \frac{1}{2^{n-1}} = 2(1-\frac{1}{2^n})^n > 1$$

与①矛盾,因此,$x \geq 2 - \frac{1}{2^n}$.

这就证明了所要证明的不等式成立.

**例4** 设 $m$ 和 $n$ 是正整数,$a_1, a_2, \cdots, a_m$ 是 $\{1, 2, \cdots, n\}$ 的不同元素,每当 $a_i + a_j \leq n, 1 \leq i \leq j \leq m$,则存在 $k(1 \leq k \leq m)$,使得 $a_i + a_j = a_k$. 求证: $\frac{a_1 + a_2 + \cdots + a_m}{m} \geq \frac{n+1}{2}$. (第35届IMO试题)

**证明** 不妨设 $a_1 > a_2 > \cdots > a_m$,关键在于证明,对任意 $i$,当 $1 \leq i \leq m$ 时,有

$$a_i + a_{m+1-i} \geq n+1 \qquad ①$$

用反证法. 若存在某个 $i, 1 \leq i \leq m$ 时有

$$a_i + a_{m+1-i} \leq n \qquad ②$$

由 $a_1 > a_2 > \cdots > a_m$,得

$$a_i < a_i + a_m < a_i + a_{m-1} < \cdots < a_i + a_{m+1-i} \leq n \qquad ③$$

由题目条件,$a_i + a_m, a_i + a_{m-1}, \cdots, a_i + a_{m+1-i}$,一共 $i$ 个不同的正整数,每个都应该是 $a_k$ 形式,由于③,可以知道,必为 $a_1, a_2, \cdots, a_{i-1}$ 之一,但是 $a_1, a_2, \cdots, a_{i-1}$ 全部仅是 $i-1$ 个不同的正整数,这显然是一个矛盾. 所以①成立. 从而利用①,我们有

$$2(a_1 + a_2 + \cdots + a_m) = (a_1 + a_m) + (a_2 + a_{m-1}) + \cdots + (a_m + a_1) \geq m(n+1)$$

即

$$\frac{a_1 + a_2 + \cdots + a_m}{m} \geq \frac{n+1}{2} \qquad ④$$

**例5** 设 $a, b, c$ 是正数,当 $a^2 + b^2 + c^2 + abc = 4$ 时,证明:$a + b + c \leq 3$. (2003年伊朗数学奥林匹克试题)

**证明** 我们用反证法证明若 $a + b + c > 3$,则 $a^2 + b^2 + c^2 + abc > 4$.

由舒尔不等式有
$$2(a+b+c)(a^2+b^2+c^2)+9abc-(a+b+c)^3=$$
$$a(a-b)(a-c)+b(b-a)(b-c)+c(c-a)(c-b)\geqslant 0$$

所以 $2(a+b+c)(a^2+b^2+c^2)+9abc\geqslant (a+b+c)^3$

于是 $2(a+b+c)(a^2+b^2+c^2)+3abc(a+b+c)>$
$$2(a+b+c)(a^2+b^2+c^2)+3abc\cdot 3=$$
$$2(a+b+c)(a^2+b^2+c^2)+9abc\geqslant$$
$$(a+b+c)^3$$

即
$$2(a^2+b^2+c^2)+3abc>(a+b+c)^2>3^2=9 \quad ①$$

又由柯西不等式得
$$(1^2+1^2+1^2)(a^2+b^2+c^2)\geqslant (a+b+c)^2>3^2=9$$

所以
$$a^2+b^2+c^2>3 \quad ②$$

①+②得 $3(a^2+b^2+c^2)+3abc>12$,即 $a^2+b^2+c^2+abc>4$.与题设矛盾.
于是 $a+b+c\leqslant 3$.

## 练 习 题

1. 对所有正实数 $a,b$,证明:$\sqrt{\dfrac{a}{a+3b}}+\sqrt{\dfrac{b}{b+3a}}\geqslant 1$.(《数学通报》2005 第1期问题)

2. 设 $f(x)=x^2+px+q$,求证:$|f(1)|,|f(2)|,|f(3)|$ 中至少有一个不小于 $\dfrac{1}{2}$.(1979年贵州省数学竞赛试题)

3. 设 $a,b,c$ 是正实数,且 $abc\leqslant 8$,求证:
$$\dfrac{1}{a^2-a+1}+\dfrac{1}{b^2-b+1}+\dfrac{1}{c^2-c+1}\geqslant 1$$

4. 已知实数 $x_1,x_2,\cdots,x_n(n>2)$ 满足 $|\sum\limits_{i=1}^{n}x_i|>1,|x_i|\leqslant 1(i=1,2,\cdots,n)$.求证:存在正整数 $k$,使得 $|\sum\limits_{i=1}^{k}x_i-\sum\limits_{i=k+1}^{n}x_i|\leqslant 1$.(2005年中国西部数学奥林匹克试题)

5. 设 $a,b,c$ 是实数,且满足 $abc=1$,证明:$2a-\dfrac{1}{b},2b-\dfrac{1}{c},2c-\dfrac{1}{a}$ 中最多

有两个数大于 1. (2004 年塞尔维亚和黑山国家数学奥林匹克试题)

6. 实数 $a_1, a_2, \cdots, a_n (n > 3)$ 满足 $a_1 + a_2 + \cdots + a_n \geq n$, 且 $a_1^2 + a_2^2 + \cdots + a_n^2 \geq n^2$, 求证: $\max\{a_1, a_2, \cdots, a_n\} \geq 2$. (第 28 届美国数学奥林匹克试题)

7. 已知 $a, b, c$ 是正数, 满足 $a + b + c \geq abc$, 证明不等式 $a^2 + b^2 + c^2 \geq abc$. (1997 年爱尔兰数学奥林匹克试题)

8. 已知三个正数的积为 1, 且它们的和大于倒数的和, 求证: 这三个数中有且仅有一个大于 1. (1995 年格鲁吉亚数学奥林匹克试题)

9. 给定 $a > 0, b > 0, c > 0, a + b + c = abc$, 求证: $a, b, c$ 中至少有一个大于 $\frac{17}{10}$. (1994 年拉脱维亚数学奥林匹克试题)

10. 正数 $x, y$ 满足不等式 $x^2 + xy + y^2 > 3$, 求证: $x^2 + xy, y^2 + xy$ 至少有一个大于 2. (1994 年立陶宛数学奥林匹克试题)

11. 设 $a, b, c$ 是正实数, 且 $abc = 1$, 求证: $\dfrac{1}{1+2a} + \dfrac{1}{1+2b} + \dfrac{1}{1+2c} \geq 1$. (2004 年德国 IMO 代表队选拔考试试题)

12. 已知 $a, b, c$ 是正实数, 且 $a + b + c \geq abc$, 证明: $\dfrac{2}{a} + \dfrac{3}{b} + \dfrac{6}{c} \geq 6, \dfrac{2}{b} + \dfrac{3}{c} + \dfrac{6}{a} \geq 6, \dfrac{2}{c} + \dfrac{3}{a} + \dfrac{6}{b} \geq 6$ 至少有两个成立. (2001 年美国国家集训队试题)

13. 设 $a, b, c$ 是正数, 且 $(a+b)(b+c)(c+a) = 1$, 求证: $ab + bc + ca \leq \dfrac{3}{4}$. (2005 年罗马尼亚数学奥林匹克试题)

14. 设 $x_1, x_2, \cdots, x_n > 0$, 且 $x_1 x_2 \cdots x_n = 1, n \in \mathbf{N}$, 证明:

$$\sum_{i=1}^{n} \frac{1}{\sqrt{1+(n^2-1)x_i}} \geq 1$$

(2005 年第 11 期数学通报问题)

15. 对所有的正实数 $a_1, a_2, \cdots, a_n$, 正整数 $m \geq 2$, 则有

$$\sum_{i=1}^{n} \frac{a_i^{\frac{n-1}{m}}}{\sqrt[m]{a_i^{n-1} + (n^m - 1)a_1 a_2 \cdots a_{i-1} a_{i+1} \cdots a_n}} \geq 1$$

(第 42 届 IMO 试题的推广)

16. 设 $f(x)$ 与 $g(x)$ 是定义在全体实数集上的函数, 求证: 存在两个实数 $x_1$ 与 $x_2$, 满足下列三个不等式: $0 \leq x_1 \leq 1, 0 \leq x_2 \leq 1, |x_1 x_2 - f(x_1) - g(x_2)| \geq \dfrac{1}{4}$. (第 20 届普特兰数学竞赛试题)

17. 已知实数 $p, q, r, s$ 满足 $p + q + r + s = 9, p^2 + q^2 + r^2 + s^2 = 21$. 证明: 存在 $(p, q, r, s)$ 的一个排列 $(a, b, c, d)$, 使得 $ab - cd \geq 2$. (第 46 届 IMO 预选题)

18. 已知 $a,b$ 是正数,且 $a^3 = a + 1, b^6 = b + 3a$,求证:$a > b$. (1994 年巴西数学奥林匹克试题)

19. 求证:对于非负实数 $x,y$ 有 $[5x] + [5y] \geq [3x+y] + [3y+x]$. (第 4 届美国数学奥林匹克试题)

20. 求证:对于任何实数 $a,b$,存在 $[0,1]$ 中的 $x$ 和 $y$,使得 $|xy - ax - by| \geq \frac{1}{3}$. 并问上述命题中的 $\frac{1}{3}$ 改为 $\frac{1}{2}$,或者 0.333 34 是否仍然成立?(1983 年基辅数学奥林匹克试题)

21. 设对于任意实数 $x$ 都有 $\cos(a\sin x) > \sin(b\cos x)$,求证:$a^2 + b^2 < \frac{\pi^2}{4}$. (1975 年基辅数学奥林匹克试题)

22. 设 $0 \leq p \leq 1, 0 \leq q \leq 1$,且对任意实数 $x,y$ 恒有
$$[px + (1-p)y]^2 = Ax^2 + Bxy + Cy^2$$
$$[px + (1-p)y][qx + (1-q)y] = \alpha x^2 + \beta xy + \gamma y^2$$
求证:(1) $\max(A,B,C) \geq \frac{4}{9}$; (2) $\max(\alpha,\beta,\gamma) \geq \frac{4}{9}$. (第 28 届美国普特南数学竞赛试题)

23. 设实数 $a,b,c,d,p,q$ 满足 $ab + cd = 2pq, ac \geq p^2 > 0$. 求证:$bd \leq q^2$. (1990 年全俄数学奥林匹克试题)

24. 设 $a,b,c,d$ 都是正数. 求证下列三个不等式至少有一个不成立:① $a + b < c + d$;② $(a+b)(c+d) < ab + cd$;③ $(a+b)cd < (c+d)ab$. (1969 全苏数学奥林匹克试题)

25. 设 $a_1, a_2, \cdots, a_n$ 是正整数,其中 $n > 2$,且 $a_1 \leq a_2 \leq \cdots \leq a_n$,求证:对一切不全为 0 的实数 $x_1, x_2, \cdots, x_n$,不等式 $\sum_{i=1}^{n} a_i x_i^2 + 2\sum_{i=1}^{n-1} x_i x_{i+1} > 0$ 恒成立的充要条件是 $a_2 \geq 2$. (1988 年波兰 - 奥地利数学奥林匹克试题)

26. (1) 设 $a_1, a_2, \cdots, a_n$ 是实数,$n$ 是正整数,证明:$(a_1 + a_2 + \cdots + a_n)^2 \leq n(a_1^2 + a_2^2 + \cdots + a_n^2)$;

(2) 利用(1)的结果证明:如果实数 $a_1, a_2, \cdots, a_n$ 满足 $a_1 + a_2 + \cdots + a_n \geq \sqrt{(n-1)(a_1^2 + a_2^2 + \cdots + a_n^2)}$,证明:所有 $a_1, a_2, \cdots, a_n$ 都是非负的. (1959 ~ 1966 年 IMO 预选题)

27. 设 $x,y,z$ 为非负实数,且 $xy + yz + zx + xyz = 4$,证明:$x + y + z \geq xy + yz + zx$. (1996 年越南数学奥林匹克试题)

28. 设实数 $a,b,c,d$ 满足 $abcd > a^2 + b^2 + c^2 + d^2$. 证明:$abcd > a + b + c + d + 8$. (2007 年白俄罗斯数学奥林匹克试题)

29. 已知正实数 $x_1, x_2, \cdots, x_n$ 满足 $x_1 x_2 \cdots x_n = 1$，求证：$\dfrac{1}{n-1+x_1} + \dfrac{1}{n-1+x_2} + \cdots + \dfrac{1}{n-1+x_n} \leqslant 1$. (2008 年新加坡国家集训队试题)

30. 已知 $x_1, x_2, \cdots, x_n$ 是正实数, 满足 $\sum\limits_{i=1}^{n} x_i = \sum\limits_{i=1}^{n} \dfrac{1}{x_i}$, 证明：$\sum\limits_{i=1}^{n} \dfrac{1}{n-1+x_i} \leqslant 1$. (2007 年捷克和斯洛伐克数学奥林匹克试题)

31. 非负实数满足 $x_1, x_2, \cdots, x_n$:
$$\sum_{i=1}^{n} x_i^2 + \sum_{1 \leqslant i<j \leqslant n} (x_i x_j)^2 = \dfrac{n(n+1)}{2}$$

(1) 求证：$\sum\limits_{i=1}^{n} x_i \leqslant n$；

(2) 如果在此条件下, 总有 $\sum\limits_{i=1}^{n} x_i \geqslant \sqrt{\dfrac{n(n+1)}{2}}$, 求正整数 $n$ 的所有可能值. (2008 年中国国家集训队培训试题)

32. 设 $a, b, c$ 均为实数, 证明：$(a+b+c)^2 - 9ab$, $(a+b+c)^2 - 9bc$, $(a+b+c)^2 - 9ca$ 中至少有一个是非负数. (2008 年克罗地亚集训试题)

# 参 考 解 答

1. 令 $x = \sqrt{\dfrac{a}{a+3b}}, y = \sqrt{\dfrac{b}{b+3a}}$, 则 $x, y \in \mathbf{R}^+, x^2 = \dfrac{a}{a+3b}, y^2 = \dfrac{b}{b+3a}$, 并由此得

$$\left(\dfrac{1}{x^2} - 1\right)\left(\dfrac{1}{y^2} - 1\right) = \dfrac{3a}{b} \cdot \dfrac{3b}{a} = 9 \qquad ①$$

假设 $x+y<1$, 则 $0<x<1, 0<y<1, (x+y)^2 > 1$, 且有

$$\left(\dfrac{1}{x^2}-1\right)\left(\dfrac{1}{y^2}-1\right) = \dfrac{(1-x^2)(1-y^2)}{x^2 y^2} > \dfrac{[(x+y)^2 - x^2][(x+y)^2 - y^2]}{x^2 y^2} =$$

$$\dfrac{y(2x+y)x(x+2y)}{x^2 y^2} = \dfrac{(2x+y)(x+2y)}{xy} =$$

$$\dfrac{(x+x+y)(x+y+y)}{xy} \geqslant \dfrac{3\sqrt[3]{xxy} \cdot 3\sqrt[3]{xyy}}{xy} = 9$$

即 $\left(\dfrac{1}{x^2}-1\right)\left(\dfrac{1}{y^2}-1\right) > 9$. 这与①矛盾, 所以 $x+y \geqslant 1$, 即

$$\sqrt{\dfrac{a}{a+3b}} + \sqrt{\dfrac{b}{b+3a}} \geqslant 1$$

**2. 证法一** 假设 $|f(1)|, |f(2)|, |f(3)|$ 都小于 $\dfrac{1}{2}$，则 $f(1) = 1 + p + q, f(2) = 4 + 2p + q, f(3) = 9 + 3p + q, f(1) - 2f(2) + f(3) = 2$. 由

$$|f(1) - 2f(2) + f(3)| \leqslant |f(1)| + 2|f(2)| + |f(3)|$$

得到

$$|f(1)| + 2|f(2)| + |f(3)| \geqslant 2$$

又由假设得到 $|f(1)| + 2|f(2)| + |f(3)| < \dfrac{1}{2} + 2 \cdot \dfrac{1}{2} + \dfrac{1}{2} = 2$，产生矛盾.

从而 $|f(1)|, |f(2)|, |f(3)|$ 中至少有一个不小于 $\dfrac{1}{2}$.

**证法二** 假设 $|f(1)|, |f(2)|, |f(3)|$ 都小于 $\dfrac{1}{2}$，则 $|1 + p + q| < \dfrac{1}{2}$，$|4 + 2p + q| < \dfrac{1}{2}$，$|9 + 3p + q| < \dfrac{1}{2}$，即

$$-\dfrac{1}{2} < 1 + p + q < \dfrac{1}{2} \qquad ①$$

$$-\dfrac{1}{2} < 4 + 2p + q < \dfrac{1}{2} \qquad ②$$

$$-\dfrac{1}{2} < 9 + 3p + q < \dfrac{1}{2} \qquad ③$$

① + ③ 得 $-\dfrac{1}{2} < 5 + 2p + q < \dfrac{1}{2}$，即

$$-\dfrac{3}{2} < 4 + 2p + q < -\dfrac{1}{2} \qquad ④$$

④ 与 ② 矛盾. 从而命题得证.

3. 因为 $\dfrac{1}{4}a^3 + a \geqslant a^2$，所以

$$a^2 - a + 1 \leqslant \dfrac{1}{4}a^3 + 1$$

同理

$$b^2 - b + 1 \leqslant \dfrac{1}{4}b^3 + 1$$

$$c^2 - c + 1 \leqslant \dfrac{1}{4}c^3 + 1$$

所以，只需证明

$$\dfrac{1}{\dfrac{1}{4}a^3 + 1} + \dfrac{1}{\dfrac{1}{4}b^3 + 1} + \dfrac{1}{\dfrac{1}{4}c^3 + 1} \geqslant 1$$

令

$$x = \dfrac{1}{\dfrac{1}{4}a^3 + 1}, y = \dfrac{1}{\dfrac{1}{4}b^3 + 1}, z = \dfrac{1}{\dfrac{1}{4}c^3 + 1}$$

若 $x+y+z<1$,则

$$\frac{1}{4}a^3 = \frac{1}{x} - 1 = \frac{1-x}{x} > \frac{y+z}{x} \geq \frac{2\sqrt{yz}}{x}$$

$$\frac{1}{4}b^3 = \frac{1}{y} - 1 = \frac{1-y}{y} > \frac{z+x}{y} \geq \frac{2\sqrt{zx}}{y}$$

$$\frac{1}{4}c^3 = \frac{1}{z} - 1 = \frac{1-z}{z} > \frac{x+y}{z} \geq \frac{2\sqrt{xy}}{z}$$

以上三个不等式相乘得

$$8 = \frac{1}{64}(8)^3 \geq \frac{1}{64}(abc)^3 > \frac{2\sqrt{yz}}{x} \cdot \frac{2\sqrt{zx}}{y} \cdot \frac{2\sqrt{xy}}{z} = 8$$

矛盾.

从而 $x+y+z \geq 1$,于是原不等式成立.

4. 令

$$g(0) = -\sum_{i=1}^{n} x_i, g(k) = \sum_{i=1}^{k} x_i - \sum_{i=k+1}^{n} x_i (1 \leq k \leq n-1), g(n) = \sum_{i=1}^{n} x_i$$

则
$$|g(1) - g(0)| = 2|x_1| \leq 2$$
$$|g(k+1) - g(k)| = 2|x_{k+1}| \leq 2, k = 1, 2, \cdots, n-2$$
$$|g(n) - g(n-1)| = 2|x_n| \leq 2$$

所以对任何 $0 \leq k \leq n-1$ 均有
$$|g(k+1) - g(k)| \leq 2 \qquad ①$$

假设结论不对,则由条件对任何 $0 \leq k \leq n$ 均有
$$|g(k)| > 1 \qquad ②$$

这时若存在 $0 \leq i \leq n-1$ 有 $g(i)g(i+1) < 0$,则不妨设 $g(i) > 0$, $g(i+1) < 0$,这时由 ② 知 $g(i) > 1$, $g(i+1) < -1$,故 $|g(i+1) - g(i)| > 2$,与 ① 矛盾.

于是,$g(0), g(1), \cdots, g(n)$ 同号,但 $g(0) + g(n) = 0$,矛盾. 故结论成立.

5. 用反证法. 假设这三个数 $2a - \frac{1}{b}$, $2b - \frac{1}{c}$, $2c - \frac{1}{a}$ 都大于 1. 由于 $a, b, c$ 中至少有一个是正的,不妨设 $a > 0$,于是 $2c > 2c - \frac{1}{a} > 1$,所以 $c > 0$. 同理可得 $b > 0$. 因此,$a, b, c$ 都是正实数.

由 $2b - \frac{1}{c} > 1$,可得 $b > \frac{1}{2}(1 + \frac{1}{c})$. 由 $2a - \frac{1}{b} > 1$,可得 $\frac{2}{bc} - \frac{1}{b} > 1$,

即 $b < \frac{2}{c} - 1$.

因此, $\frac{1}{2}(1+\frac{1}{c}) < b < \frac{2}{c}-1$, 从而有 $c < 1$. 同理, $a < 1, b < 1$. 与 $abc = 1$ 矛盾.

因此, 题目结论成立.

**6. 证法一** 设 $a_1, a_2, \cdots, a_n$ 中有 $i$ 个非负数, 记为 $x_1, x_2, \cdots, x_i$, 有 $j$ 个负数, 记为 $-y_1, -y_2, \cdots, -y_j, (y_1, y_2, \cdots, y_j > 0)$; 其中 $i \geq 0, j \geq 0$, 且 $i + j = n$.

不妨假设 $\max\{a_1, a_2, \cdots, a_n\} < 2$, 则 $\max\{x_1, x_2, \cdots, x_i\} < 2$. 因为
$$x_1 + x_2 + \cdots + x_i + [(-y_1) + (-y_2) + \cdots + (-y_j)] \geq n$$
所以
$$x_1 + x_2 + \cdots + x_i \geq n + y_1 + y_2 + \cdots + y_j$$
又 $\max\{x_1, x_2, \cdots, x_i\} < 2, y_1, y_2, \cdots, y_j > 0$, 则
$$2i > x_1 + x_2 + \cdots + x_i \geq n + y_1 + y_2 + \cdots + y_j = i + j + y_1 + y_2 + \cdots + y_j$$
所以
$$i - j > y_1 + y_2 + \cdots + y_j$$
因为
$$x_1^2 + x_2^2 + \cdots + x_i^2 + (-y_1)^2 + (-y_2)^2 + \cdots + (-y_j)^2 \geq n^2$$
所以
$$x_1^2 + x_2^2 + \cdots + x_i^2 \geq n^2 - (y_1^2 + y_2^2 + \cdots + y_j^2)$$
因为 $y_1, y_2, \cdots, y_j > 0, \max\{x_1, x_2, \cdots, x_i\} < 2$
所以
$$4i > x_1^2 + x_2^2 + \cdots + x_i^2 \geq n^2 - (y_1 + y_2 + \cdots + y_j)^2 >$$
$$n^2 - (i-j)^2 = (i+j)^2 - (i-j)^2 = 4ij$$

由于 $i \geq 0$, 故 $j < 1$. 又 $j \geq 0$, 所以 $j = 0$.

故 $a_1, a_2, \cdots, a_n$ 均为非负数. 所以 $4n > a_1^2 + a_2^2 + \cdots + a_n^2 \geq n^2$, 从而, $n < 4$. 这与 $n > 3$ 矛盾.

所以, $\max\{a_1, a_2, \cdots, a_n\} \geq 2$.

**证法二** 记 $b_i = 2 - a_i, S = \sum_{i=1}^{n} b_i, T = \sum_{i=1}^{n} b_i^2$, 则
$$(2 - a_1) + (2 - a_1) + \cdots + (2 - a_n) \geq n$$
和 $(4 - 4b_1 + b_1^2) + (4 - 4b_1 + b_1^2) + \cdots + (4 - 4b_n + b_n^2) \geq n^2$

这就是说, $S \leq n$ 和 $T \geq n^2 - 4n + 4S$.

从这些不等式我们得到
$$T \geq n^2 - 4n + 4S \geq (n-4)S + 4S = nS$$

另一方面, 假如 $b_i > 0, i = 1, 2, \cdots, n$. 所以, $b_i < \sum_{i=1}^{n} b_i = S \leq n$. 于是
$$T = \sum_{i=1}^{n} b_i^2 < n(\sum_{i=1}^{n} b_i) = nS$$

这样, 我们不能有 $b_i > 0, i = 1, 2, \cdots, n$. 所以一定有某些 $i, b_i \leq 0$, 即 $a_i \geq$

2.

**7. 证法一** 若 $a^2+b^2+c^2 < abc$,则 $a < bc, b < ca, c < ab$,故 $a+b+c < ab+bc+ca \leqslant a^2+b^2+c^2 < abc$,矛盾.

**证法二** $a^2+b^2+c^2 < abc$,则 $2ab < a^2+b^2+c^2 < abc$,故 $c > 2$,同理,$a > 2, b > 2$,故 $\frac{1}{ab}+\frac{1}{bc}+\frac{1}{ca} < \frac{1}{4}+\frac{1}{4}+\frac{1}{4} < \frac{3}{4} < 1$,于是 $a+b+c < abc$,此与 $a+b+c \geqslant abc$ 矛盾.

**8. 证法一** 设这三个正数为 $a,b,c$,令 $m = \max\{a,b,c\}$.因为 $abc = 1$,所以 $m \geqslant 1$.

若 $m = 1$,则 $a = b = c = 1$,所以 $a+b+c = \frac{1}{a}+\frac{1}{b}+\frac{1}{c}$,与题设矛盾.

若 $a,b,c$ 中有 2 个大于 1,不妨设 $a > 1, b > 1$,因为 $c = \frac{1}{ab}$,所以

$$a+b+\frac{1}{ab} > \frac{1}{a}+\frac{1}{b}+\frac{1}{\frac{1}{ab}} = \frac{a+b}{ab}+ab$$

即 $$ab(a+b)+1 > a+b+a^2b^2$$
所以 $$(a+b)(ab-1) > (ab+1)(ab-1)$$
所以 $$a+b > ab+1$$

所以 $(a-1)(b-1) < 0$,这与 $a > 1, b > 1$ 相矛盾,故结论成立.

**证法二** 设 $a,b,c$ 满足题设条件,即 $abc = 1$,且

$$a+b+c > \frac{1}{a}+\frac{1}{b}+\frac{1}{c}$$

则 $(a-1)(b-1)(c-1) = abc-(ab+bc+ca)+(a+b+c)-1 =$
$(abc-1)+(a+b+c)-abc(\frac{1}{a}+\frac{1}{b}+\frac{1}{c}) =$
$(a+b+c)-(\frac{1}{a}+\frac{1}{b}+\frac{1}{c}) > 0$

于是,三个因式 $(a-1),(b-1),(c-1)$ 的乘积是正的,从而,要么恰有一个因式是正的,要么所有三个因式 $(a-1),(b-1),(c-1)$ 都是正的.但是后一种情况是不可能的,因为如果 $a > 1, b > 1, c > 1$,则 $abc > 1$,与条件 $abc = 1$ 矛盾.

**9. 证法一** 因为 $a > 0, b > 0, c > 0, a+b+c = abc$,所以由均值不等式得 $abc = a+b+c \geqslant 3\sqrt[3]{abc}$,于是 $abc \geqslant 3\sqrt{3}$,这样 $a,b,c$ 中至少有一个大于等于 $\sqrt{3}$,否则,如果 $a,b,c$ 都小于 $\sqrt{3}$,因为 $a > 0, b > 0, c > 0$,则 $0 < a < \sqrt{3}, 0 < b < \sqrt{3}, 0 < c < \sqrt{3}$,三个不等式相乘得 $abc < 3\sqrt{3}$,与 $abc \geqslant 3\sqrt{3}$ 矛盾,于是

$a,b,c$ 中至少有一个大于等于 $\sqrt{3}$，从而更大于 $\frac{17}{10}$．

**证法二** 因为 $a>0,b>0,c>0, a+b+c=abc$，所以 $a,b,c$ 可以看成是一个锐角三角形的三个锐角的正切．由于三角形的内角和等于 $180°$，所以至少有一个角不小于 $60°$，从而正切至少有一个大于等于 $\sqrt{3}$，从而更大于 $\frac{17}{10}$．

10. 若 $x^2+xy, y^2+xy$ 都不大于 2，即 $0<x^2+xy\leq 2, 0<y^2+xy\leq 2$．从而

$$-2\leq -(x^2+xy)<0 \qquad ①$$
$$-2\leq -(y^2+xy)<0 \qquad ②$$

又因为

$$x^2+xy+y^2>3 \qquad ③$$

所以由 ① + ③ 得

$$1<y^2<3$$

② + ③ 得

$$1<x^2<3$$

从而 $x^2+xy>1+1\times 1=2$，这与 $0<x^2+xy\leq 2$ 矛盾，所以命题成立，即 $x^2+xy, y^2+xy$ 至少有一个大于 2．

11. 作代换 $x=\frac{1}{1+2a}, y=\frac{1}{1+2b}, z=\frac{1}{1+2c}$，则 $\frac{1}{x}-1=2a, \frac{1}{y}-1=2b, \frac{1}{z}-1=2c$．原题可转化为：

若 $(\frac{1}{x}-1)(\frac{1}{y}-1)(\frac{1}{z}-1)=8$，求证：$x+y+z\geq 1$．我们用反证法．

假设 $x+y+z<1$，那么

$$8=(\frac{1}{x}-1)(\frac{1}{y}-1)(\frac{1}{z}-1)>$$
$$(\frac{x+y+z}{x}-1)(\frac{x+y+z}{y}-1)(\frac{x+y+z}{z}-1)=$$
$$(\frac{y+z}{x})(\frac{x+z}{y})(\frac{x+y}{z})\geq (\frac{2\sqrt{yz}}{x})(\frac{2\sqrt{xz}}{y})(\frac{2\sqrt{xy}}{z})=8$$

矛盾！故 $x+y+z\geq 1$．

12. 设 $a=\frac{1}{x}, b=\frac{1}{y}, c=\frac{1}{z}$，则由已知得 $xy+yz+zx\geq 1$，假设 $\frac{2}{a}+\frac{3}{b}+\frac{6}{c}\geq 6, \frac{2}{b}+\frac{3}{c}+\frac{6}{a}\geq 6, \frac{2}{c}+\frac{3}{a}+\frac{6}{b}\geq 6$ 至多一个成立，即 $2x+3y+6z\geq 6, 2y+3z+6x\geq 6, 2z+2x+6y\geq 6$ 至多一个成立．

但是
$$(2x+3y+6z)^2 + (2y+3z+6x)^2 = 40x^2 + 13y^2 + 45z^2 + 36xy + 60zx + 48yz =$$
$$36x^2 + 9y^2 + 4x^2 + 9z^2 + 4y^2 + 36z^2 + 36xy + 60zx + 48yz \geq$$
$$36xy + 12zx + 24yz + 36xy + 60zx + 48yz =$$
$$72(xy + yz + zx) = 72$$

同理
$$(2y+3z+6x)^2 + (2z+2x+6y)^2 \geq 72$$
$$(2x+3y+6z)^2 + (2z+2x+6y)^2 \geq 72$$

由于这三个式子均成立,所以 $2x+3y+6z \geq 6, 2y+3z+6x \geq 6, 2z+2x+6y \geq 6$ 至多两个成立.否则这三个式子至少有一个不成立.

13. 假设 $ab+bc+ca > \dfrac{3}{4}$,设 $ab+bc+ca = k(k>1)$,令 $A = \dfrac{a}{\sqrt{k}}, B = \dfrac{b}{\sqrt{k}}$, $C = \dfrac{c}{\sqrt{k}}$,则 $AB + BC + CA = \dfrac{3}{4}$.

因为 $k > 1$,所以 $\sqrt{k} > 1, A < a, B < b, C < c$.

由均值不等式得 $\dfrac{1}{4} = \dfrac{AB+BC+CA}{3} \geq \sqrt[3]{AB \cdot BC \cdot CA}$,所以 $ABC \leq \dfrac{1}{8}$.

又
$$(A+B+C)^2 - 3(AB+BC+CA) =$$
$$\dfrac{1}{2}\left[(A-B)^2 + (B-C)^2 + (C-A)^2\right] \geq 0$$

所以
$$(A+B+C)^2 \geq 3(AB+BC+CA) = \dfrac{9}{4}$$
$$A+B+C \geq \dfrac{3}{2}$$

于是
$$(a+b)(b+c)(c+a) > (A+B)(B+C)(C+A) =$$
$$(AB+BC+CA)(A+B+C) - ABC \geq$$
$$\dfrac{3}{4} \cdot \dfrac{3}{2} - \dfrac{1}{8} = 1$$

这与假设 $(a+b)(b+c)(c+a) = 1$ 矛盾,所以,$ab+bc+ca \leq \dfrac{3}{4}$.

14. 记 $A_i = \dfrac{1}{\sqrt{1+(n^2-1)x_i}}(i=1,2,\cdots,n)$,假设 $\sum\limits_{i=1}^{n} A_i < 1$.则 $0 < A_i < 1$ $(i=1,2,\cdots,n)$.

一方面,$\prod\limits_{i=1}^{n}\left(\dfrac{1}{A_i^2} - 1\right) = (n^2-1)^n$.另一方面,由均值不等式得

$$\prod_{i=1}^{n}\left(\frac{1}{A_i^2}-1\right) = \frac{\prod_{i=1}^{n}(1-A_i)\prod_{i=1}^{n}(1+A_i)}{\prod_{i=1}^{n}A_i^2} > \frac{\prod_{i=1}^{n}\left(\sum_{i=1}^{n}A_i - A_i\right)\prod_{i=1}^{n}\left(\sum_{i=1}^{n}A_i + A_i\right)}{\prod_{i=1}^{n}A_i^2} =$$

$$\frac{\prod_{i=1}^{n}(A_1+\cdots+A_{i-1}+A_{i+1}+\cdots+A_n)\prod_{i=1}^{n}(A_1+\cdots+A_{i-1}+A_i+A_i+A_{i+1}+\cdots+A_n)}{\prod_{i=1}^{n}A_i^2} \geq$$

$$\frac{\prod_{i=1}^{n}(n-1)^{n-1}\sqrt{A_1\cdots A_{i-1}A_{i+1}\cdots A_n}\prod_{i=1}^{n}(n+1)^{n+1}\sqrt{A_1\cdots A_{i-1}A_iA_iA_{i+1}\cdots A_n}}{\prod_{i=1}^{n}A_i^2} =$$

$$(n^2-1)^n$$

矛盾.

所以，$\sum_{i=1}^{n}\dfrac{1}{\sqrt{1+(n^2-1)x_i}} \geq 1$. 当 $n=3$ 时，正是第 42 届 IMO 试题的变形.

15. 同 14 题.

16. 若这样的 $x_1$ 与 $x_2$ 不存在，则分别取 $x_1=0, x_2=0$; $x_1=0, x_2=1$; $x_1=1, x_2=0$; $x_1=1, x_2=1$ 得

$$|0 \times 0 - f(0) - g(0)| < \frac{1}{4}$$

$$|0 \times 1 - f(0) - g(1)| < \frac{1}{4}$$

$$|1 \times 0 - f(1) - g(0)| < \frac{1}{4}$$

$$|1 \times 1 - f(1) - g(1)| < \frac{1}{4}$$

即

$$|f(0)+g(0)| < \frac{1}{4}$$

$$|f(0)+g(1)| < \frac{1}{4}$$

$$|f(1)+g(0)| < \frac{1}{4}$$

$$|1-f(1)-g(1)| < \frac{1}{4}$$

于是

$$1 = |[1-f(1)-g(1)]+[f(1)+g(0)]+[f(0)+g(1)]-[f(0)+g(0)]| \leq$$

$$|1-f(1)-g(1)|+|f(1)+g(0)|+$$
$$|f(0)+g(1)|+|f(0)+g(0)|<$$
$$\frac{1}{4}+\frac{1}{4}+\frac{1}{4}+\frac{1}{4}=1$$

矛盾.

**17. 证法一** 假设 $p \geq q \geq r \geq s$.

若 $p+q \geq 5$,则 $p^2+q^2+2pq \geq 25 = 4+21 = 4+(p^2+q^2+r^2+s^2) \geq 4+p^2+q^2+2rs$,即 $pq-rs \geq 2$.

若 $p+q < 5$,则 $4 < r+s \leq p+q < 5$.

注意到
$$(pq+rs)+(pr+qs)+(ps+rq)=$$
$$\frac{1}{2}[(p+q+r+s)^2-(p^2+q^2+r^2+s^2)]=30$$

因为 $(p-s)(q-r) \geq 0, (p-q)(s-r) \geq 0$,所以 $pq+rs \geq pr+qs \geq ps+rq$,因此有 $pq+rs \geq 10$.

又因为 $0 \leq (p+q)-(r+s) < 1$,所以
$$(p+q)^2-2(p+q)(r+s)+(r+s)^2 < 1$$

结合 $(p+q)^2-2(p+q)(r+s)+(r+s)^2 = 9^2$ 得
$$(p+q)^2+(r+s)^2 < 41$$

于是 $41 = 21+2\times 10 \leq (p^2+q^2+r^2+s^2)+2(pq+rs) = (p+q)^2+(r+s)^2 < 41$

矛盾.

综上,存在 $(p,q,r,s)$ 的一个排列 $(a,b,c,d)$,使得 $ab-cd \geq 2$.

**证法二** 设 $\frac{p+q}{2} = \frac{9}{4}+e_1, \frac{r+s}{2} = \frac{9}{4}-e_1$,由对称性不妨设 $e_1 \geq 0$.

再设 $p = \frac{9}{4}+e_1+e_2, q = \frac{9}{4}+e_1-e_2, r = \frac{9}{4}-e_1+e_3, s = \frac{9}{4}-e_1-e_3$,由对称性不妨设 $e_2 \geq 0, e_3 \geq 0$. 设 $q \geq r$,则 $e_1-e_2 \geq -e_1+e_3$,即 $2e_1 \geq e_2+e_3$,又

$$21 = (p^2+q^2)+(r^2+s^2) = 2(\frac{9}{4}+e_1)^2+2e_2^2+2(\frac{9}{4}-e_1)^2+2e_3^2 =$$
$$4(\frac{9}{4})^2+4e_1^2+2e_2^2+2e_3^2 = 20+\frac{1}{4}+2(2e_1^2+e_2^2+e_3^2)$$

于是
$$2e_1^2+e_2^2+e_3^2 = \frac{3}{8}$$

因为 $2e_1 \geq e_2+e_3, e_2 \geq 0, e_3 \geq 0$,所以 $e_2^2+e_3^2 \leq (e_2+e_3)^2$,于是 $\frac{3}{8} \leq$

$2e_1^2 + (e_2 + e_3)^2 \leq 2e_1^2 + 4e_1^2 = 6e_1^2$,于是 $e_1^2 \geq \dfrac{1}{16}$,又 $e_1 \geq 0$,所以 $e_1 \geq \dfrac{1}{4}$,有

$$pq - rs = (\dfrac{9}{4} + e_1)^2 - e_2^2 - (\dfrac{9}{4} - e_1)^2 + e_3^2 = 9e_1 - e_2^2 + e_3^2$$

所以

$$pq - rs = 9e_1 - (\dfrac{3}{8} - 2e_1^2 - e_3^2) + e_3^2 = 9e_1 + 2e_1^2 - \dfrac{3}{8} + 2e_3^2 \geq$$

$$9 \cdot \dfrac{1}{4} + 2 \cdot \dfrac{1}{16} - \dfrac{3}{8} = 2$$

18. 因为 $a$ 是正数,且 $a^3 = a + 1 > 1$,所以,$a > 1$. 又因为 $b$ 是正数,且 $b^6 = b + 3a > 3$,所以,$b > 1$.

假设 $a \leq b$,则

$$b - a > (b-a) - (a-1)^2 = (b+3a) - (a+1)^2 = b^6 - a^6 =$$
$$(b-a)(b^5 + b^4a + b^3a^2 + b^2a^3 + ba^4 + a^5) > b - a$$

矛盾. 所以 $a > b$.

19. 令 $x = [x] + a, y = [y] + b$,则 $0 \leq a < 1, 0 \leq b < 1$. 原不等式等价于

$$[x] + [y] + [5a] + [5b] \geq [3a+b] + [3b+a]$$

只需证明

$$[5a] + [5b] \geq [3a+b] + [3b+a] \qquad ①$$

用反证法,设 ① 不成立,即

$$[5a] + [5b] < [3a+b] + [3b+a] \qquad ②$$

若 $[5a] < [3a+b]$,则 $2a < b$,且 $[3a+b] \geq 1$. 由此可得 $[\dfrac{5}{2}b] \geq 1$,

所以

$$b \geq \dfrac{2}{5} \qquad ③$$

从 $5b > 3b + a$ 可推出 $[5b] \geq [3b+a]$,又

$$[3a+b] \leq [3a] + 1 \leq [5a] + 1$$

则从 ② 可得

$$[5b] = [3b+a] \qquad ④$$

再由 $a < \dfrac{1}{2}b$ 推出 $[5b] \leq [\dfrac{7}{2}b] \leq 3$,从而 $b < \dfrac{4}{5}$.

又可推出 $\dfrac{7}{2}b < \dfrac{28}{10}$,所以 $[5b] \leq [\dfrac{7}{2}b] \leq 2$,于是有 $b < \dfrac{3}{5}$.

因此 $3a + b < \dfrac{5}{2}b < \dfrac{3}{2}$,从而 $[3a+b] \leq 1$.

由于 $[5a] < [3a+b]$,所以,$[5a] = 0$,即 $a < \dfrac{1}{5}$.

由 $3b + a < \dfrac{9}{5} + \dfrac{1}{5} = 2$,以及④可知$[5b] \leq 1$,即 $b < \dfrac{2}{5}$. 与③矛盾!以上证明了$[5a] \geq [3a+b]$.同理可证,在条件②下$[5b] \geq [3b+a]$.这样就引出矛盾,所以②不能成立,即①成立.

20. 用反证法. 假设命题不成立, 则存在实数 $a,b$, 使得对于 $[0,1]$ 中的任意 $x,y$, 都有 $|xy - ax - by| \geq \dfrac{1}{3}$, 则分别取 $(x,y) = (1,0),(0,1)$ 和 $(1,1)$, 有 $|a| < \dfrac{1}{3}, |b| < \dfrac{1}{3}, |1-a-b| < \dfrac{1}{3}$, 但从 $|a| < \dfrac{1}{3}, |b| < \dfrac{1}{3}$, 可推出 $|1-a-b| > \dfrac{1}{3}$.

事实上
$$|1-a-b| + |a| + |b| \geq |(1-a-b) + a + b| = 1$$
所以
$$|1-a-b| \geq 1 - (|a| + |b|) > \dfrac{1}{3}$$

得到矛盾. 所以对于 $[0,1]$ 中的任意 $x,y$, 都有 $|xy - ax - by| \geq \dfrac{1}{3}$.

下面证明将 $\dfrac{1}{3}$ 换成比 $\dfrac{1}{3}$ 大的任意实数 $c$, 不等式不再成立. 即存在常数 $c$, 使得对任意 $x,y \in [0,1]$ 有 $|xy - ax - by| < c$.

事实上, 取 $a = \dfrac{1}{3}, b = \dfrac{1}{3}$, 由于
$$xy - ax - by = \dfrac{1}{3}[xy - x(1-y) - y(1-x)]$$
所以,若 $x,y \in [0,1]$, 则
$$|xy - ax - by| \leq \dfrac{1}{3}\max\{xy, x(1-y), y(1-x)\}$$
又 $0 \leq xy \leq 1, 0 \leq x(1-y) + y(1-x) \leq x + (1-x) = 1$, 从而, $|xy - ax - by| \leq \dfrac{1}{3} < c$, 对任意 $x,y \in [0,1]$.

21. 用反证法. 假设 $a^2 + b^2 \geq \dfrac{\pi^2}{4}$, 由于 $a\sin x + b\cos x = \sqrt{a^2+b^2}\sin(x+\varphi)$, 其中 $\varphi$ 是仅依赖于 $a,b$ 的固定实数, 使得 $\cos\varphi = \dfrac{a}{\sqrt{a^2+b^2}}, \sin\varphi = \dfrac{b}{\sqrt{a^2+b^2}}$.

由于 $\sqrt{a^2+b^2} \geq \dfrac{\pi}{2}$, 从而存在实数 $x_0$ 使得 $\sqrt{a^2+b^2}\sin(x_0+\varphi) = \dfrac{\pi}{2}$, 即

$a\sin x_0 + b\cos x_0 = \dfrac{\pi}{2}$.

由此可得 $\cos(a\sin x_0) > \sin(b\cos x_0)$，与假设矛盾. 于是, $a^2 + b^2 < \dfrac{\pi^2}{4}$.

22. （1）由于 $[px + (1-p)y]^2 = Ax^2 + Bxy + Cy^2$，所以
$$A = p^2, B = 2p(1-p), C = (1-p)^2, 0 \leqslant p \leqslant 1$$
如果 $A = p^2 < \dfrac{4}{9}, C = (1-p)^2 < \dfrac{4}{9}$，则 $\dfrac{1}{3} \leqslant p \leqslant \dfrac{2}{3}$，从而
$$B = 2p(1-p) = 2\left[-\left(p-\dfrac{1}{2}\right)^2 + \dfrac{1}{4}\right] > 2\left(-\dfrac{1}{36} + \dfrac{1}{4}\right) = \dfrac{4}{9}$$
又 $p = \dfrac{1}{3}$ 时，$A = p^2 = \dfrac{1}{9}, B = C = \dfrac{4}{9}$. 所以，对任意 $p \in [0,1]$，总有 $\max(A, B, C) \geqslant \dfrac{4}{9}$.

（2）由 $[px + (1-p)y][qx + (1-q)y] = \alpha x^2 + \beta xy + \gamma y^2$ 立即可得
$$\alpha = pq, \beta = p(1-q) + q(1-p), \gamma = (1-p)(1-q)$$
其中 $0 \leqslant p \leqslant 1, 0 \leqslant q \leqslant 1$.

显然，若 $p = q = \dfrac{1}{3}$，即得 $\alpha = \dfrac{1}{9}, \beta = \gamma = \dfrac{4}{9}$.

若 $\alpha = pq < \dfrac{4}{9}, \gamma = 1 - p - q + pq < \dfrac{4}{9}$，可以证明 $\beta = p + q - 2pq > \dfrac{4}{9}$.

事实上，若不然，则 $\beta \leqslant \dfrac{4}{9}$. 由 $\gamma < \dfrac{4}{9}$ 可推出 $p + q - pq > \dfrac{5}{9}$，从而 $\dfrac{4}{9} \geqslant \beta = p + q - 2pq > \dfrac{5}{9} - pq$，即得 $pq > \dfrac{1}{9}$.

另一方面，由 $\dfrac{4}{9} \geqslant \beta = p + q - 2pq \geqslant 2\sqrt{pq} - 2pq$，可得 $-\left(\sqrt{pq} - \dfrac{1}{2}\right)^2 + \dfrac{1}{4} \leqslant \dfrac{2}{9}$，即 $\left|\sqrt{pq} - \dfrac{1}{2}\right| \geqslant \sqrt{\dfrac{1}{4} \cdot \dfrac{2}{9}} = \dfrac{1}{6}$，再由 $pq < \dfrac{4}{9}$，所以，$\sqrt{pq} \leqslant \dfrac{1}{3}$，与 $pq > \dfrac{1}{9}$ 矛盾.

综上可知，$\max(\alpha, \beta, \gamma) \geqslant \dfrac{4}{9}$.

23. 用反证法. 假设 $bd > q^2$，则
$$4abcd = 4(ac)(bd) > 4p^2q^2 = (ab + cd)^2 = a^2b^2 + 2abcd + c^2d^2$$
由此可得 $(ab - cd)^2 < 0$. 矛盾.

24. 将前两个不等式两端分别相乘可得 $(a+b)^2 < ab + cd$. 再由 $(a+b)^2 \geqslant 4ab$ 得 $3ab < cd$.

同理由后两个不等式可得$(a+b)^2 cd < ab(ab+cd)$，再由$(a+b)^2 \geq 4ab$得$3cd < ab$.

于是，三个不等式不可能同时成立.

25. 必要性：如果$a_2 = 2$，则$a_1 = 1$，取$x_1 = 1, x_2 = -1, x_3 = \dfrac{1}{a_3}, x_4 = \cdots = x_n = 0$，则

$$\sum_{i=1}^{n} a_i x_i^2 + 2\sum_{i=1}^{n-1} x_i x_{i+1} = x_1^2 + x_2^2 + a_3 x_3^2 + 2x_1 x_2 + 2x_2 x_3 = -\dfrac{1}{a_3} < 0$$

与假设矛盾，故$a_2 \geq 2$.

充分性：由于$2 \leq a_2 \leq a_3 \leq \cdots \leq a_n$，所以

$$\sum_{i=1}^{n} a_i x_i^2 + 2\sum_{i=1}^{n-1} x_i x_{i+1} \geq x_1^2 + 2\sum_{i=2}^{n} x_i^2 + 2\sum_{i=1}^{n-1} x_i x_{i+1} =$$
$$(x_1 + x_2)^2 + (x_2 + x_3)^2 + \cdots + (x_{n-1} + x_n)^2 + x_n^2 \geq 0$$

且最后的等号仅在$x_n = x_{n-1} = \cdots = x_2 = x_1 = 0$时成立.

26. (1) 由柯西不等式可得.

(2) 由对称性，不妨设$a_n < 0$，由条件

$$a_1 + a_2 + \cdots + a_n \geq \sqrt{(n-1)(a_1^2 + a_2^2 + \cdots + a_n^2)}$$

得 $a_1 + a_2 + \cdots + a_{n-1} > 0$

$$a_1 + a_2 + \cdots + a_{n-1} > a_1 + a_2 + \cdots + a_n \geq \sqrt{(n-1)(a_1^2 + a_2^2 + \cdots + a_n^2)}$$

平方得

$$(a_1 + a_2 + \cdots + a_{n-1})^2 > (n-1)(a_1^2 + a_2^2 + \cdots + a_n^2) \qquad ①$$

所以，对$n-1$用(1)的结论，得

$$(n-1)(a_1^2 + a_2^2 + \cdots + a_{n-1}^2) \geq (a_1 + a_2 + \cdots + a_{n-1})^2 \qquad ②$$

由①，②得$a_1^2 + a_2^2 + \cdots + a_{n-1}^2 > a_1^2 + a_2^2 + \cdots + a_n^2$，即$a_n^2 < 0$. 矛盾，故$a_n \geq 0$. 同理$a_1, a_2, \cdots, a_{n-1} \geq 0$.

27. 令$d_1 = x + y + z, d_2 = xy + yz + zx, d_3 = xyz$，则条件变为

$$d_2 + d_3 = 4 \qquad ①$$

由舒尔不等式变形 II：$(x+y+z)^3 - 4(x+y+z)(yz+zx+xy) + 9xyz \geq 0$

得

$$d_1^3 + 9d_3 \geq 4d_1 d_2 \qquad ②$$

用反证法. 假设

$$d_1 < d_2 \qquad ③$$

将①代入②得

$$d_1^3 + 9(4 - d_2) \geq 4d_1 d_2$$

即

$$d_1^3 + 36 \geq 4d_1 d_2 + 9d_2 \qquad ④$$

将③代入④得

$$d_1^3 + 36 > 4d_1^2 + 9d_1 \qquad ⑤$$

由⑤得

$$(d_1^2 - 9)(d_1 - 4) > 0 \qquad ⑥$$

由③,①得 $d_1 - 4 < d_2 - 4 = -d_3 < 0$,又由 $d_1^2 \geq 3d_2 > 3d_1$ 得 $d_1 > 3$,从而 $d_1^2 > 9$,这样 $(d_1^2 - 9)(d_1 - 4) < 0$. 这与⑥矛盾. 从而假设不成立. 原不等式得证.

28. 由 $abcd > a^2 + b^2 + c^2 + d^2 \geq 4\sqrt[4]{a^2b^2c^2d^2}$,可得 $\sqrt[4]{abcd} > 2$.

假设 $a + b + c + d + 8 \geq abcd$,则

$$a + b + c + d + 8 \geq a^2 + b^2 + c^2 + d^2$$

即

$$(a - \frac{1}{2})^2 + (b - \frac{1}{2})^2 + (c - \frac{1}{2})^2 + (d - \frac{1}{2})^2 < 9$$

从而

$$\frac{(a - \frac{1}{2}) + (b - \frac{1}{2}) + (c - \frac{1}{2}) + (d - \frac{1}{2})}{4} \leq$$

$$\sqrt{\frac{(a - \frac{1}{2})^2 + (b - \frac{1}{2})^2 + (c - \frac{1}{2})^2 + (d - \frac{1}{2})^2}{4}} <$$

$$\sqrt{\frac{9}{4}} = \frac{3}{2}$$

于是,$a + b + c + d < 8, 2 < \sqrt[4]{abcd} \leq \frac{a+b+c+d}{4} < \frac{8}{4} = 2$,矛盾.

29. **证法一** 用反证法. 假设 $\dfrac{1}{n-1+x_1} + \dfrac{1}{n-1+x_2} + \cdots + \dfrac{1}{n-1+x_n} > 1$,从而

$$\frac{1}{n-1+x_1} > 1 - (\frac{1}{n-1+x_2} + \frac{1}{n-1+x_3} + \cdots + \frac{1}{n-1+x_n}) =$$

$$\sum_{i=2}^{n} (\frac{1}{n-1} - \frac{1}{n-1+x_i}) = \sum_{i=2}^{n} \frac{x_i}{(n-1)(n-1+x_i)} =$$

$$\frac{1}{n-1} \sum_{i=2}^{n} \frac{x_i}{n-1+x_i} \geq \sqrt[n-1]{\frac{\prod_{i=2}^{n} x_i}{\prod_{i=2}^{n}(n-1+x_i)}}$$

同理

$$\frac{1}{n-1+x_2} > \sqrt[n-1]{\frac{\prod_{i=1,i\neq 2}^{n} x_i}{\prod_{i=1,i\neq 2}^{n}(n-1+x_i)}}$$

...

$$\frac{1}{n-1+x_n} > \sqrt[n-1]{\frac{\prod_{i=1}^{n-1} x_i}{\prod_{i=1}^{n-1}(n-1+x_i)}}$$

将上面 $n$ 个不等式相乘得 $x_1 x_2 \cdots x_n < 1$，与 $x_1 x_2 \cdots x_n = 1$ 假设矛盾. 所以

$$\frac{1}{n-1+x_1} + \frac{1}{n-1+x_2} + \cdots + \frac{1}{n-1+x_n} \leq 1$$

**证法二** 用反证法.

$$\frac{1}{n-1+x_1} + \frac{1}{n-1+x_2} + \cdots + \frac{1}{n-1+x_n} \leq 1 \Leftrightarrow$$

$$\frac{x_1}{n-1+x_1} + \frac{x_2}{n-1+x_2} + \cdots + \frac{x_n}{n-1+x_n} \geq 1$$

注意到 $y_i = \frac{x_i}{n-1+x_i} > 0$，则 $\frac{n-1}{x_i} = \frac{1}{y_i} - 1 (i=1,2,\cdots,n)$，因为 $x_1 x_2 \cdots x_n = 1$，所以

$$\prod_{i=1}^{n}\left(\frac{1}{y_i} - 1\right) = (n-1)^n \qquad ①$$

假设不等式不成立，则

$$\sum_{i=1}^{n} y_i < 1 \qquad ②$$

则由均值不等式得

$$1 - y_i > \sum_{j=1,j\neq i}^{n} y_j \geq (n-1)\sqrt[n-1]{\prod_{j=1,j\neq i}^{n} y_j}$$

所以

$$\prod_{i=1}^{n}\left(\frac{1}{y_i} - 1\right) = \frac{1}{y_1 y_2 \cdots y_n} \prod_{i=1}^{n}(1 - y_i) >$$

$$\frac{1}{y_1 y_2 \cdots y_n}(n-1)^n \cdot \sqrt[n-1]{(y_1 y_2 \cdots y_n)^{n-1}} = (n-1)^n$$

这与 ① 矛盾，所以不等式 ② 不成立，从而原不等式得证.

30. 令 $y_i = \frac{1}{n-1+x_i}$，则 $x_i = \frac{1}{y_i} - (n-1)$，$0 < y_i < \frac{1}{n-1}$ 且 $x_i y_i = 1 - (n-1)y_i$，$i = 1, 2, \cdots, n$.

如果 $\sum_{i=1}^{n} y_i > 1$，我们将证明 $\sum_{i=1}^{n} x_i < \sum_{i=1}^{n} \frac{1}{x_i}$。

$$(n-1)y_i > (n-1)(y_i + 1 - \sum_{k=1}^{n} y_k) =$$

$$(n-1)y_i - 1 + \sum_{k=1}^{n} [1 - (n-1)y_k] =$$

$$-x_i y_i + \sum_{k=1}^{n} x_k y_k \qquad ①$$

两端同除以 $x_i y_i$ 得

$$\frac{n-1}{x_i} > -1 + \frac{1}{x_i y_i} \sum_{k=1}^{n} x_k y_k, i = 1,2,\cdots,n$$

相加得

$$(n-1) \sum_{i=1}^{n} \frac{1}{x_i} > -n + \sum_{i=1}^{n} \frac{1}{x_i y_i} \sum_{k=1}^{n} x_k y_k =$$

$$\sum_{k=1}^{n} x_k y_k [(\sum_{i=1}^{n} \frac{1}{x_i y_i}) - \frac{1}{x_k y_k}] \qquad ②$$

而由柯西不等式并利用式 ① 得

$$(\sum_{i=1}^{n} \frac{1}{x_i y_i}) - \frac{1}{x_k y_k} = \frac{1}{x_1 y_1} + \cdots + \frac{1}{x_{k-1} y_{k-1}} + \frac{1}{x_{k+1} y_{k+1}} + \cdots + \frac{1}{x_n y_n} \geqslant$$

$$\frac{(n-1)^2}{x_1 y_1 + \cdots + x_{k-1} y_{k-1} + x_{k+1} y_{k+1} + \cdots + x_n y_n} =$$

$$\frac{(n-1)^2}{\sum_{i=1}^{n} x_i y_i - x_k y_k} = \frac{(n-1)^2}{\sum_{i=1}^{n} x_i y_i - x_k y_k} >$$

$$\frac{(n-1)^2}{(n-1)y_k} = \frac{n-1}{y_k} \qquad ③$$

将 ③ 代入 ② 得

$$(n-1) \sum_{i=1}^{n} \frac{1}{x_i} > \sum_{k=1}^{n} (n-1)x_k = (n-1) \sum_{k=1}^{n} x_k$$

即 $\sum_{i=1}^{n} \frac{1}{x_i} > \sum_{k=1}^{n} x_k$，这与题设矛盾. 所以 $\sum_{i=1}^{n} \frac{1}{n-1+x_i} \leqslant 1$.

31.(1) 由条件有

$$\sum_{i=1}^{n} x_i^2 + 2 \sum_{1 \leqslant i < j \leqslant n} x_i x_j - \frac{n(n+1)}{2} + \sum_{1 \leqslant i < j \leqslant n} (x_i^2 x_j^2 - 2x_i x_j + 1) = \frac{n(n+1)}{2}$$

整理得

$$(\sum_{i=1}^{n} x_i)^2 + \sum_{1 \leqslant i < j \leqslant n} (x_i x_j - 1)^2 = n^2, (\sum_{i=1}^{n} x_i)^2 \leqslant n^2 \Rightarrow \sum_{i=1}^{n} x_i \leqslant n$$

问题得证.

(2) $n$ 的所有可能值为 $1,2,3$.

充分性: $n=1$ 时, 由条件 $x_1^2=1$, 得 $x_1 \geqslant \sqrt{\dfrac{n(n+1)}{2}}$.

$n=2$ 时, 由条件
$$x_1^2+x_2^2+x_1^2 x_2^2=3 \qquad ①$$

即要证明
$$x_1+x_2 \geqslant \sqrt{3}$$

用反证法. 若 $x_1+x_2<\sqrt{3}$, 则
$$x_1^2+x_2^2+2x_1 x_2<3 \qquad ②$$

① - ② 得 $x_1^2 x_2^2>2 x_1 x_2$, 而 $x_1 x_2>0$, 故只可能有 $x_1 x_2>2$. 此时由均值不等式有 $x_1+x_2 \geqslant 2\sqrt{x_1 x_2}>2\sqrt{2}>\sqrt{3}$, 矛盾. 因此, 命题成立. $n=3$ 时, 有
$$x_1^2+x_2^2+x_3^2+x_1^2 x_2^2+x_1^2 x_3^2+x_3^2 x_2^2=6 \qquad ③$$

即要证明
$$x_1+x_2+x_3 \geqslant \sqrt{6}$$

仍用反证法. 若 $x_1+x_2+x_3<\sqrt{6}$, 则
$$x_1^2+x_2^2+x_3^2+2 x_1 x_2+2 x_1 x_3+2 x_3 x_2<6 \qquad ④$$

③ - ④ 得 $x_1^2 x_2^2+x_1^2 x_3^2+x_3^2 x_2^2>2 x_1 x_2+2 x_1 x_3+2 x_3 x_2$, 这说明 $x_1^2 x_2^2>2 x_1 x_2$, $x_1^2 x_3^2>2 x_1 x_3$, $x_3^2 x_2^2>2 x_3 x_2$ 中至少有一个成立.

不妨设 $x_1^2 x_2^2>2 x_1 x_2$, 则 $x_1 x_2>2$, $x_1+x_2 \geqslant 2\sqrt{x_1 x_2}>2\sqrt{2}>\sqrt{6}$, 矛盾. 故充分性得证.

必要性: 设 $n \geqslant 4$. 令 $x_3=x_4=\cdots=x_n=0$, 条件化为
$$x_1^2+x_2^2+x_1^2 x_2^2=\dfrac{n(n+1)}{2} \Leftrightarrow (x_1+x_2)^2+(x_1^2 x_2^2-2 x_1 x_2)=\dfrac{n(n+1)}{2}$$

待定 $\varepsilon>0$. 令 $x_1, x_2$ 满足 $\begin{cases} x_1 x_2=2+\varepsilon \\ (x_1+x_2)^2=\dfrac{n(n+1)}{2}-2\varepsilon-\varepsilon^2 \end{cases}$.

如果这样的 $x_1, x_2$ 存在, 那么命题不成立. 这只需证明满足下述条件的 $\varepsilon$ 存在, 即
$$\dfrac{n(n+1)}{2}-2\varepsilon-\varepsilon^2 \geqslant 4(2+\varepsilon) \Leftrightarrow \varepsilon^2+6\varepsilon \geqslant \dfrac{n(n+1)}{2}-8$$

而 $n \geqslant 4$, 故 $\dfrac{n(n+1)}{2} \geqslant 10>8$, 故总能选出 $\varepsilon>0$ 使得上式成立, 从而存在 $x_1, x_2, \cdots, x_n$ 满足条件且

$$x_1 + x_2 + \cdots + x_n < \sqrt{\frac{n(n+1)}{2}}$$

32. 反证法. 若 $(a+b+c)^2 - 9ab < 0$, $(a+b+c)^2 - 9bc < 0$, $(a+b+c)^2 - 9ca < 0$. 三式相加得

$$a^2 + b^2 + c^2 - (ab + bc + ca) = \frac{1}{2}[(a-b)^2 + (b-c)^2 + (c-a)^2] < 0$$

矛盾.

# 调整法与磨光变换法证明不等式

**本**章讲解局部调整法证明不等式,求函数的最值问题.

在研究三个或三个以上变量的极值问题或者不等式时,我们常常先固定其中一个或者一部分变量,对其余的变量作调整,得到初步结果,再作进一步探讨,这种方法称为局部调整法(累次求极值法). 在解决问题的过程中, 局部调整法可以反复使用,在每次使用时,由于变量个数的减少,所以问题就简化了. 局部调整法(累次求极值法)的主要特征是保证了每逼近一次都能取到统一的等号. 这就要求我们首先发现取等号的条件(即取极值的条件). 既然如此,我们可以换一种方法来解决此类问题. 当我们知道等号成立的条件时,就不必保证每步都取等号(极值),而只要使变量组 $(x_1, x_2, \cdots, x_n)$ 逐步接近等号组(极值点),且保证经过有限步必达到极值点即可. 这种方法我们称为磨光变换法.

## 例题讲解

**例1** 设实数 $x_1, x_2, \cdots, x_{1997}$ 满足如下两个条件:

(1) $-\dfrac{1}{\sqrt{3}} \leqslant x_i \leqslant \sqrt{3}\,(i=1,2,\cdots,1\,997)$;

(2) $x_1 + x_2 + \cdots + x_{1\,997} = -318\sqrt{3}$.

试求 $x_1^{12} + x_2^{12} + \cdots + x_{1\,997}^{12}$ 的最大值. (1997 年中国数学奥林匹克试题)

**解** 满足题设条件的任意一组 $x_1,x_2,\cdots,x_{1\,997}$ 之中, 若有这样的 $x_i$ 和 $x_j$: $\sqrt{3} > x_i \geqslant x_j > -\dfrac{1}{\sqrt{3}}$, 则记 $m = \dfrac{1}{2}(x_i + x_j)$, $h_0 = \dfrac{1}{2}(x_i - x_j) = x_i - m = m - x_j$, 我们观察到

$$(m+h)^{12} + (m-h)^{12} = 2\sum_{0 \leqslant k = 2l \leqslant 12} C_{12}^{k} m^{12-k} h^{k}$$

随 $h > 0$ 的增加而增大, 约定取 $h = \min\{\sqrt{3} - m, m - (-\dfrac{1}{\sqrt{3}})\}$, 并以 $x'_i = m + h$, $x'_j = m - h$ 代替 $x_i$ 和 $x_j$, 则诸元之和不变, 诸元的 12 次方之和增大. 因此, 所求的 12 次幂和的最大值只能由以下情形达到: 至多只有一个变元取值于 $(-\dfrac{1}{\sqrt{3}}, \sqrt{3})$, 其余变元都为 $-\dfrac{1}{\sqrt{3}}$ 或 $\sqrt{3}$.

设有 $u$ 个变元取值 $-\dfrac{1}{\sqrt{3}}$, $v$ 个变元取值 $\sqrt{3}$, $w(=0$ 或 $1)$ 个变元取值于 $(-\dfrac{1}{\sqrt{3}}, \sqrt{3})$ (若有, 则将该值记为 $t$). 于是

$$\begin{cases} u + v + w = 1\,997 \\ -\dfrac{1}{\sqrt{3}}u + \sqrt{3}v + tw = -318\sqrt{3} \end{cases}$$

由此得到

$$4v + (\sqrt{3}\,t + 1)w = 1\,043$$

因为 $(\sqrt{3}\,t + 1)w = 1\,043 - 4v$ 是整数, 并且 $0 \leqslant 1\,043 - 4v < 4$, 所以 $(\sqrt{3}\,t + 1)w$ 是 $1\,043$ 除以 $4$ 的余数. 据此求得

$$v = 260,\ t = \dfrac{2}{\sqrt{3}},\ u = 1\,736$$

据以上讨论, 得到 $x_1^{12} + x_2^{12} + \cdots + x_{1\,997}^{12}$ 的最大值是

$$(-\dfrac{1}{\sqrt{3}})^{12}u + (\sqrt{3})^{12}v + t^{12} = \dfrac{1\,736 + 4\,096}{729} + 729 \times 260 =$$

$8 + 189\,540 = 189\,548$.

**例 2** 对于满足条件 $x_1 + x_2 + \cdots + x_n = 1$ 的非负实数 $x_1, x_2, \cdots, x_n$, 求 $\sum_{j=1}^{n}(x_j^4 - x_j^5)$ 的最大值. (第 40 届 IMO 中国国家队选拔考试试题)

**解** 用调整法探索题中和式的最大值.

(1) 首先,对于 $x, y > 0$,我们来比较 $(x+y)^4 - (x+y)^5 + 0^4 - 0^5$ 与 $x^4 - x^5 + y^4 - y^5$ 的大小

$$(x+y)^4 - (x+y)^5 + 0^4 - 0^5 - (x^4 - x^5 + y^4 - y^5) =$$
$$xy(4x^2 + 6xy + 4y^2) - xy(5x^3 + 10x^2y + 10xy^2 + y^3) \geqslant$$
$$\frac{7}{2}xy(x^2 + 2xy + y^2) - 5xy(x^3 + 3x^2y + 3xy^2 + y^3) =$$
$$\frac{1}{2}xy(x+y)^2[7 - 10(x+y)].$$

只要 $x, y > 0, x + y < \frac{7}{10}$,上式就必然大于 0.

(2) 如果 $x_1, x_2, \cdots, x_n$ 中的非零数少于两个,那么,题中的和式就等于 0. 以下考察 $x_1, x_2, \cdots, x_n$ 中的非零数不少于两个的情形.

如果某三个数 $x_i, x_j, x_k > 0$,那么,其中必有两个之和小于等于 $\frac{2}{3} < \frac{7}{10}$. 根据 (1) 中的讨论,可将这两数合并作为一个数,另补一个数 0,使得题中的和式变大. 经有限次调整,最后剩下两个非零数,不妨设为 $x, y > 0, x + y = 1$. 对此情形,

$$x^4 - x^5 + y^4 - y^5 = x^4(1-x) + y^4(1-y) =$$
$$xy(x^3 + y^3) = xy[(x+y)^3 - 3xy(x+y)] = xy(1 - 3xy) =$$
$$\frac{1}{3}(3xy)(1 - 3xy).$$

当 $3xy = \frac{1}{2}$ 时,上式达到最大值,即

$$x^4 - x^5 + y^4 - y^5 = \frac{1}{6}(1 - \frac{1}{2}) = \frac{1}{12}.$$

这就是题目所要求的最大值. 能达到最大值的 $x_1, x_2, \cdots, x_n$,其中仅两个不等于 0. 以 $x$ 和 $y$ 表示这两个数,则 $x, y > 0, x + y = 1, xy = \frac{1}{6}$.

解二次方程 $\lambda^2 - \lambda + \frac{1}{6} = 0$ 可知 $x = \frac{3 + \sqrt{3}}{6}, y = \frac{3 - \sqrt{3}}{6}$,当然也可以是 $x = \frac{3 - \sqrt{3}}{6}, y = \frac{3 + \sqrt{3}}{6}$.

验算可知,如果 $x_1, x_2, \cdots, x_n$ 中仅这样两个非零数,那么,题中的和式确实达到最大值 $\frac{1}{12}$.

**例 3** 设 $n$ 是一个固定的整数, $n \geqslant 2$.

(1) 确定最小常数 $c$，使得不等式 $\sum_{1\leq i<j\leq n} x_i x_j(x_i^2+x_j^2) \leq c(\sum_{1\leq i\leq n} x_i)^4$ 对所有的非负数都成立；

(2) 对于这个常数 $c$，确定等号成立的条件.（第 40 届 IMO 试题）

**解** 由于不等式是齐次对称的. 我们可以设 $x_1 \geq x_2 \geq \cdots \geq x_n \geq 0$，且 $\sum_{i=1}^n x_i = 1$.

这时只需讨论 $F(x_1, x_2, \cdots, x_n) = \sum_{1\leq i<j\leq n} x_i x_j(x_i+x_j)$ 的最大值.

假设 $x_1, x_2, \cdots, x_n$ 中最后一个非零数为 $x_{k+1}(k\geq 2)$. 将 $x = (x_1, x_2, \cdots, x_k, x_{k+1}, 0, 0, \cdots, 0)$ 调整为 $x' = (x_1, x_2, \cdots, x_k + x_{k+1}, 0, 0, \cdots, 0)$. 相应的函数值

$$F(x') - F(x) = x_k x_{k+1}[3(x_k+x_{k+1})\sum_{i=1}^{k-1} x_i - x_k^2 - x_{k+1}^2] =$$
$$x_k x_{k+1}[3(x_k+x_{k+1})(1-x_k-x_{k+1}) - x_k^2 - x_{k+1}^2] =$$
$$x_k x_{k+1}\{(x_k+x_{k+1})[3-4(x_k+x_{k+1})] + 2x_k x_{k+1}\}$$

因为，$1 \geq x_1 + x_k + x_{k+1} \geq \frac{1}{2}(x_k+x_{k+1}) + x_k + x_{k+1}$，所以 $\frac{2}{3} \geq x_k + x_{k+1}$，因此，$F(x') - F(x) > 0$.

换言之，将 $x$ 调整为 $x'$ 时，函数值 $F$ 严格增加. 对于任意 $x = (x_1, x_2, \cdots, x_n)$，经过若干次调整，最终可得

$$F(x) \leq F(a, b, 0, \cdots, 0) = ab(a^2+b^2) = \frac{1}{2}(2ab)(1-2ab) \leq$$
$$\frac{1}{8} = F(\frac{1}{2}, \frac{1}{2}, 0, \cdots, 0)$$

可见所求常数 $c = \frac{1}{8}$. 等号成立的充要条件是两个 $x_i$ 相等（可以为 0），而其余 $x_j$ 均等于零.

**例 4** 已知 $a, b, c$ 是非负实数，且 $a+b+c=1$，求证：$(1-a^2)^2 + (1-b^2)^2 + (1-c^2)^2 \geq 2$.（2000 年波兰 - 奥地利数学竞赛试题）

**证明** 设 $a, b, c$ 满足已知条件，则 $0, a+b, c$ 也是满足条件的三个数. 记原不等式左边为 $f(a, b, c)$，则

$$f(a,b,c) - f(0, a+b, c) = (1-a^2)^2 + (1-b^2)^2 + (1-c^2)^2 -$$
$$\{(1-0^2)^2 + [1-(a+b)^2]^2 + (1-c^2)^2\} =$$
$$4ab(1-a^2-b^2-\frac{3}{2}ab) = 4ab(1-(a+b)^2+\frac{1}{2}ab) \geq 0$$

同理

$$f(0, a+b, c) - f(0, 0, a+b+c) \geq 0$$

所以
$$f(a,b,c) \geq f(0,0,a+b+c) = f(0,0,1) = 2$$

# 练 习 题

1. 已知三棱锥 $O-ABC$ 的三条侧棱 $OA, OB, OC$ 两两垂直，$P$ 是底面 $ABC$ 内的一点，$OP$ 与三侧面所成的角分别为 $\alpha, \beta, \gamma$，求证：$\frac{\pi}{2} < \alpha + \beta + \gamma < 3\arcsin\frac{\sqrt{3}}{3}$. (2004 年湖南省数学竞赛题)

2. 设 $x_i \geq 0, i = 1, 2, \cdots, n$，且 $\sum_{i=1}^{n} x_i = 1, n \geq 2$. 求 $\sum_{1 \leq i < j \leq n} x_i x_j (x_i + x_j)$ 的最大值. (第 32 届 IMO 预选题)

3. 已知正实数 $x_1, x_2, \cdots, x_n$ 满足 $x_1 x_2 \cdots x_n = 1$，求证：
$$\frac{1}{n-1+x_1} + \frac{1}{n-1+x_2} + \cdots + \frac{1}{n-1+x_n} \leq 1$$
(1999 年罗马尼亚国家队试题)

4. 设 $a, b, c$ 都是正数，求证：$\frac{a+b+c}{3} - \sqrt[3]{abc} \leq \max\{(\sqrt{a}-\sqrt{b})^2, (\sqrt{b}-\sqrt{c})^2, (\sqrt{c}-\sqrt{a})^2\}$. (2002 年美国国家集训队考试题)

5. 设 $n \geq 2$，求乘积 $x_1 x_2 \cdots x_n$ 在 $x_i \geq \frac{1}{n}, i = 1, 2, \cdots, n$ 与 $x_1^2 + x_2^2 + \cdots + x_n^2 = 1$ 下的最大值和最小值. (1979 年 IMO 预选题)

6. 设 $a, b, c, d$ 是四个非负实数，且 $a+b+c+d=1$，求证不等式：$abc + bcd + cda + dab \leq \frac{1}{27} + \frac{176}{27}abcd$. (第 34 届 IMO 预选题)

7. 已知 $5n$ 个实数 $r_i, s_i, t_i, u_i, v_i (1 \leq i \leq n)$ 都大于 1，记 $R = (\frac{1}{n}\sum_{i=1}^{n} r_i)$，$S = (\frac{1}{n}\sum_{i=1}^{n} s_i), T = (\frac{1}{n}\sum_{i=1}^{n} t_i), U = (\frac{1}{n}\sum_{i=1}^{n} u_i), V = (\frac{1}{n}\sum_{i=1}^{n} v_i)$. 求证：
$$\prod_{i=1}^{n} (\frac{r_i s_i t_i u_i v_i + 1}{r_i s_i t_i u_i v_i - 1}) \geq (\frac{RSTUV + 1}{RSTUV - 1})^n.$$
(1994 年中国国家集训队第二次选拔考试试题)

8. 给定自然数 $n \geq 3$ 和实常数 $\lambda$，已知 $x_1, x_2, \cdots, x_n$ 是满足条件 $x_1 + x_2 + \cdots + x_n = 1$ 的非负实数，求 $x_1^2 + x_2^2 + \cdots + x_n^2 + \lambda x_1 x_2 \cdots x_n$ 的最大值和最小

值.(1994 年中国国家集训队考试题)

9. 设 $x,y,z$ 为非负实数,且 $x+y+z=1$,证明:$0 \leqslant yz+zx+xy-2xyz \leqslant \frac{7}{27}$.(第 25 届 IMO 试题)

10. 已知 $\theta_1,\theta_2,\cdots,\theta_n$ 都非负,且 $\theta_1+\theta_2+\cdots+\theta_n=\pi$,求 $\sin^2\theta_1+\sin^2\theta_2+\cdots+\sin^2\theta_n$ 的最大值.(1985 年 IMO 预选题)

11. 设 $x_1,x_2,x_3,x_4$ 都是正实数,且 $x_1+x_2+x_3+x_4=\pi$,求表达式 $(2\sin^2 x_1+\frac{1}{\sin^2 x_1})(2\sin^2 x_2+\frac{1}{\sin^2 x_2})(2\sin^2 x_3+\frac{1}{\sin^2 x_3})(2\sin^2 x_4+\frac{1}{\sin^2 x_4})$ 的最小值.(1991 年中国国家集训队考试题)

12. 设 $a,b,c$ 是正实数,且 $a+b+c=3$,证明:$\frac{1}{a^2}+\frac{1}{b^2}+\frac{1}{c^2} \geqslant a^2+b^2+c^2$.(2006 年罗马尼亚国家集训队试题)

13. 设 $a,b,c$ 是正实数,求证:$\frac{(b+c-a)^2}{a^2+(b+c)^2}+\frac{(c+a-b)^2}{b^2+(c+a)^2}+\frac{(a+b-c)^2}{c^2+(a+b)^2} \geqslant \frac{3}{5}$.(1997 年日本数学奥林匹克试题)

14. 设 $a,b,c$ 是正实数,且 $abc=1$,证明:$\frac{1}{1+a+b}+\frac{1}{1+b+c}+\frac{1}{1+c+a} \leqslant \frac{1}{2+a}+\frac{1}{2+b}+\frac{1}{2+c}$.(1997 年保加利亚数学奥林匹克试题)

15. 将 2 006 表示成 5 个正整数 $x_1,x_2,x_3,x_4,x_5$ 之和. 记 $S=\sum_{1 \leqslant i<j \leqslant 5} x_i x_j$,问:

(1)当 $x_1,x_2,x_3,x_4,x_5$ 取何值时,$S$ 取到最大值;

(2)进一步地,对任意 $1 \leqslant i,j \leqslant 5$ 有 $|x_i-x_j| \leqslant 2$,当 $x_1,x_2,x_3,x_4,x_5$ 取何值时,$S$ 取到最小值.(2006 年全国高中数学联赛试题)

16. 已知 $x,y,z \in [1,2]$,证明:$(x+y+z)(\frac{1}{x}+\frac{1}{y}+\frac{1}{z}) \geqslant 6(\frac{x}{y+z}+\frac{y}{z+x}+\frac{z}{x+y})$.(2006 年越南数学奥林匹克试题)

17. 设 $a,b,c$ 为非负实数,且 $a^2+b^2+c^2+abc=4$,证明:$0 \leqslant ab+bc+ca-abc \leqslant 2$.(第 30 届美国数学奥林匹克试题)

18. 设 $x,y,z$ 为三个正实数,且 $xyz=1$,求证:$x^2+y^2+z^2+x+y+z \geqslant 2(xy+yz+zx)$.(2000 年莫斯科数学奥林匹克试题)

19. 设 $\triangle ABC$ 的三边长分别为 $a,b,c$,且 $a+b+c=3$,求 $f(a,b,c)=a^2+b^2+c^2+\frac{4}{3}abc$ 的最小值.(2007 年北方数学奥林匹克试题)

20. 设 $x,y,z$ 是正实数，求证：$\dfrac{xy}{z} + \dfrac{yz}{x} + \dfrac{zx}{y} > 2\sqrt[3]{x^3 + y^3 + z^3}$. (2008年中国国家集训队试题)

21. 设 $x,y,z$ 是非负实数满足 $xy+yz+zx=1$，证明：$\dfrac{1}{x+y} + \dfrac{1}{y+z} + \dfrac{1}{z+x} \geqslant \dfrac{5}{2}$. (2008年江西省数学竞赛试题)

22. 设 $a,b,c$ 是正数，且 $a+b+c=3$，证明：$\dfrac{1}{2+a^2+b^2} + \dfrac{1}{2+b^2+c^2} + \dfrac{1}{2+c^2+a^2} \leqslant \dfrac{3}{4}$. (2009年伊朗国家集训队试题)

23. 设 $x,y,z$ 是正实数，且 $xyz=1$，证明：
(1) $(1+x+y)^2 + (1+y+z)^2 + (1+z+x)^2 \geqslant 27$；
(2) $(1+x+y)^2 + (1+y+z)^2 + (1+z+x)^2 \leqslant 3(x+y+z)^2$.
且两个不等式等号成立的条件都是 $x=y=z=1$. (2008年爱尔兰数学奥林匹克试题)

# 参 考 解 答

1. 由题设可得 $\sin^2\alpha + \sin^2\beta + \sin^2\gamma = 1$，且 $\alpha,\beta,\gamma \in (0, \dfrac{\pi}{2})$，所以

$$\sin^2\alpha = 1 - \sin^2\beta - \sin^2\gamma = \dfrac{1}{2}(\cos 2\beta + \cos 2\gamma) = \cos(\beta+\gamma)\cos(\beta-\gamma)$$

因为 $\cos(\beta-\gamma) > \cos(\beta+\gamma)$

所以 $\sin^2\alpha > \cos^2(\beta+\gamma) = \sin^2\left[\dfrac{\pi}{2} - (\beta+\gamma)\right]$

当 $\beta+\gamma \geqslant \dfrac{\pi}{2}$ 时，$\alpha+\beta+\gamma > \dfrac{\pi}{2}$，当 $\beta+\gamma < \dfrac{\pi}{2}$ 时，$\alpha > \dfrac{\pi}{2} - (\beta+\gamma)$，同样有 $\alpha+\beta+\gamma > \dfrac{\pi}{2}$，故 $\alpha+\beta+\gamma > \dfrac{\pi}{2}$.

另一方面，不妨设 $\alpha \geqslant \beta \geqslant \gamma$，则 $\sin\alpha \geqslant \dfrac{\sqrt{3}}{3}$，$\sin\gamma \leqslant \dfrac{\sqrt{3}}{3}$，令 $\sin\alpha_1 = \dfrac{\sqrt{3}}{3}$，$\sin\gamma_1 = \sqrt{1 - (\dfrac{\sqrt{3}}{3})^2 \sin^2\beta}$，则 $\sin^2\alpha_1 + \sin^2\beta_1 + \sin^2\gamma_1 = 1$，$\sin^2\beta = \cos(\alpha+\gamma)\cos(\alpha-\gamma) = \cos(\alpha_1+\gamma_1)\cos(\alpha_1-\gamma_1)$，因为 $\alpha_1 - \gamma_1 \leqslant \alpha - \gamma$，所以

$\cos(\alpha+\gamma) \geqslant \cos(\alpha_1+\gamma_1)$,所以 $\alpha+\gamma \leqslant \alpha_1+\gamma_1$.

继续运用调整法,只要 $\alpha,\beta,\gamma$ 不全相等,总可通过调整,使 $\alpha_1+\beta_1+\gamma_1$ 增大.

所以,当 $\alpha=\beta=\gamma=\arcsin\frac{\sqrt{3}}{3}$ 时,$\alpha+\beta+\gamma$ 取得最大值 $3\arcsin\frac{\sqrt{3}}{3}$,综上所述,$\frac{\pi}{2} < \alpha+\beta+\gamma < 3\arcsin\frac{\sqrt{3}}{3}$.

2. 记 $X = \{(x_1,x_2,\cdots,x_n) \mid x_i \geqslant 0, i=1,2,\cdots,n, 且 \sum_{i=1}^{n} x_i = 1\}$,则

$$F(v) = \sum_{1 \leqslant i < j \leqslant n} x_i x_j (x_i + x_j), v = (x_1, x_2, \cdots, x_n) \in X$$

显然,当 $n=2$ 时,$\max F(v) = \frac{1}{4}$(当且仅当 $x_1 = x_2 = \frac{1}{2}$ 时达到),考虑 $n \geqslant 3$ 的情况. 任取 $v \in X$.

令 $v = (x_1, x_2, \cdots, x_n)$,不妨设 $x_1 \geqslant x_2 \geqslant \cdots \geqslant x_{n-1} \geqslant x_n$,取 $w = (x_1, x_2, \cdots, x_{n-1}+x_n, 0)$.

$$F(w) = \sum_{1 \leqslant i < j \leqslant n-2} x_i x_j (x_i + x_j) + \sum_{i=1}^{n} x_i (x_{n-1}+x_n)(x_i + x_{n-1} + x_n) =$$

$$\sum_{1 \leqslant i < j \leqslant n-2} x_i x_j (x_i + x_j) + \sum_{i=1}^{n-2} x_i x_{n-1}(x_i + x_{n-1}) +$$

$$\sum_{i=1}^{n-2} x_i x_n (x_i + x_n) + 2 x_{n-1} x_n \sum_{i=1}^{n-2} x_i =$$

$$F(v) + x_{n-1} x_n (2 \sum_{i=1}^{n-2} x_i - x_{n-1} - x_n)$$

由于 $n \geqslant 3$,从而 $\sum_{i=1}^{n-2} x_i \geqslant \frac{1}{3}$,$x_{n-1}+x_n \leqslant \frac{2}{3}$,所以 $F(w) \geqslant F(v)$.

由归纳法知对任何 $v \in X$,存在 $u = (a,b,0,\cdots,0) \in X$,使得 $F(u) \geqslant F(v)$.

于是,由 $n=2$ 的情况可知所求的最大值是 $\frac{1}{4}$,且仅当 $x_1 = x_2 = \frac{1}{2}$,$x_3 = x_4 = \cdots = x_n = 0$ 时达到.

3. (2004.4 中等数学)

4. 要证明

$$\frac{a+b+c}{3} - \sqrt[3]{abc} \leqslant \max\{(\sqrt{a}-\sqrt{b})^2, (\sqrt{b}-\sqrt{c})^2, (\sqrt{c}-\sqrt{a})^2\}$$

只要证明

$$\frac{a+b+c}{3} - \sqrt[3]{abc} \leqslant \frac{(\sqrt{a}-\sqrt{b})^2 + (\sqrt{b}-\sqrt{c})^2 + (\sqrt{c}-\sqrt{a})^2}{3}$$

即只要证明
$$a + b + c + 3\sqrt[3]{abc} \geq 2(\sqrt{ab} + \sqrt{bc} + \sqrt{ca}) \quad ①$$
令
$$f(a,b,c) = a + b + c + 3\sqrt[3]{abc} - 2(\sqrt{ab} + \sqrt{bc} + \sqrt{ca})$$
不妨假设 $a \leq b \leq c$. 作如下调整: $a = a', b = b' = c' = \sqrt{bc} = A$, 则
$$f(a',b',c') = (a + 2A + 3 \cdot \sqrt[3]{a} \cdot \sqrt[3]{A^2}) - 2(A + 2\sqrt{aA}) =$$
$$a + 3 \cdot \sqrt[3]{a} \cdot \sqrt[3]{A^2} - 4\sqrt{aA} \geq 0$$
等号成立当且仅当 $a = 0$ 或 $a = b = c$.

再证明 $f(a,b,c) \geq f(a',b',c')$. 因为
$$f(a,b,c) - f(a',b',c') = b + c - 2\sqrt{a}(\sqrt{b} + \sqrt{c} - 2\sqrt{A}) - 2A$$
由于 $a \leq A$, $\sqrt{b} + \sqrt{c} \geq 2\sqrt{A}$, 所以
$$f(a,b,c) - f(a',b',c') \geq b + c - 2\sqrt{A}(b + c - 2\sqrt{A}) - 2A =$$
$$b + c - 2(\sqrt{b} + \sqrt{c})\sqrt{A} + 2A =$$
$$(\sqrt{b} - \sqrt{A})^2 + (\sqrt{c} - \sqrt{A})^2 \geq 0$$

从而 $f(a,b,c) \geq 0$.

5.(1) 求乘积 $x_1 x_2 \cdots x_n$ 的最小值. 设 $(x_1, x_2, \cdots, x_n)$ 是满足题设条件的任意一组数组, 考虑新数组 $(x_1^{(1)}, x_2^{(1)}, \cdots, x_n^{(1)})$, 其中, $x_1^{(1)}, x_2^{(1)}, \cdots, x_{n-2}^{(1)}, x_{n-1}^{(1)} = \sqrt{x_{n-1}^2 + x_n^2 - \frac{1}{n^2}}$, $x_n^{(1)} = \frac{1}{n}$, 这组数组显然满足 $x_i^{(1)} \geq \frac{1}{n}, i = 1, 2, \cdots, n$.
$\sum_{i=1}^{n} (x_i^{(1)})^2 = 1$.

而且因为
$$x_{n-1}^2 x_n^2 - (x_{n-1}^{(1)} x_n^{(1)})^2 = x_{n-1}^2 x_n^2 - (x_{n-1}^2 + x_n^2 - \frac{1}{n^2})(\frac{1}{n^2}) =$$
$$(x_{n-1}^2 - \frac{1}{n^2})(x_n^2 - \frac{1}{n^2}) \geq 0$$
所以
$$x_1 x_2 \cdots x_n \geq x_1^{(1)} x_2^{(1)} \cdots x_n^{(1)}$$
其次设
$$x_1^{(2)} = x_1^{(1)}, x_2^{(2)} = x_2^{(1)}, \cdots, x_{n-3}^{(2)} = x_{n-3}^{(1)}, x_{n-2}^{(2)} =$$
$$\sqrt{(x_{n-2}^{(1)})^2 + (x_{n-1}^{(1)})^2 - \frac{1}{n^2}}, x_{n-1}^{(2)} = x_n^{(2)} = \frac{1}{n}$$
同理

$$x_i^{(2)} \geq \frac{1}{n}, i = 1, 2, \cdots, n, \sum_{i=1}^{n} (x_i^{(2)})^2 = 1$$

$$x_1^{(1)} x_2^{(1)} \cdots x_n^{(1)} \geq x_1^{(2)} x_2^{(2)} \cdots x_n^{(2)}$$

重复这个过程 $n-1$ 次,最后得到数组 $(x_1^{(n-1)}, x_2^{(n-1)}, \cdots, x_n^{(n-1)})$,其中

$$x_1^{(n-1)} = \frac{\sqrt{n^2 - n + 1}}{n}, x_2^{(n-1)} = \frac{1}{n}, \cdots, x_n^{(n-1)} = \frac{1}{n}$$

并且

$$x_i^{(n-1)} \geq \frac{1}{n}, i = 1, 2, \cdots, n$$

$$\sum_{i=1}^{n} [x_i^{(n-1)}]^2 = 1, x_1 x_2 \cdots x_n \geq x_1^{(n-1)} x_2^{(n-1)} \cdots x_n^{(n-1)} = \frac{\sqrt{n^2 - n + 1}}{n^n}$$

这就是说,对任意满足题设条件的数组 $(x_1, x_2, \cdots, x_n)$ 都有

$$x_1 x_2 \cdots x_n \geq \frac{\sqrt{n^2 - n + 1}}{n^n}$$

而且当 $x_1 = \frac{\sqrt{n^2 - n + 1}}{n}$,$x_2 = \cdots = x_n = \frac{1}{n}$ 时,等号成立,于是乘积 $x_1 x_2 \cdots x_n$ 的最小值等于 $\frac{\sqrt{n^2 - n + 1}}{n^n}$.

(2)求乘积 $x_1 x_2 \cdots x_n$ 的最大值. 由均值不等式得

$$x_1^2 x_2^2 \cdots x_n^2 \leq \left(\frac{x_1^2 + x_2^2 + \cdots + x_n^2}{n}\right)^n = \left(\frac{1}{n}\right)^n$$

即 $x_1 x_2 \cdots x_n \leq \left(\frac{1}{\sqrt{n}}\right)^n$. 当 $x_1 = x_2 = \cdots = x_n = \frac{1}{\sqrt{n}}$ 时等号成立. 于是,最大值等于 $\left(\frac{1}{\sqrt{n}}\right)^n$.

6. 由对称性,可设 $a \geq b \geq c \geq d$,于是 $a \geq \frac{1}{4} \geq d$,令 $F(a, b, c, d) = abc + bcd + cda + dab - \frac{176}{27} abcd$. 并写

$$F(a, b, c, d) = bc(a + d) + ad\left(b + c - \frac{176}{27} bc\right) \qquad \text{①}$$

若 $a = b = c = d = \frac{1}{4}$,则 $F\left(\frac{1}{4}, \frac{1}{4}, \frac{1}{4}, \frac{1}{4}\right) = \frac{1}{27}$. 若 $a, b, c, d$ 不全相等,则 $a > \frac{1}{4} > d$.

若 $b + c - \frac{176}{27} bc \leq 0$,则由 ① 及均值不等式有

$$F(a,b,c,d) \leq bc(a+d) \leq \left[\frac{b+c+(a+d)}{3}\right]^3 = \frac{1}{27} \quad ②$$

即所求证的不等式成立.

若 $b+c-\frac{176}{27}bc > 0$,则令

$$a' = \frac{1}{4}, b' = b, c' = c, d' = a+d-a' \quad ③$$

于是,$a'+d' = a+d, a'd' > ad$. 由 ① 可得

$$F(a,b,c,d) = bc(a+d) + ad(b+c-\frac{176}{27}bc) \leq$$

$$b'c'(a'+d') + a'd'(b'+c'-\frac{176}{27}b'c') \quad ④$$

将 $a' = \frac{1}{4}, b', c', d'$ 按递减次序重排为 $a_1, b_1, c_1, d_1$,只要 $a', b', c', d'$ 不全相等,则 $a' = \frac{1}{4}$ 重排后的位置必在中间,于是有 $F(a,b,c,d) \leq F(a_1, b_1, c_1, d_1)$,其中 $a_1 + b_1 + c_1 + d_1 = 1$, $a_1 > \frac{1}{4} > d_1$,从而又可重复进行 ③ 中给出的变换,并得出与 ④ 相同的关系式,且这时 4 个数中的 $\frac{1}{4}$ 的个数又至少增加一个,可见至多进行 3 次这样的变换,即可化为 4 个数都是 $\frac{1}{4}$ 的情形,从而得到

$$F(a,b,c,d) \leq F(\frac{1}{4}, \frac{1}{4}, \frac{1}{4}, \frac{1}{4}) = \frac{1}{27}$$

这就完成了全部证明.

7. 先建立一个引理.

**引理** 设 $x_1, x_2, \cdots, x_n$ 为 $n$ 个大于 1 的实数,$A = \sqrt[n]{x_1 x_2 \cdots x_n}$,则

$$\prod_{i=1}^{n} \frac{x_i + 1}{x_i - 1} \geq \left(\frac{A+1}{A-1}\right)^n$$

**引理的证明** 记 $x_i = \max\{x_1, x_2, \cdots, x_n\}, x_j = \min\{x_1, x_2, \cdots, x_n\}, x_i \geq A \geq x_j$,我们来证明

$$\frac{(x_i+1)(x_j+1)}{(x_i-1)(x_j-1)} \geq \left(\frac{A+1}{A-1}\right)\left(\frac{\frac{x_i x_j}{A}+1}{\frac{x_i x_j}{A}-1}\right) \quad ①$$

由于

$$(x_i+1)(x_j+1)(A-1)(x_i x_j - A) - (x_i-1)(x_j-1)(A+1)(x_i x_j + A) =$$
$$2(x_i x_j + 1)(A - x_i)(x_j - A) \geq 0 \quad ②$$

所以,①式成立(注意由 $x_j > 1$,有 $x_i x_j > x_i \geq A$).
于是,利用①有

$$\prod_{l=1}^{n} \frac{x_l + 1}{x_l - 1} \geq \prod_{l \neq i, l \neq j}^{n} \left(\frac{x_l + 1}{x_l - 1}\right) \left(\frac{\frac{x_i x_j}{A} + 1}{\frac{x_i x_j}{A} - 1}\right) \left(\frac{A + 1}{A - 1}\right) \quad ③$$

再考虑 $n - 1$ 个实数: $n - 2$ 个 $x_l (l \neq i, l \neq j)$ 和 $\frac{x_i x_j}{A}$,这 $n - 1$ 个实数的几何平均值仍为 $A$,如果这 $n - 1$ 个实数的最大值大于 $A$,最小值小于 $A$,再采用上述步骤,至多经过 $n - 1$ 步有

$$\prod_{l=1}^{n} \frac{x_l + 1}{x_l - 1} \geq \left(\frac{A + 1}{A - 1}\right)^n \quad ④$$

引理得证. 现在证明本题. 令 $x_i = r_i s_i t_i u_i v_i (1 \leq i \leq n)$,由引理有

$$\prod_{i=1}^{n} \frac{r_i s_i t_i u_i v_i + 1}{r_i s_i t_i u_i v_i - 1} \geq \left(\frac{B + 1}{B - 1}\right)^n \quad ⑤$$

其中

$$B = \sqrt[n]{\prod_{i=1}^{n} (r_i s_i t_i u_i v_i)}$$

如果能证明

$$\frac{B + 1}{B - 1} \geq \frac{RSTUV + 1}{RSTUV - 1} \quad ⑥$$

本题就解决了. 而

$$RSTUV = \left(\frac{1}{n}\sum_{i=1}^{n} r_i\right)\left(\frac{1}{n}\sum_{i=1}^{n} s_i\right)\left(\frac{1}{n}\sum_{i=1}^{n} t_i\right)\left(\frac{1}{n}\sum_{i=1}^{n} u_i\right)\left(\frac{1}{n}\sum_{i=1}^{n} v_i\right) \geq$$

$$\sqrt[n]{\prod_{i=1}^{n} r_i}\sqrt[n]{\prod_{i=1}^{n} s_i}\sqrt[n]{\prod_{i=1}^{n} t_i}\sqrt[n]{\prod_{i=1}^{n} u_i}\sqrt[n]{\prod_{i=1}^{n} v_i} =$$

$$\sqrt[n]{\prod_{i=1}^{n} (r_i s_i t_i u_i v_i)} = B \quad ⑦$$

那么

$$(B + 1)(RSTUV - 1) - (B - 1)(RSTUV + 1) = 2(RSTUV - B) \geq 0 \quad ⑧$$

不等式⑥成立.

8. 先证明两个不等式:在题设条件下

$$x_1^2 + x_2^2 + \cdots + x_n^2 + n^{n-1}(n - 1) x_1 x_2 \cdots x_n \leq 1 \quad ①$$

$$(n - 1)(x_1^2 + x_2^2 + \cdots + x_n^2) + n^{n-1} x_1 x_2 \cdots x_n \geq 1 \quad ②$$

首先容易得出

$$x_1 x_2 \cdots x_n \leq \left(\frac{x_1 + x_2 + \cdots + x_n}{n}\right)^n = \frac{1}{n^n} \quad ③$$

于是
$$1-(x_1^2+x_2^2+\cdots+x_n^2)=(x_1+x_2+\cdots+x_n)^2-(x_1^2+x_2^2+\cdots+x_n^2)=$$
$$2\sum_{1\leqslant i<j\leqslant n}x_i x_j(\text{共}\ C_n^2\ \text{项})\geqslant 2C_n^2\cdot\sqrt[C_n^2]{(x_1 x_2\cdots x_n)^{n-1}}=$$
$$n(n-1)(x_1 x_2\cdots x_n)\sqrt[n]{(x_1 x_2\cdots x_n)^{2-n}}\geqslant$$
$$n(n-1)(x_1 x_2\cdots x_n)\sqrt[n]{\left(\frac{1}{n^n}\right)^{2-n}}=$$
$$n^{n-1}(n-1)x_1 x_2\cdots x_n \qquad ④$$

④ 式就是 ①. 现在证明 ②.

如果 $x_1,x_2,\cdots,x_n$ 中有 $n-2$ 个数之积大于等于 $\dfrac{2(n-1)}{n^{n-1}}$, 不妨设 $x_3 x_4\cdots x_n\geqslant\dfrac{2(n-1)}{n^{n-1}}$, 于是
$$(n-1)(x_1^2+x_2^2+\cdots+x_n^2)+n^{n-1}x_1 x_2\cdots x_n\geqslant$$
$$(n-1)(x_1^2+x_2^2+\cdots+x_n^2)+2(n-1)x_1 x_2=$$
$$(n-1)[(x_1+x_2)^2+x_3^2+\cdots+x_n^2]\geqslant$$
$$[(x_1+x_2)+x_3+\cdots+x_n]^2=1 \qquad ⑤$$

如果 $x_1,x_2,\cdots,x_n$ 中任意 $n-2$ 个数之积小于 $\dfrac{2(n-1)}{n^{n-1}}$, 令 $A=\dfrac{x_1+x_2+\cdots+x_n}{n}=\dfrac{1}{n}$.

若有 $x_1,x_2$ 使得 $x_1>A>x_2$, 那么, ② 式左边 $x_1,x_2$ 用 $A,x_1+x_2-A$ 代替. 下面证明 ② 式左边不会增加, 只会减少.
$$(n-1)(x_1^2+x_2^2+\cdots+x_n^2)+n^{n-1}x_1 x_2\cdots x_n-(n-1)\cdot$$
$$[A^2+(x_1+x_2-A)^2+\cdots+x_n^2]-n^{n-1}A(x_1+x_2-A)x_3\cdots x_n=$$
$$(n-1)[x_1^2+x_2^2-A^2-(x_1+x_2-A)^2]+$$
$$n^{n-1}[x_1 x_2-A(x_1+x_2-A)]x_3\cdots x_n=$$
$$(n-1)[2A(x_1+x_2)-2A^2-2x_1 x_2]+$$
$$n^{n-1}[x_1 x_2-A(x_1+x_2-A)]x_3\cdots x_n=$$
$$(x_1-A)(A-x_2)[2(n-1)-n^{n-1}x_3\cdots x_n]>0 \qquad ⑥$$

对于新的 $(n-1)(x_1^{*2}+x_2^{*2}+x_3^2+\cdots+x_n^2)+n^{n-1}x_1^* x_2^* x_3\cdots x_n$, 这里 $x_1^*=A, x_2^*=x_1+x_2-A$. 如果 $\max\{x_2^*,x_3,\cdots,x_n\}>A$, 再利用上述方法, 逐步调整, 最后得 $n$ 个 $A$. 那么有
$$(n-1)(x_1^2+x_2^2+\cdots+x_n^2)+n^{n-1}x_1 x_2\cdots x_n\geqslant(n-1)nA^2+n^{n-1}A^n=1 \qquad ⑦$$

于是, 不等式 ② 成立.

现在,令
$$F_\lambda = x_1^2 + x_2^2 + \cdots + x_n^2 + \lambda x_1 x_2 \cdots x_n \qquad ⑧$$

如果 $\lambda \leqslant \dfrac{n^{n-1}}{n-1}$,则先利用③,在利用②,有

$$F_\lambda - \frac{1}{n^n}\lambda = x_1^2 + x_2^2 + \cdots + x_n^2 + \lambda\left(x_1 x_2 \cdots x_n - \frac{1}{n^n}\right) \geqslant$$

$$x_1^2 + x_2^2 + \cdots + x_n^2 + \frac{n^{n-1}}{n-1}\left(x_1 x_2 \cdots x_n - \frac{1}{n^n}\right) =$$

$$\frac{1}{n-1}\left[(n-1)(x_1^2 + x_2^2 + \cdots + x_n^2) + n^{n-1} x_1 x_2 \cdots x_n\right] -$$

$$\frac{1}{n(n-1)} \geqslant \frac{1}{n-1} - \frac{1}{n(n-1)} = \frac{1}{n} \qquad ⑨$$

当 $x_1 = x_2 = \cdots = x_n = \dfrac{1}{n}$ 时,上述不等式取等号.

如果 $\lambda \geqslant \dfrac{n^{n-1}}{n-1}$,利用②,有 $F_\lambda \geqslant \dfrac{1}{n-1}$. 取 $x_1 = 0, x_2 = \cdots = x_n = \dfrac{1}{n-1}$,这时 $F_\lambda = \dfrac{1}{n-1}$.

因此,如果 $\lambda \leqslant \dfrac{n^{n-1}}{n-1}$,所求的最小值为 $\dfrac{1}{n} + \dfrac{1}{n^n}\lambda$;如果 $\lambda \geqslant \dfrac{n^{n-1}}{n-1}$,所求的最小值为 $\dfrac{1}{n-1}$.

如果 $\lambda \leqslant n^{n-1}(n-1)$,从①,有 $F_\lambda \leqslant 1$,取 $x_1 = 1, x_2 = \cdots = x_n = 0$,则 $F_\lambda = 1$.

如果 $\lambda \geqslant n^{n-1}(n-1)$,那么,先利用③,再利用①,有

$$F_\lambda - \frac{1}{n^n}\lambda \leqslant x_1^2 + x_2^2 + \cdots + x_n^2 + n^{n-1}\left(x_1 x_2 \cdots x_n - \frac{1}{n^n}\right) \leqslant 1 - \frac{n-1}{n} = \frac{1}{n}$$

当 $x_1 = x_2 = \cdots = x_n = \dfrac{1}{n}$ 时,上述不等式取等号.

于是,有以下结论:如果 $\lambda \leqslant n^{n-1}(n-1)$,所求的最大值是 1;如果 $\lambda \geqslant n^{n-1}(n-1)$,所求的最大值是 $\dfrac{1}{n} + \dfrac{1}{n^n}\lambda$.

9. 只证明右边的不等式. 当 $x = y = z = \dfrac{1}{3}$ 时,显然等号成立. 当 $x, y, z$ 不全相等时,可设 $x \geqslant y \geqslant z (x \neq z)$,于是 $x \geqslant \dfrac{1}{3} \geqslant z$. 令 $x' = \dfrac{1}{3}, y' = y, z' = x + z - \dfrac{1}{3}$,则 $x' + z' = x + z, x'z' \geqslant xz, 1 - 2y' > 0$. 因此

$$yz + zx + xy - 2xyz = y(x + z) + (1 - 2y)xz \leqslant$$

$$y'(x'+z') + (1-2y')x'z' =$$
$$y'z' + z'x' + x'y' - 2x'y'z' =$$
$$\frac{1}{3}(y'+z') + \frac{1}{3}y'z' \leq \frac{2}{9} + \frac{1}{27} = \frac{7}{27}$$

10. 先考虑 $\theta_1 + \theta_2$ 为常数的情形. 这时
$$\sin^2\theta_1 + \sin^2\theta_2 = (\sin\theta_1 + \sin\theta_2)^2 - 2\sin\theta_1\sin\theta_2 =$$
$$4\sin^2\frac{\theta_1+\theta_2}{2}\cos^2\frac{\theta_1-\theta_2}{2} - \cos(\theta_1-\theta_2) + \cos(\theta_1+\theta_2) =$$
$$2\cos^2\frac{\theta_1-\theta_2}{2}(2\sin^2\frac{\theta_1+\theta_2}{2} - 1) + 1 + \cos(\theta_1+\theta_2) \quad ①$$

上式右端后两项及第一项括号中的因子都是常数且有

$$2\sin^2\frac{\theta_1+\theta_2}{2} - 1 \begin{cases} < 0, 当\theta_1 + \theta_2 < \frac{\pi}{2} \\ = 0, 当\theta_1 + \theta_2 = \frac{\pi}{2} \\ > 0, 当\theta_1 + \theta_2 > \frac{\pi}{2} \end{cases} \quad ②$$

因此,当 $\theta_1 + \theta_2 < \frac{\pi}{2}$, $\theta_1$ 与 $\theta_2$ 中有一个角为 0 时, ① 式取最大值;当 $\theta_1 + \theta_2 > \frac{\pi}{2}$ 时,两角之差的绝对值越小, ① 式的值越大.

当 $n \geq 4$ 时,总有两角之和不超过 $\frac{\pi}{2}$,故可将该两角一个变为 0,另一个变为原来两角之和的情形而使正弦平方和不减. 这样一来,即可将所求的 $n$ 个正弦的平方和化为三个角的情形.

设 $n = 3$,若 $\theta_1, \theta_2, \theta_3$ 中有两个角等于 $\frac{\pi}{2}$,一个角为 0,则可将三者改为 $\frac{\pi}{2}$, $\frac{\pi}{4}$, $\frac{\pi}{4}$.

设 $\theta_1 \leq \theta_2 \leq \theta_3$, $\theta_1 < \theta_3$,则 $\theta_1 + \theta_3 > \frac{\pi}{2}$, $\theta_1 < \frac{\pi}{3} < \theta_3$. 令 $\theta'_1 = \frac{\pi}{3}$, $\theta'_2 = \theta_2$, $\theta'_3 = \theta_1 + \theta_3 - \theta'_1$,则 $\theta'_1 + \theta'_3 = \theta_1 + \theta_3$, $|\theta'_1 - \theta'_3| < |\theta_1 - \theta_3|$.
因此由 ① 和 ② 知
$$\sin^2\theta_1 + \sin^2\theta_2 + \sin^2\theta_3 < \sin^2\theta'_1 + \sin^2\theta'_2 + \sin^2\theta'_3$$
因为 $\theta'_2 + \theta'_3 = \pi - \theta'_1 = \frac{2\pi}{3}$,故由 ① 和 ② 又有
$$\sin^2\theta'_1 + \sin^2\theta'_3 \leq 2\sin^2\frac{\pi}{3} = \frac{3}{2}$$

所以
$$\sin^2\theta_1 + \sin^2\theta_2 + \sin^2\theta_3 \leqslant \frac{9}{4}$$

其中等号成立当且仅当 $\theta_1 = \theta_2 = \theta_3 = \frac{\pi}{3}$. 可见当 $n \geqslant 3$ 时所求的最大值为 $\frac{9}{4}$, 当 $n = 2$ 时, 由于 $\theta_1 + \theta_2 = \pi$, 故 $\sin^2\theta_1 + \sin^2\theta_2 = 2\sin^2\theta_1 \leqslant 2$, 即最大值为 2.

11. 设 $x_1 + x_2$ 为常数. 因为
$$\sin x_1 \sin x_2 = \frac{1}{2}[\cos(x_1 - x_2) - \cos(x_1 + x_2)]$$

故知 $\sin x_1 \sin x_2$ 的值随 $|x_1 - x_2|$ 的变小而增大. 记所述表达式为 $f(x_1, x_2, x_3, x_4)$. 若不全相等, 不妨设 $x_1 > \frac{\pi}{4} > x_2$.

令 $x'_1 = \frac{\pi}{4}, x'_2 = x_1 + x_2 - \frac{\pi}{4}, x'_3 = x_3, x'_4 = x_4$, 于是, 有 $x'_1 + x'_2 = x_1 + x_2$, $|x'_1 - x'_2| < x_1 - x_2$. 我们有

$$(2\sin^2 x_1 + \frac{1}{\sin^2 x_1})(2\sin^2 x_2 + \frac{1}{\sin^2 x_2}) =$$
$$2(\sin^2 x_1 \sin^2 x_2 + \frac{1}{2\sin^2 x_1 \sin^2 x_2}) + 2(\frac{\sin^2 x_2}{\sin^2 x_1} + \frac{\sin^2 x_1}{\sin^2 x_2})$$

因为 $x_2 < \frac{\pi}{4}$, 故 $\sin x_2 < \frac{\sqrt{2}}{2}, 2\sin^2 x_1 \sin^2 x_2 < 1$. 又因在区间 $[0,1]$ 上, 函数 $g(t) = t + \frac{1}{t}$ 严格递减, 故有

$$(2\sin^2 x_1 + \frac{1}{\sin^2 x_1})(2\sin^2 x_2 + \frac{1}{\sin^2 x_2}) >$$
$$2(\sin^2 x'_1 \sin^2 x'_2 + \frac{1}{2\sin^2 x'_1 \sin^2 x'_2}) + 2(\frac{\sin^2 x'_2}{\sin^2 x'_1} + \frac{\sin^2 x'_1}{\sin^2 x'_2}) =$$
$$(2\sin^2 x'_1 + \frac{1}{\sin^2 x'_1})(2\sin^2 x'_2 + \frac{1}{\sin^2 x'_2})$$

从而有
$$f(x_1, x_2, x_3, x_4) > f(x'_1, x'_2, x'_3, x'_4)$$

如果 $x'_2, x'_3, x'_4$ 不全相等, 则又仿上作磨光变换而证得: 当 $x_1, x_2, x_3, x_4$ 不全相等时, 总有
$$f(x_1, x_2, x_3, x_4) > f(\frac{\pi}{4}, \frac{\pi}{4}, \frac{\pi}{4}, \frac{\pi}{4})$$

可见,所求的最小值为 $f(\frac{\pi}{4},\frac{\pi}{4},\frac{\pi}{4},\frac{\pi}{4}) = 81$,当且仅当 $x_1 = x_2 = x_3 = x_4 = \frac{\pi}{4}$ 时取得.

12. 记 $f(a,b,c) = (\frac{1}{a^2} + \frac{1}{b^2} + \frac{1}{c^2}) - (a^2 + b^2 + c^2)$,不妨设 $a \leq b \leq c$,我们证明

$$f(a,b,c) \geq f(\frac{a+b}{2}, \frac{a+b}{2}, c) \qquad ①$$

$$① \Leftrightarrow \frac{1}{a^2} + \frac{1}{b^2} - \frac{8}{(a+b)^2} + \frac{(a+b)^2}{2} - (a^2 + b^2) \geq 0 \Leftrightarrow$$

$$(a-b)^2 (\frac{(a+b)^2 + 2ab}{a^2 b^2 (a+b)^2} - \frac{1}{2}) \geq 0 \qquad ②$$

因为 $a \leq b \leq c$,所以 $a + b \leq 2$,又 $2\sqrt{ab} \leq a + b$,所以 $ab \leq 1$,所以 $a^2 b^2 (a+b)^2 < 2(a+b)^2 + 4ab$,$\Rightarrow \frac{(a+b)^2 + 2ab}{a^2 b^2 (a+b)^2} - \frac{1}{2} > 0$. 所以,不等式 ② 成立.

下面证明

$$f(\frac{a+b}{2}, \frac{a+b}{2}, c) \geq 0, a \leq b \leq c \qquad ③$$

记 $t = \frac{a+b}{2}$,则

$$2t + c = 3$$

$$f(\frac{a+b}{2}, \frac{a+b}{2}, c) \geq 0 \Leftrightarrow \frac{2}{t^2} + \frac{1}{c^2} - (2t^2 + c^2) \geq 0 \Leftrightarrow$$

$$\frac{2}{t^2} + \frac{1}{(3-2t)^2} - (2t^2 + (3-2t)^2) \geq 0 \Leftrightarrow$$

$$2(1 - t^4)(3 - 2t)^2 - t^2[1 - (3 - 2t)^4] \geq 0 \Leftrightarrow$$

$$(1 - t)(3 - t - 13t^2 + 23t^3 - 16t^4 + 4t^5) \geq 0 \Leftrightarrow$$

$$(t - 1)^2 (4t^4 - 12t^3 + 11t^2 - 2t - 3) \leq 0$$

其中 $0 < t \leq \frac{3}{2}$.

只要证明当 $0 < t \leq \frac{3}{2}$ 时,$4t^4 - 12t^3 + 11t^2 - 2t - 3 \leq 0$. 记 $g(t) = 4t^4 - 12t^3 + 11t^2 - 2t - 3$,$0 < t \leq \frac{3}{2}$. 则

$$g'(t) = 16t^3 - 36t^2 + 22t - 2 = 2(t-1)(8t^2 - 10t + 1)$$

令 $g'(t) = 0$,得 $t = 1, t = \frac{5 \pm \sqrt{17}}{8}$,故 $g(t)$ 在 $(0, \frac{5 - \sqrt{17}}{8})$ 上递减,在

$(\frac{5-\sqrt{17}}{8},1)$ 上递增, 在 $(1,\frac{5+\sqrt{17}}{8})$ 上递减, 在 $(\frac{5+\sqrt{17}}{8},\frac{3}{2})$ 上递增, 易得

$g(0)<0, g(\frac{5-\sqrt{17}}{8})<0, g(1)<0, g(\frac{5+\sqrt{17}}{8})<0, g(\frac{3}{2})<0$, 所以,

$g(t)=4t^4-12t^3+11t^2-2t-3<0, 0<t\leq\frac{3}{2}$. 于是, 不等式 ③ 成立, 从而原不等式成立.

13. $\frac{(b+c-a)^2}{a^2+(b+c)^2}+\frac{(c+a-b)^2}{b^2+(c+a)^2}+\frac{(a+b-c)^2}{c^2+(a+b)^2}\geq\frac{3}{5} \Leftrightarrow$

$$f(a,b,c)=\frac{(b+c)a}{a^2+(b+c)^2}+\frac{(c+a)b}{b^2+(c+a)^2}+\frac{(a+b)c}{c^2+(a+b)^2}\leq\frac{6}{5}$$

将 $a,b,c$ 分别换成 $\frac{a}{a+b+c}, \frac{b}{a+b+c}, \frac{c}{a+b+c}$, 不等式不变, 所以不妨假设 $a\geq b\geq c>0$, 且 $a+b+c=1$. $f(a,b,c)\leq\frac{6}{5}$ 化为证明

$$\frac{(1-a)a}{a^2+(1-a)^2}+\frac{(1-b)b}{b^2+(1-b)^2}+\frac{(1-c)c}{c^2+(1-c)^2}\leq\frac{6}{5} \qquad ①$$

先证明

$$f(a,b,c)\leq f(\frac{a+b}{2},\frac{a+b}{2},c) \qquad ②$$

$② \Leftrightarrow \frac{(1-a)a}{a^2+(1-a)^2}+\frac{(1-b)b}{b^2+(1-b)^2}\leq\frac{2(1-x)x}{x^2+(1-x)^2}$

其中 $x=\frac{a+b}{2}$.

$② \Leftrightarrow \frac{(1-a)a}{a^2+(1-a)^2}-\frac{(1-x)x}{x^2+(1-x)^2}\leq\frac{(1-x)x}{x^2+(1-x)^2}-\frac{(1-b)b}{b^2+(1-b)^2} \Leftrightarrow$

$$(b-a)\left[\frac{3a+b-2}{a^2+(1-a)^2}-\frac{3b+a-2}{b^2+(1-b)^2}\right]\leq 0 \qquad ③$$

要证 ③, 只要证

$$(b-a)^2[3(1-c)^2-6(1-c)+2]\leq 0 \qquad ④$$

记 $g(x)=3x^2-6x+2$, 则 $g(1)<0, g(\frac{2}{3})<0$, 因为 $1>1-c\geq\frac{2}{3}$, 所以, $3(1-c)^2-6(1-c)+2\leq 0$.

所以要证明不等式 ①, 只要证 $f(\frac{a+b}{2},\frac{a+b}{2},c)\leq\frac{6}{5}$, 即证明

$$f(\frac{1-c}{2},\frac{1-c}{2},c)\leq\frac{6}{5}$$

$$f(\frac{1-c}{2}, \frac{1-c}{2}, c) \leq \frac{6}{5} \Leftrightarrow (3c-1)^2(3c^2-c+1) \geq 0 \quad \text{⑤}$$

而 $3c^2 - c + 1 = 3c^2 + a + b > 0$, 故 ⑤ 显然成立, 从而原不等式成立.

14. $f(a,b,c) = (\dfrac{1}{2+a} + \dfrac{1}{2+b} + \dfrac{1}{2+c}) - (\dfrac{1}{1+a+b} + \dfrac{1}{1+b+c} + \dfrac{1}{1+c+a})$. 设 $c = \max\{a,b,c\}$, 因为 $abc = 1$, 所以 $c \geq 1$.

$$f(a,b,c) - f(\frac{a+b}{2}, \frac{a+b}{2}, c) =$$

$$(\frac{1}{2+a} + \frac{1}{2+b} - \frac{4}{4+a+b}) + (\frac{4}{2+a+b+2c} - \frac{1}{1+b+c} - \frac{1}{1+c+a}) =$$

$$\frac{(a+b+4)^2 - 4(2+a)(2+b)}{(2+a)(2+b)(4+a+b)} +$$

$$\frac{4(1+b+c)(1+c+a) - (2+a+b+2c)^2}{(1+b+c)(1+c+a)(2+a+b+2c)} =$$

$$(a-b)^2 \left[ \frac{1}{(2+a)(2+b)(4+a+b)} - \frac{1}{(1+b+c)(1+c+a)(2+a+b+2c)} \right]$$

因为 $c \geq 1$, 所以括号中的式子大于等于 0, 于是 $f(a,b,c) \geq f(\dfrac{a+b}{2}, \dfrac{a+b}{2}, c)$. 只要证明 $f(x,x,c) \geq 0$, 其中 $c \geq 1$.

$$f(x,x,c) = f(x,x,\frac{1}{x}) = \frac{2}{x+2} + \frac{1}{c+2} - (\frac{1}{2x+1} + \frac{2}{x+c+1}) =$$

$$2(\frac{1}{x+2} - \frac{2}{x+\frac{1}{x^2}+1}) - (\frac{1}{2+\frac{1}{x^2}} - \frac{1}{2x+1}) =$$

$$2(\frac{1}{x+2} - \frac{2x^2}{x^3+x^2+1}) - (\frac{x^2}{2x^2+1} - \frac{1}{2x+1}) =$$

$$-\frac{2(x^2-1)}{(x^3+x^2+1)(x+2)} + \frac{2x^3-x^2-1}{(2x^2+1)(2x+1)} =$$

$$-\frac{2(x+1)(x-1)}{(x^3+x^2+1)(x+2)} + \frac{(x-1)(2x^2+x+1)}{(2x^2+1)(2x+1)} =$$

$$\frac{(x-1)[(2x^2+x+1)(x^3+x^2+1)(x+2) - 2(x+1)(2x^2+1)(2x+1)]}{(x^3+x^2+1)(x+2)(2x^2+1)(2x+1)} =$$

$$\frac{x(x-1)^2(2x^4+9x^3+9x^2+4x+3)}{(x^3+x^2+1)(x+2)(2x^2+1)(2x+1)} \geq 0$$

所以, $f(a,b,c) \geq 0$.

15. (1) 首先,这样的 $S$ 的值是一个有界集,故必存在最大值和最小值. 若 $x_1 + x_2 + x_3 + x_4 + x_5 = 2\,006$,且使 $S = \sum_{1 \le i < j \le 5} x_i x_j$ 取到最大值,则必有
$$|x_i - x_j| \le 1, 1 \le i, j \le 5 \qquad (*)$$

事实上,假设 $(*)$ 不成立,不妨设 $x_1 - x_2 \ge 2$,则令 $x'_1 = x_1 - 1$, $x'_2 = x_2 + 1$, $x'_i = x_i (i = 3,4,5)$ 有
$$x'_1 + x'_2 = x_1 + x_2, x'_1 x'_2 = (x_1 - 1)(x_2 + 1) = x_1 x_2 + x_1 - x_2 - 1 > x_1 x_2$$
将 $S$ 改写成
$$S = x_1 x_2 + (x_1 + x_2)(x_3 + x_4 + x_5) + x_3 x_4 + x_3 x_5 + x_4 x_5$$
同时有
$$S' = x'_1 x'_2 + (x'_1 + x'_2)(x_3 + x_4 + x_5) + x_3 x_4 + x_3 x_5 + x_4 x_5$$
于是有 $S' - S = x'_1 x'_2 - x_1 x_2 > 0$,这与 $S$ 在 $x_1, x_2, x_3, x_4, x_5$ 时取得最大值矛盾. 所以,必有 $|x_i - x_j| \le 1 (1 \le i, j \le 5)$. 因此,当 $x_1 = 402$, $x_2 = x_3 = x_4 = x_5 = 401$ 时取得最大值.

(2) 当 $x_1 + x_2 + x_3 + x_4 + x_5 = 2\,006$ 且 $|x_i - x_j| \le 2$ 时,只有
( i ) 402,402,402,400.400;
( ii ) 402,402,401,401.400;
( iii ) 402,401,401,401.401.
三种情形满足要求.
而后面两种情况是在第一组情形下作 $x'_i = x_i - 1, x'_j = x_j + 1$ 调整下得到的. 根据第(1)小题的证明可以知道,每调整一次,和式 $S = \sum_{1 \le i < j \le 5} x_i x_j$ 增大,所以在 $x_1 = x_2 = x_3 = 402, x_4 = x_5 = 400$ 时,$S$ 取到最小值.

16. 由对称性,不妨设 $x \ge y \ge z$,记 $t = \frac{y+z}{2}$,令
$$f(x,y,z) = (x + y + z)\left(\frac{1}{x} + \frac{1}{y} + \frac{1}{z}\right) - 6\left(\frac{x}{y+z} + \frac{y}{z+x} + \frac{z}{x+y}\right)$$
则
$$f(x,y,z) - f\left(x, \frac{y+z}{2}, \frac{y+z}{2}\right) =$$
$$(x + y + z)\left(\frac{1}{x} + \frac{1}{y} + \frac{1}{z}\right) - 6\left(\frac{x}{y+z} + \frac{y}{z+x} + \frac{z}{x+y}\right) -$$
$$\left[\left(x + \frac{y+z}{2} + \frac{y+z}{2}\right)\left(\frac{1}{x} + \frac{2}{y+z} + \frac{2}{y+z}\right) - 6\left(\frac{x}{y+z} + \frac{y+z}{2x+y+z} + \frac{y+z}{2x+y+z}\right)\right] =$$
$$(x + y + z)\left[\left(\frac{1}{y} + \frac{1}{z}\right) - \frac{4}{y+z}\right] - 6\left(\frac{y}{z+x} + \frac{z}{x+y} - \frac{2(y+z)}{2x+y+z}\right) =$$
$$(x + y + z)(y - z)^2 \left[\frac{1}{yz(y+z)} - \frac{6}{(z+x)(x+y)(2x+y+z)}\right] =$$

$$(x+y+z)(y-z)^2 \cdot \frac{(y+z)(3x^2+xy+xz-5yz)+2x(x^2+yz)}{yz(x+y)(y+z)(z+x)(2x+y+z)}$$

因为 $x \geq y \geq z$,所以 $3x^2+xy+xz-5yz \geq 0$,从而

$$f(x,y,z) \geq f(x, \frac{y+z}{2}, \frac{y+z}{2})$$

只要证明 $f(x,t,t) \geq 0$,其中 $x,t \in [1,2]$.

$$f(x,t,t) \geq 0 \Leftrightarrow (x+2t)(\frac{1}{x}+\frac{2}{t}) - 6(\frac{x}{2t}+\frac{2t}{x+t}) \geq 0 \Leftrightarrow$$

$$5 + \frac{2t}{x} - \frac{x}{t} - \frac{12t}{x+t} \geq 0 \Leftrightarrow 4x^2t - 5xt^2 + 2t^3 - x^3 \geq 0 \Leftrightarrow$$

$$(2t-x)(x-t)^2 \geq 0 \qquad\qquad ①$$

而 $x,t \in [1,2]$,所以 $2t-x \geq 0$,又 $(x-t)^2 \geq 0$,所以①式显然成立. 从而,原不等式得证.

17. 由 $4 = a^2+b^2+c^2+abc \geq abc + 3\sqrt[3]{(abc)^2}$,即 $abc \leq 1$,所以

$$ab+bc+ca \geq 3\sqrt[3]{(abc)^2} \geq 3abc \geq abc$$

左边不等式成立. 下面我们证明不等式的右边. 我们定义两个三元函数

$$f(x,y,z) = x^2+y^2+z^2+xyz = (x+y)^2+z^2-(2-z)xy$$

$$g(x,y,z) = xy+yz+zx-xyz = z(x+y)+(1-z)xy$$

其中 $x,y,z$ 都是非负数. 显然,如果 $z \leq 1$,则 $f(x,y,z)$ 和 $g(x,y,z)$ 是无界的,且是关于 $x,y$ 是单调递增的. 由题设 $f(a,b,c) = 4$,不失一般性,不妨设 $a \geq b \geq c \geq 0$,因此, $c \leq 1$.

取 $a' = \frac{a+b}{2}$,因为 $a+b = a'+a', ab \leq (\frac{a-b}{2})^2 + ab = (\frac{a+b}{2})^2 = (a')^2$,

所以,我们有

$$f(a',a',c) \leq f(a,b,c) = 4, \quad g(a',a',c) \geq g(a,b,c)$$

现在增加 $a'$ 到 $e \geq 0$,满足 $f(e,e,c) = 4$,我们有 $g(e,e,c) \geq g(a,b,c)$. 于是只要证明 $g(e,e,c) \leq 2$.

因为 $f(e,e,c) = 2e^2+c^2+e^2c = 4$,所以解得 $e^2 = \frac{4-c^2}{2+c} = 2-c$. 于是我们得到

$$g(e,e,c) = 2ec + (1-c)e^2 \leq e^2+c^2+(1-c)e^2 =$$
$$(2-c)e^2+c^2 = (2-c)^2+c^2 =$$
$$2(2-2c+c^2) = 2[1+(1-c)^2] \leq 2$$

这样,我们获得了本题的证明.

18. 不妨设 $x \leq y \leq z$, $f(x,y,z) = x^2+y^2+z^2+x+y+z-2(xy+yz+zx)$.

$$f(x,y,z) - f(x,\sqrt{yz},\sqrt{yz}) =$$

$$y^2 + z^2 + y + z - 2(xy + yz + zx) - 2\sqrt{yz} + 4x\sqrt{yz} =$$
$$(y-z)^2 + (\sqrt{y} - \sqrt{z})^2 - 2x(\sqrt{y} - \sqrt{z})^2 =$$
$$(\sqrt{y} - \sqrt{z})^2 [(\sqrt{y} + \sqrt{z})^2 + 1 - 2x] =$$
$$(\sqrt{y} - \sqrt{z})^2 [(y + z - 2x) + 1 + 2\sqrt{yz}]$$

因为 $x \leqslant y \leqslant z$，所以 $y + z - 2x \geqslant 0$，$f(x,y,z) - f(x,\sqrt{yz},\sqrt{yz}) \geqslant 0$，当且仅当 $y = z$ 时成立.

于是只要证明 $f(x,u,u) \geqslant 0$，其中 $u = \sqrt{yz}$，因为 $xyz = 1$，所以 $x = \dfrac{1}{u^2}$.

$$f(x,u,u) = x^2 + x + 2u - 4xu = \frac{1}{u^4} + \frac{1}{u^2} + 2u - \frac{4}{u} =$$
$$\frac{1}{u^4}(2u^5 - 4u^3 + u^2 + 1) = \frac{1}{u^4}(u-1)^2(2u^3 + 4u^2 + 2u + 1) \geqslant 0$$

所以，$f(x,y,z) \geqslant 0$. 等号成立的充要条件是 $x = y = z = 1$.

19. 显然，$a,b,c \in (0, \dfrac{3}{2})$.

设 $(a,b,c)$ 满足已知条件，则 $(\dfrac{a+b}{2}, \dfrac{a+b}{2}, c)$ 也满足已知条件. 我们有

$$f(a,b,c) - f(\dfrac{a+b}{2}, \dfrac{a+b}{2}, c) = a^2 + b^2 + c^2 + \frac{4}{3}abc -$$
$$[2(\dfrac{a+b}{2})^2 + c^2 + \frac{4}{3}(\dfrac{a+b}{2})^2 c] =$$
$$a^2 + b^2 - 2(\dfrac{a+b}{2})^2 + \frac{4}{3}c[ab - (\dfrac{a+b}{2})^2] =$$
$$(\dfrac{a-b}{2})^2 - \frac{1}{3}c(a-b)^2 = (a-b)^2(\dfrac{1}{2} - \dfrac{1}{3}c) \geqslant 0$$

所以，$f(a,b,c) \geqslant f(\dfrac{a+b}{2}, \dfrac{a+b}{2}, c)$，当且仅当 $a = b$ 时等号成立.

又

$$f(\dfrac{a+b}{2}, \dfrac{a+b}{2}, c) - f(1,1,1) = 2(\dfrac{a+b}{2})^2 + c^2 + \frac{4}{3}(\dfrac{a+b}{2})^2 c - \frac{13}{3} =$$
$$2(\dfrac{3-c}{2})^2 + c^2 + \frac{4}{3}(\dfrac{3-c}{2})^2 c - \frac{13}{3} = \frac{1}{3}c^3 - \frac{1}{2}c^2 + \frac{1}{6} =$$
$$\frac{1}{6}(c-1)^2(2c+1) \geqslant 0$$

所以

$$f(\dfrac{a+b}{2}, \dfrac{a+b}{2}, c) \geqslant f(1,1,1) = \frac{13}{3}$$

当且仅当 $c = 1$ 时,上式取等号. 故
$$f(a,b,c) \geq f(\frac{a+b}{2}, \frac{a+b}{2}, c) \geq f(1,1,1) = \frac{13}{3}$$
当且仅当 $a = b = c = 1$ 时,上式等号同时成立.

由局部调整法知 $[f(a,b,c)]_{\min} = \frac{13}{3}$.

20. $\frac{xy}{z} + \frac{yz}{x} + \frac{zx}{y} > 2\sqrt[3]{x^3 + y^3 + z^3} \Leftrightarrow (\frac{xy}{z} + \frac{yz}{x} + \frac{zx}{y})^3 > 8(x^3 + y^3 + z^3) \Leftrightarrow$

$(\frac{xy}{z})^3 + (\frac{yz}{x})^3 + (\frac{zx}{y})^3 + 6xyz +$

$3x^3(\frac{y}{z} + \frac{z}{y}) + 3y^3(\frac{x}{z} + \frac{z}{x}) + 3z^3(\frac{x}{y} + \frac{y}{x}) >$

$8(x^3 + y^3 + z^3)$

因为 $\frac{y}{z} + \frac{z}{y} \geq 2, \frac{x}{z} + \frac{z}{x} \geq 2, \frac{x}{y} + \frac{y}{x} \geq 2$,所以只需证明

$(\frac{xy}{z})^3 + (\frac{yz}{x})^3 + (\frac{zx}{y})^3 + 6xyz > 2(x^3 + y^3 + z^3)$ ①

不妨设 $x \geq y \geq z$,记 $f(x,y,z) = (\frac{xy}{z})^3 + (\frac{yz}{x})^3 + (\frac{zx}{y})^3 + 6xyz - 2(x^3 + y^3 + z^3)$. 下面证明 $f(x,y,z) - f(y,y,z) \geq 0, f(y,y,z) \geq 0$.

事实上

$f(x,y,z) - f(y,y,z) = (\frac{xy}{z})^3 + (\frac{yz}{x})^3 + (\frac{zx}{y})^3 + 6xyz -$

$2(x^3 + y^3 + z^3) - [(\frac{y^2}{z})^3 + z^3 + z^3 + 6y^2z - 2(y^3 + y^3 + z^3)] =$

$(\frac{xy}{z})^3 - \frac{y^6}{z^3} + (\frac{yz}{x})^3 + (\frac{zx}{y})^3 - 2z^3 + 6yz(x-y) - 2(x^3 - y^3) =$

$(x^3 - y^3)(\frac{y^3}{z^3} + \frac{z^3}{y^3} - 2 + \frac{6yz}{x^2 + y^2 + xy} - \frac{z^3}{x^3})$

因为 $x^3 \geq y^3, \frac{y^3}{z^3} + \frac{z^3}{y^3} \geq 2, \frac{6yz}{x^2 + y^2 + xy} - \frac{z^3}{x^3} \geq \frac{2yz}{x^2} - \frac{z^3}{x^3} = \frac{z(2xy - z^2)}{x^3} > 0$,

所以

$$f(x,y,z) - f(y,y,z) > 0$$

又

$f(y,y,z) = (\frac{y^2}{z})^3 + z^3 + z^3 + 6y^2z - 2(y^3 + y^3 + z^3) =$

$\frac{y^6}{z^3} + 2y^2z + 2y^2z + 2y^2z - 4y^3 \geq 4\sqrt[4]{2^3 y^{12}} - 4y^3 =$

$$4(\sqrt[4]{8} - 1)y^3 > 0$$

从而不等式 ① 得证,原不等式得证.

21. 由 $xy + yz + zx = 1$,知 $x, y, z$ 三个数中至多有一个为 0.

根据对称性,不妨设 $x \geq y \geq z \geq 0$,则 $x > 0, y > 0, z \geq 0$. $xy \leq 1$.

(1) 当 $x = y$ 时,条件式变为

$$x^2 + 2xz = 1 \Rightarrow z = \frac{1 - x^2}{2x}, \ x^2 \leq 1$$

而

$$\frac{1}{x+y} + \frac{1}{y+z} + \frac{1}{z+x} = \frac{1}{2x} + \frac{2}{z+x} = \frac{1}{2x} + \frac{2}{\frac{1-x^2}{2x} + x} = \frac{1}{2x} + \frac{4x}{1+x^2}$$

于是只要证明

$$\frac{1}{2x} + \frac{4x}{1+x^2} \geq \frac{5}{2}$$

即

$$1 + 9x^2 - 5x - 5x^3 \geq 0$$

也即

$$(1 - x)(5x^2 - 4x + 1) \geq 0$$

此为显然. 取等号当且仅当 $x = y = 1, z = 0$.

(2) 再证:对所有满足 $xy + yz + zx = 1$ 的非负实数 $x, y, z$,皆有

$$\frac{1}{x+y} + \frac{1}{y+z} + \frac{1}{z+x} \geq \frac{5}{2}$$

显然 $x, y, z$ 三个数中至多有一个为 0. 根据对称性,不妨设 $x \geq y \geq z \geq 0$,则 $x > 0, y > 0, z \geq 0, xy \leq 1$.

令 $x = \cot A, y = \cot B$($\angle A, \angle B$ 为锐角). 再以 $\angle A, \angle B$ 为内角,构作 $\triangle ABC$,则

$$\cot C = -\cot(A+B) = \frac{1 - \cot A \cot B}{\cot A + \cot B} = \frac{1 - xy}{x + y} = z \geq 0$$

于是 $C \leq 90°$,且由 $x \geq y \geq z \geq 0$ 知

$$\cot A \leq \cot B \leq \cot C \geq 0$$

因此, $\triangle ABC$ 是一个非钝角三角形.

下面采用调整法. 对于一个以 $C$ 为最大角的非钝角 $\triangle ABC$,固定最大角 $\angle C$,将 $\triangle ABC$ 调整成 $\triangle A'B'C$($\angle A' = \angle B' = \frac{\angle A + \angle B}{2}$),且设

$$t = \cot \frac{A+B}{2} = \tan \frac{C}{2}$$

记 $f(x,y,z) = \dfrac{1}{x+y} + \dfrac{1}{y+z} + \dfrac{1}{z+x}$. 据(1)知 $f(t,t,z) \geq \dfrac{5}{2}$.

接下来证明 $f(x, y, z) \geq f(t, t, z)$, 即

$$\dfrac{1}{x+y} + \dfrac{1}{y+z} + \dfrac{1}{z+x} \geq \dfrac{1}{2t} + \dfrac{2}{t+z} \qquad ①$$

即要证明

$$\left(\dfrac{1}{x+y} - \dfrac{1}{2t}\right) + \left(\dfrac{1}{y+z} + \dfrac{1}{z+x} - \dfrac{2}{t+z}\right) \geq 0 \qquad ②$$

先证明

$$x + y \geq 2t \Leftarrow \qquad ③$$

$$\cot A + \cot B \geq 2\cot\dfrac{A+B}{2} \Leftarrow \dfrac{\sin A + \sin B}{\sin A \sin B} \geq \dfrac{2\cos\dfrac{A+B}{2}}{\sin\dfrac{A+B}{2}} \Leftarrow$$

$$\sin\dfrac{A+B}{2} \geq \sin A \sin B \Leftarrow 1 - \cos(A+B) \geq \sin A \sin B \Leftarrow \cos(A-B) \leq 1$$

上式显然成立.

由于在 $\triangle A'B'C$ 中, $t^2 + 2tz = 1$, 则

$$\dfrac{2}{t+z} = \dfrac{2(t+z)}{(t+z)^2} = \dfrac{2(t+z)}{1+z^2}$$

而在 $\triangle ABC$ 中, 有

$$\dfrac{1}{y+z} + \dfrac{1}{z+x} = \dfrac{x+y+2z}{(y+z)(z+x)} = \dfrac{x+y+2z}{1+z^2}$$

因此, ② 变为

$$(x+y-2t)\left[\dfrac{1}{1+z^2} - \dfrac{1}{2t(x+y)}\right] \geq 0 \qquad ④$$

只要证

$$\dfrac{1}{1+z^2} - \dfrac{1}{2t(x+y)} \geq 0 \qquad ⑤$$

即证

$$2t(x+y) \geq 1 + z^2$$

注意式 ③ 以及 $z = \dfrac{1-t^2}{2t}$, 只要证

$$4t^2 \geq 1 + \left(\dfrac{1-t^2}{2t}\right)^2 \Leftarrow 15t^4 \geq 1 + 2t^2 \Leftarrow t^2(15t^2 - 2) \geq 1 \qquad ⑥$$

由于三角形的最大角 $\angle C$ 满足 $60° \leq \angle C \leq 90°$, 而 $t = \cot\dfrac{A+B}{2} = \tan\dfrac{C}{2}$,

则 $\frac{1}{\sqrt{3}} \leq t \leq 1$，所以

$$t^2(15t^2 - 2) \geq \frac{1}{3}(15 \times \frac{1}{3} - 2) = 1$$

故 ⑥ 成立. 因此, 式 ⑤ 得证.

由式 ③, ⑤ 得式 ④ 成立. 从而, 式 ① 成立, 即 $f(x, y, z) \geq f(t, t, z)$. 因此, 本题得证.

22. 不妨设 $a \geq b \geq c > 0$, 设 $f(a, b, c) = \dfrac{1}{2 + a^2 + b^2} + \dfrac{1}{2 + b^2 + c^2} + \dfrac{1}{2 + c^2 + a^2}$, 我们证明

$$f(a, b, c) \leq f(a, \frac{b+c}{2}, \frac{b+c}{2})$$

即

$$\frac{2}{2 + a^2 + (\frac{b+c}{2})^2} + \frac{1}{2 + (\frac{b+c}{2})^2 + (\frac{b+c}{2})^2} \geq$$

$$\frac{1}{2 + a^2 + b^2} + \frac{1}{2 + b^2 + c^2} + \frac{1}{2 + c^2 + a^2}$$

事实上

$$\frac{2}{2 + a^2 + (\frac{b+c}{2})^2} - (\frac{1}{2 + a^2 + b^2} + \frac{1}{2 + c^2 + a^2}) =$$

$$\frac{1}{2 + a^2 + (\frac{b+c}{2})^2} - \frac{1}{2 + a^2 + b^2} + \frac{1}{2 + a^2 + (\frac{b+c}{2})^2} - \frac{1}{2 + c^2 + a^2} =$$

$$\frac{b^2 - (\frac{b+c}{2})^2}{[2 + a^2 + (\frac{b+c}{2})^2](2 + a^2 + b^2)} - \frac{c^2 - (\frac{b+c}{2})^2}{[2 + a^2 + (\frac{b+c}{2})^2](2 + a^2 + c^2)} =$$

$$\frac{b-c}{4[2 + a^2 + (\frac{b+c}{2})^2]} (\frac{3b+c}{2 + a^2 + b^2} - \frac{b+3c}{2 + a^2 + c^2}) =$$

$$\frac{b-c}{4[2 + a^2 + (\frac{b+c}{2})^2]} \cdot \frac{2(2 + a^2)(b-c) + c^2(3b+c) - b^2(b+3c)}{(2 + a^2 + b^2)(2 + a^2 + c^2)} =$$

$$\frac{(b-c)^2}{4[2 + a^2 + (\frac{b+c}{2})^2]} \cdot \frac{2(2 + a^2) - (b^2 + c^2 - 4bc)}{(2 + a^2 + b^2)(2 + a^2 + c^2)} \geq 0$$

因为 $b^2 + c^2 \geq 2(\frac{b+c}{2})^2$，所以

$$\frac{1}{2 + (\frac{b+c}{2})^2 + (\frac{b+c}{2})^2} - \frac{1}{2 + b^2 + c^2} \geq 0$$

于是

$$f(a,b,c) \leq f(a, \frac{b+c}{2}, \frac{b+c}{2})$$

记 $x = \frac{b+c}{2}$，我们证明 $f(a,x,x) \leq \frac{3}{4}$. 这里 $a \geq x$，$a + 2x = 3$，显然 $0 < x \leq 1$，$a = 3 - 2x$，所以

$f(a,x,x) = \frac{2}{2+a^2+x^2} + \frac{1}{2+2x^2} = \frac{2}{2+(3-2x)^2+x^2} + \frac{1}{2+2x^2} \leq \frac{3}{4} \Leftrightarrow$
$6[2+(3-2x)^2+x^2](x^2+1) \geq 16(x^2+1) + 4[2+(3-2x)^2+x^2] \Leftrightarrow$
$(6x^2+2)(5x^2-12x+11) - 16(x^2+1) \geq 0 \Leftrightarrow$
$5x^4 - 12x^3 + 10x^2 - 4x + 1 \geq 0 \Leftrightarrow$
$(x-1)^2(5x^2 - 2x + 1) \geq 0 \Leftrightarrow$
$(x-1)^2(4x^2 + (x-1)^2) \geq 0$

此不等式显然成立.

所以 $\frac{1}{2+a^2+b^2} + \frac{1}{2+b^2+c^2} + \frac{1}{2+c^2+a^2} \leq \frac{3}{4}$ 得证.

23. (1) 由柯西不等式和均值不等式得

$3[(1+x+y)^2 + (1+y+z)^2 + (1+z+x)^2] \geq$
$[(1+x+y) + (1+y+z) + (1+z+x)]^2 =$
$[3 + 2(x+y+z)]^2 \geq$
$[3 + 2 \times 3\sqrt[3]{(xyz)^2}]^2 = 81$

所以

$$(1+x+y)^2 + (1+y+z)^2 + (1+z+x)^2 \geq 27$$

等号成立的条件都是 $x = y = z = 1$.

(2) **证法一**

$(1+x+y)^2 + (1+y+z)^2 + (1+z+x)^2 \leq 3(x+y+z)^2 \Leftrightarrow$
$x^2 + y^2 + z^2 + 4(xy + yz + zx) \geq 4(x+y+z) + 3$

设 $z = \max\{x,y,z\}$，则 $z \geq 1$，$xy \geq \frac{1}{z}$，记 $f(x,y,z) = x^2 + y^2 + z^2 + 4(xy + yz + zx) - 4(x+y+z) - 3$，则

$f(x,y,z) - f(\sqrt{xy}, \sqrt{xy}, z) = (x-y)^2 + 4(\sqrt{x} - \sqrt{y})^2(\sqrt{z} - 1) \geq 0$

而
$$f(\sqrt{xy}, \sqrt{xy}, z) = 6xy + 8z\sqrt{xy} - 8\sqrt{xy} + z^2 - 4z - 3 \geqslant$$
$$\frac{6}{z} + \frac{8}{\sqrt{z}}(\sqrt{z} - 1) + z^2 - 4z - 3 =$$
$$\frac{6 + z^3 - 4z^2 - 3z}{z} + \frac{8}{\sqrt{z}}(\sqrt{z} - 1) =$$
$$\frac{6 + z^3 - 4z^2 - 3z}{z} + \frac{8}{\sqrt{z}}(\sqrt{z} - 1)$$

**证法二**
$$(1+x+y)^2 + (1+y+z)^2 + (1+z+x)^2 \leqslant 3(x+y+z)^2 \Leftrightarrow$$
$$(x+y+z)^2 + 4(xy+yz+zx) \geqslant 4(x+y+z) + 3$$
因为 $xyz = 1$,由均值不等式得
$$2(xy+yz+zx) \geqslant 6\sqrt[3]{(xyz)^2} = 6$$
所以只要证明
$$(x+y+z)^2 + 3 \geqslant 4(x+y+z) \Leftrightarrow (x+y+z-3)(x+y+z-1) \geqslant 0$$
由均值不等式得 $x+y+z \geqslant 3\sqrt[3]{xyz} = 3$. 所以上面的不等式成立.

# 刘培杰数学工作室
## 已出版（即将出版）图书目录——初等数学

| 书　名 | 出版时间 | 定　价 | 编号 |
|---|---|---|---|
| 新编中学数学解题方法全书(高中版)上卷(第2版) | 2018—08 | 58.00 | 951 |
| 新编中学数学解题方法全书(高中版)中卷(第2版) | 2018—08 | 68.00 | 952 |
| 新编中学数学解题方法全书(高中版)下卷(一)(第2版) | 2018—08 | 58.00 | 953 |
| 新编中学数学解题方法全书(高中版)下卷(二)(第2版) | 2018—08 | 58.00 | 954 |
| 新编中学数学解题方法全书(高中版)下卷(三)(第2版) | 2018—08 | 68.00 | 955 |
| 新编中学数学解题方法全书(初中版)上卷 | 2008—01 | 28.00 | 29 |
| 新编中学数学解题方法全书(初中版)中卷 | 2010—07 | 38.00 | 75 |
| 新编中学数学解题方法全书(高考复习卷) | 2010—01 | 48.00 | 67 |
| 新编中学数学解题方法全书(高考真题卷) | 2010—01 | 38.00 | 62 |
| 新编中学数学解题方法全书(高考精华卷) | 2011—03 | 68.00 | 118 |
| 新编平面解析几何解题方法全书(专题讲座卷) | 2010—01 | 18.00 | 61 |
| 新编中学数学解题方法全书(自主招生卷) | 2013—08 | 88.00 | 261 |
| 数学奥林匹克与数学文化(第一辑) | 2006—05 | 48.00 | 4 |
| 数学奥林匹克与数学文化(第二辑)(竞赛卷) | 2008—01 | 48.00 | 19 |
| 数学奥林匹克与数学文化(第二辑)(文化卷) | 2008—07 | 58.00 | 36' |
| 数学奥林匹克与数学文化(第三辑)(竞赛卷) | 2010—01 | 48.00 | 59 |
| 数学奥林匹克与数学文化(第四辑)(竞赛卷) | 2011—08 | 58.00 | 87 |
| 数学奥林匹克与数学文化(第五辑) | 2015—06 | 98.00 | 370 |
| 世界著名平面几何经典著作钩沉——几何作图专题卷(共3卷) | 2022—01 | 198.00 | 1460 |
| 世界著名平面几何经典著作钩沉(民国平面几何老课本) | 2011—03 | 38.00 | 113 |
| 世界著名平面几何经典著作钩沉(建国初期平面三角老课本) | 2015—08 | 38.00 | 507 |
| 世界著名解析几何经典著作钩沉——平面解析几何卷 | 2014—01 | 38.00 | 264 |
| 世界著名数论经典著作钩沉(算术卷) | 2012—01 | 28.00 | 125 |
| 世界著名数学经典著作钩沉——立体几何卷 | 2011—02 | 28.00 | 88 |
| 世界著名三角学经典著作钩沉(平面三角卷Ⅰ) | 2010—06 | 28.00 | 69 |
| 世界著名三角学经典著作钩沉(平面三角卷Ⅱ) | 2011—01 | 38.00 | 78 |
| 世界著名初等数论经典著作钩沉(理论和实用算术卷) | 2011—07 | 38.00 | 126 |
| 世界著名几何经典著作钩沉(解析几何卷) | 2022—10 | 68.00 | 1564 |
| 发展你的空间想象力(第3版) | 2021—01 | 98.00 | 1464 |
| 空间想象力进阶 | 2019—05 | 68.00 | 1062 |
| 走向国际数学奥林匹克的平面几何试题诠释.第1卷 | 2019—07 | 88.00 | 1043 |
| 走向国际数学奥林匹克的平面几何试题诠释.第2卷 | 2019—09 | 78.00 | 1044 |
| 走向国际数学奥林匹克的平面几何试题诠释.第3卷 | 2019—03 | 78.00 | 1045 |
| 走向国际数学奥林匹克的平面几何试题诠释.第4卷 | 2019—09 | 98.00 | 1046 |
| 平面几何证明方法全书 | 2007—08 | 35.00 | 1 |
| 平面几何证明方法全书习题解答(第2版) | 2006—12 | 18.00 | 10 |
| 平面几何天天练上卷·基础篇(直线型) | 2013—01 | 58.00 | 208 |
| 平面几何天天练中卷·基础篇(涉及圆) | 2013—01 | 28.00 | 234 |
| 平面几何天天练下卷·提高篇 | 2013—01 | 58.00 | 237 |
| 平面几何专题研究 | 2013—07 | 98.00 | 258 |
| 平面几何解题之道.第1卷 | 2022—01 | 38.00 | 1494 |
| 几何学习题集 | 2020—10 | 48.00 | 1217 |
| 通过解题学习代数几何 | 2021—04 | 88.00 | 1301 |
| 圆锥曲线的奥秘 | 2022—06 | 88.00 | 1541 |

# 刘培杰数学工作室
# 已出版(即将出版)图书目录——初等数学

| 书 名 | 出版时间 | 定 价 | 编号 |
|---|---|---|---|
| 最新世界各国数学奥林匹克中的平面几何试题 | 2007—09 | 38.00 | 14 |
| 数学竞赛平面几何典型题及新颖解 | 2010—07 | 48.00 | 74 |
| 初等数学复习及研究(平面几何) | 2008—09 | 68.00 | 38 |
| 初等数学复习及研究(立体几何) | 2010—06 | 38.00 | 71 |
| 初等数学复习及研究(平面几何)习题解答 | 2009—01 | 58.00 | 42 |
| 几何学教程(平面几何卷) | 2011—03 | 68.00 | 90 |
| 几何学教程(立体几何卷) | 2011—07 | 68.00 | 130 |
| 几何变换与几何证题 | 2010—06 | 88.00 | 70 |
| 计算方法与几何证题 | 2011—06 | 28.00 | 129 |
| 立体几何技巧与方法(第2版) | 2022—10 | 168.00 | 1572 |
| 几何瑰宝——平面几何500名题暨1500条定理(上、下) | 2021—07 | 168.00 | 1358 |
| 三角形的解法与应用 | 2012—07 | 18.00 | 183 |
| 近代的三角形几何学 | 2012—07 | 48.00 | 184 |
| 一般折线几何学 | 2015—08 | 48.00 | 503 |
| 三角形的五心 | 2009—06 | 28.00 | 51 |
| 三角形的六心及其应用 | 2015—10 | 68.00 | 542 |
| 三角形趣谈 | 2012—08 | 28.00 | 212 |
| 解三角形 | 2014—01 | 28.00 | 265 |
| 探秘三角形:一次数学旅行 | 2021—10 | 68.00 | 1387 |
| 三角学专门教程 | 2014—09 | 28.00 | 387 |
| 图天下几何新题试卷.初中(第2版) | 2017—11 | 58.00 | 855 |
| 圆锥曲线习题集(上册) | 2013—06 | 68.00 | 255 |
| 圆锥曲线习题集(中册) | 2015—01 | 78.00 | 434 |
| 圆锥曲线习题集(下册·第1卷) | 2016—10 | 78.00 | 683 |
| 圆锥曲线习题集(下册·第2卷) | 2018—01 | 98.00 | 853 |
| 圆锥曲线习题集(下册·第3卷) | 2019—10 | 128.00 | 1113 |
| 圆锥曲线的思想方法 | 2021—08 | 48.00 | 1379 |
| 圆锥曲线的八个主要问题 | 2021—10 | 48.00 | 1415 |
| 论九点圆 | 2015—05 | 88.00 | 645 |
| 近代欧氏几何学 | 2012—03 | 48.00 | 162 |
| 罗巴切夫斯基几何学及几何基础概要 | 2012—07 | 28.00 | 188 |
| 罗巴切夫斯基几何学初步 | 2015—06 | 28.00 | 474 |
| 用三角、解析几何、复数、向量计算解数学竞赛几何题 | 2015—03 | 48.00 | 455 |
| 用解析法研究圆锥曲线的几何理论 | 2022—05 | 48.00 | 1495 |
| 美国中学几何教程 | 2015—04 | 88.00 | 458 |
| 三线坐标与三角形特征点 | 2015—04 | 98.00 | 460 |
| 坐标几何学基础.第1卷,笛卡儿坐标 | 2021—08 | 48.00 | 1398 |
| 坐标几何学基础.第2卷,三线坐标 | 2021—09 | 28.00 | 1399 |
| 平面解析几何方法与研究(第1卷) | 2015—05 | 18.00 | 471 |
| 平面解析几何方法与研究(第2卷) | 2015—06 | 18.00 | 472 |
| 平面解析几何方法与研究(第3卷) | 2015—07 | 18.00 | 473 |
| 解析几何研究 | 2015—01 | 38.00 | 425 |
| 解析几何学教程.上 | 2016—01 | 38.00 | 574 |
| 解析几何学教程.下 | 2016—01 | 38.00 | 575 |
| 几何学基础 | 2016—01 | 58.00 | 581 |
| 初等几何研究 | 2015—02 | 58.00 | 444 |
| 十九和二十世纪欧氏几何学中的片段 | 2017—01 | 58.00 | 696 |
| 平面几何中考.高考.奥数一本通 | 2017—07 | 28.00 | 820 |
| 几何学简史 | 2017—08 | 28.00 | 833 |
| 四面体 | 2018—01 | 48.00 | 880 |
| 平面几何证明方法思路 | 2018—12 | 68.00 | 913 |
| 折纸中的几何练习 | 2022—09 | 48.00 | 1559 |
| 中学新几何学(英文) | 2022—10 | 98.00 | 1562 |

# 刘培杰数学工作室
## 已出版（即将出版）图书目录——初等数学

| 书　名 | 出版时间 | 定　价 | 编号 |
|---|---|---|---|
| 平面几何图形特性新析.上篇 | 2019—01 | 68.00 | 911 |
| 平面几何图形特性新析.下篇 | 2018—06 | 88.00 | 912 |
| 平面几何范例多解探究.上篇 | 2018—04 | 48.00 | 910 |
| 平面几何范例多解探究.下篇 | 2018—12 | 68.00 | 914 |
| 从分析解题过程学解题：竞赛中的几何问题研究 | 2018—07 | 68.00 | 946 |
| 从分析解题过程学解题：竞赛中的向量几何与不等式研究(全2册) | 2019—06 | 138.00 | 1090 |
| 从分析解题过程学解题：竞赛中的不等式问题 | 2021—01 | 48.00 | 1249 |
| 二维、三维欧氏几何的对偶原理 | 2018—12 | 38.00 | 990 |
| 星形大观及闭折线论 | 2019—03 | 68.00 | 1020 |
| 立体几何的问题和方法 | 2019—11 | 58.00 | 1127 |
| 三角代换论 | 2021—05 | 58.00 | 1313 |
| 俄罗斯平面几何问题集 | 2009—08 | 88.00 | 55 |
| 俄罗斯立体几何问题集 | 2014—03 | 58.00 | 283 |
| 俄罗斯几何大师——沙雷金论数学及其他 | 2014—01 | 48.00 | 271 |
| 来自俄罗斯的5000道几何习题及解答 | 2011—03 | 58.00 | 89 |
| 俄罗斯初等数学问题集 | 2012—05 | 38.00 | 177 |
| 俄罗斯函数问题集 | 2011—03 | 38.00 | 103 |
| 俄罗斯组合分析问题集 | 2011—01 | 48.00 | 79 |
| 俄罗斯初等数学万题选——三角卷 | 2012—11 | 38.00 | 222 |
| 俄罗斯初等数学万题选——代数卷 | 2013—08 | 68.00 | 225 |
| 俄罗斯初等数学万题选——几何卷 | 2014—01 | 68.00 | 226 |
| 俄罗斯《量子》杂志数学征解问题100题选 | 2018—08 | 48.00 | 969 |
| 俄罗斯《量子》杂志数学征解问题又100题选 | 2018—08 | 48.00 | 970 |
| 俄罗斯《量子》杂志数学征解问题 | 2020—05 | 48.00 | 1138 |
| 463个俄罗斯几何老问题 | 2012—01 | 28.00 | 152 |
| 《量子》数学短文精粹 | 2018—09 | 38.00 | 972 |
| 用三角、解析几何等计算解来自俄罗斯的几何题 | 2019—11 | 88.00 | 1119 |
| 基谢廖夫平面几何 | 2022—01 | 48.00 | 1461 |
| 数学：代数、数学分析和几何(10—11年级) | 2021—01 | 48.00 | 1250 |
| 立体几何.10—11年级 | 2022—01 | 58.00 | 1472 |
| 直观几何学：5—6年级 | 2022—04 | 58.00 | 1508 |
| 平面几何：9—11年级 | 2022—10 | 48.00 | 1571 |
| 谈谈素数 | 2011—03 | 18.00 | 91 |
| 平方和 | 2011—03 | 18.00 | 92 |
| 整数论 | 2011—05 | 38.00 | 120 |
| 从整数谈起 | 2015—10 | 28.00 | 538 |
| 数与多项式 | 2016—01 | 38.00 | 558 |
| 谈谈不定方程 | 2011—05 | 28.00 | 119 |
| 质数漫谈 | 2022—07 | 68.00 | 1529 |
| 解析不等式新论 | 2009—06 | 68.00 | 48 |
| 建立不等式的方法 | 2011—03 | 98.00 | 104 |
| 数学奥林匹克不等式研究(第2版) | 2020—07 | 68.00 | 1181 |
| 不等式研究(第二辑) | 2012—02 | 68.00 | 153 |
| 不等式的秘密(第一卷)(第2版) | 2014—02 | 38.00 | 286 |
| 不等式的秘密(第二卷) | 2014—01 | 38.00 | 268 |
| 初等不等式的证明方法 | 2010—06 | 38.00 | 123 |
| 初等不等式的证明方法(第二版) | 2014—11 | 38.00 | 407 |
| 不等式·理论·方法(基础卷) | 2015—07 | 38.00 | 496 |
| 不等式·理论·方法(经典不等式卷) | 2015—07 | 38.00 | 497 |
| 不等式·理论·方法(特殊类型不等式卷) | 2015—07 | 48.00 | 498 |
| 不等式探究 | 2016—03 | 38.00 | 582 |
| 不等式探秘 | 2017—01 | 88.00 | 689 |
| 四面体不等式 | 2017—01 | 68.00 | 715 |
| 数学奥林匹克中常见重要不等式 | 2017—09 | 38.00 | 845 |

# 刘培杰数学工作室
## 已出版(即将出版)图书目录——初等数学

| 书　　名 | 出版时间 | 定　价 | 编号 |
|---|---|---|---|
| 三正弦不等式 | 2018—09 | 98.00 | 974 |
| 函数方程与不等式:解法与稳定性结果 | 2019—04 | 68.00 | 1058 |
| 数学不等式.第1卷,对称多项式不等式 | 2022—05 | 78.00 | 1455 |
| 数学不等式.第2卷,对称有理不等式与对称无理不等式 | 2022—05 | 88.00 | 1456 |
| 数学不等式.第3卷,循环不等式与非循环不等式 | 2022—05 | 88.00 | 1457 |
| 数学不等式.第4卷,Jensen不等式的扩展与加细 | 2022—05 | 88.00 | 1458 |
| 数学不等式.第5卷,创建不等式与解不等式的其他方法 | 2022—05 | 88.00 | 1459 |
| 同余理论 | 2012—05 | 38.00 | 163 |
| $[x]$与$\{x\}$ | 2015—04 | 48.00 | 476 |
| 极值与最值.上卷 | 2015—06 | 28.00 | 486 |
| 极值与最值.中卷 | 2015—06 | 38.00 | 487 |
| 极值与最值.下卷 | 2015—06 | 28.00 | 488 |
| 整数的性质 | 2012—11 | 38.00 | 192 |
| 完全平方数及其应用 | 2015—08 | 78.00 | 506 |
| 多项式理论 | 2015—10 | 88.00 | 541 |
| 奇数、偶数、奇偶分析法 | 2018—01 | 98.00 | 876 |
| 不定方程及其应用.上 | 2018—12 | 58.00 | 992 |
| 不定方程及其应用.中 | 2019—01 | 78.00 | 993 |
| 不定方程及其应用.下 | 2019—02 | 98.00 | 994 |
| Nesbitt不等式加强式的研究 | 2022—06 | 128.00 | 1527 |
| 最值定理与分析不等式 | 2023—02 | 78.00 | 1567 |
| 历届美国中学生数学竞赛试题及解答(第一卷)1950—1954 | 2014—07 | 18.00 | 277 |
| 历届美国中学生数学竞赛试题及解答(第二卷)1955—1959 | 2014—04 | 18.00 | 278 |
| 历届美国中学生数学竞赛试题及解答(第三卷)1960—1964 | 2014—06 | 18.00 | 279 |
| 历届美国中学生数学竞赛试题及解答(第四卷)1965—1969 | 2014—04 | 28.00 | 280 |
| 历届美国中学生数学竞赛试题及解答(第五卷)1970—1972 | 2014—06 | 18.00 | 281 |
| 历届美国中学生数学竞赛试题及解答(第六卷)1973—1980 | 2017—07 | 18.00 | 768 |
| 历届美国中学生数学竞赛试题及解答(第七卷)1981—1986 | 2015—01 | 18.00 | 424 |
| 历届美国中学生数学竞赛试题及解答(第八卷)1987—1990 | 2017—05 | 18.00 | 769 |
| 历届中国数学奥林匹克试题集(第3版) | 2021—10 | 58.00 | 1440 |
| 历届加拿大数学奥林匹克试题集 | 2012—08 | 38.00 | 215 |
| 历届美国数学奥林匹克试题集:1972~2019 | 2020—04 | 88.00 | 1135 |
| 历届波兰数学竞赛试题集.第1卷,1949~1963 | 2015—03 | 18.00 | 453 |
| 历届波兰数学竞赛试题集.第2卷,1964~1976 | 2015—03 | 18.00 | 454 |
| 历届巴尔干数学奥林匹克试题集 | 2015—05 | 38.00 | 466 |
| 保加利亚数学奥林匹克 | 2014—10 | 38.00 | 393 |
| 圣彼得堡数学奥林匹克试题集 | 2015—01 | 38.00 | 429 |
| 匈牙利奥林匹克数学竞赛题解.第1卷 | 2016—05 | 28.00 | 593 |
| 匈牙利奥林匹克数学竞赛题解.第2卷 | 2016—05 | 28.00 | 594 |
| 历届美国数学邀请赛试题集(第2版) | 2017—10 | 78.00 | 851 |
| 普林斯顿大学数学竞赛 | 2016—06 | 38.00 | 669 |
| 亚太地区数学奥林匹克竞赛题 | 2015—07 | 18.00 | 492 |
| 日本历届(初级)广中杯数学竞赛试题及解答.第1卷(2000~2007) | 2016—05 | 28.00 | 641 |
| 日本历届(初级)广中杯数学竞赛试题及解答.第2卷(2008~2015) | 2016—05 | 38.00 | 642 |
| 越南数学奥林匹克题选:1962—2009 | 2021—07 | 48.00 | 1370 |
| 360个数学竞赛问题 | 2016—08 | 58.00 | 677 |
| 奥数最佳实战题.上卷 | 2017—06 | 38.00 | 760 |
| 奥数最佳实战题.下卷 | 2017—05 | 58.00 | 761 |
| 哈尔滨市早期中学数学竞赛试题汇编 | 2016—07 | 28.00 | 672 |
| 全国高中数学联赛试题及解答:1981—2019(第4版) | 2020—07 | 138.00 | 1176 |
| 2022年全国高中数学联合竞赛模拟题集 | 2022—06 | 30.00 | 1521 |
| 20世纪50年代全国部分城市数学竞赛试题汇编 | 2017—07 | 28.00 | 797 |

# 刘培杰数学工作室
## 已出版(即将出版)图书目录——初等数学

| 书　　名 | 出版时间 | 定　价 | 编号 |
|---|---|---|---|
| 国内外数学竞赛题及精解:2018～2019 | 2020-08 | 45.00 | 1192 |
| 国内外数学竞赛题及精解:2019～2020 | 2021-11 | 58.00 | 1439 |
| 许康华竞赛优学精选集.第一辑 | 2018-08 | 68.00 | 949 |
| 天问叶班数学问题征解100题.Ⅰ,2016—2018 | 2019-05 | 88.00 | 1075 |
| 天问叶班数学问题征解100题.Ⅱ,2017—2019 | 2020-07 | 98.00 | 1177 |
| 美国初中数学竞赛:AMC8准备(共6卷) | 2019-07 | 138.00 | 1089 |
| 美国高中数学竞赛:AMC10准备(共6卷) | 2019-08 | 158.00 | 1105 |
| 王连笑教你怎样学数学:高考选择题解题策略与客观题实用训练 | 2014-01 | 48.00 | 262 |
| 王连笑教你怎样学数学:高考数学高层次讲座 | 2015-02 | 48.00 | 432 |
| 高考数学的理论与实践 | 2009-08 | 38.00 | 53 |
| 高考数学核心题型解题方法与技巧 | 2010-01 | 28.00 | 86 |
| 高考思维新平台 | 2014-03 | 38.00 | 259 |
| 高考数学压轴题解题诀窍(上)(第2版) | 2018-01 | 58.00 | 874 |
| 高考数学压轴题解题诀窍(下)(第2版) | 2018-01 | 48.00 | 875 |
| 北京市五区文科数学三年高考模拟题详解:2013～2015 | 2015-08 | 48.00 | 500 |
| 北京市五区理科数学三年高考模拟题详解:2013～2015 | 2015-09 | 68.00 | 505 |
| 向量法巧解数学高考题 | 2009-08 | 28.00 | 54 |
| 高中数学课堂教学的实践与反思 | 2021-11 | 48.00 | 791 |
| 数学高考参考 | 2016-01 | 78.00 | 589 |
| 新课程标准高考数学解答题各种题型解法指导 | 2020-08 | 78.00 | 1196 |
| 全国及各省市高考数学试题审题要津与解法研究 | 2015-02 | 48.00 | 450 |
| 高中数学章节起始课的教学研究与案例设计 | 2019-05 | 28.00 | 1064 |
| 新课标高考数学——五年试题分章详解(2007～2011)(上、下) | 2011-10 | 78.00 | 140,141 |
| 全国中考数学压轴题审题要津与解法研究 | 2013-04 | 78.00 | 248 |
| 新编全国及各省市中考数学压轴题审题要津与解法研究 | 2014-05 | 58.00 | 342 |
| 全国及各省市5年中考数学压轴题审题要津与解法研究(2015版) | 2015-04 | 58.00 | 462 |
| 中考数学专题总复习 | 2007-04 | 28.00 | 6 |
| 中考数学较难题常考题型解题方法与技巧 | 2016-09 | 48.00 | 681 |
| 中考数学难题常考题型解题方法与技巧 | 2016-09 | 48.00 | 682 |
| 中考数学中档题常考题型解题方法与技巧 | 2017-08 | 68.00 | 835 |
| 中考数学选择填空压轴好题妙解365 | 2017-05 | 38.00 | 759 |
| 中考数学:三类重点考题的解法例析与习题 | 2020-04 | 48.00 | 1140 |
| 中小学数学的历史文化 | 2019-11 | 48.00 | 1124 |
| 初中平面几何百题多思创新解 | 2020-01 | 58.00 | 1125 |
| 初中数学中考备考 | 2020-01 | 58.00 | 1126 |
| 高考数学之九章演义 | 2019-08 | 68.00 | 1044 |
| 高考数学之难题谈笑间 | 2022-06 | 68.00 | 1519 |
| 化学可以这样学:高中化学知识方法智慧感悟疑难辨析 | 2019-07 | 58.00 | 1103 |
| 如何成为学习高手 | 2019-09 | 58.00 | 1107 |
| 高考数学:经典真题分类解析 | 2020-04 | 78.00 | 1134 |
| 高考数学解答题破解策略 | 2020-11 | 58.00 | 1221 |
| 从分析解题过程学解题:高考压轴题与竞赛题之关系探究 | 2020-08 | 88.00 | 1179 |
| 教学新思考:单元整体视角下的初中数学教学设计 | 2021-03 | 58.00 | 1278 |
| 思维再拓展:2020年经典几何题的多解探究与思考 | 即将出版 |  | 1279 |
| 中考数学小压轴汇编初讲 | 2017-07 | 48.00 | 788 |
| 中考数学大压轴专题微言 | 2017-09 | 48.00 | 846 |
| 怎么解中考平面几何探索题 | 2019-06 | 48.00 | 1093 |
| 北京中考数学压轴题解题方法突破(第8版) | 2022-11 | 78.00 | 1577 |
| 助你高考成功的数学解题智慧:知识是智慧的基础 | 2016-01 | 58.00 | 596 |
| 助你高考成功的数学解题智慧:错误是智慧的试金石 | 2016-04 | 58.00 | 643 |
| 助你高考成功的数学解题智慧:方法是智慧的推手 | 2016-04 | 68.00 | 657 |
| 高考数学奇思妙解 | 2016-04 | 38.00 | 610 |
| 高考数学解题策略 | 2016-05 | 48.00 | 670 |
| 数学解题泄天机(第2版) | 2017-10 | 48.00 | 850 |

# 刘培杰数学工作室
# 已出版(即将出版)图书目录——初等数学

| 书　　名 | 出版时间 | 定　价 | 编号 |
|---|---|---|---|
| 高考物理压轴题全解 | 2017—04 | 58.00 | 746 |
| 高中物理经典问题25讲 | 2017—05 | 28.00 | 764 |
| 高中物理教学讲义 | 2018—01 | 48.00 | 871 |
| 高中物理教学讲义:全模块 | 2022—03 | 98.00 | 1492 |
| 高中物理答疑解惑65篇 | 2021—11 | 48.00 | 1462 |
| 中学物理基础问题解析 | 2020—08 | 48.00 | 1183 |
| 2016年高考文科数学真题研究 | 2017—04 | 58.00 | 754 |
| 2016年高考理科数学真题研究 | 2017—04 | 78.00 | 755 |
| 2017年高考理科数学真题研究 | 2018—01 | 58.00 | 867 |
| 2017年高考文科数学真题研究 | 2018—01 | 48.00 | 868 |
| 初中数学、高中数学脱节知识补缺教材 | 2017—06 | 48.00 | 766 |
| 高考数学小题抢分必练 | 2017—10 | 48.00 | 834 |
| 高考数学核心素养解读 | 2017—09 | 38.00 | 839 |
| 高考数学客观题解题方法和技巧 | 2017—10 | 38.00 | 847 |
| 十年高考数学精品试题审题要津与解法研究 | 2021—10 | 98.00 | 1427 |
| 中国历届高考数学试题及解答.1949—1979 | 2018—01 | 38.00 | 877 |
| 历届中国高考数学试题及解答.第二卷,1980—1989 | 2018—10 | 28.00 | 975 |
| 历届中国高考数学试题及解答.第三卷,1990—1999 | 2018—10 | 48.00 | 976 |
| 数学文化与高考研究 | 2018—03 | 48.00 | 882 |
| 跟我学解高中数学题 | 2018—07 | 58.00 | 926 |
| 中学数学研究的方法及案例 | 2018—05 | 58.00 | 869 |
| 高考数学抢分技能 | 2018—07 | 68.00 | 934 |
| 高一新生常用数学方法和重要数学思想提升教材 | 2018—06 | 38.00 | 921 |
| 2018年高考数学真题研究 | 2019—01 | 68.00 | 1000 |
| 2019年高考数学真题研究 | 2020—05 | 88.00 | 1137 |
| 高考数学全国卷六道解答题常考题型解题诀窍:理科(全2册) | 2019—07 | 78.00 | 1101 |
| 高考数学全国卷16道选择、填空题常考题型解题诀窍.理科 | 2018—09 | 88.00 | 971 |
| 高考数学全国卷16道选择、填空题常考题型解题诀窍.文科 | 2020—01 | 88.00 | 1123 |
| 高中数学一题多解 | 2019—06 | 58.00 | 1087 |
| 历届中国高考数学试题及解答:1917—1999 | 2021—08 | 98.00 | 1371 |
| 2000～2003年全国及各省市高考数学试题及解答 | 2022—05 | 88.00 | 1499 |
| 2004年全国及各省市高考数学试题及解答 | 2022—07 | 78.00 | 1500 |
| 突破高原:高中数学解题思维探究 | 2021—08 | 48.00 | 1375 |
| 高考数学中的"取值范围" | 2021—10 | 48.00 | 1429 |
| 新课标高中数学各种题型解法大全.必修一分册 | 2021—06 | 58.00 | 1315 |
| 新课标高中数学各种题型解法大全.必修二分册 | 2022—01 | 68.00 | 1471 |
| 高中数学各种题型解法大全.选择性必修一分册 | 2022—06 | 68.00 | 1525 |
| 新编640个世界著名数学智力趣题 | 2014—01 | 88.00 | 242 |
| 500个最新世界著名数学智力趣题 | 2008—06 | 48.00 | 3 |
| 400个最新世界著名数学最值问题 | 2008—09 | 48.00 | 36 |
| 500个世界著名数学征解问题 | 2009—06 | 48.00 | 52 |
| 400个中国最佳初等数学征解老问题 | 2010—01 | 48.00 | 60 |
| 500个俄罗斯数学经典老题 | 2011—01 | 28.00 | 81 |
| 1000个国外中学物理好题 | 2012—04 | 48.00 | 174 |
| 300个日本高考数学题 | 2012—05 | 38.00 | 142 |
| 700个早期日本高考数学试题 | 2017—02 | 88.00 | 752 |
| 500个前苏联早期高考数学试题及解答 | 2012—05 | 28.00 | 185 |
| 546个早期俄罗斯大学生数学竞赛题 | 2014—03 | 38.00 | 285 |
| 548个来自美苏的数学好问题 | 2014—11 | 28.00 | 396 |
| 20所苏联著名大学早期入学试题 | 2015—02 | 18.00 | 452 |
| 161道德国工科大学生必做的微分方程习题 | 2015—05 | 28.00 | 469 |
| 500个德国工科大学生必做的高数习题 | 2015—06 | 28.00 | 478 |
| 360个数学竞赛问题 | 2016—08 | 58.00 | 677 |
| 200个趣味数学故事 | 2018—02 | 48.00 | 857 |
| 470个数学奥林匹克中的最值问题 | 2018—10 | 88.00 | 985 |
| 德国讲义日本考题.微积分卷 | 2015—04 | 48.00 | 456 |
| 德国讲义日本考题.微分方程卷 | 2015—04 | 38.00 | 457 |
| 二十世纪中叶中、英、美、日、法、俄高考数学试题精选 | 2017—06 | 38.00 | 783 |

# 刘培杰数学工作室
## 已出版(即将出版)图书目录——初等数学

| 书　名 | 出版时间 | 定　价 | 编号 |
|---|---|---|---|
| 中国初等数学研究　2009卷(第1辑) | 2009—05 | 20.00 | 45 |
| 中国初等数学研究　2010卷(第2辑) | 2010—05 | 30.00 | 68 |
| 中国初等数学研究　2011卷(第3辑) | 2011—07 | 60.00 | 127 |
| 中国初等数学研究　2012卷(第4辑) | 2012—07 | 48.00 | 190 |
| 中国初等数学研究　2014卷(第5辑) | 2014—02 | 48.00 | 288 |
| 中国初等数学研究　2015卷(第6辑) | 2015—06 | 68.00 | 493 |
| 中国初等数学研究　2016卷(第7辑) | 2016—04 | 68.00 | 609 |
| 中国初等数学研究　2017卷(第8辑) | 2017—01 | 98.00 | 712 |
| 初等数学研究在中国.第1辑 | 2019—03 | 158.00 | 1024 |
| 初等数学研究在中国.第2辑 | 2019—10 | 158.00 | 1116 |
| 初等数学研究在中国.第3辑 | 2021—05 | 158.00 | 1306 |
| 初等数学研究在中国.第4辑 | 2022—06 | 158.00 | 1520 |
| 几何变换(Ⅰ) | 2014—07 | 28.00 | 353 |
| 几何变换(Ⅱ) | 2015—06 | 28.00 | 354 |
| 几何变换(Ⅲ) | 2015—01 | 38.00 | 355 |
| 几何变换(Ⅳ) | 2015—12 | 38.00 | 356 |
| 初等数论难题集(第一卷) | 2009—05 | 68.00 | 44 |
| 初等数论难题集(第二卷)(上、下) | 2011—02 | 128.00 | 82,83 |
| 数论概貌 | 2011—03 | 18.00 | 93 |
| 代数数论(第二版) | 2013—08 | 58.00 | 94 |
| 代数多项式 | 2014—06 | 38.00 | 289 |
| 初等数论的知识与问题 | 2011—02 | 28.00 | 95 |
| 超越数论基础 | 2011—03 | 28.00 | 96 |
| 数论初等教程 | 2011—03 | 28.00 | 97 |
| 数论基础 | 2011—03 | 18.00 | 98 |
| 数论基础与维诺格拉多夫 | 2014—03 | 18.00 | 292 |
| 解析数论基础 | 2012—08 | 28.00 | 216 |
| 解析数论基础(第二版) | 2014—01 | 48.00 | 287 |
| 解析数论问题集(第二版)(原版引进) | 2014—05 | 88.00 | 343 |
| 解析数论问题集(第二版)(中译本) | 2016—04 | 88.00 | 607 |
| 解析数论基础(潘承洞,潘承彪著) | 2016—07 | 98.00 | 673 |
| 解析数论导引 | 2016—07 | 58.00 | 674 |
| 数论入门 | 2011—03 | 38.00 | 99 |
| 代数数论入门 | 2015—03 | 38.00 | 448 |
| 数论开篇 | 2012—07 | 28.00 | 194 |
| 解析数论引论 | 2011—03 | 48.00 | 100 |
| Barban Davenport Halberstam 均值和 | 2009—01 | 40.00 | 33 |
| 基础数论 | 2011—03 | 28.00 | 101 |
| 初等数论100例 | 2011—05 | 18.00 | 122 |
| 初等数论经典例题 | 2012—07 | 18.00 | 204 |
| 最新世界各国数学奥林匹克中的初等数论试题(上、下) | 2012—01 | 138.00 | 144,145 |
| 初等数论(Ⅰ) | 2012—01 | 18.00 | 156 |
| 初等数论(Ⅱ) | 2012—01 | 18.00 | 157 |
| 初等数论(Ⅲ) | 2012—01 | 28.00 | 158 |

# 刘培杰数学工作室
# 已出版(即将出版)图书目录——初等数学

| 书 名 | 出版时间 | 定价 | 编号 |
|---|---|---|---|
| 平面几何与数论中未解决的新老问题 | 2013—01 | 68.00 | 229 |
| 代数数论简史 | 2014—11 | 28.00 | 408 |
| 代数数论 | 2015—09 | 88.00 | 532 |
| 代数、数论及分析习题集 | 2016—11 | 98.00 | 695 |
| 数论导引提要及习题解答 | 2016—01 | 48.00 | 559 |
| 素数定理的初等证明.第2版 | 2016—09 | 48.00 | 686 |
| 数论中的模函数与狄利克雷级数(第二版) | 2017—11 | 78.00 | 837 |
| 数论:数学导引 | 2018—01 | 68.00 | 849 |
| 范氏大代数 | 2019—02 | 98.00 | 1016 |
| 解析数学讲义.第一卷,导来式及微分、积分、级数 | 2019—04 | 88.00 | 1021 |
| 解析数学讲义.第二卷,关于几何的应用 | 2019—04 | 68.00 | 1022 |
| 解析数学讲义.第三卷,解析函数论 | 2019—04 | 78.00 | 1023 |
| 分析·组合·数论纵横谈 | 2019—04 | 58.00 | 1039 |
| Hall 代数:民国时期的中学数学课本:英文 | 2019—08 | 88.00 | 1106 |
| 基谢廖夫初等代数 | 2022—07 | 38.00 | 1531 |
| 数学精神巡礼 | 2019—01 | 58.00 | 731 |
| 数学眼光透视(第2版) | 2017—06 | 78.00 | 732 |
| 数学思想领悟(第2版) | 2018—01 | 68.00 | 733 |
| 数学方法溯源(第2版) | 2018—08 | 68.00 | 734 |
| 数学解题引论 | 2017—05 | 58.00 | 735 |
| 数学史话览胜(第2版) | 2017—01 | 48.00 | 736 |
| 数学应用展观(第2版) | 2017—08 | 68.00 | 737 |
| 数学建模尝试 | 2018—04 | 48.00 | 738 |
| 数学竞赛采风 | 2018—01 | 68.00 | 739 |
| 数学测评探营 | 2019—05 | 58.00 | 740 |
| 数学技能操握 | 2018—03 | 48.00 | 741 |
| 数学欣赏拾趣 | 2018—02 | 48.00 | 742 |
| 从毕达哥拉斯到怀尔斯 | 2007—10 | 48.00 | 9 |
| 从迪利克雷到维斯卡尔迪 | 2008—01 | 48.00 | 21 |
| 从哥德巴赫到陈景润 | 2008—05 | 98.00 | 35 |
| 从庞加莱到佩雷尔曼 | 2011—08 | 138.00 | 136 |
| 博弈论精粹 | 2008—03 | 58.00 | 30 |
| 博弈论精粹.第二版(精装) | 2015—01 | 88.00 | 461 |
| 数学 我爱你 | 2008—01 | 28.00 | 20 |
| 精神的圣徒 别样的人生——60位中国数学家成长的历程 | 2008—09 | 48.00 | 39 |
| 数学史概论 | 2009—06 | 78.00 | 50 |
| 数学史概论(精装) | 2013—03 | 158.00 | 272 |
| 数学史选讲 | 2016—01 | 48.00 | 544 |
| 斐波那契数列 | 2010—02 | 28.00 | 65 |
| 数学拼盘和斐波那契魔方 | 2010—07 | 38.00 | 72 |
| 斐波那契数列欣赏(第2版) | 2018—08 | 58.00 | 948 |
| Fibonacci 数列中的明珠 | 2018—06 | 58.00 | 928 |
| 数学的创造 | 2011—02 | 48.00 | 85 |
| 数学美与创造力 | 2016—01 | 48.00 | 595 |
| 数海拾贝 | 2016—01 | 48.00 | 590 |
| 数学中的美(第2版) | 2019—04 | 68.00 | 1057 |
| 数论中的美学 | 2014—12 | 38.00 | 351 |

— 8 —

# 刘培杰数学工作室
## 已出版(即将出版)图书目录——初等数学

| 书  名 | 出版时间 | 定 价 | 编号 |
|---|---|---|---|
| 数学王者 科学巨人——高斯 | 2015—01 | 28.00 | 428 |
| 振兴祖国数学的圆梦之旅:中国初等数学研究史话 | 2015—06 | 98.00 | 490 |
| 二十世纪中国数学史料研究 | 2015—10 | 48.00 | 536 |
| 数字谜、数阵图与棋盘覆盖 | 2016—01 | 58.00 | 298 |
| 时间的形状 | 2016—01 | 38.00 | 556 |
| 数学发现的艺术:数学探索中的合情推理 | 2016—07 | 58.00 | 671 |
| 活跃在数学中的参数 | 2016—07 | 48.00 | 675 |
| 数海趣史 | 2021—05 | 98.00 | 1314 |
| 数学解题——靠数学思想给力(上) | 2011—07 | 38.00 | 131 |
| 数学解题——靠数学思想给力(中) | 2011—07 | 48.00 | 132 |
| 数学解题——靠数学思想给力(下) | 2011—07 | 38.00 | 133 |
| 我怎样解题 | 2013—01 | 48.00 | 227 |
| 数学解题中的物理方法 | 2011—06 | 28.00 | 114 |
| 数学解题的特殊方法 | 2011—06 | 48.00 | 115 |
| 中学数学计算技巧(第2版) | 2020—10 | 48.00 | 1220 |
| 中学数学证明方法 | 2012—01 | 58.00 | 117 |
| 数学趣题巧解 | 2012—03 | 28.00 | 128 |
| 高中数学教学通鉴 | 2015—05 | 58.00 | 479 |
| 和高中生漫谈:数学与哲学的故事 | 2014—08 | 28.00 | 369 |
| 算术问题集 | 2017—03 | 38.00 | 789 |
| 张教授讲数学 | 2018—07 | 38.00 | 933 |
| 陈永明实话实说数学教学 | 2020—04 | 68.00 | 1132 |
| 中学数学学科知识与教学能力 | 2020—06 | 58.00 | 1155 |
| 怎样把课讲好:大罕数学教学随笔 | 2022—03 | 58.00 | 1484 |
| 中国高考评价体系下高考数学探秘 | 2022—03 | 48.00 | 1487 |
| 自主招生考试中的参数方程问题 | 2015—01 | 28.00 | 435 |
| 自主招生考试中的极坐标问题 | 2015—04 | 28.00 | 463 |
| 近年全国重点大学自主招生数学试题全解及研究.华约卷 | 2015—02 | 38.00 | 441 |
| 近年全国重点大学自主招生数学试题全解及研究.北约卷 | 2016—05 | 38.00 | 619 |
| 自主招生数学解证宝典 | 2015—09 | 48.00 | 535 |
| 中国科学技术大学创新班数学真题解析 | 2022—03 | 48.00 | 1488 |
| 中国科学技术大学创新班物理真题解析 | 2022—03 | 58.00 | 1489 |
| 格点和面积 | 2012—07 | 18.00 | 191 |
| 射影几何趣谈 | 2012—04 | 28.00 | 175 |
| 斯潘纳尔引理——从一道加拿大数学奥林匹克试题谈起 | 2014—01 | 28.00 | 228 |
| 李普希兹条件——从几道近年高考数学试题谈起 | 2012—10 | 18.00 | 221 |
| 拉格朗日中值定理——从一道北京高考试题的解法谈起 | 2015—10 | 18.00 | 197 |
| 闵科夫斯基定理——从一道清华大学自主招生试题谈起 | 2014—01 | 28.00 | 198 |
| 哈尔测度——从一道冬令营试题的背景谈起 | 2012—08 | 28.00 | 202 |
| 切比雪夫逼近问题——从一道中国台北数学奥林匹克试题谈起 | 2013—04 | 38.00 | 238 |
| 伯恩斯坦多项式与贝齐尔曲面——从一道全国高中数学联赛试题谈起 | 2013—03 | 38.00 | 236 |
| 卡塔兰猜想——从一道普特南竞赛试题谈起 | 2013—06 | 18.00 | 256 |
| 麦卡锡函数和阿克曼函数——从一道前南斯拉夫数学奥林匹克试题谈起 | 2012—08 | 18.00 | 201 |
| 贝蒂定理与拉贝贝克斯尔定理——从一个拣石子游戏谈起 | 2012—08 | 18.00 | 217 |
| 皮亚诺曲线和豪斯道夫分球定理——从无限集谈起 | 2012—08 | 18.00 | 211 |
| 平面凸图形与凸多面体 | 2012—10 | 28.00 | 218 |
| 斯坦因豪斯问题——从一道二十五省市自治区中学数学竞赛试题谈起 | 2012—07 | 18.00 | 196 |

# 刘培杰数学工作室
## 已出版(即将出版)图书目录——初等数学

| 书　　名 | 出版时间 | 定　价 | 编号 |
|---|---|---|---|
| 纽结理论中的亚历山大多项式与琼斯多项式——从一道北京市高一数学竞赛试题谈起 | 2012—07 | 28.00 | 195 |
| 原则与策略——从波利亚"解题表"谈起 | 2013—04 | 38.00 | 244 |
| 转化与化归——从三大尺规作图不能问题谈起 | 2012—08 | 28.00 | 214 |
| 代数几何中的贝祖定理(第一版)——从一道IMO试题的解法谈起 | 2013—08 | 18.00 | 193 |
| 成功连贯理论与约当块理论——从一道比利时数学竞赛试题谈起 | 2012—04 | 18.00 | 180 |
| 素数判定与大数分解 | 2014—08 | 18.00 | 199 |
| 置换多项式及其应用 | 2012—10 | 18.00 | 220 |
| 椭圆函数与模函数——从一道美国加州大学洛杉矶分校(UCLA)博士资格考题谈起 | 2012—10 | 28.00 | 219 |
| 差分方程的拉格朗日方法——从一道2011年全国高考理科试题的解法谈起 | 2012—08 | 28.00 | 200 |
| 力学在几何中的一些应用 | 2013—01 | 38.00 | 240 |
| 从根式解到伽罗华理论 | 2020—01 | 48.00 | 1121 |
| 康托洛维奇不等式——从一道全国高中联赛试题谈起 | 2013—03 | 28.00 | 337 |
| 西格尔引理——从一道第18届IMO试题的解法谈起 | 即将出版 | | |
| 罗斯定理——从一道前苏联数学竞赛试题谈起 | 即将出版 | | |
| 拉克斯定理和阿廷定理——从一道IMO试题的解法谈起 | 2014—01 | 58.00 | 246 |
| 毕卡大定理——从一道美国大学数学竞赛试题谈起 | 2014—07 | 18.00 | 350 |
| 贝齐尔曲线——从一道全国高中联赛试题谈起 | 即将出版 | | |
| 拉格朗日乘子定理——从一道2005年全国高中联赛试题的高等数学解法谈起 | 2015—05 | 28.00 | 480 |
| 雅可比定理——从一道日本数学奥林匹克试题谈起 | 2013—04 | 48.00 | 249 |
| 李天岩—约克定理——从一道波兰数学竞赛试题谈起 | 2014—06 | 28.00 | 349 |
| 整系数多项式因式分解的一般方法——从克朗耐克算法谈起 | 即将出版 | | |
| 布劳维不动点定理——从一道前苏联数学奥林匹克试题谈起 | 2014—01 | 38.00 | 273 |
| 伯恩赛德定理——从一道英国数学奥林匹克试题谈起 | 即将出版 | | |
| 布查特-莫斯特定理——从一道上海市初中竞赛试题谈起 | 即将出版 | | |
| 数论中的同余数问题——从一道普特南竞赛试题谈起 | 即将出版 | | |
| 范・德蒙行列式——从一道美国数学奥林匹克试题谈起 | 即将出版 | | |
| 中国剩余定理:总数法构建中国历史年表 | 2015—01 | 28.00 | 430 |
| 牛顿程序与方程求根——从一道全国高考试题解法谈起 | 即将出版 | | |
| 库默尔定理——从一道IMO预选试题谈起 | 即将出版 | | |
| 卢丁定理——从一道冬令营试题的解法谈起 | 即将出版 | | |
| 沃斯滕霍姆定理——从一道IMO预选试题谈起 | 即将出版 | | |
| 卡尔松不等式——从一道莫斯科数学奥林匹克试题谈起 | 即将出版 | | |
| 信息论中的香农熵——从一道近年高考压轴题谈起 | 即将出版 | | |
| 约当不等式——从一道希望杯竞赛试题谈起 | 即将出版 | | |
| 拉比诺维奇定理 | 即将出版 | | |
| 刘维尔定理——从一道《美国数学月刊》征解问题的解法谈起 | 即将出版 | | |
| 卡塔兰恒等式与级数求和——从一道IMO试题的解法谈起 | 即将出版 | | |
| 勒让德猜想与素数分布——从一道爱尔兰竞赛试题谈起 | 即将出版 | | |
| 天平称重与信息论——从一道基辅市数学奥林匹克试题谈起 | 即将出版 | | |
| 哈密尔顿—凯莱定理:从一道高中数学联赛试题的解法谈起 | 2014—09 | 18.00 | 376 |
| 艾思特曼定理——从一道CMO试题的解法谈起 | 即将出版 | | |

# 刘培杰数学工作室
# 已出版(即将出版)图书目录——初等数学

| 书　　名 | 出版时间 | 定　价 | 编号 |
|---|---|---|---|
| 阿贝尔恒等式与经典不等式及应用 | 2018-06 | 98.00 | 923 |
| 迪利克雷除数问题 | 2018-07 | 48.00 | 930 |
| 幻方、幻立方与拉丁方 | 2019-08 | 48.00 | 1092 |
| 帕斯卡三角形 | 2014-03 | 18.00 | 294 |
| 蒲丰投针问题——从2009年清华大学的一道自主招生试题谈起 | 2014-01 | 38.00 | 295 |
| 斯图姆定理——从一道"华约"自主招生试题的解法谈起 | 2014-01 | 18.00 | 296 |
| 许瓦兹引理——从一道加利福尼亚大学伯克利分校数学系博士生试题谈起 | 2014-08 | 18.00 | 297 |
| 拉姆塞定理——从王诗宬院士的一个问题谈起 | 2016-04 | 48.00 | 299 |
| 坐标法 | 2013-12 | 28.00 | 332 |
| 数论三角形 | 2014-04 | 38.00 | 341 |
| 毕克定理 | 2014-07 | 18.00 | 352 |
| 数林掠影 | 2014-09 | 48.00 | 389 |
| 我们周围的概率 | 2014-10 | 38.00 | 390 |
| 凸函数最值定理:从一道华约自主招生题的解法谈起 | 2014-10 | 28.00 | 391 |
| 易学与数学奥林匹克 | 2014-10 | 38.00 | 392 |
| 生物数学趣谈 | 2015-01 | 18.00 | 409 |
| 反演 | 2015-01 | 28.00 | 420 |
| 因式分解与圆锥曲线 | 2015-01 | 18.00 | 426 |
| 轨迹 | 2015-01 | 28.00 | 427 |
| 面积原理:从常庚哲命的一道CMO试题的积分解法谈起 | 2015-01 | 48.00 | 431 |
| 形形色色的不动点定理:从一道28届IMO试题谈起 | 2015-01 | 38.00 | 439 |
| 柯西函数方程:从一道上海交大自主招生的试题谈起 | 2015-02 | 28.00 | 440 |
| 三角恒等式 | 2015-02 | 28.00 | 442 |
| 无理性判定:从一道2014年"北约"自主招生试题谈起 | 2015-01 | 38.00 | 443 |
| 数学归纳法 | 2015-03 | 18.00 | 451 |
| 极端原理与解题 | 2015-04 | 28.00 | 464 |
| 法雷级数 | 2014-08 | 18.00 | 367 |
| 摆线族 | 2015-01 | 38.00 | 438 |
| 函数方程及其解法 | 2015-05 | 38.00 | 470 |
| 含参数的方程和不等式 | 2012-09 | 28.00 | 213 |
| 希尔伯特第十问题 | 2016-01 | 38.00 | 543 |
| 无穷小量的求和 | 2016-01 | 28.00 | 545 |
| 切比雪夫多项式:从一道清华大学金秋营试题谈起 | 2016-01 | 38.00 | 583 |
| 泽肯多夫定理 | 2016-03 | 38.00 | 599 |
| 代数等式证题法 | 2016-01 | 28.00 | 600 |
| 三角等式证题法 | 2016-01 | 28.00 | 601 |
| 吴大任教授藏书中的一个因式分解公式:从一道美国数学邀请赛试题的解法谈起 | 2016-06 | 28.00 | 656 |
| 易卦——类万物的数学模型 | 2017-08 | 68.00 | 838 |
| "不可思议"的数与数系可持续发展 | 2018-01 | 38.00 | 878 |
| 最短线 | 2018-01 | 38.00 | 879 |
| 数学在天文、地理、光学、机械力学中的一些应用 | 2023-03 | 88.00 | 1576 |

| 幻方和魔方(第一卷) | 2012-05 | 68.00 | 173 |
|---|---|---|---|
| 尘封的经典——初等数学经典文献选读(第一卷) | 2012-07 | 48.00 | 205 |
| 尘封的经典——初等数学经典文献选读(第二卷) | 2012-07 | 38.00 | 206 |

| 初级方程式论 | 2011-03 | 28.00 | 106 |
|---|---|---|---|
| 初等数学研究(Ⅰ) | 2008-09 | 68.00 | 37 |
| 初等数学研究(Ⅱ)(上、下) | 2009-05 | 118.00 | 46,47 |
| 初等数学专题研究 | 2022-10 | 68.00 | 1568 |

# 刘培杰数学工作室
# 已出版(即将出版)图书目录——初等数学

| 书　　名 | 出版时间 | 定　价 | 编号 |
|---|---|---|---|
| 趣味初等方程妙题集锦 | 2014—09 | 48.00 | 388 |
| 趣味初等数论选美与欣赏 | 2015—02 | 48.00 | 445 |
| 耕读笔记(上卷)：一位农民数学爱好者的初数探索 | 2015—04 | 28.00 | 459 |
| 耕读笔记(中卷)：一位农民数学爱好者的初数探索 | 2015—05 | 28.00 | 483 |
| 耕读笔记(下卷)：一位农民数学爱好者的初数探索 | 2015—05 | 28.00 | 484 |
| 几何不等式研究与欣赏.上卷 | 2016—01 | 88.00 | 547 |
| 几何不等式研究与欣赏.下卷 | 2016—01 | 48.00 | 552 |
| 初等数列研究与欣赏·上 | 2016—01 | 48.00 | 570 |
| 初等数列研究与欣赏·下 | 2016—01 | 48.00 | 571 |
| 趣味初等函数研究与欣赏.上 | 2016—09 | 48.00 | 684 |
| 趣味初等函数研究与欣赏.下 | 2018—09 | 48.00 | 685 |
| 三角不等式研究与欣赏 | 2020—10 | 68.00 | 1197 |
| 新编平面解析几何解题方法研究与欣赏 | 2021—10 | 78.00 | 1426 |
| 火柴游戏(第2版) | 2022—05 | 38.00 | 1493 |
| 智力解谜.第1卷 | 2017—07 | 38.00 | 613 |
| 智力解谜.第2卷 | 2017—07 | 38.00 | 614 |
| 故事智力 | 2016—07 | 48.00 | 615 |
| 名人们喜欢的智力问题 | 2020—01 | 48.00 | 616 |
| 数学大师的发现、创造与失误 | 2018—01 | 48.00 | 617 |
| 异曲同工 | 2018—09 | 48.00 | 618 |
| 数学的味道 | 2018—01 | 58.00 | 798 |
| 数学千字文 | 2018—10 | 68.00 | 977 |
| 数贝偶拾——高考数学题研究 | 2014—04 | 28.00 | 274 |
| 数贝偶拾——初等数学研究 | 2014—04 | 38.00 | 275 |
| 数贝偶拾——奥数题研究 | 2014—04 | 48.00 | 276 |
| 钱昌本教你快乐学数学(上) | 2011—12 | 48.00 | 155 |
| 钱昌本教你快乐学数学(下) | 2012—03 | 58.00 | 171 |
| 集合、函数与方程 | 2014—01 | 28.00 | 300 |
| 数列与不等式 | 2014—01 | 38.00 | 301 |
| 三角与平面向量 | 2014—01 | 28.00 | 302 |
| 平面解析几何 | 2014—01 | 38.00 | 303 |
| 立体几何与组合 | 2014—01 | 28.00 | 304 |
| 极限与导数、数学归纳法 | 2014—01 | 38.00 | 305 |
| 趣味数学 | 2014—03 | 28.00 | 306 |
| 教材教法 | 2014—04 | 68.00 | 307 |
| 自主招生 | 2014—05 | 58.00 | 308 |
| 高考压轴题(上) | 2015—01 | 48.00 | 309 |
| 高考压轴题(下) | 2014—10 | 68.00 | 310 |
| 从费马到怀尔斯——费马大定理的历史 | 2013—10 | 198.00 | Ⅰ |
| 从庞加莱到佩雷尔曼——庞加莱猜想的历史 | 2013—10 | 298.00 | Ⅱ |
| 从切比雪夫到爱尔特希(上)——素数定理的初等证明 | 2013—07 | 48.00 | Ⅲ |
| 从切比雪夫到爱尔特希(下)——素数定理100年 | 2012—12 | 98.00 | Ⅲ |
| 从高斯到盖尔方特——二次域的高斯猜想 | 2013—10 | 198.00 | Ⅳ |
| 从库默尔到朗兰兹——朗兰兹猜想的历史 | 2014—01 | 98.00 | Ⅴ |
| 从比勃巴赫到德布朗斯——比勃巴赫猜想的历史 | 2014—02 | 298.00 | Ⅵ |
| 从麦比乌斯到陈省身——麦比乌斯变换与麦比乌斯带 | 2014—02 | 298.00 | Ⅶ |
| 从布尔到豪斯道夫——布尔方程与格论漫谈 | 2013—10 | 198.00 | Ⅷ |
| 从开普勒到阿诺德——三体问题的历史 | 2014—05 | 298.00 | Ⅸ |
| 从华林到华罗庚——华林问题的历史 | 2013—10 | 298.00 | Ⅹ |

# 刘培杰数学工作室
## 已出版(即将出版)图书目录——初等数学

| 书 名 | 出版时间 | 定 价 | 编号 |
|---|---|---|---|
| 美国高中数学竞赛五十讲.第1卷(英文) | 2014—08 | 28.00 | 357 |
| 美国高中数学竞赛五十讲.第2卷(英文) | 2014—08 | 28.00 | 358 |
| 美国高中数学竞赛五十讲.第3卷(英文) | 2014—09 | 28.00 | 359 |
| 美国高中数学竞赛五十讲.第4卷(英文) | 2014—09 | 28.00 | 360 |
| 美国高中数学竞赛五十讲.第5卷(英文) | 2014—10 | 28.00 | 361 |
| 美国高中数学竞赛五十讲.第6卷(英文) | 2014—11 | 28.00 | 362 |
| 美国高中数学竞赛五十讲.第7卷(英文) | 2014—12 | 28.00 | 363 |
| 美国高中数学竞赛五十讲.第8卷(英文) | 2015—01 | 28.00 | 364 |
| 美国高中数学竞赛五十讲.第9卷(英文) | 2015—01 | 28.00 | 365 |
| 美国高中数学竞赛五十讲.第10卷(英文) | 2015—02 | 38.00 | 366 |
| 三角函数(第2版) | 2017—04 | 38.00 | 626 |
| 不等式 | 2014—01 | 38.00 | 312 |
| 数列 | 2014—01 | 38.00 | 313 |
| 方程(第2版) | 2017—04 | 38.00 | 624 |
| 排列和组合 | 2014—01 | 28.00 | 315 |
| 极限与导数(第2版) | 2016—04 | 38.00 | 635 |
| 向量(第2版) | 2018—08 | 58.00 | 627 |
| 复数及其应用 | 2014—08 | 28.00 | 318 |
| 函数 | 2014—01 | 38.00 | 319 |
| 集合 | 2020—01 | 48.00 | 320 |
| 直线与平面 | 2014—01 | 28.00 | 321 |
| 立体几何(第2版) | 2016—04 | 38.00 | 629 |
| 解三角形 | 即将出版 | | 323 |
| 直线与圆(第2版) | 2016—11 | 38.00 | 631 |
| 圆锥曲线(第2版) | 2016—09 | 48.00 | 632 |
| 解题通法(一) | 2014—07 | 38.00 | 326 |
| 解题通法(二) | 2014—07 | 38.00 | 327 |
| 解题通法(三) | 2014—05 | 38.00 | 328 |
| 概率与统计 | 2014—01 | 28.00 | 329 |
| 信息迁移与算法 | 即将出版 | | 330 |
| IMO 50年.第1卷(1959—1963) | 2014—11 | 28.00 | 377 |
| IMO 50年.第2卷(1964—1968) | 2014—11 | 28.00 | 378 |
| IMO 50年.第3卷(1969—1973) | 2014—09 | 28.00 | 379 |
| IMO 50年.第4卷(1974—1978) | 2016—04 | 38.00 | 380 |
| IMO 50年.第5卷(1979—1984) | 2015—04 | 38.00 | 381 |
| IMO 50年.第6卷(1985—1989) | 2015—04 | 58.00 | 382 |
| IMO 50年.第7卷(1990—1994) | 2016—01 | 48.00 | 383 |
| IMO 50年.第8卷(1995—1999) | 2016—06 | 38.00 | 384 |
| IMO 50年.第9卷(2000—2004) | 2015—04 | 58.00 | 385 |
| IMO 50年.第10卷(2005—2009) | 2016—01 | 48.00 | 386 |
| IMO 50年.第11卷(2010—2015) | 2017—03 | 48.00 | 646 |

# 刘培杰数学工作室
## 已出版(即将出版)图书目录——初等数学

| 书 名 | 出版时间 | 定 价 | 编号 |
|---|---|---|---|
| 数学反思(2006—2007) | 2020—09 | 88.00 | 915 |
| 数学反思(2008—2009) | 2019—01 | 68.00 | 917 |
| 数学反思(2010—2011) | 2018—05 | 58.00 | 916 |
| 数学反思(2012—2013) | 2019—01 | 58.00 | 918 |
| 数学反思(2014—2015) | 2019—03 | 78.00 | 919 |
| 数学反思(2016—2017) | 2021—03 | 58.00 | 1286 |
| 历届美国大学生数学竞赛试题集.第一卷(1938—1949) | 2015—01 | 28.00 | 397 |
| 历届美国大学生数学竞赛试题集.第二卷(1950—1959) | 2015—01 | 28.00 | 398 |
| 历届美国大学生数学竞赛试题集.第三卷(1960—1969) | 2015—01 | 28.00 | 399 |
| 历届美国大学生数学竞赛试题集.第四卷(1970—1979) | 2015—01 | 18.00 | 400 |
| 历届美国大学生数学竞赛试题集.第五卷(1980—1989) | 2015—01 | 28.00 | 401 |
| 历届美国大学生数学竞赛试题集.第六卷(1990—1999) | 2015—01 | 28.00 | 402 |
| 历届美国大学生数学竞赛试题集.第七卷(2000—2009) | 2015—08 | 18.00 | 403 |
| 历届美国大学生数学竞赛试题集.第八卷(2010—2012) | 2015—01 | 18.00 | 404 |
| 新课标高考数学创新题解题诀窍:总论 | 2014—09 | 28.00 | 372 |
| 新课标高考数学创新题解题诀窍:必修 1~5 分册 | 2014—08 | 38.00 | 373 |
| 新课标高考数学创新题解题诀窍:选修 2—1,2—2,1—1,1—2分册 | 2014—09 | 38.00 | 374 |
| 新课标高考数学创新题解题诀窍:选修 2—3,4—4,4—5 分册 | 2014—09 | 18.00 | 375 |
| 全国重点大学自主招生英文数学试题全攻略:词汇卷 | 2015—07 | 48.00 | 410 |
| 全国重点大学自主招生英文数学试题全攻略:概念卷 | 2015—01 | 28.00 | 411 |
| 全国重点大学自主招生英文数学试题全攻略:文章选读卷(上) | 2016—09 | 38.00 | 412 |
| 全国重点大学自主招生英文数学试题全攻略:文章选读卷(下) | 2017—01 | 58.00 | 413 |
| 全国重点大学自主招生英文数学试题全攻略:试题卷 | 2015—07 | 38.00 | 414 |
| 全国重点大学自主招生英文数学试题全攻略:名著欣赏卷 | 2017—03 | 48.00 | 415 |
| 劳埃德数学趣题大全.题目卷.1:英文 | 2016—01 | 18.00 | 516 |
| 劳埃德数学趣题大全.题目卷.2:英文 | 2016—01 | 18.00 | 517 |
| 劳埃德数学趣题大全.题目卷.3:英文 | 2016—01 | 18.00 | 518 |
| 劳埃德数学趣题大全.题目卷.4:英文 | 2016—01 | 18.00 | 519 |
| 劳埃德数学趣题大全.题目卷.5:英文 | 2016—01 | 18.00 | 520 |
| 劳埃德数学趣题大全.答案卷:英文 | 2016—01 | 18.00 | 521 |
| 李成章教练奥数笔记.第 1 卷 | 2016—01 | 48.00 | 522 |
| 李成章教练奥数笔记.第 2 卷 | 2016—01 | 48.00 | 523 |
| 李成章教练奥数笔记.第 3 卷 | 2016—01 | 38.00 | 524 |
| 李成章教练奥数笔记.第 4 卷 | 2016—01 | 38.00 | 525 |
| 李成章教练奥数笔记.第 5 卷 | 2016—01 | 38.00 | 526 |
| 李成章教练奥数笔记.第 6 卷 | 2016—01 | 38.00 | 527 |
| 李成章教练奥数笔记.第 7 卷 | 2016—01 | 38.00 | 528 |
| 李成章教练奥数笔记.第 8 卷 | 2016—01 | 48.00 | 529 |
| 李成章教练奥数笔记.第 9 卷 | 2016—01 | 28.00 | 530 |

# 刘培杰数学工作室
## 已出版（即将出版）图书目录——初等数学

| 书　　名 | 出版时间 | 定　价 | 编号 |
|---|---|---|---|
| 第19～23届"希望杯"全国数学邀请赛试题审题要津详细评注(初一版) | 2014—03 | 28.00 | 333 |
| 第19～23届"希望杯"全国数学邀请赛试题审题要津详细评注(初二、初三版) | 2014—03 | 38.00 | 334 |
| 第19～23届"希望杯"全国数学邀请赛试题审题要津详细评注(高一版) | 2014—03 | 28.00 | 335 |
| 第19～23届"希望杯"全国数学邀请赛试题审题要津详细评注(高二版) | 2014—03 | 38.00 | 336 |
| 第19～25届"希望杯"全国数学邀请赛试题审题要津详细评注(初一版) | 2015—01 | 38.00 | 416 |
| 第19～25届"希望杯"全国数学邀请赛试题审题要津详细评注(初二、初三版) | 2015—01 | 58.00 | 417 |
| 第19～25届"希望杯"全国数学邀请赛试题审题要津详细评注(高一版) | 2015—01 | 48.00 | 418 |
| 第19～25届"希望杯"全国数学邀请赛试题审题要津详细评注(高二版) | 2015—01 | 48.00 | 419 |
| 物理奥林匹克竞赛大题典——力学卷 | 2014—11 | 48.00 | 405 |
| 物理奥林匹克竞赛大题典——热学卷 | 2014—04 | 28.00 | 339 |
| 物理奥林匹克竞赛大题典——电磁学卷 | 2015—07 | 48.00 | 406 |
| 物理奥林匹克竞赛大题典——光学与近代物理卷 | 2014—06 | 28.00 | 345 |
| 历届中国东南地区数学奥林匹克试题集(2004～2012) | 2014—06 | 18.00 | 346 |
| 历届中国西部地区数学奥林匹克试题集(2001～2012) | 2014—07 | 18.00 | 347 |
| 历届中国女子数学奥林匹克试题集(2002～2012) | 2014—08 | 18.00 | 348 |
| 数学奥林匹克在中国 | 2014—06 | 98.00 | 344 |
| 数学奥林匹克问题集 | 2014—01 | 38.00 | 267 |
| 数学奥林匹克不等式散论 | 2010—06 | 38.00 | 124 |
| 数学奥林匹克不等式欣赏 | 2011—09 | 38.00 | 138 |
| 数学奥林匹克超级题库(初中卷上) | 2010—01 | 58.00 | 66 |
| 数学奥林匹克不等式证明方法和技巧(上、下) | 2011—08 | 158.00 | 134,135 |
| 他们学什么：原民主德国中学数学课本 | 2016—09 | 38.00 | 658 |
| 他们学什么：英国中学数学课本 | 2016—09 | 38.00 | 659 |
| 他们学什么：法国中学数学课本.1 | 2016—09 | 38.00 | 660 |
| 他们学什么：法国中学数学课本.2 | 2016—09 | 28.00 | 661 |
| 他们学什么：法国中学数学课本.3 | 2016—09 | 38.00 | 662 |
| 他们学什么：苏联中学数学课本 | 2016—09 | 28.00 | 679 |
| 高中数学题典——集合与简易逻辑·函数 | 2016—07 | 48.00 | 647 |
| 高中数学题典——导数 | 2016—07 | 48.00 | 648 |
| 高中数学题典——三角函数·平面向量 | 2016—07 | 48.00 | 649 |
| 高中数学题典——数列 | 2016—07 | 58.00 | 650 |
| 高中数学题典——不等式·推理与证明 | 2016—07 | 38.00 | 651 |
| 高中数学题典——立体几何 | 2016—07 | 48.00 | 652 |
| 高中数学题典——平面解析几何 | 2016—07 | 78.00 | 653 |
| 高中数学题典——计数原理·统计·概率·复数 | 2016—07 | 48.00 | 654 |
| 高中数学题典——算法·平面几何·初等数论·组合数学·其他 | 2016—07 | 68.00 | 655 |

# 刘培杰数学工作室
# 已出版(即将出版)图书目录——初等数学

| 书　　名 | 出版时间 | 定　价 | 编号 |
|---|---|---|---|
| 台湾地区奥林匹克数学竞赛试题.小学一年级 | 2017—03 | 38.00 | 722 |
| 台湾地区奥林匹克数学竞赛试题.小学二年级 | 2017—03 | 38.00 | 723 |
| 台湾地区奥林匹克数学竞赛试题.小学三年级 | 2017—03 | 38.00 | 724 |
| 台湾地区奥林匹克数学竞赛试题.小学四年级 | 2017—03 | 38.00 | 725 |
| 台湾地区奥林匹克数学竞赛试题.小学五年级 | 2017—03 | 38.00 | 726 |
| 台湾地区奥林匹克数学竞赛试题.小学六年级 | 2017—03 | 38.00 | 727 |
| 台湾地区奥林匹克数学竞赛试题.初中一年级 | 2017—03 | 38.00 | 728 |
| 台湾地区奥林匹克数学竞赛试题.初中二年级 | 2017—03 | 38.00 | 729 |
| 台湾地区奥林匹克数学竞赛试题.初中三年级 | 2017—03 | 28.00 | 730 |
| 不等式证题法 | 2017—04 | 28.00 | 747 |
| 平面几何培优教程 | 2019—08 | 88.00 | 748 |
| 奥数鼎级培优教程.高一分册 | 2018—09 | 88.00 | 749 |
| 奥数鼎级培优教程.高二分册.上 | 2018—04 | 68.00 | 750 |
| 奥数鼎级培优教程.高二分册.下 | 2018—04 | 68.00 | 751 |
| 高中数学竞赛冲刺宝典 | 2019—04 | 68.00 | 883 |
| 初中尖子生数学超级题典.实数 | 2017—07 | 58.00 | 792 |
| 初中尖子生数学超级题典.式、方程与不等式 | 2017—08 | 58.00 | 793 |
| 初中尖子生数学超级题典.圆、面积 | 2017—08 | 38.00 | 794 |
| 初中尖子生数学超级题典.函数、逻辑推理 | 2017—08 | 48.00 | 795 |
| 初中尖子生数学超级题典.角、线段、三角形与多边形 | 2017—07 | 58.00 | 796 |
| 数学王子——高斯 | 2018—01 | 48.00 | 858 |
| 坎坷奇星——阿贝尔 | 2018—01 | 48.00 | 859 |
| 闪烁奇星——伽罗瓦 | 2018—01 | 58.00 | 860 |
| 无穷统帅——康托尔 | 2018—01 | 48.00 | 861 |
| 科学公主——柯瓦列夫斯卡娅 | 2018—01 | 48.00 | 862 |
| 抽象代数之母——埃米·诺特 | 2018—01 | 48.00 | 863 |
| 电脑先驱——图灵 | 2018—01 | 58.00 | 864 |
| 昔日神童——维纳 | 2018—01 | 48.00 | 865 |
| 数坛怪侠——爱尔特希 | 2018—01 | 68.00 | 866 |
| 传奇数学家徐利治 | 2019—09 | 88.00 | 1110 |
| 当代世界中的数学.数学思想与数学基础 | 2019—01 | 38.00 | 892 |
| 当代世界中的数学.数学问题 | 2019—01 | 38.00 | 893 |
| 当代世界中的数学.应用数学与数学应用 | 2019—01 | 38.00 | 894 |
| 当代世界中的数学.数学王国的新疆域(一) | 2019—01 | 38.00 | 895 |
| 当代世界中的数学.数学王国的新疆域(二) | 2019—01 | 38.00 | 896 |
| 当代世界中的数学.数林撷英(一) | 2019—01 | 38.00 | 897 |
| 当代世界中的数学.数林撷英(二) | 2019—01 | 48.00 | 898 |
| 当代世界中的数学.数学之路 | 2019—01 | 38.00 | 899 |

# 刘培杰数学工作室
# 已出版(即将出版)图书目录——初等数学

| 书　名 | 出版时间 | 定　价 | 编号 |
|---|---|---|---|
| 105个代数问题:来自AwesomeMath夏季课程 | 2019—02 | 58.00 | 956 |
| 106个几何问题:来自AwesomeMath夏季课程 | 2020—07 | 58.00 | 957 |
| 107个几何问题:来自AwesomeMath全年课程 | 2020—07 | 58.00 | 958 |
| 108个代数问题:来自AwesomeMath全年课程 | 2019—01 | 68.00 | 959 |
| 109个不等式:来自AwesomeMath夏季课程 | 2019—04 | 58.00 | 960 |
| 国际数学奥林匹克中的110个几何问题 | 即将出版 |  | 961 |
| 111个代数和数论问题 | 2019—05 | 58.00 | 962 |
| 112个组合问题 | 2019—05 | 58.00 | 963 |
| 113个几何不等式:来自AwesomeMath夏季课程 | 2020—08 | 58.00 | 964 |
| 114个指数和对数问题:来自AwesomeMath夏季课程 | 2019—09 | 48.00 | 965 |
| 115个三角问题:来自AwesomeMath夏季课程 | 2019—09 | 58.00 | 966 |
| 116个代数不等式:来自AwesomeMath全年课程 | 2019—04 | 58.00 | 967 |
| 117个多项式问题:来自AwesomeMath夏季课程 | 2021—09 | 58.00 | 1409 |
| 118个数学竞赛不等式 | 2022—08 | 78.00 | 1526 |
| 紫色彗星国际数学竞赛试题 | 2019—02 | 58.00 | 999 |
| 数学竞赛中的数学:为数学爱好者、父母、教师和教练准备的丰富资源.第一部 | 2020—04 | 58.00 | 1141 |
| 数学竞赛中的数学:为数学爱好者、父母、教师和教练准备的丰富资源.第二部 | 2020—07 | 48.00 | 1142 |
| 和与积 | 2020—10 | 38.00 | 1219 |
| 数论:概念和问题 | 2020—12 | 68.00 | 1257 |
| 初等数学问题研究 | 2021—03 | 48.00 | 1270 |
| 数学奥林匹克中的欧几里得几何 | 2021—10 | 68.00 | 1413 |
| 数学奥林匹克题解新编 | 2022—01 | 58.00 | 1430 |
| 图论入门 | 2022—09 | 58.00 | 1554 |
| 澳大利亚中学数学竞赛试题及解答(初级卷)1978～1984 | 2019—02 | 28.00 | 1002 |
| 澳大利亚中学数学竞赛试题及解答(初级卷)1985～1991 | 2019—02 | 28.00 | 1003 |
| 澳大利亚中学数学竞赛试题及解答(初级卷)1992～1998 | 2019—02 | 28.00 | 1004 |
| 澳大利亚中学数学竞赛试题及解答(初级卷)1999～2005 | 2019—02 | 28.00 | 1005 |
| 澳大利亚中学数学竞赛试题及解答(中级卷)1978～1984 | 2019—03 | 28.00 | 1006 |
| 澳大利亚中学数学竞赛试题及解答(中级卷)1985～1991 | 2019—03 | 28.00 | 1007 |
| 澳大利亚中学数学竞赛试题及解答(中级卷)1992～1998 | 2019—03 | 28.00 | 1008 |
| 澳大利亚中学数学竞赛试题及解答(中级卷)1999～2005 | 2019—03 | 28.00 | 1009 |
| 澳大利亚中学数学竞赛试题及解答(高级卷)1978～1984 | 2019—05 | 28.00 | 1010 |
| 澳大利亚中学数学竞赛试题及解答(高级卷)1985～1991 | 2019—05 | 28.00 | 1011 |
| 澳大利亚中学数学竞赛试题及解答(高级卷)1992～1998 | 2019—05 | 28.00 | 1012 |
| 澳大利亚中学数学竞赛试题及解答(高级卷)1999～2005 | 2019—05 | 28.00 | 1013 |
| 天才中小学生智力测验题.第一卷 | 2019—03 | 38.00 | 1026 |
| 天才中小学生智力测验题.第二卷 | 2019—03 | 38.00 | 1027 |
| 天才中小学生智力测验题.第三卷 | 2019—03 | 38.00 | 1028 |
| 天才中小学生智力测验题.第四卷 | 2019—03 | 38.00 | 1029 |
| 天才中小学生智力测验题.第五卷 | 2019—03 | 38.00 | 1030 |
| 天才中小学生智力测验题.第六卷 | 2019—03 | 38.00 | 1031 |
| 天才中小学生智力测验题.第七卷 | 2019—03 | 38.00 | 1032 |
| 天才中小学生智力测验题.第八卷 | 2019—03 | 38.00 | 1033 |
| 天才中小学生智力测验题.第九卷 | 2019—03 | 38.00 | 1034 |
| 天才中小学生智力测验题.第十卷 | 2019—03 | 38.00 | 1035 |
| 天才中小学生智力测验题.第十一卷 | 2019—03 | 38.00 | 1036 |
| 天才中小学生智力测验题.第十二卷 | 2019—03 | 38.00 | 1037 |
| 天才中小学生智力测验题.第十三卷 | 2019—03 | 38.00 | 1038 |

# 刘培杰数学工作室
# 已出版(即将出版)图书目录——初等数学

| 书　　名 | 出版时间 | 定　价 | 编号 |
|---|---|---|---|
| 重点大学自主招生数学备考全书:函数 | 2020—05 | 48.00 | 1047 |
| 重点大学自主招生数学备考全书:导数 | 2020—08 | 48.00 | 1048 |
| 重点大学自主招生数学备考全书:数列与不等式 | 2019—10 | 78.00 | 1049 |
| 重点大学自主招生数学备考全书:三角函数与平面向量 | 2020—08 | 68.00 | 1050 |
| 重点大学自主招生数学备考全书:平面解析几何 | 2020—07 | 58.00 | 1051 |
| 重点大学自主招生数学备考全书:立体几何与平面几何 | 2019—08 | 48.00 | 1052 |
| 重点大学自主招生数学备考全书:排列组合·概率统计·复数 | 2019—09 | 48.00 | 1053 |
| 重点大学自主招生数学备考全书:初等数论与组合数学 | 2019—08 | 48.00 | 1054 |
| 重点大学自主招生数学备考全书:重点大学自主招生真题.上 | 2019—04 | 68.00 | 1055 |
| 重点大学自主招生数学备考全书:重点大学自主招生真题.下 | 2019—04 | 58.00 | 1056 |
| 高中数学竞赛培训教程:平面几何问题的求解方法与策略.上 | 2018—05 | 68.00 | 906 |
| 高中数学竞赛培训教程:平面几何问题的求解方法与策略.下 | 2018—06 | 78.00 | 907 |
| 高中数学竞赛培训教程:整除与同余以及不定方程 | 2018—01 | 88.00 | 908 |
| 高中数学竞赛培训教程:组合计数与组合极值 | 2018—04 | 48.00 | 909 |
| 高中数学竞赛培训教程:初等代数 | 2019—04 | 78.00 | 1042 |
| 高中数学讲座:数学竞赛基础教程(第一册) | 2019—06 | 48.00 | 1094 |
| 高中数学讲座:数学竞赛基础教程(第二册) | 即将出版 | | 1095 |
| 高中数学讲座:数学竞赛基础教程(第三册) | 即将出版 | | 1096 |
| 高中数学讲座:数学竞赛基础教程(第四册) | 即将出版 | | 1097 |
| 新编中学数学解题方法1000招丛书.实数(初中版) | 2022—05 | 58.00 | 1291 |
| 新编中学数学解题方法1000招丛书.式(初中版) | 2022—05 | 48.00 | 1292 |
| 新编中学数学解题方法1000招丛书.方程与不等式(初中版) | 2021—04 | 58.00 | 1293 |
| 新编中学数学解题方法1000招丛书.函数(初中版) | 2022—05 | 38.00 | 1294 |
| 新编中学数学解题方法1000招丛书.角(初中版) | 2022—05 | 48.00 | 1295 |
| 新编中学数学解题方法1000招丛书.线段(初中版) | 2022—05 | 48.00 | 1296 |
| 新编中学数学解题方法1000招丛书.三角形与多边形(初中版) | 2021—04 | 48.00 | 1297 |
| 新编中学数学解题方法1000招丛书.圆(初中版) | 2022—05 | 48.00 | 1298 |
| 新编中学数学解题方法1000招丛书.面积(初中版) | 2021—07 | 28.00 | 1299 |
| 新编中学数学解题方法1000招丛书.逻辑推理(初中版) | 2022—06 | 48.00 | 1300 |
| 高中数学题典精编.第一辑.函数 | 2022—01 | 58.00 | 1444 |
| 高中数学题典精编.第一辑.导数 | 2022—01 | 68.00 | 1445 |
| 高中数学题典精编.第一辑.三角函数·平面向量 | 2022—01 | 68.00 | 1446 |
| 高中数学题典精编.第一辑.数列 | 2022—01 | 58.00 | 1447 |
| 高中数学题典精编.第一辑.不等式·推理与证明 | 2022—01 | 58.00 | 1448 |
| 高中数学题典精编.第一辑.立体几何 | 2022—01 | 58.00 | 1449 |
| 高中数学题典精编.第一辑.平面解析几何 | 2022—01 | 68.00 | 1450 |
| 高中数学题典精编.第一辑.统计·概率·平面几何 | 2022—01 | 58.00 | 1451 |
| 高中数学题典精编.第一辑.初等数论·组合数学·数学文化·解题方法 | 2022—01 | 58.00 | 1452 |
| 历届全国初中数学竞赛试题分类解析.初等代数 | 2022—09 | 98.00 | 1555 |
| 历届全国初中数学竞赛试题分类解析.初等数论 | 2022—09 | 48.00 | 1556 |
| 历届全国初中数学竞赛试题分类解析.平面几何 | 2022—09 | 38.00 | 1557 |
| 历届全国初中数学竞赛试题分类解析.组合 | 2022—09 | 38.00 | 1558 |

**联系地址**:哈尔滨市南岗区复华四道街10号　哈尔滨工业大学出版社刘培杰数学工作室
**网　　址**:http://lpj.hit.edu.cn/
**邮　　编**:150006
**联系电话**:0451—86281378　　13904613167
**E-mail**:lpj1378@163.com

数学·统计学系列

# 数学奥林匹克不等式证明方法和技巧 下

The Methods and Techniques of Mathematical Olympiad Inequalities

蔡玉书 编著

哈尔滨工业大学出版社
HARBIN INSTITUTE OF TECHNOLOGY PRESS

## 内容提要

本册共包括十一章：第十四章函数和微积分方法证明不等式；第十五章几何方法证明不等式；第十六章数学归纳法证明不等式；第十七章运用 Abel 变换证明不等式；第十八章分析法证明不等式；第十九章不等式证明中的常用代换；第二十章含绝对值的不等式；第二十一章不等式与函数的最值；第二十二章数列中的不等式；第二十三章涉及三角形的不等式的证明；第二十四章几何不等式与几何极值。

本书适合于数学奥林匹克竞赛选手、教练员参考使用，也可作为高等师范院校、教育学院、教师进修学院数学专业开设的"竞赛数学"课堂教材及不等式研究爱好者参考使用。

**图书在版编目(CIP)数据**

数学奥林匹克不等式证明方法和技巧. 全2册/蔡玉书编著. —哈尔滨：哈尔滨工业大学出版社，2011.5(2023.3 重印)
ISBN 978-7-5603-3182-9

Ⅰ.①数… Ⅱ.①蔡… Ⅲ.①不等式-中学-教学参考资料 Ⅳ.①G634.623

中国版本图书馆 CIP 数据核字(2011)第 090033 号

| | |
|---|---|
| 策划编辑 | 刘培杰　张永芹 |
| 责任编辑 | 李广鑫　翟新烨 |
| 封面设计 | 孙茵艾 |
| 出版发行 | 哈尔滨工业大学出版社 |
| 社　　址 | 哈尔滨市南岗区复华四道街10号　邮编150006 |
| 传　　真 | 0451-86414749 |
| 网　　址 | http://hitpress.hit.edu.cn |
| 印　　刷 | 哈尔滨圣铂印刷有限公司 |
| 开　　本 | 787mm×1092mm　1/16　总印张 78.5　总字数 1436 千字 |
| 版　　次 | 2011 年 8 月第 1 版　2023 年 3 月第 2 次印刷 |
| 书　　号 | ISBN 978-7-5603-3182-9 |
| 定　　价 | 158.00 元(上、下) |

(如因印装质量问题影响阅读，我社负责调换)

# 目录

## 第十四章　函数和微积分方法证明不等式　//1

例题讲解　//1

练习题　//23

参考解答　//27

## 第十五章　几何方法证明不等式　//53

例题讲解　//53

练习题　//57

参考解答　//58

## 第十六章　数学归纳法证明不等式　//65

例题讲解　//65

练习题　//79

参考解答　//83

## 第十七章　运用 Abel 变换证明不等式　//107

例题讲解　//108

练习题　//113

参考解答　//114

## 第十八章  分析法证明不等式 //122

例题讲解 //122
练习题 //141
参考解答 //151

## 第十九章  不等式证明中的常用代换 //235

例题讲解 //235
练习题 //248
参考解答 //252

## 第二十章  含绝对值的不等式 //283

例题讲解 //283
练习题 //294
参考解答 //296

## 第二十一章  不等式与函数的最值 //307

例题讲解 //307
练习题 //321
参考解答 //327

## 第二十二章  数列中的不等式 //366

例题讲解 //366
练习题 //373
参考解答 //378

## 第二十三章  涉及三角形的不等式的证明 //400

例题讲解 //401
练习题 //415
参考解答 //421

## 第二十四章  几何不等式与几何极值 //468

例题讲解 //468
练习题 //484
参考解答 //497

**编辑手记** //599

# 函数和微积分方法证明不等式

本章主要介绍利用函数的思想和方法(包括导数和积分的思想和方法)证明不等式.

## 例题讲解

**例1** 证明对于任意的 $x,y,z \in (0,1)$,不等式 $x(1-y) + y(1-z) + z(1-x) < 1$.(第15届全俄数学奥林匹克试题)

**证法一** 考虑三次函数 $f(t) = (t-x)(t-y)(t-z)$.
由 $1-x > 0, 1-y > 0, 1-z > 0$,有
$$f(1) = (1-x)(1-y)(1-z) > 0$$
又 $f(1) = 1 - (x+y+z) + (xy+yz+zx) - xyz$,从而
$$(x+y+z) - (xy+yz+zx) < 1 - xyz < 1$$
即
$$x(1-y) + y(1-z) + z(1-x) < 1$$

**证法二** 考虑一次函数 $f(x) = x(1-y) + y(1-z) + z(1-x) - 1 = (1-y-z)x + y + z - yz - 1$,由 $y, z \in (0,1)$ 得 $f(0) = y + z - yz - 1 = -(1-y)(1-z) < 0, f(1) = -yz < 0$,所以 $f(x)$ 在 $(0,1)$ 上恒小于0,即不等式 $x(1-y) + y(1-z) + z(1-x) < 1$ 成立.

**例2** 证明如果给定的两个正数 $p \leq q$，则对任意 $\alpha, \beta, \gamma, \delta, \varepsilon \in [p, q]$，都有

$$(\alpha + \beta + \gamma + \delta + \varepsilon)\left(\frac{1}{\alpha} + \frac{1}{\beta} + \frac{1}{\gamma} + \frac{1}{\delta} + \frac{1}{\varepsilon}\right) \leq 25 + 6\left(\sqrt{\frac{p}{q}} - \sqrt{\frac{q}{p}}\right)^2$$

并确定等号成立的充要条件.（1977年美国数学奥林匹克试题）

**证明** 给定正数 $u, v$，考虑函数 $f(x) = (u + x)\left(v + \frac{1}{x}\right), 0 < p \leq x \leq q$，可以证明对任何 $x \in [p, q]$，

$$f(x) \leq \max\{f(p), f(q)\}$$

事实上，不妨设 $p < q$，令 $\lambda = \frac{q - x}{q - p}$，则 $0 \leq \lambda \leq 1$ 且 $x = \lambda p + (1 - \lambda)q$.

由于

$$pq \leq \lambda^2 pq + (1-\lambda)^2 pq + \lambda(1-\lambda)(p^2 + q^2) =$$
$$[\lambda p + (1-\lambda)q][\lambda q + (1-\lambda)p]$$

所以，

$$\frac{1}{x} = \frac{1}{\lambda p + (1-\lambda)q} \leq \frac{\lambda}{p} + \frac{1-\lambda}{q}$$

由此可得

$$f(x) = (u + x)\left(v + \frac{1}{x}\right) = uv + 1 + vx + \frac{u}{x} =$$
$$uv + 1 + v(\lambda p + (1-\lambda)q) + \frac{u}{\lambda p + (1-\lambda)q} \leq$$
$$uv + 1 + v(\lambda p + (1-\lambda)q) + \frac{\lambda u}{p} + \frac{(1-\lambda)u}{q} =$$
$$\lambda f(p) + (1-\lambda) f(q) \leq \max\{f(p), f(q)\} \quad ①$$

由 ① 可知，当 $a, b, c, d, e$ 取端点值 $p$ 或 $q$ 时，$(a + b + c + d + e)\left(\frac{1}{a} + \frac{1}{b} + \frac{1}{c} + \frac{1}{d} + \frac{1}{e}\right)$ 可取其最大值. 设 $a, b, c, d, e$ 中有 $x$ 个取 $p$，$5 - x$ 个取 $q$，其中 $x$ 是不大于 5 的非负整数. 由于

$$[xp + (5-x)q]\left[\frac{x}{p} + \frac{5-x}{q}\right] =$$
$$x^2 + (5-x)^2 + x(5-x)\left(\frac{p}{q} + \frac{q}{p}\right) =$$
$$25 + x(5-x)\left(\sqrt{\frac{p}{q}} - \sqrt{\frac{q}{p}}\right)^2$$

又 $x(5-x) - 6 = -(x-2)(x-3)$，所以当 $x = 2$ 或者 3 时，$[xp + (5-x)q]$

$[\frac{x}{p}+\frac{5-x}{q}]$ 取到最大值 $25+6(\sqrt{\frac{p}{q}}-\sqrt{\frac{q}{p}})^2$. 于是所证不等式成立,并且当 $a,b,c,d,e$ 中有两个或者3个数等于 $p$,其余等于 $q$ 时,等号成立.

**例3** (康托洛维奇不等式) 已知 $a_1,a_2,\cdots,a_n$ 为正数, $\lambda_1,\lambda_2,\cdots,\lambda_n$ 为实数,且 $a_1+a_2+\cdots+a_n=1, 0<\lambda_1\leqslant\lambda_2\leqslant\cdots\leqslant\lambda_n$. 求证: $\sum_{i=1}^{n}\frac{a_i}{\lambda_i}\sum_{i=1}^{n}a_i\lambda_i\leqslant\frac{(\lambda_1+\lambda_2)^2}{4\lambda_1\lambda_2}$. ($n=3$ 是1979年北京市数学竞赛题)

**证明** 题目的结论具有判别式的结构,所以构造相应的二次函数,令

$$f(x)=(\sum_{i=1}^{n}\frac{a_i}{\lambda_i})x^2-(\frac{\lambda_1+\lambda_2}{\sqrt{\lambda_1\lambda_2}})x+(\sum_{i=1}^{n}a_i\lambda_i)$$

要证 $\Delta\geqslant 0$,只要证存在 $x_0$,使 $f(x_0)\leqslant 0$ 即可. 取 $x_0=\sqrt{\lambda_1\lambda_n}$,

$$f(\sqrt{\lambda_1\lambda_n})=a_1\lambda_n+a_n\lambda_1+\sum_{i=2}^{n-1}\frac{a_i}{\lambda_i}\cdot\lambda_1\lambda_n-(\lambda_1+\lambda_n)+$$

$$a_1\lambda_1+a_n\lambda_n+\sum_{i=2}^{n-1}a_i\lambda_i=$$

$$-(\lambda_1+\lambda_n)(a_2+\cdots+a_n)+\sum_{i=2}^{n-1}(\frac{\lambda_1\lambda_n+\lambda_i^2}{\lambda_i})a_i=$$

$$\sum_{i=2}^{n}a_i\frac{(\lambda_1-\lambda_i)(\lambda_n-\lambda_i)}{\lambda_i}\leqslant 0$$

所以

$$\Delta=\frac{(\lambda_1+\lambda_2)^2}{\lambda_1\lambda_2}-4\sum_{i=1}^{n}\frac{a_i}{\lambda_i}\sum_{i=1}^{n}a_i\lambda_i\geqslant 0$$

即

$$\sum_{i=1}^{n}\frac{a_i}{\lambda_i}\sum_{i=1}^{n}a_i\lambda_i\leqslant\frac{(\lambda_1+\lambda_2)^2}{4\lambda_1\lambda_2}$$

**例4** 求所有的实数 $k$,使得 $a^3+b^3+c^3+d^3+1\geqslant k(a+b+c+d)$,对任意 $a,b,c,d\in[-1,+\infty)$ 都成立. (2004年中国西部数学奥林匹克试题)

**解** 当 $a=b=c=d=-1$ 时,有 $-3\geqslant k(-4)$,所以 $k\geqslant\frac{3}{4}$.

当 $a=b=c=d=\frac{1}{2}$ 时,有 $4\times\frac{1}{8}+1\geqslant k(4\times\frac{1}{2})$,所以 $k\leqslant\frac{3}{4}$.

故 $k=\frac{3}{4}$. 下面证明

$$a^3+b^3+c^3+d^3+1\geqslant\frac{3}{4}(a+b+c+d) \qquad ①$$

对任意 $a,b,c,d \in [-1,+\infty)$ 都成立.

首先证明 $4x^3 + 1 \geq 3x, x \in [-1,+\infty)$.

事实上,由 $(x+1)(2x-1)^2 \geq 0$,便得
$$4x^3 + 1 \geq 3x, x \in [-1,+\infty)$$

所以 $4a^3 + 1 \geq 3a, 4b^3 + 1 \geq 3b, 4c^3 + 1 \geq 3c, 4d^3 + 1 \geq 3d$,将上面的四个不等式相加,便得所要证的不等式 ①.

所以,所求得的实数 $k = \dfrac{3}{4}$.

**例 5** 已知 $a_1, a_2, a_3, b_1, b_2, b_3$ 为正实数,证明:$(a_1b_2 + a_2b_1 + a_2b_3 + a_3b_2 + a_3b_1 + a_1b_3)^2 \geq 4(a_1a_2 + a_2a_3 + a_3a_1)(b_1b_2 + b_2b_3 + b_3b_1)$,并证明当且仅当 $\dfrac{a_1}{b_1} = \dfrac{a_2}{b_2} = \dfrac{a_3}{b_3}$ 时等号成立. (第 28 届 IMO 预选题)

**证明** 记 $f(x) = (a_1a_2 + a_2a_3 + a_3a_1)x^2 - (a_1b_2 + a_2b_1 + a_2b_3 + a_3b_2 + a_3b_1 + a_1b_3)x + (b_1b_2 + b_2b_3 + b_3b_1) = (a_1x - b_1)(a_2x - b_2) + (a_2x - b_2)(a_3x - b_3) + (a_3x - b_3)(a_1x - b_1)$,不妨设 $\dfrac{a_1}{b_1} \geq \dfrac{a_2}{b_2} \geq \dfrac{a_3}{b_3}$,在 $x = \dfrac{b_2}{a_2}$ 时上面的二次式的值小于等于 0,因而这二次式的判别式小于等于 0,这就是所要证明的不等式.

若等号成立,则 $x = \dfrac{b_2}{a_2}$ 为二次式的重根,从而 $\dfrac{a_1}{b_1} = \dfrac{a_2}{b_2}$ 或 $\dfrac{a_2}{b_2} = \dfrac{a_3}{b_3}$. 不妨设 $\dfrac{a_1}{b_1} = \dfrac{a_2}{b_2}$,这时,$(a_1x - b_1)(a_3x - b_3) + (a_2x - b_2)(a_3x - b_3) = 2(a_2x - b_2)(a_3x - b_3)$ 以 $(a_2x - b_2)^2$ 为其因式,所以 $\dfrac{a_1}{b_1} = \dfrac{a_2}{b_2} = \dfrac{a_3}{b_3}$.

**例 6** 设 $a_1, a_2, \cdots, a_n$ 和 $b_1, b_2, \cdots, b_n$ 为实数,如果如果满足 $(a_1^2 + a_2^2 + \cdots + a_n^2 - 1)(b_1^2 + b_2^2 + \cdots + b_n^2 - 1) > (a_1b_1 + a_2b_2 + \cdots + a_nb_n - 1)^2$,证明 $a_1^2 + a_2^2 + \cdots + a_n^2 > 1$ 和 $b_1^2 + b_2^2 + \cdots + b_n^2 > 1$ 成立. (2004 年美国国家集训队试题)

**证明** 用反证法. 假设 $a_1^2 + a_2^2 + \cdots + a_n^2 < 1$ 及 $b_1^2 + b_2^2 + \cdots + b_n^2 < 1$,构造二次函数
$$f(x) = (x-1)^2 - \sum_{k=1}^{n}(a_kx - b_k)^2 = $$
$$\left(1 - \sum_{k=1}^{n} a_k^2\right)x^2 - 2\left(1 - \sum_{k=1}^{n} a_kb_k\right)x + 1 - \sum_{k=1}^{n} b_k^2$$

由反设 $a_1^2 + a_2^2 + \cdots + a_n^2 < 1$,故抛物线开口向上,由已知条件,它的判别式

$$\Delta = 4\left[\left(1 - \sum_{k=1}^{n} a_k b_k\right)^2 - \left(1 - \sum_{k=1}^{n} a_k^2\right)\left(1 - \sum_{k=1}^{n} b_k^2\right)\right] < 0$$

故 $f(x)$ 恒大于 $0$, 但是, $f(1) = -\sum_{k=1}^{n}(a_k - b_k)^2 \leq 0$. 与 $f(x)$ 恒大于 $0$ 矛盾. 所以, 假设不成立. 于是命题得证.

**例 7** 求证: 对任意正实数 $a, b, c$, 都有 $1 < \dfrac{a}{\sqrt{a^2 + b^2}} + \dfrac{b}{\sqrt{b^2 + c^2}} + \dfrac{c}{\sqrt{c^2 + a^2}} \leq \dfrac{3\sqrt{2}}{2}$. (2004 年中国西部数学奥林匹克试题)

**证法一** 令 $x = \dfrac{b^2}{c^2}, y = \dfrac{c^2}{a^2}, z = \dfrac{a^2}{b^2}$, 则 $x, y, z$ 是正数, 且 $xyz = 1$, 于是只需证明

$$1 < \frac{1}{\sqrt{1+x}} + \frac{1}{\sqrt{1+y}} + \frac{1}{\sqrt{1+z}} \leq \frac{3\sqrt{2}}{2}$$

不妨设 $x \leq y \leq z$, 令 $A = xy$, 则 $z = \dfrac{1}{A}, A \leq 1$, 于是

$$\frac{1}{\sqrt{1+x}} + \frac{1}{\sqrt{1+y}} + \frac{1}{\sqrt{1+z}} > \frac{1}{\sqrt{1+x}} + \frac{1}{\sqrt{1+\frac{1}{x}}} = \frac{1+\sqrt{x}}{\sqrt{1+x}} > 1$$

设 $u = \dfrac{1}{\sqrt{1 + A + x + \frac{A}{x}}}$, 则 $u \in \left(0, \dfrac{1}{1+\sqrt{A}}\right]$, 当且仅当 $x = \sqrt{A}$ 时, 有 $u = \dfrac{1}{1+\sqrt{A}}$.

于是,

$$\left(\frac{1}{\sqrt{1+x}} + \frac{1}{\sqrt{1+y}}\right)^2 = \left(\frac{1}{\sqrt{1+x}} + \frac{1}{\sqrt{1+\frac{A}{x}}}\right)^2 =$$

$$\frac{1}{1+x} + \frac{1}{1+\frac{A}{x}} + \frac{2}{\sqrt{1+A+x+\frac{A}{x}}} =$$

$$\frac{2+x+\frac{A}{x}}{1+A+x+\frac{A}{x}} + \frac{2}{\sqrt{1+A+x+\frac{A}{x}}} = 1 + (1-A)u^2 + 2u$$

令 $f(u) = (1-A)u^2 + 2u + 1$, 则 $f(u)$ 在 $\left(0, \dfrac{1}{1+\sqrt{A}}\right]$ 上是增函数, 所以

$$\frac{1}{\sqrt{1+x}} + \frac{1}{\sqrt{1+y}} \leq \sqrt{f(\frac{1}{1+\sqrt{A}})} = \frac{2}{\sqrt{1+\sqrt{A}}}$$

令 $\sqrt{A} = v$，则

$$\frac{1}{\sqrt{1+x}} + \frac{1}{\sqrt{1+y}} + \frac{1}{\sqrt{1+z}} \leq \frac{2}{\sqrt{1+\sqrt{A}}} + \frac{1}{\sqrt{1+\frac{1}{A}}} = \frac{2}{\sqrt{1+v}} + \frac{\sqrt{2}v}{\sqrt{2}(1+v^2)} \leq$$

$$\frac{2}{\sqrt{1+v}} + \frac{\sqrt{2}v}{1+v} = \frac{2}{\sqrt{1+v}} + \sqrt{2} - \frac{\sqrt{2}}{1+v} =$$

$$-\sqrt{2}(\frac{1}{\sqrt{1+v}} - \frac{\sqrt{2}}{2})^2 + \frac{3\sqrt{2}}{2} \leq \frac{3\sqrt{2}}{2}$$

**证法二** 我们只证明右边的不等式，设 $x = \frac{b}{a}, y = \frac{c}{b}, z = \frac{a}{c}$，则 $xyz = 1$，只要证明

$$\sqrt{\frac{2}{1+x^2}} + \sqrt{\frac{2}{1+y^2}} + \sqrt{\frac{2}{1+z^2}} \leq 3$$

不妨设 $x \leq y \leq z$，这意味着 $xy \leq 1, z \geq 1$，由柯西不等式我们有

$$(\sqrt{\frac{2}{1+x^2}} + \sqrt{\frac{2}{1+y^2}})^2 \leq 2(\frac{2}{1+x^2} + \frac{2}{1+y^2}) =$$

$$4[1 + \frac{1-x^2y^2}{(1+x^2)(1+y^2)}] \leq 4[1 + \frac{1+x^2y^2}{(1+xy)^2}] =$$

$$\frac{8}{1+xy} = \frac{8z}{1+z}$$

即

$$\sqrt{\frac{2}{1+x^2}} + \sqrt{\frac{2}{1+y^2}} \leq 2\sqrt{\frac{2z}{1+z}}$$

因此只要证明 $2\sqrt{\frac{2z}{1+z}} + \sqrt{\frac{2}{1+z^2}} \leq 3$，因为 $\sqrt{\frac{2}{1+z^2}} \leq \frac{2}{1+z}$，我们只要证明 $2\sqrt{\frac{2z}{1+z}} + \frac{2}{1+z} \leq 3$，即证明

$$1 + 3z - 2\sqrt{z(1+z)} \geq 0 \Leftrightarrow (\sqrt{2z} - \sqrt{1+z})^2 \geq 0$$

**证法三** 我们只证明右边的不等式，设 $x^2 = \frac{b}{a}, y^2 = \frac{c}{b}, z^2 = \frac{a}{c}$，其中 $x, y, z$ 是正数，则 $xyz = 1$，只要证明 $\sqrt{\frac{2}{1+x}} + \sqrt{\frac{2}{1+y}} + \sqrt{\frac{2}{1+z}} \leq 3$.

我们有两种情况：

(1) 当 $x+y+z \leqslant xy+yz+zx$ 时,我们利用柯西不等式得
$$\sqrt{\frac{2}{1+x}}+\sqrt{\frac{2}{1+y}}+\sqrt{\frac{2}{1+z}} \leqslant \sqrt{3\left[\frac{2}{1+x}+\frac{2}{1+y}+\frac{2}{1+z}\right]}$$
这时只要证明
$$\frac{1}{1+x}+\frac{1}{1+y}+\frac{1}{1+z} \leqslant \frac{3}{2} \Leftrightarrow$$
$$2[(xy+x+y+1)+(yz+y+z+1)+(zx+z+x+1)] \leqslant$$
$$3(2+x+y+z+xy+yz+zx) \Leftrightarrow$$
$$x+y+z \leqslant xy+yz+zx$$
不等式得证.

(2) 当 $x+y+z > xy+yz+zx$ 时,因为 $xyz=1$,因为这意味着 $(x-1)(y-1)(z-1)>0$,所以 $x,y,z$ 中有两个小于1,不妨设 $x<1$ 和 $y<1$,因为 $xyz=1$,所证不等式化为 $\sqrt{\frac{2}{1+x}}+\sqrt{\frac{2}{1+y}}+\sqrt{\frac{2xy}{1+xy}} \leqslant 3$.

利用柯西不等式得
$$\sqrt{\frac{2}{1+x}}+\sqrt{\frac{2}{1+y}}+\sqrt{\frac{2xy}{1+xy}} \leqslant 2\sqrt{\frac{1}{1+x}+\frac{1}{1+y}}+\sqrt{\frac{2xy}{1+xy}}$$

只要证明
$$2\sqrt{\frac{1}{1+x}+\frac{1}{1+y}}+\sqrt{\frac{2xy}{1+xy}} \leqslant 3 \Leftrightarrow$$
$$2\left(\sqrt{\frac{1}{1+x}+\frac{1}{1+y}}-1\right) \leqslant 1-\sqrt{\frac{2xy}{1+xy}} \Leftrightarrow$$
$$2 \cdot \frac{\frac{1}{1+x}+\frac{1}{1+y}-1}{\sqrt{\frac{1}{1+x}+\frac{1}{1+y}}+1} \leqslant \frac{1-\frac{2xy}{1+xy}}{1+\sqrt{\frac{2xy}{1+xy}}}$$

因为我们有 $\frac{1}{1+x}+\frac{1}{1+y} \geqslant 1$,不等式左边 $\leqslant \frac{1}{1+x}+\frac{1}{1+y}-1 = \frac{1-xy}{(1+x)(1+y)}$,因此只要证明
$$\frac{1-xy}{(1+x)(1+y)} \leqslant \frac{1-\frac{2xy}{1+xy}}{1+\sqrt{\frac{2xy}{1+xy}}} = \frac{1-xy}{(1+xy)\left(1+\sqrt{\frac{2xy}{1+xy}}\right)} \Leftrightarrow$$
$$(xy+1+(1+xy)\sqrt{\frac{2xy}{1+xy}} \leqslant xy+1+x+y \Leftrightarrow$$
$$x+y \geqslant 2\sqrt{xy(xy+1)}$$

7

因为 $x, y \in (0,1)$,所以
$$x + y \geq 2\sqrt{xy} \geq 2\sqrt{xy(xy+1)}$$
不等式得证.

**例 8**　设非负实数 $a, b, c$ 满足 $ab + bc + ca = 1$,求 $u = \dfrac{1}{a+b} + \dfrac{1}{b+c} + \dfrac{1}{c+a}$ 的最小值. (2003 年国家集训队试题)

**解法一**　由已知得 $(b+c)(c+a) = 1 + c^2$,取倒数并变形得
$$\frac{1}{b+c} + \frac{1}{c+a} = \frac{2c + (a+b)}{1 + c^2}$$
故
$$u = \frac{1}{a+b} + \frac{a+b}{1+c^2} + \frac{2c}{1+c^2}$$
由
$$ab + bc + ca = 1 \Rightarrow \frac{1}{4}(a+b)^2 + c(a+b) \geq 1 \Rightarrow a+b \geq 2(\sqrt{1+c^2} - c)$$

由对称性,不妨令 $a \geq b \geq c$,则 $0 \leq c \leq \dfrac{\sqrt{3}}{3}$, $\sqrt{1+c^2} - c \geq 0$.

令 $t = a + b$,则 $t \in [2\sqrt{1+c^2} - 2c, +\infty)$.

故 $u = \dfrac{1}{t} + \dfrac{t}{1+c^2} + \dfrac{2c}{1+c^2}$,易证 $u(t)$ 在 $[2\sqrt{1+c^2} - 2c, +\infty)$ 上单调递增,于是,
$$u(t) \geq u(2\sqrt{1+c^2} - 2c) = \frac{1}{2}(\sqrt{1+c^2} + c) + \frac{2}{\sqrt{1+c^2}} =$$
$$2(\sqrt{1+c^2} + \frac{1}{\sqrt{1+c^2}}) - \frac{3}{2}(\sqrt{1+c^2} - \frac{c}{3}) \geq$$
$$4 - \frac{3}{2}(\sqrt{1+c^2} - \frac{c}{3})$$

因为 $\sqrt{1+c^2} + \dfrac{1}{\sqrt{1+c^2}} \geq 2$,当且仅当 $c = 0$ 时等号成立. 而当 $0 \leq c \leq \dfrac{\sqrt{3}}{3}$ 时,有
$$g(c) = -(\sqrt{1+c^2} - \frac{c}{3}) \geq g(0) = -1$$
所以 $u \geq \dfrac{5}{2}$.

当且仅当 $c = 0, a = b = 1$ 时,$u = \dfrac{5}{2}$.

因此,$u$ 的最小值是 $\dfrac{5}{2}$.

**解法二** 所求的最小值是 $\dfrac{5}{2}$. 记 $f(a,b,c) = \dfrac{1}{a+b} + \dfrac{1}{b+c} + \dfrac{1}{c+a}$.

不妨设 $a \leqslant b \leqslant c$,我们先证明
$$f(0, a+b, c^*) \leqslant f(a,b,c) \qquad ①$$

这里 $c^* = \dfrac{1}{a+b}$,$ab + bc + ca = 1$.

事实上,

$① \Leftrightarrow \dfrac{1}{a+b} + \dfrac{1}{a+b+c^*} + \dfrac{1}{c^*} \leqslant \dfrac{1}{a+b} + \dfrac{1}{b+c} + \dfrac{1}{c+a} \Leftrightarrow$

$\dfrac{a+b+2c^*}{(a+b+c^*)c^*} \leqslant \dfrac{a+b+2c}{(b+c)(c+a)} \Leftrightarrow$

$\dfrac{a+b+2c^*}{(a+b+c^*)c^*} \leqslant \dfrac{a+b+2c}{ab+bc+ca+c^2} \Leftrightarrow$

$\dfrac{a+b+2c^*}{a+b+2c} \leqslant \dfrac{1+c^{*2}}{1+c^2} \Leftrightarrow$

$\dfrac{a+b+2c^*}{a+b+2c} - 1 \leqslant \dfrac{1+c^{*2}}{1+c^2} - 1 \Leftrightarrow$

$\dfrac{2(c^*-c)}{a+b+2c} \leqslant \dfrac{(c^*-c)(c^*+c)}{1+c^2} \Leftrightarrow$

$\dfrac{2}{a+b+2c} \leqslant \dfrac{c^*+c}{1+c^2}$(这里用到了 $c^* = \dfrac{1}{a+b} > \dfrac{1-ab}{a+b} = c$)$\Leftrightarrow$

$2 + 2c^2 \leqslant (a+b+2c)(c^*+c) \Leftrightarrow$

$2 \leqslant (a+b)(c^*+c) + 2cc^* = 1 + (a+b)c + 2cc^* \Leftrightarrow 1 \leqslant 1 - ab + \dfrac{2(1-ab)}{(a+b)^2} \Leftrightarrow$

$$ab(a+b)^2 \leqslant 2(1-ab) \qquad ②$$

注意到 $2(1-ab) = 2c(a+b) \geqslant \dfrac{2(a+b)^2}{2}$(这里用到了 $c \geqslant b \geqslant a$),从而,为证明式 ② 成立,只需证明 $(a+b)^2 \geqslant (a+b)^2 ab$,这只需证明 $1 \geqslant ab$. 而此式是显然的,从而式 ① 成立.

利用式 ① 可知
$$f(a,b,c) \geqslant \dfrac{1}{a+b} + \dfrac{1}{a+b+\dfrac{1}{a+b}} + (a+b)$$

记 $x = a + b + \dfrac{1}{a+b}$,则 $f(a,b,c) \geqslant x + \dfrac{1}{x} \geqslant \dfrac{5}{2}$.(这里用到 $x \geqslant 2$,而 $x +$

$\frac{1}{x}$ 在 $x > 1$ 时单调递增). 等号在 $a = 0, b = c = 1$ 时取到. 于是,所求的最小值是 $\frac{5}{2}$.

**例 9** 设 $x,y,z$ 均是正实数,且 $x + y + z = 1$,求三元函数 $f(x,y,z) = \frac{3x^2 - x}{1 + x^2} + \frac{3y^2 - y}{1 + y^2} + \frac{3z^2 - z}{1 + z^2}$ 的最小值,并给出证明. (2003 年湖南省数学竞赛试题)

**解** 考察函数 $g(t) = \frac{t}{1 + t^2}$,可知 $g(t)$ 是奇函数. 由于当 $t > 0$ 时, $\frac{1}{t} + t$ 在 $(0,1)$ 内递减,易知 $g(t) = \frac{1}{t + \frac{1}{t}}$ 在在 $(0,1)$ 内递增. 而对于 $t_1, t_2 \in (0,1)$ 且 $t_1 \leq t_2$ 时,有

$$(t_1 - t_2)[g(t_1) - g(t_2)] \geq 0$$

所以,对任意 $x \in (0,1)$,有 $(x - \frac{1}{3})(\frac{x}{1 + x^2} - \frac{3}{10}) \geq 0$,故

$$\frac{3x^2 - x}{1 + x^2} \geq \frac{3}{10}(3x - 1)$$

同理,

$$\frac{3y^2 - y}{1 + y^2} \geq \frac{3}{10}(3y - 1)$$

$$\frac{3z^2 - z}{1 + z^2} \geq \frac{3}{10}(3z - 1)$$

以上三式相加,有

$$f(x,y,z) = \frac{3x^2 - x}{1 + x^2} + \frac{3y^2 - y}{1 + y^2} + \frac{3z^2 - z}{1 + z^2} \geq \frac{3}{10}[3(x + y + z) - 3] = 0$$

当 $x = y = z = \frac{1}{3}$ 时, $f(x,y,z) = 0$,故所求的最小值为 0.

**例 10** 设 $a,b,c,d$ 是满足 $ab + bc + cd + da = 1$ 的非负实数,求证:
$\frac{a^3}{b + c + d} + \frac{b^3}{c + d + a} + \frac{c^3}{d + a + b} + \frac{d^3}{a + b + c} \geq \frac{1}{3}$. (第 31 届 IMO 预选题)

**证明** 令 $S = a + b + c + d$,则有 $S > 0$,构造函数 $f(x) = \frac{x^2}{S - x}$,因为该函数在 $[0,S)$ 上是增函数,所以对任意的 $x \in [0,S)$,有

$$(x - \frac{S}{4})[f(x) - f(\frac{S}{4})] \geq 0$$

故

$$\frac{x^3}{S-x} - \frac{Sx^2}{4(S-x)} - \frac{Sx}{12} + \frac{S^2}{48} \geqslant 0$$

因为 $\dfrac{Sx^2}{4(S-x)} = \dfrac{x^2}{4} + \dfrac{x^3}{4(S-x)}$，所以

$$\frac{x^3}{Sx} \geqslant \frac{x^2}{3} + \frac{Sx}{9} - \frac{S^2}{36} \quad \text{①}$$

由 $ab + bc + cd + da = 1$，所以

$$a^2 + b^2 + c^2 + d^2 \geqslant ab + bc + cd + da = 1$$

因为 $a,b,c,d \in [0,S]$，将式①中的 $x$ 分别换成 $a,b,c,d$，并将所得的四个不等式相加得

$$\frac{a^3}{S-a} + \frac{b^3}{S-b} + \frac{c^3}{S-c} + \frac{d^3}{S-d} \geqslant \frac{1}{3}(a^2 + b^2 + c^2 + d^2) \geqslant$$

$$\frac{1}{3}(ab + bc + cd + da) = \frac{1}{3}$$

**例 11** 设 $a,b,c$ 是正实数，求证：$\dfrac{(2a+b+c)^2}{2a^2+(b+c)^2} + \dfrac{(a+2b+c)^2}{2b^2+(c+a)^2} + \dfrac{(a+b+2c)^2}{2c^2+(a+b)^2} \leqslant 8$.（2003 年美国数学奥林匹克试题）

**证法一** 因为左边的式子是齐次的，所以不妨设 $a+b+c=3$，于是只需证明

$$\frac{(a+3)^2}{2a^2+(3-a)^2} + \frac{(b+3)^2}{2b^2+(3-b)^2} + \frac{(c+3)^2}{2c^2+(3-c)^2} \leqslant 8$$

令 $f(x) = \dfrac{(x+3)^2}{2x^2+(3-x)^2}, x \in \mathbf{R}^+$，

则

$$f(x) = \frac{x^2+6x+9}{3(x^2-2x+3)} = \frac{1}{3}\left(1 + \frac{8x+6}{x^2-2x+3}\right) =$$

$$\frac{1}{3}\left(1 + \frac{8x+6}{(x-1)^2+2}\right) \leqslant \frac{1}{3}\left(1 + \frac{8x+6}{2}\right) =$$

$$\frac{1}{3}(4x+4)$$

所以，

$$f(a) + f(b) + f(c) \leqslant \frac{1}{3}(4a+4) + \frac{1}{3}(4b+4) + \frac{1}{3}(4c+4) = 8$$

**证法二** 将 $a,b,c$ 分别换成 $\dfrac{a}{a+b+c}, \dfrac{b}{a+b+c}, \dfrac{c}{a+b+c}$，不等式不变，所以不妨假设 $0 < a,b,c < 1, a+b+c=1$，则

$$\frac{(2a+b+c)^2}{2a^2+(b+c)^2} = \frac{(a+1)^2}{2a^2+(1-a)^2} = \frac{a^2+2a+1}{3a^2-2a+1}$$

考虑到 $a=b=c=\frac{1}{3}$ 时原不等式成为等式，当 $a=\frac{1}{3}$ 时，$\frac{a^2+2a+1}{3a^2-2a+1} = \frac{12a+4}{3}$，

只需要证明当 $0<a<1$ 时

$$\frac{a^2+2a+1}{3a^2-2a+1} \leqslant \frac{12a+4}{3}$$

事实上，$\frac{a^2+2a+1}{3a^2-2a+1} \leqslant \frac{12a+4}{3}$ 等价于 $36a^3-15a^2-2a+1 \geqslant 0$，

而 $36a^3-15a^2-2a+1 = (3a-1)^2(4a+1) \geqslant 0$，故

$$\frac{a^2+2a+1}{3a^2-2a+1} \leqslant \frac{12a+4}{3}$$

同理

$$\frac{b^2+2b+1}{3b^2-2b+1} \leqslant \frac{12b+4}{3}$$

$$\frac{c^2+2c+1}{3c^2-2c+1} \leqslant \frac{12c+4}{3}$$

将上面三个不等式相加得

$$\frac{a^2+2a+1}{3a^2-2a+1} + \frac{b^2+2b+1}{3b^2-2b+1} + \frac{c^2+2c+1}{3c^2-2c+1} \leqslant \frac{12(a+b+c)+12}{3} = 8$$

**例12** 设 $x_1, x_2, \cdots, x_n \geqslant 0$ 满足 $\sum_{i=1}^{n} \frac{1}{1+x_i} = 1$，求证：$\sum_{i=1}^{n} \frac{x_i}{n-1+x_i^2} \leqslant 1$.

(2004 年国家集训队试题)

**证明** 令 $y_i = \frac{1}{1+x_i}(i=1,2,\cdots,n)$，从而 $x_i = \frac{1}{y_i} - 1$，且 $\sum_{i=1}^{n} y_i = 1$，故

$$\sum_{i=1}^{n} \frac{x_i}{n-1+x_i^2} = \sum_{i=1}^{n} \frac{\frac{1}{y_i}-1}{n-1+(\frac{1}{y_i}-1)^2} = \sum_{i=1}^{n} \frac{y_i - y_i^2}{ny_i^2 - 2y_i + 1} =$$

$$\frac{1}{n} \cdot \sum_{i=1}^{n} \frac{ny_i - ny_i^2}{ny_i^2 - 2y_i + 1} =$$

$$\frac{1}{n} \cdot \sum_{i=1}^{n} \left(-1 + \frac{(n-2)y_i + 1}{ny_i^2 - 2y_i + 1}\right) =$$

$$-1 + \frac{1}{n} \cdot \sum_{i=1}^{n} \frac{(n-2)y_i + 1}{n(y-\frac{1}{n})^2 + 1 - \frac{1}{n}} \leqslant$$

$$-1 + \frac{1}{n} \cdot \sum_{i=1}^{n} \frac{(n-2)y_i + 1}{1 - \frac{1}{n}} =$$

$$-1 + \frac{1}{n} \cdot \frac{n-2+n}{1 - \frac{1}{n}} = -1 + \frac{2n-2}{n-1} = 1$$

**例 13** 设 $a, b, c, d$ 是正实数，且满足 $abcd = 1$，求证：$\dfrac{1}{(1+a)^2} + \dfrac{1}{(1+b)^2} + \dfrac{1}{(1+c)^2} + \dfrac{1}{(1+d)^2} \geqslant 1.$ (2005 年 IMO 国家集训队试题)

**证明** 先证明一个引理

**引理** 设 $a, b > 0, ab = t$，则对固定的 $t$，有 $\dfrac{1}{(1+a)^2} + \dfrac{1}{(1+b)^2} \geqslant$

$$\begin{cases} \dfrac{2}{(\sqrt{t}+1)^2} & \text{当 } t \geqslant \dfrac{1}{4} \\ \dfrac{1-2t}{(1-t)^2} & \text{当 } 0 < t < \dfrac{1}{4} \end{cases}$$

**引理的证明** 令 $u = a + b + 1$，则 $u = (a+b) + 1 \geqslant 2\sqrt{t} + 1$. 因为

$$\frac{1}{(1+a)^2} + \frac{1}{(1+b)^2} = \frac{u^2 + 1 - 2t}{(u+t)^2} = \frac{(t-1)^2}{(u+t)^2} - \frac{2t}{u+t} + 1$$

设 $x = \dfrac{1}{u+t}, f(x) = (t-1)^2 x^2 - 2tx + 1$，则

$$x = \frac{1}{u+t} \leqslant \frac{1}{2\sqrt{t}+1+t} = \frac{1}{(\sqrt{t}+1)^2}$$

$$f(x) = (t-1)^2 \left[ x - \frac{t}{(t-1)^2} \right]^2 + \frac{1-2t}{(1-t)^2}$$

当 $0 < t < \dfrac{1}{4}$ 时，有 $\dfrac{1}{(\sqrt{t}+1)^2} > \dfrac{t}{(t-1)^2} \Leftrightarrow 1 > \dfrac{t}{(\sqrt{t}-1)^2} \Leftrightarrow 1 - 2\sqrt{t} > 0$，所以 $f(x) \geqslant \dfrac{1-2t}{(1-t)^2}$.

当 $t \geqslant \dfrac{1}{4}$ 时，有 $\dfrac{1}{(\sqrt{t}+1)^2} \leqslant \dfrac{t}{(t-1)^2}$ ($1 \leqslant \dfrac{t}{(\sqrt{t}-1)^2} \Leftrightarrow 1 - 2\sqrt{t} \leqslant 0$，所以 $f(x) \geqslant \dfrac{2}{(\sqrt{t}+1)^2}$，等号当且仅当 $a = b = \sqrt{t}$ 时成立. 故引理得证.

下面证明原题，不妨设 $0 < a \leqslant b \leqslant c \leqslant d$，令 $t = ab$，则 $t = ab \leqslant 1, cd = \dfrac{1}{t} \geqslant 1 > \dfrac{1}{4}$.

若 $t \geq \frac{1}{4}$,则由引理得

$$\frac{1}{(1+a)^2} + \frac{1}{(1+b)^2} + \frac{1}{(1+c)^2} + \frac{1}{(1+d)^2} \geq \frac{2}{(\sqrt{t}+1)^2} + \frac{2}{(\frac{1}{\sqrt{t}}+1)^2} \geq$$

$$\frac{4}{(1+1)^2} = 1 \left(\text{因为}\sqrt{t} \cdot \frac{1}{\sqrt{t}} = 1 > \frac{1}{4}\right)$$

当 $0 \leq t < \frac{1}{4}$ 时,则 $t + 2 > 2 > 4\sqrt{t}$,于是

$$\frac{1}{(1+a)^2} + \frac{1}{(1+b)^2} + \frac{1}{(1+c)^2} + \frac{1}{(1+d)^2} \geq \frac{1-2t}{(1-t)^2} + \frac{2t}{(\sqrt{t}+1)^2} =$$

$$\frac{1-2t+2t(1-\sqrt{t})^2}{(1-t)^2} = \frac{(1-t)^2 + 2t(t+2-4\sqrt{t})}{(1-t)^2} >$$

$$\frac{(1-t)^2}{(1-t)^2} = 1$$

故此时 $\frac{1}{(1+a)^2} + \frac{1}{(1+b)^2} + \frac{1}{(1+c)^2} + \frac{1}{(1+d)^2} > 1$.

综上所述,原题得证.

**例 14** 设 $x,y,z$ 是正实数,且 $xyz = 1$,证明: $\frac{x^3}{(1+y)(1+z)} + \frac{y^3}{(1+z)(1+x)} + \frac{z^3}{(1+x)(1+y)} \geq \frac{3}{4}$. (第 39 届 IMO 预选题)

**证明** 原不等式等价于 $x^3 + x^4 + y^3 + y^4 + z^3 + z^4 \geq \frac{3}{4}(1+x)(1+y)(1+z)$,由于对任意正数 $u,v,w$,有 $u^3 + v^3 + w^3 \geq 3uvw$,我们来证明更强的不等式 $x^3 + x^4 + y^3 + y^4 + z^3 + z^4 \geq \frac{1}{4}[(1+x)^3 + (1+y)^3 + (1+z)^3]$ 成立.

设 $f(t) = t^3 + t^4 - \frac{1}{4}(1+t)^3, g(t) = (1+t)(4t^2 + 3t + 1)$,则 $f(t) = \frac{1}{4}(t-1)g(t)$ 且 $g(t)$ 在 $(0, +\infty)$ 上是严格单调递增函数. 因为

$$x^3 + x^4 + y^3 + y^4 + z^3 + z^4 - \frac{1}{4}[(1+x)^3 + (1+y)^3 + (1+z)^3] =$$

$$f(x) + f(y) + f(z) = \frac{1}{4}(x-1)g(x) + \frac{1}{4}(y-1)g(y) + \frac{1}{4}(z-1)g(z)$$

只要证明最后一个表达式非负即可.

假设 $x \geq y \geq z$,则 $g(x) \geq g(y) \geq g(z) > 0$,由 $xyz = 1$ 得 $x \geq 1, z \leq 1$. 因为

$$(x-1)g(x) \geqslant (x-1)g(y)$$
$$(z-1)g(y) \leqslant (z-1)g(z)$$

所以

$$\frac{1}{4}(x-1)g(x) + \frac{1}{4}(y-1)g(y) + \frac{1}{4}(z-1)g(z) \geqslant$$
$$\frac{1}{4}[(x-1)+(y-1)+(z-1)]g(y) =$$
$$\frac{1}{4}[(x+y+z)-3]g(y) \geqslant$$
$$\frac{1}{4}(3\sqrt[3]{xyz}-3)g(y) = 0$$

故原不等式成立. 等号当且仅当 $x=y=z$ 时成立.

**例15** 设 $a,b,c$ 为正实数,且满足 $abc=1$,试证:$\dfrac{1}{a^3(b+c)} + \dfrac{1}{b^3(c+a)} + \dfrac{1}{c^3(a+b)} \geqslant \dfrac{3}{2}$. (第 36 届 IMO 试题)

**证明** 令 $f(a,b,c) = \dfrac{1}{a^3(b+c)} + \dfrac{1}{b^3(c+a)} + \dfrac{1}{c^3(a+b)}$,显然当 $a=b=c=1$ 时,$f(a,b,c) = \dfrac{3}{2}$.

因为 $a,b,c$ 为正实数,且满足 $abc=1$,所以,$a,b,c$ 中必有一个不大于1,不妨设 $0 < b \leqslant 1$,

因为

$$f(a,b,c) - f(a,1,c) = (1-b)\left[\frac{1}{a^3(b+c)(1+c)} + \frac{1+b+b^2}{b^3(c+a)} + \frac{1}{c^3(a+b)(1+a)}\right] \geqslant 0$$

所以 $f(a,b,c) \geqslant f(a,1,c)$. 因此要证 $f(a,b,c) \geqslant \dfrac{3}{2}$,只要证 $f(a,1,c) \geqslant \dfrac{3}{2}$.

此时 $ac=1$,所以 $a,1,c$ 成等比数列. 令 $a=q^{-1}, c=q\ (q>0)$,

$$f(a,1,c) = \frac{q^3}{1+q} + \frac{q}{1+q^2} + \frac{1}{q^2(1+q)} = \frac{q^5+1}{q^2(1+q)} + \frac{q}{1+q^2} =$$
$$\frac{(q^4+1)-(q^3+q)+q^2}{q^2} + \frac{q}{1+q^2} =$$
$$(q^2 + \frac{1}{q^2}) - (q + \frac{1}{q}) + \frac{1}{q+\frac{1}{q}} + 1 =$$

$$t^2 - t + \frac{1}{t} - 1 \text{(其中 } t = q + \frac{1}{q}, \text{且 } t \geq 2\text{)}$$

若令 $y = t^2 - t + \frac{1}{t}(t \geq 2)$，可见函数 $y = t^2 - t + \frac{1}{t}(t \geq 2)$ 是增函数，当且仅当 $t = 2 \Leftrightarrow q = 1 \Leftrightarrow a = c = 1$ 时，$f(a, 1, c)$ 取最小值，$(f(a, 1, c))_{\min} = y_{\min} - 1 = y_{|t=2} - 1 = \frac{3}{2}$，所以 $f(a, 1, c) \geq \frac{3}{2}$。

故 $f(a, b, c) \geq f(a, 1, c) \geq \frac{3}{2}$。

**例 16** 已知 $\alpha, \beta$ 是方程 $4x^2 - 4tx - 1 = 0(t \in \mathbf{R})$ 的两个不等实根，函数 $f(x) = \frac{2x - t}{x^2 + 1}$ 的定义域为 $[\alpha, \beta]$。

(1) 求 $g(t) = \max f(x) - \min f(x)$；

(2) 证明：对于 $u_i \in (0, \frac{\pi}{2})(i = 1, 2, 3)$，若 $\sin u_1 + \sin u_2 + \sin u_3 = 1$，则

$$\frac{1}{g(\tan u_1)} + \frac{1}{g(\tan u_2)} + \frac{1}{g(\tan u_3)} < \frac{3}{4}\sqrt{6}. \text{ (2004 年全国高中数学联赛试题)}$$

**解** (1) $f'(x) = \frac{2(x^2 + 1) - 2x(2x - t)}{(x^2 + 1)^2} = \frac{2x^2 + 2tx + 2}{(x^2 + 1)^2}$

由 $\alpha, \beta$ 是方程 $4x^2 - 4tx - 1 = 0(t \in \mathbf{R})$ 的两个不等实根，知 $4x^2 - 4tx - 1 = 4(x - \alpha)(x - \beta)$，又由 $x \in [\alpha, \beta]$，知 $4(x - \alpha)(x - \beta) \leq 0$，即 $-4x^2 + 4tx + 1 = -4(x - \alpha)(x - \beta) \geq 0$，所以 $f'(x) = \frac{-4(x - \alpha)(x - \beta) + 3}{2(x^2 + 1)^2} > 0$，即 $f(x)$ 在区间 $[\alpha, \beta]$ 上是增函数。

由 $\alpha + \beta = t, \alpha\beta = -\frac{1}{4}, \beta - \alpha = \sqrt{(\alpha + \beta)^2 - 4\alpha\beta} = \sqrt{t^2 + 1}$ 得

$$g(t) = \max f(x) - \min f(x) = f(\beta) - f(\alpha) = \frac{2\beta - t}{\beta^2 + 1} - \frac{2\alpha - t}{\alpha^2 + 1} =$$

$$\frac{(2\beta - t)(\alpha^2 + 1) - (2\alpha - t)(\beta^2 + 1)}{(\alpha^2 + 1)(\beta^2 + 1)} =$$

$$\frac{(\beta - \alpha)[t(\alpha + \beta) - 2\alpha\beta + 2]}{\alpha^2\beta^2 + \alpha^2 + \beta^2 + 1} =$$

$$\frac{\sqrt{t^2 + 1}\left(t^2 + \frac{5}{2}\right)}{t^2 + \frac{25}{16}} = \frac{8\sqrt{t^2 + 1}(2t^2 + 5)}{16t^2 + 25}$$

(2) $g(t) = \frac{8\sqrt{t^2 + 1}(2t^2 + 5)}{16t^2 + 25}, \frac{1}{g(t)} = \frac{16t^2 + 25}{8\sqrt{t^2 + 1}(2t^2 + 5)}$，

$$g(\tan u_i) = \frac{16\tan^2 u_i + 25}{8\sqrt{\tan^2 u_i + 1}\,(2\tan^2 u_i + 5)} = \frac{\dfrac{8}{\cos u_i}\left(\dfrac{2}{\cos^2 u_i} + 3\right)}{\dfrac{16}{\cos^2 u_i} + 9} =$$

$$\frac{(25 - 9x_i^2)\sqrt{1 - x_i^2}}{40 - 24x_i^2}$$

加强命题:对于 $u_i \in (0, \dfrac{\pi}{2})\,(i=1,2,3)$,若 $\sin u_1 + \sin u_2 + \sin u_3 = 1$,则恒有不等式

$$\frac{5}{4} < \frac{1}{g(\tan u_1)} + \frac{1}{g(\tan u_2)} + \frac{1}{g(\tan u_3)} \leqslant \frac{9}{7}\sqrt{2} \qquad ①$$

成立. 且式 ① 左边的估计是最佳的,右边的等号当且仅当 $\sin u_1 = \sin u_2 = \sin u_3 = \dfrac{1}{3}$ 时取到.

令 $x_i = \sin u_i$(其中 $i = 1,2,3$),问题化为在条件 $x_1 + x_2 + x_3 = 1$ 下证明

$$\frac{5}{4} < \sum_{i=1}^{3} \frac{(25 - 9x_i^2)\sqrt{1 - x_i^2}}{40 - 24x_i^2} \leqslant \frac{9}{7}\sqrt{2} \qquad ②$$

我们先证明

$$\frac{5}{8}(1 - x) < \frac{(25 - 9x^2)\sqrt{1 - x^2}}{40 - 24x^2} \leqslant \frac{\sqrt{2}}{392}(179 - 33x) \qquad ③$$

式 ③ 左边的估计是最佳的,右边的等号当且仅当 $x = \dfrac{1}{3}$ 时取到.

令 $x = \dfrac{1 - t^2}{1 + t^2}, t \in (0,1)$,则式 ③ 转化为

$$\frac{5}{8} \cdot \frac{2t^2}{1+t^2} < \frac{2t[25(1+t^2)^2 - 9(1-t^2)^2]}{40(1+t^2)^3 - 24(1-t^2)^2(1+t^2)} \leqslant \frac{\sqrt{2}}{392}\left(179 - 33 \cdot \frac{1-t^2}{1+t^2}\right)$$

即

$$5t^2 < \frac{2(4t^4 + 17t^2 + 4)t}{t^4 + 8t^2 + 1} \leqslant \frac{\sqrt{2}}{49}(106t^2 + 73) \qquad ④$$

而

式 ④ 左边 $\Leftrightarrow 5t^2(t^4 + 8t^2 + 1) < 2(4t^4 + 17t^2 + 4)t \Leftrightarrow$
$5t^6 - 8t^5 + 40t^4 - 34t^3 + 5t^2 - 8t < 0 \Leftrightarrow$
$t(t-1)[5t^3 + 34t^2 + 3t^2(1-t) + 3t + 8] < 0 \qquad ⑤$

由 $t \in (0,1)$,知式 ⑤ 显然成立,从而式 ③ 左边的不等式成立,且其估计是最佳的.

又

④ 右边 $\Leftrightarrow 49\sqrt{2}t(4t^4 + 17t^2 + 4) \leq (106t^2 + 73)(t^4 + 8t^2 + 1) \Leftrightarrow$
$106t^6 - 196\sqrt{2}t^5 + 921t^4 - 833\sqrt{2}t^3 + 690t^2 - 196\sqrt{2}t \geq 0 \Leftrightarrow$
$(\sqrt{2}t - 1)^2[53t^4 + \sqrt{2}t^2(172\sqrt{2} - 45t) + (73 - 50\sqrt{2}t)] \geq 0$
⑥

由 $t \in (0,1)$，知式 ⑥ 显然成立，从而式 ③ 右边的不等式成立，且当 $x = \dfrac{1}{3}$ 时取等号．

这样我们证明了式 ③. 由式 ③ 注意到 $x_1 + x_2 + x_3 = 1$，则有

$$\sum_{i=1}^{3} \frac{(25 - 9x_i^2)\sqrt{1 - x_i^2}}{40 - 24x_i^2} > \sum_{i=1}^{3} \frac{5}{8}(1 - x_i) = \frac{5}{8}[3 - (x_1 + x_2 + x_3)] = \frac{5}{4}$$

即不等式 ② 左边的不等式成立，其估计是最佳.

$$\sum_{i=1}^{3} \frac{(25 - 9x_i^2)\sqrt{1 - x_i^2}}{40 - 24x_i^2} \leq \sum_{i=1}^{3} \frac{\sqrt{2}}{392}(179 - 33x_i) =$$
$$\frac{\sqrt{2}}{392}[179 \times 3 - 33(x_1 + x_2 + x_3)] = \frac{9}{7}\sqrt{2}$$

即不等式 ② 右边的不等式成立，等号当且仅当 $x = \dfrac{1}{3}$ 时取到.

综上，得不等式 ② 成立，从而不等式 ① 成立，注意到 $\dfrac{9}{7}\sqrt{2} < \dfrac{3}{4}\sqrt{6}$，从而原不等式更成立.

**注** 本赛题可推广为：对于 $u_i \in \left(0, \dfrac{\pi}{2}\right)(i = 1, 2, \cdots, n)$，若 $\sin u_1 + \sin u_2 + \cdots + \sin u_n = 1, (n \in \mathbf{N}, n \geq 3)$，则

$$\frac{5}{8}(n - 1) < \frac{1}{g(\tan u_1)} + \frac{1}{g(\tan u_2)} + \cdots + \frac{1}{g(\tan u_3)} \leq$$
$$\frac{25n^2 - 9}{40n^2 - 24}\sqrt{n^2 - 1} \quad ⑦$$

成立，且式 ⑦ 左边的估计是最佳的，右边的等号当且仅当 $\sin u_1 = \sin u_2 = \cdots = \sin u_n = \dfrac{1}{n}$ 时取得.

其证明留给读者.

**例 17** 设 $0 < \alpha, \beta, \gamma < \dfrac{\pi}{2}$，且 $\sin^3\alpha + \sin^3\beta + \sin^3\gamma = 1$，求证：

$$\tan^2\alpha + \tan^2\beta + \tan^2\gamma \geq \frac{3}{\sqrt[3]{9} - 1} \quad ①$$

（2005 年中国东南地区数学奥林匹克试题的加强）

**证明** 令 $x = \sin^3\alpha, y = \sin^3\beta, z = \sin^3\gamma$,则问题等价于已知 $x, y, z > 0$,且 $x + y + z = 1$,求证 $\dfrac{\sqrt[3]{x^2}}{1-\sqrt[3]{x^2}} + \dfrac{\sqrt[3]{y^2}}{1-\sqrt[3]{y^2}} + \dfrac{\sqrt[3]{z^2}}{1-\sqrt[3]{z^2}} \geqslant \dfrac{3}{\sqrt[3]{9}-1}$

设 $f(x) = \dfrac{\sqrt[3]{x^2}}{1-\sqrt[3]{x^2}}$,则 $f(x)$ 在 $(0,1)$ 上的导函数 $f'(x) = \dfrac{2}{3\sqrt[3]{x}(1-\sqrt[3]{x^2})^2}$.

故 $f(x)(0 < x < 1)$ 在 $x = \dfrac{1}{3}$ 处的切线方程是

$$y = \dfrac{2}{3\sqrt[3]{\frac{1}{3}}[1-\sqrt[3]{(\frac{1}{3})^2}]^2}\left(x - \dfrac{1}{3}\right) + \dfrac{(\sqrt[3]{\frac{1}{3}})^2}{1-\sqrt[3]{(\frac{1}{3})^2}}$$

考虑用切线的值去估计曲线 $f(x)$ 的值,于是猜测,当 $0 < x < 1$ 时,

$$\dfrac{\sqrt[3]{x^2}}{1-\sqrt[3]{x^2}} \geqslant \dfrac{2}{3\sqrt[3]{\frac{1}{3}}[1-\sqrt[3]{(\frac{1}{3})^2}]^2}\left(x - \dfrac{1}{3}\right) + \dfrac{(\sqrt[3]{\frac{1}{3}})^2}{1-\sqrt[3]{(\frac{1}{3})^2}} \quad ②$$

为证明式②,令 $p = \sqrt[3]{x}, q = \sqrt[3]{\dfrac{1}{3}}$,则 $0 < p, q < 1$. 于是,

式② $\Leftrightarrow \dfrac{p^2}{1-p^2} - \dfrac{q^2}{1-q^2} \geqslant \dfrac{2(p^3-q^3)}{3q(1-q^2)^2} \Leftrightarrow \dfrac{p^2-q^2}{(1-p^2)(1-q^2)} \geqslant \dfrac{2(p^3-q^3)}{3q(1-q^2)^2} \Leftrightarrow$
$3q(1-q^2)^2(p^2-q^2) \geqslant 2(p^3-q^3)(1-p^2)(1-q^2) \Leftrightarrow$
$(p-q)^2(1-q^2)[(2p^3+4p^2q)+(3q^2-1)(2p+q)] \geqslant 0$

而 $1-q^2 > 0, (p-q)^2 \geqslant 0, (2p^3+4p^2q)+(3q^2-1)(2p+q) > 0$,所以,式② 成立.

当且仅当 $p = q$,即 $x = \dfrac{1}{3}$ 时取等号.

故

$\dfrac{\sqrt[3]{x^2}}{1-\sqrt[3]{x^2}} + \dfrac{\sqrt[3]{y^2}}{1-\sqrt[3]{y^2}} + \dfrac{\sqrt[3]{z^2}}{1-\sqrt[3]{z^2}} \geqslant \dfrac{2}{3\sqrt[3]{\frac{1}{3}}[1-\sqrt[3]{(\frac{1}{3})^2}]^2}(x+y+z-1) +$

$\dfrac{3(\sqrt[3]{\frac{1}{3}})^2}{1-\sqrt[3]{(\frac{1}{3})^2}} = \dfrac{3}{\sqrt[3]{9}-1}$

当且仅当时取等号. 从而不等式 ① 成立.

**例18** 设 $a, b, c \in (0, 1]$,且 $a^2 + b^2 + c^2 = 2$. 求证:

$$\frac{1-b^2}{a} + \frac{1-c^2}{b} + \frac{1-a^2}{c} \leqslant \frac{5}{4} \qquad ①$$

**证明** 不妨设 $a = \max\{a,b,c\}$. 由题设知 $a^2 \leqslant b^2 + c^2$.
则

$$① \Leftrightarrow \frac{2-2b^2}{2a} + \frac{2-2c^2}{2b} + \frac{2-2a^2}{2c} \leqslant \frac{5}{4} \Leftrightarrow$$

$$\frac{a^2+c^2-b^2}{2a} + \frac{a^2+b^2-c^2}{2b} + \frac{b^2+c^2-a^2}{2c} \leqslant \frac{5}{4} \qquad ②$$

而

$$\frac{5}{4} = \frac{5}{4}\sqrt{\frac{1}{2}(a^2+b^2+c^2)} \geqslant \frac{5}{4} \cdot \frac{1}{2}(a + \sqrt{b^2+c^2})$$

所以只须证

$$\frac{a^2+c^2-b^2}{a} + \frac{a^2+b^2-c^2}{b} + \frac{b^2+c^2-a^2}{c} \leqslant \frac{5}{4}(a+\sqrt{b^2+c^2}) \qquad ③$$

$$\Leftrightarrow \frac{bc(a^2+c^2-b^2) + ca(a^2+b^2-c^2) + ab(b^2+c^2-a^2)}{abc} \leqslant \frac{5}{4}(a+\sqrt{b^2+c^2}) \Leftrightarrow$$

$$a+b+c + \frac{(a+c+c)(a-b)(b-c)(c-a)}{abc} \leqslant \frac{5}{4}(a+\sqrt{b^2+c^2}) \Leftrightarrow$$

$$4(a+b+c)[abc+(a-b)(b-c)(c-a)] \leqslant 5abc(a+\sqrt{b^2+c^2}) \Leftrightarrow$$

$$4(a+b+c)(a-b)(a-c)(c-b) + abc(4(b+c)-a-5\sqrt{b^2+c^2}) \leqslant 0$$

记

$$f(a) = 4(a+b+c)(a-b)(a-c)(c-b) + abc(4(b+c)-a-5\sqrt{b^2+c^2})$$

（i）若 $b \leqslant c \leqslant a \leqslant \sqrt{b^2+c^2}$, 当 $b=c$ 时, $a \leqslant \sqrt{2}b$. 此时 $f(a) = ab^2(8b - a - 5\sqrt{2}b) = ab^2((7-5\sqrt{2})b + (b-a)) < 0$.

当 $b<c$ 时, $f(a)$ 为 $a$ 的三次多项式, 其首项系数为 $4(c-b) > 0$, 故 $\lim_{a \to -\infty} f(a) < 0$, $\lim_{a \to +\infty} f(a) > 0$, 而 $f(0) = 4(b+c)bc(c-b) > 0$, $f(c) = bc^2(4(b+c) - c - 5\sqrt{b^2+c^2}) = bc^2(4b+3c - 5\sqrt{b^2+c^2}) < 0 (\Leftrightarrow 4b+3c < 5\sqrt{b^2+c^2} \Leftrightarrow 16b^2 + 9c^2 + 24bc < 25b^2 + 25c^2 \Leftrightarrow 9b^2 - 24bc + 16c^2 > 0 \Leftrightarrow (3b-4c)^2 > 0)$.

故 $f(a)$ 在 $(-\infty, 0), (0, c), (c, +\infty)$ 上有三个实根.

考虑 $f(\sqrt{b^2+c^2})$ 的符号, 注意到 $f(a)$ 与式③中左边减去右边的符号相同, 只须考虑

$$\frac{a^2+c^2-b^2}{a} + \frac{a^2+b^2-c^2}{b} + \frac{b^2+c^2-a^2}{c} - \frac{5}{4}(a+\sqrt{b^2+c^2}) \qquad ④$$

当 $a = \sqrt{b^2 + c^2}$ 时的符号. 这时

$$式④ = \frac{2c^2}{\sqrt{b^2 + c^2}} + \frac{2b^2}{b} - \frac{5}{4}(\sqrt{b^2 + c^2} + \sqrt{b^2 + c^2}) =$$

$$\frac{2c^2}{\sqrt{b^2 + c^2}} + 2b - \frac{5}{2}\sqrt{b^2 + c^2} =$$

$$\frac{1}{2\sqrt{b^2 + c^2}}(4c^2 + 4b\sqrt{b^2 + c^2} - 5(b^2 + c^2)) =$$

$$\frac{1}{2\sqrt{b^2 + c^2}}(4b\sqrt{b^2 + c^2} - 5b^2 - c^2) \leq 0$$

($\Leftrightarrow 4b\sqrt{b^2 + c^2} \leq 5b^2 + c^2 \Leftrightarrow 16b^4 + 16b^2c^2 \leq 25b^4 + c^4 + 10b^2c^2 \Leftrightarrow 9b^4 + c^4 - 6b^2c^2 \geq 0 \Leftrightarrow (3b^2 - c^2)^2 \geq 0$)

从上可知 $f(\sqrt{b^2 + c^2}) \leq 0$. 这说明: 当 $c \leq a \leq \sqrt{b^2 + c^2}$ 时 $f(a) \leq 0$.

（ii）若 $c < b \leq a \leq \sqrt{b^2 + c^2}$. 此时若存在 $a_1$ 使得 $f(a_1) > 0$. 令 $b_1 = c$, $c_1 = b$, 则 $b_1 < c_1 \leq a_1 \leq \sqrt{b^2 + c^2}$, 由（i）知此时 $f(a_1) \leq 0$, 即

$$4(a_1 + b_1 + c_1)(a_1 - b_1)(a_1 - c_1)(c_1 - b_1) +$$
$$a_1 b_1 c_1 (4(b_1 + c_1) - a_1 - 5\sqrt{b_1^2 + c_1^2}) \leq 0$$

即

$$4(a_1 + b + c)(a_1 - c)(a_1 - b)(b - c) +$$
$$a_1 bc(4(b + c) - a_1 - 5\sqrt{b^2 + c^2}) \leq 0$$

又 $b > c$, 所以

$$4(a_1 + b + c)(a_1 - c)(a_1 - b)(b - c) \geq 0 \geq$$
$$4(a_1 + b + c)(a_1 - c)(a_1 - b)(c - b)$$

因此

$$f(a_1) \leq 4(a_1 + b + c)(a_1 - c)(a_1 - b)(b - c) +$$
$$a_1 bc(4(b + c) - a_1 - 5\sqrt{b^2 + c^2}) \leq 0$$

矛盾!

($a = 1, b = \frac{1}{2}, c = \frac{\sqrt{3}}{2}$ 时等号成立.)

**例19** 对每一个正整数 $n$, 令 $p_n = (1 + \frac{1}{n})^n$, $P_n = (1 + \frac{1}{n})^{n+1}$, $h_n = \frac{2p_n P_n}{p_n + P_n}$, 证明: $h_1 < h_2 < \cdots < h_n < h_{n+1}$. (第6届美国普特南数学竞赛题)

**证明** 容易得出 $h_n = \frac{2(n+1)^{n+1}}{n^n(2n+1)}$. 考虑由下式定义的函数 $g(x)$:

$$g(x) = \ln 2 + (x+1)\ln(x+1) - x\ln x - \ln(2x+1)$$

则当 $0 < x < +\infty$ 时,有

$$g'(x) = \ln(x+1) - \ln x - \frac{2}{2x+1}$$

$$g''(x) = \frac{1}{x+1} - \frac{1}{x} + \frac{4}{(2x+1)^2} = -\frac{1}{x(x+1)(2x+1)^2} < 0$$

因此 $g'(x)$ 在 $(0, +\infty)$ 上单调递减. 由于

$$\lim_{x\to\infty} g'(x) = \lim_{x\to\infty} \ln\frac{x+1}{x} - \lim_{x\to\infty}\frac{2}{2x+1} = 0$$

又知 $g'(x)$ 在 $(0, +\infty)$ 上为正. 因而 $g(x)$ 在 $(0, +\infty)$ 上单调递增,所以,$n$ 为正整数时 $h_n = e^{g(n)}$ 是一个严格递增数列,即 $h_1 < h_2 < \cdots < h_n < h_{n+1}$.

**例 20** 设 $n \in \mathbf{N}, x_0 = 0, x_i > 0, i = 1,2,3\cdots,n$. 且 $\sum_{i=1}^{n} x_i = 1$,求证:$1 \leqslant \sum_{i=1}^{n} \frac{x_i}{\sqrt{1+x_0+x_1+x_2+\cdots+x_{i-1}} \cdot \sqrt{x_i+\cdots+x_n}} < \frac{\pi}{2}$. (1996 年中国数学奥林匹克试题)

**证明** 先说明一个事实 设 $f(x)$ 是定义在 $[a,b]$ 上非负,且在 $[a,b]$ 上单调递增,又设 $x_1, x_2, \cdots, x_n$ 是 $n$ 个小区间的长度,这些小区间组成 $[a,b]$ 上的一个分割,在每一个小区间上对应着一个矩形,这些矩形的面积之和是 $\sum_{i=1}^{n} x_i f(a + x_1 + x_2 + \cdots + x_{i-1}) < \int_b^a f(x)\mathrm{d}x$. 这里 $\int_b^a f(x)\mathrm{d}x$ 表示由 $x$ 轴、两条平行直线 $x = a$ 及 $x = b$ 以及 $y = f(x)$ 所包围的面积.

$$\sum_{i=1}^{n} \frac{x_i}{\sqrt{1+x_0+x_1+x_2+\cdots+x_{i-1}} \cdot \sqrt{x_i+\cdots+x_n}} =$$

$$\sum_{i=1}^{n} \frac{x_i}{\sqrt{1+x_1+x_2+\cdots+x_{i-1}} \cdot \sqrt{1-(x_1+x_2+\cdots+x_{i-1})}} =$$

$$\sum_{i=1}^{n} \frac{x_i}{\sqrt{1-(x_1+x_2+\cdots+x_{i-1})^2}} < \int_1^0 \frac{1}{\sqrt{1-x^2}}\mathrm{d}x = \frac{\pi}{2}$$

由 $\sum_{i=1}^{n} x_i = 1$ 和均值不等式,有 $\sqrt{1+x_0+x_1+x_2+\cdots+x_{i-1}} \cdot \sqrt{x_i+\cdots+x_n} \leqslant \frac{1+x_0+x_1+x_2+\cdots+x_{i-1}+x_i+\cdots+x_n}{2} = 1$,所以 $\sum_{i=1}^{n} \frac{x_i}{\sqrt{1+x_0+x_1+x_2+\cdots+x_{i-1}} \cdot \sqrt{x_i+\cdots+x_n}} \geqslant \sum_{i=1}^{n} x_i = 1$.

不等式的左边得证. 原不等式得证.

## 练习题

1. 已知 $a,b,c \in (-1,1)$,求证:$abc + 2 > a + b + c$.

2. 设 $0 \leq a,b,c \leq 1$,求证:$\dfrac{a}{bc+1} + \dfrac{b}{ca+1} + \dfrac{c}{ab+1} \leq 2$. (2005 年波兰数学奥林匹克试题)

3. 设 $m$ 是正整数,$x,y,z$ 是正数,且 $xyz = 1$,求证:$\dfrac{x^m}{(1+y)(1+z)} + \dfrac{y^m}{(1+z)(1+x)} + \dfrac{z^m}{(1+x)(1+y)} \geq \dfrac{3}{4}$. (1999 年 IMO 预选题)

4. 设非负实数 $x_1,x_2,x_3,x_4,x_5$ 满足 $\sum_{i=1}^{5} \dfrac{1}{1+x_i} = 1$,求证:$\sum_{i=1}^{5} \dfrac{x_i}{4+x_i^2} \leq 1$. (2003 年中国西部数学奥林匹克试题)

5. 设 $a,b,c$ 是正实数,求证:$\dfrac{(b+c-a)^2}{a^2+(b+c)^2} + \dfrac{(c+a-b)^2}{b^2+(c+a)^2} + \dfrac{(a+b-c)^2}{c^2+(a+b)^2} \geq \dfrac{3}{5}$. (1997 年日本数学奥林匹克试题)

6. 设 $a,b,c$ 是正实数,且 $a+b+c = 3$,求证:$\dfrac{a^2+9}{2a^2+(b+c)^2} + \dfrac{b^2+9}{2b^2+(c+a)^2} + \dfrac{c^2+9}{2c^2+(a+b)^2} \leq 5$. (2006 年中国北方数学奥林匹克试题)

7. 设长方体的棱长分别是为 $x,y$ 和 $z$,且 $x<y<z$,记 $p = 4(x+y+z)$,$s = 2(xy+yz+zx)$,$d = \sqrt{x^2+y^2+z^2}$. 求证:$x < \dfrac{1}{3}\left(\dfrac{1}{4}p - \sqrt{d^2-\dfrac{1}{2}s}\right)$,$z > \dfrac{1}{3}\left(\dfrac{1}{4}p + \sqrt{d^2-\dfrac{1}{2}s}\right)$. (第 14 届莫斯科数学奥林匹克试题)

8. 设 $a,b,A,B$ 都是已知实数,且对任何实数 $x$ 不等式 $A\cos 2x + B\sin 2x + a\cos x + b\sin x \leq 1$ 恒成立. 求证:$a^2 + b^2 \leq 2$,$A^2 + B^2 \leq 1$. (第 19 届 IMO 试题)

9. 设 $a,b,c,d$ 是正实数,且满足 $a+b+c+d = 1$,求证:$6(a^3+b^3+c^3+d^3) \geq (a^2+b^2+c^2+d^2) + \dfrac{1}{8}$. (第 8 届中国香港数学奥林匹克试题)

10. 求最小的实数 $m$,使得对于满足 $a+b+c = 1$ 的任意正实数 $a,b,c$,都有 $m(a^3+b^3+c^3) \geq 6(a^2+b^2+c^2) + 1$. (2006 年中国东南地区数学奥林匹克试题)

11. 已知实数 $a_1,a_2,\cdots,a_{100}$ 满足 $a_1^2 + a_2^2 + \cdots + a_{100}^2 + (a_1 + a_2 + \cdots + $

$a_{100}) = 101$,求证:$|a_k| \le 10. (k=1,2,\cdots,100)$.(2005年摩洛哥国家队选拔考试试题)

12. 设 $x_1, x_2, \cdots, x_n$ 为实数 $(n \ge 3)$,令 $p = \sum_{i=1}^{n} x_i, q = \sum_{1 \le i < j \le n} x_i x_j$,求证:

(1) $\dfrac{n-1}{n}p^2 - 2q \ge 0$;

(2) $\left| x_i - \dfrac{p}{n} \right| \le \dfrac{n-1}{n} \sqrt{p^2 - \dfrac{2n}{n-1}q}$ $(i=1,2,\cdots,n)$.(1986年中国国家集训队选拔考试试题)

13. 已知 $a, b, c \in \left( -\dfrac{3}{4}, +\infty \right)$,且 $a+b+c=1$,证明:$\dfrac{a}{a^2+1} + \dfrac{b}{b^2+1} + \dfrac{c}{c^2+1} \le \dfrac{9}{10}$.(1996年波兰数学奥林匹克试题)

14. 已知 $a,b,c \ge 1$,证明:$\sqrt{a-1} + \sqrt{b-1} + \sqrt{c-1} \le \sqrt{(ab+1)c}$.(1998年香港数学奥林匹克试题)

15. 设 $a,b,c \in \mathbf{R}^+$,当 $a^2+b^2+c^2+abc=4$ 时,证明:$a+b+c \le 3$.(2003年伊朗数学奥林匹克试题)

16. 设 $a,b,c \in \mathbf{R}^+$,证明:$a^3+b^3+c^3-3abc \ge \max\{(a-b)^2 a, (a-b)^2 b, (b-c)^2 b, (b-c)^2 c, (c-a)^2 c, (c-a)^2 a\}$.(1999年MOP试题)

17. 证明不等式:$\dfrac{1}{3} < \sin\dfrac{\pi}{9} < \dfrac{7}{20}$.(1979年IMO预选题)

18. 已知 $a,b,c$ 是正数,证明:

(1) $\dfrac{a}{b+c} + \dfrac{b}{c+a} + \dfrac{c}{a+b} \ge \dfrac{3}{2}$.(1963年莫斯科数学奥林匹克试题)

(2) $\dfrac{a^2}{b+c} + \dfrac{b^2}{c+a} + \dfrac{c^2}{a+b} \ge \dfrac{a+b+c}{2}$.(第2届世界友谊杯数学竞赛试题)

19. 求实数 $A, B, C$ 满足对任何实数 $x, y, z$ 都有
$$A(x-y)(x-z) + B(y-z)(y-x) + C(z-x)(z-y) \ge 0 \quad ①$$
的充分必要条件.(1988年中国国家集训队选拔考试试题)

20. 设 $a < b < c, a+b+c = 6, ab+bc+ca = 9$,证明:$0 < a < 1 < b < 3 < c < 4$.(1995年英国数学奥林匹克试题)

21. 已知 $a$ 是实数,满足 $a^5 - a^3 + a = 2$,证明:$3 < a^6 < 4$.(1988年全俄数学奥林匹克试题)

22. 设 $a,b,c$ 都是正数,求证:$\dfrac{a+b+c}{3} - \sqrt[3]{abc} \le \max\{(\sqrt{a}-\sqrt{b})^2, (\sqrt{b}-\sqrt{c})^2, (\sqrt{c}-\sqrt{a})^2\}$.(2002年美国国家集训队考试试题)

23. 已知 $a,b,c$ 都是正数，且 $abc = 1$，求证：$(a+b)(b+c)(c+a) \geqslant 4(a+b+c-1)$. (2001 年美国数学竞赛 MOSP 试题)

24. 设 $x,y,z$ 为非负实数，且 $x+y+z=1$，证明：$0 \leqslant yz+zx+xy-2xyz \leqslant \dfrac{7}{27}$. (第 25 届 IMO 试题)

25. 设 $x,y,z$ 为非负实数，且 $x+y+z=1$，证明：$7(yz+zx+xy) \leqslant 2+9xyz$. (1979 年英国数学奥林匹克试题)

26. (1) 设 $x,y,z$ 为非负实数，且 $xy+yz+zx+xyz=4$，证明：$x+y+z \geqslant xy+yz+zx$. (1996 年越南数学奥林匹克试题)

(2) 已知 $a,b,c,d$ 为正实数，且 $2(ab+bc+cd+da+ac+bd)+abc+bcd+cda+dab=16$，证明不等式：$a+b+c+d \geqslant \dfrac{2}{3}(ab+bc+cd+da+ac+bd)$. (1996 年越南数学奥林匹克试题)

27. 设 $a,b,c$ 为实数，且 $a+b+c=0$，证明：$a^2b^2+b^2c^2+c^2a^2+3 \geqslant 6abc$. (2004 年波兰数学奥林匹克试题)

28. 实数 $u,v$ 适合 $(u+u^2+u^3+\cdots+u^8)+10u^9 = (v+v^2+v^3+\cdots+v^{10})+10v^{11} = 8$. 哪个较大？证明你的结论. (第 18 届美国数学奥林匹克试题)

29. (1) 证明：当 $0 < x < \dfrac{\pi}{2}$ 时不等式 $\dfrac{3x}{\sin x} > 4 - \cos x$ 成立.

(2) 证明：当 $0 < x < \dfrac{\pi}{2}$ 时不等式 $\dfrac{2\cos x}{1+\cos x} < \dfrac{\sin x}{x}$ 成立. (第 15 届全俄数学奥林匹克试题)

30. 已知 $a,b,c,d$ 是正数，且 $a \leqslant b \leqslant c \leqslant d$，证明：$a^b b^c c^d d^a \geqslant b^a c^b d^c a^d$. (1977 年 IMO 预选题)

31. (1) 已知 $a_i (i=1,2,\cdots,n)$ 是实数，证明不等式：$\sum\limits_{i=1}^{n}\sum\limits_{j=1}^{n}\dfrac{a_i a_j}{i+j} \geqslant 0$. (1992 年波兰数学奥林匹克试题)

(2) 已知 $a_i (i=1,2,\cdots,n)$ 是实数，证明不等式：$\sum\limits_{i=1}^{n}\sum\limits_{j=1}^{n}\dfrac{a_i a_j}{i+j-1} \geqslant 0$. (1991 年 BalticWay 数学奥林匹克试题)

32. 设实数 $a,b,c$ 满足 $a+b+c=3$，求证：$\dfrac{1}{5a^2-4a+11}+\dfrac{1}{5b^2-4b+11}+\dfrac{1}{5c^2-4c+11} \leqslant \dfrac{1}{4}$. (2007 年中国西部数学奥林匹克试题)

33. 已知 $a,b,c$ 是正数，且 $a^2+b^2+c^2=1$，证明：$\dfrac{a}{1-a}+\dfrac{b}{1-b}+\dfrac{c}{1-c} \geqslant$

$\frac{3\sqrt{3}+3}{2}$. (2004年波兰数学奥林匹克试题)

34. 设 $x,y,z$ 是正实数,且 $x^2+y^2+z^2=3$,求证: $\frac{x}{\sqrt{x^2+y+z}}+\frac{y}{\sqrt{y^2+z+x}}+\frac{z}{\sqrt{z^2+x+y}} \leqslant \sqrt{3}$. (2008年乌克兰数学奥林匹克试题)

35. 设 $a,b,c$ 是正数,且 $(a+b)(b+c)(c+a)=8$,证明不等式: $\frac{a+b+c}{3} \geqslant \sqrt[27]{\frac{a^3+b^3+c^3}{3}}$. (2008年马其顿数学奥林匹克试题)

36. 已知 $a,b,c$ 是实数,且 $a+b+c=2, ab+bc+ca=1$,求证: $\max\{a,b,c\} - \min\{a,b,c\} \leqslant \frac{2}{\sqrt{3}}$. (2008年乌克兰数学奥林匹克试题)

37. 已知 $a,b,c$ 是非负实数,且 $a+b+c \leqslant 3$,求 $\frac{a+1}{a(a+2)} + \frac{b+1}{b(b+2)} + \frac{c+1}{c(c+2)}$ 的最小值. (2003年奥地利数学奥林匹克试题)

38. 已知 $x,y,z$ 是正实数,且 $x^2+y^2+z^2=1$,证明 $\frac{x}{1+x^2} + \frac{y}{1+y^2} + \frac{z}{1+z^2} \leqslant \frac{3\sqrt{3}}{4}$. (1998年波斯尼亚黑山数学奥林匹克试题)

39. 设 $x,y,z$ 是正数,且 $x^2+y^2+z^2=1$,求 $\frac{x}{1-x^2} + \frac{y}{1-y^2} + \frac{z}{1-z^2}$ 的最小值. (第30届IMO加拿大训练题)

40. 已知 $a,b,c$ 是正数,且 $a+b+c=1$,证明: $\frac{1}{bc+a+\frac{1}{a}} + \frac{1}{ca+b+\frac{1}{b}} + \frac{1}{ab+c+\frac{1}{c}} \leqslant \frac{27}{31}$. (2008年塞尔维亚数学奥林匹克试题)

41. 求证: $-1 < (\sum_{k=1}^{n} \frac{k}{k^2+1}) - \ln n \leqslant \frac{1}{2}, n=1,2,3,\cdots$. (2009年全国高中数学联赛试题)

42. 已知 $m_i > 0, i=1,2,\cdots,n$,实数 $a_1 \leqslant a_2 \leqslant \cdots \leqslant a_n < b_1 \leqslant b_2 \leqslant \cdots \leqslant b_n < c_1 \leqslant c_2 \leqslant \cdots \leqslant c_n$,求证 $[\sum_{i=1}^{n} m_i(a_i+b_i+c_i)]^2 > 3(\sum_{i=1}^{n} m_i)[\sum_{i=1}^{n} m_i(a_ib_i+b_ic_i+c_ia_i)]$ (1977年IMO预选题)

43. 在等腰 $\triangle ABC$ 中, $AB = BC = b$, $r$ 是 $\triangle ABC$ 的内切圆半径, 证明: $b > \pi r$. (2008 年波斯利亚集训队试题)

44. 给定 $n$ 个实数 $a_1 \leqslant a_2 \leqslant \cdots \leqslant a_n$, 定义 $M_1 = \dfrac{1}{n}\sum_{i=1}^{n}a_i$, $M_2 = \dfrac{2}{n(n-1)}\sum_{1 \leqslant i \leqslant j \leqslant n}a_i a_j$, $Q = \sqrt{M_1^2 - M_2}$, 证明: $a_1 \leqslant M_1 - Q \leqslant M_1 + Q \leqslant a_n$, 等号成立当且仅当 $a_1 = a_2 = \cdots = a_n$ 时. (1986 年 IMO 预选题)

45. 证明: 当 $0 < x < \dfrac{\pi}{2}$ 时不等式 $\sin\sqrt{x} < \sqrt{\sin x}$. (2006 年俄罗斯数学奥林匹克试题)

46. 已知 $a, b \in [1, 3]$, $a + b = 4$, 求证: $\sqrt{10} \leqslant \sqrt{a + \dfrac{1}{a}} + \sqrt{b + \dfrac{1}{b}} < \dfrac{4\sqrt{6}}{3}$. (2010 年河北省数学竞赛试题)

47. 设 $a_1, a_2, \cdots, a_n; b_1, b_2, \cdots, b_n$ 是两组正数, 证明: $(\sum_{i \neq j} a_i b_j)^2 \geqslant (\sum_{i \neq j} a_i a_j)(\sum_{i \neq j} b_i b_j)$. (1998 年南斯拉夫数学奥林匹克试题)

# 参 考 解 答

1. 把 $a$ 视为变量, $b, c$ 视为常数, 记 $f(a) = abc + 2 - (a + b + c) = (bc - 1)a + 2 - b - c$, $a \in (-1, 1)$.

现在, 只要根据一次函数的单调性, 证明 $f(a) > 0$ 即可. 因为 $b, c \in (-1, 1)$, 所以 $bc - 1 < 0$, $f(a)$ 是减函数, 所以 $f(a) > f(1) = 1 - b - c + bc = (1 - b)(1 - c) > 0$.

2. 因为 $0 \leqslant a, b, c \leqslant 1$, 所以 $\dfrac{a}{bc + 1} + \dfrac{b}{ca + 1} + \dfrac{c}{ab + 1} \leqslant \dfrac{a}{abc + 1} + \dfrac{b}{abc + 1} + \dfrac{c}{abc + 1} \leqslant \dfrac{a + b + c}{abc + 1}$.

只要证明 $\dfrac{a + b + c}{abc + 1} \leqslant 2$, 即证 $a + b + c \leqslant 2(abc + 1)$.

把 $a$ 视为变量, $b, c$ 视为常数, 记
$$f(a) = 2(abc + 1) - (a + b + c) = (2bc - 1)a + (2 - b - c)$$

现在, 只要根据一次函数的单调性, 证明 $f(a) \geqslant 0$ 即可. 因为 $f(0) = 2 - b - c = (1 - b) + (1 - c) \geqslant 0$, $f(1) = (2bc - 1) + (2 - b - c) = bc + 1 - b - c + bc = (1 - b)(1 - c) + bc \geqslant 0$.

所以 $f(a) \geq 0$.

3: (1) 当 $m=1$ 时,令 $t=x+y+z$,则 $x^2+y^2+z^2 \geq \frac{1}{3}(x+y+z)^2 = \frac{1}{3}t^2$, $xy+yz+zx \leq \frac{1}{3}(x+y+z)^2 = \frac{1}{3}t^2$,不等式的左边 $= \frac{x}{(1+y)(1+z)} + \frac{y}{(1+z)(1+x)} + \frac{z}{(1+x)(1+y)} = \frac{(x+y+z)+(x^2+y^2+z^2)}{1+(x+y+z)+(xy+yz+zx)+xyz} \geq \frac{t+\frac{1}{3}t^2}{2+t+\frac{1}{3}t^2} = \frac{1}{1+\frac{6}{t^2+3t}}$.

设 $f(t) = \dfrac{1}{1+\frac{6}{t^2+3t}}$,易知 $f(t)$ 在 $[3,+\infty)$ 上是增函数,由 $xyz=1$,得 $t = x+y+z \geq 3\sqrt[3]{xyz} = 3$,所以不等式的左边 $\geq f(t) \geq f(3) = \dfrac{3}{4}$.

(2) 当 $m=2$ 时,设 $u=(1+y)(1+z)+(1+z)(1+x)+(1+x)(1+y)$,则 $u = 3 + 2(x+y+z)+(xy+yz+zx)$,由(1) 得 $u \leq 3+2t+\frac{1}{3}t^2$ ($t \geq 3$),所以由柯西不等式得不等式的左边 $= \dfrac{1}{u} \cdot u \cdot \left[\dfrac{x^2}{(1+y)(1+z)} + \dfrac{y^2}{(1+z)(1+x)} + \dfrac{z^2}{(1+x)(1+y)}\right] \geq \dfrac{1}{u}(x+y+z)^2 = \dfrac{t^2}{u} \geq \dfrac{t^2}{3+2t+\frac{1}{3}t^2} = \dfrac{3}{\frac{9}{t^2}+\frac{6}{t}+1}$,设 $g(t) = \dfrac{3}{\frac{9}{t^2}+\frac{6}{t}+1}$,易知 $g(t)$ 在 $[3,+\infty)$ 上是增函数,由 $t \geq 3$,得

不等式左边 $\geq g(t) \geq g(3) = \dfrac{3}{4}$.

(1) 当 $m \geq 3$ 时,由均值不等式得

$$\frac{x^m}{(1+y)(1+z)} + \frac{1+y}{8} + \frac{1+z}{8} + (m-3)\frac{1}{4} \geq m\sqrt[m]{\frac{x^m}{(1+y)(1+z)} \cdot \frac{1+y}{8} \cdot \frac{1+z}{8} \cdot \left(\frac{1}{4}\right)^{m-3}} = \frac{mx}{4}$$

所以

$$\frac{x^m}{(1+y)(1+z)} \geq \frac{2mx-(y+z)}{8} - \frac{m-2}{4}$$

同理得

$$\frac{y^m}{(1+z)(1+x)} \geq \frac{2my-(z+x)}{8} - \frac{m-2}{4}$$

$$\frac{z^m}{(1+x)(1+y)} \geq \frac{2mz-(x+y)}{8} - \frac{m-2}{4}$$

所以,不等式左边 $\geq \dfrac{(m-1)(x+y+z)}{4} - \dfrac{3(m-2)}{4} \geq \dfrac{(m-1)3\sqrt[3]{xyz}}{4} - \dfrac{3(m-2)}{4} = \dfrac{3}{4}$.

4. 令 $y_i = \dfrac{1}{1+x_i}, i=1,2,3,4,5$,则 $x_i = \dfrac{1-y_i}{y_i}, i=1,2,3,4,5$,且 $y_1+y_2+y_3+y_4+y_5=1$,于是,

$$\sum_{i=1}^{5} \frac{x_i}{4+x_i^2} \leq 1 \Leftrightarrow \sum_{i=1}^{5} \frac{-y_i^2+y_i}{5y_i^2-2y_i+1} \leq 1 \Leftrightarrow \sum_{i=1}^{5} \frac{-5y_i^2+5y_i}{5y_i^2-2y_i+1} \leq 5 \Leftrightarrow$$

$$\sum_{i=1}^{5} \left(-1 + \frac{3y_i+1}{5y_i^2-2y_i+1}\right) \leq 5 \Leftrightarrow$$

$$\sum_{i=1}^{5} \frac{3y_i+1}{5y_i^2-2y_i+1} \leq 10$$

而 $\displaystyle\sum_{i=1}^{5} \frac{3y_i+1}{5y_i^2-2y_i+1} = \sum_{i=1}^{5} \frac{3y_i+1}{5(y_i-\frac{2}{5})^2+\frac{4}{5}} \leq \sum_{i=1}^{5} \frac{3y_i+1}{\frac{4}{5}} = \frac{5}{4}\sum_{i=1}^{5}(3y_i+1) = \frac{5}{4} \cdot (3+5) = 10$. 故命题成立.

5. 将 $a,b,c$ 分别换成 $\dfrac{a}{a+b+c}, \dfrac{b}{a+b+c}, \dfrac{c}{a+b+c}$,原不等式不变,所以不妨假设 $0<a,b,c<1, a+b+c=1$,则

$$\frac{(b+c-a)^2}{a^2+(b+c)^2} = \frac{(1-2a)^2}{a^2+(1-a)^2} = 2 - \frac{2}{1+(1-2a)^2}$$

因为 $0<a,b,c<1$,令 $x_1=1-2a, x_2=1-2b, x_3=1-2c$,则 $x_1+x_2+x_3=1, -1<x_1,x_2,x_3<1$,只需要证明

$$\frac{1}{1+x_1^2} + \frac{1}{1+x_2^2} + \frac{1}{1+x_3^2} \leq \frac{27}{10}$$

考虑到当 $x_1,x_2,x_3=\dfrac{1}{3}$ 时等号成立,这时如果 $x=\dfrac{1}{3}, f(x)=\dfrac{1}{1+x^2} = \dfrac{27(-x+2)}{50}$,

只需证明 $\dfrac{1}{1+x^2} \leq \dfrac{27(-x+2)}{50}, -1<x<1$.

这等价于证明$(3x-1)^2(4-3x) \geqslant 0$,这是显然的,
故
$$\frac{1}{1+x_1^2} \leqslant \frac{27(-x_1+2)}{50}$$

$$\frac{1}{1+x_2^2} \leqslant \frac{27(-x_2+2)}{50}$$

$$\frac{1}{1+x_3^2} \leqslant \frac{27(-x_3+2)}{50}$$

将三个不等式相加得
$$\frac{1}{1+x_1^2}+\frac{1}{1+x_2^2}+\frac{1}{1+x_3^2} \leqslant \frac{27(6-(x_1+x_2+x_3))}{50}=\frac{27}{10}$$

6. 由 $a+b+c=3$ 得
$$\frac{a^2+9}{2a^2+(b+c)^2}=\frac{a^2+9}{2a^2+(3-a)^2}=\frac{1}{3}\cdot\frac{a^2+9}{a^2-2a+3}=\frac{1}{3}\cdot\frac{a^2+9}{(a-1)^2+2}=$$
$$\frac{1}{3}\cdot(1+\frac{2a+6}{(a-1)^2+2}) \leqslant \frac{1}{3}\cdot(1+\frac{2a+6}{2})=\frac{a+4}{3}$$

同理,
$$\frac{b^2+9}{2b^2+(c+a)^2} \leqslant \frac{b+4}{3}$$

$$\frac{c^2+9}{2c^2+(a+b)^2} \leqslant \frac{c+4}{3}$$

三式相加得
$$\frac{a^2+9}{2a^2+(b+c)^2}+\frac{b^2+9}{2b^2+(c+a)^2}+\frac{c^2+9}{2c^2+(a+b)^2} \leqslant \frac{a+b+c}{3}+4=5$$

7. 令 $\alpha=\frac{1}{3}(\frac{1}{4}p-\sqrt{d^2-\frac{1}{2}s})$, $\beta=\frac{1}{3}(\frac{1}{4}p+\sqrt{d^2-\frac{1}{2}s})$,以 $\alpha,\beta$ 为两根的二次函数为 $f(t)=t^2-\frac{1}{6}pt+\frac{1}{6}s$,显然有 $x<\frac{\alpha+\beta}{2}=\frac{x+y+z}{3}<z$. 又 $f(x)=x^2-\frac{1}{6}px+\frac{1}{6}s=\frac{1}{3}(x^2-xy-xz+yz)=\frac{1}{3}(x-y)(x-z)>0$, $f(z)=z^2-\frac{1}{6}pz+\frac{1}{6}s=\frac{1}{3}(z^2-xz-yz+xy)=\frac{1}{3}(z-x)(z-y>0$,所以, $x<\alpha<\beta<z$.

8. 构造函数 $f(x)=1-A\cos 2x-B\sin 2x-a\cos x-b\sin x$.
则可变形为
$$f(x)=1-\sqrt{A^2+B^2}\cos 2(x-\varphi)+\sqrt{a^2+b^2}\cos(x-\theta)$$

依题设有

$$f(\theta + \frac{\pi}{4}) = 1 - \sqrt{A^2 + B^2}\cos 2(\theta - \varphi + \frac{\pi}{4}) - \frac{\sqrt{2}}{2}\sqrt{a^2 + b^2} =$$

$$1 + \sqrt{A^2 + B^2}\sin 2(\theta - \varphi) - \frac{\sqrt{2}}{2}\sqrt{a^2 + b^2} \geqslant 0$$

$$f(\theta - \frac{\pi}{4}) = 1 - \sqrt{A^2 + B^2}\cos 2(\theta - \varphi + \frac{\pi}{4}) - \frac{\sqrt{2}}{2}\sqrt{a^2 + b^2} =$$

$$1 - \sqrt{A^2 + B^2}\sin 2(\theta - \varphi) - \frac{\sqrt{2}}{2}\sqrt{a^2 + b^2} \geqslant 0$$

把这两个不等式相加得 $\sqrt{a^2 + b^2} \leqslant \sqrt{2}$，即 $a^2 + b^2 \leqslant 2$.

同理，由 $f(\varphi) + f(\varphi + \pi) \geqslant 0$，可得 $A^2 + B^2 \leqslant 1$.

9. 显然有 $0 < a, b, c, d < 1$，我们首先证明，当 $0 < x < 1$ 时，有

$$f(x) = 6x^3 - x^2 \geqslant \frac{5}{8}x - \frac{1}{8}$$

两边同乘以 8，并移项，知上式等价于 $48x^3 - 8x^2 \geqslant 5x - 1 \Leftrightarrow (4x - 1)^2(3x + 1) \geqslant 0$，显然成立.

则

$$f(a) + f(b) + f(c) + f(d) \geqslant \frac{5}{8}(a + b + c + d) - \frac{4}{8} = \frac{1}{8}$$

10. 当 $a = b = c = \frac{1}{3}$ 时，有 $m \geqslant 27$.

下面证明不等式 $27(a^3 + b^3 + c^3) \geqslant 6(a^2 + b^2 + c^2) + 1$ 对于满足 $a + b + c = 1$ 的任意正实数 $a, b, c$ 都成立.

**证法一** 显然有 $0 < a, b, c < 1$，我们首先证明，当 $0 < x < 1$ 时，有 $f(x) = 27x^3 - 6x^2 \geqslant 5x - \frac{4}{3}$.

$$27x^3 - 6x^2 \geqslant 5x - \frac{4}{3} \Leftrightarrow (3x - 1)^2(9x + 4) \geqslant 0$$

显然成立.

则

$$f(a) + f(b) + f(c) \geqslant 5(a + b + c) - 4 = 1$$

即

$$27(a^3 + b^3 + c^3) \geqslant 6(a^2 + b^2 + c^2) + 1$$

**证法二** $27(a^3 + b^3 + c^3) \geqslant 6(a^2 + b^2 + c^2) + 1 \Leftrightarrow 27(a^3 + (b + c)^3 - 3bc(b + c)) \geqslant 6(a^2 + (b + c)^2 - 2bc) + 1 \Leftrightarrow 27(a^3 + (1 - a)^3 - 3bc(1 - a)) - 6(a^2 + (1 - a)^2 - 2bc) - 1 \geqslant 0 \Leftrightarrow (81a - 69)bc + 20 - 69a + 69a^2 \geqslant 0$.

令 $w = bc$，则
$$0 < bc \leq \frac{(b+c)^2}{4} = \frac{(1-a)^2}{4} = w_0$$

记 $f(w) = (81a - 69)w + 20 - 69a + 69a^2$，它是关于 $w$ 的一次函数，因为 $0 < w \leq w_0$. 要证明 $f(w) \geq 0$.

只要证明 $f(0) \geq 0$ 和 $f(w_0) \geq 0$.

事实上，$f(0) = 20 - 69a + 69a^2 = 69(x - \frac{1}{2})^2 + \frac{11}{4} > 0$

$$4f(w_0) = (81a - 69)(1-a)^2 + 4(20 - 69a + 69a^2) =$$
$$81a^3 + 45a^2 - 57a + 11 =$$
$$(9a + 11)(3a - 1)^2 \geq 0$$

所以，$f(w) \geq 0$. 原不等式得证.

11. 由柯西不等式得 $a_2^2 + a_3^2 + \cdots + a_{100}^2 \geq 99(a_2 + a_3 + \cdots + a_{100})^2$.

设 $a_2 + a_3 + \cdots + a_{100} = t$，则
$$101 = a_1^2 + a_2^2 + \cdots + a_{100}^2 + (a_1 + a_2 + \cdots + a_{100}) \geq$$
$$a_1^2 + \frac{t^2}{99} + (a_1 + t)^2 =$$
$$2a_1^2 + \frac{100t^2}{99} + 2a_1 t$$

则
$$\frac{100t^2}{99} + 2a_1 t + 2a_1^2 - 101 \leq 0$$

所以，$\Delta = (2a_1)^2 - 4(\frac{100}{99})(2a_1^2 - 101) \geq 0$. 化简得 $a_1^2 \leq 100$，则 $|a_1| \leq 10$.

类似可得 $|a_k| \leq 10 (k = 2, 3, \cdots, 100)$.

12.（1）由题设 $\sum_{i=1}^{n} x_i^2 = p^2 - 2q$，从而
$$\sum_{i<k}(x_i - x_k)^2 = (n-1)x_i^2 - 2q =$$
$$(n-1)(p^2 - 2q) - 2q = (n-1)p^2 - 2nq \geq 0$$

所以，$\frac{n-1}{n}p^2 - 2q \geq 0$.

（2）今把这个关系式应用到除 $x_i$ 外的其余 $n-1$ 个 $x_i$，$\sum_{j \neq i} x_j = p - x_i$，$\sum_{\substack{j<k \\ j,k \neq i}} x_j x_k$

$= q - x_i(p - x_i) = q - px_i + x_i^2$ 得
$$(p - x_i)^2 - \frac{2(n-1)}{n-2}(q - px_i + x_i^2) \geq 0$$

即
$$nx_i^2 - 2px_i + 2(n-1)q - (n-2)p^2 \leq 0$$
由于左边这个二次式的判别式 $\Delta \geq 0$. 得
$$(n-1)\left(p^2 - \frac{2n}{n-1}q\right) \geq 0$$
故自变量 $x_i$ 介于其两个实零点之间.
$$\frac{p}{n} - \frac{n-1}{n}\sqrt{p^2 - \frac{2n}{n-1}q} \leq x_i \leq \frac{p}{n} + \frac{n-1}{n}\sqrt{p^2 - \frac{2n}{n-1}q}$$
即
$$\left|x_i - \frac{p}{n}\right| \leq \frac{n-1}{n}\sqrt{p^2 - \frac{2n}{n-1}q} \quad (i=1,2,\cdots,n)$$

13. 考虑到当 $a,b,c = \frac{1}{3}$ 时等号成立,这时如果 $x = \frac{1}{3}, f(x) = \frac{x}{1+x^2} = \frac{36x+3}{50}$,只需证明 $\frac{x}{1+x^2} \leq \frac{36x+3}{50}, -\frac{3}{4} < x < 1$.

这等价于证明 $(3x-1)^2(4x+3) \geq 0$,这是显然的,
故
$$\frac{a}{a^2+1} \leq \frac{36a+3}{50}$$
$$\frac{b}{b^2+1} \leq \frac{36b+3}{50}$$
$$\frac{c}{c^2+1} \leq \frac{36c+3}{50}$$

将三个不等式相加得
$$\frac{a}{a^2+1} + \frac{b}{b^2+1} + \frac{c}{c^2+1} \leq \frac{9}{10}$$

14. 令 $x = \sqrt{a-1}, y = \sqrt{b-1}, z = \sqrt{c-1}$,则 $\sqrt{a-1} + \sqrt{b-1} + \sqrt{c-1} \leq \sqrt{(ab+1)c} \Leftrightarrow x+y+z \leq \sqrt{[(1+x^2)(1+y^2)+1](1+z^2)} \Leftrightarrow (x+y+z)^2 \leq [(1+x^2)(1+y^2)+1](1+z^2) \Leftrightarrow (1+x^2)(1+y^2)z^2 - 2(x+y)z + x^2y^2 - 2xy + 2 \geq 0$,左边是关于 $z$ 的二次三项式,故只要证明 $\Delta = [2(x+y)]^2 - 4(1+x^2)(1+y^2)(x^2y^2 - 2xy + 2) \leq 0$.

由柯西不等式得
$$(1+x^2)(1+y^2) = (x^2+1)(1+y^2) \geq (x+y)^2$$
而
$$x^2y^2 - 2xy + 2 = (xy-1)^2 + 1 \geq 1$$
所以 $\Delta \leq 0$. (或将 $\Delta$ 写成 $-4(xy-1)^2(2 + x^2y^2 + x^2 + y^2)$).

15. 因为 $a^2 + b^2 + c^2 + abc = (a+b+c)^2 - 2(ab+bc+ca) + abc = (a+b+c)^2 - 2(a-2)(b-2)(c-2) - 4(a+b+c) + 8 = 4$,所以
$$(a+b+c)^2 - 2(a-2)(b-2)(c-2) - 4(a+b+c) + 4 = 0$$
又因为 $a,b,c$ 是正数,所以 $a^2 < 4$,所以 $0 < a < 2$,同理,$0 < b < 2, 0 < c < 2$. 所以,
$$(a-2)(b-2)(c-2) = -(2-a)(2-b)(2-c) \geq -\left(\frac{6(a+b+c)}{3}\right)^3$$

令 $x = a+b+c$,则 $x^2 - 4x - (2-\frac{x}{3})^3 + 4 \leq 0 \Leftrightarrow x^3 + 9x^2 - 108 \leq 0 \Leftrightarrow (x-3)(x+6)^2 \leq 0$,

又 $x > 0$,所以 $0 < x \leq 3$. 即 $a+b+c \leq 3$.

16. 由对称性,不妨设 $a \geq b \geq c$,则 $(a-c)^2 a$ 是最大的.
$$a^3 + b^3 + c^3 - 3abc - (a-c)^2 a = 2a^2 c - a(3bc + c^2) + b^3 + c^3$$

记 $f(x) = 2cx^2 - (3bc + c^2)x + b^3 + c^3$,则它的对称轴方程为 $x = \frac{3b+c}{4} \leq b$,$f(b) = b^3 + c^3 - (b^2 c + bc^2) = (b+c)(b-c)^2 \geq 0$,而 $a \geq b$,所以 $f(x)$ 在 $[a, +\infty)$ 上单调递增,故 $f(a) \geq 0$.

17. 设 $\sin\frac{\pi}{9} = x$,则 $\sin\frac{\pi}{3} = 3\sin\frac{\pi}{9} - 4\sin^3\frac{\pi}{9}$,从而 $4x^3 - 3x + \frac{\sqrt{3}}{2} = 0$,令 $f(x) = 4x^3 - 3x + \frac{\sqrt{3}}{2}$,则 $f(-1) = -1 + \frac{\sqrt{3}}{2} < 0, f(0) = \frac{\sqrt{3}}{2} > 0, f(\frac{1}{3}) = \frac{4}{27} - 1 + \frac{\sqrt{3}}{2} > 0, f(\frac{7}{20}) = 4 \times \frac{343}{8\,000} - \frac{21}{20} + \frac{\sqrt{3}}{2} < 0, f(\frac{1}{2}) = \frac{1}{2} - \frac{3}{2} + \frac{\sqrt{3}}{2} < 0, f(1) = 1 + \frac{\sqrt{3}}{2} > 0$,所以,$f(x)$ 在 $(-1,0), (\frac{1}{3}, \frac{7}{20}), (\frac{1}{2}, 1)$ 内各有一根,但 $0 < \sin\frac{\pi}{9} < \sin\frac{\pi}{6} = \frac{1}{2}$,所以 $\sin\frac{\pi}{9} \in (\frac{1}{3}, \frac{7}{20})$. 即 $\frac{1}{3} < \sin\frac{\pi}{9} < \frac{7}{20}$.

18. (1) 在 $\frac{a}{b+c} + \frac{b}{c+a} + \frac{c}{a+b}$ 中将 $a,b,c$ 分别换成 $\frac{a}{a+b+c}, \frac{b}{a+b+c}, \frac{c}{a+b+c}$ 不变,故不妨设 $a+b+c = 1$,

$$\frac{a}{b+c} + \frac{b}{c+a} + \frac{c}{a+b} = \frac{a}{1-a} + \frac{b}{1-b} + \frac{c}{1-c}$$

考虑 $f(x) = \frac{x}{1-x}$,其中 $0 < x < 1$. 考虑到不等式等号成立的充要条件是 $a = b = c = \frac{1}{3}, y = f(x)$ 在 $x = \frac{1}{3}$ 处的切线方程是 $y = \frac{9x-1}{4}$,直接计算得

$$f(x) - \frac{9x-1}{4} = \frac{(3x-1)^2}{1-x} \geq 0$$

所以

$$\frac{a}{1-a} + \frac{b}{1-b} + \frac{c}{1-c} = f(a) + f(b) + f(c) \geq$$

$$\frac{9a-1}{4} + \frac{9b-1}{4} + \frac{9c-1}{4} =$$

$$\frac{9(a+b+c)-3}{4} = \frac{9-3}{4} = \frac{3}{2}$$

(2) 要证明 $\frac{a^2}{b+c} + \frac{b^2}{c+a} + \frac{c^2}{a+b} \geq \frac{a+b+c}{2}$, 只要证明 $\frac{a^2}{(b+c)(a+b+c)} + \frac{b^2}{(c+a)(a+b+c)} + \frac{c^2}{(a+b)(a+b+c)} \geq \frac{1}{2}$, 在左端的式子中将 $a,b,c$ 分别换成 $\frac{a}{a+b+c}, \frac{b}{a+b+c}, \frac{c}{a+b+c}$ 不变, 故不妨设 $a+b+c=1$, 考虑 $f(x) = \frac{x^2}{1-x}$, 其中 $0<x<1$. 考虑到不等式等号成立的充要条件是 $a=b=c=\frac{1}{3}$, $y=f(x)$ 在 $x=\frac{1}{3}$ 处的切线方程是 $y=\frac{5x-1}{4}$, 直接计算得 $f(x) - \frac{5x-1}{4} = \frac{(3x-1)^2}{1-x} \geq 0$, 所以,

$$\frac{a^2}{1-a} + \frac{b^2}{1-b} + \frac{c^2}{1-c} = f(a) + f(b) + f(c) \geq$$

$$\frac{5a-1}{4} + \frac{5b-1}{4} + \frac{5c-1}{4} =$$

$$\frac{5(a+b+c)-3}{4} = \frac{5-3}{4} = \frac{1}{2}$$

19. 在式①中,令 $x=y \neq z$,得 $C(z-x)^2 \geq 0$,从而 $C \geq 0$,由对称性可得
$$A \geq 0, B \geq 0, C \geq 0 \qquad ②$$
令 $s=x-y, t=y-z$,则 $x-z=s+t$,则①等价于
$$As(s+t) - Bst + Ct(s+t) \geq 0$$
即
$$As^2 + (A-B+C)st + Ct^2 \geq 0 \qquad ③$$
由式②可知,式③对任意实数 $s,t$ 都成立的充分必要条件是
$$(A-B+C)^2 - 4AC \leq 0$$
即
$$A^2 + B^2 + C^2 \leq 2(AB+BC+CA) \qquad ④$$
于是,式②和④就是所求的充分必要条件.

20. 令 $t = abc$, 设 $f(x) = (x-a)(x-b)(x-c)$, 则 $f(x) = x^3 - (a+b+c)x^2 + (ab+bc+ca)x - abc = x^3 - 6x^2 + 9x - t$, $f(x) = 0$ 的三个根分别为 $a$, $b$, $c$, 由于 $f'(x) = 3x^2 - 12x + 9 = 3(x-1)(x-3)$, 所以 $f(x)$ 在 $(-\infty, 1)$ 上单调递增, 在 $(1,3)$ 上单调递减, 在 $(3, +\infty)$ 上单调递增. 所以, 在 $(-\infty, 1)$, $(1,3)$, $(3, +\infty)$ 上各有一个实数根. 因为 $a < b < c$, 所以 $a < 1 < b < 3 < c$, 因为 $1 < b < 3$, 所以 $f(1) > 0, f(3) < 0$, 而 $f(3) = -t = -abc$, 所以 $a > 0$, 由计算得 $f(4) = f(1) > 0$, 所以由 $f(3) < 0, f(4) > 0$, 得 $c < 4$.

综上所述, $0 < a < 1 < b < 3 < c < 4$.

21. 显然 $a \neq 0$, 且 $a \neq 1$, $a^6 + 1 = (a^2+1)(a^4 - a^2 + 1) = (a^2+1) \cdot \dfrac{a^5 - a^3 + a}{a} = \dfrac{2(a^2+1)}{a} \geq 4$, 由于 $a \neq 1$, 所以等号不成立. 即 $a^6 > 3$.

另一方面, 设 $f(x) = x^5 - x^3 + x$, 则 $f'(x) = 5x^4 - 3x^2 + 1$, 所以 $f(x)$ 在 $[1, +\infty)$ 上单调递增, $2^{\frac{5}{3}} > 3, 2^{\frac{1}{3}} > 1$, 所以 $f(4^{\frac{1}{6}}) = f(2^{\frac{1}{3}}) = 2^{\frac{5}{3}} - 2 + 2^{\frac{1}{3}} > 2$, 于是, $a < 4^{\frac{1}{6}}$, 综上, $3 < a^6 < 4$.

22. 不失一般性, 不妨设 $b$ 在 $a, c$ 之间, 且 $a \leq b \leq c$, 即 $b \in [a, c]$, 不等式变为证明

$$a + b + c - 3\sqrt[3]{abc} \leq 3(c + a - 2\sqrt{ca})$$

将左边视为关于 $b$ 的函数 $f(b) = a + b + c - 3\sqrt[3]{abc}$, 它在 $[a, c]$ 上是连续函数, 它的二阶导数是 $-\dfrac{2}{3}(ac)^{\frac{1}{3}} b^{-\frac{5}{3}} < 0$, 所以, $f(b)$ 是 $[a, c]$ 上的凹函数, $f(b)$ 的最大值必在端点处取到. 由对称性, 不妨设在 $b = a$ 时取得最大值 $2a + c - 3\sqrt[3]{a^2 c}$, 于是只要证明 $2a + c - 3\sqrt[3]{a^2 c} \leq 3(c + a - 2\sqrt{ca})$. 即证明

$$2c + a + 3\sqrt[3]{a^2 c} \geq 6\sqrt{ca}$$

由均值不等式得

$$c + c + a + \sqrt[3]{a^2 c} + \sqrt[3]{a^2 c} + \sqrt[3]{a^2 c} \geq$$
$$6\sqrt[6]{c \cdot c \cdot a \cdot \sqrt[3]{a^2 c} \cdot \sqrt[3]{a^2 c} \cdot \sqrt[3]{a^2 c}} = 6\sqrt{ca}$$

即

$$2c + a + 3\sqrt[3]{a^2 c} \geq 6\sqrt{ca}$$

23. 把 $a$ 当作常数, 将其看成关于 $b + c$ 的一元二次方程, 用判别式的方法来证明.

因为 $abc = 1$, 故不妨设 $a \geq 1$, 原不等式等价于

$$a^2(b+c) + b^2(c+a) + c^2(a+b) + 6 \geq 4(a+b+c) \quad ①$$

即

$$(a^2 - 1)(b + c) + b^2(c + a) + c^2(a + b) + 6 \geqslant 4a + 3(b + c)$$

由于 $(a + 1)(b + c) \geqslant 2\sqrt{a} \cdot 2\sqrt{bc} = 4\sqrt{abc} = 4$. 如果我们能证明

$$4(a - 1) + b^2(c + a) + c^2(a + b) + 6 \geqslant 4a + 3(b + c) \quad ②$$

成立,则式 ① 成立. 而式 ② 等价于

$$2 + a(b^2 + c^2) + bc(b + c) - 3(b + c) \geqslant 0$$

故只要证明

$$a(b + c)^2 + 2(bc - 3)(b + c) + 4 \geqslant 0$$

记 $f(x) = ax^2 + 2(bc - 3)x + 4$,

则其判别式 $\Delta = 4[(bc - 3)^2 - 4a]$.

我们只要证明判别式 $\Delta \leqslant 0$ 即可,这相当于 $(\frac{1}{a} - 3)^2 - 4a \leqslant 0$,即

$$1 - 6a + 9a^2 - 4a^3 \leqslant 0$$

也即

$$(a - 1)^2(4a - 1) \geqslant 0 \quad ③$$

由 $a \geqslant 1$,式 ③ 显然成立,进而式 ① 成立.

根据上面的讨论等号成立当且仅当 $a = b = c = 1$ 时成立.

24. 只证明右边的不等式. 因为 $x, y, z$ 为非负实数,且 $x + y + z = 1$,所以 $y + z = 1 - x, 0 \leqslant yz \leqslant \frac{(1 - x)^2}{4}$, $yz + zx + xy - 2xyz = (1 - 2x)yz + x(y + z) = (1 - 2x)yz + x(1 - x)$.

记 $w = yz$,则 $0 \leqslant yz \leqslant \frac{(1 - x)^2}{4} = w_0$.

设 $f(w) = (1 - 2x)yz + x(1 - x) - \frac{7}{27}$,视 $f(w)$ 为 $w$ 的一次函数,现在要证明 $f(w)$ 在 $[0, w_0]$ 上小于等于 0. 由一次函数的单调性,只要证明 $f(0) \leqslant 0$, $f(w_0) \leqslant 0$ 同时成立.

因为 $x, y, z$ 为非负实数,且 $x + y + z = 1$,所以 $0 \leqslant x \leqslant 1, f(0) = x(1 - x) - \frac{7}{27} = -(x - \frac{1}{2})^2 - \frac{1}{108} < 0$.

$$108f(w_0) = 27(1 - 2x)(1 - x)^2 + 108x(1 - x) - 28 =$$
$$-1 + 27x^2 - 54x^3 =$$
$$-(1 + 6x)(1 - 3x)^2 \leqslant 0$$

所以 $f(w) \leqslant 0, 0 \leqslant w \leqslant w_0$.

等号成立的充要条件是 $1 - 3x = 0$,且 $yz = \frac{(1 - x)^2}{4}, y + z = 1 - x$,由此三个等式求得 $x = y = z = \frac{1}{3}$,即当 $x = y = z = \frac{1}{3}$ 时右边的不等式取等号.

25. 因为 $x,y,z$ 为非负实数,且 $x+y+z=1$,所以,$y+z=1-x$, $0 \leqslant yz \leqslant \dfrac{(1-x)^2}{4}$.

$$7(yz+zx+xy)-2-9xyz=(7-9x)yz+7x(y+z)-2=$$
$$(7-9x)yz+7x(1-x)-2$$

记 $w=yz$,则

$$0 \leqslant yz \leqslant \dfrac{(y+z)^2}{4}=\dfrac{(1-x)^2}{4}=w_0$$

设 $f(w)=(7-9x)yz+7x(1-x)-2$,视 $f(w)$ 为 $w$ 的一次函数,现在要证明 $f(w)$ 在 $[0,w_0]$ 上小于等于 $0$. 由一次函数的单调性,只要证明 $f(0) \leqslant 0$,$f(w_0) \leqslant 0$ 同时成立.

因为 $x,y,z$ 为非负实数,且 $x+y+z=1$,所以 $0 \leqslant x \leqslant 1$,$f(0)=7x(1-x)-2=-7(x-\dfrac{1}{2})^2-\dfrac{1}{4}<0$.

$$4f(w_0)=4(7-9x)(1-x)^2+7x(1-x)-2=-1+5x-3x^2-9x^3=-(1+x)(1-3x)^2 \leqslant 0$$

所以 $f(w) \leqslant 0$, $0 \leqslant w \leqslant w_0$.

等号成立的充要条件是 $1-3x=0$,且 $yz=\dfrac{(1-x)^2}{4}$,$y+z=1-x$,由此三个等式求得 $x=y=z=\dfrac{1}{3}$,即当 $x=y=z=\dfrac{1}{3}$ 时右边的不等式取等号.

26.(1)因为 $x,y,z$ 为非负实数,且 $xy+yz+zx+xyz=4$,不妨设 $x \geqslant y \geqslant z$,所以,$3x^2+x^3 \geqslant xy+yz+zx+xyz=4$,即 $(x+2)^2(x-1) \geqslant 0$,而 $x \geqslant 0$,解得 $x \geqslant 1$. 同理 $3z^2+z^3 \leqslant xy+yz+zx+xyz=4$,即 $(z+2)^2(z-1) \leqslant 0$,解得 $0 \leqslant z \leqslant 1$. 由已知解得 $y=\dfrac{4-zx}{x+z+zx}$.

$$x+y+z \geqslant xy+yz+zx \Leftrightarrow$$
$$x+\dfrac{4-zx}{x+z+zx}+z \geqslant (x+z)\dfrac{4-zx}{x+z+zx}+zx \Leftrightarrow$$
$$(1+z-z^2)x^2+(z^2+z-4)x+z^2-4z+4 \geqslant 0$$

记 $f(x)=(1+z-z^2)x^2+(z^2+z-4)x+z^2-4z+4$,则由于 $0 \leqslant z \leqslant 1$,视 $z$ 为常数,则 $f(x)$ 是开口向上的抛物线,要证明 $f(x) \geqslant 0$,只要证明判别式 $\Delta=(z^2+z-4)^2-4(1+z-z^2)(z^2-4z+4) \leqslant 0$.

$\Delta \leqslant 0 \Leftrightarrow 5z^4-18z^3+21z^2-8z \leqslant 0 \Leftrightarrow z(z-1)^2(5z-8) \leqslant 0$

由于 $0 \leqslant z \leqslant 1$,所以 $5z-8<0$,所以 $\Delta \leqslant 0$ 得证. 从而,原不等式得证.

(2) 记 $p(t) = (t-a)(t-b)(t-c)(t-d) = t^4 - (a+b+c+d)t^3 + (ab + bc + cd + da + ac + bd)t^2 - (abc + bcd + cda + dab)t + abcd$，则 $p'(t) = 4t^3 - 3(a+b+c+d)t^2 + 2(ab+bc+cd+da+ac+bd)t - (abc+bcd+cda+dab)$，$p''(t) = 12t^2 - 6(a+b+c+d)t + 2(ab+bc+cd+da+ac+bd)$，$p^{(3)}(t) = 24t - 6(a+b+c+d)$.

问题化为在条件 $p''(0) - p'(0) = 16$ 下，证明 $-p^{(3)}(0) \geq 2p''(0)$ 成立.

记 $q(t) = \frac{1}{4}p'(t)$，因为 $p(t)$ 有四个实数根，不妨设 $a \geq b \geq c \geq d$，则 $q(t)$ 有三个实数根 $x \geq y \geq z$，即

$$q(t) = (t-x)(t-y)(t-z) = t^3 - (x+y+z)t^2 + (xy+yz+zx)t - xyz$$

则

$$q'(t) = 3t^2 - 2(x+y+z)t + (xy+yz+zx)$$
$$q''(t) = 6t - 2(x+y+z)$$

且

$$x + y + z = \frac{3}{4}(a+b+c+d)$$

$$xy + yz + zx = \frac{1}{2}(ab+bc+cd+da+ac+bd)$$

$$xyz = \frac{1}{4}(abc+bcd+cda+dab)$$

问题化为在条件 $q'(0) - q(0) = 4$ 下，证明 $-q''(0) \geq 2q'(0)$ 成立. 此即问题 (1).

27. 因为 $a+b+c = 0$，所证不等式是关于 $a,b,c$ 对称的，所以不妨设 $a \geq b \geq c$，所以 $c \leq 0$，

$$a^2b^2 + b^2c^2 + c^2a^2 + 3 - 6abc = a^2b^2 + c^2[(a+b)^2 - 2ab] + 3 - 6abc =$$
$$a^2b^2 + c^2(c^2 - 2ab) + 3 - 6cab =$$
$$a^2b^2 + 2(c^2 + 3c)ab + c^4 + 3$$

令 $f(x) = x^2 + 2(c^2+3c)x + c^4 + 3$，其中 $x = ab$，要证明 $f(x) \geq 0$，只要证明判别式 $\Delta = 4[(c^2+3c)^2 - (c^4+3)] \leq 0$，而 $c \leq 0$，所以 $(c^2+3c)^2 - (c^4+3) = 3(c+1)^2(2c-1) \leq 0$. 不等式得证.

28. 首先，由等式 $(u + u^2 + u^3 + \cdots + u^8) + 10u^9 = (v + v^2 + v^3 + \cdots + v^{10}) + 10v^{11} = 8$ 有 $u < 1, v < 1$.

所以，$(u + u^2 + u^3 + \cdots + u^8) + 10u^9 = 8$，即

$$\frac{u^9 - u}{u - 1} + 10u^9 = 8$$

等价于
$$10u^{10} - 9u^9 - 9u + 8 = 0. \quad (u \neq 1) \qquad ①$$
类似可得
$$10v^{12} - 9v^{11} - 9v + 8 = 0. \quad (v \neq 1) \qquad ②$$
综合式①,②有 $u > 0, v > 0$.

令
$$f(x) = (x + x^2 + x^3 + \cdots + x^8) + 10x^9 - 8$$
$$g(x) = (x + x^2 + x^3 + \cdots + x^{10}) + 10x^{11} - 8$$

显然,当 $x \geq 0$ 时, $f(x)$ 和 $g(x)$ 都是严格递增函数,由 $f(0) < 0, g(0) < 0$, $f(1) > 0, g(1) > 0$,及以上的讨论可知 $u, v$ 分别是 $f(x) = 0, g(x) = 0$ 在区间 $(0,1)$ 上的唯一的根,由式①可知 $u$ 也是 $10x^{10} - 9x^9 - 9x + 8 = (10x-9)(x^9-1) + x - 1 = 0$ 在区间 $(0,1)$ 上的惟一的根,由于上一多项式在 $0$ 处的函数值为 $8 > 0$,在 $x = \dfrac{9}{10}$ 处的函数值为 $-\dfrac{1}{10} < 0$,故知必有 $0 < u < \dfrac{9}{10}$. 现在 $g(u) = (u + u^2 + u^3 + \cdots + u^{10}) + 10u^{11} - 8 = f(u) + u^{10} + 10u^{11} - 9u^9 = u^9(10u^2 + u - 9) < u^9\left(\dfrac{81}{10} + \dfrac{9}{10} - 9\right) = 0$.

由于 $g(u) < 0$,而 $g(1) > 0$,可见 $g(x) = 0$ 的惟一的正根 $v$ 应在区间 $(u,1)$ 内,这就证明了 $u < v$.

29. (1) 当 $0 < x < \dfrac{\pi}{2}$ 时不等式 $\dfrac{3x}{\sin x} > 4 - \cos x$ 等价于 $3x > 4\sin x - \dfrac{1}{2}\sin 2x$.

考察 $f(x) = 3x - 4\sin x + \dfrac{1}{2}\sin 2x$. 则
$$f'(x) = 3 - 4\cos x + \cos 2x = 2(1 - \cos x)^2$$

当 $0 < x < \dfrac{\pi}{2}$ 时, $f'(x) > 0$,知 $f(x)$ 在区间 $\left(0, \dfrac{\pi}{2}\right)$ 上严格递增,所以, $f(x) > f(0) = 0$. 即当 $0 < x < \dfrac{\pi}{2}$ 时, $3x > 4\sin x - \dfrac{1}{2}\sin 2x$.

(2) 当 $0 < x < \dfrac{\pi}{2}$ 时不等式 $\dfrac{2\cos x}{1 + \cos x} < \dfrac{\sin x}{x}$ 等价于 $\tan x + \sin x > 2x$.

因为当 $0 < x < \dfrac{\pi}{2}$ 时, $\cos x > \cos^2 x$,并且当 $0 < y < 1$ 时, $\dfrac{1}{y} + y - 2 > 0$. 所以 $f'(x) = \dfrac{1}{\cos^2 x} + \cos x - 2 > \dfrac{1}{\cos^2 x} + \cos^2 x - 2 > 0$. 因此,函数 $f(x)$ 在区间

$(0, \frac{\pi}{2})$ 上严格递增,所以,$f(x) > f(0) = 0$. 即当 $0 < x < \frac{\pi}{2}$ 时,$\tan x + \sin x > 2x$ 成立.

30. 作代换 $b = ax, c = ay, d = az$,则由题中条件,有 $1 \leq x \leq y \leq z$. 而题中的不等式为
$$a^{ax}(ax)^{ay}(ay)^{az}(az)^a \geq (ax)^a(ay)^{ax}(az)^{ay}a^{az}$$

约去 $a^a a^{ax} a^{ay} a^{az}$ 之后,不等式两端都取 $\frac{1}{a}$ 次幂,便得到等价的不等式 $x^y y^z z \geq xy^x z^y$.

又令 $y = xs, z = xt$,则由 $x \leq y \leq z$,故得 $1 \leq s \leq t$. 且因为 $x \geq 1$,得 $y \geq s$. 于是上述不等式又化为
$$x^{xs} y^{xt} xt \geq xy^x (xt)^{xs}$$

约去 $x^{xs} y^x xt$ 之后,不等式两端都取 $\frac{1}{x}$ 次幂,便得到等价的不等式 $y^{t-1} \geq t^{\frac{s-1}{x}}$.

如果 $y = 1$,则由于 $x = 1, s = \frac{y}{x} = 1, y^{t-1} = 1 = t^{1-1} = 1$,所以,不等式成立.

如果 $t = 1$,则由于 $y^{t-1} = y^0 = 1 = 1^{\frac{s-1}{x}} = 1$,所以,不等式成立.

如果 $y > 1, t > 1$,则在上述不等式两端各取 $\frac{1}{t-1} \cdot \frac{y}{y-1} (>0)$ 次幂,得到等价的不等式
$$y^{\frac{y}{y-1}} \geq t^{\frac{s}{t-1}} (1 \leq s \leq t, s \leq y).$$

下面分两种情况证明这个不等式.

(1) 设 $y \geq t$. 则当 $x > 1$ 时函数 $f(x) = x^{\frac{x}{x-1}}$ 是单调递增函数. 这只要证明它的导数 $f'(x) > 0$.

事实上,
$$f'(x) = (e^{\frac{x}{x-1}\ln x})' = e^{\frac{x}{x-1}\ln x}(\frac{1}{x-1} - \frac{\ln x}{(x-1)^2}) =$$
$$x^{\frac{x}{x-1}} \frac{1}{(x-1)^2}(x - 1 - \ln x) > 0$$

最后的不等式可由不等式 $x - 1 - \ln x > 0$ 推出,这是因为函数 $g(x) = x - 1 - \ln x$ 在 $(1, +\infty)$ 上是增函数. 这可由 $g'(x) = 1 - \frac{1}{x} > 0$ 及 $g(1) = 0$ 得出.

因为 $f(x) = x^{\frac{x}{x-1}}$ 在 $(1, +\infty)$ 上是增函数,所以,$y^{\frac{y}{y-1}} = f(y) \geq f(t) = t^{\frac{t}{t-1}} \geq t^{\frac{s}{t-1}}$.

(2) 设 $y < t$. 则当 $x > 1$ 时函数 $f(x) = x^{\frac{1}{x-1}}$ 是单调递减函数. 这只要证明它的导数 $f'(x) < 0$.

事实上, $f'(x) = (e^{\frac{1}{x-1}\ln x})' = e^{\frac{1}{x-1}\ln x}(\frac{1}{x(x-1)} - \frac{\ln x}{(x-1)^2}) = x^{\frac{1}{x-1}} \frac{1}{x(x-1)^2}(x - 1 - x\ln x) < 0$.

最后的不等式可由不等式 $x - 1 - x\ln x < 0$ 推出, 这是因为函数 $g(x) = x - 1 - x\ln x$ 在 $(1, +\infty)$ 上是减函数. 这可由 $g'(x) = 1 - \ln x - 1 = -\ln x < 0$ 及 $g(1) = 0$ 得出.

因为 $f(x) = x^{\frac{1}{x-1}}$ 在 $(1, +\infty)$ 上是减函数, 所以, $y^{\frac{y}{y-1}} = (f(y))^y \geq (f(t))^y = t^{\frac{y}{t-1}} \geq t^{\frac{s}{t-1}}$.

31. (1) 记 $f(x) = \sum\limits_{i=1}^{n}\sum\limits_{j=1}^{n} a_i a_j x^{i+j-1}$. 则

$$xf(x) = \sum_{i=1}^{n}\sum_{j=1}^{n} a_i a_j x^{i+j} = \sum_{i=1}^{n} a_i x^i \sum_{j=1}^{n} a_j x^j = (\sum_{i=1}^{n} a_i x^i)^2 \geq 0$$

所以当 $x \geq 0$ 时 $f(x) \geq 0$. 于是

$$\int_0^1 f(x)\,dx = \sum_{i=1}^{n}\sum_{j=1}^{n} \frac{a_i a_j}{i+j} x^{i+j}\Big|_0^1 = \sum_{i=1}^{n}\sum_{j=1}^{n} \frac{a_i a_j}{i+j} \geq 0$$

(2) 我们证明加强命题 $\sum\limits_{i=1}^{n}\sum\limits_{j=1}^{n} \frac{a_i a_j}{i+j-1} \geq (\sum\limits_{i=1}^{n} \frac{a_i}{i})^2$.

因为 $\sum\limits_{i=1}^{n}\sum\limits_{j=1}^{n} \frac{a_i a_j}{i+j-1} - (\sum\limits_{i=1}^{n} \frac{a_i}{i})^2 = \sum\limits_{i=1}^{n}\sum\limits_{j=1}^{n} \frac{b_i b_j}{i+j-1}$, 其中 $b_k = \frac{(k-1)a_k}{k}$, $k = 1, 2, \cdots, n$.

而

$$\sum_{i=1}^{n}\sum_{j=1}^{n} \frac{b_i b_j}{i+j-1} = \int_0^1 (\sum_{i=1}^{n}\sum_{j=1}^{n} b_i b_j x^{i+j-2})\,dx = \int_0^1 (\sum_{i=1}^{n} b_i x^{i-1})^2\,dx \geq 0$$

32. 设 $f(x) = \frac{1}{5x^2 - 4x + 11}$, 则 $f'(x) = \frac{-2(5x-2)}{(5x^2-4x+11)^2}$, 于是 $f(x)$ 在 $(-\infty, \frac{2}{5}]$ 上单调递增, 在 $[\frac{2}{5}, +\infty)$ 上单调递减. 因为 $f'(1) = -\frac{1}{24}$, 所以 $f(x)$ 的图象在点 $(1, \frac{1}{12})$ 的切线方程为 $y - \frac{1}{12} = -\frac{1}{24}(x-1)$, 即 $y = \frac{1}{12} - \frac{1}{24}(x-1)$.

又

$$\frac{1}{12} - \frac{1}{24}(x-1) - \frac{1}{5x^2 - 4x + 11} = \frac{(9-5x)(x-1)^2}{24(5x^2 - 4x + 11)}$$

所以，当 $\max\{a,b,c\} \leqslant \dfrac{9}{5}$ 时，$\dfrac{1}{12} - \dfrac{1}{24}(a-1) - \dfrac{1}{5a^2 - 4a + 11} =$
$\dfrac{(9-5a)(a-1)^2}{24(5a^2 - 4a + 11)} \geqslant 0$，同理，

$$\dfrac{1}{12} - \dfrac{1}{24}(b-1) - \dfrac{1}{5b^2 - 4b + 11} \geqslant 0$$

$$\dfrac{1}{12} - \dfrac{1}{24}(c-1) - \dfrac{1}{5c^2 - 4c + 11} \geqslant 0$$

而 $a + b + c = 3$，将以上三个不等式相加得

$$\dfrac{1}{5a^2 - 4a + 11} + \dfrac{1}{5b^2 - 4b + 11} + \dfrac{1}{5c^2 - 4c + 11} \leqslant \dfrac{1}{4}$$

当 $\max\{a,b,c\} > \dfrac{9}{5}$ 时，$f(x)$ 在 $(-\infty, \dfrac{2}{5}]$ 上单调递增，在 $[\dfrac{2}{5}, +\infty)$ 上单调递减. 所以有

$$f(a) + f(b) + f(c) \leqslant f(\dfrac{9}{5}) + f(\dfrac{2}{5}) + f(\dfrac{2}{5}) = \dfrac{1}{20} + \dfrac{5}{51} + \dfrac{5}{51} <$$

$$\dfrac{1}{20} + \dfrac{5}{50} + \dfrac{5}{50} = \dfrac{1}{4}$$

综上所述，$f(a) + f(b) + f(c) \leqslant \dfrac{1}{4}$.

33. $f(x) = \dfrac{\sqrt{x}}{1 - \sqrt{x}}$，$f(x)$ 在 $(\dfrac{1}{3}, f(\dfrac{1}{3}))$ 处的切线方程是 $y - \dfrac{\sqrt{3} + 1}{2} = \dfrac{6\sqrt{3} + 9}{4}(x - \dfrac{1}{3})$.

$$\dfrac{\sqrt{x}}{1 - \sqrt{x}} - \dfrac{\sqrt{3} + 1}{2} - \dfrac{6\sqrt{3} + 9}{4}(x - \dfrac{1}{3}) \geqslant 0 \Leftrightarrow$$

$$(\sqrt{3x} - 1)^2 [(\sqrt{3} + 2)\sqrt{3x} + 1] \geqslant 0$$

所以 $\dfrac{\sqrt{x}}{1 - \sqrt{x}} \geqslant \dfrac{\sqrt{3} + 1}{2} + \dfrac{6\sqrt{3} + 9}{4}(x - \dfrac{1}{3})$. 于是

$$\dfrac{a}{1-a} \geqslant \dfrac{\sqrt{3} + 1}{2} + \dfrac{6\sqrt{3} + 9}{4}(a^2 - \dfrac{1}{3})$$

$$\dfrac{b}{1-b} \geqslant \dfrac{\sqrt{3} + 1}{2} + \dfrac{6\sqrt{3} + 9}{4}(b^2 - \dfrac{1}{3})$$

$$\dfrac{c}{1-c} \geqslant \dfrac{\sqrt{3} + 1}{2} + \dfrac{6\sqrt{3} + 9}{4}(c^2 - \dfrac{1}{3})$$

相加得

$$\frac{a}{1-a} + \frac{b}{1-b} + \frac{c}{1-c} \geq \frac{3\sqrt{3}+3}{2}$$

34. 因为 $x^2 + y^2 + z^2 = 3$，所以由平均值不等式得 $3(x^2 + y^2 + z^2) \geq (x + y + z)^2$.

从而

$$\frac{x}{\sqrt{x^2 + y + z}} \leq \frac{x}{\sqrt{x^2 + \sqrt{\frac{x^2 + y^2 + z^2}{3}}(y+z)}} \leq \frac{x}{\sqrt{x^2 + \frac{x+y+z}{3}(y+z)}}$$

此式分子分母次数相同，故不妨设 $x + y + z = 3$，所以

$$\frac{x}{\sqrt{x^2 + \frac{x+y+z}{3}(y+z)}} = \frac{x}{\sqrt{x^2 - x + 3}}$$

于是只要在条件 $x + y + z = 3$ 下，证明

$$\frac{x}{\sqrt{x^2 - x + 3}} + \frac{y}{\sqrt{y^2 - y + 3}} + \frac{z}{\sqrt{z^2 - z + 3}} \leq \sqrt{3} \qquad ①$$

令 $f(x) = \frac{x}{\sqrt{x^2 - x + 3}}$，则 $f'(x) = \frac{6-x}{2(\sqrt{x^2-x+3})^3}$，$f'(1) = \frac{5\sqrt{3}}{18}$，$f(1) = \frac{\sqrt{3}}{3}$，则 $f(x)$ 在 $x = 1$ 处的切线方程是 $y - \frac{\sqrt{3}}{3} = \frac{5\sqrt{3}}{18}(x-1)$，即 $y = \frac{\sqrt{3}(5x+1)}{18}$.

我们只要证明

$$\frac{\sqrt{3}(5x+1)}{18} - \frac{x}{\sqrt{x^2-x+3}} = \frac{3[(5x+1)^2(x^2-x+3) - 108x^2]}{18\sqrt{x^2-x+3}[(5x+1)\sqrt{3(x^2-x+3)} + 18x]} \geq 0$$

因为

$$(5x+1)^2(x^2-x+3) - 108x^2 = (x-1)^2(25x^2 + 35x + 3) \geq 0$$

所以

$$\frac{x}{\sqrt{x^2-x+3}} \leq \frac{\sqrt{3}(5x+1)}{18}$$

同理可证

$$\frac{y}{\sqrt{y^2-y+3}} \leq \frac{\sqrt{3}(5y+1)}{18}$$

$$\frac{z}{\sqrt{z^2-z+3}} \leq \frac{\sqrt{3}(5z+1)}{18}$$

将上述不等式相加得证.

35. **证法一** 令 $x = a + b + c$，由恒等式 $(a+b+c)^3 = a^3 + b^3 + c^3 +$

$3(a+b)(b+c)(c+a)$ 及 $(a+b)(b+c)(c+a) = 8$,得 $a^3 + b^3 + c^3 = x^3 - 24$.

由均值不等式得 $2(a+b+c) = (a+b) + (b+c) + (c+a) \geq 3\sqrt[3]{(a+b)(b+c)(c+a)}$,即 $a+b+c \geq 3$.

$$\frac{a+b+c}{3} \geq \sqrt[27]{\frac{a^3+b^3+c^3}{3}} \Leftrightarrow \frac{x}{3} \geq \sqrt[27]{\frac{x^3-24}{3}} \Leftrightarrow$$
$$x^{27} \geq 3^{26}(x^3 - 24) \Leftrightarrow x^{27} - 3^{26}(x^3 - 24) \geq 0$$

令 $f(x) = x^{27} - 3^{26}(x^3 - 24), x \geq 3$,则当 $x \geq 3$ 时 $f'(x) = 27x^{26} - 3^{27}x^2 = 27x^2(x^{24} - 3^{24}) \geq 0$,所以 $f(x)$ 在 $[3, +\infty)$ 上单调递增,即 $f(x) \geq f(3) = 0$,从而原不等式得证.

**证法二** 由恒等式 $(a+b+c)^3 = a^3 + b^3 + c^3 + 3(a+b)(b+c)(c+a) = a^3 + b^3 + c^3 + 24$.

$$(a+b+c)^3 = (a^3+b^3+c^3) + 3 + 3 + \cdots + 3 \geq 9\sqrt[9]{(a^3+b^3+c^3) \times 3^8}$$

即

$$\frac{a+b+c}{3} \geq \sqrt[27]{\frac{a^3+b^3+c^3}{3}}$$

**36.** 由 $a+b+c=2, ab+bc+ca=1$ 消去 $b$ 得 $a^2 + ac + c^2 - 2(a+c) + 1 = 0$.

不妨设 $a \leq b \leq c$,记 $c = a + x(x \geq 0)$,则
$$3a^2 + (3x-4)a + (x-1)^2 = 0$$

因为 $a$ 是实数,所以判别式
$$\Delta = (3x-4)^2 - 12(x-1)^2 = 4 - 3x^2 \geq 0$$

解得 $x \leq \frac{2}{\sqrt{3}}$. 即 $\max\{a,b,c\} - \min\{a,b,c\} \leq \frac{2}{\sqrt{3}}$.

**37.** 令 $x = a+1, y = b+1, z = c+1$,则已知条件变成 $x,y,z \geq 1, x+y+z \leq 6$,问题变为求 $\frac{x}{x^2-1} + \frac{y}{y^2-1} + \frac{z}{z^2-1}$ 的最小值.

当 $x \geq 1$ 时,易证 $\frac{x}{x^2-1} \geq \frac{16-5x}{9}$.

事实上,
$$\frac{x}{x^2-1} \geq \frac{16-5x}{9} (x-1)^2(5x+4) \geq 0$$

同理,$\frac{y}{y^2-1} \geq \frac{16-5y}{9}, \frac{z}{z^2-1} \geq \frac{16-5z}{9}$. 相加,并注意到 $x+y+z \leq 6$ 得

$$\frac{x}{x^2-1} + \frac{y}{y^2-1} + \frac{z}{z^2-1} \geq \frac{48-5(x+y+z)}{9} \geq \frac{48-30}{9} = 2$$

所以，当且仅当 $x = y = z = 2$ 时，$\dfrac{x}{x^2-1} + \dfrac{y}{y^2-1} + \dfrac{z}{z^2-1}$ 取最小值 2，即当且仅当 $a = b = c = 1$ 时，$\dfrac{a+1}{a(a+2)} + \dfrac{b+1}{b(b+2)} + \dfrac{c+1}{c(c+2)}$ 取最小值 2.

38. 设 $a = x^2, b = y^2, c = z^2$，问题等价于在条件 $a+b+c=1$ 下，证明 $\dfrac{\sqrt{a}}{1+a} + \dfrac{\sqrt{b}}{1+b} + \dfrac{\sqrt{c}}{1+c} \leqslant \dfrac{3\sqrt{3}}{4}$.

考虑函数 $y = f(x) = \dfrac{\sqrt{x}}{1+x}$ 在点 $(\dfrac{1}{3}, \dfrac{\sqrt{3}}{4})$ 处的切线. 因为 $f'(x) = \dfrac{1-x}{2\sqrt{x}(1+x)^2}$，所以 $f'(x)|_{x=\frac{1}{3}} = \dfrac{3\sqrt{3}}{16}$.

从而，曲线 $y = \dfrac{\sqrt{x}}{1+x}$ 在点 $(\dfrac{1}{3}, \dfrac{\sqrt{3}}{4})$ 处的切线方程是 $y = \dfrac{3\sqrt{3}}{16}(x - \dfrac{1}{3}) + \dfrac{\sqrt{3}}{4} = \dfrac{3\sqrt{3}}{16}(x+1)$.

在区间 $(0,1)$ 上，

$$\dfrac{3\sqrt{3}}{16}(x+1) - \dfrac{\sqrt{x}}{1+x} = \dfrac{3\sqrt{3}(x-\frac{1}{3})^2 + \frac{8\sqrt{3}}{3}(\sqrt{3}x-1)^2}{16(1+x)} \geqslant 0$$

所以，当 $a, b, c \in (0, 1)$ 时，有

$$\dfrac{\sqrt{a}}{1+a} \leqslant \dfrac{3\sqrt{3}}{16}(a+1)$$

$$\dfrac{\sqrt{b}}{1+b} \leqslant \dfrac{3\sqrt{3}}{16}(b+1)$$

$$\dfrac{\sqrt{c}}{1+c} \leqslant \dfrac{3\sqrt{3}}{16}(c+1)$$

因为 $a+b+c=1$，所以 $\dfrac{\sqrt{a}}{1+a} + \dfrac{\sqrt{b}}{1+b} + \dfrac{\sqrt{c}}{1+c} \leqslant \dfrac{3\sqrt{3}}{16}(a+b+c) + \dfrac{9\sqrt{3}}{16} = \dfrac{3\sqrt{3}}{16} + \dfrac{9\sqrt{3}}{16} = \dfrac{3\sqrt{3}}{4}$.

39. 当 $x = y = z = \dfrac{\sqrt{3}}{3}$ 时，$\dfrac{x}{1-x^2} = \dfrac{y}{1-y^2} = \dfrac{z}{1-z^2} = \dfrac{\sqrt{3}}{2}$，猜测所求的最小值是 $\dfrac{3\sqrt{3}}{2}$. 下面证明若 $x, y, z$ 是正数，且 $x^2 + y^2 + z^2 = 1$，则 $\dfrac{x}{1-x^2} + \dfrac{y}{1-y^2} +$

$$\frac{z}{1-z^2} \geq \frac{3\sqrt{3}}{2}.$$

设 $a = x^2, b = y^2, c = z^2$,问题等价于在条件 $a+b+c=1$ 下,证明 $\frac{\sqrt{a}}{1-a} + \frac{\sqrt{b}}{1-b} + \frac{\sqrt{c}}{1-c} \geq \frac{3\sqrt{3}}{2}$.

考虑函数 $y = f(x) = \frac{\sqrt{x}}{1-x}$ 在点 $(\frac{1}{3}, \frac{\sqrt{3}}{2})$ 处的切线. 因为 $f'(x) = \frac{1+x}{2\sqrt{x}(1-x)^2}$,所以 $f'(x)|_{x=\frac{1}{3}} = \frac{3\sqrt{3}}{2}$.

从而,曲线 $y = \frac{\sqrt{x}}{1+x}$ 在点 $(\frac{1}{3}, \frac{\sqrt{3}}{4})$ 处的切线方程是 $y = \frac{3\sqrt{3}}{2}(x - \frac{1}{3}) + \frac{\sqrt{3}}{2} = \frac{3\sqrt{3}}{2}x$.

在区间 $(0,1)$ 上,
$$\frac{\sqrt{x}}{1-x} - \frac{3\sqrt{3}}{2}x = \frac{(\sqrt{3}x + 2)(\sqrt{3}x - 1)^2}{2(1-x)} \geq 0$$

所以,当 $a, b, c \in (0,1)$ 时,有
$$\frac{\sqrt{a}}{1-a} \geq \frac{3\sqrt{3}}{2}a$$
$$\frac{\sqrt{b}}{1-b} \geq \frac{3\sqrt{3}}{2}b$$
$$\frac{\sqrt{c}}{1-c} \geq \frac{3\sqrt{3}}{2}c$$

因为 $a+b+c=1$,所以 $\frac{\sqrt{a}}{1-a} + \frac{\sqrt{b}}{1-b} + \frac{\sqrt{c}}{1-c} \geq \frac{3\sqrt{3}}{2}(a+b+c) = \frac{3\sqrt{3}}{2}$.

40. 原不等式等价于 $\frac{a}{a^2+p} + \frac{b}{b^2+p} + \frac{c}{c^2+p} \leq \frac{27}{31}(p = abc+1)$.

考虑函数
$$f(x) = \frac{3(a+b+c)}{a^2+b^2+c^2+3x} - \frac{a}{a^2+x} - \frac{b}{b^2+x} - \frac{c}{c^2+x}$$

首先证明:对所有的 $x \geq ab+bc+ca$,均有 $f(x) \geq 0$.

对 $f(x)$ 通分得
$$f(x) = \frac{Ax^2 + Bx + C}{(a^2+b^2+c^2+3x)(a^2+x)(b^2+x)(c^2+x)}$$

其中

$$A = 2(a^3 + b^3 + c^3) - [ab(a+b) + bc(b+c) + ca(c+a)] \geq 0$$
$$C = -abc[a(b^3 + c^3) + b(c^3 + a^3) + c(a^3 + b^3) - 2abc(a+b+c)] \leq 0$$

因此,$P(x) = Ax^2 + Bx + C$ 对应的方程的两个根异号. 记其中的正根为 $x_0$. 则当 $0 \leq x \leq x_0$ 时,$P(x) \leq 0$;当 $x \geq x_0$ 时,$P(x) \geq 0$.

$$f(ab+bc+ca) = \frac{3(a+b+c)}{a^2+b^2+c^2+3(ab+bc+ca)} - $$
$$\frac{a}{a^2+ab+bc+ca} - $$
$$\frac{b}{b^2+ab+bc+ca} - $$
$$\frac{c}{c^2+ab+bc+ca} = $$
$$\frac{3(a+b+c)}{a^2+b^2+c^2+3(ab+bc+ca)} - $$
$$\frac{a}{(a+b)(a+c)} - \frac{b}{(a+b)(b+c)} - \frac{c}{(a+c)(b+c)} = $$
$$\frac{3(a+b+c)}{a^2+b^2+c^2+3(ab+bc+ca)} - $$
$$\frac{2(ab+bc+ca)}{(a+b)(b+c)(c+a)}$$

又
$$a^2 + b^2 + c^2 \geq ab + bc + ca$$
$$a^2b + b^2c + c^2a + ab^2 + bc^2 + ca^2 \geq 6abc$$

故
$$\frac{3(a+b+c)}{a^2+b^2+c^2+3(ab+bc+ca)} \geq \frac{9}{4(a+b+c)} \geq \frac{2(ab+bc+ca)}{(a+b)(b+c)(c+a)}$$

于是,$f(ab+bc+ca) \geq 0$,有 $P(ab+bc+ca) \geq 0$. 从而,$x_0 \leq ab+bc+ca$. 因此,对所有 $x \geq ab+bc+ca$,均有 $f(x) \geq 0$.

因为 $abc+1 > 1 > ab+bc+ca$,所以,$f(abc+1) \geq 0$.

因此,
$$\frac{a}{1+abc+a^2} + \frac{b}{1+abc+b^2} + \frac{c}{1+abc+c^2} \leq \frac{3}{3+a^2+b^2+c^2+3abc}$$

所以,只要证明
$$a^2+b^2+c^2+3abc \geq \frac{4}{9} \Leftrightarrow$$
$$9(a+b+c)(a^2+b^2+c^2) + 27abc \geq 4(a+b+c)^3 \Leftrightarrow$$
$$5(a^3+b^3+c^3) + 3abc \geq 3[ab(a+b)+bc(b+c)+ca(c+a)] \quad ①$$

由 Schur 不等式得
$$a^3 + b^3 + c^3 + 3abc \geq ab(a+b) + bc(b+c) + ca(c+a) \quad ②$$
又
$$2(a^3 + b^3 + c^3) \geq ab(a+b) + bc(b+c) + ca(c+a) \quad ③$$
② + 2 × ③ 即得不等式 ①.

41. 首先证明一个不等式:
$$\frac{x}{1+x} < \ln(1+x) < x, x > 0 \quad ①$$

事实上,令 $h(x) = x - \ln(1+x), g(x) = \ln(1+x) - \frac{x}{1+x}$.

则对任一 $x > 0, h'(x) = 1 - \frac{1}{1+x} = \frac{x}{1+x} > 0, g'(x) = \frac{1}{1+x} - \frac{1}{(1+x)^2} = \frac{x}{(1+x)^2} > 0$.

于是,$h(x) > h(0) = 0, g(x) > g(0) = 0$. 不等式 ① 得证.

在式 ① 中取 $x = \frac{1}{n}$,得 $\frac{1}{n+1} < \ln(1 + \frac{1}{n}) < \frac{1}{n}$.

令 $x_n = (\sum_{k=1}^{n} \frac{k}{k^2+1}) - \ln n$,取 $x_1 = \frac{1}{2}$,

$$x_n - x_{n-1} = \frac{n}{n^2+1} - \ln(1 + \frac{1}{n-1}) < \frac{n}{n^2+1} - \frac{1}{n} = -\frac{1}{n(n^2+1)} < 0$$

因此,$x_n < x_{n-1} < \cdots < x_1 = \frac{1}{2}$.

又因为
$$\ln n = (\ln n - \ln(n-1)) + (\ln(n-1) - \ln(n-2)) + \cdots + (\ln 2 - \ln 1) + \ln 1 = \sum_{k=1}^{n-1} \ln(1 + \frac{1}{k})$$

从而
$$x_n = (\sum_{k=1}^{n} \frac{k}{k^2+1}) - \sum_{k=1}^{n-1} \ln(1 + \frac{1}{k}) = \sum_{k=1}^{n-1} (\frac{k}{k^2+1} - \ln(1 + \frac{1}{k})) + \frac{n}{n^2+1} >$$
$$\sum_{k=1}^{n-1} (\frac{k}{k^2+1} - \ln(1 + \frac{1}{k})) >$$
$$\sum_{k=1}^{n-1} (\frac{k}{k^2+1} - \frac{1}{k}) = -\sum_{k=1}^{n-1} \frac{1}{k(k^2+1)} \geq$$
$$-\sum_{k=1}^{n-1} \frac{1}{k(k+1)} = -1 + \frac{1}{n} > -1$$

所以，$-1 < (\sum_{k=1}^{n} \frac{k}{k^2+1}) - \ln n \leq \frac{1}{2}, n = 1, 2, 3, \cdots$.

42. $n = 1$，不等式显然成立，则当 $n \geq 2$ 时，设 $f(x) = \sum_{i=1}^{n} m_i(x - a_i)(x - b_i)(x - c_i)$，则 $f(a_1) \leq 0 \leq f(a_n), f(b_n) \leq 0 \leq f(b_1), f(c_1) \leq 0 \leq f(c_n)$，因为 $a_1 \leq a_2 \leq \cdots \leq a_n < b_1 \leq b_2 \leq \cdots \leq b_n < c_1 \leq c_2 \leq \cdots \leq c_n$，所以 $f(x)$ 有三个不等的实数根，则

$$f'(x) = \sum_{i=1}^{n} [3m_i x^2 - 2m_i x(a_i + b_i + c_i) + m_i(a_i b_i + b_i c_i + c_i a_i)] =$$
$$3x^2 \sum_{i=1}^{n} m_i - 2x \sum_{i=1}^{n} (a_i + b_i + c_i) +$$
$$\sum_{i=1}^{n} m_i(a_i b_i + b_i c_i + c_i a_i)$$

它的图象是一个开口向上的抛物线，它有两个不相等的实数根，所以判别式 $\Delta \leq 0$，即

$$[\sum_{i=1}^{n} m_i(a_i + b_i + c_i)]^2 >$$
$$3(\sum_{i=1}^{n} m_i)[\sum_{i=1}^{n} m_i(a_i b_i + b_i c_i + c_i a_i)]$$

43. 如图，$\dfrac{b}{r} = \dfrac{b}{\frac{c}{2}} \cdot \dfrac{\frac{c}{2}}{r} = \dfrac{1}{\cos A}(\dfrac{1}{\tan \frac{A}{2}} = $

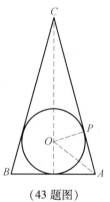

(43 题图)

$$\dfrac{1 + \tan^2 \frac{A}{2}}{\tan \frac{A}{2}(1 - \tan^2 \frac{A}{2})}$$

记 $f(x) = \dfrac{1 + x^2}{x(1 - x^2)}, x \in (0, 1)$.

则

$$f(x) \geq f(\sqrt{\sqrt{5} - 2}) = \dfrac{\sqrt{5} - 1}{(3 - \sqrt{5})\sqrt{\sqrt{5} - 2}}$$

因为 $\sqrt{\sqrt{5} - 2} < \dfrac{1}{2}$，所以

$$f(x) > \dfrac{2(\sqrt{5} - 1)}{(3 - \sqrt{5})} = \sqrt{5} + 1 > \pi$$

44. 因为 $a_1 \leq a_2 \leq \cdots \leq a_n$，所以 $M_1 - a_1 \geq 0$，所以

$$a_1 \leq M_1 - Q \Leftrightarrow M_1 - a_1 \geq Q \Leftrightarrow (M_1 - a_1)^2 \geq M_1^2 - M_2 \Leftrightarrow a_1^2 - 2a_1 M_1 + M_2 \geq 0$$
①

因为对于 $1 < i < j \leq n, a_1 \leq a_i, a_1 \leq a_j$,所以 $(a_1 - a_i)(a_1 - a_j) \geq 0$,即
$$a_1^2 + a_i a_j \geq a_1 a_i + a_1 a_j, (1 < i < j \leq n)$$

相加得 $C_{n-1}^2 a_1^2 + \sum_{1 \leq i \leq j \leq n} a_i a_j \geq (n-2) a_1 \sum_{i=2}^n a_i$,这与式①等价.

等号成立当且仅当 $a_1 = a_2 = \cdots = a_n$ 时.

因为 $a_1 \leq a_2 \leq \cdots \leq a_n$,所以 $a_n - M_1 \geq 0$,所以
$$M_1 + Q \leq a_n \Leftrightarrow a_n - M_1 \geq Q \Leftrightarrow (a_n - M_1)^2 \geq M_1^2 - M_2 \Leftrightarrow a_n^2 - 2a_n M_1 + M_2 \geq 0$$
②

因为对于 $1 \leq i < j < n, a_n \geq a_i, a_n \geq a_j$,所以 $(a_n - a_i)(a_n - a_j) \geq 0$,即
$$a_n^2 + a_i a_j \geq a_n a_i + a_n a_j, (1 \leq i < j < n)$$

相加得 $C_{n-1}^2 a_n^2 + \sum_{1 \leq i \leq j \leq n} a_i a_j \geq (n-2) a_n \sum_{i=2}^n a_i$,这与②等价.

等号成立当且仅当 $a_1 = a_2 = \cdots = a_n$ 时.

中间的不等式 $M_1 - Q \leq M_1 + Q \Leftrightarrow Q \geq 0$,这是显然的.

等号成立当且仅当 $a_1 = a_2 = \cdots = a_n$ 时.

45. 当 $x > 1$ 时,有 $1 \leq \sqrt{x} \leq x < \frac{\pi}{2}$,因此得 $\sin\sqrt{x} < \sin x$. 又 $0 < \sin x < 1$,所以 $\sin x < \sqrt{\sin x}$,便有 $\sin\sqrt{x} < \sqrt{\sin x}$.

下设 $0 < x < 1$,令 $t = \sqrt{x}$,可将所证明的不等式改写成 $\sin^2 t < \sin t^2$.

因为 $\sin^2 0 = \sin 0^2$,故只须证明 $(\sin^2 t)' < (\sin t^2)'$,即 $\sin t \cos t < t \cos t^2$.

由于 $1 > t > t^2 > 0$,则有 $\cos t < \cos t^2$. 将其与不等式 $\sin t < t$ 相乘得 $\sin t \cos t < t \cos t^2$.

46. 设 $y = \sqrt{a + \frac{1}{a}} + \sqrt{b + \frac{1}{b}}$,则

$$y^2 = a + b + \frac{1}{a} + \frac{1}{b} + 2\sqrt{\left(a + \frac{1}{a}\right)\left(b + \frac{1}{b}\right)} =$$

$$4 + \frac{4}{ab} + 2\sqrt{ab + \frac{1}{ab} + \frac{b}{a} + \frac{a}{b}} =$$

$$4 + \frac{4}{ab} + 2\sqrt{ab + \frac{1}{ab} + \frac{a^2 + b^2}{ab}} =$$

$$4 + \frac{4}{ab} + 2\sqrt{ab + \frac{1}{ab} + \frac{(a+b)^2 - 2ab}{ab}} =$$

$$4 + \frac{4}{ab} + 2\sqrt{ab + \frac{17}{ab} - 2}$$

因为 $a, b \in [1,3], a+b = 4$,令 $t = ab = a(4-a) = -(a-2)^2 + 4$,于是,$3 \leq t \leq 4$,则 $y^2 = f(t) = 4 + \frac{4}{t} + 2\sqrt{t + \frac{17}{t} - 2}, t \in [3,4]$.

因为函数 $\frac{4}{t}$ 和 $t + \frac{17}{t}$ 在 $[3,4]$ 上都是减函数,所以 $f(t)$ 在 $[3,4]$ 上也是减函数,从而 $f(4) \leq f(t) \leq f(3)$.

$f(4) = 10, f(3) = \frac{16 + 2\sqrt{60}}{3} < \frac{16 + 2\sqrt{64}}{3} = \frac{32}{3}$,所以 $\sqrt{10} \leq \sqrt{a + \frac{1}{a}} + \sqrt{b + \frac{1}{b}} < \frac{4\sqrt{6}}{3}$.

47. 设 $A = \sum_{i=1}^{n} a_i, B = \sum_{i=1}^{n} b_i$,问题等价于证明:$(AB - \sum_{i=1}^{n} a_i b_i)^2 \geq (A^2 - \sum_{i=1}^{n} a_i^2)(B^2 - \sum_{i=1}^{n} b_i^2)$

构造二次函数:$f(x) = (A^2 - \sum_{i=1}^{n} a_i^2)x^2 + 2(AB - \sum_{i=1}^{n} a_i b_i)x + (B^2 - \sum_{i=1}^{n} b_i^2)$.

我们要证明它的判别式 $\Delta \geq 0$,现在我们只要验证存在实数 $x_0$ 使得 $f(x_0) \leq 0$,取

$$x_0 = -\frac{B}{A}, f(-\frac{B}{A}) \leq 0 \Leftrightarrow B^2 \sum_{i=1}^{n} a_i^2 - 2AB \sum_{i=1}^{n} a_i b_i + A^2 \sum_{i=1}^{n} b_i^2 \geq 0 \qquad ①$$

要证明①,只要证明它的判别式 $\Delta_1 \leq 0$,这由柯西不等式 $(\sum_{i=1}^{n} a_i b_i)^2 \leq \sum_{i=1}^{n} a_i^2 \sum_{i=1}^{n} b_i^2$ 得到.

# 几何方法证明不等式

## 第十五章

如果不等式中题目的条件与结论的数量关系有着明显的几何意义或以一定的形式与几何图形建立联系,我们可以通过构造图形,将题目的条件及数量关系在图形中直观地反映出来,通过构造图形,得到证明. 这些题目有的是直角坐标系中构造距离关系,有的通过图形的面积关系构造图形,方法的灵活使用,真正体现数学的美.

## 例题讲解

**例1** 设 $x,y,z$ 为实数,$0 < x < y < z < \dfrac{\pi}{2}$,证明:$\dfrac{\pi}{2} + 2\sin x\cos y + 2\sin y\cos z > \sin 2x + \sin 2y + \sin 2z.$（1990年中国国家集训队试题）

**证明** 原不等式可化为

$$\dfrac{\pi}{4} > \sin x(\cos x - \cos y) + \sin y(\cos y - \cos z) + \sin z\cos z$$

构造图形如例1图所示,圆 $O$ 是单位圆,

$S_1 = \sin x(\cos x - \cos y)$

$S_2 = \sin y(\cos y - \cos z)$

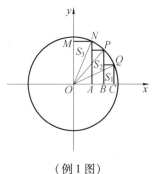

（例1图）

53

$$S_3 = \sin z \cos z$$

由于 $S_1 + S_2 + S_3 < \dfrac{\pi}{4}$,故有 $\dfrac{\pi}{4} > \sin x(\cos x - \cos y) + \sin y(\cos y - \cos z) + \sin z \cos z$.

故原不等式成立.

**例 2** 设 $0 < a_i \leqslant a, i = 1, 2, \cdots, n$,证明

(1) 当 $n = 4$ 时,有

$$\dfrac{\sum_{i=1}^{4} a_i}{a} - \dfrac{a_1 a_2 + a_2 a_3 + a_3 a_4 + a_4 a_1}{a^2} \leqslant 2;$$

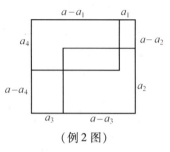

(例 2 图)

(2) 当 $n = 6$ 时,有

$$\dfrac{\sum_{i=1}^{6} a_i}{a} - \dfrac{a_1 a_2 + a_2 a_3 + \cdots + a_6 a_1}{a^2} \leqslant 3. \text{(第 32 届 IMO 预选题)}$$

**证明** (1) 将不等式改写成 $a_1(a - a_2) + a_2(a - a_3) + a_3(a - a_4) + a_4(a - a_1) \leqslant 2a^2$.

左边每一项是例 2 图中的一个矩形的面积,这 4 个矩形至多将以 $a$ 为边的正方形覆盖 2 次,所以面积之和 $\leqslant 2a^2$.

(2) 证明与(1)类似,注意 6 个矩形至多将以 $a$ 为边的正方形覆盖 3 次,所以面积之和小于等于 $3a^2$.

**例 3** 设 $a, b, c$ 是周长不超过 $2\pi$ 的三角形的三条边长,证明:$\sin a, \sin b, \sin c$ 可以构成三角形的三条边长. (2004 年 IMO 中国国家集训队选拔考试试题)

**证明** 由题设得 $0 < a, b, c < \pi$,故 $\sin a > 0, \sin b > 0, \sin c > 0$,$|\cos a| < 1, |\cos b| < 1, |\cos c| < 1$.

不妨设 $\sin a \leqslant \sin b \leqslant \sin c$.

若 $a = \dfrac{\pi}{2}$,则 $b = c = \dfrac{\pi}{2}$,故 $\sin a = \sin b = \sin c = 1$,结论显然成立.

设 $a \neq \dfrac{\pi}{2}$.

(1) 当 $a + b + c = 2\pi$ 时,有

$\sin c = \sin(2\pi - a - b) = -\sin(a + b) \leqslant$
  $\sin a |\cos b| + \sin b |\cos a| <$
  $\sin a + \sin b$

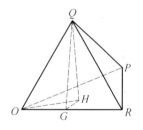

(例 3 图)

(2) 当 $a + b + c < 2\pi$ 时,由于 $a, b, c$ 构成三角形的三边,故存在一个三面

角使得分别为其面角. 如例3图所示. 这里 $OR, OP, OQ$ 不在一平面上, $OQ = OP = OR = 1$, $\angle QOR = a$, $\angle QOP = b$, $\angle POR = c$.

过点 $Q$ 作平面 $POQ$ 的垂线,垂足为 $H$. 过 $H$ 作 $OR$ 的垂线,垂足为 $G$. 设 $\angle QOH = \varphi$, $\angle HOR = \theta$, 则 $0 < \varphi < \dfrac{\pi}{2}, 0 \leq \theta < 2\pi$.

由勾股定理得
$$\sin a = QG = \sqrt{QH^2 + GH^2} = \sqrt{\sin^2\varphi + \cos^2\varphi \sin^2\theta} =$$
$$\sqrt{\sin^2\theta + \sin^2\varphi \cos^2\theta} \geq |\sin\theta| \qquad ①$$

类似有
$$\sin b = \sqrt{\sin^2(c-\theta) + \sin^2\varphi \cos^2(c-\theta)} \geq |\sin(c-\theta)| \qquad ②$$

我们断言,式 ① 和 ② 中的等号不能同时成立. 若不然, 由 $\sin^2\varphi \neq 0$ 得 $\cos\theta = \cos(c-\theta) = 0$. 故 $\theta = \dfrac{\pi}{2}, \dfrac{3\pi}{2}, c - \theta = \pm\dfrac{\pi}{2}, \pm\dfrac{3\pi}{2}$.

这与 $0 < c < \pi$ 矛盾. 因此,
$$\sin a + \sin b > |\sin\theta| + |\sin(c-\theta)| \geq |\sin(\theta + c - \theta)| = \sin c$$

**例 4**　已知 $a, b, c, d$ 是正实数,求证:
$$\sqrt{(a+c)^2 + (b+d)^2} \leq \sqrt{a^2+b^2} + \sqrt{c^2+d^2} \leq$$
$$\sqrt{(a+c)^2 + (b+d)^2} + \dfrac{2|ad-bc|}{\sqrt{(a+c)^2 + (b+d)^2}} \qquad ①$$

(第52届白俄罗斯数学奥林匹克试题)

**证法一**　例4图(a)所示,设 $P(a,b), Q(-c,-d)$ 分别在直角坐标系 $xOy$ 的第一和第三象限内,则
$$|OP| = \sqrt{a^2+b^2}$$
$$|OQ| = \sqrt{c^2+d^2}$$
$$|PQ| = \sqrt{(a+c)^2 + (b+d)^2}$$

在 $\triangle OPQ$ 中,由 $|OP| + |OQ| \geq |PQ|$ 得
$$\sqrt{(a+c)^2 + (b+d)^2} \leq \sqrt{a^2+b^2} + \sqrt{c^2+d^2} \qquad ②$$

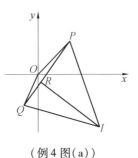

(例4图(a))

设 $\triangle OPQ$ 的旁切圆圆心为 $I$, 半径为 $r$, 则
$$S_{\triangle OPQ} = S_{\triangle OPI} + S_{\triangle OQI} - S_{\triangle IPQ}$$

故
$$2S_{\triangle OPQ} = r(|OP| + |OQ| - |PQ|)$$

从而

$$|OP|+|OQ|=|PQ|+\frac{2S_{\triangle OPQ}}{r}$$

$$\sqrt{a^2+b^2}+\sqrt{c^2+d^2}=\sqrt{(a+c)^2+(b+d)^2}+\frac{2S_{\triangle OPQ}}{r} \quad ③$$

此时,有

$$S_{\triangle OPQ}=\left|\begin{vmatrix} a & b & 1 \\ -c & -d & 1 \\ 0 & 0 & 1 \end{vmatrix}\right|=\frac{1}{2}|ad-bc|$$

于是式 ③ 等价于

$$\sqrt{a^2+b^2}+\sqrt{c^2+d^2}=\sqrt{(a+c)^2+(b+d)^2}+\frac{|ad-bc|}{r} \quad ④$$

作 $IR \perp PQ$ 与点 $R$,则 $IR=r$. 设 $\angle OPQ=\alpha, \angle OQP=\beta, \angle POQ=\gamma$,则 $0 \leq \alpha, \beta, \gamma \leq \pi$,于是

$$|QP|=|PR|+|RQ|=r\left(\cot\frac{\alpha}{2}+\cot\frac{\beta}{2}\right)=\frac{r\sin\frac{\alpha+\beta}{2}}{\cos\frac{\alpha}{2}\cos\frac{\beta}{2}}=$$

$$\frac{2r\sin\frac{\alpha+\beta}{2}}{\cos\frac{\alpha+\beta}{2}+\cos\frac{\alpha-\beta}{2}}=\frac{2r\cot\frac{\gamma}{2}}{1+\frac{\cos\frac{\alpha-\beta}{2}}{\sin\frac{\gamma}{2}}} \leq 2r\cot\frac{\gamma}{2}$$

故

$$\frac{1}{r} < \frac{2r\cot\frac{\gamma}{2}}{|PQ|} \leq \frac{2}{|PQ|} \quad \left(\frac{\pi}{2} \leq \gamma \leq \pi\right)$$

将上式代入式 ④ 即得式 ① 的后一个不等式. 当且仅当 $ad=bc$ 时等号成立.

**证法二** 如图例 4 图(b),设 $P(a,b), Q(-c,-d)$ 分别在直角坐标系 $xOy$ 的第一和第三象限内,则

$$|OP|=\sqrt{a^2+b^2}, |OQ|=\sqrt{c^2+d^2},$$
$$|PQ|=\sqrt{(a+c)^2+(b+d)^2} \quad ②$$

下面证明不等式的右边

过 $O$ 作 $OR \perp PQ$ 与 $R$,在 $\triangle OPR$ 和 $\triangle OQR$ 中,由 $|OP| \leq |OR|+|RP|, |OQ| \leq |OR|+|QR|$,得

$$|OP|+|OQ| \leq |PQ|+2|QR| \quad ③$$

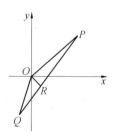

(例4图(b))

直线 $PQ$ 的方程为 $(b+d)x-(a+c)y+(bc-ad)=0$,
由点到直线的距离公式得

$$|OR|=\frac{2|ad-bc|}{\sqrt{(a+c)^2+(b+d)^2}} \quad ④$$

将式②,④代入式③得不等式①的右边.

注 不等式右边可以推广为

$$\sqrt{a^2+b^2}+\sqrt{c^2+d^2} \leqslant \sqrt{(a+c)^2+(b+d)^2}+\frac{|ad-bc|}{\sqrt{(a+c)^2+(b+d)^2}}$$

事实上,在钝角 $\triangle POQ$ 中,$\angle POQ=\gamma(\gamma>\frac{\pi}{2})$,$\cot\frac{\gamma}{2}=\frac{|OP|+|OQ|-|PQ|}{2r}<1$ ($r$ 为 $\triangle POQ$ 内切圆的半径),所以 $|OP|+|OQ|-|PQ|<2r$,显然 $2r<|OR|$,故加强命题成立.

## 练 习 题

1. (1) 证明对于任意正实数 $a,b,c$,有 $\sqrt{a^2+b^2-ab}+\sqrt{b^2+c^2-bc}\geqslant\sqrt{a^2+c^2+ac}$.(第 31 届 IMO 国家集训队试题)

(2) 证明对于任意正实数 $a,b,c$,有 $\sqrt{a^2+b^2-\sqrt{2}ab}+\sqrt{b^2+c^2-\sqrt{2}bc}\geqslant\sqrt{a^2+c^2}$.(2007 年泰国数学奥林匹克试题)

2. 证明对于任意正实数 $a,b,c$,有 $c\sqrt{a^2+b^2-ab}+a\sqrt{b^2+c^2-bc}\geqslant b\sqrt{a^2+c^2+ac}$.(新加坡数学奥林匹克试题)

3. 设 $x,y\in[0,1]$,$f(x,y)=\sqrt{x^2+y^2}+\sqrt{(1-x)^2+y^2}+\sqrt{x^2+(1-y)^2}+\sqrt{(1-x)^2+(1-y)^2}$,求证:$2\sqrt{2}\leqslant f(x,y)\leqslant 2+\sqrt{2}$.

4. 已知 $a,b,c,A,B,C$ 都是正数,且 $a+A=b+B=c+C=k$,求证:$aB+bC+cA<k^2$.(第 21 届全苏数学奥林匹克试题)

5. 证明对于任意的 $x,y,z\in(0,1)$,不等式 $x(1-y)+y(1-z)+z(1-x)<1$.(第 15 届全俄数学奥林匹克试题)

6. 证明当 $0<x<\frac{\pi}{2}$ 时,不等式 $\frac{2\cos x}{1+\cos x}<\frac{\sin x}{x}$ 成立.(1989 年全俄数学奥林匹克试题)

7. 设 $0\leqslant a\leqslant 1, 0\leqslant x\leqslant\pi$,求证 $(2a-1)\sin x+(1-a)\sin(1-a)x\geqslant 0$.(1983 年瑞士数学奥林匹克试题)

8. 已知 $\alpha,\beta$ 都是锐角,且 $\alpha<\beta$,证明不等式 $\dfrac{\tan\alpha}{\alpha}<\dfrac{\tan\beta}{\beta}$ 成立. (第9届莫斯科数学奥林匹克试题)

9. 设 $x,y,z,t,u,v\in(0,1)$,证明不等式:$xyz+uv(1-x)+(1-y)(1-v)t+(1-z)(1-u)(1-t)<1$. (1996年罗马尼亚数学奥林匹克试题)

10. 设 $0<x_1<x_2<\cdots<x_n<\dfrac{\pi}{2}$,证明不等式:$\sum\limits_{k=1}^{n-1}\sin(2x_k)-\sum\limits_{k=1}^{n-1}\sin(x_k-x_{k+1})<\dfrac{\pi}{2}+\sum\limits_{k=1}^{n-1}\sin(x_k+x_{k+1})$. (1975年IMO预选题)

11. 证明不等式:$\dfrac{1}{3}<\sin\dfrac{\pi}{9}<\dfrac{7}{20}$. (1979年IMO预选题)

12. 设 $x,y,z\geqslant 0$,求证:$(x+y+z)^2(xy+yz+zx)^2\leqslant 3(y^2+yz+z^2)(z^2+zx+x^2)(x^2+xy+y^2)$. (2007年IMO试题)

13. 设实数 $a_i,b_i(i=1,2,\cdots,n)$ 满足 $\sum\limits_{i=1}^{n}a_i^2=\sum\limits_{i=1}^{n}b_i^2=1,\sum\limits_{i=1}^{n}a_ib_i=0$,证明:$(\sum\limits_{i=1}^{n}a_i)^2+(\sum\limits_{i=1}^{n}b_i)^2\leqslant n$. (2007年罗马尼亚数学奥林匹克试题)

14. 设 $x,y\geqslant 0$,证明:$\sqrt{x^2-x+1}(\sqrt{y^2-y+1}+\sqrt{x^2+x+1}\cdot\sqrt{y^2+y+1}\geqslant 2(x+y)$. (2010年哈萨克斯坦数学奥林匹克试题)

# 参 考 解 答

1. (1) **证法一** 考虑四边形 $ABCD$,其中 $AD=a,BD=b,CD=c,\angle ADB=\angle BDC=60°$. (如1题图所示),则由余弦定理得 $AB=\sqrt{a^2+b^2-ab}$,$BC=\sqrt{b^2+c^2-bc}$,$AC=\sqrt{a^2+c^2+ac}$,如果 $A,B,C$ 三点构成三角形,则由 $\triangle ABC$ 的两边之和 $AB+BC$ 大于第三边 $AC$,所以 $\sqrt{a^2+b^2-ab}+\sqrt{b^2+c^2-bc}>\sqrt{a^2+c^2+ac}$,如果 $A,B,C$ 三点共线,则 $\sqrt{a^2+b^2-ab}+\sqrt{b^2+c^2-bc}=\sqrt{a^2+c^2+ac}$,于是 $\sqrt{a^2+b^2-ab}+\sqrt{b^2+c^2-bc}\geqslant\sqrt{a^2+c^2+ac}$. 等号当且仅当 $\dfrac{1}{a}+\dfrac{1}{c}=\dfrac{1}{b}$ 成立.

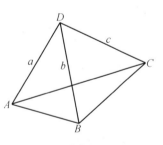

(1题图)

**证法二** 由闵可夫斯基不等式

$$\sqrt{(\frac{\sqrt{3}a}{2})^2+(\frac{a}{2}-b)^2}+\sqrt{(\frac{\sqrt{3}c}{2})^2+(b-\frac{c}{2})^2} \geqslant$$

$$\sqrt{(\frac{a}{2}-\frac{c}{2})^2+\frac{3}{4}(a+c)^2}=\sqrt{a^2+c^2+ac}$$

(2) 用第 1 题的构图,由 Ptolemy 不等式得 $AB \cdot CD + BC \cdot AD \geqslant AC \cdot BD$,即 $c\sqrt{a^2+b^2-ab}+a\sqrt{b^2+c^2-bc} \geqslant b\sqrt{a^2+c^2+ac}$. 等号成立时当且仅当 $ABCD$ 四点共圆.

2. 如图,构造两个 $\triangle PSR$ 和 $\triangle PSQ$,其中 $\angle QSP = \angle PSR = 45°, QS=a, PS=b, SR=c$,则由余弦定理和勾股定理得

$$PQ = \sqrt{a^2+b^2-\sqrt{2}ab}$$
$$PR = \sqrt{b^2+c^2-\sqrt{2}bc}$$
$$QR = \sqrt{a^2+c^2}$$

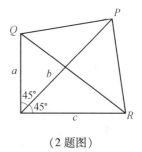

(2 题图)

在 $\triangle PQR$ 中 $PQ+PR \geqslant QR$ 所以 $\sqrt{a^2+b^2-\sqrt{2}ab}+\sqrt{b^2+c^2-\sqrt{2}bc} \geqslant \sqrt{a^2+c^2}$. 成立. 等号成立当且仅当 $\triangle PQR$ 退化成在同一条直线上.

3. $f(x,y)$ 有明显的几何意义: $P(x,y)$ 为单位正方形内一点,则表示点 $P$ 到各个顶点的距离.

左边的不等式根据 $PA+PC \geqslant AC, PB+PD \geqslant BD$,相加即得.

为证明右边的不等式,先证明一个引理.

引理:设 $D$ 是 $\triangle ABC$ 内或边上的一点,则 $AB+AC \geqslant BD+CD$.

实际上,我们要证明定理:设 $P$ 是正方形 $ABCD$ 内或边上的任意一点,则

$$PA+PB+PC+PD \leqslant AB+AC+AD \qquad ①$$

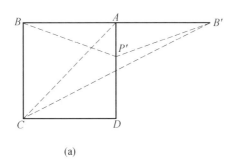

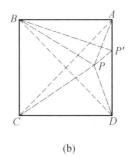

(a)  (b)

(3 题图)

**证明** 先考虑 $P$ 在某条边上的情形,不妨设 $P$ 在 $AD$ 边靠近 $A$ 点的 $P$ 处(如

图(a)).延长 $BA$ 到 $B'$,使得 $B'A=BA$,连 $P'B'$,$CB'$,$P'B$,则 $P'$ 位于 $\triangle ACB'$ 内,且 $P'B'=P'B$,由引理即得 $P'C+P'B \leqslant AC+AB'$,所以

$$P'A+P'B+P'C+P'D=P'C+P'B'+AD \leqslant AC+AB'+AD=$$
$$AC+AB+AD \quad ②$$

即 ① 成立. 再考虑 $P$ 在正方形内的情况. 设 $O$ 是正方形中心,不妨设 $P$ 在 $\triangle AOD$ 内或边上(如图(b)),延长 $CP$,交 $AD$ 于 $P'$,由引理

$$PC+PA \leqslant P'C+P'A$$
$$PB+PD \leqslant P'B+P'D$$

两式相加,应用 ② 得

$$PA+PB+PC+PD \leqslant P'C+P'B+AD \leqslant AC+AB+AD$$

可见 ① 成立.

对于单位正方形 $AB=AD=1$,$AC=\sqrt{2}$,所以 $f(x,y)=PA+PB+PC+PD \leqslant AC+AB+AD=2+\sqrt{2}$.

4. 如图,构造边长为 $k$ 的正三角形 $PQR$,$D$,$E$,$F$ 是 $QR$,$RP$,$PQ$ 上的点,$QD=A$,$DR=a$,$RE=B$,$EP=b$,$PF=C$,$FQ=c$,则由 $S_{\triangle DRE}+S_{\triangle EPF}+S_{\triangle FQD}<S_{\triangle ABC}$,即得

$$\frac{1}{2}aB\sin\frac{\pi}{3}+\frac{1}{2}bC\sin\frac{\pi}{3}+\frac{1}{2}cA\sin\frac{\pi}{3}<\frac{1}{2}k^2\sin\frac{\pi}{3}$$

所以 $aB+bC+cA<k^2$.

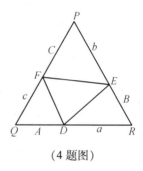

(4题图)

5. 如图,构造边长为 1 的正三角形 $ABC$,$D$,$E$,$F$ 是 $BC$,$CA$,$AB$ 上的点,$DC=x$,$BD=1-x$,$EA=y$,$CE=1-y$,$FB=z$,$AF=1-z$,则由 $S_{\triangle DCE}+S_{\triangle EAF}+S_{\triangle FBD}<S_{\triangle ABC}$,即得

$$\frac{1}{2}x(1-y)\sin\frac{\pi}{3}+\frac{1}{2}y(1-z)\sin\frac{\pi}{3}+\frac{1}{2}z(1-x)\sin\frac{\pi}{3}<\frac{1}{2}\sin\frac{\pi}{3}$$

所以 $x(1-y)+y(1-z)+z(1-x)<1$.

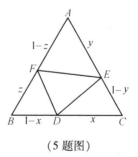

(5题图)

6. 在区间 $(0,\frac{\pi}{2})$ 内所给不等式等价于 $\tan x+\sin x>2x$.

假设 $x$ 是单位圆的弧 $\overset{\frown}{AB}$ 的弧度数,过弧的端点分别作圆的切线 $AC$ 与 $BC$,$C$ 为交点,$AC$ 的延长线与半径 $OB$ 的延长线相交于 $D$. 因为扇形 $OAB$、$\triangle OAB$、

$\triangle OAD$ 的面积分别为 $\frac{1}{2}x, \frac{1}{2}\sin x, \frac{1}{2}\tan x$,所以只需证明 $S_{扇形OAB} < \frac{1}{2}(S_{\triangle OAB} + S_{\triangle OAD})$.

由于 $CD > CB = CA$,所以,$S_{\triangle ACB} < S_{\triangle CDB}$,于是,$S_{曲边\triangle ABD} > S_{弓形AB}$,即 $S_{\triangle OAD} - S_{扇形OAB} > S_{扇形OAB} - S_{\triangle OAB}$. 亦即 $S_{扇形OAB} < \frac{1}{2}(S_{\triangle OAB} + S_{\triangle OAD})$. 从而,原不等式成立.

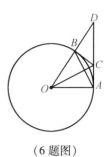

(6 题图)

7. 先证明函数 $f(x) = \frac{\sin x}{x}$ 在 $(0, \frac{\pi}{2})$ 是单调递减的.

设 $0 < x_1 < x_2 < \frac{\pi}{2}$,$OA$ 为角 $x_1$ 的终边,$OB$ 为角 $x_2$ 的终边,$A$、$B$ 分别是它们与单位圆的交点,过 $B$、$A$ 的直线交 $x$ 轴正半轴于点 $C$,过 $A$ 作 $\odot O$ 的切线交 $x$ 轴于 $E$,在 $\triangle BOC$ 和 $\triangle AOC$ 中,由正弦定理有

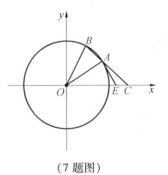

(7 题图)

$$\frac{BC}{\sin x_2} = \frac{OB}{\sin C} = \frac{1}{\sin C}$$

$$\frac{AC}{\sin x_1} = \frac{OA}{\sin C} = \frac{1}{\sin C}$$

所以

$$\frac{BC}{\sin x_2} = \frac{AC}{\sin x_1}$$

$$\frac{\sin x_2}{\sin x_1} = \frac{BC}{AC} = 1 + \frac{AB}{AC}$$

又

$$AB < \widehat{AB} = x_2 - x_1$$
$$AC > AE = \tan x_1 > x_1$$

所以

$$\frac{\sin x_2}{\sin x_1} < 1 + \frac{x_2 - x_1}{x_1} = \frac{x_2}{x_1}$$

即

$$\frac{\sin x_2}{\sin x_1} < \frac{x_2}{x_1}$$

即

$$\frac{\sin x_2}{x_2} < \frac{\sin x_1}{x_1}$$

这就证明了 $f(x) = \frac{\sin x}{x}$ 在 $(0, \frac{\pi}{2})$ 是单调递减的. 又 $\sin x$ 在 $[\frac{\pi}{2}, \pi]$ 上单调递减,故 $f(x) = \frac{\sin x}{x}$ 在 $[\frac{\pi}{2}, \pi]$ 是单调递减的. 因此,$f(x) = \frac{\sin x}{x}$ 在 $(0, \pi]$ 是单调递减的.

现证明原不等式. 当 $a \in [\frac{1}{2}, 1]$ 时,原不等式显然成立. 当 $a \in [0, \frac{1}{2}]$ 且 $x = 0$ 时不等式也显然成立. 故只考虑 $a \in [0, \frac{1}{2}]$, $0 < x \leq \pi$, 已证 $f(x) = \frac{\sin x}{x}$ 在 $(0, \pi]$ 是单调递减的. 因此, 对任何 $x, 0 < x \leq \pi, 0 \leq a \leq \frac{1}{2}$, 有 $\frac{\sin x}{x} \leq \frac{\sin(1-a)x}{(1-a)x}$, 即 $\sin x \leq \frac{\sin(1-a)x}{1-a}$, 又 $(1-a)^2 = 1 - 2a + a^2 > 1 - 2a$, 则 $\frac{\sin(1-a)x}{1-a} \leq \frac{1-a}{1-2a}\sin(1-a)x$. 于是, $\sin x \leq \frac{1-a}{1-2a}\sin(1-a)x$. 即 $(2a-1)\sin x + (1-a)\sin(1-a)x \geq 0$.

8. 如图,在单位圆中,取 $\angle AOB = \alpha, \angle AOC = \beta$,

$$\frac{S_{\triangle OAB}}{S_{\text{扇形}OAD}} < \frac{S_{\triangle OAB}}{S_{\triangle OMD}} = \left(\frac{OB}{OD}\right)^2 = \frac{S_{\triangle OBC}}{S_{\triangle ODN}} < \frac{S_{\triangle OBC}}{S_{\text{扇形}ODE}}$$

所以

$$\frac{S_{\triangle OAB}}{S_{\text{扇形}OAD}} < \frac{S_{\triangle OBC} + S_{\triangle OAB}}{S_{\text{扇形}ODE} + S_{\text{扇形}OAD}} = \frac{S_{\triangle OAC}}{S_{\triangle OAE}}$$

所以

$$\frac{\tan \alpha}{\alpha} < \frac{\tan \beta}{\beta}$$

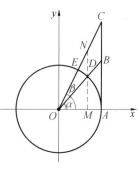

(8 题图)

9. 如图,构造一个边长为 1 的正四面体 $ABCD$, 在 $AB$、$AC$、$AD$、$BC$、$CD$、$BD$ 上分别取分点 $E$、$F$、$G$、$P$、$M$、$N$, 设 $BP = x, BN = y, BE = z, CF = u, CM = v, DG = t$, 则 $PC = 1 - x, ND = 1 - y, AE = 1 - z, AG = 1 - t, AF = 1 - u, MD = 1 - v$.

$$V_{B-ENP} + V_{C-FMP} + V_{D-MNG} + V_{A-EFG} < V_{A-BCD}$$

易证

$$\frac{V_{B-ENP}}{V_{A-BCD}} = \frac{BE \cdot BN \cdot BP}{BA \cdot BD \cdot BC} = xyz$$

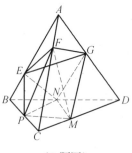

(9 题图)

$$\frac{V_{C-FMP}}{V_{A-BCD}} = \frac{CF \cdot CP \cdot CM}{CA \cdot CB \cdot CD} = uv(1-x)$$

$$\frac{V_{D-MNG}}{V_{A-BCD}} = \frac{DM \cdot DN \cdot DG}{DC \cdot DB \cdot DA} = (1-y)(1-v)t$$

$$\frac{V_{A-EFG}}{V_{A-BCD}} = \frac{AE \cdot AF \cdot AG}{AB \cdot AC \cdot AD} = (1-z)(1-u)(1-t)$$

所以

$$xyz + uv(1-x) + (1-y)(1-v)t + (1-z)(1-u)(1-t) < 1$$

10. $\sum_{k=1}^{n-1}\sin(2x_k) - \sum_{k=1}^{n-1}\sin(x_k - x_{k+1}) < \frac{\pi}{2} + \sum_{k=1}^{n-1}\sin(x_k + x_{k+1}) \Leftrightarrow$
$\sum_{k=1}^{n-1}\sin(2x_k) - 2\sum_{k=1}^{n-1}\sin x_k \cos x_{k+1} < \frac{\pi}{2} \Leftrightarrow \sum_{k=1}^{n-1}\sin x_k(\cos x_k - \cos x_{k+1}) < \frac{\pi}{4}$. 按例 1 的构造可以证明.

11. 先考虑以 1 为半径含 20°角的扇形和以两半径为边夹的等腰三角形,则 $\frac{1}{2}\sin\frac{\pi}{9} = S_\triangle < S_{扇形} = \frac{\pi}{18} < \frac{7}{40}$, 即 $\sin\frac{\pi}{9} < \frac{7}{20}$, 另一方面, 由第 7 题知 $f(x) = \frac{\sin x}{x}$ 在 $(0, \frac{\pi}{2})$ 上是单调递减函数, $\frac{\sin\frac{\pi}{9}}{\frac{\pi}{9}} > \frac{\sin\frac{\pi}{6}}{\frac{\pi}{6}}$, 知 $\sin\frac{\pi}{9} > \frac{1}{3}$.

12. **证法一** 不妨设 $x, y, z$ 都是正数, 如图, 构造图形, 以 $O$ 为中心, 作三条线段 $OA = z, OB = x, OC = y$, 它们两两的夹角为 120°, 由余弦定理得

$$a^2 = x^2 + xy + y^2$$
$$b^2 = y^2 + yz + z^2$$
$$c^2 = z^2 + zx + x^2$$

由面积关系有 $\triangle ABC$ 的面积 $S = \frac{1}{2}(xy + yz + zx)\sin 120°$, 即 $xy + yz + zx = \frac{4}{\sqrt{3}}S$.

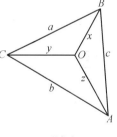

(12 题图)

所以, $(x+y+z)^2 = \frac{1}{2}(a^2 + b^2 + c^2 + 4\sqrt{3}S)$, 又 $S = \frac{abc}{4R}$, 其中 $R$ 是 $\triangle ABC$ 的外接圆半径.

所以不等式 $(x+y+z)^2(xy+yz+zx)^2 \leq 3(y^2+yz+z^2)(z^2+zx+x^2)(x^2+xy+y^2)$ 等价于

$$a^2 + b^2 + c^2 + 4\sqrt{3}S \leq 18R^2 \qquad ①$$

在 $\triangle ABC$ 中, 由 Weitzenbock 不等式得 $a^2 + b^2 + c^2 \geq 4\sqrt{3}S$.

又在 $\triangle ABC$ 中 $a^2 + b^2 + c^2 \leq 9R^2$.

所以，$18R^2 \geq 2(a^2+b^2+c^2) = a^2+b^2+c^2+a^2+b^2+c^2 \geq a^2+b^2+c^2+4\sqrt{3}S$. 不等式①得证.

**证法二** 记 $x+y=c, y+z=a, z+x=b$，则 $a,b,c$ 可以组成一个三角形的三条边. 记 $p = \dfrac{a+b+c}{2}$. 易知 $x = p-a, y = p-b, z = p-c, x+y+z = p$，我们有 $x^2+xy+y^2 = (x+y)^2-xy = c^2 - \dfrac{1}{4}(c+a-b)(c+b-a) = \dfrac{3}{4}c^2 + \dfrac{1}{4}(a-b)^2 \geq \dfrac{3}{4}c^2$. 又因为 $xy+yz+zx = (p-a)(p-b)+(p-b)(p-c)+(p-c)(p-a)$，因此只要证明 $p[(p-a)(p-b)+(p-b)(p-c)+(p-c)(p-a)] \leq \dfrac{9}{8}abc$.

又 $(p-a)(p-b)+(p-b)(p-c)+(p-c)(p-a) = r(4R+r)$，这里 $R$ 和 $r$ 分别是 $\triangle ABC$ 的外接圆和内切圆的半径，注意到 $abc = 4Rrp$，只要证明 $r(4R+r) \leq \dfrac{9}{2}Rr \Leftrightarrow R \geq 2r$.

由欧拉公式 $IO^2 = R(R-2r)$ 这是显然成立的，其中 $I$ 与 $O$ 分别是三角形的内心和外心.

13. 记 $\vec{a} = (a_1, a_2, \cdots, a_n), \vec{b} = (b_1, b_2, \cdots, b_n), \vec{c} = (1,1,\cdots,1)$，则 $\vec{a}^2 = \vec{b}^2 = 1, \vec{a} \cdot \vec{b} = 0, \vec{c}^2 = n$.

令 $\vec{d} = \vec{c} - (\vec{a} \cdot \vec{c})\vec{a} - (\vec{b} \cdot \vec{c})\vec{b}$，则 $\vec{d}^2 \geq 0$.

$\vec{d}^2 = \vec{c}^2 + (\vec{a} \cdot \vec{c})^2 \vec{a}^2 + (\vec{b} \cdot \vec{c})^2 \vec{b}^2 - 2(\vec{a} \cdot \vec{c})^2 - 2(\vec{b} \cdot \vec{c})^2 + 2(\vec{a} \cdot \vec{c})(\vec{b} \cdot \vec{c})(\vec{a} \cdot \vec{b}) = \vec{c}^2 - (\vec{a} \cdot \vec{c})^2 - (\vec{b} \cdot \vec{c})^2$. 所以 $\left(\sum\limits_{i=1}^{n} a_i\right)^2 + \left(\sum\limits_{i=1}^{n} b_i\right)^2 \leq n$.

14. 构造四边形 $ABCD$ 使得 $AC = x+y$，$O$ 是线段 $AC$ 上一点，使得 $OA = x$，$OB = OD = 1$，$\angle AOB = \angle COD = 60°$，则由余弦定理得 $AB = \sqrt{x^2-x+1}$，$BC = \sqrt{y^2+y+1}$，$CD = \sqrt{y^2-y+1}$，$DA = \sqrt{y^2+x+1}$，由广义托勒密定理得 $AB \cdot CD + BC \cdot DA \geq AC \cdot BD$. 即

$$\sqrt{x^2-x+1} \cdot \sqrt{y^2-y+1} + \sqrt{x^2+x+1} \cdot \sqrt{y^2+y+1} \geq 2(x+y)$$

# 数学归纳法证明不等式

## 第十六章

数学归纳法可以用来证明与正整数 $n$ 有关的命题. 所以涉及到与正整数 $n$ 有关的不等式就可以尝试用数学归纳法来证明.

利用数学归纳法证明不等式,在利用归纳假设时,要注意对归纳假设($n=k$)中的不等式与 $n=k+1$ 时的式子进行适当的恒等变形,还要充分利用不等式证明的各种方法和技巧,如比较法,分析法,综合法,放缩法,换元法,函数法和反证法. 当然,在利用数学归纳法证明不等式时,也要注意数学归纳法证题时的方法和技巧,如:对命题的加强,第二归纳法与螺旋归纳法的使用等.

## 例题讲解

### 一、归纳假设与归纳证明的有机联系

**例1** 对于每个自然数 $n \geq 2$,和 $x_1, x_2, \cdots, x_n \in [0,1]$,求证: $\sum\limits_{k=1}^{n} x_k - \sum\limits_{1 \leq k < i \leq n} x_k x_i \leq 1$. (1994年罗马尼亚数学奥林匹克试题)

**证明** 对正整数 $n(n \geq 2)$ 用数学归纳法.

当 $n=2$ 时,由于 $x_1, x_2 \in [0,1]$,则 $x_1 + x_2 - x_1 x_2 = 1 - (1-x_1)(1-x_2) \leq 1$.

设当 $n = m$ 时($m \geq 2$),对于 $x_1, x_2, \cdots, x_m \in [0,1]$,有
$$\sum_{k=1}^{m} x_k - \sum_{1 \leq k < i \leq m} x_k x_j \leq 1 \qquad ①$$

则当 $n = m+1$ 时,$\sum_{k=1}^{m+1} x_k - \sum_{1 \leq k < i \leq m+1} x_k x_j = (1 - \sum_{k=1}^{m} x_k) x_{m+1} + (\sum_{k=1}^{m} x_k - \sum_{1 \leq k < i \leq m} x_k x_j)$.

将 $x_{m+1}$ 改写成变量 $x$,$x \in [0,1]$,令
$$f(x) = (1 - \sum_{k=1}^{m} x_k) x_{m+1} + (\sum_{k=1}^{m} x_k - \sum_{1 \leq k < i \leq m} x_k x_j) \qquad ②$$

这里 $x_1, x_2, \cdots, x_m$ 是 $[0,1]$ 内已知的实数,利用不等式①有
$$f(0) = \sum_{k=1}^{m} x_k - \sum_{1 \leq k < i \leq m} x_k x_j \leq 1 \qquad ③$$

$$f(1) = 1 - \sum_{1 \leq k < i \leq m} x_k x_j \leq 1 \qquad ④$$

平面上 $(x, f(x))$($x \in [0,1]$)的图象是一段线段,因此 $f(x)$ 的最大值在端点处达到. 利用式③和式④,对于 $[0,1]$ 内的任一实数 $x$,均有 $f(x) \leq 1$.

特别对于 $[0,1]$ 中的 $x_{m+1}$,有
$$f(x_{m+1}) \leq 1 \qquad ⑤$$

由式②和⑤,有
$$\sum_{k=1}^{m+1} x_k - \sum_{1 \leq k < i \leq m+1} x_k x_j \leq 1$$

利用归纳法,结论得证.

**例 2** 设 $x_1, x_2, \cdots, x_n (n \geq 3)$ 是非负实数,且 $x_1 + x_2 + \cdots + x_n = 1$,证明 $x_1^2 x_2 + x_2^2 x_3 + \cdots + x_{n-1}^2 x_n + x_n^2 x_1 \leq \dfrac{4}{27}$. (1992 年中国台北数学奥林匹克试题)

**证明** 对 $n$ 用数学归纳法. 当 $n \geq 3$ 时,由于不等式关于 $x_1, x_2, x_3$ 轮换对称,不妨设 $x_1 \geq x_2$,$x_1 \geq x_3$.

若 $x_2 < x_3$,则因
$x_1^2 x_2 + x_2^2 x_3 + x_3^2 x_1 - (x_1^2 x_3 + x_3^2 x_2 + x_2^2 x_1) = (x_1 - x_3)(x_1 - x_2)(x_2 - x_3) \leq 0$
故
$$x_1^2 x_3 + x_3^2 x_2 + x_2^2 x_1 \leq x_1^2 x_2 + x_2^2 x_3 + x_3^2 x_1$$

所以,只需就 $x_2 \geq x_3$ 的情形加以证明. 下设 $x_1 \geq x_2 \geq x_3$. 于是,
$x_1^2 x_2 + x_2^2 x_3 + x_3^2 x_1 \leq x_1^2 x_2 + x_1 x_2 x_3 + x_1 x_2 x_3 \leq$
$$(x_1 + x_3)^2 x_2 = 4 \cdot \frac{1}{2}(x_1 + x_3) \cdot \frac{1}{2}(x_1 + x_3) x_2 \leq$$

$$4\cdot\left[\frac{\frac{1}{2}(x_1+x_3)+\frac{1}{2}(x_1+x_3)+x_2}{3}\right]^3=$$

$$4\left(\frac{x_1+x_2+x_3}{3}\right)^3=\frac{4}{27}$$

设 $n=k(k\geqslant 3)$ 时命题成立. 当 $n=k+1$ 时,仍设 $x_1\geqslant x_i(i=2,3,\cdots,k+1)$,且 $x_1+x_2+\cdots+x_k+x_{k+1}=1$,于是

$$x_1^2x_2+x_2^2x_3+x_3^2x_4+\cdots+x_k^2x_{k+1}+x_{k+1}^2x_1\leqslant$$
$$x_1^2x_2+x_2^2x_3+(x_2+x_3)^2x_4+\cdots+x_k^2x_{k+1}+x_{k+1}^2x_1=$$
$$x_1^2(x_2+x_3)+(x_2+x_3)^2x_4+\cdots+x_k^2x_{k+1}+x_{k+1}^2x_1$$

从而,对 $k$ 个变量 $x_1,x_2,x_3,\cdots,x_{k+1}$(它们满足 $x_1+(x_2+x_3)+\cdots+x_{k+1}=1$),用归纳假设得

$$x_1^2(x_2+x_3)+(x_2+x_3)^2x_4+\cdots+x_k^2x_{k+1}+x_{k+1}^2x_1\leqslant\frac{4}{27}$$

所以

$$x_1^2x_2+x_2^2x_3+x_3^2x_4+\cdots+x_k^2x_{k+1}+x_{k+1}^2x_1\leqslant\frac{4}{27}$$

即命题对 $n=k+1$ 成立.

**例3** 设 $r_1,r_2,\cdots,r_n$ 为大于或等于 1 的实数,证明:$\frac{1}{r_1+1}+\frac{1}{r_2+1}+\cdots+\frac{1}{r_n+1}\geqslant\frac{n}{\sqrt[n]{r_1r_2\cdots r_n}+1}$. (第 39 届 IMO 预选题)

**证明** $n=1$ 时,不等式显然成立. 下面用数学归纳法证明 $n=2^k(k=1,2,\cdots)$ 时不等式成立.

当 $k=1$ 时,有 $\frac{1}{r_1+1}+\frac{1}{r_2+1}-\frac{2}{\sqrt{r_1r_2}+1}=\frac{(\sqrt{r_1r_2}-1)^2(\sqrt{r_1}-\sqrt{r_2})^2}{(r_1+1)(r_2+1)(\sqrt{r_1r_2}+1)}\geqslant 0$. 不等式成立.

若当 $k=m$ 时,不等式成立,我们证明 $k=m+1$ 时结论也成立,即若对 $n$ 个数原不等式成立,我们证明对 $2n$ 个数原不等式也成立.

如果 $r_1,r_2,\cdots,r_{2n}\geqslant 1$,则有

$$\sum_{i=1}^{2n}\frac{1}{r_i+1}=\sum_{i=1}^{n}\frac{1}{r_i+1}+\sum_{i=n+1}^{2n}\frac{1}{r_i+1}\geqslant\frac{n}{\sqrt[n]{r_1r_2\cdots r_n}+1}+\frac{n}{\sqrt[n]{r_{n+1}r_{n+2}\cdots r_{2n}}+1}\geqslant\frac{2n}{\sqrt[2n]{r_1r_2\cdots r_{2n}}+1}$$

故当 $n=2^k(k=1,2,\cdots)$ 时不等式成立.

对任意正整数 $n$,存在正整数 $k$ 满足 $m=2^k>n$. 设 $r_{n+1}=r_{n+2}=\cdots=r_m=$

$\sqrt[n]{r_1 r_2 \cdots r_n}$，则

$$\frac{1}{r_1+1} + \frac{1}{r_2+1} + \cdots + \frac{1}{r_n+1} + \frac{m-n}{\sqrt[n]{r_1 r_2 \cdots r_n}+1} \geq \frac{m}{\sqrt[n]{r_1 r_2 \cdots r_n}+1}$$

即原不等式成立.

**例 4** 已知 $x_i \in \mathbf{R}(i=1,2,\cdots,n)$，满足 $\sum_{i=1}^{n}|x_i|=1$，$\sum_{i=1}^{n}x_i=0$，求证：$\left|\sum_{i=1}^{n}\frac{x_i}{i}\right| \leq \frac{1}{2} - \frac{1}{2n}$. (1989 年全国高中数学联赛试题第二试)

**证明** 我们用数学归纳法证明加强命题：$n(n \geq 2)$ 个实数 $x_1, x_2, \cdots, x_n$，满足 $\sum_{i=1}^{n}|x_i| \leq 1$，$\sum_{i=1}^{n}x_i = 0$，则 $\left|\sum_{i=1}^{n}\frac{x_i}{i}\right| \leq \frac{1}{2} - \frac{1}{2n}$.

(1) 当 $n=2$ 时，$|x_1|+|x_2| \leq 1$，$x_1+x_2=0$，则 $|x_1|=|x_2| \leq \frac{1}{2}$，$\left|x_1 + \frac{x_2}{2}\right| = \left|x_1 - \frac{x_1}{2}\right| = \frac{1}{2}|x_1| \leq \frac{1}{4} = \frac{1}{2} - \frac{1}{2\times 2}$，不等式成立.

(2) 假设 $n=k$ 时不等式成立. 即对 $k(k \geq 2)$ 个实数 $x_1, x_2, \cdots, x_k$，满足 $\sum_{i=1}^{k}|x_i| \leq 1$，$\sum_{i=1}^{k}x_i = 0$ 则有 $\left|\sum_{i=1}^{k}\frac{x_i}{i}\right| \leq \frac{1}{2} - \frac{1}{2k}$.

于是 $n=k+1$ 时，$k+1$ 个实数 $x_1, x_2, \cdots, x_{k+1}$，满足 $\sum_{i=1}^{k+1}|x_i| \leq 1$，$\sum_{i=1}^{k+1}x_i = 0$，则有(将 $x_k + x_{k+1}$ 看成 $n=k$ 时的 $x_k$)，$\sum_{i=1}^{k-1}|x_i| + |x_k + x_{k+1}| \leq \sum_{i=1}^{k+1}|x_i| \leq 1$，$\sum_{i=1}^{k-1}x_i + (x_k + x_{k+1}) = \sum_{i=1}^{k+1}x_i = 0$.

由条件又有 $|x_{k+1}| \leq \frac{1}{2}$，

事实上，由 $x_{k+1} = -\sum_{i=1}^{k}x_i$，得 $2|x_{k+1}| = |x_{k+1}| + \left|\sum_{i=1}^{k}x_i\right| \leq |x_{k+1}| + \sum_{i=1}^{k}|x_i| = \sum_{i=1}^{k+1}|x_i| \leq 1$，于是 $|x_{k+1}| \leq \frac{1}{2}$，所以

$$\left|\sum_{i=1}^{k+1}\frac{x_i}{i}\right| = \left|\left(\sum_{i=1}^{k-1}\frac{x_i}{i} + \frac{x_k + x_{k+1}}{k}\right) + \left(-\frac{x_{k+1}}{k} + \frac{x_{k+1}}{k+1}\right)\right| \leq$$

$$\left|\sum_{i=1}^{k-1}\frac{x_i}{i} + \frac{x_k + x_{k+1}}{k}\right| + \left|-\frac{x_{k+1}}{k} + \frac{x_{k+1}}{k+1}\right| \leq$$

$$\frac{1}{2} - \frac{1}{2k} + \left(\frac{1}{k} - \frac{1}{k+1}\right)|x_{k+1}| \leq$$

$$\frac{1}{2} - \frac{1}{2k} + \frac{1}{2}\left(\frac{1}{k} - \frac{1}{k+1}\right) =$$
$$\frac{1}{2} - \frac{1}{2(k+1)}$$

于是 $n = k + 1$ 时不等式也成立.

由(1)、(2) 知原不等式对一切 $n \geq 2 (n \in \mathbf{N}^*)$ 均成立.

注:本命题可推广为:设 $a_1, a_2, \cdots, a_n; x_1, x_2, \cdots, x_n$ 都是实数,且 $\sum_{i=1}^{n} |x_i| = 1$, $\sum_{i=1}^{n} x_i = 0$, 记 $a_1 = \max_{1 \leq k \leq n} a_k, a_n = \min_{1 \leq k \leq n} a_k$, 则 $\left| \sum_{k=1}^{n} a_k x_k \right| \leq \frac{1}{2}(a_1 - a_n)$.

**例 5** 设 $\theta \in \left(0, \frac{\pi}{2}\right), n$ 是大于 1 的正整数,证明:

$$\left(\frac{1}{\sin^n \theta} - 1\right)\left(\frac{1}{\cos^n \theta} - 1\right) \geq 2^n - 2\sqrt{2^n} + 1 \qquad ①$$

**证明** 当 $n = 2$ 时, 式 ① 左右两边相等, 故 $n = 2$ 命题成立. 假设命题对 $n = k (k \geq 2)$ 时成立, 即 $\left(\frac{1}{\sin^k \theta} - 1\right)\left(\frac{1}{\cos^k \theta} - 1\right) \geq 2^k - 2\sqrt{2^k} + 1$. 则 $n = k + 1$ 时,

$$\left(\frac{1}{\sin^{k+1} \theta} - 1\right)\left(\frac{1}{\cos^{k+1} \theta} - 1\right) = \frac{1}{\sin^{k+1} \theta \cos^{k+1} \theta}(1 - \sin^{k+1} \theta)(1 - \cos^{k+1} \theta) =$$
$$\frac{1}{\sin^{k+1} \theta \cos^{k+1} \theta}(1 - \sin^{k+1} \theta - \cos^{k+1} \theta) + 1 =$$
$$\frac{1}{\sin \theta \cos \theta}\left(\frac{1}{\sin^k \theta \cos^k \theta} - \frac{\cos \theta}{\sin^k \theta} - \frac{\sin \theta}{\cos^k \theta}\right) + 1 =$$
$$\frac{1}{\sin \theta \cos \theta}\left[\left(\frac{1}{\sin^k \theta} - 1\right)\left(\frac{1}{\cos^k \theta} - 1\right) + \frac{1 - \cos \theta}{\sin^k \theta} + \frac{1 - \sin \theta}{\cos^k \theta} - 1\right] + 1 \geq$$
$$\frac{1}{\sin \theta \cos \theta}\left[2^k - 2\sqrt{2^k} + 2\sqrt{\frac{(1 - \cos \theta)(1 - \sin \theta)}{\sin^k \theta \cos^k \theta}}\right] + 1 \qquad ②$$

这里式 ② 由归纳假设和均值不等式得到.

又

$$\sin \theta \cos \theta = \frac{1}{2}\sin 2\theta \leq \frac{1}{2}$$

而

$$\frac{(1 - \cos \theta)(1 - \sin \theta)}{\sin^k \theta \cos^k \theta} = \left(\frac{1}{\sin \theta \cos \theta}\right)^{n-2} \cdot \frac{1}{(1 + \sin \theta)(1 + \cos \theta)}$$

如果令 $t = \sin \theta + \cos \theta$, 则 $1 < t = \sqrt{2}\sin\left(\theta + \frac{\pi}{4}\right) \leq \sqrt{2}$

则
$$(1+\sin\theta)(1+\cos\theta) = 1+\sin\theta+\cos\theta+\sin\theta\cos\theta = 1+t+\frac{t^2-1}{2} =$$
$$\frac{(t+1)^2}{2} \leq \frac{(\sqrt{2}+1)^2}{2}$$

所以，$\sqrt{\dfrac{(1-\cos\theta)(1-\sin\theta)}{\sin^k\theta\cos^k\theta}} \geq \dfrac{2^{\frac{k-1}{2}}}{\sqrt{2}+1} = 2^{\frac{k}{2}} - 2^{\frac{k-1}{2}}$.

从而，由①可得 $\left(\dfrac{1}{\sin^{k+1}\theta}-1\right)\left(\dfrac{1}{\cos^{k+1}\theta}-1\right) \geq 2[(2^{\frac{k}{2}}-2^{\frac{k+1}{2}})+2(2^{\frac{k}{2}}-2^{\frac{k-1}{2}})]+1 = 2(2^{\frac{k}{2}}-2^{\frac{k+1}{2}})+1 = 2^{k+1}-2^{\frac{k+1}{2}+1}+1$.

即命题对 $n=k+1$ 成立.

综上，对一切大于1的正整数 $n$ 不等式成立.

将 $n$ 取成 $2n$，可变形得到1988年全国高中数学联赛试题（见本章习题5）

**例6** 设 $x_1, x_2, \cdots, x_n$ 是非负实数，记 $a = \min\{x_1, x_2, \cdots, x_n\}$，试证：
$$\sum_{i=1}^{n} \frac{1+x_j}{1+x_{j+1}} \leq n + \frac{1}{(1+a)^2}\sum_{j=1}^{n}(x_j-a)^2$$

（令 $x_{n+1}=x_1$），且等号成立当且仅当 $x_1=x_2=\cdots=x_n$.（1992年中国数学奥林匹克试题）

**证明** 当 $n=1$ 时，$a=x_1$，不等式写为 $\dfrac{1+x_1}{1+x_1} \leq 1+\dfrac{1}{(1+x_1)^2}(x_1-x_1)$，它当然成立，且为等式.

设命题在 $n-1$ 时成立，考虑 $n$ 的情形，由于不等式关于 $x_1, x_2, \cdots, x_n$ 是循环对称的，不妨设 $x_n = \max\{x_1, x_2, \cdots, x_n\}$，于是 $a = \min\{x_1, x_2, \cdots, x_n\} = \min\{x_1, x_2, \cdots, x_{n-1}\}$.

由归纳假设，
$$\sum_{i=1}^{n}\frac{1+x_j}{1+x_{j+1}} = \frac{1+x_1}{1+x_2}+\cdots+\frac{1+x_{n-2}}{1+x_{n-1}}+\frac{1+x_{n-1}}{1+x_n}+\frac{1+x_n}{1+x_1} \leq$$
$$n-1+\frac{1}{(1+a)^2}\sum_{j=1}^{n-1}(x_j-a)^2 - \frac{1+x_{n-1}}{1+x_1}+\frac{1+x_{n-1}}{1+x_n}+\frac{1+x_n}{1+x_1}$$

因此，只需证明
$$-1+\frac{x_n-x_{n-1}}{1+x_1}+\frac{1+x_{n-1}}{1+x_n} \leq \frac{(x_n-a)^2}{(1+a)^2} \qquad ①$$

上式左边为
$$\frac{x_n-x_{n-1}}{1+x_1}+\frac{x_{n-1}-x_n}{1+x_n} = \frac{(x_n-x_1)(x_n-x_{n-1})}{(1+x_1,1+x_n)} \leq \frac{(x_n-a)^2}{(1+a)^2}$$

这就证明了不等式成立.

又等号成立当且仅当式①取等号,即 $x_n = a$,自然有 $x_1 = x_2 = \cdots = x_n$.

**例7** 给定 $a > 2$,$\{a_n\}$ 递归定义如下:$a_0 = 1, a_1 = a, a_{n+1} = (\dfrac{a_n^2}{a_{n-1}^2} - 2)a_n$.

证明:对任何 $n \in \mathbf{N}^*$,有 $\dfrac{1}{a_0} + \dfrac{1}{a_1} + \cdots + \dfrac{1}{a_n} < \dfrac{1}{2}(2 + a - \sqrt{a^2 - 4})$.(第37届 IMO 预选试题)

**证明** 设 $f(x) = x^2 - 2$,则 $\dfrac{a_{n+1}}{a_n} = f^{(1)}(\dfrac{a_n}{a_{n-1}}) = f^{(2)}(\dfrac{a_{n-1}}{a_{n-2}}) = \cdots = f^{(n)}(\dfrac{a_1}{a_0}) = f^{(n)}(a)$.

于是,$a_n = \dfrac{a_n}{a_{n-1}} \cdot \dfrac{a_{n-1}}{a_{n-2}} \cdot \cdots \cdot \dfrac{a_1}{a_0} \cdot a_0 = f^{(n-1)}(a) \cdot f^{(n-2)}(a) \cdots f^{(0)}(a)$(这里规定 $f^{(0)}(a) = a$)

下面将用数学归纳法证明 $\dfrac{1}{a_0} + \dfrac{1}{a_1} + \cdots + \dfrac{1}{a_n} < \dfrac{1}{2}(2 + a - \sqrt{a^2 - 4})$

对一切自然数成立.

$n = 0$ 时,$\dfrac{1}{a_0} = 1 < \dfrac{1}{2}(2 + a - \sqrt{a^2 - 4})$. 结论成立.

假设结论对 $n = m$ 成立,即

$$1 + \dfrac{1}{f^{(0)}(a)} + \dfrac{1}{f^{(1)}(a)f^{(0)}(a)} + \cdots + \dfrac{1}{f^{(m-1)}(a)f^{(m-2)}(a)f^{(0)}(a)} < \dfrac{1}{2}(2 + a - \sqrt{a^2 - 4}) \qquad ①$$

由于 $a > 2$ 时,$f(a) = a^2 - 2 > 2$,且式①对所有的 $a > 2$ 均成立. 用 $f(a)$ 代替中的 $a$ 即得

$$1 + \dfrac{1}{f^{(1)}(a)} + \dfrac{1}{f^{(2)}(a)f^{(1)}(a)} + \cdots + \dfrac{1}{f^{(m)}(a)f^{(m-1)}(a)f^{(1)}(a)} <$$

$$\dfrac{1}{2}(2 + f(a) - \sqrt{f^2(a) - 4}) =$$

$$\dfrac{1}{2}(a^2 - \sqrt{a^4 - 4a^2}) =$$

$$\dfrac{1}{2}a(a - \sqrt{a^2 - 4})$$

所以

$$\dfrac{1}{a_0} + \dfrac{1}{a_1} + \cdots + \dfrac{1}{a_{m+1}} = 1 + \dfrac{1}{f^{(0)}(a)} + \dfrac{1}{f^{(1)}(a)f^{(0)}(a)} + \cdots + \dfrac{1}{f^{(m)}(a)f^{(m-1)}(a)f^{(m-2)}(a)\cdots f^{(0)}(a)} =$$

$$1 + \frac{1}{f^{(0)}(a)}(1 + \frac{1}{f^{(1)}(a)} + \frac{1}{f^{(2)}(a)f^{(1)}(a)} + \cdots + \frac{1}{f^{(m)}(a)f^{(m-1)}(a)\cdots f^{(1)}(a)}) <$$

$$1 + \frac{1}{a} \cdot \frac{1}{2}a(a - \sqrt{a^2 - 4}) =$$

$$\frac{1}{2}a(a - \sqrt{a^2 - 4})$$

即当 $n = m + 1$ 时,结论也成立.

因此,对所有自然数 $n \in \mathbf{N}$,结论成立.

**例8** 若数列 $a_0, a_1, a_2, \cdots$ 满足条件:$a_1 = \frac{1}{2}, a_{k+1} = a_k + \frac{1}{n}a_k^2, (k = 0, 1, 2, \cdots)$,其中 $n$ 是某个固定的正整数,证明:$1 - \frac{1}{n} < a_n < 1$. (1980 年五国数学奥林匹克试题)

**证明** 由于 $a_1 = a_0 + \frac{1}{n}a_0^2 = \frac{1}{2} + \frac{1}{4n} = \frac{2n+1}{4n}$,所以易证 $\frac{n+1}{2n+1} < a_1 < \frac{n}{2n-1}$,我们用数学归纳法证明,对一切 $1 \leq k \leq n$,都有:

$$\frac{n+1}{2n-k+2} < a_k < \frac{n}{2n-k} \qquad ①$$

假设式 ① 对 $n < k$ 成立,则:

$$a_{k+1} = a_k(1 + \frac{1}{n}a_k) < \frac{n}{2n-k}(1 + \frac{1}{2n-k}) = \frac{n(2n-k+1)}{(2n-k)^2} <$$

$$\frac{n(2n-k+1)}{(2n-k)^2 - 1} = \frac{n}{2n-(k+1)}$$

$$a_{k+1} = a_k + \frac{1}{n}a_k^2 > \frac{n+1}{2n-k+2} + \frac{(n+1)^2}{n(2n-k+2)^2} =$$

$$\frac{n+1}{2n-k+1} - \frac{n+1}{(2n-k+1)(2n-k+2)} + \frac{(n+1)^2}{n(2n-k+2)^2} =$$

$$\frac{n+1}{2n-(k+1)+2} + \frac{n+1}{2n-k+2}[\frac{n+1}{n(2n-k+2)} - \frac{1}{2n-k+1}] >$$

$$\frac{n+1}{2n-(k+1)+2}$$

由上面的两步知对 $k + 1 \leq n$ 仍成立,所以式 ① 对一切 $k = 1, 2, 3, \cdots, n$ 成立.

在式 ① 中取 $k = n$,即得 $1 - \frac{1}{n} < \frac{n+1}{n+2} < a_n < \frac{n}{n} = 1$.

**例9** 证明对任意 $m, n \in \mathbf{N}$ 与满足 $x_i + y_i = 1, i = 1, 2, \cdots, n$ 的 $x_1, x_2, \cdots,$

$x_n, y_1, y_2, \cdots, y_n \in (0,1]$,有
$$(1 - x_1 x_2 \cdots x_n)^m + (1 - y_1^m)(1 - y_2^m) \cdots (1 - y_n^m) \geq 1 \qquad ①$$
(1984年保加利亚数学奥林匹克试题)

**证明** 对 $n \in \mathbf{N}$ 用归纳法. 首先,因为 $(1 - x_1)^m + (1 - y_1^m) = y_1^m + (1 - y_1^m) = 1$,所以当 $n = 1$ 时,结论正确,设结论对 $n - 1$ 成立,则
$$(1 - x_1 x_2 \cdots x_n)^m + (1 - y_1^m)(1 - y_2^m) \cdots (1 - y_n^m) =$$
$$(1 - x_1 x_2 \cdots x_{n-1}(1 - y_n))^m + (1 - y_1^m)(1 - y_2^m) \cdots (1 - y_n^m) \geq$$
$$(1 - x_1 x_2 \cdots x_{n-1} + x_1 x_2 \cdots x_{n-1} y_n)^m + (1 - (1 - x_1 x_2 \cdots x_{n-1})^m)(1 - y_n^m) =$$
$$(a + (1-a)y_n)^m + (1-a)^m(1 - y_n^m) =$$
$$(a + b - ab)^m + (1 - a^m)(1 - b^m)$$

其中 $a = 1 - x_1 x_2 \cdots x_{n-1}$ 与 $b = y_n$. 其次,对 $m \in \mathbf{N}$ 用归纳法证明,对任意 $a, b \in [0,1]$,有
$$(a + b - ab)^m \geq a^m + b^m - a^m b^m \qquad ②$$

当 $m = 1$ 时,这个不等式即成为等式,设对 $m - 1$ 这个不等式成立.
即 $(a + b - ab)^{m-1} \geq a^{m-1} + b^{m-1} - a^{m-1}b^{m-1}$. 则(注意到 $a + b - ab \geq 0$)可以证明这个不等式对 $n$ 成立,事实上,
$$(a + b - ab)^m - a^m - b^m + a^m b^m \geq$$
$$(a^{m-1} + b^{m-1} - a^{m-1}b^{m-1})(a + b - ab) - a^m - b^m + a^m b^m =$$
$$2a^m b^m + ab^{m-1} + ba^{m-1} - a^m b^{m-1} - a^{m-1} b^m - a^m b - ab^m =$$
$$a^m(b^m - b^{m-1}) + a(b^{m-1} - b^m) + b^m(a^m - a^{m-1}) + b(a^{m-1} - a^m) =$$
$$(b^{m-1} - b^m)(a - a^m) + (a^{m-1} - a^m)(b - b^m) \geq 0$$

最后的不等式用到 $a \geq a^{m-1} \geq a^m, b \geq b^{m-1} \geq b^m$. 这就证明了对任意的 $m \in \mathbf{N}$,不等式 ② 成立. 这个不等式可改写成 $(a + b - ab)^m + (1 - a^m)(1 - b^m) \geq 1$,将 $a = 1 - x_1 x_2 \cdots x_{n-1}$ 与 $b = y_n$ 代入不等式 ② 即得到,题中的不等式对 $n$ 也成立,这就完成了归纳证明.

**例10** $f(n)$ 定义在正整数集合上,且满足 $f(1) = 2, f(n+1) = (f(n))^2 - f(n) + 1, n = 1, 2, 3, \cdots$. 求证:对所有整数 $n > 1, 1 - \dfrac{1}{2^{n-1}} < \dfrac{1}{f(1)} + \dfrac{1}{f(2)} + \cdots + \dfrac{1}{f(n)} < 1 - \dfrac{1}{2^{2^n}}$. (1994年爱尔兰数学奥林匹克试题)

**证明** 由于
$$f(1) = 2, f(n+1) = f(n)(f(n) - 1) + 1 \qquad ①$$
可知对于任意正整数 $n$,成立
$$f(n) \geq 2 \qquad ②$$
由式①有

$$f(n+1)-1 = f(n)(f(n)-1) \qquad ③$$

由式②,③有

$$\frac{1}{f(n+1)-1} = \frac{1}{f(n)(f(n)-1)} = \frac{1}{(f(n)-1)} - \frac{1}{f(n)} \qquad ④$$

在式④中将 $n$ 改成 $k$,并且从 $1$ 到 $n$ 求和,有

$$\sum_{k=1}^{n} \frac{1}{f(k)} = \sum_{k=1}^{n} \left( \frac{1}{f(k)-1} - \frac{1}{f(k+1)-1} \right) = \frac{1}{f(1)-1} - \frac{1}{f(n+1)-1} =$$
$$1 - \frac{1}{f(n+1)-1} \qquad ⑤$$

下面对正整数 $n$ 用数学归纳法证明

$$2^{2^{m-1}} < f(n+1) - 1 < 2^{2^m} \quad (n \geq 2) \qquad ⑥$$

当 $n = 1, 2$ 时,由式①有 $f(2) = 3, f(3) = 7$,不等式⑥成立,

设 $n = m$ 时,不等式⑥成立,这里 $m \geq 2$,则 $n = m+1$ 时,由式①有

$$f(m+2) = f(m+1)(f(m+1)-1) + 1 \qquad ⑦$$

由归纳假设,有

$$2^{2^{m-1}} < f(m+1) - 1 < 2^{2^m} (m \geq 2) \qquad ⑧$$

$f(m+1)$ 是正整数,于是

$$2^{2^{m-1}} + 1 \leq f(m+1) - 1 \leq 2^{2^m} - 1 \qquad ⑨$$

由式⑦,⑧,⑨得

$$f(m+2) = f(m+1)(f(m+1)-1) + 1 \geq (2^{2^m}+2)(2^{2^m}+1) =$$
$$2^{2^{m+1}} + 3 \cdot 2^{2^m} + 3 > 2^{2^m} + 1 \qquad ⑩$$

$$f(m+2) = f(m+1)(f(m+1)-1) + 1 \leq 2^{2^m}(2^{2^m}-1) + 1 =$$
$$2^{2^{m+1}} - 2^{2^m} + 1 < 2^{2^{m+1}} + 1 \qquad ⑪$$

由式⑩和⑪知不等式⑥对 $n = m+1$ 成立.所以不等式⑥对任意正整数 $n \geq 2$ 成立.最后由式⑤知原不等式成立.

**例 11** 已知数列 $\{r_n\}$ 满足 $r_1 = 2, r_n = r_1 r_2 \cdots r_{n-1} + 1, n = 2, 3, \cdots$,如果正整数 $a_1, a_2, \cdots, a_n$ 满足 $\frac{1}{a_1} + \frac{1}{a_2} + \cdots + \frac{1}{a_n} < 1$,求证:

$$\frac{1}{a_1} + \frac{1}{a_2} + \cdots + \frac{1}{a_n} \leq \frac{1}{r_1} + \frac{1}{r_2} + \cdots + \frac{1}{r_n} \qquad ①$$

(1987 年国家集训队选拔试题)

**证明** 首先,用归纳法易证数列 $\{r_n\}$ 具有如下性质:

$$\frac{1}{r_1} + \frac{1}{r_2} + \cdots + \frac{1}{r_n} = 1 - \frac{1}{r_1 r_2 \cdots r_n} \qquad ②$$

下面用归纳法证明不等式①.

当 $n = 1$ 时,式①显然成立.

现在设 $n = 1, 2, \cdots, k$ 时式 ① 都成立. 即有

$$\begin{cases} \dfrac{1}{a_1} \leqslant \dfrac{1}{r_1} \\ \dfrac{1}{a_1} + \dfrac{1}{a_2} \leqslant \dfrac{1}{r_1} + \dfrac{1}{r_2} \\ \vdots \\ \dfrac{1}{a_1} + \dfrac{1}{a_2} + \cdots + \dfrac{1}{a_k} \leqslant \dfrac{1}{r_1} + \dfrac{1}{r_2} + \cdots + \dfrac{1}{r_k} \end{cases} \quad ③$$

如果 $\dfrac{1}{a_1} + \dfrac{1}{a_2} + \cdots + \dfrac{1}{a_{k+1}} < 1$, 但是

$$\dfrac{1}{a_1} + \dfrac{1}{a_2} + \cdots + \dfrac{1}{a_{k+1}} > \dfrac{1}{r_1} + \dfrac{1}{r_2} + \cdots + \dfrac{1}{r_{k+1}} \quad ④$$

不妨设 $a_1 \leqslant a_2 \leqslant \cdots \leqslant a_{k+1}$, 则当式 ③ 中 $k$ 个不等式分别乘以 $(a_1 - a_2)$, $(a_2 - a_3), \cdots, (a_k - a_{k+1})$ 并将式 ④ 乘以 $a_{k+1}$, 然后相加, 得到

$$\dfrac{1}{a_1}(a_1 - a_2) + \left(\dfrac{1}{a_1} + \dfrac{1}{a_2}\right)(a_2 - a_3) + \cdots +$$
$$\left(\dfrac{1}{a_1} + \dfrac{1}{a_2} + \cdots + \dfrac{1}{a_k}\right)(a_k - a_{k+1}) + \left(\dfrac{1}{a_1} + \dfrac{1}{a_2} + \cdots + \dfrac{1}{a_{k+1}}\right)a_{k+1} >$$
$$\dfrac{1}{r_1}(a_1 - a_2) + \left(\dfrac{1}{r_1} + \dfrac{1}{r_2}\right)(a_2 - a_3) + \cdots +$$
$$\left(\dfrac{1}{r_1} + \dfrac{1}{r_2} + \cdots + \dfrac{1}{r_k}\right)(a_k - a_{k+1}) + \left(\dfrac{1}{r_1} + \dfrac{1}{r_2} + \cdots + \dfrac{1}{r_{k+1}}\right)a_{k+1}$$

化简后得 $\dfrac{a_1}{a_1} + \dfrac{a_2}{a_2} + \cdots + \dfrac{a_{k+1}}{a_{k+1}} > \dfrac{a_1}{r_1} + \dfrac{a_2}{r_2} + \cdots + \dfrac{a_{k+1}}{r_{k+1}}$, 亦即有

$$\dfrac{a_1}{r_1} + \dfrac{a_2}{r_2} + \cdots + \dfrac{a_{k+1}}{r_{k+1}} < k + 1$$

从而由均值不等式可得

$$\dfrac{a_1}{r_1} \cdot \dfrac{a_2}{r_2} \cdot \cdots \cdot \dfrac{a_{k+1}}{r_{k+1}} < 1$$

从而

$$a_1 a_2 \cdots a_{k+1} < r_1 r_2 \cdots r_{k+1} \quad ⑤$$

由于 $\dfrac{1}{a_1} + \dfrac{1}{a_2} + \cdots + \dfrac{1}{a_{k+1}} < 1$, 故有

$$\dfrac{1}{a_1} + \dfrac{1}{a_2} + \cdots + \dfrac{1}{a_{k+1}} < 1 - \dfrac{1}{a_1 a_2 \cdots a_{k+1}} \quad ⑥$$

由式 ⑥, ⑤, ② 可得

$$\dfrac{1}{a_1} + \dfrac{1}{a_2} + \cdots + \dfrac{1}{a_{k+1}} < \dfrac{1}{r_1} + \dfrac{1}{r_2} + \cdots + \dfrac{1}{r_{k+1}}$$

此与式④矛盾.从而证明了式①当 $n=k+1$ 时亦成立,这就完成了归纳证明.

**例12** 从任意 $n(n\geq 2)$ 个给定的正数 $a_1,a_2,\cdots,a_n$ 中,每次取 $k$ 个数作乘积,所有这样乘积的算术平均值的 $k$ 次方根,称为这 $n$ 个数的 $k$ 次对称平均,记为 $A_k$,即

$$A_k = \sqrt[k]{\frac{a_1a_2\cdots a_k + a_1a_3\cdots a_{k+1} + \cdots + a_{n-k+1}a_{n-1}a_n}{C_n^k}} \quad ①$$

求证:若 $1\leq k_1 < k_2 \leq n$,则有 $A_{k1} \geq A_{k2}$. (2005 年国家 IMO 集训队试题)

**证明** 我们把 $A_k$ 记为 $\sum\limits_n^k$,规定 $\sum\limits_n^0 = 1$,先证明引理

$$(\sum\limits_n^k)^{2k} \geq (\sum\limits_n^{k+1})^{k+1}(\sum\limits_n^{k-1})^{k-1} \quad ②$$

为书写方便,记 $(\sum\limits_n^k)^k = P_n^k$. 因而我们要证明的就是

$$(P_n^k)^2 \geq P_n^{k+1}P_n^{k-1}. \ (P_n^0 = 1, k = 1,2,\cdots,n-1) \quad ③$$

对 $n$ 用数学归纳法.

当 $n=2$ 时,式③显然成立,因为这时只有 $a_1,a_2$ 两个正数,并且 $P_2^1 = \dfrac{a_1+a_2}{2}, P_2^2 = a_1a_2, P_2^0 = 1$.

现设命题对 $n-1$ 个正数成立,即有

$$(P_{n-1}^k)^2 \geq P_{n-1}^{k+1}P_{n-1}^{k-1}. \ (P_n^0 = 1, k = 1,2,\cdots,n-2) \quad ④$$

我们来证明命题对 $n$ 个正数成立,即证式③也成立. 把 $P_n^k$ 的分子部分即 $a_1a_2\cdots a_k + a_1a_3\cdots a_{k+1} + \cdots + a_{n-k+1}\cdots a_{n-1}a_n$ 记作 $S_n^k$,于是有 $S_n^k = S_{n-1}^k + a_n S_{n-1}^{k-1}$. 从而

$$P_n^k = \frac{S_n^k}{C_n^k} = \frac{S_{n-1}^k}{C_n^k} + a_n\frac{S_{n-1}^{k-1}}{C_n^k} = \frac{S_{n-1}^k}{C_{n-1}^k \frac{n}{n-k}} + a_n\frac{S_{n-1}^{k-1}}{C_{n-1}^{k-1}\frac{n}{k}} =$$

$$\frac{n-k}{n}P_{n-1}^k + \frac{a_n k}{n}P_{n-1}^{k-1} \quad ⑤$$

利用式⑤,我们研究

$$(P_n^k)^2 - P_n^{k+1}P_n^{k-1} = (\frac{n-k}{n}P_{n-1}^k + \frac{a_n k}{n}P_{n-1}^{k-1})^2 -$$

$$(\frac{n-k-1}{n}P_{n-1}^{k+1} + \frac{a_n(k+1)}{n}P_{n-1}^k)(\frac{n-k+1}{n}P_{n-1}^{k-1} + \frac{a_n(k-1)}{n}P_{n-1}^{k-2}) =$$

$$\frac{1}{n^2}\{[(n-k)^2(P_{n-1}^k)^2 - (n-k-1)(n-k+1)P_{n-1}^{k+1}P_{n-1}^{k-1}] +$$

$$[2k(n-k)P_{n-1}^k P_{n-1}^{k-1} - (k-1)(n-k-1)P_{n-1}^{k+1}P_{n-1}^{k-2} -$$
$$(k+1)(n-k+1)P_{n-1}^k P_{n-1}^{k-1}]a_n +$$
$$[k^2(P_{n-1}^{k-1})^2 - (k+1)(k-1)P_{n-1}^k P_{n-1}^{k-2}]a_n^2\} =$$
$$\frac{1}{n^2}\{A + Ba_n + Ca_n^2\} \qquad ⑥$$

这里用 $A,B,C$ 分别代替上式中方括号里相应的数. 由归纳假设,有
$$(P_{n-1}^k)^2 \geq P_{n-1}^{k+1} P_{n-1}^{k-1} \qquad ⑦$$
及
$$(P_{n-1}^{k-1})^2 \geq P_{n-1}^k P_{n-1}^{k-2} \qquad ⑧$$
两式相乘可得
$$P_{n-1}^k P_{n-1}^{k-1} \geq P_{n-1}^{k+1} P_{n-1}^{k-2} \qquad ⑨$$

利用式⑦,⑧,⑨,我们对 $A,B,C$ 进行估计,可得
$$A = (n-k)^2 (P_{n-1}^k)^2 - (n-k-1)(n-k+1)P_{n-1}^{k+1}P_{n-1}^{k-1} =$$
$$(n-k)^2 (P_{n-1}^k)^2 - ((n-k)^2 - 1)P_{n-1}^{k+1}P_{n-1}^{k-1} =$$
$$(P_{n-1}^k)^2 + ((n-k)^2 - 1)((P_{n-1}^k)^2 - P_{n-1}^{k+1}P_{n-1}^{k-1}) \geq$$
$$(P_{n-1}^k)^2$$
$$B = 2k(n-k)P_{n-1}^k P_{n-1}^{k-1} - (k-1)(n-k-1)P_{n-1}^{k+1}P_{n-1}^{k-2} -$$
$$(k+1)(n-k+1)P_{n-1}^k P_{n-1}^{k-1} =$$
$$-2P_{n-1}^k P_{n-1}^{k-1} + (k-1)(n-k-1)(P_{n-1}^k P_{n-1}^{k-1} - P_{n-1}^{k+1}P_{n-1}^{k-2}) \geq$$
$$-2P_{n-1}^k P_{n-1}^{k-1}$$
$$C = k^2 (P_{n-1}^{k-1})^2 - (k+1)(k-1)P_{n-1}^k P_{n-1}^{k-2} =$$
$$(P_{n-1}^{k-1})^2 + (k^2 - 1)((P_{n-1}^{k-1})^2 - P_{n-1}^k P_{n-1}^{k-2}) \geq$$
$$(P_{n-1}^{k-1})^2$$

这样从式⑥可得到
$$(P_n^k)^2 - P_n^{k+1}P_n^{k-1} \geq \frac{1}{n^2}\{(P_{n-1}^k)^2 - 2a_n P_{n-1}^k P_{n-1}^{k-1} + a_n^2 (P_{n-1}^{k-1})^2\} =$$
$$\frac{1}{n^2}(P_{n-1}^k - 2a_n P_{n-1}^{k-1})^2 \geq 0$$

下面证明本题.

由引理知 $k=1$ 时有 $(\sum\limits_n^1)^2 \geq (\sum\limits_n^2)^2 (\sum\limits_n^0)^0$, 即 $\sum\limits_n^1 \geq \sum\limits_n^2$.

现在设 $\sum\limits_n^1 \geq \sum\limits_n^2 \geq \cdots \geq \sum\limits_n^k$. $(2 \leq k < n)$ 已经成立. 于是有
$$(\sum\limits_n^k)^{2k} \geq (\sum\limits_n^{k+1})^{k+1}(\sum\limits_n^{k-1})^{k-1} \geq (\sum\limits_n^{k+1})^{k+1}(\sum\limits_n^k)^{k-1}$$

从而 $(\sum\limits_n^k)^{k+1} \geq (\sum\limits_n^{k+1})^{k+1}$,亦即 $\sum\limits_n^k \geq \sum\limits_n^{k+1}$.

由归纳法,命题得证.

**注** 本题的证明参考了莫颂清老师发表在 1982 年 12 月《数学通报》上的证明.

**例 13** 设实数 $a,b,(i=0,1,\cdots,2n)$ 满足以下三个条件:

(1) 对 $i=0,1,\cdots,2n-1$,有 $a_i+a_{i+1} \geq 0$;

(2) 对 $j=0,1,\cdots,n-1$,有 $a_{2j+1} \leq 0$;

(3) 对任何整数 $p,q,0 \leq p \leq q \leq n$,有 $\sum\limits_{k=2p}^{2q} b_k > 0$.

求证:

$$\sum_{i=0}^{2n}(-1)^i a_i b_i \geq 0$$

并求等号成立的条件.

(2010 年中国国家集训队测试题)

**解** 用数学归纳法证明: $\sum\limits_{i=0}^{2n}(-1)^i a_i b_i \geq 0$,且等号成立的条件为 $a_0 = a_1 = \cdots = a_{2n} = 0$.

当 $n=1$ 时,由条件, $a_0+a_1 \geq 0, a_1+a_2 \geq 0, a_1 \leq 0, b_0 > 0, b_2 > 0, b_0+b_1+b_2 > 0$.所以

$$\sum_{i=0}^{2n}(-1)^i a_i b_i = a_0 b_0 - a_1 b_1 + a_2 b_2 =$$
$$b_0(a_0+a_1) - a_1(b_0+b_1+b_2) + b_2(a_1+a_2) \geq 0$$

等号成立当且仅当 $a_0+a_1=-a_1=a_1+a_2=0$,即 $a_0=a_1=a_2=0$ 时成立.

假设命题当 $n=k$ 时成立,则当 $n=k+1$ 时,由条件 $a_{2k+1}+a_{2k+2} \geq 0$, $b_{2k+2}>0, a_{2k}+a_{2k+1} \geq 0, a_{2k+1} \leq 0$,知 $a_{2k+2} \geq -a_{2k+1}, -a_{2k} \leq a_{2k+1} \leq 0$.所以

$$\sum_{i=0}^{2k+2}(-1)^i a_i b_i = \sum_{i=0}^{2k-1}(-1)^i a_i b_i + a_{2k}b_{2k} - a_{2k+1}b_{2k+1} + a_{2k+2}b_{2k+2} \geq$$
$$\sum_{i=0}^{2k-1}(-1)^i a_i b_i + a_{2k}b_{2k} - a_{2k+1}b_{2k-1} - a_{2k+1}b_{2k+2} =$$
$$\sum_{i=0}^{2k-1}(-1)^i a_i b_i + a_{2k}b_{2k} - a_{2k+1}(b_{2k+1}+b_{2k+2}) \qquad ①$$

(1) 若 $b_{2k+1}+b_{2k+2} \geq 0$,则 $-a_{2k+1}(b_{2k+1}+b_{2k+2}) \geq 0$,因为 $a_0,a_1,\cdots,a_{2k}$, $b_0,\cdots,b_{2k}$ 也满足条件,由归纳假设, $\sum\limits_{i=0}^{2k+2}(-1)^i a_i b_i \geq \sum\limits_{i=0}^{2k}(-1)^i a_i b_i \geq 0$.

(2) 若 $b_{2k+1}+b_{2k+2}<0$,则 $-a_{2k+1}(b_{2k+1}+b_{2k+2}) \geq a_{2k}(b_{2k+1}+b_{2k+2})$,所以

$$\sum_{i=0}^{2k+2}(-1)^i a_i b_i \geq \sum_{i=0}^{2k+1}(-1)^i a_i b_i + a_{2k}(a_{2k}+b_{2k+1}+b_{2k+2})$$

令 $c_i = b_i (i = 0, 1, \cdots, 2k-1)$，$c_{2k} = b_{2k} + b_{2k+1} + b_{2k+2}$. 这时由 $n = k+1$ 时的条件：

对任意 $0 \leq p \leq q \leq k+1$，$\sum_{i=2p}^{2q} b_i > 0$ 知，对任意 $0 \leq p \leq q \leq k-1$ 有

$$\sum_{i=2p}^{2q} c_i = \sum_{i=2p}^{2q} b_i > 0$$

而对 $0 \leq p \leq q = k$

$$\sum_{i=2p}^{2q} c_i = \sum_{i=2p}^{2k-1} b_i + b_{2k} + b_{2k+1} + b_{2k+2} > 0$$

所以 $c_0, c_1, \cdots, c_{2k}$ 仍满足条件(3)，由归纳假设可得

$$\sum_{i=0}^{2k-1}(-1)^i a_i b_i + a_{2k}(b_{2k}+b_{2k+1}+b_{2k+2}) = \sum_{i=0}^{2k}(-1)^i a_i c_i \geq 0$$

无论哪种情况，均由归纳假设知最后一步不等式的等号成立条件为 $a_0 = a_1 = \cdots = a_{2k} = 0$，此时 $0 \leq a_{2k+1} \leq 0$，所以 $a_{2k+1} = 0$，而式①中的不等式的等号成立条件为：$a_{2k+2} = -a_{2k+1} = 0$. 故当 $n = k+1$ 时，等号成立条件为 $a_0 = a_1 = \cdots = a_{2k+2} = 0$.

由数学归纳法知，命题成立.

## 练 习 题

1. 设 $a_0, a_1, a_2, \cdots, a_n, \cdots$ 是一个正数数列，对一切 $n = 0, 1, 2, \cdots$，都有 $a_n^2 \leq a_n - a_{n+1}$，证明：对一切 $n = 1, 2, \cdots$，都有 $a_n < \dfrac{1}{n+1}$. (1965 年北京市数学竞赛题的推广)

2. 设 $0 < a < 1$，定义 $a_1 = 1 + a$，$a_{n+1} = \dfrac{1}{a_n} + a (n \in \mathbf{N}^*)$，求证：对任何 $n \in \mathbf{N}^*$，有 $a_n > 1$. (1977 年加拿大数学奥林匹克赛题)

3. 设非负数列 $a_1, a_2, \cdots, a_n, \cdots$ 满足条件：$a_{m+n} \leq a_n + a_m, m, n \in \mathbf{N}^*$，求证：对任意 $n \geq m$ 均有 $a_n \leq m a_1 + \left(\dfrac{n}{m} - 1\right) a_m$. (1997 年中国数学奥林匹克试题)

4. 证明对任意 $\alpha \leq 1$ 与任意满足条件 $1 \geq x_1 \geq x_2 \geq \cdots \geq x_n > 0$ 的实数 $x_1, x_2, \cdots, x_n$，有 $(1 + x_1 + x_2 + \cdots + x_n)^\alpha \leq 1 + 1^{\alpha-1} x_1^\alpha + 2^{\alpha-1} x_2^\alpha + \cdots + n^{\alpha-1} x_n^\alpha$. (1982 年 IMO 预选题)

5. 已知 $a,b$ 是正实数,且 $\frac{1}{a}+\frac{1}{b}=1$,试证:对每一个 $n \in \mathbf{N}^*$, $(a+b)^n - a^n - b^n \geq 2^{n+1} - 2^n$. (1988 年全国高中数学联赛试题)

6. 设 $1 < x_1 < 2$,对于 $n=1,2,3,\cdots$,定义 $x_{n+1} = 1 + x_n - \frac{1}{2}x_n^2$,求证:对于 $n \geq 3$,有 $|x_n - \sqrt{2}| < \frac{1}{2^n}$. (1985 年加拿大数学奥林匹克试题)

7. 若 $x$ 是正实数,证明
$$[nx] \geq \frac{[x]}{1} + \frac{[2x]}{2} + \frac{[3x]}{3} + \cdots + \frac{[nx]}{n} \qquad ①$$

其中 $[t]$ 表示不超过 $t$ 的最大整数. (第 10 届美国数学奥林匹克试题)

8. 求证:对任意正整数 $n$, $\frac{2}{3}n\sqrt{n} < 1 + \sqrt{2} + \sqrt{3} + \cdots + \sqrt{n} < \frac{4n+3}{6}\sqrt{n}$. (第 13 届普特南数学竞赛试题)

9. 设 $x > 0, n \in \mathbf{N}$,证明:$\frac{x^n(x^{n+1}+1)}{x^n+1} \leq (\frac{x+1}{2})^{2n+1}$. (2011 年越南数学奥林匹克试题)

10. 设 $n \geq 3, n \in \mathbf{N}^*$,并设 $x_1, x_2, \cdots, x_n$ 是一列实数,且满足 $x_i < x_{i+1}(1 \leq i \leq n-1)$,证明:
$$\frac{n(n-1)}{2}\sum_{i<j} x_i x_j > (\sum_{i=1}^{n-1}(n-i)x_i)(\sum_{j=1}^{n}(j-1)x_j).$$ (第 36 届 IMO 预选题)

11. 证明对于任意的正数 $a_1, a_2, \cdots, a_n$ 不等式 $\frac{1}{a_1} + \frac{2}{a_1+a_2} + \cdots + \frac{n}{a_1+a_2+\cdots+a_n} < 2(\frac{1}{a_1} + \frac{1}{a_2} + \cdots + \frac{1}{a_n})$. (第 20 届全苏数学奥林匹克试题的加强)

12. 设 $a_1 \geq a_2 \geq \cdots \geq a_{2n-1} \geq 0$,求证:$a_1^2 - a_2^2 + a_3^2 - a_4^2 + \cdots + a_{2n-1}^2 \geq (a_1 - a_2 + a_3 - a_4 \cdots + a_{2n-1})^2$. (第 7 届世界城市邀请赛试题)

13. 利用公式 $1^3 + 2^3 + \cdots + n^3 = [\frac{n(n+1)}{2}]^2$ 证明:对于互不相同的正整数 $a_1, a_2, \cdots, a_n$ 有 $\sum_{k=1}^{n}(a_k^7 + a_k^5) \geq 2(\sum_{k=1}^{n} a_k^3)^2$,并问等号能否成立. (第 45 届莫斯科数学奥林匹克试题)

14. 设 $a$ 是正实数,证明对任意 $n \in \mathbf{N}^*$,都有 $\frac{1+a^2+a^4+\cdots+a^{2n}}{a+a^3+a^5+\cdots+a^{2n-1}} \geq \frac{n+1}{n}$.

15. (1) 设 $x_1, x_2, \cdots, x_n, y_1, y_2, \cdots, y_n \in \mathbf{R}^+$,满足:
（ⅰ）$0 < x_1 y_1 < x_2 y_2 < \cdots < x_n y_n$;（ⅱ）$x_1 + x_2 + \cdots + x_k \geq y_1 + y_2 + \cdots + y_k, k = 1, 2, \cdots, n$.

证明：$\dfrac{1}{x_1} + \dfrac{1}{x_2} + \cdots + \dfrac{1}{x_n} \leq \dfrac{1}{y_1} + \dfrac{1}{y_2} + \cdots + \dfrac{1}{y_n}$.

(2) 设 $A = \{a_1, a_2, \cdots, a_n\} \subset \mathbf{N}^*$,对所有不同的子集 $B, C \subseteq A$,有 $\sum_{x \in B} x \neq \sum_{x \in C} x$. 证明：$\dfrac{1}{a_1} + \dfrac{1}{a_2} + \cdots + \dfrac{1}{a_n} < 2$. (1999 年罗马尼亚数学奥林匹克试题)

16. 设 $x_1, x_2, \cdots, x_n$ 为任意实数,证明：$\dfrac{x_1}{1 + x_1^2} + \dfrac{x_2}{1 + x_1^2 + x_2^2} + \cdots + \dfrac{x_n}{1 + x_1^2 + x_2^2 + \cdots + x_n^2} < \sqrt{n}$. (第 42 届 IMO 预选题)

17. 设 $n \geq 3$,已知正实数序列 $a_1, a_2, \cdots, a_n$ 满足条件：对于 $i = 1, 2, \cdots, n$,均有 $a_{i-1} + a_{i+1} = k_i a_i$,其中 $k_i$ 是正整数, $a_0 = a_n, a_{n+1} = a_1$,证明：$2n \leq k_1 + k_2 + \cdots + k_n \leq 3n$. (2002 年中国台湾数学奥林匹克试题)

18. 设函数 $f: R \to R$ 满足对任意的 $x_1, x_2 \in \mathbf{R}, t \in (0,1)$,均有 $f(t x_1 + (1-t) x_2) \leq t f(x_1) + (1-t) f(x_2)$.

证明：对于所有实数 $a_1, a_2, \cdots, a_{2004}$,且 $a_1 \geq a_2 \geq \cdots \geq a_{2003}, a_{2004} = a_1$,有 $\sum_{k=1}^{2003} f(a_{k+1}) a_k \leq \sum_{k=1}^{2003} f(a_k) a_{k+1}$. (2003 年土耳其数学奥林匹克试题)

19. 设 $a_1, a_2, \cdots, a_n$ 是 $n$ 个不同的正整数. 证明：$a_1^2 + a_2^2 + \cdots + a_n^2 \geq \dfrac{2n+1}{3}(a_1 + a_2 + \cdots + a_n)$.

20. 设 $m, n$ 是正整数. 记 $S_m(n) = \sum_{k=1}^{n} [\sqrt[k^2]{k^m}]$. 证明：$S_m(n) \leq n + m(\sqrt[4]{2^m} - 1)$. (1998 年波兰－奥地利数学奥林匹克试题)

21. 设集合 $\{a_1, a_2, \cdots, a_n\} = \{1, 2, \cdots, n\}$,证明：$\dfrac{1}{2} + \dfrac{2}{3} + \cdots + \dfrac{n-1}{n} \leq \dfrac{a_1}{a_2} + \dfrac{a_2}{a_3} + \cdots + \dfrac{a_{n-1}}{a_n}$. (第 31 届 IMO 预选题)

22. 设 $a_1, a_2, \cdots, a_n; b_1, b_2, \cdots, b_n$ 都是正实数,求证：$\sum_{k=1}^{n} \dfrac{a_k b_k}{a_k + b_k} \leq \dfrac{AB}{A+B}$. 其中 $A = \sum_{k=1}^{n} a_k, B = \sum_{k=1}^{n} b_k$. (1993 年圣彼得堡市数学选拔试题)

23. 已知 $0 < x_1 < x_2 < \cdots < x_{2n+1}$,证明不等式：$x_1 - x_2 + x_3 - x_4 + \cdots + x_{2n-1} - x_{2n} + x_{2n+1} < \sqrt[n]{x_1^n - x_2^n + x_3^n - x_4^n + \cdots + x_{2n-1}^n - x_{2n}^n + x_{2n+1}^n}$. (1998 年巴尔

干数学奥林匹克试题)

24. 设 $a_1, a_2, \cdots$ 是实数列,且对所有 $i, j = 1, 2, \cdots$,满足 $a_{i+j} \leqslant a_i + a_j$,求证:对于正整数 $n$,有 $a_1 + \dfrac{a_2}{2} + \dfrac{a_3}{3} + \cdots + \dfrac{a_n}{n} \geqslant a_n$. (1999 年亚太地区数学奥林匹克试题)

25. 已知二次三项式 $f(x) = ax^2 + bx + c$ 的所有系数都是正数,且有 $a + b + c = 1$,求证:对于任何正数 $x_1, x_2, \cdots, x_n$,只要 $x_1 x_2 \cdots x_n = 1$,就有 $f(x_1) f(x_2) \cdots f(x_n) \geqslant 1$. (第 24 届全苏数学奥林匹克试题)

26. 证明,对任意正数 $a_1, a_2, \cdots, a_n$,有 $\sum_{k=1}^{n} \sqrt[k]{a_1 a_2 \cdots a_k} \leqslant e \sum_{k=1}^{n} a_k$. (1982 年 IMO 预选题)

27. 假设 $a_1 < a_2 < \cdots < a_n$ 是实数,证明: $a_1 a_2^4 + a_2 a_3^4 + \cdots + a_{n-1} a_n^4 + a_n a_1^4 \geqslant a_2 a_1^4 + a_3 a_2^4 + \cdots + a_n a_{n-1}^4 + a_1 a_n^4$. (1998 ~ 1999 年伊朗数学奥林匹克试题)

28. 设 $a_1 \geqslant a_2 \geqslant \cdots \geqslant a_n \geqslant a_{n+1} = 0$ 是实数序列,证明: $\sqrt{\sum_{k=1}^{n} a_k} \leqslant \sum_{k=1}^{n} \sqrt{k} (\sqrt{a_k} - \sqrt{a_{k+1}})$. (第 38 届 IMO 预选题)

29. 设 $a_n = 1 + \dfrac{1}{2} + \dfrac{1}{3} + \cdots + \dfrac{1}{n}$. 证明:对一切 $n \geqslant 2$,都有 $a_n^2 > 2(\dfrac{a_2}{2} + \dfrac{a_3}{3} + \cdots + \dfrac{a_n}{n})$. (1998 年摩尔多瓦数学奥林匹克试题)

30. 设 $n > 2, a_1, a_2, \cdots, a_n$ 是 $n$ 个正数,且 $a_1 a_2 \cdots a_n = 1$,证明: $\sum_{k=1}^{n} \dfrac{1}{1 + a_k} > 1$. (2005 年泰国数学奥林匹克试题)

31. 设 $a_i$ 为正实数 $(i = 1, 2, \cdots, n)$,令 $b_k = \dfrac{a_1 + a_2 + \cdots + a_k}{k}$ $(k = 1, 2, \cdots, n)$, $C_n = (a_1 - b_1)^2 + (a_2 - b_2)^2 + \cdots + (a_n - b_n)^2$, $D_n = (a_1 - b_n)^2 + (a_2 - b_n)^2 + \cdots + (a_n - b_n)^2$,求证: $C_n \leqslant D_n \leqslant 2C_n$. (1978 年全苏数学奥林匹克试题)

32. 设 $m, n \in \mathbf{N}^*$,记 $S_m(n) = \sum_{k=1}^{n} [\sqrt[k^2]{k^m}] \leqslant n + m(\sqrt[4]{2^n} - 1)$. 这里 $[x]$ 表示不超过 $x$ 的最大整数. (1999 年波兰数学奥林匹克试题)

33. 已知 $m, n$ 是不小于 2 的正整数,证明 $\max\{\sqrt[n]{m}, \sqrt[m]{n}\} \leqslant \sqrt[3]{3}$. (1996 年摩尔多瓦数学奥林匹克试题)

34. 证明对于所有的 $n \geqslant 2$，不等式 $\dfrac{x_1^2}{x_1^2+x_2x_3}+\dfrac{x_2^2}{x_2^2+x_3x_4}+\cdots+\dfrac{x_{n-1}^2}{x_{n-1}^2+x_nx_1}+\dfrac{x_n^2}{x_n^2+x_1x_2}\leqslant n-1$ 成立.（第 27 届 IMO 预选题）

35. 已知正整数 $n>1$，求证：$\dfrac{2n}{3n+1}<\dfrac{1}{n+1}+\dfrac{1}{n+2}+\cdots+\dfrac{1}{n+n}<\dfrac{25}{36}$.
（《数学通报》问题 1522, 2007 年江苏省数学竞赛试题）

36. 实数列 $a_0,a_1,\cdots$，定义为：$a_0=-1$，对于所有的正整数 $n$，有 $\sum\limits_{k=0}^{n}\dfrac{a_{n-k}}{k+1}=0$. 证明：对于所有的正整数 $n$，有 $a_n>0$.（第 47 届 IMO 预选题）

37. 设 $x_1,x_2,\cdots,x_n,x_{n+1}$ 是正数，证明：$\dfrac{1}{x_1}+\dfrac{x_1}{x_2}+\dfrac{x_1x_2}{x_3}+\cdots+\dfrac{x_1x_2\cdots x_n}{x_{n+1}}\geqslant 4(1-x_1x_2\cdots x_nx_{n+1})$.（2007 年白俄罗斯数学奥林匹克试题）

38. 设 $a_1,a_2,\cdots,a_{1996}$ 是正数，证明：$2^{a_1}+2^{a_2}+\cdots 2^{a_{1996}}\leqslant 1995+2^{a_1+a_2+\cdots+a_{1996}}$.
（1996 年摩尔多瓦数学奥林匹克试题）

39. 正实数 $a_0,a_1,\cdots,a_n$ 满足 $a_{k+1}-a_k\geqslant 1(k=0,1,2,\cdots,n-1)$. 证明：$1+\dfrac{1}{a_0}(1+\dfrac{1}{a_1-a_0})(1+\dfrac{1}{a_2-a_0})\cdots(1+\dfrac{1}{a_n-a_0})\leqslant (1+\dfrac{1}{a_0})(1+\dfrac{1}{a_1})\cdots(1+\dfrac{1}{a_n})$.
（2010 年 ICM 试题）

40. 设 $\alpha_i>0,\beta_i>0(1\leqslant i\leqslant n,n>1)$，且 $\sum\limits_{i=1}^{n}\alpha_i=\sum\limits_{i=1}^{n}\beta_i=\pi$，则 $\sum\limits_{i=1}^{n}\dfrac{\cos\beta_i}{\sin\alpha_i}\leqslant\sum\limits_{i=1}^{n}\cot\alpha_i$.（第 29 届 IMO 预选题）

# 参 考 解 答

1. 由不等式 $a_0^2\leqslant a_0-a_1$ 得知 $a_1\leqslant a_0-a_0^2=a_0(1-a_0)\leqslant[\dfrac{a_0+(1-a_0)}{2}]^2=\dfrac{1}{4}<\dfrac{1}{2}$，知当 $n=1$ 时，所得的不等式成立.

假设 $n=k$ 时，不等式成立，即有 $a_k<\dfrac{1}{k+1}$；要证 $n=k+1$ 时，不等式也成立.

分两种情况考虑:(1) $\frac{1}{k+2} \leq a_k < \frac{1}{k+1}$;(2) $a_k < \frac{1}{k+2}$.

在情况(1)之下,我们有 $a_{k+1} \leq a_k(1-a_k) < \frac{1}{k+1}(1-\frac{1}{k+2}) = \frac{1}{k+2}$;

在情况(2)之下,由于显然有 $0 < 1-a_k \leq 1$,我们有 $a_{k+1} \leq a_k(1-a_k) \leq a_k < \frac{1}{k+2}$;

所以无论何种情况,所证不等式都对 $n = k+1$ 成立. 故知对一切正整数 $n$,不等式都成立.

2. 加强命题:证明:"对任何 $n \in \mathbf{N}^*$ 有 $1 < a_n < \frac{1}{1-a}$."

(1) 当 $n=1$ 时,由 $a_1 = 1+a$ 及 $a_1 = \frac{1-a^2}{1-a} < \frac{1}{1-a}$,显然成立.

(2) 假设当 $n=k$ 时,有 $1 < a_k < \frac{1}{1-a}$ 成立,于是由递推公式知:

$$a_{k+1} = \frac{1}{a_k} + a > \frac{1}{\frac{1}{1-a}} + a = 1-a+a = 1, \text{且} a_{k+1} = \frac{1}{a_k}+a < 1+a = \frac{1-a^2}{1-a} < \frac{1}{1-a}.$$

这表明仍有 $1 < a_{k+1} < \frac{1}{1-a}$. 所以对一切对任何 $n \in \mathbf{N}^*$,都有 $1 < a_n < \frac{1}{1-a}$.

3. 由题设知,$a_n \leq na_1$,固定 $m$,对 $n$ 用第二数学归纳法.

当 $n=1$ 时,原不等式等价于 $(1-\frac{1}{m})a_m \leq (m-1)a_1 \Leftrightarrow (m-1)a_m \leq (m-1)ma_1$.

假设当 $1 \leq n \leq k$ 时,命题成立,分两种情况讨论:

(i) 若 $k < m$,则由 $a_{k+1} \leq (k+1)a_1$,可得:

$$\frac{a_{k+1}}{k+1} - \frac{a_m}{m} \leq a_1 - \frac{a_m}{m}.$$

再由 $a_1 - \frac{a_m}{m} \geq 0$ 可知,$m \geq k+1$,$\frac{a_{k+1}}{k+1} - \frac{a_m}{m} \leq a_1 - \frac{a_m}{m} \leq \frac{m}{k+1}(a_1 - \frac{a_m}{m})$,

从而 $a_{k+1} \leq ma_1 + (\frac{k+1}{m} - 1)a_m$.

(ii) 若 $k \geq m$,则 $k+1-m \geq 1$. 由题设 $a_{k+1} \leq a_{k+1-m} + a_m$ 及归纳假设有 $a_{k+1-m} \leq ma_1 + (\frac{k+1-m}{m} - 1)a_m$,于是

$$a_{k+1} \leq ma_1 + (\frac{k+1-m}{m} - 1)a_m + a_m = ma_1 + (\frac{k+1}{m} - 1)a_m.$$

综合以上两种情况,可知当 $n = k + 1$ 时命题成立.

4. 当 $n = 1$ 时, $(1 + x_1)^\alpha \leq 1 + x_1^\alpha$ (这可利用 $f(x) = (1 + x)^\alpha - (1 + x^\alpha)$ 在 $(0,1)$ 上是减函数得到),不等式成立. 设不等式对 $n$ 成立,下面证明对 $n + 1$ 也成立. 我们有

$$(1 + x_1 + x_2 + \cdots + x_n + x_{n+1})^\alpha - (1 + x_1 + x_2 + \cdots + x_n)^\alpha =$$
$$(1 + x_1 + x_2 + \cdots + x_n)^\alpha [(1 + \frac{x_{n+1}}{1 + x_1 + x_2 + \cdots + x_n})^\alpha - 1] \leq$$
$$(1 + x_1 + x_2 + \cdots + x_n)^{\alpha-1} x_{n+1} \leq$$
$$((n+1)x_{n+1})^{\alpha-1} x_{n+1} = (n+1)^{\alpha-1} x_{n+1}^\alpha.$$

其中不等式 $(1 + x_1 + x_2 + \cdots + x_n)^{\alpha-1} x_{n+1} \leq ((n+1)x_{n+1})^{\alpha-1} x_{n+1}$ 的正确性可由条件 $1 + x_1 + x_2 + \cdots + x_n \geq (n+1)x_{n+1}$ 与 $\alpha - 1 \leq 0$ 推出. 由已证的不等式及归纳假设便得到

$$(1 + x_1 + x_2 + \cdots + x_n + x_{n+1})^\alpha \leq$$
$$(1 + x_1 + x_2 + \cdots + x_n)^\alpha + (n+1)^{\alpha-1} x_{n+1}^\alpha \leq$$
$$1 + 1^{\alpha-1} x_1^\alpha + 2^{\alpha-1} x_2^\alpha + \cdots + n^{\alpha-1} x_n^\alpha + (n+1)^{\alpha-1} x_{n+1}^\alpha.$$

此即所要证明的.

5. (1) $n = 1$ 时,左边 $= 0 =$ 右边,命题成立.

(2) 假设 $n = k$ 时,不等式成立,即有 $(a + b)^k - a^k - b^k \geq 2^{2k} - 2^{k+1}$.

于是当 $n = k + 1$ 时,左边 $= (a + b)^{k+1} - a^{k+1} - b^{k+1} = (a + b)[(a + b)^k - a^k - b^k] + a^k b + ab^k$

因为 $\frac{1}{a} + \frac{1}{b} = 1$,所以 $a + b = ab$,又 $(a + b)(\frac{1}{a} + \frac{1}{b}) \geq 4$,故 $a + b = ab \geq 4$,

$a^k b + ab^k \geq 2\sqrt{a^k b \cdot ab^k} = 2\sqrt{(ab)^{k+1}} \geq 2 \cdot 2^{k+1} = 2^{k+2}.$

所以 左边 $\geq 4(2^{2k} - 2^{k+1}) + 2^{k+2} = 2^{2k+2} - 2^{k+2} =$ 右边.

由(1)及(2),对一切 $n \in \mathbf{N}^*$,不等式成立.

6. 由 $x_{n+1} = 1 + x_n - \frac{1}{2}x_n^2$ 及 $1 < x_1 < 2$ 可得 $1 < x_2 < \frac{3}{2}$, $\frac{3 - (\frac{1}{2})^2}{2} < x_3$ $< \frac{3}{2}$,因而 $\frac{11}{8} - \sqrt{2} < x_3 - \sqrt{2} < \frac{3}{2} - \sqrt{2}$, $|x_3 - \sqrt{2}| < \frac{1}{2^3}$. 即 $n = 3$ 时不等式成立.

设 $y_n = x_n - \sqrt{2}$,则由已知的递推式得 $y_{n+1} + \sqrt{2} = 1 + y_n + \sqrt{2} - \frac{1}{2}(y_n +$

$\sqrt{2})^2, y_{n+1} = y_n(1 - \sqrt{2} - \frac{y_n}{2})$.

假设 $|y_n| < \frac{1}{2^n}(n \geq 3)$，我们证明 $|y_{n+1}| < \frac{1}{2^{n+1}}$.

$|y_{n+1}| = |y_n| \cdot |1 - \sqrt{2} - \frac{y_n}{2}| = |y_n| \cdot \frac{1}{2}|y_n + (2\sqrt{2} - 2)|$

因为 $n \geq 3$，所以 $|y_n| < \frac{1}{2^n} < \frac{1}{2^3}$，从而 $|y_n + (2\sqrt{2} - 2)| \leq |\frac{1}{2^3} + (2\sqrt{2} - 2)| < 1$，

于是，$|y_{n+1}| < \frac{1}{2}|y_n| < \frac{1}{2} \cdot \frac{1}{2^n} = \frac{1}{2^{n+1}}$. 即命题对 $n+1$ 成立.

由此，对所有 $n \geq 3$ 的自然数命题成立，即对 $n \geq 3$ 均有 $|x_n - \sqrt{2}| < \frac{1}{2^n}$.

7. 用数学归纳法. 当 $n = 1, 2$ 时，式 ① 显然成立.

假设式 ① 对 $n \leq k - 1$ 均成立.

记 $x_i = \frac{[x]}{1} + \frac{[2x]}{2} + \frac{[3x]}{3} + \cdots + \frac{[ix]}{i}, i = 1, 2, \cdots, k$. 则有

$$kx_k = kx_{k-1} + [kx] = (k-1)x_{k-1} + x_{k-1} + [kx] \qquad ②$$
$$(k-1)x_{k-1} = (k-2)x_{k-2} + x_{k-2} + [(k-1)x] \qquad ③$$
$$\cdots$$
$$2x_2 = x_1 + x_1 + [2x] \qquad ⓚ$$

将 ② 到式 ⓚ 相加，得

$$kx_k = x_{k-1} + x_{k-2} + \cdots + x_1 + x_1 + [kx] + [(k-1)x] + \cdots + [2x]$$

由此，由归纳假设，

$$kx_k \leq [kx] + 2([(k-1)x] + [(k-2)x] + \cdots + [2x] + [x])$$

但是，$[(k-m)x] + [mx] \leq [(k-m)x + mx]$ $(m < k)$，所以

$$kx_k \leq [kx] + ([(k-1)x] + [x]) + \\
([(k-2)x] + [2x]) + \cdots + ([x] + [(k-1)x]) \leq \\
k[kx]$$

即 $x_k \leq [kx]$，此即所要证的式 ①.

8. (1) $n = 1$ 时，因为 $\frac{2}{3} < 1 < \frac{7}{6}$，所以 $n = 1$ 时，不等式 ① 成立.

(2) 假设 $n = k$ 时不等式成立，即

$$\frac{2}{3}k\sqrt{k} < 1 + \sqrt{2} + \sqrt{3} + \cdots + \sqrt{k} < \frac{4k+3}{6}\sqrt{k}$$

那么 $n = k + 1$ 时，

$$1 + \sqrt{2} + \sqrt{3} + \cdots + \sqrt{k} + \sqrt{k+1} > \frac{2}{3}k\sqrt{k} + \sqrt{k+1} =$$

$$\frac{2}{3}(k+1)\sqrt{k+1} + \frac{1}{3}\left[(2k\sqrt{k}) - (2k-1)\sqrt{k+1}\right] =$$

$$\frac{2}{3}(k+1)\sqrt{k+1} + \frac{1}{3} \cdot \frac{3k-1}{2k\sqrt{k} + (2k-1)\sqrt{k+1}} >$$

$$\frac{2}{3}(k+1)\sqrt{k+1}$$

$$1 + \sqrt{2} + \sqrt{3} + \cdots + \sqrt{k} + \sqrt{k+1} < \frac{4k+3}{6}\sqrt{k} + \sqrt{k+1} =$$

$$\frac{4(k+1)+3}{6}\sqrt{k+1} - \frac{1}{6}\left[(4k+1)\sqrt{k+1} - (4k+3)\sqrt{k}\right] =$$

$$\frac{4(k+1)+3}{6}\sqrt{k+1} - \frac{1}{6} \cdot \frac{1}{(4k+1)\sqrt{4k+1} + (4k+3)\sqrt{k}} <$$

$$\frac{4(k+1)+3}{6}\sqrt{k+1}$$

于是 $n = k + 1$ 时,不等式成立.

由(1)、(2),对所有正整数 $n$,不等式成立.

9. (1) 当 $n = 1$ 时, $(\frac{x+1}{2})^3 \geq \frac{x(x^2+1)}{x+1} \Leftrightarrow (x+1)^4 \geq 8x(x^2+1) \Leftrightarrow (x-1)^4 \geq 0$,不等式成立;

(2) 假设 $n = k$ 时,不等式成立,即 $(\frac{x+1}{2})^{2k+1} \geq \frac{x^k(x^{k+1}+1)}{x^k+1}$,当 $n = k+1$ 时,我们证明 $(\frac{x+1}{2})^{2k+3} \geq \frac{x^{k+1}(x^{k+2}+1)}{x^{k+1}+1}$,只要证明

$$\frac{x^k(x^{k+1}+1)}{x^k+1}(\frac{x+1}{2})^2 \geq \frac{x^{k+1}(x^{k+2}+1)}{x^{k+1}+1} \Leftrightarrow \frac{(x^{k+1}+1)}{x^k+1}(\frac{x+1}{2})^2 \geq \frac{x(x^{k+2}+1)}{x^{k+1}+1} \Leftrightarrow$$

$$(x^{k+1}+1)^2(x+1)^2 \geq 4x(x^k+1)(x^{k+2}+1) \quad ①$$

因为 $(x^{k+1}+1)^2(x+1)^2 - 4x(x^k+1)(x^{k+2}+1) = x^{2k+4} + 2x^{k+3} + x^2 + 2x^{2k+3} + 4x^{k+2} + 2x + x^{2k+2} + 2x^{k+1} + 1 - 4x^{2k+3} - 4x^{k+1} - 4x^{k+3} - 4x = (x^2 - 2x + 1) + (x^{2k+4} - 2x^{2k+3} + x^{2k+2}) - 2x^{2k+3} + 4x^{k+2} - 2x^{k+1} = (x-1)^2 + x^{2k+2}(x-1)^2 - 2x^{k+1}(x-1)^2 = (x-1)^2(x^{k+1}-1)^2 \geq 0$,所以不等式①成立,从而 $n = k+1$ 时不等式成立.

所以对一切 $n \in \mathbf{N}$,不等式 $\frac{x^n(x^{n+1}+1)}{x^n+1} \leq (\frac{x+1}{2})^{2n+1}$ 成立.

10. (1) 当 $n = 3$ 时, $3(x_1x_2 + x_1x_3 + x_2x_3) - (2x_1 + x_2)(x_2 + 2x_3) = (x_1 - x_2)(x_2 - x_3) > 0$,不等式成立;

(2) 假设当 $n=k(k\geq 3)$ 时不等式成立,

令 $A=\sum_{i<j\leq k}x_ix_j, B=(\sum_{i=1}^{k-1}(k-i)x_i), C=(\sum_{j=2}^{k}(j-1)x_j)$,则 $A>\dfrac{2}{k(k-1)}BC$.

对 $n=k+1$,只需证明
$$\dfrac{k(k+1)}{2}\left[\dfrac{2BC}{k(k-1)}+(x_1+x_2+\cdots+x_k)x_{k+1}\right]-$$
$$[B+(x_1+x_2+\cdots+x_k)](C+kx_{k+1})>0$$

展开合并,并分解上式左端,即
$$\left[\dfrac{2}{k-1}B-(x_1+x_2+\cdots+x_k)\right]\left[C-\dfrac{k(k-1)}{2}x_{k+1}\right]$$

由于 $\{x_i\}$ 严格递增,所以
$$C=x_2+2x_3+3x_4+\cdots+(k-2)x_{k-1}+(k-1)x_k<$$
$$[1+2+3+\cdots+(k-2)+(k-1)]x_{k+1}=$$
$$\dfrac{k(k-1)}{2}x_{k+1}$$

只需证明
$$x_1+x_2+\cdots+x_k>\dfrac{2}{k-1}B$$

即要证明
$$(k-1)(x_1+x_2+\cdots+x_k)>2((k-1)x_1+(k-2)x_2+\cdots+x_{k-1}) \quad ①$$

因为对 $i<\dfrac{k}{2}$,
$$(k-1)(x_i+x_{k-i+1})-2((k-i)x_i+(i-1)x_{k-i+1})=>0$$

当 $k$ 是奇数时,
$$(k-1)(x_1+x_2+\cdots+x_k)-2((k-1)x_1+(k-2)x_2+\cdots+x_{k-1})=$$
$$\sum_{i=1}^{\frac{k-1}{2}}[(k-1)(x_i+x_{k-i+1})-2((k-i)x_i+(i-1)x_{k-i+1})]=$$
$$\sum_{i=1}^{\frac{k-1}{2}}(k-2i+1)(x_{k-i+1}-x_i)>0$$

当 $k$ 是偶数时,
$$(k-1)(x_1+x_2+\cdots+x_k)-2((k-1)x_1+(k-2)x_2+\cdots+x_{k-1})=$$
$$\sum_{i=1}^{\frac{k}{2}}(k-2i+1)(x_{k-i+1}-x_i)>0$$

于是 $n=k+1$,不等式成立.

从而,原不等式成立.

11. 再加强命题证明

$$\frac{1}{a_1} + \frac{2}{a_1+a_2} + \cdots + \frac{n}{a_1+a_2+\cdots+a_n} + \frac{n^2}{2(a_1+a_2+\cdots+a_n)} <$$
$$2\left(\frac{1}{a_1} + \frac{1}{a_2} + \cdots + \frac{1}{a_n}\right) \qquad ①$$

当 $n=1$ 时,命题显然成立.假设 $n$ 时不等式成立.即式①成立.则 $n+1$ 时,要证明

$$\frac{1}{a_1} + \frac{2}{a_1+a_2} + \cdots + \frac{n}{a_1+a_2+\cdots+a_n} + \frac{n+1}{a_1+a_2+\cdots+a_n+a_{n+1}} +$$
$$\frac{(n+1)^2}{2(a_1+a_2+\cdots+a_n+a_{n+1})} < 2\left(\frac{1}{a_1} + \frac{1}{a_2} + \cdots + \frac{1}{a_n}\right) \qquad ②$$

由式①只要证明

$$\frac{n+1}{a_1+a_2+\cdots+a_n+a_{n+1}} + \frac{(n+1)^2}{2(a_1+a_2+\cdots+a_n+a_{n+1})} -$$
$$\frac{n^2}{2(a_1+a_2+\cdots+a_n)} < \frac{2}{a_{n+1}} \qquad ③$$

记 $S_n = a_1 + a_2 + \cdots + a_n$,$S_{n+1} = a_1 + a_2 + \cdots + a_n + a_{n+1} = S_n + a_{n+1}$,要证③,即证明

$$\frac{n+1}{S_{n+1}} + \frac{(n+1)^2}{2S_{n+1}} - \frac{n^2}{2S_n} < \frac{2}{a_{n+1}} \Leftrightarrow$$
$$\frac{n+1}{S_{n+1}} + \frac{(n+1)^2 S_n - n^2 S_{n+1}}{2S_n S_{n+1}} < \frac{2}{a_{n+1}} \Leftrightarrow$$
$$\frac{n+1}{S_{n+1}} + \frac{(2n+1)S_n - n^2(S_{n+1} - S_n)}{2S_n S_{n+1}} < \frac{2}{a_{n+1}} \Leftrightarrow$$
$$\frac{4n+3}{2S_{n+1}} - \frac{n^2 a_{n+1}}{2S_n S_{n+1}} < \frac{2}{a_{n+1}} \Leftrightarrow$$
$$(4n+3)S_n a_{n+1} - n^2 a_{n+1}^2 < 4S_n S_{n+1} = 4S_n(S_n + a_{n+1}) \Leftrightarrow$$
$$4S_n^2 - 4n S_n a_{n+1} + n^2 a_{n+1}^2 + S_n a_{n+1} > 0 \Leftrightarrow$$
$$(2S_n - n a_{n+1})^2 + S_n a_{n+1} > 0 \qquad ④$$

而不等式④显然成立.从而原不等式成立.

12. 当 $n=1$ 时,命题显然成立.当 $n=2$ 时,由于 $a_1^2 - a_2^2 + a_3^2 - (a_1 - a_2 + a_3)^2 = (a_1 - a_2)(a_1 + a_2 - a_1 + a_2 - 2a_3) = 2(a_1 - a_2)(a_2 - a_3) \geq 0$,命题成立.

假设当 $n = k(k \geq 2)$ 时命题成立,当 $n = k+1$ 时,由归纳假设得

$$a_1^2 - a_2^2 + a_3^2 - a_4^2 + \cdots + a_{2k+1}^2 = (a_1^2 - a_2^2) + (a_3^2 - a_4^2 + \cdots + a_{2k+1}^2) \geq$$

$$(a_1^2 - a_2^2) + (a_3 - a_4 + \cdots + a_{2k+1})^2$$

由于
$$a_3 - a_4 + \cdots + a_{2k+1} = (a_3 - a_4) + \cdots + (a_{2k-1} - a_{2k}) + a_{2k+1} =$$
$$a_3 - [(a_4 - a_5) + \cdots + (a_{2k} - a_{2k+1})]$$

所以
$$0 \leq a_3 - a_4 + \cdots + a_{2k+1} \leq a_3 \leq a_2 \leq a_1$$

再有归纳假设,则 $a_1^2 - a_2^2 + a_3^2 - a_4^2 + \cdots + a_{2k+1}^2 \geq (a_1 - a_2 + a_3 - a_4 \cdots + a_{2k+1})^2$.
即命题对 $n = k+1$ 也成立.

13. 当 $n = 1$ 时,结论显然成立. 假设对 $n = k$ 时不等式成立. 当 $n = k+1$ 时,不妨设 $a_1 < a_2 < \cdots < a_k < a_{k+1}$. 由于 $(\sum_{i=1}^{k+1} a_i^3)^2 = (\sum_{i=1}^{k} a_i^3)^2 + 2a_{k+1}^3 \sum_{i=1}^{k} a_i^3 + a_{k+1}^6$.
再由归纳假设可知只需证明

$$2a_{k+1}^6 + 4a_{k+1}^3 \sum_{i=1}^{k} a_i^3 \leq a_{k+1}^7 + a_{k+1}^5 \quad \text{①}$$

由立方和公式 $1^3 + 2^3 + \cdots + n^3 = [\frac{n(n+1)}{2}]^2$ 及 $a_1 < a_2 < \cdots < a_k < a_{k+1}$ 得

$$a_1^3 + a_2^3 + \cdots + a_k^3 \leq 1^3 + 2^3 + \cdots + (a_{k+1} - 1)^3 = \frac{1}{4}(a_{k+1} - 1)^2 \cdot a_{k+1}^2.$$

又 $2a_{k+1}^6 + a_{k+1}^3(a_{k+1} - 1)^2 \cdot a_{k+1}^2 = a_{k+1}^7 + a_{k+1}^5$,所以,式 ① 成立,即当 $n = k+1$ 时要证的不等式成立. 当 $a_1 = 1, a_2 = 2, \cdots, a_n = n$ 时取等号.

14. 当 $n = 1$ 时,由 $\frac{1+a^2}{a} \geq \frac{1}{a} + a \geq 2\sqrt{\frac{1}{a} \cdot a} = 2$ 知不等式成立. 设 $n$ 时命题成立,即 $\frac{1 + a^2 + a^4 + \cdots + a^{2n}}{a + a^3 + a^5 + \cdots + a^{2n-1}} \geq \frac{n+1}{n}$.

则 $\frac{a + a^3 + a^5 + \cdots + a^{2n-1}}{1 + a^2 + a^4 + \cdots + a^{2n}} \leq \frac{n}{n+1}$. 注意到

$$\frac{1 + a^2 + a^4 + \cdots + a^{2n} + a^{2n+2}}{a + a^3 + a^5 + \cdots + a^{2n-1} + a^{2n+1}} + \frac{a + a^3 + a^5 + \cdots + a^{2n-1}}{1 + a^2 + a^4 + \cdots + a^{2n}} =$$

$$\frac{1 + a^2 + a^4 + \cdots + a^{2n} + a^{2n+2}}{a(1 + a^2 + a^4 + \cdots + a^{2n-2} + a^{2n})} + \frac{a + a^3 + a^5 + \cdots + a^{2n-1}}{1 + a^2 + a^4 + \cdots + a^{2n}} =$$

$$\frac{1 + a^2 + a^4 + \cdots + a^{2n} + a^{2n+2} + a(a + a^3 + a^5 + \cdots + a^{2n-1})}{a(1 + a^2 + a^4 + \cdots + a^{2n-2} + a^{2n})} =$$

$$\frac{(1 + a^2 + a^4 + \cdots + a^{2n}) + a^2(1 + a^2 + a^4 + \cdots + a^{2n})}{a(1 + a^2 + a^4 + \cdots + a^{2n-2} + a^{2n})} =$$

$$\frac{a^2 + 1}{a} = a + \frac{1}{a} \geq 2$$

所以,

$$\frac{1+a^2+a^4+\cdots+a^{2n}+a^{2n+2}}{a+a^3+a^5+\cdots+a^{2n-1}+a^{2n+1}} \geq 2 - \frac{n}{n+1} = \frac{n+2}{n+1}$$

即命题对 $n+1$ 成立,从而命题得证.

15. (1) 当 $n=1$ 时, $x_1 \geq y_1 > 0, \frac{1}{x_1} \leq \frac{1}{y_1}$.

当 $n=2$ 时, $x_1+x_2 \geq y_1+y_2, x_1-y_1 \geq y_2-x_2, \frac{1}{y_1} - \frac{1}{x_1} = \frac{x_1-y_1}{x_1 y_1} \geq \frac{y_2-x_2}{x_2 y_2} = \frac{1}{x_2} - \frac{1}{y_2}$, 所以 $\frac{1}{x_1} + \frac{1}{x_2} \leq \frac{1}{y_1} + \frac{1}{y_2}$.

假设 $n \leq k$ 时命题成立, 对于 $n=k+1$ 时, 记 $y_i = x_i + a_i (i=1,2,\cdots,k+1)$. 由条件 $a_1 \leq 0, a_1+a_2 \leq 0, \cdots, a_1+a_2+\cdots+a_k \leq 0, a_1+a_2+\cdots+a_k+a_{k+1} \leq 0$, 有

$$\frac{a_1}{x_1 y_1} + \frac{a_2}{x_2 y_2} + \cdots + \frac{a_k}{x_k y_k} \leq 0$$

假设 $\frac{a_1}{x_1 y_1} + \frac{a_2}{x_2 y_2} + \cdots + \frac{a_k}{x_k y_k} + \frac{a_{k+1}}{x_{k+1} y_{k+1}} > 0$, 则有

$$0 < \frac{a_1}{x_1 y_1} + \frac{a_2}{x_2 y_2} + \cdots + \frac{a_k}{x_k y_k} + \frac{a_{k+1}}{x_{k+1} y_{k+1}} \leq \frac{a_1}{x_1 y_1} + \frac{a_2}{x_2 y_2} + \cdots + \frac{a_k}{x_k y_k} - \frac{a_1+a_2+\cdots+a_k}{x_{k+1} y_{k+1}} = (a_1+a_2+\cdots+a_k)(\frac{1}{x_k y_k} - \frac{1}{x_{k+1} y_{k+1}}) + (a_1+a_2+\cdots+a_{k-1})(\frac{1}{x_{k-1} y_{k-1}} - \frac{1}{x_k y_k}) + (a_1+a_2+\cdots+a_{k-2})(\frac{1}{x_{k-2} y_{k-2}} - \frac{1}{x_{k-1} y_{k-1}}) + \cdots + (a_1+a_2)(\frac{1}{x_2 y_2} - \frac{1}{x_3 y_3}) + a_1(\frac{1}{x_1 y_1} - \frac{1}{x_2 y_2}) \leq 0.$$ 矛盾. 对于 $n=k+1$ 原不等式成立.

(2) 对于集合 $A = \{1,2,4,8,16,\cdots,2^{n-1}\}$, 满足对 $\forall B \neq C, B, C \subseteq A$, 有 $\sum_{x \in B} x \neq \sum_{x \in C} x$, 且 $\frac{1}{1} + \frac{1}{2} + \frac{1}{4} + \cdots + \frac{1}{2^{n-1}} = 2 - \frac{1}{2^{n-1}} < 2$. 对于所有 $A' = \{a_1, a_2, \cdots, a_n\}$, 不妨设 $a_1 < a_2 < \cdots < a_n$, 令 $a_1 = 1$(否则将 $a_i$ 都减去一个数, 使得 $a_1 = 1$), 又设 $A'$ 中从第 $k$ 个数开始, $a_k \neq 2^{k-1}(k=1,2,\cdots,n)$. 则 $a_k \neq 1,2,\cdots, 2^{k-1}-1$. 于是, $a_k > 2^{k-1}$. 那么 $a_{k+1} > a_k + (1+2+\cdots+2^{k-2}) \geq 2^{k-1} + 1 + (1+2+\cdots+2^{k-2}) = 2^k$.

以此类推, 则 $\frac{1}{a_1} + \frac{1}{a_2} + \cdots + \frac{1}{a_n} < \frac{1}{1} + \frac{1}{2} + \frac{1}{4} + \cdots + \frac{1}{2^{n-1}} < 2$.

16. **证法一** 我们用数学归纳法证明对任意实数 $x_1, x_2, \cdots, x_n$ 不等式

$$\sum_{k=1}^{n} \frac{x_k}{a+x_1^2+x_2^2+\cdots+x_k^2} < \sqrt{n} \quad ①$$

成立. 当 $n=1$ 时,易证 $\dfrac{x_1}{1+x_1^2} \leqslant \dfrac{1}{2} < 1$, 不等式 ① 成立.

设 $n=k$ 时不等式 ① 成立, 对 $n=k+1$ 的情形, 令 $y_i = \dfrac{x_{i+1}}{\sqrt{1+x_1^2}}, i=1,2,3,\cdots,k$, 则

$$\sum_{i=1}^{k+1} \dfrac{x_i}{1+x_1^2+\cdots+x_i^2} = \dfrac{x_1}{1+x_1^2} + \dfrac{1}{\sqrt{1+x_1^2}} \left( \sum_{i=1}^{k} \dfrac{y_i}{1+y_1^2+\cdots+y_i^2} \right) <$$

$$\dfrac{x_1}{1+x_1^2} + \dfrac{\sqrt{k}}{\sqrt{1+x_1^2}} \qquad ②$$

再令 $x_i = \tan\theta, 0 \leqslant \theta < \dfrac{\pi}{2}$, 则可知

$$\dfrac{x_1}{1+x_1^2} + \dfrac{\sqrt{k}}{\sqrt{1+x_1^2}} = \sin\theta\cos\theta + \sqrt{k}\cos\theta \leqslant \sin\theta + \sqrt{k}\cos\theta =$$

$$\sqrt{k+1}\sin(\theta+\varphi) \leqslant \sqrt{k+1} \qquad ③$$

于是, 由式 ②, ③ 知命题对 $n=k+1$ 成立, 从而不等式 ① 对一切正整数 $n$ 均成立.

**证法二** 考虑加强命题: 对任意正数 $a$, 有

$$\sum_{k=1}^{n} \dfrac{x_k}{a+x_1^2+x_2^2+\cdots+x_k^2} < \sqrt{\dfrac{n}{a}} \qquad ①$$

记 $\sqrt{\dfrac{n}{a}} = f(n,a)$. 当 $n=1$ 时, $\dfrac{x_1}{a+x_1^2} \leqslant \dfrac{1}{2\sqrt{a}} < \dfrac{1}{\sqrt{a}}$. 假设 $n-1$ 时不等式成立, 当 $n$ 时, 可对后 $n-1$ 项用归纳假设, 即证 $\dfrac{x_1}{a+x_1^2} + f(n-1, a+x_1^2) < f(n,a) \Leftrightarrow \dfrac{x_1}{a+x_1^2} + \sqrt{\dfrac{n-1}{a+x_1^2}} < \sqrt{\dfrac{n}{a}} \Leftrightarrow \dfrac{x_1}{\sqrt{a+x_1^2}} < \dfrac{\sqrt{n(a+x_1^2)} - \sqrt{(n-1)a}}{\sqrt{a}}$.

由于 $\sqrt{a+x_1^2} > \sqrt{a}$, 故只需证明 $x_1 \leqslant \sqrt{n(a+x_1^2)} - \sqrt{(n-1)a} \Leftrightarrow a + (n-1)x_1^2 \geqslant 2\sqrt{(n-1)a}\, x_1$.

而由均值不等式知此不等式显然成立, 从而, 不等式 ① 成立.

17. 因为 $k_i = \dfrac{a_{i-1}+a_{i+1}}{a_i}$, 所以 $k_1+k_2+\cdots+k_n = \sum\limits_{i=1}^{n} \left( \dfrac{a_i}{a_{i+1}} + \dfrac{a_{i+1}}{a_i} \right) \geqslant n \times 2 = 2n$.

为了证明右边的不等式, 我们对 $n$ 进行归纳.

当 $n=3$ 时, 容易验证结论成立, 假设对于 $n-1$ 成立, 那么对于 $n$, 若 $a_1 = a_2 = \cdots = a_n$, 则 $k_i = 2, i=1,2,\cdots,n$, 所以 $k_1 = k_2 = \cdots = k_n = 2$, $k_1+k_2+\cdots+$

$k_n = 2n < 3n$.

若 $a_1, a_2, \cdots, a_n$ 中至少有两个数不相等,则存在一个 $i$,使得 $a_i \geq a_{i-1}$ 且 $a_i > a_{i+1}$,或 $a_i > a_{i-1}$ 且 $a_i \geq a_{i+1}$,由此 $a_{i-1} + a_{i+1} < 2a_i$,所以 $k_i = 1$. 此时考虑序列 $a_1, a_2, \cdots a_{i-1}, a_{i+1}, \cdots, a_n$,该序列的项数为 $n-1$,令 $k'_j = k_j, 1 \leq j \leq i-2$, $k'_{i-1} = k_{i-1} - 1, k'_j = k_{j+1}, i+1 \leq j \leq n-1$,则对于数组 $k'_1, k'_2, \cdots, k'_{n-1}$,数列 $a_1, a_2, \cdots, a_{i-1}, a_{i+1}, \cdots a_n$ 满足题设条件,由归纳假设知 $k'_1 + k'_2 + \cdots + k'_{n-1} \leq 3(n-1)$,所以 $k_1 + k_2 + \cdots + k_n \leq 3(n-1) + 2 + 1 = 3n$. 由归纳法原理知结论成立.

18. 我们证明一个更强的一般性结论:若实数 $a_1, a_2, \cdots, a_{n+1}$,且 $a_1 \geq a_2 \geq \cdots \geq a_n, a_{n+1} = a_1$,有

$$\sum_{k=1}^{n} f(a_{k+1}) a_k \leq \sum_{k=1}^{n} f(a_k) a_{k+1}$$

当 $n = 2$ 时,命题显然成立(因为此时为等号). 设 $n = m$ 时,命题成立. 则当 $n = m+1$ 时,对 $b_1 \geq b_2 \geq \cdots \geq b_{m+1}, b_{m+2} = b_1$,有

$\sum_{k=1}^{m+1} f(b_{k+1}) b_k - \sum_{k=1}^{m+1} f(b_k) b_{k+1} =$

$\sum_{k=1}^{m-1} f(b_{k+1}) b_k - \sum_{k=1}^{m-1} f(b_k) b_{k+1} + f(b_{m+1}) b_m + f(b_1) b_{m+1} - f(b_m) b_{m+1} - f(b_{m+1}) b_1 =$

$[\sum_{k=1}^{m-1} f(b_{k+1}) b_k + f(b_1) b_m - \sum_{k=1}^{m-1} f(b_k) b_{k+1} - f(b_m) b_1] +$

$[(b_1 - b_{m+1}) f(b_m) - (b_1 - b_m) f(b_{m+1}) - (b_m - b_{m+1}) f(b_1)]$

由假设知第一个多项式小于或等于 0. 由 $f(x)$ 是凸函数知第二个多项式小于或等于 0. 所以,当 $n = m+1$ 时,命题成立. 综上可知,此结论成立. 当 $n = 2003$ 时,即为本题.

19. 不妨设 $a_1 < a_2 < \cdots < a_n$. 当 $n = 1$ 时,不等式 $a_1^2 \geq \dfrac{2+1}{3} a_1$ 成立;假设不等式对 $n = k$ 时成立,即 $a_1^2 + a_2^2 + \cdots + a_k^2 \geq \dfrac{2k+1}{3}(a_1 + a_2 + \cdots + a_k)$. 当 $n = k+1$ 时,只需证明 $a_{k+1}^2 \geq \dfrac{2}{3}(a_1 + a_2 + \cdots + a_k) + \dfrac{2k+3}{3} a_{k+1}$,这里 $a_1 < a_2 < \cdots < a_k < a_{k+1}$,且 $a_i \in \mathbf{N}^*$.

注意到,$a_k \leq a_{k+1} - 1, a_{k-1} \leq a_k - 1 \leq a_{k+1} - 2, \cdots, a_1 \leq a_{k+1} - k$,所以,只需证明:$a_{k+1}^2 \geq \dfrac{2}{3} \sum_{i=1}^{k}(a_{k+1} - i) + \dfrac{2k+3}{3} a_{k+1}$,这等价于 $a_{k+1}^2 - \dfrac{4k+3}{3} a_{k+1} + \dfrac{k(k+1)}{3} \geq 0$,即只需证明:$(a_{k+1} - (k+1))(a_{k+1} - \dfrac{k}{3}) \geq 0$,这由 $1 \leq a_1 \leq a_{k+1} - k$,即 $a_{k+1} \geq k+1$ 可得.

20. 当 $n \leq m$ 时,易证,对任意 $k \in \mathbf{N}^*$,均有 $k^4 \leq 2^{k^2}$. 于是 $\sqrt[k^2]{k^m} \leq \sqrt[4]{2^m}$,这时,$S_m(n) \leq \sum_{k=1}^{n} \sqrt[k^2]{k^m} = n + \sum_{k=1}^{n}(\sqrt[k^2]{k^m} - 1) \leq n + \sum_{k=1}^{m}(\sqrt[k^2]{k^m} - 1) \leq n + m(\sqrt[4]{2^m} - 1)$. 原不等式成立.

当 $n > m$ 时,注意到,对 $k \in \mathbf{N}^*$,$k > m$,均有 $1 < \sqrt[k^2]{k^m} < \sqrt[k]{k} < 2$.

这里 $\sqrt[k]{k} < 2$ 等价于 $2^k > k$,它可通过对 $k$ 归纳予以证明. 于是,$S_m(n+1) = S_m(n) + 1$,依此结合 $n \leq m$ 时不等式成立,及数学归纳法,可知对任意 $m, n \in \mathbf{N}^*$,均有 $S_m(n) \leq n + m(\sqrt[4]{2^m} - 1)$.

21. 我们证明更强的不等式:

$$\frac{1}{2} + \frac{2}{3} + \cdots + \frac{n-1}{n} \leq \frac{a_1}{a_2} + \frac{a_2}{a_3} + \cdots + \frac{a_{n-1}}{a_n} + \frac{a_n}{n} - 1 \qquad ①$$

用数学归纳法. 对 $n = 2$,我们有

$$\frac{1}{2} \leq \frac{1}{2} + \frac{2}{2} - 1 = \frac{1}{2}$$

及

$$\frac{1}{2} \leq \frac{2}{1} + \frac{1}{2} - 1 \leq \frac{3}{2}$$

设式 ① 对 $n$ 成立,只需证明

$$\frac{1}{2} + \frac{2}{3} + \cdots + \frac{n-1}{n} + \frac{n}{n+1} \leq \frac{a_1}{a_2} + \frac{a_2}{a_3} + \cdots + \frac{a_{n-1}}{a_n} + \frac{a_n}{a_{n+1}} + \frac{a_{n+1}}{n+1} - 1.$$

这里 $a_1, a_2, \cdots, a_n, a_{n+1}$ 是 $1, 2, \cdots, n, n+1$ 的一个排列.

情况 1:若 $a_1 = n+1$,这时,

$$\frac{a_1}{a_2} + \frac{a_2}{a_3} + \cdots + \frac{a_{n-1}}{a_n} + \frac{a_n}{a_{n+1}} + \frac{a_{n+1}}{n+1} - 1 =$$

$$\frac{n+1}{a_2} + (\frac{a_2}{a_3} + \cdots + \frac{a_{n-1}}{a_n} + \frac{a_n}{a_{n+1}} + \frac{a_{n+1}}{n}1) - \frac{a_{n+1}}{n(n+1)} \geq$$

(注:对( )中用归纳假设)

$$\frac{n+1}{a_2} - \frac{a_{n+1}}{n(n+1)} + (\frac{1}{2} + \frac{2}{3} + \cdots + \frac{n-1}{n}) \geq$$

$$(\frac{1}{2} + \frac{2}{3} + \cdots + \frac{n-1}{n}) + \frac{n+1}{n} - \frac{n}{n(n+1)} \geq$$

$$\frac{1}{2} + \frac{2}{3} + \cdots + \frac{n-1}{n} + \frac{n}{n+1}$$

情况 2:若 $a_{n+1} = n+1$,这时,

$$\frac{a_1}{a_2} + \frac{a_2}{a_3} + \cdots + \frac{a_{n-1}}{a_n} + \frac{a_n}{a_{n+1}} + \frac{a_{n+1}}{n+1} - 1 =$$

$$(\frac{a_1}{a_2} + \frac{a_2}{a_3} + \cdots + \frac{a_{n-1}}{a_n} + \frac{a_n}{n} - 1) - \frac{a_n}{n} + \frac{a_n}{a_{n+1}} + \frac{a_{n+1}}{n+1} \geqslant$$

(注:对( )中用归纳假设)

$$(\frac{1}{2} + \frac{2}{3} + \cdots + \frac{n-1}{n}) - \frac{a_n}{n} + \frac{a_n}{n+1} + \frac{n+1}{n+1} =$$

$$\frac{1}{2} + \frac{2}{3} + \cdots + \frac{n-1}{n} + 1 - \frac{a_n}{n(n+1)} \geqslant$$

$$\frac{1}{2} + \frac{2}{3} + \cdots + \frac{n-1}{n} + 1 - \frac{n}{n(n+1)} = \frac{1}{2} + \frac{2}{3} + \cdots + \frac{n-1}{n} + \frac{n}{n+1}$$

情况 3:若 $a_k = n+1(2 \leqslant k \leqslant n)$,这时,

$$\frac{a_1}{a_2} + \frac{a_2}{a_3} + \cdots + \frac{a_{n-1}}{a_n} + \frac{a_n}{a_{n+1}} + \frac{a_{n+1}}{n+1} - 1 =$$

$$(\frac{a_1}{a_2} + \cdots + \frac{a_{k-1}}{a_{k+1}} + \cdots + \frac{a_n}{a_{n+1}} + \frac{a_{n+1}}{n} - 1) +$$

$$\frac{a_{k-1}}{a_k} + \frac{a_k}{a_{k+1}} - \frac{a_{k-1}}{a_{k+1}} - \frac{a_{n+1}}{n(n+1)} \geqslant$$

(注:对( )中用归纳假设)

$$(\frac{1}{2} + \frac{2}{3} + \cdots + \frac{n-1}{n}) + \frac{(n+1)a_{k-1}}{a_{k-1}} + \frac{a_{k+1} - \frac{a_{n+1}}{n}}{n+1} \geqslant$$

$$(\frac{1}{2} + \frac{2}{3} + \cdots + \frac{n-1}{n}) + \frac{(n+1) - a_{k-1}}{n+1} + \frac{a_{k-1} - \frac{n}{n}}{n+1} =$$

$$\frac{1}{2} + \frac{2}{3} + \cdots + \frac{n-1}{n} + \frac{n}{n+1}$$

22. **证法一** 当 $n=2$ 时,不等式 $\frac{a_1 b_1}{a_1 + b_1} + \frac{a_2 b_2}{a_2 + b_2} \leqslant \frac{(a_1 + a_2)(b_1 + b_2)}{a_1 + a_2 + b_1 + b_2}$ 等价于

$$[a_1 b_1 (a_2 + b_2) + a_2 b_2 (a_1 + b_1)](a_1 + a_2 + b_1 + b_2) \leqslant$$
$$(a_1 + b_1)(a_2 + b_2)(a_1 + a_2)(b_1 + b_2)$$

而这个不等式经过化简整理后,即为

$$(a_1 b_2 - a_2 b_1)^2 \geqslant 0$$

归纳过渡:$\sum_{k=1}^{n+1} \frac{a_k b_k}{a_k + b_k} \leqslant \frac{A'B'}{A' + B'} + \frac{a_{n+1} b_{n+1}}{a_{n+1} + b_{n+1}} \leqslant \frac{AB}{A+B}$. 其中 $A' = \sum_{k=1}^{n} a_k, B' = \sum_{k=1}^{n} b_k$.

**证法二** 用数学归纳法证明 $\sum_{i=1}^{n} a_i \sum_{i=1}^{n} b_i \geqslant (\sum_{i=1}^{n}(a_i + b_i)) \sum_{i=1}^{n} \frac{a_i b_i}{a_i + b_i}$.

$n=2$ 同证法一,假设 $n=k$ 时不等式成立,即
$$\sum_{i=1}^{k} a_i \sum_{i=1}^{k} b_i \geq \left(\sum_{i=1}^{k}(a_i+b_i)\right)\sum_{i=1}^{k}\frac{a_i b_i}{a_i+b_i}$$

则 $n=k+1$ 时,
$$\sum_{i=1}^{k+1} a_i \sum_{i=1}^{k+1} b_i - \left(\sum_{i=1}^{k+1}(a_i+b_i)\right)\sum_{i=1}^{k+1}\frac{a_i b_i}{a_i+b_i} =$$
$$\left(\sum_{i=1}^{k} a_i \sum_{i=1}^{k} b_i - \left(\sum_{i=1}^{k}(a_i+b_i)\right)\sum_{i=1}^{k}\frac{a_i b_i}{a_i+b_i}\right) + a_{k+1}\sum_{i=1}^{k} b_i + b_{k+1}\sum_{i=1}^{k} a_i -$$
$$(a_{k+1}+b_{k+1})\sum_{i=1}^{k}\frac{a_i b_i}{a_i+b_i} - \frac{a_{k+1}b_{k+1}}{a_{k+1}+b_{k+1}}\sum_{i=1}^{k}(a_i+b_i) \geq$$
$$a_{k+1}\sum_{i=1}^{k} b_i + b_{k+1}\sum_{i=1}^{k} a_i - (a_{k+1}+b_{k+1})\sum_{i=1}^{k}\frac{a_i b_i}{a_i+b_i} - \frac{a_{k+1}b_{k+1}}{a_{k+1}+b_{k+1}}\sum_{i=1}^{k}(a_i+b_i) =$$
$$\sum_{i=1}^{k}\left(a_{k+1}b_i + b_{k+1}a_i - (a_{k+1}+b_{k+1})\frac{a_i b_i}{a_i+b_i} - \frac{a_{k+1}b_{k+1}}{a_{k+1}+b_{k+1}}(a_i+b_i)\right) =$$
$$\frac{1}{a_{k+1}+b_{k+1}}\sum_{i=1}^{k}\frac{(a_{k+1}b_i - b_{k+1}a_i)^2}{a_i+b_i} \geq 0$$

23. 当 $k \geq 2$ 时,我们证明 $x_1 - x_2 + x_3 - x_4 + \cdots + x_{2n-1} - x_{2n} + x_{2n+1} < \sqrt[k]{x_1^k - x_2^k + x_3^k - x_4^k + \cdots + x_{2n-1}^k - x_{2n}^k + x_{2n+1}^k}$.

即证明
$$(x_1 - x_2 + x_3 - x_4 + \cdots + x_{2n-1} - x_{2n} + x_{2n+1})^k <$$
$$x_1^k - x_2^k + x_3^k - x_4^k + \cdots + x_{2n-1}^k - x_{2n}^k + x_{2n+1}^k$$

当 $n=1$ 时,$0 < x_1 < x_2 < x_3$,$(x_1 - x_2 + x_3)^k < x_1^k - x_2^k + x_3^k$ 等价于证明 $(x_1 - x_2 + x_3)^k - x_1^k < x_3^k - x_2^k \Leftrightarrow$
$$[(x_1-x_2+x_3)-x_1] \cdot \left[\sum_{i=0}^{k-1}(x_1-x_2+x_3)^{k-1-i}x_1^i\right] < (x_3-x_2) \cdot \left(\sum_{i=0}^{k-1}x_3^{k-1-i}x_2^i\right) \Leftrightarrow$$
$$\sum_{i=0}^{k-1}(x_1-x_2+x_3)^{k-1-i}x_1^i < \sum_{i=0}^{k-1}x_3^{k-1-i}x_2^i \qquad ①$$

由已知 $0 < x_1 < x_2 < x_3$,所以 $x_1 - x_2 + x_3 < x_3$,$x_1 < x_2$,$(x_1-x_2+x_3)^{k-1-i} < x_3^{k-1-i}$,$x_1^i < x_2^i$. 式 ① 成立.

假设 $n$ 时不等式成立,即
$$(x_1 - x_2 + x_3 - x_4 + \cdots + x_{2n-1} - x_{2n} + x_{2n+1})^k <$$
$$x_1^k - x_2^k + x_3^k - x_4^k + \cdots + x_{2n-1}^k - x_{2n}^k + x_{2n+1}^k \qquad ②$$

则 $n+1$ 时,将 $x_1 - x_2 + x_3 - x_4 + \cdots + x_{2n-1} - x_{2n} + x_{2n+1}$ 视为一个整体,用 $n=1$ 时的结论及归纳假设得
$$(x_1 - x_2 + x_3 - x_4 + \cdots + x_{2n-1} - x_{2n} + x_{2n+1} - x_{2n+2} + x_{2n+3})^k <$$

$$(x_1 - x_2 + x_3 - x_4 + \cdots + x_{2n-1} - x_{2n} + x_{2n+1})^k - x_{2n+2}^k + x_{2n+3}^k <$$
$$x_1^k - x_2^k + x_3^k - x_4^k + \cdots + x_{2n-1}^k - x_{2n}^k + x_{2n+1}^k - x_{2n+2}^k + x_{2n+3}^k$$

即 $n+1$ 时不等式成立.

将 $k$ 换成 $n$, 知原不等式成立.

24. 当 $n=1$ 时, $a_1 \geqslant a_1$, 不等式显然成立.

假设 $n = 1, 2, \cdots, k-1$ 时不等式成立, 即有

$$\begin{cases} a_1 \geqslant a_1 \\ a_1 + \dfrac{a_2}{2} \geqslant a_2 \\ \quad \cdots\cdots \\ a_1 + \dfrac{a_2}{2} + \dfrac{a_3}{3} + \cdots + \dfrac{a_{k-1}}{k-1} \geqslant a_{k-1} \end{cases}$$

相加得

$$(k-1)a_1 + (k-2)\frac{a_2}{2} + (k-3)\frac{a_3}{3} + \cdots + (k-(k-1))\frac{a_{k-1}}{k-1} \geqslant$$
$$a_1 + a_2 + a_3 + \cdots + a_{k-1}$$

即

$$k\left(a_1 + \frac{a_2}{2} + \frac{a_3}{3} + \cdots + \frac{a_{k-1}}{k-1}\right) \geqslant 2(a_1 + a_2 + a_3 + \cdots + a_{k-1}) =$$
$$(a_1 + a_{k-1}) + (a_2 + a_{k-2}) + \cdots + (a_{k-1} + a_1) \geqslant$$
$$(k-1)a_k = ka_k - a_k$$

故 $a_1 + \dfrac{a_2}{2} + \dfrac{a_3}{3} + \cdots + \dfrac{a_k}{k} \geqslant a_k$. 因此, 原不等式成立.

25. 首先证明对任何 $x, y > 0$, 都有 $f(x)f(y) \geqslant [f(\sqrt{xy})]^2$.

事实上, 若记 $\sqrt{xy} = z$, 则有

$$f(x)f(y) - [f(\sqrt{xy})]^2 = a^2(x^2y^2 - z^4) + b^2(xy - z^2) + c^2(1-1) +$$
$$ab(x^2y + xy^2 - 2z^3) + ac(x^2 + y^2 - 2z^2) + bc(x + y - 2z) =$$
$$ab(\sqrt{x^2y} - \sqrt{xy^2})^2 + ac(x - y)^2 + bc(\sqrt{x} - \sqrt{y})^2 \geqslant 0$$

如果 $n$ 不是 2 的整数幂, 则可在数组 $x_1, x_2, \cdots, x_n$ 之后补上若干个 1, 使新数组的个数为 2 的整数幂, 因为 $f(1) = 1$, 所以这样作时条件 $x_1 x_2 \cdots x_n = 1$ 和结论 $f(x_1)f(x_2)\cdots f(x_n) \geqslant 1$ 都不改变. 故不妨设 $n = 2^k$, $k$ 为正整数. 将 $f(x_1), f(x_2), \cdots, f(x_n)$ 依次两两结合起来, 再将所得结果两两结合起来, 这样一共进行了 $k$ 次, 每次都利用上面已证的不等式, 便得

$$f(x_1)f(x_2)\cdots f(x_n) \geqslant [f(\sqrt{x_1x_2})]^2[f(\sqrt{x_3x_4})]^2\cdots \geqslant$$
$$[f(\sqrt[4]{x_1x_2x_3x_4})]^4\cdots \geqslant [f(\sqrt[n]{x_1x_2x_3x_4\cdots x_n})]^n =$$
$$[f(1)]^n = 1$$

26. 考虑加强命题
$$\sum_{k=1}^{n}\sqrt[k]{a_1a_2\cdots a_k} + n\sqrt[n]{a_1a_2\cdots a_n} \leqslant e\sum_{k=1}^{n}a_k \qquad ①$$

当 $n=1$ 时,结论显然成立.

假设式①对 $n-1$ 成立,即
$$\sum_{k=1}^{n-1}\sqrt[k]{a_1a_2\cdots a_k} + (n-1)\sqrt[n-1]{a_1a_2\cdots a_{n-1}} \leqslant e\sum_{k=1}^{n-1}a_k \qquad ②$$

下面只需证明
$$ea_n + (n-1)\sqrt[n-1]{a_1a_2\cdots a_{n-1}} \geqslant (n+1)\sqrt[n]{a_1a_2\cdots a_n}$$

注意到 $(1+\frac{1}{n})^n < e$, 由均值不等式得
$$ea_n + (n-1)\sqrt[n-1]{a_1a_2\cdots a_{n-1}} \geqslant n\sqrt[n]{ea_1a_2\cdots a_n} =$$
$$n\sqrt[n]{(1+\frac{1}{n})^n a_1a_2\cdots a_n} = (n+1)\sqrt[n]{a_1a_2\cdots a_n}$$

27. 当 $n=2$ 时,上式为等式,结论成立. 当 $n=3$ 时,
$$xy^4 + yz^4 + zx^4 - (x^4y + y^4z + z^4x) = xy(y^3-x^3) + z^4(y-x) - z(y^4-x^4) =$$
$$(y-x)[xy(x^2+xy+y^2) + z^4 - z(y+x)(y^2+x^2)] =$$
$$(y-x)(x^3y + x^2y^2 + xy^3 + z^4 - x^3z - y^3z - x^2yz - xy^2z) =$$
$$(y-x)[x^2y(x-z) + xy^2(x-z) + y^3(x-z) - z(x^3-z^3)] =$$
$$(y-x)[x^2y(x-z) + xy^2(x-z) + y^3(x-z) - z(x-z)(x^2+xz+z^2)] =$$
$$(y-x)(x-z)(x^2y + xy^2 + y^3 - zx^2 - x^2z - z^3) =$$
$$(y-x)(x-z)[x^2(y-z) + x(y^2-z^2) + (y^3-z^3)] =$$
$$(y-x)(x-z)(y-z)[x^2(y-z) + x(y-z)(y+z) + (y-z)(y^2+yz+z^2)] =$$
$$(y-x)(x-z)(y-z)(x^2+y^2+z^2+xy+yz+zx)$$

所以,
$$a_1a_2^4 + a_2a_3^4 + a_3a_1^4 - (a_2a_1^4 + a_3a_2^4 + a_1a_3^4) =$$
$$\frac{1}{2}(a_2-a_1)(a_3-a_2)(a_3-a_1)[(a_2+a_1)^2 + (a_3+a_2)^2 + (a_3+a_1)^2] \geqslant 0$$

假设不等式当 $n-1$ 时成立,现在证明不等式当 $n$ 时成立. 用归纳假设,我们只需证明 $a_{n-1}a_n^4 + a_na_1^4 - a_{n-1}a_1^4 \geqslant a_na_{n-1}^4 + a_1a_n^4 - a_1a_{n-1}^4$. 移项后,化为 $n=3$ 的情形. 所以原不等式成立.

28. 把欲证明的结论改述如下:

对每个非增、非负实数列 $a_1 \geq a_2 \geq \cdots \geq a_n$,不等式

$$\sqrt{\sum_{k=1}^{n} a_k} \leq \sum_{k=1}^{n-1} \sqrt{k}(\sqrt{a_k} - \sqrt{a_{k+1}}) + \sqrt{na_n} \qquad ①$$

成立.

对 $n$ 用数学归纳法. $n = 1$,两端都等于 $\sqrt{a_1}$,命题显然成立.

假设对某个 $n \geq 1$, 每个非增、非负长度为 $n$ 的实数列 $a_1 \geq a_2 \geq \cdots \geq a_n$,不等式 ① 成立. 考虑长度为 $n + 1$ 的实数列 $a_1 \geq a_2 \geq \cdots \geq a_n \geq a_{n+1} \geq 0$,由归纳假设,对此数列的前 $n$ 项,不等式 ① 成立. 为此,如能证明

$$\sqrt{\sum_{k=1}^{n+1} a_k} - \sqrt{\sum_{k=1}^{n} a_k} \leq -\sqrt{na_{n+1}} + \sqrt{(n+1)a_{n+1}} \qquad ②$$

把 ① 与 ② 相加,就可得到对数列 $a_1 \geq a_2 \geq \cdots \geq a_n \geq a_{n+1} \geq 0$,我们所要证明的结果. 现证明 ②.

令 $S = \sum_{k=1}^{n} a_k, b = a_{n+1}$. 则欲证明的 ② 成为 $\sqrt{S+b} - \sqrt{S} \leq -\sqrt{nb} + \sqrt{(n+1)b}$.

在 $b = 0$ 时,显然成立. 如果 $b > 0$ 时,上式除以 $\sqrt{b}$,并设 $U = \dfrac{S}{b}$. 得 $\sqrt{U+1} - \sqrt{U} \leq \sqrt{n+1} - \sqrt{n}$.

它等价于

$$\frac{1}{\sqrt{U+1} + \sqrt{U}} \leq \frac{1}{\sqrt{n+1} + \sqrt{n}} \qquad ③$$

因为 $b = a_{n+1} \leq \min\{a_1, a_2, \cdots, a_n\} \leq \dfrac{S}{n}$,所以,$U \geq n$. 故不等式 ③ 成立,亦即 ② 成立.

29. 加强命题证明 $a_n^2 > 2\left(\dfrac{a_2}{2} + \dfrac{a_3}{3} + \cdots + \dfrac{a_n}{n}\right) + \dfrac{1}{n}$.

(1) 当 $n = 2$ 时,$a_n^2 = a_2^2 = \dfrac{9}{4}$,而 $2\left(\dfrac{a_2}{2}\right)^2 + \dfrac{1}{2} = 2$,不等式成立.

(2) 假设 $n = k$ 时,命题成立,即 $a_k^2 > 2\left(\dfrac{a_2}{2} + \dfrac{a_3}{3} + \cdots + \dfrac{a_k}{k}\right)$. 那么,当 $n = k+1$ 时,有

$a_{k+1}^2 = \left(a_k + \dfrac{1}{k+1}\right)^2 = a_k^2 + \dfrac{2a_k}{k+1} + \dfrac{1}{(k+1)^2} >$

$2\left(\dfrac{a_2}{2} + \dfrac{a_3}{3} + \cdots + \dfrac{a_k}{k}\right) + \dfrac{1}{k} + \dfrac{2}{k+1}\left(a_k + \dfrac{1}{k+1}\right) - \dfrac{1}{(k+1)^2} =$

$$2(\frac{a_2}{2} + \frac{a_3}{3} + \cdots + \frac{a_k}{k} + \frac{a_{k+1}}{k+1}) + \frac{(k+1)^2 + k}{k(k+1)^2} >$$

$$2(\frac{a_2}{2} + \frac{a_3}{3} + \cdots + \frac{a_k}{k} + \frac{a_{k+1}}{k+1}) + \frac{k^2 + k}{k(k+1)^2} =$$

$$2(\frac{a_2}{2} + \frac{a_3}{3} + \cdots + \frac{a_k}{k} + \frac{a_{k+1}}{k+1}) + \frac{1}{k+1}$$

从而,$n = k + 1$ 时命题成立. 综上,$a_n^2 > 2(\frac{a_2}{2} + \frac{a_3}{3} + \cdots + \frac{a_n}{n})$ 成立.

30. 设 $a, b > 0$. 于是有 $\frac{1 + ab}{1 + a} + \frac{1 + ab}{1 + b} = \frac{1 + a + b + 2ab + 1 + a^2b + ab^2}{1 + a + b + ab} > 1$,

所以,$\frac{1}{1 + a} + \frac{1}{1 + b} > \frac{1}{1 + ab}$.

由数学归纳法可得

$$\sum_{k=1}^{n} \frac{1}{1 + a_k} > \frac{1}{1 + a_1 a_2 \cdots a_n}, n > 2$$

故

$$\sum_{k=1}^{n} \frac{1}{1 + a_k} > \frac{1}{1 + a_1} + \frac{1}{1 + a_2 \cdots a_n} = \frac{1}{1 + a_1} + \frac{1}{1 + \frac{1}{a_1}} = 1$$

31. 设 $f(x) = (x - a_1)^2 + (x - a_2)^2 + \cdots + (x - a_n)^2$

则

$$f(x) = n(x - a_n)^2 + f(b_n) \qquad ①$$

现在用数学归纳法证明 $C_n \leq D_n \leq 2C_n$.

当 $n = 1$ 时,$C_1 \leq D_1$,故有 $C_1 \leq D_1 \leq 2C_1$.

假设当 $n$ 时,不等式成立,望 $a_1, a_2, \cdots, a_n$ 中添一个数 $a_{n+1}$,$C_n$ 增加了 $(a_{n+1} - b_{n+1})^2$,而 $D_n$ 增加了 $(a_{n+1} - b_{n+1})^2 + f(b_{n+1}) - f(b_n)$.

在式 ① 中,令 $x = b_{n+1}$,得

$$0 \leq f(b_{n+1}) - f(b_n) = n(b_{n+1} - b_n)^2 = \frac{1}{n}(a_{n+1} - b_{n+1})^2 \leq (a_{n+1} - b_{n+1})^2$$

这样,$D_n$ 增加的值 $(a_{n+1} - b_{n+1})^2 + f(b_{n+1}) - f(b_n)$ 在 $(a_{n+1} - b_{n+1})^2$ 与 $2(a_{n+1} - b_{n+1})^2$ 之间,从而,对于 $n + 1$ 时,也有 $C_{n+1} \leq D_{n+1} \leq 2C_{n+1}$.

所以,对一切正整数 $n$,有 $C_n \leq D_n \leq 2C_n$.

32. 当 $n \leq m$ 时,易证,对任意 $k \in \mathbf{N}*$,均有 $k^4 \leq 2^{k^2}$,于是 $\sqrt[k^2]{k^m} \leq \sqrt[4]{2^m}$,这时 $S_m(n) \leq \sum_{k=1}^{n} \sqrt[k^2]{k^m} = n + \sum_{k=1}^{n}(\sqrt[k^2]{k^m} - 1) \leq n + \sum_{k=1}^{m}(\sqrt[k^2]{k^m} - 1) \leq n + m(\sqrt[4]{2^m} - 1)$,原不等式成立.

当 $n > m$ 时,注意到,对 $k \in \mathbf{N}*, k > m$ 均有 $1 < \sqrt[k]{k^m} < \sqrt[k]{k} < 2$. 这里 $\sqrt[k]{k} < 2$ 等价于 $k < 2^k$,它可通过对 $k$ 归纳予以证明. 于是,$S_{m+1}(n) = S_m(n) + 1$,依此结合 $n \leq m$ 时不等式成立,及数学归纳法,可知对任意 $m, n \in \mathbf{N}*$,均有

$$S_m(n) = \sum_{k=1}^{n}[\sqrt[k]{k^m}] \leq n + m(\sqrt[4]{2^m} - 1)$$

**33.** 我们首先证明当 $m = n$ 时,有

$$\sqrt[n]{n} \leq \sqrt[3]{3} \qquad ①$$

记 $x_n = \sqrt[n]{n}$. 当 $n = 1,2,3,4$ 时不等式 ① 成立,假设 $p \geq 3$ 时,不等式成立,即 $p^3 \leq 3^p$. 则由于 $p \geq 3$,得 $3^{p+1} \geq 3p^3 = p^3 + p^3 + 3p + 1 + (p-3)p^2 + (p^2-3)p > p^3 + 3p^2 + 3p + 1 = (p+1)^3$. 即如果 $p \geq 3, x_p \leq \sqrt[3]{3}$,则 $x_{p+1} \leq \sqrt[3]{3}$. 不等式 ① 得证.

当 $m \neq n$ 时,不妨设 $m < n$,则 $\sqrt[n]{m} < \sqrt[n]{n} \leq \sqrt[3]{3}$.

综上,$\max\{\sqrt[n]{m}, \sqrt[m]{n}\} \leq \sqrt[3]{3}$.

**另证** 用数学归纳法证明当 $n \geq 3$ 时,数列 $\{\sqrt[n]{n}\}$ 单调递减. 即 $n \geq 3$ 时,$n^{n+1} > (n+1)^n$.

(1) 当 $n = 3$ 时由于 $3^4 > 4^3$ 得 $\sqrt[3]{3} > \sqrt[4]{4}$.

(2) 假设 $n = k(k \geq 3)$ 时不等式成立,即 $k^{k+1} > (k+1)^k$. 也就是 $\dfrac{k^{k+1}}{(k+1)^{k+1}} > \dfrac{1}{k+1}$.

则 $n = k+1$ 时,$\dfrac{(k+1)^{k+2}}{(k+2)^{k+1}} = (k+1)\dfrac{(k+1)^{k+1}}{(k+2)^{k+1}} > (k+1)\left(\dfrac{k+1}{k+2}\right)^{k+1} > (k+1)\left(\dfrac{k}{k+1}\right)^{k+1} > 1$. 不等式成立.

由(1),(2) 知当 $n \geq 3$ 时,数列 $\sqrt[n]{n}$ 单调递减. 所以当 $m = n$ 时,有 $\sqrt[n]{n} \leq \sqrt[3]{3}$. 当 $m \neq n$ 时,不妨设 $m < n$,则 $\sqrt[n]{m} < \sqrt[n]{n} \leq \sqrt[3]{3}$.

综上,$\max\{\sqrt[n]{m}, \sqrt[m]{n}\} \leq \sqrt[3]{3}$.

**34. 证明** 令 $y_i = \dfrac{x_i^2}{x_{i+1}x_{i+2}}(i = 1, 2, \cdots, n)$,且 $x_{n+i} = x_i$,注意到 $y_1 y_2 \cdots y_n = 1$,所以 $\dfrac{x_i^2}{x_i^2 + x_{i+1}x_{i+2}} = \dfrac{x_i^2 + x_{i+1}x_{i+2} - x_{i+1}x_{i+2}}{x_i^2 + x_{i+1}x_{i+2}} = 1 - \dfrac{x_{i+1}x_{i+2}}{x_i^2 + x_{i+1}x_{i+2}} = 1 - \dfrac{1}{1+y_i}(i=1,$
$2, \cdots, n)$,求和得到所证明的不等式化为在条件 $y_i > 0(i = 1, 2, \cdots, n)$,且 $y_1 y_2 \cdots y_n = 1$ 下,证明:$\sum_{i=1}^{n}\dfrac{1}{1+y_i} \geq 1(n \geq 2)$.

当 $n=2$ 时,$y_1 y_2 = 1$,$\dfrac{1}{1+y_1} + \dfrac{1}{1+y_2} = \dfrac{1}{1+y_1} + \dfrac{y_1}{1+y_1} = 1$,不等式成为等式;

同样可以证明 $y_1 y_2 \leq 1$,$\dfrac{1}{1+y_1} + \dfrac{1}{1+y_2} = \dfrac{2+y_1+y_2}{(1+y_1)(1+y_2)} \geq \dfrac{1+y_1+y_2+y_1 y_2}{(1+y_1)(1+y_2)} = 1$,当 $n=k(k \geq 3)$ 时,因为 $y_1 y_2 \cdots y_n = 1$,所以至少存在一对 $y_i, y_j$ 使得不等式成立,$y_i y_j \leq 1$,则由 $n=2$ 时的结论有 $\dfrac{1}{1+y_i} + \dfrac{1}{1+y_j} \geq 1$,从而

$$\sum_{i=1}^{n} \dfrac{1}{1+y_i} \geq \dfrac{1}{1+y_i} + \dfrac{1}{1+y_j} \geq 1.$$

35. 先证明左边的不等式:记 $f(n) = \dfrac{1}{n+1} + \dfrac{1}{n+2} + \cdots + \dfrac{1}{n+n} - \dfrac{2n}{3n+1}$,则

$$f(n+1) = \dfrac{1}{n+1} + \dfrac{1}{n+2} + \cdots + \dfrac{1}{2n} + \dfrac{1}{2n+1} + \dfrac{1}{2n+2} - \dfrac{2n+2}{3n+4}$$

所以

$$f(n+1) - f(n) = \left(\dfrac{1}{2n+1} - \dfrac{1}{2n+2}\right) + \left(\dfrac{2n}{3n+1} - \dfrac{2n+2}{3n+4}\right) =$$

$$\dfrac{1}{(2n+1)(2n+2)} - \dfrac{2}{(3n+1)(3n+4)} =$$

$$\dfrac{n(n+3)}{(2n+1)(2n+2)(3n+1)(3n+4)} > 0$$

即 $f(n)$ 单调递增,所以当 $n \geq 2$ 时,$f(n) \geq f(2) = \dfrac{1}{3} + \dfrac{1}{4} - \dfrac{4}{7} = \dfrac{1}{84} > 0$,即

$$\dfrac{1}{n+1} + \dfrac{1}{n+2} + \cdots + \dfrac{1}{n+n} > \dfrac{2n}{3n+1}$$

下面用数学归纳法证明加强命题

$$\dfrac{1}{n+1} + \dfrac{1}{n+2} + \cdots + \dfrac{1}{n+n} \leq \dfrac{25}{36} - \dfrac{1}{4n+1} (n \geq 2)$$

(1) 当 $n=2$ 时,左边 $= \dfrac{1}{3} + \dfrac{1}{4} = \dfrac{7}{12}$,右边 $= \dfrac{25}{36} - \dfrac{1}{9} = \dfrac{7}{12}$,不等式成立.

(2) 假设 $n=k(k \geq 2)$ 时,不等式成立,即 $\dfrac{1}{k+1} + \dfrac{1}{k+2} + \cdots + \dfrac{1}{k+k} \leq \dfrac{25}{36} - \dfrac{1}{4k+1}(k \geq 2)$,则 $n=k+1$ 时,

$$\dfrac{1}{k+2} + \cdots + \dfrac{1}{2k} + \dfrac{1}{2k+1} + \dfrac{1}{2k+2} = \dfrac{1}{k+1} + \dfrac{1}{k+2} + \cdots + \dfrac{1}{k+k} + \dfrac{1}{2k+1} - \dfrac{1}{2k+2}$$

$$\leq \dfrac{25}{36} - \dfrac{1}{4k+1} + \dfrac{1}{2k+1} - \dfrac{1}{2k+2} = \dfrac{25}{36} - \dfrac{1}{4k+5} - \dfrac{1}{4k+1} + \dfrac{1}{4k+5} + \dfrac{1}{2k+1} - \dfrac{1}{2k+2}$$

而

$$-\frac{1}{4k+1}+\frac{1}{4k+5}+\frac{1}{2k+1}-\frac{1}{2k+2}=\frac{1}{(2k+1)(2k+2)}-\frac{4}{(4k+1)(4k+5)}=$$

$$-\frac{3}{(2k+1)(2k+2)(4k+1)(4k+5)}<0$$

所以 $\frac{1}{k+2}+\cdots+\frac{1}{2k}+\frac{1}{2k+1}+\frac{1}{2k+2}<\frac{25}{36}-\frac{1}{4k+5}$. 即 $n=k+1$ 时,不等式成立. 所以加强命题成立,不等式右边得证.

本题加强命题还可以是 $\frac{1}{n+1}+\frac{1}{n+2}+\cdots+\frac{1}{n+n} \leqslant \frac{25}{36}-\frac{1}{6n}(n \geqslant 2)$ 等.

36. 用数学归纳法. 当 $n=1$ 时,得 $a_1=\frac{1}{2}>0$. 假设当 $n \geqslant 1$ 时,有 $a_i > 0(i=1,2,\cdots,n)$.

由 $\sum_{k=0}^{n}\frac{a_k}{n-k+1}=0$, $\sum_{k=0}^{n+1}\frac{a_k}{n-k+2}=0$,得

$$0=(n+2)\sum_{k=0}^{n+1}\frac{a_k}{n-k+2}-(n+1)\sum_{k=0}^{n}\frac{a_k}{n-k+1}=$$

$$(n+2)a_{n+1}+\sum_{k=0}^{n}\left(\frac{n+2}{n-k+2}-\frac{n+1}{n-k+1}\right)a_k$$

故

$$a_{n+1}=\frac{1}{n+2}\sum_{k=0}^{n}\left(\frac{n+1}{n-k+1}-\frac{n+2}{n-k+2}\right)a_k=$$

$$\frac{1}{n+2}\sum_{k=0}^{n}\frac{k}{(n-k+1)(n-k+2)}a_k>0$$

另解 易证 $\frac{1}{k+1} \leqslant \frac{n}{n+1} \cdot \frac{1}{k}, k=1,2,\cdots,n$.

$$\frac{1}{n+2}=a_{n+1}+\frac{a_n}{2}+\frac{a_{n-1}}{3}+\cdots+\frac{a_2}{n}+\frac{a_1}{n+1} \leqslant$$

$$a_{n+1}+\frac{n}{n+1}\left(a_n+\frac{a_{n-1}}{2}+\frac{a_{n-2}}{3}+\cdots+\frac{a_2}{n-1}+\frac{a_1}{n}\right)=$$

$$a_{n+1}+\frac{n}{n+1}\left(\frac{-a_0}{n+1}\right)=$$

$$a_{n+1}+\frac{n}{(n+1)^2}$$

所以

$$a_{n+1} \geqslant \frac{1}{n+2}-\frac{n}{(n+1)^2}=\frac{1}{(n+2)(n+1)^2}>0$$

37. 当 $n=1$ 时,$\dfrac{1}{x_1} \geqslant 4(1-x_1) \Leftrightarrow \dfrac{(2x_1-1)^2}{x_1} \geqslant 0$,所以不等式成立.

假设 $n=k$ 时不等式成立,即
$$\dfrac{1}{x_1}+\dfrac{x_1}{x_2}+\dfrac{x_1 x_2}{x_3}+\cdots+\dfrac{x_1 x_2 \cdots x_k}{x_{k+1}} \geqslant 4(1-x_1 x_2 \cdots x_k x_{k+1})$$

从而 $\dfrac{1}{x_2}+\dfrac{x_2}{x_3}+\cdots+\dfrac{x_2 \cdots x_k}{x_{k+1}}+\dfrac{x_2 \cdots x_k x_{k+1}}{x_{k+2}} \geqslant 4(1-x_2 x_3 \cdots x_{k+1} x_{k+2})$,则当 $n=k+1$ 时,

$$\dfrac{1}{x_1}+\dfrac{x_1}{x_2}+\dfrac{x_1 x_2}{x_3}+\cdots+\dfrac{x_1 x_2 \cdots x_k}{x_{k+1}}+\dfrac{x_1 x_2 \cdots x_k x_{k+1}}{x_{k+2}}=$$
$$\dfrac{1}{x_1}+x_1\left(\dfrac{1}{x_2}+\dfrac{x_2}{x_3}+\cdots+\dfrac{x_2 \cdots x_k}{x_{k+1}}+\dfrac{x_2 \cdots x_k x_{k+1}}{x_{k+2}}\right) \geqslant$$
$$\dfrac{1}{x_1}+x_1[4(1-x_2 \cdots x_k x_{k+1} x_{k+2})]=$$
$$\dfrac{1}{x_1}+4x_1-4x_1 x_2 \cdots x_k x_{k+1} x_{k+2}=$$
$$\dfrac{1}{x_1}+4x_1-4+4-4x_1 x_2 \cdots x_k x_{k+1} x_{k+2}=$$
$$\dfrac{(2x_1-1)^2}{x_1}+4-4x_1 x_2 \cdots x_k x_{k+1} x_{k+2} \geqslant$$
$$4-4x_1 x_2 \cdots x_k x_{k+1} x_{k+2}=$$
$$4(1-x_1 x_2 \cdots x_k x_{k+1} x_{k+2})$$

不等式也成立. 所以不等式得证.

38. 我们用数学归纳法证明:$(n-1)+2^{a_1+a_2+\cdots+a_n} \geqslant 2^{a_1}+2^{a_2}+\cdots 2^{a_n}(n \geqslant 2)$.

(1)当 $n=2$ 时,$2^{a_1+a_2}+1-(2^{a_1}+2^{a_2})=(2^{a_1}-1)(2^{a_2}-1) \geqslant 0$,即 $2^{a_1+a_2}+1 \geqslant 2^{a_1}+2^{a_2}$ 所以不等式显然成立.

(2)假设 $n=k$ 时,不等式成立,即 $(k-1)+2^{a_1+a_2+\cdots+a_k} \geqslant 2^{a_1}+2^{a_2}+\cdots 2^{a_k}$ $(k \geqslant 2)$ 则 $n=k+1$ 时,将 $a_1+a_2+\cdots+a_k$ 看成 $a_1$,$a_{k+1}$ 看成 $a_2$,用 $n=2$ 的结论
$$k+2^{a_1+a_2+\cdots+a_{k+1}}=(k-1)+2^{a_1+a_2+\cdots+a_k+a_{k+1}}+1 \geqslant$$
$$(k-1)+2^{a_1+a_2+\cdots+a_k}+2^{a_{k+1}} \geqslant$$
$$2^{a_1}+2^{a_2}+\cdots 2^{a_k}+2^{a_{k+1}}$$

不等式成立.
所以,对 $n \geqslant 2$,均有 $(n-1)+2^{a_1+a_2+\cdots+a_n} \geqslant 2^{a_1}+2^{a_2}+\cdots 2^{a_n}$.

39. (1)当 $n=1$ 时,我们只要证明 $1+\dfrac{1}{a_0}(1+\dfrac{1}{a_1-a_0}) \leqslant (1+\dfrac{1}{a_0})(1+$

$\frac{1}{a_1}$),通过恒等变形知这等价于 $a_0(a_1 - a_0 - 1) \geq 0$,由已知条件这是显然的.

(2) 假设 $n = k$ 时,不等式成立,即

$$1 + \frac{1}{a_0}(1 + \frac{1}{a_1 - a_0})(1 + \frac{1}{a_2 - a_0})\cdots(1 + \frac{1}{a_k - a_0}) \leq$$
$$(1 + \frac{1}{a_0})(1 + \frac{1}{a_1})\cdots(1 + \frac{1}{a_k})$$

则当 $n = k + 1$ 时,我们要证明

$$1 + \frac{1}{a_0}(1 + \frac{1}{a_1 - a_0})(1 + \frac{1}{a_2 - a_0})\cdots(1 + \frac{1}{a_k - a_0})(1 + \frac{1}{a_{k+1} - a_0}) \leq$$
$$(1 + \frac{1}{a_0})(1 + \frac{1}{a_1})\cdots(1 + \frac{1}{a_k})(1 + \frac{1}{a_{k+1}})$$

由归纳假设得

$$(1 + \frac{1}{a_0})(1 + \frac{1}{a_1})\cdots(1 + \frac{1}{a_k}) \geq$$
$$1 + \frac{1}{a_0}(1 + \frac{1}{a_1 - a_0})(1 + \frac{1}{a_2 - a_0})\cdots(1 + \frac{1}{a_k - a_0})$$

因此,只要证明

$$\frac{1}{a_{k+1}}[1 + \frac{1}{a_0}(1 + \frac{1}{a_1 - a_0})(1 + \frac{1}{a_2 - a_0})\cdots(1 + \frac{1}{a_k - a_0})] \geq$$
$$\frac{1}{a_{k+1} - a_0}[\frac{1}{a_0}(1 + \frac{1}{a_1 - a_0})(1 + \frac{1}{a_2 - a_0})\cdots(1 + \frac{1}{a_k - a_0})] \Leftrightarrow$$
$$\frac{1}{a_{k+1}} \geq (\frac{1}{a_{k+1} - a_0} - \frac{1}{a_{k+1}})\frac{1}{a_0}(1 + \frac{1}{a_1 - a_0})(1 + \frac{1}{a_2 - a_0})\cdots(1 + \frac{1}{a_k - a_0}) \Leftrightarrow$$
$$1 \geq (1 + \frac{1}{a_1 - a_0})(1 + \frac{1}{a_2 - a_0})\cdots(1 + \frac{1}{a_k - a_0})\frac{1}{a_{k+1} - a_0}$$

由已知条件

$$(1 + \frac{1}{a_1 - a_0})(1 + \frac{1}{a_2 - a_0})\cdots(1 + \frac{1}{a_k - a_0})\frac{1}{a_{k+1} - a_0} \leq$$
$$(1 + \frac{1}{1})(1 + \frac{1}{2})\cdots(1 + \frac{1}{k-1})\frac{1}{k} = 1$$

所以当 $n = k + 1$ 时,不等式成立.

于是,由归纳法,不等式得证.

40. 当 $n = 2$ 时,$\frac{\cos \beta_1}{\sin \alpha_1} + \frac{\cos \beta_2}{\sin \alpha_2} = \frac{\cos \beta_1}{\sin \alpha_1} - \frac{\cos \beta_1}{\sin \alpha_2} = 0 = \cot \alpha_1 + \cot \alpha_2$

当 $n = 3$ 时,即证:已知两个三角形的内角分别为 $A, B, C$ 和 $A_1, B_1, C_1$,则

$$\frac{\cos A_1}{\sin A} + \frac{\cos B_1}{\sin B} + \frac{\cos C_1}{\sin C} \leq \cot A + \cot B + \cot C$$

由
$$\cot A = \frac{b^2 + c^2 + a^2}{4S}$$
$$\cot B = \frac{c^2 + a^2 - b^2}{4S}$$
$$\cot C = \frac{a^2 + b^2 - c^2}{4S}$$

上式等价于
$$\frac{4S\cos A_1}{\sin A} + \frac{4S\cos B_1}{\sin B} + \frac{4S\cos C_1}{\sin C} \leqslant a^2 + b^2 + c^2$$

又 $S = \frac{ab\sin C}{2} = \frac{bc\sin A}{2} = \frac{ca\sin B}{2}$, 上式等价于 $2bc\cos A_1 + 2ca\cos B_1 + 2ab\cos C_1 \leqslant a^2 + b^2 + c^2$, 而 $a^2 + b^2 + c^2 - (2bc\cos A_1 + 2ca\cos B_1 + 2ab\cos C_1) = (a - b\cos A_1 - c\cos B_1)^2 + (b\sin A_1 - c\sin B_1)^2 \geqslant 0$, 所以 $n = 3$ 时不等式成立.

假设原不等式对于 $n - 1 (\geqslant 3)$ 成立, 则对于 $n$,
$$\sum_{i=1}^{n} \frac{\cos \beta_i}{\sin \alpha_i} = \frac{\cos \beta_1}{\sin \alpha_1} + \frac{\cos \beta_2}{\sin \alpha_2} + \sum_{i=3}^{n} \frac{\cos \beta_i}{\sin \alpha_i} =$$
$$\left[ \frac{\cos \beta_1}{\sin \alpha_1} + \frac{\cos \beta_2}{\sin \alpha_2} - \frac{\cos (\beta_1 + \beta_2)}{\sin (\alpha_1 + \alpha_2)} \right] +$$
$$\left[ \sum_{i=3}^{n} \frac{\cos \beta_i}{\sin \alpha_i} + \frac{\cos (\beta_1 + \beta_2)}{\sin (\alpha_1 + \alpha_2)} \right] \leqslant$$
$$\cot \alpha_1 + \cot \alpha_2 + \cot (\pi - \alpha_1 - \alpha_2) +$$
$$\left[ \sum_{i=3}^{n} \cot \alpha_i + \cot (\alpha_1 + \alpha_2) \right] = \sum_{i=1}^{n} \cot \alpha_i$$

因此, 不等式对一切 $n \geqslant 2$ 成立.

# 运用 Abel 变换证明不等式

**第十七章**

在证明有关数列的不等式我们可以考虑利用 Abel 变换证明不等式.

Abel 变换：

设 $m, n \in \mathbf{N}^*$, 且 $m < n$, 则

$$\sum_{k=m}^{n}(A_k - A_{k-1})b_k = A_n b_n - A_{m-1} b_m + \sum_{k=m}^{n-1} A_k(b_k - b_{k+1}) \quad ①$$

式 ① 称为 Abel 和差变换公式.

在式 ① 中令 $A_0 = 0, A_k = \sum_{i=1}^{k} a_i (1 \leqslant k \leqslant n)$, 可得

$$\sum_{k=1}^{n} a_k b_k = b_n \sum_{k=1}^{n} a_k + \sum_{k=1}^{n-1} \left(\sum_{i=1}^{k} a_i\right)(b_k - b_{k+1}) \quad ②$$

式 ② 称为 Abel 分部求和公式.

由式 ② 可得著名的 Abel 不等式：

设 $b_1 \geqslant b_2 \geqslant \cdots \geqslant b_n > 0, m \leqslant \sum_{k=1}^{t} a_k \leqslant M, t = 1, 2, \cdots, n$.

则有

$$b_1 m \leqslant \sum_{k=1}^{n} a_k b_k \leqslant b_1 M \quad ③$$

当证明数列不等式时,如果我们知道其中的一个数列求和比较容易,我们就可以考虑采用 Abel 分部求和公式来证明.

# 例 题 讲 解

**例 1** 设正项数列 $\{a_n\}$ 满足对任意 $n \in \mathbf{N}^*$,有 $\sum_{i=1}^{n} a_i \geqslant \sqrt{n}$,证明对任意 $n \in \mathbf{N}^*$,有 $\sum_{i=1}^{n} a_i^2 \geqslant \frac{1}{4}(1 + \frac{1}{2} + \frac{1}{3} + \cdots + \frac{1}{n})$. (1994 年美国数学奥林匹克试题)

**证明** 令 $b_i = a_i - (\sqrt{i}(\sqrt{i-1})), i = 1, 2, \cdots,$ 则对任意 $n \in \mathbf{N}^*, \sum_{i=1}^{n} a_i \sqrt{n}$ 的充要条件是对任意 $n \in \mathbf{N}^*, \sum_{i=1}^{n} b_i = 0.$ 显然,

$$\sum_{i=1}^{n} a_i^2 = \sum_{i=1}^{n} [(\sqrt{i} - \sqrt{i-1}) + b_i]^2 =$$
$$\sum_{i=1}^{n} (\sqrt{i} - \sqrt{i-1})^2 + \sum_{i=1}^{n} b_i^2 +$$
$$2\sum_{i=1}^{n} (\sqrt{i} - \sqrt{i-1}) b_i$$

记 $t_i = \sqrt{i} - \sqrt{i-1}, i = 1, 2, \cdots,$ 则由 $t_i = \frac{1}{\sqrt{i} + \sqrt{i-1}}$ 易证 $t_i > t_{i+1}, i = 1, 2, \cdots,$ 因此 $t_1 > t_2 > t_3 > \cdots$.

于是,由 Abel 恒等式

$$\sum_{i=1}^{n} (\sqrt{i} - \sqrt{i-1}) b_i = \sum_{i=1}^{n} t_i b_i =$$
$$\sum_{i=1}^{n} (t_i - t_{i-1})(\sum_{k=1}^{i} b_k) + t_n \sum_{k=1}^{n} b_k \geqslant 0$$

所以,

$$\sum_{i=1}^{n} a_i^2 \geqslant \sum_{i=1}^{n} (\sqrt{i} - \sqrt{i-1})^2 = \sum_{i=1}^{n} \frac{1}{(\sqrt{i} + \sqrt{i-1})^2} >$$
$$\sum_{i=1}^{n} \frac{1}{(2\sqrt{i})^2} = \frac{1}{4}(1 + \frac{1}{2} + \frac{1}{3} + \cdots + \frac{1}{n})$$

**例 2** 求证:对任意正整数 $n, \frac{2}{3}n\sqrt{n} < 1 + \sqrt{2} + \sqrt{3} + \cdots + \sqrt{n} < \frac{4n+3}{6}\sqrt{n}$.

(第 13 届普特南数学竞赛试题)

**证明** 强化不等式 $\dfrac{2n+1}{3}\sqrt{n} < 1+\sqrt{2}+\sqrt{3}+\cdots+\sqrt{n} < \dfrac{4n+3}{6}\sqrt{n}-\dfrac{1}{6}$.

一方面,利用 Abel 和

$1+\sqrt{2}+\sqrt{3}+\cdots+\sqrt{n} = 1\cdot 1+1\cdot\sqrt{2}+1\cdot\sqrt{3}+\cdots+1\cdot\sqrt{n} =$

$1\cdot(\sqrt{2}-1)+2\cdot(\sqrt{3}-\sqrt{2})+\cdots+(n-1)(\sqrt{n-1}-\sqrt{n})+n\sqrt{n} >$

$-(\dfrac{1}{\sqrt{1}+\sqrt{2}}+\dfrac{2}{\sqrt{2}+\sqrt{3}}+\cdots+\dfrac{n-1}{\sqrt{n-1}+\sqrt{n-1}})+n\sqrt{n} =$

$(-\dfrac{1}{2})(1+\sqrt{2}+\sqrt{3}+\cdots+\sqrt{n-1})+n\sqrt{n} =$

$(-\dfrac{1}{2})(1+\sqrt{2}+\sqrt{3}+\cdots+\sqrt{n-1}+\sqrt{n})+(n+\dfrac{1}{2})\sqrt{n}$

所以

$$1+\sqrt{2}+\sqrt{3}+\cdots+\sqrt{n-1}+\sqrt{n} > \dfrac{2n+1}{3}\sqrt{n}$$

另一方面,利用 Abel 和

$1+\sqrt{2}+\sqrt{3}+\cdots+\sqrt{n} =$

$1\cdot(1-\dfrac{1}{\sqrt{2}})+(1+2)(\dfrac{1}{\sqrt{2}}-\dfrac{1}{\sqrt{3}})+[1+2+\cdots+(n-1)]\cdot$

$(\dfrac{1}{\sqrt{n-1}}+\dfrac{1}{\sqrt{n}})+[1+2+\cdots+(n-1)+\sqrt{n}] =$

$\dfrac{1\cdot 2}{2}(\dfrac{\sqrt{2}-1}{\sqrt{1\cdot 2}})+\dfrac{2\cdot 3}{2}\cdot(\dfrac{\sqrt{3}-\sqrt{2}}{\sqrt{1\cdot 2}})+\cdots +$

$\dfrac{(n-1)\cdot n}{2}(\dfrac{\sqrt{n}-\sqrt{n-1}}{\sqrt{(n-1)n}})+\dfrac{n\cdot(n+1)}{2\sqrt{n}} =$

$\dfrac{1}{2}(\dfrac{\sqrt{1\cdot 2}}{\sqrt{2}+1}+\dfrac{\sqrt{2\cdot 3}}{\sqrt{3}+\sqrt{2}}+\cdots+\dfrac{\sqrt{(n-1)n}}{\sqrt{n}+\sqrt{n-1}})+\dfrac{n\cdot(n+1)}{2\sqrt{n}} <$

$\dfrac{1}{8}[(1+\sqrt{2})+(\sqrt{2}+\sqrt{3})+\cdots+(\sqrt{n-1}+\sqrt{n})]+\dfrac{n\cdot(n+1)}{2\sqrt{n}} =$

$\dfrac{1}{8}[2(1+\sqrt{2}+\sqrt{3}+\cdots+\sqrt{n})-1-\sqrt{n}]+\dfrac{n\cdot(n+1)}{2\sqrt{n}}$

所以

$$1+\sqrt{2}+\sqrt{3}+\cdots+\sqrt{n-1}+\sqrt{n} < \dfrac{4n+3}{6}\sqrt{n}-\dfrac{1}{6}$$

从而,原不等式成立.

**例3** 设 $a_1, a_2, \cdots$ 是正实数列,且对所有 $i, j = 1, 2, \cdots$,满足 $a_{i+j} \leqslant a_i + a_j$,求证:

对于正整数 $n$,有 $a_1 + \dfrac{a_2}{2} + \dfrac{a_3}{3} + \cdots + \dfrac{a_n}{n} \geq a_n$.(1999 年亚太地区数学奥林匹克试题)

**证明** 记 $S_i = a_1 + a_2 + \cdots + a_i, i = 1,2,\cdots,n$. 约定 $S_0 = 0$,则
$$2S_i = (a_1 + a_i) + (a_2 + a_{i-1}) + \cdots + (a_i + a_1) \geq ia_{i+1}$$

即 $S_i \geq \dfrac{i}{2} a_{i+1}$.

故
$$a_1 + \dfrac{a_2}{2} + \dfrac{a_3}{3} + \cdots + \dfrac{a_n}{n} = \sum_{i=1}^{n} \dfrac{a_i}{i} = \sum_{i=1}^{n} \dfrac{S_i - S_{i-1}}{i} =$$
$$\sum_{i=1}^{n-1} S_i \left( \dfrac{1}{i} - \dfrac{1}{i+1} \right) + \dfrac{1}{n} S_n \geq \dfrac{1}{2} S_1 + \sum_{i=1}^{n-1} \dfrac{ia_{i+1}}{2} \left( \dfrac{1}{i} - \dfrac{1}{i+1} \right) + \dfrac{1}{n} S_n =$$
$$\dfrac{1}{2} S_1 + \dfrac{1}{2} \sum_{i=1}^{n-1} \dfrac{a_{i+1}}{i+1} + \dfrac{1}{n} S_n = \dfrac{1}{2} \sum_{i=1}^{n} \dfrac{a_i}{i} + \dfrac{1}{n} S_n$$

因此, $\sum_{i=1}^{n} \dfrac{a_i}{i} \geq \dfrac{2}{n} S_n = \dfrac{2}{n} (S_{n-1} + a_n) \geq \dfrac{2}{n} \left( \dfrac{n-1}{2} a_n + a_n \right) = \dfrac{n+1}{n} a_n > a_n$

**例 4** 对 $1 \leq i \leq n$. 令 $a_i$ 与 $b_i$ 是实数,满足:
$$a_1 \geq a_2 \geq \cdots \geq a_n \geq 0$$
$$b_1 \geq a_1$$
$$b_1 b_2 \geq a_1 a_2$$
$$b_1 b_2 b_3 \geq a_1 a_2 a_3$$
$$\vdots$$
$$b_1 b_2 \cdots b_n \geq a_1 a_2 \cdots a_n$$

证明: $b_1 + b_2 + \cdots + b_n \geq a_1 + a_2 + \cdots + a_n$.

确定等号成立的条件.(1988 年加拿大培训试题,2005 年德国国家集训队考试题)

**证明** 定义 $c_i = \dfrac{b_i}{a_i}, 1 \leq i \leq n$. 已知 $c_1 \geq 1, c_1 c_2 \geq 1, \cdots, c_1 c_2 \cdots c_n \geq 1$,要证
$$(c_1 - 1) a_1 + (c_2 - 1) a_2 + \cdots + (c_n - 1) a_n \geq 0$$

即
$$d_1 (a_1 - a_2) + d_2 (a_2 - a_3) + \cdots + d_{n-1} (a_{n-1} - a_n) + d_n a_n \geq 0$$

其中
$$d_i = (c_1 - 1) + (c_2 - 1) + \cdots + (c_i - 1), 1 \leq i \leq n$$

从而,只需证明 $d_i \geq 0, 1 \leq i \leq n$. 由均值不等式得
$$d_i = c_1 + c_2 + \cdots + c_i - i \geq i(\sqrt[i]{c_1 c_2 \cdots c_i} - 1) \geq 0$$

当且仅当 $c_1 = c_2 = \cdots = c_i = 1$ 时,即 $a_i = b_i (1 \leq i \leq n)$ 时等号成立.

**例 5** 给定两个正整数 $n \geq 2$ 和 $T \geq 2$,求所有正整数 $a$,使得对任意正数 $a_1, a_2, \cdots, a_n$,都有

$$\sum_{k=1}^{n} \frac{ak + \frac{a^2}{4}}{S_k} < T^2 \sum_{k=1}^{n} \frac{1}{a_k}$$

其中 $S_k = a_1 + a_2 + \cdots + a_k$. (1992 年国家 IMO 集训队选拔考试试题)

**解**

$$\sum_{k=1}^{n} \frac{ak + \frac{a^2}{4}}{S_k} = \sum_{k=1}^{n} \frac{1}{S_k} \left[ \left(k + \frac{a}{2}\right)^2 - k^2 \right] =$$

$$\frac{1}{S_1}\left[\left(1+\frac{a}{2}\right)^2 - 1^2\right] + \frac{1}{S_2}\left[\left(2+\frac{a}{2}\right)^2 - 2^2\right] + \frac{1}{S_3}\left[\left(3+\frac{a}{2}\right)^2 - 3^2\right] + \cdots + \frac{1}{S_n}\left[\left(n+\frac{a}{2}\right)^2 - n^2\right] =$$

$$\frac{1}{S_1}\left(1+\frac{a}{2}\right)^2 + \left[\frac{1}{S_2}\left(2+\frac{a}{2}\right)^2 - \frac{1}{S_1}\right] + \left[\frac{1}{S_3}\left(3+\frac{a}{2}\right)^2 - \frac{1}{S_2}2^2\right] + \cdots + \left[\frac{1}{S_n}\left(n+\frac{a}{2}\right)^2 - \frac{1}{S_{n-1}}(n-1)^2\right] - \frac{n^2}{S_n} =$$

$$\frac{1}{S_1}\left(1+\frac{a}{2}\right)^2 - \frac{n^2}{S_n} + \sum_{k=2}^{n}\left[\frac{1}{S_k}\left(k+\frac{a}{2}\right)^2 - \frac{1}{S_{k-1}}(k-1)^2\right] \quad ①$$

对 $k = 2, 3, \cdots, n$. 令 $a_k t_k = S_{k-1}, t_k > 0$. 于是,有

$$\frac{1}{S_k}\left(k+\frac{a}{2}\right)^2 - \frac{1}{S_{k-1}}(k-1)^2 = \frac{\left(k+\frac{a}{2}\right)^2}{S_{k-1} + a_k} - \frac{1}{S_{k-1}}(k-1)^2 =$$

$$\frac{\left(k+\frac{a}{2}\right)^2}{a_k(t_k+1)} - \frac{(k-1)^2}{a_k t_k} =$$

$$\frac{1}{a_k t_k(t_k+1)}\left[t_k\left(k+\frac{a}{2}\right)^2 - (k-1)^2(t_k+1)\right] =$$

$$\frac{1}{a_k t_k(t_k+1)}\left\{\left(\frac{a}{2}+1\right)^2 t_k(t_k+1) - \left[\left(\frac{a}{2}+1\right)t_k - (k-1)\right]^2\right\} \leq$$

$$\frac{(a+2)^2}{4a_k} \quad ②$$

由式 ①,② 得

$$\sum_{k=1}^{n} \frac{ak + \frac{a^2}{4}}{S_k} \leq \frac{1}{S_1}\left(1+\frac{a}{2}\right)^2 - \frac{n^2}{S_n} + \frac{(a+2)^2}{4}\sum_{k=2}^{n}\frac{1}{a_k} = \frac{(a+2)^2}{4}\sum_{k=1}^{n}\frac{1}{a_k} - \frac{n^2}{S_n} \quad ③$$

当正整数 $a$ 满足 $a \leq 2(T-1)$ 时,由于
$$\frac{(a+2)^2}{4} \leq T^2 \qquad ④$$
知对任意正数 $a_1, a_2, \cdots, a_n$,都有不等式
$$\sum_{k=1}^{n} \frac{ak + \frac{a^2}{4}}{S_k} \leq T^2 \sum_{k=1}^{n} \frac{1}{a_k} - \frac{n^2}{S_n} < T^2 \sum_{k=1}^{n} \frac{1}{a_k} \qquad ⑤$$

下面证明,当正整数 $a > 2(T-1)$ 时,即正整数 $a \geq 2T-1$ 时,必存在正数 $a_1$, $a_2, \cdots, a_n$,使题中的不等式不成立.

任意给定 $a_1 > 0$,令
$$a_k = \frac{(a+2)}{2(k-1)} S_{k-1}, (k = 2, 3, \cdots, n) \qquad ⑥$$

于是,$a_1, a_2, \cdots, a_n$ 唯一确定,这里 $a_k$ 的确定是使
$$\frac{a+2}{2} t_k = k - 1 \qquad ⑦$$

对于 $k = 2, 3, \cdots, n$ 成立. 此时式 ② 变为等式,利用 ① 和等式情况下的 ②,有
$$\sum_{k=1}^{n} \frac{ak + \frac{a^2}{4}}{S_k} = \frac{(a+2)^2}{4} \sum_{k=1}^{n} \frac{1}{a_k} - \frac{n^2}{S_n} = \left[\frac{(a+2)^2}{4} - 1\right] \sum_{k=1}^{n} \frac{1}{a_k} + \left(\sum_{k=1}^{n} \frac{1}{a_k} - \frac{n^2}{S_n}\right) \qquad ⑧$$

利用算术调和平均值不等式知
$$S_n \sum_{k=1}^{n} \frac{1}{a_k} \geq n^2 \qquad ⑨$$

从式 ⑧ 和 ⑨ 得
$$\sum_{k=1}^{n} \frac{ak + \frac{a^2}{4}}{S_k} \geq \left[\frac{(a+2)^2}{4} - 1\right] \sum_{k=1}^{n} \frac{1}{a_k} \qquad ⑩$$

由于正整数 $a \geq 2T-1$,我们知道 $a + 2 \geq 2T+1$,$\frac{(a+2)^2}{4} - 1 \geq \frac{(2T+1)^2}{4} - 1 > T^2$,

从而,由式 ⑩ 得到
$$\sum_{k=1}^{n} \frac{ak + \frac{a^2}{4}}{S_k} > T^2 \sum_{k=1}^{n} \frac{1}{a_k}$$

综上所述,知道满足题目要求的全部正整数 $a$ 是 $1, 2, 3, \cdots, 2(T-1)$.

## 练 习 题

1. 已知 $a_1, a_2, \cdots, a_n$ 是两两不相同的正整数. 求证: 对任何正整数 $n$ 有 $\sum_{k=1}^{n} \dfrac{a_k}{k^2} \geqslant \sum_{k=1}^{n} \dfrac{1}{k}$. (第 20 届 IMO 试题)

2. 已知 $x_i \in \mathbf{R}(i = 1, 2, \cdots, n)$, 满足 $\sum_{i=1}^{n} |x_i| = 1$, $\sum_{i=1}^{n} x_i = 0$, 求证: $\left| \sum_{i=1}^{n} \dfrac{x_i}{i} \right| \leqslant \dfrac{1}{2} - \dfrac{1}{2n}$. (1989 年全国高中数学联赛试题第二试)

3. $a_1, a_2, \cdots, a_n; b_1, b_2, \cdots, b_n$ 是实数. 试证使对任何满足 $x_1 \leqslant x_2 \leqslant \cdots \leqslant x_n$ 的实数, 不等式 $\sum_{i=1}^{n} a_i x_i \leqslant \sum_{i=1}^{n} b_i x_i$ 都成立的充要条件是 $\sum_{i=1}^{n} a_i \geqslant \sum_{i=1}^{n} b_i$, $(k = 1, 2, \cdots, n-1)$ 和 $\sum_{i=1}^{n} a_i = \sum_{i=1}^{n} b_i$. (1986 年国家集训队选拔考试试题)

4. 求证: 对任意的 $x \in \mathbf{R}$ 及 $n \in \mathbf{N}$, 有 $\left| \sum_{k=1}^{n} \dfrac{\sin kx}{k} \right| \leqslant 2\sqrt{\pi}$. (1997 年国家集训队试题)

5. 已知 $x_i, y_i(i = 1, 2, \cdots, n)$ 是实数, 且 $x_1 \geqslant x_2 \geqslant \cdots \geqslant x_n, y_1 \geqslant y_2 \geqslant \cdots \geqslant y_n$, 又 $z_1, z_2, \cdots, z_n$ 是 $y_1, y_2, \cdots, y_n$ 的任意一个排列. 试证: $\sum_{i=1}^{n} (x_i - y_i)^2 \leqslant \sum_{i=1}^{n} (x_i - z_i)^2$. (第 17 届 IMO 试题)

6. 令 $\{a_1, a_2, a_3, \cdots\}$ 是一个无穷的正数数列. 证明不等式 $\sum_{n=1}^{N} \alpha_n^2 \leqslant 4 \sum_{n=1}^{N} a_n^2$ 对任意正整数 $N$ 成立. 其中 $\alpha_n$ 是 $a_1, a_2, a_3, \cdots, a_n$ 的平均值, 即 $\alpha_n = \dfrac{a_1 + a_2 + a_3 + \cdots + a_n}{n}$. (2005 年韩国数学奥林匹克试题)

7. 已知正数 $x_1, x_2, \cdots, x_n$ 和 $y_1, y_2, \cdots, y_n$ 满足
  (1) $x_1 > x_2 > \cdots > x_n, y_1 > y_2 > \cdots > y_n$;
  (2) $x_1 > y_1, x_1 + x_2 > y_1 + y_2, \cdots, x_1 + x_2 + \cdots + x_n > y_1 + y_2 + \cdots + y_n$.
  求证: 对任何正整数 $k$, 有 $x_1^k + x_2^k + \cdots + x_n^k > y_1^k + y_2^k + \cdots + y_n^k$. (第 35 届莫斯科数学奥林匹克试题)

8. 若 $x$ 是正实数, 证明 $[nx] \geqslant \dfrac{[x]}{1} + \dfrac{[2x]}{2} + \dfrac{[3x]}{3} + \cdots + \dfrac{[nx]}{n}$

其中 $[t]$ 表示不超过 $t$ 的最大整数. (第 10 届美国数学奥林匹克试题)

9. 证明对于任意的正数 $a_1, a_2, \cdots, a_n$ 不等式 $\dfrac{1}{a_1} + \dfrac{2}{a_1+a_2} + \cdots + \dfrac{n}{a_1+a_2+\cdots+a_n} < 2(\dfrac{1}{a_1} + \dfrac{1}{a_2} + \cdots + \dfrac{1}{a_n})$. (第 20 届全苏数学奥林匹克试题的加强)

10. 求证:对任意实数 $a_1, a_2, \cdots, a_n$, 存在正整数 $k, 1 \leqslant k \leqslant n$, 使得对任意 $1 \geqslant b_1 \geqslant b_2 \geqslant \cdots \geqslant b_n \geqslant 0$, 都有 $|\sum_{i=1}^{n} b_i a_i| \leqslant |\sum_{i=1}^{k} a_i|$. (第 22 届 IMO 预选题)

11. 设实数 $x_1, x_2, \cdots, x_n, x_{n+1}$ 满足 $x_1 \geqslant x_2 \geqslant \cdots \geqslant x_n \geqslant x_{n+1} = 0$, 证明:
$\sqrt{x_1+x_2+\cdots+x_n} \geqslant \sum_{i=1}^{n} \sqrt{i}(\sqrt{x_i} - \sqrt{x_{i+1}})$. (1996 年罗马利亚数学奥林匹克试题)

12. 设实数 $-1 < x_1 < x_2 < \cdots < x_n < 1, y_1 < y_2 < \cdots < y_n$, 且满足 $x_1 + x_2 + \cdots + x_n = x_1^{13} + x_2^{13} + \cdots + x_n^{13}$, 证明: $x_1^{13} y_1 + x_2^{13} y_2 + \cdots + x_n^{13} y_n < x_1 y_1 + x_2 y_2 + \cdots + x_n y_n$. (2000 年俄罗斯数学奥林匹克试题)

## 参 考 解 答

1. 令 $S_k = a_1 + a_2 + \cdots + a_k \geqslant 1 + 2 + \cdots + k = \dfrac{k(k+1)}{2}, b_k = \dfrac{1}{k^2}$, 利用 Abel 恒等式, 有

$$\sum_{k=1}^{n} \dfrac{a_k}{k^2} = \sum_{k=1}^{n} a_k b_k = S_n b_n + \sum_{k=1}^{n-1} S_k(b_k - b_{k+1}) \geqslant$$

$$\dfrac{1}{n^2} S_n + \sum_{k=1}^{n-1} \dfrac{k(k+1)}{2} \cdot (\dfrac{1}{k} - \dfrac{1}{k+1})(\dfrac{1}{k} + \dfrac{1}{k+1}) \geqslant$$

$$\dfrac{1}{n^2} \cdot \dfrac{n(n+1)}{2} + \dfrac{1}{2} \sum_{k=1}^{n-1} (\dfrac{1}{k} + \dfrac{1}{k+1}) =$$

$$\dfrac{1}{2}(1 + \sum_{k=1}^{n} \dfrac{1}{k+1}) + \dfrac{1}{2}(\sum_{k=1}^{n-1} \dfrac{1}{k} + \dfrac{1}{n}) = \sum_{k=1}^{n} \dfrac{1}{k}.$$

2. 令 $S_i = x_1 + x_2 + \cdots + x_i (i = 1, 2, \cdots, n)$, 则由已知条件得 $S_n = 0, |S_i| \leqslant \dfrac{1}{2} (i = 1, 2, \cdots, n-1)$, 利用 Abel 恒等式, 有

$$\sum_{i=1}^{n} \dfrac{x_i}{i} = S_n \cdot \dfrac{1}{n} + \sum_{i=1}^{n-1} S_i(\dfrac{1}{i} - \dfrac{1}{i+1})$$

所以
$$|\sum_{i=1}^n \frac{x_i}{i}| \leq \sum_{i=1}^{n-1} |S_i|(\frac{1}{i}-\frac{1}{i+1}) \leq \frac{1}{2}(1-\frac{1}{n})$$

3. 先证必要性：

令 $x_1 = x_2 = \cdots = x_n = 1$，得 $\sum_{i=1}^n a_i \leq \sum_{i=1}^n b_i$. 令 $x_1 = x_2 = \cdots = x_n = -1$，得 $-\sum_{i=1}^n a_i \leq -\sum_{i=1}^n b_i$. 故 $\sum_{i=1}^n a_i = \sum_{i=1}^n b_i$.

令 $x_1 = x_2 = \cdots = x_k = 0, x_{k+1} = x_{k+2} = \cdots = x_n = 1$ 得 $\sum_{i=k+1}^n a_i \leq \sum_{i=k+1}^n b_i$. 又由 $\sum_{i=1}^n a_i = \sum_{i=1}^n b_i$ 得 $\sum_{i=1}^k a_i \geq \sum_{i=1}^k b_i$, $(i = 1, 2, \cdots, n-1)$.

再证充分性：令 $S_k = \sum_{i=1}^k (a_i - b_i)$, $(i = 1, 2, \cdots, n, S_0 = 0)$，则 $a_k - b_k = S_k - S_{k-1}$. $(k = 1, 2, \cdots, n)$ 且 $S_k \geq 0$. $(k = 1, 2, \cdots, n-1, S_n = 0)$. 对任何满足 $x_1 \leq x_2 \leq \cdots \leq x_n$ 的实数 $x_1, x_2, \cdots, x_n$，有

$$\sum_{i=1}^n a_i x_i - \sum_{i=1}^n b_i x_i = \sum_{i=1}^n (a_i - b_i) x_i = \sum_{i=1}^n (S_i - S_{i-1}) x_i =$$
$$\sum_{i=1}^n S_i x_i - \sum_{i=1}^n S_{i-1} x_i =$$
$$\sum_{i=1}^{n-1} S_i x_i - \sum_{i=1}^{n-1} S_i x_{i+1} =$$
$$\sum_{i=1}^{n-1} S_i (x_i - x_{i+1}) \leq 0$$

即
$$\sum_{i=1}^n a_i x_i \leq \sum_{i=1}^n b_i x_i$$

4. 记 $f(x) = |\sum_{k=1}^n \frac{\sin kx}{k}|$，则 $f(0) = f(\pi) = 0, f(x) \leq 2\sqrt{\pi}$ 对 $x = 0$ 及 $x = \pi$ 成立. 又 $f(x)$ 是偶函数，且以 $2\pi$ 为周期，故只要对 $x \in (0, \pi)$ 来证明即可.

对任何固定的 $x \in (0, \pi)$，取 $m \in \mathbf{N}$，使 $m \leq \frac{\sqrt{\pi}}{x} < m+1$. 记

$$u = |\sum_{k=1}^m \frac{\sin kx}{k}|$$
$$v = |\sum_{k=m+1}^m \frac{\sin kx}{k}|$$

约定 $= 0$ 时, $u = 0$; $m \geq n$ 时, $v = 0, u = |\sum_{k=1}^n \frac{\sin kx}{k}|$.

则
$$f(x) \leq u + v \qquad ①$$

由于 $|\sin x| \leq |x|$,故
$$u = |\sum_{k=1}^{m} \frac{\sin kx}{k}| \leq \sum_{k=1}^{m} \frac{kx}{k} = mx \leq \sqrt{\pi} \qquad ②$$

为了估计 $v$ 先对和
$$S_i = \sum_{k=m+1}^{i} \sin kx \, (i = m+1, m+2, \cdots, n)$$

作估计,由
$$S_i \cdot \sin \frac{x}{2} = \frac{1}{2} \sum_{k=m+1}^{i} [\cos(k-\frac{1}{2})x - \cos(k+\frac{1}{2})x] =$$
$$\frac{1}{2}[\cos(m+\frac{1}{2})x - \cos(i+\frac{1}{2})x]$$

得 $|S_i \cdot \sin \frac{x}{2}| \leq [|\cos(m+\frac{1}{2})x| + |\cos(i+\frac{1}{2})x|] \leq 1, -\frac{1}{\sin \frac{x}{2}} \leq S_i$

$\leq \frac{1}{\sin \frac{x}{2}}$. (因为 $0 < x < \pi$).

令 $a_k = \frac{1}{k}, b_k = \sin kx \, (k = m+1, m+2, \cdots, n)$,有 $a_{m+1} \geq a_{m+2} \geq \cdots \geq a_n$. 于是由 Abel 不等式,得
$$m a_{m+1} \leq \sum_{k=m+1}^{n} \frac{\sin kx}{k} \leq M a_{m+1}$$

即
$$v = |\sum_{k=m+1}^{n} \frac{\sin kx}{k}| \leq \frac{1}{(m+1)\sin \frac{x}{2}} \qquad ③$$

因为当 $x \in (0, \frac{\pi}{2})$ 时,有 $\sin x > \frac{2x}{\pi}$,所以当 $x \in (0, \pi)$ 时,有 $\sin \frac{x}{2} > \frac{2}{\pi} \cdot \frac{x}{2} = \frac{x}{\pi}$.

于是,由 ③ 得
$$v \leq \frac{1}{(m+1)\sin \frac{x}{2}} \leq \frac{1}{(m+1)\frac{x}{\pi}} \leq \frac{\pi}{x} \cdot \frac{x}{\sqrt{\pi}} = \sqrt{\pi} \qquad ④$$

故由式 ②,④ 及 ① 即得所要证的不等式.

5. 因为 $\sum_{i=1}^{n} y_i^2 = \sum_{i=1}^{n} z_i^2$,故原不等式等价于 $\sum_{i=1}^{n} x_i y_i \geq \sum_{i=1}^{n} x_i z_i$. 令 $A_i = \sum_{k=1}^{i} y_k, B_i$

$= \sum_{k=1}^{i} z_k$,则易知 $A_i \geq B_i$,于是,由 Abel 变换得

$$\sum_{i=1}^{n} x_i y_i - \sum_{i=1}^{n} x_i z_i = A_n x_n + \sum_{i=1}^{n-1} A_i (x_i - x_{i+1}) - B_n x_n - \sum_{i=1}^{n-1} B_i (x_i - x_{i+1}) =$$
$$\sum_{i=1}^{n-1} (A_i - B_i)(x_i - x_{i+1}) \geq 0$$

6. 如果设 $\frac{1}{c} \sum_{n=1}^{N} \alpha_n^2 \leq \sum_{n=1}^{N} \alpha_n a_n$,则有 $\sum_{n=1}^{N} \alpha_n a_n \leq c \sum_{n=1}^{N} a_n^2$,于是可将问题转化为 Abel 方法处理:

$$\sum_{n=1}^{N} \alpha_n a_n = \sum_{n=1}^{N} \alpha_n [n \alpha_n - (n-1) \alpha_{n-1}] =$$
$$\sum_{n=1}^{N} n \alpha_n^2 - \sum_{n=1}^{N} (n-1) \alpha_n \alpha_{n-1} \geq$$
$$\sum_{n=1}^{N} n \alpha_n^2 - \frac{1}{2} \left[ \sum_{n=1}^{N} (n-1) \alpha_n^2 + \sum_{n=1}^{N} (n-1) \alpha_{n-1}^2 \right] =$$
$$\frac{1}{2} \sum_{n=1}^{N} \alpha_n^2 + \frac{1}{2} n \alpha_n^2 \geq \frac{1}{2} \sum_{n=1}^{N} \alpha_n^2$$

由柯西不等式得 $(\sum_{n=1}^{N} \alpha_n a_n)^2 \leq \sum_{n=1}^{N} \alpha_n^2 \sum_{n=1}^{N} a_n^2$,即

$$\sum_{n=1}^{N} \alpha_n a_n \leq \sqrt{\sum_{n=1}^{N} \alpha_n^2 \sum_{n=1}^{N} a_n^2}$$

所以, $\sum_{n=1}^{N} \alpha_n^2 \leq 4 \sum_{n=1}^{N} a_n^2$ 对任意正整数 $N$ 成立.

7. 记 $S_i = x_1 + x_2 + \cdots + x_i, i = 1, 2, \cdots, n$. $S_0 = 0, T_i = y_1 + y_2 + \cdots + y_i, i = 1, 2, \cdots, n$. $T_0 = 0$,对于任何正数 $a_1 > a_2 > \cdots > a_n$ 有

$$\sum_{k=1}^{n} a_k x_k = \sum_{k=1}^{n} a_k (S_k - S_{k-1}) = \sum_{k=1}^{n} a_k S_k - \sum_{k=1}^{n-1} a_{k+1} S_k =$$
$$a_n S_n + \sum_{k=1}^{n-1} (a_k - a_{k+1}) S_k$$

由于 $a_n > 0, a_k - a_{k+1} > 0, S_n > T_n, S_k > T_k$,从而

$$\sum_{k=1}^{n} a_k x_k > a_n T_n + \sum_{k=1}^{n-1} (a_k - a_{k+1}) T_k = \sum_{k=1}^{n} a_k y_k \qquad ①$$

对任意正整数 $k$,由条件(1)再多次用不等式 ① 可得

$$x_1^k + x_2^k + \cdots + x_n^k > x_1^{k-1} y_1 + x_2^{k-1} y_2 + \cdots + x_n^{k-1} y_n >$$
$$x_1^{k-2} y_1^2 + x_2^{k-2} y_2^2 + \cdots + x_n^{k-2} y_n^2 > \cdots > y_1^k + y_2^k + \cdots + y_n^k$$

8. 先证明下面的结论:若 $f_k(x) = \sum_{i=1}^{k} \frac{[ix]}{i}$,则

$$nf_n(x) = \sum_{k=1}^{n} [kx] + \sum_{k=1}^{n-1} f_k(x) \qquad ①$$

事实上, 令 $f_0(x) = 0, a_k = 1, (k = 0, 1, 2, \cdots, n)$, 则 $S_k = \sum_{i=1}^{k} a_i = k + 1$.

于是, 由 Abel 求和公式, 得

$$\sum_{k=1}^{n} f_k(x) = \sum_{k=0}^{n} a_k f_k(x) = \sum_{k=0}^{n-1} S_k(f_k(x) - f_{k+1}(x)) + f_n(x) S_n =$$
$$\sum_{k=0}^{n-1} (k+1)\left(-\frac{[(k+1)x]}{k+1}\right) + (n+1) f_n(x) =$$
$$-\sum_{k=1}^{n} [kx] + (n+1) f_n(x)$$

所以,

$$nf_n(x) = \sum_{k=1}^{n} [kx] + \sum_{k=1}^{n-1} f_k(x)$$

下面用数学归纳法证明原不等式. 当 $n = 1$ 时, 显然, 不等式成为等式. 设 $k \leq n-1$ 时, 原不等式成立成立, 即当 $k = 1, 2, \cdots, n-1$ 时, 有 $f_k(x) \leq [kx]$. 于是, 由 ① 式得

$$nf_n(x) = \sum_{k=1}^{n} [kx] + \sum_{k=1}^{n-1} f_k(x) \leq \sum_{k=1}^{n} [kx] + \sum_{k=1}^{n-1} [kx] =$$
$$\sum_{k=1}^{n-1} ([kx] + [(n-k)x]) + [nx] \leq$$
$$\sum_{k=1}^{n-1} ([kx + (n-k)x]) + [nx] =$$
$$(因为 [x+y] \geq [x] + [y])$$
$$n[nx]$$

所以, $f_n(x) = \sum_{i=1}^{n} \frac{[ix]}{i} \leq [nx]$.

9. 首先给出柯西不等式的一个等价形式:

$$\sum_{k=1}^{n} a_k b_k \geq \left(\sum_{k=1}^{n} \frac{1}{a_k}\right)^{-1} \left(\sum_{k=1}^{n} \sqrt{b_k}\right)^2 \qquad ①$$

记 $A_k = \dfrac{a_1 + a_2 + \cdots + a_k}{k}$, 则

$$\frac{1}{a_1} + \frac{2}{a_1 + a_2} + \cdots + \frac{n}{a_1 + a_2 + \cdots + a_n} < 2\left(\frac{1}{a_1} + \frac{1}{a_2} + \cdots + \frac{1}{a_n}\right) \qquad ②$$

② $\Leftrightarrow \dfrac{1}{2} \left(\sum_{k=1}^{n} \dfrac{1}{a_k}\right)^{-1} \left(\sum_{k=1}^{n} \dfrac{1}{A_k}\right) < 1$, 即

$$\frac{1}{2} \left(\sum_{k=1}^{n} \frac{1}{a_k}\right)^{-1} \left(\sum_{k=1}^{n} \frac{1}{A_k}\right)^2 < \sum_{k=1}^{n} \frac{1}{A_k}$$

运用①得$(\sum_{k=1}^{n}\frac{1}{a_k})^{-1}(\sum_{k=1}^{n}\frac{1}{A_k})^2 \leq \sum_{k=1}^{n}(\frac{1}{A_k})^2 a_k$,从而只要证明

$$\sum_{k=1}^{n}\frac{1}{A_k} > \frac{1}{2}\sum_{k=1}^{n}(\frac{1}{A_k})^2 a_k \qquad ③$$

下面用 Abel 求和. 记 $S_k = a_1 + a_2 + \cdots + a_k = kA_k, S_0 = 0$,则 ③ $\Leftrightarrow \sum_{k=1}^{n}\frac{1}{A_k} > \frac{1}{2}\sum_{k=1}^{n}(\frac{1}{A_k})^2(S_k - S_{k-1}) \Leftrightarrow$

$$\frac{1}{2}\sum_{k=1}^{n}(\frac{1}{A_k})^2 S_{k-1} > \sum_{k=1}^{n}(\frac{k}{2} - 1)\frac{1}{A_k} \qquad ④$$

$\frac{1}{2}\sum_{k=1}^{n}(\frac{1}{A_k})^2 S_{k-1} = \frac{1}{2}\sum_{k=2}^{n}(\frac{1}{A_k})^2 S_{k-1} = \frac{1}{2}\sum_{k=2}^{n}(k-1)(\frac{1}{A_k})^2 A_{k-1} = \frac{1}{2}\sum_{k=2}^{n}[(k-1)\frac{1}{A_k}]^2 \frac{A_{k-1}}{k-1}$

再由柯西不等式的等价形式①得

$$\frac{1}{2}\sum_{k=1}^{n}(\frac{1}{A_k})^2 S_{k-1} \geq \frac{1}{2}(\sum_{k=2}^{n}(k-1)\frac{1}{A_k})^2 (\sum_{k=2}^{n}(k-1)\frac{1}{A_{k-1}})^{-1}$$

再运用不等式 $\frac{x^2}{y} \geq 2x - y$ 得

$\frac{1}{2}\sum_{k=1}^{n}(\frac{1}{A_k})^2 S_{k-1} \geq \frac{1}{2}[2\sum_{k=2}^{n}(k-1)\frac{1}{A_k} - \sum_{k=2}^{n}(k-1)\frac{1}{A_{k-1}}] =$

$\sum_{k=2}^{n}(k-1)\frac{1}{A_k} - \frac{1}{2}\sum_{k=2}^{n}(k-1)\frac{1}{A_{k-1}} = \sum_{k=2}^{n}(k-1)\frac{1}{A_k} - \frac{1}{2}\sum_{k=1}^{n-1}\frac{k}{A_k} =$

$\sum_{k=1}^{n}(k-1)\frac{1}{A_k} - \frac{1}{2}\sum_{k=1}^{n-1}\frac{k}{A_k} >$

$\sum_{k=1}^{n}(k-1)\frac{1}{A_k} - \frac{1}{2}\sum_{k=1}^{n}\frac{k}{A_k} = \sum_{k=1}^{n}(\frac{k}{2} - 1)\frac{1}{A_k}$

所以,式④成立,从而 $\frac{1}{a_1} + \frac{2}{a_1 + a_2} + \cdots + \frac{n}{a_1 + a_2 + \cdots + a_n} < 2(\frac{1}{a_1} + \frac{1}{a_2} + \cdots + \frac{1}{a_n})$ 成立.

10. 令 $S_0 = 0, S_i = a_1 + a_2 + \cdots + a_i, i = 1, 2, \cdots, n$. 则 $a_i = S_i - S_{i-1}, i = 1, 2, \cdots, n$. 于是有

$|\sum_{i=1}^{n} b_i a_i| = |\sum_{i=1}^{n} b_i(S_i - S_{i-1})| = |\sum_{i=1}^{n} b_i S_i - \sum_{i=1}^{n} b_{i+1} S_i| =$

$|\sum_{i=1}^{n-1}(b_i - b_{i+1})S_i + b_n S_n| \leq$

$$\sum_{i=1}^{n-1} |b_i - b_{i+1}| \cdot |S_i| + |b_n| \cdot |S_n|$$

令 $|S_k| = \max\{|S_1|, |S_2|, \cdots, |S_n|\}$. 由于 $|b_i - b_{i+1}| = b_i - b_{i+1}$, $|b_n| = b_n$, 所以, $|\sum_{i=1}^{n} b_i a_i| \leq (\sum_{i=1}^{n-1}(b_i - b_{i+1}) + b_n) \cdot |S_k| = b_1 \cdot |S_k| \leq S_k |$. 即 $|\sum_{i=1}^{n} b_i a_i| \leq |\sum_{i=1}^{k} a_i|$.

11. 设 $c_i = \sqrt{i} - \sqrt{i-1}$ 和 $a_i = \sqrt{x_i}$, 不等式变为证明: $(a_1 c_1 + a_2 c_2 + \cdots + a_n c_n)^2 \geq a_1^2 + a_2^2 + \cdots + a_n^2$.

如果实数 $b_1, b_2, \cdots, b_n$ 满足 $b_1^2 + b_2^2 + \cdots + b_n^2 = 1$, 则由柯西不等式得
$$\sum_{i=1}^{n} a_i^2 \sum_{i=1}^{n} b_i^2 \geq (\sum_{i=1}^{n} a_i b_i)^2$$

我们只要证明
$$a_1 c_1 + a_2 c_2 + \cdots + a_n c_n \geq a_1 b_1 + a_2 b_2 + \cdots + a_n b_n$$

由 Abel 公式上述不等式变为证明
$$\sum_{i=1}^{n} a_i (c_i - b_i) \geq 0 \Leftrightarrow (a_1 - a_2)(c_1 - b_1) + (a_2 - a_3)(c_1 + c_2 - b_1 - b_2) + \cdots + (a_{n-1} - a_n)(\sum_{i=1}^{n-1} c_i - \sum_{i=1}^{n-1} b_i) + a_n(\sum_{i=1}^{n} c_i - \sum_{i=1}^{n} b_i) \geq 0$$

这是因为对所有
$$k = 1, 2, \cdots, n, \sum_{i=1}^{k} c_i - \sum_{i=1}^{k} b_i = \sqrt{k} - \sum_{i=1}^{k} b_i \geq \sqrt{k} - \sqrt{k \sum_{i=1}^{k} b_i^2} \geq 0$$

12. 由 Abel 公式有 $\sum_{i=1}^{n} y_i(x_i^{13} - x_i) = (y_1 - y_2)(x_1^{13} - x_1) + (y_2 - y_3)(x_1^{13} + x_2^{13} - x_1 - x_2) + \cdots + (y_{n-1} - y_n)(\sum_{i=1}^{n-1} x_i^{13} - \sum_{i=1}^{n-1} x_i) + y_n(\sum_{i=1}^{n} x_i^{13} - \sum_{i=1}^{n} x_i)$.

因为对任意 $k \in \{1, 2, \cdots, n-1\}, y_k \leq y_{k+1}$, 我们只要证明 $\sum_{i=1}^{k} x_i^{13} \geq \sum_{i=1}^{k} x_i(\sum_{i=1}^{k} x_i(x_i^{12} - 1) \geq 0$.

再利用 Abel 公式有
$$\sum_{i=1}^{k} x_i(x_i^{12} - 1) = (x_1 - x_2)(x_1^{12} - 1) + (x_2 - x_3)(x_1^{12} + x_2^{12} - 2) + \cdots + (x_{k-1} - x_k)(\sum_{i=1}^{k-1} x_i^{12} - k + 1) + x_k(\sum_{i=1}^{k} x_i^{12} - k)$$

注意到 $-1 < x_i < 1, \forall i \in \{1, 2, \cdots, n\}$, 所以 $\sum_{i=1}^{j} x_i^{12} \leq j, \forall j \in \{1, 2, \cdots,$

$k\}$,又因为 $x_1 \leq x_2 \leq \cdots \leq x_k$,所以除了最后一项外,上式各项和均为非负数. 假设 $x_k \leq 0$,不等式已经成立. 否则设 $x_k \geq 0$,则 $x_i \geq 0, \forall i \geq k+1$,这意味着

$$\sum_{i=k+1}^{n} x_i^{13} \leq \sum_{i=k+1}^{n} x_i \Rightarrow \sum_{i=1}^{k} x_i^{13} \geq \sum_{i=1}^{k} x_i.$$

# 第十八章 分析法证明不等式

分析法的证明过程是从所要证明的不等式出发,层层推出使这个不等式成立的充分条件,直到证明出一个比较容易证明的不等式为止. 这种方法在探求不等式的证明思路上是最有效的方法. 用分析法证明不等式,可以在证明不等式的开始,也可以在利用重要不等式或其它方法证明不等式的过程中.

## 例题讲解

**例1** 已知 $a,b,c$ 是正数,证明: $\dfrac{a}{b+c}+\dfrac{b}{c+a}+\dfrac{c}{a+b}\geq\dfrac{3}{2}$. (1963 年莫斯科数学奥林匹克试题)

**证法一** 设 $x=\dfrac{a}{b+c},y=\dfrac{b}{c+a},z=\dfrac{c}{a+b}$,记 $f(t)=\dfrac{t}{1+t}=1-\dfrac{1}{1+t}(t\geq 0)$,则 $f(x)+f(y)+f(z)=1$,令 $U=\dfrac{x+y+z}{3}$,要证明原不等式,只要证明 $U\geq\dfrac{1}{2}$.

条件 $f(x)+f(y)+f(z)=1$,化为 $\dfrac{x}{1+x}+\dfrac{y}{1+y}+\dfrac{z}{1+z}=1$,即 $xy+yz+zx+2xyz=1$,

由均值不等式得 $xy + yz + zx \leq \dfrac{(x+y+z)^2}{3}, xyz \leq \left(\dfrac{x+y+z}{3}\right)^3$,

于是, $2U^3 + 3U^2 \geq 1$, 即 $(2U-1)(U+1)^2 \geq 0$, 于是 $U \geq \dfrac{1}{2}$. 即 $\dfrac{x+y+z}{3} \geq \dfrac{1}{2}$.

即
$$\dfrac{a}{b+c} + \dfrac{b}{c+a} + \dfrac{c}{a+b} \geq \dfrac{3}{2}$$

**证法二** 不妨设 $a+b+c=1$, 由均值不等式得 $ab+bc+ca \leq \dfrac{(a+b+c)^2}{3} = \dfrac{1}{3}$, 要证明 $\dfrac{a}{b+c} + \dfrac{b}{c+a} + \dfrac{c}{a+b} \geq \dfrac{3}{2}$, 只要证明 $\dfrac{a}{b+c} + \dfrac{b}{c+a} + \dfrac{c}{a+b} \geq 3 - \dfrac{9}{2}(ab+bc+ca)$, 即证明 $\left(\dfrac{a}{b+c} + \dfrac{9a(b+c)}{4}\right) + \left(\dfrac{b}{c+a} + \dfrac{9b(c+a)}{4}\right) + \left(\dfrac{c}{a+b} + \dfrac{9c(a+b)}{4}\right) \geq 3$, 由均值不等式得 $\dfrac{a}{b+c} + \dfrac{9a(b+c)}{4} \geq 3a, \dfrac{b}{c+a} + \dfrac{9b(c+a)}{4} \geq 3b, \dfrac{c}{a+b} + \dfrac{9c(a+b)}{4} \geq 3c$, 三个不等式相加得

$$\left(\dfrac{a}{b+c} + \dfrac{9a(b+c)}{4}\right) + \left(\dfrac{b}{c+a} + \dfrac{9b(c+a)}{4}\right) + \left(\dfrac{c}{a+b} + \dfrac{9c(a+b)}{4}\right) \geq 3(a+b+c) = 3$$

从而原不等式得证.

**证法三** 由对称性, 不妨设 $a \geq b \geq c$, 并令 $x = \dfrac{a}{c}, y = \dfrac{b}{c}$, 将不等式每一项的分子、分母同时除以 $c$ 知不等式化为在条件 $x \geq y \geq 1$ 下证明 $\dfrac{x}{y+1} + \dfrac{y}{x+1} + \dfrac{1}{x+y} \geq \dfrac{3}{2}$.

由均值不等式得 $\dfrac{x+1}{y+1} + \dfrac{y+1}{x+1} \geq 2$, 所以 $\dfrac{x}{y+1} + \dfrac{y}{x+1} \geq 2 - \left(\dfrac{1}{y+1} + \dfrac{1}{x+1}\right)$, 因此, 只要证明

$$2 - \left(\dfrac{1}{y+1} + \dfrac{1}{x+1}\right) \geq \dfrac{3}{2} - \dfrac{1}{x+y} \Leftrightarrow$$

$$\dfrac{1}{2} - \dfrac{1}{y+1} \geq \dfrac{1}{x+1} - \dfrac{1}{x+y} \Leftrightarrow$$

$$\dfrac{y-1}{2(y+1)} \geq \dfrac{y-1}{(x+1)(x+y)} \Leftrightarrow$$

$$(x+1)(x+y) \geq 2(y+1)$$

由条件 $x \geq y \geq 1$ 得 $x+y \geq 2, x+1 \geq y+1$，所以 $(x+1)(x+y) \geq 2(y+1)$. 从而原不等式得证.

**证法** 由证法三，只要在条件 $x \geq y \geq 1$ 下证明

$$\frac{x}{y+1} + \frac{y}{x+1} + \frac{1}{x+y} \geq \frac{3}{2} \Leftrightarrow \frac{x^2+y^2+x+y}{(x+1)(y+1)} + \frac{1}{x+y} \geq \frac{3}{2} \quad \text{①}$$

令 $A = x+y, B = xy$,

$$\text{①} \Leftrightarrow \frac{A^2 - 2B + A}{A+B+1} + \frac{1}{A} \geq \frac{3}{2} (2A^3 - A^2 - A + 2 \geq B(7A-2)) \quad \text{②}$$

显然 $7A - 2 > 0, A^2 \geq 4B$，要证明②，只要证明

$$4(2A^3 - A^2 - A + 2) \geq A^2(7A - 2) \quad \text{③}$$

$$\text{③} \Leftrightarrow A^3 - 2A^2 - 4A + 8 \geq 0 \Leftrightarrow (A-2)^2(A+2) \geq 0$$

所以，不等式得证.

**例2** 设 $a, b, c$ 是正数，求证：$\dfrac{ab}{(a+c)(b+c)} + \dfrac{bc}{(b+c)(c+a)} + \dfrac{ca}{(c+b)(a+b)} \geq \dfrac{3}{4}$. （第30届IMO预选题）

**证明** 原不等式等价于

$$4[ab(a+b) + bc(b+c) + ca(c+a)] \geq 3(a+b)(b+c)(c+a) \Leftrightarrow$$
$$4[a(b^2+c^2) + b(c^2+a^2) + c(a^2+b^2)] \geq$$
$$3[a(b^2+c^2) + b(c^2+a^2) + c(a^2+b^2) + 2abc] \Leftrightarrow$$
$$a(b^2+c^2) + b(c^2+a^2) + c(a^2+b^2) \geq 6abc \quad \text{①}$$

由均值不等式得式 ① $\geq a(2bc) + b(2ca) + c(2ab) = 6abc$.
故式①得证，从而原不等式成立.

**例3** 正数 $a, b, c$ 满足 $a+b+c = 1$，求证：

$$\frac{1+a}{1-a} + \frac{1+b}{1-b} + \frac{1+c}{1-c} \leq 2\left(\frac{b}{a} + \frac{c}{b} + \frac{a}{c}\right) \quad \text{①}$$

（2004年日本数学奥林匹克试题）

**证明**

$$\text{式①} \Leftrightarrow \frac{b}{a} + \frac{c}{b} + \frac{a}{c} \geq \frac{3}{2} + \frac{a}{b+c} + \frac{b}{c+a} + \frac{c}{a+b} \Leftrightarrow$$

$$\frac{b}{a} - \frac{b}{c+a} + \frac{c}{b} - \frac{c}{a+b} + \frac{a}{c} - \frac{a}{b+c} \geq \frac{3}{2} \Leftrightarrow$$

$$\frac{bc}{a(c+a)} + \frac{ca}{b(a+b)} + \frac{ab}{c(b+c)} \geq \frac{3}{2} \quad \text{②}$$

由柯西不等式

$$[(b+c) + (c+a) + (a+b)]\left(\frac{bc}{a(c+a)} + \frac{ca}{b(a+b)} + \frac{ab}{c(b+c)}\right) \geq$$

$$\left(\sqrt{\frac{ab}{c}}+\sqrt{\frac{bc}{a}}+\sqrt{\frac{ca}{b}}\right)^2$$

下面证明

$$\left(\sqrt{\frac{ab}{c}}+\sqrt{\frac{bc}{a}}+\sqrt{\frac{ca}{b}}\right)^2 \geqslant 3(a+b+c) \qquad ③$$

记 $\sqrt{\frac{ab}{c}}=x, \sqrt{\frac{bc}{a}}=y, \sqrt{\frac{ca}{b}}=z$,则 $a=zx, b=xy, c=yz$,式 ③ 等价于

$$(x+y+z)^2 \geqslant 3(xy+yz+zx)$$

这是显然的,所以

$$\frac{ab}{c(c+a)}+\frac{bc}{b(a+b)}+\frac{ca}{c(b+c)} \geqslant \frac{3}{2}$$

**注** 不等式 ② 可用柯西不等式直接证明:

$$\frac{bc}{a(c+a)}+\frac{ca}{b(a+b)}+\frac{ab}{c(b+c)}=\frac{(bc)^2}{abc(c+a)}+\frac{(ca)^2}{abc(a+b)}+\frac{(ab)^2}{abc(b+c)} \geqslant$$

$$\frac{(ab+bc+ca)^2}{2abc(a+b+c)}=\frac{(ab)^2+(bc)^2+(ca)^2+2abc(a+b+c)}{2abc(a+b+c)} \geqslant$$

$$\frac{abc(a+b+c)+2abc(a+b+c)}{2abc(a+b+c)}=\frac{3}{2}$$

**例4** 设 $x,y$ 为两个不等的实数,$R=\sqrt{\frac{x^2+y^2}{2}}, A=\frac{x+y}{2}, G=\sqrt{xy}, H=\frac{2xy}{x+y}$,确定 $R-A, A-G, G-H$ 中哪一个最大,哪一个最小.(第 30 届 IMO 加拿大训练题)

**解** $A-G$ 最大,$G-H$ 最小. 因为

$$\frac{x+y}{2}-\sqrt{xy} \geqslant \sqrt{\frac{x^2+y^2}{2}}-\frac{x+y}{2} \Leftrightarrow$$

$$x+y \geqslant \sqrt{\frac{x^2+y^2}{2}}+\sqrt{xy} \Leftrightarrow$$

$$(x+y)^2 \geqslant \frac{x^2+y^2}{2}+xy+\sqrt{2xy(x^2+y^2)} \Leftrightarrow$$

$$\frac{(x+y)^2}{2} \geqslant \sqrt{2xy(x^2+y^2)} \Leftrightarrow$$

$$(x+y)^4 \geqslant 8xy(x^2+y^2) \Leftrightarrow$$

$$(x-y)^4 \geqslant 0$$

最后一个不等式显然成立,所以 $A-G \geqslant R-A$.

又因为

$$\sqrt{\frac{x^2+y^2}{2}} - \frac{x+y}{2} \geq \sqrt{xy} - \frac{2xy}{x+y} \Leftrightarrow$$

$$\sqrt{\frac{x^2+y^2}{2}} - \sqrt{xy} \geq \frac{x+y}{2} - \frac{2xy}{x+y} =$$

$$\frac{(x-y)^2}{2(x+y)} \cdot \frac{\frac{(x-y)^2}{2}}{\sqrt{\frac{x^2+y^2}{2}} + \sqrt{xy}} \geq \frac{(x-y)^2}{2(x+y)} \Leftrightarrow$$

$$\sqrt{\frac{x^2+y^2}{2}} + \sqrt{xy} \leq x+y$$

最后一个不等式已在上面证明,所以 $R-A \geq G-H$.

注 2004~2005 年匈牙利数学奥林匹克试题:已知 $a,b,c$ 是正实数.

(1) 证明 $\sqrt{\dfrac{a^2+b^2}{2}} + \dfrac{2}{\dfrac{1}{a}+\dfrac{1}{b}} \geq \dfrac{a+b}{2} + \sqrt{ab}$.

(2) 不等式 $\sqrt{\dfrac{a^2+b^2+c^2}{2}} + \dfrac{2}{\dfrac{1}{a}+\dfrac{1}{b}+\dfrac{1}{c}} \geq \dfrac{a+b+c}{3} + \sqrt[3]{abc}$ 是否总成立.

(1) 即本例. (2) 不总成立. 令 $a=b=\sqrt{2}, c=1$ 验证即可.

**例 5** 证明或否定:若 $x,y$ 为实数,$y \geq 0, y(y+1) \leq (x+1)^2$,则 $y(y-1) \leq x^2$.(第 30 届 IMO 加拿大训练题)

**解** 我们证明在

$$y \geq 0, y(y+1) \leq (x+1)^2 \qquad ①$$

时,有

$$y(y-1) \leq x^2 \qquad ②$$

若 $y \leq 1$,则 $y(y-1) \leq 0$,式 ② 显然成立. 若 $y > 1$,由式 ① 得

$$y \leq \sqrt{\frac{1}{4} + (x+1)^2} - \frac{1}{2} \qquad ③$$

而 ② $\Leftrightarrow y - \dfrac{1}{2} \leq \sqrt{\dfrac{1}{4} + x^2}$,因此只需证明

$$\sqrt{\frac{1}{4} + (x+1)^2} - \frac{1}{2} \leq \sqrt{\frac{1}{4} + x^2} + \frac{1}{2} \qquad ④$$

$$④ \left(\frac{1}{4} + (x+1)^2 \leq \frac{1}{4} + x^2 + 1 + 2\sqrt{\frac{1}{4}+x^2} \Leftrightarrow x \leq \sqrt{\frac{1}{4}+x^2}\right) \qquad ⑤$$

式 ⑤ 显然成立,因此式 ② 成立.

**例6** 证明对所有正数 $a,b,c$, 有 $\dfrac{1}{a^3+b^3+abc} + \dfrac{1}{b^3+c^3+abc} + \dfrac{1}{c^3+a^3+abc} \leq \dfrac{1}{abc}$. (第26届美国数学奥林匹克试题)

**证明** 去分母并化简,原不等式等价于
$$a^6(b^3+c^3) + b^6(c^3+a^3) + c^6(a^3+b^3) \geq 2a^2b^2c^2(a^3+b^3+c^3) \quad \text{①}$$
因为
$$2a^2b^2c^2(a^3+b^3+c^3) \leq a^5(b^4+c^4) + b^5(c^4+a^4) + c^5(a^4+b^4) \quad \text{②}$$
而
$$a^6(b^3+c^3) + b^6(c^3+a^3) + c^6(a^3+b^3) -$$
$$a^5(b^4+c^4) - b^5(c^4+a^4) - c^5(a^4+b^4) =$$
$$a^5b^3(a-b) + a^5c^3(a-c) - b^5a^3(a-b) +$$
$$b^5c^3(b-c) - c^5a^3(a-c) - c^5b^3(b-c) =$$
$$(a-b)a^3b^3(a^2-b^2) + (a-c)a^3c^3(a^2-c^2) + (b-c)b^3c^3(b^2-c^2) =$$
$$a^3b^3(a-b)^2(a+b) + a^3c^3(a-c)^2(a+c) + b^3c^3(b-c)^2(b+c) \geq 0$$
所以,不等式 ① 成立.

**例7** 设 $a,b,c,d$ 是正实数,且满足 $abcd=1$,求证:$\dfrac{1}{(1+a)^2} + \dfrac{1}{(1+b)^2} + \dfrac{1}{(1+c)^2} + \dfrac{1}{(1+d)^2} \geq 1$. (2005年IMO国家集训队试题)

**证法一** 先用分析法证明一个引理:设 $a,b$ 是正数,则 $\dfrac{1}{(1+a)^2} + \dfrac{1}{(1+b)^2} \geq \dfrac{1}{1+ab}$.

事实上,
$$\dfrac{1}{(1+a)^2} + \dfrac{1}{(1+b)^2} \geq \dfrac{1}{1+ab} \Leftrightarrow$$
$$(1+ab)[(1+a)^2 + (1+b)^2] \geq (a+b+ab+1)^2 \Leftrightarrow$$
$$(1+ab)[2+2(a+b)+a^2+b^2] \geq (a+b+ab+1)^2 \Leftrightarrow$$
$$2(1+ab) + 2(1+ab)(a+b) + ab(a^2+b^2) + a^2+b^2 \geq$$
$$(a+b)^2 + (1+ab)^2 + 2(a+b)(1+ab) \Leftrightarrow$$
$$1 + ab(a^2+b^2) \geq 2ab + a^2b^2 \Leftrightarrow$$
$$a^3b + ab^3 - 2a^2b^2 + a^2b^2 - 2ab + 1 \geq 0 \Leftrightarrow$$
$$ab(a-b)^2 + (ab-1)^2 \geq 0$$
从而引理成立. 所以

$$\frac{1}{(1+a)^2} + \frac{1}{(1+b)^2} + \frac{1}{(1+c)^2} + \frac{1}{(1+d)^2} \geqslant$$
$$\frac{1}{1+ab} + \frac{1}{1+cd} = \frac{1}{1+ab} + \frac{ab}{ab+abcd} =$$
$$\frac{1}{1+ab} + \frac{ab}{1+ab} = 1$$

**证法二** 因为 $abcd=1$,所以存在正数 $s,t,u,v$,使得 $a=\frac{stu}{v^3}$, $b=\frac{tuv}{s^3}$, $c=\frac{uvs}{t^3}$, $d=\frac{vst}{u^3}$,则不等式变为

$$\sum_{cyc} \frac{v^6}{(v^3+stu)^2} \geqslant 1$$

由柯西不等式得

$$\sum_{cyc} \frac{v^6}{(v^3+stu)^2} \sum_{cyc} (v^3+stu)^2 \geqslant (\sum_{cyc} v^3)^2$$

只要证明

$$(\sum_{cyc} v^3)^2 \geqslant \sum_{cyc} (v^3+stu)^2 \Leftrightarrow \sum_{cyc} v^3(s^3+t^3+u^3) \geqslant 2\sum_{cyc} v^3 stu + \sum_{cyc} s^2 t^2 u^2$$

这个不等式由以下两个不等式得到：

$$\sum_{cyc} v^3(s^3+t^3+u^3) \geqslant 3\sum_{cyc} v^3 stu$$

$$\sum_{cyc} v^3(s^3+t^3+u^3) = \sum_{cyc} (s^3 t^3 + t^3 u^3 + u^3 s^3) \geqslant 3\sum_{cyc} s^2 t^2 u^2$$

等号成立当且仅当 $s=t=u=v$ 或 $a=b=c=d=1$ 时.

**例8** 已知 $a,b,c,d$ 是正实数,求证: $\sqrt{(a+c)^2+(b+d)^2} \leqslant \sqrt{a^2+b^2} + \sqrt{c^2+d^2} \leqslant \sqrt{(a+c)^2+(b+d)^2} + \frac{2|ad-bc|}{\sqrt{(a+c)^2+(b+d)^2}}$. (第52届白俄罗斯数学奥林匹克试题)

**证明** 设 $\boldsymbol{u}=(a,b)$, $\boldsymbol{v}=(c,d)$,则不等式

$$\sqrt{(a+c)^2+(b+d)^2} \leqslant \sqrt{a^2+b^2} + \sqrt{c^2+d^2} \qquad ①$$

是一个由向量 $\boldsymbol{u}$ 和 $\boldsymbol{v}$ 构造的三角不等式.

由①,要证明不等式

$$\sqrt{a^2+b^2} + \sqrt{c^2+d^2} \leqslant \sqrt{(a+c)^2+(b+d)^2} + \frac{2|ad-bc|}{\sqrt{(a+c)^2+(b+d)^2}} \qquad ②$$

只要证明

$$(\sqrt{a^2+b^2} + \sqrt{c^2+d^2})^2 \leqslant (a+c)^2+(b+d)^2 + 2|ad-bc| \qquad ③$$

式③等价于
$$a^2 + b^2 + c^2 + d^2 + 2\sqrt{a^2+b^2} \cdot \sqrt{c^2+d^2} \leqslant$$
$$a^2 + 2ac + c^2 + b^2 + 2bd + d^2 + 2|ad-bc| \Leftrightarrow$$
$$\sqrt{a^2+b^2} \cdot \sqrt{c^2+d^2} \leqslant ac + bd + |ad-bc| \Leftrightarrow$$
$$(a^2+b^2)(c^2+d^2) \leqslant a^2c^2 + 2abcd + b^2d^2 +$$
$$a^2d^2 - 2abcd + b^2c^2 + 2(ac+bd)|ad-bc| \Leftrightarrow$$
$$0 \leqslant 2(ac+bd)|ad-bc|$$

故原不等式成立.

**例 9** 设 $a,b,c,d$ 是正实数,且满足 $a+b+c+d=1$,求证:$(1-\sqrt{a})(1-\sqrt{b})(1-\sqrt{c})(1-\sqrt{d}) \geqslant \sqrt{abcd}$.(2005 年江苏省数学冬令营讲座试题)

**证明** 先证明下列不等式
$$(1-\sqrt{a})(1-\sqrt{b}) \geqslant \sqrt{cd} \qquad ①$$

只要证明
$$(1-\sqrt{a})(1-\sqrt{b}) \geqslant \frac{c+d}{2} \qquad ②$$

只要证明
$$2 + 2\sqrt{ab} - 2\sqrt{a} - 2\sqrt{b} \geqslant 1-a-b \qquad ③$$

式③等价于
$$1 + a + b - 2\sqrt{a} - 2\sqrt{b} + 2\sqrt{ab} \geqslant 0 \qquad ④$$

式④等价于
$$(1-\sqrt{a}-\sqrt{b})^2 \geqslant 0 \qquad ⑤$$

而式⑤是显然的. 所以
$$(1-\sqrt{a})(1-\sqrt{b}) \geqslant \sqrt{cd}$$

同理
$$(1-\sqrt{c})(1-\sqrt{d}) \geqslant \sqrt{ab} \qquad ⑥$$

将式①与⑥相乘得
$$(1-\sqrt{a})(1-\sqrt{b})(1-\sqrt{c})(1-\sqrt{d}) \geqslant \sqrt{abcd}$$

由上述证明知道不等式当 $a=b=c=d=\frac{1}{4}$ 时成立等号.

**例 10** 已知 $a,b,c$ 是正实数,且 $abc=8$,求证:$\dfrac{a^2}{\sqrt{(1+a^3)(1+b^3)}} + \dfrac{b^2}{\sqrt{(1+b^3)(1+c^3)}} + \dfrac{c^2}{\sqrt{(1+c^3)(1+a^3)}} \geqslant \dfrac{4}{3}$.(第17届亚太数学奥林匹克试题)

**证法一** 注意到
$$\frac{a^2+2}{2} = \frac{(a^2-a+1)+(a+1)}{2} \geq \sqrt{(a^2-a+1)(a+1)} = \sqrt{a^3+1}$$
要证明
$$\frac{a^2}{\sqrt{(1+a^3)(1+b^3)}} + \frac{b^2}{\sqrt{(1+b^3)(1+c^3)}} + \frac{c^2}{\sqrt{(1+c^3)(1+a^3)}} \geq \frac{4}{3}$$
只要证
$$\frac{a^2}{(a^2+2)(b^2+2)} + \frac{b^2}{(b^2+2)(c^2+2)} + \frac{c^2}{(c^2+2)(a^2+2)} \geq \frac{1}{3}$$
而上式等价于
$$3a^2(c^2+2) + 3b^2(a^2+2) + 3c^2(b^2+2) \geq (a^2+2)(b^2+2)(c^2+2)$$
即
$$(a^2b^2 + b^2c^2 + c^2a^2) + 2(a^2+b^2+c^2) \geq a^2b^2c^2 + 8 = 72$$
由基本不等式得
$$a^2b^2 + b^2c^2 + c^2a^2 \geq 3\sqrt[3]{a^2b^2 \cdot b^2c^2 \cdot c^2a^2} = 3\sqrt[3]{a^4b^4c^4} = 48$$
$$a^2 + b^2 + c^2 \geq 3\sqrt[3]{a^2b^2c^2} = 12$$
则上式显然成立,故原不等式得证. 当且仅当 $a=b=c=2$ 时取等号.

**证法二** 注意到 $\dfrac{1}{\sqrt{x^3+1}} \geq \dfrac{2}{x^2+2}$.

事实上,$(x^2+2)^2 - 4(1+x^3) = x^4 - 4x^3 + 4x^2 = x^2(x-2)^2 \geq 0$,故上式成立.
要证明
$$\frac{a^2}{\sqrt{(1+a^3)(1+b^3)}} + \frac{b^2}{\sqrt{(1+b^3)(1+c^3)}} + \frac{c^2}{\sqrt{(1+c^3)(1+a^3)}} \geq \frac{4}{3} \quad ①$$
只要证
$$\frac{a^2}{(a^2+2)(b^2+2)} + \frac{b^2}{(b^2+2)(c^2+2)} + \frac{c^2}{(c^2+2)(a^2+2)} \geq \frac{1}{3} \quad ②$$
注意到 $abc=8$,

式②的左边 $= \dfrac{a^2(c^2+2) + b^2(a^2+2) + c^2(b^2+2)}{(a^2+2)(b^2+2)(c^2+2)} =$

$$\frac{a^2b^2+b^2c^2+c^2a^2+2(a^2+b^2+c^2)}{16+2(a^2b^2+b^2c^2+c^2a^2)+4(a^2+b^2+c^2)+a^2b^2c^2} =$$

$$\frac{S}{24+2S} = \frac{1}{2+\dfrac{24}{S}}$$

是关于 $S$ 的增函数,其中 $S = a^2b^2+b^2c^2+c^2a^2+2(a^2+b^2+c^2)$,同证法一,$S \geq$

72，从而原不等式得证.

**例 11** 设正实数 $a,b,c$ 满足 $abc \geq 2^9$，证明：
$$\frac{1}{\sqrt{1+a}} + \frac{1}{\sqrt{1+b}} + \frac{1}{\sqrt{1+c}} \geq \frac{3}{\sqrt{1+\sqrt[3]{abc}}} \qquad ①$$

(2004 年中国台湾数学奥林匹克试题)

**证明** 我们证明它的等价命题：设正实数 $a$、$b$、$c$ 满足 $abc = k^3$，且 $k \geq 8$，则
$$\frac{1}{\sqrt{1+a}} + \frac{1}{\sqrt{1+b}} + \frac{1}{\sqrt{1+c}} \geq \frac{3}{\sqrt{1+k}} \qquad ②$$

由已知得
$$a + b + c \geq 3 \cdot \sqrt[3]{abc} = 3k \qquad ③$$
$$ab + bc + ca \geq 3 \cdot \sqrt[3]{(abc)^2} = 3k^2 \qquad ④$$

则
$$(1+a)(1+b)(1+c) = 1 + (a+b+c) + (ab+bc+ca) + abc \geq$$
$$1 + 3k + 3k^2 + k^3 = (1+k)^3 \qquad ⑤$$

故
$$\lambda = \sqrt{(1+a)(1+b)(1+c)} \left( \sqrt{1+a} + \sqrt{1+b} + \sqrt{1+c} \right) \geq$$
$$3\sqrt[3]{[(1+a)(1+b)(1+c)]^2} \geq 3(1+k)^2 \qquad ⑥$$

因此，式 ② $\Leftrightarrow \dfrac{1}{1+a} + \dfrac{1}{1+b} + \dfrac{1}{1+c} + \dfrac{2(\sqrt{1+a}\sqrt{1+b}\sqrt{1+c})}{\sqrt{(1+a)(1+b)(1+c)}} \geq \dfrac{9}{1+k} \Leftrightarrow$

$\dfrac{(1+a)(1+b)(1+b)(1+c)(1+c)(1+a) + 2\lambda}{(1+a)(1+b)(1+c)} \geq \dfrac{9}{1+k} \Leftrightarrow$

$(1+k)[3 + 2(a+b+c) + (ab+bc+ca) + 2\lambda] \geq$

$9[1 + (a+b+c) + (ab+bc+ca) + k^3] \Leftrightarrow$

$(2k-7)(a+b+c) + (k-8)(ab+bc+ca) + 2(1+k)\lambda - 9k^3 + 3k - 6 \geq 0$
$$\qquad ⑦$$

由于 $k \geq 8$，所以 $2k - 7 > 0$，将式 ③、④、⑥ 代入上式左端得到

$(2k-7)(a+b+c) + (k-8)(ab+bc+ca) +$
$2(1+k)\lambda - 9k^3 + 3k - 6 \geq$
$(2k-7)3k + (k-8)3k^2 + 6(1+k)^3 - 9k^3 + 3k - 6 = 0$

故式 ⑦ 成立. 即不等式 ② 成立.

所以，不等式 ① 成立.

**注** 在不等式 ② 中，将字母 $a,b,c$ 用 $x,y,z$ 代替，得到：设正实数 $x$、$y$、$z$ 满足 $xyz = k^3$，且 $k \geq 8$，则
$$\frac{1}{\sqrt{1+x}} + \frac{1}{\sqrt{1+y}} + \frac{1}{\sqrt{1+z}} \geq \frac{3}{\sqrt{1+k}} \qquad ⑧$$

在不等式⑧中,令 $x=\dfrac{8bc}{a^2}, y=\dfrac{8ca}{b^2}, z=\dfrac{8ab}{c^2}$,则 $k=\sqrt[3]{xyz}=8$,得到 $\dfrac{a}{\sqrt{a^2+8bc}}+\dfrac{b}{\sqrt{b^2+8ca}}+\dfrac{c}{\sqrt{c^2+8ab}}\geqslant 1$.(第 42 届 IMO 试题),所以本题是第 42 届 IMO 试题的一个推广.

**例 12** 若 $a,b,c\in\mathbf{R}, (a^2+ab+b^2)(b^2+bc+c^2)(c^2+ca+a^2)\geqslant(ab+bc+ca)^3$. 等号何时成立.(第 31 届 IMO 预选题)

**证明** 因为有
$$a^2+ab+b^2\geqslant\frac{3}{4}(a+b)^2$$
$$b^2+bc+c^2\geqslant\frac{3}{4}(b+c)^2$$
$$c^2+ca+a^2\geqslant\frac{3}{4}(c+a)^2$$

只要证明下列不等式:
$$27(a+b)^2(b+c)^2(c+a)^2\geqslant 64(ab+bc+ca)^3$$

这等价于
$$27(S_1S_2-S_3)^2\geqslant 64S_2^3 \qquad ①$$

这里
$$S_1=a+b+c$$
$$S_2=ab+bc+ca$$
$$S_3=abc$$

先假设都是正数,易知不等式
$$S_1S_2\geqslant 9S_3(\Leftrightarrow a(b-c)^2+b(c-a)^2+c(a-b)^2\geqslant 0)$$
及
$$S_1^2\geqslant 3S_2(\Leftrightarrow(a-b)^2+(b-c)^2+(c-a)^2\geqslant 0)$$

成立,从而
$$27(S_1S_2-S_3)^2\geqslant 27(S_1S_2-\frac{1}{9}S_1S_2)^2=\frac{64}{3}S_1^2S_2^2\geqslant 64S_2^3$$

下面考虑 $a,b,c$ 中至少有一个是负数.因为式①中关于 $a,b,c$ 对称,并且用 $-a,-b,-c$ 代替 $a,b,c$ 时式①不变.所以只考虑 $a<0,b\geqslant 0,c\geqslant 0$ 的情况.可设 $S_2>0$,否则式①显然成立.但是,由 $S_2>0$,推出 $b>0,c>0$ 及 $a>-\dfrac{bc}{b+c}$,因此 $S_1>-\dfrac{bc}{b+c}+b+c=\dfrac{b^2+bc+c^2}{b+c}>0, S_3<0$,

从而
$$27(S_1S_2-S_3)^2-64S_2^3>27(S_1S_2)^2-64S_2^3=$$

$$S_2^2(27(a^2+b^2+c^2)-10(ab+bc+ca))=$$
$$S_2^2(27a^2+22(b^2+c^2)+5(b-c)^2+10(-a)(b+c))>0$$

由上述两步的证明知当且仅当 $a=b=c$ 时等号成立.

**注** $a,b,c$ 是正数时,不等式可证明如下:

由恒等式 $(a+b)(b+c)(c+a)=(a+b+c)(ab+bc+ca)-abc$ 及不等式 $(a+b+c)^2 \geqslant 3(ab+bc+ca)$, $ab+bc+ca \geqslant 3\sqrt[3]{abbcca}$ 即 $abc \leqslant \dfrac{\sqrt{3}}{9}\sqrt{(ab+bc+ca)^3}$ 得

$$(a+b)(b+c)(c+a) \geqslant \sqrt{3(ab+bc+ca)^3}-\dfrac{\sqrt{3}}{9}\sqrt{(ab+bc+ca)^3}=\dfrac{8\sqrt{3}}{9}\sqrt{(ab+bc+ca)^3}$$

即
$$27(a+b)^2(b+c)^2(c+a)^2 \geqslant 64(ab+bc+ca)^3$$

**例13** 已知 $x \geqslant 0, y \geqslant 0, z \geqslant 0$,证明不等式: $8(x^3+y^3+z^3)^2 \geqslant 9(x^2+yz)(y^2+zx)(z^2+xy)$. (1982 年德国国家队试题)

**证明** 原不等式等价于
$$8[x^6+y^6+z^6+2(x^3y^3+y^3z^3+z^3x^3)]-$$
$$9[2x^2y^2z^2+(x^3y^3+y^3z^3+z^3x^3)+(x^4yz+xy^4z+xyz^4)] \geqslant 0 \Leftrightarrow$$
$$8(x^6+y^6+z^6)+7(x^3y^3+y^3z^3+z^3x^3)-9(x^4yz+xy^4z+xyz^4)-18x^2y^2z^2 \geqslant 0$$
①

由均值不等式得
$$x^6+x^3y^3+x^3z^3=x^3(x^3+y^3+z^3) \geqslant x^3 \times 3xyz=3x^4yz \qquad ②$$

同理
$$y^6+x^3y^3+y^3z^3 \geqslant 3xy^4z \qquad ③$$
$$z^6+x^3z^3+y^3z^3 \geqslant 3xyz^4 \qquad ④$$

将式②,③,④相加并乘以 3 得
$$3(x^6+y^6+z^6)+6(x^3y^3+y^3z^3+z^3x^3) \geqslant 9(x^4yz+xy^4z+xyz^4) \qquad ⑤$$

又由均值不等式得
$$x^6+y^6+z^6 \geqslant 3x^2y^2z^2 \qquad ⑥$$
$$x^3y^3+y^3z^3+z^3x^3 \geqslant 3x^2y^2z^2 \qquad ⑦$$

将式⑥乘以5,与式⑦相加得
$$5(x^6+y^6+z^6)+(x^3y^3+y^3z^3+z^3x^3) \geqslant 18x^2y^2z^2 \qquad ⑧$$

最后,将式⑤与⑧相加得
$$8(x^6+y^6+z^6)+7(x^3y^3+y^3z^3+z^3x^3) \geqslant 9(x^4yz+xy^4z+xyz^4)+18x^2y^2z^2$$

即不等式 ① 成立,从而原不等式成立.

**例 14** 已知 $a,b,c,d,k$ 都是正实数,且 $a,b,c,d \leq k$,证明不等式:
$$\frac{a^4+b^4+c^4+d^4}{(2k-a)^4+(2k-b)^4+(2k-c)^4+(2k-d)^4} \geq$$
$$\frac{abcd}{(2k-a)(2k-b)(2k-c)(2k-d)}.$$ (2002 年台湾省数学奥林匹克试题)

**证明** 原不等式等价于
$$\frac{a^4+b^4+c^4+d^4}{abcd} \geq \frac{(2k-a)^4+(2k-b)^4+(2k-c)^4+(2k-d)^4}{(2k-a)(2k-b)(2k-c)(2k-d)} \Leftrightarrow$$
$$\frac{(a^2-b^2)^2+(c^2-d^2)^2+2(a^2b^2+c^2d^2)}{abcd} \geq$$
$$\frac{((2k-a)^2-(2k-b)^2)^2+((2k-c)^2-(2k-d)^2)^2+2((2k-a)^2(2k-b)^2+(2k-c)^2(2k-d)^2)}{(2k-a)(2k-b)(2k-c)(2k-d)} \quad ①$$

不妨设 $a \geq b \geq c \geq d$,
下面分成三个不等式加以证明:
$$\frac{(a^2-b^2)^2}{abcd} \geq \frac{((2k-a)^2-(2k-b)^2)^2}{(2k-a)(2k-b)(2k-c)(2k-d)} \quad ②$$
$$\frac{(c^2-d^2)^2}{abcd} \geq \frac{((2k-c)^2-(2k-d)^2)^2}{(2k-a)(2k-b)(2k-c)(2k-d)} \quad ③$$
$$\frac{2(a^2b^2+c^2d^2)}{abcd} \geq \frac{2((2k-a)^2(2k-b)^2+(2k-c)^2(2k-d)^2)}{(2k-a)(2k-b)(2k-c)(2k-d)} \quad ④$$

由于 $a,b,c,d \leq k$,所以 $(2k-c)(2k-d) \geq cd$,① $\Leftrightarrow \frac{(a^2-b^2)^2}{ab} \geq \frac{((2k-a)^2-(2k-b)^2)^2}{(2k-a)(2k-b)}$.

$\frac{(a^2-b^2)^2}{ab} \geq \frac{((2k-a)^2-(2k-b)^2)^2}{(2k-a)(2k-b)} \Leftarrow$
$(a-b)^2[(a+b)^2(2k-a)(2k-b)] \geq (a-b)^2[(4k-a-b)^2 ab] \Leftarrow$
$(\frac{a+b}{2})^2(2k-a)(2k-b) \geq (2k-\frac{a+b}{2})^2 ab \Leftarrow$
$(\frac{a+b}{2})^2((2k-\frac{a+b}{2})^2-(\frac{a-b}{2})^2) \geq$
$(2k-\frac{a+b}{2})^2((\frac{a+b}{2})^2-(\frac{a-b}{2})^2) \Leftarrow$
$((2k-\frac{a+b}{2})^2-(\frac{a+b}{2})^2)(\frac{a-b}{2})^2 \geq 0 \quad ⑤$

由 $k \geq a \geq b$,知 $2k-\frac{a+b}{2} \geq \frac{a+b}{2}$,所以 ⑤ 显然成立.故 ② 成立.同理可证 ③

成立.

由 $k \geqslant a \geqslant b \geqslant c \geqslant d > 0$,知 $\dfrac{ab}{cd} \geqslant 1, \dfrac{(2k-c)(2k-d)ab}{(2k-a)(2k-b)cd} \geqslant 1$.

设 $f(x) = x + \dfrac{1}{x}$,则 $f(x) = f\left(\dfrac{1}{x}\right), f(x)$ 在 $[1, +\infty)$ 上是单调递增的,所以

④ $\Leftrightarrow f\left(\dfrac{ab}{cd}\right) \geqslant f\left(\dfrac{(2k-c)(2k-d)}{(2k-a)(2k-b)}\right) \Leftrightarrow$

$\dfrac{ab}{cd} \geqslant \dfrac{(2k-c)(2k-d)}{(2k-a)(2k-b)} \Leftrightarrow$

$\dfrac{ab(2k-a)(2k-b)}{cd(2k-c)(2k-d)} \geqslant 1 \Leftrightarrow$

$\dfrac{k^2 - (k-a)^2}{k^2 - (k-c)^2} \cdot \dfrac{k^2 - (k-b)^2}{k^2 - (k-d)^2} \geqslant 1$ ⑥

由 $k \geqslant a \geqslant b \geqslant c \geqslant d > 0$,所以 $k \geqslant k-c \geqslant k-a > 0, k \geqslant k-d \geqslant k-b > 0$,⑥ 成立,从而 ④ 成立.

将 ②,③,④ 相加得 ①.

**例 15** 设 $x, y, z$ 是正实数,求证:$(xy + yz + zx)\left[\dfrac{1}{(x+y)^2} + \dfrac{1}{(y+z)^2} + \dfrac{1}{(z+x)^2}\right] \geqslant \dfrac{9}{4}$. (1996 年伊朗数学奥林匹克试题)

**证法一**

$4(xy + yz + zx)[(x+y)^2(y+z)^2 + (y+z)^2(z+x)^2 + (z+x)^2(x+y)^2] =$

$4(xy + yz + zx)[(y^2 + xy + yz + zx)^2 + (z^2 + xy + yz + zx)^2 + (x^2 + xy + yz + zx)^2] =$

$4(xy + yz + zx)[(x^4 + y^4 + z^4) + 2(x^2 + y^2 + z^2)(xy + yz + zx) + 3(xy + yz + zx)^2] =$

$4(x^4 + y^4 + z^4)(xy + yz + zx) + 8(x^2 + y^2 + z^2)(xy + yz + zx)^2 + 12(xy + yz + zx)^3 =$

$4(x^5y + xy^5 + y^5z + yz^5 + z^5x + zx^5) + 8(x^4y^2 + x^2y^4 + y^4z^2 + y^2z^4 + z^4x^2 + z^2x^4) +$

$20(x^4yz + xy^4z + xyz^4) + 12(x^3y^3 + y^3z^3 + z^3x^3) +$

$52(x^3y^2z + x^2y^3z + xy^3z^2 + xy^2z^3 + x^3yz^2 + x^2yz^3) + 96x^2y^2z^2$

又

$9(x+y)^2(y+z)^2(z+x)^2 =$

$9(x^4y^2 + x^2y^4 + y^4z^2 + y^2z^4 + z^4x^2 + z^2x^4) +$

$18(x^4yz + xy^4z + xyz^4) + 18(x^3y^3 + y^3z^3 + z^3x^3) +$

$54(x^3y^2z + x^2y^3z + xy^3z^2 + xy^2z^3 + x^3yz^2 + x^2yz^3) +$

$90x^2y^2z^2$

所以,

$4(xy + yz + zx)[(x+y)^2(y+z)^2 + (y+z)^2(z+x)^2 + (z+x)^2(x+y)^2] -$

$9(x+y)^2(y+z)^2(z+x)^2 =$

$$4(x^5y + xy^5 + y^5z + yz^5 + z^5x + zx^5) -$$
$$(x^4y^2 + x^2y^4 + y^4z^2 + y^2z^4 + z^4x^2 + z^2x^4) +$$
$$2(x^4yz + xy^4z + yz^4) - 6(x^3y^3 + y^3z^3 + z^3x^3) -$$
$$2(x^3y^2z + x^2y^3z + xy^3z^2 + xy^2z^3 + x^3yz^2 + x^2yz^3) + 6x^2y^2z^2 \qquad ①$$

由加权均值不等式得 $3x^5y + xy^5 = x^5y + x^5y + x^5y + xy^5 \geq 4x^4y^2$,所以
$$3x^5y + xy^5 \geq 4x^4y^2$$
$$x^5y + 3xy^5 \geq 4x^2y^4$$
$$3y^5z + yz^5 \geq 4y^4z^2$$
$$y^5z + 3yz^5 \geq 4y^2z^4$$
$$3x^5z + xz^5 \geq 4x^4z^2$$
$$x^5z + 3xz^5 \geq 4x^2z^4$$

相加得
$$4(x^5y + xy^5 + y^5z + yz^5 + z^5x + zx^5) \geq$$
$$4(x^4y^2 + x^2y^4 + y^4z^2 + y^2z^4 + z^4x^2 + z^2x^4) \qquad ②$$

由均值不等式得 $x^4y^2 + x^2y^4 \geq 2x^3y^3, y^4z^2 + y^2z^4 \geq 2y^3z^3, z^4x^2 + z^2x^4 \geq 2z^3x^3$,相加并乘以 3 得
$$3(x^4y^2 + x^2y^4 + y^4z^2 + y^2z^4 + z^4x^2 + z^2x^4) \geq$$
$$6(x^3y^3 + y^3z^3 + z^3x^3) \qquad ③$$

由 Schur 不等式得
$$x^3 + y^3 + z^3 - (x^2y + xy^2 + x^2z + xz^2 + y^2z + yz^2) + 3xyz \geq 0$$

两端同乘以 $2xyz$ 得
$$2(x^4yz + xy^4z + xyz^4) + 6x^2y^2z^2 \geq$$
$$2(x^3y^2z + x^2y^3z + xy^3z^2 + xy^2z^3 + x^3yz^2 + x^2yz^3) \qquad ④$$

②+③+④ 得
$$4(x^5y + xy^5 + y^5z + yz^5 + z^5x + zx^5) + 2(x^4yz + xy^4z + xyz^4) + 6x^2y^2z^2 \geq$$
$$(x^4y^2 + x^2y^4 + y^4z^2 + y^2z^4 + z^4x^2 + z^2x^4) +$$
$$6(x^3y^3 + y^3z^3 + z^3x^3) +$$
$$2(x^3y^2z + x^2y^3z + xy^3z^2 + xy^2z^3 + x^3yz^2 + x^2yz^3) \qquad ⑤$$

由式 ⑤ 知道 ① 的右端 $\geq 0$,从而,原不等式得证.

**证法二** 不妨设 $x \geq y \geq z > 0$,
$$(xy + yz + zx)\left[\frac{1}{(x+y)^2} + \frac{1}{(y+z)^2} + \frac{1}{(z+x)^2}\right] - \frac{9}{4} =$$
$$\frac{xy + z(x+y)}{(x+y)^2} + \frac{yz + x(y+z)}{(y+z)^2} + \frac{zx + y(z+x)}{(z+x)^2} - \frac{9}{4} =$$
$$\frac{x}{y+z} + \frac{y}{z+x} + \frac{z}{x+y} - \frac{3}{2} + \frac{xy}{(x+y)^2} - \frac{1}{4} + \frac{yz}{(y+z)^2} - \frac{1}{4} + \frac{zx}{(z+x)^2} - \frac{1}{4} =$$

$$\frac{1}{2}\left[\frac{(x-y)^2}{(y+z)(z+x)}+\frac{(z-x)^2}{(x+y)(y+z)}+\frac{(y-z)^2}{(x+y)(z+x)}\right]-$$
$$\frac{1}{4}\left[\frac{(x-y)^2}{(x+y)^2}+\frac{(y-z)^2}{(y+z)^2}+\frac{(z-x)^2}{(z+x)^2}\right]$$

所以原不等式等价于证明
$$\frac{(x-y)^2}{(y+z)(z+x)}+\frac{(z-x)^2}{(x+y)(y+z)}+\frac{(y-z)^2}{(x+y)(z+x)} \geqslant$$
$$\frac{1}{2}\left[\frac{(x-y)^2}{(x+y)^2}+\frac{(z-x)^2}{(z+x)^2}+\frac{(y-z)^2}{(y+z)^2}\right] \qquad ⑥$$

式⑥左端的第一项显然大于等于右端的第一项,左端的第二项大于等于右端的第二项,因为
$$2(z+x)^2-(x+y)(y+z)=(2x^2-xy-y^2)+(3xz-yz)+2z^2 \geqslant 0$$
但是第三项就不一定了,因为$4(y+z)^2$可以很小,小于$2(x+y)(x+z)$,就不好办了. 这时我们证明
$$\frac{(z-x)^2}{(x+y)(y+z)}-\frac{1}{2}\frac{(z-x)^2}{(z+x)^2} \geqslant \frac{1}{2}\frac{(y-z)^2}{(y+z)^2}-\frac{(y-z)^2}{(x+y)(z+x)}$$

去分母,即要证明
$$(x-z)^2[2(z+x)^2-(x+y)(y+z)](y+z) \geqslant$$
$$(y-z)^2[(x+y)(x+z)-2(y+z)^2](x+z) \qquad ⑦$$

因为$x-z \geqslant y-z$,而且
$$(x-z)(y+z)-(y-z)(x+z)=2z(x-y) \geqslant 0$$
所以
$(x-z)^2[2(z+x)^2-(x+y)(y+z)](y+z)-(y-z)^2$
$[(x+y)(x+z)-2(y+z)^2](x+z) \geqslant$
$(y-z)^2(x+z)[2(z+x)^2-(x+y)(y+z)-(x+y)(x+z)+2(y+z)^2] =$
$(y-z)^2(x+z)(x^2+y^2-2xy+2xz+2yz+4z^2) =$
$(y-z)^2(x+z)[(x-y)^2+2xz+2yz+4z^2] \geqslant 0$
故原不等式得证.

证法二是单墫教授在2006年江苏省数学奥林匹克冬令营中介绍的他的一个解法.

**证法三** 不妨设$x \geqslant y \geqslant z > 0$,我们设法证明
$$\frac{1}{(x+y)^2}+\frac{1}{(y+z)^2}+\frac{1}{(z+x)^2} \geqslant \frac{1}{4xy}+\frac{2}{(y+z)(z+x)}$$

它等价于
$$\frac{1}{(y+z)^2}+\frac{1}{(z+x)^2}-\frac{2}{(y+z)(z+x)} \geqslant \frac{1}{4xy}-\frac{1}{(x+y)^2} \Leftrightarrow$$

$$\frac{(x-y)^2}{(y+z)^2(z+x)^2} \geqslant \frac{(x-y)^2}{4xy(x+y)^2} \qquad ①$$

这是正确的,因为 $x \geqslant y \geqslant z > 0$,由均值不等式得 $4xy \geqslant 4y^2 \geqslant (y+z)^2$,$(x+y)^2 \geqslant (z+x)^2$,所以不等式 ① 成立.

因此,只要证明

$$(xy+yz+zx)\left[\frac{1}{4xy}+\frac{2}{(y+z)(z+x)}\right] \geqslant \frac{9}{4}$$

因为

$$\frac{xy+yz+zx}{4xy}=\frac{1}{4}+\frac{z(x+y)}{4xy}$$

$$\frac{2(xy+yz+zx)}{(y+z)(z+x)}=2-\frac{2z^2}{(y+z)(z+x)}$$

因此,只要证明 $\dfrac{z(x+y)}{4xy} \geqslant \dfrac{2z^2}{(y+z)(z+x)} \Leftrightarrow (x+y)(y+z)(z+x) \geqslant 8xyz$. 这是显然的.

证法三是越南学者 Can-hang 2007 年给出的,他给出了该不等式的 20 余种证明方法.

**例 16** 设 $a,b,c$ 是正实数,求证:$\dfrac{(2a+b+c)^2}{2a^2+(b+c)^2}+\dfrac{(a+2b+c)^2}{2b^2+(c+a)^2}+\dfrac{(a+b+2c)^2}{2c^2+(a+b)^2} \leqslant 8$.(2003 年美国数学奥林匹克试题)

**证法一** 对一个 $n$ 个变量的函数 $f$,定义它的对称和 $\sum\limits_{sym} f(x_1,x_2,\cdots,x_n) = \sum\limits_{\sigma} f(x_{\sigma(1)},x_{\sigma(2)},\cdots,x_{\sigma(n)})$. 这里 $\sigma$ 是 $1,2,\cdots,n$ 的一个排列,$sym$ 表示对称求和. 例如,将 $x_1,x_2,x_3$ 记为 $x,y,z$,当 $n=3$ 时,有

$$\sum_{sym} x^3 = 2x^3+2y^3+2z^3$$

$$\sum_{sym} x^2 y = x^2 y + y^2 z + z^2 x + x^2 z + y^2 x + z^2 y$$

$$\sum_{sym} xyz = 6xyz$$

则

$$8 - \left[\frac{(2a+b+c)^2}{2a^2+(b+c)^2}+\frac{(a+2b+c)^2}{2b^2+(c+a)^2}+\frac{(a+b+2c)^2}{2c^2+(a+b)^2}\right] = \frac{A}{B}$$

其中 $B > 0$.

$$A = \sum_{sym} (4a^6+4a^5 b+a^4 b^2+5a^4 bc+5a^3 b^3 - 26a^3 b^2 c+7a^2 b^2 c^2)$$

下面证明 $A \geqslant 0$.

由加权均值不等式得
$$4a^6 + b^6 + c^6 \geqslant 6a^4bc, 3a^5b + 3a^5c + b^5a + c^5a \geqslant 8a^4bc$$
得
$$\sum_{sym} 6a^6 \geqslant \sum_{sym} 6a^4bc$$
$$\sum_{sym} 8a^5b \geqslant \sum_{sym} 8a^4bc$$
于是
$$\sum_{sym}(4a^6 + 4a^5b + 5a^4bc) \geqslant \sum_{sym} 13a^4bc$$
再由均值不等式得
$$a^4b^2 + b^4c^2 + c^4a^2 \geqslant 3a^2b^2c^2$$
$$a^3b^3 + b^3c^3 + c^3a^3 \geqslant 3a^2b^2c^2$$
从而
$$\sum_{sym}(a^4b^2 + 5a^3b^3) \geqslant \sum_{sym} 13a^2b^2c^2$$
又由 Schur 不等式
$$a^3 + b^3 + c^3 + 3abc \geqslant a^2b + ab^2 + a^2c + ac^2 + b^2c + bc^2$$
即
$$\sum_{sym}(a^3 - 2a^2b + abc) \geqslant 0$$
于是
$$\sum_{sym}(13a^4bc - 26a^3b^2c + 13a^2b^2c^2) \geqslant 13abc \sum_{sym}(a^3 - 2a^2b + abc) \geqslant 0$$
综上可得 $A \geqslant 0$.

**证法二** （Arqady）用分析法先证明 $\dfrac{(2a+b+c)^2}{2a^2+(b+c)^2} \leqslant \dfrac{4}{3} \cdot \dfrac{4a+b+c}{a+b+c} \Leftrightarrow (2a-b-c)^2(5a+b+c) \geqslant 0$，所以
$$\frac{(2a+b+c)^2}{2a^2+(b+c)^2} + \frac{(a+2b+c)^2}{2b^2+(c+a)^2} + \frac{(a+b+2c)^2}{2c^2+(a+b)^2} \leqslant$$
$$\frac{4}{3}\left(\frac{4a+b+c}{a+b+c} + \frac{a+4b+c}{a+b+c} + \frac{a+b+4c}{a+b+c}\right) = 8$$

**证法三** 因为 $(2x+y)^2 + 2(x-y)^2 = 3(2x^2+y^2)$，所以令 $x = a, y = b + c$ 得
$$(2a+b+c)^2 + 2(a-b-c)^2 = 3(2a^2+(b+c)^2)$$
于是我们有
$$\frac{(2a+b+c)^2}{2a^2+(b+c)^2} = \frac{3(2a^2+(b+c)^2) - 2(a-b-c)^2}{2a^2+(b+c)^2} = 3 - \frac{2(a-b-c)^2}{2a^2+(b+c)^2}$$
同理

$$\frac{(a+2b+c)^2}{2b^2+(c+a)^2} = 3 - \frac{2(b-c-a)^2}{2b^2+(c+a)^2}$$

$$\frac{(a+b+2c)^2}{2c^2+(a+b)^2} = 3 - \frac{2(c-a-b)^2}{2c^2+(a+b)^2}$$

所以,原不等式化为证明

$$\frac{2(a-b-c)^2}{2a^2+(b+c)^2} + \frac{2(b-c-a)^2}{2b^2+(c+a)^2} + \frac{2(c-a-b)^2}{2c^2(a+b)^2} \geq 1 \Leftrightarrow$$

$$\frac{(a-b-c)^2}{2a^2+(b+c)^2} + \frac{(b-c-a)^2}{2b^2+(c+a)^2} + \frac{(c-a-b)^2}{2c^2+(a+b)^2} \geq \frac{1}{2} \qquad ①$$

因为 $(b+c)^2 \leq 2(b^2+c^2)$, $(c+a)^2 \leq 2(c^2+a^2)$, $(a+b)^2 \leq 2(a^2+b^2)$, 所以,要证明①,只要证明

$$\frac{(a-b-c)^2}{2(a^2+b^2+c^2)} + \frac{(b-c-a)^2}{2(a^2+b^2+c^2)} + \frac{(c-a-b)^2}{2(a^2+b^2+c^2)} \geq \frac{1}{2} \Leftrightarrow$$

$$\frac{(a-b-c)^2}{a^2+b^2+c^2} + \frac{(b-c-a)^2}{a^2+b^2+c^2} + \frac{(c-a-b)^2}{a^2+b^2+c^2} \geq 1 \Leftrightarrow$$

$$(a-b-c)^2 + (b-c-a)^2 + (c-a-b)^2 \geq a^2+b^2+c^2 \Leftrightarrow$$

$$3(a^2+b^2+c^2) - 2(ab+bc+ca) \geq a^2+b^2+c^2 \Leftrightarrow$$

$$a^2+b^2+c^2 \geq ab+bc+ca((a-b)^2+(b-c)^2+(c-a)^2 \geq 0$$

此不等式显然成立,从而,原不等式成立.

**证法四** 不等式等价于

$$\frac{2a(a+2b+2c)}{2a^2+(b+c)^2} + \frac{2b(b+2c+2a)}{2b^2+(c+a)^2} + \frac{2c(c+2a+2b)}{2c^2+(a+b)^2} \leq 5$$

每一项都减去 $\frac{5}{3}$,整理得

$$\frac{4a^2-12a(b+c)+5(b+c)^2}{3[2a^2+(b+c)^2]} + \frac{4b^2-12b(c+a)+5(c+a)^2}{3[2b^2+(c+a)^2]} +$$

$$\frac{4c^2-12c(a+b)+5(a+b)^2}{3[2c^2+(a+b)^2]} \geq 0 \qquad ①$$

令 $x=b+c$,并因式分解,对其中的每一项进行对称化缩小.

$$\frac{4a^2-12a(b+c)+5(b+c)^2}{3[2a^2+(b+c)^2]} = \frac{4a^2-12ax+5x^2}{3(2a^2+x^2)} = \frac{(2a-x)(2a-5x)}{3(2a^2+x^2)}$$

我们证明

$$\frac{(2a-x)(2a-5x)}{3(2a^2+x^2)} \geq -\frac{4(2a-x)}{3(a+x)} \qquad ②$$

$$② \Leftrightarrow (2a-x)[(2a-5x)(a+x) + 4(2a^2+x^2)] \geq 0 \Leftrightarrow$$

$$(2a-x)(10a^2-3ax-x^2) = (2a-x)^2(5a+x) \geq 0 \qquad ③$$

式③显然成立.于是有

$$\frac{4a^2 - 12a(b+c) + 5(b+c)^2}{3[2a^2 + (b+c)^2]} \geq -\frac{4(2a-b-c)}{3(a+b+c)} \quad \text{④}$$

同理

$$\frac{4b^2 - 12b(c+a) + 5(c+a)^2}{3[2b^2 + (c+a)^2]} \geq -\frac{4(2b-c-a)}{3(a+b+c)} \quad \text{⑤}$$

$$\frac{4c^2 - 12c(a+b) + 5(a+b)^2}{3[2c^2 + (a+b)^2]} \geq -\frac{4(2c-a-b)}{3(a+b+c)} \quad \text{⑥}$$

式 ④ + ⑤ + ⑥ 得不等式 ①. 从而原不等式成立.

**证法五** （陈计）因为 $(2a^2 + 3b^2 + 3c^2 - 4bc + 2ca + 2ab)[2a^2 + (b+c)^2] - (2a+b+c)^2(a^2+b^2+c^2) = (b-c)^2[3a^2 - 2a(b+c) + 2(b+c)^2] \geq 0$

所以

$$\sum \frac{(2a+b+c)^2}{2a^2 + (b+c)^2} \leq \sum \frac{2a^2 + 3b^2 + 3c^2 - 4bc + 2ca + 2ab}{a^2 + b^2 + c^2} = 8$$

## 练 习 题

1. 证明对于任意的正数 $a,b,c$，有 $\sqrt{ab(a+b)} + \sqrt{bc(b+c)} + \sqrt{ca(c+a)} > \sqrt{(a+b)(b+c)(c+a)}$ （1990 年全俄数学奥林匹克试题）

2. 若 $x \geq y \geq 1$，求证：$\dfrac{x}{\sqrt{x+y}} + \dfrac{y}{\sqrt{1+y}} + \dfrac{1}{\sqrt{1+x}} \geq \dfrac{y}{\sqrt{x+y}} + \dfrac{x}{\sqrt{1+x}} + \dfrac{1}{\sqrt{1+y}}$.

3. 设正实数 $a,b,c$ 满足 $a+b+c = 1$，证明：$10(a^3+b^3+c^3) - 9(a^5+b^5+c^5) \geq 1$. （2005 年中国西部数学奥林匹克试题）

4. 设 $x,y,z \in [0,1]$，求证：$(1+x)(1+y)(1+z) \geq \sqrt{8(x+y)(y+z)(z+x)}$. （2005 年圣彼得堡数学奥林匹克试题 9 年级）

5. 已知 $x,y,z$ 是正数，求证：$(x^2 + \dfrac{3}{4})(y^2 + \dfrac{3}{4})(z^2 + \dfrac{3}{4}) \geq \sqrt{(x+y)(y+z)(z+x)}$. （2005 年圣彼得堡数学奥林匹克试题 11 年级）

6. 证明：不等式 $\dfrac{a^2}{(a+b)(a+c)} + \dfrac{b^2}{(b+c)(b+a)} + \dfrac{c^2}{(c+b)(c+a)} \geq \dfrac{3}{4}$ 对所有正实数 $a,b,c$ 成立. （2004 年克罗地亚数学奥林匹克试题）

7. 设 $x,y,z$ 是正实数，且 $xyz = 1$，证明：$\dfrac{x^3}{(1+y)(1+z)} + \dfrac{y^3}{(1+z)(1+x)} +$

$\dfrac{z^3}{(1+x)(1+y)} \geqslant \dfrac{3}{4}$. (第39届IMO预选题)

8. 设 $a,b,c,d$ 是正实数,且满足 $a+b+c+d=1$,求证:$6(a^3+b^3+c^3+d^3) \geqslant (a^2+b^2+c^2+d^2)+\dfrac{1}{8}$. (第8届中国香港数学奥林匹克试题)

9. (1) 设 $p,q,r$ 为正数,满足 $pqr=1$,证明对所有 $n \in \mathbf{N}^*$,都有 $\dfrac{1}{p^n+q^n+1}+\dfrac{1}{q^n+r^n+1}+\dfrac{1}{r^n+p^n+1} \leqslant 1$. (2005年波罗地海数学奥林匹克试题)

(2) 设 $a,b,c$ 为正数,满足 $abc \geqslant 1$,证明 $\dfrac{1}{a+b+1}+\dfrac{1}{b+c+1}+\dfrac{1}{c+a+1} \leqslant 1$. (2005年德国数学奥林匹克试题)

10. 已知 $a,b,c$ 是正数,证明:$\dfrac{a}{b+c}+\dfrac{b}{c+a}+\dfrac{c}{a+b} \geqslant \dfrac{3}{2}$. (1963年莫斯科数学奥林匹克试题)

11. 对所有正实数 $a,b,c$,证明:$\dfrac{a}{\sqrt{a^2+8bc}}+\dfrac{b}{\sqrt{b^2+8ca}}+\dfrac{c}{\sqrt{c^2+8ab}} \geqslant 1$. (第42届IMO试题)

12. (1) 设 $a,b,c$ 是正实数,且 $abc=1$,证明:$\dfrac{1}{1+a+b}+\dfrac{1}{1+b+c}+\dfrac{1}{1+c+a} \leqslant \dfrac{1}{2+a}+\dfrac{1}{2+b}+\dfrac{1}{2+c}$. (1997年保加利亚数学奥林匹克试题)

(2) 设 $x,y,z$ 是正数,证明:$\dfrac{xy}{x^2+xy+yz}+\dfrac{yz}{y^2+yz+zx}+\dfrac{zx}{z^2+zx+xy} \leqslant \dfrac{x}{z+2x}+\dfrac{y}{x+2y}+\dfrac{z}{y+2z}$. (2000年乌克兰国家集训队试题)

13. 设 $a,b,c$ 是正实数,且 $abc=1$,证明:$\dfrac{a}{a^2+2}+\dfrac{b}{b^2+2}+\dfrac{c}{c^2+2} \leqslant 1$. (2005年波罗地海数学奥林匹克,2005年塞尔维亚集训队试题)

14. 设 $a_1,a_2,\cdots,a_n$ 是正数,$\min\{a_1,a_2,\cdots,a_n\}=a_1$,$\max\{a_1,a_2,\cdots,a_n\}=a_n$,证明不等式:$a_1^2+a_2^2+\cdots+a_n^2 \geqslant \dfrac{1}{n}(a_1+a_2+\cdots+a_n)^2+\dfrac{1}{2}(a_1-a_n)^2$. (1992年陕西省数学奥林匹克夏令营试题)

15. 证明对于任意正实数 $a,b,c$,均有 $\dfrac{a^3}{bc}+\dfrac{b^3}{ca}+\dfrac{c^3}{ab} \geqslant a+b+c$. (2002年加拿大数学奥林匹克试题)

16. 设 $x^2+y^2+z^2=2$,证明:$x+y+z \leqslant 2+xyz$. (第29届IMO预选题,1991

年波兰数学奥林匹克试题)

17. 设 $x,y,z$ 是实数,$k_1,k_2,k_3 \in (0,\frac{1}{2})$. 且 $k_1+k_2+k_3=1$,证明:$k_1k_2k_3(x+y+z)^2 \geq xyk_3(1-2k_3)+yzk_1(1-2k_1)+zxk_2(1-2k_2)$. (1990 年国家集训队测试题)

18. 已知 $a,b,c$ 是正实数,且 $abc=1$,证明:$\dfrac{a}{(a+1)(b+1)}+\dfrac{b}{(b+1)(c+1)}+\dfrac{c}{(c+1)(a+1)} \geq \dfrac{3}{4}$. (2006 年 法国集训队试题)

19. 已知 $a,b$ 是正实数,证明:$\sqrt[3]{\dfrac{a}{b}}+\sqrt[3]{\dfrac{b}{a}} \leq \sqrt[3]{2(1+\dfrac{b}{a})(1+\dfrac{a}{b})}$. (2001 年克罗地亚,2002 年澳门数学奥林匹克试题)

20. (1) 已知 $a,b,c,d$ 是正实数,证明不等式:$\dfrac{1}{\dfrac{1}{a}+\dfrac{1}{b}}+\dfrac{1}{\dfrac{1}{c}+\dfrac{1}{d}} \leq \dfrac{1}{\dfrac{1}{a+c}+\dfrac{1}{b+d}}$. (1962 年越南数学奥林匹克试题)

(2) 已知 $a,b,c,d,e,f$ 是正实数,证明不等式:$\dfrac{ab}{a+b}+\dfrac{cd}{c+d}+\dfrac{ef}{e+f} \leq \dfrac{(a+c+e)(b+d+f)}{a+b+c+d+e+f}$. (1983 年英国数学奥林匹克试题)

21. 已知 $a,b,c$ 是正实数,且 $abc=1$,证明:$\dfrac{a+3}{(a+1)^2}+\dfrac{b+3}{(b+1)^2}+\dfrac{c+3}{(c+1)^2} \geq 3$. (2006 年摩尔多瓦数学奥林匹克试题)

22. 已知 $a,b,c$ 是正实数,且 $abc=1$,证明:$1+\dfrac{3}{a+b+c} \geq \dfrac{6}{ab+bc+ca}$. (2005 年中国台湾数学奥林匹克试题)

23. 证明:对于一切实数 $x,y$,只要 $x^2+y^2 \neq 0$,就有 $\dfrac{x+y}{x^2-xy+y^2} \leq \dfrac{2\sqrt{2}}{\sqrt{x^2+y^2}}$. (2004 年巴尔干 Junior 数学奥林匹克试题)

24. 设 $x,y,z$ 是正数,且 $\dfrac{1}{x}+\dfrac{1}{y}+\dfrac{1}{z}=1$,求证:$\sqrt{x+yz}+\sqrt{y+zx}+\sqrt{z+xy} \geq \sqrt{xyz}+\sqrt{x}+\sqrt{y}+\sqrt{z}$. (2002 年亚太地区数学奥林匹克试题)

25. 设 $a,b,c$ 都是正数,证明:$\dfrac{a^3}{(a+b)^3}+\dfrac{b^3}{(b+c)^3}+\dfrac{c^3}{(c+a)^3} \geq \dfrac{3}{8}$. (2005

年越南数学奥林匹克试题)

26. 设 $a_1, a_2, \cdots, a_n$ 和 $x_1, x_2, \cdots, x_n$ 是两组正数,且 $a_1 + a_2 + \cdots + a_n = 1$, $x_1 + x_2 + \cdots + x_n = 1$,证明不等式: $2 \sum_{i<j} x_i x_j \leq \frac{n-2}{n-1} + \sum_{i=1}^{n} \frac{a_i x_i^2}{1-a_i}$. 并确定等号成立的条件. (1996 年波兰数学奥林匹克试题)

27. 设 $a, b, c$ 都是正数,且满足 $ab + bc + ca = 3$,证明不等式: $a^3 + b^3 + c^3 + 6abc \geq 9$. (2006 年波兰数学奥林匹克试题)

28. (1) 设 $a, b, c$ 都是正数,且满足 $a + b + c \geq \frac{1}{a} + \frac{1}{b} + \frac{1}{c}$,证明不等式: $a + b + c \geq \frac{3}{abc}$. (2005 年罗马尼亚数学奥林匹克试题)

(2) 设 $a, b, c$ 都是正数,且满足 $a + b + c \geq \frac{1}{a} + \frac{1}{b} + \frac{1}{c}$,证明不等式: $a + b + c \geq \frac{3}{a+b+c} + \frac{2}{abc}$. (2005 年罗马尼亚数学奥林匹克试题)

29. 设 $a, b, c \in \left[\frac{1}{2}, 1\right]$,证明不等式: $2 \leq \frac{a+b}{1+c} + \frac{b+c}{1+a} + \frac{c+a}{1+b} \leq 3$. (2006 年罗马尼亚数学奥林匹克试题)

30. 设 $a, b, c$ 都是正数,且满足 $a + b + c = 3$,证明不等式: $(3-2a)(3-2b)(3-2c) \leq a^2 b^2 c^2$. (2005 年罗马尼亚数学奥林匹克试题)

31. 设 $x, y, z$ 都是正数,证明不等式: $\frac{1}{x^2+yz} + \frac{1}{y^2+zx} + \frac{1}{z^2+xy} \leq \frac{1}{2}\left(\frac{1}{xy} + \frac{1}{yz} + \frac{1}{zx}\right)$. (2006 年罗马尼亚数学奥林匹克试题)

32. 设 $a, b, c$ 都是正数,求证: $\frac{a+b+c}{3} - \sqrt[3]{abc} \leq \max\{(\sqrt{a}-\sqrt{b})^2, (\sqrt{b}-\sqrt{c})^2, (\sqrt{c}-\sqrt{a})^2\}$. (2002 年美国国家集训队考试题)

33. 设 $a, b, c, d$ 是实数,且 $a + b + c + d = 0$,求证: $(ab + bc + cd + da + bd + ac)^2 + 12 \geq 6(abc + abd + bcd + dca)$. (2006 年哈萨克斯坦数学奥林匹克试题)

34. 设 $a, b, c$ 是正实数,求证: $\sqrt{abc}(\sqrt{a} + \sqrt{b} + \sqrt{c}) + (a+b+c)^2 \geq 4\sqrt{3abc(a+b+c)}$. (2004 年中国国家集训队试题)

35. 设 $x, y, z$ 为非负实数,且 $x + y + z = 1$,证明: $0 \leq yz + zx + xy - 2xyz \leq \frac{7}{27}$. (第 25 届 IMO 试题)

36. 证明:对任意正实数 $a, b, c$,均有 $(a^2+2)(b^2+2)(c^2+2) \geq 9(ab + $

$bc+ca$). (2004年亚太地区数学奥林匹克试题)

37. 正实数 $x,y,z$ 满足 $xyz \geqslant 1$，证明：$\dfrac{x^5-x^2}{x^5+y^2+z^2}+\dfrac{y^5-y^2}{y^5+z^2+x^2}+\dfrac{z^5-z^2}{z^5+x^2+y^2}\geqslant 0$. （第46届IMO试题）

38. 设 $a,b,c$ 是实数，求证：$\sqrt{2(a^2+b^2)}+\sqrt{2(b^2+c^2)}+\sqrt{2(c^2+a^2)}\geqslant \sqrt{3(a+b)^2+3(b+c)^2+3(c+a)^2}$. （2004年波兰数学奥林匹克试题）

39. 设 $a,b,c$ 是正实数，求证：$\dfrac{ab}{c(c+a)}+\dfrac{bc}{a(a+b)}+\dfrac{ca}{b(b+c)}\geqslant \dfrac{a}{c+a}+\dfrac{b}{a+b}+\dfrac{c}{b+c}$. （1999年摩尔多瓦数学奥林匹克试题）

40. 已知 $a,b,c$ 是正数，且 $a^4+b^4+c^4=3$，证明：$\dfrac{1}{4-ab}+\dfrac{1}{4-bc}+\dfrac{1}{4-ca}\leqslant 1$. （2005年摩尔多瓦数学奥林匹克试题）

41. 已知 $x,y,z\geqslant 0$，求证：$\left[(x+y+z)x-yz\right](y+z)^2+\left[(x+y+z)y-zx\right](z+x)^2+\left[(x+y+z)z-xy\right](x+y)^2\leqslant (x+y+z)(x+y)(y+z)(z+x)$.

42. 设 $a,b,c$ 是正数，且 $a^2+b^2+c^2=1$，证明：$\dfrac{1}{a^2}+\dfrac{1}{b^2}+\dfrac{1}{c^2}\geqslant \dfrac{2(a^3+b^3+c^3)}{abc}+3$. （Crux问题2532）

43. 设 $a,b,c$ 是正数，且 $a+b+c=1$，证明：$\dfrac{a^2}{b}+\dfrac{b^2}{c}+\dfrac{c^2}{a}\geqslant 3(a^2+b^2+c^2)$. （2006年罗马尼亚国家集训队试题）

44. $\alpha,\beta\in\left(0,\dfrac{\pi}{4}\right), n\in\mathbf{N}^*$，证明：$\dfrac{\sin^n\alpha+\sin^n\beta}{(\sin\alpha+\sin\beta)^n}\geqslant \dfrac{\sin^n 2\alpha+\sin^n 2\beta}{(\sin 2\alpha+\sin 2\beta)^n}$. （2006年罗马尼亚数学奥林匹克试题）

45. 已知 $a,b,c$ 是正数，证明：$\dfrac{a}{2a+b}+\dfrac{b}{2b+c}+\dfrac{c}{2c+a}\leqslant 1$. （2002年摩尔多瓦数学奥林匹克试题）

46. 已知 $a,b,c$ 是正数，且 $abc=1$，证明：$4\left(\sqrt[3]{\dfrac{a}{b}}+\sqrt[3]{\dfrac{b}{c}}+\sqrt[3]{\dfrac{c}{a}}\right)\leqslant 3\sqrt[3]{\left(2+a+b+c+\dfrac{1}{a}+\dfrac{1}{b}+\dfrac{1}{c}\right)^2}$. （2006年丝绸之路数学奥林匹克试题）

47. 已知 $a,b,c$ 是正数，则 $\dfrac{1}{a(1+b)}+\dfrac{1}{b(1+c)}+\dfrac{1}{c(1+a)}\geqslant \dfrac{3}{1+abc}$. （2006年巴尔干数学奥林匹克试题）

48. 设 $x,y,z$ 是正数,且 $x+y+z=1$,证明: $x^2+y^2+z^2+9xyz \geq 2(xy+yz+zx)$. (2004 年南昌市高中数学竞赛试题)

49. 设 $x,y,z \geq 0$,且 $x+y+z=1$,证明: $3 \leq \dfrac{1}{1-xy}+\dfrac{1}{1-yz}+\dfrac{1}{1-zx} \leq \dfrac{27}{8}$. (2006 年波斯尼亚数学奥林匹克试题)

50. 设 $x,y,z$ 是正数,且 $x+y+z=1$,证明: $\sqrt{3xyz}\left(\dfrac{1}{x}+\dfrac{1}{y}+\dfrac{1}{z}+\dfrac{1}{1-x}+\dfrac{1}{1-y}+\dfrac{1}{1-z}\right) \geq 4+\dfrac{4xyz}{(1-x)(1-y)(1-z)}$. (2004 年 Srpska 数学奥林匹克试题)

51. 已知 $a,b,c>0$,证明: $\sqrt{(a^2b+b^2c+c^2a)(ab^2+bc^2+ca^2)} \geq abc+\sqrt[3]{(a^3+abc)(b^3+abc)(c^3+abc)}$. (2001 年韩国数学奥林匹克试题)

52. 设非负实数 $a,b,c$ 满足 $ab+bc+ca=1$,证明 $\dfrac{1}{a+b}+\dfrac{1}{b+c}+\dfrac{1}{c+a} \geq \dfrac{5}{2}$. (2003 年国家集训队试题)

53. 已知 $a,b,c$ 是正数,且 $a^2+b^2+c^2=1$,证明: $\dfrac{1}{1-ab}+\dfrac{1}{1-bc}+\dfrac{1}{1-ca} \leq \dfrac{9}{2}$. (加拿大 Crux)

54. 已知 $a,b,c$ 是正数,证明 $\sqrt{\dfrac{2}{3}+\dfrac{abc}{a^3+b^3+c^3}}+\sqrt{\dfrac{a^2+b^2+c^2}{ab+bc+ca}} \geq 2$. (2006 年越南国家集训队试题)

55. 证明对于任意正实数 $a,b,c$,有 $\sqrt{a^2+b^2-ab}+\sqrt{b^2+c^2-bc} \geq \sqrt{a^2+c^2+ac}$. (第 31 届 IMO 国家集训队试题)

56. 已知 $a,b,c$ 是正数,且 $ab+bc+ca+2abc=1$,求证: $\dfrac{1}{4a+1}+\dfrac{1}{4b+1}+\dfrac{1}{4c+1} \geq 1$. (2005 年摩洛哥数学奥林匹克试题)

57. 设 $x,y,z$ 是实数,求证: $\dfrac{x^2-y^2}{2x^2+1}+\dfrac{y^2-z^2}{2y^2+1}+\dfrac{z^2-x^2}{2z^2+1} \leq 0$. (2005 年德国国家集训队试题)

58. 已知 $a,b,c$ 是正数,且 $ab+bc+ca+2abc=1$,证明不等式: $2(a+b+c)+1 \geq 32abc$. (2004 年地中海地区数学奥林匹克试题)

59. 求最大的正实数 $a$,使得 $\dfrac{x}{\sqrt{y^2+z^2}}+\dfrac{y}{\sqrt{z^2+x^2}}+\dfrac{z}{\sqrt{x^2+y^2}}>a$ 对一切正实数 $x,y,z$ 均成立. (1994 年罗马尼亚国家集训队试题)

60. 已知 $a,b,c,d$ 是正数，且 $\frac{1}{a}+\frac{1}{b}+\frac{1}{c}+\frac{1}{d}=4$，证明 $\sqrt[3]{\frac{a^3+b^3}{2}}+\sqrt[3]{\frac{b^3+c^3}{2}}+\sqrt[3]{\frac{c^3+d^3}{2}}+\sqrt[3]{\frac{d^3+a^3}{2}} \leqslant 2(a+b+c+d)-4.$（2007 年波兰数学奥林匹克试题）

61. 已知实数 $a,b,c,x,y,z$ 满足 $(a+b+c)(x+y+z)=3, (a^2+b^2+c^2)(x^2+y^2+z^2)=4$，求证：$ax+by+cz \geqslant 0.$（2004 年国家集训队培训试题）

62. 已知 $a,b,c$ 都是正数，且 $abc=1$，求证：$(a+b)(b+c)(c+a) \geqslant 4(a+b+c-1).$（2001 年美国数学竞赛 MOSP 试题）

63. 已知 $a,b,c \geqslant 0, a+b+c=3$，证明：$\frac{a}{b^2+1}+\frac{b}{c^2+1}+\frac{c}{a^2+1} \geqslant \frac{3}{2}.$（2003 年保加利亚国家集训队试题）

64. 已知 $a,b \geqslant 0$，证明 $(\frac{\sqrt{a}+\sqrt{b}}{2})^2 \leqslant \frac{a+\sqrt[3]{a^2b}+\sqrt[3]{ab^2}+b}{4} \leqslant \frac{a+\sqrt{ab}+b}{3} \leqslant \sqrt{(\frac{\sqrt[3]{a^2}+\sqrt[3]{b^2}}{2})^3}.$（1993 年奥地利 - 波兰数学奥林匹克试题）

65. 已知 $a,b,c > 0$，证明：$\frac{ab}{3a+b}+\frac{bc}{b+2c}+\frac{ca}{c+2a} \leqslant \frac{2a+20b+27c}{49}.$（2004 年蒙古数学奥林匹克试题）

66. 已知 $a,b,c,x,y,z > 0$，且 $a+x=b+y=c+z=1$，证明：$(abc+xyz)(\frac{1}{ay}+\frac{1}{bz}+\frac{1}{cx}) \geqslant 3.$（2002 年俄罗斯数学奥林匹克试题）

67. 已知 $a,b,c > 0$，证明：$3+a+b+c+\frac{1}{a}+\frac{1}{b}+\frac{1}{c}+\frac{a}{b}+\frac{b}{c}+\frac{c}{a} \geqslant \frac{3(a+1)(b+1)(c+1)}{abc+1}.$（1988 年 Kvant 数学奥林匹克试题）

68. 设 $x,y,z$ 是正实数，且满足 $x+y+z=1$，求证：$\frac{xy}{\sqrt{xy+yz}}+\frac{yz}{\sqrt{yz+xz}}+\frac{xz}{\sqrt{xz+xy}} \leqslant \frac{\sqrt{2}}{2}.$（2006 年国家集训队考试题）

69. 设 $a,b,c$ 是正实数，且 $a+b+c=1$，证明：$\frac{1}{ab+2c^2+2c}+\frac{1}{bc+2a^2+2a}+\frac{1}{ca+2b^2+2b} \geqslant \frac{1}{ab+bc+ca}.$（2007 年土耳其国家集训队试题）

70. 设 $a,b,c$ 是正数，证明：$\frac{a}{b}+\frac{b}{c}+\frac{c}{a} \geqslant \frac{a+b}{c+a}+\frac{b+c}{a+b}+\frac{c+a}{b+c}.$（1997 年

白俄罗斯,2002 印度数学奥林匹克试题)

71. 设 $a,b,c$ 是正实数,且 $abc \geq 1$,证明:

$(1)(a+\frac{1}{a+1})(b+\frac{1}{b+1})(c+\frac{1}{c+1}) \geq \frac{27}{8}$;

$(2) 27(a^3+a^2+a+1)(b^3+b^2+b+1)(c^3+c^2+c+1) \geq 64(a^2+a+1)(b^2+b+1)(c^2+c+1)$. (2007 年乌克兰数学奥林匹克试题)

72. 已知 $a,b,c > 0$,证明: $|\frac{a^3-b^3}{a+b}+\frac{b^3-c^3}{b+c}+\frac{c^3-a^3}{c+a}| \leq \frac{(a-b)^2+(b-c)^2+(c-a)^2}{4}$. (2004 年摩尔多瓦数学奥林匹克集训队试题)

73. 已知 $a,b,c \geq 0$,且 $a+b+c=1$,证明:$\sqrt{a+\frac{(b-c)^2}{4}}+\sqrt{b}+\sqrt{c} \leq \sqrt{3}$. (2007 年中国女子数学奥林匹克试题)

74. 已知正整数 $n \geq 2$,$a_1 \leq a_2 \leq \cdots \leq a_n$ 或 $a_1 \geq a_2 \geq \cdots \geq a_n$,且 $a_1 \neq a_n$,正数 $x,y$ 满足 $\frac{x}{y} \geq \frac{a_1-a_2}{a_1-a_n}$,证明不等式:$\frac{a_1}{a_2x+a_3y}+\frac{a_2}{a_3x+a_4y}+\cdots+\frac{a_{n-1}}{a_nx+a_1y}+\frac{a_n}{a_1x+a_2y} \geq \frac{n}{x+y}$. (1991 年越南国家集训队试题)

75. 已知 $a,b,c$ 是正数,且 $a+b+c=1$,证明:$\frac{a-bc}{a+bc}+\frac{b-ca}{b+ca}+\frac{c-ab}{c+ab} \leq \frac{3}{2}$. (2008 年加拿大数学奥林匹克试题)

76. 设 $a,b,c$ 是正数,求证:$(1+\frac{4a}{b+c})(1+\frac{4b}{c+a})(1+\frac{4c}{a+b}) > 25$. (2008 年波斯尼亚数学奥林匹克试题)

77. 设 $a,b \in [0,1]$,证明不等式:$\frac{1}{1+a+b} \leq 1-\frac{a+b}{2}+\frac{ab}{3}$. (2008 年罗马尼亚数学奥林匹克试题)

78. 已知 $a,b,c,d$ 是正数,求证:$(a+b)(b+c)(c+d)(d+a)(1+\sqrt[4]{abcd})^4 \geq 16abcd(1+a)(1+b)(1+c)(1+d)$. (2008 年乌克兰数学奥林匹克试题)

79. 设 $x,y$ 是正数,证明:$\frac{1}{(1+\sqrt{x})^2}+\frac{1}{(1+\sqrt{y})^2} \geq \frac{2}{x+y+2}$. (2008 年印度尼西亚数学奥林匹克试题)

80. (1) 已知 $0 < a,b \leq 1$,求证:$\frac{1}{\sqrt{a^2+1}}+\frac{1}{\sqrt{b^2+1}} \leq \frac{2}{\sqrt{1+ab}}$.

(2) 已知 $ab \geq 3$,求证:$\frac{1}{\sqrt{a^2+1}}+\frac{1}{\sqrt{b^2+1}} \geq \frac{2}{\sqrt{1+ab}}$. (2007 年中国台湾数

学奥林匹克试题)

81. 已知 $a,b,c$ 是正数,且 $abc = 8$,证明: $\dfrac{a-2}{a+1} + \dfrac{b-2}{b+1} + \dfrac{c-2}{c+1} \leqslant 0$. (2008 年罗马尼亚地区数学奥林匹克试题)

82. 已知实系数多项式 $f(x) = ax^3 + bx^2 + cx + d$ 有三个正根,$f(0) < 0$,求证:$2b^3 + 9a^2d - 7abc \leqslant 0$. (2008 年中国女子数学奥林匹克试题)

83. 已知非负实数 $a,b,c$ 满足 $a + b + c = 1$,证明:$2 \leqslant (1 - a^2)^2 + (1 - b^2)^2 + (1 - c^2)^2 \leqslant (1 + a)(1 + b)(1 + c)$. 并求出等号成立的条件. (2000 年奥地利 - 波兰数学奥林匹克试题)

84. 已知 $x,y,z$ 是正数,且 $x + y + z = 1$,证明:$\dfrac{1}{yz + x + \frac{1}{x}} + \dfrac{1}{zx + y + \frac{1}{y}} + \dfrac{1}{xy + z + \frac{1}{z}} \leqslant \dfrac{27}{31}$. (2008 年塞尔维亚数学奥林匹克试题)

85. 已知 $a,b,c$ 是正数,且 $abc \geqslant 1$,证明:$\dfrac{1}{a + b^4 + c^4} + \dfrac{1}{a^4 + b + c^4} + \dfrac{1}{a^4 + b^4 + c} \leqslant 1$. (1999 年韩国数学奥林匹克试题)

86. 已知 $a,b$ 是正数,证明:$\dfrac{(a-b)^2}{2(a+b)} \leqslant \sqrt{\dfrac{a^2 + b^2}{2}} - \sqrt{ab} \leqslant \dfrac{(a-b)^2}{4\sqrt{ab}}$. (1993 年南斯拉夫数学奥林匹克试题)

87. 已知 $a,b$ 是正数,且 $a \geqslant 1, b \geqslant 1$,证明:$3\left(\dfrac{a^2 - b^2}{8}\right)^2 + \dfrac{ab}{a+b} \geqslant \sqrt{\dfrac{a^2 + b^2}{8}}$. (1991 年南斯拉夫数学奥林匹克试题)

88. 已知 $a,b,c$ 是正数,证明:$\dfrac{(1+a^2)(1+b^2)(1+c^2)}{(1+a)(1+b)(1+c)} \geqslant \dfrac{1}{2}(1 + abc)$. (2009 年新加坡数学奥林匹克试题)

89. 已知 $x \geqslant 1, y \geqslant 1, z \geqslant 1$,证明:$(x^2 - 2x + 2)(y^2 - 2y + 2)(z^2 - 2z + 2) \leqslant (xyz)^2 - 2xyz + 2$. (2009 年中国女子数学奥林匹克试题)

90. 已知 $x,y$ 是正数,且 $x + y = 2a$,证明不等式:$x^3 y^3 (x^2 + y^2)^2 \leqslant 4a^{10}$. (2010 年希腊数学奥林匹克试题)

91. 设 $a,b,c$ 是正数,证明不等式:$\dfrac{4}{3}\left(\dfrac{a}{b+c} + \dfrac{b}{c+a} + \dfrac{c}{a+b}\right) + \sqrt[3]{\dfrac{abc}{(b+c)(c+a)(a+b)}} \geqslant \dfrac{5}{2}$. (2010 年加拿大数学奥林匹克试题)

92. 已知 $a,b,c$ 是正数，且 $ab+bc+ca \leq 3abc$，证明：$\sqrt{\dfrac{a^2+b^2}{a+b}}+\sqrt{\dfrac{b^2+c^2}{b+c}}+\sqrt{\dfrac{c^2+a^2}{c+a}}+3 \leq \sqrt{2(a+b)}+\sqrt{2(b+c)}+\sqrt{2(c+a)}$. (2009 年 IMO 预选题, 2010 年伊朗国家集训队试题)

93. 已知 $x,y$ 是正数，且 $x+2y=1$，证明：$\dfrac{1}{x}+\dfrac{2}{y} \geq \dfrac{25}{1+48xy^2}$. (2006 年爱尔兰数学奥林匹克试题)

94. 已知 $x,y,z$ 是正数，且 $xy+yz+zx=1$，证明：$3-\sqrt{3}+\dfrac{x^2}{y}+\dfrac{y^2}{z}+\dfrac{z^2}{x} \geq (x+y+z)^2$. (2010 年伊朗数学奥林匹克夏令营试题)

95. 设实数 $x_1,x_2,\cdots,x_n$ 满足 $\sum_{k=1}^{n}x_k^2=1, n \geq 2$，求证：$\sum_{k=1}^{n}\left(1-\dfrac{k}{\sum_{i=1}^{n}ix_i^2}\right)\dfrac{x_k^2}{k} \leq \left(\dfrac{n-1}{n+1}\right)^2 \sum_{k=1}^{n}\dfrac{x_k^2}{k}$. 并确定等号成立的条件. (2010 年中国女子数学奥林匹克试题)

96. 设 $a,b,c$ 是正数，证明：$\sum_{cyc}\sqrt[4]{\dfrac{(a^2+b^2)(a^2-ab+b^2)}{2}} \leq \dfrac{2}{3}(a^2+b^2+c^2)\left(\dfrac{1}{a+b}+\dfrac{1}{b+c}+\dfrac{1}{c+a}\right)$. (2010 年土耳其国家集训队选拔试题)

97. 设 $a,b,c$ 是正实数，证明：$\dfrac{(b+c)(a^4-b^2c^2)}{ab+2bc+ca}+\dfrac{(c+a)(b^4-c^2a^2)}{bc+2ca+ab}+\dfrac{(a+b)(c^4-a^2b^2)}{ca+2ab+bc} \geq 0$. (2009 年土耳其数学奥林匹克试题)

98. 证明：对于任意的正实数 $a,b,c,d$，都有 $\dfrac{(a-b)(a-c)}{a+b+c}+\dfrac{(b-c)(b-d)}{b+c+d}+\dfrac{(c-d)(c-a)}{c+d+a}+\dfrac{(d-a)(d-b)}{d+a+b} \geq 0$，并确定等号成立的条件. (第 49 届 IMO 预选题)

99. 设 $a,b,c$ 是正实数，且 $a^4+b^4+c^4 \geq a^3+b^3+c^3$，证明：$\dfrac{a^3}{\sqrt{b^4+b^2c^2+c^4}}+\dfrac{b^3}{\sqrt{c^4+c^2a^2+a^4}}+\dfrac{c^3}{\sqrt{a^4+a^2b^2+b^4}} \geq \sqrt{3}$. (第 62 届波兰数学奥林匹克试题)

100. 设非负实数 $a,b,c$ 满足 $a+b+c=1$，证明：$9abc \leq ab+bc+ca \leq \dfrac{1}{4}(1+9abc)$. (2010 年广东省数学竞赛试题)

101. 设 $x, y, z \geqslant 0$，且至少有两个不是 0，证明：$\dfrac{x}{y+z} + \dfrac{y}{z+x} + \dfrac{z}{x+y} \geqslant \sqrt{4 - \dfrac{14xyz}{(x+y)(y+z)(z+x)}}$. (2008 年罗马尼亚数学奥林匹克试题)

102. 设 $a_1, a_2, \cdots, a_n$ 是正数，且 $a_1 a_2 \cdots a_n = 1$，证明：$\sum_{i=1}^{n} \dfrac{a_i}{\sqrt{a_i^4 + 3}} \leqslant \sum_{i=1}^{n} \dfrac{1}{2a_i}$.
(2010 年土耳其数学奥林匹克试题)

# 参 考 解 答

1. 欲证原不等式成立，只需证
$$ab(a+b) + bc(b+c) + ca(c+a) + 2\sqrt{ab^2c(a+b)(b+c)} +$$
$$2\sqrt{abc^2(b+c)(a+c)} + 2\sqrt{a^2bc(a+b)(a+c)} >$$
$$(a+b)(b+c)(c+a)$$
即
$$b\sqrt{ac(a+b)(b+c)} + c\sqrt{ab(b+c)(a+c)} + a\sqrt{bc(a+b)(a+c)} > abc$$
而由算术几何平均值不等式
$$上式左边 \geqslant 3\sqrt[3]{a^2b^2c^2(a+b)(b+c)(c+a)} > 3abc > abc$$

2. $\dfrac{x}{\sqrt{x+y}} + \dfrac{y}{\sqrt{1+y}} + \dfrac{1}{\sqrt{1+x}} \geqslant \dfrac{y}{\sqrt{x+y}} + \dfrac{x}{\sqrt{1+x}} + \dfrac{1}{\sqrt{1+y}} \Leftrightarrow$

$\dfrac{x-y}{\sqrt{x+y}} + \dfrac{y-1}{\sqrt{1+y}} \geqslant \dfrac{x-1}{\sqrt{1+x}} = \dfrac{x-y}{\sqrt{1+x}} + \dfrac{y-1}{\sqrt{1+x}} \Leftrightarrow$

$\dfrac{y-1}{\sqrt{1+y}} - \dfrac{y-1}{\sqrt{1+x}} \geqslant \dfrac{x-y}{\sqrt{1+x}} - \dfrac{x-y}{\sqrt{x+y}} \Leftrightarrow$

$(y-1) \cdot \dfrac{\sqrt{1+x} - \sqrt{1+y}}{\sqrt{1+x} \cdot \sqrt{1+y}} \geqslant (x-y) \cdot \dfrac{\sqrt{x+y} - \sqrt{1+x}}{\sqrt{1+x} \cdot \sqrt{x+y}} \Leftrightarrow$

$\dfrac{(y-1)(x-y)}{\sqrt{1+x} \cdot \sqrt{1+y}(\sqrt{1+x} + \sqrt{1+y})} \geqslant$

$\dfrac{(x-y)(y-1)}{\sqrt{1+x} \cdot \sqrt{x+y}(\sqrt{1+x} + \sqrt{x+y})} \Leftrightarrow$

$\sqrt{x+y}(\sqrt{1+x} + \sqrt{x+y}) \geqslant \sqrt{1+y}(\sqrt{1+x} + \sqrt{1+y})$

这由 $\sqrt{x+y} \geqslant \sqrt{1+y}$ 即得. 故原不等式成立. 当 $x = y$ 时取等号.

3. **证法一** $a^3 + b^3 + c^3 = 1 - 3(a+b)(b+c)(c+a), a^5 + b^5 + c^5 = 1 - 5(a$

$+ b)(b+c)(c+a)(a^2 + b^2 + c^2 + ab + bc + ca)$.

所以,原不等式等价于

$10[1 - 3(a+b)(b+c)(c+a)] - 9[1 - 5(a+b)(a^2 + b^2 + c^2 + ab + bc + ca)] \geq 1 \Leftrightarrow$

$45(a+b)(b+c)(c+a)(a^2 + b^2 + c^2 + ab + bc + ca) \geq 30(a+b)(b+c)(c+a) \Leftrightarrow$

$3(a^2 + b^2 + c^2 + ab + bc + ca) \geq 2 = 2(a+b+c)^2 = 2(a^2 + b^2 + c^2 + 2ab + 2bc + 2ca) \Leftrightarrow$

$a^2 + b^2 + c^2 \geq ab + bc + ca$

这由 $(a-b)^2 + (b-c)^2 + (a-c)^2 \geq 0$ 可得.

**证法二** 因为 $a + b + c = 1$, 所以

$10(a^3 + b^3 + c^3) - 9(a^5 + b^5 + c^5) \geq 1 \Leftrightarrow$

$10(a^3 + b^3 + c^3)(a+b+c)^2 - 9(a^5 + b^5 + c^5) \geq (a+b+c)^5 \Leftrightarrow$

$10(a^3 + b^3 + c^3)(a^2 + b^2 + c^2 + 2ab + 2bc + 2ca) -$

$9(a^5 + b^5 + c^5) \geq (a+b+c)^5 \Leftrightarrow$

$10(a^5 + b^5 + c^5) + 20(a^4 b + a^4 c + b^4 c + b^4 a + c^4 a + c^4 b) +$

$10(a^3 b^2 + a^3 c^2 + b^3 c^2 + b^3 a^2 + c^3 a^2 + c^3 b^2) +$

$20(abc^3 + a^3 bc + ab^3 c) - 9(a^5 + b^5 + c^5) \geq$

$a^5 + b^5 + c^5 + 5(a^4 b + a^4 c + b^4 c + b^4 a + c^4 a + c^4 b) +$

$10(a^3 b^2 + a^3 c^2 + b^3 c^2 + b^3 a^2 + c^3 a^2 + c^3 b^2) +$

$20(abc^3 + a^3 bc + ab^3 c) + 30(a^2 b^2 c + ab^2 c^2 + a^2 bc^2) \Leftrightarrow$

$15(a^4 b + a^4 c + b^4 c + b^4 a + c^4 a + c^4 b) \geq 30(a^2 b^2 c + ab^2 c^2 + a^2 bc^2) \Leftrightarrow$

$a^4 b + a^4 c + b^4 c + b^4 a + c^4 a + c^4 b \geq 2(a^2 b^2 c + ab^2 c^2 + a^2 bc^2)$ ①

由均值不等式得

$$a^4 b + c^4 b \geq 2a^2 bc^2$$

$$a^4 c + b^4 c \geq 2a^2 b^2 c$$

$$b^4 a + c^4 a \geq 2ab^2 c^2$$

将这三个不等式相加即得 ①. 从而

$$10(a^3 + b^3 + c^3) - 9(a^5 + b^5 + c^5) \geq 1$$

4. $(1+x)(1+y) \geq 2(x+y) \Leftrightarrow 1 + x + y + xy \geq 2(x+y) \Leftrightarrow 1 - x - y + xy \geq 0 \Leftrightarrow (1-x)(1-y) \geq 0$

同理

$$(1+y)(1+z) \geq 2(y+z)$$

$$(1+z)(1+x) \geq 2(z+x)$$

将以上三个不等式相乘,并开方得

$$(1+x)(1+y)(1+z) \geq \sqrt{8(x+y)(y+z)(z+x)}$$

5. 只需证明 $(x^2 + \frac{3}{4})(y^2 + \frac{3}{4}) \geq x + y$, 即证明

$$x^2y^2 + \frac{3}{4}x^2 + \frac{3}{4}y^2 - x - y + \frac{9}{16} \geq 0$$

而

$$x^2y^2 + \frac{3}{4}x^2 + \frac{3}{4}y^2 - x - y + \frac{9}{16} = (xy - \frac{1}{4})^2 +$$

$$\frac{1}{2}(x - \frac{1}{2})^2 + \frac{1}{2}(y - \frac{1}{2})^2 + \frac{1}{4}(x + y - 1)^2 \geq 0$$

所以

$$(x^2 + \frac{3}{4})(y^2 + \frac{3}{4}) \geq x + y$$

同理

$$(y^2 + \frac{3}{4})(z^2 + \frac{3}{4}) \geq y + z$$

$$(z^2 + \frac{3}{4})(x^2 + \frac{3}{4}) \geq z + x$$

将以上三个不等式相乘,并开方得

$$(x^2 + \frac{3}{4})(y^2 + \frac{3}{4})(z^2 + \frac{3}{4}) \geq \sqrt{(x+y)(y+z)(z+x)}$$

6. $\dfrac{a^2}{(a+b)(a+c)} + \dfrac{b^2}{(b+c)(b+a)} + \dfrac{c^2}{(c+b)(c+a)} \geq \dfrac{3}{4} \Leftrightarrow$

$\dfrac{a^2(b+c) + b^2(c+a) + c^2(a+b)}{(a+b)(b+c)(c+a)} \geq \dfrac{3}{4} \Leftrightarrow$

$\dfrac{a^2b + a^2c + b^2c + b^2a + c^2a + c^2b}{2abc + a^2b + a^2c + b^2c + b^2a + c^2a + c^2b} \geq \dfrac{3}{4} \Leftrightarrow a^2b + a^2c + b^2c + b^2a +$

$c^2a +$

$c^2b - 6abc \geq 0 \Leftrightarrow (b^2a + c^2a - 2abc) + (a^2b + c^2b - 2abc) + (a^2c + b^2c$

$- 2abc) \geq 0 \Leftrightarrow a(b-c)^2 + b(c-a)^2 + c(a-b)^2 \geq 0.$

最后的不等式对所有的 $a,b,c \geq 0$ 成立. 因此,给定的不等式对所有 $a,b,c > 0$ 更成立.

7. 原不等式等价于 $\sum x^3(1+x) \geq \dfrac{3}{4}(1+x)(1+y)(1+z)$

即

$$\sum x^3 + \sum x^4 \geq \frac{3}{2} + \frac{3}{4}(x+y+z) + \frac{3}{4}(xy+yz+zx) \qquad ①$$

因为

$$\sum x^3 \geq 3(\frac{x+y+z}{3})^3 = \frac{1}{9}(x+y+z)^3 \geq \frac{1}{9}(x+y+z)(3\sqrt[3]{xyz})^2 =$$

$$\sum x = \frac{3}{4}\sum x + \frac{1}{4}\sum x \geq \frac{3}{4}\sum x + \frac{3}{4}$$

$$\sum x^3 \geq 3(\frac{x+y+z}{3})^4 = \frac{1}{27}(x+y+z)^4 \geq \frac{1}{3}(x+y+z)^2 =$$

$$\frac{1}{3}(\sum x^2 + 2\sum xy) \geq \frac{3}{4}\sum xy + \frac{1}{4}\sum x^2 \geq$$

$$\frac{3}{4}\sum xy + \frac{3}{4}\sqrt[3]{x^2y^2z^2} =$$

$$\frac{3}{4}\sum xy + \frac{3}{4}$$

将以上两式相加即得 ①.

8. 易得原不等式等价于

$$48(a^3+b^3+c^3+d^3) \geq$$
$$8(a^2+b^2+c^2+d^2)(a+b+c+d)+(a+b+c+d)^3$$

展开,合并同类项得

$$39(a^3+b^3+c^3+d^3) \geq 6(abc+bcd+cda+dab)+$$
$$11[(a^2b+b^2c+c^2d+d^2a)+(ab^2+bc^2+cd^2+da^2)+(a^2c+b^2d+c^2a+d^2b)]$$

由均值不等式得

$$a^3+b^3+c^3 \geq 3abc$$
$$b^3+c^3+d^3 \geq 3bcd$$
$$c^3+d^3+a^3 \geq 3cda$$
$$d^3+a^3+b^3 \geq 3dab$$

则

$$6(a^3+b^3+c^3+d^3) \geq 6(abc+bcd+cda+dab)$$

欲证明原不等式,只需证明

$$3(a^3+b^3+c^3+d^3) \geq (a^2b+b^2c+c^2d+d^2a)+$$
$$(ab^2+bc^2+cd^2+da^2)+$$
$$(a^2c+b^2d+c^2a+d^2b)$$

由均值不等式得

$$\frac{a^3+a^3+b^3}{3} \geq a^2b$$

$$\frac{b^3+b^3+c^3}{3} \geq b^2c$$

$$\frac{c^3+c^3+d^3}{3} \geq c^2d$$

$$\frac{d^3+d^3+a^3}{3} \geq d^2a$$

$$\frac{a^3+b^3+b^3}{3} \geqslant ab^2$$

$$\frac{b^3+c^3+c^3}{3} \geqslant bc^2$$

$$\frac{c^3+d^3+d^3}{3} \geqslant cd^2$$

$$\frac{d^3+a^3+a^3}{3} \geqslant d^2a$$

$$\frac{a^3+a^3+c^3}{3} \geqslant a^2c$$

$$\frac{b^3+b^3+d^3}{3} \geqslant b^2d$$

$$\frac{c^3+c^3+a^3}{3} \geqslant c^2a$$

$$\frac{d^3+d^3+b^3}{3} \geqslant d^2b$$

上述12个不等式相加即得结论.

9. (1) 只需证明当 $a,b,c$ 是正数且 $abc=1$ 时,有 $\dfrac{1}{a+b+1}+\dfrac{1}{b+c+1}+\dfrac{1}{c+a+1} \leqslant 1$ 等价于

$(a+b+1)(b+c+1)+(b+c+1)(c+a+1)+(c+a+1)(a+b+1) \leqslant (a+b+1)(b+c+1)(c+a+1) \Leftrightarrow$

$2+2(a+b+c) \leqslant a^2b+ab^2+a^2c+ac^2+b^2c+bc^2+2abc$

由 $abc=1$,只需证明

$$2(a+b+c) \leqslant a^2b+ab^2+a^2c+ac^2+b^2c+bc^2 \qquad ①$$

因为 $a^2b+a^2c+1 \geqslant 3\sqrt[3]{a^4bc}=3a$,所以 $a^2b+a^2c \geqslant 3a-1$,同理,$ab^2+b^2c \geqslant 3b-1$,$ac^2+bc^2 \geqslant 3c-1$,故只需证明 $(3a-1)+(3b-1)+(3c-1) \geqslant 2(a+b+c)$,即证 $a+b+c \geqslant 3$. 由 $a+b+c \geqslant 3\sqrt[3]{abc}=3$ 知此不等式成立,从而原不等式成立.

(2) 由(1)知道,即证在条件 $abc \geqslant 1$ 的条件下证明①成立. 由均值不等式得

$$a^2b+a^2c \geqslant 2\sqrt{a^3}\sqrt{abc} \geqslant 2\sqrt{a^3}$$

于是

$$a^2b+ab^2+a^2c+ac^2+b^2c+bc^2 \geqslant 2(\sqrt{a^3}+\sqrt{b^3}+\sqrt{c^3})$$

而

$$\sqrt{a^3} + \sqrt{b^3} + \sqrt{c^3} \geq \frac{1}{3}(\sqrt{a} + \sqrt{b} + \sqrt{c})(a+b+c) \geq$$
$$\sqrt[6]{abc}(a+b+c) \geq a+b+c$$

从而 ① 成立.

10. 易知,所证不等式等价于
$$2(a^3 + b^3 + c^3) \geq a^2b + a^2c + b^2a + b^2c + c^2a + c^2b$$
由均值不等式得
$$\frac{a^3 + a^3 + b^3}{3} \geq a^2b$$
$$\frac{b^3 + b^3 + c^3}{3} \geq b^2c$$
$$\frac{a^3 + b^3 + b^3}{3} \geq ab^2$$
$$\frac{b^3 + c^3 + c^3}{3} \geq bc^2$$
$$\frac{a^3 + a^3 + c^3}{3} \geq a^2c$$
$$\frac{c^3 + c^3 + a^3}{3} \geq c^2a$$

上述 6 个不等式相加即得结论.

11. 原不等式转化为
$$\frac{1}{\sqrt{1+\frac{8bc}{a^2}}} + \frac{1}{\sqrt{1+\frac{8ac}{b^2}}} + \frac{1}{\sqrt{1+\frac{8ab}{c^2}}} \geq 1 \qquad ①$$

令 $\alpha = \frac{bc}{a^2}, \beta = \frac{ca}{b^2}, \gamma = \frac{ab}{c^2}$,显然 $\alpha, \beta, \gamma$ 是正实数,且 $\alpha\beta\gamma = 1$. 命题转化为证明

$$\frac{1}{\sqrt{1+8\alpha}} + \frac{1}{\sqrt{1+8\beta}} + \frac{1}{\sqrt{1+8\gamma}} \geq 1 \qquad ②$$

$$\Leftrightarrow \sqrt{(1+8\alpha)(1+8\beta)} + \sqrt{(1+8\beta)(1+8\gamma)} +$$
$$\sqrt{(1+8\gamma)(1+8\alpha)} \geq \sqrt{(1+8\alpha)(1+8\beta)(1+8\gamma)} \qquad ③$$

令右边为 $x$,两边平方得

$3 + 16(\alpha+\beta+\gamma) + 64(\alpha\beta+\beta\gamma+\gamma\alpha) + 2(\sqrt{1+8\alpha} + \sqrt{1+8\beta} + \sqrt{1+8\gamma})x \geq 1 + 8(\alpha+\beta+\gamma) + 64(\alpha\beta+\beta\gamma+\gamma\alpha) + 8^3 \alpha\beta\gamma$

$\Leftrightarrow 8(\alpha+\beta+\gamma) + 2(\sqrt{1+8\alpha} + \sqrt{1+8\beta} + \sqrt{1+8\gamma})x \geq 8^3 - 2 \qquad ④$

注意到 $x^2 = 1 + 8(\alpha+\beta+\gamma) + 8^2(\alpha\beta+\beta\gamma+\gamma\alpha) + 8^3 \geq 1 + 8 \times 3\sqrt[3]{\alpha\beta\gamma} + 8^2 \times 3\sqrt[3]{(\alpha\beta\gamma)^2} + 8^3 = 729$ 推出 $x \geq 27$. 由均值不等式得到式 ④ 的左边 $\geq 8(\alpha$

$+\beta+\gamma)+2\times 3x\sqrt[3]{\sqrt{1+8\alpha}\sqrt{1+8\beta}\sqrt{1+8\gamma}}=8(\alpha+\beta+\gamma)+2\times 3\sqrt[3]{x^4}\geqslant$
$8\times 3\sqrt[3]{\alpha\beta\gamma}+6\times 81=8^3-2=$ 右边. 从而原不等式成立.

12. (1) **证法一** 记 $x=a+b+c, y=\dfrac{1}{a}+\dfrac{1}{b}+\dfrac{1}{c}$, 因为 $abc=1$,

所以 $y=ab+bc+ca$. 由均值不等式有 $x\geqslant 3, y\geqslant 3$.

不等式
$$\frac{1}{1+a+b}+\frac{1}{1+b+c}+\frac{1}{1+c+a}\leqslant\frac{1}{2+a}+\frac{1}{2+b}+\frac{1}{2+c} \qquad ①$$

的两端关于 $a, b, c$ 对称, 故通分后, 两边的分子与分母均可以表示成 $x$ 和 $y$ 的式子, 计算整理后可得不等式 ① 与不等式

$$\frac{3-4x+y+x^2x+y}{2x+y+x^2+xy}\leqslant\frac{12+4x+y}{9+4x+2y} \qquad ②$$

等价. 再通分, 作差比较, 只要证明
$$3x^2y+xy^2+6xy-5x^2-y^2-24x-3y-27\geqslant 0 \qquad ③$$

将式 ③ 改写成如下形式:
$$(\frac{5}{3}x^2y-5x^2)+(\frac{xy^2}{3}-y^2)+(\frac{xy^2}{3}-3y)+(\frac{4}{3}x^2y-12x)+$$
$$(\frac{xy^2}{3}-3x)+3(xy-3x)+3(xy-9)\geqslant 0 \qquad ④$$

由 $x\geqslant 3, y\geqslant 3$ 得式 ④ 成立.

**证法二** 先用分析法证明 $\dfrac{2}{2+a}\geqslant\dfrac{1}{1+a+b}+\dfrac{1}{1+a+ac}$. 因为 $abc=1$

$$\frac{2}{2+a}\geqslant\frac{1}{1+a+b}+\frac{1}{1+a+ac}\Leftrightarrow$$
$$\frac{1}{2+a}-\frac{1}{1+a+b}\geqslant\frac{1}{1+a+ac}-\frac{1}{2+a}\Leftrightarrow$$
$$\frac{b-1}{(1+a+b)(2+a)}\geqslant\frac{1-ac}{(1+a+ac)(2+a)}\Leftrightarrow$$
$$\frac{b-1}{1+a+b}\geqslant\frac{1-ac}{1+a+ac}=\frac{b-abc}{b+ab+abc}=\frac{b-1}{b+ab+1}\Leftrightarrow$$
$$\frac{b-1}{1+a+b}-\frac{b-1}{b+ab+1}\geqslant 0\Leftrightarrow$$
$$\frac{a(b-1)^2}{(1+a+b)(1+ab+b)}\geqslant 0$$

这是显然成立的.

同理,
$$\frac{2}{2+b}\geqslant\frac{1}{1+b+c}+\frac{1}{1+b+ab}$$

$$\frac{2}{2+c} \geq \frac{1}{1+c+a} + \frac{1}{1+c+bc}$$

相加得

$$\frac{2}{2+a} + \frac{2}{2+b} + \frac{2}{2+c} \geq \frac{1}{1+a+b} + \frac{1}{1+b+c} + \frac{1}{1+c+a} +$$

$$\frac{1}{1+a+ac} + \frac{1}{1+b+ab} + \frac{1}{1+c+bc}$$

容易证明

$$\frac{1}{1+a+ac} + \frac{1}{1+b+ab} + \frac{1}{1+c+bc} = 1$$

所以

$$\frac{2}{2+a} + \frac{2}{2+b} + \frac{2}{2+c} \geq \frac{1}{1+a+b} + \frac{1}{1+b+c} + \frac{1}{1+c+a} + 1 \quad \text{①}$$

又 $\frac{1}{2+a} + \frac{1}{2+b} + \frac{1}{2+c} \leq 1$(见 13 题),所以

$$1 + \frac{1}{2+a} + \frac{1}{2+b} + \frac{1}{2+c} \geq \frac{2}{2+a} + \frac{2}{2+b} + \frac{2}{2+c} \quad \text{②}$$

由①,②得

$$\frac{1}{2+a} + \frac{1}{2+b} + \frac{1}{2+c} \geq \frac{1}{1+a+b} + \frac{1}{1+b+c} + \frac{1}{1+c+a}$$

(2) 令 $a = \frac{x}{y}, b = \frac{y}{z}, c = \frac{z}{x}$,不等式化为

$$\frac{1}{1+a+b} + \frac{1}{1+b+c} + \frac{1}{1+c+a} \leq \frac{1}{2+a} + \frac{1}{2+b} + \frac{1}{2+c} \quad \text{①}$$

13. **证法一** $\frac{a}{a^2+2} + \frac{b}{b^2+2} + \frac{c}{c^2+2} = \frac{a}{a^2+2abc} + \frac{b}{b^2+2abc} +$

$\frac{c}{c^2+2abc} = \frac{1}{a+2bc} + \frac{1}{b+2ac} + \frac{1}{c+2ab} = \frac{1}{a+bc+bc} + \frac{1}{b+ac+ac} +$

$\frac{1}{c+ab+ab} \leq \frac{1}{2\sqrt{abc}+bc} + \frac{1}{2\sqrt{bac}+ac} + \frac{1}{2\sqrt{cab}+ab} = \frac{1}{2+bc} + \frac{1}{2+ca} +$

$\frac{1}{2+ab}$.

设 $bc = x, ca = y, ab = z$,所以,$\frac{1}{2+bc} + \frac{1}{2+ca} + \frac{1}{2+ab} = \frac{1}{2+x} + \frac{1}{2+y} + \frac{1}{2+z}$.

要证明原不等式,只要证明

$$\frac{1}{2+x} + \frac{1}{2+y} + \frac{1}{2+z} \leq 1$$

其中 $x, y, z$ 是正实数,且 $xyz = 1$.

通分,只要证明

$$\frac{(2+x)(2+y)+(2+y)(2+z)+(2+z)(2+x)}{(2+x)(2+y)(2+z)} \leq 1$$

$$\frac{xy+yz+zx+4(x+y+z)+12}{xyz+2(xy+yz+zx)+4(x+y+z)+8} \leq 1$$

注意到 $xyz=1$,只要证明 $xy+yz+zx \geq 3$,这由均值不等式显然成立.

**证法二** $\dfrac{a}{a^2+2}+\dfrac{b}{b^2+2}+\dfrac{c}{c^2+2}=\dfrac{a}{a^2+1+1}+\dfrac{b}{b^2+1+1}+\dfrac{c}{c^2+1+1} \leq \dfrac{a}{2a+1}+\dfrac{b}{2b+1}+\dfrac{c}{2c+1}.$

只要证明

$$\frac{a}{2a+1}+\frac{b}{2b+1}+\frac{c}{2c+1} \leq 1 \Leftrightarrow$$

$$\frac{2a}{2a+1}+\frac{2b}{2b+1}+\frac{2c}{2c+1} \leq 2 \Leftrightarrow$$

$$\frac{1}{2a+1}+\frac{1}{2b+1}+\frac{1}{2c+1} \geq 1 \Leftrightarrow$$

$$\frac{(2a+1)(2b+1)+(2b+1)(2c+1)+(2c+1)(2a+1)}{(2a+1)(2b+1)(2c+1)} \geq 1 \Leftrightarrow$$

$$\frac{4(ab+bc+ca)+4(a+b+c)+3}{8abc+4(ab+bc+ca)+2(a+b+c)+1} \geq 1.$$

由 $abc=1$,只要证 $2(a+b+c) \geq 6 \Leftrightarrow a+b+c \geq 3\sqrt[3]{abc}=3$,从而,原不等式成立成立.

14. 不等式 $a_1^2+a_2^2+\cdots+a_n^2 \geq \dfrac{1}{n}(a_1+a_2+\cdots+a_n)^2+\dfrac{1}{2}(a_1-a_n)^2$ 等价于

$$2n\sum_{i=1}^{n}a_i^2-n(a_1-a_n)^2-2(\sum_{i=1}^{n}a_i)^2 \geq 0 \Leftrightarrow$$

$$2n\sum_{i=2}^{n-1}a_i^2+n(a_1+a_n)^2-2(\sum_{i=1}^{n}a_i)^2 \geq 0 \Leftrightarrow$$

$$2n\sum_{i=2}^{n-1}a_i^2+n(a_1+a_n)^2-2(a_1+a_n)^2-4(a_1+a_n)(\sum_{i=2}^{n-1}a_i)-2(\sum_{i=2}^{n-1}a_i)^2 \geq 0 \Leftrightarrow$$

$$2n\sum_{i=2}^{n-1}a_i^2+(n-2)(a_1+a_n)^2-4(a_1+a_n)(\sum_{i=2}^{n-1}a_i)-2(\sum_{i=2}^{n-1}a_i)^2 \geq 0$$

只要证明

$$2n \cdot \frac{(\sum_{i=2}^{n-1}a_i)^2}{n-2}+(n-2)(a_1+a_n)^2-4(a_1+a_n)(\sum_{i=2}^{n-1}a_i)-2(\sum_{i=2}^{n-1}a_i)^2 \geq 0 \Leftrightarrow$$

$$\frac{4(\sum_{i=2}^{n-1} a_i)^2}{n-2} - 4(a_1 + a_n)(\sum_{i=2}^{n-1} a_i) + (n-2)(a_1 + a_n)^2 \geq 0 \Leftrightarrow$$

$$[2(\sum_{i=2}^{n-1} a_i)]^2 - 2 \cdot 2(n-2) \cdot (a_1 + a_n)(\sum_{i=2}^{n-1} a_i) + [(n-2)(a_1 + a_n)]^2 \geq 0 \Leftrightarrow$$

$$[2(\sum_{i=2}^{n-1} a_i) - (n-2)(a_1 + a_n)]^2 \geq 0$$

这是显然的,从而不等式 $a_1^2 + a_2^2 + \cdots + a_n^2 \geq \frac{1}{n}(a_1 + a_2 + \cdots + a_n)^2 + \frac{1}{2}(a_1 - a_n)^2$ 成立.

15. 只须证明 $a^2(a^2 - bc) + b^2(b^2 - ca) + c^2(c^2 - ab) \geq 0$.

观察上式左端是对称的,故可设 $a \geq b \geq c > 0$,于是 $a^2 - bc \geq 0, c^2 - ab \leq 0$,所以

$$a^2(a^2 - bc) + b^2(b^2 - ca) + c^2(c^2 - ab) \geq$$
$$b^2(a^2 - bc) + b^2(b^2 - ca) + b^2(c^2 - ab) =$$
$$b^2(a^2 + b^2 + c^2 - ab - bc - ca) =$$
$$\frac{1}{2}b^2[(a-b)^2 + (b-c)^2 + (a-c)^2] \geq 0$$

16. **证法一** 不等式等价于 $(x + y + z - xyz)^2 \leq 4$. 即 $\sum x^2 + 2\sum xy + x^2y^2z^2 - 2xyz(x+y+z) \leq 4$.

$\Leftrightarrow 2\sum xy - 2xyz(x+y+z) + x^2y^2z^2 \leq 2$.

即 
$$\sum xy - xyz(x+y+z) + \frac{1}{2}x^2y^2z^2 \leq 1 \Leftrightarrow$$

$$1 - \sum xy + xyz(x+y+z) - x^2y^2z^2 + \frac{1}{2}x^2y^2z^2 \geq 0 \Leftrightarrow$$

$$(1-xy)(1-yz)(1-zx) + \frac{1}{2}x^2y^2z^2 \geq 0 \qquad ①$$

又 $xy \leq \frac{1}{2}(x^2 + y^2) \leq \frac{1}{2}(x^2 + y^2 + z^2) = 1$. 同理 $yz \leq 1, zx \leq 1$. 故①成立,从而原不等式成立.

**证法二** 不等式等价于 $x(1 - yz) + (y + z) \leq 2$.

$$[x(1-yz) + (y+z)]^2 = [\sqrt{2-y^2-z^2}(1-yz) + (y+z)]^2 \leq$$
$$[(2-y^2-z^2) + (y+z)^2][(1-yz)^2 + 1] =$$
$$2(1+yz)(2-2yz+y^2z^2) = 2(1+yz)[1+(yz-1)^2] \leq$$
$$2(1 + \frac{y^2+z^2}{2}) \leq 2(1 + \frac{x^2+y^2+z^2}{2}) = 4$$

当$(x,y,z)=(1,1,0)$时,等号成立.

17. 在$\frac{x}{k_1},\frac{y}{k_2},\frac{z}{k_3}$这三个数中,我们可以设$\frac{x}{k_1}$最大.

若$\frac{y}{k_2} \geq \frac{z}{k_3}$,令$a = \frac{x}{k_1} - \frac{y}{k_2}, b = \frac{y}{k_2} - \frac{z}{k_3}$.

原不等式可化为等价的不等式

$(1 - 2k_3 - 2k_1k_2)a^2 + (1 - 2k_1 - 2k_2k_3)b^2 + (1 - 2k_2 - 2k_1k_3)(a+b)^2 \geq 0$

这个不等式左边为

$2k_1^2 a^2 + 2k_3^2 b^2 + 2ab(1 - 2k_2 - 2k_1k_3) = 2(k_1 a - k_3 b)^2 + 2ab(1 - 2k_2) \geq 0$

若$\frac{y}{k_2} \leq \frac{z}{k_3}$,令$a = \frac{z}{k_3} - \frac{y}{k_2}, b = \frac{x}{k_1} - \frac{z}{k_3}$.

原不等式可化为等价的不等式

$(1 - 2k_3 - 2k_1k_2)(a+b)^2 + (1 - 2k_1 - 2k_2k_3)a^2 + (1 - 2k_2 - 2k_1k_3)b^2 \geq 0$

这个不等式左边为

$2k_2^2 a^2 + 2k_1^2 b^2 + 2ab(1 - 2k_3 - 2k_1k_2) = 2(k_2 a - k_1 b)^2 + 2ab(1 - 2k_3) \geq 0$

等号成立的条件是$\frac{x}{k_1} = \frac{y}{k_2} = \frac{z}{k_3}$.

18. $\frac{a}{(a+1)(b+1)} + \frac{b}{(b+1)(c+1)} + \frac{c}{(c+1)(a+1)} \geq \frac{3}{4} \Leftrightarrow$

$4[a(c+1) + b(a+1) + c(b+1)] \geq 3(a+1)(b+1)(c+1) \Leftrightarrow$

$4(ab + bc + ca) + (a+b+c) \geq 3(ab+bc+ca) + 3(a+b+c) + 3abc + 3$ ①

因为$abc = 1$,所以不等式①等价于

$(ab + bc + ca) + (a + b + c) \geq 6$ ②

由均值不等式得$ab + bc + ca \geq 3\sqrt[3]{(abc)^2} = 3$,

$a + b + c \geq 3\sqrt[3]{abc} = 3$ ③

由不等式③知②成立,从而原不等式成立.

19. 设$x = \sqrt[3]{\frac{a}{b}}, y = \sqrt[3]{\frac{b}{a}}$,则$xy = 1$,

$\sqrt[3]{\frac{a}{b}} + \sqrt[3]{\frac{b}{a}} \leq \sqrt[3]{2(1+\frac{b}{a})(1+\frac{a}{b})} \Leftrightarrow$

$x + y \leq \sqrt[3]{2(1+x^3)(1+y^3)} \Leftrightarrow$

$(x+y)^3 \leq 2(1+x^3)(1+y^3) \Leftrightarrow$

$(x+y)^3 \leq 4 + 2(x^3 + y^3) \Leftrightarrow$

$(x+y)^3 \leq 4 + 2[(x+y)^3 - 3xy(x+y)]$ ①

注意到$xy = 1$得

$$① \Leftrightarrow (x+y)^3 - 6(x+y) + 4 \geq 0 \qquad ②$$

令 $t = x + y$,则
$$t = x + y \geq 2\sqrt{xy} = 2 \qquad ③$$
$$② \Leftrightarrow t^3 - 6t + 4 \geq 0 \Leftrightarrow (t-2)(t^2 + 2t - 2) \geq 0 \qquad ④$$

因为 $t \geq 2$,所以 $t - 2 \geq 0, t^2 + 2t - 2 > 0$,从而不等式 ④ 成立. 从而原不等式成立.

20.（1）问题等价于证明不等式
$$\frac{ab}{a+b} + \frac{cd}{c+d} \leq \frac{(a+c)(b+d)}{a+b+c+d} \qquad ①$$

$\frac{ab}{a+b} + \frac{cd}{c+d} \leq \frac{(a+c)(b+d)}{a+b+c+d} \Leftrightarrow$

$(\frac{ab}{a+b} + \frac{cd}{c+d})[(a+b) + (c+d)] \leq (a+c)(b+d) \Leftrightarrow$

$\frac{ab(c+d)}{a+b} + \frac{cd(a+b)}{c+d} \leq bc + ad \Leftrightarrow$

$ab(c+d)^2 + cd(a+b)^2 \leq (bc + ad)(a+b)(c+d) \Leftrightarrow$

$ab(c^2 + 2cd + d^2) + cd(a^2 + 2ab + b^2) \leq (bc + ad)(ac + bd + bc + ad) \Leftrightarrow$

$c^2 ab + d^2 ab + a^2 cd + b^2 cd + 4abcd \leq$

$a^2 cd + b^2 cd + c^2 ab + d^2 ab + b^2 c^2 + a^2 d^2 + 2abcd \Leftrightarrow$

$2abcd \leq b^2 c^2 + a^2 d^2 \Leftrightarrow (bc - ad)^2 \geq 0$

所以 $\frac{ab}{a+b} + \frac{cd}{c+d} \leq \frac{(a+c)(b+d)}{a+b+c+d}$ 成立.

（2）再次用不等式① $\frac{(a+c)(b+d)}{a+b+c+d} + \frac{ef}{e+f} \leq \frac{(a+c+e)(b+d+f)}{a+b+c+d+e+f}$,

所以
$$\frac{ab}{a+b} + \frac{cd}{c+d} + \frac{ef}{e+f} \leq \frac{(a+c+e)(b+d+f)}{a+b+c+d+e+f}$$

21. $\frac{a+3}{(a+1)^2} + \frac{b+3}{(b+1)^2} + \frac{c+3}{(c+1)^2} \geq 3 \Leftrightarrow$

$$\frac{1}{a+1} + \frac{1}{b+1} + \frac{1}{c+1} + 2[\frac{1}{(a+1)^2} + \frac{1}{(b+1)^2} + \frac{1}{(c+1)^2}] \geq 3 \qquad ①$$

因为
$$\frac{1}{(1+a)^2} + \frac{1}{(1+b)^2} - \frac{1}{1+ab} = \frac{ab(a-b)^2 + (ab-1)^2}{(1+a)^2(1+b)^2(1+ab)} \geq 0$$

所以
$$\frac{1}{(1+a)^2} + \frac{1}{(1+b)^2} \geq \frac{1}{1+ab}$$

同理
$$\frac{1}{(1+b)^2} + \frac{1}{(1+c)^2} \geq \frac{1}{1+bc}$$
$$\frac{1}{(1+c)^2} + \frac{1}{(1+a)^2} \geq \frac{1}{1+ca}$$

三个不等式相加得
$$2\left[\frac{1}{(a+1)^2} + \frac{1}{(b+1)^2} + \frac{1}{(c+1)^2}\right] \geq \frac{1}{1+ab} + \frac{1}{1+bc} + \frac{1}{1+ca} \quad ②$$

又
$$\frac{1}{1+a} + \frac{1}{1+bc} = \frac{1}{1+a} + \frac{a}{a+abc} = \frac{1}{1+a} + \frac{a}{a+1} = 1$$

同理
$$\frac{1}{b+1} + \frac{1}{1+ca} = 1$$
$$\frac{1}{c+1} + \frac{1}{1+ab} = 1$$

三个等式相加得
$$\frac{1}{a+1} + \frac{1}{b+1} + \frac{1}{c+1} + \frac{1}{1+ab} + \frac{1}{1+bc} + \frac{1}{1+ca} = 3 \quad ③$$

综合①,②,③知原不等式成立.

22. $1 + \frac{3}{abc} \geq \frac{6}{ab+bc+ca} \Leftrightarrow \frac{ab+bc+ca}{3} + \frac{ab+bc+ca}{a+b+c} \geq 2 \quad ①$

由均值不等式得
$$\frac{ab+bc+ca}{3} + \frac{ab+bc+ca}{a+b+c} \geq 2\sqrt{\frac{(ab+bc+ca)^2}{3(a+b+c)}}.$$

所以只需在 $abc = 1$ 的条件下证明 $(ab+bc+ca)^2 \geq 3(a+b+c)$.

事实上,不等式 $(x+y+z)^2 \geq 3(xy+yz+zx)$ 成立,在这个不等式中取 $x=ab$, $y=bc$, $z=ca$,得
$$(ab+bc+ca)^2 \geq 3(a^2bc + ab^2c + abc^2) =$$
$$3abc(a+b+c) = 3(a+b+c)$$

23. **证法一** 如果 $x+y < 0$,不等式显然成立;如果 $x+y > 0$,但 $x,y$ 有一个小于或等于 $0$,譬如 $y \leq 0$. 因为 $x+y \leq x+|y|$, $x^2 - xy + y^2 \geq x^2 - x|y| + y^2$,这时,$\frac{x+y}{x^2-xy+y^2} \leq \frac{x+|y|}{x^2-x|y|+y^2}$,所以只需对 $x, y$ 都非负时进行证明. 此时
$$\frac{x+y}{x^2-xy+y^2} \leq \frac{2\sqrt{2}}{\sqrt{x^2+y^2}} \Leftrightarrow \frac{(x+y)^2}{x^3+y^3} \leq \frac{2\sqrt{2}}{\sqrt{x^2+y^2}} \Leftrightarrow$$

$$(x+y)^2\sqrt{x^2+y^2} \leq 2\sqrt{2}(x^3+y^3) \quad ①$$

由幂平均值不等式得

$$\frac{x+y}{2} \leq \sqrt[3]{\frac{x^3+y^3}{2}} \quad ②$$

$$\sqrt{\frac{x^2+y^2}{2}} \leq \sqrt[3]{\frac{x^3+y^3}{2}} \quad ③$$

将式②平方再乘以③整理得①.

**证法二** $\dfrac{x+y}{x^2-xy+y^2} \leq \dfrac{2\sqrt{2}}{\sqrt{x^2+y^2}} \Leftrightarrow (x+y)^2(x^2+y^2) \leq 8(x^2-xy+y^2)^2 \Leftrightarrow (x-y)^2(7x^2-4xy+7y^2) \geq 0 \Leftrightarrow (x-y)^2(5x^2+5y^2+(x-y)^2) \geq 0$. 这是显然的.

**24. 证法一** 由闵可夫斯基不等式得

$$\sqrt{x+yz}+\sqrt{y+zx}+\sqrt{z+xy} \geq \sqrt{(\sqrt{x}+\sqrt{y}+\sqrt{z})^2+(\sqrt{yz}+\sqrt{zx}+\sqrt{xy})^2}$$

令 $u=\sqrt{x}+\sqrt{y}+\sqrt{z}, v=\sqrt{yz}+\sqrt{zx}+\sqrt{xy}$,下面证明 $\sqrt{u^2+v^2}=\sqrt{xyz}+u$.

由已知条件 $\dfrac{1}{x}+\dfrac{1}{y}+\dfrac{1}{z}=1$ 得 $xy+yz+zx=xyz$,要证明 $\sqrt{u^2+v^2}=\sqrt{xyz}+u$,只要证明

$$v^2 = xyz+2u\sqrt{xyz}$$

事实上

$$v^2 = (\sqrt{yz}+\sqrt{zx}+\sqrt{xy})^2 = xy+yz+zx+2\sqrt{xyz}(\sqrt{x}+\sqrt{y}+\sqrt{z}) =$$
$$xyz+2u\sqrt{xyz}$$

所以

$$v^2 = xyz+2u\sqrt{xyz}$$

**证法二** $\sqrt{x+yz}+\sqrt{y+zx}+\sqrt{z+xy} \geq \sqrt{xyz}+\sqrt{x}+\sqrt{y}+\sqrt{z} \Leftrightarrow$
$(\sqrt{x+yz}+\sqrt{y+zx}+\sqrt{z+xy})^2 \geq (\sqrt{xyz}+\sqrt{x}+\sqrt{y}+\sqrt{z})^2 \Leftrightarrow$
$x+yz+y+zx+z+xy+2(\sqrt{x+yz}\sqrt{y+zx}+\sqrt{y+zx}\sqrt{z+xy}+\sqrt{z+xy}\sqrt{x+yz}) \geq$
$x+y+z+xyz+2(x+1)\sqrt{yz}+2(y+1)\sqrt{zx}+2(z+1)\sqrt{xy}$

因为 $\dfrac{1}{x}+\dfrac{1}{y}+\dfrac{1}{z}=1$,所以 $xy+yz+zx=xyz$,只要证明

$$\sqrt{x+yz}\sqrt{y+zx}+\sqrt{y+zx}\sqrt{z+xy}+\sqrt{z+xy}\sqrt{x+yz} \geq$$
$$(x+1)\sqrt{yz}+(y+1)\sqrt{zx}+(z+1)\sqrt{xy}$$

而 $(\sqrt{x+yz}\sqrt{y+zx})^2-[(z+1)\sqrt{xy}]^2 = z(x-y)^2 \geq 0$,所以,$\sqrt{x+yz}$

$\sqrt{y+zx} \geqslant (z+1)\sqrt{xy}$. (或用柯西不等式). 同理, $\sqrt{y+zx}\sqrt{z+xy} \geqslant (x+1)$
$\sqrt{yz}$, $\sqrt{z+xy}\sqrt{x+yz} \geqslant (y+1)\sqrt{zx}$.

三式相加即得

$$\sqrt{x+yz}\sqrt{y+zx} + \sqrt{y+zx}\sqrt{z+xy} + \sqrt{z+xy}\sqrt{x+yz} \geqslant$$
$$(x+1)\sqrt{yz} + (y+1)\sqrt{zx} + (z+1)\sqrt{xy}$$

所以原不等式成立.

25. 由幂平均值不等式得

$$\sqrt[3]{\frac{x_1^3+x_2^3+\cdots+x_n^3}{n}} \geqslant \sqrt{\frac{x_1^2+x_2^2+\cdots+x_n^2}{n}}$$

于是,只要证明

$$\frac{a^2}{(a+b)^2} + \frac{b^2}{(b+c)^2} + \frac{c^2}{(c+a)^2} \geqslant \frac{3}{4} \quad \text{②}$$

$$\Leftrightarrow \frac{1}{(1+A)^2} + \frac{1}{(1+B)^2} + \frac{1}{(1+C)^2} \geqslant \frac{3}{4}.$$

其中

$$A = \frac{b}{a}, B = \frac{c}{b}, C = \frac{a}{c} \quad \text{③}$$

令 $A = \frac{yz}{x^2}, B = \frac{zx}{y^2}, C = \frac{xy}{z^2}$,不等式

$$\text{③} \Leftrightarrow \frac{x^4}{x^4+2x^2yz+y^2z^2} + \frac{y^4}{y^4+2y^2zx+z^2x^2} + \frac{z^4}{z^4+2z^2xy+x^2y^2} \geqslant \frac{3}{4} \quad \text{④}$$

由柯西不等式得

$$\frac{x^4}{x^4+2x^2yz+y^2z^2} + \frac{y^4}{y^4+2y^2zx+z^2x^2} + \frac{z^4}{z^4+2z^2xy+x^2y^2} \geqslant$$
$$\frac{(x^2+y^2+z^2)^2}{x^4+y^4+z^4+2x^2yz+2y^2zx+2z^2xy+x^2y^2+y^2z^2+z^2x^2}$$

而

$$\frac{(x^2+y^2+z^2)^2}{x^4+y^4+z^4+2x^2yz+2y^2zx+2z^2xy+x^2y^2+y^2z^2+z^2x^2} \geqslant \frac{3}{4} \Leftrightarrow$$
$$x^4+y^4+z^4+5(x^2y^2+y^2z^2+z^2x^2) \geqslant 6(x^2yz+y^2zx+z^2xy) \quad \text{⑤}$$

连续两次用不等式 $a^2+b^2+c^2 \geqslant ab+bc+ca$ 得 $x^4+y^4+z^4 \geqslant x^2y^2+y^2z^2+z^2x^2 \geqslant x^2yz+y^2zx+z^2xy$,所以,不等式 ⑤ 成立.

注 如果 $x,y,z,w$ 是正实数,且满足 $xyzw=1$,则 $\frac{1}{(1+x)^2} + \frac{1}{(1+y)^2} + \frac{1}{(1+z)^2} + \frac{1}{(1+w)^2} \geqslant 1$. (见例,2005 年中国国家集训队试题). 取 $x = \frac{b}{a}, y =$

$\frac{c}{b}, z = \frac{a}{c}, w = 1$,便得 $\frac{a^2}{(a+b)^2} + \frac{b^2}{(b+c)^2} + \frac{c^2}{(c+a)^2} \geq \frac{3}{4}$. 由幂平均值不等式得

$$\frac{a^3}{(a+b)^3} + \frac{b^3}{(b+c)^3} + \frac{c^3}{(c+a)^3} \geq 3\left(\sqrt{\frac{a^2}{(a+b)^2} + \frac{b^2}{(b+c)^2} + \frac{c^2}{(c+a)^2}}\right)^3 \geq \frac{3}{8}$$

26. 要证明 $2\sum_{i<j} x_i x_j \leq \frac{n-2}{n-1} + \sum_{i=1}^{n} \frac{a_i x_i^2}{1-a_i}$,即要证 $1 - \sum_{i=1}^{n} x_i^2 \leq \frac{n-2}{n-1} + \sum_{i=1}^{n} \frac{a_i x_i^2}{1-a_i}$

即要证

$$\frac{1}{n-1} \leq \sum_{i=1}^{n} \frac{x_i^2}{1-a_i}$$

由柯西不等式得

$$\left(\sum_{i=1}^{n} \frac{x_i^2}{1-a_i}\right)\left(\sum_{i=1}^{n}(1-a_i)\right) \geq \left(\sum_{i=1}^{n} x_i\right)^2$$

因为 $a_1 + a_2 + \cdots + a_n = 1, x_1 + x_2 + \cdots + x_n = 1$,所以

$$\sum_{i=1}^{n}(1-a_i) = n-1, \sum_{i=1}^{n} x_i = 1$$

于是

$$\sum_{i=1}^{n} \frac{x_i^2}{1-a_i} \geq \frac{1}{n-1}$$

等号成立的充要条件是 $\frac{x_1}{1-a_1} = \frac{x_2}{1-a_2} = \cdots = \frac{x_n}{1-a_n} = k$,因为 $a_1 + a_2 + \cdots + a_n = 1, x_1 + x_2 + \cdots + x_n = 1$,所以 $x_1 + x_2 + \cdots + x_n = k[(1-a_1) + (1-a_2) + \cdots + (1-a_n)] = k(n-1)$,于是 $k = \frac{1}{n-1}$.

即等号成立的条件是 $\frac{x_1}{1-a_1} = \frac{x_2}{1-a_2} = \cdots = \frac{x_n}{1-a_n} = \frac{1}{n-1}$.

27. **证法一** 因为 $a,b,c$ 是正数,且 $ab + bc + ca = 3$,所以由 $(a+b+c)^2 \geq 3(ab+bc+ca)$,及 $ab+bc+ca=3$,得 $a+b+c \geq 3$. 所以要证明 $a^3 + b^3 + c^3 + 6abc \geq 9$,只要证明 $a^3 + b^3 + c^3 + 6abc \geq (a+b+c)(ab+bc+ca)$. 展开后发现即证 $a^3 + b^3 + c^3 + 6abc \geq a^2b + ab^2 + a^2c + ac^2 + b^2c + bc^2 + 3abc$.

即证

$$a^3 + b^3 + c^3 + 3abc \geq a^2b + ab^2 + a^2c + ac^2 + b^2c + bc^2 \qquad ①$$

式①即为 Schur 不等式.

**证法二** 因为 $ab + bc + ca = 3$, 只要证明
$$(a^3 + b^3 + c^3 + 6abc)^2 \geq 3(ab + bc + ca)^3 \Leftrightarrow$$
$$(a^3 + b^3 + c^3)^2 + 12abc(a^3 + b^3 + c^3) + 36a^2b^2c^2 \geq$$
$$3[(a^3b^3 + b^3c^3 + c^3a^3) + 3abc(a^2b + ab^2 + a^2c + ac^2 + b^2c + bc^2) + 6a^2b^2c^2] \Leftrightarrow$$
$$(a^3 + b^3 + c^3)^2 + 12abc(a^3 + b^3 + c^3) + 18a^2b^2c^2 \geq$$
$$3[(a^3b^3 + b^3c^3 + c^3a^3) + 3abc(a^2b + ab^2 + a^2c + ac^2 + b^2c + bc^2)] \quad ②$$

将式②分成三个部分来证明.

由不等式 $(x + y + z)^2 \geq 3(xy + yz + zx)$ 得
$$(a^3 + b^3 + c^3)^2 \geq 3(a^3b^3 + b^3c^3 + c^3a^3) \quad ③$$

由 Schur 不等式得
$$a^3 + b^3 + c^3 + 3abc \geq a^2b + ab^2 + a^2c + ac^2 + b^2c + bc^2 \quad ④$$

由 $a^3 + b^3 - (a^2b + ab^2) = (a+b)(a-b)^2 \geq 0$ 易得 $a^3 + b^3 \geq a^2b + ab^2$, 类似的, $b^3 + c^3 \geq b^2c + bc^2$, $c^3 + a^3 \geq c^2a + ca^2$, 三个不等式相加得
$$2(a^3 + b^3 + c^3) \geq a^2b + ab^2 + a^2c + ac^2 + b^2c + bc^2 \quad ⑤$$

式④×2 + 式⑤得
$$4(a^3 + b^3 + c^3) + 6abc \geq 3(a^2b + ab^2 + a^2c + ac^2 + b^2c + bc^2) \quad ⑥$$

式③ + 式⑥ × $3abc$ 得不等式②. 从而原不等式得证.

28. (1) 要证明 $a + b + c \geq \dfrac{3}{abc}$, 只要证明 $abc(a + b + c) \geq 3$.

由已知得 $abc(a + b + c) = ab + bc + ca \geq \sqrt{3abc(a+b+c)}$. 两端平方得 $abc(a + b + c) \geq 3$. 最后一步用的是不等式 $(x + y + z)^2 \geq 3(xy + yz + zx)$, 其中 $x = ab, y = bc, z = ca$.

(2) 由(1) 得 $\dfrac{2}{abc} \leq \dfrac{2}{3}(a + b + c)$, $\dfrac{3}{a+b+c} \leq \dfrac{1}{3}\left(\dfrac{1}{a} + \dfrac{1}{b} + \dfrac{1}{c}\right) \leq \dfrac{1}{3}(a + b + c)$. 两个不等式相加即得.

29. $2 \leq \dfrac{a+b}{1+c} + \dfrac{b+c}{1+a} + \dfrac{c+a}{1+b} \leq 3$ 等价于 $2 \leq \left(\dfrac{a}{1+c} + \dfrac{c}{1+a}\right) + \left(\dfrac{b}{1+a} + \dfrac{a}{1+b}\right) + \left(\dfrac{c}{1+b} + \dfrac{b}{1+c}\right) \leq 3$.

如果在条件 $a, b, c \in \left[\dfrac{1}{2}, 1\right]$ 下证明: $\dfrac{2}{3} \leq \dfrac{a}{1+c} + \dfrac{c}{1+a} \leq 1$, $\dfrac{2}{3} \leq \dfrac{b}{1+a} + \dfrac{a}{1+b} \leq 1$, $\dfrac{2}{3} \leq \dfrac{c}{1+b} + \dfrac{b}{1+c} \leq 1$. 则原不等式得证. 由对称性只要证 $\dfrac{2}{3} \leq \dfrac{a}{1+c} + \dfrac{c}{1+a} \leq 1$.

$\dfrac{a}{1+c}+\dfrac{c}{1+a}\geqslant\dfrac{2}{3}\Leftrightarrow 2a^2+2c^2+a+c+2(a-c)^2\geqslant\Leftrightarrow 2(a^2-\dfrac{1}{4})+2(c^2-\dfrac{1}{4})+(a-\dfrac{1}{2})+(c-\dfrac{1}{2})+(a-c)^2\geqslant 0$. 这个不等式由条件 $a,c\geqslant\dfrac{1}{2}$ 直接得到. $\dfrac{a}{1+c}+\dfrac{c}{1+a}\leqslant 1\Leftrightarrow a^2+c^2\leqslant 1+ac\Leftrightarrow(1-a)(1-c)+a(1-a)+c(1-c)\geqslant 0$. 这个不等式由条件 $a,c\leqslant 1$ 直接得到. 于是 $\dfrac{2}{3}\leqslant\dfrac{a}{1+c}+\dfrac{c}{1+a}\leqslant 1$. 类似地有 $\dfrac{2}{3}\leqslant\dfrac{b}{1+a}+\dfrac{a}{1+b}\leqslant 1$, $\dfrac{2}{3}\leqslant\dfrac{c}{1+b}+\dfrac{b}{1+c}\leqslant 1$. 将这三个不等式相加得 $2\leqslant\dfrac{a+b}{1+c}+\dfrac{b+c}{1+a}+\dfrac{c+a}{1+b}\leqslant 3$.

30. **证法一** 因为 $a+b+c=3$, 所以不等式 $(3-2a)(3-2b)(3-2c)\leqslant a^2b^2c^2$ 等价于
$$(a+b+c)^3(-a+b+c)(a-b+c)(a+b-c)\leqslant 27a^2b^2c^2 \qquad ①$$
令 $2x=-a+b+c, 2y=a-b+c, 2z=a+b-c$, ① 化为
$$64xyz(x+y+z)^3\leqslant 27(x+y)^2(y+z)^2(z+x)^2 \qquad ②$$
因为 $a,b,c$ 都是正数, 所以 $x,y,z$ 中至多有一个是负数, 否则 $x,y,z$ 中有两个是负数, 如 $x,y<0$, 相加后得 $c<0$. 矛盾. 当 $x,y,z$ 中有一个是负数时, 不等式 ② 显然成立. 下面设 $x,y,z$ 都是正数.

因为
$$(x+y)(y+z)(z+x)=(x+y+z)(xy+yz+zx)-xyz \qquad ③$$
$$(x+y)(y+z)(z+x)\geqslant 8xyz \qquad ④$$
式 ③ 乘以 8, 将式 ④ 代入得
$$9(x+y)(y+z)(z+x)\geqslant 8(x+y+z)(xy+yz+zx) \qquad ⑤$$
又
$$(xy+yz+zx)^2\geqslant 3xyz(x+y+z) \qquad ⑥$$
式 ⑤ 平方, 将式 ⑥ 代入得不等式 ②. 这里不等式 ⑥ 用的是不等式 $(u+v+w)^2\geqslant 3(uv+vw+wu)$.

**证法二** 齐次化后只要证明
$$(a+b+c)^3(-a+b+c)(a-b+c)(a+b-c)\leqslant 27a^2b^2c^2 \qquad ①$$
证明见三角形中的不等式例 2.

31. $\dfrac{1}{x^2+yz}+\dfrac{1}{y^2+zx}+\dfrac{1}{z^2+xy}\leqslant\dfrac{1}{2}(\dfrac{1}{xy}+\dfrac{1}{yz}+\dfrac{1}{zx})\Leftrightarrow\dfrac{xyz}{x^2+yz}+\dfrac{xyz}{y^2+zx}+\dfrac{xyz}{z^2+xy}\leqslant\dfrac{x+y+z}{2}$.

由均值不等式得

$$\frac{xyz}{x^2+yz}+\frac{xyz}{y^2+zx}+\frac{xyz}{z^2+xy}=\frac{1}{\frac{x}{yz}+\frac{1}{x}}+\frac{1}{\frac{y}{zx}+\frac{1}{y}}+\frac{1}{\frac{z}{xy}+\frac{1}{z}}\leqslant$$

$$\frac{1}{2\sqrt{\frac{x}{yz}\cdot\frac{1}{x}}}+\frac{1}{2\sqrt{\frac{y}{zx}\cdot\frac{1}{y}}}+\frac{1}{2\sqrt{\frac{z}{xy}\cdot\frac{1}{z}}}=$$

$$\frac{1}{2}(\sqrt{xy}+\sqrt{yz}+\sqrt{zx})\leqslant\frac{1}{2}(\frac{x+y}{2}+\frac{y+z}{2}+\frac{z+x}{2})=$$

$$\frac{x+y+z}{2}$$

**32. 证法一** 要证明 $\frac{a+b+c}{3}-\sqrt[3]{abc}\leqslant\max\{(\sqrt{a}-\sqrt{b})^2,(\sqrt{b}-\sqrt{c})^2,(\sqrt{c}-\sqrt{a})^2\}$.

只要证明

$$\frac{a+b+c}{3}-\sqrt[3]{abc}\leqslant\frac{(\sqrt{a}-\sqrt{b})^2(\sqrt{b}-\sqrt{c})^2+(\sqrt{c}-\sqrt{a})^2}{3}$$

即只要证明

$$a+b+c+3\sqrt[3]{abc}\geqslant 2(\sqrt{ab}+\sqrt{bc}+\sqrt{ca})$$

记 $a=x^3,b=y^3,c=z^3$. 由 Schur 不等式(见第 27 题解答的①式)和均值不等式得

$$x^3+y^3+z^3+3xyz\geqslant x^2y+xy^2+y^2z+yz^2+x^2z+xz^2\geqslant$$

$$2(\sqrt{(xy)^3}+\sqrt{(yz)^3}+\sqrt{(zx)^3})=2(\sqrt{ab}+\sqrt{bc}+\sqrt{ca})$$

**证法二** 同证法一,只要证明

$$a+b+c+3\sqrt[3]{abc}\geqslant 2(\sqrt{ab}+\sqrt{bc}+\sqrt{ca}) \quad\quad ①$$

因为 $a,b,c$ 是非负数,所以,当 $abc=0$ 时,不难证明不等式显然成立. 下面不妨设 $a,b,c$ 都是正数. 因为将 $a,b,c$ 用 $\frac{a}{\sqrt[3]{abc}},\frac{b}{\sqrt[3]{abc}},\frac{c}{\sqrt[3]{abc}}$ 代替不等式不变,故不妨设 $abc=1$. 这时 $c=\frac{1}{ab}$. 根据抽屉原理,$a,b,c$ 中必有两个数同时大于等于 1,或者有两个数同时小于等于 1. 不妨设为 $a,b$. 则

$$(a-1)(b-1)\geqslant 0$$

于是

$$a+b+c+3\sqrt[3]{abc}-2(\sqrt{ab}+\sqrt{bc}+\sqrt{ca})=$$

$$a+b+\frac{1}{ab}+3-2\sqrt{ab}-2\sqrt{\frac{1}{a}}-2\sqrt{\frac{1}{b}}=$$

$$(\sqrt{a} - \sqrt{b})^2 + (\sqrt{\frac{1}{a}} - 1)^2 + (\sqrt{\frac{1}{b}} - 1)^2 + \frac{1}{ab} - \frac{1}{a} - \frac{1}{b} + 1 =$$

$$(\sqrt{a} - \sqrt{b})^2 + (\sqrt{\frac{1}{a}} - 1)^2 + (\sqrt{\frac{1}{b}} - 1)^2 + (\frac{1}{a} - 1)(\frac{1}{b} - 1) =$$

$$(\sqrt{a} - \sqrt{b})^2 + (\sqrt{\frac{1}{a}} - 1)^2 + (\sqrt{\frac{1}{b}} - 1)^2 + \frac{(a-1)(b-1)}{ab} \geq 0$$

所以,不等式成立.

**33. 证法一** 因为 $a+b+c+d=0$,所以 $(a+b+c+d)^2 = a^2+b^2+c^2+d^2+2(ab+bc+cd+da+bd+ac)=0$. 于是 $(ab+bc+cd+da+bd+ac)^2 + 12 \geq 6(abc+abd+bcd+dca) \Leftrightarrow (a^2+b^2+c^2+d^2)^2 + 48 \geq 24(abc+abd+bcd+dca) \Leftrightarrow (a^2+b^2+c^2+(a+b+c)^2)^2 + 48 \geq 24(abc-(a+b+c)(ab+bc+ca)) \Leftrightarrow ((a+b)^2+(b+c)^2+(c+a)^2)^2 + 48 \geq -24(a+b)(b+c)(c+a)$.

令 $x=a+b, y=b+c, z=c+a$,上式等价于 $(x^2+y^2+z^2)^2 + 48 \geq -24xyz$.
因为 $(x^2+y^2+z^2)^2 \geq 3(x^2y^2+y^2z^2+z^2x^2)$. 所以只要证明 $3(x^2y^2+y^2z^2+z^2x^2+16) \geq -24xyz$.

即证
$$x^2y^2 + y^2z^2 + z^2x^2 + 16 \geq -8xyz$$

由均值不等式得
$$x^2y^2 + y^2z^2 + z^2x^2 + 16 \geq 4\sqrt[4]{x^2y^2 \cdot y^2z^2 \cdot z^2x^2 \cdot 16} = 8|xyz| \geq -8xyz$$

从而,原不等式成立.

**证法二** 因为 $a+b+c+d=0$,所以 $abc+abd+bcd+dca = abc+d(ab+bc+ca) = abc-(a+b+c)(ab+bc+ca) = -(a+b)(b+c)(c+a)$,$ab+bc+cd+da+bd+ac = ab+bc+ca+d(a+b+c) = ab+bc+ca-(a+b+c)^2 = -\frac{1}{2}[(a+b)^2+(b+c)^2+(c+a)^2]$,

设 $x=a+b, y=b+c, z=c+a$,上式等价于 $\frac{1}{4}(x^2+y^2+z^2)^2 + 12 \geq -6xyz$.

因为 $x^2+y^2+z^2 \geq 3|xyz|^{\frac{2}{3}}$,所以

$$\frac{1}{4}(x^2+y^2+z^2)^2 + 12 \geq \frac{9}{4}|xyz|^{\frac{2}{3}} + 12 =$$

$$\frac{3}{4}|xyz|^{\frac{2}{3}} + \frac{3}{4}|xyz|^{\frac{2}{3}} + \frac{3}{4}|xyz|^{\frac{2}{3}} + 12 \geq$$

$$4(12 \cdot \frac{3}{4}|xyz|^{\frac{2}{3}} \cdot \frac{3}{4}|xyz|^{\frac{2}{3}} \cdot \frac{3}{4}|xyz|^{\frac{2}{3}})^{\frac{1}{4}} =$$

$$6|xyz| \geq -6xyz$$

34. 先换元 $x = \sqrt{a}, y = \sqrt{b}, z = \sqrt{c}$, 原不等式化为
$$xyz(x+y+z) + (x^2+y^2+z^2)^2 \geq 4xyz\sqrt{3(x^2+y^2+z^2)}$$
展开, 只要证明
$$x^4+y^4+z^4 + 2(x^2y^2+y^2z^2+z^2x^2) + xyz(x+y+z) \geq$$
$$4xyz\sqrt{3(x^2+y^2+z^2)} \qquad ①$$
由 Schur 不等式得到
$$x^2(x-y)(x-z) + y^2(y-x)(y-z) + z^2(z-y)(z-x) \geq 0 \qquad ②$$
即
$$x^4+y^4+z^4 + xyz(x+y+z) \geq 2(x^2y^2+y^2z^2+z^2x^2) \qquad ③$$
所以, 要证不等式①, 只要证
$$4(x^2y^2+y^2z^2+z^2x^2) \geq 4xyz\sqrt{3(x^2+y^2+z^2)}$$
即证
$$x^2y^2+y^2z^2+z^2x^2 \geq xyz\sqrt{3(x^2+y^2+z^2)}$$
即证
$$(x^2y^2+y^2z^2+z^2x^2)^2 \geq 3x^2y^2z^2(x^2+y^2+z^2) \qquad ④$$
不等式④等价于 $x^4(y^2-z^2)^2 + y^4(z^2-x^2)^2 + z^4(x^2-y^2)^2 \geq 0$. 故原不等式得证.

35. 左边的不等式易用均值不等式得到
$$yz + zx + xy = (yz+zx+xy)(x+y+z) \geq$$
$$3\sqrt[3]{yz \cdot zx \cdot xy} \cdot 3\sqrt[3]{xyz} = 9xyz \geq 2xyz$$
下面证明右边的不等式.

**证法一** 由 Schur 不等式变形得
$$(x+y+z)^3 - 4(x+y+z)(yz+zx+xy) + 9xyz \geq 0$$
由 $x+y+z = 1$ 得
$$1 - 4(yz+zx+xy) + 9xyz \geq 0$$
所以再用均值不等式得
$$yz+zx+xy - 2xyz \leq \frac{1}{4} + \frac{1}{4}xyz \leq \frac{1}{4} + \frac{1}{4}\left(\frac{x+y+z}{3}\right)^3 = \frac{7}{27}$$

**证法二** 由 $x+y+z = 1$ 得
$$yz+zx+xy - 2xyz \leq \frac{7}{27} \Leftrightarrow$$
$$(x+y+z)(yz+zx+xy) - 2xyz \leq \frac{7}{27}(x+y+z)^3 \Leftrightarrow$$
$$7(x^3+y^3+z^3) - 6(x^2y+xy^2+x^2z+xz^2+y^2z+yz^2) + 15xyz \geq 0 \qquad ①$$
由 Schur 不等式得

$$x^3 + y^3 + z^3 - x^2y + xy^2 + x^2z + xz^2 + y^2z + yz^2 + 3xyz \geq 0 \qquad ②$$
$$7(x^3 + y^3 + z^3) - 6(x^2y + xy^2 + x^2z + xz^2 + y^2z + yz^2) + 15xyz =$$
$$7(x^3 + y^3 + z^3 - x^2y + xy^2 + x^2z + xz^2 + y^2z + yz^2 + 3xyz) +$$
$$(x^2y + xy^2 + x^2z + xz^2 + y^2z + yz^2) - 6xyz$$

所以,要证 ①,只要证明
$$x^2y + xy^2 + x^2z + xz^2 + y^2z + yz^2 \geq 6xyz$$

这由均值不等式直接得到
$$x^2y + xy^2 + x^2z + xz^2 + y^2z + yz^2 \geq 6\sqrt[6]{x^2y \cdot xy^2 \cdot x^2z \cdot xz^2 \cdot y^2z \cdot yz^2} = 6xyz$$

36. 要证明 $(a^2 + 2)(b^2 + 2)(c^2 + 2) \geq 9(ab + bc + ca)$.

即证
$$a^2b^2c^2 + 2(a^2b^2 + b^2c^2 + c^2a^2) + 4(a^2 + b^2 + c^2) + 8 \geq 9(ab + bc + ca) \qquad ①$$

由均值不等式得到
$$a^2 + b^2 \geq 2ab$$
$$b^2 + c^2 \geq 2bc$$
$$c^2 + a^2 \geq 2ca$$

于是
$$3(a^2 + b^2 + c^2) \geq 3(ab + bc + ca) \qquad ②$$

又由均值不等式得到
$$a^2b^2 + 1 \geq 2ab$$
$$b^2c^2 + 1 \geq 2bc$$
$$c^2a^2 + 1 \geq 2ca$$

于是
$$2(a^2b^2 + b^2c^2 + c^2a^2 + 3) \geq 4(ab + bc + ca) \qquad ③$$

式 ②,③ 相加得
$$2(a^2b^2 + b^2c^2 + c^2a^2 + 3) + 3(a^2 + b^2 + c^2) \geq 7(ab + bc + ca)$$

欲证明式 ①,只需证明
$$a^2b^2c^2 + 2 \geq 2(ab + bc + ca) - (a^2 + b^2 + c^2) \qquad ④$$

两次运用均值不等式得到
$$a^2b^2c^2 + 2 = a^2b^2c^2 + 1 + 1 \geq 3\sqrt[3]{a^2b^2c^2} \geq \frac{9abc}{a + b + c}$$

再用 Schur 不等式得到
$$(a + b + c)^3 - 4(a + b + c)(ab + bc + ca) + 9abc \geq 0$$

所以,
$$\frac{9abc}{a + b + c} \geq 4(ab + bc + ca) - (a + b + c)^2 =$$

$$2(ab+bc+ca)-(a^2+b^2+c^2)$$

不等式 ④ 得证. 从而原不等式成立.

37. $\dfrac{x^5-x^2}{x^5+y^2+z^2}+\dfrac{y^5-y^2}{y^5+z^2+x^2}+\dfrac{z^5-z^2}{z^5+x^2+y^2} \geqslant \dfrac{2x^2-y^2-z^2}{x^2+y^2+z^2}+\dfrac{2y^2-x^2-z^2}{x^2+y^2+z^2}+\dfrac{2z^2-x^2-y^2}{x^2+y^2+z^2}.$

如果能证明

$$\frac{x^5-x^2}{x^5+y^2+z^2} \geqslant \frac{2x^2-y^2-z^2}{x^2+y^2+z^2}$$

$$\frac{y^5-y^2}{y^5+z^2+x^2} \geqslant \frac{2y^2-x^2-z^2}{x^2+y^2+z^2}$$

$$\frac{z^5-z^2}{z^5+x^2+y^2} \geqslant \frac{2z^2-x^2-y^2}{x^2+y^2+z^2}$$

三式成立即可. 由对称性,只需证明

$$\frac{x^5-x^2}{x^5+y^2+z^2} \geqslant \frac{2x^2-y^2-z^2}{x^2+y^2+z^2}$$

$\dfrac{x^5-x^2}{x^5+y^2+z^2} \geqslant \dfrac{2x^2-y^2-z^2}{x^2+y^2+z^2} \Leftrightarrow 3x^5y^2+3x^5z^2+y^4+z^4+2y^2z^2 \geqslant 4x^2y^2+4x^2z^2+2x^4.$

因为 $xyz \geqslant 1$,所以由均值不等式得

$$x^5y^2+x^5z^2 \geqslant 2x^5yz = 2x^4xyz \geqslant 2x^4$$

$$x^5y^2+x^5y^2+y^4+y^2z^2 \geqslant 4\sqrt[4]{x^{10}y^{10}z^2} = 4\sqrt[4]{x^8y^8x^2y^2} \geqslant$$

$$4\sqrt[4]{x^8y^8} = 4x^2y^2$$

$$x^5z^2+x^5z^2+z^4+y^2z^2 \geqslant 4\sqrt[4]{x^{10}y^2z^{10}} = 4\sqrt[4]{x^8z^8x^2y^2} \geqslant$$

$$4\sqrt[4]{x^8z^8} = 4x^2z^2$$

三式相加得 $3x^5y^2+3x^5z^2+y^4+z^4+2y^2z^2 \geqslant 4x^2y^2+4x^2z^2+2x^4.$ 从而,原不等式成立成立.

38. $\sqrt{2(a^2+b^2)}+\sqrt{2(b^2+c^2)}+\sqrt{2(c^2+a^2)} \geqslant$
$\sqrt{3(a+b)^2+3(b+c)^2+3(c+a)^2} \Leftrightarrow$
$2[\sqrt{(a^2+b^2)(b^2+c^2)}+\sqrt{(b^2+c^2)(c^2+a^2)}+$
$\sqrt{(c^2+a^2)(a^2+b^2)}] \geqslant$
$(a^2+b^2+c^2)+3(ab+bc+ca)$      ①

由柯西不等式得

$$\sqrt{(a^2+b^2)(b^2+c^2)} = \sqrt{(a^2+b^2)(c^2+b^2)} \geqslant ac+b^2$$

173

同理
$$\sqrt{(b^2+c^2)(c^2+a^2)} \geq ab+c^2$$
$$\sqrt{(c^2+a^2)(a^2+b^2)} \geq bc+a^2$$
所以,要证明①,只要证,$a^2+b^2+c^2 \geq ab+bc+ca$. 这是显然的.

39. **证法一** 因为 $a$、$b$、$c$ 是正实数,欲证明 $\dfrac{ab}{c(c+a)} + \dfrac{bc}{a(a+b)} + \dfrac{ca}{b(b+c)} \geq \dfrac{a}{c+a} + \dfrac{b}{a+b} + \dfrac{c}{b+c}$ 只要证

$a^2b^2(a+b)(b+c) + b^2c^2(c+a)(b+c) + c^2a^2(c+a)(a+b) \geq a^2bc(a+b)(b+c) + b^2ca(c+a)(b+c) + c^2ab(c+a)(a+b) \Leftrightarrow$
$a^2b^4 + b^2c^4 + c^2a^4 + a^3b^3 + b^3c^3 + c^3a^3 \geq 3a^2b^2c^2 + a^2b^3c + ab^2c^3 + a^3bc^2$ ①

由均值不等式得
$$a^3b^3 + b^3c^3 + c^3a^3 \geq 3a^2b^2c^2 \qquad ②$$

由柯西不等式和均值不等式得
$3(a^2b^4 + b^2c^4 + c^2a^4) = (1^2+1^2+1^2)(a^2b^4 + b^2c^4 + c^2a^4) \geq$
$(ab^2 + bc^2 + ca^2)^2 =$
$(ab^2 + bc^2 + ca^2)(ab^2 + bc^2 + ca^2) \geq$
$3abc(ab^2 + bc^2 + ca^2)$
即
$$a^2b^4 + b^2c^4 + c^2a^4 \geq abc(ab^2+bc^2+ca^2) = a^2b^3c + ab^2c^3 + a^3bc^2 \qquad ③$$
式② + 式③ 相加即得式①.

**证法二**
原不等式 $\Leftrightarrow a^2b^4 + b^2c^4 + c^2a^4 + a^3b^3 + b^3c^3 + c^3a^3 \geq 3a^2b^2c^2 + a^2b^3c + ab^2c^3 + a^3bc^2$ ①

由均值不等式得
$$a^2b^4 + b^2c^4 + c^2a^4 \geq 3a^2b^2c^2 \qquad ④$$

由均值不等式得
$$a^3b^3 + b^3c^3 + b^3c^3 \geq 3ab^3c^2 \qquad ⑤$$
$$b^3c^3 + c^3a^3 + c^3a^3 \geq 3ab^2c^3 \qquad ⑥$$
$$c^3a^3 + a^3b^3 + a^3b^3 \geq 3a^3bc^2 \qquad ⑦$$

⑤,⑥,⑦ 三个不等式相加得
$$a^3b^3 + b^3c^3 + c^3a^3 \geq a^2b^3c + ab^2c^3 + a^3bc^2 \qquad ⑧$$
式④ + 式⑧ 得不等式①.

40. **证法一** 先证明 $\dfrac{2}{4-ab} \leq \dfrac{1}{4-a^2} \dfrac{1}{4-b^2}$. 由条件得 $a^4 < a^4 + b^4 + c^4 =$

$3 < 4$,所以,$a^2 < 2, 4-a^2 > 0, 4-b^2 > 0, 4-ab > 0, \dfrac{1}{4-a^2} + \dfrac{1}{4-b^2} - \dfrac{2}{4-ab}$

$= \dfrac{(4+ab)(a-b)^2}{(4-a^2)(4-b^2)(4-ab)} \geqslant 0.$

所以,
$$\dfrac{2}{4-ab} \leqslant \dfrac{1}{4-a^2} + \dfrac{1}{4-b^2}$$

同理
$$\dfrac{2}{4-bc} \leqslant \dfrac{1}{4-b^2} + \dfrac{1}{4-c^2}$$
$$\dfrac{2}{4-ca} \leqslant \dfrac{1}{4-c^2} + \dfrac{1}{4-a^2}$$

三个不等式相加得
$$\dfrac{1}{4-ab} + \dfrac{1}{4-bc} + \dfrac{1}{4-ca} \leqslant \dfrac{1}{4-a^2} + \dfrac{1}{4-b^2} + \dfrac{1}{4-c^2}$$

再证明
$$\dfrac{1}{4-a^2} \leqslant \dfrac{a^4+5}{18}$$

$\dfrac{1}{4-a^2} \leqslant \dfrac{a^4+5}{18} \Leftrightarrow 4a^4 + 2 - a^6 - 5a^2 \geqslant 0 \Leftrightarrow (a^2-1)^2(2-a^2) \geqslant 0$

而 $a^2 < 2, (a^2-1)^2 \geqslant 0$,所以,上述不等式显然成立.
$$\dfrac{1}{4-b^2} \leqslant \dfrac{b^4+5}{18}$$
$$\dfrac{1}{4-c^2} \leqslant \dfrac{c^4+5}{18}$$

三个不等式相加得
$$\dfrac{1}{4-a^2} + \dfrac{1}{4-b^2} + \dfrac{1}{4-c^2} \leqslant \dfrac{a^4+5}{18} + \dfrac{b^4+5}{18} + \dfrac{c^4+5}{18} =$$
$$\dfrac{a^4+b^4+c^4+15}{18} = 1$$

**证法二** 由已知易得

(1) $\qquad abc \leqslant 1$ 和 $a+b+c \leqslant 3$ \qquad ①

(2) $\qquad a^4+b^4+c^4 \geqslant \dfrac{1}{3}(a^3+b^3+c^3)(a+b+c)$ \qquad ②

(3) $a^3+b^3+c^3+6abc \geqslant a^2b+ab^2+b^2c+bc^2+c^2a+ca^2+3abc =$
$$(a+b+c)(ab+bc+ca) \qquad ③$$

不等式①由均值不等式及幂平均值不等式得到;不等式②是常见的不等式,可由排序不等式得到;不等式③是 Schur 不等式的等价形式.

$$\frac{1}{4-ab}+\frac{1}{4-bc}+\frac{1}{4-ca}\leqslant 1 \quad ④$$

$$\Leftrightarrow 8(ab+bc+ca)+a^2b^2c^2\leqslant 16+3abc(a+b+c) \quad ⑤$$

因为 $abc\leqslant 1$,易得 $\frac{1}{3}abc(a+b+c)\geqslant a^2b^2c^2$,所以,要证明不等式⑤,只要证

$$8(ab+bc+ca)\leqslant 16+\frac{8}{3}abc(a+b+c)$$

即

$$ab+bc+ca\leqslant 2+\frac{1}{3}abc(a+b+c) \quad ⑥$$

由不等式②得

$$\frac{1}{2}=\frac{9}{18}=\frac{3(a^4+b^4+c^4)}{18}\geqslant\frac{(a^3+b^3+c^3)(a+b+c)}{18} \quad ⑦$$

两边同时加上 $\frac{1}{3}abc(a+b+c)$,并应用不等式③得

$$\frac{1}{2}+\frac{1}{3}abc(a+b+c)\geqslant\frac{(a^3+b^3+c^3+6abc)(a+b+c)}{18}\geqslant$$
$$\frac{(ab+bc+ca)(a+b+c)^2}{18} \quad ⑧$$

于是,要证明不等式⑥,只要证明

$$\frac{3}{2}+\frac{(ab+bc+ca)(a+b+c)^2}{18}\geqslant ab+bc+ca \quad ⑨$$

即证

$$(ab+bc+ca)(1-\frac{(a+b+c)^2}{18})\leqslant\frac{3}{2} \quad ⑩$$

由于 $ab+bc+ca\leqslant\frac{(a+b+c)^2}{3}$,要证明⑩,只要证

$$\frac{(a+b+c)^2}{3}(1-\frac{(a+b+c)^2}{18})\leqslant\frac{3}{2}$$

即证

$$\frac{9}{2}+\frac{(a+b+c)^4}{18}\geqslant(a+b+c)^2$$

显然,这可由二元均值不等式得到.

**证法三** 由已知及柯西不等式得 $3=a^4+b^4+c^4\geqslant\frac{1}{3}(a^2+b^2+c^2)^2$,即 $a^2+b^2+c^2\leqslant 3$.

于是

$$\frac{1}{4-ab}+\frac{1}{4-bc}+\frac{1}{4-ca}\leqslant 1 \Leftrightarrow$$

$$\frac{1}{4-ab}+\frac{1}{4}+\frac{1}{4-bc}-\frac{1}{4}+\frac{1}{4-ca}-\frac{1}{4}\leqslant \frac{1}{4} \Leftrightarrow$$

$$\frac{ab}{4-ab}+\frac{bc}{4-bc}+\frac{ca}{4-ca}\leqslant 1 \Leftrightarrow$$

$$\frac{6ab}{24-6ab}+\frac{6bc}{24-6bc}+\frac{6ca}{24-6ca}\leqslant 1$$

由算术几何平均值不等式,只要证明

$$\frac{(a+b)^2}{24-6ab}+\frac{(b+c)^2}{24-6bc}+\frac{(c+a)^2}{24-6ca}\leqslant \frac{2}{3}$$

由 $a^2+b^2+c^2 \leqslant 3$ 及算术几何平均值不等式、柯西不等式得

$$\frac{(a+b)^2}{24-6ab}+\frac{(b+c)^2}{24-6bc}+\frac{(c+a)^2}{24-6ca}\leqslant$$

$$\frac{(a+b)^2}{8(a^2+b^2+c^2)-6ab}+\frac{(b+c)^2}{8(a^2+b^2+c^2)-6bc}+\frac{(c+a)^2}{8(a^2+b^2+c^2)-6ca}\leqslant$$

$$\frac{(a+b)^2}{5a^2+5b^2+8c^2}+\frac{(b+c)^2}{8a^2+5b^2+5c^2}+\frac{(c+a)^2}{5a^2+8b^2+5c^2}\leqslant$$

$$\frac{1}{81}\cdot\frac{(a+b)^2}{a^2+b^2}+\frac{64}{81}\cdot\frac{(a+b)^2}{4a^2+4b^2+8c^2}+$$

$$\frac{1}{81}\cdot\frac{(b+c)^2}{b^2+c^2}+\frac{64}{81}\cdot\frac{(b+c)^2}{4b^2+4c^2+8a^2}+$$

$$\frac{1}{81}\cdot\frac{(c+a)^2}{c^2+a^2}+\frac{64}{81}\cdot\frac{(c+a)^2}{4c^2+4a^2+8b^2}=$$

$$\frac{1}{81}\left[\frac{(a+b)^2}{a^2+b^2}+\frac{(b+c)^2}{b^2+c^2}+\frac{(c+a)^2}{c^2+a^2}\right]+$$

$$\frac{64}{81}\left[\frac{(a+b)^2}{4a^2+4b^2+8c^2}+\frac{(b+c)^2}{4b^2+4c^2+8a^2}+\frac{(c+a)^2}{4c^2+4a^2+8b^2}\right]$$

由算术几何平均值不等式

$$\frac{1}{81}\left[\frac{(a+b)^2}{a^2+b^2}+\frac{(b+c)^2}{b^2+c^2}+\frac{(c+a)^2}{c^2+a^2}\right]\leqslant \frac{6}{81}=\frac{2}{27}$$

所以只要证明

$$\frac{64}{81}\left[\frac{(a+b)^2}{4a^2+4b^2+8c^2}+\frac{(b+c)^2}{4b^2+4c^2+8a^2}+\frac{(c+a)^2}{4c^2+4a^2+8b^2}\right]\leqslant \frac{16}{27} \Leftrightarrow$$

$$\frac{(a+b)^2}{a^2+b^2+2c^2}+\frac{(b+c)^2}{b^2+c^2+2a^2}+\frac{(c+a)^2}{c^2+a^2+b^2}\leqslant 3$$

由柯西不等式得

$$\frac{(a+b)^2}{a^2+b^2+2c^2} + \frac{(b+c)^2}{b^2+c^2+2a^2} + \frac{(c+a)^2}{c^2+a^2+2b^2} \leqslant$$
$$(\frac{a^2}{a^2+c^2} + \frac{b^2}{b^2+c^2}) + (\frac{b^2}{b^2+a^2} + \frac{c^2}{c^2+a^2}) + (\frac{c^2}{c^2+b^2} + \frac{a^2}{a^2+b^2}) = 3$$

41. $[(x+y+z)x - yz](y+z)^2 + [(x+y+z)y - zx](z+x)^2 +$
$[(x+y+z)z - xy](x+y)^2 \leqslant (x+y+z)(x+y)(y+z)(z+x) \Leftrightarrow$
$(x+y+z)\{[x(y+z)^2 + y(z+x)^2 + z(x+y)^2] -$
$(x+y)(y+z)(z+x)\} \leqslant yz(y+z)^2 + zx(z+x)^2 + xy(x+y)^2 \Leftrightarrow$
$4xyz(x+y+z) \leqslant yz(y+z)^2 + zx(z+x)^2 + xy(x+y)^2$

而
$$yz(y+z)^2 + z(z+x)^2 + xy(x+y)^2 \geqslant 4y^2z^2 + 4z^2x^2 + 4x^2y^2 =$$
$$2(y^2z^2 + z^2x^2) + 2(z^2x^2 + x^2y^2) + 2(x^2y^2 + y^2z^2) \geqslant$$
$$4xyz^2 + 4x^2yz + 4xy^2z = 44xyz(x+y+z)$$

原不等式得证.

42. $\frac{1}{a^2} + \frac{1}{b^2} + \frac{1}{c^2} \geqslant \frac{2(a^3+b^3+c^3)}{abc} + 3 \Leftrightarrow$
$\frac{a^2+b^2+c^2}{a^2} + \frac{a^2+b^2+c^2}{b^2} + \frac{a^2+b^2+c^2}{c^2} \geqslant \frac{2(a^3+b^3+c^3)}{abc} + 3 \Leftrightarrow$
$\frac{b^2+c^2}{a^2} + \frac{c^2+a^2}{b^2} + \frac{a^2+b^2}{c^2} \geqslant \frac{2(a^3+b^3+c^3)}{abc} \Leftrightarrow$
$b^2c^2(b^2+c^2) + c^2a^2(c^2+a^2) + a^2b^2(a^2+b^2) \geqslant 2abc(a^3+b^3+c^3) \Leftrightarrow$
$a^4(b^2+c^2) + b^4(c^2+a^2) + c^4(a^2+b^2) \geqslant 2abc(a^3+b^3+c^3)$

由均值不等式得
$$b^2 + c^2 \geqslant 2bc$$
$$c^2 + a^2 \geqslant 2ca$$
$$a^2 + b^2 \geqslant 2ab$$

所以
$$a^4(b^2+c^2) + b^4(c^2+a^2) + c^4(a^2+b^2) \geqslant 2abc(a^3+b^3+c^3)$$

43. **证法一** 因为 $a+b+c=1$,所以
$\frac{a^2}{b} + \frac{b^2}{c} + \frac{c^2}{a} \geqslant 3(a^2+b^2+c^2) \Leftrightarrow$
$\frac{a^2}{b} + \frac{b^2}{c} + \frac{c^2}{a} - (a+b+c) - [3(a^2+b^2+c^2) - (a+b+c)^2] \geqslant 0 \Leftrightarrow$
$\frac{(a-b)^2}{b} + \frac{(b-c)^2}{c} + \frac{(c-a)^2}{a} - [(a-b)^2 + (b-c)^2 + (c-a)^2] \geqslant 0 \Leftrightarrow$
$\frac{(a-b)^2(1-b)}{b} + \frac{(b-c)^2(1-c)}{c} + \frac{(c-a)^2(1-a)}{a} \geqslant 0 \Leftrightarrow$

$$\frac{(a-b)^2(a+c)}{b} + \frac{(b-c)^2(a+b)}{c} + \frac{(c-a)^2(b+c)}{a} \geq 0$$

**证法二** 由柯西不等式得

$$\left(\frac{a^2}{b} + \frac{b^2}{c} + \frac{c^2}{a}\right)(a^2b + b^2c + c^2a) \geq (a^2 + b^2 + c^2)^2$$

下面证明

$$a^2 + b^2 + c^2 \geq 3(a^2b + b^2c + c^2a) \qquad \text{①}$$

①$\Leftrightarrow (a^2 + b^2 + c^2)(a+b+c) \geq 3(a^2b + b^2c + c^2a) \Leftrightarrow a(a-b)^2 + b(b-c)^2 + c(c-a)^2 \geq 0$,显然成立.

**44. 证法一**

$$\frac{\sin^n\alpha + \sin^n\beta}{(\sin\alpha + \sin\beta)^n} \geq \frac{\sin^n 2\alpha + \sin^n 2\beta}{(\sin 2\alpha + \sin 2\beta)^n} \Leftrightarrow$$

$(\sin^n\alpha + \sin^n\beta)(\sin\alpha\cos\alpha + \sin\beta\cos\beta)^n \geq$
$(\sin\alpha + \sin\beta)^n(\sin^n\alpha\cos^n\alpha + \sin^n\beta\cos^n\beta) \Leftrightarrow$
$(\sin^2\alpha\cos\alpha + \sin\alpha\sin\beta\cos\beta)^n + (\sin\alpha\cos\alpha\sin\beta + \sin^2\beta\cos\beta)^n \geq$
$(\sin^2\alpha\cos\alpha + \sin\alpha\cos\alpha\sin\beta)^n + (\sin\alpha\cos\alpha\sin\beta + \sin^2\beta\cos\beta)^n \qquad \text{①}$

记 $x = \sin^2\alpha\cos\alpha$, $y = \sin\alpha\sin\beta\cos\beta$, $z = \sin^2\beta\cos\beta$, $t = \sin\alpha\cos\alpha\sin\beta$. 则

①$\Leftrightarrow (x+y)^n + (z+t)^n \geq (x+t)^n + (z+y)^n \Leftrightarrow$
$(x+y)^n - (x+t)^n \geq (z+y)^n - (z+t)^n$
$(y-t)[(x+y)^{n-1} + (x+y)^{n-2}(x+t) + \cdots + (x+y)(x+t)^{n-2} + (x+t)^{n-1}] \geq$
$(y-t)[(z+y)^{n-1} + (z+y)^{n-2}(z+t) + \cdots + (z+y)(z+t)^{n-2} + (z+t)^{n-1}] \Leftrightarrow$

$$(y-t)\sum_{k=1}^{n-1}[(x+y)^{n-k}(x+t)^k - (z+y)^{n-k}(z+t)^k] =$$

$$(y-t)\sum_{k=1}^{n-1}\left[\sum_{i=1}^{n-k}C_{n-k}^i x^i y^{n-k-i}\sum_{j=1}^k C_k^j x^j t^{k-j} - \sum_{i=1}^{n-k}C_{n-k}^i z^i y^{n-k-i}\sum_{j=1}^k C_k^j z^j t^{k-j}\right] =$$

$$(y-t)\sum_{k=1}^{n-1}\sum_{i=1}^{n-k}\sum_{j=1}^k C_{n-k}^i C_k^j (x^{i+j} - z^{i+j}) y^{n-k-i} t^{k-j} =$$

$$(y-t)(x-z)\sum_{k=1}^{n-1}\sum_{i=1}^{n-k}\sum_{j=1}^k C_{n-k}^i C_k^j \sum_{l=0}^{i+j-1} x^{i+j-l} z^l y^{n-k-i} t^{k-j} \geq 0 \Leftrightarrow$$

$$(y-t)(x-z) \geq 0 \qquad \text{②}$$

②$\Leftrightarrow (\cos\alpha - \cos\beta)[(\cos\beta - \cos^3\beta) - (\cos\alpha - \cos^3\alpha)] \geq 0 \Leftrightarrow$

$$(\cos\alpha - \cos\beta)^2(\cos^2\alpha + \cos^2\beta + \cos\alpha\cos\beta - 1) \geq 0 \qquad \text{③}$$

因为 $\alpha,\beta \in (0, \frac{\pi}{4})$,所以,$\cos\alpha \in (\frac{\sqrt{2}}{2}, 1)$,$\cos\beta \in (\frac{\sqrt{2}}{2}, 1)$,$\cos^2\alpha + \cos^2\beta + \cos\alpha\cos\beta - 1 > 0$. 所以 ③ 成立.

179

**证法二**

$$\frac{\sin^n\alpha + \sin^n\beta}{(\sin\alpha + \sin\beta)^n} \geq \frac{\sin^n 2\alpha + \sin^n 2\beta}{(\sin 2\alpha + \sin 2\beta)^n} \Leftrightarrow$$

$(\sin^n\alpha + \sin^n\beta)(\sin 2\alpha + \sin 2\beta)^n \geq (\sin\alpha + \sin\beta)^n(\sin^n 2\alpha + \sin^n 2\beta) \Leftrightarrow$

$[(\sin\alpha\sin 2\alpha + \sin\alpha\sin 2\beta)^n + (\sin\beta\sin 2\alpha + \sin\beta\sin 2\beta)^n] \geq$

$[(\sin\alpha\sin 2\alpha + \sin\beta\sin 2\alpha)^n + (\sin\alpha\sin 2\beta + \sin 2\beta\sin\beta)^n]$

设

$$u = \sin\alpha\sin 2\alpha$$
$$v = \sin\alpha\sin 2\beta$$
$$x = \sin\beta\sin 2\alpha$$
$$y = \sin\beta\sin 2\beta$$

于是只要证明

$$(u+v)^n + (x+y)^n \geq (u+x)^n + (v+y)^n$$

不妨设 $\alpha \geq \beta$,则有 $u \geq v \geq x \geq y$,于是

$(u+v)^n + (x+y)^n \geq (u+x)^n + (v+y)^n \Leftrightarrow$

$(u+v)^n - (u+x)^n \geq (v+y)^n - (x+y)^n \Leftrightarrow$

$(v-x)[(u+v)^{n-1} + (u+v)^{n-2}(u+x) + \cdots + (u+x)^{n-1}] \geq$

$(v-x)[(v+y)^{n-1} + (v+v)^{n-2}(x+y) + \cdots + (x+y)^{n-1}] \Leftrightarrow$

$(u+v)^{n-1} + (u+v)^{n-2}(u+x) + \cdots + (u+x)^{n-1} \geq$

$(v+y)^{n-1} + (v+v)^{n-2}(x+y) + \cdots + (x+y)^{n-1}$

容易知道上式左边的每一项都不小于右边的每一项,所以不等式成立.

**45. 证法一**

$$\frac{a}{2a+b} + \frac{b}{2b+c} + \frac{c}{2c+a} \leq 1 \Leftrightarrow$$

$a(2b+c)(2c+a) + b(2a+b)(2c+a) + c(2a+b)(2b+c) \leq$

$(2a+b)(2b+c)(2c+a) \Leftrightarrow$

$12abc + 4(ab^2 + bc^2 + ca^2) + (a^2b + b^2c + c^2a) \leq$

$9abc + 4(ab^2 + bc^2 + ca^2) + 2(a^2b + b^2c + c^2a) \Leftrightarrow$

$3abc \leq a^2b + b^2c + c^2a$

这由均值不等式可立即得到.

**证法二**

$$\frac{a}{2a+b} + \frac{b}{2b+c} + \frac{c}{2c+a} \leq 1 \Leftrightarrow \frac{1}{2+x} + \frac{1}{2+y} + \frac{1}{2+z} \leq$$

$1$(其中 $x = \frac{b}{a}, y = \frac{c}{b}, z = \frac{a}{c}, xyz = 1$) ①

令

$$x = \frac{A^2}{BC}, y = \frac{B^2}{CA}, z = \frac{C^2}{AB}$$

则

①$\Leftrightarrow \dfrac{BC}{A^2+2BC} + \dfrac{CA}{B^2+2CA} + \dfrac{AB}{C^2+2AB} \leq 1 \Leftrightarrow$

$$\dfrac{A^2}{A^2+2BC} + \dfrac{B^2}{B^2+2CA} + \dfrac{C^2}{C^2+2AB} \geq 1 \quad ②$$

由柯西不等式得

$$(A^2+2BC+B^2+2CA+C^2+2AB)\left(\dfrac{A^2}{A^2+2BC} + \dfrac{B^2}{B^2+2CA} + \dfrac{C^2}{C^2+2AB}\right) \geq (A+B+C)^2$$

即

$$\dfrac{A^2}{A^2+2BC} + \dfrac{B^2}{B^2+2CA} + \dfrac{C^2}{C^2+2AB} \geq 1$$

**证法三** 式①可证明如下: $z = \dfrac{1}{xy}, \dfrac{1}{2+x} + \dfrac{1}{2+y} + \dfrac{1}{2+z} - 1 = \dfrac{1}{2+x} + \dfrac{1}{2+y} + \dfrac{xy}{2xy+1} - 1 = -\dfrac{(xy)^2+x+y-3xy}{(2+x)(2+y)(2xy-1)} \leq -\dfrac{(xy)^2+2\sqrt{xy}-3xy}{(2+x)(2+y)(2xy+1)} = -\dfrac{\sqrt{xy}(\sqrt{xy}+2)(\sqrt{xy}-1)^2}{(2+x)(2+y)(2xy+1)} \leq 0.$

**46. 证法一** 因为 $abc = 1$,所以 $2 + a + b + c + \dfrac{1}{a} + \dfrac{1}{b} + \dfrac{1}{c} = 1 + a + b + c + ab + bc + ca + abc = (1+a)(1+b)(1+c).$

令 $a = \dfrac{m}{n}, b = \dfrac{n}{p}, c = \dfrac{p}{m}, m, n, p$ 是正数,则

$$4\left(\sqrt[3]{\dfrac{a}{b}} + \sqrt[3]{\dfrac{b}{c}} + \sqrt[3]{\dfrac{c}{a}}\right) \leq 3\sqrt[3]{\left(2+a+b+c+\dfrac{1}{a}+\dfrac{1}{b}+\dfrac{1}{c}\right)^2} \Leftrightarrow$$

$$4\left(\sqrt[3]{\dfrac{a}{b}} + \sqrt[3]{\dfrac{b}{c}} + \sqrt[3]{\dfrac{c}{a}}\right) \leq 3\sqrt[3]{((1+a)(1+b)(1+c))^2} \Leftrightarrow$$

$$4\left(\sqrt[3]{\dfrac{mp}{n^2}} + \sqrt[3]{\dfrac{mn}{p^2}} + \sqrt[3]{\dfrac{pn}{m^2}}\right) \leq 3\sqrt[3]{\left(\left(1+\dfrac{m}{n}\right)\left(1+\dfrac{n}{p}\right)\left(1+\dfrac{p}{m}\right)\right)^2} \Leftrightarrow$$

$$4(mn+np+pm) \leq 3\sqrt[3]{((m+n)(n+p)(p+m))^2}$$

由恒等式

$$(m+n)(n+p)(p+m) = (m+n+p)(mn+np+pm) - mnp$$

及不等式

$$(m+n+p)^2 \geq 3(mn+np+pm)$$

$$mn + np + pm \geq 3\sqrt[3]{m^2n^2p^2}$$

得

$$m + n + p \geq \sqrt{3(mn + np + pm)}$$

$$mnp \leq \sqrt{(\frac{mn + np + pm}{3})^3}$$

所以

$$(m+n)(n+p)(p+m) = (m+n+p)(mn+np+pm) - mnp \geq$$

$$\sqrt{3(mn+np+pm)}(mn+np+pm) - \sqrt{(\frac{mn+np+pm}{3})^3} =$$

$$\frac{8}{3\sqrt{3}}\sqrt{(mn+np+pm)^3}$$

即

$$[(m+n)(n+p)(p+m)]^2 \geq \frac{64}{27}(mn+np+pm)^3$$

也即

$$4(mn+np+pm) \leq 3\sqrt[3]{((m+n)(n+p)(p+m))^2}$$

**证法二** 令 $a = \frac{y}{x}, b = \frac{z}{y}, c = \frac{x}{z}, x, y, z$ 是正数,则

$$4(\sqrt[3]{\frac{a}{b}} + \sqrt[3]{\frac{b}{c}} + \sqrt[3]{\frac{c}{a}}) \leq 3\sqrt[3]{(2+a+b+c+\frac{1}{a}+\frac{1}{b}+\frac{1}{c})^2} \Leftrightarrow$$

$$4(\sqrt[3]{\frac{y^2}{zx}} + \sqrt[3]{\frac{z^2}{xy}} + \sqrt[3]{\frac{x^2}{yz}}) \leq 3(2+\frac{x}{y}+\frac{y}{z}+\frac{z}{x}+\frac{y}{x}+\frac{z}{y}+\frac{x}{z})^{\frac{2}{3}} \Leftrightarrow$$

$$4(\frac{x+y+z}{\sqrt[3]{xyz}}) \leq 3(\frac{(x+y)(y+z)(z+x)}{xyz})^{\frac{2}{3}} \Leftrightarrow$$

$$64xyz(x+y+z)^3 \leq 27[(x+y)(y+z)(z+x)]^2$$

因为

$$8(x+y+z)(xy+yz+zx) \leq 9(x+y)(y+z)(z+x)$$

只要证明

$$xyz(\frac{x+y+z}{3})^3 \leq [\frac{(x+y+z)(xy+yz+zx)}{9}]^2 \Leftrightarrow$$

$$3xyz(x+y+z) \leq (xy+yz+zx)^2 \Leftrightarrow$$

$$\sum x^2(y-z)^2 \geq 0$$

**47. 证法一**

$$\frac{1}{a(1+b)} + \frac{1}{b(1+c)} + \frac{1}{c(1+a)} \geq \frac{1}{1+abc} \Leftrightarrow$$

$[bc(1+a)(1+c) + ca(1+a)(1+b) + ab(1+b)(1+c)](1+abc) \geqslant$
$3(1+a)(1+b)(1+c) \Leftrightarrow$
$\sum ab + (ab^2 + bc^2 + ca^2) + abc\sum a + abc\sum ab +$
$abc(ab^2 + bc^2 + ca^2) + (abc)^2 \sum a \geqslant 3abc\sum a + 3abc\sum ab \Leftrightarrow$
$\sum ab + (ab^2 + bc^2 + ca^2) + abc\sum ab +$
$abc(ab^2 + bc^2 + ca^2) + (abc)^2 \sum a \geqslant 2abc\sum a + 3abc\sum ab$ ①

下面证明
$$(abc)^2 \sum a + abc(ab^2 + bc^2 + ca^2) + \sum ab \geqslant 3abc\sum ab \quad ②$$
$$ab^2 + bc^2 + ca^2 + abc\sum ab \geqslant 2abc\sum a \quad ③$$

由均值不等式得
$$a^3b^2c^2 + a^2b^3c + ab = ab(a^2bc^2 + ab^2c + 1) \geqslant ab \cdot 3abc \quad ④$$
$$a^2b^3c^2 + ab^2c^3 + bc = bc(a^2b^2c + abc^2 + 1) \geqslant bc \cdot 3abc \quad ⑤$$
$$a^2b^2c^3 + a^3bc^2 + ca = ca(ab^2c^2 + a^2bc + 1) \geqslant ca \cdot 3abc \quad ⑥$$

④ + ⑤ + ⑥ 即得 ②.

由均值不等式得
$$ab^2 + ab^2c^2 = ab^2(1+c^2) \geqslant 2ab^2c \quad ⑦$$
$$bc^2 + a^2bc^2 = bc^2(1+a^2) \geqslant 2abc^2 \quad ⑧$$
$$ca^2 + a^2b^2c = a^2c(1+b^2) \geqslant 2a^2bc \quad ⑨$$

⑦ + ⑧ + ⑨ 即得 ③. ② + ③ 即得 ①.

**证法二** 不等式等价于证明 $abc(bc^2 + ca^2 + ab^2) + (bc + ca + ab) +$
$(abc)^2(a+b+c) + (bc^2 + ca^2 + ab^2) \geqslant 2abc(a+b+c) + 2abc(bc + ca + ab)$.

由均值不等式得
$(a^2b^3c + bc) + (ab^2c^3 + ca) + (a^3bc^2 + ab) +$
$(a^3b^2c^2 + ab^2) + (a^2b^3c^2 + bc^2) + (a^2b^2c^3 + ca^2) \geqslant$
$2ab^2c + 2abc^2 + 2a^2bc + 2a^2b^2c + 2ab^2c^2 + 2a^2bc^2 =$
$2abc(a+b+c) + 2abc(bc + ca + ab)$

**证法三**
$$\sum_{cyc}\left(\frac{1}{a(1+b)} - \frac{1}{1+abc}\right) = \sum_{cyc}\frac{1+abc-a(1+b)}{a(1+b)(1+abc)} =$$
$$\frac{1}{1+abc}\sum_{cyc}\left(\frac{b}{1+b}(c-1) - \frac{1}{a(1+b)}(a-1)\right) =$$
$$\frac{1}{1+abc}\sum_{cyc}(a-1)\left(\frac{c}{1+c} - \frac{1}{a(1+b)}\right) =$$

$$\frac{1}{1+abc}\sum_{cyc}\left(\frac{1-a^2}{a}\right)\left(\frac{abc+ac-c-1}{(1+a)(1+b)(1+c)}\right)=$$

$$\frac{1}{(1+abc)(1+a)(1+b)(1+c)}\sum_{cyc}\left(a^2bc+a^2c+\frac{c}{a}+\frac{1}{a}-ac-a-bc-c\right)=$$

$$\frac{1}{(1+abc)(1+a)(1+b)(1+c)}\sum_{cyc}\left(a^2bc+a^2c-2ab-2a+\frac{b}{c}+\frac{1}{c}\right)=$$

$$\frac{1}{(1+abc)(1+a)(1+b)(1+c)}\sum_{cyc}\frac{1+b}{c}(a^2c^2-2ac+1)=$$

$$\frac{1}{(1+abc)(1+a)(1+b)(1+c)}\sum_{cyc}\frac{1+b}{c}(ac-1)^2\geqslant 0$$

**证法四** 由均值不等式得 $a^2c+a^2b^2c^3\geqslant 2a^2bc^2$, $ab+a^3bc^2\geqslant 2a^2bc$, 还有两组类似的不等式相加得

$a^2c+a^2b^2c^3+ab^2+a^3b^2c^2+bc^2+a^2b^3c^2+$
$ab+a^3bc^2+bc+a^2b^3c+ca+ab^2c^3\geqslant$
$2a^2bc^2+2a^2b^2c+2ab^2c^2+2a^2bc+2ab^2c+2abc^2\Leftrightarrow$
$(1+abc)(3abc+a^2bc+ab^2c+abc^2+a^2c+ab^2+bc^2+ab+bc+ca)\geqslant$
$3abc(abc+ab+bc+ca+a+b+c+1)=3abc(1+a)(1+b)(1+c)$

48. 因为 $2(xy+yz+zx)=2(xy+yz+zx)(x+y+z)=6xyz+2x^2(y+z)+2y^2(z+x)+2z^2(x+y)$.
$$x^2+y^2+z^2=(x^2+y^2+z^2)(x+y+z)=$$
$$x^3+y^3+z^3+x^2(y+z)+y^2(z+x)+z^2(x+y)$$
要证明 $x^2+y^2+z^2+9xyz\geqslant 2(xy+yz+zx)$, 只要证明 $x^3+y^3+z^3+3xyz\geqslant x^2(y+z)+y^2(z+x)+z^2(x+y)$. 此即 Schur 不等式.

49. 因为 $x,y,z\geqslant 0$, 且 $x+y+z=1$, 所以, $0\leqslant xy,yz,zx<1$, 于是, $\frac{1}{1-xy}+\frac{1}{1-yz}+\frac{1}{1-zx}\geqslant 3$. 下面证明 $\frac{1}{1-xy}+\frac{1}{1-yz}+\frac{1}{1-zx}\leqslant\frac{27}{8}$, 注意到 $x+y+z=1$, 通分后不等式等价于

$$\frac{3-2(xy+yz+zx)+xyz}{1-(xy+yz+zx)+xyz-x^2y^2z^2}\leqslant\frac{27}{8}\Leftrightarrow$$

$$11(xy+yz+zx)+27x^2y^2z^2\leqslant 3+19xyz \qquad ①$$

由 Schur 不等式得
$$(x+y+z)^3-4(x+y+z)(yz+zx+xy)+9xyz\geqslant 0$$
即 $1-4(yz+zx+xy)+9xyz\geqslant 0$, 故
$$xy+yz+zx\leqslant\frac{1+9xyz}{4}$$

要证明①, 只要证明

$$11\left(\frac{1+9xyz}{4}\right) + 27x^2y^2z^2 \leq 3 + 19xyz \Leftrightarrow 108x^2y^2z^2 + 23xyz \leq 1$$

由均值不等式得

$$xyz \leq \left(\frac{x+y+z}{3}\right)^3 = \frac{1}{27}$$

所以

$$108x^2y^2z^2 + 23xyz \leq 1$$

50. 考虑不等式等号成立的充要条件是 $a = b = c = \frac{1}{3}$，所以，由均值不等式得

$$xy + xy + xy + \frac{1}{9} + yz + yz + yz + \frac{1}{9} + zx + zx + zx + \frac{1}{9} \geq 12\sqrt[12]{\frac{x^6 y^6 z^6}{9^3}}$$

即

$$xy + yz + zx + \frac{1}{9} \geq \frac{4}{\sqrt{3}}\sqrt{xyz} \qquad ①$$

$$\sqrt{3xyz}\left(\frac{1}{x} + \frac{1}{y} + \frac{1}{z} + \frac{1}{1-x} + \frac{1}{1-y} + \frac{1}{1-z}\right) =$$

$$\sqrt{3xyz}\left(\frac{xy+yz+zx}{xyz} + \frac{xy+yz+zx+1}{(1-x)(1-y)(1-z)}\right) =$$

$$\sqrt{3xyz}\left(\frac{xy+yz+zx+\frac{1}{9}}{(1-x)(1-y)(1-z)}\right) +$$

$$\sqrt{3xyz}\left(\frac{xy+yz+zx}{xyz} + \frac{8}{9(1-x)(1-y)(1-z)}\right) \qquad ②$$

由 ① 得

$$\sqrt{3xyz}\left(\frac{xy+yz+zx+\frac{1}{9}}{(1-x)(1-y)(1-z)}\right) \geq \frac{4xyz}{(1-x)(1-y)(1-z)} \qquad ③$$

所以，只要证明

$$\sqrt{3xyz}\left(\frac{xy+yz+zx}{xyz} + \frac{8}{9(1-x)(1-y)(1-z)}\right) \geq 4$$

由均值不等式得

$$\frac{xy+yz+zx}{3xyz} + \frac{xy+yz+zx}{3xyz} + \frac{xy+yz+zx}{3xyz} + \frac{8}{9(1-x)(1-y)(1-z)} \geq$$

$$\sqrt[4]{\left(\frac{xy+yz+zx}{3xyz}\right)^3 \frac{8}{9(1-x)(1-y)(1-z)}}$$

即

$$\sqrt{3xyz}(\frac{xy+yz+zx}{xyz}+\frac{8}{9(1-x)(1-y)(1-z)}) \geq$$

$$4\sqrt[4]{\frac{8(xy+yz+zx)^3}{3^3 xyz(x+y)(y+z)(z+x)}} \qquad ④$$

只要证明

$$8(xy+yz+zx)^3 \geq 3^3 xyz(x+y)(y+z)(z+x) =$$
$$27(xy+yz)(yz+zx)(zx+xy) \qquad ⑤$$

由均值不等式得

$$(xy+yz)(yz+zx)(zx+xy) \leq (\frac{(xy+yz)+(yz+zx)+(zx+xy)}{3})^3 =$$
$$\frac{8}{27}(xy+yz+zx)^3 \qquad ⑥$$

由不等式⑥知⑤成立.

51. $\sqrt{(a^2b+b^2c+c^2a)(ab^2+bc^2+ca^2)} \geq$
$abc+\sqrt[3]{(a^3+abc)(b^3+abc)(c^3+abc)} \Leftrightarrow$

$$\sqrt{(\frac{a}{c}+\frac{b}{a}+\frac{c}{b})(\frac{c}{a}+\frac{a}{b}+\frac{b}{c})} \geq$$
$$1+\sqrt[3]{(\frac{a^2}{bc}+1)(\frac{b^2}{ca}+1)(\frac{c^2}{ab}+1)} \qquad ①$$

令 $x=\frac{a}{c}, y=\frac{b}{a}, z=\frac{c}{b}$, 则 $xyz=1$,

$$① \Leftrightarrow \sqrt{(x+y+z)(xy+yz+zx)} \geq 1+\sqrt[3]{(\frac{x}{z}+1)(\frac{y}{x}+1)(\frac{z}{y}+1)} \qquad ②$$

注意到 $xyz=1$, 有

$$(\frac{x}{z}+1)(\frac{y}{x}+1)(\frac{z}{y}+1) = (x+y)(y+z)(z+x)$$

又

$$(x+y+z)(xy+yz+zx) = (x+y)(y+z)(z+x)+xyz =$$
$$(x+y)(y+z)(z+x)+1$$

所以只要证明

$$\sqrt{(x+y+z)(xy+yz+zx)} \geq 1+\sqrt[3]{(x+y)(y+z)(z+x)} \qquad ③$$

**证法一** 令 $p=\sqrt[3]{(x+y)(y+z)(z+x)}$ 所以, 不等式 $② \Leftrightarrow \sqrt{p^3+1} \geq 1+p \Leftrightarrow p(p+1)(p-2) \geq 0$, 只要证 $p \geq 2$. 而由均值不等式得 $(x+y)(y+z)(z+x) \geq 2\sqrt{xy} \cdot 2\sqrt{yz} \cdot 2\sqrt{zx} = 8xyz = 8$, 所以, $p \geq 2$.

**证法二** 先证明加强不等式: $\sqrt{(x+y+z)(xy+yz+zx)} \geq 1+$

$$\frac{1}{3}(\frac{y+z}{\sqrt{yz}} + \frac{z+x}{\sqrt{zx}} + \frac{x+y}{\sqrt{xy}}).$$

由柯西不等式并注意到 $xyz = 1$,得

$$[x + (y+z)][yz + x(y+z)] \geq [\sqrt{xyz} + \sqrt{x}(y+z)]^2 = (1 + \frac{y+z}{\sqrt{yz}})^2$$

即

$$\sqrt{(x+y+z)(xy+yz+zx)} \geq 1 + \frac{y+z}{\sqrt{yz}}$$

同理

$$\sqrt{(x+y+z)(xy+yz+zx)} \geq 1 + \frac{z+x}{\sqrt{zx}}$$

$$\sqrt{(x+y+z)(xy+yz+zx)} \geq 1 + \frac{x+y}{\sqrt{xy}}$$

所以,相加得

$$\sqrt{(x+y+z)(xy+yz+zx)} \geq 1 + \frac{1}{3}(\frac{y+z}{\sqrt{yz}} + \frac{z+x}{\sqrt{zx}} + \frac{x+y}{\sqrt{xy}})$$

再由均值不等式得

$$\frac{1}{3}(\frac{y+z}{\sqrt{yz}} + \frac{z+x}{\sqrt{zx}} + \frac{x+y}{\sqrt{xy}}) \geq \sqrt[3]{\frac{(x+y)(y+z)(z+x)}{\sqrt{xy} \cdot \sqrt{yz} \cdot \sqrt{zx}}} = \sqrt[3]{(x+y)(y+z)(z+x)}$$

52. 因为 $ab + bc + ca = 1$,所以齐次化得 $\frac{1}{a+b} + \frac{1}{b+c} + \frac{1}{c+a} \geq \frac{5}{2} \Leftrightarrow (ab + bc + ca)(\frac{1}{a+b} + \frac{1}{b+c} + \frac{1}{c+a})^2 \geq \frac{25}{4} \Leftrightarrow 4\sum_{sym} a^5 b + \sum_{sym} a^4 bc + 14\sum_{sym} a^3 b^2 c + 38 a^2 b^2 c^2 \geq \sum_{sym} a^4 b^2 + 3\sum_{sym} a^3 b^3 \Leftrightarrow (\sum_{sym} a^5 b - \sum_{sym} a^4 b^2) + 3(\sum_{sym} a^5 b - \sum_{sym} a^3 b^3) + xyz(\sum_{sym} a^3 + 14\sum_{sym} a^2 b + 38abc) \geq 0.$

$$\sum_{sym} a^5 b - \sum_{sym} a^4 b^2 \geq 0$$

$$\sum_{sym} a^5 b - \sum_{sym} a^3 b^3 \geq 0$$

(两式的证明参考本节1996年伊朗赛题的解答),所以,不等式得证. 当且仅当 $x = y, z = 0$;或 $y = z, x = 0$;或 $z = x, y = 0$ 等号成立.

因为 $ab + bc + ca = 1$,所以,当且仅当 $x = y = 1, z = 0$;或 $y = z = 1, x = 0$;或 $z = x = 1, y = 0$ 等号成立.

53. $\frac{1}{1-ab} + \frac{1}{1-bc} + \frac{1}{1-ca} \leq \frac{9}{2} \Leftrightarrow 2[(1-bc)(1-ca) + (1-ca)(1-ab) +$

$(1-ab)(1-bc)] \leqslant 9(1-ab)(1-bc)(1-ca) \Leftrightarrow 3-5(ab+bc+ca)+7abc(a+b+c)-9a^2b^2c^2 \geqslant 0.$

而
$$a+b+c = (a+b+c)(a^2+b^2+c^2) \geqslant 9abc$$

所以
$$abc(a+b+c) \geqslant 9a^2b^2c^2$$

则
$3-5(ab+bc+ca)+7abc(a+b+c)-9a^2b^2c^2 \geqslant$
$3-5(ab+bc+ca)+6abc(a+b+c) =$
$3(a^2+b^2+c^2)^2 - 5(a^2+b^2+c^2)(ab+bc+ca) + 6abc(a+b+c) =$
$a^4+b^4+c^4 - 2(a^2b^2+b^2c^2+c^2a^2) +$
$a^2bc+b^2ca+c^2ab + (a-b)^4+(b-c)^4+(c-a)^4 =$
$a^2(a-b)(a-c)+b^2(b-a)(b-c)+c^2(c-a)(c-b) +$
$(a-b)^4+(b-c)^4+(c-a)^4$

由 Schur 不等式
$$a^2(a-b)(a-c)+b^2(b-a)(b-c)+c^2(c-a)(c-b) \geqslant 0$$

从而,不等式成立.

54. **证法一**

$$\sqrt{\frac{2}{3}+\frac{abc}{a^3+b^3+c^3}} + \sqrt{\frac{a^2+b^2+c^2}{ab+bc+ca}} \geqslant 2 \Leftrightarrow \quad ①$$

$$\sqrt{\frac{a^2+b^2+c^2}{ab+bc+ca}} - 1 \geqslant 1 - \sqrt{\frac{2}{3}+\frac{abc}{a^3+b^3+c^3}} \Leftrightarrow$$

$$\left(\frac{a^2+b^2+c^2}{ab+bc+ca}-1\right)\left(1+\sqrt{\frac{2}{3}+\frac{abc}{a^3+b^3+c^3}}\right) \geqslant$$

$$\left(\frac{1}{3}-\frac{abc}{a^3+b^3+c^3}\right)\left(\sqrt{\frac{a^2+b^2+c^2}{ab+bc+ca}}+1\right) \Leftrightarrow$$

$$\frac{1}{ab+bc+ca}\left(1+\sqrt{\frac{2}{3}+\frac{abc}{a^3+b^3+c^3}}\right)(a^2+b^2+c^2-(ab+bc+ca)) \geqslant$$

$$\frac{a+b+c}{3(a^3+b^3+c^3)}\left(\sqrt{\frac{a^2+b^2+c^2}{ab+bc+ca}}+1\right)(a^2+b^2+c^2-(ab+bc+ca)) \Leftrightarrow$$

$$\frac{1}{ab+bc+ca}\left(1+\sqrt{\frac{2}{3}+\frac{abc}{a^3+b^3+c^3}}\right) \geqslant$$

$$\frac{abc}{3(a^3+b^3+c^3)}\left(\sqrt{\frac{a^2+b^2+c^2}{ab+bc+ca}}+1\right) \Leftrightarrow$$

$$3(a^3+b^3+c^3)(1+\sqrt{\frac{2}{3}+\frac{abc}{a^3+b^3+c^3}}) \geqslant$$
$$(a+b+c)(ab+bc+ca)(1+\sqrt{\frac{a^2+b^2+c^2}{ab+bc+ca}}) \qquad ②$$

将不等式②分成两个不等式证明：
$$3(a^3+b^3+c^3) \geqslant (a+b+c)(ab+bc+ca) \qquad ③$$
$$3(a^3+b^3+c^3)\sqrt{\frac{2}{3}+\frac{abc}{a^3+b^3+c^3}} \geqslant$$
$$(a+b+c)(ab+bc+ca)\sqrt{\frac{a^2+b^2+c^2}{ab+bc+ca}}$$

即
$$\sqrt{3(a^3+b^3+c^3)[2(a^3+b^3+c^3)+3abc]} \geqslant$$
$$(a+b+c)\sqrt{(a^2+b^2+c^2)(ab+bc+ca)} \qquad ④$$

不等式
③ $\Leftrightarrow (a^3+b^3-a^2b-ab^2)+(b^3+c^3-b^2c-bc^2)+(c^3+a^3-c^2a-ca^2) \geqslant 0 \Leftrightarrow$
$(a+b)(a-b)^2+(b+c)(b-c)^2+(c+a)(c-a)^2 \geqslant 0$

根据不等式③，要证明不等式④，只要证明
$$2(a^3+b^3+c^3)+3abc \geqslant (a^2+b^2+c^2)(a+b+c) \qquad ⑤$$
⑤ $\Leftrightarrow a^3+b^3+c^3+3abc \geqslant ab^2+a^2b+bc^2+b^2c+ca^2+c^2a \Leftrightarrow$
$a^2(a-b)(a-c)+b^2(b-c)(b-a)+c^2(c-a)(c-b) \geqslant 0$

这正是 Schur 不等式.

**证法二** 由均值不等要证明不等式①，只要证明
$(\frac{2}{3}+\frac{abc}{a^3+b^3+c^3})(\frac{a^2+b^2+c^2}{ab+bc+ca}) \geqslant 1 \Leftrightarrow$
$2(a^2+b^2+c^2)(a^3+b^3+c^3)+3abc(a^2+b^2+c^2) \geqslant$
$3(ab+bc+ca)(a^3+b^3+c^3) \Leftrightarrow$
$(a^3+b^3+c^3)[2(a^2+b^2+c^2)-3(ab+bc+ca)]+3abc(a^2+b^2+c^2) \geqslant 0 \Leftrightarrow$
$(a^3+b^3+c^3)[(a-b)^2+(b-c)^2+(c-a)^2-(ab+bc+ca)]+$
$3abc(a^2+b^2+c^2) \geqslant 0 \Leftrightarrow$
$(a^3+b^3+c^3)[(a-b)^2+(b-c)^2+(c-a)^2]-$
$[(ab+bc+ca)(a^3+b^3+c^3)-3abc(a^2+b^2+c^2)] \geqslant 0 \Leftrightarrow$
$(a^3+b^3+c^3)[(a-b)^2+(b-c)^2+(c-a)^2]-$
$(a^4b+ab^4+b^4c+bc^4+c^4a+ca^4-2a^3bc-2ab^3c-2abc^3) \geqslant 0 \Leftrightarrow$
$(a^3+b^3+c^3)[(a-b)^2+(b-c)^2+(c-a)^2]-$
$[a(b^4+c^4-b^3c-bc^3)+b(c^4+a^4-c^3a-ca^3)+c(a^4+b^4-a^3b-ab^3)] \geqslant 0 \Leftrightarrow$

$$(a^3 + b^3 + c^3)[(a-b)^2 + (b-c)^2 + (c-a)^2] -$$
$$[a(b^3 - c^3)(b-c) + b(c^3 - a^3)(c-a) + c(b^3 - a^3)(c-a)] \geq 0 \Leftrightarrow$$
$$[(a^3 + b^3 + c^3) - c(a^2 + ab + b^2)](a-b)^2 +$$
$$[(a^3 + b^3 + c^3) - a(b^2 + bc + c^2)](b-c)^2 +$$
$$[(a^3 + b^3 + c^3) - b(c^2 + ca + a^2)](c-a)^2 \geq 0$$

由均值不等式得

$$c(a^2 + ab + b^2) = aac + abc + bbc \leq$$
$$\frac{a^3 + a^3 + c^3}{3} + \frac{a^3 + b^3 + c^3}{3} + \frac{b^3 + b^3 + c^3}{3} =$$
$$a^3 + b^3 + c^3$$

即 $(a^3 + b^3 + c^3) - c(a^2 + ab + b^2) \geq 0$. 同理,

$$(a^3 + b^3 + c^3) - a(b^2 + bc + c^2) \geq 0$$
$$(a^3 + b^3 + c^3) - b(c^2 + ca + a^2) \geq 0$$

从而,不等式成立.

55. 只需证明

$$\sqrt{a^2 + b^2 - ab} \geq |\sqrt{a^2 + c^2 + ac} - \sqrt{b^2 + c^2 - bc}| \qquad ①$$

显然

$$① \Leftrightarrow a^2 + b^2 - ab \geq a^2 + c^2 + ac + b^2 + c^2 - bc - 2\sqrt{a^2 + c^2 + ac}\sqrt{b^2 + c^2 - bc}$$

即

$$4(a^2 + c^2 + ac)(b^2 + c^2 - bc) \geq (2c^2 + ab + ac - bc)^2 \qquad ②$$

经过简单运算可知

$$② \Leftrightarrow a^2b^2 + b^2c^2 + a^2c^2 - 2a^2bc - 2abc^2 + 2ab^2c \geq 0 \qquad ③$$

③ 式的左端可化为 $(ac - bc - ab)^2$,于是 ③ 成立. 从而原不等式成立.

若原不等式等号成立,于是,$ac - bc - ab = 0$,则 $\frac{1}{b} = \frac{1}{a} + \frac{1}{c}$. 反之,若 $\frac{1}{b} = \frac{1}{a} + \frac{1}{c}$,则 ① 中等号成立,且 $b < a, c < a$,所以,$\sqrt{a^2 + c^2 + ac} > \sqrt{b^2 + c^2 - bc}$,于是,原不等式中的等号成立.

56. $\frac{1}{4a+1} + \frac{1}{4b+1} + \frac{1}{4c+1} \geq 1 \Leftrightarrow 1 + 2(a+b+c) \geq 32abc$.

由已知条件

$$ab + bc + ca + 2abc = 1 \geq 3\sqrt[3]{ab \cdot bc \cdot ca} + 2abc = 3\sqrt[3]{(abc)^2} + 2abc$$

令 $x = \sqrt[3]{abc}$,则 $3x^2 + 2x^3 - 1 = (2x-1)(x+1)^2 \leq 0$,因为 $x > 0$,所以 $x \leq \frac{1}{2}$.

即 $abc \leq \frac{1}{8}$.

所以
$$(a+b+c)^2 3(ab+bc+ca) = 3(1-2abc) \geqslant 3(1-\frac{1}{4}) = \frac{9}{4}$$
$$a+b+c \geqslant \frac{3}{2}$$
从而 $1+2(a+b+c) \geqslant 4 \geqslant 32abc$. 原不等式得证.

57. 设 $a=x^2, b=y^2, c=z^2$, 则问题化为在条件 $a,b,c \geqslant 0$ 下证明
$$\frac{a}{2a+1}+\frac{b}{2b+1}+\frac{c}{2c+1} \leqslant \frac{b}{2a+1}+\frac{c}{2b+1}+\frac{a}{2c+1} \quad ①$$
$① \Leftrightarrow 12abc + 2(ab+bc+ca) \leqslant 4(a^2b+b^2c+c^2a) + 2(a^2+b^2+c^2) \quad ②$
由均值不等式得 $a^2b+b^2c+c^2a \geqslant 3\sqrt[3]{a^2b \cdot b^2c \cdot c^2a} = 3abc, a^2+b^2+c^2 \geqslant ab+bc+ca$, 所以不等式 ② 成立.

58. 由均值不等式得
$$ab+bc+ca+2abc = 1 \geqslant 4\sqrt[4]{ab \cdot bc \cdot ca \cdot 2abc} = 4\sqrt[4]{2(abc)^3}$$
所以, $abc \leqslant \frac{1}{8}, ab+bc+ca = 1-2abc \geqslant 1-2 \times \frac{1}{8} = \frac{3}{4}, 32abc \leqslant 4$, 要证明 $2(a+b+c)+1 \geqslant 32abc$, 只要证明 $2(a+b+c)+1 \geqslant 4$, 即证明 $2(a+b+c) \geqslant 3$, 又 $a,b,c$ 是正数, 只要证明
$$(a+b+c)^2 \geqslant \frac{9}{4}(ab+bc+ca+2abc) \Leftrightarrow$$
$$(a-b)^2+(b-c)^2+(c-a)^2+\frac{3}{2}(ab+bc+ca-\frac{3}{4})+$$
$$9(\frac{1}{8}-abc) \geqslant 0$$

59. 所求的最大正数 $a=2$.

一方面, 令 $y=z, x \to 0^+$, 即知 $\frac{x}{\sqrt{y^2+z^2}}+\frac{y}{\sqrt{z^2+x^2}}+\frac{z}{\sqrt{x^2+y^2}} \to 2$. 所以, $a \leqslant 2$.

另一方面, 如果 $a=2$, 我们来证明原不等式成立. 所以, $a_{\max}=2$.

不妨设 $x \leqslant y,z$. 欲证 $\frac{x}{\sqrt{y^2+z^2}}+\frac{y}{\sqrt{z^2+x^2}}+\frac{z}{\sqrt{x^2+y^2}} > 2$, 只需证
$$\frac{x}{\sqrt{y^2+z^2}}+\frac{y}{\sqrt{z^2+x^2}}+\frac{z}{\sqrt{x^2+y^2}} > \frac{\sqrt{x^2+y^2}}{\sqrt{x^2+z^2}}+\frac{\sqrt{x^2+z^2}}{\sqrt{x^2+y^2}} \Leftrightarrow$$
$$\frac{1}{\sqrt{y^2+z^2}} > \frac{x}{\sqrt{x^2+z^2}(y+\sqrt{x^2+y^2})}+\frac{x}{\sqrt{x^2+y^2}(y+\sqrt{x^2+z^2})} \quad ①$$
由于 ① 关于 $y,z$ 对称, 故只要证明

$$\frac{1}{2} \cdot \frac{1}{\sqrt{y^2+z^2}} > \frac{x}{\sqrt{x^2+z^2}(y+\sqrt{x^2+y^2})} \Leftrightarrow$$

$$\sqrt{x^2+z^2}(y+\sqrt{x^2+y^2}) > 2x\sqrt{y^2+z^2} \Leftrightarrow$$

$$\sqrt{x^2y^2+y^2z^2} + \sqrt{x^4+x^2y^2+x^2z^2+y^2z^2} >$$

$$\sqrt{x^2y^2+x^2z^2} + \sqrt{x^2y^2+x^2z^2}$$

因为 $x \leqslant y, z$, 所以上式显然成立. 故原不等式得证, 从而所求 $a$ 的最大值是 2.

60. 首先用分析法证明一个引理: 如果 $a, b$ 是正数, 则

$$\sqrt[3]{\frac{a^3+b^3}{2}} \leqslant \frac{a^2+b^2}{a+b} \qquad ①$$

事实上,

$$\sqrt[3]{\frac{a^3+b^3}{2}} \leqslant \frac{a^2+b^2}{a+b} \Leftrightarrow 2(a^2+b^2)^3 \geqslant (a^3+b^3)(a+b)^3 \Leftrightarrow$$

$$2(a^6+b^6+3a^4b^2+3a^2b^4) \geqslant (a^3+b^3)(a^3+b^3+3a^2b+3ab^2) \Leftrightarrow$$

$$2(a^6+b^6+3a^4b^2+3a^2b^4) \geqslant a^6+b^6+2a^3b^3+3a^5b+3ab^5+3a^4b^2+3a^2b^4 \Leftrightarrow$$

$$a^6+b^6+3a^4b^2+3a^2b^4 \geqslant 2a^3b^3+3a^5b+3ab^5 \Leftrightarrow$$

$$a^6+b^6-2a^3b^3+3a^4b^2+3a^2b^4-3a^5b-3ab^5 \geqslant 0 \Leftrightarrow$$

$$(a^3-b^3)^2 - 3ab(a^4+b^4-a^3b-ab^3) \geqslant 0 \Leftrightarrow$$

$$(a^3-b^3)^2 - 3ab(a^3-b^3)(a-b) \geqslant 0 \Leftrightarrow$$

$$(a^3-b^3)(a^3-b^3-3ab(a-b)) =$$

$$(a^3-b^3)(a^3-3a^2b+3ab^2-b^3) =$$

$$(a-b)^4(a^2+ab+b^2) \geqslant 0$$

于是由引理有

$$\sqrt[3]{\frac{a^3+b^3}{2}} + \sqrt[3]{\frac{b^3+c^3}{2}} + \sqrt[3]{\frac{c^3+d^3}{2}} + \sqrt[3]{\frac{d^3+a^3}{2}} \leqslant$$

$$\frac{a^2+b^2}{a+b} + \frac{b^2+c^2}{b+c} + \frac{c^2+d^2}{c+d} + \frac{d^2+a^2}{d+a} \qquad ②$$

于是, 只要证明

$$\frac{a^2+b^2}{a+b} + \frac{b^2+c^2}{b+c} + \frac{c^2+d^2}{c+d} + \frac{d^2+a^2}{d+a} \leqslant 2(a+b+c+d) - 4$$

而

$$a+b - \frac{a^2+b^2}{a+b} = \frac{2ab}{a+b} = \frac{2}{\frac{1}{a}+\frac{1}{b}}$$

同理

$$b+c-\frac{b^2+c^2}{b+c}=\frac{2}{\frac{1}{b}+\frac{1}{c}}$$

$$c+d-\frac{c^2+d^2}{c+d}=\frac{2}{\frac{1}{c}+\frac{1}{d}}$$

$$d+a-\frac{d^2+a^2}{d+a}=\frac{2}{\frac{1}{d}+\frac{1}{a}}$$

于是只要证明

$$\frac{2}{\frac{1}{a}+\frac{1}{b}}+\frac{2}{\frac{1}{b}+\frac{1}{c}}+\frac{2}{\frac{1}{c}+\frac{1}{d}}+\frac{2}{\frac{1}{d}+\frac{1}{a}}\geqslant 4\Leftrightarrow$$

$$\frac{1}{\frac{1}{a}+\frac{1}{b}}+\frac{1}{\frac{1}{b}+\frac{1}{c}}+\frac{1}{\frac{1}{c}+\frac{1}{d}}+\frac{1}{\frac{1}{d}+\frac{1}{a}}\geqslant 2 \qquad ③$$

由题设 $(\frac{1}{a}+\frac{1}{b})+(\frac{1}{b}+\frac{1}{c})+(\frac{1}{c}+\frac{1}{d})+(\frac{1}{d}+\frac{1}{a})=8$，由柯西不等式得

$$((\frac{1}{a}+\frac{1}{b})+(\frac{1}{b}+\frac{1}{c})+(\frac{1}{c}+\frac{1}{d})+(\frac{1}{d}+\frac{1}{a}))$$

$$(\frac{1}{\frac{1}{a}+\frac{1}{b}}+\frac{1}{\frac{1}{b}+\frac{1}{c}}+\frac{1}{\frac{1}{c}+\frac{1}{d}}+\frac{1}{\frac{1}{d}+\frac{1}{a}})\geqslant 16$$

即 $8(\frac{1}{\frac{1}{a}+\frac{1}{b}}+\frac{1}{\frac{1}{b}+\frac{1}{c}}+\frac{1}{\frac{1}{c}+\frac{1}{d}}+\frac{1}{\frac{1}{d}+\frac{1}{a}})\geqslant 16$，从而不等式③成立. 原不等式得证.

61. 令 $A=ax+by+cz, B=ay+bz+cx, C=az+bx+cy$ 由对称性可猜想 $A\geqslant 0, B\geqslant 0, C\geqslant 0$.

考虑到 $A+B+C=(a+b+c)(x+y+z)=3$，若能证明 $A^2+B^2+C^2\leqslant \frac{9}{2}$，则必有 $A\geqslant 0, B\geqslant 0, C\geqslant 0$.

事实上，若有两式小于零，不妨设 $A<0, B<0$，则 $C>3$. 从而 $A^2+B^2+C^2>9$. 矛盾.

若只有一个式子小于零，不妨设 $A<0$，则 $B+C>3$. 从而 $A^2+B^2+C^2>B^2+C^2\geqslant \frac{1}{2}(B+C)^2>\frac{9}{2}$. 矛盾. 于是只要证明 $A^2+B^2+C^2\leqslant \frac{9}{2}$.

由

$$A^2+B^2+C^2=(ax+by+cz)^2+(ay+bz+cx)^2+(az+bx+cy)^2=$$

$$(a^2 + b^2 + c^2)(x^2 + y^2 + z^2) + 2(ab + bc + ca)(xy + yz + zx) =$$
$$4 + 2(ab + bc + ca)(xy + yz + zx)$$

故只需证明

$$(ab + bc + ca)(xy + yz + zx) \leq \frac{1}{4}$$

$$(ab + bc + ca)(xy + yz + zx) \leq \frac{1}{4} \Leftrightarrow$$
$$[(a+b+c)^2 - (a^2+b^2+c^2)][(x+y+z)^2 - (x^2+y^2+z^2)] \leq 1 \Leftrightarrow$$
$$(a+b+c)^2(x+y+z)^2 + (a^2+b^2+c^2)(x^2+y^2+z^2) -$$
$$(x+y+z)^2(a^2+b^2+c^2) - (a+b+c)^2(x^2+y^2+z^2) \leq 1 \Leftrightarrow$$
$$(x+y+z)^2(a^2+b^2+c^2) + (a+b+c)^2(x^2+y^2+z^2) \geq 12$$

由均值不等式得

$$(x+y+z)^2(a^2+b^2+c^2) + (a+b+c)^2(x^2+y^2+z^2) \geq$$
$$2\sqrt{(x+y+z)^2(a+b+c)^2(a^2+b^2+c^2)(x^2+y^2+z^2)} = 12$$

从而,结论成立.

**62. 证法一**  因为 $a,b,c$ 都是正数,且 $abc = 1$,故不妨设 $a \geq 1$,则
$$(a+b)(c+a) = a^2 + (ab+bc+ca) \geq$$
$$a^2 + 3\sqrt[3]{(ab \cdot bc \cdot ca)} = a^2 + 3\sqrt[3]{(abc)^2} =$$
$$a^2 + 3$$

所以
$$(a+b)(b+c)(c+a) \geq (a^2+3)(b+c)$$

只要证明
$$(a^2+3)(b+c) \geq 4(a-1) + 4(b+c) \Leftrightarrow (a^2-1)(b+c) \geq 4(a-1)$$

因为 $a \geq 1$,所以
$$(a^2-1)(b+c) \geq 4(a-1) \Leftrightarrow (a+1)(b+c) \geq 4$$

由均值不等式得
$$(a+1)(b+c) \geq 2\sqrt{a} \cdot 2\sqrt{bc} = 4\sqrt{abc} = 4$$

故原不等式得证.

**证法二**  因为 $a,b,c$ 都是正数,且 $abc = 1$,由等式 $(a+b)(b+c)(c+a) = (a+b+c)(ab+bc+ca) - abc$ 知原不等式等价于 $(a+b+c)(ab+bc+ca) - 1 \geq 4(a+b+c-1)$,

即
$$ab + bc + ca + \frac{3}{a+b+c} \geq 4$$

利用不等式 $(x+y+z)^2 \geq 3(xy+yz+zx)$ 得 $(ab+bc+ca)^2 \geq 3abc(a+b+$

$c) = 3(a + b + c)$. 由均值不等式得 $\dfrac{ab + bc + ca}{3} \geqslant \sqrt[3]{(ab \cdot bc \cdot ca)} = \sqrt[3]{(abc)^2} = 1$. 再由均值不等式得

$$ab + bc + ca + \dfrac{3}{a + b + c} = 3(\dfrac{ab + bc + ca}{3}) + \dfrac{3}{a + b + c} \geqslant$$

$$4\sqrt[4]{(\dfrac{ab + bc + ca}{3})^3(\dfrac{3}{a + b + c})} =$$

$$4\sqrt[4]{(\dfrac{(ab + bc + ca)^2}{3(a + b + c)})(\dfrac{ab + bc + ca}{3})} \geqslant$$

$$4\sqrt[4]{\dfrac{ab + bc + ca}{3}} \geqslant 4$$

**证法三** 由等式 $(a + b)(b + c)(c + a) = (a + b + c)(ab + bc + ca) - abc$ 知 $(a + b)(b + c)(c + a) \geqslant \dfrac{8}{9}(a + b + c)(ab + bc + ca)$，于是只要证明 $\dfrac{2}{9}(ab + bc + ca) + \dfrac{1}{a + b + c} \geqslant 1$，由均值不等式并注意到 $(ab + bc + ca)^2 \geqslant 3abc(a + b + c) = 3abc$ 得

$$\dfrac{2}{9}(ab + bc + ca) + \dfrac{1}{a + b + c} \geqslant 3\sqrt[3]{\dfrac{(ab + bc + ca)^2}{81(a + b + c)}} \geqslant 1$$

**63. 证法一** 原不等式等价于

$$2[a(c^2 + 1)(a^2 + 1) + b(a^2 + 1)(b^2 + 1) + c(b^2 + 1)(c^2 + 1)] \geqslant 3(a^2 + 1)(b^2 + 1)(c^2 + 1)$$

即

$$2(a^3c^2 + b^3a^2 + c^3b^2 + a^3 + b^3 + c^3 + ac^2 + ba^2 + cb^2 + a + b + c) \geqslant 3(a^2b^2c^2 + a^2b^2 + b^2c^2 + c^2a^2 + a^2 + b^2 + c^2 + 1)$$

注意到 $a + b + c = 3$，上式化为

$$2(a^3c^2 + b^3a^2 + c^3b^2 + a^3 + b^3 + c^3 + ac^2 + ba^2 + cb^2) + 3 \geqslant$$
$$3(a^2b^2c^2 + a^2b^2 + b^2c^2 + c^2a^2 + a^2 + b^2 + c^2) \qquad ①$$

由均值不等式得

$$\dfrac{3}{2}(a^3c^2 + ac^2) \geqslant 3c^2a^2$$

$$\dfrac{3}{2}(b^3a^2 + ba^2) \geqslant 3a^2b^2$$

$$\dfrac{3}{2}(c^3b^2 + cb^2) \geqslant 3b^2c^2$$

相加得

$$\frac{3}{2}(a^3c^2 + b^3a^2 + c^3b^2 + ac^2 + ba^2 + cb^2) \geqslant$$
$$3(a^2b^2 + b^2c^2 + c^2a^2) \qquad ②$$

由均值不等式得
$$a^3 + a^3 + 1 \geqslant 3a^2$$
$$b^3 + b^3 + 1 \geqslant 3b^2$$
$$c^3 + c^3 + 1 \geqslant 3c^2$$

相加得
$$2(a^3 + b^3 + c^3) + 3 \geqslant 3(a^2 + b^2 + c^2) \qquad ③$$

又因为 $a + b + c = 3 \geqslant 3\sqrt[3]{abc}$ 得 $abc \leqslant 1$，再由均值不等式得
$$a^3c^2 + b^3a^2 + c^3b^2 + ac^2 + ba^2 + cb^2 \geqslant 6\sqrt[6]{(abc)^8} = 6(abc)^{\frac{4}{3}} =$$
$$6\frac{a^2b^2c^2}{(abc)^{\frac{2}{3}}} \geqslant 6a^2b^2c^2$$

即
$$\frac{1}{2}(a^3c^2 + b^3a^2 + c^3b^2 + ac^2 + ba^2 + cb^2) \geqslant 3a^2b^2c^2 \qquad ④$$

②,③,④ 相加得不等式 ①.

**证法二** 因为 $a + b + c = 3$，所以原不等式等价于
$$a - \frac{a}{b^2 + 1} + b - \frac{b}{c^2 + 1} + c - \frac{c}{a^2 + 1} \leqslant \frac{3}{2}$$

即
$$\frac{ab^2}{b^2 + 1} + \frac{bc^2}{c^2 + 1} + \frac{ca^2}{a^2 + 1} \leqslant \frac{3}{2}$$

由均值不等式得 $b^2 + 1 \geqslant 2b, c^2 + 1 \geqslant 2c, a^2 + 1 \geqslant 2a$，故只要证明
$$\frac{ab^2}{2b} + \frac{bc^2}{2c} + \frac{ca^2}{2a} \leqslant \frac{3}{2}$$

即证明 $ab + bc + ca \leqslant 3$. 由不等式 $(a + b + c)^2 \geqslant 3(ab + bc + ca)$ 知此不等式成立.

64. 令 $A = \sqrt[6]{a}, B = \sqrt[6]{b}$，则
$$\left(\frac{\sqrt{a} + \sqrt{b}}{2}\right)^2 \leqslant \frac{a + \sqrt[3]{a^2b} + \sqrt[3]{ab^2} + b}{4} \Leftrightarrow$$
$$\sqrt{a} + \sqrt{b} \leqslant (\sqrt[3]{a} + \sqrt[3]{b})(\sqrt[3]{a^2} + \sqrt[3]{b^2}) \Leftrightarrow$$
$$(A^3 + B^3)^2 \leqslant (A^4 + B^4)(A^2 + B^2) \Leftrightarrow$$
$$AB(A - B)^2 \geqslant 0$$
$$\frac{a + \sqrt[3]{a^2b} + \sqrt[3]{ab^2} + b}{4} \leqslant \frac{a + \sqrt{ab} + b}{3} \Leftrightarrow$$

$$3(a+b) + 3\sqrt[3]{ab}(\sqrt[3]{a}+\sqrt[3]{b}) \le 4(a+b+\sqrt{ab}) \Leftrightarrow$$
$$a+b+3\sqrt[3]{ab}(\sqrt[3]{a}+\sqrt[3]{b}) \le 2(a+b+2\sqrt{ab}) \Leftrightarrow$$
$$(\sqrt[3]{a}+\sqrt[3]{b})^3 \le 2(\sqrt{a}+\sqrt{b})^2 \Leftrightarrow$$
$$(A^2+B^2)^3 \le 2(A^3+B^3)^2 \Leftrightarrow$$
$$(A-B)^2[(A^2+AB+B^2)^2 - 3A^2B^2] \ge 0 \Leftrightarrow$$
$$(A-B)^2[A^4+B^4+2(A^3B+AB^3)] \ge 0$$

$$\frac{a+\sqrt{ab}+b}{3} \le \sqrt{(\frac{\sqrt[3]{a^2}+\sqrt[3]{b^2}}{2})^3} \Leftrightarrow$$
$$(\frac{A^6+A^3B^3+B^6}{3})^2 \le (\frac{A^4+B^4}{2})^3 \Leftrightarrow$$
$$9(A^4+B^4)^3 \ge 8(A^6+A^3B^3+B^6) \Leftrightarrow$$
$$A^{12}+B^{12}+27(A^8B^4+A^4B^8) - 16(A^9B^3+A^3B^9) - 24A^6B^6 \ge 0 \Leftrightarrow$$
$$(A^6-B^6)^2 + 27A^4B^4(A^2-B^2)^2 - 16A^3B^3(A^3-B^3)^2 \ge 0 \Leftrightarrow$$
$$(A^3-B^3)^2[(A^3+B^3)^2 - 4A^3B^3] + 27A^4B^4(A^2-B^2)^2 - 12A^3B^3(A^3-B^3)^2 =$$
$$(A^3-B^3)^4 + 3A^3B^3(A-B)^2[9AB(A+B)^2 - 4(A^2+AB+B^2)^2] =$$
$$(A-B)^4(A^2+AB+B^2)^4 + 3A^3B^3(A-B)^2[9AB(A+B)^2 - 4(A^2+AB+B^2)^2] =$$
$$(A-B)^4(A^2+AB+B^2)^4 - 3A^3B^3(A-B)^4(4A^2+7AB+4B^2) =$$
$$(A-B)^4[(A^2+AB+B^2)^4 - 3A^3B^3(4A^2+7AB+4B^2)] =$$
$$(A-B)^4[(A^8-2A^4B^4+B^8) + 4(A^7B+AB^7) +$$
$$10(A^6B^2+A^2B^6) + 4(A^5B^3+A^3B^5)] =$$
$$(A-B)^4[(A^4-B^4)^2 + 4(A^7B+AB^7) + 10(A^6B^2+A^2B^6) +$$
$$4(A^5B^3+A^3B^5)] \ge 0$$

65. 因为 $a, b > 0$，所以可以用分析法证明 $\dfrac{ab}{3a+b} \le \dfrac{a+12b}{49}$，$\dfrac{bc}{b+2c} \le \dfrac{8b+9c}{49}$，$\dfrac{ca}{c+2a} \le \dfrac{a+18c}{49}$，三式相加得 $\dfrac{ab}{3a+b} + \dfrac{bc}{b+2c} + \dfrac{ca}{c+2a} \le \dfrac{2a+20b+27c}{49}$.

66. 证法一

$$(abc+xyz)(\frac{1}{ay}+\frac{1}{bz}+\frac{1}{cx}) = \frac{bc}{y}+\frac{ca}{z}+\frac{ab}{x}+\frac{xy}{b}+\frac{yz}{c}+\frac{zx}{a} =$$
$$\frac{(1-y)(1-z)}{y} + \frac{(1-z)(1-x)}{z} + \frac{(1-x)(1-y)}{x} + \frac{xy}{1-y} + \frac{yz}{1-z} + \frac{zx}{1-x} =$$
$$\frac{1-z}{y} + \frac{1-x}{z} + \frac{1-y}{x} + x+y+z - 3 + \frac{xy}{1-y} + \frac{yz}{1-z} + \frac{zx}{1-x} \ge 3 \Leftrightarrow$$

$$\frac{1-z}{y} + \frac{1-x}{z} + \frac{1-y}{x} + x + y + z + \frac{xy}{1-y} + \frac{yz}{1-z} + \frac{zx}{1-x} \geq 6 \Leftrightarrow$$

$$\frac{1-z}{y} + \frac{1-x}{z} + \frac{1-y}{x} + (x + \frac{xy}{1-y}) + (y + \frac{yz}{1-z}) + (z + \frac{zx}{1x}) \geq 6 \Leftrightarrow$$

$$\frac{1-z}{y} + \frac{1-x}{z} + \frac{1-y}{x} + \frac{y}{1-z} + \frac{z}{1-x} + \frac{x}{1-y} \geq 6$$

由均值不等式知此不等式成立.

**证法二** $(abc + xyz)(\frac{1}{ay} + \frac{1}{bz} + \frac{1}{cx}) + 3 = \frac{bc}{y} + \frac{ca}{z} + \frac{ab}{x} + \frac{xy}{b} + \frac{yz}{c} + \frac{zx}{a} + a + x + b + y + c + z = (\frac{bc}{y} + c) + (\frac{ca}{z} + a) + (\frac{ab}{x} + b) + (\frac{xy}{b} + x) + (\frac{yz}{c} + y) + (\frac{zx}{a} + z) = \frac{c}{y} + \frac{a}{z} + \frac{b}{x} + \frac{x}{b} + \frac{y}{c} + \frac{z}{a} \geq 6$，所以 $(abc + xyz)(\frac{1}{ay} + \frac{1}{bz} + \frac{1}{cx}) \geq 3$.

**证法三** 因为 $abc + xyz = abc + (1-a)(1-b)(1-c) = abc + (1-b)(1-c) - a(1-b)(1-c) = (1-b)(1-c) + ac + ab - a$，所以 $\frac{abc + xyz}{ay} = \frac{(1-b)(1-c) + ac + ab - a}{a(1-b)} = \frac{1-c}{a} + \frac{c}{1-b} - 1$,

于是

$$(abc + xyz)(\frac{1}{ay} + \frac{1}{bz} + \frac{1}{cx}) = \frac{a}{1-c} + \frac{b}{1-a} + \frac{c}{1-b} + \frac{1-c}{a} + \frac{1-a}{b} + \frac{1-b}{c} - 3$$

由均值不等式得

$$\frac{a}{1-c} + \frac{b}{1-a} + \frac{c}{1-b} + \frac{1-c}{a} + \frac{1-a}{b} + \frac{1-b}{c} \geq 6$$

所以

$$(abc + xyz)(\frac{1}{ay} + \frac{1}{bz} + \frac{1}{cx}) \geq 3$$

67.

$$3 + a + b + c + \frac{1}{a} + \frac{1}{b} + \frac{1}{c} + \frac{a}{b} + \frac{b}{c} + \frac{c}{a} \geq \frac{3(a+1)(b+1)(c+1)}{abc+1} \Leftrightarrow$$

$$3 + a + b + c + \frac{1}{a} + \frac{1}{b} + \frac{1}{c} + \frac{a}{b} + \frac{b}{c} + \frac{c}{a} +$$

$$3abc + a^2bc + ab^2c + abc^2 + bc^2 + ab + bc + ca + a^2c + ab^2 + bc^2 \geq$$

$$3abc + 3(ab + bc + ca) + 3(a + b + c) + 3 \Leftrightarrow$$

$$\frac{1}{a} + \frac{1}{b} + \frac{1}{c} + \frac{a}{b} + \frac{b}{c} + \frac{c}{a} + a^2bc + ab^2c + abc^2 + bc^2 + a^2c + ab^2 + bc^2 \geq$$

$2(ab+bc+ca)+2(a+b+c) \Leftrightarrow$

$(\dfrac{1}{a}+ab^2)+(\dfrac{1}{b}+bc^2)+(\dfrac{1}{c}+a^2c^2)+$

$(\dfrac{a}{b}+abc^2)+(\dfrac{b}{c}+a^2bc)+(\dfrac{c}{a}+ab^2c) \geqslant$

$2(ab+bc+ca)+2(a+b+c) \Leftrightarrow$

$(\dfrac{1}{a}+ab^2)+(\dfrac{1}{b}+bc^2)+(\dfrac{1}{c}+a^2c^2)+$

$(\dfrac{a}{b}+abc^2)+(\dfrac{b}{c}+a^2bc)+(\dfrac{c}{a}+ab^2c) \geqslant$

$2b+2c+2a+2ac+2ab+2bc$.

**68. 证法一** 令 $x=a^2, y=b^2, z=c^2$，则 $a^2+b^2+c^2=1$，于是原不等式等价于

$$\sum \dfrac{a^2b^2}{\sqrt{a^2b^2+b^2c^2}} \leqslant \dfrac{\sqrt{2}}{2}$$

因为 $\sqrt{a^2b^2+b^2c^2} \geqslant \dfrac{\sqrt{2}}{2}(ab+bc)$，故只须证

$$A=\sum \dfrac{a^2b^2}{ab+bc} \leqslant \dfrac{1}{2}$$

令 $B=\sum \dfrac{b^2c^2}{ab+bc}$，则

$$A-B=\sum \dfrac{a^2b^2-b^2c^2}{ab+bc}=\sum(ab-bc)=0$$

因此，$A=B$. 故只要证明 $A+B \leqslant 1$.

$A+B \leqslant 1 \Leftrightarrow \sum \dfrac{a^2b^2+b^2c^2}{ab+bc} \leqslant 1 \Leftrightarrow \sum(b \cdot \dfrac{a^2+c^2}{a+c}) \leqslant \sum b^2$

而

$\sum(b \cdot \dfrac{a^2+c^2}{a+c})-\sum b^2 = \sum(b \cdot \dfrac{a^2+c^2}{a+c}-b^2) = \sum \dfrac{b}{a+c}[a(a-b)+c(c-b)] =$

$\sum \dfrac{ab(a-b)}{a+c}+\sum \dfrac{bc(c-b)}{a+c} = \sum \dfrac{ab(a-b)}{a+c}+\sum \dfrac{ab(b-a)}{c+b} =$

$\sum[ab(a-b)(\dfrac{1}{a+c}-\dfrac{1}{b+c})]=$

$-\dfrac{ab(a-b)^2}{(a+c)(b+c)} \leqslant 0$.

**证法二** 注意到 $\dfrac{2x}{x+z}+9xy \geqslant 6\sqrt{2} \cdot \dfrac{x\sqrt{y}}{\sqrt{x+z}}=\dfrac{6\sqrt{2}xy}{\sqrt{xy+zy}}$，则 $\dfrac{xy}{\sqrt{xy+zy}} \leqslant$

$$\frac{1}{6\sqrt{2}}\left(\frac{2x}{x+z}+9xy\right).$$

于是只须证

$$\sum \frac{2x}{x+z}+9\sum xy \leqslant \frac{\sqrt{2}}{2}\cdot 6\sqrt{2}=6$$

即

$$9\sum xy \leqslant \sum \frac{2z}{x+z}$$

由柯西不等式得

$$\sum \frac{2z}{x+z}\cdot \sum z(x+z) \geqslant \left(\sum x\right)^2 = 1$$

则

$$\sum \frac{2z}{x+z} \geqslant \frac{1}{x^2+y^2+z^2+xy+yz+zx} = \frac{1}{(x+y+z)^2 - (xy+yz+zx)}$$

所以只须证

$$9\sum xy \leqslant \frac{1}{(x+y+z)^2 - (xy+yz+zx)}$$

设 $a = \sum x, b = \sum xy$,上面不等式等价于 $9b \leqslant \dfrac{1}{a^2-b}$

而 $9b(a^2-b) \leqslant 2 = 2a^4 \Leftrightarrow (a^2-3b)(2a^2-3b) \geqslant 0$. 而 $a^2-3b \geqslant 0$,所以不等式得证.

69. 原不等式等价于证明

$$I = \frac{ab+bc+ca}{ab+2c^2+2c} + \frac{ab+bc+ca}{bc+2a^2+2a} + \frac{ab+bc+ca}{ca+2b^2+2b} \geqslant 1 \Leftrightarrow$$

$$\left(1-\frac{ab+bc+ca}{ab+2c^2+2c}\right) + \left(1-\frac{ab+bc+ca}{bc+2a^2+2a}\right) + \left(1-\frac{ab+bc+ca}{ca+2b^2+2b}\right) \leqslant 2 \quad \textcircled{1}$$

因为

$$1-\frac{ab+bc+ca}{ab+2c^2+2c} = \frac{2c^2+2c-bc-ca}{ab+2c^2+2c} = \frac{2c^2+2c(a+b+c)-bc-ca}{ab+2c^2+2c(a+b+c)} =$$

$$\frac{c[(2c+a)+(2c+b)]}{(2c+a)(2c+b)} = \frac{c}{2c+a} + \frac{c}{2c+b}$$

同理

$$1-\frac{ab+bc+ca}{bc+2a^2+2a} = \frac{a}{2a+b} + \frac{a}{2a+c}$$

$$1-\frac{ab+bc+ca}{ca+2b^2+2b} = \frac{b}{2b+a} + \frac{b}{2b+c}$$

所以

①$\Leftrightarrow \dfrac{c}{2c+a} + \dfrac{c}{2c+b} + \dfrac{a}{2a+b} + \dfrac{a}{2a+c} + \dfrac{b}{2b+a} + \dfrac{b}{2b+c} \leqslant 2 \Leftrightarrow$

$$\dfrac{1}{2+\dfrac{a}{c}} + \dfrac{1}{2+\dfrac{b}{c}} + \dfrac{1}{2+\dfrac{b}{a}} + \dfrac{1}{2+\dfrac{c}{a}} + \dfrac{1}{2+\dfrac{a}{b}} + \dfrac{1}{2+\dfrac{c}{b}} \leqslant 2 \qquad ②$$

不等式 ② 有三种处理方法.

**方法一**  设正数 $x,y,z$ 的积为 1，用分析法证明 $\dfrac{1}{2+x} + \dfrac{1}{2+y} + \dfrac{1}{2+z} \leqslant 1$（见第 45 题），于是有

$$\dfrac{1}{2+\dfrac{a}{c}} + \dfrac{1}{2+\dfrac{c}{b}} + \dfrac{1}{2+\dfrac{b}{c}} \leqslant 1$$

$$\dfrac{1}{2+\dfrac{b}{c}} + \dfrac{1}{2+\dfrac{c}{a}} + \dfrac{1}{2+\dfrac{a}{b}} \leqslant 1$$

相加即得.

**方法二**  设正数 $x,y$ 的积为 1，用分析法证明 $\dfrac{1}{2+x} + \dfrac{1}{2+y} \leqslant \dfrac{2}{3}$. 事实上 $\dfrac{1}{2+x} + \dfrac{1}{2+y} \leqslant \dfrac{2}{3} \Leftrightarrow x+y \geqslant 2$. 于是， $\dfrac{1}{2+\dfrac{a}{c}} + \dfrac{1}{2+\dfrac{c}{a}} \leqslant \dfrac{2}{3}, \dfrac{1}{2+\dfrac{b}{c}} + \dfrac{1}{2+\dfrac{c}{b}} \leqslant \dfrac{2}{3}, \dfrac{1}{2+\dfrac{b}{a}} + \dfrac{1}{2+\dfrac{a}{b}} \leqslant \dfrac{2}{3}$，相加即得.

**方法三**  由均值不等式得 $\dfrac{a}{c} + \dfrac{b}{c} + \dfrac{b}{a} + \dfrac{c}{a} + \dfrac{a}{b} + \dfrac{c}{b} \geqslant 6$，而 $f(x) = \dfrac{1}{2+x}$ 是凸函数，所以，

$$\dfrac{1}{2+\dfrac{a}{c}} + \dfrac{1}{2+\dfrac{b}{c}} + \dfrac{1}{2+\dfrac{b}{a}} + \dfrac{1}{2+\dfrac{c}{a}} + \dfrac{1}{2+\dfrac{a}{b}} + \dfrac{1}{2+\dfrac{c}{b}} \leqslant$$

$$6\left(\dfrac{1}{2+\dfrac{1}{6}\left[\dfrac{a}{c} + \dfrac{b}{c} + \dfrac{b}{a} + \dfrac{c}{a} + \dfrac{a}{b} + \dfrac{c}{b}\right]}\right) \leqslant 6\left(\dfrac{1}{2+1}\right) = 2$$

**70. 证法一**

$\dfrac{a}{b} + \dfrac{b}{c} + \dfrac{c}{a} \geqslant \dfrac{a+b}{c+a} + \dfrac{b+c}{a+b} + \dfrac{c+a}{b+c} \Leftrightarrow$

$(a^2b + b^2c + c^2a)(a+b)(b+c)(c+a) \geqslant$

$abc[(a+b)^2(b+c) + (b+c)^2(c+a) + (c+a)^2(a+b)] \Leftrightarrow$

$(a^2b + b^2c + c^2a)(a^2b + b^2c + c^2a + ab^2 + bc^2 + ca^2 + 2abc) \geqslant$

$$abc(a^3+b^3+c^3+2a^2b+2b^2c+2c^2a+3ab^2+3bc^2+3ca^2+6abc) \Leftrightarrow$$
$$a^3b^3+b^3c^3+c^3a^3+a^2b^4+b^2c^4+c^2a^4 \geqslant$$
$$a^2b^3c+ab^2c^3+a^3bc^2+3a^2b^2c^2 \qquad\qquad ①$$

由均值不等式得
$$a^3b^3+a^3b^3+b^3c^3 \geqslant 3a^2b^3c$$
$$b^3c^3+b^3c^3+c^3a^3 \geqslant 3ab^2c^3$$
$$c^3a^3+c^3a^3+a^3b^3 \geqslant 3a^3bc^2$$

相加得
$$a^3b^3+b^3c^3+c^3a^3 \geqslant a^2b^3c+ab^2c^3+a^3bc^2 \qquad\qquad ②$$

由均值不等式得
$$a^2b^4+b^2c^4+c^2a^4 \geqslant 3a^2b^2c^2 \qquad\qquad ③$$

② + ③ 得 ①.

**证法二** 作代换 $x = \dfrac{a}{b}, y = \dfrac{b}{c}, z = \dfrac{c}{a}$,则 $xyz = 1$,又由于 $\dfrac{c+a}{b+c} = \dfrac{1+xy}{1+y} = x + \dfrac{1-x}{1+y}$,类似可得其余两个式子:

只要在条件 $xyz = 1$ 下证明 $\dfrac{x-1}{y+1} + \dfrac{y-1}{z+1} + \dfrac{z-1}{x+1} \geqslant 1 \Leftrightarrow (x^2-1)(z+1) + (y^2-1)(x+1) + (z^2-1)(y+1) \geqslant 0 \Leftrightarrow \sum x^2z + \sum x^2 \geqslant \sum x + 3$.

由均值不等式得 $\sum x^2z \geqslant 3\sqrt[3]{x^2zy^2xz^2y} = 3$,由柯西不等式和均值不等式得

$$\sum x^2 \geqslant \dfrac{1}{3}(\sum x)^2 = \dfrac{1}{3}(\sum x)(\sum x) \geqslant \sqrt[3]{xyz}(\sum x) = (\sum x)$$

所以
$$\sum x^2z + \sum x^2 \geqslant \sum x + 3$$

71. (1) $a^2+a+1 \geqslant \dfrac{3}{4}(a+1)^2 \Leftrightarrow (a-1)^2 \geqslant 0$,所以,
$$a + \dfrac{1}{a+1} \geqslant \dfrac{3}{4}(a+1)$$

同理
$$b + \dfrac{1}{b+1} \geqslant \dfrac{3}{4}(b+1)$$
$$c + \dfrac{1}{c+1} \geqslant \dfrac{3}{4}(c+1)$$

相乘得
$$(a + \dfrac{1}{a+1})(b + \dfrac{1}{b+1})(c + \dfrac{1}{c+1}) \geqslant$$

$$\frac{27}{64}(a+1)(b+1)(c+1) \geqslant$$

$$\frac{27}{64} \cdot 2\sqrt{a} \cdot 2\sqrt{b} \cdot 2\sqrt{c} =$$

$$\frac{27}{8}\sqrt{abc} \geqslant \frac{27}{8}$$

(2) $a^2 + 1 \geqslant \frac{2}{3}(a^2 + a + 1) \Leftrightarrow (a-1)^2 \geqslant 0$, 所以,

$27(a^3 + a^2 + a + 1)(b^3 + b^2 + b + 1)(c^3 + c^2 + c + 1) =$
$27(a^2 + 1)(a + 1)(b^2 + 1)(b + 1)(c^2 + 1)(c + 1) \geqslant$
$27 \cdot \frac{2}{3}(a^2 + a + 1) \cdot (a + 1) \cdot \frac{2}{3}(b^2 + b + 1) \cdot (b + 1) \cdot$
$\frac{2}{3}(c^2 + c + 1) \cdot (c + 1) 2\sqrt{a} \cdot 2\sqrt{b} \cdot 2\sqrt{c} =$
$64(a^2 + a + 1)(b^2 + b + 1)(c^2 + c + 1)\sqrt{abc} \geqslant$
$64(a^2 + a + 1)(b^2 + b + 1)(c^2 + c + 1) =$
$8(a^2 + a + 1)(b^2 + b + 1)(c^2 + c + 1)(a + 1)(b + 1)(c + 1) \geqslant$
$8(a^2 + a + 1)(b^2 + b + 1)(c^2 + c + 1)$

**72. 证法一** 易知 $\dfrac{a^3 - b^3}{a+b} + \dfrac{b^3 - c^3}{b+c} + \dfrac{c^3 - a^3}{c+a} =$

$$\frac{a^3c^2 + b^3a^2 + c^3b^2 - (a^3b^2 + b^3c^2 + c^3a^2)}{(a+b)(b+c)(c+a)}$$

$$\frac{(a-b)^2 + (b-c)^2 + (c-a)^2}{4} = \frac{a^2 + b^2 + c^2 - (ab+bc+ca)}{2}$$

$$(a+b)(b+c)(c+a) = (a+b+c)(ab+bc+ca) - abc$$

所以,原不等式等价于

$$(a+b)(b+c)(c+a)(a^2+b^2+c^2-(ab+bc+ca)) \geqslant$$
$$2 \mid a^3c^2 + b^3a^2 + c^3b^2 - (a^3b^2 + b^3c^2 + c^3a^2) \mid \qquad ①$$

又

$(a+b)(b+c)(c+a)(a^2+b^2+c^2-(ab+bc+ca)) =$
$a^4(b+c) + b^4(c+a) + c^4(a+b) - 2(ab^2c^2 + a^2bc^2 + a^2b^2c)$

所以

① $\Leftrightarrow a^4(b+c) + b^4(c+a) + c^4(a+b) - 2(ab^2c^2 + a^2bc^2 + a^2b^2c) \geqslant$
$2 \mid a^3c^2 + b^3a^2 + c^3b^2 - (a^3b^2 + b^3c^2 + c^3a^2) \mid \qquad ②$

下面分两种情况加以证明:

(1) 当 $a^3c^2 + b^3a^2 + c^3b^2 > a^3b^2 + b^3c^2 + c^3a^2$ 时

② $\Leftrightarrow a^4(b+c) + b^4(c+a) + c^4(a+b) + 2(a^3b^2 + b^3c^2 + c^3a^2) \geqslant$

$$2(a^3c^2 + b^3a^2 + c^3b^2) + 2(ab^2c^2 + a^2bc^2 + a^2b^2c) \qquad ③$$

由均值不等式得
$$a^4c + c^3a^2 \geq 2a^3c^2$$
$$b^4a + a^3b^2 \geq 2b^3a^2$$
$$c^4b + b^3c^2 \geq 2c^3b^2$$

相加得
$$a^4c + b^4a + c^4b + (a^3b^2 + b^3c^2 + c^3a^2) \geq 2(a^3c^2 + b^3a^2 + c^3b^2) \qquad ④$$

由均值不等式得
$$a^4b + a^4b + a^4b + a^4b + a^4b + a^4b + b^4c + b^4c + b^4c +$$
$$b^4c + c^4a + c^4a \geq 13a^2b^2c$$

即
$$6a^4b + 5b^4c + 2c^4a \geq 13a^2b^2c$$

同理,
$$2a^4b + 6b^4c + 5c^4a \geq 13ab^2c^2$$
$$5a^4b + 2b^4c + 6c^4a \geq 13a^2bc^2$$

相加得
$$a^4b + b^4c + c^4a \geq ab^2c^2 + a^2bc^2 + a^2b^2c \qquad ⑤$$

由均值不等式得
$$a^4b + a^3b^2 + c^3a^2 \geq 3a^3bc$$
$$b^4c + b^3c^2 + a^3b^2 \geq 3ab^3c$$
$$c^4a + c^3a^2 + b^3c^2 \geq 3abc^3$$

相加得
$$a^4b + b^4c + c^4a + 2(a^3b^2 + b^3c^2 + c^3a^2) \geq 3abc(a^2 + b^2 + c^2) \geq$$
$$3abc(ab + bc + ca) = 3(ab^2c^2 + a^2bc^2 + a^2b^2c) \qquad ⑥$$

⑤ + ⑥ 得
$$a^4b + b^4c + c^4a + (a^3b^2 + b^3c^2 + c^3a^2) \geq 2(ab^2c^2 + a^2bc^2 + a^2b^2c) \qquad ⑦$$

④ + ⑦ 得不等式 ③.

(2) 当 $a^3c^2 + b^3a^2 + c^3b^2 < a^3b^2 + b^3c^2 + c^3a^2$ 时
$$② \Leftrightarrow a^4(b+c) + b^4(c+a) + c^4(a+b) + 2(a^3c^2 + b^3a^2 + c^3b^2) \geq$$
$$2(a^3b^2 + b^3c^2 + c^3a^2) + 2(ab^2c^2 + a^2bc^2 + a^2b^2c) \qquad ⑧$$

⑧式的证明过程与不等式 ③ 完全一样. 只要将 $(a,b,c)$ 换成 $(b,c,a)$ 即可.

**证法二**  $a^3c^2 + b^3a^2 + c^3b^2 - (a^3b^2 + b^3c^2 + c^3a^2) = -(a-b)(b-c)(c-a)(ab+bc+ca)$.

所以,原不等式等价于证明
$$\left| \frac{(a-b)(b-c)(c-a)(ab+bc+ca)}{(a+b)(b+c)(c+a)} \right| \leq \frac{(a-b)^2 + (b-c)^2 + (c-a)^2}{4}$$

当 $a = b$ 或 $b = c$ 时不等式显然成立. 由对称性不妨设 $a > b > c$,
因为
$$ab + bc + ca < c^2 + ab + bc + ca = (b+c)(c+a)$$
所以
$$\frac{ab+bc+ca}{(a+b)(b+c)(c+a)} < \frac{1}{a+b} < \frac{1}{a+b-2c}$$
所以我们只要证明
$$\frac{1}{a+b-2c} < \frac{(a-b)^2+(b-c)^2+(c-a)^2}{4(a-b)(b-c)(c-a)}$$
作代换 $x = a-b, y = b-c$,知 $\frac{1}{a+b-2c} < \frac{(a-b)^2+(b-c)^2+(c-a)^2}{4(a-b)(b-c)(c-a)}$ 等价于
$$\frac{1}{x+2y} < \frac{x^2+xy+y^2}{2xy(x+y)} \Leftrightarrow x^3+2y^3+x^2y+xy^2 > 0$$
这显然成立.

**证法三** $\sum \frac{a^3-b^3}{a+b} = (a^3-b^3)\left(\frac{1}{a+b} - \frac{1}{a+c}\right) + (b^3-c^3)\left(\frac{1}{b+c} - \frac{1}{a+c}\right) = \frac{(a-b)(b-c)(c-a)(ab+bc+ca)}{(a+b)(b+c)(c+a)}$

因此只要证明
$$\left|\frac{(a-b)(b-c)(c-a)(ab+bc+ca)}{(a+b)(b+c)(c+a)}\right| \leq \frac{\sum a^2 - \sum ab}{2} = \frac{(a-b)^2+(b-c)^2+(c-a)^2}{4}$$

由不等式
$$(a+b)(b+c)(c+a) \geq \frac{8}{9}(ab+bc+ca)(a+b+c)$$

因此只要证明
$$\frac{2}{9}\sum a \cdot \left(\sum(a-b)^2\right) \geq \left|\prod(a-b)\right|$$

利用均值不等式,我们只要证明
$$\frac{8}{27}\left(\sum a\right)^3 \geq \left|\prod(a-b)\right|$$

我们不妨设 $a \geq b \geq c$,不等式变成
$$\frac{8}{27}\left(\sum a\right)^3 \geq (a-b)(a-c)(b-c)$$

这由均值不等式容易得到,事实上,

$$8(\sum a)^3 = [(a+b)+(a+c)+(b+c)]^3 \geq 27(a+b)(a+c)(b+c) \geq$$
$$27(a-b)(a-c)(b-c)$$

**证法四** 容易看出不等式不仅循环而且对称,不妨设 $a \geq b \geq c > 0$,我们容易证明简单的事实:

如果 $x \geq y > 0$,则
$$x + \frac{y}{2} \geq \frac{x^2+xy+y^2}{x+y} \geq y + \frac{x}{2}$$

现在我们设 $a \geq b \geq c > 0$,则
$$a + \frac{b}{2} \geq \frac{a^2+ab+b^2}{a+b} \geq b + \frac{a}{2}$$
$$b + \frac{c}{2} \geq \frac{b^2+bc+c^2}{b+c} \geq c + \frac{b}{2}$$
$$a + \frac{c}{2} \geq \frac{a^2+ac+c^2}{a+cb} \geq c + \frac{a}{2}$$

所以
$$\sum \frac{a^3-b^3}{a+b} = (a-b) \cdot \frac{a^2+ab+b^2}{a+b} + (b-c) \cdot$$
$$\frac{b^2+bc+c^2}{b+c} - (a-c) \cdot \frac{a^2+ac+c^2}{a+cb} \geq$$
$$(a-b) \cdot (b+\frac{a}{2}) + (b-c) \cdot$$
$$(c+\frac{b}{2}) - (a-c) \cdot (a+\frac{c}{2}) =$$
$$-\frac{(a-b)^2+(b-c)^2+(c-a)^2}{4}$$

同样我们可以证明
$$\sum \frac{a^3-b^3}{a+b} \leq \frac{(a-b)^2+(b-c)^2+(c-a)^2}{4}$$

所以
$$\left|\sum \frac{a^3-b^3}{a+b}\right| \leq \frac{(a-b)^2+(b-c)^2+(c-a)^2}{4}$$

**73. 证法一** 令 $t = b+c+2\sqrt{bc}$,则
$$a + \frac{(b-c)^2}{4} = a + \frac{(\sqrt{b}+\sqrt{c})^2(\sqrt{b}-\sqrt{c})^2}{4} =$$
$$a + \frac{t[2(b+c)-b-c-2\sqrt{bc}]}{4} =$$
$$a\frac{t[2(1-a)-t]}{4} = \frac{(2a+t)(2-t)}{4}$$

所以原不等式等价于
$$\sqrt{\frac{(2a+t)(2-t)}{3}} + 2\sqrt{\frac{t}{3}} \leqslant 2$$

考虑不等式等号成立当且仅当 $a = \frac{1}{3}, t = \frac{4}{3}$，此时 $2 - t = \frac{2a+t}{3}$. 于是由均值不等式得

$$\sqrt{\frac{(2a+t)(2-t)}{3}} + 2\sqrt{\frac{t}{3}} \leqslant \frac{1}{2}(2 - t + \frac{2a+t}{3}) + 2\sqrt{\frac{t}{3}} \leqslant$$

$$2 + \frac{a}{3} - (\sqrt{\frac{t}{3}} - 1)^2 =$$

$$2 + (\sqrt{\frac{a}{3}} + \sqrt{\frac{t}{3}} - 1)(\sqrt{\frac{a}{3}} + 1 - \sqrt{\frac{t}{3}})$$

由柯西不等式得
$$\sqrt{a} + \sqrt{b} + \sqrt{c} \leqslant \sqrt{3(a+b+c)} = \sqrt{3}$$

所以
$$\sqrt{\frac{a}{3}} + \sqrt{\frac{t}{3}} - 1 \leqslant 0$$

$$1 - \sqrt{\frac{t}{3}} \geqslant \sqrt{\frac{a}{3}} > 0$$

$$\sqrt{\frac{a}{3}} + 1 - \sqrt{\frac{t}{3}} > 0$$

所以
$$2 + (\sqrt{\frac{a}{3}} + \sqrt{\frac{t}{3}} - 1)(\sqrt{\frac{a}{3}} + 1 - \sqrt{\frac{t}{3}}) \leqslant 2$$

从而，原不等式成立.

**证法二** 令 $\sqrt{a} = u, \sqrt{b} = v, \sqrt{c} = w$. 则 $u^2 + v^2 + w^2 = 1$. 原不等式等价于

$$\sqrt{u^2 + \frac{(v^2 - w^2)^2}{4}} + v + w \leqslant \sqrt{3} \Leftrightarrow u^2 + \frac{(v^2 - w^2)^2}{4} \leqslant [\sqrt{3} - (v+w)]^2 \Leftrightarrow$$

$$1 - (v^2 + w^2) + \frac{(v^2 - w^2)^2}{4} \leqslant 3 + (v+w)^2 - 2\sqrt{3}(v+w) \Leftrightarrow$$

$$\frac{(v^2 - w^2)^2}{4} \leqslant 2[1 + (v^2 + w^2) - \sqrt{3}(v+w) + vw] =$$

$$2(v-w)^2 + 6(\frac{\sqrt{3}}{3} - v)(\frac{\sqrt{3}}{3} - w) \Leftrightarrow$$

$$6(v-\frac{\sqrt{3}}{3})(\frac{\sqrt{3}}{3}-w) \leqslant 2(v-w)^2 - \frac{(v^2-w^2)^2}{4} =$$

$$(v-w)^2[2-\frac{(v+w)^2}{4}]$$

注意到 $1 \geqslant v^2+w^2 \geqslant \frac{(v+w)^2}{2}$,所以 $0 < v+w \leqslant \sqrt{2}, 2-\frac{(v+w)^2}{4} \geqslant \frac{3}{2}$

所以由均值不等式得

$$6(v-\frac{\sqrt{3}}{3})(\frac{\sqrt{3}}{3}-w) \leqslant 6(\frac{(v-\frac{\sqrt{3}}{3})+(\frac{\sqrt{3}}{3}-w)}{2})^2 = \frac{3}{2}(v-w)^2 \leqslant$$

$$(v-w)^2[2-\frac{(v+w)^2}{4}]$$

所以,原不等式得证.

**证法三** 令 $\sqrt{a}=u, \sqrt{b}=v, \sqrt{c}=w$. 则 $u^2+v^2+w^2=1$.

原不等式等价于

$$\sqrt{u^2+\frac{(v^2-w^2)^2}{4}} + v+w \leqslant \sqrt{3} \qquad ①$$

注意到

$$u^2 + \frac{(v^2-w^2)^2}{4} = 1-(v^2+w^2) + \frac{(v^2-w^2)^2}{4} = \frac{4-4(v^2+w^2)+(v^2-w^2)^2}{4} =$$

$$\frac{4-4(v^2+w^2)+(v^2+w^2)^2-4v^2w^2}{4} =$$

$$\frac{(2-(v^2+w^2))^2-4v^2w^2}{4} =$$

$$\frac{[2-(v^2+w^2+2vw)][2-(v^2+w^2-2vw)]}{4} =$$

$$\frac{[2-(v+w)^2][2-(v-w)^2]}{4} \leqslant$$

$$1-\frac{(v+w)^2}{2}$$

将上式代入①,得

$$\sqrt{1-\frac{(v+w)^2}{2}} + v+w \leqslant \sqrt{3}$$

令 $x=\frac{v+w}{2}$,将上述不等式改写为 $\sqrt{1-2x^2} + 2x \leqslant \sqrt{3}$. 由柯西不等式

$\sqrt{1-2x^2} + x + x \leqslant \sqrt{3}$.

**证法四** 不妨设 $b \geqslant c$,令 $\sqrt{b}=x+y, \sqrt{c}=x-y$,则 $b-c=4xy, a=1-$

$2x^2 - 2y^2, x \leqslant \dfrac{1}{\sqrt{2}}$.

原式左边 $= \sqrt{1 - 2x^2 - 2y^2 + 4x^2y^2} + 2x \leqslant \sqrt{1-2x^2} + x + x \leqslant \sqrt{3}$. 最后一步由柯西不等式得到.

74. 不妨设 $a_1 \geqslant a_2 \geqslant \cdots \geqslant a_n$, 原不等式等价于

$$(x+y)\left(\dfrac{a_1}{a_2x+a_3y} + \dfrac{a_2}{a_3x+a_4y} + \cdots + \dfrac{a_{n-1}}{a_nx+a_1y} + \dfrac{a_n}{a_1x+a_2y}\right) \geqslant n \quad \text{①}$$

记 $a_{n+1} = a_1, a_{n+2} = a_2$, 由均值不等式得

$$\sum_{i=1}^{n} \dfrac{a_ix + a_{i+1}y}{a_{i+1}x + a_{i+2}y} \geqslant n\sqrt[n]{\prod_{i=1}^{n} \dfrac{a_ix + a_{i+1}y}{a_{i+1}x + a_{i+2}y}} = n \quad \text{②}$$

只要证明

$$(x+y)\sum_{i=1}^{n} \dfrac{a_i}{a_{i+1}x+a_{i+2}y} \geqslant \sum_{i=1}^{n} \dfrac{a_ix+a_{i+1}y}{a_{i+1}x+a_{i+2}y} \quad \text{③}$$

而

$$(x+y)\sum_{i=1}^{n} \dfrac{a_i}{a_{i+1}x+a_{i+2}y} - \sum_{i=1}^{n} \dfrac{a_ix+a_{i+1}y}{a_{i+1}x+a_{i+2}y} =$$

$$\sum_{i=1}^{n} \dfrac{(a_i - a_{i+1})y}{a_{i+1}x+a_{i+2}y} =$$

$$y\sum_{i=1}^{n} \dfrac{a_i - a_{i+1}}{a_{i+1}x+a_{i+2}y}$$

所以只要证明

$$\sum_{i=1}^{n} \dfrac{a_i - a_{i+1}}{a_{i+1}x + a_{i+2}y} \geqslant 0$$

又

$$\sum_{i=1}^{n} \dfrac{a_i - a_{i+1}}{a_{i+1}x + a_{i+2}y} = \sum_{i=1}^{n-1} \dfrac{a_i - a_{i+1}}{a_{i+1}x + a_{i+2}y} - \dfrac{a_1 - a_n}{a_1x + a_2y} =$$

$$\sum_{i=1}^{n-1} \dfrac{a_i - a_{i+1}}{a_{i+1}x + a_{i+2}y} - \sum_{i=1}^{n-1} \dfrac{a_i - a_{i+1}}{a_1x + a_2y} =$$

$$\sum_{i=1}^{n-1} (a_i - a_{i+1})\left(\dfrac{1}{a_{i+1}x + a_{i+2}y} - \dfrac{1}{a_1x + a_2y}\right)$$

因为 $a_i \geqslant a_{i+1}, i = 1, 2, \cdots, n-1$, 所以对 $i = 1, 2, \cdots, n-2$, 有 $a_i - a_{i+1} \geqslant 0$, $a_1 \geqslant a_{i+1}, a_2 \geqslant a_{i+2}$, 从而,

$$\dfrac{1}{a_{i+1}x + a_{i+2}y} \geqslant \dfrac{1}{a_1x + a_2y}$$

这时 $(a_i - a_{i+1})\left(\dfrac{1}{a_{i+1}x + a_{i+2}y} - \dfrac{1}{a_1x + a_2y}\right) \geqslant 0, i = 1, 2, \cdots, n-2$.

对 $i = n-1, a_{n-1} - a_n \geq 0$,已知条件 $\dfrac{x}{y} \geq \dfrac{a_1 - a_2}{a_1 - a_n} \Leftrightarrow (a_1 - a_n)x \geq (a_1 - a_2)y \Leftrightarrow a_1 x + a_2 y \geq a_n x + a_1 y \Leftrightarrow \dfrac{1}{a_n x + a_1 y} \geq \dfrac{1}{a_1 x + a_2 y}$,所以 $(a_{n-1} - a_n)\left(\dfrac{1}{a_n x + a_1 y} - \dfrac{1}{a_1 x + a_2 y}\right) \geq 0$.

综上,$\sum\limits_{i=1}^{n-1}(a_i - a_{i+1})\left(\dfrac{1}{a_{i+1}x + a_{i+2}y} - \dfrac{1}{a_1 x + a_2 y}\right) \geq 0$. 从而,原不等式成立.

**75. 证法一**

$$\dfrac{a - bc}{a + bc} + \dfrac{b - ca}{b + ca} + \dfrac{c - ab}{c + ab} \leq \dfrac{3}{2} \Leftrightarrow \dfrac{2bc}{a + bc} + \dfrac{2ca}{b + ca} + \dfrac{2ab}{c + ab} \geq \dfrac{3}{2} \quad \text{①}$$

因为 $a + b + c = 1$,所以 $a + bc = a(a + b + c) + bc = (a + b)(c + a), b + ca = (a + b)(b + c), c + ab = (c + a)(b + c)$,

$$\text{①} \Leftrightarrow \dfrac{4bc}{(a + b)(a + c)} + \dfrac{4ca}{(a + b)(b + c)} + \dfrac{4ab}{(a + c)(b + c)} \geq 3 \quad \text{②}$$

$$\text{②} \Leftrightarrow a^2 b + ab^2 + b^2 c + bc^2 + c^2 a + ac^2 \geq 6abc \quad \text{③}$$

由均值不等式得

$$a^2 b + ab^2 + b^2 c + bc^2 + c^2 a + ac^2 \geq 6\sqrt[6]{a^2 b \cdot ab^2 \cdot b^2 c \cdot bc^2 \cdot c^2 a \cdot ac^2} = 6abc$$

**证法二**　注意到 $1 - \dfrac{a - bc}{a + bc} = \dfrac{2bc}{a + bc} = \dfrac{2bc}{1 - b - c + bc} = \dfrac{2bc}{(1 - b)(1 - c)}$.

同理

$$1 - \dfrac{b - ca}{b + ca} = \dfrac{2ca}{(1 - c)(1 - a)}$$

$$1 - \dfrac{c - ab}{c + ab} = \dfrac{2ab}{(1 - a)(1 - b)}$$

所以,原不等式等价于

$$\dfrac{2ab}{(1 - a)(1 - b)} + \dfrac{2bc}{(1 - b)(1 - c)} + \dfrac{2ca}{(1 - c)(1 - a)} \geq \dfrac{3}{2}$$

化简后得

$$4(ab + bc + ca - 3abc) \geq 3(ab + bc + ca + 1 - a - b - c - abc)$$

即

$$ab + bc + ca \geq 9abc$$

即要证明

$$\dfrac{1}{a} + \dfrac{1}{b} + \dfrac{1}{c} \geq 9$$

因为

$$\dfrac{1}{a} + \dfrac{1}{b} + \dfrac{1}{c} = (a + b + c)\left(\dfrac{1}{a} + \dfrac{1}{b} + \dfrac{1}{c}\right) \geq 9$$

因此,原不等式成立.

**证法三** 因为 $a+b+c=1$,所以
$$a+bc = a(a+b+c)+bc = (a+b)(a+b)$$
$$b+ca = (a+b)(b+c)$$
$$c+ab = (c+a)(b+c)$$
$$(a+b)(b+c)(c+a) = (1-a)(1-b)(1-c) = ab+bc+ca-abc$$
$$\frac{a-bc}{a+bc}+\frac{b-ca}{b+ca}+\frac{c-ab}{c+ab} = \frac{(1-c)(c-ab)+(1-b)(b-ca)+(1-a)(a-bc)}{(a+b)(b+c)(c+a)} =$$
$$\frac{a+b+c-(a^2+b^2+c^2)-(ab+bc+ca)+3abc}{(a+b)(b+c)(c+a)} =$$
$$\frac{1-(a+b+c)^2+(ab+bc+ca)+3abc}{ab+bc+ca-abc} =$$
$$1+\frac{4abc}{ab+bc+ca-abc} =$$
$$1+\frac{4abc}{(a+b)(b+c)(c+a)}$$

只要证明
$$\frac{4abc}{(a+b)(b+c)(c+a)} \leq \frac{1}{2} \Leftrightarrow (a+b)(b+c)(c+a) \geq 8abc$$

这由 $a+b \geq 2\sqrt{ab}, b+c \geq 2\sqrt{bc}, c+a \geq 2\sqrt{ca}$ 相乘即得.

或由 $(a+b)(b+c)(c+a) = a^2b+b^2c+c^2a+ab^2+bc^2+ac^2+2abc \geq 3abc+3abc+2abc = 8abc$.

76. $(1+\frac{4a}{b+c})(1+\frac{4b}{c+a})(1+\frac{4c}{a+b}) > 25 \Leftrightarrow (b+c+4a)(c+a+4b)(a+b+4c) > 25(a+b)(b+c)(c+a) \Leftrightarrow a^3+b^3+c^3+7abc > a^2b+ab^2+b^2c+bc^2+c^2a+ac^2$.

由 Schur 不等式
$$a^3+b^3+c^3+3abc \geq a^2b+ab^2+b^2c+bc^2+c^2a+ac^2$$

从而不等式得证.

77. **证法一** $\frac{1}{1+a+b} \leq 1-\frac{a+b}{2}+\frac{ab}{3} \Leftrightarrow 3(1-a)(1-b)+ab[(1-a)+(1-b)] \geq 0$.

**证法二** 设 $u=a+b, v=ab$,则由于 $a,b \in [0,1]$,所以 $(1-a)(1-b) \geq 0$,即 $u \leq 1+v, \frac{1}{1+a+b} \leq 1-\frac{a+b}{2}+\frac{ab}{3} \Leftrightarrow \frac{1}{1+u} \leq 1-\frac{u}{2}+\frac{v}{3} \Leftrightarrow \frac{u}{2}-\frac{u^2}{2}+\frac{v}{3}+\frac{uv}{3} \geq 0$.

当 $u \leq 1$ 时, $u \geq u^2$, 不等式显然成立.

当 $1 \leq u \leq 2$ 时,
$$\frac{u}{2} - \frac{u^2}{2} + \frac{v}{3} + \frac{uv}{3} \geq \frac{u}{2} - \frac{u^2}{2} + \frac{u-1}{3} + \frac{u(u-1)}{3} = \frac{(2-u)(u-1)}{6} \geq 0$$

当且仅当 $a=0, b=0$ 或 $a=1, b=0$ 或 $a=0, b=1$ 或 $a=1, b=1$ 等号成立.

**78. 证法一** 先证明一个引理: 设 $x, y$ 是正数, 则
$$\frac{x+y}{(1+x)(1+y)} \geq \frac{2\sqrt{xy}}{(1+\sqrt{xy})^2} \quad \text{①}$$

事实上,
$$\frac{x+y}{(1+x)(1+y)} \geq \frac{\sqrt{xy}}{(1+\sqrt{xy})^2} \Leftrightarrow$$
$$(x+y)(1+\sqrt{xy})^2 \geq \sqrt{xy}(1+x)(1+y) \Leftrightarrow$$
$$(1+\sqrt{xy})(\sqrt{x}-\sqrt{y})^2 \geq 0$$

由引理和柯西不等式得
$$\frac{a+b}{(1+a)(1+b)} \geq \frac{2\sqrt{ab}}{(1+\sqrt{ab})^2} \quad \text{②}$$
$$\frac{c+d}{(1+c)(1+d)} \geq \frac{2\sqrt{cd}}{(1+\sqrt{cd})^2} \quad \text{③}$$
$$(b+c)(a+d) \geq (\sqrt{ab}+\sqrt{cd})^2 \quad \text{④}$$
$$\frac{\sqrt{ab}+\sqrt{cd}}{(1+\sqrt{ab})(1+\sqrt{cd})} \geq \frac{2\sqrt[4]{abcd}}{(1+\sqrt[4]{abcd})^2} \quad \text{⑤}$$

所以
$$\left[\frac{a+b}{(1+a)(1+b)}\right] \cdot \left[\frac{c+d}{(1+c)(1+d)}\right](b+c)(a+d) \geq$$
$$\frac{2\sqrt{ab}}{(1+\sqrt{ab})^2} \cdot \frac{2\sqrt{cd}}{(1+\sqrt{cd})^2} \cdot (\sqrt{ab}+\sqrt{cd})^2 =$$
$$4\sqrt{abcd} \cdot \left[\frac{\sqrt{ab}+\sqrt{cd}}{(1+\sqrt{ab})(1+\sqrt{cd})}\right]^2 \geq$$
$$4\sqrt{abcd} \cdot \left[\frac{2\sqrt[4]{abcd}}{(1+\sqrt[4]{abcd})^2}\right]^2 \geq$$
$$\frac{16abcd}{(1+\sqrt[4]{abcd})^4}$$

即
$$(a+b)(b+c)(c+d)(d+a)(1+\sqrt[4]{abcd})^4 \geq$$

$$16abcd(1+a)(1+b)(1+c)(1+d)$$

**证法二**
$$(a+b)(b+c)(c+d)(d+a)(1+\sqrt[4]{abcd})^4 \geq$$
$$16abcd(1+a)(1+b)(1+c)(1+d) \Leftrightarrow$$
$$(a+b)(b+c)(c+d)(d+a) - 16abcd +$$
$$4\sqrt[4]{abcd}\,[(a+b)(b+c)(c+d)(d+a) -$$
$$4\sqrt[4]{(abcd)^3}(a+b+c+d)] +$$
$$2\sqrt{abcd}\,[3(a+b)(b+c)(c+d)(d+a) -$$
$$8\sqrt{abcd}(ab+ac+ad+bc+bd+cd)] +$$
$$4\sqrt[4]{(abcd)^3}\,[(a+b)(b+c)(c+d)(d+a) -$$
$$4\sqrt[4]{abcd}(abc+abd+acd+bcd)] \geq 0$$

由均值不等式得
$$(a+b)(b+c)(c+d)(d+a) \geq 16abcd \quad ①$$

由均值不等式得
$$abc+abd+acd+bcd \geq 4\sqrt[4]{(abcd)^3}$$

而
$$(a+b)(b+c)(c+d)(d+a) -$$
$$(abc+abd+acd+bcd)(a+b+c+d) \geq 0 \quad ②$$
$$\Leftrightarrow (ac-bd)^2 \geq 0$$

所以
$$(a+b)(b+c)(c+d)(d+a) - 4\sqrt[4]{(abcd)^3}(a+b+c+d) \geq 0 \quad ③$$

由均值不等式得
$$a+b+c+d \geq 4\sqrt[4]{abcd}$$

所以
$$(a+b)(b+c)(c+d)(d+a) - 4\sqrt[4]{abcd}(abc+abd+acd+bcd) \geq 0 \quad ④$$

只要证明
$$3(a+b)(b+c)(c+d)(d+a) - 8\sqrt{abcd}(ab+ac+ad+bc+bd+cd)$$
$$⑤$$

由不等式②,只要证明
$$3(abc+abd+acd+bcd)(a+b+c+d) \geq$$
$$8\sqrt{abcd}(ab+ac+ad+bc+bd+cd) \quad ⑥$$

由马克劳林不等式(见数学归纳法证明不等式例)

$$\frac{a+b+c+d}{4} \geqslant \sqrt{\frac{ab+ac+ad+bc+bd+cd}{6}} \qquad ⑦$$

$$\frac{\frac{1}{a}+\frac{1}{b}+\frac{1}{c}+\frac{1}{d}}{4} \geqslant \sqrt{\frac{\frac{1}{ab}+\frac{1}{ac}+\frac{1}{ad}+\frac{1}{bc}+\frac{1}{bd}+\frac{1}{cd}}{6}} \qquad ⑧$$

由⑦,⑧两式相乘即得⑥.

79. $\frac{1}{(1+\sqrt{x})^2}+\frac{1}{(1+\sqrt{y})^2} \geqslant \frac{2}{x+y+2} \Leftrightarrow (x+y+2)[(1+\sqrt{x})^2+(1+\sqrt{y})^2]-2[(1+\sqrt{x})(1+\sqrt{y})]^2 \geqslant 0 \Leftrightarrow x^2+y^2+2x+2y+2+2x\sqrt{x}+2y\sqrt{y}-2y\sqrt{x}-2x\sqrt{y}-8\sqrt{xy} \geqslant 0.$

由均值不等式得

$$x^2+y \geqslant 2x\sqrt{y}$$
$$y^2+x \geqslant 2y\sqrt{x}$$
$$x+y \geqslant 2\sqrt{xy}$$
$$2(1+x\sqrt{x}+y\sqrt{y}) \geqslant 6\sqrt[3]{x\sqrt{x} \cdot y\sqrt{y}} = 6\sqrt{xy}$$

相加得

$$x^2+y^2+2x+2y+2+2x\sqrt{x}+2y\sqrt{y}-2y\sqrt{x}-2x\sqrt{y}-8\sqrt{xy} \geqslant 0$$

80.（1）先证明：

$$\frac{1}{a^2+1}+\frac{1}{b^2+1} \leqslant \frac{2}{1+ab} \qquad ①$$

$① \Leftrightarrow 1+ab+b^2+ab^3+1+ab+a^2+a^3b \leqslant 2+2a^2+2b^2+2a^2b^2 \Leftrightarrow ab(a-b)^2 \leqslant (a-b)^2$

因为 $0 < a,b \leqslant 1$，所以 $ab \leqslant 1$，故不等式①成立.

由柯西不等式得

$$\frac{1}{\sqrt{a^2+1}}+\frac{1}{\sqrt{b^2+1}} \leqslant \sqrt{(\frac{1}{a^2+1}+\frac{1}{b^2+1})(1+1)} =$$

$$\sqrt{2(\frac{1}{a^2+1}+\frac{1}{b^2+1})} \leqslant$$

$$\sqrt{2 \cdot \frac{2}{1+ab}} = \frac{2}{\sqrt{1+ab}}$$

（2）原不等式平方展开整理得

$$\frac{1}{\sqrt{a^2+1}}+\frac{1}{\sqrt{b^2+1}} \geqslant \frac{2}{\sqrt{1+ab}} \Leftrightarrow$$

$$\frac{2}{\sqrt{(a^2+1)(b^2+1)}} \geqslant \frac{4}{1+ab} - \frac{1}{a^2+1} - \frac{1}{b^2+1} \quad ②$$

记 $y = ab - 3 \geqslant 0, x = a^2 + b^2 \geqslant 2ab = 2y + 6$. 代入、通分并整理得

$$② \Leftrightarrow 2(y+4)\sqrt{y^2 + 6y + x + 10} \geqslant 4y^2 + 22y + 32 - xy \quad ③$$

（ⅰ）当 $4y^2 + 22y + 32 - xy \leqslant 0$ 时，不等式 ③ 显然成立.

（ⅱ）当 $4y^2 + 22y + 32 - xy > 0$ 时，即

$$x < 4y + 22 + \frac{32}{y} \quad ④$$

对式 ③ 两边平方整理得

$y^2 x^2 - (8y^3 + 48y^2 + 96y + 64)x + 12y^4 + 120y^3 + 444y^2 + 704y + 384 \leqslant 0 \Leftrightarrow$

$$[yx - (2y^2 + 6y)] \cdot [yx - (6y^2 + 42y + 96 + \frac{64}{y})] \leqslant 0 \quad ⑤$$

又 $y > 0$，则

$$2y^2 + 6y < 6y^2 + 42y + 96 + \frac{64}{y}$$

因此，欲使 ⑤ 成立必有

$$2y + 6 \leqslant x \leqslant 6y + 42 + \frac{96}{y} + \frac{64}{y^2}$$

而 $4y + 22 + \frac{32}{y} < 6y + 42 + \frac{96}{y} + \frac{64}{y^2}$ 显然成立.

从而由不等式 ④ 知不等式 ⑤ 成立.

综合（ⅰ）、（ⅱ）知 $\dfrac{1}{\sqrt{a^2+1}} + \dfrac{1}{\sqrt{b^2+1}} \geqslant \dfrac{2}{\sqrt{1+ab}}$ 成立.

81. $\dfrac{a-2}{a+1} + \dfrac{b-2}{b+1} + \dfrac{c-2}{c+1} \leqslant 0 \Leftrightarrow 3 - 3(\dfrac{1}{a+1} + \dfrac{1}{b+1} + \dfrac{1}{c+1}) \leqslant 0 \Leftrightarrow \dfrac{1}{a+1} +$

$\dfrac{1}{b+1} + \dfrac{1}{c+1} \geqslant 1 \Leftrightarrow a + b + c \geqslant abc - 2$，因为 $abc = 8$，所以 $a + b + c \geqslant abc - 2 \Leftrightarrow a + b + c \geqslant 6$.

由均值不等式得

$$a + b + c \geqslant 3\sqrt[3]{abc} = 6$$

另法：因为 $abc = 8$，所以设 $a = \dfrac{2x}{y}, b = \dfrac{2y}{z}, c = \dfrac{2z}{x}$，利用柯西不等式得

$$\frac{1}{a+1} + \frac{1}{b+1} + \frac{1}{c+1} = \frac{y}{y+2x} + \frac{z}{z+2y} + \frac{x}{x+2z} =$$

$$\frac{y^2}{y^2 + 2xy} + \frac{z^2}{z^2 + 2yz} + \frac{x^2}{x^2 + 2zx} \geqslant$$

$$\frac{(x+y+z)^2}{x^2+y^2+z^2+2xy+2yz+2zx}=1$$

**82. 证法一** 设 $f(x)$ 的三个正根为 $p,q,r$，则由韦达定理得 $-\frac{b}{a}=p+q+r$，$\frac{c}{a}=pq+qr+rp$，$-\frac{d}{a}=pqr$，因为 $f(0)<0$，所以 $a>0$，$2b^3+9a^2d-7abc \leq 0 \Leftrightarrow 2(p+q+r)^3-7(p+q+r)(pq+qr+rp)+9pqr \geq 0$.

由 Schur 不等式得
$$(p+q+r)^3-4(p+q+r)(pq+qr+rp)+9pqr \geq 0 \qquad ①$$

由均值不等式得
$$(p+q+r)^2 \geq 3(pq+qr+rp)$$

即
$$(p+q+r)^3-3(p+q+r)(pq+qr+rp) \geq 0 \qquad ②$$

①,② 相加得
$$2(p+q+r)^3-7(p+q+r)(pq+qr+rp)+9pqr \geq 0$$

**证法二** 同上，只要证明 $2(p+q+r)^3-7(p+q+r)(pq+qr+rp)+9pqr \geq 0 \Leftrightarrow 2(p^3+q^3+r^3) \geq p^2q+pq^2+q^2r+rq^2+p^2r+rp^2 \Leftrightarrow (p+q)(p-q)^2+(q+r)(q-r)^2+(r+p)(p-r)^2 \geq 0$.

**83. 证法一** 因为 $a+b+c=1$，所以 $(1-a^2)^2+(1-b^2)^2+(1-c^2)^2 \geq 2 \Leftrightarrow (b+c)^2(2a+b+c)^2+(c+a)^2(2b+c+a)^2+(a+b)^2(2c+a+b)^2 \geq 2(a+b+c)^4 \Leftrightarrow 2(a^4+b^4+c^4)+14(a^2b^2+b^2c^2+c^2a^2)+8(a^3b+ab^3+b^3c+bc^3+c^3a+ca^3)+32(a^2bc+ab^2c+c^2ab) \geq 2(a^4+b^4+c^4)+14(a^2b^2+b^2c^2+c^2a^2)+(a^3b+ab^3+b^3c+bc^3+c^3a+ca^3)+(a^2bc+ab^2c+c^2ab) \Leftrightarrow (a^3b+ab^3+b^3c+bc^3+c^3a+ca^3)+(a^2bc+ab^2c+c^2ab) \geq 0$. 这是显然的. 等号成立的充要条件是 $a,b,c$ 中有一个为 1，两个为 0.

$(1+a)(1+b)(1+c) \geq (1-a^2)^2+(1-b^2)^2+(1-c^2)^2 \Leftrightarrow$
$(a+b+c)(2a+b+c)(a+2b+c)(a+b+2c) \geq$
$(b+c)^2(2a+b+c)^2+(c+a)^2(2b+c+a)^2+(a+b)^2(2c+a+b)^2 \Leftrightarrow$
$2(a^4+b^4+c^4)+14(a^2b^2+b^2c^2+c^2a^2)+$
$9(a^3b+b^3c+c^3a+ab^3+bc^3+ca^3)+30(a^2bc+ab^2c+c^2ab) \geq$
$2(a^4+b^4+c^4)+14(a^2b^2+b^2c^2+c^2a^2)+$
$8(a^3b+ab^3+b^3c+bc^3+c^3a+ca^3)+32(a^2bc+ab^2c+c^2ab) \Leftrightarrow$
$a^3b+ab^3+b^3c+bc^3+c^3a+ca^3 \geq 2(a^2bc+ab^2c+c^2ab)$

由均值不等式得 $a^3b+ab^3+b^3c+bc^3+c^3a+ca^3 \geq 2(a^2b^2+b^2c^2+c^2a^2) =$
$(c^2a^2+a^2b)+(a^2b^2+b^2c^2)+(b^2c^2+c^2a^2) \geq 2(a^2bc+ab^2c+c^2ab)$. 等号成

立的充要条件是 $a = b = c$.

综上

$$2 \leqslant (1-a^2)^2 + (1-b^2)^2 + (1-c^2)^2 \leqslant (1+a)(1+b)(1+c)$$

84. 令 $x = \dfrac{a}{3}, y = \dfrac{b}{3}, z = \dfrac{c}{3}$, 则 $a + b + c = 3$, 不等式 $\dfrac{1}{yz + x + \dfrac{1}{x}} +$

$\dfrac{1}{zx + y + \dfrac{1}{y}} + \dfrac{1}{xy + z + \dfrac{1}{z}} \leqslant \dfrac{27}{31}$ 等价于

$$\dfrac{a}{3a^2 + abc + 27} + \dfrac{b}{3b^2 + abc + 27} + \dfrac{c}{3c^2 + abc + 27} \leqslant \dfrac{3}{31} \quad ①$$

由 Schur 不等式得 $(a + b + c)^3 - 4(a + b + c)(ab + bc + ca) + 9abc \geqslant 0$, 即 $27 - 12(ab + bc + ca) + 9abc \geqslant 0$, 或者写成 $3abc \geqslant 4(ab + bc + ca) - 9$. 于是要证明不等式①, 只要证明

$$\dfrac{3a}{9a^2 + 4(ab + bc + ca) + 72} + \dfrac{3b}{9b^2 + 4(ab + bc + ca) + 72} +$$

$$\dfrac{3c}{9c^2 + 4(ab + bc + ca) + 72} \leqslant \dfrac{3}{31} \Leftrightarrow$$

$$\sum \left(1 - \dfrac{31a(a+b+c)}{9a^2 + 4(ab+bc+ca) + 72}\right) \geqslant 0$$

通分将分子 72 写成 $8(a + b + c)^2$,

$$\Leftrightarrow \sum \left(\dfrac{9a^2 + 4(ab+bc+ca) + 8(a+b+c)^2 - 31a(a+b+c)}{9a^2 + 4(ab+bc+ca) + 72}\right) \geqslant 0 \Leftrightarrow$$

$$\sum \left(\dfrac{(7a + 8c + 10b)(c - a) - (7a + 8b + 10b)(a - b)}{a^2 + s}\right) \geqslant 0$$

这里

$s = \dfrac{4(ab + bc + ca) + 72}{9} \Leftrightarrow$

$$\sum \dfrac{8a^2 + 8b^2 + 15ab + 10c(a+b) + s}{(a^2 + s)(b^2 + s)} \cdot (a - b)^2 \geqslant 0$$

这是显然成立的.

85. **证法一** 我们先证明:

$$\dfrac{1}{a + b^4 + c^4} \leqslant \dfrac{a}{a^2 + b^2 + c^2}$$

事实上

$$\dfrac{1}{a + b^4 + c^4} \leqslant \dfrac{a}{a^2 + b^2 + c^2} \Leftrightarrow$$

$$a^2 + a(b^4 + c^4) \geqslant a^2 + b^2 + c^2 \Leftrightarrow$$
$$a(b^4 + c^4) \geqslant b^2 + c^2$$

因为
$$b^4 + c^4 \geqslant b^3c + bc^3 = bc(b^2 + c^2), abc \geqslant 1$$

所以
$$a(b^4 + c^4) \geqslant abc(b^2 + c^2) \geqslant b^2 + c^2$$

同理
$$\frac{1}{a^4 + b + c^4} \leqslant \frac{b}{a^2 + b^2 + c^2}$$
$$\frac{1}{a^4 + b^4 + c} \leqslant \frac{c}{a^2 + b^2 + c^2}$$

于是,由柯西不等式和均值不等式得
$$\frac{1}{a + b^4 + c^4} + \frac{1}{a^4 + b + c^4} + \frac{1}{a^4 + b^4 + c} \leqslant \frac{a + b + c}{a^2 + b^2 + c^2} \leqslant$$
$$\frac{3}{a + b + c} \leqslant \frac{3}{3\sqrt[3]{abc}} \leqslant 1$$

**证法二** 由柯西不等式得
$$(a + b^4 + c^4)(a^3 + 1 + 1) \geqslant (a^2 + b^2 + c^2)^2$$

所以
$$\frac{1}{a + b^4 + c^4} \leqslant \frac{a^3 + 2}{(a^2 + b^2 + c^2)^2}$$

同理
$$\frac{1}{a^4 + b + c^4} \leqslant \frac{b^3 + 2}{(a^2 + b^2 + c^2)^2}$$
$$\frac{1}{a^4 + b^4 + c} \leqslant \frac{c^3 + 2}{(a^2 + b^2 + c^2)^2}$$

所以
$$\frac{1}{a + b^4 + c^4} + \frac{1}{a^4 + b + c^4} + \frac{1}{a^4 + b^4 + c} \leqslant \frac{a^3 + b^3 + c^3 + 6}{(a^2 + b^2 + c^2)^2}$$

下面证明
$$\frac{a^3 + b^3 + c^3 + 6}{(a^2 + b^2 + c^2)^2} \leqslant 1$$

$$\frac{a^3 + b^3 + c^3 + 6}{(a^2 + b^2 + c^2)^2} \leqslant 1 \Leftrightarrow a^3 + b^3 + c^3 + 6 \leqslant (a^2 + b^2 + c^2)^2 =$$
$$a^4 + b^4 + c^4 + 2(a^2b^2 + b^2c^2 + c^2a^2)$$

由均值不等式得

$$a^2b^2 + b^2c^2 + c^2a^2 \geq 3\sqrt[3]{a^2b^2b^2c^2c^2a^2} = 3\sqrt[3]{(abc)^4} \geq 3$$

即

$$2(a^2b^2 + b^2c^2 + c^2a^2) \geq 6$$

由 Chebyshev 不等式及均值不等式得

$$3(a^4 + b^4 + c^4) \geq (a+b+c)(a^3+b^3+c^3) \geq$$
$$3\sqrt[3]{abc}(a^3+b^3+c^3) \geq 3(a^3+b^3+c^3)$$

即

$$a^4 + b^4 + c^4 \geq a^3 + b^3 + c^3$$

所以 $a^4 + b^4 + c^4 + 2(a^2b^2 + b^2c^2 + c^2a^2) \geq a^3 + b^3 + c^3 + 6$，从而原不等式成立.

86. $\dfrac{(a-b)^2}{2(a+b)} \leq \sqrt{\dfrac{a^2+b^2}{2}} - \sqrt{ab} \Leftrightarrow \dfrac{(a-b)^2}{2(a+b)} \leq \dfrac{\dfrac{a^2+b^2}{2} - ab}{\sqrt{\dfrac{a^2+b^2}{2}} + \sqrt{ab}} =$

$\dfrac{(a-b)^2}{2(\sqrt{\dfrac{a^2+b^2}{2}} + \sqrt{ab})} \Leftrightarrow a + b \geq \sqrt{\dfrac{a^2+b^2}{2}} + \sqrt{ab} \Leftrightarrow (a+b)^2 \geq (\sqrt{\dfrac{a^2+b^2}{2}} +$

$\sqrt{ab})^2 = \dfrac{(a+b)^2}{2} + 2\sqrt{\dfrac{a^2+b^2}{2}} \sqrt{ab} \Leftrightarrow \dfrac{(a+b)^2}{2} \geq 2\sqrt{\dfrac{a^2+b^2}{2}} \sqrt{ab} \Leftrightarrow$

$(a+b)^2 \geq \sqrt{2(a^2+b^2)ab} \Leftrightarrow (a+b)^4 \geq 8(a^2+b^2)ab \Leftrightarrow (a-b)^4 \geq 0$.

左边不等式得证. 下面证明不等式的右边.

$$\sqrt{\dfrac{a^2+b^2}{2}} - \sqrt{ab} \leq \dfrac{(a-b)^2}{4\sqrt{ab}} \Leftrightarrow$$

$$\dfrac{\dfrac{a^2+b^2}{2} - ab}{\sqrt{\dfrac{a^2+b^2}{2}} + \sqrt{ab}} \leq \dfrac{(a-b)^2}{4\sqrt{ab}} \Leftrightarrow$$

$$\dfrac{(a-b)^2}{2(\sqrt{\dfrac{a^2+b^2}{2}} + \sqrt{ab})} \leq \dfrac{(a-b)^2}{4\sqrt{ab}} \Leftrightarrow$$

$$\sqrt{\dfrac{a^2+b^2}{2}} + \sqrt{ab} \geq 2\sqrt{ab} \Leftrightarrow$$

$$\sqrt{\dfrac{a^2+b^2}{2}} \geq \sqrt{ab} \Leftrightarrow$$

$$(a-b)^2 \geq 0$$

右边不等式得证.

87. 根据条件 $a \geqslant 1, b \geqslant 1$ 两边齐次化证明加强不等式:

$$\frac{3(a^2-b^2)^2}{8(a+b)^3} + \frac{ab}{a+b} \geqslant \sqrt{\frac{a^2+b^2}{8}} \Leftrightarrow$$

$$\frac{3(a-b)^2}{8(a+b)} + \frac{ab}{a+b} \geqslant \sqrt{\frac{a^2+b^2}{8}} \Leftrightarrow$$

$$\frac{3a^2+2ab+3b^2}{8(a+b)} \geqslant \sqrt{\frac{a^2+b^2}{8}} \Leftrightarrow$$

$$(3a^2+2ab+3b^2)^2 \geqslant 8(a+b)^2(a^2+b^2) \Leftrightarrow$$

$$9(a^4+b^4) + 12(a^3b+ab^3) + 22a^2b^2 \geqslant$$

$$8(a^4+b^4) + 16(a^3b+ab^3) + 16a^2b^2 \Leftrightarrow$$

$$(a^4+b^4) - 4(a^3b+ab^3) + 6a^2b^2 \geqslant 0 \Leftrightarrow$$

$$(a-b)^4 \geqslant 0$$

所以

$$3\left(\frac{a^2-b^2}{8}\right)^2 + \frac{ab}{a+b} \geqslant \sqrt{\frac{a^2+b^2}{8}}$$

88. 如果 $a, b$ 是正数, 则 $\sqrt[3]{\frac{a^3+b^3}{2}} \leqslant \frac{a^2+b^2}{a+b}$. (证明见第60题), 于是

$$\frac{(1+a^2)(1+b^2)(1+c^2)}{(1+a)(1+b)(1+c)} \geqslant \sqrt[3]{\frac{1+a^3}{2}} \cdot \sqrt[3]{\frac{1+b^3}{2}} \cdot \sqrt[3]{\frac{1+c^3}{2}} =$$

$$\frac{1}{2} \cdot \sqrt[3]{(1+a^3)(1+b^3)(1+c^3)}$$

由均值不等式得

$$(1+a^3)(1+b^3)(1+c^3) = 1 + (a^3+b^3+c^3) + (a^3b^3+b^3c^3+c^3a^3) + a^3b^3c^3 \geqslant$$

$$1 + 3abc + 3a^2b^2c^2 + a^3b^3c^3 = (1+abc)^3$$

所以

$$\frac{(1+a^2)(1+b^2)(1+c^2)}{(1+a)(1+b)(1+c)} \geqslant \frac{1}{2}(1+abc)$$

89. **证法一** 令 $x=a+1, y=b+1, z=c+1$, 则 $a \geqslant 0, b \geqslant 0, c \geqslant 0$.

$$(x^2-2x+2)(y^2-2y+2)(z^2-2z+2) \leqslant$$

$$(xyz)^2 - 2xyz + 2 = (xyz-1)^2 + 1 \Leftrightarrow$$

$$(a^2+1)(b^2+1)(c^2+1) \leqslant [(a+1)(b+1)(c+1)-1]^2 + 1 =$$

$$(abc+ab+bc+ca+a+b+c)^2 + 1 \Leftrightarrow$$

$$a^2b^2c^2 + a^2b^2 + b^2c^2 + c^2a^2 + a^2 + b^2 + c^2 + 1 \leqslant$$

$$(abc+ab+bc+ca+a+b+c)^2 + 1$$

将右边直接展开即知不等式成立.

**证法二** 先证明一个引理 若 $x \geq 1, y \geq 1$, 则
$$(x^2 - 2x + 2)(y^2 - 2y + 2) \leq (xy)^2 - 2xy + 2 \qquad ①$$

① $\Leftrightarrow x^2 y^2 - 2(xy^2 + x^2 y) + 2(x^2 + y^2) + 4xy - 4(x + y) + 4 \leq (xy)^2 - 2xy + 2 \Leftrightarrow$

$(xy^2 + x^2 y) - 3xy - (x^2 + y^2) + 2(x + y) - 1 \geq 0 \Leftrightarrow$

$xy[(x + y) - 1] - [(x + y) - 1]^2 \geq 0 \Leftrightarrow$

$[(x + y) - 1][xy - (x + y) + 1] = (x + y - 1)(x - 1)(y - 1) \geq 0$

这是显然的.

下面证明原不等式. 现对 $x, y$ 用引理, 再将引理中的 $x$ 换成 $xy$, 将 $y$ 换成 $z$ 得

$$(x^2 - 2x + 2)(y^2 - 2y + 2)(z^2 - 2z + 2) \leq$$
$$[(xy)^2 - 2xy + 2](z^2 - 2z + 2) \leq (xyz)^2 - 2xyz + 2$$

**90. 证法一** 我们证明两个不等式 $(x + y)^4 \geq 8xy(x^2 + y^2)$ 和 $\left(\dfrac{x + y}{2}\right)^2 \geq xy$.

$$(x + y)^4 \geq 8xy(x^2 + y^2) \Leftrightarrow (x - y)^4 \geq 0$$

$$\left(\dfrac{x + y}{2}\right)^2 \geq xy \Leftrightarrow (x - y)^2 \geq 0$$

第一式平方与第二式相乘即得.

**证法二** $2^8 (xy)^3 [2(x^2 + y^2)]^2 \leq (x + y)^{10} \Leftrightarrow (4xy)^{\frac{3}{5}} [2(x^2 + y^2)]^{\frac{2}{5}} \leq (x + y)^2$.

由加权均值不等式得

$$(x + y)^2 = \dfrac{4(x^2 + y^2) + (x^2 + y^2) + 10xy}{5} \geq$$
$$\dfrac{4(x^2 + y^2) + 2xy + 10xy}{5} = \dfrac{4(x^2 + y^2) + 12xy}{5} =$$
$$\dfrac{2[2(x^2 + y^2)] + 3 \times 4xy}{5} \geq (4xy)^{\frac{3}{5}} [2(x^2 + y^2)]^{\frac{2}{5}}$$

两端 5 次方即得. 当且仅当 $x = y$ 时等号成立.

**91. 证法一** 设 $\dfrac{a}{b + c} = x, \dfrac{b}{c + a} = y, \dfrac{c}{a + b} = z$, 则 $\dfrac{1}{1 + x} + \dfrac{1}{1 + y} + \dfrac{1}{1 + z} = 1$,

即 $2xyz + xy + yz + zx = 1$.

由 Schur 不等式得

$$a^3 + b^3 + c^3 + 3abc \geq a^2 b + ab^2 + b^2 c + bc^2 + a^2 c + ac^2$$

则

$$x + y + z = \dfrac{a}{b + c} + \dfrac{b}{c + a} + \dfrac{c}{a + b} =$$

$$\frac{a(a+b)(c+a) + b(a+b)(b+c) + c(b+c)(c+a)}{(a+b)(b+c)(c+a)} =$$

$$\frac{a^3 + b^3 + c^3 + 3abc + a^2b + ab^2 + b^2c + bc^2 + a^2c + ac^2}{(a+b)(b+c)(c+a)} \geq$$

$$\frac{2(a^2b + ab^2 + b^2c + bc^2 + a^2c + ac^2)}{(a+b)(b+c)(c+a)} =$$

$$2(xy + yz + zx)$$

$$(a+b)(b+c)(c+a) = a^2b + ab^2 + b^2c + bc^2 + a^2c + ac^2 + 2abc$$

由均值不等式得

$$a^2b + ab^2 + b^2c + bc^2 + a^2c + ac^2 \geq 6abc$$

所以

$$\frac{2(a^2b + ab^2 + b^2c + bc^2 + a^2c + ac^2)}{(a+b)(b+c)(c+a)} \geq \frac{3}{2}$$

即

$$\frac{a}{b+c} + \frac{b}{c+a} + \frac{c}{a+b} \geq \frac{3}{2}$$

且

$$xy + yz + zx \geq \frac{3}{4}$$

$$xyz = \frac{a}{b+c} \cdot \frac{b}{c+a} \cdot \frac{c}{a+b} \leq \frac{a}{2\sqrt{bc}} \cdot \frac{b}{2\sqrt{ca}} \cdot \frac{c}{2\sqrt{ab}} = \frac{1}{8}$$

原不等式等价于

$$\frac{4}{3}(x + y + z) + \sqrt[3]{xyz} \geq \frac{5}{2}$$

$$\frac{4}{3}(x + y + z) + \sqrt[3]{xyz} \geq \frac{4}{3}(x + y + z) + 4xyz =$$

$$\frac{1}{3}(x + y + z) + (x + y + z) + 4xyz \geq$$

$$\frac{1}{3}(x + y + z) + 2(xy + yz + zx + 2xyz) \geq$$

$$\frac{1}{2} + 2 = \frac{5}{2}$$

等号成立当且仅当 $x = y = z$ 即 $a = b = c$.

**证法二** 因为 $\frac{a}{b+c} + \frac{b}{c+a} + \frac{c}{a+b} \geq \frac{3}{2}$ 及 $\frac{a}{b+c} \cdot \frac{b}{c+a} \cdot \frac{c}{a+b} \leq \frac{1}{8}$

所以

$$\frac{1}{3}\left(\frac{a}{b+c} + \frac{b}{c+a} + \frac{c}{a+b}\right) \geq \frac{1}{2}$$

$$\sqrt[3]{\frac{abc}{(b+c)(c+a)(a+b)}} \geqslant \frac{4abc}{(b+c)(c+a)(a+b)}$$

只要证明

$$\left(\frac{a}{b+c}+\frac{b}{c+a}+\frac{c}{a+b}\right)+\frac{4abc}{(b+c)(c+a)(a+b)} \geqslant 2$$

此不等式等价于 Schur 不等式:

$$a^3+b^3+c^3+3abc \geqslant a^2b+ab^2+b^2c+bc^2+a^2c+ac^2$$

92. 先证明一个引理:

$$\sqrt{\frac{a^2+b^2}{a+b}}+\sqrt{\frac{2ab}{a+b}} \leqslant \sqrt{2(a+b)}$$

$$\sqrt{\frac{a^2+b^2}{a+b}}+\sqrt{\frac{2ab}{a+b}} \leqslant \sqrt{2(a+b)} \Leftrightarrow$$

$$\sqrt{a^2+b^2}+\sqrt{2ab} \leqslant \sqrt{2}(a+b) \Leftrightarrow$$

$$2\sqrt{2ab(a^2+b^2)} \leqslant 2ab+(a^2+b^2)$$

由均值不等式这是显然的.

所以,要证明原不等式,只要证明

$$\sqrt{\frac{2ab}{a+b}}+\sqrt{\frac{2bc}{b+c}}+\sqrt{\frac{2ca}{c+a}} \geqslant 3$$

**证法一** 由均值不等式 $\sqrt{\frac{2ab}{a+b}}+\sqrt{\frac{2bc}{b+c}}+\sqrt{\frac{2ca}{c+a}} \geqslant 3\sqrt[6]{\frac{8(abc)^2}{(a+b)(b+c)(c+a)}}.$

只要证明

$$8(abc)^2 \geqslant (a+b)(b+c)(c+a) \Leftrightarrow 8(abc)^3 \geqslant abc(a+b)(b+c)(c+a)$$

由均值不等式得

$$\sqrt[3]{a(b+c)b(c+a)c(a+b)} \leqslant \frac{a(b+c)b(c+a)c(a+b)}{3} =$$

$$\frac{2(ab+bc+ca)}{3} \leqslant 2abc$$

两边三次方即得.

**证法二** 作变换 $x=\frac{1}{a}, y=\frac{1}{b}, z=\frac{1}{c}$,所以由条件得 $\frac{1}{a}+\frac{1}{b}+\frac{1}{c} \leqslant 3 \Leftrightarrow$

$x+y+z \leqslant 3$.

$$\sqrt{\frac{2ab}{a+b}}+\sqrt{\frac{2bc}{b+c}}+\sqrt{\frac{2ca}{c+a}} \geqslant 3 \Leftrightarrow$$

$$\sqrt{\frac{2}{x+y}} + \sqrt{\frac{2}{y+z}} + \sqrt{\frac{2}{z+x}} \geq 3 \Leftrightarrow$$

$$\sqrt{\frac{1}{x+y}} + \sqrt{\frac{1}{y+z}} + \sqrt{\frac{1}{z+x}} \geq \frac{3}{\sqrt{2}}$$

由柯西不等式得

$$(\sqrt{\frac{1}{x+y}} + \sqrt{\frac{1}{y+z}} + \sqrt{\frac{1}{z+x}})(\sqrt{x+y} + \sqrt{y+z} + \sqrt{z+x}) \geq 9$$

$$(1+1+1)[(x+y)+(y+z)+(y+x)] \leq$$

$$(\sqrt{x+y} + \sqrt{y+z} + \sqrt{z+x})^2$$

即

$$\sqrt{6(x+y+z)} \leq \sqrt{x+y} + \sqrt{y+z} + \sqrt{z+x}$$

所以

$$\sqrt{\frac{1}{x+y}} + \sqrt{\frac{1}{y+z}} + \sqrt{\frac{1}{z+x}} \geq \frac{9}{\sqrt{x+y} + \sqrt{y+z} + \sqrt{z+x}} \geq$$

$$\frac{9}{\sqrt{6(x+y+z)}} \geq \frac{9}{\sqrt{18}} = \frac{3}{\sqrt{2}}$$

**证法三** 作变换 $x = \frac{1}{a}, y = \frac{1}{b}, z = \frac{1}{c}$,则原不等式等价于

$$\sqrt{\frac{2(x+y)}{xy}} + \sqrt{\frac{2(y+z)}{yz}} + \sqrt{\frac{2(z+x)}{zx}} \geq$$

$$3 + \sqrt{\frac{x^2+y^2}{xy(x+y)}} + \sqrt{\frac{y^2+z^2}{yz(y+z)}} + \sqrt{\frac{z^2+x^2}{zx(z+x)}}$$

即等价于

$$\sum (\sqrt{\frac{2(x+y)}{xy}} - \sqrt{\frac{x^2+y^2}{xy(x+y)}}) \geq 3 \Leftrightarrow$$

$$\sum (\frac{2(x+y)^2 - (x^2+y^2)}{(\sqrt{2}(x+y) + \sqrt{x^2+y^2})\sqrt{xy(x+y)}}) \geq 3 \Leftrightarrow$$

$$\sum (\frac{x^2+y^2+4xy}{(\sqrt{2xy(x+y)^2} + \sqrt{xy(x^2+y^2)})\sqrt{x+y}}) \geq 3$$

由柯西不等式

$$\sqrt{2xy(x+y)^2} + \sqrt{xy(x^2+y^2)} \leq$$

$$\sqrt{[(x+y)^2 + 2xy] \cdot [2xy + \frac{x^2+y^2}{2}]} =$$

$$\frac{x^2+y^2+4xy}{\sqrt{2}}$$

所以
$$\sum \left( \frac{x^2 + y^2 + 4xy}{(\sqrt{2xy(x+y)^2} + \sqrt{xy(x^2+y^2)})\sqrt{x+y}} \right) \geq \sum \sqrt{\frac{2}{x+y}}$$

只要证明
$$\sqrt{\frac{2}{x+y}} + \sqrt{\frac{2}{y+z}} + \sqrt{\frac{2}{z+x}} \geq 3$$

由 Hölder 不等式得
$$\left( \sqrt{\frac{1}{x+y}} + \sqrt{\frac{1}{y+z}} + \sqrt{\frac{1}{z+x}} \right)^2 [(x+y) + (y+z) + (z+x)] \geq 27$$

即
$$\left( \sqrt{\frac{2}{x+y}} + \sqrt{\frac{2}{y+z}} + \sqrt{\frac{2}{z+x}} \right)^2 (x+y+z) \geq 27$$

而由已知得 $x + y + z \leq 3$，所以
$$\sqrt{\frac{2}{x+y}} + \sqrt{\frac{2}{y+z}} + \sqrt{\frac{2}{z+x}} \geq 3$$

**93. 证法一** 设 $x = a, 2y = b$，则 $a + b = 1$，要证明原不等式，通过齐次化，只要证明
$$\frac{1}{a(a+b)^2} + \frac{4}{b(a+b)^2} - \frac{25}{(a+b)^3 + 12ab^2} \geq 0$$

再设 $\frac{b}{a} = t$，上面不等式可化为 $\frac{1}{(1+t)^2} + \frac{4}{t(1+t)^2} - \frac{25}{(1+t)^3 + 12t^2} \geq 0 \Leftrightarrow$
$(t+4)[(1+t)^3 + 12t^2] - 25t(1+t)^2 \geq 0 \Leftrightarrow (t-1)^2(t-2)^2 \geq 0$.

所以当且仅当 $x = y = \frac{1}{3}$ 或 $x = \frac{1}{2}$ 且 $y = \frac{1}{4}$ 时等号成立.

**证法二** 我们在条件 $x, y, z$ 都是正数，$x + y + z = 1$ 下，只要证明
$$\frac{1}{x} + \frac{1}{y} + \frac{1}{z} \geq \frac{25}{1 + 48xyz} \Leftrightarrow$$
$$\frac{1}{x} + \frac{1}{y} + \frac{1}{z} \geq \frac{25(x+y+z)^2}{(x+y+z)^3 + 48xyz} \Leftrightarrow$$
$$\sum_{sym} (x^4y + 3x^3y^2 - 9x^3yz + 5x^2y^2z) \geq 0 \Leftrightarrow$$
$$\sum_{sym} z(x-y)^2(x+y-3z)^2 \geq 0$$

或用调整法证明 $\frac{1}{x} + \frac{1}{y} + \frac{1}{z} \geq \frac{25}{1 + 48xyz}$. 即证明
$$f(x,y,z) = 48(xy + yz + zx) + \left( \frac{1}{x} + \frac{1}{y} + \frac{1}{z} \right) \geq 25$$

不妨设 $x \geq y \geq z$, 则 $y + z \leq \dfrac{2}{3}$.

$$f(x,y,z) - f(x, \frac{y+z}{2}, \frac{y+z}{2}) = (y-z)^2 (\frac{1}{yz(y+z)} - 12)$$

而

$$yz(y+z) \leq \frac{1}{4}(y+z)^2(y+z) \leq \frac{2}{27} < \frac{1}{12}$$

所以

$$f(x,y,z) - f(x, \frac{y+z}{2}, \frac{y+z}{2}) \geq 0$$

下面只要证明

$$f(x, \frac{y+z}{2}, \frac{y+z}{2}) \geq 25$$

即证明

$$f(x, \frac{1-x}{2}, \frac{1-x}{2}) \geq 25$$

$$f(x, \frac{1-x}{2}, \frac{1-x}{2}) \geq 25 \Leftrightarrow$$

$$\frac{1-3x}{x} + \frac{6x-2}{1-x} + 48[x(1-x) + \frac{1}{4}(1-x)^2] - 16 \geq 0 \Leftrightarrow$$

$$(3x-1)(\frac{2}{1-x} - \frac{1}{x}) - 4(9x^2 - 6x + 1) \geq 0 \Leftrightarrow$$

$$(3x-1)^2(\frac{1}{x(1-x)} - 4) \geq 0 \Leftrightarrow$$

$$(3x-1)^2(2x-1)^2 \geq 0$$

等号成立当且仅当 $x = y = z = \dfrac{1}{3}$ 或 $x = \dfrac{1}{2}$ 且 $y = z = \dfrac{1}{4}$ 时.

94. 先证明一个引理:

$$\frac{x^2}{y} + \frac{y^2}{z} + \frac{z^2}{x} \geq \frac{(x^2+y^2+z^2)(x+y+z)}{xy+yz+zx} \qquad ①$$

$① \Leftrightarrow (\dfrac{x^2}{y} + \dfrac{y^2}{z} + \dfrac{z^2}{x})(xy+yz+zx) \geq (x^2+y^2+z^2)(x+y+z) \Leftrightarrow$

$$x^3 + y^3 + z^3 + x^2z + y^2x + z^2y + \frac{x^3z}{y} + \frac{y^3x}{z} + \frac{z^3y}{x} \geq$$

$$x^3 + y^3 + z^3 + xy^2 + y^2z + yz^2 + x^2z + xz^2 \Leftrightarrow$$

$$\frac{x^3z}{y} + \frac{y^3x}{z} + \frac{z^3y}{x} \geq x^2y + y^2z + z^2x \qquad ②$$

由均值不等式得 $\dfrac{x^3z}{y} + \dfrac{y^3x}{z} \geq 2x^2y$, $\dfrac{y^3x}{z} + \dfrac{z^3y}{x} \geq 2y^2z$, $\dfrac{z^3y}{x} + \dfrac{y^3x}{z} \geq 2z^2x$. 相加得 ②.

因为 $xy + yz + zx = 1$，只要证明
$$3 - \sqrt{3} + (x^2 + y^2 + z^2)(x + y + z) \geqslant (x + y + z)^2 \Leftrightarrow$$
$$3 - \sqrt{3} + (x^2 + y^2 + z^2)(x + y + z) \geqslant x^2 + y^2 + z^2 + 2 \Leftrightarrow$$
$$(x + y + z - 1)(x^2 + y^2 + z^2) \geqslant \sqrt{3} - 1 \qquad ③$$

因为 $x^2 + y^2 + z^2 \geqslant xy + yz + zx = 1$，由均值不等式得
$$x + y + z \geqslant \sqrt{3(xy + yz + zx)} = \sqrt{3}$$

所以不等式 ③ 成立.

95. $\sum_{k=1}^{n}(1 - \dfrac{k}{\sum_{i=1}^{n} ix_i^2}) \dfrac{x_k^2}{k} \leqslant (\dfrac{n-1}{n+1})^2 \sum_{k=1}^{n} \dfrac{x_k^2}{k} \Leftrightarrow (n+1)^2 \sum_{k=1}^{n}(1 - \dfrac{k}{\sum_{i=1}^{n} ix_i^2}) \dfrac{x_k^2}{k} \leqslant$

$(n-1)^2 \sum_{k=1}^{n} \dfrac{x_k^2}{k} \Leftrightarrow [(n+1)^2 - (n-1)^2] \sum_{k=1}^{n} \dfrac{x_k^2}{k} \leqslant (n+1)^2 \dfrac{1}{\sum_{i=1}^{n} ix_i^2} \sum_{k=1}^{n} x_k^2 =$

$(n+1)^2 \dfrac{1}{\sum_{k=1}^{n} kx_k^2} \sum_{k=1}^{n} x_k^2 \Leftrightarrow 4n \sum_{k=1}^{n} kx_k^2 \sum_{k=1}^{n} \dfrac{x_k^2}{k} \leqslant (n+1)^2 \sum_{k=1}^{n} x_k^2 \Leftrightarrow 4n \sum_{k=1}^{n} kx_k^2 \sum_{k=1}^{n} \dfrac{x_k^2}{k} \leqslant$

$(n+1)^2 (\sum_{k=1}^{n} x_k^2)^2$，最后一步因为 $\sum_{k=1}^{n} x_k^2 = 1$. 确定等号成立的条件.

96. **证法一** 由引理 $\dfrac{a^3 + b^3}{2} \leqslant (\dfrac{a^2 + b^2}{a + b})^3$. (见 60 题) 所以

$$\sqrt[4]{\dfrac{(a^2 + b^2)(a^2 - ab + b^2)}{2}} = \sqrt[4]{\dfrac{(a^2 + b^2)(a^3 + b^3)}{2(a + b)}} \leqslant \dfrac{a^2 + b^2}{a + b}$$

所以

$$\sum_{cyc} \sqrt[4]{\dfrac{(a^2 + b^2)(a^2 - ab + b^2)}{2}} \leqslant \dfrac{a^2 + b^2}{a + b} + \dfrac{b^2 + c^2}{b + c} + \dfrac{c^2 + a^2}{c + a}$$

只要证明

$$\dfrac{a^2 + b^2}{a + b} + \dfrac{b^2 + c^2}{b + c} + \dfrac{c^2 + a^2}{c + a} \leqslant \dfrac{2}{3}(a^2 + b^2 + c^2)(\dfrac{1}{a + b} + \dfrac{1}{b + c} + \dfrac{1}{c + a}) \Leftrightarrow$$

$$\dfrac{2c^2 - a^2 - b^2}{a + b} + \dfrac{2a^2 - b^2 - c^2}{b + c} + \dfrac{2b^2 - c^2 - a^2}{c + a} \geqslant 0 \qquad ①$$

因为

$$\dfrac{2c^2 - a^2 - b^2}{a + b} + \dfrac{2a^2 - b^2 - c^2}{b + c} + \dfrac{2b^2 - c^2 - a^2}{c + a} =$$

$$\dfrac{(c^2 - a^2) + (c^2 - b^2)}{a + b} + \dfrac{(a^2 - b^2) + (a^2 - c^2)}{b + c} + \dfrac{(b^2 - a^2) + (b^2 - c^2)}{c + a} =$$

$$(\dfrac{a^2 - b^2}{b + c} - \dfrac{a^2 - b^2}{c + a}) + (\dfrac{b^2 - c^2}{c + a} - \dfrac{b^2 - c^2}{a + b}) + (\dfrac{c^2 - a^2}{a + b} - \dfrac{c^2 - a^2}{b + c}) =$$

$$\frac{(a+b)(a-b)^2}{(b+c)(c+a)} + \frac{(b+c)(b-c)^2}{(c+a)(a+b)} + \frac{(c+a)(c-a)^2}{(a+b)(b+c)} \geq 0$$

所以不等式①成立.

**注** 由 Chebyshev 不等式知不等式①成立.

**证法二** 由柯西不等式得 $[(a+b)+(b+c)+(c+a)](\frac{1}{a+b} + \frac{1}{b+c} + \frac{1}{c+a}) \geq 9$

所以

$$\frac{1}{a+b} + \frac{1}{b+c} + \frac{1}{c+a} \geq \frac{9}{2(a+b+c)}$$

$$\frac{2}{3}(a^2+b^2+c^2)(\frac{1}{a+b} + \frac{1}{b+c} + \frac{1}{c+a}) \geq \frac{3(a^2+b^2+c^2)}{a+b+c}$$

由均值不等式和柯西不等式得

$$\sum_{cyc} \sqrt[4]{\frac{(a^2+b^2)(a^2-ab+b^2)}{2}} \leq \sum_{cyc} \sqrt{\frac{\frac{a^2+b^2}{2} + (a^2-ab+b^2)}{2}} =$$

$$\sum_{cyc} \sqrt{\frac{3a^2-2ab+3b^2}{4}} \leq$$

$$\sqrt{\frac{3[6(a^2+b^2+c^2)-2(ab+bc+ca)]}{4}} =$$

$$\sqrt{\frac{9(a^2+b^2+c^2)-3(ab+bc+ca)}{2}}$$

要证明原不等式,只要证明

$$3(a^2+b^2+c^2) \geq (a+b+c)\sqrt{\frac{9(a^2+b^2+c^2)-3(ab+bc+ca)}{2}} \Leftrightarrow$$

$$3(a^2+b^2+c^2) \geq \frac{\sqrt{2(a+b+c)^2[9(a^2+b^2+c^2)-3(ab+bc+ca)]}}{2} \Leftrightarrow$$

$$12(a^2+b^2+c^2) \geq 2\sqrt{2(a+b+c)^2[9(a^2+b^2+c^2)-3(ab+bc+ca)]}$$

由均值不等式得

$$2\sqrt{2(a+b+c)^2[9(a^2+b^2+c^2)-3(ab+bc+ca)]} \leq$$
$$2(a+b+c)^2 + [9(a^2+b^2+c^2)-3(ab+bc+ca)] =$$
$$11(a^2+b^2+c^2) + (ab+bc+ca)$$

所以只要证明 $a^2+b^2+c^2 \geq ab+bc+ca$,这是显然的,当且仅当 $a=b=c$ 等号成立.

**97. 证法一** 不妨设 $a \geq b \geq c > 0$,因为 $a^4 - b^2c^2 \geq 0, ab+2bc+ca \leq$

$$bc + 2ca + ab$$

所以,
$$\frac{(b+c)(a^4 - b^2c^2)}{ab + 2bc + ca} \geq \frac{(b+c)(a^4 - b^2c^2)}{bc + 2ca + ab}$$

又因为
$$c^4 - a^2b^2 \leq 0$$
$$ca + 2ab + bc \geq bc + 2ca + ab$$

所以
$$\frac{(a+b)(c^4 - a^2b^2)}{ca + 2ab + bc} \geq \frac{(a+b)(c^4 - a^2b^2)}{bc + 2ca + ab}$$

因此
$$\frac{(b+c)(a^4 - b^2c^2)}{ab + 2bc + ca} + \frac{(c+a)(b^4 - c^2a^2)}{bc + 2ca + ab} + \frac{(a+b)(c^4 - a^2b^2)}{ca + 2ab + bc} \geq$$
$$\frac{(b+c)(a^4 - b^2c^2)}{bc + 2ca + ab} + \frac{(c+a)(b^4 - c^2a^2)}{bc + 2ca + ab} + \frac{(a+b)(c^4 - a^2b^2)}{bc + 2ca + ab}$$

所以,只要证明
$$(b+c)(a^4 - b^2c^2) + (c+a)(b^4 - c^2a^2) + (a+b)(c^4 - a^2b^2) \geq 0 \Leftrightarrow$$
$$(a^4b + ab^4 - (a^3b^2 + a^2b^3)) + b^4c + bc^4 - (b^3c^2 + b^2c^3) +$$
$$c^4a + ca^4 - (c^3a^2 + c^2a^3) \geq 0 \Leftrightarrow$$
$$ab(a+b)(a-b)^2 + bc(b+c)(b-c)^2 + ca(c+a)(c-a)^2 \geq 0$$

**证法二** 注意到 $a^2 - bc = \frac{1}{2}[(a+c)(a-b) - (a+b)(a-c)]$

$$\sum_{cyc} \frac{(b+c)(a^4 - b^2c^2)}{ab + 2bc + ca} \geq 0 \Leftrightarrow$$

$$\sum_{cyc} \frac{(b+c)(a^2 + bc)[(a+c)(a-b) - (a+b)(a-c)]}{ab + 2bc + ca} \geq 0 \Leftrightarrow$$

$$\sum_{cyc} (a-b)(a+c)(b+c)\left(\frac{a^2 + bc}{ab + 2bc + ca} - \frac{b^2 + ca}{bc + 2ca + ab}\right) \geq 0 \Leftrightarrow$$

$$\sum_{cyc} \frac{(a-b)^2(b+c)(c+a)[ab(a+b) + 2c(a^2 + ab + b^2) - c^2(a+b)]}{(ab + 2bc + ca)(bc + 2ca + ab)} \geq 0$$

因为 $a^2 + b^2 \geq \frac{3}{4}(a+b)^2$,所以只要证明

$$\sum_{cyc} \frac{(a-b)^2(2ab + 3ac + 3bc + b^2 - 2c^2)}{(ab + 2bc + ca)(bc + 2ca + ab)} \geq 0 \Leftrightarrow$$

$$\sum_{cyc} (2ab + 3ac + 3bc + b^2 - 2c^2)(ca + 2ab + bc)(a-b)^2 \geq 0$$

不妨设 $a \geq b \geq c$,令 $S_c = (2ab + 3ac + 3bc + b^2 - 2c^2)(ca + 2ab + bc)$,上式

变为证明 $\sum_{cyc} S_c(a-b)^2 \geqslant 0$.

因此 $S_c \geqslant 0, S_b \geqslant 0$,
$$a^2 S_b + b^2 S_a = a^2(2ac + 3ab + 3bc - 2b^2)(bc + 2ca + ab) +$$
$$b^2(2bc + 3ab + 3ca - 2a^2)(ab + 2bc + ca) =$$
$$a^2(2ac + 3ab + 3bc)(bc + 2ca + ab) +$$
$$b^2(2bc + 3ab + 3ca)(ab + 2bc + ca) -$$
$$2a^2 b^2[(bc + 2ca + ab) + (ab + 2bc + ca)] \geqslant$$
$$(a^2 + b^2) - 6a^2 b^2(ab + bc + ca) =$$
$$3ab(ab + bc + ca)(a-b)^2 \geqslant 0$$

所以
$$\sum_{cyc} S_c(a-b)^2 \geqslant (a-c)^2 S_b + (b-c)^2 S_a \geqslant \frac{a^2}{b^2}(b-c)^2 S_b + (b-c)^2 S_a =$$
$$\frac{(b-c)^2}{b^2}(a^2 S_b + b^2 S_a) \geqslant 0$$

**证法三** 先证明一个引理
$$\frac{(b+c)(a^4 - b^2 c^2)}{ab + 2bc + ca} \geqslant \frac{a^3 + abc + b^2 c - bc^2}{2}$$

它等价于
$$f(a,b,c) = (b+c)a^4 - 2bca^3 - bc(b+c)a^2 + abc(b^2 + c^2) \geqslant 0$$
$$\frac{f(a,b,c)}{a} \geqslant \frac{4bc}{b+c}a^3 - 2bca^3 - bc(b+c) - bc(b+c)a + bc \cdot \frac{(b+c)^2}{2} =$$
$$\frac{bc}{2(b+c)}(2a + b + c)(2a - b - c)^2 \geqslant 0$$

所以由 Schur 不等式得
$$\sum_{cyc} \frac{(b+c)(a^4 - b^2 c^2)}{ab + 2bc + ca} \geqslant$$
$$\frac{a^3 + b^3 + c^3 + 3abc - a^2 b - ab^2 - b^2 c - bc^2 - c^2 a - ca^2}{2} \geqslant 0$$

**证法四** (Arqady) 令 $bc = x, ca = y, ab = z$,则原不等式等价于
$$\sum_{sym} (2x^6 y^3 + 7x^5 y^4 + x^4 y^4 z - x^6 y^2 z - 3x^5 y^2 z^2 - 6x^4 y^3 z^2) \geqslant 0$$

98. 不等式的左边
$$L = \frac{(a-c)^2}{a+b+c} + \frac{(b-d)^2}{b+c+d} + (a-c)(b-d)\left(\frac{2d+b}{(b+c+d)(d+a+b)} - \frac{2c+a}{(a+b+c)(c+d+a)}\right)$$

要证明 $L \geqslant 0$,只要证明

$$(a-c)(b-d)\left(\frac{2d+b}{(b+c+d)(d+a+b)} - \frac{2c+a}{(a+b+c)(c+d+a)}\right) \geqslant \frac{-2|(a-c)(b-d)|}{\sqrt{a+b+c}\sqrt{b+c+d}}$$

当 $a=c$ 或 $b=d$ 时,不等式显然成立. 因此,不妨设 $a>c$ 和 $b>d$,我们目标是证明

$$\left|\frac{2d+b}{(b+c+d)(d+a+b)} - \frac{2c+a}{(a+b+c)(c+d+a)}\right| \leqslant \frac{2}{\sqrt{a+b+c}\sqrt{b+c+d}}$$

因为不等式的左边的两项都是正的,所以只要证明右边大于左边的任意一项就可以了. 这两个不等式的证明是类似的,下面证明

$$\frac{2d+b}{(b+c+d)(d+a+b)} \leqslant \frac{2}{\sqrt{a+b+c}\sqrt{b+c+d}} \Leftrightarrow$$
$$4(d+a+b)^2(b+c+d) - (2d+b)^2(a+b+c) =$$
$$[(2d+b)+(2a+b)]^2(b+c+d) - (2d+b)^2(a+b+c) =$$
$$(2d+b)^2(b+c+d) + 2(2d+b)(2a+b)(b+c+d) +$$
$$d(2d+b)^2 - a(2d+b)^2 >$$
$$(2d+b)(2a+b)(2b+2c+2d) - a(2d+b)^2 > 0$$

不等式证毕,等号成立当且仅当 $a=c, b=d$ 时.

99. 我们证明局部不等式

$$\frac{a^3}{\sqrt{b^4+b^2c^2+c^4}} \geqslant \frac{\sqrt{3}\,a^4}{a^3+b^3+c^3}$$

$$\frac{a^3}{\sqrt{b^4+b^2c^2+c^4}} \geqslant \frac{\sqrt{3}\,a^4}{a^3+b^3+c^3} \Leftrightarrow$$

$$\frac{1}{\sqrt{b^4+b^2c^2+c^4}} \geqslant \frac{\sqrt{3}\,a}{a^3+b^3+c^3} \Leftrightarrow$$

$$(a^3+b^3+c^3)^2 \geqslant 3a^2(b^4+b^2c^2+c^4) \Leftrightarrow$$
$$a^6+b^6+c^6+2a^3b^3+2b^3c^3+2c^3a^3 \geqslant 3a^2(b^4+b^2c^2+c^4)$$

由均值不等式得

$$c^6+c^3a^3+c^3a^3 \geqslant 3a^2c^4$$
$$b^6+a^3b^3+a^3b^3 \geqslant 3a^2b^4$$
$$a^6+b^3c^3+b^3c^3 \geqslant 3a^2b^2c^2$$

三个不等式相加即得

$$a^6+b^6+c^6+2a^3b^3+2b^3c^3+2c^3a^3 \geqslant 3a^2(b^4+b^2c^2+c^4)$$

即
$$\frac{a^3}{\sqrt{b^4+b^2c^2+c^4}} \geq \frac{\sqrt{3}\,a^4}{a^3+b^3+c^3}$$

同理
$$\frac{b^3}{\sqrt{c^4+c^2a^2+a^4}} \geq \frac{\sqrt{3}\,b^4}{a^3+b^3+c^3}$$

$$\frac{c^3}{\sqrt{a^4+a^2b^2+b^4}} \geq \frac{\sqrt{3}\,c^4}{a^3+b^3+c^3}$$

相加并利用 $a^4+b^4+c^4 \geq a^3+b^3+c^3$ 得

$$\frac{a^3}{\sqrt{b^4+b^2c^2+c^4}} + \frac{b^3}{\sqrt{c^4+c^2a^2+a^4}} + \frac{c^3}{\sqrt{a^4+a^2b^2+b^4}} \geq$$

$$\frac{\sqrt{3}(a^4+b^4+c^4)}{a^3+b^3+c^3} \geq \sqrt{3}$$

**100. 证法一** 先证明左边的不等式,因为 $a+b+c=1$,由均值不等式得
$$ab+bc+ca = (a+b+c)(ab+bc+ca) \geq 3\sqrt[3]{abc} \cdot 3\sqrt[3]{abbcca} = 9abc$$
再证明右边的不等式,不妨设 $a \geq b \geq c \geq 0$,则由条件 $a+b+c=1$ 得
$$1+9abc-4(ab+bc+ca) = (a+b+c)3+9abc-4(a+b+c)$$
$$(ab+bc+ca) = a(a-b)(a-c)+$$
$$b(b-c)(b-a)+c(c-a)(c-b) =$$
$$(a-b)[a(a-c)-b(b-c)]+$$
$$c(a-c)(b-c) \geq 0$$

所以 $ab+bc+ca \leq \frac{1}{4}(1+9abc)$.

**证法二** 只再证明右边的不等式,考虑根为 $a,b,c$ 的三次多项式 $P(x) = (x-a)(x-b)(x-c) = x^3 - x^2 + (ab+bc+ca)x - abc$.

因为 $a+b+c=1$,那么 $a,b,c$ 中至多有一个大于或等于 $\frac{1}{2}$. 设存在一个数大于 $\frac{1}{2}$,那么 $P(\frac{1}{2}) = (\frac{1}{2}-a)(\frac{1}{2}-b)(\frac{1}{2}-c) < 0$. 即 $\frac{1}{8} - \frac{1}{4} + \frac{1}{2}(ab+bc+ca) - abc < 0$,即 $4(ab+bc+ca) - 8abc < 1$. 不等式得证.

若 $\frac{1}{2}-a \geq 0, \frac{1}{2}-b \geq 0, \frac{1}{2}-c \geq 0$,那么 $2\sqrt{(\frac{1}{2}-a)(\frac{1}{2}-b)} \leq \frac{1}{2}-a+\frac{1}{2}-b = 1-a-b = c$,类似地,$2\sqrt{(\frac{1}{2}-b)(\frac{1}{2}-c)} \leq a$,$2\sqrt{(\frac{1}{2}-c)(\frac{1}{2}-a)} \leq b$,得到 $8(\frac{1}{2}-a)(\frac{1}{2}-b)(\frac{1}{2}-c) \leq abc$,等价于

$ab + bc + ca \leq \dfrac{1}{4}(1 + 9abc)$. 不等式得证.

**101.** 当 $x, y, z$ 中有一个是 $0$ 时,不等式显然成立,下设 $x, y, z$ 都大于 $0$, 原不等式等价于 $(\dfrac{x}{y+z})^2 + (\dfrac{y}{z+x})^2 + (\dfrac{z}{x+y})^2 + \dfrac{10xyz + 2(x+y)(y+z)(z+x)}{(x+y)(y+z)(z+x)} \geq 4 \Leftrightarrow (\dfrac{x}{y+z})^2 + (\dfrac{y}{z+x})^2 + (\dfrac{z}{x+y})^2 + \dfrac{10xyz}{(x+y)(y+z)(z+x)} \geq 2$.

设 $a = \dfrac{x}{y+z}, b = \dfrac{y}{z+x}, c = \dfrac{z}{x+y}$, 则 $\dfrac{a}{a+1} + \dfrac{b}{b+1} + \dfrac{c}{c+1} = 1$, 即 $ab + bc + ca + 2abc = 1$, 不等式化为 $a^2 + b^2 + c^2 + 10abc \geq 2$. 即证明 $a^2 + b^2 + c^2 + 10abc \geq 2(ab + bc + ca + 2abc) \Leftrightarrow a^2 + b^2 + c^2 + 6abc \geq 2(ab + bc + ca)$, 由 Nebitt 不等式得 $\dfrac{x}{y+z} + \dfrac{y}{z+x} + \dfrac{z}{x+y} \geq \dfrac{3}{2}$, 即 $a + b + c \geq \dfrac{3}{2}$, 所以, $6abc \geq \dfrac{9abc}{a+b+c}$, 于是只要证明 $a^2 + b^2 + c^2 + \dfrac{9abc}{a+b+c} \geq 2(ab + bc + ca)$, 即 $(a+b+c)^2 + \dfrac{9abc}{a+b+c} \geq 4(ab+bc+ca) \Leftrightarrow (a+b+c)^3 - 4(a+b+c)(ab+bc+ca) + 9abc \geq 0$, 此即 Schur 不等式.

**102. 证法一** 不等式等价于证明 $\sum\limits_{i=1}^{n} \dfrac{2}{a_i} \geq \sum\limits_{i=1}^{n} \dfrac{4a_i}{\sqrt{a_i^4 + 3}}$. 因为 $a_1 a_2 \cdots a_n = 1$, 由均值不等式 $\sum\limits_{i=1}^{n} \dfrac{2}{a_i} = \sum\limits_{i=1}^{n} \dfrac{1}{a_i} + \sum\limits_{j=1}^{n} \dfrac{1}{a_j} \geq \sum\limits_{i=1}^{n} \dfrac{1}{a_i} + n \sqrt[n]{\prod\limits_{i=1}^{n} \dfrac{1}{a_i}} = \sum\limits_{i=1}^{n} \dfrac{1}{a_i} + n$, 用分析法容易证明 $x^4 + 3 \geq (x+1)^2$, 事实上, $x^4 + 3 - (x+1)^2 = x^4 - x^2 - 2x + 2 = x^4 - 2x^2 + 1 + x^2 - 2x + 1 = (x^2-1)^2 + (x-1)^2 \geq 0$, 所以对所有正数 $a_i$ 有 $\dfrac{4a_i}{\sqrt{a_i^4+3}} \leq \dfrac{4a_i}{a_i+1}$, 因此只要证明 $\sum\limits_{i=1}^{n} \dfrac{1}{a_i} + n \geq \sum\limits_{i=1}^{n} \dfrac{4a_i}{a_i+1}$.

它等价于
$$\sum_{i=1}^{n} \dfrac{a_i+1}{a_i} \geq \sum_{i=1}^{n} \dfrac{4a_i}{a_i+1} = 4 \sum_{i=1}^{n} (1 - \dfrac{1}{a_i+1}) \Leftrightarrow \sum_{i=1}^{n} \dfrac{a_i+1}{a_i} + 4 \sum_{i=1}^{n} \dfrac{1}{a_i+1} \geq 4n$$
由均值不等式得
$$\sum_{i=1}^{n} \dfrac{a_i+1}{a_i} + 4 \sum_{i=1}^{n} \dfrac{1}{a_i+1} \geq 2n \sqrt[2n]{\dfrac{4^n}{\prod\limits_{i=1}^{n} a_i}} = 4n$$

**证法二** 因为 $a_1 a_2 \cdots a_n = 1$, 由均值不等式 $\sum\limits_{i=1}^{n} \dfrac{2}{a_i} = \sum\limits_{i=1}^{n} \dfrac{1}{a_i} + \sum\limits_{i=1}^{n} \dfrac{1}{a_i} \geq \sum\limits_{i=1}^{n} \dfrac{1}{a_i} + n \sqrt[n]{\prod\limits_{i=1}^{n} \dfrac{1}{a_i}} = \sum\limits_{i=1}^{n} \dfrac{1}{a_i} + n$, 只要证明 $\sum\limits_{i=1}^{n} \dfrac{1}{a_i} + n \geq \sum\limits_{i=1}^{n} \dfrac{2}{a_i} \dfrac{4}{\sqrt{a_i^4+3}}$.

作变换 $a_i = \dfrac{x_i}{x_{i+1}}$，其中 $x_{n+1} = x_1$，不等式变为 $\sum_{i=1}^{n} \dfrac{x_i + x_{i+1}}{x_i} \geq \sum_{i=1}^{n} \dfrac{4x_i x_{i+1}}{\sqrt{x_i^4 + 3x_{i+1}^4}}$.

由均值不等式和幂平均值不等式得

$$x_i^4 + 3x_{i+1}^4 = \dfrac{x_i^4 + x_{i+1}^4}{2} + \dfrac{x_i^4 + x_{i+1}^4}{2} x_{i+1}^4 + x_{i+1}^4 \geq 4x_{i+1}^2 \sqrt{\dfrac{x_i^4 + x_{i+1}^4}{2}}, \sqrt[4]{\dfrac{x_i^4 + x_{i+1}^4}{2}} \geq \dfrac{x_i + x_{i+1}}{2}$$

因此 $\sum_{i=1}^{n} \dfrac{4x_i x_{i+1}}{\sqrt{x_i^4 + 3x_{i+1}^4}} \leq \sum_{i=1}^{n} \dfrac{2x_i x_{i+1}}{x_{i+1} \sqrt[4]{\dfrac{x_i^4 + x_{i+1}^4}{2}}} = \sum_{i=1}^{n} \dfrac{2x_i}{\sqrt[4]{\dfrac{x_i^4 + x_{i+1}^4}{2}}} \leq \sum_{i=1}^{n} \dfrac{4x_i}{x_i + x_{i+1}}$,

所以只要证明 $\sum_{i=1}^{n} \dfrac{x_i + x_{i+1}}{x_i} \geq \sum_{i=1}^{n} \dfrac{4x_i}{x_i + x_{i+1}}$,

由均值不等式得 $\sum_{i=1}^{n} \dfrac{x_i + x_{i+1}}{x_i} + \sum_{i=1}^{n} \dfrac{4x_{i+1}}{x_i + x_{i+1}} = \sum_{i=1}^{n} \left( \dfrac{x_i + x_{i+1}}{x_i} + \dfrac{4x_{i+1}}{x_i + x_{i+1}} \right) \geq 4 \sum_{i=1}^{n} \sqrt{\dfrac{x_{i+1}}{x_i}} \geq 4n$,

所以 $\sum_{i=1}^{n} \dfrac{x_i + x_{i+1}}{x_i} \geq 4n - \sum_{i=1}^{n} \dfrac{4x_{i+1}}{x_i + x_{i+1}} = 4 \sum_{i=1}^{n} \left( 1 - \dfrac{x_{i+1}}{x_i + x_{i+1}} \right) = \sum_{i=1}^{n} \dfrac{4x_i}{x_i + x_{i+1}}$

# 第十九章 不等式证明中的常用代换

不等式的证明的方法很多,如比较法,分析法,利用均值不等式和柯西不等式或排序不等式,Jensen 不等式等,但有些不等式在证明过程中,需要作一些代换才能实现.本讲主要对一些常用的代换作一个简单的阐述.

## 例 题 讲 解

### 一、分母置换法

**例 1** (1) 设 $x,y,z$ 是正数,则 $\dfrac{y^2-x^2}{z+x}+\dfrac{z^2-y^2}{x+y}+\dfrac{x^2-z^2}{y+z}\geqslant 0$. (W. Janous 猜想)

(2) 设 $x,y,z$ 是正数,则 $\dfrac{y^2-zx}{z+x}+\dfrac{z^2-xy}{x+y}+\dfrac{x^2-yz}{y+z}\geqslant 0$. (美国《数学教师》问题)

**证明** (1) 设 $z+x=a,x+y=b,y+z=c$,则 $x+y+z=\dfrac{1}{2}(a+b+c)$

$$x=\dfrac{1}{2}(a+b-c)$$

$$y = \frac{1}{2}(b + c - a)$$
$$z = \frac{1}{2}(c + a - b)$$

故原不等式可化为

$$\frac{bc}{a} + \frac{ca}{b} + \frac{ab}{c} \geq a + b + c \qquad ①$$

根据均值不等式得

$$\frac{bc}{a} + \frac{ca}{b} \geq 2c$$

$$\frac{ca}{b} + \frac{ab}{c} \geq 2a$$

$$\frac{bc}{a} + \frac{ab}{c} \geq 2b$$

将这三个不等式相加即得 $\frac{bc}{a} + \frac{ca}{b} + \frac{ab}{c} \geq a + b + c$. 从而 W. Janous 猜想得证.

(2) 作同样的代换,不等式等价于不等式

$$\frac{a^2 + b^2}{c} + \frac{b^2 + c^2}{a} + \frac{c^2 + a^2}{b} \geq 2(a + b + c) \qquad ②$$

而由于 $a^2 + b^2 \geq 2ab, b^2 + c^2 \geq 2bc, c^2 + a^2 \geq 2ca$,不等式 ② 可化为 ①.

**例 2**  对满足 $x_i > 0, y_i > 0, x_i y_i - z_i^2 > 0 (i = 1, 2)$ 的实数 $x_1, y_1, z_1, x_2, y_2, z_2$,下述不等式成立: $\frac{8}{(x_1 + x_2)(y_1 + y_2) - (z_1 + z_2)^2} \leq \frac{1}{x_1 y_1 - z_1^2} + \frac{1}{x_2 y_2 - z_2^2}$.
(第 11 届 IMO 试题)

**证明**  设 $a = x_1 y_1 - z_1^2, b = x_2 y_2 - z_2^2$,则

$(x_1 + x_2)(y_1 + y_2) - (z_1 + z_2)^2 = a + b + x_1 y_2 + x_2 y_1 - 2 z_1 z_2 =$

$a + b + 2\sqrt{ab} + (\frac{x_1}{x_2} b + \frac{x_2}{x_1} a - 2\sqrt{ab}) + \frac{x_1}{x_2} z_2^2 + \frac{x_2}{x_1} z_1^2 - 2 z_1 z_2 =$

$(\sqrt{a} + \sqrt{b})^2 + (\sqrt{\frac{x_1}{x_2}} b - \sqrt{\frac{x_2}{x_1}} a)^2 + (\sqrt{\frac{x_1}{x_2}} z_1 - \sqrt{\frac{x_2}{x_1}} z_2)^2 \geq (\sqrt{a} + \sqrt{b})^2$

所以

$$\frac{8}{(x_1 + x_2)(y_1 + y_2) - (z_1 + z_2)^2} \leq \frac{8}{(\sqrt{a} + \sqrt{b})^2} \leq \frac{2}{\sqrt{ab}} = \frac{1}{a} + \frac{1}{b} = \frac{1}{x_1 y_1 - z_1^2} + \frac{1}{x_2 y_2 - z_2^2}$$

## 二、分式置换法

对于含有约束条件 $\sum_{i=1}^{n} x_i = 1$ 的某些不等式,通过作代换 $x_i = \dfrac{a_i}{\sum_{i=1}^{n} a_i}$ ($i = 1, 2, 3, \cdots, n$),可使问题得到解决,但有时较繁.

**例3** 若 $x_i > 0$ ($i = 1, 2, \cdots, n$), $n \geq 2$, 且 $\dfrac{1}{1 + x_1} + \dfrac{1}{1 + x_2} + \cdots + \dfrac{1}{1 + x_n} = 1$, 求证: $x_1 x_2 \cdots x_n \geq (n - 1)^n$.

**证明** 设 $\dfrac{1}{1 + x_1} = \dfrac{a_1}{a_1 + a_2 + \cdots + a_n}$, $\dfrac{1}{1 + x_2} = \dfrac{a_2}{a_1 + a_2 + \cdots + a_n}$, $\cdots$, $\dfrac{1}{1 + x_n} = \dfrac{a_n}{a_1 + a_2 + \cdots + a_n}$,其中 $a_1, a_2, \cdots, a_n$ 是正数,则

$$x_1 = \frac{a_2 + a_3 + \cdots + a_n}{a_1} \geq (n - 1) \frac{\sqrt[n-1]{a_2 a_3 \cdots a_n}}{a_1}$$

$$x_2 = \frac{a_1 + a_3 + \cdots + a_n}{a_2} \geq (n - 1) \frac{\sqrt[n-1]{a_1 a_3 \cdots a_n}}{a_2}$$

$$\vdots$$

$$x_n = \frac{a_1 + a_2 + \cdots + a_{n-1}}{a_n} \geq (n - 1) \frac{\sqrt[n-1]{a_1 a_2 \cdots a_{n-1}}}{a_n}$$

将上述 $n-1$ 个不等式相乘得 $x_1 x_2 \cdots x_n \geq (n - 1)^n$.

**注** $n = 4$ 是安徽省的竞赛试题.

**例4** 设 $x > 0, y > 0, z > 0$ 且 $x + y + z = 1$. 证明: $\dfrac{x}{x + yz} + \dfrac{y}{y + zx} + \dfrac{z}{z + xy} \leq \dfrac{9}{4}$. (2013年保加利亚数学奥林匹克试题)

**证** 令 $x = \dfrac{a}{a + b + c}, y = \dfrac{b}{a + b + c}, z = \dfrac{c}{a + b + c}$ ($a, b, c$ 是正数)则不等式化为

$$\frac{a(a + b + c)}{a(a + b + c) + bc} + \frac{b(a + b + c)}{b(a + b + c) + ca} + \frac{c(a + b + c)}{c(a + b + c) + ab} \leq \frac{9}{4} \Leftrightarrow$$

$$\frac{a(a + b + c)}{(a + b)(a + c)} + \frac{b(a + b + c)}{(b + a)(b + c)} + \frac{c(a + b + c)}{(c + a)(c + b)} \leq \frac{9}{4} \Leftrightarrow$$

$$4(a + b + c)[a(b + c) + b(c + a) + c(a + b)] \leq 9(a + b)(b + c)(c + a) \Leftrightarrow$$

$$9(a + b)(b + c)(c + a) \geq 8(a + b + c)(ab + bc + ca) \Leftrightarrow$$

$$a(b - c)^2 + b(c - a)^2 + c(a - b)^2 \geq 0$$

## 三、增量代换

若 $a \geq b$，可设 $a = b + \delta (\delta \geq 0)$，其中 $\delta$ 为增量，这种代换在高等数学中经常使用，在证明不等式时也十分有用.

**例 5**  设 $x, y, z$ 为非负实数，且 $x + y + z = 1$，证明：$0 \leq yz + zx + xy - 2xyz \leq \dfrac{7}{27}$. (第 25 届 IMO 试题)

**证明**  不妨设 $x \geq y \geq z \geq 0$，由 $x + y + z = 1$ 可知 $z \leq \dfrac{1}{3}, x + y \geq \dfrac{2}{3}$，于是 $2xyz \leq \dfrac{2}{3}xy \leq xy$，所以 $yz + zx + xy - 2xyz \geq 0$，为证明右边的不等式，令 $x + y = \dfrac{2}{3} + \delta$，则 $z = \dfrac{1}{3} - \delta (0 \leq \delta \leq \dfrac{1}{3})$，且

$$yz + zx + xy - 2xyz = z(x + y) + xy(1 - 2z) =$$
$$\left(\dfrac{1}{3} - \delta\right)\left(\dfrac{2}{3} + \delta\right) + xy\left(\dfrac{1}{3} + 2\delta\right) \leq$$
$$\left(\dfrac{1}{3} - \delta\right)\left(\dfrac{2}{3} + \delta\right) + \left(\dfrac{1}{3} + \dfrac{\delta}{2}\right)^2\left(\dfrac{1}{3} + 2\delta\right) =$$
$$\dfrac{7}{27} - \dfrac{\delta^2}{4} + \dfrac{\delta^3}{2} = \dfrac{7}{27} - \dfrac{\delta^2}{2}\left(\dfrac{1}{2} - \delta\right) \leq$$
$$\dfrac{7}{27}$$

**例 6**  设 $0 \leq \alpha \leq 1, 0 \leq x \leq \pi$，求证 $(2\alpha - 1)\sin x + (1 - \alpha)\sin(1 - \alpha)x \geq 0.$ (1983 年瑞士数学奥林匹克试题)

**证明**  当 $\alpha = 0, 1$ 及 $x = 0$ 时，不等式显然成立.

当 $0 < \alpha < 1$ 时，我们先构造函数 $f(x) = \dfrac{\sin x}{x}$，分别证明 $f(x)$ 当 $0 < x \leq \dfrac{\pi}{2}$ 和 $\dfrac{\pi}{2} \leq x \leq \pi$ 上是减函数.

当 $0 < x \leq \dfrac{\pi}{2}$ 时，设 $0 < x < x + \delta \leq \dfrac{\pi}{2}$，我们有 $\tan x \geq x, \sin \delta \leq \delta$，

$$\sin(x + \delta) = \sin x \cos \delta + \cos x \sin \delta \leq \sin x \delta + \delta \cos x$$

$$\dfrac{\sin x}{x} - \dfrac{\sin(x + \delta)}{x + \delta} = \dfrac{(x + \delta)\sin x - x\sin(x + \delta)}{x(x + \delta)} \geq$$
$$\dfrac{(x + \delta)\sin x - x(\sin x \delta + \delta \cos x)}{x(x + \delta)} =$$

$$\frac{\delta\sin x - \delta x\cos x}{x(x+\delta)} =$$

$$\frac{\delta\cos x(\tan x - x)}{x(x+\delta)} \geq 0$$

所以函数 $f(x)$ 当 $0 < x \leq \frac{\pi}{2}$ 时是减函数. 又在 $\frac{\pi}{2} \leq x \leq \pi$ 上, $\sin x$ 是减函数, $x$ 是单调上升, 所以 $f(x) = \frac{\sin x}{x}$ 在 $\frac{\pi}{2} \leq x \leq \pi$ 上是减函数. 从而 $f(x)$ 在 $0 < x \leq \pi$ 上是减函数.

注意到 $0 < \alpha < 1$, 则 $x - (1-\alpha)x = \alpha x > 0$, 于是

$$\frac{\sin x}{x} \leq \frac{\sin(1-\alpha)x}{(1-\alpha)x}$$

即

$$(1-\alpha)\sin x \leq \sin(1-\alpha)x$$
$$(1-\alpha)\sin(1-\alpha)x \geq (1-\alpha)^2\sin x =$$
$$(1-2\alpha+\alpha^2)\sin x \geq (1-2\alpha)\sin x$$

所以

$$(2\alpha-1)\sin x + (1-\alpha)\sin(1-\alpha)x \geq 0$$

## 四、三角代换

**例7** 已知 $a, b, c$ 均是正数, 且满足 $\frac{a^2}{1+a^2} + \frac{b^2}{1+b^2} + \frac{c^2}{1+c^2} = 1$, 求证: $abc \leq \frac{\sqrt{2}}{4}$. (第 31 届 IMO 国家集训队试题)

**证明** 令 $a = \tan\alpha, b = \tan\beta, c = \tan\gamma, \alpha, \beta, \gamma \in (0, \frac{\pi}{2})$, 则已知条件化为 $\sin^2\alpha + \sin^2\beta + \sin^2\gamma = 1$

所以

$$\cos^2\alpha = \sin^2\beta + \sin^2\gamma \geq 2\sin\beta\sin\gamma$$

同理

$$\cos^2\beta = \sin^2\alpha + \sin^2\gamma \geq 2\sin\alpha\sin\gamma$$
$$\cos^2\gamma = \sin^2\alpha + \sin^2\beta \geq 2\sin\alpha\sin\beta$$

三式相乘得,

$$\cos^2\alpha\cos^2\beta\cos^2\gamma \geq 8\sin^2\alpha\sin^2\beta\sin^2\gamma$$

因为 $\alpha, \beta, \gamma \in (0, \frac{\pi}{2})$, 所以

$\tan\alpha\tan\beta\tan\gamma \leqslant \frac{\sqrt{2}}{4}$. 即 $abc \leqslant \frac{\sqrt{2}}{4}$.

**例 8** 已知 $a,b$ 是正实数,且 $\frac{1}{a} + \frac{1}{b} = 1$,试证:对每一个 $n \in \mathbf{N}^*$, $(a+b)^n - a^n - b^n \geqslant 2^{2n} - 2^{n+1}$. (1988 年全国高中数学联赛试题)

**证明** 令 $a = \sec^2\theta, b = \csc^2\theta, 0 < \theta < \frac{\pi}{2}$,则 $\frac{1}{a} + \frac{1}{b} = 1$,原不等式等价于

$$(a^n - 1)(b^n - 1) \geqslant (2^n - 1)^2$$

即

$$(\sec^{2n}\theta - 1)(\csc^{2n}\theta - 1) \geqslant (2^n - 1)^2$$

也即

$$[(\tan^2\theta + 1)^n - 1] \cdot [(\cot^2\theta + 1)^n - 1] \geqslant (2^n - 1)^2$$

由二项式定理及柯西不等式得:

$$[(\tan^2\theta + 1)^n - 1] \cdot [(\cot^2\theta + 1)^n - 1] = (\sum_{k=1}^{n} C_n^k \tan^{2k}\theta) \cdot (\sum_{k=1}^{n} C_n^k \cot^{2k}\theta) \geqslant$$

$$(\sum_{k=1}^{n} C_n^k \tan^k\theta \cot^k\theta)^2 = (\sum_{k=1}^{n} C_n^k)^2 =$$

$$(\sum_{k=0}^{n} C_n^k - 1)^2 = (2^n - 1)^2$$

### 五、平均值代换

如果 $n$ 元 $a_1, a_2, \cdots, a_n$ 的和 $a_1 + a_2 + \cdots + a_n = S$ 是定值,可令 $a_i = \frac{S}{n} + t_i$ ($i = 1, 2, \cdots, n$),其中 $t_1 + t_2 + \cdots + t_n = 0$.

**例 9** 已知实数 $a,b,c,d,e$ 满足等式 $a+b+c+d+e = 8, a^2+b^2+c^2+d^2+e^2 = 16$,证明 $0 \leqslant e \leqslant \frac{16}{5}$. (第 7 届美国数学奥林匹克试题)

**证明** 将 $e$ 视为常数,令 $a = \frac{8-e}{4} + t_1, b = \frac{8-e}{4} + t_2, c = \frac{8-e}{4} + t_3, d = \frac{8-e}{4} + t_4$,其中 $t_1 + t_2 + t_3 + t_4 = 0$,

由

$$16 - e^2 = a^2 + b^2 + c^2 + d^2 = \frac{(8-e)^2}{4} + t_1^2 + t_2^2 + t_3^2 + t_4^2 \geqslant \frac{(8-e)^2}{4}$$

即

$$16 - e^2 \geqslant \frac{(8-e)^2}{4}$$

解得
$$0 \leqslant e \leqslant \frac{16}{5}$$

**例 10**  设 $x,y,z$ 为非负实数,且 $x+y+z=1$,证明:$0 \leqslant yz+zx+xy-2xyz \leqslant \frac{7}{27}$.(第 25 届 IMO 试题)

**证明**  由对称性不妨设 $x \geqslant y \geqslant z$,于是 $1 = x+y+z \geqslant 3z$,即 $z \leqslant \frac{1}{3}$,故 $2xyz \leqslant \frac{2}{3}xy \leqslant xy$,从而 $yz+zx+xy-2xyz \geqslant 0$. 右边的不等式可考虑使用均值代换:令 $x+y = \frac{1}{2}+t, z = \frac{1}{2}-t$,则由 $x+y \geqslant 2z$ 得 $\frac{1}{6} \leqslant t \leqslant \frac{1}{2}$,于是

$$yz+zx+xy-2xyz = \frac{1}{4}-t^2+xy \cdot 2t \leqslant \frac{1}{4}-t^2+2t\left(\frac{x+y}{2}\right)^2 =$$
$$\frac{1}{4}-t^2+\frac{t}{2}\left(\frac{1}{2}+t\right)^2 =$$
$$\frac{1}{4}+\frac{1}{4} \cdot 2t \cdot \left(\frac{1}{2}-t\right)\left(\frac{1}{2}-t\right) \leqslant$$
$$\frac{1}{4}+\frac{1}{4}\left[\frac{2t+\left(\frac{1}{2}-t\right)+\left(\frac{1}{2}-t\right)}{3}\right]^3 = \frac{7}{27}$$

## 六、局部代换

**例 11**  已知 $a,b,c$ 是正数,则
$$\frac{1}{a(1+b)}+\frac{1}{b(1+c)}+\frac{1}{c(1+a)} \geqslant \frac{3}{\sqrt[3]{abc}(1+\sqrt[3]{abc})} \quad \text{①}$$
(Aassila 不等式的推广)

**证明**  设 $\sqrt[3]{abc} = k(k>0)$,则 $abc = k^3$,故可设 $a = k\frac{a_2}{a_1}, b = k\frac{a_3}{a_2}, c = k\frac{a_1}{a_3}$,$(a_1,a_2,a_3 > 0)$,代入①,则只需证

$$\frac{1}{k\frac{a_2}{a_1}+k^2\frac{a_3}{a_1}}+\frac{1}{k\frac{a_3}{a_2}+k^2\frac{a_1}{a_2}}+\frac{1}{k\frac{a_1}{a_3}+k^2\frac{a_2}{a_3}} \geqslant \frac{3}{k(1+k)}$$

即
$$\frac{a_1}{a_2+ka_3}+\frac{a_2}{a_3+ka_1}+\frac{a_3}{a_1+ka_2} \geqslant \frac{3}{1+k} \quad \text{②}$$

下面证明不等式②(可利用排序不等式).

**证法一**  令 $x = a_2+ka_3, y = a_3+ka_1, z = a_1+ka_2$,则 $x,y,z$ 都是正数,解

得

$$a_1 = \frac{-kx + k^2y + z}{1 + k^3}, \quad a_2 = \frac{-ky + k^2z + x}{1 + k^3}, \quad a_3 = \frac{-kz + k^2x + y}{1 + k^3}$$

所以不等式 ② 的左边可化为

$$\frac{-3k}{1 + k^3} + \frac{k^2}{1 + k^3}\left(\frac{y}{x} + \frac{z}{y} + \frac{x}{z}\right) + \frac{1}{1 + k^3}\left(\frac{z}{x} + \frac{x}{y} + \frac{y}{z}\right)$$

由均值不等式得 $\frac{y}{x} + \frac{z}{y} + \frac{x}{z} \geq 3, \frac{z}{x} + \frac{x}{y} + \frac{y}{z} \geq 3$，所以

$$\frac{a_1}{a_2 + ka_3} + \frac{a_2}{a_3 + ka_1} + \frac{a_3}{a_1 + ka_2} \geq \frac{-3k}{1 + k^3} + \frac{3k^2}{1 + k^3} + \frac{3}{1 + k^3} = \frac{3}{1 + k}$$

**证法二**　由柯西不等式得

$$\left(\frac{x_1^2}{y_1} + \frac{x_2^2}{y_2} + \frac{x_3^2}{y_3}\right)(y_1 + y_2 + y_3) \geq (x_1 + x_2 + x_3)^2$$

即

$$\frac{x_1^2}{y_1} + \frac{x_2^2}{y_2} + \frac{x_3^2}{y_3} \geq \frac{(x_1 + x_2 + x_3)^2}{y_1 + y_2 + y_3}$$

（其中为 $y_1, y_2, y_3$ 正数，$x_1, x_2, x_3$ 为任意实数）

于是有

$$\frac{a_1}{a_2 + ka_3} + \frac{a_2}{a_3 + ka_1} + \frac{a_3}{a_1 + ka_2} =$$

$$\frac{a_1^2}{a_1(a_2 + ka_3)} + \frac{a_2^2}{a_2(a_3 + ka_1)} + \frac{a_3^2}{a_3(a_1 + ka_2)} \geq$$

$$\frac{(a_1 + a_2 + a_3)^2}{(1 + k)(a_1a_2 + a_2a_3 + a_3a_1)} \geq \frac{3}{1 + k}$$

其中最后一步用到不等式 $(a_1 + a_2 + a_3)^2 \geq 3(a_1a_2 + a_2a_3 + a_3a_1)$，这是显然的.

**证法三**

$$(1 + abc)\left(\frac{1}{a(1 + b)} + \frac{1}{b(1 + c)} + \frac{1}{c(1 + a)}\right) + 3 =$$

$$\left(\frac{1 + abc}{a + ab} + 1\right) + \left(\frac{1 + abc}{b + bc} + 1\right) + \left(\frac{1 + abc}{c + ca} + 1\right) =$$

$$\frac{(abc + ab) + (1 + a)}{a + ab} + \frac{(abc + bc) + (1 + b)}{b + bc} + \frac{(abc + ca) + (1 + c)}{c + ca} =$$

$$\frac{a + 1}{a(1 + b)} + \frac{b + 1}{b(1 + c)} + \frac{c + 1}{c(1 + a)} + \frac{b(c + 1)}{1 + b} + \frac{c(a + 1)}{1 + c} + \frac{a(b + 1)}{1 + a} \geq$$

$$3\left(\sqrt[3]{\frac{a + 1}{a(1 + b)} \cdot \frac{b + 1}{b(1 + c)} \cdot \frac{c + 1}{c(1 + a)}} + \sqrt[3]{\frac{b(c + 1)}{1 + b} \cdot \frac{c(a + 1)}{1 + c} \cdot \frac{a(b + 1)}{1 + a}}\right) =$$

$$3\left(\sqrt[3]{abc} + \frac{1}{\sqrt[3]{abc}}\right)$$

于是,

$$(1 + abc)\left(\frac{1}{a(1+b)} + \frac{1}{b(1+c)} + \frac{1}{c(1+a)}\right) \geqslant 3\left(\sqrt[3]{abc} + \frac{1}{\sqrt[3]{abc}} - 1\right)$$

只要证明 $\dfrac{\sqrt[3]{abc} + \dfrac{1}{\sqrt[3]{abc}} - 1}{1 + abc} \geqslant \dfrac{1}{\sqrt[3]{abc}(1 + \sqrt[3]{abc})}$. 这是一个恒等式.

**注** Aassila 提出的不等式是:$a, b, c$ 是正数,则

$$\frac{1}{a(1+b)} + \frac{1}{b(1+c)} + \frac{1}{c(1+a)} \geqslant \frac{3}{1+abc} \qquad ③$$

不等式①是不等式③的加强. 不等式③曾作为 2006 年巴尔干地区数学奥林匹克试题.

这只要证明对于任意正数 $a, b, c$ 有 $\dfrac{3}{\sqrt[3]{abc}(1 + \sqrt[3]{abc})} \geqslant \dfrac{3}{1 + abc}$,为此只要令 $k = \sqrt[3]{abc}$,证明 $k(1 + k) \leqslant 1 + k^3$,但该不等式可化为 $(1 + k)(k - 1)^2 \geqslant 0$.

有许多不等式的证明过程中,需要多次使用变量代换.

**例 12** (1) 设实数 $x, y, z$ 都不等于 1,满足 $xyz = 1$,求证:$\dfrac{x^2}{(x-1)^2} + \dfrac{y^2}{(y-1)^2} + \dfrac{z^2}{(z-1)^2} \geqslant 1$;(第 31 届 IMO 试题)

(2) 证明:存在无穷多组三元有理数组 $(x, y, z)$,$x, y, z$ 都不等于 1,且 $xyz = 1$,使得上述不等式成立. (第 49 届 IMO 试题)

**证明** (1) 令 $\dfrac{x}{x-1} = a, \dfrac{y}{y-1} = b, \dfrac{z}{z-1} = c$,则 $x = \dfrac{a}{a-1}, y = \dfrac{b}{b-1}$,$z = \dfrac{c}{c-1}$.

由

$xyz = 1 \Rightarrow abc = (a-1)(b-1)(c-1) \Rightarrow a + b + c - 1 = ab + bc + ca \Rightarrow$

$a^2 + b^2 + c^2 = (a+b+c)^2 - 2(ab+bc+ca) =$

$(a+b+c)^2 - 2(a+b+c-1) =$

$(a+b+c)^2 - 2(a+b+c) + 2 =$

$(a+b+c-1)^2 + 1 \geqslant 1 \Rightarrow$

$\dfrac{x^2}{(x-1)^2} + \dfrac{y^2}{(y-1)^2} + \dfrac{z^2}{(z-1)^2} \geqslant 1$

(2) 令 $(x, y, z) = \left(-\dfrac{k}{(k-1)^2}, k - k^2, \dfrac{k-1}{k^2}\right)$ ($k \geqslant 2, k \in \mathbf{N}^*$),则 $(x, y, z)$

是三元有理数组,$x,y,z$ 都不等于 1,且对于不同的正整数 $k$,三元有理数组 $(x,y,z)$ 互不相同,$xyz=1$,此时,

$$\frac{x^2}{(x-1)^2}+\frac{y^2}{(y-1)^2}+\frac{z^2}{(z-1)^2}=$$

$$\frac{k^2}{(k^2-k+1)^2}+\frac{(k-k^2)^2}{(k^2-k+1)^2}+\frac{(k-1)^2}{(k^2-k+1)^2}=$$

$$\frac{k^4-2k^3+3k^2-2k+1}{(k^2-k+1)^2}=1$$

**例 13** 证明:对任意正实数 $a,b,c$,均有

$$(a^2+2)(b^2+2)(c^2+2)\geq 9(ab+bc+ca) \qquad ①$$

(2004 年亚太地区数学奥林匹克试题)

**证明** 令 $a=\sqrt{2}\tan A, b=\sqrt{2}\tan B, c=\sqrt{2}\tan C$,其中 $A,B,C\in(0,\frac{\pi}{2})$,因为 $1+\tan^2\theta=\sec^2\theta$,所以,① 等价于

$$\cos A\cos B\cos C(\cos A\sin B\sin C+\sin A\cos B\sin C+\sin A\sin B\cos C)\leq\frac{4}{9} \qquad ②$$

因为 $\cos(A+B+C)=\cos A\cos B\cos C-(\cos A\sin B\sin C+\sin A\cos B\sin C+\sin A\sin B\cos C)$,所以 ② 化为

$$\cos A\cos B\cos C(\cos A\cos B\cos C-\cos(A+B+C))\leq\frac{4}{9} \qquad ③$$

令 $\theta=\frac{A+B+C}{3}$,由均值不等式及 Jensen 不等式($y=\cos x$ 在 $(0,\frac{\pi}{2})$ 上是上凸函数),有

$$\cos A\cos B\cos C\leq(\frac{\cos A+\cos B+\cos C}{3})^3\leq(\cos\frac{A+B+C}{3})^3=\cos^3\theta$$

要证明 ③,只要证

$$\cos^3\theta(\cos^3\theta-\cos 3\theta)\leq\frac{9}{4} \qquad ④$$

因为 $\cos 3\theta=4\cos^3\theta-3\cos\theta$,④$\Leftrightarrow\cos^4\theta(1-\cos^2\theta)\leq\frac{4}{27}$.

由均值不等式得

$$\cos^4\theta(1-\cos^2\theta)=4\cdot\frac{1}{2}\cos^2\theta\cdot\frac{1}{2}\cos^2\theta(1-\cos^2\theta)\leq$$

$$4\cdot(\frac{\frac{1}{2}\cos 2\theta+\frac{1}{2}\cos 2\theta+(1\cos 2\theta)}{3})^3=\frac{4}{27}$$

所以,④ 成立.从而原不等式成立成立.

**例 14**  已知 $a,b,c$ 是正数，且 $\dfrac{1}{a^2+1}+\dfrac{1}{b^2+1}+\dfrac{1}{c^2+1}=2$，求证：$ac+bc+ca\leqslant\dfrac{3}{2}$.（2005 年伊朗数学奥林匹克试题）

**证法一**  设 $x=\dfrac{1}{a^2+1}, y=\dfrac{1}{b^2+1}, z=\dfrac{1}{c^2+1}$. 则

$$a=\sqrt{\dfrac{1-x}{x}}$$

$$b=\sqrt{\dfrac{1-y}{y}}$$

$$c=\sqrt{\dfrac{1-z}{z}}$$

所以

$$ac+bc+ca\leqslant\dfrac{3}{2}\Leftrightarrow$$

$$\sqrt{\dfrac{(1-x)(1-y)}{xy}}+\sqrt{\dfrac{(1-y)(1-z)}{yz}}+\sqrt{\dfrac{(1-z)(1-x)}{zx}}\leqslant\dfrac{3}{2}\Leftrightarrow$$

$$\sqrt{\dfrac{(2-2x)(2-2y)}{xy}}+\sqrt{\dfrac{(2-2y)(2-2z)}{yz}}+\sqrt{\dfrac{(2-2z)(2-2x)}{zx}}\leqslant 3 \quad ①$$

再令 $p=-x+y+z, q=x-y+z, r=x+y-z$. 因为 $x+y+z=2$，则 $2-2x=-x+y+z=p, 2-2y=q, 2-2z=r, x=\dfrac{q+r}{2}, y=\dfrac{p+r}{2}, z=\dfrac{p+q}{2}$，所以不等式 ①
化为

$$\sqrt{\dfrac{4pq}{(p+r)(q+r)}}+\sqrt{\dfrac{4qr}{(p+q)(p+r)}}+\sqrt{\dfrac{4rp}{(p+q)(q+r)}}\leqslant 3$$

由柯西不等式得

$$\sqrt{\dfrac{4pq}{(p+r)(q+r)}}+\sqrt{\dfrac{4qr}{(p+q)(p+r)}}+\sqrt{\dfrac{4rp}{(p+q)(q+r)}}\leqslant$$

$$\sqrt{4(pq+qr+rp)\left(\dfrac{1}{(p+r)(q+r)}+\dfrac{1}{(p+q)(p+r)}+\dfrac{1}{(p+q)(q+r)}\right)}=$$

$$\sqrt{\dfrac{8(pq+qr+rp)(p+q+r)}{(p+q)(q+r)(p+r)}} \quad ②$$

要证明不等式 ①，只要证明

$$8(pq+qr+rp)(p+q+r)\leqslant 9(p+q)(q+r)(p+r) \quad ③$$

$③\Leftrightarrow 8(p^2q+p^2r+q^2p+q^2r+r^2p+r^2q+3pqr)\leqslant$
$9(p^2q+p^2r+q^2p+q^2r+r^2p+r^2q+2pqr)\Leftrightarrow$

$$6pqr \leq p^2q + p^2r + q^2p + q^2r + r^2p + r^2q \qquad ④$$

由均值不等式得

$$p^2q + p^2r + q^2p + q^2r + r^2p + r^2q \geq 6\sqrt[6]{p^2q \cdot p^2r \cdot q^2p \cdot q^2r \cdot r^2p \cdot r^2q} = 6pqr$$

**证法二** 记 $a^2 + 1 = x, b^2 + 1 = y, c^2 + 1 = z$, 则 $\dfrac{1}{x} + \dfrac{1}{y} + \dfrac{1}{z} = 2.$

$$ac + bc + ca \leq \frac{3}{2} \Leftrightarrow 2(ac + bc + ca) \leq 3 \Leftrightarrow$$

$$(a + b + c)^2 \leq (a^2 + 1) + (b^2 + 1) + (c^2 + 1) = x + y + z$$

即证

$$a + b + c \leq \sqrt{x + y + z} \Leftrightarrow \sqrt{x-1} + \sqrt{y-1} + \sqrt{z-1} \leq \sqrt{x + y + z}$$

由柯西不等式得

$$\sqrt{x-1} + \sqrt{y-1} + \sqrt{z-1} \leq \sqrt{\frac{x-1}{x} + \frac{y-1}{y} + \frac{z-1}{z}} \cdot \sqrt{x + y + z}$$

而由 $\dfrac{1}{x} + \dfrac{1}{y} + \dfrac{1}{z} = 2$ 得 $\dfrac{x-1}{x} + \dfrac{y-1}{y} + \dfrac{z-1}{z} = 3 - \left(\dfrac{1}{x} + \dfrac{1}{y} + \dfrac{1}{z}\right) = 1$, 所以,

$$\sqrt{x-1} + \sqrt{y-1} + \sqrt{z-1} \leq \sqrt{x + y + z}.$$

**例 15** 设 $x$、$y$、$z$ 是正实数,求证:$(xy + yz + zx)\left[\dfrac{1}{(x+y)^2} + \dfrac{1}{(y+z)^2} + \dfrac{1}{(z+x)^2}\right] \geq \dfrac{9}{4}.$ (1996 年伊朗数学奥林匹克试题)

**证法一** 令 $p = x + y + z, q = xy + yz + zx, r = pqr$,则由 Schur 不等式得

$$x(x-y)(x-z) + y(y-x)(y-z) + z(z-y)(z-x) \geq 0$$

即

$$(x + y + z)^3 - 4(x + y + z)(yz + zx + xy) + 9xyz \geq 0$$
$$p^3 - 4pq + 9r \geq 0 \qquad ①$$

由 Schur 不等式得

$$x^2(x-y)(x-z) + y^2(y-x)(y-z) + z^2(z-y)(z-x) \geq 0$$

即

$$x^4 + y^4 + z^4 - (x^3y + xy^3) - (y^3z + yz^3) - (z^3x + zx^3) + x^2yz + y^2zx + z^2xy \geq 0$$

即

$$p^4 - 5p^2q + 4q^2 + 6pr \geq 0 \qquad ②$$

由均值不等式得

$$pq - 9r \geq 0 \qquad ③$$

由恒等式

$$(x + y)(y + z)(z + x) = (x + y + z)(xy + yz + zx) - xyz$$

有

$$(x+y)(y+z)(z+x) = pq - r$$
$$(x+y)^2(y+z)^2 + (y+z)^2(z+x)^2 + (z+x)^2(x+y)^2 =$$
$$[(x+y)(y+z) + (y+z)(z+x) + (z+x)(x+y)]^2 -$$
$$2(x+y)(y+z)(z+x)[(x+y) + (y+z) + (z+x)] =$$
$$[(y^2+q) + (z^2+q) + (x^2+q)]^2 - 4(x+y)(y+z)(z+x)(x+y+z) =$$
$$(p^2+q)^2 - 4p(pq-r) = p^4 - 2p^2q + 3q^2 + 4pr$$

所以

$$(xy+yz+zx)\left[\frac{1}{(x+y)^2} + \frac{1}{(y+z)^2} + \frac{1}{(z+x)^2}\right] \geqslant \frac{9}{4} \Leftrightarrow$$
$$4(p^4q - 2p^2q^2 + 3q^3 + 4pqr) \geqslant 9(pq-r)^2 \Leftrightarrow$$
$$4p^4q - 17p^2q^2 + 4q^3 + 34pqr - 9r^2 \geqslant 0 \Leftrightarrow$$
$$3pq(p^3 - 4pq + 9r) + q(p^4 - 5p^2q + 4q^2 + 6pr) + r(pq - 9r) \geqslant 0$$

④

① 两端乘以 $3pq$ + ② 两端乘以 $q$ + ③ 两端乘以 $r$ 即得不等式 ④.

**证法二** 设 $a = x+y, b = y+z, c = z+x$，由对称性，不妨设 $a \geqslant b \geqslant c$，则 $y \geqslant x \geqslant z, b+c \geqslant a$，原不等式化为

$$(2ab + 2bc + 2ca - a^2 - b^2 - c^2)\left(\frac{1}{a^2} + \frac{1}{b^2} + \frac{1}{c^2}\right) \geqslant 9$$

$$[(a^2+b^2+c^2) - (a-b)^2 - (b-c)^2 - (c-a)^2]\left(\frac{1}{a^2} + \frac{1}{b^2} + \frac{1}{c^2}\right) - 9 =$$

$$(a^2+b^2+c^2)\left(\frac{1}{a^2} + \frac{1}{b^2} + \frac{1}{c^2}\right) - 9 - [(a-b)^2 + (b-c)^2 + (c-a)^2]\left(\frac{1}{a^2} + \frac{1}{b^2} + \frac{1}{c^2}\right) = \left(\frac{a^2}{b^2} + \frac{b^2}{a^2} - 2\right) + \left(\frac{b^2}{c^2} + \frac{c^2}{b^2} - 2\right) + \left(\frac{c^2}{a^2} + \frac{a^2}{c^2} - 2\right) -$$

$$[(a-b)^2 + (b-c)^2 + (c-a)^2]\left(\frac{1}{a^2} + \frac{1}{b^2} + \frac{1}{c^2}\right) =$$

$$\frac{(a^2-b^2)^2}{a^2b^2} + \frac{(b^2-c^2)^2}{b^2c^2} + \frac{(c^2-a^2)^2}{c^2a^2} -$$

$$[(a-b)^2 + (b-c)^2 + (c-a)^2]\left(\frac{1}{a^2} + \frac{1}{b^2} + \frac{1}{c^2}\right) =$$

$$\left(\frac{2}{ab} - \frac{1}{c^2}\right)(a-b)^2 + \left(\frac{2}{bc} - \frac{1}{a^2}\right)(b-c)^2 + \left(\frac{2}{ca} - \frac{1}{b^2}\right)(c-a)^2 =$$

$$S_c(a-b)^2 + S_a(b-c)^2 + S_b(c-a)^2$$

其中

$$S_c = \frac{2}{ab} - \frac{1}{c^2}$$

$$S_a = \frac{2}{bc} - \frac{1}{a^2}$$

$$S_b = \frac{2}{ca} - \frac{1}{b^2}$$

因为 $a \geq b \geq c$，所以 $S_a > 0, S_a(b-c)^2$。又因为 $2b^2 - ca = 2(y+z)^2 - (z+x)(x+y) = (y^2 - x^2) + (y+z)(y-x) + 2yz + 2z^2 > 0$，所以 $S_b > 0$。

因为 $a \geq b \geq c$，所以 $\frac{a-c}{a-b} \geq \frac{b}{c}$。从而只要证明 $S_b(c-a)^2 + S_c(a-b)^2 \geq (\frac{b}{c})^2 S_b(a-b)^2 + S_c(a-b)^2 \geq 0$

即只要证明

$$b^2 S_b + c^2 S_c \geq 0$$

$$b^2 S_b + c^2 S_c \geq 0 \Leftrightarrow b^3 + c^3 \geq abc$$

而

$$b^3 + c^3 \geq b^2 c + bc^2 = bc(b+c) \geq abc$$

所以，原不等式得证.

## 练 习 题

1. 对 $x, y, z \geq 0$，证明不等式 $x(x-z)^2 + y(y-z)^2 \geq (x-z)(y-z)(x+y-z)$。（1992 年加拿大数学奥林匹克试题）

2. 证明对于所有的 $n \geq 2$，不等式 $\frac{x_1^2}{x_1^2 + x_2 x_3} + \frac{x_2^2}{x_2^2 + x_3 x_4} + \cdots + \frac{x_{n-1}^2}{x_{n-1}^2 + x_n x_1} + \frac{x_n^2}{x_n^2 + x_1 x_2} \leq n - 1$ 成立. (第 27 届 IMO 预选题)

3. 已知 $a, b, c$ 是正数，且 $\frac{a}{1+a} + \frac{b}{1+b} + \frac{c}{1+c} = 1$，求证：$a + b + c \geq \frac{3}{2}$.

4. 已知 $x, y, z$ 是正数，且 $x + y + z = 1$，求证：$(\frac{1}{x} - x)(\frac{1}{y} - y)(\frac{1}{z} - z) \geq (\frac{8}{3})^3$.

5. 设 $\alpha_0, \alpha_1, \alpha_2, \cdots \alpha_n \in (0, \frac{\pi}{2})$，使得 $\sum_{i=0}^{n} \tan(\alpha_i - \frac{\pi}{4}) \geq n - 1$，求证：$\prod_{i=0}^{n} \tan \alpha_i \geq n^{n+1}$. （1998 年第 27 届美国数学奥林匹克试题）

6. 设实数 $a, b, c$ 中任意两个之和大于第三个，则 $\frac{2}{3}(a+b+c)(a^2 + b^2 +$

$c^2) \geq a^3 + b^3 + c^3 + abc.$ (第13届普特南数学竞赛题)

7. 设 $a \geq b \geq c \geq 0$,且 $a+b+c=3$,证明:$ab^2 + bc^2 + ca^2 \leq \dfrac{27}{8}$,并确定等号成立的条件.(2002年香港数学奥林匹克试题)

8. 若正数 $a,b,c$ 满足 $\dfrac{a}{b+c} = \dfrac{b}{a+c} - \dfrac{c}{a+b}$,求证 $\dfrac{b}{a+c} \geq \dfrac{\sqrt{17}-1}{4}$. (2005年湖南省数学竞赛试题)

9. 已知 $a,b,c,d$ 是非负实数,且 $abcd=1$,证明:$\dfrac{1+ab}{1+a} + \dfrac{1+bc}{1+b} + \dfrac{1+cd}{1+c} + \dfrac{1+da}{1+d} \geq 4.$ (2002年土耳其数学奥林匹克试题)

10. 设 $0 \leq \alpha, \beta, \gamma \leq \dfrac{\pi}{2}$, $\cos^2\alpha + \cos^2\beta + \cos^2\gamma = 1$. 求证:$2 \leq (1+\cos^2\alpha)^2\sin^4\alpha + (1+\cos^2\beta)^2\sin^4\beta + (1+\cos^2\gamma)^2\sin^4\gamma \leq (1+\cos^2\alpha)(1+\cos^2\beta)(1+\cos^2\gamma).$ (2005年北方数学奥林匹克邀请赛试题)

11. 求证:对任意正实数 $a,b,c$,都有 $1 < \dfrac{a}{\sqrt{a^2+b^2}} + \dfrac{b}{\sqrt{b^2+c^2}} + \dfrac{c}{\sqrt{c^2+a^2}} \leq \dfrac{3\sqrt{2}}{2}.$ (2004年中国西部数学奥林匹克试题)

12. 若 $a,b,c$ 都是正数,求证:$abc \geq (-a+b+c)(a-b+c)(a+b-c).$ (1983年瑞士数学竞赛题)

13. 设 $x,y,z \geq 0$,且满足 $xy+yz+zx=1$,求证:$x(1-y^2)(1-z^2) + y(1-z^2)(1-x^2) + z(1-x^2)(1-y^2) \leq \dfrac{4\sqrt{3}}{9}.$ (1994年香港数学奥林匹克试题)

14. 设 $a,b,c,d$ 都是正数,求证不等式:$\dfrac{a}{b+2c+3d} + \dfrac{b}{c+2d+3a} + \dfrac{c}{d+2a+3b} + \dfrac{d}{a+2b+3c} \geq \dfrac{2}{3}.$ (第34届IMO预选题)

15. 如果 $x,y,z \geq 1$,且 $\dfrac{1}{x} + \dfrac{1}{y} + \dfrac{1}{z} = 2$,证明:$\sqrt{x+y+z} \geq \sqrt{x-1} + \sqrt{y-1} + \sqrt{z-1}.$ (1998年伊朗数学奥林匹克试题)

16. 若 $n$ 是正整数,且 $x_k > 0, k=1,2,\cdots,n+1$. 如果 $\sum\limits_{k=1}^{n+1} \dfrac{1}{1+x_k} \geq n$,则 $\sum\limits_{k=1}^{n+1} \dfrac{1}{x_k} \geq n^{n+1}.$ (J. Berkes 不等式)

17. 设 $a、b、c \in \mathbf{R}^+$,当 $a^2+b^2+c^2+abc=4$ 时,证明:$a+b+c \leq 3.$ (2003年伊朗数学奥林匹克试题)

18. 设 $x_1, x_2, \cdots, x_n$ 是正数,且 $\sum_{i=1}^{n} x_i = 1$,求证:

$$\left(\sum_{i=1}^{n} \sqrt{x_i}\right)\left(\sum_{i=1}^{n} \frac{1}{\sqrt{1+x_i}}\right) \leq \frac{n^2}{\sqrt{n+1}} \qquad ①$$

(2006 年国家集训队考试题)

19. 设 $x, y, z$ 是正数,且 $\frac{1}{x} + \frac{1}{y} + \frac{1}{z} = 1$,求证: $\sqrt{x+yz} + \sqrt{y+zx} + \sqrt{z+xy} \geq \sqrt{xyz} + \sqrt{x} + \sqrt{y} + \sqrt{z}$. (2002 年亚太地区数学奥林匹克试题)

20. 设 $x_1, x_2, \cdots, x_n$ 是正数,满足 $\sum_{k=1}^{n} \frac{1}{x_k + 1998} = \frac{1}{1998}$,证明: $\frac{\sqrt[n]{x_1 x_2 \cdots x_n}}{n-1} \geq 1998$. (1998 年越南数学奥林匹克试题)

21. 设 $a, b, c$ 是正数,满足 $ab + bc + ca = abc$,证明不等式: $\frac{a^4 + b^4}{ab(a^3 + b^3)} + \frac{b^4 + c^4}{bc(b^3 + c^3)} + \frac{c^4 + a^4}{ca(c^3 + a^3)} \geq 1$. (2006 年波兰数学奥林匹克试题)

22. 已知 $a, b, c > 0, a^2 + b^2 + c^2 = 1$,证明: $\frac{a^2}{1+2bc} + \frac{b^2}{1+2ca} + \frac{c^2}{1+2ab} \geq \frac{3}{5}$. (2005 年波斯尼亚数学奥林匹克试题)

23. 已知 $x, y, z$ 是正数,求证: $\frac{x}{\sqrt{y+z}} + \frac{y}{\sqrt{z+x}} + \frac{z}{\sqrt{x+y}} \geq \sqrt{\frac{3}{2}(x+y+z)}$. (2005 年塞尔维亚数学奥林匹克试题)

24. 求证:在开区间 $(0,1)$ 内一定能找到 4 对两两不同的正数 $(a, b)$ ($a \neq b$),满足 $\sqrt{(1-a^2)(1-b^2)} > \frac{a}{2b} + \frac{b}{2a} - ab - \frac{1}{8ab}$. (1994 年捷克斯洛伐克数学奥林匹克试题)

25. 集合 $A = \{a_1, a_2, a_3, a_4\}, 0 < a_i < a_{i+1}(i=1,2,3)$. 试问:在集合 $A$ 中,是否一定存在两个元素 $x, y$,使不等式 $(2+\sqrt{3})|x-y| < (x+1)(y+1) + xy$ 成立? 若存在,请给出证明;若不存在,说明理由. (2005 年河北省数学竞赛试题)

26. 设 $a_1, a_2, \cdots, a_n \in [-2, 2]$,且 $\sum_{k=1}^{n} a_k = 0$,证明: $|a_1^3 + a_2^3 + \cdots + a_n^3| \leq 2n$. (1996 年美国国家集训队试题)

27. 已知 $a, b, c > 0$,证明: $\sqrt{(a^2b + b^2c + c^2a)(ab^2 + bc^2 + ca^2)} \geq abc + \sqrt[3]{(a^3 + abc)(b^3 + abc)(c^3 + abc)}$. (2001 年韩国数学奥林匹克试题)

28. 已知 $a, b, c > 0$, 且 $abc = 1$, 证明: $\dfrac{a}{b^2(c+1)} + \dfrac{b}{c^2(a+1)} + \dfrac{c}{a^2(b+1)} \geq \dfrac{3}{2}$. (2005 年罗马尼亚数学奥林匹克试题)

29. 设 $a, b, c$ 是不同的实数. 证明: $\left(\dfrac{2a-b}{a-b}\right)^2 + \left(\dfrac{2b-c}{b-c}\right)^2 + \left(\dfrac{2c-a}{c-a}\right)^2 \geq 5$. (2004 年泰国数学奥林匹克试题)

30. 已知 $a, b, c > 0$, 且 $a^2 + b^2 + c^2 = 1$, 证明: $\dfrac{a}{a^3+bc} + \dfrac{b}{b^3+ca} + \dfrac{c}{c^3+ab} > 3$. (2005 雅库特数学奥林匹克试题)

31. 已知 $a, b, c > 0$, 且 $a + b + c = abc$, 证明: $\dfrac{1}{\sqrt{1+a^2}} + \dfrac{1}{\sqrt{1+b^2}} + \dfrac{1}{\sqrt{1+c^2}} \leq \dfrac{3}{2}$. (1998 年韩国数学奥林匹克试题)

32. 设 $x, y, z > 0$, 且 $xyz = x + y + z + 2$, 证明: $5(x+y+z) + 18 \geq 8(\sqrt{xy} + \sqrt{yz} + \sqrt{zx})$. (2006 年波斯尼亚数学奥林匹克试题)

33. 已知 $a, b, c$ 都是正数, 证明: $\dfrac{a^3}{(a+b)^3} + \dfrac{b^3}{(b+c)^3} + \dfrac{c^3}{(c+a)^3} \geq \dfrac{3}{8}$. (2005 年越南数学奥林匹克试题)

34. 设 $a, b, c$ 为正实数, 且 $a^2 + b^2 + c^2 + abc = 4$, 证明 $3abc \leq ab + bc + ca \leq abc + 2$. (第 30 届美国数学奥林匹克试题)

35. 已知 $a, b, c, d$ 均是正数, 且满足 $\dfrac{1}{1+a^4} + \dfrac{1}{1+b^4} + \dfrac{1}{1+c^4} + \dfrac{1}{1+d^4} = 1$, 求证: $abcd \geq 3$. (2002 年拉脱维亚数学奥林匹克试题)

36. 已知 $a, b, c$ 是正数, 且 $a + b + c = 1$, 证明: $\dfrac{a}{a+bc} + \dfrac{b}{b+ca} + \dfrac{\sqrt{abc}}{c+ab} \leq 1 + \dfrac{3\sqrt{3}}{4}$.

37. 设 $0 \leq a \leq b \leq c \leq d \leq e$, 且 $a + b + c + d + e = 1$. 求证: $ad + dc + cb + be + ea \leq \dfrac{1}{5}$. (1994 年国家集训队测试题)

38. 设 $u, v, w$ 都是正数, 且满足 $u + v + w + \sqrt{uvw} = 4$, 证明不等式: $\sqrt{\dfrac{uv}{w}} + \sqrt{\dfrac{vw}{u}} + \sqrt{\dfrac{wu}{v}} \geq u + v + w$. (2007 年中国国家集训队选拔试题)

39. 设 $a,b,c$ 为正数，证明不等式：$2\sqrt{ab+bc+ca} \leqslant \sqrt{3} \cdot \sqrt[3]{(b+c)(c+a)(a+b)}$. (1992 年波兰－奥地利数学奥林匹克试题)

40. 设 $x,y,z \in \mathbf{R}^+$，且 $x+y+z=1$，求证：$\dfrac{xy}{\sqrt{xy+yz}} + \dfrac{yz}{\sqrt{yz+xz}} + \dfrac{xz}{\sqrt{xz+xy}} \leqslant \dfrac{\sqrt{2}}{2}$. (2006 年国家集训队考试题)

41. 设 $x_1, x_2, \cdots, x_n > 1$，证明：$\dfrac{x_1 x_2}{x_3-1} + \dfrac{x_2 x_3}{x_4-1} + \dfrac{x_3 x_4}{x_5-1} + \cdots + \dfrac{x_{n-1} x_n}{x_1-1} + \dfrac{x_n x_1}{x_2-1} \geqslant 4n$. (2009 年印度尼西亚数学奥林匹克试题)

42. 已知 $x,y,z$ 是正实数，且 $x^2+y^2+z^2=1$，证明 $\dfrac{x}{1+x^2} + \dfrac{y}{1+y^2} + \dfrac{z}{1+z^2} \leqslant \dfrac{3\sqrt{3}}{4}$. (1998 年波斯尼亚黑山数学奥林匹克试题)

43. 设 $a,b,c$ 为正数，且 $abc=1$，证明不等式：$\left(\dfrac{a}{1+ab}\right)^2 + \left(\dfrac{b}{1+bc}\right)^2 + \left(\dfrac{c}{1+ca}\right)^2 \geqslant \dfrac{3}{4}$. (2009 年西班牙数学奥林匹克试题)

44. 设 $a,b,c$ 为实数，证明不等式：$(a+b)^4 + (b+c)^4 + (c+a)^4 \geqslant \dfrac{4}{7}(a+b+c)^4$. (1996 年越南国家集训队试题)

45. 设 $0 \leqslant a,b,c \leqslant 1$，证明：$\sqrt{a(1-b)(1-c)} + \sqrt{b(1-a)(1-c)} + \sqrt{c(1-b)(1-a)} \leqslant 1 + \sqrt{abc}$. (1981 年列宁格勒数学奥林匹克试题)

# 参考解答

1. 欲证明的不等式等价于 $x^3 + y^3 + z^3 + 3xyz - x^2y - x^2z - y^2z - y^2x - z^2x - z^2y \geqslant 0$，即
$$x(x-y)(x-z) + y(y-x)(y-z) + z(z-x)(z-y) \geqslant 0$$
此不等式关于 $x,y,z$ 对称的，不妨设 $x \geqslant y \geqslant z$，令 $x = z+\delta_1, y = z+\delta_2, \delta_1 \geqslant \delta_2 \geqslant 0$，那么上式化为
$$(z+\delta_1)(\delta_1-\delta_2)\delta_1 + (z+\delta_2)(\delta_2-\delta_1)\delta_2 + z\delta_1\delta_2 \geqslant 0$$
即 $(\delta_1-\delta_2)[(z+\delta_1)\delta_1 - (z+\delta_2)\delta_2 + z\delta_1\delta_2] \geqslant 0$，而这是显然的，从而，原不等式成立.

2. 令 $y_i = \dfrac{x_i^2}{x_{i+1}x_{i+2}}, i = 1, 2, \cdots, n$,且 $x_{n+i} = x_i$. 注意到 $y_1 y_2 \cdots y_n = 1$,于是,

$$\dfrac{x_i^2}{x_i^2 + x_{i+1}x_{i+2}} = \dfrac{x_i^2 + x_{i+1}x_{i+2} - x_{i+1}x_{i+2}}{x_i^2 + x_{i+1}x_{i+2}} = 1 - \dfrac{x_{i+1}x_{i+2}}{x_i^2 + x_{i+1}x_{i+2}} = 1 - \dfrac{1}{1 + y_i}, i = 1, 2, \cdots, n$$

求和知不等式等价于:在条件 $y_1, y_2, \cdots, y_n$ 是正数,且 $y_1 y_2 \cdots y_n = 1$ 下,证明 $\dfrac{1}{1 + y_1} + \dfrac{1}{1 + y_2} + \cdots + \dfrac{1}{1 + y_n} \geqslant 1$. 这可用数学归纳法证明.

3. 令 $x = \dfrac{a}{1 + a}, y = \dfrac{b}{1 + b}, z = \dfrac{c}{1 + c}$,则 $x + y + z = 1, a = \dfrac{x}{1 - x} = \dfrac{x}{y + z}$,同理 $b = \dfrac{y}{z + x}, c = \dfrac{z}{x + y}$,于是由 $\dfrac{x}{y + z} + \dfrac{y}{z + x} + \dfrac{z}{x + y} \geqslant \dfrac{3}{2}$ 得 $a + b + c \geqslant \dfrac{3}{2}$.

4. 设 $\dfrac{1}{x} = a, \dfrac{1}{y} = b, \dfrac{1}{z} = c$,代入已知条件得

$$\dfrac{1}{a} + \dfrac{1}{b} + \dfrac{1}{c} = 1 \qquad ①$$

由 ① 及均值不等式得

$$abc \geqslant 27 \qquad ②$$

式 ① 等价于

$$abc = ab + bc + ca \qquad ③$$

所以

$$\left(\dfrac{1}{x} - x\right)\left(\dfrac{1}{y} - y\right)\left(\dfrac{1}{z} - z\right) = \left(a - \dfrac{1}{a}\right)\left(b - \dfrac{1}{b}\right)\left(c - \dfrac{1}{c}\right) =$$

$$\dfrac{(a^2 - 1)(b^2 - 1)(c^2 - 1)}{abc} = \dfrac{a^2b^2c^2 - a^2b^2 - b^2c^2 - c^2a^2 + a^2 + b^2 + c^2 - 1}{abc} =$$

$$\dfrac{(ab + bc + ca)^2 - a^2b^2 - b^2c^2 - c^2a^2 + a^2 + b^2 + c^2 - 1}{abc} =$$

$$\dfrac{2a^2bc + 2ab^2c + 2abc^2 + a^2 + b^2 + c^2 - 1}{abc} =$$

$$\dfrac{2a^2bc + 2ab^2c + 2abc^2 + ab + bc + ca - 1}{abc} =$$

$$2(a + b + c) + 1 - \dfrac{1}{abc} \geqslant 6\sqrt[3]{abc} + 1 - \dfrac{1}{abc} \geqslant$$

$$6 \times 3 + 1 - \dfrac{1}{27} = \dfrac{512}{27} = \left(\dfrac{8}{3}\right)^3$$

当且仅当 $a = b = c = 3$,即 $x = y = z = \dfrac{1}{3}$ 时等号成立.

设 $\alpha_0, \alpha_1, \alpha_2, \cdots, \alpha_n \in (0, \frac{\pi}{2})$,使得 $\geqslant n - 1$,求证:$\prod_{i=0}^{n} \tan \alpha_i \geqslant n^{n+1}$.

5. 由条件可得 $\sum_{i=0}^{n} \tan(\alpha_i - \frac{\pi}{4}) = \sum_{i=0}^{n} \frac{\tan \alpha_i - 1}{\tan \alpha_i + 1} \geqslant n - 1$,由此可得

$$\sum_{i=0}^{n} \frac{1}{\tan \alpha_i + 1} \leqslant 1.$$

设 $y_i = \frac{1}{1 + \tan \alpha_i}$,则 $\tan \alpha_i = \frac{1 - y_i}{y_i}$,其中 $y_i > 0$,且 $\sum_{i=0}^{n} y_i \leqslant 1$. 于是,

$$\prod_{i=0}^{n} \tan \alpha_i = \prod_{i=0}^{n} \frac{1 - y_i}{y_i} \geqslant \prod_{i=0}^{n} \sum_{j=0, j \neq i}^{n} \frac{y_j}{y_i} \geqslant$$

$$\prod_{i=0}^{n} n \cdot \frac{\sqrt[n]{\prod_{j=0, j \neq i}^{n} y_j}}{y_i} = n^{n+1}$$

6. 要证的不等式等价于

$$2(a + b + c)(a^2 + b^2 + c^2) \geqslant 3(a^3 + b^3 + c^3 + abc) \quad ①$$

令 $2x = -a + b + c, 2y = a - b + c, 2z = a + b - c$,则 $a = y + z, b = z + x, c = x + y$,① $\Leftrightarrow$

于是,$a + b + c = 2(x + y + z)$,$a^2 + b^2 + c^2 = 2(x^2 + y^2 + z^2 + xy + yz + zx)$,$a^3 + b^3 + c^3 = 2(x^3 + y^3 + z^3) + 3(x^2y + xy^2 + y^2z + yz^2 + z^2x + zx^2)$,$abc = x^2y + xy^2 + y^2z + yz^2 + z^2x + zx^2 + 2xyz$

① 的左边 $= 8(x + y + z)(x^2 + y^2 + z^2 + xy + yz + zx) = 8(x^3 + y^3 + z^3) + 16(x^2y + xy^2 + y^2z + yz^2 + z^2x + zx^2) + 24xyz$

① 的右边 $= 6(x^3 + y^3 + z^3) + 12(x^2y + xy^2 + y^2z + yz^2 + z^2x + zx^2) + 6xyz$,所以不等式显然成立.

7. 设 $x = \frac{c}{3}, y = \frac{b-c}{3}, z = \frac{a-b}{3}$,则 $x + y + z = \frac{a}{3}, x + y = \frac{b}{3}, x = \frac{c}{3}$,于是 $3x + 2y + z = 1$,且

$$a = \frac{3(x + y + z)}{3x + 2y + z}$$

$$b = \frac{3(x + y)}{3x + 2y + z}$$

$$c = \frac{3x}{3x + 2y + z}$$

将 $a, b, c$ 代入原不等式得

$$3x^3 + z^3 + 6x^2y + 4xy^2 + 3x^2z + xz^2 + 4y^2z + 6yz^2 + 4xyz \geqslant 0$$

由于 $x \geqslant 0, y \geqslant 0, z \geqslant 0$,且 $x, y, z$ 不全为零,所以,等号成立的条件是 $x = z = 0$,

即
$$a = b = \frac{3}{2}, c = 0$$

8. 由条件有 $\frac{b}{a+c} = \frac{a}{b+c} + \frac{c}{a+b}$，令 $a+b=x, b+c=y, c+a=z$，则 $a = \frac{x+z-y}{2}, b = \frac{x+y-z}{2}, c = \frac{y+z-x}{2}$.

从而原条件式变为
$$\frac{x+y-z}{2z} = \frac{y+z-x}{2x} + \frac{x+z-y}{2y}$$
$$\frac{x+y}{z} = \frac{y+z}{x} + \frac{x+z}{y} - 1 \geqslant \frac{z}{x} + \frac{z}{y} + 1 \geqslant \frac{4z}{x+y} + 1$$

令 $t = \frac{x+y}{z}$，则 $t \geqslant \frac{4}{t} + 1$，进而得 $t \geqslant \frac{\sqrt{17}+1}{2}$ 或 $t \leqslant \frac{1-\sqrt{17}}{2}$（不合要求，舍去）.

故
$$\frac{b}{a+c} = \frac{x+y-z}{2z} = \frac{t}{2} - \frac{1}{2} \geqslant \frac{\sqrt{17}-1}{4}$$

9. 设 $a = \frac{y}{x}, b = \frac{z}{y}, c = \frac{t}{z}, d = \frac{x}{t}$，则 $\frac{1+ab}{1+a} + \frac{1+bc}{1+b} + \frac{1+cd}{1+c} + \frac{1+da}{1+d} \geqslant 4$ 化为 $\frac{x+z}{x+y} + \frac{y+t}{y+z} + \frac{z+x}{z+t} + \frac{t+y}{t+x} \geqslant 4$.

由不等式 $\frac{1}{u} + \frac{1}{v} \geqslant \frac{4}{u+v}$ 得
$$\frac{x+z}{x+y} + \frac{z+x}{z+t} = (x+z)\left(\frac{1}{x+y} + \frac{1}{z+t}\right) \geqslant (x+z)\frac{4}{x+y+z+t} = \frac{4(x+z)}{x+y+z+t}$$

同理可证，$\frac{y+t}{y+z} + \frac{t+y}{t+x} \geqslant \frac{4(y+t)}{x+y+z+t}$. 于是，两式相加得
$$\frac{x+z}{x+y} + \frac{y+t}{y+z} + \frac{z+x}{z+t} + \frac{t+y}{t+x} \geqslant 4$$

即
$$\frac{1+ab}{1+a} + \frac{1+bc}{1+b} + \frac{1+cd}{1+c} + \frac{1+da}{1+d} \geqslant 4$$

10. **证法一** 设 $a = \cos^2\alpha, b = \cos^2\beta, c = \cos^2\gamma$，则 $0 \leqslant a, b, c \leqslant 1$，且 $a+b+c = 1$.

从而不等式等价于

$$0 \leqslant a^4 + b^4 + c^4 - 2(a^2 + b^2 + c^2) + 1 \leqslant ab + bc + ca + abc \quad \text{①}$$

令 $ab + bc + ca = u, abc = v$,则
$$a^2 + b^2 + c^2 = 1 - 2u$$
$$a^4 + b^4 + c^4 = 2u^2 - 4u + 4v + 1$$

于是,式①等价于
$$0 \leqslant 2u^2 + 4v \leqslant u + v \quad \text{②}$$

因为 $u \geqslant 0, v \geqslant 0$,所以,式②的左边显然成立,且仅当 $u = v = 0$,即 $\alpha, \beta, \gamma$ 中两个取 $\frac{\pi}{2}$,一个取 0 时等号成立.

另一方面,式②右边的不等式等价于 $u - 2u^2 \geqslant 3v$.
因为
$$u - 2u^2 = u(1 - 2u) \geqslant (ab + bc + ca)(a^2 + b^2 + c^2) \geqslant$$
$$(ab + bc + ca) \cdot \frac{(a+b+c)^2}{3} =$$
$$\frac{1}{3}(a+b+c)(ab+bc+ca) \geqslant$$
$$\frac{1}{3} \times 3\sqrt[3]{a^2b^2c^2} \times 3\sqrt[3]{abc} =$$
$$3abc$$

所以,式②右边成立,即式②成立.

从而,式①成立.故原不等式成立.

**证法二** 令 $a = \cos^2\alpha, b = \cos^2\beta, c = \cos^2\gamma, ab + bc + ca = t$,则 $0 \leqslant a, b, c \leqslant 1$,且 $a + b + c = 1$.从而不等式等价于
$$2 \leqslant (1-a^2)^2 + (1-b^2)^2 + (1-c^2)^2 \leqslant (1+a)(1+b)(1+c)$$

先证明左边.即证
$$2 \leqslant 3 - 2(a^2 + b^2 + c^2) + (a^4 + b^4 + c^4) \Leftrightarrow$$
$$2(a^2 + b^2 + c^2) - (a^4 + b^4 + c^4) \leqslant 1 \quad \text{③}$$

而
$$a^2 + b^2 + c^2 = (a+b+c)^2 - 2(ab+bc+ca) = 1 - 2t$$
$$a^4 + b^4 + c^4 = (a^2+b^2+c^2)^2 - 2(a^2b^2+b^2c^2+c^2a^2) =$$
$$(1-2t)^2 - 2[(ab+bc+ca)^2 - 2abc(a+b+c)] =$$
$$1 - 4t + 2t^2 + 4abc$$

③ $\Leftrightarrow 2 - 4t - 1 + 4t - 2t^2 - xyz \leqslant 1 \Leftrightarrow 2t^2 + xyz \geqslant 0$

最后一式显然成立,故左边成立.

再证明右边.即 $3 - 2(a^2+b^2+c^2) + (a^4+b^4+c^4) \leqslant 2 + ab + bc + ca + abc \Leftrightarrow$
$2 + 2t^2 + 4abc \leqslant 2 + t + abc \Leftrightarrow 2t^2 - t + 3abc \leqslant 0$. 但 $(abc)^2 = abbcca \leqslant$

$$\left(\frac{ab+bc+ca}{3}\right)^3 = \frac{t^3}{27}, \text{故 } abc \leq \frac{\sqrt{3}t\sqrt{t}}{9}.$$

而
$$ab + bc + ca \leq a^2 + b^2 + c^2 = (a+b+c)^2 - 2(ab+bc+ca) =$$
$$1 - 2(ab+bc+ca)$$

得
$$t = ab + bc + ca \leq \frac{1}{3}$$

即
$$\sqrt{t} \leq \frac{\sqrt{3}}{3}$$

于是
$$2t^2 - t + 3abc \leq 2t^2 - t + \frac{\sqrt{3}t\sqrt{t}}{3} = 2t\left[(\sqrt{t} + \frac{\sqrt{3}}{12})^2 - \frac{1}{48} - \frac{1}{2}\right] \leq$$
$$2t\left[(\frac{\sqrt{3}}{3} + \frac{\sqrt{3}}{12})^2 - \frac{1}{48} - \frac{1}{2}\right] = 0$$

右边不等式得证. 从而,原不等式成立.

11. 先证明左边的不等式. 令 $x = \frac{b^2}{c^2}, y = \frac{c^2}{a^2}, z = \frac{a^2}{b^2}$,则 $x, y, z \in \mathbf{R}^+, xyz = 1$,于是只需证明

$$\frac{1}{\sqrt{1+x}} + \frac{1}{\sqrt{1+y}} + \frac{1}{\sqrt{1+z}} > 1$$

不妨设 $x \leq y \leq z$,令 $A = xy$,则 $z = \frac{1}{A}, A \leq 1$,于是

$$\frac{1}{\sqrt{1+x}} + \frac{1}{\sqrt{1+y}} + \frac{1}{\sqrt{1+z}} > \frac{1}{\sqrt{1+x}} + \frac{1}{\sqrt{1+\frac{1}{x}}} = \frac{1+\sqrt{x}}{\sqrt{1+x}} > 1$$

再证明不等式的右边.

令 $a^2 = \frac{1}{2}(y+z-x), b^2 = \frac{1}{2}(x+z-y), a^2 = \frac{1}{2}(x+y-z)$,其中 $x, y, z$ 是 $\triangle ABC$ 的三条边长. 则

$$\frac{a}{\sqrt{a^2+b^2}} + \frac{b}{\sqrt{b^2+c^2}} + \frac{c}{\sqrt{c^2+a^2}} = \sqrt{\frac{y+z-x}{2z}} + \sqrt{\frac{x+z-y}{2x}} + \sqrt{\frac{x+y-z}{2y}}$$

原不等式转化为

$$\sqrt{\frac{y+z-x}{z}} + \sqrt{\frac{x+z-y}{x}} + \sqrt{\frac{x+y-z}{y}} \leq 3 \qquad ①$$

式①$\Leftrightarrow \sqrt{xy(y+z-x)} + \sqrt{yz(x+z-y)} + \sqrt{xz(x+y-z)} \leqslant 3\sqrt{xyz}$

两边平方得

$xy(y+z-x) + yz(x+z-y) + xz(x+y-z) +$
$2\sqrt{xzy^2(y+z-x)(x+z-y)} + 2\sqrt{yzx^2(y+z-x)(x+y-z)} +$
$2\sqrt{xyz^2(x+z-y)(x+y-z)} \leqslant 9xyz$ ②

式② 左边 $\leqslant xy(y+z-x) + yz(x+z-y) + xz(x+y-z) +$
$xz(y+z-x) + y^2(x+z-y) + yz(x+y-z) +$
$x^2(y+z-x) + xy(x+z-y) + z^2(x+y-z) =$
$6xyz + x^2(y+z-x) + y^2(x+z-y) + z^2(x+y-z)$

要证明式②成立,只要证明 $x^2(y+z-x) + y^2(x+z-y) + z^2(x+y-z) \leqslant 3xyz$.
(第6届IMO试题)

即证明

$x(y^2+z^2-x^2) + y(z^2+x^2-y^2) + z(x^2+y^2-z^2) \leqslant 3xyz$

只需证

$$\frac{y^2+z^2-x^2}{2yz} + \frac{z^2+x^2-y^2}{2zx} + \frac{x^2+y^2-z^2}{2xy} \leqslant \frac{3}{2}$$

也即

$$\cos A + \cos B + \cos C \leqslant \frac{3}{2}$$

这是一个常见的三角不等式,故原不等式成立.

12. 不妨设 $a \geqslant b \geqslant c > 0$,令 $b = c + t_1, a = c + t_1 + t_2, t_1 \geqslant 0, t_2 \geqslant 0$,则 $abc - (-a+b+c)(a-b+c)(a+b-c) = (c+t_1+t_2)(c+t_1)c - (c-t_2)(c+t_2)(c+2t_1+t_2) = (t_1^2 + t_1 t_2 + t_2^2)c + 2t_1 t_2^2 + t_2^3 \geqslant 0$,所以 $abc \geqslant (-a+b+c)(a-b+c)(a+b-c)$.

13. 设 $x = \tan\frac{\alpha}{2}, y = \tan\frac{\beta}{2}, z = \tan\frac{\gamma}{2}, 0 \leqslant \alpha, \beta, \gamma < \pi$,则由 $xy + yz + zx = 1$ 得 $\frac{x+y}{1-xy} = \frac{1}{z}$,即 $\tan(\frac{\alpha}{2} + \frac{\beta}{2}) = \cot\frac{\gamma}{2}$,所以 $\alpha + \beta + \gamma = \pi$,又

$x(1-y^2)(1-z^2) + y(1-z^2)(1-x^2) + z(1-x^2)(1-y^2) =$
$\frac{1}{2}(1-x^2)(1-y^2)(1-z^2)(\frac{2x}{1-x^2} + \frac{2y}{1-y^2} + \frac{2z}{1-z^2}) =$
$\frac{1}{2}(1-x^2)(1-y^2)(1-z^2)(\tan\alpha + \tan\beta + \tan\gamma) =$
$\frac{1}{2}(1-x^2)(1-y^2)(1-z^2)(\tan\alpha \tan\beta \tan\gamma) = 4xyz$

因为

$$xy + yz + zx = 1 \geqslant 3 \cdot \sqrt[3]{xy \cdot yz \cdot zx} = 3 \cdot \sqrt[3]{(xyz)^2}$$

所以
$$xyz \leqslant \frac{\sqrt{3}}{9}$$

所以
$$x(1-y^2)(1-z^2) + y(1-z^2)(1-x^2) + z(1-x^2)(1-y^2) \leqslant \frac{4\sqrt{3}}{9}$$

14. 作线性代换 $\begin{cases} x = b + 2c + 3d \\ y = c + 2d + 3a \\ z = d + 2a + 3b \\ z = a + 2b + 3c \end{cases}$ 将 $a, b, c, d$ 视为变量,解得

$$\begin{cases} a = -\frac{5}{24}x + \frac{7}{24}y + \frac{1}{24}z + \frac{1}{24}w \\ b = \frac{1}{24}x - \frac{5}{24}y + \frac{7}{24}z + \frac{1}{24}w \\ c = \frac{1}{24}x + \frac{1}{24}y - \frac{5}{24}z + \frac{7}{24}w \\ d = \frac{7}{24}x + \frac{1}{24}y + \frac{1}{24}z - \frac{5}{24}w \end{cases}$$

记原不等式左端为 $M$,将以上四个式子代入得

$$M = \frac{7}{24}\left(\frac{y}{x} + \frac{z}{y} + \frac{w}{z} + \frac{x}{w}\right) + \frac{1}{24}\left(\frac{z}{x} + \frac{w}{y} + \frac{x}{z} + \frac{y}{w}\right) +$$
$$\frac{1}{24}\left(\frac{w}{x} + \frac{x}{y} + \frac{y}{z} + \frac{z}{w}\right) - \frac{5}{6} \geqslant$$
$$\frac{7}{24}\left(4\sqrt[4]{\frac{y}{x} \cdot \frac{z}{y} \cdot \frac{w}{z} \cdot \frac{x}{w}}\right) + \frac{1}{24}\left(4\sqrt[4]{\frac{z}{x} \cdot \frac{w}{y} \cdot \frac{x}{z} \cdot \frac{y}{w}}\right) +$$
$$\frac{1}{24}\left(4\sqrt[4]{\frac{w}{x} \cdot \frac{x}{y} \cdot \frac{y}{z} \cdot \frac{z}{w}}\right) - \frac{5}{6} = \frac{2}{3}$$

15. **证法一** 设 $\alpha, \beta, \gamma$ 都是锐角,则 $0 < \cos^2\alpha, \cos^2\beta, \cos^2\gamma < 1$,且 $\frac{1}{\cos^2\alpha} > 1, \frac{1}{\cos^2\beta} > 1, \frac{1}{\cos^2\gamma} > 1$.

令
$$x = \frac{1}{\cos^2\alpha}, y = \frac{1}{\cos^2\beta}, z = \frac{1}{\cos^2\gamma}$$

则条件简化为
$$\cos^2\alpha + \cos^2\beta + \cos^2\gamma = 2$$

即

$$\sin^2\alpha + \sin^2\beta + \sin^2\gamma = 1 \qquad ①$$

要证的不等式等价于

$$\sqrt{\frac{1}{\cos^2\alpha} + \frac{1}{\cos^2\beta} + \frac{1}{\cos^2\gamma}} \geqslant \sqrt{\frac{1}{\cos^2\alpha} - 1} + \sqrt{\frac{1}{\cos^2\beta} - 1} + \sqrt{\frac{1}{\cos^2\gamma} - 1}$$

即

$$\sqrt{\frac{1}{\cos^2\alpha} + \frac{1}{\cos^2\beta} + \frac{1}{\cos^2\gamma}} \geqslant \frac{\sin\alpha}{\cos\alpha} + \frac{\sin\beta}{\cos\beta} + \frac{\sin\gamma}{\cos\gamma} \qquad ②$$

注意到式①,对②时右端应用柯西不等式有

$$\frac{\sin\alpha}{\cos\alpha} + \frac{\sin\beta}{\cos\beta} + \frac{\sin\gamma}{\cos\gamma} \leqslant \sqrt{\sin^2\alpha + \sin^2\beta + \sin^2\gamma}\sqrt{\frac{1}{\cos^2\alpha} + \frac{1}{\cos^2\beta} + \frac{1}{\cos^2\gamma}} =$$

$$\sqrt{\frac{1}{\cos^2\alpha} + \frac{1}{\cos^2\beta} + \frac{1}{\cos^2\gamma}} \qquad ③$$

当且仅当 $\sin\alpha\cos\alpha = \sin\beta\cos\beta = \sin\gamma\cos\gamma$,即 $\alpha = \beta = \gamma$ 时,不等式③成立,故不等式②成立,从而原不等式成立.

**证法二** 设 $a = \sqrt{x-1}, b = \sqrt{y-1}, c = \sqrt{z-1}$,代入已知条件得

$$\frac{1}{a^2+1} + \frac{1}{b^2+1} + \frac{1}{c^2+1} = 2$$

即

$$a^2b^2 + b^2c^2 + c^2a^2 + 2a^2b^2c^2 = 1 \qquad ④$$

$$\sqrt{x+y+z} \geqslant \sqrt{x-1} + \sqrt{y-1} + \sqrt{z-1} \Leftrightarrow$$

$$\sqrt{a^2+b^2+c^2+3} \geqslant a+b+c \Leftrightarrow$$

$$ac + bc + ca \leqslant \frac{3}{2} \qquad ⑤$$

令 $p = bc, q = ca, r = ab$.

$$⑤ \Leftrightarrow p + q + r \leqslant \frac{3}{2} \qquad ⑥$$

已知条件变为 $p^2 + q^2 + r^2 + 2pqr = 1$. 再令 $p = \cos A, q = \cos B, r = \cos C, A, B, C$ 是三角形的三个内角.

由 Jensen 不等式⑥显然成立.(或见例 13)

**证法三** 设 $a = \frac{1}{x}, b = \frac{1}{y}, c = \frac{1}{z}$,则 $a + b + c = 2$,不等式 $\sqrt{x+y+z} \geqslant \sqrt{x-1} + \sqrt{y-1} + \sqrt{z-1}$ 等价于

$$\sqrt{\frac{1}{a} + \frac{1}{b} + \frac{1}{c}} \geqslant \sqrt{\frac{1-a}{a}} + \sqrt{\frac{1-b}{b}} + \sqrt{\frac{1-c}{c}} \qquad ⑦$$

因为 $a + b + c = 2$,所以

⑦ $\Leftrightarrow \sqrt{\dfrac{1}{a}+\dfrac{1}{b}+\dfrac{1}{c}} \geqslant \sqrt{\dfrac{\frac{a+b+c}{2}-a}{a}}+\sqrt{\dfrac{\frac{a+b+c}{2}-b}{b}}+\sqrt{\dfrac{\frac{a+b+c}{2}-c}{c}} \Leftrightarrow$

$$\sqrt{\left(\dfrac{1}{a}+\dfrac{1}{b}+\dfrac{1}{c}\right)(a+b+c)} \geqslant$$

$$\sqrt{\dfrac{b+c-a}{a}}+\sqrt{\dfrac{c+a-b}{b}}+\sqrt{\dfrac{a+b-c}{c}} \Leftrightarrow$$

$$\sqrt{((b+c-a)+(c+a-b)+(a+b-c))\left(\dfrac{1}{a}+\dfrac{1}{b}+\dfrac{1}{c}\right)} \geqslant$$

$$\sqrt{\dfrac{b+c-a}{a}}+\sqrt{\dfrac{c+a-b}{b}}+\sqrt{\dfrac{a+b-c}{c}} \qquad ⑧$$

由柯西不等式 ⑧ 式成立.

16. 令 $x_k=\tan\alpha_k, k=1,2,\cdots,n+1.$ 则有 $\dfrac{1}{1+x_k}=\cos^2\alpha_k, \dfrac{1}{x_k}=\dfrac{1}{\sin^2\alpha_k}-1$,

从而原条件可表述为

$$\sum_{k=1}^{n+1}\cos^2\alpha_k \geqslant n$$

即

$$\sum_{k=1}^{n+1}\sin^2\alpha_k \leqslant 1 \qquad ①$$

由 ① 及均值不等式得

$$\prod_{k=1}^{n+1}\dfrac{1}{x_k}=\prod_{k=1}^{n+1}\left(\dfrac{1}{\sin^2\alpha_k}-1\right) \geqslant \prod_{k=1}^{n+1}\left(\dfrac{\sum_{k=1}^{n+1}\sin^2\alpha_k}{\sin^2\alpha_k}-1\right)=$$

$$\prod_{k=1}^{n+1}\left[\dfrac{1}{\sin^2\alpha_k}\sum_{\substack{j=1\\j\neq k}}^{n+1}\sin^2\alpha_j\right] \geqslant$$

$$\prod_{k=1}^{n+1}\left[\dfrac{1}{\sin^2\alpha_k}\cdot n\sqrt[n]{\prod_{\substack{j=1\\j\neq k}}^{n+1}\sin^2\alpha_j}\right]=n^{n+1}$$

于是, $\prod_{k=1}^{n+1}\dfrac{1}{x_k} \geqslant n^{n+1}$.

17. 联想在 $\triangle ABC$ 中 $\cos^2 A+\cos^2 B+\cos^2 C+2\cos A\cos B\cos C=1.$ 事实上,

$\cos^2 A+\cos^2 B+\cos^2 C+2\cos A\cos B\cos C=\dfrac{1+\cos 2A}{2}+\dfrac{1+\cos 2B}{2}+$

$\cos^2 C+2\cos A\cos B\cos C=$

$1+\cos(A+B)\cos(A-B)+\cos^2 C+2\cos A\cos B\cos C=$

$1-\cos C\cos(A-B)-\cos C\cos(A+B)+2\cos A\cos B\cos C=$

$$1 - \cos C[\cos(A-B) + \cos(A+B)] + 2\cos A\cos B\cos C = 1$$

于是
$$(2\cos A)^2 + 2(\cos B)^2 + (2\cos C)^2 + 2\cos A \cdot 2\cos B \cdot 2\cos C = 4$$

故可令 $a = 2\cos A, b = 2\cos B, c = 2\cos C$. 其中 $A, B, C$ 是锐角.

$$a + b + c = 2(\cos A + \cos B + \cos C) =$$
$$2(2\cos\frac{A+B}{2}\cos\frac{A-B}{2} + 1 - 2\sin^2\frac{C}{2}) \leq$$
$$2(2\cos\frac{A+B}{2} + 1 - 2\sin^2\frac{C}{2}) =$$
$$2(2\sin\frac{C}{2} + 1 - 2\sin^2\frac{C}{2}) =$$
$$2[-2(\sin\frac{C}{2} - \frac{1}{2})^2 + \frac{3}{2}] \leq 3$$

当且仅当 $a = b = c = 1$ 时等号成立.

**注** $3 - 2(\cos A + \cos B + \cos C) = 3 - 2(\cos A + \cos B) + \cos(A + B) = (\sin A - \sin B) + (\cos A + \cos B - 1)^2 \geq 0.$

**18. 证法一** 令 $x_i = \tan^2\theta_i (i = 1, 2, \cdots, n), s = \sum_{i=1}^{n}\frac{1}{\cos\theta_i}, t = \sum_{i=1}^{n}\tan\theta_i$, 则

$$(\sum_{i=1}^{n}\sqrt{x_i})(\sum_{i=1}^{n}\frac{1}{\sqrt{1+x_i}}) = (\sum_{i=1}^{n}\tan\theta_i)(\sum_{i=1}^{n}\cos\theta_i) =$$

$$[\sum_{i=1}^{n}\frac{1}{\cos\theta_i} - \sum_{i=1}^{n}\frac{\tan^2\theta_i}{\frac{1}{\cos\theta_i}}](\sum_{i=1}^{n}\tan\theta_i) \leq$$

$$[\sum_{i=1}^{n}\frac{1}{\cos\theta_i} - \frac{(\sum_{i=1}^{n}\tan\theta_i)^2}{\sum_{i=1}^{n}\frac{1}{\cos\theta_i}}](\sum_{i=1}^{n}\tan\theta_i) =$$

$$(s - \frac{t^2}{s})t = (s^2 - t^2)\frac{t}{s}$$

故只须证明

$$(s^2 - t^2)\frac{t}{s} \leq \frac{n^2}{\sqrt{n+1}} \quad \text{②}$$

由柯西不等式得

$$(n+1)(1 + \tan^2\theta_i) = (n+1)[2\tan^2\theta_i + \sum_{j\neq i}\tan^2\theta_j] \geq [\sum_{i=1}^{n}\tan\theta_i + \tan\theta_i]^2 \Rightarrow$$

$$\frac{1}{\cos\theta_i} \geq \frac{1}{\sqrt{n+1}}(\sum_{i=1}^{n}\tan\theta_i + \tan\theta_i) \Rightarrow$$

$$s \geqslant \sqrt{n+1}\, t \qquad ③$$

又 $(s^2 - t^2)\dfrac{t}{s} = st - \dfrac{t^3}{s}$ 是关于 $s$ 单调递增的，且

$$s = \sum_{i=1}^{n}\sqrt{1+\tan^2\theta_i} \leqslant \left[\sqrt{\sum_{i=1}^{n}(1+\tan^2\theta_i)}\,\right]\cdot\sqrt{n} = \sqrt{n(n+1)}$$

所以

$$(s^2 - t^2)\dfrac{t}{s} \leqslant \sqrt{n(n+1)}\, t - \dfrac{t^3}{\sqrt{n(n+1)}}$$

下面只须证明：

$$n(n+1)t - t^3 \leqslant n^2\sqrt{n} \qquad ④$$
$$\Leftrightarrow (t-\sqrt{n})(t^2+\sqrt{n}\,t - n^2) \geqslant 0$$

而由 ③ 知

$$t \leqslant \dfrac{s}{\sqrt{n+1}} \leqslant \sqrt{n}$$

要证明 ④，只须证明

$$t^2 + \sqrt{n}\,t - n^2 \leqslant 0$$

事实上

$$t^2 + \sqrt{n}\,t \leqslant n + n = 2n \leqslant n^2$$

**证法二** 令 $x_i = \tan^2\theta_i\,(i=1,2,\cdots,n)$，则原不等式化为

$$\left(\sum_{i=1}^{n}\tan\theta_i\right)\left(\sum_{i=1}^{n}\cos\theta_i\right) \leqslant \dfrac{n^2}{\sqrt{n+1}}$$

由 $\sum_{i=1}^{n}x_i = 1$，得 $\sum_{i=1}^{n}\tan^2\theta_i = 1$，所以 $\sum_{i=1}^{n}\sec^2\theta_i = n+1$，

即 $\sum_{i=1}^{n}\dfrac{1}{\cos^2\theta_i} = n+1$

由柯西不等式得

$$\sum_{i=1}^{n}\cos^2\theta_i \sum_{i=1}^{n}\dfrac{1}{\cos^2\theta_i} \geqslant n^2$$

所以

$$\sum_{i=1}^{n}\cos^2\theta_i \geqslant \dfrac{n^2}{n+1}$$

$$\sum_{i=1}^{n}\sin^2\theta_i \leqslant \dfrac{n}{n+1}$$

从而

$$\sqrt{n\sum_{i=1}^{n}\cos^2\theta_i\sum_{i=1}^{n}\sin^2\theta_i}=\sqrt{\sum_{i=1}^{n}\cos^2\theta_i\sum_{i=1}^{n}(\sqrt{n}\sin\theta_i)^2}\leqslant$$

$$\frac{\sum_{i=1}^{n}(\cos^2\theta_i+n\sin^2\theta_i)}{2}=$$

$$\frac{n+\sum_{i=1}^{n}(n-1)\sin^2\theta_i}{2}\leqslant$$

$$\frac{n+(n-1)\cdot\frac{n}{n+1}}{2}=\frac{n^2}{n+1}$$

又由柯西不等式得

$$\sum_{i=1}^{n}\tan\theta_i=\sum_{i=1}^{n}(\sin\theta_i)(\frac{1}{\cos\theta_i})\leqslant\sqrt{\sum_{i=1}^{n}\sin^2\theta_i\sum_{i=1}^{n}\frac{1}{\cos^2\theta_i}}=$$

$$\sqrt{(n+1)\sum_{i=1}^{n}\sin^2\theta_i}$$

因此

$$(\sum_{i=1}^{n}\tan\theta_i)(\sum_{i=1}^{n}\cos\theta_i)\leqslant\sqrt{(n+1)\sum_{i=1}^{n}\sin^2\theta_i}(\sum_{i=1}^{n}\cos\theta_i)\leqslant$$

$$\sqrt{(n+1)\sum_{i=1}^{n}\sin^2\theta_i}\cdot\sqrt{n\sum_{i=1}^{n}\cos^2\theta_i}=$$

$$\sqrt{(n+1)[n\sum_{i=1}^{n}\cos^2\theta_i\sum_{i=1}^{n}\sin^2\theta_i]}\leqslant$$

$$\sqrt{n+1}\cdot\frac{n^2}{n+1}=\frac{n^2}{\sqrt{n+1}}$$

19. 令 $a=\frac{1}{x}, b=\frac{1}{y}, c=\frac{1}{z}$，则 $a+b+c=1$.

原不等式等价于

$$\sqrt{\frac{1}{a}+\frac{1}{bc}}+\sqrt{\frac{1}{b}+\frac{1}{ca}}+\sqrt{\frac{1}{c}+\frac{1}{ab}}\geqslant\sqrt{\frac{1}{abc}}+\sqrt{\frac{1}{a}}+\sqrt{\frac{1}{b}}+\sqrt{\frac{1}{c}}$$

即

$$\sqrt{a+bc}+\sqrt{b+ca}+\sqrt{c+ab}\geqslant 1+\sqrt{ab}+\sqrt{bc}+\sqrt{ca}$$

将 1 换成 $a+b+c$，知原不等式等价于

$$\sqrt{a+bc}+\sqrt{b+ca}+\sqrt{c+ab}\geqslant a+b+c+\sqrt{ab}+\sqrt{bc}+\sqrt{ca}$$

由柯西不等式得

$$\sqrt{a+bc} = \sqrt{a(a+b+c)+bc} = \sqrt{(a+b)(a+c)} \geqslant a + \sqrt{bc}$$

同理
$$\sqrt{b+ca} \geqslant b + \sqrt{ca}$$
$$\sqrt{c+ab} \geqslant c + \sqrt{ab}$$

将这三个不等式相加得
$$\sqrt{a+bc} + \sqrt{b+ca} + \sqrt{c+ab} \geqslant a+b+c + \sqrt{ab} + \sqrt{bc} + \sqrt{ca}$$

从而 $\sqrt{x+yz} + \sqrt{y+zx} + \sqrt{z+xy} \geqslant \sqrt{xyz} + \sqrt{x} + \sqrt{y} + \sqrt{z}$ 成立.

20. 条件 $\sum_{k=1}^{n} \dfrac{1}{x_k + 1998} = \dfrac{1}{1998}$ 可化为 $\sum_{k=1}^{n} \dfrac{1998}{x_k + 1998} = \sum_{k=1}^{n} \dfrac{1}{\dfrac{x_k}{1998} + 1} = 1$,

令 $\dfrac{x_k}{1998} = t_k$, 则 $\sum_{k=1}^{n} \dfrac{1}{t_k + 1} = 1$, 再令 $y_k = \dfrac{1}{t_k + 1}$, 则 $\sum_{k=1}^{n} y_k = 1$, $t_k = \dfrac{1}{y_k} - 1 = \dfrac{1 - y_k}{y_k}$,

由均值不等式得

$$t_1 = \frac{1-y_1}{y_1} = \frac{y_2 + y_3 + \cdots + y_n}{y_1} \geqslant \frac{(n-1)\sqrt[n-1]{y_2 y_3 \cdots y_n}}{y_1}$$

$$t_1 = \frac{1-y_2}{y_2} = \frac{y_1 + y_3 + \cdots + y_n}{y_1} \geqslant \frac{(n-1)\sqrt[n-1]{y_1 y_3 \cdots y_n}}{y_1}$$

$$\cdots$$

$$t_n = \frac{1-y_n}{y_n} = \frac{y_1 + y_2 + \cdots + y_{n-1}}{y_n} \geqslant \frac{(n-1)\sqrt[n-1]{y_1 y_2 \cdots y_{n-1}}}{y_n}$$

将上述 $n$ 个不等式相乘得 $\prod_{k=1}^{n} t_k \geqslant (n-1)^n$. 即 $\dfrac{\sqrt[n]{x_1 x_2 \cdots x_n}}{n-1} \geqslant 1998$.

21. 令 $x = \dfrac{1}{a}, y = \dfrac{1}{b}, z = \dfrac{1}{c}$. 由已知 $ab + bc + ca = abc$ 得 $x + y + z = 1$.

由
$$\frac{x^4 + y^4}{x^3 + y^3} - \frac{x+y}{2} = \frac{(x-y)^2(x^2 + xy + z^2)}{2(x^3 + y^3)} \geqslant 0$$

得
$$\frac{x^4 + y^4}{x^3 + y^3} \geqslant \frac{x+y}{2}$$

同理
$$\frac{y^4 + z^4}{y^3 + z^3} \geqslant \frac{y+z}{2}$$
$$\frac{z^4 + x^4}{z^3 + x^3} \geqslant \frac{z+x}{2}$$

所以
$$\frac{a^4+b^4}{ab(a^3+b^3)}+\frac{b^4+c^4}{bc(b^3+c^3)}+\frac{c^4+a^4}{ca(c^3+a^3)}=\frac{x^4+y^4}{x^3+y^3}+\frac{y^4+z^4}{y^3+z^3}+\frac{z^4+x^4}{z^3+x^3}\geqslant$$
$$\frac{x+y}{2}+\frac{y+z}{2}+\frac{z+x}{2}=$$
$$x+y+z=1$$

22. $\dfrac{a^2}{1+2bc}=\dfrac{a^2}{a^2+b^2+c^2+2bc}\geqslant\dfrac{a^2}{a^2+b^2+c^2+b^2+c^2}=\dfrac{a^2}{a^2+2b^2+2c^2}$,

同理,
$$\frac{b^2}{1+2ca}\geqslant\frac{b^2}{b^2+2c^2+2a^2}$$
$$\frac{c^2}{1+2ab}\geqslant\frac{c^2}{c^2+2a^2+2b^2}$$

令 $x=a^2+2b^2+2c^2, y=b^2+2c^2+2a^2, z=c^2+2a^2+2b^2$. 则
$$a^2=\frac{2y+2z-3x}{5}$$
$$b^2=\frac{2z+2x-3y}{5}$$
$$c^2=\frac{2x+2y-3z}{5}$$

于是,由均值不等式得
$$\frac{a^2}{a^2+2b^2+2c^2}+\frac{b^2}{b^2+2c^2+2a^2}+\frac{c^2}{c^2+2a^2+2b^2}=$$
$$\frac{2}{5}\left(\frac{y}{x}+\frac{z}{x}+\frac{z}{y}+\frac{x}{y}+\frac{x}{z}+\frac{y}{z}\right)-\frac{9}{5}\geqslant$$
$$\frac{2}{5}\cdot 6\sqrt[6]{\frac{y}{x}\cdot\frac{z}{x}\cdot\frac{z}{y}\cdot\frac{x}{y}\cdot\frac{x}{z}\cdot\frac{y}{z}}-\frac{9}{5}=\frac{3}{5}$$

23. **证法一**
$$\frac{x}{\sqrt{(y+z)(x+y+z)}}+\frac{y}{\sqrt{(z+x)(x+y+z)}}+\frac{z}{\sqrt{(x+y)(x+y+z)}}\geqslant\sqrt{\frac{3}{2}}$$
①

以 $\sqrt{x},\sqrt{y},\sqrt{z}$ 为长方体的长、宽、高,过同一顶点的三条棱和过该点的体对角线的夹角为 $\alpha,\beta,\gamma$,则
$$\cos\alpha=\frac{\sqrt{x}}{\sqrt{x+y+z}},\cos\beta=\frac{\sqrt{y}}{\sqrt{x+y+z}}$$
$$\cos\gamma=\frac{\sqrt{z}}{\sqrt{x+y+z}},\sin\alpha=\frac{\sqrt{y+z}}{\sqrt{x+y+z}}$$

$$\sin\beta = \frac{\sqrt{z+x}}{\sqrt{x+y+z}}, \sin\gamma = \frac{\sqrt{x+y}}{\sqrt{x+y+z}}$$

显然,$\cos^2\alpha + \cos^2\beta + \cos^2\gamma = 1$,$\sin^2\alpha + \sin^2\beta + \sin^2\gamma = 2$,
① 等价于

$$\cos\alpha\cot\alpha + \cos\beta\cot\beta + \cos\gamma\cot\gamma \geq \sqrt{\frac{3}{2}}$$

即

$$\left(\frac{1}{\sin\alpha} + \frac{1}{\sin\beta} + \frac{1}{\sin\gamma}\right) - (\sin\alpha + \sin\beta + \sin\gamma) \geq \sqrt{\frac{3}{2}}$$

由柯西不等式得$(1^2 + 1^2 + 1^2)(\sin^2\alpha + \sin^2\beta + \sin^2\gamma) \geq (\sin\alpha + \sin\beta + \sin\gamma)^2$,所以 $\sin\alpha + \sin\beta + \sin\gamma \leq \sqrt{6}$
由均值不等式得

$$\sin^2\alpha + \sin^2\beta + \sin^2\gamma = 2 \geq 3\sqrt[3]{\sin^2\alpha\sin^2\beta\sin^2\gamma}$$

所以

$$\frac{1}{\sin\alpha\sin\beta\sin\gamma} \geq \frac{3\sqrt{6}}{4}$$

再由均值不等式得

$$\frac{1}{\sin\alpha} + \frac{1}{\sin\beta} + \frac{1}{\sin\gamma} \geq 3\sqrt[3]{\frac{1}{\sin\alpha\sin\beta\sin\gamma}} \geq \frac{3\sqrt{6}}{2}$$

于是

$$\left(\frac{1}{\sin\alpha} + \frac{1}{\sin\beta} + \frac{1}{\sin\gamma}\right) - (\sin\alpha + \sin\beta + \sin\gamma) \geq \frac{3\sqrt{6}}{2} - \sqrt{6} = \frac{\sqrt{6}}{2} = \sqrt{\frac{3}{2}}$$

从而

$$\frac{x}{\sqrt{y+z}} + \frac{y}{\sqrt{z+x}} + \frac{z}{\sqrt{x+y}} \geq \sqrt{\frac{3}{2}(x+y+z)}$$

**证法二** 令 $a = \frac{x}{x+y+z}, b = \frac{x}{x+y+z}, c = \frac{x}{x+y+z}$. 则 $a+b+c=1$. 原不等式化为证明

$$\frac{a}{\sqrt{b+c}} + \frac{b}{\sqrt{c+a}} + \frac{c}{\sqrt{a+b}} \geq \sqrt{\frac{3}{2}} \qquad ①$$

令 $b+c = u^2, c+a = v^2, a+b = w^2$,则 $u^2 + v^2 + w^2 = 2, a = 1-u^2, b = 1-v^2, c = 1-w^2$,式 ① 化为

$$\frac{1-u^2}{u} + \frac{1-v^2}{v} + \frac{1-w^2}{w} \geq \sqrt{\frac{3}{2}}$$

即

$$\frac{1}{u} + \frac{1}{v} + \frac{1}{w} \geq \sqrt{\frac{3}{2}} + u + v + w \qquad ②$$

由柯西不等式得
$$(u^2 + v^2 + w^2)(1^2 + 1^2 + 1^2) \geq (u + v + w)^2$$

所以
$$u + v + w \leq \sqrt{6} \qquad ③$$

再由柯西不等式得
$$\left(\frac{1}{u} + \frac{1}{v} + \frac{1}{w}\right)(u + v + w) \geq 9$$

所以
$$\frac{1}{u} + \frac{1}{v} + \frac{1}{w} \geq 3\sqrt{\frac{3}{2}} \qquad ④$$

由 ③,④ 知不等式 ② 成立.

24. 令 $a = \cos\alpha, b = \cos\beta$,其中
$$\alpha, \beta \in \left(0, \frac{\pi}{2}\right) \qquad ①$$

所以
$$ab + \sqrt{(1-a^2)(1-b^2)} = \cos\alpha\cos\beta + \sin\alpha\sin\beta = \cos(\alpha - \beta) \qquad ②$$

上式两端平方后得 $a^2b^2 + 2ab\sqrt{(1-a^2)(1-b^2)} + (1-a^2)(1-b^2) = \cos^2(\alpha - \beta)$. 移项后得

$$2ab\sqrt{(1-a^2)(1-b^2)} = \cos^2(\alpha - \beta) - a^2b^2 - (1-a^2)(1-b^2) = \cos^2(\alpha - \beta) - 1 + a^2 + b^2 - 2a^2b^2$$

上式两端同除以 $2ab$,得

$$\sqrt{(1-a^2)(1-b^2)} = \frac{1}{2ab}(\cos^2(\alpha - \beta) - 1) + \frac{a}{2b} + \frac{b}{2a} - ab \qquad ③$$

因此,当 $0 < |\alpha - \beta| < \frac{\pi}{6}$ 时,$\cos(\alpha - \beta) > \frac{\sqrt{3}}{2}$,有

$$\cos^2(\alpha - \beta) - 1 > \frac{3}{4} - 1 = -\frac{1}{4}$$

因此,在开区间 $\left(0, \frac{\pi}{2}\right)$ 内,选择 4 对两两不同的角 $(\alpha, \beta)$,使得 $0 < |\alpha - \beta| < \frac{\pi}{6}$,再利用 ① 得出 4 对两两不同的 $(a, b)$ $(a \neq b)$ 满足题中的不等式.

25. 这样的两个数存在. 不妨设 $x > y$,则原不等式变形为

$$\frac{x - y}{(x+1)(y+1) + xy} < 2 - \sqrt{3} \Leftrightarrow$$

$$\frac{x(y+1)-y(x+1)}{(x+1)(y+1)+xy}<2-\sqrt{3}\Leftrightarrow$$

$$\frac{(1+\frac{1}{y})-(1+\frac{1}{x})}{1+(1+\frac{1}{y})(1+\frac{1}{x})}<2-\sqrt{3}$$

令 $\alpha_i = \arctan(1+\frac{1}{a_i}), i=1,2,3,4.$ 由 $a_i > 0$ 知,$\alpha_i \in (\frac{\pi}{4},\frac{\pi}{2})$.

将 $(\frac{\pi}{4},\frac{\pi}{2})$ 分成三等份,由抽屉原理可知,在 $\alpha_i(i=1,2,3,4)$ 中至少有两个之差的绝对值小于 $\frac{\pi}{12}$. 不妨设 $0 < \alpha_j - \alpha_i < \frac{\pi}{12}$,则 $\tan(\alpha_j - \alpha_i) = \frac{\tan\alpha_j - \tan\alpha_i}{1+\tan\alpha_j\tan\alpha_i} < \tan\frac{\pi}{12} = 2-\sqrt{3}$.

取 $y = a_i, x = a_j$ 即可.

26. 令 $a_k = 2\cos\theta_k.$ $(k=1,2,\cdots,n)$,则由三倍角公式 $\cos 3\theta = 4\cos^3\theta - 3\cos\theta$ 可得 $a_k^3 = 3a_k + 2\cos 3\theta_k$.

所以, $|a_1^3 + a_2^3 + \cdots + a_n^3| = |3\sum_{k=1}^{n} a_k + 2\sum_{k=1}^{n}\cos 3\theta_k| = 2|\sum_{k=1}^{n}\cos 3\theta_k| \leq 2\sum_{k=1}^{n}|\cos 3\theta_k| \leq 2\sum_{k=1}^{n} 1 = 2n.$

27. 令 $x^2 = (a^2b + b^2c + c^2a)(ab^2 + bc^2 + ca^2), y = abc.$ 由均值不等式得 $x^2 \geq 9y^2$,所以,$x \geq 3y$. 因为 $(a^2b + b^2c + c^2a)(ab^2 + bc^2 + ca^2) = (a^2+bc)(b^2+ac)(c^2+ab) + a^2b^2c^2$,所以,原不等式等价于

$$x \geq y + \sqrt[3]{y(x^2-y^2)} \Leftrightarrow (x-y)^3 \geq y(x^2-y^2) \Leftrightarrow (x-y)^2 \geq y(x+y) \Leftrightarrow x^2 \geq 3xy \Leftrightarrow x \geq 3y$$

28. 令 $a = \frac{x}{z}, b = \frac{y}{x}, c = \frac{z}{y}$,则 $\frac{a}{b^2(c+1)} + \frac{b}{c^2(a+1)} + \frac{c}{a^2(b+1)} \geq \frac{3}{2} \Leftrightarrow$

$\frac{x^3}{yz(y+z)} + \frac{y^3}{zx(z+x)} + \frac{z^3}{xy(x+y)} \geq \frac{3}{2} \Leftrightarrow \frac{x^4}{xyz(y+z)} + \frac{y^4}{xyz(z+x)} + \frac{z^4}{xyz(x+y)} \geq \frac{3}{2}$.

由柯西不等式得

$$\left(\frac{x^4}{y+z} + \frac{y^4}{z+x} + \frac{z^4}{x+y}\right)[(y+z)+(z+x)+(x+y)] \geq (x^2+y^2+z^2)^2$$

于是只要证

$$(x^2+y^2+z^2)^2 \geq 3xyz(x+y+z)$$

事实上

$$(x^2 + y^2 + z^2)^2 \geq \frac{1}{3}(x+y+z)^2(x^2+y^2+z^2) =$$

$$\frac{1}{3}(x+y+z)(x+y+z)(x^2+y^2+z^2) \geq$$

$$\frac{1}{3}(x+y+z) \cdot 3\sqrt[3]{xyz} \cdot 3\sqrt[3]{(xyz)^2} =$$

$$3xyz(x+y+z)$$

29. 设 $x = \dfrac{a}{a-b}, y = \dfrac{b}{b-c}, z = \dfrac{c}{c-a}$

则

$$(x-1)(y-1)(z-1) = \frac{b}{a-b} \cdot \frac{c}{b-c} \cdot \frac{a}{c-a} = \frac{a}{a-b} \cdot \frac{b}{b-c} \cdot \frac{c}{c-a} = xyz$$

将上式展开并整理得

$$x + y + z = xy + yz + zx + 1$$

故

$$\left(\frac{2a-b}{a-b}\right)^2 + \left(\frac{2b-c}{b-c}\right)^2 + \left(\frac{2c-a}{c-a}\right)^2 = (1+x)^2 + (1+y)^2 + (1+z)^2 =$$

$$3 + x^2 + y^2 + z^2 + 2(x+y+z) =$$

$$3 + x^2 + y^2 + z^2 + 2(xy + yz + zx + 1) =$$

$$5 + (x+y+z)^2 \geq 5$$

30. 设 $x = a^2, y = b^2, z = c^2, p = xyz, \dfrac{a}{a^3+bc} + \dfrac{b}{b^3+ca} + \dfrac{c}{c^3+ab} > 3 \Leftrightarrow \dfrac{x}{x^2+p} +$

$\dfrac{y}{y^2+p} + \dfrac{z}{z^2+p} > 3 \Leftrightarrow x(y^2+p)(z^2+p) + y(z^2+p)(x^2+p) + z(x^2+p)(y^2+p) >$

$3(x^2+p)(y^2+p)(z^2+p) \Leftrightarrow p^2 + p[x(y^2+z^2) + y(z^2+x^2) + z(x^2+y^2)] + xy^2z^2 +$

$x^2y z + x^2yz^2 > 3p^3 + 3p^2(x^2+y^2+z^2) + 3p(x^2y^2+y^2z^2+z^2x^2) + 3p^2$.

令 $s = xy + yz + zx$,由于 $x + y + z = 1$

所以

$$x(y^2+z^2) + y(z^2+x^2) + z(x^2+y^2) = xy(x+y) + yz(y+z) + zx(z+x) =$$

$$xy(1-z) + yz(1-x) + zx(1-y) =$$

$$s - 3p$$

$$x^2y^2 + y^2z^2 + z^2x^2 = (xy+yz+zx)^2 - 2xyz(x+y+z) = s^2 - 2p$$

上面不等式等价于

$$p^2 + p(s-3p) + ps > 3p^3 + 3p^2(1-2s) + 3p(s^2-2p) + 3p^2$$

因为 $p > 0, s > xy > xyz = p$,上式两端分解因式后约去 $p(s-p)$,等价于证明

$s-p < \frac{2}{3}$,因为 $x+y+z=1, s-p = 1-(x+y+z)+s-p = (1-x)(1-y)(1-z)$.

由均值不等式得

$$(1-x)(1-y)(1-z) \leq \left[\frac{(1-x)+(1-y)+(1-z)}{3}\right]^3 = \left(\frac{2}{3}\right)^3 < \frac{2}{3}$$

从而,不等式得证.

**31. 证法一** 令 $a = \tan\alpha, b = \tan\beta, c = \tan\gamma$,其中 $\alpha, \beta, \gamma$ 是一个锐角三角形的三个锐角. 显然满足 $a+b+c = abc$,则 $\frac{1}{\sqrt{1+a^2}} + \frac{1}{\sqrt{1+b^2}} + \frac{1}{\sqrt{1+c^2}} = \cos A + \cos B + \cos C \leq 3\cos\frac{A+B+C}{3} = \frac{3}{2}$.

**证法二** 因为 $a+b+c = abc$,所以 $\frac{1}{ab} + \frac{1}{bc} + \frac{1}{ca} = 1$,令 $\frac{1}{ab} = \frac{x}{s}, \frac{1}{bc} = \frac{y}{s}, \frac{1}{ca} = \frac{z}{s}, s = x+y+z$.

则

$$a = \sqrt{\frac{ys}{zx}}, b = \sqrt{\frac{zs}{xy}}, c = \sqrt{\frac{xs}{yz}}$$

$$a^2 + 1 = \frac{ys}{zx} + 1 = \frac{y(x+y+z)+zx}{zx} = \frac{(x+y)(y+z)}{zx}$$

同理可得

$$b^2 + 1 = \frac{(x+z)(y+z)}{xy}$$

$$c^2 + 1 = \frac{(x+y)(x+z)}{yz}$$

$$\frac{1}{\sqrt{1+a^2}} + \frac{1}{\sqrt{1+b^2}} + \frac{1}{\sqrt{1+c^2}} =$$

$$\sqrt{\frac{zx}{(x+y)(y+z)}} + \sqrt{\frac{xy}{(x+z)(y+z)}} + \sqrt{\frac{yz}{(x+y)(x+z)}} \leq$$

$$\frac{1}{2}\left(\frac{x}{x+y} + \frac{z}{y+z}\right) + \frac{1}{2}\left(\frac{x}{x+z} + \frac{y}{y+z}\right) + \frac{1}{2}\left(\frac{y}{x+y} + \frac{z}{x+z}\right) = \frac{3}{2}$$

**证法三** 同证法二由柯西不等式得

$$\sqrt{\frac{zx}{(x+y)(y+z)}} + \sqrt{\frac{xy}{(x+z)(y+z)}} + \sqrt{\frac{yz}{(x+y)(x+z)}} \leq$$

$$\sqrt{(zx+xy+yz) \cdot \left(\frac{1}{(x+y)(y+z)} + \frac{1}{(x+z)(y+z)} + \frac{1}{(x+y)(x+z)}\right)} =$$

$$\sqrt{2(zx+xy+yz)\cdot(\frac{x+y+z}{(x+y)(y+z)(x+z)(y+z)})}=$$

$$\sqrt{2(\frac{x^2y+xy^2+x^2z+xz^2+y^2z+yz^2+3xyz}{x^2y+xy^2+x^2z+xz^2+y^2z+yz^2+2xyz})}$$

而

$$\sqrt{2(\frac{x^2y+xy^2+x^2z+xz^2+y^2z+yz^2+3xyz}{x^2y+xy^2+x^2z+xz^2+y^2z+yz^2+2xyz})} \leqslant \frac{3}{2} \Leftrightarrow$$

$$x^2y+xy^2+x^2z+xz^2+y^2z+yz^2 \geqslant 6xyz$$

32. **证法一** 由 $xyz=x+y+z+2$ 得 $\dfrac{1}{1+x}+\dfrac{1}{1+y}+\dfrac{1}{1+z}=1.$

令 $a=\dfrac{1}{1+x}, b=\dfrac{1}{1+y}, c=\dfrac{1}{1+z}.$ 则 $a+b+c=1.$

$5(x+y+z)+18 \geqslant 8(\sqrt{xy}+\sqrt{yz}+\sqrt{zx}) \Leftrightarrow$

$5(\dfrac{1-a}{a}+\dfrac{1-b}{b}+\dfrac{1-c}{c})+18 \geqslant$

$8(\sqrt{\dfrac{(1-a)(1-b)}{ab}}+\sqrt{\dfrac{(1-b)(1-c)}{bc}}+\sqrt{\dfrac{(1-c)(1-a)}{ca}}) \Leftrightarrow$

$5(\dfrac{b+c}{a}+\dfrac{c+a}{b}+\dfrac{a+b}{c})+15 \geqslant$

$8(\sqrt{\dfrac{(b+c)(c+a)}{ab}}+\sqrt{\dfrac{(c+a)(a+b)}{bc}}+\sqrt{\dfrac{(a+b)(b+c)}{ca}}) \Leftrightarrow$ ①

$5(ab+bc+ca)+3abc \geqslant$

$8(a\sqrt{bc(a+b)(a+c)}+b\sqrt{ca(a+b)(b+c)}+c\sqrt{ab(a+c)(b+c)})$

但是 $y=\sqrt{x}$ 是上凸函数,由 Jensen 不等式

$a\sqrt{bc(a+b)(a+c)}+b\sqrt{ca(a+b)(b+c)}+c\sqrt{ab(a+c)(b+c)} \leqslant$

$\sqrt{abc(a+b)(a+c)+bca(a+b)(b+c)+cab(a+c)(b+c)}=$

$\sqrt{abc+abc(ab+bc+ca)}$

只要证明

$$5(ab+bc+ca)+3abc \geqslant 8\sqrt{abc+abc(ab+bc+ca)}$$ ②

记 $ab+bc+ca=v, abc=w,$ 因为 $a+b+c=1,$ 所以

$$v=(a+b+c)(ab+bc+ca) \geqslant 9abc=9w$$

$$v^2=(ab+bc+ca)^2 \geqslant 3abc(a+b+c)=3w$$

(这里用的是不等式 $(m+n+p)^2 \geqslant 3(mn+np+pm)$)

$v^2 \geqslant 3w,$ 只要证明

$$5v + 3w \geqslant 8\sqrt{\frac{v^2}{3} + vw} \qquad ③$$

式 ② 自然成立.

$$③ \Leftrightarrow 11v^2 - 147vw + 27w^2 \geqslant 0 \Leftrightarrow (11v - 3w)(v - 9w) \geqslant 0$$

而 $v \geqslant 9w$,故 ③ 成立. 从而原不等式得证.

**证法二** 前面同证法一,现证明不等式 ①.

$$① \Leftrightarrow 5\left(\frac{b+c}{b} + \frac{c+a}{a} + \frac{a+b}{b} + \frac{c+a}{c} + \frac{b+c}{c} + \frac{a+b}{a}\right) \geqslant$$

$$8\left(\sqrt{\frac{(b+c)(c+a)}{ab}} + \sqrt{\frac{(c+a)(a+b)}{bc}} + \sqrt{\frac{(a+b)(b+c)}{ca}}\right) + 12$$

由均值不等式得

$$5\left(\frac{b+c}{b} + \frac{c+a}{a} + \frac{a+b}{b} + \frac{c+a}{c} + \frac{b+c}{c} + \frac{a+b}{a}\right) \geqslant$$

$$10\left(\sqrt{\frac{(b+c)(c+a)}{ab}} + \sqrt{\frac{(c+a)(a+b)}{bc}} + \sqrt{\frac{(a+b)(b+c)}{ca}}\right) =$$

$$(8+2)\left(\sqrt{\frac{(b+c)(c+a)}{ab}} + \sqrt{\frac{(c+a)(a+b)}{bc}} + \sqrt{\frac{(a+b)(b+c)}{ca}}\right)$$

由均值不等式得

$$\sqrt{\frac{(b+c)(c+a)}{ab}} + \sqrt{\frac{(c+a)(a+b)}{bc}} + \sqrt{\frac{(a+b)(b+c)}{ca}} \geqslant$$

$$\sqrt{\frac{2\sqrt{bc}\,2\sqrt{ca}}{ab}} + \sqrt{\frac{2\sqrt{ca}\,2\sqrt{ab}}{bc}} + \sqrt{\frac{2\sqrt{ab}\,2\sqrt{bc}}{ca}} =$$

$$2\left(\sqrt{\frac{c}{\sqrt{ab}}} + \sqrt{\frac{a}{\sqrt{bc}}} + \sqrt{\frac{b}{\sqrt{ca}}}\right) \geqslant 6$$

所以,$2\left(\sqrt{\frac{(b+c)(c+a)}{ab}} + \sqrt{\frac{(c+a)(a+b)}{bc}} + \sqrt{\frac{(a+b)(b+c)}{ca}}\right) \geqslant 12.$

不等式 ① 得证.

33. 由幂平均值不等式 $\sqrt[3]{\frac{x^3+y^3+z^3}{3}} \geqslant \sqrt{\frac{x^2+y^2+z^2}{3}}$,要证明 $\frac{a^3}{(a+b)^3} +$

$\frac{b^3}{(b+c)^3} + \frac{c^3}{(c+a)^3} \geqslant \frac{3}{8}$,只要证明

$$\frac{a^2}{(a+b)^2} + \frac{b^2}{(b+c)^2} + \frac{c^2}{(c+a)^2} \geqslant \frac{3}{4}$$

令 $x = \frac{a}{a+b}, y = \frac{b}{b+c}, z = \frac{c}{c+a}$,则

$$x^2 + y^2 + z^2 + 2xyz - 1 = \frac{a^2}{(a+b)^2} + \frac{b^2}{(b+c)^2} + \frac{c^2}{(c+a)^2} + 2\left(\frac{a}{a+b}\right)\left(\frac{b}{b+c}\right)\left(\frac{c}{c+a}\right) - 1 =$$

$$\frac{a^2(b+c)^2(c+a)^2 + b^2(a+b)^2(c+a)^2 + c^2(a+b)^2(b+c)^2 + 2abc(a+b)(b+c)(c+a) - (a+b)^2(b+c)^2(c+a)^2}{(a+b)^2(b+c)^2(c+a)^2} =$$

$$\frac{a^2(c^2+ab+bc+ca)^2 + b^2(a^2+ab+bc+ca)^2 + c^2(b^2+ab+bc+ca)^2 + 2abc[(a+b+c)(ab+bc+ca)-abc] - [(a+b+c)(ab+bc+ca)-abc]^2}{(a+b)^2(b+c)^2(c+a)^2}$$

$$= \frac{(a^2c^4+b^2a^4+c^2b^4)+2(a^2b^2c^2+b^2c^2+c^2a^2)(ab+bc+ca)+(a^2+b^2+c^2)(ab+bc+ca)^2+4abc(a+b+c)(ab+bc+ca)-3a^2b^2c^2-(a+b+c)^2(ab+bc+ca)^2}{(a+b)^2(b+c)^2(c+a)^2} =$$

$$\frac{a^4b^2+b^2a^4+c^2b^4-3a^2b^2c^2}{(a+b)^2(b+c)^2(c+a)^2} \geq 0$$

所以,$x^2 + y^2 + z^2 \geq 1 - 2xyz$,只要证明 $xyz \leq \frac{1}{8}$.

由均值不等式得

$$xyz = \left(\frac{a}{a+b}\right)\left(\frac{b}{b+c}\right)\left(\frac{c}{c+a}\right) \leq \left(\frac{a}{2\sqrt{ab}}\right)\left(\frac{b}{2\sqrt{bc}}\right)\left(\frac{c}{2\sqrt{ca}}\right) = \frac{1}{8}$$

**34. 证法一** 由 $4 = a^2 + b^2 + c^2 + abc \geq abc + 3\sqrt[3]{(abc)^2}$,即 $abc \leq 1$,所以

$$ab + bc + ca \geq 3\sqrt[3]{(abc)^2} \geq 3abc$$

因为在 $\triangle ABC$ 中 $\cos^2 A + \cos^2 B + \cos^2 C + 2\cos A \cos B \cos C = 1$,为证明右边的不等式,令

$$a = 2\cos A$$
$$b = 2\cos B$$
$$c = 2\cos C$$

其中 $A, B, C$ 是锐角 $\triangle ABC$ 的三个内角.

则 $ab + bc + ca \leq abc + 2$ 等价于证明

$4(\cos^2 A + \cos^2 B + \cos^2 C + \cos A \cos B + \cos B \cos C + \cos C \cos A) \leq 6 \Leftrightarrow$

$(\cos A + \cos B)^2 + (\cos B + \cos C)^2 + (\cos C + \cos A)^2 \leq 3 \Leftrightarrow$

$\sin^2 A + \sin^2 B + \sin^2 C \geq (\cos A + \cos B + \cos C)^2$

令 $x = b^2 + c^2 - a^2, y = a^2 + c^2 - b^2, z = a^2 + b^2 - c^2$,则 $x, y, z$ 都是正数. 所以,$a^2 = y + z, b^2 = z + x, c^2 = x + y, R^2 = \frac{(x+y)(y+z)(z+x)}{4(xy+yz+zx)}$. 由余弦定理和正弦定理,不等式等价于证明

$$\left(\frac{x}{\sqrt{(x+y)(x+z)}} + \frac{y}{\sqrt{(x+y)(y+z)}} + \frac{z}{\sqrt{(x+z)(y+z)}}\right)^2 \leq$$

$$\frac{2(x+y+z)(xy+yz+zx)}{(x+y)(y+z)(z+x)} \Leftrightarrow$$
$$(x\sqrt{y+z}+y\sqrt{z+x}+z\sqrt{x+y})^2 \leqslant$$
$$2(x+y+z)(xy+yz+zx)$$

由柯西不等式得
$$(x+y+z)[x(y+z)+y(z+x)+z(x+y)] \geqslant$$
$$(\sqrt{x} \cdot \sqrt{x(y+z)}+\sqrt{y} \cdot \sqrt{y(z+x)}+\sqrt{z} \cdot \sqrt{z(x+y)})^2$$

即 $2(x+y+z)(xy+yz+zx) \geqslant (x\sqrt{y+z}+y\sqrt{z+x}+z\sqrt{x+y})^2$. 不等式得证.

**证法二** 如果 $a, b, c > 1$,意味着 $a^2+b^2+c^2+abc > 4$. 若 $a \leqslant 1$,则有 $ab+bc+ca-abc \geqslant (1-a)bc \geqslant 0$.

现在我们证明 $ab+bc+ca-abc \leqslant 2$.

设 $a=2p, b=2q, c=2r$,我们得到 $p^2+q^2+r^2+2pqr=1$. 再令 $a=2\cos A$, $b=2\cos B, c=2\cos C$,其中 $A, B, C$ 是锐角三角形的三个内角,我们证明

$$\cos A\cos B+\cos B\cos C+\cos C\cos A-2\cos A\cos B\cos C \leqslant \frac{1}{2}$$

由对称性,不妨设 $A \geqslant \frac{\pi}{3}$,则 $1-2\cos A \leqslant 0$,

而
$$\cos A\cos B+\cos B\cos C+\cos C\cos A-2\cos A\cos B\cos C =$$
$$\cos A(\cos B+\cos C)+\cos B\cos C(1-2\cos A)$$

由 Jensen 不等式,我们有
$$\cos A+\cos B+\cos C \leqslant \cos\frac{A+B+C}{3}=\frac{3}{2}$$

即
$$\cos B+\cos C \leqslant \frac{3}{2}-\cos A$$

又
$$2\cos B\cos C = \cos(B-C)+\cos(B+C) \leqslant 1-\cos A$$

因此,
$$\cos A(\cos B+\cos C)+\cos B\cos C(1-2\cos A) \leqslant$$
$$\cos A(\frac{3}{2}-\cos A)+\frac{1}{2}(1-\cos A)(1-2\cos A) =$$
$$\frac{1}{2}$$

35. 设 $a^2=\tan A, b^2=\tan B, c^2=\tan C, d^2=\tan D$,其中 $A, B, C, D$ 都是锐

角,已知条件化为 $\cos^2 A + \cos^2 B + \cos^2 C + \cos^2 D = 1$
应用均值不等式得

$$\sin^2 A = 1 - \cos^2 A = \cos^2 B + \cos^2 C + \cos^2 D \geqslant 3\sqrt[3]{(\cos B \cos C \cos D)^2}$$

同理

$$\sin^2 B \geqslant 3\sqrt[3]{(\cos A \cos C \cos D)^2}$$

$$\sin^2 C \geqslant 3\sqrt[3]{(\cos A \cos B \cos D)^2}$$

$$\sin^2 D \geqslant 3\sqrt[3]{(\cos A \cos B \cos C)^2}$$

将四个不等式相乘得 $\sin^2 A \sin^2 B \sin^2 C \sin^2 D \geqslant 3^4 \cos^2 A \cos^2 B \cos^2 C \cos^2 D$,即

$$\tan^2 A \tan^2 B \tan^2 C \tan^2 D \geqslant 3^4$$

所以, $abcd \geqslant 3$.

36. $\dfrac{a}{a+bc} + \dfrac{b}{b+ca} + \dfrac{\sqrt{abc}}{c+ab} \leqslant 1 + \dfrac{3\sqrt{3}}{4}$ 等价于

$$\dfrac{1}{1+\dfrac{bc}{a}} + \dfrac{1}{1+\dfrac{ca}{b}} + \dfrac{\sqrt{\dfrac{ab}{c}}}{1+\dfrac{ab}{c}} \leqslant 1 + \dfrac{3\sqrt{3}}{4} \qquad ①$$

令 $x = \sqrt{\dfrac{bc}{a}}, y = \sqrt{\dfrac{ca}{b}}, z = \sqrt{\dfrac{ab}{c}}$,已知条件变为

$$xy + yz + zx = 1 \qquad ②$$

不等式 ① 化为

$$\dfrac{1}{1+x^2} + \dfrac{1}{1+y^2} + \dfrac{z}{1+z^2} \leqslant 1 + \dfrac{3\sqrt{3}}{4} \qquad ③$$

再令 $x = \tan\dfrac{A}{2}, y = \tan\dfrac{B}{2}, z = \tan\dfrac{C}{2}$,其中 $A, B, C \in (0, \pi), A + B + C = \pi$,不等式 ③ 化为

$$\cos^2 \dfrac{A}{2} + \cos^2 \dfrac{B}{2} + \dfrac{1}{2}\sin C \leqslant 1 + \dfrac{3\sqrt{3}}{4} \Leftrightarrow$$

$$1 + \dfrac{1}{2}(\cos A + \cos B + \sin C) \leqslant 1 + \dfrac{3\sqrt{3}}{4} \Leftrightarrow$$

$$\cos A + \cos B + \sin C \leqslant \dfrac{3\sqrt{3}}{2} \qquad ④$$

因为 $\left|\dfrac{A-B}{2}\right| < \dfrac{\pi}{2}$,所以 $\cos A + \cos B = 2\cos\dfrac{A+B}{2}\cos\dfrac{A-B}{2} < 2\cos\dfrac{A+B}{2} = \sin\dfrac{C}{2}$,证明 ④,只要证明

$$2\sin\frac{C}{2} + \sin C \leq \frac{3\sqrt{3}}{2} \Leftrightarrow$$

$$2\sin\frac{C}{2}(1 + \cos\frac{C}{2}) \leq \frac{3\sqrt{3}}{2} \Leftrightarrow$$

$$\sin\frac{C}{2}(1 + \cos\frac{C}{2}) \leq \frac{3\sqrt{3}}{4} \Leftrightarrow$$

$$\sqrt{(1-\cos\frac{C}{2})(1+\cos\frac{C}{2})^3} \leq \frac{3\sqrt{3}}{4}$$

由均值不等式得

$$3(1-\cos\frac{C}{2})(1+\cos\frac{C}{2})^3 \leq$$

$$\left(\frac{3(1-\cos\frac{C}{2}) + (1+\cos\frac{C}{2}) + (1+\cos\frac{C}{2}) + (1+\cos\frac{C}{2})}{4}\right)^4 = \frac{81}{16}$$

所以

$$\sqrt{(1-\cos\frac{C}{2})(1+\cos\frac{C}{2})^3} \leq \frac{3\sqrt{3}}{4}$$

37. 令 $b = a + x, c = a + x + y, d = a + x + y + z, e = a + x + y + z + t$,其中 $a, x, y, z, t$ 都是正数.

$ad + dc + cb + be + ea \leq \frac{1}{5} \Leftrightarrow 5(ad + dc + cb + be + ea) \leq (a+b+c+d+e)^2 \Leftrightarrow$

$(5a + 4x + 3y + 2z + t)^2 \geq$

$5[a(a+x+y+z) + (a+x+y+z)(a+x+y) + (a+x+y)(a+x) + (a+x)(a+x+y+z+t) + (a+x+y+z+t)a] \Leftrightarrow$

$(5a + 4x + 3y + 2z + t)^2 \geq$

$5[5a^2 + (8x + 6y + 4z + 12t)a + 3x^2 + y^2 + 4xy + 2xz + xt + yz] \Leftrightarrow$

$(4x + 3y + 2z + t)^2 \geq 5(3x^2 + y^2 + 4xy + 2xz + xt + yz)$

38. **证法一** 令 $x = \sqrt{\frac{uv}{w}}, y = \sqrt{\frac{vw}{u}}, z = \sqrt{\frac{wu}{v}}$. 则条件化为 $xy + yz + zx + xyz = 4$,结论化为

$$x + y + z \geq xy + yz + zx$$

因为 $x, y, z$ 为正数,且 $xy + yz + zx + xyz = 4$,不妨设 $x \geq y \geq z$,所以,$3x^2 + x^3 \geq xy + yz + zx + xyz = 4$,即 $(x+2)^2(x-1) \geq 0$,而 $x \geq 0$,解得 $x \geq 1$. 同理 $3z^2 + z^3 \leq xy + yz + zx + xyz = 4$,即 $(z+2)^2(z-1) \leq 0$,解得 $0 \leq z \leq 1$. 由条件 $xy + yz + zx + xyz = 4$ 解得 $y = \frac{4 - zx}{x + z + zx}$. 所以,

$$x + y + z \geqslant xy + yz + zx \Leftrightarrow$$

$$x + \frac{4-zx}{x+z+zx} + z \geqslant (x+z)\frac{4-zx}{x+z+zx} + zx \Leftrightarrow$$

$$(x+z-2)^2 + xz(x-1)(1-z) \geqslant 0$$

**证法二** 令 $u = 4a^2, v = 4b^2, w = 4c^2$，其中 $a, b, c > 0$，则已知条件转化为 $a^2 + b^2 + c^2 + 2abc = 1$，结论变为

$$\frac{bc}{a} + \frac{ca}{b} + \frac{ab}{c} \geqslant 2(a^2 + b^2 + c^2) \qquad ①$$

因为在 $\triangle ABC$ 中 $\cos^2 A + \cos^2 B + \cos^2 C + 2\cos A\cos B\cos C = 1$，为证明不等式 ①，令

$$a = 2\cos A, b = 2\cos B, c = 2\cos C$$

其中 $A, B, C$ 是锐角 $\triangle ABC$ 的三个内角. ① 化为

$$\frac{\cos B\cos C}{\cos A} + \frac{\cos C\cos A}{\cos B} + \frac{\cos A\cos B}{\cos C} \geqslant 2(\cos^2 A + \cos^2 B + \cos^2 C) \qquad ②$$

在 $\triangle ABC$ 中由嵌入不等式：$x^2 + y^2 + z^2 \geqslant 2yz\cos A + 2zx\cos B + 2xy\cos C$ 得 ②.

只要取 $x = \sqrt{\frac{\cos B\cos C}{\cos A}}, y = \sqrt{\frac{\cos C\cos A}{\cos B}}, z = \sqrt{\frac{\cos A\cos B}{\cos C}}$ 即可.

**39.** 由于两端次数相等，故不妨设 $ab + bc + ca = 1$，于是令 $a = \tan\alpha, b = \tan\beta, c = \tan\gamma$，其中 $\alpha + \beta + \gamma = 90°$. $\alpha, \beta, \gamma$ 都是锐角. 则问题化为证明

$$(b+c)(c+a)(a+b) \geqslant \frac{8\sqrt{3}}{9} \qquad ①$$

因为 $\alpha + \beta + \gamma = 90°$，所以

$$\sin(\alpha + \beta) = \cos\gamma$$
$$\sin(\beta + \gamma) = \cos\alpha$$
$$\sin(\gamma + \alpha) = \cos\beta$$

$$(b+c)(c+a)(a+b) \geqslant \frac{8\sqrt{3}}{9} \Leftrightarrow$$

$$(\tan\alpha + \tan\beta)(\tan\beta + \tan\gamma)(\tan\gamma + \tan\alpha) \geqslant \frac{8\sqrt{3}}{9} \Leftrightarrow$$

$$\frac{\sin(\alpha+\beta)\sin(\beta+\gamma)\sin(\gamma+\alpha)}{\cos^2\alpha\cos^2\beta\cos^2\gamma} \geqslant \frac{8\sqrt{3}}{9} \Leftrightarrow$$

$$\cos\alpha\cos\beta\cos\gamma \leqslant \frac{3\sqrt{3}}{8} \qquad ②$$

下面给出 ② 的两种证明方法.

**证法一** 因为 $\cos\alpha\cos\beta = \frac{1}{2}[\cos(\alpha-\beta) + \cos(\alpha+\beta)] \leqslant \frac{1}{2}(1 + \cos$

$(\alpha + \beta)) = \frac{1}{2}(1 + \sin \gamma)$,所以,

$$\cos\alpha\cos\beta\cos\gamma \leq \frac{1}{2}(1+\sin\gamma)\cos\gamma = \frac{1}{2}\sqrt{(1+\sin\gamma)^2(1-\sin^2\gamma)} =$$

$$\frac{1}{2}\sqrt{\frac{(1+\sin\gamma)^3(3-3\sin\gamma)}{3}} \leq$$

$$\frac{1}{2}\sqrt{\frac{1}{3}(\frac{3(1+\sin\gamma)+(3-3\sin\gamma)}{4})^4} = \frac{3\sqrt{3}}{8}$$

号成立当且仅当 $\alpha = \beta = \gamma = 30°$ 时.

**证法二** 考虑不等式②等号成立当且仅当 $\alpha = \beta = \gamma = 30°$ 时,所以,我们望这个方向调整.

由对称性,不妨设 $\alpha \leq \beta \leq \gamma$,故 $\gamma \geq 30°, \alpha \leq 30°$,我们先证
$$\cos\alpha\cos\gamma \leq \cos 30° \cos(\alpha + \gamma - 30°)$$
即
$$\cos(\alpha - \gamma) + \cos(\alpha + \gamma) \leq \cos(60° - (\alpha + \gamma)) + \cos(\alpha + \gamma) \Leftrightarrow$$
$$\cos(\alpha - \gamma) \leq \cos(60° - (\alpha + \gamma)) \Leftrightarrow$$
$$|60° - (\alpha + \gamma)| \leq |\alpha - \gamma| \ (\alpha \leq 30° \text{ 而 } \gamma \geq 30°) \Leftrightarrow$$
$$|60° - (\alpha + \gamma)| \leq \gamma - \alpha \qquad\qquad ③$$
如果
$$60° - (\alpha + \gamma) \geq 0$$
$$③ \Leftrightarrow 60° - (\alpha + \gamma) \leq \gamma - \alpha \Leftrightarrow \gamma \geq 30°$$
如果
$$60° - (\alpha + \gamma) \leq 0$$
$$③ \Leftrightarrow (\alpha + \gamma) - 60° \leq \gamma - \alpha \Leftrightarrow \alpha \leq 30°$$
所以不等式③成立.

$$\cos\alpha\cos\beta\cos\gamma \leq \cos 30° \cos(\alpha + \gamma - 30°)\cos\beta =$$
$$\cos 30° \cos(90° - \beta - 30°)\cos\beta =$$
$$\cos 30° \cos(60° - \beta)\cos\beta =$$
$$\frac{1}{2}\cos 30°[\cos(60° - 2\beta) + \cos 60°] \leq$$
$$\frac{1}{2}\cos 30°(1 + \cos 60°) = \frac{3\sqrt{3}}{8}$$

40. 令 $a = \sqrt{x}, b = \sqrt{y}, c = \sqrt{z}$,则 $a^2 + b^2 + c^2 = 1$,从而由不等式 $\sqrt{a^2 + b^2} \geq \frac{\sqrt{2}}{2}(a+b)$.

$$\frac{xy}{\sqrt{xy+yz}} + \frac{yz}{\sqrt{yz+xz}} + \frac{xz}{\sqrt{xz+xy}} = \frac{a^2b}{\sqrt{a^2+c^2}} + \frac{b^2c}{\sqrt{b^2+a^2}} + \frac{c^2a}{\sqrt{c^2+b^2}} \leq$$

$$\sqrt{2}\left(\frac{a^2b}{a+c} + \frac{b^2c}{b+a} + \frac{c^2a}{c+b}\right)$$

下面只要证明

$$\frac{a^2b}{a+c} + \frac{b^2c}{b+a} + \frac{c^2a}{c+b} \leq \frac{1}{2}$$

令

$$A = \frac{a^2b}{a+c} + \frac{b^2c}{b+a} + \frac{c^2a}{c+b}$$

$$B = \frac{c^2b}{a+c} + \frac{a^2c}{b+a} + \frac{b^2a}{c+b}$$

则

$$A - B = \frac{a^2b}{a+c} - \frac{c^2b}{a+c} + \frac{b^2c}{b+a} - \frac{a^2c}{b+a} + \frac{c^2a}{c+b} - \frac{b^2a}{c+b} =$$

$$(a-c)b + (b-a)c + (a-c)b + (c-b)a = 0$$

$$A + B - 1 = A + B - (a^2 + b^2 + c^2) =$$

$$\frac{(a^2+c^2)b}{a+c} + \frac{(b^2+a^2)c}{b+a} + \frac{(c^2+b^2)a}{c+b} - (a^2+b^2+c^2) =$$

$$\left[\frac{(a^2+c^2)b}{a+c} - b^2\right] + \left[\frac{(b^2+a^2)c}{b+a} - c^2\right] + \left[\frac{(c^2+b^2)a}{c+b} - a^2\right] =$$

$$\frac{b(a^2+c^2-ab-bc)}{a+c} + \frac{c(b^2+a^2-bc-ac)}{b+a} + \frac{a(c^2+b^2-ac-ab)}{c+b} =$$

$$\frac{ab(a-b)-bc(b-c)}{a+c} + \frac{bc(b-c)-ca(c-a)}{b+a} + \frac{ca(c-a)-ab(a-b)}{c+b} =$$

$$\left[\frac{ab(a-b)}{a+c} - \frac{ab(a-b)}{c+b}\right] + \left[\frac{bc(b-c)}{b+a} - \frac{bc(b-c)}{a+c}\right] +$$

$$\left[\frac{ca(c-a)}{c+b} - \frac{ca(c-a)}{b+a}\right] =$$

$$-\left[\frac{ab(a-b)^2}{(a+c)(c+b)} + \frac{bc(b-c)^2}{(b+a)(a+c)} + \frac{ca(c-a)^2}{(c+b)(b+a)}\right] \leq 0$$

从而 $2A \leq 1$, 即 $A \leq \frac{1}{2}$. 所以

$$\frac{xy}{\sqrt{xy+yz}} + \frac{yz}{\sqrt{yz+xz}} + \frac{xz}{\sqrt{xz+xy}} \leq \frac{\sqrt{2}}{2}$$

41. 换元: 令 $y_i = x_i - 1 (i = 1, 2, \cdots, n)$, 并记 $x_{n+1} = x_1, x_{n+2} = x_2$, 则

$$\sum_{i=1}^{n} \frac{x_i x_{i+1}}{x_{i+2} - 1} = \sum_{i=1}^{n} \frac{(y_i+1)(y_{i+1}+1)}{y_{i+2}} = \sum_{i=1}^{n}\left(\frac{y_i y_{i+1}}{y_{i+2}} + \frac{1}{y_{i+2}}\right) + \sum_{i=1}^{n}\left(\frac{y_i}{y_{i+2}} + \frac{y_{i+1}}{y_{i+2}}\right) \geq$$

$$\sum_{i=1}^{n} 2\sqrt{\frac{y_i y_{i+1}}{y_{i+2}^2}} + \sum_{i=1}^{n} 2\sqrt{\frac{y_i y_{i+1}}{y_{i+2}^2}} =$$

$$4\sum_{i=1}^{n}\sqrt{\frac{y_i y_{i+1}}{y_{i+2}^2}} \geqslant 4n \sqrt[2n]{\sum_{i=1}^{n} \frac{y_i y_{i+1}}{y_{i+2}^2}} = 4n$$

当且仅当 $y_i = 1$ 即 $x_i = 2(i = 1,2,\cdots,n)$，时等号成立.
所以

$$\frac{x_1 x_2}{x_3 - 1} + \frac{x_2 x_3}{x_4 - 1} + \frac{x_3 x_4}{x_5 - 1} + \cdots + \frac{x_{n-1} x_n}{x_1 - 1} + \frac{x_n x_1}{x_2 - 1} \geqslant 4n$$

42. 令 $x = \tan \alpha, y = \tan \beta, z = \tan \gamma (\alpha, \beta, \gamma$ 是锐角)，则 $\tan^2 \alpha + \tan^2 \beta + \tan^2 \gamma = 1$，由柯西不等式得 $3(\tan^2\alpha + \tan^2\beta + \tan^2\gamma) \geqslant (\tan\alpha + \tan\beta + \tan\gamma)^2$，所以 $\tan\alpha + \tan\beta + \tan\gamma \leqslant \sqrt{3}$，因为 $\alpha, \beta, \gamma$ 是锐角，所以由 Jensen 不等式得

$$\tan\frac{\alpha + \beta + \gamma}{3} \leqslant \frac{\tan\alpha + \tan\beta + \tan\gamma}{3} = \frac{\sqrt{3}}{3}$$

从而，$\frac{\alpha + \beta + \gamma}{3} \leqslant$，再由 Jensen 不等式得

$$\frac{x}{1 + x^2} + \frac{y}{1 + y^2} + \frac{z}{1 + z^2} = \frac{1}{2}(\sin 2\alpha + \sin 2\beta + \sin 2\gamma) \leqslant$$

$$\frac{3}{2}\sin\frac{2(\alpha + \beta + \gamma)}{3} \leqslant \frac{3\sqrt{3}}{4}$$

43. 令 $a = \frac{y}{x}, b = \frac{z}{y}, c = \frac{x}{z}$，则

$$\left(\frac{a}{1+ab}\right)^2 + \left(\frac{b}{1+bc}\right)^2 + \left(\frac{c}{1+ca}\right)^2 \geqslant \frac{3}{4}$$

等价于

$$\left(\frac{x}{y+z}\right)^2 + \left(\frac{y}{z+x}\right)^2 + \left(\frac{z}{x+y}\right)^2 \geqslant \frac{3}{4}$$

由柯西不等式得 $(1^2 + 1^2 + 1^2)\left[\left(\frac{x}{y+z}\right)^2 + \left(\frac{y}{z+x}\right)^2 + \left(\frac{z}{x+y}\right)^2\right] \geqslant \left(\frac{x}{y+z} + \frac{y}{z+x} + \frac{z}{x+y}\right)^2$，只要证明 $\frac{x}{y+z} + \frac{y}{z+x} + \frac{z}{x+y} \geqslant \frac{3}{2}$. 这是著名的 Nesbitt 不等式.

44. 设 $a + b = 2z, a + b = 2z, b + c = 2x, c + a = 2y$，不等式变为 $\sum (y + z - x)^4 \leqslant 28 \sum x^4$.

$$\sum (y + z - x)^4 = \sum \left(\sum x^2 + 2yz - 2xy - 2zx\right)^2 =$$

$$3(\sum x^2)^2 + 4(\sum x^2)(\sum(yz-xy-zx)) +$$
$$4\sum(yz-xy-zx)^2 + 16\sum x^2y^2 - 4(\sum xy)^2 =$$
$$4(\sum x^2)^2 + 16\sum x^2y^2 - (\sum x)^4 \leq$$
$$28\sum x^4$$

这是因为
$$(\sum x^2)^2 \leq 3\sum x^4$$
$$\sum x^2y^2 \leq \sum x^4$$

**45. 证明** 设 $a = \sin^2\alpha, b = \sin^2\beta, c = \sin^2\gamma, 0 \leq \alpha,\beta,\gamma \leq \dfrac{\pi}{2}$,则

$$\sqrt{a(1-b)(1-c)} + \sqrt{b(1-a)(1-c)} + \sqrt{c(1-b)(1-a)} - \sqrt{abc} =$$
$$\cos\gamma(\sin\alpha\cos\beta + \cos\alpha\sin\beta) + \sin\gamma(\cos\alpha\cos\beta + \sin\alpha\sin\beta) =$$
$$\cos\gamma\sin(\alpha+\beta) + \sin\gamma\cos(\alpha+\beta) =$$
$$\sin(\alpha+\beta+\gamma) \leq 1$$

# 含绝对值的不等式

## 第二十章

**本**章讲解含绝对值的不等式的证明. 含绝对值的不等式一般采用分类讨论去掉绝对值的方法或用三角不等式进行处理.

所谓的三角不等式是：

若 $a,b \in \mathbf{R}$, 则 $||a|-|b|| \leqslant |a \pm b| \leqslant |a|+|b|$.

## 例题讲解

**例 1** 证明不等式：$|x|+|y|+|z|-|x+y|-|y+z|-|z+x|+|x+y+z| \geqslant 0$. (2004 年克罗地亚数学奥林匹克试题)

**证法一** $f(x,y,z) = |x|+|y|+|z|-|x+y|-|y+z|-|z+x|+|x+y+z|$.

因为 $f(-x,-y,-z) = f(x,y,z)$，且 $f$ 是关于变量是对称的，故只要分 5 种情况讨论即可.

(1) 对于 $x \geqslant y \geqslant z \geqslant 0$, 有 $f(x,y,z) = x+y+z-(x+y)-(y+z)-(z+x)+(x+y+z) = 0$;

(2) 对于 $x \geqslant y \geqslant -z \geqslant 0$, 有 $f(x,y,z) = x+y-z-(x+y)-(y+z)-(z+x)+(x+y+z) = -2z \geqslant 0$;

(3) 对于 $x \geqslant -z \geqslant y \geqslant 0$, 有 $f(x,y,z) = x+y-z-(x+y)+(y+z)-(z+x)+(x+y+z) = 2y \geqslant 0$;

(4) 对于 $-z \geq x \geq y \geq 0, x+y+z \geq 0$, 有 $f(x,y,z) = x+y-z-(x+y)+(y+z)+(z+x)+(x+y+z) = 2(x+y+z) \geq 0$; (5) 对于 $-z \geq x \geq y \geq 0, x+y+z \leq 0$, 有 $f(x,y,z) = x+y-z-(x+y)+(y+z)+(z+x)-(x+y+z) = 2(x+y+z) = 0$.

综上所述, 原不等式成立.

**证法二** 设 $z$ 是 $x,y,z$ 中绝对值最大的数. 对于 $z = 0$, 不等式显然成立. 在 $z \neq 0$ 的情况下, 不等式除以 $z$ 得

$$|\frac{x}{z}| + |\frac{y}{z}| + 1 - |\frac{x}{z} + \frac{y}{z}| - |\frac{x}{z} + 1| - |\frac{y}{z} + 1| + |\frac{x}{z} + \frac{y}{z} + 1| \geq 0$$

注意到 $-1 \leq \frac{x}{z} \leq 1$ 和 $-1 \leq \frac{y}{z} \leq 1$, 所以

$$|\frac{x}{z} + 1| \geq 0$$

$$|\frac{y}{z} + 1| \geq 0$$

即

$$|\frac{x}{z}| + |\frac{y}{z}| - |\frac{x}{z} + \frac{y}{z}| - (\frac{x}{z} + \frac{y}{z} + 1) + |\frac{x}{z} + \frac{y}{z} + 1| \geq 0$$

根据不等式 $|a| + |b| \leq |a+b|$, 前三项的和是非负的, 根据 $a \leq |a|$, 后两项和和是非负的. 由此, 原不等式成立.

**例 2** 设 $P(x)$ 是实系数多项式 $P(x) = ax^3 + bx^2 + cx + d$. 证明: 如果对任何 $|x| < 1$, 均有 $|P(x)| \leq 1$, 则 $|a| + |b| + |c| + |d| \leq 7$. (第 37 届 IMO 预选试题)

**证明** 由 $P(x)$ 是连续函数且 $|x| < 1$ 时, $|P(x)| \leq 1$, 故 $|x| \leq 1$ 时, $|P(x)| \leq 1$, 分别令 $x = \lambda$ 和 $\frac{\lambda}{2}$ (这里 $\lambda = \pm 1$), 得

$$|\lambda a + b + \lambda c + d| \leq 1$$

$$|\frac{\lambda}{8}a + \frac{1}{4}b + \frac{\lambda}{2}c + d| \leq 1$$

所以

$$|\lambda a + b| = |\frac{4}{3}(\lambda a + b + \lambda c + d) - 2(\frac{\lambda}{8}a + \frac{1}{4}b + \frac{\lambda}{2}c + d) +$$

$$\frac{2}{3}(-\frac{\lambda}{8}a + \frac{1}{4}b - \frac{\lambda}{2}c + d)| \leq$$

$$\frac{4}{3}|\lambda a + b + \lambda c + d| + 2|\frac{\lambda}{8}a + \frac{1}{4}b + \frac{\lambda}{2}c + d| +$$

$$\frac{2}{3}|-\frac{\lambda}{8}a + \frac{1}{4}b - \frac{\lambda}{2}c + d| \leq$$

$$\frac{4}{3} + 2 + \frac{2}{3} = 4$$

故 $|a|+|b| = \max\{|a+b|, |a-b|\} \leqslant 4$.

同样地,

$$|\lambda c + d| = |-\frac{1}{3}(\lambda a + b + \lambda c + d) + 2(\frac{\lambda}{8}a + \frac{1}{4}b + \frac{\lambda}{2}c + d) -$$

$$\frac{2}{3}(-\frac{\lambda}{8}a + \frac{1}{4}b - \frac{\lambda}{2}c + d)| \leqslant$$

$$\frac{1}{3}|\lambda a + b + \lambda c + d| + 2|\frac{\lambda}{8}a + \frac{1}{4}b + \frac{\lambda}{2}c + d| +$$

$$\frac{2}{3}|-\frac{\lambda}{8}a + \frac{1}{4}b - \frac{\lambda}{2}c + d| \leqslant$$

$$\frac{1}{3} + 2 + \frac{2}{3} = 3$$

故 $|c|+|d| = \max\{|c+d|, |c-d|\} \leqslant 3$.

因此,$|a|+|b|+|c|+|d| \leqslant 7$.

**例 3** 函数 $f(x)$ 在 $[0,1]$ 上有定义,$f(0)=f(1)$,如果对于任意不同的 $x_1$, $x_2 \in [0,1]$,都有

$$|f(x_2) - f(x_1)| < |x_2 - x_1|$$

求证:$|f(x_2) - f(x_1)| < \frac{1}{2}$. (1983 年全国高中数学联赛第二试试题)

**证法一** 不妨设 $0 \leqslant x_1 \leqslant x_2 \leqslant 1$,

(1) 如果 $x_2 - x_1 \leqslant \frac{1}{2}$,则 $|f(x_2) - f(x_1)| < |x_2 - x_1| = x_2 - x_1 \leqslant \frac{1}{2}$.

(2) 如果 $x_2 - x_1 > \frac{1}{2}$,由 $f(0)=f(1)$ 得:

$$|f(x_2) - f(x_1)| = |f(x_2) - f(1) + f(0) - f(x_1)| \leqslant$$
$$|f(x_2) - f(1)| + |f(0) - f(x_1)| <$$
$$1 - x_2 + x_1 - 0 = 1 - (x_2 - x_1) < \frac{1}{2}$$

**证法二** 不妨设 $0 \leqslant x_1 \leqslant x_2 \leqslant 1$,则

$$|f(x_2) - f(x_1)| = |f(x_2) - f(1) + f(0) - f(x_1)| \leqslant$$
$$|f(x_2) - f(1)| + |f(0) - f(x_1)| <$$
$$(1 - x_2) + (x_1 - 0) =$$
$$1 - (x_2 - x_1) = 1 - |x_2 - x_1| <$$
$$1 - |f(x_2) - f(x_1)|$$

所以 $|f(x_2) - f(x_1)| < \dfrac{1}{2}$.

**例 4** 已知 $x_i \in \mathbf{R}(i = 1, 2, \cdots, n)$，满足 $\sum\limits_{i=1}^{n} |x_i| = 1, \sum\limits_{i=1}^{n} x_i = 0$，求证：$\left|\sum\limits_{i=1}^{n} \dfrac{x_i}{i}\right| \leq \dfrac{1}{2} - \dfrac{1}{2n}$.（1989 年全国高中数学联赛试题第二试）

**证明** 设 $x_1, x_2, \cdots, x_n$ 中大于零的实数有 $x_{k_1}, x_{k_2}, \cdots, x_{k_l}$，不大于零的实数有 $x_{k_{l+1}}, x_{k_{l+2}}, \cdots, x_{k_n}$，则由已知条件得

$$\sum_{i=1}^{l} x_{k_i} = \dfrac{1}{2}$$

$$\sum_{i=l+1}^{n} x_{k_i} = -\dfrac{1}{2}$$

由于

$$\sum_{i=1}^{n} \dfrac{x_i}{i} = \sum_{i=1}^{l} \dfrac{x_{k_i}}{k_i} - \sum_{i=l+1}^{n} \dfrac{|x_{k_i}|}{k_i} \leq$$

$$\sum_{i=1}^{l} x_{k_i} - \dfrac{1}{n} \sum_{i=l+1}^{n} |x_{k_i}| = $$

$$\dfrac{1}{2} - \dfrac{1}{2n}$$

另一方面

$$\sum_{i=1}^{n} \dfrac{x_i}{i} = \sum_{i=1}^{l} \dfrac{x_{k_i}}{k_i} - \sum_{i=l+1}^{n} \dfrac{|x_{k_i}|}{k_i} \geq$$

$$\dfrac{1}{n} \sum_{i=1}^{l} x_{k_i} - \sum_{i=l+1}^{n} |x_{k_i}| \geq$$

$$-\left(\dfrac{1}{2} - \dfrac{1}{2n}\right)$$

所以

$$\left|\sum_{i=1}^{n} \dfrac{x_i}{i}\right| \leq \dfrac{1}{2} - \dfrac{1}{2n}$$

本命题可推广为：设 $a_1, a_2, \cdots, a_n; x_1, x_2, \cdots, x_n$ 都是实数，且 $\sum\limits_{i=1}^{n} |x_i| = 1$，$\sum\limits_{i=1}^{n} x_i = 0$，记 $a_1 = \max\limits_{1 \leq k \leq n} a_k, a_n = \min\limits_{1 \leq k \leq n} a_k$，则 $\left|\sum\limits_{k=1}^{n} a_k x_k\right| \leq \dfrac{1}{2}(a_1 - a_n)$.

**例 5** 给定函数 $F(x) = ax^2 + bx + c$，以及 $G(x) = cx^2 + bx + a$，其中 $|F(0)| \leq 1, |F(1)| \leq 1, |F(-1)| \leq 1$.

证明：对于 $|x| \leq 1$，有 $|F(x)| \leq \dfrac{5}{4}, |G(x)| \leq 2$.（第 26 届 IMO 预选

题)

**证明** (1) $F(0) = c, F(-1) = a - b + c, F(1) = a + b + c$,
所以
$$F(x) = \frac{x(x-1)}{2}F(-1) - (x^2 - 1)F(0) + \frac{x(x+1)}{2}F(1)$$
$$2|F(x)| = |x(x-1)| \cdot |F(-1)| + 2|x^2 - 1| \cdot$$
$$|F(0)| + |x(x-1)| \cdot |F(1)| \leq$$
$$|x(x-1)| + 2|x^2 - 1| + |x(x-1)|$$

对于 $|x| \leq 1$, 有 $0 \leq 1 + x \leq 2, 0 \leq 1 - x \leq 2, 0 \leq 1 - x^2 \leq 1$

从而有
$$2|F(x)| \leq |x|(1-x) + 2|x^2 - 1| + |x|(1+x) = 2(|x| + 1 - |x|^2)$$
即
$$|F(x)| \leq |x| + 1 - |x|^2 = -(|x| - \frac{1}{2})^2 + \frac{5}{4} \leq \frac{5}{4}$$

(2) 由题设 $|F(0)| = |c| \leq 1$, $|F(-1)| = |a - b + c| \leq 1$, $|F(1)| = |a + b + c| \leq 1$,

由于
$$cx^2 + bx + a = c(x^2 - 1) + (a + b + c) \cdot \frac{1+x}{2} + (a - b + c) \cdot \frac{1-x}{2}$$

所以对任意 $|x| \leq 1$ 有
$$|cx^2 + bx + a| = |c| \cdot |(x^2 - 1)| + |a + b + c| \cdot$$
$$|\frac{1+x}{2}| + |a - b + c| \cdot |\frac{1-x}{2}| \leq$$
$$|(x^2 - 1)| + |\frac{1+x}{2}| + |\frac{1-x}{2}| \leq$$
$$(1 - x^2) + \frac{1+x}{2} + \frac{1-x}{2} =$$
$$2 - x^2 \leq 2$$

即 $|G(x)| \leq 2$.

**例 6** 已知 $a_1, a_2, \cdots, a_n (n \geq 3)$ 都大于 1, 并且 $|a_{k+1} - a_k| < 1, k = 1, 2, \cdots, n - 1$. 证明: $\frac{a_1}{a_2} + \frac{a_2}{a_3} + \cdots + \frac{a_{n-1}}{a_n} + \frac{a_n}{a_1} < 2n - 1$. (第 21 届全俄数学奥林匹克试题)

**证明** 我们有 $a_n - a_1 = \sum_{j=1}^{n-1}(a_{j+1} - a_j)$, 原不等式等价于 $\sum_{j=1}^{n-1}\frac{a_j - a_{j+1}}{a_{j+1}} + \frac{a_n - a_1}{a_1} < n - 1$ 或 $\sum_{j=1}^{n-1}(a_j - a_{j+1})(\frac{1}{a_{j+1}} - \frac{1}{a_1}) < n - 1$.

然而

$$\left|\sum_{j=1}^{n-1}(a_j-a_{j+1})\left(\frac{1}{a_{j+1}}-\frac{1}{a_1}\right)\right| \leq \sum_{j=1}^{n-1}|a_j-a_{j+1}|\cdot\left|\frac{1}{a_{j+1}}-\frac{1}{a_1}\right| \leq$$

$$\sum_{j=1}^{n-1}\left|\frac{1}{a_{j+1}}-\frac{1}{a_1}\right| <$$

$$\sum_{j=1}^{n-1}\max\left(\frac{1}{a_{j+1}},\frac{1}{a_1}\right) < n-1$$

**例7** 设 $a,b,c$ 是给定的复数,记 $|a+b|=m$, $|a-b|=n$, 已知 $mn \neq 0$, 求证: $\max\{|ac+b|, |a+bc|\} \geq \dfrac{mn}{\sqrt{m^2+n^2}}$. (2007年中国数学奥林匹克试题)

**证法一** $\max\{|ac+b|, |a+bc|\} \geq \dfrac{|b|\cdot|ac+b|+|a|\cdot|a+bc|}{|b|+|a|} \geq$

$\dfrac{|b(ac+b)-a(a+bc)|}{|b|+|a|} = \dfrac{|b^2-a^2|}{|a|+|b|} \geq \dfrac{|b+a|\cdot|b-a|}{\sqrt{2(|a|^2+|b|^2)}}$.

又

$$m^2+n^2 = |a+b|^2+|a-b|^2 = 2(|a|^2+|b|^2)$$

所以

$$\max\{|ac+b|, |a+bc|\} \geq \dfrac{mn}{\sqrt{m^2+n^2}}$$

**证法二** 注意到 $ac+b = \dfrac{1+c}{2}(a+b) - \dfrac{1-c}{2}(a-b)$, $a+bc = \dfrac{1+c}{2}(a+b) + \dfrac{1-c}{2}(a-b)$, 令

$$\alpha = \dfrac{1+c}{2}(a+b)$$

$$\beta = \dfrac{1-c}{2}(a-b)$$

则

$$|ac+b|^2 + |a+bc|^2 = |\alpha+\beta|^2 + |\alpha-\beta|^2 = 2(|\alpha|^2+|\beta|^2)$$

所以

$$(\max\{|ac+b|, |a+bc|\})^2 \geq |\alpha|^2+|\beta|^2 = \left|\dfrac{1+c}{2}\right|^2 m^2 + \left|\dfrac{1-c}{2}\right|^2 n^2$$

因此,只需证明

$$\left|\dfrac{1+c}{2}\right|^2 m^2 + \left|\dfrac{1-c}{2}\right|^2 n^2 \geq \dfrac{m^2 n^2}{m^2+n^2}$$

等价变形为

$$|\frac{1+c}{2}|^2 m^4 +|\frac{1-c}{2}|^2 n^4 + (|\frac{1+c}{2}|^2 +|\frac{1-c}{2}|^2)m^2 n^2 \geq m^2 n^2$$

事实上

$$|\frac{1+c}{2}|^2 m^4 +|\frac{1-c}{2}|^2 n^4 + (|\frac{1+c}{2}|^2 +|\frac{1-c}{2}|^2)m^2 n^2 \geq$$

$$2|\frac{1+c}{2}| \cdot |\frac{1-c}{2}| m^2 n^2 + (|\frac{1+c}{2}|^2 +|\frac{1-c}{2}|^2)m^2 n^2 =$$

$$(|\frac{1-c^2}{2}| +|\frac{1+2c+c^2}{4}| +|\frac{1-2c+c^2}{4}|)m^2 n^2 \geq$$

$$(|\frac{1-c^2}{2} + \frac{1+2c+c^2}{4} + \frac{1-2c+c^2}{4}|)m^2 n^2 =$$

$$m^2 n^2$$

所以

$$\max\{|ac+b|,|a+bc|\} \geq \frac{mn}{\sqrt{m^2+n^2}}$$

**证法三** 由已知得

$$m^2 = |a+b|^2 = (a+b)(\overline{a+b}) = (a+b)(\bar{a}+\bar{b}) =$$
$$|a|^2 +|b|^2 + a\bar{b} + b\bar{a}$$

$$n^2 = |a-b|^2 = (a-b)(\overline{a-b}) = (a-b)(\bar{a}-\bar{b}) =$$
$$|a|^2 +|b|^2 - (a\bar{b} + b\bar{a})$$

从而

$$|a|^2 +|b|^2 = \frac{m^2+n^2}{2}$$

$$a\bar{b} + b\bar{a} = \frac{m^2-n^2}{2}$$

令 $c = x + yi, x, y \in \mathbf{R}$.

$$|ac+b|^2 +|a+bc|^2 = (ac+b)(\overline{ac+b}) + (a+bc)(\overline{a+bc}) =$$
$$|a|^2|c|^2 +|b|^2 + a\bar{b}\bar{c} + \bar{a}bc +|a|^2 +|b|^2|c|^2 + \bar{a}bc + a\bar{b}c =$$

$$(|c|^2+1)(|a|^2+|b|^2) + (c+\bar{c})(a\bar{b}+b\bar{a}) =$$

$$(x^2+y^2+1) \cdot \frac{m^2+n^2}{2} + 2x \cdot \frac{m^2-n^2}{2} \geq$$

$$\frac{m^2+n^2}{2}x^2 + (m^2-n^2)x + \frac{m^2+n^2}{2} =$$

$$\frac{m^2+n^2}{2}(x + \frac{m^2-n^2}{m^2+n^2})^2 - \frac{m^2+n^2}{2}(\frac{m^2-n^2}{m^2+n^2})^2 + \frac{m^2+n^2}{2} \geq$$

$$-\frac{m^2+n^2}{2}\left(\frac{m^2-n^2}{m^2+n^2}\right)^2 + \frac{m^2+n^2}{2} =$$
$$\frac{m^2+n^2}{2} - \frac{(m^2-n^2)^2}{2(m^2+n^2)} = \frac{2m^2n^2}{m^2+n^2}$$

所以
$$(\max\{|ac+b|, |a+bc|\})^2 \geq \frac{m^2n^2}{m^2+n^2}$$

即
$$\max\{|ac+b|, |a+bc|\} \geq \frac{mn}{\sqrt{m^2+n^2}}$$

**例8** 设 $a_1, a_2, \cdots, a_n$ 是实数,$s$ 是非负数,满足 $a_1 \leq a_2 \leq \cdots \leq a_n$,$a_1 + a_2 + \cdots + a_n = 0$,$|a_1| + |a_2| + \cdots + |a_n| = s$,求证:$a_n - a_1 \geq \frac{2s}{n}$. (1996 年澳大利亚数学奥林匹克试题)

**证明** 当 $s = 0$ 时, 不等式显然成立. 故不妨设 $s > 0$, 由 $|a_1| + |a_2| + \cdots + |a_n| = s$ 知 $a_1, a_2, \cdots, a_n$ 中至少有一个不为零, 又由于 $a_1 + a_2 + \cdots + a_n = 0$, 故 $a_1, a_2, \cdots, a_n$ 不为零的项不止一个. 则由于 $a_1 \leq a_2 \leq \cdots \leq a_n$, 得 $a_1 = \min(a_i) < 0, a_n = \max(a_i) > 0$, 于是存在 $k \in \{1, 2, \cdots, n-1\}$ 使得 $a_1 \leq a_2 \leq \cdots \leq a_k \leq 0, 0 < a_{k+1} \leq \cdots \leq a_n$, 则 $a_{k+1} + a_{k+2} + \cdots + a_n = -(a_1 + a_2 + \cdots + a_k) = |a_1| + |a_2| + \cdots + |a_k| = s - (|a_{k+1}| + |a_{k+2}| + \cdots + |a_n|) = s - (a_{k+1} + a_{k+2} + \cdots + a_n)$, 因此, $a_{k+1} + a_{k+2} + \cdots + a_n = \frac{s}{2} = -(a_1 + a_2 + \cdots + a_k)$.

记 $\delta = a_n - a_1$, 对 $i \in \{1, 2, \cdots, k\}, j \in \{k+1, \cdots, n\}$, 我们有 $a_j - a_i \leq a_n - a_1 = \delta, a_n - a_1 \leq \delta, a_n - a_2 \leq \delta, \cdots, a_n - a_k \leq \delta$

将这 $k$ 个不等式相加得
$$ka_n + \frac{s}{2} \leq k\delta$$

同样可以将 $n$ 换成 $k+1, \cdots, n-1$, 有
$$ka_{n-1} + \frac{s}{2} \leq k\delta, \cdots, ka_{k+1} + \frac{s}{2} \leq k\delta$$

将这些不等式相加得
$$k(a_{k+1} + a_{k+2} + \cdots + a_n) + (n-k)\frac{s}{2} \leq (n-k)k\delta$$

即
$$\frac{ks}{2} + (n-k)\frac{s}{2} \leq (n-k)k\delta$$

也即
$$\frac{ns}{2} \leq (n-k)k\delta$$

由于 $(n-k)+k=n$,所以,由均值不等式得 $(n-k)k \leq \frac{n^2}{4}$,于是 $\frac{ns}{2} \leq \frac{n^2}{4}\delta$,即 $\delta \geq \frac{2s}{n}$.

**例9** 对于三个互不相同的实数 $a_1,a_2,a_3$,按如下方式定义三个实数 $b_1$, $b_2,b_3:b_j = (1+\frac{a_j a_i}{a_j-a_i})(1+\frac{a_j a_k}{a_j-a_k})$,其中 $\{i,j,k\}=\{1,2,3\}$.

证明:$1+|a_1b_1+a_2b_2+a_3b_3| \leq (1+|a_1|)(1+|a_2|)(1+|a_3|)$. 并指出等号成立的条件.(2006年韩国数学奥林匹克试题)

**证明** 记 $A=\frac{a_1a_2}{a_1-a_2}, B=\frac{a_1a_3}{a_1-a_3}, C=\frac{a_2a_3}{a_2-a_3}$. 则

$a_1b_1+a_2b_2+a_3b_3 =$
$a_1(1+A)(1+B)+a_2(1-A)(1+C)+a_3(1-B)(1-C) =$
$a_1+a_2+a_3+(a_1-a_2)A+(a_1-a_3)B+$
$(a_2-a_3)C+a_1AB-a_2AC+a_3BC$

通过计算得

$(a_1-a_2)A+(a_1-a_3)B+(a_2-a_3)C = a_1a_2+a_2a_3+a_3a_1$

$a_1AB-a_2AC+a_3BC = a_1a_2a_3 \cdot \frac{a_1^2(a_2-a_3)+a_2^2(a_3-a_1)+a_3^2(a_1-a_2)}{(a_1-a_2)(a_2-a_3)(a_1-a_3)} =$
$a_1a_2a_3$

故
$1+|a_1b_1+a_2b_2+a_3b_3| \leq 1+|a_1+a_2+a_3+a_1a_2+a_2a_3+a_3a_1+a_1a_2a_3| \leq$
$1+|a_1|+|a_2|+|a_3|+|a_1a_2|+$
$|a_2a_3|+|a_3a_1|+|a_1a_2a_3| =$
$(1+|a_1|)(1+|a_2|)(1+|a_3|)$

当且仅当7个实数 $a_1,a_2,a_3,a_1a_2,a_2a_3,a_3a_1,a_1a_2a_3$ 全为非负实数或非正实数时,上式等号成立.注意到 $a_1,a_2,a_3$ 中至多只有一个为0,于是当且仅当 $a_1,a_2,a_3$ 全为非负实数时,上式等号成立.

**例10** 设 $x_1,x_2,\cdots,x_n$ 是实数,证明 $\sum_{i,j=1}^{n}|x_i+x_j| \geq n\sum_{i=1}^{n}|x_i|$.(2006年伊朗国家队选拔考试试题)

**证明** 设 $f(x_1,x_2,\cdots,x_n)=\sum_{i,j=1}^{n}|x_i+x_j|, g(x_1,x_2,\cdots,x_n)=n\sum_{i=1}^{n}|x_i|$.

下面证明:若将正数 $x_i$ 用它们的算术平均值代替,则 $f-g$ 不增,且 $g$ 不变.

假设 $x_1,x_2,\cdots,x_n$ 是正数,则 $\sum_{i,j=1}^{n}|x_i+x_j|$ 的值没变,$\sum_{i,j=k+1}^{n}|x_i+x_j|$ 的值也没变.

设
$$f_i(x_1,x_2,\cdots,x_k)=\sum_{j=1}^{k}|x_i+x_j|\quad(i>k)$$

因为函数 $|x_i+x|$ 是凸函数,由 Jensen 不等式有 $\sum_{j=1}^{k}|x_i+x_j|\geq|x_i+\dfrac{\sum_{j=1}^{k}x_j}{k}|$,

即 $f_i(x_1,x_2,\cdots,x_k)$ 中的 $x_1,x_2,\cdots,x_k$ 用 $\dfrac{\sum_{j=1}^{k}x_j}{k}$ 代替,其值不增. 由于 $f(x_1,x_2,\cdots,x_n)=\sum_{i,j=1}^{n}|x_i+x_j|=\sum_{i,j=k+1}^{k}|x_i+x_j|+\sum_{i,j=k+1}^{n}|x_i+x_j|+2\sum_{i=k+1}^{n}f_i(x_1,x_2,\cdots,x_k)$,

因此, $f$ 也不增.

同理,若将负数 $x_i$ 用它们的算术平均数代替,则 $f-g$ 不增,且 $g$ 不变.

设 $x_1,x_2,\cdots,x_k=-a,x_{k+1},x_{k+2},\cdots,x_n=b$,其中 $a,b$ 是非负实数. 于是,只要证明
$$2k^2 a+2(n-k)^2 b+2k(n-k)|a-b|\geq kna+(n-k)nb$$

不妨假设 $a\geq b$,则上面的不等式可化为
$$[2k^2+2k(n-k)-kn]a+[2(n-k)^2-2k(n-k)-(n-k)n]b\geq 0$$

即
$$kna+(n^2+4k^2-5nk)b\geq 0$$

由于 $a\geq b$,所以
$$kna+(n^2+4k^2-5nk)b\geq(kn+n^2+4k^2-5nk)b=$$
$$(n-2k)^2 b\geq 0$$

**例 11** 给定实数 $a_1,a_2,\cdots,a_n$. 对每个 $i(1\leq i\leq n)$,定义: $d_i=\max\{a_j|1\leq j\leq i\}-\min\{a_j|i\leq j\leq n\}$,并令 $d=\max\{d_i|1\leq i\leq n\}$.

(1) 证明:对任意实数 $x_1\leq x_2\leq\cdots\leq x_n$,有
$$\max\{|x_i-a_i||1\leq i\leq n\}\geq\dfrac{d}{2} \qquad ①$$

(2) 证明:存在任意实数 $x_1\leq x_2\leq\cdots\leq x_n$,使得式①中的等号成立. (第 48 届 IMO 试题)

**证法一** (1) 设 $d=d_g(1\leq g\leq n)$,并记 $a_p=\max(a_j:1\leq j\leq g)$, $a_r=\min(a_j:g\leq j\leq n)$,则

$$1 \leqslant p \leqslant g \leqslant r \leqslant n$$

且
$$d = a_p - a_r$$

对任意实数 $x_1 \leqslant x_2 \leqslant \cdots \leqslant x_n$,注意到
$$(a_p - x_p) + (x_r - a_r) = (a_p - a_r) + (x_r - x_p) \geqslant a_p - a_r = d$$

所以,$a_p - x_p \geqslant \dfrac{d}{2}$ 或 $x_r - a_r \geqslant \dfrac{d}{2}$,故有
$$\max\{|x_i - a_i| \mid 1 \leqslant i \leqslant n\} \geqslant \max\{|x_p - a_p|, |x_r - a_r|\} \geqslant$$
$$\max\{a_p - x_p, x_r - a_r\} \geqslant \dfrac{d}{2}$$

(2) 定义序列 $\{x_k\}$ 如下:$x_1 = a_1 - \dfrac{d}{2}, x_k = \max\{x_{k-1}, a_k - \dfrac{d}{2}\}, (2 \leqslant k \leqslant n)$.
下面证明这个序列使式 ① 取等号.

由 $\{x_k\}$ 的定义知,$\{x_k\}$ 是不减的,且 $x_k - a_k \geqslant -\dfrac{d}{2}$,对所有 $1 \leqslant k \leqslant n$ 成立.
下面我们证明:
$$x_k - a_k \leqslant \dfrac{d}{2} \text{ 对所有 } 1 \leqslant k \leqslant n \text{ 成立} \qquad ②$$

对任意 $1 \leqslant k \leqslant n$,设 $l \leqslant k$ 是使得 $x_k = x_l$ 的最小下标,则要么 $l = 1$,要么 $l \geqslant 2$ 且 $x_l \geqslant x_{l-1}$,在这两种情况下都有
$$x_k = x_l = a_l - \dfrac{d}{2} \qquad ③$$

因为 $a_l - a_k \leqslant \max\{a_j \mid 1 \leqslant j \leqslant k\} - \min\{a_j \mid k \leqslant j \leqslant n\} = d_k \leqslant d$,这时由式 ③ 可得
$$x_k - a_k = a_l - a_k - \dfrac{d}{2} \leqslant d - \dfrac{d}{2} = \dfrac{d}{2}$$

这就是式 ②. 这样就得到 $-\dfrac{d}{2} \leqslant x_k - a_k \leqslant \dfrac{d}{2}$ 对所有 $1 \leqslant k \leqslant n$ 成立.故 $\max\{|x_i - a_i| \mid 1 \leqslant i \leqslant n\} \leqslant \dfrac{d}{2}$.

再由(1) 知 $\{x_k\}$ 确使得式 ① 取等号.

(2) 的另解 对每一个 $i(1 \leqslant i \leqslant n)$,令 $M_i = \max\{a_j \mid 1 \leqslant j \leqslant i\}, m_i = \min\{a_j \mid i \leqslant j \leqslant n\}$,则
$$M_i = \max\{a_1, \cdots, a_i\} \leqslant \max\{a_1, \cdots, a_i, a_{i+1}\} = M_{i+1}$$
$$m_i = \min\{a_i, a_{i+1}, \cdots, a_n\} \leqslant \min\{a_{i+1}, \cdots, a_n\} = m_{i+1}$$

这说明了序列 $\{M_i\}$ 和 $\{m_i\}$ 都是不减的,且由它的定义知 $m_i \leqslant a_i \leqslant M_i$.

现令 $x_i = \dfrac{M_i + m_i}{2}$,由 $d_i = M_i - m_i$ 可得

$$-\frac{d_i}{2} = \frac{m_i - M_i}{2} = x_i - M_i \leq x_i - a_i \leq x_i - m_i = \frac{M_i - m_i}{2} = \frac{d_i}{2}$$

因此

$$\max\{|x_i - a_i| \mid 1 \leq i \leq n\} \leq \max\left\{\frac{d_i}{2} \mid 1 \leq i \leq n\right\} = \frac{d}{2}$$

再由(1)的结论知$\{x_k\}$使得式①中的等号成立.

**证法二** 设

$$\{x_1, x_2, \cdots, x_n\} = \{a_1, a_2, \cdots, a_r\} \cup \{-b_1, -b_2, \cdots, -b_s\}$$

其中 $r + s = n, b_i \geq 0, c_i > 0$(把$x_1, x_2, \cdots, x_n$分成非负的和负的两部分,并且不妨设$r \geq s$,否则用$-x_i$来代替$x_i$是一样的),并记 $R = \sum_{i=1}^{r} a_i, S = \sum_{i=1}^{s} b_i$

从而

$$\sum_{i,j=1}^{n} |x_i + x_j| = 2rR + 2sS + 2\sum_{i=1}^{r}\sum_{j=1}^{s} |a_i - b_j|$$

从而原不等式等价于

$$2\sum_{i=1}^{r}\sum_{j=1}^{s} |a_i - b_j| \geq (r - s)(S - R)$$

若$S \leq R$,那么上式是显然的.否则,若$S \geq R$,则

$$2\sum_{i=1}^{r}\sum_{j=1}^{s} |a_i - b_j| \geq 2\sum_{i=1}^{r}\sum_{j=1}^{s} (b_j - a_i) = 2rS - 2sR$$

而显然由$r \geq s, S \geq R$,得

$$2rS - 2sR \geq (r - s)(S - R)$$

因此证明了原不等式.

## 练习题

1. 设$x, y, z$为实数,证明:$|x| + |y| + |z| \leq |x + y - z| + |y + z - x| + |z + x - y|$.(第58届莫斯科数学奥林匹克试题)

2. 设实数$x, y$满足$|x| < 1, |y| < 1$,求证:$\left|\frac{x-y}{1-xy}\right| < 1$.(第15届莫斯科数学奥林匹克试题)

3. 求证:对任意$a_1, a_2, \cdots, a_n \in [0, 2], n \geq 2$,有$\sum_{i,j=1}^{n} |a_i - a_j| \leq n^2$.并确定对于怎样的$a_1, a_2, \cdots, a_n$上式中等号成立.(1982年波兰数学奥林匹克试题)

4. 求证:对于任意正整数$n$,不等式$|\sin 1| + |\sin 2| + \cdots + |\sin(3n - $

1) $|+|\sin 3n| > \frac{8}{5}n$ 成立. (1985 年全苏数学奥林匹克试题)

5. 设实数 $\theta_1, \theta_2, \cdots, \theta_n$ 满足 $\sin\theta_1 + \sin\theta_2 + \cdots + \sin\theta_n = 0$, 求证: $|\sin\theta_1 + 2\sin\theta_2 + \cdots + n\sin\theta_n| \leq [\frac{n^2}{4}]$. (第 28 届 IMO 预选题)

6. 设 $\alpha, \beta$ 是实数, 且 $\cos\alpha \neq \cos\beta$, $k$ 是大于 1 的正整数, 求证: $|\frac{\cos k\beta \cos\alpha - \cos k\alpha \cos\beta}{\cos\beta - \cos\alpha}| < k^2 - 1$. (第 17 届美国普特兰数学竞赛试题)

7. 已知 $a_1, a_2, \cdots, a_n$ 是两两互异的实数, 求由式子 $f(x) = \sum_{i=1}^{n} |x - a_i|$ 定义的函数的最小值. 其中 $x$ 是实数. (1969 年波兰数学奥林匹克试题)

8. 设 $n$ 是给定的正整数, 和式 $\sum_{1 \leq i < j \leq n} |x_i - x_j| = |x_1 - x_2| + |x_1 - x_3| + \cdots + |x_1 - x_n| + |x_2 - x_3| + |x_2 - x_4| + \cdots + |x_2 - x_n| + |x_{n-2} - x_n| + |x_{n-2} - x_n| + |x_{n-1} - x_n|$, 其中 $0 \leq x_i \leq 1, i = 1, 2, \cdots, n$. 又设 $S(n)$ 表示和式的最大可能值. 求 $S(n)$. (1974 年加拿大数学奥林匹克试题)

9. 证明如果对任意 $x_1, x_2, \cdots, x_n \in \{-1, 1\}$, 数 $M$ 与数组
$$a_{11}, a_{12}, \cdots, a_{1n}$$
$$a_{21}, a_{22}, \cdots, a_{2n}$$
$$\vdots$$
$$a_{n1}, a_{n2}, \cdots, a_{nn}$$
有 $\sum_{j=1}^{n} |a_{j1}x_1 + a_{j2}x_2 + \cdots + a_{jn}x_n| \leq M$, 则 $|a_{11}| + |a_{22}| + \cdots + |a_{nn}| \leq M$. (1972 年南斯拉夫数学奥林匹克试题)

10. 设 $f(x) = a_n x^n + a_{n-1} x^{n-1} + \cdots + a_1 x + a_0$, $g(x) = c_{n+1} x^{n+1} + c_n x^n + \cdots + c_1 x + c_0$ 是两个实系数多项式, 且存在实数 $r$ 使得 $g(x) = (x - r)f(x)$. 记 $A = \max\{|a_n|, |a_{n-1}|, \cdots, |a_0|\}$, $B = \max\{|c_{n+1}|, |c_n|, \cdots, |c_0|\}$. 求证: $\frac{a}{c} \leq n + 1$. (1998 年上海市数学竞赛试题)

11. 设 $0 < \alpha, \beta, \gamma < \frac{\pi}{2}$ 满足 $\cos^2\alpha + \cos^2\beta + \cos^2\gamma + 2\cos\alpha\cos\beta\cos\gamma = 1$, 求证: $|\frac{\sin\alpha - \sin\beta}{\sin\alpha + \sin\beta} + \frac{\sin\beta - \sin\gamma}{\sin\beta + \sin\gamma} + \frac{\sin\gamma - \sin\alpha}{\sin\gamma + \sin\alpha}| < \frac{1}{8}$. (2006 年辽宁省数学竞赛试题)

12. 设 $a, b, c$ 是互不相等的三个正数, 证明不等式: $|\frac{a+b}{a-b} + \frac{b+c}{b-c} + \frac{c+a}{c-a}| > 1$. (2007 年伊朗数学奥林匹克试题)

13. $a_1, a_2, \cdots, a_n$; $b_1, b_2, \cdots, b_n$ 是两组正实数,证明:$\sum_{1 \leq i < j \leq n}(|a_i - a_j| + |b_i - b_j|) \leq \sum_{1 \leq i < j \leq n}|a_i - b_j|$. (1999年波兰数学奥林匹克试题)

14. 设 $a_1, a_2, \cdots, a_n$ 是实数,证明:$\sum_{i,j=1}^{n}|a_i + a_j| \geq n\sum_{i=1}^{n}|a_i|$. (2006年伊朗国家集训队选拔试题)

15. 给定整数 $n > 2$,设正实数 $a_1, a_2, \cdots, a_n$ 满足 $a_k \leq 1, k = 1, 2, \cdots, n$,记 $A_k = \dfrac{a_1 + a_2 + \cdots + a_k}{k}, k = 1, 2, \cdots, n$. 求证:$\left|\sum_{k=1}^{n} a_k - \sum_{k=1}^{n} A_k\right| < \dfrac{n-1}{2}$. (2010年全国高中数学联赛加试试题)

16. 设 $\{a_n\}(n \geq 1)$ 是一个数列,且满足 $|a_{n+1} - a_n| \leq 1$,数列 $\{b_n\}(n \geq 1)$ 定义如下:$b_n = \dfrac{a_1 + a_2 + \cdots + a_n}{n}$,证明:$|b_{n+1} - b_n| \leq \dfrac{1}{2}$. (2008年罗马利亚数学奥林匹克试题)

# 参考解答

1. 注意到 $(x + y - z) + (z + x - y) = 2x$,所以,$|x + y - z| + |z + x - y| \geq 2|x|$,同理,$|y + z - x| + |z + x - y| \geq 2|z|$,$|x + y - z| + |y + z - x| \geq 2|y|$,将这三个不等式相加,并除以 2 即得.

2. $\left|\dfrac{x - y}{1 - xy}\right| < 1 \Leftrightarrow |x - y|^2 < |1 - xy|^2 \Leftrightarrow x^2 - 2xy + y^2 < 1 - 2xy + x^2 y^2 \Leftrightarrow (x^2 - 1)(y^2 - 1) > 0$.

3. 证:不妨设 $a_1 \geq a_2 \geq \cdots \geq a_n$,则

$$S = \sum_{i,j=1}^{n}|a_i - a_j| = 2\sum_{1 \leq i < j \leq n}(a_i - a_j) =$$
$$2\sum_{1 \leq i < j \leq n} a_i - 2\sum_{1 \leq i < j \leq n} a_j =$$
$$2\sum_{i=1}^{n}\sum_{j=i+1}^{n} a_i - 2\sum_{j=2}^{n}\sum_{i=1}^{j-1} a_j =$$
$$2\sum_{i=1}^{n}(n-i)a_i - 2\sum_{j=2}^{n}(j-1)a_j =$$
$$2\sum_{i=1}^{n}(n - 2i + 1)a_i$$

由此可知如果

$$a_i = \begin{cases} 2, \text{当} i < \dfrac{n+1}{2} \\ 0, \text{当} i > \dfrac{n+1}{2} \end{cases}$$

则相应之 $S$ 取值最大,于是当 $n = 2k - 1, k \in \mathbf{N}$ 时

$$S \leqslant 4 \sum_{i=1}^{k} (2k - 2i) = 4[2k^2 - k(k+1)] =$$
$$4k^2 - 4k < (2k-1)^2 = n^2$$

当 $n = 2k, k \in \mathbf{N}$ 时

$$S \leqslant 4 \sum_{i=1}^{k} (2k - 2i + 1) =$$
$$4[(2k+1)k - k(k+1)] =$$
$$4k^2 = n^2$$

无论何种情况要证的不等式都成立. 而且若 $n$ 为奇数等号不能成立, 若 $n$ 为偶数, 当且仅当 $\dfrac{n}{2}$ 个 $a_i$ 取 2 另外 $\dfrac{n}{2}$ 个 $a_i$ 取 0 时等号成立.

4. 令 $f(x) = |\sin x| + |\sin(x+1)| + |\sin(x+2)|$, 显然只需证明对任何实数 $x$ 有

$$f(x) > \dfrac{8}{5} \qquad \qquad \text{①}$$

由于 $f(x)$ 是以 $\pi$ 为周期的周期函数, 所以只需对于 $x \in [0, \pi]$ 证明式 ① 成立即可.

当 $0 \leqslant x \leqslant \pi - 2$ 时, $f(x) = \sin x + \sin(x+1) + \sin(x+2)$, 由于 $1 \leqslant x + 1$ 且 $1 \leqslant \pi - (x+1)$, 所以

$$\sin(x+1) \geqslant \sin 1$$

又

$$\sin x + \sin(x+2) = 2\sin(x+1)\cos 1 > \sin(x+1) \geqslant \sin 1$$

从而

$$f(x) > 2\sin 1$$

当 $\pi - 2 \leqslant x \leqslant \pi - 1$ 时, $f(x) = \sin x + \sin(x+1) - \sin(x+2)$, 显然 $\sin x \geqslant \sin 1$. 由

$$\sin(x+1) - \sin(x+2) = -2\sin\dfrac{1}{2}\cos\left(x + \dfrac{3}{2}\right)$$

以及 $\pi - \dfrac{1}{2} < x + \dfrac{3}{2} \leqslant \pi + \dfrac{1}{2}$, 可得

$$\sin(x+1) - \sin(x+2) \geqslant -2\sin\dfrac{1}{2}\cos\dfrac{1}{2} = \sin 1$$

所以
$$f(x) > 2\sin 1$$
当 $\pi - 1 < x \leq \pi$ 时,$f(x) = \sin x - \sin(x+1) - \sin(x+2)$,因为 $\pi + 1 < x + 2 \leq \pi + 2$,所以 $-\sin(x+2) > \sin 1$.

又
$$\sin x - \sin(x+1) = -2\sin\frac{1}{2}\cos(x+\frac{1}{2})$$
以及 $\pi - \frac{1}{2} < x + \frac{1}{2} \leq \pi + \frac{1}{2}$,从而
$$\sin x - \sin(x+1) \geq 2\sin\frac{1}{2}\cos\frac{1}{2} = \sin 1$$
所以
$$f(x) > 2\sin 1$$
综上,我们证明了对于任何实数 $x$ 有 $f(x) > 2\sin 1$,又 $\sin 1 > \sin 54° = \frac{1+\sqrt{5}}{4} > \frac{4}{5}$,所以,对于任何实数 $x$,不等式 ① 成立.

5. 记 $x_k = \sin\theta_k, k = 1, 2, \cdots, n$.

当 $n = 2m$ 时,
$$\left[\frac{n^2}{4}\right] - \sum_{k=1}^{n} kx_k = m^2 - \sum_{k=1}^{n} kx_k = \sum_{k=1}^{m}(m+k) - \sum_{k=1}^{m} k - \sum_{k=1}^{2m} kx_k =$$
$$\sum_{k=1}^{m}(m+k)(1-x_{m+k}) - \sum_{k=1}^{m}(1+x_k) \geq$$
$$m\left[\sum_{k=1}^{m}(1-x_{m+k}) - \sum_{k=1}^{m}(1+x_k)\right] =$$
$$-m\sum_{k=1}^{n} x_k = 0$$

当 $n = 2m+1$ 时,
$$\left[\frac{n^2}{4}\right] - \sum_{k=1}^{n} kx_k = m(m+1) - \sum_{k=1}^{n} kx_k = \sum_{k=2}^{m+1}(m+k) - \sum_{k=1}^{m} k - \sum_{k=1}^{2m+1} kx_k =$$
$$\sum_{k=2}^{m+1}(m+k)(1-x_{m+k}) - \sum_{k=1}^{m} k(1+x_k) - (m+1)x_{m+1} \geq$$
$$(m+1)\left[\sum_{k=2}^{m+1}(1-x_{m+k}) - \sum_{k=1}^{m}(1+x_k) - x_{m+1}\right] =$$
$$-(m+1)\sum_{k=1}^{2m+1} x_k = 0$$

无论何种情况都有
$$\sum_{k=1}^{n} kx_k \leq \left[\frac{n^2}{4}\right]$$

令 $y_k = -x_k$,则
$$-\sum_{k=1}^{n} kx_k = \sum_{k=1}^{n} ky_k \leq \left[\frac{n^2}{4}\right]$$

综上所述,可得
$$|\sin\theta_1 + 2\sin\theta_2 + \cdots + n\sin\theta_n| = \left|\sum_{k=1}^{n} kx_k\right| \leq \left[\frac{n^2}{4}\right]$$

6. 令 $x = \frac{1}{2}(\alpha - \beta)$, $y = \frac{1}{2}(\alpha + \beta)$,则 $\cos\beta - \cos\alpha = 2\sin x \sin y$,

$$\cos k\beta \cos\alpha - \cos k\alpha \cos\beta = \frac{1}{2}[\cos(k\beta + \alpha) + \cos(k\beta - \alpha)] -$$
$$\frac{1}{2}[\cos(k\alpha + \beta) + \cos(k\alpha - \beta)] =$$
$$\frac{1}{2}[\cos(k\beta + \alpha) - \cos(k\alpha + \beta)] +$$
$$\frac{1}{2}[\cos(k\beta - \alpha) - \cos(k\alpha - \beta)] =$$
$$\sin(k-1)x\sin(k+1)y +$$
$$\sin(k+1)x\sin(k-1)y$$

所以
$$\left|\frac{\cos k\beta \cos\alpha - \cos k\alpha \cos\beta}{\cos\alpha - \cos\beta}\right| \leq \frac{1}{2}\left|\frac{\sin(k-1)x}{\sin x} \cdot \frac{\sin(k+1)y}{\sin y}\right| +$$
$$\frac{1}{2}\left|\frac{\sin(k+1)x}{\sin x} \cdot \frac{\sin(k-1)y}{\sin y}\right|$$

由此只需证明:对任何 $n \in \mathbf{N}$ 和实数 $\gamma$ 有
$$|\sin n\gamma| \leq n|\sin\gamma| \qquad ①$$

且等号仅在 $n = 1$ 或 $\sin\gamma = 0$ 时成立.

事实上,不妨设 $n > 1$ 且 $\sin\gamma \neq 0$,从而 $|\cos\gamma| < 1$.

当 $n = 2$ 时,$|\sin 2\gamma| = 2|\sin\gamma\cos\gamma| < 2|\sin\gamma|$.

即不等式 ① 中不等号严格成立.

设不等式 ① 对于 $n = m \geq 2$ 成立,当 $n = m + 1$ 时,
$$|\sin(m+1)\gamma| = |\sin m\gamma\cos\gamma + \cos m\gamma\sin\gamma| \leq$$
$$|\sin m\gamma\cos\gamma| + |\cos m\gamma\sin\gamma| <$$
$$|\sin m\gamma| + |\sin\gamma| <$$
$$(m+1)|\sin\gamma|$$

即不等式 ① 中的不等号对于 $n = m + 1$ 也严格成立. 这样就完成了对不等式 ① 的归纳证明,且证明了仅在 $n = 1$ 或 $\sin\gamma = 0$ 时等号才能成立.

所以

$$\left|\frac{\cos k\beta\cos\alpha - \cos k\alpha\cos\beta}{\cos\alpha - \cos\beta}\right| \leq \frac{1}{2}\left|\frac{\sin(k-1)x}{\sin x} \cdot \frac{\sin(k+1)y}{\sin y}\right| +$$
$$\frac{1}{2}\left|\frac{\sin(k+1)x}{\sin x} \cdot \frac{\sin(k-1)y}{\sin y}\right| <$$
$$k^2 - 1$$

7. 首先,注意到,当 $a < b$ 时,
$$|x-a|+|x-b| = \begin{cases} a+b-2x, x \leq a \\ -a+b, a \leq x \leq b \\ 2x-a-b, x \geq b \end{cases}$$

因此,在区间 $[a,b]$ 的每个点上,和 $|x-a|+|x-b|$ 达到它的最小值. 根据这一原理解答本题.

不失一般性,假设 $a_1, a_2, \cdots, a_n$ 组成递增数列 $a_1 < a_2 < \cdots < a_n$.

当 $n = 2m (m \in \mathbf{N}^*)$ 时,
$$f(x) = \sum_{i=1}^{n}|x-a_i| \qquad ①$$

的右端分成 $m$ 组,即
$$f(x) = \sum_{i=1}^{n}|x-a_i| = \sum_{i=1}^{m}(|x-a_i|+|x-a_{2m+1-i}|) =$$
$$\sum_{i=1}^{m}(|x-a_i|+|x-a_{n+1-i}|) \qquad ②$$

和式 $y_i = |x-a_i|+|x-a_{n+1-i}| \ (i=1,2,\cdots,m)$ 在区间 $[a_i, a_{n+1-i}]$ 上是常数,这个常数就是它的最小值. 因为每个区间都包含下一个区间 $[a_{i+1}, a_{n+1-(i+1)}]$,因此,所有区间有一个公共部分,即区间 $[a_m, a_{m+1}]$.

在区间 $[a_m, a_{m+1}]$ 的每一点上和式 $y_i = |x-a_i|+|x-a_{n+1-i}|$ 都取得自身的最小值,因而 $f(x)$ 在区间 $[a_m, a_{m+1}]$ 的每一点上取得最小值. 为了计算这个值,可在式②中令 $x = a_m$ 或 $x = a_{m+1}$. 这个值等于 $-a_1-a_2-\cdots-a_m+a_{m+1}+\cdots+a_n$.

当 $n = 2m+1 \ (m \in \mathbf{N})$ 时,式①的右端可以改写为
$$f(x) = \sum_{i=1}^{n}|x-a_i| = \sum_{i=1}^{m}(|x-a_i|+|x-a_{2m+2-i}|) =$$
$$\sum_{i=1}^{m}(|x-a_i|+|x-a_{n+1-i}|) + |x-a_{m+1}| \qquad ③$$

与 $n$ 是偶数的情形类似,不难验证,当 $x = a_{m+1}$ 时,每个 $y_i = |x-a_i|+|x-a_{n+1-i}|$ 达到自己的最小值. 而这时 $|x-a_{m+1}| = 0$,所以,式③右端的最后一项也达到自己的最小值. 因此,当 $x = a_{m+1}$ 时,$f(x)$ 达到最小值. 根据式③,这个最小值等于 $-a_1-a_2-\cdots-a_m+a_{m+2}+a_{m+3}+\cdots+a_n$.

8. 不妨设 $0 \leqslant x_1 \leqslant x_2 \leqslant \cdots \leqslant x_n \leqslant 1$. 令 $S = \sum_{1 \leqslant i < j \leqslant n} |x_i - x_j| = \sum_{1 \leqslant i < j \leqslant n} (x_j - x_i)$.

这个和式共有 $C_n^2$ 项. 每个 $x_k$ 都出现在其中的 $n-1$ 项($1 \leqslant k \leqslant n$), 这 $n-1$ 项是

$$x_k - x_1, x_k - x_2, \cdots, x_k - x_{k-1}, x_{k-1} - x_k, \cdots, x_n - x_k$$

因此

$$S = \sum_{k=1}^{n} [(k-1)x_k - (n-k)x_k] = \sum_{k=1}^{n} [x_k(2k-n-1)]$$

当 $k < \dfrac{n+1}{2}$ 时, $2k - n - 1 < 0$, 所以,

$$S \leqslant \sum_{k \geqslant \frac{n+1}{2}}^{n} [x_k(2k-n-1)]$$

当 $n$ 是偶数时,

$$S \leqslant \sum_{k=\frac{n}{2}+1}^{n} [x_k(2k-n-1)] \leqslant \sum_{k=\frac{n}{2}+1}^{n} (2k-n-1) =$$

$$1 + 3 + 5 + \cdots + (n-1) = \frac{n^2}{4}$$

当 $n$ 是偶数时,

$$S \leqslant \sum_{k=\frac{n+1}{2}}^{n} [x_k(2k-n-1)] \leqslant \sum_{k=\frac{n+1}{2}}^{n} (2k-n-1) =$$

$$2 + 4 + 6 + \cdots + (n-1) = \frac{n^2 - 1}{4}$$

综上可得 $S \leqslant \left[\dfrac{n^2}{4}\right]$.

另一方面, 若 $n$ 是偶数, 则我们可取 $x_1 = x_2 = \cdots = x_{\frac{n}{2}} = 0, x_{\frac{n}{2}+1} = x_{\frac{n}{2}+2} = \cdots = x_n = 1$, 使得 $S = \dfrac{n^2}{4}$.

若 $n$ 是奇数, 则我们可取 $x_1 = x_2 = \cdots = x_{\frac{n-1}{2}} = 0, x_{\frac{n+1}{2}} = x_{\frac{n+3}{2}} = \cdots = x_n = 1$, 使得 $S = \dfrac{n^2 - 1}{4}$.

因此, 无论 $n$ 是偶数还是 $n$ 是奇数, 总有 $S(n) = \left[\dfrac{n^2}{4}\right]$.

9. 因为对任意 $x_1, x_2, \cdots, x_n \in \{-1, 1\}$, 有

$$\sum_{j=1}^{n} |a_{j1}x_1 + a_{j2}x_2 + \cdots + a_{jn}x_n| \leqslant M$$

所以
$$\frac{1}{2^n} \sum_{(x_1,x_2,\cdots,x_n)} \left( \sum_{j=1}^{n} |a_{j1}x_1 + a_{j2}x_2 + \cdots + a_{jn}x_n| \right) \leq M$$
可改写成
$$\sum_{j=1}^{n} \left( \frac{1}{2^n} \sum_{(x_1,x_2,\cdots,x_n)} |a_{j1}x_1 + a_{j2}x_2 + \cdots + a_{jn}x_n| \right) \leq M$$

对每个固定的 $j \in \{1,2,\cdots,n\}$,在和式 $S_j = \sum_{(x_1,x_2,\cdots,x_n)} |a_{j1}x_1 + a_{j2}x_2 + \cdots + a_{jn}x_n|$ 中把所有 $2^n$ 个被加项分成 $2^{n-1}$ 对,使得在每一对中,$x_1, x_2, \cdots, x_{j-1}, x_{j+1}, \cdots, x_n$ 的值相同,即都取 1 或都取 $-1$,而 $x_j$ 的值不同,即分别取 1 及 $-1$. 于是,每一对被加项之和便具有形式 $|A + a_{jj}| + |A - a_{jj}|$,其中
$$A = a_{j1}x_1 + a_{j2}x_2 + \cdots + a_{j,j-1}x_{j-1} + a_{j,j+1}x_{j+1} + \cdots + a_{jn}x_n$$

但是
$$|A + a_{jj}| + |A - a_{jj}| \geq |A + a_{jj} - (A - a_{jj})| = 2|a_{jj}|$$

因此,$S_j \geq 2^{n-1} \cdot 2|a_{jj}| = 2^n |a_{jj}|$. 于是得到
$$|a_{11}| + |a_{22}| + \cdots + |a_{nn}| = \sum_{j=1}^{n} \left( \frac{1}{2^n} \cdot 2^n |a_{jj}| \right) \leq \sum_{j=1}^{n} \left( \frac{1}{2^n} \cdot S_j \right) \leq M$$

这正是所要证明的.

10. 因为
$$c_{n+1}x^{n+1} + c_n x^n + \cdots + c_1 x + c_0 = (x - r)(a_n x^n + a_{n-1} x^{n-1} + \cdots + a_1 x + a_0) \quad \text{①}$$

所以
$$c_{n+1} = a_n, c_n = a_{n-1} - ra_n, \cdots, c_1 = a_0 - ra_1, c_0 = -ra_0$$

从而,$a_n = c_{n+1}, a_{n-1} = c_n + rc_{n+1}, a_{n-2} = c_{n-1} + rc_n + r^2 c_{n+1}, \cdots, a_0 = c_1 + rc_2 + r^2 c_3 + \cdots + r^n c_{n+1}$.

若 $|r| \leq 1$,则 $|a_n| = |c_{n+1}| \leq c, |a_{n-1}| \leq |c_n| + |r||c_{n+1}| \leq 2c, |a_{n-2}| \leq |c_{n-1}| + |r||c_n| + r^2 |c_{n+1}| \leq 3c, \cdots, |a_0| \leq |c_1| + |r||c_2| + r^2 |c_3| + \cdots + r^n ||c_{n+1}| \leq (n+1)c$.

于是,$a \leq (n+1)c$.

若 $|r| > 1$,则将式 ① 两端同除以 $-rx^{n+1}$,并令 $y = \frac{1}{x}$,得
$$-\frac{c_0}{r} y^{n+1} - \frac{c_1}{r} y^n - \cdots - \frac{c_{n+1}}{r} = \left( y - \frac{1}{r} \right)(a_0 y^n + a_1 y^{n-1} + \cdots + a_{n-1} y + a_n)$$

同样可得
$$a \leq (n+1) \frac{c}{|r|} < (n+1)c$$

综上所述,$\dfrac{a}{c} \leqslant n + 1$.

11. 由已知条件得$(\cos \gamma + \cos \alpha \cos \beta)^2 = (1 - \cos^2\alpha)(1 - \cos^2\beta) = \sin^2\alpha\sin^2\beta$.

因为$0 < \alpha,\beta,\gamma < \dfrac{\pi}{2}$所以$\cos \gamma + \cos \alpha \cos \beta = \sin \alpha \sin \beta$,故

$$\cos \gamma = -\cos \alpha \cos \beta + \sin \alpha \sin \beta = -\cos(\alpha + \beta) = \cos[\pi - (\alpha + \beta)]$$

而$\gamma,\pi - (\alpha + \beta)((0,\pi)$,所以$\alpha + \beta + \gamma = \pi$. 故$\alpha,\beta,\gamma$是某个锐角三角形的三个内角. 令$x = \sin \alpha, y = \sin \beta, z = \sin \gamma$,则$x,y,z$可构成某一个三角形的三边长. 于是

$$\left|\dfrac{\sin \alpha - \sin \beta}{\sin \alpha + \sin \beta} + \dfrac{\sin \beta - \sin \gamma}{\sin \beta + \sin \gamma} + \dfrac{\sin \gamma - \sin \alpha}{\sin \gamma + \sin \alpha}\right| = \left|\dfrac{x - y}{x + y} + \dfrac{y - z}{y + z} + \dfrac{z - x}{z + x}\right| = \left|\dfrac{(x - y)(y - z)(z - x)}{(x + y)(y + z)(z + x)}\right|$$

由于$|x - y| < z, |y - z| < x, |z - x| < y$,则

$$\left|\dfrac{(x - y)(y - z)(z - x)}{(x + y)(y + z)(z + x)}\right| < \dfrac{z}{x + y} \cdot \dfrac{x}{y + z} \cdot \dfrac{y}{z + x} \leqslant \dfrac{z}{2\sqrt{xy}} \cdot \dfrac{x}{2\sqrt{yz}} \cdot \dfrac{y}{2\sqrt{zx}} = \dfrac{1}{8}$$

12. **证法一** 因为$a,b,c$是互不相等的三个正数,所以由均值不等式得
$$a^2b + ab^2 + b^2c + bc^2 + c^2a + ca^2 > 6abc$$

$$\left|\dfrac{a + b}{a + b} + \dfrac{b + c}{b + c} + \dfrac{c + a}{c + a}\right| > 1$$

等价于

$$|a^2b + b^2c + c^2a + (ab^2 + bc^2 + ca^2) - 6abc| > |a^2b + b^2c + c^2a - (ab^2 + bc^2 + ca^2)|$$

等价于

$$a^2b + ab^2 + b^2c + bc^2 + c^2a + ca^2 - 6abc > |a^2b + b^2c + c^2a - (ab^2 + bc^2 + ca^2)| \qquad ①$$

分两种情况加以证明:

(1) 如果$a^2b + b^2c + c^2a > ab^2 + bc^2 + ca^2$,则式①等价于$2(ab^2 + bc^2 + ca^2) > 6abc$,即$ab^2 + bc^2 + ca^2 > 3abc$,由均值不等式这是显然的.

(2) 如果$a^2b + b^2c + c^2a < ab^2 + bc^2 + ca^2$,则式①等价于$2(a^2b + b^2c + c^2a) > 6abc$,即$a^2b + b^2c + c^2a > 3abc$,由均值不等式这是显然的.

从而式①得证.

**证法二** 设$x = \dfrac{a + b}{a - b}, y = \dfrac{b + c}{b - c}, z = \dfrac{c + a}{c - a}$,则$\dfrac{a}{b} = \dfrac{x + 1}{x - 1}$,同理,$\dfrac{b}{c} = \dfrac{y + 1}{y - 1}$,$\dfrac{c}{a} = \dfrac{z + 1}{z - 1}$,于是由$\dfrac{a}{b} \cdot \dfrac{b}{c} \cdot \dfrac{c}{a} = 1$得$\dfrac{x + 1}{x - 1} \cdot \dfrac{y + 1}{y - 1} \cdot \dfrac{z + 1}{z - 1} = 1$,即$xy + yz + zx =$

$-1$,所以$(x+y+z)^2 = x^2+y^2+z^2+2(xy+yz+zx) = x^2+y^2+z^2-2$,由于$a,b,c$是互不相等的三个正数,所以$x^2,y^2,z^2$均大于1,所以$(x+y+z)^2 > 1$,即$|x+y+z| > 1$.

13. 由对称性不妨设$a_1 \leqslant a_2 \leqslant \cdots \leqslant a_n$;$b_1 \leqslant b_2 \leqslant \cdots \leqslant b_n$,所以
$$\sum_{1 \leqslant i < j \leqslant n}(|a_i - a_j| + |b_i - b_j|) =$$
$$\sum_{1 \leqslant i < j \leqslant n}(a_j - a_i + b_j - b_i) =$$
$$\sum_{1 \leqslant i < j \leqslant n}[(a_j - b_i) + (b_j - a_i)] \leqslant$$
$$\sum_{1 \leqslant i < j \leqslant n}|a_j - b_i| + \sum_{1 \leqslant i < j \leqslant n}|b_j - a_i| \leqslant$$
$$\sum_{1 \leqslant i < j \leqslant n}|a_j - b_i| + \sum_{1 \leqslant i < j \leqslant n}|a_i - b_j| + \sum_{1 \leqslant i \leqslant n}|a_i - b_i| =$$
$$\sum_{1 \leqslant i < j \leqslant n}|a_i - b_j|$$

14. $\{x_1, x_2, \cdots, x_n\} = \{a_1, a_2, \cdots, a_r\} \cup \{-b_1, -b_2, \cdots, -b_s\}$

其中$r+s = n, b_i \geqslant 0, c_i > 0$(把$x_1, x_2, \cdots, x_n$分成非负的和负的两部分,并且不妨设$r \geqslant s$,否则用$-x_i$来代替$x_i$是一样的),并记$R = \sum_{i=1}^{r} a_i, S = \sum_{i=1}^{s} b_i$

从而
$$\sum_{i,j=1}^{n} |x_i + x_j| = 2rR + 2sS + 2\sum_{i=1}^{r}\sum_{j=1}^{s}|a_i - b_j|$$

从而原不等式等价于
$$2\sum_{i=1}^{r}\sum_{j=1}^{s}|a_i - b_j| \geqslant (r-s)(S-R)$$

若$S \leqslant R$,那么上式是显然的. 否则,若$S \geqslant R$,则
$$2\sum_{i=1}^{r}\sum_{j=1}^{s}|a_i - b_j| \geqslant 2\sum_{i=1}^{r}\sum_{j=1}^{s}(b_j - a_i) = 2rS - 2sR$$

再显然由$r \geqslant s, S \geqslant R$,得
$$2rS - 2sR \geqslant (r-s)(S-R)$$

15. **证法一** 由$0 < a_k \leqslant 1$知,对$1 \leqslant k \leqslant n-1$,有$0 < \sum_{i=1}^{k} a_i \leqslant k$,
$0 < \sum_{i=k+1}^{k} a_i \leqslant n-k$.

注意到当$x, y > 0$时,有$|x-y| < \max\{x, y\}$,于是对$1 \leqslant k \leqslant n-1$,有
$$|A_n - A_k| = |(\frac{1}{n} - \frac{1}{k})\sum_{i=1}^{k} a_i + \frac{1}{n}\sum_{i=k+1}^{k} a_i| =$$
$$|\frac{1}{n}\sum_{i=k+1}^{k} a_i - (\frac{1}{k} - \frac{1}{n})\sum_{i=1}^{k} a_i| <$$

$$\max\left\{\frac{1}{n}\sum_{i=k+1}^{k}a_i, \left(\frac{1}{k}-\frac{1}{n}\right)\sum_{i=1}^{k}a_i\right\} \leqslant$$
$$\max\left\{\frac{1}{n}(n-k), \left(\frac{1}{k}-\frac{1}{n}\right)k\right\} = 1-\frac{k}{n}$$

故

$$\left|\sum_{k=1}^{n}a_k - \sum_{k=1}^{n}A_k\right| = |nA_n - \sum_{k=1}^{n}A_k| = \left|\sum_{k=1}^{n-1}(A_n - A_k)\right| \leqslant$$
$$\sum_{k=1}^{n-1}|A_n - A_k| < \sum_{k=1}^{n-1}\left(1-\frac{k}{n}\right) = \frac{n-1}{2}$$

**证法二** 首先对 $a_k$ 合并同类项得到

$$\sum_{k=1}^{n}a_k - \sum_{k=1}^{n}A_k = \sum_{k=1}^{n}\left(1-\left(\frac{1}{k}+\frac{1}{k+1}+\cdots+\frac{1}{n}\right)\right)a_k$$

容易知道存在正整数 $i, 1 \leqslant i < n-1$ 满足 $\frac{1}{i+1}+\frac{1}{i+2}+\cdots+\frac{1}{n} < 1 \leqslant \frac{1}{i}+\frac{1}{i+1}+\cdots+\frac{1}{n}$, 从而由 $0 < a_k \leqslant 1$ 知,

$$\sum_{k=1}^{n}\left(1-\left(\frac{1}{k}+\frac{1}{k+1}+\cdots+\frac{1}{n}\right)\right)a_k = \sum_{k=1}^{i}\left(1-\left(\frac{1}{k}+\frac{1}{k+1}+\cdots+\frac{1}{n}\right)\right)a_k +$$
$$\sum_{k=i+1}^{n}\left(1-\left(\frac{1}{k}+\frac{1}{k+1}+\cdots+\frac{1}{n}\right)\right)a_k <$$
$$\sum_{k=i+1}^{n}\left(1-\left(\frac{1}{k}+\frac{1}{k+1}+\cdots+\frac{1}{n}\right)\right) =$$
$$\frac{i}{i+1}+\frac{i}{i+2}+\cdots+\frac{i}{n}$$

类似地可以证明

$$\sum_{k=1}^{n}\left(1-\left(\frac{1}{k}+\frac{1}{k+1}+\cdots+\frac{1}{n}\right)\right)a_k = \sum_{k=1}^{i}\left(1-\left(\frac{1}{k}+\frac{1}{k+1}+\cdots+\frac{1}{n}\right)\right)a_k +$$
$$\sum_{k=i+1}^{n}\left(1-\left(\frac{1}{k}+\frac{1}{k+1}+\cdots+\frac{1}{n}\right)\right)a_k >$$
$$\sum_{k=1}^{i}\left(1-\left(\frac{1}{k}+\frac{1}{k+1}+\cdots+\frac{1}{n}\right)\right) =$$
$$-\left(\frac{i}{i+1}+\frac{i}{i+2}+\cdots+\frac{i}{n}\right)$$

从而我们证明了

$$\left|\sum_{k=1}^{n}a_k - \sum_{k=1}^{n}A_k\right| < \frac{i}{i+1}+\frac{i}{i+2}+\cdots+\frac{i}{n}$$

记 $A = \frac{i}{i+1}+\frac{i}{i+2}+\cdots+\frac{i}{n}$, 所以

$$A = n - i - \left(\frac{1}{i+1} + \frac{2}{i+2} + \cdots + \frac{n-i}{n}\right) \leq n - i - \left(\frac{1}{i} + \frac{1}{i+1} + \cdots + \frac{1}{n}\right)$$

于是,$2A \leq n - i - \left(\frac{1}{i} + \frac{1}{i+1} + \cdots + \frac{1}{n}\right) + i\left(\left(\frac{1}{i} + \frac{1}{i+1} + \cdots + \frac{1}{n}\right)\right) \leq n - i + (i-1)\left(\frac{1}{i+1} + \frac{1}{i+2} + \cdots + \frac{1}{n}\right) \leq n - 1$. 因此,$A \leq \frac{n-1}{2}$,从而,$\left|\sum_{k=1}^{n} a_k - \sum_{k=1}^{n} A_k\right| < \frac{n-1}{2}$.

16. 因为对任意 $i(1 \leq i \leq n)$,都有 $|a_i - a_{n+1}| \leq |a_i - a_{i+1}| + |a_{i+1} - a_{i+2}| + \cdots + |a_n - a_{n+1}| \leq n + 1 - i$,所以

$$|b_n - b_{n+1}| = \left|\frac{a_1 + a_2 + \cdots + a_n}{n} - \frac{a_1 + a_2 + \cdots + a_{n+1}}{n+1}\right| =$$

$$\left|\frac{(n+1)(a_1 + a_2 + \cdots + a_{n+1}) - n(a_1 + a_2 + \cdots + a_n)}{n(n+1)}\right| =$$

$$\left|\frac{(a_1 + a_2 + \cdots + a_n) - na_{n+1}}{n(n+1)}\right| =$$

$$\left|\frac{(a_1 - a_{n+1}) + (a_2 - a_{n+1}) + \cdots + (a_n - a_{n+1})}{n(n+1)}\right| \leq$$

$$\frac{|a_1 - a_{n+1}| + |a_2 - a_{n+1}| + \cdots + |a_n - a_{n+1}|}{n(n+1)} \leq$$

$$\frac{n + (n-1) + \cdots + 2 + 1}{n(n+1)} = \frac{1}{2}$$

所以 $|b_{n+1} - b_n| \leq \frac{1}{2}$.

# 第二十一章 不等式与函数的最值

本章通过例题说明不等式在求函数最值时的应用.

## 例题讲解

**例1** 设实数 $a_1, a_2, \cdots, a_{100}$ 满足 $a_1 \geq a_2 \geq \cdots \geq a_{100} \geq 0$, $a_1 + a_2 \leq 100$, $a_3 + a_4 + \cdots + a_{100} \leq 100$, 确定 $a_1^2 + a_2^2 + \cdots + a_{100}^2$ 的最大值, 并求出最大值时的数列 $a_1, a_2, \cdots, a_{100}$. (2000 年加拿大数学奥林匹克试题)

**解** 因为 $a_1 + a_2 + a_3 + a_4 + \cdots + a_{100} \leq 200$, 所以
$$a_1^2 + a_2^2 + \cdots + a_{100}^2 \leq (100 - a_2)^2 + a_2^2 + a_3^2 + \cdots + a_{100}^2 =$$
$$100^2 - 200a_2 + 2a_2^2 + a_3^2 + \cdots + a_{100}^2 \leq$$
$$100^2 - (a_1 + a_2 + a_3 + a_4 + \cdots + a_{100})a_2 + 2a_2^2 + a_3^2 + \cdots + a_{100}^2 =$$
$$100^2 + (a_2^2 - a_1 a_2) + (a_3^2 - a_3 a_2) + (a_4^2 - a_4 a_2) + \cdots + (a_{100}^2 - a_{100} a_2) =$$
$$100^2 + (a_2 - a_1)a_2 + (a_3 - a_2)a_3 + (a_4 - a_2)a_4 + \cdots + (a_{100} - a_2)a_{100}$$

因为 $a_1 \geq a_2 \geq \cdots \geq a_{100} \geq 0$, 所以 $(a_2 - a_1)a_2, (a_3 - a_2)a_3, (a_4 - a_2)a_4, \cdots, (a_{100} - a_2)a_{100}$ 皆非正.

所以 $a_1^2 + a_2^2 + \cdots + a_{100}^2 \leq 10\,000$,且等号成立时当且仅当 $a_1 = 100 - a_2$, $a_1 + a_2 + a_3 + a_4 + \cdots + a_{100} = 200$,及 $(a_2 - a_1)a_2$, $(a_3 - a_2)a_3$, $(a_4 - a_2)a_4$, $\cdots$, $(a_{100} - a_2)a_{100}$ 都为 0.

因为 $a_1 \geq a_2 \geq \cdots \geq a_{100} \geq 0$,所以 最后一个条件成立时当且仅当 $i \geq 1$ 时, $a_1 = a_2 = \cdots = a_i$,且 $a_{i+1} = \cdots = a_{100} = 0$.

若 $i = 1$,则达到最大值时的数列为 $100, 0, 0, \cdots, 0$;

若 $i \geq 2$,则由 $a_1 + a_2 = 100$,有 $i = 4$,于是对应的数列为 $50, 50, 50, 50, 0, \cdots, 0$.

所以,$a_1^2 + a_2^2 + \cdots + a_{100}^2$ 的最大值是 $10\,000$,达到最大值时的数列为 $100, 0, 0, \cdots, 0$ 或 $50, 50, 50, 50, 0, \cdots, 0$.

**例 2** 实数 $a$、$b$、$c$ 和正数 $\lambda$ 使得 $f(x) = x^3 + ax^2 + bx + c$ 有三个实数 $x_1$、$x_2$、$x_3$,且满足

(1) $x_2 - x_1 = \lambda$;

(2) $x_3 > \frac{1}{2}(x_1 + x_2)$;

求:$\dfrac{2a^3 + 27c - 9ab}{\lambda^3}$ 的最大值. (2002 年全国高中数学联赛加试题)

**解** 设 $x_1 = m - \dfrac{\lambda}{2}$, $x_2 = m + \dfrac{\lambda}{2}$, $x_3 > \dfrac{1}{2}(x_1 + x_2) = m$,令 $x_3 = m + t$, ($\lambda > 0, t > 0$).

由韦达定理知

$$\begin{cases} a = -(x_1 + x_2 + x_3) = -(3m + t) \\ b = x_1 x_2 + x_2 x_3 + x_3 x_1 = 3m^2 + 2mt - \dfrac{\lambda^2}{4} \\ c = -x_1 x_2 x_3 = -m^3 - m^2 t + \dfrac{\lambda^2}{4} m + \dfrac{\lambda^2}{4} t \end{cases}$$

则 $2a^3 - 9ab = a(2a^2 - 9b) = 27m^3 + 27m^2 t - \dfrac{27}{4}m\lambda^2 - \dfrac{9}{4}\lambda^2 t - 2t^3$, $27c = -27m^3 - 27m^2 t + \dfrac{27}{4}m\lambda^2 + \dfrac{27}{4}\lambda^2 t$.

于是 $s = \dfrac{2a^3 + 27c - 9ab}{\lambda^3} = \dfrac{9\lambda^2 t - 4t^3}{2\lambda^3}$ (要取得最大值,$9\lambda^2 - 4t^2$ 应为正)

$= \dfrac{1}{4\sqrt{2}\lambda^3}\sqrt{(9\lambda^2 - 4t^2)(9\lambda^2 - 4t^2) \cdot 8t^2} \leq$

$\dfrac{1}{4\sqrt{2}\lambda^3}\sqrt{\left[\dfrac{(9\lambda^2 - 4t^2) + (9\lambda^2 - 4t^2) + 8t^2}{3}\right]^3} = \dfrac{3\sqrt{3}}{2}$.

当且仅当 $9\lambda^2 - 4t^2 = 8t^2 \Rightarrow t = \frac{\sqrt{3}}{2}\lambda$ 时（此时 $9\lambda^2 - 4t^2 > 0$），如设 $m = 0, \lambda = 2$，此时 $x_1 = -1, x_2 = 1, x_3 = \sqrt{3}$. 可知当 $a = -c = -\sqrt{3}, b = -1$ 时，可取最大值 $\frac{3\sqrt{3}}{2}$.

**例 3** 设 $n \geq 2, x_1, x_2, \cdots, x_n$ 均为实数，且 $\sum_{i=1}^{n} x_i^2 + \sum_{i=1}^{n} x_i x_j = 1$，对于每个固定的 $k(k \in \mathbf{N}^*, 1 \leq k \leq n)$，求 $|x_k|$ 的最大值.（1998 年 CMO 试题）

**解法一** 由已知条件得 $2(\sum_{i=1}^{n} x_i^2 + \sum_{i=1}^{n} x_i x_j) = 2$，所以
$$x_1^2 + (x_1 + x_2)^2 + (x_2 + x_3)^2 + \cdots + (x_{n-2} + x_{n-1})^2 + (x_{n-1} + x_n)^2 + x_n^2 = 2$$
由平方平均 - 算术平均值不等式得
$$\sqrt{\frac{x_1^2 + (x_1 + x_2)^2 + (x_2 + x_3)^2 + \cdots + (x_{k-1} + x_k)^2}{k}} \geq$$
$$\frac{1}{k}(|x_1| + |x_1 + x_2| + \cdots + |x_{k-1} + x_k|) \geq$$
$$\frac{1}{k}|x_1 - (x_1 + x_2) + (x_2 + x_3) - \cdots + (-1)^{k-1}(x_{k-1} + x_k)| = \frac{1}{k}|x_k|$$
所以
$$x_1^2 + (x_1 + x_2)^2 + (x_2 + x_3)^2 + \cdots + (x_{k-1} + x_k)^2 \geq \frac{1}{k}|x_k|^2 \qquad ①$$
同理由平方平均 - 算术平均值不等式得
$$\sqrt{\frac{(x_k + x_{k+1})^2 + (x_{k+1} + x_{k+2})^2 + \cdots + (x_{n-1} + x_n)^2 + x_n^2}{n - k + 1}} \geq$$
$$\frac{1}{n - k + 1}(|x_k + x_{k+1}| + |x_{k+1} + x_{k+2}| + \cdots + |x_{n-1} + x_n| + |x_n|) \geq$$
$$\frac{1}{n - k + 1}|x_n - (x_{n-1} + x_n) + (x_{n-1} + x_{n-2}) + \cdots + (-1)^{n-k}(x_k + x_{k+1})| =$$
$$\frac{1}{n - k + 1}|x_k|$$
所以
$$(x_k + x_{k+1})^2 + (x_{k+1} + x_{k+2})^2 + \cdots + (x_{n-1} + x_n)^2 + x_n^2 \geq \frac{1}{n - k + 1}|x_k|^2$$
$$②$$
式① + 式②，得
$$2 \geq (\frac{1}{k} + \frac{1}{n - k + 1})|x_k|^2$$

所以
$$|x_k| \leqslant \sqrt{\frac{2k(n+1-k)}{n+1}} \quad (k=1,2,\cdots,n) \qquad ③$$

由上可知,当且仅当 $x_1 = -(x_1+x_2) = (x_2+x_3) = \cdots = (-1)^{k-1}(x_{k-1}+x_k)$ 及 $x_k + x_{k+1} = -(x_{k+1}+x_{k+2}) = \cdots = (-1)^{n-k} x_n$ 时式③中等号成立.

即当且仅当 $x_i = (-1)^{i-k} x_k \cdot \frac{i}{k} (i=1,2,\cdots,k)$ 且 $x_j = (-1)^{j-k} x_k \cdot \frac{n+1-j}{n+1-k} (j=k+1,k+2,\cdots,n)$ 时
$$|x_k| = \sqrt{\frac{2k(n+1-k)}{n+1}}$$

所以
$$|x_k|_{\max} = \sqrt{\frac{2k(n+1-k)}{n+1}}$$

**解法二** 令
$$1 = (\sqrt{a_1} x_1 + \sqrt{1-a_2} x_2)^2 + (\sqrt{a_2} x_2 + \sqrt{1-a_3} x_3)^2 + \cdots +$$
$$(\sqrt{a_{k-1}} x_{k-1} + \sqrt{1-a_k} x_k)^2 + (\sqrt{a_{n+1-k}} x_{k-1} + \sqrt{1-a_{n-k}} x_{k+1})^2 + \cdots +$$
$$(\sqrt{1-a_2} x_{n-1} + \sqrt{a_1} x_n)^2 + [1-(1-a_k)-(1-a_{n+1-k})] x_k^2 \qquad ①$$

考虑到项的系数应为1,所以
$$a_1 = 1, 2\sqrt{a_i}\sqrt{1-a_{i+1}} = 1$$

即
$$a_1 = 1, a_{i+1} = 1 - \frac{1}{4a_i} (i=1,2,\cdots,n-1) \qquad ②$$

在式②中,易由数学归纳法得到
$$a_i = \frac{1}{2} \cdot \frac{i+1}{i} (i=1,2,\cdots,n) \qquad ③$$

所以
$$1 - a_i = \frac{1}{2} \cdot \frac{i-1}{i} (i=1,2,\cdots,n) \qquad ④$$

由式①,③,④可得
$$[1-(1-a_k)-(1-a_{n+1-k})] x_k^2 \leqslant 1$$

即得
$$|x_k| = \sqrt{\frac{2k(n+1-k)}{n+1}} \quad (k=1,2,\cdots,n) \qquad ⑤$$

由式①易知,当且仅当 $\sqrt{a_1} x_1 + \sqrt{1-a_2} x_2 = \sqrt{a_2} x_2 + \sqrt{1-a_3} x_3 = \cdots =$

$\sqrt{a_{k-1}}x_{k-1} + \sqrt{1-a_k}\,x_k = \sqrt{a_{n+1-k}}\,x_{k-1} + \sqrt{1-a_{n-k}}\,x_{k+1} = \cdots = \sqrt{1-a_2}\,x_{n-1} + \sqrt{a_1}\,x_n = 0$ 时，式⑤中等号成立. 这样就可以求出使式⑤等号成立的 $x_1, x_2, \cdots, x_{k-1}, x_k, x_{k+1}, \cdots, x_n$ 的值. 它们满足题给等式.

总之，所求 $|x_k|$ 的的最大值为 $\sqrt{\dfrac{2k(n+1-k)}{n+1}}$ $(k = 1, 2, \cdots, n-1, n)$.

**注** 解法二中配方法的特点是突出 $x_k$ 的位置，再从两头 ($x_1$ 及 $x_n$) 往中间 ($x_k$) 挤，然后配上调节项 (式①中的最后一项)，最后利用 $a^2 \geq 0$ 来估计 $|x_k|$ 的范围，这与解法一不同.

**例4** 对给定的常数 $p, q \in (0,1), p + q > 1, p^2 + q^2 \leq 1$，试求：函数 $f(x) = (1-x)\sqrt{p^2 - x^2} + x\sqrt{q^2 - (1-x)^2}$ $(1-q \leq x \leq p)$ 的最大值. (1996 年江苏省高中数学竞赛试题)

**解法一** 由于 $1 - q \leq x \leq p$，令 $x = p\sin\alpha, 1 - x = q\sin\beta$，其中 $0 < \alpha, \beta \leq \dfrac{\pi}{2}$，因为 $p + q > 1$，所以 $\alpha, \beta$ 至多只有一个为 $\dfrac{\pi}{2}$，由此得

$$f(x) = pq(\sin\beta\cos\alpha + \cos\beta\sin\alpha) = pq\sin(\alpha + \beta)$$

易知

$$\cos(\alpha + \beta) = \cos\alpha\cos\beta - \sin\alpha\sin\beta = \dfrac{\sqrt{p^2 - x^2}\sqrt{q^2 - (1-x)^2} - x(1-x)}{pq}$$

由于

$$2\left[\sqrt{p^2 - x^2}\sqrt{q^2 - (1-x)^2} - x(1-x)\right] =$$
$$-\left(\sqrt{p^2 - x^2}\sqrt{q^2 - (1-x)^2}\right)^2 + p^2 + q^2 - x^2 - (1-x)^2 - 2x(1-x) =$$
$$-\left(\sqrt{p^2 - x^2} - \sqrt{q^2 - (1-x)^2}\right)^2 + p^2 + q^2 - 1$$

所以 $\sqrt{p^2 - x^2}\sqrt{q^2 - (1-x)^2} - x(1-x) \leq \dfrac{p^2 + q^2 - 1}{2}$，等号当且仅当 $\sqrt{p^2 - x^2} = \sqrt{q^2 - (1-x)^2}$，即 $x = \dfrac{p^2 - q^2 + 1}{2}$ 时成立.

由于 $p + q > 1$，易证 $x = \dfrac{p^2 - q^2 + 1}{2} \in (1 - q, p)$，由 $p^2 + q^2 \leq 1$，可知 $-1 < \dfrac{p^2 - q^2 + 1}{2pq} \leq 0$，从而有 $\varphi \in \left[\dfrac{\pi}{2}, \pi\right)$，使得 $\cos\varphi = \dfrac{p^2 - q^2 + 1}{2pq}$.

由于 $\cos(\alpha + \beta) \leq \cos\varphi$，当且仅当 $x = \dfrac{p^2 - q^2 + 1}{2} \in [1 - q, p]$ 时成立，又函数 $y = \cos x$ 在 $(0, \pi]$ 上为减函数，从而 $\dfrac{\pi}{2} \leq \varphi \leq \alpha + \beta$. 再由函数 $y = \sin x$ 在 $\left[\dfrac{\pi}{2}, \pi\right)$ 上的单调递减性可得 $\sin(\alpha + \beta) \leq \sin\varphi$，于是

$$f(x) = pq\sin(\alpha+\beta) \leq pq\sin\varphi = pq\sqrt{1-\left(\frac{p^2-q^2+1}{2pq}\right)^2} =$$
$$\frac{1}{2}\sqrt{[(p+q)^2-1][1-(p-q)^2]}$$

当且仅当 $x = \dfrac{p^2-q^2+1}{2} \in (1-q, p)$ 时等号成立.

从而 $f(x)$ 的最大值是
$$\frac{1}{2}\sqrt{[(p+q)^2-1][1-(p-q)^2]}$$

**解法二** 如图所示,构造一个边长为 1 的正方形 $ABCD$,在 $AB$ 上取一点 $E$,使得 $AE = x(1-q \leq x \leq p)$.在 $AD, BC$ 边上分别取点 $F, G$ 使 $EF = p, EG = q$,则 $AF = \sqrt{p^2 - x^2}, BG = \sqrt{q^2 - (1-x)^2}$.

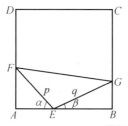

令 $\angle FEA = \alpha, \angle GEB = \beta$,则 $x = p\cos\alpha, \sqrt{p^2-x^2} = p\sin\alpha, 1-x = q\cos\beta$,$\sqrt{q^2-(1-x)^2} = q\sin\beta$

所以
$$f(x) = (1-x)\sqrt{p^2-x^2} + x\sqrt{q^2-(1-x)^2} =$$
$$q\cos\beta \cdot p\sin\alpha + p\cos\alpha \cdot q\sin\beta =$$
$$pq\sin(\alpha+\beta) = pq\sin\angle FEG$$

因为 $p^2 + q^2 \leq 1, GF \geq 1$,所以 $\angle FEG \in \left[\dfrac{\pi}{2}, \pi\right)$.故 $f(x)$ 越大,$\angle FEG$ 越小,即 $GF$ 越小.所以当 $GF = 1$ 时,$\angle FEG$ 最小,$f(x)$ 取得最大值.此时由 $AF = BG$,即 $\sqrt{p^2-x^2} = \sqrt{q^2-(1-x)^2}$,由此得 $x = \dfrac{p^2-q^2+1}{2} \in [1-q, p]$.

故当 $x = \dfrac{p^2-q^2+1}{2}$ 时,$f(x)$ 取得最大值.其最大值为由 $p, q, 1$ 为三边的三角形面积的两倍.由海伦公式得
$$f_{\max}(x) = \frac{1}{2}\sqrt{(p+q+1)(p+q-1)(p-q+1)(-p+q+1)}$$

**例 5** 对于固定的 $\theta \in \left(0, \dfrac{\pi}{2}\right)$,求满足以下两个条件的最小正数 $a$:

（ⅰ）$\dfrac{\sqrt{a}}{\cos\theta}+\dfrac{\sqrt{a}}{\sin\theta}>1$；

（ⅱ）存在 $x\in\left[1-\dfrac{\sqrt{a}}{\sin\theta},\dfrac{\sqrt{a}}{\cos\theta}\right]$，使得 $\left[(1-x)\sin\theta-\sqrt{a-x^2\cos^2\theta}\right]^2+\left[x\cos\theta-\sqrt{a-(1-x)^2\sin^2\theta}\right]^2\leqslant a$.（1998 年第 39 届 IMO 国家集训队选拔试题）

**解** 由（ⅰ）得
$$\sqrt{a}>\dfrac{\sin\theta\cos\theta}{\sin\theta+\cos\theta} \qquad ①$$

不妨设
$$\dfrac{a}{\sin^2\theta}+\dfrac{a}{\cos^2\theta}\leqslant 1 \qquad ②$$

（ⅱ）等价于：存在 $x\in\left[1-\dfrac{\sqrt{a}}{\sin\theta},\dfrac{\sqrt{a}}{\cos\theta}\right]$，满足 $2(1-x)\sin\theta\sqrt{a-x^2\cos^2\theta}+2x\cos\theta\sqrt{a-(1-x)^2\sin^2\theta}\geqslant a$.

即
$$2\sin\theta\cos\theta\left[(1-x)\sqrt{\dfrac{a}{\cos^2\theta}-x^2}+x\sqrt{\dfrac{a}{\sin^2\theta}-(1-x)^2}\right]\geqslant a \qquad ③$$

由例 4：设 $p,q\in(0,1)$，$p+q>1$，$p^2+q^2\leqslant 1$，函数 $f(x)=(1-x)\sqrt{p^2-x^2}+x\sqrt{q^2-(1-x)^2}$（$1-q\leqslant x\leqslant p$）则当 $\sqrt{p^2-x^2}=\sqrt{q^2-(1-x)^2}$ 时，即 $x=\dfrac{p^2-q^2+1}{2}\in[1-q,p]$ 时，$f(x)$ 达到最大值.

于是，在 $\dfrac{a}{\sin^2\theta}+\dfrac{a}{\cos^2\theta}\leqslant 1$ 时，当且仅当 $\sqrt{\dfrac{a}{\cos^2\theta}-x^2}=\sqrt{\dfrac{a}{\sin^2\theta}-(1-x)^2}$，即 $x=\dfrac{1}{2}\left(\dfrac{a}{\cos^2\theta}-\dfrac{a}{\sin^2\theta}+1\right)\in\left[1-\dfrac{\sqrt{a}}{\sin\theta},\dfrac{\sqrt{a}}{\cos\theta}\right]$ 时，达到最大值 $2\sin\theta\cos\theta\sqrt{\dfrac{a}{\cos^2\theta}-\dfrac{1}{4}\left(\dfrac{a}{\cos^2\theta}-\dfrac{a}{\sin^2\theta}+1\right)^2}$，即 $\sin\theta\cos\theta\sqrt{\dfrac{4a}{\cos^2\theta}-\left(\dfrac{a}{\cos^2\theta}-\dfrac{a}{\sin^2\theta}+1\right)^2}$.

由式③得知，所求的最小的 $a$ 是满足下式且满足式①的最小的 $a$：
$$\sqrt{\dfrac{4a}{\cos^2\theta}-\left(\dfrac{a}{\cos^2\theta}-\dfrac{a}{\sin^2\theta}+1\right)^2}\geqslant\dfrac{a}{\sin\theta\cos\theta}$$

即
$$a^2\left(\dfrac{1}{\cos^4\theta}+\dfrac{1}{\sin^4\theta}-\dfrac{1}{\sin^2\theta\cos^2\theta}\right)-2\left(\dfrac{1}{\cos^2\theta}+\dfrac{1}{\sin^2\theta}\right)a+1\leqslant 0 \qquad ④$$

因为 $\dfrac{1}{\cos^4\theta}+\dfrac{1}{\sin^4\theta}-\dfrac{1}{\sin^2\theta\cos^2\theta}=\dfrac{1-3\sin^2\theta\cos^2\theta}{\sin^4\theta\cos^4\theta}>0$,式 ④ 左端的根为

$$\dfrac{\sin^4\theta\cos^4\theta}{1-3\sin^2\theta\cos^2\theta}\Big(\dfrac{1}{\cos^2\theta}+\dfrac{1}{\sin^2\theta}\pm$$

$$\sqrt{\Big(\dfrac{1}{\cos^2\theta}+\dfrac{1}{\sin^2\theta}\Big)^2-\dfrac{1}{\cos^4\theta}-\dfrac{1}{\sin^4\theta}+\dfrac{1}{\sin^2\theta\cos^2\theta}}\Big)=$$

$$\dfrac{3\sin^2\theta\cos^2\theta}{1\mp\sqrt{3}\sin\theta\cos\theta}$$

所以,由式 ④ 可得

$$\dfrac{3\sin^2\theta\cos^2\theta}{1+\sqrt{3}\sin\theta\cos\theta}\leqslant a\leqslant \dfrac{3\sin^2\theta\cos^2\theta}{1-\sqrt{3}\sin\theta\cos\theta}$$

由于 $\dfrac{\sin^2\theta\cos^2\theta}{(\sin\theta+\cos\theta)^2}<\dfrac{3\sin^2\theta\cos^2\theta}{1+\sqrt{3}\sin\theta\cos\theta}$,因此,当 $a=\dfrac{3\sin^2\theta\cos^2\theta}{1+\sqrt{3}\sin\theta\cos\theta}$ 时,满足式 ①.

故所求的

$$a=\dfrac{3\sin^2\theta\cos^2\theta}{1+\sqrt{3}\sin\theta\cos\theta}$$

**例 6** 实数 $x_1,x_2,\cdots,x_{2001}$ 满足 $\sum\limits_{k=1}^{2000}|x_k-x_{k+1}|=2001$,令 $y_k=\dfrac{1}{k}(x_1+x_2+\cdots+x_k)$,$k=1,2,\cdots,2001$. 求 $\sum\limits_{k=1}^{2000}|y_k-y_{k+1}|$ 的最大可能值.(2001 年上海市高中数学竞赛试题)

**解** 对于 $k=1,2,\cdots,2000$,有

$$|y_k-y_{k+1}|=|\dfrac{1}{k}(x_1+x_2+\cdots+x_k)-\dfrac{1}{k+1}(x_1+x_2+\cdots+x_{k+1})|=$$

$$|\dfrac{x_1+x_2+\cdots+x_k-kx_{k+1}}{k(k+1)}|=$$

$$\dfrac{|(x_1-x_2)+2(x_2-x_3)+\cdots+k(x_k-x_{k+1})|}{k(k+1)}\leqslant$$

$$\dfrac{|x_1-x_2|+2|x_2-x_3|+\cdots+k|x_k-x_{k+1}|}{k(k+1)}$$

按恒等式

$$\dfrac{1}{1\times 2}+\dfrac{1}{2\times 3}+\cdots+\dfrac{1}{(n-1)n}=(1-\dfrac{1}{2})+(\dfrac{1}{2}-\dfrac{1}{3})+\cdots+(\dfrac{1}{n-1}-\dfrac{1}{n})=$$

$$1-\dfrac{1}{n}$$

和它的一个结果

$$\frac{1}{k(k+1)} + \frac{1}{(k+1)(k+2)} + \cdots + \frac{1}{(n-1)n} = \frac{1}{k}\left(1 - \frac{k}{n}\right)$$

可得

$$\sum_{k=1}^{2000} |y_k - y_{k+1}| \leq |x_1 - x_2|\left(\frac{1}{1\times 2} + \frac{1}{2\times 3} + \cdots + \frac{1}{2000\times 2001}\right) +$$

$$2|x_2 - x_3|\left(\frac{1}{2\times 3} + \frac{1}{3\times 4} + \cdots + \frac{1}{2000\times 2001}\right) + \cdots +$$

$$2000 \cdot |x_{2000} - x_{2001}| \cdot \frac{1}{2000\times 2001} =$$

$$|x_1 - x_2|\left(1 - \frac{1}{2001}\right) + |x_2 - x_3|\left(1 - \frac{2}{2001}\right) + \cdots +$$

$$|x_{2000} - x_{2001}|\left(1 - \frac{2000}{2001}\right) \leq$$

$$|x_1 - x_2|\left(1 - \frac{1}{2001}\right) + |x_2 - x_3|\left(1 - \frac{1}{2001}\right) + \cdots +$$

$$|x_{2000} - x_{2001}|\left(1 - \frac{1}{2001}\right) =$$

$$\left(1 - \frac{1}{2001}\right)\sum_{k=1}^{2000}|x_k - x_{k+1}| = 2000$$

等号当且仅当 $|x_1 - x_2| = 2001, x_2 = x_3 = \cdots = x_{2001}$ 时成立,特别取 $x_1 = 2001$, $x_2 = x_3 = \cdots = x_{2001} = 0$ 就能等号成立.

故 $\sum_{k=1}^{2000} |y_k - y_{k+1}|$ 的最大值是 2 000.

**例 7** 设 $x, y, z$ 是正数,且 $x^2 + y^2 + z^2 = 1$,求 $\dfrac{x^5}{y^2 + z^2 - yz} + \dfrac{y^5}{z^2 + x^2 - zx} + \dfrac{z^5}{x^2 + y^2 - xy}$ 的最小值.

**解** 由柯西不等式得

$$\left(\frac{x^6}{xy^2 + xz^2 - xyz} + \frac{y^6}{z^2y + x^2y - xyz} + \frac{z^6}{x^2z + y^2z - xyz}\right)$$
$$(xy^2 + xz^2 + z^2y + x^2y + x^2z + y^2z - 3xyz) \geq$$
$$(x^3 + y^3 + z^3)^2$$

由 Schur(舒尔) 不等式得 $x^3 + y^3 + z^3 - (xy^2 + xz^2 + z^2y + x^2y + x^2z + y^2z) + 3xyz \geq 0$(或由第一章例 2)

所以上述不等式可化为

$$\frac{x^5}{y^2 + z^2 - yz} + \frac{y^5}{z^2 + x^2 - zx} + \frac{z^5}{x^2 + y^2 - xy} \geq x^3 + y^3 + z^3$$

由幂平均值不等式 $\sqrt[3]{\dfrac{x^3+y^3+z^3}{3}} \geqslant \sqrt{\dfrac{x^2+y^2+z^2}{3}}$ 得

$$x^3+y^3+z^3 \geqslant \dfrac{\sqrt{3}}{3}$$

上述不等式等号成立的充要条件都是 $x=y=z$.

所以当 $x=y=z=\dfrac{\sqrt{3}}{3}$ 时, $\dfrac{x^5}{y^2+z^2-yz}+\dfrac{y^5}{z^2+x^2-zx}+\dfrac{z^5}{x^2+y^2-xy}$ 取最小值 $\dfrac{\sqrt{3}}{3}$.

**例 8**  给定大于 3 的整数 $n$，设实数 $x_1,x_2,\cdots,x_n,x_{n+1},x_{n+2}$ 满足 $0<x_1<x_2<\cdots<x_n<x_{n+1}<x_{n+2}$，试求 

$$\dfrac{\left(\sum\limits_{i=1}^{n}\dfrac{x_{i+1}}{x_i}\right)\left(\sum\limits_{j=1}^{n}\dfrac{x_{j+2}}{x_{j+1}}\right)}{\left(\sum\limits_{k=1}^{n}\dfrac{x_{k+1}x_{k+2}}{x_{k+1}^2+x_{k+1}x_{k+2}}\right)\left(\sum\limits_{l=1}^{n}\dfrac{x_{l+1}^2+x_lx_{l+2}}{x_lx_{l+2}}\right)}$$

的最小值，并求出使该式达到最小值的所有满足条件的实数组 $x_1,x_2,\cdots,x_n,x_{n+1},x_{n+2}$.
(2001 年中国国家集训队选拔考试试题)

**解**  (Ⅰ) 记 $t_i=\dfrac{x_{i+1}}{x_i}(>1)$，$1\leqslant i\leqslant n$，题中式子可写成

$$\dfrac{\left(\sum\limits_{i=1}^{n}t_i\right)\left(\sum\limits_{i=1}^{n}t_{i+1}\right)}{\left(\sum\limits_{i=1}^{n}\dfrac{t_it_{i+1}}{t_i+t_{i+1}}\right)\left(\sum\limits_{i=1}^{n}(t_i+t_{i+1})\right)}$$

我们看到由柯西不等式得

$$\left(\sum_{i=1}^{n}\dfrac{t_it_{i+1}}{t_i+t_{i+1}}\right)\left(\sum_{i=1}^{n}(t_i+t_{i+1})\right)=$$

$$\left(\sum_{i=1}^{n}t_i-\sum_{i=1}^{n}\dfrac{t_i^2}{t_i+t_{i+1}}\right)\left(\sum_{i=1}^{n}(t_i+t_{i+1})\right)=$$

$$\left(\sum_{i=1}^{n}t_i\right)\left(\sum_{i=1}^{n}(t_i+t_{i+1})\right)-$$

$$\left(\sum_{i=1}^{n}\dfrac{t_i^2}{t_i+t_{i+1}}\right)\left(\sum_{i=1}^{n}(t_i+t_{i+1})\right)\leqslant$$

$$\left(\sum_{i=1}^{n}t_i\right)\left(\sum_{i=1}^{n}(t_i+t_{i+1})\right)-$$

$$\left(\sum_{i=1}^{n}\dfrac{t_i}{\sqrt{t_i+t_{i+1}}}\cdot\sqrt{t_i+t_{i+1}}\right)^2=$$

$$(\sum_{i=1}^n t_i)^2 + (\sum_{i=1}^n t_i)(\sum_{i=1}^n t_{i+1}) - (\sum_{i=1}^n t_i)^2 =$$
$$(\sum_{i=1}^n t_i)(\sum_{i=1}^n t_{i+1})$$

因此,对符合条件的实数组 $x_1, x_2, \cdots, x_n, x_{n+1}, x_{n+2}$,题中的式子不小于 $1$.

（Ⅱ）上面推演中用到柯西不等式,等号成立的充要条件是 $\dfrac{\sqrt{t_i + t_{i+1}}}{t_i} = \dfrac{}{\sqrt{t_i + t_{i+1}}}$

$d(1 \leqslant i \leqslant n)$（常数）,也就是
$$\frac{t_{i+1}}{t_i} = d - 1 = c, (1 \leqslant i \leqslant n)$$

记 $t_1 = b$,有 $t_j = bc^{j-1}, 1 \leqslant j \leqslant n+1$,相应地有
$$\frac{x_{j+1}}{x_j} = t_j = bc^{j-1}, 1 \leqslant j \leqslant n+1$$

记 $x_1 = a > 0$,有
$$x_k = t_{k-1} t_{k-2} \cdots t_1 \cdot a = ab^{k-1} \cdot c^{\frac{(k-1)(k-2)}{2}}, 2 \leqslant k \leqslant n+2$$

又因为 $x_2 > x_1$,所以
$$b = \frac{x_2}{x_1} > 1$$

又因为
$$t_j = bc^{j-1} > 1, 1 \leqslant j \leqslant n+1, c > \sqrt[n]{\frac{1}{b}} \ (\geqslant \sqrt[j-1]{\frac{1}{b}}, 1 \leqslant j \leqslant n+1)$$

（Ⅲ）得出结论：

（i）对于符合条件的实数组 $x_1, x_2, \cdots, x_n, x_{n+1}, x_{n+2}$,题中的式子不小于 $1$.

（ii）能使该式达到最小值的符合条件 $0 < x_1 < x_2 < \cdots < x_n < x_{n+1} < x_{n+2}$ 的实数组 $x_1, x_2, \cdots, x_n, x_{n+1}, x_{n+2}$ 应该是 $x_1 = a, x_k = ab^{k-1} \cdot c^{\frac{(k-1)(k-2)}{2}}, 2 \leqslant k \leqslant n+2$. 其中 $a > 0, b > 1, c > \sqrt[n]{\dfrac{1}{b}}$.

**例9** 设正数 $a, b, c, x, y, z$ 满足 $cy + bz = a; az + cx = b; bx + ay = c$. 求函数 $f(x, y, z) = \dfrac{x^2}{1+x} + \dfrac{y^2}{1+y} + \dfrac{z^2}{1+z}$ 的最小值.（2005 年全国高中数学联赛加试题）

**解法一** 由条件得,
$$b(az + cx - b) + c(bx + ay - c) - a(cy + bz - a) = 0$$
即
$$2bcx + a^2 - b^2 - c^2 = 0$$

所以
$$x = \frac{b^2 + c^2 - a^2}{2bc}$$

同理
$$y = \frac{a^2 + c^2 - b^2}{2ac}$$
$$x = \frac{a^2 + b^2 - c^2}{2ab}$$

因为 $a,b,c,x,y,z$ 为正数,据以上三式知,所以 $b^2 + c^2 > a^2, a^2 + c^2 > b^2, a^2 + b^2 > c^2$,故以 $a,b,c$ 为边长,可构成一个锐角三角形 $ABC$,所以 $x = \cos A, y = \cos B, z = \cos C$,问题转化为:在锐角 $\triangle ABC$ 中,求函数 $f(\cos A, \cos B, \cos C) = \frac{\cos^2 A}{1 + \cos A} + \frac{\cos^2 B}{1 + \cos B} + \frac{\cos^2 C}{1 + \cos C}$ 的最小值.

令 $u = \cot A, v = \cot B, w = \cot C$,则 $u,v,w \in \mathbf{R}^+$, $uv + vw + wu = 1$,且 $u^2 + 1 = (u+v)(u+w), v^2 + 1 = (u+v)(v+w), w^2 + 1 = (u+w)(v+w)$.

所以 $\frac{\cos^2 A}{1 + \cos A} = \frac{\frac{u^2}{u^2+1}}{1 + \frac{u}{\sqrt{u^2+1}}} = \frac{u^2}{\sqrt{u^2+1}(\sqrt{u^2+1}+u)} = \frac{u^2(\sqrt{u^2+1}-u)}{\sqrt{u^2+1}} = u^2 - \frac{u^3}{\sqrt{(u+v)(u+w)}} \geq u^2 - \frac{u^3}{2}(\frac{1}{u+v} + \frac{1}{u+w})$,同理,$\frac{\cos^2 B}{1 + \cos B} \geq v^2 - \frac{v^3}{2}(\frac{1}{u+v} + \frac{1}{v+w})$, $\frac{\cos^2 C}{1 + \cos C} \geq w^2 - \frac{w^3}{2}(\frac{1}{u+w} + \frac{1}{v+w})$.

所以 $f \geq u^2 + v^2 + w^2 - \frac{1}{2}(\frac{u^3+v^3}{u+v} + \frac{v^3+w^3}{v+w} + \frac{u^3+w^3}{u+w}) = u^2 + v^2 + w^2 - \frac{1}{2}[(u^2 - uv + v^2) + (v^2 - vw + w^2) + (u^2 - uw + w^2)] = \frac{1}{2}(uv + vw + uw) = \frac{1}{2}$.(取等号当且仅当 $u = v = w$,此时 $a = b = c, x = y = z = \frac{1}{2}$)

所以 $[f(x,y,z)]_{\min} = \frac{1}{2}$.

**解法二** 由条件得 $x = \frac{b^2 + c^2 - a^2}{2bc}, y = \frac{a^2 + c^2 - b^2}{2ac}, z = \frac{a^2 + b^2 - c^2}{2ab}$,是 $1 + x = \frac{(b+c-a)(a+b+c)}{2bc}, 1 + y = \frac{(a+c-b)(a+b+c)}{2ac}, 1 + z = \frac{(a+b-c)(a+b+c)}{2ab}$,故

$$f(x,y,z) = \frac{x^2}{1+x} + \frac{y^2}{1+y} + \frac{z^2}{1+z} = \frac{(b^2+c^2-a^2)^2}{2bc(b+c-a)(a+b+c)} +$$

$$\frac{(a^2+c^2-b^2)^2}{2ac(a+c-b)(a+b+c)} + \frac{(a^2+b^2-c^2)^2}{2ab(a+b-c)(a+b+c)}$$

在柯西不等式 $(\frac{x_1^2}{y_1} + \frac{x_2^2}{y_2} + \frac{x_3^2}{y_3})(y_1+y_2+y_3) \geqslant (x_1+x_2+x_3)^2$ 中,令

$$x_1 = b^2 + c^2 - a^2$$
$$x_2 = a^2 + c^2 - b^2$$
$$x_3 = a^2 + b^2 - c^2$$
$$y_1 = bc(b+c-a)$$
$$y_2 = ac(a+c-b)$$
$$y_3 = ab(a+b-c)$$

得

$$f(x,y,z) \geqslant \frac{(a^2+b^2+c^2)^2}{2(a+b+c)(b^2c+bc^2+a^2c+ac^2+a^2b+ab^2-3abc)} =$$

$$\frac{1}{2} \cdot \frac{a^4+b^4+c^4+2a^2b^2+2b^2c^2+2a^2c^2}{2a^2b^2+2b^2c^2+a^3b+a^3c+b^3a+b^3c+c^3a+c^3b-abc(a+b+c)}$$

下面证明

$$\frac{a^4+b^4+c^4+2a^2b^2+2b^2c^2+2a^2c^2}{2a^2b^2+2b^2c^2+a^3b+a^3c+b^3a+b^3c+c^3a+c^3b-abc(a+b+c)}$$

即

$$a^4+b^4+c^4 \geqslant a^3b+a^3c+b^3a+b^3c+c^3a+c^3b-abc(a+b+c)$$

即

$$a^2(a-b)(a-c)+b^2(b-a)(b-c)+c^2(c-a)(c-a) \geqslant 0$$

不妨设 $a \geqslant b \geqslant c$,则

$$c^2(c-a)(c-a) \geqslant 0$$
$$a^2(a-b)(a-c)+b^2(b-a)(b-c) \geqslant$$
$$a^2(a-b)(b-c) - b^2(a-b)(b-c) =$$
$$(a-b)(b-c)(a^2-b^2) =$$
$$(a+b)(a-b)^2(b-c) \geqslant 0$$

所以 $f(x,y,z) \geqslant \frac{1}{2}$. 当 $a=b=c$ 时,即 $x=y=z=\frac{1}{2}$, $f(\frac{1}{2},\frac{1}{2},\frac{1}{2})=\frac{1}{2}$,故 $f(x,y,z)$ 的最小值是 $\frac{1}{2}$.

**例10** 确定最小的实数 $M$ 使得不等式

$$|ab(a^2-b^2)+bc(b^2-c^2)+ca(c^2-a^2)| \leqslant M(a^2+b^2+c^2)^2 \quad \text{①}$$

对所有实数 $a,b,c$ 都成立. (第47届IMO试题)

**解** 因为

$$ab(a^2 - b^2) + bc(b^2 - c^2) + ca(c^2 - a^2) =$$
$$ab(a^2 - b^2) + bc(b^2 - c^2) + ca[(c^2 - b^2) + (b^2 - a^2)] =$$
$$(a^2 - b^2)(ab - ca) + (b^2 - c^2)(bc - ca) =$$
$$a(a + b)(a - b)(b - c) + c(b + c)(b - c)(b - a) =$$
$$(a - b)(b - c)[a(a + b) - c(b + c)] =$$
$$(a - b)(b - c)[(a^2 - c^2) - c(a - c)] =$$
$$(a - b)(b - c)(a - c)(a + b + c)$$

所以,问题化为求最小的实数 $M$ 使得不等式

$$|(a-b)(b-c)(a-c)(a+b+c)| \leq M(a^2 + b^2 + c^2)^2 \quad ②$$

这个关系式是关于 $a,b,c$ 对称的,所以不妨假设 $a \leq b \leq c$,在这个假设下,

$$|(a-b)(b-c)| = (b-a)(c-b) \leq (\frac{(b-a)+(c-b)}{2})^2 = \frac{(c-a)^2}{4} \quad ③$$

当且仅当 $a - b = b - c$ 等号成立,即 $2b = a + c, a, b, c$ 成等差数列.
又因为

$$(\frac{(c-b)+(b-a)}{2})^2 \leq \frac{(c-b)^2 + (b-a)^2}{2} \quad ④$$

即

$$3(c-a)^2 \leq 2[(b-a)^2 + (c-b)^2 + (c-a)^2] \quad ⑤$$

等号成立仍然当且仅当 $a - b = b - c$,即 $2b = a + c, a, b, c$ 成等差数列.
由式 ④,⑤ 得到

$$|(a-b)(b-c)(a-c)(a+b+c)| \leq |\frac{(c-a)^3}{4}(a+b+c)| =$$

$$\frac{1}{4}\sqrt{(c-a)^6(a+b+c)^2} \leq$$

$$\frac{1}{4}\sqrt{(\frac{2[(b-a)^2 + (c-b)^2 + (c-a)^2]}{3})^3 (a+b+c)^2} =$$

$$\frac{\sqrt{2}}{2}(\sqrt[4]{(\frac{[(b-a)^2 + (c-b)^2 + (c-a)^2]}{3})^3 (a+b+c)^2})^2$$

由算术几何平均值不等式得到

$$|(a-b)(b-c)(a-c)(a+b+c)| \leq$$

$$\frac{\sqrt{2}}{2}(\frac{(b-a)^2 + (c-b)^2 + (c-a)^2 + (a+b+c)^2}{4})^2 = \quad ⑥$$

$$\frac{9\sqrt{2}}{32}(a^2 + b^2 + c^2)^2$$

当且仅当 $\dfrac{(b-a)^2 + (c-b)^2 + (c-a)^2}{3} = (a+b+c)^2$,且 $2b = a + c$ 时不等

式⑥等号成立.

将 $b = \dfrac{a+c}{2}$ 代入前一个等式得 $(c-a)^2 = 18b^2$,即

$$c - a = 3\sqrt{3}\,b$$

解得

$$a = (1 - \dfrac{3\sqrt{2}}{2})b$$

$$c = (1 + \dfrac{3\sqrt{2}}{2})b$$

由对称性,当且仅当 $(a,b,c)$ 的排列与 $(1-\dfrac{3\sqrt{2}}{2},1,1+\dfrac{3\sqrt{2}}{2})$ 成比例时,$M$ 取最小值 $\dfrac{9\sqrt{2}}{32}$.

## 练 习 题

1. $x,y,z$ 是正实数,且满足 $x^4 + y^4 + z^4 = 1$,求 $\dfrac{x^3}{1-x^8} + \dfrac{y^3}{1-y^8} + \dfrac{z^3}{1-z^8}$ 的最小值.(1999 年江苏省数学冬令营试题)

2. 设 $x,y,z$ 是正实数,且 $xyz + x + z = y$,求 $P = \dfrac{2}{x^2+1} - \dfrac{2}{y^2+1} + \dfrac{3}{z^2+1}$ 的最大值.(1999 年越南数学奥林匹克试题)

3. 给定正数 $a,b$,实数 $x_i \in [a,b]$,$i = 1,2,\cdots,n$. 求 $f = \dfrac{x_1 x_2 \cdots x_n}{(a+x_1)(x_1+x_2)\cdots(x_n+b)}$ 的最小值.(2005 年江苏省数学冬令营试题)

4. 设函数 $y = f(x)$ 的定义域为 $\mathbf{R}$,当 $x < 0$ 时,$f(x) > 1$,且对任意的实数 $x,y \in \mathbf{R}$,有 $f(x+y) = f(x)f(y)$ 成立. 数列 $\{a_n\}$ 满足 $a_1 = f(0)$,且 $f(a_{n+1}) = \dfrac{1}{f(-2-a_n)}(n \in \mathbf{N})$. 若不等式 $(1+\dfrac{1}{a_1})(1+\dfrac{1}{a_2})\cdots(1+\dfrac{1}{a_n}) \geqslant k \cdot \sqrt{2n+1}$ 对一切 $n \in \mathbf{N}$ 均成立,求 $k$ 的最小值.(2003 年湖南省数学竞赛试题)

5. 已知不等式 $\sqrt{2}(2a+3)\cos(\theta - \dfrac{\pi}{4}) + \dfrac{6}{\sin\theta + \cos\theta} - 2\sin 2\theta < 3a + 6$,对于 $\theta \in [0,\dfrac{\pi}{2}]$ 恒成立. 求 $\theta$ 的取值范围.(第 1 届中国东南地区数学奥林匹克试题)

6. 设 $a$ 和 $b$ 是为实数, 且使方程 $x^4 + ax^3 + bx^2 + ax + 1 = 0$ 至少有一个实数根, 对所有的这种实数对 $(a,b)$, 求出 $a$ 的最小值. (第 15 届 IMO 试题)

7. 求正实数 $M$ 的最大值, 使得对于所有 $x,y,z \in \mathbf{R}$, 不等式 $x^4 + y^4 + z^4 + xyz(x+y+z) \geq M(xy+yz+zx)^2$ 成立. (2004 年希腊数学奥林匹克试题)

8. 设 $n$ 为正整数. 对于正实数 $a_1, a_2, \cdots, a_n$ 有 $a_1 + a_2 + \cdots + a_n = 1$. 记 $A$ 为以下 $n$ 个数 $\dfrac{a_1}{1+a_1}, \dfrac{a_2}{1+a_1+a_2}, \cdots, \dfrac{a_n}{1+a_1+a_2+\cdots+a_n}$ 中的最小者. 当 $a_1, a_2, \cdots, a_n$ 为变量时, 求 $A$ 的最大值. (2004 年日本数学奥林匹克试题)

9. 设 $x_1, x_2, \cdots, x_n \in \mathbf{R}^+$, 定义 $S_n = \sum_{i=1}^{n}(x_i + \dfrac{n-1}{n^2} \cdot \dfrac{1}{x_i})^2$.

(1) 求 $S_n$ 的最小值;

(2) 在 $x_1^2 + x_2^2 + \cdots + x_n^2 = 1$ 条件下, 求 $S_n$ 的最小值;

(3) 在 $x_1 + x_2 + \cdots + x_n = 1$ 条件下, 求 $S_n$ 的最小值. (2005 年浙江省数学竞赛试题)

10. 非负数 $a$ 和 $d$, 正数 $b$ 和 $c$ 满足条件 $b + c \geq a + d$, 这时表达式 $\dfrac{b}{c+d} + \dfrac{c}{a+b}$ 可以取怎样的最小值. (1988 年第 22 届全苏数学奥林匹克试题)

11. 求 $\sqrt{(x+1)^2 + (y-1)^2} + \sqrt{(x-1)^2 + (y+1)^2} + \sqrt{(x+2)^2 + (y+2)^2}$ 的最小值. (1998 年越南数学奥林匹克试题)

12. 已知 $x, y$ 是实数, 且 $x + y = 1$, 求 $(x^3 + 1)(y^3 + 1)$ 的最大值. (2006 年罗马尼亚数学奥林匹克试题)

13. 设 $a, b > 0$, 求最大的正整数 $c$ 使得对任意正实数 $x$, 均有 $c \leq \max\{ax + \dfrac{1}{ax}, bx + \dfrac{1}{bx}\}$. (2003 年爱尔兰数学奥林匹克试题)

14. 设 $x_i \geq 0, i = 1, 2, \cdots, n$, 且 $\sum_{i=1}^{n} x_i = 1, n \geq 2$. 求 $\sum_{1 \leq i < j \leq n} x_i x_j (x_i + x_j)$ 的最大值. (第 32 届 IMO 预选题)

15. 设 $a, b \in [0,1]$, 求 $S = \dfrac{a}{1+b} + \dfrac{b}{1+a} + (1-a)(1-b)$ 的最大值和最小值. (2006 年上海市高中数学竞赛试题)

16. 给定正整数 $n$, 求最小的正数 $\lambda$, 使得等于任何 $\theta_i \in (0, \dfrac{\pi}{2})(i = 1, 2, \cdots, n)$, 只要 $\tan\theta_1 \tan\theta_2 \cdots \tan\theta_n = \sqrt{2^n}$, 就有 $\cos\theta_1 + \cos\theta_2 + \cdots + \cos\theta_n$ 不大于 $\lambda$. (2003 年 CMO 试题)

17. 设 $x_1, x_2, \cdots, x_n$ 都是正实数，满足 $\sum_{i=1}^{n} x_i^2 = 1$，求 $\dfrac{x_1^5}{x_2+x_3+\cdots+x_n} + \dfrac{x_2^5}{x_3+\cdots+x_n+x_1} + \cdots + \dfrac{x_n^5}{x_1+x_2+\cdots+x_{n-1}}$ 的最小值. (2006 年土耳其国家集训队试题)

18. 设 $x_1, x_2, \cdots, x_n$ 都是正实数，满足 $\dfrac{1}{x_1} + \dfrac{1}{x_2} + \cdots + \dfrac{1}{x_n} = n$，求 $x_1 + \dfrac{x_2^2}{2} + \dfrac{x_3^2}{3} + \cdots + \dfrac{x_n^n}{n}$ 的最小值. (1995 年波兰数学奥林匹克试题)

19. 设数 $a$ 具有以下性质：对于任意的四个实数 $x_1, x_2, x_3, x_4$，总可以取整数 $k_1, k_2, k_3, k_4$，使得 $\sum_{1 \le i < j \le 4} ((x_i - k_i) - (x_j - k_j))^2 \le a$，求这样 $a$ 的最小值. (1990 年国家集训队选拔试题)

20. 给定 5 个实数 $u_0, u_1, u_2, u_3, u_4$，证明总能找到 5 个实数 $v_0, v_1, v_2, v_3, v_4$ 满足下列条件

（1）$u_i - v_i \in \mathbf{N}^*$；

（2）$\sum_{0 \le i < j \le 4} (v_i - v_j)^2 < 4$. (第 28 届 IMO 预选题)

21.（1）已知 $a, b, c, d, e, f$ 是实数，且满足以下两个关系式：$a + b + c + d + e + f = 10$, $(a-1)^2 + (b-1)^2 + (c-1)^2 + (d-1)^2 + (e-1)^2 + (f-1)^2 = 6$，求 $f$ 的最大值. (1993 年巴尔干数学奥林匹克试题)

（2）已知 $a, b, c, d \in \left[-\dfrac{\pi}{2}, \dfrac{\pi}{2}\right]$，且满足以下两个关系式：$\sin a + \sin b + \sin c + \sin d = 1$，$\cos 2a + \cos 2b + \cos 2c + \cos 2d \ge \dfrac{10}{3}$，证明：$0 \le a, b, c, d \le \dfrac{\pi}{6}$. (1985 年巴尔干数学奥林匹克试题)

22. 设 $n$ 是给定的正整数，$n \ge 2$，$a_1, a_2, \cdots, a_n \in (0,1)$，求 $\sum_{i=1}^{n} \sqrt[6]{a_i(1-a_{i+1})}$ 的最大值，这里 $a_{n+1} = a_1$. (2006 年中国西部数学奥林匹克试题)

23. 给定 $n \in \mathbf{N}$ 与 $a \in [0, n]$，在 $\sum_{i=1}^{n} \sin^2 x_i = a$ 的条件下，求 $\left|\sum_{i=1}^{n} \sin 2x_i\right|$ 的最大值. (1983 年捷克斯洛伐克数学奥林匹克试题)

24. 设 $a, b, c > 0$，且 $a + b + c = 1$，求 $\sqrt{\dfrac{ab}{ab+c}} + \sqrt{\dfrac{bc}{bc+a}} + \sqrt{\dfrac{ca}{ca+b}}$ 的取值范围. (2006 年江苏省数学奥林匹克冬令营试题)

25. 设 $a, b, c$ 为正数，记 $d$ 为 $(a-b)^2, (b-c)^2, (c-a)^2$ 中的最小数.

(1) 求证:存在 $\lambda$ $(0 < \lambda < 1)$,使得
$$d \leqslant \lambda(a^2 + b^2 + c^2) \qquad ①$$
(2) 求出使不等式①成立的最小正数 $\lambda$ 并给予证明. (2006年全国高中数学联赛江苏复赛加试题)

26. 设 $x_1, x_2, x_3, x_4$ 均为正数,且 $x_1 + x_2 + x_3 + x_4 = \pi$,求表达式 $(2\sin^2 x_1 + \dfrac{1}{\sin^2 x_1})(2\sin^2 x_2 + \dfrac{1}{\sin^2 x_2})(2\sin^2 x_3 + \dfrac{1}{\sin^2 x_3})(2\sin^2 x_4 + \dfrac{1}{\sin^2 x_4})$ 的最小值. (1991年国家集训队试题)

27. 设 $0 < p \leqslant x_i \leqslant q$ $(i = 1, 2, \cdots, n, p、q$ 是给定的常数),试求 $F(x_1, x_2, \cdots, x_n) = (x_1 + x_2 + \cdots + x_n)(\dfrac{1}{x_1} + \dfrac{1}{x_2} + \cdots + \dfrac{1}{x_n})$ 的最大值. ($n = 5$ 是1977年美国数学奥林匹克试题)

28. 设 $a_1, a_2, \cdots, a_6; b_1, b_2, \cdots, b_6; c_1, c_2, \cdots, c_6$ 都是 $1, 2, 3, 4, 5, 6$ 的排列. 求 $\sum_{i=1}^{6} a_i b_i c_i$ 的最小值. (2005年中国国家集训队选拔考试试题)

29. 求最大的实数 $k$,使得对任何满足 $u^2 > 4vw$ 的正整数 $u, v, w$,不等式 $(u^2 - 4vw)^2 > k(2v^2 - uw)(2w^2 - uv)$ 都成立. 并证明你的结论. (2003年中国香港数学奥林匹克试题)

30. 设 $f(x, y, z) = \sin^2(x-y) + \sin^2(y-z) + \sin^2(z-x)$, $x, y, z \in \mathbf{R}$,求 $f(x, y, z)$ 的最大值. (2007年浙江省数学竞赛试题)

31. 设正实数 $a, b, c$ 及非负实数 $x, y, z$ 满足 $a^6 + b^6 + c^6 = 3$, $(x+1)^2 + y^2 \leqslant 2$,求 $I = \dfrac{1}{2a^3x + b^3y^2} + \dfrac{1}{2b^3x + c^3y^2} + \dfrac{1}{2c^3x + a^3y^2}$ 的最小值,并加以证明. (2007年浙江省数学竞赛试题)

32. 设 $\alpha, \beta \in (0, \dfrac{\pi}{2})$,求 $A = \dfrac{(1 - \sqrt{\tan\dfrac{\alpha}{2}\tan\dfrac{\beta}{2}})^2}{\cot\alpha + \cot\beta}$ 的最大值. (2007年北方数学奥林匹克试题)

33. 设整数 $n > 3$,非负实数 $a_1, a_2, \cdots, a_n$ 满足 $a_1 + a_2 + \cdots + a_n = 2$. 求 $\dfrac{a_1}{a_2^2 + 1} + \dfrac{a_2}{a_3^2 + 1} + \cdots + \dfrac{a_n}{a_1^2 + 1}$ 的最小值. (2007年中国女子数学数学奥林匹克试题)

34. 已知方程 $x^3 - ax^2 + bx - c = 0$ 有三个正数根(可以相等),求 $\dfrac{1 + a + b + c}{3 + 2a + b} - \dfrac{c}{b}$ 的最小值. (2008年土耳其集训队试题)

35. (1) 已知正实数 $a_1, a_2, \cdots, a_n$ 满足 $a_1 a_2 \cdots a_n = 1$,求最小的常数 $c_n$ 的值

使得不等式 $\dfrac{1}{1+a_1}+\dfrac{1}{1+a_2}+\cdots+\dfrac{1}{1+a_n}\geqslant c_n$ 对任意正整数 $n\geqslant 2$ 成立.

(2) 已知正实数 $a_1,a_2,\cdots,a_n$ 满足 $a_1a_2\cdots a_n=1$,求最小的常数 $d_n$ 的值使得不等式 $\dfrac{1}{1+2a_1}+\dfrac{1}{1+2a_2}+\cdots+\dfrac{1}{1+2a_n}\geqslant d_n$ 对任意正整数 $n\geqslant 2$ 成立.(2007 年意大利数学奥林匹克试题)

36. 已知 $x,y,z$ 是正数,求下列两式的最小值:(1) $\dfrac{x^2+y^2+z^2}{xy+yz}$;(2) $\dfrac{x^2+y^2+2z^2}{xy+yz}$. (2008 年克罗地亚数学奥林匹克试题)

37. 设 $a,b,c$ 是非负实数,且满足 $a+b+c=ab+bc+ca$,确定最大的实数 $k$ 使得不等式 $(a+b+c)\left(\dfrac{1}{a+b}+\dfrac{1}{b+c}+\dfrac{1}{c+a}-k\right)\geqslant k$ 成立.(2008 年罗马尼亚国家集训队试题)

38. 设 $x,y,z\in(0,1)$,且满足 $\sqrt{\dfrac{1-x}{yz}}+\sqrt{\dfrac{1-y}{zx}}+\sqrt{\dfrac{1-z}{xy}}=2$,求 $xyz$ 的最大值.(2008 年中国西部数学奥林匹克试题)

39. 设 $x_i$ 是正实数,$(i=1,2,\cdots,2\,010)$ 且 $\sum\limits_{i=1}^{2\,010}x_i^{2\,009}=1$,试求 $\min\left\{\sum\limits_{i=1}^{2\,010}\dfrac{x_i^{2\,008}}{1-x_i^{2\,009}}\right\}$,并证明之.(2009 年浙江省数学竞赛试题)

40. 设正整数 $n\geqslant 2$.求常数 $C(n)$ 的最大值,使得对于所有满足 $x_i\in(0,1)(i=1,2,\cdots,n)$,且 $(1-x_i)(1-x_j)\geqslant\dfrac{1}{4}(1\leqslant i<j\leqslant n)$ 的实数 $x_1,x_2,\cdots,x_n$,均有 $\sum\limits_{i=1}^{n}x_i\geqslant C(n)\sum\limits_{1\leqslant i<j\leqslant n}(2x_ix_j+\sqrt{x_ix_j})$.(2007 年保加利亚国家队选拔考试试题)

41. 求最小的常数 $c$,使得对所有的实数 $x,y$,有 $1+(x+y)^2\leqslant c(1+x^2)(1+y^2)$.(2008 年德国数学奥林匹克试题)

42. 设对任意非负实数 $x,y,z$ 有 $x^3+y^3+z^3+c(xy^2+yz^2+zx^2)\geqslant(c+1)(x^2y+y^2z+z^2x)$ 成立.求实数 $c$ 的最大值.(2008 年蒙古国家集训队考试试题)

43. 设 $f(x,y,z)=\dfrac{x(2y-z)}{1+x+3y}+\dfrac{y(2z-x)}{1+y+3z}+\dfrac{z(2x-y)}{1+z+3x}$,其中 $x,y,z\geqslant 0$,$x+y+z=1$,求 $f(x,y,z)$ 的最大值和最小值.(2009 年中国东南地区数学奥林匹克试题)

44. 给定整数 $n(n\geqslant 2)$.求具有下列性质的最大常数 $\lambda(n)$:若实数序列

$a_0, a_1, a_2, \cdots, a_n$ 满足 $0 = a_0 \leq a_1 \leq a_2 \leq \cdots \leq a_n$ 及 $a_i \geq \frac{1}{2}(a_{i-1} + a_{i+1})$ ($i = 1, 2, \cdots, n$),则 $(\sum_{i=1}^{n} i a_i)^2 \geq \lambda(n) \sum_{i=1}^{n} a_i^2$. (2009 年 IMO 中国国家队选拔考试试题)

45. 求函数 $y = \sqrt{x+27} + \sqrt{13-x} + \sqrt{x}$ 的最大和最小值. (2009 年全国高中数学联赛试题)

46. 已知 $x, y, z$ 是实数,且满足 $x + y + z = xy + yz + zx$,求 $\frac{x}{x^2+1} + \frac{y}{y^2+1} + \frac{z}{z^2+1}$ 的最小值. (2008 年巴西数学奥林匹克试题)

47. 给定整数 $n \geq 2$ 和正整数 $a$,正实数 $x_1, x_2, \cdots, x_n$ 满足 $x_1 x_2 \cdots x_n = 1$,求最小的实数 $M = M(n, a)$,使得 $\sum_{i=1}^{n} \frac{1}{a + S - x_i} \leq M$ 恒成立,其中 $S = x_1 + x_2 + \cdots + x_n$. (2010 年中国国家集训队测试试题)

48. 求所有的正实数 $\lambda$,使得对任意整数 $n \geq 2$ 及满足 $\sum_{i=1}^{n} a_i = n$ 的正实数 $a_1, a_2, \cdots, a_n$,总有 $\sum_{i=1}^{n} \frac{1}{a_i} - \lambda \prod_{i=1}^{n} \frac{1}{a_i} \leq n - \lambda$. (2010 年中国国家集训队测试试题)

49. 设 $x, y, z \in [0, 1]$,且 $|x - y| \leq \frac{1}{2}$, $|y - z| \leq \frac{1}{2}$, $|z - x| \leq \frac{1}{2}$,试求 $W = x + y + z - xy - yz - zx$ 的最大值和最小值. (2010 年中国东南数学奥林匹克试题)

50. 设 $x_1, x_2, \cdots, x_n$ 都是正实数,满足 $x_1 + x_2 + \cdots + x_n = 1$. 试求 $E = x_1 + \frac{x_2}{\sqrt{1 - x_1^2}} + \frac{x_3}{\sqrt{1 - (x_1 + x_2)^2}} + \cdots + \frac{x_n}{\sqrt{1 - (x_1 + x_2 + \cdots + x_{n-1})^2}}$ 的整数部分. (2010 年摩尔多瓦国家集训队选拔试题)

51. 设复数 $a, b, c$ 满足对任意模不超过 1 的复数 $z$,都有 $|az^2 + bz + c| \leq 1$,求 $|bc|$ 的最大值. (2010 年中国数学奥林匹克试题)

52. 记 $F = \max_{1 \leq x \leq 3} |x^3 - ax^2 - bx - c|$,当 $a, b, c$ 取遍所有实数时,求 $F$ 的最小值. (2001 年国家集训队选拔考试试题)

53. 实数 $a_1, a_2, \cdots, a_n (n \geq 3)$ 满足 $a_1 + a_2 + \cdots + a_n = 0$,且 $2a_k \leq a_{k-1} + a_{k+1}$, $k = 2, 3, \cdots, n-1$. 求最小的 $\lambda(n)$,使得对所有的 $k \in \{1, 2, \cdots, n\}$,都有 $|a_k| \leq \lambda(n) \cdot \max\{|a_1|, |a_n|\}$. (2009 年中国西部数学奥林匹克试题)

54. 设 $x_1, x_2, \cdots, x_5$ 是实数,且 $\sum_{i=1}^{5} x_i = 0$,记 $x_6 = x_1$,求最小的实数 $k$ 使得不等式 $\sum_{i=1}^{5} x_i x_{i+1} \leq k(\sum_{i=1}^{5} a_i^2)$. (2001 年捷克和斯洛伐克奥林匹克试题)

55. 设 $x, y, z$ 是正数,且 $(x+y+z)^3 = 32xyz$,求 $\dfrac{x^4 + y^4 + z^4}{(x+y+z)^4}$ 的最大值和最小值. (2004 年越南数学奥林匹克试题)

56. 确定最大的实数 $C$,对于所有实数 $x, y, x \neq y$,且 $xy = 2$,使得不等式 $\dfrac{[(x+y)^2 - 6][(x-y)^2 + 8]}{(x-y)^2} \geq C$. (2002 年奥地利数学奥林匹克试题)

57. 若 $x, y, z$ 均为正实数,且 $x^2 + y^2 + z^2 = 1$,求 $S = \dfrac{(z+1)^2}{2xyz}$ 的最小值. (2010 年湖北省数学竞赛试题)

58. 若 $a, b, c$ 均为正实数,且 $a + b + c = 1$,求最大的实数 $M$ 使得不等式 $(a+bc)(b+ca)(c+ab)\left(\dfrac{1}{a} + \dfrac{1}{b} + \dfrac{1}{c}\right) \geq Mabc$. (2011 年乌兹别克斯坦数学奥林匹克试题)

59. 求最小的实数 $k$,使得对于所有实数 $a, b, c$ 不等式
$\sqrt{(a^2+1)(b^2+1)(c^2+1)} + \sqrt{(b^2+1)(c^2+1)(d^2+1)} + \sqrt{(c^2+1)(d^2+1)(a^2+1)} + \sqrt{(d^2+1)(a^2+1)(b^2+1)} \geq 2(ab+bc+cd+da+ac+bd) - k$ 成立. (2011 年伊朗国家集训队选拔试题)

60. 若 $a, b, c$ 均为正实数,且 $a + b + c = 6$,求 $\sqrt[3]{a^2+2bc} + \sqrt[3]{b^2+2ca} + \sqrt[3]{c^2+2ca}$ 的最大值. (2011 年希腊数学奥林匹克试题)

## 参考解答

1. $\dfrac{x^3}{1-x^8} + \dfrac{y^3}{1-y^8} + \dfrac{z^3}{1-z^8} \geq \dfrac{x^4}{x(1-x^8)} + \dfrac{y^4}{y(1-y^8)} + \dfrac{z^4}{z(1-z^8)}$.

记 $f(u) = u(1-u^8)$,$u \in (0,1)$,我们求 $f(u)$ 的最大值. 由 $A_9 \geq G_9$ 得 $8 = 8u^8 + (1-u^8) + (1-u^8) + \cdots + (1-u^8) \geq 9 \cdot \sqrt[9]{8u^8(1-u^8)^8}$,从而 $f(u) \leq \dfrac{8}{\sqrt[4]{3^9}}$,即当 $u = \sqrt[4]{\dfrac{1}{3}}$ 时 $f(u)$ 取最大值 $\dfrac{8}{\sqrt[4]{3^9}}$. 于是 $\dfrac{x^3}{1-x^8} + \dfrac{y^3}{1-y^8} + \dfrac{z^3}{1-z^8} \geq \dfrac{\sqrt[4]{3^9}}{8}(x^4 + y^4 + z^4) = \dfrac{9}{8} \cdot \sqrt[4]{3}$.

当 $x = y = z = \sqrt[4]{\dfrac{1}{3}}$ 时，上式取等号，因此，$\dfrac{x^3}{1-x^8} + \dfrac{y^3}{1-y^8} + \dfrac{z^3}{1-z^8}$ 的最小值是 $\dfrac{9}{8} \cdot \sqrt[4]{3}$.

2. 易证 $ac \neq 1$，由 $xyz + x + z = y$ 可知 $b = \dfrac{a+c}{1-ac}$. 令 $a = \tan\alpha, b = \tan\beta$, $c = \tan\gamma, \alpha, \beta, \gamma \in (0, \dfrac{\pi}{2})$，则 $\tan\beta = \dfrac{\tan\alpha + \tan\gamma}{1 - \tan\alpha\tan\gamma} = \tan(\alpha + \gamma)$. 故 $\beta = \alpha + \gamma$.

从而
$$P = \dfrac{2}{x^2+1} - \dfrac{2}{y^2+1} + \dfrac{3}{z^2+1} = \dfrac{2}{\tan^2\alpha + 1} - \dfrac{2}{\tan^2\beta + 1} + \dfrac{3}{\tan^2\gamma + 1} =$$
$$2\cos^2\alpha - 2\cos^2(\alpha+\gamma) + 3\cos^2\gamma =$$
$$1 + \cos 2\alpha - [1 + \cos 2(\alpha+\gamma)] + 3\cos^2\gamma =$$
$$2\sin\gamma\sin(2\alpha+\gamma) + 3\cos^2\gamma \leq$$
$$2\sin\gamma + 3\cos^2\gamma = 2\sin\gamma + 3(1 - \sin^2\gamma) =$$
$$-3(\sin\gamma - \dfrac{1}{3})^2 + \dfrac{10}{3} \leq \dfrac{10}{3}$$

当且仅当 $2\alpha + \gamma = \dfrac{\pi}{2}$ 且 $\sin\gamma = \dfrac{1}{3}$ 时等号成立. 即 $a = \dfrac{\sqrt{2}}{2}, b = \sqrt{2}, c = \dfrac{\sqrt{2}}{4}$ 时，$P$ 取最大值 $\dfrac{10}{3}$.

3. 先证明不等式 $(1 + b_1 x)(1 + b_2 x) \cdots (1 + b_{n-1} x)(1 + b_n x) \geq [1 + \sqrt[n]{b_1 b_2 \cdots b_n} x]^n$.

考察 $f(x) = \lg(1 + 10^x)$，由琴生不等式 $\dfrac{f(x_1) + f(x_2) + \cdots + f(x_m)}{m} \geq f\left[\dfrac{x_1 + x_2 + \cdots + x_m}{m}\right]$

所以
$$f(x) \leq (\sqrt[n+1]{a} + \sqrt[n+1]{b})^{n+1}$$

4. 令 $x = -1, y = 0$，得
$$f(-1) = f(-1)f(0), f(0) = 1$$

故 $a_1 = f(0) = 1$.

当 $x > 0$ 时，$-x < 0, f(0) = f(x)f(-x) = 1$，进而得 $0 < f(x) < 1$.

设 $x_1, x_2 \in \mathbf{R}$，且 $x_1 < x_2$，则
$$x_2 - x_1 > 0, f(x_2 - x_1) < 1$$

$$f(x_1) - f(x_2) = f(x_1) - f(x_1 + x_2 - x_1) =$$
$$f(x_1)[1 - f(x_2 - x_1)] > 0$$

故 $f(x_1) > f(x_2)$,函数 $y = f(x)$ 在 **R** 上是单调递减函数.

由 $f(a_{n+1}) = \dfrac{1}{f(-2 - a_n)}$,得
$$f(a_{n+1})f(-2 - a_n) = 1$$

故 $f(a_{n+1} - a_n - 2) = f(0)$,$a_{n+1} - a_n - 2 = 0$.
$$a_{n+1} - a_n = 2(n \in \mathbf{N})$$

因此,$\{a_n\}$ 是首项为 1,公差为 2 的等差数列,由此得 $a_n = 2n - 1$,$a_{2003} = 4\,005$.

(2) 由 $\left[1 + \dfrac{1}{a_1}\right]\left[1 + \dfrac{1}{a_2}\right]\cdots\left[1 + \dfrac{1}{a_n}\right] \geqslant k\sqrt{2n + 1}$ 恒成立,知

$$k \leqslant \dfrac{\left[1 + \dfrac{1}{a_1}\right]\left[1 + \dfrac{1}{a_2}\right]\cdots\left[1 + \dfrac{1}{a_n}\right]}{\sqrt{2n + 1}}$$

恒成立.

设 $F(n) = \dfrac{\left[1 + \dfrac{1}{a_1}\right]\left[1 + \dfrac{1}{a_2}\right]\cdots\left[1 + \dfrac{1}{a_n}\right]}{\sqrt{2n + 1}}$,则
$$F(n) > 0$$

且
$$F(n + 1) = \dfrac{\left[1 + \dfrac{1}{a_1}\right]\left[1 + \dfrac{1}{a_2}\right]\cdots\left[1 + \dfrac{1}{a_{n+1}}\right]}{\sqrt{2n + 3}}$$

又 $\dfrac{F(n + 1)}{F(n)} = \dfrac{2(n + 1)}{\sqrt{4(n + 1)^2 - 1}} > 1$,即 $F(n + 1) > F(n)$,故 $F(n)$ 为关于 $n$ 的单调增函数,$F(n) \geqslant F(1) = \dfrac{2}{3}\sqrt{3}$.

5. 设 $\sin\theta + \cos\theta = x$,则 $\cos\left(\theta - \dfrac{\pi}{4}\right) = \dfrac{\sqrt{2}}{2}x$,$\sin 2x = x^2 - 1$,$x \in [1, \sqrt{2}]$,从而原不等式可化为 $(2a + 3)x + \dfrac{6}{x} - 2(x^2 - 1) < 3a + 6$.

即
$$2x^2 - 2ax - 3x - \dfrac{6}{x} + 3a + 4 > 0$$

整理得

$$(2x-3)\left(x+\frac{2}{x}-a\right)>0, x\in[1,\sqrt{2}] \qquad ①$$

因为 $x\in[1,\sqrt{2}]$，所以 $2x-3<0$，不等式 ① 恒成立等价于 $x+\frac{2}{x}-a<0, x\in[1,\sqrt{2}]$ 恒成立.

从而只要

$$a>\left(x+\frac{2}{x}\right)_{\max}(x\in[1,\sqrt{2}])$$

又易知 $f(x)=x+\frac{2}{x}$ 在 $[1,\sqrt{2}]$ 上是减函数，则 $\left(x+\frac{2}{x}\right)_{\max}=3,(x\in[1,\sqrt{2}])$.

所以 $a>3$.

6. 首先考虑方程

$$x+\frac{1}{x}=y$$

其中，$y$ 是实数. 这方程可写成 $x$ 的二次方程

$$x^2-yx+1=0$$

它有实根的充要条件是其判别式大于或等于 0，即

$$y^2-4\geqslant 0, |y|\geqslant 2 \qquad ①$$

原方程可写成

$$\left(x+\frac{1}{x}\right)^2+a\left(x+\frac{1}{x}\right)+(b-2)=0$$

令 $y=x+\frac{1}{x}$，则得

$$y^2+ay+(b-2)=0 \qquad ②$$

解得

$$y=\frac{-a\pm\sqrt{a^2-4(b-2)}}{2} \qquad ③$$

因为原方程至少要有一个实根，由式 ① 可知，式 ③ 中至少有一个根的绝对值大于等于 2. 所以

$$|a|+\sqrt{a^2-4(b-2)}\geqslant 4\Rightarrow\sqrt{a^2-4(b-2)}\geqslant 4-|a|\Rightarrow$$
$$8|a|\geqslant 8+4b\Rightarrow 4a^2\geqslant b^2+4b+4\Rightarrow 4(a^2+b^2)\geqslant$$
$$5b^2+4b+4\Rightarrow a^2+b^2\geqslant\frac{5}{4}\left(b+\frac{2}{5}\right)^2+\frac{5}{4}$$

由此可知，当 $b=-\frac{2}{5}, a^2+b^2$ 取最小值 $\frac{4}{5}$.

7. 当 $x=y=z$ 时，不等式变为 $6x^4\geqslant M\cdot 9x^4, x\in\mathbf{R}$，即 $M\leqslant\frac{2}{3}$. 下面证明

$M$ 的最大值是 $\dfrac{2}{3}$.

对于 $x,y,z \in \mathbf{R}, x^4 + y^4 + z^4 + xyz(x+y+z) \geq \dfrac{2}{3}(xy+yz+zx)^2 \Leftrightarrow$
$3(x^4+y^4+z^4) + 3xyz(x+y+z) \geq 2(xy+yz+zx)^2$.

由于 $x^4+y^4+z^4 \geq x^2y^2+y^2z^2+z^2x^2$,所以只要证明 $3(x^2y^2+y^2z^2+z^2x^2) + 3xyz(x+y+z) \geq 2(xy+yz+zx)^2$.

即
$$x^2y^2+y^2z^2+z^2x^2 \geq xyz(x+y+z)$$

由于 $(xy-yz)^2 + (yz-zx)^2 + (zx-xy)^2 \geq 0$,因此,结论成立.

8. 由 $A = \min\limits_{1 \leq i \leq n}\left\{\dfrac{\dfrac{a_i}{i}}{1+\sum\limits_{k=1}^{n}a_k}\right\}$,知 $1-A = \max\limits_{1 \leq i \leq n}\left\{\dfrac{1+\sum\limits_{k=1}^{i-1}\dfrac{a_k}{k}}{1+\sum\limits_{k=1}^{n}a_k}\right\} \geq \sqrt[n]{\prod\limits_{i=1}^{n}\dfrac{1+\sum\limits_{k=1}^{i-1}\dfrac{a_k}{k}}{1+\sum\limits_{k=1}^{i}\dfrac{a_k}{k}}} = $

$\sqrt[n]{\dfrac{1}{1+\sum\limits_{k=1}^{n}\dfrac{a_k}{k}}} = \sqrt[n]{\dfrac{1}{2}}$. 所以, $A \leq 1 - \dfrac{1}{\sqrt[n]{2}}$. 当且仅当 $\dfrac{\dfrac{a_i}{i}}{1+\sum\limits_{k=1}^{n}\dfrac{a_k}{k}} = 1 - \dfrac{1}{\sqrt[n]{2}}$, 即 $a_i = $

$\sqrt[n]{2^{i-1}}(\sqrt[n]{2}-1)(i=1,2,\cdots,n)$ 时,上式等号成立.

9. (1) $S_n = \sum\limits_{i=1}^{n}\left(x_i + \dfrac{n-1}{n^2} \cdot \dfrac{1}{x_i}\right)^2 \geq \sum\limits_{i=1}^{n}\left(2\sqrt{x_i \cdot \dfrac{n-1}{n^2} \cdot \dfrac{1}{x_i}}\right)^2 = 4\sum\limits_{i=1}^{n}\dfrac{n-1}{n^2} = \dfrac{4(n-1)}{n}$.

所以,当 $x_i = \dfrac{\sqrt{n-1}}{n}$ 时, $S_n$ 取到最小值.

(2) $S_n = \sum\limits_{i=1}^{n}\left(x_i + \dfrac{n-1}{n^2} \cdot \dfrac{1}{x_i}\right)^2 = \sum\limits_{i=1}^{n}\left(x_i^2 + 2 \cdot \dfrac{n-1}{n^2} + \dfrac{(n-1)^2}{n^4} \cdot \dfrac{1}{x_i^2}\right) = 1 +$

$\dfrac{2(n-1)}{n} + \dfrac{(n-1)^2}{n^4}\sum\limits_{i=1}^{n}\dfrac{1}{x_i^2} = 1 + \dfrac{2(n-1)}{n} + \dfrac{(n-1)^2}{n^4}\sum\limits_{i=1}^{n}x_i^2 \cdot \sum\limits_{i=1}^{n}\dfrac{1}{x_i^2} \geq 1 +$

$\dfrac{2(n-1)}{n} + \cdot \dfrac{(n-1)^2}{n^4} \cdot n^2 = 1 + \dfrac{2(n-1)}{n} + \dfrac{(n-1)^2}{n^2} = \left(1 + \dfrac{n-1}{n}\right)^2 = \left(2 - \dfrac{1}{n}\right)^2$.

所以,当 $x_i = \dfrac{1}{\sqrt{n}}$ 时, $S_n$ 取到最小值 $\left(2-\dfrac{1}{n}\right)^2$.

(3) 因为由柯西不等式得 $\left[\sum\limits_{i=1}^{n} 1 \cdot \left(x_i + \dfrac{n-1}{n^2} \cdot \dfrac{1}{x_i}\right)\right]^2 \leq \left(\sum\limits_{i=1}^{n} 1^2\right) \cdot \left(\sum\limits_{i=1}^{n}\left(x_i + \right.\right.$

$\frac{n-1}{n^2} \cdot \frac{1}{x_i})^2)$,所以 $S_n = \sum_{i=1}^{n}(x_i + \frac{n-1}{n^2} \cdot \frac{1}{x_i})^2 \geq \frac{1}{n}[\sum_{i=1}^{n}(x_i + \frac{n-1}{n^2} \cdot \frac{1}{x_i})]^2 = \frac{1}{n}[1 + \frac{n-1}{n^2}(\sum_{i=1}^{n}x_i)(\sum_{i=1}^{n}\frac{1}{x_i})]^2 \geq \frac{1}{n}(1 + \frac{n-1}{n^2} \cdot n^2)^2 = n.$

所以,当 $x_i = \frac{1}{n}$ 时,$S_n$ 取到最小值 $n$.

10. 不妨设 $a + b \geq c + d$.

因为 $\frac{b}{c+d} + \frac{c}{a+b} = \frac{b+c}{c+d} - c(\frac{1}{c+d} - \frac{1}{a+b})$,$b + c = \frac{1}{2}(b+c+b+c) \geq \frac{1}{2}(a+b+c+d)$,$c \leq c+d$,故 $\frac{b}{c+d} + \frac{c}{a+b} \geq \frac{1}{2} \cdot \frac{a+b+c+d}{c+d} - (c+d)(\frac{1}{c+d} - \frac{1}{a+b}) = \frac{1}{2} \cdot \frac{a+b}{a+b} + \frac{c+d}{a+b} - \frac{1}{2} \geq 2\sqrt{\frac{1}{2} \cdot \frac{a+b}{c+d} \cdot \frac{c+d}{a+b}} - \frac{1}{2} = \sqrt{2} - \frac{1}{2}$. 当 $a = \sqrt{2} + 1, b = \sqrt{2} - 1, c = 2, d = 0$ 时,$\frac{b}{c+d}\frac{c}{a+b}$ 取得最小值为 $\sqrt{2} - \frac{1}{2}$.

12. 因为 $x + y = 1$,所以 $(x^3 + 1)(y^3 + 1) = (xy)^3 + x^3 + y^3 + 1 = (xy)^3 + (x+y)(x^2 - xy + y^2) + 1 = (xy)^3 + (x+y)[(x+y)^2 - 3xy] + 1 = (xy)^3 - 3xy + 2 = (xy - 1)^2(xy + 2) = \frac{1}{2}(1-xy)(1-xy)(2xy+4) \leq \frac{1}{2}(\frac{(1-xy) + (1-xy) + (2xy+4)}{3})^3 = 4.$

当且仅当 $1 - xy = 2xy + 4$ 且 $x + y = 1$ 时,即 $x = \frac{1+\sqrt{5}}{2}, y = \frac{1-\sqrt{5}}{2}$ 或 $x = \frac{1-\sqrt{5}}{2}, y = \frac{1+\sqrt{5}}{2}$ 时 $(x^3+1)(y^3+1)$ 取最大值 $4$.

13. 设 $f(t) = t + \frac{1}{t}, t > 0, g(x) = \max\{f(ax), f(bx)\}$. 问题转化为求 $g(x)$ 在 $x > 0$ 时的最小值.

若 $a = b$,则 $g(x) = ax + \frac{1}{ax} \geq 2$,等号在 $x = \frac{1}{a}$ 时取到,此时所求的 $c = 2$.

若 $a \neq b$,不妨设 $0 < a < b$,则 $f(bx) - f(ax) = bx - ax + \frac{1}{bx} - \frac{1}{ax} = (b-a)x(1 - \frac{1}{abx^2})$.

所以，$g(x) = \begin{cases} f(bx), & \text{若 } x \geq \dfrac{1}{\sqrt{ab}} \\ f(ax), & \text{若 } 0 < x \leq \dfrac{1}{\sqrt{ab}} \end{cases}$

利用 $f(t) = t + \dfrac{1}{t}$ 的单调区间，知在 $1 \leq s < t$ 时，$f(s) < f(t)$；在 $0 < s < t \leq 1$ 时，$f(s) > f(t)$.

因此，当 $x \geq \dfrac{1}{\sqrt{ab}}$ 时，$f(bx) \geq f(\sqrt{\dfrac{b}{a}})$；当 $0 < x \leq \dfrac{1}{\sqrt{ab}}$ 时，亦有 $f(bx) \geq f(\sqrt{\dfrac{a}{b}}) = f(\sqrt{\dfrac{b}{a}})$.

故 $g(x) \geq f(\sqrt{\dfrac{b}{a}}) = \sqrt{\dfrac{b}{a}} + \sqrt{\dfrac{a}{b}}$. 等号在 $x = \dfrac{1}{\sqrt{ab}}$ 时取到.

综上，最大的 $c = \sqrt{\dfrac{b}{a}} + \sqrt{\dfrac{a}{b}}$.

14. $\sum\limits_{1 \leq i < j \leq n} x_i x_j (x_i + x_j)$ 的最大值是 $\dfrac{1}{4}$. 下面证明

$$x_1 x_2 (x_1 + x_2) + x_1 x_3 (x_1 + x_3) + \cdots +$$
$$x_1 x_n (x_1 + x_n) + x_2 x_3 (x_2 + x_3) + \cdots +$$
$$x_{n-1} x_n (x_{n-1} + x_n) \leq \dfrac{1}{4} \qquad ①$$

式 ① 的左端记为 $A$，则注意到 $x_1 + x_2 + x_3 + \cdots + x_n = 1$ 得

$$A = x_1^2 (x_2 + x_3 + \cdots + x_n) + x_2^2 (x_1 + x_3 + \cdots + x_n) + \cdots +$$
$$x_n^2 (x_1 + x_2 + \cdots + x_{n-1}) =$$
$$x_1^2 [(x_1 + x_2 + x_3 + \cdots + x_n) - x_1] +$$
$$x_2^2 [(x_1 + x_2 + x_3 + \cdots + x_n) - x_2] + \cdots +$$
$$x_n^2 [(x_1 + x_2 + \cdots + x_n) - x_n] =$$
$$x_1^2 (1 - x_1) + x_2^2 (1 - x_2) + \cdots + x_n^2 (1 - x_n) =$$
$$(x_1^2 + x_2^2 + \cdots + x_n^2) - (x_1^3 + x_2^3 + \cdots + x_n^3)$$

因为 $x_i \geq 0, i = 1, 2, \cdots, n$，所以由柯西不等式得

$$(x_1^3 + x_2^3 + \cdots + x_n^3)(x_1 + x_2 + \cdots + x_n) \geq (x_1^2 + x_2^2 + \cdots + x_n^2)^2$$

于是

$$A \leq (x_1^2 + x_2^2 + \cdots + x_n^2) - (x_1^2 + x_2^2 + \cdots + x_n^2)^2 =$$
$$-[(x_1^2 + x_2^2 + \cdots + x_n^2) - \dfrac{1}{2}]^2 + \dfrac{1}{4} \leq \dfrac{1}{4}$$

让 $x_1, x_2, \cdots, x_n$ 中两数分别为 $\frac{1}{2}$，其余各数为 $0$，即可取得等号.

15. $S = \dfrac{a}{1+b} + \dfrac{b}{1+a} + (1-a)(1-b) = \dfrac{1+a+b+a^2b^2}{(1+a)(1+b)} = 1 - \dfrac{ab(1-ab)}{(1+a)(1+b)} \leqslant 1.$

当 $ab = 0$ 或 $ab = 1$ 时等号成立，所以 $S$ 的最大值为 $1$.

令 $T = \dfrac{ab(1-ab)}{(1+a)(1+b)}, x = \sqrt{ab}$.

$$T = \dfrac{ab(1-ab)}{(1+a)(1+b)} \leqslant \dfrac{ab(1-ab)}{(1+\sqrt{ab})^2} = \dfrac{ab(1-ab)}{(1+\sqrt{ab})^2} = \dfrac{ab(1-\sqrt{ab})}{1+\sqrt{ab}} = \dfrac{x^2(1-x)}{1+x}$$

下证

$$\dfrac{x^2(1-x)}{1+x} \leqslant \dfrac{5\sqrt{5}-11}{2} \qquad ①$$

式 ① $\Leftrightarrow (x - \dfrac{\sqrt{5}-1}{2})^2(x + \sqrt{5} - 2) \geqslant 0$

所以 $T \leqslant \dfrac{5\sqrt{5}-11}{2}$. 所以 $S \geqslant \dfrac{11-5\sqrt{5}}{2}$.

当 $a = b = \dfrac{\sqrt{5}-1}{2}$ 时等号成立，所以 $S$ 的最小值为 $\dfrac{11-5\sqrt{5}}{2}$.

16. 当 $n = 1$ 时，$\cos \theta_1 = \dfrac{1}{\sqrt{1+\tan^2 \theta_1}} = \dfrac{\sqrt{3}}{3}$，有 $\lambda = \dfrac{\sqrt{3}}{3}$.

当 $n = 2$ 时，可以证明

$$\cos \theta_1 + \cos \theta_2 \leqslant \dfrac{2\sqrt{3}}{3} \qquad ①$$

且当 $\theta_1 = \theta_2 = \arctan\sqrt{2}$ 时等号成立. 事实上，式 ① $\Leftrightarrow \cos^2 \theta_1 + \cos^2 \theta_2 + 2\cos \theta_1 \cos \theta_2 \leqslant \dfrac{4}{3}$，即

$$\dfrac{1}{1+\tan^2 \theta_1} + \dfrac{1}{1+\tan^2 \theta_2} + 2\dfrac{1}{\sqrt{(1+\tan^2 \theta_1)(1+\tan^2 \theta_1)}} \leqslant \dfrac{4}{3} \qquad ②$$

由 $\tan \theta_1 \tan \theta_2 = 2$ 可得，

式 ② $\Leftrightarrow \dfrac{2 + \tan^2 \theta_1 + \tan^2 \theta_2}{5 + \tan^2 \theta_1 + \tan^2 \theta_2} + 2\dfrac{1}{\sqrt{5 + \tan^2 \theta_1 + \tan^2 \theta_1}} \leqslant \dfrac{4}{3} \qquad ③$

记 $x = \tan^2 \theta_1 + \tan^2 \theta_2$，则

即

显然,

于是,

$$式③\Leftrightarrow 2\frac{1}{\sqrt{5+x}} \leq \frac{14+x}{3(5+x)}$$

$$36(5+x) \leq 196 + 28x + x^2 \quad ④$$

$$式④\Leftrightarrow x^2 - 8x + 16 = (x-4)^2 \geq 0$$

$$\lambda = \frac{2\sqrt{3}}{3}$$

当 $n \geq 3$ 时,不妨设 $\theta_1 \geq \theta_2 \geq \cdots \geq \theta_n$,则 $\tan\theta_1 \tan\theta_2 \tan\theta_3 \geq 2\sqrt{2}$.
由于 $\cos\theta_i = \sqrt{1-\sin^2\theta_i} < 1 - \frac{1}{2}\sin^2\theta_i$,则 $\cos\theta_2 + \cos\theta_3 < 2 - \frac{1}{2}$
$(\sin^2\theta_2 + \sin^2\theta_3) < 2 - \sin\theta_2\sin\theta_3$.

由 $\tan^2\theta_1 \geq \dfrac{8}{\tan^2\theta_2 \cdot \tan^2\theta_3}$,有

$$\frac{1}{\cos^2\theta_1} \geq \frac{8 + \tan^2\theta_2 \cdot \tan^2\theta_3}{\tan^2\theta_2 \cdot \tan^2\theta_3}$$

即

$$\cos\theta_1 \leq \frac{\tan\theta_2 \cdot \tan\theta_3}{\sqrt{8 + \tan^2\theta_2 \cdot \tan^2\theta_3}} = \frac{\sin\theta_2 \cdot \sin\theta_3}{\sqrt{8\cos^2\theta_2 \cdot \cos^2\theta_3 + \sin^2\theta_2 \cdot \sin^2\theta_3}}$$

于是,

$$\cos\theta_2 + \cos\theta_3 + \cos\theta_1 < 2 - \sin\theta_2\sin\theta_3$$
$$\left[1 - \frac{1}{\sqrt{8\cos^2\theta_2 \cdot \cos^2\theta_3 + \sin^2\theta_2 \cdot \sin^2\theta_3}}\right] \quad ⑤$$

注意到

$$8\cos^2\theta_2\cos^2\theta_3 + \sin^2\theta_2 \cdot \sin^2\theta_3 \geq 1 \Leftrightarrow 8 + \tan^2\theta_2 \cdot \tan^2\theta_3 \geq$$
$$\frac{1}{\cos^2\theta_2 \cdot \cos^2\theta_3} =$$
$$(1+\tan^2\theta_2)(1+\tan^2\theta_3) \Leftrightarrow$$
$$\tan^2\theta_2 + \tan^2\theta_3 \leq 7 \quad ⑥$$

由此可得当式⑥时成立时,有

$$\cos\theta_1 + \cos\theta_2 + \cos\theta_3 < 2 \quad ⑦$$

若式⑥不成立,则 $\tan^2\theta_2 + \tan^2\theta_3 > 7$,因此,

$$\tan^2\theta_1 \geq \tan^2\theta_2 > \frac{7}{2}$$

所以，
$$\cos\theta_1 \leq \cos\theta_2 < \sqrt{\frac{1}{1+\frac{7}{2}}} = \frac{\sqrt{2}}{3}$$

于是，
$$\cos\theta_1 + \cos\theta_2 + \cos\theta_3 < \frac{2\sqrt{2}}{3} + 1 < 2$$

即式 ⑦ 亦成立.

由此可得
$$\cos\theta_1 + \cos\theta_2 + \cdots + \cos\theta_n < n-1$$

另一方面，取 $\theta_2 = \theta_3 = \cdots = \theta_n = \alpha > 0, \alpha \to 0$，则
$$\theta_1 = \arctan\frac{\sqrt{2^n}}{(\tan\alpha)^{n-1}}$$

显然，$\theta_1 \to \frac{\pi}{2}$，从而
$$\cos\theta_1 + \cos\theta_2 + \cdots + \cos\theta_n \to n-1$$

综上可得 $\lambda = n-1$.

17. 由 $\sum_{i \neq j}(x_i - x_j)^2 = (n-1)\sum_{i=1}^{n} x_i^2 - 2\sum_{i \neq j} x_i x_j = (n-1) - 2\sum_{i \neq j} x_i x_j$ 得 $\sum_{i=1}^{n} x_i \sum_{j \neq i} x_j \leq n-1$. 由柯西不等式得 $(\frac{x_1^5}{x_2 + x_3 + \cdots + x_n} + \frac{x_2^5}{x_3 + \cdots + x_n + x_1} + \cdots + \frac{x_n^5}{x_1 + x_2 + \cdots + x_{n-1}})[x_1(x_2 + x_3 + \cdots + x_n) + x_2(x_3 + \cdots + x_n) + \cdots + x_n(x_1 + x_2 + \cdots + x_{n-1})] \geq (x_1^3 + x_2^3 + \cdots + x_n^3)^2 = n^2(\frac{x_1^3 + x_2^3 + \cdots + x_n^3}{n})^2 \geq n^2(\frac{x_1^2 + x_2^2 + \cdots + x_n^2}{n})^3 = \frac{1}{n}$.

最后一步是根据幂平均值不等式得到.

所以，
$$\frac{x_1^5}{x_2 + x_3 + \cdots + x_n} + \frac{x_2^5}{x_3 + \cdots + x_n + x_1} + \cdots + \frac{x_n^5}{x_1 + x_2 + \cdots + x_{n-1}} \geq \frac{1}{n(n-1)}$$

即当 $x_1 = x_2 = x_3 = \cdots = x_n = \frac{1}{\sqrt{n}}$ 时，$\frac{x_1^5}{x_2 + x_3 + \cdots + x_n} + \frac{x_2^5}{x_3 + \cdots + x_n + x_1} + \cdots + \frac{x_n^5}{x_1 + x_2 + \cdots + x_{n-1}}$ 取最小值 $\frac{1}{n(n-1)}$.

18. 由已知 $\frac{1}{x_1} + \frac{1}{x_2} + \cdots + \frac{1}{x_n} = n \geq n\sqrt[n]{\frac{1}{x_1} \cdot \frac{1}{x_2} \cdot \cdots \cdot \frac{1}{x_n}}$ 得 $x_1 x_2 x_3 \cdots x_n \geq 1$.

由加权均值不等式 $\frac{p_1 a_1 + p_2 a_2 + \cdots + p_n a_n}{p_1 + p_2 + \cdots + p_n} \geq a_1^{\frac{p_1}{p_1+p_2+\cdots+p_n}} a_2^{\frac{p_2}{p_1+p_2+\cdots+p_n}} \cdots a_n^{\frac{p_n}{p_1+p_2+\cdots+p_n}}$ 得

到 $\dfrac{x_1 + \frac{x_2^2}{2} + \frac{x_3^2}{3} + \cdots + \frac{x_n^n}{n}}{1 + \frac{1}{2} + \frac{1}{3} + \cdots + \frac{1}{n}} \geq (x_1 x_2 x_3 \cdots x_n)^p = 1$. 其中 $p = \dfrac{1}{1 + \frac{1}{2} + \frac{1}{3} + \cdots + \frac{1}{n}}$.

所以当 $x_1 = x_2 = x_3 = \cdots = x_n = 1$ 时，$x_1 + \frac{x_2^2}{2} + \frac{x_3^3}{3} + \cdots + \frac{x_n^n}{n}$ 取最小值 $1 + \frac{1}{2} + \frac{1}{3} + \cdots + \frac{1}{n}$.

19. 首先，令 $k_i = [x_i], \alpha_i = x_i - k_i$，则 $\alpha_i \in [0,1), i = 1,2,3,4$. 设 $\{\alpha'_1, \alpha'_2, \alpha'_3, \alpha'_4\}$ 是 $\{\alpha_1, \alpha_2, \alpha_3, \alpha_4\}$ 按从小到大的一个排列，并记 $\beta_1 = \alpha'_2 - \alpha'_1$，$\beta_2 = \alpha'_3 - \alpha'_2, \beta_3 = \alpha'_4 - \alpha'_3, \beta_4 = 1 - \alpha'_4 + \alpha'_1$，于是，

$$S = \sum_{1 \leq i < j \leq 4} (\alpha_i - \alpha_j)^2 = \beta_1^2 + \beta_2^2 + \beta_3^2 + (\beta_1 + \beta_2)^2 + (\beta_2 + \beta_2)^2 + (\beta_1 + \beta_2 + \beta_3)^2 \qquad ①$$

但若改取与 $\alpha'_4$ 相应的 $k_i$ 的值增加 1 而保持其它的 $k_i$ 不动，则又有

$$S = \beta_4^2 + \beta_1^2 + \beta_2^2 + (\beta_4 + \beta_1)^2 + (\beta_1 + \beta_2)^2 + (\beta_4 + \beta_1 + \beta_2)^2$$

经类似的变换，可以使 $S$ 化为由 $\{\beta_1, \beta_2, \beta_3, \beta_4\}$ 中任取三个所组成的形如式①的和. 因此，总可以适当选取 $k_1, k_2, k_3, k_4$，使 $S$ 的相应表达式中恰好缺少一个最大的 $\beta_i$，不妨设为 $k_4$. 于是 $S$ 的值

恰如式①所示，其中 $\beta_1 + \beta_2 + \beta_3 = 1 - \beta_4, \frac{1}{4} \leq \beta_4$. 易看出，在估计 $S$ 的值时，不妨设 $\beta_2 \geq \max\{\beta_1, \beta_3\}$.

因若不然，将最大的 $\beta_i$ 交换到 $\beta_2$ 的位置时，只能使 $S$ 的值增大.

其次，若 $\beta_4 \geq \frac{1}{2}$，则

$$S \leq 4(1 - \beta_4)^2 \leq 1 \qquad ②$$

以下设 $\frac{1}{4} \leq \beta_4 \leq \frac{1}{2}$. 这时

$$S = 3\beta_2^2 + 2(\beta_1^2 + \beta_3^2) + 2\beta_2(\beta_1 + \beta_3) + (1 - \beta_4)^2 = $$
$$3\beta_2^2 + (\beta_1 - \beta_3)^2 + (\beta_1 + \beta_3)^2 + 2\beta_2(\beta_1 + \beta_3) + (1 - \beta_4)^2 = $$
$$2\beta_2^2 + (\beta_1 - \beta_3)^2 + 2(1 - \beta_4)^2 \qquad ③$$

显然有 $\beta_2 \leq \beta_4, \beta_1 + \beta_2 + \beta_3 = 1 - \beta_4$. 由对称性可设 $\beta_1 \geq \beta_3$. 若 $\beta_2 < \beta_4$，则在保持 $\beta_1 + \beta_2 + \beta_3$ 值不变的条件下，使 $\beta_2$ 增大到 $\beta_4$，同时在 $\beta_3 > 0$ 时，使 $\beta_1$

与 $\beta_3$ 各减少 $\beta_2$ 增量的 $\frac{1}{2}$;在 $\beta_3 = 0$ 时,使 $\beta_3$ 减少 $\beta_2$ 的增量. 则无论哪种情形,都必使 $S$ 的表达式的值增大,即有

$$S \leq 2[\beta_4^2 + (1-\beta_4)^2] + (\beta_1 - \beta_3)^2 \qquad ④$$

其中 $\beta_1 + \beta_3 = 1 - 2\beta_4, 0 \leq \beta_1, \beta_3 \leq \beta_4$.

当 $\frac{1}{3} \leq \beta_4 \leq \frac{1}{2}$ 时,由式 ④ 有

$$S \leq 2[\beta_4^2 + (1-\beta_4)^2] + (1-2\beta_4)^2 \leq \max\left\{\frac{11}{9}, 1\right\} = \frac{11}{9} \qquad ⑤$$

当 $\frac{1}{4} \leq \beta_4 \leq \frac{1}{3}$ 时,由式 ④ 又有

$$S \leq 2[\beta_4^2 + (1-\beta_4)^2] + (4\beta_4 - 1)^2 \leq \max\left\{\frac{11}{9}, \frac{10}{8}\right\} = \frac{10}{8} = \frac{5}{4} \qquad ⑥$$

最后,将式 ②,⑤,⑥ 综合起来即得,$S \leq \frac{5}{4}$.

另一方面,当 $x_1 = 0, x_2 = \frac{1}{4}, x_3 = \frac{1}{2}, x_4 = \frac{3}{4}$ 时,便有 $S = \frac{5}{4}$. 所以,$a$ 的最小值是 $\frac{5}{4}$.

20. 先证明下面的不等式:对任意的实数 $v$,

$$\sum_{0 \leq i < j \leq 4} (v_i - v_j)^2 \leq 5 \sum_{i=0}^{4} (v_i - v)^2 \qquad ①$$

成立. 事实上,

$$\sum_{0 \leq i < j \leq 4} (v_i - v_j)^2 = \sum_{0 \leq i < j \leq 4} [(v_i - v) + (v - v_j)]^2 =$$
$$5 \sum_{i=0}^{4} (v_i - v)^2 - \left[\sum_{i=0}^{4} (v_i - v)\right]^2 \leq$$
$$5 \sum_{i=0}^{4} (v_i - v)^2$$

显然可取 $v_i$ 使得条件(1)成立且 $-1 < v_i < 1$. 我们可以得到所有的数 $v_i$ 位于长度为 $\frac{4}{5}$ 的区间上. 事实上,我们先取其中的所有正数,然后如区间长度大于 $\frac{4}{5}$,则用最大的 $v_i$ 减去1,并且条件(1)仍然成立,这样的 $v_i$ 便位于指定的区间,所有存在 $k$ 和 $l$, $0 \leq k < l \leq 4$,使得 $|v_k - v_l| \leq \frac{1}{5}$. 令 $v = \frac{v_k + v_l}{2}$,我们得到 $|v_k - v| \leq \frac{1}{10}$ 和 $|v_l - v| \leq \frac{1}{10}$. 然后将其它的 $v_i$ 加1或减1,可得到 $|v_i - v| \leq$

$\frac{1}{2}$,总可做到,因为 $v$ 在 $v_k, v_l$ 之间,从而在 $\frac{4}{5}$ 的长度区间上. 由式 ① 得

$$\sum_{0 \le i < j \le 4} (v_i - v_j)^2 \le 5 \sum_{i=0}^{4} (v_i - v)^2 \le 5[2 \cdot (\frac{1}{10})^2 + 3 \cdot (\frac{1}{2})^2] =$$

$$\frac{1}{10} + \frac{15}{4} < 4$$

21. (1) 由 $a+b+c+d+e+f = 10$, $(a-1)^2 + (b-1)^2 + (c-1)^2 + (d-1)^2 + (e-1)^2 + (f-1)^2 = 6$,得

$$a^2 + b^2 + c^2 + d^2 + e^2 + f^2 = 20$$
$$a + b + c + d + e + f = 10$$

由柯西不等式得

$$5(a^2 + b^2 + c^2 + d^2 + e^2) \ge (a+b+c+d+e)^2$$

即 $5(20 - f^2) \ge (10 - f)^2$,解得 $0 \le f \le \frac{10}{3}$. 即 $f$ 的最大值是 $\frac{10}{3}$.

(2) 设 $x = \sin a, y = \sin b, z = \sin c, u = \sin d$,则 $x+y+z+u = 1, x^2 + y^2 + z^2 + u^2 \le \frac{1}{3}$,由柯西不等式得 $3(\frac{1}{3} - u^2) \ge 3(x^2 + y^2 + z^2) \ge (x+y+z)^2 = (1-u)^2$,即 $3(\frac{1}{3} - u^2) \ge (1-u)^2$,解得 $0 \le u \le \frac{1}{2}$,因为 $a,b,c,d \in [-\frac{\pi}{2}, \frac{\pi}{2}]$,所以 $0 \le a,b,c,d \le \frac{\pi}{6}$.

22. 由均值不等式得

$$\sqrt[6]{a_i(1-a_{i+1})} = 2^{\frac{4}{6}} \sqrt[6]{a_i(1-a_{i+1}) \cdot \frac{1}{2} \cdot \frac{1}{2} \cdot \frac{1}{2} \cdot \frac{1}{2}} \le$$

$$2^{\frac{2}{3}} \cdot \frac{1}{6}(a_i + (1-a_{i+1}) + \frac{1}{2} + \frac{1}{2} + \frac{1}{2} + \frac{1}{2}) =$$

$$2^{\frac{2}{3}} \cdot \frac{1}{6}(a_i - a_{i+1} + 3)$$

所以,

$$\sum_{i=1}^{n} \sqrt[6]{a_i(1-a_{i+1})} \le 2^{\frac{2}{3}} \cdot \frac{1}{6} \sum_{i=1}^{n} (a_i - a_{i+1} + 3) =$$

$$2^{\frac{2}{3}} \cdot \frac{1}{6} \cdot 3n = \frac{n}{\sqrt[3]{2}}$$

等号成立当且仅当 $a_1 = a_2 = \cdots = a_n = \frac{1}{2}$,故 $y$ 的最大值是 $\frac{n}{\sqrt[3]{2}}$.

23. 由于 $\sum_{i=1}^{n} \sin^2 x_i = a$,所以 $\sum_{i=1}^{n} \cos 2x_i = \sum_{i=1}^{n} (1 - 2\sin^2 x_i) = n - 2a$,考虑平

面上 $n$ 个单位向量 $(\cos 2x_i, \sin 2x_i), i=1,2,\cdots,n$. 由柯西不等式得它们的和的长度不超过 $n$，即

$$\left(\sum_{i=1}^n \cos 2x_i\right)^2 + \left(\sum_{i=1}^n \sin 2x_i\right)^2 \leqslant n\left(\sum_{i=1}^n \cos^2 x_i\right) + n\left(\sum_{i=1}^n \sin^2 x_i\right) =$$

$$n\sum_{i=1}^n (\cos^2 x_i + \sin^2 x_i) = n$$

于是，

$$\left|\sum_{i=1}^n \sin 2x_i\right| \leqslant \sqrt{n^2 - (n-2a)^2} = 2\sqrt{a(n-a)}$$

另一方面，若取

$$x_1 = x_2 = \cdots = x_n = \arcsin\sqrt{\frac{a}{n}}$$

则

$$\sum_{i=1}^n \sin^2 x_i = n\left(\sqrt{\frac{a}{n}}\right)^2 = a$$

$$\left|\sum_{i=1}^n \sin 2x_i\right| = \sum_{i=1}^n 2\left(\frac{\sqrt{a(n-a)}}{n}\right) = 2\sqrt{a(n-a)}$$

所以，$\left|\sum_{i=1}^n \sin 2x_i\right|$ 的最大值是 $2\sqrt{a(n-a)}$。

24. 由 $a+b+c=1$ 得

$$\sqrt{\frac{ab}{ab+c}} + \sqrt{\frac{bc}{bc+a}} + \sqrt{\frac{ca}{ca+b}} = \sqrt{\frac{ab}{(a+c)(b+c)}} + \sqrt{\frac{bc}{(a+b)(a+c)}} +$$

$$\sqrt{\frac{ca}{(a+b)(b+c)}}$$

可以证明

$$\sqrt{\frac{ab}{(a+c)(b+c)}} > \frac{ab}{ab+bc+ca} \qquad ①$$

式 ① $\Leftrightarrow (ab+bc+ca)^2 > ab(a+c)(b+c) = (a^2+ac)(b^2+bc) \Leftrightarrow$
$b^2c^2 + c^2a^2 + abc(a+b+c) > 0$

同理

$$\sqrt{\frac{bc}{(a+b)(a+c)}} > \frac{bc}{ab+bc+ca}$$

$$\sqrt{\frac{ca}{(a+b)(b+c)}} > \frac{ca}{ab+bc+ca}$$

相加得

$$\sqrt{\frac{ab}{ab+c}} + \sqrt{\frac{bc}{bc+a}} + \sqrt{\frac{ca}{ca+b}} > 1$$

由二元均值不等式得
$$\sqrt{\frac{ab}{(c+a)(b+c)}} = \sqrt{\frac{a}{c+a}}\sqrt{\frac{b}{b+c}} \leq \frac{1}{2}\left(\frac{a}{c+a} + \frac{b}{b+c}\right)$$

同理
$$\sqrt{\frac{bc}{(a+b)(c+a)}} \leq \frac{1}{2}\left(\frac{b}{a+b} + \frac{c}{c+a}\right)$$
$$\sqrt{\frac{ca}{(b+c)(a+b)}} \leq \frac{1}{2}\left(\frac{c}{b+c} + \frac{a}{a+b}\right)$$

这三个不等式相加得 $\sqrt{\frac{ab}{ab+c}} + \sqrt{\frac{bc}{bc+a}} + \sqrt{\frac{ca}{ca+b}} \leq \frac{3}{2}$. 等号成立的条件显然是 $a = b = c$.

而当 $c \to 0$ 时
$$\sqrt{\frac{ab}{ab+c}} + \sqrt{\frac{bc}{bc+a}} + \sqrt{\frac{ca}{ca+b}} \to 0$$

所以 $\sqrt{\frac{ab}{ab+c}} + \sqrt{\frac{bc}{bc+a}} + \sqrt{\frac{ca}{ca+b}}$ 的取值范围是 $(0, \frac{3}{2}]$.

25. (1) 由 $d$ 的定义知 $d \leq (a-b)^2, d \leq (b-c)^2, d \leq (c-a)^2$, 将这三个不等式相加得
$$3d \leq (a-b)^2 + (b-c)^2 + (c-a)^2 =$$
$$2(a^2 + b^2 + c^2) - 2(ab + bc + ca) <$$
$$2(a^2 + b^2 + c^2)$$

即 $d \leq \frac{2}{3}(a^2 + b^2 + c^2)$, 故可取 $\lambda = \frac{2}{3}$.

(2) 不妨设 $a \geq b \geq c$. 若 $b \leq \frac{a+c}{2}$, 则 $a \geq 2b - c$, 且 $d = (b-c)^2$. 因此,
$$5d - (a^2 + b^2 + c^2) = 5(b-c)^2 - (a^2 + b^2 + c^2) \leq$$
$$5(b-c)^2 - (2b-c)^2 - b^2 - c^2 =$$
$$-6bc + 3c^2 \leq 0$$

即 $\lambda \leq \frac{1}{5}$.

若 $b > \frac{a+c}{2}$, 则 $a \leq 2b$, 且 $d = (a-b)^2$. 因此,
$$5d - (a^2 + b^2 + c^2) = 5(a-b)^2 - (a^2 + b^2 + c^2) =$$
$$4a^2 - 10ab + 4b^2 - c^2 =$$
$$2(a-2b)(2a-b) - c^2 \leq 0$$

即 $\lambda \leq \frac{1}{5}$.

为了证明 $\lambda \geqslant \dfrac{1}{5}$,我们取 $b = \dfrac{a+c}{2}$,则 $d = \left(\dfrac{a-c}{2}\right)^2$,此时有

$$a^2 + b^2 + c^2 = a^2 + c^2 + \left(\dfrac{a+c}{2}\right)^2 = (a-c)^2 + \left(\dfrac{a-c}{2}\right)^2 + 3ac =$$
$$5d^2 + 3ac$$

由此可见,对于任意正数 $\lambda < \dfrac{1}{5}$,有

$$d = \dfrac{1}{5}(a^2 + b^2 + c^2) - \dfrac{3}{5}ac =$$
$$\lambda(a^2 + b^2 + c^2) + \left(\dfrac{1}{5} - \lambda\right)(a^2 + b^2 + c^2) - \dfrac{3}{5}ac >$$
$$\lambda(a^2 + b^2 + c^2) + \left(\dfrac{1}{5} - \lambda\right)a^2 - ac$$

故只要 $c < \left(\dfrac{1}{5} - \lambda\right)a$,上式右边就大于 $\lambda(a^2 + b^2 + c^2)$,因此,必有 $\lambda \geqslant \dfrac{1}{5}$.

综上所述,可知满足不等式 ① 最小正数 $\lambda$ 为 $\dfrac{1}{5}$.

26. 由均值不等式得到

$$2\sin^2 x_i + \dfrac{1}{\sin^2 x_i} = 2\sin^2 x_i + \dfrac{1}{2\sin^2 x_i} + \dfrac{1}{2\sin^2 x_i} \geqslant 3\sqrt[3]{\dfrac{1}{2\sin^2 x_i}}$$

所以

$$\prod_{i=1}^{4}\left(2\sin^2 x_i + \dfrac{1}{\sin^2 x_i}\right) \geqslant 81(4\sin x_1 \sin x_2 \sin x_3 \sin x_4)^{-\frac{2}{3}}$$

由函数 $f(x) = \ln\sin x$ 在 $(0, \pi)$ 上的凹性可知

$$\sin x_1 \sin x_2 \sin x_3 \sin x_4 \leqslant \sin^4 \dfrac{x_1 + x_2 + x_3 + x_4}{4} = \dfrac{1}{4}$$

从而

$$\prod_{i=1}^{4}\left(2\sin^2 x_i + \dfrac{1}{\sin^2 x_i}\right) \geqslant 81$$

又当 $x_1 = x_2 = x_3 = x_4 = \dfrac{\pi}{4}$ 时,$\prod_{i=1}^{4}\left(2\sin^2 x_i + \dfrac{1}{\sin^2 x_i}\right) = 81$,于是所求的最小值是 81.

27. (1) 先证明:当 $x_i(i = 1, 2, \cdots, n-1)$ 取定时,$x_n = p$(或 $q$),$F(x_1, x_2, \cdots, x_n)$ 最大.

事实上,令 $u = x_1 + x_2 + \cdots + x_{n-1}$,$v = \dfrac{1}{x_1} + \dfrac{1}{x_2} + \cdots + \dfrac{1}{x_{n-1}}$,

因为 $0 < p \leqslant x_i \leqslant q(i = 1, 2, \cdots, n)$,所以 $p^2 \leqslant \dfrac{u}{v} \leqslant q^2$,所以 $p \leqslant \sqrt{\dfrac{u}{v}} \leqslant q$.

此时, $F(x_1, x_2, \cdots, x_n) = (u + x_n)(v + \dfrac{1}{x_n}) = (1 + uv) + (\dfrac{u}{x_n} + vx_n)$,

易知 $f(x_n) = \dfrac{u}{x_n} + vx_n$ 在区间 $[p, \sqrt{\dfrac{u}{v}}]$ 上是单调递减的,在 $[\sqrt{\dfrac{u}{v}}, q]$ 上是单调递增的,所以 $F(x_1, x_2, \cdots, x_{n-1}, p)$ 或 $F(x_1, x_2, \cdots, x_{n-1}, q)$ 最大.

(2) 由(1),仅当诸 $x_n$ 取端点值 $p$ 或 $q$ 时, $F(x_1, x_2, \cdots, x_n)$ 最大.

令 $x_1, x_2, \cdots, x_n$ 中 $k$ 个取 $p$, 则 $n - k$ 个取 $q$,

所以 $F(x_1, x_2, \cdots, x_n) = [kp + (n-k)q] \cdot [\dfrac{k}{p} + (n-k)\dfrac{1}{q}] = k(n-k)(\sqrt{\dfrac{p}{q}}\sqrt{\dfrac{q}{p}})^2 + n^2$.

由此可得:

当 $n$ 为偶数时, $k = \dfrac{n}{2}$, $F(x_1, x_2, \cdots, x_n)$ 最大, $F(x_1, x_2, \cdots, x_n) = \dfrac{n^2}{4}(\sqrt{\dfrac{p}{q}} - \sqrt{\dfrac{q}{p}})^2 + n^2$.

当 $n$ 为奇数时, $k = \dfrac{n \pm 1}{2}$, $F(x_1, x_2, \cdots, x_n)$ 最大, $F(x_1, x_2, \cdots, x_n) = \dfrac{n^2 - 1}{4}(\sqrt{\dfrac{p}{q}} - \sqrt{\dfrac{q}{p}})^2 + n^2$.

当 $n = 5$ 时, $(\alpha + \beta + \gamma + \delta + \varepsilon)(\dfrac{1}{\alpha} + \dfrac{1}{\beta} + \dfrac{1}{\gamma} + \dfrac{1}{\delta} + \dfrac{1}{\varepsilon}) \leqslant 25 + 6(\sqrt{\dfrac{p}{q}} - \sqrt{\dfrac{q}{p}})^2$, 由上述证明过程知,题中的不等式当且仅当 $\alpha, \beta, \gamma, \delta, \varepsilon$ 中有两个与区间 $[p, q]$ 的一个端点相同,而其他三个与区间 $[p, q]$ 的另一个端点相同.

28. 记 $S = \sum_{i=1}^{6} a_i b_i c_i$. 由均值不等式,得

$$S \geqslant 6\sqrt[6]{\prod_{i=1}^{6} a_i b_i c_i} = 6\sqrt[6]{\prod_{i=1}^{6}(6!)^3} = 6\sqrt{6!} = 72\sqrt{5} > 160$$

下面证明 $S > 161$.

因为 $a_1 b_1 c_1, a_2 b_2 c_2, a_3 b_3 c_3, a_4 b_4 c_4, a_5 b_5 c_5, a_6 b_6 c_6$ 这 6 个数的几何平均数为 $12\sqrt{5}$, 而 $26 < 12\sqrt{5} < 27$, 则 $a_1 b_1 c_1, a_2 b_2 c_2, a_3 b_3 c_3, a_4 b_4 c_4, a_5 b_5 c_5, a_6 b_6 c_6$ 中必有一个数不小于 27, 也必有一个数不大于 26, 而 26 不是 1, 2, 3, 4, 5, 6 中某 3 个数(可以重复)的积,所以,必有一个数不大于 25. 不妨设 $a_1 b_1 c_1 = 27, a_2 b_2 c_2 = 25$. 于是有

$$S = (\sqrt{a_1b_1c_1} - \sqrt{a_2b_2c_2})^2 + 2\sqrt{a_1b_1c_1a_2b_2c_2} +$$
$$(a_3b_3c_3 + a_4b_4c_4) + (a_5b_5c_5 + a_6b_6c_6) \geq$$
$$(\sqrt{27} - \sqrt{25})^2 + 2\sqrt{a_1b_1c_1a_2b_2c_2} +$$
$$2\sqrt{a_3b_3c_3a_4b_4c_4} + 2\sqrt{a_5b_5c_5a_6b_6c_6} \geq$$
$$(3\sqrt{3} - 5)^2 + 2 \times 3\sqrt[6]{\prod_{i=1}^{6} a_ib_ic_i} =$$
$$(3\sqrt{3} - 5)^2 + 72\sqrt{5} > 161.$$

所以,$S \geq 162$.

又当 $a_1, a_2, \cdots, a_6; b_1, b_2, \cdots, b_6; c_1, c_2, \cdots, c_6$ 分别为 $1,2,3,4,5,6;5,4,3,6,1,2;5,4,3,1,6,2$ 时,有

$$S = 1 \times 5 \times 5 + 2 \times 4 \times 4 + 3 \times 3 \times 3 + 4 \times$$
$$6 \times 1 + 5 \times 1 \times 6 + 6 \times 2 \times 2 = 162.$$

故 $S$ 的最小值为 162.

**29. 解法一** 首先指出, $k$ 的最大可能值是 16.

先考虑

$$(u^2 - 4vw)^2 - 16(2v^2 - uw)(2w^2 - uv) =$$
$$u^4 - 8u^2vw + 16v^2w^2 - 64v^2w^2 +$$
$$32v^3u + 32w^3u - 16u^2vw =$$
$$u^4 - 24u^2vw + 32(v^3 + w^3)u - 48v^2w^2.$$

令 $x = u - 2\sqrt{vw}$, 则上述关系式变为

$$(x + 2\sqrt{vw})^4 - 24vw(x + 2\sqrt{vw})^2 +$$
$$32(v^3 + w^3)(x + 2\sqrt{vw}) - 48v^2w^2 =$$
$$x^4 + 8\sqrt{vw}x^3 + 32(v^3 - 2v^{\frac{3}{2}}w^{\frac{3}{2}} + w^3)x +$$
$$64\sqrt{vw}(v^3 - 2v^{\frac{3}{2}}w^{\frac{3}{2}} + w^3) =$$
$$x^4 + 8\sqrt{vw}x^3 + 32(v^{\frac{3}{2}} - w^{\frac{3}{2}})^2 +$$
$$64\sqrt{vw}(v^{\frac{3}{2}} - w^{\frac{3}{2}})^2 > 0.$$

另一方面,如果 $k > 16$, 取 $v = w = 1, u = 2 + \varepsilon, 0 < \varepsilon < 1$, 且 $k - 16 > 9\varepsilon$, 则

$$(u^2 - 4vw)^2 = (4\varepsilon + \varepsilon^2)^2 = \varepsilon^2(4 + \varepsilon)^2 =$$
$$\varepsilon^2(16 + 8\varepsilon + \varepsilon^2) <$$
$$\varepsilon^2(16 + 9\varepsilon) < k\varepsilon^2 =$$
$$k(-\varepsilon)(-\varepsilon) =$$
$$k(2v^2 - uw)(2w^2 - uv).$$

因此，16 是满足条件的最大值．

**注**：或许必须先确定 $k$ 的最大可能值．思路是，要使 $u^2 - 4vw$ 尽量小，仍取 $v = w = 1, u = 2 + \varepsilon$，则
$$(u^2 - 4vw)^2 > k(2v^2 - uw)(2w^2 - uv).$$

代入、化简可得 $\varepsilon^2(4+\varepsilon)^2 > k\varepsilon^2$，即 $16 + 8\varepsilon + \varepsilon^2 > k$．固定 $k$，把 $\varepsilon$ 看成变量，$\varepsilon$ 可以任意小，便可看出 $k$ 的最大可能值一定是 16．

**解法二** 考虑 $(2v^2 - uw)(2w^2 - uv) > 0$ 的情形．这时，$(u^2 - 4vw)^2 > k(2v^2 - uw)(2w^2 - uv)$ 等价于
$$\frac{(u - 2\sqrt{vw})^2(u + 2\sqrt{vw})^2}{(u - \frac{2v^2}{w})(u - \frac{2w^2}{v})} > kvw$$

于是有
$$(u - 2\sqrt{vw})^2 = u^2 + 4vw - 4u\sqrt{vw} =$$
$$u^2 + 4vw - 2u\left(2\sqrt{\frac{v^2}{w} \cdot \frac{v^2}{w}}\right) \geqslant$$
$$u^2 + 4vw - 2u\left(\frac{v^2}{w} + \frac{v^2}{w}\right) =$$
$$\left(u - \frac{2v^2}{w}\right)\left(u - \frac{2w^2}{v}\right)$$

故
$$\frac{(u - 2\sqrt{vw})^2(u + 2\sqrt{vw})^2}{(u - \frac{2v^2}{w})(u - \frac{2w^2}{v})} \geqslant (u + 2\sqrt{vw})^2 >$$
$$(\sqrt{4vw} + 2\sqrt{vw})^2 = 16vw$$

因此，$k$ 可以取到 16．关于 $k$ 不能超过 16 的证明同解法一．

30.
$f(x,y,z) = \sin^2(x - y) + \sin^2(y - z) + \sin^2(z - x) =$
$\frac{1}{2}[1 - \cos 2(x-y) + 1 - \cos 2(y-z) + 1 - \cos 2(z-x)] =$
$\frac{3}{2} - \frac{1}{2}[(\cos 2x \cos 2y + \sin 2x \sin 2y) +$
$(\cos 2y \cos 2z + \sin 2y \sin 2z) +$
$(\cos 2z \cos 2x + \sin 2z \sin 2x)] =$
$\frac{3}{2} - \frac{1}{4}[(\cos 2x + \cos 2y + \cos 2z)^2 + (\sin 2x + \sin 2y + \sin 2z)^2 - 3] =$
$\frac{9}{4} - \frac{1}{4}[(\cos 2x + \cos 2y + \cos 2z)^2 + (\sin 2x + \sin 2y + \sin 2z)^2] \leqslant \frac{9}{4}$

当 $\cos 2x + \cos 2y + \cos 2z = \sin 2x + \sin 2y + \sin 2z = 0$ 时 $f(x,y,z)$ 取最大值 $\dfrac{9}{4}$. 如当 $x = 0, y = \dfrac{\pi}{3}, z = \dfrac{2\pi}{3}$ 时 $f(x,y,z)$ 取最大值 $\dfrac{9}{4}$.

31. 根据柯西不等式得 $(a^3 + b^3 + c^3)^2 \leqslant 3(a^6 + b^6 + c^6)$，及由柯西不等式变形 $\sum\limits_{k=1}^{n} \dfrac{a_k^2}{b_k} \geqslant \dfrac{(\sum\limits_{k=1}^{n} a_k)^2}{\sum\limits_{k=1}^{n} b_k}$ 有

$$I \geqslant \dfrac{9}{2a^3 x + b^3 y^2 + 2b^3 x + c^3 y^2 + 2c^3 x + a^3 y^2} =$$

$$\dfrac{9}{2x(a^3 + b^3 + c^3) + y^2(a^3 + b^3 + c^3)} \geqslant$$

$$\dfrac{9}{6x + 3y^2} = \dfrac{3}{2x + y^2} \geqslant \dfrac{3}{2x + 2 - (x+1)^2} =$$

$$\dfrac{3}{1 - x^2} \geqslant 3$$

上式取等号当且仅当 $a = b = 1, x = 0, y = 1$.

32. 令 $x = \tan\dfrac{\alpha}{2}, y = \tan\dfrac{\beta}{2}, x, y \in (0,1)$，则 $\cot\alpha + \cot\beta = \dfrac{1-x^2}{2x} + \dfrac{1-y^2}{2y}$

$= \dfrac{(x+y)(1-xy)}{2xy}$，所以，$A = \dfrac{2xy(1-\sqrt{xy})^2}{(x+y)(1-xy)} = \dfrac{2xy(1-\sqrt{xy})}{(x+y)(1+\sqrt{xy})} \leqslant$

$\dfrac{2xy(1-\sqrt{xy})}{2\sqrt{xy}(1+\sqrt{xy})} = \dfrac{\sqrt{xy}(1-\sqrt{xy})}{1+\sqrt{xy}}$.

再令 $t = \sqrt{xy}, t \in (0,1)$，则 $A = \dfrac{t(1-t)}{1+t} = \dfrac{-(1+t)^2 + 3(1+t) - 2}{1+t} =$

$3 - (1 + t + \dfrac{2}{1+t}) \leqslant 3 - 2\sqrt{2}$.

当且仅当 $t = \sqrt{2} - 1$，即 $\tan\dfrac{\alpha}{2} = \tan\dfrac{\beta}{2} = \sqrt{2} - 1$ 时，上式等号成立. 故 $A_{\max} = 3 - 2\sqrt{2}$.

33. 由 $a_1 + a_2 + \cdots + a_n = 2$ 知，问题等价于求下式的最大值：

$$a_1 - \dfrac{a_1}{a_2^2 + 1} + a_2 - \dfrac{a_2}{a_3^2 + 1} + \cdots + a_n - \dfrac{a_n}{a_1^2 + 1} =$$

$$\dfrac{a_1 a_2^2}{a_2^2 + 1} + \dfrac{a_2 a_3^2}{a_3^2 + 1} + \cdots + \dfrac{a_n a_1^2}{a_1^2 + 1} \leqslant$$

$$\dfrac{1}{2}(a_1 a_2 + a_2 a_3 + \cdots + a_n a_1)$$

上式最后一步的不等式成立是因为 $x^2 + 1 \geq 2x$. 当 $x > 0, y \geq 0$ 时 $\dfrac{1}{2x} \geq \dfrac{1}{x^2+1}$, $\dfrac{yx^2}{2x} \geq \dfrac{yx^2}{x^2+1}$, 即 $\dfrac{yx^2}{x^2+1} \leq \dfrac{xy}{2}$; 当 $x = 0$ 时, 上式也成立.

引理: 若 $a_1, a_2, \cdots, a_n \geq 0, n \geq 4$, 则 $4(a_1a_2 + a_2a_3 + \cdots + a_na_1) \leq (a_1 + a_2 + \cdots + a_n)^2$.

设 $f(a_1, a_2, \cdots, a_n) = 4(a_1a_2 + a_2a_3 + \cdots + a_na_1) - (a_1 + a_2 + \cdots + a_n)^2$.

下面用数学归纳法证明
$$f(a_1, a_2, \cdots, a_n) \leq 0 \qquad ①$$

当 $n = 4$ 时, 不等式 ① 等价于 $4(a_1 + a_3)(a_2 + a_4) \leq (a_1 + a_2 + a_3 + a_4)^2$. 由均值不等式知不等式成立.

假设不等式 ① 对 $n = k(k \geq 4)$ 成立. 对于 $n = k + 1$, 不妨设 $a_k = \min\{a_1, a_2, \cdots, a_k, a_{k+1}\}$, 则
$$f(a_1, a_2, \cdots, a_k, a_{k+1}) - f(a_1, a_2, \cdots, a_{k-1}, a_k + a_{k+1}) =$$
$$4[a_{k-1}a_k + a_ka_{k+1} + a_1a_{k+1} - a_{k-1}(a_k + a_{k+1}) - (a_k + a_{k+1})a_1] =$$
$$-4[(a_{k-1} - a_k)a_{k+1} + a_1a_k] \leq 0$$
即
$$f(a_1, a_2, \cdots, a_k, a_{k+1}) \leq f(a_1, a_2, \cdots, a_{k-1}, a_k + a_{k+1})$$

由归纳假设知, 上式右边 $\leq 0$. 即当 $n = k + 1$ 时 ① 成立. 引理证毕.

由引理知:
$$\dfrac{1}{2}(a_1a_2 + a_2a_3 + \cdots + a_na_1) \leq$$
$$\dfrac{1}{8}(a_1 + a_2 + \cdots + a_n)^2 =$$
$$\dfrac{1}{8} \times 2^2 = \dfrac{1}{2}$$

所以,
$$\dfrac{a_1a_2^2}{a_2^2 + 1} + \dfrac{a_2a_3^2}{a_3^2 + 1} + \cdots + \dfrac{a_na_1^2}{a_1^2 + 1} \leq \dfrac{1}{2}$$
即
$$\dfrac{a_1}{a_2^2 + 1} + \dfrac{a_2}{a_3^2 + 1} + \cdots + \dfrac{a_n}{a_1^2 + 1} \geq \dfrac{3}{2}$$

当 $a_1 = a_2 = 1, a_3 = \cdots = a_n = 0$ 时, 上式可取等号. 故所求最小值为 $\dfrac{3}{2}$.

34. 考虑到方程 $x^3 - ax^2 + bx - c = 0$ 有三个相等正数根 $p, q, r$ 时, $\dfrac{1 + a + b + c}{3 + 2a + b} - \dfrac{c}{b} = \dfrac{1}{3}$, 只要证明 $\dfrac{1 + a + b + c}{3 + 2a + b} - \dfrac{c}{b} \geq \dfrac{1}{3}$. 等价于证明 $ab +$

$2b^2 \geq 9c + 6ac$.

则由韦达定理得 $a = p + q + r, b = pq + qr + rp, c = pqr$,由均值不等式得 $(p+q+r)(pq+qr+rp) \geq 9pqr$,即 $ab \geq 9c$. 又由均值不等式得 $(pq+qr+rp)^2 \geq 3pqr(p+q+r)$. 即 $b^2 \geq 3ac$. 所以不等式成立.

35. (1) 让 $a_1 = \varepsilon^{n-1}, a_k = \dfrac{1}{\varepsilon}(k = 2,3,\cdots,n)$,令 $\varepsilon \to 0$,我们容易得到 $c_n \leq 1$.

于是,只要证明 $\dfrac{1}{1+a_1} + \dfrac{1}{1+a_2} + \cdots + \dfrac{1}{1+a_n} \geq 1$.

不失一般性,我们设 $a_1 \leq a_2 \leq \cdots \leq a_n$,因为 $a_1 a_2 \leq 1$,我们有

$$\dfrac{1}{1+a_1} + \dfrac{1}{1+a_2} + \cdots + \dfrac{1}{1+a_n} \geq \dfrac{1}{1+a_1} + \dfrac{1}{1+a_2} =$$

$$\dfrac{1}{1+a_1} + \dfrac{a_1}{a_1+a_1 a_2} \geq \dfrac{1}{1+a_1} + \dfrac{a_1}{a_1+1} = 1$$

(2) 当 $n = 2$ 时,我们容易得到 $d_2 = \dfrac{2}{3}$. 事实上,设 $a_1 = a, a_2 = \dfrac{1}{a}$,要证明

$$\dfrac{1}{1+2a_1} + \dfrac{1}{1+2a_2} \geq \dfrac{2}{3}.$$

它等价于 $\dfrac{1}{1+2a} + \dfrac{a}{a+2} \geq \dfrac{2}{3} \Leftrightarrow 3(a+2) + 3a(1+2a) \geq 2(1+2a)(a+2) \Leftrightarrow (a-1)^2 \geq 0$.

当 $n \geq 3$ 时,类似于(1),我们将证明 $d_n = 1$.

不失一般性,我们设 $a_1 \leq a_2 \leq \cdots \leq a_n$,因为 $a_3 \leq 1$,我们令

$$x = \sqrt[9]{\dfrac{a_2 a_3}{a_1^2}}, y = \sqrt[9]{\dfrac{a_1 a_3}{a_2^2}}, z = \sqrt[9]{\dfrac{a_1 a_2}{a_3^2}}$$

则 $a_1 \leq \dfrac{1}{x^3}, a_2 \leq \dfrac{1}{y^3}, a_3 \leq \dfrac{1}{z^3}, xyz = 1$. 所以,

$$\dfrac{1}{1+2a_1} + \dfrac{1}{1+2a_2} + \cdots + \dfrac{1}{1+2a_n} \geq \dfrac{1}{1+2a_1} + \dfrac{1}{1+2a_2} + \dfrac{1}{1+2a_3} =$$

$$\dfrac{x^3}{x^3+2} + \dfrac{y^3}{y^3+2} + \dfrac{z^3}{z^3+2} = \dfrac{x^2}{x^2+2yz} + \dfrac{y^2}{y^2+2zx} + \dfrac{z^2}{z^2+2xy} \geq$$

$$\dfrac{x^2}{x^2+y^2+z^2} + \dfrac{y^2}{x^2+y^2+z^2} + \dfrac{z^2}{x^2+y^2+z^2} = 1$$

36. (1) 由均值不等式得 $\dfrac{x^2+y^2+z^2}{xy+yz} = \dfrac{x^2+\frac{1}{2}y^2+\frac{1}{2}y^2+z^2}{xy+yz} \geq$

$\dfrac{\sqrt{2}xy + \sqrt{2}yz}{xy+yz} = \sqrt{2}$.

(2) $\dfrac{x^2+y^2+2z^2}{xy+yz} = \dfrac{x^2+\dfrac{2}{3}y^2+\dfrac{1}{3}y^2+2z^2}{xy+yz} \geq \dfrac{\sqrt{\dfrac{8}{3}}xy+\sqrt{\dfrac{8}{3}}yz}{xy+yz} = \dfrac{2\sqrt{6}}{3}.$

**37. 解法一** 首先取 $a=b=2, c=0$,显然适合条件 $a+b+c=ab+bc+ca$,解得 $k \leq 1$.

下面证明最大的实数 $k=1$.

$$(a+b+c)\left(\dfrac{1}{a+b}+\dfrac{1}{b+c}+\dfrac{1}{c+a}-1\right) \geq 1 \Leftrightarrow$$

$$\dfrac{ab+bc+ca}{a+b}+\dfrac{ab+bc+ca}{b+c}+\dfrac{ab+bc+ca}{c+a} \geq$$

$$1+a+b+c \Leftrightarrow \dfrac{ab}{a+b}+\dfrac{bc}{b+c}+\dfrac{ca}{c+a} \geq 1$$

因为 $a,b,c \geq 0$, 所以 $\dfrac{ab}{a+b} \geq \dfrac{ab}{a+b+c}, \dfrac{bc}{b+c} \geq \dfrac{bc}{a+b+c}, \dfrac{ca}{c+a} \geq \dfrac{bc}{a+b+c}$, 将三个不等式相加即得.

**解法二** 设 $S=\dfrac{a+b+c}{a+b+c+1}\left(\dfrac{1}{a+b}+\dfrac{1}{b+c}+\dfrac{1}{c+a}\right)$.

因为 $\dfrac{1}{a+b}+\dfrac{1}{b+c}+\dfrac{1}{c+a} = \dfrac{a^2+b^2+c^2+3(ab+bc+ca)}{(a+b)(b+c)(c+a)} = \dfrac{a^2+b^2+c^2+2(ab+bc+ca)+(a+b+c)}{(a+b)(b+c)(c+a)} = \dfrac{(a+b+c)(a+b+c+1)}{(a+b+c)^2-abc},$

因此, $S=\dfrac{(a+b+c)^2}{(a+b+c)^2-abc}$, 显然 $S \geq 1$, 当且仅当 $abc=0$ 时等号成立. 于是, 最大的实数 $k=1$.

**38.** 由于 $\sqrt{\dfrac{1-x}{yz}}+\sqrt{\dfrac{1-y}{zx}}+\sqrt{\dfrac{1-z}{xy}}=2$, 所以由均值不等式得

$$2\sqrt{xyz} = \sqrt{x(1-x)}+\sqrt{y(1-y)}+\sqrt{z(1-z)} =$$

$$\dfrac{1}{\sqrt{3}}\left[\sqrt{x(3-3x)}+\sqrt{y(3-3y)}+\sqrt{z(3-3z)}\right] \leq$$

$$\dfrac{1}{\sqrt{3}}\left[\dfrac{x+(3-3x)}{2}+\dfrac{y+(3-3y)}{2}+\dfrac{z+(3-3z)}{2}\right] =$$

$$\dfrac{3\sqrt{3}}{2}-\dfrac{1}{\sqrt{3}}(x+y+z) \leq \dfrac{3\sqrt{3}}{2}-\sqrt{3}\cdot\sqrt[3]{xyz}$$

记 $\sqrt[6]{xyz}=p$, 则 $2p^3 \leq \dfrac{3\sqrt{3}}{2}-\sqrt{3}p^2 \Leftrightarrow 4p^3+2\sqrt{3}p^2-3\sqrt{3} \leq 0 \Leftrightarrow (2p-\sqrt{3})$

$(2p^2+2\sqrt{3}p+3) \leq 0 \Leftrightarrow 2p-\sqrt{3} \leq 0$,所以 $p \leq \frac{\sqrt{3}}{2}$,即 $xyz \leq \frac{27}{64}$,当且仅当 $x = y = z = \frac{3}{4}$ 时等号成立.

39. 由于 $\sum_{i=1}^{2010} \frac{x_i^{2008}}{1-x_i^{2009}} = \sum_{i=1}^{2010} \frac{x_i^{2009}}{x_i(1-x_i^{2009})}$,令 $y_i = x_i(1-x_i^{2009})$,则对任意 $i = 1,2,\cdots,2001, y_i^{2009} = \frac{1}{2009}[2009 x_i^{2009}(1-x_i^{2009})^{2009}] \leq \frac{1}{2009}(\frac{2009 x_i^{2009}+2009(1-x_i^{2009})}{2010})^{2010} = \frac{1}{2009}(\frac{2009}{2010})^{2010}$.

即有
$$y_i \leq (\frac{1}{2009}(\frac{2009}{2010})^{2010})^{\frac{1}{2009}} = 2009(2010)^{-\frac{2010}{2009}}$$

从而
$$\frac{1}{y_i} \geq \frac{1}{2009}(2010)^{\frac{2010}{2009}} = \frac{2010}{2009} \cdot \sqrt[2009]{2010}$$

由于 $\sum_{i=1}^{2010} x_i^{2009} = 1$,所以

$$\sum_{i=1}^{2010} \frac{x_i^{2008}}{1-x_i^{2009}} = \sum_{i=1}^{2010} \frac{x_i^{2009}}{x_i(1-x_i^{2009})} \geq \frac{2010}{2009} \cdot \sqrt[2009]{2010} \sum_{i=1}^{2010} x_i^{2009} = \frac{2010}{2009} \cdot \sqrt[2009]{2010}$$

上式等号成立的充要条件是 $2009 x_i^{2009} = 1 - x_i^{2009}$,即 $x_i = \frac{1}{\sqrt[2009]{2010}}$,$i = 1,2,\cdots,2001$.

因此 $\min\{\sum_{i=1}^{2010} \frac{x_i^{2008}}{1-x_i^{2009}}\} = \frac{2010}{2009} \cdot \sqrt[2009]{2010}$

40. 首先,取 $x_i = \frac{1}{2}(i=1,2,\cdots,n)$,代入 $\sum_{i=1}^{n} x_i \geq C(n)(2x_i x_j + \sqrt{x_i x_j})$ 得 $\frac{n}{2} \geq C(n) C_n^2 (\frac{1}{2}+\frac{1}{2})$.

于是,$C(n) \leq \frac{1}{n-1}$. 下面证明:$C(n) = \frac{1}{n-1}$ 满足条件.

由 $(1-x_i)+(1-x_j) \geq 2\sqrt{(1-x_i)(1-x_j)} \geq 1 (1 \leq i < j \leq n)$,得 $x_i + x_j \leq 1$.

取和得 $(n-1)\sum_{k=1}^{n} x_k \leq C_n^2$,即 $\sum_{k=1}^{n} x_k \leq \frac{n}{2}$. 故

$$\frac{1}{n-1}\sum_{1\leq i<j\leq n}(2x_ix_j+\sqrt{x_ix_j})=\frac{1}{n-1}(2\sum_{1\leq i<j\leq n}x_ix_j+\sum_{1\leq i<j\leq n}\sqrt{x_ix_j})=$$

$$\frac{1}{n-1}\left[(\sum_{k=1}^{n}x_k)^2-\sum_{k=1}^{n}x_k^2+\sum_{1\leq i<j\leq n}\sqrt{x_ix_j}\right]\leq$$

$$\frac{1}{n-1}\left[(\sum_{k=1}^{n}x_k)^2-\sum_{k=1}^{n}x_k^2+\sum_{1\leq i<j\leq n}\frac{x_i x_j}{2}\right]\leq$$

$$\frac{1}{n-1}\left[(\sum_{k=1}^{n}x_k)^2-\frac{1}{n}(\sum_{k=1}^{n}x_k)^2+\sum_{1\leq i<j\leq n}\frac{x_i+x_j}{2}\right]=$$

$$\frac{1}{n-1}\left[\frac{n-1}{n}(\sum_{k=1}^{n}x_k)^2+\frac{n-1}{2}\sum_{k=1}^{n}x_k\right]=$$

$$\frac{1}{n}(\sum_{k=1}^{n}x_k)^2+\frac{1}{2}\sum_{k=1}^{n}x_k\leq \frac{1}{n}(\sum_{k=1}^{n}x_k)\cdot\frac{n}{2}+\frac{1}{2}\sum_{k=1}^{n}x_k=$$

$$\sum_{k=1}^{n}x_k$$

从而,原不等式成立.

因此,$C(n)$ 的最大值是 $\frac{1}{n-1}$.

41. 取 $x=y=\frac{\sqrt{2}}{2}$,代入原不等式得 $3\leq\frac{9}{4}c\Rightarrow c\geq\frac{4}{3}$. 下面证明 $c=\frac{4}{3}$ 满足条件.

只需证明: $1+(x+y)^2\leq\frac{4}{3}(1+x^2)(1+y^2)$. 化简整理得 $(2xy-1)^2+(x-y)^2\geq 0$. 这是显然的. 所以 $c_{\min}=\frac{4}{3}$.

42. 假设 $x=\min\{x,y,z\}$, $y=x+p$, $z=x+q(p,q\geq 0)$, 代入不等式
$$x^3+y^3+z^3+c(xy^2+yz^2+zx^2)\geq(c+1)(x^2y+y^2z+z^2x)\qquad ①$$
得
$$2(p^2-pq+q^2)x+p^3+q(q^2-p^2)+cpq(q-p)\geq$$
$$0(x,p,q\geq 0)$$

注意到,对所有 $p,q\geq 0$,均有 $p^2-pq+q^2\geq 0$. 因此对所有 $p,q\geq 0$,应有
$$p^3+q(q^2-p^2)+cpq(q-p)\geq 0 \qquad ②$$

(1) 当 $q\geq p$ 时, 式 ② 对所有的非负实数 $c$ 均成立.

(2) 当 $q<p$ 时, 有 $c\leq\frac{p^3+q(q^2-p^2)}{cpq(p-q)}$. 令 $u=\frac{p}{q}$, 有 $c\leq\frac{u^3-u^2+1}{u(u-1)}$.

设 $f(u)=\frac{u^3-u^2+1}{u(u-1)}(u>1)$. 则 $c$ 的上界为 $f(u)$ 的最小值.

通过求导运算可知 $\min\limits_{u>1} f(u) = f(\dfrac{1+\sqrt{2}+\sqrt{2\sqrt{2}-1}}{2}) = \dfrac{\sqrt{13+16\sqrt{2}}-1}{2} = 2.4844\cdots$.

43. 先证：$f(x,y,z) \leqslant \dfrac{1}{7}$. 当且仅当 $x = y = z = \dfrac{1}{3}$ 时等号成立.

因为 $\dfrac{x(2y-z)}{1+x+3y} = \dfrac{x(2y-(1-x-y))}{1+x+3y} = \dfrac{x(-1+x+3y)}{1+x+3y} = x - \dfrac{2x}{1+x+3y}$，所以

$$f(x,y,z) = (x+y+z) - 2(\dfrac{x}{1+x+3y} + \dfrac{y}{1+y+3z} + \dfrac{z}{1+z+3x}) =$$

$$1 - 2(\dfrac{x}{1+x+3y} + \dfrac{y}{1+y+3z} + \dfrac{z}{1+z+3x}) =$$

$$1 - 2\sum \dfrac{x}{1+x+3y} \qquad (*)$$

由柯西不等式得 $\sum \dfrac{x}{1+x+3y} \geqslant \dfrac{(\sum x)^2}{\sum x(1+x+3y)} = \dfrac{1}{\sum x(1+x+3y)}$.

$$\sum x(1+x+3y) = \sum x(2x+3y+z) = 2(\sum x)^2 + \sum xy \leqslant \dfrac{7}{3}.$$

故 $\sum \dfrac{x}{1+x+3y} \geqslant \dfrac{3}{7}$，从而 $f(x,y,z) \leqslant \dfrac{1}{7}$.

即 $f(x,y,z)_{\max} = \dfrac{1}{7}$，当且仅当 $x = y = z = \dfrac{1}{3}$ 时等号成立.

再证 $f(x,y,z) \geqslant 0$，当 $x = 1, y = z = 0$ 时等号成立.

设 $z = \min\{x,y,z\}$，若 $z = 0$，则

$$f(x,y,0) = \dfrac{2xy}{1+x+3y} - \dfrac{xy}{1+y} = \dfrac{2xy}{2x+4y} - \dfrac{xy}{x+2y} = 0$$

下设 $x, y \geqslant z > 0$，则由 $(*)$ 得要证 $f(x,y,z) \geqslant 0$，只要证明

$$\sum \dfrac{x}{1+x+3y} \leqslant \dfrac{1}{2} \qquad ①$$

注意到 $\dfrac{1}{2} = \dfrac{x}{2x+4y} + \dfrac{y}{x+2y}$，于是式 ① 等价于

$$\dfrac{z}{1+z+3x} \leqslant \dfrac{x}{2x+4y} - \dfrac{x}{1+x+3y} + \dfrac{y}{x+2y} - \dfrac{y}{1+y+3z} =$$

$$\dfrac{z}{2x+4y}(\dfrac{x}{1+x+3y} + \dfrac{8y}{1+y+3z})$$

即
$$\frac{2x+4y}{1+z+3x} \leq \frac{x}{1+x+3y} + \frac{8y}{1+y+3z} \quad ②$$

而由柯西不等式得
$$\frac{x}{1+x+3y} + \frac{8y}{1+y+3z} = \frac{x^2}{x(1+x+3y)} + \frac{(2y)^2}{\frac{y(1+y+3z)}{2}} \geq \frac{(x+2y)^2}{x(1+x+3y) + \frac{y(1+y+3z)}{2}} = \frac{2x+4y}{1+z+3x}$$

所以，$f(x,y,z) \geq 0$. 即 $f(x,y,z)$ 的最小值是 0. 当且仅当 $x=1, y=z=0$ 或 $y=1, z=x=0$ 或 $z=1, x=y=0$ 时等号成立.

44. $\lambda(n) = \dfrac{n(n+1)^2}{4}$.

首先，令 $a_1 = a_2 = \cdots = a_n = 1$. 得 $\lambda(n) \leq \dfrac{n(n+1)^2}{4}$.

接下来证明：对任何满足条件的序列 $a_0, a_1, a_2, \cdots, a_n$，有
$$\left(\sum_{i=1}^{n} i a_i\right)^2 \geq \frac{n(n+1)^2}{4} \sum_{i=1}^{n} a_i^2 \quad ①$$

首先证明：$a_1 \geq \dfrac{a_2}{2} \geq \dfrac{a_3}{3} \geq \cdots \geq \dfrac{a_n}{n}$.

事实上，由条件有 $2ia_i \geq i(a_{i-1} + a_{i+1})$ 对任意的 $i(i=1,2,\cdots,n-1)$ 成立. 对于给定的正整数 $l(1 \leq l \leq n-1)$，将此式对 $i(i=1,2,\cdots,l)$ 求和得 $(l+1)a_l \geq la_{l+1}$，即 $\dfrac{a_l}{l} \geq \dfrac{a_{l+1}}{l+1}$ 对任意的 $l(l=1,2,\cdots,n-1)$ 成立.

再证明：对于 $i,j,k \in \{1,2,\cdots,n\}$，若 $i > j$，则 $\dfrac{2ik^2}{i+k} > \dfrac{2jk^2}{j+k}$.

事实上，上式等价于 $2ik^2(j+k) > 2jk^2(i+k) \Leftrightarrow (i-j)k^3 > 0$，显然成立.

现在证明式 ①.

对于 $i,j(1 \leq i < j \leq n)$，来估计 $a_i a_j$ 的下界.

由前述知 $\dfrac{a_i}{i} \geq \dfrac{a_j}{j}$，即 $ja_i - ia_j \geq 0$.

因为 $a_i - a_j \leq 0$，所以 $(ja_i - ia_j)(a_j - a_i) \geq 0$，即
$$a_i a_j \geq \frac{i}{i+j} a_j^2 + \frac{j}{i+j} a_i^2$$

这样有

$$(\sum_{i=1}^n ia_i)^2 = \sum_{i=1}^n i^2 a_i^2 + 2\sum_{1\leq i<j\leq n} ija_i a_j \geq$$
$$\sum_{i=1}^n i^2 a_i^2 + 2\sum_{1\leq i<j\leq n}(\frac{i^2 j}{i+j}a_j^2 + \frac{ij^2}{i+j}a_i^2) =$$
$$\sum_{i=1}^n (a_i^2 \sum_{k=1}^n \frac{2ik^2}{i+k})$$

记 $b_i = \sum_{k=1}^n \frac{2ik^2}{i+k}$. 由前面证明知 $b_1 \leq b_2 \leq \cdots \leq b_n$. 又 $a_1^2 \leq a_2^2 \leq a_3^2 \leq \cdots \leq a_n^2$, 由契比雪夫不等式有

$$\sum_{i=1}^n a_i^2 b_i \geq \frac{1}{n}(\sum_{i=1}^n a_i^2)(\sum_{i=1}^n b_i)$$

因此
$$(\sum_{i=1}^n ia_i)^2 \geq \frac{1}{n}(\sum_{i=1}^n a_i^2)(\sum_{i=1}^n b_i)$$

而
$$\sum_{i=1}^n b_i = \sum_{i=1}^n \sum_{k=1}^n \frac{2ik^2}{i+k} = \sum_{i=1}^n i^2 + 2\sum_{1\leq i<j\leq n}(\frac{i^2 j}{i+j} + \frac{ij^2}{i+j}) =$$
$$\sum_{i=1}^n i^2 + 2ij = (\sum_{i=1}^n i)^2 = \frac{n^2(n+1)^2}{4}$$

于是, $(\sum_{i=1}^n ia_i)^2 \geq \frac{n(n+1)^2}{4}\sum_{i=1}^n a_i^2$. 故式 ① 得证.

综上可知, $\lambda(n) = \frac{n(n+1)^2}{4}$.

45. 函数的定义域为 $[0,13]$, 因为
$$y = \sqrt{x+27} + \sqrt{13-x} + \sqrt{x} = \sqrt{x+27} + \sqrt{13+2\sqrt{x(13-x)}} \geq$$
$$\sqrt{27} + \sqrt{13} = 3\sqrt{3} + \sqrt{13}$$

当 $x=0$ 时等号成立. 故 $y$ 的最小值是 $3\sqrt{3} + \sqrt{13}$.

由柯西不等式得
$$y^2 = (\sqrt{x+27} + \sqrt{13-x} + \sqrt{x})^2 \leq$$
$$(1 + \frac{1}{3} + \frac{1}{2})[(x+27) + 3(13-x) + 2x] = 121$$

所以, $y \leq 11$. 由柯西不等式等号成立的条件得 $4x = 9(13-x) = x+27$, 解得 $x=9$.

故当 $x=9$ 时等号成立. 因此, $y$ 的最大值是 $11$.

46. 令 $x=1, y=z=-1$. 则 $\frac{x}{x^2+1} + \frac{y}{y^2+1} + \frac{z}{z^2+1} = -\frac{1}{2}$. 猜想 $\frac{x}{x^2+1} +$

$\dfrac{y}{y^2+1}+\dfrac{z}{z^2+1}$ 的最小值为 $-\dfrac{1}{2}$.

只需证明
$$\dfrac{x}{x^2+1}+\dfrac{y}{y^2+1}+\dfrac{z}{z^2+1} \geqslant -\dfrac{1}{2} \Leftrightarrow \dfrac{x}{x^2+1}+\dfrac{y}{y^2+1} \geqslant \dfrac{(z-1)^2}{z^2+1} \qquad ①$$

注意到
$$z(x+y-1) = x+y-xy$$

若 $x+y-1=0$,则 $x+y=xy=1$,矛盾. 故 $x+y-1 \neq 0$. 于是,$z=\dfrac{x+y-xy}{x+y-1}$.

代入式 ① 得
$$\dfrac{x}{x^2+1}+\dfrac{y}{y^2+1} \geqslant \dfrac{(x+y-1)^2}{(x+y-1)^2+(x+y-xy)^2} \qquad ②$$

由柯西不等式得式
$$\dfrac{x}{x^2+1}+\dfrac{y}{y^2+1} \geqslant \dfrac{[(1+x)(1-y)+(1+y)(1-x)]^2}{(1+x^2)(1-y)^2+(1+y^2)(1-x)^2}$$

于是只要证明
$4(x+y-1)^2+4(x+y-xy)^2 \geqslant (1+x^2)(1-y)^2+(1+y^2)(1-x)^2 \Leftrightarrow$
$f(x) = (y^2-3y+3)x^2 - (3y^2-8y+3)x + 3y^2-3y+1 \geqslant 0$

由 $\Delta = (3y^2-8y+3)^2 - 4(y^2-3y+3)(3y^2-3y+1) = -3(y^2-1)^2 \leqslant 0$,故 $f(x) \geqslant 0$ 恒成立. 从而猜想成立,即 $\dfrac{x}{x^2+1}+\dfrac{y}{y^2+1}+\dfrac{z}{z^2+1} \geqslant -\dfrac{1}{2}$.

47. 首先考虑 $a \geqslant 1$ 的情况,令 $x_i = y_i^n, y_i > 0$,于是 $y_1 y_2 \cdots y_n = 1$,我们有

$$S - x_i = \sum_{j \neq i} y_j^n \geqslant (n-1)\left(\dfrac{\sum_{j \neq i} y_j}{n-1}\right)^n (\text{幂平均值不等式}) \geqslant$$

$$(n-1)\left(\dfrac{\sum_{j \neq i} y_j}{n-1}\right)\prod_{j \neq i} y_j. (\text{算术平均} \geqslant \text{几何平均}) = \dfrac{\sum_{j \neq i} y_j}{y_i}$$

于是
$$\sum_{i=1}^{n} \dfrac{1}{a+S-x_i} \leqslant \sum_{i=1}^{n} \dfrac{y_i}{ay_i + \sum_{j \neq i} y_j} \qquad ①$$

当 $a=1$ 时,$\sum_{i=1}^{n} \dfrac{y_i}{ay_i + \sum_{j \neq i} y_j} = \sum_{i=1}^{n} \dfrac{y_i}{\sum_{j=1}^{n} y_j} = 1$. 且当 $x_1 = x_2 = \cdots = x_n = 1$ 时,

$$\sum_{i=1}^{n} \frac{1}{a+S-x_i} = 1, 此时 M = 1.$$

下面设 $a > 1$, 令 $z_i = \dfrac{y_i}{\sum_{j=1}^{n} y_j}$, $i = 1, 2, \cdots, n$, 有 $\sum_{i=1}^{n} z_i = 1$,

$$\frac{y_i}{ay_i + \sum_{j \neq i} y_j} = \frac{y_i}{(a-1)y_i + \sum_{j=1}^{n} y_j} = \frac{z_i}{(a-1)z_i + 1} = \frac{1}{a-1}\left(1 - \frac{1}{(a-1)z_i + 1}\right) \quad ②$$

由 Cauchy 不等式

$$\left(\sum_{i=1}^{n}((a-1)z_i + 1)\right)\left(\sum_{i=1}^{n} \frac{1}{(a-1)z_i + 1}\right) \geq n^2$$

而 $\sum_{i=1}^{n}((a-1)z_i + 1) = a - 1 + n$, 故

$$\sum_{i=1}^{n} \frac{1}{(a-1)z_i + 1} \geq \frac{n^2}{a-1+n} \quad ③$$

结合式①,②,③, 我们有

$$\sum_{i=1}^{n} \frac{1}{a+S-x_i} \leq \sum_{i=1}^{n} \left(\frac{1}{a-1}\left(1 - \frac{1}{(a-1)z_i + 1}\right)\right) \leq$$

$$\frac{n}{a-1} - \frac{1}{a-1} \cdot \frac{n^2}{a-1+n} = \frac{n}{a-1+n}$$

当 $x_1 = x_2 = \cdots = x_n = 1$ 时, 有 $\sum_{i=1}^{n} \dfrac{1}{a+S-x_i} = \dfrac{n}{a-1+n}$, 故 $M = \dfrac{n}{a-1+n}$.

下面考虑 $a < 1$ 时的情况: 对任何常数 $\lambda > 0$, 函数 $f(x) = \dfrac{x}{x+\lambda} = 1 - \dfrac{\lambda}{x+\lambda}$ 在区间 $(0, +\infty)$ 上严格单调递增, 故 $f(a) < f(1)$, 即 $\dfrac{a}{a+\lambda} < \dfrac{1}{1+\lambda}$. 于是由 $a = 1$ 时的结论

$$\sum_{i=1}^{n} \frac{1}{a+S-x_i} = \frac{1}{a}\sum_{i=1}^{n} \frac{a}{a+S-x_i} < \frac{1}{a}\sum_{i=1}^{n} \frac{1}{1+S-x_i} \leq \frac{1}{a}$$

当 $x_1 = x_2 = \cdots = x_{n-1} = \varepsilon \to 0^+$, 而 $x_n = \varepsilon^{1-n} \to +\infty$ 时

$$\lim_{\varepsilon \to 0^+} \sum_{i=1}^{n} \frac{1}{a+S-x_i} = \lim_{\varepsilon \to 0^+}\left(\frac{n-1}{a+\varepsilon^{1-n}+(n-2)\varepsilon} + \frac{1}{a+(n-1)\varepsilon}\right) = \frac{1}{a}$$

故 $M = \dfrac{1}{a}$, 综上所述

$$M = \begin{cases} \dfrac{n}{a-1+n}, & \text{若 } a \geq 1 \\ \dfrac{1}{a}, & \text{若 } 0 < a < 1 \end{cases}$$

解:答案是 $\lambda \geq e$.

48. 我们需要下面的结论:数列 $(1+\dfrac{1}{n})^n$ 严格单调递增,且 $\lim\limits_{n\to\infty}(1+\dfrac{1}{n})^n = e$.

我们先证当 $\lambda \geq e$ 时,不等式总成立.

不妨设 $a_{n-1} = \min\limits_{1\leq i\leq n} a_i$, $a_n = \max\limits_{1\leq i\leq n} a_i$,于是

$$\sum_{i=1}^{n}\dfrac{1}{a_i} - \lambda\prod_{i=1}^{n}\dfrac{1}{a_i} = \sum_{i=1}^{n-2}\dfrac{1}{a_i} + \dfrac{1}{a_n a_{n-1}}\left(n - \sum_{i=1}^{n-2}\dfrac{1}{a_i} - \dfrac{\lambda}{\prod_{i=1}^{n-2}\dfrac{1}{a_i}}\right) \quad ①$$

由算术平均 $\geq$ 几何平均,得

$$\sum_{i=1}^{n-2} a_i + \dfrac{\lambda}{\prod_{i=1}^{n-2} a_i} \geq (n-1)\sqrt[n-1]{\lambda}$$

所以

$$n - \sum_{i=1}^{n-2} a_i - \dfrac{\lambda}{\prod_{i=1}^{n-2} a_i} \leq n - (n-1)\sqrt[n-1]{\lambda} < 0$$

后一个不等号成立当且仅当 $\lambda > (\dfrac{n}{n-1})^{n-1} = (1+\dfrac{1}{n-1})^{n-1}$,由引理知当 $\lambda \geq e > (1+\dfrac{1}{n-1})^{n-1}$ 时成立.

于是保持 $a_n + a_{n-1}$ 不变,让 $a_n a_{n+1}$ 变大(相当于让 $a_{n-1}, a_n$ 靠近),式 ① 将不减,由于 $a_{n-1} \leq 1 \leq a_n$,有 $a_{n-1}a_n \leq 1 \cdot (a_n + a_{n-1} - 1)$,于是我们将 $a_{n-1}, a_n$ 分别调整为 $1$ 和 $a_{n-1} + a_n - 1$ 时,式 ① 不减.

故

$$\sum_{i=1}^{n}\dfrac{1}{a_i} - \lambda\prod_{i=1}^{n}\dfrac{1}{a_i} \leq \sum_{i=1}^{n} 1 - \lambda\prod_{i=1}^{n} 1 = n - \lambda$$

另一方面,对任意 $\lambda < e$,取足够大的 $n$,使得 $(1+\dfrac{1}{n-2})^{n-2} > \lambda$. 取 $a_1 = a_2 = \cdots = a_{n-2} = \sqrt[n-2]{\lambda}$,此时 $a_1 + a_2 + \cdots + a_{n-2} = (n-2)\sqrt[n-2]{\lambda}$. 而

$$(\dfrac{n}{n-2})^{n-1} = (1+\dfrac{2}{n-2})^{n-1} > (1+\dfrac{1}{n-2})^{n-2} > \lambda$$

故

$$a_1 + a_2 + \cdots + a_{n-2} < n$$

由引理及 $n$ 的选取知

$$\left(\frac{n}{n-1}\right)^{n-1} = \left(1 + \frac{1}{n-1}\right)^{n-1} > \left(1 + \frac{1}{n-2}\right)^{n-2} > \lambda$$

此时,保持 $a_{n-1} + a_n = n - (n-2)\sqrt[n-1]{\lambda}\ (>0)$ 不变,$a_{n-1} \cdot a_n$ 变小时,式①将变大. 特别当 $a_{n-1} \cdot a_n \to 0$ 时,式①右边趋向于无穷大. 故当 $\lambda < e$ 时,$\sum_{i=1}^{n} \frac{1}{a_i} - \lambda \prod_{i=1}^{n} \frac{1}{a_i}$ 无上界.

49. 因为 $x, y, z \in [0, 1]$,所以 $x + y + z \geq xy + yz + zx$,即 $W \geq 0$. 故当且仅当 $x = y = z = 0$ 或 $1$ 时,$W_{\min} = 0$. 易知,$x, y, z$ 中至少有两个不大于 $\frac{1}{2}$ 或不小于 $\frac{1}{2}$. 又由 $W = x + y + z - xy - yz - zx = x(1-y) + y(1-z) + z(1-x)$ 知,用 $1-x$, $1-y$, $1-z$ 分别代替 $x, y, z$,问题不变,所以只考虑 $x, y, z$ 中至少有两个不大于 $\frac{1}{2}$ 的情形.

不妨设 $0 \leq x \leq y \leq \frac{1}{2}$,则由 $|y - z| \leq \frac{1}{2}$,$|z - x| \leq \frac{1}{2}$,得 $0 \leq z \leq x + \frac{1}{2}$,从而由 $0 \leq x + y \leq 1$,得

$$W = (1 - x - y)z + x + y - xy \leq$$
$$(1 - x - y)\left(x + \frac{1}{2}\right) + x + y - xy =$$
$$-x^2 + \frac{3}{2}x + \frac{1}{2} + \left(\frac{1}{2} - 2x\right)y$$

(1) 当 $\frac{1}{4} \leq x \leq \frac{1}{2}$ 时,$\frac{1}{2} - 2x \leq 0$,则

$$W \leq -x^2 + \frac{3}{2}x + \frac{1}{2} + \left(\frac{1}{2} - 2x\right)x =$$
$$-\left(x - \frac{1}{3}\right)^2 + \frac{5}{6} \leq \frac{5}{6}$$

当且仅当 $\begin{cases} x = y = \frac{1}{3} \\ z = x + \frac{1}{2} \end{cases}$,即 $\begin{cases} x = \frac{1}{3} \\ y = \frac{1}{3} \\ z = \frac{5}{6} \end{cases}$ 时,上式等号同时成立.

(2) 当 $\frac{1}{2} \leqslant x \leqslant 0$ 时，$\frac{1}{2} - 2x \geqslant 0$，则 $W \leqslant -x^2 + \frac{3}{2}x + \frac{1}{2} + (\frac{1}{2} - 2x) \cdot \frac{1}{2} = -(x - \frac{1}{4})^2 + \frac{13}{16} < \frac{5}{6}$.

综上，$W_{\max} = \frac{5}{6}$.

50. 因为 $\sqrt{1 - (x_1 + x_2 + \cdots + x_i)^2} \leqslant 1 (1 \leqslant i \leqslant n)$，所以 $E \geqslant x_1 + x_2 + \cdots + x_n = 1$.

让 $\alpha_1 = \frac{\pi}{2}, \alpha_i = \arccos(x_1 + x_2 + \cdots + x_{i-1})$ $(2 \leqslant i \leqslant n)$，这意味着 $x_i = \cos \alpha_{i+1} - \cos \alpha_i$，所以

$$E = \frac{\cos \alpha_2 - \cos \alpha_1}{\sin \alpha_1} + \frac{\cos \alpha_3 - \cos \alpha_2}{\sin \alpha_2} + \cdots + \frac{\cos \alpha_{n+1} - \cos \alpha_n}{\sin \alpha_n}$$

因为 $\alpha_{i+1} < \alpha_i, \sin x < x (0 < x < \frac{\pi}{2})$，所以 $\frac{\cos \alpha_{i+1} - \cos \alpha_i}{\sin \alpha_i} = \frac{2 \sin \frac{\alpha_{i+1} + \alpha_i}{2} \sin \frac{\alpha_i - \alpha_{i+1}}{2}}{\sin \alpha_i} < 2 \sin \frac{\alpha_i - \alpha_{i+1}}{2} < 2 \cdot \frac{\alpha_i - \alpha_{i+1}}{2} = \alpha_i - \alpha_{i+1} (1 \leqslant i \leqslant n)$，于是 $E < (\alpha_1 - \alpha_2) + (\alpha_2 - \alpha_3) + \cdots + (\alpha_n - \alpha_{n+1}) = \alpha_1 - \alpha_{n+1} < \alpha_1 = \frac{\pi}{2} < 2$，即 $1 \leqslant E < 2, [E] = 1$.

51. 令 $f(z) = az^2 + bz + c, g(z) = z^{-2}f(z) = a + bz^{-1} + cz^{-2}, h(z) = e^{i\alpha}g(e^{i\beta}z) = c'z^{-2} + b'z^{-1} + a'$.

取适当的实数 $\alpha, \beta$，使得 $c', b' \geqslant 0$，对 $r \leqslant 1$，有

$$\frac{1}{r^2} \geqslant |h(re^{i\theta})| \geqslant |\mathrm{Im} h(re^{i\theta})| = |r^{-2}c'\sin 2\theta + r^{-1}b'\sin\theta + \mathrm{Im} a'|$$

不妨设 $\mathrm{Im}\, a' \geqslant 0$，否则可以作适当的代换 $\theta \to -\theta$，这样对任意的 $\theta (0 < \theta < \frac{\pi}{2})$，有

$$\frac{1}{r^2} \geqslant r^{-2}c'\sin 2\theta + r^{-1}b'\sin\theta \geqslant 2r^{-\frac{3}{2}}\sqrt{b'c'\sin 2\theta \sin\theta} \Rightarrow$$

$$|bc| = b'c' \leqslant \frac{1}{4r\sin 2\theta \sin\theta} (对任意 r \leqslant 1, 0 < \theta < \frac{\pi}{2}) \Rightarrow$$

$$|bc| \leqslant \min_{r \leqslant 1, 0 < \theta < \frac{\pi}{2}} \frac{1}{4r\sin 2\theta \sin\theta} = \min_{0 < \theta < \frac{\pi}{2}} \frac{1}{4\sin 2\theta \sin\theta} = \frac{1}{4 \max\limits_{0 < \theta < \frac{\pi}{2}} \sin 2\theta \sin\theta} = \frac{3\sqrt{3}}{16}.$$

$|bc| = \frac{3\sqrt{3}}{16}$ 的例子：$f(z) = \frac{\sqrt{2}}{8}z^2 - \frac{\sqrt{6}}{4}z - \frac{3\sqrt{2}}{8}$.

对于 $z = re^{i\theta}(r \leq 1)$,有

$$|f(e^{i\theta})|^2 = \frac{1}{32}[(r^2\cos 2\theta - 2\sqrt{3}r\cos\theta - 3)^2 + (r^2\sin 2\theta - 2\sqrt{3}r\sin\theta)^2] =$$

$$\frac{1}{32}[2r^4 + 12r^2 + 18 - (2\sqrt{3}r\cos\theta + r^2 - 3)^2] \leq$$

$$\frac{1}{32}(2r^4 + 12r^2 + 18) \leq 1$$

**52. 解法一** 令 $f(x) = (x+2)^3 - a(x+2)^2 - b(x+2) - c = x^3 + (6-a)x^2 + (12-4a-b)x + (8-4a-2b-c)$.

记 $6-a = a_1, 12-4a-b = b_1, 8-4a-2b-c = c_1$,问题化为求 $\max\limits_{-1 \leq x \leq 1}|f(x)|$ 的最小值.

可以证明:

$$1 + |a_1| + |b_1| + |c_1| \leq 7\max\limits_{-1 \leq x \leq 1}|f(x)| \qquad ①$$

(① 的证明放到最后). 因为 ① 成立,所以当 $|a_1| + |b_1| + |c_1| \geq \frac{3}{4}$ 时,有

$$\max\limits_{-1 \leq x \leq 1}|f(x)| \geq \frac{1}{4} \qquad ②$$

当 $|a_1| + |b_1| + |c_1| < \frac{3}{4}$ 时,由于

$$|f(1)| \geq 1 - |a_1| - |b_1| - |c_1| > \frac{1}{4} \qquad ③$$

从而,由 ②,③ 两式,得 $\max\limits_{-1 \leq x \leq 1}|f(x)| \geq \frac{1}{4}$ 且 $\forall a_1, b_1, c_1 \in \mathbf{R}$.

令 $a_1 = 0, b_1 = -\frac{3}{4}, c_1 = 0$,即 $a = 6, b = -\frac{45}{4}, c = \frac{13}{2}$,则 $f(x) = x^3 - \frac{3}{4}x$.

由 $f(x) - f(1) = (x-1)(x^2 + x + 1 - \frac{3}{4}) = (x-1)(x+\frac{1}{2})^2$,从而 $f(x) \leq f(1) = \frac{1}{4}, \forall x \in [-1, 1]$.

同理可证 $f(x) - f(-1) = (x+1)(x-\frac{1}{2})^2$,即 $f(x) \geq f(-1) = -\frac{1}{4}$, $\forall x \in [-1, 1]$.

于是,得

$$\max\limits_{-1 \leq x \leq 1}|f(x)| = |f(1)| = \frac{1}{4} \qquad ④$$

由 ③,④ 知 $\max\limits_{1 \leq x \leq 3}|x^3 - ax^2 - bx - c|$ 的最小值是 $\frac{1}{4}$,且当 $a = 6, b = -\frac{45}{4}$,

$c = \dfrac{13}{2}$ 时达到.

式①的证明:只要证明以下命题:设实系数三次多项式 $p(x) = \alpha x^3 + \beta x^2 + \gamma x + \delta$ 满足 $|p(x)| \leq 1, \forall x \in [-1,1]$,则
$$|\alpha| + |\beta| + |\gamma| + |\delta| \leq 7 \qquad ⑤$$

**证明** 由 $\pm p(\pm x)$ 均满足⑤,不妨设 $\alpha, \beta \geq 0$.

( i ) 当 $\gamma \geq 0, \delta \geq 0$ 时,则 $|\alpha| + |\beta| + |\gamma| + |\delta| = \alpha + \beta + \gamma + \delta = p(1) \leq 1$;

( ii ) 当 $\gamma \geq 0, \delta \leq 0$ 时,则 $|\alpha| + |\beta| + |\gamma| + |\delta| = \alpha + \beta + \gamma - \delta = p(1) - 2p(0) \leq 3$;

( iii ) 当 $\gamma < 0, \delta \geq 0$ 时,则 $|\alpha| + |\beta| + |\gamma| + |\delta| = \alpha + \beta - \gamma + \delta = \dfrac{4}{3}(\alpha + \beta + \gamma + \delta) - \dfrac{1}{3}(-\alpha + \beta - \gamma + \delta) - \dfrac{8}{3}(\dfrac{\alpha}{8} + \dfrac{\beta}{4} + \dfrac{\gamma}{2} + \delta) + \dfrac{8}{3}(-\dfrac{\alpha}{8} + \dfrac{\beta}{4} - \dfrac{\gamma}{2} + \delta) = \dfrac{4}{3}p(1) - \dfrac{1}{3}p(-1) - \dfrac{8}{3}p(\dfrac{1}{2}) + \dfrac{8}{3}p(-\dfrac{1}{2}) \leq 7$;

( iv ) 当 $\gamma < 0, \delta < 0$ 时,则 $|\alpha| + |\beta| + |\gamma| + |\delta| = \alpha + \beta - \gamma - \delta = \dfrac{5}{3}p(1) - 4p(\dfrac{1}{2}) + \dfrac{4}{3}p(-\dfrac{1}{2}) \leq 7$.

综上可知,式⑤成立.

**解法二** 先作平移变换:$x = x' + 2$,则 $F = \max\limits_{1 \leq x \leq 3} |x^3 - ax^2 - bx - c|$ ($\forall a, b, c \in \mathbf{R}$) 将变成 $f' = \max\limits_{1 \leq x \leq 3} |x'^3 - a_1 x'^2 - b_1 x' - c_1|$ ($\forall a_1, b_1, c_1 \in \mathbf{R}$),于是可求出 $f'$ 的最小值.

令 $f(x) = x'^3 - a_1 x'^2 - b_1 x' - c_1, -1 \leq x \leq 1$.

易知 $4f(1) - 4f(-1) = 8 - 8b_1, 8f(\dfrac{1}{2}) - 8f(-\dfrac{1}{2}) = 2 - 8b_1$,则

$$24f' \geq 4|f(1)| + 4|f(-1)| + 8|f(\dfrac{1}{2})| + 8|f(-\dfrac{1}{2})| \geq$$
$$|4f(1) - 4f(-1) - 8f(\dfrac{1}{2}) + 8f(-\dfrac{1}{2})| = 6$$

从而
$$f' \geq \dfrac{1}{4} \qquad ⑥$$

故
$$\max\limits_{1 \leq x \leq 3} |x'^3 - a_1 x'^2 - b_1 x' - c_1| \geq \dfrac{1}{4} \qquad ⑦$$

下面验证上式,也就是式⑦等号可取到.

当 $a_1 = 0, b_1 = -\frac{3}{4}, c_1 = 0$ 时,因为 $-1 \leq x \leq 1$,故可令 $x = \cos\theta$,这时 $|f(x)| = |\cos^3\theta - \frac{3}{4}\cos\theta| = \frac{1}{4}|\cos 3\theta| \leq \frac{1}{4}$. 特别地,$|\cos 3\theta| = 1$ 时,$|f(x)| = \frac{1}{4}$. 因此,⑥ 和 ⑦ 中等号可以取到. 故 $f'$ 的最小值是 $\frac{1}{4}$.

和解法一一样,回到原问题,$\max_{1 \leq x \leq 3} |x^3 - ax^2 - bx - c|$ 的最小值是 $\frac{1}{4}$,且当 $a = 6, b = -\frac{45}{4}, c = \frac{13}{2}$ 时达到.

**注** 本题可以用三角代换完成.

53. $\lambda(n)_{mn} = \frac{n+1}{n-1}$.

首先取 $a_1 = 1, a_2 = -\frac{n+1}{n-1}, a_k = -\frac{n+1}{n-1} + \frac{2n(k-2)}{2(n-1)(n-2)}, k = 3, 4, \cdots, n$. 则满足 $a_1 + a_2 + \cdots + a_n = 0$ 及 $2a_k \leq a_{k-1} + a_{k+1}, k = 2, 3, \cdots, n-1$. 此时,$\lambda(n) \geq \frac{n+1}{n-1}$.

下证 $\lambda(n) = \frac{n+1}{n-1}$ 时,对所有 $k \in \{1, 2, \cdots, n\}$,都有 $|a_k| \leq \lambda(n) \cdot \max\{|a_1|, |a_n|\}$.

因为 $2a_k \leq a_{k-1} + a_{k+1}$,所以 $a_{k+1} - a_k \geq a_k - a_{k-1}$,于是,$a_n - a_{n-1} \geq a_{n-1} - a_{n-2} \geq \cdots \geq a_2 - a_1$,所以

$$(k-1)(a_n - a_1) = (k-1)[(a_n - a_{n-1}) + (a_{n-1} - a_{n-2}) + \cdots + (a_2 - a_1)] \geq$$
$$(n-1)[(a_k - a_{k-1}) + (a_{k-1} - a_{k-2}) + \cdots + (a_2 - a_1)] =$$
$$(n-1)(a_k - a_1)$$

故

$$a_k \leq \frac{k-1}{n-1}(a_n - a_1) + a_1 = \frac{1}{n-1}[(k-1)a_n + (n-k)a_1] \qquad ①$$

同式 ① 可得,对固定的 $k$,且 $k \neq 1, n$,当 $1 \leq j \leq k$ 时,$a_j \leq \frac{1}{k-1}[(j-1)a_k + (k-j)a_1]$.

当 $k \leq j \leq n$ 时,$a_j \leq \frac{1}{n-k}[(j-k)a_n + (n-j)a_k]$,所以

$$\sum_{j=1}^{k} a_j \leq \frac{1}{k-1}\sum_{j=1}^{k}[(j-1)a_k + (k-j)a_1] = \frac{k}{2}(a_1 + a_k)$$

$$\sum_{j=k}^{n} a_j \leq \frac{1}{n-k}\sum_{j=k}^{n}[(j-k)a_n + (n-j)a_k] = \frac{n+1-k}{2}(a_k + a_n)$$

相加得

$$a_k = \sum_{j=1}^{k} a_j + \sum_{j=k}^{n} a_j \leq \frac{k}{2}(a_1 + a_k) + \frac{n+1-k}{2}(a_k + a_n) =$$
$$\frac{k}{2}a_1 + \frac{n+1}{2}a_k + \frac{n+1-k}{2}a_n$$

所以,

$$a_k \geq -\frac{1}{n-1}[ka_1 + (n+1-k)a_n] \qquad ②$$

由式①,②得 $|a_k| \leq \max\left\{\frac{1}{n-1}|(k-1)a_n + (n-k)a_1|, \frac{1}{n-1}|ka_1 + (n+1-k)a_n|\right\} \leq \frac{n+1}{n-1}\max\{|a_1|, |a_n|\}, k = 2, 3, \cdots, n-1$.

综上所述,$\lambda(n)_{mn} = \frac{n+1}{n-1}$.

54. 记 $x_6 = x_1, x_7 = x_2, 0 = (\sum_{i=1}^{5} x_i)^2 = \sum_{i=1}^{5} x_i^2 + 2\sum_{i=1}^{5} x_i x_{i+1} + 2\sum_{i=1}^{5} x_i x_{i+2}$. 对任意实数 $\lambda$,

$$0 \leq \sum_{i=2}^{6} (x_{i+1} + x_{i-1} - \lambda x_i)^2 =$$
$$(2 + \lambda^2)\sum_{i=1}^{5} x_i^2 - 2\sum_{i=1}^{5} x_i x_{i+2} - 4\lambda \sum_{i=1}^{5} x_i x_{i+1} =$$
$$(1 + \lambda^2)\sum_{i=1}^{5} x_i^2 - (2 + 4\lambda)\sum_{i=1}^{5} x_i x_{i+1}$$

所以,$\sum_{i=1}^{5} x_i x_{i+1} \leq \inf_{\lambda > -\frac{1}{2}} \frac{1 + \lambda^2}{2 + 4\lambda} \sum_{i=1}^{5} x_i^2 = \frac{\sqrt{5} - 1}{4} \sum_{i=1}^{5} x_i^2$. 即 $k$ 的最小值是 $\frac{\sqrt{5} - 1}{4}$.

55. 我们不妨设 $x + y + z = 4, xyz = 2$,因此我们只要求 $\frac{x^4 + y^4 + z^4}{4^4}$ 的最大值和最小值,现在我们有 $x^4 + y^4 + z^4 = (x^2 + y^2 + z^2)^2 - 2(x^2y^2 + y^2z^2 + z^2x^2) = [16 - 2(xy + yz + zx)]^2 - 2(xy + yz + zx)^2 + 4xyz(x + y + z) = a^2 - 64a + 288$,这里 $a = xy + yz + zx$. 因为 $y + z = 4 - x, yz = \frac{2}{x}$,我们有 $(4 - x)^2 \geq \frac{8}{x}$,这意味着 $3 - \sqrt{5} \leq x \leq 2$,由对称性 $x, y, z \in [3 - \sqrt{5}, 2]$,所以 $(x-2)(y-2)(z-2) \leq 0, (x - 3 + \sqrt{5})(y - 3 + \sqrt{5})(z - 3 + \sqrt{5}) \geq 0$,所以 $a \in [5, \frac{5\sqrt{5}1}{2}]$,因为 $\frac{x^4 + y^4 + z^4}{4^4} = \frac{(a-16)^4 - 112}{4^4}$,所以 $\frac{x^4 + y^4 + z^4}{4^4}$ 的最小值是 $\frac{383 - 165\sqrt{5}}{256}$,最大

值是 $\frac{9}{128}$,当且仅当 $(x,y,z) = (3 - \sqrt{5}, \frac{\sqrt{5}+1}{2}, \frac{\sqrt{5}+1}{2})$ 或排列时取最小值 $\frac{383 - 165\sqrt{5}}{256}$,当且仅当 $(x,y,z) = (2,1,1)$ 或排列时取最大值 $\frac{9}{128}$.

56. 因为 $\frac{[(x+y)^2 - 6][(x-y)^2 + 8]}{(x-y)^2} = \frac{[(x-y)^2 + 4xy - 6][(x-y)^2 + 8]}{(x-y)^2} = \frac{[(x-y)^2 + 2][(x-y)^2 + 8]}{(x-y)^2} = (x-y)^2 + \frac{16}{(x-y)^2} + 10 \geq 18$,所以 $C_{\max} = 18$,当且仅当 $(x-y)^2 = 4$,且 $xy = 2$ 时等号成立,即当 $x - y = \pm 2$,且 $xy = 2$ 时等号成立.

57. $S = \frac{(z+1)^2}{2xyz} \geq \frac{(z+1)^2}{(x^2+y^2)z} = \frac{(z+1)^2}{(1-z^2)z} = \frac{z+1}{(1-z)z} = \frac{1-z+2z}{(1-z)z} = \frac{1}{z} + \frac{2}{1-z} = [z + (1-z)] \cdot (\frac{1}{z} + \frac{2}{1-z}) = 3 + \frac{2z}{1-z} + \frac{1-z}{z} \geq 3 + 2\sqrt{\frac{2z}{1-z} \cdot \frac{1-z}{z}} = 3 + 2\sqrt{2}$.

从而 $S = \frac{(z+1)^2}{xyz}$ 的最小值为 $3 + 2\sqrt{2}$.

58. 因为 $a + b + c = 1$,所以 $a + bc = a(a+b+c) + bc = (a+b)(c+a)$,所以 $(a+bc)(b+ca)(c+ab) = (a+b)^2(b+c)^2(c+a)^2$,问题化为最大的实数 $M$ 使得不等式

$$(a+b)^2(b+c)^2(c+a)^2(ab+bc+ca) \geq M(abc)^2(a+b+c)^2$$

由于 $(a+b)(b+c)(c+a) \geq \frac{8}{9}(a+b+c)(ab+bc+ca)$,$ab + bc + ca \geq 3\sqrt[3]{(abc)^2}$,所以 $(a+b)^2(b+c)^2(c+a)^2(ab+bc+ca) \geq \frac{64}{81}(a+b+c)^2 (ab+bc+ca)^3 \geq \frac{64}{81}(a+b+c)^2 \times 27(abc)^2 = \frac{64}{3}(a+b+c)^2(abc)^2$,所以最大的实数 $M = \frac{64}{3}$.

59. **解法一** 由柯西不等式得
$$\sqrt{(a^2+1)(b^2+1)(c^2+1)} = \sqrt{(a^2+1)[(b+c)^2 + (bc-1)^2]} \geq a(b+c) + bc - 1 = ab + bc + ca - 1$$

同理可得 $\sqrt{(b^2+1)(c^2+1)(d^2+1)} \geq bc + cd + da - 1$,$\sqrt{(c^2+1)(d^2+1)(a^2+1)} \geq cd + da + ac - 1$,$\sqrt{(d^2+1)(a^2+1)(b^2+1)} \geq da + ab + bd - 1$,相加得

$$\sqrt{(a^2+1)(b^2+1)(c^2+1)} + \sqrt{(b^2+1)(c^2+1)(d^2+1)} + \sqrt{(c^2+1)(d^2+1)(a^2+1)} + \sqrt{(d^2+1)(a^2+1)(b^2+1)} \geq 2(ab+bc+cd+da+ac+bd) - 4$$

又当 $a=b=c=d=\sqrt{3}$ 时,$k=4$.
所以 $k_{\min}=4$.

**解法二** 令 $a=b=c=d$,设 $f(a)=4\sqrt{(a^2+1)^3}-12a$,则 $f'(a)=12a(\sqrt{a^2+1}-2)$,当 $a=0$ 或 $a=\sqrt{3}$ 时 $f(a)=4$,因此,$k\geq 4$,下面用分析法证明 $\sqrt{(a^2+1)(b^2+1)(c^2+1)}\geq ab+bc+ca-1$,由于右边是负值时不等式显然成立,当右边非负时,平方后不等式等价于证明 $(abc)^2+(a+b+c)^2\geq 2abc(a+b+c)$,由均值不等式知此不等式显然成立.

60. **解法一** 考虑对称性,由均值不等式得

$$\sqrt[3]{a^2+2bc}\cdot\sqrt[3]{12}\cdot\sqrt[3]{12}\leq\frac{1}{3}[(a^2+2bc)+12+12]$$

$$\sqrt[3]{b^2+2ca}\cdot\sqrt[3]{12}\cdot\sqrt[3]{12}\leq\frac{1}{3}[(b^2+2ca)+12+12]$$

$$\sqrt[3]{c^2+2ca}\cdot\sqrt[3]{12}\cdot\sqrt[3]{12}\leq\frac{1}{3}[(c^2+2ab)+12+12]$$

由于 $a^2+b^2+c^2+2ab+2bc+2ca=(a+b+c)^2=36$,将三个不等式相加得

$$\sqrt[3]{a^2+2bc}+\sqrt[3]{b^2+2ca}+\sqrt[3]{c^2+2ca}\leq 3\sqrt[3]{12}.$$

**解法二** 由 Hölder 不等式得

$$[(a^2+2bc)+(b^2+2ca)+(c^2+2ca)](1+1+1)(1+1+1)\geq(\sqrt[3]{a^2+2bc}+\sqrt[3]{b^2+2ca}+\sqrt[3]{c^2+2ca})^3$$

$$\sqrt[3]{a^2+2bc}+\sqrt[3]{b^2+2ca}+\sqrt[3]{c^2+2ca}\leq 3\sqrt[3]{12}$$

# 第二十二章 数列中的不等式

**本**讲主要利用放缩法,构造递推关系等方法证明有关数列中的不等式.

## 例题讲解

**例 1** 设数列 $a_0, a_1, a_2, \cdots, a_n$ 满足 $a_0 = \dfrac{1}{2}$,且 $a_{k+1} = a_k + \dfrac{1}{n} a_k^2$, $k = 0, 1, 2, \cdots, n-1$. 求证:$1 - \dfrac{1}{n} < a_n < 1$. (1980 年芬兰、英国、匈牙利、瑞典四国数学奥林匹克试题)

**证明** 由归纳法易知 $a_0 < a_1 < a_2 < \cdots < a_n$.

对于 $0 \leqslant k \leqslant n-1$. 由于

$$a_{k+1} = a_k\left(1 + \frac{1}{n}a_k\right) < a_k\left(1 + \frac{1}{n}a_{k+1}\right)$$

所以,$\dfrac{1}{a_k} < \dfrac{1}{a_{k+1}} + \dfrac{1}{n}$.

由此可得 $\dfrac{1}{a_n} > \dfrac{1}{a_{n-1}} - \dfrac{1}{n} > \dfrac{1}{a_{n-2}} - \dfrac{2}{n} > \cdots > \dfrac{1}{a_0} - 1 = 1$.

即 $a_n < 1$.

另一方面,由递推关系可得

$$\frac{a_{k+1}}{n+1} - \frac{a_k}{n} = \frac{a_k(n + a_k)}{n(n+1)} - \frac{a_k}{n} = \frac{a_k(a_k - 1)}{n(n+1)} < 0$$

从而
$$a_{k+1} = a_k(1 + \frac{a_k}{n}) > a_k(1 + \frac{a_{k+1}}{n+1})$$

于是,有 $\frac{1}{a_{k+1}} < \frac{1}{a_k} - \frac{1}{n+1}, k = 0,1,2,\cdots,n-1$. 由此可得

$$\frac{1}{a_n} < \frac{1}{a_{n-1}} - \frac{1}{n+1} < \cdots < \frac{1}{a_0} - \frac{n}{n+1} = 2 - \frac{n}{n+1} = \frac{n+2}{n+1}$$

即

$$a_n > \frac{n+1}{n+2} = 1 - \frac{1}{n+2} > 1 - \frac{1}{n}$$

综上所述,$1 - \frac{1}{n} < a_n < 1$.

**例2** 实数列 $\{a_n\}$ 满足 $a_1 = \frac{1}{2}, a_{k+1} = -a_k + \frac{1}{2-a_k}, k = 1,2,\cdots$.

证明不等式:$(\frac{n}{2(a_1 + a_2 + \cdots + a_n)} - 1)^n \leqslant (\frac{a_1 + a_2 + \cdots + a_n}{n})^n (\frac{1}{a_1} - 1)(\frac{1}{a_2} - 1)\cdots(\frac{1}{a_n} - 1)$. (2006 年中国数学奥林匹克试题)

**证明** 首先用数学归纳法证明 $0 < a_n \leqslant \frac{1}{2}, n = 1,2,\cdots$.

$n = 1$ 时命题成立.

假设命题 $n(n \geqslant 1)$ 成立,即有 $0 < a_n \leqslant \frac{1}{2}$.

设 $f(x) = -x + \frac{1}{2-x}, x \in [0, \frac{1}{2}]$,则 $f(x)$ 是减函数,于是

$$a_{n+1} = f(a_n) \leqslant f(0) = \frac{1}{2}$$

$$a_{n+1} = f(a_n) \geqslant f(\frac{1}{2}) = \frac{1}{6} > 0$$

即命题对 $n+1$ 成立.

原命题等价于

$$(\frac{n}{a_1 + a_2 + \cdots + a_n})^n (\frac{n}{2(a_1 + a_2 + \cdots + a_n)} - 1)^n \leqslant$$
$$(\frac{1}{a_1} - 1)(\frac{1}{a_2} - 1)\cdots(\frac{1}{a_n} - 1)$$

设 $f(x) = \ln(\frac{1}{x} - 1), x \in (0, \frac{1}{2})$,则 $f(x)$ 是凸函数,即对 $0 < x_1, x_2 < \frac{1}{2}$ 有 $f(\frac{x_1 + x_2}{2}) \leqslant \frac{f(x_1) + f(x_2)}{2}$.

事实上,$f(\frac{x_1+x_2}{2}) \leq \frac{f(x_1)+f(x_2)}{2}$ 等价于 $f(\frac{2}{x_1+x_2}-1)^2 \leq (\frac{1}{x_1}-1)(\frac{1}{x_2}-1) \Leftrightarrow (x_1-x_2)^2 \geq 0$.

所以,由 Jensen 不等式可得
$$f(\frac{x_1+x_2+\cdots+x_n}{n}) \leq \frac{f(x_1)+f(x_2)+\cdots+f(x_n)}{n}$$

即
$$(\frac{n}{a_1+a_2+\cdots+a_n}-1)^n \leq (\frac{1}{a_1}-1)(\frac{1}{a_2}-1)\cdots(\frac{1}{a_n}-1)$$

另一方面,由题设及 Cauchy 不等式可得
$$\sum_{i=1}^{n}(1-a_i) = \sum_{i=1}^{n}\frac{1}{a_i+a_{i+1}} - n \geq \frac{n^2}{\sum_{i=1}^{n}(a_i+a_{i+1})} - n =$$

$$\frac{n^2}{a_{n+1}-a_1+2\sum_{i=1}^{n}a_i} - n \frac{n^2}{2\sum_{i=1}^{n}a_i} - n =$$

$$n(\frac{n}{2\sum_{i=1}^{n}a_i}-1)$$

所以,
$$\frac{\sum_{i=1}^{n}(1-a_i)}{\sum_{i=1}^{n}a_i} \geq \frac{n}{\sum_{i=1}^{n}a_i}(\frac{n}{2\sum_{i=1}^{n}a_i}-1)$$

故
$$(\frac{n}{a_1+a_2+\cdots+a_n})^n(\frac{n}{2(a_1+a_2+\cdots+a_n)}-1) \leq$$
$$(\frac{(1-a_1)+(1-a_2)+\cdots+(1-a_n)}{a_1+a_2+\cdots+a_n})^n \leq$$
$$(\frac{1}{a_1}-1)(\frac{1}{a_2}-1)\cdots(\frac{1}{a_n}-1)$$

**例3** 设 $n(n \geq 2)$ 是整数,证明: $\sum_{i=1}^{n-1}\frac{n}{n-k}\cdot\frac{1}{2^{k-1}} < 4$. (1992 年日本数学奥林匹克试题)

**证明** 记 $a_n = \sum_{i=1}^{n-1}\frac{n}{n-k}\cdot\frac{1}{2^{k-1}}$,则

$$a_{n+1} = \sum_{i=1}^{n} \frac{n+1}{n+1-k} \cdot \frac{1}{2^{k-1}} = \frac{n+1}{n} + \frac{n+1}{n-1} \cdot \frac{1}{2} + \cdots + \frac{n+1}{2^n} =$$

$$\frac{n+1}{n} + \frac{1}{2}\left(\frac{n}{n-1} + \cdots + \frac{n}{2^{n-2}}\right) + \frac{1}{2n}\left(\frac{n}{n-1} + \cdots + \frac{n}{2^{n-2}}\right) =$$

$$\frac{n+1}{n} + \frac{1}{2}a_n + \frac{1}{2n}a_n$$

即 $a_{n+1} = \frac{n+1}{2n}a_n + \frac{n+1}{n}$.

下面用数学归纳法证明:$a_n \leqslant \frac{10}{3}$.

易知 $a_2 = 2, a_3 = 3, a_4 = \frac{10}{3}, a_5 = \frac{10}{3}$. 假设 $a_n \leqslant \frac{10}{3}(n \geqslant 5)$, 则

$$a_{n+1} = \frac{n+1}{2n}a_n + \frac{n+1}{n} \leqslant \frac{n+1}{2n} \cdot \frac{10}{3} + \frac{n+1}{n} =$$

$$\frac{8(n+1)}{3n} \leqslant \frac{8}{3} \cdot \frac{6}{5} < \frac{10}{3}$$

**例4** 已知 $a, b$ 是正数,$n \in \mathbf{N}^*$ 且 $n \geqslant 2$,证明:$\dfrac{a^n + a^{n-1}b + a^{n-2}b^2 + \cdots + ab^{n-1} + b^n}{n+1} \geqslant$

$(\dfrac{a+b}{2})^n$.(1988 年湖南省中学生数学夏令营数学竞赛试题)

**证明** 记 $P_n = a^n + a^{n-1}b + a^{n-2}b^2 + \cdots + ab^{n-1} + b^n, Q_n = (\dfrac{a+b}{2})^n$. 于是,我们证明 $P_n \geqslant (n+1)Q_n$.

因为 $(a+b)P_{n-1} + a^n + b^n = 2P_n$,即 $P_n = \dfrac{a+b}{2}P_{n-1} + \dfrac{a^n + b^n}{2}$.

根据幂平均值不等式得

$$P_n \geqslant \frac{a+b}{2}P_{n-1} + (\frac{a+b}{2})^n$$

所以,

$$\frac{P_n}{Q_n} \geqslant \frac{P_{n-1}}{Q_{n-1}} + 1$$

于是,得

$$\frac{P_n}{Q_n} \geqslant \frac{P_{n-1}}{Q_{n-1}} + 1 \geqslant (\frac{P_{n-2}}{Q_{n-2}} + 1) + 1 =$$

$$\frac{P_{n-2}}{Q_{n-2}} + 2 \geqslant \cdots \geqslant \frac{P_1}{Q_1} + (n-1) =$$

$$2 + (n-1) = n+1$$

于是,$\frac{P_n}{Q_n} \geq n+1$. 故原不等式得证.

**例5** 设有界数列 $\{a_n\}_{n \geq 1}$ 满足
$$a_n < \sum_{k=n}^{2n+2006} \frac{a_k}{k+1} + \frac{1}{2n+2007}, n = 1, 2, 3, \cdots$$
证明:
$$a_n < \frac{1}{n}, n = 1, 2, 3, \cdots$$

**证明** 设 $b_n = a_n - \frac{1}{n}$,则
$$b_n < \sum_{k=n}^{2n+2006} \frac{b_k}{k+1}, n \geq 1 \tag{1}$$

下证 $b_n < 0$. 因为 $a_n$ 有界. 故存在常数 $M$,使得 $b_n < M$. 当 $n > 100\,000$ 时,我们有
$$b_n < \sum_{k=n}^{2n+2006} \frac{b_k}{k+1} < M \sum_{k=n}^{2n+2006} \frac{1}{k+1} =$$
$$M \sum_{k=n}^{[\frac{3n}{2}]} \frac{1}{k+1} + M \sum_{k=[\frac{2n}{2}]+1}^{2n+2006} \frac{1}{k+1} <$$
$$M \cdot \frac{1}{2} + M \cdot \frac{\frac{n}{2}+2006}{\frac{3n}{2}+1} <$$
$$\frac{6}{7}M$$

由此可以得到,对任意的正整数 $m$ 有
$$b_n < \left(\frac{6}{7}\right)^m M$$

于是有
$$b_n \leq 0, n \geq 100\,000$$

将其代入(1),得
$$b_n < 0, n \geq 100\,000$$

再次利用(1),可以得:如果当 $n \geq N+1$ 时 $b_n < 0$,则 $b_N < 0$. 这就推出
$$b_n < 0, n = 1, 2, 3, \cdots$$
即
$$a_n < \frac{1}{n}, n = 1, 2, 3, \cdots$$

**例6** 设 $a_0, a_1, a_2, \cdots, a_n, \cdots$ 是一个正实数序列,满足 $a_{i-1}a_{i+1} \leq a_i^2$ ($i = 1$,

$2,\cdots)$,证明:对一切 $n > 1$,有 $\dfrac{a_0 + a_1 + a_2 + \cdots + a_n}{n+1} \cdot \dfrac{a_1 + a_2 + \cdots + a_{n-1}}{n-1} \geqslant$
$\dfrac{a_0 + a_1 + a_2 + \cdots + a_{n-1}}{n} \cdot \dfrac{a_1 + a_2 + \cdots + a_n}{n}$. (1993 年美国数学奥林匹克试题)

**证明** 由题设条件,有
$$\dfrac{a_0}{a_1} \leqslant \dfrac{a_1}{a_2} \leqslant \cdots \leqslant \dfrac{a_{n-2}}{a_{n-1}} \leqslant \dfrac{a_{n-1}}{a_n}$$
于是
$$a_0 a_n \leqslant a_1 a_{n-1} \leqslant a_2 a_{n-2} \leqslant \cdots \qquad ①$$
令 $S = a_1 + a_2 + \cdots + a_{n-1}$,将要证明的不等式化为
$$n^2(S + a_0 + a_n)S \geqslant (n^2 - 1)(S + a_0)(S + a_n)$$
去掉两边相同的项,上式等价于
$$(S + a_0)(S + a_n) \geqslant n^2 a_0 a_n \qquad ②$$
为了证明式②,利用算术几何平均值不等式并结合式①,有
$$S = \sum_{k=1}^{n-1} \dfrac{a_k + a_{n-k}}{2} \geqslant \sum_{k=1}^{n-1} \sqrt{a_k a_{n-k}} \geqslant (n-1)\sqrt{a_0 a_n}$$
再由 $a_0 + a_n \geqslant 2\sqrt{a_0 a_n}$,有
$$(S + a_0)(S + a_n) = S^2 + a_0 a_n + (a_0 + a_n)S \geqslant$$
$$S^2 + a_0 a_n + 2\sqrt{a_0 a_n}\, S =$$
$$(S + \sqrt{a_0 a_n})^2 \geqslant n^2 a_0 a_n$$

**例 7** (1) 证明:$3 - \dfrac{2}{(n-1)!} < \dfrac{2}{2!} + \dfrac{7}{3!} + \cdots + \dfrac{n^2 - 2}{n!} < 3.$

(2) 求自然数 $a, b, c$,使得对任意 $n \in \mathbf{N}, n > 2$,有 $b - \dfrac{c}{(n-2)!} < \dfrac{2^3 - a}{2!} + \dfrac{3^3 - a}{3!} + \cdots + \dfrac{n^3 - a}{n!} < 3.$ (1996 年世界城市市际数学联赛)

**证明** (1) 令 $a_n = 3 - \left(\dfrac{2}{2!} + \dfrac{7}{3!} + \cdots + \dfrac{n^2 - 2}{n!}\right)$,则 $a_{n+1} = a_n - \dfrac{(n+1)^2 - 2}{(n+1)!}$,变形得 $a_{n+1} - \dfrac{n+3}{(n+1)!} = a_n - \dfrac{n+2}{n!}$,则 $\left\{a_n - \dfrac{n+2}{n!}\right\}$ 是常数数列,又 $a_2 = \dfrac{4}{2!}$,所以,$a_n = \dfrac{n+2}{n!}$,易证 $0 < \dfrac{n+2}{n!} < \dfrac{2}{(n-1)!}$,所以不等式(1)成立.

(2) $\dfrac{2^3 - a}{2!} + \dfrac{3^3 - a}{3!} + \cdots + \dfrac{n^3 - a}{n!} = \dfrac{2^3}{2!} + \dfrac{3^3}{3!} + \cdots + \dfrac{n^3}{n!} - a\left(\dfrac{1}{2!} + \dfrac{1}{3!} + \cdots + \dfrac{1}{n!}\right)$

通过归纳计算: $a = 5, b = 9$ 时有 $\dfrac{2^3 - 5}{2!} + \dfrac{3^3 - 5}{3!} + \cdots + \dfrac{n^3 - 5}{n!} < 9$. 事实上,

令 $b_n = 9 - (\dfrac{2^3 - 5}{2!} + \dfrac{3^3 - 5}{3!} + \cdots + \dfrac{n^3 - 5}{n!})$, 同理可得 $b_n = \dfrac{n^2 + 3n + 5}{n!}$, 即

$\dfrac{2^3 - 5}{2!} + \dfrac{3^3 - 5}{3!} + \cdots + \dfrac{n^3 - 5}{n!} < 9$.

再找 $b_n < \dfrac{c}{(n-2)!}$ ($c \in \mathbf{N}, n > 2$) 的 $c$. $\dfrac{n^2 + 3n + 5}{n!} < \dfrac{c}{(n-2)!} \Leftrightarrow n^2 + 3n + 5 < cn(n-1)$. 当 $n = 3$ 时, $c > \dfrac{23}{6}$. 取 $c = 4$, 则 $\dfrac{n^2 + 3n + 5}{n!} < \dfrac{4}{(n-2)!} \Leftrightarrow n^2 + 3n + 5 < 4n(n-1) \Leftrightarrow 3n^2 - 7n - 5 > 0 \Leftrightarrow 3n(n-3) + 2(n-3) + 1 > 0$ 对 $n \geq 3$ 显然成立.

所以, $a = 5, b = 9, c = 4$ 满足条件.

**例8** 已知数列 $\{a_n\}$ 满足 $a_1 = \dfrac{21}{16}$,

$$2a_n - 3a_{n-1} = \dfrac{3}{2^{n+1}}, n \geq 2 \qquad ①$$

设 $m$ 是正整数, $m \geq 2$. 证明: 当 $n \leq m$ 时, 有

$$(a_n + \dfrac{3}{2^{n+3}})^{\frac{1}{m}} [m - (\dfrac{2}{3})^{\frac{n(m-1)}{m}}] < \dfrac{m^2 - 1}{m - n + 1} \qquad ②$$

(2005 年中国数学奥林匹克试题)

**证明** 由式 ① 得 $2^n a_n = 3 \cdot 2^{n-1} a_{n-1} + \dfrac{3}{4}$, 记 $b_n = 2^n a_n, n = 1, 2, 3, \cdots$

$$b_n = 3 b_{n-1} + \dfrac{3}{4}$$

$$b_n + \dfrac{3}{8} = 3(b_{n-1} + \dfrac{3}{8})$$

由于 $b_1 = 2a_1 = \dfrac{21}{8}$, 所以 $b_n + \dfrac{3}{8} = 3^{n-1}(b_1 + \dfrac{3}{8}) = 3^n$, 故得

$$a_n = (\dfrac{3}{2})^n - \dfrac{3}{2^{n+3}}$$

因此, 为证明式 ②, 只需证明

$$(\dfrac{3}{2})^{\frac{n}{m}} \cdot (m - (\dfrac{2}{3})^{\frac{n(m-1)}{m}}) < \dfrac{m^2 - 1}{m - n + 1}$$

即只需证

$$(1 - \dfrac{n}{m+1})(\dfrac{3}{2})^{\frac{n}{m}} \cdot (m - (\dfrac{2}{3})^{\frac{n(m-1)}{m}}) < m - 1 \qquad ③$$

首先估计 $1 - \frac{n}{m+1}$ 的上界,由贝努利不等式,有

$$1 - \frac{n}{m+1} < (1 - \frac{1}{m+1})^n$$

所以

$$(1 - \frac{n}{m+1})^m < (1 - \frac{1}{m+1})^{mn} = (\frac{m}{m+1})^{mn} = [\frac{1}{(1+\frac{1}{m})^m}]^n$$

(注:也可以根据均值不等式导出:1 的个数为 $mn - m$ 个 $(1 - \frac{n}{m+1})^m =$

$$(1 - \frac{n}{m+1})^m \cdot 1 \cdot 1 \cdot \cdots \cdot 1 < [\frac{m(1-\frac{n}{m+1}) + mn - m}{mn}]^{mn} = (\frac{m}{m+1})^{mn}.)$$

由于 $m \geq 2$,根据二项式定理,可得

$$(1 + \frac{1}{m})m \geq 1 + C_m^1 \cdot \frac{1}{m} + C_m^2 \cdot \frac{1}{m^2} = \frac{5}{2} - \frac{1}{2m} \geq \frac{9}{4}$$

所以,$(1 - \frac{n}{m+1})^m < (\frac{4}{9})^n$,即

$$1 - \frac{n}{m+1} < (\frac{2}{3})^{\frac{2n}{m}}$$

所以,欲证式③,只需证

$$(\frac{2}{3})^{\frac{2n}{m}}(\frac{3}{2})^{\frac{n}{m}} \cdot (m - (\frac{2}{3})^{\frac{n(m-1)}{m}}) < m - 1$$

即

$$(\frac{2}{3})^{\frac{n}{m}} \cdot (m - (\frac{2}{3})^{\frac{n(m-1)}{m}}) < m - 1 \qquad ④$$

记 $(\frac{2}{3})^{\frac{n}{m}} = t$,则 $0 < t < 1$,④式变为 $t(m - t^{m-1}) < m - 1$.

即

$$(t - 1)[m - (t^{m-1} + t^{m-2} + \cdots + t + 1)] < 0.$$

此不等式显然成立,从而原不等式成立.

## 练 习 题

1. $n$ 是一个正整数,证明:$\frac{1}{n} + \frac{1}{n+1} + \frac{1}{n+2} + \cdots + \frac{1}{2n-1} > n(\sqrt[n]{2} - 1)$.

(1992 年澳大利亚数学奥林匹克试题)

2. 已知 $a_0 = 1, a_1 = 2, a_{n+1} = a_n + \dfrac{a_{n-1}}{1 + (a_{n-1})^2}, n \geq 1$, 证明: $52 < a_{1371} < 65$. (第 10 届伊朗数学奥林匹克试题)

3. 设 $a_1 = 1, a_n = \dfrac{a_{n-1}}{2} + \dfrac{1}{a_{n-1}}$, 其中 $n = 1, 2, 3, \cdots$, 证明: $0 < a_{10} - \sqrt{2} < 10^{-370}$. (第 49 届莫斯科数学奥林匹克试题)

4. 设 $n \geq 2$ 是自然数, 证明: $\dfrac{1}{n+1}(1 + \dfrac{1}{3} + \cdots + \dfrac{1}{2n-1}) > \dfrac{1}{n}(\dfrac{1}{2} + \dfrac{1}{4} + \cdots + \dfrac{1}{2n})$. (1998 年加拿大数学奥林匹克试题)

5. 已知 $n > 1$ 是正整数, $x > y > 1$, 证明: $\dfrac{x^{n+1} - 1}{x^n - x} > \dfrac{y^{n+1} - 1}{y^n - y}$. (1975 年英国数学奥林匹克试题)

6. 已知数列 $\{a_n\}$ 的通项公式是 $a_n = \dfrac{n^2 + 1}{\sqrt{n^4 + 4}}$, 数列 $\{b_n\}$ 的通项是 $b_n = a_1 a_2 \cdots a_n$, 证明:

(1) $b_n = \dfrac{\sqrt{2(n^2 + 1)}}{\sqrt{n^2 + 2n + 2}}$;

(2) $\dfrac{1}{(n+1)^3} < \dfrac{b_n}{\sqrt{2}} - \dfrac{n}{n+1} < \dfrac{1}{n^3}$. (1991 年爱尔兰数学奥林匹克试题)

7. 已知数列 $\{a_n\}$ 满足 $a_1 = 1, a_{n+1} a_n - 1 = a_n^2$.

(1) 证明: $\sqrt{2n-1} \leq a_n \leq \sqrt{3n-2}$;

(2) 求整数 $m$, 使得 $|a_{2005} - m|$ 最小. (2005 年河北省高中数学竞赛试题)

8. 已知数列 $\{a_n\}$ 满足 $a_1 = 1, a_{n+1} = a_n + 2n\ (n = 1, 2, \cdots), b_{n+1} = b_n + \dfrac{b_n^2}{n}\ (n = 1, 2, \cdots)$. 证明: $\dfrac{1}{2} \leq \sum\limits_{k=1}^{n} \dfrac{1}{\sqrt{a_{k+1} b_k + k a_{k+1} - b_k - k}} < 1$. (2006 年浙江省数学竞赛试题)

9. 设 $a_1 \geq a_2 \geq \cdots \geq a_n \geq a_{n+1} = 0$ 是实数序列, 证明: $\sqrt{\sum\limits_{k=1}^{n} a_k} \leq \sum\limits_{k=1}^{n} \sqrt{a_k}(\sqrt{a_k} - \sqrt{a_{k+1}})$. (第 38 届 IMO 预选题)

10. (1) 设 $\{b_n\}$ 是正整数序列, 对一切 $n \geq 1$ 有 $b_{n+1}^2 \geq \dfrac{b_1^2}{1^3} + \dfrac{b_2^2}{2^3} + \cdots + \dfrac{b_n^2}{n^3}$.

证明: 存在一个正整数 $k$, 使得 $\sum\limits_{n=1}^{k} \dfrac{b_{n+1}}{b_1 + b_2 + \cdots + b_n} > \dfrac{1\,993}{1\,000}$. (第 34 届 IMO 土耳其国家队选拔考试试题)

(2) 设 $x_1, x_2, \cdots, x_{2001}$ 满足 $x_i^2 \geq \dfrac{x_1^2}{1^3} + \dfrac{x_2^2}{2^3} + \cdots + \dfrac{x_{i-1}^2}{(i-1)^3}, 2 \leq i \leq 2001$，证明：$\displaystyle\sum_{i=2}^{2001} \dfrac{x_i}{x_1 + x_2 + \cdots + x_{i-1}} > 1999$. （2001 年南斯拉夫数学奥林匹克试题）

11. 设数列 $\{a_n\}$ 和 $\{b_n\}$ 满足 $a_0 = \dfrac{\sqrt{2}}{2}, a_{n+1} = \dfrac{\sqrt{2}}{2}\sqrt{1 - \sqrt{1 - a_n^2}}, n = 0, 1, 2, \cdots$。$b_0 = 1, b_{n+1} = \dfrac{\sqrt{1 + b_n^2} - 1}{b_n}, n = 0, 1, 2, \cdots$。求证：对于每一个 $n = 0, 1, 2, \cdots$，有 $2^{n+2} a_n < \pi < 2^{n+1} b_n$。（第 30 届 IMO 预选题）

12. 设 $x_0 = 10^9, x_n = \dfrac{x_{n-1}^2 + 2}{2x_{n-1}}, n = 1, 2, \cdots$。求证：$0 < x_{36} - \sqrt{2} < 10^{-9}$。（第 16 届莫斯科数学奥林匹克试题）

13. 对任意正整数 $n$，设 $a_n$ 是方程 $x^3 + \dfrac{x}{n} = 1$ 的实数根，求证：(1) $a_{n+1} > a_n$；(2) $\displaystyle\sum_{i=1}^{n} \dfrac{1}{(i+1)^2 a_i} < a_n$。（2006 年中国东南地区数学奥林匹克试题）

14. 设 $a_1, a_2, \cdots, a_n$ 都是正数，且对任意 $1 \leq k \leq n$，有 $a_1 a_2 \cdots a_k \geq 1$。求证：
$\dfrac{1}{1 + a_1} + \dfrac{2}{(1 + a_1)(1 + a_2)} + \cdots + \dfrac{n}{(1 + a_1)(1 + a_2)\cdots(1 + a_n)} < 2$。（1971 年基辅数学奥林匹克试题）

15. 已知实数数列 $a_1, a_2, \cdots, a_n$ 满足 $a_1 = 1, a_2 = \dfrac{1}{2}, a_{k+2} = a_k + \dfrac{1}{2} a_{k+1} + \dfrac{1}{4 a_k a_{k+1}}, k \geq 1$。求证：$\dfrac{1}{a_1 a_3} + \dfrac{1}{a_2 a_4} + \dfrac{1}{a_3 a_5} + \cdots + \dfrac{1}{a_{98} a_{100}} < 4$。（2005 年波罗的海数学竞赛试题）

16. 已知数列 $a_1, a_2, \cdots, a_n$ 满足 $a_1 = \sqrt{2}, a_2 = 2, a_{n+1} = a_n a_{n-1}^2, n \geq 2$，证明：
$(1 + a_1)(1 + a_2)\cdots(1 + a_n) < (2 + \sqrt{2}) a_1 a_2 \cdots a_n$。（2003 年波罗的海数学竞赛试题）

17. 数列 $a_1, a_2, \cdots, a_n, \cdots$ 的各项是非负的，且满足 (1) $a_n + a_{2n} \geq 3n$；(2) $a_{n+1} + n \leq 2\sqrt{a_n(n+1)}, n = 1, 2, \cdots$，试证明 $a_n \geq n$，并给出满足条件的一个数列。（2004 年波罗的海数学竞赛试题）

18. 设 $a_1, a_2, \cdots, a_n$ 为正数，证明：$\sqrt{a_1 + a_2 + \cdots + a_n} + \sqrt{a_2 + a_3 + \cdots + a_n} + \sqrt{a_3 + \cdots + a_n} + \cdots + \sqrt{a_n} \geq \sqrt{a_1 + 4a_2 + 9a_3 + \cdots + n^2 a_n}$。（2006 年江西省数学竞赛试题）

19. 设 $x_1, x_2, x_3, \cdots$ 是递减的正数列且对任意正整数 $n$ 都有 $x_1 + \dfrac{x_4}{2} +$

$\dfrac{x_9}{3} + \cdots + \dfrac{x_n^2}{n} \leqslant 1$. 求证对任意正整数 $n$ 都有 $x_1 + \dfrac{x_2}{2} + \dfrac{x_3}{3} + \cdots + \dfrac{x_n}{n} < 3$. (第 13 届全苏数学奥林匹克试题)

20. 已知严格递增的无界正数列 $a_1, a_2, \cdots$. 求证:

(1) 存在正整数 $k_0$ 使得对于一切 $k \geqslant k_0$, 有 $\dfrac{a_1}{a_2} + \dfrac{a_2}{a_3} + \cdots + \dfrac{a_k}{a_{k+1}} < k - 1$.

(2) 当 $k$ 充分大时, 有 $\dfrac{a_1}{a_2} + \dfrac{a_2}{a_3} + \cdots + \dfrac{a_k}{a_{k+1}} < k - 1\,985$. (第 19 届全苏数学奥林匹克试题)

21. 设非负数列 $a_1, a_2, \cdots, a_n, \cdots$ 满足条件: $a_{m+n} \leqslant a_n + a_m, m, n \in \mathbf{N}^*$, 求证: 对任意 $n \geqslant m$ 均有 $a_n \leqslant ma_1 + \left(\dfrac{n}{m} - 1\right)a_m$. (1997 年中国数学奥林匹克 CMO 试题)

22. 数列 $a_1, a_2, \cdots, a_n, \cdots$ 满足条件 $a_1 = 1, a_{n+1} = \sqrt{a_n^2 + \dfrac{1}{a_n}}, n = 1, 2, 3, \cdots$. 求证存在正数 $\alpha$, 使得 $\dfrac{1}{2} \leqslant \dfrac{a_n}{n^\alpha} \leqslant 2$. (1988 年瑞典数学奥林匹克试题)

23. 已知 $n$ 是正整数, 证明 $\displaystyle\sum_{k=1}^n \dfrac{1}{k^3} < \dfrac{5}{4}$. (1969 年 IMO 预选题)

24. 已知数列 $\{a_n\}, \{b_n\}$ 满足 $a_1 > 0, b_1 > 0, a_{n+1} = a_n + \dfrac{1}{b_n}, b_{n+1} = b_n + \dfrac{1}{a_n}$, 求证: $a_{25} + b_{25} > 10\sqrt{2}$. (1996 年立陶宛数学奥林匹克试题)

25. 对每个正整数 $n$ 定义 $f(n) = \begin{cases} 1, n = 1 \\ \dfrac{n}{f(n-1)}, n \geqslant 2 \end{cases}$. 证明: $\sqrt{1\,992} < f(1\,992) < \dfrac{4}{3}\sqrt{1\,992}$. (1992 年丹麦数学奥林匹克试题)

26. 数列 $\{a_n\}(n = 0, 1, 2, \cdots,)$ 是实数数列, 且满足 $a_{n+1} \geqslant a_n^2 + \dfrac{1}{5}(n \geqslant 0)$, 证明当 $n \geqslant 5$ 时有 $\sqrt{a_{n+5}} \geqslant a_{n-5}^2$. (2001 年美国国家集训队试题)

27. 已知数列 $\{a_n\}$ 定义如下: $a_k = \dfrac{1}{2} \cdot \dfrac{3}{4} \cdot \cdots \cdot \dfrac{2k-3}{2(k-1)} \cdot \dfrac{2k-1}{2k}(k = 1, 2, \cdots)$. 求证:

(1) $a_{n+1} < \dfrac{1}{\sqrt{2n+3}}$; (2) 对任意的正整数 $n$, 都有 $\displaystyle\sum_{k=1}^n a_k < \sqrt{2(n+1)} - 1$. (2006 年四川省数学竞赛试题)

28. 已知 $x_n = \dfrac{(2n+1)(2n+3)\cdots(4n-1)(4n+1)}{(2n)(2n+2)\cdots(4n-2)(4n)}$，证明：$\dfrac{1}{4n} < x_n - \sqrt{2} < \dfrac{2}{n}$. (2001年波兰数学奥林匹克试题)

29. 已知 $a_1, a_2, \cdots, a_n$ 都是正数，证明：
$$\dfrac{(a_1+a_2+a_3)(a_2+a_3+a_4)\cdots(a_n+a_1+a_2)}{(a_1+a_2)(a_2+a_3)\cdots(a_n+a_1)} > (\sqrt{2})^n$$
(2003年波兰数学奥林匹克试题)

30. 已知 $a_1, a_2, \cdots,$ 是正数数列，求证：若存在正数 $M$，使得 $a_1^2 + a_2^2 + \cdots + a_n^2 < Ma_{n+1}^2 (n=1,2,\cdots)$，则一定存在一个正数 $M'$，使得 $a_1 + a_2 + \cdots + a_n < M'a_{n+1}$. (2006年中国香港数学奥林匹克试题)

31. 设正整数 $k > m \geq 1$，证明：$\dfrac{\sqrt[k]{k!}}{\sqrt[m]{m!}} < \dfrac{k}{m}$. (2008年波兰数学奥林匹克试题)

32. 给定整数 $n \geq 3$，实数 $a_1, a_2, \cdots, a_n$ 满足 $\min_{1 \leq i < j \leq n} |a_i - a_j| \leq 1$，求 $\sum_{k=1}^{n} |a_k|^3$ 的最小值. (2009年中国数学奥林匹克试题)

33. 已知数列 $\{a_n\}$ 定义如下：$a_1 = \dfrac{1}{2}, a_{n+1} = \dfrac{a_n^2}{a_n^2 - a_n + 1}$，证明：$a_1 + a_2 + \cdots + a_n < 1$. (2003年罗马利亚国家集训队选拔试题)

34. 数列 $\{a_n\}$ 满足 $a_1 = \dfrac{1}{3}, a_{n+1} = \dfrac{a_n^2}{a_n^2 - a_n + 1} (n = 1, 2, \cdots)$，求证：$\dfrac{1}{2} - \dfrac{1}{3^{2^{n-1}}} < a_1 + a_2 + \cdots + a_n < \dfrac{1}{2} - \dfrac{1}{3^{2^n}}$. (2010年全国高中数学联赛B卷试题)

35. 已知数列 $\{a_n\}$ 定义如下：$a_1 = 1, a_2 = \dfrac{4}{3}, a_{n+1} = \sqrt{1 + a_n a_{n-1}}, (n \geq 2$，证明当 $n \geq 2$ 时，$a_n^2 > a_{n-1}^2 + \dfrac{1}{2}$，且 $1 + \sum_{i=1}^{n} \dfrac{1}{a_i} > 2a_n$. (2010年印度尼西亚数学奥林匹克试题)

36. 已知数列 $\{a_n\}$ 各项均不为 0，其前 $n$ 项和为 $S_n$，且对任意的 $n \in \mathbf{N}^*$，都有 $(1-p)S_n = p - pa_n$ ($p$ 是大于 1 的常数). 记 $f(n) = \dfrac{1 + C_n^1 a_1 + C_n^2 a_2 + \cdots + C_n^n a_n}{2^n S_n}$.

(1) 试比较 $f(n+1)$ 与 $\dfrac{p+1}{2p} f(n)$ 的大小；

(2) 求证：$(2n-1)f(n) \leq \sum_{k=1}^{2n-1} f(k) \leq \dfrac{p+1}{p-1}[-(\dfrac{p+1}{2p})^{2n-1}]$. (2010年辽宁省数学竞赛试题)

# 参 考 解 答

1. 因为 $n + \dfrac{1}{n} + \dfrac{1}{n+1} + \dfrac{1}{n+2} + \cdots + \dfrac{1}{2n-1} = (1 + \dfrac{1}{n}) + (1 + \dfrac{1}{n+1}) + (1 + \dfrac{1}{n+2}) + \cdots + (1 + \dfrac{1}{2n-1}) = \dfrac{n+1}{n} + \dfrac{n+2}{n+1} + \dfrac{n+3}{n+2} + \cdots + \dfrac{2n}{2n-1} >$

$n\sqrt[n]{\dfrac{n+1}{n} \cdot \dfrac{n+2}{n+1} \cdot \dfrac{n+3}{n+2} \cdot \cdots \cdot \dfrac{2n}{2n-1}} = n\sqrt[n]{2}.$

所以 $\dfrac{1}{n} + \dfrac{1}{n+1} + \dfrac{1}{n+2} + \cdots + \dfrac{1}{2n-1} > n(\sqrt[n]{2} - 1).$

2. 我们证明一般情形

$$\sqrt{2n+1} \leqslant a_n \leqslant \sqrt{3n+2} \quad (\text{对所有 } n \geqslant 0) \qquad ①$$

取 $n = 1\,371$,$\sqrt{2n+1} = \sqrt{2\,743} \approx 52.37$,$\sqrt{3n+2} = \sqrt{4\,115} \approx 64.148$,则有 $52 < a_{1371} < 65.$

首先,我们归纳证明:

$$a_n = a_{n-1} + \dfrac{1}{a_{n-1}} \quad (\text{对所有 } n \geqslant 1) \qquad ②$$

当 $n = 1$ 时,因为 $a_1 = 2 = a_0 + \dfrac{1}{a_0}$,结论成立.

假设式 ② 对 $n \geqslant 1$ 都成立,那么 $a_n = a_{n-1} + \dfrac{1}{a_{n-1}} = \dfrac{1 + (a_{n-1})^2}{a_{n-1}}$,所以 $\dfrac{1}{a_n} = \dfrac{a_{n-1}}{1 + (a_{n-1})^2}$,由已知得 $a_{n+1} = a_n + \dfrac{a_{n-1}}{1 + (a_{n-1})^2} = a_n + \dfrac{1}{a_n}$,故对 $n+1$ 结论成立.

显然,对全体 $n$,$a_n > 0$,由式 ② 知数列 $\{a_n\}$ 是严格单调递增的,且 $\dfrac{1}{(a_{n-1})^2} \leqslant 1$(对所有 $n \geqslant 1$),又因为 $a_n^2 = a_{n-1}^2 + \dfrac{1}{a_{n-1}^2} + 2$,我们得到

$$a_{n-1}^2 + 2 < a_n^2 \leqslant a_{n-1}^2 + 3 \quad (n \geqslant 1) \qquad ③$$

下面用式 ③ 归纳证明式 ①.

$n = 0$ 时,式 ① 显然成立. 设对 $n \geqslant 0$ 式 ① 成立,那么由式 ③

$a_{n+1} \leqslant \sqrt{a_n^2 + 3} \leqslant \sqrt{3n + 2 + 3} = \sqrt{3(n+1) + 2}$

$a_{n+1} > \sqrt{a_n^2 + 2} \geqslant \sqrt{2n + 1 + 2} = \sqrt{2(n+1) + 2}$

故对 $n + 1$ 结论成立. 由归纳法知式 ① 成立.

3. $a_n - \sqrt{2} = \dfrac{a_{n-1}}{2} + \dfrac{1}{a_{n-1}} - \sqrt{2} = \dfrac{(a_{n-1} - \sqrt{2})^2}{2a_{n-1}}$, $a_n + \sqrt{2} = \dfrac{a_{n-1}}{2} + \dfrac{1}{a_{n-1}} + \sqrt{2} =$

$\frac{(a_{n-1}+\sqrt{2})^2}{2a_{n-1}}$,因此,$\frac{a_n-\sqrt{2}}{a_n+\sqrt{2}}=(\frac{a_{n-1}-\sqrt{2}}{a_{n-1}+\sqrt{2}})^2$. 于是推出 $\frac{a_{10}-\sqrt{2}}{a_{10}+\sqrt{2}}=(\frac{a_9-\sqrt{2}}{a_9+\sqrt{2}})^2=(\frac{a_1-\sqrt{2}}{a_1+\sqrt{2}})^{512}$.

易由归纳法证明,当 $n \geq 2$ 时,$\sqrt{2} < a_n < 2$.

因此,有
$$0 < a_{10} - \sqrt{2} < (2+\sqrt{2})(\frac{\sqrt{2}-1}{\sqrt{2}+1})^{512} = \frac{\sqrt{2}}{(\sqrt{2}+1)^{1023}}$$

注意到
$$(\sqrt{2}+1)^8 = (17+12\sqrt{2})^2 > (24\sqrt{2})^2 > 10^3$$

故 $(\sqrt{2}+1)^{1024} > (10^3)^{128} = 10^{384}$,因此
$$a_{10} - \sqrt{2} < \frac{\sqrt{2}(+1)}{(\sqrt{2}+1)^{1024}} < 10^{-383}$$

这样我们证明了比题目结论更强的不等式.

4. $\frac{1}{n+1}(1+\frac{1}{3}+\cdots+\frac{1}{2n-1}) > \frac{1}{n}(\frac{1}{2}+\frac{1}{4}+\cdots+\frac{1}{2n})$ 等价于

$$\frac{1}{n+1}(1+\frac{1}{3}+\cdots+\frac{1}{2n-1}) + \frac{1}{n+1}(\frac{1}{2}+\frac{1}{4}+\cdots+\frac{1}{2n}) >$$
$$\frac{1}{n}(\frac{1}{2}+\frac{1}{4}+\cdots+\frac{1}{2n}) + \frac{1}{n+1}(\frac{1}{2}+\frac{1}{4}+\cdots+\frac{1}{2n}) \Leftrightarrow$$
$$\frac{1}{n+1}(1+\frac{1}{2}+\frac{1}{3}+\frac{1}{4}+\cdots+\frac{1}{2n-1}+\frac{1}{2n}) >$$
$$\frac{2n+1}{n(n+1)}(1+\frac{1}{2}+\frac{1}{3}+\frac{1}{4}+\cdots+\frac{1}{n}) \Leftrightarrow$$
$$1+\frac{1}{2}+\frac{1}{3}+\frac{1}{4}+\cdots+\frac{1}{2n-1}+\frac{1}{2n} >$$
$$(1+\frac{1}{2n})(1+\frac{1}{2}+\frac{1}{3}+\frac{1}{4}+\cdots+\frac{1}{n}) \Leftrightarrow$$
$$\frac{1}{n+1}+\frac{1}{n+2}+\cdots+\frac{1}{2n} > \frac{1}{2n}(1+\frac{1}{2}+\frac{1}{3}+\frac{1}{4}+\cdots+\frac{1}{n})$$

上面这个不等式显然成立.

5. 因为 $x > y > 1$,所以 $\frac{x^{n+1}-1}{x^n-x} > \frac{y^{n+1}-1}{y^n-y}$ 等价于 $(x^{n+1}-1)(y^n-y) > (y^{n+1}-1)(x^n-x) \Leftrightarrow x^{n+1}y^n - x^ny^{n+1} + xy^{n+1} - x^{n+1}y + x^n - y^n - x + y > 0 \Leftrightarrow (x-y)(x^ny^n-1) - (x^n-y^n)(xy-1) > 0$. 因为 $x > y > 1$,所以 $xy > 1, x-y > 0, (x-y)(xy-1) > 0$.

分解因式后即证$(x-y)(xy-1)\{[(xy)^{n-1}+(xy)^{n-2}+\cdots+xy+1]-(x^{n-1}+x^{n-2}y+\cdots+xy^{n-2}+y^{n-1})\}>0$.

只要证明

$$[(xy)^{n-1}+(xy)^{n-2}+\cdots+xy+1]-(x^{n-1}+x^{n-2}y+\cdots+xy^{n-2}+y^{n-1})>0$$

因为

$$(xy)^{n-1}+1-(x^{n-1}+y^{n-1})=(x^{n-1}-1)(y^{n-1}-1)>0$$

$$(xy)^{n-2}+xy-x^{n-2}y+xy^{n-2}=xy(x^{n-3}-1)(y^{n-3}-1)>0$$

一般地，$(xy)^{n-k}+(xy)^{k-1}-x^{n-k}y^{k-1}+x^{k-1}y^{n-k}=(xy)^{k-1}(x^{n-2k+1}-1)(y^{n-2k+1}-1)>0, k=1,2,3,\cdots,n.$

将这 $n$ 个不等式相加并除以 2，得$[(xy)^{n-1}+(xy)^{n-2}+\cdots+xy+1]-(x^{n-1}+x^{n-2}y+\cdots+xy^{n-2}+y^{n-1})>0$.

从而原不等式成立.

6. (1) 因为 $a_n=\dfrac{n^2+1}{\sqrt{n^4+4}}=\dfrac{n^2+1}{\sqrt{n^4+4n^2+4-4n^2}}=\dfrac{n^2+1}{\sqrt{(n^2+2)^2-4n^2}}=\dfrac{n^2+1}{\sqrt{(n^2+2n+2)(n^2-2n+2)}}=\dfrac{n^2+1}{\sqrt{((n-1)^2+1)((n+1)^2+1)}}$，所以 $b_n=a_1a_2\cdots a_n=\dfrac{\sqrt{2(n^2+1)}}{\sqrt{n^2+2n+2}}$.

(2) 由(1)得$\dfrac{b_n}{\sqrt{2}}=\dfrac{\sqrt{n^2+1}}{\sqrt{n^2+2n+2}}$，即证明$\dfrac{1}{(n+1)^3}+\dfrac{n}{n+1}<\dfrac{\sqrt{n^2+1}}{\sqrt{n^2+2n+2}}<\dfrac{1}{n^3}+\dfrac{n}{n+1}$.

$$\dfrac{1}{(n+1)^3}+\dfrac{n}{n+1}<\dfrac{\sqrt{n^2+1}}{\sqrt{n^2+2n+2}}\Leftrightarrow\left(\dfrac{n(n+1)^2+1}{(n+1)^3}\right)^2<\dfrac{n^2+1}{n^2+2n+2}\Leftrightarrow$$

$(n^2+2n+2)(n^3+2n^2+n+1)<(n^2+1)(n+1)^6\Leftrightarrow$

$(n^2+2n+2)(n^3+2n^2+n+1)<$
$(n^2+1)(n^6+6n^5+15n^4+20n^3+15n^2+6n+1)\Leftrightarrow$
$n^8+6n^7+16n^6+26n^5+28n^4+18n^3+13n^2+6n+2<$
$n^8+6n^7+16n^6+26n^5+30n^4+26n^3+16n^2+6n+1$

而此不等式显然成立. 故

$$\dfrac{1}{(n+1)^3}+\dfrac{n}{n+1}<\dfrac{\sqrt{n^2+1}}{\sqrt{n^2+2n+2}}$$

$$\dfrac{\sqrt{n^2+1}}{\sqrt{n^2+2n+2}}<\dfrac{1}{n^3}+\dfrac{n}{n+1}\Leftrightarrow\dfrac{n^2+1}{n^2+2n+2}<\dfrac{(n^4+n+1)^2}{(n^4+n^3)^2}\Leftrightarrow$$

$(n^2+1)(n^8+2n^7+n^6) <$
$(n^8+2n^5+2n^4+n^2+2n+1)(n^2+2n+2) \Leftrightarrow$
$n^{10}+2n^9+n^8+2n^7+n^6 <$
$n^{10}+2n^9+n^8+2n^7+2n^6+4n^5+5n^4+4n^3+6n^2+4n+2$

而此不等式显然成立. 故 $\dfrac{\sqrt{n^2+1}}{\sqrt{n^2+2n+2}} < \dfrac{1}{n^3}+\dfrac{n}{n+1}$. 从而 $\dfrac{1}{(n+1)^3} < \dfrac{b_n}{\sqrt{2}} - \dfrac{n}{n+1} < \dfrac{1}{n^3}$.

7.（1）由已知易得 $\{a_n\}$ 为递增数列，且各项均为正数.

因为 $a_{n+1}a_n - 1 = a_n^2$，所以，当 $k \geq 2$ 时，$a_k = a_{k-1} + \dfrac{1}{a_{k-1}}$.

由此得 $a_k^2 = (a_{k-1} + \dfrac{1}{a_{k-1}})^2 = a_{k-1}^2 + \dfrac{1}{a_{k-1}^2} + 2 > a_{k-1}^2 + 2$，即 $a_k^2 - a_{k-1}^2 > 2$.

则 $a_n^2 - a_1^2 = \sum\limits_{k=2}^{n}(a_k^2 - a_{k-1}^2) > 2(n-1)$，即 $a_n^2 > a_1^2 + 2(n-1) = 2n-1$.

故 $a_n > \sqrt{2n-1}\ (n>1)$.

又 $a_n^2 - a_1^2 = \sum\limits_{k=2}^{n}(a_k^2 - a_{k-1}^2) = 2(n-1) + \sum\limits_{k=2}^{n}\dfrac{1}{a_{k-1}^2} \leq 2(n-1) + (n-1) = 3n-3$，即 $a_n^2 \leq 3n-3 + a_1^2 = 3n-2$.

故 $a_n \leq \sqrt{3n-2}$. 综合得 $\sqrt{2n-1} \leq a_n \leq \sqrt{3n-2}$.

（2）由（1）的结果得 $\sqrt{4\,009} \leq a_{2005} \leq \sqrt{6\,013}$，即 $63 < a_{2005} < 78$.

为进一步估计 $a_{2005}$ 的值. 引入数列 $\{b_n\}$，使得 $a_n^2 = 2n-1+b_n$，由（1）知，当 $n>1$ 时，有 $b_n > 0$.

于是等式 $a_{n+1}^2 = a_n^2 + \dfrac{1}{a_n^2} + 2$ 可改写成 $2n+1+b_{n+1} = 2n-1+b_n+2+\dfrac{1}{2n-1+b_n}$.

由此得

$$b_{n+1} = b_n + \dfrac{1}{2n-1+b_n} \leq b_n + \dfrac{1}{2n-1}$$

通过归纳推出

$$b_{n+1} \leq b_1 + 1 + \dfrac{1}{3} + \dfrac{1}{5} + \cdots + \dfrac{1}{2n-3} + \dfrac{1}{2n-1}$$

由于 $b_1 = 0$，所以，$b_{2005} \leq 1 + \dfrac{1}{3} + \dfrac{1}{5} + \cdots + \dfrac{1}{4\,005} + \dfrac{1}{4\,007}$.

为了估计该式右端的值，将其分段如下

$$b_{2005} \le 1 + (\frac{1}{3} + \frac{1}{5} + \frac{1}{7}) + (\frac{1}{9} + \frac{1}{11} + \cdots +$$
$$\frac{1}{25}) + \cdots + (\frac{1}{243} + \frac{1}{245} + \cdots + \frac{1}{727}) +$$
$$(\frac{1}{729} + \frac{1}{731} + \cdots + \frac{1}{2\,185}) +$$
$$(\frac{1}{2\,187} + \cdots + \frac{1}{4\,005} + \frac{1}{4\,007})$$

上式右端第一个括号中有 3 个加项,最大项为 $\frac{1}{3}$;第二个括号中有 9 个加项,最大项为 $\frac{1}{9}$;……,第六个括号中有 729 个加项,最大项为 $\frac{1}{729}$;最后,第七个括号中有 911 个加项,最大项为 $\frac{1}{2\,187}$. 所以,$b_{2\,005} < 8$. 结合 $a_n^2 = 2n - 1 + b_n$,得 $a_{2\,005}^2 < 4\,010 - 1 + 8 < 4\,032.25 = 63.5^2$.

由此,$63 < a_{2\,005} < 63.5$. 故 $m = 63$.

8. 记 $I_n = \sum_{k=1}^{n} \frac{1}{\sqrt{a_{k+1}b_k + ka_{k+1} - b_k - k}}$,则 $I_1 = \frac{1}{2} < I_2 < \cdots < I_n$.
而
$$I_n = \sum_{k=1}^{n} \frac{1}{\sqrt{a_{k+1}b_k + ka_{k+1} - b_k - k}} =$$
$$\sum_{k=1}^{n} \frac{1}{\sqrt{(a_{k+1} - 1)(b_k + k)}} \le$$
$$\sqrt{\sum_{k=1}^{n} \frac{1}{a_{k+1} - 1} \cdot \sum_{k=1}^{n} \frac{1}{b_k + k}}$$

因为 $a_1 = 1, a_{n+1} = a_n + 2n (n = 1, 2, \cdots)$,所以,$a_{k+1} - 1 = k(k+1)$. 故
$$\sum_{k=1}^{n} \frac{1}{a_{k+1} - 1} = \sum_{k=1}^{n} \frac{1}{k(k+1)} = 1 - \frac{1}{n+1} < 1 \qquad ①$$

又因为 $b_{k+1} = b_k + \frac{b_k^2}{k} = \frac{b_k(b_k + k)}{k}$,所以,$\frac{1}{b_{k+1}} = \frac{k}{b_k(b_k + k)} = \frac{1}{b_k} - \frac{1}{b_k + k}$. 故
$\frac{1}{b_k + k} = \frac{1}{b_k} - \frac{1}{b_{k+1}}$.

从而
$$\sum_{k=1}^{n} \frac{1}{b_k + k} = \frac{1}{b_1} - \frac{1}{b_{n+1}} \le \frac{1}{b_1} = 1 \qquad ②$$

由①,②即得 $I_n < 1$.

综上,得 $\frac{1}{2} \leqslant I_n < 1$. 当且仅当 $n = 1$ 时,左边不等式的等号成立.

9. 令 $x_k = \sqrt{a_k} - \sqrt{a_{k+1}}, k = 1, 2, \cdots, n$. 则有
$$a_1 = (x_1 + x_2 + \cdots + x_n)^2, a_2 = (x_2 + x_3 + \cdots + x_n)^2, \cdots, a_2 = x_n^2$$
把这些式子的右端展开后相加,有
$$\sum_{k=1}^{n} a_k = \sum_{k=1}^{n} k x_k^2 + 2 \sum_{1 \leqslant k < l \leqslant n} k x_k x_l \qquad ①$$
$x_k x_l$ 在每一个 $a_1, a_2, \cdots, a_k$ 的展开式中恰好只出现一次,但不在 $a_{k+1}$, $a_{k+2}, \cdots a_n$ 的展开式中出现,所以它的系数是 $k$. 把欲证的不等式的右端以 $x_k = \sqrt{a_k} - \sqrt{a_{k+1}}$ 代入,然后平方,即得
$$(\sum_{k=1}^{n} \sqrt{k} x_k)^2 = \sum_{k=1}^{n} k x_k^2 + 2 \sum_{1 \leqslant k < l \leqslant n} \sqrt{kl} x_k x_l \qquad ②$$
式 ① 的值显然大于式 ② 的值,所以要证的不等式成立.

10. (1) 由柯西不等式得 $(1^3 + 2^3 + \cdots + n^3) b_{n+1}^2 \geqslant (1^3 + 2^3 + \cdots + n^3) (\frac{b_1^2}{1^3} + \frac{b_2^2}{2^3} + \cdots + \frac{b_n^2}{n^3}) = (b_1 + b_2 + \cdots + b_n)^2$.

而 $1^3 + 2^3 + \cdots + n^3 = (\frac{n(n+1)}{2})^2$,所以,
$$\frac{b_{n+1}}{b_1 + b_2 + \cdots + b_n} \geqslant \frac{2}{n(n+1)} = \frac{2}{n} - \frac{2}{n+1}$$
于是,
$$\sum_{n=1}^{k} \frac{b_{n+1}}{b_1 + b_2 + \cdots + b_n} \geqslant \sum_{n=1}^{k} (\frac{2}{n} - \frac{2}{n+1}) = 2(1 - \frac{1}{k+1})$$
故只要取 $k = 999$,就有
$$2(1 - \frac{1}{1\,000}) = \frac{1\,998}{1\,000} > \frac{1\,993}{1\,000}$$

(2) 只要取 $k = 2\,001$.

11. 令 $a_0 = \frac{\sqrt{2}}{2} = \sin \frac{\pi}{2^2}$,则 $a_1 = \frac{\sqrt{2}}{2} \sqrt{1 - \cos \frac{\pi}{4}} = \sin \frac{\pi}{2^3}$,若 $a_n = \sin \frac{\pi}{2^{n+2}}$,则
$$a_{n+1} = \frac{\sqrt{2}}{2} \sqrt{1 - \cos \frac{\pi}{2^{n+2}}} = \sin \frac{\pi}{2^{n+3}}.$$

于是,由数学归纳法知 $a_n = \sin \frac{\pi}{2^{n+2}}, n = 0, 1, 2, \cdots$. 同理可证 $b_n = \tan \frac{\pi}{2^{n+2}}$, $n = 0, 1, 2, \cdots$.

由于,当 $x \in (0, \frac{\pi}{2})$ 时,有 $\sin x < x < \tan x$,从而有 $a_n < \frac{\pi}{2^{n+2}} < b_n$. 即

$2^{n+2}a_n < \pi < 2^{n+1}b_n.$

12. 用数学归纳法易证

$$x_n > \sqrt{2}, n = 0, 1, 2, \cdots \qquad ①$$

由递推公式,得

$$0 < x_n - \sqrt{2} = \frac{x_{n-1}^2 + 2}{2x_{n-1}} - \sqrt{2} = \frac{(x_{n-1} - \sqrt{2})^2}{2x_{n-1}}$$

再由式①得

$$0 < x_n - \sqrt{2} < \frac{(x_{n-1} - \sqrt{2})^2}{2\sqrt{2}}, n = 1, 2, \cdots \qquad ②$$

注意到 $0 < \frac{x_{n-1} - \sqrt{2}}{2x_{n-1}} < 1$,可得另一种估计

$$0 < x_n - \sqrt{2} < \frac{1}{2}(x_{n-1} - \sqrt{2}), n = 1, 2, 3, \cdots \qquad ③$$

从式③可递推得,$0 < x_{30} - \sqrt{2} < \frac{1}{2^{30}}(x_0 - \sqrt{2}) < \frac{10^9}{2^{30}}.$ 由于 $10^9 < 2^{30}$,所以 $0 < x_{30} - \sqrt{2} < 1.$

利用式②递推得 $0 < x_{36} - \sqrt{2} < \frac{(x_{35} - \sqrt{2})^2}{2\sqrt{2}} < (\frac{1}{2\sqrt{2}})^{1+2}(x_{34} - \sqrt{2})^4 < (\frac{1}{2\sqrt{2}})^{1+2+4}(x_{33} - \sqrt{2})^8 < \cdots < (\frac{1}{2\sqrt{2}})^{1+2+4+8+16+32}(x_{30} - \sqrt{2})^{32}$,即 $0 < x_{36} - \sqrt{2} < (\frac{1}{2\sqrt{2}})^{63}.$ 显然,$(\frac{1}{2\sqrt{2}})^{63} < 10^{-9}.$ 从而,所证不等式成立.

13. 由 $a_n^3 + \frac{a_n}{n} = 1$,得 $0 < a_n < 1.$

(1) $0 = a_{n+1}^3 + \frac{a_{n+1}}{n+1} - (a_n^3 + \frac{a_n}{n}) < a_{n+1}^3 + \frac{a_{n+1}}{n} - (a_n^3 + \frac{a_n}{n}) = (a_{n+1} - a_n)(a_{n+1}^2 + a_{n+1}a_n + a_n^2 + \frac{1}{n}).$

因为 $a_{n+1}^2 + a_{n+1}a_n + a_n^2 + \frac{1}{n} > 0$,所以 $a_{n+1} - a_n > 0$,即 $a_{n+1} > a_n.$

(2) 因为 $a_n(a_n^2 + \frac{1}{n}) = 1$,所以,$a_n = \frac{1}{a_n^2 + \frac{1}{n}} > \frac{1}{1 + \frac{1}{n}} = \frac{n}{n+1}$,从而

$$\frac{1}{(n+1)^2 a_n} < \frac{1}{n(n+1)},$$

$$\sum_{i=1}^{n} \frac{1}{(i+1)^2 a_i} < \sum_{i=1}^{n} \frac{1}{i(i+1)} = \sum_{i=1}^{n} \left(\frac{1}{i} - \frac{1}{i+1}\right) =$$

$$1 - \frac{1}{n+1} = \frac{n}{n+1} < a_n$$

故 $\sum_{i=1}^{n} \frac{1}{(i+1)^2 a_i} < a_n$.

**14.** 对于任意 $1 \leq k \leq n$,由于 $1 + a_1 \geq 2\sqrt{a_1}, 1 + a_2 \geq 2\sqrt{a_2}, \cdots, 1 + a_k \geq 2\sqrt{a_k}$,注意到 $a_1 a_2 \cdots a_k \geq 1$ 得

$$(1+a_1)(1+a_2)\cdots(1+a_k) \geq 2^k \sqrt{a_1 a_2 \cdots a_k} \geq 2^k$$

于是

$$\frac{1}{1+a_1} + \frac{2}{(1+a_1)(1+a_2)} + \cdots + \frac{n}{(1+a_1)(1+a_2)\cdots(1+a_n)} \leq \sum_{k=1}^{n} \frac{k}{2^k}$$

令 $S = \sum_{k=1}^{n} \frac{k}{2^k}$. 则

$$2S = \sum_{k=1}^{n} \frac{k}{2^{k-1}} = \sum_{k=0}^{n-1} \frac{k+1}{2^k}$$

从而

$$S = 2S - S = 1 - \frac{n}{2^n} + \sum_{k=0}^{n-1} \frac{1}{2^k} = 2 - \frac{n}{2^n} - \frac{1}{2^{n-1}} < 2$$

于是得到

$$\sum_{k=1}^{n} \frac{k}{(1+a_1)(1+a_2)\cdots(1+a_k)} \leq \sum_{k=1}^{n} \frac{k}{2^k} < 2$$

**15.** 由已知条件 $a_{k+2} = a_k + \frac{1}{2}a_{k+1} + \frac{1}{4a_k a_{k+1}}$ 得 $2(a_{k+2} - a_k) > a_{k+1}$,且知数列的各项都是正数,两端同除以 $a_k a_{k+1} a_{k+2}$ 得 $\frac{1}{a_k a_{k+2}} < \frac{2}{a_k a_{k+1}} - \frac{2}{a_{k+1} a_{k+2}}$,所以

$$\frac{1}{a_1 a_3} + \frac{1}{a_2 a_4} + \frac{1}{a_3 a_5} + \cdots + \frac{1}{a_{98} a_{100}} <$$

$$\left(\frac{2}{a_1 a_2} - \frac{2}{a_2 a_3}\right) + \left(\frac{2}{a_2 a_3} - \frac{2}{a_3 a_4}\right) + \cdots +$$

$$\left(\frac{2}{a_{98} a_{99}} - \frac{2}{a_{99} a_{100}}\right) < \frac{2}{a_1 a_2} = 4$$

**16.** 由归纳法可以证明 $a_n = 2^{2^{n-2}}$,所以只要证明 $(1+a_2)(1+a_3)\cdots(1+a_n) < 2a_2 a_3 \cdots a_n$.

不等式左边 $= 2^{2^{n-1}}$,右边 $= 2^{2^{n-1}} - 1$.

**17.** 由均值不等式得 $a_{n+1} + n \geq 2\sqrt{n a_{n+1}}$,又 $a_{n+1} + n \leq 2\sqrt{a_n(n+1)}$, $n =$

$1,2,\cdots$,所以 $a_n(n+1) \geq na_{n+1}$,于是,$\dfrac{a_{n+1}}{a_n} \leq \dfrac{n+1}{n}$. 将 $n$ 换成 $n+1, n+2, \cdots$,
$2n$,有 $\dfrac{a_{n+2}}{a_{n+1}} \leq \dfrac{n+2}{n+1}, \dfrac{a_{n+3}}{a_{n+2}} \leq \dfrac{n+3}{n+2}, \cdots, \dfrac{a_{2n}}{a_{2n-1}} \leq \dfrac{2n}{2n-1}$.

将诸式相乘得 $\dfrac{a_{2n}}{a_n} \leq 2$. 即 $2a_n \geq a_{2n}$.

由条件(1)得 $3a_n = a_n + 2a_n \geq a_n + a_{2n} \geq 3n$,所以 $a_n \geq n$,满足条件的一个数列可以是 $a_n = n + 1$.

18. 对 $n$ 进行归纳.

当 $n = 1$ 时,不等式显然成立.

设 $n = k$ 时,结论对任意 $k$ 个正数成立. 当 $n = k + 1$ 时,对于任意 $k+1$ 个正数 $a_1, a_2, \cdots, a_k, a_{k+1}$,根据归纳假设有 $\sqrt{a_2 + a_3 + \cdots + a_{k+1}} + \sqrt{a_3 + a_4 + \cdots + a_{k+1}} + \sqrt{a_4 + \cdots + a_{k+1}} + \cdots + \sqrt{a_{k+1}} \geq \sqrt{a_2 + 4a_3 + 9a_4 + \cdots + k^2 a_{k+1}}$.

所以,$\sqrt{a_1 + a_2 + \cdots + a_{k+1}} + \sqrt{a_2 + a_3 + \cdots + a_{k+1}} + \sqrt{a_3 + a_4 + \cdots + a_{k+1}} + \sqrt{a_4 + \cdots + a_{k+1}} + \cdots + \sqrt{a_{k+1}} \geq \sqrt{a_1 + a_2 + \cdots + a_{k+1}} + \sqrt{a_2 + 4a_3 + 9a_4 + \cdots + k^2 a_{k+1}}$.

只要证明 $\sqrt{a_1 + a_2 + \cdots + a_{k+1}} + \sqrt{a_2 + 4a_3 + 9a_4 + \cdots + k^2 a_{k+1}} \geq \sqrt{a_1 + 4a_2 + 9a_3 + \cdots + k^2 a_k + (k+1)^2 a_{k+1}}$.

平方整理,只要证明

$$\sqrt{a_1 + a_2 + \cdots + a_{k+1}} \cdot \sqrt{a_2 + 4a_3 + 9a_4 + \cdots + k^2 a_{k+1}} \geq a_2 + 2a_3 + 3a_4 + \cdots + ka_{k+1}$$

由柯西不等式得

$$(a_2 + a_3 + \cdots + a_{k+1})(a_2 + 4a_3 + 9a_4 + \cdots + k^2 a_{k+1}) \geq (a_2 + 2a_3 + 3a_4 + \cdots + ka_{k+1})^2$$

所以,

$$(a_1 + a_2 + a_3 + \cdots + a_{k+1})(a_2 + 4a_3 + 9a_4 + \cdots + k^2 a_{k+1}) \geq (a_2 + 2a_3 + 3a_4 + \cdots + ka_{k+1})^2$$

即

$$\sqrt{a_1 + a_2 + \cdots + a_{k+1}} \cdot \sqrt{a_2 + 4a_3 + 9a_4 + \cdots + k^2 a_{k+1}} \geq a_2 + 2a_3 + 3a_4 + \cdots + ka_{k+1}$$

因此,当 $n = k + 1$ 时,不等式成立. 故由归纳法知,所证不等式成立.

19. 由于 $x_1, x_2, x_3, \cdots$ 是递减的正数列,所以对任意正整数 $k$ 都有

$$\dfrac{x_k^2}{k^2} + \dfrac{x_{k+1}^2}{k^2+1} + \cdots + \dfrac{x_{(k+1)^2-1}}{(k+1)^2-1} < (2k+1)\dfrac{x_k^2}{k^2} = \left(2 + \dfrac{1}{k}\right)\dfrac{x_k^2}{k} \leq 3 \cdot \dfrac{x_k^2}{k}$$

任取正整数 $n$,则存在正整数 $k$,使得 $k^2 \leq n \leq (k+1)^2 - 1$,从而

$$x_1 + \frac{x_2}{2} + \frac{x_3}{3} + \cdots + \frac{x_n}{n} < 3(x_1 + \frac{x_4}{2} + \frac{x_9}{3} + \cdots + \frac{x_{k^2}}{k}) \leq 3$$

20. 记 $S_k = \frac{a_1}{a_2} + \frac{a_2}{a_3} + \cdots + \frac{a_k}{a_{k+1}}$, 可以证明任给 $M > 0$, 存在正整数 $k_0$ 使得当 $k \geq k_0$ 时, 有

$$S_k < k - M \qquad \qquad ①$$

由此可得(1),(2) 都成立.

事实上, 由于 $a_1, a_2, \cdots$ 严格递增, 所以

$$k - S_k = \sum_{i=1}^{k} \frac{a_{i+1} - a_i}{a_{i+1}} \geq \frac{1}{a_{k+1}} \sum_{i=1}^{k} (a_{i+1} - a_i) = 1 - \frac{a_1}{a_{k+1}}$$

又 $a_1, a_2, \cdots$ 无界, 从而 $\lim\limits_{k \to \infty} a_k = +\infty$, 由此, 可知存在 $k_1$, 使得当 $k \geq k_1$ 时, $\frac{a_1}{a_{k+1}} < \frac{1}{2}$.

于是, 对任意 $k \geq k_1$, 都有

$$S_k < k - \frac{1}{2} \qquad \qquad ②$$

记 $b_1 = a_{k_1+1}, b_2 = a_{k_1+2}, \cdots$, 则数列 $\{b_k\}$ 也是单调无界的正数列, 由式 ② 可知存在 $k_2$, 使得当 $k \geq k_2$ 时,

$$\frac{b_1}{b_2} + \frac{b_2}{b_3} + \cdots + \frac{b_k}{b_{k+1}} < k - \frac{1}{2}$$

于是, 对任意 $k \geq k_1 + k_2$, 有 $S_k < k - 1$.

依此类推式 ① 成立.

21. 设 $n = mq + r, q \in \mathbf{N}, 0 \leq r < m$. 于是由条件式 $a_{m+n} \leq a_n + a_m$, 有

$$a_n \leq a_{mq} + a_r \leq qa_m + a_r = \frac{n-r}{m}a_m + a_r =$$

$$(\frac{n}{m} - 1)a_m + \frac{m-r}{m}a_m + a_r \leq$$

$$(\frac{n}{m} - 1)a_m + \frac{m-r}{m} \cdot ma_1 + ra_1 =$$

$$(\frac{n}{m} - 1)a_m + ma_1$$

22. 用数学归纳法证明

$$\frac{1}{2}n^{\frac{1}{3}} \leq a_n \leq 2n^{\frac{1}{3}}, n = 1, 2, 3, \cdots \qquad \qquad ①$$

即 $\alpha = \frac{1}{3}$ 为所求.

事实上, 当 $n = 1$ 时, 由 $a_1 = 1$ 可知 ① 显然成立, 设当 $n = k$ 时, ① 成立. 于

是, $n = k + 1$ 时有
$$a_{k+1} = \sqrt{a_k^2 + \frac{1}{a_k}} \leqslant \sqrt{4k^{\frac{2}{3}} + 2k^{-\frac{1}{3}}}$$

由此可得,
$$a_{k+1}^6 \leqslant (4k^{\frac{2}{3}} + 2k^{-\frac{1}{3}})^3 = 64k^2 + 96k + 48 + \frac{8}{k} \leqslant$$
$$64k^2 + 96k + 56 < 64(k+1)^2$$

即
$$a_{k+1} < 2(k+1)^{\frac{1}{3}} \qquad ②$$

另一方面,
$$a_{k+1} = \sqrt{a_k^2 + \frac{1}{a_k}} \geqslant \sqrt{\frac{1}{4}k^{\frac{2}{3}} + \frac{1}{2}k^{-\frac{1}{3}}}$$

所以,
$$a_{k+1}^6 \geqslant (\frac{1}{4}k^{\frac{2}{3}} + \frac{1}{2}k^{-\frac{1}{3}})^3 = \frac{1}{64}k^2 + \frac{3}{32}k + \frac{3}{16} + \frac{1}{8k} > \frac{1}{64}(k+1)^2$$

即
$$a_{k+1} > \frac{1}{2}(k+1)^{\frac{1}{3}} \qquad ③$$

由式②,③得,当 $n = k + 1$ 时,式①也成立,从而我们完成了式①的归纳证明. 故原命题成立.

23. 当 $n = 1, 2$ 时,直接验证知不等式显然成立. 当 $k \geqslant 3$ 时
$$\frac{1}{k^3} < \frac{1}{(k-1)k(k+1)} = \frac{1}{2}\left[\frac{1}{(k-1)k} - \frac{1}{k(k+1)}\right], k = 3, 4, \cdots, n$$
相加得
$$\sum_{k=3}^{n} \frac{1}{k^3} < \frac{1}{2}\left[\frac{1}{6} - \frac{1}{n(n+1)}\right] < \frac{1}{12}$$

所以
$$\sum_{k=1}^{n} \frac{1}{k^3} < 1 + \frac{1}{8} + \frac{1}{12} = 1 + \frac{5}{24} < 1 + \frac{6}{24} = \frac{5}{4}$$

24. 我们考虑一般问题:

$u, v, w$ 都是正数,数列 $\{a_n\}, \{b_n\}$ 满足 $a_1 > 0, b_1 > 0, a_{n+1} = ua_n + \frac{v}{b_n}, b_{n+1} = \frac{b_n}{u} + \frac{w}{a_n}$,我们证明当 $n \geqslant 3$ 时,$a_n b_n > (n-1)(\frac{v}{u} + uw) + 2\sqrt{uw}$; $a_n + b_n > 2\sqrt{(n-1)(\frac{v}{u} + uw) + 2\sqrt{uw}}$.

证明如下: $a_n > 0, b_n > 0, a_{k+1}b_{k+1} = (ua_k + \frac{v}{b_k})(\frac{b_k}{u} + \frac{w}{a_k}) = \frac{v}{u} + uw + a_k b_k + \frac{vw}{a_k b_k}, k \in \mathbf{N}^*, k = 1, 2, \cdots, n-1.$

将上述不等式相加得

$$a_n b_n > (n-1)(\frac{v}{u} + uw) + a_1 b_1 + \sum_{k=1}^{n-1} \frac{vw}{a_k b_k} (n-1)(\frac{v}{u} + uw) +$$

$$a_1 b_1 + \frac{vw}{a_1 b_1} \geqslant (n-1)(\frac{v}{u} + uw) + 2\sqrt{uw}$$

由均值不等式得

$$a_n + b_n \geqslant 2\sqrt{a_n b_n} > 2\sqrt{(n-1)(\frac{v}{u} + uw) + 2\sqrt{uw}}$$

取 $n = 25, u = 1, v = 1, w = 1,$ 得 $a_{25} + b_{25} > 10\sqrt{2}.$

25. 我们证明 $n$ 是偶数且 $n \geqslant 6$ 时 $\sqrt{n+1} < f(n) < \frac{4}{3}\sqrt{n}.$

因为 $n \geqslant 3$ 时 $f(n) = \frac{n}{f(n-1)} = \frac{n}{n-1} f(n-2),$ 所以 $, f(2q) = \frac{2q}{2q-1} f(2q-2), q = 2, 3, \cdots, k.$

逐步递推

$$f(2k) = \frac{2k}{2k-1} \cdot \frac{2k-2}{2k-3} \cdot \cdots \cdot \frac{6}{5} \cdot \frac{4}{3} f(2) =$$

$$\frac{2k}{2k-1} \cdot \frac{2k-2}{2k-3} \cdot \cdots \cdot \frac{6}{5} \cdot \frac{4}{3} \cdot \frac{2}{1} \qquad ①$$

$$f(2k) > \frac{2k+1}{2k} \cdot \frac{2k-1}{2k-2} \cdot \cdots \cdot \frac{7}{6} \cdot \frac{5}{4} \cdot \frac{3}{2} \qquad ②$$

①,② 两式相乘得

$$[f(2k)]^2 > \frac{2k+1}{2k} \cdot \frac{2k}{2k-1} \cdot \frac{2k-1}{2k-2} \cdot \frac{2k-2}{2k-3} \cdot \cdots \cdot$$

$$\frac{7}{6} \cdot \frac{6}{5} \cdot \frac{5}{4} \cdot \frac{4}{3} \cdot \frac{3}{2} \cdot \frac{2}{1} = 2k+1$$

所以 $f(n) > \sqrt{n+1}.$

当 $k \geqslant 3$ 时,

$$f(2k) = (2k) \frac{2k-2}{2k-1} \cdot \cdots \cdot \frac{6}{7} \cdot \frac{4}{5} \cdot \frac{2}{3} \qquad ③$$

$$f(2k) < (2k) \frac{2k-1}{2k} \cdot \cdots \cdot \frac{7}{8} \cdot \frac{5}{6} \cdot \frac{2}{3} \qquad ④$$

③,④ 两式相乘得

$$[f(2k)]^2 < (2k)^2 \frac{2k-1}{2k} \cdot \frac{2k-2}{2k-1} \cdot \cdots \cdot \frac{7}{8} \cdot \frac{6}{7} \cdot \frac{5}{6} \cdot \frac{4}{5} \cdot (\frac{2}{3})^2 =$$

$$(\frac{2}{3})^2 \cdot 4 \cdot (2k)^2 = (\frac{4}{3})^2 \cdot (2k)^2$$

即 $f(2k) < \frac{4}{3}\sqrt{2k}$.

于是 $n$ 是偶数且 $n \geq 6$ 时 $\sqrt{n+1} < f(n) < \frac{4}{3}\sqrt{n}$. 从而 $\sqrt{1992} < \sqrt{1993} < f(1992) < \frac{4}{3}\sqrt{1992}$.

26. 由已知 $a_{n+1} \geq a_n^2 + \frac{1}{5}$ 递推得

$$a_{n+1} \geq a_n^2 + \frac{1}{5}$$

$$a_{n+2} \geq a_{n+1}^2 + \frac{1}{5}$$

$$a_{n+3} \geq a_{n+2}^2 + \frac{1}{5}$$

$$a_{n+4} \geq a_{n+3}^2 + \frac{1}{5}$$

$$a_{n+5} \geq a_{n+4}^2 + \frac{1}{5}$$

相加得

$$a_{n+5} \geq a_n^2 + a_{n+1}^2 + a_{n+2}^2 + a_{n+3}^2 + a_{n+4}^2 - a_{n+1} - a_{n+2} - a_{n+3} - a_{n+4} + 1 =$$

$$a_n^2 + (a_{n+1}^2 - a_{n+1} + \frac{1}{4}) + (a_{n+2}^2 - a_{n+2} + \frac{1}{4}) +$$

$$(a_{n+3}^2 - a_{n+3} + \frac{1}{4}) + (a_{n+4}^2 - a_{n+4} + \frac{1}{4}) =$$

$$a_n^2 + (a_{n+1} - \frac{1}{2})^2 + (a_{n+2} - \frac{1}{2})^2 +$$

$$(a_{n+3} - \frac{1}{2})^2 + (a_{n+4} - \frac{1}{2})^2 \geq a_n^2$$

同理,当 $n \geq 5$ 时, $a_n \geq a_{n-5}^2$.

所以,当 $n \geq 5$ 时, $a_{n+5} \geq a_n^2 \geq a_{n-5}^4$, 即当 $n \geq 5$ 时有 $\sqrt{a_{n+5}} \geq a_{n-5}^2$.

27. (1) 令 $A = \frac{1}{2} \cdot \frac{3}{4} \cdot \cdots \cdot \frac{2n-1}{2n} \cdot \frac{2n+1}{2(n+1)}$, $B = \frac{2}{3} \cdot \frac{4}{5} \cdot \cdots \cdot \frac{2n}{2n+1} \cdot \frac{2(n+1)}{2n+3}$, 则 $A < B$. 从而, $A^2 < AB = \frac{1}{2n+3}$.

所以 $A < \dfrac{1}{\sqrt{2n+3}}$，即 $a_{n+1} < \dfrac{1}{\sqrt{2n+3}}$.

(2) 由 $a_k = \dfrac{1}{2} \cdot \dfrac{3}{4} \cdot \cdots \cdot \dfrac{2k-3}{2(k-1)} \cdot \dfrac{2k-1}{2k}(k=1,2,\cdots)$，知 $a_{k+1} = \dfrac{2k+1}{2(k+1)}a_k$，即 $2(k+1)a_{k+1} = (2k+1)a_k$，则

$$a_k = 2(k+1)a_{k+1} - 2ka_k$$

故

$$\sum_{k=1}^{n} a_k = \sum_{k=1}^{n}[2(k+1)a_{k+1} - 2ka_k] =$$
$$2(n+1)a_{n+1} - 1 < 2(n+1) \cdot \dfrac{1}{\sqrt{2n+3}} - 1 <$$
$$2(n+1) \cdot \dfrac{1}{\sqrt{2n+2}} - 1 =$$
$$\sqrt{2(n+1)} - 1$$

28. 利用不等关系 $(x+1)(x-1) < x^2$ 得 $(2n+1)(2n+3) < (2n+2)^2$，$(2n+3)(2n+5) < (2n+4)^2,\cdots,(4n-3)(4n-1) < (4n-2)^2,(4n-1)(4n+1) < (4n)^2$，将这些不等式相乘得

$$(2n+1)(2n+3)^2\cdots(4n-1)^2(4n+1) <$$
$$(2n+2)^2(2n+4)^2\cdots(4n-2)^2(4n)^2$$

于是

$$x_n^2 < \dfrac{(2n+1)(4n+1)}{(2n)^2} = \dfrac{8n^2+6n+1}{(2n)^2} = \dfrac{8n^2+8n}{(2n)^2} = 2 + \dfrac{2}{n} \qquad ①$$

又利用不等关系 $(x+1)(x-1) < x^2$ 得 $(2n)(2n+2) < (2n+1)^2$，$(2n+2)(2n+4) < (2n+3)^2,\cdots,(4n-4)(4n-2) < (4n-3)^2,(4n-2)(4n) < (4n-1)^2$，将这些不等式相乘得

$$(2n)(2n+2)^2\cdots(4n-2)^2(4n) <$$
$$(2n+1)^2(2n+3)^2\cdots(4n-3)^2(4n-1)^2$$

于是

$$x_n^2 > \dfrac{(4n+1)^2}{(2n)(4n)} = \dfrac{16n^2+8n+1}{8n^2} > \dfrac{16n^2+8n}{8n^2} = 2 + \dfrac{1}{n} \qquad ②$$

由 ② 得 $x_n^2 - 2 > 0$，所以，

$$x_n - \sqrt{2} = \dfrac{x_n^2 - 2}{x_n + \sqrt{2}} < x_n^2 - 2 < \dfrac{2}{n}$$

由 ① 得 $x_n^2 < 2 + 2 = 4$，所以 $x_n < 2$，于是

$$x_n - \sqrt{2} = \frac{x_n^2 - 2}{x_n + \sqrt{2}} > \frac{x_n^2 - 2}{2 + \sqrt{2}} > \frac{1}{(2+\sqrt{2})n} > \frac{1}{4n}$$

综上,$\frac{1}{4n} < x_n - \sqrt{2} < \frac{2}{n}$.

29.
$$(a_1 + a_2 + a_3)(a_2 + a_3 + a_4)\cdots(a_n + a_1 + a_2) =$$
$$(a_1 + \frac{1}{2}a_2 + \frac{1}{2}a_2 + a_3)(a_2 + \frac{1}{2}a_3 + \frac{1}{2}a_3 + a_4)\cdots(a_n + \frac{1}{2}a_1 + \frac{1}{2}a_1 + a_2) \geqslant$$
$$2\sqrt{(a_1 + \frac{1}{2}a_2)(\frac{1}{2}a_2 + a_3)} \cdot 2\sqrt{(a_2 + \frac{1}{2}a_3)(\frac{1}{2}a_3 + a_4)} \cdot \cdots \cdot$$
$$2\sqrt{(a_n + \frac{1}{2}a_1)(\frac{1}{2}a_1 + a_2)} =$$
$$2\sqrt{(a_1 + \frac{1}{2}a_2)(\frac{1}{2}a_1 + a_2)} \cdot$$
$$2\sqrt{(a_2 + \frac{1}{2}a_3)(\frac{1}{2}a_2 + a_3)} \cdot \cdots \cdot 2\sqrt{(a_n + \frac{1}{2}a_1)(\frac{1}{2}a_n + a_1)} >$$
$$2^n \sqrt{\frac{1}{2}(a_1 + a_2)^2} \cdot \sqrt{\frac{1}{2}(a_2 + a_3)^2} \cdot \cdots \cdot \sqrt{\frac{1}{2}(a_n + a_1)^2} =$$
$$(\sqrt{2})^n (a_1 + a_2)(a_2 + a_3)\cdots(a_n + a_1).$$

所以
$$\frac{(a_1 + a_2 + a_3)(a_2 + a_3 + a_4)\cdots(a_n + a_1 + a_2)}{(a_1 + a_2)(a_2 + a_3)(a_n + a_1)} > (\sqrt{2})^n$$

30. 如果存在正实数 $N$,使得对所有的 $n = 1, 2, \cdots$,都有
$$\sum_{k=1}^{n} c_k < N c_{n+1} \qquad ①$$

则称正数数列 $c_1, c_2, \cdots$ 是"好的".

假设正数数列 $c_1, c_2, \cdots$ 是"好的",可以证明:

(1) 存在实数 $r(r > 0)$,使得对所有的正整数 $n$,有 $c_{n+1} > r c_n$;

(2) 存在正整数 $j$,使得对所有的正整数 $n$ ($n > 1$),有 $c_{n+j} > 2 c_n$.

对于(1),在式 ① 中取 $r = \frac{1}{N}$ 即可.

对于(2),取整数 $j > 2N^2 + 1$.

注意到 $N c_{n+1} > c_n, N c_{n+2} > c_n, \cdots, N c_{n+j-1} > c_n$.

将以上式子相加并结合式 ① 得
$$c_{n+j} > \frac{1}{N}(c_{n+1} + c_{n+2} + \cdots + c_{n+j-1}) > \frac{j-1}{N^2} c_n > 2 c_n$$

相反地,可以证明:若正数数列 $c_1, c_2, \cdots$,满足(1)和(2),则是好的.

事实上,对正整数 $n$ ($n > 1$),将 $c_1, c_2, \cdots, c_{n-1}$ 分成 $j$ 组,使得 $c_k$ 在第 $i$ 组中,其中,$k \equiv i \pmod{j}$,则

$$\sum_{k=1}^{n} c_k = \sum_{i=1}^{j} (c_{n-i} + c_{n-i-j} + c_{n-i-2j} + \cdots) <$$
$$\sum_{i=1}^{j} (c_{n-i} + \frac{c_{n-i}}{2} + \frac{c_{n-i}}{4} + \cdots) \leqslant$$
$$2 \sum_{i=1}^{j} c_{n-i} < (2 \sum_{i=1}^{j} \frac{1}{r^i}) c_n$$

可见,正数数列 $c_1, c_2, \cdots$ 是"好的"的充要条件是(1)和(2).

对于本题,若数列 $a_1^2, a_2^2, \cdots$ 是好的,则存在 $r$ 和 $j$ 满足(1)和(2),于是对于数列 $a_1, a_2, \cdots$,相应地取 $\sqrt{r}$ 和 $2j$ 即可.

31. 因为正整数 $k > m \geqslant 1$,所以 $\frac{\sqrt[k]{k!}}{\sqrt[m]{m!}} < \frac{k}{m} \Leftrightarrow \frac{\sqrt[k]{k!}}{k} < \frac{\sqrt[m]{m!}}{m}$. 只要证明数列 $\{\frac{\sqrt[n]{n!}}{n}\}$ 是单调递减的.

即证明

$$\frac{\sqrt[n+1]{(n+1)!}}{n+1} < \frac{\sqrt[n]{n!}}{n}, n = 1, 2, \cdots \qquad ①$$

**证法一** 当 $t = 1, 2, \cdots, n$ 时取两组数:$\underbrace{\frac{t+1}{n+1}, \frac{t+1}{n+1}, \cdots, \frac{t+1}{n+1}}_{t \uparrow}; \underbrace{\frac{t}{n+1}, \frac{t}{n+1}, \cdots, \frac{t}{n+1}}_{n-t \uparrow}$. 它们的算术平均是 $\frac{1}{n}[t \cdot \frac{t+1}{n+1} + (n-t) \frac{t}{n+1}] = \frac{1}{n}[\frac{t(t+1) + (n-t)t}{n+1}] = \frac{t}{n}$,由均值不等式得

$$\frac{t}{n} = \frac{1}{n}[t \cdot \frac{t+1}{n+1} + (n-t) \frac{t}{n+1}] \geqslant$$
$$\sqrt[n]{(\frac{t+1}{n+1})^t \cdot (\frac{t}{n+1})^{n-t}} =$$
$$\frac{1}{n+1} \sqrt[n]{(t+1)^t \cdot t^{n-t}} =$$
$$\frac{t}{n+1} \sqrt[n]{(\frac{t+1}{t})^t}$$

即

$$\frac{t}{n} \geqslant \frac{t}{n+1} \sqrt[n]{(\frac{t+1}{t})^t} \quad (t = 1, 2, \cdots, n) \qquad ②$$

将这些不等式相乘得

$$\frac{n!}{n^n} = \frac{1}{n} \cdot \frac{2}{n} \cdot \cdots \cdot \frac{n}{n} \geq \frac{1}{n+1} \cdot \frac{2}{n+1} \cdot \cdots \cdot$$

$$\frac{n}{n+1} \sqrt[n]{\frac{2^1}{1^1} \cdot \frac{3^2}{2^2} \cdot \cdots \cdot \frac{(n+1)^n}{n^n}} =$$

$$\frac{n!}{(n+1)^n} \sqrt[n]{\frac{(n+1)^n}{1 \cdot 2 \cdot \cdots \cdot n}} = \frac{(n+1)!}{(n+1)^n \cdot \sqrt[n]{n!}}$$

所以,

$$\frac{\sqrt[n]{n!}}{n} \geq \frac{\sqrt[n]{(n+1)!}}{n+1} \cdot \frac{1}{\sqrt[n^2]{n!}} \qquad ③$$

要证明①,只要证明

$$\sqrt[n]{(n+1)!} > \sqrt[n+1]{(n+1)!} \cdot \sqrt[n^2]{n!} \qquad ④$$

两端 $n^3 + n^2 = n^2(n+1)$ 次方,知不等式④等价于 $(n+1)!^{n^2+n} > (n+1)!^{n^2}(n!)^{n+1} \Leftrightarrow (n+1)!^n > (n!)^{n+1} \Leftrightarrow (n+1)^n(n!)^n > n!(n!)^n \Leftrightarrow (n+1)^n > n!$. 此不等式显然成立,从而原不等式成立.

**证法二** 要证明 $\frac{\sqrt[n+1]{(n+1)!}}{n+1} < \frac{\sqrt[n]{n!}}{n}$,只要证明 $\frac{\sqrt[n+1]{(n+1)!}}{\sqrt[n]{n!}} < \frac{n+1}{n}$,

两端同时 $n(n+1)$ 次方,得

$$\frac{(n+1)!^n}{(n!)^{n+1}} < \left(\frac{n+1}{n}\right)^{n(n+1)} \qquad ⑤$$

因为 $\frac{(n+1)!^n}{(n!)^{n+1}} = \frac{(n+1)^n n!^n}{(n!)^{n+1}} = \frac{(n+1)^n}{n!}$,所以

$$⑤ \Leftrightarrow \frac{(n+1)^n}{n!} < \left(\frac{n+1}{n}\right)^{n(n+1)} \Leftrightarrow n! > \frac{n^{n(n+1)}}{(n+1)^{n^2}} \qquad ⑥$$

用数学归纳法证明不等式①的等价不等式⑥.

当 $n=1$ 时,不等式显然成立. 假设 $n$ 时不等式成立,即 $n! > \frac{n^{n(n+1)}}{(n+1)^{n^2}}$. 要证明 $(n+1)! > \frac{(n+1)^{(n+1)(n+2)}}{(n+2)^{(n+1)^2}}$.

只要证明 $n+1 > \frac{(n+1)^{(n+1)(n+2)}}{(n+2)^{(n+1)^2}} : \frac{n^{n(n+1)}}{(n+1)^{n^2}} = \frac{(n+1)^{(n+1)(n+2)+n^2}}{n^{n(n+1)}(n+2)^{(n+1)^2}}$,两端同除以 $n+1$ 并同时开 $n+1$ 次方,不等式可化为证明 $(n+2)^{n+1}n^n > (n+1)^{2n+1} \Leftrightarrow \left(\frac{n(n+2)}{(n+1)^2}\right)^n > \frac{n+1}{n+2}$.

由 Bernoulli(贝努利)不等式得
$$(\frac{n(n+2)}{(n+1)^2})^n = (1 - \frac{1}{(n+1)^2})^n > 1 - \frac{n}{(n+1)^2} = \frac{n^2+n+1}{(n+1)^2}$$
下面只要证明
$$\frac{n^2+n+1}{(n+1)^2} > \frac{n+1}{n+2} \Leftrightarrow (n+2)(n^2+n+1) > (n+1)^3$$
因为 $(n+2)(n^2+n+1) - (n+1)^3 = 1$,所以此不等式显然成立.

32. 不妨设 $a_1 < a_2 < \cdots < a_n$,则对 $1 \leq k \leq n$,有
$$|a_k| + |a_{n-k+1}| \geq |a_{n-k+1} - a_k| \geq |n+1-2k|$$
所以
$$\sum_{k=1}^n |a_k|^3 = \frac{1}{2}\sum_{k=1}^n (|a_k|^3 + |a_{n-k+1}|^3) =$$
$$\frac{1}{2}\sum_{k=1}^n (|a_k| + |a_{n-k+1}|)(\frac{3}{4}(|a_k| - |a_{n-k+1}|)^2 + \frac{1}{4}(|a_k| + |a_{n-k+1}|)^2) \geq$$
$$\frac{1}{8}\sum_{k=1}^n (|a_k| + |a_{n-k+1}|)^3 \geq$$
$$\frac{1}{8}\sum_{k=1}^n |n+1-2k|^3$$
当 $n$ 为奇数时,
$$\sum_{k=1}^n |n+1-2k|^3 = 2 \cdot 2^3 \cdot \sum_{i=1}^{\frac{n-1}{2}} i^3 = \frac{1}{4}(n^2-1)^2$$
当 $n$ 为偶数时,
$$\sum_{k=1}^n |n+1-2k|^3 = 2\sum_{i=1}^{\frac{n}{2}} (2i-1)^3 = 2(\sum_{j=3}^3 j^3 - \sum_{i=1}^{\frac{n}{2}}(2i)^3) = \frac{1}{4}n^2(n^2-2)$$
所以,当 $n$ 为奇数时, $\sum_{k=1}^n |a_k|^3 \geq \frac{1}{4}(n^2-1)^2$;当 $n$ 为偶数时, $\sum_{k=1}^n |a_k|^3 \geq \frac{1}{4}n^2(n^2-2)$. 等号均在 $a_i = i - \frac{n+1}{2}, i=1,2,\cdots,n$ 时成立.

因此, $\sum_{k=1}^n |a_k|^3$ 的最小值为 $\frac{1}{32}(n^2-1)^2$(当 $n$ 为奇数时)或者 $\frac{1}{32}n^2(n^2-2)$(当 $n$ 为偶数时).

33. 记 $b_n = \frac{1}{a_n}$,则 $b_{n+1} = b_n^2 - b_n + 1$,从而 $\frac{b_{n+1}-1}{b_n-1} = b_n$,即 $\frac{b_{n+1}-1}{b_n-1} = b_n$, $\frac{b_n-1}{b_{n-1}-1} = b_{n-1}, \frac{b_{n-1}-1}{b_{n-2}-1} = b_{n-2},\cdots,\frac{b_2-1}{b_1-1} = b_1$,相乘得 $b_{n+1} - 1 = b_1 b_2 \cdots b_n$,对

$n \geq 1$ 成立. 两边同除以 $b_1 b_2 \cdots b_n b_{n+1}$, 得到

所以,
$$\frac{1}{b_{n+1}} = \frac{1}{b_1 b_2 \cdots b_n} - \frac{1}{b_1 b_2 \cdots b_{n+1}}$$

即 $\frac{1}{b_n} = \frac{1}{b_1 b_2 \cdots b_{n-1}} - \frac{1}{b_1 b_2 \cdots b_n}$ 对 $n \geq 1$ 成立.

所以,
$$a_1 + a_2 + \cdots + a_n = \frac{1}{b_1} + \frac{1}{b_2} + \cdots + \frac{1}{b_n} = 1 - \frac{1}{b_1 b_2 \cdots b_n} < 1$$

34. 由 $a_{n+1} = \dfrac{a_n^2}{a_n^2 - a_n + 1}$ 知

$$\frac{1}{a_{n+1}} = \frac{1}{a_n^2} - \frac{1}{a_n} + 1, \quad \frac{1}{a_{n+1}} - 1 = \frac{1}{a_n}\left(\frac{1}{a_n} - 1\right) \qquad ①$$

所以,
$$\frac{a_{n+1}}{1 - a_{n+1}} = \frac{a_n^2}{1 - a_n} = \frac{a_n}{1 - a_n} - a_n$$

即
$$a_n = \frac{a_n}{1 - a_n} - \frac{a_{n+1}}{1 - a_{n+1}}$$

从而
$$a_1 + a_2 + \cdots + a_n = \frac{a_1}{1 - a_1} - \frac{a_2}{1 - a_2} + \frac{a_2}{1 - a_2} - \frac{a_3}{1 - a_3} + \cdots +$$

$$\frac{a_n}{1 - a_n} - \frac{a_{n+1}}{1 - a_{n+1}} = \frac{a_1}{1 - a_1} - \frac{a_{n+1}}{1 - a_{n+1}} =$$

$$\frac{1}{2} - \frac{a_{n+1}}{1 - a_{n+1}}$$

所以所证不等式
$$\frac{1}{2} - \frac{1}{3^{2n-1}} < a_1 + a_2 + \cdots + a_n < \frac{1}{2} - \frac{1}{3^{2n}} \qquad ②$$

等价于 $\dfrac{1}{2} - \dfrac{1}{3^{2n-1}} < -\dfrac{1}{2} - \dfrac{a_{n+1}}{1-a_{n+1}} < -\dfrac{1}{2} - \dfrac{1}{3^{2n}}$. 即

$$3^{2n-1} < \frac{1 - a_{n+1}}{a_{n+1}} < 3^{2n} \qquad ③$$

由 $a_1 = \dfrac{1}{3}$, 及 $a_{n+1} = \dfrac{a_n^2}{a_n^2 - a_n + 1}$ 知 $a_2 = \dfrac{1}{7}$, 当 $n = 1$ 时, $\dfrac{1-a_2}{a_2} = 6, 3^{2 \cdot 1 - 1} <$

$6 < 3^{2 \cdot 1}$, 即当 $n = 1$ 时, 不等式 ③ 成立.

设 $n=k$ 时,③成立,即 $3^{2^{k-1}} < \dfrac{1-a_{k+1}}{a_{k+1}} < 3^{2^k}$. 当 $n=k+1$ 时,由①知

$$\dfrac{1-a_{k+2}}{a_{k+2}} = \dfrac{1}{a_{k+1}}\left(\dfrac{1-a_{k+1}}{a_{k+1}}\right) > \left(\dfrac{1-a_{k+1}}{a_{k+1}}\right)^2 > 3^{2^k}$$

又由①及 $a_1 = \dfrac{1}{3}$ 知 $\dfrac{a_n}{1-a_n}(n \geq 1)$ 均为整数,从而由 $\dfrac{1-a_{k+1}}{a_{k+1}} < 3^{2^k}$ 有 $\dfrac{1-a_{k+1}}{a_{k+1}} \leq 3^{2^k} - 1$,即 $\dfrac{1}{a_{k+1}} \leq 3^{2^k}$,所以,$\dfrac{1-a_{k+2}}{a_{k+2}} = \dfrac{1}{a_{k+1}}\left(\dfrac{1-a_{k+1}}{a_{k+1}}\right) < 3^{2^k} \cdot 3^{2^k} = 3^{2^{k+1}}$.

即不等式③对 $n=k+1$ 也成立.

所以,不等式③对 $n \geq 1$ 的正整数都成立,即不等式②对 $n \geq 1$ 的正整数都成立.

35. (1) 用数学归纳法. 当 $n=2$ 时,不等式显然成立. 假设 $n=k,k-1$ 时不等式成立,即 $a_k^2 > a_{k-1}^2 + \dfrac{1}{2}, a_{k-1}^2 > a_{k-2}^2 + \dfrac{1}{2}$,则当 $n=k+1$ 时,由柯西不等式得

$$a_{k+1}^2 = 1 + a_k a_{k-1} > 1 + \sqrt{\left(a_{k-1}^2 + \dfrac{1}{2}\right)\left(a_{k-2}^2 + \dfrac{1}{2}\right)} \geq$$
$$1 + a_{k-1}a_{k-2} + \dfrac{1}{2} = a_k^2 + \dfrac{1}{2}$$

(2) 只要证明 $\dfrac{1}{a_i} > 2(a_i - a_{i-1}) \Leftrightarrow 1 > 2a_i^2 - 2a_i a_{i-1} = 2a_i^2 - 2a_{i+1}^2 \Leftrightarrow a_{i+1}^2 > a_i^2 + \dfrac{1}{2}$. 这由(1)直接得到.

所以,$1 + \sum\limits_{i=1}^{n} \dfrac{1}{a_i} > 2a_n$.

36. (1) 注意到

$$(1-p)S_n = p - pa_n \qquad \text{①}$$

则

$$(1-p)S_{n+1} = p - pa_{n+1} \qquad \text{②}$$

式② - 式①,得,$(1-p)a_{n+1} = -pa_{n+1} + pa_n$. 即 $a_{n+1} = pa_n$. 在①中令 $n=1$,可得 $a_1 = p$. 于是,$a_n = p^n$. 故 $S_n = \dfrac{p^n - 1}{p - 1}$.

注意到

$$1 + C_n^1 a_1 + C_n^2 a_2 + \cdots + C_n^n a_n = 1 + C_n^1 p + C_n^2 p^2 + \cdots + C_n^n p^n =$$
$$(p+1)^n$$

则
$$f(n) = \frac{1 + C_n^1 a_1 + C_n^2 a_2 + \cdots + C_n^n a_n}{2^n S_n} = \frac{p-1}{p} \cdot \frac{(p+1)^n}{2^n(p^n-1)}$$

因为 $p > 1$,所以,
$$\frac{p+1}{2p} f(n) = \frac{p-1}{p} \cdot \frac{(p+1)^{n+1}}{2^{n+1}(p^{n+1}-p)} >$$
$$\frac{p-1}{p} \cdot \frac{(p+1)^{n+1}}{2^{n+1}(p^{n+1}-1)} =$$
$$f(n+1)$$

(2) 由(1) 知 $f(1) = \frac{p+1}{2p}, f(n+1) < \frac{p+1}{2p} f(n)(n \in \mathbf{N}^*)$.

因此,当 $n \geqslant 2$ 时,$f(n) < \frac{p+1}{2p} f(n-1) < (\frac{p+1}{2p})^2 f(n-2) < \cdots <$
$(\frac{p+1}{2p})^{n-1} f(1) = (\frac{p+1}{2p})^n$.

故
$$f(1) + f(2) + \cdots + f(2n-1) \leqslant \frac{p+1}{2p} + (\frac{p+1}{2p})^2 + \cdots + (\frac{p+1}{2p})^{2n-1} =$$
$$\frac{p+1}{p-1}[ - (\frac{p+1}{2p})^{2n-1}]$$

当且仅当 $n = 1$ 时,上式等号成立.

另一方面,当 $n \geqslant 2, k = 1,2,3,\cdots,2n-1$ 时,
$$f(k) + f(2n-k) = \frac{p-1}{p}[\frac{(p+1)^k}{2^k(p^k-1)} + \frac{(p+1)^{2n-k}}{2^{2n-k}(p^{2n-k}-1)}] \geqslant$$
$$\frac{p-1}{p} \cdot 2\sqrt{\frac{(p+1)^k}{2^k(p^k-1)} \cdot \frac{(p+1)^{2n-k}}{2^{2n-k}(p^{2n-k}-1)}} =$$
$$\frac{p-1}{p} \cdot \frac{2(p+1)^n}{2^n} \sqrt{\frac{1}{(p^k-1)(p^{2n-k}-1)}} =$$
$$\frac{p-1}{p} \cdot \frac{2(p+1)^n}{2^n} \sqrt{\frac{1}{p^{2n} - p^k - p^{2n-k} + 1}} \geqslant$$
$$\frac{p-1}{p} \cdot \frac{2(p+1)^n}{2^n} \sqrt{\frac{1}{p^{2n} - 2p^n + 1}} =$$
$$\frac{p-1}{p} \cdot \frac{2(p+1)^n}{2^n(p^n-1)} = 2f(n)$$

当且仅当 $n = k$ 时,等号成立.
故

$$\sum_{k=1}^{2n-1} f(k) = \frac{1}{2} \sum_{k=1}^{2n-1} [f(k) + f(2n-k)] \geq \sum_{k=1}^{2n-1} f(n) = (2n-1)f(n)$$

当且仅当 $n = 1$ 时,上式等号成立.

故

$$(2n-1)f(n) \leq \sum_{k=1}^{2n-1} f(k) \leq \frac{p+1}{p-1}\left[-\left(\frac{p+1}{2p}\right)^{2n-1}\right]$$

# 涉及三角形的不等式的证明

## 第二十三章

**本**讲对有关涉及三角形的边与角,周长和面积等关系的不等式的证明方法进行归纳总结.

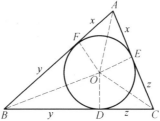

在证明三角形中的不等式时,要经常用到三角形的任意两边之和大于第三边,经常使用正弦定理和余弦定理,射影定理,有时经常使用一些已经经过证明的三角形中不等式(如:Wentenbock 不等式,欧拉不等式 $R \geq 2r$),有时使用一些特殊三角函数的单调性和凹凸性.值得一提的是在证明三角形中的不等式时,我们经常使用一个常用的代换,即利用如下结论:$a,b,c$ 为三角形三边长的充要条件是存在三个正数 $x,y,z$ 使得 $a=y+z, b=z+x, c=x+y$. 这种代换有着明显的几何意义,如图,设 $O$ 是 $\triangle ABC$ 的内心,过 $O$ 作 $OD \perp BC, OE \perp CA, OF \perp AB$,则可得 $AE=AF=x, BF=BD=y, CD=CE=z$.

有了上述代换可将许多三角形中的不等式化归为代数不等式来证明.

在代换 $a = y+z, b = z+x, c = x+y$ 下,我们有:半周长 $p = x+y+z$,面积 $S = \sqrt{xyz(x+y+z)}$,内切圆半径 $r = \dfrac{S}{p} = \sqrt{\dfrac{xyz}{x+y+z}}$,外接圆半径 $R = \dfrac{abc}{4S} = \dfrac{(x+y)(y+z)(z+x)}{4\sqrt{xyz(x+y+z)}}$.

# 例题讲解

**例 1** 设 $a,b,c$ 是一个三角形的三条边长,如果 $a+b+c = 1$,证明:$a^2 + b^2 + c^2 + 4abc \leqslant \dfrac{1}{2}$.(1990 年意大利数学奥林匹克试题)

**证明** 原不等式等价于

$$(a+b+c)^2 - 2(ab+bc+ca) + 4abc \leqslant \dfrac{1}{2} \Leftrightarrow$$

$$1 - 2(ab+bc+ca) + 4abc \leqslant \dfrac{1}{2} \Leftrightarrow$$

$$ab+bc+ca - 2abc \geqslant \dfrac{1}{4}.$$

因为 $a,b,c$ 是三角形的三条边长,由两边之和大于第三边及 $a+b+c=1$ 可知,$0 < a,b,c < \dfrac{1}{2}$,所以 $\left(\dfrac{1}{2}-a\right)\left(\dfrac{1}{2}-b\right)\left(\dfrac{1}{2}-c\right) > 0$,即

$$\dfrac{1}{8} - \dfrac{1}{4}(a+b+c) + \dfrac{1}{2}(ab+bc+ca) - abc > 0$$

所以 $ab+bc+ca - 2abc > \dfrac{1}{4}$. 从而原不等式成立.

**注** 不等式等号不可能成立.

**例 2** 设 $a,b,c$ 是正数,则 $abc \geqslant \dfrac{(a+b+c)^3}{27abc}(-a+b+c)(a-b+c)(a+b-c)$.

**证法一** 考虑到不等式左右两边都是对称的,不妨设 $a \geqslant b \geqslant c$,下面分两种情况讨论:

(1) 若 $a \geqslant b+c$,不等式的左边为正,右边 $\leqslant 0$,不等式显然成立.

(2) 若 $a < b+c$,则由 $a,b,c$ 为三边构成一个三角形 $\triangle ABC$,由海伦公式

$$S = S_{\triangle ABC} = \dfrac{1}{4}\sqrt{(a+b+c)(-a+b+c)(a-b+c)(a+b-c)}$$

于是 $(-a+b+c)(a-b+c)(a+b-c) = \dfrac{16S^2}{a+b+c}$,注意到 $S = \dfrac{abc}{4R}$($R$ 为 $\triangle ABC$ 的外接圆的半径),易得

$$(-a+b+c)(a-b+c)(a+b-c) = \dfrac{a^2b^2c^2}{R^2(a+b+c)} \quad ①$$

而

$$\dfrac{a+b+c}{2R} = \sin A + \sin B + \sin C = 2\sin\dfrac{A+B}{2}\cos\dfrac{A-B}{2} + \sin(A+B) \leqslant$$

$$2\sin\dfrac{A+B}{2} + \sin(A+B) = 2\sin\dfrac{A+B}{2}(1 + \cos\dfrac{A+B}{2}) =$$

$$2\sqrt{(1 - \cos^2\dfrac{A+B}{2})(1 + \cos\dfrac{A+B}{2})2} =$$

$$\dfrac{2}{\sqrt{3}}\sqrt{(3 - 3\cos\dfrac{A+B}{2})(1 + \cos\dfrac{A+B}{2})^3} =$$

$$\dfrac{2}{\sqrt{3}}\sqrt{[\dfrac{(3 - 3\cos\dfrac{A+B}{2}) + 3(1 + \cos\dfrac{A+B}{2})}{3}]^3} =$$

$$\dfrac{3\sqrt{3}}{2}$$

所以

$$R \geqslant \dfrac{a+b+c}{3\sqrt{3}} \quad ②$$

由 ①,② 可得 $abc \geqslant \dfrac{(a+b+c)^3}{27abc}(-a+b+c)(a-b+c)(a+b-c)$.

**注1** 本题是1983年瑞士数学竞赛题:若 $a,b,c$ 都是正数,求证:$abc \geqslant (-a+b+c)(a-b+c)(a+b-c)$ 的一个加强. 由此,可以证明任意三角形的内切圆的直径不超过外接圆的半径.(1992年西班牙数学奥林匹克试题)

事实上,$R = \dfrac{abc}{4S}, r = \dfrac{S}{p}$,其中 $p = \dfrac{a+b+c}{2}$. 由海伦公式 $S^2 = p(p-a)(p-b)(p-c)$.

所以,$R \geqslant 2r \Leftrightarrow abc \geqslant (-a+b+c)(a-b+c)(a+b-c)$.

**注2** 在 $\triangle ABC$ 中,$\sin A + \sin B + \sin C \leqslant \dfrac{3\sqrt{3}}{2}$. 它的证明最简单的证法是用 Jensen 不等式,下面介绍一种用均值不等式的巧妙的证明方法:

$$\sin A + \sin B + \sin C = \dfrac{2}{\sqrt{3}}(\sin A \cdot \dfrac{\sqrt{3}}{2} + \sin B \cdot \dfrac{\sqrt{3}}{2}) +$$

$$\sqrt{3}(\dfrac{\sin A}{\sqrt{3}}\cos B + \dfrac{\sin B}{\sqrt{3}}\sin A) \leqslant$$

$$\frac{1}{\sqrt{3}}\left[\left(\sin^2 A + \frac{3}{4}\right) + \left(\sin^2 B + \frac{3}{4}\right)\right] +$$
$$\frac{\sqrt{3}}{2}\left[\left(\frac{\sin^2 A}{3} + \cos^2 B\right) + \left(\frac{\sin^2 B}{3} + \cos^2 A\right)\right] =$$
$$\frac{3\sqrt{3}}{2}$$

**例3** 已知三角形的边长 $a, b, c$ 及其面积 $S$，证明 $a^2 + b^2 + c^2 \geqslant 4\sqrt{3}S$. 并指出等号成立的条件.（Weitzenbock 不等式，第 3 届 IMO 试题）

**证法一** 由公式 $S = \sqrt{p(p-a)(p-b)(p-c)}$，其中 $p = \dfrac{a+b+c}{2}$，可得 $4S = \sqrt{(a+b+c)(-a+b+c)(a-b+c)(a+b-c)}$，由于三角形的任意两边之和大于第三边，所以根号中各项都是正数，由均值不等式得

$$4S \leqslant \sqrt{(a+b+c)\left[\frac{(-a+b+c)+(a-b+c)+(a+b-c)}{3}\right]^3} =$$
$$\sqrt{(a+b+c)\left[\frac{(a+b+c)}{3}\right]^3} = \frac{(a+b+c)^2}{3\sqrt{3}} =$$
$$\frac{3(a^2+b^2+c^2)-(a-b)^2-(b-c)^2-(c-a)^2}{3\sqrt{3}} \leqslant$$
$$\frac{(a^2+b^2+c^2)}{3\sqrt{3}}$$

故 $a^2 + b^2 + c^2 \geqslant 4\sqrt{3}S$. 由上面的证明过程知当且仅当 $a = b = c$ 等号成立.

**证法二** 令 $a = y + z, b = z + x, c = x + y$，则 $S = \sqrt{xyz(x+y+z)}$. 问题等价于

$$((y+z)^2 + (z+x)^2 + (x+y)^2)^2 \geqslant 48xyz(x+y+z)$$

因为 $(y+z)^2 + (z+x)^2 + (x+y)^2 \geqslant (y+z)(z+x) + (z+x)(x+y) + (x+y)(y+z) = x^2 + y^2 + z^2 + 3(xy+yz+zx) \geqslant 4(xy+yz+zx)$，以及 $(u+v+w)^2 \geqslant 3(uv+vw+wu)$，所以

$$[4(xy+yz+zx)]^2 \geqslant 48(xy \cdot yz + yz \cdot zx + zx \cdot xy) = 48xyz(x+y+z)$$

于是，$a^2 + b^2 + c^2 \geqslant 4\sqrt{3}S$.

**注** Weitzenbock 不等式可加强为

1. $a^2 + b^2 + c^2 \geqslant \dfrac{(a+b+c)^2}{3} \geqslant ab + bc + ca \geqslant 3\sqrt[3]{(abc)^2} \geqslant 4\sqrt{3}S$.

我们只需要证明 $3\sqrt[3]{(abc)^2} \geqslant 4\sqrt{3}S$，即证明 $S \leqslant \dfrac{\sqrt{3} \cdot \sqrt[3]{(abc)^2}}{4}$.

$$S = \frac{1}{2}ab\sin C = 2R^2 \sin A \sin B \sin C \leq \frac{\sqrt{3} \cdot R^2}{4}$$

又 $4RS = abc$,所以 $S \leq \frac{\sqrt{3} \cdot \sqrt[3]{(abc)^2}}{4}$.

这里用到 $\sin A \sin B \sin C \leq (\frac{\sin A + \sin B + \sin C}{3})^3$,以及 $\sin A + \sin B + \sin C \leq \frac{3\sqrt{3}}{2}$ 的结论.

2. $a^2 + b^2 + c^2 \geq 4\sqrt{3}S + (a-b)^2 + (b-c)^2 + (c-a)^2$

**例4** 在 $\triangle ABC$ 中,求证:

$$a^2 + b^2 + c^2 \geq 4\sqrt{3}S + (a-b)^2 + (b-c)^2 + (c-a)^2 \qquad ①$$

(Finsler – Hadriger 不等式,第3届 IMO 试题的加强)

**证法一**

① $\Leftrightarrow [a^2 - (b-c)^2] + [b^2 - (c-a)^2] + [c^2 - (a-b)^2] \geq$
$4\sqrt{3}\sqrt{p(p-a)(p-b)(p-c)} \Leftrightarrow$
$(a+b-c)(a+c-b) + (b+c-a)(a+b-c) +$
$(a+c-b)(b+c-a) \geq$
$4\sqrt{3}\sqrt{p(p-a)(p-b)(p-c)} \qquad ②$

作变换 $p - a = x, p - b = y, p - c = z$,② $\Leftrightarrow yz + zx + xy \geq \sqrt{3xyz(x+y+z)} \Leftrightarrow (yz + zx + xy)^2 \geq$
$3xyz(x+y+z) \Leftrightarrow (yz)^2 + (zx)^2 + (xy)^2 \geq xyz(x+y+z) \Leftrightarrow$
$x^2(y-z)^2 + y^2(z-x)^2 + z^2(x-y)^2 \geq 0$

从而 $a^2 + b^2 + c^2 \geq 4\sqrt{3}S + (a-b)^2 + (b-c)^2 + (c-a)^2$.

**证法二** 原不等式可化为

$$\frac{a^2 - (b-c)^2}{4S} + \frac{b^2 - (c-a)^2}{4S} + \frac{c^2 - (a-b)^2}{4S} \geq \sqrt{3} \qquad ③$$

利用正切的半角公式:

$$\tan\frac{A}{2} = \frac{1 - \cos A}{\sin A} = \frac{a^2 - (b-c)^2}{2bc\sin A} = \frac{a^2 - (b-c)^2}{4S}$$

$$\tan\frac{B}{2} = \frac{b^2 - (c-a)^2}{4S}$$

$$\tan\frac{C}{2} = \frac{c^2 - (a-b)^2}{4S}$$

于是式 ③ 等价于

$$\tan\frac{A}{2} + \tan\frac{B}{2} + \tan\frac{C}{2} \geq \sqrt{3} \qquad ④$$

由对任意正数 $x, y, z$ 有 $(x+y+z)^2 \geq 3(xy+yz+zx)$，即 $x+y+z \geq \sqrt{3(xy+yz+zx)}$，而在 $\triangle ABC$ 中，有 $\tan\frac{A}{2}\tan\frac{B}{2} + \tan\frac{B}{2}\tan\frac{C}{2} + \tan\frac{C}{2}\tan\frac{A}{2} = 1$，所以 $\tan\frac{A}{2} + \tan\frac{B}{2} + \tan\frac{C}{2} \geq \sqrt{3}$ 成立．

**证法三** 因为 $a^2 + b^2 + c^2 - 4\sqrt{3}S = (b^2 + c^2 - 2bc\cos A) + b^2 + c^2 - 4\sqrt{3} \cdot \frac{1}{2}ab\sin C = 2[b^2 + c^2 - 2bc\sin(A + 30°)] \geq 2(b-c)^2$．

现不妨设 $b \geq a \geq c$，于是
$$(b-c)^2 = (b-a+a-c)^2 = (b-a)^2 + (a-c)^2 + 2(b-a)(a-c) \geq (b-a)^2 + (a-c)^2$$

从而有 $a^2 + b^2 + c^2 - 4\sqrt{3}S \geq 2(b-c)^2 \geq (a-b)^2 + (b-c)^2 + (c-a)^2$．

这个不等式是1938年由 Finsler–Hadriger 提出的，在中国称为费–哈不等式．

**例5** 已知三角形的边长 $a, b, c$ 及其面积 $S$，证明不等式 $(a^2 + b^2 + c^2 - 4\sqrt{3}S)(a^2 + b^2 + c^2) \geq 2[a^2(b-c)^2 + b^2(c-a)^2 + c^2(a-b)^2]$．（第31届IMO预选题）

**证法一** 记 $L = (a^2 + b^2 + c^2)^2 - 4\sqrt{3}S(a^2 + b^2 + c^2) - 4(a^2b^2 + b^2c^2 + c^2a^2) + 8abcp$．这里 $p = \frac{a+b+c}{2}$，由海伦公式得

$$16S^2 = (a+b+c)(-a+b+c)(a-b+c)(a+b-c) =$$
$$[(b+c)^2 - a^2][a^2 - (b-c)^2] =$$
$$(b^2 + c^2 - a^2 + 2bc)(a^2 - b^2 - c^2 + 2bc) =$$
$$4b^2c^2 - (b^2 + c^2 - a^2)^2 =$$
$$2(a^2b^2 + b^2c^2 + c^2a^2) - (a^4 + b^4 + c^4) =$$
$$4(a^2b^2 + b^2c^2 + c^2a^2) - (a^2 + b^2 + c^2)^2$$

及
$$(ab + bc + ca)^2 = (a^2b^2 + b^2c^2 + c^2a^2) + 2abc(a+b+c) = (a^2b^2 + b^2c^2 + c^2a^2) + 4abcp$$

于是，
$$2L = -(a^2 + b^2 + c^2 + 4\sqrt{3}S)^2 + 3(a^2 + b^2 + c^2)^2 + 3[4(a^2b^2 + b^2c^2 + c^2a^2) - (a^2 + b^2 + c^2)^2] - 8(a^2b^2 + b^2c^2 + c^2a^2) + 16abcp = 4[(a^2b^2 + b^2c^2 + c^2a^2) + 4abcp] -$$

$$(a^2 + b^2 + c^2 + 4\sqrt{3}S)^2 =$$
$$[2(ab + bc + ca)]^2 - (a^2 + b^2 + c^2 + 4\sqrt{3}S)^2 =$$
$$[2(ab + bc + ca) - (a^2 + b^2 + c^2 + 4\sqrt{3}S)] \cdot$$
$$[2(ab + bc + ca) + (a^2 + b^2 + c^2 + 4\sqrt{3}S)]$$

由例 4 Finsler - Hadriger 不等式知 $2(ab + bc + ca) - (a^2 + b^2 + c^2 + 4\sqrt{3}S) \geqslant 0$.

从而,所证不等式成立.

**证法二** 由 Finsler - Hadriger 不等式知 $a^2 + b^2 + c^2 \geqslant 4\sqrt{3}S + (a - b)^2 + (b - c)^2 + (c - a)^2$.

所以只要证明 $[(a - b)^2 + (b - c)^2 + (c - a)^2](a^2 + b^2 + c^2) \geqslant 2[a^2(b - c)^2 + b^2(c - a)^2 + c^2(a - b)^2] \Leftrightarrow [(a - b)^2 - (b - c)^2 + (c - a)^2]a^2 + [(a - b)^2 + (b - c)^2 - (c - a)^2]b^2 + [-(a - b)^2 + (b - c)^2 + (c - a)^2]c^2 \geqslant 0 \Leftrightarrow a^2(a - b)(a - c) + b^2(b - a)(b - c) + c^2(c - a)(c - b) \geqslant 0$. 这是 $r = 2$ 时的 Schur 不等式.

**例 6** 设实数 $a, b, c$ 中任意两个之和大于第三个,则 $\frac{2}{3}(a + b + c)(a^2 + b^2 + c^2) \geqslant a^3 + b^3 + c^3 + 3abc$. 当且仅当 $a = b = c$ 时等号成立.(第 13 届普特南数学竞赛题的推广)

**证明** 不难验证,上面的不等式等价于
$$(-a + b + c)(a - b + c)(a + b - c) \geqslant (3a - b - c)(3b - c - a)(3c - a - b) \qquad ①$$

而且,$3a - b - c, 3b - c - a, 3c - a - b$ 中至少有两个为正(若不然,不妨设 $3a - b - c \leqslant 0, 3b - c - a \leqslant 0$,则 $b + c \leqslant a$,与题设矛盾)

若两个为正,另一个非正,则式①显然成立. 若三个均为正,则由均值不等式得

$$-a + b + c = \frac{(3b - c - a) + (3c - a - b)}{2} \geqslant \sqrt{(3b - c - a) \cdot (3c - a - b)}$$

$$a - b + c = \frac{(3a - b - c) + (3c - a - b)}{2} \geqslant \sqrt{(3a - b - c) \cdot (3c - a - b)}$$

$$a + b - c = \frac{(3a - b - c) + (3b - c - a)}{2} \geqslant \sqrt{(3a - b - c) \cdot (3b - c - a)}$$

将上面三个不等式相乘得不等式①.

**例 7** 在 $\triangle ABC$ 中,求证:$\dfrac{\sqrt{\sin A \sin B}}{\sin \dfrac{C}{2}} + \dfrac{\sqrt{\sin B \sin C}}{\sin \dfrac{A}{2}} + \dfrac{\sqrt{\sin C \sin A}}{\sin \dfrac{B}{2}} \geqslant$

$3\sqrt{3}$. (2005年江苏省数学冬令营)

**证明** 由正弦定理和余弦定理得

$$\frac{\sqrt{\sin A \sin B}}{\sin \frac{C}{2}} = \frac{\sqrt{\sin A \sin B}}{\sin C} \cdot 2\cos \frac{C}{2} = \frac{\sqrt{ab}}{c} \cdot \sqrt{2(1 + \cos C)} =$$

$$\frac{\sqrt{2ab + 2ab\cos C}}{c} = \frac{\sqrt{(a+b)^2 - c^2}}{c} =$$

$$\frac{\sqrt{(a+b+c)(a+b-c)}}{c} = \frac{\sqrt{a+b+c}(a+b-c)}{\sqrt{c^2(a+b-c)}}$$

由基本不等式得 $c^2(a+b-c) \leq \left[\frac{c+c+(a+b-c)}{3}\right]^3 = \left(\frac{a+b+c}{3}\right)^3$,

所以 $\frac{\sqrt{\sin A \sin B}}{\sin \frac{C}{2}} \geq \frac{3\sqrt{3}(a+b-c)}{a+b+c}$, 同理

$$\frac{\sqrt{\sin B \sin C}}{\sin \frac{A}{2}} \geq \frac{3\sqrt{3}(b+c-a)}{a+b+c}$$

$$\frac{\sqrt{\sin C \sin A}}{\sin \frac{B}{2}} \geq \frac{3\sqrt{3}(c+a-b)}{a+b+c}$$

以上三个不等式相加得

$$\frac{\sqrt{\sin A \sin B}}{\sin \frac{C}{2}} + \frac{\sqrt{\sin B \sin C}}{\sin \frac{A}{2}} + \frac{\sqrt{\sin C \sin A}}{\sin \frac{B}{2}} \geq 3\sqrt{3}$$

**例8** 证明在锐角 $\triangle ABC$ 中, $\frac{abc}{\sqrt{2(a^2+b^2)(b^2+c^2)(c^2+a^2)}} \geq \frac{r}{2R}$, 其中 $r, R$ 分别表示 $\triangle ABC$ 的内切圆和外接圆的半径. (2005年江苏省数学冬令营)

**证明** 在 $\triangle ABC$ 中, $\frac{r}{R} = 4\sin \frac{A}{2} \sin \frac{B}{2} \sin \frac{C}{2}$, 要证明

$$\frac{abc}{\sqrt{2(a^2+b^2)(b^2+c^2)(c^2+a^2)}} \geq \frac{r}{2R}$$ 只要证明

$$\frac{abc}{\sqrt{(a^2+b^2)(b^2+c^2)(c^2+a^2)}} \geq 2\sqrt{2} \sin \frac{A}{2} \sin \frac{B}{2} \sin \frac{C}{2}$$

考虑到对称性, 只要证明

$$\frac{a}{\sqrt{b^2+c^2}} \geq \sqrt{2} \sin \frac{A}{2}$$

只要证明 $\dfrac{a^2}{b^2+c^2} \geqslant 1 - \cos A$，等价于证明
$$a^2 - (b^2+c^2)(1-\cos A) \geqslant 0$$
由余弦定理得
$$a^2 - (b^2+c^2)(1+\cos A) = b^2+c^2 - 2bc\cos A - (b^2+c^2)(1-\cos A) =$$
$$(b^2+c^2-2bc)\cos A =$$
$$(b-c)^2 \cos A$$

因为 $(b-c)^2 \geqslant 0, \cos A > 0$，所以 $a^2 - (b^2+c^2)(1-\cos A) \geqslant 0$，从而 $\dfrac{a^2}{b^2+c^2} \geqslant 1-\cos A$

即 $\dfrac{a}{\sqrt{b^2+c^2}} \geqslant \sqrt{2}\sin\dfrac{A}{2}$，同理
$$\dfrac{b}{\sqrt{c^2+a^2}} \geqslant \sqrt{2}\sin\dfrac{B}{2}$$
$$\dfrac{c}{\sqrt{c^2+a^2}} \geqslant \sqrt{2}\sin\dfrac{C}{2}$$

将上面三个不等式相乘得 $\dfrac{abc}{\sqrt{(a^2+b^2)(b^2+c^2)(c^2+a^2)}} \geqslant 2\sqrt{2}\sin\dfrac{A}{2}\sin\dfrac{B}{2}\sin\dfrac{C}{2}$，从而原不等式成立．

**例 9** 在 $\triangle ABC$ 中，求证：$\tan\dfrac{A}{2} + \tan\dfrac{B}{2} + \tan\dfrac{C}{2} \leqslant \dfrac{9R^2}{4S}$．（其中 $S$ 表示 $\triangle ABC$ 的面积）（第 26 届 IMO 预选题）

**证法一** 设 $\triangle ABC$ 的三边为 $a, b, c$，则易证
$$\tan\dfrac{A}{2} = \dfrac{a^2-(b-c)^2}{4S}$$
$$\tan\dfrac{B}{2} = \dfrac{b^2-(c-a)^2}{4S}$$
$$\tan\dfrac{C}{2} = \dfrac{c^2-(a-b)^2}{4S}$$

从而原不等式变为
$$a^2-(b-c)^2 + b^2-(c-a)^2 + c^2-(a-b)^2 \leqslant 9R^2 \quad ①$$

作代换 $a = y+z, b = z+x, c = x+y$．其中 $x, y, z$ 为正数．
因为
$$S = \dfrac{abc}{4R} = \sqrt{p(p-a)(p-b)(p-c)}$$

其中 $p = \dfrac{a+b+c}{2}$

所以 $R = \dfrac{(y+z)(z+x)(x+y)}{4\sqrt{xyz(x+y+z)}}$. 从而不等式 ① 变为

$$xy + yz + zx \leqslant \left[\dfrac{(y+z)(z+x)(x+y)}{4\sqrt{xyz(x+y+z)}}\right]^2 \Leftrightarrow$$

$$\left(\dfrac{1}{x} + \dfrac{1}{y} + \dfrac{1}{z}\right)(x+y+z) \leqslant$$

$$\dfrac{9}{64}\left[\left(1+\dfrac{y}{x}\right)\left(1+\dfrac{z}{y}\right)\left(1+\dfrac{x}{z}\right)\right]^2$$

设 $\dfrac{y}{x} = m, \dfrac{z}{y} = n, \dfrac{x}{z} = t$，则 $mnt = 1$. 且

$$\left(\dfrac{1}{x} + \dfrac{1}{y} + \dfrac{1}{z}\right)(x+y+z) \leqslant \dfrac{9}{64}\left[\left(1+\dfrac{y}{x}\right)\left(1+\dfrac{z}{y}\right)\left(1+\dfrac{x}{z}\right)\right]^2 \Leftrightarrow$$

$$3 + (m+n+t) + (mn+nt+tm) \leqslant$$

$$\dfrac{9}{64}\left[2 + (m+n+t) + (mn+nt+tm)\right]^2$$

设

$$q = (m+n+t) + (mn+nt+tm)$$

则

$$q \geqslant 6\sqrt[6]{mnt(mn)(nt)(tm)} = 6$$

且

$$3 + (m+n+t) + (mn+nt+tm) \leqslant$$

$$\dfrac{9}{64}\left[2 + (m+n+t) + (mn+nt+tm)\right]^2 \Leftrightarrow$$

$$3 + q \leqslant \dfrac{9}{64}(2+q)^2 \Leftrightarrow$$

$$(3-q)^2 \geqslant \dfrac{1\,600}{9}$$

因为 $q \geqslant 6$，上述不等式显然成立.

**证法二** 由证法一 $\tan\dfrac{A}{2} + \tan\dfrac{B}{2} + \tan\dfrac{C}{2} \leqslant \dfrac{9R^2}{4S} \Leftrightarrow 64xyz(xy+yz+zx)(x+y+z) \leqslant 9[(y+z)(z+x)(x+y)]^2$.

又因为

$$64xyz(xy+yz+zx)(x+y+z) =$$

$$64xyz(x^2y + xy^2 + y^2z + yz^2 + x^2z + xz^2 + 3xyz) =$$

$$64xyz[(x+y)(y+z)(z+x) + xyz]$$

因为 $(x+y)(y+z)(z+x) \geq 8xyz$,所以 $xyz \leq \frac{1}{8}(x+y)(y+z)(z+x)$,

于是 $64xyz(xy+yz+zx)(x+y+z) \leq 64 \times \frac{1}{8}(x+y)(y+z)(z+x)[(x+y)(y+z)(z+x) + \frac{1}{8}(x+y)(y+z)(z+x)] = 9[(y+z)(z+x)(x+y)]^2$. 所以原不等式得证.

**例 10** 在 $\triangle ABC$ 中,$\angle C \geq 60°$,证明:
$$(a+b)\left(\frac{1}{a}+\frac{1}{b}+\frac{1}{c}\right) \geq 4 + \frac{1}{\sin\frac{C}{2}} \qquad ①$$

(1990 年国家集训队选拔考试试题)

**证法一** 式①等价于 $(a+b)\left(\frac{1}{a}+\frac{1}{b}+\frac{1}{c}\right) \geq 4 + \sqrt{\frac{ab}{(p-a)(p-b)}}$,这里 $p$ 表示三角形的半周长.

即
$$\frac{b}{a}+\frac{a}{b}-2 \geq \sqrt{\frac{ab}{(p-a)(p-b)}} - \frac{a+b}{c}$$

$$\frac{(a-b)^2}{ab}\left[\sqrt{\frac{ab}{(p-a)(p-b)}} + \frac{a+b}{c}\right] \geq \frac{ab}{(p-a)(p-b)} - \left(\frac{a+b}{c}\right)^2 = \frac{(a-b)^2[(a+b)^2-a^2]}{c^2[c^2-(a-b)^2]}$$

当 $a=b$ 时,上式取等号,从而式①取等号;当 $a \neq b$ 时,上式同除以 $(a-b)^2$,并整理得

$$2c^2\sqrt{ab[c^2-(a-b)^2]} + c(a+b)[c^2-(a-b)^2] \geq ab[(a+b)^2-c^2] \qquad ②$$

由于 $\angle C \geq 60°$,则 $c^2 \geq a^2+b^2-ab$,即 $c^2-(a-b)^2 \geq ab$,因此,要证明②,只需证明

$$2c^2ab + abc(a+b) \geq ab[(a+b)^2-c^2]$$

即
$$2c^2 + c(a+b) \geq (a+b)^2 - c^2$$

即
$$(a+b+c)(2c-a-b) + c^2 \geq 0 \qquad ③$$

又 $c^2 \geq a^2+b^2-ab \geq ab$,则 $4c^2 \geq (a+b)^2 + (3c^2-ab) \geq (a+b)^2$,即 $2c \geq a+b$,由此知不等式③成立.

从而知原不等式成立.

**证法二** 因为 $\sin A \sin B = \frac{1}{2}[\cos(A-B) - \cos(A+B)] = \frac{1}{2}[(2\cos^2\frac{A-B}{2} - 1) - (2\cos^2\frac{A+B}{2} - 1)] = \cos^2\frac{A-B}{2} - \cos^2\frac{A+B}{2}$，所以

$$(a+b)\left(\frac{1}{a} + \frac{1}{b} + \frac{1}{c}\right) - 4 - \frac{1}{\sin\frac{C}{2}} = \frac{(a+b)^2}{ab} + \frac{a+b}{c} - 4 - \frac{1}{\sin\frac{C}{2}} =$$

$$\frac{4\sin^2\frac{A+B}{2}\cos^2\frac{A-B}{2}}{\cos^2\frac{A-B}{2} - \cos^2\frac{A+B}{2}} + \frac{\cos\frac{A-B}{2}}{\sin\frac{C}{2}} - 4 - \frac{1}{\sin\frac{C}{2}} =$$

$$\frac{4\cos^2\frac{A+B}{2} - 4\cos^2\frac{A+B}{2}\cos^2\frac{A-B}{2}}{\cos^2\frac{A-B}{2} - \cos^2\frac{A+B}{2}} - \frac{1}{\sin\frac{C}{2}}\left(1 - \cos\frac{A-B}{2}\right) \geqslant$$

$$\frac{4\cos^2\frac{A+B}{2}\left(1 - \cos\frac{A-B}{2}\right)}{\cos\frac{A-B}{2} - \cos\frac{A+B}{2}} - \frac{1}{\sin\frac{C}{2}}\left(1 - \cos\frac{A-B}{2}\right) =$$

$$\frac{1 - \cos\frac{A-B}{2}}{\left(\cos\frac{A-B}{2} - \cos\frac{A+B}{2}\right)\sin\frac{C}{2}} \times \left(4\sin^3\frac{C}{2} - \cos\frac{A-B}{2} + \sin\frac{C}{2}\right) \geqslant$$

$$\frac{1 - \cos\frac{A-B}{2}}{\left(\cos\frac{A-B}{2} - \cos\frac{A+B}{2}\right)\sin\frac{C}{2}} \times \left[4\left(\frac{1}{2}\right)^3 - \cos\frac{A-B}{2} + \frac{1}{2}\right] \geqslant 0$$

所以，所证不等式成立．

**例 11** 在非钝角三角形 $ABC$ 中，证明不等式：$\frac{(1-\cos 2A)(1-\cos 2B)}{1-\cos 2C} + \frac{(1-\cos 2C)(1-\cos 2A)}{1-\cos 2B} + \frac{(1-\cos 2B)(1-\cos 2C)}{1-\cos 2A} \geqslant \frac{9}{2}$．(2006 年中国国家集训队培训试题)

**证明** 令 $x = \cot A, y = \cot B, z = \cot C$，则
$$xy + yz + zx = 1 \qquad ①$$
且 $x, y, z \geqslant 0$，且 $1 + x^2 = (x+y)(x+z)$，$1 + y^2 = (x+y)(y+z)$，$1 + x^2 = (x+z)(y+z)$，

而
$$1 - \cos 2A = 2\sin^2 A = \frac{2}{1+x^2} = \frac{2}{(x+y)(x+z)}$$

同理有
$$1 - \cos 2B = \frac{2}{(x+y)(y+z)}$$
$$1 - \cos 2C = \frac{2}{(x+z)(y+z)}$$

代入所证的不等式,即要证
$$\frac{1}{(x+y)^2} + \frac{1}{(y+z)^2} + \frac{1}{(z+x)^2} \geq \frac{9}{4} \qquad ②$$

据对称性,不妨设 $x \geq y \geq z \geq 0$,此时 $A \leq B \leq C \leq 90°$.

(Ⅰ)首先证明,当 $x = y$ 时,式 ② 成立. 此时条件 ① 成为
$$x^2 + 2xz = 1 \qquad ③$$

待证明的结论 ② 成为
$$\frac{1}{4x^2} + \frac{2}{1+z^2} \geq \frac{9}{4} \qquad ④$$

此式等价于
$$1 + z^2 + \geq 9x^2(1+z^2)$$

即
$$1 + z^2 \geq x^2 + 9x^2z^2 \qquad ⑤$$

由式 ③ 得
$$xz = \frac{1-x^2}{2}$$
$$z = \frac{1-x^2}{2x}$$

故式 ⑤ 成为
$$1 + \left(\frac{1-x^2}{2x}\right)^2 \geq x^2 + \frac{9}{4}(1-x^2)^2$$

即 $1 + 15x^4 \geq 7x^2 + 9x^6$,也即 $(1-x^2)(3x^2-1)^2 \geq 0$,此为显然(因为据式 ③ 有 $1-x^2 \geq 0$),故式 ④ 得证,取等号当且仅当 $x = y = 1, z = 0$,或 $x = y = z = \frac{\sqrt{3}}{3}$,即 △ABC 为等腰直角三角形或正三角形.

(Ⅱ)再考虑一般非钝角三角形,固定最大角 $C$,将 △ABC 调整为以最大角 $C$ 为顶角的等腰三角形 △A'B'C,其中 $A' = B' = \frac{A+B}{2}$,并设 $t = \cot\frac{A+B}{2}$,记
$$f(x,y,z) = \frac{1}{(x+y)^2} + \frac{1}{(y+z)^2} + \frac{1}{(z+x)^2}$$

据(Ⅰ)知,$f(t,t,z) \geq \frac{9}{4}$.

今证明 $f(x,y,z) \geq f(t,t,z)$，我们采取如下证题框架：

欲证
$$a_1^2 + b_1^2 + c_1^2 \geq a_2^2 + b_2^2 + c_2^2 \qquad (*)$$

只要证 $(1) a_1 + b_1 + c_1 \geq a_2 + b_2 + c_2$；$(2) a_1 b_1 + b_1 c_1 + c_1 a_1 \geq a_2 b_2 + b_2 c_2 + c_2 a_2$.

因为当以上两式同时成立时，可将(1)平方后减去(2)的两倍便得(*)式.

（i）为证
$$\frac{1}{x+y} + \frac{1}{y+z} + \frac{1}{z+x} \geq \frac{1}{t+t} + \frac{1}{t+z} + \frac{1}{t+z} = \frac{1}{2t} + \frac{2}{t+z} \qquad (A)$$

即证
$$\left(\frac{1}{x+y} - \frac{1}{2t}\right) + \left(\frac{1}{y+z} + \frac{1}{z+x} - \frac{2}{t+z}\right) \geq 0 \qquad ⑥$$

其中 $x = \cot A, y = \cot B, z = \cot C, t = \cot\frac{A+B}{2} = \tan\frac{C}{2}$.

先证明 $x + y \geq 2t$，即证
$$\cot A + \cot B \geq 2\tan\frac{C}{2}$$

即 $\dfrac{\sin C}{\sin A \sin B} \geq 2\dfrac{\sin\frac{C}{2}}{\cos\frac{C}{2}}$，即 $\cos^2\frac{C}{2} \geq \sin A \sin B$，也即 $\dfrac{1 + \cos C}{2} \geq \sin A \sin B$，即 $1 - \cos(A+B) \geq 2\sin A \sin B$，即 $\cos(A-B) \leq 1$. 此为显然.

又因
$$\frac{1}{y+z} + \frac{1}{z+x} = \frac{x+y+2z}{(y+z)(z+x)} = \frac{x+y+2z}{1+z^2}$$

而在等腰三角形 $\triangle A'B'C$ 中，$t^2 + 2tz = 1$，则
$$\frac{2}{t+z} = \frac{2(t+z)}{(t+z)^2} = \frac{2(t+z)}{1+z^2}$$

所以，
$$\frac{1}{y+z} + \frac{1}{z+x} - \frac{2}{t+z} = \frac{x+y-2t}{1+z^2}$$

且
$$\frac{1}{x+y} - \frac{1}{2t} = -\frac{x+y-2t}{2t(x+y)}$$

因此，式⑥化为
$$(x+y-2t)\left(\frac{1}{1+z^2} - \frac{1}{2t(x+y)}\right) \geq 0 \qquad ⑦$$

要证 $\dfrac{1}{1+z^2} - \dfrac{1}{2t(x+y)} \geq 0$,即要证 $2t(x+y) \geq 1+z^2$. 注意 $z = \dfrac{1-t^2}{2t}$,即要证

$$2t(x+y) \geq 1 + \left(\dfrac{1-t^2}{2t}\right)^2$$

即

$$8t^3(x+y) \geq 4t^2 + (1-t^2)^2 = 1 + 2t^2 + t^4$$

由于 $x+y \geq 2t$,只要证 $16t^4 \geq 1 + 2t^2 + t^4$. 即 $15t^4 - 2t^2 \geq 1$. 也即
$$t^2(15t^2 - 2) \geq 1 \qquad \text{⑧}$$

由于 $C$ 是最大角,$60° \leq C \leq 90°$,则 $30° \leq \dfrac{C}{2} \leq 45°$,因此 $\dfrac{\sqrt{3}}{3} \leq \tan\dfrac{C}{2} \leq 1$,即 $\dfrac{\sqrt{3}}{3} \leq t \leq 1$,从而 $\dfrac{1}{3} \leq t^2 \leq 1$,所以,$t^2(15t^2 - 2) \geq \dfrac{1}{3}(15 \times \dfrac{1}{3} - 2) = 1$. 故式 ⑧ 成立,从而(A) 成立.

（ⅱ）再证明

$$\dfrac{1}{(x+y)(y+z)} + \dfrac{1}{(y+z)(z+x)} + \dfrac{1}{(z+x)(x+y)} \leq \qquad \text{(B)}$$
$$\dfrac{1}{2t(t+z)} + \dfrac{1}{2t(t+z)} + \dfrac{1}{(t+z)^2}$$

即

$$\dfrac{1}{1+x^2} + \dfrac{1}{1+y^2} + \dfrac{1}{1+z^2} \leq \dfrac{1}{t(t+z)} + \dfrac{1}{1+z^2}$$

即

$$\dfrac{1}{1+x^2} + \dfrac{1}{1+y^2} \leq \dfrac{1}{t(t+z)}$$

也即

$$\sin^2 A + \sin^2 B \leq \dfrac{1}{1-tz}$$

因为

$$1 - tz = 1 - \tan\dfrac{C}{2}\cot C = 1 - \dfrac{\cos C}{2\cos^2\dfrac{C}{2}} = \dfrac{1}{2\cos^2\dfrac{C}{2}}$$

即要证

$$\sin^2 A + \sin^2 B \leq 2\cos^2\dfrac{C}{2} = 1 + \cos C$$

即

$$\sin^2 A - (1 - \sin^2 B) \leq \cos C$$

而
$$\sin^2 A - (1 - \sin^2 B) = -(\cos^2 B - \sin^2 A) =$$
$$-\cos(A+B)\cos(A-B) =$$
$$\cos C \cos(A-B)$$

因此,即要证 $\cos C \cos(A-B) \leqslant \cos C$,这是显然的. 故(B)成立.

据(A)、(B)及所述证题框架,可知不等式 ② 成立.

从而所证的不等式成立,取等号当且仅当 $\triangle ABC$ 是正三角形或等腰直角三角形.

**注** 本例实际上是1996年伊朗一道数学奥林匹克试题的三角证法. 这里的解法是2006年国家集训队教练组给出的,另外的证法在比较法一节和分析法一节内有介绍. 另外,2007年越南国家集训队试题也是这一问题的变形:给出 $\triangle ABC$,求 $\sum \dfrac{\cos^2\frac{A}{2}\cos^2\frac{B}{2}}{\cos^2\frac{C}{2}}$ 的最小值.

设

$$T = \sum \frac{\cos^2\frac{A}{2}\cos^2\frac{B}{2}}{\cos^2\frac{C}{2}} = \sum \frac{(1+\cos A)(1+\cos B)}{2(1+\cos C)}$$

设 $x = \tan\dfrac{A}{2}, y = \tan\dfrac{B}{2}, z = \tan\dfrac{C}{2}$,所以 $xy + yz + zx = 1$,于是

$$T = \sum \frac{(1+x^2)}{(1+y^2)(1+z^2)} = \sum \frac{(xy+yz+zx+x^2)}{(xy+yz+zx+y^2)(xy+yz+zx+z^2)} =$$
$$\sum \frac{(x+y)(x+z)}{(x+y)(y+z)(x+z)(y+z)} =$$
$$\sum \frac{1}{(y+z)^2}$$

由1996年伊朗试题得 $\sum \dfrac{1}{(y+z)^2} \geqslant \dfrac{9}{4(xy+yz+zx)}$. 所以,$T \geqslant \dfrac{9}{4}$.

## 练 习 题

1. 设 $T$ 是一个周长为2的三角形,$a,b,c$ 是 $T$ 的三边长. 证明:$abc + \dfrac{28}{27} \geqslant ab + bc + ca \geqslant abc + 1$. (第19届爱尔兰数学奥林匹克试题)

2. (1) 在 $\triangle ABC$ 中,若 $a+b+c=1$,求证:$a^2+b^2+c^2+4abc<\dfrac{1}{2}$. (第23届全苏数学奥林匹克试题)

(2) 在 $\triangle ABC$ 中,若 $a+b+c=2$,求证:$a^2+b^2+c^2+2abc<2$. (1990年匈牙利数学奥林匹克试题)

3. 在 $\triangle ABC$ 中,求证:$\dfrac{1}{(p-a)^2}+\dfrac{1}{(p-b)^2}+\dfrac{1}{(p-c)^2}\geq\dfrac{1}{r^2}$. (第27届美国数学竞赛试题)

4. 证明:在任意三角形中不等式 $\dfrac{\cos\alpha}{a^3}+\dfrac{\cos\beta}{b^3}+\dfrac{\cos\gamma}{c^3}\geq\dfrac{3}{2abc}$ 成立. 其中 $a,b,c$ 是三角形的三边长,$\alpha,\beta,\gamma$ 分别是各边所对的内角. (2004年克罗地亚,2007年香港数学奥林匹克试题)

5. 已知 $a,b,c$ 和 $R$ 分别是三角形的三条边长和外接圆半径,证明:$\dfrac{1}{ab}+\dfrac{1}{bc}+\dfrac{1}{ca}\geq\dfrac{1}{R^2}$. (第18届北欧数学奥林匹克试题).

6. (1) 设 $a,b,c$ 是三角形的三边,求证:$a^2(b+c-a)+b^2(c+a-b)+c^2(a+b-c)\leq 3abc$. (第6届IMO试题)

(2) 在 $\triangle ABC$ 中证明:$1<\cos A+\cos B+\cos C\leq\dfrac{3}{2}$. (1970年IMO预选题)

7. 若 $A,B,C$ 是三角形的三个内角,证明:$-2\leq\sin 3A+\sin 3B+\sin 3C\leq\dfrac{3\sqrt{3}}{2}$. 并确定等号何时成立. (1981年第10届美国数学奥林匹克试题)

8. 证明对于任意 $\triangle ABC$,不等式 $a\cos A+b\cos B+c\cos C\leq p$ 成立. 其中 $a,b,c$ 是三角形的三条边,$A,B,C$ 是它们的对角,$p$ 为半周长. (1990年全俄数学奥林匹克试题)

9. 设 $A,B,C$ 为锐角三角形的内角,求证:$\tan^n A+\tan^n B+\tan^n C\geq 3^{\frac{n}{2}+1}$. (1993年澳门数学奥林匹克试题)

10. 以 $a,b,c$ 为三边长,$S$ 为面积的三角形满足不等式 $-6a^2+10b^2+123c^2\geq 48\sqrt{3}S$. (1992年"友谊杯"国际数学竞赛)

11. 在 $\triangle ABC$ 中,求证:$\tan\dfrac{A}{2}+\tan\dfrac{B}{2}+\tan\dfrac{C}{2}\leq\dfrac{9Rr}{2S}$. (其中 $S$ 表示 $\triangle ABC$ 的面积) (第26届IMO预选题的加强)

12. 在 $\triangle ABC$ 中,求证:$\sin\dfrac{3A}{2}+\sin\dfrac{3B}{2}+\sin\dfrac{3C}{2}\leq\cos\dfrac{A-B}{2}+\cos\dfrac{B-C}{2}+$

$\cos \dfrac{C-A}{2}$. (2002年美国国家队选拔考试试题)

13. $\triangle ABC$ 的内切圆半径为 $r$,外接圆半径为 $R$,证明 $\sin \dfrac{A}{2}\sin \dfrac{B}{2}+\sin \dfrac{B}{2}\sin \dfrac{C}{2}+\sin \dfrac{C}{2}\sin \dfrac{A}{2}\leqslant \dfrac{5}{8}+\dfrac{r}{4R}$. (第29届IMO预选题)

14. $\alpha$、$\beta$、$\gamma$ 是一个给定三角形的三个内角,求证: $\csc^2\dfrac{\alpha}{2}+\csc^2\dfrac{\beta}{2}+\csc^2\dfrac{\gamma}{2}\geqslant 12$. 并求等号成立的条件. (1994年韩国数学奥林匹克试题)

15. 证明:对任意边长为 $a,b,c$ 且面积为 $S$ 的三角形有 $ab+bc+ca\geqslant 4\sqrt{3}S$. (1977年IMO预选题)

16. 在 $\triangle ABC$ 中,证明 Garfunkel - Bankoff 不等式 $\tan^2\dfrac{A}{2}+\tan^2\dfrac{B}{2}+\tan^2\dfrac{C}{2}\geqslant 2-8\sin\dfrac{A}{2}\sin\dfrac{B}{2}\sin\dfrac{C}{2}$.

17. 在 $\triangle ABC$ 中,证明 $(-a+b+c)(a-b+c)+(a-b+c)(a+b-c)+(a+b-c)(-a+b+c)\leqslant \sqrt{abc}(\sqrt{a}+\sqrt{b}+\sqrt{c})$. (2001年罗马尼亚国家队试题)

18. 在 $\triangle ABC$ 中,证明 $\sqrt{a+b-c}+\sqrt{b+c-a}+\sqrt{c+a-b}\leqslant \sqrt{a}+\sqrt{b}+\sqrt{c}$. (1996年亚太地区数学奥林匹克试题)

19. 已知 $a,b,c$ 是 $\triangle ABC$ 的三条边,证明

(1) 以 $\sqrt{a},\sqrt{b},\sqrt{c}$ 为三条边,可以构成一个三角形;

(2) $\sqrt{ab}+\sqrt{bc}+\sqrt{ca}\leqslant a+b+c<2(\sqrt{ab}+\sqrt{bc}+\sqrt{ca})$. (2004年罗马尼亚数学奥林匹克试题)

20. 已知 $a,b,c$ 是 $\triangle ABC$ 的三条边,求证: $(-a+b+c)^2(a-b+c)^2(a+b-c)^2\geqslant (a^2+b^2-c^2)(a^2+c^2-b^2)(b^2+c^2-a^2)$. (1992年波兰数学奥林匹克试题)

21. 在 $\triangle ABC$ 中,证明不等式: $\dfrac{1}{a^2}+\dfrac{1}{b^2}+\dfrac{1}{c^2}\leqslant \dfrac{1}{4r^2}$,其中 $r$ 是 $\triangle ABC$ 的内切圆半径. (2006年土耳其数学奥林匹克试题)

22. 在 $\triangle ABC$ 中,证明: $\dfrac{\sin^2 A}{a}+\dfrac{\sin^2 B}{b}+\dfrac{\sin^2 C}{c}\leqslant \dfrac{s^2}{abc}$,其中 $s=\dfrac{a+b+c}{2}$. (2006年台湾奥林匹克集训队试题)

23. 在 $\triangle ABC$ 中证明: $\dfrac{|b^2-c^2|}{a}+\dfrac{|c^2-a^2|}{b}\geqslant \dfrac{|a^2-b^2|}{c}$. (1992年南昌

市,2005 年江西省数学竞赛试题)

24. (1) 在非钝角三角形 $ABC$ 中证明:$\sin A + \sin B + \sin C > \cos A + \cos B + \cos C$. (1976 年南斯拉夫数学奥林匹克试题)

(2) 在非钝角三角形 $ABC$ 中证明:$1 < \sin A + \sin B + \sin C - (\cos A + \cos B + \cos C) \leq \dfrac{3\sqrt{3}-3}{2}$.

25. 已知 $a,b,c$ 是 $\triangle ABC$ 的三条边,证明:$3 \leq \dfrac{a^2+b^2}{ab+c^2} + \dfrac{b^2+c^2}{bc+a^2} + \dfrac{c^2+a^2}{ca+b^2} < 4$. (2002 年罗马尼亚奥林匹克试题)

26. (1) 已知 $a,b,c$ 是 $\triangle ABC$ 的三条边,证明:$2 < \dfrac{b+c}{a} + \dfrac{c+a}{b} + \dfrac{a+b}{c} - \dfrac{a^3+b^3+c^3}{abc} \leq 3$. (2001 年奥地利波兰数学奥林匹克试题)

(2) 已知 $a,b,c$ 是 $\triangle ABC$ 的三条边,证明:$\dfrac{a}{b+c} + \dfrac{b}{c+a} + \dfrac{c}{a+b} \geq \dfrac{2abc}{(a+b)(b+c)(c+a)}\left(\dfrac{b+c}{a} + \dfrac{c+a}{b} + \dfrac{a+b}{c}\right)$.

27. 在 $\triangle ABC$ 中,证明不等式:$\dfrac{a^2}{b+c-a} + \dfrac{b^2}{c+a-b} + \dfrac{c^2}{a+b-c} \geq 3\sqrt{3}R$. 其中 $R$ 是 $\triangle ABC$ 外接圆的半径. (1990 年罗马尼亚国家集训队试题)

28. 在锐角 $\triangle ABC$ 中,证明不等式:$a^2+b^2+c^2 \geq 4(R+r)^2$. (2005 年伊朗数学奥林匹克试题)

29. 三角形 $T_1$ 的三条边长分别为 $a,b,c$,面积为 $P$,三角形 $T_2$ 的三条边长分别为 $u,v,w$,面积为 $Q$,证明不等式:$16PQ \leq a^2(-u^2+v^2+w^2) + b^2(u^2-v^2+w^2) + c^2(u^2+v^2-w^2)$. (1978 年 IMO 预选题)

30. 设 $a,b,c$ 是 $\triangle ABC$ 的三条边,而 $x,y,z$ 是满足等式 $x+y+z=0$ 的三个数,证明不等式 $a^2xy + b^2yz + c^2zx \leq 0$. (第 19 届立陶宛数学奥林匹克,1988 年国际城市数学邀请赛试题)

31. 求最小正数 $\lambda$,使得对于任一三角形的三条边只要 $a \geq \dfrac{b+c}{3}$,就有 $ac + bc - c^2 \leq \lambda(a^2+b^2+3c^2+2ab-4bc)$. (1993 年中国国家集训队测试题)

32. 设 $a \leq b < c$ 是直角三角形的三边长,求最大的常数 $M$ 使得 $\dfrac{1}{a} + \dfrac{1}{b} + \dfrac{1}{c} \geq \dfrac{M}{a+b+c}$. (1991 年中国国家集训队测试题)

33. 已知 $a,b,c$ 是 $\triangle ABC$ 的三条边,$p = \dfrac{1}{2}(a+b+c)$,证明不等式:$a$

$$a\sqrt{\frac{(p-b)(p-c)}{bc}}+b\sqrt{\frac{(p-c)(p-a)}{ca}}+c\sqrt{\frac{(p-a)(p-b)}{ab}} \geqslant p.$$ (2006年摩尔多瓦数学奥林匹克试题)

34. 在 $\triangle ABC$ 中,证明: $\sum_{cyc}\frac{\sqrt{a+b-c}}{\sqrt{a}+\sqrt{b}-\sqrt{c}} \leqslant 3.$ (2006 年 IMO 预选题, 2007 年意大利数学奥林匹克冬令营试题)

35. 试求出所有的正整数 $k$,使得对任意满足不等式 $k(ab+bc+ca)>5(a^2+b^2+c^2)$ 的正数 $a,b,c$,一定存在三边长分别为 $a,b,c$ 的三角形. (2002 年中国女子数学奥林匹克试题)

36. 在锐角 $\triangle ABC$ 中,证明: $\sin A+\sin B+\sin C>2.$ (1991 年中国国家集训队试题)

37. 在 $\triangle ABC$ 中,证明: $\sum_{cyc}\frac{(a-b+c)^4}{a(a+b-c)} \geqslant ab+bc+ca.$ (2007 年希腊数学奥林匹克试题)

38. $\alpha,\beta,\gamma$ 是 $\triangle ABC$ 的三个内角,证明: $\frac{1}{\sin\alpha}+\frac{1}{\sin\beta} \geqslant \frac{8}{3+2\cos\gamma}.$ 并指出不等式等号成立的条件. (1996 年马其顿数学奥林匹克试题)

39. 在 $\triangle ABC$ 中,证明:
$$\frac{R}{2r} \geqslant \left\{\frac{64a^2b^2c^2}{[4a^2-(b-c)^2][4b^2-(c-a)^2][4c^2-(a-b)^2]}\right\}^{\frac{1}{2}}$$
(2006 年印度数学奥林匹克试题)

40. $I$ 是 $\triangle ABC$ 的内心,证明: $AI+BI+CI \leqslant 3R$,其中 $R$ 是 $\triangle ABC$ 的外接圆半径. (2007 年摩尔多瓦国家集训队试题)

41. 在 $\triangle ABC$ 中,证明: $\frac{3(a^4+b^4+c^4)}{(a^2+b^2+c^2)^2}+\frac{ab+bc+ca}{a^2+b^2+c^2} \geqslant 2.$ (2006 年哥斯达黎加数学奥林匹克试题)

42. 在直角 $\triangle ABC$ 中,求最大的正实数 $k$ 使得不等式 $a^3+b^3+c^3 \geqslant k(a+b+c)^3$ 成立. (2006 年伊朗数学奥林匹克试题)

43. 设 $\triangle ABC$ 的三边长分别为 $a,b,c$,且 $a+b+c=3$,求 $f(a,b,c)=a^2+b^2+c^2+\frac{4}{3}abc$ 的最小值. (2007 年北方数学奥林匹克试题)

44. 设给定的锐角 $\triangle ABC$ 的三边长为 $a,b,c$,正实数 $x,y,z$ 满足 $\frac{ayz}{x}+\frac{bzx}{y}+\frac{cxy}{z}=P$,其中为给定的正实数. 试求 $S=(b+c-a)x^2+(c+a-b)y^2+(a+b-c)z^2$ 的最大值,并指出当 $S$ 取此最大值时 $x,y,z$ 的取值. (2007 年安徽省数学

竞赛试题)

45. 设 $\triangle ABC$ 的半周长为 $p,r_a,r_b,r_c$ 分别是边 $BC,CA,AB$ 上的旁切圆的半径,证明:$\dfrac{r_a}{\sin A}+\dfrac{r_b}{\sin B}+\dfrac{r_c}{\sin C}\geq 2p$.(1993 年波兰数学奥林匹克试题)

46. 设 $\triangle ABC$ 的面积为 $S$,外接圆半径为 $R$,求证:

(1) $\dfrac{1}{a^2}+\dfrac{1}{b^2}+\dfrac{1}{c^2}\leq\dfrac{3\sqrt{3}}{4S}+(\dfrac{1}{a}-\dfrac{1}{b^2})^2+(\dfrac{1}{b}-\dfrac{1}{c})^2+(\dfrac{1}{c^2}-\dfrac{1}{a})^2$;

(2) $\tan\dfrac{A}{2}+\tan\dfrac{B}{2}+\tan\dfrac{C}{2}\leq\dfrac{9R^2}{4S}$.(2008 年香港集训队选拔试题)

47. 在 $\triangle ABC$ 中,证明 $R\geq\dfrac{a^2+b^2}{2\sqrt{(2a^2+2b^2-c^2)}}$.(1998 年波罗的海,2000 年波兰数学奥林匹克试题)

48. 已知 $a,b,c$ 是 $\triangle ABC$ 的三条边,证明

(1) 以 $\sqrt{a},\sqrt{b},\sqrt{c}$ 为三条边,可以构成一个 $\triangle A_1B_1C_1$;

(2) 记 $\triangle ABC$ 的面积为 $S$,$\triangle A_1B_1C_1$ 的面积为 $S_1$,证明不等式:$S_1^2\geq\dfrac{\sqrt{3}S}{4}$.

(2003 年塞尔维亚和黑山共和国数学奥林匹克试题)

49. 已知 $A,B,C$ 是 $\triangle ABC$ 的三个内角,证明:$\dfrac{\tan\dfrac{A}{2}+\tan\dfrac{B}{2}+\tan\dfrac{C}{2}}{\sqrt{3}}\geq\sqrt[6]{\tan^2\dfrac{A}{2}\tan^2\dfrac{B}{2}\tan^2\dfrac{C}{2}}$.(2008 年中国北方数学奥林匹克邀请赛试题)

50. 设 $\triangle ABC$ 的外接圆半径为 $R$,内切圆半径为 $r$,求证:$\dfrac{\cos A}{\sin^2 A}+\dfrac{\cos B}{\sin^2 B}+\dfrac{\cos C}{\sin^2 C}\geq\dfrac{R}{r}$.(2000 年北京市数学竞赛试题)

51. $\triangle ABC$ 中,边 $BC,CA,AB$ 边上的旁切圆的半径依次为 $r_a,r_b,r_c$,$2p$ 是 $\triangle ABC$ 的周长,求证:$\dfrac{r_a}{\sin A}+\dfrac{r_b}{\sin B}+\dfrac{r_c}{\sin C}\geq 2p$.(1993 年波兰奥地利数学奥林匹克试题)

52. 在 $\triangle ABC$ 中考虑不等式 $a^3+b^3+c^3<k(a+b+c)(ab+bc+ca)$,这里 $a,b,c$ 是 $\triangle ABC$ 的三边长,$k$ 是实数.(1) 当 $k=1$ 时证明不等式成立;(2) 求出最大的实数 $k$ 使不等式成立.(2010 年阿尔巴尼亚 BMO 集训队试题)

53. 在锐角 $\triangle ABC$ 中,证明不等式:$\sin^3 A\cos^2(B-C)+\sin^3 B\cos^2(C-A)+\sin^3 C\cos^2(A-B)\leq 3\sin A\sin B\sin C$.并指出等号成立的条件.(2002 年中国国家集训队考试题)

54. 在 $\triangle ABC$ 中,证明不等式:
$\left|\sqrt{\dfrac{a}{b}} - \sqrt{\dfrac{b}{a}} + \sqrt{\dfrac{b}{c}} - \sqrt{\dfrac{c}{b}} + \sqrt{\dfrac{c}{a}} - \sqrt{\dfrac{a}{c}}\right| < \dfrac{1}{10}.$ (2010 年保加利亚数学奥林匹克试题)

55. 在 $\triangle ABC$ 中,考虑不等式:$a^3 + b^3 + c^3 < k(a+b+c)(ab+bc+ca)$.
(1) 当 $k = 1$ 时,证明不等式成立;
(2) 求最小的实数 $k$,使得不等式恒成立. (2010 年阿尔巴尼亚国家集训队考试题)

56. 在 $\triangle ABC$ 中,$a + b + c = 2$,证明:$\left|\dfrac{a^3}{b} + \dfrac{b^3}{c} + \dfrac{c^3}{a} - \dfrac{a^3}{c} - \dfrac{b^3}{a} - \dfrac{c^3}{b}\right| < 3.$
(2010 年波斯利亚数学奥林匹克试题)

57. 在 $\triangle ABC$ 中,证明:$\left|\dfrac{a-b}{a+b} + \dfrac{b-c}{b+c} + \dfrac{c-a}{c+a}\right| < \dfrac{1}{16}.$ (1989 年地中海数学奥林匹克试题)

58. 在 $\triangle ABC$ 中,证明:
$3\sum_{cyc} ab(1 + 2\cos C) \geq 2\sum_{cyc} \sqrt{(c^2 + ab(1 + 2\cos C))(b^2 + ca(1 + 2\cos B))}.$
(2010 年爱沙尼亚数学奥林匹克试题)

59. 在 $\triangle ABC$ 中,若 $ab + bc + ca = 1$,证明:$(a+1)(b+1)(c+1) < 1.$
(2010 年英国数学奥林匹克试题)

60. 在 $\triangle ABC$ 中,$AC^2$ 是 $BC^2$ 和 $AB^2$ 的等差中项,证明:$\cot^2 B \geq \cot A \cdot \cot C.$
(1997 年波罗的海数学奥林匹克试题)

# 参考解答

1. 证明 由已知条件可知 $0 \leq a,b,c \leq 1, a+b+c = 2$,于是 $0 \leq (1-a)(1-b)(1-c) \leq \left(\dfrac{(1-a)+(1-b)+(1-c)}{3}\right)^3 = \dfrac{1}{27}.$

所以,$0 \leq 1 - a - b - c + ab + bc + ca - abc \leq \dfrac{1}{27}.$ 再结合 $a+b+c = 2$,可知 $1 \leq ab + bc + ca - abc \leq \dfrac{28}{27}.$

即 $abc + \dfrac{28}{27} \geq ab + bc + ca \geq abc + 1.$

2. (1) 作代换 $a = y + z, b = z + x, c = x + y$. 因为 $a + b + c = 1$,所以 $x + y$

$+ z = \frac{1}{2}, x^2 + y^2 + z^2 + 2(xy + yz + zx) = \frac{1}{4}.$

所以

$a^2 + b^2 + c^2 + 4abc = (y + z)^2 + (z + x)^2 +$
$(x + y)^2 + 4(y + z)(z + x)(x + y) =$
$2(x^2 + y^2 + z^2) + 2(xy + yz + zx) +$
$4(x^2 y + x^2 z + y^2 x + y^2 z + z^2 x + z^2 y + 2xyz) =$
$\frac{1}{4} + x^2 + y^2 + z^2 +$
$4[xy(x + y + z) + yz(x + y + z) + zx(x + y + z) - xyz] =$
$\frac{1}{4} + x^2 + y^2 + z^2 + 2(xy + yz + zx) - 4xyz =$
$\frac{1}{2} - 4xyz < \frac{1}{2}$

(2) 由 $a + b + c = 2$,知 $a, b, c$ 均小于 1,所以,
$0 < 2(1 - a)(1 - b)(1 - c) = 2 - 2(a + b + c) + 2(ab + bc + ca) - 2abc =$
$-2 + (a + b + c)^2 - (a^2 + b^2 + c^2) - 2abc =$
$2 - (a^2 + b^2 + c^2 + 2abc)$
所以 $a^2 + b^2 + c^2 + 2abc < 2.$

3. $\tan^2 \frac{A}{2} + \tan^2 \frac{B}{2} + \tan^2 \frac{C}{2} \geq \tan \frac{A}{2} \tan \frac{B}{2} + \tan \frac{B}{2} \tan \frac{C}{2} + \tan \frac{C}{2} \tan \frac{A}{2} = 1$,而 $\tan \frac{A}{2} = \frac{r}{p - a}, \tan \frac{B}{2} = \frac{r}{p - b}, \tan \frac{C}{2} = \frac{r}{p - c}$,所以 $\frac{1}{(p - a)^2} + \frac{1}{(p - b)^2} + \frac{1}{(p - c)^2} \geq \frac{1}{r^2}.$

4. 应用余弦定理和熟知的不等式 $x + \frac{1}{x} \geq 2$(其中 $x > 0$)

$\frac{\cos \alpha}{a^3} + \frac{\cos \beta}{b^3} + \frac{\cos \gamma}{c^3} = \frac{b^2 + c^2 - a^2}{2a^3 bc} + \frac{c^2 + a^2 - b^2}{2ab^3 c} + \frac{a^2 + b^2 - c^2}{2abc^3} =$
$\frac{1}{2abc} \{ [(\frac{a}{b})^2 + (\frac{b}{a})^2] + [(\frac{b}{c})^2 + (\frac{c}{b})^2] + [(\frac{a}{c})^2 + (\frac{c}{a})^2] - 3 \} \geq$
$\frac{1}{2abc}(2 + 2 + 2 - 3) = \frac{3}{2abc}.$

5. **证法一** 要证 $\frac{1}{ab} + \frac{1}{bc} + \frac{1}{ca} \geq \frac{1}{R^2}$,只要证 $\frac{1}{4R^2 \sin A \sin B} + \frac{1}{4R^2 \sin B \sin C} + \frac{1}{4R^2 \sin C \sin A} \geq \frac{1}{R^2}$ 只要证

$$\frac{1}{4\sin A\sin B} + \frac{1}{4\sin B\sin C} + \frac{1}{4\sin C\sin A} \geqslant 1 \Leftrightarrow$$

$$\sin A + \sin B + \sin C \geqslant 4\sin A\sin B\sin C \Leftrightarrow$$

$$2\sin\frac{A+B}{2}\cos\frac{A-B}{2} + 2\sin\frac{A+B}{2}\cos\frac{A+B}{2} \geqslant 4\sin A\sin B\sin C \Leftrightarrow$$

$$\cos\frac{C}{2}(\cos\frac{A-B}{2} + \cos\frac{A+B}{2}) \geqslant 4\sin A\sin B\sin C \Leftrightarrow$$

$$2\cos\frac{A}{2}\cos\frac{B}{2}\cos\frac{C}{2} \geqslant 2\sin A\sin B\sin C \Leftrightarrow$$

$$\sin\frac{A}{2}\sin\frac{B}{2}\sin\frac{C}{2} \leqslant \frac{1}{8} \qquad ①$$

下面证明不等式 ① 成立.

$$\sin\frac{A}{2}\sin\frac{B}{2}\sin\frac{C}{2} \leqslant \left(\frac{\sin\frac{A}{2} + \sin\frac{B}{2} + \sin\frac{C}{2}}{3}\right)^3 \leqslant \left(\sin\frac{\frac{A}{2}+\frac{B}{2}+\frac{C}{2}}{3}\right)^3 =$$

$\frac{1}{8}$. (这里用了 Jensen 不等式).

则不等式 ① 成立. 由此原不等式成立.

**证法二**

$$\frac{1}{ab} + \frac{1}{bc} + \frac{1}{ca} \geqslant \frac{1}{R^2} \Leftrightarrow$$

$$(a+b+c)R^2 \geqslant abc \Leftrightarrow$$

$$2pR^2 \geqslant 4Rrp \Leftrightarrow$$

$$R \geqslant 2r \qquad ②$$

由欧拉不等式知 ② 成立. 因此,所证不等式成立.

6.(1) **证法一**  作变换 $a = x+y, b = y+z, c = z+x$,则

$$a^2(b+c-a) + b^2(c+a-b) + c^2(a+b-c) \leqslant 3abc \Leftrightarrow$$

$$2x(y+z)^2 + 2y(z+x)^2 + 2z(x+y)^2 \leqslant 3(x+y)(y+z)(z+x) \Leftrightarrow$$

$$6xyz \leqslant y(z^2+x^2) + z(x^2+y^2) + x(y^2+z^2)$$

因为 $z^2+x^2 \geqslant 2zx, x^2+y^2 \geqslant 2xy, y^2+z^2 \geqslant 2yz$,所以 $6xyz \leqslant y(z^2+x^2) + z(x^2+y^2) + x(y^2+z^2)$,从而原不等式成立.

**证法二**  $a^2(b+c-a) + b^2(c+a-b) + c^2(a+b-c) = a(b^2+c^2-a^2) + b(c^2+a^2-b^2) + c(a^2+b^2-c^2) \leqslant 3abc \Leftrightarrow \frac{b^2+c^2-a^2}{2bc} + \frac{c^2+a^2-b^2}{2ca} + \frac{a^2+b^2-c^2}{2ab} \leqslant \frac{3}{2} \Leftrightarrow \cos A + \cos B + \cos C \leqslant \frac{3}{2} \Leftrightarrow (\sin A - \sin B)^2 + (\cos A + \cos B - 1)^2 \geqslant 0.$

(2) $\cos A + \cos B + \cos C = 1 + 4\sin\dfrac{A}{2}\sin\dfrac{B}{2}\sin\dfrac{C}{2} > 1$, $\cos A + \cos B + \cos C \leqslant \dfrac{3}{2} \Leftrightarrow (\sin A - \sin B)^2 + (\cos A + \cos B - 1)^2 \geqslant 0$.

7. 由不等式的对称性,可以假设 $A \geqslant B \geqslant C$,故 $C \leqslant 60°$,$\sin 3C \geqslant 0$,于是,$\sin 3A + \sin 3B + \sin 3C \geqslant \sin 3A + \sin 3B \geqslant -2$. 等号不可能成立. 下面证明右边的不等式.

令 $\alpha = \dfrac{3}{2}(B + C)$,则

$$\sin 3B + \sin 3C = 2\sin\dfrac{3}{2}(B+C)\cos\dfrac{3}{2}(B-C) \leqslant 2\sin\alpha$$

$$\sin 3A + \sin 3B + \sin 3C \leqslant \sin(3 \times 180° - 2\alpha) + 2\sin\alpha =$$

$$\sin 2\alpha + 2\sin\alpha = 2\sin\alpha(1 + \cos\alpha) =$$

$$2\sqrt{(1-\cos\alpha)(1+\cos\alpha)^3}$$

由基本不等式

$$6 = (1+\cos\alpha) + (1+\cos\alpha) + (1+\cos\alpha) + 3(1-\cos\alpha) \geqslant$$

$$4\sqrt[4]{3(1-\cos\alpha)(1+\cos\alpha)^3}$$

等号成立的条件是 $\cos\alpha = \dfrac{1}{2}$,此时 $\alpha = 60°$,所以

$$\sqrt{(1-\cos\alpha)(1+\cos\alpha)^3} \leqslant \dfrac{3\sqrt{3}}{4}$$

即 $\sin 3A + \sin 3B + \sin 3C \leqslant \dfrac{3\sqrt{3}}{2}$,等号成立时 $B = C = 20°$,$A = 140°$.

8. **证法一** $a\cos A + b\cos B + c\cos C \leqslant p$ 等价于 $a(1-\cos A) + b(1-\cos B) + c(1-\cos C) \geqslant 0$.

由余弦定理,这等价于

$$a^4 + b^4 + c^4 - 2(a^2b^2 + b^2c^2 + c^2a^2) + a^2bc + b^2ca + c^2ab \geqslant 0$$

将不等式左边分解因式得

$$(a+b+c)[abc - (-a+b+c)(a-b+c)(a+b-c)]$$

只需证明 $abc \geqslant (-a+b+c)(a-b+c)(a+b-c)$. 这正是 Schur 不等式.

**证法二** 因为 $\cos x\ (x \in (0, \pi))$ 是减函数,所以 $a - b$ 与 $\cos A - \cos B$ 异号,从而 $(a-b)(\cos A - \cos B) \leqslant 0$,即

$$a\cos A + b\cos B \leqslant a\cos B + b\cos A = c \qquad ①$$

当且仅当 $a = b$ 时等号成立. 同理,

$$a\cos A + c\cos C \leqslant b \qquad ②$$

$$b\cos b + c\cos C \leqslant a \qquad ③$$

①,②,③ 三式相加即得所证的不等式.

**证法三** 由正弦定理和和差化积公式将不等式化为证明 $\sin\dfrac{A}{2}\sin\dfrac{B}{2}\sin\dfrac{C}{2}\leqslant\dfrac{1}{8}$.

9. 在 $\triangle ABC$ 中,由于 $\tan(A+B)=-\tan C$,即 $\dfrac{\tan A+\tan B}{1-\tan A\tan B}=-\tan C$,于是 $\tan A+\tan B+\tan C=\tan A\tan B\tan C$,由均值不等式得

$$\tan A+\tan B+\tan C\geqslant 3(\tan A\tan B\tan C)^{\frac{1}{3}}$$

解得

$$\tan A\tan B\tan C\geqslant 3^{\frac{3}{2}}$$

再由均值不等式得

$$\tan^n A+\tan^n B+\tan^n C\geqslant 3(\tan^n A\tan^n B\tan^n C)^{\frac{1}{3}}\geqslant 3^{\frac{n}{2}+1}$$

10. 由余弦定理和三角形的面积公式知 $a^2=b^2+c^2-2bc\cos A, S=\dfrac{1}{2}bc\sin A$.

于是原不等式等价于

$$-6(b^2+c^2-2bc\cos A)+10b^2+123c^2\geqslant 48\sqrt{3}\cdot\dfrac{1}{2}bc\sin A \Leftrightarrow$$

$$4b^2+117c^2\geqslant 12bc(2\sqrt{3}\sin A-\cos A) \qquad ①$$

因为

$$4b^2+117c^2\geqslant 2\sqrt{4b^2\cdot 117c^2}=12\sqrt{13}bc$$

$$2\sqrt{3}\sin A-\cos A=\sqrt{13}\sin(A-\arctan\dfrac{\sqrt{3}}{6})\leqslant\sqrt{13}$$

从而,不等式 ① 成立,于是原不等式得证.

11. 设 $\triangle ABC$ 的三边为 $a,b,c$,则易证

$$\tan\dfrac{A}{2}=\dfrac{a^2-(b-c)^2}{4S}$$

$$\tan\dfrac{B}{2}=\dfrac{b^2-(c-a)^2}{4S}$$

$$\tan\dfrac{C}{2}=\dfrac{c^2-(a-b)^2}{4S}$$

从而原不等式变为

$$a^2-(b-c)^2+b^2-(c-a)^2+c^2-(a-b)^2\leqslant 18Rr \qquad ①$$

作代换 $a=y+z, b=z+x, c=x+y$. 其中 $x,y,z$ 为正数.

因为 $S = \dfrac{1}{2}(a+b+c)r = \dfrac{abc}{4R}$,所以 $Rr = \dfrac{abc}{2(a+b+c)} = \dfrac{(y+z)(z+x)(x+y)}{4(x+y+z)}$. 从而不等式 ① 变为

$$4(xy+yz+zx) \leqslant \dfrac{9(y+z)(z+x)(x+y)}{4(x+y+z)} \Leftrightarrow$$

$$8(xy+yz+zx)(x+y+z) \leqslant 9(y+z)(z+x)(x+y) \Leftrightarrow$$

$$6xyz \leqslant y(z^2+x^2) + z(x^2+y^2) + x(y^2+z^2)$$

因为 $z^2+x^2 \geqslant 2zx, x^2+y^2 \geqslant 2xy, y^2+z^2 \geqslant 2yz$,所以 $6xyz \leqslant y(z^2+x^2) + z(x^2+y^2) + x(y^2+z^2)$,从而原不等式成立.

**12. 证法一**  我们首先证明

$$\sin\dfrac{3B}{2} + \sin\dfrac{3C}{2} \leqslant 2\cos\dfrac{B-C}{2} \qquad ①$$

因为

$$\sin\dfrac{3B}{2} + \sin\dfrac{3C}{2} = 2\sin\dfrac{3(B+C)}{4}\cos\dfrac{3(B-C)}{4}$$

若 $\cos\dfrac{3(B-C)}{4} \geqslant 0$,则

$$\sin\dfrac{3B}{2} + \sin\dfrac{3C}{2} \leqslant 2\cos\dfrac{3(B-C)}{4} \leqslant 2\cos\dfrac{B-C}{2}$$

若 $\cos\dfrac{3(B-C)}{4} < 0$,注意到 $\dfrac{3(B+C)}{4} < \dfrac{3\pi}{4}$,于是 $\sin\dfrac{3(B+C)}{4} > 0$,故

$$2\sin\dfrac{3(B+C)}{4}\cos\dfrac{3(B-C)}{4} < 0 \leqslant 2\cos\dfrac{B-C}{2}$$

所以不等式 ① 成立.

同理可证 $\sin\dfrac{3C}{2} + \sin\dfrac{3A}{2} \leqslant 2\cos\dfrac{C-A}{2}, \sin\dfrac{3A}{2} + \sin\dfrac{3B}{2} \leqslant 2\cos\dfrac{A-B}{2}$,以上三式相加即得:

$$\sin\dfrac{3A}{2} + \sin\dfrac{3B}{2} + \sin\dfrac{3C}{2} \leqslant \cos\dfrac{A-B}{2} + \cos\dfrac{B-C}{2} + \cos\dfrac{C-A}{2}$$

**证法二**  因为 $\cos\dfrac{A-B}{2} - \cos\dfrac{A+B}{2} = 2\sin\dfrac{A}{2}\sin\dfrac{B}{2}$,所以

$$\sin\dfrac{3A}{2} + \sin\dfrac{3B}{2} + \sin\dfrac{3C}{2} \leqslant \cos\dfrac{A-B}{2} + \cos\dfrac{B-C}{2} + \cos\dfrac{C-A}{2} \qquad ②$$

$② \Leftrightarrow 2(\sin\dfrac{A}{2}\sin\dfrac{B}{2} + \sin\dfrac{B}{2}\sin\dfrac{C}{2} + \sin\dfrac{C}{2}\sin\dfrac{A}{2}) + (\sin\dfrac{A}{2} + \sin\dfrac{B}{2} + \sin\dfrac{C}{2}) \geqslant$

$3(\sin\dfrac{A}{2} + \sin\dfrac{B}{2} + \sin\dfrac{C}{2}) - 4(\sin^3\dfrac{A}{2} + \sin^3\dfrac{B}{2} + \sin^3\dfrac{C}{2}) \Leftrightarrow$

$$4(\sin^3\frac{A}{2} + \sin^3\frac{B}{2} + \sin^3\frac{C}{2}) +$$

$$2(\sin\frac{A}{2}\sin\frac{B}{2} + \sin\frac{B}{2}\sin\frac{C}{2} + \sin\frac{C}{2}\sin\frac{A}{2}) \geqslant$$

$$2(\sin\frac{A}{2} + \sin\frac{B}{2} + \sin\frac{C}{2}) \qquad ③$$

只要证明

$$2(\sin^3\frac{A}{2} + \sin^3\frac{B}{2}) + (\sin\frac{A}{2} + \sin\frac{B}{2})\sin\frac{C}{2} \geqslant \sin\frac{A}{2} + \sin\frac{B}{2} \qquad ④$$

$$④ \Leftrightarrow 2(\sin\frac{A}{2} + \sin\frac{B}{2})(\sin^2\frac{A}{2} - \sin\frac{A}{2}\sin\frac{B}{2} + \sin^2\frac{B}{2}) +$$

$$(\sin\frac{A}{2} + \sin\frac{B}{2})\sin\frac{C}{2} \geqslant \sin\frac{A}{2} + \sin\frac{B}{2} \Leftrightarrow$$

$$2(\sin^2\frac{A}{2} - \sin\frac{A}{2}\sin\frac{B}{2} + \sin^2\frac{B}{2}) + \sin\frac{C}{2} \geqslant 1 \Leftrightarrow$$

$$1 - \cos A + 1 - \cos B + \cos\frac{A+B}{2} - \cos\frac{A-B}{2} + \sin\frac{C}{2} \geqslant 1 \Leftrightarrow$$

$$1 + 2\sin\frac{C}{2} \geqslant \cos A + \cos B + \cos\frac{A-B}{2} =$$

$$\cos\frac{A-B}{2}(1 + 2\cos\frac{A+B}{2}) =$$

$$\cos\frac{A-B}{2}(1 + 2\sin\frac{C}{2}) \Leftrightarrow$$

$$1 \geqslant \cos\frac{A-B}{2}$$

这是显然的.

同理,

$$2(\sin^3\frac{B}{2} + \sin^3\frac{C}{2}) + (\sin\frac{B}{2} + \sin\frac{C}{2})\sin\frac{A}{2} \geqslant \sin\frac{B}{2} + \sin\frac{C}{2} \qquad ⑤$$

$$2(\sin^3\frac{C}{2} + \sin^3\frac{A}{2}) + (\sin\frac{C}{2} + \sin\frac{A}{2})\sin\frac{B}{2} \geqslant \sin\frac{C}{2} + \sin\frac{A}{2} \qquad ⑥$$

④ + ⑤ + ⑥ 得 ③.

**证法三** 不妨设 $a \geqslant b \geqslant c$,由正弦定理易得 $\dfrac{a+b}{c} = \dfrac{\cos\dfrac{A-B}{2}}{\cos\dfrac{A+B}{2}} = \dfrac{\cos\dfrac{A-B}{2}}{\sin\dfrac{C}{2}}$,

$\cos\dfrac{A-B}{2} = \dfrac{a+b}{c}\sin\dfrac{C}{2}$. 由余弦定理得 $2\sin^2\dfrac{C}{2} = 1 - \cos C$,所以

$$\sin\frac{3A}{2}+\sin\frac{3B}{2}+\sin\frac{3C}{2} \leq \cos\frac{A-B}{2}+\cos\frac{B-C}{2}+\cos\frac{C-A}{2} \Leftrightarrow$$

$$\frac{a+b}{c}\sin\frac{C}{2}+\frac{b+c}{a}\sin\frac{A}{2}+\frac{c+a}{b}\sin\frac{B}{2} \geq$$

$$3\left(\sin\frac{A}{2}+\sin\frac{B}{2}+\sin\frac{C}{2}\right)-4\left(\sin^3\frac{A}{2}+\sin^3\frac{B}{2}+\sin^3\frac{C}{2}\right) \Leftrightarrow$$

$$\left(\frac{a+b}{c}-3+4\sin^2\frac{C}{2}\right)\sin\frac{C}{2}+\left(\frac{b+c}{a}-3+4\sin^2\frac{A}{2}\right)\sin\frac{A}{2}+$$

$$\left(\frac{c+a}{b}-3+4\sin^2\frac{B}{2}\right)\sin\frac{B}{2} \geq 0 \Leftrightarrow$$

$$\left(\frac{a+b}{c}-1-2\cos C\right)\sin\frac{C}{2}+$$

$$\left(\frac{b+c}{a}-1-2\cos A\right)\sin\frac{A}{2}+$$

$$\left(\frac{c+a}{b}-1-2\cos B\right)\sin\frac{B}{2} \geq 0 \Leftrightarrow$$

$$\left(\frac{a+b}{c}-1-\frac{a^2+b^2-c^2}{ab}\right)\sin\frac{C}{2}+$$

$$\left(\frac{b+c}{a}-1-\frac{b^2+c^2-a^2}{bc}\right)\sin\frac{A}{2}+$$

$$\left(\frac{a+b}{c}-1-\frac{c^2+a^2-b^2}{ca}\right)\sin\frac{B}{2} \geq 0 \Leftrightarrow$$

$$\frac{a+b+c}{abc}\left[(a-c)(b-c)\sin\frac{C}{2}+(b-a)(c-a)\sin\frac{A}{2}+(a-b)(c-b)\sin\frac{B}{2}\right] \geq 0 \qquad ⑦$$

因为 $a \geq b \geq c$,所以,$(a-c)(b-c)\sin\frac{C}{2} \geq 0$,$(b-a)(c-a)\sin\frac{A}{2}+(a-b)(c-b)\sin\frac{B}{2}=(a-b)\left[(a-c)\sin\frac{A}{2}-(b-c)\sin\frac{B}{2}\right] \geq (a-b)\left[(b-c)\sin\frac{A}{2}-(b-c)\sin\frac{B}{2}\right] \geq (a-b)(b-c)\left(\sin\frac{A}{2}-\sin\frac{B}{2}\right) \geq 0$. 相加得不等式 ⑦.

**证法四** 设 $\alpha=\frac{A}{2},\beta=\frac{B}{2},\gamma=\frac{C}{2}$,则 $0<\alpha,\beta,\gamma<\frac{\pi}{2},\alpha+\beta+\gamma=\frac{\pi}{2}$.

$$\sin\frac{3A}{2}-\cos\frac{B-C}{2}=\sin 3\alpha-\cos(\beta-\gamma)=$$

$$\sin 3\alpha-\sin(\alpha+2\gamma)=2\cos(2\alpha+\gamma)\sin(\alpha-\gamma)=$$

$$-2\sin(\alpha-\beta)\sin(\alpha-\gamma)$$

同理

$$\sin\frac{3B}{2} - \cos\frac{C-A}{2} = -2\sin(\beta-\gamma)\sin(\beta-\alpha)$$

$$\sin\frac{3C}{2} - \cos\frac{A-B}{2} = -2\sin(\gamma-\alpha)\sin(\gamma-\beta)$$

因此,只要证明

$$\sin(\alpha-\beta)\sin(\alpha-\gamma) + \sin(\beta-\gamma)\sin(\beta-\alpha) +$$
$$\sin(\gamma-\alpha)\sin(\gamma-\beta) \geqslant 0$$

不妨设 $0 < \alpha < \beta < \gamma < \frac{\pi}{2}$. 则因为 $y = \sin x$ 在 $(0, \frac{\pi}{2})$ 是增函数,所以得到

$$\sin(\alpha-\beta)\sin(\alpha-\gamma) + \sin(\beta-\gamma)\sin(\beta-\alpha) +$$
$$\sin(\gamma-\alpha)\sin(\gamma-\beta) =$$
$$\sin(\beta-\alpha)\sin(\gamma-\alpha) +$$
$$\sin(\gamma-\beta)[\sin(\gamma-\alpha) - \sin(\beta-\alpha)] \geqslant 0$$

**证法五** 设 $\alpha = \frac{A}{2}, \beta = \frac{B}{2}, \gamma = \frac{C}{2}$,则 $0 < \alpha, \beta, \gamma < \frac{\pi}{2}, \alpha+\beta+\gamma = \frac{\pi}{2}$. 则

$$\sin 3\alpha = \sin\alpha\cos 2\alpha + \cos\alpha\sin 2\alpha$$
$$\sin 3\gamma = \sin\gamma\cos 2\gamma + \cos\gamma\sin 2\gamma$$
$$\cos(\beta-\alpha) = \sin(2\alpha+\gamma) = \sin 2\alpha\cos\gamma + \sin\gamma\cos 2\alpha$$
$$\cos(\beta-\gamma) = \sin(\alpha+2\gamma) = \sin\alpha\cos 2\gamma + \sin 2\gamma\cos\alpha$$

于是,

$$\sin 3\alpha + \sin 3\gamma - \cos(\beta-\alpha) - \cos(\beta-\gamma) =$$
$$(\sin\alpha - \sin\gamma)(\cos 2\alpha - \cos 2\gamma) + (\cos\alpha - \cos\gamma)(\sin 2\alpha - \sin 2\gamma) =$$
$$(\sin\alpha - \sin\gamma)(\cos 2\alpha - \cos 2\gamma) + 2(\cos\alpha - \cos\gamma)\sin(\alpha-\gamma)\cos(\alpha+\gamma)$$

注意到 $\cos 2x$ 和 $\cos x$ 在 $(0, \frac{\pi}{2})$ 都是减函数,因为 $0 < \alpha, \gamma, \alpha+\gamma < \frac{\pi}{2}$,所以 $(\sin\alpha - \sin\gamma)(\cos 2\alpha - \cos 2\gamma) \leqslant 0, (\cos\alpha - \cos\gamma)\sin(\alpha-\gamma) \leqslant 0$, $\cos(\alpha+\gamma) \geqslant 0$,所以 $\sin 3\alpha + \sin 3\gamma - \cos(\beta-\alpha) - \cos(\beta-\gamma) \leqslant 0$,同理,$\sin 3\beta + \sin 3\alpha - \cos(\gamma-\alpha) - \cos(\gamma-\beta) \leqslant 0, \sin 3\beta + \sin 3\gamma - \cos(\gamma-\alpha) - \cos(\alpha-\beta) \leqslant 0$,三个不等式相加即得所证明的不等式.

13. 由于 $a = r(\cot\frac{B}{2} + \cot\frac{C}{2}) = r \cdot \dfrac{\sin\frac{B+C}{2}}{\sin\frac{B}{2}\sin\frac{C}{2}} = r \cdot \dfrac{\cos\frac{A}{2}}{\sin\frac{B}{2}\sin\frac{C}{2}}, a = 2R\sin A$,所以 $r = 4R\sin\frac{A}{2}\sin\frac{B}{2}\sin\frac{C}{2}$.

于是

$$\frac{r}{R} = 4\sin\frac{A}{2}\sin\frac{B}{2}\sin\frac{C}{2} = \cos A + \cos B + \cos C - 1 =$$

$$2 - 2\left(\sin^2\frac{A}{2} + \sin^2\frac{B}{2} + \sin^2\frac{C}{2}\right) \quad ①$$

$$2\left(\sin\frac{A}{2}\sin\frac{B}{2} + \sin\frac{B}{2}\sin\frac{C}{2} + \sin\frac{C}{2}\sin\frac{A}{2}\right) =$$

$$\left(\sin\frac{A}{2} + \sin\frac{B}{2} + \sin\frac{C}{2}\right)^2 - \left(\sin^2\frac{A}{2} + \sin^2\frac{B}{2} + \sin^2\frac{C}{2}\right) \quad ②$$

由 Jensen 不等式得

$$\sin\frac{A}{2} + \sin\frac{B}{2} + \sin\frac{C}{2} \leq 3\sin\frac{A+B+C}{3} = \frac{3\sqrt{3}}{2}$$

所以

$$2\left(\sin\frac{A}{2}\sin\frac{B}{2} + \sin\frac{B}{2}\sin\frac{C}{2} + \sin\frac{C}{2}\sin\frac{A}{2}\right) \leq$$

$$\frac{9}{4} - \left(\sin^2\frac{A}{2} + \sin^2\frac{B}{2} + \sin^2\frac{C}{2}\right)$$

所以

$$\frac{5}{8} + \frac{r}{4R} = \frac{5}{8} + \frac{1}{2} - \frac{1}{2}\left(\sin^2\frac{A}{2} + \sin^2\frac{B}{2} + \sin^2\frac{C}{2}\right) \geq$$

$$\sin\frac{A}{2}\sin\frac{B}{2} + \sin\frac{B}{2}\sin\frac{C}{2} + \sin\frac{C}{2}\sin\frac{A}{2}$$

**14. 证法一** $\csc^2\frac{\alpha}{2} + \csc^2\frac{\beta}{2} + \csc^2\frac{\gamma}{2} = 3 + \cot^2\frac{\alpha}{2} + \cot^2\frac{\beta}{2} + \cot^2\frac{\gamma}{2}$

在 $\triangle ABC$ 中, $\cot\frac{\alpha}{2} + \cot\frac{\beta}{2} + \cot\frac{\gamma}{2} = \cot\frac{\alpha}{2}\cot\frac{\beta}{2}\cot\frac{\gamma}{2} \geq 3$

$\sqrt[3]{\cot\frac{\alpha}{2}\cot\frac{\beta}{2}\cot\frac{\gamma}{2}}$, 于是 $\cot\frac{\alpha}{2}\cot\frac{\beta}{2}\cot\frac{\gamma}{2} \geq 3\sqrt{3}$.

由均值不等式有 $\cot^2\frac{\alpha}{2} + \cot^2\frac{\beta}{2} + \cot^2\frac{\gamma}{2} \geq 3\sqrt[3]{\left(\cot\frac{\alpha}{2}\cot\frac{\beta}{2}\cot\frac{\gamma}{2}\right)^2} \geq$

9. 从而 $\csc^2\frac{\alpha}{2} + \csc^2\frac{\beta}{2} + \csc^2\frac{\gamma}{2} \geq 12$.

**证法二** 由均值不等式得 $\csc^2\frac{\alpha}{2} + \csc^2\frac{\beta}{2} + \csc^2\frac{\gamma}{2} \geq$

$3\sqrt[3]{\left(\csc\frac{\alpha}{2}\csc\frac{\beta}{2}\csc\frac{\gamma}{2}\right)^2} = 3\left(\sin\frac{\alpha}{2}\sin\frac{\beta}{2}\sin\frac{\gamma}{2}\right)^{-\frac{2}{3}}$.

由均值不等式和 Jensen 不等式得

$$\sin\frac{\alpha}{2}\sin\frac{\beta}{2}\sin\frac{\gamma}{2} \leq (\frac{\sin\frac{\alpha}{2}+\sin\frac{\beta}{2}+\sin\frac{\gamma}{2}}{3})^3 \leq (\sin\frac{\frac{\alpha}{2}+\frac{\beta}{2}+\frac{\gamma}{2}}{3})^3 = \frac{1}{8}$$

所以,
$$\csc^2\frac{\alpha}{2}+\csc^2\frac{\beta}{2}+\csc^2\frac{\gamma}{2} \geq 12$$

15. 在 $\triangle ABC$ 中,设 $AB=c, BC=a, CA=b$,且 $\angle BAC=\alpha$.

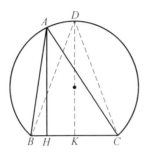

考虑 $\triangle ABC$ 的外接圆上边 $BC$ 的对弧 $\overset{\frown}{BAC}$,因为弧的中点 $D$ 是弧上离弦 $BC$ 最远的点,所以对 $\triangle ABC$ 与 $\triangle DBC$ 的高 $AH=h$ 与 $DK$,有 $h \leq DK = BK\cot\frac{\angle BDC}{2} = \frac{a}{2}\cot\frac{\alpha}{2}$.

由平均值不等式有,
$$\frac{ab+bc+ca}{4S} \geq \frac{3}{4S}\sqrt[3]{(abc)^2} = \frac{3}{4}\sqrt[3]{\frac{(abc)^2}{(\frac{1}{2}bc\sin\alpha)^2 \cdot \frac{1}{2}ah}} =$$
$$\frac{3}{2}\sqrt[3]{\frac{a}{h\sin^2\alpha}} = \frac{3}{2}\sqrt[3]{\frac{2}{\cot\frac{\alpha}{2}\sin^2\alpha}}$$

记 $\cos\alpha = x$,再由平均值不等式有
$$\frac{1}{2}\cot\frac{\alpha}{2}\sin^2\alpha = \sin\alpha\cos^2\frac{\alpha}{2} = \frac{1}{2}\sin\alpha(1+\cos\alpha) =$$
$$\frac{1}{2}\sqrt{1-x^2}(1+x) = \frac{1}{2}\sqrt{(1-x)(1+x)^3} =$$
$$\frac{1}{2}\sqrt{27(\frac{1+x}{3})^3(1-x)} \leq$$
$$\frac{1}{2}\sqrt{27}(\frac{1}{4}(3 \cdot \frac{1+x}{3}+(1-x)))^2 =$$
$$\frac{1}{2}\sqrt{27}(\frac{2}{4})^2 = (\frac{\sqrt{3}}{2})^3$$

从而 $\dfrac{ab+bc+ca}{4S} \geqslant \dfrac{3}{2} \cdot \dfrac{2}{\sqrt{3}} = \sqrt{3}$.

16. 设 $i,j,k$ 是平面上的三个单位向量,且 $j$ 与 $k$ 所成的角为 $\pi - A$, $k$ 与 $i$ 所成的角为 $\pi - B$, $i$ 与 $j$ 所成的角为 $\pi - C$. 则 $(i\tan\dfrac{A}{2} + j\tan\dfrac{B}{2} + k\tan\dfrac{C}{2})^2 \geqslant 0$.

故

$$\tan^2\dfrac{A}{2} + \tan^2\dfrac{B}{2} + \tan^2\dfrac{C}{2} \geqslant$$

$$2\tan\dfrac{A}{2}\tan\dfrac{B}{2}\cos C + 2\tan\dfrac{B}{2}\tan\dfrac{C}{2}\cos A + 2\tan\dfrac{C}{2}\tan\dfrac{A}{2}\cos B =$$

$$2\tan\dfrac{A}{2}\tan\dfrac{B}{2}(1 - 2\sin^2\dfrac{C}{2}) +$$

$$2\tan\dfrac{B}{2}\tan\dfrac{C}{2}(1 - 2\sin^2\dfrac{A}{2}) +$$

$$2\tan\dfrac{C}{2}\tan\dfrac{A}{2}(1 - 2\sin^2\dfrac{B}{2}) =$$

$$2(\tan\dfrac{A}{2}\tan\dfrac{B}{2} + \tan\dfrac{B}{2}\tan\dfrac{C}{2} + \tan\dfrac{C}{2}\tan\dfrac{A}{2}) -$$

$$4\sin\dfrac{A}{2}\sin\dfrac{B}{2}\sin\dfrac{C}{2}\left(\dfrac{\sin\dfrac{A}{2}}{\cos\dfrac{B}{2}\cos\dfrac{C}{2}} + \dfrac{\sin\dfrac{B}{2}}{\cos\dfrac{C}{2}\cos\dfrac{A}{2}} + \dfrac{\sin\dfrac{C}{2}}{\cos\dfrac{A}{2}\cos\dfrac{B}{2}}\right) =$$

$$2 - 4\sin\dfrac{A}{2}\sin\dfrac{B}{2}\sin\dfrac{C}{2} \cdot \dfrac{\sin A + \sin B + \sin C}{\cos\dfrac{A}{2}\cos\dfrac{B}{2}\cos\dfrac{C}{2}} =$$

$$2 - 8\sin\dfrac{A}{2}\sin\dfrac{B}{2}\sin\dfrac{C}{2}$$

这里应用了两个恒等式

$$\tan\dfrac{A}{2}\tan\dfrac{B}{2} + \tan\dfrac{B}{2}\tan\dfrac{C}{2} + \tan\dfrac{C}{2}\tan\dfrac{A}{2} = 1$$

及

$$\sin A + \sin B + \sin C = 4\cos\dfrac{A}{2}\cos\dfrac{B}{2}\cos\dfrac{C}{2}$$

于是

$$\tan^2\dfrac{A}{2} + \tan^2\dfrac{B}{2} + \tan^2\dfrac{C}{2} \geqslant 2 - 8\sin\dfrac{A}{2}\sin\dfrac{B}{2}\sin\dfrac{C}{2}$$

17. 令 $a = y + z, b = z + x, c = x + y$.

$$(-a + b + c)(a - b + c) + (a - b + c)(a + b - c) +$$

$$(a+b-c)(-a+b+c) \leqslant \sqrt{abc}(\sqrt{a}+\sqrt{b}+\sqrt{c})$$

等价于

$$4xy + 4yz + 4zx \leqslant \sqrt{(y+z)(z+x)(x+y)}(\sqrt{y+z}+\sqrt{z+x}+\sqrt{x+y})$$

由柯西不等式得

$$\sqrt{(y+z)(z+x)(x+y)} \cdot \sqrt{y+z} =$$
$$(y+z)\sqrt{(x+z)(x+y)} \geqslant (y+z)(x+\sqrt{yz})$$

同理

$$\sqrt{(y+z)(z+x)(x+y)} \cdot \sqrt{z+x} \geqslant (z+x)(y+\sqrt{xz})$$
$$\sqrt{(y+z)(z+x)(x+y)} \cdot \sqrt{x+y} \geqslant (x+y)(z+\sqrt{xy})$$

将这三个不等式相加,再利用均值不等式得

$$\sqrt{(y+z)(z+x)(x+y)}(\sqrt{y+z}+\sqrt{z+x}+\sqrt{x+y}) \geqslant$$
$$(y+z)(x+\sqrt{yz}) + (z+x)(y+\sqrt{xz}) + (x+y)(z+\sqrt{xy}) =$$
$$2xy + 2yz + 2zx + \sqrt{yz}(y+z) + \sqrt{xz}(z+x) + \sqrt{xy}(x+y) \geqslant$$
$$2xy + 2yz + 2zx + \sqrt{yz}(2\sqrt{yz}) + \sqrt{xz}(2\sqrt{xz}) + \sqrt{xy}(2\sqrt{xy}) =$$
$$4xy + 4yz + 4zx$$

18. 令 $a = y+z, b = z+x, c = x+y$. $\sqrt{a+b-c} + \sqrt{b+c-a} + \sqrt{c+a-b} \leqslant \sqrt{a} + \sqrt{b} + \sqrt{c}$ 等价于

$$\sqrt{2x} + \sqrt{2y} + \sqrt{2z} \leqslant \sqrt{y+z} + \sqrt{z+x} + \sqrt{x+y} \Leftrightarrow$$
$$2(x+y+z) + 4\sqrt{xy} + 4\sqrt{yz} + 4\sqrt{xz} \leqslant$$
$$2(x+y+z) + 2\sqrt{y+z}\sqrt{z+x} + 2\sqrt{z+x}\sqrt{x+y} + 2\sqrt{x+y}\sqrt{y+z} \Leftrightarrow$$
$$2(\sqrt{xy} + \sqrt{yz} + \sqrt{xz}) \leqslant \sqrt{y+z}\sqrt{z+x} + \sqrt{z+x}\sqrt{x+y} + \sqrt{x+y}\sqrt{y+z} \quad ①$$

由柯西不等式结合均值不等式得

$$\sqrt{y+z}\sqrt{z+x} + \sqrt{z+x}\sqrt{x+y} + \sqrt{x+y}\sqrt{y+z} \geqslant$$
$$z + \sqrt{xy} + x + \sqrt{yz} + y + \sqrt{xz} =$$
$$x + y + z + \sqrt{xy} + \sqrt{yz} + \sqrt{xz} \quad ②$$

又

$$x + y + z \geqslant \sqrt{xy} + \sqrt{yz} + \sqrt{xz} \quad ③$$

式 ② + ③ 即得式 ①.

19. (1) 因为 $a + b > c$,所以,$(\sqrt{a}+\sqrt{b})^2 = a + b + 2\sqrt{ab} > c + 2\sqrt{ab} > c$,于是,$\sqrt{a} + \sqrt{b} > \sqrt{c}$.

同理可证 $\sqrt{b} + \sqrt{c} > \sqrt{a}$,$\sqrt{c} + \sqrt{a} > \sqrt{b}$. 所以,以 $\sqrt{a}, \sqrt{b}, \sqrt{c}$ 为三条边,可以构

成一个三角形.

(2) 左边的不等式是显然的,在 $\sqrt{a}+\sqrt{b}>\sqrt{c},\sqrt{b}+\sqrt{c}>\sqrt{a},\sqrt{c}+\sqrt{a}>\sqrt{b}$ 的两端分别乘以 $\sqrt{c},\sqrt{a},\sqrt{b}$ 即得 $2(\sqrt{ab}+\sqrt{bc}+\sqrt{ca})>a+b+c$.

**20. 证法一** 由余弦定理得 $a^2=b^2+c^2-2bc\cos A=(b-c)^2+2bc(1-\cos A)$ 所以,$a^2-(b-c)^2=2bc(1-\cos A)$,即 $(a-b+c)(a+b-c)=2bc(1-\cos A)$,同理,$(-a+b+c)(a-b+c)=2ab(1-\cos C)$,$(-a+b+c)(a+b-c)=2ac(1-\cos B)$,所以,要证明 $(-a+b+c)^2(a-b+c)^2(a+b-c)^2 \geqslant (a^2+b^2-c^2)(a^2+c^2-b^2)(b^2+c^2-a^2)$. 就是要证明 $(1-\cos A)(1-\cos B)(1-\cos C) \geqslant \cos A\cos B\cos C$.

如果 $\triangle ABC$ 是直角三角形或钝角三角形,上述不等式显然成立. 于是,只需在锐角三角形中证明上述不等式. 即证明

$$(\sec A-1)(\sec B-1)(\sec C-1) \geqslant 1 \qquad ①$$

设 $x=\tan A, y=\tan B, z=\tan C$,则 $x+y+z=xyz$.

式 ① 等价于证明

$$(\sqrt{1+x^2}-1)(\sqrt{1+y^2}-1)(\sqrt{1+z^2}-1) \geqslant 1$$

由 $x+y+z=xyz$ 及柯西不等式得

$$yz(1+x^2)=yz+x(xyz)=yz+x(x+y+z)=$$
$$(x+y)(x+z) \geqslant (x+\sqrt{yz})^2$$

即 $\sqrt{1+x^2}\sqrt{yz} \geqslant x+\sqrt{yz}$,所以,$\sqrt{1+x^2}-1 \geqslant \dfrac{x}{\sqrt{yz}}$,同理,$\sqrt{1+y^2}-1 \geqslant \dfrac{y}{\sqrt{xz}}, \sqrt{1+z^2}-1 \geqslant \dfrac{z}{\sqrt{xy}}$.

将这三个不等式相乘得

$$(\sqrt{1+x^2}-1)(\sqrt{1+y^2}-1)(\sqrt{1+z^2}-1) \geqslant 1$$

**证法二** 如果 $\triangle ABC$ 是钝角三角形,不等式显然成立. 于是,只需在 $\triangle ABC$ 是直角三角形或锐角三角形时证明不等式成立. 由对称性,如果能证明 $(a^2+b^2-c^2)(a^2+c^2-b^2) \leqslant (a^2-(b-c)^2)^2$ 即可.

$$(a^2+b^2-c^2)(a^2+c^2-b^2) \leqslant (a^2-(b-c)^2)^2 \Leftrightarrow$$
$$a^4-(b^2-c^2)^2 \leqslant a^4+(b-c)^4-2a^2(b-c)^2 \Leftrightarrow$$
$$-(b^2-c^2)^2 \leqslant (b-c)^4-2a^2(b-c)^2 \Leftrightarrow$$
$$-(b+c)^2 \leqslant (b-c)^2-2a^2 \Leftrightarrow$$
$$2a^2 \leqslant (b+c)^2+(b-c)^2 \Leftrightarrow$$
$$a^2 \leqslant b^2+c^2$$

由于 $\triangle ABC$ 是直角三角形或锐角三角形,所以 $a^2 \leqslant b^2+c^2$ 成立.

21. 由三角形的面积公式得 $S = \frac{1}{2}(a+b+c)r$，于是，原不等式等价于 $\frac{1}{a^2} + \frac{1}{b^2} + \frac{1}{c^2} \leq \frac{(a+b+c)^2}{16S^2}$，即 $(a+b+c)^2 \geq 16S^2(\frac{1}{a^2} + \frac{1}{b^2} + \frac{1}{c^2})$，由海伦公式得

$$16S^2 = (a+b+c)(a+b-c)(-a+b+c)(a-b+c)$$

只要证

$$(a+b+c)a^2b^2c^2 \geq (a+b-c)(-a+b+c)(a-b+c)(a^2b^2+b^2c^2+c^2a^2)$$ ①

令 $a = y+z, b = z+x, c = x+y$。不等式 ① 等价于

$$(x+y)^2(y+z)^2(z+x)^2(x+y+z) \geq$$
$$4xyz[(x+y)^2(y+z)^2 + (y+z)^2(z+x)^2 + (z+x)^2(x+y)^2]$$ ②

两端同除以 $(x+y)^2(y+z)^2(z+x)^2 xyz$，不等式 ② 等价于

$$\frac{1}{xy} + \frac{1}{yz} + \frac{1}{zx} \geq 4\left[\frac{1}{(x+y)^2} + \frac{1}{(y+z)^2} + \frac{1}{(z+x)^2}\right]$$ ③

由均值不等式得 $x+y \geq 2\sqrt{xy}$，所以 $\frac{1}{xy} \geq \frac{4}{(x+y)^2}$，同理，$\frac{1}{yz} \geq \frac{4}{(y+z)^2}$，$\frac{1}{zx} \geq \frac{4}{(z+x)^2}$。

相加即得不等式 ③。

22. 由正弦定理得

$$\frac{\sin^2 A}{a} + \frac{\sin^2 B}{b} + \frac{\sin^2 C}{c} \leq \frac{s^2}{abc} \Leftrightarrow$$

$$abc\left(\frac{\sin^2 A}{a} + \frac{\sin^2 B}{b} + \frac{\sin^2 C}{c}\right) \leq \frac{1}{4}(a+b+c)^2 \Leftrightarrow$$

$$abc\left(\frac{a}{4R^2} + \frac{b}{4R^2} + \frac{c}{4R^2}\right) \leq \frac{1}{4}(a+b+c)^2 \Leftrightarrow$$

$$\frac{abc}{R^2} \leq a+b+c$$

由三角形面积公式 $S = \frac{abc}{R^2}$，所以，

$$\frac{abc}{R^2} \leq a+b+c \Leftrightarrow S^2 \leq \frac{1}{16}abc(a+b+c)$$

由海伦公式

$$S^2 = s(s-a)(s-b)(s-c)$$

所以，

$$S^2 \leq \frac{1}{16}abc(a+b+c) \Leftrightarrow 16s(s-a)(s-b)(s-c) \leq abc(a+b+c) \Leftrightarrow$$

$$(b+c-a)(c+a-b)(a+b-c) \leq abc$$

这个不等式在本书多次讨论过.

23. 注意到 $\sin^2 B - \sin^2 C = \sin^2 B(\cos^2 C + \sin^2 C) - \sin^2 C(\cos^2 B + \sin^2 B) = \sin^2 B\cos^2 C - \sin^2 C\cos^2 B = (\sin B\cos C + \cos B\sin C)(\sin B\cos C - \cos B\sin C) = \sin(B+C)\sin(B-C)$,所以由正弦定理得

$$\frac{|b^2 - c^2|}{a} = 2R\frac{|\sin^2 B\sin^2 C|}{\sin A} = 2R|\sin(B-C)|$$

同理,

$$\frac{|c^2 - a^2|}{b} = 2R|\sin(C-A)|$$

$$\frac{|a^2 - b^2|}{c} = 2R|\sin(A-B)|$$

因为

$$|\sin(A-B)| = |\sin[(A-C)+(C-B)]| =$$
$$|\sin(A-C)\cos(C-B) + \cos(A-C)\sin(C-B)| \leq$$
$$|\sin(A-C)\cos(C-B)| + |\cos(A-C)\sin(C-B)| \leq$$
$$|\sin(A-C)| + |\cos(A-C)|$$

当且仅当 $A = B = C$ 时上式等号成立.

24. (1) 当 $A, B, C \leq 90°$ 时,有

$$\cos A + \cos B + \cos C = \cos\frac{A+B}{2}\cos\frac{A-B}{2} +$$
$$\cos\frac{B+C}{2}\cos\frac{B-C}{2} + \cos\frac{C+A}{2}\cos\frac{C-A}{2} <$$
$$2\sin\frac{C}{2}\cos\frac{C}{2} + 2\sin\frac{B}{2}\cos\frac{B}{2} + 2\sin\frac{A}{2}\cos\frac{A}{2} =$$
$$\sin C + \sin B + \sin A$$

其中要用到下列不等式:

$$\cos\frac{A-B}{2} < 2\cos\frac{C}{2}$$

$$\cos\frac{C-A}{2} < 2\cos\frac{B}{2}$$

$$\cos\frac{B-C}{2} < 2\cos\frac{A}{2}$$

要证明上述不等式,比如第一个,只须注意 $\frac{C}{2} < 60°$,从而 $\cos\frac{A-B}{2} \leq 1 = 2\cos 60° < 2\cos\frac{C}{2}$,同理,可证其它不等式.

(2) 在非钝角三角形 $ABC$ 中,可以证明 $\cos\dfrac{B-C}{2} \geq \cos\dfrac{A}{2}, \cos\dfrac{C-A}{2} \geq \cos\dfrac{B}{2}, \cos\dfrac{C-A}{2} \geq \cos\dfrac{C}{2}$.

事实上, $B \leq 180° - B = A + C$,所以, $B - C \leq A$, $\dfrac{B-C}{2} \leq \dfrac{A}{2}$, $\cos\dfrac{B-C}{2} \geq \cos\dfrac{A}{2}$,同理, $\cos\dfrac{C-A}{2} \geq \cos\dfrac{B}{2}$, $\cos\dfrac{C-A}{2} \geq \cos\dfrac{C}{2}$. 且三个不等式最多一个等号成立. 不妨设 $\cos\dfrac{B-C}{2} > \cos\dfrac{A}{2}$. 于是,

$\sin A + \sin B + \sin C - (\cos A + \cos B + \cos C) =$

$\sin A - \cos A + \sin B + \sin C - (\cos B + \cos C) =$

$\sin A - \cos A + 2\cos\dfrac{B-C}{2}(\sin\dfrac{B+C}{2} - \cos\dfrac{B+C}{2}) >$

$\sin A - \cos A + 2\cos\dfrac{A}{2}(\sin\dfrac{B+C}{2} - \cos\dfrac{B+C}{2}) =$

$\sin A - \cos A + 2\cos\dfrac{A}{2}(\cos\dfrac{A}{2} - \sin\dfrac{A}{2}) =$

$\sin A - \cos A + 1 + \cos A - \sin A = 1$

下面证明左边的不等式,不妨设 $C \leq B \leq A$,这时 $C \leq 60°, A \geq 60°$,容易证明下面的不等式 $\cos\dfrac{C+A-120°}{2} \geq \cos\dfrac{A-C}{2}$,于是,

$\sin A + \sin B + \sin C - (\cos A + \cos B + \cos C) =$

$\sin B - \cos B + 2\cos\dfrac{A-C}{2}(\sin\dfrac{A+C}{2} - \cos\dfrac{A+C}{2}) \leq$

$\sin B - \cos B + 2\cos\dfrac{C+A-120°}{2}(\sin\dfrac{A+C}{2} - \cos\dfrac{A+C}{2}) =$

$\sin B - \cos B + 2\cos\dfrac{C+A-120°}{2}\sin\dfrac{A+C}{2} - 2\cos\dfrac{C+A-120°}{2}\cos\dfrac{A+C}{2} =$

$\sin B - \cos B + \sin(A+C-60°) + \sin 60° - \cos(A+C-60°) - \cos 60° =$

$2\sin 60°\cos(B-60°) - 2\cos 60°\cos(B-60°) + \sin 60° - \cos 60° \leq$

$3(\sin 60° - \cos 60°) \leq \dfrac{3\sqrt{3}-3}{2}$

注 不等式的右边对任意三角形都成立.

25. 由均值不等式得

$$\frac{a^2+b^2}{ab+c^2}+\frac{b^2+c^2}{bc+a^2}+\frac{c^2+a^2}{ca+b^2} \geqslant \frac{a^2+b^2}{\frac{1}{2}(a^2+b^2)+c^2}+$$

$$\frac{b^2+c^2}{\frac{1}{2}(b^2+c^2)+a^2}+\frac{c^2+a^2}{\frac{1}{2}(c^2+a^2)+b^2}=$$

$$\frac{2(a^2+b^2)}{(b^2+c^2)+(c^2+a^2)}+\frac{2(b^2+c^2)}{(a^2+b^2)+(c^2+a^2)}+\frac{2(c^2+a^2)}{(a^2+b^2)+(b^2+c^2)}$$

令 $x=a^2+b^2, y=b^2+c^2, z=c^2+a^2$，则

$$((x+y)+(y+z)+(z+x))\left(\frac{1}{x+y}+\frac{1}{y+z}+\frac{1}{z+x}\right) \geqslant 9$$

即

$$(x+y+z)\left(\frac{1}{x+y}+\frac{1}{y+z}+\frac{1}{z+x}\right) \geqslant \frac{9}{2}$$

于是

$$\frac{z}{x+y}+\frac{x}{y+z}+\frac{y}{z+x} \geqslant \frac{3}{2}$$

所以

$$\frac{2(a^2+b^2)}{(b^2+c^2)+(c^2+a^2)}+\frac{2(b^2+c^2)}{(a^2+b^2)+(c^2+a^2)}+\frac{2(c^2+a^2)}{(a^2+b^2)+(b^2+c^2)} \geqslant 3$$

等号成立的充要条件是 $a=b=c$.

下面证明

$$\frac{a^2+b^2}{ab+c^2} < \frac{2(a^2+b^2)}{a^2+b^2+c^2}$$

$$\frac{a^2+b^2}{ab+c^2} < \frac{2(a^2+b^2)}{a^2+b^2+c^2} \Leftrightarrow \frac{1}{ab+c^2} < \frac{2}{a^2+b^2+c^2} \Leftrightarrow$$

$$a^2+b^2+c^2 < 2(ab+c^2) \Leftrightarrow$$

$$(a-b)^2 < c^2$$

这是显然的.

同理,可证

$$\frac{b^2+c^2}{bc+a^2} < \frac{2(b^2+c^2)}{a^2+b^2+c^2}$$

$$\frac{c^2+a^2}{ca+b^2} < \frac{2(c^2+a^2)}{a^2+b^2+c^2}$$

三个不等式相加得

$$\frac{a^2+b^2}{ab+c^2}+\frac{b^2+c^2}{bc+a^2}+\frac{c^2+a^2}{ca+b^2} < 4$$

26. (1) 左边等价于 $(b+c-a)(c+a-b)(a+b-c) > 0$, 右边等价于 $(b+c-a)(c+a-b)(a+b-c) \leqslant abc$ (Schur 不等式).

(2) 等价于 $a^3 + b^3 + c^3 + 3abc - a^2b - b^2a - a^2c - c^2a - ac^2 \geqslant 0$ (Schur 不等式).

27. **证法一** 先证明 $a^2 + b^2 + c^2 \geqslant 18Rr$. 事实上, 因为 $S = \frac{1}{2}(a+b+c)r = \frac{abc}{4R}$, 所以 $Rr = \frac{abc}{2(a+b+c)}$, $a^2 + b^2 + c^2 \geqslant 18Rr$ 等价于 $(a^2+b^2+c^2)(a+b+c) \geqslant 9abc$. 这是显然的.

不妨设 $a \geqslant b \geqslant c > 0$, 由 Chebyshev 不等式

$$\frac{a^2}{b+c-a} + \frac{b^2}{c+a-b} + \frac{c^2}{a+b-c} \geqslant$$

$$\frac{1}{3}(a^2+b^2+c^2)\left(\frac{1}{b+c-a} + \frac{1}{c+a-b} + \frac{1}{a+b-c}\right) \geqslant$$

$$6Rr\left(\frac{1}{b+c-a} + \frac{1}{c+a-b} + \frac{1}{a+b-c}\right) =$$

$$3R\left(\frac{2r}{b+c-a} + \frac{2r}{c+a-b} + \frac{2r}{a+b-c}\right) =$$

$$3R\left(\tan\frac{A}{2} + \tan\frac{B}{2} + \tan\frac{C}{2}\right) \geqslant$$

$$3\sqrt{3\left(\tan\frac{A}{2}\tan\frac{B}{2} + \tan\frac{B}{2}\tan\frac{C}{2} + \tan\frac{C}{2}\tan\frac{A}{2}\right)} R =$$

$$3\sqrt{3} R$$

**证法二** 在代换 $a = y+z, b = z+x, c = x+y$ 下, 我们有: 半周长 $p = x + y + z$, 面积 $S = \sqrt{xyz(x+y+z)}$, 外接圆半径 $R = \frac{abc}{4S} = \frac{(x+y)(y+z)(z+x)}{4\sqrt{xyz(x+y+z)}}$.

不等式等价于

$$\frac{(x+y)^2}{2z} + \frac{(y+z)^2}{2x} + \frac{(z+x)^2}{2y} \geqslant 3\sqrt{3} \frac{(x+y)(y+z)(z+x)}{4\sqrt{xyz(x+y+z)}} \Leftrightarrow$$

$$4(x+y+z)[xy(x+y)^2 + yz(y+z)^2 + zx(z+x)^2]^2 \geqslant$$

$$27xyz(x+y)^2(y+z)^2(z+x)^2$$

由均值不等式得 $(x+y+z)^3 \geqslant 27xyz$, 只要证明

$$4[xy(x+y)^2 + yz(y+z)^2 + zx(z+x)^2]^2 \geqslant$$

$$(x+y+z)^2(x+y)^2(y+z)^2(z+x)^2 \Leftrightarrow$$

$$2[xy(x+y)^2 + yz(y+z)^2 + zx(z+x)^2] \geqslant$$

$$(x+y+z)(x+y)(y+z)(z+x)$$

而 $xy(x+y)^2 + yz(y+z)^2 + zx(z+x)^2 = xy[(x+y)^2 - z^2] + yz[(y+z)^2 - x^2] + zx[(z+x)^2 - y^2] + xyz(x+y+z) = (x+y+z)[xy(x+y-z) + yz(y+z-x) + zx(z+x-y) + xyz] = (x+y+z)[xy(x+y) + yz(y+z) + zx(z+x) - 2xyz]$，因此只要证明 $2[xy(x+y) + yz(y+z) + zx(z+x) - 2xyz] \geq (x+y)(y+z)(z+x) \Leftrightarrow xy(x+y) + yz(y+z) + zx(z+x) \geq 6xyz$. 这是显然的.

**28. 证法一**  $a^2 + b^2 + c^2 \geq 4(R+r)^2 \Leftrightarrow \sin^2 A + \sin^2 B + \sin^2 C \geq (\cos A + \cos B + \cos C)^2$.

$$2\cos A\cos B = \sqrt{\sin 2A \cot A \sin 2B \cot B} =$$
$$\sqrt{\sin 2A \cot B \sin 2B \cot A} \leq$$
$$\frac{1}{2}(\sin 2A \cot B + \sin 2B \cot A)$$

类似地，

$$2\cos B\cos C \leq \frac{1}{2}(\sin 2B \cot C + \sin 2C \cot B)$$

$$2\cos C\cos A \leq \frac{1}{2}(\sin 2C \cot A + \sin 2A \cot C)$$

所以

$2(\cos A\cos B + \cos B\cos C + \cos C\cos A) =$

$\frac{1}{2}[\cot A(\sin 2B + \sin 2C) + \cot B(\sin 2C + \sin 2A) + \cot C(\sin 2A + \sin 2B)] =$

$\frac{1}{2}[\cos A\cos(B-C) + \cos B\cos(C-A) + \cos C\cos(A-B)] =$

$-\frac{1}{2}[\cos(B+C)\cos(B-C) + \cos(C+A)\cos(C-A) + \cos(A+B)\cos(A-B)] =$

$-(\cos 2A + \cos 2B + \cos 2C) =$

$3 - 2(\cos^2 A + \cos^2 B + \cos^2 C)$

两边同时加上 $\cos^2 A + \cos^2 B + \cos^2 C$ 得

$$(\cos A + \cos B + \cos C)^2 \leq 3 - (\cos^2 A + \cos^2 B + \cos^2 C) =$$
$$\sin^2 A + \sin^2 B + \sin^2 C$$

**证法二**

$$a^2 + b^2 + c^2 \geq 4(R+r)^2 \Leftrightarrow \sin^2 A + \sin^2 B + \sin^2 C \geq$$
$$(\cos A + \cos B + \cos C)^2 \quad \text{①}$$

在锐角 $\triangle ABC$ 中，$H$ 是三角形的垂心，则 $AH = 2R\cos A, BH = 2R\cos B$,

$CH = 2R\cos C$. ① 化为证明
$$(AH + BH + CH)^2 \leq a^2 + b^2 + c^2 \qquad ②$$

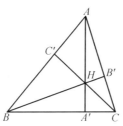

因为 $A', H, B', C$ 四点共圆，所以
$$AH \cdot AA' = AB' \cdot AC = bc\cos A = \frac{b^2 + c^2 - a^2}{2}$$

同理可证 $BH \cdot BB' = \frac{c^2 + a^2 - b^2}{2}, CH \cdot CC' = \frac{a^2 + b^2 - c^2}{2}$，则

$$AH \cdot AA' + BH \cdot BB' + CH \cdot CC' = \frac{a^2 + b^2 + c^2}{2}$$

由柯西不等式得

$(AH + BH + CH)^2 = (\sqrt{AH \cdot AA'} \cdot \sqrt{\frac{AH}{AA'}} + \sqrt{BH \cdot BB'} \cdot$

$\sqrt{\frac{BH}{BB'}} + \sqrt{CH \cdot CC'} \cdot \sqrt{\frac{CH}{CC'}})^2 \leq$

$(AH \cdot AA' + BH \cdot BB' + CH \cdot CC')(\frac{AH}{AA'} + \frac{BH}{BB'} + \frac{CH}{CC'}) =$

$(\frac{a^2 + b^2 + c^2}{2})(\frac{AH}{AA'} + \frac{BH}{BB'} + \frac{CH}{CC'})$

而
$$\frac{AH}{AA'} = \frac{2R\cos A}{b\sin C} = \frac{\cos A}{\sin B \sin C}$$

同理
$$\frac{BH}{BB'} = \frac{\cos B}{\sin A \sin C}$$

$$\frac{CH}{CC'} = \frac{\cos C}{\sin A \sin B}$$

所以，

$\frac{AH}{AA'} + \frac{BH}{BB'} + \frac{CH}{CC'} = \frac{\cos A}{\sin B \sin C} + \frac{\cos B}{\sin A \sin C} + \frac{\cos C}{\sin A \sin B} =$

$\frac{2\sin A\cos A}{2\sin A \sin B \sin C} + \frac{2\sin B\cos B}{2\sin A \sin B \sin C} + \frac{\cos C}{\sin A \sin B} =$

$$\frac{\sin 2A + \sin 2B}{2\sin A\sin B\sin C} + \frac{\cos C}{\sin A\sin B} =$$

$$\frac{\sin(A+B)\cos(A-B)}{\sin A\sin B\sin C} + \frac{\cos C}{\sin A\sin B} =$$

$$\frac{\cos(A-B)}{\sin A\sin B} - \frac{\cos(A-B)}{\sin A\sin B} = 2$$

于是,

$$(AH + BH + CH)^2 \leqslant a^2 + b^2 + c^2$$

**证法三**

$a^2 + b^2 + c^2 \geqslant 4(R+r)^2 \Leftrightarrow$

$\sin^2 A + \sin^2 B + \sin^2 C \geqslant (\cos A + \cos B + \cos C)^2 \Leftrightarrow$

$(\cos A + \cos B)^2 + (\cos B + \cos C)^2 + (\cos C + \cos A)^2 \leqslant 3$ ③

由于 $\triangle ABC$ 是锐角三角形,由 $A,B,C$ 的对称性不妨设 $\frac{\pi}{3} \leqslant A < \frac{\pi}{2}$.

式 ③ 的左端 $= 2\cos^2 A + 2(\cos^2 B + \cos^2 C) + 2\cos B\cos C + 2\cos A(\cos B + \cos C) =$

$2\cos^2 A + 2[1 + \cos(B+C)\cos(B-C)] +$

$\cos(B+C) + \cos(B-C) + 4\cos A\cos\frac{B+C}{2}\cos\frac{B-C}{2} =$

$2\cos^2 A + 2 - 2\cos A\cos(B-C) - \cos A +$

$\cos(B-C) + 4\cos A\sin\frac{A}{2}\cos\frac{B-C}{2} =$

$2 + 2\cos^2 A + (1 - 2\cos A)\cos(B-C) -$

$\cos A + 4\cos A\sin\frac{A}{2}\cos\frac{B-C}{2} \leqslant$

$2 + 2\cos^2 A + (1 - 2\cos A) - \cos A +$

$4\cos A\sin\frac{A}{2} = ($ 因为 $0 < \cos A \leqslant \frac{1}{2})$

$3 + \cos A(2\cos A - 3 + 4\sin\frac{A}{2}) =$

$3 - \cos A(-1 + 4\sin\frac{A}{2} - 4\sin^2\frac{A}{2}) =$

$3 - \cos A(1 - 2\sin\frac{A}{2})^2 \leqslant 3$

所以,原不等式成立.

由证法三可知 $\triangle ABC$ 是锐角三角形可减弱为三角形中有一个内角属于 $[\frac{\pi}{3}, \frac{\pi}{2})$.

**证法四** 因为 $r = 4R\sin\dfrac{A}{2}\sin\dfrac{B}{2}\sin\dfrac{C}{2} = 2R(\cos\dfrac{A-B}{2} - \cos\dfrac{A+B}{2})\cos\dfrac{A+B}{2} = R[(\cos A + \cos B) - 2\sin^2\dfrac{C}{2}] = R(\cos A + \cos B + \cos C - 1)$，又由正弦定理得 $a = 2R\sin A, b = 2R\sin B, c = 2R\sin C$，所以原不等式等价于

$$\sin^2 A + \sin^2 B + \sin^2 C \geqslant (\cos A + \cos B + \cos C)^2$$

由柯西不等式得

$(\cos A + \cos B + \cos C)^2 = (\sin A\cot A + \sin B\cot B + \sin C\cot C)^2 \leqslant$
$(\cot A + \cot B + \cot C)(\sin^2 A\cot A + \sin^2 B\cot B + \sin^2 C\cot C)$

由余弦定理及三角形的面积公式 $S = \dfrac{bc\sin A}{2}$，所以，

$$\cot A = \dfrac{\cos A}{\sin A} = \dfrac{b^2 + c^2 - a^2}{4S}$$

同理

$$\cot B = \dfrac{c^2 + a^2 - b^2}{4S}$$

$$\cot C = \dfrac{a^2 + b^2 - c^2}{4S}$$

相加得

$$\cot A + \cot B + \cot C = \dfrac{a^2 + b^2 + c^2}{4S}$$

$\sin^2 A\cot A + \sin^2 B\cot B + \sin^2 C\cot C =$
$\sin A\cos A + \sin B\cos B + \sin C\cos C =$
$\dfrac{1}{2}(\sin 2A + \sin 2B) + \sin C\cos C =$
$\sin(A+B)\cos(A-B) - \sin C\cos(A+B) =$
$\sin C[\cos(A-B) - \cos(A+B)] =$
$2\sin A\sin B\sin C = \dfrac{abc}{4R^3}$

又

$$S = \dfrac{1}{2}ab\sin C = \dfrac{abc}{4R}$$

所以，

$(\cot A + \cot B + \cot C)(\sin^2 A\cot A + \sin^2 B\cot B + \sin^2 C\cot C) =$
$(\dfrac{a^2+b^2+c^2}{4S})\dfrac{abc}{4R^3} = \dfrac{a^2+b^2+c^2}{4R^2} =$
$\sin^2 A + \sin^2 B + \sin^2 C$

29. $16PQ \leqslant a^2(-u^2+v^2+w^2) + b^2(u^2-v^2+w^2) + c^2(u^2+v^2-w^2) \Leftrightarrow$
$$16PQ + 2(a^2u^2+b^2v^2+c^2w^2) \leqslant$$
$$(a^2+b^2+c^2)(u^2+v^2+w^2) \quad ①$$

由海伦公式 $16P^2 = (a^2+b^2+c^2)^2 - 2(a^4+b^4+c^4)$ 得
$$16P^2 + 2(a^4+b^4+c^4) = (a^2+b^2+c^2)^2 \quad ②$$

同理
$$16Q^2 + 2(u^4+v^4+w^4) = (u^2+v^2+w^2)^2 \quad ③$$

由式②,③及柯西不等式得
$$16PQ + 2(a^2u^2+b^2v^2+c^2w^2) \leqslant$$
$$\sqrt{16P^2+2(a^4+b^4+c^4)}\sqrt{16Q^2+2(u^4+v^4+w^4)} =$$
$$(a^2+b^2+c^2)(u^2+v^2+w^2)$$

30. 因为从 $x,y,z$ 任何三个实数中可以选出两个数,它们的乘积不是负数. 为了确定起见,不妨设 $xy \geqslant 0$,因为 $z = -(x+y)$,所以,
$$a^2xy + b^2yz + c^2zx = a^2xy - b^2y(x+y) - c^2x(x+y) =$$
$$-c^2x^2 - b^2y^2 - (b^2+c^2-a^2)xy =$$
$$-(cx-by)^2 - [(b+c)^2 - a^2]xy =$$
$$-(cx-by)^2 - (a+b+c)(b+c-a)xy$$

由于 $a,b,c$ 是 $\triangle ABC$ 的三条边,所以,$a+b+c > 0, b+c-a > 0$,由此得 $a^2xy + b^2yz + c^2zx \leqslant 0$.

31. $a^2 + b^2 + 3c^2 + 2ab - 4bc = (a+b-c)^2 + 2c^2 + 2ac - 2bc = (a+b-c)^2 + 2c(a+c-b)$.

令
$$I = \frac{(a+b-c)^2 + 2c(a+c-b)}{c(a+b-c)} = \frac{a+b-c}{2c} + \frac{a+c-b}{a+b-c}$$

由于 $a \geqslant \frac{b+c}{3}$,所以,$a \geqslant \frac{1}{4}(a+b-c) + \frac{c}{2}$,于是,$a+c-b = 2a - (a+b-c) \geqslant -\frac{1}{2}(a+b-c) + c$. 由此可知

$$I \geqslant \frac{a+b-c}{2c} - \frac{\frac{1}{2}(a+b-c)}{a+b-c} + \frac{c}{a+b-c} =$$
$$-\frac{1}{2} + \frac{a+b-c}{2c} + \frac{c}{a+b-c} \geqslant$$
$$-\frac{1}{2} + 2\sqrt{\frac{1}{2}} = \sqrt{2} - \frac{1}{2}$$

即

$$\frac{ac+bc-c^2}{a^2+b^2+3c^2+2ab-4bc} = \frac{1}{2I} \leqslant \frac{1}{2\sqrt{2}-1} = \frac{2\sqrt{2}+1}{7}$$

从而,所求的 $\lambda \leqslant \dfrac{2\sqrt{2}+1}{7}$.

另一方面,当 $a = \dfrac{\sqrt{2}}{4} + \dfrac{1}{2}, b = \dfrac{3\sqrt{2}}{4} + \dfrac{1}{2}, c = 1$,则 $ac+bc-c^2 = \sqrt{2}, a^2 + b^2 + 3c^2 + 2ab - 4bc = 4 - \sqrt{2}$,所以,$\dfrac{1}{2I} = \dfrac{\sqrt{2}}{4-\sqrt{2}} = \dfrac{\sqrt{2}(4+\sqrt{2})}{14} = \dfrac{2\sqrt{2}+1}{7}$. 于是,所求的 $\lambda \geqslant \dfrac{2\sqrt{2}+1}{7}$.

综上可得,$\lambda = \dfrac{2\sqrt{2}+1}{7}$.

32. 令 $I = (a+b+c)\left(\dfrac{1}{a} + \dfrac{1}{b} + \dfrac{1}{c}\right) = 3 + \dfrac{b}{a} + \dfrac{a}{b} + \dfrac{c}{a} + \dfrac{a}{c} + \dfrac{b}{c} + \dfrac{c}{b}$.

由于 $\dfrac{b}{a} + \dfrac{a}{b} \geqslant 2, \dfrac{c}{a} + \dfrac{a}{c} = \dfrac{c}{a} + \dfrac{2a}{c} - \dfrac{a}{c} \geqslant 2\sqrt{2} - \dfrac{a}{c}, \dfrac{b}{c} + \dfrac{c}{b} = \dfrac{c}{b} + \dfrac{2b}{c} - \dfrac{b}{c} \geqslant 2\sqrt{2} - \dfrac{b}{c}$,所以,$I \geqslant 5 + 4\sqrt{2} - \dfrac{a+b}{c}$,又 $\dfrac{a+b}{c} \leqslant \dfrac{\sqrt{2(a^2+b^2)}}{c} = \sqrt{2}$,从而 $I \geqslant 5 + 3\sqrt{2}$.

当 $a = b = 1, c = \sqrt{2}$ 时,$I = (2+\sqrt{2})\left(2 + \dfrac{\sqrt{2}}{2}\right) = 5 + 3\sqrt{2}$. 所以最大的 $I = 5 + 3\sqrt{2}$.

33. 在 $\triangle ABC$ 中,$\sin\dfrac{A}{2} = \sqrt{\dfrac{1-\cos A}{2}} = \sqrt{\dfrac{(p-b)(p-c)}{bc}}$,由正弦定理得

$$\dfrac{a}{b+c} = \dfrac{\sin A}{\sin B + \sin C} = \dfrac{2\sin\dfrac{B+C}{2}\cos\dfrac{B+C}{2}}{2\sin\dfrac{B+C}{2}\cos\dfrac{B-C}{2}} = \dfrac{\cos\dfrac{B+C}{2}}{\cos\dfrac{B-C}{2}} \geqslant \cos\dfrac{B+C}{2} = \sin\dfrac{A}{2}.$$

所以,

不等式左边 $= a\sin\dfrac{A}{2} + b\sin\dfrac{B}{2} + c\sin\dfrac{C}{2} \geqslant$

$(b+c)\sin^2\dfrac{A}{2} + (c+a)\sin^2\dfrac{B}{2} + (a+b)\sin^2\dfrac{C}{2} =$

$(a+b+c)\left(\sin^2\dfrac{A}{2} + \sin^2\dfrac{B}{2} + \sin^2\dfrac{C}{2}\right) -$

$\left(a\sin^2\dfrac{A}{2} + b\sin^2\dfrac{B}{2} + c\sin^2\dfrac{C}{2}\right)$

因为

$$\sin^2\frac{A}{2} + \sin^2\frac{B}{2} + \sin^2\frac{C}{2} = \frac{1-\cos A}{2} + \frac{1-\cos B}{2} + \sin^2\frac{C}{2} =$$

$$1 - \cos\frac{B+C}{2}\cos\frac{B-C}{2} + \sin^2\frac{C}{2} =$$

$$1 - \sin\frac{C}{2}(\cos\frac{B-C}{2} - \cos\frac{B+C}{2}) =$$

$$1 - 2\sin\frac{A}{2}\sin\frac{B}{2}\sin\frac{C}{2} = 1 - \frac{r}{2R}$$

其中 $r, R$ 分别表示 △$ABC$ 内切圆和外接圆的半径.

又因为 $a\cos A + b\cos B + c\cos C = R(\sin 2A + \sin 2B + \sin 2C) = 4R\sin A\sin B\sin C = \frac{2S}{R}$, 其中 $S$ 表示 △$ABC$ 的面积. 而 $S = rp$. 所以,

$$(a+b+c)(\sin^2\frac{A}{2} + \sin^2\frac{B}{2} + \sin^2\frac{C}{2}) -$$

$$(a\sin^2\frac{A}{2} + b\sin^2\frac{B}{2} + c\sin^2\frac{C}{2}) =$$

$$2p(1 - \frac{r}{2R}) - (a\cdot\frac{1-\cos A}{2} + b\cdot\frac{1-\cos B}{2} + c\cdot\frac{1-\cos C}{2}) =$$

$$2p(1 - \frac{r}{2R}) - p + \frac{S}{R} = p$$

**34. 证法一** 令 $x = \frac{\sqrt{b}+\sqrt{c}-\sqrt{a}}{2}, y = \frac{\sqrt{c}+\sqrt{a}-\sqrt{b}}{2}, z = \frac{\sqrt{a}+\sqrt{b}-\sqrt{c}}{2}$, 则 $x+y = \sqrt{c}, y+z = \sqrt{a}, z+x = \sqrt{b}, a+b-c = z^2 + zx + yz - xy, b+c-a = x^2 + xy + zx - yz, c+a-b = y^2 + xy + yz - zx.$

由柯西不等式得

$$(\sum_{cyc}\frac{\sqrt{a+b-c}}{\sqrt{a}+\sqrt{b}-\sqrt{c}})^2 \leq 3(\frac{a+b-c}{(\sqrt{a}+\sqrt{b}-\sqrt{c})^2} + \frac{b+c-a}{(\sqrt{b}+\sqrt{c}-\sqrt{a})^2} + \frac{c+a-b}{(\sqrt{c}+\sqrt{a}-\sqrt{b})^2}) =$$

$$3(\frac{x^2+xy+zx-yz}{2x^2} + \frac{y^2+xy+yz-zx}{2y^2} + \frac{z^2+zx+yz-xy}{2z^2}) =$$

$$3(\frac{3x^2y^2z^2 + x(y^3z^2+y^2z^3) + y(x^3z^2+x^2z^3) + z(x^3y^2+x^2y^3) - (x^3y^3+y^3z^3+z^3x^3)}{2x^2y^2z^2})$$

对 $xy, yz, zx$ 利用 Schur 不等式得
$(x^3y^3 + y^3z^3 + z^3x^3) - [x(y^3z^2+y^2z^3) + y(x^3z^2+x^2z^3) + z(x^3y^2+x^2y^3)] \geq 3x^2y^2z^2$

所以,

$$3x^2y^2z^2 + x(y^3z^2+y^2z^3) + y(x^3z^2+x^2z^3) + z(x^3y^2+x^2y^3) -$$
$$(x^3y^3+y^3z^3+z^3x^3) \leq 2x^2y^2z^2$$

于是，
$$\sum_{cyc} \frac{\sqrt{a+b-c}}{\sqrt{a}+\sqrt{b}-\sqrt{c}} \leqslant 3$$

**证法二** 注意到 $\sqrt{a}+\sqrt{b} > \sqrt{a+b} > \sqrt{c}, \sqrt{b}+\sqrt{c} > \sqrt{a}, \sqrt{c}+\sqrt{a} > \sqrt{b}$.

设 $x=\sqrt{b}+\sqrt{c}-\sqrt{a}, y=\sqrt{c}+\sqrt{a}-\sqrt{b}, z=\sqrt{a}+\sqrt{b}-\sqrt{c}$，则 $x,y,z$ 都是正数，有

$$b+c-a = \left(\frac{z+x}{2}\right)^2 + \left(\frac{x+y}{2}\right)^2 - \left(\frac{y+z}{2}\right)^2 = \frac{x^2+xy+xz-y^2}{2} =$$

$$x^2 - \frac{1}{2}(x-y)(x-z).$$

由于当 $u \geqslant -\frac{1}{2}$ 时 $\sqrt{1+2u} \leqslant 1+u$，所以

$$\frac{\sqrt{b+c-a}}{\sqrt{b}+\sqrt{c}-\sqrt{a}} = \sqrt{1-\frac{(x-y)(x-z)}{2x^2}} \leqslant 1 - \frac{(x-y)(x-z)}{4x^2}.$$

同理，

$$\frac{\sqrt{c+a-b}}{\sqrt{c}+\sqrt{a}-\sqrt{b}} \leqslant 1 - \frac{(y-z)(y-x)}{4y^2}$$

$$\frac{\sqrt{a+b-c}}{\sqrt{a}+\sqrt{b}-\sqrt{c}} \leqslant 1 - \frac{(z-x)(z-y)}{4z^2}$$

将上面三个不等式相加，只需证明

$$\frac{(x-y)(x-z)}{x^2} + \frac{(y-z)(y-x)}{y^2} + \frac{(z-x)(z-y)}{z^2} \geqslant 0 \quad ①$$

不妨设 $x \leqslant y \leqslant z$，于是 $\frac{(x-y)(x-z)}{x^2} = \frac{(y-x)(z-x)}{x^2} \geqslant \frac{(y-x)(z-y)}{y^2}$

$= -\frac{(y-z)(y-x)}{y^2}, \frac{(z-x)(z-y)}{z^2} \geqslant 0$. 从而，式 ① 成立.

**证法三** 不妨设 $c \leqslant b \leqslant a$，于是 $\sqrt{a+b-c} - \sqrt{a} = \frac{(a+b-c)-a}{\sqrt{a+b-c}+\sqrt{a}} \leqslant$

$\frac{b-c}{\sqrt{b}+\sqrt{c}} = \sqrt{b} - \sqrt{c}$.

因此，

$$\frac{\sqrt{a+b-c}}{\sqrt{a}+\sqrt{b}-\sqrt{c}} \leqslant 1 \quad ①$$

设 $p = \sqrt{a}+\sqrt{b}, q = \sqrt{a}-\sqrt{b}$，则 $a-b = pq, p \geqslant 2\sqrt{c}$. 由柯西不等式得

$$\left(\frac{\sqrt{b+c-a}}{\sqrt{b}+\sqrt{c}-\sqrt{a}} + \frac{\sqrt{c+a-b}}{\sqrt{c}+\sqrt{a}-\sqrt{b}}\right)^2 = \left(\frac{\sqrt{c-pq}}{\sqrt{c}-q} + \frac{\sqrt{c+pq}}{\sqrt{c}+q}\right)^2 \leqslant$$

$$\left(\frac{c-pq}{\sqrt{c}-q}+\frac{c+pq}{\sqrt{c}+q}\right)\left(\frac{1}{\sqrt{c}-q}+\frac{1}{\sqrt{c}+q}\right)=$$

$$\frac{2(c\sqrt{c}-pq^2)}{c-q^2}\cdot\frac{2\sqrt{c}}{c-q^2}=$$

$$4\cdot\frac{c^2-\sqrt{c}pq^2}{(c-q^2)^2}\leqslant 4\cdot\frac{c^2-2cq^2}{(c-q^2)^2}\leqslant 4$$

从而

$$\frac{\sqrt{b+c-a}}{\sqrt{b}+\sqrt{c}-\sqrt{a}}+\frac{\sqrt{c+a-b}}{\sqrt{c}+\sqrt{a}-\sqrt{b}}\leqslant 2 \qquad ②$$

式①+②,即得所证明的不等式.

35. 由 $(a-b)^2+(b-c)^2+(c-a)^2\geqslant 0$,得 $a^2+b^2+c^2\geqslant ab+bc+ca$,所以,$k>5$,故 $k\geqslant 6$.

由于不存在边长为 $1,1,2$ 的三角形,依题意有 $k(1\times 1+1\times 2+1\times 2)\leqslant 5(1^2+1^2+2^2)$,即 $k\leqslant 6$.

下面证明 $k=6$ 满足要求. 不妨设 $a\leqslant b\leqslant c$,

因为 $6(ab+bc+ca)>5(a^2+b^2+c^2)$,所以 $5c^2-6(a+b)c+5a^2+5b^2-6ab<0$,$\Delta=[6(a+b)]^2-4\times 5(5a^2+5b^2-6ab)=64[ab-(a-b)^2]\leqslant 64ab\leqslant 64\times\frac{(a+b)^2}{4}=16(a+b)^2$,故

$$c<\frac{6(a+b)+\sqrt{\Delta}}{10}\leqslant\frac{6(a+b)+4(a+b)}{10}=a+b$$

于是,存在以 $a,b,c$ 为边长的三角形.

36. 当 $A,B,C$ 分别为 $90°,90°,0°$ 时,即 $\triangle ABC$ 为退化三角形时,$\sin A+\sin B+\sin C=2$. 因此,问题变为证明 $\sin A+\sin B+\sin C>\sin 90°+\sin 90°+\sin 0°$.

下面将 $\triangle ABC$ 的三个角逐次调整为 $90°,90°,0°$,且使得在调整中 $\sin A+\sin B+\sin C$ 的值不增加.

首先证明

$$\sin A+\sin B>\sin 90°+\sin(A+B-90°) \qquad ①$$

此式等价于

$$2\sin\frac{A+B}{2}\cos\frac{A-B}{2}>2\sin\frac{A+B}{2}\cos\left(90°-\frac{A+B}{2}\right)$$

即

$$\cos\frac{A-B}{2}>\cos\left(90°-\frac{A+B}{2}\right)$$

也即

$$2\sin\left(\frac{A}{2} - 45°\right)\sin\left(\frac{B}{2} - 45°\right) > 0 \qquad ②$$

在锐角 $\triangle ABC$ 中, $0 < \frac{A}{2}, \frac{B}{2} < 45°$, 所以, 不等式 ② 成立, 从而不等式 ① 成立.

式 ① 两端同加上 $\sin C$ 便有

$$\sin A + \sin B + \sin C > \sin 90° + \sin(A + B - 90°) + \sin C \qquad ③$$

由于 $A + B - 90°$ 与 $C$ 是互余的两个锐角, 所以, 有

$$\sin(A + B - 90°) + \sin C = \cos C + \sin C > 1$$

代入式 ③ 得

$$\sin A + \sin B + \sin C > 2$$

**37. 证法一**  由柯西不等式得

$$\left(\sum_{cyc} a(a+b-c)\right) \cdot \left(\sum_{cyc} \frac{(a-b+c)^4}{a(a+b-c)}\right) \geq \left(\sum_{cyc} (a-b+c)^2\right)^2 \qquad ①$$

而

$$\sum_{cyc} a(a+b-c) = a(a+b-c) + b(b+c-a) + c(c+a-b) =$$
$$a^2 + b^2 + c^2$$

于是

$$\left(\sum_{cyc} a^2\right) \cdot \left(\sum_{cyc} \frac{(a-b+c)^4}{a(a+b-c)}\right) \geq \left(\sum_{cyc} (a-b+c)^2\right)^2 \qquad ②$$

下面证明

$$\sum_{cyc} (a-b+c)^2 \geq \sum_{cyc} a^2 \qquad ③$$

令 $a = y + z, b = z + x, c = x + y$. 不等式 ③ 等价于

$$4\sum_{cyc} x^2 \geq \sum_{cyc} (y+z)^2 \Leftrightarrow \sum_{cyc} x^2 \geq \sum_{cyc} yz \qquad ④$$

不等式 ④ 显然成立, 所以 ③ 成立. 由 ②,③ 即有 $\sum_{cyc} \frac{(a-b+c)^4}{a(a+b-c)} \geq \sum_{cyc} a^2 \geq ab + bc + ca$.

**证法二**  由均值不等式得 $\frac{(a-b+c)^4}{a(a+b-c)} + a(a+b-c) \geq 2(a-b+c)^2$,

同理

$$\frac{(b-c+a)^4}{b(b+c-a)} + b(b+c-a) \geq 2(b-c+a)^2$$
$$\frac{(c-a+b)^4}{c(c+a-b)} + c(c+a-b) \geq 2(c-a+b)^2$$

相加得

$$\frac{(a-b+c)^4}{a(a+b-c)} + \frac{(b-c+a)^4}{b(b+c-a)} + \frac{(c-a+b)^4}{c(c+a-b)} \geqslant$$
$$2[3(a^2+b^2+c^2) - 2(ab+bc+ca)] - (a^2+b^2+c^2) =$$
$$5(a^2+b^2+c^2) - 4(ab+bc+ca) \geqslant$$
$$(ab+bc+ca)$$

38. 不难证明 $\sin\alpha\sin\beta = \cos^2\frac{\alpha-\beta}{2} - \cos^2\frac{\alpha+\beta}{2}$. 事实上,

$$\sin\alpha\sin\beta = \frac{1}{2}[\cos(\alpha-\beta) - \cos(\alpha+\beta)] =$$
$$\frac{1}{2}[(2\cos^2\frac{\alpha-\beta}{2} - 1) - (2\cos^2\frac{\alpha+\beta}{2} - 1)] =$$
$$\cos^2\frac{\alpha-\beta}{2} - \cos^2\frac{\alpha+\beta}{2}$$

于是

$$\frac{1}{\sin\alpha} + \frac{1}{\sin\beta} = \frac{\sin\alpha+\sin\beta}{\sin\alpha\sin\beta} = \frac{2\sin\frac{\alpha+\beta}{2}\cos\frac{\alpha-\beta}{2}}{\cos^2\frac{\alpha-\beta}{2} - \cos^2\frac{\alpha+\beta}{2}} =$$

$$\frac{2\sin\frac{\alpha+\beta}{2}}{\cos\frac{\alpha-\beta}{2} - \frac{\cos^2\frac{\alpha+\beta}{2}}{\cos\frac{\alpha-\beta}{2}}} \geqslant \frac{2\sin\frac{\alpha+\beta}{2}}{1 - \cos^2\frac{\alpha+\beta}{2}} = \frac{2}{\sin\frac{\alpha+\beta}{2}} =$$

$$\frac{2}{\cos\frac{\gamma}{2}}$$

**另证** 由柯西不等式得

$$\frac{1}{\sin\alpha} + \frac{1}{\sin\beta} \geqslant \frac{4}{\sin\alpha+\sin\beta} = \frac{2}{\sin\frac{\alpha+\beta}{2}\cos\frac{\alpha-\beta}{2}} \geqslant \frac{2}{\sin\frac{\alpha+\beta}{2}} = \frac{2}{\cos\frac{\gamma}{2}}$$

于是只要证明

$$\frac{1}{\cos\frac{\gamma}{2}} \geqslant \frac{4}{3+2\cos\gamma} \Leftrightarrow 3 + 2\cos\gamma - 4\cos\frac{\gamma}{2} \geqslant 0 \Leftrightarrow (2\cos\frac{\gamma}{2} - 1)^2 \geqslant 0$$

由上面的证明知不等式等号成立的条件是 $\frac{\gamma}{2} = 60°$, 且 $\cos\frac{\alpha-\beta}{2} = 1$, 即 $\alpha = \beta = 60°, \gamma = 120°$.

39. 令 $a = y+z, b = z+x, c = x+y$,则 $R = \dfrac{abc}{4S}, r = \dfrac{S}{p}$,其中 $S$ 表示三角形的面积,$p$ 是半周长.

由海伦公式 $S^2 = p(p-a)(p-b)(p-c) = xyz(x+y+z)$,所以,$\dfrac{R}{r} = \dfrac{abcp}{4S^2}$.

$$\dfrac{R}{2r} \geq \left(\dfrac{64a^2b^2c^2}{(4a^2-(b-c)^2)(4b^2-(c-a)^2)(4c^2-(a-b)^2)}\right)^2 \Leftrightarrow$$

$$\dfrac{p}{4S^2} \geq \dfrac{64^2 a^3 b^3 c^3}{((4a^2-(b-c)^2)(4b^2-(c-a)^2)(4c^2-(a-b)^2))^2}$$

$$\dfrac{1}{4xyz} \geq \dfrac{64^2(x+y)^3(y+z)^3(z+x)^3}{(3x+y)^2(x+3y)^2(3y+z)^2(y+3z)^2(3z+x)^2(z+3x)^2}$$

$$(3x+y)^2(x+3y)^2(3y+z)^2(y+3z)^2(3z+x)^2(z+3x)^2 \geq$$
$$2^{15}(x+y)^3(y+z)^3(z+x)^3 xyz$$

由对称性只要证明

$$(3x+y)^2(x+3y)^2 \geq 2^5(x+y)^3\sqrt{xy} \Leftrightarrow$$
$$(3x+y)^4(x+3y)^4 \geq 2^{10}(x+y)^6 xy \Leftrightarrow$$
$$(x-y)^4(81x^4 + 380x^3y + 614x^2y^2 + 380xy^3 + 81y^4) \geq 0$$

40. 令 $a = y+z, b = z+x, c = x+y$. $p = \dfrac{a+b+c}{2} = x+y+z$,

$$AI = r\csc\dfrac{A}{2} = \dfrac{S}{p}\sqrt{\dfrac{2}{1-\cos A}} = \dfrac{2S}{p}\sqrt{\dfrac{bc}{a^2-(b-c)^2}} =$$

$$\dfrac{\sqrt{p(p-a)(p-b)(p-c)}}{p}\sqrt{\dfrac{bc}{(p-b)(p-c)}} =$$

$$\sqrt{\dfrac{x(x+y)(x+z)}{x+y+z}}$$

同理

$$BI = r\csc\dfrac{B}{2} = \sqrt{\dfrac{y(x+y)(y+z)}{x+y+z}}$$

$$CI = r\csc\dfrac{C}{2} = \sqrt{\dfrac{z(x+z)(y+z)}{x+y+z}}$$

又因为

$$S = \dfrac{abc}{4R} = \sqrt{p(p-a)(p-b)(p-c)}$$

所以

$$R = \dfrac{(y+z)(z+x)(x+y)}{4\sqrt{xyz(x+y+z)}}$$

要证明 $AI + BI + CI \leq 3R$，只要证明

$$x\sqrt{yz(x+y)(x+z)} + y\sqrt{zx(x+y)(y+z)} + z\sqrt{xy(x+z)(y+z)} \leq \frac{3}{4}(x+y)(y+z)(z+x)$$

由均值不等式得

$$\sqrt{yz(x+y)(x+z)} = \sqrt{(xy+yz)(xz+yz)} \leq \frac{xy + 2yz + xz}{2}$$

只要证明

$$x(xy + 2yz + zx) + y(xy + yz + 2zx) + z(2xy + yz + zx) \leq \frac{3}{2}(x+y)(y+z)(z+x) \Leftrightarrow$$

$$6xyz \leq x^2y + y^2z + z^2x + xy^2 + yz^2 + zx^2$$

这由均值不等式立即得到.

41. 令 $a = y + z, b = z + x, c = x + y$，则

$$\frac{3(a^4 + b^4 + c^4)}{(a^2 + b^2 + c^2)^2} + \frac{ab + bc + ca}{a^2 + b^2 + c^2} \geq 2 \Leftrightarrow$$

$$(x^2y^2 + y^2z^2 + z^2x^2 + x^3y + xy^3 + y^3z + yz^3 + z^3x + zx^3) \geq$$
$$3(x^2yz + y^2zx + z^2xy) \qquad \qquad \text{①}$$

由均值不等式得

$$\frac{1}{2}(z^2x^2 + x^2y^2) \geq x^2yz$$

$$\frac{1}{2}(z^3x + zx^3 + x^3y + xy^3) \geq 2x^2yz$$

相加得

$$\frac{1}{2}(z^2x^2 + x^2y^2 + z^3x + zx^3 + x^3y + xy^3) \geq 3x^2yz \qquad \text{②}$$

同理可证

$$\frac{1}{2}(x^2y^2 + y^2z^2 + y^3z + yz^3 + x^3y + xy^3) \geq 3xy^2z \qquad \text{③}$$

$$\frac{1}{2}(y^2z^2 + z^2x^2 + z^3x + zx^3 + y^3z + yz^3) \geq 3xyz^2 \qquad \text{④}$$

将上面②,③,④三个不等式相加即得不等式①.

42. $a^3 + b^3 + c^3 \geq k(a+b+c)^3 \Leftrightarrow k \leq \left(\frac{a}{a+b+c}\right)^3 + \left(\frac{b}{a+b+c}\right)^3 + \left(\frac{c}{a+b+c}\right)^3.$

设 $x = \dfrac{a}{a+b+c}, y = \dfrac{b}{a+b+c}, z = \dfrac{c}{a+b+c}$,则因为 $a^2 + b^2 = c^2$,所以
$$x^2 + y^2 = z^2 \qquad ①$$
又因为 $x + y + z = 1$,所以
$$x^2 + 2xy + y^2 = 1 - 2z + z^2 \qquad ②$$
② - ① 得 $xy = \dfrac{1 - 2z}{2}$.

故
$$\begin{aligned}
x^3 + y^3 + z^3 &= (x+y)(x^2 + y^2 - xy) + z^3 = \\
&\quad (x+y)(z^2 - xy) + z^3 = \\
&\quad -xy(x+y) + z^2(x+y+z) = \\
&\quad -xy(x+y) + z^2 = \\
&\quad -\dfrac{(1-2z)(1-z)}{2} + z^2 = \dfrac{3z-1}{2}
\end{aligned}$$

因为 $z^2 = x^2 + y^2 \geqslant 2xy = 1 - 2z$,则注意到 $z > 0, z^2 + 2z - 1 \geqslant 0$,解得 $z \geqslant \sqrt{2} - 1$.

所以,$x^3 + y^3 + z^3 \geqslant \dfrac{3(\sqrt{2}-1) - 1}{2} = \dfrac{3\sqrt{2} - 4}{2}$. 故 $k \leqslant \dfrac{3\sqrt{2} - 4}{2}$.

当 $a = b = 1, c = \sqrt{2}$ 时,$k = \dfrac{3\sqrt{2} - 4}{2}$ 成立. 故 $k_{\max} = \dfrac{3\sqrt{2} - 4}{2}$.

43. **解法一** $f(a,b,c) = a^2 + b^2 + c^2 + \dfrac{4}{3}abc = (a+b+c)^2 - 2(ab+bc+ca) + \dfrac{4}{3}abc = 9 - 2(ab+bc+ca - \dfrac{2}{3}abc)$.

因为 $a, b, c$ 是 $\triangle ABC$ 的三边长,且 $a+b+c = 3$,所以 $a, b, c \in (0, \dfrac{3}{2})$.

于是
$$(\dfrac{3}{2} - a)(\dfrac{3}{2} - b)(\dfrac{3}{2} - c) \leqslant \left(\dfrac{(\dfrac{3}{2}-a) + (\dfrac{3}{2}-b) + (\dfrac{3}{2}-c)}{3}\right)^3 = \dfrac{1}{8}$$
即
$$\dfrac{27}{8} - \dfrac{9}{4}(a+b+c) + \dfrac{3}{2}(ab+bc+ca) - abc \leqslant \dfrac{1}{8}$$
所以,
$$ab + bc + ca - \dfrac{2}{3}abc \leqslant \dfrac{7}{3}$$

$$f(a,b,c) \geq 9 - 2 \times \frac{7}{3} = \frac{13}{3}$$

当且仅当 $a = b = c = 1$ 时,上式取等号. 故 $[f(a,b,c)]_{\min} = \frac{13}{3}$.

**解法二** 令 $g(x) = (x-a)(x-b)(x-c) = x^3 - 3x^2 + (ab+bc+ca)x - 3abc$.

$$g(\frac{3}{2}) = (\frac{3}{2})^3 - 3 \cdot (\frac{3}{2})^2 + \frac{3}{2}(ab+bc+ca) - 3abc$$

另一方面,由解法一,得

$$g(\frac{3}{2}) = (\frac{3}{2} - a)(\frac{3}{2} - b)(\frac{3}{2} - c) \leq$$

$$(\frac{(\frac{3}{2} - a) + (\frac{3}{2} - b) + (\frac{3}{2} - c)}{3})^3 = \frac{1}{8}$$

当且仅当 $a = b = c = 1$ 时,上式取等号. 所以,

$$(\frac{3}{2})^3 - 3 \cdot (\frac{3}{2})^2 + \frac{3}{2}(ab+bc+ca) - 3abc \leq \frac{1}{8}$$

即 $ab + bc + ca - \frac{2}{3}abc \leq \frac{7}{3}$, $f(a,b,c) \geq 9 - 2(\frac{7}{3}) = \frac{13}{3}$. 故 $[f(a,b,c)]_{\min} = \frac{13}{3}$.

**解法三** 令 $a = x+y, b = y+z, c = z+x$,则 $x+y+z = \frac{3}{2}$,其中 $x,y,z > 0$.

所以

$$f(a,b,c) = a^2 + b^2 + c^2 + \frac{4}{3}abc =$$

$$(x+y)^2 + (y+z)^2 + (z+x)^2 + \frac{4}{3}(x+y)(y+z)(z+x) =$$

$$2(x^2+y^2+z^2) + 2(xy+yz+zx) + \frac{4}{3}(\frac{3}{2} - x)(\frac{3}{2} - y)(\frac{3}{2} - z) =$$

$$2(x+y+z)^2 + \frac{9}{2} - 3(x+y+z) - \frac{4}{3}xyz =$$

$$\frac{9}{2} - \frac{4}{3}xyz \geq \frac{9}{2} - \frac{4}{3}(\frac{x+y+z}{3})^3 = \frac{13}{3}$$

当且仅当 $x = y = z = \frac{1}{2}$ 时上式等号成立. 故当 $a = b = c = 1$ 时, $[f(a,b,c)]_{\min} = \frac{13}{3}$.

**44.** 因为 $\triangle ABC$ 是锐角三角形，所以 $a^2 + b^2 > c^2, b^2 + c^2 > a^2, c^2 + a^2 > bc^2$，因此，由平均值不等式得

$$(b^2 + c^2 - a^2)x^2 + (c^2 + a^2 - b^2)y^2 + (a^2 + b^2 - c^2)z^2 \leqslant$$
$$\frac{1}{2}(b^2 + c^2 - a^2)x^2\left(\frac{y^2}{z^2} + \frac{z^2}{y^2}\right) + (c^2 + a^2 - b^2)y^2\left(\frac{z^2}{x^2} + \frac{x^2}{z^2}\right) +$$
$$(a^2 + b^2 - c^2)z^2\left(\frac{x^2}{y^2} + \frac{y^2}{x^2}\right) = \frac{a^2y^2z^2}{x^2} + \frac{b^2z^2x^2}{y^2} + \frac{c^2x^2y^2}{z^2} =$$
$$\left(\frac{ayz}{x} + \frac{bzx}{y} + \frac{cxy}{z}\right)^2 - 2(bcx^2 + cay^2 + abz^2)$$

从而，

$$[(b+c)^2 - a^2]x^2 + [(c+a)^2 - b^2]y^2 + [(a+b)^2 - c^2]z^2 \leqslant$$
$$\left(\frac{ayz}{x} + \frac{bzx}{y} + \frac{cxy}{z}\right)^2 = P^2$$

亦即 $(a+b+c)S \leqslant P^2, S \leqslant \dfrac{P^2}{a+b+c}$.

上式取等号当且仅当 $x^2 = y^2 = z^2$，亦即 $x = y = z = \dfrac{P}{a+b+c}$.

因此所求的最大值为 $\dfrac{P^2}{a+b+c}$，当 $S$ 取此最大值时 $x = y = z = \dfrac{P}{a+b+c}$.

**45.** 在 $\triangle ABC$ 中，容易得到 $r_a\left(\tan\dfrac{B}{2} + \tan\dfrac{C}{2}\right) = a$，由正弦定理得 $a = 2R\sin A$.

所以 $r_a = \dfrac{2R\sin A\cos\dfrac{B}{2}\cos\dfrac{C}{2}}{\sin\left(\dfrac{B}{2} + \dfrac{C}{2}\right)}$，所以 $\dfrac{r_a}{\sin A} = \dfrac{2R\cos\dfrac{B}{2}\cos\dfrac{C}{2}}{\cos\dfrac{A}{2}}$，同理 $\dfrac{r_b}{\sin B} = \dfrac{2R\cos\dfrac{C}{2}\cos\dfrac{A}{2}}{\cos\dfrac{B}{2}}$，$\dfrac{r_c}{\sin C} = \dfrac{2R\cos\dfrac{A}{2}\cos\dfrac{B}{2}}{\cos\dfrac{C}{2}}$.

由正弦定理和和差化积得

$$2p = a + b + c = 2R(\sin A + \sin B + \sin C) = 8R\cos\dfrac{A}{2}\cos\dfrac{B}{2}\cos\dfrac{C}{2}$$

要证明 $\dfrac{r_a}{\sin A} + \dfrac{r_b}{\sin B} + \dfrac{r_c}{\sin C} \geqslant 2p$，只要证明 $\dfrac{\cos\dfrac{B}{2}\cos\dfrac{C}{2}}{\cos\dfrac{A}{2}} + \dfrac{\cos\dfrac{C}{2}\cos\dfrac{A}{2}}{\cos\dfrac{B}{2}} +$

$$\frac{\cos\frac{A}{2}\cos\frac{B}{2}}{\cos\frac{C}{2}} \geq 4\cos\frac{A}{2}\cos\frac{B}{2}\cos\frac{C}{2}, 两边同除以 \cos\frac{A}{2}\cos\frac{B}{2}\cos\frac{C}{2} 只要证明$$

$$\sec^2\frac{A}{2} + \sec^2\frac{B}{2} + \sec^2\frac{C}{2} \geq 4, 即证明 \tan^2\frac{A}{2} + \tan^2\frac{B}{2} + \tan^2\frac{C}{2} \geq 1, 在 \triangle ABC$$

中，$\tan\frac{A}{2}\tan\frac{B}{2} + \tan\frac{B}{2}\tan\frac{C}{2} + \tan\frac{C}{2}\tan\frac{A}{2} = 1$，所以不等式得证.

46. (1) 记 $E = \frac{1}{a^2} + \frac{1}{b^2} + \frac{1}{c^2} - (\frac{1}{a} - \frac{1}{b^2})^2 - (\frac{1}{b} - \frac{1}{c})^2 - (\frac{1}{c^2} - \frac{1}{a})^2$，则

$$E = 2(\frac{1}{ab} + \frac{1}{bc} + \frac{1}{ca}) - (\frac{1}{a^2} + \frac{1}{b^2} + \frac{1}{c^2}) =$$

$$\frac{1}{ab} + \frac{1}{bc} + \frac{1}{ca} - \frac{1}{2}[(\frac{1}{a} - \frac{1}{b^2})^2 + (\frac{1}{b} - \frac{1}{c})^2 + (\frac{1}{c^2} - \frac{1}{a})^2] \leq$$

$$\frac{1}{ab} + \frac{1}{bc} + \frac{1}{ca} = \frac{a+b+c}{abc} = \frac{a+b+c}{4RS} =$$

$$\frac{\sin A + \sin B + \sin C}{2S}$$

而 $f(x) = \sin x$ 在 $(0, \pi)$ 上是凸函数，所以，由 Jensen 不等式得

$$\sin A + \sin B + \sin C \leq 3\sin\frac{A+B+C}{3} = \frac{3\sqrt{3}}{2}$$

所以 $E \leq \frac{3\sqrt{3}}{4S}$，即

$$\frac{1}{a^2} + \frac{1}{b^2} + \frac{1}{c^2} \leq \frac{3\sqrt{3}}{4S} + (\frac{1}{a} - \frac{1}{b^2})^2 + (\frac{1}{b} - \frac{1}{c})^2 + (\frac{1}{c^2} - \frac{1}{a})^2$$

(2) 因为 $\tan\frac{A}{2} = \frac{r}{p-a}, \tan\frac{B}{2} = \frac{r}{p-b}, \tan\frac{C}{2} = \frac{r}{p-c}, S = \sqrt{p(p-a)(p-b)(p-c)} = pr$. 所以

$$\tan\frac{A}{2} + \tan\frac{B}{2} + \tan\frac{C}{2} \leq \frac{9R^2}{4S} \Leftrightarrow$$

$$\frac{r}{p-a} + \frac{r}{p-b} + \frac{r}{p-c} \leq \frac{9R^2}{4pr} \Leftrightarrow$$

$$(p-a)(p-b) + (p-b)(p-c) + (p-c)(p-a) \leq$$

$$\frac{9R^2(p-a)(p-b)(p-c)}{4pr^2} = \frac{9R^2}{4} \Leftrightarrow$$

$$3p^2 - 2p(a+b+c) + (ab+bc+ca) \leq \frac{9R^2}{4} \Leftrightarrow$$

$$4(ab+bc+ca) - (2p)^2 \leq 9R^2 \Leftrightarrow$$

$$2(ab+bc+ca)-(a^2+b^2+c^2) \leqslant 9R^2$$

因为
$$2(ab+bc+ca)-(a^2+b^2+c^2) =$$
$$(a^2+b^2+c^2)-\frac{1}{2}[(a-b)^2+(b-c)^2+(c-a)^2] \leqslant$$
$$a^2+b^2+c^2$$

因此我们只要证明
$$a^2+b^2+c^2 \leqslant 9R^2 \Leftrightarrow \sin^2 A+\sin^2 B+\sin^2 C \leqslant \frac{9}{4}$$

$$\sin^2 A+\sin^2 B+\sin^2 C = \frac{1}{2}(1-\cos 2A)+\frac{1}{2}(1-\cos 2B)+(1-\cos^2 C) =$$
$$2-\cos(A+B)\cos(A-B)-\cos^2 C =$$
$$2\cos C\cos(A-B)-\cos^2 C \leqslant$$
$$2+|\cos C|-\cos^2 C = \frac{9}{4}-(|\cos C|-\frac{1}{2})^2 \leqslant \frac{9}{4}$$

**注** $\sin^2 A+\sin^2 B+\sin^2 C \leqslant \dfrac{9}{4}$ 可以用柯西不等式和均值不等式巧妙证明如下：

由柯西不等式得
$$\sin^2 C = \sin^2(A+B) = (\sin A\cos B+\sin B\cos A)^2 \leqslant$$
$$(\sin^2 A+\sin^2 B)(\cos^2 A+\cos^2 B)$$

所以，由均值不等式得
$$\sin^2 A+\sin^2 B+\sin^2 C \leqslant (\sin^2 A+\sin^2 B)(1+\cos^2 A+\cos^2 B) \leqslant$$
$$[\frac{(\sin^2 A+\sin^2 B)+(1+\cos^2 A+\cos^2 B)}{2}]^2 =$$
$$\frac{9}{4}$$

等号成立当且仅当 $\dfrac{\sin^2 A}{\cos^2 A}=\dfrac{\sin^2 B}{\cos^2 B}$ 和 $\sin^2 A+\sin^2 B=1+\cos^2 A+\cos^2 B$ 时，这时 $\triangle ABC$ 是正三角形.

**47. 证法一** 由正弦定理不等式
$$R \geqslant \frac{a^2+b^2}{2\sqrt{(2a^2+2b^2-c^2)}} \Leftrightarrow$$
$$R \geqslant \frac{(2R\sin A)^2+(2R\sin B)^2}{2\sqrt{(2(2R\sin A)^2+2(2R\sin B)^2(2R\sin C)^2)}} \Leftrightarrow$$
$$2[2(2\sin A)^2+2(2\sin B)^2-(2\sin C)^2] \geqslant [(2\sin A)^2+(2\sin B)^2]^2 \Leftrightarrow$$
$$(\sin^2 A+\sin^2 B)[2-(\sin^2 A+\sin^2 B)] \geqslant \sin^2 C \Leftrightarrow$$

$$(\sin^2 A + \sin^2 B)(\cos^2 B + \cos^2 A) \geqslant \sin^2 C$$

由柯西不等式得

$$(\sin^2 A + \sin^2 B)(\cos^2 B + \cos^2 A) \geqslant (\sin A \cos B + \cos A \sin B)^2 = [\sin(A+B)]^2 = \sin^2 C$$

等号成立当且仅当 $\sin A \cos A - \cos B \sin B = 0$ 时,即 $\sin 2A = \sin 2B \Leftrightarrow 2A = 2B$ 或 $2A = \pi - 2B \Leftrightarrow A = B$ 或 $\angle C = \dfrac{\pi}{2}$ 时,此时 $\triangle ABC$ 为等腰三角形或直角三角形.

**证法二** 由正弦定理不等式

$$R \geqslant \dfrac{a^2 + b^2}{2\sqrt{(2a^2 + 2b^2 - c^2)}} \Leftrightarrow$$

$$R \geqslant \dfrac{(2R\sin A)^2 + (2R\sin B)^2}{2\sqrt{2(2R\sin A)^2 + 2(2R\sin B)^2 - (2R\sin C)^2}} \Leftrightarrow$$

$2\sin^2 A + 2\sin^2 B - \sin^2 C \geqslant (\sin^2 A + \sin^2 B)^2 \Leftrightarrow$

$2\sin^2 A + 2\sin^2 B - (\sin^2 A + \sin^2 B)^2 \geqslant (\sin A \cos B + \cos A \sin B)^2 \Leftrightarrow$

$2\sin^2 A + 2\sin^2 B - (\sin^2 A + \sin^2 B)^2 \geqslant$

$\sin^2 A(1 - \sin^2 B) + \sin^2 B(1 - \sin^2 A) + 2\sin A \cos A \sin B \cos B \Leftrightarrow$

$\sin^2 A + \sin^2 B - \sin^4 A - \sin^4 B - 2\sin A \cos A \sin B \cos B \geqslant 0 \Leftrightarrow$

$\sin^2 A(1 - \sin^2 A) + \sin^2 B(1 - \sin^2 B) - 2\sin A \cos A \sin B \cos B \geqslant 0 \Leftrightarrow$

$\sin^2 A \cos^2 A + \sin^2 B \cos^2 B - 2\sin A \cos A \sin B \cos B \geqslant 0 \Leftrightarrow$

$(\sin A \cos A - \sin B \cos B)^2 \geqslant 0 \Leftrightarrow$

$(\sin 2A - \sin 2B)^2 \geqslant 0$

等号成立当且仅当 $\sin 2A = \sin 2B \Leftrightarrow 2A = 2B$ 或 $2A = \pi - 2B \Leftrightarrow A = B$ 或 $C = \dfrac{\pi}{2}$ 时.

**证法三** 由于 $AB$ 边上的中线

$m_c = \sqrt{\dfrac{2a^2 + 2b^2 - c^2}{4}}$,所以原不等式等价于

$$4m_c R \geqslant a^2 + b^2 \Leftrightarrow 8m_c R \geqslant 4m_c^2 + c^2 \Leftrightarrow$$

$$|m_c - R| \leqslant \sqrt{R^2 - (\dfrac{c}{2})^2}$$ ①

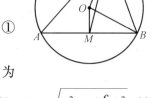

如图,作 $\triangle ABC$ 的外接圆 $O$,设 $AB$ 边的中点为 $M$,连接 $OM$、$OB$、$OC$,则 $OB = OC = R$,$CM = m_c$,易得 $OM = \sqrt{R^2 - (\dfrac{c}{2})^2}$,所以不等式①等价于证明 $|CM - OC| \leqslant OM$. 由图知不等式①显然成立,等号成

立的充要条件是 $C,O,M$ 三点共线或 $O,M$ 重合. 此时 $AC=BC$ 或 $\angle C=90°$, 即 $\triangle ABC$ 为等腰三角形或直角三角形.

**证法四** 由余弦定理 $\cos A = \dfrac{b^2+c^2-a^2}{2bc}$ 得

$$\sin A = \sqrt{1-\cos^2 A} = \sqrt{1-\left(\dfrac{b^2+c^2-a^2}{2bc}\right)^2} =$$

$$\sqrt{\dfrac{[(b+c)^2-a^2][a^2-(b-c)^2]}{(2bc)^2}} =$$

$$\dfrac{\sqrt{(a+b+c)(b+c-a)(c+a-b)(a+b-c)}}{2bc}$$

所以,

$$\dfrac{a}{\sin A} = \dfrac{2abc}{\sqrt{(a+b+c)(b+c-a)(c+a-b)(a+b-c)}} = 2R$$

$$R = \dfrac{abc}{\sqrt{(a+b+c)(b+c-a)(c+a-b)(a+b-c)}} =$$

$$\dfrac{abc}{\sqrt{2a^2b^2+b^2c^2+c^2a^2-(a^4+b^4+c^4)}}$$

因此,

$$R \geqslant \dfrac{a^2+b^2}{2\sqrt{(2a^2+2b^2-c^2)}} \Leftrightarrow$$

$$\dfrac{2abc}{\sqrt{2a^2b^2+b^2c^2+c^2a^2-(a^4+b^4+c^4)}} \geqslant \dfrac{a^2+b^2}{\sqrt{2a^2+2b^2-c^2}} \Leftrightarrow$$

$$4a^2b^2c^2(2a^2+2b^2-c^2) \geqslant (2a^2b^2+b^2c^2+c^2a^2-(a^4+b^4+c^4))(a^2+b^2)^2 \Leftrightarrow$$

$$(a^8+b^8-2a^4b^4)+c^4(a^4+b^4-2a^2b^2)-2c^2(a^6+b^6-a^4b^2-a^2b^4) \geqslant 0 \Leftrightarrow$$

$$(a^4-b^4)^2+c^4(a^2-b^2)^2-2c^2(a^2-b^2)^2(a^2+b^2) \geqslant 0 \Leftrightarrow$$

$$(a^2-b^2)^2[(a^2+b^2)^2+c^4-2c^2(a^2+b^2)] \geqslant 0 \Leftrightarrow$$

$$(a^2-b^2)^2(a^2+b^2-c^2)^2 \geqslant 0$$

等号成立的充要条件是 $\triangle ABC$ 为等腰三角形或直角三角形.

48. (1) 同第 20 题;

(2) 由秦九韶面积公式得 $16S^2 = 2(a^2b^2+b^2c^2+c^2a^2)-(a^4+b^4+c^4)$, 所以 $16S_1^2 = 2(ab+bc+ca)-(a^2+b^2+c^2)$, 从而

$$S_1^2 \geqslant \dfrac{\sqrt{3}S}{4} \Leftrightarrow (16S_1^2)^2 - 3 \times 16S^2 \geqslant 0 \Leftrightarrow$$

$$[2(ab+bc+ca)-(a^2+b^2+c^2)]^2 \geqslant$$

$$3[2(a^2b^2+b^2c^2+c^2a^2)-(a^4+b^4+c^4)] \Leftrightarrow$$

$$4(ab+bc+ca)^2 - 4(ab+bc+ca)(a^2+b^2+c^2) +$$
$$(a^2+b^2+c^2)^2 - 6(a^2b^2+b^2c^2+c^2a^2) + 3(a^4+b^4+c^4) \geq 0 \Leftrightarrow$$
$$4(a^2b^2+b^2c^2+c^2a^2) + 8abc(a+b+c) -$$
$$4[(a^3b+ab^3)+(b^3c+bc^3)+(a^3c+ac^3)+abc(a+b+c)] +$$
$$4(a^4+b^4+c^4) + 2(a^2b^2+b^2c^2+c^2a^2) -$$
$$6(a^2b^2+b^2c^2+c^2a^2) \geq 0 \Leftrightarrow$$
$$(a^4+b^4+c^4) - [(a^3b+ab^3)+(b^3c+bc^3)+(a^3c+ac^3)] +$$
$$abc(a+b+c) \geq 0 \Leftrightarrow a^2(a-b)(a-c) + b^2(b-a)(b-c) +$$
$$c^2(c-a)(c-b) \geq 0$$

此即 Schur 不等式.

49. 在 $\triangle ABC$ 中,
$$\tan\frac{A}{2}\tan\frac{B}{2} + \tan\frac{B}{2}\tan\frac{C}{2} + \tan\frac{C}{2}\tan\frac{A}{2} = 1$$

所以
$$\left(\frac{\tan\frac{A}{2}+\tan\frac{B}{2}+\tan\frac{C}{2}}{\sqrt{3}}\right)^2 = \frac{\tan^2\frac{A}{2}+\tan^2\frac{B}{2}+\tan^2\frac{C}{2}+2}{3}$$

设 $t = \tan^2\frac{A}{2} + \tan^2\frac{B}{2} + \tan^2\frac{C}{2}$,则
$$\tan^2\frac{A}{2}+\tan^2\frac{B}{2}+\tan^2\frac{C}{2} \geq \tan\frac{A}{2}\tan\frac{B}{2}+\tan\frac{B}{2}\tan\frac{C}{2}+\tan\frac{C}{2}\tan\frac{A}{2} = 1$$

接下来,只要证明 $\frac{t+2}{3} \geq \sqrt[3]{t}$. 由均值不等式 $\frac{t+1+1}{3} \geq \sqrt[3]{t}$,这是显然的.

所以
$$\frac{\tan\frac{A}{2}+\tan\frac{B}{2}+\tan\frac{C}{2}}{\sqrt{3}} \geq \sqrt[6]{\tan^2\frac{A}{2}+\tan^2\frac{B}{2}+\tan^2\frac{C}{2}}$$

原不等式等号成立当且仅当 $t=1$,即 $\triangle ABC$ 是正三角形.

50. 由正弦定理和余弦定理得 $\dfrac{\cos A}{\sin^2 A} = \dfrac{\frac{b^2+c^2-a^2}{2bc}}{\left(\frac{a}{2R}\right)^2} = \dfrac{2R^2}{abc}\left(\dfrac{b^2+c^2-a^2}{a}\right) =$

$\dfrac{2R^2}{abc}\left(\dfrac{b^2+c^2}{a}-a\right)$,对称地,

$$\frac{\cos B}{\sin^2 B} = \frac{2R^2}{abc}\left(\frac{c^2+a^2}{b}-b\right) \quad \frac{\cos C}{\sin^2 C} = \frac{2R^2}{abc}\left(\frac{a^2+b^2}{c}-c\right)$$

所以

$$\frac{\cos A}{\sin^2 A} + \frac{\cos B}{\sin^2 B} + \frac{\cos C}{\sin^2 C} = \frac{2R^2}{abc}\left[\frac{b^2+c^2}{a} + \frac{c^2+a^2}{b} + \frac{a^2+b^2}{c} - (a+b+c)\right]$$

由柯西不等式得 $(\frac{b^2}{a} + \frac{c^2}{b} + \frac{a^2}{c})(a+b+c) \geqslant (b+c+a)^2$,即

$$\frac{b^2}{a} + \frac{c^2}{b} + \frac{a^2}{c} \geqslant a+b+c$$

$$(\frac{c^2}{a} + \frac{a^2}{b} + \frac{b^2}{c})(a+b+c) \geqslant (c+a+b)^2$$

即

$$\frac{c^2}{a} + \frac{a^2}{b} + \frac{b^2}{c} \geqslant a+b+c$$

相加得

$$\frac{b^2+c^2}{a} + \frac{c^2+a^2}{b} + \frac{a^2+b^2}{c} \geqslant 2(a+b+c)$$

所以 $\frac{\cos A}{\sin^2 A} + \frac{\cos B}{\sin^2 B} + \frac{\cos C}{\sin^2 C} \geqslant \frac{2R^2}{abc}(a+b+c)$, $\triangle ABC$ 的面积为 $S = \frac{bc\sin A}{2} = \frac{abc}{4R}$, $S = \frac{(a+b+c)r}{2}$,所以 $\frac{2R^2}{abc}(a+b+c) = \frac{R}{r}$.

51. $\triangle ABC$ 的 $BC$ 边上的旁切圆半径为 $r_a$,则

$$S_{\triangle ABC} = \frac{bc\sin A}{2} = \frac{(b+c-a)r_a}{2}$$

所以,

$$r_a = \frac{bc\sin A}{b+c-a} = \frac{2R\sin B\sin C\sin A}{\sin B + \sin C - \sin A} =$$

$$\frac{2R\sin B\sin C\sin A}{2\sin\frac{B+C}{2}\cos\frac{B-C}{2} - \sin\frac{B+C}{2}\cos\frac{B+C}{2}} =$$

$$\frac{2R\sin B\sin C\sin A}{2\cos\frac{A}{2}(\cos\frac{B-C}{2} - \cos\frac{B+C}{2})} =$$

$$\frac{2R\sin B\sin C\sin A}{4\cos\frac{A}{2}\sin\frac{B}{2}\sin\frac{C}{2}} =$$

$$4R\sin\frac{A}{2}\cos\frac{B}{2}\cos\frac{C}{2}$$

所以, $\frac{r_a}{\sin A} = \frac{2R\cos\frac{B}{2}\cos\frac{C}{2}}{\cos\frac{A}{2}}$,同理得

$$\frac{r_b}{\sin B} = \frac{2R\cos\frac{C}{2}\cos\frac{A}{2}}{\cos\frac{B}{2}}$$

$$\frac{r_c}{\sin C} = \frac{2R\cos\frac{A}{2}\cos\frac{B}{2}}{\cos\frac{C}{2}}$$

由均值不等式得

$$\frac{1}{2}(\frac{r_a}{\sin A} + \frac{r_b}{\sin B}) \geq 2R\cos\frac{C}{2}$$

$$\frac{1}{2}(\frac{r_b}{\sin B} + \frac{r_c}{\sin C}) \geq 2R\cos\frac{A}{2}$$

$$\frac{1}{2}(\frac{r_c}{\sin C} + \frac{r_a}{\sin A}) \geq 2R\cos\frac{B}{2}$$

相加得

$$\frac{r_a}{\sin A} + \frac{r_b}{\sin B} + \frac{r_c}{\sin C} \geq 2R(\cos\frac{A}{2} + \cos\frac{B}{2} + \cos\frac{C}{2})$$

由和差化积得

$$\sin A + \sin B = 2\sin\frac{A+B}{2}\cos\frac{A-B}{2} \leq 2\sin\frac{A+B}{2} = 2\cos\frac{C}{2}$$

同理,

$$\sin B + \sin C \leq 2\cos\frac{A}{2}$$

$$\sin C + \sin A \leq 2\cos\frac{B}{2}$$

相加得

$$\cos\frac{A}{2} + \cos\frac{B}{2} + \cos\frac{C}{2} \geq \sin A + \sin B + \sin C$$

所以

$$\frac{r_a}{\sin A} + \frac{r_b}{\sin B} + \frac{r_c}{\sin C} \geq 2R(\cos\frac{A}{2} + \cos\frac{B}{2} + \cos\frac{C}{2}) \geq$$
$$2R(\sin A + \sin B + \sin C) =$$
$$a + b + c = 2p$$

52. (1) 当 $k = 1$ 时 $(a+b+c)(ab+bc+ca) - a^3 + b^3 + c^3 > 0$ 等价于
$$a^2(b+c-a) + b^2(c+a-b) + c^2(a+b-c) + 3abc > 0$$

(2) 对于问题(2), 令 $c = 1, a = b = n$, 则 $k > \frac{2n^3 + 1}{n(2n+1)(n+2)} \to 1 (n \to$

$+\infty$),所以 $k$ 的最大值是 1.

53. 我们只需要证明恒等式 $\sin^3 A\cos(B-C) + \sin^3 B\cos(C-A) + \sin^3 C\cos(A-B) = 3\sin A\sin B\sin C$.

事实上,$4\sin^3 A\cos(B-C) = 4\sin^2 A\sin(B+C)\cos(B-C) = 2\sin^2 A(\sin 2B + \sin 2C) = (1-\cos 2A)(\sin 2B + \sin 2C) = \sin 2B + \sin 2C - \cos 2A\sin 2B - \cos 2A\sin 2C$. 所以,

$\sin^3 A\cos(B-C) + \sin^3 B\cos(C-A) + \sin^3 C\cos(A-B) =$
$2(\sin 2A + \sin 2B + \sin 2C) - (\sin 2A\cos 2B + \cos 2A\sin 2B) -$
$(\sin 2A\cos 2B + \cos 2A\sin 2B) - (\sin 2A\cos 2B + \cos 2A\sin 2B) =$
$2(\sin 2A + \sin 2B + \sin 2C) -$
$[\sin 2(A+B) + \sin 2(B+C) + \sin 2(C+A)] =$
$2(\sin 2A + \sin 2B + \sin 2C) + (\sin 2C + \sin 2A + \sin 2A) =$
$3(\sin 2A + \sin 2B + \sin 2C) = 12\sin A\sin B\sin C$

所以,
$\sin^3 A\cos^2(B-C) + \sin^3 B\cos^2(C-A) + \sin^3 C\cos^2(A-B) \leqslant$
$\sin^3 A\cos(B-C) + \sin^3 B\cos(C-A) + \sin^3 C\cos(A-B) =$
$3\sin A\sin B\sin C$

所以,不等式得证. 等号成立当且仅当 $\triangle ABC$ 是正三角形.

54. 不妨设 $a \geqslant b \geqslant c$,设 $x = \sqrt{a}, y = \sqrt{b}, z = \sqrt{c}, t = \sqrt{b+c}$,则 $x \geqslant y \geqslant z > 0$,
$x = \sqrt{a} \leqslant \sqrt{b+c} = t, t = \sqrt{y^2 + z^2}$,易得

$$\left|\sqrt{\frac{a}{b}} - \sqrt{\frac{b}{a}} + \sqrt{\frac{b}{c}} - \sqrt{\frac{c}{b}} + \sqrt{\frac{c}{a}} - \sqrt{\frac{a}{c}}\right| = \frac{(x-y)(x-z)(y-z)}{xyz}$$

考虑到

$$\frac{(t-y)(t-z)}{t} - \frac{(x-y)(x-z)}{x} =$$

$$(t-x) + yz\left(\frac{1}{t} - \frac{1}{x}\right) = \frac{(t-x)(tx-yz)}{tx} \geqslant 0$$

$$\frac{(t-y)(t-z)}{t} = \frac{(\sqrt{y^2+z^2} - y)(\sqrt{y^2+z^2} - z)}{\sqrt{y^2+z^2}} =$$

$$\frac{y^2 z^2}{\sqrt{y^2+z^2}(\sqrt{y^2+z^2}+y)(\sqrt{y^2+z^2}+z)} =$$

$$\frac{y^2 z^2}{(y+z)(y^2+z^2) + (y^2+yz+z^2)\sqrt{y^2+z^2}} \leqslant$$

$$\frac{y^2 z^2}{(y+z)(y^2+z^2) + (y^2+yz+z^2)y} =$$

$$\frac{y^2z^2}{2y^3+2y^2z+2yz^2+z^3} \leqslant$$

$$\frac{y^2z^2}{2y^3+2y^2z+2yz^2} =$$

$$\frac{yz^2}{2y^2+2yz+2z^2} =$$

$$\frac{yz^2}{2(y^2+yz+z^2)}$$

所以,

$$0 \leqslant \frac{(x-y)(x-z)}{x} \leqslant \frac{yz^2}{2(y^2+yz+z^2)}$$

要证明原不等式,只需证明

$$\frac{yz^2}{2(y^2+yz+z^2)}(\frac{y-z}{yz}) < \frac{1}{10} \Leftrightarrow \frac{yz-z^2}{y^2+yz+z^2} < \frac{1}{5} \Leftrightarrow 4yz < y^2+6z^2$$

由均值不等式得 $y^2+6z^2 > y^2+4z^2 \geqslant 4yz$. 所以原不等式得证.

55. (1) 当 $k=1$ 时, $(a+b+c)(ab+bc+ca)-(a^3+b^3+c^3) = a^2(b+c-a)+b^2(c+a-b)+c^2(a+b-c)+3abc > 0$, 所以 $a^3+b^3+c^3 < k(a+b+c)(ab+bc+ca)$.

(2) 最小的实数 $k=1$, 使得不等式恒成立.

令 $a=y+z, b=z+x, c=x+y$, 则

$a^3+b^3+c^3 = 2(x^3+y^3+z^3)+3[xy(x+y)+yz(y+z)+zx(z+x)]$

$(a+b+c)(ab+bc+ca) = 2(x+y+z)[(x+y)(y+z)+(y+z)(z+x)+(z+x)(x+y)] = 2(x+y+z)[xy+yz+zx)+(x^2+y^2+z^2)] = 2(x^3+y^3+z^3)+8[xy(x+y)+yz(y+z)+zx(z+x)]+18xyz$

所以,

$$k > \frac{a^3+b^3+c^3}{(a+b+c)(ab+bc+ca)} = \frac{2(x^3+y^3+z^3)+3[xy(x+y)+yz(y+z)+zx(z+x)]}{2(x^3+y^3+z^3)+8[xy(x+y)+yz(y+z)+zx(z+x)]+18xyz}$$

$$k-1 > -\frac{5[xy(x+y)+yz(y+z)+zx(z+x)]+18xyz}{2(x^3+y^3+z^3)+8[xy(x+y)+yz(y+z)+zx(z+x)]+18xyz}$$

要使得上式恒成立, $k \geqslant 1$.

另证当 $a=b=n, c=1$ 时,

$$k > \frac{2n^3+1}{(2n+1)(n^2+2n)} = \frac{2n^3+1}{2n^3+5n^2+2n}$$

$$\lim_{n\to\infty}\frac{2n^3+1}{2n^3+5n^2+2n}=1$$

所以 $k_{\min}=1$.

**56.** 不等式等价于 $|a^4c+b^4a+c^4b-a^4b-b^4c-c^4a|\leqslant 3abc \Leftrightarrow |(a-b)(b-c)(c-a)(a^2+b^2+c^2+ab+bc+ca)|\leqslant 3abc$,令 $a=y+z,b=z+x,c=x+y$,则 $x+y+z=1$,不等式等价于

$$|(x-y)(y-z)(z-x)[3(x^2+y^2+z^2)+5(xy+yz+zx)]|\leqslant 3(x+y)(y+z)(z+x)$$

易得

$$|(x-y)(y-z)(z-x)|\leqslant (x+y)(y+z)(z+x)$$

又

$$3(x^2+y^2+z^2)+5(xy+yz+zx)\leqslant$$
$$3[(x^2+y^2+z^2)+2(xy+yz+zx)]=$$
$$3(x+y+z)^2=3$$

所以,不等式成立.

**57.** 不妨设 $a=\max\{a,b,c\}$,$a\geqslant b+c\geqslant \max\{b,c\}$,(当 $a=b+c$ 时,$\triangle ABC$ 为退化三角形,为一线段)

因为

$$\left|\frac{a-b}{a+b}+\frac{b-c}{b+c}+\frac{c-a}{c+a}\right|=\left|\left(\frac{a-b}{a+b}\right)\left(\frac{b-c}{b+c}\right)\left(\frac{c-a}{c+a}\right)\right|=$$
$$\frac{(a-b)(a-c)}{(a+b)(a+c)}\left|\frac{b-c}{b+c}\right|$$

记 $f(a)=\dfrac{(a-b)(a-c)}{(a+b)(a+c)}$,则 $f(a)=1-\dfrac{2(b+c)a}{(a+b)(a+c)}$,注意到 $a,b,c$ 是正数,$a\geqslant b,c$,所以

$$f'(a)=\frac{2(b+c)(a^2-bc)}{[(a+b)(a+c)]^2}\geqslant 0$$

因此,$f(a)\leqslant f(b+c)=\dfrac{bc}{(c+2b)(b+2c)}$,于是

$$\left|\frac{a-b}{a+b}+\frac{b-c}{b+c}+\frac{c-a}{c+a}\right|\leqslant \frac{bc}{(c+2b)(b+2c)}\left|\frac{b-c}{b+c}\right|$$

由于 $b,c$ 的对称性,不妨设 $b\geqslant c$,所以

$$\left|\frac{a-b}{a+b}+\frac{b-c}{b+c}+\frac{c-a}{c+a}\right|\leqslant \frac{bc(b-c)}{(2b+c)(b+2c)(b+c)}$$

因为 $(2b+c)^2\geqslant 8bc$,$(2b+c)(b+c)\geqslant 2(b-c)(b+2c)\Leftrightarrow 5c^2+bc\geqslant 0$
所以

$$\frac{bc(b-c)}{(2b+c)(b+2c)(b+c)} \leqslant \frac{1}{16}$$

**58.** 由余弦定理 $2ab\cos C = a^2 + b^2 - c^2$,所以 $2ab\cos C + 2bc\cos A + 2ca\cos B = a^2 + b^2 + c^2$,从而原不等式等价于 $3(a^2 + b^2 + c^2 + ab + bc + ca) \geqslant 2\sum_{cyc}\sqrt{(a^2+ab+b^2)(c^2+ca+a^2)} \Leftrightarrow \frac{1}{2}\sum_{cyc}(a^2-ab) \geqslant$

$$\sum_{cyc}\left(\sqrt{(a^2+ab+b^2)(c^2+ca+a^2)} - a^2 - \frac{a(b+c)}{2} - bc\right) \Leftrightarrow \frac{1}{4}\sum_{cyc}(b-c)^2 \geqslant$$

$$\sum_{cyc}\frac{\frac{3}{4}a^2(b-c)^2}{\sqrt{(a^2+ab+b^2)(c^2+ca+a^2)} + a^2 + \frac{a(b+c)}{2} + bc} \sum_{cyc} S_a(b-c)^2 \geqslant 0,$$

其中 $S_a = 1 - \dfrac{3a^2}{\sqrt{(a^2+ab+b^2)(c^2+ca+a^2)} + a^2 + \frac{a(b+c)}{2} + bc}.$

不妨设 $a \geqslant b \geqslant c > 0$,从而 $S_b \geqslant 0, S_c \geqslant 0$

$$S_a + S_b \geqslant 2 - \frac{3a^2}{\sqrt{(a^2+ab+b^2)a^2} + a^2 + \frac{ab}{2}} - \frac{3b^2}{\sqrt{(a^2+ab+b^2)b^2} + b^2 + \frac{ab}{2}} =$$

$$2(1 - \frac{3a}{\sqrt{(a^2+ab+b^2)} + 2a + b} - \frac{3b}{\sqrt{(a^2+ab+b^2)} + a + 2b}) =$$

$$\frac{6(a^2 - ab + b^2)}{(\sqrt{(a^2+ab+b^2)} + 2a + b)(\sqrt{(a^2+ab+b^2)} + a + 2b)} \geqslant 0$$

因此,$\sum_{cyc} S_a(b-c)^2 \geqslant S_a(b-c)^2 + S_b(a-c)^2 \geqslant (b-c)^2(S_a + S_b) \geqslant 0.$

**59.** 因为 $ab + bc + ca = 1, b + c > a$,所以 $1 = ab + bc + ca > a(b+c) > a^2$,从而 $a < 1$,同理,$b < 1, c < 1$,从而 $(a-1)(b-1)(c-1) < 0$,因为 $ab + bc + ca = 1$,所以 $abc + a + b + c < 2$,两端同加上 $1 + ab + bc + ca = 2$,即 $(a+1)(b+1)(c+1) < 4$.

**60. 证法一** 因为 $2b^2 = a^2 + c^2$,所以 $\cos B = \dfrac{c^2 + a^2 - b^2}{2ca} = \dfrac{b^2}{2ca} = \dfrac{\sin^2 B}{2\sin A\sin C}, \cot B = \dfrac{\sin B}{2\sin A\sin C}.$

$\cot^2 B \geqslant \cot A \cdot \cot C \Leftrightarrow \dfrac{\sin^2 B}{4\sin^2 A\sin^2 C} \geqslant \dfrac{\cos A\cos C}{\sin A\sin C} \Leftrightarrow \sin^2 B \geqslant \sin 2A \cdot \sin 2C$

而 $\sin 2A \cdot \sin 2C = \dfrac{1}{2}[\cos 2(A-C) - \cos 2(A+C)] \leqslant \dfrac{1}{2}[1 - \cos 2(A+C)] = \sin^2(A+C) = \sin^2 B.$

**证法二** 由余弦定理及三角形的面积公式 $S = \dfrac{bc\sin A}{2}$,所以,$\cot A = \dfrac{\cos A}{\sin A} = \dfrac{b^2 + c^2 - a^2}{4S}$,同理,$\cot B = \dfrac{c^2 + a^2 - b^2}{4S}$,$\cot C = \dfrac{a^2 + b^2 - c^2}{4S}$,从而 $\cot^2 B \geq \cot A \cdot \cot C \Leftrightarrow (c^2 + a^2 - b^2)^2 \geq (b^2 + c^2 - a^2)(a^2 + b^2 - c^2)$,因为 $2b^2 = a^2 + c^2$,它等价于 $b^4 \geq (b^2 + c^2 - a^2)(a^2 + b^2 - c^2) = b^4 - (c^2 - a^2)^2 \Leftrightarrow (c^2 - a^2)^2 \geq 0$,此不等式显然成立.

**证法三** 由 $2b^2 = a^2 + c^2$ 和余弦定理得 $b^2 = a^2 + c^2 - 2ac\cos B = 2b^2 - 2ac\cos B$,所以 $b^2 = 2ac\cos B$,即 $\sin^2 B = 2\sin A \sin C \cos B$,由 $\cot A = \dfrac{\cos A}{\sin A}$ 等知不等式等价于 $\dfrac{\sin A \sin C}{\cos A \cos C} \geq \dfrac{\sin^2 B}{\cos^2 B} = \dfrac{2\sin A \sin C \cos B}{\cos^2 B} \Leftrightarrow \cos B \geq 2\cos A \cos C \Leftrightarrow (\dfrac{c^2 + a^2 - b^2}{2ca})^2 \geq 2(\dfrac{b^2 + c^2 - a^2}{2bc})(\dfrac{a^2 + b^2 - c^2}{2ab}) \Leftrightarrow b^2(c^2 + a^2 - b^2) \geq (b^2 + c^2 - a^2)(a^2 + b^2 - c^2)$,将 $b^2 = \dfrac{c^2 + a^2}{2}$ 代入后它等价于 $(c^2 + a^2)^2 \geq (3c^2 - a^2)(3a^2 - c^2) \Leftrightarrow (c^2 - a^2)^2 \geq 0$,此不等式显然成立.

# 几何不等式与几何极值

## 第二十四章

本节主要内容是几何不等式,它主要包括涉及三角形或多边形的边长、面积等方面的不等式. 处理方法一般先将几何不等式转化为代数不等式,中间可以用到一些平面几何知识. 对最后的不等式的处理可用均值不等式、柯西不等式等常用不等式处理,也可以用证明代数不等式的许多方法,如反证法、放缩法、分析法. 当然,几何不等式有着与代数不等式不同的地方,许多几何不等式可用一些重要的几何不等式(Erdös – Mordell 不等式、Ptolemy 不等式)来处理;还有相当多的几何不等式用三角方法处理也会得心应手.

## 例题讲解

**例 1** 已知 $D$ 是 $\triangle ABC$ 的边 $AB$ 上的任意一点,点 $E$ 是边 $AC$ 上的任意一点,连接 $DE$,$F$ 是连接线段 $DE$ 上的任意一点. 设 $\dfrac{AD}{AB}=x$,$\dfrac{AE}{AC}=y$,$\dfrac{DF}{DE}=z$,证明:

(1) $S_{\triangle BDF} = (1-x)yz S_{\triangle ABC}$,$S_{\triangle CEF} = x(1-y)(1-z) S_{\triangle ABC}$;

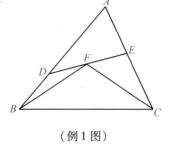

(例 1 图)

(2) $\sqrt[3]{S_{\triangle BDF}} + \sqrt[3]{S_{\triangle BDF}} \leq \sqrt[3]{S_{\triangle ABC}}$. (2003 年女子数学奥林匹克试题)

**分析** 利用两个共底的三角形的面积比等于对应高的比,两个同高的三角形的面积的比等于相应边的比就可以很快解决问题(1);对于问题(2)不难用算术几何均值不等式获得证明.

**证明** 如图,有
$$S_{\triangle BDF} = zS_{\triangle BDE} = z(1-x)S_{\triangle ABE} = z(1-x)yS_{\triangle ABC}$$
$$S_{\triangle CEF} = (1-z)S_{\triangle CDE} = (1-z)(1-y)S_{\triangle ACD} = (1-z)(1-y)xS_{\triangle ABC}$$

(2) $\sqrt[3]{S_{\triangle BDF}} + \sqrt[3]{S_{\triangle BDF}} = (\sqrt[3]{(1-x)yz} + \sqrt[3]{x(1-y)(1-z)})\sqrt[3]{S_{\triangle ABC}} \leq$
$$\left( \frac{(1-x)+y+z}{3} + \frac{x+(1-y)+(1-z)}{3} \right)$$
$$\sqrt[3]{S_{\triangle ABC}} = \sqrt[3]{S_{\triangle ABC}}$$

**说明** 几何不等式中有相当一部分试题涉及面积问题,在解决这些问题时,三角形的面积比定理起着很大的作用,读者从中可以细细体会.

**例2** 如图,在 $\triangle ABC$ 中,$P,Q,R$ 将其周长三等分,且 $P,Q$ 在 $AB$ 边上,求证:$\dfrac{S_{\triangle PQR}}{S_{\triangle ABC}} > \dfrac{2}{9}$. (1988 年全国高中数学联赛第二试试题)

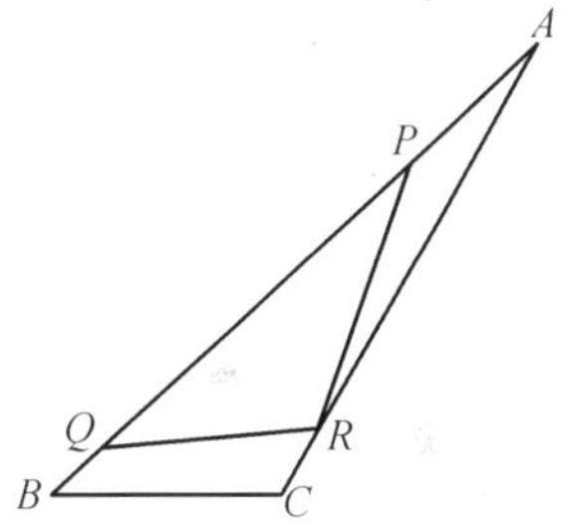

**分析** 从 $C,R$ 向 $AB$ 引垂线,先利用两个三角形的底边在同一条直线上,则它们的的面积比等于相应边和对应高乘积的比,再由已知条件,用放缩法证明所需不等式.

**证明** 不妨设周长为 1,作 $\triangle ABC$、$\triangle PQR$ 的高 $CL$、$RH$.

$$\frac{S_{\triangle PQR}}{S_{\triangle ABC}} = \frac{\frac{1}{2}PQ \cdot RH}{\frac{1}{2}AB \cdot AL} = \frac{PQ \cdot AR}{AB \cdot AC}$$

(例 2 图)

因为 $PQ = \dfrac{1}{3}, AC < \dfrac{1}{2}$,故 $\dfrac{PQ}{AC} > \dfrac{2}{3}$.

$$AP \leq AP + BQ = AB - PQ < \frac{1}{2} - \frac{1}{3} = \frac{1}{6}$$
$$AR = \frac{1}{3} - AP > \frac{1}{3} - \frac{1}{6} = \frac{1}{6}$$
$$AC < \frac{1}{2}$$

所以 $\dfrac{AR}{AC} > \dfrac{\frac{1}{6}}{\frac{1}{2}} = \dfrac{1}{3}$，$\dfrac{S_{\triangle PQR}}{S_{\triangle ABC}} > \dfrac{2}{3} \cdot \dfrac{1}{3} = \dfrac{2}{9}$.

**说明**  这道试题的解法有多种，请读者考虑其他证明方法.

**例 3**  证明：任何面积等于 1 的凸四边形的周长及两条对角线之和不小于 $4 + 2\sqrt{2}$. (1985 年奥地利和波兰联合数学竞赛试题)

**分析**  先考虑两种特殊情形：面积等于 1 的正方形和菱形. 在正方形中周长为 4，对角线之和为 $2\sqrt{2}$；在菱形中，两条对角线长分别为 $l_1$ 和 $l_2$，则因面积面积 $S = \dfrac{1}{2} l_1 l_2 = 1$，故 $l_1 + l_2 \geqslant 2\sqrt{l_1 l_2} = 2\sqrt{2}$，而周长 $= 4\sqrt{(\dfrac{l_1}{2})^2 + (\dfrac{l_2}{2})^2} = 2\sqrt{l_1^2 + l_2^2} \geqslant 2\sqrt{2 l_1 l_2} = 4$. 故两种特殊情形之下结论成立. 这就启发我们可将周长和对角线分开来考虑.

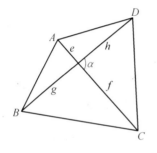 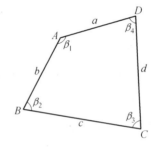

(例 3 图)

**证明**  设 $ABCD$ 是任一面积为 1 的凸四边形(如图)，于是有

$$1 = \dfrac{1}{2}(eg + gf + fh + he)\sin \alpha \leqslant$$

$$\dfrac{1}{2}(eg + gf + fh + he) =$$

$$\dfrac{1}{2}(e + f)(g + h) \leqslant$$

$$\dfrac{1}{2}(\dfrac{e + f + g + h}{2})^2$$

即对角线之和为 $e + f + g + h \geqslant 2\sqrt{2}$.

再按图的方式最新将图形中线段和角标上字母，于是又有

$$2 = 2S_{\text{四边形} ABCD} = \dfrac{1}{2} ab\sin \beta_1 + \dfrac{1}{2} bc\sin \beta_2 + \dfrac{1}{2} cd\sin \beta_3 + \dfrac{1}{2} da\sin \beta_4 \leqslant$$

$$\dfrac{1}{2}(ab + bc + cd + da) = \dfrac{1}{2}(a + c)(b + d) \leqslant$$

$$\frac{1}{2}(\frac{a+b+c+d}{2})^2$$

则 $a+b+c+d \geqslant 4$.

综上所述,命题结论成立.

**例 4** （Erdös – Mordell 不等式）设 $P$ 是 $\triangle ABC$ 内的任意一点，$P$ 到三边 $BC$、$CA$、$AB$ 的距离分别为 $PD=p$，$PE=q$，$PF=r$，并记 $PA=x$，$PB=y$，$PC=z$，则 $x+y+z \geqslant 2(p+q+r)$.

等号成立当且仅当 $\triangle ABC$ 是正三角形并且 $P$ 为此三角形的中心.

**分析** Erdös – Mordell 不等式是著名的线性几何不等式之一，证明方法也有好多种，有许多出自名家之手，这里的解法主要利用对称变换和面积关系，最后利用二元均值不等式证明.

**证明** 如图,以 $\angle B$ 的平分线为对称轴分别作出 $A$、$C$ 的对称点 $A'$、$C'$. 连接 $A'C'$，又连接 $PA'$、$PC'$，在 $\triangle BA'C'$ 中，容易得到

$$S_{\triangle BA'P}+S_{\triangle BC'P} \leqslant \frac{1}{2}BP \cdot A'C' \quad \text{①}$$

等号成立当且仅当 $BP \perp A'C'$.

由于 $\triangle ABC \cong \triangle A'BC'$，① 式等价于 $\frac{1}{2}cp+\frac{1}{2}ar \leqslant \frac{1}{2}yb$.

即

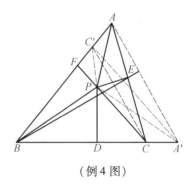

（例 4 图）

$$y \geqslant \frac{c}{b} \cdot p + \frac{a}{b} \cdot r \quad \text{②}$$

同理

$$x \geqslant \frac{c}{a} \cdot q + \frac{b}{a} \cdot r \quad \text{③}$$

$$z \geqslant \frac{b}{c} \cdot p + \frac{a}{c} \cdot q \quad \text{④}$$

将不等式②、③、④相加得

$$x+y+z \geqslant p(\frac{c}{b}+\frac{b}{c}) + q(\frac{c}{a}+\frac{a}{c}) + r(\frac{a}{b}+\frac{b}{a}) \geqslant 2(p+q+r)$$

**说明** Erdös – Mordell 不等式是非常有用的一个几何不等式,用它可以解决一些竞赛题,下面的例 4 就是一个典型的说明,另外第 36 届中国代表队姚一隽用 Erdös – Mordell 不等式证明了第 37 届 IMO 试题.

**例 5** 设 $P$ 是 $\triangle ABC$ 内的一点，求证：$\angle PAB$、$\angle PBC$、$\angle PCA$ 至少有一个小于或等于 $30°$.（第 32 届 IMO 试题）

**分析** 本题的解法较多,但原来的参考解答涉及函数的凹凸性,这里我们考虑面积关系给出证法一,用 Erdös – Mordell 不等式结合反证法给出证法二.

**证法一** 连接 $AP$、$BP$、$CP$,并延长交对边于 $D$、$E$、$F$,则

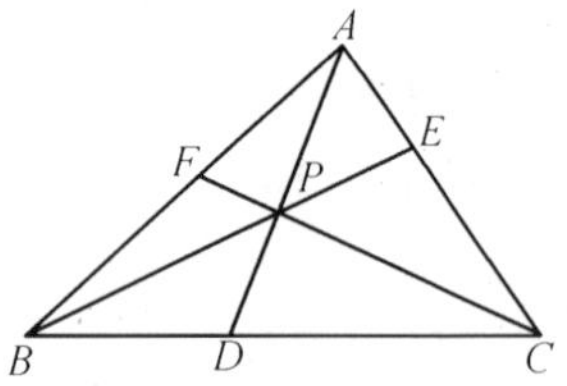

$$\frac{PD}{AD} + \frac{PE}{BE} + \frac{PF}{CF} = \frac{S_{\triangle PBC}}{S_{\triangle ABC}} + \frac{S_{\triangle PCA}}{S_{\triangle ABC}} + \frac{S_{\triangle PAB}}{S_{\triangle ABC}} = 1$$

设 $\angle PAB = \alpha, \angle PBC = \beta, \angle PCA = \gamma$,则

$$\sin\alpha\sin\beta\sin\gamma \leqslant \frac{PF}{PA} \cdot \frac{PD}{PB} \cdot \frac{PE}{PC} =$$

$$\frac{PD}{PA} \cdot \frac{PE}{PB} \cdot \frac{PF}{PC} = y$$

(例 5 图)

令 $x_1 = \frac{PD}{AD}, x_2 = \frac{PE}{BE}, x_3 = \frac{PF}{CF}$,那么 $x_1 + x_2 + x_3 = 1$,且

$$y = \frac{PD}{PA} \cdot \frac{PE}{PB} \cdot \frac{PF}{PC} = \frac{x_1}{1-x_1} \cdot \frac{x_2}{1-x_2} \cdot \frac{x_3}{1-x_3} =$$

$$\frac{x_1}{x_2+x_3} \cdot \frac{x_2}{x_3+x_1} \cdot \frac{x_3}{x_1+x_2} \leqslant$$

$$\frac{x_1 x_2 x_3}{2\sqrt{x_2 x_3} \cdot 2\sqrt{x_3 x_1} \cdot 2\sqrt{x_1 x_2}} = \frac{1}{8}$$

当且仅当 $x_1 = x_2 = x_3 = \frac{1}{3}$ 时取等号,所以 $\sin\alpha\sin\beta\sin\gamma \leqslant \frac{1}{8}$,由此推出 $\sin\alpha, \sin\beta, \sin\gamma$ 中至少有一个不大于 $\frac{1}{2}$,不妨设 $\sin\alpha \leqslant \frac{1}{2}$,则 $\alpha \leqslant 30°$ 或 $\alpha \geqslant 150°$. 当 $\alpha \geqslant 150°$ 时 $\beta < 30°, \gamma < 30°$. 命题也成立.

当 $\sin\alpha\sin\beta\sin\gamma = \frac{1}{8}$ 时,点 $P$ 既是 $\triangle ABC$ 的重心,又是 $\triangle ABC$ 的垂心,此时 $\triangle ABC$ 是正三角形.

**证法二** 用反证法. 设 $30° < \angle PAB, \angle PBC, \angle PCA < 120°$,则 $\frac{PD}{PA} = \sin\angle PAB > \sin 30°$,即 $2PD > PA$. 同理 $2PE > PB, 2PF > PC$.

于是有 $2(PD + PE + PF) > PA + PB + PC$,这与 Erdös – Mordell 不等式矛盾.

**证法三** 在 $\triangle ABC$ 中我们可以证明:

$$\sin A \sin B \sin C \leqslant \frac{3\sqrt{3}}{8} \qquad \text{①}$$

$$\cot A + \cot B + \cot C \geqslant \sqrt{3} \qquad \text{②}$$

由 §23 例2 有 $\sin A + \sin B + \sin C \leqslant \dfrac{3\sqrt{3}}{2}$. 再由均值不等式得 $\sin A \sin B \sin C \leqslant (\dfrac{\sin A + \sin B + \sin C}{3})^3 \leqslant \dfrac{3\sqrt{3}}{8}$.

对于不等式②,如果 $A,B,C \in (0, \dfrac{\pi}{2}]$,则由 Jensen 不等式直接得到②,不妨设 $C \in (\dfrac{\pi}{2}, \pi)$,则由均值不等式得 $\cot A + \cot B + \cot C \geqslant 2\cot \dfrac{A+B}{2} - \cot(A+B) = 2\cot \dfrac{A+B}{2} - \dfrac{\cot^2 \dfrac{A+B}{2} - 1}{2\cot \dfrac{A+B}{2}} = \dfrac{3}{2}\cot \dfrac{A+B}{2} + \dfrac{1}{2\cot \dfrac{A+B}{2}} \geqslant \sqrt{3}$.

记 $x = \angle PAB, y = \angle PBC, z = \angle PCA$,在 $\triangle MAB$ 中利用正弦定理得 $\dfrac{MA}{MB} = \dfrac{\sin(B-y)}{\sin x}$,同样,$\dfrac{MB}{MC} = \dfrac{\sin(C-z)}{\sin y}$,$\dfrac{MC}{MA} = \dfrac{\sin(A-x)}{\sin z}$,于是有 $\dfrac{\sin(A-x)\sin(B-y)\sin(C-z)}{\sin x \sin y \sin z} = 1$.

因为 $\dfrac{\sin(A-x)}{\sin x} = \sin A(\cot A - \cot x)$,所以 $\sin A \sin B \sin C (\cot A - \cot x)(\cot B - \cot y)(\cot C - \cot z) = 1$.

$(\cot A - \cot x)(\cot B - \cot y)(\cot C - \cot z) = \dfrac{1}{\sin A \sin B \sin C} \geqslant \dfrac{8}{3\sqrt{3}}$

由均值不等式得
$$(\cot A - \cot x)(\cot B - \cot y)(\cot C - \cot z) \leqslant (\dfrac{\cot x + \cot y + \cot z - (\cot A + \cot B + \cot C)}{3})^3$$

所以
$$\cot x + \cot y + \cot z - (\cot A + \cot B + \cot C) \geqslant 2\sqrt{3}$$

因此,$\cot x + \cot y + \cot z \geqslant 3\sqrt{3}$. 从而 $\cot x, \cot y, \cot z$ 中至少有一个 $\geqslant \sqrt{3}$,因此 $x,y,z$ 中至少有一个小于或等于 $30°$.

**例6** 设 $ABCD$ 是一个有内切圆的凸四边形,它的每个内角和外角都不小于 $60°$,证明:$\dfrac{1}{3}|AB^3 - AD^3| \leqslant |BC^3 - CD^3| \leqslant 3|AB^3 - AD^3|$. 等号何时成立?(第33届美国数学奥林匹克试题)

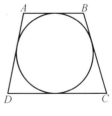

(例6图)

**分析** 注意到 $ABCD$ 是一个有内切圆的凸四边

形,就有 $AD + BC = AB + CD$,即有 $|AB - AD| = |CD - BC|$,只要证明 $\frac{1}{3}(AB^2 + AD^2 + AB \cdot AD) \leq CD^2 + BC^2 + CD \cdot BC$,故用余弦定理处理.

**证明** 利用余弦定理,知
$$BD^2 = AD^2 + AB^2 - 2AD \cdot AB\cos\angle DAB = $$
$$CD^2 + BC^2 - 2CD \cdot BC\cos\angle DCB$$

由已知条件知 $60° \leq \angle DAB, \angle DCB \leq 120°$,

故 $-\frac{1}{2} \leq \cos\angle DAB \leq \frac{1}{2}, -\frac{1}{2} \leq \cos\angle DCB \leq \frac{1}{2}$,于是
$$3BD^2 - (AB^2 + AD^2 + AB \cdot AD) = $$
$$2(AB^2 + AD^2) - AB \cdot AD(1 + 6\cos\angle DAB) \geq $$
$$2(AB^2 + AD^2) - 4AB \cdot AD = 2(AB - AD)^2 \geq 0$$

即
$$\frac{1}{3}(AB^2 + AD^2 + AB \cdot AD) \leq $$
$$BD^2 = CD^2 + BC^2 - 2CD \cdot BC\cos\angle DCB \leq $$
$$CD^2 + BC^2 + CD \cdot BC$$

再由 $ABCD$ 为圆外切四边形,可知 $AD + BC = AB + CD$,所以,$|AB - AD| = |CD - BC|$,结合上式,就有 $\frac{1}{3}|AB^3 - AD^3| \leq |BC^3 - CD^3|$.

等号成立的条件是 $\cos A = \frac{1}{2}$;$AB = AD$;$\cos C = -\frac{1}{2}$ 或者 $|AB - AD| = |CD - BC| = 0$.

所以,等号成立的条件是 $AB = AD$ 且 $CD = BC$.

同理可证另一个不等式成立,等号成立的条件同上.

**说明** 几何不等式中有很多问题可用三角方法处理,三角方法包括利用正弦定理和余弦定理、三角恒等式、三角恒等变换等.

**例 7** 设 $ABCDEF$ 是凸六边形,且 $AB = BC = CD, DE = EF = FA, \angle BCD = \angle EFA = 60°$. 设 $G$ 和 $H$ 是这个六边形内部的两点,使得 $\angle AGB = \angle DHE = 120°$. 试证:$AG + GB + GH + DH + HE \geq CF$.(第 36 届 IMO 试题)

**分析** 题目所给的凸六边形可以剖分成两个正三角形和一个四边形. 注意到四边形 $ABDE$ 以直线 $BE$ 为对称轴,问题就可迎刃而解.

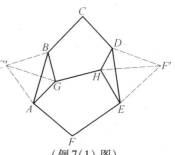

(例 7(1) 图)

**证法一** 以直线 $BE$ 为对称轴,作 $C$ 和 $F$ 关于该直线的对称点 $C'$ 和 $F'$(如图),

则 $\triangle ABC'$ 和 $\triangle DEf'$ 都是正三角形；$G$ 和 $H$ 分别在这两个三角形的外接圆上. 根据 Ptolemy 定理得
$$C'G \cdot AB = AG \cdot C'B + GB \cdot C'A$$
因而
$$C'G = AG + GB$$
同理,
$$Hf' = DH + HE$$
于是,
$$AG + GB + GH + DH + HE = C'G + GH + Hf' \geqslant C'f' = CF$$
上面最后一个等号成立的依据是：线段 $CF$ 和 $C'f'$ 以直线 $BE$ 为对称轴.

**证法二** 以直线 $BE$ 为对称轴，作 $G$ 和 $H$ 的对称点 $G'$ 和 $H'$（如图）. 这两点分别在正 $\triangle BCD$ 和正 $\triangle EFA$ 的外接圆上，因而
$$CG' = DG' + G'B, H'F = AH' + H'E$$
我们看到
$$AG + GB + GH + DH + HE =$$
$$DG' + G'B + G'H' + AH' + H'E =$$
$$CG' + G'H' + H'F \geqslant CF$$

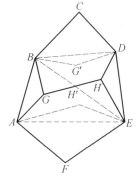

(例7(2) 图)

**说明** 本题的众多解法有两个基本点：轴对称性质与 Ptolemy 定理.

**例8** 设圆 $K$ 和 $K_1$ 同心，它们的半径分别是 $R, R_1, R_1 > R$，四边形 $ABCD$ 内接于圆 $K$，四边形 $A_1B_1C_1D_1$ 内接于圆 $K_1$，点 $A_1, B_1, C_1, D_1$ 分别在射线 $CD, DA, AB$ 和 $BC$ 上，求证：$\dfrac{S_{A_1B_1C_1D_1}}{S_{ABCD}} \geqslant \dfrac{R_1^2}{R^2}$. (1993 年中国数学奥林匹克试题)

**分析** 四边形 $ABCD$ 可以分成 $\triangle ABD$ 和 $\triangle BDC$，将 $\triangle AB_1C_1$，$\triangle A_1CD_1$ 的面积分别与 $\triangle ABD$，$\triangle BDC$ 的面积进行比较，相加可得 $\triangle AB_1C_1$，$\triangle A_1CD_1$ 与四边形 $ABCD$ 面积的关系，同样可得出 $\triangle A_1B_1D$，$\triangle BC_1D_1$ 与四边形 $ABCD$ 面积的关系，再将几个关系相加可得四个外围三角形面积总和与四边形 $ABCD$ 面积的关系，最后用等周定理及均值不等式即可解决问题.

**证明** 为了书写方便，令 $AB = a, BC = b, CD = c, DA = d, AB_1 = e, BC_1 = f, CD_1 = g, DA_1 = h$，则
$$S_{\triangle AB_1C_1} = \frac{1}{2}(a+f)e\sin\angle B_1AC_1$$
$$\angle DCB = \angle B_1AC_1$$
$$S_{ABCD} = S_{\triangle ABD} + S_{\triangle BDC} = \frac{1}{2}ad\sin\angle DCB + \frac{1}{2}bc\sin\angle B_1AC_1$$

于是,

$$\frac{S_{\triangle AB_1C_1}}{S_{ABCD}} = \frac{(a+f)e}{ad+bc} = \frac{(e+d)e}{ad+bc} \cdot \frac{a+f}{e+d} = \frac{R_1^2 - R^2}{ad+bc} \cdot \frac{a+f}{e+d}$$

同理

$$\frac{S_{\triangle BC_1D_1}}{S_{ABCD}} = \frac{R_1^2 - R^2}{ab+cd} \cdot \frac{b+g}{a+f}$$

$$\frac{S_{\triangle CD_1A_1}}{S_{ABCD}} = \frac{R_1^2 - R^2}{ad+bc} \cdot \frac{c+h}{b+g}$$

$$\frac{S_{\triangle DA_1B_1}}{S_{ABCD}} = \frac{R_1^2 - R^2}{ab+cd} \cdot \frac{e+d}{c+h}$$

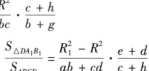

(例 8 图)

将上面四个等式相加,并运用均值不等式得

$$\frac{S_{A_1B_1C_1D_1} - S_{ABCD}}{S_{ABCD}} \geq 4(R_1^2 - R^2) \sqrt{\frac{1}{(ad+bc)(ab+cd)}} \quad ①$$

由于 $ABCD$ 内接于半径为 $R$ 的圆,故由等周定理,圆内接四边形中,正方形周长最大,知

$$a + b + c + d \leq 4\sqrt{2} R$$

再由均值不等式得

$$\sqrt{(ad+bc)(ab+cd)} \leq \frac{(ad+bc)+(ab+cd)}{2} = \frac{(a+c)(b+d)}{2} = \frac{1}{2} \cdot \frac{1}{4}(a+b+c+d)^2 = 4R^2$$

从而推出

$$\frac{S_{A_1B_1C_1D_1} - S_{ABCD}}{S_{ABCD}} \geq 4(R_1^2 - R^2) \cdot \frac{1}{4R^2} = \frac{R_1^2 - R^2}{R^2}$$

故 $\dfrac{S_{A_1B_1C_1D_1}}{S_{ABCD}} \geq \dfrac{R_1^2}{R^2}$.

**例 9** 已知四边形 $A_1A_2A_3A_4$ 既有外接圆又有内切圆,内切圆与边 $A_1A_2$,$A_2A_3$,$A_3A_4$,$A_4A_1$ 分别切于点 $B_1$,$B_2$,$B_3$,$B_4$. 证明:$\left(\dfrac{A_1A_2}{B_1B_2}\right)^2 + \left(\dfrac{A_2A_3}{B_2B_3}\right)^2 + \left(\dfrac{A_3A_4}{B_3B_4}\right)^2 + \left(\dfrac{A_4A_1}{B_4B_1}\right)^2 \geq 8$. (2004 年中国台湾数学奥林匹克试题)

**证明** 如图,设四边形 $A_1A_2A_3A_4$ 的内切圆的半径为 $r$,记

$$\angle A_1A_2A_3 = 2\alpha$$

$$\angle A_2A_3A_4 = 2\beta$$
$$\angle A_3A_4A_1 = 2\gamma$$
$$\angle A_3A_4A_1A_2 = 2\theta$$

则由 $A_1, A_2, A_3, A_4$ 四点共圆得
$$\alpha + \gamma = \frac{\pi}{2}$$
$$\beta + \theta = \frac{\pi}{2}$$

由 $O$ 为内切圆的圆心,则
$$OB_2 \perp A_2A_3$$
$$OB_1 \perp A_1A_2$$
$$OA_2 \perp B_1B_2$$

易知
$$\angle B_1B_2O = \angle B_2A_2O = \alpha$$

故
$$B_1B_2 = 2r\cos\alpha$$

同理
$$B_2B_3 = 2r\cos\beta$$
$$B_3B_4 = 2r\cos\gamma$$
$$B_4B_1 = 2r\cos\theta$$

则
$$A_1A_2 = A_1B_1 + B_1A_2 = r\cot\theta + r\cot\alpha$$

同理,
$$A_2A_3 = r\cot\alpha + r\cot\beta$$
$$A_3A_4 = r\cot\beta + r\cot\gamma = r\cot\gamma + r\cot\theta$$

于是,原不等式等价于
$$\left[\frac{r(\cot\theta + \cot\alpha)}{2r\cos\alpha}\right]^2 + \left[\frac{r(\cot\alpha + \cot\beta)}{2r\cos\beta}\right]^2 + \left[\frac{r(\cot\beta + \cot\gamma)}{2r\cos\gamma}\right]^2 + \left[\frac{r(\cot\gamma + \cot\theta)}{2r\cos\theta}\right]^2 \geq 8 \Leftrightarrow$$

$$\left(\frac{\tan\beta + \cot\alpha}{\cos\alpha}\right)^2 + \left(\frac{\cot\alpha + \cot\beta}{\cos\beta}\right)^2 + \left(\frac{\cot\beta + \tan\alpha}{\sin\alpha}\right)^2 + \left(\frac{\tan\alpha + \tan\beta}{\sin\beta}\right)^2 \geq 32 \Leftrightarrow$$

$$\frac{\cos^2(\alpha-\beta)}{\sin^2\alpha\cos^2\alpha\cos^2\beta} + \frac{\sin^2(\alpha+\beta)}{\sin^2\beta\cos^2\beta\sin^2\alpha} + \frac{\cos^2(\alpha-\beta)}{\sin^2\alpha\cos^2\alpha\sin^2\beta} + \frac{\sin^2(\alpha+\beta)}{\sin^2\beta\cos^2\beta\cos^2\alpha} \geq 32 \Leftrightarrow$$

$$\frac{\cos^2(\alpha-\beta) + \sin^2(\alpha+\beta)}{\sin^2\alpha\cos^2\alpha\sin^2\beta\cos^2\beta} \geq 32 \Leftrightarrow$$

$$\frac{\cos^2\alpha\cos^2\beta + \sin^2\alpha\sin^2\beta + \sin^2\alpha\cos^2\beta + \cos^2\alpha\sin^2\beta + 4\sin\alpha\cos\alpha\sin\beta\cos\beta}{\sin^2\alpha\cos^2\alpha\sin^2\beta\cos^2\beta} \geq 32$$

注意到
$$\cos^2\alpha\cos^2\beta + \sin^2\alpha\sin^2\beta \geq 2\sin\alpha\cos\alpha\sin\beta\cos\beta$$
$$\sin^2\alpha\cos^2\beta + \cos^2\alpha\sin^2\beta \geq 2\sin\alpha\cos\alpha\sin\beta\cos\beta$$

所以,只须证
$$\frac{8\sin\alpha\cos\alpha\sin\beta\cos\beta}{\sin^2\alpha\cos^2\alpha\sin^2\beta\cos^2\beta} \geq 32 \Leftrightarrow \frac{1}{\sin\alpha\cos\alpha\sin\beta\cos\beta} \geq 4 \Leftrightarrow$$
$$4\sin\alpha\cos\alpha\sin\beta\cos\beta \leq 1 \Leftrightarrow \sin 2\alpha\sin 2\beta \leq 1.$$

这是显然的,故原不等式成立.

**例 10** 设 $\triangle ABC$ 的内切圆与三边 $AB, BC, CA$ 分别相切于点 $P, Q, R$,证明: $\frac{BC}{PQ} + \frac{CA}{QR} + \frac{AB}{RP} \geq 6$. (2003 年韩国数学奥林匹克试题)

**分析** 先用余弦定理得出线段 $QR, RP, PQ$ 的长度(用三角形的三边 $a, b, c$ 表示),再用算术几何均值不等式及放缩法处理所得的关于 $a, b, c$ 的不等式.

**证法一** 设 $a = BC, b = CA, c = AB, p = QR, q = RP, r = PQ$,则只需证明
$$T = \frac{a}{r} + \frac{b}{p} + \frac{c}{p} \geq 6 \qquad ①$$

设 $2s = a + b + c$. 根据 $BQ = BP = s - b$,并在 $\triangle BPQ$ 上应用余弦定理,可得
$$r^2 = 2(s-b)^2(1 - \cos B) =$$
$$2(s-b)^2\left(1 - \frac{a^2 + c^2 - b^2}{2ac}\right) =$$
$$\frac{(s-b)^2[b^2 - (a-c)^2]}{ac} =$$
$$\frac{4(s-b)^2(s-a)(s-c)}{ac}$$

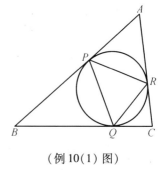

(例 10(1) 图)

故
$$r = \frac{2(s-b)\sqrt{(s-a)(s-c)}}{\sqrt{ca}}$$

同理可得
$$p = \frac{2(s-c)\sqrt{(s-a)(s-b)}}{\sqrt{ab}}$$
$$q = \frac{2(s-a)\sqrt{(s-b)(s-c)}}{\sqrt{ca}}$$

利用算术几何均值不等式可得

$$T = \frac{a\sqrt{ca}}{2(s-b)\sqrt{(s-a)(s-c)}} +$$

$$\frac{b\sqrt{ab}}{2(s-c)\sqrt{(s-a)(s-b)}} + \frac{c\sqrt{bc}}{2(s-a)\sqrt{(s-b)(s-c)}} \geq$$ ②

$$\frac{3}{2}\sqrt[3]{\frac{a^2b^2c^2}{(s-a)^2(s-b)^2(s-c)^2}} =$$

$$6\sqrt[3]{\frac{a^2b^2c^2}{(b+c-a)^2(c+a-b)^2(a+b-c)^2}}$$

另一方面,由于 $a,b,c$ 是三角形的三条边长,则有

$$0 < (a+b-c)(c+a-b) = a^2 - (b-c)^2 \leq a^2$$
$$0 < (a+b-c)(b+c-a) = b^2 - (a-c)^2 \leq b^2$$
$$0 < (b+c-a)(c+a-b) = c^2 - (a-b)^2 \leq c^2$$

以上三式相乘得

$$0 < (b+c-a)^2(ca-b)^2(a+b-c)^2 \leq a^2b^2c^2$$ ③

（例10(2)图）

所以,由 ②,③ 可以断定式 ① 成立.

**说明**  不等式 ③ 的证明还可用均值不等式处理,请读者考虑.

**证法二**  如图,设 $AB = x+y, BC = y+z, CA = z+x$,即 $AP = AR = x, BP = BQ = y, CR = CQ = z, r$ 为 $\triangle ABC$ 的内切圆半径,则 $r = \sqrt{\frac{xyz}{x+y+z}}$. 设 $O$ 是 $\triangle ABC$ 的内切圆圆心,在四边形 $APOR$ 中,$PR \perp AO$,所以 $AO \cdot RP = 2AP \cdot PO$,即 $\sqrt{x^2+r^2} \cdot PR = 2xr$,所以 $\frac{1}{RP} = \frac{1}{2} \cdot \sqrt{(\frac{1}{x})^2 + (\frac{1}{r})^2}$,同理,$\frac{1}{QR} = \frac{1}{2} \cdot \sqrt{(\frac{1}{z})^2 + (\frac{1}{r})^2}, \frac{1}{PQ} = \frac{1}{2} \cdot \sqrt{(\frac{1}{y})^2 + (\frac{1}{r})^2}$,则由柯西不等式得

$$\frac{AB}{RP} = \frac{1}{2}(x+y)\sqrt{(\frac{1}{x})^2 + (\frac{1}{r})^2} =$$

$$\frac{1}{2}\sqrt{x^2 + xy + y^2 + xy} \cdot \sqrt{\frac{1}{x^2} + \frac{1}{xy} + \frac{1}{yz} + \frac{1}{zx}} \geq$$

$$\frac{1}{2}(1 + 1 + \sqrt{\frac{x}{z}} + \sqrt{\frac{x}{z}}) = 1 + \sqrt{\frac{x}{z}}$$

同理,

$$\frac{CA}{QR} \geq 1 + \sqrt{\frac{y}{x}}$$

$$\frac{BC}{PQ} \geq 1 + \sqrt{\frac{z}{y}}$$

相加得

$$\frac{BC}{PQ} + \frac{CA}{QR} + \frac{AB}{RP} \geq 3 + \sqrt{\frac{x}{z}} + \sqrt{\frac{y}{x}} + \sqrt{\frac{z}{y}} \geq$$
$$3 + 3\sqrt[3]{\sqrt{\frac{x}{z}}\sqrt{\frac{y}{x}}\sqrt{\frac{z}{y}}} = 6$$

**证法三** 利用半角公式及余弦定理得

$$\sin\frac{C}{2} = \sqrt{\frac{1-\cos C}{2}} = \sqrt{\frac{c^2 - (a-b)^2}{4ab}} = \sqrt{\frac{(c+a-b)(c+b-a)}{4ab}}$$

所以由均值不等式得

$$\sin\frac{A}{2}\sin\frac{B}{2}\sin\frac{C}{2} = \frac{(s-a)(s-b)(s-c)}{abc} \leq \frac{1}{8}$$

由证法一

$$T \geq 6\sqrt[3]{\frac{a^2b^2c^2}{(b+c-a)^2(c+a-b)^2(a+b-c)^2}} \geq 6$$

**例 11** $\triangle ABC$ 的外接圆 $K$ 的半径为 $R$, 内角平分线分别交圆 $K$ 于 $A_1, B_1, C_1$, 证明: $16Q^3 \geq 27R^4 P$. 其中 $Q, P$ 分别是 $\triangle A_1 B_1 C_1$ 与 $\triangle ABC$ 的面积. (第30届 IMO 预选题)

**证明** 设 $\triangle ABC$ 的内角分别为 $\alpha, \beta, \gamma$. 则 $P = \frac{1}{2}R^2(\sin 2\alpha + \sin 2\beta + \sin 2\gamma)$.

由于 $\triangle A_1 B_1 C_1$ 的内角分别为 $\frac{\beta+\gamma}{2}, \frac{\gamma+\alpha}{2}, \frac{\alpha+\beta}{2}$, 所以

$$Q = \frac{1}{2}R^2(\sin(\beta+\gamma) + \sin(\gamma+\alpha) + \sin(\alpha+\beta))$$

由均值不等式得

$$16Q^3 = 2R^6[\sin(\beta+\gamma) + \sin(\gamma+\alpha) + \sin(\alpha+\beta)]^3 \geq$$
$$2R^6 \cdot 27\sin(\beta+\gamma)\sin(\gamma+\alpha)\sin(\alpha+\beta) =$$
$$27R^6[\cos(\alpha-\beta) - \cos(\alpha+\beta+2\gamma)]\sin(\alpha+\beta) =$$
$$27R^6[\cos(\alpha-\beta) + \cos\gamma]\sin(\alpha+\beta) =$$
$$\frac{27}{2}R^6[\sin(\alpha+\beta+\gamma) + \sin(\alpha+\beta-\gamma) + \sin 2\alpha + \sin 2\beta] =$$
$$\frac{27}{2}R^6(\sin 2\alpha + \sin 2\beta + \sin 2\gamma) = 27R^4 P$$

**注** 由于 $Q \leq \frac{3\sqrt{3}}{4}R^2$ (在半径为 $R$ 的圆中, 内接三角形的面积以正三角形

的面积为最大），所以 $27R^4P \leq 16Q^3 \leq 16Q \cdot \frac{27}{16}R^4$，从而 $P \leq Q$，这是加拿大给第 29 届 IMO 提供的预选题.（见习题）

**例 12** 在 $\triangle ABC$ 的三条边 $BC$、$CA$、$AB$ 上分别取点 $D$、$E$、$F$，使得 $\triangle DEF$ 为等边三角形，$a,b,c$ 分别表示 $\triangle ABC$ 的三边长，而 $S$ 表示它的面积，求证：$DE \geq \dfrac{2\sqrt{2}S}{\sqrt{a^2+b^2+c^2+4\sqrt{3}S}}$.（第 34 届 IMO 预选题）

**证法一** 将 $\angle BAC$，$\angle CBA$，$\angle ACB$ 分别记为 $\alpha,\beta,\gamma$，并设圆 $DEF$ 与边 $BC$，$AC$ 分别另交于点 $H,G$. 显然，$\angle FGA = \angle FDE = 60°$，$\angle FHB = \angle FED = 60°$. 因而有

$$\angle GFH = 360° - \angle FGC - \angle FHC - \gamma = 360° - 120° - 120° - \gamma = 120° - \gamma$$

设 $AF = x$，则由正弦定理有

$$\frac{FG}{x} = \frac{\sin\alpha}{\sin 60°} = \frac{2\sin\alpha}{\sqrt{3}}$$

$$\frac{FH}{c-x} = \frac{2\sin\beta}{\sqrt{3}}$$

由余弦定理有

$$HG^2 = \frac{4}{3}\{x^2\sin^2\alpha + (c-x)^2\sin^2\beta - 2x(c-x)\sin\alpha\sin\beta\cos(120°-\gamma)\} = \frac{4}{3}\{Lx^2 - 2Mcx + Nc^2\} \qquad ①$$

其中，

$$L = \sin^2\alpha + \sin^2\beta + 2\sin\alpha\sin\beta\cos(120°-\gamma)$$
$$M = \sin^2\beta + \sin\alpha\sin\beta\cos(120°-\gamma)$$
$$N = \sin^2\beta \qquad ②$$

于是，又有

$$HG^2 = \frac{4}{3}L\left\{\left(x - \frac{Mc}{L}\right)^2 + \left(\frac{N}{L} - \frac{M^2}{L^2}\right)c^2\right\} \geq \frac{4Lc^2}{3}\left(\frac{N}{L} - \frac{M^2}{L^2}\right) = \frac{4c^2}{3} \cdot \frac{NL - M^2}{L} \qquad ③$$

设圆 $DEF$ 的半径为 $\rho$，由正弦定理有

$$\frac{HG}{\sin\angle GFH} = 2\rho = \frac{DE}{\sin 60°}, DE = \frac{\sqrt{3}}{2} \cdot \frac{HG}{\sin(120°-\gamma)} \qquad ④$$

由式 ② 有

$$NL - M^2 = \sin^2\alpha\sin^2\beta\sin^2(120°-\gamma) \qquad ⑤$$

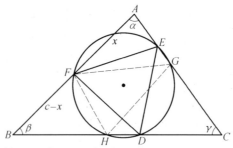

由正弦定理有 $\dfrac{\sin\alpha}{a} = \dfrac{\sin\beta}{b} = \dfrac{\sin\gamma}{c} = \dfrac{1}{2R}$，其中 $R$ 为圆 $ABC$ 的半径，因而有

$$L = \sin^2\alpha + \sin^2\beta - \sin\alpha\sin\beta(\cos\gamma - \sqrt{3}\sin\gamma) =$$

$$\dfrac{\left\{a^2 + b^2 - ab \cdot \dfrac{a^2 + b^2 - c^2}{2ab} + \sqrt{3}ab\sin\gamma\right\}}{4R^2} =$$

$$\dfrac{a^2 + b^2 + c^2 + 4\sqrt{3}S}{8R^2} \qquad ⑥$$

由 ③④⑤⑥ 得

$$DE^2 = \dfrac{3}{4} \cdot \dfrac{HG^2}{\sin^2(120° - \gamma)} \geqslant \dfrac{3}{4} \cdot \dfrac{4c^2}{3} \cdot \dfrac{NL - M^2}{L}\csc^2(120° - \gamma) =$$

$$c^2 \cdot \dfrac{\sin^2\alpha\sin^2\beta \cdot 8R^2}{a^2 + b^2 + c^2 + 4\sqrt{3}S} = \dfrac{2a^2c^2\sin^2\beta}{a^2 + b^2 + c^2 + 4\sqrt{3}S} =$$

$$\dfrac{8S^2}{a^2 + b^2 + c^2 + 4\sqrt{3}S}$$

两端同时开方即得

$$DE \geqslant \dfrac{2\sqrt{2}S}{\sqrt{a^2 + b^2 + c^2 + 4\sqrt{3}S}}$$

**证法二** 如图，设 $\angle DFB = \alpha$，$\angle DEC = \beta$，则 $\alpha + \beta = 60° + A = \varphi$，设 $DE = EF = FD = x$，则

$$S_{\triangle ABC} = S_{\triangle ABD} + S_{\triangle ADC} = \dfrac{1}{2}AB \cdot x \cdot \sin\alpha + \dfrac{1}{2}AC \cdot x \cdot \sin\beta$$

所以，

$$x = \dfrac{2S}{b\sin\beta + c\sin\alpha}$$

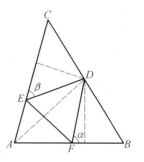

$$b\sin\beta + c\sin\alpha = b\sin\beta + c\sin(\varphi - \beta) = (b - c\cos\varphi)\sin\beta + c\sin\varphi\cos\beta =$$

$$\sqrt{(b - c\cos\varphi)^2 + (c\sin\varphi)^2}\sin(\beta + \theta)(\text{其中}\theta\text{是辅助角}) \leqslant$$

$$\sqrt{(b-c\cos\varphi)^2+(c\sin\varphi)^2}=\sqrt{b^2+c^2-2bc\cos\varphi}=$$

$$\sqrt{b^2+c^2-2bc\cos(60°+A)}=$$

$$\sqrt{b^2+c^2-bc\cos A+\sqrt{3}bc\sin A}=$$

$$\sqrt{b^2+c^2-bc\cdot\frac{b^2+c^2-a^2}{2bc}+\sqrt{3}bc\sin A}=$$

$$\sqrt{\frac{1}{2}(a^2+b^2+c^2)+2\sqrt{3}\cdot\frac{1}{2}bc\sin A}=$$

$$\sqrt{\frac{1}{2}(a^2+b^2+c^2)+2\sqrt{3}\cdot S_{\triangle ABC}}=$$

$$\frac{\sqrt{2}}{2}\cdot\sqrt{a^2+b^2+c^2+4\sqrt{3}\cdot S_{\triangle ABC}} \qquad ②$$

由式①,②得 $x\geqslant\dfrac{2\sqrt{2}S}{\sqrt{a^2+b^2+c^2+4\sqrt{3}S}}$. 即 $DE\geqslant\dfrac{2\sqrt{2}S}{\sqrt{a^2+b^2+c^2+4\sqrt{3}S}}$.

**例 13** 过点 $P(a,b)$ $(a>0,b>0)$ 作一条直线和 $x$ 轴, $y$ 轴分别相交于 $M,N$ 两点,试求 $OM+ON-MN$ 的取值范围.

**解** 设 $\angle PMO=\theta(0<\theta<\dfrac{\pi}{2})$,则由万能公式得 $\sin\theta=\dfrac{2t}{1+t^2}$, $\cos\theta=\dfrac{1-t^2}{1+t^2}$. 其中 $t=\tan\dfrac{\theta}{2}\in(0,1)$.

于是,

$$OM+ON-MN=a+b\cot\theta+b+a\tan\theta-(a\sec\theta+b\csc\theta)=$$

$$a+b-\left(\frac{a(1-\sin\theta)}{\cos\theta}+\frac{b(1-\cos\theta)}{\sin\theta}\right)=$$

$$a+b-\left(\frac{a(1-\frac{2t}{1+t^2})}{\frac{1-t^2}{1+t^2}}+\frac{b(1-\frac{1-t^2}{1+t^2})}{\frac{2t}{1+t^2}}\right)=$$

$$a+b-\left[\frac{a(1-t)}{1+t}+bt\right]=$$

$$2(a+b)-\left[\frac{2a}{1+t}+b(1+t)\right]$$

用单调性的定义可以证明 $g(t)=\dfrac{2a}{1+t}+b(1+t)(t>-1)$ 在 $(-1,\sqrt{\dfrac{2a}{b}}-1]$ 上单调递减,在 $[\sqrt{\dfrac{2a}{b}}-1,+\infty)$ 单调递增. 考虑到这里 $0<t<1$,我们分三种情况加以讨论:

(1) 当 $1 < \dfrac{2a}{b} < 4$ 时,有 $\dfrac{a}{2} < b < 2a$,于是 $0 < \sqrt{\dfrac{2a}{b}} - 1 < 1$,函数 $g(t)$ 在 $(0, \sqrt{\dfrac{2a}{b}} - 1]$ 单调递减,在 $[\sqrt{\dfrac{2a}{b}} - 1, 1)$ 单调递增. 从而 $g(\sqrt{\dfrac{2a}{b}} - 1) \leqslant g(t) < \max\{g(0), g(1)\}$,$g(\sqrt{\dfrac{2a}{b}} - 1) = \sqrt{2ab}$. 于是,$OM + ON - MN$ 的最大值是 $2(a+b) - 2\sqrt{2ab}$. $OM + ON - MN$ 的取值范围是 $(\min(a,b), 2(a+b) - 2\sqrt{2ab}]$.

(2) 当 $2b \leqslant a$ 时,有 $\sqrt{\dfrac{2a}{b}} - 1 \geqslant 1$,函数 $g(t)$ 在 $(0,1)$ 上单调递减,于是 $g(1) < g(t) < g(0)$,即 $2a + b < g(t) < a + 2b$,于是,$OM + ON - MN$ 的取值范围是 $(b, a)$,$OM + ON - MN$ 没有最大值,也没有最小值.

(3) 当 $b \geqslant 2a$ 时,有 $\sqrt{\dfrac{2a}{b}} - 1 \leqslant 0$,函数 $g(t)$ 在 $(0,1)$ 上单调递增,于是 $g(0) < g(t) < g(1)$,即 $a + 2b < g(t) < 2a + b$,于是,$OM + ON - MN$ 的取值范围是 $(a, b)$,$OM + ON - MN$ 没有最大值,也没有最小值.

利用例 12 的结果,我们可以解决以下两个问题:

(1) 过点 $P(3 + 2\sqrt{2}, 4)$ 作一条直线和 $x$ 轴,$y$ 轴分别相交于 $M, N$ 两点,试求 $OM + ON - MN$ 的最大值. (2005 年湖南省数学竞赛试题)

(2) 设 $\angle XOY = 90°$,$P$ 为 $\angle XOY$ 内的一点,且 $OP = 1$,$\angle XOP = 30°$,过点 $P$ 任意作一条直线分别交 $OX, OY$ 于点 $M, N$,试求 $OM + ON - MN$ 的最大值. (2004 年中国国家集训队选拔考试试题)

# 练 习 题

1. 已知 $D$ 是面积为 1 的 $\triangle ABC$ 的边 $AB$ 上的任意一点,$E$ 是边 $AC$ 上任意一点,连接 $DE$,$F$ 是线段 $DE$ 上的任意一点,设 $\dfrac{AD}{AB} = x$,$\dfrac{AE}{AC} = y$,$\dfrac{DF}{DE} = z$,且 $y + z - x = \dfrac{1}{2}$. 试求 $\triangle BDF$ 面积的最大值. (2005 年湖南省数学竞赛试题)

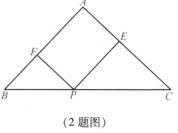

(2 题图)

2. 如图,在 $\triangle ABC$ 中,$P$ 为边 $BC$ 上任意一点,$PE \parallel BA$,$PF \parallel CA$,若 $S_{\triangle ABC} = 1$,证明 $S_{\triangle BPF}$、$S_{\triangle PCE}$ 和 $S_{\square PEAF}$ 中至少有一个不

小于 $\frac{4}{9}$($S_{...}$ 表示图形的面积).(1984 年全国高中数学联赛试题)

3.(1)已知四边形 $ABCD$ 是圆的内接四边形,证明:$|AC-BD| \leqslant |AB-CD|$.(1998 年罗马利亚数学奥林匹克试题)

(2)已知四边形 $ABCD$ 是圆的内接四边形,证明:$|AB-CD|+|AD-BC| \geqslant 2|AC-BD|$.(第 28 届美国数学奥林匹克试题)

4. 若三角形和矩形有相等的周长和面积,则称它们是"孪生的".证明:对于给定的三角形,存在"孪生的"矩形,该矩形不是正方形,且较长的边与较短的边的比至少是 $\lambda - 1 + \sqrt{\lambda(\lambda-2)}$,其中 $\lambda = \frac{3\sqrt{3}}{2}$.(2003 年白俄罗斯数学奥林匹克试题)

5. 已知 $I$ 是 $\triangle ABC$ 的内心,$AI,BI,CI$ 分别交 $BC,CA,AB$ 于 $A',B',C'$. 求证:$\frac{1}{4} < \frac{AI \cdot BI \cdot CI}{AA' \cdot BB' \cdot CC'} \leqslant \frac{8}{27}$.(第 32 届 IMO 试题)

6. 设 $C_1,C_2$ 是同心圆,$C_2$ 的半径是 $C_1$ 半径的二倍,四边形 $A_1A_2A_3A_4$ 内接于圆 $C_1$,将 $A_4A_1$ 延长交圆 $C_2$ 于 $B_1$,将 $A_1A_2$ 延长交圆 $C_2$ 于 $B_2$,将 $A_2A_3$ 延长交圆 $C_2$ 于 $B_3$,将 $A_3A_4$ 延长交圆 $C_2$ 于 $B_4$,试证明四边形 $A_1A_2A_3A_4$ 的周长大于等于四边形 $B_1B_2B_3B_4$ 的周长.(1989 年中国数学奥林匹克试题)

7. 设 $ABCDEF$ 是凸六边形,且 $AB /\!/ ED, BC /\!/ FE, CD /\!/ AF$,又设 $R_A, R_C, R_E$ 分别表示 $\triangle FAB, \triangle BCD$ 及 $\triangle DEF$ 的外接圆半径,$p$ 表示六边形的周长,证明:$R_A + R_C + R_E \geqslant \frac{p}{2}$.(第 37 届 IMO 试题)

8. 设 $\triangle ABC$ 的周长、面积和外接圆半径分别是 $P,K,R$,试求 $\frac{KP}{R^3}$ 的最大值.(2005 年加拿大数学奥林匹克试题)

9. 设 $\triangle ABC$ 为锐角三角形,$M,N,P$ 分别是 $\triangle ABC$ 的重心 $G$ 向边 $AB, BC, CA$ 所作垂线的垂足,证明 $\frac{4}{27} < \frac{S_{\triangle MNP}}{S_{\triangle ABC}} \leqslant \frac{1}{4}$.(第 16 届巴尔干数学竞赛试题)

10. 设 $\triangle ABC$ 的三边长分别为 $a,b,c,P$ 为 $\triangle ABC$ 内的任意一点,$A',B',C'$(异于 $P$)分别表示直线 $AP,BP,CP$ 与 $\triangle BCP, \triangle CAP, \triangle ABP$ 三者外接圆的交点. 记六边形 $AB'CA'BC'$ 的周长为 $p$,证明:$p \geqslant 2(\sqrt{ab} + \sqrt{bc} + \sqrt{ca})$.(2009 年克罗地亚数学奥林匹克试题)

11. 设与 $\triangle ABC$ 的外接圆内切并与边 $AB$、$AC$ 相切的圆为 $C_a$,记 $r_a$ 为圆 $C_a$ 的半径,$r$ 是 $\triangle ABC$ 的内切圆的半径. 类似地定义 $r_b, r_c$,证明:$r_a + r_b + r_c \geqslant 4r$.(第 20 届伊朗数学奥林匹克试题)

12. 已知凸四边形 $ABCD$ 的对角线 $AC$ 和 $BD$ 互相垂直,且交于点 $O$,设

$\triangle AOB, \triangle BOC, \triangle COD, \triangle DOA$ 的内切圆的圆心分别是 $O_1, O_2, O_3, O_4$,证明:

(1) $\odot O_1, \odot O_2, \odot O_3, \odot O_4$ 的直径之和不超过 $(2-\sqrt{2})(AC+BD)$;

(2) $O_1O_2 + O_2O_3 + O_3O_4 + O_4O_1 < 2(\sqrt{2}-1)(AC+BD)$.(2003 年白俄罗斯数学奥林匹克试题)

13. 四面体 $OABC$ 的棱 $OA, OB, OC$ 两两垂直,$r$ 是其内切球半径,$H$ 是 $\triangle ABC$ 的垂心. 证明:$OH \leqslant r(\sqrt{3}+1)$.(2003 年罗马尼亚数学奥林匹克试题)

14. 已知 $\triangle ABC$:(1) 若 $M$ 是平面内任一点,证明:$AM \cdot \sin A \leqslant BM \cdot \sin B + CM \cdot \sin C$;

(2) 设点 $A_1, B_1, C_1$ 分别在边 $BC, AC, AB$ 上,$\triangle A_1B_1C_1$ 的内角依次是 $\alpha, \beta, \gamma$,证明:$AA_1 \cdot \sin \alpha + BB_1 \sin \beta + CC_1 \sin \gamma \leqslant BC \cdot \sin \alpha + CA \cdot \sin \beta + AB \cdot \sin \gamma$.
(2003 年罗马尼亚数学奥林匹克试题)

15. 设 $D$ 为锐角 $\triangle ABC$ 内部一点,求证:$DA \cdot DB \cdot AB + DB \cdot DC \cdot BC + DC \cdot DA \cdot CA \geqslant AB \cdot BC \cdot CA$,等号当且仅当 $D$ 为 $\triangle ABC$ 的垂心.(1998 年 CMO 试题)

16. 设 $ABCDEF$ 是凸六边形,且 $AB = BC, CD = DE, EF = FA$,证明:$\dfrac{BC}{BE} + \dfrac{DE}{DA} + \dfrac{FA}{FC} \geqslant \dfrac{3}{2}$.(第 38 届 IMO 预选题)

17. 设 $\triangle ABC$ 是锐角三角形,外接圆圆心为 $O$,半径为 $R$,$AO$ 交 $BOC$ 所在的圆于另一点 $A'$,$BO$ 交 $COA$ 所在的圆于另一点 $B'$,$CO$ 交 $AOB$ 所在的圆于另一点 $C'$. 证明 $OA' \cdot OB' \cdot OC' \geqslant 8R^3$,并指出等号在什么条件下成立.(第 37 届 IMO 预选题)

18. 设 $M$ 是 $\triangle ABC$ 内的一点,$P, Q, R$ 分别为直线 $AM$ 与 $BC$,直线 $BM$ 与 $AC$,直线 $CM$ 与 $AB$ 的交点,证明:$\dfrac{AM}{MP} \cdot \dfrac{BM}{MQ} \cdot \dfrac{CM}{MR} \geqslant 8$.(1997 年马其顿数学奥林匹克试题)

19. 设 $\triangle ABC$ 是等边三角形,$P$ 是其内部一点,线段 $AP, BP, CP$ 的延长线依次交对边 $BC, CA, AB$ 于 $A_1, B_1, C_1$ 三点. 证明:$A_1B_1 \cdot B_1C_1 \cdot C_1A_1 \geqslant A_1B \cdot B_1C \cdot C_1A$.(第 37 届 IMO 预选题)

20. 设 $\triangle ABC$ 中,$\angle A, \angle B$ 与 $\angle C$ 的三条角平分线分别交 $\triangle ABC$ 的外接圆于点 $A_1, B_1$ 与 $C_1$,证明:$AA_1 + BB_1 + CC_1 > AB + BC + CA$.(1982 年澳大利亚数学奥林匹克试题)

21. 在梯形 $ABCD$ 的下底 $AB$ 上有两个定点 $M, N$,上底 $CD$ 上有一动点 $P$. 记 $E = DN \cap AP, F = DN \cap MC, G = MC \cap PB, DP = \lambda DC$. 问当 $\lambda$ 为何值时,四边形 $PEFG$ 的面积最大?(1988 年国家集训队选拔试题)

22. $\triangle ABC$ 的面积为 $S$, $P$ 是平面上任一点, 证明不等式 $AP + BP + CP \geq 2\sqrt[4]{3} \cdot \sqrt{S}$ 成立. (2005 年德国国家队选拔试题)

23. $A', B', C'$ 分别是 $\triangle ABC$ 的三边 $BC, CA, AB$ 上的三个点, 证明: $S_{\triangle ABC} \cdot S^2_{\triangle A'B'C'} \geq 4 S_{\triangle AB'C'} \cdot S_{\triangle A'BC'} \cdot S_{\triangle A'B'C}$. 当且仅当 $AA', BB', CC'$ 三线共点时等号成立. (2006 年俄罗斯数学奥林匹克试题)

24. $P$ 是 $\triangle ABC$ 内的一点, 到 $BC, CA, AB$ 的距离分别是 $p, q, r$, $R$ 是 $\triangle ABC$ 的外接圆半径, 求证: $\dfrac{a^2 + b^2 + c^2}{18\sqrt[3]{pqr}} \geq R$. (2005 年中国台湾集训队试题)

25. $I$ 是 $\triangle ABC$ 的内心, 证明: $IA^2 + IB^2 + IC^2 \geq \dfrac{BC^2 + CA^2 + AB^2}{3}$. (1998 年韩国数学奥林匹克试题)

26. 如图, $\triangle ABC$ 中, $a, b, c$ 是对应边, $M, N, P$ 分别是 $BC, CA, AB$ 的中点, $M_1, N_1, P_1$ 在的边上, 且满足 $MM_1, NN_1, PP_1$ 分别平分 $\triangle ABC$ 的周长. 证明:

(1) $MM_1, NN_1, PP_1$ 交于一点 $K$;

(2) $\dfrac{KA}{BC}, \dfrac{KB}{CA}, \dfrac{KC}{AB}$ 中至少有一个不小于 $\dfrac{1}{\sqrt{3}}$.

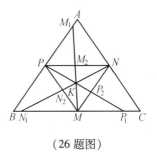

(26 题图)

(2003 年越南国家队选拔考试试题)

27. 已知 $\triangle A_1A_2A_3$ 是锐角三角形, $O$ 和 $H$ 分别是 $\triangle A_1A_2A_3$ 的外心和垂心, 对于 $1 \leq i \leq 3$, 点 $P_i$ 和 $Q_i$ 分别在线段 $OA_i$ 和 $A_{i+1}A_{i+2}$ (这里 $A_{i+3} = A_i$), 使得四边形 $OP_iHQ_i$ 是平行四边形, 证明: $\dfrac{OQ_1}{OP_1} + \dfrac{OQ_2}{OP_2} + \dfrac{OQ_3}{OP_3} \geq 3$. (2005 年美国国家集训队试题)

28. 在 $\triangle ABC$ 中, $CD$ 是 $\angle C$ 的内角平分线, $S$ 是 $\triangle ABC$ 的面积, 证明: $2S\left(\dfrac{1}{AD} - \dfrac{1}{BD}\right) \leq AB$. (2004 年奥地利波兰数学奥林匹克试题)

29. 设 $P$ 是锐角 $\triangle ABC$ 所在平面上的任一点, $u, v, w$ 分别为点 $P$ 到 $A, B, C$ 的距离, 求证: $u^2 \tan A + v^2 \tan B + w^2 \tan C \geq 4S$. 并指出等号成立的条件, 其中 $S$ 是 $\triangle ABC$ 的面积. (1989 年 IMO 预选题)

30. 设 $P$ 是 $\triangle ABC$ 内的任一点, $R$ 是 $\triangle ABC$ 的外接圆半径, 证明: $\dfrac{PA}{BC^2} + \dfrac{PB}{CA^2} + \dfrac{PC}{AB^2} \geq \dfrac{1}{R}$. (2001 年美国国家集训队选拔试题)

31. $\triangle ABC$ 中 $\angle A$ 的内角平分线交 $BC$ 于 $X$, 交 $\triangle ABC$ 的外接圆于 $X'$, 记

$m_a = AX, M_a = AX', l_a = \dfrac{m_a}{M_a}$,类似地定义 $l_b = \dfrac{m_b}{M_b}, l_c = \dfrac{m_c}{M_c}$,证明:$\dfrac{l_a}{\sin^2 A} + \dfrac{l_b}{\sin^2 B} +$

$\dfrac{l_c}{\sin^2 C} \geqslant 3$. (1997 年亚太地区数学奥林匹克试题)

32. 设 $K, L, M, N$ 分别是凸四边形 $ABCD$ 的边 $AB, BC, CD, DA$ 的中点,$NL$ 与 $KM$ 交于点 $T$. 证明:$\dfrac{8}{3} S_{四边形DNTM} < S_{四边形ABCD} < 8 S_{四边形DNTM}$. (2004 年白俄罗斯数学奥林匹克试题)

33. 已知 $ABCD$ 是凸四边形. 证明 $S_{四边形ABCD} \leqslant \dfrac{AB^2 + BC^2 + CD^2 + DA^2}{4}$.
(2003 年泰国数学奥林匹克试题)

34. 已知点 $K, L, M, N$ 分别在凸四边形 $ABCD$ 的边 $AB, BC, CD, DA$ 上. 设 $S_1 = S_{\triangle AKN}, S_2 = S_{\triangle BKL}, S_3 = S_{\triangle CLM}, S_4 = S_{\triangle DMN}, S = S_{四边形ABCD}$. 证明:$\sqrt[3]{S_1} + \sqrt[3]{S_2} + \sqrt[3]{S_3} + \sqrt[3]{S_4} \leqslant 2\sqrt[3]{S}$. (2003 年土耳其数学奥林匹克试题)

35. 设 $ABCD$ 是一个梯形($AB \parallel CD$),$E$ 是线段 $AB$ 上一点,$F$ 是 $CD$ 上一点,线段 $CE$ 与 $BF$ 相交于点 $H$,线段 $ED$ 与 $AF$ 相交于点 $G$. 求证:$S_{EHFG} \leqslant \dfrac{1}{4} S_{ABCD}$. 如果 $ABCD$ 是一个任意凸四边形,同样结论是否成立?请说明理由. (1994 年中国数学奥林匹克试题)

36. 对于平面上任意三点 $P, Q, R$,我们定义 $m(PQR)$ 为 $\triangle PQR$ 的最短的一条高线的长度(当 $P, Q, R$ 三点共线时,令 $m(PQR) = 0$. 设 $A$、$B$、$C$ 为平面上三点,对此平面上任意一点 $X$,求证:$m(ABC) \leqslant m(ABX) + m(AXC) + m(XBC)$.
(第 34 届 IMO 试题)

37. $ABC$ 的三边长为 $a, b, c$,现将 $AB, AC$ 分别延长 $a$ 长度,$BC, BA$ 分别延长 $b$ 长度,$CA, CB$ 分别延长 $c$ 长度. 设这样得到的六个端点所构成的凸多边形的面积为 $G$,$\triangle ABC$ 的面积为 $F$,求证:$G \geqslant 13F$. (1993 年德国数学奥林匹克试题)

38. 在 $\triangle ABC$ 中,$AB$ 和 $AC$ 边上的中线互相垂直,求证:$\cot B + \cot C \geqslant \dfrac{2}{3}$.
(1993 年加拿大数学奥林匹克试题)

39. 设 $P$ 是 $\triangle ABC$ 的一个内点,$Q, R, S$ 分别是 $A, B, C$ 与 $P$ 的连线和对边的交点. 求证:$S_{\triangle QRS} \leqslant \dfrac{1}{4} S_{\triangle ABC}$. (第 31 届 IMO 预选题)

40. 证明:如果 $AD$、$BE$ 与 $CF$ 是 $\triangle ABC$ 的角平分线,则 $\triangle DEF$ 的面积不超过 $\triangle ABC$ 面积的四分之一. (1981 年民主德国数学奥林匹克试题)

41. 过 △ABC 内的一点引三边的平行线(如图)，$DE \parallel BC, FG \parallel CA, HI \parallel AB$，点 $D、E、F、G、H、I$ 都在 △ABC 的边上，$S_1$ 表示六边形 $DGHEFI$ 的面积，$S_2$ 表示 △ABC 的面积，求证：$S_1 \geq \frac{2}{3} S_2$. (第 31 届 IMO 预选题)

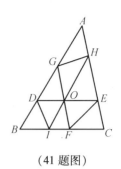

(41 题图)

42. 如图，直线 $l$ 交 △ABC 的 $AB$ 边于 $B_1$，交 $AC$ 边于 $C_1$，△ABC 的重心 $G$ 与 $A$ 点在 $l$ 的同一侧(包括 $G$ 在 $l$ 上)，证明 $S_{BB_1GC_1} + S_{CC_1GB_1} \geq \frac{4}{9} S_{\triangle ABC}$. 等号何时成立. (第 6 届巴尔干地区数学奥林匹克试题)

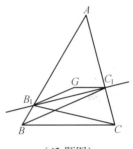

(42 题图)

43. 已知四边形 $P_1P_2P_3P_4$ 的四个定点位于 △ABC 的边上. 求证：四个三角形 $\triangle P_1P_2P_3$、$\triangle P_1P_2P_4$、$\triangle P_1P_3P_4$、$\triangle P_2P_3P_4$ 中至少有一个的面积不大于 △ABC 的面积. (第 1 届中国数学奥林匹克试题)

44. $M$ 是 △ABC 内的一点，满足 $\angle AMC = 90°$，$\angle AMB = 120°$，$\angle BMC = 150°$，并设 $P, Q, R$ 分别是 △AMC，△AMB，△BMC 的外心. 求证：$S_{\triangle PQR} > S_{\triangle ABC}$. (1993 年保加利亚数学奥林匹克试题)

45. 设 $E$ 为凸四边形 $ABCD$ 的对角线的交点，$F_1、F_2、F_3$ 分别为 △ABE、△CDE、四边形 $ABCD$ 的面积. 证明：$\sqrt{F_1} + \sqrt{F_2} \leq \sqrt{F}$，等号何时成立. (2004 年中国国家集训队测试试题)

46. 设与 △ABC 的外接圆内切并与边 $AB, AC$ 相切的圆为 $C_a$，记 $r_a$ 为圆 $C_a$ 的半径，类似地定义 $r_b, r_c$；$r$ 是 △ABC 的内切圆的半径. 证明：$r_a + r_b + r_c \geq 4r$. (2004 年中国国家集训队测试试题)

47. 设 △ABC 的外接圆半径 $R = 1$，内切圆半径为 $r$，它的垂足三角形 $A'B'C'$ 的内切圆半径为 $p$. 求证：$p \leq 1 - \frac{1}{3}(1+r)^2$. (第 34 届 IMO 预选题)

48. 设三角形的三边长分别为 $a, b, c$，三边上的中线中线之长分别为 $m_a, m_b, m_c$，外接圆直径为 $D$，求证：$\frac{a^2+b^2}{m_c} + \frac{b^2+c^2}{m_a} + \frac{c^2+a^2}{m_b} \leq 6D$. (1994 年第 20 届俄罗斯数学奥林匹克试题)

49. 在 △ABC 的三边 $AB, BC, CA$ 上分别取点 $M, K, L$(不与 △ABC 的顶点重合). 证明：△MAL，△KBM，△LCK 中至少有一个的面积不大于 △ABC 面积的四分之一. (第 8 届 IMO 试题)

50. 已知 $I$ 是 $\triangle ABC$ 的内心, $R$ 是 $\triangle ABC$ 外接圆的半径,证明: $AI + BI + CI \leq 3R$. (2007年摩尔多瓦集训队试题)

51. 证明如果圆内接六边形 $ABCDEF$ 满足 $AB = BC, CD = DE, EF = FA$,则 $\triangle ACE$ 的面积不超过 $\triangle BDF$ 的面积. (1974年捷克斯洛伐克数学奥林匹克试题)

52. 在等边 $\triangle ABC$ 的内部取一点 $A_1$,在 $\triangle A_1BC$ 的内部取一点 $A_2$. 证明: $\dfrac{S_1}{P_1^2} > \dfrac{S_2}{P_2^2}$. 其中 $S_1, S_2$ 与 $P_1, P_2$ 分别是 $\triangle A_1BC$ 和 $\triangle A_2BC$ 的面积与周长. (1982年美国数学奥林匹克试题)

53. 面积为 $S$ 的凸四边形内接于一个圆,圆心在四边形内部,证明:以该四边形对角线在四边上的射影为顶点的四边形的面积不超过 $\dfrac{S}{2}$. (1999年保加利亚数学奥林匹克试题)

54. 设 $a, b, c, t_a, t_b, t_c$ 分别为 $\triangle ABC$ 的边长和角平分线长. 证明 $\dfrac{1}{t_a t_b} + \dfrac{1}{t_b t_c} + \dfrac{1}{t_c t_a} \geq \dfrac{4}{9}\left(\dfrac{1}{a} + \dfrac{1}{b} + \dfrac{1}{c}\right)^2$. (2002年德国国家队试题:三角形的周长为6,它的三条角平分线的长分别为 $x, y, z$,求证 $\dfrac{1}{x^2} + \dfrac{1}{y^2} + \dfrac{1}{z^2} \geq 1$ 的推广)

55. 四边形 $ABCD$ 内接于半径为 $R$ 的圆,四边形的边长依次为 $a、b、c、d$,证明 $16R^2S^2 = (ab + cd)(ac + bd)(ad + bc)$,由此证明不等式: $\sqrt{2}RS \geq \sqrt[4]{(abcd)^3}$. (2000年爱尔兰数学奥林匹克试题)

56. 已知 $a, b, c$ 是一个 $\triangle ABC$ 的三条边,记 $x = a + \dfrac{b}{2}, y = b + \dfrac{c}{2}, z = c + \dfrac{a}{2}$,证明以 $x, y, z$ 为三边可构造一个 $\triangle XYZ$,并且 $\triangle XYZ$ 的面积不小于 $\triangle ABC$ 面积的 $\dfrac{9}{4}$. (2003年印度数学奥林匹克试题)

57. 设 $D, E, F$ 分别为 $\triangle ABC$ 的边 $BC, CA, AB$ 上的点, $\alpha, \beta, \gamma, \delta$ 分别是 $\triangle AEF, \triangle BFD, \triangle CDE$ 和 $\triangle DEF$ 的面积. 求证: $\dfrac{1}{\alpha\beta} + \dfrac{1}{\beta\gamma} + \dfrac{1}{\gamma\alpha} \geq \dfrac{3}{\delta^2}$. (2003年中国国家集训队试题)

58. 以三角形 $ABC$ 的三边向形外分别作正方形 $ABHI、BCDE$ 和 $CAFG$. 设 $XYZ$ 是线段 $EF、DI$ 和 $GH$ 围成的三角形. 求证: $S_{\triangle XYZ} \leq (4 - 2\sqrt{3})S_{\triangle ABC}$. (2003年中国国家集训队试题)

59. $\triangle ABC$ 的内切圆半径为 $r$,与内切圆及三角形两条边相切的圆的半径依次为 $r_a, r_b, r_c$,证明: $r_a + r_b + r_c \geq r$. (2002年波斯尼亚-黑塞哥维那数学奥林匹

克试题)

60. 在锐角 $\triangle ABC$ 中,点 $A,B,C$ 在边 $BC,CA,AB$ 上的投影分别为 $D,E,F$,点 $A,B,C$ 在边 $EF,FD,DE$ 上的投影分别为 $P,Q,R$. 记 $\triangle ABC, \triangle PQR, \triangle DEF$ 的周长分别为 $p_1, p_2, p_3$. 证明: $p_1 p_2 \geq p_3^2$. (第 46 届 IMO 预选题)

61. 在锐角 $\triangle ABC$ 中,$H$ 是它的垂心,$L,M,N$ 是边 $AB,BC,CA$ 上的中点,证明 $HL^2 + HM^2 + HN^2 < AL^2 + BM^2 + CN^2$. (2006 年意大利国家集训队选拔试题)

62. (1) 在任意 $\triangle ABC$ 中有 $\dfrac{1}{a^2} + \dfrac{1}{b^2} + \dfrac{1}{c^2} \leq \dfrac{1}{4r^2}$,其中 $r$ 是 $\triangle ABC$ 的内切圆半径. (2005 年土耳其数学奥林匹克试题)

(2) $\triangle ABC$ 和 $\triangle A_1 B_1 C_1$ 的三条边长分别是 $a,b,c$ 和 $a_1, b_1, c_1$,$\triangle ABC$ 的外接圆和 $\triangle A_1 B_1 C_1$ 的内切圆半径分别是 $R$ 和 $r_1$,证明不等式 $\dfrac{a}{a_1} + \dfrac{b}{b_1} + \dfrac{c}{c_1} \leq \dfrac{3R}{2r_1}$. (2005 年摩尔多瓦数学奥林匹克试题)

63. $\triangle ABC$ 是等腰三角形,$AB = AC$,过 $A$ 作一条直线 $l$ 平行于 $BC$,$P,Q$ 两点分别在 $AB,AC$ 的垂直平分线上,且满足 $PQ \perp BC$,$M,N$ 分别在直线 $l$ 上满足 $AP \perp PM, AQ \perp QN$. 证明: $\dfrac{1}{AM} + \dfrac{1}{AN} \leq \dfrac{2}{AB}$. (2007 年伊朗国家集训队试题)

64. 如图所示,$ABCD$ 是正方形,$U,V$ 分别是边 $AB$ 和 $CD$ 内部的点,求四边形 $PUQV$ 面积的最大值. (1992 年加拿大数学奥林匹克试题,2000 年上海市初中数学竞赛试题)

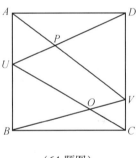

(64 题图)

65. 求实数 $\lambda$ 的最大值,使得点 $P$ 在锐角 $\triangle ABC$ 内部,$\angle PAB = \angle PBC = \angle PCA$,射线 $AP, BP, CP$ 分别交 $\triangle PBC, \triangle PCA, \triangle PAB$ 的外接圆于 $A_1, B_1, C_1$,就有 $S_{\triangle A_1 BC} + S_{\triangle B_1 CA} + S_{\triangle C_1 AB} \geq \lambda S_{\triangle ABC}$. (2004 年中国国家集训队测试试题)

66. 设 $\triangle ABC$ 的三边 $a,b,c$ 上对应的中线为 $m_a, m_b, m_c$,内角平分线为 $w_a, w_b, w_c$,且 $w_a \cap m_b = P, w_b \cap m_c = Q, w_c \cap m_a = R$. 记 $\triangle PQR$ 的面积为 $\delta$,$\triangle ABC$ 的面积为 $F$. 求使不等式 $\dfrac{\delta}{F} < \lambda$ 成立的最小正常数 $\lambda$. (2003 年中国国家集训队试题)

67. 在平面上给定正方形 $ABCD$,试求比值 $\dfrac{OA + OC}{OB + OD}$ 的最小值. 其中 $O$ 是平面上的任意点. (1993 年圣彼得堡市数学选拔考试试题)

68. 设 $AB, CD$ 是以 $O$ 为圆心,$r$ 为半径的两条互相垂直的弦. 圆盘被它们分成的四个部分依顺时针顺序记为 $X,Y,Z,W$. 求 $\dfrac{A(X)+A(Z)}{A(Y)+A(W)}$ 的最大值与最小值,其中 $A(U)$ 表示 $U$ 的面积. (1988 年 IMO 预选题)

69. $\triangle ABC$ 的面积为 1,$D,E$ 分别是边 $AB,AC$ 上的点,$BE,CD$ 相交于 $P$ 点,并且四边形 $BCED$ 的面积是 $\triangle PBC$ 面积的两倍,求 $\triangle PDE$ 面积的最大值. (1992 年日本数学奥林匹克试题)

70. 已知 $\triangle ABC$,试找一个点 $P$,使 $AP+BP+CP$ 为最小. (1978 年陕西省数学竞赛题)

71. 在 $\triangle ABC$ 中,证明 $\dfrac{1}{\sin\dfrac{A}{2}}+\dfrac{1}{\sin\dfrac{B}{2}}+\dfrac{1}{\sin\dfrac{C}{2}} \geqslant \dfrac{1}{r}\cdot\sqrt{\dfrac{a^2+b^2+c^2+4\sqrt{3}S}{2}}$

(其中 $r$ 是 $\triangle ABC$ 的内切圆半径). (2006 年美国国家集训队试题)

72. 在凸四边形 $ABCD$ 中,$P,Q,R,S$ 是边 $BC,CD,DA,AB$ 的中点,证明:
$4(AP^2+BQ^2+CR^2+DS^2)\leqslant 5(AB^2+BC^2+CD^2+DA^2)$. (2000 年希腊国家集训队试题)

73. 设 $P$ 是锐角 $\triangle ABC$ 内的任意一点,直线 $AP,BP,CP$ 分别交 $\triangle PBC$,$\triangle PCA$,$\triangle PAB$ 的外接圆于另一点 $A_1,B_1,C_1$(不同于 $P$).求证:$(1+2\cdot\dfrac{PA}{PA_1})$ $(1+2\cdot\dfrac{PB}{PB_1})(1+2\cdot\dfrac{PC}{PC_1})\geqslant 8$. (2008 年国家集训队测试题)

74. 在 $\triangle ABC$ 中,定义 $l_a$ 为由 $\angle A$ 的平分线与 $BC$ 的交点向边 $AB$ 和 $AC$ 所引垂线段的垂足的连线的长度.类似地,定义 $l_b,l_c$,求证:$\dfrac{l_a l_b l_c}{l^3}\leqslant \dfrac{1}{64}$,其中 $l$ 是 $\triangle ABC$ 的周长. (2007 年韩国数学奥林匹克试题)

75. 已知 $\triangle ABC$ 的外接圆为 $\Omega$,内切圆为 $\omega$,外接圆半径为 $R$. 圆 $\omega_A$ 与 $\Omega$ 内切于点 $A$ 且 $\omega$ 与外切,圆 $\Omega_A$ 与 $\Omega$ 内切于点 $A$ 且与 $\omega$ 内切,记 $\omega_A,\Omega_A$ 的圆心分别为 $P_A,Q_A$.类似地定义 $P_B,Q_B,P_C,Q_C$.证明:$8P_AQ_A\cdot P_BQ_B\cdot P_CQ_C\leqslant R^3$. (2007 年美国数学奥林匹克试题)

76. 在锐角 $\triangle ABC$ 中,$A_1,B_1,C_1$ 分别为 $BC,CA,AB$ 的中点,$O$ 为外接圆的圆心,若外接圆半径为 1,证明:$\dfrac{1}{OA_1}+\dfrac{1}{OB_1}+\dfrac{1}{OC_1}\geqslant 6$. (2007 年克罗地亚数学奥林匹克试题)

77. $\triangle ABC$ 的三边长分别为 $a,b,c$,对应的角平分线长分别为 $w_a,w_b,w_c$,$\triangle ABC$ 的外接圆半径为 $R$.证明:$\dfrac{a^2+b^2}{w_c}+\dfrac{b^2+c^2}{w_a}+\dfrac{c^2+a^2}{w_b}>4R$. (2007 年印度数学奥林匹克试题)

78. 设 $\triangle ABC$ 的周长为 $2p$，内切圆半径为 $r$，内心到三边的距离分别为 $h_A$, $h_B$, $h_C$. 证明：$\dfrac{3}{4} + \dfrac{r}{h_A} + \dfrac{r}{h_B} + \dfrac{r}{h_C} \leq \dfrac{p^2}{12r^2}$. (2006年泰国数学奥林匹克试题)

79. 证明在锐角三角形 $ABC$ 中，$\dfrac{m_a^2}{-a^2+b^2+c^2} + \dfrac{m_b^2}{-b^2+c^2+a^2} + \dfrac{m_c^2}{-c^2+a^2+b^2} \geq \dfrac{9}{4}$. 其中 $m_a, m_b, m_c$ 是对应边的中线长. (2006年 JMMO 预选题)

80. 设 $\triangle ABC$ 的面积为 $T$，$a, b, c$ 分别为 $AC, BC, AB$ 的边长，$x, y, z$ 分别是从 $\angle A, \angle B, \angle C$ 出发的三条中线的长，证明不等式：$\dfrac{a^2}{x} + \dfrac{b^2}{y} + \dfrac{c^2}{z} \geq 4\sqrt{T\sqrt{3}}$. (1998年韩国数学奥林匹克试题)

81. 设 $\triangle ABC$ 的外接圆的圆心为 $O$，半径为 $R$，$\triangle OBC, \triangle OCA$ 与 $\triangle OAB$ 的内切圆的半径依次为 $r_1, r_2, r_3$，证明：$\dfrac{1}{r_1} + \dfrac{1}{r_2} + \dfrac{1}{r_3} \geq \dfrac{4\sqrt{3}+6}{R}$. (1998年匈牙利数学奥林匹克试题)

82.（1）设 $\triangle ABC$ 的外接圆的圆心为 $O$，$P, Q, R$ 分别是圆弧 $BC, CA, AB$ 的中点，又 $AP, BQ, CR$ 分别与 $\triangle ABC$ 的三条边交于 $L, M, N$，证明：$\dfrac{AL}{PL} + \dfrac{BM}{BQ} + \dfrac{CN}{RN} \geq 9$. (1996年韩国数学奥林匹克试题)

（2）设 $\triangle ABC$ 的外接圆的圆心为 $O$，$D, E, F$ 分别是边 $BC, CA, AB$ 边上的点，直线 $AD, BE, CF$ 分别与 $\triangle ABC$ 的外接圆交于 $P, Q, R$，证明：$\dfrac{AD}{PD} + \dfrac{BE}{QE} + \dfrac{CF}{RF} \geq 9$. (1998年韩国数学奥林匹克试题)

83. 如图所示，$ABCD$ 是一个半径为 $r$ 的圆的外切四边形，$AB, BC, CD$ 与 $DA$ 边上的切点依次为 $E, F, G, H$，$\triangle EBF, \triangle FCG, \triangle GDH$ 和 $\triangle HAE$ 的内切圆的半径依次为 $r_1, r_2, r_3$ 和 $r_4$，证明 $r_1 + r_2 + r_3 + r_4 \geq 2(2-\sqrt{2})r$. (2000年摩尔多瓦数学奥林匹克试题)

84. 在 $\triangle ABC$ 中，$\angle C = 90°$，从点 $B$ 出发的中线平分介于 $BA$ 与 $\angle B$ 的平分线之间的角，证明：$\dfrac{5}{2} < \dfrac{AB}{BC} < 3$. (2007年印度数学奥林匹克试题)

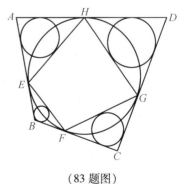

（83题图）

85. $D, E$ 是 $\triangle ABC$ 的边 $AB, AC$ 上的点,$DE$ 与 $\triangle ABC$ 的内切圆相切,且 $DE // BC$,证明:$DE \leq \frac{1}{8}(AB + BC + CA)$. (1999 年意大利数学奥林匹克试题)

86. $O$ 是锐角三角形 $ABC$ 的外心,直线 $CO, AO$ 和 $BO$ 与 $\triangle AOB, \triangle BOC, \triangle COA$ 的外接圆交于异于 $O$ 的第二点 $A_1, B_1$ 和 $C_1$,证明:$\frac{AA_1}{OA_1} + \frac{BB_1}{OB_1} + \frac{CC_1}{OC_1} \geq \frac{9}{2}$. (1999 年美国国家集训队试题)

87. 对于任意不共线的三点 $X, Y, Z$,记 $R_{XYZ}$ 是 $\triangle XYZ$ 的外接圆的半径,设 $\triangle ABC$ 的内心为 $I$,证明不等式:$\frac{1}{R_{ABI}} + \frac{1}{R_{BCI}} + \frac{1}{R_{CAI}} \leq \frac{1}{BI} + \frac{1}{AI} + \frac{1}{CI}$ (2008 年德国国家集训队试题)

88. 在任意 $\triangle ABC$ 中,内切圆与三边 $BC, CA, AB$ 分别切于 $P, Q, R$,$T$ 和 $L$ 分别是 $\triangle ABC$ 的面积和周长,证明不等式:$\left(\frac{AB}{PQ}\right)^3 + \left(\frac{BC}{QR}\right)^3 + \left(\frac{CA}{RP}\right)^3 \geq \frac{2}{\sqrt{3}} \cdot \frac{L^2}{T}$.
(2010 年韩国数学奥林匹克试题)

89. $\triangle ABC$ 的外接圆半径为 $R$,周长为 $P$,面积为 $K$,确定 $\frac{KP}{R^3}$ 的最大值.
(2005 年加拿大数学奥林匹克试题)

90. 证明:$\sqrt{\frac{AB_1}{AB}} + \sqrt{\frac{BC_1}{BC}} + \sqrt{\frac{CA_1}{CA}} \leq \frac{3}{\sqrt{2}}$,其中 $A_1, B_1, C_1$ 分别为 $\triangle ABC$ 的内切圆与边 $BC, CA, AB$ 的切点. (2009 年土耳其国家队选拔考试试题)

91. 从 $\triangle ABC$ 的顶点 $A$ 出发的射线与 $BC$ 边交于 $X$,与 $\triangle ABC$ 的外接圆交于 $Y$,证明:$\frac{1}{AX} + \frac{1}{XY} \geq \frac{4}{BC}$. (2004 年波罗的海数学奥林匹克试题)

92. $\triangle ABC$ 是锐角三角形,$O$ 和 $H$ 分别是 $\triangle ABC$ 的外心和垂心,$A_1$ 在直线 $OA$ 上,$A_2$ 在直线 $BC$ 上,使得四边形 $OA_1HA_2$ 是平行四边形,类似地,$B_1$ 在直线 $OB$ 上,$B_2$ 在直线 $CA$ 上,使得四边形 $OB_1HB_2$ 是平行四边形,$C_1$ 在直线 $OC$ 上,$C_2$ 在直线 $AB$ 上,使得四边形 $OC_1HC_2$ 是平行四边形,证明:$\frac{OA_2}{OA_1} + \frac{OB_2}{OB_1} + \frac{OC_2}{OC_1} \geq 3$.
(2005 年美国国家集训队选拔试题)

93. $\triangle ABC$ 的外接圆半径为 $R$,$G$ 是 $\triangle ABC$ 的重心,$GA, GB, GC$ 的延长线分别交 $\triangle ABC$ 的外接圆于 $D, E, F$,证明:$\frac{3}{R} \leq \frac{1}{GD} + \frac{1}{GE} + \frac{1}{GF} \leq \sqrt{3}\left(\frac{1}{AB} + \frac{1}{BC} + \frac{1}{CA}\right)$. (1991 年越南数学奥林匹克试题)

94. $\triangle ABC$ 的三条边长分别为 $a,b,c,p = \frac{1}{2}(a+b+c)$，$R$ 是 $\triangle ABC$ 的外接圆半径，$r$ 是 $\triangle ABC$ 的内切圆半径，$l_a,l_b,l_c$ 分别是 $A,B,C$ 的内角平分线的长，证明：$l_a l_b + l_b l_c + l_c l_a \leqslant p\sqrt{3r^2 + 12Rr}$. (2003 年摩尔多瓦国家集训队试题)

95. 如图，三角形 $ABC$ 为直角三角形，$\angle ACB = 90°$. $M_1,M_2$ 为 $\triangle ABC$ 内任意两点，$M$ 为线段 $M_1M_2$ 的中点，直线 $BM_1$，$BM_2$，$BM$ 与 $AC$ 边分别交于点 $N_1,N_2,N$. 求证：$\frac{M_1N_1}{BM_1} + \frac{M_2N_2}{BM_2} \geqslant 2\frac{MN}{BM}$. (2010 年中国东南数学奥林匹克试题)

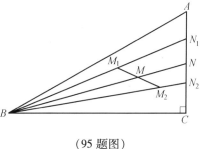

(95 题图)

96. 在一个不等边 $\triangle ABC$ 中，$\angle BAC,\angle ABC$ 的平分线分别交对边于 $D,E$，令 $\angle BAC = \alpha, \angle ABC = \beta$，证明：直线 $DE$ 与 $AB$ 的夹角不超过 $\frac{|\alpha - \beta|}{3}$. (2009 年塞尔维亚数学奥林匹克试题)

97. 已知 Rt$\triangle ABC$ 中，$C$ 为直角顶点，三个顶点 $A,B,C$ 所对的边分别为 $a,b,c$，若圆 $K_a$ 的圆心在 $a$ 上，且与边 $b,c$ 都相切；圆 $K_b$ 的圆心在 $b$ 上，且与边 $a,c$ 都相切；又圆 $K_a,K_b$ 的半径分别为 $r_a,r_b$. 试求出最大的实数 $p$，使得对于所有的直角三角形均有不等式 $\frac{1}{r_a} + \frac{1}{r_b} \geqslant p(\frac{1}{a} + \frac{1}{b})$. (2009 年捷克和斯洛伐克数学奥林匹克试题)

98. 在 $\triangle ABC$ 中，任取点 $K \in BC, L \in CA, M \in AB, N \in LM, R \in MK, F \in KL$. 若 $E_1,E_2,E_3,E_4,E_5,E_6$ 和 $E$ 分别表示 $\triangle AMR,\triangle CKR,\triangle BKF,\triangle ALF$，$\triangle BNM,\triangle CLN$ 和 $\triangle ABC$ 的面积，证明：$E \geqslant 8(E_1 E_2 E_3 E_4 E_5 E_6)^{\frac{1}{6}}$. (第 29 届 IMO 预选题)

99. 设 $M$ 是 $\triangle ABC$ 内的任意一点，证明：$\min\{MA,MB,MC\} + MA + MB + MC < AB + BC + CA$. (第 40 届 IMO 预选题)

100. 设锐角 $\triangle ABC$ 的外心为 $O$，从 $A$ 作 $BC$ 的高，垂足为 $P$，且 $\angle BCA \geqslant \angle ABC + 30°$，证明：$\angle CAB + \angle COP < 90°$. (第 42 届 IMO 试题)

101. 设 $\triangle ABC$ 内存在一点 $F$ 使得 $\angle AFB = \angle BFC = \angle CFA$，直线 $BF$、$CF$ 分别交 $AC$、$AB$ 于 $D$、$E$，证明：$AB + AC \geqslant 4DE$. (第 43 届 IMO 预选题)

102. 在 $\triangle ABC$ 中，点 $A_1$ 在边 $BC$ 内部，点 $B_1$ 在边 $CA$ 上，点 $C_1$ 在边 $AB$ 上，如果三条线段 $AA_1,BB_1$ 和 $CC_1$ 相交于点 $P$，且点 $P$ 与 $A$ 不重合，求证：$\frac{B_1C}{B_1A} + \frac{C_1B}{C_1A} \geqslant 4\frac{PA_1}{PA}$，并求出点 $P$ 的轨迹，使得等号成立. (1994 年罗马利亚数学奥林匹

克试题)

**103.** 在 $\triangle ABC$ 中,令 $L = a + b + c$(即 $L$ 为 $\triangle ABC$ 的周长),$M$ 是三条中线的长之和,证明:$\dfrac{M}{L} > \dfrac{3}{4}$.(1994 年韩国数学奥林匹克试题)

**104.** 对于平面上任意 5 个点构成的集合 $S$,满足 $S$ 中的任意三点不共线,设 $M(S)$ 和 $m(S)$ 分别为 $S$ 中 3 个点构成的三角形的面积的最大值和最小值,求 $\dfrac{M(S)}{m(S)}$ 的最小值.(第 43 届 IMO 预选题)

**105.** 设 $\triangle ABC$ 的半周长为 $p$,内切圆半径为 $r$,分别以 $BC, CA, AB$ 为直径在 $\triangle ABC$ 的外侧作半圆,设与这三个半圆均相切的圆 $\Gamma$ 的半径为 $t$,证明:$\dfrac{p}{2} < t \leqslant \dfrac{p}{2} + (1 - \dfrac{\sqrt{3}}{2})r$.(第 44 届 IMO 预选题)

**106.** 设 $ABCD$ 是一个四面体,它的对棱长的和均为 1,证明:$r_A + r_B + r_C + r_D \leqslant \dfrac{\sqrt{3}}{3}$.这里 $r_A, r_B, r_C, r_D$ 分别是四个侧面三角形内切圆的半径,等号成立当且仅当 $ABCD$ 是正四面体.(1986 年 IMO 预选题)

**107.** 设 $\triangle ABC$ 的顶点 $A$ 处的内角平分线交边 $BC$ 于 $A_1$,交 $\triangle ABC$ 的外接圆于 $A_2$,同样地定义 $B_1, B_2, C_1, C_2$,证明:$\dfrac{A_1 A_2}{BA_2 + A_2 C} + \dfrac{B_1 B_2}{CB_2 + B_2 A} + \dfrac{C_1 C_2}{AC_2 + C_2 B} \geqslant \dfrac{3}{4}$.(1998 年摩尔多瓦数学奥林匹克试题)

**108.** 在四面体 $ABCD$ 中,$AB = CD, AC = BD, AD = BC, K, L, M, N, P, Q$ 分别是棱 $AB, CD, AC, BD, AD, BC$ 的中点,证明:$\left(\dfrac{AB}{KL}\right)^2 + \left(\dfrac{AC}{MN}\right)^2 + \left(\dfrac{AD}{PQ}\right)^2 \geqslant 6$.(2000 年韩国数学奥林匹克试题)

**109.** $\triangle ABC$ 是任意三角形,$M$ 是 $\triangle ABC$ 内任意一个点,$M$ 到边 $BC, CA, AB$ 的距离依次记为 $d_a, d_b, d_c$,$S$ 是 $\triangle ABC$ 的面积,证明:$abd_a d_b + bcd_b d_c + cad_c d_a \leqslant \dfrac{4}{3} S^2$.(1968 年 IMO 预选题)

**110.** 在 $\triangle ABC$ 中,$\angle A = 90°$,$\angle A$ 的内角平分线交边 $BC$ 于点 $D$,$BC$ 边上的旁切圆的圆心为 $I_A$,证明:$\dfrac{AD}{DI_A} \leqslant \sqrt{2} - 1$.(2004 年伊朗数学奥林匹克试题)

**111.** 四边形 $ABCD$ 的对角线相交于点 $O$,记 $\triangle AOB$ 和 $\triangle COD$ 的面积为 $S_1$ 和 $S_2$,四边形 $ABCD$ 的面积为 $S$,证明:$\sqrt{S_1} + \sqrt{S_2} \leqslant \sqrt{S}$.(1986 年瑞典数学奥林匹克试题)

**112.** 四面体 $ABCD$ 的六条棱长依次为 $a, b, c, d, e, f$,四个面的面积分别为

$S_1, S_2, S_3, S_4$,四面体的体积为 $V$,证明:$2\sqrt{S_1 S_2 S_3 S_4} > 3V \cdot \sqrt[6]{abcdef}$.(1999 年蒙古国数学奥林匹克试题)

113. $\triangle ABC$ 的三条内角平分线 $AD, BE, CF$ 分别交外接圆于 $P, Q, R$,证明:$AP + BQ + CR \geqslant AB + BC + CA$.(第 26 届南斯拉夫数学奥林匹克试题)

114. $\triangle ABC$ 的内切圆与边 $BC, CA, AB$ 分别切于 $A_1, B_1, C_1$,又 $I_1, I_2, I_3$ 分别是三条劣弧 $B_1C_1, C_1A_1, A_1B_1$ 的长,记 $\triangle ABC$ 的三边 $BC, CA, AB$ 的长依次为 $a, b, c$,证明:$\dfrac{a}{I_1} + \dfrac{b}{I_2} + \dfrac{c}{I_3} \geqslant \dfrac{9\sqrt{3}}{\pi}$.(1997 年波斯利亚数学奥林匹克试题)

115. 在 $\triangle ABC$ 中,顶角 $A, C$ 的内角平分线 $AD, CE$ 分别交对边于 $D, E$ 两点,证明如果 $\angle B > 60°$,则 $AE + CD < AC$.(2005 年瑞典数学奥林匹克试题)

116. 在凸四边形 $ABCD$ 内,$N$ 是边 $BC$ 的中点,且 $\angle AND = 135°$,证明:$AB + CD + \dfrac{1}{\sqrt{2}} BC \geqslant AD$.(2001 年波罗的海数学奥林匹克试题)

117. 一个圆锥的侧面积为 $S$,体积为 $V$,证明:$\left(\dfrac{6V}{\pi}\right)^2 \leqslant \left(\dfrac{2S}{\pi\sqrt{3}}\right)^3$,并问等号何时成立.(1966 年 IMO 预选题)

118. 设 $\triangle ABC$ 中,$\angle A, \angle B$ 和 $\angle C$ 的角平分线分别交 $\triangle ABC$ 的外接圆于 $A_1, B_1, C_1$,证明:$AA_1 + BB_1 + CC_1 > AB + BC + CA$.(1982 年澳大利亚数学奥林匹克试题)

119. 设 $I$ 和 $O$ 分别是 $\triangle ABC$ 的内心和外心,证明当且仅当 $2BC \leqslant AB + AC$ 时 $\angle AIO \leqslant 90°$.(1999 年中国香港数学奥林匹克试题)

120. 设 $\triangle ABC$ 的半周长为 $p$,面积为 $S$,内接正方形 $PQRS$ 的边长为 $x$,其中 $P, Q$ 在边 $BC$ 上,$R$ 在边 $AC$ 上,$S$ 在边 $AB$ 上,同理,$y$ 和 $z$ 是另外两个内接正方形的边长,其中有两个点分别在 $CA, AB$ 上,证明:$\dfrac{1}{x} + \dfrac{1}{y} + \dfrac{1}{z} \leqslant \dfrac{(2+\sqrt{3})p}{2S}$.(2010 年印度集训队试题)

121. 点 $O$ 是 $\triangle ABC$ 的内部,且 $\angle AOB = \angle BOC = \angle COA = 120°$,证明:$\dfrac{AO^2}{BC} + \dfrac{BO^2}{CA} + \dfrac{CO^2}{AB} \geqslant \dfrac{AO + BO + CO}{\sqrt{3}}$.(2009 年乌克兰数学奥林匹克试题)

# 参 考 解 答

1. 连接 $BE$,则 $\triangle BDF$ 的面积

$$S_{\triangle BDF} = z S_{\triangle BDE} = z(1-x) S_{\triangle ABD} = z(1-x) y S_{\triangle ABC} = z(1-x) y$$

由平均值不等式,得到 $z(1-x)y \leq (\frac{z+(1-x)+y}{3})^3 = \frac{1}{8}$. 当且仅当 $z = 1-x = y, y+z-x = \frac{1}{2}$,即 $x = y = z = \frac{1}{2}$ 时成立等号. 所以,$\triangle BDF$ 面积的最大值为 $\frac{1}{8}$.

2. 易知,$\triangle BPF \backsim \triangle PCE \backsim \triangle BCA$,由相似三角形的面积之比等于对应边长之比的平方,设 $\frac{BP}{BC} = x$,则 $\frac{PC}{BC} = 1-x, (0 < x < 1)$ 所以

$$\frac{S_{\triangle BPF}}{S_{\triangle ABC}} = \left(\frac{BP}{BC}\right)^2$$

$$\frac{S_{\triangle PCE}}{S_{\triangle ABC}} = \left(\frac{PC}{BC}\right)^2$$

所以

$$S_{\triangle BPF} = x^2$$
$$S_{\triangle PCE} = (1-x)^2$$

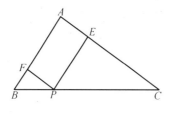 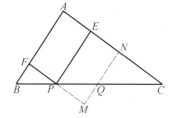

(2题图)

(ⅰ) 当 $0 < x \leq \frac{1}{3}$ 时 $S_{\triangle PCE} = (1-x)^2 \geq \frac{4}{9}$,同理,当 $\frac{2}{3} \leq x < 1$ 时 $S_{\triangle BPF} = x^2 \geq \frac{4}{9}$.

(ⅱ) 当 $\frac{1}{3} < x \leq \frac{1}{2}$ 时,如图,可在 $PC$ 上取点 $Q$,使 $PQ = BP$,过 $Q$ 作 $MN /\!/ AB$,分别交 $EP$ 的延长线和 $AC$ 于 $M$、$N$,有

(1) $\frac{QC}{BC} = \frac{BC - 2BP}{BC} = 1 - 2x < \frac{1}{3}, S_{\triangle QCN} = (1-2x)^2 < \frac{1}{9}$,所以 $S_{BQNA} > \frac{8}{9}$.

(2) $\triangle BPF \cong \triangle QPM$,

$$S_{PEAF} = \frac{1}{2}S_{MNAF} = \frac{1}{2}S_{BQNA} > \frac{4}{9}$$

当 $\frac{1}{2} < x < \frac{2}{3}$ 时,可在 $BP$ 上取点 $Q$ 使 $QP = PC$,再用相同的方法证明 $S_{\square PEAF} > \frac{4}{9}$.

**3.** 两个问题实际上是一个问题

**证法一** 如图,设对角线 $AC$ 与 $BD$ 相交于点 $E$,设 $k = \frac{AB}{CD}$,因为 $\triangle AEB \sim \triangle DEC$,所以 $\frac{EA}{ED} = \frac{EB}{EC} = \frac{AB}{CD} = k$,$|AB - CD| \geq |AC - BD| \Leftrightarrow |kCD - CD| \geq |EA + EC - EB - ED| = |kED + EC - kEC - ED| \Leftrightarrow |k-1||CD| \geq |k-1||EC - ED| \Leftrightarrow |k-1|(|CD| - |EC - ED|) \geq 0$,由三角不等式得 $|CD| > |EC - ED|$,所以不等式成立,当且仅当 $k = 1$ 时等号成立. 此时 $AB = CD$ 且 $AB \parallel CD$.

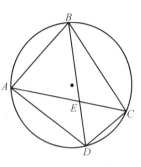

(3 题证法一图)

**证法二** 如图,设四边形 $ABCD$ 外接圆的圆心为 $O$,设圆 $O$ 的半径为 $1$,$\angle AOB = 2\alpha$,$\angle BOC = 2\beta$,$\angle COD = 2\gamma$,$\angle DOA = 2\delta$,则 $\alpha + \beta + \gamma + \delta = \pi$.

不妨设 $\alpha \geq \gamma, \beta \geq \delta$,故 $AB = 2\sin\alpha$,$BC = 2\sin\beta$,$CD = 2\sin\gamma$,$DA = 2\sin\delta$,所以,

$|AB - CD| = |2\sin\alpha - 2\sin\gamma| =$
$2|\sin\alpha - \sin\gamma| =$
$4|\sin\frac{\alpha-\gamma}{2}\cos\frac{\alpha+\gamma}{2}| =$
$4|\sin\frac{\alpha-\gamma}{2}\cos\frac{\pi-(\beta+\delta)}{2}| =$
$4|\sin\frac{\alpha-\gamma}{2}\sin\frac{\beta+\delta}{2}|$

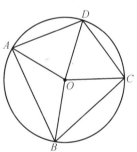

(3 题证法二图)

同理

$|AD - BC| = 4|\sin\frac{\beta-\delta}{2}\sin\frac{\alpha+\gamma}{2}|$

$|AC - BD| = 4|\sin\frac{\beta-\delta}{2}\sin\frac{\alpha-\gamma}{2}|$

因此,由 $\beta \geq \delta$ 得

$|AB - CD| - |AC - BD| = 4|\sin\frac{\alpha-\gamma}{2}|(|\sin\frac{\beta+\delta}{2}| - |\sin\frac{\beta-\delta}{2}|) =$

$$4|\sin\frac{\alpha-\gamma}{2}|(\sin\frac{\beta+\delta}{2}-\sin\frac{\beta-\delta}{2})=$$

$$4|\sin\frac{\alpha-\gamma}{2}|(2\cos\frac{\beta}{2}\sin\frac{\delta}{2})\geqslant 0$$

故

$$|AB-CD|\geqslant|AC-BD|$$

同理

$$|AD-BC|\geqslant|AC-BD|$$

将这两个不等式相加即得

$$|AC-CD|+|AD-BC|\geqslant 2|AC-BD|$$

4. 设矩形的边长分别为 $x,y$,三角形的半周长为 $p$,面积为 $S$,则这个三角形和矩形是"孪生的"充要条件是

$$\begin{cases} x+y=p \\ xy=S \end{cases} \qquad ①$$

方程组 ① 有实数解的充要条件是 $p^2\geqslant 4S$.

由 $p$ 和 $S$ 都是正数,可知这两个根都是正根. 因为 $\frac{p^2}{S}=\frac{(x+y)^2}{xy}=\frac{x^2+2xy+y^2}{xy}=\frac{x}{y}+\frac{y}{x}+2$,设 $\frac{x}{y}=t$,则有

$$t^2-(\frac{p^2}{S}-2)t+1=0$$

易知该方程有实数解的充要条件是 $p^2\geqslant 4S$. 于是,矩形与三角形是"孪生的"充要条件是矩形边的较大的比为

$$t=\frac{p^2}{2S}-1+\sqrt{\frac{p^2}{2S}(\frac{p^2}{2S}-2)}$$

其中 $p^2\geqslant 4S$.

设 $a,b,c$ 是三角形的三条边长,由均值不等式和海伦公式,有

$$\frac{p}{3}=\frac{(p-a)+(p-b)+(p-c)}{3}\geqslant\sqrt[3]{(p-a)(p-b)(p-c)}=\sqrt[3]{\frac{S^2}{p}}$$

所以,$\frac{p^2}{S}\geqslant 3\sqrt{3}$,且三角形是正三角形时,等号成立. 故易知 $\frac{p^2}{S}$ 的变化范围是 $[3\sqrt{3},+\infty)$.

设 $\frac{p^2}{2S}=\lambda$,则这个矩形与三角形是"孪生的"充要条件是矩形边的较大的比为 $\lambda-1+\sqrt{\lambda(\lambda-2)}$,其中 $\lambda\geqslant\frac{3\sqrt{3}}{2}$.

因为对于 $\lambda \geq \dfrac{3\sqrt{3}}{2}$，函数 $\lambda - 1 + \sqrt{\lambda(\lambda - 2)}$ 是单调增加的. 于是可得矩形和三角形是"孪生的"充要条件是矩形边的较大的比大于等于 $\lambda - 1 + \sqrt{\lambda(\lambda - 2)}$，其中 $\lambda = \dfrac{3\sqrt{3}}{2}$.

5. 记 $BC = a, CA = b, AB = c$，易知 $\dfrac{BA'}{A'C} = \dfrac{c}{b}$，所以 $BA' = \dfrac{ca}{b + c}$，$\dfrac{AI}{IA'} = \dfrac{AB}{BA'} = \dfrac{b + c}{a}$，$\dfrac{AI}{AA'} = \dfrac{b + c}{a + b + c}$.

同理，$\dfrac{BI}{BB'} = \dfrac{c + a}{a + b + c}$，$\dfrac{CI}{CC'} = \dfrac{a + b}{a + b + c}$，由均值不等式得

$$\dfrac{AI \cdot BI \cdot CI}{AA' \cdot BB' \cdot CC'} \leq \left[\dfrac{1}{3}\left(\dfrac{b + c}{a + b + c} + \dfrac{c + a}{a + b + c} + \dfrac{a + b}{a + b + c}\right)\right]^3 = \dfrac{8}{27}$$

另一方面，记 $x = \dfrac{b + c}{a + b + c}, y = \dfrac{c + a}{a + b + c}, z = \dfrac{a + b}{a + b + c}$，则 $x + y + z = 2$，设 $x = \dfrac{1}{2}(1 + \varepsilon_1), y = \dfrac{1}{2}(1 + \varepsilon_2), z = \dfrac{1}{2}(1 + \varepsilon_3)$，则 $\varepsilon_1 > 0, \varepsilon_2 > 0, \varepsilon_3 > 0$，且 $\varepsilon_1 + \varepsilon_2 + \varepsilon_3 = \dfrac{1}{2}$，故

$$xyz = \dfrac{1}{8}(1 + \varepsilon_1)(1 + \varepsilon_2)(1 + \varepsilon_3) > \dfrac{1}{8}(1 + \varepsilon_1 + \varepsilon_2 + \varepsilon_3) = \dfrac{1}{4}$$

6. 记公共圆心为 $O$，连接 $OA_1$、$OB_1$ 和 $OB_2$，在四边形 $OA_1B_1B_2$ 中

$$OB_1 \cdot A_1B_2 \leq OA_1 \cdot B_1B_2 + OB_2 \cdot A_1B_1$$
$$OB_1 = OB_2 = 2OA_1$$

故
$$2A_1B_2 \leq B_1B_2 + 2A_1B_1$$

即
$$B_1B_2 \geq 2A_1A_2 + 2A_2B_2 - 2A_1B_1 \qquad ①$$

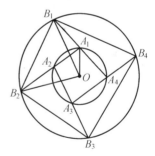

(6题图)

同理有
$$B_2B_3 \geq 2A_2A_3 + 2A_3B_3 - 2A_2B_2 \qquad ②$$
$$B_3B_4 \geq 2A_3A_4 + 2A_4B_4 - 2A_3B_3 \qquad ③$$
$$B_4B_1 \geq 2A_4A_1 + 2A_1B_1 - 2A_4B_4 \qquad ④$$

四式相加得
$$B_1B_2 + B_2B_3 + B_3B_4 + B_4B_1 \geq 2(A_1A_2 + A_2A_3 + A_3A_4 + A_4A_1) \qquad ⑤$$

要使式 ⑤ 成立，当且仅当式 ①、②、③、④ 均取等号. 式 ① 等号成立当且仅当 $O, A_1, B_1, B_2$ 四点共圆，这时 $\angle OA_1A_2 = \angle OB_1B_2 = \angle OB_2B_1 = \angle A_4A_1O$，即

$OA_1$ 为 $\angle A_4A_1A_2$ 的平分线,同理,$OA_2$,$OA_3$,$OA_4$ 为 $\angle A_1A_2A_3$,$\angle A_2A_3A_4$,$\angle A_3A_4A_1$ 的平分线,这意味着 $O$ 为四边形 $A_1A_2A_3A_4$ 的内切圆的圆心,故知四边形 $A_1A_2A_3A_4$ 为正方形. 即当四边形 $A_1A_2A_3A_4$ 为正方形时,式 ⑤ 式等号成立.

7. 过 $AD$ 作 $BC$ 的垂线,只考虑 $BC$ 与 $EF$ 之间的一段,记它的长度为 $h$,记六边形 $ABCDEF$ 的六条边 $AB$、$BC$、$CD$、$DE$、$EF$、$FA$ 的长度分别为 $a$、$b$、$c$、$d$、$e$、$f$. 用 $A$、$B$、$C$、$D$、$E$、$F$ 分别表示六边形的六个内角. 由假设有 $\angle A = \angle D$,$\angle B = \angle E$,$\angle C = \angle F$.

显然,$BF \geq 2h$. 从而,$2BF \geq 2h$. 而在计算 $h$ 时,两条 $BC$ 与 $EF$ 之间的线段分别由 $A$ 及 $D$ 点分成两段,这样共有四条线段. 于是,$2BF \geq 2h = a\sin\angle B + f\sin\angle F + c\sin\angle C + d\sin\angle E$.

类似地,过 $B$、$E$ 作 $CD$ 的垂线 $CD$ 并考虑 $CD$ 与 $AF$ 之间的线段,可得 $2DF \geq a\sin\angle A + b\sin\angle C + d\sin\angle D + e\sin\angle F$,$2BD \geq f\sin\angle A + e\sin\angle E + b\sin\angle B + c\sin\angle D$.

另一方面,$\triangle BAF$ 的外接圆半径为 $R_A = \dfrac{BF}{2\sin\angle A}$. 同理,$R_C = \dfrac{BD}{2\sin\angle C}$,$R_E = \dfrac{DF}{2\sin\angle E}$. 于是,

$$R_A + R_C + R_E = \frac{BF}{2\sin\angle A} + \frac{BD}{2\sin\angle C} + \frac{DF}{2\sin\angle E} =$$

$$\frac{1}{4}\left(\frac{2BF}{\sin\angle A} + \frac{2BD}{\sin\angle C} + \frac{2DF}{\sin\angle E}\right) \geq$$

$$\frac{1}{4}\left(\frac{a\sin\angle B + f\sin\angle F + c\sin\angle C + d\sin\angle E}{\sin\angle A} + \right.$$

$$\frac{a\sin\angle A + b\sin\angle C + d\sin\angle D + e\sin\angle F}{\sin\angle C} +$$

$$\left.\frac{f\sin\angle A + e\sin\angle E + b\sin\angle B + c\sin\angle D}{\sin\angle E}\right) =$$

$$\frac{1}{4}\left(a\left(\frac{\sin\angle B}{\sin\angle A} + \frac{\sin\angle A}{\sin\angle E}\right) + \right.$$

$$b\left(\frac{\sin\angle B}{\sin\angle C} + \frac{\sin\angle C}{\sin\angle E}\right) +$$

$$c\left(\frac{\sin\angle C}{\sin\angle A} + \frac{\sin\angle D}{\sin\angle C}\right) +$$

$$d\left(\frac{\sin\angle E}{\sin\angle A} + \frac{\sin\angle D}{\sin\angle E}\right) +$$

$$e\left(\frac{\sin\angle E}{\sin\angle C} + \frac{\sin\angle F}{\sin\angle E}\right) +$$

$$f(\frac{\sin\angle F}{\sin\angle A}+\frac{\sin\angle A}{\sin\angle C}))$$

上式右端中的六个括号中,因为 $\angle A=\angle D,\angle B=\angle E,\angle C=\angle F$,所以,各式两个互为倒数的正数之和,从而都大于等于 2. 这样,

$$R_A+R_C+R_E \geqslant \frac{1}{4}(2a+2b+2c+2d+2e+2f)=\frac{p}{2}$$

**8. 解法一** 设 $\triangle ABC$ 的三边长分别为 $a,b,c$,则

$$\frac{KP}{R^3}=\frac{(a+b+c)\cdot\frac{1}{2}ab\sin C}{(\frac{c}{2\sin C})^3}=\frac{4(a+b+c)ab\sin^4 C}{c^3}=$$

$$\frac{4(a+b+c)ab(1-\cos^2 C)^2}{c^3}=$$

$$\frac{4(a+b+c)ab(1-\frac{a^2+b^2-c^2}{2ab})^2}{c^3}=$$

$$\frac{1}{4}\cdot\frac{(a+b+c)^3(-a+b+c)^2(a-b+c)^2(a+b-c)^2}{a^3b^3c^3}$$

不妨设 $a+b+c=1$,问题变为:

求 $\lambda=\frac{1}{4}\frac{(1-2a)^2(1-2b)^2(1-2c)^2}{a^3b^3c^3}$ 在条件 $a+b+c=1,0<a,b,c<\frac{1}{2}$ 下的最大值.

记 $t_a=1-2a,t_b=1-2b,t_c=1-2c$,则问题转化为求 $\frac{1}{\lambda}=\frac{1}{128}\cdot\frac{(1-t_a)^3(1-t_b)^3(1-t_c)^3}{t_a^2 t_b^2 t_c^2}$ 在条件 $t_a+t_b+t_c=1,t_a>0,t_b>0,t_c>0$ 下的最小值.

而

$$\frac{1}{\lambda}=\frac{1}{128}\cdot(\frac{1-(t_a+t_b+t_c)+(t_a t_b+t_b t_c+t_c t_a)-t_a t_b t_c}{\sqrt[3]{(t_a t_b t_c)^2}})^3=$$

$$\frac{1}{128}\cdot(\frac{(t_a t_b+t_b t_c+t_c t_a)}{\sqrt[3]{(t_a t_b t_c)^2}}-\sqrt[3]{t_a t_b t_c})^3\geqslant$$

$$\frac{1}{128}(3-\frac{1}{3})^3=\frac{4}{27}$$

于是,当且仅当 $\triangle ABC$ 是正三角形时,$\frac{KP}{R^3}$ 最大,最大值是 $\frac{27}{4}$.

**解法二** 显然面积 $P = \frac{1}{2}ab\sin C = \frac{abc}{4R}$，所以 $\frac{KP}{R^3} = \frac{abc(a+b+c)}{4R^4} = 4\sin A\sin B\sin C(\sin A + \sin B + \sin C)$.

不难证明
$$\sin A + \sin B + \sin C \leqslant \frac{3\sqrt{3}}{2} \qquad ①$$

首先注意在 $A = B = C = 60°$ 时，①式等号成立. 因此只要证明
$$\sin A + \sin B + \sin C \leqslant \sin 60° + \sin 60° + \sin 60° \qquad ②$$

不妨设 $A \geqslant B \geqslant C$，于是 $A \geqslant 60°$，$C \leqslant 60°$，保持和 $A + C$ 不变（即 $B$ 不变），使得 $A, C$ 中一个被调整为 $60°$，另一个为 $A + C - 60°$，这时，$A - C \geqslant |A + C - 120°|$，

$$\sin A + \sin C = 2\sin\frac{A+C}{2}\cos\frac{A-C}{2} \leqslant$$
$$2\sin\frac{A+C}{2}\cos\frac{(A+C-60°)-60°}{2} =$$
$$\sin(A+C-60°) + \sin 60°$$

即 $\sin A + \sin C$ 经调整后增大. 我们只需证明
$$\sin(A + C - 60°) + \sin B \leqslant \sin 60° + \sin 60° \qquad ③$$

而 $\sin(A+C-60°) + \sin B = \sin(120°-B) + \sin B = 2\sin 60°\cos(60°-B) \leqslant 2\sin 60°$. 于是不等式 ③，① 成立.

由不等式 ① 及均值不等式得
$$\sin A\sin B\sin C \leqslant \left(\frac{\sin A + \sin B + \sin C}{3}\right)^3 \leqslant \frac{3\sqrt{3}}{8}$$

所以，
$$\frac{KP}{R^3} = 4\sin A\sin B\sin C(\sin A + \sin B + \sin C) \leqslant \frac{27}{4}$$

9. 分别记 $\triangle ABC$ 的边 $BC, CA, AB$ 上的高线长 $h_a$、$h_b$、$h_c$，如图，由条件知 $GN = \frac{1}{3}h_a$，$GP = \frac{1}{3}h_b$，$GM = \frac{1}{3}h_c$，并且 $\angle NGP = 180° - \angle C$，$\angle MGP = 180° - \angle A$，$\angle MGN = 180° - \angle B$，于是我们有

$$S_{\triangle MNP} = S_{\triangle NGP} + S_{\triangle PGM} + S_{\triangle MGN} =$$
$$\frac{1}{2}\cdot\frac{h_a}{3}\cdot\frac{h_c}{3}\sin C + \frac{1}{2}\cdot\frac{h_b}{3}\cdot\frac{h_c}{3}\sin A$$

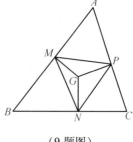

(9题图)

$$+ \frac{1}{2} \cdot \frac{h_c}{3} \cdot \frac{h_a}{3} \sin B =$$

$$\frac{2}{9}\left(\frac{S^2 \sin C}{ab} + \frac{S^2 \sin A}{bc} + \frac{S^2 \sin B}{ca}\right) =$$

$$\frac{S}{9}(\sin^2 A + \sin^2 B + \sin^2 C)$$

这里 $S$ 表示 $\triangle ABC$ 的面积.

于是,命题转化为证明:在锐角 $\triangle ABC$ 中,下述不等式成立

$$\frac{4}{3} < \sin^2 A + \sin^2 B + \sin^2 C \leq \frac{9}{4} \qquad ①$$

注意到 $\sin^2 A + \sin^2 B + \sin^2 C = \frac{1-\cos 2A}{2} + \frac{1-\cos 2B}{2} + 1 - \cos^2 C = 2 - \cos(A+B)\cos(A-B) - \cos^2 C = 2 + \cos C[\cos(A-B) - \cos C]$,由于 $2 + \cos C[\cos(A-B) - \cos C] \leq 2 + \cos C(1 - \cos C) = -(\cos C - \frac{1}{2})^2 + \frac{9}{4} \leq \frac{9}{4}$. 另一方面,$\triangle ABC$ 为锐角三角形,可知 $0 \leq |A-B| < C < 90°$,于是,$\cos(A-B) > \cos C$,这表明 $2 + \cos C[\cos(A-B) - \cos C] > 2$,这就证明了 $2 < \sin^2 A + \sin^2 B + \sin^2 C \leq \frac{9}{4}$. 从而式 ① 成立.

10. 易知 $\angle BCA' = \angle BPA' = \angle AC'B = \angle APB' = \angle ACB'$. 同理,$\angle CAB' = \angle CA'B = \angle BAC'$, $\angle ABC' = \angle AB'C = \angle CBA'$,则 $\triangle A'BC \sim \triangle AB'C \sim \triangle ABC' \Rightarrow BC : CA' : A'B = B'C : CA : AB' = BC' : C'A : AB$,故 $2\sqrt{ab} = 2\sqrt{BC \cdot CA} = 2\sqrt{B'C \cdot CA'} \leq B'C + CA'$,同理,$2\sqrt{bc} \leq C'A + AB'$,$2\sqrt{ca} \leq A'B + BC'$,三式相加即得

$$2(\sqrt{ab} + \sqrt{bc} + \sqrt{ca}) \leq$$
$$AC' + C'B + BA' + A'C + CB' + B'A$$

(10题图)

11. 设 $O_a, O_b, O_c$ 为圆 $C_a, C_b, C_c$ 的圆心.

记 $M, N$ 为圆 $O_a$ 在 $AB, AC$ 上的投影,则 $\triangle ABC$ 的内心 $I$ 是 $MN$ 的中点.

设 $X, Y$ 为 $I$ 在 $AB, AC$ 上的投影,有

$$\frac{r_a}{r} = \frac{O_a M}{IX} = \frac{AM}{AX} = \frac{\dfrac{AI}{\cos \dfrac{A}{2}}}{AI\cos \dfrac{A}{2}} = \frac{1}{\cos^2 \dfrac{A}{2}}$$

同理

$$\frac{r_a}{r} = \frac{1}{\cos^2 \dfrac{B}{2}}$$

$$\frac{r_b}{r} = \frac{1}{\cos^2 \dfrac{C}{2}}$$

令 $\alpha = \dfrac{A}{2}, \beta = \dfrac{B}{2}, \gamma = \dfrac{C}{2}$，只需证明当 $\alpha + \beta + \gamma = \dfrac{\pi}{2}$ 时，有

$$\frac{1}{\cos^2 \alpha} + \frac{1}{\cos^2 \beta} + \frac{1}{\cos^2 \gamma} \geq 4$$

即

$$\tan^2 \alpha + \tan^2 \beta + \tan^2 \gamma \geq 1$$

由柯西不等式

$$3(\tan^2 \alpha + \tan^2 \beta + \tan^2 \gamma) \geq (\tan \alpha + \tan \beta + \tan \gamma)^2$$

只需证明

$$\tan \alpha + \tan \beta + \tan \gamma \geq \sqrt{3}$$

因为 $\tan x$ 在 $\left(0, \dfrac{\pi}{2}\right)$ 上是凸函数，故由 Jensen 不等式得 $\tan \alpha + \tan \beta + \tan \gamma \geq 3\tan \dfrac{\pi}{6} = \sqrt{3}$.

故 $r_a + r_b + r_c \geq 4r$.

12. （1）如图，设直角三角形的三条边的边长分别是 $a、b、c$，则内切圆直径为 $d = a + b - c$，因为 $c = \sqrt{a^2 + b^2} \geq \dfrac{a+b}{\sqrt{2}}$，

则

$$d \leq a + b - \frac{a+b}{\sqrt{2}} = \frac{2 - \sqrt{2}}{2}(a+b)$$

如图，设 $\odot O_1、\odot O_2、\odot O_3、\odot O_4$ 的直径分别为 $d_1、d_2、d_3、d_4$，则

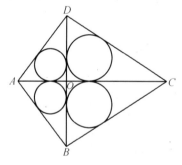

（12题(1)图）

$$d_1 \leq \frac{2-\sqrt{2}}{2}(AO + BO)$$

$$d_2 \leq \frac{2-\sqrt{2}}{2}(BO + CO)$$

$$d_3 \leq \frac{2-\sqrt{2}}{2}(CO + DO)$$

$$d_4 \leq \frac{2-\sqrt{2}}{2}(DO + AO)$$

故

$$d_1 + d_2 + d_3 + d_4 \leq (2-\sqrt{2})(AC + BD)$$

(2) 如图，设 $\odot O_1$、$\odot O_2$ 的半径分别为 $r_1$ 和 $r_2$，则由勾股定理，得

$$O_1O_2^2 = (r_1 + r_2)^2 + (r_1 - r_2)^2 = 2(r_1^2 + r_2^2)$$

于是，

$$O_1O_2 = \sqrt{2}\sqrt{r_1^2 + r_2^2} < \sqrt{2}(r_1 + r_2)$$

同理，有

$$O_2O_3 < \sqrt{2}(r_2 + r_3)$$
$$O_3O_4 < \sqrt{2}(r_3 + r_4)$$
$$O_4O_1 < \sqrt{2}(r_4 + r_1)$$

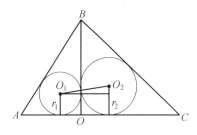

(12 题(2) 图)

将这四个不等式相加，得

$$O_1O_2 + O_2O_3 + O_3O_4 + O_4O_1 < \sqrt{2}(d_1 + d_2 + d_3 + d_4) \leq$$
$$\sqrt{2}(2-\sqrt{2})(AC + BD) =$$
$$2(\sqrt{2}-1)(AC + BD)$$

13. 由 $OC \perp OA$，$OC \perp OB$，知 $OC \perp$ 平面 $OAB$. 故 $OC \perp AB$. 又 $CH \perp AB$，所以，平面 $OCH \perp AB$，$OH \perp AB$. 同理 $OH \perp AC$. 由此，$OH \perp$ 平面 $ABC$.

记 $OA = a$，$OB = b$，$OC = c$，则不难得到

$$(S_{\triangle ABC})^2 = (S_{\triangle OAB})^2 + (S_{\triangle OBC})^2 + (S_{\triangle OAC})^2 = \frac{1}{4}(a^2b^2 + b^2c^2 + c^2a^2)$$

又

$$3V_{\text{四面体}OABC} = OH \cdot S_{\triangle ABC} = r(S_{\triangle ABC} + S_{\triangle OAB} + S_{\triangle OBC} + S_{\triangle OAC})$$

则

$$OH \cdot \sqrt{a^2b^2 + b^2c^2 + c^2a^2} = r(ab + bc + ca + \sqrt{a^2b^2 + b^2c^2 + c^2a^2})$$

只需证明 $ab + bc + ca \leq \sqrt{3(a^2b^2 + b^2c^2 + c^2a^2)}$，而此式显然成立.

14. (1) 在四边形 $ABMC$ 中,应用推广的 Ptolemy 定理(Ptolemy 不等式)可得

$$AM \cdot BC \leq BM \cdot AC + CM \cdot AB$$

在 $\triangle ABC$ 中由正弦定理得

$$AM \cdot 2R\sin A \leq BM \cdot 2R\sin B + CM \cdot 2R\sin C$$

即

$$AM \cdot \sin A \leq BM \cdot \sin B + CM \cdot \sin C$$

(2) 由(1) 得

$$AA_1 \cdot \sin \alpha \leq AB_1 \cdot \sin \beta + AC_1 \cdot \sin \gamma$$
$$BB_1 \cdot \sin \beta \leq BA_1 \cdot \sin \alpha + BC_1 \cdot \sin \gamma$$
$$CC_1 \cdot \sin \gamma \leq CA_1 \cdot \sin \alpha + CB_1 \cdot \sin \beta$$

三式相加得

$$AA_1 \cdot \sin \alpha + BB_1 \sin \beta + CC_1 \sin \gamma \leq BC \cdot \sin \alpha + CA \cdot \sin \beta + AB \cdot \sin \gamma$$

15. 如图,作 $ED \perp BC$, $FA \perp ED$,则 $BCDE$ 和 $ADEF$ 都是平行四边形.

连接 $BF$ 和 $AE$,显然, $BCAF$ 也是平行四边形,于是,

$AF = ED = BC, EF = AD, EB = CD, BF = AC$.

在四边形 $ABEF$ 和 $AEBD$ 中,由 Ptolemy 不等式得

$$AB \cdot EF + AF \cdot BE \geq AE \cdot BF$$
$$BD \cdot AE + AD \cdot BE \geq AB \cdot ED$$

即

$$AB \cdot AD + BC \cdot CD \geq AE \cdot AC \quad \text{①}$$
$$BD \cdot AE + AD \cdot CD \geq AB \cdot BC \quad \text{②}$$

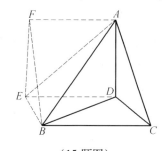

(15 题图)

于是,由式①和②可得

$DA \cdot DB \cdot AB + DB \cdot DC \cdot BC + DC \cdot DA \cdot CA =$
$DB(AB \cdot AD + BC \cdot CD) + DC \cdot DA \cdot CA \geq$
$DB \cdot AE \cdot AC + DC \cdot DA \cdot AC =$
$AC(BD \cdot AE + AD \cdot CD) \geq$
$AC \cdot AB \cdot BC$

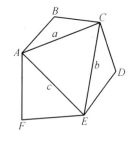

(16 题图)

故不等式得证,且等号成立的充要条件是式①和②等号同时都成立,即等号当且仅当 $ABEF$ 及 $AEBD$ 都是圆内接四边形时成立.也即 $AFEBD$ 是圆内接五

边形时等号成立. 由于 $AFED$ 为平行四边形,所以条件等价于 $AFED$ 为矩形(即 $AD \perp BC$) 且 $\angle ABE = \angle ADE = 90°$,亦等价于 $AD \perp BC$ 且 $CD \perp AB$,所以原不等式等号成立的充分必要条件是 $D$ 为 $\triangle ABC$ 的垂心.

16. 如图所示,设 $AC = a$, $CE = b$, $AE = c$,对四边形 $ACEF$ 运用 Ptolemy 不等式得

$$AC \cdot EF + CE \cdot AF \geq AE \cdot CF$$

因为 $EF = AF$,这意味着 $\dfrac{FA}{FC} \geq \dfrac{c}{a+b}$,同理 $\dfrac{DE}{DA} \geq \dfrac{b}{c+a}$, $\dfrac{BC}{BE} \geq \dfrac{a}{b+c}$,所以

$$\dfrac{BC}{BE} + \dfrac{DE}{DA} + \dfrac{FA}{FC} \geq \dfrac{a}{b+c} + \dfrac{b}{c+a} + \dfrac{c}{a+b} \geq \dfrac{3}{2} \qquad ①$$

要使等号成立必须式 ① 是等式,即每次运用 Ptolemy 不等式要等式成立,从而 $ACEF$、$ABCE$、$ACDE$ 都是圆内接四边形,所以 $ABCDEF$ 是圆内接六边形,且 $a = b = c$ 时式 ① 是等式.

因此,当且仅当六边形 $ABCDEF$ 是正六边形等式成立.

17. **证法一** 如图,设 $AO$ 与 $BC$, $BO$ 与 $CA$, $CO$ 与 $AB$ 的交点依次为 $D, E, F$, $\triangle AOB$, $\triangle BOC$, $\triangle COA$ 的面积依次为 $S_1, S_2, S_3$,由 $B, O, C, A'$ 四点共圆知 $\angle OBC = \angle OCB = \angle BA'O$,从而有 $\triangle OBD \backsim \triangle OA'B$ 得 $OA' = \dfrac{OB^2}{OD} = \dfrac{R^2}{OD}$. 同理,$OB' = \dfrac{R^2}{OE}$, $OC' = \dfrac{R^2}{OF}$,所以,

$$\dfrac{OA' \cdot OB' \cdot OC'}{R^3} = \dfrac{OA}{OD} \cdot \dfrac{OB}{OE} \cdot \dfrac{OC}{OF} = \dfrac{S_1 + S_3}{S_2} \cdot \dfrac{S_1 + S_2}{S_3} \cdot$$

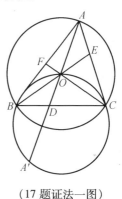

(17 题证法一图)

$$\dfrac{S_2 + S_3}{S_1} \geq \dfrac{2\sqrt{S_1 S_3}}{S_2} \cdot \dfrac{2\sqrt{S_1 S_2}}{S_3} \cdot \dfrac{2\sqrt{S_2 S_3}}{S_1} = 8$$

等号成立当且仅当 $S_1 = S_2 = S_3$ 时成立,此时 $\triangle ABC$ 是正三角形. 故 $OA' \cdot OB' \cdot OC' \geq 8R^3$. 等号当且仅当 $\triangle ABC$ 是正三角形时成立.

**证法二** 作 $BOC$ 所在圆的直径 $OD$,连接 $A'D$,有 $\angle A'OD = \angle OCD = 90°$. 所以,

$$OA' = OD\cos\angle A'DO = R\dfrac{\cos\angle A'DO}{\cos\angle COD}$$

易知，$\angle COD = \angle A, \angle A'DO = 180° - \angle COD - \angle COA = 180° - \angle A - 2\angle B = \angle C - \angle B.$

所以 $OA' = R\dfrac{\cos(C-B)}{\cos A}$，同理，

$$OB' = R\dfrac{\cos(A-C)}{\cos B}$$

$$OC' = R\dfrac{\cos(A-B)}{\cos C}$$

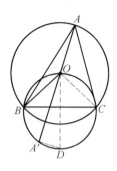

(17题证法二图)

于是，

$$OA' \cdot OB' \cdot OC' \geqslant 8R^3 \Leftrightarrow \dfrac{\cos(A-B)}{\cos C} \cdot \dfrac{\cos(B-C)}{\cos A} \cdot \dfrac{\cos(C-A)}{\cos B} \geqslant 8$$

因为

$$\dfrac{\cos(A-B)}{\cos C} = -\dfrac{\cos(A-B)}{\cos(A+B)} = -\dfrac{\cos A\cos B + \sin A\sin B}{\cos A\cos B - \sin A\sin B} = \dfrac{1 + \cot A\cot B}{1 - \cot A\cot B}$$

同理

$$\dfrac{\cos(B-C)}{\cos A} = \dfrac{1 + \cot B\cot C}{1 - \cot B\cot C}$$

$$\dfrac{\cos(C-A)\cos(C-A)}{\cos B\cos B} = \dfrac{1 + \cot C\cot A}{1 - \cot C\cot A}$$

记 $x = \cot A\cot B, y = \cot B\cot C, z = \cot C\cot A$，对任意 $\triangle ABC$ 有 $x + y + z = 1$. 而对锐角 $\triangle ABC$ 有 $x, y, z$ 都是正数，所以

$$\dfrac{\cos(A-B)}{\cos C} = \dfrac{1+x}{1-x} = \dfrac{x+y+z+x}{y+z} \geqslant 2\dfrac{\sqrt{(x+y)(z+x)}}{y+z}$$

同理，

$$\dfrac{\cos(B-C)}{\cos A} \geqslant 2\dfrac{\sqrt{(x+y)(y+z)}}{z+x}$$

$$\dfrac{\cos(C-A)}{\cos B} \geqslant 2\dfrac{\sqrt{(y+z)(z+x)}}{x+y}$$

于是

$$\dfrac{\cos(A-B)}{\cos C} \cdot \dfrac{\cos(B-C)}{\cos A} \cdot \dfrac{\cos(C-A)}{\cos B} \geqslant 8$$

易知，当且仅当 $\triangle ABC$ 为等边三角形时，上式成立.

18. 由三角形的面积关系有

$$\frac{MP}{AP}+\frac{MQ}{BQ}+\frac{MR}{CR}=\frac{S_{\triangle MBC}}{S_{\triangle ABC}}+\frac{S_{\triangle MCA}}{S_{\triangle ABC}}+\frac{S_{\triangle MAB}}{S_{\triangle ABC}}=$$
$$\frac{S_{\triangle ABC}}{S_{\triangle ABC}}=1$$

令 $x=\frac{MP}{AP}, y=\frac{MQ}{BQ}, z=\frac{MR}{CR}$，则 $x+y+z=1$，

$$\frac{AM}{MP}\cdot\frac{BM}{MQ}\cdot\frac{CM}{MR}=\frac{\frac{AM}{AP}}{\frac{MP}{AP}}\cdot\frac{\frac{BM}{BQ}}{\frac{MQ}{BQ}}\cdot\frac{\frac{CM}{CR}}{\frac{MR}{CR}}=$$

$$\frac{1-x}{x}\cdot\frac{1-y}{y}\cdot\frac{1-z}{z}=$$

$$\frac{y+z}{x}\cdot\frac{z+x}{y}\cdot\frac{x+y}{z}\geqslant\frac{2\sqrt{yz}}{x}\cdot\frac{2\sqrt{zx}}{y}\cdot\frac{2\sqrt{xy}}{z}=8$$

(18 题图)

**19.** 由余弦定理 $A_1B_1^2=A_1C^2+B_1C^2-A_1C\cdot B_1C\geqslant 2A_1C\cdot B_1C-A_1C\cdot B_1C=A_1C\cdot B_1C$. 同理，$B_1C_1^2\geqslant B_1A\cdot C_1A, C_1A_1^2\geqslant C_1B\cdot A_1B$，由塞瓦定理得

$$\frac{A_1C}{A_1B}\cdot\frac{B_1A}{B_1C}\cdot\frac{C_1B}{C_1A}=1$$

所以，
$$A_1B_1\cdot B_1C_1\cdot C_1A_1\geqslant$$
$$\sqrt{A_1C\cdot B_1C\cdot B_1A\cdot C_1A\cdot C_1B\cdot A_1B}=$$
$$A_1B\cdot B_1C\cdot C_1A\sqrt{\frac{A_1C}{A_1B}\cdot\frac{B_1A}{B_1C}\cdot\frac{C_1B}{C_1A}}=$$
$$A_1B\cdot B_1C\cdot C_1A.$$

(19 题图)

**20.** 我们证明 $AA_1>\frac{AB+AC}{2}$. 事实上，由 Ptolemy 定理，有 $AA_1\cdot BC=AB\cdot A_1C+AC\cdot A_1B$.

并注意到，圆周角 $\angle BAA_1=\angle CAA_1$，因此，$A_1B=A_1C=x$. 于是由 $2x=A_1B+A_1C>BC$，有 $2AA_1=2\frac{AB\cdot A_1C+AC\cdot A_1B}{BC}=(AB+AC)\frac{2x}{BC}>AB+AC$，即

$$AA_1>\frac{AB+AC}{2}.$$

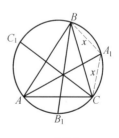

(20 题图)

同理可证 $BB_1>\frac{AB+BC}{2}, CC_1>\frac{BC+AC}{2}$. 把三个不等式相加即得.

**21.** 取 $DC$ 为单位长度，即 $DC=1$，则 $DP=\lambda, DC=1-\lambda$，设 $AM=a, MN=$

511

$b, NB = c$, 梯形的高为 $h$.

过 $C$ 作 $PB$ 的平行线交 $AB$ 的延长线于 $Q$, 如图. 则 $PCQB$ 为平行四边形, 于是 $BQ = PC = 1 - \lambda$. 从而

$$\frac{S_{\triangle MGB}}{S_{\triangle MCQ}} = \left(\frac{MB}{MQ}\right)^2 = \frac{(b+c)^2}{(b+c+1-\lambda)^2}$$

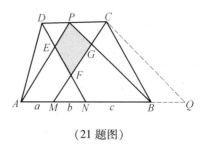

(21 题图)

又 $S_{\triangle MCQ} = \frac{1}{2}(b+c+1-\lambda)h$, 从而

$$S_{\triangle MGB} = \frac{(b+c)^2 h}{2(b+c+1-\lambda)}$$

类似地, 可得

$$S_{\triangle ANE} = \frac{(a+b)^2 h}{2(a+b+\lambda)}$$

由 $S_{PEFG} = S_{\triangle APB} - (S_{\triangle MGB} + S_{\triangle ANE}) + S_{\triangle FMN}$ 知, 当 $S_{\triangle MGB} + S_{\triangle ANE}$ 取得最小值时, $S_{PEFG}$ 取得最大值.

而

$$S_{\triangle MGB} + S_{\triangle ANE} = \frac{h}{2}\left[\frac{(a+b)^2}{a+b+\lambda} + \frac{(b+c)^2}{b+c+1-\lambda}\right] \qquad ①$$

由柯西不等式, 得

$$\left[\frac{(a+b)^2}{a+b+\lambda} + \frac{(b+c)^2}{b+c+1-\lambda}\right]\left[(a+b+\lambda) + (b+c+1-\lambda)\right] \geq$$
$$[(a+b)+(b+c)]^2 = (a+2b+c)^2 \qquad ②$$

其中等号当且仅当 $\frac{(a+b)^2}{(a+b+\lambda)^2} = \frac{(b+c)^2}{(b+c+1-\lambda^2)}$, 即 $\lambda = \frac{a+b}{a+2b+c} = \frac{AN}{AN+MB}$ 时成立.

由式 ①, ② 得

$$S_{\triangle MGB} + S_{\triangle ANE} \geq \frac{h(a+2b+c)}{2(a+2b+c+1)}$$

当且仅当 $\lambda = \frac{AN}{AN+MB}$ 时, $S_{\triangle MGB} + S_{\triangle ANE}$ 取得最小值, 此时 $S_{PEFG}$ 取得最大值.

综上所述, 当且仅当 $\lambda = \frac{AN}{AN+MB}$ 时, 四边形 $PEFG$ 的面积最大.

22. 分两个情况讨论.

(1) 当 $\max\{A, B, C\} < 120°$ 时, $AP + BP + CP \geq A_1C$, 又 $A_1C^2 = a^2 + c^2 -$

$2ac\cos(60° + \angle ABC) = a^2 + c^2 - 2ac\cos 60°\cos\angle ABC + 2ac\sin 60°\sin\angle ABC = \dfrac{a^2 + b^2 + c^2}{2} + 2\sqrt{3}S.$

由 Weitenbock 不等式有 $a^2 + b^2 + c^2 \geq 4\sqrt{3}S.$ ($a = b = c$ 时取等号), 故 $A_1C^2 \geq 4\sqrt{3}S.$ 即 $A_1C \geq 2\sqrt[4]{3} \cdot \sqrt{S}$, 所以 $AP + BP + CP \geq 2\sqrt[4]{3} \cdot \sqrt{S}$ 成立.

(2) 当 $\angle A, \angle B, \angle C$ 中有一个大于或等于 $120°$ 时, 不妨设 $\angle B \geq 120°$, 则 $PA + POB + PC \geq a + c \geq 2\sqrt{ac}$, 而

$$2\sqrt{ac} = 2\sqrt{\dfrac{2S}{\sin B}} > 2\sqrt{2S} = 2\sqrt{2} \cdot \sqrt{S} > 2\sqrt[4]{3} \cdot \sqrt{S}$$

即 $AP + BP + CP > 2\sqrt[4]{3} \cdot \sqrt{S}$ 成立.

综上, $AP + BP + CP \geq 2\sqrt[4]{3} \cdot \sqrt{S}$ 成立.

23. 设 $x = \dfrac{BA'}{A'C}, y = \dfrac{CB'}{B'A}, z = \dfrac{AC'}{CB'}$, 则 $\dfrac{S_{\triangle AB'C'}}{S_{\triangle ABC}} = \dfrac{z}{(1+z)(1+y)}, \dfrac{S_{\triangle A'BC'}}{S_{\triangle ABC}} = \dfrac{x}{(1+z)(1+x)}, \dfrac{S_{\triangle A'B'C}}{S_{\triangle ABC}} = \dfrac{y}{(1+x)(1+y)}, \dfrac{S_{\triangle A'B'C'}}{S_{\triangle ABC}} = 1 - \dfrac{S_{\triangle AB'C'}}{S_{\triangle ABC}} - \dfrac{S_{\triangle A'BC'}}{S_{\triangle ABC}} - \dfrac{S_{\triangle A'B'C}}{S_{\triangle ABC}} = \dfrac{1 + xyz}{(1+x)(1+y)(1+z)}, S_{\triangle ABC} \cdot S^2_{\triangle A'B'C'} \geq 4S_{\triangle AB'C'} \cdot S_{\triangle A'BC'} \cdot S_{\triangle A'B'C} \Leftrightarrow (1 + xyz)^2 \geq 4xyz \Leftrightarrow (1 - xyz)^2 \geq 0$, 不等式等号成立时 $xyz = 1$, 即 $\dfrac{BA'}{A'C} \cdot \dfrac{CB'}{B'A} \cdot \dfrac{AC'}{CB'} = 1$, 由塞瓦定理的逆定理得 $AA', BB', CC'$ 三线共点.

24. 显然, $2S = ap + bq + cr \geq 3\sqrt[3]{abcpqr}$, 所以, $\dfrac{a^2 + b^2 + c^2}{18\sqrt[3]{pqr}} \geq \dfrac{(a^2 + b^2 + c^2)\sqrt[3]{abc}}{12S}$, 又 $R = \dfrac{abc}{4S}$, 所以只要证明 $(a^2 + b^2 + c^2)\sqrt[3]{abc} \geq 3abc$, 这由均值不等式 $a^2 + b^2 + c^2 \geq 3\sqrt[3]{(abc)^2}$ 立即得到.

25. $IA = r\csc\dfrac{A}{2}, IB = r\csc\dfrac{B}{2}, IC = r\csc\dfrac{C}{2}, BC = r(\cot\dfrac{B}{2} + \cot\dfrac{C}{2}), CA = r(\cot\dfrac{C}{2} + \cot\dfrac{A}{2}), AB = r(\cot\dfrac{A}{2} + \cot\dfrac{B}{2}),$

$IA^2 + IB^2 + IC^2 \geq \dfrac{BC^2 + CA^2 + AB^2}{3} \Leftrightarrow$

$3(\csc^2\dfrac{A}{2} + \csc^2\dfrac{B}{2} + \csc^2\dfrac{C}{2}) \geq$

$(\cot\dfrac{B}{2} + \cot\dfrac{C}{2})^2 + (\cot\dfrac{C}{2} + \cot\dfrac{A}{2})^2 + (\cot\dfrac{A}{2} + \cot\dfrac{B}{2})^2 \Leftrightarrow$

$3(\cot^2\dfrac{A}{2} + \cot^2\dfrac{B}{2} + \cot^2\dfrac{C}{2}) + 9 \geq$

$$2(\cot^2\frac{A}{2}+\cot^2\frac{B}{2}+\cot^2\frac{C}{2})+$$

$$2(\cot\frac{A}{2}\cot\frac{B}{2}+\cot\frac{B}{2}\cot\frac{C}{2}+\cot\frac{C}{2}\cot\frac{A}{2})\Leftrightarrow$$

$$(\cot^2\frac{A}{2}+\cot^2\frac{B}{2}+\cot^2\frac{C}{2})+9\geqslant$$

$$2(\cot\frac{A}{2}\cot\frac{B}{2}+\cot\frac{B}{2}\cot\frac{C}{2}+\cot\frac{C}{2}\cot\frac{A}{2})\Leftrightarrow$$

$$(\cot\frac{A}{2}+\cot\frac{B}{2}+\cot\frac{C}{2})^2+9\geqslant$$

$$4(\cot\frac{A}{2}\cot\frac{B}{2}+\cot\frac{B}{2}\cot\frac{C}{2}+\cot\frac{C}{2}\cot\frac{A}{2}) \qquad ①$$

由 Schur 不等式得

$$(x+y+z)^3-4(x+y+z)(yz+zx+xy)+9xyz\geqslant 0 \qquad ②$$

于是

$$(\cot\frac{A}{2}+\cot\frac{B}{2}+\cot\frac{C}{2})^3+9\cot\frac{A}{2}\cot\frac{B}{2}\cot\frac{C}{2}\geqslant$$

$$4(\cot\frac{A}{2}+\cot\frac{B}{2}+\cot\frac{C}{2})(\cot\frac{A}{2}\cot\frac{B}{2}+\cot\frac{B}{2}\cot\frac{C}{2}+\cot\frac{C}{2}\cot\frac{A}{2}) \qquad ③$$

又在 $\triangle ABC$ 中 $\cot\frac{A}{2}+\cot\frac{B}{2}+\cot\frac{C}{2}=\cot\frac{A}{2}\cot\frac{B}{2}\cot\frac{C}{2}$, 所以, 由③得不等式①.

**26. 证法一** （1）如图, 不妨设 $BC=a, AB=c, CA=b$, 且 $a\geqslant c\geqslant b$, 由 $M, N, P$ 分别是 $BC, CA, AB$ 的中点, 有

$$\frac{PM_2}{PN}=\frac{PM_2}{BM}=\frac{PM_1}{BM_1}=\frac{\frac{b+c}{2}-\frac{c}{2}}{\frac{b+c}{2}}=\frac{b}{b+c}$$

故 $\frac{PM_2}{M_2N}=\frac{b}{c}$. 同理, $\frac{NP_2}{P_2M}=\frac{a}{b}, \frac{MN_2}{N_2P}=\frac{c}{a}$.

所以, $\frac{PM_2}{M_2N}\cdot\frac{NP_2}{P_2M}\cdot\frac{MN_2}{N_2P}=1$, 因此, $MM_1, NN_1, PP_1$ 交于一点 $K$.

（2）由 $\frac{PM_2}{M_2N}=\frac{b}{c}=\frac{PM}{MN}$ 知 $MM_2$ 为 $\angle PMN$ 的角平分线, 同理, $NN_2, PP_2$ 也是 $\triangle MNP$ 的角平分线. 所以, $K$ 是 $\triangle MNP$ 的内心.

记 $p, R, r$ 分别是 $\triangle ABC$ 的半周长和外接圆、内切圆的半径, 设 $AB=x+y,$

$BC = y + z, CA = z + x$,则

$$r = 4R\sin\frac{A}{2}\sin\frac{B}{2}\sin\frac{C}{2} = \sqrt{\frac{(p-a)(p-b)(p-c)}{p}} = \sqrt{\frac{xyz}{p}}$$

$$R^2 = \frac{a^2b^2c^2}{16r^2p^2} = \frac{a^2b^2c^2}{16pxyz}$$

$$KP = \frac{r}{\sin\frac{C}{2}} = 2R\sin\frac{A}{2}\sin\frac{B}{2}$$

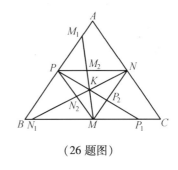

(26 题图)

由于 $P$ 是 $AB$ 的中点,则有
$$2(AK^2 + BK^2) = c^2 + 4KP^2$$
即
$$AK^2 + BK^2 = \frac{1}{2}[c^2 + (4R\sin\frac{A}{2}\sin\frac{B}{2})^2]$$

同理可得,
$$BK^2 + CK^2 = \frac{1}{2}[a^2 + (4R\sin\frac{B}{2}\sin\frac{C}{2})^2]$$
$$CK^2 + AK^2 = \frac{1}{2}[b^2 + (4R\sin\frac{C}{2}\sin\frac{A}{2})^2]$$

所以,
$AK^2 + BK^2 + CK^2 =$
$\frac{1}{4}[a^2 + b^2 + c^2 + 16R^2(\sin^2\frac{A}{2}\sin^2\frac{B}{2} + \sin^2\frac{B}{2}\sin^2\frac{C}{2} + \sin^2\frac{C}{2}\sin^2\frac{A}{2})]$

假设 $KA < \frac{a}{\sqrt{3}}, KB < \frac{b}{\sqrt{3}}, KC < \frac{c}{\sqrt{3}}$,则

$\frac{1}{3}(a^2+b^2+c^2) > \frac{1}{4}[a^2+b^2+c^2+16R^2(\sin^2\frac{A}{2}\sin^2\frac{B}{2}+\sin^2\frac{B}{2}\sin^2\frac{C}{2}+\sin^2\frac{C}{2}\sin^2\frac{A}{2})] \Leftrightarrow$

$a^2 + b^2 + c^2 > 12R^2(\sin^2\frac{A}{2}\sin^2\frac{B}{2} + \sin^2\frac{B}{2}\sin^2\frac{C}{2} + \sin^2\frac{C}{2}\sin^2\frac{A}{2}) =$

$12R^2[(1-\cos A)(1-\cos B) + (1-\cos B)(1-\cos C) + (1-\cos C)(1-\cos A)] =$

$12R^2[\frac{a^2-(b-c)^2}{2bc} \cdot \frac{b^2-(c-a)^2}{2ca} + \frac{b^2-(c-a)^2}{2ca} \cdot \frac{c^2-(a-b)^2}{2ab} + \frac{c^2-(a-b)^2}{2ab} \cdot \frac{a^2-(b-c)^2}{2bc}] =$

$48R^2(\frac{xyz^2}{abc^2} + \frac{xy^2z}{ab^2c} + \frac{x^2yz}{a^2bc}) =$

$$48 \cdot \frac{a^2b^2c^2}{16pxyz}\left(\frac{xyz^2}{abc^2} + \frac{xy^2z}{ab^2c} + \frac{x^2yz}{a^2bc}\right) =$$

$$3\left(\frac{abz}{p} + \frac{bcx}{p} + \frac{cay}{p}\right) \Leftrightarrow$$

$$p(a^2 + b^2 + c^2) > 3(abz + bcx + cay) =$$

$$3[x(x+y)(x+z) + y(y+z)(y+x) + z(z+x)(z+y)] \Leftrightarrow$$

$$2(x+y+z)(x^2 + y^2 + z^2 + xy + yz + zx) >$$

$$3(x+y+z)(x^2 + y^2 + z^2) + 9xyz \Leftrightarrow$$

$$(x+y+z)(xy+yz+zx) > (x+y+z)(x^2+y^2+z^2) + 9xyz \Leftrightarrow$$

$$x^2(y+z) + y^2(z+x) + z^2(x+y) > x^3 + y^3 + z^3 + 6xyz \qquad ①$$

由 $a \geq c \geq b$,则有 $y \geq z \geq x$,所以,

$$x^3 + y^3 + z^3 + 6xyz - [x^2(y+z) + y^2(z+x) + z^2(x+y)] =$$

$$x(y-x)(z-x) + y(y-x)(y-z) + z(z-x)(z-y) =$$

$$x(y-x)(z-x) + (y-z)(y^2 - xy - z^2 + xz) =$$

$$x(y-x)(z-x) + (y-z)^2(y+z-x) \geq 0$$

矛盾.

故 $\frac{KA}{BC}$、$\frac{KB}{CA}$、$\frac{KC}{AB}$ 中至少有一个不小于 $\frac{1}{\sqrt{3}}$.

注:① 不成立可直接由 Schur 不等式得到. 这里实际上对 Schur 不等式进行了证明.

**证法二** (1) 不妨设 $BC = a, AB = c, CA = b$,且 $a \geq c \geq b$,$BM_1 = \frac{1}{2}(a+b+c) - \frac{1}{2}a = \frac{1}{2}(b+c)$,易知,有 $\frac{1}{2}c < BM_1 \leq c$,因此 $M_1$ 在线段 $AP$ 内,于是有 $PM_1 = \frac{1}{2}b = PM$,于是易推出 $MM_2$ 为 $\angle PMN$ 的角平分线,同理,$NN_2$,$PP_2$ 也是 $\triangle MNP$ 的角平分线. 所以三线交于一点 $K$,$K$ 是 $\triangle MNP$ 的内心.

(2) 由中线长公式 $PK = \frac{1}{2}\sqrt{2(AK^2 + BK^2) - AB^2}$,记 $\triangle ABC$ 的内切圆半径为 $r$,则 $PK = \frac{r}{\sin\frac{C}{2}}$,于是,

$$2(AK^2 + BK^2) = AB^2 + 4PK^2 = c^2 + r^2 + \frac{1}{4}(a+b-c)^2$$

同理,

$$2(BK^2 + CK^2) = BC^2 + 4MK^2 = a^2 + r^2 + \frac{1}{4}(b+c-a)^2$$

$$2(AK^2 + BK^2) = CA^2 + 4NK^2 = b^2 + r^2 + \frac{1}{4}(c + a - b)^2$$

相加得,

$$3r^2 + (a^2 + b^2 + c^2) + \frac{1}{4}(a + b - c)^2 + \frac{1}{4}(b + c - a)^2 + \frac{1}{4}(c + a - b)^2 = 4(AK^2 + BK^2 + CK^2).$$

若结论不成立,则 $AK < \frac{a}{\sqrt{3}}, BK < \frac{b}{\sqrt{3}}, CK < \frac{c}{\sqrt{3}}$,代入上式,有

$$5(a^2 + b^2 + c^2) + 36r^2 < 6(ab + bc + ca) \quad ②$$

$$8(a^2 + b^2 + c^2) + 36r^2 < 3(a + b + c)^2 \quad ③$$

如果这个不等式不成立,则结论得证. 由于 $a = r(\cot\frac{B}{2} + \cot\frac{C}{2}), b = r(\cot\frac{C}{2} + \cot\frac{A}{2}), c = r(\cot\frac{A}{2} + \cot\frac{B}{2})$,因此,我们只要证明 $8((\cot\frac{B}{2} + \cot\frac{C}{2})^2 + (\cot\frac{C}{2} + \cot\frac{A}{2})^2 + (\cot\frac{A}{2} + \cot\frac{B}{2})^2) + 36 < 12(\cot\frac{A}{2} + \cot\frac{B}{2} + \cot\frac{C}{2})^2$.

上式可简化为

$$(\cot^2\frac{A}{2} + \cot^2\frac{B}{2} + \cot^2\frac{C}{2}) + 9 \geqslant$$
$$2(\cot\frac{A}{2}\cot\frac{B}{2} + \cot\frac{B}{2}\cot\frac{C}{2} + \cot\frac{C}{2}\cot\frac{A}{2}) \quad ④$$

$$\Leftrightarrow (\cot\frac{A}{2} + \cot\frac{B}{2} + \cot\frac{C}{2})^2 + 9 \geqslant 4(\cot\frac{A}{2}\cot\frac{B}{2} + \cot\frac{B}{2}\cot\frac{C}{2} + \cot\frac{C}{2}\cot\frac{A}{2})$$
⑤

不等式 ⑤ 已在上一题中获得了证明. 下面再给出一个证明.

记 $x = \tan\frac{A}{2}, y = \tan\frac{B}{2}, z = \tan\frac{C}{2}$,则 $\tan\frac{A}{2}\tan\frac{B}{2} + \tan\frac{B}{2}\tan\frac{C}{2} + \tan\frac{C}{2}\tan\frac{A}{2} = 1, xy + yz + zx = 1$.

于是,我们证明 $\frac{1}{x^2} + \frac{1}{y^2} + \frac{1}{z^2} + 9 \geqslant 4(\frac{1}{xy} + \frac{1}{yz} + \frac{1}{zx})$,此即 $(\frac{1}{z} - \frac{1}{x} - \frac{1}{y})^2 \geqslant \frac{4}{xy} - 9$ 或 $(\frac{x+y}{1-xy} - \frac{x+y}{xy})^2 \geqslant \frac{4}{xy} - 9. \Leftrightarrow (x+y)^2(\frac{1}{1-xy} - \frac{1}{xy})^2 \geqslant \frac{4}{xy} - 9$,而 $(x+y)^2 \geqslant 4xy$,只要证明 $4xy(\frac{1}{1-xy} - \frac{1}{xy})^2 \geqslant \frac{4}{xy} - 9$.

令 $xy = k$,则 $0 < k < 1$,若能证明下列不等式即可:

$$4k(\frac{1}{1-k} - \frac{1}{k}) \geqslant \frac{4}{k} - 9$$

$$4k\left(\frac{1}{1-k}-\frac{1}{k}\right) \geqslant \frac{4}{k}-9 \Leftrightarrow \left(\frac{2k-1}{k-1}\right)^2 \geqslant 1-\frac{9k}{4} \Leftrightarrow$$

$$4(2k-1)^2 \geqslant 4(k-1)^2 - 9k(k-1)^2 \Leftrightarrow$$

$$9k(k-1)^2 \geqslant 4[(k-1)^2 - (2k-1)^2] \Leftrightarrow$$

$$9k(k-1)^2 \geqslant 4k(2-3k) \Leftrightarrow$$

$$9(k-1)^2 \geqslant 4(2-3k) \Leftrightarrow (3k-1)^2 \geqslant 0$$

等号成立当且仅当 $k=\frac{1}{3}$ 时,此时, $\triangle ABC$ 为正三角形.

**注** 不等式 ③ 可用 Schur 不等式直接证明.

27. 如图所示,设 $A_2A_3$ 的中点为 $O_1$,则 $OO_1 \perp A_2A_3$,因为 $O$ 是 $\triangle A_1A_2A_3$ 的外心,所以 $\angle A_2OO_1 = \angle A_1$, $\angle A_2A_1O = 90°-A_3$, $\angle H_1A_1O = 90°-A_2-(90°-A_3) = A_3-A_2$,因为四边形 $OP_1HQ_1$ 是平行四边形,所以 $OP_1 = HQ_1 = \dfrac{HH_1}{\cos\angle Q_1HH_1}$

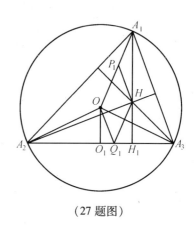

(27 题图)

$= \dfrac{HH_1}{\cos(A_3-A_2)}$, $HH_1 = A_3H_1\tan\angle A_2A_3H = A_3H_1\cot A_2 = A_1A_3\cos A_3\cot A_2 = A_1A_3\cos A_3\dfrac{\cos A_2}{\sin A_2} = \dfrac{A_1A_3}{\sin A_2}\cos A_2\cos A_3 = 2R\cos A_2\cos A_3$,所以 $OP_1 = \dfrac{2R\cos A_2\cos A_3}{\cos(A_3-A_2)}$,而 $OQ_1 \geqslant OO_1 = R\cos A_1$,于是, $\dfrac{OQ_1}{OP_1} \geqslant \dfrac{OO_1}{OP_1} = \dfrac{\cos A_1\cos(A_3-A_2)}{2\cos A_2\cos A_3}$,同理, $\dfrac{OQ_2}{OP_2} \geqslant \dfrac{\cos A_2\cos(A_1-A_3)}{2\cos A_1\cos A_3}$, $\dfrac{OQ_3}{OP_3} \geqslant \dfrac{\cos A_3\cos(A_1-A_2)}{2\cos A_1\cos A_2}$.

由均值不等式得到

$$\frac{OQ_1}{OP_1}+\frac{OQ_2}{OP_2}+\frac{OQ_3}{OP_3} \geqslant \frac{\cos A_1\cos(A_3-A_2)}{2\cos A_2\cos A_3}+\frac{\cos A_2\cos(A_1-A_3)}{2\cos A_1\cos A_3}+\frac{\cos A_3\cos(A_1-A_2)}{2\cos A_1\cos A_2} \geqslant \frac{3}{2}\sqrt[3]{\frac{\cos(A_1-A_2)\cos(A_2-A_3)\cos(A_3-A_1)}{\cos A_1\cos A_2\cos A_3}}$$

下面证明

$$\frac{\cos(A_1-A_2)\cos(A_2-A_3)\cos(A_3-A_1)}{\cos A_1\cos A_2\cos A_3} \geqslant 8$$

$$\cos(A_1 - A_2) = \frac{\cos(A_1 - A_2)\sin(A_1 + A_2)}{\sin A_3} = \frac{\sin 2A_1 + \sin 2A_2}{2\sin A_3} \geqslant$$
$$\frac{\sqrt{\sin 2A_1 \sin 2A_2}}{\sin A_3}$$

同理,
$$\cos(A_2 - A_3) \geqslant \frac{\sqrt{\sin 2A_2 \sin 2A_3}}{\sin A_1}$$
$$\cos(A_3 - A_1) \geqslant \frac{\sqrt{\sin 2A_3 \sin 2A_1}}{\sin A_2}$$

三个不等式相乘得
$$\cos(A_1 - A_2)\cos(A_2 - A_3)\cos(A_3 - A_1) \geqslant$$
$$\frac{\sin 2A_1 \sin 2A_2 \sin 2A_3}{\sin A_1 \sin A_2 \sin A_3} = 8\cos A_1 \cos A_2 \cos A_3$$

即
$$\frac{\cos(A_1 - A_2)\cos(A_2 - A_3)\cos(A_3 - A_1)}{\cos A_1 \cos A_2 \cos A_3} \geqslant 8$$

所以,
$$\frac{OQ_1}{OP_1} + \frac{OQ_2}{OP_2} + \frac{OQ_3}{OP_3} \geqslant 3$$

28. 因为 $CD$ 是 $\angle C$ 的内角平分线,所以由角平分线的性质 $\frac{AD}{DB} = \frac{AC}{BC} = \frac{b}{a}$,注意到 $AD + DB = a$ 有
$$AD = \frac{bc}{a+b}, BD = \frac{ac}{a+b}$$

又 $S$ 是 $\triangle ABC$ 的面积,$2S = ab\sin C$,
$$2S\left(\frac{1}{AD} - \frac{1}{BD}\right) \leqslant AB \Leftrightarrow ab\sin C\left(\frac{a+b}{bc} - \frac{a+b}{ac}\right) \leqslant c \Leftrightarrow$$
$$(a^2 - b^2)\sin C \leqslant c^2 = a^2 + b^2 - 2ab\cos C \Leftrightarrow$$
$$(a^2 - b^2)\sin C + 2ab\cos C \leqslant a^2 + b^2$$

由于 $(a^2 - b^2)^2 + (2ab)^2 = (a^2 + b^2)^2$,所以,令 $a^2 - b^2 = \cos\alpha, 2ab = \sin\alpha$,则 $(a^2 - b^2)\sin C + 2ab\cos C = (a^2 + b^2)(\sin C\cos\alpha + \cos C\sin\alpha) = (a^2 + b^2)\sin(C + \alpha) \leqslant a^2 + b^2$.

29. 取 $BC$ 所在直线为 $x$ 轴,过 $A$ 的高线所在直线为 $y$ 轴,建立平面直角坐标系.

设 $A, B, C$ 的坐标为 $(0, a), (-b, 0), (c, 0)$(这里 $a, b, c$ 都是正数),于是,$\tan B = \frac{a}{b}, \tan C = \frac{a}{c}, \tan A = -\tan(B + C) = \frac{a(b+c)}{a^2 - bc}$,由 $A$ 是锐角知 $a^2 -$

$bc > 0$. 设点 $P$ 的坐标为 $(x,y)$, 则
$$u^2 \tan A + v^2 \tan B + w^2 \tan C =$$
$$[x^2 + (y-a)^2]\frac{a(b+c)}{a^2-bc} + [(x+b)^2 + y^2]\frac{a}{b} + [(x-c)^2 + y^2] =$$
$$(x^2 + y^2 + a^2 - 2ay)\frac{a(b+c)}{a^2-bc} + \frac{a(b+c)}{bc}(x^2 + y^2 + bc) =$$
$$\frac{a(b+c)}{(a^2-bc)bc}[a^2x^2 + (ay-bc)^2 + 2bc(a^2-bc)] \geqslant$$
$$\frac{a(b+c)}{(a^2-bc)bc} \cdot 2bc(a^2-bc) = 2a(b+c) = 4S$$

从上面的证明过程可以看出,等号成立的充要条件是 $x = 0$, 且 $y = \frac{bc}{a}$, 即 $P$ 是锐角 $\triangle ABC$ 的垂心.

30. 如图, 过 $P$ 作 $PX \perp BC, PY \perp CA$, $PZ \perp AB, X,Y,Z$ 是垂足, 延长 $XP$, 过 $Y,Z$ 分别作延长线的垂线, 垂足分别为 $M,N$, 因为 $PY \perp CA, PZ \perp AB$, 所以 $A,Y,P,Z$ 四点共圆, 且圆的直径为 $PA$, 根据正弦定理 $YZ = PA\sin\angle YAZ = PA\sin A$, 因为 $PX \perp BC, PY \perp CA$, 所以 $\angle ZPN = \angle B, \angle YPM = \angle C$, 考虑 $YZ$ 在水平方向的射影, 有 $YZ \geqslant ZM + NY$, 等号成立当且仅当 $YZ \perp PX$, 而 $ZM = PZ\sin\angle ZPN = PZ\sin B, NY = PY\sin\angle YPM = PY\sin C$, 于是由 $YZ \geqslant ZM + NY$, 得

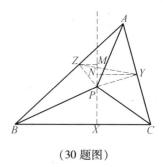

(30 题图)

$$PA\sin A \geqslant PZ\sin B + PY\sin C$$

两端同乘以 $2R$, 得
$$PA \cdot AB \geqslant PZ \cdot CA + PY \cdot AB \qquad ①$$

当且仅当 $YZ \perp PX$ 时不等式 ① 等号成立.
同理可证,
$$PB \cdot CA \geqslant PX \cdot AB + PZ \cdot BC \qquad ②$$

当且仅当 $XZ \perp PY$ 时不等式 ② 等号成立.
$$PC \cdot AB \geqslant PX \cdot CA + PY \cdot BC \qquad ③$$

当且仅当 $PZ \perp XY$ 时不等式 ③ 等号成立. 将不等式 ①,②,③ 应用到不等式的左端并利用均值不等式得到

$$\frac{PA}{BC^2} + \frac{PB}{CA^2} + \frac{PC}{AB^2} = \frac{1}{BC^3} \cdot PA \cdot BC + \frac{1}{CA^3} \cdot PB \cdot CA + \frac{1}{AB^3} \cdot PC \cdot AB \geqslant$$

$$\frac{1}{BC^3}(PZ \cdot CA + PY \cdot AB) +$$

$$\frac{1}{CA^3} \cdot (PX \cdot AB + PZ \cdot BC) +$$

$$\frac{1}{AB^3} \cdot (PX \cdot CA + PY \cdot BC) =$$

$$(\frac{AB}{CA^3} + \frac{CA}{AB^3})PX + (\frac{AB}{BC^3} + \frac{BC}{AB^3})PY + (\frac{BC}{CA^3} + \frac{CA}{BC^3})PZ \geqslant$$

$$\frac{2}{AB \cdot CA} \cdot PX + \frac{2}{AB \cdot BC} \cdot PY + \frac{2}{BC \cdot CA} \cdot PZ =$$

$$\frac{4}{AB \cdot BC \cdot CA} \cdot \frac{1}{2}(BC \cdot PX + CA \cdot PY + AB \cdot PZ) =$$

$$\frac{4S_{\triangle ABC}}{AB \cdot BC \cdot CA} = \frac{1}{R}$$

31. **证法一** 如图,易知 $\triangle ABX' \backsim \triangle AXC$,所以, $\frac{AX}{AC} = \frac{AB}{AX'}$,即

$$AX \cdot AX' = AB \cdot AC \qquad ①$$

由角平分线定理 $\frac{BX}{CX} = \frac{AB}{AC} = \frac{c}{b}$,又 $BX + CX = a$,所以

$$BX = \frac{ac}{b+c}$$

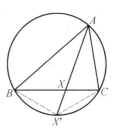

(31 题图)

$$CX = \frac{ab}{b+c}$$

由相交弦定理得 $AX \cdot XX' = BX \cdot CX = \frac{a^2 bc}{(b+c)^2}$,所以,

$$\frac{AX \cdot XX'}{bc} = \frac{a^2}{(b+c)^2} \qquad ②$$

利用式①,②得

$$l_a = \frac{m_a}{M_a} = \frac{AX}{AX'} = \frac{AX' - X'X}{AX'} = 1 - \frac{X'X}{AX'} = 1 - \frac{AX \cdot X'X}{AX \cdot AX'} =$$

$$1 - \frac{AX \cdot X'X}{AB \cdot AC} = 1 - \frac{a^2}{(b+c)^2} \qquad ③$$

同理,

$$l_b = 1 - \frac{b^2}{(c+a)^2}$$

$$l_c = 1 - \frac{c^2}{(a+b)^2}$$

下面证明:

$$\frac{1}{(a+b)^2} + \frac{1}{(b+c)^2} + \frac{1}{(c+a)^2} \leq \frac{1}{4}(\frac{1}{a^2} + \frac{1}{b^2} + \frac{1}{c^2}) \quad ④$$

事实上,$(\frac{1}{a^2} + \frac{1}{b^2})(a+b)^2 \geq (2\frac{1}{a} \cdot \frac{1}{b})(2\sqrt{ab})^2 = 8$,所以 $\frac{1}{a^2} + \frac{1}{b^2} \geq \frac{8}{(a+b)^2}$,同理,$\frac{1}{b^2} + \frac{1}{c^2} \geq \frac{8}{(b+c)^2}$,$\frac{1}{c^2} + \frac{1}{a^2} \geq \frac{8}{(c+a)^2}$,三个不等式相加得 ④.

于是,

$$\frac{1}{a^2} + \frac{1}{b^2} + \frac{1}{c^2} - (\frac{1}{(a+b)^2} + \frac{1}{(b+c)^2} + \frac{1}{(c+a)^2}) \geq \frac{3}{4}(\frac{1}{a^2} + \frac{1}{b^2} + \frac{1}{c^2}) \quad ⑤$$

$$\frac{1}{\sin^2 A} + \frac{1}{\sin^2 B} + \frac{1}{\sin^2 C} = (\cot^2 A + 1) + (\cot^2 B + 1) + (\cot^2 C + 1) =$$

$$\cot^2 A + \cot^2 B + \cot^2 C + 3 \geq$$

$$\cot A \cot B + \cot B \cot C + \cot C \cot A + 3 = 4 \quad ⑥$$

由正弦定理得

$$\frac{l_a}{\sin^2 A} + \frac{l_b}{\sin^2 B} + \frac{l_c}{\sin^2 C} \geq 3 \Leftrightarrow$$

$$\frac{l_a}{4R^2 \sin^2 A} + \frac{l_b}{4R^2 \sin^2 B} + \frac{l_c}{4R^2 \sin^2 C} \geq \frac{3}{4R^2} \Leftrightarrow$$

$$\frac{l_a}{a^2} + \frac{l_b}{b^2} + \frac{l_c}{c^2} \geq \frac{3}{4R^2} \Leftrightarrow$$

$$\frac{1}{a^2} + \frac{1}{b^2} + \frac{1}{c^2} - (\frac{1}{(a+b)^2} + \frac{1}{(b+c)^2} + \frac{1}{(c+a)^2}) \geq \frac{3}{4R^2} \quad ⑦$$

由不等式 ⑤ 只要证明

$$\frac{3}{4}(\frac{1}{a^2} + \frac{1}{b^2} + \frac{1}{c^2}) \geq \frac{3}{4R^2} \quad ⑧$$

由正弦定理及不等式 ⑥ 得

$$\frac{3}{4}(\frac{1}{a^2} + \frac{1}{b^2} + \frac{1}{c^2}) = \frac{3}{4}(\frac{1}{4R^2\sin^2 A} + \frac{1}{4R^2\sin^2 B} + \frac{1}{4R^2\sin^2 C}) =$$

$$\frac{3}{16R^2}(\frac{1}{\sin^2 A} + \frac{1}{\sin^2 B} + \frac{1}{\sin^2 C}) \geq \frac{3}{4R^2}$$

从而 $\frac{l_a}{\sin^2 A} + \frac{l_b}{\sin^2 B} + \frac{l_c}{\sin^2 C} \geq 3$.

**证法二** 在 $\triangle ABX$ 中,由正弦定理得 $\frac{AX}{\sin B} = \frac{AB}{\sin \angle BXA}$,即 $AX =$

$\dfrac{AB\sin B}{\sin(B+\dfrac{A}{2})}$,在 $\triangle ABX'$ 中,由正弦定理得 $\dfrac{AX'}{\sin\angle ABX'}=\dfrac{AB}{\sin\angle BX'A}$,即 $AX'=\dfrac{AB\sin(B+\dfrac{A}{2})}{\sin C}$,所以,$l_a=\dfrac{m_a}{M_a}=\dfrac{\sin B\sin C}{\sin^2(B+\dfrac{A}{2})}$,$\dfrac{l_a}{\sin^2 A}=\dfrac{\sin B\sin C}{\sin^2 A\sin^2(B+\dfrac{A}{2})}\geqslant \dfrac{\sin B\sin C}{\sin^2 A}$,同理 $\dfrac{l_b}{\sin^2 B}\geqslant \dfrac{\sin C\sin A}{\sin^2 B}$,$\dfrac{l_c}{\sin^2 C}\geqslant \dfrac{\sin A\sin B}{\sin^2 C}$.

由均值不等式得

$$\dfrac{l_a}{\sin^2 A}+\dfrac{l_b}{\sin^2 B}+\dfrac{l_c}{\sin^2 C}\geqslant \dfrac{\sin B\sin C}{\sin^2 A}+\dfrac{\sin C\sin A}{\sin^2 B}+\dfrac{\sin A\sin B}{\sin^2 C}\geqslant 3\sqrt[3]{\dfrac{\sin B\sin C}{\sin^2 A}\cdot \dfrac{\sin C\sin A}{\sin^2 B}\cdot \dfrac{\sin A\sin B}{\sin^2 C}}=3$$

32. 如图,设 $S_{四边形DNTM}=x$,$S_{四边形ABCD}=S$.

易知,$KL\parallel AC$,且 $KL=\dfrac{1}{2}AC$. $NM\parallel AC$,且 $NM=\dfrac{1}{2}AC$. 则 $NM\parallel KL$ 且 $NM=KL$,因此,四边形 $KLMN$ 是平行四边形. 进而,

$$S_{\triangle KBL}=\dfrac{1}{4}S_{\triangle ABC}$$

$$S_{\triangle NDM}=\dfrac{1}{4}S_{\triangle ADC}$$

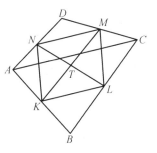

(32 题图)

故

$$S_{\triangle KBL}+S_{\triangle NDM}=\dfrac{1}{4}(S_{\triangle ABC}+S_{\triangle ADC})=\dfrac{1}{4}S$$

同理,

$$S_{\triangle NAK}+S_{\triangle LCM}=\dfrac{1}{4}S.$$

则

$$S_{四边形DNTM}=S-(S_{\triangle KBL}+S_{\triangle NDM}+S_{\triangle NAK}+S_{\triangle LCM})=S-\dfrac{1}{2}S=\dfrac{1}{2}S$$

从而,

$$S_{\triangle NTM}=\dfrac{1}{4}S_{四边形KLMN}=\dfrac{1}{8}S$$

因为 $S_{\triangle NTM} < S_{四边形DNTM}$,则有 $\frac{1}{8}S < x, S < 8x$.

记 $S_{四边形KBLT} = y$,注意到
$$x + y = S_{\triangle NDM} + S_{\triangle KBL} + S_{\triangle NTM} + S_{\triangle KTL} =$$
$$\frac{1}{4}S + \frac{1}{4}S_{四边形KLMN} + \frac{1}{4}S_{四边形KLMN} =$$
$$\frac{1}{4}S + \frac{1}{8}S + \frac{1}{8}S = \frac{1}{2}S$$

即 $y = \frac{1}{2}S - x$.

对于 $y$,使用相同的过程,得 $S < 8y$,所以,$S < 8(\frac{1}{2}S - x) = 4S - 8x$,故 $8x < 3S$,即 $\frac{8}{3}x < S$.

33. 如图,设 $AB = a, BC = b, CD = c, DA = d$,则
$2S_{四边形ABCD} = 2S_{\triangle ABC} + 2S_{\triangle ACD} = ab\sin B + cd\sin D$
故
$$4(S_{四边形ABCD})^2 = a^2b^2\sin^2 B +$$
$$c^2d^2\sin^2 D + 2abcd\sin B\sin D$$

对 $\triangle ABC$ 和 $\triangle ACD$ 应用余弦定理,得
$a^2 + b^2 - 2ab\cos B = AC^2 = c^2 + d^2 - 2cd\cos D$
则
$$(\frac{a^2 + b^2 - c^2 - d^2}{4})^2 = a^2b^2\cos^2 B + c^2d^2\cos^2 D - 2abcd\cos B\cos D$$

(33题图)

于是,有
$$4(S_{四边形ABCD})^2 + (\frac{a^2 + b^2 - c^2 - d^2}{4})^2 = a^2b^2 + c^2d^2 - 2abcd\cos(B + D)$$

从而,有
$$4(S_{四边形ABCD})^2 \leq a^2b^2 + c^2d^2 + 2abcd = (ab + cd)^2$$

故
$$2S_{四边形ABCD} \leq ab + cd \leq \frac{a^2 + b^2}{2} + \frac{c^2 + d^2}{2}$$

因此,
$$S_{四边形ABCD} \leq \frac{a^2 + b^2 + c^2 + d^2}{4}$$

34. 如图,设 $\frac{AN}{AD} = \lambda_1, \frac{DM}{DC} = \lambda_2, \frac{CL}{CB} = \lambda_3, \frac{BK}{BA} = \lambda_4$,

则
$$S_1 = S_{\triangle AKN} = \lambda_1(1-\lambda_4)S_{\triangle ABD}$$
$$S_2 = S_{\triangle BKL} = \lambda_4(1-\lambda_3)S_{\triangle ABC}$$
$$S_3 = S_{\triangle CLM} = \lambda_3(1-\lambda_2)S_{\triangle BCD}$$
$$S_4 = S_{\triangle DMN} = \lambda_2(1-\lambda_1)S_{\triangle ADC}$$

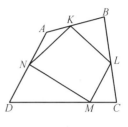

(34题图)

$$\sqrt[3]{\frac{S_1}{S}} = \sqrt[3]{\frac{\lambda_1(1-\lambda_4)S_{\triangle ABD}}{S}} \leq \frac{\lambda_1 + (1-\lambda_4) + \frac{S_{\triangle ABD}}{S}}{3} \quad ①$$

$$\sqrt[3]{\frac{S_2}{S}} = \sqrt[3]{\frac{\lambda_4(1-\lambda_3)S_{\triangle ABC}}{S}} \leq \frac{\lambda_4 + (1-\lambda_3) + \frac{S_{\triangle ABC}}{S}}{3} \quad ②$$

$$\sqrt[3]{\frac{S_3}{S}} = \sqrt[3]{\frac{\lambda_3(1-\lambda_2)S_{\triangle BCD}}{S}} \leq \frac{\lambda_3 + (1-\lambda_2) + \frac{S_{\triangle BCD}}{S}}{3} \quad ③$$

$$\sqrt[3]{\frac{S_4}{S}} = \sqrt[3]{\frac{\lambda_2(1-\lambda_1)S_{\triangle ADC}}{S}} \leq \frac{\lambda_2 + (1-\lambda_1) + \frac{S_{\triangle ADC}}{S}}{3} \quad ④$$

由于 $S_{\triangle ABD} + S_{\triangle BCD} = S, S_{\triangle ABC} + S_{\triangle ADC} = S$,所以将上述四个不等式相加即得

$$\sqrt[3]{\frac{S_1}{S}} + \sqrt[3]{\frac{S_2}{S}} + \sqrt[3]{\frac{S_3}{S}} + \sqrt[3]{\frac{S_4}{S}} \leq 2$$

即

$$\sqrt[3]{S_1} + \sqrt[3]{S_2} + \sqrt[3]{S_3} + \sqrt[3]{S_4} \leq 2\sqrt[3]{S}$$

35. 如图(1),连接 $EF$. 在梯形 $AEFD$ 中,显然有

$$\sin\angle AGD = \sin\angle DGF = \sin\angle EGF = \sin\angle AGE$$
①

$$S_{\triangle AGD} = S_{\triangle AED} - S_{\triangle AEG} = S_{\triangle AEF} - S_{\triangle AEG} = S_{\triangle EGF} \quad ②$$

由①和②有

(35题(1)图)

$$(S_{\triangle EGF})^2 = S_{\triangle EGF} \cdot S_{\triangle AGD} =$$
$$(\frac{1}{2}EG \cdot GF\sin\angle EGF) \cdot$$
$$(\frac{1}{2}AG \cdot GD\sin\angle AGD) =$$
$$(\frac{1}{2}EG \cdot AG\sin\angle AGE) \cdot$$
$$(\frac{1}{2}GF \cdot GD\sin\angle DGF) =$$
$$S_{\triangle AGE} \cdot S_{\triangle DGF} \qquad ③$$

由式 ② 和 ③ 有
$$S_{AEFD} = S_{\triangle AGE} + S_{\triangle EGF} + S_{\triangle DGF} + S_{\triangle AGD} =$$
$$2S_{\triangle EGF} + (S_{\triangle AGE} + S_{\triangle DGF}) \geq$$
$$2S_{\triangle EGF} + 2\sqrt{S_{\triangle AGE} \cdot S_{\triangle DGF}} =$$
$$4S_{\triangle EGF} \qquad ④$$

类似地,有
$$S_{BEFC} \geq 4S_{\triangle EHF} \qquad ⑤$$

式 ④ + 式 ⑤,再乘以 $\frac{1}{4}$,得
$$\frac{1}{4}S_{ABCD} \geq S_{EHFG} \qquad ⑥$$

对于后半题,如果 $ABCD$ 是一个任意凸四边形,结论不一定成立. 举一反例如下:作一个梯形 $ABCD$ 使得 $BC \parallel AD, AD = 1, BC = 100$,梯形高 $h = 100$. 在 $AB$ 上取一点 $E$,作 $EF \parallel BC$,交线段 $CD$ 于点 $F$. 已知线段 $EF$ 与 $BC$ 之间的距离为 1.

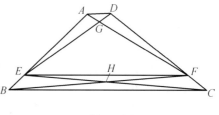

(35 题(2) 图)

$$S_{ABCD} = \frac{1}{2}(AD + BC)h = 5\,050 \qquad ⑦$$

$$EF = \frac{1}{100}(99BC + AD) = 99.01 \qquad ⑧$$

点 $G$ 到线段 $EF$ 之间的距离记为 $h'$,显然,
$$\frac{h'}{99 - h'} = \frac{EF}{AD} = 99.01 \qquad ⑨$$

从而,

$$h' = \frac{99 \times 99.01}{100.01} \qquad ⑩$$

那么,

$$S_{EHFG} > S_{\triangle EFG} = \frac{1}{2} EF \times h' = \frac{99 \times 99.01^2}{2 \times 100.01} > \frac{1}{4} \times 5\,050 =$$

$$\frac{1}{4} S_{ABCD} \qquad ⑪$$

36. 不妨设 $A,B,C$ 不共线. 将 $AB,BC,CA$ 都扩展成直线,把平面分成 $t$ 个部分,如图(a)所示分为三种区域.

(1) $X$ 点在区域 $I$ 内,记 $l(PQR)$ 为 $\triangle PQR$ 的最长边的长度.

延长 $AX$ 交 $BC$ 与 $D$ (图 b),则 $AX \leqslant AD \leqslant max\{AB,BC\} \leqslant l(ABC)$,同理 $BX \leqslant l(ABC), CX \leqslant l(ABC)$,所以 $l(ABX) \leqslant l(ABC), l(BCX) \leqslant l(ABC)$, $l(CAX) \leqslant l(ABC)$,于是

$$m(ABX) + m(BCX) + m(CAX) = \frac{2S_{\triangle ABX}}{l(ABX)} + \frac{2S_{\triangle BCX}}{l(BCX)} + \frac{2S_{\triangle CAX}}{l(CAX)} \geqslant$$

$$\frac{2S_{\triangle ABX}}{l(ABC)} + \frac{2S_{\triangle BCX}}{l(ABC)} + \frac{2S_{\triangle CAX}}{l(ABC)} =$$

$$\frac{2S_{\triangle ABC}}{l(ABC)} = m(ABC) \qquad ①$$

(2) $X$ 点在区域 $II$ 中,不妨设 $X$ 在 $\angle BAC$ 的对顶角中,记 $BC$、$CA$、$AB$ 所对应的高分别为 $h_a$、$h_b$、$h_c$.

(Ⅰ) 若 $m(BCX)$ 是从 $X$ 引出,则 $m(BCX) \geqslant h_a \geqslant m(ABC)$,所证不等式成立.

(Ⅱ) 若 $m(BCX)$ 不是从 $X$ 引出,则 $m(BCX) = CD$. (图 c)

(i) 若 $\angle CBX \leqslant 90°$,则 $CD = BC\sin\angle CBX \geqslant BC\sin\angle ABC = h_c \geqslant m(ABC)$.

(ii) 若 $\angle CBX \geqslant 90°$,则 $\angle CBD = \angle BXC + \angle BCX \geqslant \angle BCX \geqslant \angle BCA$,而 $\angle CBD = 180° - \angle CBX \leqslant 90°$,所以

$$CD = BC\sin\angle CBD \geqslant BC\sin\angle BCA = h_b \geqslant m(ABC)$$

于是,此时所证不等式成立.

(3) 若 $X$ 点在区域 Ⅲ 中,不妨设在 $\angle ABC$ 所含的区域中,考虑 $AB,BC,CA$, $AX,BX,CX$ 中的最长边(图 d)

(Ⅰ) 若 $AB,BC,CA$ 之一为 $l(ABC)$,由 ① 的证明即知要证的不等式成立.

(Ⅱ) 若 $BX$ 最长,如图,$BX$ 与 $AC$ 交于 $D$, $\angle ADB \leqslant 90°$. 作 $AE \perp BX$ 于 $E$, $CF \perp BX$ 于 $F$,则 $m(ABX) = AE, m(BCX) = CF$. 又因为 $\angle ADB > \angle ACB$.

所以

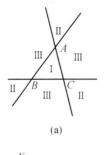
(a)

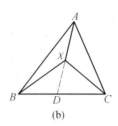
(b)

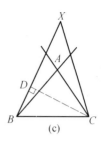
(c)

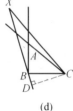
(d)

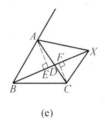
(e)

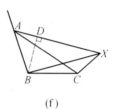
(f)

(36题图)

$$AE + CF = AC\sin\angle ADB > AC\sin\angle ACB = h_a \geq m(ABC)$$

即有

$$m(ABC) \leq m(ABX) + m(BCX) \leq m(ABX) + m(BCX) + m(CAX)$$

（Ⅲ）若最长边为 $AX$ 或 $CX$，不妨设为 $AX$。在 $\triangle ABX$ 中，$\angle ABX \geq \angle BAX$，则 $90° \geq \angle BAX \geq \angle BAC$。作 $BD \perp AX$ 于 $D$，则

$$m(ABX) = BD = AB\sin\angle BAX \geq$$
$$AB\sin\angle BAC = h_b \geq m(ABC)$$

所以，

$$m(ABC) \leq m(ABX) + m(BCX) + m(CAX)$$

综上所述，总有 $m(ABC) \leq m(ABX) + m(BCX) + m(CAX)$ 成立。

(37题图)

37. 易知 $S_{\triangle AB_2C_1} = S_{\triangle CA_2B_1} = S_{\triangle BC_2A_1} = S_{\triangle ABC}$，所以

$$\frac{G}{F} = \frac{S_{ABC_2C_1} + S_{BCA_2A_1} + S_{ACB_1B_2} + 4F}{F} =$$

$$\frac{S_{\triangle AA_1A_2} + S_{\triangle BB_1B_2} + S_{\triangle CC_1C_2} + F}{F} =$$

$$1 + \frac{(b+a)(c+a)}{bc} + \frac{(a+b)(c+b)}{ac} + \frac{(a+c)(b+c)}{ab} =$$

$$1 + 3 + \frac{a}{b} + \frac{a}{c} + \frac{b}{a} + \frac{b}{c} + \frac{c}{a} + \frac{c}{b} + \frac{a^2}{bc} + \frac{b^2}{ca} + \frac{c^2}{ab} \geq$$

$$4 + 9\sqrt[9]{\frac{a}{b} \cdot \frac{a}{c} \cdot \frac{b}{a} \cdot \frac{b}{c} \cdot \frac{c}{a} \cdot \frac{c}{b} \cdot \frac{a^2}{bc} \cdot \frac{b^2}{ca} \cdot \frac{c^2}{ab}} = 13$$

**38.** 设两条中线 $BB', CC'$ 交于 $G$，令 $GB' = m, GC' = n$，则 $BG = 2m, CG = 2n$. 于是，

$$\cot B = \cot(\angle CBG + \angle GBC') = \frac{1 - \frac{2n}{2m} \cdot \frac{n}{2m}}{\frac{2n}{2m} + \frac{n}{2m}} = \frac{2m^2 - n^2}{3mn}$$

同理 $\cot C = \frac{2n^2 - m^2}{3mn}$，所以 $\cot B + \cot C = \frac{n^2 + m^2}{3mn} \geqslant \frac{2}{3}$.

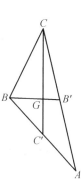

(38 题图)

**39. 证法一** 设 $\triangle PAC, \triangle PBC, \triangle PCA$ 的面积分别是 $x, y, z$，则

$$\frac{SB}{SA} = \frac{x}{y}, \frac{RA}{RB} = \frac{z}{y}, \frac{QC}{QB} = \frac{x}{z}$$

$$\frac{S_{\triangle SBQ}}{S_{\triangle ABC}} = \frac{yz}{(x+y)(x+z)}$$

$$\frac{S_{\triangle SAR}}{S_{\triangle ABC}} = \frac{xz}{(x+y)(y+z)}$$

$$\frac{S_{\triangle CQR}}{S_{\triangle ABC}} = \frac{xy}{(x+z)(y+z)}$$

因为 $\triangle ABC$ 的面积是 $\triangle SQR, \triangle SBQ, \triangle SAR, \triangle QCR$ 的面积之和，我们只要证明

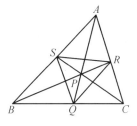

(39 题图)

$$\frac{yz}{(x+y)(x+z)} + \frac{xz}{(x+y)(y+z)} + \frac{xy}{(x+z)(y+z)} \geqslant \frac{3}{4}$$

两边同乘以 $4(x+y)(y+z)(z+x)$，并整理得到等价不等式

$$y^2(z+x) + x^2(y+z) + z^2(x+y) - 6xyz \geqslant 0 \qquad ①$$

因为

$$x^2 y + y^2 z + z^2 x \geqslant \sqrt[3]{x^2 y \cdot y^2 z \cdot z^2 x} = 3xyz$$

$$xy^2 + yz^2 + zx^2 \geqslant \sqrt[3]{xy^2 \cdot yz^2 \cdot zx^2} = 3xyz$$

两式相加即得式 ①.

当且仅当 $x = y = z$ 时等号成立，此时 $P$ 是 $\triangle ABC$ 的重心.

**证法二** 设 $\frac{SA}{AB} = x, \frac{BQ}{BC} = y, \frac{CR}{AC} = z$. 则 $\frac{SB}{AB} = 1 - x, \frac{CQ}{BC} = 1 - y, \frac{AR}{AC} = 1 - z$. 且 $x, y, z \in (0, 1)$.

由塞瓦定理有

$$xyz = (1-x)(1-y)(1-z)$$

故

$$\frac{S_{\triangle SAR}}{S_{\triangle ABC}} = \frac{SA \cdot AR}{AB \cdot AC} = x(1-z)$$

同理得

$$\frac{S_{\triangle SBQ}}{S_{\triangle ABC}} = y(1-x)$$

$$\frac{S_{\triangle QRC}}{S_{\triangle ABC}} = z(1-y)$$

于是,有

$$\frac{S_{\triangle QRS}}{S_{\triangle ABC}} = \frac{S_{\triangle ABC} - S_{\triangle SAR} - S_{\triangle SBQ} - S_{\triangle QRC}}{S_{\triangle ABC}} =$$

$$(1-x)(1-y)(1-z) + xyz = 2xyz =$$

$$2\sqrt{x(1-x)}\sqrt{y(1-y)}\sqrt{z(1-z)} \leqslant$$

$$2 \cdot \frac{1}{2} \cdot \frac{1}{2} \cdot \frac{1}{2} = \frac{1}{4}$$

当且仅当 $x = y = z = \frac{1}{2}$ 时取等号,此时,$S, Q, R$ 分别为三边的中点,$P$ 为 $\triangle ABC$ 的重心.

40. 记 $a = BC, b = CA, c = AB. S = S_{\triangle ABC}, S_0 = S_{\triangle DEF}$,则由角平分线的性质有

$$\frac{AF}{b} = \frac{BF}{a} = \frac{AF + BF}{b + a} = \frac{c}{a+b}$$

从而 $AF = \frac{bc}{a+b}$,同理有 $AE = \frac{bc}{a+c}$,因此,

$$S_{\triangle AEF} = \frac{1}{2}AE \cdot AF \sin \angle BAC = \frac{1}{2}bc \sin \angle BAC \cdot$$

$$\frac{bc}{(a+b)(a+c)} = \frac{bcS}{(a+b)(a+c)}$$

同理得

$$S_{\triangle BDF} = \frac{acS}{(a+b)(b+c)}$$

$$S_{\triangle CDE} = \frac{abS}{(a+c)(b+c)}$$

由均值不等式,得

$$S - S_0 = S_{\triangle AEF} + S_{\triangle BDF} + S_{\triangle CDE} =$$
$$\left(\frac{bc}{(a+b)(a+c)} + \frac{ac}{(a+b)(b+c)} + \frac{ab}{(a+c)(b+c)}\right)S =$$
$$\frac{c^2b + bc^2 + a^2c + c^2a + a^2b + ab^2}{(a+b)(b+c)(c+a)}S \geqslant \frac{6abcS}{(a+b)(b+c)(c+a)} =$$
$$3\left(1 - \frac{bc}{(a+b)(a+c)} - \frac{ac}{(a+b)(b+c)} - \frac{ab}{(a+c)(b+c)}\right)S =$$
$$3(S - S_{\triangle AEF} - S_{\triangle BDF} - S_{\triangle CDE}) = 3S_0.$$

于是 $S - S_0 \geqslant 3S_0$. 即 $S_0 \leqslant \frac{1}{4}S$.

41. 欲证 $S_1 \geqslant \frac{2}{3}S_2$，只要证明 $S_{\triangle AGH} + S_{\triangle AGH} + S_{\triangle AGH} \leqslant \frac{1}{3}S_2$，注意到平行四边形 $AGOH, BIOD, CEOF$，故命题的解决只在于证明

$$S_{\triangle OIF} + S_{\triangle OEH} + S_{\triangle OGD} \geqslant \frac{1}{3}S_2 \qquad ①$$

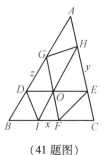

(41 题图)

设 $BC = a, CA = b, AB = c, IF = x, EH = y, GD = z$. 那么式 ① 等价于证明

$$\frac{x^2}{a^2} + \frac{y^2}{b^2} + \frac{z^2}{c^2} \geqslant \frac{1}{3} \qquad ②$$

依题设, 有 $OE = CF$, 从而 $\frac{y}{b} = \frac{OE}{a} = \frac{CF}{a}$. 同理, $\frac{z}{c} = \frac{BI}{a}$.

所以

$$\frac{x}{a} + \frac{y}{b} + \frac{z}{c} = \frac{IF + CF + BI}{a} = 1 \qquad ③$$

利用式 ③, 根据柯西不等式, 得 $\frac{x^2}{a^2} + \frac{y^2}{b^2} + \frac{z^2}{c^2} \geqslant \frac{1}{3}\left(\frac{x}{a} + \frac{y}{b} + \frac{z}{c}\right)^2 = \frac{1}{3}$. 故式 ② 成立, 命题获证.

42. 注意利用点 $G$ 是 $\triangle ABC$ 的重心这一特殊地位, 取 $BC$ 的中点 $D$, 连 $DB_1$, $DC_1$, 则

$$S_{BB_1GC_1} + S_{CC_1GB_1} = 2S_{\triangle GB_1C_1} + S_{\triangle BC_1B_1} + S_{\triangle CB_1C_1} =$$
$$2S_{\triangle GB_1C_1} + 2S_{\triangle DB_1C_1} = 2S_{GB_1DC_1} =$$
$$2(S_{\triangle DGB_1} + S_{\triangle DGC_1}) =$$
$$\frac{2}{3}(S_{\triangle ADB_1} + S_{\triangle ADC_1}) \qquad ①$$

过 $G$ 作直线平行于 $l$, 分别交 $AB, AC$ 于 $B_2, C_2$, 由于 $G$ 与 $A$ 在 $l$ 的同侧, 所以

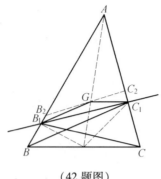

(42 题图)

$B_2$ 在线段 $AB_1$ 内,$C_2$ 在线段 $AC_1$ 内,为便于综合考察,设 $\dfrac{AB_2}{AB}=\lambda$,$\dfrac{AC_2}{AC}=\mu$,

则

$$\dfrac{S_{\triangle AB_2C_2}}{S_{\triangle ABC}} = \lambda\mu \qquad ②$$

又

$$\dfrac{S_{\triangle AB_2C_2}}{S_{\triangle ABC}} = \dfrac{S_{\triangle AB_2G}}{S_{\triangle ABC}} + \dfrac{S_{\triangle AGC_2}}{S_{\triangle ABC}} = \dfrac{1}{2}\left(\dfrac{S_{\triangle AB_2G}}{S_{\triangle ABD}} + \dfrac{S_{\triangle AGC_2}}{S_{\triangle ADC}}\right) =$$

$$\dfrac{1}{2}\left(\dfrac{2\lambda}{3} + \dfrac{2\mu}{3}\right) = \dfrac{1}{3}(\lambda+\mu) \qquad ③$$

由式②,③得 $\lambda\mu = \dfrac{1}{3}(\lambda+\mu)$. 即 $\dfrac{1}{\lambda} + \dfrac{1}{\mu} = 3$.

从而

$$\lambda + \mu = \dfrac{1}{3}\left(\dfrac{1}{\lambda}+\dfrac{1}{\mu}\right)(\lambda+\mu) \geqslant \dfrac{4}{3} \qquad ④$$

由式①,④得

$$S_{BB_1GC_1} + S_{CC_1GB_1} \geqslant \dfrac{2}{3}(S_{\triangle ADB_2} + S_{\triangle ADC_2}) =$$

$$\dfrac{2}{3}(\lambda S_{\triangle ABD} + \mu S_{\triangle ADC}) =$$

$$\dfrac{1}{3}(\lambda+\mu) S_{\triangle ABC} \geqslant \dfrac{4}{9} S_{\triangle ABC}$$

当且仅当 $\lambda = \mu = \dfrac{2}{3}$,即直线 $l$ 过点 $G$ 平行于 $BC$ 时取等号.

**43. 证明** 有两种情况:(1) 四个顶点在两条边上;(2) 四个顶点在三条边上.

(1) 不妨设 $P_1$,$P_4$ 在 $AB$ 上,$P_2$,$P_3$ 在 $AC$ 上,$P_1$,$P_2$ 分别在 $AP_4$,$AP_3$ 上,将 $B$ 移至 $P_4$,$C$ 移至 $P_3$,三角形 $ABC$ 的面积减小,归为情形(2).

(2) 不妨设 $P_1$ 在 $AB$ 上，$P_2$ 在 $AC$ 上，$P_3, P_4$ 在 $BC$ 上，$P_3$ 在 $P_4C$ 上．

(2.1) 若 $P_1P_2 \parallel BC$，设 $\dfrac{AP_1}{AB} = \dfrac{AP_2}{AC} = \lambda$，$P_1P_2 = \lambda BC$．$P_1P_2$ 到 $BC$ 的距离为 $(1-\lambda)h$，$h$ 为三角形 $ABC$ 中 $BC$ 边上的高的长度．

所以
$$S_{\triangle P_1P_2P_3} = \lambda(1-\lambda)S_{\triangle ABC} \leq \frac{1}{4}S_{\triangle ABC}$$

(2.2) 若 $P_1P_2$ 不平行于 $BC$，不妨设 $P_1$ 到 $BC$ 的距离大于 $P_2$ 到 $BC$ 的距离．过 $P_2$ 作平行于 $BC$ 的直线交 $AB$ 于 $E$，交 $P_1P_4$ 于 $D$，则 $S_{\triangle P_1P_2P_3}, S_{\triangle P_4P_2P_3}$ 中有一个不大于 $S_{\triangle DP_2P_3}$，也就不大于 $S_{\triangle EP_2P_3}$．

由 (2.1) 知 $S_{\triangle EP_2P_3} \leq \dfrac{1}{4}S_{\triangle ABC}$．则 $S_{\triangle P_1P_2P_3}, S_{\triangle P_4P_2P_3}$ 中有一个不大于 $\dfrac{1}{4}S_{\triangle ABC}$，证毕．

44. 如图，设 $AM, BM, CM$ 的中点分别为 $U, V, W$．易知 $PQ \perp AM$ 于 $U$，$QR \perp BM$ 于 $V$，$RP \perp CM$ 于 $W$．记 $MU = a, MV = b, MW = c$，则

$$S_{\triangle ABC} = 4S_{\triangle UVW} = 4 \times \left(\frac{1}{2}ab \times \frac{1}{2} + \frac{1}{2}bc \times \frac{\sqrt{3}}{2} + \frac{1}{2}ca\right) =$$
$$ab + \sqrt{3}bc + 2ca$$

另一方面，在四边形 $MUQV$ 中，我们有

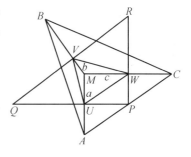

（44题图）

$$\frac{MV}{QM} = \cos\angle QMV = \cos(150° - \angle QMU) =$$
$$-\frac{\sqrt{3}}{2}\cos\angle QMU + \frac{1}{2}\sin\angle QMU =$$
$$-\frac{\sqrt{3}}{2} \cdot \frac{MU}{QM} + \frac{1}{2} \cdot \frac{QU}{QM}$$

由此解得
$$QU = 2MV + \sqrt{3}MU = 2b + \sqrt{3}a$$

同理在四边形 $MVRM$ 中可解得
$$RM = \frac{2}{\sqrt{3}}b + \frac{1}{\sqrt{3}}c$$

于是

$$S_{\triangle PQR} = \frac{1}{2}QP \cdot PR = \frac{1}{2}(c + 2b + \sqrt{3}a)$$
$$(a + \frac{2}{\sqrt{3}}b + \frac{1}{\sqrt{3}}c) =$$
$$2ab + ac + \frac{2\sqrt{3}}{3}bc + \frac{\sqrt{3}}{2}a^2 + \frac{2}{\sqrt{3}}b^2 + \frac{1}{2\sqrt{3}}c^2$$

由 $S_{\triangle PQR} - S_{\triangle ABC} = \frac{1}{2\sqrt{3}}[(\sqrt{3}a + b - c)^2 + 3b^2] > 0$,即知命题成立.

45. 设 $a, b, c, d$ 分别为 $EA, EB, EC, ED$ 的长度,则
$$F_1 = S_{\triangle ABE} = \frac{a}{a+c} S_{\triangle ABC} = \frac{a}{a+c} \cdot \frac{b}{b+d} \cdot S_{ABCD}$$

同理,
$$F_2 = S_{\triangle CDE} = \frac{c}{a+c} \cdot \frac{d}{b+d} \cdot S_{ABCD}$$

因此,
$$\sqrt{F_1} + \sqrt{F_2} \leq \sqrt{F} \Leftrightarrow$$
$$\sqrt{ac} + \sqrt{bd} \leq \sqrt{(a+c)(b+d)}$$

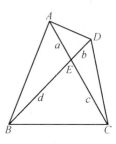

(45 题图)

由柯西不等式 $(a+c)(b+d) \geq (\sqrt{ac} + \sqrt{bd})^2$,当且仅当 $\frac{a}{b} = \frac{c}{d}$,即 $ad = bc, S_{\triangle AED} = S_{\triangle ABC}$. 也就是 $S_{\triangle ABD} = S_{\triangle ABC}$,即 $AB \parallel CD$ 时等号成立.

故原不等式成立,当且仅当 $AB \parallel CD$ 时等号成立.

46. 设 $C_a$ 与 $AB, AC, \triangle ABC$ 的外接圆分别切于 $D, E, F, M, N$ 分别为 $\overset{\frown}{AB}, \overset{\frown}{AC}$ 中点,$I$ 为 $\triangle ABC$ 的内心. 这时,$F$ 是 $C_a$ 与 $\triangle ABC$ 的外接圆的位似中心且过 $M$ 的切线平行于 $AB$(由 $\overset{\frown}{AM} = \overset{\frown}{BM}$,根据对称性可得). 因此,$M, D$ 为一组对应点,于是 $F, D, F$ 共线. 同理,$F, E, N$ 共线. 而 $BN, CM$ 为角平分线可得 $BN$ 交 $CM$ 于点 $I$,从而在六边形 $AMBFCN$ 中,应用 Pascal 定理有 $D$, $I, E$ 共线. 由图形的对称性可知 $DE \perp AI$,因此,记圆 $C_a$ 的圆心为 $O_a$,有

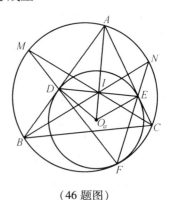

(46 题图)

$$\frac{r_a}{r} = \frac{AO_a}{AI} = \frac{AO_a}{AD} \cdot \frac{AD}{AI} = \frac{1}{\cos^2 \frac{A}{2}}$$

同理

$$\frac{r_b}{r} = \frac{1}{\cos^2\frac{B}{2}}$$

$$\frac{r_c}{r} = \frac{1}{\cos^2\frac{C}{2}}$$

而在 $\triangle ABC$ 中,

$$\tan\frac{A}{2}\tan\frac{B}{2} + \tan\frac{B}{2}\tan\frac{C}{2} + \tan\frac{C}{2}\tan\frac{A}{2} = 1$$

所以,

$$\tan^2\frac{A}{2} + \tan^2\frac{B}{2} + \tan^2\frac{C}{2} \geqslant \tan\frac{A}{2}\tan\frac{B}{2} + \tan\frac{B}{2}\tan\frac{C}{2} + \tan\frac{C}{2}\tan\frac{A}{2} = 1$$

因此,

$$\frac{r_a}{r} + \frac{r_b}{r} + \frac{r_c}{r} = 3 + \tan^2\frac{A}{2} + \tan^2\frac{B}{2} + \tan^2\frac{C}{2} \geqslant 4$$

**47. 证法一** 设 $\triangle ABC$ 的垂心为 $H$,它又是垂足三角形 $A'B'C'$ 的内心. 过 $HD \perp A'C'$ 于 $D$,则 $HD = p$. 因为 $C'$、$B$、$A'$、$H$ 四点共圆,所以 $\angle HA'D = \angle HBC' = 90° - \angle A$. 因此,

$$p = HD = HA'\sin\angle HA'D = HA'\cos A = BA'\tan\angle HBA' \cos A =$$
$$c \cdot \cot C \cos A \cos B = 2\cos A \cos B \cos C \qquad ①$$

由积化和差公式有

$2(2\cos A \cos B)\cos C = 2[\cos(A+B) + \cos(A-B)]\cos C =$
$\cos(A+B+C) + \cos(A+B-C) + \cos(A-B+C) + \cos(A-B-C) =$
$-1 - \cos 2C - \cos 2B - \cos 2A =$
$$2 - 2\cos^2 A - 2\cos^2 B - 2\cos^2 C \qquad ②$$

将式 ② 代入式 ① 得

$$p = 1 - (\cos^2 A + \cos^2 B + \cos^2 C) \qquad ③$$

由柯西不等式有

$$\frac{1}{3}(\cos A + \cos B + \cos C)^2 \leqslant \cos^2 A + \cos^2 B + \cos^2 C \qquad ④$$

将式 ④ 代入式 ③,得到

$$p \leqslant 1 - \frac{1}{3}(\cos A + \cos B + \cos C)^2 \qquad ⑤$$

由和差化积公式又有

$$\cos A + \cos B + \cos C = 4\sin\frac{A}{2}\sin\frac{B}{2}\sin\frac{C}{2} + 1 \qquad ⑥$$

由半角公式和余弦定理有

$$\sin\frac{A}{2} = \sqrt{\frac{(s-b)(s-c)}{bc}}$$

$$\sin\frac{B}{2} = \sqrt{\frac{(s-c)(s-a)}{ca}}$$

$$\sin\frac{C}{2} = \sqrt{\frac{(s-a)(s-b)}{ab}} \qquad ⑦$$

其中 $s = \frac{1}{2}(a+b+c)$. 将式⑦代入式⑥, 再代入式⑤, 即得

$$p \leq 1 - \frac{1}{3}(1 + \frac{4(s-a)(s-b)(s-c)}{abc})^2 \qquad ⑧$$

由三角形的面积公式

$$S_{\triangle ABC} = \sqrt{s(s-a)(s-b)(s-c)} = \frac{abc}{4R} = rs$$

可得

$$(s-a)(s-b)(s-c) = \frac{S_{\triangle ABC}^2}{s} = rS_{\triangle ABC} = \frac{abc}{4R} \qquad ⑨$$

将式⑨代入式⑧即得

$$p \leq 1 - \frac{1}{3}(1 + \frac{r}{R})^2 = 1 - \frac{1}{3}(1+r)^2$$

**证法二** 易得 $\triangle ABC$ 的内切圆半径 $r = 4R\sin\frac{A}{2}\sin\frac{B}{2}\sin\frac{C}{2} = R(\cos A + \cos B + \cos C - 1)$

因为 $R = 1$, 所以 $r + 1 = \cos A + \cos B + \cos C$, 同证法一得

$$p = 2\cos A\cos B\cos C$$

$$p \leq 1 - \frac{1}{3}(1+r)^2 \Leftrightarrow 2\cos A\cos B\cos C + \frac{1}{3}(\cos A + \cos B + \cos C)^2 \leq 1$$

这由不等式 $\cos A\cos B\cos C \leq \frac{1}{8}$ 及 $1 < \cos A + \cos B + \cos C \leq \frac{3}{2}$ 立即得出.

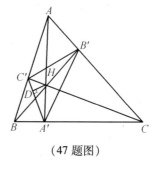

(47题图)

48. 延长各中线, 分别与 $\triangle ABC$ 的外接圆相交于 $A_1, B_1$ 和 $C_1$. 显然, $AA_1 \leq D, BB_1 \leq D, CC_1 \leq D$, 即

$$m_a + A_1A_2 \leq D, m_b + B_1B_2 \leq D, m_c + C_1C_2 \leq D \qquad ①$$

由相交弦定理 $A_1A_2 \cdot AA_2 = BA_2 \cdot A_2C$,即 $A_1A_2 \leqslant \dfrac{a^2}{4m_a}$,同理 $B_1B_2 \leqslant \dfrac{b^2}{4m_b}, C_1C_2 \leqslant \dfrac{c^2}{4m_c}$。

将这三个不等式代入 ①,并相加得

$$\dfrac{4m_a^2 + a^2}{4m_a} + \dfrac{4m_b^2 + b^2}{4m_b} + \dfrac{4m_c^2 + c^2}{4m_c} \leqslant 3D$$

由于

$$4m_a^2 + a^2 = 2b^2 + 2c^2$$
$$4m_b^2 + b^2 = 2c^2 + 2a^2$$
$$4m_c^2 + c^2 = 2a^2 + 2b^2$$

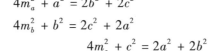

(48 题图)

所以,

$$\dfrac{2b^2 + 2c^2}{4m_a} + \dfrac{2c^2 + 2a^2}{4m_b} + \dfrac{2a^2 + 2b^2}{4m_c} \leqslant 3D$$

即

$$\dfrac{a^2 + b^2}{m_c} + \dfrac{b^2 + c^2}{m_a} + \dfrac{c^2 + a^2}{m_b} \leqslant 6D$$

49. 因为有一个角相等的两个三角形的面积之比等于这个等角的两边乘积之比,所以有

$$\dfrac{S_{\triangle KBM}}{S_{\triangle ABC}} = \dfrac{BK \cdot BM}{AB \cdot BC} \quad \text{①}$$

$$\dfrac{S_{\triangle MAL}}{S_{\triangle ABC}} = \dfrac{AM \cdot AL}{AB \cdot AC} \quad \text{②}$$

$$\dfrac{S_{\triangle LCK}}{S_{\triangle ABC}} = \dfrac{CL \cdot CK}{AC \cdot BC} \quad \text{③}$$

用反证法。假定 $S_{\triangle KBM}, S_{\triangle MAL}, S_{\triangle LCK}$ 都大于 $\dfrac{1}{4} S_{\triangle ABC}$,即 $\dfrac{S_{\triangle KBM}}{S_{\triangle ABC}} > \dfrac{1}{4}, \dfrac{S_{\triangle MAL}}{S_{\triangle ABC}} > \dfrac{1}{4}, \dfrac{S_{\triangle LCK}}{S_{\triangle ABC}} > \dfrac{1}{4}$。

将这三个不等式两端分别相乘得

$$\dfrac{S_{\triangle KBM}}{S_{\triangle ABC}} \cdot \dfrac{S_{\triangle MAL}}{S_{\triangle ABC}} \cdot \dfrac{S_{\triangle LCK}}{S_{\triangle ABC}} > \dfrac{1}{64}$$

由等式 ①②③ 得

$$\dfrac{BK \cdot BM \cdot AM \cdot AL \cdot CL \cdot CK}{AB \cdot BC \cdot AB \cdot AC \cdot AC \cdot BC} > \dfrac{1}{64} \quad \text{④}$$

即

$$\dfrac{AM \cdot BM}{AB^2} \cdot \dfrac{BK \cdot CK}{BC^2} \cdot \dfrac{AL \cdot CL}{AC^2} > \dfrac{1}{64}$$

但是, 由均值不等式

$$\sqrt{AM \cdot BM} \leq \frac{AM + BM}{2} = \frac{AB}{2}$$

得

$$\frac{AM \cdot BM}{AB^2} \leq \frac{1}{4}$$

同理有 $\frac{BK \cdot CK}{BC^2} \leq \frac{1}{4}, \frac{AL \cdot CL}{AC^2} \leq \frac{1}{4}$, 由此可得

$$\frac{BK \cdot BM \cdot AM \cdot AL \cdot CL \cdot CK}{AB \cdot BC \cdot AB \cdot AC \cdot AC \cdot BC} \leq \frac{1}{64} \qquad ⑤$$

式⑤与式④矛盾. 故反设不对, 即 $S_{\triangle KBM}, S_{\triangle MAL}, S_{\triangle LCK}$ 中至少有一个不大于 $\frac{1}{4} S_{\triangle ABC}$.

50. 易得 $r = AI\sin\frac{A}{2} = BI\sin\frac{B}{2} = CI\sin\frac{C}{2}$, 又 $r = 4R\sin\frac{A}{2}\sin\frac{B}{2}\sin\frac{C}{2}$, 所以

$$AI + BI + CI = 4R(\sin\frac{B}{2}\sin\frac{C}{2} + \sin\frac{C}{2}\sin\frac{A}{2} + \sin\frac{A}{2}\sin\frac{B}{2})$$

于是只要证明

$$\sin\frac{A}{2}\sin\frac{B}{2} + \sin\frac{B}{2}\sin\frac{C}{2} + \sin\frac{C}{2}\sin\frac{A}{2} \leq \frac{3}{4}$$

由 $3(\sin\frac{A}{2}\sin\frac{B}{2} + \sin\frac{B}{2}\sin\frac{C}{2} + \sin\frac{C}{2}\sin\frac{A}{2}) \leq (\sin\frac{A}{2} + \sin\frac{B}{2} + \sin\frac{C}{2})^2$,

只要证明

$$\sin\frac{A}{2} + \sin\frac{B}{2} + \sin\frac{C}{2} \leq \frac{3}{2}$$

由 Jensen 不等式

$$\sin\frac{A}{2} + \sin\frac{B}{2} + \sin\frac{C}{2} \leq 3\sin\frac{A+B+C}{6} = \frac{3}{2}$$

51. 设 $O$ 是六边形 $ABCDEF$ 的外接圆的圆心, 其半径为 $R$, 且 $\alpha = \angle CAE$, $\beta = \angle AEC, \gamma = \angle ACE$. 则由条件中所说的关于边的等式, 有

$$\angle AOB = \angle BOC = \beta$$
$$\angle COD = \angle DOE = \alpha$$
$$\angle EOF = \angle FOA = \gamma$$

由此求得面积

$$S_{\triangle ACE} = \frac{EC \cdot CA \cdot AE}{4R} = \frac{2R\sin\alpha \cdot 2R\sin\beta \cdot 2R\sin\gamma}{4R} = 2R^2\sin\alpha \cdot \sin\beta \cdot \sin\gamma$$

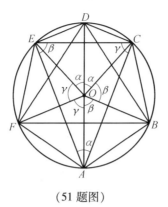

(51题图)

同理,有
$$S_{\triangle BDF} = 2R^2 \sin\frac{\alpha+\beta}{2} \cdot \sin\frac{\beta+\gamma}{2} \cdot \sin\frac{\gamma+\alpha}{2}$$

利用积化和差和半角公式得
$$\sin^2\alpha \cdot \sin^2\beta \cdot \sin^2\gamma =$$
$$(\sin\alpha\sin\beta) \cdot (\sin\beta \cdot \sin\gamma) \cdot (\sin\gamma\sin\alpha) =$$
$$\frac{1}{2}[\cos(\alpha-\beta) - \cos(\alpha+\beta)] \cdot$$
$$\frac{1}{2}[\cos(\beta-\gamma) - \cos(\beta+\gamma)] \cdot$$
$$\frac{1}{2}[\cos(\gamma-\alpha) - \cos(\gamma+\alpha)] \leqslant$$
$$\frac{1}{2}[1 - \cos(\alpha+\beta)] \cdot$$
$$\frac{1}{2}[1 - \cos(\beta+\gamma)] \cdot$$
$$\frac{1}{2}[1 - \cos(\gamma+\alpha)] =$$
$$\sin^2\frac{\alpha+\beta}{2} \cdot \sin^2\frac{\beta+\gamma}{2} \cdot \sin^2\frac{\gamma+\alpha}{2}$$

对满足 $\alpha + \beta + \gamma = 180°$ 的任意正数 $\alpha、\beta、\gamma$ 都成立,由此有
$$\sin\alpha \cdot \sin\beta \cdot \sin\gamma \leqslant \sin\frac{\alpha+\beta}{2} \cdot \sin\frac{\beta+\gamma}{2} \cdot \sin\frac{\gamma+\alpha}{2}$$

由此可推出所要证明的不等式.

52. 首先设三角形的边长为 $a,b,c$,它们的对角为 $\alpha,\beta,\gamma$. 周长为 $P$, 面积为 $S$, 且内切圆半径为 $r$, 则
$$a = r(\cot\frac{\beta}{2} + \cot\frac{\gamma}{2})$$

$$b = r(\cot\frac{\alpha}{2} + \cot\frac{\gamma}{2})$$

$$c = r(\cot\frac{\alpha}{2} + \cot\frac{\beta}{2})$$

$$\frac{P^2}{S} = \frac{P^2}{Pr} = \frac{2(a+b+c)}{r} =$$

$$4(\cot\frac{\alpha}{2} + \cot\frac{\beta}{2} + \cot\frac{\gamma}{2})$$

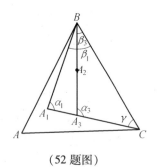

(52题图)

所以,为证明题中结论,只须证明

$$\cot\frac{\alpha_1}{2} + \cot\frac{\beta_1}{2} + \cot\frac{\gamma_1}{2} < \cot\frac{\alpha_2}{2} + \cot\frac{\beta_2}{2} + \cot\frac{\gamma_2}{2}$$

其中 $\alpha_j = \angle BA_jC, \beta = \angle A_jBC, \gamma = \angle A_jCB, j = 1,2.$

考虑 $\triangle A_1BC$ 的边上的点 $A_3$,即直线 $BA_2$ 与边 $A_1C$ 的交点 $A_3$(如图),则 $\gamma_1 = \gamma_3 = \gamma$,所以对 $\triangle A_1BC$ 与 $\triangle A_3BC$,归结为证明下面的不等式:

$$\cot\frac{\alpha_1}{2} + \cot\frac{\beta_1}{2} < \cot\frac{\alpha_3}{2} + \cot\frac{\beta_3}{2}$$

为此,只需注意

$$\cot\frac{\alpha_j}{2} + \cot\frac{\beta_j}{2} = \frac{\sin(\frac{\alpha_j}{2} + \frac{\beta_j}{2})}{\sin\frac{\alpha_j}{2}\sin\frac{\beta_j}{2}} = \frac{2\cos\frac{\gamma}{2}}{\cos(\frac{\alpha_j}{2} - \frac{\beta_j}{2}) - \sin\frac{\gamma}{2}}$$

及不等式

$$\cos\frac{\alpha_1 - \beta_1}{2} > \cos\frac{\alpha_3 - \beta_3}{2}$$

(它由 $\alpha_3 > \alpha_1 > \frac{\pi}{3} > \beta_1 > \beta_3, 0 < \frac{\alpha_1 - \beta_1}{2} < \frac{\alpha_3 - \beta_3}{2} < \frac{\pi}{2}$ 推出).

于是得到

$$\frac{S_1}{P_1^2} > \frac{S_3}{P_3^2}$$

其中 $S_1, S_3$ 与 $P_1, P_3$ 分别是 $\triangle A_1BC$ 和 $\triangle A_3BC$ 的面积与周长. 注意到点 $A_2$ 在 $\triangle A_3BC$ 的边 $A_3B$ 上,对 $\triangle A_3BC$ 与 $\triangle A_2BC$ 再用所证明的事实,即得 $\frac{S_3}{P_3^2} > \frac{S_2}{P_2^2}$.

于是,便得到题中的不等式.

53. 如图,$O$ 是圆内接凸四边形 $ABCD$ 的对角线的交点,它到四边的垂足分别是 $P, Q, R, S$,则 $\angle 2 = \angle 1 = \angle 4 = \angle 3$,所以 $OP$ 平分 $\angle SPQ$.

同理可证:$OQ, OR, OS$ 分别平分 $\angle PQR, \angle QRS, \angle RSP$,所以四边形的内心为 $O$,由圆外切四边形面积公式得

$$S_{PQRS}^2 = PR \cdot QR \cdot RS \cdot SP \cdot$$
$$\sin^2 \frac{\angle SPQ + \angle SRQ}{2} =$$
$$PR \cdot QR \cdot RS \cdot SP \cdot \sin^2 \angle AOD$$
$$(\frac{\angle SPQ + \angle SRQ}{2} = \angle 2 + \angle 5 =$$
$$\angle 1 + \angle 6 = 180° - \angle AOD)$$

又因为

$$S = \frac{1}{2} AC \cdot BD \cdot \sin \angle AOD = \frac{1}{2}(AO + OC)$$
$$(BO + OD) \cdot \sin \angle AOD =$$
$$\frac{1}{2}(\frac{SP}{\sin A} + \frac{QR}{\sin A})(\frac{PQ}{\sin B} + \frac{RS}{\sin B}) \geqslant$$
$$\frac{4\sqrt{PQ \cdot QR \cdot RS \cdot SP} \sin \angle AOD}{2\sin A \sin B} =$$
$$\frac{2S_{PQRS}}{2\sin A \sin B} \geqslant 2S_{PQRS}$$

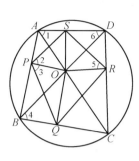

(53 题图)

所以 $S_{PQRS} \leqslant \frac{S}{2}$,当且仅当 $ABCD$ 是矩形时等号成立.

54. 由三角形角平分线长公式 $t_a = \frac{2bc}{b+c} \cos \frac{A}{2} = \frac{2bc}{b+c} \sqrt{\frac{1+\cos A}{2}} = \frac{2bc}{b+c}$
$\sqrt{\frac{(b+c)^2 - a^2}{4bc}} = \frac{2\sqrt{bcp(p-a)}}{b+c}$,其中 $2p = a+b+c$,同理 $t_b = \frac{2\sqrt{cap(p-b)}}{c+a}$,
$t_c = \frac{2\sqrt{abp(p-c)}}{a+b}$,由海伦公式得 $S = \sqrt{p(p-a)(p-b)(p-c)}$,所以
$t_a t_b t_c = \frac{4abc(a+b+c)S}{(a+b)(b+c)(c+a)}$,注意到 $t_a \geqslant h_a = \frac{2S}{a}$,于是

$$\frac{1}{t_a t_b} + \frac{1}{t_b t_c} + \frac{1}{t_c t_a} = \frac{1}{t_a t_b t_c}(t_a + t_b + t_c) \geqslant \frac{1}{t_a t_b t_c}(h_a + h_b + h_c) =$$
$$\frac{(a+b)(b+c)(c+a)}{4abc(a+b+c)S}(\frac{2S}{a} + \frac{2S}{b} + \frac{2S}{c}) =$$
$$\frac{(a+b)(b+c)(c+a)}{2abc(a+b+c)}(\frac{1}{a} + \frac{1}{b} + \frac{1}{c}) \qquad ①$$

由 ① 知要证明原不等式,只要证明

$$\frac{(a+b)(b+c)(c+a)}{2abc(a+b+c)}(\frac{1}{a} + \frac{1}{b} + \frac{1}{c}) \geqslant \frac{4}{9}(\frac{1}{a} + \frac{1}{b} + \frac{1}{c})^2 \Leftrightarrow$$
$$\frac{(a+b)(b+c)(c+a)}{2abc(a+b+c)} \geqslant \frac{4}{9}(\frac{1}{a} + \frac{1}{b} + \frac{1}{c}) \Leftrightarrow$$

$$9(a+b)(b+c)(c+a) \geq 8abc(a+b+c) \Leftrightarrow$$
$$a(b-c)^2 + b(c-a)^2 + c(a-b)^2 \geq 0$$
$$\frac{1}{t_a t_b} + \frac{1}{t_b t_c} + \frac{1}{t_c t_a} \geq \frac{4}{9}\left(\frac{1}{a} + \frac{1}{b} + \frac{1}{c}\right)^2$$

55. 如图,设 $AB = a, BC = b, CD = c, DA = d$,
$\angle BAC = \alpha, \angle ABC = \beta$, 则 $\angle BCD = \pi - \alpha$,
$\angle CDA = \pi - \beta, S = \frac{1}{2}AB \cdot AD\sin\angle BAC + \frac{1}{2}BC \cdot$
$CD\sin\angle BCD = \frac{1}{2}(ad + bc)\sin\alpha$, 同理, $S = \frac{1}{2}(ab + cd)\sin\beta$. 由正弦定理得 $\sin\alpha = \frac{BD}{2R}$,
$\sin\beta = \frac{AC}{2R}$, 所以,

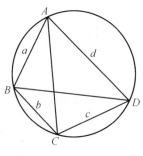

(55 题图)

$$S^2 = \frac{1}{16}(ab + cd)(ad + bc)\frac{AC \cdot BD}{R^2}$$

由托勒密定理得
$$AC \cdot BD = AB \cdot CD + AD \cdot BC = ac + bd$$
于是
$$16R^2 S^2 = (ab + bc)(ac + bd)(ad + bc)$$

由均值不等式得 $(ab + bc)(ac + bd)(ad + bc) \geq (2\sqrt{abcd})^3$. 于是, $\sqrt{2}RS \geq \sqrt[4]{(abcd)^3}$.

56. 易知 $x + y > z, y + z > x, x + z > y$. 且
$$y + z - x = \left(b + \frac{c}{2}\right) + \left(c + \frac{a}{2}\right) - \left(a + \frac{b}{2}\right) =$$
$$\frac{1}{2}((b + c - a) + (b + c - a) + (c + a - b)) \geq$$
$$\frac{3}{2}\sqrt[3]{(b + c - a)^2(c + a - b)}$$
$$x + z - y \geq \frac{3}{2}\sqrt[3]{(a + b - c)(c + a - b)^2}$$
$$x + y - z \geq \frac{3}{2}\sqrt[3]{(a + b - c)^2(b + c - a)}$$
$$x + y + z = \frac{3}{2}(a + b + c)$$

将以上四个式子相乘得
$$(x + y + z)(y + z - x)(z + x - y)(x + y - z) \geq$$

$$(\frac{3}{2})^4(a+b+c)(b+c-a)(c+a-b)(a+b-c)$$

由海伦公式得 $\triangle ABC$ 的面积

$$S = \frac{1}{4}\sqrt{(a+b+c)(b+c-a)(c+a-b)(a+b-c)}$$

$\triangle XYZ$ 的面积

$$S' = \frac{1}{4}\sqrt{(x+y+z)(y+z-x)(z+x-y)(x+y-z)} \geq \frac{9}{4}S$$

57. 不妨设 $\triangle ABC$ 面积为 $1$，且 $x = \frac{AF}{AB}, y = \frac{BD}{BC}, z = \frac{CE}{CA}$，则

$$\alpha = \frac{S_{\triangle AEF}}{S_{\triangle ABC}} = \frac{\frac{1}{2}AE \cdot AF\sin\angle EAF}{\frac{1}{2}AB \cdot AC\sin\angle BAC} = \frac{AE \cdot AF}{AB \cdot AC} = x(1-z)$$

同理，有 $\beta = y(1-x), \gamma = z(1-y)$，所以，

$$\delta = 1 - (\alpha + \beta + \gamma) = 1 - [x(1-z) + y(1-x) + z(1-y)] = 1 - (x+y+z) + (xy+yz+zx)$$

从而

$$\frac{1}{\alpha\beta} + \frac{1}{\beta\gamma} + \frac{1}{\gamma\alpha} \geq \frac{3}{\delta^2} \Leftrightarrow \frac{\alpha+\beta+\gamma}{\alpha\beta\gamma} \geq \frac{3}{\delta^2} \Leftrightarrow \delta^2(1-\delta^2) \geq 3\alpha\beta\gamma \Leftrightarrow$$

$$[1-(x+y+z)+(xy+yz+zx)][(x+y+z)-(xy+yz+zx)] \geq$$
$$3xyz(1-x)(1-y)(1-z) \qquad\qquad ①$$

为证明上式成立，我们记 $s = xyz, t = (1-x)(1-y)(1-z)$，则

$$s + t = 1 - (x+y+z) + (xy+yz+zx)$$

由此，

不等式 ① $\Leftrightarrow (s+t)^2(1-s-t) \geq 3st \Leftrightarrow$
$$(s+t)^2 - (s+t)^3 \geq 3st \Leftrightarrow$$
$$s^2 - st + t^2 \geq (s+t)^3$$

注意到

$$\sqrt[3]{s} + \sqrt[3]{t} \leq \frac{x+y+z}{3} + \frac{(1-x)+(1-y)+(1-z)}{3} = 1$$

故

$$\sqrt[3]{s} + \sqrt[3]{t} \leq 1$$

即

$$s + t + 3\sqrt[3]{st}(\sqrt[3]{s} + \sqrt[3]{t}) \leq 1$$

所以，$s + t + 6\sqrt{st} \leq 1$，进而为证明 $s^2 - st + t^2 \geq (s+t)^3$，只要证明

$$(s^2 - st + t^2)(s + t + 6\sqrt{st}) \geq (s+t)^3 \qquad ②$$

不等式②$(s^3 + t^3) + 6\sqrt{st}(s^2 - st + t^2) \geq (s+t)^3 \Leftrightarrow$

$$6\sqrt{st}(s^2 - st + t^2) \geq 3st(s+t) \Leftrightarrow$$

$$2(s^2 - st + t^2) \geq \sqrt{st}(s+t) \Leftrightarrow$$

$$2(s^2 + t^2) \geq \sqrt{st}(\sqrt{s} + \sqrt{t})^2$$

而

$$2(s^2 + t^2) \geq (s+t)^2 \geq 2\sqrt{st}(s+t) = \sqrt{st} \cdot 2(s+t) \geq \sqrt{st}(\sqrt{s} + \sqrt{t})^2$$

最后亦式成立,从而命题成立.

58. 如图所示,连辅助线,有 $AH = BI = \sqrt{2}c, AG = CF = \sqrt{2}b, BD = CE = \sqrt{2}a, (AB = c, BC = a, CA = b)$,且 $\angle HAG = 90° + A$,故

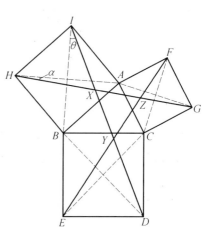

(58题图)

$$HG = \sqrt{2}\sqrt{b^2 + c^2 + 2bc\sin A}$$

$$\sin \alpha = \frac{b\cos A}{\sqrt{b^2 + c^2 + 2bc\sin A}}$$

$$\cos \alpha = \frac{b\sin A + c}{\sqrt{b^2 + c^2 + 2bc\sin A}}$$

类似地,

$$\sin \theta = \frac{a\cos B}{\sqrt{a^2 + c^2 + 2ac\sin B}}$$

$$\cos \theta = \frac{a\sin B + c}{\sqrt{a^2 + c^2 + 2ac\sin B}}$$

从而

$$IX = \frac{HI\sin(45° + \alpha)}{\cos(\alpha + \theta)} =$$

$$\frac{\frac{\sqrt{2}}{2}c(\sin \alpha + \cos \alpha)}{\cos \alpha \cos \theta - \sin \alpha \sin \theta} =$$

$$\frac{\frac{\sqrt{2}}{2}c(b\cos A + b\sin A + c)\sqrt{a^2 + c^2 + 2ac\sin B}}{ab\cos C + ac\sin B + bc\sin A + c^2}$$

利用余弦定理及面积公式,可知

$$IX = \frac{\sqrt{2}\left(\dfrac{b^2+c^2-a^2}{2}+2\triangle+c^2\right)}{a^2+b^2+c^2+8\triangle}\sqrt{a^2+c^2+2ac\sin B}$$

类似地(只须将 $a,c$ 对换),我们可得

$$DY = \frac{\sqrt{2}\left(\dfrac{b^2+a^2-c^2}{2}+2\triangle+a^2\right)}{a^2+b^2+c^2+8\triangle}\sqrt{a^2+c^2+2ac\sin B}$$

其中 $\triangle = S_{\triangle ABC}$.

又

$$DI = \sqrt{2}\sqrt{a^2+c^2+2ac\sin B}$$

故

$$XY = DI - IX - DY = \sqrt{2}\sqrt{a^2+c^2+2ac\sin B}\left(1 - \frac{a^2+b^2+c^2+4\triangle}{a^2+b^2+c^2+8\triangle}\right) =$$

$$\sqrt{a^2+c^2+2ac\sin B} \cdot \frac{4\sqrt{2}\triangle}{a^2+b^2+c^2+8\triangle}$$

同理,

$$XZ = \sqrt{b^2+c^2+2bc\sin A} \cdot \frac{4\sqrt{2}\triangle}{a^2+b^2+c^2+8\triangle}$$

$$YZ = \sqrt{a^2+b^2+2ab\sin C} \cdot \frac{4\sqrt{2}\triangle}{a^2+b^2+c^2+8\triangle}$$

设以 $\sqrt{a^2+c^2+2ac\sin B}$、$\sqrt{b^2+c^2+2bc\sin A}$、$\sqrt{a^2+b^2+2ab\sin C}$ 为三边的三角形的面积为 $S$,注意到 $4\triangle = 2ac\sin B = 2bc\sin A = 2ab\sin C$,利用海伦 – 秦九韶公式易得

$$S = \frac{1}{2}\sqrt{a^2b^2+b^2c^2+c^2a^2+4\triangle(a^2+b^2+c^2)+12\triangle^2} \leqslant$$

$$\frac{1}{2}\sqrt{\frac{(a^2+b^2+c^2)^2}{3}+4\triangle(a^2+b^2+c^2)+12\triangle^2} =$$

$$\frac{\sqrt{3}}{6} \cdot (6\triangle + a^2+b^2+c^2)$$

而

$$S_{\triangle XYZ} = (4-2\sqrt{3})\left(\frac{4\sqrt{2}\triangle}{a^2+b^2+c^2+8\triangle}\right)^2 \cdot S \leqslant$$

$$\frac{32\triangle^2}{(a^2+b^2+c^2+8\triangle)^2} \cdot \frac{\sqrt{3}}{6} \cdot (6\triangle + a^2+b^2+c^2)$$

欲证 $S_{\triangle XYZ} \leqslant (4-2\sqrt{3})S_{\triangle ABC}$,只须证上式右端 $\leqslant (4-2\sqrt{3})\triangle$,即证

$$(2\sqrt{3} - 3)(a^2 + b^2 + c^2)^2 -$$
$$(56 - 32\sqrt{3})\triangle(a^2 + b^2 + c^2) -$$
$$(240 - 128\sqrt{3})\triangle^2 \geq 0$$

利用 Weitzenbock 不等式 $a^2 + b^2 + c^2 \geq 4\sqrt{3}S$，易证上式成立.
综上所述，命题得证.

**59. 证法一** 与内切圆及三角形两条边 $AB$、$AC$ 相切的圆的半径为 $r_a$，则

$$\frac{r - r_a}{r + r_a} = \sin\frac{A}{2}, \text{所以} \frac{r_a}{r} = \frac{1 - \sin\frac{A}{2}}{1 + \sin\frac{A}{2}}, \text{同理,}$$

$$\frac{r_b}{r} = \frac{1 - \sin\frac{B}{2}}{1 + \sin\frac{B}{2}}$$

$$\frac{r_c}{r} = \frac{1 - \sin\frac{C}{2}}{1 + \sin\frac{C}{2}}$$

于是 $r_a + r_b + r_c \geq r$ 等价于

$$\frac{1 - \sin\frac{A}{2}}{1 + \sin\frac{A}{2}} + \frac{1 - \sin\frac{B}{2}}{1 + \sin\frac{B}{2}} + \frac{1 - \sin\frac{C}{2}}{1 + \sin\frac{C}{2}} \geq 1 \qquad ①$$

等价于

$$\frac{1}{1 + \sin\frac{A}{2}} + \frac{1}{1 + \sin\frac{B}{2}} + \frac{1}{1 + \sin\frac{C}{2}} \geq 2 \qquad ②$$

记 $y = \frac{1}{1 + \sin x}$，其中 $0 < x < \frac{\pi}{2}$，则 $y' = \frac{-\cos x}{(1 + \sin x)^2} < 0, y'' = \frac{2 - \sin x}{(1 + \sin x)^2} > 0$，所以 $f(x) = \frac{1}{1 + \sin x}$ 在 $(0, \frac{\pi}{2})$ 上是凸函数，由 Jensen 不等式得

$$\frac{1}{1 + \sin\frac{\frac{A}{2} + \frac{B}{2} + \frac{C}{2}}{3}} \leq \frac{1}{3}\left(\frac{1}{1 + \sin\frac{A}{2}} + \frac{1}{1 + \sin\frac{B}{2}} + \frac{1}{1 + \sin\frac{C}{2}}\right)$$

而 $A + B + C = \pi$，所以式 ② 得证.

**证法二** 不等式 ① 可化为

$$\tan^2\left(\frac{\pi}{4} - \frac{A}{4}\right) + \tan^2\left(\frac{\pi}{4} - \frac{B}{4}\right) + \tan^2\left(\frac{\pi}{4} - \frac{C}{4}\right) \geq 1 \qquad ④$$

令 $\alpha = \dfrac{\pi}{4} - \dfrac{A}{4}, \beta = \dfrac{\pi}{4} - \dfrac{B}{4}, \gamma = \dfrac{\pi}{4} - \dfrac{C}{4}$，则 $\alpha + \beta + \gamma = \dfrac{\pi}{2}$，所以

$$\tan\alpha\tan\beta + \tan\beta\tan\gamma + \tan\gamma\tan\alpha = 1$$

从而

$$\tan^2\left(\dfrac{\pi}{4} - \dfrac{A}{4}\right) + \tan^2\left(\dfrac{\pi}{4} - \dfrac{B}{4}\right) + \tan^2\left(\dfrac{\pi}{4} - \dfrac{C}{4}\right) =$$
$$\tan^2\alpha + \tan^2\beta + \tan^2\gamma \geqslant$$
$$\tan\alpha\tan\beta + \tan\beta\tan\gamma + \tan\gamma\tan\alpha = 1$$

**60. 证法一** 如图，由于 $\triangle ABC$ 是锐角三角形，所以，$P$、$Q$、$R$ 分别是 $EF$、$FD$、$DE$ 内部的点. 设点 $E$、$F$ 分别在 $AB$、$AC$ 上的投影为 $K$、$L$. 则 $\angle AKL = \angle AEF = \angle ABC$，所以，$KL /\!/ BC$.

由因 $\triangle AEF \backsim \triangle ABC \backsim \triangle DBF$，所以，$\dfrac{AK}{KF} = \dfrac{DQ}{QF}$. 从而可得 $KQ /\!/ AD$. 同理 $LR /\!/ AD$.

由于 $KL /\!/ BC$，$AD \perp BC$，所以，$QR \geqslant KL$.

又由于 $\triangle AKL \backsim \triangle ABC \backsim \triangle AEF$，

则

$$\dfrac{KL}{EF} = \dfrac{AK}{AE} = \cos A = \dfrac{AE}{AB} = \dfrac{EF}{BC}$$

于是，有 $QR \geqslant KL = \dfrac{EF^2}{BC}$. 同理，

$$PQ \geqslant \dfrac{DE^2}{AB}$$
$$RP \geqslant \dfrac{FD^2}{CA}$$

由柯西不等式得

$$(AB + BC + CA)(PQ + QR + RP) \geqslant$$
$$(AB + BC + CA)\left(\dfrac{DE^2}{AB} + \dfrac{EF^2}{BC} + \dfrac{FD^2}{CA}\right) \geqslant$$
$$(DE + EF + FD)^2$$

故所证的不等式成立.

**证法二** 如图，不妨设 $\triangle ABC$ 的外接圆半径为 1，则 $AE = AB \cdot \cos A$，$AF = AC \cdot \cos A$，所以 $\triangle AEF \backsim \triangle ABC$，$EF = BC \cdot \cos A = \sin 2A$，同理 $FD = \sin 2B$，$DE = \sin 2C$，同理由 $\triangle BDF \backsim \triangle BAC$，易得 $\angle BDF = \angle BAC$，所以 $DQ = BD \cdot \cos A = AB \cdot \cos B \cdot \cos A = 2\cos A \cdot \cos B \cdot \sin C$，同理 $DR = 2\cos A \cdot \cos C \cdot \sin B$，在 $\triangle DQR$ 中利用余弦定理得 $QR^2 = DQ^2 + DR^2 - 2DQ \cdot DR \cdot \cos\angle QDR = (2\cos A \cdot \cos B \cdot \sin C)^2 + (2\cos A \cdot \cos C \cdot \sin B)^2 - 2(2\cos A \cdot$

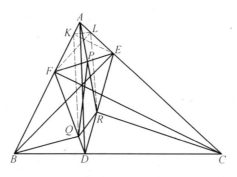

(60题图)

$\cos B \cdot \sin C)(2\cos A \cdot \cos C \cdot \sin B) \cdot \cos(\pi - 2A) = (2\cos A)^2 [(\cos B \cdot \sin C)^2 + (\cos C \cdot \sin B)^2 + 2\sin B \cdot \cos B \cdot \sin C \cdot \cos C \cdot \cos 2A] = (2\cos A)^2 [(\cos B \cdot \sin C + \cos C \cdot \sin B)^2 - 2\sin B \cdot \cos B \cdot \sin C \cdot \cos C \cdot (1 - \cos 2A)] = (2\cos A)^2 [\sin^2(B+C) - 4\sin B \cdot \cos B \cdot \sin C \cdot \cos C \cdot \sin^2 A] = (2\sin A\cos A)^2(1 - \sin 2B\sin 2C)$,而 $1 - \sin 2B\sin 2C = 1 - \frac{1}{2}[\cos 2(B-C) - \cos 2(B+C)] = \frac{1}{2}[1 - \cos 2(B-C)] + \frac{1}{2}[1 + \cos 2(B+C)] = \sin^2(B-C) + \cos^2(B+C) = \sin^2(B-C) + \cos^2 A \geqslant \cos^2 A$,所以 $QR \geqslant 2\sin A\cos^2 A$,同理 $RP \geqslant 2\sin B\cos^2 B, PQ \geqslant 2\sin C\cos^2 C$,所以要证明 $(AB + BC + CA)(PQ + QR + RP) \geqslant (DE + EF + FD)^2$,只要证明

$(2\sin A + 2\sin B + 2\sin C)(2\sin A\cos^2 A + 2\sin B\cos^2 B + 2\sin C\cos^2 C) \geqslant (\sin 2A + \sin 2B + \sin 2C)^2$

由柯西不等式这个不等式显然成立.

61. 易知 $AH = 2R\cos A, BH = 2R\cos B, CH = 2R\cos C$.

由三角形中线长公式得

$4HM^2 = 2(HB^2 + HC^2) - BC^2 =$
$\qquad 8R^2(\cos^2 B + \cos^2 C) - BC^2 =$
$\qquad 8R^2(\cos^2 B + \cos^2 C) - a^2 =$
$\qquad 8R^2(1 - \sin^2 B + 1 - \sin^2 C) - a^2 =$
$\qquad 16R^2 - 2(b^2 + c^2) - a^2$

因此,$4(HL^2 + HM^2 + HN^2) = 48R^2 - 5(a^2 + b^2 + c^2)$,因此,只要证明

$$48R^2 - 5(a^2 + b^2 + c^2) < a^2 + b^2 + c^2$$

即证明 $a^2 + b^2 + c^2 > 8R^2$

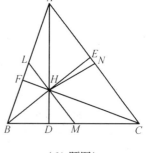

(61题图)

$$a^2 + b^2 + c^2 - 8R^2 = 4R^2(\sin^2 A + \sin^2 B + \sin^2 C) - 8R^2 =$$
$$4R^2(\sin^2 A + \sin^2 B + \sin^2 C - 2) =$$
$$2R^2(1 - \cos 2A + 1 - \cos 2B + 1 - \cos 2C - 2) =$$
$$-2R^2(1 + \cos 2A + \cos 2B + \cos 2C) =$$
$$-2R^2[2\cos^2 A + 2\cos(B+C)\cos(B-C)] =$$
$$-2R^2[2\cos^2 A - 2\cos A\cos(B-C)] =$$
$$-2R^2[2\cos A(-\cos(B+C) - \cos(B-C))] =$$
$$8R^2\cos A\cos B\cos C > 0$$

所以不等式成立.

62. (1) 先证明在任意 $\triangle ABC$ 中有 $\dfrac{1}{a^2} + \dfrac{1}{b^2} + \dfrac{1}{c^2} \leqslant \dfrac{1}{4r^2}$,其中 $r$ 是 $\triangle ABC$ 的内切圆半径.

设 $\triangle ABC$ 的半周长为 $p$,则 $a = (p-b) + (p-c) \geqslant 2\sqrt{(p-b)(p-c)}$,所以,

$$\frac{1}{a^2} \leqslant \frac{1}{4(p-b)(p-c)}$$

同理

$$\frac{1}{b^2} \leqslant \frac{1}{4(p-c)(p-a)}$$

$$\frac{1}{c^2} \leqslant \frac{1}{4(p-a)(p-b)}$$

于是,

$$\frac{1}{a^2} + \frac{1}{b^2} + \frac{1}{c^2} \leqslant \frac{1}{4(p-b)(p-c)} + \frac{1}{4(p-c)(p-a)} + \frac{1}{4(p-a)(p-b)} =$$

$$\frac{(p-a) + (p-b) + (p-c)}{4(p-a)(p-b)(p-c)} =$$

$$\frac{p}{4(p-a)(p-b)(p-c)}$$

由海伦公式 $S^2 = p(p-a)(p-b)(p-c)$ 及 $S = pr$ 知 $\dfrac{1}{a^2} + \dfrac{1}{b^2} + \dfrac{1}{c^2} \leqslant \dfrac{1}{4r^2}$.

(2) 由(1) 知 $\dfrac{1}{a_1^2} + \dfrac{1}{b_1^2} + \dfrac{1}{c_1^2} \leqslant \dfrac{1}{4r_1^2}$,又在 $\triangle ABC$ 中有 $a^2 + b^2 + c^2 \leqslant 9R^2$.

由柯西不等式得 $\left(\dfrac{a}{a_1} + \dfrac{b}{b_1} + \dfrac{c}{c_1}\right)^2 \leqslant (a^2 + b^2 + c^2)\left(\dfrac{1}{a_1^2} + \dfrac{1}{b_1^2} + \dfrac{1}{c_1^2}\right) \leqslant \dfrac{9R^2}{4r_1^2}$,

即 $\dfrac{a}{a_1} + \dfrac{b}{b_1} + \dfrac{c}{c_1} \leqslant \dfrac{3R}{2r_1}$. 由正弦定理得

$$\sum \frac{a}{a'} = \sum \frac{2R \cdot \sin A}{2R' \cdot \sin A'} \leqslant \frac{3R}{8 \cdot R' \cdot \prod \sin \frac{A'}{2}} \Leftrightarrow$$

$$\sum \frac{\sin A}{\sin A'} \leqslant \frac{3}{8 \cdot \prod \sin \frac{A'}{2}} \Leftrightarrow$$

$$\sum \sin A \cdot \sin B' \cdot \sin C' \leqslant$$

$$\frac{3 \cdot \prod \sin A'}{8 \cdot \prod \sin \frac{A'}{2}} = 3 \cdot \prod \cos \frac{A'}{2}$$

由嵌入不等式得

$$2\sqrt{3}(yz \cdot \sin A + xz \cdot \sin B + xy \cdot \sin C) \leqslant (x+y+z)^2$$

令 $x = \sin A', y = \sin B', z = \sin C'$ 得

$$2\sqrt{3} \sum \sin B' \cdot \sin C' \cdot \sin A \leqslant (\sum \sin A')^2 \Leftrightarrow$$

$$\sum \sin B' \cdot \sin C' \cdot \sin A \leqslant$$

$$\frac{(\sum \sin A')^2}{2\sqrt{3}} = \frac{(4 \prod \cos \frac{A'}{2})^2}{2\sqrt{3}} \leqslant$$

$$3 \prod \cos \frac{A'}{2}$$

最后不等式等价于 $\prod \cos \frac{A'}{2} \leqslant \frac{3\sqrt{3}}{8}$. 这是一个熟悉的不等式.

63. 如图,

$$AN = \frac{AQ}{\cos \angle QAN}$$

$$AM = \frac{AP}{\cos \angle PAM}$$

$$AQ = \frac{AC}{2\cos \angle QAC} = \frac{AB}{2\cos \angle QAC}$$

$$AP = \frac{AB}{2\cos \angle PAB}$$

所以,

$$AM = \frac{AB}{2\cos \angle PAM \cos \angle PAB}$$

$$AN = \frac{AB}{2\cos \angle QAN \cos \angle QAC}$$

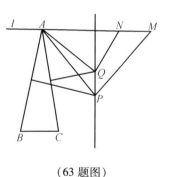

(63 题图)

原不等式等价于证明

$$\cos\angle PAM\cos\angle PAB + \cos\angle QAN\cos\angle QAC \leqslant 1 \qquad ①$$

①$\Leftrightarrow \cos\angle BAM + \cos(\angle QAP - \dfrac{A}{2}) + \cos\angle ABC + \cos(\angle QAP - \dfrac{A}{2}) \leqslant 2$ ②

因为 $l // AB$,所以,$\angle BAM + \angle ABC = \pi$,于是,$\cos\angle BAM + \cos\angle ABC = 0$,

②$\Leftrightarrow \cos(\angle QAP - \dfrac{A}{2}) \leqslant 1$,这是显然的.

**64.** 设 $ABCD$ 的边长为 $1$,$AU = a$,$DV = b$,过 $P,Q$ 分别作 $PE,QF$ 垂直于 $AD$,$BC$,因为 $S_{ABCD} = S_{\triangle AVB} + S_{\triangle CUD}$.

所以 $S_{PUQV} = S_{\triangle APD} + S_{\triangle BQC} = \dfrac{1}{2}(PE + QF)$. 因为

$$\dfrac{PE}{UA} + \dfrac{PE}{VD} = \dfrac{DE}{AD} + \dfrac{AE}{AD} = 1$$

所以 $PE = \dfrac{ab}{a+b}$,同理可得

$$QF = \dfrac{(1-a)(1-b)}{2-(a+b)}$$

于是

$$S_{PUQV} = \dfrac{1}{2}\left[\dfrac{ab}{a+b} + \dfrac{(1-a)(1-b)}{2-(a+b)}\right] =$$

$$\dfrac{1}{2} \cdot \dfrac{a+b-a^2-b^2}{(a+b)(2-a-b)} =$$

$$\dfrac{1}{4} \cdot \dfrac{2a+2b-a^2-b^2-(a^2+b^2)}{(a+b)(2-a-b)} =$$

$$\dfrac{1}{4} \cdot \dfrac{2a+2b-a^2-b^2-2ab}{(a+b)(2-a-b)} = \dfrac{1}{4}$$

且当 $a = b$ 时,$S_{PUQV} = \dfrac{1}{4}$. 故 $S_{PUQV}$ 的最大值是 $\dfrac{1}{4}$.

**65.** 设 $AA_1 \cap BC = A_2$,由 $\angle PAB = \angle PBC = \angle PA_1C$ 知 $AB // A_1C$. 于是 $\triangle A_1A_2C \backsim \triangle AA_2B$,

$$\dfrac{S_{\triangle A_1BC}}{S_{\triangle ABC}} = \dfrac{AA_2}{AA_2} = \dfrac{CA_2}{BA_2}$$

同理记 $B_2 = BB_1 \cap CA$,$C_2 = CC_1 \cap AB$,则

$$\dfrac{S_{\triangle B_1CA}}{S_{\triangle ABC}} = \dfrac{AB_2}{CB_2}$$

$$\dfrac{S_{\triangle C_1AB}}{S_{\triangle ABC}} = \dfrac{BC_2}{C_2A}$$

所以,由均值不等式及塞瓦定理得

$$\frac{S_{\triangle A_1BC}+S_{\triangle B_1CA}+S_{\triangle C_1AB}}{S_{\triangle ABC}}=\frac{CA_2}{BA_2}+\frac{AB_2}{CB_2}+\frac{BC_2}{C_2A}\geq$$

$$3\sqrt[3]{\frac{CA_2}{BA_2}\cdot\frac{AB_2}{CB_2}\cdot\frac{BC_2}{C_2A}}=3.$$

当 $\triangle ABC$ 为正三角形,$P$ 为中心时 $\angle PAB=\angle PBC=\angle PCA=30°$,且 $A_2B=A_2C$,$B_2A=B_2C$,$C_2A=C_2B$,此时不等式等号成立.

综上所述,$\lambda$ 的最大值是 3.

66. 不妨设 $a\geq b\geq c$,设 $G$ 是 $\triangle ABC$ 的重心,则易知 $P$ 在 $BG$ 上. 设 $BC$ 的中点为 $D$,$AP$ 与 $BC$ 交于 $E$,则由内角平分线定理得 $\frac{BE}{ED}=\frac{2c}{b-c}$.

(65 题图)

对 $\triangle GBD$ 和截线 $APE$ 用梅涅劳斯定理得 $\frac{GP}{PB}\cdot\frac{BE}{ED}\cdot\frac{DA}{AG}=1$,故 $\frac{GP}{GB}=\frac{b-c}{b+2c}$.

同理,$\frac{GQ}{GC}=\frac{a-c}{c+2a}$. 又注意到面积之间的关系 $F=3S_{\triangle GBC}$,可知

$$\frac{S_{\triangle GPQ}}{F}=\frac{1}{3}\cdot\frac{GP\cdot GQ}{GB\cdot GC}=\frac{1}{3}\cdot\frac{(b-c)(a-c)}{(b+2c)(c+2a)}$$

同理可得

$$\frac{S_{\triangle GRQ}}{F}=\frac{1}{3}\cdot\frac{(a-b)(a-c)}{(a+2b)(c+2a)}$$

$$\frac{S_{\triangle GPR}}{F}=\frac{1}{3}\cdot\frac{(a-b)(b-c)}{(a+2b)(b+2c)}$$

因此,

$$\frac{\delta}{F}=\frac{S_{\triangle GPQ}+S_{\triangle GRQ}-S_{\triangle GPR}}{F}=$$

$$\frac{ab^2+bc^2+ca^2-3abc}{(a+2b)(b+2c)(c+2a)}$$

(66 题图)

记

$$f(a,b,c)=\frac{ab^2+bc^2+ca^2-3abc}{(a+2b)(b+2c)(c+2a)}$$

现令 $a=b=1$,$c\to 0$,则 $f(a,b,c)\to\frac{1}{6}$.

下证

$$f(a,b,c)<\frac{1}{6}\qquad\qquad\qquad ①$$

通过恒等变形易知①等价于 $2|(a-b)(b-c)(c-a)| < 27abc$，这是明显成立的，因为 $2|(a-b)(b-c)(c-a)| < 2abc < 27abc$。

综上所述，所求的最小正常数是 $\dfrac{1}{6}$。

**67.** 首先证明 $\dfrac{OA+OC}{OB+OD} \geqslant \dfrac{1}{\sqrt{2}}$。将不等式两端平方，去分母得

$$2(OA^2 + OC^2 + 2OA \cdot OC) \geqslant OB^2 + OD^2 + 2OB \cdot OD$$

因为 $OA^2 + OC^2 = OB^2 + OD^2$，所以，上述不等式就化为

$$OB^2 + OD^2 + 4OA \cdot OC \geqslant 2OB \cdot OD$$

而这个不等式显然成立，因为

$$OB^2 + OD^2 \geqslant 2OB \cdot OD$$

其次，如果取 $O = A$，即知该分式的值为 $\dfrac{1}{\sqrt{2}}$。所以该比值的最小值是 $\dfrac{1}{\sqrt{2}}$。

**68.** 不妨设圆心落在如图所示(1)的 $Z$ 中。则当 $AB$ 弦向上平移时，如图(2)中的阴影部分面积大于它左边无阴影的部分的面积，所以 $A(X) + A(Z)$ 增加，而 $A(Y) + A(W)$ 在减少（注意 $X, Y, Z, W$ 的面积之和是定值 $\pi r^2$），因而比值 $\dfrac{A(X) + A(Z)}{A(Y) + A(W)}$ 增加。于是，当点 $A$ 与点 $C$ 重合时，它才有可能取到最大值。在图(3)中，直角三角形 $ABD$ 的斜边 $BD$ 是直径，设 $\triangle ABD$ 在 $OA$ 为高时面积最大，这时 $A(Z)$ 为最大，$A(X) + A(Z)$ 也最大，其值为 $\dfrac{1}{2}\pi r^2 + r^2$。而 $A(Y) + A(W)$ 为最小，其值为 $\dfrac{1}{2}\pi r^2 - r^2$。所以 $\dfrac{A(X) + A(Z)}{A(Y) + A(W)}$ 的最大值是 $\dfrac{\dfrac{1}{2}\pi r^2 + r^2}{\dfrac{1}{2}\pi r^2 - r^2} = \dfrac{\pi + 2}{\pi - 2}$。

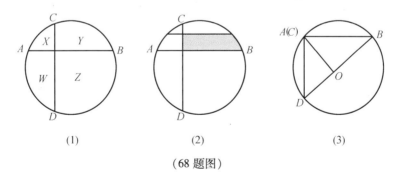

(68 题图)

**69.** 设 $\dfrac{AD}{AB} = x, \dfrac{AE}{AC} = y$，故 $S_{\triangle ADE} = xy, S_{BCED} = 1 - xy, S_{\triangle PBC} = \dfrac{1}{2}(1 - xy)$。

$$\frac{S_{\triangle PDE}}{S_{\triangle PBC}} = \frac{PE \cdot PD}{PB \cdot PC} = \left(\frac{PE}{PB}\right) \cdot \left(\frac{PD}{PC}\right) = \frac{S_{\triangle APE}}{S_{\triangle ABP}} \cdot \frac{S_{\triangle APD}}{S_{\triangle APC}} = \frac{S_{\triangle APE}}{S_{\triangle APC}} \cdot \frac{S_{\triangle APD}}{S_{\triangle ABP}} = xy$$

所以,

$$S_{\triangle PDE} = \frac{1}{2} xy(1 - xy) \qquad ①$$

由梅涅劳斯定理,

$$\frac{BP}{PE} \cdot \frac{EC}{CA} \cdot \frac{AD}{DB} = 1$$

所以

$$\frac{BP}{PE} = \frac{1-x}{x(1-y)}$$

$$\frac{BP}{BE} = \frac{1-x}{x(1-y) + 1 - x} = \frac{1-x}{1-xy}$$

$$S_{\triangle BPC} = \frac{BP}{BE} S_{\triangle BCE} = \frac{BP}{BE} \cdot \frac{EC}{AC} S_{\triangle ABC} = \frac{(1-x)(1-y)}{1-xy}$$

于是,问题转化为在条件

$$\frac{1}{2}(1 - xy) = \frac{(1-x)(1-y)}{1-xy} \qquad ②$$

下,求式①的最大值.

令 $u = xy$,(因为 $0 < x, y < 1$,所以 $0 < xy < 1$),
式②为

$$\frac{1}{2}(1-u)^2 = 1 + u - (x+y) \leq 1 + u - 2\sqrt{xy} = (1 - \sqrt{u})^2$$

所以

$$1 - u \leq \sqrt{2}(1 - \sqrt{u})$$

即

$$1 + \sqrt{u} \leq \sqrt{2}$$

所以

$$0 < \sqrt{u} \leq \sqrt{2} - 1, 0 < u \leq (\sqrt{2} - 1)^2 = 3 - 2\sqrt{2}$$

而二次函数 $f(u) = \frac{1}{2}u(1-u)$ 在 $(0, 3-2\sqrt{2}]$ 内取得的最大值为 $f(3-2\sqrt{2}) = 5\sqrt{2} - 7$.

故当 $x = y = \sqrt{2} - 1$(此时 $u = xy = 3 - 2\sqrt{2}$)时,$\triangle PDE$ 面积最大,最大值为 $5\sqrt{2}$.

70. 易知 $P$ 不可能在 $\triangle ABC$ 的形外.

(1) 若每个内角都小于 $120°$,将 $\triangle ABP$ 绕 $B$ 点逆时针旋转 $60°$ 至 $\triangle A_1BQ$ 位

置,如图70题图(1)所示,△BPQ 为正三角形. 于是 $AP + BP + CP \geq A_1Q + QP + CP$.

因为 $A_1$、$C$ 为定点,欲使 $AP + BP + CP$ 最小,$P$ 点应在 $A_1C$ 上. 此时,由 $\angle BPQ = \angle BQP = 60°$,可得

$$\angle BPC = 120°$$
$$\angle APB = \angle A_1QB = 120°$$
$$\angle APC = 360° - \angle BPC - \angle APB = 120°$$

故以 $BC$ 为弦,作出 $120°$ 的圆弧与 $CA_1$ 的交点即为 $P$ 点(显然是唯一的).

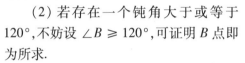

(70题(1)图)

(2)若存在一个钝角大于或等于 $120°$,不妨设 $\angle B \geq 120°$,可证明 $B$ 点即为所求.

事实上,设 $Q$ 是三角形边上或形内异于 $B$ 点的一点,将 △ABQ 绕 $B$ 点旋转至 $△A_1BQ_1$ 位置,$A_1$ 位于 $BC$ 的反向延长

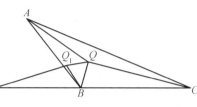

(70题(2)图)

线上,如图70题(2)图,因为 $\angle CBA \geq 120°$,所以 $\angle Q_1BQ = \angle ABA_1 \leq 60°$. 从而 $Q_1Q \leq QB$. 故 $AQ + BQ + CQ \geq A_1Q_1 + Q_1Q + QC \geq A_1C$.

当且仅当 $Q$ 与 $B$ 重合时等号成立.

注:本题是著名的费马问题,$P$ 点称为费马点. 证明方法是化曲为直.

71. 不等式 $\dfrac{1}{\sin\dfrac{A}{2}} + \dfrac{1}{\sin\dfrac{B}{2}} + \dfrac{1}{\sin\dfrac{C}{2}} \geq \dfrac{1}{r} \cdot \sqrt{\dfrac{a^2 + b^2 + c^2 + 4\sqrt{3}S}{2}}$ 等价于

$$\dfrac{r}{\sin\dfrac{A}{2}} + \dfrac{r}{\sin\dfrac{B}{2}} + \dfrac{r}{\sin\dfrac{C}{2}} \geq \sqrt{\dfrac{a^2 + b^2 + c^2 + 4\sqrt{3}S}{2}}.$$

设 $I$ 是 △ABC 的内心,则 $IA + IB + IC \geq FA + FB + FC$.(其中 $F$ 是 △ABC 的费尔马点)

由第70题若每个内角都小于 $120°$,则

$$FA + FB + FC = A_1C = \sqrt{a^2 + c^2 - 2ac\cos\left(B + \dfrac{\pi}{3}\right)} =$$
$$\sqrt{a^2 + c^2 - ac\cos B + \sqrt{3}ac\sin B} =$$
$$\sqrt{a^2 + c^2 - \dfrac{a^2 + c^2 - b^2}{2} + 2\sqrt{3}S} =$$

$$\sqrt{\frac{a^2+b^2+c^2+4\sqrt{3}S}{2}}$$

不等式成立.

若存在一个钝角(设为$B$)大于或等于$120°$,则$FA+FB+FC = A_1C = a+c$.

此时,$a+c \geqslant \sqrt{\frac{a^2+b^2+c^2+4\sqrt{3}S}{2}}$等价于$2\sqrt{3}S - ac\cos B \geqslant 0$,由于$B$是钝角,此不等式显然成立.

72. 在四边形$ABCD$中,$\vec{AB}+\vec{BC}+\vec{CD}+\vec{DA}=\vec{0}$,所以,$\vec{AB}+\vec{CD}=-(\vec{BC}+\vec{DA})$. 又因为$\vec{AP}=\vec{AB}+\vec{BP}=\vec{AB}+\frac{1}{2}\vec{BC}$,即$2\vec{AP}=2\vec{AB}+\vec{BC}$,两边平方得

$$4\vec{AP}^2 = 4\vec{AB}^2 + \vec{BC}^2 + 4\vec{AB}\cdot\vec{BC}$$

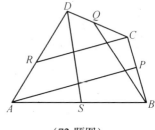

(72题图)

同理,

$$4\vec{BQ}^2 = 4\vec{BC}^2 + \vec{CD}^2 + 4\vec{BC}\cdot\vec{CD}$$
$$4\vec{CR}^2 = 4\vec{CD}^2 + \vec{DA}^2 + 4\vec{CD}\cdot\vec{DA}$$
$$4\vec{DS}^2 = 4\vec{DA}^2 + \vec{AB}^2 + 4\vec{DA}\cdot\vec{AB}$$

相加得

$$4(\vec{AP}^2+\vec{BQ}^2+\vec{CR}^2+\vec{DS}^2) =$$
$$5(\vec{AB}^2+\vec{BC}^2+\vec{CD}^2+\vec{DA}^2)+$$
$$4(\vec{AB}\cdot\vec{BC}+\vec{BC}\cdot\vec{CD}+\vec{CD}\cdot\vec{DA}+\vec{DA}\cdot\vec{AB})=$$
$$5(\vec{AB}^2+\vec{BC}^2+\vec{CD}^2+\vec{DA}^2)+$$
$$4(\vec{AB}+\vec{CD})\cdot(\vec{BC}+\vec{DA})=$$
$$5(\vec{AB}^2+\vec{BC}^2+\vec{CD}^2+\vec{DA}^2)-4(\vec{AB}+\vec{CD})^2 \leqslant$$
$$5(\vec{AB}^2+\vec{BC}^2+\vec{CD}^2+\vec{DA}^2)$$

即

$$4(AP^2+BQ^2+CR^2+DS^2) \leqslant 5(AB^2+BC^2+CD^2+DA^2)$$

73. **证法一** 如图,连接$A_1B,A_1C,B_1C,B_1A,C_1A,C_1B$,并记$\angle BA_1C = \angle CAB_1 = \angle BAC_1 = \alpha$,$\angle CB_1A = \angle ABC_1 = \angle CBA_1 = \beta$,$\angle AC_1B = \angle BCA_1 = \angle ACB_1 = \gamma$. 在四边形$PBA_1C$中,由Ptolemy定理得:

$$PA_1 \cdot BC = PB \cdot A_1C + PC \cdot A_1B$$

即

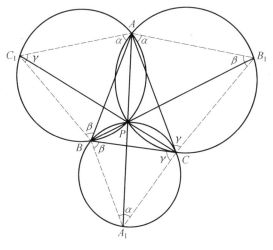

(73 题图)

$$PA_1 = \frac{A_1C}{BC} \cdot PB + \frac{A_1B}{BC} \cdot PC$$

再在 $\triangle A_1BC$ 中，由正弦定理得：

$$PA_1 = \frac{\sin \beta}{\sin \alpha} \cdot PB + \frac{\sin \gamma}{\sin \alpha} \cdot PC \qquad ①$$

同理可得：

$$PB_1 = \frac{\sin \gamma}{\sin \beta} \cdot PC + \frac{\sin \alpha}{\sin \beta} \cdot PA \qquad ②$$

$$PC_1 = \frac{\sin \alpha}{\sin \gamma} \cdot PA + \frac{\sin \beta}{\sin \gamma} \cdot PB \qquad ③$$

由式①,②,③联立方程组解得：

$$2 \cdot PA = \frac{\sin \beta}{\sin \alpha} \cdot PB_1 + \frac{\sin \gamma}{\sin \alpha} \cdot PC_1 - PA_1$$

$$2 \cdot PB = \frac{\sin \gamma}{\sin \beta} \cdot PC_1 + \frac{\sin \alpha}{\sin \beta} \cdot PA_1 - PB_1$$

$$2 \cdot PC = \frac{\sin \alpha}{\sin \gamma} \cdot PA_1 + \frac{\sin \beta}{\sin \gamma} \cdot PB_1 - PC_1$$

于是，

$$2 \cdot PA + PA_1 = \frac{\sin \beta}{\sin \alpha} \cdot PB_1 + \frac{\sin \gamma}{\sin \alpha} \cdot PC_1 \geqslant 2\sqrt{\frac{\sin \beta}{\sin \alpha} \cdot PB_1 \cdot \frac{\sin \gamma}{\sin \alpha} \cdot PC_1}$$

同理，

$$2 \cdot PB + PB_1 \geqslant 2\sqrt{\frac{\sin \gamma}{\sin \beta} \cdot PC_1 \cdot \frac{\sin \alpha}{\sin \beta} \cdot PA_1}$$

$$2 \cdot PC + PC_1 \geq 2\sqrt{\frac{\sin\alpha}{\sin\gamma} \cdot PA_1 \cdot \frac{\sin\beta}{\sin\gamma} \cdot PB_1}$$

将以上三个不等式相乘,得

$$(2 \cdot PA + PA_1)(2 \cdot PB + PB_1)(2 \cdot PC + PC_1) \geq 8 PA_1 \cdot PB_1 \cdot PC_1$$

故

$$\left(1 + 2 \cdot \frac{PA}{PA_1}\right)\left(1 + 2 \cdot \frac{PB}{PB_1}\right)\left(1 + 2 \cdot \frac{PC}{PC_1}\right) \geq 8$$

**证法二**  记 $\angle CAP = \alpha$, $\angle ABP = \beta$, $\angle BCP = \gamma$,在四边形 $PBA_1C$ 中利用 Ptolemy 定理得 $PA_1 \cdot a = PB \cdot CA_1 + PC \cdot BA_1$,在 $\triangle ABA_1$ 和 $\triangle ACA_1$ 中利用正弦定理得

$$BA_1 = \frac{c\sin(A-\alpha)}{\sin\gamma}$$

$$CA_1 = \frac{b\sin\alpha}{\sin(B-\beta)}$$

因此,

$$PA_1 = PB \cdot \frac{b\sin\alpha}{a\sin(B-\beta)} + PC \cdot \frac{c\sin(A-\alpha)}{a\sin\gamma}$$

记 $S_A = S_{\triangle PBC}$, $S_B = S_{\triangle PAC}$, $S_C = S_{\triangle PAB}$,则

$$\frac{S_B \cdot PB}{S_A \cdot PA} = \frac{b\sin\alpha}{a\sin(B-\beta)}$$

$$\frac{S_C \cdot PC}{S_A \cdot PA} = \frac{c\sin(A-\alpha)}{a\sin\gamma}$$

因此, $PA_1 = \dfrac{S_B \cdot PB^2 + S_C \cdot PC^2}{S_A \cdot PA}$,同理可得

$$PB_1 = \frac{S_C \cdot PC^2 + S_A \cdot PA^2}{S_B \cdot PB}$$

$$PC_1 = \frac{S_A \cdot PA^2 + S_B \cdot PB^2}{S_C \cdot PC}$$

记 $x = S_A \cdot PA^2$, $y = S_B \cdot PB^2$, $z = S_C \cdot PC^2$,因此,

$$\left(1 + 2 \cdot \frac{PA}{PA_1}\right)\left(1 + 2 \cdot \frac{PB}{PB_1}\right)\left(1 + 2 \cdot \frac{PC}{PC_1}\right) =$$

$$\left(1 + \frac{2x}{y+z}\right)\left(1 + \frac{2y}{z+x}\right)\left(1 + \frac{2z}{x+y}\right) =$$

$$\frac{(x+y)+(z+x)}{y+z} \cdot \frac{(y+z)+(x+y)}{z+x} \cdot \frac{(y+z)+(z+x)}{x+y} \geq$$

$$\frac{2\sqrt{(x+y)(z+x)}}{y+z} \cdot \frac{2\sqrt{(y+z)(x+y)}}{z+x} \cdot \frac{2\sqrt{(y+z)(z+x)}}{x+y} = 8$$

74. 分别用 $a,b,c$ 表示 $\triangle ABC$ 中顶点 $A,B,C$ 所对的边长,记 $D$ 为 $BC$ 和 $\angle A$ 的平分线的交点,$p=BD,q=CD$.

由三角形角平分线定理得 $bp=cq$. 结合 $p+q=a$,得
$$p=\frac{ac}{b+c}, q=\frac{ab}{b+c} \qquad ①$$

由 $\cos\angle ADB + \cos\angle ADC = 0$,根据余弦定理得 $\frac{x^2+p^2-c^2}{2xp}+\frac{x^2+q^2-b^2}{2xq}=0$,其中 $x=AD$.

结合式 ① 得
$$x^2=bc-pq=bc\left[1-\left(\frac{a}{b+c}\right)^2\right]=\frac{bc(b+c-a)l}{(b+c)^2} \qquad ②$$

记由点 $D$ 向 $AB,AC$ 所引垂线的垂足分别为 $E,F$,则 $A,E,D,F$ 四点共圆,$\angle DEF=\angle DAF$,根据正弦定理得
$$\frac{l_a}{\sin A}=\frac{l_a}{\sin\angle EDF}=\frac{DF}{\sin\angle DEF}=\frac{DF}{\sin\angle DAF}=x$$

记 $\triangle ABC$ 的面积为 $S$,则由式 ② 得
$$l_a=x\sin A=\frac{2xS}{bc}=\frac{2S}{(b+c)\sqrt{bc}}\sqrt{(b+c-a)l}$$

类似地,
$$l_b=\frac{2S}{(c+a)\sqrt{ca}}\sqrt{(c+a-b)l}$$
$$l_c=\frac{2S}{(a+b)\sqrt{ab}}\sqrt{(a+b-c)l}$$

由海伦 – 秦九韶公式得
$$l_a l_b l_c = \frac{8S^3 l\sqrt{(a+b-c)(b+c-a)(c+a-b)l}}{abc(a+b)(b+c)(c+a)}=$$
$$\frac{(a+b-c)^2(b+c-a)^2(c+a-b)^2 l^3}{8abc(a+b)(b+c)(c+a)}$$

由均值不等式得 $a+b \geq 2\sqrt{ab}, b+c \geq 2\sqrt{bc}, c+a \geq 2\sqrt{ca}$,代入上式得
$$\frac{l_a l_b l_c}{l^3} \leq \frac{(a+b-c)^2(b+c-a)^2(c+a-b)^2}{64a^2b^2c^2} \qquad ③$$

而 $a,b,c$ 是 $\triangle ABC$ 的三条边,则
$$0 < (a+b-c)(c+a-b)=a^2-(b-c)^2 \leq a^2$$
$$0 < (a+b-c)(b+c-a)=b^2-(a-c)^2 \leq b^2$$
$$0 < (b+c-a)(c+a-b)=c^2-(a-b)^2 \leq c^2$$

以上三式相乘得
$$0 < (a+b-c)^2(b+c-a)^2(c+a-b)^2 \leq a^2b^2c^2 \qquad ④$$
由式③,④即得原不等式.

75. **证法一** 如图,设 $\triangle ABC$ 的内切圆半径为 $r$,内心为 $I$,外心为 $O$,圆 $\omega_A$,$\Omega_A$ 的半径分别为 $u,v$. 则 $AP_A = u$, $P_A O = R - u$, $IP_A = r + u$. 注意到 $P_A$ 是 $\triangle AOI$ 的边 $OA$ 上的点,由斯特瓦尔特定理得

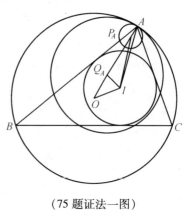

$$(r+u)^2 = \frac{u \cdot OI^2 + (R-u) \cdot IA^2}{R} - u(R-u)$$

将 $OI^2 = R(R-2r)$ 代入得
$$u = \frac{(IA^2 - r^2) \cdot R}{IA^2 + 4Rr}$$

(75题证法一图)

又
$$IA = \frac{r}{\sin\frac{A}{2}} = 4R\sin\frac{B}{2}\sin\frac{C}{2}$$

则
$$u = \frac{(4R)^2\sin^2\frac{B}{2}\sin^2\frac{C}{2}\cos^2\frac{A}{2}}{(4R)^2\sin\frac{B}{2}\sin\frac{C}{2}(\sin\frac{A}{2} + \sin\frac{B}{2}\sin\frac{C}{2})}R = \frac{\sin\frac{B}{2}\sin\frac{C}{2}\cos^2\frac{A}{2}}{\sin\frac{A}{2} + \sin\frac{B}{2}\sin\frac{C}{2}}R$$

同理,因为 $AQ_A = v$, $Q_A O = R - v$, $IQ_A = v - r$,所以
$$(v-r)^2 = \frac{v \cdot OI^2 + (R-v) \cdot IA^2}{R} - v(R-v)$$

于是
$$v = \frac{(IA^2 - r^2) \cdot R}{IA^2} = R \cdot \cos^2\frac{A}{2}$$

故
$$P_A Q_A = v - u = \frac{\sin\frac{A}{2}\cos^2\frac{A}{2}}{\sin\frac{A}{2} + \sin\frac{B}{2}\sin\frac{C}{2}}R = \frac{\sin\frac{A}{2}\cos^2\frac{A}{2}}{\cos\frac{B}{2}\cos\frac{C}{2}}R$$

同理
$$P_B Q_B = \frac{\sin\frac{B}{2}\cos^2\frac{B}{2}}{\cos\frac{C}{2}\cos\frac{A}{2}}R$$

$$P_CQ_C = \frac{\sin\frac{C}{2}\cos^2\frac{C}{2}}{\cos\frac{A}{2}\cos\frac{B}{2}}$$

故

$$8P_AQ_A \cdot P_BQ_B \cdot P_CQ_C = 8R^3 \sin\frac{A}{2}\sin\frac{B}{2}\sin\frac{C}{2}$$

在 $\triangle ABC$ 中,易证

$$\sin\frac{A}{2}\sin\frac{B}{2}\sin\frac{C}{2} \leqslant \frac{1}{8}$$

事实上,$\sin^2\frac{A}{2} = \frac{1-\cos A}{2} = \frac{1-\frac{b^2+c^2-a^2}{2bc}}{2} = \frac{a^2-(b-c)^2}{4bc} \leqslant \frac{a^2}{4bc}$,同理 $\sin^2\frac{B}{2} \leqslant \frac{b^2}{4ca}, \sin^2\frac{C}{2} \leqslant \frac{c^2}{4ab}$. 相乘并开方即得.

所以不等式得证.

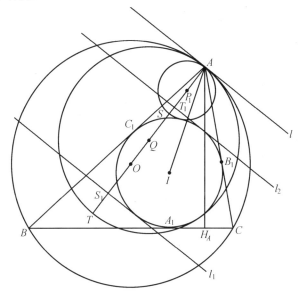

(75题证法二图)

**证法二** 设内切圆分别与边 $AB, BC$ 和 $CA$ 相切于 $C_1, A_1, B_1$,设 $AB = c$, $BC = a, CA = b$,由切线长相等,设

$AB_1 = AC_1 = x, BC_1 = BA_1 = y, CA_1 = CB_1 = z$,则 $a = y+z, b = z+x, c = x+y$,由均值不等式得 $a \geqslant 2\sqrt{yz}, b \geqslant 2\sqrt{zx}, c \geqslant 2\sqrt{xy}$,三个不等式分别相乘得

$$abc \geqslant 8xyz \qquad ①$$

等号成立当且仅当 $x = y = z$，即 $\triangle ABC$ 是正三角形时. 设 $\triangle ABC$ 的面积为 $S$，由正弦定理得 $c = 2R\sin C$，因此
$$S = \frac{1}{2}ab\sin C = \frac{abc}{4R}, \text{ 或 } R = \frac{abc}{4S} \qquad ②$$

若有
$$P_A Q_A = \frac{xa^2}{4S} \qquad ③$$

同理可得循环对称的结论：
$$P_B Q_B = \frac{yb^2}{4S}, P_C Q_C = \frac{zc^2}{4S}$$

将三个不等式两边相乘得
$$P_A Q_A \cdot P_B Q_B \cdot P_C Q_C = \frac{xyz a^2 b^2 c^2}{64 S^3} \qquad ④$$

综合式 ① 与式 ④ 得
$$8 P_A Q_A \cdot P_B Q_B \cdot P_C Q_C = \frac{8xyz a^2 b^2 c^2}{64 S^3} \leqslant \frac{a^3 b^3 c^3}{64 S^3} = R^3$$

等号成立当且仅当 $\triangle ABC$ 是正三角形时.

因而，只需证明③，设 $r, r_A, r_A'$ 分别表示 $\omega, \omega_A$ 与 $\Omega_A$ 的半径. 考虑以 $A$ 为中心，半径为 $x$ 的反演变换 $I$. 显然，$I(B_1) = B_1, I(C_1) = C_1, I(\omega) = \omega$，设射线 $AD$ 分别交 $\omega_A$ 与 $\Omega$ 于 $S, T$. 不难看出 $AT > AS$，因为圆 $\omega$ 与 $\omega_A$ 外切，而与 $\Omega$ 内切. 设 $S_1 = I(S), T_1 = I(T)$. 设 $l$ 表示过 $A$ 且圆 $\Omega$ 相切，则在反演变换下，圆 $\omega_A$ 的像为过点 $S_1$ 且平行于 $l$ 的直线 $l_1$，圆 $\Omega_A$ 的像为过点 $S_1$ 且平行于 $l$ 的直线 $l_2$. 又因为圆 $\omega$ 与圆 $\omega_A$、$\Omega_A$ 均相切，所以 $l_1, l_2$ 也与 $\omega$ 的像（即它本身）也相切. 因此，这两条直线间的距离为 $2r$，即 $S_1 T_1 = 2r$. 因此，如图（加粗的圆为 $\omega_A$，它的像为粗线 $l_1$）由反演变换的定义，有 $AS_1 \cdot AS = AT_1 \cdot AT = x^2$. 注意到 $AS = 4r_A, AT = 4r_A'$，$S_1 T_1 = 2r$，有

$$r_A = \frac{x^2}{2 AS_1}$$

$$r_A' = \frac{x^2}{2 AT_1} = \frac{x^2}{2(AS_1 - x)}$$

因此，
$$P_A Q_A = AQ_A - AP_A = \frac{x^2}{2}\left(\frac{1}{AS_1 - x} - \frac{1}{AS_1}\right)$$

设 $H_A$ 为从 $A$ 到边 $BC$ 引垂线的垂足. 易见 $\angle BAS_1 = \angle BAO = 90° - \angle C = \angle CAH_A$. 因为射线 $AS_1$ 与 $AH_A$ 关于射线 $AI$ 对称. 进而注意到直线 $l_1$（过点 $S_1$）与直线 $BC$（过点 $H_A$）都与圆 $\omega$ 相切，可得 $AS_1 = AH_A$. 鉴于此，由 $2S = AH_A \cdot BC =$

$(AB + BC + CA)r$,计算 $P_A Q_A$ 如下:

$$P_A Q_A = \frac{x^2}{2}(\frac{1}{AH_A - x} - \frac{1}{AH_A}) = \frac{x^2}{4S}(\frac{2S}{AH_A - x} - \frac{2S}{AH_A}) =$$

$$\frac{x^2}{4S}(\frac{2S}{\frac{1}{BC} - \frac{2}{AB+BC+CA}} - BC) =$$

$$\frac{x^2}{4S}(\frac{2S}{\frac{1}{y+z} - \frac{1}{x+y+z}} - (y+z)) =$$

$$\frac{x^2}{4S}(\frac{(y+z)(x+y+z)}{x} - (y+z)) =$$

$$\frac{x(y+z)^2}{4S} = \frac{xa^2}{4S} \qquad ③$$

得证.

76. 如图,设 $\angle CAB = \alpha$, $\angle ABC = \beta$, $\angle ACB = \gamma$,则 $\angle BOA_1 = \alpha$,故 $\cos \alpha = OA_1$,同理,$\cos \beta = OB_1$, $\cos \gamma = OC_1$,

由算术调和均值不等式得

$$\frac{1}{OA_1} + \frac{1}{OB_1} + \frac{1}{OC_1} = \frac{1}{\cos \alpha} + \frac{1}{\cos \beta} + \frac{1}{\cos \gamma} \geq$$

$$\frac{9}{\cos \alpha + \cos \beta + \cos \gamma}$$

故只要证明

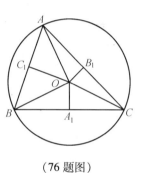

(76 题图)

$$\cos \alpha + \cos \beta + \cos \gamma \leq \frac{3}{2}$$

$$\cos \alpha + \cos \beta + \cos \gamma = \cos \alpha + \cos \beta + \cos(180° - \alpha - \beta) =$$

$$\cos \alpha + \cos \beta - \cos(\alpha + \beta) =$$

$$2\cos \frac{\alpha+\beta}{2} \cos \frac{\alpha-\beta}{2} - 2\cos^2 \frac{\alpha+\beta}{2} + 1 \leq$$

$$2\cos \frac{\alpha+\beta}{2} - 2\cos^2 \frac{\alpha+\beta}{2} + 1 =$$

$$-2(\cos \frac{\alpha+\beta}{2} - \frac{1}{2})^2 + \frac{3}{2} \leq \frac{3}{2}$$

77. 因为 $w_a = \frac{2bc\cos \frac{A}{2}}{b+c}$, $w_b = \frac{2ca\cos \frac{B}{2}}{c+a}$, $w_c = \frac{2ab\cos \frac{C}{2}}{a+b}$,所以 $\frac{a^2+b^2}{w_c} +$

563

$\dfrac{b^2+c^2}{w_a}+\dfrac{c^2+a^2}{w_b} > 4R$ 等价于

$$\dfrac{(b^2+c^2)(b+c)}{4Rbc\cos\dfrac{A}{2}}+\dfrac{(c^2+a^2)(c+a)}{4Rca\cos\dfrac{B}{2}}+\dfrac{(a^2+b^2)(a+b)}{4Rab\cos\dfrac{C}{2}} > 2 \Leftrightarrow$$

$$\dfrac{(b^2+c^2)(b+c)\sin\dfrac{A}{2}}{2abc}+\dfrac{(c^2+a^2)(c+a)\sin\dfrac{B}{2}}{2abc}+$$

$$\dfrac{(a^2+b^2)(a+b)\sin\dfrac{C}{2}}{2abc} > 1$$

又 $b^2+c^2 \geqslant 2bc, b+c > a$,故只要证明

$$\sin\dfrac{A}{2}+\sin\dfrac{B}{2}+\sin\dfrac{C}{2} > 1$$

又 $\cos A+\cos B+\cos C=1+4\sin\dfrac{A}{2}\sin\dfrac{B}{2}\sin\dfrac{C}{2} > 1$,且当 $A,B,C$ 是一个三角形的内角时, $\dfrac{\pi-A}{2},\dfrac{\pi-B}{2},\dfrac{\pi-C}{2}$ 也是某个三角形的内角,则 $\cos\dfrac{\pi-A}{2}+\cos\dfrac{\pi-B}{2}+\cos\dfrac{\pi-C}{2} > 1$,即 $\sin\dfrac{A}{2}+\sin\dfrac{B}{2}+\sin\dfrac{C}{2} > 1$.

**78. 证法一** 设 $\triangle ABC$ 的三边长分别为 $a,b,c$,注意到 $\dfrac{r}{h_A}=\sin\dfrac{A}{2}=$

$\sqrt{\dfrac{(p-b)(p-c)}{bc}} \leqslant \dfrac{(p-b)+(p-c)}{2\sqrt{bc}}=\dfrac{a}{2\sqrt{bc}}$,即 $\dfrac{r}{h_A} \leqslant \dfrac{a^2\sqrt{bc}}{2abc}$.

同理, $\dfrac{r}{h_B} \leqslant \dfrac{b^2\sqrt{ca}}{2abc}, \dfrac{r}{h_C} \leqslant \dfrac{c^2\sqrt{ab}}{2abc}$. 所以

$$\dfrac{r}{h_A}+\dfrac{r}{h_B}+\dfrac{r}{h_C} \leqslant \dfrac{a^2\sqrt{bc}+b^2\sqrt{ca}+c^2\sqrt{ab}}{2abc} \leqslant$$

$$\dfrac{a^2(b+c)+b^2(c+a)+c^2(a+b)}{4abc}$$

又

$$3(ab+bc+ca) \leqslant (a+b+c)^2$$

则

$$(ab+bc+ca)(a+b+c) \leqslant \dfrac{(a+b+c)^3}{3}$$

故

$$a^2(b+c)+b^2(c+a)+c^2(a+b) \leqslant \dfrac{(a+b+c)^3}{3}-3abc$$

从而,
$$\frac{r}{h_A} + \frac{r}{h_B} + \frac{r}{h_C} \leq \frac{(a+b+c)^3}{12abc} - \frac{3}{4}$$

只要证明 $\frac{(a+b+c)^3}{abc} \leq \frac{p^2}{r^2}$, 即只要证明 $8pr^2 \leq abc$.

因为
$$\sqrt{(p-a)(p-b)} \leq \frac{(p-a)+(p-b)}{2} = \frac{c}{2}$$

同理,
$$\sqrt{(p-b)(p-c)} \leq \frac{a}{2}$$
$$\sqrt{(p-c)(p-a)} \leq \frac{b}{2}$$

所以,
$$(p-a)(p-b)(p-c) \leq \frac{abc}{8}$$

因此,
$$r^2 = \frac{S^2_{\triangle ABC}}{p^2} = \frac{(p-a)(p-b)(p-c)}{p} \leq \frac{abc}{8p}$$

所以 $8pr^2 \leq abc$.

**证法二** $\frac{r}{h_A} = \sin\frac{A}{2}, \frac{r}{h_B} = \sin\frac{B}{2}, \frac{r}{h_C} = \sin\frac{C}{2}$, 因此只要证明 $\frac{3}{4} + \sin\frac{A}{2} + \sin\frac{B}{2} + \sin\frac{C}{2} \leq \frac{p^2}{12r^2}$,

由 Jensen 不等式得 $\sin\frac{A}{2} + \sin\frac{B}{2} + \sin\frac{C}{2} \leq 3\sin\frac{\frac{A}{2}+\frac{B}{2}+\frac{C}{2}}{3} = \frac{3}{2}$, 只要证明 $\frac{9}{4} \leq \frac{p^2}{12r^2}$, 即要证明 $p \geq 3\sqrt{3}\,r$.

由均值不等式得
$$\frac{(p-a)+(p-b)+(p-c)}{3} \geq \sqrt[3]{(p-a)(p-b)(p-c)}$$

即 $p \geq 3\sqrt[3]{pr^2}, p^2 \geq 27r^2, p \geq 3\sqrt{3}\,r$.

79. $\dfrac{m_a^2}{-a^2+b^2+c^2} + \dfrac{m_b^2}{-b^2+c^2+a^2} + \dfrac{m_c^2}{-c^2+a^2+b^2} \geq \dfrac{9}{4} \Leftrightarrow$

$\dfrac{-a^2+2b^2+2c^2}{-a^2+b^2+c^2} + \dfrac{-b^2+2c^2+2a^2}{-b^2+c^2+a^2} + \dfrac{-c^2+2a^2+2b^2}{-c^2+a^2+b^2} \geq 9 \Leftrightarrow \dfrac{b^2+c^2}{-a^2+b^2+c^2} +$

$$\frac{c^2+a^2}{-b^2+c^2+a^2}+\frac{a^2+b^2}{-c^2+a^2+b^2}\geq 6 \Leftrightarrow \frac{a^2}{-a^2+b^2+c^2}+\frac{b^2}{-b^2+c^2+a^2}+\frac{c^2}{-c^2+a^2+b^2}\geq 3.$$

由均值不等式得

$$\frac{a^2}{-a^2+b^2+c^2}+\frac{b^2}{-b^2+c^2+a^2}+\frac{c^2}{-c^2+a^2+b^2}\geq 3\sqrt[3]{\frac{a^2b^2c^2}{(-a^2+b^2+c^2)(-b^2+c^2+a^2)(-c^2+a^2+b^2)}}\geq 3$$

80. 由三角形中线长公式得 $x=\frac{1}{2}\sqrt{2b^2+2c^2-a^2}$, $y=\frac{1}{2}\sqrt{2c^2+2a^2-b^2}$, $z=\frac{1}{2}\sqrt{2a^2+2b^2-c^2}$.

由均值不等式得

$$\frac{a^2}{x}=\frac{2a^2}{\sqrt{2b^2+2c^2-a^2}}=\frac{2a^2\sqrt{a^2+b^2+c^2}}{\sqrt{2b^2+2c^2-a^2}\sqrt{a^2+b^2+c^2}}\geq$$

$$\frac{2a^2\sqrt{a^2+b^2+c^2}}{\frac{(2b^2+2c^2-a^2)+(a^2+b^2+c^2)}{2}}=$$

$$\frac{4a^2\sqrt{a^2+b^2+c^2}}{3(b^2+c^2)}$$

同理

$$\frac{b^2}{y}\geq \frac{4b^2\sqrt{a^2+b^2+c^2}}{3(c^2+a^2)}$$

$$\frac{c^2}{z}\geq \frac{4c^2\sqrt{a^2+b^2+c^2}}{3(a^2+b^2)}$$

三个不等式相加得

$$\frac{a^2}{x}+\frac{b^2}{y}+\frac{c^2}{z}\geq \frac{4\sqrt{a^2+b^2+c^2}}{3}\left(\frac{a^2}{b^2+c^2}+\frac{b^2}{c^2+a^2}+\frac{c^2}{a^2+b^2}\right)$$

由 Weitzenbock 不等式得

$$a^2+b^2+c^2\geq 4\sqrt{3}T$$

由 Nebitt 不等式得

$$\frac{a^2}{b^2+c^2}+\frac{b^2}{c^2+a^2}+\frac{c^2}{a^2+b^2}\geq \frac{3}{2}$$

所以 $\frac{a^2}{x}+\frac{b^2}{y}+\frac{c^2}{z}\geq 4\sqrt{T\sqrt{3}}$.

81. 如图,$\angle BOC = 2A$,$\triangle ABC$ 的外接圆半径为 $R$. 由正弦定理得 $BC = 2R\sin A$,因为 $\triangle OBC$ 的内切圆半径为 $r_1$,由三角形的面积关系有

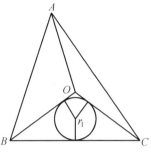

(81 题图)

$$S_{\triangle OBC} = \frac{1}{2}OB \cdot OC\sin\angle BOC = \frac{1}{2}(OB + OC + BC)r_1$$

即

$$\frac{1}{2}R^2\sin 2A = \frac{1}{2}(R + R + 2R\sin A)r_1$$

所以,

$$r_1 = \frac{R\sin 2A}{2(1 + \sin A)}$$

$$\frac{1}{r_1} = \frac{2(1 + \sin A)}{R\sin 2A} = \frac{2}{R\sin 2A} + \frac{1}{R\cos A}$$

于是

$$\frac{1}{r_1} + \frac{1}{r_2} + \frac{1}{r_3} = \frac{2}{R}\left(\frac{1}{\sin 2A} + \frac{1}{\sin 2B} + \frac{1}{\sin 2C}\right) + \frac{1}{R}\left(\frac{1}{\cos A} + \frac{1}{\cos B} + \frac{1}{\cos C}\right)$$

而

$$\sin 2A + \sin 2B + \sin 2C = 2\sin(A+B)\cos(A-B) + \sin 2C \leqslant 2\sin C + \sin 2C = 2\sin C(1 + \cos C) =$$

$$2\sqrt{(1+\cos C)^3(1-\cos C)} \leqslant$$

$$\frac{2}{\sqrt{3}}\sqrt{\left[\frac{(1+\cos C)+(1+\cos C)+(1+\cos C)+3(1-\cos C)}{4}\right]^4} = \frac{3\sqrt{3}}{2}$$

所以由柯西不等式得

$$\left(\frac{1}{\sin 2A}+\frac{1}{\sin 2B}+\frac{1}{\sin 2C}\right)(\sin 2A+\sin 2B+\sin 2C)\geqslant 9$$

$$\frac{1}{\sin 2A}+\frac{1}{\sin 2B}+\frac{1}{\sin 2C}\geqslant 2\sqrt{3}$$

又熟知 $\cos A+\cos B+\cos C\leqslant\frac{3}{2}$,所以由柯西不等式得 $\frac{1}{\cos A}+\frac{1}{\cos B}+\frac{1}{\cos C}\geqslant 6$.

从而 $\frac{1}{r_1}+\frac{1}{r_2}+\frac{1}{r_3}\geqslant\frac{4\sqrt{3}+6}{R}$.

82. (1) **证法一** 由角平分线性质得 $\frac{BL}{LC}=\frac{AB}{AC}$, $BL+LC=BC$. 所以 $BL=\frac{ac}{b+c}$, $LC=\frac{ab}{b+c}$, 由面积关系得

$$S_{\triangle ABC}=S_{\triangle ABL}+S_{\triangle LAC}$$

即

$$\frac{1}{2}AB\cdot AC\sin\angle A=\frac{1}{2}(AB+AC)AL\sin\frac{A}{2}$$

所以,

$$AL=\frac{2bc\cos\frac{A}{2}}{b+c}$$

$$AL^2=\frac{4b^2c^2\cos^2\frac{A}{2}}{(b+c)^2}=\frac{2b^2c^2(1+\cos A)}{(b+c)^2}$$

由相交线定理得 $BL\cdot LC=AL\cdot LP$,
所以

$$\frac{AL}{PL}=\frac{AL^2}{AL\cdot LP}=\frac{\dfrac{2b^2c^2(1+\cos A)}{(b+c)^2}}{\dfrac{ac}{b+c}\cdot\dfrac{ab}{b+c}}=\frac{2bc(1+\cos A)}{a^2}=$$

$$\frac{2bc}{a^2}+\frac{2bc\cos A}{a^2}=\frac{2bc}{a^2}+\frac{-a^2+b^2+c^2}{a^2}=$$

$$\frac{2bc}{a^2}+\frac{a^2+b^2+c^2}{a^2}-2$$

同理,

$$\frac{BM}{BQ}=\frac{2ca}{b^2}+\frac{a^2+b^2+c^2}{b^2}-2$$

$$\frac{CN}{RN} = \frac{2ab}{c^2} + \frac{a^2+b^2+c^2}{c^2} - 2$$

所以,由均值不等式得

$$\frac{AL}{PL} + \frac{BM}{BQ} + \frac{CN}{RN} = 2(\frac{bc}{a^2} + \frac{ca}{b^2} + \frac{ab}{c^2}) +$$

$$(a^2+b^2+c^2)(\frac{1}{a^2} + \frac{1}{b^2} + \frac{1}{c^2}) - 6 \geqslant$$

$$6\sqrt[3]{\frac{bc}{a^2} \cdot \frac{ca}{b^2} \cdot \frac{ab}{c^2}} + 3\sqrt[3]{a^2b^2c^2} \cdot 3\sqrt[3]{\frac{1}{a^2b^2c^2}} - 6 = 9$$

**证法二** 因为 $P$ 是 $\overrightarrow{AB}$ 的中点,所以 $\angle BAP = \angle PAC = \frac{\angle A}{2}$,所以 $AL$ 是 $\triangle ABC$ 的 $\angle A$ 的内角平分线,过 $A$ 作 $AA_0 \perp BC$ 于 $A_0$,过 $P$ 作 $PP_0 \perp BC$ 于 $P_0$,则

$$\frac{AL}{PL} = \frac{AA_0}{PP_0} = \frac{h_a}{PP_0} \quad (1)$$

记 $BC = a, CA = b, AB = c$,$\triangle ABC$ 的面积 $S = \frac{1}{2}ah_a = \frac{1}{2}bc\sin A, h_a = \frac{bc\sin A}{a}$.

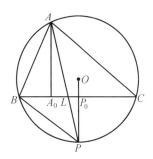

(82题(1)图)

在 $\triangle BPP_0$ 中,$\angle P_0BP = \angle CBP = \frac{\angle A}{2}, PP_0 = BP_0 \tan\frac{A}{2} = \frac{a}{2}\tan\frac{A}{2}$.

所以 $\frac{AL}{PL} = \frac{4bc\cos^2\frac{A}{2}}{a^2}$,而 $\cos^2\frac{A}{2} = \frac{p(p-a)}{bc}$,其中 $p = \frac{a+b+c}{2}$.

所以

$$\frac{AL}{PL} = \frac{2p}{a} \cdot \frac{2(p-a)}{a} = (1 + \frac{b}{a} + \frac{c}{a})(-1 + \frac{b}{a} + \frac{c}{a}) = (\frac{b}{a} + \frac{c}{a})^2 - 1$$

同理,

$$\frac{BM}{BQ} = (\frac{a}{b} + \frac{c}{b})^2 - 1$$

$$\frac{CN}{RN} = (\frac{a}{c} + \frac{b}{c})^2 - 1$$

$$\frac{AL}{PL} + \frac{BM}{BQ} + \frac{CN}{RN} = (\frac{b}{a} + \frac{c}{a})^2 + (\frac{a}{b} + \frac{c}{b})^2 + (\frac{a}{c} + \frac{b}{c})^2 - 3 =$$

$$(\frac{a^2}{b^2} + \frac{b^2}{a^2}) + (\frac{b^2}{c^2} + \frac{c^2}{b^2}) + (\frac{a^2}{c^2} + \frac{c^2}{a^2}) + 2(\frac{ab}{c^2} + \frac{bc}{a^2} + \frac{ca}{b^2}) - 3 \geqslant$$

$$2\sqrt{\frac{a^2}{b^2} \cdot \frac{b^2}{a^2}} + 2\sqrt{\frac{b^2}{c^2} \cdot \frac{c^2}{b^2}} + 2\sqrt{\frac{a^2}{c^2} \cdot \frac{c^2}{a^2}} + 2 \times$$

$$3\sqrt[3]{\frac{ab}{c^2}\cdot\frac{bc}{a^2}\cdot\frac{ca}{b^2}}-3=9$$

当且仅当 $a=b=c$,即 $\triangle ABC$ 是等边三角形时等号成立.

(2) 如图,设 $\angle DAC=\theta$,在 $\triangle ADC$ 中由正弦定理得 $\frac{AD}{\sin C}=\frac{CD}{\sin\theta}$,所以 $AD=\frac{CD\sin C}{\sin\theta}$,在 $\triangle PDC$ 中由正弦定理得

$$\frac{PD}{\sin\angle DCP}=\frac{CD}{\sin\angle DPC}$$

所以

$$PD=\frac{CD\sin(A-\theta)}{\sin B}$$

$$\frac{AD}{PD}=\frac{\sin B\sin C}{\sin\theta\sin(A-\theta)}=$$

$$\frac{2\sin B\sin C}{\cos(A-2\theta)-\cos A}\geqslant\frac{2\sin B\sin C}{1-\cos A}=$$

$$\frac{\sin B\sin C}{\sin^2\frac{A}{2}}=\frac{4\sin B\sin C\sin^2\frac{A}{2}}{4\sin^2\frac{A}{2}\cos^2\frac{A}{2}}=$$

$$\frac{4\sin B\sin C\sin^2\frac{A}{2}}{\sin^2 A}=\frac{4bc\cos^2\frac{A}{2}}{a^2}$$

(82 题(2) 图)

同理 $\frac{BE}{QE}\geqslant\frac{4ca\cos^2\frac{B}{2}}{b^2}$,$\frac{CF}{RF}\geqslant\frac{4ab\cos^2\frac{C}{2}}{c^2}$,由(1) 的证明

$$\frac{AD}{PD}+\frac{BE}{QE}+\frac{CF}{RF}\geqslant\frac{4bc\cos^2\frac{A}{2}}{a^2}+\frac{4ca\cos^2\frac{B}{2}}{b^2}+\frac{4ab\cos^2\frac{C}{2}}{c^2}\geqslant 9$$

等号成立当且仅当 $\triangle ABC$ 是正三角形,且 $D,E,F$ 分别是 $BC,CA,AB$ 的中点.

83. 如图所示,设 $\angle BAD=2\alpha$,$\angle ABC=2\beta$,$\angle BCD=2\gamma$,$\angle CDA=2\delta$,则 $\alpha+\beta+\gamma+\delta=\pi$,因为 $\triangle HAE$ 的内切圆的半径为 $r_4$,易得 $AH=AE=r\cot\alpha$,$EH=2r\cos\alpha$,在等腰 $\triangle AEH$ 中,

$$S_{\triangle ABC}=\frac{1}{2}AH\cdot AE\sin 2\alpha=\frac{1}{2}r^2\cot^2\alpha\sin 2\alpha$$

又

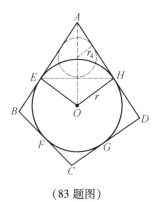

(83 题图)

$$S_{\triangle ABC} = \frac{1}{2}(AH + AE + EH)r_4 = r(\cot\alpha + \cos\alpha)$$

所以

$$r_4 = \frac{r\cot^2\alpha \sin 2\alpha}{2(\cot\alpha + \cos\alpha)} = \frac{r\cos^2\alpha}{1 + \sin\alpha} = r(1 - \sin\alpha)$$

同理,$r_1 = r(1 - \sin\beta), r_2 = r(1 - \sin\gamma), r_3 = r(1 - \sin\delta)$

所以由 Jensen 不等式得

$$r_1 + r_2 + r_3 + r_4 = r[4 - (\sin\alpha + \sin\beta + \sin\gamma + \sin\delta)] \geqslant$$
$$r(4 - 4\sin\frac{\alpha + \beta + \gamma + \delta}{4}) = r(4 - 4\sin\frac{\pi}{4}) =$$
$$2(2 - \sqrt{2})r$$

84. **证法一** 因为 $E$ 是 $AC$ 的中点,所以 $AE = EC = \frac{b}{2}$,因为 $BD$ 平分 $\angle ABC$,我们有 $CD = \frac{ab}{a+c}$. 因为 $BE$ 平分 $\angle ABD$,我们有 $\frac{BD}{BA} = \frac{DE}{EA}$,因为 $BD^2 = BC^2 + CD^2 = a^2 + (\frac{ab}{a+c})^2, DE^2 = (\frac{b}{2} - \frac{ab}{a+c})^2$. 所以由 $\frac{BD^2}{BA^2} = \frac{DE^2}{EA^2}$ 整理得

$$a^2\{(a+c)^2 + b^2\} = c^2(c-a)^2$$

由于 $c^2 = a^2 + b^2$,消去 $b^2$,得 $c^3 - 2ac^2 - a^2c - 2a^3 = 0$.

令 $t = \frac{c}{a}$,于是 $t^3 - 2t^2 - t - 2 = 0$. 考虑函数 $f(t) = t^3 - 2t^2 - t - 2 (t > 0)$. 当 $0 < t \leqslant 2$ 时,$f(t) = t^2(t-2) - t - 2 < 0$.

当 $t > 2$ 时,$f(t) = (t-2)(t^2-1) - 4$ 是 $(2, +\infty)$ 上是单调递增的,我们

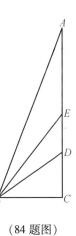

(84 题图)

容易得到 $f(\frac{5}{2}) = -\frac{11}{8} < 0, f(3) = 4 > 0$. 所以 $f(t) = 0$ 的根在区间 $(\frac{5}{2}, 3)$. 这样我们证明了 $\frac{5}{2} < \frac{c}{a} < 3$.

**证法二** 我们记 $\frac{\angle B}{4} = \theta$, 则 $\angle EBC = \angle DBE = \theta$, $\angle CBD = 2\theta$, 在 $\triangle BEA$ 和 $\triangle BEC$ 中应用正弦定理得, $\frac{BE}{\sin A} = \frac{AE}{\sin \theta}$, $\frac{BE}{\sin 90°} = \frac{CE}{\sin 3\theta}$. 因为 $AE = CE$, 我们得到 $\sin 3\theta \sin A = \sin \theta$. 因为 $A = 90° - 4\theta$, 于是我们得到 $\sin 3\theta \cos 4\theta = \sin \theta$. 所以 $\frac{c}{a} = \frac{1}{\cos 4\theta} = \frac{\sin 3\theta}{\sin \theta} = 3 - 4\sin^2 \theta$. 这意味着 $\frac{c}{a} < 3$.

利用 $\frac{c}{a} = 3 - 4\sin^2 \theta$, 容易得到 $\cos 2\theta = \frac{1}{2}(\frac{c}{a} - 1)$, 因此 $\frac{a}{c} = \cos 4\theta = \frac{1}{2}(\frac{c}{a} - 1)^2 - 1$.

假设 $\frac{c}{a} \leq \frac{5}{2}$, 则 $(\frac{c}{a} - 1)^2 \leq \frac{9}{4}$ 及 $\frac{a}{c} \geq \frac{2}{5}$. 则 $\frac{2}{5} \leq \frac{a}{c} = \frac{1}{2}(\frac{c}{a} - 1)^2 - 1 \leq \frac{9}{8} - 1 = \frac{1}{8}$, 这是不可能的, 于是矛盾. 从而 $\frac{c}{a} > \frac{5}{2}$.

85. 设 $P, Q, R$ 分别是 $\triangle ABC$ 的内切圆在边 $BC, CA, AB$ 上的切点, 因为 $DE \parallel BC$, 所以 $\triangle ADE \backsim \triangle ABC$, 从而,

$$\frac{AD + DE + EA}{AB + BC + CA} = \frac{DE}{BC} = \frac{DE}{a}$$

因为

$$AD + DE + EA = AR + AQ = b + c - a$$

所以

$$\frac{b + c - a}{a + b + c} = \frac{DE}{a}$$

(85 题图)

于是,

$$DE = \frac{a(b + c - a)}{a + b + c}$$

$$\frac{1}{8}(AB + BC + CA) - DE = \frac{1}{8}(a + b + c) - \frac{a(b + c - a)}{a + b + c} =$$

$$\frac{(a + b + c)^2 - 8a(b + c - a)}{8(a + b + c)} =$$

$$\frac{(b + c)^2 - 6a(b + c) + 9a^2}{8(a + b + c)} =$$

$$\frac{(b+c-3a)^2}{8(a+b+c)} \geqslant 0$$

所以 $DE \leqslant \frac{1}{8}(AB+BC+CA)$.

86. 如图,设 $\triangle ABC$ 的外接圆半径为 $R$, $\triangle BOC$ 的外接圆半径为 $R'$, 易得 $\angle BAO = \angle ABO = 90° - C$, $\angle CAO = \angle ACO = 90° - B$, $\angle OBC = \angle OCB = \angle CA_1O = 90° - A$, $\angle OA_2C = \angle ABC + \angle BAO = 90° + B - C$, $\angle COA_1 = \angle CAO + \angle ACO = 180° - 2B$, $\angle OCA_1 = 180° - \angle COA_1 - OA_1C = 180° - (180° - 2B) - (90° - A) = 2B + A - 90° = 90° - C + B$, 分别在 $\triangle ABC$ 和 $\triangle BOC$ 中

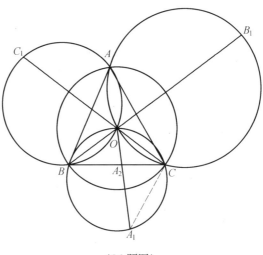

(86 题图)

应用正弦定理得 $BC = a = 2R\sin A = 2R \cdot \sin\angle BOC = 2R'\sin 2A$, 所以 $2R' = \frac{R}{\cos A}$, 再由正弦定理得

$$OA_1 = 2R'\sin\angle OCA_1 = \frac{R\sin(90° - C + B)}{\cos A} = \frac{R\cos(B-C)}{\cos A}$$

$$AA_1 = AO + OA_1 = R + \frac{R\cos(B-C)}{\cos A} = R(1 + \frac{\cos(B-C)}{\cos A})$$

$$\frac{AA_1}{OA_1} = \frac{R(1 + \frac{\cos(B-C)}{\cos A})}{\frac{R\cos(B-C)}{\cos A}} = \frac{\cos A}{\cos(B-C)} + 1$$

同理

$$\frac{BB_1}{OB_1} = \frac{\cos B}{\cos(C-A)} + 1$$

$$\frac{CC_1}{OC_1} = \frac{\cos C}{\cos(A-B)} + 1$$

$$\frac{AA_1}{OA_1} + \frac{BB_1}{OB_1} + \frac{CC_1}{OC_1} \geqslant \frac{9}{2} \Leftrightarrow \frac{\cos A}{\cos(B-C)} + \frac{\cos B}{\cos(C-A)} + \frac{\cos C}{\cos(A-B)} \geqslant \frac{3}{2} \quad ①$$

而

$$\frac{\cos A}{\cos(B-C)} = \frac{2\sin A\cos A}{2\sin(B+C)\cos(B-C)} = \frac{\sin 2A}{\sin 2B + \sin 2C}$$

573

同理

$$\frac{\cos B}{\cos(C-A)} = \frac{\sin 2B}{\sin 2C + \sin 2A}$$

$$\frac{\cos C}{\cos(A-B)} = \frac{\sin 2C}{\sin 2A + \sin 2B}$$

由 Nesbitt 不等式 $\dfrac{a}{b+c} + \dfrac{b}{c+a} + \dfrac{c}{a+b} \geq \dfrac{3}{2}$,得到

$$\frac{\sin 2A}{\sin 2B + \sin 2C} + \frac{\sin 2B}{\sin 2C + \sin 2A} + \frac{\sin 2C}{\sin 2A + \sin 2B} \geq \frac{3}{2}$$

**注** 不等式 ① 可以按以下方法证明:

在 $\triangle ABC$ 中 $\cot A\cot B + \cot B\cot C + \cot C\cot A = 1$

$$\frac{\cos A}{\cos(B-C)} = -\frac{\cos(B+C)}{\cos(B-C)} = -\frac{\cos B\cos C - \sin B\sin C}{\cos B\cos C + \sin B\sin C} =$$

$$-\frac{\cot B\cot C - 1}{\cot B\cot C + 1} = -1 + \frac{2}{\cot B\cot C + 1}$$

同理,

$$\frac{\cos B}{\cos(C-A)} = -1 + \frac{2}{\cot C\cot A + 1}$$

$$\frac{\cos C}{\cos(A-B)} = -1 + \frac{2}{\cot A\cot B + 1}$$

只要证明

$$\frac{1}{\cot B\cot C + 1} + \frac{1}{\cot B\cot C + 1} + \frac{1}{\cot B\cot C + 1} \geq \frac{9}{4}$$

由柯西不等式得

$$[(\cot A\cot B + 1) + (\cot B\cot C + 1) + (\cot C\cot A + 1)]$$

$$(\frac{1}{\cot B\cot C + 1} + \frac{1}{\cot B\cot C + 1} + \frac{1}{\cot B\cot C + 1}) \geq 9$$

所以

$$\frac{1}{\cot B\cot C + 1} + \frac{1}{\cot B\cot C + 1} + \frac{1}{\cot B\cot C + 1} \geq \frac{9}{4}$$

从而

$$\frac{\cos A}{\cos(B-C)} + \frac{\cos B}{\cos(C-A)} + \frac{\cos C}{\cos(A-B)} \geq \frac{3}{2}.$$

**证法二** 令 $\Gamma$ 表示三角形 $ABC$ 的外接圆,$R$ 为半径,$f$ 为有关圆 $\Gamma$ 的反演变换. 对任意一点 $P$,设 $P' = f(P)$(即为反演像),则 $A' = A, B' = B$ 和 $C' = C$,由于三角形 $OBC$ 的像为一条包含 $B'$ 和 $C'$ 的直线,所以就是直线 $BC$. 由于穿过 $A$, $O$ 和 $A_1$ 的直线关于变换 $f$ 的像是本身,令 $A_1'$ 为这条直线与 $BC$ 的交点,所以我们推断 $A_1'$ 为 $A_1$ 关于 $\Gamma$ 的反演像,即

$$OA_1 \cdot OA_1' = R^2 \qquad ①$$

对于任何不同于 $O$ 点的点 $M$ 和 $N$,我们有著名的结论 $M'N' = \dfrac{R^2 \cdot MN}{OM \cdot ON}$,从而

$$AA_1 = \dfrac{R^2 \cdot AA_1'}{OA \cdot OA_1'}$$

且因此我们将式 ① 代入有

$$\dfrac{AA_1}{OA_1} = \dfrac{R^2 \cdot AA_1'}{OA \cdot OA_1'} \cdot \dfrac{OA_1'}{R^2} = \dfrac{AA_1'}{OA} \qquad ②$$

令 $I,J$ 为 $A,O$ 在直线 $BC$ 上的投影。令 $x$ 为 $\triangle OBC$ 的面积,$S$ 为 $\triangle ABC$ 的面积,由 Thales 定理,我们有 $\dfrac{OA_1'}{AA_1'} = \dfrac{OJ}{AI} = \dfrac{x}{S}$,因为 $\triangle ABC$ 是锐角三角形,外心 $O$ 在 $\triangle ABC$ 内部,所以 $OA = AA_1' - OA_1'$,因此 $\dfrac{OA}{AA_1'} = 1 - \dfrac{OA_1'}{AA_1'} = \dfrac{S-x}{S}$,利用式 ② 有 $\dfrac{AA_1}{OA_1} = \dfrac{S}{S-x}$,同理,$\dfrac{BB_1}{OB_1} = \dfrac{S}{S-y}$,$\dfrac{CC_1}{OC_1} = \dfrac{S}{S-z}$,其中 $y$ 为 $\triangle OAC$ 的面积,$z$ 为 $\triangle OAB$ 的面积,因此注意到 $x+y+z = S$,所以 $(S-x)+(S-y)+(S-z) = 2S$,由柯西不等式得

$$\dfrac{AA_1}{OA_1} + \dfrac{BB_1}{OB_1} + \dfrac{CC_1}{OC_1} = \dfrac{S}{S-x} + \dfrac{S}{S-y} + \dfrac{S}{S-z} = S\left(\dfrac{1}{S-x} + \dfrac{1}{S-y} + \dfrac{1}{S-z}\right) =$$
$$\dfrac{1}{2}[(S-x)+(S-y)+(S-z)]\left(\dfrac{1}{S-x} + \dfrac{1}{S-y} + \dfrac{1}{S-z}\right) \geqslant \dfrac{9}{2}$$

87. 设 $\triangle ABC$ 的外接圆半径为 $R$,内切圆半径为 $r$,易知 $AI = \dfrac{r}{\sin\dfrac{A}{2}}$,在 $\triangle ABC$ 中,$BC = 2R\sin A$,$BC = 2R_{BCI}\sin\left(\pi - \dfrac{B+C}{2}\right) = 2R_{BCI}\cos\dfrac{A}{2}$,所以 $R_{BCI} = 2R\sin\dfrac{A}{2}$,因此原不等式等价于

$$\dfrac{r}{2R}\left(\dfrac{1}{\sin\dfrac{A}{2}} + \dfrac{1}{\sin\dfrac{B}{2}} + \dfrac{1}{\sin\dfrac{C}{2}}\right) \leqslant \sin\dfrac{A}{2} + \sin\dfrac{B}{2} + \sin\dfrac{C}{2}$$

因为 $r = 4R\sin\dfrac{A}{2}\sin\dfrac{B}{2}\sin\dfrac{C}{2}$,所以只要证明

$$2\left(\sin\dfrac{A}{2}\sin\dfrac{B}{2} + \sin\dfrac{B}{2}\sin\dfrac{C}{2} + \sin\dfrac{C}{2}\sin\dfrac{A}{2}\right) \leqslant \sin\dfrac{A}{2} + \sin\dfrac{B}{2} + \sin\dfrac{C}{2}$$

由不等式 $3(xy+yz+zx) \leqslant (x+y+z)^2$ 及 Jensen 不等式得

$$\sin\frac{A}{2} + \sin\frac{B}{2} + \sin\frac{C}{2} \leq 3\sin\frac{A+B+C}{6} = \frac{3}{2}$$

所以

$$2(\sin\frac{A}{2}\sin\frac{B}{2} + \sin\frac{B}{2}\sin\frac{C}{2} + \sin\frac{C}{2}\sin\frac{A}{2}) \leq$$

$$\frac{2}{3}(\sin\frac{A}{2} + \sin\frac{B}{2} + \sin\frac{C}{2})^2 =$$

$$\frac{2}{3}(\sin\frac{A}{2} + \sin\frac{B}{2} + \sin\frac{C}{2})(\sin\frac{A}{2} + \sin\frac{B}{2} + \sin\frac{C}{2}) \leq$$

$$\sin\frac{A}{2} + \sin\frac{B}{2} + \sin\frac{C}{2}$$

**88. 证法一** 记 $p = \dfrac{a+b+c}{2}$, 由余弦定理得

$$\sin\frac{C}{2} = \sqrt{\frac{1-\cos C}{2}} = \sqrt{\frac{c^2-(a-b)^2}{4ab}} = \sqrt{\frac{(c+a-b)(c+b-a)}{4ab}}$$

所以,

$$PQ = 2(p-c)\sin\frac{C}{2} = (a+b-c)\sin\frac{C}{2}$$

$$\frac{AB}{PQ} = \frac{2c\sqrt{ab}}{(a+b-c)\sqrt{(c+a-b)(b+c-a)}}$$

同理,

$$\frac{BC}{QR} = \frac{2a\sqrt{bc}}{(b+c-a)\sqrt{(c+a-b)(a+b-c)}}$$

$$\frac{CA}{RP} = \frac{2b\sqrt{ca}}{(c+a-b)\sqrt{(a+b-c)(b+c-a)}}$$

由海伦公式得

$$T = \sqrt{\frac{(a+b+c)(b+c-a)(c+a-b)(a+b-c)}{16}}$$

所以

$$(\frac{AB}{PQ})^3 + (\frac{BC}{QR})^3 + (\frac{CA}{RP})^3 \geq \frac{2}{\sqrt{3}} \cdot \frac{L^2}{T} \Leftrightarrow$$

$$\sum_{cyc}(\frac{a\sqrt{bc}}{(b+c-a)\sqrt{(c+a-b)(a+b-c)}})^3 \geq$$

$$\frac{1}{\sqrt{3}} \cdot \frac{(a+b+c)^{\frac{3}{2}}}{\sqrt{(b+c-a)(c+a-b)(a+b-c)}} \Leftrightarrow$$

$$\sum_{cyc} \left(\frac{a\sqrt{bc}}{\sqrt{b+c-a}}\right)^3 \geqslant$$
$$\frac{1}{\sqrt{3}} \cdot (a+b+c)^{\frac{3}{2}} \sqrt{(b+c-a)(c+a-b)(a+b-c)}$$

由 Hölder 不等式和均值不等式得
$$\left[\sum_{cyc}\left(\frac{a\sqrt{bc}}{\sqrt{b+c-a}}\right)^3\right]^2 (1+1+1) \geqslant$$
$$\left(\sum_{cyc}\frac{a^2 bc}{b+c-a}\right)^3 = (abc)^3 \left(\sum_{cyc}\frac{a}{b+c-a}\right)^3 \geqslant$$
$$(abc)^3 \left(\frac{27abc}{(b+c-a)(c+a-b)(a+b-c)}\right) =$$
$$\frac{27a^4 b^4 c^4}{(b+c-a)(c+a-b)(a+b-c)}$$

即
$$\sum_{cyc}\left(\frac{a\sqrt{bc}}{\sqrt{b+c-a}}\right)^3 \geqslant \frac{3(abc)^2}{\sqrt{(b+c-a)(c+a-b)(a+b-c)}}$$

因此,只要证明
$$3\sqrt{3}(abc)^2 \geqslant ((a+b+c)(b+c-a)(c+a-b)(a+b-c))^{\frac{3}{2}}$$

即证明
$$27(abc)^4 \geqslant ((a+b+c)(b+c-a)(c+a-b)(a+b-c))^3 \quad ①$$

设 $b+c-a=x, c+a-b=y, a+b-c=z$,则
$$a+b+c = x+y+z$$

由不等式 $9(x+y)(y+z)(z+x) \geqslant 8(x+y+z)(xy+yz+zx)$ 及 $(xy+yz+zx)^2 \geqslant 3xyz(x+y+z)$ 得
$$9(x+y)(y+z)(z+x) \geqslant 8(x+y+z)^{\frac{3}{2}}\sqrt{3xyz}$$

即
$$9abc \geqslant 8(a+b+c)^{\frac{3}{2}}\sqrt{3(b+c-a)(c+a-b)(a+b-c)}$$

即
$$27(abc)^2 \geqslant (a+b+c)^3(b+c-a)(c+a-b)(a+b-c) \quad ②$$

再由不等式
$$abc \geqslant (b+c-a)(c+a-b)(a+b-c)$$

平方得
$$(abc)^2 \geqslant (b+c-a)^2(c+a-b)^2(a+b-c)^2 \quad ③$$

式 ② 与式 ③ 相乘即得式 ①.

**证法二** 设 $\triangle ABC$ 的内切圆半径为 $r$,则 $QR = 2r\cos\dfrac{A}{2} = \dfrac{2T\cos\dfrac{A}{2}}{s}$,其中 $s = \dfrac{a+b+c}{2}$. 注意到 $(AB, BC, CA)$ 和 $(PQ, QR, RP)$ 是反序的,在 $\triangle ABC$ 中,$abc \geqslant (b+c-a)(c+a-b)(a+b-c) = 8(s-a)(s-b)(s-c)$. 所以,由 Chebyshev 不等式和均值不等式得

$$\left(\dfrac{AB}{PQ}\right)^3 + \left(\dfrac{BC}{QR}\right)^3 + \left(\dfrac{CA}{RP}\right)^3 \geqslant \dfrac{1}{3}(AB^3 + BC^3 + CA^3)\left(\dfrac{1}{PQ^3} + \dfrac{1}{QR^3} + \dfrac{1}{RP^3}\right) =$$

$$\dfrac{s^3}{24T^3}(a^3 + b^3 + c^3)\left(\dfrac{1}{\cos^3\dfrac{A}{2}} + \dfrac{1}{\cos^3\dfrac{B}{2}} + \dfrac{1}{\cos^3\dfrac{C}{2}}\right) \geqslant$$

$$\dfrac{s^3}{8T^3}(a^3 + b^3 + c^3)\dfrac{1}{\cos\dfrac{A}{2}\cos\dfrac{B}{2}\cos\dfrac{C}{2}} \geqslant$$

$$\dfrac{s^3}{T^3\sqrt{3}} = \dfrac{s^2}{3T\sqrt{3}} \cdot \dfrac{(a^3+b^3+c^3)s}{T^2} =$$

$$\dfrac{s^2}{3T\sqrt{3}} \cdot \dfrac{(a^3+b^3+c^3)}{s(s-a)(s-b)(s-c)} =$$

$$\dfrac{s^2}{3T\sqrt{3}} \cdot \dfrac{(a^3+b^3+c^3)}{(s-a)(s-b)(s-c)} \geqslant$$

$$\dfrac{s^2}{T\sqrt{3}} \cdot \dfrac{abc}{(s-a)(s-b)(s-c)} \geqslant$$

$$\dfrac{8s^2}{T\sqrt{3}} = \dfrac{2L^2}{T\sqrt{3}}$$

89. 由正弦定理 $P = a + b + c = 2R(\sin A + \sin B + \sin C)$,$K = \dfrac{ab\sin C}{2} = 2R^2\sin A\sin B\sin C$.

所以由均值不等式

$$\dfrac{KP}{R^3} = 4\sin A\sin B\sin C(\sin A + \sin B + \sin C) \leqslant$$

$$\dfrac{4}{27}(\sin A + \sin B + \sin C)^4$$

由 Jensen 不等式得 $\sin A + \sin B + \sin C \leqslant 3\sin\dfrac{A+B+C}{3} = \dfrac{3\sqrt{3}}{2}$,所以 $\dfrac{KP}{R^3} \leqslant \dfrac{27}{4}$. 当且仅当 $\triangle ABC$ 是正三角形时取等号.

90. 设 $x = AB_1, y = BC_1, z = CA_1$，不等式等价于 $\sqrt{\dfrac{x}{x+y}} + \sqrt{\dfrac{y}{y+z}} + \sqrt{\dfrac{z}{z+x}} \leqslant \dfrac{3}{\sqrt{2}}$.

它等价于证明
$$\sqrt{2x(y+z)(z+x)} + \sqrt{2y(z+x)(x+y)} + \sqrt{2z(x+y)(y+z)} \leqslant 3\sqrt{(x+y)(y+z)(z+x)}$$

由柯西不等式得
$$\sqrt{2x(y+z)(z+x)} + \sqrt{2y(z+x)(x+y)} + \sqrt{2z(x+y)(y+z)} =$$
$$\sqrt{2}\left[\sqrt{x(y+z)\cdot(z+x)} + \sqrt{y(z+x)\cdot(x+y)} + \sqrt{z(x+y)\cdot(y+z)}\right] \leqslant$$
$$\sqrt{2}\sqrt{x(y+z)+y(z+x)+z(x+y)} \cdot \sqrt{(z+x)+(x+y)+(y+z)} =$$
$$2\sqrt{2}\sqrt{(xy+yz+zx)(x+y+z)}$$

于是只要证明 $8(xy+yz+zx)(x+y+z) \leqslant 9(x+y)(y+z)(z+x)$，这等价于 $x(y^2+z^2)+y(z^2+x^2)+z(x^2+y^2) \geqslant 6xyz$. 这是显然的.

91. 由相交弦定理得
$$BX \cdot XC = AX \cdot XY$$
$$\dfrac{1}{AX} + \dfrac{1}{XY} \geqslant \dfrac{4}{BC} \Leftrightarrow \dfrac{BC}{AX} + \dfrac{BC}{XY} \geqslant 4 \Leftrightarrow \dfrac{BX}{AX} + \dfrac{XC}{AX} + \dfrac{BX}{XY} + \dfrac{XC}{XY} \geqslant 4$$

由均值不等式得
$$\dfrac{BX}{AX} + \dfrac{XC}{AX} + \dfrac{BX}{XY} + \dfrac{XC}{XY} \geqslant 4\sqrt[4]{\dfrac{BX}{AX} \cdot \dfrac{XC}{AX} \cdot \dfrac{BX}{XY} \cdot \dfrac{XC}{XY}} = 4\sqrt[4]{\left(\dfrac{BX \cdot XC}{AX \cdot XY}\right)^2} = 4$$

92. **证法一** 如图所示，设直线 $AH$ 与 $BC$ 相交于 $A'$，线段 $BC$ 的中点为 $A''$，则 $\angle HA_2C = 90° - B + C$，所以 $HA_2 = \dfrac{HA'}{\sin\angle HA_2C}$，$HA' = HB \cdot \cos C = 2R\cos B \cdot \cos C$，因此，$HA_2 = \dfrac{2R\cos B \cdot \cos C}{\sin(90° - B + C)} = \dfrac{2R\cos B \cdot \cos C}{\cos(B-C)}$，$OA_2 \geqslant OA'' = R\cos A$，因此，$\dfrac{OA_2}{OA_1} \geqslant \dfrac{OA_2}{HA_2} \geqslant \dfrac{OA''}{HA_2} = \dfrac{\cos A\cos(B-C)}{2\cos B\cos C}$，同理，$\dfrac{OB_2}{OB_1} \geqslant \dfrac{\cos B\cos(C-A)}{2\cos C\cos A}$，$\dfrac{OC_2}{OC_1} \geqslant \dfrac{\cos C\cos(A-B)}{2\cos A\cos B}$，所以由均值不等式得

(92题图)

$$\frac{OA_2}{OA_1}+\frac{OB_2}{OB_1}+\frac{OC_2}{OC_1}=$$

$$\frac{\cos A\cos(B-C)}{2\cos B\cos C}+\frac{\cos B\cos(C-A)}{2\cos C\cos A}+$$

$$\frac{\cos C\cos(A-B)}{2\cos A\cos B}\geqslant$$

$$\frac{3}{2}\sqrt[3]{\frac{\cos(A-B)\cos(B-C)\cos(C-A)}{\cos A\cos B\cos C}}$$

而

$$\cos(A-B)\cos(B-C)\cos(C-A)=$$

$$\frac{\cos(A-B)\sin C\cos(B-C)\sin A\cos(C-A)\sin B}{\sin A\sin B\sin C}=$$

$$\frac{\cos(A-B)\sin(A+B)\cos(B-C)\sin(B+C)\cos(C-A)\sin(C+A)}{\sin A\sin B\sin C}=$$

$$\frac{(\sin 2A+\sin 2B)(\sin 2B+\sin 2C)(\sin 2C+\sin 2A)}{8\sin A\sin B\sin C}\geqslant$$

$$\frac{2\sqrt{\sin 2A\sin 2B}\cdot 2\sqrt{\sin 2B\sin 2C}\cdot 2\sqrt{\sin 2C\sin 2A}}{8\sin A\sin B\sin C}=$$

$$\frac{\sin 2A\sin 2B\sin 2C}{\sin A\sin B\sin C}=8\cos A\cos B\cos C$$

从而

$$\frac{OA_2}{OA_1}+\frac{OB_2}{OB_1}+\frac{OC_2}{OC_1}\geqslant 3$$

**证法二** 考虑 $\triangle HA_2B$,易得 $\angle HBA_2 = 90°-C$, $\angle HA_2B = 90°+C-B$, $\angle BHA_2 = B$, $BH = 2R\cos B$,同证法一得

$$HA_2=\frac{2R\cos B\cdot\cos C}{\cos(B-C)}$$

在 $\triangle HBA_2$ 中由正弦定理得 $BA_2=\dfrac{R\sin 2B}{\cos(B-C)}$,在 $\triangle OBA_2$ 中, $\angle OBA_2 = 90°-A$,由余弦定理得

$$OA_2^2 = OB^2+BA_2^2-2OB\cdot BA_2\cos\angle OBA_2 =$$

$$R^2+\frac{R^2\sin^2 2B}{\cos^2(B-C)}-\frac{2R^2\sin 2B\sin A}{\cos(B-C)}=$$

$$\frac{R^2[\cos^2(B-C)+\sin^2 2B-2\sin 2B\sin A\cos(B-C)]}{\cos^2(B-C)}$$

而

$$\cos^2(B-C)+\sin^2 2B-2\sin 2B\sin A\cos(B-C)=$$

$$\cos^2(B-C) + \sin^2 2B - 2\sin 2B\sin(B+C)\cos(B-C) =$$
$$\cos^2(B-C) + \sin^2 2B - \sin 2B(\sin 2B + \sin 2C) =$$
$$\cos^2(B-C) - \sin 2B \sin 2C =$$
$$\frac{1-\cos 2(B-C)}{2} - \frac{\cos 2(B-C) - \cos 2(B+C)}{2} =$$
$$\frac{1+\cos 2(B+C)}{2} = \cos^2(B+C) = \cos^2 A$$

即
$$OA_2 = \frac{\cos A}{\cos(B-C)}$$
$$\frac{OA_2}{OA_1} = \frac{OA_2}{HA_2} = \frac{\cos A}{2\cos B\cos C}$$

同理得
$$\frac{OB_2}{OB_1} = \frac{\cos B}{2\cos C\cos A}$$
$$\frac{OC_2}{OC_1} = \frac{\cos C}{2\cos A\cos B}$$

由均值不等式得
$$\frac{OA_2}{OA_1} + \frac{OB_2}{OB_1} + \frac{OC_2}{OC_1} \geq \frac{3}{2}\sqrt[3]{\frac{1}{\cos A\cos B\cos C}}$$

由不等式 $\cos A\cos B\cos C \leq \frac{1}{8}$,即得
$$\frac{OA_2}{OA_1} + \frac{OB_2}{OB_1} + \frac{OC_2}{OC_1} \geq 3$$

93. 设直线 $AG, BG, CG$ 分别与边 $BC, CA,$ $AB$ 交于 $M, N, P$,设 $AM = m_a, BN = m_b, CP = m_c$,由相交弦定理得 $AM \cdot MD = MB \cdot MC$,因为 $MB = MC = \frac{a}{2}$,所以 $MD = \frac{a^2}{4m_a}$,$GD = GM + MD$
$= \frac{m_a}{3} + \frac{a^2}{4m_a} \geq 2\sqrt{\frac{m_a}{3} \cdot \frac{a^2}{4m_a}} = \frac{a}{\sqrt{3}}$,同理,$GE \geq$
$\frac{b}{\sqrt{3}}, GF \geq \frac{c}{\sqrt{3}}$,所以

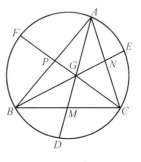

(93 题图)

$$\frac{1}{GD} + \frac{1}{GE} + \frac{1}{GF} \leq \sqrt{3}\left(\frac{1}{AB} + \frac{1}{BC} + \frac{1}{CA}\right)$$

因为 $4m_a^2 + a^2 = 2b^2 + 2c^2$,$m_a^2 = \frac{2b^2 + 2c^2 - a^2}{4}$,所以

$$\frac{GA}{GD} = \frac{GA}{GM+MD} = \frac{\frac{2m_a}{3}}{\frac{m_a}{3}+\frac{a^2}{4m_a}} = \frac{8m_a^2}{4m_a^2+3a^2} = \frac{2b^2+2c^2-a^2}{a^2+b^2+c^2}$$

同理

$$\frac{GB}{GE} = \frac{2c^2+2a^2-b^2}{a^2+b^2+c^2}$$

$$\frac{GC}{GF} = \frac{2a^2+2b^2-c^2}{a^2+b^2+c^2}$$

从而

$$\frac{GA}{GD}+\frac{GB}{GE}+\frac{GC}{GF}=3$$

$$\frac{AD}{GD}+\frac{BE}{GE}+\frac{CF}{GF}=6$$

因为 $AD \leq 2R, BE \leq 2R, CF \leq 2R$,所以

$$3 = \frac{AD}{GD}+\frac{BE}{GE}+\frac{CF}{GF} \leq \frac{2R}{GD}+\frac{2R}{GE}+\frac{2R}{GF}$$

即

$$\frac{1}{GD}+\frac{1}{GE}+\frac{1}{GF} \geq \frac{3}{R}$$

94. 因为 $S = \frac{1}{2}(b+c)l_a\sin\frac{A}{2} = \frac{1}{2}bc\sin A$,所以由基本不等式得

$$l_a = \frac{2bc\cos\frac{A}{2}}{b+c} = \frac{2bc}{b+c}\sqrt{\frac{1+\cos A}{2}} = \frac{2bc}{b+c}\sqrt{\frac{1+\frac{b^2+c^2-a^2}{2bc}}{2}} =$$

$$\frac{\sqrt{bc[(b+c)^2-a^2]}}{b+c} \leq \frac{\sqrt{(b+c)^2-a^2}}{2} =$$

$$\sqrt{p(p-a)}$$

同理,$l_b \leq \sqrt{p(p-b)}, l_c \leq \sqrt{p(p-c)}$,所以由柯西不等式得

$$l_al_b+l_bl_c+l_cl_a \leq p[\sqrt{(p-a)(p-b)}+\sqrt{(p-b)(p-c)}+$$
$$\sqrt{(p-c)(p-a)}] \leq$$
$$p\sqrt{3[(p-a)(p-b)+(p-b)(p-c)+(p-c)(p-a)]} =$$
$$p\sqrt{3(ab+bc+ca)-p^2} = p\sqrt{3r^2+12Rr}$$

95. **证明** 设 $H_1, H_2, H$ 分别为 $M_1, M_2, M$ 在直线 $BC$ 上的投影.则 $\frac{M_1N_1}{BM_1} =$

$\dfrac{H_1C}{BH_1}$, $\dfrac{M_2N_2}{BM_2} = \dfrac{H_2C}{BH_2}$, $\dfrac{MN}{BM} = \dfrac{HC}{BH} = \dfrac{H_1C + H_2C}{BH_1 + BH_2}$. 不妨设 $BC = 1$, $BH_1 = x$, $BH_2 = y$, 则
$\dfrac{M_1N_1}{BM_1} = \dfrac{H_1C}{BH_1} = \dfrac{1-x}{x}$, $\dfrac{M_2N_2}{BM_2} = \dfrac{H_2C}{BH_2} = \dfrac{1-y}{y}$, $\dfrac{MN}{BM} = \dfrac{1-x+1-y}{x+y}$.

于是, 原不等式等价于 $\dfrac{1-x}{x} + \dfrac{1-y}{y} \geqslant 2\dfrac{1-x+1-y}{x+y}$.

96. 记 $\triangle ABC$ 的 $A, B, C$ 的对边分别为 $a, b, c$, 由对称性不妨设 $\alpha > \beta$, 如图, 设 $F$ 为直线 $DE$ 与 $AB$ 的交点, $\varphi$ 为直线 $DE$ 与 $AB$ 的夹角. 由角平分线定理得到

$\dfrac{BD}{DC} = \dfrac{c}{b}$, $\dfrac{CE}{EA} = \dfrac{a}{c} \Rightarrow BD = \dfrac{ac}{b+c}$, $DC = \dfrac{ab}{b+c}$, $CE = \dfrac{ab}{a+c}$.

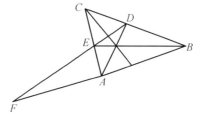

（96 题图）

对于直线 $DE$ 与 $\triangle ABC$, 再由梅涅劳斯定理

$$\dfrac{AE}{EC} \cdot \dfrac{CD}{DB} \cdot \dfrac{BF}{FA} = 1.$$

所以 $AF = \dfrac{bc}{a-b}$, $BD = \dfrac{ac}{a-b}$, 对 $\triangle AEF$ 和 $\triangle FDB$ 应用正弦定理得

$$\dfrac{\sin(\alpha-\varphi)}{\sin\varphi} = \dfrac{\sin\angle FEA}{\sin\angle EFA} = \dfrac{FA}{EA} = \dfrac{\dfrac{bc}{a-b}}{\dfrac{bc}{a+c}} = \dfrac{a+c}{a-b}$$

$$\dfrac{\sin(\beta+\varphi)}{\sin\varphi} = \dfrac{\sin\angle FDB}{\sin\angle DFB} = \dfrac{FB}{DB} = \dfrac{\dfrac{ac}{a-b}}{\dfrac{ac}{b+c}} = \dfrac{b+c}{a-b}$$

故

$$\sin\varphi = \sin(\alpha-\varphi) - \sin(\beta+\varphi) = 2\sin\dfrac{\alpha-\beta-2\varphi}{2}\cos\dfrac{\alpha+\beta}{2} <$$

$$2\sin\dfrac{\alpha-\beta-2\varphi}{2}\cos\dfrac{\alpha-\beta-2\varphi}{2} = \sin(\alpha-\beta-2\varphi)$$

因此, $\varphi < \alpha - \beta - 2\varphi$, 即 $\varphi < \dfrac{\alpha-\beta}{3}$.

97. 设 $A'$ 为点 $A$ 关于 $BC$ 的对称点, 则 $K_a$ 为 $\triangle A'AB$ 的内切圆. 由 $\triangle A'AB$ 的周长为 $2(b+c)$, 面积为 $ab$, 故 $r_a = \dfrac{ab}{b+c}$. 同理, $r_b = \dfrac{ab}{a+c}$.

因此,
$$p \leq \frac{\frac{1}{r_a}+\frac{1}{r_b}}{\frac{1}{a}+\frac{1}{b}} = \frac{a+b+2c}{a+b} =$$
$$1 + \frac{2c}{a+b} = 1 + \frac{2\sqrt{a^2+b^2}}{a+b}.$$

当 $a,b$ 均为正数时,由均值不等式得

$\frac{2\sqrt{a^2+b^2}}{a+b} \geq \sqrt{2}$. 等号成立的条件是 $a=b$.

因此,$p$ 的最大值是 $1+\sqrt{2}$.

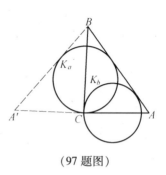

(97 题图)

98. 如图,设 $\frac{BK}{KC} = \frac{\lambda_1}{\mu_1}, \frac{CL}{LA} = \frac{\lambda_2}{\mu_2}, \frac{AM}{MB} = \frac{\lambda_3}{\mu_3}$,其中

$\lambda_i + \mu_i = 1(i=1,2,3)$. 类似地,设 $\frac{MN}{NL} = \frac{\lambda'_1}{\mu'_1}, \frac{LF}{FK} =$

$\frac{\lambda'_2}{\mu'_2}, \frac{KR}{RM} = \frac{\lambda'_3}{\mu'_3}$,其中 $\lambda'_i + \mu'_i = 1(i=1,2,3)$. 易知

$S_{\triangle BMN} = \lambda'_1 S_{\triangle BML} = \lambda'_1 \mu_3 S_{\triangle BML} = \lambda'_1 \mu_2 \mu_3 S_{\triangle ABC}$,即

$E_5 = \lambda'_1 \mu_2 \mu_3 E$,类似地可得其它六个关系式,将这些关系式相乘得

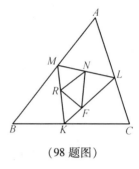

(98 题图)

$8(E_1 E_2 E_3 E_4 E_5 E_6)^{\frac{1}{6}} = 8E(\lambda'_1 \lambda'_2 \lambda'_3 \mu'_1 \mu'_2 \mu'_3)^{\frac{1}{6}} (\lambda_1 \lambda_2 \lambda_3 \mu_1 \mu_2 \mu_3)^{\frac{2}{6}} \leq$

$8E(\frac{\lambda'_1 + \lambda'_2 + \lambda'_3 + \mu'_1 + \mu'_2 + \mu'_3}{6})(\frac{\lambda_1 + \lambda_2 + \lambda_3 + \mu_1 + \mu_2 + \mu_3}{6})^2 =$

$8E \times \frac{3}{6} \times (\frac{3}{6})^2 = E.$

99. 先证明一个引理:如图,设 $M$ 是凸四边形 $ABCD$ 内的一点,则 $MA+MB < AD+DC+BC$.

引理证明:如图,设 $AM$ 交四边形 $ABCD$ 于 $N$,不妨假设 $N$ 在 $CD$ 上,则

$MA + MB < MA + MN + NB \leq$
$AN + NC + CB \leq$
$AD + DN + NC + CB = AD + DC + BC$

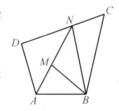
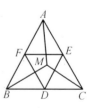

(99 题图)

下面证明原不等式. 如图,设 $\triangle DEF$ 是 $\triangle ABC$ 三边中点所构成的三角形,且将 $\triangle ABC$ 分成四个区域,每个区域至少被凸四边形 $ABDE, BCEF, CAFD$ 中的两个所覆盖,不妨假设 $M$ 属于四边形 $ABDE$ 和 $BCEF$,则

$$MA + MB < BD + DE + EA$$
$$MB + MC < CE + EF + FB$$

将两式相加得
$$MB + MA + MB + MC < AB + BC + CA$$

从而结论成立.

100. 令 $\alpha = \angle CAB, \beta = \angle ABC, \gamma = \angle BCA, \delta = \angle COP$.
设 $K, Q$ 为 $A, P$ 关于 $BC$ 的垂直平分线的对称点, $R$ 为 $\triangle ABC$ 的外接圆半径, 则 $OA = OB = OC = OK = R$, 由于 $KQPA$ 为矩形, 则 $QP = KA$, 及 $\angle AOK = \angle AOB - \angle KOB = \angle AOB - \angle AOC = 2\gamma - 2\beta \geqslant 60°$, 由此及 $OA = OK = R$, 导出 $KA \geqslant R, QP \geqslant R$. 利用三角不等式得
$$OP + R = OK + OC > QC = QP + PC \geqslant R + PC$$

由此, $OP > PC$. 在 $\triangle COP$ 中, $\angle PCO > \delta$.
由 $\alpha = \dfrac{\angle COB}{2} = \dfrac{180° - \angle PCO}{2} = 90° - \angle PCO$, 得 $\alpha + \delta > 90°$.

101. **证法一** 先证明一个引理: 已知 $\triangle DEF$, 点 $P, Q$ 分别在直线 $FD, FE$ 上, 使得 $PF \geqslant \lambda DF, QF \geqslant \lambda EF, \lambda > 0$. 若 $\angle PFQ \geqslant 90°$, 则 $PQ \geqslant \lambda DE$.

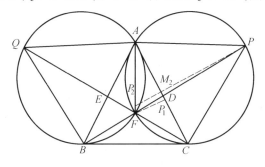

(101 题图)

设 $\angle PFQ = \theta$, 因为 $\theta \geqslant 90°$, 则 $\cos\theta \leqslant 0$, 所以由余弦定理得
$$PQ^2 = PF^2 + QF^2 - 2PF QF \cos\theta \geqslant$$
$$(\lambda DF)^2 + (\lambda EF)^2 - 2\lambda DF \cdot \lambda EF \cos\theta =$$
$$(\lambda DE)^2$$

从而, $PQ \geqslant \lambda DE$.

下面证明原题.

因为 $\angle AFE = \angle BFE = \angle CFD = \angle AFD = 60°$, 设 $BF, CF$ 分别交 $\triangle CFA$, $\triangle AFB$ 的外接圆于 $P, Q$, 则 $\triangle CPA$ 和 $\triangle ABQ$ 都是正三角形. 由引理, 令 $\lambda = 4$, $\theta = 120°$, 设 $P_1$ 为 $F$ 在直线 $AC$ 上的投影, $AC$ 的中垂线交 $\triangle CFA$ 的外接圆于 $P$ 和 $P_2, M$ 为 $AC$ 的中点, 则

$$\frac{PD}{DF} = \frac{PM}{FP_1} \geq \frac{PM}{MP_2} = 3$$

所以,$PF \geq 4DF$. 同理,$QF \geq 4EF$.

因为 $\angle DFE = 120°$,由引理可得 $PQ \geq 4DE$. 故

$$AB + AC \geq AQ + AP \geq PQ \geq 4DE$$

**证法二** 设 $AF = x, BF = y, CF = z$,由 $S_{\triangle ACF} = S_{\triangle ADF} + S_{\triangle CDF}$,得

$$DF = \frac{xz}{x+z}$$

同理,

$$EF = \frac{xy}{x+y}$$

于是只要证明

$$\sqrt{x^2+xy+y^2} + \sqrt{x^2+xz+z^2} \geq 4\sqrt{\left(\frac{xy}{x+y}\right)^2 + \left(\frac{xz}{x+z}\right)^2 + \left(\frac{xy}{x+y}\right)\left(\frac{xz}{x+z}\right)}$$

因为 $x+y \geq \frac{4xy}{x+y}, x+z \geq \frac{4xz}{x+z}$,所以只要证明

$$\sqrt{x^2+xy+y^2} + \sqrt{x^2+xz+z^2} \geq \sqrt{(x+y)^2 + (x+z)^2 + (x+y)(x+z)}$$

平方化简得 $2\sqrt{x^2+xy+y^2} \cdot \sqrt{x^2+xz+z^2} \geq x^2 + 2(y+z)x + yz$,再平方后得 $3(x^2 - yz)^2 \geq 0$,即原不等式成立.

102. 显然,点 $B_1, C_1$ 分别在线段 $AC, AB$ 内部,

$$\frac{AC_1}{BC_1} = \frac{S_{\triangle APC_1}}{S_{\triangle BPC_1}} = \frac{S_{\triangle ACC_1}}{S_{\triangle BCC_1}} = \frac{S_{\triangle ACC_1} - S_{\triangle APC_1}}{S_{\triangle BCC_1} - S_{\triangle BPC_1}} = \frac{S_{\triangle ACP}}{S_{\triangle BCP}}$$

同理有

$$\frac{AB_1}{B_1C} = \frac{S_{\triangle ABP}}{S_{\triangle BCP}}$$

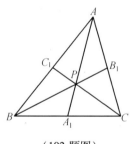

(102 题图)

于是

$$\frac{AB_1}{B_1C} + \frac{AC_1}{BC_1} = \frac{S_{\triangle ACP} + S_{\triangle ABP}}{S_{\triangle BCP}}$$

而

$$\frac{PA}{PA_1} = \frac{S_{\triangle ABP}}{S_{\triangle A_1BP}} = \frac{S_{\triangle ACP}}{S_{\triangle A_1CP}} = \frac{S_{\triangle ACP} + S_{\triangle ABP}}{S_{\triangle A_1CP} + S_{\triangle A_1BP}} = \frac{S_{\triangle ACP} + S_{\triangle ABP}}{S_{\triangle BCP}}$$

所以,

$$\frac{AB_1}{B_1C} + \frac{AC_1}{BC_1} = \frac{PA}{PA_1}$$

显然我们有
$$\left(\frac{B_1C}{B_1A} + \frac{C_1B}{C_1A}\right)\left(\frac{AB_1}{B_1C} + \frac{AC_1}{BC_1}\right) \geq 4$$
即
$$\frac{B_1C}{B_1A} + \frac{C_1B}{C_1A} \geq 4\frac{PA_1}{PA}$$

当不等式取等号时,$\frac{B_1C}{B_1A} = \frac{C_1B}{C_1A}$,这表明 $B_1C_1 \parallel BC$,由 Ceva 定理,
$$\frac{AC_1}{C_1B} \cdot \frac{BA_1}{A_1C} \cdot \frac{CB_1}{B_1A} = 1$$

于是,$BA_1 = A_1C$,即点 $A_1$ 是线段 $BC$ 的中点,点 $P$ 在 $BC$ 边的中线 $AA_1$ 上. 因而,不等式取等号时,点 $P$ 的轨迹是线段 $BC$(点 $B_1$ 就是点 $C$,点 $C_1$ 就是点 $B$),或 $BC$ 边上的中线 $AA_1$(但不包括 $A$).

103. 如图,设三条中线 $AD, BE, CF$ 交于重心 $G$,则由三角不等式得

$AG + GB > AB, BG + GC > BC, GC + GA > CA$

相加得 $2(AG + GB + GC) > L$,因为

$$AG = \frac{2}{3}AD, BG = \frac{2}{3}BE, CG = \frac{2}{3}CF$$

即 $\frac{M}{L} > \frac{3}{4}$.

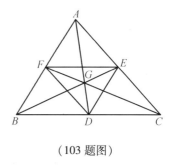

(103 题图)

104. 当这 5 个点是正五边形的顶点时,易知 $\frac{M(S)}{m(S)}$ 等于黄金比 $\tau = \frac{\sqrt{5}+1}{2}$.

设 $S$ 中的 5 个点分别是 $A, B, C, D, E$,且 $\triangle ABC$ 的面积是 $M(S)$,我们证明存在某个三角形其面积小于等于 $\frac{M(S)}{\tau}$.

如图(1),构造 $\triangle A'B'C'$ 使得各边与 $\triangle ABC$ 的对应边平行,且 $A, B, C$ 分别为 $B'C', C'A', A'B'$ 的中点,则点 $D, E$ 在 $\triangle A'B'C'$ 的内部或边界上.

由于 $\triangle A'BC, \triangle AB'C, \triangle ABC'$ 中至少有一个三角形既不包含 $D$,也不包含 $E$,不妨假设 $D, E$ 在四边形 $BCB'C'$ 内.

如图(2),由于将图形作仿射变换其比值 $\frac{M(S)}{m(S)}$ 不变,故假设 $A, B, C$ 是正五边形 $APBCQ$ 的顶点. 因为我们可以先用仿射变换使其满足要求,于是,$\angle ABP = \angle BAC = 36°$,所以,$P$ 在 $BC'$ 上,同理,$Q$ 在 $CB'$ 上.

如果 $D$ 或 $E$ 在正五边形 $APBCQ$ 中,不妨设 $D$. 因为 $S_{\triangle APB} = \frac{M(S)}{\tau}$,若 $D$ 在

△APB 的内部,则 $S_{\triangle DAB} \leq S_{\triangle APB}$.

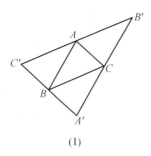
(1)

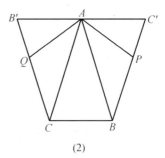
(2)

(104 题图)

同理,若 D 在 △AQC 的内部,则 $S_{\triangle DAC} \leq S_{\triangle QAC} = S_{\triangle APB}$. 若 D 在 △ABC 的内部,则 $S_{\triangle DAB}, S_{\triangle DBC}, S_{\triangle DCA}$ 中至少不超过 $\frac{M(S)}{3} < \frac{M(S)}{\tau}$.

若 D 和 E 在 △APC' 和 △AQB' 中,则 $\max\{AE, AD\} \leq AP = AQ$. 又因为 $0° < \angle DAE \leq 36°$(D 和 E 在同一个三角形中)或 $108° \leq \angle DAE < 180°$(D 和 E 在同一个三角形中),所以,$S_{\triangle ADE} = \frac{1}{2}AD \cdot AE \cdot \sin \angle DAE \leq \frac{1}{2}AP \cdot AQ \cdot \sin 108° = S_{\triangle APQ} = \frac{M(S)}{\tau}$.

因此,所求的最小值为 $\tau = \frac{\sqrt{5}+1}{2}$.

105. 设圆 $\Gamma$ 的圆心为 $O$, $D, E, F$ 分别为边 $BC, CA, AB$ 的中点,圆 $\Gamma$ 与三个半圆的切点分别为 $D', E', f'$. 又设这三个半圆的半径分别为 $d', e', f'$. 则 $DD', EE', Ff'$ 均过点 $O$, 且 $p = d' + e' + f'$.

设 $d = \frac{p}{2} - d' = \frac{-d' + e' + f'}{2}, e = \frac{p}{2} - e' = \frac{d' - e' + f'}{2}, f = \frac{p}{2} - f' = \frac{d' + e' - f'}{2}$, 则 $d + e + f = \frac{p}{2}$.

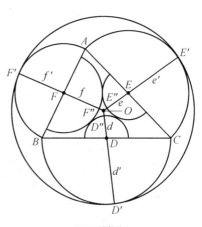
(105 题图)

设 △ABC 的内部,分别以 $D, E, F$ 为圆心, $d, e, f$ 为半径作三个较小的半圆.

因为 $d + e = f' = \frac{1}{2}AB = DE, e + f = d' = \frac{1}{2}BC = EF, f + d = e' = \frac{1}{2}CA = FD$, 所以,这三个较小的半圆两两互切,且这些切点分别为 △DEF 的内切圆与三边的

切点. 假设 $DD', EE', FF$ 与较小的半圆分别交于点 $D'', E'', F''$. 因为这些半圆互不重叠, 且 $O$ 为这些半圆外部的点, 所以 $D'O > DD''$, 即 $t > \frac{p}{2}$.

设 $g = t - \frac{p}{2}$, 则 $OD'' = OE'' = OF'' = g$, 因此, 以 $O$ 为圆心, $g$ 为半径的圆与这三个互切的半圆均相切. 下面证明 $\frac{1}{d^2} + \frac{1}{e^2} + \frac{1}{f^2} + \frac{1}{g^2} = \frac{1}{2}(\frac{1}{d} + \frac{1}{e} + \frac{1}{f} + \frac{1}{g})^2$.

设 $\triangle UVW$ 的三边分别为 $u = VW, v = WU, w = UV$, 则

$$\cos\angle VUW = \frac{v^2 + w^2 - u^2}{2vw}$$

$$\sin\angle VUW = \frac{\sqrt{(u+v+w)(v+w-u)(-v+w+u)(u+v-w)}}{2vw}$$

因为
$\cos\angle EDF = \cos(\angle ODE + \angle ODF) =$
$\quad \cos\angle ODE \cdot \cos\angle ODF - \sin\angle ODE \cdot \sin\angle ODF$

则

$$\frac{d^2 + de + df - ef}{(d+e)(d+f)} = \frac{(d^2 + de + dg - eg)(d^2 + df + dg - fg)}{(d+g)^2(d+e)(d+f)} - \frac{4dg\sqrt{(d+e+g)(d+f+g)ef}}{(d+g)^2(d+e)(d+f)}$$

即

$$(d+g)(\frac{1}{d} + \frac{1}{e} + \frac{1}{f} + \frac{1}{g}) - 2(\frac{d}{g} + 1 + \frac{g}{d}) = -2\sqrt{\frac{(d+e+g)(d+f+g)}{ef}}$$

平方并化简, 可得

$$(\frac{1}{d} + \frac{1}{e} + \frac{1}{f} + \frac{1}{g})^2 = 4(\frac{1}{de} + \frac{1}{df} + \frac{1}{dg} + \frac{1}{ef} + \frac{1}{eg} + \frac{1}{fg}) =$$

$$2[(\frac{1}{d} + \frac{1}{e} + \frac{1}{f} + \frac{1}{g})^2 - (\frac{1}{d^2} + \frac{1}{e^2} + \frac{1}{f^2} + \frac{1}{g^2})]$$

从而,

$$\frac{1}{d^2} + \frac{1}{e^2} + \frac{1}{f^2} + \frac{1}{g^2} = \frac{1}{2}(\frac{1}{d} + \frac{1}{e} + \frac{1}{f} + \frac{1}{g})^2$$

故

$$\frac{1}{g} = \frac{1}{d} + \frac{1}{e} + \frac{1}{f} + \sqrt{2(\frac{1}{d} + \frac{1}{e} + \frac{1}{f})^2 - 2(\frac{1}{d^2} + \frac{1}{e^2} + \frac{1}{f^2})} =$$

$$\frac{1}{d} + \frac{1}{e} + \frac{1}{f} + 2\sqrt{\frac{d+e+f}{def}}$$

因为 $S_{\triangle DEF} = \frac{1}{4} S_{\triangle ABC} = \frac{pr}{4}, S_{\triangle DEF} = \sqrt{(d+e+f)def}$，则

$$\frac{r}{2} = \frac{2}{p}\sqrt{(d+e+f)def} = \sqrt{\frac{def}{d+e+f}}$$

故要证明的不等式 $t \leqslant \frac{p}{2} + (1 - \frac{\sqrt{3}}{2})r$ 等价于

$$\frac{r}{2g} \geqslant \frac{1}{2-\sqrt{3}} = 2 + \sqrt{3}$$

因为

$$\frac{r}{2g} = \sqrt{\frac{def}{d+e+f}}(\frac{1}{d} + \frac{1}{e} + \frac{1}{f} + 2\sqrt{\frac{d+e+f}{def}}) = \frac{x+y+z}{\sqrt{xy+yz+zx}} + 2$$

其中 $x = \frac{1}{d}, y = \frac{1}{e}, z = \frac{1}{f}$，则只要证明

$$\frac{(x+y+z)^2}{xy+yz+zx} \geqslant 3$$

由于 $(x+y+z)^2 - 3(xy+yz+zx) = \frac{1}{2}[(x-y)^2 + (y-z)^2 + (z-x)^2] \geqslant 0$，所以，原不等式成立.

106. 先证明一个引理：在 $\triangle ABC$ 中，$3\sqrt{3}r \leqslant p$，其中 $p$ 是 $\triangle ABC$ 的半周长.

在代换 $a = y+z, b = z+x, c = x+y$ 下，我们有：半周长 $p = x+y+z$，面积 $S = \sqrt{xyz(x+y+z)}$，内切圆半径 $r = \frac{S}{p} = \sqrt{\frac{xyz}{x+y+z}}$，只要证明：

$$3\sqrt{3}\sqrt{\frac{xyz}{x+y+z}} \leqslant x+y+z \Leftrightarrow 27xyz \leqslant (x+y+z)^3$$

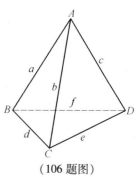

(106题图)

如图，设 $AB = a, AC = b, AD = c, BC = d, CD = e, DB = f$. $\triangle BCD, \triangle CDA, \triangle DAB, \triangle ABC$ 的内切圆半径依次为 $r_A, r_B, r_C, r_D$，则由引理得

$$3\sqrt{3}(r_A + r_B + r_C + r_D) \leqslant \frac{1}{2}[(d+e+f) + (b+e+c) + (a+g+f) + (d+a+b)] = a+b+c+d+e+f = (a+e) + (b+f) + (c+d) = 3$$

即 $r_A + r_B + r_C + r_D \leqslant \frac{\sqrt{3}}{3}$. 等号成立当且仅当 $ABCD$ 是正四面体.

**107.** 如图,设 $\triangle ABC$ 的外接圆半径为 $R$,则由正弦定理得 $BA_2 = A_2C = 2R\sin\dfrac{A}{2}$,在 $\triangle A_1A_2B$ 中由正弦定理得

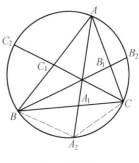

(107 题图)

$$\dfrac{A_1A_2}{BA_2} = \dfrac{\sin\angle A_1BA_2}{\sin\angle BA_1A_2} = \dfrac{\sin\dfrac{A}{2}}{\sin(\dfrac{A}{2}+C)} = \dfrac{\sin\dfrac{A}{2}}{\cos\dfrac{B-C}{2}} = \dfrac{2\sin\dfrac{A}{2}\cos\dfrac{A}{2}}{2\sin\dfrac{B+C}{2}\cos\dfrac{B-C}{2}} = \dfrac{\sin A}{\sin B + \sin C} = \dfrac{a}{b+c}$$

所以
$$\dfrac{A_1A_2}{BA_2 + A_2C} = \dfrac{a}{2(b+c)}$$

所以
$$\dfrac{A_1A_2}{BA_2 + A_2C} + \dfrac{B_1B_2}{CB_2 + B_2A} + \dfrac{C_1C_2}{AC_2 + C_2B} \geqslant \dfrac{3}{4} \Leftrightarrow$$
$$\dfrac{a}{b+c} + \dfrac{b}{c+a} + \dfrac{c}{a+b} \geqslant \dfrac{3}{2}$$

这是著名的 Nesbitt 不等式.

**注** $\dfrac{A_1A_2}{BA_2} = \dfrac{a}{b+c}$ 可以由 $\triangle A_1A_2B \backsim \triangle A_1CB$ 得到,只要注意 $A_1C = \dfrac{ab}{b+c}$ 即可.

**108.** 由于四面体 $ABCD$ 中,$AB = CD, AC = BD, AD = BC$,如图,将该四面体置于长方体中,设长方体的长、宽、高分别为 $x, y, z$,则 $AB^2 = x^2 + y^2, KL = z, AC^2 = z^2 + x^2, PQ = y, AB^2 = y^2 + z^2, MN = x$,于是

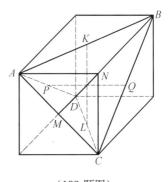

(108 题图)

$$(\dfrac{AB}{KL})^2 + (\dfrac{AC}{MN})^2 + (\dfrac{AD}{PQ})^2 = \dfrac{x^2+y^2}{z^2} + \dfrac{y^2+z^2}{x^2} + \dfrac{z^2+x^2}{y^2} \geqslant 6$$

当且仅当四面体 $ABCD$ 是正四面体时等号成立.

109. $\frac{1}{4}(abd_ad_b + bcd_bd_c + cad_cd_a) = S_{\triangle MBC} \cdot S_{\triangle MCA} + S_{\triangle MCA} S_{\triangle MAB} + S_{\triangle MAB}$

$S_{\triangle MCA} \leq \frac{1}{3}(S_{\triangle MBC} + S_{\triangle MCA} + S_{\triangle MAB})^2 = \frac{1}{3}S^2$. 当且仅当 $M$ 是 $\triangle ABC$ 的重心时等号成立.

110. 设 $\angle A = x$, $A,D,I_A$ 三点共线, 由正弦定理得

$$\frac{AD}{DI_A} = \frac{AD}{BD} \cdot \frac{BD}{DI_A} = \frac{\sin x}{\sin 45°} \cdot \frac{\sin(45° - \frac{x}{2})}{\sin(90° - \frac{x}{2})} =$$

$$\frac{2\sin(45° - \frac{x}{2})\sin\frac{x}{2}}{\sin 45°} =$$

$$\frac{\cos(45° - x) - \cos 45°}{\sin 45°} \leq$$

$$\frac{1 - \cos 45°}{\sin 45°} = \sqrt{2} - 1$$

当且仅当 $\triangle ABC$ 是等腰直角三角形时等号成立.

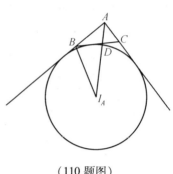

(110 题图)

111. 如图, 设 $OA = a, OB = b, OC = c, OD = d$, $\angle AOB = \angle COD = \theta$,

则 $S_1 = \frac{1}{2}ab\sin\theta, S_2 = \frac{1}{2}cd\sin\theta, S = \frac{1}{2}(a+c)(b+d)\sin\theta$, 由柯西不等式得

$$(a+c)(b+d) \geq (\sqrt{ab} + \sqrt{cd})^2$$

即 $\sqrt{(a+c)(b+d)} \geq \sqrt{ab} + \sqrt{cd}$

即

$$\sqrt{S_1} + \sqrt{S_2} \leq \sqrt{S}$$

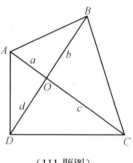

(111 题图)

112. 如图, 在四面体 $A_1A_2A_3A_4$ 中, 重新记 $A_iA_j = a_{ij}, i,j \in \{1,2,3,4\}$. $S_1 = S_{\triangle A_2A_3A_4}, S_2 = S_{\triangle A_1A_3A_4}, S_3 = S_{\triangle A_1A_2A_4}, S_4 = S_{\triangle A_1A_2A_3}$, 记平面 $A_1A_2A_3$ 与平面 $A_2A_3A_4$ 所成的二面角为 $\theta_{23}$, 一般地, 记平面 $A_iA_hA_k$ 与平面 $A_jA_hA_k$ 所成的二面角为 $\theta_{ij}$, $i,j,k,h \in \{1,2,3,4\}$. 先证明一个引理: 四面体

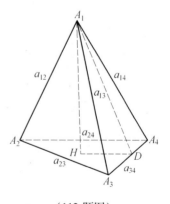

(112 题图)

的体积 $V = \dfrac{2S_iS_j}{3a_{hk}}\sin\theta_{ij}$.

只需证明 $V = \dfrac{2S_1S_2}{3a_{34}}\sin\theta_{12}$. 事实上,作 $A_1H \perp$ 平面 $A_2A_3A_4$,垂足为 $H$,作 $HD \perp A_3A_4$,则

$$V = \frac{2S_1 \cdot A_1H}{3} = \frac{2S_1 \cdot A_1D}{3}\sin\theta_{12} = \frac{2S_1 \cdot S_2}{3a_{34}}\sin\theta_{12}$$

由引理得

$$V = \frac{2S_1S_2}{3a_{34}}\sin\theta_{12} = \frac{2S_3S_4}{3a_{12}}\sin\theta_{34}$$

即

$$9V^2 a_{12}a_{34} = 4S_1S_2S_3S_4 \sin\theta_{12}\sin\theta_{34} \leqslant 4S_1S_2S_3S_4$$

同理,

$$9V^2 a_{13}a_{24} \leqslant 4S_1S_2S_3S_4$$
$$9V^2 a_{14}a_{23} \leqslant 4S_1S_2S_3S_4$$

将三个不等式相乘得

$$729\,V^6 a_{12}a_{13}a_{14}a_{23}a_{24}a_{34} \leqslant 64(S_1S_2S_3S_4)^3$$

由于四面体不可能六个二面角都是 $90°$,所以上面三个不等式等号不能同时成立,于是,

$$729\,V^6 a_{12}a_{13}a_{14}a_{23}a_{24}a_{34} < 64(S_1S_2S_3S_4)^3$$

即

$$2\sqrt{S_1S_2S_3S_4} > 3V \cdot \sqrt[6]{abcdef}$$

113. 设 $\angle A$ 的平分线交对边 $BC$ 于 $D$,由角平分线性质得

$$\frac{BD}{DC} = \frac{AB}{AC} = \frac{c}{b}$$

及 $BD + DC = a$. 所以,$BD = \dfrac{ac}{b+c}$,$DC = \dfrac{ab}{b+c}$.

由余弦定理得

$AD^2 = AB^2 + BD^2 - 2AB \cdot BD \cdot \cos B =$

$c^2 + \left(\dfrac{ac}{b+c}\right)^2 - \dfrac{2ac^2}{b+c} \cdot \dfrac{b^2+c^2-a^2}{2ac} =$

$\dfrac{bc[(b+c)^2 - a^2]}{(b+c)^2}$

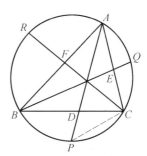

(113 题图)

即
$$AD = \sqrt{\frac{bc[(b+c)^2 - a^2]}{(b+c)^2}}$$

显然 $\triangle ABD \backsim \triangle APC$，所以 $\frac{AB}{AP} = \frac{AD}{AC}$，所以 $AP = \sqrt{\frac{bc}{(b+c)^2 - a^2}}(b+c)$，下面我们证明 $AP > \frac{b+c}{2}$，即证明

$$2\sqrt{bc} > \sqrt{(b+c)^2 - a^2} \Leftrightarrow a^2 > (b-c)^2$$

这显然成立. 同理，$BP > \frac{c+a}{2}, CR > \frac{a+b}{2}$，三个不等式相加得

$$AP + BQ + CR \geqslant AB + BC + CA$$

114. 设 $\triangle ABC$ 的内切圆半径为 $r$，易得 $I_1 = r(\pi - A), I_2 = r(\pi - B), I_3 = r(\pi - C)$，于是 $\frac{a}{I_1} + \frac{b}{I_2} + \frac{c}{I_3} \geqslant \frac{9\sqrt{3}}{\pi}$ 等价于

$$\frac{a}{\pi - A} + \frac{b}{\pi - B} + \frac{c}{\pi - C} \geqslant \frac{9\sqrt{3}}{\pi}r$$

由 Chebyshev 不等式得

$$\frac{a}{\pi - A} + \frac{b}{\pi - B} + \frac{c}{\pi - C} \geqslant \frac{1}{3}(a+b+c)\left(\frac{1}{\pi - A} + \frac{1}{\pi - B} + \frac{1}{\pi - C}\right)$$

由柯西不等式得

$$[(\pi - A) + (\pi - B) + r(\pi - C)]\left(\frac{1}{\pi - A} + \frac{1}{\pi - B} + \frac{1}{\pi - C}\right) \geqslant 9$$

即

$$\frac{1}{\pi - A} + \frac{1}{\pi - B} + \frac{1}{\pi - C} \geqslant \frac{9}{2\pi}$$

所以只要证明 $a + b + c \geqslant 6r$，这个不等式在第 106 题中已经证明.

115. 由角平分线定理得 $\frac{AE}{EB} = \frac{AC}{BC}$，即 $\frac{AE}{AE + EB} = \frac{AC}{AC + BC}$，所以 $AE = \frac{bc}{a+b}$，同理，$CD = \frac{ab}{b+c}$，

$$AE + CD < AC \Leftrightarrow \frac{bc}{a+b} + \frac{ab}{b+c} < b \Leftrightarrow$$

$$\frac{c}{a+b} + \frac{a}{b+c} < 1 \Leftrightarrow$$

$$c(b+c) + a(a+b) < (a+b)(b+c) \Leftrightarrow c^2 + a^2 - ca < b^2 \Leftrightarrow$$

$$\cos B = \frac{c^2 + a^2 - b^2}{2ca} < \frac{1}{2} \Leftrightarrow B > 60°$$

**116.** 如图,分别作点 $B,C$ 关于直线 $AN$ 与 $ND$ 的对称点 $B_1,C_1$,则由 $\angle AND = 135°$,得到 $\angle BNA + \angle CND = 45°$,则 $\angle B_1NA + \angle C_1ND = 45°$,即 $\angle B_1NC_1 = 90°$,因为 $N$ 是边 $BC$ 的中点,所以 $\triangle B_1NC_1$ 是等腰直角三角形,$B_1C_1 = \frac{1}{\sqrt{2}}BC$,由 $AB_1 + B_1C_1 + CD_1 \geqslant AD$ 得

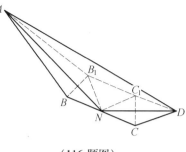

(116 题图)

$$AB + CD + \frac{1}{\sqrt{2}}BC \geqslant AD$$

**117.** 设圆锥的底面半径为 $r$,高为 $h$,则母线长为 $l = \sqrt{r^2 + h^2}$,侧面积为 $S = \pi r\sqrt{r^2 + h^2}$,$V = \frac{1}{3}\pi r^2 h$,不等式 $(\frac{6V}{\pi})^2 \leqslant (\frac{2S}{\pi\sqrt{3}})^3$ 等价于 $(2rh)^2 \leqslant (\frac{2r\sqrt{r^2+h^2}}{\sqrt{3}})^3 \Leftrightarrow 3\sqrt{3}rh^2 \leqslant 2(\sqrt{r^2+h^2})^3 \Leftrightarrow 27r^2h^4 \leqslant 4(r^2+h^2)^3$.

由均值不等式得

$$r^2 + h^2 = r^2 + \frac{1}{2}h^2 + \frac{1}{2}h^2 \geqslant 3\sqrt[3]{r^2 \cdot \frac{1}{2}h^2 \cdot \frac{1}{2}h^2}$$

两端三次方得

$$4(r^2 + h^2)^3 \geqslant 27r^2h^4$$

等号成立当且仅当 $r^2 = \frac{1}{2}h^2$,即 $h = \sqrt{2}r$ 时.

**118.** 对四边形 $ACA_1B$ 利用 Ptolemy 定理,可得 $AA_1 \cdot BC = AB \cdot A_1C + AC \cdot A_1B$,令 $A_1B = A_1C = x$,注意到 $2x = A_1B + A_1C > BC$,有 $2AA_1 = 2\frac{AB \cdot x + AC \cdot x}{BC} = (AB + AC) \cdot \frac{2x}{BC} > AB + AC$,即 $AA_1 > \frac{1}{2}(AB + AC)$,同理,$BB_1 > \frac{1}{2}(AB + BC)$,$CC_1 > \frac{1}{2}(AC + BC)$,三式相加得

$$AA_1 + BB_1 + CC_1 > AB + BC + CA$$

**119. 证法一** 记 $S_{\triangle ABC} = S$,则由欧拉公式 $IO^2 = R(R - 2r)$ 及海伦公式得

$$\angle AIO \leqslant 90° \Leftrightarrow AI^2 + IO^2 \geqslant AO^2 \Leftrightarrow \frac{r^2}{\sin^2 \frac{A}{2}} + R(R-2r) \geqslant R^2 \Leftrightarrow$$

$$r^2 \geqslant (1 - \cos A)Rr \Leftrightarrow r \geqslant (1 - \cos A)R \Leftrightarrow$$

$$\frac{S}{p} \geqslant (1 - \frac{b^2 + c^2 - a^2}{2bc})\frac{abc}{4S} \Leftrightarrow$$

$$\frac{8S^2}{a+b+c} \geq \frac{a^2 - (b-c)^2}{2bc} \cdot 8abc \Leftrightarrow$$

$$16S^2 \geq a(a+b+c)(c+a-b)(a+b-c) \Leftrightarrow$$

$$(a+b+c)(b+c-a)(c+a-b)(a+b-c) \geq$$

$$a(a+b+c)(c+a-b)(a+b-c) \Leftrightarrow$$

$$b+c-a \geq a \Leftrightarrow 2a \leq b+c$$

**证法二** 设 $\triangle ABC$ 的外接圆与内角 $\angle BAC$ 的平分线交于点 $T$,因为 $OA = OT$,所以易得 $\angle AIO \leq 90° \Leftrightarrow AI \geq IT$,由于 $I$ 是 $\triangle ABC$ 的内心,所以易得 $IT = TB = TC$,由 Ptolemy 定理,可得 $TC \cdot AB + TB \cdot AC = AT \cdot BC$.

即 $IT \cdot (AB + AC) = (AI + IT) \cdot BC$.

如果 $AI \geq IT$,则 $IT \cdot (AB + AC) = (AI + IT) \cdot BC \geq 2IT \cdot BC$,所以 $AB + AC \geq 2BC$. 反之,$AB + AC \geq 2BC$,则由 $IT \cdot (AB + AC) = (AI + IT) \cdot BC$ 得 $(AI + IT) \cdot BC \geq 2IT \cdot BC$,则 $AI \geq IT$.

综上,$\angle AIO \leq 90° \Leftrightarrow AI \geq IT \Leftrightarrow AB + AC \geq 2BC$.

120. 因为 $\triangle ASR \backsim \triangle ABC$,所以我们有 $\frac{x}{a} = \frac{h_a - x}{h_a}$,即 $x = \frac{ah_a}{a + h_a}$,同理 $y = \frac{bh_b}{b + h_b}, z = \frac{ch_c}{c + h_c}$,于是 $\frac{1}{x} + \frac{1}{y} + \frac{1}{z} = \frac{1}{a} + \frac{1}{b} + \frac{1}{c} + \frac{1}{h_a} + \frac{1}{h_b} + \frac{1}{h_c} = \frac{1}{a} + \frac{1}{b} + \frac{1}{c} + \frac{a}{2S} + \frac{b}{2S} + \frac{c}{2S}$,因此原不等式 $\frac{1}{x} + \frac{1}{y} + \frac{1}{z} \leq \frac{(2+\sqrt{3})p}{2S}$ 等价于证明

$$a + b + c + \frac{2S}{a} + \frac{2S}{b} + \frac{2S}{c} \leq \frac{(2+\sqrt{3})(a+b+c)}{2} \Leftrightarrow$$

$$\frac{2S}{a} + \frac{2S}{b} + \frac{2S}{c} \leq \frac{\sqrt{3}(a+b+c)}{2}$$

由海伦公式知它等价于证明

$$\sqrt{(a+b+c)(-a+b+c)(a-b+c)(a+b-c)}\left(\frac{1}{a} + \frac{1}{b} + \frac{1}{c}\right) \leq$$

$$\sqrt{3}(a+b+c) \Leftrightarrow$$

$$\sqrt{(-a+b+c)(a-b+c)(a+b-c)}\left(\frac{1}{a} + \frac{1}{b} + \frac{1}{c}\right) \leq \sqrt{3(a+b+c)}$$

令 $u = -a+b+c, v = a-b+c, w = a+b-c$,则不等式变为

$$2uvw\left(\frac{1}{u+v} + \frac{1}{v+w} + \frac{1}{w+u}\right) \leq \sqrt{3(u+v+w)} \Leftrightarrow$$

$$4\left(\frac{1}{u+v} + \frac{1}{v+w} + \frac{1}{w+u}\right)^2 \leq 3\left(\frac{1}{uv} + \frac{1}{vw} + \frac{1}{wu}\right)$$

由均值不等式和柯西不等式得

$$4(\frac{1}{u+v} + \frac{1}{v+w} + \frac{1}{w+u})^2 = (\frac{2}{u+v} + \frac{2}{v+w} + \frac{2}{w+u})^2 \leqslant$$

$$(\frac{1}{\sqrt{uv}} + \frac{1}{\sqrt{vw}} + \frac{1}{\sqrt{wu}})^2 \leqslant$$

$$(1+1+1)(\frac{1}{uv} + \frac{1}{vw} + \frac{1}{wu}) =$$

$$3(\frac{1}{uv} + \frac{1}{vw} + \frac{1}{wu})$$

121. 记 $AO = a, BO = b, CO = c$，因为 $\angle AOB = \angle BOC = \angle COA = 120°$，则由余弦定理得 $AB = \sqrt{a^2 + ab + b^2}, BC = \sqrt{b^2 + bc + c^2}, CA = \sqrt{c^2 + ca + a^2}$，不等式 $\frac{AO^2}{BC} + \frac{BO^2}{CA} + \frac{CO^2}{AB} \geqslant \frac{AO + BO + CO}{\sqrt{3}}$ 等价于 $\frac{a^2}{\sqrt{b^2 + bc + c^2}} + \frac{b^2}{\sqrt{c^2 + ca + a^2}} + \frac{c^2}{\sqrt{a^2 + ab + b^2}} \geqslant \frac{a+b+c}{\sqrt{3}}$.

**证法一** 由 Hölder 不等式得

$$(\sum_{cyc} \frac{a^2}{\sqrt{b^2 + bc + c^2}})^2 (\sum_{cyc} a^2(b^2 + bc + c^2)) \geqslant (\sum_{cyc} a^2)^3$$

由均值不等式得 $a^4 + a^4 + b^4 + c^4 \geqslant 4a^2bc, a^4 + b^4 + b^4 + c^4 \geqslant 4ab^2c, a^4 + b^4 + c^4 + c^4 \geqslant 4abc^2$，得

$$\sum_{cyc} a^4 \geqslant \sum_{cyc} a^2bc$$

$$\sum_{cyc} a^2(b^2 + bc + c^2) = \sum_{cyc} a^2bc + 2\sum_{cyc} a^2b^2 \leqslant \sum_{cyc} a^4 + 2\sum_{cyc} a^2b^2 = (\sum_{cyc} a^2)^2$$

所以 $(\sum_{cyc} \frac{a^2}{\sqrt{b^2 + bc + c^2}})^2 \geqslant \sum_{cyc} a^2$，由柯西不等式得 $3\sum_{cyc} a^2 \geqslant (\sum_{cyc} a)^2$，从而 $\sum_{cyc} \frac{a^2}{\sqrt{b^2 + bc + c^2}} \geqslant \frac{a+b+c}{\sqrt{3}}$.

**证法二** 由 Hölder 不等式得

$$(\sum_{cyc} 1)(\sum_{cyc} \frac{a^2}{\sqrt{b^2 + bc + c^2}})(\sum_{cyc} a\sqrt{b^2 + bc + c^2}) \geqslant (\sum_{cyc} a)^3$$

由柯西不等式得 $\sum_{cyc} a[\sum_{cyc} a(b^2 + bc + c^2)] \geqslant (\sum_{cyc} a\sqrt{b^2 + bc + c^2})^2$，即

$$\sum_{cyc} a\sqrt{b^2 + bc + c^2} \leqslant \sqrt{(a+b+c)\sum_{cyc} a(b^2 + bc + c^2)} =$$

$$\sqrt{(a+b+c)^2(ab+bc+ca)} =$$

$$(a+b+c)\sqrt{(ab+bc+ca)}$$

又由于$(a+b+c) \geqslant \sqrt{3(ab+bc+ca)}$,所以$\sum\limits_{cyc} a\sqrt{b^2+bc+c^2} \leqslant \frac{1}{\sqrt{3}}(a+b+c)^2$,所以,$\sum\limits_{cyc} \frac{a^2}{\sqrt{b^2+bc+c^2}} \geqslant \frac{(\sum\limits_{cyc} a)^3}{3(\sum\limits_{cyc} a\sqrt{b^2+bc+c^2})} \geqslant \frac{(\sum\limits_{cyc} a)^3}{\sqrt{3}(a+b+c)^2} = \frac{a+b+c}{\sqrt{3}}.$

## 编辑手记

这是一本由中学数学教师撰写的专著. 作者工作于苏州一中,这是一所颇有历史传统的中学,在中国教育史上有一定地位. 1936 年著名气象学家竺可桢先生初任浙江大学校长时,报考浙大的考生来自全国各地,成绩出来后,他在 1936 年 9 月 4 日的日记中写了这样一段话:

"苏省上海中学占百分之六十,而南通中学,扬州中学均不恶. 苏州中学报考之人占第一位. 计九十一人,较杭高之八十二人尚多. 但所取则仅二十三人. 南开中学并不见佳. 北方以北师大附中为佳."言外之意苏州一中在高考成绩(当然不是现在的统一高考)上介于上海模范中学与南开中学之间. 曾就读于天津南开中学的历史学家何炳棣在回忆录《读史阅世六十年》中都承认:"事实上,(20 世纪)二十年代江浙若干省立中学的数理化教学都比南开严格."

拿到这部厚厚的稿子笔者在想两个问题,第一个问题是:除了讲硬件设施比大楼,讲升学率比状元外中学到底还能怎样办. 第二个问题是:除了按新课标做公开课,围高考指挥棒归纳题型,中学数学教师还能有什么作为?

先回答第一个问题,现在的教育现实令许多人不满意. 以史为鉴似乎是一种思路. 1929 年毕业于北京师大附中的钱学森曾说:"我对师大附中很有感情. 在附中六年所受的教育,对我的一生,对我的知识和人生观起了很大作用. 我在理工部学习,正课和选修课有大代数、解析几何、微积分、非欧几何(高一时几何老师是傅种孙先生). 物理学用美国当时的大学一年级课本. 还有无机化学、有机化学. 有些课用英文讲,到了高二要学第二外语,设有德语、法语. 伦理课是由校长林砺儒先生教. 我今天说了,恐怕诸位还不相信,我高中毕业时,理科课程已经学到我们现在大学的二年级了".

曾任华中理工大学校长的中国科学院院士朱九思先生曾说过:"我很幸运,青少年时上的中学是当时很好的一所中学——江苏省立扬州中学……课程设置很丰富,如普通英语课程外,还开了《英语修辞学》. 这本是大学英语系的课. 又如植物学、动物学、矿物学,在一般的中学是一门课,我们中学分别开了三门课,内容就充实多了. 另外,高中数理化用英文版教材;建了当时很气派的实验楼,还有一台很小的教学用 X 光机,可以演示给学生看;舍得花钱买书,图书馆藏书比较丰富等等,都是当时中学少有的."

我们再来谈谈第二个问题,作为一个中学数学教师进可以入高等数学领地攻城掠地、成名成家,退可教书育人、桃李芬芳. 前者如攻克了斯坦那系列和冠克曼系列世界难题的包头 9 中的物理教师陆家羲. 获得国家科技进步特等奖,开创了机械证明领域的吴文俊. 吴文俊 1940 年从上海交通大学毕业,时值抗日战争,因家庭经济原因经朋友介绍到租界里一所育英中学工作. 1941 年 12 月珍珠港事件后,日军进驻各租界,而后他又到上海培真中学工作,其实从中学数学教师起步一直到成为数学大家在中外数学史上都不乏其人.

德国大数学家魏尔斯特拉斯就是其中典型的一位. 他曾于 1841 年秋至 1842 年秋在明斯特文科中学见习一年,1842 年转至西普鲁士克隆的初级文科中学,除数学、物理外,他还教德文、历史、地理、书法、植物,甚至于在 1845 年还教体育. 著名数学家古德曼(Gudermann)在看到魏尔斯特拉斯的求椭圆函数的幂级数展开式的论文后评价说:"为作者本人,也为科学进展着想,我希望他不会当一名中学教师,而能获得更为有利的条件……以使他得以进入他命定有权跻身其中的著名科学发现者队伍之中." 类似魏尔斯特拉斯这样经历的数学家很多. 如曾任教于其同校约阿希姆斯塔尔文科中学的弗罗贝尼乌斯(Frobenius).

目前在中国除了因《百家讲坛》而有了一定知名度的纪连海和曾经写过小说《班主任》的刘心武之外,广大的中学教师的普遍知名度是低的. 这不表明中国的中学教师水平低,而是没有发挥空间. 一位中学校长曾向朱永新(中国教育学会副会长)抱怨说:中学根本不是校长在办学而是教育局在办学. 因为教什么、教多少、怎么教、用什么课本、考什么题甚至包括课堂教学的形式都被规定好了. 只有规定动作没有自选动作. 校长只是个执行者更何况一个普通教师. 这一点我们同俄罗斯有相似之处. 在潘德礼所著的《俄罗斯》(北京:社会科学文献出版社,2005:395-407)一书中评价道:"苏联教育系统固有的特点是:国家垄断、官僚主义的中央集权管理制度、学校生活以及儿童和青年组织的生活过分政治化等造成苏联学校的目的虽然是培养全面发展的人,但教育系统的活动在许多方面并不指向创造性的探索和学生个性的发展,而是指向普遍的平均化、一般化,旨在完成社会的要求.苏联学校培养的青年是在一个盲从的、同时又具有高度集中与统一的社会中工作.毕业生懂得不少关于周围世界的理论知识,但在实践中会做的事情却很少,他们被剥夺了主动性和自主性.苏联学校的制度是整齐划一的,其教育教学过程的形成和方法也是千篇一律的;它对所有各级教育水平的教学大纲和方法论也是一模一样的,这就是这种划一性的反映.教师按统一的标准培养'符合标准的'儿童,却忽视了活生生儿童的个性特点."解决之道有二.一是纵看以史为镜.笔者手中有一本当年北平厂甸师大附中算学业刻社印行的《高中解析几何教科书》(下卷),由闵嗣鹤、郎好常编译,傅种孙、程廷熙参校的其难度已接近现今大学数学系所学空间解析几何.其最后三节为空间曲线与方程,曲线之射影柱面,空间曲线之参变方程.相比之下对"钱学森之问"是否读者心中已有答案.二是横向比,由于我们的教育制度的建立是以前苏联为模式的.所以改革也应该还是以俄罗斯为例.

1988年12月召开的全苏联教育工作会议提出了中小学改革的十项基本原则:

(1)教育民主化.消除国家对教育的垄断;分散教育管理权,教育私有化(包括地方化);中小学校的独立性(包括选择自己的发展战略、目的、内容、组织和工作方法,法律的、财务的和经济的独立);教师创造性的权利(选择教科书、评价方法、教学艺术等);学生选择学校与学习重点的权利.

(2)教育多元化.从教育体系单一形式变成多种形态,从目的、内容、教学方式等方面提供多角度、多种形式、多种方案的选择.

以下不列.仅此两条足矣.

中学教师著书立说,中外皆有,是个普遍现象.大者可以为人类文明大厦添砖加瓦,小者可以向社会彰显个人聪明才智.前者如斯宾格勒所著之《西方的没落》.这位中学教师出身但知识渊博的历史学家以此开创了文化比较研究的先河.尽管他之前的莱布尼兹、伏尔泰、歌德、黑格尔对世界各种文明的兴趣使他们自觉不自觉地从事了文化(或哲学、思想)的比较工作.后者如冯志刚著的《数学奥赛导引》,在2003年湖南长沙召开的全国数学奥林匹克理论研讨会上冯志刚先生送给笔者一套.这可以说在当时代表了中学数学教师的一个新高度.今天笔者又有幸看到了蔡玉书先生的这部巨著.

在这部大作中,作者收罗之勤令人惊叹.似乎在不等式研究领域只有匡继昌与王挽澜老师的著作在篇幅上可与之比肩.在难度上只有杨学枝老师、韩京俊同学的著作与之相提并论.当然专门论及高等领域的张小明与石焕南两位先生的著作与之方向不同,所以不做比较为好.

徐志摩有几句话是这样写的：

"你再不用想什么了,你再没有什么可想的了.

你再不用开口了,你再没有什么话可说的了."

笔者以为读完本书,对于数学竞赛中的不等式问题也确实再没有什么可想、可说的了.因为它已经太完备了,叹其为观止当不为过.如果非要做一点评论的话,似乎机械罗列有余,有机结合不足；平面式陈述有余,而上下溯源左右纵横不足.但对于一个中学教师来讲谈这些似乎有点求全责备了.因为不论怎样,凭一己之力独自完成如此巨著已经是可喜可贺了!

刘培杰<br>
2011 年 7 月 15 日于<br>
哈工大

# 刘培杰数学工作室
## 已出版(即将出版)图书目录——初等数学

| 书　　名 | 出版时间 | 定　价 | 编号 |
|---|---|---|---|
| 新编中学数学解题方法全书(高中版)上卷(第2版) | 2018—08 | 58.00 | 951 |
| 新编中学数学解题方法全书(高中版)中卷(第2版) | 2018—08 | 68.00 | 952 |
| 新编中学数学解题方法全书(高中版)下卷(一)(第2版) | 2018—08 | 58.00 | 953 |
| 新编中学数学解题方法全书(高中版)下卷(二)(第2版) | 2018—08 | 58.00 | 954 |
| 新编中学数学解题方法全书(高中版)下卷(三)(第2版) | 2018—08 | 68.00 | 955 |
| 新编中学数学解题方法全书(初中版)上卷 | 2008—01 | 28.00 | 29 |
| 新编中学数学解题方法全书(初中版)中卷 | 2010—07 | 38.00 | 75 |
| 新编中学数学解题方法全书(高考复习卷) | 2010—01 | 48.00 | 67 |
| 新编中学数学解题方法全书(高考真题卷) | 2010—01 | 38.00 | 62 |
| 新编中学数学解题方法全书(高考精华卷) | 2011—03 | 68.00 | 118 |
| 新编平面解析几何解题方法全书(专题讲座卷) | 2010—01 | 18.00 | 61 |
| 新编中学数学解题方法全书(自主招生卷) | 2013—08 | 88.00 | 261 |
| 数学奥林匹克与数学文化(第一辑) | 2006—05 | 48.00 | 4 |
| 数学奥林匹克与数学文化(第二辑)(竞赛卷) | 2008—01 | 48.00 | 19 |
| 数学奥林匹克与数学文化(第二辑)(文化卷) | 2008—07 | 58.00 | 36′ |
| 数学奥林匹克与数学文化(第三辑)(竞赛卷) | 2010—01 | 48.00 | 59 |
| 数学奥林匹克与数学文化(第四辑)(竞赛卷) | 2011—08 | 58.00 | 87 |
| 数学奥林匹克与数学文化(第五辑) | 2015—06 | 98.00 | 370 |
| 世界著名平面几何经典著作钩沉——几何作图专题卷(共3卷) | 2022—01 | 198.00 | 1460 |
| 世界著名平面几何经典著作钩沉(民国平面几何老课本) | 2011—03 | 38.00 | 113 |
| 世界著名平面几何经典著作钩沉(建国初期平面三角老课本) | 2015—08 | 38.00 | 507 |
| 世界著名解析几何经典著作钩沉——平面解析几何卷 | 2014—01 | 38.00 | 264 |
| 世界著名数论经典著作钩沉(算术卷) | 2012—01 | 28.00 | 125 |
| 世界著名数学经典著作钩沉——立体几何卷 | 2011—02 | 28.00 | 88 |
| 世界著名三角学经典著作钩沉(平面三角卷Ⅰ) | 2010—06 | 28.00 | 69 |
| 世界著名三角学经典著作钩沉(平面三角卷Ⅱ) | 2011—01 | 38.00 | 78 |
| 世界著名初等数论经典著作钩沉(理论和实用算术卷) | 2011—07 | 38.00 | 126 |
| 世界著名几何经典著作钩沉(解析几何卷) | 2022—10 | 68.00 | 1564 |
| 发展你的空间想象力(第3版) | 2021—01 | 98.00 | 1464 |
| 空间想象力进阶 | 2019—05 | 68.00 | 1062 |
| 走向国际数学奥林匹克的平面几何试题诠释.第1卷 | 2019—07 | 88.00 | 1043 |
| 走向国际数学奥林匹克的平面几何试题诠释.第2卷 | 2019—09 | 78.00 | 1044 |
| 走向国际数学奥林匹克的平面几何试题诠释.第3卷 | 2019—03 | 78.00 | 1045 |
| 走向国际数学奥林匹克的平面几何试题诠释.第4卷 | 2019—09 | 98.00 | 1046 |
| 平面几何证明方法全书 | 2007—08 | 35.00 | 1 |
| 平面几何证明方法全书习题解答(第2版) | 2006—12 | 18.00 | 10 |
| 平面几何天天练上卷·基础篇(直线型) | 2013—01 | 58.00 | 208 |
| 平面几何天天练中卷·基础篇(涉及圆) | 2013—01 | 28.00 | 234 |
| 平面几何天天练下卷·提高篇 | 2013—01 | 58.00 | 237 |
| 平面几何专题研究 | 2013—07 | 98.00 | 258 |
| 平面几何解题之道.第1卷 | 2022—01 | 38.00 | 1494 |
| 几何学习题集 | 2020—10 | 48.00 | 1217 |
| 通过解题学习代数几何 | 2021—04 | 88.00 | 1301 |
| 圆锥曲线的奥秘 | 2022—06 | 88.00 | 1541 |

— 1 —

# 刘培杰数学工作室
# 已出版(即将出版)图书目录——初等数学

| 书　　名 | 出版时间 | 定　价 | 编号 |
|---|---|---|---|
| 最新世界各国数学奥林匹克中的平面几何试题 | 2007—09 | 38.00 | 14 |
| 数学竞赛平面几何典型题及新颖解 | 2010—07 | 48.00 | 74 |
| 初等数学复习及研究(平面几何) | 2008—09 | 68.00 | 38 |
| 初等数学复习及研究(立体几何) | 2010—06 | 38.00 | 71 |
| 初等数学复习及研究(平面几何)习题解答 | 2009—01 | 58.00 | 42 |
| 几何学教程(平面几何卷) | 2011—03 | 68.00 | 90 |
| 几何学教程(立体几何卷) | 2011—07 | 68.00 | 130 |
| 几何变换与几何证题 | 2010—06 | 88.00 | 70 |
| 计算方法与几何证题 | 2011—06 | 28.00 | 129 |
| 立体几何技巧与方法(第2版) | 2022—10 | 168.00 | 1572 |
| 几何瑰宝——平面几何500名题暨1500条定理(上、下) | 2021—07 | 168.00 | 1358 |
| 三角形的解法与应用 | 2012—07 | 18.00 | 183 |
| 近代的三角形几何学 | 2012—07 | 48.00 | 184 |
| 一般折线几何学 | 2015—08 | 48.00 | 503 |
| 三角形的五心 | 2009—06 | 28.00 | 51 |
| 三角形的六心及其应用 | 2015—10 | 68.00 | 542 |
| 三角形趣谈 | 2012—08 | 28.00 | 212 |
| 解三角形 | 2014—01 | 28.00 | 265 |
| 探秘三角形:一次数学旅行 | 2021—10 | 68.00 | 1387 |
| 三角学专门教程 | 2014—09 | 28.00 | 387 |
| 图天下几何新题试卷.初中(第2版) | 2017—11 | 58.00 | 855 |
| 圆锥曲线习题集(上册) | 2013—06 | 68.00 | 255 |
| 圆锥曲线习题集(中册) | 2015—01 | 78.00 | 434 |
| 圆锥曲线习题集(下册·第1卷) | 2016—10 | 78.00 | 683 |
| 圆锥曲线习题集(下册·第2卷) | 2018—01 | 98.00 | 853 |
| 圆锥曲线习题集(下册·第3卷) | 2019—10 | 128.00 | 1113 |
| 圆锥曲线的思想方法 | 2021—08 | 48.00 | 1379 |
| 圆锥曲线的八个主要问题 | 2021—10 | 48.00 | 1415 |
| 论九点圆 | 2015—05 | 88.00 | 645 |
| 近代欧氏几何学 | 2012—03 | 48.00 | 162 |
| 罗巴切夫斯基几何学及几何基础概要 | 2012—07 | 28.00 | 188 |
| 罗巴切夫斯基几何学初步 | 2015—06 | 28.00 | 474 |
| 用三角、解析几何、复数、向量计算解数学竞赛几何题 | 2015—03 | 48.00 | 455 |
| 用解析法研究圆锥曲线的几何理论 | 2022—05 | 48.00 | 1495 |
| 美国中学几何教程 | 2015—04 | 88.00 | 458 |
| 三线坐标与三角形特征点 | 2015—04 | 98.00 | 460 |
| 坐标几何学基础.第1卷,笛卡儿坐标 | 2021—08 | 48.00 | 1398 |
| 坐标几何学基础.第2卷,三线坐标 | 2021—09 | 28.00 | 1399 |
| 平面解析几何方法与研究(第1卷) | 2015—05 | 18.00 | 471 |
| 平面解析几何方法与研究(第2卷) | 2015—06 | 18.00 | 472 |
| 平面解析几何方法与研究(第3卷) | 2015—07 | 18.00 | 473 |
| 解析几何研究 | 2015—01 | 38.00 | 425 |
| 解析几何学教程.上 | 2016—01 | 38.00 | 574 |
| 解析几何学教程.下 | 2016—01 | 38.00 | 575 |
| 几何学基础 | 2016—01 | 58.00 | 581 |
| 初等几何研究 | 2015—02 | 58.00 | 444 |
| 十九和二十世纪欧氏几何学中的片段 | 2017—01 | 58.00 | 696 |
| 平面几何中考.高考.奥数一本通 | 2017—07 | 28.00 | 820 |
| 几何学简史 | 2017—08 | 28.00 | 833 |
| 四面体 | 2018—01 | 48.00 | 880 |
| 平面几何证明方法思路 | 2018—12 | 68.00 | 913 |
| 折纸中的几何练习 | 2022—09 | 48.00 | 1559 |
| 中学新几何学(英文) | 2022—10 | 98.00 | 1562 |

# 刘培杰数学工作室
## 已出版（即将出版）图书目录——初等数学

| 书　名 | 出版时间 | 定　价 | 编号 |
|---|---|---|---|
| 平面几何图形特性新析．上篇 | 2019—01 | 68.00 | 911 |
| 平面几何图形特性新析．下篇 | 2018—06 | 88.00 | 912 |
| 平面几何范例多解探究．上篇 | 2018—04 | 48.00 | 910 |
| 平面几何范例多解探究．下篇 | 2018—12 | 68.00 | 914 |
| 从分析解题过程学解题：竞赛中的几何问题研究 | 2018—07 | 68.00 | 946 |
| 从分析解题过程学解题：竞赛中的向量几何与不等式研究(全2册) | 2019—06 | 138.00 | 1090 |
| 从分析解题过程学解题：竞赛中的不等式问题 | 2021—01 | 48.00 | 1249 |
| 二维、三维欧氏几何的对偶原理 | 2018—12 | 38.00 | 990 |
| 星形大观及闭折线论 | 2019—03 | 68.00 | 1020 |
| 立体几何的问题和方法 | 2019—11 | 58.00 | 1127 |
| 三角代换论 | 2021—05 | 58.00 | 1313 |
| 俄罗斯平面几何问题集 | 2009—08 | 88.00 | 55 |
| 俄罗斯立体几何问题集 | 2014—03 | 58.00 | 283 |
| 俄罗斯几何大师——沙雷金论数学及其他 | 2014—01 | 48.00 | 271 |
| 来自俄罗斯的5000道几何习题及解答 | 2011—03 | 58.00 | 89 |
| 俄罗斯初等数学问题集 | 2012—05 | 38.00 | 177 |
| 俄罗斯函数问题集 | 2011—03 | 38.00 | 103 |
| 俄罗斯组合分析问题集 | 2011—01 | 48.00 | 79 |
| 俄罗斯初等数学万题选——三角卷 | 2012—11 | 38.00 | 222 |
| 俄罗斯初等数学万题选——代数卷 | 2013—08 | 68.00 | 225 |
| 俄罗斯初等数学万题选——几何卷 | 2014—01 | 68.00 | 226 |
| 俄罗斯《量子》杂志数学征解问题100题选 | 2018—08 | 48.00 | 969 |
| 俄罗斯《量子》杂志数学征解问题又100题选 | 2018—08 | 48.00 | 970 |
| 俄罗斯《量子》杂志数学征解问题 | 2020—05 | 48.00 | 1138 |
| 463个俄罗斯几何老问题 | 2012—01 | 28.00 | 152 |
| 《量子》数学短文精粹 | 2018—09 | 38.00 | 972 |
| 用三角、解析几何等计算解来自俄罗斯的几何题 | 2019—11 | 88.00 | 1119 |
| 基谢廖夫平面几何 | 2022—01 | 48.00 | 1461 |
| 数学：代数、数学分析和几何(10—11年级) | 2021—01 | 48.00 | 1250 |
| 立体几何．10—11年级 | 2022—01 | 58.00 | 1472 |
| 直观几何学：5—6年级 | 2022—04 | 58.00 | 1508 |
| 平面几何：9—11年级 | 2022—10 | 48.00 | 1571 |

| 书　名 | 出版时间 | 定　价 | 编号 |
|---|---|---|---|
| 谈谈素数 | 2011—03 | 18.00 | 91 |
| 平方和 | 2011—03 | 18.00 | 92 |
| 整数论 | 2011—05 | 38.00 | 120 |
| 从整数谈起 | 2015—10 | 28.00 | 538 |
| 数与多项式 | 2016—01 | 38.00 | 558 |
| 谈谈不定方程 | 2011—05 | 28.00 | 119 |
| 质数漫谈 | 2022—07 | 68.00 | 1529 |

| 书　名 | 出版时间 | 定　价 | 编号 |
|---|---|---|---|
| 解析不等式新论 | 2009—06 | 68.00 | 48 |
| 建立不等式的方法 | 2011—03 | 98.00 | 104 |
| 数学奥林匹克不等式研究(第2版) | 2020—07 | 68.00 | 1181 |
| 不等式研究(第二辑) | 2012—02 | 68.00 | 153 |
| 不等式的秘密(第一卷)(第2版) | 2014—02 | 38.00 | 286 |
| 不等式的秘密(第二卷) | 2014—01 | 38.00 | 268 |
| 初等不等式的证明方法 | 2010—06 | 38.00 | 123 |
| 初等不等式的证明方法(第二版) | 2014—11 | 38.00 | 407 |
| 不等式·理论·方法(基础卷) | 2015—07 | 38.00 | 496 |
| 不等式·理论·方法(经典不等式卷) | 2015—07 | 38.00 | 497 |
| 不等式·理论·方法(特殊类型不等式卷) | 2015—07 | 48.00 | 498 |
| 不等式探究 | 2016—03 | 38.00 | 582 |
| 不等式探秘 | 2017—01 | 88.00 | 689 |
| 四面体不等式 | 2017—01 | 68.00 | 715 |
| 数学奥林匹克中常见重要不等式 | 2017—09 | 38.00 | 845 |

# 刘培杰数学工作室
# 已出版（即将出版）图书目录——初等数学

| 书 名 | 出版时间 | 定 价 | 编号 |
|---|---|---|---|
| 三正弦不等式 | 2018—09 | 98.00 | 974 |
| 函数方程与不等式:解法与稳定性结果 | 2019—04 | 68.00 | 1058 |
| 数学不等式.第1卷,对称多项式不等式 | 2022—05 | 78.00 | 1455 |
| 数学不等式.第2卷,对称有理不等式与对称无理不等式 | 2022—05 | 88.00 | 1456 |
| 数学不等式.第3卷,循环不等式与非循环不等式 | 2022—05 | 88.00 | 1457 |
| 数学不等式.第4卷,Jensen不等式的扩展与加细 | 2022—05 | 88.00 | 1458 |
| 数学不等式.第5卷,创建不等式与解不等式的其他方法 | 2022—05 | 88.00 | 1459 |
| 同余理论 | 2012—05 | 38.00 | 163 |
| $[x]$与$\{x\}$ | 2015—04 | 48.00 | 476 |
| 极值与最值.上卷 | 2015—06 | 28.00 | 486 |
| 极值与最值.中卷 | 2015—06 | 38.00 | 487 |
| 极值与最值.下卷 | 2015—06 | 28.00 | 488 |
| 整数的性质 | 2012—11 | 38.00 | 192 |
| 完全平方数及其应用 | 2015—08 | 78.00 | 506 |
| 多项式理论 | 2015—10 | 88.00 | 541 |
| 奇数、偶数、奇偶分析法 | 2018—01 | 98.00 | 876 |
| 不定方程及其应用.上 | 2018—12 | 58.00 | 992 |
| 不定方程及其应用.中 | 2019—01 | 78.00 | 993 |
| 不定方程及其应用.下 | 2019—02 | 98.00 | 994 |
| Nesbitt不等式加强式的研究 | 2022—06 | 128.00 | 1527 |
| 最值定理与分析不等式 | 2023—02 | 78.00 | 1567 |
| 历届美国中学生数学竞赛试题及解答(第一卷)1950—1954 | 2014—07 | 18.00 | 277 |
| 历届美国中学生数学竞赛试题及解答(第二卷)1955—1959 | 2014—04 | 18.00 | 278 |
| 历届美国中学生数学竞赛试题及解答(第三卷)1960—1964 | 2014—06 | 18.00 | 279 |
| 历届美国中学生数学竞赛试题及解答(第四卷)1965—1969 | 2014—04 | 28.00 | 280 |
| 历届美国中学生数学竞赛试题及解答(第五卷)1970—1972 | 2014—06 | 18.00 | 281 |
| 历届美国中学生数学竞赛试题及解答(第六卷)1973—1980 | 2017—07 | 18.00 | 768 |
| 历届美国中学生数学竞赛试题及解答(第七卷)1981—1986 | 2015—01 | 18.00 | 424 |
| 历届美国中学生数学竞赛试题及解答(第八卷)1987—1990 | 2017—05 | 18.00 | 769 |
| 历届中国数学奥林匹克试题集(第3版) | 2021—10 | 58.00 | 1440 |
| 历届加拿大数学奥林匹克试题集 | 2012—08 | 38.00 | 215 |
| 历届美国数学奥林匹克试题集:1972~2019 | 2020—04 | 88.00 | 1135 |
| 历届波兰数学竞赛试题集.第1卷,1949~1963 | 2015—03 | 18.00 | 453 |
| 历届波兰数学竞赛试题集.第2卷,1964~1976 | 2015—03 | 18.00 | 454 |
| 历届巴尔干数学奥林匹克试题集 | 2015—05 | 38.00 | 466 |
| 保加利亚数学奥林匹克 | 2014—10 | 38.00 | 393 |
| 圣彼得堡数学奥林匹克试题集 | 2015—01 | 38.00 | 429 |
| 匈牙利奥林匹克数学竞赛题解.第1卷 | 2016—05 | 28.00 | 593 |
| 匈牙利奥林匹克数学竞赛题解.第2卷 | 2016—05 | 28.00 | 594 |
| 历届美国数学邀请赛试题集(第2版) | 2017—10 | 78.00 | 851 |
| 普林斯顿大学数学竞赛 | 2016—06 | 38.00 | 669 |
| 亚太地区数学奥林匹克竞赛题 | 2015—07 | 18.00 | 492 |
| 日本历届(初级)广中杯数学竞赛试题及解答.第1卷(2000~2007) | 2016—05 | 28.00 | 641 |
| 日本历届(初级)广中杯数学竞赛试题及解答.第2卷(2008~2015) | 2016—05 | 38.00 | 642 |
| 越南数学奥林匹克题选:1962—2009 | 2021—07 | 48.00 | 1370 |
| 360个数学竞赛问题 | 2016—08 | 58.00 | 677 |
| 奥数最佳实战题.上卷 | 2017—06 | 38.00 | 760 |
| 奥数最佳实战题.下卷 | 2017—05 | 58.00 | 761 |
| 哈尔滨市早期中学数学竞赛试题汇编 | 2016—07 | 28.00 | 672 |
| 全国高中数学联赛试题及解答:1981—2019(第4版) | 2020—07 | 138.00 | 1176 |
| 2022年全国高中数学联合竞赛模拟题集 | 2022—06 | 30.00 | 1521 |
| 20世纪50年代全国部分城市数学竞赛试题汇编 | 2017—07 | 28.00 | 797 |

# 刘培杰数学工作室
## 已出版(即将出版)图书目录——初等数学

| 书　名 | 出版时间 | 定　价 | 编号 |
| --- | --- | --- | --- |
| 国内外数学竞赛题及精解:2018～2019 | 2020—08 | 45.00 | 1192 |
| 国内外数学竞赛题及精解:2019～2020 | 2021—11 | 58.00 | 1439 |
| 许康华竞赛优学精选集.第一辑 | 2018—08 | 68.00 | 949 |
| 天问叶班数学问题征解100题.Ⅰ,2016—2018 | 2019—05 | 88.00 | 1075 |
| 天问叶班数学问题征解100题.Ⅱ,2017—2019 | 2020—07 | 98.00 | 1177 |
| 美国初中数学竞赛:AMC8准备(共6卷) | 2019—07 | 138.00 | 1089 |
| 美国高中数学竞赛:AMC10准备(共6卷) | 2019—08 | 158.00 | 1105 |
| 王连笑教你怎样学数学:高考选择题解题策略与客观题实用训练 | 2014—01 | 48.00 | 262 |
| 王连笑教你怎样学数学:高考数学高层次讲座 | 2015—02 | 48.00 | 432 |
| 高考数学的理论与实践 | 2009—08 | 38.00 | 53 |
| 高考数学核心题型解题方法与技巧 | 2010—01 | 28.00 | 86 |
| 高考思维新平台 | 2014—03 | 38.00 | 259 |
| 高考数学压轴题解题诀窍(上)(第2版) | 2018—01 | 58.00 | 874 |
| 高考数学压轴题解题诀窍(下)(第2版) | 2018—01 | 48.00 | 875 |
| 北京市五区文科数学三年高考模拟题详解:2013～2015 | 2015—08 | 48.00 | 500 |
| 北京市五区理科数学三年高考模拟题详解:2013～2015 | 2015—09 | 68.00 | 505 |
| 向量法巧解数学高考题 | 2009—08 | 28.00 | 54 |
| 高中数学课堂教学的实践与反思 | 2021—11 | 48.00 | 791 |
| 数学高考参考 | 2016—01 | 78.00 | 589 |
| 新课程标准高考数学解答题各种题型解法指导 | 2020—08 | 78.00 | 1196 |
| 全国及各省市高考数学试题审题要津与解法研究 | 2015—02 | 48.00 | 450 |
| 高中数学章节起始课的教学研究与案例设计 | 2019—05 | 28.00 | 1064 |
| 新课标高考数学——五年试题分章详解(2007～2011)(上、下) | 2011—10 | 78.00 | 140,141 |
| 全国中考数学压轴题审题要津与解法研究 | 2013—04 | 78.00 | 248 |
| 新编全国及各省市中考数学压轴题审题要津与解法研究 | 2014—05 | 58.00 | 342 |
| 全国及各省市5年中考数学压轴题审题要津与解法研究(2015版) | 2015—04 | 58.00 | 462 |
| 中考数学专题总复习 | 2007—04 | 28.00 | 6 |
| 中考数学较难题常考题型解题方法与技巧 | 2016—09 | 48.00 | 681 |
| 中考数学难题常考题型解题方法与技巧 | 2016—09 | 48.00 | 682 |
| 中考数学中档题常考题型解题方法与技巧 | 2017—08 | 68.00 | 835 |
| 中考数学选择填空压轴好题妙解365 | 2017—05 | 38.00 | 759 |
| 中考数学:三类重点考题的解法分析与习题 | 2020—04 | 48.00 | 1140 |
| 中小学数学的历史文化 | 2019—11 | 48.00 | 1124 |
| 初中平面几何百题多思创新解 | 2020—01 | 58.00 | 1125 |
| 初中数学中考备考 | 2020—01 | 58.00 | 1126 |
| 高考数学之九章演义 | 2019—08 | 68.00 | 1044 |
| 高考数学之难题谈笑间 | 2022—06 | 68.00 | 1519 |
| 化学可以这样学:高中化学知识方法智慧感悟疑难辨析 | 2019—07 | 58.00 | 1103 |
| 如何成为学习高手 | 2019—09 | 58.00 | 1107 |
| 高考数学:经典真题分类解析 | 2020—04 | 78.00 | 1134 |
| 高考数学解答题破解策略 | 2020—11 | 58.00 | 1221 |
| 从分析解题过程学解题:高考压轴题与竞赛题之关系探究 | 2020—08 | 88.00 | 1179 |
| 教学新思考:单元整体视角下的初中数学教学设计 | 2021—03 | 58.00 | 1278 |
| 思维再拓展:2020年经典几何题的多解探究与思考 | 即将出版 |  | 1279 |
| 中考数学小压轴汇编初讲 | 2017—07 | 48.00 | 788 |
| 中考数学大压轴专题微言 | 2017—09 | 48.00 | 846 |
| 怎么解中考平面几何探索题 | 2019—06 | 48.00 | 1093 |
| 北京中考数学压轴题解题方法突破(第8版) | 2022—11 | 78.00 | 1577 |
| 助你高考成功的数学解题智慧:知识是智慧的基础 | 2016—01 | 58.00 | 596 |
| 助你高考成功的数学解题智慧:错误是智慧的试金石 | 2016—04 | 58.00 | 643 |
| 助你高考成功的数学解题智慧:方法是智慧的推手 | 2016—04 | 68.00 | 657 |
| 高考数学奇思妙解 | 2016—04 | 38.00 | 610 |
| 高考数学解题策略 | 2016—05 | 48.00 | 670 |
| 数学解题泄天机(第2版) | 2017—10 | 48.00 | 850 |

# 刘培杰数学工作室
## 已出版(即将出版)图书目录——初等数学

| 书　　名 | 出版时间 | 定　价 | 编号 |
|---|---|---|---|
| 高考物理压轴题全解 | 2017—04 | 58.00 | 746 |
| 高中物理经典问题25讲 | 2017—05 | 28.00 | 764 |
| 高中物理教学讲义 | 2018—01 | 48.00 | 871 |
| 高中物理教学讲义:全模块 | 2022—03 | 98.00 | 1492 |
| 高中物理答疑解惑65篇 | 2021—11 | 48.00 | 1462 |
| 中学物理基础问题解析 | 2020—08 | 48.00 | 1183 |
| 2016年高考文科数学真题研究 | 2017—04 | 58.00 | 754 |
| 2016年高考理科数学真题研究 | 2017—04 | 78.00 | 755 |
| 2017年高考理科数学真题研究 | 2018—01 | 58.00 | 867 |
| 2017年高考文科数学真题研究 | 2018—01 | 48.00 | 868 |
| 初中数学、高中数学脱节知识补缺教材 | 2017—06 | 48.00 | 766 |
| 高考数学小题抢分必练 | 2017—10 | 48.00 | 834 |
| 高考数学核心素养解读 | 2017—09 | 38.00 | 839 |
| 高考数学客观题解题方法和技巧 | 2017—10 | 38.00 | 847 |
| 十年高考数学精品试题审题要津与解法研究 | 2021—10 | 98.00 | 1427 |
| 中国历届高考数学试题及解答.1949—1979 | 2018—01 | 38.00 | 877 |
| 历届中国高考数学试题及解答.第二卷,1980—1989 | 2018—10 | 28.00 | 975 |
| 历届中国高考数学试题及解答.第三卷,1990—1999 | 2018—10 | 48.00 | 976 |
| 数学文化与高考研究 | 2018—03 | 48.00 | 882 |
| 跟我学解高中数学题 | 2018—07 | 58.00 | 926 |
| 中学数学研究的方法及案例 | 2018—05 | 58.00 | 869 |
| 高考数学抢分技能 | 2018—07 | 68.00 | 934 |
| 高一新生常用数学方法和重要数学思想提升教材 | 2018—06 | 38.00 | 921 |
| 2018年高考数学真题研究 | 2019—01 | 68.00 | 1000 |
| 2019年高考数学真题研究 | 2020—05 | 88.00 | 1137 |
| 高考数学全国卷六道解答题常考题型解题诀窍:理科(全2册) | 2019—07 | 78.00 | 1101 |
| 高考数学全国卷16道选择、填空题常考题型解题诀窍.理科 | 2018—09 | 88.00 | 971 |
| 高考数学全国卷16道选择、填空题常考题型解题诀窍.文科 | 2020—01 | 88.00 | 1123 |
| 高中数学一题多解 | 2019—06 | 58.00 | 1087 |
| 历届中国高考数学试题及解答:1917—1999 | 2021—08 | 98.00 | 1371 |
| 2000~2003年全国及各省市高考数学试题及解答 | 2022—05 | 88.00 | 1499 |
| 2004年全国及各省市高考数学试题及解答 | 2022—07 | 78.00 | 1500 |
| 突破高原:高中数学解题思维探究 | 2021—08 | 48.00 | 1375 |
| 高考数学中的"取值范围" | 2021—10 | 48.00 | 1429 |
| 新课程标准高中数学各种题型解法大全.必修一分册 | 2021—06 | 58.00 | 1315 |
| 新课程标准高中数学各种题型解法大全.必修二分册 | 2022—01 | 68.00 | 1471 |
| 高中数学各种题型解法大全.选择性必修一分册 | 2022—06 | 68.00 | 1525 |

| 新编640个世界著名数学智力趣题 | 2014—01 | 88.00 | 242 |
|---|---|---|---|
| 500个最新世界著名数学智力趣题 | 2008—06 | 48.00 | 3 |
| 400个最新世界著名数学最值问题 | 2008—09 | 48.00 | 36 |
| 500个世界著名数学征解问题 | 2009—06 | 48.00 | 52 |
| 400个中国最佳初等数学征解老问题 | 2010—01 | 48.00 | 60 |
| 500个俄罗斯数学经典老题 | 2011—01 | 28.00 | 81 |
| 1000个国外中学物理好题 | 2012—04 | 48.00 | 174 |
| 300个日本高考数学题 | 2012—05 | 38.00 | 142 |
| 700个早期日本高考数学试题 | 2017—02 | 88.00 | 752 |
| 500个前苏联早期高考数学试题及解答 | 2012—05 | 28.00 | 185 |
| 546个早期俄罗斯大学生数学竞赛题 | 2014—03 | 38.00 | 285 |
| 548个来自美苏的数学好问题 | 2014—11 | 28.00 | 396 |
| 20所苏联著名大学早期入学试题 | 2015—02 | 18.00 | 452 |
| 161道德国工科大学生必做的微分方程习题 | 2015—05 | 28.00 | 469 |
| 500个德国工科大学生必做的高数习题 | 2015—06 | 28.00 | 478 |
| 360个数学竞赛问题 | 2016—08 | 58.00 | 677 |
| 200个趣味数学故事 | 2018—02 | 48.00 | 857 |
| 470个数学奥林匹克中的最值问题 | 2018—10 | 88.00 | 985 |
| 德国讲义日本考题.微积分卷 | 2015—04 | 48.00 | 456 |
| 德国讲义日本考题.微分方程卷 | 2015—04 | 38.00 | 457 |
| 二十世纪中叶中、英、美、日、法、俄高考数学试题精选 | 2017—06 | 38.00 | 783 |

— 6 —

# 刘培杰数学工作室
# 已出版(即将出版)图书目录——初等数学

| 书　名 | 出版时间 | 定　价 | 编号 |
|---|---|---|---|
| 中国初等数学研究　2009卷(第1辑) | 2009—05 | 20.00 | 45 |
| 中国初等数学研究　2010卷(第2辑) | 2010—05 | 30.00 | 68 |
| 中国初等数学研究　2011卷(第3辑) | 2011—07 | 60.00 | 127 |
| 中国初等数学研究　2012卷(第4辑) | 2012—07 | 48.00 | 190 |
| 中国初等数学研究　2014卷(第5辑) | 2014—02 | 48.00 | 288 |
| 中国初等数学研究　2015卷(第6辑) | 2015—06 | 68.00 | 493 |
| 中国初等数学研究　2016卷(第7辑) | 2016—04 | 68.00 | 609 |
| 中国初等数学研究　2017卷(第8辑) | 2017—01 | 98.00 | 712 |
| 初等数学研究在中国.第1辑 | 2019—03 | 158.00 | 1024 |
| 初等数学研究在中国.第2辑 | 2019—10 | 158.00 | 1116 |
| 初等数学研究在中国.第3辑 | 2021—05 | 158.00 | 1306 |
| 初等数学研究在中国.第4辑 | 2022—06 | 158.00 | 1520 |
| 几何变换(Ⅰ) | 2014—07 | 28.00 | 353 |
| 几何变换(Ⅱ) | 2015—06 | 28.00 | 354 |
| 几何变换(Ⅲ) | 2015—01 | 38.00 | 355 |
| 几何变换(Ⅳ) | 2015—12 | 38.00 | 356 |
| 初等数论难题集(第一卷) | 2009—05 | 68.00 | 44 |
| 初等数论难题集(第二卷)(上、下) | 2011—02 | 128.00 | 82,83 |
| 数论概貌 | 2011—03 | 18.00 | 93 |
| 代数数论(第二版) | 2013—08 | 58.00 | 94 |
| 代数多项式 | 2014—06 | 38.00 | 289 |
| 初等数论的知识与问题 | 2011—02 | 28.00 | 95 |
| 超越数论基础 | 2011—03 | 28.00 | 96 |
| 数论初等教程 | 2011—03 | 28.00 | 97 |
| 数论基础 | 2011—03 | 18.00 | 98 |
| 数论基础与维诺格拉多夫 | 2014—03 | 18.00 | 292 |
| 解析数论基础 | 2012—08 | 28.00 | 216 |
| 解析数论基础(第二版) | 2014—01 | 48.00 | 287 |
| 解析数论问题集(第二版)(原版引进) | 2014—05 | 88.00 | 343 |
| 解析数论问题集(第二版)(中译本) | 2016—04 | 88.00 | 607 |
| 解析数论基础(潘承洞,潘承彪著) | 2016—07 | 98.00 | 673 |
| 解析数论导引 | 2016—07 | 58.00 | 674 |
| 数论入门 | 2011—03 | 38.00 | 99 |
| 代数数论入门 | 2015—03 | 38.00 | 448 |
| 数论开篇 | 2012—07 | 28.00 | 194 |
| 解析数论引论 | 2011—03 | 48.00 | 100 |
| Barban Davenport Halberstam均值和 | 2009—01 | 40.00 | 33 |
| 基础数论 | 2011—03 | 28.00 | 101 |
| 初等数论100例 | 2011—05 | 18.00 | 122 |
| 初等数论经典例题 | 2012—07 | 18.00 | 204 |
| 最新世界各国数学奥林匹克中的初等数论试题(上、下) | 2012—01 | 138.00 | 144,145 |
| 初等数论(Ⅰ) | 2012—01 | 18.00 | 156 |
| 初等数论(Ⅱ) | 2012—01 | 18.00 | 157 |
| 初等数论(Ⅲ) | 2012—01 | 28.00 | 158 |

# 刘培杰数学工作室
# 已出版(即将出版)图书目录——初等数学

| 书　名 | 出版时间 | 定　价 | 编号 |
|---|---|---|---|
| 平面几何与数论中未解决的新老问题 | 2013—01 | 68.00 | 229 |
| 代数数论简史 | 2014—11 | 28.00 | 408 |
| 代数数论 | 2015—09 | 88.00 | 532 |
| 代数、数论及分析习题集 | 2016—11 | 98.00 | 695 |
| 数论导引提要及习题解答 | 2016—01 | 48.00 | 559 |
| 素数定理的初等证明.第2版 | 2016—09 | 48.00 | 686 |
| 数论中的模函数与狄利克雷级数(第二版) | 2017—11 | 78.00 | 837 |
| 数论:数学导引 | 2018—01 | 68.00 | 849 |
| 范氏大代数 | 2019—02 | 98.00 | 1016 |
| 解析数学讲义.第一卷,导来式及微分、积分、级数 | 2019—04 | 88.00 | 1021 |
| 解析数学讲义.第二卷,关于几何的应用 | 2019—04 | 68.00 | 1022 |
| 解析数学讲义.第三卷,解析函数论 | 2019—04 | 78.00 | 1023 |
| 分析·组合·数论纵横谈 | 2019—04 | 58.00 | 1039 |
| Hall代数:民国时期的中学数学课本:英文 | 2019—08 | 88.00 | 1106 |
| 基谢廖夫初等代数 | 2022—07 | 38.00 | 1531 |
| 数学精神巡礼 | 2019—01 | 58.00 | 731 |
| 数学眼光透视(第2版) | 2017—06 | 78.00 | 732 |
| 数学思想领悟(第2版) | 2018—01 | 68.00 | 733 |
| 数学方法溯源(第2版) | 2018—08 | 68.00 | 734 |
| 数学解题引论 | 2017—05 | 58.00 | 735 |
| 数学史话览胜(第2版) | 2017—01 | 48.00 | 736 |
| 数学应用展观(第2版) | 2017—08 | 68.00 | 737 |
| 数学建模尝试 | 2018—04 | 48.00 | 738 |
| 数学竞赛采风 | 2018—01 | 68.00 | 739 |
| 数学测评探营 | 2019—05 | 58.00 | 740 |
| 数学技能操握 | 2018—03 | 48.00 | 741 |
| 数学欣赏拾趣 | 2018—02 | 48.00 | 742 |
| 从毕达哥拉斯到怀尔斯 | 2007—10 | 48.00 | 9 |
| 从迪利克雷到维斯卡尔迪 | 2008—01 | 48.00 | 21 |
| 从哥德巴赫到陈景润 | 2008—05 | 98.00 | 35 |
| 从庞加莱到佩雷尔曼 | 2011—08 | 138.00 | 136 |
| 博弈论精粹 | 2008—03 | 58.00 | 30 |
| 博弈论精粹.第二版(精装) | 2015—01 | 88.00 | 461 |
| 数学 我爱你 | 2008—01 | 28.00 | 20 |
| 精神的圣徒　别样的人生——60位中国数学家成长的历程 | 2008—09 | 48.00 | 39 |
| 数学史概论 | 2009—06 | 78.00 | 50 |
| 数学史概论(精装) | 2013—03 | 158.00 | 272 |
| 数学史选讲 | 2016—01 | 48.00 | 544 |
| 斐波那契数列 | 2010—02 | 28.00 | 65 |
| 数学拼盘和斐波那契魔方 | 2010—07 | 38.00 | 72 |
| 斐波那契数列欣赏(第2版) | 2018—08 | 58.00 | 948 |
| Fibonacci数列中的明珠 | 2018—06 | 58.00 | 928 |
| 数学的创造 | 2011—02 | 48.00 | 85 |
| 数学美与创造力 | 2016—01 | 48.00 | 595 |
| 数海拾贝 | 2016—01 | 48.00 | 590 |
| 数学中的美(第2版) | 2019—04 | 68.00 | 1057 |
| 数论中的美学 | 2014—12 | 38.00 | 351 |

— 8 —

# 刘培杰数学工作室
# 已出版(即将出版)图书目录——初等数学

| 书　　名 | 出版时间 | 定　价 | 编号 |
|---|---|---|---|
| 数学王者　科学巨人——高斯 | 2015—01 | 28.00 | 428 |
| 振兴祖国数学的圆梦之旅:中国初等数学研究史话 | 2015—06 | 98.00 | 490 |
| 二十世纪中国数学史料研究 | 2015—10 | 48.00 | 536 |
| 数字谜、数阵图与棋盘覆盖 | 2016—01 | 58.00 | 298 |
| 时间的形状 | 2016—01 | 38.00 | 556 |
| 数学发现的艺术:数学探索中的合情推理 | 2016—07 | 58.00 | 671 |
| 活跃在数学中的参数 | 2016—07 | 48.00 | 675 |
| 数海趣史 | 2021—05 | 98.00 | 1314 |
| 数学解题——靠数学思想给力(上) | 2011—07 | 38.00 | 131 |
| 数学解题——靠数学思想给力(中) | 2011—07 | 48.00 | 132 |
| 数学解题——靠数学思想给力(下) | 2011—07 | 38.00 | 133 |
| 我怎样解题 | 2013—01 | 48.00 | 227 |
| 数学解题中的物理方法 | 2011—06 | 28.00 | 114 |
| 数学解题的特殊方法 | 2011—06 | 48.00 | 115 |
| 中学数学计算技巧(第2版) | 2020—10 | 48.00 | 1220 |
| 中学数学证明方法 | 2012—01 | 58.00 | 117 |
| 数学趣题巧解 | 2012—03 | 28.00 | 128 |
| 高中数学教学通鉴 | 2015—05 | 58.00 | 479 |
| 和高中生漫谈:数学与哲学的故事 | 2014—08 | 28.00 | 369 |
| 算术问题集 | 2017—03 | 38.00 | 789 |
| 张教授讲数学 | 2018—07 | 38.00 | 933 |
| 陈永明实话实说数学教学 | 2020—04 | 68.00 | 1132 |
| 中学数学学科知识与教学能力 | 2020—06 | 58.00 | 1155 |
| 怎样把课讲好:大罕数学教学随笔 | 2022—03 | 58.00 | 1484 |
| 中国高考评价体系下高考数学探秘 | 2022—03 | 48.00 | 1487 |
| 自主招生考试中的参数方程问题 | 2015—01 | 28.00 | 435 |
| 自主招生考试中的极坐标问题 | 2015—04 | 28.00 | 463 |
| 近年全国重点大学自主招生数学试题全解及研究.华约卷 | 2015—02 | 38.00 | 441 |
| 近年全国重点大学自主招生数学试题全解及研究.北约卷 | 2016—05 | 38.00 | 619 |
| 自主招生数学解证宝典 | 2015—09 | 48.00 | 535 |
| 中国科学技术大学创新班数学真题解析 | 2022—03 | 48.00 | 1488 |
| 中国科学技术大学创新班物理真题解析 | 2022—03 | 58.00 | 1489 |
| 格点和面积 | 2012—07 | 18.00 | 191 |
| 射影几何趣谈 | 2012—04 | 28.00 | 175 |
| 斯潘纳尔引理——从一道加拿大数学奥林匹克试题谈起 | 2014—01 | 28.00 | 228 |
| 李普希兹条件——从几道近年高考数学试题谈起 | 2012—10 | 18.00 | 221 |
| 拉格朗日中值定理——从一道北京高考试题的解法谈起 | 2015—10 | 18.00 | 197 |
| 闵科夫斯基定理——从一道清华大学自主招生试题谈起 | 2014—01 | 28.00 | 198 |
| 哈尔测度——从一道冬令营试题的背景谈起 | 2012—08 | 28.00 | 202 |
| 切比雪夫逼近问题——从一道中国台北数学奥林匹克试题谈起 | 2013—04 | 38.00 | 238 |
| 伯恩斯坦多项式与贝齐尔曲面——从一道全国高中数学联赛试题谈起 | 2013—03 | 38.00 | 236 |
| 卡塔兰猜想——从一道普特南竞赛试题谈起 | 2013—06 | 18.00 | 256 |
| 麦卡锡函数和阿克曼函数——从一道前南斯拉夫数学奥林匹克试题谈起 | 2012—08 | 18.00 | 201 |
| 贝蒂定理与拉姆贝克莫斯尔定理——从一个拣石子游戏谈起 | 2012—08 | 18.00 | 217 |
| 皮亚诺曲线和豪斯道夫分球定理——从无限集谈起 | 2012—08 | 18.00 | 211 |
| 平面凸图形与凸多面体 | 2012—10 | 28.00 | 218 |
| 斯坦因豪斯问题——从一道二十五省市自治区中学数学竞赛试题谈起 | 2012—07 | 18.00 | 196 |

— 9 —

# 刘培杰数学工作室
# 已出版(即将出版)图书目录——初等数学

| 书　　名 | 出版时间 | 定　价 | 编号 |
|---|---|---|---|
| 纽结理论中的亚历山大多项式与琼斯多项式——从一道北京市高一数学竞赛试题谈起 | 2012—07 | 28.00 | 195 |
| 原则与策略——从波利亚"解题表"谈起 | 2013—04 | 38.00 | 244 |
| 转化与化归——从三大尺规作图不能问题谈起 | 2012—08 | 28.00 | 214 |
| 代数几何中的贝祖定理(第一版)——从一道 IMO 试题的解法谈起 | 2013—08 | 18.00 | 193 |
| 成功连贯理论与约当块理论——从一道比利时数学竞赛试题谈起 | 2012—04 | 18.00 | 180 |
| 素数判定与大数分解 | 2014—08 | 18.00 | 199 |
| 置换多项式及其应用 | 2012—10 | 18.00 | 220 |
| 椭圆函数与模函数——从一道美国加州大学洛杉矶分校(UCLA)博士资格考题谈起 | 2012—10 | 28.00 | 219 |
| 差分方程的拉格朗日方法——从一道 2011 年全国高考理科试题的解法谈起 | 2012—08 | 28.00 | 200 |
| 力学在几何中的一些应用 | 2013—01 | 38.00 | 240 |
| 从根式解到伽罗华理论 | 2020—01 | 48.00 | 1121 |
| 康托洛维奇不等式——从一道全国高中联赛试题谈起 | 2013—03 | 28.00 | 337 |
| 西格尔引理——从一道第 18 届 IMO 试题的解法谈起 | 即将出版 | | |
| 罗斯定理——从一道前苏联数学竞赛试题谈起 | 即将出版 | | |
| 拉克斯定理和阿廷定理——从一道 IMO 试题的解法谈起 | 2014—01 | 58.00 | 246 |
| 毕卡大定理——从一道美国大学数学竞赛试题谈起 | 2014—07 | 18.00 | 350 |
| 贝齐尔曲线——从一道全国高中联赛试题谈起 | 即将出版 | | |
| 拉格朗日乘子定理——从一道 2005 年全国高中联赛试题的高等数学解法谈起 | 2015—05 | 28.00 | 480 |
| 雅可比定理——从一道日本数学奥林匹克试题谈起 | 2013—04 | 48.00 | 249 |
| 李天岩—约克定理——从一道波兰数学竞赛试题谈起 | 2014—06 | 28.00 | 349 |
| 整系数多项式因式分解的一般方法——从克朗耐克算法谈起 | 即将出版 | | |
| 布劳维不动点定理——从一道前苏联数学奥林匹克试题谈起 | 2014—01 | 38.00 | 273 |
| 伯恩赛德定理——从一道英国数学奥林匹克试题谈起 | 即将出版 | | |
| 布查特—莫斯特定理——从一道上海市初中竞赛试题谈起 | 即将出版 | | |
| 数论中的同余数问题——从一道普特南竞赛试题谈起 | 即将出版 | | |
| 范·德蒙行列式——从一道美国数学奥林匹克试题谈起 | 即将出版 | | |
| 中国剩余定理:总数法构建中国历史年表 | 2015—01 | 28.00 | 430 |
| 牛顿程序与方程求根——从一道全国高考试题解法谈起 | 即将出版 | | |
| 库默尔定理——从一道 IMO 预选试题谈起 | 即将出版 | | |
| 卢丁定理——从一道冬令营试题的解法谈起 | 即将出版 | | |
| 沃斯滕霍姆定理——从一道 IMO 预选试题谈起 | 即将出版 | | |
| 卡尔松不等式——从一道莫斯科数学奥林匹克试题谈起 | 即将出版 | | |
| 信息论中的香农熵——从一道近年高考压轴题谈起 | 即将出版 | | |
| 约当不等式——从一道希望杯竞赛试题谈起 | 即将出版 | | |
| 拉比诺维奇定理 | 即将出版 | | |
| 刘维尔定理——从一道《美国数学月刊》征解问题的解法谈起 | 即将出版 | | |
| 卡塔兰恒等式与级数求和——从一道 IMO 试题的解法谈起 | 即将出版 | | |
| 勒让德猜想与素数分布——从一道爱尔兰竞赛试题谈起 | 即将出版 | | |
| 天平称重与信息论——从一道基辅市数学奥林匹克试题谈起 | 即将出版 | | |
| 哈密尔顿—凯莱定理:从一道高中数学联赛试题的解法谈起 | 2014—09 | 18.00 | 376 |
| 艾思特曼定理——从一道 CMO 试题的解法谈起 | 即将出版 | | |

# 刘培杰数学工作室
# 已出版(即将出版)图书目录——初等数学

| 书 名 | 出版时间 | 定 价 | 编号 |
|---|---|---|---|
| 阿贝尔恒等式与经典不等式及应用 | 2018—06 | 98.00 | 923 |
| 迪利克雷除数问题 | 2018—07 | 48.00 | 930 |
| 幻方、幻立方与拉丁方 | 2019—08 | 48.00 | 1092 |
| 帕斯卡三角形 | 2014—03 | 18.00 | 294 |
| 蒲丰投针问题——从2009年清华大学的一道自主招生试题谈起 | 2014—01 | 38.00 | 295 |
| 斯图姆定理——从一道"华约"自主招生试题的解法谈起 | 2014—01 | 18.00 | 296 |
| 许瓦兹引理——从一道加利福尼亚大学伯克利分校数学系博士生试题谈起 | 2014—08 | 18.00 | 297 |
| 拉姆塞定理——从王诗宬院士的一个问题谈起 | 2016—04 | 48.00 | 299 |
| 坐标法 | 2013—12 | 28.00 | 332 |
| 数论三角形 | 2014—04 | 38.00 | 341 |
| 毕克定理 | 2014—07 | 18.00 | 352 |
| 数林掠影 | 2014—09 | 48.00 | 389 |
| 我们周围的概率 | 2014—10 | 38.00 | 390 |
| 凸函数最值定理:从一道华约自主招生题的解法谈起 | 2014—10 | 28.00 | 391 |
| 易学与数学奥林匹克 | 2014—10 | 38.00 | 392 |
| 生物数学趣谈 | 2015—01 | 18.00 | 409 |
| 反演 | 2015—01 | 28.00 | 420 |
| 因式分解与圆锥曲线 | 2015—01 | 18.00 | 426 |
| 轨迹 | 2015—01 | 28.00 | 427 |
| 面积原理:从常庚哲命的一道CMO试题的积分解法谈起 | 2015—01 | 48.00 | 431 |
| 形形色色的不动点定理:从一道28届IMO试题谈起 | 2015—01 | 38.00 | 439 |
| 柯西函数方程:从一道上海交大自主招生的试题谈起 | 2015—02 | 28.00 | 440 |
| 三角恒等式 | 2015—02 | 28.00 | 442 |
| 无理性判定:从一道2014年"北约"自主招生试题谈起 | 2015—01 | 38.00 | 443 |
| 数学归纳法 | 2015—03 | 18.00 | 451 |
| 极端原理与解题 | 2015—04 | 28.00 | 464 |
| 法雷级数 | 2014—08 | 18.00 | 367 |
| 摆线族 | 2015—01 | 38.00 | 438 |
| 函数方程及其解法 | 2015—05 | 38.00 | 470 |
| 含参数的方程和不等式 | 2012—09 | 28.00 | 213 |
| 希尔伯特第十问题 | 2016—01 | 38.00 | 543 |
| 无穷小量的求和 | 2016—01 | 28.00 | 545 |
| 切比雪夫多项式:从一道清华大学金秋营试题谈起 | 2016—01 | 38.00 | 583 |
| 泽肯多夫定理 | 2016—03 | 38.00 | 599 |
| 代数等式证题法 | 2016—01 | 28.00 | 600 |
| 三角等式证题法 | 2016—01 | 28.00 | 601 |
| 吴大任教授藏书中的一个因式分解公式:从一道美国数学邀请赛试题的解法谈起 | 2016—06 | 28.00 | 656 |
| 易卦——类万物的数学模型 | 2017—08 | 68.00 | 838 |
| "不可思议"的数与数系可持续发展 | 2018—01 | 38.00 | 878 |
| 最短线 | 2018—01 | 38.00 | 879 |
| 数学在天文、地理、光学、机械力学中的一些应用 | 2023—03 | 88.00 | 1576 |
| 幻方和魔方(第一卷) | 2012—05 | 68.00 | 173 |
| 尘封的经典——初等数学经典文献选读(第一卷) | 2012—07 | 48.00 | 205 |
| 尘封的经典——初等数学经典文献选读(第二卷) | 2012—07 | 38.00 | 206 |
| 初级方程式论 | 2011—03 | 28.00 | 106 |
| 初等数学研究(Ⅰ) | 2008—09 | 68.00 | 37 |
| 初等数学研究(Ⅱ)(上、下) | 2009—05 | 118.00 | 46,47 |
| 初等数学专题研究 | 2022—10 | 68.00 | 1568 |

# 刘培杰数学工作室
## 已出版(即将出版)图书目录——初等数学

| 书　　名 | 出版时间 | 定　价 | 编号 |
|---|---|---|---|
| 趣味初等方程妙题集锦 | 2014—09 | 48.00 | 388 |
| 趣味初等数论选美与欣赏 | 2015—02 | 48.00 | 445 |
| 耕读笔记(上卷):一位农民数学爱好者的初数探索 | 2015—04 | 28.00 | 459 |
| 耕读笔记(中卷):一位农民数学爱好者的初数探索 | 2015—05 | 28.00 | 483 |
| 耕读笔记(下卷):一位农民数学爱好者的初数探索 | 2015—05 | 28.00 | 484 |
| 几何不等式研究与欣赏.上卷 | 2016—01 | 88.00 | 547 |
| 几何不等式研究与欣赏.下卷 | 2016—01 | 48.00 | 552 |
| 初等数列研究与欣赏·上 | 2016—01 | 48.00 | 570 |
| 初等数列研究与欣赏·下 | 2016—01 | 48.00 | 571 |
| 趣味初等函数研究与欣赏.上 | 2016—09 | 48.00 | 684 |
| 趣味初等函数研究与欣赏.下 | 2018—09 | 48.00 | 685 |
| 三角不等式研究与欣赏 | 2020—10 | 68.00 | 1197 |
| 新编平面解析几何解题方法研究与欣赏 | 2021—10 | 78.00 | 1426 |
| 火柴游戏(第2版) | 2022—05 | 38.00 | 1493 |
| 智力解谜.第1卷 | 2017—07 | 38.00 | 613 |
| 智力解谜.第2卷 | 2017—07 | 38.00 | 614 |
| 故事智力 | 2016—07 | 48.00 | 615 |
| 名人们喜欢的智力问题 | 2020—01 | 48.00 | 616 |
| 数学大师的发现、创造与失误 | 2018—01 | 48.00 | 617 |
| 异曲同工 | 2018—09 | 48.00 | 618 |
| 数学的味道 | 2018—01 | 58.00 | 798 |
| 数学千字文 | 2018—10 | 68.00 | 977 |
| 数贝偶拾——高考数学题研究 | 2014—04 | 28.00 | 274 |
| 数贝偶拾——初等数学研究 | 2014—04 | 38.00 | 275 |
| 数贝偶拾——奥数题研究 | 2014—04 | 48.00 | 276 |
| 钱昌本教你快乐学数学(上) | 2011—12 | 48.00 | 155 |
| 钱昌本教你快乐学数学(下) | 2012—03 | 58.00 | 171 |
| 集合、函数与方程 | 2014—01 | 28.00 | 300 |
| 数列与不等式 | 2014—01 | 38.00 | 301 |
| 三角与平面向量 | 2014—01 | 28.00 | 302 |
| 平面解析几何 | 2014—01 | 38.00 | 303 |
| 立体几何与组合 | 2014—01 | 28.00 | 304 |
| 极限与导数、数学归纳法 | 2014—01 | 38.00 | 305 |
| 趣味数学 | 2014—03 | 28.00 | 306 |
| 教材教法 | 2014—04 | 68.00 | 307 |
| 自主招生 | 2014—05 | 58.00 | 308 |
| 高考压轴题(上) | 2015—01 | 48.00 | 309 |
| 高考压轴题(下) | 2014—10 | 68.00 | 310 |
| 从费马到怀尔斯——费马大定理的历史 | 2013—10 | 198.00 | Ⅰ |
| 从庞加莱到佩雷尔曼——庞加莱猜想的历史 | 2013—10 | 298.00 | Ⅱ |
| 从切比雪夫到爱尔特希(上)——素数定理的初等证明 | 2013—07 | 48.00 | Ⅲ |
| 从切比雪夫到爱尔特希(下)——素数定理100年 | 2012—12 | 98.00 | Ⅲ |
| 从高斯到盖尔方特——二次域的高斯猜想 | 2013—10 | 198.00 | Ⅳ |
| 从库默尔到朗兰兹——朗兰兹猜想的历史 | 2014—01 | 98.00 | Ⅴ |
| 从比勃巴赫到德布朗斯——比勃巴赫猜想的历史 | 2014—02 | 298.00 | Ⅵ |
| 从麦比乌斯到陈省身——麦比乌斯变换与麦比乌斯带 | 2014—02 | 298.00 | Ⅶ |
| 从布尔到豪斯道夫——布尔方程与格论漫谈 | 2013—10 | 198.00 | Ⅷ |
| 从开普勒到阿诺德——三体问题的历史 | 2014—05 | 298.00 | Ⅸ |
| 从华林到华罗庚——华林问题的历史 | 2013—10 | 298.00 | Ⅹ |

# 刘培杰数学工作室
# 已出版(即将出版)图书目录——初等数学

| 书　　名 | 出版时间 | 定　价 | 编号 |
|---|---|---|---|
| 美国高中数学竞赛五十讲.第1卷(英文) | 2014-08 | 28.00 | 357 |
| 美国高中数学竞赛五十讲.第2卷(英文) | 2014-08 | 28.00 | 358 |
| 美国高中数学竞赛五十讲.第3卷(英文) | 2014-09 | 28.00 | 359 |
| 美国高中数学竞赛五十讲.第4卷(英文) | 2014-09 | 28.00 | 360 |
| 美国高中数学竞赛五十讲.第5卷(英文) | 2014-10 | 28.00 | 361 |
| 美国高中数学竞赛五十讲.第6卷(英文) | 2014-11 | 28.00 | 362 |
| 美国高中数学竞赛五十讲.第7卷(英文) | 2014-12 | 28.00 | 363 |
| 美国高中数学竞赛五十讲.第8卷(英文) | 2015-01 | 28.00 | 364 |
| 美国高中数学竞赛五十讲.第9卷(英文) | 2015-01 | 28.00 | 365 |
| 美国高中数学竞赛五十讲.第10卷(英文) | 2015-02 | 38.00 | 366 |
| 三角函数(第2版) | 2017-04 | 38.00 | 626 |
| 不等式 | 2014-01 | 38.00 | 312 |
| 数列 | 2014-01 | 38.00 | 313 |
| 方程(第2版) | 2017-04 | 38.00 | 624 |
| 排列和组合 | 2014-01 | 28.00 | 315 |
| 极限与导数(第2版) | 2016-04 | 38.00 | 635 |
| 向量(第2版) | 2018-08 | 58.00 | 627 |
| 复数及其应用 | 2014-08 | 28.00 | 318 |
| 函数 | 2014-01 | 38.00 | 319 |
| 集合 | 2020-01 | 48.00 | 320 |
| 直线与平面 | 2014-01 | 28.00 | 321 |
| 立体几何(第2版) | 2016-04 | 38.00 | 629 |
| 解三角形 | 即将出版 | | 323 |
| 直线与圆(第2版) | 2016-11 | 38.00 | 631 |
| 圆锥曲线(第2版) | 2016-09 | 48.00 | 632 |
| 解题通法(一) | 2014-07 | 38.00 | 326 |
| 解题通法(二) | 2014-07 | 38.00 | 327 |
| 解题通法(三) | 2014-05 | 38.00 | 328 |
| 概率与统计 | 2014-01 | 28.00 | 329 |
| 信息迁移与算法 | 即将出版 | | 330 |
| IMO 50年.第1卷(1959—1963) | 2014-11 | 28.00 | 377 |
| IMO 50年.第2卷(1964—1968) | 2014-11 | 28.00 | 378 |
| IMO 50年.第3卷(1969—1973) | 2014-09 | 28.00 | 379 |
| IMO 50年.第4卷(1974—1978) | 2016-04 | 38.00 | 380 |
| IMO 50年.第5卷(1979—1984) | 2015-04 | 38.00 | 381 |
| IMO 50年.第6卷(1985—1989) | 2015-04 | 58.00 | 382 |
| IMO 50年.第7卷(1990—1994) | 2016-01 | 48.00 | 383 |
| IMO 50年.第8卷(1995—1999) | 2016-06 | 38.00 | 384 |
| IMO 50年.第9卷(2000—2004) | 2015-04 | 58.00 | 385 |
| IMO 50年.第10卷(2005—2009) | 2016-01 | 48.00 | 386 |
| IMO 50年.第11卷(2010—2015) | 2017-03 | 48.00 | 646 |

# 刘培杰数学工作室
## 已出版(即将出版)图书目录——初等数学

| 书　　名 | 出版时间 | 定　价 | 编号 |
|---|---|---|---|
| 数学反思(2006—2007) | 2020—09 | 88.00 | 915 |
| 数学反思(2008—2009) | 2019—01 | 68.00 | 917 |
| 数学反思(2010—2011) | 2018—05 | 58.00 | 916 |
| 数学反思(2012—2013) | 2019—01 | 58.00 | 918 |
| 数学反思(2014—2015) | 2019—03 | 78.00 | 919 |
| 数学反思(2016—2017) | 2021—03 | 58.00 | 1286 |
| 历届美国大学生数学竞赛试题集.第一卷(1938—1949) | 2015—01 | 28.00 | 397 |
| 历届美国大学生数学竞赛试题集.第二卷(1950—1959) | 2015—01 | 28.00 | 398 |
| 历届美国大学生数学竞赛试题集.第三卷(1960—1969) | 2015—01 | 28.00 | 399 |
| 历届美国大学生数学竞赛试题集.第四卷(1970—1979) | 2015—01 | 18.00 | 400 |
| 历届美国大学生数学竞赛试题集.第五卷(1980—1989) | 2015—01 | 28.00 | 401 |
| 历届美国大学生数学竞赛试题集.第六卷(1990—1999) | 2015—01 | 28.00 | 402 |
| 历届美国大学生数学竞赛试题集.第七卷(2000—2009) | 2015—08 | 18.00 | 403 |
| 历届美国大学生数学竞赛试题集.第八卷(2010—2012) | 2015—01 | 18.00 | 404 |
| 新课标高考数学创新题解题诀窍:总论 | 2014—09 | 28.00 | 372 |
| 新课标高考数学创新题解题诀窍:必修1~5分册 | 2014—08 | 38.00 | 373 |
| 新课标高考数学创新题解题诀窍:选修2—1,2—2,1—1,1—2分册 | 2014—09 | 38.00 | 374 |
| 新课标高考数学创新题解题诀窍:选修2—3,4—4,4—5分册 | 2014—09 | 18.00 | 375 |
| 全国重点大学自主招生英文数学试题全攻略:词汇卷 | 2015—07 | 48.00 | 410 |
| 全国重点大学自主招生英文数学试题全攻略:概念卷 | 2015—01 | 28.00 | 411 |
| 全国重点大学自主招生英文数学试题全攻略:文章选读卷(上) | 2016—09 | 38.00 | 412 |
| 全国重点大学自主招生英文数学试题全攻略:文章选读卷(下) | 2017—01 | 58.00 | 413 |
| 全国重点大学自主招生英文数学试题全攻略:试题卷 | 2015—07 | 38.00 | 414 |
| 全国重点大学自主招生英文数学试题全攻略:名著欣赏卷 | 2017—03 | 48.00 | 415 |
| 劳埃德数学趣题大全.题目卷.1:英文 | 2016—01 | 18.00 | 516 |
| 劳埃德数学趣题大全.题目卷.2:英文 | 2016—01 | 18.00 | 517 |
| 劳埃德数学趣题大全.题目卷.3:英文 | 2016—01 | 18.00 | 518 |
| 劳埃德数学趣题大全.题目卷.4:英文 | 2016—01 | 18.00 | 519 |
| 劳埃德数学趣题大全.题目卷.5:英文 | 2016—01 | 18.00 | 520 |
| 劳埃德数学趣题大全.答案卷:英文 | 2016—01 | 18.00 | 521 |
| 李成章教练奥数笔记.第1卷 | 2016—01 | 48.00 | 522 |
| 李成章教练奥数笔记.第2卷 | 2016—01 | 48.00 | 523 |
| 李成章教练奥数笔记.第3卷 | 2016—01 | 38.00 | 524 |
| 李成章教练奥数笔记.第4卷 | 2016—01 | 38.00 | 525 |
| 李成章教练奥数笔记.第5卷 | 2016—01 | 38.00 | 526 |
| 李成章教练奥数笔记.第6卷 | 2016—01 | 38.00 | 527 |
| 李成章教练奥数笔记.第7卷 | 2016—01 | 38.00 | 528 |
| 李成章教练奥数笔记.第8卷 | 2016—01 | 48.00 | 529 |
| 李成章教练奥数笔记.第9卷 | 2016—01 | 28.00 | 530 |

# 刘培杰数学工作室
## 已出版(即将出版)图书目录——初等数学

| 书　名 | 出版时间 | 定　价 | 编号 |
|---|---|---|---|
| 第19～23届"希望杯"全国数学邀请赛试题审题要津详细评注(初一版) | 2014—03 | 28.00 | 333 |
| 第19～23届"希望杯"全国数学邀请赛试题审题要津详细评注(初二、初三版) | 2014—03 | 38.00 | 334 |
| 第19～23届"希望杯"全国数学邀请赛试题审题要津详细评注(高一版) | 2014—03 | 28.00 | 335 |
| 第19～23届"希望杯"全国数学邀请赛试题审题要津详细评注(高二版) | 2014—03 | 38.00 | 336 |
| 第19～25届"希望杯"全国数学邀请赛试题审题要津详细评注(初一版) | 2015—01 | 38.00 | 416 |
| 第19～25届"希望杯"全国数学邀请赛试题审题要津详细评注(初二、初三版) | 2015—01 | 58.00 | 417 |
| 第19～25届"希望杯"全国数学邀请赛试题审题要津详细评注(高一版) | 2015—01 | 48.00 | 418 |
| 第19～25届"希望杯"全国数学邀请赛试题审题要津详细评注(高二版) | 2015—01 | 48.00 | 419 |
| 物理奥林匹克竞赛大题典——力学卷 | 2014—11 | 48.00 | 405 |
| 物理奥林匹克竞赛大题典——热学卷 | 2014—04 | 28.00 | 339 |
| 物理奥林匹克竞赛大题典——电磁学卷 | 2015—07 | 48.00 | 406 |
| 物理奥林匹克竞赛大题典——光学与近代物理卷 | 2014—06 | 28.00 | 345 |
| 历届中国东南地区数学奥林匹克试题集(2004～2012) | 2014—06 | 18.00 | 346 |
| 历届中国西部地区数学奥林匹克试题集(2001～2012) | 2014—07 | 18.00 | 347 |
| 历届中国女子数学奥林匹克试题集(2002～2012) | 2014—08 | 18.00 | 348 |
| 数学奥林匹克在中国 | 2014—06 | 98.00 | 344 |
| 数学奥林匹克问题集 | 2014—01 | 38.00 | 267 |
| 数学奥林匹克不等式散论 | 2010—06 | 38.00 | 124 |
| 数学奥林匹克不等式欣赏 | 2011—09 | 38.00 | 138 |
| 数学奥林匹克超级题库(初中卷上) | 2010—01 | 58.00 | 66 |
| 数学奥林匹克不等式证明方法和技巧(上、下) | 2011—08 | 158.00 | 134,135 |
| 他们学什么:原民主德国中学数学课本 | 2016—09 | 38.00 | 658 |
| 他们学什么:英国中学数学课本 | 2016—09 | 38.00 | 659 |
| 他们学什么:法国中学数学课本.1 | 2016—09 | 38.00 | 660 |
| 他们学什么:法国中学数学课本.2 | 2016—09 | 28.00 | 661 |
| 他们学什么:法国中学数学课本.3 | 2016—09 | 38.00 | 662 |
| 他们学什么:苏联中学数学课本 | 2016—09 | 28.00 | 679 |
| 高中数学题典——集合与简易逻辑·函数 | 2016—07 | 48.00 | 647 |
| 高中数学题典——导数 | 2016—07 | 48.00 | 648 |
| 高中数学题典——三角函数·平面向量 | 2016—07 | 48.00 | 649 |
| 高中数学题典——数列 | 2016—07 | 58.00 | 650 |
| 高中数学题典——不等式·推理与证明 | 2016—07 | 38.00 | 651 |
| 高中数学题典——立体几何 | 2016—07 | 48.00 | 652 |
| 高中数学题典——平面解析几何 | 2016—07 | 78.00 | 653 |
| 高中数学题典——计数原理·统计·概率·复数 | 2016—07 | 48.00 | 654 |
| 高中数学题典——算法·平面几何·初等数论·组合数学·其他 | 2016—07 | 68.00 | 655 |

# 刘培杰数学工作室
## 已出版(即将出版)图书目录——初等数学

| 书　名 | 出版时间 | 定　价 | 编号 |
|---|---|---|---|
| 台湾地区奥林匹克数学竞赛试题.小学一年级 | 2017—03 | 38.00 | 722 |
| 台湾地区奥林匹克数学竞赛试题.小学二年级 | 2017—03 | 38.00 | 723 |
| 台湾地区奥林匹克数学竞赛试题.小学三年级 | 2017—03 | 38.00 | 724 |
| 台湾地区奥林匹克数学竞赛试题.小学四年级 | 2017—03 | 38.00 | 725 |
| 台湾地区奥林匹克数学竞赛试题.小学五年级 | 2017—03 | 38.00 | 726 |
| 台湾地区奥林匹克数学竞赛试题.小学六年级 | 2017—03 | 38.00 | 727 |
| 台湾地区奥林匹克数学竞赛试题.初中一年级 | 2017 03 | 38.00 | 728 |
| 台湾地区奥林匹克数学竞赛试题.初中二年级 | 2017—03 | 38.00 | 729 |
| 台湾地区奥林匹克数学竞赛试题.初中三年级 | 2017—03 | 28.00 | 730 |
| 不等式证题法 | 2017—04 | 28.00 | 747 |
| 平面几何培优教程 | 2019—08 | 88.00 | 748 |
| 奥数鼎级培优教程.高一分册 | 2018—09 | 88.00 | 749 |
| 奥数鼎级培优教程.高二分册.上 | 2018—04 | 68.00 | 750 |
| 奥数鼎级培优教程.高二分册.下 | 2018—04 | 68.00 | 751 |
| 高中数学竞赛冲刺宝典 | 2019—04 | 68.00 | 883 |
| 初中尖子生数学超级题典.实数 | 2017—07 | 58.00 | 792 |
| 初中尖子生数学超级题典.式、方程与不等式 | 2017—08 | 58.00 | 793 |
| 初中尖子生数学超级题典.圆、面积 | 2017—08 | 38.00 | 794 |
| 初中尖子生数学超级题典.函数、逻辑推理 | 2017—08 | 48.00 | 795 |
| 初中尖子生数学超级题典.角、线段、三角形与多边形 | 2017—07 | 58.00 | 796 |
| 数学王子——高斯 | 2018—01 | 48.00 | 858 |
| 坎坷奇星——阿贝尔 | 2018—01 | 48.00 | 859 |
| 闪烁奇星——伽罗瓦 | 2018—01 | 58.00 | 860 |
| 无穷统帅——康托尔 | 2018—01 | 48.00 | 861 |
| 科学公主——柯瓦列夫斯卡娅 | 2018—01 | 48.00 | 862 |
| 抽象代数之母——埃米·诺特 | 2018—01 | 48.00 | 863 |
| 电脑先驱——图灵 | 2018—01 | 58.00 | 864 |
| 昔日神童——维纳 | 2018—01 | 48.00 | 865 |
| 数坛怪侠——爱尔特希 | 2018—01 | 68.00 | 866 |
| 传奇数学家徐利治 | 2019—09 | 88.00 | 1110 |
| 当代世界中的数学.数学思想与数学基础 | 2019—01 | 38.00 | 892 |
| 当代世界中的数学.数学问题 | 2019—01 | 38.00 | 893 |
| 当代世界中的数学.应用数学与数学应用 | 2019—01 | 38.00 | 894 |
| 当代世界中的数学.数学王国的新疆域(一) | 2019—01 | 38.00 | 895 |
| 当代世界中的数学.数学王国的新疆域(二) | 2019—01 | 38.00 | 896 |
| 当代世界中的数学.数林撷英(一) | 2019—01 | 38.00 | 897 |
| 当代世界中的数学.数林撷英(二) | 2019—01 | 48.00 | 898 |
| 当代世界中的数学.数学之路 | 2019—01 | 38.00 | 899 |

# 刘培杰数学工作室
# 已出版(即将出版)图书目录——初等数学

| 书　名 | 出版时间 | 定　价 | 编号 |
|---|---|---|---|
| 105个代数问题:来自AwesomeMath夏季课程 | 2019—02 | 58.00 | 956 |
| 106个几何问题:来自AwesomeMath夏季课程 | 2020—07 | 58.00 | 957 |
| 107个几何问题:来自AwesomeMath全年课程 | 2020—07 | 58.00 | 958 |
| 108个代数问题:来自AwesomeMath全年课程 | 2019—01 | 68.00 | 959 |
| 109个不等式:来自AwesomeMath夏季课程 | 2019—04 | 58.00 | 960 |
| 国际数学奥林匹克中的110个几何问题 | 即将出版 | | 961 |
| 111个代数和数论问题 | 2019—05 | 58.00 | 962 |
| 112个组合问题:来自AwesomeMath夏季课程 | 2019—05 | 58.00 | 963 |
| 113个几何不等式:来自AwesomeMath夏季课程 | 2020—08 | 58.00 | 964 |
| 114个指数和对数问题:来自AwesomeMath夏季课程 | 2019—09 | 48.00 | 965 |
| 115个三角问题:来自AwesomeMath夏季课程 | 2019—09 | 58.00 | 966 |
| 116个代数不等式:来自AwesomeMath全年课程 | 2019—04 | 58.00 | 967 |
| 117个多项式问题:来自AwesomeMath夏季课程 | 2021—09 | 58.00 | 1409 |
| 118个数学竞赛不等式 | 2022—08 | 78.00 | 1526 |
| 紫色彗星国际数学竞赛试题 | 2019—02 | 58.00 | 999 |
| 数学竞赛中的数学:为数学爱好者、父母、教师和教练准备的丰富资源.第一部 | 2020—04 | 58.00 | 1141 |
| 数学竞赛中的数学:为数学爱好者、父母、教师和教练准备的丰富资源.第二部 | 2020—07 | 48.00 | 1142 |
| 和与积 | 2020—10 | 38.00 | 1219 |
| 数论:概念和问题 | 2020—12 | 68.00 | 1257 |
| 初等数学问题研究 | 2021—03 | 48.00 | 1270 |
| 数学奥林匹克中的欧几里得几何 | 2021—10 | 68.00 | 1413 |
| 数学奥林匹克题解新编 | 2022—01 | 58.00 | 1430 |
| 图论入门 | 2022—09 | 58.00 | 1554 |
| 澳大利亚中学数学竞赛试题及解答(初级卷)1978~1984 | 2019—02 | 28.00 | 1002 |
| 澳大利亚中学数学竞赛试题及解答(初级卷)1985~1991 | 2019—02 | 28.00 | 1003 |
| 澳大利亚中学数学竞赛试题及解答(初级卷)1992~1998 | 2019—02 | 28.00 | 1004 |
| 澳大利亚中学数学竞赛试题及解答(初级卷)1999~2005 | 2019—02 | 28.00 | 1005 |
| 澳大利亚中学数学竞赛试题及解答(中级卷)1978~1984 | 2019—03 | 28.00 | 1006 |
| 澳大利亚中学数学竞赛试题及解答(中级卷)1985~1991 | 2019—03 | 28.00 | 1007 |
| 澳大利亚中学数学竞赛试题及解答(中级卷)1992~1998 | 2019—03 | 28.00 | 1008 |
| 澳大利亚中学数学竞赛试题及解答(中级卷)1999~2005 | 2019—03 | 28.00 | 1009 |
| 澳大利亚中学数学竞赛试题及解答(高级卷)1978~1984 | 2019—05 | 28.00 | 1010 |
| 澳大利亚中学数学竞赛试题及解答(高级卷)1985~1991 | 2019—05 | 28.00 | 1011 |
| 澳大利亚中学数学竞赛试题及解答(高级卷)1992~1998 | 2019—05 | 28.00 | 1012 |
| 澳大利亚中学数学竞赛试题及解答(高级卷)1999~2005 | 2019—05 | 28.00 | 1013 |
| 天才中小学生智力测验题.第一卷 | 2019—03 | 38.00 | 1026 |
| 天才中小学生智力测验题.第二卷 | 2019—03 | 38.00 | 1027 |
| 天才中小学生智力测验题.第三卷 | 2019—03 | 38.00 | 1028 |
| 天才中小学生智力测验题.第四卷 | 2019—03 | 38.00 | 1029 |
| 天才中小学生智力测验题.第五卷 | 2019—03 | 38.00 | 1030 |
| 天才中小学生智力测验题.第六卷 | 2019—03 | 38.00 | 1031 |
| 天才中小学生智力测验题.第七卷 | 2019—03 | 38.00 | 1032 |
| 天才中小学生智力测验题.第八卷 | 2019—03 | 38.00 | 1033 |
| 天才中小学生智力测验题.第九卷 | 2019—03 | 38.00 | 1034 |
| 天才中小学生智力测验题.第十卷 | 2019—03 | 38.00 | 1035 |
| 天才中小学生智力测验题.第十一卷 | 2019—03 | 38.00 | 1036 |
| 天才中小学生智力测验题.第十二卷 | 2019—03 | 38.00 | 1037 |
| 天才中小学生智力测验题.第十三卷 | 2019—03 | 38.00 | 1038 |

# 刘培杰数学工作室
# 已出版(即将出版)图书目录——初等数学

| 书 名 | 出版时间 | 定 价 | 编号 |
|---|---|---|---|
| 重点大学自主招生数学备考全书:函数 | 2020—05 | 48.00 | 1047 |
| 重点大学自主招生数学备考全书:导数 | 2020—08 | 48.00 | 1048 |
| 重点大学自主招生数学备考全书:数列与不等式 | 2019—10 | 78.00 | 1049 |
| 重点大学自主招生数学备考全书:三角函数与平面向量 | 2020—08 | 68.00 | 1050 |
| 重点大学自主招生数学备考全书:平面解析几何 | 2020—07 | 58.00 | 1051 |
| 重点大学自主招生数学备考全书:立体几何与平面几何 | 2019—08 | 48.00 | 1052 |
| 重点大学自主招生数学备考全书:排列组合·概率统计·复数 | 2019—09 | 48.00 | 1053 |
| 重点大学自主招生数学备考全书:初等数论与组合数学 | 2019—08 | 48.00 | 1054 |
| 重点大学自主招生数学备考全书:重点大学自主招生真题.上 | 2019—04 | 68.00 | 1055 |
| 重点大学自主招生数学备考全书:重点大学自主招生真题.下 | 2019—04 | 58.00 | 1056 |
| 高中数学竞赛培训教程:平面几何问题的求解方法与策略.上 | 2018—05 | 68.00 | 906 |
| 高中数学竞赛培训教程:平面几何问题的求解方法与策略.下 | 2018—06 | 78.00 | 907 |
| 高中数学竞赛培训教程:整除与同余以及不定方程 | 2018—01 | 88.00 | 908 |
| 高中数学竞赛培训教程:组合计数与组合极值 | 2018—04 | 48.00 | 909 |
| 高中数学竞赛培训教程:初等代数 | 2019—04 | 78.00 | 1042 |
| 高中数学讲座:数学竞赛基础教程(第一册) | 2019—06 | 48.00 | 1094 |
| 高中数学讲座:数学竞赛基础教程(第二册) | 即将出版 | | 1095 |
| 高中数学讲座:数学竞赛基础教程(第三册) | 即将出版 | | 1096 |
| 高中数学讲座:数学竞赛基础教程(第四册) | 即将出版 | | 1097 |
| 新编中学数学解题方法1000招丛书.实数(初中版) | 2022—05 | 58.00 | 1291 |
| 新编中学数学解题方法1000招丛书.式(初中版) | 2022—05 | 48.00 | 1292 |
| 新编中学数学解题方法1000招丛书.方程与不等式(初中版) | 2021—04 | 58.00 | 1293 |
| 新编中学数学解题方法1000招丛书.函数(初中版) | 2022—05 | 38.00 | 1294 |
| 新编中学数学解题方法1000招丛书.角(初中版) | 2022—05 | 48.00 | 1295 |
| 新编中学数学解题方法1000招丛书.线段(初中版) | 2022—05 | 48.00 | 1296 |
| 新编中学数学解题方法1000招丛书.三角形与多边形(初中版) | 2021—04 | 48.00 | 1297 |
| 新编中学数学解题方法1000招丛书.圆(初中版) | 2022—05 | 48.00 | 1298 |
| 新编中学数学解题方法1000招丛书.面积(初中版) | 2021—07 | 28.00 | 1299 |
| 新编中学数学解题方法1000招丛书.逻辑推理(初中版) | 2022—06 | 48.00 | 1300 |
| 高中数学题典精编.第一辑.函数 | 2022—01 | 58.00 | 1444 |
| 高中数学题典精编.第一辑.导数 | 2022—01 | 68.00 | 1445 |
| 高中数学题典精编.第一辑.三角函数·平面向量 | 2022—01 | 68.00 | 1446 |
| 高中数学题典精编.第一辑.数列 | 2022—01 | 58.00 | 1447 |
| 高中数学题典精编.第一辑.不等式·推理与证明 | 2022—01 | 58.00 | 1448 |
| 高中数学题典精编.第一辑.立体几何 | 2022—01 | 58.00 | 1449 |
| 高中数学题典精编.第一辑.平面解析几何 | 2022—01 | 68.00 | 1450 |
| 高中数学题典精编.第一辑.统计·概率·平面几何 | 2022—01 | 58.00 | 1451 |
| 高中数学题典精编.第一辑.初等数论·组合数学·数学文化·解题方法 | 2022—01 | 58.00 | 1452 |
| 历届全国初中数学竞赛试题分类解析.初等代数 | 2022—09 | 98.00 | 1555 |
| 历届全国初中数学竞赛试题分类解析.初等数论 | 2022—09 | 48.00 | 1556 |
| 历届全国初中数学竞赛试题分类解析.平面几何 | 2022—09 | 38.00 | 1557 |
| 历届全国初中数学竞赛试题分类解析.组合 | 2022—09 | 38.00 | 1558 |

联系地址:哈尔滨市南岗区复华四道街10号　哈尔滨工业大学出版社刘培杰数学工作室
网　　址:http://lpj.hit.edu.cn/
邮　　编:150006
联系电话:0451—86281378　　13904613167
E-mail:lpj1378@163.com